MATHEWS/VAN HOLDE/APPLING/ANTHONY-CAHILL

カラー
生化学

第4版

著

マシューズ／ヴァン・ホルダ／アプリング／アンソニー＝ケイヒル

監訳

石浦章一／板部洋之／髙木正道
中谷一泰／水島　昇／横溝岳彦

訳

相内　敏弘	五十嵐一衛	五十嵐和彦	和泉　孝志
上田　夏生	大井　俊彦	太田　明徳	大野　茂男
門屋　亨介	菊池　　章	北村　昌也	木村　宏二
斎藤　菜摘	田口　精一	津本　浩平	寺部　眞人
中村　元直	梨本　正之	服部　光治	原　俊太郎
堀内　裕之	前仲　勝実	宮川　　清	宮澤　恵二
吉澤　史昭			

Authorized translation from the English language edition entitled
BIOCHEMISTRY, 4th Edition, ISBN：0138004641
by
CHRISTOPHER K. MATHEWS
Oregon State University
KENSAL E. VAN HOLDE
Oregon State University
DEAN R. APPLING
The University of Texas at Austin
SPENCER J. ANTHONY-CAHILL
Western Washington University
published by Pearson Education Canada, Inc.

JAPANESE language edition published by NISHIMURA CO., LTD.,

Printed and bound in Japan

PEARSON

監訳者序文

最近の飛躍的なバイオ産業や医療の進歩は，急速に発展し続ける生命科学に依存しています。その生命科学の中心的な存在である生化学の学門領域で必要とされる知識や技術は高度化し，細分化され，その量は莫大になる一方です。したがって莫大な情報をコンパクトにわかりやすくまとめ，しかも学生にとって興味深い教科書をつくることが要求されています。さらに，今日のようなグローバル時代に科学技術に依存せざるを得ない日本では，上記の条件を満たし，かつ世界的に高度なレベルの教科書を使用して生化学の教育を行うことが必要とされています。

本書は「グローバル・スタンダード」であるとして世界的に好評を博した『カラー生化学』の第３版の大規模な改訂版で，オールカラーの図表が最新のものに大幅に入れ替えられ，より美しく，見やすく，わかりやすくなっています。これは生化学を初めて学ぶ学生に親しみを感じさせ，生化学を理解する助けになるでしょう。もう１つの特徴は，重要な生化学の事実がどのように発見されたかなどの逸話を挿入し，生化学の最新の知識や情報や重要な発展をわかりやすく紹介していることです。とりわけ，医療の分野で，生化学の知識が実践的に役立っている例を挙げて説明しているのは画期的です。また，生化学のいろいろな分野の専門家にレビューを依頼し，誤りや表現のあいまいな点を指摘してもらっています。これは，進歩の速い広範な生化学の分野をカバーするための最善と思える方策です。

本書を翻訳するにあたっては，日本の生化学のさまざまな分野で活躍している第一線の研究者に，それぞれの専門領域を依頼しました。依頼された方々は活発に研究に従事されており，多忙であるにもかかわらず，貴重な時間を割いて下さいましたことに心から感謝致します。しかも，翻訳者の方々には，日本語にしにくい表現をできるだけ読みやすい日本語に直してもらいました。また，監訳者の私たちも多数の翻訳者の文章のスタイルを統一して，よりわかりやすい表現に直すことを心がけました。このような努力のすえに完成された本書が生化学を学ぶ学生の理解に役立ち，生化学に興味を持つ１人でも多くの学生が育ってくれることを心から願っています。

監訳者　石浦章一　　板部洋之
髙木正道　　中谷一泰
水島　昇　　横溝岳彦

訳者一覧

監訳者

石浦　章一　東京大学大学院総合文化研究科広域科学専攻 教授

板部　洋之　昭和大学薬学部生体分子薬学講座生物化学部門 教授

髙木　正道　元新潟薬科大学 学長，新潟薬科大学名誉教授

中谷　一泰　昭和大学名誉教授，新潟薬科大学名誉教授

水島　昇　東京大学大学院医学系研究科分子生物学分野 教授

横溝　岳彦　順天堂大学大学院医学研究科生化学・細胞機能制御学 教授

訳　者

北村　昌也　大阪市立大学大学院工学研究科 教授　第1章

中谷　一泰　第2，16章

相内　敏弘　昭和大学薬学部生物化学部門 兼任講師 第3章

寺部　眞人　元（株）プロテイオス研究所 主任研究員 第4章

大野　茂男　横浜市立大学大学院医学研究科 教授　第5章

前仲　勝実　北海道大学大学院薬学研究院 教授　第6章

田口　精一　北海道大学大学院工学研究院 教授　第7章

門屋　亨介　北海道大学大学院工学研究院 博士研究員 第7章

大井　俊彦　北海道大学大学院工学研究院 准教授　第7章

津本　浩平　東京大学大学院工学系研究科 教授　第8章

木村　宏二　元鳥取大学生命機能研究支援センター 特任教授　第9章

原　俊太郎　昭和大学薬学部衛生薬学部門 教授　第10章

宮澤　恵二　山梨大学医学部生化学講座 教授　第11章

板部　洋之　第12章

上田　夏生　香川大学医学部生体分子医学講座生化学 教授 第13章

服部　光治　名古屋市立大学大学院薬学研究科 教授 第14章

髙木　正道　第15章

太田　明徳　中部大学応用生物学部応用生物化学科 教授 第17章

水島　昇　第18章

堀内　裕之　東京大学大学院農学生命科学研究科 准教授 第19章

五十嵐一衛　千葉大学名誉教授　第20章

吉澤　史昭　宇都宮大学農学部生物資源科学科 教授 第21章

斎藤　菜摘　鶴岡工業高等専門学校 准教授　第22章

梨本　正之　新潟薬科大学健康・自立総合研究機構 教授 第22章

中村　元直　岡山理科大学理学部臨床生命科学科 教授 第23章

横溝　岳彦　第24，29章

五十嵐和彦　東北大学大学院医学系研究科 教授　第25章

菊池　章　大阪大学大学院医学系研究科 教授　第25章

宮川　清　東京大学大学院医学系研究科 教授　第26章

和泉　孝志　群馬大学大学院医学系研究科 教授　第27章

石浦　章一　第28章

翻訳協力者

吉井　紗織　東京医科歯科大学医歯学総合研究科　第18章

序　文

新版によせて

好評を博した生化学の教科書（『カラー生化学』第3版）が，前版の出版から12年の歳月を経て改訂されるというのはどういうことだろうか？　生化学のような変化が早い分野の教科書というものは，その教育上の価値を維持するために，たいていは4，5年おきに改訂されるものである。それにもかかわらず，生化学を教える教師や学生から第4版は出るのか，出るならばいつなのか，という声が聞こえ続けていた。クリストファー・K・マシューズは第4版へのアップデートを検討していたが，前版の共著者の中にはこのような大改訂に取り組むことが難しいメンバーもいたため，時間をかけて念入りな選考を重ねた結果，2人の新しい共同執筆者がマシューズに加わった。ディーン・R・アプリングとスペンサー・J・アンソニー＝ケイヒルである。

酵素学者のアプリングは代謝経路の組織と調節に関心があり，特に葉酸補因子と一炭素単位の代謝に重点を置いた研究を行っている。核磁気共鳴法（NMR）と分子遺伝学を繁用して，代謝の区画化と制御の解明に挑んでいる。アンソニー＝ケイヒルの研究テーマはタンパク質の折りたたみとデザインで，近年は循環置換配列をもつタンパク質変異体の折りたたみパターンに注目している。現在のように大学で教鞭をとる任に就く以前は5年間バイオテクノロジー企業に在籍し，そこで生化学を教えるにあたっての貴重な見解を得る経験を積んだ。アプリングもアンソニー＝ケイヒルも本書の第3版を自分で教える際に使用しており，2人とも本書の長所と更新を必要とするポイントをよくわかっていた。

新しいメンバーの研究関心分野の違いによって自然に執筆箇所が分担され，アプリングは生物分子の構造と機能を，アンソニー＝ケイヒルは代謝とその制御を扱うことになった。遺伝生化学分野を担当したのはマシューズである。とはいえ，プロジェクトの進行には全員によるチームワークが欠かせなかった。各章の草稿は3人の共同執筆者全員の精査を受け，なおかつ第1稿の執筆者それぞれによる改訂を経たのち，編集者，さらには外部レビュワーの元へ送られた。執筆者同士が，お互いにとっての最も手ごわい批評家であった。そして，この第4版では中心的には編集に加わらなかったものの，K・E・ヴァン・ホルダにはいくつかの原稿に目を通してもらった。彼の格調高い文章は今回の版にも残っている。改訂にあたり，彼の名を共著者に含めることができたのは光栄である。

改訂された内容

主な変更

第3版の出版以降に生じた多くの新しい知見を盛り込むことに加え，この新版で大きく改めた点が3つある。第1は，酵素や代謝に関する章での生化学的反応機序についての記述を深めたことである。第2は，中間代謝を扱う各章を大きく再編したことである。糖質に関する章は統合され，そのため第4版では解糖系，糖新生，グリコーゲン代謝およびペントースリン酸回路を1つの章として扱うことができるようになった（第13章）。ページ数を増加させずにこのような変更をするため，複雑な糖質の代謝についての項を第9章に移動した。授業を行う際にはこの部分を代謝に関するトピックの一環として扱うことも可能である。酸化還元反応の熱力学は，第15章からより適切と思われる第3章へ移した。哺乳類の代謝における器官同士の相互作用は，2つの章（第18章と第23章）に分けて論じることとした。

3つ目の大きな変更点は，遺伝の生化学的過程を取り上げた第5部に関するものである。第3版と同じく，生物学的な遺伝情報の伝達については第4章で扱い，詳細は第5部で述べる形である。第3版で5章あった遺伝情報についての章は，今回は6章に増えている（第24～29章）。

新たな記述

第3版からかなり長い時間を空けて新しく改訂版を出すにあたっては，分子生命科学の発展の中から最も重要なものを選び出して本書に組み込むことに力点を置いた。主な加筆修正があったトピックスは，以下の通りである。

- DNAのホスホロチオエート結合（第4章）
- 遺伝子の配列解析，分子系統解析，プロテオミクス解析，質量分析によるアミノ酸配列決定（第5章）
- タンパク質二次構造分類のための新しいアプローチ，タンパク質構造予測，タンパク質の折りたたみに関するエネルギー状況（第6章）

- ミオグロビンの動態，窒素の生理学におけるヘムタンパク質の役割，抗がん剤としての抗体・薬品抱合体（第 7 章）
- 複合糖タンパク質の生物学的イメージング（第 9 章）
- 脂質ラフト（第 10 章）
- 一般的な生化学反応の有機化学的機構（第 12 章）
- mTOR，AMPK，サーチュインとタンパク質のアセチル化を含むエネルギー恒常性の協調的制御（第 18 章）
- 代謝経路の発展（数章にわたる），コレステロール代謝の制御（第 19 章）
- ユビキチンとタンパク質代謝回転の制御（第 20 章）
- メチル基の代謝（第 21 章）
- 薬理遺伝学（第 22 章）
- AKAP（A kinase anchoring proteins）（第 23 章）
- RFLP（Restriction fragment length polymorphisms），一塩基多型とゲノムマッピング，クロマチン構造，セントロメア（第 24 章）
- 二本鎖 DNA の切断修復（第 26 章）
- RNA ポリメラーゼ（第 27 章）とリボソーム（第 28 章）の構造と機能
- アポトーシス（第 28 章）
- 転写複合体におけるメディエーターの役割，DNA メチル化とエピジェネティクス，ヒストン修飾の機能的意義，RNA 干渉，リボスイッチ（第 29 章）

生化学の応用

読者から要望が多かったのは，生化学の知識が実践的には（とりわけ健康医学において）どのように活用されているのかという点であった。本書ではこれに関して，他のテキストとは異なり，囲みを設けないで本論部分に統合した。このほうが読みやすくなったと確信している。

議論に上ったのは，以下のものがある。

- インフルエンザウイルスのノイラミニダーゼとタミフルの作用（第 9 章）
- バイオ燃料（第 13 章）
- ミトコンドリア病（第 15 章）
- 人工的光合成（第 16 章）
- 糖尿病と肥満（第 18 章）
- カロリー制限と寿命延長（第 18 章）
- メチレンテトラヒドロ葉酸レダクターゼ変異体と疾患の罹患性（第 21 章）
- 染色体組換えとがんを標的とした薬剤（第 23 章），疾患遺伝子のマッピング（第 24 章）
- がん遺伝子の変異の特徴（第 23 章）

良いところはそのままに

この第 4 版ではすべてを新しく書き直したわけではない。生化学的過程や機序の基盤となる生理化学的な概念についての記述や，生化学の実験的科学としての面に関する箇所（「生化学の道具」など）のような，これまでの版で好評を得た部分については，その良さを損ねずに，さらに磨き上げるよう努めた。

生化学の道具

第 3 版でもそうであったように，生命過程における分子の特質の理解に大きく貢献してきた実験技術の重要性については本書でも強調している。生化学と分子生物学の研究において最も重要な技術が，各章末の「生化学の道具」に収められている。このコーナーの多くが，今回の版で大きく改訂がなされたか，新しく書き下ろされたものである。新規，あるいは大きな変更があったものは以下のような箇所である。

- プロテオミクスの概要，タンデム質量分析（第 5 章）
- 核磁気共鳴法（第 6 章）
- in vitro でのタンパク質機能の発展（第 11 章）
- メタボロミクス（第 12 章）
- 相同組換えによるジーンターゲティング，単一分子の生化学（第 26 章）
- マイクロアレイ，クロマチン免疫沈降法（第 27 章）

DNA 操作にかかわる内容は序盤の第 4 章末にまとめている。第 12 章の放射性同位体についてはかなりコンパクトな形になった。酵素のメカニズムを分析するための反応速度論的同位体効果を利用した方法については，加筆されて第 11 章にある。

[カバーについて]

カバーのイラストは，X 線結晶解析による 4.15 オングストロームの解像度で得られた酵母 80S リボソームである。この RNA とタンパク質を含む複合体は巨大な分子装置であり，メッセンジャー RNA，活性化アミノ酸を含むトランスファー RNA，そして翻訳のすべての段階（翻訳開始，ポリペプチド鎖伸長，および終結）で働く可溶性タンパク因子といったタンパク質生合成の構成要素が結合してできている。

タンパク質生合成の機構に関する重大な発見がなされるようになったのは，原核生物と古細菌のリボソームの結晶構造が報告された 2000 年からである。ここで積み重ねられた業績は，2009 年の V・ラマクリシュナン，T・A・スタイツ，A・ヨナスへのノーベル化学賞に結実した。翻訳の基本的なプロセスはすべての細胞で似ているが，真核細胞のタンパク質合成は，特にはるかに多くの可溶性タンパク質因子が関与している開始段階において，バクテリアのそれに比べずっと複雑である。真核細胞のリボソームはバクテリアよりも約40%大きく，より複雑で，タンパク質組成も異なり，そして構成成分のRNAもやはり大きい。このように，真核生物のリボソーム構造の解明は恐るべき難題であったが，2010年末から複数の研究室でこの偉業が達成されたのであった。

カバーに描かれている酵母のリボソームの構造は，A. Ben-Shem, L. Jenner, G. Yusupova, M. Yusupov, *Science* 330：1203–1209（2010）に記載されたものである。画像はベン＝シェムらが寄託したブルックヘイブンタンパク質データベース Brookhaven Protein Database（PDB）から，C. スピーゲルとアンソニー＝ケイヒルが作成した。

イラスト：40S粒子（PDB ID：3O30）のRNAはオレンジ色，タンパク質は薄い青色で示す。60S粒子（PDB ID：3O5H）のRNAは赤紫色，タンパク質は緑色で示す。

クリストファー・K・マシューズ
K・E・ヴァン・ホルダ
スペンサー・J・アンソニー＝ケイヒル
ディーン・R・アプリング

著者紹介

クリストファー・K・マシューズ
Christopher K. Mathews

オレゴン州立大学生化学特別教授。リードカレッジで化学の学士号を取得（1958年）後，ワシントン大学で博士号を得る（1962年）。1963年からイェール大学，アリゾナ大学の学部に勤務した後，78年にオレゴン州立大学に移り生化学および生物物理学部長に就任（2002年まで）。主な研究関心分野は酵素学，DNA前駆体代謝の調節，デオキシリボヌクレオチド合成とDNA複製における細胞内協調など。1984～85年，エレノア・ルーズベルト記念国際がん研究所フェローとしてストックホルムのカロリンスカ研究所に在籍。1994～95年，ストックホルム大学ターゲ・エルランデル記念招聘教授。分子ウイルス学，代謝調節，ヌクレオチド酵素学，生化学的遺伝学分野の175を越える論文を学会誌に寄稿している。著書に *Bacteriophage Biochemistry*（1971），共編著に *Bacteriophage T4*（1983），*Structural and Organizational Aspects of Metabolic Regulation*（1990）がある。学部生や大学院生，メディカルスクールで生化学を学ぶ学生の教育に長年にわたって携わり，本書の前3版の共著者である。

オレゴン州や米国北西部で山や川に親しむアウトドア派で，野鳥観察に熱心なことでも知られている。オーデュボン協会（由緒ある環境保護団体）のオレゴン州コルバリス支部長，マルー国立野生動物保護区のグレートベースン協会会長も勤める。

K・E・ヴァン・ホルダ
K. E. van Holde

オレゴン州立大学の生物物理学および生化学特別教授。学士号（1949年）と博士号（1952年）をウィスコンシン大学で取得。クロマチン構造の研究に長年にわたって携わり，全米がん協会での受賞歴（1977年）もある。1967年からオレゴン州立大学に勤務し，88年に特別教授となる。全米科学協会，アメリカ芸術科学アカデミーの会員であり，グッゲンハイム，NSFおよびEMBOの研究員に迎えられたこともある。200以上の学術論文に加え，本書のほかに4冊の著書（*Physical Biochemistry*〈1971, 1985〉，*Chromatin*〈1988〉，*Principles of Physical Biochemistry*〈1998〉，*Oxygen and the Evolution of Life*〈2011〉）があり，共編に *The Origins of Life and Evolution*（1981）がある。ウッズホールの海洋生物学研究所において，化学，生化学，生物物理学，生理学，分子生物学の講座で大学生，大学院生の指導にも当たっている。

ディーン・R・アプリング
Dean R. Appling

26年間在籍するテキサス大学オースティン校の自然科学部副学部長およびレスター・J・リード記念教授（生化学）。テキサスA & M大学で生化学の学士号，ヴァンダービルト大学で生化学の博士号を取得。アプリング研究室の研究テーマは，葉酸を介した一炭素単位代謝に重点を置いた真核生物の代謝経路の機構と調節である。特に彼の研究室は，多くのヒト疾患において重要な役割を果たしているミトコンドリアにおける一炭素単位代謝の機構に興味をもっている。本書に加え60以上の論文や共著がある。

教科書の執筆と同じく情熱を傾けてきたのが釣り，ハイキングなどのアウトドア活動で，近頃はテキサス海岸の鳥の美しさに夫人とともに心を奪われている。2人がバードウォッチングの魅力に目覚めたのは本書の著者の1人であるマシューズと彼の夫人の影響で，これは本書がもたらした予期せぬ成果であった。

スペンサー・J・アンソニー＝ケイヒル
Spencer J. Anthony-Cahill

ワシントン州ベリンガムのウェスタンワシントン大学化学部教授。化学の学位をウィットマンカレッジで，生物有機化学の博士号をカリフォルニア大学バークレー校で得ており，卒業研究はピーター・シュルツの下での非天然アミノ酸のタンパク質への生合成的取り込みに関するものだった。以前はビル・デグラード研究所（当時はデュポン・セントラル・リサーチ）の国立衛生研究所ポストドクトラルフェローであり，de novoペプチドデザイン，ヘリックス–ループ–ヘリックスDNA結合モチーフの三次構造の予想などに携わった。その後5年間，バイオテクノロジー関連の企業に博士研究員として勤務し，急性失血の治療のためのリコンビナントヘモグロビンを開発した。1997年には，長年温め続けてきた教壇に立ちたいという思いをウェスタンワシントン大学で実現させ，現在も同職にある。

アンソニー＝ケイヒル研究室では，ヘムタンパク質のタンパク質工学の研究を行っている。ヒトβグロビンの循環置換に重点をおいて，臨床的に有用な一本鎖ヘモグロビンを開発することを目標にしており，自己集合タンパク質を用いたナノワイヤーの研究も進めている。

彼もアウトドア活動の愛好家で，特にユタ州東南部，ノースカスケーズの山々でキャンプや登山，マウンテンバイクを楽しんでいる。また，合気道三段の腕前で，ベリンガムにあるカルシャン合気道道場で大人から子供までの指導に当たっている。

レビュワー

Nahel Awadallah, Sampson Community College
Stephen L. Bearne, Dalhousie University
Roberto Botelho, Ryerson University
John Brewer, University of Georgia
Robert Brown, Memorial University of Newfoundland
Bruce Burnham, Rider University
Danielle Carrier, University of Ottawa
Lisa Carter, Athabasca University
Amanda Cockshutt, Mount Allison University
Betsey Daub, University of Waterloo
Richard Epand, McMaster University
Eric Gauthier, Laurentian University
Dara Gilbert, University of Waterloo
Masoud Jelokhani, Wilfrid Laurier University
Mark Jonklaas, Baylor University
David Josephy, University of Guelph
Lana Lee, University of Windsor
Elke Lohmeier-Vogel, University of Calgary
Derek McLachlin, University of Western Ontario
Vas Mezl, University of Ottawa
Scott Napper, University of Saskatchewan
Arnim Pause, McGill University
Dorothy Pocock-Goldman, Concordia University
Shauna Reckseidler-Zenteno, Athabasca University
Jim Sandercock, Northern Alberta Institute of Technology
Anthony Siame, Trinity Western University
Anthony Serianni, University of Notre Dame
Ron Smith, Thompson Rivers University
Lakshmaiah Sreerama, St. Cloud State University
David Villeneuve, Canadore College
William Willmore, Carleton University
Boris Zhorov, McMaster University

目　次

第 3 部　生命の原動力 1：触媒と生化学反応の調節

第 11 章　酵素：生物学的触媒　369

第 12 章　代謝の化学論　426

第 4 部　生命の原動力 2：エネルギー，生合成，前駆体の利用

第 13 章　糖質代謝：解糖系，糖新生系，グリコーゲン代謝，ペントースリン酸回路　465

第 14 章　クエン酸回路とグリオキシル酸回路　528

第 1 部

生化学の領域

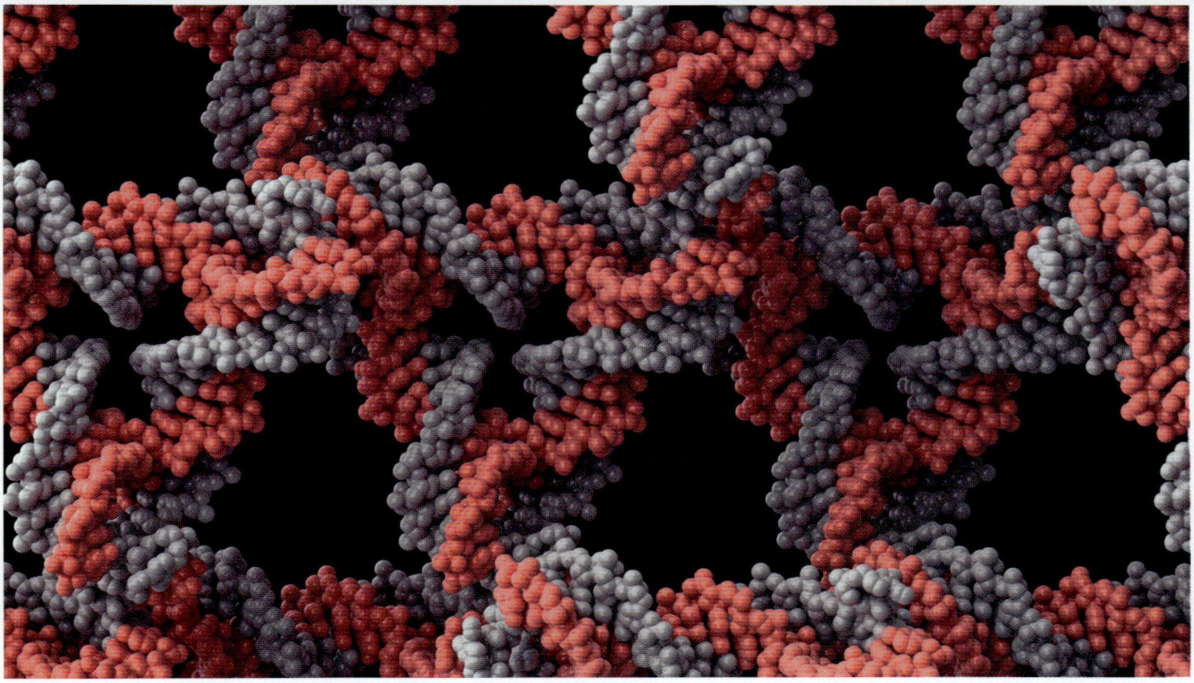

化学合成された DNA 断片で形成された規則的な三次元 DNA 結晶。
Visual Science/Science Photo Library.

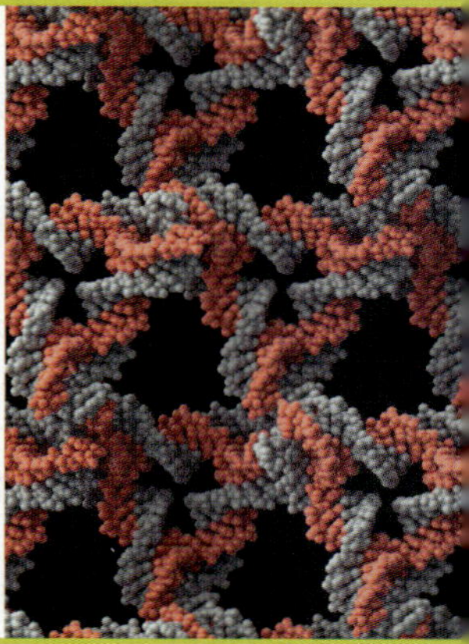

第 1 章
生化学の視界

生化学の世界にようこそ。生化学は，生物の構造，構成，機能を分子の言葉で探求する科学の一部門である。生物の構成要素の化学構造はどうなっているのだろうか？　これら構成要素は，どのように相互作用して，組織化された超分子構造や細胞，多細胞組織，そして生物をつくり上げているのだろうか？　生物は，生き残るためにどのようにして周囲からエネルギーを獲得しているのだろうか？　生物は成長したり自分自身を正確に複製したりするために，どのようにして必要な情報を保持したり伝達したりしているのだろうか？　細胞や生物が増殖したり，老化したり，さらに死ぬときに，どのような化学変化が起こるのだろうか？　このようなことが，生化学者によって提起されている問題点であり，これに答える研究がまさに生命の化学の研究である。

生化学は 3 つの主要な領域に分けることができ，それに従ってこのテキストは構成されている。(1) 生物の構成要素の**構造化学 structural chemistry** と，生物機能と化学構造との関係(第 1～11 章)，(2) **代謝 metabolism**，つまり生体内で行われる化学反応の全体像(第 12～23 章)，(3) **遺伝生化学 genetic biochemistry**，すなわち生物情報を蓄えておいたり伝えたりする過程や物質の化学(第 24～29 章)。(3) の領域は，**分子遺伝学 molecular genetics** の分野でもあり，遺伝と遺伝情報の発現を分子の言葉によって探求する分野である。

生化学と生物学の変革

生物科学は変革を経験するものだが，生化学はその変革の中心にある。変革は20世紀半ばに始まり，1953 年に大きく飛躍した。Watson と Crick によって，今やよく知られた DNA の二重らせん構造が提案されたのである。生命過程に関する根源的な物理的，化学的知識が明らかにされる速度は鈍ることなく，変革は今日も続いている。

Watson–Crick の変革以降は，およそ 10 年が 1 つの区切りとなってきた。その区切りによって，発見のペースがいかに維持され加速されてきたかがよく理解できる。影響力が大きかった Watson–Crick の論文後の 10 年をみてみよう。1960 年代初頭に遺伝情報がどのように発現するか理解する鍵となる遺伝コードの解明とメッセンジャー RNA の発見があった。その 10 年後には，最初の組換え DNA 分子がつくられ，他の発明ではできなかった扉を開けた。つまり，健康や農業，犯罪捜査，環境科学において，生物情報を実用化へと導いたのである。さらにその 10 年後に，科学者たちはどのような核酸断片でも化学的に合成できる方法を開発し，ポリメラーゼ連鎖反応により微少量の DNA を増幅する方法を発明した。それによって，どのような遺伝子であってもクローニングし，変異を導入することができるようになったので，その遺伝子構造の中に望み通りの変化を起こすことができるようになった。1990年代初頭に至るその10年後，科学者は植物や動物の生殖細胞の中に新たな遺伝子を導入する方法に加えて，存在しているどの遺伝子でも破壊したり欠損させる方法を開発し，あらゆる遺伝子産物の代謝機能解析が可能となった。その10年後には，ほぼ完全なヒトゲノムの全ヌクレオチド配列が発表された。そこには，DNAの2.9×10^9塩基対，20,000以上の異なった遺伝子が存在していた。そのすぐ後，小分子RNA干渉による遺伝子発現調節機構が発見され，科学者たちは衝撃を受けた。ゲノム配列分析およびRNAによる遺伝子調節から得られた情報という宝物は，生化学の展望を21世紀のそれへと変容させ続けている。

ポイント1
生物学は，Watson と Crick が DNA 構造に対して二重らせんモデルを提案した1953年に大きく変化した。

二重らせんの発見からヒトゲノム配列の解読までの半世紀の間，生化学と生物物理学の分野では，新しい強力な研究技術が生物学的変革を加速させた。それらは，X線結晶学であり，質量分析であり，核磁気共鳴であり，高度の分離技術であり，自動化されたタンパク質や核酸配列の決定法であり，個々の分子を視覚化する技術である。これらの技術が導入された歴史を図1.1に示したが，本書を通じて，これらの技術の大部分に遭遇するはずである。

生化学者たちの研究の歴史は，第2次世界大戦の終わり頃，研究試薬として放射性同位体が導入されたことに始まった。これによって，生物科学は変容した。今日，明らかに，生化学はすべての生命科学の基礎となっており，知覚や進化的淘汰，免疫機構やエネルギー変換といった生物学的過程の理解にはすべて，化学と物理学を基礎とした理解が求められる。21世紀の生物学は，多くの動物や植物のゲノムに存在する数十億のDNA塩基対をはじめとした巨大なデータセットの集積，統合および分析を包含することも明らかである。本書の目的は，どのようにしたらこの点に辿り着けるかを示すことである。つまり，実験的アプローチと研究手法の面から生化学の概念や原理を理解し，また，巨大なデータセットがどのように出現し，生物学的データを定量的にコンピュータ解析する生物情報学（バイオインフォマティクス）と呼ばれる新たな科学がこれをどのようにして分析するのかを理解することである。

ポイント2
非常に強力で新しい化学および物理学の技術は，生物学的過程を分子の言葉で理解するスピードを加速した。

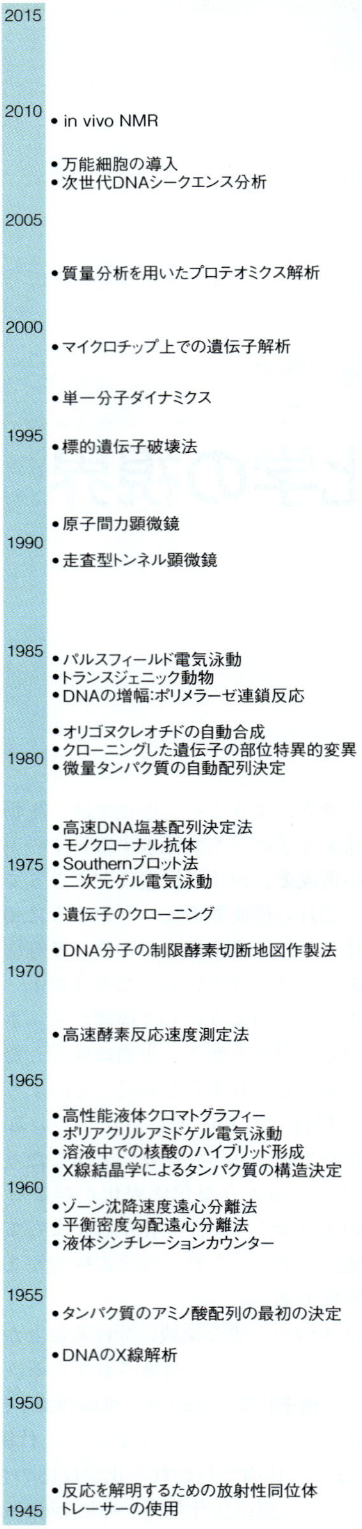

図1.1　新規の研究技術の導入にみる最近の生化学の歴史　表に示したタイムラインは，第2次世界大戦が終わってすぐ，生化学試薬として放射性同位元素が導入されたところから始まっている。

生化学のルーツ

生化学は，Watson と Crick の 1953 年の業績以前から始まっていたとしても，やはり若い学問である。本書を読んで学ぶ多くの，もしくはほとんどの事柄は，たかだか過去半世紀の間に発見されたものである。つまり，いわば最初の一撃が生物学に変革をもたらしたのである。まず，この領域の原点を見ておこう。

生化学は，19 世紀初頭の Friedrich Wöhler の先駆的な研究により始まった学問で，他とは異なった研究領域をルーツにもつ。Wöhler 以前は，生物の中の物質は，無生物の物質とはかなり異なる性質をもっており，既知の物理学や化学の法則に沿ったふるまいはしないと考えられていた。1828 年に Wöhler は，無機化合物であるシアン酸アンモニウムから，生物起原の物質である尿素を実験室で合成できることを示した。Wöhler は“私は，腎臓，あるいはヒトやイヌのような動物を使わなくても尿素をつくることができるのだ，とあなたに伝えておきます”と仲間に手紙を書いている。その当時としては，これはショッキングな声明であった。何しろ生物と非生物の間にあると思われていた障壁に風穴を開けるできごとだったからである。

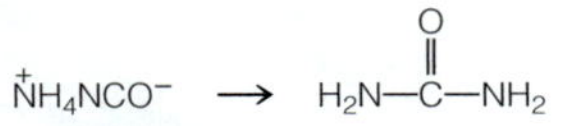

シアン酸アンモニウム　　尿素

Wöhler の証明の後ですら，当時普及していた生気論と呼ばれる考え方は，生物の構成要素は実験室でも合成できるかもしれないが，少なくとも生体物質の反応は，生きている細胞の中でしか起こりえないものだと考えられていた。この考え方に従えば，生物の反応は，物理的・化学的過程というよりもむしろ神秘的な“生命力”の作用によって起こるものだった。1897 年，破砕され完全に死んだ酵母細胞の抽出物が，砂糖からエタノールへの一連の発酵を行えることを，ドイツ人の Edward Buchner と Hans Buchner の兄弟が発見し，生気論という考え方は打ち砕かれた。この Buchner 兄弟の発見によって，生化学的な反応と過程を，**生体内 in vivo** ではなく，**試験管内 in vitro**（vitro はラテン語でガラスの意味）で分析する扉が開かれたといえる。それからの 10 年間で，たくさんの代謝反応と反応経路が in vitro で再現され，反応中間体や生成物，生化学反応の各段階を進める生体触媒である酵素が同定されるようになった。

生気論者たちは，“酵素（あるいは発酵体）の構造はあまりにも複雑で化学の言葉では説明できない”として，生体触媒の性質を最後の逃げ道としていたが，1926 年に James B. Sumner が，タンパク質であるウレアーゼ（ナタマメ由来の尿素分解酵素）が，有機化合物と同じように結晶化されることを示した。タンパク質は大きくて複雑な構造をもっているが，まさに有機化合物であり，その構造は化学と物理学の方法で決定可能なものである。この Sumner の発見は，生気論に引導を渡した。

> **ポイント 3**
> 初期の生物学者は，“生物的物質と非生物的物質とは基本的に異なる”という見解を乗り越えなければならなかった。

生化学の発展と並行して，細胞生物学者たちは，引き続き細胞の構造についての知識を積み上げてきた。17 世紀に Robert Hooke が初めて細胞を観察して以来，顕微鏡技術の着実な改良によって，細胞が複雑で区画に分かれた構造をもつことが理解されるようになった（図 1.2 参照）。染色体は 1875 年に Walter Flemming によって発見され，遺伝要素であることが 1902 年までに確定された。1930 年頃から 1950 年頃にかけての電子顕微鏡の開発によって，細胞の構造全体をさらに微細に調べることができるようになった。この時点で，ミトコンドリアや葉緑体のようなオルガネラ（細胞内小器官）を研究できるようになり，特定の生化学反応がこの細胞内粒子の中で局所的に進行していることがはっきりした。図 1.3 に近代生化学と細胞生物学が結びつきつつ並行して進展してきたことを図示したが，遺伝学という新しい科学も，これに織り込まれている。

20 世紀前半の進展は，生体物質の化学構造の大要を明らかにし，多くの代謝経路の反応や，その反応が細胞内のどこで生じるかを明らかにしたが，依然として生化学はまだ不完全な科学であった。我々は，生物の個性はその化学反応全体で決まるものだということを知った。しかし，こういった反応が生物の組織の中でどのように制御されているのか，こういった反応を制御している情報がどのように貯蔵されていて，細胞が分裂するときに情報がどのように伝えられるのか，そして細胞が分化するときには情報がどのように処理されるのかということについては，ほとんど理解されていなかった。

遺伝情報のユニットである**遺伝子 gene** という概念は，19 世紀半ばに Gregor Mendel によるエンドウマメの遺伝学的研究により初めて提唱された。1900 年頃までに細胞生物学者たちは，遺伝子はタンパク質と核酸から成り立っている染色体の中にあるに違いないと気づいていた。その後，遺伝学という新しい科学によって，遺伝と発生の様式に関する詳細な知識が次々に提供された。しかし 20 世紀中頃まで，遺伝子を単

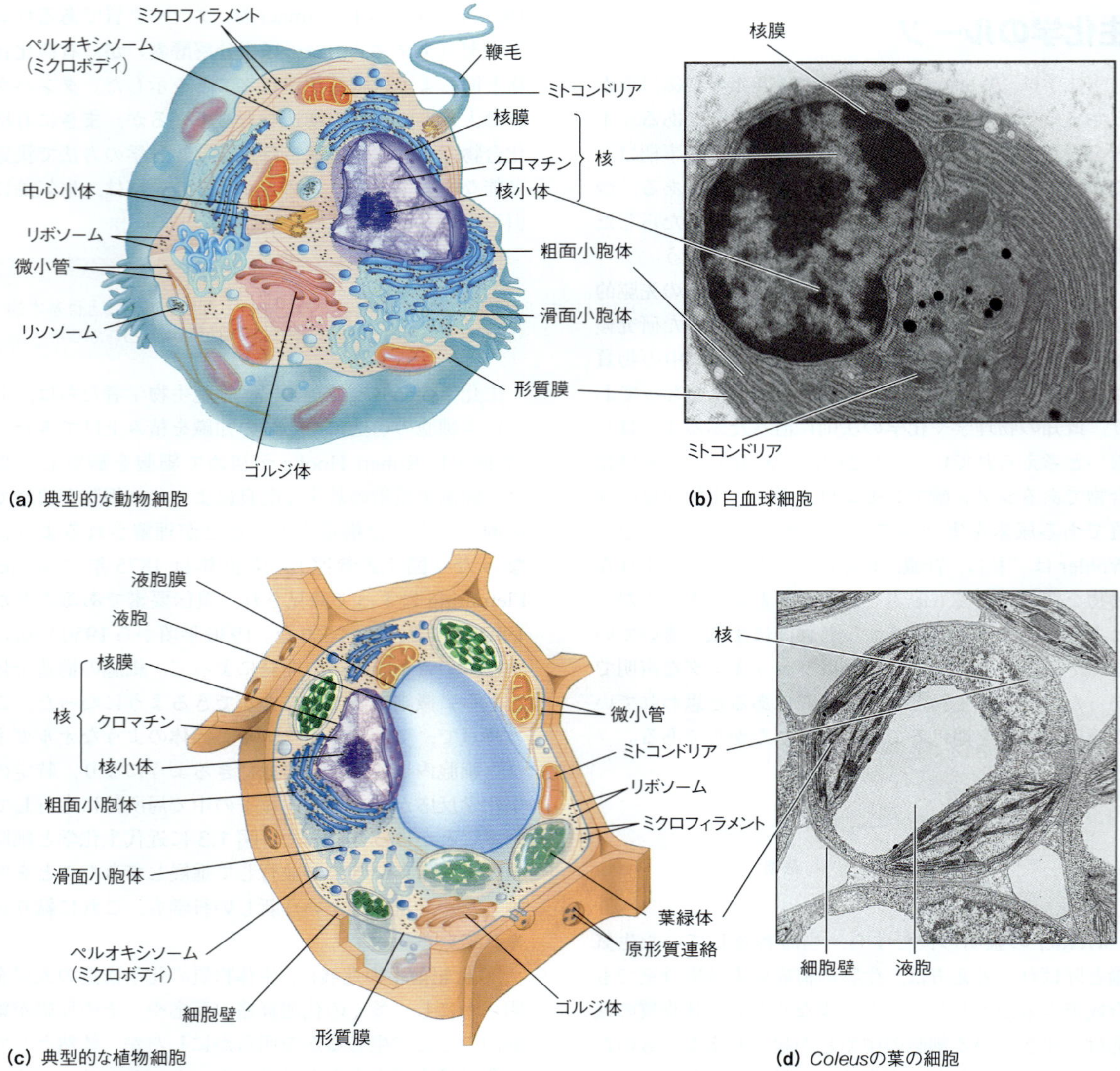

図 1.2　細胞の複雑な構造　(**a**) と (**c**) は，それぞれ典型的な動物細胞および植物細胞の模式図を示す。(**b**) 代表的な動物細胞の電子顕微鏡写真。この写真は白血球を示す。(**d**) 代表的な植物細胞の電子顕微鏡写真。この写真は *Coleus* の葉の細胞の薄い切片を示す。

(a, c) *Biology*, 5th ed., Neil A. Campbell, Jane B. Reece, and Lawrence A. Mitchell. © 1999. Reprinted by permission of Pearson Education Inc., Upper Saddle River, NJ ; (b, d) Steve Gschmeissner/Science Photo Library

離したり，遺伝子の化学組成を決定した者はいなかった。核酸は1869年にFriedrich Miescherによって単離されていたが，その化学構造についてははっきりとはわからなかった。1900年代初頭には，核酸は細胞内の構造物としての役割しかない単純な物質であると考えられていた。ほとんどの生化学者は，タンパク質のみが遺伝情報を保持するのに十分な複雑な構造をもっていると信じていた。

この確信は間違っていた。1940年代と1950年代はじめに行われた実験によって，**デオキシリボ核酸 deoxyribonucleic acid**（DNA）が遺伝情報の運搬者であることがはっきりと証明された（第4章参照）。前述したように，1953年にJames WatsonとFrancis CrickがDNAの二重らせん構造を論文として発表したことは，科学の歴史の中で最も重要な進歩の1つであった。この概念は，“情報は分子の構造の中に書かれていて，そのまま1つの代から次の代へ伝えられる”という過程を示唆するものであった。

ほぼこの時点で，図1.3に示した科学の3つの分野，生化学，細胞生物学，遺伝学の発展の糸は互いに固くより合わされ，分子生物学という新しい科学が出現した。分子生物学と生化学はどちらも分子の言葉で生命を完全に明らかにすることを究極の目的としているので，この2つの分野の違いは常にあいまいである。分

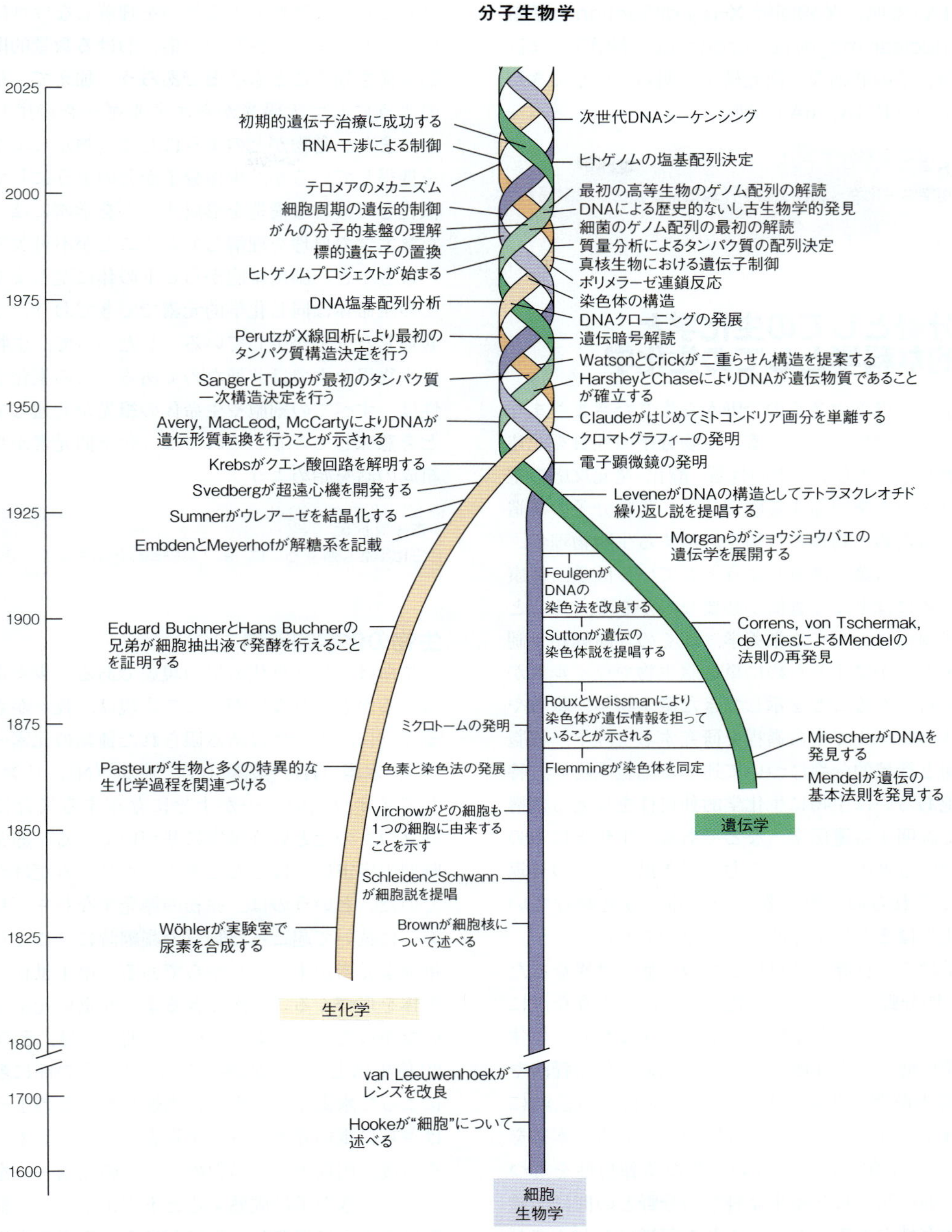

図 1.3　生化学，細胞生物学，遺伝学の 3 本の糸を編み上げるようにしてそれぞれの 3 分野から分子生物学ができ上がってきた過程での歴史的出来事　これら 3 つの分野は，はじめは全く別のものと考えられていたが，編み上げられて，今日の生化学の主題である真の分子生物学となった。

The World of the Cell, 4th ed., Wayne M. Becker, Lewis J. Kleinsmith, and Jeff Hardin. © 2000. Modified with permission of Pearson Education Inc., Upper Saddle River, NJ.

子生物学という言葉はしばしば狭い意味で用いられて，核酸の構造と機能および生化学の遺伝学的な面の研究，すなわち分子遺伝学と呼べばもっと適切と思われる領域を示すことがある。しかし，21 世紀初頭の段階では，生化学と分子生物学を区別することはやや不自然である。というのは，このどちらの分野でも，成功する科学者たちは化学，生物学，物理学をはじめ，関連するあらゆる学問領域の研究法を用いなければならないからである。事実，生化学者たちに用いられている最も強力な 3 つの研究技術は，物理学者によって開発された。**電子顕微鏡 electron microscope** は驚くほど詳細な細胞構造を明らかにしてきたし（「生化学の道具 1A」参照），X 線回折 X-ray diffraction と核磁気共鳴 nuclear magnetic resonance（NMR）は巨大な生物分子の詳細な三次元構造を明らかにしてきた（「生化学の道具 4A，6A」参照）。

ポイント 4
分子生物学は生化学，細胞生物学，遺伝学が融合した学問である。

専門分野としての生化学と学際的な科学としての生化学

生化学は，以下の多くの分野から生じたさまざまなテーマを研究対象にしている。生物分子の性質を記述する有機化学，熱力学や水の性質，酸化-還元反応の電気的パラメータを記述する物理化学，生物分子の構造を研究するために物理の技術を応用する生物物理学，病状を分子の言葉で理解しようとしている医学，健康維持のためにはどんな食餌が必要なのかを考えることで物質代謝に光を当てた栄養学，多くの代謝経路や制御機構を明らかにするために単細胞生物やウイルスが最適の材料であることを示してきた微生物学，組織や生物個体のレベルで生命過程を研究する生理学，細胞中の代謝と機械的分裂について述べる細胞生物学，特定の細胞あるいは生物に生化学的独自性を与える機構について説明する遺伝学，などである。生化学はこのような学問分野のすべてから力を引き出し，その見返りとしてそれらの分野に新たな情報を与え続けている。生化学はまさに学際的な科学なのである。

生化学はそれ自身，独自性をもつ，他とは異なった1つの専門分野でもある。生化学は，次のような点に重点をおいていることが特色である。すなわち，生体分子，特に酵素や生体触媒の構造と反応，代謝経路やその制御の解明，生命過程が物理学や化学の法則によって理解されるものだという原理，である。本書を読むとき，“生化学は他の分野と異なる独自性をもつ一方で，他の物理科学や生命科学の分野との間に明確に相互依存性がある”ということを記憶にとどめておいてほしい。

化学としての生化学

生化学は生命科学ともいわれ，生化学の発展は生物学の歴史に関係づけられることが多いが，生化学は何よりまず第1に化学なのである。生物学における生化学の影響を理解するには，生物の化学的要素と多くの生体物質——アミノ酸，糖，脂質，ヌクレオチド，ビタミン，ホルモン——の完全な構造と，代謝反応におけるこれらの物質の振る舞いを理解しなければならない。また，多くの種類の反応における数量的関係と反応機構を知ることも必要であろう。加えて，植物がどのようにして太陽光からエネルギーを産生しているか，また，動物がどのようにして食物からエネルギーを獲得しているか，生体分子がどのようにして自己組織化して複雑な構造を形成するかを学ぶには，基礎的な熱力学の原理を理解しておくことが不可欠である。

最も小さい細菌細胞からヒトの体に至るまで，すべての生命体は同じ化学的元素でできており，それから共通した分子が生じている。したがって，生物の化学は生物界の中では共通なのである。この生化学的共通性は，すべての細胞や生命体の祖先が共通していることを意味している。それでは，化学的元素から生物の組成の話を始めよう。

ポイント 5
生化学を理解するには，まず基礎的な化学を学ぶべきである。

生物の化学的元素

生命は，第2世代の星の現象である。少々奇妙に聞こえるかもしれないが，この表現は，我々が考えているように，生命体はある限られた種類の元素——炭素（C），水素（H），酸素（O），窒素（N），リン（P）そしてイオウ（S）——が十分に存在する場合にのみ成り立つものだという事実に基づいている。非常に早い時期の宇宙は，ほとんど水素とヘリウムだけからできていた。というのは，原初の爆発すなわち“ビッグバン”に続いて起こった物質の凝縮時に，こうした最も単純な元素が生まれたからである。第1世代の星は，天体を形づくることができるような重い元素は含んでいなかった。このような早い時期の星は，その後70～80億年以上かけて成熟したのだが，その間に熱核反応によって水素やヘリウムは燃焼した。このような反応はさらに重い元素——まず炭素，窒素，酸素，そしてその後，周期表のその他のすべての元素——を生み出した。大きな星は成熟すると不安定になり，新星や超新星のように爆発し，先ほどの重い元素を宇宙空間にまき散らした。これらの物質が再び凝縮して第2世代の星をつくり，さらに重い元素に富んだ天体系が完成する。現在，第2世代の星が数多くある我々の宇宙は，我々が知っている生命と似たような元素組成となっている。

生命にとって必要不可欠な元素は，なぜ水素やヘリウムより重いのだろうか？　想像できるように，生命には大きくて複雑な分子の構造が必要だからというのがその答えである。大きくて複雑な分子は，ある決まった種類の元素によってのみつくることができ，限定された環境条件下でのみ安定なのである。水素とヘリウムの宇宙に化学作用はない。化合物が全く存在せず，元素しか存在しないような高温の星にも化学作用はない。月や宇宙空間のような低温環境では，緩慢で単純な化学反応は起こるかもしれないが，タンパク質や核酸のような複雑な分子が形成されるとは考えにくい。複雑な化合物をつくることが可能な元素に富み，温暖な環境である惑星においてのみ，生命は生まれるのである。

ほとんどの元素は，生物の創世にはかかわらなかった。地球上の生き物は，わずか4つの元素でできている。すなわち，炭素，水素，酸素，窒素である。これらの元素とヘリウムとネオンは，宇宙で最も多い元素でもある。ヘリウムとネオンは不活性ガスで生命過程での役割はなく，安定した化合物をつくることもなく，地球の大気からは容易に失われてしまう。

生体の中に酸素と水素が多いことは，地球上の生命における水の重要な役割によって部分的に説明できる。我々は水が豊富な世界で生活しているし，また，第2章で述べるように，水の溶媒としての性質は，生化学的過程において必要不可欠なものである。実際，人体の約70％は水である。元素C，H，O，Nは共有結合をつくる傾向が強く，生命にとって重要である。特に，炭素-炭素結合の安定性に加えて，一重，二重，三重結合を形成することによって，炭素からは莫大な種類の化合物が生じる。

しかし，この4元素だけでは生命は生じない。表1.1からわかるように，地球上の生物には，他の多くの元素が必要である。必須元素の第2段には共有結合をつくるイオウとリン，およびNa^+，K^+，Mg^{2+}，Ca^{2+}，Cl^-といったイオンが含まれる。イオウは，ほとんどすべてのタンパク質の重要な成分であり，リンは，エネルギー代謝と核酸の構造で本質的な役割を演じている。最初の2段の元素（周期表のはじめの2列の中で最も多量にある元素にほぼ相当する）の範囲を超えると，3段目，4段目には，微量ではあるが，ときになくてはならない役割を演じる元素が並んでいる。表1.1に示すように，第3段，第4段の元素の多くは金属であり，その一部は生化学反応の触媒作用の補助として役立っている。以降の章では，生命におけるこれらの微量元素の重要性を示す多くの例に出会うだろう。

ポイント6
生命体は主としてわずかな種類の元素（C，H，O，N，SおよびP）でできているが，他の多くの元素も同様に必要不可欠な機能を果たしている。

表1.1　生物にみられる元素

元素	コメント
第1段	
炭素（C）	すべての生物において最も多い
水素（H）	
窒素（N）	
酸素（O）	
第2段	
カルシウム（Ca）	すべての生物においてみられるが，量はそんなに多くはない
塩素（Cl）	
マグネシウム（Mg）	
リン（P）	
カリウム（K）	
ナトリウム（Na）	
イオウ（S）	
第3段	
コバルト（Co）	すべての生物においてみられ生命に必須であるが，少量しか存在しない金属
銅（Cu）	
鉄（Fe）	
マンガン（Mn）	
亜鉛（Zn）	
第4段	
アルミニウム（Al）	ある種の生物の中で非常に少量みられるか，もしくは必要とされる
ヒ素（As）	
ホウ素（B）	
臭素（Br）	
クロム（Cr）	
フッ素（F）	
ガリウム（Ga）	
ヨウ素（I）	
モリブデン（Mo）	
ニッケル（Ni）	
セレン（Se）	
ケイ素（Si）	
タングステン（W）	
バナジウム（V）	

生体分子

生命過程が複雑なのは，これらの過程に関係する分子の多くが巨大だからである。最も顕著な例はDNAである。例として，図1.4に示されているヒトのある染色体から放出されたDNA分子を考えてみよう。そこにみられるループ状の長い糸は2つの巨大な分子に相当し，それぞれの分子量は200億Da（1Daは^{12}C原子の質量の1/12，1.66×10^{-24} g）である。単細胞の細菌である大腸菌（*Escherichia coli*）のような単純な生物でさえ，約20億Daの分子量をもつDNA分子をもっており，このDNAは1 mm以上の長さがある。タンパク質分子は，一般的にこうしたDNA分子よりもずっと小さいが，それでも分子としては大きく，分子量は10,000～1,000,000 Daの範囲である。このような分子の複雑さは，かなり小さなタンパク質の三次元構造からも理解できるだろう。筋肉で酸素を貯蔵するタンパク質であるミオグロビンの構造を図1.5に示したが，この分子でさえ，その分子量は16,000 Daにもなる。

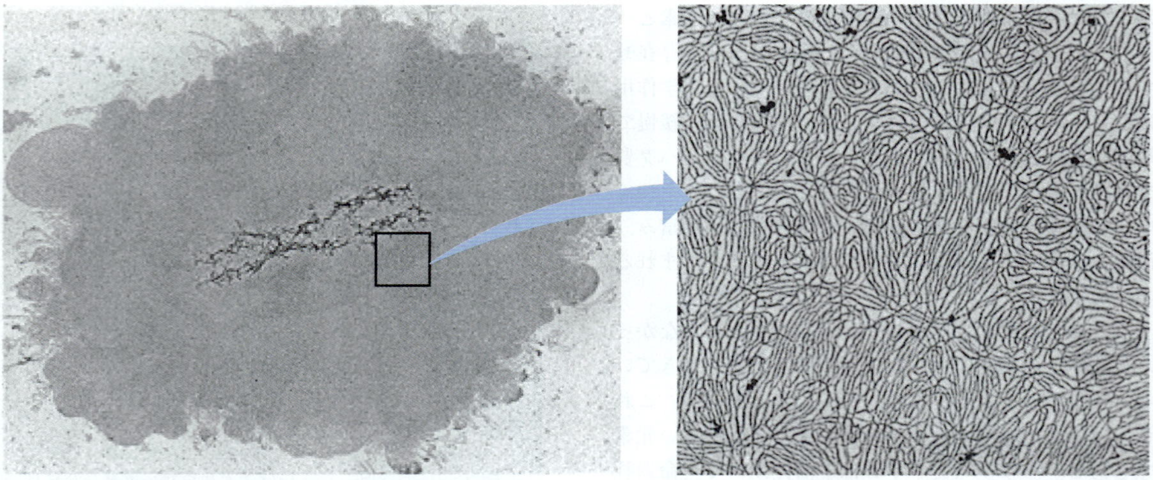

図 1.4　ヒトの 1 つの染色体中に含まれている DNA　染色体中にあるタンパク質の大部分は取り除かれ，タンパク質の“骨格”だけが残り，巨大なループ状の DNA 分子が浮かび上がっている。この染色体に含まれる DNA 分子はわずか 2 分子である。右に示したのは拡大写真で，長い DNA 繊維の詳細がわかる。DNA 分子の太さは約 2 nm である。
Reprinted from *Cell* 12：817-828, J. Paulson and U. K. Laemmli, The structure of histone-depleted metaphase chromosomes. © 1977, with permission from Elsevier.

このような巨大分子，すなわち**高分子** macromolecule は，どの細胞でも質量の大部分を占めている。後の章で詳しくみるが，生体物質が非常に大きいということには，それなりの理由がある。例えば，DNA 分子は，その長いテープから遺伝情報が直線的に読み取られるテープやコンピュータファイルと考えることができる。多細胞生物の構造を詳細に決める情報量は非常に多いので，DNA のテープは極端に長くなければならないことになる。事実，ヒトの細胞 1 個に含まれる DNA 分子は，端から端まで伸ばすと 2 m ほどの長さになる。ヒトゲノムプロジェクトを通じて 21 世紀初頭に明らかにされたように，ヒト DNA に含まれる情報は，約 100,000 種類ものタンパク質をコードしていたが，実際に機能している遺伝子の数ははるかに少ない。

細胞が，どのようにしてこれほど大きな分子を合成しているのかは，興味深い問題である。もし有機化学者が実験室で行うようなやり方で細胞が複雑な合成をしているとしたら，数百万の反応が必要な巨大分子の合成では数千種類の中間産物がたまってしまうだろう。こうしたやり方ではなく，細胞は，基本単位をつないで大きな分子を組み立てる手法をとっている。このような構造はすべて**重合体**（**ポリマー**）polymer と呼ばれ，組み立て用の単位，つまり**単量体** monomer をつなぎ合わせてつくられる。この巨大分子の単量体の種類は限定されていて，同じメカニズムで互いに連結，つまり**重合** polymerized される。その反応は，**縮合** condensation，すなわち結合反応中に水分子が除去される。単純な例は，植物の細胞壁の主要な構成要素である糖質の**セルロース** cellulose（図 1.6a）である。セルロースは単糖のグルコースが何千個もつながってできている重合体である。この重合体中の単量体間の化学結合はすべて同一である。グルコース単位の共有結合は，2 つの隣り合うグルコース分子の間で水分子を除去することによって形成されている。でき上がったセルロース鎖の中に残されているグルコース分子の部分はグルコース**残基** residue と呼ばれる。セルロース鎖の中の残基はすべて同一であるが，やはり残基である核酸中のヌクレオチドおよびタンパク質中のアミノ酸の場合は，もっと複雑である。

ポイント 7
細胞中の重要な分子の多くは巨大である。主要な生体高分子は，核酸，タンパク質，多糖である。すべての重合体は 1 種類ないしもっと多くの種類の単量体単位からつくられる。

ポイント 8
細胞は，大きな分子をつくり上げるのに，組み立てユニットの手法を使っている。

セルロースは単糖（**サッカライド** saccharide ともいう）の重合体であるため，**多糖** polysaccharide と呼ばれる。セルロースのように同一の単量体単位から組み立てられているものを，**ホモポリマー** homopolymer と呼ぶ。これとは対照的に，多くの多糖やすべての核酸およびタンパク質は**ヘテロポリマー** heteropolymer で，この場合，異なった種類の単量体単位から組み立てられている。核酸（図 1.6b）は 4 種類の**ヌクレオチド** nucleotide からできているので，核酸は**ポリヌクレオチド** polynucleotide とも呼ばれる。同様に，タンパク質（図 1.6c）は，異なる 20 種類の**アミノ酸** amino acid を組み合わせてできている。タン

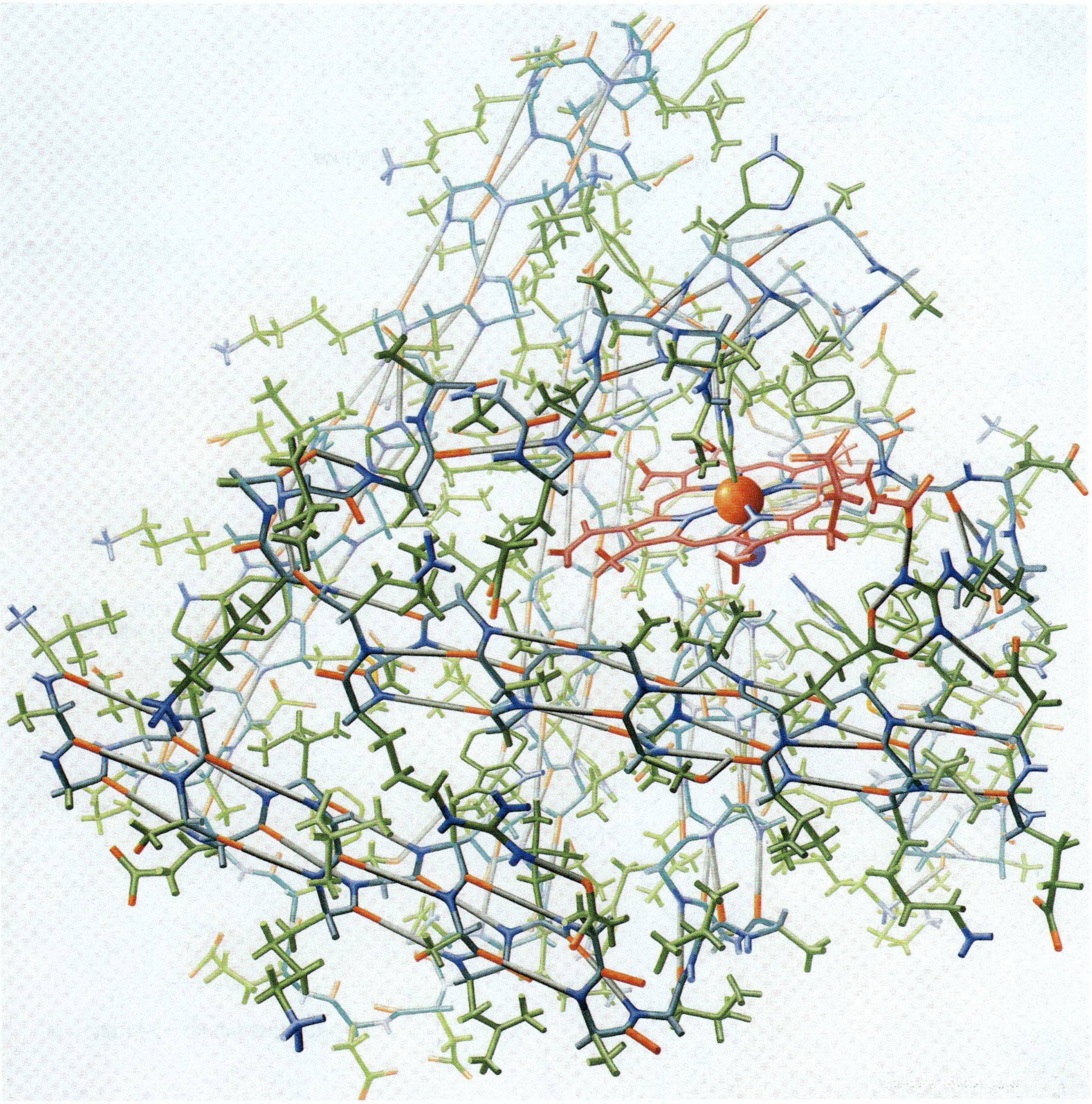

図 1.5　ミオグロビンの三次元構造　Irving Geis と彼の共同研究者 John Kendrew による歴史的に有名な絵で，スティックモデルで描かれている。X 線回折でその構造が決定された最初のタンパク質，マッコウクジラのミオグロビンである。つまり，タンパク質の三次元構造の複雑性や特異性を示す最初の例である。このような構造は，今日ではコンピュータグラフィックスによって表示されている。

パク質は**ポリペプチド polypeptide** と呼ばれるが，この言葉は，2 つのアミノ酸同士をつなぐ**ペプチド結合 peptide bond** から名づけられた名称である。

重合体は，細胞の中で多くの構造的・機能的な装置となっている。多糖はセルロースのように構造的要素でもあるし，植物体にある別のタイプのグルコースの重合体である**デンプン starch** のように生物エネルギーの貯蔵という役割を果たしてもいる。核酸，すなわち DNA と RNA は情報の貯蔵，伝達，発現に関わっている。DNA は主として遺伝情報の倉庫として働いているが，化学的に類似した構造をもつ RNA，すなわち**リボ核酸 ribonucleic acid** は DNA の中に蓄えられている情報の読み取りに関わっている。多糖あるいは核酸よりも構造的にさらに多様性に富むタンパク質は，はるかに多様な生物機能の遂行に携わっている。髪の毛や皮膚のケラチンや結合組織のコラーゲンなど，構造体として重要なタンパク質がある。生体の中で物質の運搬に携わっているタンパク質も存在する。顕著な例はヘモグロビンで，血液中の酸素を運ぶ役割を果たしている。タンパク質**ホルモン hormone** とそのシグナルを細胞の表面で受け止める**受容体 receptor** のように，生体の離れた部分の間の情報伝達を行

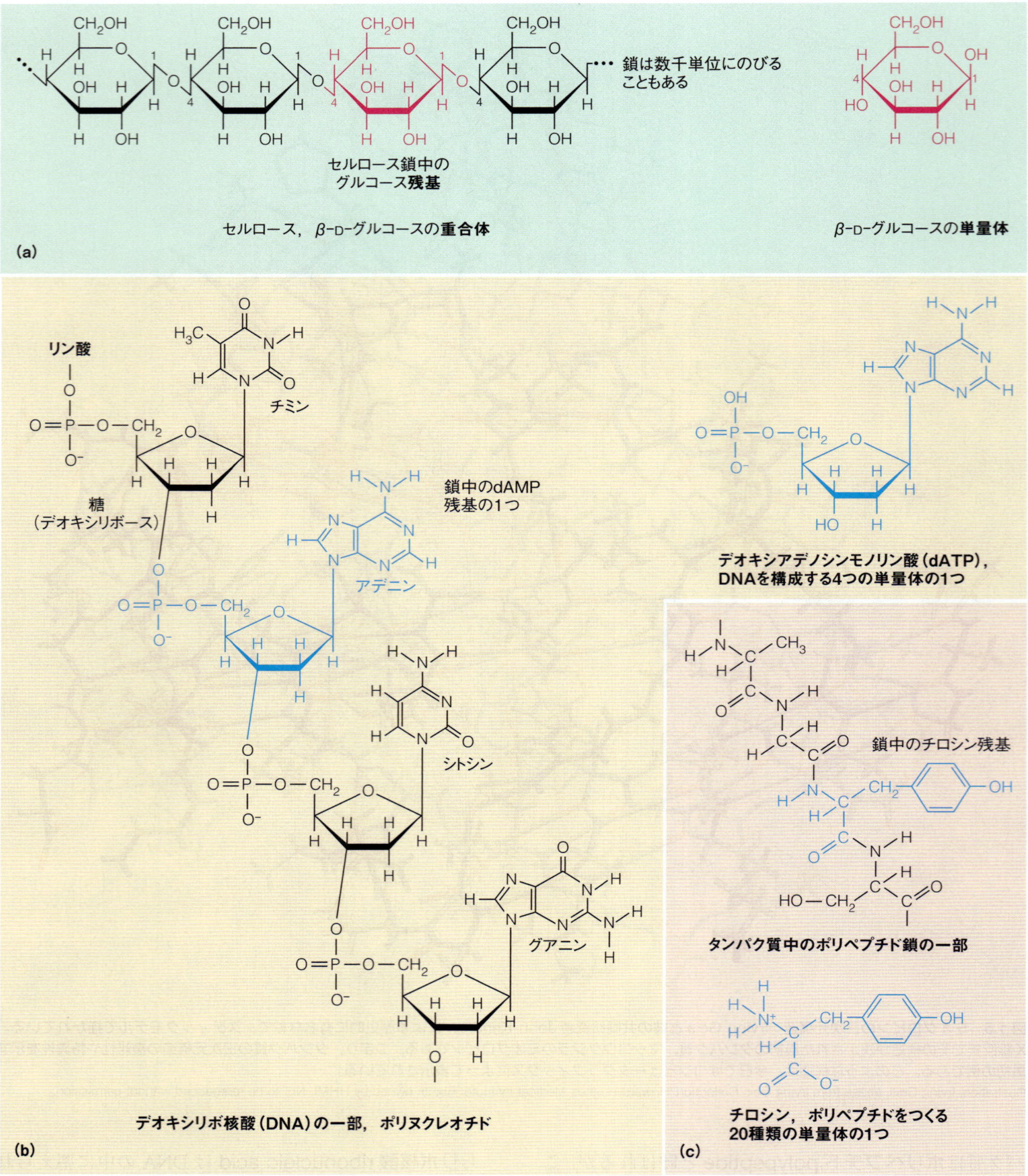

図 1.6　生体高分子の例　(**a**) 糖質。糖質セルロースは，*β*-D-グルコース単量体が各結合反応時に水分子が除去されてできる重合体である。(**b**) 核酸。核酸すなわち DNA と RNA はヌクレオチドの重合体である。ここには DNA 分子の一部を示すが，その単量体ユニットの 1 つである dAMP の構造を右側に示す。(**c**) ポリペプチド。タンパク質鎖もしくはポリペプチドは，20 種類の異なるアミノ酸が集まった重合体である。ポリペプチドの一部分の構造とその単量体の 1 つ，チロシンを示す。

うタンパク質もある。また，**抗体 antibody** のように感染から生体を防御しているタンパク質もある。タンパク質の中で最も重要なのは，個々の細胞の中で起こる数千種類もの化学反応を触媒する**酵素 enzyme** としての機能である。**RNA ポリメラーゼ RNA polymerase** は酵素の 1 つで，DNA 依存的にヌクレオチド分子を結合させて RNA 合成を触媒する（第 27 章参照）。

ここに挙げた高分子や，代謝に関係する多くの小分子，また高分子合成における単量体としての小分子の他に，もう 1 つ別のきわめて重要な一群の細胞構成成分がある。それは**脂質 lipid** で，炭化水素に富んだ構造から 1 つにまとめられている化学的に多様な化合物群である。炭化水素に富んだ構造であるから，脂質は，細胞の中という水環境中での溶解性は非常に低い。この低い溶解性が脂質に重要な機能の 1 つを与えており，細胞を囲み，さまざまな小区画に仕切る**膜 membrane** の主要な構成要素となっている。

> **ポイント 9**
> 脂質は生体膜の主要な構成成分である。

生物科学としての生化学

生物の特徴

本書で我々が扱うのは，生命の化学である。これまでに紹介した複雑な化学物質と化学反応は，生物の一部として，また生命過程の一部として重要である。この観点から生化学を理解するために，生物と非生物を区別しているのは何かを問うことから始めなくてはならない。

Daniel Koshland（巻末の参考文献を参照）は，7 つの特有の特性，すなわち“生命の柱”という生物系が作動する 7 つの基本原則について述べた。まずはプログラム，すなわち生物を構築し再生する組織化された計画である。地球上に存在する生命にとって，そのプログラムは DNA 中に貯蔵された情報である。2 番目は即興，すなわち環境の変化に合わせて生き残る確率が上がるようにプログラムに対し変更を施す生物の能力である。変異と選択の過程が，環境の変化（例えば，水生から陸生のような）に適応して，新たな条件の下，生物が生き残っていくことへの備えとなっている。

3 番目の柱は，区画化，すなわち生物自身が環境から（膜を使うなどして）自身を分離する能力である。例えば，酵素によって触媒される反応プログラムを実行する必要があるとき，温度や pH，反応物や反応産物の濃度などを望ましい条件にして化学反応をコントロールする必要がある。最も小さな生物は，1 区画，すなわち単細胞の内部しかもっていないが，より大きな生物は，異なった機能，例えば，知覚センサーや運動といった機能が実行できるよう特殊化された多くの細胞をもっている。さらに多細胞生物は，基礎的機能ユニットである細胞の中での分業を可能にする，オルガネラという亜区画をもっている。4 番目の柱はエネルギーである。熱力学では，自発的過程は単純性と乱雑さの方向で決まるとされている。しかし生物においては，プログラムや他の生命の柱を保持するために，複雑さを生み出さなければならない。そのために，細胞や生物は栄養分の酸化といったエネルギーを獲得する反応を実行し，そのエネルギーのいく分かと，エネルギーを必要とする複雑さを生み出すような反応，例えば，核酸やタンパク質の合成，神経インパルスの伝達などとを共役させる。そのようなエネルギーの究極の源は太陽であり，光合成を行う植物や生物分子の合成を駆動させる細菌によって直接的に，あるいは他の生物を食べ食餌の栄養素の分解から得るエネルギーを引き出す生物によって間接的に使われる。

> **ポイント 10**
> 生命は混沌とした環境の中に，秩序をつくり複製することによって成り立っている。この秩序化にはエネルギーが必要である。

5 番目は再生，すなわち平衡から離れた物理的状態の維持に関わる，傷ついてしまった物質を補う能力である。例えば細胞に存在するすべてのタンパク質は，連続的に分解される方向に向かっている。その原因は環境的なダメージを受けたからかもしれないし，また，消化酵素のように，通常の機能の一部として分解を受けているからかもしれない。このような傷ついた分子を連続的に置き換える能力は，生命に特有の特性である。6 番目の柱は，適応性，すなわち環境変化に応答する生物の能力である。例えば，動物の体内に貯蔵された栄養物を消費すれば空腹になり，食物を探す。個体の特性という適応力は，多くの世代にわたる時間スケールで環境変化に対応した結果であり，個体の能力として示されるような即興とは区別される。

最後の柱は隔離である。これは，代謝過程および経路が，1 つの細胞の同じ区画の中で行われるとしても，互いに離れて行われなければならないということである。糖を消化すれば，結果として細胞内のグルコース濃度が上昇する。肝臓や筋肉においては，グルコースはエネルギーを生み出すために消費されるか，重合してグリコーゲンになる。グリコーゲンはグルコースが重合したものだが，後になってエネルギーが必要なときにそのエネルギーを放出するために蓄えられているという点でデンプンと似ている。グルコースの重合およびその分解の初期段階は，細胞の同じ区画で起こる。しかし，そこに含まれる細胞内の制御過程や酵素触媒の特異性によって，細胞の要求に合うように必ず一方の経路が有利になり，もう一方の経路は阻害されるような仕組みがある。

7 本の生命の柱すべてが組み合わさったものが，細胞やミトコンドリアのような細胞内の細胞小器官（**オルガネラ organelle**）を取り囲んでいる半透性の膜の機能であり，膜は**恒常性 homeostasis**，すなわち生物系が一定に保たれるよう，化学組成の状態を維持している。本書を通して，平衡と非平衡定常状態である恒常性との違いについて考えていくことになるだろう。細胞と生物は，この化学的環境の一定性を維持しているが，このことは，これらの系が平衡にあることを示唆している。しかし生体系の定常状態の特性は，単純にエネルギーが絶え間なく注入されることによってのみ維持できる。平衡にあるタンパク質分子は，アミノ酸に分解される。しかし，エネルギー依存の非平衡定常状態の維持を通してのみ，細胞のタンパク質は合成され，高分子化した状態が維持されている。もう1つの例として，膜はイオン濃度勾配の維持という役割を果たしていることが挙げられる。ほとんどの細胞は，濃度勾配に逆らって能動的にカリウムイオンを内部に運んでいる。平衡状態でのカリウム濃度は，膜の内部と外部で等しいはずである。

我々が生命と呼ぶ，この驚くべきプロセスはどのようにしてでき上がったのだろうか？　我々はその答えをもち合わせていないが，本当に古くから，ほとんど地球誕生と同じくらい昔から存在していたとされている。地球は宇宙の塵が集まって約45億年前にできたが，確認できる微生物の痕跡は38億年前までさかのぼることができる。地球誕生からたった7億年しかたっていない。これら最古の生物（前生物）のうちのあるものは，すでにつくられていた化学物質の部品を利用したかもしれない。例えば，アミノ酸の痕跡は隕石中にもみられるが，その事実は，そのような物質が生物系の関与なしに**非生物的に abiotically** 生じうることの強力な証拠である。

起源が何であれ，最古の生物は嫌気的環境で生きていたに違いない。なぜなら地球には遊離の酸素が存在しなかったからである。実際，現在の地球の大気中の酸素は，すべて藻類や植物が行った光合成の産物であると考えられている。おそらく現在の酸素レベルにまで蓄積されるには30〜40億年が必要だったはずである。生命は，この惑星を占領しただけでなく，改造もしたのである。

生物的組織の単位：細胞

生物学に大きな影響を及ぼした初期の発見は，植物（この場合はコルク）の組織が小さく区切られているという Robert Hooke の発見（1665年）である。彼はこれを cellulae，つまり**細胞 cell** と呼んだ。1840年までに，多くの組織をさらに詳しく観察することにより，Theodor Schwann は，すべての生物は単一の細胞または細胞の集合体として存在すると提案した。この説は，今では完全に立証されている。

さらに，どんな生物の細胞も，きわめて似かよった大きさをしている。細菌の細胞はたいてい直径約1〜2 μm であり，ほとんどの高等生物の細胞も，細菌より約10〜20倍大きいだけである。植物細胞は，動物細胞よりいくらか大きい。もちろん例外はある。とても小さい細菌（0.2 μm）もいるし，中には長さが1 m 以上におよぶ脊椎動物の神経系のように，独特の細胞もある。しかし，自然界の生物の身体の大きさの範囲と比べると，すべての細胞の大きさにはそれほど違いがない。

ポイント11
すべての生物は細胞からできている。ほとんどの細胞は，おおよそ同じ大きさである。

植物でも動物でも，細胞の大きさは，生物の大きさとは関係がない。ゾウとノミはほとんど同じ大きさの細胞をもつ。ゾウはノミよりもたくさんの細胞をもっているだけである。なぜ，このように細胞の大きさは均一に保たれているのだろうか？　ある形の物体に対する表面積/体積の比は，その大きさに依存するという事実に，その手がかりがある。例えば，1辺が20 μm の立方体では，表面積/体積比は0.3である。一方で，1辺が2 μm の100個の立方体は体積は同じであるが，表面積/体積比は3.0で10倍大きい。物質を周囲と交換する能力は，細胞の中で起こる化学プロセスにとって重要であり，このことは表面積/体積比が維持されなければならないことを意味する。例えば，ゾウとノミの細胞機能が似ていることは明らかであることから，進化において似たような表面積/体積比を示す細胞が選ばれたと考えられる。

細胞は生命の普遍的な単位であるから，細胞についてもっと詳しくみてみよう。細胞構造の大きな違いにより，生物の2つの大きなクラスが定義される。原核生物と真核生物である。**原核生物 prokaryote** は常に単細胞で，**真正細菌 eubacteria** と**古細菌 archaebacteria** と呼ばれる古くからある細菌が含まれる。生物はもともと形態や構造を基準として分類されてきたが，現在の分類は生化学的な分析，主として DNA ヌクレオチド配列の決定に基づいている。図1.7に3つの大きな生命の枝をもつ，進化の“樹”を示したが，これはリボソーム RNA の配列の相同性に基づいた関係を示している。2本の枝が近ければ近いほど，生物はこの2つの枝の中でより関係が深い。

典型的な原核生物を図1.8に図解する。原核細胞は形質膜と，多くの場合，固い細胞壁にも囲まれている。膜の内側は**細胞質 cytoplasm** で，**細胞質ゾル cytosol**（濃厚な半流動体の溶液または懸濁液）とその中に懸濁している構造体を含む。原核生物では細胞質は小区画に分かれておらず，遺伝情報は，細胞質ゾル中に遊離して存在する1分子かそれ以上の DNA 分子の形で存在している。タンパク質合成の分子機械を構成する**リボソーム ribosome** も細胞質ゾル中に懸濁している。原核細胞の表面には，他の細胞や表面に付着する

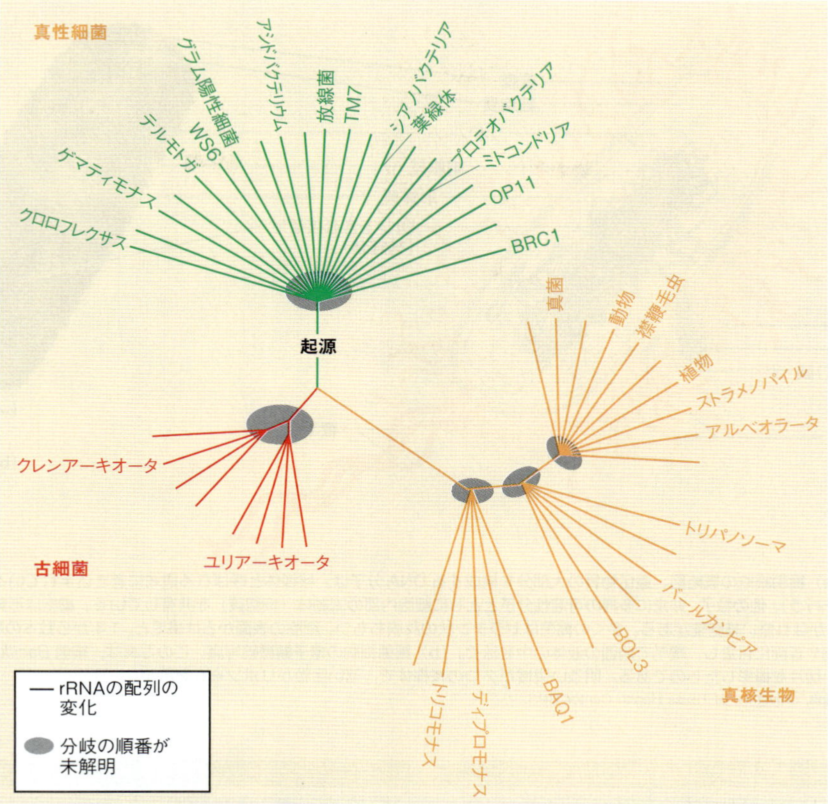

図 1.7　リボソーム RNA の配列比較に基づいた生命の分子の樹　系統すべてを線で示しているわけではない。分岐点は共通の進化の起源を表し，2 つの枝の間の距離は遺伝的関連性を表している。いくつかの繋がりは“環境上の配列”（つまり，その生物がまだ分離されたり培養されたりしておらず，環境中で検出されただけの配列）を表している。

のを助ける**繊毛 pili** や，細胞が泳ぐことを可能にする**鞭毛 flagella** がある。

原核生物以外の生物は**真核生物 eukaryote** と呼ばれる。真核生物には，原生動物，菌類（カビ），藻類と呼ばれる単細胞生物や単純な多細胞生物，さらに多細胞の植物と動物も含まれる。真核生物と原核生物には多くの違いがあるが，そのうちのいくつかを表 1.2 にあげる。ほとんどの真核細胞は原核細胞よりも大きい（10〜20 倍）が，細胞を小区画に分けることにより大きいことで被る不利益を補っている。細胞質中に存在する膜に囲まれた構造体，つまり**オルガネラ**を形成し，特に分化した機能をもたせているのである。

動物と植物の細胞の典型的な模式図を図 1.2 に示した。ほとんどの真核細胞に共通である主要なオルガネラには以下のものがある。**ミトコンドリア mitochondria** の主な機能は，酸化的代謝である。**小胞体 endoplasmic reticulum** は折りたたまれた膜構造体でリボソームに富み，多くのタンパク質合成がここで行われる。**ゴルジ体 Golgi complex** は膜に付着した小胞で，新生タンパク質の分泌と輸送の機能を果たしている。それから**核 nucleus** がある。真核細胞の核は，**染色体 chromosome** に収められた DNA にコードされている細胞の遺伝情報を含んでいる。この DNA の一部は，**核小体 nucleolus** と呼ばれ核内に密度の高い領域をつくっている。核は**核膜 nuclear envelope** に取り囲まれているが，核膜には小さい穴が開いていて，この穴を通して核と細胞質が連絡している。

ポイント 12
生物は異なる細胞の様式をもつ 2 つのクラスに大別される。原核細胞は小区画に分かれていない。真核細胞は膜に結合したオルガネラをもつ。

植物と動物それぞれに特異的なオルガネラもある。例えば，動物細胞は植物細胞にはない**リソソーム lysosome** と呼ばれる消化小胞をもっている。植物細胞は光合成の場である**葉緑体 chloroplast** と，通常は大きくて水で満たされた**液胞 vacuole** をもっている。さらに，ほとんどの動物細胞が**形質膜 plasma mem-**

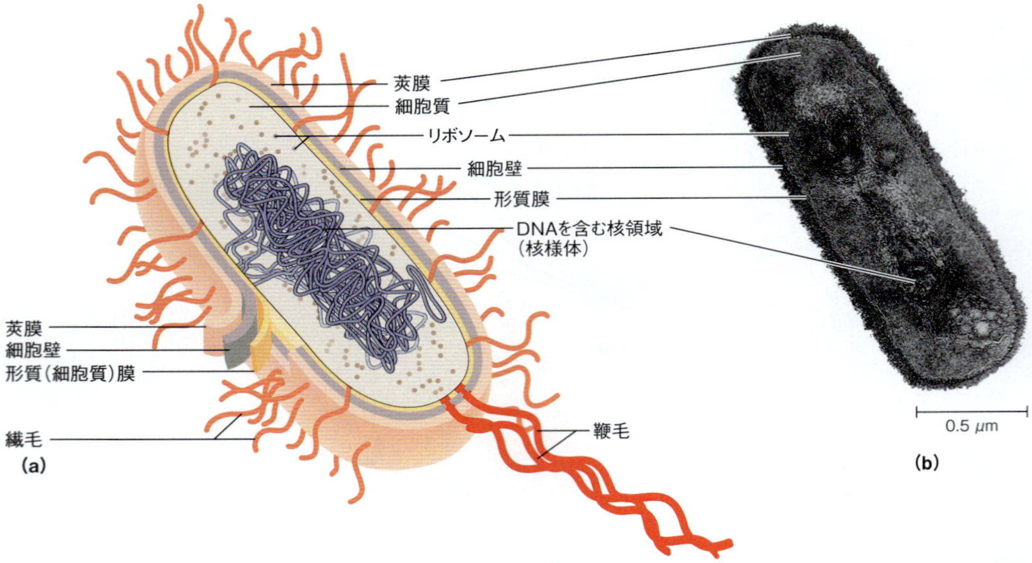

図 1.8　原核細胞　(**a**) 細菌細胞の概略図。遺伝物質の大部分を構成する DNA 分子は，核様体と呼ばれる領域に巻き込まれている。核様体はリボソーム（タンパク質合成を行う），他の粒子，非常に多種の可溶性分子とともに細胞内部の流動体（細胞質）を共有している。細胞は形質膜で囲まれていて，形質膜の外に，通常はかなり堅い細胞壁がある。多くの細菌はゼラチン状の莢膜ももつ。細胞の表面からは繊毛と，1 本から数本の鞭毛が突き出ている。細胞は繊毛で他の細胞や表面に付着し，鞭毛で周囲の液体の中を泳ぐ。(**b**) 細菌細胞の電子顕微鏡写真。この写真は，細菌 *Bacillus coagulans* の分裂しつつある細胞の薄い切片を撮影したものである。明るい領域が 2 つの核様体で，暗い顆粒がリボソームを示す。

(b) Courtesy of S. C. Holt, University of Texas Health Center/BPS.

表 1.2　原核細胞と真核細胞のいくつかの特徴の比較

	原核細胞	真核細胞
大きさ	直径 0.2〜5 μm	多くは直径 10〜50 μm
内部の区画	なし	あり。いくつかの異なった種類のオルガネラが存在
DNA の格納	核様体として細胞質に自由に存在	核中，多数の染色体中にタンパク質とともに凝縮されている
倍数性[a]	多くの場合，半数体	ほとんど常に 2 倍体か多数体
細胞複製の機構	DNA 複製に続く単純な分裂	体細胞中では有糸分裂，配偶子中では減数分裂[b]

[a]倍数性という用語は，細胞 1 個がもつ遺伝情報のコピー数を指す。半数体細胞は 1 コピー，2 倍体細胞は 2 コピー，多数体は 2 以上の数のコピーをもつ。
[b]有糸分裂において，2 倍体状態は染色体の複製によって維持される。これは多くの体細胞，つまり生物の“体の”細胞で起こる。配偶子（精子や卵子）をつくる細胞では，減数分裂の過程で半数体を生じる。

brane に囲まれているだけなのに対し，植物細胞は膜の外に丈夫なセルロースでできた**細胞壁 cell wall** をもつことが多い。**基底小体 basal body**（キネトソーム）は繊毛や鞭毛をもつ細胞の基部となる。

細胞を工場とみなすとわかりやすい。この比喩は以降の章でも頻繁に用いる。膜は構造全体を取り囲み，別のオルガネラと分離している。オルガネラは専門化した機能をもった部門とみなすことができる。例えば，核は中央管理部門である。核は DNA の中に細胞の構造とプロセスに関する情報をもった図書館をもち，細胞が行う仕事を適切に制御するための指示を出す。葉緑体とミトコンドリアは動力生産部門である（前者は太陽光を，後者は燃料を利用して動力を生み出す）。細胞質は一般的な作業領域である。そこではタンパク質でできた機械である酵素が，運搬されてきた原料物質から新しい分子の合成を行う。小区画間や細胞と周囲の間の膜にある特別な分子チャネルは，分子が適切な方向に流れているかをモニターする。細胞は工場のように機能的に特殊化している。例えば，高等生物の多くの細胞は，ほとんどが 1 種類か 2〜3 種類の分子産物の生産や輸送を専門に行う。例えば，膵臓 β 細胞は消化酵素を分泌し，免疫応答の一部としてヒトが合成する数百万種類の異なった抗体分子のうち，1 つの白血球細胞はたった 1 種類の抗体しか合成しないほど特殊化している。

ポイント 13
細胞は，異なる機能をもつよう専門化されたオルガネラや区画をもった工場と考えることができる。

生物科学としての生化学：形態と機能

機能と進化は生物学の中心に位置している。進化は機能の選択により起こる。生化学はタンパク質と遺伝子の進化を部分的に取り扱うが，生化学は生物科学であるということを強調しておきたい。機能の問題は物理学には出てこない。機能と目的は生物以外の世界では，関連性のない概念である。例えば，化学者は分子の構造と反応性との関係を，反応速度と電子構造における置換の影響を検討することによって探求する。化学者は，ニトロニウムイオン（NO_2^+）に対して，トルエンの反応性がベンゼンより高いかどうかは質問するが，“トルエンのメチル基の機能は何ですか？”とは質問しない。地理学者が“フロリダ半島の機能は何ですか？”と尋ねないのと同様である。しかし，生物学者は，チョウの羽の色とパターンが種によって異なるのはなぜかを問うかもしれない。同様に，生化学者はメチル基の機能的な役割について説明しようとするだろうし，実際にする。例えば生化学者は，複製に続いて，なぜ DNA 中にメチル基が導入されるのか調べようとするだろうし，通常の細胞とがん細胞の間で DNA のメチル化のパターンが異なるのはなぜか調べようとするだろう。

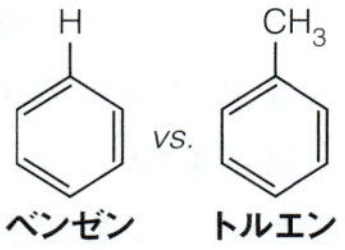

また生化学者は，アンドロゲン（オスの性ホルモン）がエストロゲン（メスの性ホルモン）に変換されるように，性ホルモンの生合成経路の中で，ステロイド環からメチル基が除かれることに気がつくかもしれない。性ホルモンはオスとメスで異なった信号を伝えるので，メチル基は明らかに機能を有している。

つまり，化学者は生きていないものを研究し機能については考慮しないのに対し，生化学者は生きているものを研究し機能的な分子を扱っているので，生化学者独特のアプローチ法をつくらなければならなかった。生化学者は，化学の研究手法は使うけれども，生化学者が答えを求める問題は独特である。

生物中における各分子の機能は，分離してしまうと適切に理解することはできない。酵素を考えよう。酵素はタンパク質で，タンパク質は機能的に設計されている。ここでいう“設計”とは，構造と機能の緊密な関係を示唆するものである。タンパク質はアミノ酸がでたらめに並んだものではない。アミノ酸配列は，特定の機能的なコンホメーションになるよう，ポリペプチドの折りたたみを命令している。しかし，進化を通して三次元構造は保存されたのだが，アミノ酸の直線的な配列（一次元）は保存されなかったのである。

X 線結晶学は，我々が酵素の精巧な三次元構造を“見る”ことを可能にした。しかし，X 線分析だけでは，触媒反応している間に起こる，すべての出来事を示すことはできない。実際，研究された分子が触媒で

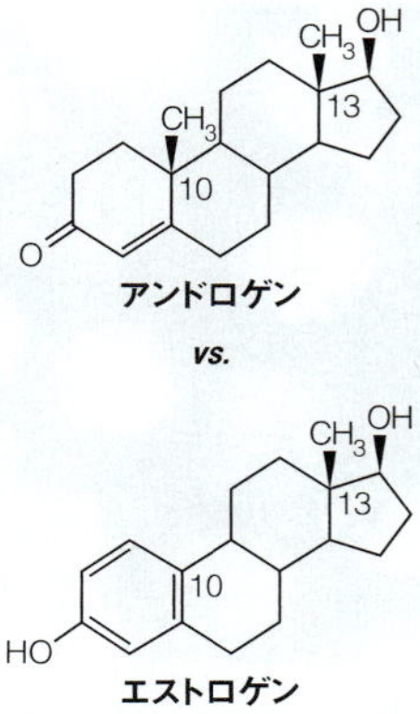

あるという先行する知識がなければ，結晶学者はたたまれた構造の美しさを味わうことだけしかできない。どの割れ目で基質を保持するのか，基質の結合がどのようなコンホメーション変化を起こすのか，代謝の要求がさまざまである異なった細胞において，酵素のどのような適合が代謝経路におけるその位置を反映しているのか，彼らには明らかにすることができない。簡単に言えば，酵素の構造は単に触媒としてではなく，生物の機能の制御装置として，その活性と関連した非常に重要な役割を引き受けているのである。

細胞機能の窓：ウイルス

細胞内の代謝と遺伝情報の発現過程の分析において，生化学者たちは**ウイルス** virus に計り知れないほど助けられた。ウイルスは細胞からできていないので，生物ではなく，むしろ“生物学的存在”といわれる。ウイルスは細胞内寄生体で，細胞に侵入することによってしか増殖できない。ウイルスは通常 1 分子の核酸（DNA のことも RNA のこともある）からできており，核酸の大部分またはすべてがタンパク質でできたエンベロープに包まれている。エンベロープはウイルス粒子が特定の植物，動物，細菌細胞に侵入することができるように特化されている。図 1.9 に代表的なウイルスの電子顕微鏡写真を示す。

ウイルスは独自の代謝機構をもたないため，複製するには宿主の代謝機構を利用しなくてはならない。ウイルスの複製に必要な条件を研究することにより，細胞の機構がどのように働くかを調べることができる。すなわち，ウイルスは感染するときに使う細胞の機能を知るために便利なのである。例えば，最小の DNA ウイルスは宿主細胞の酵素だけを使って DNA を複製する。サイズが小さいので，ウイルスの DNA 分子の単離，同定は，細胞の染色体中の巨大な DNA 分子よりもはるかに容易である。もっと大きなウイルスは，酵素の構造を規定するウイルスの遺伝子を活性化して，感染後新しい酵素の合成を促す。これらの酵素を

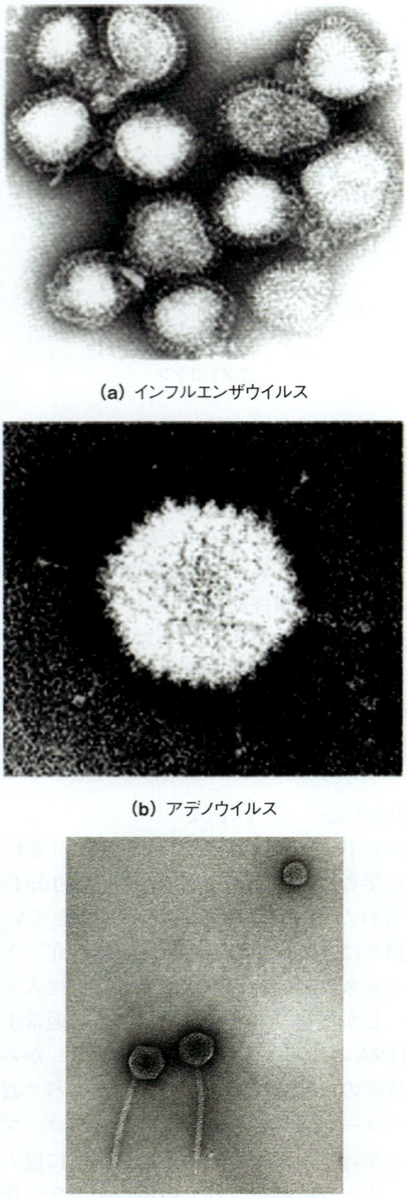

(a) インフルエンザウイルス

(b) アデノウイルス

(c) バクテリオファージ λ

図 1.9　ウイルスの例
(a, b) Courtesy of Frederick A. Murphy, Centers for Disease Control and Prevention ; (c) Dr. M. Wurtz/Biozentrum, University of Basel/Science Photo Library.

研究することによって遺伝子の制御機構が明らかにされ，AIDS やインフルエンザ，ヘルペスウイルス感染のようなウイルス感染症治療の標的が特定された。

ポイント 14
ウイルスは，宿主細胞の装置とエネルギー源を用いて複製する細胞内の寄生体である。

生化学と爆発的な情報の増加

本書を読むことで，単一分子および各反応のプロセスから生化学を理解できるだろう。すべての栄養素の酸化を担っているクエン酸回路のような代謝経路を理解するためには，経路の中間体分子すべてを同定し，経路中の反応を触媒するそれぞれの酵素を単離し（クエン酸回路では 8 つある），基質や産物，化学量論比や制御を明らかにするというように，各反応を特徴づけなければならない。そして，酵素の原子の構造を決定し触媒の分子機構を学ぶと，各酵素がどのように働くかを学びたいと考えるだろう。

同時に，本書に書かれている代謝経路はすべて，その存在と機能を裏づける化学反応を実行している細胞ないし組織の能力全体のごく一部分であることも，我々は理解しなければならない。23 対のヒト染色体中の DNA の量は，10 万個の異なったタンパク質をコードするのに十分であるが，配列分析により実際はもっと少ないタンパク質しかコードされていないことが示されている。超巨大なスケールの DNA 配列分析を実行した科学者の能力は，1 つ 1 つの反応や経路の分析を通して統合することがとてもできないスケールの生物データを生み出した。これは生化学や分子生物学の中に重要な新たな科学分野を生み出した。すなわち，**バイオインフォマティクス bioinformatics**，**ゲノミクス genomics**，**プロテオミクス proteomics** および**メタボロミクス metabolomics** である。

バイオインフォマティクスは生物学における情報科学と考えることができる。バイオインフォマティクスには DNA の配列データの数学的分析や代謝経路のコンピュータシミュレーション，新規治療薬の構造に基づいたデザインのための有力な標的（酵素または受容体）の解析が含まれる。遺伝学が各遺伝子や小さな遺伝子群の位置，発現，機能そのものを扱うのに対して，ゲノミクスは全ゲノムや生物中にある遺伝情報全体を取り扱う。ゲノミクスは全ゲノムのヌクレオチド配列を決定するだけでなく，同じゲノム中にある遺伝子間や異なった生物のゲノムとの進化的関係の評価や，各遺伝子の発現と機能を評価することも含まれる。“遺伝子チップ”すなわちマイクロアレイを使うことによって，与えられた細胞や組織中で発現している遺伝子に関係する巨大な量のデータの集積が可能になる。この分析においては，その生物由来の多く，もしくは，ほとんどの遺伝子を特徴づける DNA 断片がガラススライド上に固定されている。何千もの DNA 断片が，非常に少量ずつ，スライド上に個々に並べられている。細胞から抽出した全 RNA をある特定の条件の下でこのスライドガラス上に加えて一定時間反応させると，特定のRNA分子は，そのRNAを特定する相補的配列をもつDNAに結合する（詳しくは，「生化学の道具27C」参照）。結合をモニターできる蛍光試薬を使うことによって（図1.10），ある細胞内全体の，すなわちゲノムワイドな遺伝子発現パターンのスナップショットを描き出すことができ，それによって，例えば，その細胞がホルモン刺激の結果として，もしくは，通常細胞ががん細胞に変化したとき，遺伝子発現パターンにどのような変化が起こっているか調べることができる。

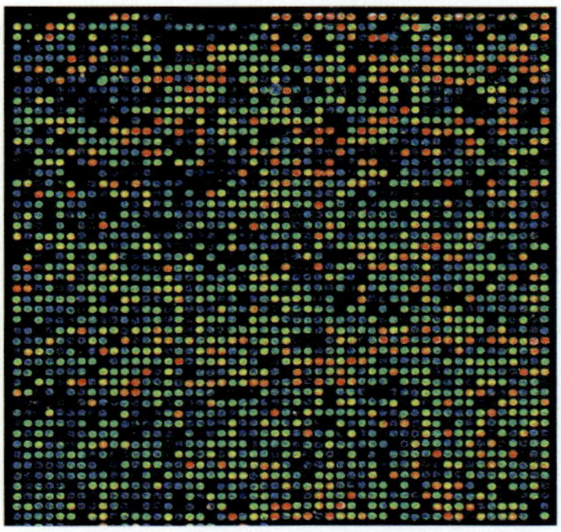

図1.10 DNAマイクロチップアレイ MICROMAX検出システムを用いたこの実験では，2,400個のヒト遺伝子のcDNA（相補的DNA）をチップに固定し，それと2 μgのヒトmRNAと結合させた。cDNAとは，各mRNA分子のDNAコピーである。スポットの濃さと色は，特定の遺伝子特異的mRNAの量を示している（詳しくは「生化学の道具27C」参照）。

Courtesy of InCyte Pharmaceuticals, Inc., Palo Alto, CA.

多くの遺伝子の産物はタンパク質であり，これが反応の触媒や細胞間のシグナル伝達，細胞の内部と外部の物質の動きなどを含む細胞の化学反応のほとんどを実行している。プロテオミクスの目標は，与えられた細胞に存在するすべてのタンパク質について，その量と機能を同定することである。**プロテオーム proteome**は，ある細胞中に含まれるタンパク質すべてという意味で，「生化学の道具5D」に示すように，二次元ゲル電気泳動法により提示できる。この技術では，分子量と電荷を元にしてすべての細胞中のタンパク質が分離される。図1.11では，1つのスポットは1つのタンパク質を表しているが，各スポットの大きさと強度は，タンパク質の量によって決まる。プロテオミクスでは，この電気泳動パターンのようなデータを分析することによって，各タンパク質を同定でき，定量できる。そして，マイクロアレイ分析のように，例えば，通常細胞ががん細胞に変化したときに，どのようなプロテオームの変化が起こったかを決定することができ，がんの化学的理解を助けることになるだろう。

最後に，ある細胞中に存在する多くのタンパク質は酵素であって，酵素が触媒する反応の細胞内での速度は，各反応の基質と産物の細胞内濃度を分析することによって評価することができる。メタボロミクスの目標は，代謝経路の中間体として存在しているすべての

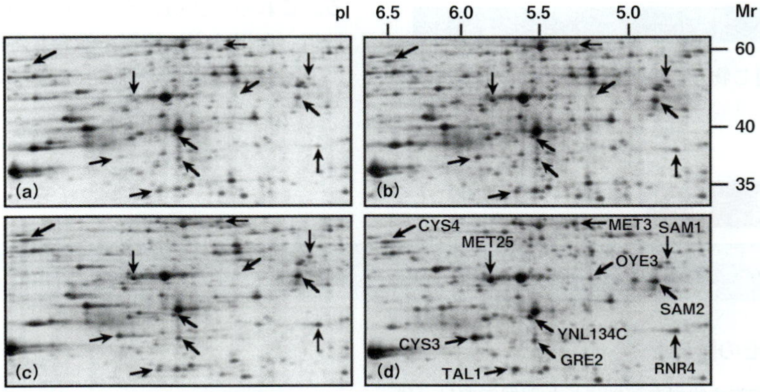

図1.11 二次元ゲル電気泳動法によるプロテオームの表示 ある細胞または組織のすべてのタンパク質を含んでいる抽出物を，ゲル様物質のスラブの1つの角にのせ電流を流すと，各タンパク質はその等電点に集中するので，ゲルの一方の端で分離されることになる（「生化学の道具2A」）。これは，タンパク質の相対的な酸性度に基づいて分離されている（図の水平方向）。次いで，ゲルを90°回転させ，変性ポリアクリルアミドゲル電気泳動により分離させる（「生化学の道具5D」）。こちらは，タンパク質の分子量に基づいて分離される。ここで示した例は，酵母を用いたカドミウムの毒性研究の一部である。イオウの放射性同位体である^{35}Sを含んだ培地中で酵母を生育させることにより，タンパク質を標識している。電気泳動の後，感光性フィルムと接触するようにゲルを置く。各タンパク質は，ゲル上の存在する場所でフィルムを黒くする。矢印は，スポットの強度により決められた濃度がカドミウム処理により変化したタンパク質を示す。(**a**) 未処理，(**b**)，(**c**)，(**d**) はさまざまなカドミウム処理手順を行った結果。

The Journal of Biological Chemistry, 276 : 8469-8474, K. Vido, D. Spector, G. Lagniel, S. Lopez, M. B. Toledano and J. Labarre, A proteome analysis of the cadmium response in *Saccharomyces cerevisiae*. Reprinted with permission.

細胞内小分子の濃度を決定することである（「生化学の道具 12B」参照）。もちろん，代謝物プールの分析は，多くの臨床診断の中心である。初期的な例としては，血中コレステロール濃度が挙げられるが，これは心疾患の危険度の評価に使われている。現在では，メタボローム分析，全低分子量代謝物を完全に定量化できる単一の技術はないが，それが現代生化学の目指すべきところが何なのかを物語っている。質量分析は，完全なメタボロームを可能にする有力なアプローチであるが，まだ手強い課題が残されている。

バイオインフォマティクスとアレイの分野は，細胞や組織の機能についての膨大な情報源となる可能性がある。しかし，そのような情報を効果的に使用するには，代謝中に起こる数千もの各化学反応や各反応の生物学的機能，RNA として読み出される DNA 配列として，およびタンパク質に翻訳される RNA 配列として遺伝情報の発現を制御している過程などを理解する必要がある。この話題については本書で焦点を当てているが，今日の，そして今後の生化学においては，この情報がはるかに広い文脈へ統一されていくであろうことに注意すべきである。

ポイント 15
今日の生化学者の多くは，細胞を全体的にみて，ゲノム中のすべての遺伝子の発現という点からその機能を理解しようと試みている。

まとめ

生物と非生物は同じ物理学や化学の基礎的な法則に従うことが理解された今日，生化学という科学の目的は，生命を分子の言葉で説明することである。現代の生化学は化学，細胞生物学，遺伝学の知識を利用し，物理学から取り入れたテクニックを用いる。これらのすべての科学における発見が，真の分子生物学の発展に貢献している。

生化学は生物，細胞，細胞の成分を扱うが，基本的には化学である。生化学に含まれる基本的な化学は炭素，水素，酸素，窒素，リン，イオウの化学であるが，生物はそれ以外の多くの元素も少量ではあるが利用している。重要な生体物質の多くは，より簡単な単量体ユニットの重合体である巨大分子である。これらの生体高分子には多糖，タンパク質，核酸が含まれる。脂質は生物学的に重要な物質の4番目に大きなグループである。

生物の決定的な特徴は，秩序ある構造をつくり上げて複製するためにエネルギーを用いることである。すべての生物は1つかそれ以上の細胞からなり，細胞の大きさは非常によく似ている。しかし，生物の2つの大きな種類である原核生物と真核生物は，基本的に異なる細胞構造をもっている。原核細胞は区画に分かれておらず，真核細胞に特有の膜に結合したオルガネラをもっていない。ウイルスは細胞の寄生体で核酸をもっている。ウイルスは複製をするために宿主細胞の複製機構とエネルギーを利用する。

生化学は実験科学であるが，最近の驚くべき生化学の進歩は強力な新しい実験技術の発展に依存している。これらの技術のうちのいくつかのおかげで，情報技術を利用せずに情報を統合し理解するより，はるかに速く重要な情報が得られるようになっている。

生化学の道具　1A

いろいろなレベルの顕微鏡

光学顕微鏡とその限界

光学顕微鏡は細胞生物学を可能にした器具であり，科学を専攻する学生は皆，光学顕微鏡（図 1A.1）をよく知っている。実際，この分野は Hooke の顕微鏡を使った開拓的な研究から始まったといえる。何世代もの生物学者が徐々に改良されていった顕微鏡を使って Hooke に続いた。しかし，生物を調べるためにその細部をよく見ようとしても，光学顕微鏡には限界があった。

なぜこの限界があるのかを理解するために，顕微鏡の**分解能 resolution** について考えなければならない。分解能（r）は，離れていると識別できる2つの物体の最小距離として定量的に定義される。分解能は次の式で与えられる。

$$r = \frac{0.61\lambda}{n \sin \alpha} \qquad (1A.1)$$

ここで λ は用いる光線の波長，n は試料と対物レンズ間の媒質の屈折率，α は対物レンズの**開き角 angular aperture**（対物レンズに入りうる最大入射角）である。量 $\sin \alpha$ は基本的に，レンズ系の集光力を表す尺度である。分解能は主として波長に依存する。なぜなら，情報を伝達するために波を十分に摂動させるには，対象は波長と同程度の大きさでなければならないからである。

最適な光学顕微鏡の開き角は約 70° であるから，波長 450 nm の深青色光を用いたとしても，試料と対物レンズの間の媒質が空気（$n=1$）であるとすると，

$$r = \frac{0.61 \times 450}{1.0 \sin 70^\circ} \sim 300\,\text{nm} = 0.3\,\mu\text{m} \quad (1A.2)$$

この値は光学顕微鏡の実際的な分解能の限界を表している。近紫外光を用いれば，もう少しよい分解能が得られるが，細胞内の物質が近紫外光を吸収してしまうので，その有用性は限られる。写真像は拡大できるが，写真像の分解能が肉眼の分解能と同じになる点を超えて像を拡大しても意味がない。我々の眼は約 0.3〜0.6 mm 離れた像を見分けることができるので，最良の光学顕微鏡は 1,000〜2,000 倍の有効最大倍率をもつことになる（0.3 μm を 2,000 倍すると 0.6 mm になる）。像をさらに拡大しても役に立たない。ただぼやけているのが拡大されるだけである。さらなる進歩のためにはもっと短い波長の放射線，つまり肉眼で見ることはできないが写真像をつくることのできる放射線を用いる必要があった。こうして 1930 年代に**電子顕微鏡 electron microscope** が誕生した。

透過型電子顕微鏡

電子顕微鏡には，いくつかのタイプがある。最初に使われたタイプは**透過型電子顕微鏡 transmission electron microscope**（**TEM**）である。試料を透過した電子を検出するのでこう呼ばれる。図 1A.1 で透過型電子顕微鏡を光学顕微鏡と比較した。タングステンフィラメントから放出された電子ビームは電場で加速される。光学顕微鏡においてガラスのレンズが光束を集束させるように，電磁レンズが電子ビームを集束させる。高い分解能の鍵は，光の光子と同じように，電子も粒子性と波動性の両方をもっていることである。エネルギー E で動いている光子や電子は波長で特徴づけられる。

$$\lambda = \frac{hc}{E} \quad (1A.3)$$

ここで h は Planck 定数（6.626×10^{34} J・s）であり，c は光速（3×10^8 m/s）である。電子が陽極と陰極の間の 50,000〜100,000 V の電圧で加速されると，波長は可視光のものよりずっと短く，実際 1 nm 以下になる。この波長によって透過型電子顕微鏡は 1 nm よりよい分解能をもつと予想される。実際は，ほとんどの装置の操作限界は約 2 nm と考えられている。それでもこの分解能は，最高の光学顕微鏡が達成できる解像力より 100 倍も高い。高性能の透過型電子顕微鏡は 10 万倍以上に拡大することができる。

透過型電子顕微鏡のこの利点は明らかであろうが，いくつかの欠点もある。電子ビームは，試料室を含む装置全体が高真空に維持されていなければならない。このことは，完全に乾燥された試料だけが観察可能なことを意味する。試料を固定して乾燥させる多くの方法が考案されたが，試料が脱水によって変化している可能性が常に存在する。もちろん，生きているものの構造を観察することはできない。

透過型電子顕微鏡の試料を調製するいくつかの方法を図 1A.2 に示す。ほとんどの透過型電子顕微鏡の電子エネルギーでは，厚い試料（100 nm 以上）を透過することができない。したがって，細胞の試料を固定し，染色し，**超ミクロトーム ultramicrotome** を用いて非常に薄い切片にしなくてはならない（図 1A.2a）。ウイルスのような粒子や大きい分子は，銅のグリッドで支持された薄いフィルムに直接のせることができる。しかし，このような粒子と背景の間のコントラストが十分ではないので，通常，試料を**ネガティブ染色 negative staining**（図 1A.2b）か**シャドウイング shadowing**（図 1A.2c）する。フリーズフラクチャー法やフリーズエッチング法のような特殊な技術については後の章で述べる。

走査型電子顕微鏡

走査型電子顕微鏡 scanning electron microscopy（**SEM**）と呼ばれる，まったく異なった技術がある。走査型電子顕微鏡の概念図を図 1A.3 に示す。走査型電子顕微鏡において，電子ビームはスキャンジェネレーターとビームデフレクターによりつくられたパターンに従っ

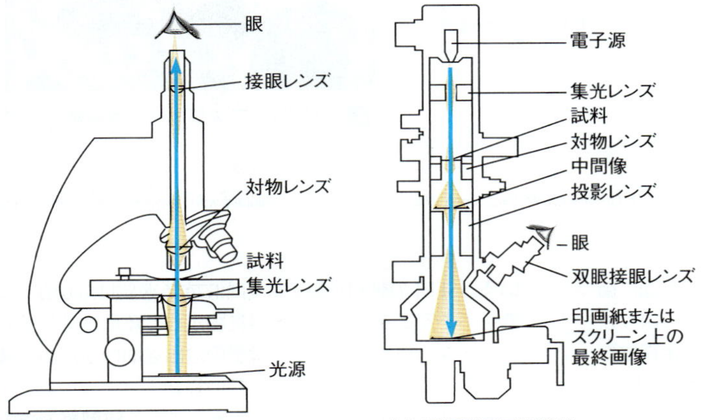

(a) 光学顕微鏡　**(b)** 透過型電子顕微鏡

図 1A.1　光学顕微鏡と透過型電子顕微鏡の構造　2 つの図は同じ縮尺ではない。電子顕微鏡は通常の光学顕微鏡よりかなり大きい。

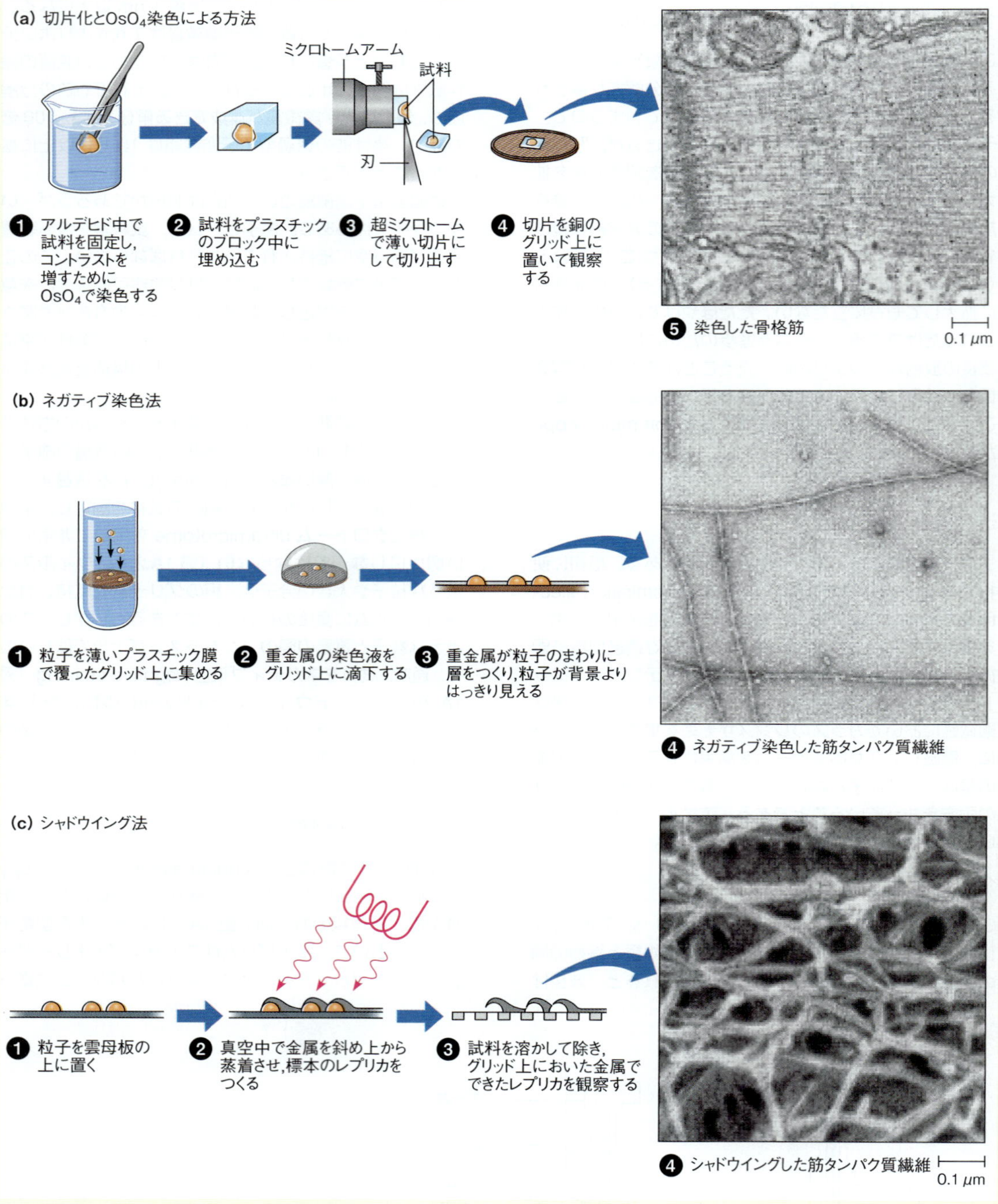

図 1A.2　透過型電子顕微鏡用試料の 3 つの調製法

Electron Microscopy in Biology, Vol. Ⅱ, T. Pollard and P. Maupin ; J. D. Griffith, ed. © 1982 John Wiley & Sons, Inc. Reproduced with permission from John Wiley & Sons, Inc.

て試料上を前後に走査する。電子ビームが試料表面に衝突したところから放出された 2 次電子を検出器により検出する。試料の走査とともに，レジスター中で走査された表面の画像がビデオスクリーンに表示される。SEM は TEM ほどの分解能はもたないが，図 1A.4 にみられるように微細な物の表面を非常に鮮明にとらえる点で優れている。SEM の試料調製では切片にする必要はないが，高真空下で安定するように試料を固定して乾燥させなくてはならないし，通常は 2 次電子の放出を助けるために薄い金の層でコーティングされている。

もう 1 つの技術である**走査透過型電子顕微鏡 scanning transmission electron microscopy（STEM）**に

ついても述べなくてはならない。この方法では，電子ビームは SEM と同じように試料の表面を走査するが，透過したものが検出される。この方法は，未固定，未染色の試料も用いることができるという利点がある。さらに，異なったエネルギーの電子の吸収により，試料中の異なる成分の組成に関する情報も得られる。

レーザー走査型共焦点顕微鏡

通常の光学顕微鏡を細胞の内部構造や他の生物試料を観察するために用いる場合，p.20で述べた分解能の問題のほかに，もう1つ基本的な制約がある。高い分解能（約 0.3 μm）では，光学顕微鏡の焦点深度は約 3 μm である。この厚さの切片では物質の像が重なって詳細がはっきりしない。この問題を避けるために共焦点顕微鏡が開発された。図 1A.5に示すように，光のビーム（レーザーからのものが好ましい）が試料中の希望の高さの非常に小さい体積に焦点を結ぶ。このスポットからの反射光や蛍光が，他の領域から散乱された光を排除するピンホールを通って検出器に達する。光が当たるスポットの位置は，試料中を常に同じ高さで前後に走査される。このようにして電子的につくり上げられた像は，試料中の非常に薄い高分解能の“切片”を示している。異なる高さにして同じことを繰り返すことにより，三次元の像をつくり上げることもできる。

この方法は蛍光検出を用いると最も有用になる。特異的に蛍光標識した構造や物質を細胞内に正確に位置づけることができるからである。この方法は比較的非破壊的であるので，生細胞内のダイナミックな過程を追跡するのに用いることができる。例えば，細胞核の中で活発な DNA 複製が起きている場所を正確に示すのに用いられている。用途が広く特異的な蛍光プローブの急速な開発により，共焦点顕微鏡は細胞生化学の主要な技術になりつつある（図 1A.6 参照）。

走査型トンネル顕微鏡と原子間力顕微鏡

最近，注目すべき新しい種類の顕微鏡が開発された。**走査型トンネル顕微鏡** scanning tunneling microscopy は，電荷をもった非常に細い金属のチップを用いて試料を走査する。チップと試料を保持する表面の間に

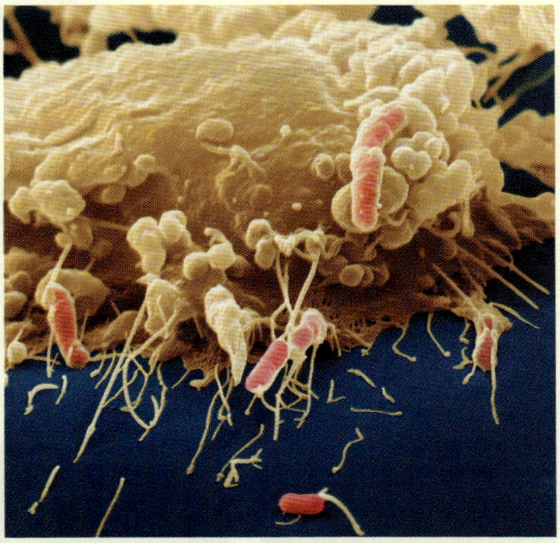

図 1A.4　貪食作用をとらえた走査型電子顕微鏡写真　マクロファージがソーセージ型をした *E. coli* 数個を飲み込んでいる。この写真は 4,300 倍に拡大されている。
Eye of Science/Science Photo Library.

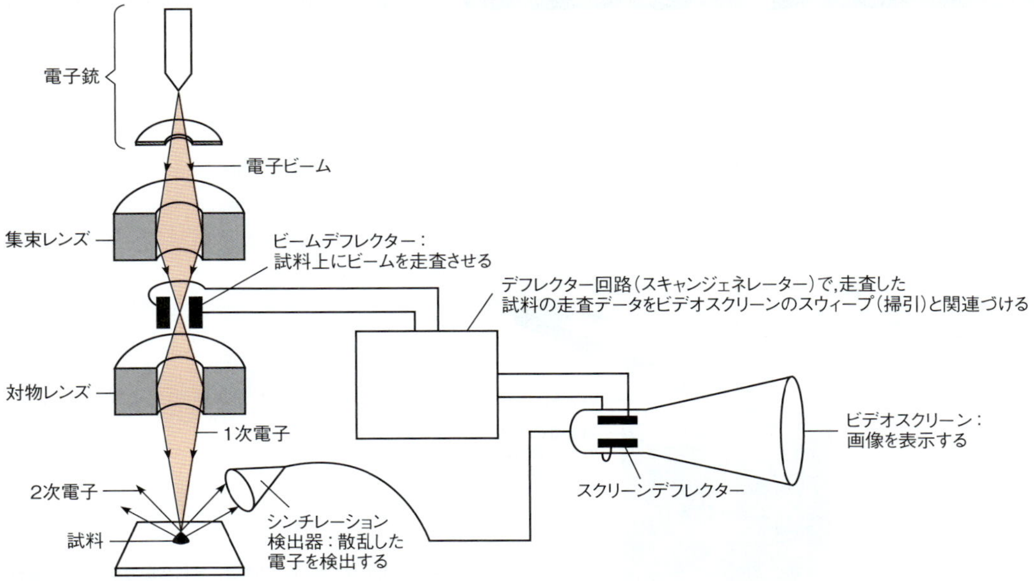

図 1A.3　走査型電子顕微鏡の原理

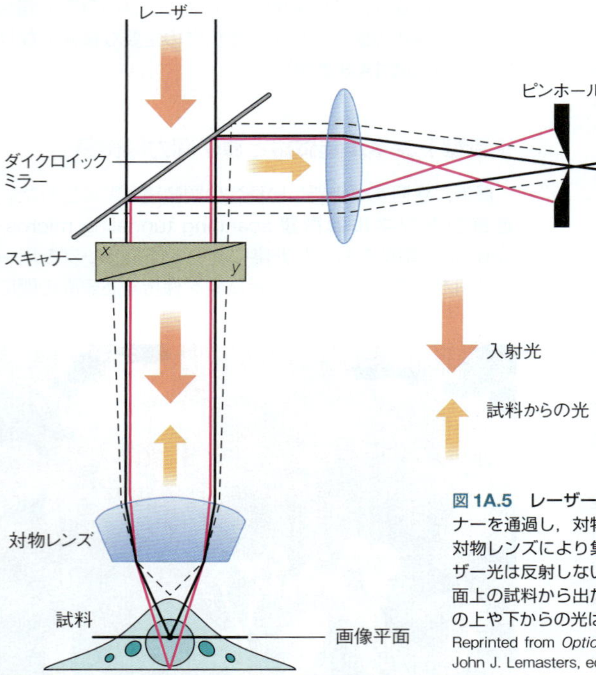

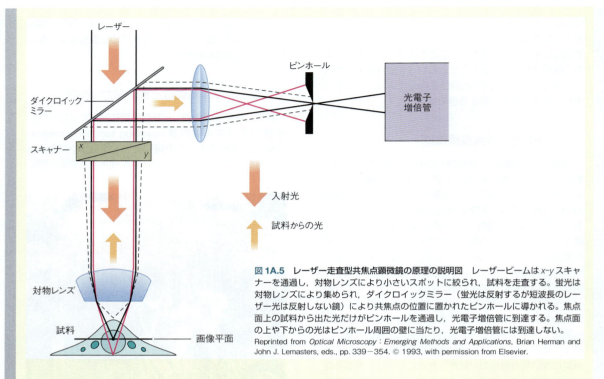

図 1A.5　レーザー走査型共焦点顕微鏡の原理の説明図　レーザービームは *x*-*y* スキャナーを通過し，対物レンズにより小さいスポットに絞られ，試料を走査する。蛍光は対物レンズにより集められ，ダイクロイックミラー（蛍光は反射するが短波長のレーザー光は反射しない鏡）により共焦点の位置に置かれたピンホールに導かれる。焦点面上の試料から出た光だけがピンホールを通過し，光電子増倍管に到達する。焦点面の上や下からの光はピンホール周囲の壁に当たり，光電子増倍管には到達しない。
Reprinted from *Optical Microscopy*：*Emerging Methods and Applications*, Brian Herman and John J. Lemasters, eds., pp. 339－354. © 1993, with permission from Elsevier.

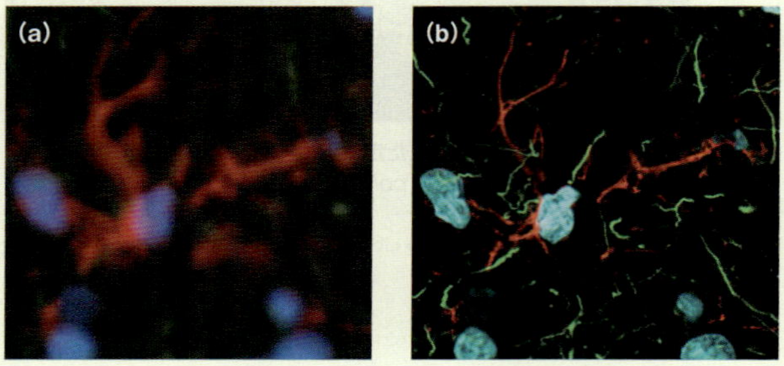

図 1A.6　マウス脳の海馬の厚い切片の画像。(a) 従来の光学顕微鏡の画像，(b) レーザー走査型共焦点顕微鏡の画像　グリア細胞繊維性酸性タンパク質およびニューロフィラメント H に蛍光タグをつけた抗体（それぞれ，赤と緑の蛍光を発する）と，DNA 結合性の蛍光色素（ヘキスト 33342，青の蛍光を発する）で調製した試料。
Michael Davidson, The Florida State University/Molecular Expressions^{TM}.

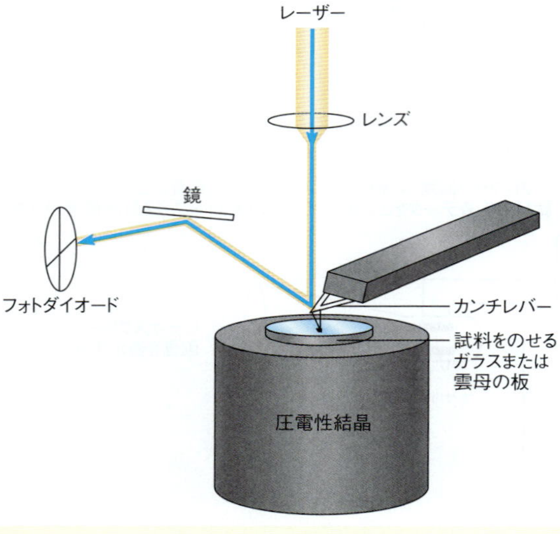

図 1A.7　原子間力顕微鏡の原理　試料を走査するとき，試料を上下させてチップの高さを一定に保ち，圧電性結晶にかかる電圧を制御する。

トンネル電流が流れるので，表面上の対象物の高さにしたがって抵抗が変化する。生じた電流の揺らぎから，電子顕微鏡と同程度の分解能をもった表面の画像が得られる。**原子間力顕微鏡 atomic force microscopy**（図 1A.7）では非常に鋭いチップで試料上を前後にひっかいたりたたいたりして，その上下動をチップにつけたカンチレバーにより反射されたレーザー光の振れをもとに検出する。この動きを大きく増幅して試料の等高線地図が得られる。これらの両方の技法とも，電子顕微鏡と比較して，湿った試料や液体に浸された試料でも観察でき，単一の高分子を可視化できる程度の解像度が得られるという大きな利点がある。

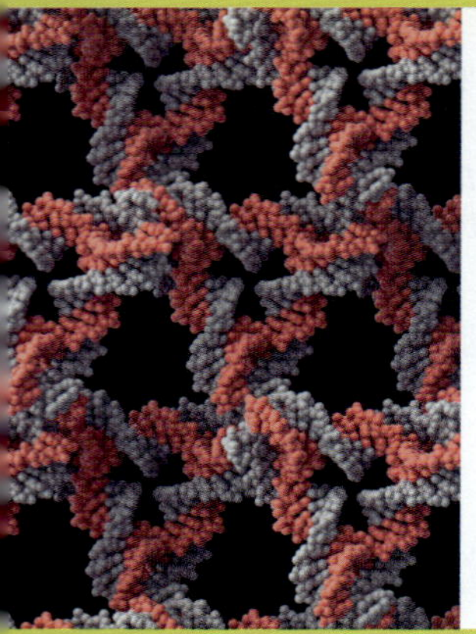

第2章

生命の基盤：水の環境下における弱い相互作用

生命の構造的，機能的な基盤になっている高分子は，強い共有結合によって互いに結びつけられ，巨大な構造をつくっている。しかし，共有結合だけでは生物の分子構造の複雑さを表現することはできない。第1章の電子顕微鏡写真にみられるような巧妙な細胞構造の大部分には，共有結合よりはるかに弱い相互作用が重要な役割を果たしているのである。これらの相互作用はイオン，分子，および分子の一部の間の**非共有結合的相互作用 noncovalent interaction**，または非共有結合力，非共有結合などと呼ばれる。

第1章で述べた高分子について考えてみよう。DNA鎖におけるヌクレオチド残基の直鎖配列は，共有結合によってつくられている。しかしそれだけではなく，DNAの異なった分子部分の間は非共有結合的相互作用によって安定化され，極めて特異的な三次元構造をとっている。同様に，すべてのタンパク質は，アミノ酸が共有結合である**ペプチド結合 peptide bond** により連結され，さらにそのペプチド鎖が非共有結合的相互作用により安定な特有の分子構造へと折りたたまれている。タンパク質は，他のタンパク質分子やDNAや脂質といった高分子と相互作用してさらに高次の構造を形成し，ひいては細胞，組織，さらには生体を形成する。これらの複雑さ，多様性はすべて高分子内および高分子間の無数の非共有結合的相互作用によって説明されるのである。

ポイント1
非共有結合的相互作用は，生体分子の構造，安定性，機能に非常に重要である。

生物学および生化学において，何がこれほどまでに非共有結合的相互作用を重要なものにしているのだろうか。それを解く鍵は，非共有結合と共有結合のエネルギーを比較した図2.1に示されている。生物学で最も重要な共有結合（C—CやC—Hなど）は，その結合エネルギーが300〜400 kJ/molの範囲にある。それと比較すると，生物学的に重要な非共有結合は10倍から100倍も弱い。非共有結合を重要なものにしているのは，この結合が非常に弱いことにある。なぜならこの結合の弱さが，たえず結合が壊れてはまた結合する生命の動的な分子間の相互作用を可能にしているからである。この動的な相互作用は，相手分子をすばやく交換することを可能にしている。もし分子間に働く力が強かったなら分子の構造や位置が固定されてしまい，このような相互作用は起こりえなかったであろう。

したがって，生命を分子レベルで理解しようとするならば，我々はこの非共有結合的相互作用について学ばなければならない。さらに，この相互作用が水の環境下でどのように行われているのかを学ばなければならない。なぜなら地球上のあらゆる生物のあらゆる細胞はすべて水に浸り，水がしみ込んでいるからである。これは最も乾燥した砂漠にすむ生物でも，深海にすむ生物でも同じである。水は生物の最も主要な構成成分であり，ほとんどの生物で全重量の70％もしくはそれ以上を占めている。

本章では，まず非共有結合的相互作用について述べ，次に，水の性質がこの相互作用に与えている深い影響について述べる。

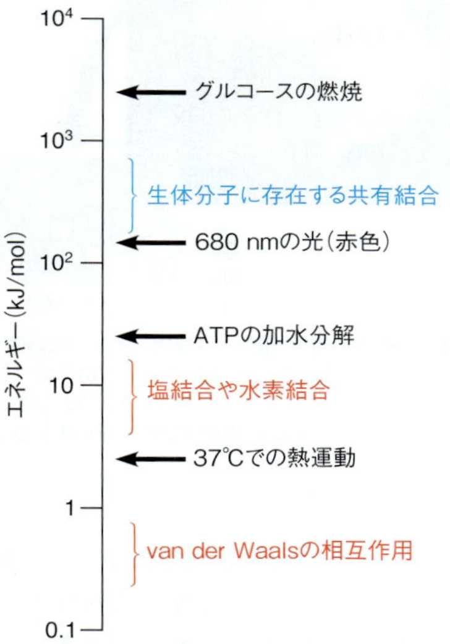

図 2.1　共有および非共有結合のエネルギー　典型的な非共有結合のエネルギー（0.5～20 kJ/mol：赤字）は，生体化合物によくみられる共有結合のエネルギー（150～600 kJ/mol：青字）と比べて，およそ 1 桁か 2 桁小さい。熱運動，ATP の加水分解，赤色光，好気的なグルコース代謝から得られるエネルギーも参考に示した（後の章で詳述）。対数でプロットしてあることに注意。

非共有結合的相互作用の性質

図 2.2 に要約を示したように，分子やイオンはさまざまな様式で非共有結合的相互作用を行うことができる。基本的には，すべての非共有結合的相互作用は静電気的なものである。すなわち，非共有結合的相互作用は，電荷の互いに及ぼし合う力に依存している。表 2.1 に，生体分子に広く認められる非共有結合的相互作用のエネルギーを示す。

電荷–電荷相互作用

最も単純な非共有結合的相互作用は，荷電した 2 つの粒子間に働く静電気的相互作用である。そのような電荷間の作用は，イオン結合や塩結合とも呼ばれる。細胞に存在する DNA やタンパク質のような多くの分子は，正味の電荷をもっている。さらに細胞には，これらの分子ばかりでなく，Na^+，K^+，Mg^{2+}のような

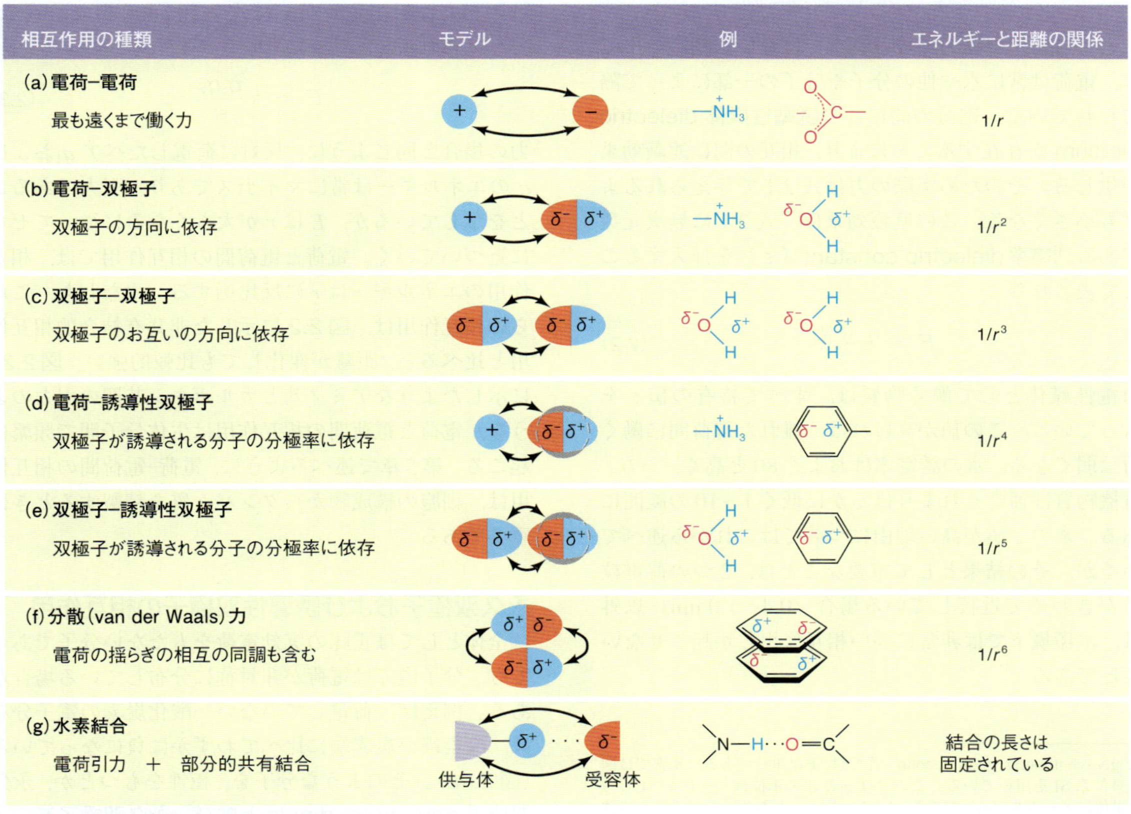
相互作用の種類
モデル
例
エネルギーと距離の関係
(a) 電荷–電荷
最も遠くまで働く力
$1/r$
(b) 電荷–双極子
双極子の方向に依存
$1/r^2$
(c) 双極子–双極子
双極子のお互いの方向に依存
$1/r^3$
(d) 電荷–誘導性双極子
双極子が誘導される分子の分極率に依存
$1/r^4$
(e) 双極子–誘導性双極子
双極子が誘導される分子の分極率に依存
$1/r^5$
(f) 分散（van der Waals）力
電荷の揺らぎの相互の同調も含む
$1/r^6$
(g) 水素結合
電荷引力 ＋ 部分的共有結合
供与体
受容体
結合の長さは固定されている

図 2.2　非共有結合的相互作用の種類　誘導性双極子（**d**，**e**）や分散力（**f**）は，非極性原子や分子中の電子分布の偏りに由来する。δ^-，δ^+の記号は，電子や水素イオンの一部分を意味する。

表 2.1　生体分子に存在する非共有結合的相互作用のエネルギー

相互作用の種類	エネルギー（kJ/mol）
電荷-電荷	−13〜−17
電荷-双極子（H-結合）	−13〜−21
双極子-双極子（H-結合）	−2〜−8
van der Waals 力	−0.4〜−0.8

Values reprinted from *Advances in Protein Chemistry* 39 : 125-189, S. K. Burley and G. A. Petsko, Weakly polar interactions in proteins. ©1988, with permission from Elsevier.

陽イオンや，Cl^-，HPO_4^{2-}のような陰イオンなどの小イオンが大量に含まれている。これらの荷電した物質は互いに力を及ぼす（図 2.2a 参照）。真空中で距離が r だけ離れた 2 つの電荷 q_1 と q_2 間に働く力は Coulomb の法則 Coulomb's law により，下記の式で表される。

$$F = k\frac{q_1q_2}{r^2} \quad (2.1)$$

ここで k は，用いられる単位に依存する定数である。* もし q_1 と q_2 が同じ符号であるなら F は正であり，正の値は反発力を意味する。もし一方の電荷が＋でもう一方の電荷が−であるなら F は負であり，引力を意味する。図 2.3 に示したように，塩の結晶を安定化させているのが，この電荷-電荷相互作用である。

ポイント 2
非共有結合的相互作用には常に電荷が関わっている。

もちろん，生物的環境は真空ではない。細胞の中では，電荷は常に水や他の分子や分子の一部によって隔てられている。電荷の間にこの**誘電性媒体 dielectric medium** が存在することにより，相互の間に遮蔽効果が生じる。そのため実際の力は式 2.1 で与えられるよりも小さくなる。この遮蔽効果は，式 2.1 に無次元数である**誘電率 dielectric constant**（ε）を挿入することで表される。

$$F = k\frac{q_1q_2}{\varepsilon r^2} \quad (2.2)$$

誘電性媒体として働く物質は，すべて特有の値 ε をもっている。この値が高ければ，離れた電荷間に働く力は弱くなる。水の誘電率はおよそ 80 と高く，一方，有機物質は通常それよりはるかに低く 1〜10 の範囲にある。水の ε 値が高い理由についてはこれから述べていくが，その結果として重要なことは，2 つの荷電粒子がきわめて近接している場合（0.4〜1.0 nm）以外は，水環境下では非常に弱い相互作用しか起こせないことである。

*c.g.s.(centimeter-gram-second) 系では，k は単一である。本書では国際単位系 SI を用いている。ここでは q_1 と q_2 の単位はクーロン（C），r の単位はメートル（m）であり，$k=1/(4\pi\varepsilon_0)$ となる。ε_0 は真空中の誘電率を表し，その値は $8.85\times10^{-12}\ J^{-1}C^2m^{-1}$ である。ここで J はエネルギーの単位ジュールで，F はニュートン（N）である。

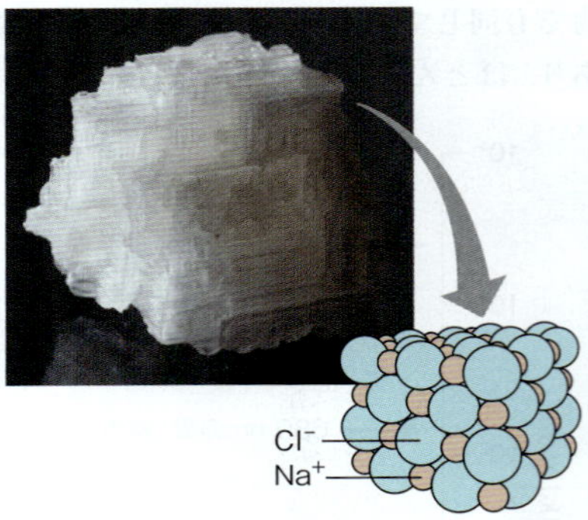

図 2.3　イオン結晶中の電荷-電荷相互作用　イオン結晶は，陽イオンと陰イオン間に働く電荷-電荷相互作用によって互いに結びつけられている。塩化ナトリウム結晶では，それぞれのナトリウムイオンは 6 個の塩素イオンに囲まれ，それぞれの塩素イオンは 6 個のナトリウムイオンに囲まれている。
Marcel Clemens/shutterstock.

Coulomb の法則は力の表現である。すなわち，相互作用の定量的記述である。しかし相互作用というものは必ずエネルギーの変化を含むものであり，我々の関心は生物学的過程でのエネルギー変化にあるので，特に**相互作用エネルギー energy of interaction**（E）に注目したい。これは 2 つの荷電粒子を距離 r から無限大の距離に引き離す，言い換えれば，静電気力に逆らって引き離すのに必要なエネルギーのことである。この相互作用エネルギーは式 2.2 によく似た，式 2.3 で与えられる。

$$E = k\frac{q_1q_2}{\varepsilon r} \quad (2.3)$$

力の場合と同じように，反対に荷電したペア q_1 および q_2 のエネルギーは常にマイナスであり，引力であることを示しているが，E は r が大きくなるに従ってゼロに近づいていく。電荷と電荷間の相互作用では，相互作用のエネルギーは r に反比例する。すなわち，これらの相互作用は，図 2.2 に示した非共有結合的相互作用と比べると，距離が変化しても比較的強い。図 2.2a に示したようなアミノ基とカルボキシ基間の引力のような，電荷と電荷間の相互作用は生体分子間で頻繁に起こる。第 5 章で述べるように，電荷-電荷間の相互作用は，細胞の構成物からタンパク質を精製するときに重要である。

永久双極子および誘導性双極子の相互作用

全体としては正味の実効電荷をもたない分子であっても，分子内では電荷が非対称に分布している場合がある。例えば，荷電していない一酸化炭素の電子分布は，酸素端が炭素端に比べてわずかに負になっている（図 2.4a）。そのような分子を，極性をもつとか，**永久双極子 permanent dipole** と呼び，**永久双極子モーメント permanent dipole moment**（μ）をもつという。この双極子モーメントは，分子の極性の大きさを表す。CO のような直鎖状分子が距離 x 離れて，δ^+およびδ^-の部分電荷をもっているとすれば，その双極子モーメントは q^+の方向へのベクトルとなり，その大きさは，

$$\mu = qx \qquad (2.4)$$

となる。q は電荷（または部分電荷）の大きさである。水のようにもう少し複雑な形状をもつ分子では，分子全体の双極子モーメントは各々の極性の結合に沿った双極子モーメントの和となる（図 2.4b）。水は，酸素原子の電気陰性度が大きいので，電子が水素原子から酸素原子へと引きつけられたために極めて大きな μ をもっている。

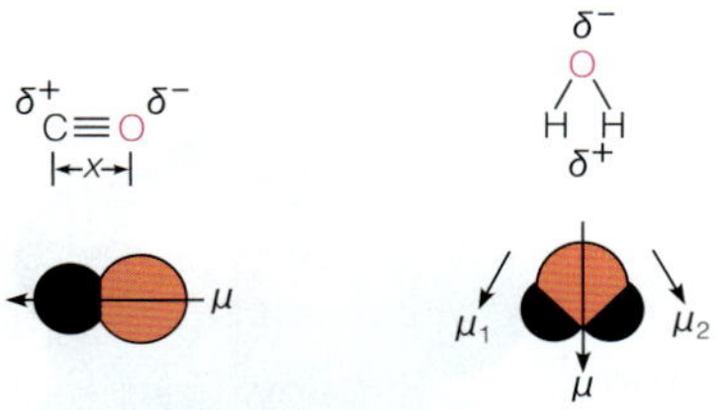

図 2.4　双極子分子　(**a**) 一酸化炭素：酸素上に存在する部分的な負電荷（δ^-）とそれに相応する炭素上の部分的な正電荷（δ^+）が，O—C 軸に沿って双極子モーメントを生成している。(**b**) 水：酸素原子上に存在する部分的な負電荷（μ^-）と各水素原子上の部分的な正電荷（μ^+）が，O—H 結合に沿って μ_1と μ_2という 2 つのモーメントを生成している。それらのベクトルの和（μ）が分子の正味の双極子モーメントを表す。

ポイント 3
一部の分子は双極子であり，双極子モーメントをもつために相互作用する。

いくつかの双極子モーメントの値を表 2.2 に示す。グリシンおよびグリシルグリシンの値が大きいことに注意してほしい。中性の pH では，アミノ酸であるグリシンはイオン $^+NH_3CH_2COO^-$として存在し，正にイオン化したアンモニウム基と負にイオン化したカルボキシ基をもっている。そのため全電荷が分子の長さだけ離れており，それが大きな μ をもつ理由である。グリシルグリシンは 2 つのグリシン分子が共有結合したものであり，電荷の距離がグリシンのほぼ 2 倍であることから，双極子モーメントもほぼ 2 倍になっている。大きな双極子モーメントをもつ分子を，極性が高いという。

分子が双極子モーメントをもつためには，適当な形状をもっていなければならないことにも注意してほしい（表 2.2）。C≡O と O═C═O，または *o*-ジクロロベンゼンと *p*-ジクロロベンゼンを比較してみよう。二酸化炭素や *p*-ジクロロベンゼンでは，双極子ベクトルが同じ大きさで反対方向なので，お互いの影響を打ち消し合って正味の双極子モーメントはない。

細胞内の水環境では，永久双極子は近くのイオン（電荷-双極子相互作用）や，別の永久双極子（双極

表 2.2　分子の双極子モーメント

分子	式	双極子モーメント（D）[a]
一酸化炭素	C≡O	0.12
二酸化炭素	O═C═O	0
水	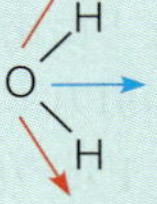	1.83
p-ジクロロベンゼン	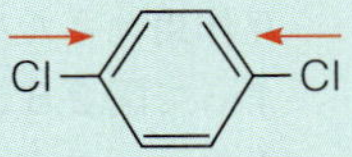	0
o-ジクロロベンゼン	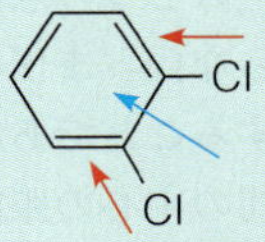	2.59
グリシン	$H_3\overset{+}{N}—CH_2—COO^-$	16.7
グリシルグリシン	$H_3\overset{+}{N}—CH_2—C(═O)—N(H)—CH_2COO^-$	28.6

[a] 双極子モーメントの一般的な単位は debye である。1 debye（D）は 3.34×10^{-30} C・m に等しい。

子-双極子相互作用）を互いに引きつけることができる。これらの**永久双極子相互作用 permanent dipole interaction** を図 2.2b，c に示す。前述した単純な電荷-電荷相互作用と異なり，双極子相互作用は双極子の方向に依存している。さらにそれらは，より近い範囲で作用する相互作用である。電荷-双極子相互作用のエネルギーは $1/r^2$ に比例し，双極子-双極子相互作用のエネルギーは $1/r^3$ に比例する。したがって２つの永久双極子の相互作用が強くなるには，それらはきわめて近接する必要がある。

永久双極子モーメントをもたない分子も，電場の存在下では双極子となりうる。この電場は，例えば研究室の器具など外部から与えられる場合もあるし，近くの荷電粒子や極性粒子によってつくり出されることもある。双極子が誘導される分子のことを，**分極性をもつ polarizable** という。例えば芳香環は，電子がその環平面上を移動しやすいために分極性が高い（図 2.5a）。分極性分子の相互作用のことを**誘導性双極子相互作用 induced dipole interaction** と呼ぶ。陰イオンや陽イオンは，しばしば分極性分子に双極子を誘導し，その結果それに引きつけられるし（電荷-誘導性双極子相互作用，図 2.2d），永久双極子も同様の作用（双極子-誘導性双極子相互作用，図 2.2e）をすることがある。これらの誘導性双極子との相互作用（エネルギーは $1/r^4$ または $1/r^5$ に比例）は，永久双極子相互作用と比較してもさらに短い距離でしか起こらない。

正味の電荷も永久双極子モーメントももたない２つの分子でさえも，十分に近接した場合には互いに引き合う場合がある（図 2.2f）。分子内の電子電荷の分布は一定ではなく，常に変動している。２つの分子が非常に近接した場合には，それらの分子は電荷の変動を同調させるので，正味の引力が起こる。このような分子間の力は，相互双極子誘導と考えられており，**van der Waals 力 van der Waals force** または**分散力 dispersion force** と呼ぶ。この引力は，距離の６乗に反比例して変化するため，きわめて近接したときにのみ van der Waals 力は効力を発揮する。この力が特に強くなるのは，平面的な２つの分子が積み重なったときである（図 2.5b，c）。タンパク質や核酸のような分子が分子内で折りたたまれる際には，この相互作用の例を数多くみることができる。第６章で述べるように，van der Waals 力は単独では弱いが，多く集まることで生体分子を安定化させている。

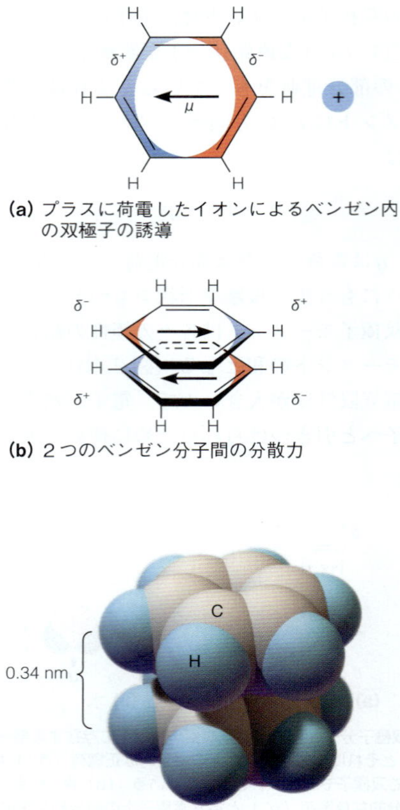

(a) プラスに荷電したイオンによるベンゼン内の双極子の誘導

(b) ２つのベンゼン分子間の分散力

(c) (b)の分子の空間充填モデル

図 2.5　誘導性双極子と分散力　(a) ベンゼンは実効電荷も永久双極子モーメントももたないが，隣接する電荷によってベンゼン環内で電子の再配置が起こり，誘導性双極子モーメント（μ）が誘導される。(b) ベンゼンのような平面な分子は積み重なり合う傾向が強い。それは，積み重なった環の電子雲の揺らぎが互いに作用して分散力を生み出すためである。(c) 分子が非常に接近しても決して中まで入り込むことはない。

非常に近接した場合に生じる分子間の反発力：van der Waals 半径

共有結合で結ばれていない分子や原子が，互いの外殻電子軌道が重なり合うほど近接すると，相互に反発力が働く（図 2.2g）。この反発力は互いの中心間の距離（r）が減少すると急速に大きくなる。つまり，おおよそ r^{-12} に比例する。今までに述べてきたさまざまな種類の引力エネルギーとこの斥力エネルギーを合わせると，１対の原子，分子，イオンの全非共有結合的相互作用エネルギー（E）は，それらの間の距離（r）によって図 2.6 に表されるように変化する。このグラフ上の２つの点について注意を喚起しておかなければならない。まずはエネルギー曲線の最小の点，r_0 が存在することである。この最小の点は，最も安定な２粒子間の中心の距離に相当する。つまり，２粒子を互いに近づけていくとすると，どれだけ近づくかを表している。第２に，反発ポテンシャルは距離が小さくなるにつれて急激に増加するので，決して距離 r_v 以上に近づかせない“壁”のように働くことである。この距離を，分子を最も小さく詰め込んだときの有効半径，いわゆる **van der Waals 半径 van der Waals radius** (R) と定義する。２つの同一の球形分子であれば，$r_v = 2R$

であり，van der Waals 半径が R_1 と R_2 の 2 分子であれば $r_v = R_1 + R_2$ である。

ポイント 4
分子は互いに非共有結合の力により引き合うことがあるが，決して中まで入り込むことはない。van der Waals 半径は分子の表面を決定する。

もちろん現実の分子は図 2.6 に描かれたような球形ではない。巨大な生体分子はみな複雑な形状をしているので，van der Waals 半径の概念を分子内の原子や原子群に当てはめて考えることができる。表 2.3 に示した van der Waals 半径の値は，他の原子や原子との最小接近距離を表している。複雑な分子を“空間充填モデル”で表現すると，それぞれの原子は van der Waals 半径をもつ球体として表わされる（図 2.5c 参照）。この場合，炭素原子の van der Waals 半径（0.17 nm）は，2 つの重なった環の平面が 0.34 nm よりも近づくことができないということを意味している。

水素結合

非共有結合的相互作用の特殊な例である**水素結合 hydrogen bond** は，生化学において最も重要なものである。多くの生体分子と生物の普遍的溶媒である水は，そのほとんどの構造と特性がこの水素結合によって決定されている。水素結合とは，図 2.2g や図 2.7 に示したように，供与体原子に共有結合した水素原子（例えば—O—H や ⋝N—H）と受容体原子（例えば O=C—や N⋜）の結合していない電子対との間に起こる相互作用のことである。水素が共有結合した原子のことを水素結合供与体と呼び，結合していない電子対をもつ原子のことを水素結合受容体と呼ぶ。供与体と受容体の相互作用は，受容体原子と H との間の点線で示す。

表 2.3　原子や原子群の van der Waals 半径

	R（nm）
原子	
H	0.12
O	0.14
N	0.15
C	0.17
S	0.18
P	0.19
原子団	
—OH	0.14
—NH_2	0.15
—CH_2—	0.20
—CH_3	0.20
芳香環の半分の厚さ	0.17

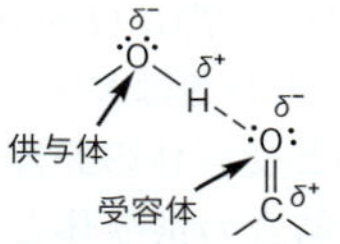

図 2.7　水素結合　図は，例えばアルコール（供与体）とケト化合物（受容体）の間に存在する典型的な水素結合を示す。水素結合は H と受容体原子の間の点線で表される。

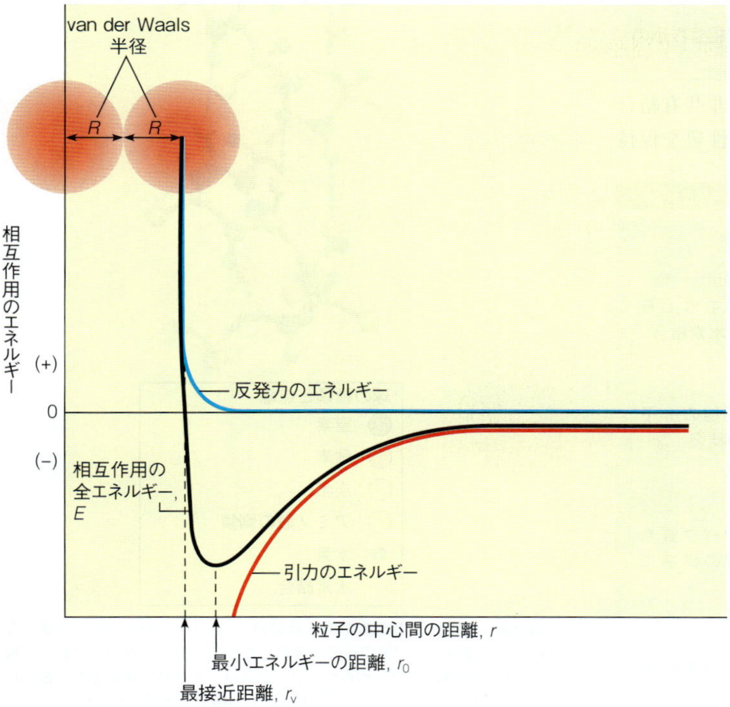

図 2.6　接近する 2 粒子の非共有結合的相互作用のエネルギー　2 つの原子，分子またはイオン間に働く相互作用のエネルギーを，中心間の距離 r に対してグラフにした。ある距離での相互作用の全エネルギー（E）は，引力と反発力の和である。粒子間の距離が減少すると（x 軸に沿って右から左に読んでいくと）引力（<0）も反発力（>0）も増加するが，その割合が異なる。最初は長い距離では引力が勝っているが，やがて反発力が急激に増加して障壁として働き，最接近距離（r_v）や van der Waals 半径（R）を決める。最小エネルギー（r_0）の位置は，通常 r_v に非常に近い。

水素結合供与体として働く原子の能力は，その電気陰性度に強く依存する。供与体原子の電気陰性度が大きければ大きいほど，結合した水素から負電荷をさらに引き寄せる。その結果，水素はさらに正に荷電し，受容体の電子対にさらに強く引きつけられる。生体化合物に存在する原子の中で，O と N だけが強い供与体となれる適度な電気陰性度をもっている。したがって，強い水素結合をつくる—O—H と異なり，≡C—H 基は強い水素結合を形成しない。

水素結合は，共有結合および非共有結合の相互作用のどちらとも共通する特徴をもっている。部分的には，H のもつ正の荷電の一部と電子対のもつ負電荷との間における電荷-電荷相互作用のようでもある。一方で，H と受容体とで（共有結合と同じように）電子を共有している。この二重の性質は水素結合したときの結合の長さに反映されている。水素結合での水素原子と受容体原子間の距離は，van der Waals 半径から推定される距離よりもかなり短い。例えば，>N—H…O═C<の結合での H と O の間の距離は，表 2.3 に示されている van der Waals 半径の合計から推定するとおよそ 0.26 nm だが，実際には約 0.19 nm である。一方，H—O 共有結合の長さはわずか 0.10 nm である。共有結合の供与体と受容体の距離は約 0.29 nm である。特に強い水素結合の供与体と受容体の距離を表 2.4 に示した。これらの距離が，まるで共有結合のように（他の非共有結合的相互作用とは異なって）固定されていることに注意してほしい。

ポイント 5
水素結合は最も強く，最も特異的な非共有結合的相互作用の1つである。

水素結合のエネルギーは他のほとんどの非共有結合に比べてかなり高く，部分的に共有結合の性質を保持している（図 2.1 参照）。強い方向性をもっている点でも水素結合は共有結合に似ている。水素結合のエネルギーは，供与体原子と H 原子と受容体原子が 180° のときに（すなわち 3 つの原子が同一直線上にあるときに）最大になると予測される。タンパク質中の大部分の水素結合の角度は 30〜180° である。この方向性の重要さは，水素結合がタンパク質中の α ヘリックスのような規則的な生化学的構造を形成する際に果たす役割からも明らかである（図 2.8，第 6 章で詳述）。これは水素結合が，巨大分子の整然とした構造を安定化している多くの例の 1 つにすぎない。

いろいろな非共有結合的相互作用は，一つひとつは弱いものの，高分子内や高分子間に多く存在すればそのエネルギーの合計は非常に大きく，多くの場合，数百 kJ にもなる。だからこそ，高分子構造の安定性を説明できるのである。同時に，一つひとつの非共有結合的相互作用が容易に破壊されたり再結合できるため，生体高分子が機能するために必要な柔軟性が生じる。

表 2.4　生体分子の相互作用にみられる主な水素結合

供与体…受容体	供与体と受容体間の距離（nm）	注釈
—O—H…O(—)(—H)	0.28±0.01	水中でつくられる水素結合
—O—H…O═C<	0.28±0.01	水と他の分子間の結合
>N—H…O(—)(—H)	0.29±0.01	水と他の分子間の結合
>N—H…O═C<	0.29±0.01	タンパク質や核酸の構造に重要
>N—H…N(═)(—)	0.31±0.02	タンパク質や核酸の構造に重要
>N—H…S<	0.37	比較的少なく，上述のものより弱い

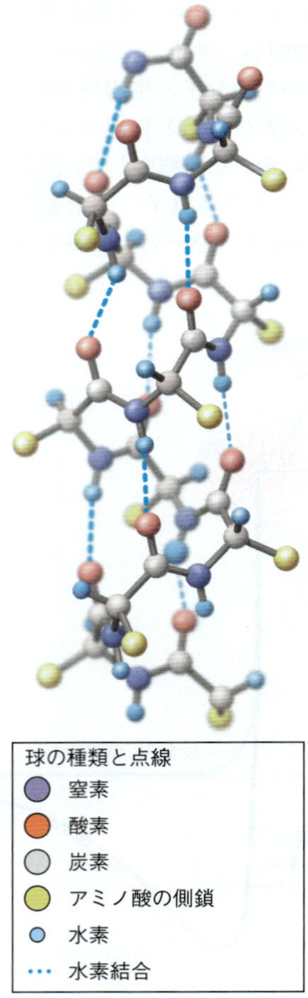

図 2.8　生体分子の構造中の水素結合　この例は α ヘリックス構造をとっているタンパク質の一部分を示したものである。タンパク質の一般的な構造要素の 1 つである α ヘリックスは，タンパク質鎖の官能基間に働く水素結合 N—H…O═C によってその構造が維持されている。

生物の諸過程における水の役割

生命の化学的および物理的過程では，代謝や合成の複雑な過程で分子が動き回ったり，互いにめぐり合ったり，頻繁に相手を変えることが必要である。流動的な環境は分子が動き回ることを可能にするが，水は地球上で最も豊富な流動体で，この目的に見事に合致している。その理由を知る前に，水の特性についてもう少し詳しく調べる必要がある。

水の構造と性質

我々は水の性質を当たり前のものと思いがちだが，実は，水はきわめて奇妙な物質である。表 2.5 は，水を同じような分子量をもつ他の水素含有化合物と比較したものであるが，驚くべき事実を示している。これらの化合物は，室温では気体であり，水よりはるかに沸点が低い。なぜ水はこんなに特殊なのか。その原因は主に，水分子が他の水分子と水素結合を形成する傾向が非常に強いことにある。

単独の水分子の電子配置を図 2.9 に示したが，酸素原子の外殻電子 6 個のうち，2 個は水素との共有結合に使われている。残りの 4 個の電子は結合していない電子対として存在し，優れた水素結合の受容体となっている。水の—OH 基は強い水素結合供与体である。そのため，それぞれの水分子は水素結合供与体にも水素結合受容体にもなっていて，同時に最大で 4 つの水素結合を形成できる。水は水素結合した分子の動的なネットワークなのである（図 2.10c）。この水素結合のネットワークの力は，水に異常な熱容量をもたせ，水の気化には，その大きさのわりに大きなエネルギーが必要である。そのため水は気化熱も沸点も非常に高く（表 2.5），通常の地表温度では液体の状態で存在している。

水分子同士の水素結合は，水が凍って氷になると最も規則的となり，はっきりする。それぞれの分子は他の 4 つの分子と水素結合した堅い四面体の格子を形成するのである（図 2.10a，b）。この格子構造は氷が溶けても一部しか破壊されず，高い温度でもある程度この秩序を保ち続ける。液体の水は氷よりも水素結合が平均 15% 少ない（すなわち，氷分子は水素結合が 4 個あるが，水分子は 3.4 個）。液体の水の構造は，分子が動き回るときに絶えず破壊と再形成を繰り返す氷格子の名残があるので，“ひらひら動く集団” と表現される（図 2.10c）。このいくぶん自由な氷格子の構造は，液体の水は固体の水よりも密度が大きいという，水のもう 1 つの特異な性質を説明できる。格子が壊れると，分子同士がさらに接近できるからである。この一見とるに足らない事実は，実は地球上の生命にとってきわめて重要である。他のほとんどの物質と同じように水より氷のほうが密度が大きかったなら，毎冬，湖や海の表面にできた氷は底へと沈むだろう。そこでは，何年にもわたって氷が蓄積して積み重なった層によって遮断され，地球上に存在する水のほとんどが氷になってしまい，生命を支える液体の水が少なくなってしまう。仮に液体の水が 0℃ で実際より 9% 密度が小さかったなら，氷は沈んでしまうのだから，生命は進化できたか疑わしい。水のこの驚くべき性質がもたらすもう 1 つの結果は，高圧では密度の高い液体の状態のほうが密度の小さい固体の状態よりも適していることである。そのために，圧力が高い深海でも水は液体のままなのである。

ポイント 6
水に特有の性質の多くは，その水素結合を形成する能力と強い極性に由来する。

表 2.6 に記載した水の他の特異な特徴も，その分子構造によって容易に説明できる。ほとんどの有機的な液体と比べて水の粘度が高いのは，連結し合う水素結合の構造をもっているためである。この凝集性は，水の大きな表面張力の理由でもある。すでに述べた水の高い誘電率は，水が双極子をもつ結果である。2 つのイオン間に生じた電場は，間に存在する水の双極子を強く方向づけ，きわめて強い極性を生じさせる。これらの双極子は 2 つのイオン間における効果的な静電気力を減少させ，電場は打ち消される。

表 2.5　低分子量の化合物と比較した水の性質

化合物	分子量	融点(℃)	沸点(℃)	気化熱(kJ/mol)
CH_4	16.04	−182	−164	8.16
NH_3	17.03	−78	−33	23.26
H_2O	18.02	0	+100	40.71
H_2S	34.08	−86	−61	18.66

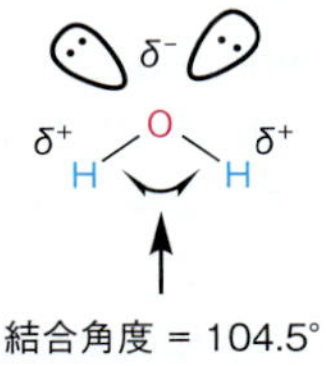

図 2.9　水分子中の水素結合供与体と受容体　O の結合していない 2 つの電子対は水素結合の受容体として，2 つの O—H 結合は水素結合の供与体として働く。2 つの O—H 結合間の角度は 104.5° である。その結果，水は正味の双極子モーメントをもつ。

溶媒としての水

生命の過程では，さまざまな種類のイオンや分子が接近して動き回る必要がある。すなわち，共通の媒地に溶けていなければならない。水は水素結合しやすいことと極性をもつという 2 つの特性をもっているおか

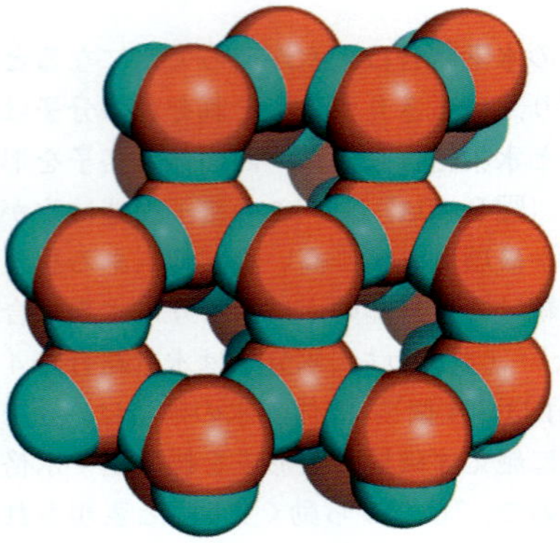

(a)

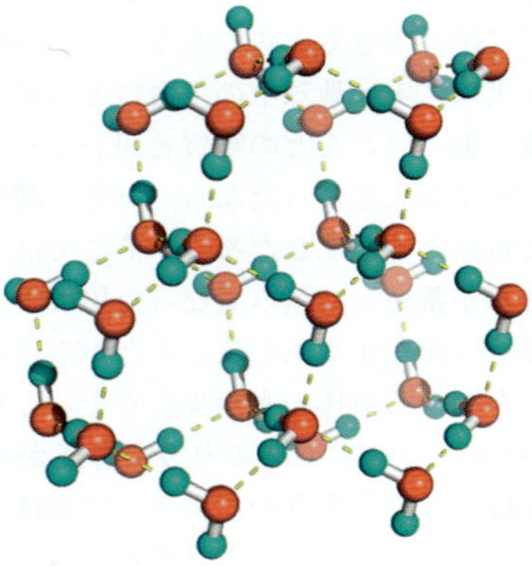

(b)

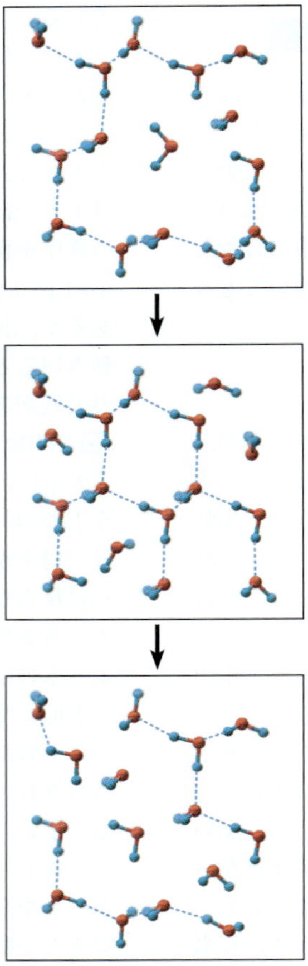

(c)

図 2.10　分子格子としての水　**(a)** 氷の構造の空間充填モデル（O原子は赤，H原子は青）。氷は水素結合の四面体パターンが限りなく繰り返して形成される分子格子である。すべての分子は他の2分子の水素結合供与体であり，また他の2分子の受容体にもなっている。水素結合の長さのためその構造は比較的隙間のあるものになっており，氷の密度が低い原因になっている。**(b)** 氷格子の骨格模型。**(c)** 液体の水の構造。氷が溶けると規則的な四面体格子は壊れるが，特に低い温度では，その大部分はそのまま残っている。液体の水では，分子のひらひらと動く集団が絶えず壊れては再構築される水素結合によって互いに結びついている。この図解した“動画”の連続した画像はピコ秒（10^{-12} s）で起こっている変化を表している。

（a，b）Courtesy of Gary Carlton.

表 2.6　非極性で，水素結合していない液体 *n*-ペンタンと比較した液体の水の特性

性質	水	*n*-ペンタン
分子量（g/mol）	18.02	72.15
密度（g/cm^3）	0.997	0.626
沸点（℃）	100	36.1
誘電率	78.54	1.84
粘度（g/cm・s）	0.890×10^{-2}	0.228×10^{-2}
表面張力（dyne/cm）	71.97	17

すべてのデータは 25℃でのもの。

げで，細胞内でも細胞外でも普遍的な媒地になっている。これらの特性を利用して水に容易に溶ける物質は，**親水性 hydrophilic** または“水を好む”と呼ばれる。

ポイント 7
水は水素結合できる能力と強い極性があるので，優れた溶媒である。

水溶液中の親水性分子

水素結合可能な原子団をもつ分子は，水と水素結合しやすい。そのため水は，表面に水素結合可能な原子団をもつタンパク質や核酸などを溶かす。水素結合可能な原子団とは，荷電していないが極性のある水酸基，カルボニル基，エステル化合物，および荷電しているアミン，カルボン酸，リン酸エステルなどである。さらに，分子内に水素結合をもつような分子（図 2.8 に示したαヘリックスなど）が水に溶けると，それらの水素結合の一部またはすべてが水との水素結合に置き換わりうる（図 2.11）。

有機化合物の液体と異なり，水はイオン化合物の優れた溶媒である。固体では非常に安定なイオンの格子結晶として存在している塩化ナトリウムのような物質は，水に非常に溶けやすい。それは，水分子が双極性をもっているからである。水溶液中での水の双極子のマイナスの末端と陽イオンの相互作用（例えば図 2.12）や，プラスの末端と陰イオンの相互作用により，それらのイオンは**水和 hydrated** される。すなわち，**水和殻 hydration shell** と呼ばれる水分子の殻に囲まれる（図 2.12）。NaCl のような多くのイオン化合物が水に溶けやすい傾向をもつことは，主に2つの理由によって説明できる。まず，水和殻を形成することはエネルギー的に有利であるから。次に，水の高い誘電率が反対に荷電したイオン間の引力を覆い隠して減少させるからである。

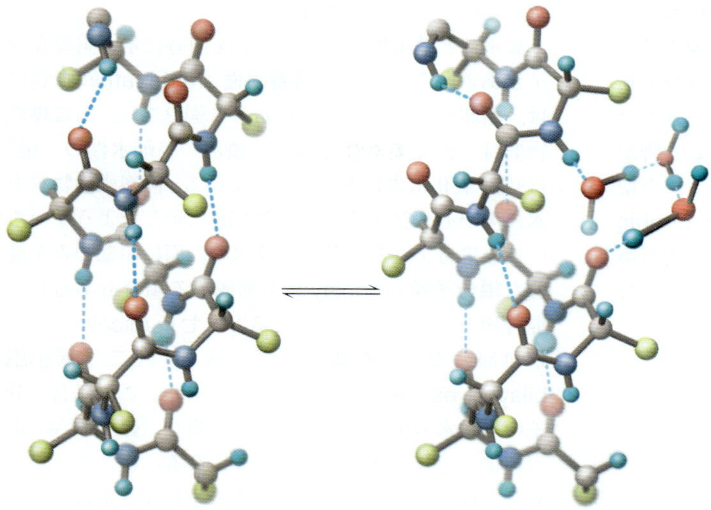

図 2.11　タンパク分子内部の水素結合と水分子の水素結合との交換　図 2.8 に示したものと同じようなタンパク質分子が，分子内水素結合のいくつかを溶媒である水分子の水素結合と変換している。この交換は，ヘリックス構造の中央部よりも端の部分で頻繁に観察される。

2

水分子が双極子をもつことは，フェノール，エステル，アミドといった，イオン性ではないが極性をもつ有機分子を溶かすのにも役立っている。これらの分子は大きな双極子モーメントをもつ場合も多く，水の双極子と相互作用することによって水への溶解度を高めている。

水溶液中の疎水性分子

親水性物質の溶解度は，エネルギー的に有利な水分子との相互作用によって決まる。したがって極性がなく，イオンでもなく，水素結合もできない炭化水素のような物質が，水に対して非常に低い溶解度を示すことはさほど驚くべきことではない。このような性質の物質を**疎水性 hydrophobic** または“水を嫌う”という。しかし，エネルギーのみが溶解度を低くする唯一の要因ではない。疎水性分子が溶解する際には，親水性物質が水和殻に囲まれているのと異なり，規則的な水の格子が氷のような**包接体 clathrate** 構造，つまり非極性分子を包む“かご”を形成する（図 2.13）。かごの外へも広がっている水分子の規則正しさは，この混合物のエントロピー，つまり無秩序さを減らすことになる（第 3 章参照）。このエントロピーの減少は，疎水性物質の水への溶解度が低い原因になっている。第 3 章で詳述するように，エントロピーを減らすことは熱力学的に好ましくない。また，疎水性物質が水の中で凝集しやすいという，よく知られた性質の原因とも

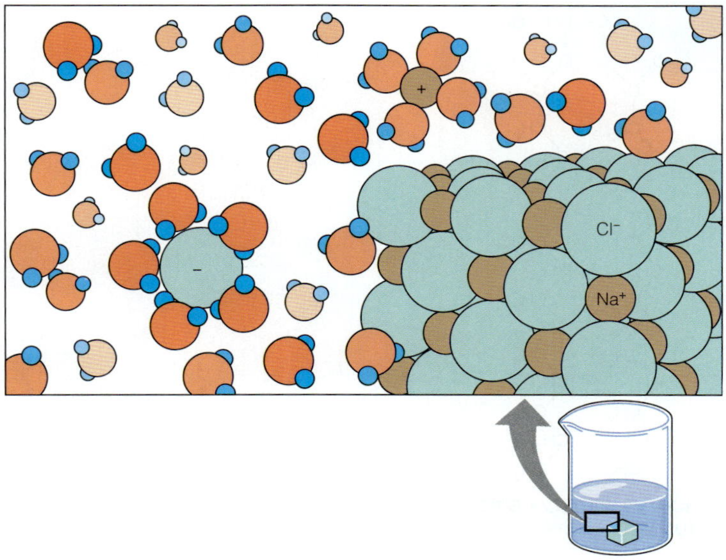

図 2.12　溶液中のイオンの水和　塩の結晶が水に溶けるところを示した。ナトリウムイオンや塩素イオンが結晶を離れると，これらのイオンと双極子である水分子との間に非共有結合的相互作用が起こり，各イオンのまわりに水和殻が形成される。この相互作用で放出されるエネルギーの寄与により，結晶を安定化している電荷−電荷相互作用に打ち勝つことができる。

なっている（油を酢と振り混ぜると油滴が形成されることは誰もが経験するところである）。2つの疎水性分子を２つのかごで囲むほうが，１つのかごで囲むよりも包接化合物内の水の規則正しさの度合いが大きくなる。すなわち，疎水性分子が凝集すれば包接化合物から水分子を放出し，そのシステムのエントロピーを増すことができる。この現象は**疎水性効果 hydrophobic effect** と呼ばれ，タンパク質分子の折りたたみや（第6章参照），脂質二重層の形成に重要な役割を果たしている。

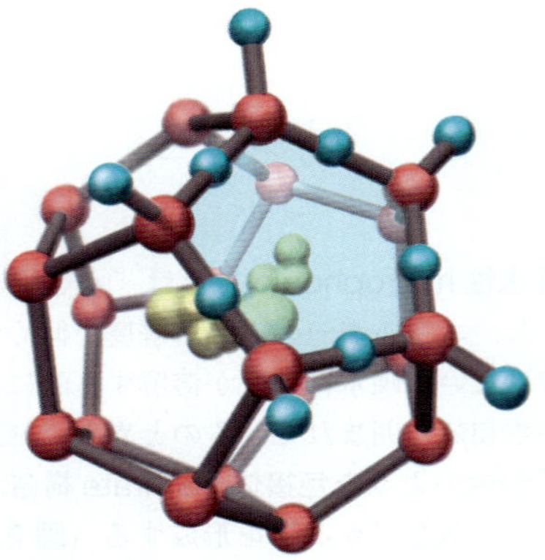

図 2.13　疎水性分子（黄色）を囲む１単位の包接体構造　酸素原子は赤で示してある。水素原子は，酸素からなる五角形のうちの１つについてのみ示す。この秩序立った構造は，周囲の水の中へかなり遠くまで広がる。

水溶液中での両親媒性分子

親水性と疎水性の両方の性質を同時に示す重要な分子がある。そのような**両親媒性 amphipathic** 物質には，脂肪酸や界面活性剤がある（図 2.14）。両親媒性物質は，強く親水性を示す“頭部”が疎水性の“尾”（通常，炭化水素）とつながっている。両親媒性物質を水に溶かそうとすると，図 2.15a に示したようないろいろな構造をとる。たとえば水の表面に頭部のみを浸した**単分子膜 monolayer** を形成する場合もあるし，混合物を激しく混ぜ合わせると**ミセル micelle**（分子が単層になって形成する球状構造）や**二重層小胞 bilayer vesicle** を形成する場合もある。この場合，分子の炭化水素尾部はほぼ平行に整列し，van der Waals 力によって相互作用できるようになる。極性をもつ，もしくはイオン性の頭部は，そのまわりが水によって強く水和している。両親媒性分子が，細胞を取り囲み細胞間の仕切りを形成する生物の**膜二重層 membrane bilayer** の構成単位となっていることは，生化

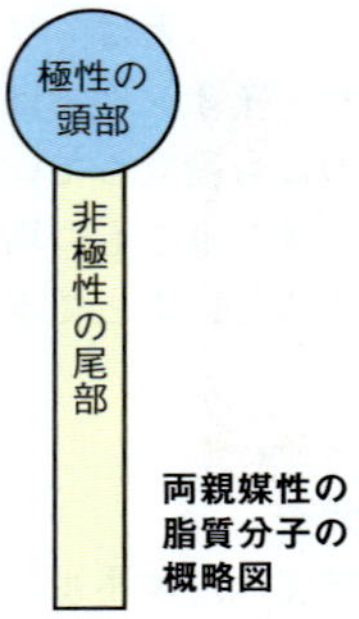

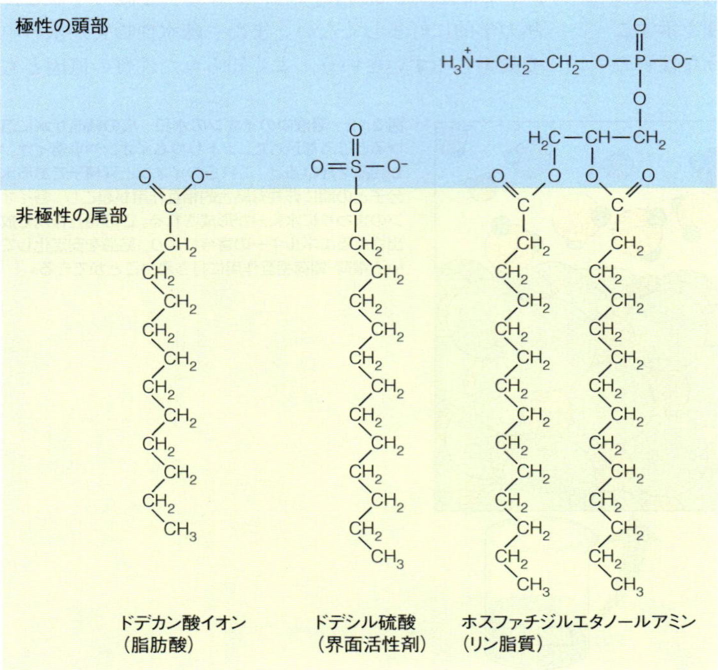

図 2.14　両親媒性分子　これら３つの例は，親水性頭部が疎水性尾部とつながった，両親媒性分子の二重の性質を描いたものである。

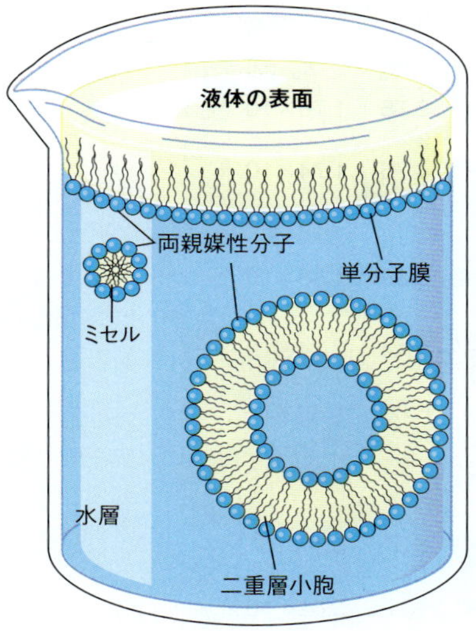

(a) 水中で形成される構造

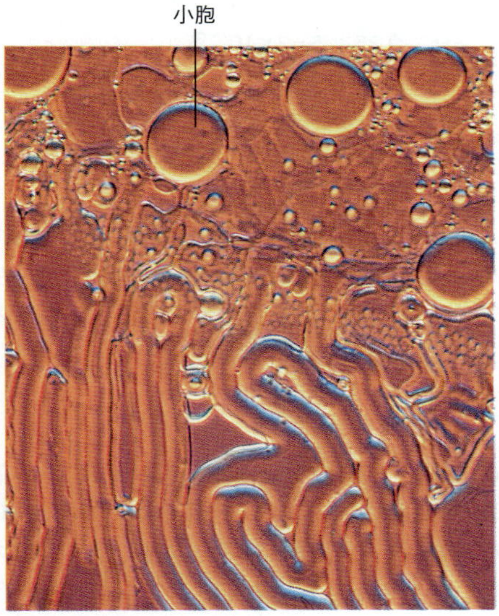

(b) 小胞の形成

図 2.15　水と両親媒性分子の相互作用　(a) 両親媒性物質を水と混合すると，水の表面の単分子膜，ミセル，内部と外側に水を含んだ中空の球である二重層小胞などの構造をとる。どの場合でも親水性頭部は水相と接しており，疎水性尾部は互いに会合している。**(b)** リン脂質を水と混合すると，両親媒性分子は集合して生体膜と同様の膜を形成する。撹拌すると膜は壊れて小胞を形成する。
(b) Courtesy of D. W. Deamer and P. B. Armstrong, University of California, Davis.

学にとって最も重要である。膜二重層は主に図 2.14 に示したようなリン脂質からできている。図 2.15b は，リン脂質でつくられた合成膜の構造を示している。リン脂質および膜については第 10 章でさらに詳述する。

ポイント 8
分子表面のかなりの部分が親水性で，他の部分が疎水性ならば両親媒性分子である。

イオン平衡

2

大部分の生化学的反応は水の環境下で起こる。例外は，膜内の疎水的な部分で起こるものだけである。もちろん，K^+，Cl^-，Mg^{2+}のような遊離のイオンや，イオン性原子団をもつ分子や高分子は，水溶液性の細胞質や細胞外の体液中に溶解している。生化学的過程でのこれらすべての分子の性質は，イオン化の状態に強く依存している。したがって，イオン平衡の特徴，特に酸–塩基平衡と水のイオン化について簡単に復習しておく必要がある。

酸と塩基：プロトン（水素イオン：H^+）の供与体と受容体

Brønsted–Lowry による水系での酸，塩基の定義は有用である。**強酸 strong acid** は，ほぼ完全にプロトンと弱い共役塩基に解離する。例えば，HCl は，水中ではほぼ完全に H^+（実際はヒドロニウムイオン：H_3O^+）と Cl^- に解離している。したがって，溶液中の H^+ の濃度は，加えられた HCl のモル濃度にほぼ正確に一致している。同様に NaOH は，ほぼ完全にイオン化して強力なプロトン受容体である OH^- に解離するので，**強塩基 strong base** である。

生化学で登場するほとんどの酸性と塩基性の物質は，部分的にしか解離しない**弱酸 weak acid** か**弱塩基 weak base** である。弱酸の水溶液では，酸とその共役塩基（プロトンを受容して元の酸を形成する物質）が平衡状態にある。弱酸とその共役塩基の例を表 2.7 に示す。これらの塩基は必ずしも—OH 基を含んでいないが，水からプロトンを引き抜くことによって水溶液中の OH^- の濃度を増加させるのである。

ポイント 9
多くの生体分子は弱酸か弱塩基である。

表 2.7 にあげた弱酸はその強さ，すなわちプロトンを供与する能力が非常に異なっている。この酸の強さは，すぐ後に述べる K_a および pK_a 値で表される。酸が強ければ強いほど，その共役塩基が弱い。言い換えると，酸がプロトンを供与する傾向が強ければ強いほど，その共役塩基がプロトンを受容して元の酸を形成する傾向が弱くなるということである。

水の電離とそのイオン積

水は基本的に中性の分子であるが，わずかにイオン化する性質をもっている。実際に，非常に弱い酸としても，非常に弱い塩基としても働くことができる。すなわち，水分子は他の水分子にプロトンを移動させて，ヒドロニウムイオン（H_3O^+）と水酸化物イオン

表 2.7　弱酸とその共役塩基

酸（プロトン供与体）		共役塩基		pK_a	K_a（M）
HCOOH ギ酸	⇌	$HCOO^-$ ギ酸イオン	$+H^+$	3.75	1.78×10^{-4}
CH_3COOH 酢酸	⇌	CH_3COO^- 酢酸イオン	$+H^+$	4.76	1.74×10^{-5}
$CH_3CH(OH)$—COOH 乳酸	⇌	$CH_3CH(OH)$—COO^- 乳酸イオン	$+H^+$	3.86	1.38×10^{-4}
H_3PO_4 リン酸	⇌	$H_2PO_4^-$ リン酸二水素イオン	$+H^+$	2.14	7.24×10^{-3}
$H_2PO_4^-$ リン酸二水素イオン	⇌	HPO_4^{2-} リン酸一水素イオン	$+H^+$	6.86	1.38×10^{-7}
HPO_4^{2-} リン酸一水素イオン	⇌	PO_4^{3-} リン酸イオン	$+H^+$	12.4	3.98×10^{-13}
H_2CO_3 炭酸イオン	⇌	HCO_3^- 炭酸水素イオン	$+H^+$	6.3*	5.1×10^{-7}*
HCO_3^- 炭酸水素イオン	⇌	CO_3^{2-} 炭酸イオン	$+H^+$	10.25	5.62×10^{-11}
C_6H_5OH フェノール	⇌	$C_6H_5O^-$ フェノールイオン	$+H^+$	9.89	1.29×10^{-10}
NH_4^+ アンモニウムイオン	⇌	NH_3 アンモニア	$+H^+$	9.25	5.62×10^{-10}

■ リン酸系　■ 炭酸系
*見かけの pK_a や K_a 値（本文参照）。

（OH^-）を生成する。ゆえに水は水素イオン供与体でもあり水素イオン受容体でもある。

$$H_2O + H_2O \rightleftharpoons H_3O^+ + OH^-$$

実際には，移動したプロトンは，水分子のいろいろな集団と会合して $H_5O_2^+$ や $H_7O_3^+$ のようなイオンを生成するので，この式はあまりにも簡略化しすぎている。水溶液中のプロトンは，非常に動きやすく，ある水分子から別の水分子へと 10^{-15} 秒ほどの間に動き回るのである。

プロトンは水溶液中では決して遊離のイオンとしては存在せず，常に1つもしくはそれ以上の水分子と会合しているということを忘れなければ，水のイオン化の過程を次のようにもっと簡単に記述できる。水溶液中の H^+ の反応は，実際には水和したプロトンが関与しているのである。

$$H_2O \rightleftharpoons H^+ + OH^- \qquad (2.5)$$

上の式で記述した平衡は，K_w，**水のイオン積 ion product**（25℃で 10^{-14}）として表すことができる。

$$K_w = \frac{(a_{H^+})(a_{OH^-})}{(a_{H_2O})} = 10^{-14} \qquad (2.6a)$$

第3章で詳述するように，K_w は活量 activities（a）と呼ばれ，単位がない。実際に，モル濃度（1 L 当たりのモル数，M）と活量の違いは生化学では無視されている。ほとんどの生化学の実験は，モル濃度と活量がほとんど同じ希薄溶液中で行われるので，それで問題はない。単一の液体や固体の活量の値は1で，生化学反応での溶媒の水は活量が1であると仮定される。それゆえ，式 2.5 は次のようになる。

$$K_w \cong \frac{[H^+][OH^-]}{1} = 10^{-14} \qquad (2.6b)$$

式 2.6b では，単位のない $[H^+]$ や $[OH^-]$ の値を使用しなければならないが，それらはモル濃度（1L あたりのモル数）と等量である。本書では，溶質のモル濃度を［溶質の記号］で表す。

イオン積 K_w は定数であるから，$[H^+]$ と $[OH^-]$ はそれぞれ無関係には変われない。もし酸性または塩基性の物質を水に加えて $[H^+]$ か $[OH^-]$ を変化させると，他方の濃度もそれにつれて変化しなければならない。水溶液の $[H^+]$ が高ければ $[OH^-]$ は低くなり，その逆も同じである。もし酸性物質も塩基性物質も加えない純粋な水なら，すべての H^+ も OH^- も水自身の解離によってのみ生じるはずである。このような状況では，H^+ と OH^- の濃度は等しくならなければならない。それゆえ，25℃では，

$$[H^+] = [OH^-] = 1\times10^{-7}\ \mathrm{M} \qquad (2.7)$$

となり，この溶液は中性であるという。すなわち，酸性でも塩基性でもない。しかし，イオン積は温度によって変わるので，中性の水溶液で常に，$[H^+]$ と $[OH^-]$ が正確に 10^{-7} M であるとは限らない。例え

ば，ヒトの体温（37℃）では，中性の水溶液中の H^+ および OH^- イオンの濃度はどちらも 1.6×10^{-7} M である。

pH の尺度と生理的な pH の範囲

10のマイナス何乗という数値を用いるのを避けるために，通常は水素イオン濃度を pH で表す。pH は次のように定義される。

$$\mathrm{pH} = -\log(a_{\mathrm{H}^+}) \cong -\log[\mathrm{H}^+] \qquad (2.8)$$

溶液の $[H^+]$ が高ければ pH は小さくなる。したがって，pH が低いということは酸性の水溶液であるということである。逆に $[H^+]$ が低ければ，式2.6b から $[OH^-]$ は高くなければならない。したがって，pH が高いということは塩基性の水溶液であるということである。

pH 値の尺度と，よく知られている溶液の pH の値を図2.16に示した。ほとんどの体液は，**生理的 pH 範囲 physiological pH range** と呼ばれる pH 6.5～8.0 の範囲にあることに注目してほしい。ほとんどの生化学反応はこの領域で起こっているのである。

生化学的過程は小さな pH の変化でも影響を受けるので，pH を制御したり測定することがほとんどの生化学実験では必須である。pH の制御は緩衝液を使って行われる。緩衝液の組成は，後の章で述べる。溶液の pH の測定には，通常ガラス電極 pH メーターが使われる。電極は H^+ 濃度に依存して電位を生じ，その電位の大きさを測定器が pH の値に変換するのである。

ポイント10
ほとんどの生体反応は，pH 6.5 から 8.0 の間で起きている。

弱酸および弱塩基平衡

生物学的に重要な化合物の多くは，弱酸性や弱塩基性の官能基をもっている。例えば，非常に大きなタンパク質分子は，表面に酸性基（例えばカルボキシ基）と塩基性基（例えばアミノ基）を保持している。pH の変化に対するそれらの基の反応は，その機能にとって決定的に重要である場合が多い。例えば，多くの酵素の触媒効率は，ある基のイオン化の状態に非常に強く依存するので，これらの触媒は一定の pH 範囲内だけで効果的に働く（第11章参照）。そこでタンパク質の正味の電荷が pH でどのように変化するかを理解しよう。相補的な電荷と電荷の間の相互作用に基づく分子間の認識（例えば，基質の受容体への結合）も PH で影響を受ける。弱酸と弱塩基の平衡は，そのような効果の分子的な基盤を理解するのに役立つ。そこで，表2.7に示した例について考えてみよう。

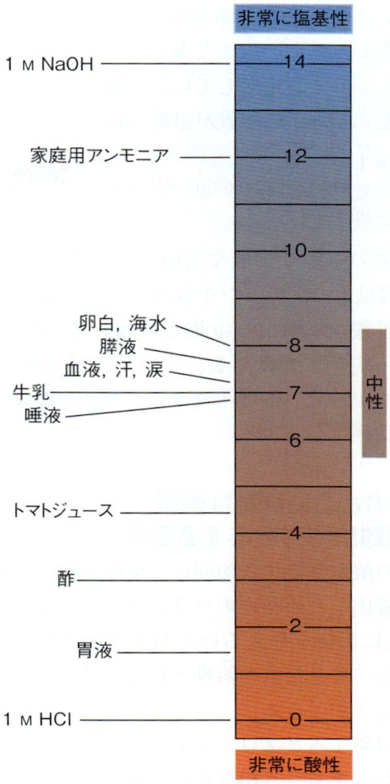

図2.16　pH の尺度と生理的 pH 範囲　一般的な物質と体液の pH 値を示す。ここに示した範囲の塩基性の端に NaOH を，酸性の端に HCl の値を記した。ほとんどの体液は pH 6.5 から 8.0 の間の中性の範囲にあり，ほとんどの生理的過程はこの範囲で起こっている。pH 1 と 2 の間にある胃液のような例外もわずかにある。

K_a と pK_a

表2.7に示した反応はすべて，酸の解離として書き表せる。この解離は物質によっていくつかの様式をとる。

$$\mathrm{HA^+} \rightleftharpoons \mathrm{H^+ + A}$$
$$\mathrm{HA} \rightleftharpoons \mathrm{H^+ + A^-}$$
$$\mathrm{HA^-} \rightleftharpoons \mathrm{H^+ + A^{2-}}$$

共役塩基が負電荷をもつ場合も，もたない場合もあるが，どの場合でも元の酸より1つプロトンが少ないことに注意してほしい。便宜的に，このような反応をすべて $HA \rightleftharpoons H^+ + A^-$ と記述する。弱酸の解離の平衡定数（通常，**解離定数 dissociation constant** と呼ばれる）は次のように定義される。

$$K_a = \frac{[\mathrm{H^+}][\mathrm{A^-}]}{[\mathrm{HA}]} \qquad (2.9)$$

K_a が大きいほど，酸が解離する傾向は大きくなる。したがって，K_a が大きいほど強い酸である。

酸の強さは通常 pK_a 値で表される。

$$pK_a = -\log K_a \qquad (2.10)$$

pK_aはK_aの負の対数であるから，pK_aの値が小さければ強い酸であるということを示し，大きければ弱い酸であるということを示している。表 2.7 中の酸については，K_aの値とpK_aの値が記載されている。

ポイント11
酸の強さを表すにはpK_aを用いると便利である。pK_aが小さいほど，強い酸である。

表 2.7 の中のリン酸や炭酸のようないくつかの酸は，1 個以上のプロトンを放出できる。このような酸は**多塩基酸 polyprotic acid** と呼ばれる。多塩基酸は，別個のpK_aをもつ異なるステップで連続して解離する。したがって，多塩基酸はいくつかの異なったイオン化の状態で存在する。

pK_a値のさらに詳細な解説：酸の解離に影響を与える因子

特定の酸が解離する傾向は，解離を促進する因子と妨害する因子との特有のバランスによって決まっている。pK_aに影響を与えるいくつかの因子については，すでに述べてきた水の溶媒としての性質の考察から理解することができる。

酸は解離するとプロトンが水和され，ほとんどの場合その共役塩基も水和される。水和はエネルギー的に有利であり，イオン間の引力を減少させるので，ほとんどの酸の解離を進める方向に働く。例外はNH_4^+のような正に荷電した酸で，解離すると荷電していない共役塩基を生成する。このような場合，水和して安定化するのは酸のほうであり，これがNH_4^+が非常に弱い酸であることの 1 つの理由である。

酸の解離を妨害する因子は，プロトンと負に荷電した共役塩基間の静電気的引力である。この効果については表 2.7 中のリン酸の解離の一連のpK_a値を比較すると理解できる。共役塩基の電荷が$H_2PO_4^-$からPO_4^{3-}へと徐々に増加すると，pK_aも同様に増加する。それはHPO_4^{2-}が非常に弱い酸であることを示している。

環境の効果がいかにpK_a値に影響を与えるかを示している点で，これらの例は重要である。タンパク質中の官能基の同じはずのpK_a値も，測定してみるとまわりの分子の環境に依存して大きく変わることがわかる。

弱酸の滴定：Henderson-Hasselbalch の式

多くの生体分子の構造と機能は pH に強く依存している。pH の変化により，生体分子の表面に存在する酸性基や塩基性基のプロトン付加の程度も変化する。pH 変化の結果，分子の電荷が変わる。溶液の pH で分子の電荷はどのように変化するのだろうか。この疑問に，式 2.9 の両辺の負の対数をとって並べ替えて誘導される Henderson-Hasselbalch の式が答えてくれる（式 2.12）。

$$-\log[H^+] = -\log K_a + \log\frac{[A^-]}{[HA]} \quad (2.11)$$

$-\log[H^+]$ の代わりに pH，$-\log K_a$の代わりにpK_aと置き換えると，

$$pH = pK_a + \log\frac{[A^-]}{[HA]} \quad (2.12)$$

Henderson-Hasselbalch の式は，脱プロトン化されたA^-とプロトン化された HA の濃度比と，溶液の pH との直接の関係を示す。カルボン酸の場合には，$[A^-]$は$[RCOO^-]$で，[HA] は [RCOOH] である。一級アミンの場合は，$[A^-]$ は $[RNH_2]$ で，[HA] は $[RNH_3^+]$である。例えば，ギ酸の緩衝液なら，式 2.12 は，

$$pH = pK_a + \log\frac{[HCOO^-]}{[HCOOH]} \quad (2.13)$$

となる。

Henderson-Hasselbalch の式は，(1) ある pH での分子の電荷が $[A^-]/[HA]$ の比でどのように決まるか，(2) $[A^-]/[HA]$の比が酸 HA とその共役塩基A^-からつくられる緩衝液の pH を計算するのにどのように使われるかを理解するのに役立つ。

ポイント12
Henderson-Hasselbalch の式は，弱酸や弱塩基の滴定の際の pH の変化を表す。

Henderson-Hasselbalch の式により，滴定の際にどのように pH が変化するかがわかる。1 M のギ酸を水酸化ナトリウムで滴定するとしよう。まず，1 mol のギ酸を水に溶かして 1 L の溶液にしたときの pH を計算しよう。溶液中のほとんどすべてのH^+が水からではなくギ酸から生じることと，1 分子のギ酸から 1 つのH^+と 1 つの$HCOO^-$が解離して生じることに注意すれば，この pH は式 2.9 から計算できる。モル濃度をxとおけば式 2.9 は，

$$K_a = 1.78 \times 10^{-4} = \frac{[H^+][HCOO^-]}{[HCOOH]} = \frac{x^2}{1-x} \quad (2.14)$$

となる。

正確な答を得るには，この二次方程式を解かなければならない。しかし，弱酸に関しては，加えられたすべての酸の濃度（この場合は 1 M）に比べるとxの値はきわめて小さい。その結果，このような場合では分母のxを無視することができ，次のような近似式として表される。

$$K_a \approx x^2 \quad (2.15)$$

この例では，次のように答を得る。

$$x = [H^+] = [HCOO^-] = 1.33 \times 10^{-2}\ M \quad (2.16)$$

わずか1%ほどしか酸が解離していないことに注意してほしい。したがって，我々の概算はまったく妥当である。もし酸がもっと薄ければ，解離している割合が多くなるので，このようにうまくは近似できないであろう。

いま行った計算は，最初のpHがおよそ1.9であることを教えてくれる。それでは，NaOH溶液をギ酸溶液に加えるとどうなるだろう。NaOHを加えると，それは完全にNa^+とOH^-へと解離する。しかし，水酸イオンは$K_w = [H^+][OH^-]$の関係に従ってプロトンと平衡状態にある。そのため，OH^-を加えると溶液からプロトンが除かれる。Le Chatelieの原理によると，$[H^+]$が減少すると，式（2.14）の平衡関係を満たすために，さらに多くのギ酸が解離する。このことはNaOHを加えると，$[HCOO^-]/[HCOOH]$の比が増加することを意味している。Henderson–Hasselbalchの式2.13を当てはめれば，pHは滴定が進むにつれ連続的に増加することがわかる。滴定の中間点では元のギ酸の半分が中和されている。すなわち，半分はまだ酸として存在しており，半分は共役塩基として存在している。つまり$[A^-]/[HA] = 1$ということである。ゆえに，Henderson–Hasselbalchの式は，

$$pH = pK_a + \log 1 = pK_a \quad (2.17)$$

となる。したがって滴定曲線の中間点での弱酸のpHは，そのpK_aと同じ値を示すのである。このことは，図2.17中の2つの酸，ギ酸とアンモニウムイオンの滴定曲線に示されているように，実験的に確かめることができる。図2.17の滴定曲線は，加えた塩基のモル数と最初に存在した酸のモル数との比に対して測定したpHをプロットしたものである。滴定曲線の大部分で，pHがpK_aの上下それぞれ1 pH単位以内であることに注意してほしい。

滴定曲線が可逆的であることには注意する必要がある。もし高いpHの溶液にHClのような強酸を加えて滴定すると，同じ曲線を逆向きになぞることになる。

緩衝溶液

図2.17を別の観点からみてみると，もう1つの重要な点が浮かび上がってくる。pK_a付近のpHの範囲では，塩基や酸を加えてもpH変化は小さいということである。実際，pK_aでは，酸や塩基を加えてもpHの変化は最小である。これが弱酸–塩基混合物を用いた水溶液の**緩衝 buffering**の原理である。この方法は，ほとんどすべての生化学実験で使用されている。

緩衝溶液では，H^+やOH^-を加えてもpHの変化は最小である。その理由は，緩衝作用のある化合物の共役酸（HA）や共役塩基（A^-）（通常，**緩衝液〈バッファー〉buffer**または**緩衝液塩 buffer salt**と呼ばれる）は，加えられるH^+やOH^-と結合してそれらを中和するのに十分量存在しているからである。

$$\text{共役酸による}OH^-\text{の中和：}HA + OH^- \rightleftharpoons A^- + H_2O$$
$$\text{共役塩基による}H^+\text{の中和：}A^- + H^+ \rightleftharpoons HA$$

ポイント13
弱酸–塩基水溶液のpHの変化は，pK_a付近では酸や塩基を加えても最小であることが緩衝液が機能する理由である。pK_aでは，緩衝液の共役酸と共役塩基はほとんど同濃度存在する。

生化学者がpH 4.00での反応を研究するとしよう。この反応はプロトンを生成したり，消失させるかもしれない。反応の間にpHが大きく変化するのを避けるために，実験者はほぼ同量の弱酸とその共役塩基からなる緩衝溶液を用いる必要がある。Henderson–Hasselbalchの式から，A^-とHAの濃度が等しくなるのは溶液のpHが緩衝液のpK_aに等しいときであることがわかる。この例では，ギ酸のpK_a（3.75）が，実験に必要なpH値に近いから，ギ酸–ギ酸塩緩衝液を選ぶのが正解である。酢酸–酢酸塩混合物は，酢酸のpK_a（4.76）が1 pH単位近く離れているのであまり適当ではない。pH 4の緩衝液をつくるのに必要なギ酸とギ

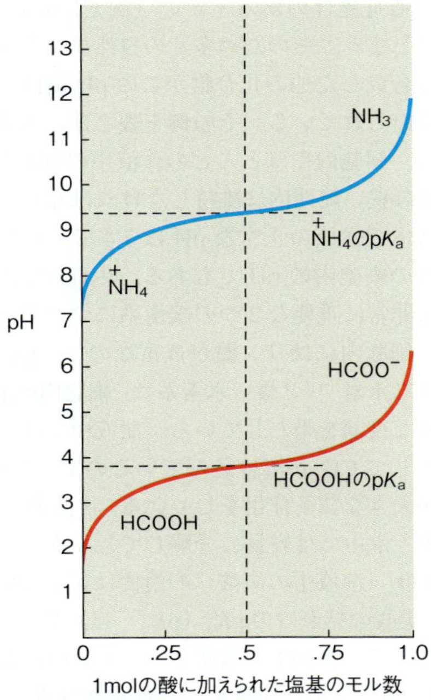

図2.17　弱酸の滴定曲線　ギ酸（HCOOH）とアンモニウムイオン（$\overset{+}{N}H_4$）の滴定曲線は，塩基を加えた際のpHの変化を示している。どちらの物質の滴定曲線の中点でも$pH = pK_a$であることに注意してほしい。滴定のpH変化は，大部分がこの値の上下約1 pH単位の範囲内である。この範囲内では，塩基が加えられてもpHの変化は最小限であり，したがってこの範囲が最も緩衝作用が強い。

酸イオンとの比はHenderson-Hasselbalchの式から計算できる。

$$4.00 = 3.75 + \log\frac{[HCOO^-]}{[HCOOH]} \quad (2.18)$$

塩基/酸の比率を計算するためには，4.00から3.75を引き，式2.18の両辺の真数をとる。

$$\frac{[HCOO^-]}{[HCOOH]} = 10^{(4.00-3.75)} = 10^{0.25} = 1.78 \quad (2.19)$$

この結果は，pH 4では溶液中の1 molのHCOOH毎に1.78 molの$HCOO^-$が存在していることを示している。すなわち，上記の緩衝液をつくるには，例えば0.1 Mのギ酸溶液と0.178 Mのギ酸ナトリウムを等量混ぜればよいということがわかる。あるいは，ギ酸溶液を水酸化ナトリウムを用いて滴定してpH 4にしてもよい。

生理的pH付近で起こる生化学的反応を研究する場合が多いため，pH 6.5〜8.0の範囲のpHを緩衝する混合物が特に必要とされる。表2.7にあげた酸-塩基の組み合わせの中では，リン酸二水素イオン（$H_2PO_4^-$）とリン酸一水素イオン（HPO_4^{2-}）混合物が最適で，炭酸（H_2CO_3）と重炭酸イオン（HCO_3^-）の混合物もこの条件に合っている。リン酸緩衝液は実験によく用いられるが，リン酸が消失したり生成される生化学的反応もあるから，どんな場合でも使えるわけではない。さらに，リン酸や炭酸を含んだ水溶液は，反応に必要となる可能性のあるイオン（例えばCa^{2+}）を沈殿させてしまう。そのため多くの自然界に存在する，もしくは合成した他の化合物がこのpH範囲の緩衝液として用いられている。その例を表2.8に示す。

生物は，細胞内やほとんどの体液中のpHをおよそ6.5〜8.0の狭い範囲内に維持しなければならない。例えば，ヒトの血液の正常なpHは7.4で，それはヒトの大部分の細胞内のpHでもある。生理的pHを制御するのに非常に重要な2つの緩衝系についてはすでに述べた。細胞内にはリン酸が豊富なので，pK_aが6.86のリン酸二水素-リン酸一水素系は，細胞内のpHの制御に主要な役割を果たしている。血液中では，代謝の老廃物としてCO_2が溶け込んでいるので，炭酸-重炭酸塩系が大きな緩衝作用をしている。炭酸のpK_aは3.8であるが，水中では容易に分解してしまうので，溶けているCO_2（溶液中の炭酸）の濃度は非常に低い。その結果，炭酸の見かけのpK_a（pK_a'）は6.3である（表2.7）。溶けているCO_2の濃度とプロトンの濃度（すなわちpH）は，次の化学反応から推定される。

表2.8　生化学の研究に一般的に使われる緩衝液

緩衝物質（酸の形）	一般名	pK_a
カコジル酸	—	6.2
2,2-ビス(ヒドロキシメチル) 2,2′,2″-ニトリロトリエタノール	BISTRIS	6.5
ピペラジン-*N,N′*-ビス（2-エタン硫酸）	PIPES	6.8
イミダゾール	—	7.0
N′-2-ヒドロキシルエチルピペラジン-*N′*, 2-エタン硫酸	HEPES	7.6
トリス(ヒドロキシルメチル)アミノメタン	Tris	8.3

$$CO_2 + H_2O \rightleftharpoons H_2CO_3 \quad \text{（}CO_2\text{から炭酸を生成する反応）}$$
$$H_2CO_3 \rightleftharpoons HCO_3^- + H^+ \quad \text{（炭酸から最初のプロトンを解離する反応）}$$
$$CO_2 + H_2O \rightleftharpoons HCO_3^- + H^+ \quad \text{（2つの反応の和）} \quad (2.20)$$

Le Chatelierの原理と式2.20から，溶けるCO_2が増加すると，H^+の濃度が増加するのでpHは低下することがわかる。第7章では，呼吸の盛んな組織でのpHの低下は，酸素を運ぶタンパク質であるヘモグロビンによるこれらの組織への酸素の運搬の増大につながることを学ぶ。

式2.20から，炭酸の重炭酸イオンとプロトンへの解離は次のように書ける。

$$K_a' = \frac{[H^+][HCO_3^-]}{[CO_2][H_2O]} \quad (2.21)$$

カルボン酸のpK_a'の値は，式2.20を導くのに使った2つの化学反応の平衡の組み合わせから導くことができる。最初は，溶けているCO_2と水とH_2CO_3の間の平衡である。

$$CO_2 + H_2O \rightleftharpoons H_2CO_3 \quad K_{eq} \cong 3 \times 10^{-3} = \frac{[H_2CO_3]}{[CO_2][H_2O]} \quad (2.22)$$

2番目はH_2CO_3の解離である。

$$H_2CO_3 \rightleftharpoons HCO_3^- + H^+ \quad K_a \cong 1.7 \times 10^{-4} = \frac{[H^+][HCO_3^-]}{[H_2CO_3]} \quad (2.23)$$

これらの2つを掛け合わせると式（2.21）が得られる。

$$\frac{[H_2CO_3]}{[CO_2][H_2O]} \times \frac{[H^+][HCO_3^-]}{[H_2CO_3]} = \frac{[H^+][HCO_3^-]}{[CO_2][H_2O]} = K_a'$$

$$K_a' = K_{eq} \times K_a = 5.1 \times 10^{-7} \quad \text{ゆえに}$$

$$pK_a' = -\log(5.1 \times 10^{-7}) = 6.3$$

リン酸緩衝液や炭酸緩衝液以外に，タンパク質は生物におけるpHの制御に主要な役割を果たしている。第5章に示すように，タンパク質内には多くの弱酸性基あるいは弱塩基性基があり，それらの官能基の中にはpK_a値が7.0に近いものがある。タンパク質は細胞内や，血液やリンパ液といった体液中にも豊富に含まれており，これらの溶液中での pH の緩衝作用に貢献している。

ポイント 14
生物は，細胞や体液の pH を適当な範囲に維持するのに緩衝系を使っている。

複数のイオン化した官能基をもつ分子：両性電解質，両性高分子電解質，高分子電解質

ここまでは，1つあるいは少数の弱酸性基，弱塩基性基をもつ分子について考察してきた。しかし多くの分子は多数のイオン化した官能基をもっており，滴定中の挙動ももっと複雑である。

酸性と塩基性の pK_a値をもつ官能基を両方もっている分子を**両性電解質 ampholyte** と呼ぶ。例えば，グリシン分子，H_2NCH_2COOH について考えてみよう。グリシンは，αアミノ酸であり，第5章で述べるようにタンパク質の構成員として重要なアミノ酸グループの1つである。グリシンのαカルボキシ基とαアミノ基の pK_a値は，それぞれ 2.3 と 9.6 である。もしグリシンを非常に酸性の溶液（例えば pH 1.0 など）に溶解したとすると，αアミノ基もαカルボキシ基もプロトン化して分子の正味の電荷は+1となる。もし pH が上昇すると（例えば NaOH を加えて），プロトンの解離は次のような順序で起こる。

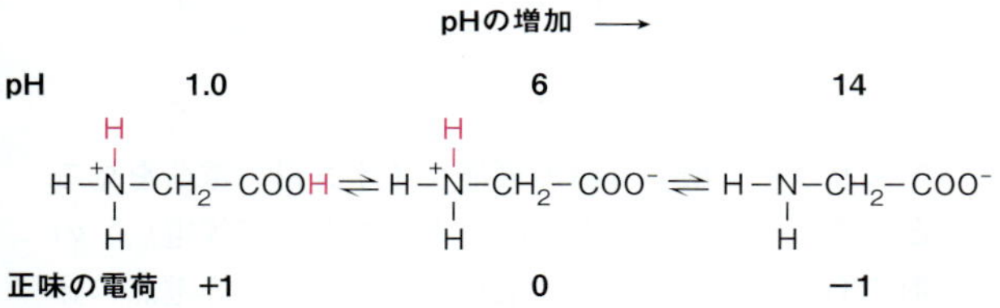

このように，酸性のより強いαカルボキシ基，酸性の弱いαアミノ基の順にプロトンを失っていくので，グリシンの滴定は2段階で起こる。したがって，グリシンは図 2.18 に示したように，2つの全く異なった pH 範囲でよい緩衝液となる。それぞれの pH 範囲で，それに相応するイオン性の基に Henderson-Hasselbalch の式を当てはめて滴定曲線を描くことができる。低い pH ではグリシンの主な構造は正味の電荷+1をもち，高い pH では正味の電荷−1をもつ。3つの構造の相対的な濃度（図 2.19）から，pH とすべての分子の正味の電荷の重要な関係がわかる。すなわち，pH が低下すると分子はより正に荷電し，pH が増加すると分子はより負に荷電する。

中性の pH に近い状態は興味深いものである。この領域ではほとんどのグリシンは $H_3\overset{+}{N}CH_2COO^-$ とい

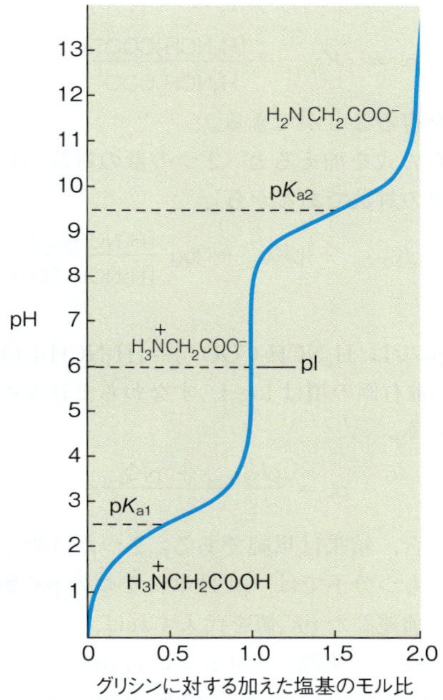

図 2.18　両性電解質グリシンの滴定　全く異なる pK_a値をもつ2つの官能基が滴定されるので，2段階の滴定曲線となる。pI は計算した等電点。

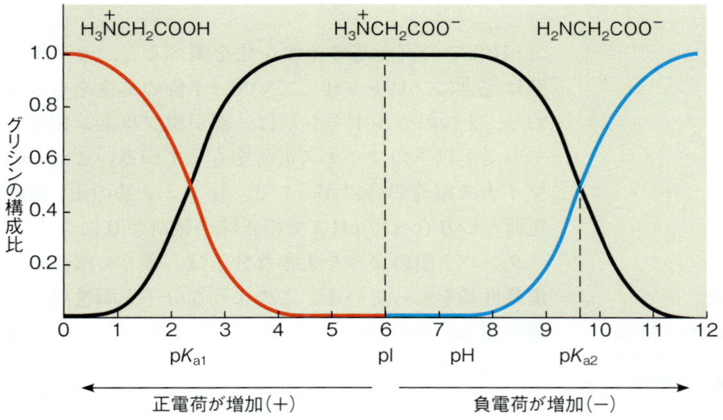

図 2.19　pH を変化させた際の，グリシンの3つの構造の相対的な濃度変化　$H_3\overset{+}{N}CH_2COOH$（赤），$H_3\overset{+}{N}CH_2COO^-$（黒），$H_2NCH_2COO^-$（青）。2つの p$K_a$値と等電点（pI）も示してある。pH が増加すると分子はより負に荷電し，pH が減少すると分子はより正に荷電する。

う形をとり，この正味の電荷はゼロである。この状態のような同数の正電荷と負電荷をもっている両性電解質は，両性イオンと呼ばれる。しかし，この pH 領域でグリシンの平均電荷がゼロとなるのは 1 点だけである。この**等電点 isoelectric point（pI）**と呼ばれる pH では，大部分のグリシン分子は両性イオンの形をしており，非常に少量だが等量の $H_3\overset{+}{N}—CH_2—COOH$ と $H_2N—CH_2—COO^-$ 分子を含んでいる。両方のイオン性の基に Henderson–Hasselbalch の式を当てはめることにより，等電点を計算することができる。等電点における pH を pI とすると，

$$\mathrm{pI} = \mathrm{p}K_{\mathrm{COOH}} + \frac{[\mathrm{H_3\overset{+}{N}CH_2COO^-}]}{[\mathrm{H_3\overset{+}{N}CH_2COOH}]} \qquad (2.24)$$

と

$$\mathrm{pI} = \mathrm{p}K_{\mathrm{\overset{+}{N}H_3}} + \frac{[\mathrm{H_2NCH_2COO^-}]}{[\mathrm{H_3\overset{+}{N}CH_2COO^-}]} \qquad (2.25)$$

の 2 式を得ることができる。

これらの式を加えると（2 つの量の対数の和は，それらの積の対数であるから），

$$2\,\mathrm{pI} = \mathrm{p}K_{\mathrm{COOH}} + \mathrm{p}K_{\mathrm{\overset{+}{N}H_3}} + \log\frac{[\mathrm{H_2NCH_2COO^-}]}{[\mathrm{H_3\overset{+}{N}CH_2COOH}]} \qquad (2.26)$$

しかし pI では $[H_2NCH_2COO^-] = [H_3\overset{+}{N}CH_2COOH]$ なので，一番右側の項は log 1，すなわちゼロなので次式が得られる。

$$\mathrm{pI} = \frac{\mathrm{p}K_{\mathrm{COOH}} + \mathrm{p}K_{\mathrm{\overset{+}{N}H_3}}}{2} \qquad (2.27)$$

この場合，結果は単純である。2 つだけのイオン性原子団をもつ分子では，pI は単に 2 つの pK_a値の平均になる。前述した pK_a値を代入すれば，グリシンの pI ＝5.95 となる。実際，グリシンは約 pH 4〜8 では，ほとんどすべて両性イオンの形をとっている（図 2.19）。したがって，この pH 範囲ではグリシンの正味の電荷は非常にゼロに近い。

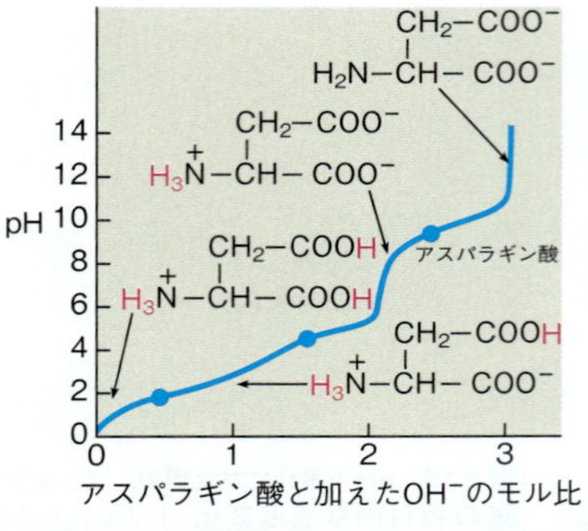

図 2.20　アスパラギン酸の滴定曲線　3 つの異なる pK_a値をもつ基が滴定されるので，3 段階の過程になる。加えられる水酸化イオンで変化する主な分子種を示す（赤は滴定されるプロトン）。滴定曲線上の青点は，滴定される 3 つの基の緩衝作用の強い範囲を示す。

> **ポイント 15**
> 両性電解質の pI は，分子のすべての形の平均電荷がゼロである pH のことである。pI より低い pH では分子は正に荷電し，pI より高い pH では分子は負に荷電する。

イオン化されうる原子団を 3 つか 4 つ以上もつ分子では，“等電点”の分子種のイオン化を表現する 2 つの pK_a値を平均すれば pI が計算できる。例えば，アスパラギン酸は 3 つのイオン化する基をもち，それらの pK_a 値は αCOOH が 2.1（下図で黒），βCOOH が 3.9（下図で青），$\alpha NH_3{}^+$が 9.8 である。完全にプロトン化したアスパラギン酸を NaOH で滴定すると 3 段階の変化が起こる（図 2.20）。pK_a 値の低いものから順に書くと次のようになる。

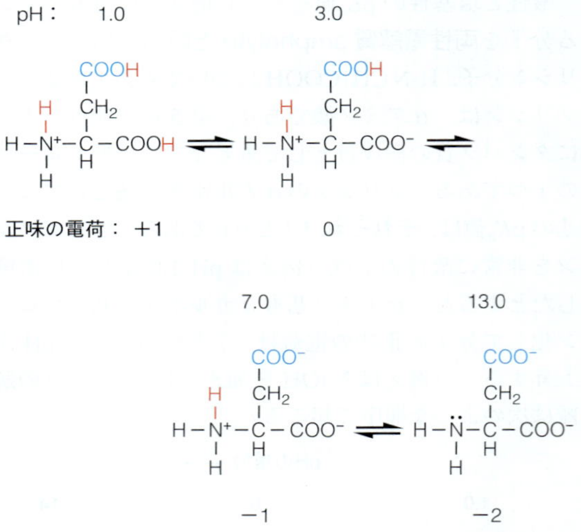

アスパラギン酸の 4 つの可能なイオン形の電荷を見ると，そのうちの 1 つが正味の電荷のない“等電点”の形であることがわかる。前述したように，等電点の分子種のイオン化を表現する 2 つの pK_a値は，αCOOH が 2.1 で，βCOOH が 3.9 である。ゆえに，アスパラギン酸の pI は，

$$\mathrm{pI} = \frac{\mathrm{p}K_{\alpha\mathrm{COOH}} + \mathrm{p}K_{\beta\mathrm{COOH}}}{2} = \frac{(2.1 + 3.9)}{2} = 3.0 \qquad (2.28)$$

pH 3 での官能基のイオン化を調べると，αアミノ基は完全にプロトン化していて＋1 価の電荷をもっており，2 つのカルボキシ基は一部が脱プロトン化されていて 1 以下のマイナス電荷をもっている。これらのマイナス電荷の合計が−1 で，αアミノ基の＋1 価の電荷とつり合って pH 3 での正味の電荷が 0 になる。

タンパク質のような大きな分子は，多くの酸性基と塩基性基をもっている。このような分子を**両性高分子電解質 polyampholyte** と呼ぶ。数十から数百の荷電した基が存在するような分子では，pI の計算はいっそう複雑になる。しかし，分子が正と負に荷電した基の

両方をもつ限り，平均の電荷がゼロとなる等電点は必ず存在する。例えば，ヒトヘモグロビンは表面に148個のイオン化できる基をもち，そのpIは6.85である。酸性基が多ければpIは低くなるであろうし，塩基性基が多ければpIは高くなるであろう。第5章で，このことがタンパク質溶液を扱うときに考慮すべき重要な点であることがわかるだろう。

pIの考察から，次の3つの重要な結論が得られる。まず第1にタンパク質溶液のpHがタンパク質のpIに等しいときは，タンパク質に正味の電荷はない。それは，負の電荷の合計$\sum(-)$が正の電荷の合計$\sum(+)$と完全に等しくなるからである。すなわち，

$$\mathrm{pH} = \mathrm{pI}\text{ では}\quad \left|\sum(-)\right| = \left|\sum(+)\right| \tag{2.29}$$

ゆえに，分子の正味の電荷は0になる。2番目に，pHがpIより高いときは，負の電化の合計が正の電荷の合計より大きいので，分子の正味の電荷は負になる。すなわち，

$$\mathrm{pH} > \mathrm{pI}\text{ では}\quad \left|\sum(-)\right| > \left|\sum(+)\right| \tag{2.30}$$

ゆえに，分子の正味の電荷は（−）である。3番目に，pHがpIより低いときは，負の電化の合計が正の電荷の合計より小さいので，分子の正味の電荷は正になる。すなわち，

$$\mathrm{pH} < \mathrm{pI}\text{ では}\quad \left|\sum(-)\right| < \left|\sum(+)\right| \tag{2.31}$$

ゆえに，分子の正味の電荷は（＋）である。

このような性質は，関与している化学反応を考えると理解しやすい。水素イオンの転移によるイオン化は，イオン化できる基が絶えずプロトンを得たり失ったりしている動力学的な過程である。Henderson-Hasselbalchの式を使えば，イオン化できる基が平均してどの程度プロトン化されているかが予測できる。その割合はpHが変わると変化する。例えば，水溶液中のタンパク質分子はpHが低くなるとプロトン化される割合が増加する。その結果，タンパク質はさらに正に荷電する。その理由は，タンパク質の表面に存在する負の電荷の原因になっているカルボキシ基はpHが低くなると負電荷が減少し，タンパク質分子表面の正の電荷の原因になっている窒素塩基（例えばアミン）は正荷電が増加するからである。逆に，pHが高くなるとタンパク質はさらに負に荷電するのも同様な論理で説明できる。pHが高くなると，イオン化できる基の脱プロトン化が進む。その結果，酸性の基は負に荷電し，塩基性の基は正電荷が減少する。カルボン酸とアミンの電荷に対するpHの影響を表2.9に要約した。

タンパク質の電荷の変動は，機能の消失につながる。それゆえ，表2.9や式2.29〜2.31に示した概念は，電荷の相補性による分子認識の基礎を示すだけでなく，細胞内のpHを分子の電荷ができるだけ一定に保てるような狭い範囲に保つ必要性を示している。

上述した理論は，タンパク質のアミノ酸組成からpI値を予測するのに使用されるが，それには但し書きがつけられている。実際に，pIは電気泳動という簡単な方法で実験的に決められる。荷電した両性電解質の溶液に電場がかけられると，正に荷電した分子は陰極のほうに移動し，負に荷電した分子は陽極のほうに移動する。等電点では，正味の電荷がゼロなので両性電解質はどちらの方向にも動かない。**等電点電気泳動法 isoelectric focusing**と呼ばれる方法では，両性電解質はpH勾配の中を移動して自身の等電点にくると移動が止まる。このようにして両性電解質は分離され，その等電点が決定される（「生化学の道具2A」参照）。

高分子電解質 polyelectrolyteと呼ばれる巨大分子では，多数の正電荷のみ，もしくは多数の負電荷のみをもつものもある。核酸（第4章参照）のように負に荷電している強力な高分子電解質は，広いpH範囲全体にわたってイオン化されている。さらに，アミノ酸のリシンの重合体であるポリリシンのような弱い高分子電解質もある。

表2.9　アミンとカルボン酸のイオン化と電荷に対するpHの影響

pHと$\mathrm{p}K_a$の関係	$[A^-]$と$[HA]$の比	水素イオン転移の影響（イオン化）	イオン化による正味の電荷
$\mathrm{pH} = \mathrm{p}K_a$	$[A^-] = [HA]$	A^-は50%プロトン化	
酸性基	$[\text{—}COO^-] = [\text{—}COOH]$	$\text{—}COO^-$は50%プロトン化	正味の電荷＝−0.5
塩基性基	$[\text{—}NH_2] = [\text{—}NH_3^+]$	$\text{—}NH_2$は50%プロトン化	正味の電荷＝＋0.5
$\mathrm{pH} < \mathrm{p}K_a$	$[A^-] < [HA]$	A^-のプロトン化＞50%	
酸性基	$[\text{—}COO^-] < [\text{—}COOH]$	$\text{—}COO^-$のプロトン化＞50%	0≧正味の電荷＞−0.5
塩基性基	$[\text{—}NH_2] < [\text{—}NH_3^+]$	$\text{—}NH_2$のプロトン化＞50%	＋1≧正味の電荷＞＋0.5
$\mathrm{pH} > \mathrm{p}K_a$	$[A^-] > [HA]$	A^-のプロトン化＜50%	
酸性基	$[\text{—}COO^-] > [\text{—}COOH]$	$\text{—}COO^-$のプロトン化＜50%	−1＜正味の電荷＜−0.5
塩基性基	$[\text{—}NH_2] > [\text{—}NH_3^+]$	$\text{—}NH_2$のプロトン化＜50%	0≦正味の電荷＜＋0.5

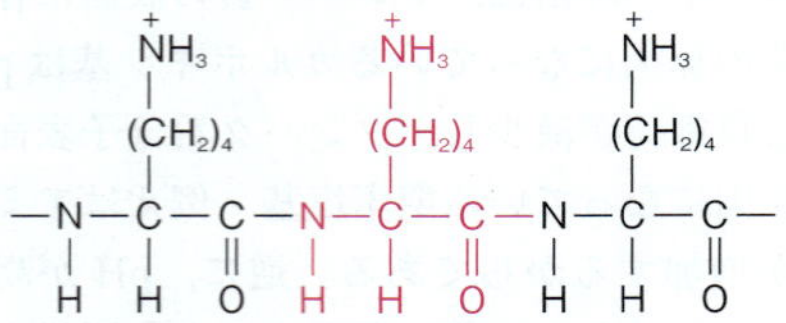

ポリリシン

多数の弱いイオン性基が同一の分子に存在している場合，それぞれの基の pK_aは他の基のイオン化状態により影響を受ける。ポリリシンのような分子では，最初のプロトンは最後のプロトンよりはるかに容易に取り除かれる。それは，完全にプロトン化した分子のもつ強い正電荷が，プロトンを失われやすくし，電荷–電荷間の反発を減少させるからである。逆にプロトンが取り除かれて強い負電荷をもつに至った分子は，最後のプロトンは非常に取り除き難くなり，その pK_a値は脱プロトン化するごとに高くなる（表 2.7 の H_3PO_4やH_2CO_3参照）。

溶液中における高分子イオン同士の相互作用

核酸のような巨大な高分子電解質やタンパク質のような巨大な両性高分子電解質は，ともに**高分子イオン macroion** として分類される。これらは，溶液の pH によって大きな正味の電荷をもつことができる。このよ

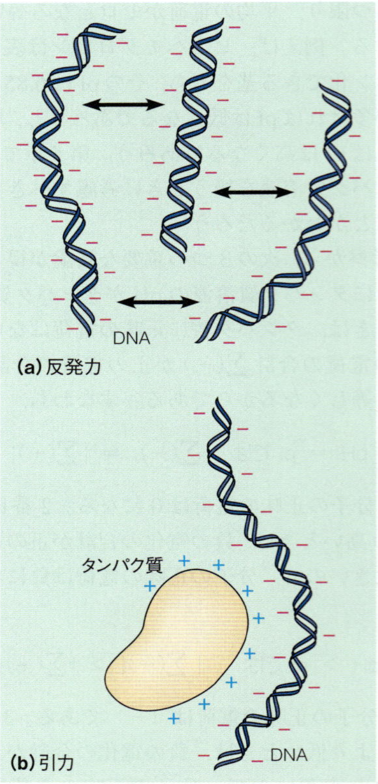

図 2.21　高分子イオン間の静電的相互作用　(a) 反発力。強い負電荷をもっている DNA 分子は，溶液中では互いに強く反発しあう。(b) 引力。DNA が正に荷電したタンパク質と混ざると，これらの分子は強く会合しようとする。

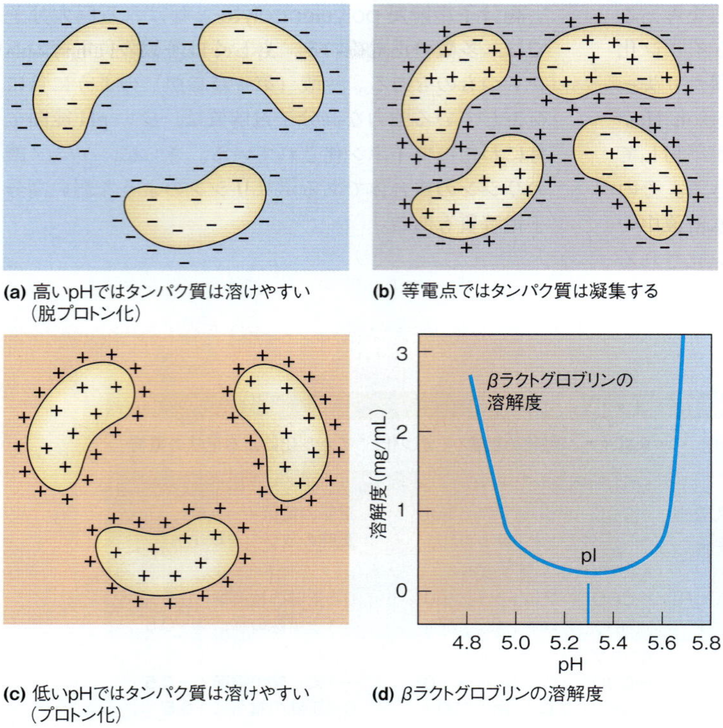

図 2.22　タンパク質の溶解度の pH による変化　(a) すべてのタンパク質は高い pH では負に荷電しており，大部分のタンパク質は非常に溶けやすい。(b) タンパク質の正味の電荷がない等電点では，その分子表面には正や負に荷電した領域があるので凝集して沈殿する。(c) 低い pH では，タンパク質は正電荷をもっているために溶けやすい。(d) pH を変化させた際の β ラクトグロブリンの溶解度。等電点では最も溶解度が小さくなる。

うな荷電した粒子同士の静電気的引力や反発力は，これらの分子の溶液中での挙動を決めるのに主要な役割を果たしている。

高分子イオンの溶解度と pH

同じような正味の電荷をもつ高分子イオンは互いに反発するので，核酸分子は溶液中では解離する傾向にある（図 2.21a）。同じ理由でタンパク質は，正味の電荷をもっているときは（すなわち pH 値が等電点よりも高いか低い場合），溶けやすい傾向がある。一方，正と負に荷電した高分子が混ざると，静電気的引力が働いて互いが結合しやすくなる（図 2.21b）。多くのタンパク質は DNA と強く結合するが，そうしたタンパク質の多くは正に荷電していることが明らかになっている。きわめて特徴的な例が高等生物の染色体にみられる。染色体では，負に荷電した DNA がヒストンと呼ばれる正に荷電したタンパク質と強く結合して，クロマチンと呼ばれる複合体を形成している（第 24 章で記述）。

等電点の pH ではもっと微妙な静電気的相互作用が起きて，ある特定のタンパク質が互いに自己会合をしてしまうことがある（図 2.22）。例えば，一般的な牛乳のタンパク質であるβラクトグロブリンは，等電点約 5.3 の両性高分子電解質である。この pH より上でも下でも，この分子はみな負か正の電荷をもち，互いに反発する。したがって，このタンパク質は，酸性の pH でも塩基性の pH でもきわめてよく溶ける。等電点では実効電荷はゼロになるが，各分子は表面に正や負に荷電した領域をもっている。この電荷−電荷相互作用や van der Waals 力のような他の種類の分子間相互作用により，分子は凝集し，沈殿しやすくなる。ゆえに，βラクトグロブリンは，他の多くのタンパク質と同じように，等電点で溶解度が最小になるのである（図 2.22d）。

小イオンの影響：イオン強度

高分子イオンの相互作用は，同じ溶液中に溶けている塩に由来する小イオンなどによって大きく影響を受ける。各高分子イオンは，反対に荷電した小イオンに富んだ**対イオン雰囲気 counterion atmosphere** をまわりに集め，このイオンの雲は分子を互いに遮蔽しようとする（図 2.23a）。小イオンの濃度が高ければ高いほど，静電的遮蔽効果も明らか大きくなる。しかし，この遮蔽と濃度との正確な関係は少し複雑である。P. Debye と E. Hückel により提唱された球状高分子イオンに対する遮蔽効果の量的表現は，対イオン雰囲気の実効半径（r）を用いて表現される。この半径は2つの高分子イオンが互いの存在を“検知”できる距離の指標になる。Debye−Hückel 理論に従えば，

2

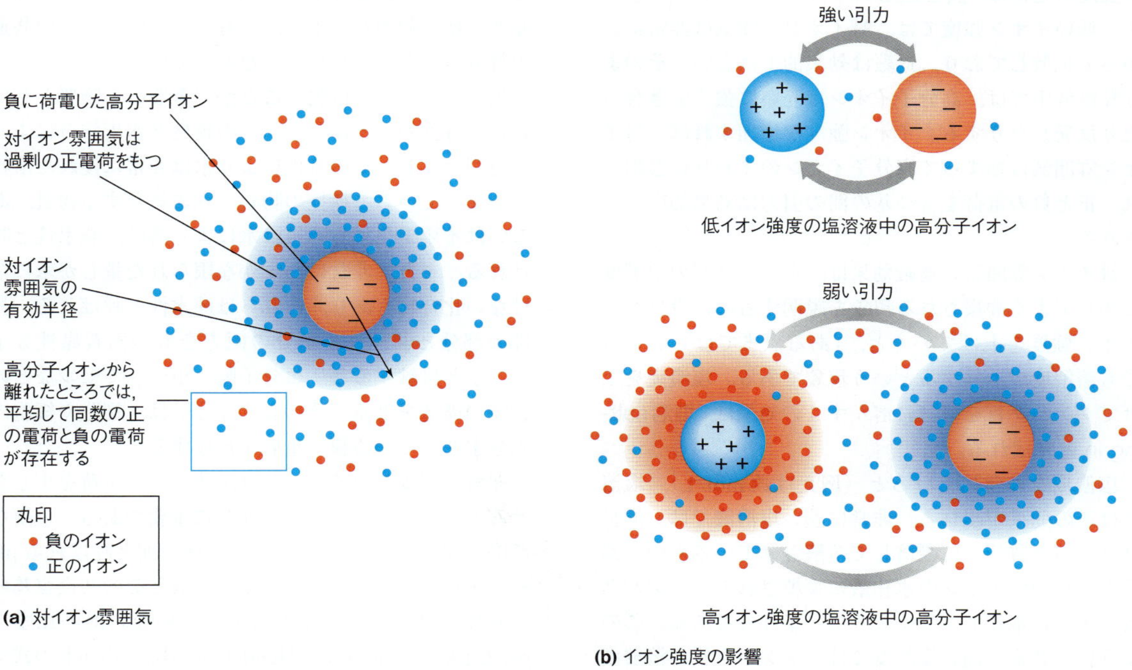

図 2.23　高分子イオンの相互作用に対する小イオンの影響　(a) 高分子イオン（この例では負に荷電）を塩の水溶液に入れると，反対の電荷をもつ小イオンがそのまわりに集まって対イオン雰囲気を形成する。ここに示した高分子イオンの近くには陰イオンよりも陽イオンが多く存在している。高分子から離れたところでは陽イオンと陰イオンの平均濃度は等しい。(b) 低いイオン強度では，対イオン雰囲気は分散して高分子イオンの相互作用にほとんど影響しない。高いイオン強度では，対イオン雰囲気は高分子イオンのまわりに集まり，高分子イオンの相互作用を著しく減少させる。

$$r=\frac{K}{I^{1/2}} \tag{2.32}$$

となる。ここでKはその溶媒と温度の誘電率に依存する定数であり，Iは**イオン強度 ionic strength** と呼ばれる濃度の関数である。イオン強度は次のように定義される。

$$I=\frac{1}{2}\sum_i \mathrm{M}_i Z_i^2 \tag{2.33}$$

この式では，溶液中に存在するすべての小イオンの総和がIの計算に用いられている。それぞれのイオンの種類ごとに，M_iはそれぞのモル濃度，Z_iはそれぞれの電荷である。NaClのように1：1の電解質であれば$Z_{Na^+}=+1$と，$Z_{Cl^-}=-1$であり，$\mathrm{M}_{Na^+}=\mathrm{M}_{Cl^-}=\mathrm{M}_{NaCl}$であるから$I_{NaCl}=\mathrm{M}_{NaCl}$であることがわかる。ゆえに，イオン強度は1：1電解質の場合，塩のモル濃度に等しい。しかし多価イオン（例えばMg^{2+}やSO_4^{2-}）が含まれている場合にはそうはならない。多価イオンは一価イオンよりもイオン環境に与える一つひとつの影響力が大きい。それが，イオン電荷の2乗がイオン強度の計算に含まれているという事実に反映されているためである。このような電解質では，$I>\mathrm{M}$となる。

ポイント16
高分子同士の相互作用は，pHや溶液中の小さなイオンにより強い影響を受ける。

荷電した高分子同士の相互作用に対する溶媒のイオン強度の効果は，図2.23bのように要約できる。きわめて低いイオン強度では，対イオン雰囲気は非常に広がって拡散しており，遮蔽は効果的ではない。そのような溶液中では，高分子イオンは互いに強く引き合ったり反発したりする。イオン強度が増加すれば，対イオン雰囲気は縮まって高分子イオンのまわりに濃縮され，正と負の電荷をもつ基の間の引力は効果的に遮蔽される。

対イオン雰囲気の遮蔽効果は，タンパク質の溶解度に関してよく観察される現象を説明するのに役立つ。イオン強度を上げていくと，（ある点までは）等電点でも溶解度が上昇するという現象である。塩濃度を上げてタンパク質を溶液に溶かすこの効果は，**塩溶 salting in** と呼ばれる。

塩濃度を非常に上げると（例えば数mol/L），塩溶とは逆の効果が現れる。非常に濃い塩溶液では，通常はタンパク質分子に吸着して溶解させている水の大部分が多量の塩イオンの水和殻に束縛されて，タンパク質を十分に水和できなくなってしまうのである。このように，非常に高い塩濃度では，タンパク質の溶解度はまた下がってしまう。この効果を**塩析 salting out** という。異なったタンパク質はこの2つの効果に異なった反応を示すので，塩溶と塩析はタンパク質を精製するのによく用いられる。

生体高分子に対するイオン相互作用の効果は，生化学者がイオン強度とpHの両方に注意を払わなければならないことを示している。実験者はpHを制御する緩衝液を使い，さらに溶液のイオン強度を制御する中性の塩（NaClやKClなど）を用いる。加える塩の量を決定するときには，細胞や体液のイオン強度を参考にするのが普通である。イオン強度は細胞の種類や体液によって異なるが，多くの場合0.1～0.2 Mの値が生化学実験には適している。

まとめ

本章で述べた主な概念は，Coulombの法則（式2.1）とHenderson–Hasselbalchの式（式2.12）に要約されている。

Coulombの法則は，細胞内のイオン，分子，分子の一部に働いているさまざまな種類の弱い非共有結合的相互作用を表す理論的基盤を提供している。ほとんどの共有結合よりも10倍から100倍も弱いこれらの相互作用には，電荷–電荷相互作用や，永久双極子および誘導性双極子の相互作用などがある。分子間の引力はお互いの電子軌道の重なり始めるところで反発に変わるため，ある分子が他の分子の中まで入り込むことはない。分子のvan der Waals半径は他の分子に最も近づいたときの距離の半分に相当する。水素結合は強い非共有結合的相互作用で，共有結合といくつかの共通の特徴（方向性，特異性）をもっている。

生命にとって水は欠くことができない。物質としての水の特性のほとんどは，その極性と水素結合によって説明できる。その特性により水は非常に優れた溶媒ともなっている。極性の物質，水素結合する物質，あるいはイオン化する物質は水によく溶け，親水性と呼ばれる。一方，非常にわずかな限られた量しか水に溶けない化合物もあり，それらは疎水性と呼ばれる。極性の部分と非極性の部分の両方をもつ両親媒性分子は，水と接触すると，単分子膜，小胞，ミセルなどの独特の構造をとる。そのような分子は，細胞や細胞内画分を囲んでいる膜二重層を形成する。

弱酸や弱塩基のイオン化は生体分子の電荷を生じさせるので，生化学にとって非常に重要である。重要な反応過程の大部分は，生理的なpH範囲と呼ばれるpH 6.5～8.0の間で起こっている。弱酸とその共役塩基の相互作用は，共役塩基と解離していない酸の比率をpHとpK_aに関係づけるHenderson–Hasselbalchの式で表される。滴定曲線は加える酸や塩基によるpHの変化が，酸のpK_a付近で最も緩やかであることを示している。このことが緩衝溶液を作製する際の基礎となっている。

両性電解質は，酸性と塩基性のイオン性基の両方をもっている。両性電解質分子は，溶液の pH によって，正，ゼロ，負の正味の電荷をもつことができる。両性高分子電解質は，多数の酸性基と塩基性基をもっている。両性電解質および両性高分子電解質の等電点は，分子の平均した正味の電荷がゼロになる pH である。高分子電解質は 1 種類の電荷にイオン化する基を多数もっている。高分子イオン（両性高分子電解質および高分子電解質）の溶液中の反応は，互いの電荷から高分子イオンを遮蔽する小イオンの存在と pH によって変わる。遮蔽の強さは溶液のイオン強度によって決まり，Debye–Hückel 理論により定量的に表される。

生化学の道具　2A

電気泳動と等電点電気泳動

一般的原理

溶液に電場がかけられると，正の正味の電荷をもつ溶質分子は陰極に向かって移動し，負の正味の電荷をもつ分子は陽極へ移動する。この移動を**電気泳動 electrophoresis** と呼ぶ。分子の移動速度は 2 つの因子によって決まる。粒子を動かすのは，電場が粒子に及ぼす力 $q\mathcal{E}$ である。ここで q は分子の電荷（クーロン），$\mathcal{E}$ は電場の強さ（メートル当たりのボルト：v/m）を表す。粒子の動きを阻害しているのは，溶媒から粒子に働く摩擦力 fv である。ここで v は粒子の速度で，f は分子の大きさと形によって決まる**摩擦係数 frictional coefficient** である。大きいあるいは非対称な分子は，小さいあるいはコンパクトな分子より摩擦抵抗を大きく受けるため，より大きな摩擦係数をもつ。

電場がかけられると，分子はこれらの力がつり合う速度まで直ちに加速し，それからはその速度のまま移動する。この一定の速度は力のバランスにより決まる。

$$fv = q\mathcal{E} \qquad (2A.1)$$

移動速度を場の強さ単位当たり（$v/\mathcal{E}$）で表すために，この式は $v/\mathcal{E} = q/f$ と書きかえられる。この比を分子の**電気泳動度 electrophoretic mobility**（μ）という。

$$\mu = \frac{v}{\mathcal{E}} = \frac{q}{f} = \frac{Ze}{f} \qquad (2A.2)$$

この式の右辺は，分子の電荷を電子（またはプロトン）の単位電荷（e）に単位電荷数 Z（正または負の整数）をかけた積として表している。f は分子の大きさと形状に依存するので，式 2A.1 は分子の移動度がその電荷と分子の大きさによって決まることを意味している。* いろいろなイオンや高分子イオンは電荷も分子の大きさも異なるので，電場での性質の違いは，それらを分離する強力な手段となっている。電気泳動による分離は，生化学で最も広く用いられている方法の 1 つである。

*式 2A.2 は実際には近似値である。それはイオン雰囲気による効果を無視しているからである。詳しくは K. E. van Holde, W. C. Johnson, and P. S. Ho, Principles of Physical Biochemistry（2nd ed.），Prentice Hall（2006）を参照。

ろ紙電気泳動とゲル電気泳動

電気泳動は単純に溶液中で行うこともできるが，ある種の支持体を用いるといっそう便利である。最もよく使われる 2 つの支持体はろ紙とゲルである（図 2A.1，2A.2）。**ろ紙電気泳動 paper electrophoresis**（図 2A.1）は，荷電した小分子の混合物を分離するのによく用いられる。まず，pH を制御するために緩衝溶液で湿らせた 1 枚のろ紙を，2 つの電極槽の間に伸ばして入れておく。分析する混合物の 1 滴をろ紙の上に染み込ませて電流をかける。分子を移動させるに十分な時間（通常，数時間）電流をかけた後，ろ紙を取り除いて乾かし，調べる試料を着色する色素で染色する。混合物中のすべての荷電した分子は，その電荷と大きさに従って陽極や陰極に向かってある距離だけ移動し，ろ紙上で染色された点として新しい位置に出現する。通常この点は，同じろ紙上で移動させた数種類の基準となる物質と比較することにより同定される。もし未知試料が放射性であれば，その点を切り出してシンチレーションカウンターにより放射能を測定する（「生化学の道具 12A」参照）。

ゲル電気泳動 gel electrophoresis（図 2A.2）はタンパク質や核酸の分析によく使われる技術である。適当な緩衝液を含んでいるゲルをガラス板の間に注入して薄い平板を作製する。ゲルを作製するのによく用いられる物質は，水溶性の架橋した重合体であるポリアクリルアミドと多糖類のアガロースである。電極槽の間にゲル板が置かれ，底の電極が陽極か陰極かは，陽イオンか陰イオンのいずれが分離されるかにより選択される。それぞれの試料を少量，ゲルの最上部につくった切り込み（well と呼ばれる）のうちの 1 つに慎重にピペットを用いて注入する。通常，グリセロールと水溶性の陽イオンまたは陰イオン性の“移動を追跡する”色素（例えばブロモフェノールブルー）を試料に加える。グリセロールは，試料溶液の密度を高くして，上の電極槽中の緩衝溶液と混ざらないようにする。色素はほとんどの高分子イオンよりも速く移動するため，実験者は実験の進捗状況を容易に把握することができる。追跡色素のバンドがゲル板の底の付近にくるまで電流をかける。その後，ゲルをガラス板からはずして，通常はタンパク質や核酸と結合する色

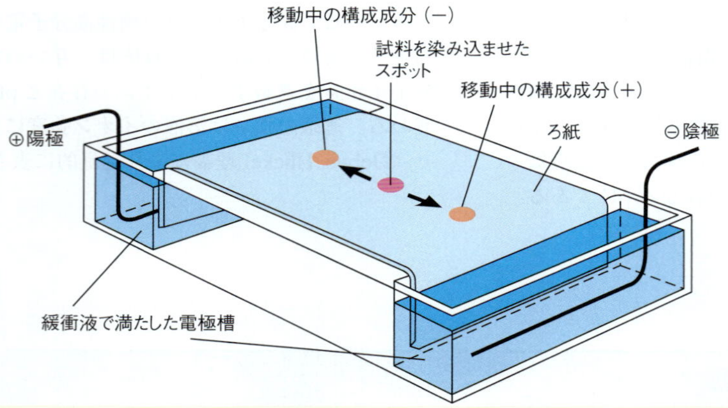

図 2A.1　**ろ紙電気泳動**

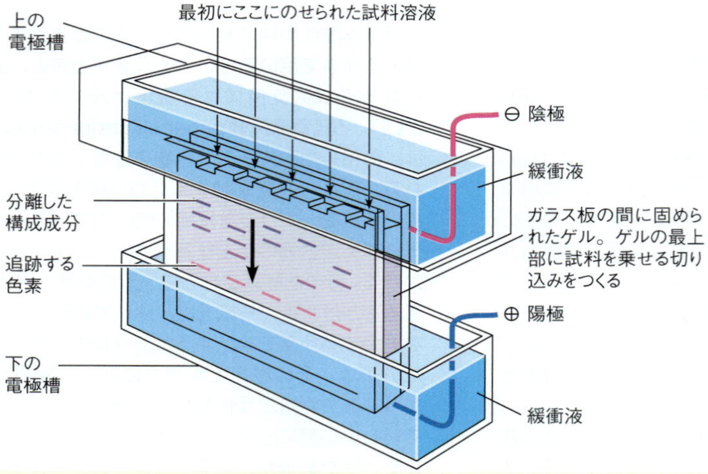

図 2A.2　**ゲル電気泳動**

素で染色する。この時点で，記録に残しておくためにゲルの写真を撮る。タンパク質や核酸の混合物をゲルの最上部に細いバンドとしてのせてあるので，構成成分は異なった移動度によって移動して，若干拡散して広がってはいるが，ゲル上に細いバンドとして検出される。技術的には，このバンドを非常に細くすることが可能なので（巻末の「生化学の道具」の文献参照），個々の高分子イオンはゲル上で細い線として観察される。この方法で分離したDNA断片の例を図2A.3に示す。それぞれの構成成分の相対的移動度は，移動した距離を追跡色素と比較して計算する。

ゲル電気泳動による分離の原理

ゲルや他の支持体を用いて電気泳動を行う際，その移動度は式2A.1で予測されるよりも小さい。それは，ゲルやその他の支持体が分子ふるい効果を示すからである。このことは移動度をゲルをつくっている物質の濃度の関数としてグラフ化すると明らかになる（図2A.4a）。ゲルを構成している物質の重量パーセント濃度に対し

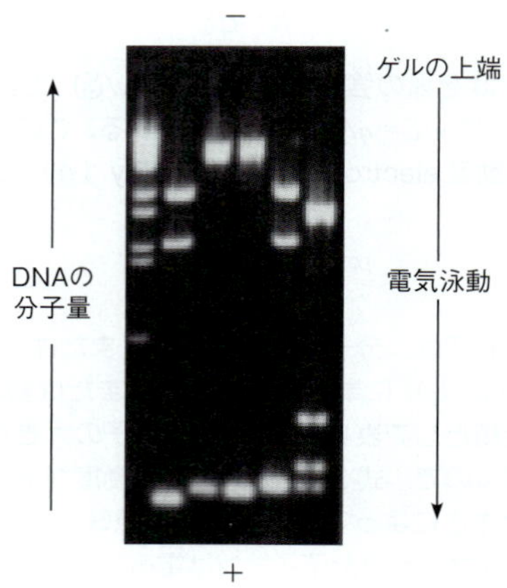

図 2A.3　**DNA断片の分離を示したゲル**　異なる長さのDNAを塩基泳動した後，DNAに結合する蛍光色素のエチジウムブロマイド（p.965）と混ぜる。結合していない色素は洗い流し，染色されたDNAを紫外線で可視化する。
Courtesy of David Helfman.

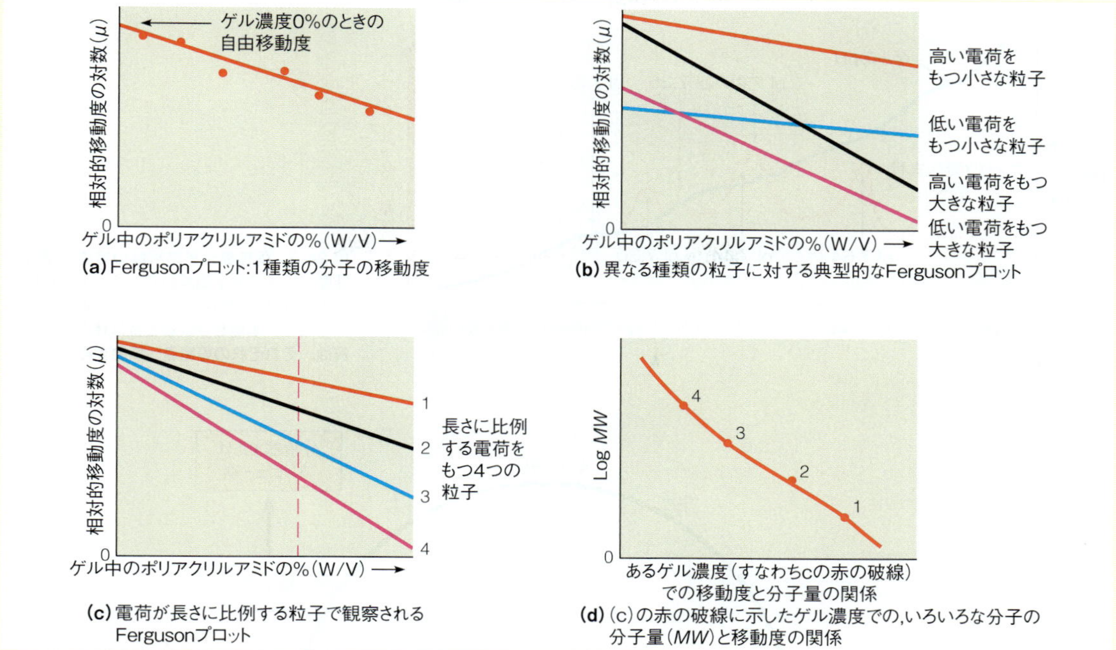

図 2A.4　ゲル電気泳動による粒子の移動度　粒子の移動度はゲルの濃度によって変化する。Ferguson プロットは相対的移動度（μ）の対数をゲルのパーセント濃度に対してグラフ化したものである。**(a)** 1 種類の分子に対する Ferguson プロット。プロットをゲル 0%まで伸ばすと，その分子の理論的自由移動度が求められる。**(b)** 大きさや電荷の異なる 4 種類の分子に対する Ferguson プロット。自由移動度は大きさよりも電荷によって決まるが，傾斜は主に大きさによって決まることに注意すること。**(c)** 長さに比例した電荷をもつ分子の Ferguson プロット。分子は長さと電荷が増加する順に番号をつけてある。このような分子の自由移動度はほとんど同じだが，分子が長くなるにつれ，ゲル濃度が増加すると自由移動度は小さくなる。**(d)** 分子量と移動度の関係をプロットしたもの。(c) の赤の破線で示したゲル濃度での移動度を，4 種類の分子の分子量の対数に対してプロットしたもの。分離した分子の分子量を決定するために，基準物質を用いてこのグラフを作製する。

て，logμ をグラフにすると通常直線になる。これは **Ferguson プロット Ferguson plot** と呼ばれる。ゲルのパーセント濃度をゼロに近づけたときに移動度が近づく極限は，**自由移動度 free mobility** と呼ばれる。自由移動度は式 2A.1 によって近似的に求められる。Ferguson プロットの勾配は高分子イオンの大きさと形によって決まる。それは，高分子イオンがゲルの分子網目を通過する際の困難さを反映しているからである。

これらのいくつかの要因により，異なった種類の分子はゲル電気泳動ではいろいろな挙動を示す（図 2A.4b）。しかし，特定の単純な場合が重要なのである。DNA やポリリシン分子のような高分子電解質は，それぞれの残基が片方の符号の電荷をもっているので，各分子はその分子の長さに比例した電荷（Ze）をもっている。しかし摩擦係数（f）もまた，それと同じように分子の長さに伴って増加する。そのため長さに比例した電荷をもつ高分子は，長さにほとんど依存しない自由移動度をもつ。このような分子の混合物では，どのようなゲル濃度でも分子ふるい効果が相対的移動度を決定し（図 2A.4c），このふるい効果は分子の長さ，言い換えれば分子量に比例する。すなわち，この種の分子は，大きさのみに基づいてゲル電気泳動で分離できるということである（図 2A.3 参照）。核酸のような巨大分子では，相対的移動度が分子量の対数の直線的関数になる（図 2A.4d）。通常，同じゲルの 1 つまたは複数のレーンに，あらかじめ分子量のわかっている基準物質を電気泳動する。その後，基準物質をもとに作製した図 2A.4d のようなグラフから分子量を読みとることができる。タンパク質の場合には，陰イオン性界面活性剤であるドデシル硫酸ナトリウム sodium dodecylsulfate（SDS）で変性した分子を覆うことにより同様な分子ふるい効果を導入できる。この重要な技術は「生化学の道具 6B」でさらに説明する。

等電点電気泳動

さらにもう 1 つのゲル電気泳動技術を用いることにより，分子を単にその電荷の特性のみによって分離することが可能となる。両性高分子電解質は，正または負の有効電荷をもっていれば，他のイオンと同様に電場の中を移動する。しかし等電点では正味の電荷はゼロであるから，陽極にも陰極にも引き寄せられない。もし広い pH 範囲をカバーする安定な pH 勾配をもったゲルを使えば，それぞれの両性高分子電解質分子は，その等電点の場所に移動してそこに集積する。そのような勾配は，ゲル緩衝液として低分子量の両性電解質の混合物を用いて作製できる。この等電点電気泳動と呼ばれる分離方法に

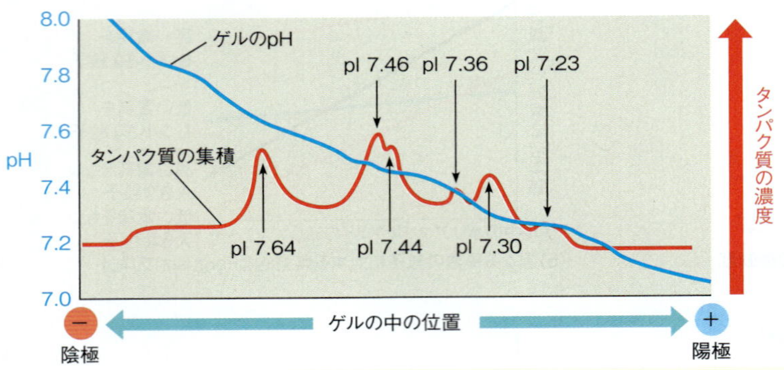

図 2A.5　両性高分子電解質の等電点電気泳動　両性高分子電解質であるヘモグロビンの変異体の混合物を pH 勾配のあるゲルにのせた。電場をかけると変異体タンパク質は，それぞれの等電点へ移動する。

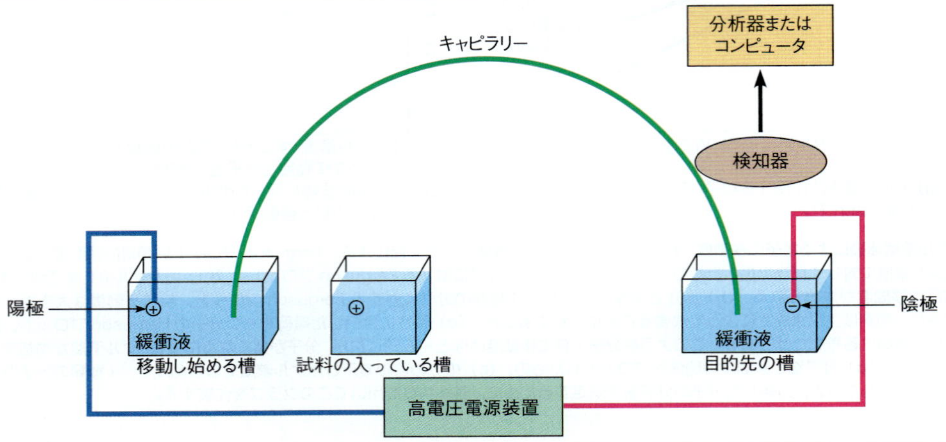

図 2A.6　単純なキャピラリー電気泳動実験　キャピラリーを試料の入っている槽に入れて，電圧をかけて試料をキャピラリーの先端に入れる。その後，試料を入れたキャピラリーの先端を左側の槽に入れ，高電圧をかける。試料が右側の槽に移動するに従って，試料の構成物は分離する。

より，両性高分子電解質が集積したバンドをつくり，等電点がわずかに違う分子を分離できる（図 2A.5）。ゲルのそれぞれの部分での pH がわかるので，等電点電気泳動は両性高分子電解質の等電点を決定するためにも用いられる。

ここで示したのは幅広い応用技術の簡単な概要だけである。ゲル電気泳動に関する詳細は，文献を参照されたい。

キャピラリー電気泳動

“キャピラリー電気泳動”capillary electrophoresis（CE）という用語は，高分子イオンなどのイオンを効率よく分離する種々の技術の総称である。この技術は，細い中空の管（内径 20〜200 μm）を使う。イオンは移動し始める緩衝液槽から，検出器を通り，目的の緩衝液槽へ移動する間に分離される（図 2A.6 参照）。CE を行う装置は，ゲル電気泳動装置より高額で，そのために使用される頻度はゲル電気泳動法より少ない。しかし生体分子の分析には，従来の電気泳動より多くの利点がある。上述したゲル電気泳動法では，試料が熱でダメージを受けないように低い電位（例えば 25 V/cm）を使う必要があるので，分離効率に限界がある。CE で使うキャピラリーは，体積に対する表面積の比が大きいので，発熱を効率よく抑えることが可能である。そのため，より高い電位（例えば 500 V/cm）をかけられる。その結果，分離効率が画期的に向上する。分析時間（一般的に 5〜30 分）は短く，微量（10〜100 nL）の試料で十分で，即時に検出でき，装置を自動化しやすい。これらの理由で，CE は巨大な DNA 分子の塩基配列を決定するゲノム科学の分析技術として使用されている（第 4 章でさらに詳述）。

最も簡単な CE の実験は，適当な緩衝液を満たしたシリカのキャピラリーを使う（図 2A.6）。等電点 CE や SDS ポリアクリルアミドゲル CE などのような，特殊なコーティングをしたキャピラリーや，ゲルを充填したキャピラリーを使用するさらに高度な技術もある。

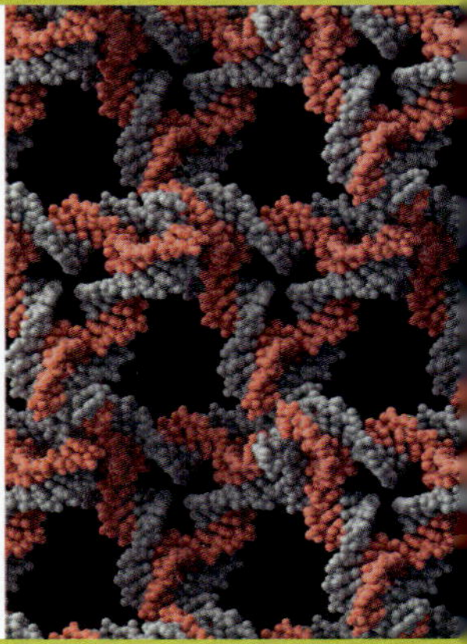

第3章
生命のエネルギー論

生きている細胞は動的構造体である。細胞は成長し，動き，さらに複雑な高分子を合成するだけでなく，物質を区切られた領域の内や外へ，選択的に行き来させている。これらの活動にはすべてエネルギーが必要であるため，すべての細胞や生物は，その環境からエネルギーを獲得しなければならないし，また，できるだけ効率的に消費しなければならない。植物は太陽光からエネルギーを集める。動物は，植物や他の動物が自らのために貯めたエネルギーを消費する。細胞や生物が生存状態を維持するために必要なことを行うためのこのエネルギーの処理には，多くの生化学的な出来事が関わっている。すべての細胞に存在する精密な分子装置（機構）の多くは，この仕事を担っている。

生命におけるエネルギーの中心的な役割を考えると，生化学を学ぶにあたって，生物がどのようにしてエネルギーを獲得し，変換し，保存し，使うかといった定量的な解析を行う**生物エネルギー論 bioenergetics** について述べるのが適切であろう。生物エネルギー論は，一般化学におけるエネルギー変換，いわゆる**熱力学 thermodynamics** の特別な部分とみなしてよいかもしれない。本章では，その分野の一部分で，生化学者や生物学者に重要であるエンタルピー，エントロピーおよび自由エネルギーのような基礎的な概念だけに焦点を当て検討する。

生体系における自由エネルギー変化を決定する基本的方法を本章では紹介する。その後の章では，これらの方法をタンパク質の折りたたみ（フォールディング），イオンの膜透過および栄養からのATP合成などの工程に応じてさらに考察する。

ポイント1
生物エネルギー論は，生物がどのようにしてエネルギーを獲得し，変換し，保存し，使うかということを説明する。

エネルギー，熱，そして仕事

ここでたびたび使う言葉に**系 system** がある。系は，研究のために選んだ領域のどのような一部でもよい。細菌の細胞1つでもよいし，栄養源と何億もの細胞を含んだペトリ皿でも，その皿が置いてある実験室全体でも，地球でも，宇宙全体でもかまわない。系は境界線を定義しなければならないが，他の点では制限はほとんどない。系として定義していない部分は，**環境 surroundings** と考える。系が孤立していれば，エネルギーや物質をその環境と交換できないが，閉じた系では，エネルギーは交換できるが物質は交換できない。また，系が開いていれば，エネルギーも物質も内外に通すことができる。例えば，地球は基本的には閉じた系の性質を示す。地球は電磁波を放射することで環境とエネルギー交換が可能であるが，宇宙船や人工衛星などのわずかな金属や，隕石や月の岩石など地質学的試料などの例外を除くと，地球と環境との物質交換は起こらない。

内部エネルギーと系の状態

どのような系もある量の**内部エネルギー internal energy** を含んでおり，それを U と書く。この内部エネルギーに何が含まれているかを明確に理解することが重要である。系の原子と分子は，振動および回転のエネルギーと移動の運動エネルギーをもっている。さらに，原子間の化学結合に蓄えられたエネルギーおよび非共有結合的な分子間の相互作用のエネルギーも内部エネルギーに含める。また，化学的ないし非原子核的な物理的過程によって変化しうるエネルギーのすべても含める。しかし，原子核中に蓄えられたエネルギーは含める必要がない。なぜなら，それは化学ないし生化学反応においては変化しないからである。内部エネルギーは，系の**状態 state** の関数である。熱力学的状態は，存在するすべての物質の量と次の3つの変数，系の温度（T），系の圧力（P），系の容積（V）のうちの任意の2つを規定することによって定義される。これは，本質的には定義した方法で系をつくりだす方法である。例えば，273 K で 1 L 中に存在する 1 mol の酸素から構成される系は，明確に定められた状態なので，ある決まった内部エネルギー値をもっている。この値は，どのような系の生成過程にもよらない。

> **ポイント2**
> 系の内部エネルギーは，単純な（非原子核的）物理的過程や化学反応によって変換できる，あらゆる形のエネルギーを含んでいる。

系は，孤立していない限り環境とエネルギーを交換できるので，その内部エネルギーを変えることができる。そこで，この変化を ΔU と定義する。閉じた系では，この変化はたった2つの方法でしか起こらない。1つ目は，**熱 heat** が系からもしくは系に移動するものである。2つ目は，系がその環境に対して**仕事 work** をする，またはその環境から仕事をされるというものである。仕事は，さまざまな形式をとることができる。例えば，肺の拡張のような外の圧力に抗した系の膨張，電池による電気的仕事，イオンが膜を透過するために動くポンプに必要な電気的仕事，表面張力に抗した表面の膨張や原生動物類が進むための鞭毛の運動，筋肉の収縮によって物を持ち上げるなどである。これらすべての例では，変位を起こすことに対する抵抗に力が用いられ，仕事がなされているのである。

注意しなければならないのは，熱と仕事は，系の性質ではないということである。これらは，系と環境との間の“エネルギー移動”と考えてもよい。エネルギーの変換を記述するのについて，次のような申し合わせが採用されている。

1．q は熱を表す。q の正の値は，環境から系によって熱が吸収されることを示す。負の値は，系から環境に熱が流れていることを意味する。
2．w は仕事を表す。w の正の値は，環境に対して系が仕事をすることを示す。負の値は，環境が系に対して仕事をすることを意味する。

これらすべては，非常に抽象的にみえるかもしれないが，我々の身体で毎日機能しているものに最も直接的に関係している。グルコースのような栄養素を摂取したとき，我々はそれを代謝し，最終的にそれを二酸化炭素と水に酸化する。エネルギー変化（ΔU）は 1 g のグルコースの酸化と定義されており，放出されたエネルギーのうちのいくらかを使うことができるのである。我々は，この使えるようになったエネルギーのかなりの部分を熱の発生に消費し（ミトコンドリアにおける代謝の副産物で鳥類や哺乳類の体温の維持に使われる），他の一部はさまざまな仕事に使う。後者のような仕事は，目に見えるような，例えば，歩行や呼吸などのようなものだけでなく，見えにくい種類のもの，例えば，神経に沿った刺激の伝搬や膜を透過するイオンの汲み出しなども含んでいる。

熱力学の第1法則

閉じた系の内部エネルギーは，熱か仕事だけによって環境と交換できるので，内部エネルギーの変化は，次のように与えられる。

$$\Delta U = q - w \tag{3.1}$$

この式はすべての過程において成り立ち，**熱力学の第1法則 first law of thermodynamics** と呼ばれている。この第1法則は，エネルギーが収支として保存されることを明解に示している。物理的過程または化学反応が起こったとき，エネルギーの出入りを計算できるし，その収支はつり合っているはずである。エネルギーは，異なった方法でも獲得されて放出されることがあるが，少なくとも化学的過程ではつくられたり壊されたりはしない。例えば，ある量の熱が系に吸収され，その系が吸収した熱につり合う仕事を環境にする過程を考えてみよう。この場合，q も w も両方とも正であり，すなわち，$q = w$ で，$\Delta U = 0$ である。これは常識的に理解できるだろう。もし，いくらかの量のエネルギーが熱として入ってきたとしても，等しい量が仕事になるので，系の中のエネルギーは変化しないのである。

ポイント 3
エネルギーは保存される。熱力学の第 1 法則によれば，閉じた系の内部エネルギー（U）は，環境との熱か仕事の交換によってのみ変化しうる。しかしエネルギーは熱と仕事に変換できる。

内部エネルギーの変化は，状態のいかなる関数に関しても，系の最初と最後の状態にのみに依存しており，変化する経路とは無関係である。しかし，さまざまな過程で変換される熱や仕事の量は，最初と最後の状態の間の経路に非常に依存している。具体的に考えるために，具体的な化学反応，脂肪酸の一種であるパルミチン酸 1 mol を完全に酸化させる反応を考えてみよう。

$$CH_3(CH_2)_{14}COOH(固体) + 23O_2(気体) \rightarrow 16CO_2(気体) + 16H_2O(液体)$$

パルミチン酸の酸化は重要な生化学的反応の 1 つで，我々の身体の中では脂肪が代謝するときには，もっと間接的な方法で起こっている。この反応を図 3.1 に示すような，2 つの異なる道筋で起こると考えよう。図 3.1a では，密閉され水槽中に沈められた反応槽（“ボンベ型” 熱量計）の中で混合物を点火することによって反応が行われる。反応は，この条件では，一定の容積で進行している。水の質量と水の（1 g 当たりの）熱容量がわかっていれば，反応槽（系）から水槽（環境）に出てきた熱を，水槽の温度変化によって測定することができる。反応槽は容積が一定なので，環境から仕事をされることも，環境に対して仕事をすることもない。だから，$W = 0$ であり，式 3.1 から，

$$\Delta U = q \qquad (3.2)$$

反応槽から環境に移った熱の総量は，ちょうど内部エネルギーの変化に等しく，エネルギー変化は，主に反応により起こった化学結合の変化による。現在使われている熱，仕事，エネルギーの単位は，**ジュール joule（J）***である。先ほどの反応で，ΔU として観測される値は，$-9{,}941.4$ kJ/mol である。負の符号は，この反応が化学結合として蓄えられていたエネルギーを放出

*生化学者はかつてエネルギー，熱，仕事を表現するのに，カロリーまたはキロカロリーを用いる傾向があった。しかし，国際単位系（SI 単位）では，ジュール，キロジュールがこれらにとってかわっている。変換は簡単である。1 cal ＝ 4.184 J。同様に，1 kcal（キロカロリー，すなわち 10^3 カロリー）＝ 4.184 kJ（キロジュール）。栄養学で使われる “カロリー（C）” が実際は，キロカロリーであることから混乱が起きている。

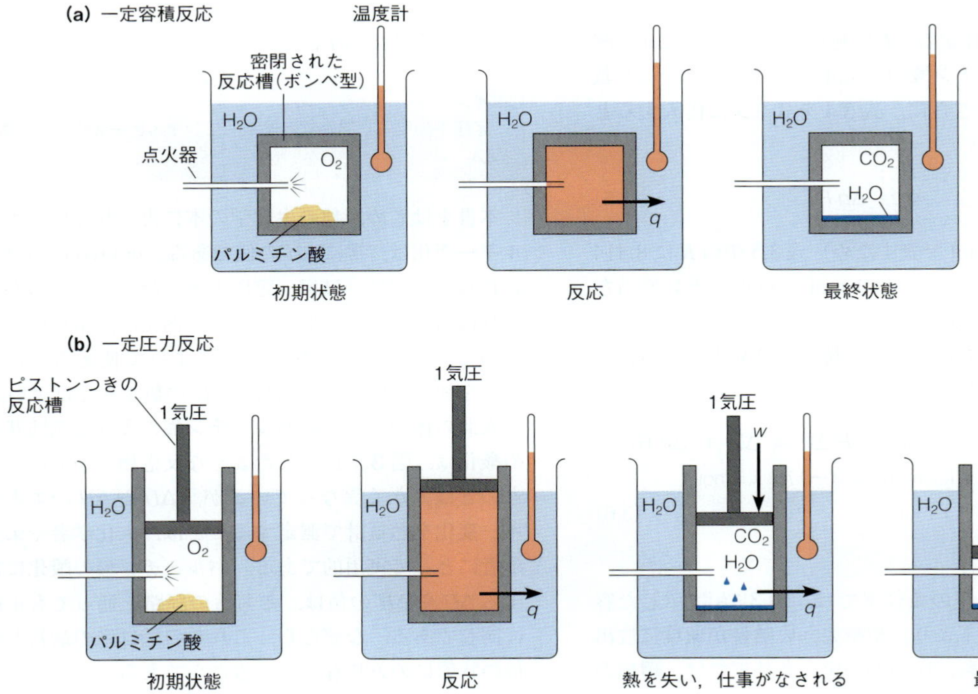

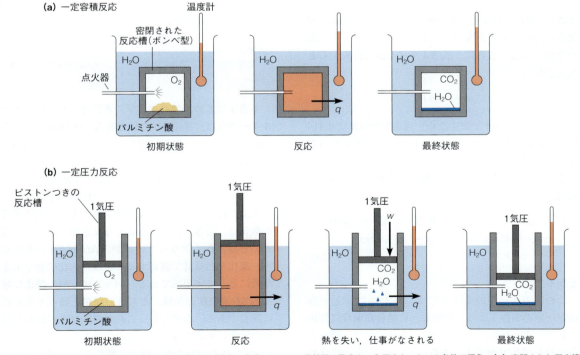

図 3.1　一定容積および一定圧力反応における熱および仕事の交換　1 mol の脂肪酸の酸化という反応を，2 つの条件で行う。**(a)** 密閉された反応槽（“ボンベ型”）の中で反応を起こす。熱（q）は水槽（環境）に移り，水の温度の小さな上昇を測定する。系が一定容積であるから仕事はされない。**(b)** 反応槽には 1 気圧に保つことができるピストンがついている。反応を通して容器の気体が熱せられるため，ピストンを押し上げる。しかし，反応により気体のモル数が減るので，容器と気体が水の温度まで冷えた後の気体の容積は，最初の状態より小さくなる。こうして，正味の仕事が系に対してなされ，水槽（環境）に運ばれた熱の全量は (a) よりもやや多い。

することを表す。この系の中で，結合エネルギーとして減少したエネルギーは，環境の中に熱として移っていったのである。

ポイント4
一定容積での反応で発生する熱は，ΔU に等しい。

次に，図3.1b に示したように，1気圧の一定圧力下で同じ反応をした場合を考えてみよう。この場合，系は膨張するのも収縮するのも自由であって，結局，気体のモル数の減少に比例した量，すなわち反応を通して 23 mol から 16 mol になった分だけ収縮する（気体に比べ微小である固体や液体の体積は無視する）。気体の容積の減少は，ある量の仕事が環境から系に対してなされたことを表している。これは，次の方法で計算できる。

容積（V）が定圧（P）に対して変化したとき，

$$w = P\,\Delta V \tag{3.3}$$

w を計算するためには，近似をしなければならない。すなわち，この系の最初と最後の温度は一定（例えば，25℃，つまり 298 K）で，気体は理想気体であるという仮定である。そこで，簡単な気体の状態方程式，$PV = nRT$ を使うことにより，次式が得られる。

$$\Delta V = \Delta n \frac{RT}{P} \tag{3.4}$$

ここで，R は気体定数，T は絶対温度であり，Δn は酸化されたパルミチン酸の 1 mol 当たりの気体のモル数の変化である。さらに，式3.4 を式3.3 に代入すると次式が得られる。

$$w = \Delta n\,RT \tag{3.5}$$

（w の単位を J/mol で表すため）式3.5 中の R に 8.314 J/K・mol を使うと，w は 1 mol のパルミチン酸当たり -17.3 kJ となる。

この一定の圧力のもとで燃焼により発生する熱は，結局，

$$\begin{aligned} q &= \Delta U + w = \Delta U + P\,\Delta V = \Delta U + \Delta n\,RT \\ &= (-9941.4\ \text{kJ/mol}) + (-17.3\ \text{kJ/mol}) \\ &= -9958.7\ \text{kJ/mol} \end{aligned} \tag{3.6}$$

となる。

この圧力が一定の条件下では，図3.1a に示した容積が一定の条件下より，やや大きい熱量が環境に放出される。すなわち，圧力が一定の条件下では，環境が系に対して仕事ができ，この仕事（PV 仕事と呼ばれる）による熱が系から環境へさらに放出されるからである（この体積変化は温度が 298 K で変わらないために必要である）。

重要なのは，環境と交換される熱と仕事は経路に依存しているが，ΔU は経路によらず，最初と最後の状態だけに依存しているということである。

エンタルピー

実験室での多くの化学反応や事実上すべての生化学的過程は，一定容積ではなく，一定圧力にかなり近い条件下で起こっている。もし，動物の体内でパルミチン酸の酸化によって得られる熱に興味があるなら，一定圧力下で生じる熱こそが知りたいものである。式3.6 に示したように，PV 仕事が行われるので，この熱は正確に U と等しいわけではない。そのため，一定圧力下での反応の熱変化を表すためには，もう1つの状態関数が必要である。そこで，新しい量を**エンタルピー enthalpy** と定義し，文字 H を使って表している。

$$H = U + PV \tag{3.7}$$

U と PV は状態関数であるから，H も状態関数である。その変化 ΔH は，過程の最初と最後の状態にのみ依存しており，計算することができる。一定圧力下における反応に対し，ΔH は次のように定義される。

$$\Delta H = \Delta U + P\Delta V \tag{3.8}$$

ΔH の値は，式3.6 で計算された熱量（q）と等しい。言い換えれば，一定圧力下で測定される反応熱が ΔH で，この方法で ΔH は決められる。

ポイント5
一定圧下の反応で発生する熱は，エンタルピー変化 ΔH に等しい。

本書をはじめ，他の生化学の本に書かれているエネルギー変化は，常に ΔH の値である。in vivo におけるこれらの反応は，ほぼ一定圧力下で起こっているからこれは当然のことである。もし，例えば，栄養学者が体内でのパルミチン酸の酸化によって使えるエネルギーを知りたいと思ったら，ΔH の値を使えばよい。

人間の体内で起こるパルミチン酸のような脂肪基質の酸化は，図3.1 に示したような反応槽の中で起こるものとは大きく異なっているが，ΔU や ΔH のエネルギー変化を熱量計で測定することは，生化学者や栄養学者にとって実用的である。パルミチン酸の酸化に対する ΔU や ΔH の値は，どちらの経路を通っても正確に同じである。なぜなら，これらの量は系の最初と最後の状態にのみ依存しているからである。こうして，1 g 当たりのパルミチン酸が二酸化炭素と水に完全に酸化されるときに人が使うことができるエネルギーは，熱量計を使って正確に測定することができるのである。

ポイント6
反応のエンタルピー変化は，生化学者にとって最も興味深いエネルギー変化である。

普通の人間は基礎代謝率を維持するためだけに，平均して約 6,000 kJ（だいたい 1,500 kcal，すなわち栄養学でいう 1,500 Cal）の消費を必要とする。適度な運動が加われば，これは簡単に2倍になる。

ここまで，ΔU と ΔH の間の違いを指摘してきたが，多くの生化学反応において，これらの量的な違いは，結果的にはほとんどないことを強調しておかなければならない。これらの反応の多くは溶液中で起こり，気体の消費や生成を含まない。容積の変化は非常に小さく，$P\Delta V$ は ΔU や ΔH に比べて非常に少量である。パルミチン酸の酸化という例でさえ，ΔH と ΔU の違いはたかだか 0.2％である。そこで多くの場合，ΔH を過程のエネルギー変化の直接の計測量として正しいとしており，一般に ΔH をエネルギー変化と呼ぶ。

エントロピーと熱力学の第2法則

過程の進行方向

熱力学の第1法則が，反応過程のエネルギー変化を追跡するのにどれほど有用であっても，1つの重要な情報を得ることができない。つまり，何が過程の進行方向を決めているのか？　第1法則は，次の疑問には答えられない。

室温で水の入ったグラスに氷を入れると，氷は解ける。なぜ残りの水が凍らないのだろうか？

過冷却した水が入ったジャーに氷を入れると全体が凍る。なぜか？

紙の切れ端にマッチの火をつける。紙は燃え，二酸化炭素と水になる。なぜ，二酸化炭素と水を混ぜて紙ができないのか？

このような過程の特徴の1つは，与えられた条件では不可逆であるということである。1気圧では，室温の水が入ったグラスの中の氷は融解し続けるだろう。条件に大きな変化がない限り，この過程を逆にする道はない。しかし，氷を溶かす可逆的な方法はある。氷を 0℃の水に接触させるのである（1気圧で）。この条件下では，熱を少し加えることにより氷は少し溶けるだろうし，ほんの少し熱を奪えば，少量の水は凍るだろう。0℃で氷が溶けるような**可逆的 reversible** 過程は，常にほぼ**平衡 equilibrium** 状態にある。平衡状態の決定的な特徴は，系の最低エネルギーであることである。以下に議論するように，エネルギーの低い状態はエネルギーの高い状態より好まれるので，系はエネルギーの低い状態へ移行する。**不可逆 irreversible** 過程は，平衡状態から系が遠く離れたときに起こる。すると，それらは平衡状態に向かって進行する。

ポイント7
可逆過程は常に平衡状態の近くで起こる。不可逆過程は平衡に向かって動く。

熱力学的専門用語で，不可逆過程は“自発的”な過程とも呼ばれるが，“有利な”という言葉のほうがよい。自発的なという語は，おそらくは間違って，過程が速いという意味で使われがちである。いうまでもなく，熱力学は過程がどれくらい速く進行するか（反応速度論は第11章で議論する）を表すものではなく，どちらの方向が有利であるかを示す。25℃，1気圧では，水が凍る方向ではなく，氷が溶ける方向が有利である。結果は直感と一致している。氷の塊を 25℃の水に入れたとき，氷が大きくなったり，あるいは溶けずに残るとは思わないだろう。

過程が可逆的であるか，有利であるか，または不利であるかを知ることは，生物エネルギー論にとってきわめて重大である。この情報は，どの過程が熱力学的に有利であるかを教える熱力学の第2法則によって最も簡潔に表現できる。第2法則を提示するために，新しい概念，エントロピーを考える。

エントロピー

なぜ，化学および物理学的過程には，熱力学的に有利な方向があるのだろうか。この疑問に対する最初の推測は，系は単に最も低いエネルギー状態に向かって進むというものである。水は自然に地球の重力に従い，エネルギーを失いながら，低いところへ流れる。パルミチン酸の酸化は，紙が燃えるように熱としてエネルギーを放出する。確かに，エネルギーの最小化は，いろいろな過程の有利な進行方向を示す鍵を握っている。しかし，そのような説明では，25℃で氷が溶けることを説明できない。実際，エネルギーはその過程で吸収されている。別のかなり異なった因子が働いているに違いなく，単純な実験で，この因子がどのようなものかを明らかに示すことができる。もし，純水をスクロースの溶液の上に注意深く層をなすように注ぐと，液全体が時間とともに，だんだん均一になるのを観察できるだろう（図 3.2）。最終的にスクロース分子は，容器の隅から隅まで平等に分配されるだろう。事実，熱や仕事のエネルギー変化はないが，この過程は明らかに有利なものである。この実験において，逆の過程（溶液の一部にスクロースの分子が分離する）が絶対に起こらないことも我々は知っている。ここで明らかに重要なことは，分子の系は，自然に無秩序になる傾向をもっていることである。

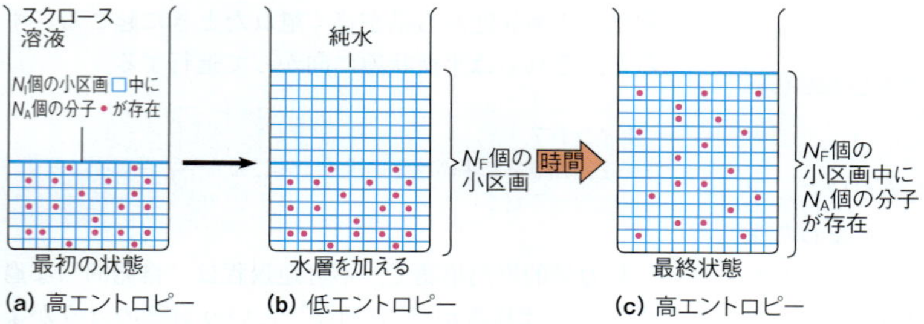

図 3.2　エントロピー駆動による拡散　スクロースの希釈液と純水が徐々に混ざるのは，それらの分子の任意の運動の結果である。スクロース1分子を容れることができる大きさの小区画をつくりあげている2つの液体の容積を想像すれば，エントロピーの上昇を可視化することができる。**(a)** 最初，そのN_A個の分子は，N_I個の小区画中に任意に分配されるので，スクロースの溶液は平衡にある。**(b)** 純水の層を混ぜないで加えると，系はもう平衡にはない。すべてのふさがっている小区画が溶液の1/2に位置していて，より秩序立っている。**(c)** すべての小区画はふさがる機会が等しいから，スクロースと水分子が任意に動き続けるにつれて，これらの配列は秩序をなくしていく。結局，スクロース分子が任意に分配されて，溶液は新たな平衡に達する。平衡に向かう動きは，エントロピーが上昇する傾向の結果である。系は，状態（c）から状態（b）に自然に行くことは決してない。

無秩序さの度合いや系の乱雑さは，**エントロピー entropy**（S）と呼ばれる状態関数によって評価される。エントロピーの定義方法はいろいろあるが，ここではある熱力学的状態には，同じエネルギーだが多くの微視的状態が存在すると考える方法を使う。こうした状態は，例えば，系内における分子レベルでの配列や分布の仕方の違いに対応している（図3.2）。この熱力学的状態での分子配置の数を計算してその（W）を用いるとエントロピー（S）は次式で表される。

$$S = k_B \ln W \tag{3.9}$$

この式でk_Bは**Boltzmann定数 Boltzmann constant**で，気体定数RをAvogadro数で割ったものである。この式（定義）からわかることは，エントロピーが無秩序さの度合いであることである。秩序化された分子の置き方よりも無秩序にたくさんの分子を置くほうが，よりたくさんの方法がある。それゆえ，同じ系では，秩序だった状態のエントロピーは無秩序状態のものよりも低くなる。実際，エントロピーの最小の値（0）は，絶対零度の温度（0 Kすなわち−273.15℃）における完全な結晶中だけにみられる。スクロース溶液中の濃度が拡散の過程で，均一になるのは，分子を大きな容積に分配するほうが，小さな容積に分配するよりも多くの方法があるという理由からだけである。図3.2の（c）に示した状態では，同じエネルギーだが微視的に異なる状態（各マスにランダムにスクロースを入れる異なる入れ方）は，（b）に示した状態より多くある。（c）の状態が（b）の状態より**自由度degree of freedom**が高いと言ってもよい。すなわち，（c）の状態のWの値のほうが大きい。分子結合部の回転は分子の自由度を増大させる。タンパク質の折りたたみを考察するとき分子結合の回転に関連するエントロピーについて熟考する（第6章）。エントロピーの概念をもう少しわかりやすくするために，表3.1にあげた例を考えよう。

表 3.1　低いエントロピー状態と高いエントロピー状態の例

低いエントロピー状態	高いエントロピー状態
0℃の氷	0℃の水
0℃のダイヤモンド	1,000,000 Kの炭素蒸気
正常な天然構造のタンパク質分子	同じタンパク分子でも折りたたまれていない，無秩序なコイル状態
シェークスピアのソネット	ランダムに羅列した文字
銀行頭取の机	教授の机

ポイント8
エントロピーは，系の無秩序さや不規則性の尺度である。

熱力学の第2法則

先にあげた例は，図3.2に示したスクロース溶液の平衡に向かう駆動力は，エントロピーの増加だけであることを示している。この経験則は，**熱力学の第2法則second law of thermodynamics**と呼ばれている。すなわち，孤立した系のエントロピーは，最大の値にまで増大する傾向をもつということである。そのような系のエントロピーは減少しない。つまり，スクロースは決して溶液の端のほうに“逆拡散”しないのである。これは，もし，ある物が1箇所にぽつんと置かれたら，それよりきちんとなることはないという常識をよく反映している。

ポイント9
熱力学の第2法則：孤立した系のエントロピーは，最大の値まで増大する傾向がある。

自由エネルギー：開いた系での第2法則

前節で述べたように，第2法則の式は生物学者や生化学者にとって使いやすいものではない。なぜなら，我々は決して孤立した系を扱わないからである。すべての生物学的系（例えば，細胞，生物，群）は開いており，エネルギーと物質をその環境と交換することができる。生きている系は環境とエネルギーを交換できるので，エネルギーおよびエントロピー変化の両方が，多くの反応で起こっているであろうし，それらは熱力学的に有利な過程の進行方向を決めるために重要に違いない。そのような系で，エネルギーとエントロピーの両方を含んだ状態の関数が必要である。そうした関数はいくつかあるが，生化学において重要なものの1つに，**Gibbsの自由エネルギー Gibbs free energy**（G），または，**自由エネルギー free energy** と呼ばれるものがある。この状態関数は，一定圧力下でのエネルギー変化を測るエンタルピーという用語と，無秩序の重要性を考慮に入れたエントロピーという用語を結合させたものである。Gibbsの自由エネルギーは以下のように定義される。

$$G = H - TS \tag{3.10}$$

ここで，T（K）は絶対温度である。一定の温度と圧力の系における自由エネルギー変化 ΔG は，次のように書ける。

$$\Delta G = \Delta H - T\Delta S \tag{3.11}$$

> **ポイント10**
> 一定の温度と圧力下での過程における自由エネルギー変化は，$\Delta G = \Delta H - T\Delta S$ である。

なぜ ΔG は自由エネルギーと呼ばれるのか。理由は，ΔG は**有効仕事 useful work**（膨張の仕事 $P\Delta V$ 以上の仕事）をするために使うことのできるエネルギー変化の一部 ΔH を明示しているからである。過程を有利にする因子を考えることによって，自由エネルギーの意味が理解できる。エネルギーの減少（ΔH は負），そして／または，エントロピーの増大（ΔS は正）は有利な過程であるといえる。これらの条件のどちらかが，ΔG を負にする傾向がある。実際，我々の目的のためには最も重要な手段である"熱力学の第2法則"を次のように別の表現で言い表すことができる。一定の温度と圧力のもとで，非孤立系における有利な過程の基準は，ΔG が負であることである。逆にいえば，正の ΔG は，その過程が有利でなく，むしろその逆向きの過程が有利であることを意味している。

表3.2　自由エネルギーの規則

もし ΔG が	過程は
負	熱力学的に有利
ゼロ	可逆的で平衡にある
正	熱力学的に有利ではない。逆向きが有利

> **ポイント11**
> 熱力学的に有利な過程は，自由エネルギーを最小にする（結果的に ΔG を負にする）方向に向かう。これは，熱力学の第2法則の別の言い方である。

自由エネルギーの計算の重要性は，ΔG を予想できることにある。ある過程での条件（例えば，温度，反応物と生成物濃度，pHなど）を考えれば，ΔG の値は計算できるので，この過程が有利かどうかを決めることができる。負の自由エネルギー変化を伴う過程を，**発エルゴン exergonic** 過程，ΔG が正の過程を**吸エルゴン endergonic** 過程という。

では，自由エネルギーの式で ΔH と $T\Delta S$ が互いにつり合っていることを想像してみよう。その場合，ΔG は0で，その過程は前進にも後退にも有利ではない。実際，その系は平衡状態にある。そのとき過程は可逆的である。すなわち，ある方向へ，または逆の方向へ微小に推進することによって，どちらの方向にも進むことができる。自由エネルギーに関する，これらの単純かつ重要な規則を表3.2にまとめた。

エンタルピーおよびエントロピーの相互作用の例：水と氷の間の変化

これらの考えをより具体的にするために，以前に触れた水と氷の間の転移の過程を詳細に考えてみよう。このなじみ深い例で，系の状態を決定するエンタルピーおよびエントロピーの相互作用を示すことができる。氷の結晶の中には，水分子間に最大数の水素結合が存在している（第2章，図2.10b参照）。氷が溶けるとき，これらの結合のうちのいくつかが切断される。氷と水の間のエンタルピーの違いは，これらの水素結合をするために使うエネルギーとほぼ完全に一致する。図3.3に示すように，氷から水への変化によるエンタルピーの変化は正であるが，このことは前述の議論からも予想できるだろう。

液体の水は氷よりも無秩序な構造であるから，エントロピー変化はまず溶けるときに起こる。氷の結晶では，各水分子は格子の中に固定された場所をもっており，他の各水分子と同様にその隣の水分子と結合している。一方で，水中の分子は，水素結合の相手を換えながら絶えず動いている（図2.10aと図2.10bを比較せよ）。図3.3に示すように，氷が溶けて水になるときのエントロピー変化は，無秩序さが増すため，正であ

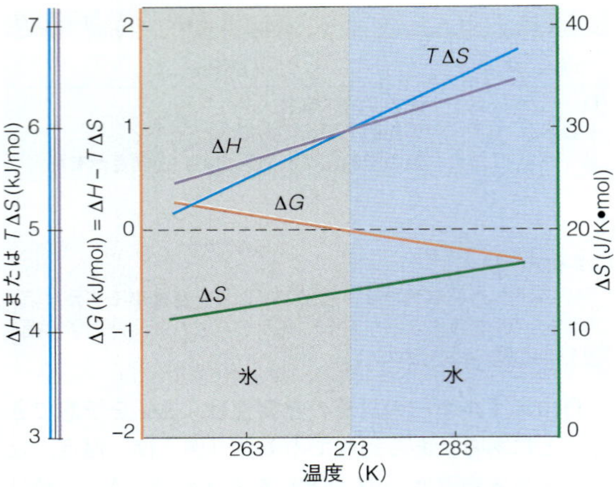

図 3.3　氷-水転移におけるエンタルピーとエントロピーの相互作用　氷-水転移において，ΔH および ΔS は広い温度範囲で両方とも正で，ほぼ一定である。温度上昇に伴う $T\Delta S$ の上昇は，ΔG が正の値から負の値に減少していることを意味する。273 K（0 ℃）において ΔH と $T\Delta S$ 曲線が交差し，ΔG はゼロである。

る。氷から水への転移におけるエネルギー変化（$\Delta G = \Delta H - T\Delta S$）を計算すると，次のようなことがわかる。低温では，ΔH が支配的で，ΔG は正である。例えば 263 K（−10℃）では，$\Delta G = +213$ J/mol である。これはこの条件では，氷から水への変化が有利ではないことを意味する。逆の変化（水から氷）は有利で，そのため不可逆であるが，これは過冷却された水の反応をみればわかる。もし，過冷却された水をかき回すか，小さな氷の結晶を加えれば，凍る過程が始まり全試料が凍るだろう。我々が行うことができるどのような微小な変化も，この過程を逆にすることはできない。

ポイント 12
すべての物質の融点では，エンタルピーとエントロピーは ΔG のつり合いに寄与しており，ΔG は 0 である。

氷の融点である 0℃以上の温度，例えば 283 K（+10℃）では氷の塊は不可逆的に溶ける。データからもこの結論を予想できる。283 K での ΔG を計算すると，$\Delta G = -225$ J/mol という値が得られるからである。T が十分に大きいときは $T\Delta S$ という項が支配的であるので，ΔG の符号は負になる。283 K では，氷→水の過程は有利であり，不可逆的である。

しかし，融点である 273 K では，ΔH および $T\Delta S$ の項は正確につり合いがとれており，ΔG は 0 である。ΔG の値が 0 であるということは，状態が平衡にあるということであり，我々は，氷と液体の水が 273 K で（0℃）平衡にあることを知っている。このとき変化は可逆的であり，273 K で氷と液体の水が共存しているときは，わずかな熱を加えることによって，ほんの少しの氷を溶かすことができる。また，この系からほんの少量の熱を取り除くことができれば，水をほんの少し凍らせることができる。物質の融点は，ΔH および $T\Delta S$ の曲線が交差する温度である。その温度では，凍るというエネルギー的に有利な過程は，エントロピー的に有利な融解という過程とつり合っている。ΔH と ΔS のどちらも単独では，起こっていることを説明できないが，これらを合わせた $\Delta H - T\Delta S$ は，どの温度でどのような形態の水が安定かということを正確に示しているのである。

エントロピーとエンタルピーの相互作用：まとめ

すべての化学および物理学的過程にとって有利な方向を決定するのは，エンタルピーとエントロピーの項の大小関係である。図 3.4 に示すように，ある過程（b）ではエンタルピー変化が決定的である。別の過程（c）では，エントロピー変化がより重要である。そのうえ，ΔS は式 3.11 の中で T をかけるので，その有利な方向は温度に依存するだろう。我々は，氷が溶けるという 1 つの例をみてきたが，ΔH と ΔS の符号によっては，きわめて異なるシナリオも考えられる。表 3.3 に，その可能性を列挙した。ΔH が負で ΔS が正のとき，ΔG は常に負であり，反応はどのような温度でも有利であることに注意しよう。逆もまた正しく，ΔH が正で ΔS が負のとき，ΔG は常に正なので，反応はどのような温度でも有利ではない。

ここで，混同されがちな 2 つの事柄をはっきりさせておきたい。まず，すでに注意した点をもう一度強調しなければならない。すなわち，過程が有利であることは，その速度とは関係がないということである。学生たちは，しばしば有利な過程は速いと思いがちだが，必ずしもそうではない。ある反応は，大きな負の自由エネルギー変化をもっていても，遅い速度でしか進まない場合もある（理由は第 11 章で考察する）。この状況の驚くべき例として，単純な反応，C（ダイヤモンド）→C（グラファイト）があげられる。この変換に対する自由エネルギー変化は，室温で −2.88 kJ/mol である。そのためダイヤモンドはグラファイトに比べ不安定である。しかし，きっちりした結晶格子にとって，その形を変えることは非常に難しいため，反応は目にみえないくらい遅い。**触媒 catalyst** は，いくつかの反応で速度を上げるかもしれないが，有利な方向は常に ΔG によって指示されていて，反応が触媒されるか否かは関係ない。第 11 章で**酵素 enzyme** と呼ばれるタンパク質性の触媒が，熱力学的に有利な反応の反応速度を選択的に増加させることを学ぶ。

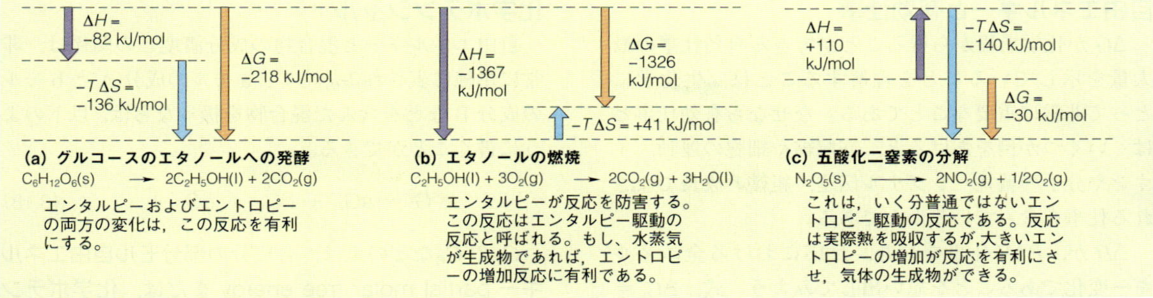

図 3.4　いくつかの過程に対するエンタルピーとエントロピーの寄与　これらの過程はすべて負の自由エネルギー変化をもつが，その変化の仕方はそれぞれ異なっている（図中の矢印は，大きさの基準とならないことに注意すること）。**(a)** ΔH は負，$-T\Delta S$ も負（ΔS が正であるため）。グルコースが発酵してエタノールになったとき，エンタルピーは減少しエントロピーは上昇するが，エンタルピーおよびエントロピーの両方の変化は，この反応を有利にする。**(b)** ΔH は負，$-T\Delta S$ は正（ΔS が負であるため）。エタノールが燃焼するとき，エンタルピーおよびエントロピーは両方とも減少する。負の ΔH がこの反応において有利であるが，ΔS が負なら逆の効果となる。**(c)** ΔH と ΔS は正。五酸化二窒素が分解するとき，エンタルピーおよびエントロピーは両方とも増加する。正の ΔH はこの反応を妨害するが，正の ΔS はこの反応を有利にする。

表 3.3　ΔH および ΔS の符号に依存する過程や反応における ΔG に対する温度の影響

ΔH	ΔS	低温	高温
＋	＋	ΔG が正。有利ではない	ΔG が負。有利
＋	−	ΔG が正。有利ではない	ΔG が正。有利ではない
−	＋	ΔG が負。有利	ΔG が負。有利
−	−	ΔG が負。有利	ΔG が正。有利ではない

ポイント 13
有利な過程は必ずしも速く進むわけではない。

2 番目は，開いた系のエントロピーは減らすことができるということである。我々はすでに，水が凍るときにいつでもこのことが起こっていることを知っている。ここでより重要なことは，生物においてエントロピーの減少が常に起こっているということである。生物は食糧を，しばしば組織されていない小さな分子の形で得て，それらを元に複雑で高度に組織化されたタンパク質や核酸といった高分子をたくさんつくりあげている。これらの高分子からさらに精密に構築された細胞や組織，器官をつくりだす。これらの活動は，すべて非常に大きなエントロピーの減少を含んでいる。式 3.11 からわかるように，エントロピーは有利な過程では減少させることができるが，それはこの変化が大きなエンタルピーの減少を伴っている場合だけである。組織化のためにエネルギーは，費やされなければならない。このエネルギー交換こそが生命活動そのものである。生物は，エントロピーを減少させるためにエネルギーを使っている。生命の過程が営まれるためには，生物中で起こっている自由エネルギー変化の総量は負でなければならない。生命現象は不可逆な過程である。環境と平衡に達した生物は死んでいるのである。

ポイント 14
生命現象は，エネルギーを消費することによって可能となる一時的なエントロピーの減少を含む。

生物エネルギー論にとって，さらに深い哲学的な暗示がある。世界は，全体としてみれば孤立した系である。世界全体のエントロピーは増加しているはずである。つまり，我々すべてが生命体として，部分的に，また一時的にエントロピーを減らしているが，世界のどこかでは，エントロピーを増加させているはずである。例えば，我々は食物を代謝するにしたがって熱を放出し，環境の無秩序な分子の動きを増大させている。言い換えれば，我々は世界のエントロピー的な死を通して自らの生命を維持しているのである。

第 6 章でタンパク質の折りたたみと安定性を考察するときに，エンタルピーとエントロピーの相互作用を再考する。タンパク質や RNA などの生体分子の活性型は，一般的には明確で高度に規則正しい構造と関連している。正しい立体構造をとっていない（折りたたまれていない）非活性的な状態から，活性的で正しい立体構造をとった（折りたたまれた）状態への構造変化の過程は，生化学工業や生物工学工業にとって主要な重大事である。タンパク質の折りたたみと安定性は関連していて，ともに式 3.11 でうまく説明できる。タンパク質の構造変化時の ΔH は結合の相互作用変化の尺度であり，ΔS はタンパク質のある状態から別の状態に移行したときの規則構造の変化の尺度である。

ポイント 15
タンパク質の折りたたみは，$\Delta G = \Delta H - T\Delta S$ の式でうまく説明できる。ΔH は結合の相互作用変化の尺度であり，ΔS はタンパク質が規則的構造へと変化したときの秩序の尺度である。

自由エネルギーと有効仕事

ΔG が化学過程から得ることができる有効仕事の最大量を示していることを理解することは，生化学にとって非常に重要なことである。なぜなら有効仕事とは，いくつか例をあげると，筋収縮や細胞の運動，イオンや分子の輸送，シグナル伝達，組織の成長でなされる仕事を含んでいるからである。

ΔH が，$P\Delta V$ 仕事を含む，反応における全エネルギー変化であることを思い出してみよう。式，$\Delta G = \Delta H - T\Delta S$ は，$T\Delta S$ の項に表現されるように，ΔH の一部が常に熱として消失しているため，他のことができないことを示している。どのような過程であっても，少なくとも $T\Delta S$ で表現されるエネルギーの分は使えない。その残りである ΔG は他の要求に使えるが，実際にどれだけの量を仕事に使えるかは，過程の経路に依存している。生化学過程の**効率 efficiency** は，自由エネルギー変化から期待される最大の仕事と実際になされた仕事の比によって定義される。

ポイント16
自由エネルギー変化 ΔG は，さまざまな反応から得られる最大の有効仕事の尺度である。

自由エネルギーと濃度

過程の自由エネルギー変化 ΔG の符号は，ある過程とその逆過程のどちらが熱力学的に有利かということを教えてくれる。ΔG の大きさは，その過程がいかに平衡から離れているか，さらに，そこからどのくらいの有効仕事が得られるかを示している。明らかに ΔG は細胞でどの過程が起こるか起こらないか，さらに何が使われる可能性があるかを決める，基本的で重要な量である。

これらの考えを定量的に表すには，次の問題に答えなければならない。系の自由エネルギーは，混合物中のさまざまな成分の濃度にどのように依存しているのかという問題である。次の2つの項で，この問題に答えるために，次に示す ΔG の別の表現を導入する。

$$\Delta G = \Delta G^\circ + RT \ln Q \qquad (3.12)$$

ΔG° は反応の**標準自由エネルギー standard free energy change**（次の項で定義），R は気体定数，T はケルビンでの絶対温度，Q は反応の**質量作用表現 mass action expression** であり，反応物と生成物の相対的な濃度を示す。式3.12によって，生化学反応から得られる仕事に使えるエネルギーを計算することができるので，代謝化学を論じる章では頻繁に用いられる。

化学ポテンシャル

自由エネルギーと混合物の成分濃度との関係は，非常に単純に表される。もし，a モルの成分 A と b モルの成分 B などを含んだ混合物を扱うならば，以下のように書くことができる。

$$G = a\overline{G}_A + b\overline{G}_B + c\overline{G}_C + \cdots \qquad (3.13)$$

$\overline{G}_A$ や $\overline{G}_B$ などの量は，各成分の**部分モル自由エネルギー partial molar free energy** または，**化学ポテンシャル chemical potential** と呼ぶ。それぞれは，系における ある成分の全自由エネルギーのモル当たりの寄与を示している（いくつかの教科書では，化学ポテンシャルを μ で表している）。各化学ポテンシャルは問題とする物質の濃度のみに依存しているとするこの仮定は，希薄溶液については普通成立する。希薄溶液では，$\overline{G}_A$ や $\overline{G}_B$ などが対応する物質の活量の簡単な対数関数であることがわかる。第2章に書いたように（式2.6a参照），**活量 activity**（a）は無次元量で，物質の有効な濃度に対応し，系の自由エネルギーへの寄与を表している。式は次のようになる。

$$\begin{aligned} \overline{G}_A &= G^\circ_A + RT \ln a_A \\ \overline{G}_B &= G^\circ_B + RT \ln a_B \qquad (3.14a) \\ &etc. \end{aligned}$$

希薄溶液では，各溶質成分の活量はその成分のモル濃度とほぼ等しい数として与えられる。非常に低い濃度においては，これらは数的に等しくなる。この近似は，ほぼすべての生化学的応用に適用しても問題ない。式3.14aの活量は濃度で置き換え，書き直すことができる。

$$\begin{aligned} \overline{G}_A &= G^\circ_A + RT \ln [A] \\ \overline{G}_B &= G^\circ_B + RT \ln [B] \qquad (3.14b) \\ &etc. \end{aligned}$$

ここで，[A]，[B] などの値（無次元）は成分のモル濃度と等しい。濃度が1 M と等しいときに何が起こるかに注意しよう。（$\ln 1 = 0$ であるから）対数の項はゼロになる。例えば，$\overline{G}_A = \overline{G}^\circ_A$ である。これは，G°_A や G°_B が化学ポテンシャルの参照または標準状態値であることを示している。化学ポテンシャルは，常に**標準状態 standard state** と関連させて表す。溶液では，各溶質成分の標準状態は1 M 濃度である。溶媒の標準状態は，純粋な溶媒である。それぞれの場合，標準状態で $a = 1$ である。次の熱力学的計算例で，系の各成分の**標準状態の濃度 standard state concentration** の項を活量に変換する。

式3.14a～bが重要なのは，実際上の問題に一般的な熱力学的原則を応用できることである。特に，条件が決められていれば，実際の過程に対する有利な方向を予測することができる。ΔGの計算値は，生化学過程のはじめ（初期状態）と終わり（最終状態）の自由エネルギーの差の計測であり，過程の有利な進行方向を予想する。ある状態関数（例えば，ΔT，ΔH，ΔS，ΔGなど）の変化の計算には，状態関数の終わりの値からはじめの値を引き算する。つまり，ΔGは次のように定義される。

$$\Delta G = G_{\text{最終状態}} - G_{\text{初期状態}} \tag{3.15}$$

1つの生化学的過程として，これらの原理が直接関連するものとして膜を通した拡散があげられる。ここで例として扱う過程だが，さらに後の第10章と第15章でより詳しく述べる。

ポイント17
ある物質の化学ポテンシャルは，その物質の系の自由エネルギーに対する寄与を評価する。

化学ポテンシャルの使われ方の例：膜を通した拡散をじっくりみる

膜を通って物質が拡散するとき，両側の濃度を等しくするような方向に進むことを我々は経験から知っている。さて，このことを熱力学的議論で裏づけることができるかどうかみてみよう。

物質Aが通過できる膜で隔てられている，物質Aが溶けた2つの溶液を考えよう（図3.5）。最初，領域1の濃度は$[A]_1$で，領域2は$[A]_2$であるとする。過程のΔGを評価するために拡散の方向を決めなければならない。領域1（Aの初期状態）からAのある量が領域2（Aの最終状態）へ移動したとする。ΔGを式3.15のように定義すると，平衡になるまでの自由エネルギー変化は，領域1と領域2におけるAのモル当たりの自由エネルギー変化（化学ポテンシャル）の差で決まり，式3.16のように表せる。

$$\Delta G = G_{A_2} - G_{A_1} \tag{3.16}$$

溶質の化学ポテンシャルは溶質の濃度に依存する（式3.14b）ので，これらのモル当たりの自由エネルギーは同じでないと考えられる。Aの領域1から領域2への移動による自由エネルギー変化は，式3.14bと式3.16を利用して計算できる。

$$G_{A_1} = G^\circ_A + RT\ln[A]_1 \tag{3.17a}$$
$$G_{A_2} = G^\circ_A + RT\ln[A]_2 \tag{3.17b}$$
$$\Delta G = G_{A_2} - G_{A_1} = (G^\circ_A + RT\ln[A]_2) - (G^\circ_A + RT\ln[A]_1) \tag{3.18}$$

ΔG°_Aの項は消去され，式3.18は簡単な式になる。

$$\Delta G = RT\ln\frac{[A]_2}{[A]_1} \tag{3.19}$$

式3.19から次のことが言える。

1．もし$[A]_2 < [A]_1$ならばΔGは負である。領域1から領域2への移動は有利である（図3.5に示した初期状態に対応する）。
2．逆に$[A]_2 > [A]_1$ならば，ΔGは正である。領域1から領域2への移動は有利ではない（逆の方向の移動は有利である）。
3．もし$[A]_2 = [A]_1$ならばΔGはゼロである。Aのどちらの方向へも真の移動はない。系は平衡状態にある（図3.5に示した最終状態に対応する）。

この解析より，もし物質が膜を通過できるならば，有利な移動の方向は，常に高濃度の領域から低濃度の領域への方向であると結論できる。もっと一般的にいえば，物質は化学ポテンシャルが高い領域から低い領域へ拡散する。こうして，化学ポテンシャルは，電圧が電子に対して行うのとまさに同様の役割を，化学物質に対して果たしている。すなわち，化学ポテンシャルは駆動力なのである。[A]はどのような濃度差から始めようと，この駆動力は，系を膜の両側の濃度が等しくなる平衡状態にする。この平衡状態では$\Delta G = 0$なので，駆動力はもはやない。

物質がたやすく低濃度の領域から高濃度の領域へ移動していることもあるが，そのような状況では，輸送過程は1つ以上の熱力学的に有利な化学反応と共役することによって，必要な自由エネルギーの対価を支

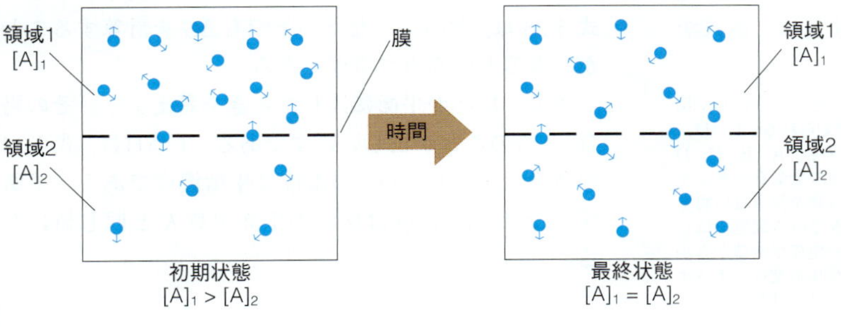

図3.5　膜で隔てられた平衡　濃度が$[A]_1$と$[A]_2$である2つのAの溶液が膜で隔てられているが，Aはどちらの方向にも膜を通過できる。もし，最初の濃度が領域1のほうが高ければ，Aの化学ポテンシャルもその領域で高いので，等しい濃度（かつ等しい化学ポテンシャル）になるまで，正味の輸送が領域1から領域2に起こる。青の矢印はランダムに進む方向を示す。

払っている。別の反応が進行しないとある反応が進まないとき，その2つ（もしくは2つ以上）の反応は共役している。生化学反応の共役が大部分は酵素により行われることが，本書のいたる所に出てくる。しかし，反応の共役の概念の詳細な調査を行う前に，生化学反応において化学ポテンシャルがΔGにどのように影響するかを示さなければならない。

自由エネルギーと化学反応：化学平衡

自由エネルギー変化と平衡定数

化学ポテンシャルの最も重要な用途は，さまざまな条件での化学反応に伴う自由エネルギー変化を定量的に記述することである。それをもとに，反応に有利な方向を予測することができる。次のような反応を考えてみよう。

$$aA + bB \rightleftharpoons cC + dD$$

この反応はどちらの方向にも進むことができるが，ここでは右側に書いたCおよびDを生成物と呼び，AおよびBを反応物と呼ぶ。それぞれ与えられたある濃度のaモルのAとbモルのBから，cモルのCとdモルのDがつくられるときに起こる自由エネルギー変化を計算したい*。

どんな化学反応でも，反応状態を初期状態，生成状態を最終状態とみなすことができるだろう。式3.15より，反応の自由エネルギー変化は生成物の自由エネルギーから反応物の自由エネルギーを引いたものである。

$$\Delta G = G(\text{生成物}) - G(\text{反応物}) \qquad (3.20)$$

式3.13から，それぞれに含まれるモル数をかけた物質の化学ポテンシャルの項を使って，これらの自由エネルギーを書くことができる。この例では，

$$\Delta G = c\overline{G}_C + d\overline{G}_D - a\overline{G}_A - b\overline{G}_B \qquad (3.21)$$

この式は，この反応における駆動力が生成物の全自由エネルギーから反応物の全自由エネルギーを引いたものであることを明解に示している。

さて，式（3.14b）を使い，$\overline{G}_C$，$\overline{G}_D$，$\overline{G}_A$，および$\overline{G}_B$の項を対応する濃度の表現にして代入すれば，次式が得られる。

$$\Delta G = cG^\circ_C + cRT\ln[C] + dG^\circ_D + dRT\ln[D] - aG^\circ_A - aRT\ln[A] - bG^\circ_B - bRT\ln[B] \qquad (3.22a)$$

または，

$$\Delta G = cG^\circ_C + dG^\circ_D - aG^\circ_A - bG^\circ_B + RT\ln[C]^c + RT\ln[D]^d - RT\ln[A]^a - RT\ln[B]^b \qquad (3.22b)$$

または，

$$\Delta G = \Delta G^\circ + RT\ln\left(\frac{[C]^c[D]^d}{[A]^a[B]^b}\right) \qquad (3.23)$$

ポイント18
化学反応の自由エネルギー変化は，標準自由エネルギー変化（ΔG°）および反応物と生成物の活量（$RT\ln Q$で表される）に依存している。

式3.22aから式3.23を導く間に，2つのことを行った。すなわち，各G°の項をΔG°にまとめ，$aRT\ln[A] = RT\ln[A]^a$というような変形を行った。G°をまとめた項（ΔG°）は，単純な意味をもつ。G°は，標準状態（1 M）における物質のモル当たりの自由エネルギーであるから，ΔG°は反応の**標準自由エネルギー変化 standard state free energy change**を表している。それぞれが1 Mという濃度でのaモルのAとbモルのBから，1 M濃度のcモルのCとdモルのDを形成するときに観察される自由エネルギー変化である。

式3.23の括弧の中に示した各生成物と反応物の比は質量反応表現であり，文字Qでも示される。

$$\frac{[C]^c[D]^d}{[A]^a[B]^b} = Q \qquad (3.24)$$

式3.23と式3.24を組み合わせると，式3.12（$\Delta G = \Delta G^\circ + RT\ln Q$）を得る。

ΔGの量は，aモルのA（濃度［A］のとき）とbモルのB（濃度［B］のとき）から，cモルのC（濃度［C］のとき）とdモルのD（濃度［D］のとき）がつくられるときの自由エネルギー変化を表している。これらの濃度は，我々が決める任意の値でよい。すべてが1 Mのとき，式3.23は$\Delta G = \Delta G^\circ$と簡単になる。式3.23は，どのような条件下でも$\Delta G$を計算することができるという点で重要である。

さて，反応が平衡に達したときを考えよう。その場合，2つのことが正しいはずである。1つ目は，式3.24の質量反応表現（Q）の濃度は平衡濃度である。平衡状態では，因子Qは反応の平衡定数Kと同じ値になる。

*反応物と生成物の両方の濃度を一定に保ちながら，どのようにして反応させることができるだろうか？　2つの方法が考えられる。1つは，A，BからC，Dが生成する反応がある程度進行しても，A，B，C，Dの濃度を有意に変えられないくらい反応物と生成物の全量を大きくすること。もう1つは，濃度は変化しないように，生成物を除き反応物を加えるような仮想の過程を考えること。これは生きている細胞ではしばしば起こっていて，代謝物の濃度は短時間，ほぼ一定で平衡値からかけ離れた濃度に保たれる（この生命活動性質は，“生体恒常性〈ホメオスタシス〉”と呼ばれるが，熱力学の平衡と混同してはいけない）。

$$K = \left(\frac{[C]^c[D]^d}{[A]^a[B]^b}\right)_{eq} \quad (3.25)$$

2つ目は，系が平衡に達していればΔGはゼロである。この場合，式3.23は以下のように書き直せる。

$$0 = \Delta G^\circ + RT\ln\left(\frac{[C]^c[D]^d}{[A]^a[B]^b}\right)_{eq} = \Delta G^\circ + RT\ln K \quad (3.26)$$

または，

$$-\Delta G^\circ = RT\ln K \quad (3.27)$$

これは，次のように変形できる。

$$K = e^{-\Delta G^\circ/RT} \quad (3.28)$$

ポイント19
平衡定数Kは標準自由エネルギー変化ΔG°から計算でき，逆にΔG°から平衡定数Kも計算できる。

式3.27と式3.28は，標準自由エネルギー変化ΔG°とよく使用する平衡定数Kとの間の重要な関係を示している。これらの式は，例えば標準自由エネルギー変化の表のデータを使って反応の平衡定数を推定することを可能にする。

式3.23は，次のように考えるのがよいだろう。ΔG°は自由エネルギー変化の基準値を示すので，異なる反応の固有値は，等価な条件下（1 M濃度での）で比べることができる。この項の大きさが平衡定数を教えてくれる。式3.23の（濃度依存の）$RT\ln Q$項は，他の平衡濃度でない任意の濃度のセットで反応を行う場合の，余分の（＋または－の）自由エネルギー変化を表している。それぞれの反応でのΔG°の値を表にすることが一般的であるが，そのようなデータを生化学的な問題に適用するとき，それは細胞中の実際の濃度によって決められたΔGであって，反応がin vivoで有利であるかどうかを決めているΔG°ではないということに注意しておくべきである。

ポイント20
細胞中の実際の反応物と生成物の濃度によって決められたΔGは，反応がin vivoで有利であるかどうかを決めているΔG°ではない。

自由エネルギーの計算：生化学的な例

これらのやや抽象的な考えの適用をもっと明らかなものにするために，非常に単純であるが重要な生化学反応であるグルコース-6-リン酸のフルクトース-6-リン酸への異性化を例として考えよう（図3.6）。

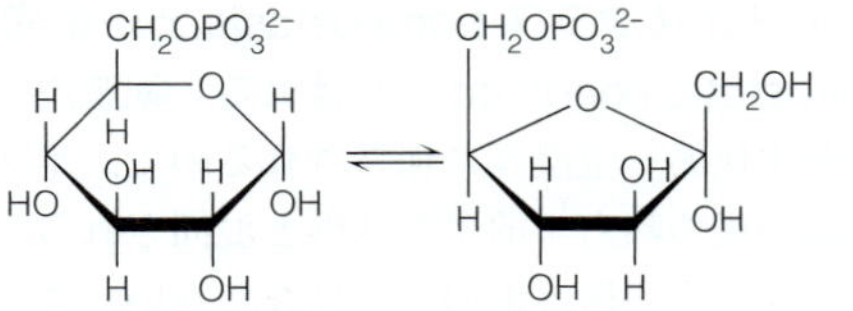

図3.6 グルコース-6-リン酸（G6P）のフルクトース-6-リン酸（F6P）への異性化

$$\text{グルコース-6-リン酸} \rightleftharpoons \text{フルクトース-6-リン酸} \quad \Delta G^\circ = +1.7\ \text{kJ/mol}$$

これをもっと簡潔に書くと，次のようになる。

$$\text{G6P} \rightleftharpoons \text{F6P} \quad \Delta G^\circ = +1.7\ \text{kJ/mol}$$

これは，**解糖系glycolytic pathway**の第2番目の反応であり，第13章で取り扱う。この反応は，標準状態では明らかに吸エルゴン反応である。言い換えれば，この系はG6PとF6Pが両方とも1 Mであれば平衡にはない。なぜなら，この条件ではΔG°が正であり（＋1.7 kJ/mol），逆反応が有利であるからである。つまり，G6PはF6Pよりも高い濃度で存在し，平衡は左に寄っているはずである。これを式3.28から平衡定数を計算して，定量的に表現しよう。上のΔG°の値を使い，温度を25℃（298 K）として，次の式を得る。

$$K = e^{\left(\frac{-\Delta G^\circ}{RT}\right)} = e^{\left(\frac{-\left(1700\frac{\text{J}}{\text{mol}}\right)}{\left(8.315\frac{\text{J}}{\text{mol}\cdot\text{K}}\right)(298\ \text{K})}\right)} = 0.504 = \left(\frac{[\text{F6P}]}{[\text{G6P}]}\right)_{eq} \quad (3.29)$$

ここで，$([\text{F6P}]/[\text{G6P}])_{eq}$は，平衡時のフルクトース-6-リン酸の濃度とグルコース-6-リン酸の濃度の比である。$K<1$であるということは，平衡は左に寄っているということであり，反応物（この場合はG6P）が有利であることを表している。

生きている細胞は平衡状態にはない

生細胞内のどんな過程の代謝物濃度も，代謝反応のΔG°に規定される平衡濃度と一般的には異なっている。化学平衡が成り立っている状態は，生細胞ではなく死細胞の特性である。本章のはじめに述べたように，生きている状態の特性は，エネルギーの獲得，変換，貯蔵および利用である（これらは，後の章で詳細を考察する）。そのような反応は，$\Delta G<0$のときのみ起こる。言い換えれば，生命体は平衡状態では存在しない。

生命活動は，比較的狭い範囲の温度，pH，イオンや代謝物の濃度の条件で維持されている。この一定の状況はホメオスタシス homeostasis とか恒常的状態 homeostatic condition と呼ばれる。細胞内の多くの溶質が比較的一定濃度に保持されるので，ホメオスタシスは，真の熱力学的平衡状態と混同されるが，ホメオスタシスを平衡と混同してはならない。この2つの間の重要な区別は，平衡過程ではどの過程も $\Delta G = 0$ であるのに対し，ホメオスタシス状態ではその多くの重要な過程の ΔG が負の値となっていることである。さらに，ホメオスタシスを保持するにはエネルギーが必要であり，それゆえエネルギーの取り込み，変換，保存が行われている。

ポイント21
ホメオスタシス状態は生細胞内の特色であるが，真の熱力学的平衡状態と混同してはいけない。

Le Chatelier の原理から，平衡にないどんな系も平衡状態に戻る力（$\Delta G<0$）をもっていることがわかっている。平衡状態にある系と平衡状態から外れた系を比べることで，この平衡に戻る力の大きさを知ることができる。

$$a\mathrm{A} + b\mathrm{B} \rightleftharpoons c\mathrm{C} + d\mathrm{D}$$

次に示す平衡反応の式が成り立っているとき，反応物の［A］または［B］の濃度を増加させ平衡条件から外すと，Le Chatelier の原理から，生成物［C］と［D］も増加して，系は再び平衡状態に戻ることは予想できる。同様に，［C］または［D］を増加し平衡から外しても，系は［A］と［B］も増加させ平衡にもどる。前述の熱力学の発展した議論を使うと，Le Chatelier の原理の根拠を理解できる。式3.12を使い

$$\Delta G = \Delta G^\circ + RT \ln Q$$

ΔG° を式3.27に従い $-RT \ln K$ と書き換えると

$$\Delta G = -RT \ln K + RT \ln Q \qquad (3.30)$$

系が平衡なら　$Q = K$　なので

$$\Delta G = -RT \ln K + RT \ln K = 0 \qquad (3.31)$$

$\Delta G = 0$ なので，反応はどちら向きにも起こらない。一方，系が平衡でないと $Q \neq K$ なので

$$\Delta G = -RT \ln K + RT \ln Q \neq 0 \qquad (3.32)$$

$\Delta G \neq 0$ であるこの場合は，Le Chatelier の予想した平衡が再構築される有利な向きに反応を進める駆動力が存在する。平衡化が進む方向が反応物側か生成物側か，K と Q の値の比を考察することで，どちらの反応の方向が有利かを推定できる。式3.30を変形すると，このことが最もわかりやすくなる。

表3.4　反応の K，Q，と ΔG の関係

Q の値	ΔG の値	有利な方向
$<K$	<0	右向き（生成物を生成）
$=K$	$=0$	反応は進まない（平衡状態）
$>K$	>0	左向き（反応物を生成）

$$\Delta G = RT(\ln Q - \ln K) = RT \ln\left(\frac{Q}{K}\right) \qquad (3.33)$$

式3.33より $Q/K<1$（表3.4参照）なら，いずれにせよ反応は右向き（反応物側へ）に進行する。生きている細胞の内では，2つの方法で $Q/K<1$ の条件を保っていると考えられる。第1は，生成物の濃度が反応物に比べ比較的低濃度に恒常的に保たれるように，つくられた生成物をすぐに消費する方法である。これは，多段階の代謝過程がある場合でも使われている方策である。例えば，仮想的な代謝過程を考える。

$$\mathrm{A} \longrightarrow \mathrm{B} \longrightarrow \mathrm{C} \longrightarrow \mathrm{D} \longrightarrow \mathrm{E}$$

Bははじめの反応の生成物であるが，2番目の反応の反応物でもある。Cへの変換速度が速いと，細胞内のBの濃度は低いであろう。Le Chatelier の原理によれば，A→B の反応は，系からBを取り除くことでB生成側に反応が進む。$Q/K<1$ を保つ2番目の方法は，反応物種を比較的高濃度に保つものである。さらに，Le Chatelier の原理によれば，［A］の増加は A→B の反応を右方向へ進める傾向をより大きくする。反応の駆動力の大きさと符号は，簡潔に ΔG として表現され，容易に式3.23から計算できる。

要約すれば，熱力学的に有利な（不可逆的な）過程がどのように平衡状態に関連しているかを説明した。どんな系でも平衡状態から外れれば，平衡へ向かう方向は $\Delta G<0$ なので，系は平衡状態に向かう方向に反応が進行する。生きている細胞は平衡状態にないので，大部分の細胞の反応は前向きか後ろ向きのどちらかにのみ進行する。

生命のエネルギー論における基本的で重要な疑問である“生きている細胞内では，どのようにして熱力学的に不利な反応も進行するか”についての答えが今，準備できた。熱力学的に不都合な反応も，次の1と2の方策の片方または両方で進行することができる。

1．$Q<K$ を保持する。
2．不都合な反応と非常に有利な反応を共役させる。

方策1の理論的な根拠は前述した。次の項で方策2の理論的な根拠を説明する。後の章では，多数の生化学反応においてこれらの方策が実行されることを図解し説明する。イオン輸送やアデノシン三リン酸 adenosine triphosphate（ATP）の加水分解などのよう

な非常に有利な過程は，不利な反応の進行に一般的に使われていることが示される。ATP消費やATP合成の経過は，生化学において顕著に重要な役割を演ずるので，ここに細胞内の主要なエネルギー変換分子であるATP（と類似の化合物）の特徴を紹介したい。

ポイント22
$Q<K$のとき，および（あるいは），非常に有利な（高度に発エルゴン的な）反応と共役するとき，熱力学的に不利な反応も好都合な反応となる。

高エネルギーリン酸化合物：生物系における自由エネルギー源

各代謝経路（例えば，タンパク質の折りたたみ，代謝反応，DNA複製，筋収縮）は，全体として熱力学的に有利な過程でなければならないから，化学反応において有利な方向を決める自由エネルギー変化の中心的な役割は，生化学において非常に重要である。概ね，生命にとって必要なある反応や過程は，ほとんど吸エルゴン反応である。上に述べたように，そのような本質的に有利でない反応過程は，非常に有利な反応と共役することによって熱力学的に有利になるはずである。例として，不可欠な経路の一部である，ある吸エルゴン反応を考えよう。

$$\mathrm{A} \rightleftharpoons \mathrm{B} \qquad \Delta G^\circ = +10\ \mathrm{kJ/mol}$$

同時に，もう1つの過程も強い発エルゴン反応とする。

$$\mathrm{C} \rightleftharpoons \mathrm{D} \qquad \Delta G^\circ = -30\ \mathrm{kJ/mol}$$

もし，細胞がこれら2つの反応を共役することができれば，全体の過程に対するΔG°は，それぞれの値の代数的な合計になるだろう。

$\mathrm{A} \rightleftharpoons \mathrm{B}$	$\Delta G^\circ = +10\ \mathrm{kJ/mol}$
$\mathrm{C} \rightleftharpoons \mathrm{D}$	$\Delta G^\circ = -30\ \mathrm{kJ/mol}$
全体：$\mathrm{A} + \mathrm{C} \rightleftharpoons \mathrm{B} + \mathrm{D}$	$\Delta G^\circ = -20\ \mathrm{kJ/mol}$

過程全体の平衡は，このためはるかに右に寄っている。結果として，Aからより効率的にBがつくられる。

吸エルゴン反応や過程と，発エルゴン反応を共役することは，多くの反応を動かすことに使われるだけでなく，膜を通して物質を輸送し，神経刺激を伝え，筋を収縮させ，他の物理的な変化を行うことにも使われる。

ポイント23
高エネルギーリン酸化合物は，加水分解によって非常に大きな負の自由エネルギーをもつ。

エネルギー変換器としての高エネルギーリン酸化合物

有利な反応に共役することにより有利でない反応を進めるということは，大きな負の自由エネルギー変化を伴う反応を遂行できるような化合物（先ほどの例にある仮想のCのような）が細胞内で利用できることが必要である。そのような化合物が細胞内のエネルギー変換体として考えられる。これら高エネルギー化合物の中で最も重要なものは，水溶液中で加水分解後リン酸を放出することができる，ある種のリン酸化合物である。いくつかのそのような化合物やそれらの加水分解反応を，図3.7と表3.5に示した。すべてのこれらの重要な化合物は，後の代謝の章で出てくる。ホスホエノールピルビン酸 phosphoenolpyruvate（PEP），クレアチンリン酸 creatine phosphate（CP），1,3-ビスホスホグリセリン酸 1,3-bisphosphoglycerate（1,3-BPG）などの物質は，ATPと同様に，加水分解に際して非常に大きな負の標準自由エネルギーをもつ。ATPはこれら化合物の中でおそらく最も重要であり，本書で最もよく目にするだろう。ATPの構造と加水分解反応を図3.8に示した。ATPからADPへの加水分解は，強い発エルゴン反応であって，$\Delta G^{\circ\prime}$は-30.5 kJ/molである（p.70の$\Delta G^{\circ\prime}$の定義を参照）。この値は，10^5より大きい平衡定数に相当する。そのような平衡はかなり右に寄っているので，ATP加水分解は基本的に不可逆であると考えられる。

図3.7は，いくつかのリン酸加水分解反応が本当に高エネルギー過程であるのに対して，その他は高エネルギー過程ではないことも表している。例えば，リン酸無水結合（ATP，ADPやピロリン酸にある）とアシルリン酸結合（1,3-BPGのカルボン酸とリン酸の脱水結合）の加水分解は，リン酸エステル（AMPやグリセロール-1-リン酸）の加水分解より大きな発エルゴン反応である。多様な因子が，これらの自由エネルギー変化の差を説明することができる。最も重要にみえるこれらの因子について次に説明する。

リン酸生成物の共鳴安定化

正リン酸 orthophosphate イオン（HPO_4^{2-}）は，しばしばP_i（無機リン酸）と略されるが，多様な共鳴型をもつ能力がある。結合プロトンと酸素の結合の両方が，非局在化すると考えられるので，より適当な方法として図3.9に示した構造を描くことができる。このようなエネルギー的には等しい多型は，共鳴構造の高いエントロピーに寄与している（式3.9参照）。リン酸基がエステルとして結合しているとき，これらの型のすべてが可能というわけではない。つまり，正リン酸の放出は，結果的に系のエントロピーが増えること

3

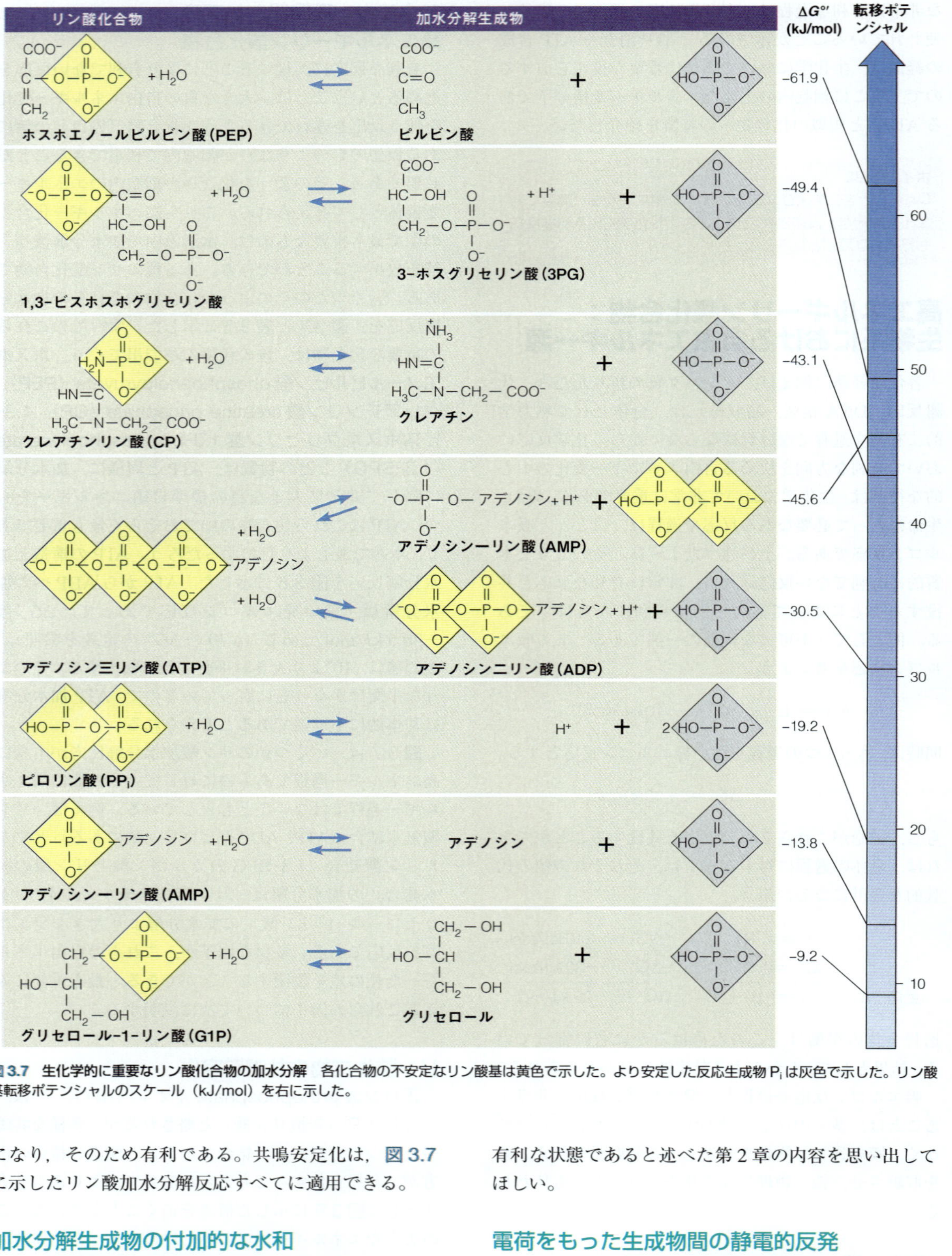

図 3.7　生化学的に重要なリン酸化合物の加水分解　各化合物の不安定なリン酸基は黄色で示した。より安定した反応生成物 P_i は灰色で示した。リン酸基転移ポテンシャルのスケール（kJ/mol）を右に示した。

になり，そのため有利である。共鳴安定化は，図 3.7 に示したリン酸加水分解反応すべてに適用できる。

加水分解生成物の付加的な水和

リン酸残基を結合状態から放出することは，特に両方の生成物が電荷をもっているとき，水和に対してより大きな好機をつくる。イオンは水溶液中で高度に水和しており，また，そのような水和はエネルギー的に有利な状態であると述べた第２章の内容を思い出してほしい。

電荷をもった生成物間の静電的反発

ホスホエノールピルビン酸，1,3−ビスホスホグリセリン酸，アデノシン三リン酸およびピロリン酸の加水分解において，加水分解の両生成物は負の電荷をもっている。これらのイオン的な生成物間の反発は，加水

3

表 3.5　いくつかのリン酸化合物の加水分解に対する $\Delta G^{\circ\prime}$

加水分解反応	$\Delta G^{\circ\prime}$ (kJ/mol)	pH	$[Mg^{2+}]$
ホスホエノールピルビン酸 ＋ H_2O ⟶ ピルビン酸 ＋ P_i	−61.9	7	NS
1,3-ビスホスホグリセリン酸 ＋ H_2O ⟶ 3-ホスホグリセリン酸 ＋ P_i ＋H^+	−49.4	7	NS
アセチルリン酸 ＋ H_2O ⟶ 酢酸 ＋ P_i ＋H^+	−43.1	7	NS
クレアチンリン酸 ＋ H_2O ⟶ クレアチン ＋ P_i	−43.1	7	NS
ATP ＋ H_2O ⟶ AMP ＋ ピロリン酸 ＋H^+	−45.6	7	NS
ATP ＋ H_2O ⟶ ADP ＋ P_i ＋H^+	−30.5	7	過剰
ピロリン酸 ＋ H_2O ⟶ $2P_i$ ＋H^+	−33.5	NS	NS
ピロリン酸 ＋ H_2O ⟶ $2P_i$ ＋H^+	−18.8	NS	0.005
ピロリン酸 ＋ H_2O ⟶ $2P_i$ ＋H^+	−19.2	7	0.001
グルコース-1-リン酸 ＋ H_2O ⟶ グルコース ＋ P_i	−20.9	NS	NS
グルコース 6-リン酸 ＋ H_2O ⟶ グルコース ＋ P_i	−13.8	NS	NS

NS：特定しない

W. P. Jencks (1976) Free energies of hydrolysis and decarboxylation in *Handbook of Biochemistry and Molecular Biology*, 3rd ed., G. Fasman ed., CRC Press, Boca Raton, FL.

P. Frey and A. Arabshahi (1995) Standard free energy change for the hydrolysis of the α, β-phosphoanhydride bridge in ATP. *Biochemistry* 34：11307-11310.

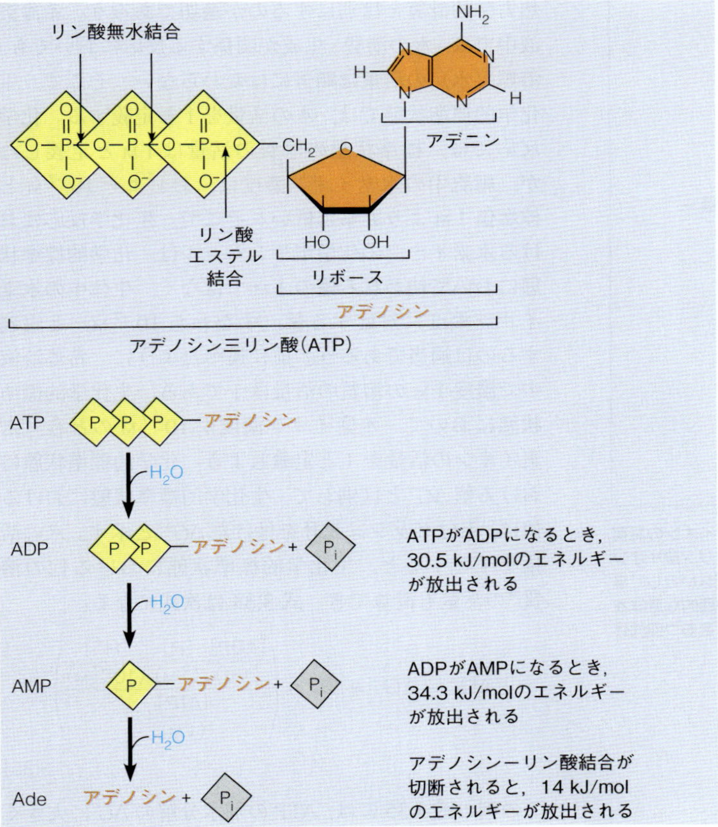

図 3.8　ATP 分子とその加水分解反応　本書中，Ⓟは四面体型リン酸基を表す。ATP や ADP の加水分解は，リン酸無水物結合を切断する。一方 AMP の加水分解は，リン酸エステル結合を切断する

分解反応に非常に有利である。

生成分子の互変異化

ホスホエノールピルビン酸の加水分解の $\Delta G^{\circ\prime}$ は−61.9 kJ/mol で，単純なリン酸エステル（例えば AMP の加水分解の $\Delta G^{\circ\prime}$ が−13.8 kJ/mol と比較）に対して予想される加水分解反応よりかなり有利である。予想外なホスホエノールピルビン酸の加水分解の反応性は，P_i がホスホエノールピルビン酸から脱離した生成物であるピルビン酸の“互変異化”と呼ばれる構造的な異性体化が起こることで説明される。ホスホエノールピルビン酸の直接のリン酸加水分解物であるピルビン酸はエノール型であるが，すぐに熱力学的に有利なケト型へ互変異する（次ページ上の図参照）。

この互変異性の平衡は，ケト型に極端に偏っている（$K_{eq} \approx 6 \times 10^7$）ので，この異性化は本質的には不可逆反応で，ホスホエノールピルビン酸のピルビン酸と P_i への加水分解反応の駆動力の大部分を提供して

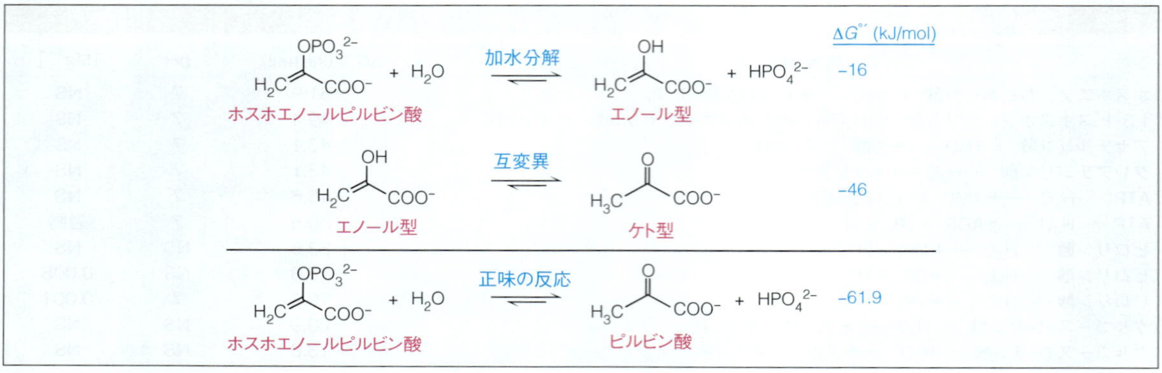

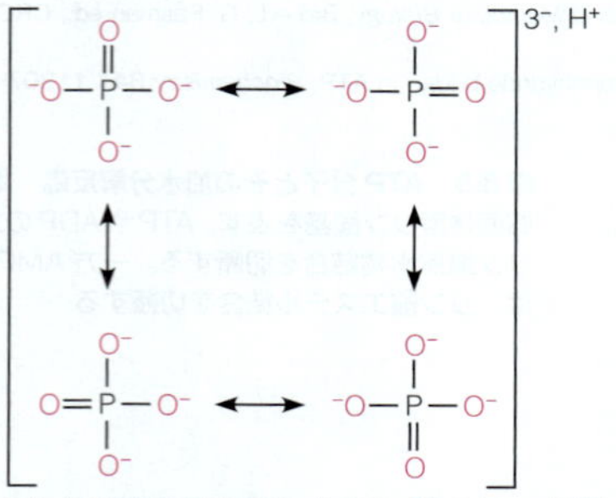

(a) 共鳴安定化に寄与するリン酸イオンの構造

(b) リン酸イオンの混成軌道

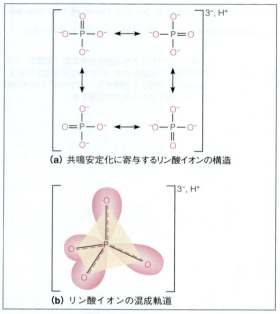

図 3.9　正リン酸 HPO_4^{2-} (P_i) の共鳴安定化　正リン酸イオンの電荷の共鳴非局在化を，ここでは，2つの方法で描いた。**(a)** リン酸イオンの4つの共鳴構造を，4つの酸素原子のどれか1つはHがないとして描いた。**(b)** この描写は，P＝Oの二重結合非局在化の物理的な意味を表した。リン酸イオンは，4つの等価なリンと酸素の結合をもつ四面体構造をしている。

いる。

緩衝溶液中での水とプロトンと生化学的標準状態

図 3.7 にあげた反応のうちいくつかにおいて，水素イオンが放出される。そのために水素イオン濃度（すなわち pH）は，反応の ΔG に影響するであろう。ATP から ADP への加水分解を考えよう。

$$\mathrm{ATP} + \mathrm{H_2O} \rightleftharpoons \mathrm{ADP} + \mathrm{P_i} + \mathrm{H^+}$$

この反応の ΔG は，式 3.23 を使って計算できる。

$$\Delta G = \Delta G^\circ + RT \ln\left(\frac{[\mathrm{ADP}][\mathrm{P_i}][\mathrm{H^+}]}{[\mathrm{ATP}][\mathrm{H_2O}]}\right) \tag{3.34}$$

生化学反応は，一般的には相対的に pH7 付近に保たれた希薄溶液で起こるので，水と水素イオンの化学ポテンシャルの取り扱いを，以前に述べた標準状態での熱力学的計算とは別にするのが適切であろう。希薄溶液中では，水の消費・生成が関係する反応においても，溶媒（水）の活量は顕著には変わらない。そこで，生化学的標準状態では，水の活量を1と定義する。化学反応では，標準状態の溶質の活量は 1 M と定義したが，細胞中の水素イオン濃度は，おおよそ 10^{-7} M と標準値 1 M より非常に低い。そこで，生化学反応における水素イオンの化学ポテンシャルは，化学的標準状態において使われる値の 1 M ではなく，生体中の水素イオン濃度に対応する値（すなわち 10^{-7} M）と定義するのは適当であろう。前に述べたように，希薄溶液中で濃度 1 M の溶質の活量は1である。生化学的標準状態において，水素イオン濃度が 10^{-7} M のとき，水素イオンの活量を1と定義しよう。化学的標準状態における値 ΔG° と区別して，生化学的標準状態における値は，上付ダッシュ記号を付けた $\Delta G^{\circ\prime}$ と示す。水の活量を1とすると，生化学的標準状態における他の溶質※の活量も計算でき，式 3.34 は次式になる。

$$\Delta G = \Delta G^{\circ\prime} + RT \ln\left(\frac{\dfrac{[\mathrm{ADP}]}{(1\,\mathrm{M})}\dfrac{[\mathrm{P_i}]}{(1\,\mathrm{M})}\dfrac{[\mathrm{H^+}]}{(10^{-7}\,\mathrm{M})}}{\dfrac{[\mathrm{ATP}]}{(1\,\mathrm{M})}(1)}\right) \tag{3.35}$$

この例の式 3.35 には，ATP の加水分解の ΔG に大きく影響する他の因子である，マグネシウムイオン濃度やイオン強度（"I"）などは含まれていない（他の生化学反応の効果は表 3.5 参照）。原則としては，$\Delta G^{\circ\prime}$ 値を示すときは，条件として温度，マグネシウムイオン

※式 3.14a の誘導時に，希薄溶液中の溶質の活量は，溶質それぞれのモル濃度の値とほとんど変わらないと仮定して単純化したことを思い出してほしい。この仮定は厳密には正しくないが，通常使われている溶質濃度が 1 M 以下のような条件の生化学では，普通の仮定である。本書の中での多くの反応は，この仮定を使って，活量≒モル濃度としている。しかし厳密な化学ポテンシャルの計算には，より正確な活量の定義を使用することが必要になることは承知しておいてほしい。

濃度およびイオン強度を表記するべきである。我々の目的では，生化学的標準状態は最も簡単な定義（すなわち，pH ＝ 7.0で水の活量が1）で十分であるが，国際純正応用化学連合（IUPAC）のほぼ“生理的条件”の生化学的実験の標準状態は，温度37℃（310.15 K），pH ＝ 7.0，マグネシウム濃度0.001 M およびイオン強度が0.25 M が推奨されている。

ポイント24
生化学反応の標準自由エネルギー変化は$\Delta G^{\circ\prime}$と示し，水の濃度は一定（活量を1とする），pH ＝ 7.0のとき水素イオンの活量も1と決める。

式3.35は，本書の随所で見られる，反応のΔGの計算に関する2つのキーポイントを明示している。

1．$\Delta G^{\circ\prime}$が使われ，生化学的標準状態を示す。
2．質量作用表現Qは単位がない。各成分の濃度の単位は，それぞれの標準状態の濃度（H^+は10^{-7} M，H^+以外の溶質は1 M，気体は1 bar）

この2つの重要性は，具体的に次の例で説明する。ここでpH7.4，25℃におけるATPの加水分解のΔGを計算してみよう。ATP，ADPおよびP_iの濃度はそれぞれ5 mM，0.1 mM，および35 mMである。この条件下では，式3.34は，次のようになる。

$$\Delta G = -30.5\,\frac{\text{kJ}}{\text{mol}} + \left(0.008315\,\frac{\text{kJ}}{\text{mol}\cdot\text{K}}\right)(298\ \text{K})\ \ln\left(\frac{\frac{(0.0001\ \text{M})}{(1\ \text{M})}\frac{(0.035\ \text{M})}{(1\ \text{M})}\frac{(10^{-7.4}\ \text{M})}{(10^{-7}\ \text{M})}}{\frac{(0.005\ \text{M})}{(1\ \text{M})}(1)}\right) \tag{3.36a}$$

または，

$$\Delta G = -30.5\,\frac{\text{kJ}}{\text{mol}} + \left(2.478\,\frac{\text{kJ}}{\text{mol}}\right)\ln\left(\frac{(0.0001)(0.035)(0.398)}{(0.005)}\right) \tag{3.36b}$$

$$\Delta G = -30.5\,\frac{\text{kJ}}{\text{mol}} + -20.3\,\frac{\text{kJ}}{\text{mol}} = -50.8\,\frac{\text{kJ}}{\text{mol}} \tag{3.36c}$$

式3.36bのQの項（対数の真数）は濃度の比なので，単位がないことに注意。さらに，ΔGの値は，標準自由エネルギー変化$\Delta G^{\circ\prime}$よりかなり大きな負の値（すなわち有利である）である。この最後の指摘は，$\Delta G^{\circ\prime}$単独では生体内の反応の有利さを確実に予想できないことを強調する。

最後に，反応の駆動力を決めるのは$\Delta G^{\circ\prime}$ではなくΔGであり，式3.23を使いΔGを計算するには，$\Delta G^{\circ\prime}$を与えるか，その反応の$\Delta G^{\circ\prime}$を計算しなければならない。$\Delta G^{\circ\prime}$は，式3.27を使い平衡定数K_{eq}から簡単に計算できることを思い出してほしい。本章の残りのページに，直接生化学に関係する例を使い，これまでと異なる$\Delta G^{\circ\prime}$の2種の計算法を説明する。

ポイント25
リン酸基転移ポテンシャルは，標準状態でどの化合物が相手をリン酸化できるかを示している。

リン酸基転移ポテンシャル

リン酸化合物の加水分解に対する$\Delta G^{\circ\prime}$値を考えることができる，もう1つの有用な方法がある。図3.7に示すように，これらの値は**リン酸基転移ポテンシャル phosphate transfer potential**の尺度を形づくっている。ポテンシャルは単純に加水分解の$-\Delta G^{\circ\prime}$として定義される。表3.5にある化合物の中で，ホスホエノールピルビン酸（PEP）が最も高いリン酸化ポテンシャル（61.9 kJ/mol）をもち，グリセロール-1-リン酸が最も低い（9.2 kJ/mol）。それぞれの化合物は，ふさわしい共役機構があれば，より低い転移ポテンシャルの化合物にリン酸化を引き起こすことができる。例えば，次の反応を考えよう。

(1) ホスホエノールピルビン酸（PEP）の加水分解
(2) アデノシン二リン酸（ADP）のリン酸化

(1)＋(2)：PEPによるADPの共役したリン酸化

$$\text{PEP} + H_2O \rightleftharpoons \text{ピルビン酸} + P_i \qquad \Delta G^{\circ\prime} = -61.9\ \text{kJ/mol}$$
$$\text{ADP} + P_i + H^+ \rightleftharpoons \text{ATP} + H_2O \qquad \Delta G^{\circ\prime} = +30.5\ \text{kJ/mol}$$
$$\text{PEP} + \text{ADP} + H^+ \rightleftharpoons \text{ATP} + \text{ピルビン酸} \qquad \Delta G^{\circ\prime} = -31.4\ \text{kJ/mol}$$

こうして，ATPより高いリン酸転移ポテンシャルをもつPEPは，熱力学的に有利な過程として，ADPにリン酸基を加えることができる。グルコース-6-リン酸のリン酸基転移ポテンシャルは，この尺度でかなり下のほうにいるから，ATPも同様にこのリン酸基をグルコースに渡すことができる。

(1) ATPの加水分解
(2) グルコースのリン酸化

(1)＋(2)：ATPによるグルコースの共役したリン酸化

$$\text{ATP} + H_2O \rightleftharpoons \text{ADP} + P_i + H^+$$
$$\text{グルコース} + P_i \rightleftharpoons \text{グルコース-6-リン酸} + H_2O$$

$$\text{グルコース} + \text{ATP} \rightleftharpoons \text{ADP} + \text{グルコース-6-リン酸} + H^+$$

$$\Delta G^{\circ\prime} = -30.5\ \text{kJ/mol}$$
$$\Delta G^{\circ\prime} = +13.8\ \text{kJ/mol}$$
$$\Delta G^{\circ\prime} = -16.7\ \text{kJ/mol}$$

これらの例は，ATPが共役した反応により，いかに用途の広いリン酸転移試薬となりうるかを強調している。それぞれの場合，共役反応は大きなタンパク質分子である酵素の表面で反応することにより行われる。第11章で酵素について詳しく述べるが，酵素がそのような共役を容易にし，さらに反応を促進することがわかるだろう。

上に示したこれらの例も，複数の反応の合計が全体で関心のある反応と同一になるとき，関心のある反応 $\Delta G^{\circ\prime}$ は，2つ（または3つ以上）のそれぞれの反応の $\Delta G^{\circ\prime}$ を合計した和として計算できることを示している。化学反応が逆向きの場合，$\Delta G^{\circ\prime}$ の付合を逆にすればよい。最後に，重要な酸化還元反応の $\Delta G^{\circ\prime}$ の計算について考察する。

酸化還元反応の $\Delta G^{\circ\prime}$

糖類や脂肪のような栄養分の酸化は，細胞に十分なATP合成のための実質的な自由エネルギーを供給する。第15章で学ぶように，電子が栄養分から酸素分子に移動すると，エネルギーが放出され，それは膜を挟んでプロトン勾配の形で保存される。このプロトン勾配はミトコンドリアにおけるATP合成の駆動力となっている。電子移動は一連の酸化と還元の連続，すなわち“酸化還元”反応を経て起こる。栄養分からの代謝エネルギー獲得過程を理解するためには，還元反応から得られる自由エネルギーの計算法を理解する必要がある。

還元力の定量：標準還元電位

酸化還元の化学は，いろいろな意味で第2章に考察した酸・塩基の化学と類似している。酸塩基平衡において，水素イオンの供与体と受容体は，それぞれ酸（HA）と共役塩基（A^-）と書く。

$$\text{HA} \rightleftharpoons H^+ + A^-$$
例えば　$CH_3COOH_{(aq)} \rightleftharpoons H^+_{(aq)} + CH_3COO^-_{(aq)}$

同様に，酸化還元反応でも電子（e^-）の供与体と受容体を使う。

還元物質（電子供与体）$\rightleftharpoons$ 酸化物質（電子受容体）＋ 電子
例えば　$Fe^{2+} \rightleftharpoons Fe^{3+} + e^-$

水溶液中には，自由な水素イオンや自由電子はほとんどないので，上の平衡表記は，全体の酸化還元平衡の単に半分の反応を示しているにすぎない。完全な酸化還元反応は，電子を得て還元される電子受容体である反応物と，電子を失う電子供与体である別の反応物とで表すべきである。有名な**酸化 oxidation** と**還元 reduction** の定義を覚えやすくするための記号に“OILRIG”がある。OILRIG”：Oxidation Is Loss（of electrons）；Reduction Is Gain（of electrons）。酸化還元反応における2つの反応物のうち，電子供与体は**還元剤 reductant**（educing agent）で，**酸化剤 oxidant**（oxidizing agent）である別の反応物に電子を与えて自身は酸化型になる。酸化還元反応の一般的な表記は，次のようになる。

還元剤 ＋ 酸化剤 $\rightleftharpoons$ 酸化型還元剤 ＋ 還元型酸化剤
または，$A_{(\text{還元型})} + B_{(\text{酸化型})} \rightleftharpoons A_{(\text{酸化型})} + B_{(\text{還元型})}$
例えば　$Cu^{1+} + Fe^{3+} \rightleftharpoons Cu^{2+} + Fe^{2+}$

Cu^{1+}はこの反応では，電子供与体なので還元剤である。還元剤は，このように酸塩基平衡の酸に類似している。

酸からの水素イオンの解離しやすさの定量的尺度を示す pK_aの概念は，酸・塩基の化学理解においては不可欠のものである。同様に，生物学の酸化の理解においては，還元剤の電子供与のしやすさ（または，酸化剤の電子の受け取りやすさ）の相対的な尺度が必要である。そのような指標として，**標準還元電位 standard reduction potential**（E^0）が用意されている。酸塩基平衡では，水の pK_aを7.0と任意に定義した。酸化還元の化学では，電気化学的電池の標準水素電極を基準標準とした採用した。

> **ポイント 26**
> E^0は還元剤の電子の失いやすさであり，水素イオンの解離しやすさを示す酸の pK_aと類似の意味である。

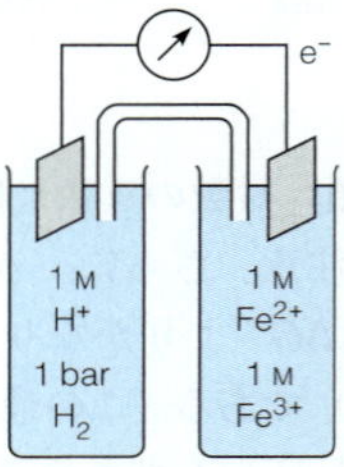

電気化学的電池は，2つの**半電池 half-cell** から構成され（上図参照），それぞれの半電池は電子供与体と

それに共役する電子受容体を含む。図の左側のビーカーは標準水素電極で，水素イオンが1 M で 1 bar（圧力の標準単位，100 kPa，または 750 torr に等しい，ほぼ1気圧）の水素ガスからなる比較半電極である。右側のビーカーは測定用半電極で，溶液にはそれぞれ 1 M 濃度の測定用電子供与体とそれに共役する電子受容体を含む。この図の例では，それぞれ 1 M 濃度の Fe^{2+} と Fe^{3+} を含んでいる。半電極は，電気回路に電子が流れるように電池間にイオンが流れても，イオンがそれぞれの間を動くことで電気的中性が保てるように寒天の塩橋で接続している。電位差系を半電池の間に接続して**起電力** electromotive force（emf）をボルト単位で測定する。起電力は，電位または半電池間の電子の流れの圧（電圧）である。電子は，水素と測定に使った電子供与体のどちらが電子を失いやすいかに依存して，比較半電池側に流れるかまたは逆向きに流れる。水素は Fe^{2+} より電子を失いやすいので，この例の場合，電子は比較半電池から測定半電池（Fe^{2+}）に流れ，水素は酸化され，Fe^{3+} が還元され，正の emf を示す。もし測定用電位供与体が水素より電子を失いやすい場合は，電子は逆方向に流れ，比較半電池内で H^+ が H_2 に還元され，負の emf が記録される。H^+ であろうと測定用の電子受容体であろうと，相手より強力な酸化剤は相手の半電池から電子を引き抜き，自身は還元される。

標準水素電極の値 E^0 は，慣例により 0.00 V と決める。標準水素電極に電子を与えることができる酸化還元対は，負の E^0 である。正の E^0 は，H_2 からの電子が測定用半電池に流れ込み，電子受容体を還元する，あるいは測定用電池の電子受容体が H_2 を酸化することを意味する。酸化還元対の E^0 値が高ければ高いほど，その酸化還元対の電子受容体ではより強い酸化剤となる。

前に議論したように，生化学者にとって標準状態は pH ＝ 7.0 で，標準水素電極は 1 M の H^+ を含むので，標準状態とかなりかけ離れている。このため生化学者は，標準還元ポテンシャルとして H^+ を 10^{-7} M とした半電池を使用して修正した $E^{0\prime}$ を使用する。この値が，本書や他の多くの生化学の参考文献では使われている。表 3.6 に，いくつかの生化学的に重要な酸化還元対の $E^{0\prime}$ 値を載せた（より完全な $E^{0\prime}$ 値は p.562 の表 15.1 にある）。この表 15.1 では，最も強い酸化剤を酸化剤の欄の最下段に，最も強い還元剤を還元剤の欄の最上段に書いた。つまり，O_2/H_2O 対の O_2 は最も強い酸化剤で，H^+/H_2 対の H_2 が最も強い還元剤である。この関係を別の言い方で表すと，O_2/H_2O 対の H_2O は最も弱い還元剤である（ちょうど最も強い酸が最も弱い共役塩基であるように）。生物が使う酸化剤は O_2/H_2O より高い $E^{0\prime}$ をもっていないので，水は電子を渡して酸素になることはほぼない。光合成は H_2O を酸化して酸素をつくるが，この注目すべき酸化を成し遂げるには，太陽光からの十分なエネルギーを必要としている（詳細は第 16 章参照）。還元還反応の電子の流れにとって有利な方向は，ある酸化還元対の還元体から表の下の欄の酸化還元対の酸化体へ向かうものなので，表 3.6 の情報は有用である。

ポイント 27
標準還元電位が大きいほど，酸化還元対の酸化型が電子を引き寄せる傾向が強くなる。

次の項目で，生物学で重要な電子運搬体であり，その酸化型の NAD^+ も還元型の NADH もともに安定しているニコチンアミドアデニンジヌクレオチド nicotinamide adenine dinucleotide が関連する反応の $\Delta G^{\circ\prime}$ と ΔG を計算するために，どのように表 3.6 の情報を使用するか詳しく説明する。NAD^+/NADH の構造と機能については後の章で詳しく考察する。

酸化還元反応の自由エネルギー変化

ある酸価還元対の $E^{0\prime}$ について要約すると，その値が大きいほど他の基質を酸化する傾向が強い。自由エネルギー変化は表 3.6 記載の還元電位の差に直接関係しているので，この酸化傾向は次式のように定量的に

表 3.6 いくつかの生化学に有用な標準酸化還元電位 $E^{0\prime}$

酸化剤	還元剤	n	$E^{0\prime}$ (V)
$H^+ + e^-$	1/2 H_2	1	−0.421
$NAD^+ + H^+ + 2e^-$	NADH	2	−0.315
1,3-ビスホスホグリセリン酸 ＋ $2H^+ + 2e^-$	3-ホスホグリセリン酸＋P_i	2	−0.290
FAD ＋ $2H^+ + 2e^-$	$FADH_2$	2	−0.219
アセトアルデヒド＋ $2H^+ + 2e^-$	エタノール	2	−0.197
ピルビン酸 ＋ $2H^+ + 2e^-$	乳酸	2	−0.185
$Fe^{3+} + e^-$	Fe^{2+}	1	+0.769
1/2 O_2 + $2H^+ + 2e^-$	H_2O	2	+0.815

$E^{0\prime}$ は，pH7，25℃における標準還元電位であり，n は酸化還元反応で移動する電子数，それぞれの反応は，次に示す還元側に向かう半反応。

酸化剤 ＋ ne^- ⟶ 還元剤

H^+/H_2 の反応対の欄の値（$E^{0\prime}$ ＝ −0.421 V）がゼロでないのは，比較電池側（水素の標準電池）の H^+ 濃度が 1 M で，測定側の H^+ 濃度が 10^{-7} M（pH7）だからである。

記述できる。

$$\Delta G^{\circ\prime} = -nF\Delta E^{0\prime} = -nF[E^{0\prime}_{(受容体)} - E^{0\prime}_{(供与体)}] \quad (3.37)$$

ここで，n は半反応の移動する電子数，F は Faraday 定数（96.5 kJ/mol^{-1}V^{-1}），$E^{0\prime}$ は酸化還元対の間の標準還元電位の差である。ΔE^{0}から $\Delta E^{0\prime}$，ΔG° から $\Delta G^{\circ\prime}$ のようなダッシュをつけた意味は，反応物と生成物（H^+以外）はそれぞれ濃度 1 M だが pH は 7.0 で反応を行うことを示している。

標準状態の自由エネルギー変化

例として，NAD^+によるエタノールの酸化を考えてみよう。この反応は，アルコールデヒドロゲナーゼにより触媒されている。

$$\text{エタノール} + NAD^+ \rightleftharpoons \text{アセトアルデヒド} + NADH + H^+$$

表 3.6 にある 2 つの半反応は，還元反応として書かれている（電子を受け取る方向）。

(a) $NAD^+ + H^+ + 2e^- \rightleftharpoons NADH \quad E^{0\prime} = -0.315\ V$

(b) $\text{アセトアルデヒド} + 2H^+ + 2e^- \rightleftharpoons \text{エタノール} \quad E^{0\prime} = -0.197\ V$

エタノールは，酸化される反応なので，2 番目の半反応は逆向きの電子供給半反応と書く。

(c) $\text{エタノール} \rightleftharpoons \text{アセトアルデヒド} + 2H^+ + 2e^-$

全体の酸化還元反応は，NAD^+が電子受容の半反応 (a)，エタノールが電子供給の半反応（c）の和なので，$\Delta E^{0\prime}$ は，式 3.37 で計算され次式になる。

$$\Delta E^{0\prime} = E^{0\prime}_{(受容体)} - E^{0\prime}_{(供与体)} = (-0.315\ V) - (-0.197\ V) = -0.118\ V$$

標準自由エネルギー変化は，次式のようになる。

$$\Delta G^{\circ\prime} = -nF\Delta E^{0\prime} = -(2)\left(96485\frac{J}{mol\cdot V}\right)(-0.118\ V) = +22.8\frac{kJ}{mol}$$

この例でわかるように，$E^{0\prime}$ が負なら $\Delta G^{\circ\prime}$ は正になるので，標準状態では，この反応が書かれた方向に進むのは有利ではない。もし逆反応（NADH によるアセトアルデヒドの還元）の $\Delta G^{\circ\prime}$ を計算するとすれば，$\Delta E^{0\prime}$ は$+0.118$ V であり，$\Delta G^{\circ\prime}$ は-22.8 kJ/mol となる。

平衡でない状態での生物学的酸化反応の自由エネルギー変化の計算

表 3.6（p.562 の表 15.1 も参照）の数値を使うと，生化学的標準状態での自由エネルギー変化の計算が可能になる。標準状態でない場合の酸化還元反応の ΔG を計算するには，式 3.23 を使わなければならない。ミトコンドリアにおける重要なエネルギー生産反応の 1 つである，NADH から O_2への電子移動に関する自由エネルギー変化を考えよう。実際は多段階の反応であるが，全体の電子移動過程は，次式のようになる。

$$O_2 + 2NADH + 2H^+ \rightleftharpoons 2H_2O + 2NAD^+$$

式 3.23 に従い，反応の ΔG は次式のように与えられる。

$$\Delta G = \Delta G^{\circ\prime} + RT\ln\left(\frac{[H_2O]^2[NAD^+]^2}{[O_2][NADH]^2[H^+]^2}\right) \quad (3.38a)$$

ミトコンドリア内部の温度を 37℃，pH ＝ 8.4，酸素分圧を 2 torr，NAD^+と NADH 濃度をそれぞれ 10 mM と 100 μM と仮定する。$RT\ln Q$ の項の値は，前述ように計算できる。しかし，この例では，酸素については濃度表示でなく圧力で表していて，標準状態を 1 気圧（750 torr）としている。

$$\Delta G = \Delta G^{\circ\prime} + \left(8.315\frac{J}{mol\cdot K}\right)(310\ K) \ln\left(\frac{(1)^2\left(\frac{0.010\ M}{1\ M}\right)^2}{\left(\frac{2\ torr}{750\ torr}\right)\left(\frac{0.00010\ M}{1\ M}\right)^2\left(\frac{10^{-8.4}\ M}{10^{-7.0}\ M}\right)^2}\right) \quad (3.38b)$$

または，

$$\Delta G = \Delta G^{\circ\prime} + \left(2.58\frac{kJ}{mol}\right) \ln\left(\frac{(1)(10^{-4})}{(2.66\times10^{-3})(10^{-8})(1.58\times10^{-3})}\right) \quad (3.38c)$$

$$\Delta G = \Delta G^{\circ\prime} + \left(2.58\frac{kJ}{mol}\right)\ln(2.37\times10^{9}) = \Delta G^{\circ\prime} + \left(55.6\frac{kJ}{mol}\right) \quad (3.38d)$$

ここでは $\Delta G^{\circ\prime}$ を計算することに注意する。この反応は生物学的酸化還元反応なので，表 3.6 の情報と式 3.37 を使うことができる。$\Delta E^{0\prime}$（さらには $\Delta G^{\circ\prime}$）を計算するためにはどの $E^{0\prime}$ の数値を使用するべきであるのか。この問いに答えるためには，まず関係する半反応を決める必要がある。この例の酸素が電子受容体であるときは，半反応として酸素の水への還元を選ぶ。

$$\frac{1}{2}O_2 + 2H^+ + 2e^- \rightleftharpoons H_2O \qquad E^{0\prime} = +0.815\,V$$

電子供与体はNADHなので，NADHからNAD^+への酸化の半反応を選択するので

$$NAD^+ + H^+ + 2e^- \rightleftharpoons NADH \qquad E^{0\prime} = -0.315\,V$$

NADHから酸素に電子を渡すので，半反応を逆向きにして

$$NADH \rightleftharpoons NAD^+ + H^+ + 2e^-$$

半反応の反応分子数，電子数を合わせ（電子の項を消去するため）全体の反応が注目する反応になるように半反応を加算する。

$$O_2 + 4H^+ + 4e^- \rightleftharpoons 2H_2O$$
$$2NADH \rightleftharpoons 2NAD^+ + 2H^+ + 4e^-$$
$$\text{正味：}O_2 + 2H^+ + 2NADH \rightleftharpoons 2NAD^+ + 2H_2O$$

反応の分子数などを合わせたとき（すなわち，各半反応を2倍したとき），$E^{0\prime}$の値を修正することはないことに注意する。反応分子数の変化は式3.37のnの数値を変更して対応する。半反応を2倍したとき，移動する電子数も倍になったのでnは4になり，

$$\Delta G^{\circ\prime} = -nF\Delta E^{0\prime} = -(4)\left(96485\,\frac{J}{mol \cdot V}\right)(+1.130\,V)$$
$$= -436.2\,\frac{kJ}{mol} \qquad (3.39)$$

この$\Delta G^{\circ\prime}$の値を式3.38dに代入して反応のΔGを計算できる。

$$\Delta G = \left(-436.2\,\frac{kJ}{mol}\right) + \left(+55.6\,\frac{kJ}{mol}\right) = -380.6\,\frac{kJ}{mol} \qquad (3.40)$$

想定した状態では，この計算からNADHの酸素による酸化は，非常に有利な反応であることが示されている。第15章でより詳細に述べるように，このエネルギーのかなりの部分は，ミトコンドリアの内膜の内外に水素イオン濃度勾配を形成することで蓄えられている。水素イオンの濃度差で得られる自由エネルギー（式3.19参照）は，ミトコンドリアにおいてADPからATPを合成するのに十分である。膜輸送の議論にあたり，第10章でこれらの考え方を再度考察する。

まとめ

生物エネルギー論は，生体内におけるエネルギーの獲得，変換，利用を扱う熱力学の部門である。系の内部エネルギー（U）は，非原子核過程によって変換されうるような，原子や分子の運動エネルギー，化学結合や非共有結合的な相互作用のエネルギーといった，すべてのエネルギーを含んでいる。Uは系の状態によって決められ，環境との熱ないし仕事の交換をすることによってのみ変化しうる（$\Delta U = q - w$）。これが熱力学の第1法則である。一定容積では$q = \Delta U$である。一定圧力では，$q = \Delta U + P\Delta V = \Delta H$であり，ここで，$H$はエンタルピーと呼ばれる（$H = U + PV$）。生化学においては，$\Delta H$は$\Delta U$よりも重要である。

過程は，（平衡付近では）可逆的であったり，（平衡から離れているときは）不可逆であったりする。熱力学的に有利な反応の方向（平衡に向かって導く方向）は，エンタルピー（H）およびエントロピー（S：無秩序さの尺度）の両方の変化により決まる。$G = H - TS$で表される自由エネルギーは両方を考慮に入れている。有利な過程の基準は自由エネルギー変化，$\Delta G = \Delta H - T\Delta S$が正ではなく（吸エルゴン），負である（発エルゴン）。これは，熱力学の第2法則の1つの言い方である。氷から水への転移は，反応方向の決定に温度（T）が重要であることを示している。融点では，固体と液体が平衡にある（$\Delta G = 0$）。水が凍るときのようにエンタルピーが減少すれば，開いた系のエントロピーは減少することができる。こうして，生物は組織を維持するためにたえずエネルギーを消費している。すべてのエネルギー転移で，エネルギー（ΔH）のある部分は，熱（$T\Delta S$）として失われる。だから，ΔGは有効仕事に使える能力があるエネルギーの尺度であるといえる。

生化学的な問題に熱力学的な関係を適用するために，各物質の濃度と系の全自由エネルギーの寄与を結びつける化学ポテンシャルを用いる。化学ポテンシャルから化学反応における自由エネルギー変化を表す次の式が得られる。

$$\Delta G = \Delta G^{\circ\prime} + RT\ln Q$$

質量作用の項Qの値を求めるため，生化学者は普通，希薄水溶液ではモル濃度を使うので，反応液中の活量をモル濃度で近似し，Qは本文中の表に示した標準状態濃度と比をとって表す。

$\Delta G^{\circ\prime}$を計算する3種の一般的な方法

1. $\Delta G^{\circ\prime}$は，平衡定数Kから次式を使い計算できる。$\Delta G^{\circ\prime} = -RT\ln K$
2. $\Delta G^{\circ\prime}$は，標準還元電位$E^{0\prime}$の表の値から次式を使い計算できる。
   $\Delta G^{\circ\prime} = -nF\Delta E^{0\prime}$

3．関心のある反応の$\Delta G^{\circ\prime}$は，関心のある化学式を与える複数の化学反応の$\Delta G^{\circ\prime}$の値の和から計算できる。

熱力学的に有利でない反応であっても，大きな負のΔG値をもつ反応と共役すれば可能になる。生命系では，あるリン酸化合物の加水分解がこの目的にたびたび使われる。リン酸転移ポテンシャルから，標準状態で他の化合物をリン酸化する能力の順に，これらの化合物を並べることができる。最も重要な化合物であるATPは，エネルギーをつくりだす代謝経路中でつくりだされ，多くの反応を起こすために使われる。

第2部

生命体の分子構造

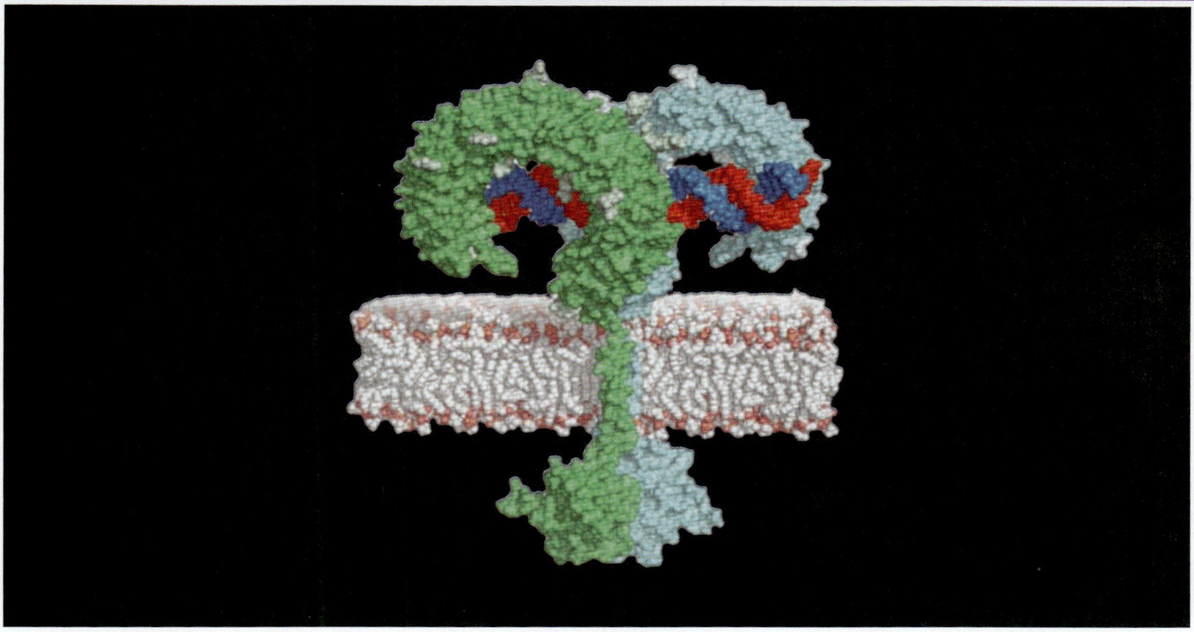

ウイルスの二本鎖 RNA（赤と青で示す）に結合した Toll 様受容体タンパク質（緑と薄い青で示す）。多くのウイルスを識別し，ウイルス感染を妨げる炎症性の反応を引き起こす。

Science 320：379-381 L. Liu, I. Botos, Y. Wang, J. N. Leonard, J. Shiloach, D. M. Segal, and D. R. Davies, Structural basis of toll-like receptor 3 signaling with double-stranded RNA.

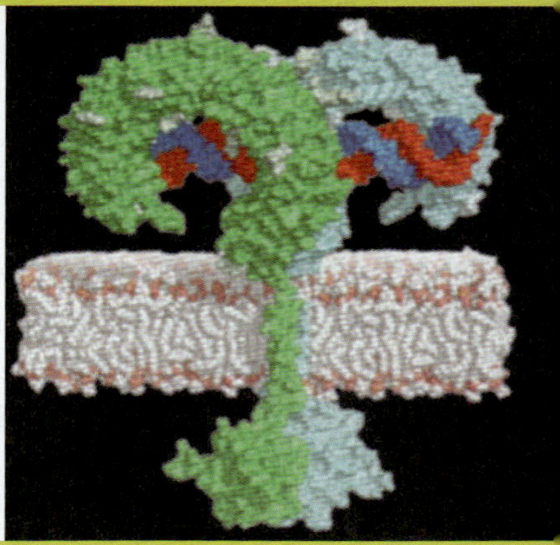

第 4 章
核　酸

細胞と生物の主要な構成要素である有機物の名称を第 1 章から思い出してみよう――タンパク質，核酸，糖質，脂質。これらは一緒に集まってすべての生命体の大部分をつくり上げている。これらは構造は異なるが，あるデザインの特徴を共通にもっている。タンパク質，核酸，多糖はすべて単量体が重合した重合体で，加水分解可能な化学結合によって線形に配列している。個々の脂質分子は重合体ではないという点で異なっているが，脂質は膜やリポタンパク質といった巨大な複合体の成分として存在する。

核酸の性質

生体分子の体系を核酸から論じ始めることにしよう。核酸は生命の情報を保管し伝達する役割をもつからである。核酸は最も基本的な生体分子と考えることができる。おそらく生命は核酸とともに進化を始めたのではないかと思われる。というのは，すべての生物学的物質の中で核酸だけが自己複製する能力をもっているからである。生物の設計図は図 1.4（p.10）にみられるような巨大な分子である核酸の中に暗号として描かれている。生物の一生の間の身体的発達の多くはこの分子の中にプログラムされている。生物の細胞がつくり出すタンパク質とそのタンパク質が果たす機能は，すべてこの核酸という分子でできたテープに記録されているのである。

本章と以下の数章ではまず核酸の構造について説明し，次に核酸が遺伝情報を保存し伝達する方法について簡単な紹介をする。おそらくすでに学び，後に本書で詳述する DNA の複製，転写，翻訳の過程について，その中で起きるできごとを概観しよう。生体分子の科学と技術において組換え DNA 技術の与える影響は巨大なので，最も基本的で有益な技術のいくつかについては本章の最後，「生化学の道具 4B」で簡単に紹介する。

2 種類の核酸：DNA と RNA

DNA は普仏戦争時に軍医であった Friedrich Miescher によって 1869 年に発見された。Miescher は廃棄された包帯に付着していた膿の中に多量の酸性物質を見出した。主に膿の主成分である白血球の核に存在したため，彼と教え子はこの物質を核酸と名づけた。核酸は化学的には，窒素を含む有機塩基，五炭糖とリン酸からなっていることが見出された。後に，核酸には糖成分の性質が異なる 2 つの化学種があることがわかった。すなわち Miescher が発見したのは DNA（デオキシリボ核酸 deoxyribonucleic acid）で，もう 1 つは RNA（リボ核酸 ribonucleic acid）である。図 4.1 に示すように，どちらも単量体単位が共有結合によりつながった重合体の鎖である。RNA と DNA の単量体単位の構造を示す。

どちらの場合も単量体には五炭糖が含まれる。RNAでは**リボース ribose** で，DNA では **2-デオキシリボース 2-deoxyribose** である（右の構造式中に青で示してある)。塩基中の原子と区別するために，糖の炭素原子にはプライムをつけて表す（1′，2′ などのように)。2 種類の糖の違いは，RNA 中のリボースの 2′ 水酸基が DNA では水素原子に置き換わっている点だけである。どちらの核酸中の連続した単量体単位も，1 つの単量体単位の 5′ 炭素上の水酸基と次の単量体単位の 3′ 水酸基に結合したリン酸基によって結びつけられている。こうして 2 つの糖残基間の**ホスホジエステル結合 phosphodiester link** がつくられる（図 4.1)。この名前はホスホジエステル結合の加水分解により 1 つの酸（リン酸）と 2 つのアルコール性の糖の水酸基を生じることを示している。このようにして，数億にも至る単位を含む長い核酸の鎖がつくられる。リン酸基は pK_a 値が約 1 の強酸である。そのため DNA と RNA は核“酸”と呼ばれるのである。DNA または RNA 分子中の各**残基 residue**（重合している単量体単位）は生理的 pH では負の電荷をもつ。

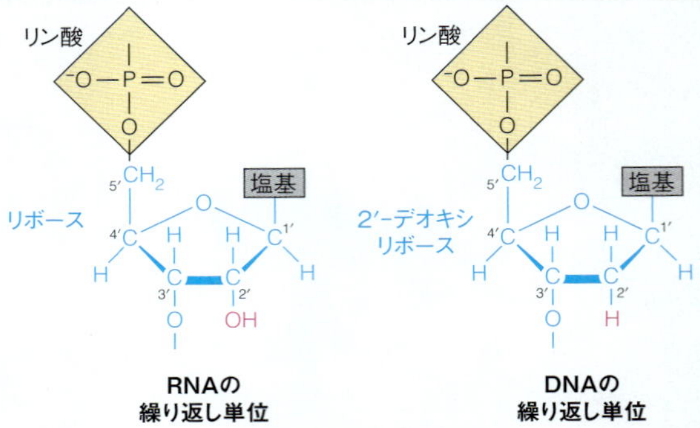

ポイント 1
DNA も RNA もポリヌクレオチドである。RNA は糖としてリボースをもち，DNA はデオキシリボースをもつ。

ホスホジエステル結合した糖残基は，核酸分子の骨格を形成する。この骨格そのものは繰り返し構造であり，情報をコードすることはできない。核酸が情報を保存し伝達するうえで重要なのは，核酸が**ヘテロポリマー heteropolymer** であることによる。鎖中の各単量体は，常に糖の 1′ 炭素に結合した複素環塩基をもつ（図 4.1 参照)。核酸の中にみられる主な塩基の構造を

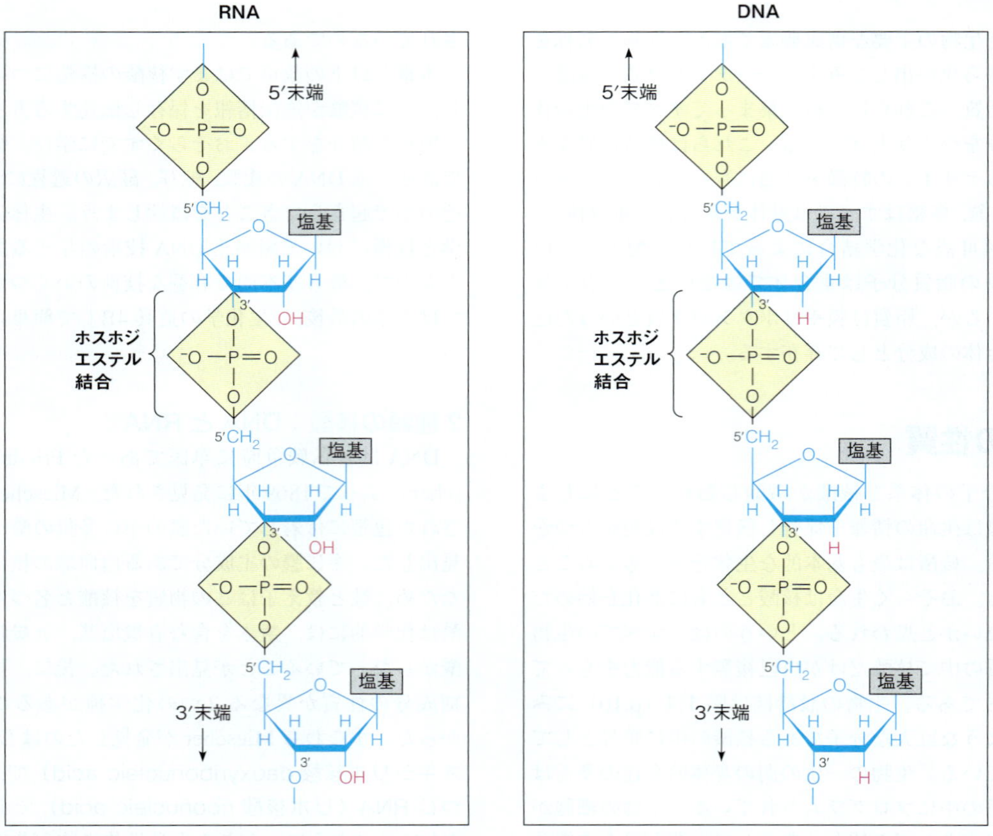

図 4.1 リボ核酸（RNA）とデオキシリボ核酸（DNA）の化学構造 各鎖のリボース—リン酸またはデオキシリボース—リン酸骨格を詳しく示す。本図では塩基は略してあるが図 4.2 で詳しく示す。

図4.2に示す。複素環塩基にはプリンpurineの誘導体とピリミジンpyrimidineの誘導体の2種類がある。

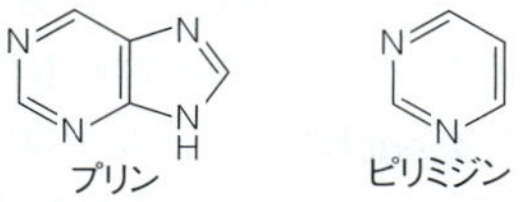

DNAはアデニンadenine（A）とグアニンguanine（G）という2種類のプリン塩基，シトシンcytosine（C）とチミンthymine（T）という2種類のピリミジン塩基をもつ。RNAはDNAと同じ3つの塩基と，チミンのかわりに4つ目のウラシルuracil（U）をもつ。RNAは，特に転移RNA transfer RNA（tRNA）（p.96）と呼ばれる種類は，何種類かの化学的に修飾された塩基をもっている。これらの修飾塩基は第28章で議論するように分子の安定化にいくぶんか寄与している。ほとんどの真核生物のDNAは，少量の5位の炭素がメチル化されたシトシンを含む。DNAのメチル化の生物学的な意味については第26章で論じる。$-CH_3$のかわりに$-CH_2OH$をもつ5-ヒドロキシメチルシトシン（第22章，p.852）が，最近ある種の真核生物のDNA中に見出された。

ポイント2
核酸塩基には2種類ある。アデニンとグアニンのプリン塩基，そしてシトシン，チミン，ウラシルのピリミジン塩基である。RNAとDNAは3つの共通の塩基を用い，DNAがチミンを用いるところでRNAはウラシルを用いる。

DNAとRNAのどちらも4種類の単量体からできた重合体とみなすことができる。単量体は，リン酸化されたリボースかデオキシリボース分子で，その1′炭素にプリンかピリミジンが結合している。プリンの結合部位は9位の窒素，ピリミジンの結合部位は1位の窒素である。糖の1′炭素と塩基の窒素原子間のこの結合はグリコシド結合glycosidic bondと呼ばれる。これらの単量体はヌクレオチドnucleotideと呼ばれる。ヌクレオチドは糖に塩基が付加したヌクレオシドnucleosideと呼ばれるものの5′-一リン酸化誘導体であると考えることができる（図4.3）。それで，これらのヌクレオチドはヌクレオシド5′-一リン酸とも呼ばれる。これらの分子の1つは第3章ですでに登場しているアデノシン5′-一リン酸adenosine 5′-monophosphate（AMP）である。

核酸はすべてヌクレオチドの重合体とみなせるので，しばしば一般的な名前であるポリヌクレオチドpoly-

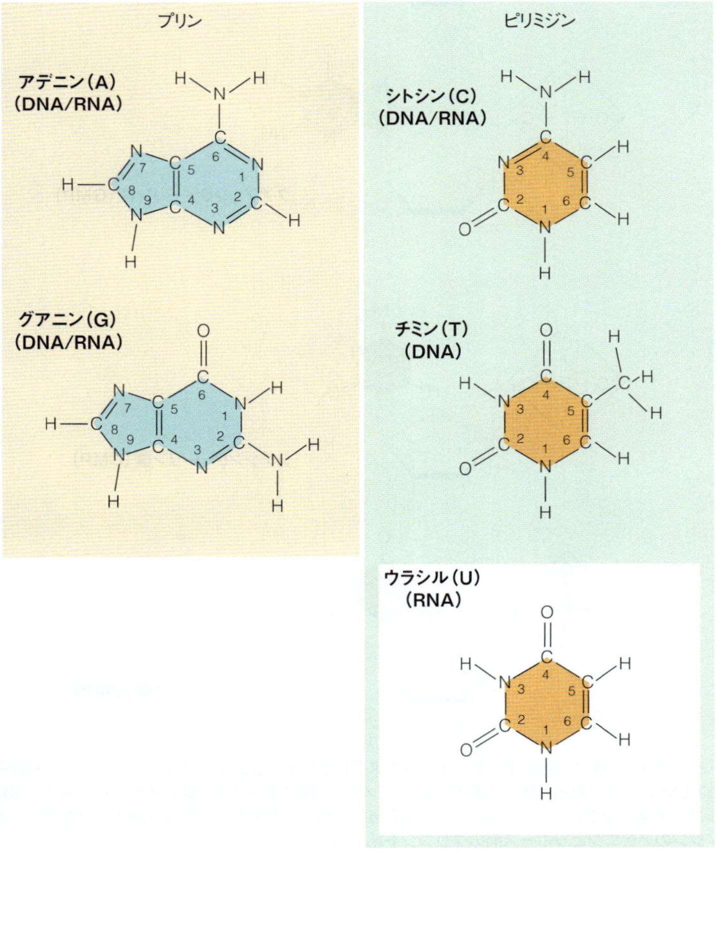

図4.2 DNAおよびRNA中にみられるプリン塩基とピリミジン塩基 DNAは塩基A，G，C，Tを含みRNAは塩基A，G，C，Uを含む。チミンとは5-メチルウラシルのことである。

nucleotide と呼ばれる。数残基しかない小さい重合体は**オリゴヌクレオチド oligonucleotide** と呼ばれる。

2′ 水酸基の存在には，学問的な興味よりはるかに大きな意味がある。すなわち，RNA に DNA には欠けている機能を与えているのだ。第 11 章で論じるように，Thomas Cech と Sidney Altman はそれぞれ独立に，化学反応を触媒することのできる RNA 分子である**リボザイム ribozyme** を発見した。2′ 水酸基が触媒機構に決定的な役割を果たしているのだ。このことから，RNA 分子は遺伝情報の保存と触媒の両方の能力をもっているということができる。このことが理由かどうかはともかく，RNA は DNA よりも以前から，最初の生命体が進化したと考えられている原始的な環境の中に存在していたと多くの生化学者は考えている。生命誕生以前の化学の研究により，リボースは最も早く形成された有機化合物の 1 つであると考えられている。DNA は RNA より化学的に安定で，より大きなゲノムを生み出し維持することを可能にする。これらの理由により，生化学者たちは最初に **RNA ワールド RNA world** が存在したと仮定している。リボースを含む化合物をデオキシリボースを含むものに変換する機構が一たび現れると，RNA ワールドは DNA を有する生物に道をゆずったのである。DNA に基づく触媒も存在することを知っているであろうが，今のところこれらはすべて研究室でつくられたものである。“DNA 酵素”は，まだ自然界に発見されてはいない。この話題に関するさらなる議論は第 11 章を参照されたい。

ヌクレオチドの性質

ヌクレオチドはかなり強い酸である。リン酸の 1 段目のイオン化は pK_a約 1.0 で起こる。リン酸の 2 段目のイオン化と，ヌクレオチド中の塩基のアミノ基のプロトン化や脱プロトン化は中性に近い pH 値で起きる（表 4.1）。塩基は**互変異性体 tautomeric form**（tauto-

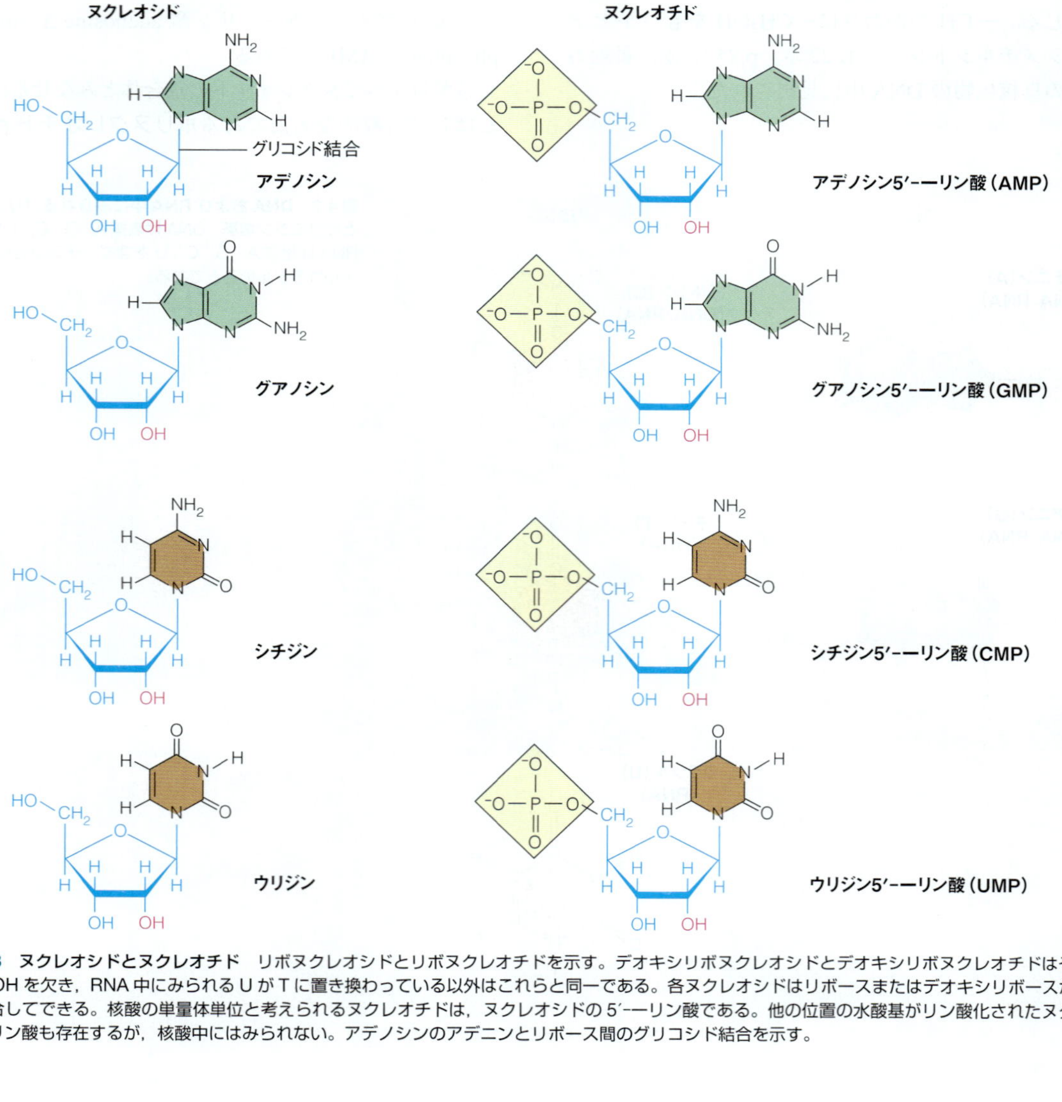

図 4.3　ヌクレオシドとヌクレオチド　リボヌクレオシドとリボヌクレオチドを示す。デオキシリボヌクレオシドとデオキシリボヌクレオチドはそれらが 2′OH を欠き，RNA 中にみられる U が T に置き換わっている以外はこれらと同一である。各ヌクレオシドはリボースまたはデオキシリボースが塩基と結合してできる。核酸の単量体単位と考えられるヌクレオチドは，ヌクレオシドの 5′−一リン酸である。他の位置の水酸基がリン酸化されたヌクレオシドリン酸も存在するが，核酸中にはみられない。アデノシンのアデニンとリボース間のグリコシド結合を示す。

表 4.1 pK_a値で表したリボヌクレオチドのイオン化定数

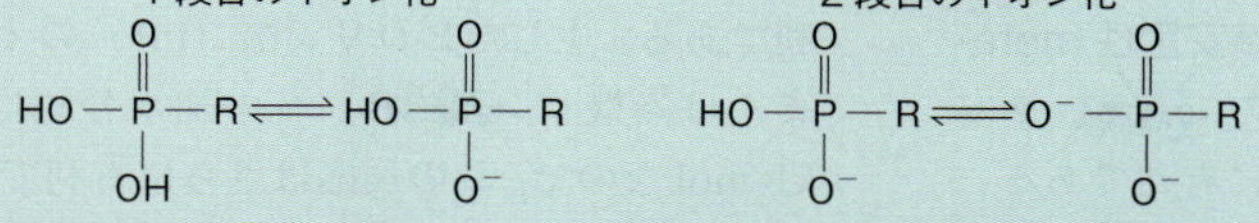

	リン酸		塩基	
	pK_{a1}	pK_{a2}	pK_a	反応（プロトンが失われる位置）
5′AMP	0.9	6.1	3.8	N-1
5′GMP	0.7	6.1	2.4	N-7
			9.4	N-1
5′UMP	1.0	6.4	9.5	N-3
5′CMP	0.8	6.3	4.5	N-3

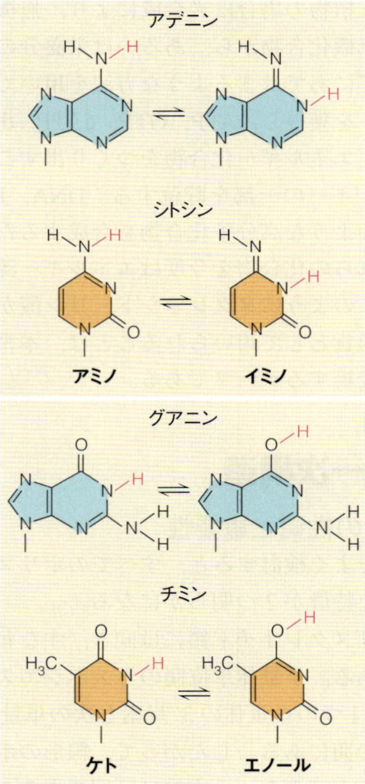

図 4.4 塩基の互変異性化 最も安定な（したがって一般的な）型を左に示す。右のイミノ型とエノール型はあまり一般的でなく，特殊な塩基相互作用中にみられる。これ以外の互変異性体も可能である（ここには示さない）。

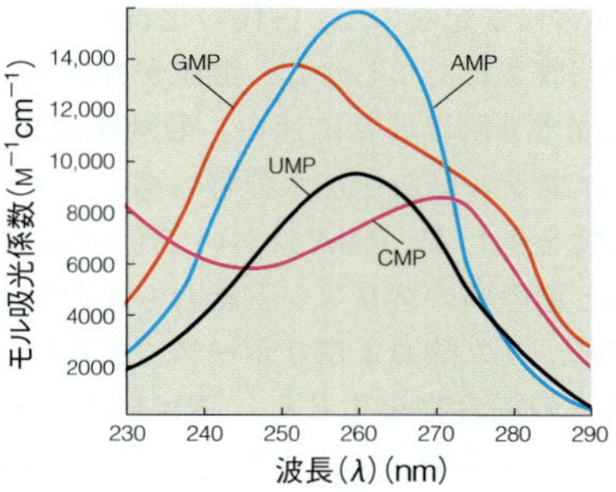

図 4.5 リボヌクレオチドの紫外線吸収スペクトル 吸光係数の次元は $M^{-1}\ cm^{-1}$ である。したがって UMP の 10^{-4} M 溶液は 1 cm のセルを用いた場合 260 nm で吸光度 0.95 である（吸光度＝モル吸光係数×光路長×モル濃度，「生化学の道具 6A」参照）。

Data from *Principles of Biochemistry*, 2nd ed., A. L. Lehninger, D. L. Nelson, and M. M. Cox. © 1993, 1982, Worth Publishers, Inc., New York.

mer）間で構造変換することもできる。互変異性体は，水素原子と二重結合の位置だけが異なる構造異性体である。主要な形は図 4.2 に示したものであるが，図 4.4 に示すように G，T，U は部分的に異性化してエノール型に，そして A と C はイミノ型になることができる。

プリン環とピリミジン環は共役二重結合系なので，塩基とそのすべての誘導体（ヌクレオシド，ヌクレオチドおよび核酸）はスペクトルの紫外領域の光を強く吸収する。この吸収は，塩基中のイオン化反応のためにいくぶん pH に依存する（中性 pH におけるリボヌクレオチドの典型的なスペクトルを図 4.5 に示す）。分光光度計で波長 260 nm の光の吸収を測定することにより核酸の濃度を μg/mL レベルで測定することができるため，この強い吸収は核酸の定量測定によく用いられる（「生化学の道具 6A」参照）。紫外線は DNA に対し，例えば皮膚がんの発症につながるような化学的損傷効果ももつ。

ホスホジエステル結合の安定性と形成

図 4.3 に示したヌクレオチドの構造を図 4.1 のポリヌクレオチド鎖と比較すると，原則としてポリヌクレオチドは，ヌクレオチド単量体から各単量体の間の水分子が除かれることにより生じることがわかる。つまり図 4.6 に示した脱水反応により，ポリヌクレオチド鎖にもう 1 つのヌクレオチド残基を付加することができると考えられる。しかし，この仮想的な反応の自由エネルギーの変化はかなり大きく，+25 kJ/mol である（したがって細胞内の水溶性の環境では，平衡はホ

スホジエステル結合の加水分解の方向に大きく偏っている)。ポリヌクレオチドからヌクレオチドへの加水分解は熱力学的に有利な過程なのである。

これは，生物学的に重要な重合体の**準安定性 metastability** に関する多くの例の最初のものである。準安定な化合物は分解するほうが熱力学的に有利である。しかし反応が触媒されない限り分解は非常に緩慢にしか進まない。自由エネルギーの変化からすれば，生細胞内に存在する条件の下ではポリヌクレオチドは加水分解されるはずである。しかし加水分解は触媒されない限り非常に遅い。この特徴は非常に重要である。このために細胞中の DNA は十分に安定で，遺伝情報の有用な貯蔵庫として機能できる。水のない条件下では DNA は非常に安定なので，古代の化石から DNA 分子の断片が回収された。しかし，触媒が存在すると水溶液中での加水分解は非常に速い。酸触媒は RNA 中のホスホジエステル結合を加水分解へ導き，ヌクレオチドの混合物を生じる。RNA においても DNA においても，塩基と糖の間のグリコシド結合もまた加水分解される（塩基，リン酸およびリボース〈またはデオキシリボース〉の混合物を生じる)。RNA は（DNA は違うが）アルカリ溶液中でも不安定である（0.1 M のアルカリで処理すると 2′-および 3′-ヌクレオシド一リン酸の混合物を生じる)。最終的に，生物学的に最も重要なことであるが，**ヌクレアーゼ nuclease** と呼ばれる酵素が RNA と DNA の両方のホスホジエステル結合の加水分解を触媒する。ヒトの体は，消化器系がヌクレアーゼをもっているために，摂取した食物中のポリヌクレオチドを分解して利用することができる。これらの酵素の例は第 22 章で述べる。

図 4.6 に示す仮想的な脱水反応は熱力学的に不利であるということから，以下の疑問が生じる。in vivo で水の脱離によりポリヌクレオチドが合成されないとすると，実際にはどのようにして生じるのか？　その答えは，ポリヌクレオチドの合成にエネルギーに富んだヌクレオシド（またはデオキシヌクレオシド）三リン酸が関わっているということである。細胞内で起きている過程はかなり複雑だが，基本的な反応は単純である。図 4.6 中の脱水反応のかわりに生細胞内で起きているのは，図 4.7 に示す反応である。伸長している鎖に付加されるヌクレオシド一リン酸は，ATP やデオキシ ATP (dATP) のようなヌクレオシド三リン酸として供給され，そして反応中にピロリン酸が放出される。この反応がヌクレオシド三リン酸の加水分解と，水の脱離によるホスホジエステル結合の生成という 2 つの反応の和であると考えられる点に留意すると，この反応の自由エネルギー変化を計算することができる（下を参照)。

正味の $\Delta G^{\circ\prime}$ が負なので，2 つを結びつけた反応は有利である。生じたピロリン酸 (PP_i) のオルトリン酸，または無機リン酸 (P_i) への加水分解は $\Delta G^{\circ\prime} = -19$ kJ/mol なので，この反応はさらに有利である。このようにしてピロリン酸は速やかに除かれて合成反応をさらに右側へ進め，全体の $\Delta G^{\circ\prime}$ は -25 kJ/mol となる。ポリヌクレオチドの合成は，第 3 章で強調した，熱力学的に不利な反応を進めるために熱力学的に有利な反応を使うという原理の一例である。

このようなエネルギーの流れが生命活動の全体の中でどれほどうまく調和しているかを認識することは大切である。植物の場合は光合成により，無機栄養細菌の場合は無機化合物から，あるいは栄養分の代謝のようなすべてにあてはまるような方法を用いて，生物はエネルギーを獲得し，ATP，GTP，dATP，dGTP および類似の高エネルギー化合物をつくり出すことによりこのエネルギーの一部を貯蔵する。DNA，RNA やタンパク質のような高分子化合物を合成するために，生物は，これらの化合物を今度はエネルギー源として利用する。このようにヌクレオシド三リン酸が細胞のエネルギー通貨として用いられることは，本書を通じて繰り返し登場するテーマである。

核酸の一次構造

一次構造の性質と重要性

図 4.1 をよく検討すると，すべてのポリヌクレオチドの重要な特徴が 2 つ明らかになる。

1．ポリヌクレオチド鎖には向き，すなわち方向性がある。単量体単位間のホスホジエステル結合は，1 つの単量体の 3′ 炭素と次の単量体の 5′ 炭素の間にある。したがって，線形のポリヌクレオチド鎖の 2 つの末端は区別できるのである。通常，片方の端は未反応の 5′ リン酸基をもち，他方の端は未反応の 3′ 水酸基をもつ。
2．ポリヌクレオチド鎖には塩基配列，すなわち，ヌクレオチド配列により決定される特性がある。この配列のことをこの核酸の**一次構造 primary structure** という。

> **ポイント 3**
> 天然に存在するすべてのポリヌクレオチドは特定の配列（一次構造）をもつ。

			$\Delta G^{\circ\prime}$
ヌクレオシド三リン酸 + H_2O	⇌	ヌクレオシド一リン酸 + ピロリン酸 (PP_i)	−31 kJ/mol
(ポリヌクレオチド鎖)$_N$ + ヌクレオシド一リン酸	⇌	(ポリヌクレオチド鎖)$_{N+1}$ + H_2O	+25 kJ/mol
合計：(ポリヌクレオチド鎖)$_N$ + ヌクレオシド三リン酸	⇌	(ポリヌクレオチド鎖)$_{N+1}$ + ピロリン酸 (PP_i)	−6 kJ/mol

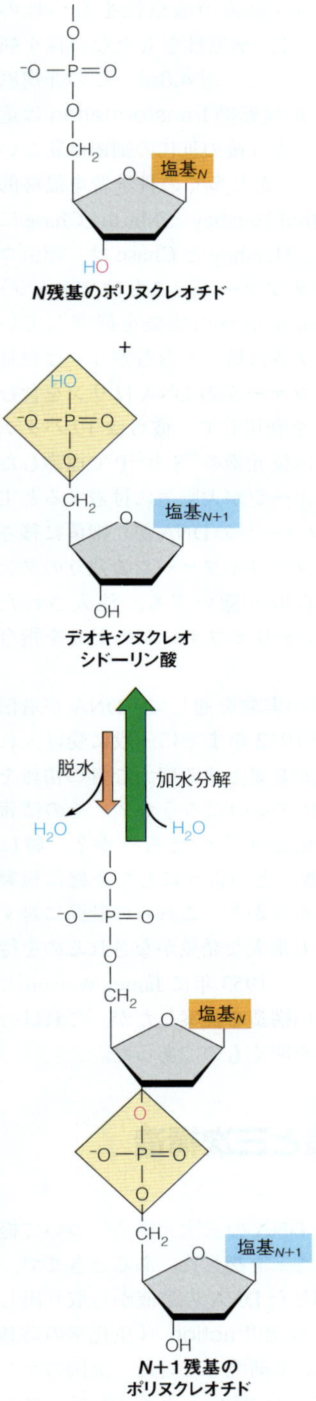

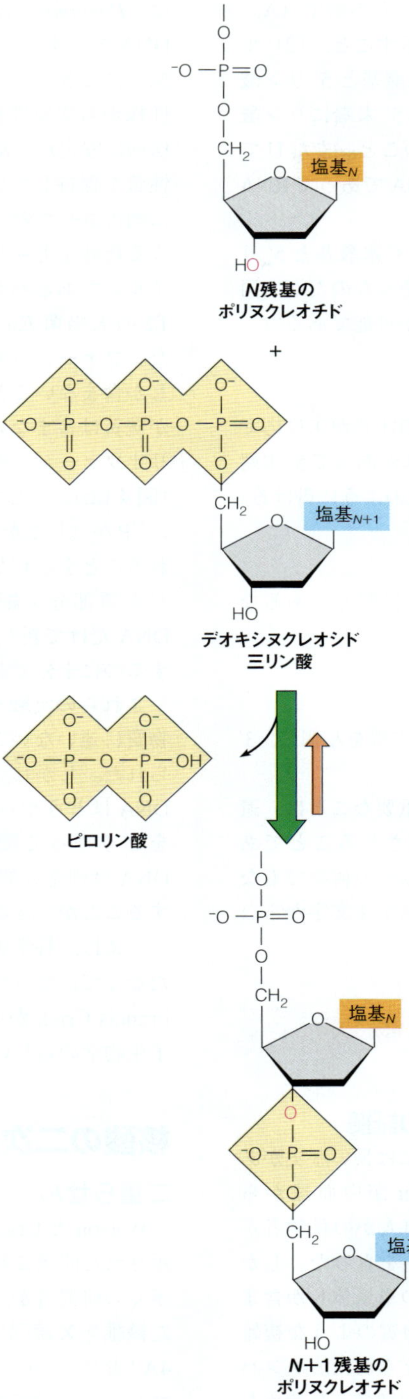

図 4.6（左） 仮想的な脱水反応によるポリヌクレオチドの生成 ここに示すように，ヌクレオシドーリン酸から水が除かれることによってポリヌクレオチドが直接生じると考えることができる。しかし，この脱水反応は熱力学的に不利で，逆反応である加水分解のほうが有利である。この図と次の図では糖-リン酸骨格を簡略に示してあることに留意すること。

図 4.7（右） 実際にはポリヌクレオチドはどのようにして生じるか この反応ではDNA 鎖に加えられる各単量体はヌクレオシド三リン酸として表されている。ヌクレオシド三リン酸の分解は，反応を熱力学的に有利にする自由エネルギーを供給する。このような反応を触媒する酵素はポリメラーゼ polymerase と呼ばれる。

もし特定のポリヌクレオチド配列（DNA でも RNA でも）を記述しようとすると，その分子全体を図 4.1 のように描くことは不便であるし必要ではない。そこで簡潔な表記法が考案された。もし DNA 分子または RNA 分子について記述するならば，構造の大部分は明らかである。そこで小さい DNA 分子は右のように略記することができる。

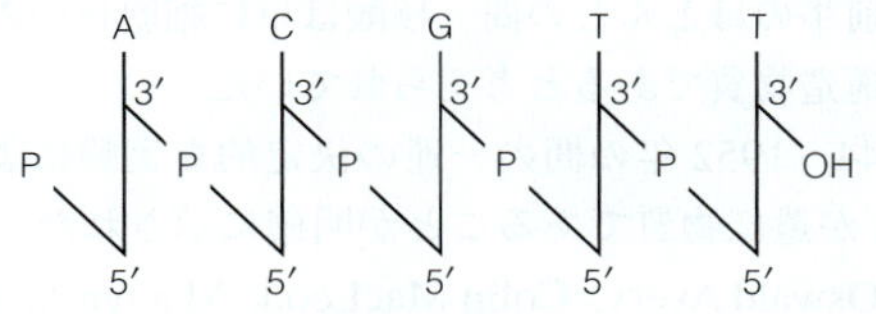

この表記法は以下のことを示す。(1) その略字（A, C, G, T）はヌクレオチドの配列を示すこと，(2) すべてのホスホジエステル結合が3′水酸基と5′リン酸基の間であること，(3) この分子が5′末端にリン酸基を，3′末端に未反応の水酸基をもつこと。またUではなくTをもつことから，それがDNAであってRNAではないこと。

すべてのホスホジエステル結合が3′水酸基と5′リン酸基を結ぶとすると，たいていはそうなのだが，同じ分子をもっと簡潔に表記することが可能である。

pApCpGpTpT

このヌクレオチドでは，3′末端の—OH基が未反応であると考えられる。3′末端にリン酸基があって5′末端に未反応の水酸基をもつとすると，次のように書ける。

ApCpGpTpTp

さらに，この分子中の塩基配列だけに関心があるなら，もっと簡潔に次のように書ける。

ACGTT

ポリヌクレオチド鎖の配列は通常5′末端を左側に，3′末端を右側に書く習慣になっている。

一次構造すなわち塩基配列で最も重要なことは，遺伝情報がDNAの一次構造中に保存されることである。遺伝子とは，特定のDNA配列以外の何物でもなく，1つの塩基を1つの“文字”で表す4文字からなる言語で情報が記されている。

ポイント4
DNAの一次構造は遺伝情報をコードしている。

遺伝物質としてのDNA：初期の証拠

遺伝子をつくっている物質の探究には長い歴史がある。19世紀後半，Friedrich Miescherが白血球からDNAを初めて単離して間もなく，何人かの科学者がDNAが遺伝物質ではないかとの疑いをもった。しかしその後の研究でDNAには4種類の単量体しか含まれないことがわかり，DNAは遺伝物質のような複雑な役割を果たすことができないと考えられた。タンパク質が非常に複雑な分子であることが認識され始めたときだったので，初期の研究者たちは，遺伝子はタンパク質でできている可能性のほうが高いと考えた。20世紀前半のほとんどの間，核酸は単に細胞核中のある種の構造物質であると考えられていた。

1944～1952年の間の一連の決定的な実験により，DNAが遺伝物質であることが明確に示された。1944年にOswald Avery, Colin MacLeod, Maclyn McCartyは，*Pneumococcus*という細菌の病原性をもつ株のDNAを移すことによって，病原性をもたない株を病原性にできることを見出した（図4.8a）。この非病原性株から病原性株への**形質転換 transformation**は遺伝的に安定だった（これより後の世代の細菌は新しい性質を保持していた）。しかし多くの科学者を最終的に納得させたのは，Alfred HersheyとMartha Chaseによる巧妙な実験だった。HersheyとChaseは，細菌ウイルスであるバクテリオファージ（またはファージ）T2の大腸菌*Escherichia coli*への感染を研究していた。ファージのタンパク質は硫黄を含むがリンは微量しか含まないことと，ファージのDNAはリンを含むが硫黄は含まないことを利用して，彼らはT2バクテリオファージを放射性同位元素の^{35}Sと^{32}Pで標識した（図4.8b）。そして，ファージが大腸菌に付着すると主に^{32}Pが（したがってファージのDNAが）細菌に移されることを示した。バクテリオファージの残りのタンパク質部分を細菌から取り除いても，注入されたDNAだけで新しいバクテリオファージの形成を指令するのに十分であった。

これらの実験や同様の実験を通して，DNAが遺伝物質に違いないことが1952年までに一般に受け入れられた。しかし，細胞が必要とする膨大な量の情報をDNAはどうやって保持するのだろうか？　その情報をどうやって細胞に伝達するのだろうか？　特にDNAは細胞分裂のとき，どのようにして正確に複製することができるのだろうか？　これらの疑問に対する答えは，科学史上最も重大な発見がなされるのを待たなくてはならなかった。1953年にJames WatsonとFrancis CrickがDNAの構造を提案したが，これは分子生物学の新しい世界を開くものであった。

核酸の二次構造と三次構造

二重らせん

WatsonとCrickは，DNAの三次元構造について提示された問題に対する答えを探した。あるときまで，多くの研究者が，濃縮したDNAの溶液から取り出した繊維を**X線回折 x-ray diffraction**（「生化学の道具4A」参照）の技術を用いて研究していた。英国のケンブリッジ大学で働いていたWatsonとCrickは，ロンドンにあるキングスカレッジのMaurice Wilkinsの研究室の研究員であるRosalind Franklinが撮影したDNAの回折パターンを目にした。この写真が決定的だったのは，繊維状のDNAがある種の規則的な繰り返し三次元構造をもつことをはっきりと示していた点であった。重合体中のこのような規則的な折りたたみを，以前にも述べたように，単なる個々のヌクレオチ

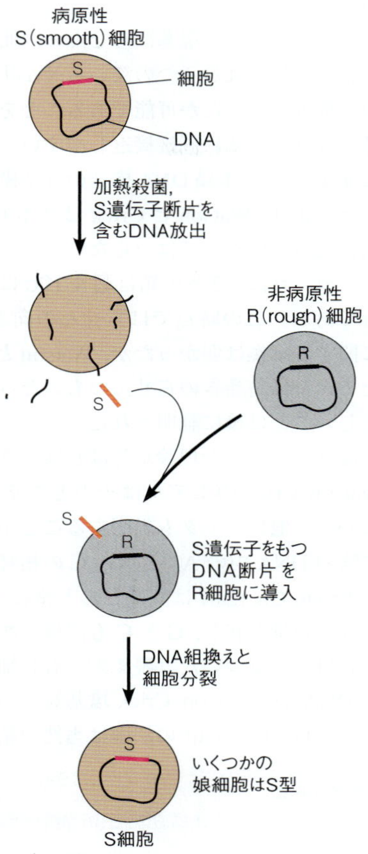

(a) 細菌のDNAが発現形を変える(Averyら)

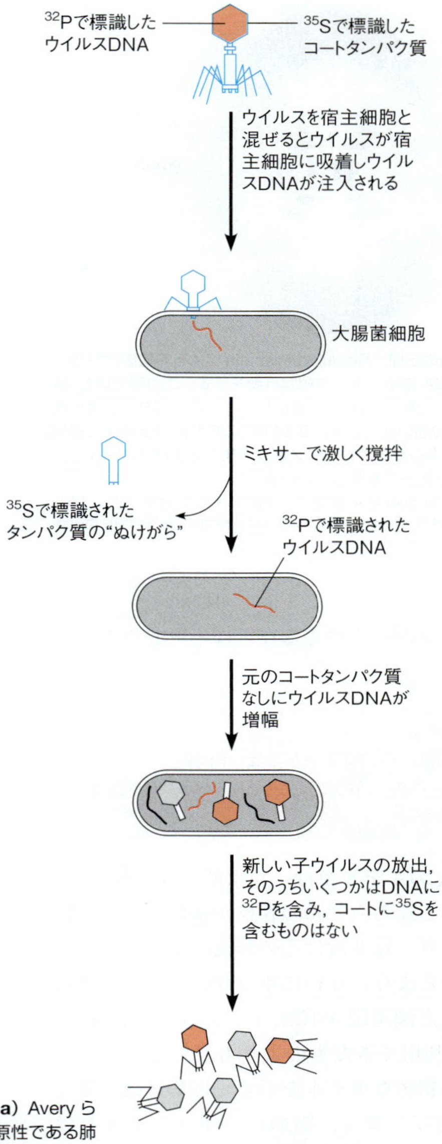

(b) ファージDNAが^{32}Pで標識されたファージを生じさせる(HersheyとChase)

図 4.8 DNA が遺伝物質であることを示した実験 (a) Avery らは, 病原性である菌株から DNA を導入すると, 非病原性である肺炎菌が病原性になることを示した。(b) Hershey と Chase は, 新しいウイルスが生じるのはウイルスから細菌にウイルス DNA を導入したときだけであることを示した。

ド残基の配列である一次構造と区別して二次構造と呼ぶ。Watson と Crick は DNA の塩基組成中の規則性を示す Erwin Chargaff のデータも知っていた (p.88 参照)。

Watson と Crick は, DNA 繊維の回折像がらせん状の二次構造に典型的であるクロスパターンを示していることをすぐに理解した (図 4.9)。彼らは層線の間隔が繰り返しパターンの 1/10 であることから, 1 回転につき 10 の残基があるはずだと考えた (「生化学の道具 4A」参照)。繊維の密度に関するデータは, 1 つのらせん分子に 2 本の DNA 鎖があることを示唆していた。

ここまではデータから直接に科学的推論がなされただけであった。Watson と Crick の直感によってもたらされた大きな飛躍は, 塩基がある特定のやりかたにより対をつくると (図 4.10 に示す A–T と G–C の対), 二本鎖のらせんが反対側の鎖の塩基の間の水素結合によって安定化されるという理解にある。この対によって塩基の間に強い水素結合が生じる。さらに, デオキシリボースの 1′ 炭素間の距離が A–T と G–C で等しくなる (それぞれ約 1.1 nm) (図 4.10a)。このように塩基対を配置すると二重らせんの直径を一定にすることができるが, これはプリンとプリンが, またはピリミ

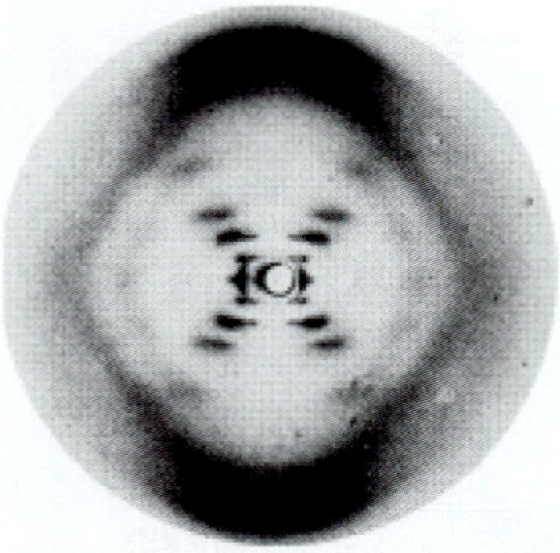

図 4.9　DNAの構造の証拠　Rosalind Franklinによって撮影されたこの写真は，湿ったDNA繊維によるX線回折像を示す。この写真はDNAの構造を決定するのに鍵となる役割を果たした。クロスパターンはらせん構造を示し，上下の強いスポットは0.34 nmのらせんのライズに相当する。層線の間隔は中心からこれらのスポットまでの距離の1/10で，1回転当たり10塩基あることを示している。
Reprinted by permission from Macmillan Publishers Ltd. *Nature* 171：740-741, R. E. Franklin and R. Gosling, Molecular configuration in sodium thymonucleate. © 1953.

ジンとピリミジンが対をつくるならば不可能なことである。

> **ポイント5**
> DNAに対するWatson-Crickモデルは，1回転当たり10塩基対をもつ二本鎖で逆平行の二重らせんである。塩基対は，A-TとG-Cである。

Watson-Crickのモデルでは，親水的なリン酸-デオキシリボースからなるらせんの骨格が水性の環境と接触して外側になり，塩基対はその形成する平面がらせん軸に垂直になるように互いに重なり合う。この構造を2方向から見た図を図4.10b，cに示す（図はWatsonとCrickが利用できたものよりも良好なデータに基づいた最近の精密なモデルを示す。塩基対はらせん軸に正確に垂直ではなく，糖のコンホメーションはWatsonとCrickによって提出されたものと少し異なっている）。図4.10bに示すように，塩基の重なり合い（スタッキング）は塩基間の強力な，おそらくvan der Waals型の相互作用を可能にする。これは通常，“スタッキング相互作用”と呼ばれる（p.27，図2.2参照）。各塩基対は次の塩基対からみると36°，すなわち360°の1/10回転している。これはらせんの1回転に10塩基対が含まれることと合致している（後の構造研究でこの数は10.5に近いことが示された。p.94参照）。回折像は繰り返しの間の距離が3.4 nmであることを示している。したがってらせんのライズ，すなわち塩基対間の距離は約0.34 nmになる（図4.10c）。この距離は平面環のvan der Waals厚のちょうど2倍である（p.31，表2.3参照）。それで塩基は空間充填モデル（図4.11）に示すようにらせんの中にぎっしり詰められる。

このモデルは，塩基はらせんの内側にあるが，主溝と副溝と呼ばれる2つの深いらせん状の溝を通して塩基に接近することが可能であることを示している。主溝のほうが塩基に直接接近しやすい（副溝は糖の骨格に面する）。二本鎖DNA構造の分子模型を組み立てることにより，WatsonとCrickは2本のDNA鎖は逆方向に走っていなくてはならないことにすぐ気づいた。言い換えれば，2本の鎖は図4.10cに示すように逆平行である。この時点ではらせんの向き（回転の方向）に関する証拠は弱かったが，WatsonとCrickが提示したモデルは右巻きのらせんのものだった。この推測が正しいことは後に証明された。

優れたモデルや理論がしばしばそうであるように，Watson-Crickのモデルはそのときまで理解されていなかった他のデータも説明することができた。多くの生物のDNA中のA，T，G，Cの相対的な量を測定したErwin Chargaffは，ほとんど常にAとTがほとんど等しい量存在し，GとCも同様であるというややこしい事実に気づいた（表4.2）。もし細胞中のほとんどのDNAが，Watson-Crick塩基対をつくって二本鎖であるなら，Chargaffの法則は当然の結果になる。

> **ポイント6**
> DNAの相補的二本鎖構造は，遺伝物質がどのように複製できるかを説明する。

Watson-CrickのモデルはDNAの構造とChargaffの法則を説明するだけでなく，生物学のまさに核心に迫る意味をもっていた。Aは常にTと対をつくり，Gは常にCと対をつくるので，2本の鎖は相補的である。2本の鎖は分かれることができ，それぞれの鎖に沿って新しいDNAが塩基対の規則に従って合成されると，元の分子の正確なコピーである2本の二本鎖DNA分子が得られる（図4.12）。この**自己複製 self-replication**はまさに遺伝物質になくてはならない性質である。細胞が分裂するとき，元の細胞がもっている遺伝情報の完全なコピーが2つつくられなくてはならない。このモデルを報告している1953年の論文（文献参照）で，WatsonとCrickはこのアイディアを，これまで発表されたなかで最も控えめな科学的予言で表現している。“私たちが仮定したこの塩基対の構造が，すなわち遺伝物質の複製のメカニズムを示唆するものであるということを，私たちは見落としてはいないのである。”

DNA複製の半保存的性質

いま説明したDNAの複製機構では，親の二本鎖DNAの2本の鎖が巻き戻され，それぞれの鎖が新しい鎖を合成する鋳型となる。新しい鎖は親の鎖に相補

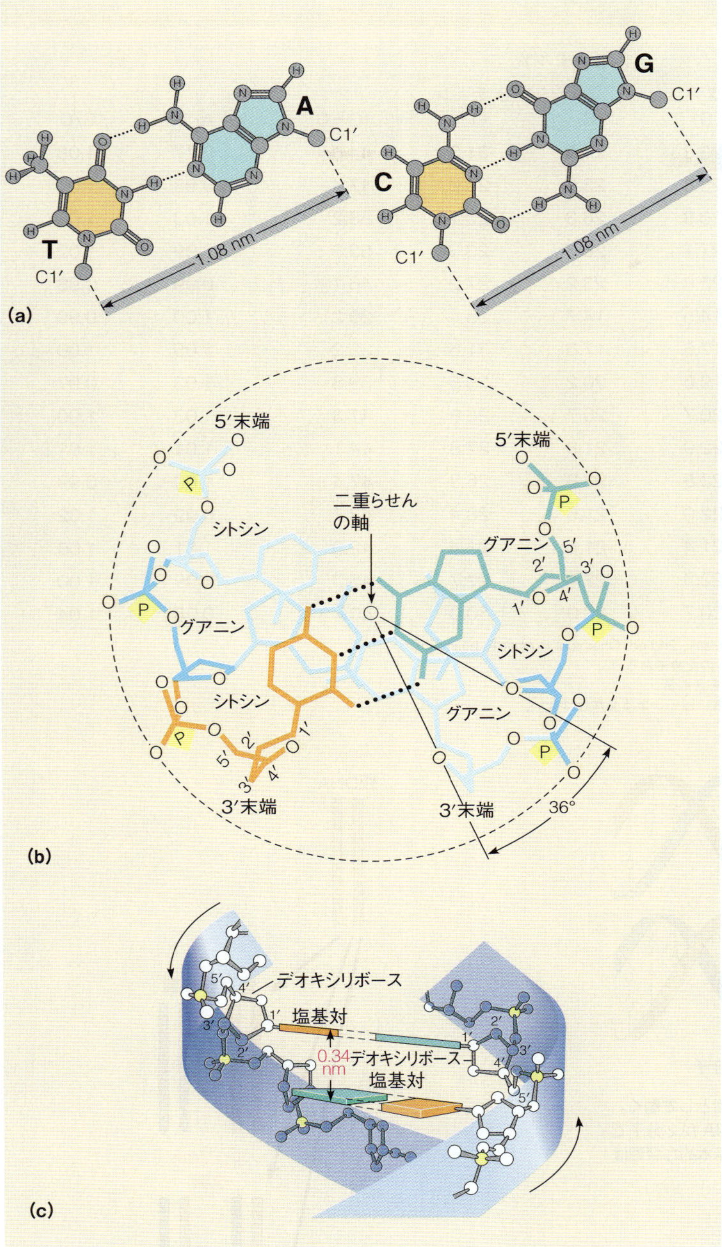

図 4.10 **DNA 二重らせんの基本的な構造要素** (a) 塩基対。A-T と G-C は DNA の Watson-Crick モデル中の塩基対である。この組み合わせは，どちらの塩基対でも 2 本の鎖の C1′炭素が正確に同じ間隔を保つことを可能にする。(b) 塩基対の重なり合い（スタッキング)。らせん軸方向に見下ろしたこの図は塩基対が互いにどのように重なり合っているかを示す。各塩基対は隣の塩基対から見て 36° 回転している。(c) 塩基対間の距離。塩基対を横から見た図で塩基対が 0.34 nm 離れていることを示す。この距離をらせんのライズという。

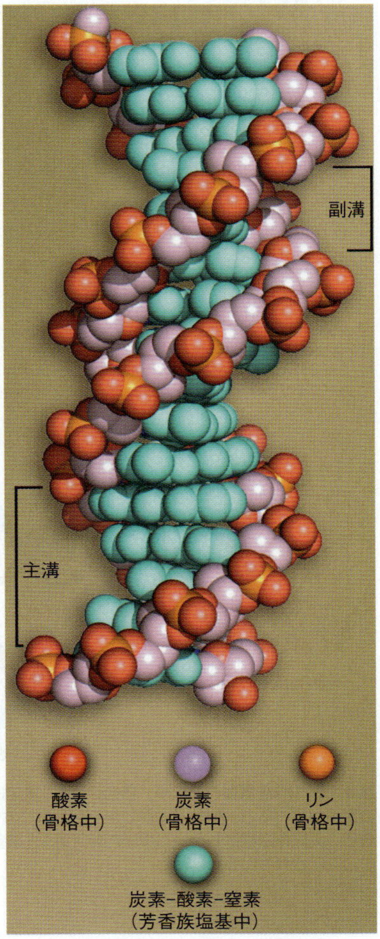

図 4.11 **DNA の空間充填モデル** Watson と Crick による DNA 分子モデル。各原子の van der Waals 半径が示されている。このモデルは，らせん中で塩基がどれほど密に詰まっているかを図 4.10 よりもはっきりと示している。主溝と副溝を示す。

的でこれに巻きつく。DNA 分子が完全に複製されると，2 分子の“娘”二本鎖 DNA を生じる。各娘 DNA は親 DNA 1 本（元の二本鎖の 1 本）と新生鎖 1 本からなる。元の DNA 鎖の半分が 2 本のコピーのそれぞれに保存されるので，この複製様式は**半保存的 semi-conservative** 複製と呼ばれる（図 4.13)。この複製様式は次の可能な 2 つのモデルとは異なる。つまり**保存的 conservative** 複製では 2 分子の娘二本鎖 DNA の片方は親の二本鎖 DNA が保存されていて，もう片方は新しく合成される。親の DNA が娘の二本鎖 DNA の

表 4.2　種々の生物の DNA の塩基組成

由来	塩基のモル% アデニン (A)	グアニン (G)	シトシン[a] (C)	チミン (T)	(G+C)	比 A/T	G/C
バクテリオファージ φX174	24.0	23.3	21.5	31.2	44.8	0.77[b]	1.08[b]
バクテリオファージ T7	26.0	23.8	23.6	26.6	47.4	0.98	1.01
大腸菌 B 株	23.8	26.8	26.3	23.1	53.2	1.03	1.02
アカパンカビ	23.0	27.1	26.6	23.3	53.8	0.99	1.02
トウモロコシ	26.8	22.8	23.2	27.2	46.1	0.99	0.98
テトラヒメナ	35.4	14.5	14.7	35.4	29.2	1.00	0.99
タコ	33.2	17.6	17.6	31.6	35.2	1.05	1.00
ショウジョウバエ	30.7	19.6	20.2	29.5	39.8	1.03	0.97
ヒトデ	29.8	20.7	20.7	28.8	41.3	1.03	1.00
サケ	28.0	22.0	21.8	27.8	44.1	1.01	1.01
カエル	26.3	23.5	23.8	26.8	47.4	1.00	0.99
ニワトリ	28.0	22.0	21.6	28.4	43.7	0.99	1.02
ラット	28.6	21.4	21.6	28.4	42.9	1.01	1.00
子牛	27.3	22.5	22.5	27.7	45.0	0.99	1.00
ヒト	29.3	20.7	20.0	30.0	40.7	0.98	1.04

Data taken from H. E. Sober, ed.(1970) *Handbook of Biochemistry*, 2nd ed. Chemical Rubber Publishing Co.
高等生物の値は組織によりわずかに異なるが，おそらく実験誤差のためであろう。
[a]いくつかの生物については数%の修飾塩基，5-メチルシトシンを含む値。
[b]このバクテリオファージは一本鎖 DNA をもち，Chargaff の法則に当てはまる必然性はない。

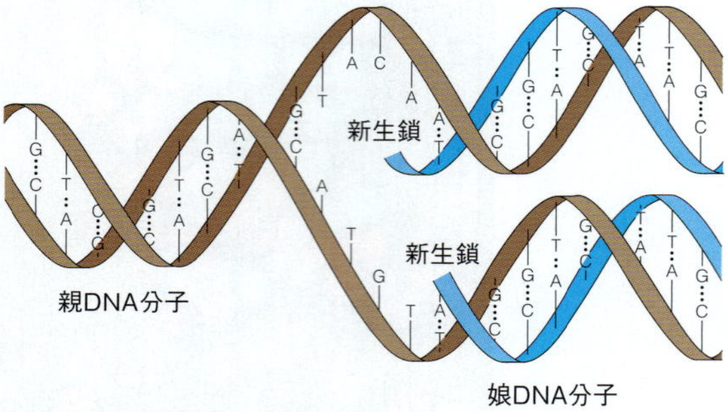

図 4.12　DNA 複製のモデル　各鎖は新しい相補鎖の鋳型として働く。コピーが終わると，親分子と同じ塩基配列の二本鎖娘 DNA が 2 分子できる。実際の過程はもう少し複雑だが（第 25 章参照），基本的な原理はここに示されている。

中にまき散らされているのは，**分散的 dispersive 複製**である。

このモデルが最初に実験室でテストされたのは，1958 年であった。それは，ほんの少しだけ密度の異なる分子が密度勾配遠心によって分離されることを Matthew Meselson と Franklin Stahl が発見した年である。この方法では，塩化セシウム（CsCl）のような重金属塩の濃厚溶液を平衡になるまで遠心することにより密度勾配がつくられる。このような密度勾配に懸濁された密度の異なる核酸分子は，溶液の密度がそれぞれの密度と等しくなる点まで移動する。この方法により Meselson と Stahl は，密度標識した DNA が数回複

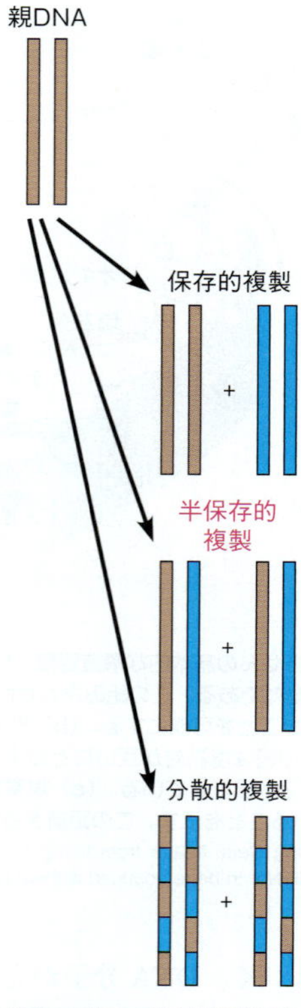

図 4.13　3 つの DNA 複製モデル　実験的証拠は半保存的複製を支持する。茶＝親 DNA，青＝新生 DNA。

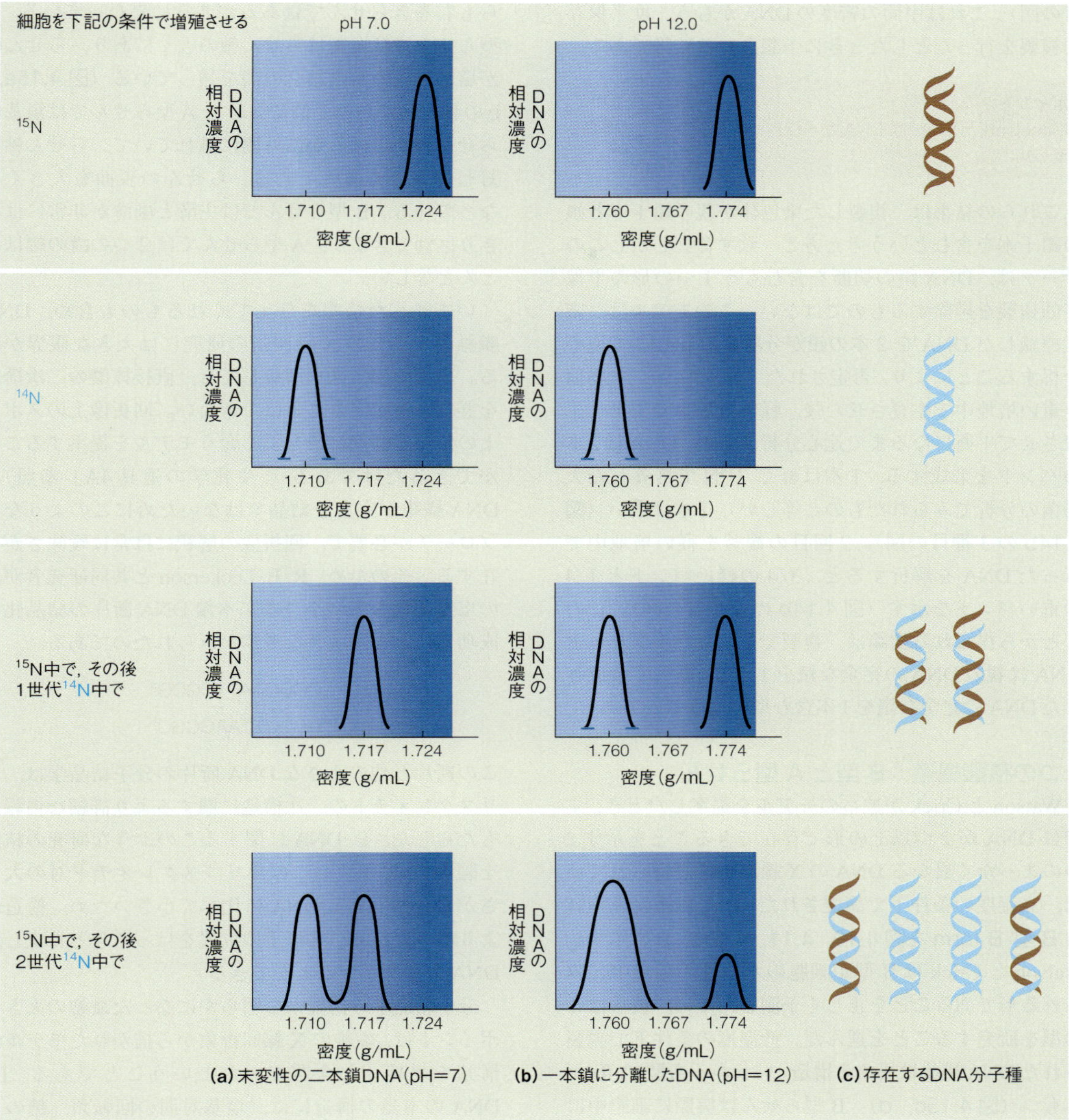

図 4.14 Meselson と Stahl の実験は DNA の複製が半保存的であることを示す 2 つの pH 条件で行った密度勾配遠心で得られたバンドのパターンを示す。pH 7 では DNA は二本鎖であり，pH 12 では 2 本の鎖が分離してランダムコイル構造になる。

製された後にどの点まで移動するかを追跡して，図 4.14 に示す結果を得た。密度標識は大腸菌を窒素の重い同位体である^{15}N を含む培地で何代も培養することにより実施された。このことにより，プリン塩基とピリミジン塩基中の^{14}N が^{15}N で十分に置換されて，DNA の密度が大きくなった。この DNA を単離して pH 7.0 で平衡になるまで遠心すると，密度が 1.724 g/mL に相当する勾配中の領域で単一のバンドを生じる（図 4.14a の最初の図）。これに対し，軽い培地（^{14}N を含む）中で成育させた大腸菌からの DNA を同様に分析すると，1.710 g/mL に相当するところにバンドを生じる（図 4.14a の 2 番目の図）。重い培地中で成長させて密度標識した大腸菌を軽い培地に移すと，1 世代生育させた後に単離した DNA は，中間の密度である 1.717 g/mL にのみバンドを生じる（図 4.14a の 3 番目の図）。この結果は新たに複製された DNA が，1 本は親の DNA で，もう 1 本は新しい DNA（軽い培地中で合成されたもの）からできているハイブリッド分子種であるとしたときに予想されるものである。この大腸菌をもう 1 世代軽い培地中で生育させると，2 つの同じ太さのバンドが観察される。1 本は密度が小さく，もう 1 本は中間の密度である（図 4.14a の 4 番目の図)。これは中間の密度のDNAがもう一度半保存的複製を行ったとしたときに予想される結果である。

ポイント7
Meselson と Stahl は DNA が半保存的に複製することを証明した。

これらの結果は，複製した染色体が親の鎖1本と娘の鎖1本を含むという考え方と一致する。しかしこのデータは，DNA鎖の切断を含むもう1つの形の半保存的複製を排除するものではない。このモデルは，密度標識したDNAを2本の鎖が分離するpH 12で遠心分析することにより，否定された(図4.14b)。大腸菌を重い培地中で生育させた後，軽い培地中で1世代生育させて平衡になるまで遠心分析すると，DNAは2本のバンドを形成する。1本は軽く(^{14}Nで培養した大腸菌の分析でみられたものと等しい)，1本は重い(図4.14bの3番目の図)。2回目の複製を軽い培地中で行ったDNAを解析すると，3/4の軽いバンドと1/4の重いバンドを示す(図4.14bの4番目の図)。このことから得られる結論は，複製で生じたハイブリッドDNAは親のDNAの完全な鎖を1本と，新しく合成されたDNAの完全な鎖を1本含む型ということである。

2つの核酸構造：B型とA型らせん

Watson と Crick が彼らのモデルを提案したとき，すでにDNAが2つ以上の形で存在できることを示す2つのまったく異なるDNAのX線回折像が得られていた。高湿度の条件下で調製されたDNA繊維にみられる**B型 B form**を図4.10，4.11，4.15a，bに示す。Watson と Crick はB型が細胞の水溶性の環境中にみられる形であることを正しく予測したため，彼らはこの型を研究することを選んだ。低湿度の条件下で調製されたDNA繊維は異なる構造，いわゆる**A型 A form**をもつ(図4.15c，d)。B型らせんは実際に細胞中にみられる形だが，A型らせんも生物学的に重要である。二本鎖RNA分子は常にA型構造をつくり，1本のDNA鎖と1本のRNA鎖の対でつくられる**DNA-RNAハイブリッド分子 DNA-RNA hybrid molecule**も同様である。このように，ポリヌクレオチドには2つの主要な二次構造が存在する。本章の後半でみるように，表4.3に示す左巻きのZ型を含むいくつかの他の二次構造が特殊な条件下では可能である。

ポイント8
ポリヌクレオチドの二次構造の2つの主要な形はA型とB型と呼ばれる。ほとんどのDNAはB型である。二本鎖RNAとDNA-RNAハイブリッド鎖はA型である。

図4.15と表4.3に示すように，A型とB型はどちらも右巻きらせんではあるが非常に異なっている。B型らせんでは塩基はらせん軸の近くにあり，らせん軸が塩基対内の水素結合の間を通っている(図4.15a，cの軸方向からみた図に注目)。A型らせんでは塩基はらせん軸からはるかに外側に離れていて，らせん軸に対して大きく傾いている。らせんの表面も大きく異なっている。B型らせんでは主溝と副溝が非常にはっきり区別できるが，A型らせんでは2つの溝の幅はほとんど等しい。

いま述べた情報を与えてくれるものも含め，DNA繊維のすべてのX線回折の研究には大きな限界がある。繊維の回折像を解析しても，直接核酸の二次構造を詳細に決定することはできない。回折像上のスポットの位置と強度に最もよく合うモデルを提案することができるだけである(「生化学の道具4A」参照)。DNA繊維が完全な結晶ではないためにこのようなアプローチが必要で，回折像の解釈には常に曖昧さが存在する。そのため，R. E. Dickerson と共同研究者が次の塩基配列をもつ小さな二本鎖DNA断片の結晶化に成功したときに大きな進歩がみられたのである。

5′ CGCGAATTCGCG 3′
3′ GCGCTTAAGCGC 5′

この断片と他の小さなDNA断片の分子結晶学は，ポリヌクレオチドの二次構造に関するより詳細な情報をもたらした。B-DNAに関するこのような研究の結果を図4.16に示す。このオリゴヌクレオチド対の大きさが重合体であるDNAに比べて小さいため，構造がより均一になり，各原子の位置をはっきりと特定したDNA分子を示すことができる。

分子結晶学の研究から明らかになった最初の大きなポイントは，繊維のX線回析象から描かれたモデルが構造を単純化しすぎていたということである。B-DNAの本当の構造には，塩基対間の回転角，糖のコンホメーション，塩基の傾き，そしてライズの距離にさえも局所的な多様性があるのである。図4.16を注意深くみると，理想化された構造と比べて歪みが多いことに気づくだろう。核酸の二次構造は均一ではない。局所的な塩基配列によって変わるし，他の分子との相互作用によって変わることもある。したがって，種々の型のDNAについて表4.3で与えられたパラメーターは平均値と思わなくてはならず，かなりの局所的なずれがみられるのである。

図4.16に示されたような構造を詳しくみると，元のWatson-Crickのモデルからの新たな逸脱が明らかになる。多くのDNA分子はわずかに曲がっているのである。つまり，らせん軸は直線をたどらない。その曲がりの程度と方向はDNA配列の複雑さによる。ま

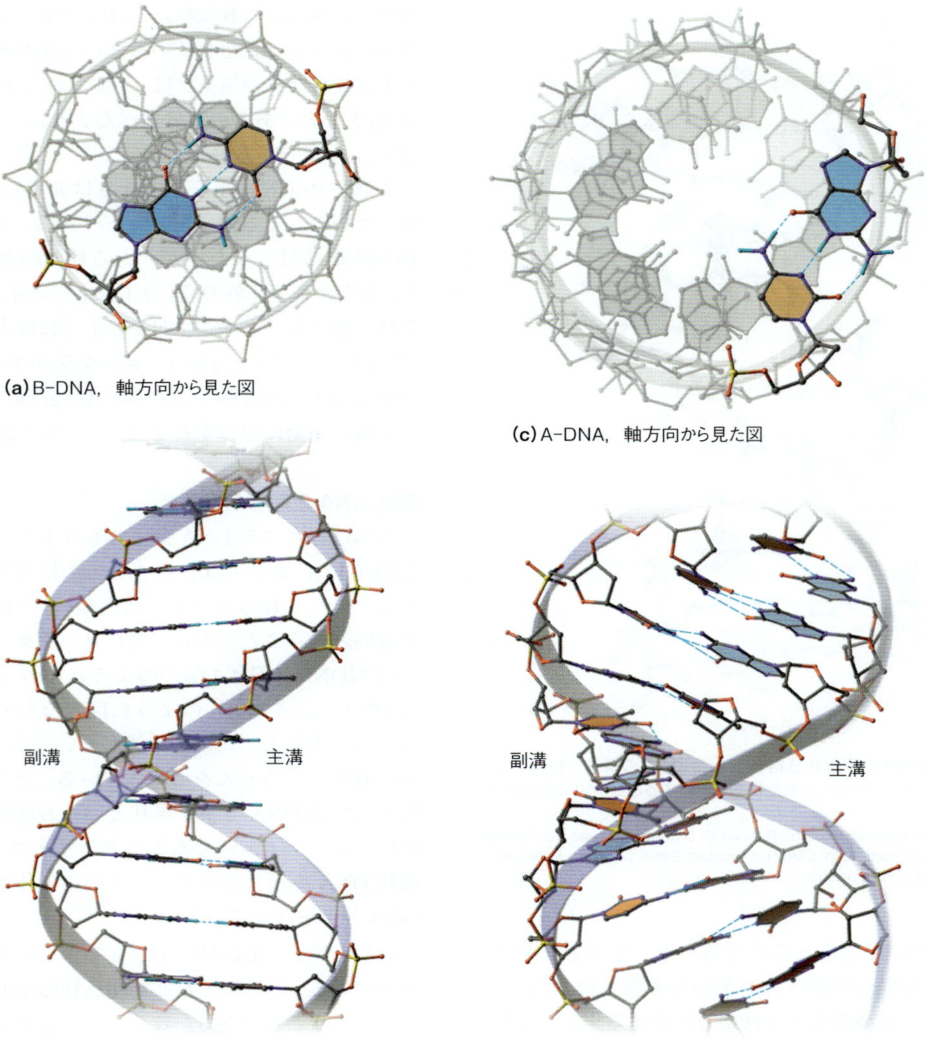

図 4.15 DNA の主要な 2 つの形の比較 DNA 繊維の X 線回折の最近の研究から導かれる B-DNA と A-DNA の構造を軸方向と側面の両方から示す。

表 4.3 ポリヌクレオチドらせんのパラメーター

	A 型	B 型	Z 型
らせんの回転方向	右	右	左
1 回転あたりの残基数（*n*）	11	10	12（6 二量体）
残基あたりの回転角（=360°/*n*）	33°	36°	二量体当たり −60°，残基当たり約 −30°
残基当たりのらせんのライズ[a]（*h*）	0.255 nm	0.34 nm	0.37 nm
らせんのピッチ[a]（=*nh*）	2.8 nm	3.4 nm	4.5 nm

[a] らせんのライズとピッチの定義は「生化学の道具 4A」参照。

た，DNA とさまざまなタンパク質分子との相互作用にも強く影響される（後の章で例をみることができる）。

分子結晶学の研究により，なぜ B-DNA が水溶性の環境で有利なのか説明できる。B 型の DNA は副溝の中に背骨のような形で水分子を収容することができるが，A-DNA はできない。水分子と DNA の間の水素結合が B 型に安定性を与えるのである。この説によると，水分が除かれると（低湿度での繊維のように）B 型は A 型より安定性が低くなる。

それでは，なぜ二本鎖 RNA と DNA-RNA ハイブ

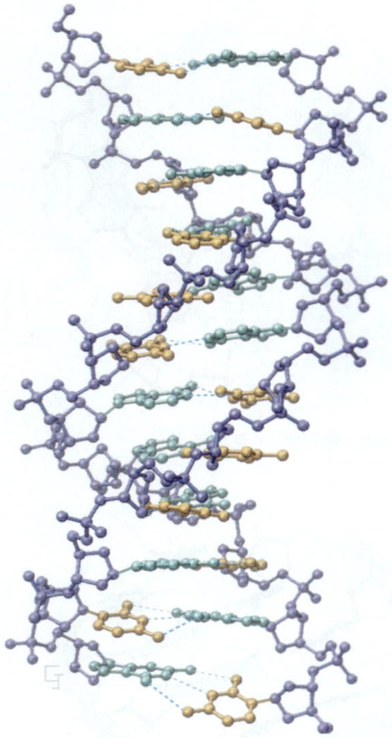

図 4.16　分子の結晶解析から得られた B-DNA の構造　図 4.11, 4.15a, b に示された理想化された構造と比較すると局所的に歪んでいることに注意。

リッドは常に A 型をとるのだろう？　その答えはおそらく RNA 中のリボースの余分な水酸基にある。B 型では，この水酸基がリン酸基と隣接する塩基の 8 位の炭素に近すぎるために，立体障害を生じる。そのために，RNA は水和が B 型を有利にする条件であっても B 型をとることができない。DNA ではこの水酸基が水素原子に置換されていて，このような立体障害を生じない。

in vivo での DNA 分子と RNA 分子

DNA と RNA の主な特徴のいくつかについて述べてきた。それでは，これらの分子は生きている細胞中ではどのような形で存在しているのであろうか？　ある種の DNA ウイルスは一本鎖 DNA 分子をもっている（表 4.4）が，ほとんどの生物ではほとんどの DNA が二本鎖で，2 本の鎖は相補的になっている。in vivo における B 型と A 型ポリヌクレオチドの割合は，これらのコンホメーションが安定な条件から予測できる通りである。細胞には多くの水が含まれるので，二本鎖 DNA の大部分は B 型か B 型に非常に近い形で存在すると予測できる。溶液に溶けている DNA は，繊維状の標本にみられる B 型構造とほんの少しだけ異なったコンホメーションをしているという証拠がある。らせん 1 回転当たりの塩基対は，予測される 10.0 ではなく約 10.5 なのである。前に述べたように，二本鎖 RNA は常に A 型で存在する。

生物中の DNA 分子の大きさは非常に広範囲にわたっている。ヒトのミトコンドリアの二本鎖 DNA は 16,569 塩基対しかないが，ある種の細菌のプラスミド，小型の染色体外 DNA 分子はもっと小さい。一方，真核生物の染色体中の DNA のように巨大分子である DNA もある。*Drosophila*（ショウジョウバエ）の 1 本の染色体からの DNA は約 4×10^{10} g/mol の分子質量をもち，完全に伸ばすと 2 cm の長さになる。

環状 DNA と超らせん

天然に存在する DNA 分子のもう 1 つの重要な特徴を図 4.17a，b に示す。多くのものは環状である。このことは，これらの分子には遊離の 5′ 末端や 3′ 末端がないということである。環にはバクテリオファージ φX174DNA（図 4.17a）のように小さなものも大腸菌 DNA（図 4.17b）のように巨大なものもあり，それらは一本鎖あるいは二本鎖が互いにからみ合って 1 つの B 型二重らせんをつくっていることもある。しかしすべての DNA 分子が環状というわけではない。図 4.17c は，ウイルスであるバクテリオファージ T2 の線状 DNA を示している。ヒトの染色体も巨大な線状 DNA 分子を含んでいる。

環状 DNA 分子には，予想もできないような特別な側面がある。そのほとんどが**超らせん super coil** をつくっていることである。このことが意味することは，図 4.18 に示す分子について考えればわかる。ここには弛緩したものと，超らせんをつくっているものの両方の型のミトコンドリア DNA 分子が示されている。弛緩した環状 DNA 分子は平面上に平らに存在することができるが，超らせん分子にはできない。DNA 鎖が互いにねじれているうえに，超らせん分子ではらせん軸そのものがさらにねじれている。すなわち，らせん軸そのものが 1 回かそれ以上の回数交差しているのである。超らせんのような三次元構造は重合体の**三次構造 tertiary structure** と呼ばれ，通常の二次構造の要素が高次に折りたたまれている。

ポイント 9
in vivo のほとんどの DNA 分子は二本鎖で，その多くは閉じた環状である。ほとんどの二本鎖環状 DNA 分子は超らせん構造をしている。

表 4.4 天然に存在する DNA 分子の性質

由来	一本鎖(SS)か二本鎖(DS)か	環状か線状か	塩基対(bp)または塩基(b)の数	分子量(Da)	長さ[b]	(G+C) %
SV40（ゲノム）[a]	DS	環状	5,243 bp	3.293×10^6	1.78 μm	40.80
バクテリオファージ ϕX174（ゲノム）	SS	環状	5,386 b	1.664×10^6	—[d]	44.76
バクテリオファージ M13（ゲノム）	SS	環状	6,407 b	1.977×10^6	—[d]	40.75
カリフラワーモザイクウイルス（ゲノム）	DS	環状	8,031 bp	4.962×10^6	2.73 μm	40.19
アデノウイルス AD-2（ゲノム）	DS	線状	35,937 bp	2.221×10^7	12.2 μm	55.20
Epstein-Barr ウイルス（ゲノム）	DS	環状	172,282 bp	1.065×10^8	58.6 μm	59.94
バクテリオファージ T4（ゲノム）	DS	線状	168,899 bp	1.062×10^8	57.4 μm	35.30
大腸菌（ゲノム）	DS	環状	4,639,221 bp	2.869×10^9	1.57 mm	50.80
ショウジョウバエ（染色体 1 本）[c]	DS	線状	約 6.5×10^7 bp	約 4.3×10^{10}	約 2 cm	約 40

[a]ゲノムという用語はある生物の遺伝情報を指定する全 DNA を示す。
[b]既知の配列の二本鎖 DNA について計算：0.34 nm×塩基対数（B 型と仮定）。
[c]この分子は完全に塩基配列が決定されていないので，塩基対数，分子量，(G+C)％を正確に与えられない。
[d]一本鎖 DNA の長さは溶媒条件に大きく依存するのではっきりと示せない。

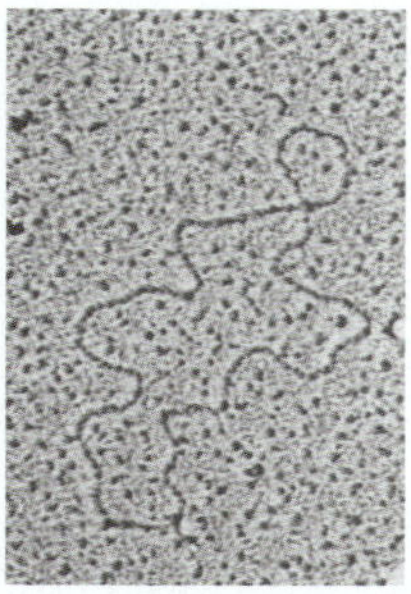

(a) ウイルスの一本鎖DNA（環状）

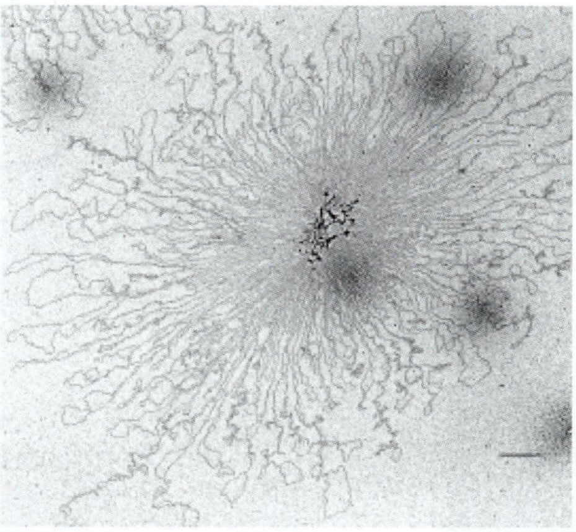

(b) 細菌の二本鎖DNA（環状）

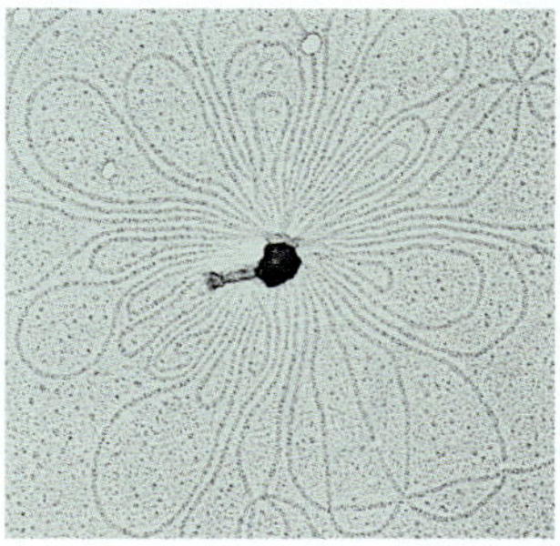

(c) バクテリオファージの二本鎖DNA（線状）

図 4.17 電子顕微鏡で観察した環状と線状の核酸分子 **(a)** 小型のバクテリオファージ ϕX174 の環状一本鎖 DNA。**(b)** 大腸菌の巨大な環状二本鎖 DNA。この分子はタンパク質マトリックスに結合したいくつもの超らせんループとして存在する。**(c)** バクテリオファージ T2 の線状二本鎖 DNA 分子。バクテリオファージが溶けて DNA が飛び出している。両端の一方は画面の右下方外にある。もう片方はおそらくファージの頭部に隠れている。

(a) *Journal of Virology* 24：673-684, D. P. Allison, A. T. Ganesan, A. C. Olson, C. M. Snyder, and S. Mitra, Electron microscopic studies of bacteriophage M13 DNA replication. © 1977 American Society for Microbiology.（c）© Biology Media/Photo Researchers.

ポイント 10
生体高分子の二次構造がさらに高度に折りたたまれたものを三次構造と呼ぶ。

超らせんは決してまれなものではない。むしろ，閉じた環状 DNA 分子の通常の状態である。天然に存在する環状 DNA 分子のほとんどは左巻きの超らせんをつくっているが，右巻きの超らせんをもつ DNA 分子をつくることもできる。慣例で右巻きの超らせんを**正** positive，左巻きの超らせんを**負** negative と呼ぶ。

ポイント11
in vivo でみられるほとんどの DNA 分子は左巻きの超らせんである。

図4.18に示すDNA分子はトポロジーが異なるだけであり，これは結合を切断しなければ重ね合わせることができないことを示す。それでこれらを**トポイソマー topoisomer** と呼ぶ。トポイソマーはDNAを切断し再結合することによってのみ相互変換することができる。細胞にはこのようなことをする酵素があり，これらの酵素は**トポイソメラーゼ topoisomerase** と呼ばれ，天然のDNA分子の超らせん性を制御する。

弛緩状態にあったDNA分子に（右巻きであっても左巻きであっても）超らせん回転がかかると，分子に力がかかる。したがってDNA分子を超らせんにするにはエネルギーが消費されなくてはならない。大腸菌のような原核生物の細胞は**DNAジャイレース DNA gyrase** と呼ばれる特別のトポイソメラーゼをもつ。この酵素はATPの加水分解によって進められる反応で，左巻き超らせん回転を導入する。ある種のトポイソメラーゼは超らせんDNAを弛緩させることができるだけで，ATPを必要としない。トポイソメラーゼについては第25章でさらに詳しく述べる。環状DNAを超らせんにねじることにより蓄えられたエネルギーは，DNAの構造に大きな影響を与える。これらの効果については，超らせんの定量的理論を示したのちに，本章の後半で述べる。

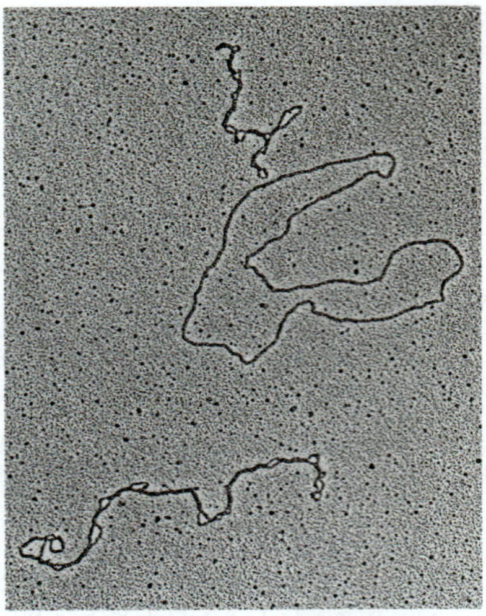

図4.18　弛緩したDNA分子と超らせんDNA分子　3つのヒトミトコンドリアDNA分子を示す電子顕微鏡写真。3分子とも同一の配列で，それぞれ16,569塩基対をもつ。中央の分子は弛緩しているが，上部と下部の2分子はしっかりとした超らせんをつくっている。
Courtesy of Dr. David A. Clayton.

一本鎖ポリヌクレオチドの構造

一本鎖ポリヌクレオチドは，塩基配列と溶液の条件によりさまざまな構造を示すことができる。高温または変性剤の存在下で，ほとんどが主に図4.19aに示すランダムコイルの形をとる。このような構造は，柔軟性と主鎖の結合の回転の自由度によっていろいろに変形できるのが特徴である。しかしin vivoに近い条件では，スタッキング相互作用により一本鎖で塩基が重なり合った領域を生じる傾向がある（図4.19b）。さらに，ほとんどの天然に存在する核酸の塩基配列には，塩基対形成が可能な自己相補的な領域が含まれる。この領域で核酸分子はループを形成して折れ曲がり，図4.19cに示すような二本鎖構造を形成する。もっと複雑な例を図4.20に示す。この図はタンパク質合成系に含まれるRNAの1つである**転移RNA（tRNA）**の構造を示している（次項参照）。tRNAには鎖が折りたたまれてできるA型の二次構造だけでなく，このようならせんが一緒になったもっと複雑な折りたたみもみられる。このようにtRNA分子は，その機能に必要な明確な形と内部配置を与える高度に折りたたまれた三次

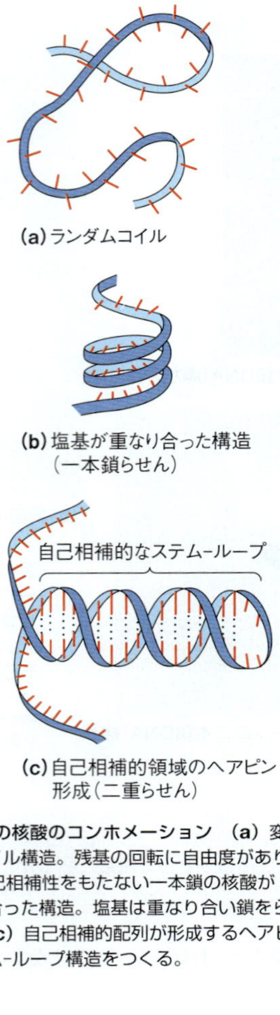

図4.19　一本鎖の核酸のコンホメーション　**(a)** 変性した一本鎖の核酸のランダムコイル構造。残基の回転に自由度があり，特定の構造をとらない。**(b)** 自己相補性をもたない一本鎖の核酸が"未変性"条件でとる塩基が重なり合った構造。塩基は重なり合い鎖をらせんにするが，水素結合はない。**(c)** 自己相補的配列が形成するヘアピン構造。鎖が折りたたまれてステム-ループ構造をつくる。

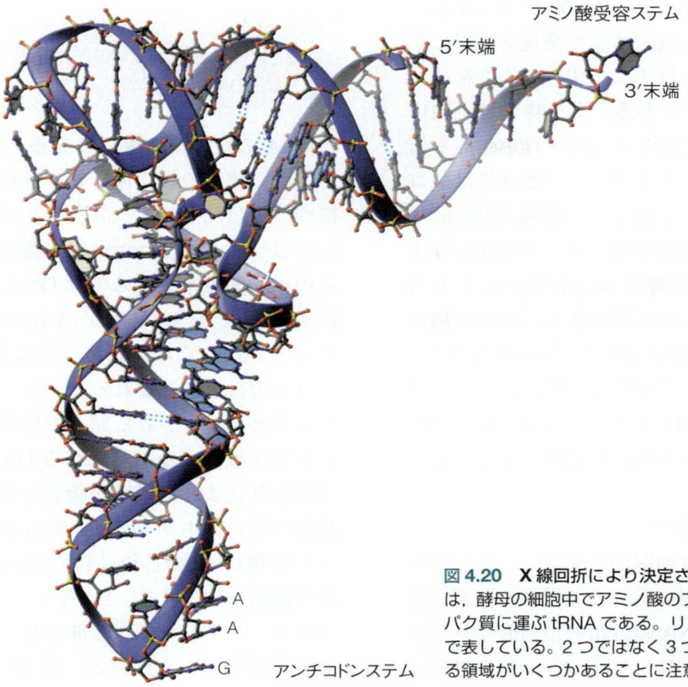

図 4.20 X 線回折により決定された tRNA の三次構造 この分子は，酵母の細胞中でアミノ酸のフェニルアラニンを合成されたタンパク質に運ぶ tRNA である。リン酸–リボース骨格の経路を紫の帯で表している。2 つではなく 3 つの塩基が水素結合で結びついている領域がいくつかあることに注意。

構造をもつ。リボソームから得られるもっと大きな RNA 分子も同様な二次構造をもつが，第 28 章でみるように三次構造はもっと複雑である。

ポイント 12
RNA 分子は通常一本鎖であるが，その多くはヘアピン構造を形成する自己相補的領域をもち，明確な三次構造をつくるものもある。

核酸の生物学的機能：分子生物学のプレビュー

核酸の基本的な役割は遺伝情報の保存と伝達であることを強調してきたが，本書ではこのテーマを発展させ続けていく。第 5 部では核酸がどのようにして親細胞から娘細胞へ（あるいはある生物からその子孫へ）伝えられるか，どのようにして生化学的過程，特にタンパク質の合成に指令を与えるのかを詳細に述べる。本章と次章では核酸のこれらの機能の予備的な概観を示す。ここでこの話題にはじめて触れるのではないにしても，核酸とタンパク質の構造の関係，分子レベルでの進化，遺伝子工学による微生物，植物，動物の変異についてさらにいくらかの認識が得られるであろう。

遺伝情報の保存：ゲノム

すべての生物はその生物がもつ全遺伝情報を少なくとも 1 コピーは各細胞中にもっている。これをゲノムという。通常，遺伝情報は二本鎖 DNA の配列にコードされているが，ある種のウイルスは一本鎖 DNA や RNA を用いる（表 4.4 参照）。ゲノムの大きさは非常に異なる。最小のウイルスは数千塩基（b）または数千塩基対（bp）しか必要としない。しかしヒトのゲノムは 23 の染色体に分かれた約 3×10^9 塩基対の DNA からなる。他の生物にはもっと大きいゲノムをもつものもある（第 24 章）。

近年，DNA や RNA の配列決定速度が著しく速くなった。1976 年に，Maxam と Gilbert は A，T，G，C の各残基で選択的に鎖を切断し，その後電気泳動で長さにより断片を分離する方法による化学的配列決定法を考案した（巻末の文献参照）。この独創的な技術によって，研究者はゲノム情報を探究できるようになった。この Maxam–Gilbert 法は，酵素を用いて特定の塩基で始まり特定の塩基で終わるオリゴヌクレオチド断片をつくりだす方法に，ほとんどとってかわられた。Fred Sanger によって開発されたこの方法は「生化学の道具 4B」で詳しく説明する。この技術の自動化および非常に速い“高効率”処理法の発展により，何百種もの生物の完全なゲノムの解析がもたらされた。これには 2001 年にほぼ完成したヒトゲノム配列，その後の数年で得られた何人もの個人の完全なゲノム配列が含まれる。

すべての生物でゲノム DNA の中のかなりの部分は

転写されるまたは“読まれる”ことができ，RNAとタンパク質の合成を指令して遺伝情報の発現を可能にする。1つのタンパク質または1つのRNA分子をコードするDNA断片が遺伝子である。全生物の各細胞中のDNAは，その生物に必要なタンパク質をつくる情報をもつ遺伝子を少なくとも1コピー（ときには数コピー）含んでいる。それに加えて，図4.20に示すtRNAのように，特異的機能をもつ多くのRNA分子の遺伝子（しばしば何回も繰り返されている）もある。これらのRNAはタンパク質のように細胞の機構の一部として特異的な役割を果たす（表4.5参照）。本章でmRNA，rRNAそしてtRNAの機能について簡単に述べる。最近発見されたマイクロRNAとそのRNA干渉における役割については第29章で述べる。

複製：DNAからDNAへ

複製により，遺伝情報は細胞から細胞へ，ある世代から次の世代へと受け継がれる。この過程の要点を図4.12に示す――二本鎖DNAの各鎖の相補的なコピーがつくられ，通常は元のDNAと同一の2つのコピーができる。この過程では非常に正確にコピーされる（エラーは10^8塩基に1つ以下である）が，ときには誤りが起きる。このことにより，より複雑な形へと生命の進化をもたらす変異が起きる。

ポイント13
複製とは，二本鎖DNAの両方の鎖をコピーして，2つの同一な二本鎖DNAをつくることである。

DNAの複製は，入念に調整した機械のように協調して働く酵素の複合体により行われる。これらの酵素については第25章で詳しく述べる。各酵素複合体，**レプリソーム replisome**には複数の機能がある。これらの中心的役割をするのはDNAポリメラーゼと呼ばれる酵素である。親DNA鎖が巻き戻されて複製フォークがつくられると（図4.12参照），DNAポリメラーゼは取り込まれるデオキシリボヌクレオシド三リン酸とコピーされる鎖上の相補的な相手との塩基対の形成を促進する。それからDNAポリメラーゼは，この取り込まれた残基が新しく合成されつつある鎖と結びつくホスホジエステル結合の形成を触媒する。こうして親DNAの各鎖は**鋳型 template**として働き，娘鎖の配列を特定する。DNAポリメラーゼは，一度に1つずつ，ヌクレオチドを伸長している娘鎖に加える。この伸長している娘鎖は，図4.21に示すように娘鎖が5′末端から3′末端へ伸長するときにヌクレオチドがつけ加えられる**プライマー primer**と考えられる。ほとんどの場合，酵素複合体は次の残基を加える前に付加の正確さを確認する“校正”をし，複製全体の正

表4.5　天然に存在するRNA分子の性質

由来（生物）	名称	機能	サイズ（bまたはbp）
tRNA（転移RNA）			
大腸菌	$tRNA^{Leu}$	タンパク質合成時にロイシンを転移させる	87 b
酵母	$tRNA^{Phe}$	タンパク質合成時にフェニルアラニンを転移させる	76 b
ラット	$tRNA^{Ser}$	タンパク質合成時にセリンを転移させる	85 b
rRNA（リボソームRNA）			
大腸菌	5S RNA	リボソームの構造の一部	120 b
	16S RNA	リボソームの構造の一部	1,542 b
	23S RNA	リボソームの構造の一部	2,904 b
mRNA（メッセンジャーRNA）			
ニワトリ	$mRNA_{LYS}$	リゾチームのmRNA	584 b
ラット	$mRNA_{SA}$	血清アルブミンのmRNA	約2,030 b
vRNA（ウイルスRNA）			
ポリオウイルス	ポリオRNA	ウイルスのゲノム	7,440 b
ドクガ細胞質多角体病ウイルス	CPVRNA	ウイルスのゲノム	約890から約5,150 bpの10本の二本鎖分子
miRNA（マイクロRNA），siRNA（小型干渉RNA）			
すべてのまたはほとんどの真核生物	miRNA，siRNA	遺伝子発現の制御	21～24 b

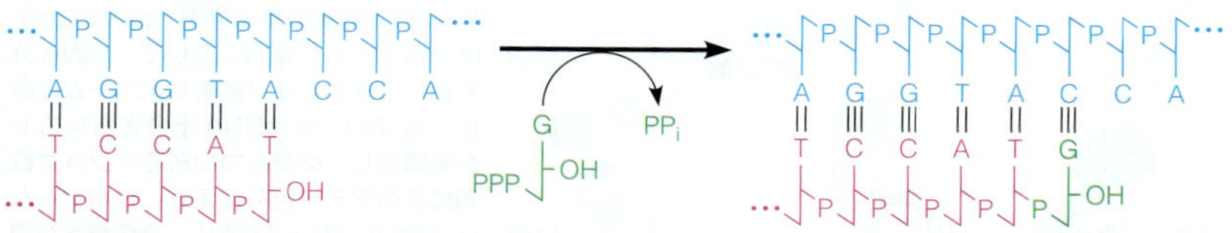

図4.21 DNAポリメラーゼの反応 DNAポリメラーゼはデオキシリボヌクレオシド三リン酸分子を鋳型鎖（青）中の相補的なヌクレオチドに適合させ，取り込まれるヌクレオチドと伸長している娘鎖（赤）の3′末端ヌクレオチドの3′-水酸基との間のホスホジエステル結合の形成を触媒する。このときピロリン酸が放出される。

確性を高めている。2本のDNA鎖は方向が逆なので，1本の娘鎖は複製フォークと同じ向きに伸長されるが，もう1本は逆向きにつくられる。このこととDNA複製の他の側面については，第25章でより詳しく議論する。

転写：DNAからRNAへ

遺伝情報の発現の第1段階は常に，相補的ヌクレオチド配列をもつRNA分子へ遺伝子を**転写 transcription**することである。この特異的RNA分子の生成は視覚化しやすい。DNA鎖は，複製を指令できるのと全く同じように相補的RNA鎖の生成である転写（図4.22）を指令することができる。もちろん，転写に必要な単量体は複製に必要なものとは異なる。RNAをつくるにはデオキシリボヌクレオシド三リン酸 deoxyribonu-cleoside triphosphate（dNTP）のかわりに，リボヌクレオシド三リン酸であるATP，GTP，CTP，UTPが必要である（新しいRNA中のUが鋳型DNA中のAと対をつくることに注意）。DNA複製とのもう1つの違いは，2本のDNA鎖の片方，**鋳型鎖 template strand**だけがコピーされることである。もう片方はセンス鎖またはコーディング鎖と呼ばれる。DNAの転写には，DNAの複製と同様，RNAポリメラーゼとして知られる特別な1組の酵素触媒が必要である。転写については第27章で詳細に述べる。

ポイント14
転写とは，DNA鎖を相補的RNA分子へとコピーすることである。

翻訳：RNAからタンパク質へ

転写は，表4.5にあげたtRNAやrRNAのような，細胞内の多くの機能性RNA生成の中心過程である。特定の遺伝子の指令による特定のタンパク質の合成はもっと複雑である。第5章でみるように，問題はタンパク質が異なった20種のアミノ酸単量体からできた重合体だということである。DNA中には異なった4種のヌクレオチド単量体しかないので，DNA分子中のヌクレオチド配列とタンパク質中のアミノ酸配列の間に1対1の関係は存在しえない。タンパク質をコードする情報を構成する塩基の一続きの配列が，3つのヌクレオチドの単位あるいは**コドン codon**（それぞれのコドンが異なるアミノ酸を指定する）で細胞に“読まれる”。どの核酸コドンがどのアミノ酸に対応するかを指定する規則のセットは**遺伝暗号 genetic code**として知られている。この暗号については，第5章でアミノ酸とタンパク質の構造を説明したのちに説明する。

すべてのタンパク質のアミノ酸配列情報がDNAにコードされているが，タンパク質の生産はDNAから直接行われるのではない。遺伝子のDNA配列からタンパク質のアミノ酸配列に情報を交換するためには，中間体として特別なRNA分子が必要とされる。発現される遺伝子の相補的なコピーがDNAから**メッセンジャーRNA messenger RNA（mRNA）**分子として転写される（表4.5参照）。DNAから細胞のタンパク質合成装置に情報を運ぶのでこう呼ばれる。合成装置にはtRNA分子，特殊な酵素，それに**リボソーム ribosome**が含まれる。リボソームはRNA-タンパク質複合体でその上で新生タンパク質の組み立てが行われる場所である。このRNA情報の**翻訳 translation**の概略

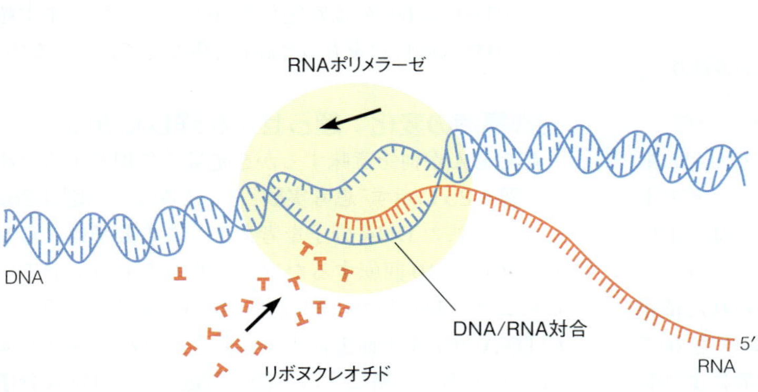

図4.22 転写の基本原理 酵素（RNAポリメラーゼ）は，二本鎖を開きながら1つずつリボヌクレオチドをつけ加えてRNA転写物をつくり，DNA分子に沿って移動する。RNAポリメラーゼはDNAの2本の鎖のうちの片方だけのオリゴヌクレオチド配列をコピーする。酵素が通り過ぎるとDNAは巻き戻る。

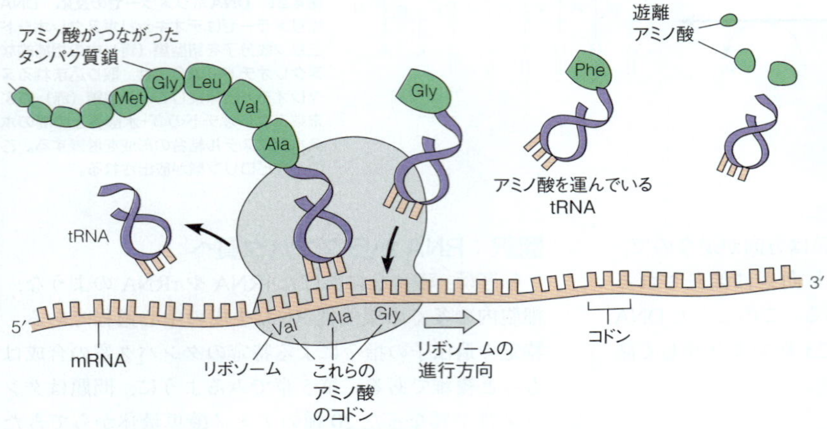

図 4.23　翻訳の基本原理　mRNA分子はリボソームに結合していて，tRNA分子が1つずつアミノ酸をリボソームに運ぶ。各tRNAはmRNA上の適正なコドンを識別し，伸長しつつあるタンパク質鎖にこのアミノ酸を加える。リボソームはmRNAに沿って移動し，遺伝情報が読まれてタンパク質に翻訳されるのである。

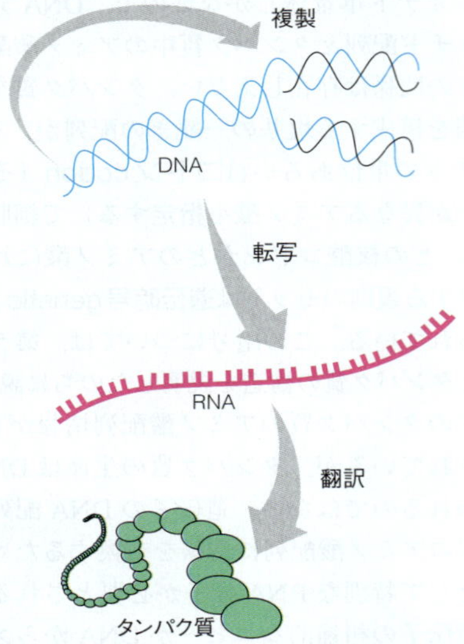

図 4.24　細胞の中での典型的な遺伝情報の流れ　DNAは，複製することもRNAに転写されることもできる。mRNAの塩基配列はタンパク質のアミノ酸配列に翻訳される。

を図 4.23に示す（翻訳の主な特徴は第5章で，詳細は第28章で述べる）。細胞中の遺伝情報の流れは，図 4.24に簡単な図としてまとめられている。

> **ポイント 15**
> 翻訳においては，RNAのヌクレオチド配列がタンパク質のアミノ酸配列を規定する。

以下の章で示すように，タンパク質はほとんどの細胞内で主要な構造分子であり機能分子である。どのような細胞であるか，何ができる細胞であるかは，主に細胞に含まれるタンパク質によって決まる。一方で，これらのタンパク質は細胞のDNAに蓄えられた情報に規定されていて，転写されプロセシングされてmRNAになり，それからタンパク質合成装置により発現される。細胞を工場に例えるならば，タンパク質は工作機械である。この機械の設計図の原図は中央保管室（細胞核のDNA）に保管されている。ある図面のコピー（mRNA）が，新しいタンパク質機械やタンパク質機械の交換が必要なときに，ときどき送り出される。これらの図面はリボソームへたどり着き，そこでこれらのRNAとタンパク質を含む粒子がtRNA分子とともに鋳型に依存したタンパク質の組み立てを触媒する。これらの過程に重ねられるのが最近報告されたわずか20ヌクレオチドの小さいRNA分子で，この過程の調節を助けている。これらの**マイクロRNA micro RNA**については29章でさらに議論する。

DNAの二次構造と三次構造の可塑性

これまででDNAのB型とA型について述べ，また環状DNAの超らせん形成についても簡単に触れた。今では，いくつかの特殊な二次構造と三次構造が存在すると認識されている。これらのうちいくつか，特に超らせんは，巨大なDNAを細胞中にパッキングすることに関係している。ある場合には特殊な一次構造の存在により，またある場合には，超らせんの存在によって巨大なDNAは安定化される。そこで，まず超らせんDNAの性質をもっと詳しくみなくてはならない。

三次構造の変化：超らせんを詳しくみる

超らせんが何を意味するかを定量的に理解するために，図 4.25に示す“思考実験”をしてみよう。図 4.25aに示す線状のDNA分子を考える。この分子は，らせんが正確に10回転するだけの塩基対をもっている。このことを**ねじれ twist**（T）＝10.0であるという。このDNA分子を平面上に平らにおき，鎖の両端の5′末端と3′末端を一緒にする（図 4.25a）。このDNA分子

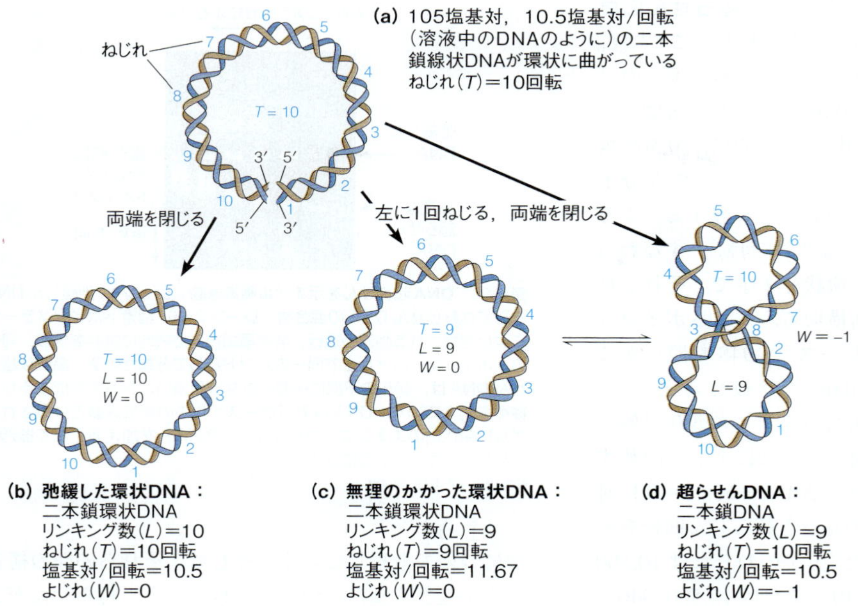

図 4.25 DNA 超らせんの形成 いくつかの方法で線状の DNA を環状にすることができると考えられる。**(a)** 線状の DNA を平らにおく。この DNA は 105 塩基対あり，10.5 塩基対/回転だから，10 回転ある。ねじれ（T）=10 である。**(b)** 回転数が整数だからねじらずに 5′末端と 3′末端をつなげることができ，平らな弛緩した環状 DNA を生じる。リンキング数（L）=10，よじれ（W）=0 である。**(c)** 端をつなげる前に DNA を 1 回巻き戻して回転数を減らすと，環状 DNA は L=9 となる。DNA 分子がまだ平らであるとすると，らせんのねじれが変わる。いまや L=9，T=9，W=0 である。105 塩基対で T=9 とすると，DNA は 105/9=11.67 塩基対/回転のコンホメーションを強いられる。**(d)** ねじれを変えるよりも，無理な力のかかった DNA はよじれて超らせんをつくり L=9，T=10，W=−1 となる。力のかかった分子はねじれを変えるよりも超らせんになることが多い。

は，らせんが完全に 10 回転するのにちょうど足りるだけの塩基対をもっているので，各鎖の 5′ 末端と 3′ 末端は互いに出会う位置に来て，これを共有結合でつなげることができる（リガーゼと呼ばれる酵素がこの結合をすることができる）。この結合で，まだ平面上に平らにおくことのできる弛緩した環状分子ができる（図 4.25b）。この共有結合で閉じた分子は，それまでと異なる性質（鎖が 10 回交差している）をもつ。このことを，**リンキング数 linking number**（L）10 をもつという。

この右巻き二重らせんの両端を結合させる前に，左に 1 回転させて回転数を 1 回転減らし，リンキング数を 9 にするとしよう。この変化は環状 DNA にゆがみを与え，DNA は 2 通りの方法でこれに応じる。

1．ねじれが減って 9 になっても（T=9，図 4.25c 参照），分子は平面上に平らのままでいることができる。らせん 1 回転当たりの塩基対は通常の 10.5 から 11.67 に増加する。この DNA 分子のゆがみは“不自然な”ねじれにあると表現される。これはリンキング数不足といわれる（左ではなく右に余分の回転を加えても環はゆがみ，ねじれが 11 で 9.54 塩基対/回転の巻きすぎである）。

2．この分子は，図 4.25d に示すように，負の（左巻きの）超らせん回転をすることによって元のねじれ（T=10）を取り戻すことができる。このような超らせん回転の数を**よじれ writhe**（W）と呼ぶ。この場合 W=−1 である（右方向に 1 回転ねじると，分子は正のあるいは右巻きのよじれを生じ，W=+1 である。最初の対応では超らせんはなく W=0 である）。

1 回巻き戻してから両端を結合させると，2 本の鎖が 9 回しか交差していない分子が得られる，L=9 である。巻き戻しによる歪みをねじれとよじれにどのように分配しても L の数は変わらない。したがって，図 4.25c，d にみられる 2 つの形は両方とも L=9 である。どちらの場合もリンキング数は T と W の代数和であることに留意しなくてはならない。

$$L = T + W \qquad (4.1)$$

ポイント 16
リンキング数は常にねじれとよじれの代数和である。

L が変わりうる唯一の場合は，例えばトポイソメラーゼなどによって，環状分子を切断し，ねじり，そして再結合させることである。我々の実験では，最初に左に 1 回余分にねじると，L の値は −1 だけ変化した（ΔL=−1）。DNA ヘリックス中で L に余分の回転を加えることにより負荷されるゆがみは，ねじれの変化とよじれの変化の間に分配される。ここで L は，余分のねじれ（T）と超らせんの回転（W）が右巻き（正）か左巻き（負）かにより，正または負となる。

$$\Delta L = \Delta T + \Delta W \qquad (4.2)$$

4

DNA 分子の超らせん度はしばしば**超らせん密度 superhelix density**，$\sigma = L/L_0$で表される，ここでL_0は弛緩状態の DNA のリンキング数である。多くの天然に存在する DNA 分子は約 0.06 の超らせん密度をもつ。これが何を意味するか理解するために，10,500 塩基対の仮想的 DNA 分子を考えよう。この DNA 分子は溶液中に 10.5 塩基対/回転の B 型で存在する。するとL_0は 10,500 塩基対/(10.5 塩基対/回転)，すなわち 1,000 回転である。弛緩した環状分子中で，それぞれの DNA 鎖は互いに 1,000 回横切る。もしトポイソメラーゼである DNA ジャイレース（p.948 参照）がこの分子を超らせん密度 −0.06 までねじると，$L = -0.06\,L_0$，すなわち$L = -60$である。この変化は例えば左巻きに 60 回のらせん軸のよじれによって調整することができる。このよじれは$\Delta W = -60$，$T = 0$に対応する。DNA 分子は 60 回の左巻き超らせん回転をもつことになる。あるいはまた，分子のねじれは 10,500 塩基対中に 940 回転（$T = 940$）または 10,500/940＝11.2 塩基対/回転になるように変わることもできる。これは$\Delta W = 0$，$\Delta T = -60$に対応する。和が −60 になるどのようなΔTとΔWの組み合わせも可能であるが，実際の分子は主に超らせん回転によじれることにより無理な力を放出する。長い DNA を曲げるほうが巻き戻すより簡単だからである。このことは図 4.17b，4.18 の二本鎖環状 DNA 分子の制御された構造を説明する。

ポイント 17
超らせん密度 σ は，超らせんの強度の定量的な尺度である。

超らせん密度の違いはゲル電気泳動によって検出することができる。「生化学の道具 2A」に述べたように，分子が電場中におかれたゲルマトリックスの中を移動する速さは分子の大きさによる。したがって，よりコンパクトな超らせん分子は，弛緩した DNA よりも速く移動する。図 4.26 は酵素トポイソメラーゼの作用により，徐々に弛緩させられた超らせん DNA 分子の電気泳動パターンを示す。このように，ゲル電気泳動によって，ある DNA のトポイソマーを分離することができる。

DNA の異例な二次構造

細胞内の DNA と RNA のほとんどは 3 つの二次構造，ランダムコイル（実際は二次構造をとっていない），B 型，A 型のうちの 1 つをもつということができる。しかし，DNA と RNA という注目すべき分子の立体構造の可能性は，決してこれらの 3 つの二次構造で論じ尽くせるものではない。ここからは，近年になって認められた 3 つの二次構造以外の構造のいくつかについて考察していく。そして，それらの間の構造変化が起きる条件について考察しよう。超らせんがこれらの変化において主要な役割を果たしている場合が多いことがわかるだろう。

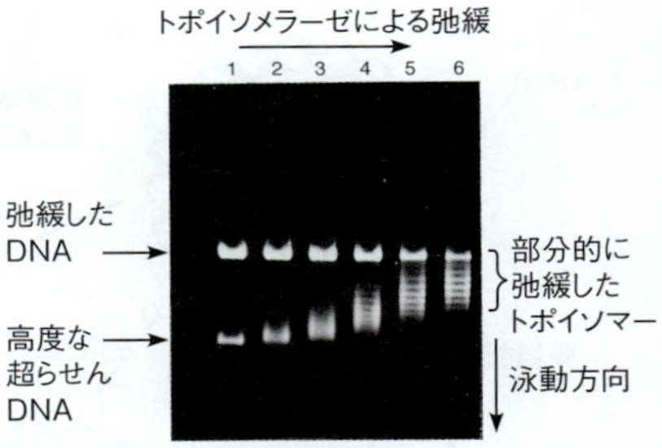

図 4.26　DNA 超らせんを示すゲル電気泳動　レーン 1：弛緩した DNA と高度な超らせん DNA の混合物。レーン 2〜6：酵素トポイソメラーゼにより触媒される弛緩の進行。酵素添加後，連続的に試料を採取。同一のトポイソマーはゲル上で同一のバンドとして分離される。高度な超らせん DNA は，ゲルの下部に一連の重なった濃いバンドを形成するが，徐々に消えていく。DNA はアガロースゲル中の電気泳動で分離され，ゲルに染色剤のエチジウムブロマイド（P.965）を加えることで蛍光性になり目に見えるようになる。
Courtesy of J. C. Wang.

左巻き DNA（Z-DNA）

ポリヌクレオチドらせんの A 型も B 型も右巻きであるので（図 4.15 参照），1979 年の左巻き DNA の発見は大きな驚きであった。Alexander Rich と共同研究者たちは，小さいオリゴデオキシヌクレオチドの結晶の X 線回折実験を行っていた。

5′CGCGCG3′
3′GCGCGC5′

そしてその構造が予想どおり G-C 塩基対をもつ二本鎖のらせんであることを明らかにした。しかし，データが一定だったのは彼らが Z-DNA と呼ぶ特殊な左巻き構造を伴うときに限られた。Z 構造をとる長い DNA 分子のモデルを図 4.27 に示す。

らせんが逆向きであることに加えて，Z-DNA には他の構造上の特性もみられる。ポリヌクレオチド中には，塩基がデオキシリボース環に対して最も安定になる 2 つの方向がある。これらはシン（syn）とアンチ（anti）と呼ばれる。

A 型と B 型の両方のポリヌクレオチド中では，すべての塩基はアンチである。しかし，Z-DNA ではピリミジンは常にアンチでプリンは常にシンである。Z-DNA は各鎖中でプリンとピリミジンが交互に現れるポリヌクレオチド（以前に示したもののような）中に最もしばしば見出されるために，塩基の向きも交互になる。Z-DNA のパラメーター（p.93 の表 4.3 参照）はこの特性を反映している。パラメーター中の繰り返

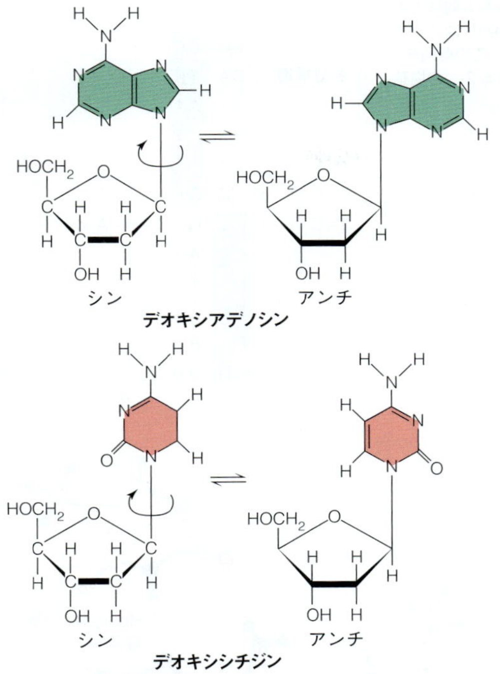

し単位は，1塩基対ではなく2塩基対である。さらに，この交互性はリン酸にジグザグのパターンを与える。そのためにZ-DNAという名前がつけられている（図4.27参照)。

ポイント18
Z-DNAは，交互に現れるプリン/ピリミジン塩基が交互にシン/アンチコンホメーションをとる左巻きらせんである。

いまではZ-DNAが生細胞中に存在するという豊富な証拠がある。しかし，in vivoにおいてZ-DNAが果たす正確な役割はまだ解決されていない問題であり，それは生細胞中のZ-DNAの定量が難しいことにもよる。in vivoでは普通の修飾であるシトシンの5位の炭素のメチル化がZ-DNAに有利であるということにおそらく意味があるのだろう。

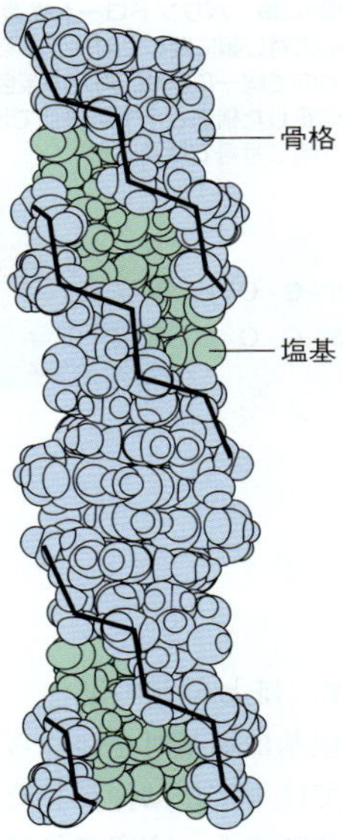

図4.27 Z-DNA 単結晶のX線回折実験により決定されたZ-DNAの構造。この左巻きDNAを，図4.11で示したB-DNAの同様の空間充填モデルと比較せよ。Z-DNAの単一の溝を緑で示す。黒い線はリン酸のジグザグな骨格を示す。

Cold Spring Harbor Symposia on Quantitative Biology 47：41, Dr. A.H.-J. Wang, Right-handed and left-handed double-helical DNA：Structural studies.

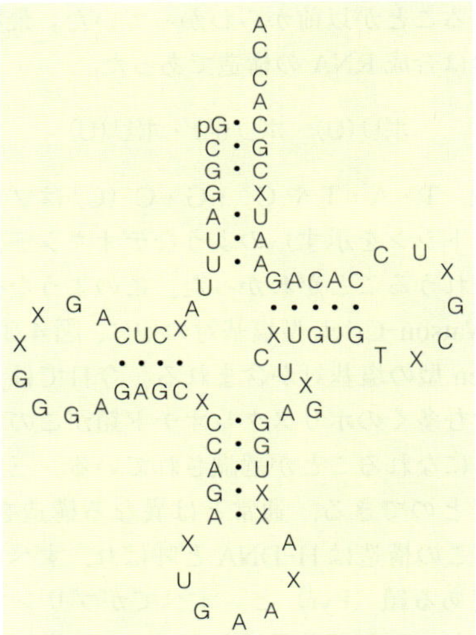

図4.28 自己相補性はどのようにしてtRNAの三次構造を決定するのか 図4.20に示したtRNAの模式図。Xは特殊塩基や修飾塩基を示す（第28章参照)。tRNA分子は自己相補性により生じる3本のヘアピンアームをもつ。これらのアームは図4.20の三次構造に折りたたまれる。

ヘアピン構造と十字型

“ヘアピン”構造の例には，はじめに図4.19cで，それから図4.20に示された転移RNAの中ですでに出会っている。どちらの一本鎖分子の中でも，塩基配列中の自己相補性により鎖が折れ曲がり，塩基対をつくった逆平行らせんを形成することが可能になる。図4.28に示すtRNAの構造の概要は，特定の塩基配列がどのようにしてこの折りたたみを完成させるかを表している。

ある種のDNA配列中に**十字型** cruciform構造と呼ばれる対のヘアピンが生じることがある。この構造がつくられるためには配列が**パリンドローム** palindrome（回文）でなくてはならない。p.113でも触れるように，パリンドロームとは，通常は“たけやぶやけた”のように前から読んでも後ろから読んでも同じになる文のことを指す。DNAについて用いるときには，互いに正確に（またはほとんど正確に）逆向きである相補的な鎖の断片をいう。このようなDNA配列を，それが可能となる2つのコンホメーションとともに

図 4.29　パリンドローム構造をもつ DNA 配列　パリンドロームは対称の中心に対し鎖に関して対称である。茶と青の部分では，両方の青い断片は 5′→3′ 方向で同一に読め，両方の茶色の断片も同様であることに注意。この配列を，伸長した構造と十字型構造で示す。十字型構造で互いに対になる 2 つの塩基を同じ番号で示す。

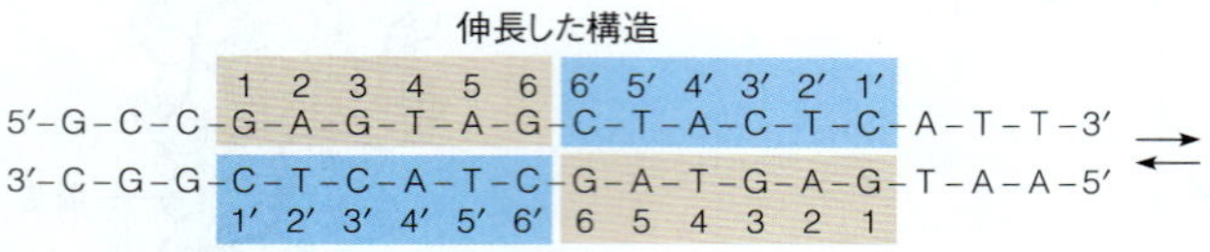

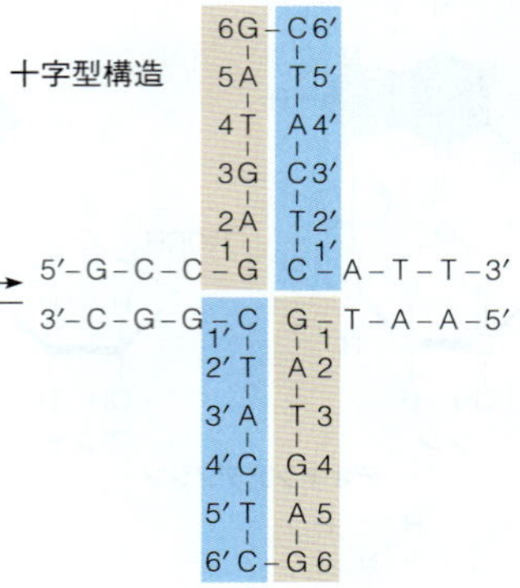

に図 4.29 に示す。ほとんどの場合，十字型構造のヘアピンの端の数塩基は塩基対をつくらずに残る。これは，通常の環境では十字型は伸長した構造よりも安定性が低いことを意味する。本章で後にみるように，超らせんの歪みの影響の 1 つは十字型を安定化することである。

三重らせんと H-DNA

ある種のホモポリマーが**三重らせん triple helix** を形成しうることが以前からわかっていた。最初に見つかったのは合成 RNA の構造であった。

ポリ(U)・ポリ(A)・ポリ(U)

その後，T・A・T や C^+・G・C（C^+はプロトン化されたシトシンを示す）のようなデオキシ三重らせんも形成されうることがわかった。このような構造には通常の Watson–Crick 型塩基対の他に，図 4.30 に示す Hoogsteen 型の塩基対が含まれる。今日では，非反復配列を含む多くのポリヌクレオチド鎖がこのような三重らせんになれることが認識されている。三重らせんを含むことのできる，通常とは異なる構造を図 4.31 に示す。この構造は H-DNA と呼ばれ，すべてがピリミジンである鎖（Pyr）と，すべてがプリンである鎖（Pur）をもつことが必要である。

…TCTCTCTCTCTC…
…AGAGAGAGAGAG…

ここに示した例では上のような構造が通常の二本鎖型で存在することもできるし，1 本の鎖が逆向きに曲がって三重らせん（C^+・G・C と G・A・G トリプレットをもつ）を生じ，他の（Pur）鎖が対を形成せずに残ることもできる。ここでも，DNA 分子内のゆがみが三重らせんを有利にする場合を除き，塩基対が失われることがこの構造を不安定にしている。

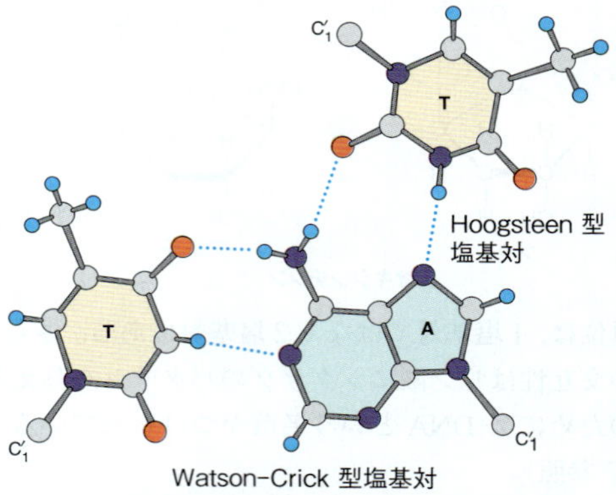

図 4.30　DNA 三重らせんの塩基対の一例　同一の A 残基に通常の Watson–Crick 型塩基対と特殊な Hoogsteen 型塩基対の両方が生じる。

G 四重鎖

ずいぶん昔である 1962 年，David R. Davies は 4 つのグアニン分子が一緒に水素結合をつくり平面構造に収まることに気づいた。図 4.32 は 4 つのグアニンがどのように結合して **G カルテット G-quartet**（図 4.32a）を形成するかを，またグアニンに富んだ 1 本鎖 DNA がどのように折りたたまれて **G 四重鎖 G-quadruplex**（図 4.32b）を形成するかを図示する。示された例は 3 つの G カルテットからなっている。図に示したように G 四重鎖構造は 1 本の DNA 鎖からも，また 4 本までの鎖からも生じることができる。実際に G 四重鎖は生細胞の中に生じ，真核生物の線状染色体の末端に存在する特別な配列である**テロメア telomere** 中に存在する（第 25 章参照）。図 4.32c はヒトのテロメアの可能と思われる折りたたみのパターンを示す。最近の研究によれば，G 四重鎖は**がん遺伝子 oncogene**（第 23 章）である *c-myc* を含む生物学的に重要ないくつかの遺伝子の転写調節部位，すなわち**プロモーター promoter** に存在する。現在，この構造を抗がん剤の標的にすることを目的とした努力がなされている。

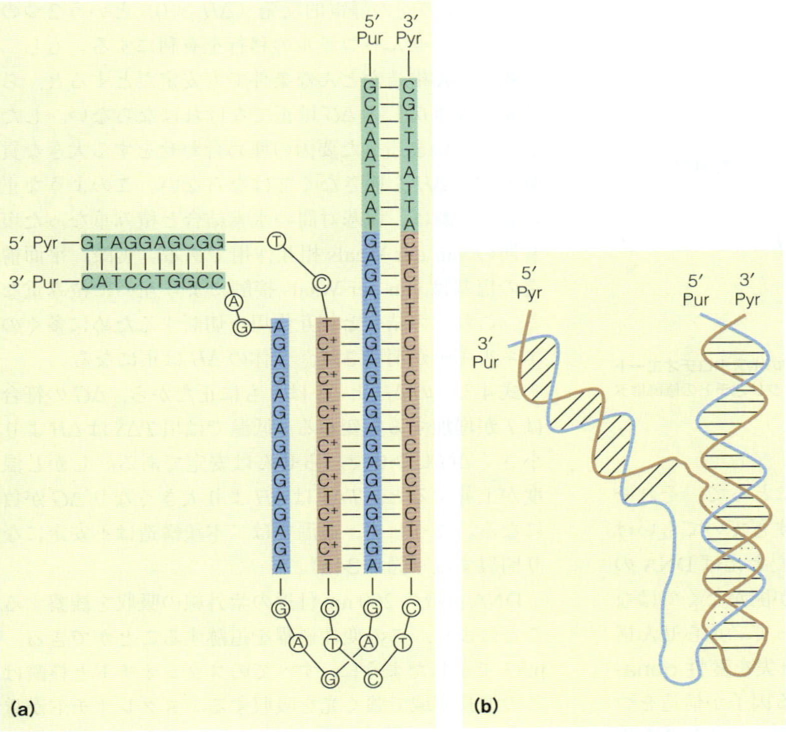

図4.31 H-DNA H-DNA領域は，すべてがプリンの鎖（青）とすべてがピリミジンの鎖（茶）をもち，折りたたむことにより三本鎖のらせんを生じる。プリンとピリミジンの両方をもつ部分もある（緑）。**(a)** ここに示した塩基配列はH-DNAを生じうるものの1つである。プリン鎖の一部分がピリミジン鎖の2つの異なる部分と結合しているところが示されている。**(b)**（a）に示す結合は，ここに模式的に示した三本鎖のらせんを生じさせる。

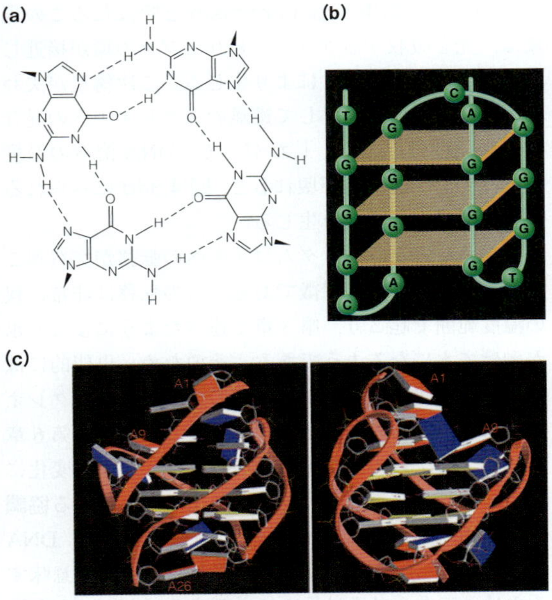

図4.32 Gカルテットと G四重鎖 **(a)** Gカルテット中の塩基の配置，Hoogsteen型塩基対で結合している4つのグアニンが中心の金属イオン（示されていない）を取り囲んでいる。**(b)** 1本のDNA鎖が折りたたまれてG四重鎖を与える。この例では3つのGカルテット平面からなっている。**(c)** ヒトのテロメア中のDNA配列により生じるG四重鎖を2方向から示す。黄＝グアニン，赤＝アデニン，青＝チミン。

予想外な一次構造の修飾：DNAのホスホロチオエート化

これまで説明した通常でないDNAの構造はすべて二次構造あるいは三次構造に影響を与えるが，ホスホジエステル結合は不変だった。したがって，2007年にマサチューセッツ工科大学のPeter Dedonのグループが，図4.33に示すように，DNA中のリン酸基を**ホスホロチオエート phosphorothioate**に変える酵素が細菌中に存在すると発表したときには大きな驚きをもって迎えられた。この反応は立体選択的である（硫黄を導入するとリン原子に不斉中心ができることに注意）。今のところ，この修飾の生物学的な機能はわからないが，修飾されていないDNAを分解することができるバクテリオファージのような外からの侵入者に対する抵抗性を付与するものかもしれない。最近の配列分析によると，ホスホロチオエートヌクレオチドが多くの細菌中にクラスターとして存在し，ホスホロチオエート化が制限-修飾系（第26章）の一部ではないかという考え方と矛盾しない。

二次構造と三次構造の安定性

らせん構造からランダムコイル構造への移行：核酸の変性

生理的条件下ではポリヌクレオチドの主要な二次構

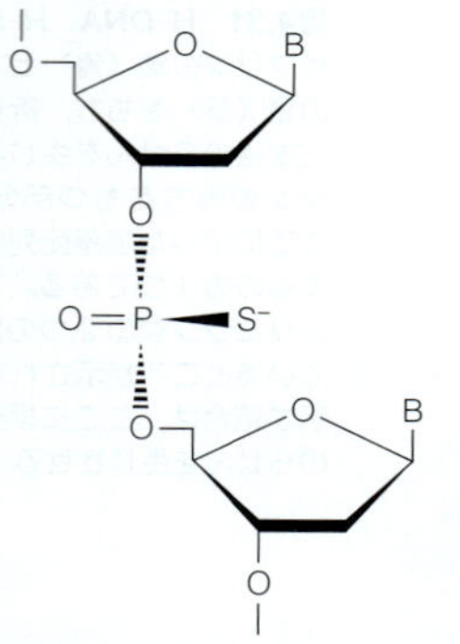

図4.33　正確な立体異性体を示しているDNA中のホスホロチオエート結合　硫黄源はアミノ酸のシステインである。ヌクレオチドの修飾はヌクレオチドの重合後に起きる。

造（A型とB型）はRNAとDNAにとって，それぞれ，比較的安定である。しかし安定すぎていてもいけない。非常に重要な生化学的過程（たとえばDNAの複製と転写）では，二重らせん構造が開かなくてはならないからである。広い範囲にわたって二重らせん構造が開いたとき，この二次構造の喪失を**変性** denaturation（図4.34）と呼ぶ。競合する因子が構造をつくっている核酸とつくっていない核酸のバランスを生みだしている。

2つの主要な要因が，二重らせんから一本鎖ランダムコイルへの解離を推進する。1つは鎖間の静電的反発である。生理的pHでは，DNAまたはRNA分子の各残基がリン酸基に負電荷をもつ。溶媒中に存在する小さいカウンターイオン（例えば，K^+，Na^+，Mg^{2+}）により，この電荷が部分的に中和されたとしても，らせんの各鎖上の電荷の総和は事実上負にとどまって2本の鎖を開裂させせようとする。したがって，高いイオン強度は二重らせんを安定化させる傾向がある。

変性を有利にするもっと微妙な要因は，変性状態では多くの立体構造が可能で不規則性が大きいので，ランダムコイル構造が高いエントロピーをもつということである。p.58の式3.9（$S = k \ln W$）を考えてみよう。もし堅い二重らせんが2本の柔軟なランダムコイルに分かれたとすると，分子の取りうる立体配置の数は大きく増加する（図4.34a）。したがってエントロピーは増加する。規則的な二本鎖ポリヌクレオチドの二次構造（B型DNAのような）から個々のランダムコイル鎖への移行に伴う自由エネルギー変化は，通常の式によって与えられる。

$$\Delta G = \Delta H - T\Delta S \text{（らせん} \rightleftharpoons \text{ランダムコイル）} \quad (4.3)$$

ΔSが正なので，項（$T\Delta S$）は自由エネルギーに対し負の寄与をし，変性を有利にする。

このようにしてランダムコイルの高い不規則性（$\Delta S > 0$）と鎖の間の静電的反発（$\Delta H_{el} < 0$）という2つの要因は，らせん→コイルの移行を有利にする。もし二本鎖らせん構造がどんな条件でも安定だとすると，らせんの巻き戻しのΔGは正でなければならない。したがって，いま述べた要因の埋め合わせをする大きな貢献をするΔHを探さなくてはならない。このような正のΔHの源は，塩基対間の水素結合と積み重なった塩基間のvan der Waals相互作用である。実際，平面構造の塩基はvan der Waals接触により互いに積み重なる。これらの結合と相互作用を切断するために多くのエネルギーが消費され，全体のΔHは正になる。

式4.3中のΔHとΔSはともに正だから，ΔGの符合はTが増加すると変わる。低温では項$T\Delta S$はΔHより小さくΔGは>0で，らせんは安定である。しかし温度が上昇すると，$T\Delta S$はΔHより大きくなりΔGが負になる。こうして，高温では二本鎖構造は不安定になり開裂する（図4.34a）。

DNA溶液の260 nm付近の紫外線の吸収を観察することにより，この変性過程を追跡することができる。p.83で示したように，すべてのヌクレオチドと核酸はこの波長領域で強く光を吸収する。ヌクレオチドが重合してポリヌクレオチドになり，塩基がらせん構造に詰め込まれると，この光の吸収は減少する（図4.34c）。**淡色効果** hypochromismと呼ばれるこの現象は，光を吸収するプリンとピリミジンの環が接近して相互作用をすることにより生じる。二次構造が失われると，吸光度は上昇して遊離のヌクレオチドの混合物の吸光度に近づく。したがって，DNA溶液の温度が上昇して二次構造が壊れると，図4.34dにみられるような吸光度の変化を生じる。

このらせんからランダムコイルへの転移が突然起こることは注目すべき特徴である。この転移は非常に狭い温度範囲で起こり，第3章で述べたようにまるで氷が融けて水になるようである。そのため，専門的には不正確な用語ではあるが，核酸の変性はポリヌクレオチド二重らせんの融解といわれることがある。第6章で，タンパク質の高次構造の同じように急激な変化について触れる。これらの急激な変化は，いわゆる**協調的遷移** cooperative transitionに特徴的である。DNAやRNAの場合にこの協調的遷移という用語が意味するのは，二重らせんは徐々に融解することができないということである。図4.11，4.20に示された構造をよくみると，積み重なった水素結合の構造の中から1つの塩基が飛び出すのは非常に難しいことが理解できるだろう。むしろ，不安定になるぎりぎりのところまで構造全体が一緒になってもちこたえ，非常に狭い温度範囲で変性するのである。

ポリヌクレオチドの“融解温度”（T_m）は（G+C）/

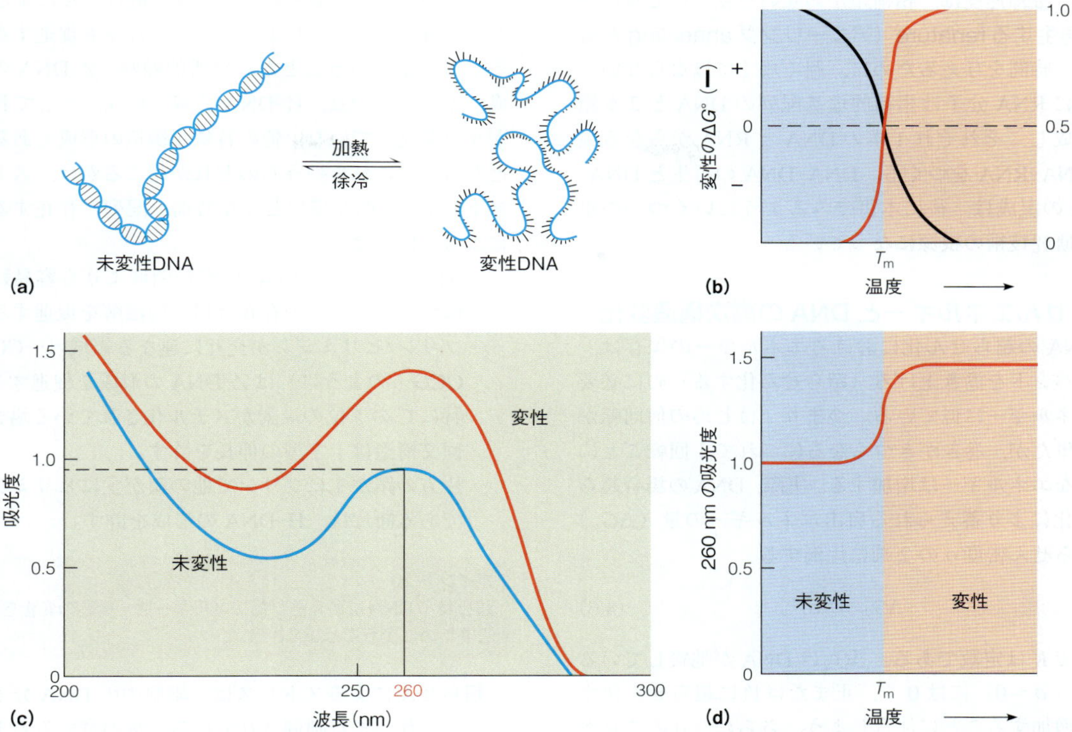

図 4.34 DNA の変性 (**a**) 未変性（二本鎖の）DNA を“融解”温度以上に加熱すると，変性する（一本鎖に分離する）。2 本のランダムコイル鎖は二重らせんより大きいエントロピーをもつ。(**b**) 低い温度 T では ΔG は正で DNA の変性は不利である。T が上昇すると $-T\Delta S$ が ΔH にまさり，ΔG を負にして変性が有利になる。変性曲線の中心は DNA の“融解”温度 T_mを与える。(**c**) 未変性 DNA と変性 DNA の吸収スペクトルは，未変性 DNA は変性 DNA より光の吸収が少ないことを示す。差が最大になるのは波長 260 nm である。二本鎖 DNA の淡色効果は未変性状態と変性状態を区別するのに用いられる。(**d**) 吸光度の変化は，温度上昇に伴う DNA の変性を追跡するのに用いられる。DNA の突然の“融解”に対応する吸光度の急激な上昇が T_mにおいて見られる。

(A＋T) の値によって決まる。G–C 塩基対は 3 本の水素結合を形成し，A–T 塩基対は 2 本の水素結合しか形成しないので，GC に富むポリヌクレオチドの融解のほうが ΔH が大きいのである。A–T 塩基対よりも大きな G–C 塩基対のスタッキングのエネルギーも，この違いに貢献する。T_mの値は $\Delta G=0$ になる温度に対応する（図 4.34b，d 参照）。したがって，

$$0 = \Delta H - T_m \Delta S \tag{4.4}$$

または，

$$T_m = \frac{\Delta H}{\Delta S} \tag{4.5}$$

いま述べたように，塩基対 1 組当たりでは，ΔS はすべてのポリヌクレオチドでほとんど等しいが，ΔH は塩基組成によって異なる。このため，G＋C 含量が高くなると T_mが上昇するのである。図 4.35 は，いくつかの天然に存在する DNA について T_mと (G＋C)％の関係を示したものである。

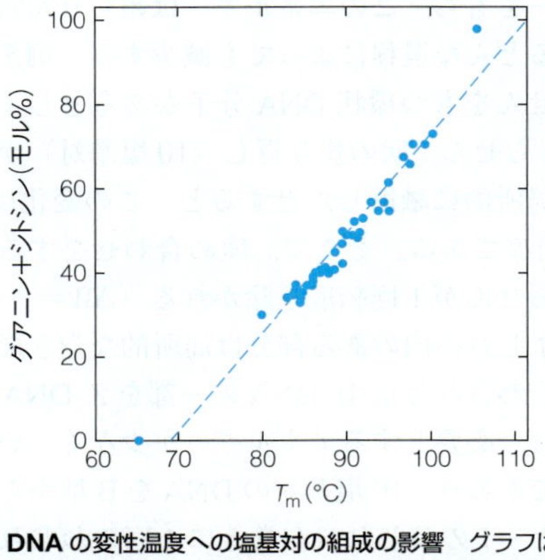

図 4.35 DNA の変性温度への塩基対の組成の影響 グラフは (G＋C) のパーセント値が増加すると DNA の“融解”温度が上昇することを示す。
Data from *Journal of Molecular Biology* (1962) 5 : 120, J. Marmur and P. Doty.

ポイント 19
AT に富む領域は GC に富む領域より容易に融解する。

DNA の変性は可逆的である。例えば，熱変性した DNA を冷却すると DNA の 2 本鎖を再生することがで

きる。冷却速度は，相補鎖がお互いを見つけて対になる，**再生する renature**（**アニーリング annealing** ともいう）時間を与えるために，遅くなくてはならない。同様に RNA 分子は相補的塩基配列の DNA と 2 本鎖を形成し，それぞれ 1 本の DNA と RNA からなる混成 DNA–RNA をつくる。DNA–DNA の再生と DNA–RNA の混成は，後に本書でみるようにいくつかの重要な研究技術の根源になっている。

超らせんエネルギーと DNA の高次構造変化

DNA の超らせん化におけるエネルギーの保存は，ゴムバンドを巻き上げる（超らせん化する）のに必要なエネルギーに似ている。つまり，はじめの何回転かは簡単だが，巻きがきつくなるにつれて 1 回転ごとに必要なエネルギーは増加する。実際，DNA の場合超らせん化により蓄えられる自由エネルギーの量（ΔG_{sc}）は超らせん密度 σ の 2 乗に比例する。

$$\Delta G_{sc} = K\sigma^2 \tag{4.6}$$

ここで K は定数である。ΔG_{sc} は DNA が弛緩しているとき（$\sigma = 0$）には 0 で，正または負に超らせん化すると増加することに注意しよう。さらに，σ の 2 乗が含まれているために，1 回転を加えるのに必要なエネルギーは 1 回転が加わるごとに増加し，$\sigma = \pm 0.06$ のときに1分子の ATP が供給できるエネルギーとおよそ等しくなる。これは，in vivo で超らせん密度がおよそこの値に制限されていることの少なくとも 1 つの理由である。高度に超らせん化した DNA は多くの保存エネルギーをもち，このエネルギーは超らせん密度を低下させるどんな過程によっても減少する。例えば，負の超らせんをもつ環状 DNA 分子があるとしよう。もし DNA らせん 1 回の繰り返し（10 塩基対）が巻き戻されて局所的に融解したとすると，この変化は -1 の ΔT と同等である。そこで，埋め合わせをするために負の超らせんが 1 回転取り除かれる（$\Delta W = +1$，すなわち，よじれの内のある部分は局所的な巻き戻しにより埋め合わされる）。B–DNA の一部を Z–DNA に変えることは，必要とするエネルギーが少なく，いっそう効果的であろう。10 塩基対の DNA を B 型から Z 型に変えると $+1$ のねじれ（右巻きに 1 回のねじれ）からおよそ -1 のねじれ（左巻きに 1 回のねじれ）に変わる。この単一の変化は $T = -2$ に相当し，負の超らせんを 2 回転緩和することを許す（$\Delta W = +2$）。

十字型ヘアピン構造に入る各塩基対は必ず超らせんのゆがみから解放されるので，十字型構造の形成も超らせん DNA を緩和させる。同様に，H–DNA の形成も同じ効果をもち，1 本の鎖の一部で塩基対を形成しない。

言い換えると，DNA 分子に強い超らせんによるねじれを課すことで，以下の変化のどれをも促進することができるということだ。局所的融解，Z–DNA の形成，十字型の伸長，H–DNA 領域の形成，そして我々がまだ発見していない他の特殊な構造の形成もあることだろう。これらのうちのどれが起こるかは，ストレス下にある DNA 環にどんな特別な配列が存在するかによる。例えば，

- AT に富む領域は GC に富む領域よりも容易に融解するので，その存在は局所的融解を促進する。
- プリン/ピリミジンが交互に連なる領域（…CGCGCG…のように）は Z–DNA の形成を促進する。特に C の 5 位の炭素がメチル化されている場合。
- 回文構造は十字型の伸長を許す。
- 片方の鎖が主にプリンで他の鎖が主にピリミジンである断片は，H–DNA の形成を許す。

ポイント 20
超らせん DNA に蓄えられたエネルギーは，構造の変化を起こすために使うことができる。

超らせんによるストレスは，細胞中の DNA 分子によくみられ，また制御されている。後の章でみるように，ここで述べた特殊な構造は遺伝子発現の調節にさまざまな役割を果たす。超らせんの変化により遺伝子のスイッチが入ったり切れたりするというアイデアは，興味をそそられるものである。

まとめ

核酸には，DNA と RNA の 2 種類がある。どちらも 4 種類のヌクレオチド 5′–リン酸の重合体で，3′ 水酸基と 5′ リン酸基の間で結合したポリヌクレオチドである。糖として RNA はリボースをもち，DNA はデオキシリボースをもつ。ホスホジエステル結合は本質的に不安定であるが，触媒が存在しないと非常にゆっくりとしか加水分解されない。天然に存在する核酸はそれぞれ決まった配列（一次構造）をもつ。初期の証拠は，DNA が遺伝物質であることを示していた。しかし DNA がどのようにして自身の複製を管理するのかが明らかになったのは，1953 年に Watson と Crick が二本鎖 DNA の二次構造を解明してからだった。彼らが提案した構造では，A と T および G と C の間が特異的に対になっている。らせんは右巻きで，B 型では 1 回転当たり約 10.5 塩基対（bp）ある。このような構造は，Meselson と Stahl が 1958 年に示したように，半保存的複製により複製することができる。他の形のポリヌクレオチド構造も存在するが，それらの中で最も重要なのは RNA–RNA と DNA–RNA の二重らせん

にみられるA型である。in vivoではほとんどのDNAは二本鎖であり，ある種の分子は環状である。天然にみられるほとんどの環状DNA分子は超らせんになっている。ほとんどのRNAは一本鎖であるが，折れ曲がってヘアピン構造や他の明確な三次構造を形成する。

核酸の生物学的機能は，以下のように簡単にまとめることができる。DNAは保存された遺伝情報をもち，それはRNAに転写される。これらのRNA分子のうちのあるものはタンパク質合成を指令するメッセンジャーとして働く。メッセンジャーRNAはリボソーム上で遺伝暗号を用いて翻訳され，タンパク質がつくられる。最近の分子生物学の技術により，DNAを操作して新しいタンパク質をつくったり既存のタンパク質を変異させたりすることができる。

DNAの超らせんはねじれ（T）とよじれ（W）の項で表される。これらの項はリンキング数（L）と$L=T+W$の関係で結びつけられる。DNAジャイレースと呼ばれる酵素を用いて超らせんを形成するには，ATPのエネルギーを消費することが必要である。ジャイレースはトポイソメラーゼの1つである。他のトポイソメラーゼは超らせんDNAを弛緩させる。

ポリヌクレオチドは何種類もの型破りな構造を形成できる。これらには左巻きDNA（Z-DNA），十字型，時には三重らせん，そしてG四重鎖が含まれる。ポリヌクレオチドの二次構造はさまざまな方法で変化させることができる。らせんは“融解”させることができ，そうすると二本鎖が分離する。この変化は，A-T対に富む領域で最も容易である。超らせんDNAに蓄えられたエネルギーは，局所的なDNAの融解や，Z-DNA，十字型，H-DNAと呼ばれる特殊な三重らせんといった種々の他の構造への変化を促進する。

生化学の道具 4A

X線回折入門

ほんの数十年前までは，核酸，タンパク質，多糖の三次元構造について知られていることは事実上皆無だった。今日では主にX線回折技術により，これらの分子の多くは原子レベルで，1950年の生化学者を驚嘆させる詳細さで理解されている。その手法は複雑なので，ここでは何が測定されて何が得られるのかという簡単な紹介に留める。

どんな種類の放射線でも，規則的な繰り返し構造を通過すると回折が観察される。このことは，構造中に繰り返される要素により散乱された放射線は，ある特定の方向では散乱波が強まり，別の方向で弱まることを示している。単純な例を図4A.1に示す。ここでは放射線は等間隔に並んだ原子により散乱されている。ある方向においてのみ散乱光の波長が合い，その結果，互いに強め合うように干渉する。他のすべての方向では散乱光の波長が合わず，その結果，互いに弱め合うように干渉する。こうして**回折像 diffraction pattern**が生じる。回折像が鮮明であるためには，用いられる放射線の波長が，構造中の要素の間の規則的な間隔よりもいくらか短いことが重要である。これが分子の構造を研究するのにX線が用いられる理由である。というのは，典型的なX線の波長は1 nmの十分のいくつかしかないからである。もし調べようとする物質の中の規則的な間隔が（網戸の網のように）大きければ，X線より何千倍も波長の長い可視光でまったく同じ現象を観察することができる。網戸の網を通してみた点光源は，長方形の回折像の点を与えるだろう。

対象物の中の周期的な間隔と回折像との関係は簡単である。周期的構造の間隔が短ければ回折像の間隔は大きくなり，長ければ小さくなる。そのうえ，異なる回折点の相対強度を測ることにより構造中のそれぞれの繰り返しの中に物質がどのように分布しているかもわかる。

繊維の回折

最初に，引き伸ばされた繊維の軸にほぼ平行に並んだらせん状の分子からの回折について考えよう。図4A.2に概略を示したようならせん状の分子は，一定のパラメーターにより特徴づけられる。

・らせんのリピート（c）は，構造が正確に繰り返すときのらせん軸に平行な距離である。リピートには整

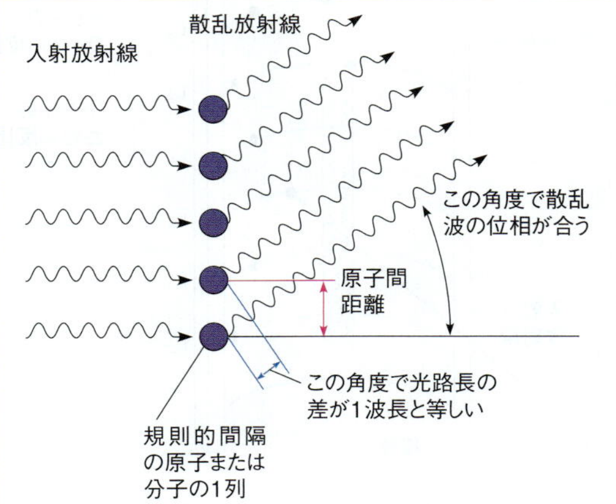

図4A.1 非常に単純な構造（原子または分子の列）からの回折

数（*m*）の重合体残基が含まれる。図 4A.2 では *m* ＝4 である。

・らせんのピッチ（*p*）は，らせんが 1 回転するときのらせん軸に平行な距離である。ここでのように 1 回転に整数の残基があれば，ピッチとリピートは等しくなる。

・らせんのライズ（*h*）は 1 つの残基から次の残基へのらせん軸に平行な距離である。したがって $h = c/m$ である。らせんの例としてらせん階段を考えると，ライズは各段の高さで，ピッチは現在位置からまっすぐ上の点までの距離である。

図 4A.2 に示されたらせん構造をもつ重合体について

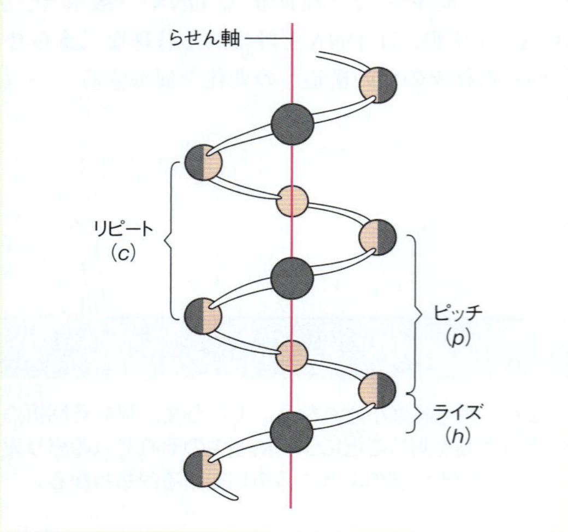

図 4A.2　単純ならせん分子

研究するとしよう。重合体の濃厚溶液から繊維を引き出す。繊維をさらに引き伸ばすと，長いらせん分子が繊維の軸に沿ってほぼ正確に整列する。図 4A.3a に示すように，繊維を X 線ビーム中に置き写真のフィルムや同等の検出媒体を後方におく。回折像は，図 4A.3b にみられるように点と短い弧からなる。回折像は以下のように読み解くことができる。回折理論の数学によると，らせんは常にこのような交差した像を生じさせる。したがってらせん構造を扱っていることがわかる。スポットはみな繊維の軸に対して垂直な線上に位置する。これらの線を**層線 layer line** という。これらの線の間隔はらせんのリピート（*c*）（この場合はピッチに等しい）に反比例する。クロスパターン自体も 4 層線ごとに繰り返すことに注意しよう。この繰り返しパターンから，らせん 1 回転当たり正確に 4.0 残基あることがわかる。したがって，らせんのライズは *c*/4 である。Watson と Crick はこうした手がかりから B-DNA は 1 回転当たり 10 残基のらせんであると理解したのである。

　上記の情報は回折像から直接与えられる。各残基中の全原子がそれぞれ繰り返し中にどのように配置しているかを正確に見出すためには，もっと詳しい解析が必要になる。通常，正確なリピート，ピッチ，ライズを用いてモデルをつくる。何種類もの化学結合の長さと結合角が大体わかっているので，モデル作製は簡単になる。モデルは，いかなる 2 原子もその van der Waals 半径より近づくことはできないという観点からも検討されなくてはならない。このようなモデルからさまざまなスポットの強度が予測される。これらの予測は観測された強度と比較され，両者が最もよく一致するまでモデルが修正される。まさにこのようにして，DNA の構造が最初に決定さ

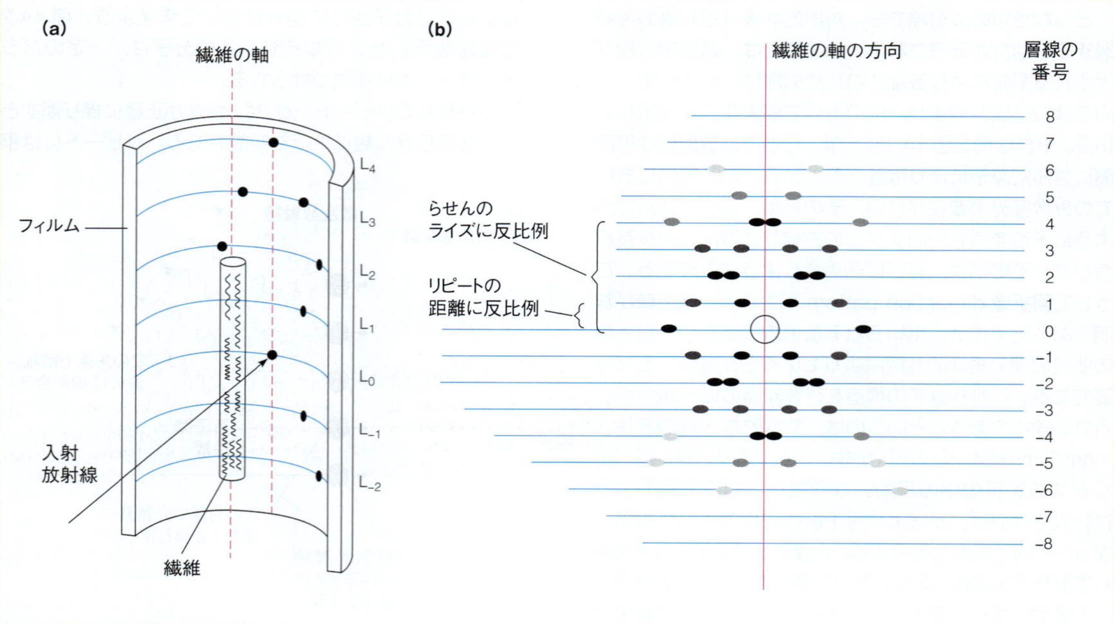

図 4A.3　繊維からの回折　(**a**) X 線ビーム中の繊維。(**b**) 回折像。

れた。実際の繊維の回折像は理想化された例の図 4.9 にみられるように整然としてはいない。それは主に分子の整列が不完全だからである。

結晶の回折

小さいオリゴヌクレオチド，tRNA のような分子，球状タンパク質によりつくられる分子結晶を研究するには，らせん状繊維の研究とは異なる問題に直面し，かなり違ったやり方で研究を進めなくてはならない。このような結晶の概略図を図 4A.4 に示す。繰り返しの単位は**単位格子 unit cell** で，1 個か 2 個，あるいはそれ以上の分子を含む。単位格子は結晶の基本的なビルディングブロックと考えられる。単位格子を 3 つの次元の各方向（図に矢印で示す）に繰り返すと結晶全体ができ上がる。結晶の単位格子に類似した二次元の簡単な例は壁紙である。壁紙のパターンがどんなに無秩序にみえても，じっくりと時間をかけて観察すると，ある模様の繰り返しによって全体の壁を埋めていることに気づく。

繊維の回折のときと同じように，分子結晶に X 線ビームを通すと回折像を生じる。図 4A.5 に示す像は小さい DNA の結晶から得られたものである。今回も，スポットの間隔から周期的構造中の繰り返しの距離を求めることができる。この場合，単位格子の x，y，z 軸方向を図 4A.4 の a，b，c と名づける。しかし，X 線結晶回折における重要な情報は，それぞれの単位格子の中で原子がどのように配置されているかということである。原子の配置がわかれば分子の構造がわかるからである。今回も，この情報は図 4A.5 に示されたような像の中の回折点の相対強度に含まれている。結晶の各単位格子中の対応する分子が同じ形で同じように配列しているので，結晶の X 線回折では繊維の X 線回折よりも正確な情報を得ることができる。繊維の X 線回折ではらせん分子はみな長軸を同じ方向に向けているが，軸に対して任意の方向に回転している。図 4A.5 の結晶回折像の鮮明さを図 4.9 の繊維の回折像と比較すれば，配列の正確さの差がわかるであろう。

分子結晶からの回折像が得られたら，たくさんのスポットの強度を測定する。測定した分子が小さいものであれば，繊維の X 線回折像とほぼ同じやり方で進めることができる。1 つの構造を推定し，予測される強度を計算して観測された強度と比較する。すべてのスポットの相対強度が正確に予測されるまで構造を改善する。しかし，このようなやり方は図 4.20 に示す tRNA のように複雑な分子ではうまくいかない。それは単に，このような構造を推定する方法がないからである。

なぜ直接スポットの強度から構造に進まないのか？それは，スポット強度に含まれている情報の一部が隠されているため，困難だからである。複雑な問題を大幅に単純化するために，構造を決定するために必要な量（**構造因子 structure factor**）は強度の平方根であるといってもよいであろう*。例えば強度が 25 であるとすると，必要な数値は +5 か −5 である。でもどちらなのか？

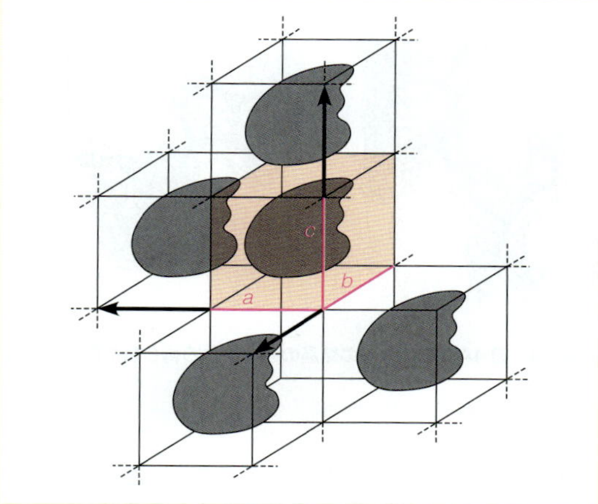

図 4A.4　分子結晶の模式図

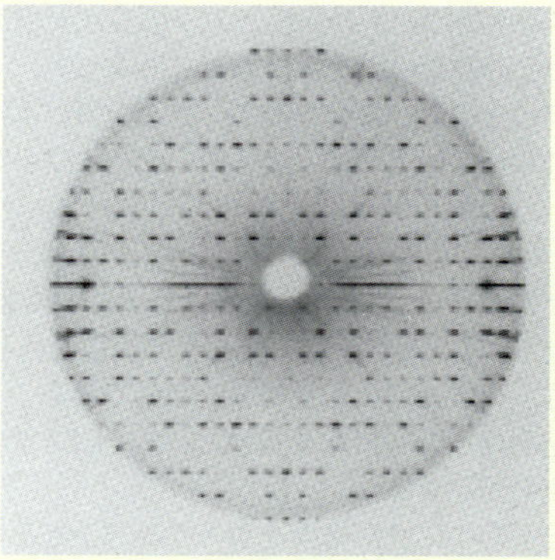

図 4A.5　小さい DNA の分子結晶により生じた回折像
P. S. Ho, Colorado State University.

この種の困惑が位相問題の本質であり，何年もの間大きい分子の結晶学の進歩を妨げた。この問題を解決する 1 つの方法が 1950 年代のはじめに発見された。分子と結晶の他の部分に変化を与えないように，水銀のような重金属原子を分子のある位置に導入できるとする。この方法を**同形置換 isomorphous replacement** と呼ぶ。重金属が，議論しているスポットの構造因子を +2 だけ増加させたとしよう。もし元の値が +5 であれば新しい値は +7 になり，その 2 乗は 49 である。もし元の値が −5 であれば今度は値が +3 になり，その 2 乗は 9 である。重金属が導入された結晶の回折写真を撮影する。このスポットの強度が，新しい結晶で 9 だとすると，元の構造因子は −5 であって +5 ではない。単純化しすぎてはいるが，この例は同形置換法の本質を示している。通常は，構造因子の位相を決定するためには複数の同形置換が必要である。

すべてのスポットの構造因子が得られると，単位格子中の全原子の位置を計算できる。実際に計算されるのは

---

*数学が得意な読者のために，構造因子は通常複素数であり，複素平面上のベクトルとして表されることを記しておく。強度から決定されるのは振幅であり，位相はわからない。

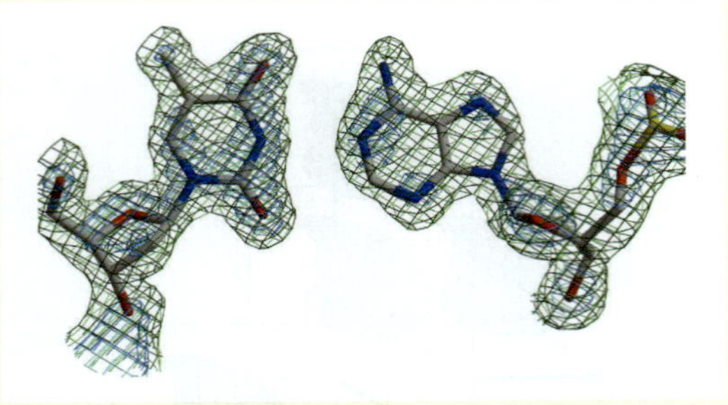

図 4A.6　図 4A.5 の DNA の結晶の回折像から得られた電子密度図の一部
P. S. Ho, Colorado State University.

電子密度 electron density の分布である（図 4A.6）が，電子密度の高い領域は原子の存在するところなので同じことである。図 4A.6 に示した電子密度分布図では，三次元の電子密度分布の二次元の切片をみている。

X 線結晶回折の研究から巨大分子の三次元構造を決定するために必要な段階を振り返ってみよう。

1．申し分のない結晶を得る。結晶の質がよくなくてはならないうえに，最小の辺の長さが少なくとも十分の数 mm 以上なくてはならないので，この段階はしばしば全体の中で最も困難な部分である。あまり小さすぎる結晶ではシャープな回折像が得られない。巨大分子をうまく結晶させることは，科学というよりむしろ芸術である。
2．結晶からの回折像を記録し，多くのスポットの強度を測定する。
3．分子の中に同形置換を導入する方法をみつける。通常は 2 箇所かそれ以上の置換が必要である。
4．各同形置換体につき 1 と 2 を繰り返す。
5．構造因子を算出し，それより電子密度分布を求める。通常これらの計算は大型計算機でなされる。

ほとんどの場合，はじめはこの解析を比較的少数のスポットについて行う。この手順で得られるのは解像度の低い構造である。もしすべてがうまくいけば，もっと多くのスポットを測定して計算の精度が上がり，高い解像度が得られる。最良な結晶の場合，現在では約 1 Å（0.1 nm）の解像度を得ることができる。この解像度は個々の原子団やある原子さえも同定し，それらが互いにどのように相互作用するか示すのに十分である。異なる解像度で明らかにされたタンパク質の側鎖のフェノール環の詳細を図 4A.7 に示す。

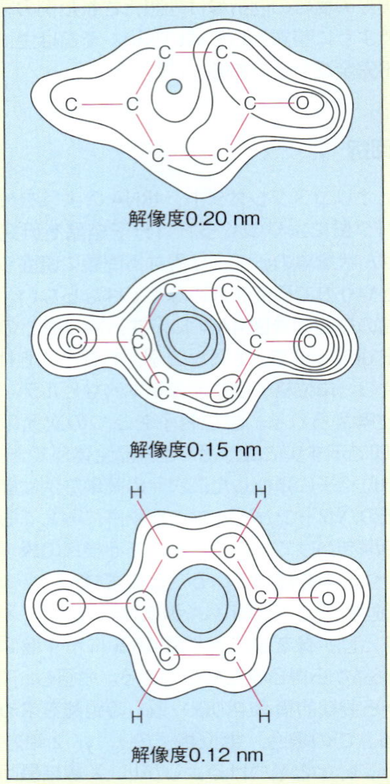

図 4A.7　X 線回折により観察された分子の細部に対する解像度上昇の効果
Reprinted from *Journal of Molecular Biology* 138：615-633, K. D. Watenpaugh, L. K. Sieker, and L. H. Jensen, Crystallographic refinement of rubredoxin at 1・2 Å resolution. © 1980, with permission from Elsevier.

本書中に示された生体高分子の詳細な三次元構造のほとんどは，結晶の X 線回折により決定されたものである。現在では何万ものこのような構造が知られている。これらの知見は多くの研究室での膨大な労力を示すものであるが，これらの結果からほんの少し以前には信じられなかったレベルで巨大分子の機能を理解することができる。

生化学の道具　4B

DNA を操作する

必要な遺伝子を単離し，ヌクレオチド配列を決定するためにその遺伝子を増幅し，その産物であるタンパク質を産生し解析するために遺伝子を多量に発現させ，タンパク質の構造活性相関を解析したり安定性を増すなどいくつかの望ましい性質をつくり出すために遺伝子に希望する変異を導入する。これらのことを可能にする実験技術により，生物科学に革命がもたらされた。さらに，代謝機能を決定するために生きている生物のゲノムに変異遺伝子を導入することもできる。鍵となる発見は1970年代と1980年代のはじめになされ，何百もの新薬や干ばつ耐性作物のような遺伝的に変異された生物をつくり出した巨大なバイオテクノロジー産業を生み出した。以後のいくつかの章で論じるタンパク質と酵素の構造と機能について，多くのことをこれらの方法が我々に教えてくれたので，ここで基本的な技術のいくつかを紹介しよう。これらの技術の基礎となっている遺伝生化学の多くについては，後に本書の中で触れる。この一連の**組換えDNA recombinant DNA** 技術の中の，(1) 遺伝子クローニング，(2) プライマーとして使用するためのオリゴヌクレオチドの化学合成，(3) DNA配列解析，(4) 部位特異的変異法遺伝子クローニングの概要について紹介する。5番目の技術の，どんなDNA配列でも非常に少ない量から増幅することができる**ポリメラーゼ連鎖反応 polymerase chain reaction**（PCR）は第24章で紹介する（生化学の道具24A）。

遺伝子クローニング

1973年 Stanley Cohen と Herbert Boyer は，近年の2つの進歩により単一の遺伝子を**クローニング**（単離）する準備が整ったことに気づいた。古典的な生物学では，クローンとは単一の祖先に由来する遺伝的に均一な生物の集団を指す。例えば，1つのコロニー中のすべての細菌の細胞は，ペトリ皿のその場所に位置した1つの細胞に由来するクローンである。

単一遺伝子をクローニングする最初の進歩は，**プラスミド plasmid** が細菌の細胞中で染色体とは独立に複製できる小さな環状DNA分子であると明らかにすることであった。抗生物質に対する耐性は，多くの場合プラスミドDNA分子上の遺伝子の変異による。例えば，ペニシリンに対する耐性は，プラスミドにコードされるβラクタマーゼ（p.314）という酵素に起因する。この酵素はペニシリンを分解して不活性なものにする。2つ目の進歩は，**制限酵素 restriction endonuclease** と呼ばれる一群の細菌由来の酵素の発見で，これらの酵素はDNAの特異的な部位での切断を触媒する（第26章）。例えば，*Eco*RI という酵素は

5′...GAATTC...3′
3′...CTTAAG...5′

という配列を認識してDNAを切断する。

この種の配列は回文（p.103参照）といい，両方向から同一に読める配列である。この配列は対称的で，2本の鎖は逆方向に同じ配列をもっている。酵素は両方の鎖のGとAの間を切断する。こうして，各切断産物は短い（4塩基）一本鎖の末端，3′...TTAA5′をもつ（図4B.1参照）。これが意味することは，*Eco*RI で切断された2つのDNA分子は，**アニール anneal** する（DNA再生条件下におく）と，“相補末端”または“粘着末端”とも呼ばれるAATTで終わる2本の5′配列間で塩基が対をつくり，端と端が再結合できるということである。この対合が起こるとDNAリガーゼ **DNA ligase** という酵素（図4B.1およびp.938）が3′末端のGと5′末端のAの間に共有結合をつくる。再結合される2つのDNA配列の由来が異なると，in vivo での遺伝子組換えに異なる染色体からのDNAの切断と再結合が含まれることから，生成物は組換えDNA分子と呼ばれる（第26章）。

Cohen と Boyer は組換えDNA分子を細菌の生細胞に導入するために，形質転換を高頻度で起こす技術も考案した。はじめは細菌を塩化カルシウムで処理し熱ショックを与えるものだったが，より有効な方法であるエレクトロポレーション（電気穿孔法。電気パルスをかける）に取ってかわられた。**ベクター vector** はクローンされる遺伝子が挿入されているDNA分子である。図4B.2に示したようにベクターはプラスミド（小型環状DNA）でアンピシリンのような特定の抗生物質に耐性を与える遺伝子をもっている。プラスミドは使用する制限酵素に切断される部位を1つだけもつ。プラスミドと目的の遺伝子を含むDNA分子か染色体を *Eco*RI のような制限酵素で切断する。アニーリング（再生）後に酵素で結合すると，目的の遺伝子がベクターに挿入された組換えDNA分子が得られる。ベクターはプラスミドである必要はない。ウイルスのゲノムのように細胞中で独立に複製できるDNAなら何でもベクターとして利用できる。

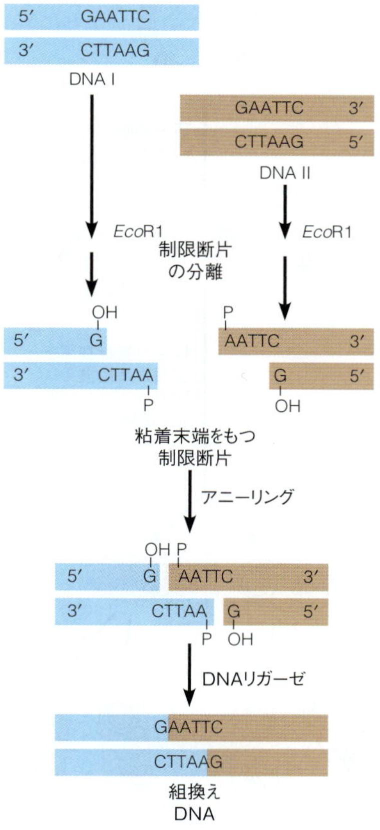

図4B.1 in vitro での組み換えDNA分子の作製

アニーリングとライゲーション（DNA 結合）後，組換え DNA と非組換え DNA の混合物を含む DNA は遺伝子導入により受容体である細菌に導入される。形質転換された細菌はアンピシリンを含む培地に播種することで選択され，形質転換された細菌のみが，抗生物質耐性遺伝子をもつために生育する。その後，形質転換された細胞がクローニングする遺伝子をもっていることを確かめる実験をしなくてはならない。種々の方法が可能で，他の抗生物質耐性の試験，DNA-DNA 再結合反応，抗体や活性測定によるクローニングした遺伝子の発現確認などがある。

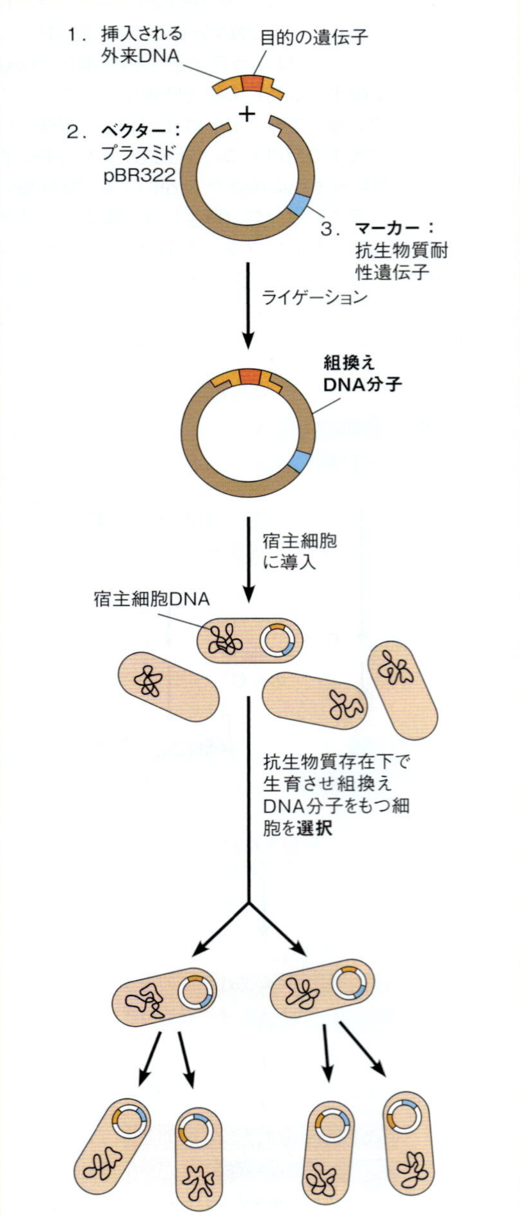

図 4B.2　DNA 断片をプラスミドベクターにクローニングし組換え分子を細菌に導入する

図 4B.3 に，1977 年に遺伝子クローニングのためにつくられ今日でも時おり使われているプラスミド pBR322 の構造を示す。4632 塩基対のこの小さな組換え DNA 分子は，2 つの抗生物質耐性遺伝子をもっている。1 つはアンピシリン耐性遺伝子（amp^R）でもう 1 つはテトラサイクリン耐性遺伝子（tet^R）である。これらの遺伝子は配列中に制限酵素認識部位をもつ。制限酵素 *Hind*III の認識部位が tet^R 配列中にあるので，この部位がクローニングに用いられると tet^R 遺伝子は分断され不活性になる。amp^R 遺伝子は無傷なので，組換え体であってもなくても，プラスミドを獲得した菌はすべてアンピシリン耐性で選別できる。もとのプラスミドを獲得した菌は両方の薬剤に耐性であるのに対し，組換え体プラスミドを獲得した菌はテトラサイクリン感受性で，アンピシリン耐性なので区別することができる。

この最初の方法に対し多くの変更が考案された。粘着末端をもたない平滑末端 DNA 分子も，今ではクローニング可能である。多くの場合，組換え DNA 分子であるクローニングベクターが数多く考案された。それらの 1 つであるバクテリオファージ M13 は，組換え DNA が一本鎖分子として単離され直ちに DNA 配列分析（p.932）に用いられるため，特に有用である。特に多く用いられているのが発現ベクターで，クローニングした遺伝子を制御し高度に発現させる配列をベクター中に組み込んである。ほかの改良には，組換えタンパク質（図 5A.1 参照）の精製を助ける配列をもつものがある。これらの技術を用いてバイオテクノロジー産業は，早くも 1982 年

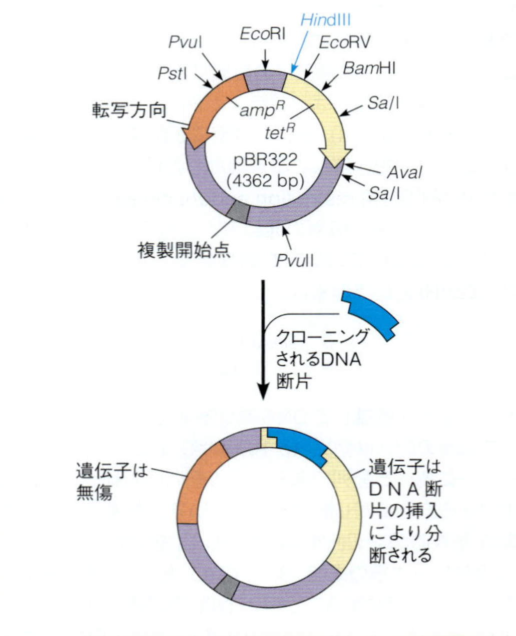

図 4B.3　pBR322，初期のクローニングベクターの 1 つ　アンピシリンとテトラサイクリン耐性遺伝子の転写方向といくつかの制限酵素認識部位を示す。下の図は *Hind*III 認識部位に新しい配列をクローニングした効果を示す。

に遺伝子組換え産物として糖尿病の治療に用いるヒトインスリンを発売した。その後臨床での使用が承認された他の組換えタンパク質には，血液凝固因子，心臓発作患者に用いる血栓溶解酵素，下垂体成長ホルモン，インターフェロンなどがある。

オリゴヌクレオチド自動合成

1976 年，英国の生化学者 Fred Sanger は**ジデオキシ DNA 配列決定法 dideoxy DNA sequencing** を導入した。高速 DNA 塩基配列決定法であるジデオキシ法により，2001 年に 30 億塩基対のヒトゲノムの全塩基配列が決定した。1978 年，カナダの生化学者 Michael Smith は，クローニングした遺伝子に任意の変異を導入する方法である，部位特異的変異導入法を考案した。こうした貢献により，2 人はノーベル賞を受賞した。

ジデオキシ DNA 配列決定法も部位特異的変異導入法も，ポリメラーゼ連鎖反応のプライマーとして働く正確に塩基配列がわかっているオリゴデオキシヌクレオチド分子が入手できるかにかかっている。現在最も広く用いられているオリゴヌクレオチド合成法は，**ホスホロアミダイト法 phosphoramidite** である。固相担体にオリゴヌクレオチドを結合させ，ヌクレオチドを 1 つずつ加えていくこの方法は自動化することができるので広く用いられている。

この方法を図 4B.4 に示す。この化学合成法の中間体はヌクレオチド 3′ ホスホロアミダイトで，リンは反応性の大きい 3 価となっている。合成過程はシリカ担体に最初のヌクレオチドの 3′ ヒドロキシ基を結合させることから始まる。5′ ヒドロキシ基はジメチルトリチル基 dimethyltrityl（DMTr）で保護されている。プリンまたはピリミジン塩基のアミノ基も保護されている。次のヌクレオチドは，3′ 位にホスホロアミダイト基をもつ保護された誘導体として導入される。このヌクレオチドのジイソプロピルアミン部分をプロトネーションして，脱保護された 5′ ヒドロキシ基との反応で脱離しやすくするためにテトラゾールが存在する。ヨウ素による酸化で 3 価のリンをリン酸トリエステルに変える。この過程を段階的に繰り返して最大 150 個のヌクレオチドがつけ加えられ，正確に決定された配列が合成される。最後に保護基がはずされ，完成した鎖が固相担体から切り離され，必要な場合はクロマトグラフィーで精製する。各段階は約 98%の収率で進むので，20 ヌクレオチド残基をもつ 20 量体の場合，最終収率約 80%で合成されること

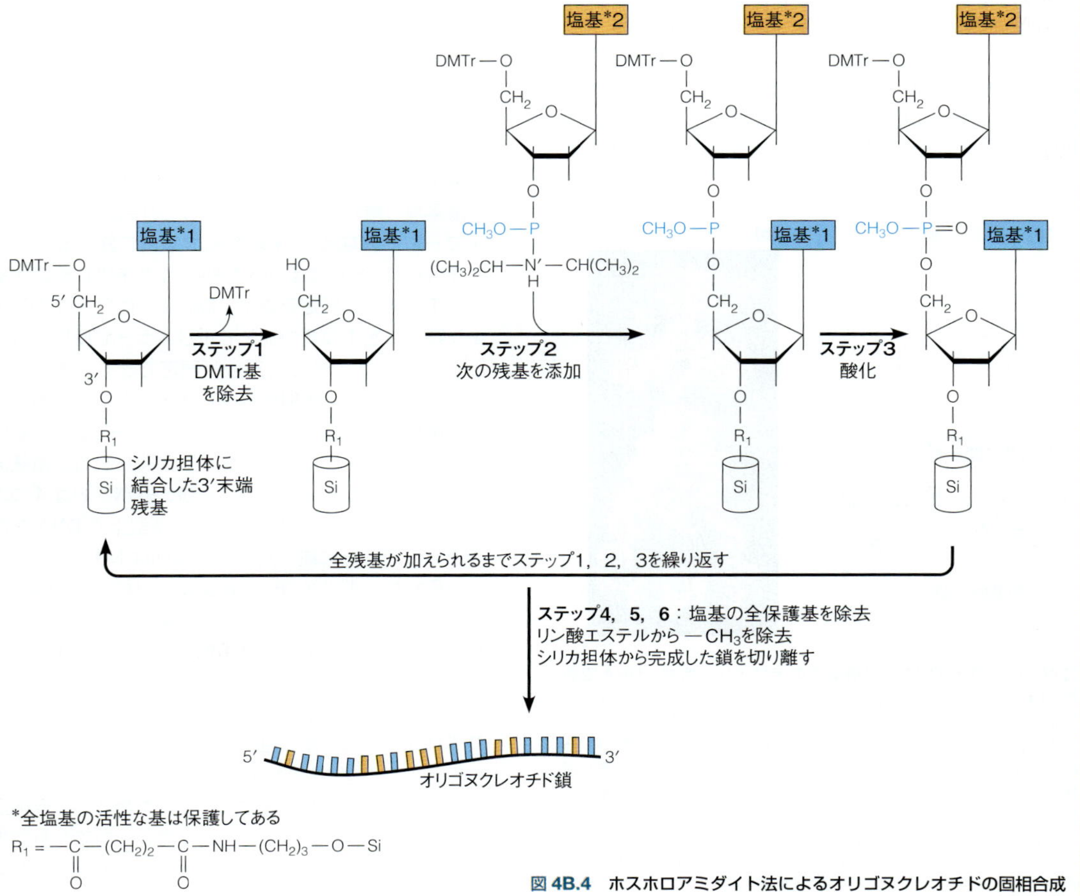

図 4B.4 ホスホロアミダイト法によるオリゴヌクレオチドの固相合成

になる。ホスホロアミダイト法による合成は3′末端から5′末端に進むのに対し，DNAポリメラーゼによるDNAの酵素的合成は逆方向に進むことに注意しなくてはならない。

決められた配列のオリゴヌクレオチドが簡単に合成でき，DNAの二次構造が規則的であるために，DNAを素材とするナノ構造体をつくり出す多くの方法が考え出された。図4B.5に一例を示す。この例では，合成オリゴヌクレオチドが折りたたまれて完全な正四面体を形成するようにデザインされている。このような方法で，合成DNAは歯車，管，さらには機械装置さえも含むナノテクノロジーへの応用が可能な構造物をつくることに使われている。

ジデオキシヌクレオチド配列分析

p.97でDNA配列決定法であるMaxam-Gilbert法について触れた。Maxam-Gilbert法ではヌクレオチド特異的にDNAを切断する薬品でDNAを処理し，生じた分子の集団をゲル電気泳動で分子量に基づいて分離する。Sangerが導入した酵素法も同様に特定のヌクレオチドで終わるDNA断片を電気泳動で分析するが，Sanger法ではもっと長いDNAの分析が可能で，Maxam-Gilbert法より自動化に向いている。当初，この方法は分析するDNA配列をクローニングするベクターとしてバクテリオファージM13を使用していた。ウイルス粒子から単離されるM13 DNAは環状で一本鎖だが，この分子は複製型 replicative form（RF）と呼ばれる二本鎖の中間体を経て複製する。実用的な制限酵素認識部位を導入すると，M13 RFはpBR322に匹敵するクローニングベクターになる。図4B.6に示すように，分析するDNAをM13 RFにクローニングする。ライゲーション後，組換えDNAを大腸菌に導入して形質転換し，感染細胞を培養してファージ粒子をつくらせる。ファージ粒子を精製し，分析する配列を含む一本鎖DNAとしてDNAを単離する。

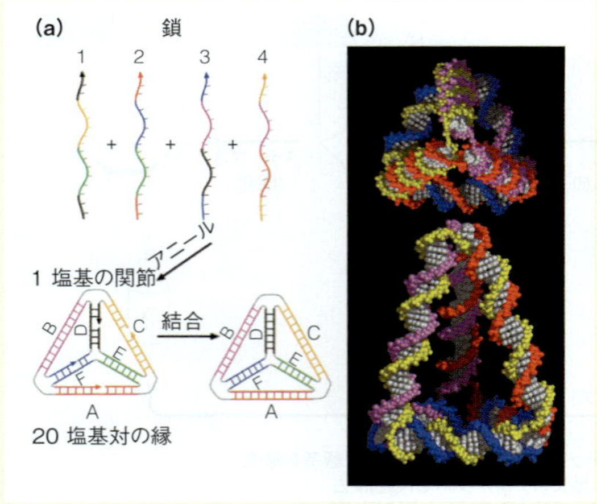

図4B.5　三次元DNAナノ構造体のデザインと合成，DNA四面体　(a) 合成する4本のオリゴヌクレオチドのデザイン，相補的塩基配列を同じ色で示す。加熱後に徐冷することで4本のオリゴヌクレオチドをアニールし，DNAの末端を共有結合でつなぐ酵素（第25章）でライゲーションする。**(b)** 四面体を3本の30ヌクレオチド鎖側（A，B，C）と3本の20ヌクレオチド鎖側（D，E，F）側から見た2つの空間充填モデル像。

(a) From *Science* 310 : 1661-1665, R. P. Goodman, I. A. T. Schaap, C. F. Tardin, C. M. Erben, R. M. Berry, C. F. Schmidt, and A. J. Turberfield, Rapid chiral assembly of rigid DNA building blocks for molecular nanofabrication.

ファージゲノムから単離した目的の配列が挿入された一本鎖環状DNAは，ポリメラーゼ連鎖反応の鋳型になる。プライマーは挿入された配列直後の3′側M13配列に相補的なオリゴヌクレオチドである。DNAポリメラーゼがこのプライマーを伸長して挿入された配列をコピーする。ポリメラーゼ反応は，3′ヒドロキシ基が欠けているためにDNA鎖伸長反応の阻害剤となるデオキシリボヌクレオシド三リン酸の類似体，**2′，3′-ジデオキシリボヌクレオシド三リン酸 dideoxyribonucleoside triphosphate**（ddNTP）存在下で行われる。デオキシアデノシン三リン酸のジデオキシ類似体（ddATP）を示す。

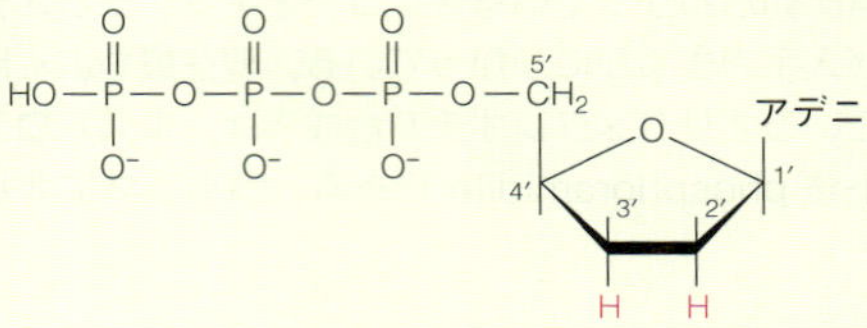

2′,3′-ジデオキシアデノシン三リン酸

Aを端にもつ一群の断片を得るために，等濃度のdATP，dCTP，dGTP，dTTPと1/10濃度のddATPの存在下でDNAポリメラーゼの反応を行う。鋳型鎖にTがあるとDNAポリメラーゼは時々dATPのかわりにddATPを取り込む。そうすると複製は停止しDNA断片は酵素から離れる。このようにして共通の5′末端（プライマー）と異なる3′末端をもつ鎖長の異なる一群の断片が得られ，分析する挿入配列の各3′末端に対応する残基がTであると同定できる。同様に，他の3つのジデオキシ類似体を1つずつ加えてポリメラーゼ反応を行うだけでC，G，Tで終わる部位が同定できる。ポリメラーゼ反応の反応液に放射性ヌクレオチドを加えておくと，ゲル電気泳動後オートラジオグラフィーで図4B.6に示すような“シークエンスラダー”が得られる。電気泳動ゲルのオートラジオグラフィー像の各バンドは4つの塩基のうちの1つを示す。一本鎖の鋳型上でDNAを合成できるので，先に述べたように当初はM13ベクターが用いられた。ポリメラーゼ連鎖反応（「生化学の道具24A」）の改良により，今はM13由来のベクターを必要とせずに配列決定用の一本鎖DNA分子を調製することができる。

今ではSanger法は自動化されている。各ddNTPはそれぞれ異なる色の蛍光色素で誘導体化されている。こうして各フラグメントはシークエンス反応を停止させるddNTPにより別々の色をもつ。このため4つの反応混合物全部をシークエンスゲルの同一のレーンで分析でき，一度のシークエンス操作ではるかに多くのDNAを解析できる。ゲルをスキャンして蛍光強度を測定し，生じた

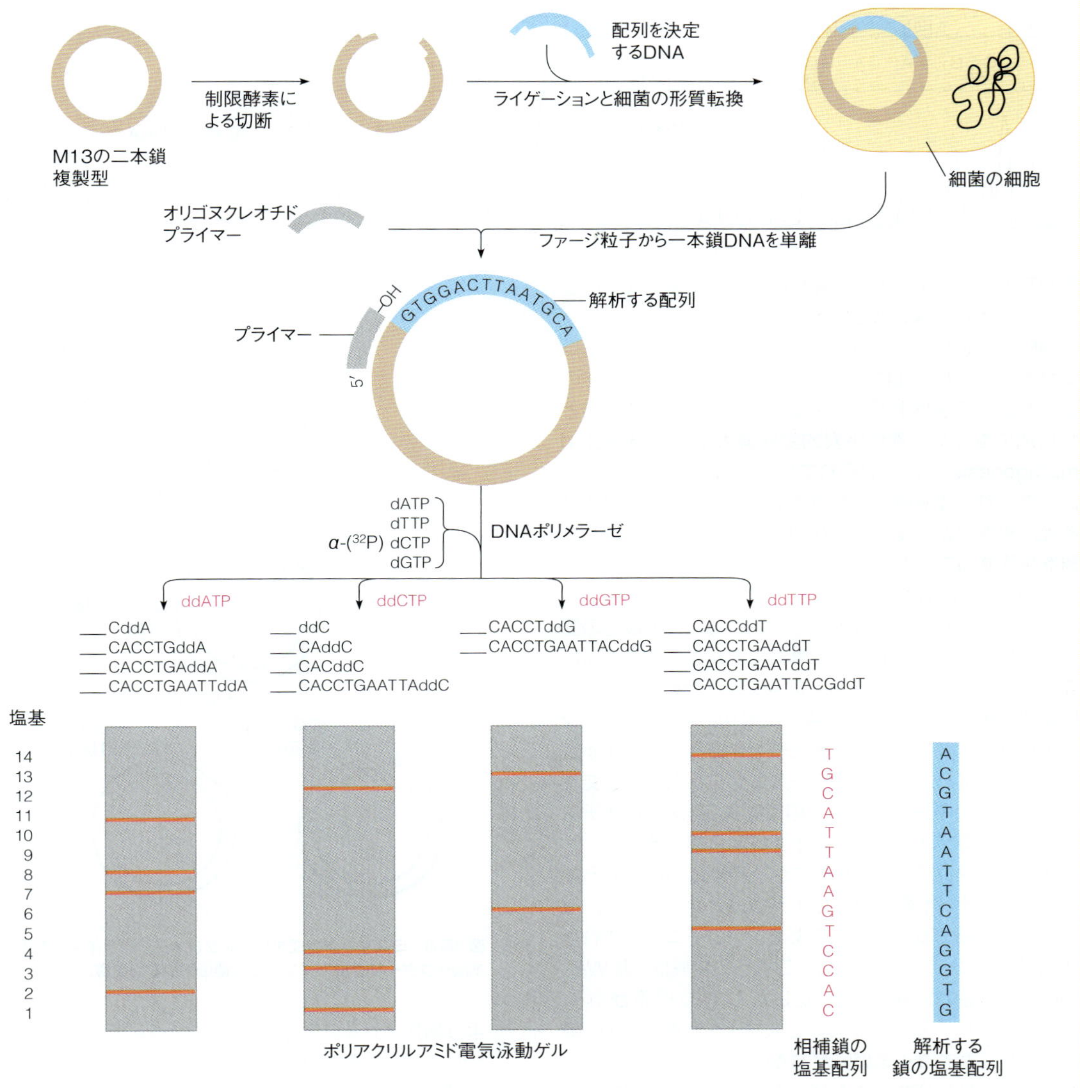

図 4B.6 M13へのクローニングとSanger法による塩基配列決定

異なる色のピークのパターンから直接コンピュータで配列を読み取る（図 4B.7）。

この方法はさらに改良され“処理量”，すなわち1回の操作で得られる配列情報の量が，大いに増加した。これらの方法により1990年代中頃には数種の細菌の完全なゲノム配列が，2001年にはほとんど完全なヒトゲノム配列が得られた。それ以後もさらに改良が重ねられ，DNA配列決定操作の速度と精度の大幅な増大をもたらすいくつかの方法が生まれた。これらの“第二世代”配列決定法の中で最も傑出しているもののいくつかについては，巻末に挙げた文献に述べられている。本書で後に詳述するように，健康と病気，生物学的同一性および進化的関係に関する膨大な量の情報がこれらの進歩により得られている。

部位特異的変異導入法

タンパク質の機能の解析にはタンパク質の構造を変えることと，それによりタンパク質の生物学的機能が変わるのか，変わるとすればどのように変わるのかを調べることが含まれる。古典的には2つの方法が用いられた。1つはタンパク質を修飾する試薬で処理してタンパク質のある残基を化学的に変更することである。この方法は，興味のある1，2残基だけでなくあるアミノ酸の全残基を変更してしまうので特異性に欠ける。もう1つの方法は，紫外線，電離放射線や化学変異原物質で生物を突然変異させ，興味の対象である変異をもって生存している個体を選択して変異したタンパク質を単離する。この方法の問題は，興味の対象である遺伝子の特定の領域，特に酵素の触媒部位，DNAや他のタンパク質との調

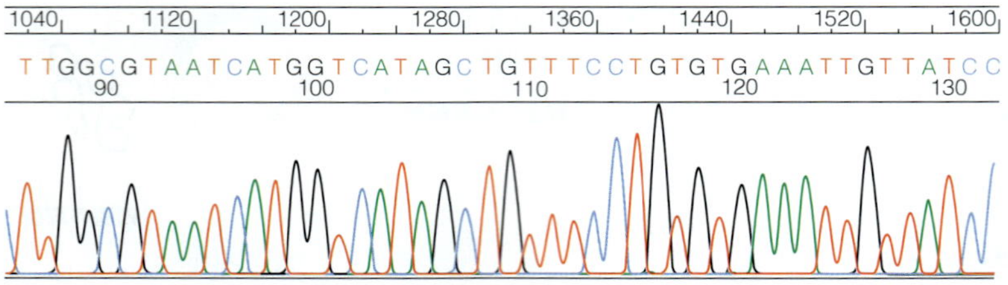

図 4B.7 DNA シークエンスゲルからのデータ
Courtesy of Dr. Robert H. Lyons, The University of Michigan's DNA Sequencing Core.

節相互作用に含まれる領域を標的として変異原を作用させることができない点である。

興味のあるタンパク質をコードする遺伝子をクローニングすることが可能になると，体系的に遺伝子の特定の部位を変えて事実上どんな希望する変異でも起こすことが可能になった。**部位特異的変異導入法 site-directed mutagenesis** として知られている技術である。クローニングされた変異遺伝子を宿主細胞に導入して発現させると，機能がどう変わったか調べるために変異タンパク質を生産することができる。

Michael Smith が考え出した，最も強力で広く用いられている部位特異的変異導入法を用いると，1 塩基の置換や短い欠失や挿入も含め，事実上どんな部位にどんな変異を起こすこともできる。図 4B.8 に示す方法では，DNA 塩基配列決定で述べたように最初に M13 ファージのような一本鎖ベクターに遺伝子をクローニングすることが必要である。次に，クローニングした希望する変異部位に配列の中央部を除いて相補的な 20 ヌクレオチドほどのオリゴデオキシヌクレオチドを合成する。

オリゴヌクレオチドの配列には，鋳型と対をつくらないヌクレオチドや数ヌクレオチドの挿入や欠失など，故意に 1, 2 箇所の変異を入れてある。クローニングされた遺伝子にアニーリングすると，これらの変異は，非 Watson-Crick 型の塩基対を形成したり対の相手がなく“ループアウト”したりする。ミスマッチがあっても，両側に正しく対をつくる塩基があるのでオリゴヌクレオチドはアニーリングすることができる。このオリゴヌクレオチドをプライマーとして DNA ポリメラーゼで環状のベクターの周囲に DNA 鎖を合成し，DNA リガーゼで閉環二本鎖をつくる。この環状分子を細菌に導入すると，両方の鎖が複製されファージを生じる。原則として 50%のファージが挿入された配列中に希望する変異をもっている。実際の割合はかなり低いが，種々の技法により増加させることができる（Kunkel ら参照）。いずれにしても，制限酵素処理により変異遺伝子を変異ファージゲノムから切り出し，大量発現して変異タンパク質を単離するために発現ベクターに再クローニングする。

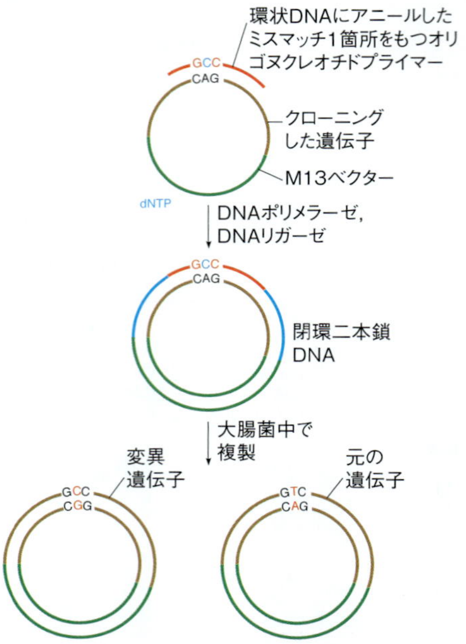

図 4B.8 ミスマッチ合成オリゴヌクレオチドプライマーを用い，一本鎖ベクターにクローニングした遺伝子に変異を導入する

部位特異的変異法の鋳型として M13 のような一本鎖 DNA ファージが当初用いられたが，現在はポリメラーゼ連鎖反応（「生化学の道具 24A」参照）により容易に調製でき，すでに比較的簡単だった技術がより簡単になった。

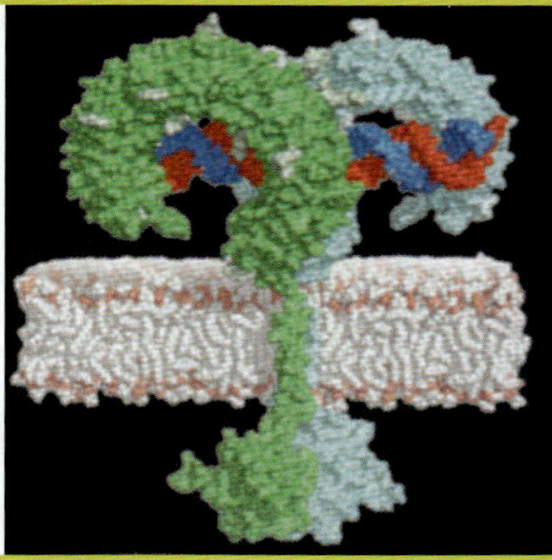

第 5 章
タンパク質序論：タンパク質の一次構造

生体高分子の 1 つである核酸が，細胞の遺伝情報の保存と伝達に働いていることを述べた。遺伝情報のかなりの部分は，もう 1 つの生体高分子である**タンパク質 protein** として発現する。タンパク質はきわめて多彩な役割を担っている。低分子化合物を結合して運搬や保存の役割を担うタンパク質や，細胞や組織の構築を担うタンパク質がある。筋の収縮，免疫応答，血液凝固などもタンパク質の働きによる。タンパク質の中でも重要なものは**酵素 enzyme** である。酵素は，生存に必要な途方もなく多様な化学反応を促進する触媒である。生物を構成するどの細胞も，このような多彩なタンパク質を数千種類発現している。

その多様な機能に対応して，タンパク質は複雑きわまりない分子である。例として図 5.1 にミオグロビンの分子構造を示す。ミオグロビンは比較的小さなタンパク質であるが，動物組織内で酸素を結合し保存する役割を果たしている。本章とこれに続く 3 つの章では，ミオグロビンを含むいくつかのタンパク質の構造と機能を詳しく述べる。そして，タンパク質が，多くの共通の構造的特徴をもちつつ，機能を反映した独特の構造をとることを述べる。本章と 6 章では，一見とてつもなく複雑にみえるタンパク質の構造に，簡潔で明快な道理があることを述べる。まずタンパク質の共通の構成単位であるアミノ酸から述べる。

アミノ酸

α アミノ酸の構造

すべてのタンパク質は重合体であり，その構成単位は**α アミノ酸** *α*-amino acid である。図 5.2a は α アミノ酸の共通構造を示す。アミノ基は，カルボキシ基の隣の α 炭素についている。これが α アミノ酸の名前の由来である。すべてのアミノ酸において，α 炭素には水素原子と側鎖（“R” 基）がついている。α アミノ酸の多様性は側鎖の違いにより生じる。図 5.2a に示した α アミノ酸の共通構造は，化学的には正しいが，in vivo での条件を無視している。第 2 章で指摘したように，ほとんどの生体反応は中性付近の生理的な pH で起きる。カルボキシ基とアミノ基の pK_a は，それぞれ 2 と 10 付近にある。したがって，中性付近では，カルボキシ基は水素イオンを失い，アミノ基は水素イオンを結合し，アミノ酸は図 5.2b に示した**双極性イオン** zwitterion の状態にある。アミノ酸の構造はこの表記法で表す。

ポイント 1
タンパク質の機能はその構造，つまり，タンパク質を構成しているアミノ酸の構造と性質により規定される。

すべての生物において，翻訳の過程でタンパク質に取り込まれるアミノ酸は 20 種類である（p.100，図

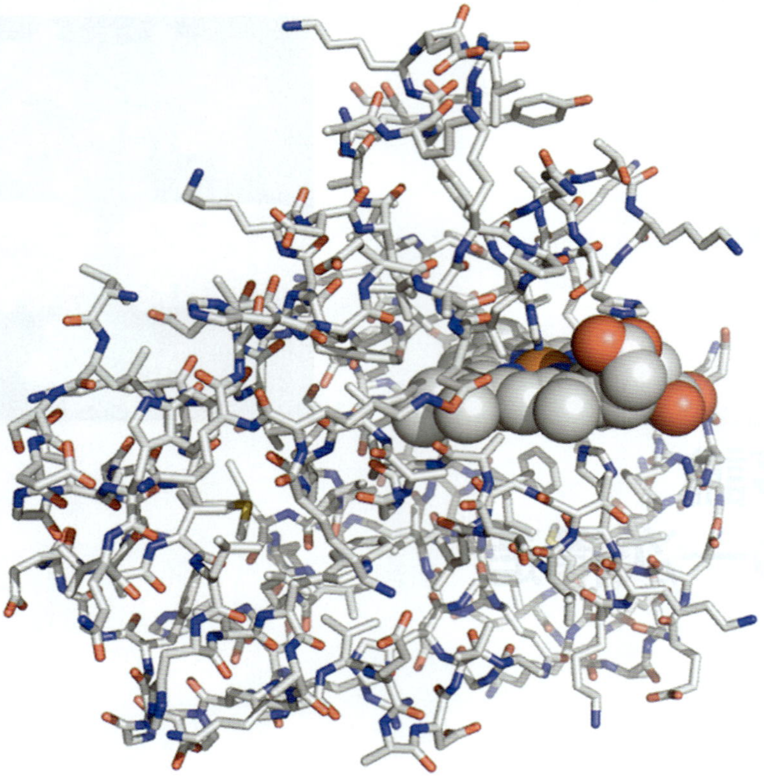

図 5.1　粒状タンパク質ミオグロビンの三次元構造　この分子モデルは H. C. Watson と J. C. Kendrew により X 線結晶解析から作成されたもので，マッコウクジラのミオグロビンの水素以外の原子を表したものである（PDB ID：1MBN）。ここで炭素原子は灰色，酸素原子は赤，窒素原子は青，イオウ原子は黄色で表示した。ヘム分子は各原子の van der Waals 表面を表す空間充填表示法で示した。ヘム中央部のオレンジ色の球は酸素分子を結合する Fe^{2+} イオンを表す（結合部位はヘムの背後に隠れている）。タンパク質の向きは第 1 章の Irving Geis の図と同一である（図 1.5）。

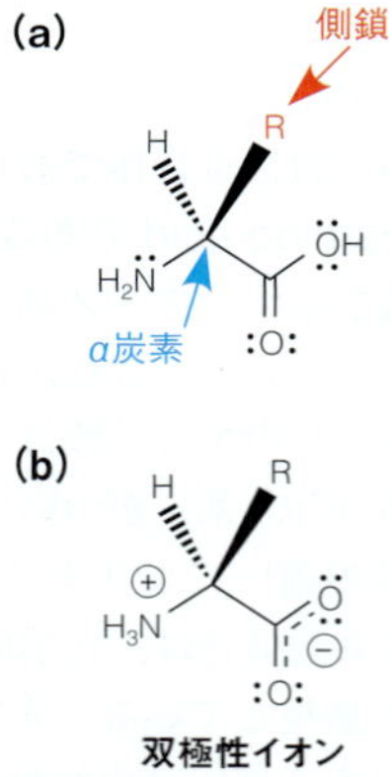

図 5.2　αアミノ酸の構造　(**a**) イオン化していないαアミノ酸の共通構造は，α炭素にカルボキシ基，アミノ基，水素，そしてアミノ酸の種類により異なる側鎖（R）を結合している。(**b**) アミノ酸の一般構造を，中性での双極性イオンとして表示した。生理的な条件では，αカルボキシ基はプロトンを失い，アミノ基はプロトンを受け取った双極性イオンとして存在する。αカルボン酸の負電荷が 2 つの酸素原子に渡り存在する点に注意。この図で示している立体化学は，生合成されたタンパク質でみられるαアミノ酸のものである。

4.23)。図 5.3 に 20 種類のアミノ酸の構造を，表 5.1 に他の主要な性質を示す。これに加えてセレノシステインとピロリシンの 2 種のアミノ酸もタンパク質に取り込まれる場合がまれにある。しかし，ここでは図 5.3 に示した通常の 20 種のアミノ酸について述べる。

> **ポイント 2**
> タンパク質は 20 種類のαアミノ酸の重合体である。

αアミノ酸の立体化学

生体分子の非対称性はその構造と機能に決定的に大切な役割を果たしている。つまりアミノ酸の立体化学を踏まえてはじめてタンパク質の生化学を理解できる。

図 5.2a に示した 4 個の基は中心のα炭素と sp^3 混成軌道による四面体型の配置で結合している。図 5.2 に示すように，α炭素（C_α）のまわりのこれらの官能基の配置は，次のように表される。線は紙面上にある結合を表し，黒いくさびは紙面の手前に，破線のくさびは紙面の向こう側につき出た結合を表す。4 種の異なった結合相手をもつ場合，炭素原子は非対称構造をとることとなり，これを**キラル chiral**，**立体中心 stereocenter** と呼ぶ。このような炭素を**不斉炭素 asymmetric carbon** と呼ぶ。図 5.3 に示したアミノ酸の立体配座は **Fischer 投影式 Fischer projection** と呼ばれる簡易表示で示されている。この方法では結合はすべて実線で表し，横向きの結合は手前に，縦向きの結合は向こう側につき出た結合を表す。図 5.4 にはアミノ酸をボール＆スティック表示法と Fischer 投影で示した。C_α に対する官能基の配置は図 5.2，図 5.3，図 5.4

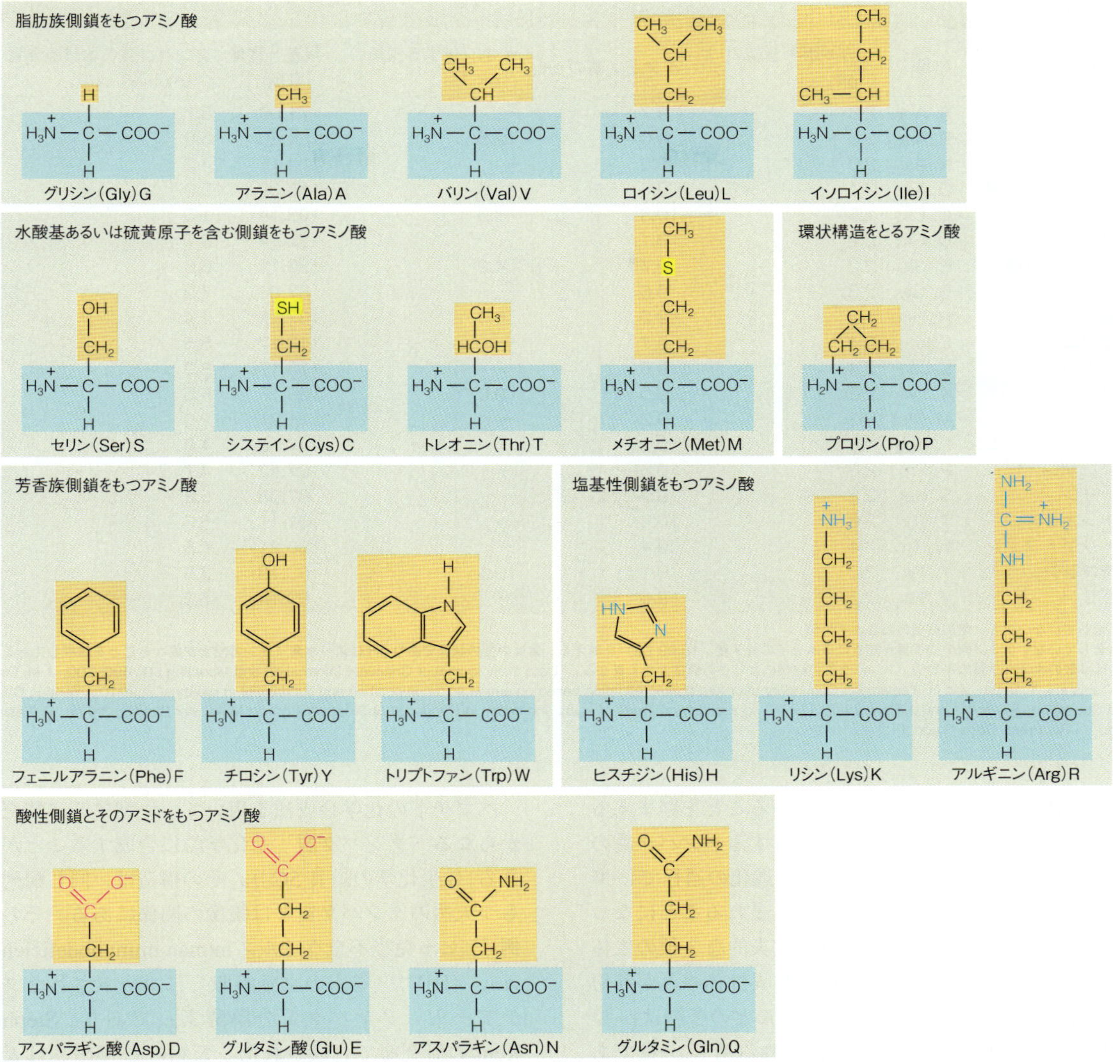

図 5.3　タンパク質を構成する 20 種のアミノ酸　タンパク質を構成する 20 種の α アミノ酸を，Fischer 投影式で，本文で述べる順序に並べた。オレンジ色は側鎖（R）を示した。下にはアミノ酸の名称とその 3 文字表記，1 文字表記を示した。

で同一である。

分子中に 1 個の不斉炭素を含む場合には，判別可能な 2 つの**立体異性体 stereoisomer** が存在することになる。これらは**鏡像異性体 enantiomer** と呼ばれ，互いに重ね合わせることができない鏡像関係にある（図 5.5）。図の**アラニン alanine** はそれぞれ L-および D-型鏡像異性体である*。L-および D-型異性体の溶液は偏光面を逆方向に回転させるので，これを利用して実験的に判別できる。したがって，鏡像異性体は**光学異性体 optical isomer** と呼ばれることもある。グリシン以外のすべてのアミノ酸は，その α 炭素が不斉であるので，L-および D-型をとりうる。グリシンにおいては，α 炭素に結合している 4 基のうちの 2 基が同一（H）であるので，唯一の例外となる。

ポイント 3
グリシン以外のすべての α アミノ酸には，その不斉 α 炭素により L-および D-型光学異性体が存在する。しかし大多数のタンパク質にみられるアミノ酸は L-型異性体のみである。

ここで大切な点は，生体においてタンパク質にみられるほとんどすべてのアミノ酸は L-型であるという点である。L-および D-型のアミノ酸混合物からできたタンパク質が，図 5.1 で示したような精密な立体構造をとれないことは明白である。細胞の生存がタンパク質の機能に依存していること，タンパク質の機能が精

*有機化学では立体異性体を区別する 2 つの方法がある。1 つは古い D-L 系であり，もう 1 つはより一般化された *R*-*S* 系（Cahn-Ingold-Prelog system）である。両者に関しては第 9 章で詳述する。

表 5.1 タンパク質を構成するアミノ酸の性質

名称	略号	α カルボキシ基の pK_a	α アミノ基の pK_a	イオン化する側鎖の pK_a[a]	残基[b]質量 (Da)	タンパク質における含量[c] (mol %)
アラニン	A, Ala	2.3	9.7	—	71.08	8.7
アルギニン	R, Arg	2.2	9.0	12.5	156.20	5.0
アスパラギン	N, Asn	2.0	8.8	—	114.11	4.2
アスパラギン酸	D, Asp	2.1	9.8	3.9	115.09	5.9
システイン	C, Cys	1.8	10.8	8.3	103.14	1.3
グルタミン	Q, Gln	2.2	9.1	—	128.14	3.7
グルタミン酸	E, Glu	2.2	9.7	4.2	129.12	6.6
グリシン	G, Gly	2.3	9.6	—	57.06	7.9
ヒスチジン	H, His	1.8	9.2	6.0	137.15	2.4
イソロイシン	I, Ile	2.4	9.7	—	113.17	5.5
ロイシン	L, Leu	2.4	9.6	—	113.17	8.9
リシン	K, Lys	2.2	9.0	10.0	128.18	5.5
メチオニン	M, Met	2.3	9.2	—	131.21	2.0
フェニルアラニン	F, Phe	1.8	9.1	—	147.18	4.0
プロリン	P, Pro	2.0	10.6	—	97.12	4.7
セリン	S, Ser	2.2	9.2	—	87.08	5.8
トレオニン	T, Thr	2.6	10.4	—	101.11	5.6
トリプトファン	W, Trp	2.4	9.4	—	186.21	1.5
チロシン	Y, Tyr	2.2	9.1	10.1	163.18	3.5
バリン	V, Val	2.3	9.6	—	99.14	7.2

[a] 重合していないアミノ酸の側鎖のおおよその値。
[b] 重合していないアミノ酸の分子量を知るには水分子の分子量（18.02 Da）を加える。値は中性の状態であり pH により水素イオンの結合が異なることを無視してある。
[c] 値は多数のタンパク質の平均値。タンパク質の種類によりこの値は大きく異なる。（Data from Journal of Chemical Information and Modeling 50：690–700, J. M. Otaki, M. Tsutsumi, T. Gotoh, and H. Yamamoto, Secondary structure characterization based on amino acid composition and availability in proteins. © 2010 American Chemical Society. W. P. Jencks and J. Regenstein（1976）Ionization constants of acids and bases in Handbook of Biochemistry and Molecular Biology, 3rd ed., G. Fasman（ed.），CRC Press, Boca Raton, FL.）

緻で活性を有する構造に依存していることを踏まえると，細胞はまったく同一の構造を有するタンパク質の複製物を合成する必要がある。生命進化の過程でL-型アミノ酸だけがタンパク質に取り込まれることになったという点はなぞである。実は，代表的な 3 種の生体高分子において，同様に一方の立体異性体のみが利用されている。自然界に存在するほとんどの多糖はD-型の糖を含む。DNA や RNA に含まれる糖も D-型である。おそらく進化のごく早い時期に高分子間の相互作用が確立したのであろう。では，なぜ，一方の異性体が選ばれたのであろうか。L-型アミノ酸がD-型アミノ酸に比べて何らかの本質的な優位性をもっているとは考えられない。実際，D-型アミノ酸は自然界に存在し，そのいくつかは重要な生化学的な役割を果たしているが（表 5.2 に例を示す），タンパク質中にはめったに存在しない。

多くの科学者が，生物学における“片寄った掌性”に対する合理的な説明を行おうと試みてきた。彼らは，β 崩壊における電子は左向きスピンであるという素粒子の内在的な非対称性にその原因があると考えている。このような力の影響力はきわめて弱いが，L-型アミノ酸あるいはD-型アミノ酸を用いる原始生物間の競合過程において，ささやかな有利性を発揮した。そのささやかな有利性が，長い進化の過程を経て他を圧倒するに至ったというわけである。

ペプチドの化学合成法を用いて，D-型アミノ酸だけからなる“タンパク質”を化学的に合成することができる（「生化学の道具 5C」）。その構造は，同じ配列をもつ天然のタンパク質とは鏡像の関係にある。その一例は，ヒト免疫不全ウイルス human immunodeficiency virus（HIV）（巻末の文献参照）にコードされたプロテアーゼ（タンパク質分解酵素）であり，Stephen Kent の研究室で合成された。天然の L-型酵素は天然の L-型タンパク質を分解するにもかかわらず，この合成酵素は，D-型アミノ酸を含むタンパク質だけを分解する。このことは，L-型ではなく D-型アミノ酸だけからタンパク質をつくる細胞で生命が存在しうることを示唆している。

Reza Ghadiri らは，L-型あるいは D-型アミノ酸のみからなる 32 残基の自己複製性のペプチドが，ペプチド断片のラセミ混合物を材料として，同一のキラル産物を優先的に複製することを示した。この結果は，L-アミノ酸の有意性を説明するものではないが，いったん有意性が確立すると，それが保たれることを示している。

自然界に存在するタンパク質がL-型アミノ酸からできているという事実は，後の章で述べる 2 つの重要な結論を説明する。

1．タンパク質の表面は非対称であり，これがタンパク質が極めて高い特異性で結合相手を認識する

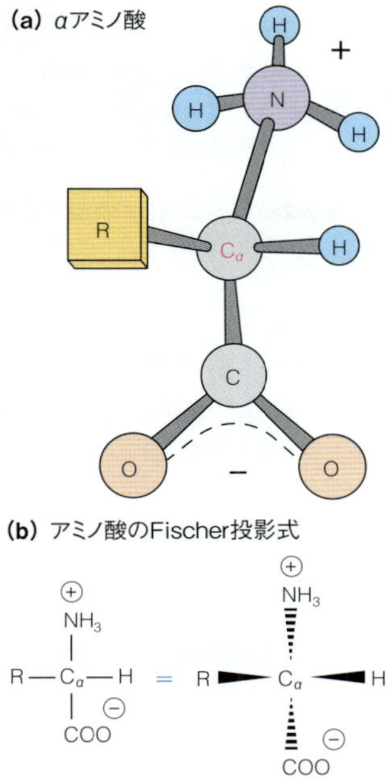

図 5.4　αアミノ酸の三次元表示　(a) ボール＆スティック表示法で原子の三次元配置を示した。α炭素は 4 個の結合を有する不斉中心である。(b) 左の Fischer 投影式では，横向きの結合は手前に，縦向きの結合は向こう側に突き出ている。右の黒いくさびは手前に，破線のくさびは紙面の向こう側に突き出ている。

基盤となっている。

2. アミノ酸の立体化学はタンパク質の二次構造（αヘリックスやβ鎖など），つまり立体構造の形成に深く関わっている。

ポイント 4
アミノ酸の立体化学はタンパク質の立体構造の形成に深く関わっている。

アミノ酸側鎖の性質：αアミノ酸の分類

タンパク質に直接取り込まれる 20 種のアミノ酸は，互いに異なった性質を示す側鎖をもつ。単量体のこの多様性が，タンパク質の構造と性質の多様性のもととなっている。図 5.3 をよくみると，側鎖はその化学的な性質に応じて分類できることがわかる。疎水的か親水的か，極性をもつかどうか，そしてイオン化する基をもつかどうか，という点である。アミノ酸の分類にはさまざまな方法があるが，いずれも完全なものではない。ここでは単純なものから複雑なものへと並べた図 5.3 の順番で説明する。

ポイント 5
アミノ酸の側鎖の多様性により，タンパク質の途方もなく多様な構造と機能が生まれる。

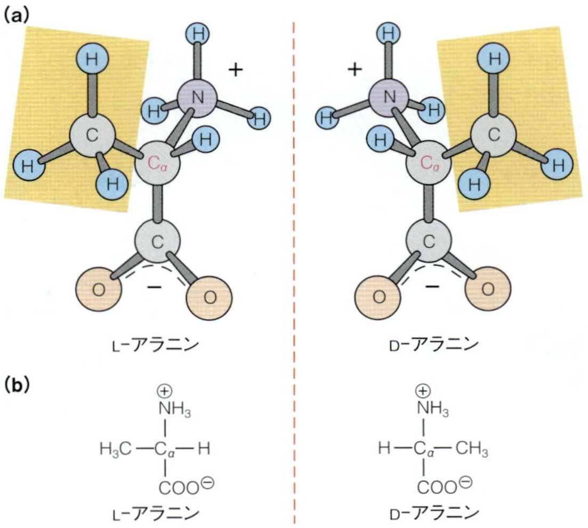

図 5.5　αアミノ酸の立体異性体　(a) L-アラニンとその鏡像異性体である D-アラニンをボール＆スティック表示法で示した。アラニンの側鎖は —CH_3である。2 つの分子は鏡像関係にあり，重ねることはできない。赤の破線は対称面を表す。(b) (a) を Fischer 投影式で示した。

脂肪族側鎖をもつアミノ酸

グリシン glycine（Gly），アラニン alanine（Ala），バリン valine（Val），ロイシン leucine（Leu），イソロイシン isoleucine（Ile）は脂肪族側鎖をもつ。図 5.3 の左から右にいくにつれて，側鎖はより大きくなり，疎水性を増す。例えばイソロイシンはアラニンに比べ，水から炭化水素溶媒に移行しやすい性質を示す。イソロイシンのような疎水性のアミノ酸は通常水から隔離されたタンパク質の内部に存在する。**プロリン proline（Pro）**は，このグループでは唯一側鎖がαアミノ基と共有結合した第二級アミノ基を有し，どのカテゴリーにもぴったりとは分類できない。プロリンはまた，脂肪族を側鎖としてもつアミノ酸の性質を示す。しかし，構造的制約によりしばしばタンパク質の表面にみられる。プロリンの堅い環状側鎖はポリペプチド鎖の折り返し部位（ターン）構造にあてはまる。

水酸基あるいは硫黄原子を含む側鎖をもつアミノ酸

セリン serine（Ser），システイン cysteine（Cys），トレオニン threonine（Thr），メチオニン methionine（Met），チロシン tyrosine（Tyr）について述べる。メチオニンとチロシンはかなり疎水的であるが，それ以外のアミノ酸は，側鎖の極性により対応する脂肪族側鎖をもつアミノ酸より親水的な性質を示す。第 11 章で述べるように，セリンの —OH 基とシステインの —SH 基は，親核的な性質からしばしば酵素活性において決定的な役割を果たす。加えてシステインは 2 つの意味で注目に値する。第 1 は，pH が少し高い状況で側鎖がイオン化するということである。

表 5.2　タンパク質の構成要素ではない生物学的に重要なアミノ酸

名称	分子式	含まれる生体組織，機能
β アラニン	$H_3\overset{+}{N}-CH_2-CH_2-COO^-$	ビタミン B 群の 1 つであるパントテン酸や重要な生体ペプチドに含まれる
D-アラニン	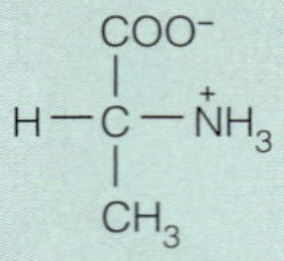	ある種の細菌の細胞壁のポリペプチドに含まれる
γ アミノ酪酸	$H_3\overset{+}{N}-CH_2-CH_2-CH_2-COO^-$	脳などの動物組織に分布，神経伝達物質
D-グルタミン酸	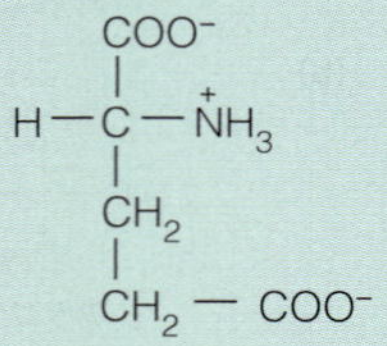	ある種の細菌の細胞壁のポリペプチドに含まれる
L-ホモセリン	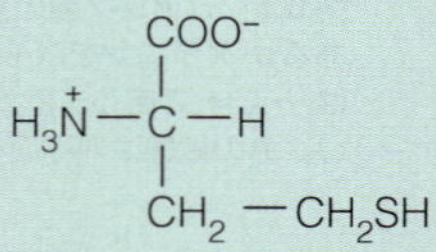	多くの組織，アミノ酸代謝の中間体
L-オルニチン	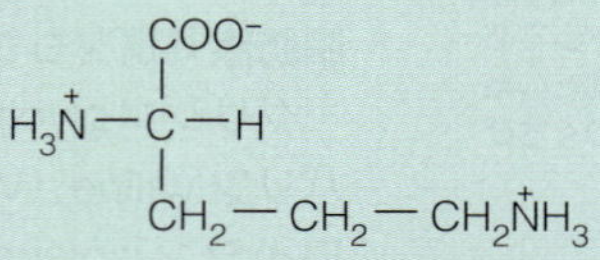	多くの組織，アルギニン合成の中間体
サルコシン（*N*-メチルグリシン，*N*-メチルアミノ酪酸）	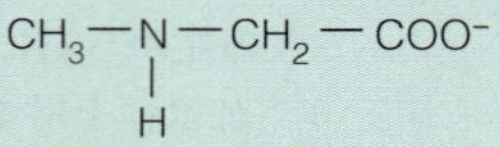	多くの組織，アミノ酸合成の中間体
L-チロキシン	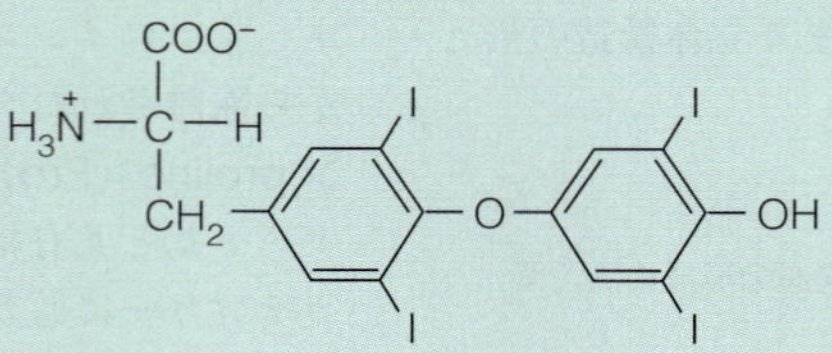	甲状腺，甲状腺ホルモン（I＝ヨウ素）

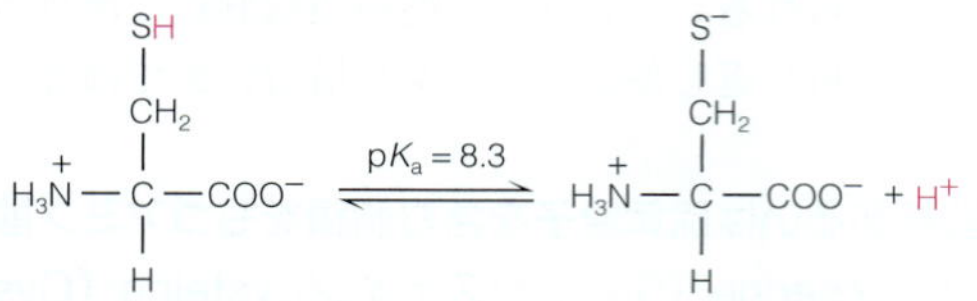

第 2 は，酸化によりシステイン側鎖間で**ジスルフィド結合 disulfide bond** を形成するという点である。

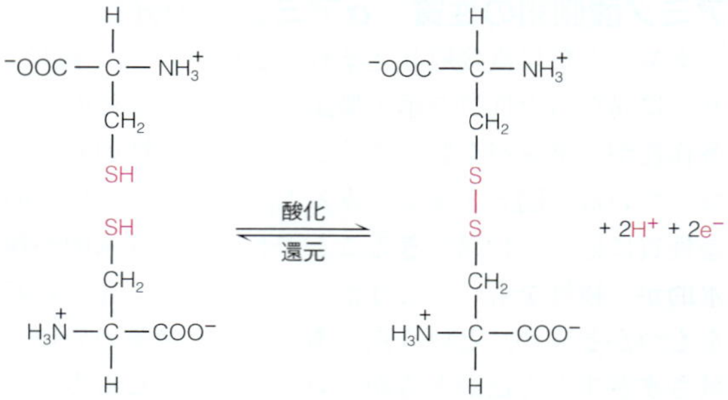

システイン　　**シスチン**

この酸化産物を**シスチン cystine** と呼ぶ。これを 20 種のアミノ酸に入れていない理由は，これが常にシステイン側鎖の酸化によってのみ生じ，DNA にはコードされていないからである。システイン側鎖間でのジスルフィド結合は，しばしばタンパク質の構造の安定化に大切な役割を果たしている。

芳香族アミノ酸

フェニルアラニン phenylalanine（Phe），チロシン tyrosine（Tyr），トリプトファン tryptophan（Trp）の 3 種のアミノ酸は芳香族の側鎖をもつ。フェニルアラニンは，脂肪族アミノ酸であるバリン，ロイシン，イソロイシンと並んで最も疎水的なアミノ酸である。チロシンとトリプトファンは多少の疎水的性質をもつが，それは極性基の存在により緩和されている。さらに，チロシンは高い pH でイオン化する。

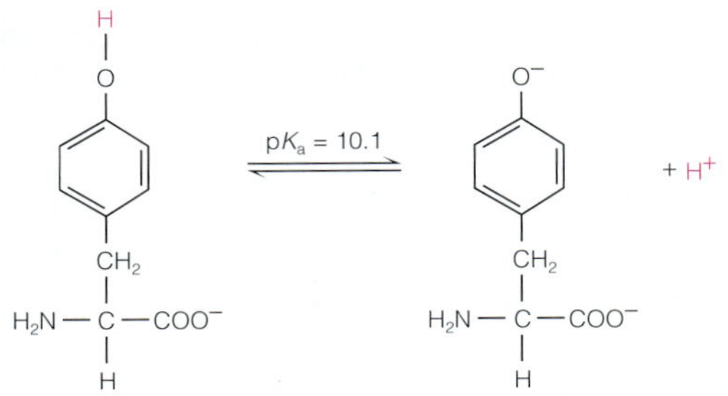

環状構造をもつ分子と同様，芳香属のアミノ酸は近紫外領域の光を強く吸収する（図 5.6）。この性質は，280 nm の吸光度を測定するという方法でタンパク質の分析および定量に汎用される。

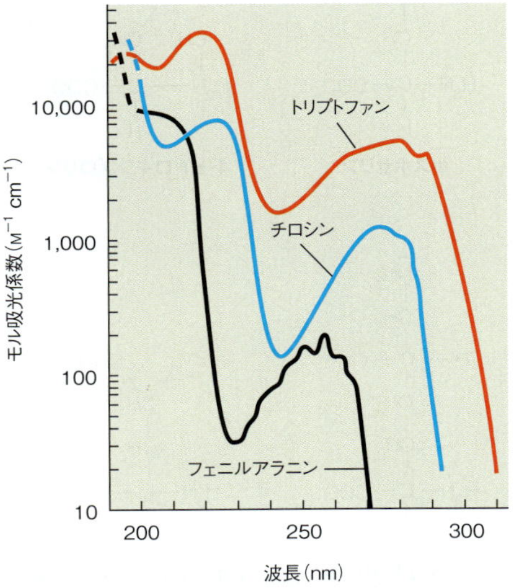

図 5.6　芳香族アミノ酸の近紫外部の吸収スペクトル　タンパク質の 280 nm 付近の紫外線吸収のほとんどは，トリプトファン（赤：λ_{max} = 278 nm）とチロシン（青：λmax = 274 nm）の寄与による。フェニルアラニン（黒：λ_{max} = 258 nm）は 280 nm の吸光はほぼゼロである。吸光係数のスケールが対数であることに注意。タンパク質の紫外線吸収は，核酸と比較した場合には弱い（図 4.5 参照）。

Reprinted from *Advances in Protein Chemistry* 17：303-390, D. B. Wetlaufer, Ultraviolet spectra of proteins and amino acids. © 1962, with permission from Elsevier.

塩基性アミノ酸

ヒスチジン histidine（His），リシン lysine（Lys），アルギニン arginine（Arg）は塩基性側鎖をもつ。図 5.3 に中性付近における構造を示した。この中でヒスチジンは最も塩基性が弱い。図 5.7 の滴定曲線が示すように，遊離ヒスチジン側鎖のイミダゾール環は pH6 で水素イオンを失う（表 5.1 に遊離ヒスチジン側鎖の pK_a値を示す）。タンパク質中では，この pK_a値は 6.5 から 7.4 に上昇する（表 5.3）。生理的な pH でイオン化するこの性質は，周辺に存在する他の荷電基により変化する。ペプチド鎖が折りたたまれたタンパク質中では，近傍の静電的環境は側鎖の pK_a値を 3pH 単位程度変化させうる。ヒスチジン側鎖の生理的な pH に近い pK_a値を有する性質は，しばしば水素イオン転移を伴う酵素の触媒作用の発揮に役立っている。リシンとアルギニンはより塩基性が強く，pK_a値（表 5.1，表 5.3）が示すように，その側鎖は生理的条件では常に正に荷電している。アルギニンのグアニジノ基は，水素イオン化した側鎖の共鳴安定化により特に強い塩基性を示す。

塩基性アミノ酸は強い極性を有し，その結果通常タンパク質の外側に位置し，多くの場合，水溶液中で水和している。

酸性アミノ酸とそのアミド

アスパラギン酸 aspartic acid（Asp）とグルタミン酸 glutamic acid（Glu）は，pH7 で負電荷をもつ典型的なアミノ酸であり，図 5.3 に陰イオン形で示した。遊離アスパラギン酸の滴定曲線を図 2.20（p.44）

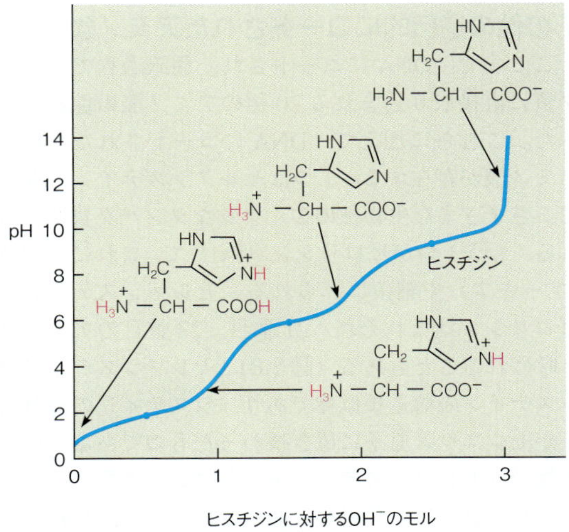

図 5.7　ヒスチジンの滴定曲線　点は pK_a値を示す。各 pH 範囲で優位の構造を示す。イオン化する水素原子を赤で示す。滴定の出発溶液は pH が 2 以下になるようにアミノ酸水溶液に酸を加えた。アスパラギン酸の滴定曲線は図 2.20（p.44）を参照。

表 5.3　タンパク質中のアミノ酸側鎖の pK_a範囲

反応基	通常の pK_a範囲[a]
α カルボキシ	3.5〜4.0
アスパラギン酸，グルタミン酸の側鎖のカルボキシ	4.0〜4.8
イミダゾール（ヒスチジン）	6.5〜7.4
システイン（—SH）	8.5〜9.0
フェノール（チロシン）	9.5〜10.5
α アミノ	8.0〜9.0
側鎖アミノ（リシン）	9.8〜10.4
グアニジニル（アルギニン）	約 12

[a] この範囲を逸脱する例もある。例えば，側鎖のカルボキシ基の pK_aが 7.3 の例も報告されている。

に示した。酸性アミノ酸の pK_a値は非常に低く，タンパク質に組み込まれた場合でさえ（表 5.3 参照），側鎖の負電荷は生理的条件下でも保たれている。したがって，これらのアミノ酸残基はしばしば**アスパラギン酸塩** aspartate，あるいは**グルタミン酸塩** glutamate と呼ばれる（水素イオンが結合した形を酸と呼ぶのに対し，結合していない形を共役塩基と呼ぶ）。

アスパラギン酸とグルタミン酸の仲間に，そのアミド，**アスパラギン** asparagine（Asn），**グルタミン** glutamine（Gln）がある。アスパラギン酸とグルタミン酸とは異なり，アスパラギンとグルタミンの側鎖は荷電をもたないが，極性をもっている。また，アスパラギン酸やグルタミン酸同様これらは親水性であり，タンパク質表面に露出して，水と接している。

ポイント 6
可溶性タンパク質において，非極性アミノ酸はその内部に存在するのに対し，極性タンパク質は一般的に表面に存在する。

その他の遺伝的にコードされたアミノ酸

ここまで，DNA にコードされ，翻訳過程でタンパク質に直接取り込まれる 20 種のアミノ酸の性質を述べた。これらに加えて，DNA にコードされた 2 種のアミノ酸が存在する。1 つはセレノシステイン（Sec）で，さまざまな生物種のごくまれなタンパク質にみられる。もう 1 つがピロリシン（Pyl）で，まれに古細菌（アーキア）や細菌にみられる。セレノシステインとピロリシンはそれぞれ，21 番目，22 番目のアミノ酸と呼ばれることもある（図 5.8）。セレノシステインはシステインの構造類似体であり，システインの硫黄原子がセレニウム原子に置き換わったものである。原核生物ではセレノシステインを含むタンパク質（セレノタンパク質）は同化過程に関わるのに対し，真核生物でこれまでに調べられた 25 種のセレノタンパク質は異化過程か抗酸化過程に関わる。ピロリシンはリシンの誘導体で，そのリシンの側鎖の ε アミノ基に 4-メチル-ピロリン-5-カルボン酸がアミド結合したものである。ピロリシンは，メチルアミン同化経路に関わる古細菌酵素の活性中心に存在する。

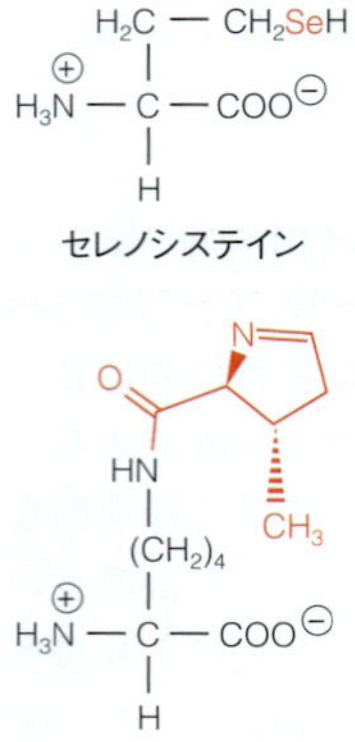

図 5.8　セレノシステインとピロリシンの構造　セレノシステインのセレニウム原子とピロリシンの 4-メチル-ピロリン-5-カルボン酸を赤で示す。

修飾アミノ酸

タンパク質中のアミノ酸側鎖の中には，タンパク質に取り込まれた後に化学的に修飾を受けるものが多数ある。以下に翻訳後修飾を受けたアミノ酸 4 種の構造を示す。修飾部分を赤で示す。

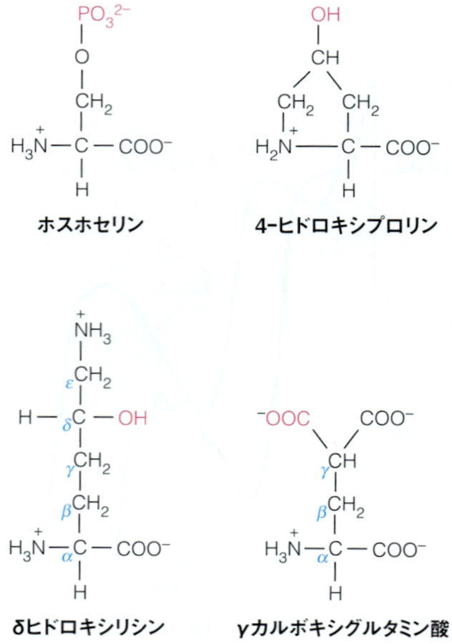

この問題については，修飾を受けたタンパク質が出てきたときに改めて述べる。

これまで述べてきたタンパク質に直接取り込まれるアミノ酸が，生体中のアミノ酸のすべてではない。他にも多くのアミノ酸が代謝経路で大切な役割を果たしている。一部を表5.2に示した。すべてがαアミノ酸ではないし，L-型鏡像異性体でもない点に注意してほしい。以降の章で表のすべてのアミノ酸が登場する。

ポイント7
アミノ酸の側鎖は，タンパク質に取り込まれた後に修飾を受ける場合がある。この過程を“翻訳後修飾”と呼ぶ。

ペプチドとペプチド結合

ペプチド

あるアミノ酸のαカルボキシ基と別のアミノ酸のαアミノ基とが**アミド結合 amide bond**という共有結合を形成しうる。この結合を**ペプチド結合 peptide bond**と呼び，結合してできた産物を**ペプチド peptide**と呼ぶ。グリシンとアラニンからペプチド結合ができる様子を図5.9と図5.10に示した。この場合の産物は2個のアミノ酸からできたペプチドであるので，**ジペプチド dipeptide**と呼ぶ。図5.10に示したように，この反応は一方のアミノ酸のカルボキシ基と他方のアミノ酸のアミノ基からの単なる脱水反応とみなすことができる。ペプチドの一方のアミノ酸には未反応のアミノ基が，他方のアミノ酸にはカルボキシ基が反応後も残っていることに注意してほしい。つまり，原理的には，例えばグルタミン酸を一方に，リシンを他方に結合させ，図5.11に示したような**テトラペプチド tetrapeptide**をつくることが可能である。ペプチド鎖中のアミノ酸の各々を**アミノ酸残基 amino acid residue**と呼ぶ。ペプチド中のアミノ酸残基を表すには，アミノ酸の語尾の-ineあるいは-ateに換えて-ylという接尾語を用いる（例えばグリシン glycineに対してグリシル glycyl，アスパラギン酸塩 asparteteに対してアスパルチル aspartylと呼ぶ。tryptophanylとcysteinylはこの例外である）。図5.11のテトラペプチド鎖中のアラニル基 alanyl residueの構造は以下の通りである。

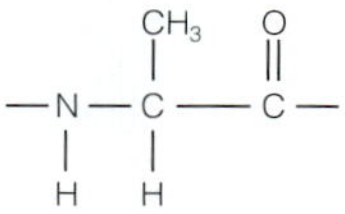

ペプチドの構造は**主鎖 main chain**（あるいは peptide backbone）と，側鎖（図5.3のR基）とに区別して考慮する。主鎖は，ペプチド結合を構成するアミノ酸残基中のα-NH，C_α，α-C＝O基の部分を指す。N末端のアミノ基とC末端のカルボキシ基はともに主鎖の一部である。

数個のアミノ酸残基からなる鎖を**オリゴペプチド oligopeptide**と呼ぶ。鎖が長くなると（15〜20残基以上）**ポリペプチド polypeptide**と呼ぶ。およそ50

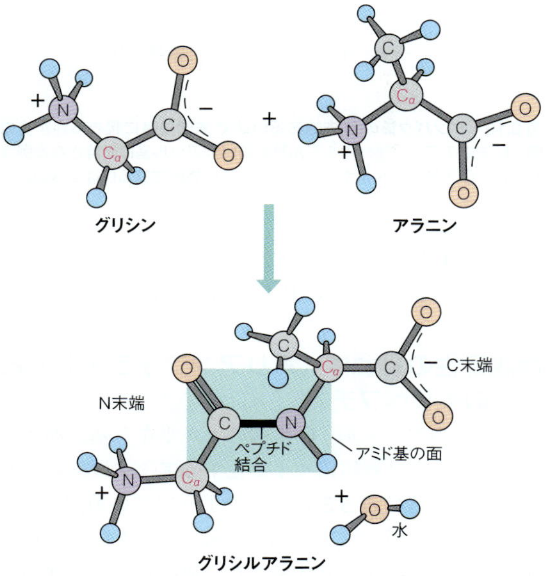

図5.9　ジペプチドの形成　ここでは，グリシンとアラニンとが結合する際に水分子が除去されグリシルアラニン（Gly-Ala）と呼ぶジペプチドが形成される過程を示した。（図5.10参照）

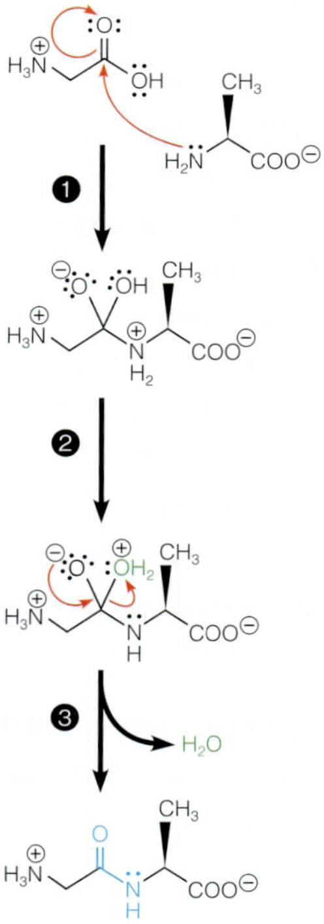

図5.10　ペプチド結合形成に際して水分子が除去される　アミノ酸が結合してペプチド結合が形成される様子を示している。第1段階ではアミノ基から水素イオンがはずれて，これがカルボン酸を攻撃し四面体型中間体を形成する。第2段階では除去される水分子（緑）への水素イオンの移動が起きる。第3段階では四面体型中間体が壊れて水分子が除去され，平面上に配位したアミド結合（ペプチド結合）を生じる。生じたペプチド結合を青で示した。

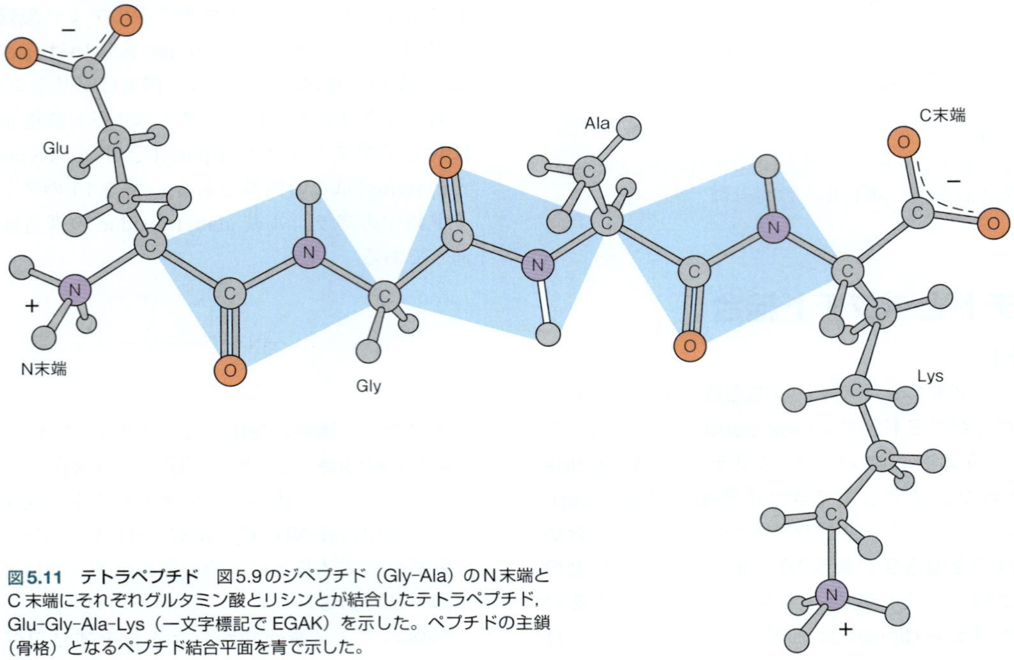

図5.11　テトラペプチド　図5.9のジペプチド（Gly-Ala）のN末端とC末端にそれぞれグルタミン酸とリシンとが結合したテトラペプチド，Glu-Gly-Ala-Lys（一文字標記でEGAK）を示した。ペプチドの主鎖（骨格）となるペプチド結合平面を青で示した。

残基以上のポリペプチドを一般的に**タンパク質 protein** と呼ぶ（粒状タンパク質のほとんどは250～600アミノ酸残基からなる）。図5.11に示したように，オリゴペプチドやポリペプチドは，鎖の一方の端に未反応のアミノ基（**アミノ末端 amino terminus** あるいは **N末端 N-terminus** と呼ぶ）を，他方の端に未反応のカルボキシ基（**カルボキシ末端 carboxyl terminus** あるいは **C末端 C-terminus** と呼ぶ）をもつ。例外として，N末端とC末端とが共有結合した環状オリゴペプチドがある。多くのタンパク質ではN末端は *N*-ホルミル基あるいは *N*-アセチル基によりふさがれている（図5.12）。また，C末端のカルボキシ基がアミドに変化している場合もある（図5.12）。

ポイント8
オリゴペプチドとポリペプチドはアミノ酸の重合により形成される。すべてのタンパク質はポリペプチドである。

オリゴペプチドやポリペプチドの配列を表記する場合にアミノ酸の名称を3文字あるいは1文字で略記する（図5.3）。例えば，図5.11のオリゴペプチドは，

Glu—Gly—Ala—Lys

あるいは，

EGAK

のように表記される。その際，常にN末端は左側に，C末端は右側に表記することに注意してほしい。アミ

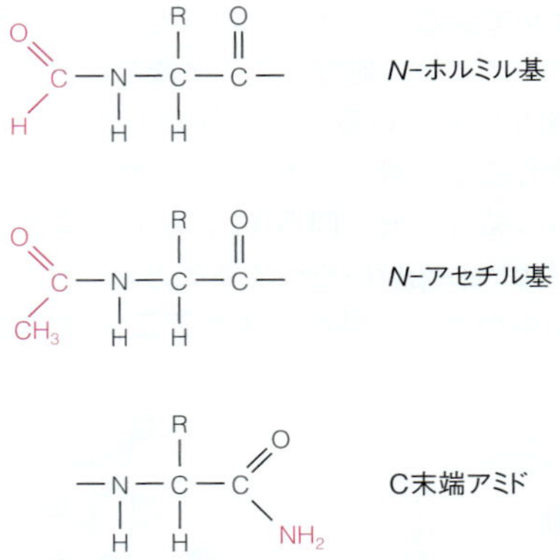

図5.12　タンパク質のN末端あるいはC末端残基に起きる翻訳後修飾　N末端のアミノ基がホルミル基あるいはアシル基に修飾される例は多いが，C末端のカルボキシ基がアミド基に修飾される例は少ない。

ノ酸は非対称であり，N末端のアミノ基は1個しかないので，EGAKとKAGEとは同一の分子ではない。

両親媒性の重合体（ポリアンフォライト）としてのポリペプチド

N末端のアミノ基，C末端のカルボキシ基に加え，ポリペプチドは側鎖にイオン化するアミノ酸残基をもつ。多様な基は表5.3に示したように広い範囲の pK_a 値を示すが，すべて弱い酸性か塩基性である。したがって，ポリペプチドは第2章で述べた両親媒性の重合体の典型例であるといえる。すでに述べたように，タンパク質中のアミノ酸側鎖は近傍の静電的環境の違

いによりさまざまな pK_a値を示す。アスパラギン酸側鎖は，陰性荷電基（グルタミン酸や別のアスパラギン酸側鎖）の近傍に位置した場合には，陽性荷電基（リシン，ヒスチジン，アルギニン）の近傍にある場合に比して高い pK_a値を示す。この点は第 7, 11, 15 章で詳述する。

図 5.11 で示したテトラペプチド（Glu-Gly-Ala-Lys）の滴定曲線により，オリゴペプチドやポリペプチドを滴定して得られる結果を考える。まずこのテトラペプチドを最も酸性の溶液，pH 0 にした場合を考える。この pH ではすべての官能基の pK_aよりも低いので，イオン化能力のあるすべての基は水素イオンをもつ形をとる。

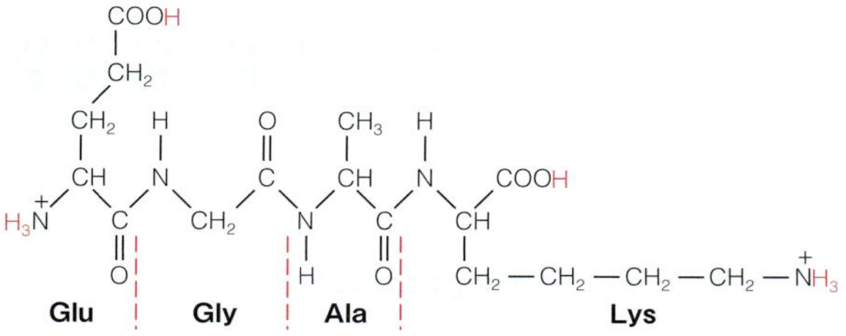

p.45 の表 2.9 からわかるように，すべてのアミノ基は正に荷電し，いずれのカルボキシ基も荷電をもたない。したがって，このテトラペプチド全体の荷電は＋2 となる。

この溶液の pH を上げていった（水酸化ナトリウムなどを加えて行くことにより）結果を図 5.13 に示した。pH の上昇に伴って，各官能基は水素イオンを失う。その結果，正味の正の荷電は減少し，等電点においてゼロとなる（図 2.19，p.43）。さらに塩基を加えると，負の荷電が増加して，最終的な高い pH 領域では−2 の荷電をもつことになる。

pH の変化に伴ってこのような分子の荷電状態の変化が起きることは，生化学において極めて大切である。例えば，ごくわずかの pH 変化がタンパク質表面や活性部位における荷電の組み合わせを大きく変化させ，これによりタンパク質分子の安定性や機能的性質を大きく変化させる。多くのタンパク質の溶解度はその等電点で最も低い。なぜならば，分子の正味の荷電がゼロの状態では，それらが反発し合うことはないからである（図 2.22，p.46）。また，ある適切な pH の状態を選ぶことにより荷電状態を変化させることができるという性質は，電気泳動（「生化学の道具 2A」）やイオン交換クロマトグラフィー（「生化学の道具 5A」）などの，タンパク質やオリゴペプチドの分離に際して使われる。

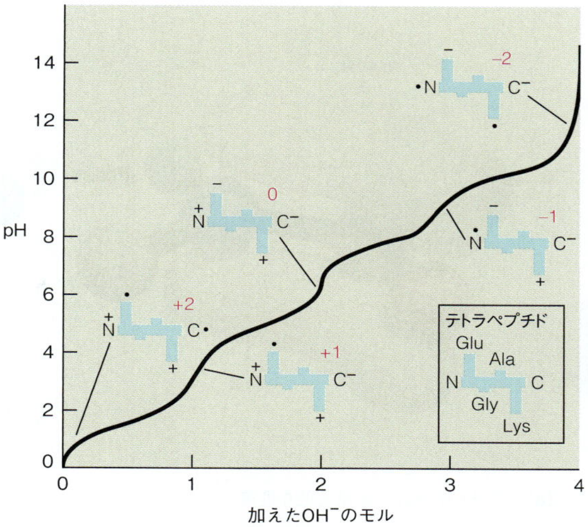

図 5.13　テトラペプチドの両親媒性の重合体（ポリアンフォライト）としての性質　この滴定曲線はテトラペプチド（Glu-Gly-Ala-Lys）（図 5.11）が，pH 値に応じて異なった構造をとることを示している。ここでテトラペプチドは青で模式的に示してある（囲みに N 末端，C 末端，側鎖を示した）。イオン化した基は，正，負，ゼロの荷電状態を表すために，＋，−あるいは・と表示した。荷電の総和を赤字で示した。

ペプチド結合の構造

アミノ酸の共有結合で形成されるペプチド結合の性質について詳しく調べてみよう。図 5.9 のジペプチド（Gly-Ala）の青色で示した部分はペプチド結合を含んでいる。タンパク質の残基間にみられるこのアミド結合は，タンパク質の構造上いくつかの重要な性質を示す。例えば，ほとんどの場合，アミドカルボニル C＝O とアミド N—H 結合はほとんど平行である。つまり，図 5.14 の青色の長方形で示した 6 個の原子はほぼ同一平面内にある。C—N 結合は二重結合に近い性質をもつので，ペプチド結合にはほとんどねじれが生じない。ペプチド結合は，下記に示すような 2 種の共鳴状態にあると考えてよい。

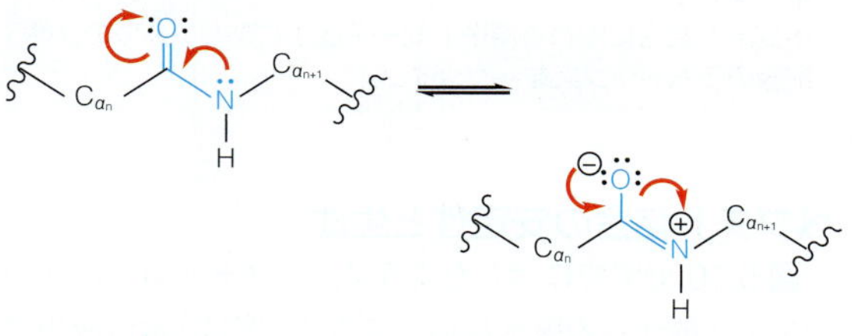

図 5.14a にペプチド結合の電子密度分布を，図 5.14b には各結合の長さと角度を示した。

さまざまなタンパク質の X 線結晶解析結果から，ペプチド結合に関わる原子は 2 つの立体配置を取ることがわかっている。トランスとシスと呼ばれる配置は，C_{CO}—N 結合（青色）の回転に起因する。

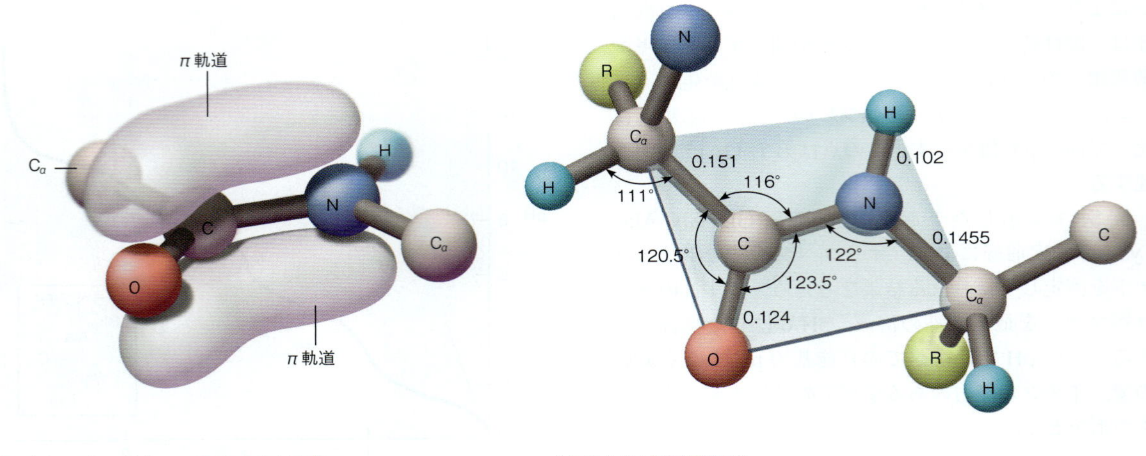

(a) ペプチド結合の二重結合的な性質　　**(b)** 結合角と原子間距離

図 5.14　ペプチド結合の構造　(**a**) π 電子軌道が O—C—N 原子全体に分散し，C—N 結合は二重結合的な性質を示す。(**b**) 現在広く認められている結合角と原子間距離を示す。結合の原子間距離はナノメーター（nm）で表示。(a) の 6 個の原子と (b) の青色の長方形は，ほぼ同一平面上に位置する。

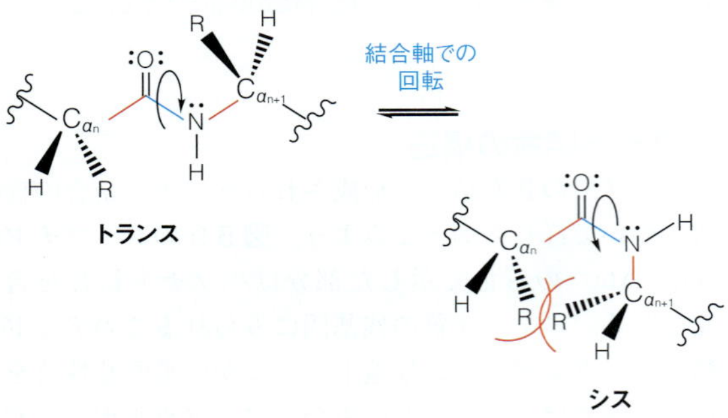

シス配置においては隣り合ったα炭素間の R 基による立体障害を受けるため，トランス配置が多い。例外として，X—Pro 配列（X は任意のアミノ酸）がある。この場合にもトランス配置が 4：1 の割合で優勢であるが，時としてシス配置がみられる。

ポイント 10
ペプチド結合に関わる原子は同一平面上にあり，2 つの立体配置のうちトランスをとりやすい。

ペプチド結合の安定性と生成

図 5.10 ですでに示したように，ペプチド結合は 2 つのアミノ酸からの脱水反応でできる。実は，水溶液中では，この反応は熱力学的には起こりにくい。水溶液中，室温でのこの反応の自由エネルギー変化は＋10 kJ/mol である。つまり，この条件ではペプチド結合の加水分解が起こり，下図の平衡は大きく右に寄っている。

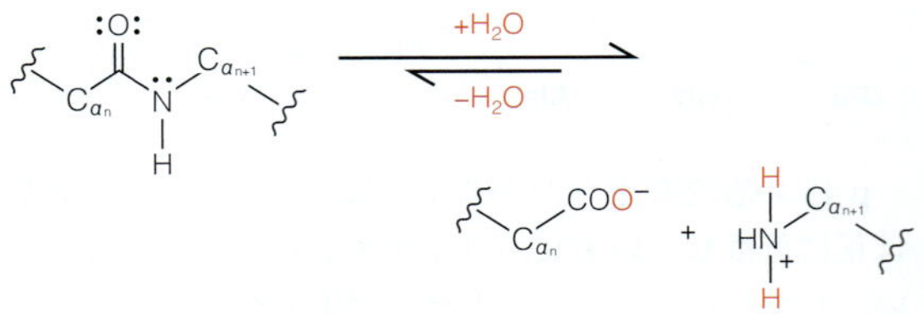

しかし，触媒が存在しない限り，生理的な pH と温度ではこの反応はきわめて遅い。ポリヌクレオチドと同様，ポリペプチドは中程度に安定であり，極限的な条件や触媒が存在したときにのみ速やかに加水分解される。

ポイント 11
ペプチド結合は中程度に安定である。ペプチド結合は触媒の存在により水溶液中で加水分解される。

ペプチド結合を加水分解により切断する方法がある。すべてのペプチド結合を切断する一般的な方法は強酸中（通常は 6 M HCl）で煮ることである。**タンパク質分解酵素 proteolytic enzyme** あるいは**プロテアーゼ protease** を用いることにより，より特異的な切断ができる。切断するペプチド結合に特異性を示すこの種の酵素の一部を表 5.4 に示した。動物の消化管に分泌されてタンパク質分解の引き金を引く酵素や，パパインのように植物細胞に含まれるものがある。異なった切断部位特異性を示す一連のプロテアーゼは，生化学者がポリペプチドを切断する際に好都合な道具となる。酵素を用いないでペプチドを特異的な部位で切断することもできる。臭化シアン（BrC ≡ N）は，メチオニン残基の C 末端側でペプチド結合を切断する（図 5.15）。タンパク質のアミノ酸配列を決定する際

表 5.4　タンパク質分解酵素（プロテアーゼ）の配列特異性

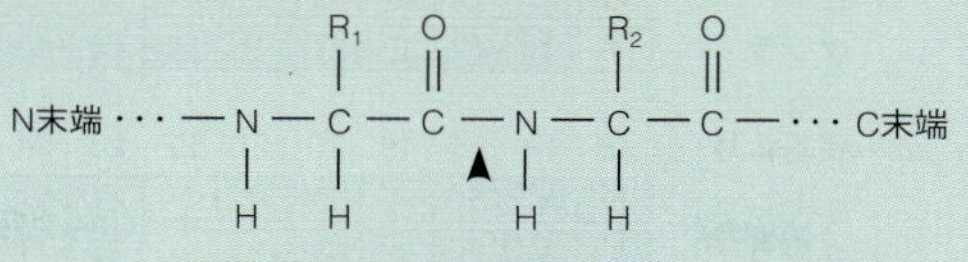

酵素	選択性[a]	原材料
トリプシン	R_1 = Lys, Arg	動物消化器系，その他
キモトリプシン	R_1 = Tyr, Trp, Phe, Leu	トリプシンと同様
トロンビン	R_1 = Arg	血液（凝固に関係）
V8 プロテアーゼ	R_1 = Asp, Glu	黄色ブドウ球菌
プロリルエンドペプチダーゼ	R_1 = Pro	ヒツジの腎，その他
ズブチリシン	ほとんどない	種々の桿菌
カルボキシペプチダーゼ A	R_2 = C 末端アミノ酸	動物消化器系
サーモライシン	R_2 = Leu, Val, Ile, Met	*Bacillus thermoproteolyticus*

[a] 示した残基の隣のペプチド結合が最も切断されやすいことを示す。ある場合にはペプチド結合の N 末端側の残基（R_1）が，別の場合には C 末端側の残基（R_2）が特異性を決める。一般的に，プロテアーゼはプロリンがペプチド結合の反対側にある場合には切断しない。プロリルエンドペプチダーゼの場合でも R_2 が Pro の場合には切断しない。

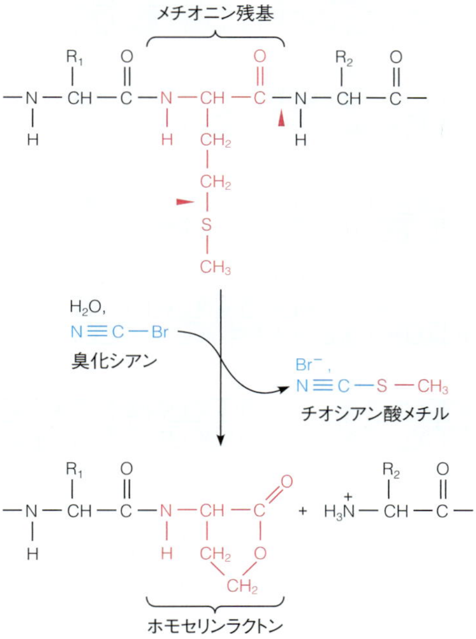

図 5.15　臭化シアン反応　ポリペプチド中のメチオニン残基のカルボキシ側のペプチド結合を特異的に切断する。メチオニン残基はこの反応によりホモセリンラクトンとなる。切断部位を赤の矢尻で示す。

に，これらの特異的な切断方法がいかに役立つかは，後に述べる。

ポイント 12
タンパク質分解酵素や臭化シアンのような化学剤でペプチドの配列特異的な切断ができる

ポリヌクレオチドと同様に熱力学的に不安定なポリペプチドが，細胞内の水溶液中でどのようにして合成されるのであろう。読者はおそらく答の察しがついているであろう。このような合成反応は，高エネルギーリン酸結合の加水分解と共役しているのであると。事実，アミノ酸がタンパク質に取り込まれる際に，ATP を用いる反応により活性化している必要がある。このプロセスの概要は本章の最後で触れる。

タンパク質：決まった配列をもつポリペプチド

タンパク質は特定の配列をもつポリペプチドである。すべてのタンパク質において，アミノ酸残基の数と配列が決まっている。核酸の場合と同様，この配列をタンパク質の一次構造と呼ぶ。後の章で述べるように，この一次構造こそがより高次のレベルの構造の基本となっている。

ポイント 13
タンパク質は特有の決まったアミノ酸配列をもち，これを一次構造と呼ぶ。

図 5.1 で三次元構造を示したマッコウクジラのミオグロビンの一次構造を図 5.16 に示した。ヒトにおいて同じ酸素分子を保持する機能をもつヒトのミオグロビンの配列も並べて示した。この配列比較から 2 つのことがわかる。第 1 は，タンパク質が長いポリペプチドであることである。いずれのミオグロビンも 153 個のアミノ酸からできているが，これは小さなほうであり，何百，何千のアミノ酸からなるタンパク質もある。第 2 は，2 種のミオグロビンの配列は似てはいるが同一ではないという点である。この相同性は両者が同一の生化学的な目的をもつのに十分なのであろう。これが両者がともにミオグロビンという同一の名称で呼ばれる理由である。同一の祖先からマッコウクジラとヒ

残基番号	1	2	3	4	5	6	7	8	9	10	11	12	13	14	15
ヒト	G	L	S	D	G	E	W	Q	L	V	L	N	V	W	G
クジラ	V	L	S	E	G	E	W	Q	L	V	L	H	V	W	A

残基番号	16	17	18	19	20	21	22	23	24	25	26	27	28	29	30
ヒト	K	V	E	A	D	I	P	G	H	G	Q	E	V	L	I
クジラ	K	V	E	A	D	V	A	G	H	G	Q	D	I	L	I

残基番号	31	32	33	34	35	36	37	38	39	40	41	42	43	44	45
ヒト	R	L	F	K	G	H	P	E	T	L	E	K	F	D	K
クジラ	R	L	F	K	S	H	P	E	T	L	E	K	F	D	R

残基番号	46	47	48	49	50	51	52	53	54	55	56	57	58	59	60
ヒト	F	K	H	L	K	S	E	D	E	M	K	A	S	E	D
クジラ	F	K	H	L	K	T	E	A	E	M	K	A	S	E	D

残基番号	61	62	63	64	65	66	67	68	69	70	71	72	73	74	75
ヒト	L	K	K	H	G	A	T	V	L	T	A	L	G	G	I
クジラ	L	K	K	H	G	V	T	V	L	T	A	L	G	A	I

残基番号	76	77	78	79	80	81	82	83	84	85	86	87	88	89	90
ヒト	L	K	K	K	G	H	H	E	A	E	I	K	P	L	A
クジラ	L	K	K	K	G	H	H	E	A	E	L	K	P	L	A

残基番号	91	92	93	94	95	96	97	98	99	100	101	102	103	104	105
ヒト	Q	S	H	A	T	K	H	K	I	P	V	K	Y	L	E
クジラ	Q	S	H	A	T	K	H	K	I	P	I	K	Y	L	E

残基番号	106	107	108	109	110	111	112	113	114	115	116	117	118	119	120
ヒト	F	I	S	E	C	I	I	Q	V	L	Q	S	K	H	P
クジラ	F	I	S	E	A	I	I	H	V	L	H	S	R	H	P

残基番号	121	122	123	124	125	126	127	128	129	130	131	132	133	134	135
ヒト	G	D	F	G	A	D	A	Q	G	A	M	N	K	A	L
クジラ	G	N	F	G	A	D	A	Q	G	A	M	N	K	A	L

残基番号	136	137	138	139	140	141	142	143	144	145	146	147	148	149	150	151	152	153
ヒト	E	L	F	R	K	D	M	A	S	N	Y	K	E	L	G	F	Q	G
クジラ	E	L	F	R	K	D	I	A	A	K	Y	K	E	L	G	Y	Q	G

凡例
- 同一のアミノ酸
- 保存的アミノ酸
- 非保存的アミノ酸

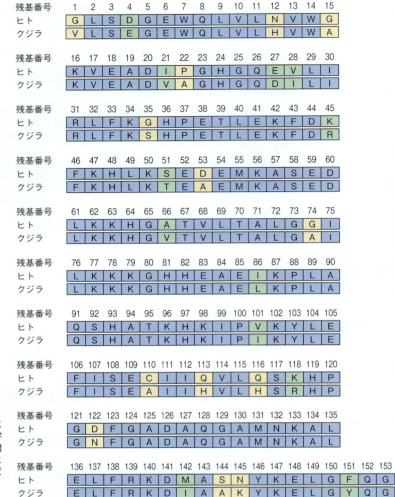

図 5.16　マッコウクジラミオグロビンとヒトミオグロビンのアミノ酸配列　アミノ酸は1文字表記で表示。アミノ酸の番号はN末端側から開始。153アミノ酸残基中，128個（84%）がヒトとクジラで同一。イソロイシンとロイシンなど類似したアミノ酸同士の保存的置換を含めると，実に94%の相同性を示す。

トが分岐して何百万年もが経過し，両者の配列は同一ではなくなった。これがタンパク質の進化であり，アミノ酸配列の変化という形で現れる。側鎖の性質があまり変化しない場合（例えばAspからGluへの変化），これは**保存的な** conservative 変化と呼ばれる。これに対し，**非保存的な** nonconservative 変化の場合（例えばAspからAlaへの変化）もあり，これは重大な結果を引き起こす。アミノ酸の違いに起因する影響は，そのアミノ酸の配列全体における位置づけに大きく依存する。もしもあるアミノ酸の側鎖がタンパク質内部にある場合には，“保存的な”変化でもタンパク質の安定性や機能に劇的な影響を与える。分子表面の溶媒に面した部位にある場合には，さまざまな変化が許容されるかもしれない。

もう1つ大切なことは，ある生物種のあるタンパク質の配列は同じであるという点である。どのマッコウクジラからとろうと，マッコウクジラのミオグロビンは同一のアミノ酸配列をもつ（変異ミオグロビン遺伝子をもつマッコウクジラからたまたまとった場合は別である）。

生化学者は，少しずつではあるが，ミオグロビン分子のような複雑なタンパク質分子の構造を，より高次の複雑さのレベルまで理解しつつある。この種の研究を始めるにあたっては，まずタンパク質を他のタンパク質や他の細胞成分が混入していない状態に精製する必要がある。タンパク質の精製法は「生化学の道具5A」で述べる。タンパク質を精製した後に行う伝統的な作業は，各アミノ酸の相対含量を表すアミノ酸組成の決定である。その次がアミノ酸配列の決定である。精製タンパク質の質量分析がこれらの方法にとってかわりつつある。これらの方法は「生化学の道具5B」で述べる。

タンパク質が複数のポリペプチド鎖からなる場合は配列の決定が複雑になる。例えばヘモグロビンは，ミ

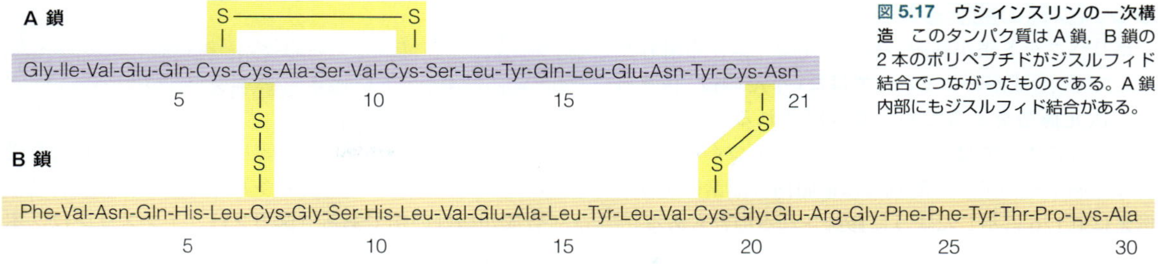

図 5.17　ウシインスリンの一次構造　このタンパク質は A 鎖，B 鎖の 2 本のポリペプチドがジスルフィド結合でつながったものである。A 鎖内部にもジスルフィド結合がある。

オグロビンに似たポリペプチド 4 本が非共有結合で結合したものである（第 7 章参照）。異なったポリペプチド鎖がジスルフィド結合などの共有結合で結合したものもある。その一例が**インスリン insulin**（図 5.17）である。このような多鎖タンパク質を構成しているポリペプチド鎖の検出や分離の方法を「生化学の道具 6B」に示した。

> **ポイント 14**
> 2 本以上のポリペプチド鎖が非共有結合や共有結合で結合したタンパク質もある。

タンパク質を精製してアミノ酸配列を直接決定する方法により，多数のタンパク質の配列が明らかにされている。しかし，配列情報を DNA 塩基配列から得る例がどんどん増えている。第 4 章に述べたように，いずれのタンパク質の場合にも，その一次構造はそれぞれ対応する遺伝子に指令されている。我々は DNA の塩基配列をタンパク質のアミノ酸配列に変換するコードを知っているので，遺伝子の塩基配列（多くの場合，それぞれの遺伝子に由来する mRNA からつくられた cDNA の塩基配列）から，対応するタンパク質のアミノ酸配列を推定することができる。しかし，遺伝子の配列が意味するのは，合成される配列であることを忘れてはならない。後に述べるように，タンパク質が合成後に修飾を受ける場合がたくさんあるが，これはタンパク質を精製し，それを直接解析しない限りわからない。

ゲノムにコードされたタンパク質を指定する情報を特定する方法，遺伝子を単離し，クローニングし，配列決定する方法などは第 5 部で述べる（「生化学の道具 4B」も参照）。

遺伝子からタンパク質へ

遺伝暗号

第 4 章で遺伝子の DNA 配列が mRNA 分子に転写され，それがタンパク質に翻訳されることを述べた。DNA には 4 種のヌクレオチドしか存在しないし，それがそれぞれ mRNA の特定のヌクレオチドに転写される。そして，タンパク質には 20 種類のアミノ酸がある。ヌクレオチドとアミノ酸との 1 対 1 対応は不可能である。実際は，三つ組みのヌクレオチド（**コドン codon**）が各アミノ酸をコードするのに使われており，4^3，あるいは 64 通りの組み合わせが生ずることとなる。この数は 20 種のアミノ酸をコードするには多すぎる。したがって，ほとんどのアミノ酸は複数のコドンに指令される。遺伝暗号は基本的には普遍的であり，ほとんどすべての生物種においてゲノムのタンパク質への翻訳に同一のコドンが使われている。図 5.18 に示したものは標準的な遺伝暗号である。しかし，広い生物界には例外もある。遺伝暗号に関しては第 28 章で詳述する。

図 5.18 は，mRNA の三つ組みヌクレオチド（トリプレット）で表した遺伝暗号を示す。3 種のトリプレット（UAA，UAG，UGA）はいずれのアミノ酸もコードしないが，翻訳をポリペプチド鎖の C 末端で終わらせる“終止”信号として機能する。通常メチオニンをコードする AUG コドンは，“開始”コドンとしても機能する。ポリペプチド鎖の開始に際して，*N*-ホルミルメチオニン *N*-formylmethionine（fMet）（原核生物）あるいはメチオニン methionine（Met）（真核生物）を最初のアミノ酸として指令するのである（図 5.19）。つまり，原核生物のすべてのタンパク質は *N*-ホルミルメチオニンから始まり，真核生物のすべてのタンパク質はメチオニンから始まることになる。ただし，多くの場合，N 末端のアミノ酸の 1 個あるいは複数のアミノ酸は，翻訳時あるいは翻訳直後に細胞内で特定のプロテアーゼにより除去される。図 5.20 は DNA，mRNA，そしてポリペプチド配列の関係を，ヒトのミオグロビンの N 末端部分について示したものである。この場合，N 末端のメチオニンは除去される。

> **ポイント 15**
> 遺伝暗号は RNA のトリプレットを指令し，アミノ酸を特定する。

> **ポイント 16**
> mRNA のタンパク質への翻訳は AUG コドンから始まる。AUG コドンは真核生物では Met を，原核生物と真核生物のミトコンドリア，葉緑体では fMet をコードする。

タンパク質の翻訳後修飾

ポリペプチド鎖が翻訳の後にリボソームから離れたとしても，合成が終わるわけではない。その後，決まった三次元構造をとるために巻き戻される必要があるし，場合によってはジスルフィド結合をつくる必要がある。ある種のアミノ酸残基は細胞内の酵素により，例えば p.126 に示したように修飾される場合もある。

1番目の位置	2番目の位置 U	C	A	G	3番目の位置
U	UUU Phe	UCU Ser	UAU Tyr	UGU Cys	U
	UUC	UCC	UAC	UGC	C
	UUA Leu	UCA	UAA 終止	UGA 終止	A
	UUG	UCG	UAG 終止	UGG Trp	G
C	CUU Leu	CCU Pro	CAU His	CGU Arg	U
	CUC	CCC	CAC	CGC	C
	CUA	CCA	CAA Gln	CGA	A
	CUG	CCG	CAG	CGG	G
A	AUU Ile	ACU Thr	AAU Asn	AGU Ser	U
	AUC	ACC	AAC	AGC	C
	AUA	ACA	AAA Lys	AGA Arg	A
	AUG Met/開始	ACG	AAG	AGG	G
G	GUU Val	GCU Ala	GAU Asp	GGU Gly	U
	GUC	GCC	GAC	GGC	C
	GUA	GCA	GAA Glu	GGA	A
	GUG	GCG	GAG	GGG	G

図 5.18　遺伝暗号　この表は 3 個の塩基からなる mRNA 上のコドン（5′→3′ の方向に記載）が指令するアミノ酸を示す。例えば，5′ AUC 3′ というコドンに対応するアミノ酸を探すには，まず A の段を探し，次に U のカラムを探し，最後に C の箇所を探す。

ポイント 17
mRNA から翻訳された後に，タンパク質は特定のペプチド結合の分解など，さまざまに修飾される。

特別なタンパク質分解酵素により，さらに修飾を受け，短くなるタンパク質も多数存在する。インスリン合成が格好の例である（図 5.21）。インスリンは 2 本のポリペプチド鎖がジスルフィド結合でつながったものであることを述べた（図 5.17）。実は，インスリンは**プレプロインスリン preproinsulin**（図 5.21 のステップ 1）という長いポリペプチドとして合成される。N 末端のいくつかの残基（生物種により長さは異なる）は，“シグナルペプチド”（あるいは**リーダー配列 leader sequence**）として機能し，プレプロインスリンが疎水性の細胞膜を通過するのを助けている。インスリンはそれが合成される細胞外で機能するタンパク質であるので，膜を介した輸送は決定的に重要である。リーダー配列は特別なプロテアーゼにより除去され，**プロインスリン proinsulin** をつくる（ステップ 2）。プロインスリンは決まった三次元構造に折りたた

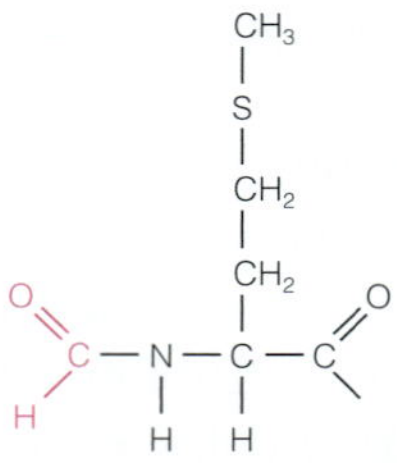

図 5.19　*N*-ホルミルメチオニン　原核生物および真核生物のミトコンドリア等のタンパク質の N 末端のアミノ酸残基は *N*-ホルミルメチオニンである。mRNA のタンパク質開始部位の AUG コドンにより指令され，翻訳段階でタンパク質に取り込まれる。

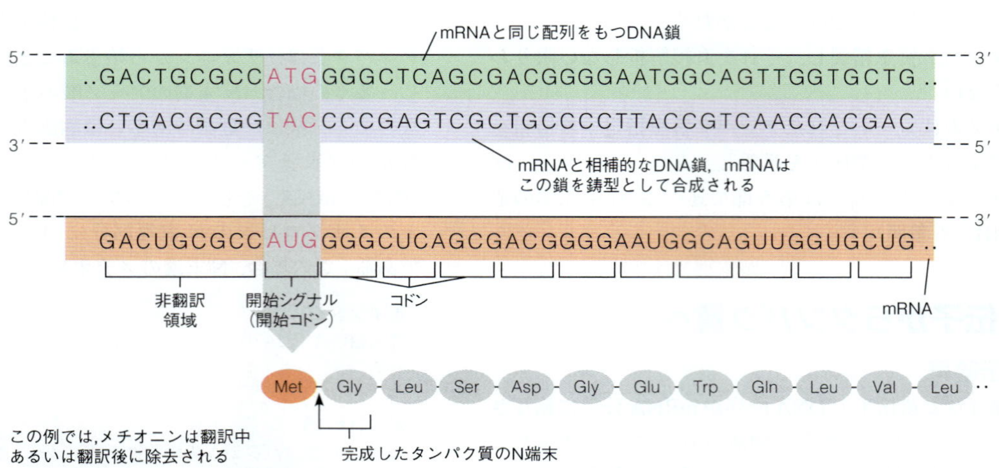

図 5.20　DNA，mRNA，ポリペプチド鎖の関係　例としてヒトミオグロビンの最初の 12 個のアミノ酸配列の部分を示した。転写の鋳型となる DNA 鎖は mRNA と相補的である点に注意。

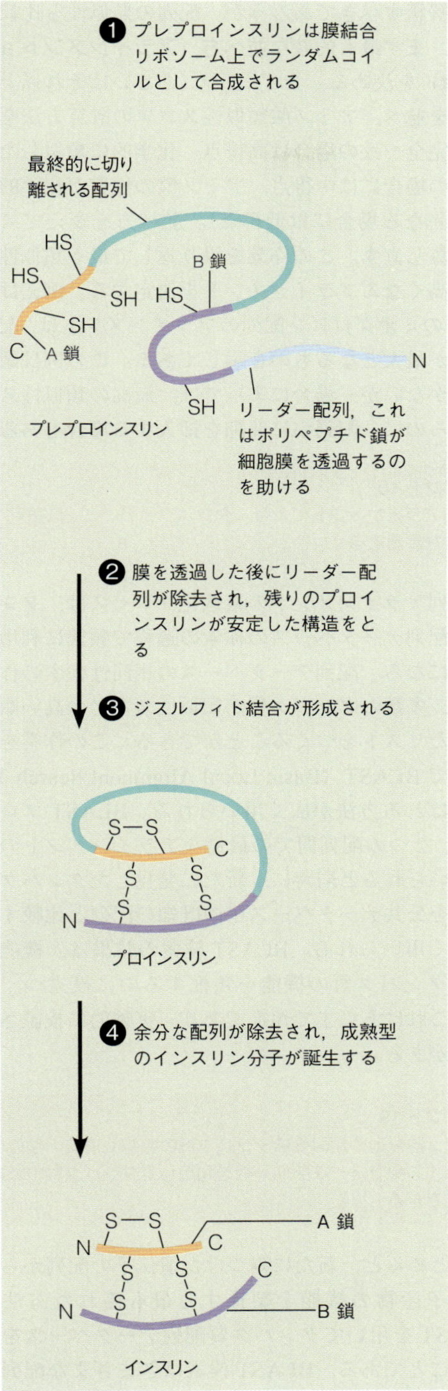

図 5.21　プレプロインスリンの構造とインスリンへの変換過程

まれ，正しいジスルフィド結合の形成を助ける（ステップ 3）。A 鎖と B 鎖をつなぐ配列はさらなるプロテアーゼにより除去され，インスリンが完成する（ステップ 4）。このような仕組みは生理的に大きな意味をもつ。なぜならば，プロインスリンは不活性であり，細胞内で高濃度で存在しうる。もしも活性のあるインスリンがこれだけの濃度で細胞内に存在したら，それは毒性を発揮するおそれがある。身体が必要とするときにタンパク質分解により瞬時にプロインスリンから活性型のインスリンができ，分泌されるのである。

タンパク質分子の一次構造は情報の配列である。アミノ酸の側鎖は文章中の単語である。単語は別の言語である遺伝子に蓄えられた塩基配列が mRNA にコピーされた塩基配列から翻訳されたものである。翻訳された文章は，翻訳後の修飾の過程で単語の修正や除去などの校正を受ける。次章では，タンパク質という”文章”中の情報がどのようにして三次元空間で折りたたまれるかをみる。この折りたたみはタンパク質の機能を内包しており，低分子化合物やイオン，他のタンパク質，核酸，炭水化物や脂質などとの結合の様式を決定している。つまり，タンパク質の配列として発現した情報は，細胞や生体が機能するに際しての第一義的な役割を担っていることになる。

遺伝子の塩基配列からタンパク質の機能へ

システム生物学 systems biology の発展は分子生物科学に革命を起こした。その生化学に与えた影響については後の章でより詳細に述べるが，ここではそれを簡単に紹介する。それはゲノム関係の多数のプロジェクトにより，膨大な量のタンパク質の一次構造情報が集積し，それがシステム生物学の急速な進歩を促しているからである。

これまでの生化学は，精製タンパク質の溶液中での機能や構造を研究する学問であった。細胞の中では数千種のさまざまなタンパク質や核酸，低分子が相互作用しさまざまな細胞機能を担っている。このような中での生体分子群の機能の理解を目指すのが，システム生物学である。これは新しい技術の発展により出現してきた新たな学問分野である。生体分子の細胞内での相互作用のネットワークを解明するには，大規模にデータを取得するための機器と技術に加えて，膨大な情報を扱うための大型計算機も必要である。

生体分子の細胞内での相互作用のネットワークを解明するには，まず細胞内に存在する分子を知ることが必要である。この理由で，システム生物学の最初の目標は生物種の全ゲノム配列の決定であった。独立に成育できる生物の全ゲノム配列決定の先駆けはインフルエンザ菌（*Haemophilus influenzae*）（180 万塩基対）で，Institute for Genome Research の J. Craig Venter らにより 1995 年に行われた。Venter（その後，移った私企業で）ら，および Francis Collins（国立衛生研究所）

の2つの大きなグループにより，2001年にはヒトゲノム配列の概要が決定された（30億塩基対）。ヒトゲノムの配列決定は科学上の極めて大きな業績である。ゲノム配列の決定はその後急速に行われ，2011年の12月の時点で3,334種の微生物と320種の真核生物のゲノム配列が報告されている。

DNA塩基配列のほとんどはGenBankのような公共のデータベースに寄託され，研究者がそれをWeb上で検索できるようになっている（本章の参考文献にWebサイトの例を記した）。これに加えてProtein Data Bank（PDB）という，タンパク質と核酸の立体構造データのデータベースもある*。本書で示す立体構造はPDBのデータから作成されている。遺伝子配列データの急速な増加により，生化学のさまざまな分野が大きな影響を受けた。その1つが塩基配列情報から翻訳されたアミノ酸配列情報を用いてタンパク質の機能を予測する分野である。

全ゲノムDNAの塩基配列を比較的簡単に決定できるようになり，その中のどれだけが代謝，組織の分化や成長，細胞シグナリングなどの機能を果たしているかを知ることが，次の大きな課題となっている。

この課題に対して大きな役割を果たすのが，遺伝子と思われるDNA配列をタンパク質配列に翻訳し，タンパク質配列データベースを使って類似した配列を検索する作業である。類似した配列をもつタンパク質は，類似した構造的，機能的性質をもつことが多い（図5.16に示した2種のミオグロビン）。したがって，配列の類似性を用いることにより，新規のタンパク質の機能を予測することができる。

2つの異なったタンパク質が類似したアミノ酸配列をもつことは何を意味しているのであろうか。これを理解するために，**配列の同一性 sequence identity** と**配列の類似性 sequence similarity** とを区別する必要がある。同一性という言葉は，アミノ酸の配列の一部が完全に一致する（図5.16で青色で示された部分）ことである。類似性という言葉は少し曖昧ではあるが，すでに述べたように，アミノ酸側鎖の疎水性，極性，荷電状態などの化学的性質に基づき分類できることを利用する。複数の性質を示すいくつかのアミノ酸は明確には分類できない。例えば，リシンは4個のメチレン基の末端に荷電したアミノ基をもち，ある場合には疎水的な性質を示すが，ある場合には荷電した性質を示す。

配列の“類似性”がわかった場合に，それをどのように解釈すべきであろうか。配列の類似性を比較するには，まず最も的確な**並べ方（アラインメント alignment）**を決める。まず，2つ（あるいはそれ以上）の配列を並べ，アミノ酸類似性スコアの計算方法を決める（完全一致の場合は高得点，化学的に類似したアミノ酸の場合には中得点，アミノ酸の性質が化学的に大きく異なる場合には低得点）。並べ方を変えてスコアを計算し直す。この作業を繰り返して最も類似性スコアが高くなるアラインメントを決定する。例えば，図5.16のミオグロビン配列のアラインメントは，配列類似性が最大となるものを示してある。この例は議論の余地がないが，場合によっては，最高の類似性スコアを得るのに，配列中に間隙を挿入する場合もある。

ポイント18
配列アラインメントにより，タンパク質のアミノ酸配列の類似性を評価する。

配列アラインメントの最適化プロセスは，タンパク質の配列データベースの検索の過程で頻繁に利用することになる。配列データベースの相同性検索の作業により，多数のタンパク質が類似性スコアの高い順に記されたリストをつくることができる。この作業を行う目的でBLAST（Basic Local Alignment Search Tool）と呼ばれる方法が広く用いられる。BLASTプログラムは，2つの配列間での最適なアラインメントの決定に用いられると同時に，新たに発見したタンパク質の配列を公共データベース中の既知の配列と比較するのに広く用いられる。BLAST検索の結果は，機能が未知のタンパク質の機能を類推するのに役立つ。しかし，これはあくまで類推であり，実験的に検証される必要がある。

ポイント19
アミノ酸配列の類似性はタンパク質の機能や構造の類似性と相関するので，一次配列分析を利用してタンパク質の機能を類推できる

まとめると，新たにみつけた遺伝子の配列からその遺伝子産物の機能を類推する最も優れた方法は，BLASTを用いてタンパク質配列データベースを検索することである。BLAST検索はさまざまな配列のアラインメントを行い，その各々について統計的に有意な類似性スコアを算出する。配列の類似性は機能と構造の類似性と関係している。経験的には，2つのアミノ酸配列が25％以上の同一性を示した場合，両者は類似の構造をとると同時に，類似の機能をもつ可能性が高い。ヒトのミオグロビンとヒトのαグロビンのBLASTアラインメントの結果を図5.22に示した。遺伝子DNAの塩基配列の決定（「生化学の道具4B」）や

*2011年12月の時点で，77,000以上の生体分子の立体構造がPDBに，（300,000種以上の生物から得た）1億4400万個の配列データから作成された1320億塩基対の塩基配列情報がBenBankに登録されている（このうち1100万個の配列はヒト由来である）。

スコア = 30.8 ビット (68), **期待値 = 6e-06**, 組成に合わせたアミノ酸比較配列を用いた検査法
同一性 = 32/133 (25%), 類似性 = 48/133 (37%), ギャップ = 40/133 (30%)

```
ヒトミオグロビン 2    LSDGEWQLVLNVWGKVEADIPGHGQEVLI RLFKGHPETLEKFDKFKHLKSEDEMKASEDL  61
                      LS  +    V   WGKV A     +G E L R+F    P T    F   F
ヒトαグロビン    2    LSPADKTNVKAAWGKVGAHAGEYGAEALERMFLSFPTTKTYFPHF ------------------------  46

ヒトミオグロビン 62   KKHGATVLTALGG ILKKKGHHEAEIKPLAQSHATKHKI-PVKYLEFISECI IQVLQSKHP  120
                             L+AL   I                   HA  K ++ PV + + +S C++  L +   P
ヒトαグロビン    47   ---------- ALSALSDI-------------------------------- HAHKLRVDPVNF-KLLSHCLLVTLAAHLP  82

ヒトミオグロビン 121  GDFGADAQGAMNK 133
                       +F      +++K
ヒトαグロビン    83   AEFTPAVHASLDK 95
```

図 5.22　ヒトミオグロビンとヒトαグロビンのアミノ酸配列の BLAST アラインメント　2つの配列の間に青色で示した文字は同一のアミノ酸を，緑色の＋は類似のアミノ酸を示す。アラインメントのギャップは赤文字と赤色の－で示した。このアラインメントでは 25%の同一性がみられ，両配列間に高度の類似性があることを示唆している。このアラインメントに意味があるかどうかの指標として，期待値が用いられる。これは，このアラインメントが偶然できた確率を表す。この値が小さいほど，このアラインメントに意味があることとなる。

精製タンパク質のアミノ酸配列の決定（「生化学の道具 5B」）から得られた配列情報をタンパク質の同定に用いる方法については，「生化学の道具 5D」のプロテオミクスの概要で述べる。

タンパク質の配列のホモロジー（相同性）

タンパク質の配列の類似性は，生物種間の進化的な関係を知るのにも利用される。2つの生物種が共通の祖先に由来する場合には，関連した遺伝子配列，つまりタンパク質配列をもつことが期待される。タンパク質配列の類似性があり，これが共通の祖先に由来すると考えられる場合には，この配列は“相同性がある”という。配列の類似性が収束進化の結果生じる場合もある（特別な転写因子上の同一のアミノ酸配列を認識する異なったタンパク質が独立に進化してきた場合など）。このような場合には，2つの配列は類似してはいるが相同ではない。つまり配列アラインメントに基づく，配列の“類似性”は，配列の進化的な関連性を示す“相同性”とは異なった意味をもつ。

共通の祖先をもつ生物種においては，タンパク質配列の相同性が高いと進化的な関係が近く，低い場合には離れていることを意味する。図 5.23a は 27 の生物種のシトクロム c の配列アラインメントを示す。類似した配列を際立たせるために，疎水性（灰色），正荷電（青色），負荷電（赤色），極性非荷電（緑色と赤紫色）アミノ酸をカラーで表示した。図 5.23b は配列の分子系統樹で，分岐点は配列比較に基づく進化的な距離を表す。このような分子系統樹の作成にあたっては，遺伝子変異の速度と集団中での多型をも考慮した複雑な解析が必要である。多型はタンパク質配列解析の導入の範疇を超えるので，ここでは説明しない。大切な点は，タンパク質の配列解析は図 5.23b に示したような生物種間の進化的な関係を類推できることである。

ポイント 20
タンパク質の配列の解析は，生物種間の進化的な関係の類推にも用いられる。

相同なタンパク質の配列を並べることにより，いわゆる**コンセンサス配列 consensus sequence** を決めることができる。コンセンサス配列を表示するには，各々のアミノ酸の位置に最も頻繁にみられるアミノ酸を記載する。ただ，この表示法は真実を単純化しすぎてしまう。あるアミノ酸が特定の位置に 80%の確率で存在するということは，20%という無視できない確率でそのアミノ酸が存在しないことを意味している。真実をより正確に反映させる表示法として出現頻度を文字の大きさで表示する**配列ロゴ sequence logo** を用いる場合がある。図 5.24 は，シトクロム c ファミリーの 412 種の配列から作成された配列ロゴを示している。最も高頻度に出現するアミノ酸は最上位に示した。

このような配列ロゴは，配列アラインメント中の**アミノ酸の保存性 amino acid conservation** を的確に表している。配列アラインメントの特定の部位に，特定のアミノ酸だけが出現する場合には，このアミノ酸は完全に“保存”されている（図 5.24 の 17 番目のシステインと 18 番目のヒスチジン）。特定の位置にアミノ酸が保存されている場合もある。上記のシトクロム c の 412 種の配列の例では，80 番目の部位にはロイシ

(a)

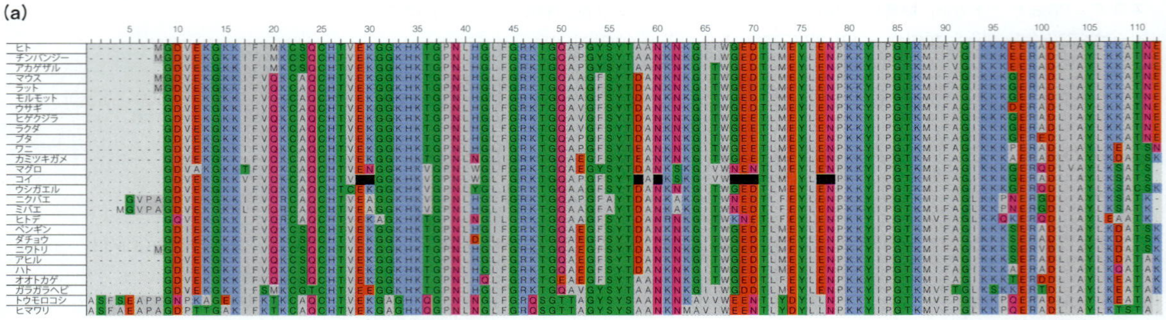

(b)

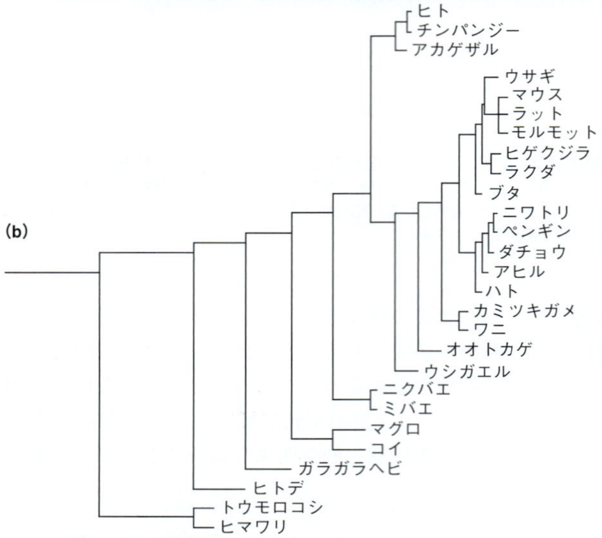

図 5.23　さまざまな生物種のシトクロム *c* のアミノ酸配列のアラインメントと系統樹（分子系統樹）（**a**）27 種の生物のシトクロム *c* 配列のアラインメント。疎水性アミノ酸は灰色，塩基性アミノ酸は青色，酸性アミノ酸は赤色，極性非電荷アミノ酸は緑色（Asn と Gln は赤紫色）で示した。（**b**）（a）に示した配列間の系統樹。分岐点は配列の違いに基づく進化的な距離を表す。アラインメントと分子系統樹は各々 CLUSTALW2 と CINEMA（ともに ExPASY Website，文献参照）で作成した。

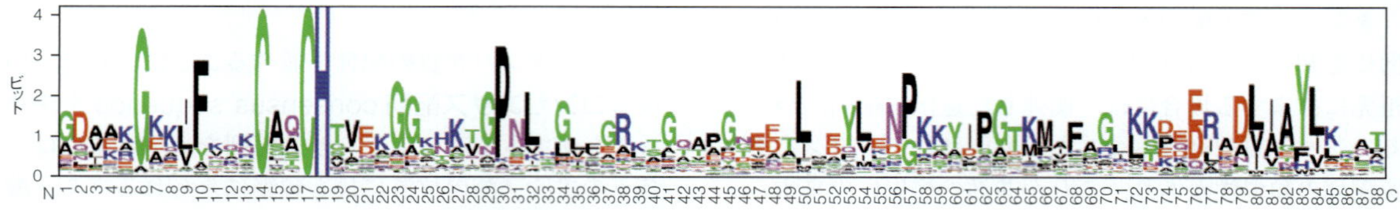

図 5.24　シトクロム *c* ファミリーの 412 種の配列から作成されたデザイン（ロゴ）配列　数字はアミノ酸番号を示す。最も上に示された文字は最も頻度が高く現れるアミノ酸残基を示す。文字の大きさが各アミノ酸の出現頻度を表す。この図は Prosite データベース（ExPASY Website）の配列データを用いて WEBLOGO プログラム（matrix alignment #51007）で作成した。

ン，バリン，イソロイシン，メチオニンのみが出現し，疎水性のアミノ酸が保存されていると解釈できる。第6章で述べるように，高度に保存されているアミノ酸は多くの場合，決定的に大切な構造的あるいは機能的な役割を果たしている。

まとめ

タンパク質は L-α アミノ酸の重合体である。20 種類の普遍的アミノ鎖と 2 種の稀にみられるアミノ酸が遺伝子にコードされ，翻訳過程でタンパク質に取り込まれる。これ以外に，タンパク質には取り込まれないアミノ酸がある（例として，細菌の細胞壁，抗生物質，ヘビ毒があげられる）。タンパク質機能の複雑さは親水性，疎水性，酸性，塩基性，中性といったアミノ酸側鎖の多様性による。そして，タンパク質に取り込まれた後の修飾がさらなる多様性を生み出す。側鎖の正負の電荷により，タンパク質は両親媒性の重合体の性質を示す。

オリゴペプチドやポリペプチドは，アミノ酸がペプチド結合で結合した重合体である。ペプチド結合は平面内に存在し，トランス型が優位である。ペプチド結合は中程度に安定であり，触媒の存在により簡単に分解される。遺伝子に指令されたアミノ酸配列をタンパク質の一次構造と呼ぶ。2 本以上のポリペプチド鎖が非共有結合や共有結合（ジスルフィド結合）で結合したタンパク質も存在する。タンパク質は細胞内で翻訳と呼ばれる ATP 依存的な過程を経て合成される。3 個のヌクレオチドの組み合わせからなる遺伝暗号が，アミノ酸を特定する。特定の三つ組みコドンが“開始”および“終止”を指定し，これがポリペプチド鎖の鎖長を決定する。

翻訳過程が済んだ後，タンパク質はさらに特定の場所で切断されたり，側鎖が修飾を受けたりといった共有結合の変化を伴う修飾を受ける。

遺伝子 DNA の配列決定により膨大な情報がもたらされたが，ゲノムにコードされた遺伝子の機能のほとんどは，いまだに不明である。配列の類似性の比較は遺伝子産物であるタンパク質の機能や構造を類推するのに用いられる。

生化学の道具　5A

タンパク質の発現と精製

本書の内容の多くは，高度に精製したタンパク質分子を用いた研究で得られたものである。特定のタンパク質の構造的そして機能的な特質を知るためには，それを脂質や核酸，糖質などの他の生体成分，さらに他のタンパク質から分離することが必要である。通常の場合，対象とするタンパク質は微量にしか含まれておらず，このような複雑な混合物からのその分離には極めて大変な作業が伴う。近年，タンパク質の遺伝子を使って任意のタンパク質のみを多量に発現させることが可能となった。この仕掛けを用いることにより，特定のタンパク質のみの細胞内濃度を上げると同時に，調べたいタンパク質の精製プロセスに特異的な分子間相互作用を組み入れることが可能となり，特定のタンパク質を簡便に精製できるようになった。

組換えタンパク質の発現

まず，タンパク質の濃度の問題について考えてみよう。細胞内の典型的な酵素は，可溶性タンパク質の 0.01％程度しか存在しない。つまり，精製するには 10,000 倍の濃縮が必要となる。組換え DNA 技術（「生化学の道具 4B」）によりそのタンパク質の細胞内濃度を 1％にできれば 100 倍の濃縮で，10％にできれば 10 倍の濃縮で，精製ができることになる。以前は，タンパク質は動物や植物の組織から精製するしか方法はなかった。したがって，これまで詳細にその性質が調べられたタンパク質は，赤血球のヘモグロビンのように，特定の組織で高度に発現しているタンパク質に限られていた。生体中に低濃度でしか含まれないタンパク質に関しては，必要量を単離するのに多量の組織から出発する困難な作業が必要であった。これが，“組換えタンパク質発現”技術が出現し 1970 年代後半から 80 年代前半に広く用いられるようになるまで，長年の間の生化学者の常識であった。組換えタンパク質発現技術は，細胞内の任意のタンパク質を多量に発現させることを可能とすると同時に，任意のアミノ酸配列を人工的に変化させる，いわゆる**部位特異的変異体 site-directed mutants** の作成を可能とした（「生化学の道具 4B」）。変異したタンパク質の構造や機能，安定性を“野生型”（自然に存在するもの）タンパク質のものと比較することによりそのアミノ酸の役割を推論できるので，変異体は極めて有用である。組換え DNA 技術のもう 1 つの波及効果は，宿主細胞に多様な外来タンパク質を発現させることができるようになったことである。例えば，動物由来および植物由来のタンパク質を大腸菌で発現させることが可能である。その扱いやすさから大腸菌は手ごろなタンパク質生産工場として日常的に利用されている。しかし，大腸菌の発現系にも限界がある。糖鎖修飾などの翻訳後修飾が活性化に必要な場合は，真核生物を用いたタンパク質発現系を用いる必要がある。

組換えタンパク質発現技術は，第 4，5 章（図 4.23〈p.100〉，図 5.18〈p.134〉）で述べたように，タンパク質のアミノ酸配列がそれをコードする遺伝子 DNA の塩基配列に規定されていることを利用する。理論的にはどのようなタンパク質をも大腸菌で発現させることが可能である。まず，大腸菌に細工を施して 2〜10 kb（キロ塩基対）の鎖長の“発現ベクター”と呼ばれる環状 DNA を取り込めるようにする。発現ベクターは，プラスミドのような自然界に存在する染色体外 DNA を改変したもので，細胞内で自律的に複製される。組換え DNA 技術を用いると，プラスミドを任意の部位で切断し，対象とするタンパク質をコードする遺伝子を挿入することができる。図 5A.1 に示した典型例において，発現させたい野生型または変異型タンパク質をコードする遺伝子に加えて，いわゆる**選択マーカー selection marker** をコードする遺伝子がそれぞれのベクター内に組み込まれている。選択マーカーは通常，抗生物質に対する耐性を与えるタンパク質をコードしており，この発現ベクターを取り込んだ大腸菌細胞，つまり組換えタンパク質を発現できる細胞のみを増殖可能とするための仕掛けである。細胞内でベクターのコピー数を増加させることにより，導入した組換えタンパク質の発現を最大化できる。この方法を用いると，自然界では極微量にしか発現していないタンパク質を，生化学的な解析や産業応用に十分な量，生産することが可能である。

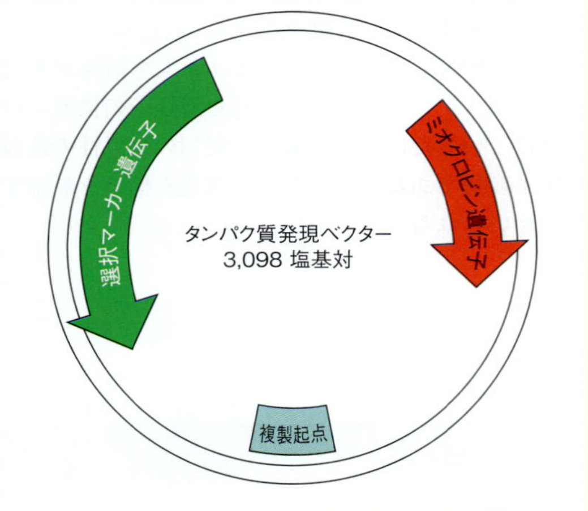

図 5A.1　一般的なタンパク質発現ベクターの模式図　環は二本鎖 DNA 配列を表す。"複製起点"と記載された箱は，ベクター DNA の細胞内でのコピー数を決める。矢印はタンパク質をコードした遺伝子の位置と方向を表す。このベクターは 2 つのタンパク質を発現する。1 つは組換えタンパク質を発現させたいタンパク質（赤矢印，この場合にはミオグロビン）であり，もう 1 つは選択マーカー（緑矢印）である。

発現タンパク質の精製

組換え DNA 技術により細胞内の特定のタンパク質濃度を増加させることができることを述べた。残る問題は，そのタンパク質を細胞内の他のタンパク質や分子から分離する方法である。タンパク質は各々その配列に依存する化学的な特性をもっている。しかし精製プロセスの多くは共通で，細胞の破砕から始まる。細胞の破砕には，超音波破砕（"sonication"），ホモジェナイザーを用いた機械的な破砕，細胞壁の酵素的な消化などの方法を用いる。未破砕の細胞や細胞膜などの不溶性成分は遠心で沈殿させ，沈殿しない画分"細胞上清 cell lysate"を得る。上清画分には可溶性タンパク質と他の生体分子が含まれる。上清画分を出発材料として，タンパク質の精製は，以下の方法を組み合わせて行う。(1) アフィニティークロマトグラフィー，(2) イオン交換クロマトグラフィー，(3) 限外ろ過クロマトグラフィー。図 5A.2 に示したように，クロマトグラフィーによるタンパク質の精製は，カラムに充填された基質（一般にビーズ状の重合体）との相互作用が，タンパク質の種類により異なることを利用している。一般的に，タンパク質と基質との相互作用が強いほど溶出が遅れる。溶出液中のタンパク質の濃度は普通 280 nm あるいは 220 nm の紫外線吸収により検出される。

アフィニティークロマトグラフィー

アフィニティークロマトグラフィーは，タンパク質が特定の分子と特異的に結合する性質を利用する。通常は酵素基質や阻害物質を模擬した分子を不活性（官能基をもたない）基質に共有結合で固定化する。分子を固定化

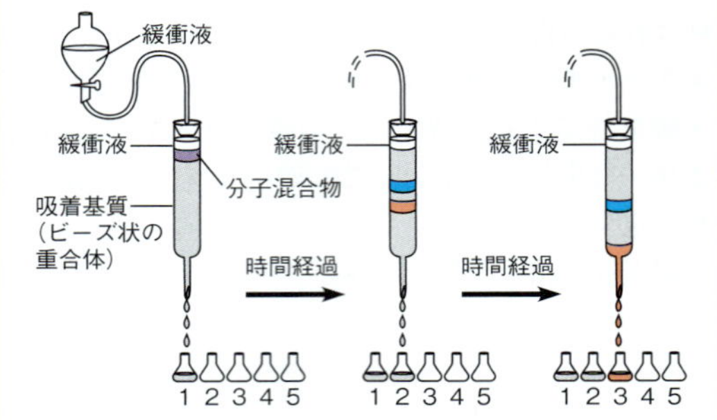

図 5A.2　カラムクロマトグラフィーの原理

した支持体を親和性基質と呼ぶ。注目しているタンパク質と親和性基質との相互作用は極めて特異的であることが期待できるので，そのタンパク質のみを結合させ，混在する他の分子を結合しない条件を設定できる可能性が高い。図 5A.3 に示すように，目的タンパク質はカラムに結合するので，その他の混在成分を洗い流す。結合したタンパク質は，その後さまざまな方法で溶出される。しかし，タンパク質を変性しないと溶出されない場合もある。

多数の興味深い生化学的局面において，特異的で相補的な，非共有結合性の分子間相互作用が，抗原と抗体との結合，酵素による基質認識，酵素の触媒機能，遺伝子発現制御，細胞シグナリング，筋収縮などの基本をなしている。アフィニティークロマトグラフィー法の開発当初は，タンパク質の元来の結合相手（リガンド）を支持体に固定化することが広く行われた。抗体を固定化した免疫アフィニティークロマトグラフィーもその一種である。目的タンパク質に対する抗体を支持体に固定化することにより，それを選択的に結合し精製できる。しかし，このような方法は煩雑で時間がかかるので，現在では簡単に短時間でできる他の方法に変わっている。

最も広く用いられているのが，金属イオンを基質に固定化したメタルアフィニティークロマトグラフィー immobilized metal affinity chromatography（IMAC）である。これは，Ni^{2+}，Zn^{2+}，Co^{2+}イオンが，ヒスチジンが 6 個続く配列と強固に結合することを利用する。このアミノ酸配列，$(His)_6$は，"ヘキサヒスチジンタグ"（あるいは"His-tag"）と呼ばれ，自然界にはほとんどみられない配列である。つまり，自然界に存在するタンパク質で IMAC 基質に結合するものはほとんどない。組換え DNA 技術を使って，His-tag 配列を任意のタンパク質の配列と融合させた遺伝子 DNA を設計できる（図 5A.4）。このタンパク質は His-tag 配列を含んでいるので，IMAC 基質に固く結合する。混在する他のタンパク質を洗い流した後にイミダゾール（His 側鎖の構造類似体）を含む緩衝液，あるいは pH を下げた緩衝液（His 側鎖に水素イオンを結合させてメタルイオンとの結合を弱める），あるいはメタルをキレートする物質 EDTA を含む緩衝液などで溶出することができる。EDTA は効率的にメタルイオンをカラムから除去できるので，His-tag タ

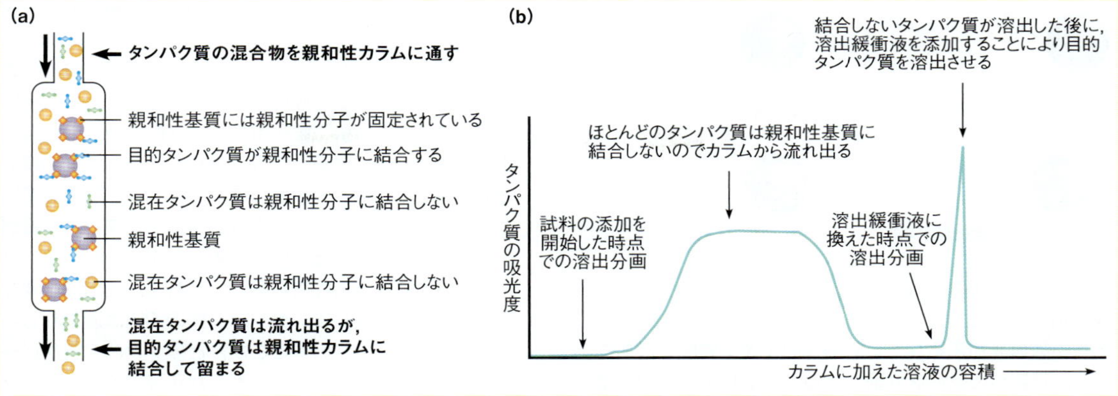

図 5A.3　(a) アフィニティークロマトグラフィーの模式図。目的タンパク質（青色）が親和性基質に特異的に結合することを示す。混在タンパク質（緑色，ベージュ色）は，結合することなくカラムを流れ出るので，目的タンパク質と分離される。結合した目的タンパク質は，本文中に記した方法のいずれかで溶出できる。(b) アフィニティークロマトグラフィーの溶出曲線。親和性基質に結合しないタンパク質は洗い流され，すぐに溶出される。これが吸光度で見積もったタンパク質の最初の大きなピークに相当する。混在物を洗い流した後に，目的タンパク質を溶出する。鋭い小さなピークがそれに相当する。

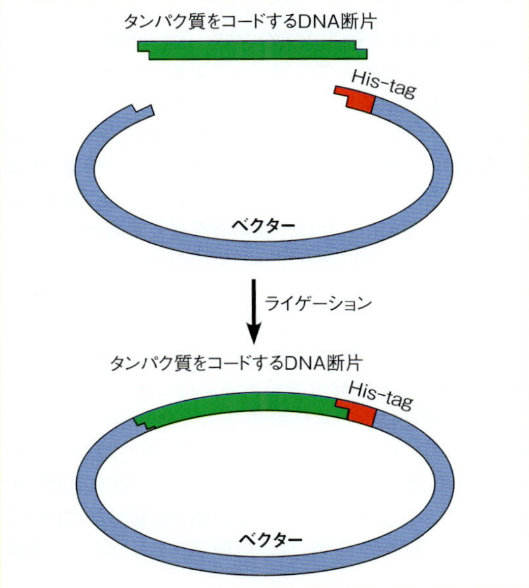

図 5A.4　タンパク質をコードする遺伝子 DNA 断片を市販されている発現ベクターのある部位に組み込むことにより，目的タンパク質の配列に親和性の“His-tag”（His 残基が 6 個連なった配列）を融合したタンパク質をコードした発現ベクターを作成できる。

ンパク質と親和性基質との結合を破壊できる。

His-tag 配列を用いたこの方法は，生化学的な解析に向けたタンパク質の精製に広く用いられており，組換え DNA 技術がタンパク質の精製プロセスの改善にも役だった好例である。しかし，精製したタンパク質が野生型には本来みられない配列（His-tag）をもっている点がこの方法の限界である。

アフィニティークロマトグラフィーは非常に効率的なので，多くの場合これを精製の最終段階とすることが可能である。しかし，翻訳後修飾などの違いを区別して精製する必要がある場合には，さらなる段階が必要である。

イオン交換クロマトグラフィー

イオン交換クロマトグラフィー ion-exchange chromatography（IEC）は，分子をその電荷に応じて分離する目的に用いられる。タンパク質分子とイオン交換クロマトグラフィーに用いられる基質との相互作用を決める因子は，(1) タンパク質の電荷密度と，(2) 溶媒（緩衝液）のイオン強度である。タンパク質の電荷密度は溶液の pH により変化する（第 2 章参照）。タンパク質溶液が等電点（pI）と同じ pH のときタンパク質のネットの電荷がゼロになること，さらに溶液の pH の増加によりタンパク質分子の荷電がより負になることを思い出してほしい。逆の場合もしかりである。タンパク質のこの挙動は，分子表面でイオン化する官能基がカルボン酸かアミンであることによる。

主に 2 つの種類のイオン交換基質が用いられている。(1) ジエチルアミノエチル diethylaminoethyl（DEAE）セルロースや第四級アンモニウム（“Q”）樹脂などの陰イオン交換樹脂で，陽正荷電を有し，陰正荷電を有するタンパク質を結合する。(2) カルボキシメチル carboxymethyl（CM）セルロースやスルホン酸（“S”）樹脂などの陽イオン交換樹脂で，陰性荷電を有し，陽正荷電を有するタンパク質を結合する。DEAE や CM 交換樹脂は，pH > 約 10（DEAE）や pH < 約 4（CM）の条件で荷電を失うので，“弱い” イオン交換樹脂と考えられている。これに対して “Q” と “S” 樹脂は水溶液中で常に荷電しており，“強い” イオン交換樹脂と考えられている。イオン交換樹脂と緩衝液を注目しているタンパク質の pI に合わせることが大切である。例えば，タンパク質は溶媒の pH がその pI よりも高い場合には DEAE セルロースカラムに結合するが，緩衝液の pH が pI よりも低い場合には結合しない。

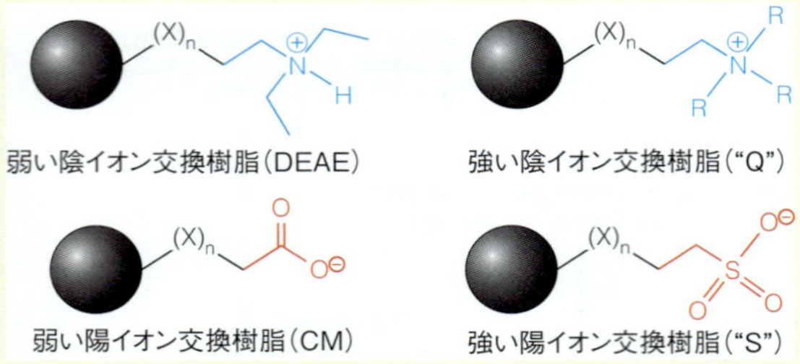

イオン交換基質に結合したタンパク質を溶出するには，pH を変化させてタンパク質の荷電を減少させるか，あるいは塩を加えるなどして溶媒のイオン強度を増加させて，基質への結合を減弱させる。可溶性のイオンは基質への結合と競合するので，その濃度が高くなるとタンパク質を基質から遊離させる。

まとめると，イオン交換クロマトグラフィーは，タンパク質の荷電密度に応じた分離を可能とする。その理論的な根拠は第 2 章で述べたが，次の概念を含む。(1) Coulomb の法則が導く静電的相互作用，(2) タンパク質の pI，(3) Henderson–Hasselbalch の式で導かれる pH 変化を利用した電荷密度の操作。

限外ろ過クロマトグラフィー

限外ろ過クロマトグラフィー size exclusion chromatography (SEC)，あるいは **"ゲルろ過クロマトグラフィー gel filtration chromatography"** は，タンパク質と支持体との非共有結合に基づく相互作用を利用しないという点で，これまで述べた 2 つの方法と異なる。図 5A.5 に示したように，限外ろ過クロマトグラフィーはタンパク質をそのみかけ上の大きさ，つまり "流体力学的大きさ" により分離する。タンパク質分子のみかけ上の大きさは，そのアミノ酸鎖長に関係する。可溶性のタンパク質が基本的には粒子（球）として挙動すると仮定する。限外ろ過クロマトグラフィーのきわだった特徴は多孔性の基質にある（図 5A.5b）。基質は，タンパク質分子の大きさに近い穴を多数もっている多孔性の球状ポリマービーズである。穴の大きさの異なる多種のビーズがある。

限外ろ過クロマトグラフィーによるタンパク質の分離は，分子がブラウン運動により拡散する性質と，多孔性ビーズの "排除容積" を利用する。SEC カラムの全容積は多孔性ビーズの体積と溶媒の容積の和である。溶媒は樹脂の間と内部にも染み渡っている。タンパク質を溶出させるために必要な溶出緩衝液の容積は，タンパク質が侵入できる溶媒の容積に依存する。つまり，あるタンパク質が侵入できる溶媒の容積が多ければ，溶出に必要な溶媒の体積は増加して，タンパク質の溶出は遅くなる。ここで，ビーズの穴の多きさが，どのタンパク質がビーズの内側にまで侵入できるかどうかを決める。小さなタンパク質はビーズの内部に侵入しやすいので，全容積に占める割合は大きなタンパク質よりも大きくなる。大きなタンパク質はビーズの外側にしか侵入できない。つまり，大きなタンパク質はビーズの内側から "排除され"，小さなタンパク質よりも早くカラムから溶出される。タンパク質の大きさを反映したこの溶出順序は，ドデシル硫酸ナトリウム (SDS)–ポリアクリルアミドゲル電気泳動 (PAGE) 実験の移動順序の逆になる（「生化学の道具 2A」）。

限外ろ過クロマトグラフィーによるタンパク質の分離は，注目しているタンパク質と混在する分子との大きさの違いが大きい場合に最も有効であるので，タンパク質分子種間の分離にはそれほど有効ではなく，精製の最後の段階で用いられる。また，SEC は溶媒中の塩を除去（"脱塩" と呼ぶ）したり，緩衝液を換える場合に有効である。溶媒中の塩は低分子量であるので，その溶出にタンパク質よりも時間がかかるからである。例えば，親和性クロマトグラフィーとイオン交換クロマトグラフィーをリン酸緩衝生理食塩水 phosphate-buffered saline (PBS) などの不揮発性の緩衝液で行うと便利ではあるが，不揮発性なので凍結乾燥 lyophilization や多くの質量分析技術に不向きである。質量分析はタンパク質解析の強力な武器であり，精製タンパク質の同定に汎用される（「生化学の道具 5B」）。凍結乾燥や質量分析に供するタンパク質試料の調製には，酢酸アンモニウムなど揮発

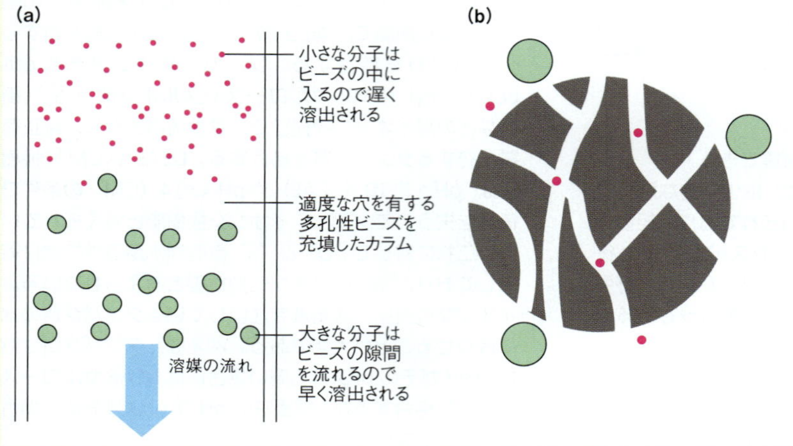

図 5A.5　限外ろ過クロマトグラフィーの原理　(a) 生体分子混合物をカラムに流した場合，小さな分子に比べて大きな分子は早く溶出される。(b) 限外ろ過ビーズ（灰色）の近接図。ビーズの穴よりも大きなタンパク質（緑色）は，ビーズの隙間しか通ることができない。しかし，ビーズの穴よりも小さな分子（赤色）は穴の中も通ることができ，その結果溶出が遅れる。

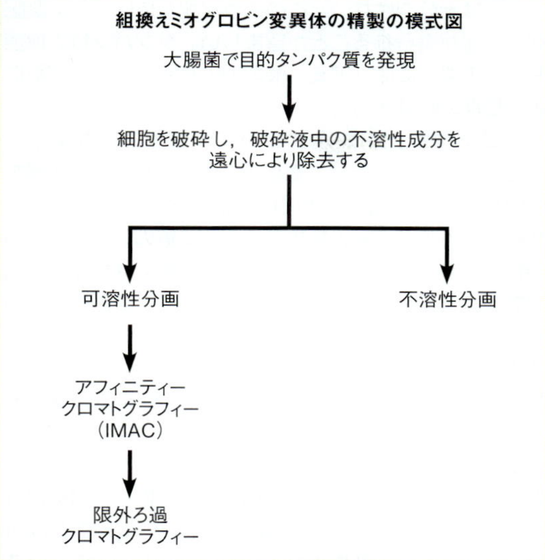

図 5A.6　組換えミオグロビン変異体の精製の流れ図

性の緩衝液を溶媒として用いた限外ろ過クロマトグラフィーを行う。PBS 中のタンパク質はカラム内を移動する中で，リン酸塩と分離して酢酸アンモニウム緩衝液に置き換えられる。このような緩衝液交換を経た試料は凍結乾燥や質量分析に利用可能である。

実験例：組換えミオグロビン変異体の精製

図 5A.6 は，大腸菌で発現させた筋肉ミオグロビンの変異体タンパク質の精製過程の模式図である。この変異体には 16 アミノ酸の配列が挿入されている。大腸菌で発現した可溶性タンパク質を可溶化させる目的で，まず大腸菌細胞を破砕する。次に遠心により可溶性物質を細胞膜や変性タンパク質の凝集体などからなる不溶性の物質と分離する。図 5A.7 のレーン 1 に示したように，遠心の上清は核酸やタンパク質の混合物である。精製の早い段階で混在タンパク質を除去できるかどうかが大切であるので，最初のクロマトグラフィーとしてアフィニティークロマトグラフィーを用いる。IMAC を用いることにより，図 5A.7 のレーン 2 に示したように，変異ミオグロビンを濃縮できた。ここで混在するタンパク質は変異ミオグロビンよりも高分子量であったので，次に限外ろ過クロマトグラフィーを行い，混在物と変異体を分けた。図 5A.7 のレーン 3，4 に示したように，一連の方法で 95％以上の純度に目的タンパク質を精製することができた。

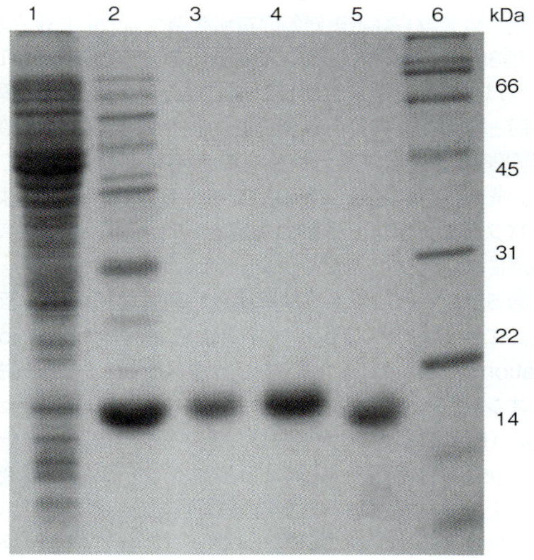

図 5A.7　2 種類のカラムクロマトグラフィーにより，変異ミオグロビンタンパク質を 95％以上の純度に精製できる。15％ SDS-PAGE ゲルのコマシー染色像を示した。レーン 1：大腸菌破砕液上清（遠心後）。レーン 2：IMAC で精製したタンパク質分画。目的とする変異ミオグロビンタンパク質が主要成分となっている。レーン 3：限外ろ過クロマトグラフィー後の変異ミオグロビンタンパク質 2 μg。レーン 4：限外ろ過クロマトグラフィー後の変異ミオグロビンタンパク質 10 μg。レーン 5：限外ろ過クロマトグラフィーで精製された野生型のミオグロビンタンパク質。レーン 6：分子量マーカー。

Reprinted with permission from *Biochemistry* 41：13318-13327, A. L. Fishburn, J. R. Keeffe, A. V. Lissounov, D. H. Peyton, and S. J. Anthony-Cahill, A circularly permuted myoglobin possesses a folded structure and ligand binding similar to those of the wild-type protein but with a reduced thermodynamic stability. © 2002 American Chemical Society.

生化学の道具　5B

精製したタンパク質の質量決定，配列分析，アミノ酸分析

質量決定

タンパク質を精製した後に，それが求めるタンパク質であることをどのようにして調べるのであろうか。まず最初に行うことは SDS-PAGE ゲル分析である（「生化学の道具 2A」，図 5A.7 参照）。この方法で，（1）タンパク質の精製度，（2）分子量既知のマーカータンパク質との移動度の比較からおおよその分子量。配列から予想される図 5A.7 の変異ミオグロビンタンパク質の分子量は 18,232 Da である。図 5A.7 の SDS-PAGE ゲル分析の結果は，変異タンパク質の移動度が 14～22 k Da の間にあることを示している。両者は矛盾しない結果であるが，SDS-PAGE ゲル分析では精度の高い結果を得ることはできない。最も厳密に分子量を測定する方法は，質量分析

mass spectrometry（MS）である。これはタンパク質の予期せぬ分解や翻訳後修飾の有無を調べるのにも役立つ。

1980 年代後半に優れたイオン化の方法が開発され，タンパク質の質量分析がタンパク質の分析の必須の解析手段となった。技術の進歩はその後も続き，生化学の重要課題に対する質量分析技術の応用範囲が拡大している。先端的な利用法は後の章で述べるので，ここではタンパク質の正確な分子量の決定とアミノ酸配列決定への応用について述べる。

図 5B.1 に最も基本的な質量分析装置の概要図を示した。**エレクトロスプレイイオン化法** electrospray ionization（ESI）あるいは**マトリックス支援レーザー脱離イオン化法** matrix-assisted laser desorption/ionization（MALDI）という方法で，タンパク質の正確な分子量を決定する装置である。ESI ではタンパク質の溶液は霧状になり加速される。質量分析装置に到達する頃には溶媒は揮発し，タンパク質分子はイオン化される。検出器は質量と荷電の比率を記録する（m/z，ここで m＝質量，z＝荷電）。ESI-MS 質量スペクトルはさまざまな m/z 比に由来するピークを合わせたものとなる（図 5B.1 上図）。MALDI 法では，タンパク質は紫外線を吸収する大過剰量（1 万倍）の基質に埋め込まれる。レーザーのパルスが基質に照射されると，基質がそのエネルギーを吸収して気化する。気化した基質はタンパク質を分子を気相に，そして質量分析系に導く。MALDI-MS 質量スペクトルは親イオンの m/z 比を示す（図 5B.1 下図）。

配列決定

正確な質量がわかれば，既知のタンパク質の同定が可能である。しかし，未知のタンパク質の場合には，質量だけでは十分ではない。このような場合にはアミノ酸配列の情報が得られることが望ましい。タンパク質の機能も未知の場合には，アミノ酸配列の情報は相同性解析により機能の類推をも可能とする。

アミノ酸配列を決定するいくつかの方法がある。p.136 で述べたように，遺伝子 DNA の配列決定は最も簡便な方法である。多数の生物種の全ゲノム配列が決定されているので，膨大な数のタンパク質のアミノ酸配列の情報があることになる。そしてその多くは機能が不明である。遺伝子配列から翻訳されたアミノ酸配列情報からは，翻訳後修飾やジスルフィド結合など既存の分子内架橋の情報を得ることはできない。これらの情報を得るためには，タンパク質の配列を直接解析する必要がある。ここでは，そのための 2 つの方法について述べる。1 つは，1980 年代半ばに開発され，現在では第 1 の選択肢として用いられるタンデム質量分析法（MS-MS）である。もう 1 つは，それよりも 20 年以上前に Pehr Edman によって開発され，現在でも用いられている Edman 分解法である。

まず Edman 配列決定法について述べる。この方法を理解することにより，多くの有用なタンパク質化学を理解できるからである。もう 1 つの理由は，部分配列から全体の配列を決める戦略が，2 つの方法で同一だからである。

Edman 法では“Edman 分解”という一連の化学反応を用いてペプチドの N 末端のアミノ酸を一つひとつ外すことが基本となる（図 5B.2）。アルカリ中でフェニルイソチオシアネート phenylisothiocyanate（PITC）で反応することにより，N 末端アミノ基がフェニルチオカルバミル phenylthiocarbamyl（PTC）化される（図 5B.2，ステップ 1）。生じたペプチド誘導体を強酸処理すると，

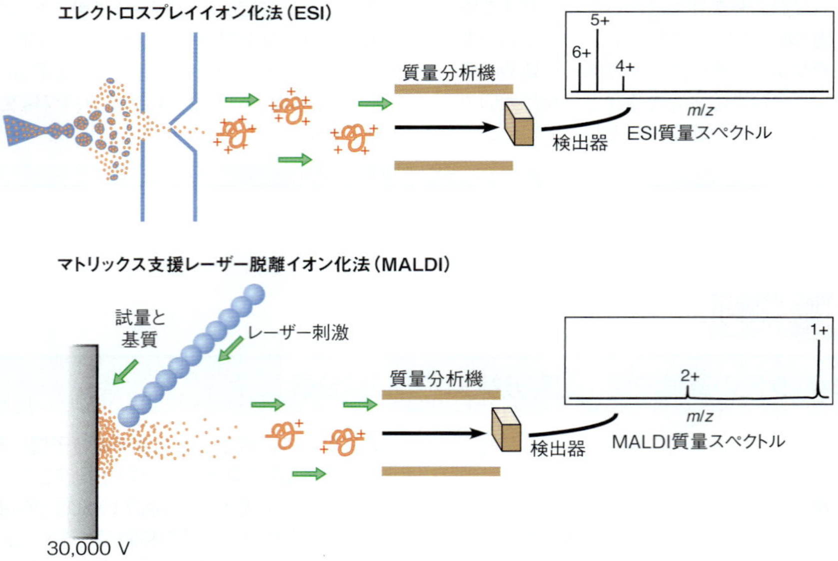

図 5B.1　エレクトロスプレイイオン化法（ESI）質量分析とマトリックス支援レーザー脱離イオン化法（MALDI）質量分析

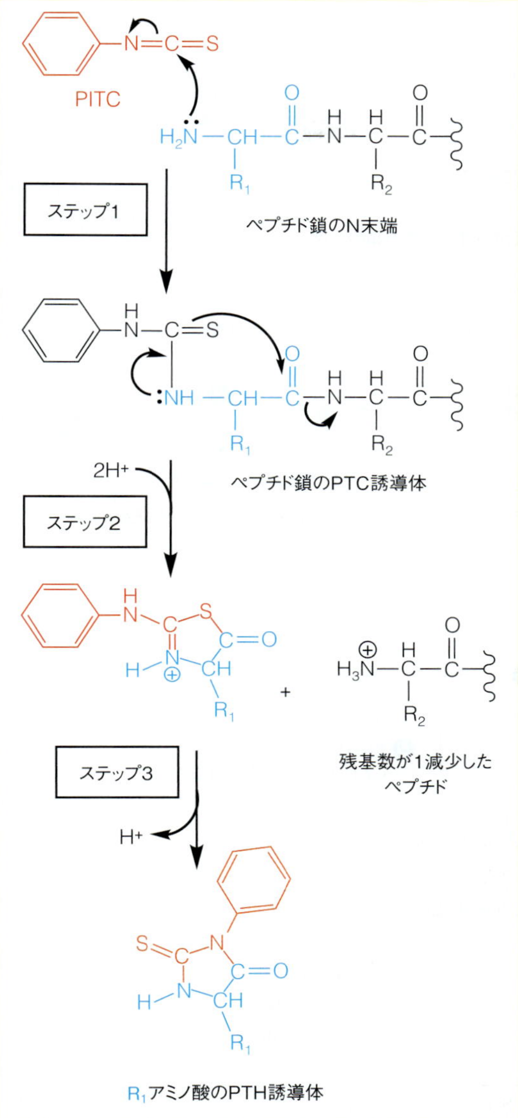

図 5B.2　Edman 分解法

1 番目の残基と 2 番目の残基のペプチド結合が切断される（ステップ 2）。N 末端アミノ酸残基の誘導体は，変化してフェニルチオヒダントイン phenylthiohydantoin（PTH）誘導体となる（ステップ 3）。ここまで 2 つの大切なことが起きたことになる。(1) N 末端アミノ酸残基に同定可能な目印がついた。(2) 残りのペプチドは 1 残基分短くなったが分解されてはいない。一連の反応を繰り返すことにより，2 番目のアミノ酸を決定できる。これを繰り返すと，長いペプチド配列を N 末端から“読む”ことができる。アミノ酸配列決定装置は，一連の反応（図 5B.2）を繰り返し自動的に行う装置である。アミノ酸配列決定装置は，アミノ酸の PTH 誘導体を，各サイクルごとに別の試験管に貯めていく。このようにして，N 末端から順にサイクル数に応じた数の PTH 誘導体が得られる。最後に，PTH 誘導体がどのアミノ酸の誘導体であるかを高速液体クロマトグラフィー high performance liquid chromatography（HPLC），あるいは質量分析により決定する。

Edman 配列決定法では，通常 30～40 残基を正確に読むことができる。つまり，これより長いタンパク質の配列を知るには，ペプチドに分断することが必要となる。ペプチドへの分断は表 5.4 に示したプロテアーゼや臭化シアンで行う。断片化して得られたペプチドの配列が決まれば，改めて出発タンパク質について第 2 の断片化を行う。この断片化は異なった特異性をもつプロテアーゼで行い，第 1 の断片化で得られた配列情報の相互の位置関係を決めるのに用いる。一連のプロセスをウシインスリンの配列決定を例にとって説明する。ウシインスリンの配列は最初に決定されたタンパク質の配列で，1950 年代初頭に Frederick Sanger らによりなされた（この業績で Sanger は，彼の最初のノーベル賞を受賞した）。この例は 2 本のペプチド鎖が共有結合で繋がった分子でジスルフィド結合の位置を決める必要もあり，通常よりも少し複雑である。図 5B.3 に概要を示す。

Edman 法で配列を決定するには，まずそのタンパク質が純粋であることを確認する必要がある。「生化学の道具 5A」に記した方法を組み合わせて不純物を除去し，電気泳動あるいは等電点電気泳動法により純度を確認する。次に行うことは，ポリペプチド鎖が 1 本なのか，それ以上なのかという点を明らかにすることである。ジスルフィド結合により，複数のポリペプチドが共有結合している場合があるからである。還元剤のある場合とない場合とで SDS ゲル電気泳動を行うことにより，この点を明らかにする（「生化学の道具 6B」）。インスリンの場合には，図 5B.3 に示すように，A，B 2 本の鎖からなるので，これらを分離し，それぞれについて配列決定を行う必要がある。なぜなら，このまま Edman 分解すると，両方のペプチドに由来する PTH 誘導体ができてしまうからである。ジスルフィド結合を切断してペプチドを分離するには，いくつかの化学反応があるが，そのうちの 2 つを以下に述べる。

過ギ酸酸化という方法は，図 5B.3 の❶で用いられている方法である。過ギ酸という強酸により，不可逆的にジスルフィド結合をシステイン酸残基にする。

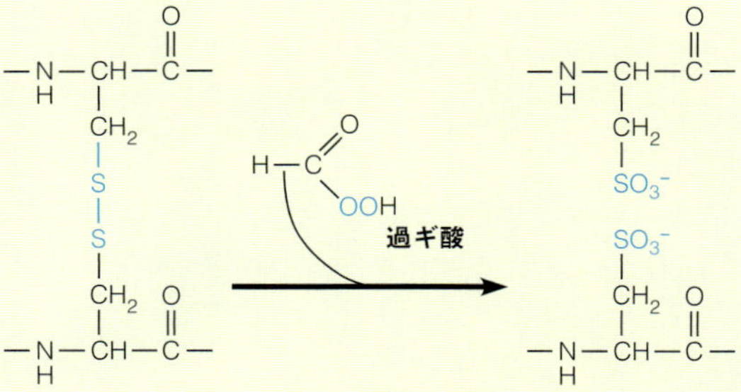

βメルカプトエタノールによる還元は，より穏和で可逆的な反応である。

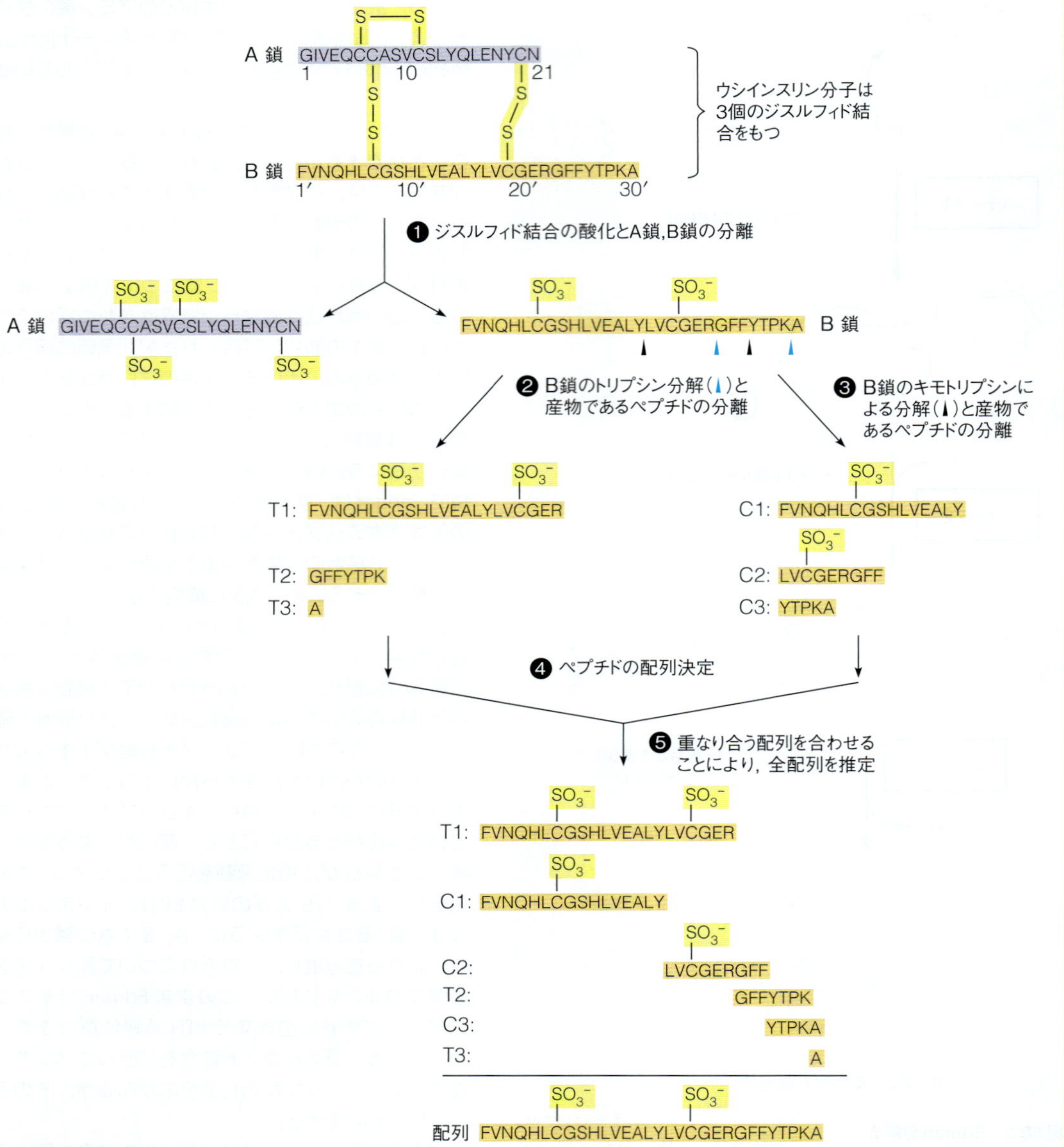

図 5B.3　インスリン B 鎖の配列決定

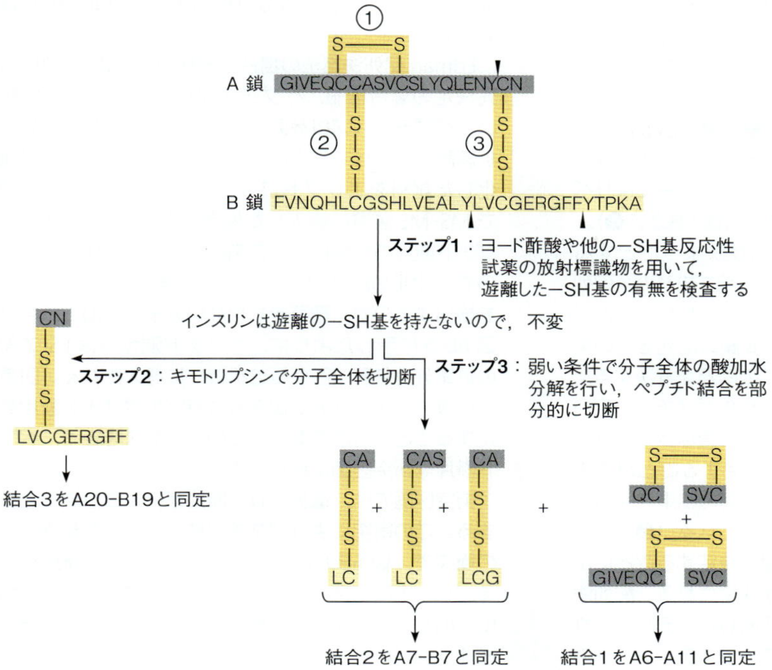

図5B.4　インスリンのジスルフィド結合の位置決定

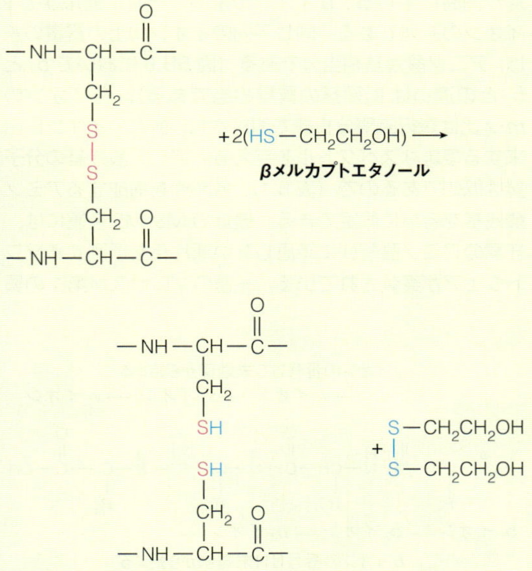

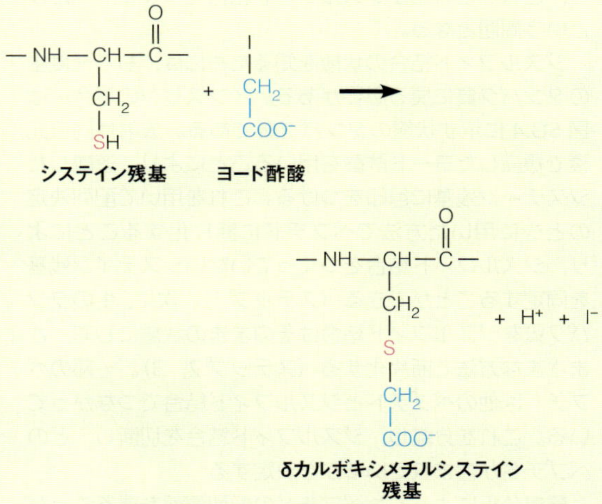

この還元によりSH基が生ずるが，これらは再酸化によりジスルフィド結合をつくりやすいので，これを避けるためにSH基のブロックが行われる。この目的でヨード酢酸が用いられる。

上記の2つの方法のいずれかを用いることにより，インスリンのA鎖とB鎖とを安定な形で分離できる。その後両者をクロマトグラフィー法で精製する。

Edman配列決定の前には，通常，アミノ酸組成分析がまず行われる（後述）。非常に特徴的なアミノ酸組成が得られた場合に生じる問題点をある程度予測するためである。さらに，アミノ酸組成の結果が配列決定の結果と矛盾しないことを確認する目的もある。

ウシインスリンの場合，A鎖，B鎖ともに短く，現代の配列決定装置で1回で決定できる。しかし，ここではもっと大きなタンパク質の場合に必要となる方法を示す目的で，インスリンをより小さなペプチドに分断することにする（Sangerらの研究では実際にこれが行われた)。インスリン B 鎖の配列決定の場合を考える。最初の段階では，試料の一部をそれぞれ用いて 2 種以上の方法で断片化する。この目的には表 5.4 に示した配列依存的な切断法を用いる。例えばトリプシン，キモトリプシンを用いると，それぞれ図 5B.3 の❷，❸で示したペプチド群が得られることになる。それぞれのペプチド混合物から，例えばイオン交換クロマトグラフィーによりペプチドを精製し，その配列を決定する（図 5B.3 の❹）。

図 5B.3 に示したペプチドの配列が決まったとする（❹）。トリプシン分解により得られたペプチドの全配列は，B 鎖の配列すべてをカバーしている。しかし，各ペプチドの順序が不明であるために，B 鎖の配列をこの情報だけから導くことはできない。この問題を解決するために，キモトリプシンを用いて得られたペプチドの配列を用いる。これはトリプシンペプチドと重なっており，これを利用することにより配列を決定することができる。2 種の方法で得られたペプチド配列の結果をすべて説明できる唯一の配列が得られることになる（❺）。

最後に，ジスルフィド結合の位置を決定することにより，タンパク質の共有結合の全体が決定される。配列決定に先立ち，ジスルフィド結合を切断した。そしてこれに関わっているかもしれないすべてのシステイン残基の位置を決定した。したがって，残る疑問はどのシステイン残基がジスルフィド結合をつくっていたかという問題と，どれとどれとがジスルフィド結合をつくっていたかという問題となる。

ジスルフィド結合の状態を知るためには，もう一度生のタンパク質に戻る必要がある。インスリンの場合には図 5B.4 に示す状態のタンパク質である。放射性同位元素で標識したヨード酢酸を用いることにより，遊離したシステイン残基に目印をつける。これを用いて配列決定のときに用いた方法でペプチドに断片化することにより，ジスルフィド結合をつくっていないシステイン残基を同定することができる（ステップ 1）。次に，生のタンパク質をジスルフィド結合はそのままの状態にして，さまざまな方法で断片化する（ステップ 2，3）。一部のペプチドは他のペプチドとジスルフィド結合でつながっている。これを分離し，ジスルフィド結合を切断し，どのペプチドが含まれているかを決定する。

質量分析によってもペプチドの配列情報を得ることができる。この目的の質量分析装置には，図 5B.1 で示した 1 個の質量分析でなく衝突区画と 2 つの分析機が必要である。図 5B.5 に，ペプチド配列決定に利用できるタンデム質量分析（MS-MS）装置の概要を示した。ここで，2 つの質量分析装置は，“四重極分析機 quadrupole analyzer” と “飛行時間分析機 time-of-flight analyzer” である。

Edman 配列決定法の場合と同様，MS-MS を用いた配列決定の場合にも，ペプチドが小さいほうが都合がよい。ペプチドはプロテアーゼで断片化してもよいし，分析装置に行わせてもよい。ここではプロテアーゼで断片化した試料をエレクトロスプレイイオン化法（ESI 法）で MS-MS 装置に導入した場合を考える。ESI 法は，ペプチド断片の全体に複数の電荷が分布した状態をつくるので，配列決定に好都合である。質量分析装置は m/z 比を検出するので，電荷をもたない分子は検出されない。図 5B.5 に示したように，ペプチド混合物は ESI で第 1 の質量分析装置（四重極分析機）に導入される。四重極分析機は，特定の m/z 比をもつ特定のペプチド断片を指定することが可能である。このプロセスを経て，ペプチド断片は衝突区画に導かれる。

衝突区画では，選択された断片がアルゴン原子と衝突する。この衝突によりペプチド結合の切断が起きる。この衝突で，図 5B.6 に示したように，2 つの断片が生じる。1 つは R_1を含む N 末端側の断片であり，もう 1 つは R_2〜R_4を含む C 末端側の断片である。生じた N 末端側のイオンを “*b* イオン”，C 末端側のイオンを “*y* イオン” と呼ぶ。

衝突区画では，各ペプチドに由来する 2 つの系列の断片が同時に生じる。*b* イオンの系列とそれに対応する *y* イオンの系列である。同じ系列のイオン同士の質量の差は，アミノ酸残基相当分である（図 5B.6 において b_2 と b_3 との違いは R_3残基の質量相当である）。各イオンの m/z 比は飛行時間分析機で測定され，各々のイオンに由来する複雑なスペクトルを与える。アミノ酸残基の分子量は既知であるので（表 5.1），各断片を構成するアミノ酸残基を容易に同定できる。最近の MS-MS 装置には，任意のアミノ酸配列に矛盾しない断片化を予測するソフトウェアが実装されている。一連のプロセスが第 1 の質

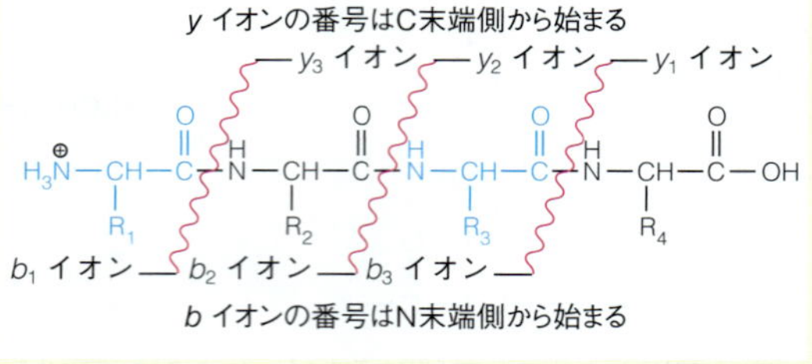

図 5B.6　低エネルギー衝突の結果生じる主要イオン　波線は衝突区画で起きるペプチド結合の切断部位を示す（図 5B.5）。

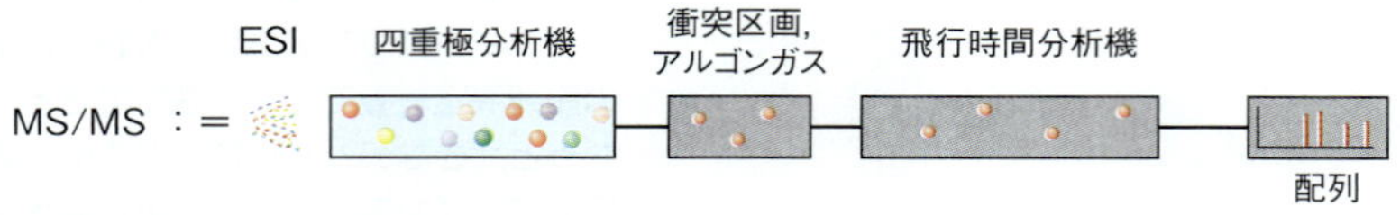

図 5B.5　MS-MS によるペプチド配列決定

量分析装置（四重極分析機）に導入されたいずれの断片についても行われ（数分間で），目的タンパク質に由来するさまざまな断片の配列情報を収集する。このペプチド配列の順序を決めるためには，異なった方法で断片化タンパク質試料を用いて，もう一度MS-MS解析を行う。

アミノ酸配列の決定にはMS-MS法，Edman法の両者が使われるが，各々に一長一短がある。Edman法による配列解析には数 μg（10^{-6} g）の精製タンパク質が必要である。タンパク質のほぼ全体の配列情報が得られる。しかし，N末端が修飾されている場合には，Edman分解が起きない。タンパク質の断片化により，この状況は改善できる。一方，MS-MS法は極めて感度がよく，pg（10^{-12} g）のタンパク質があればよい。MS-MS法は，装置がペプチド断片の分離を行うので，ペプチド断片の分離を行う手間が不要であり，時間が早い。しかし，MS-MS法では，イオン化しにくい配列の情報は得られず，タンパク質全体の配列をカバーすることができない。70～80％の領域の配列情報を得るのが普通である（質量分析ではイオン化した分子を検出する。イオン化しないペプチドは検出されない）。

タンパク質の全アミノ酸配列，あるいは一次構造を決定する方法を詳述した。Sangerがインスリンの配列を決定して以降，数千種以上のタンパク質の配列決定が行われてきた。今日，遺伝子配列の決定がより簡便になったので，タンパク質分子の配列全体を直接決定することはまれである。しかし，MS-MS法は，新規のタンパク質の配列を一部知りたいときに用いられる。たった6～10個のアミノ酸配列情報があれば，今ではそのタンパク質を同定できるからである。このアミノ酸配列情報が，**プロテオミクス proteomics** という分野の基盤である（「生化学の道具 5D」）。

タンパク質のアミノ酸組成分析

最後に，精製したタンパク質のアミノ酸組成を決定する方法について述べる。遺伝子配列決定法と質量分析法の進歩のおかげで，アミノ酸組成分析は一般的な分析ではない。しかし，タンパク質の絶対定量の標準的な方法となっている。

タンパク質のアミノ酸組成分析は以下の３段階からなる。

1．タンパク質をアミノ酸に加水分解する。
2．アミノ酸を分離する。
3．分離したアミノ酸のそれぞれの量を定量する。

少量のタンパク質を，「生化学の道具 5A」で示した方法を組み合わせて精製する。これを6 M HCl溶液に溶かし，これを真空のガラスアンプルに封入する。これを105～110℃の温度で24時間熱する。この条件で残基間の準安定結合であるペプチド結合は完全に分解する。

加水分解物を陽イオン交換カラムにより，成分のアミノ酸に分離する。この目的で用いられる樹脂は，硫酸基をもつポリスチレンである。

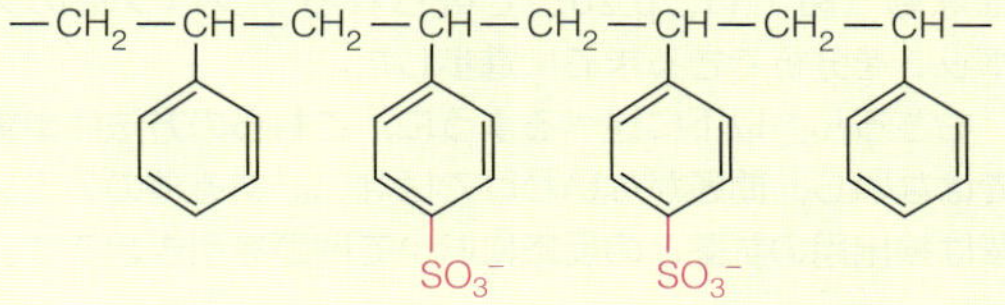

この樹脂は，アミノ酸を２つの原理で分離する。第1に，これは負に荷電しているので，まず酸性アミノ酸を通し，塩基性アミノ酸を吸着させる。溶出緩衝液のpHを徐々に上げることにより，効率よく分離する。第2に，ポリスチレン樹脂の疎水的な性質により，ロイシンやフェニルアラニンなどの疎水性のアミノ酸を保持しやすい。一例を図 5B.7 に示す。アミノ酸の溶出順序は，酸性から塩基性の順序となっている。現在のアミノ酸分析機は完全に自動化され，クロマトグラフィーを用いた分離と定量を同時に行う。

カラムから分離したアミノ酸を検出し定量する方法は数多くあるが，一般的には，感度を上げるために蛍光色素を用いる。アミノ酸をオルトフタルアルデヒドと反応させて蛍光性物質を得る。

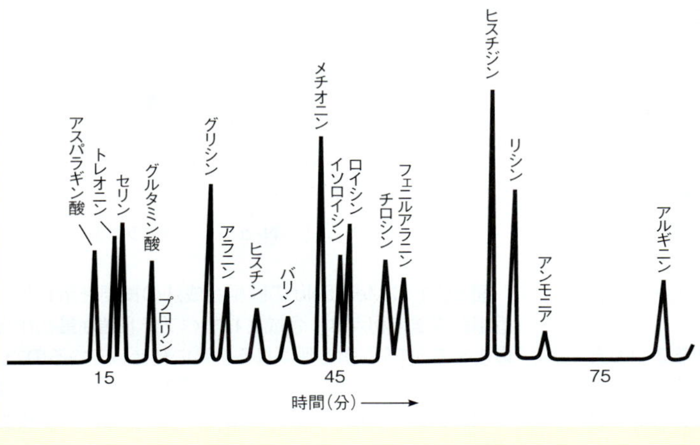

図 5B.7　単カラムアミノ酸分析機によるタンパク質の加水分解産物の分析　クロマトグラムは，加水分解されたアミノ酸のポリスチレンカラムでの溶出順序を示す。遊離アミノ酸は220 nmの吸光度で検出される。

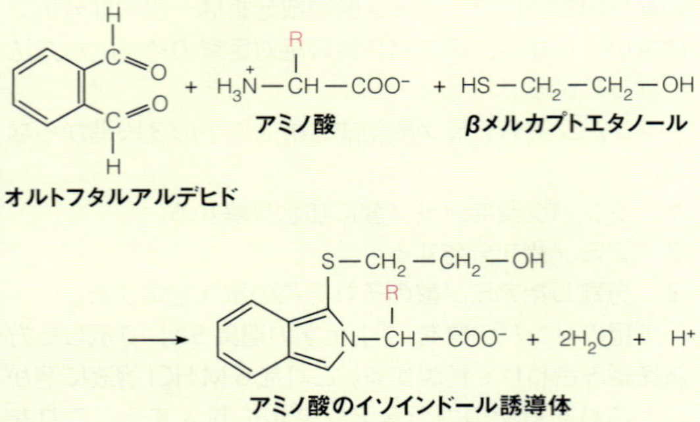

これを用いると，検出濃度は優に pmol（10^{-12}mol）オーダーに上昇する。最近，微小電気泳動装置と蛍光検出法を組み合わせることにより，検出感度は attomole（amol：10^{-18}mol）の範囲にまで上昇した。この量は数千個の分子数に対応する。アミノ酸分析技術は二次元電気泳動（図 1.11，p.20）で得られるタンパク質のスポットを分析できるまでに進歩した。

もちろん，以下に述べるように，これらの方法は単純ではないし，問題がないわけではない。ある種のアミノ酸は検出用の試薬との反応において問題を引き起こす。特に，プロリンは第二級のアミノ酸であり，反応が遅い，または反応しないことがしばしば起きる。さらに，いくつかのアミノ酸は，加水分解の過程で部分的に分解されてしまう。トリプトファンはこの点で特に問題があり，その紫外線吸収を利用したまったく異なる方法で決定する必要がある（図 5.6 参照）。セリン，トレオニン，チロシンも加水分解反応の時間が長くなると分解される。これらの困難は，あらかじめ保護反応を行ったり，アミノ酸含量を異なった時間で測定して加水分解ゼロ時間に外挿するなどの方法により，十分に克服できる。アスパラギンとグルタミンは常にそれぞれアスパラギン酸，グルタミン酸に加水分解されてしまう。したがって，これらの含量は，そのアミドの量と合わせたものとなる。この酸加水分解時におけるアミノ酸の分解反応は，上述した他の分解反応と同様，プロテアーゼ混合物を用いた酵素的な分解を行えば避けることができる。しかし，この方法にも，完全な分解が困難であることや，分析前に分解酵素を除去する必要があるなどの欠点がある。

これらの複雑な要素はあるものの，自動アミノ酸分析機を用いたアミノ酸分析技術は多くの研究室における日常的分析法の 1 つとなっている。

生化学の道具　5C

ポリペプチドの化学合成法

特定の配列をもつポリペプチドの化学的な合成は，医学および分子生物学において非常に大切な技術となっている。自然にないアミノ酸でつくられ，生体内でより安定化するペプチドホルモンを合成することができる。合成ペプチドを用いることにより，特定のタンパク質の特定の部位を認識する抗体を作製することもできる。このような抗体は，タンパク質と他の分子との相互作用を解析するのに有益である。

配列の定まったペプチドを合成するためには，以下の条件を満たす方法論の開発が必要となる。

1．自動的にアミノ酸を 1 個ずつつなぐことができる。
2．ペプチド結合は中程度に安定であるので，アミノ酸を結合する際にはこれを活性化し，ペプチド結合形成が効率よく起きる（各サイクルで 98%以上）ようにする必要がある。
3．副反応を防ぐために，アミノ基とカルボキシ基以外の反応基（親核性）はすべて保護試薬を用いて保護しておく（反応しないようにする）必要がある。
4．側鎖を保護している官能基は反応中は安定である必要があるが，αアミノ基の保護はペプチド合成サイクルで毎回選択的に外す必要がある。

上述の条件を満たしてペプチドを合成できる 2 つの方法がある。Bruce Merrifield（ノーベル賞受賞）により開発された，固相ペプチド合成法 solid-phase peptide synthesis（SPPS）は，αアミノ基の保護に *t*-ブチルオキシカルボニル *t*-butyloxycarbonyl（*t*Boc）基を用いる。もう 1 つの方法は，αアミノ基の保護に 9-フルオレニルメトキシカルボニル 9-fluorenylmethoxylcarbonyl（Fmoc）基を用いる。両者ともに自動化された装置があり，今でも広く使われている。配列により得手不得手があり，多くの研究室では両方の装置を備えている。

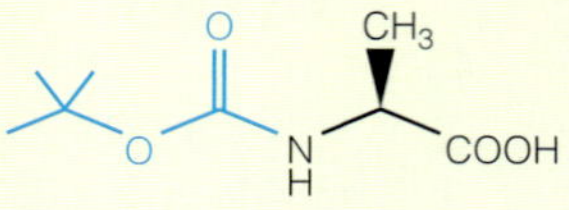

N-α-*t*Boc-アラニン

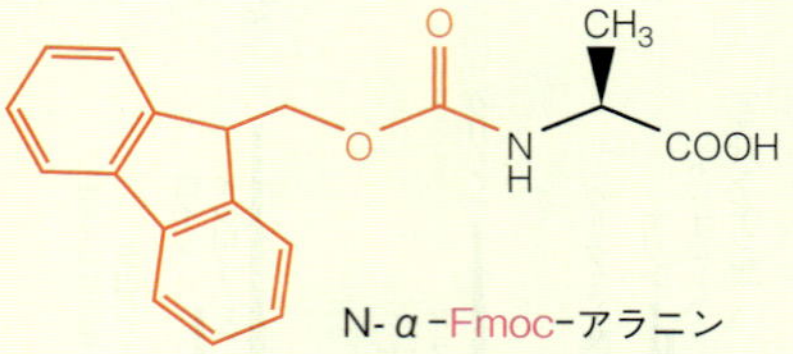

N-α-Fmoc-アラニン

図 5C.1 に Merrifield の固相合成法の概要を示した。固相合成法の利点は，合成されたペプチド鎖が最初から最後まで SPPS 樹脂と呼ばれる基質に結合しているので，各段階での反応液の交換が完全に行える点にある。合成は次のように行われる。C 末端のアミノ酸を，SPPS 樹脂

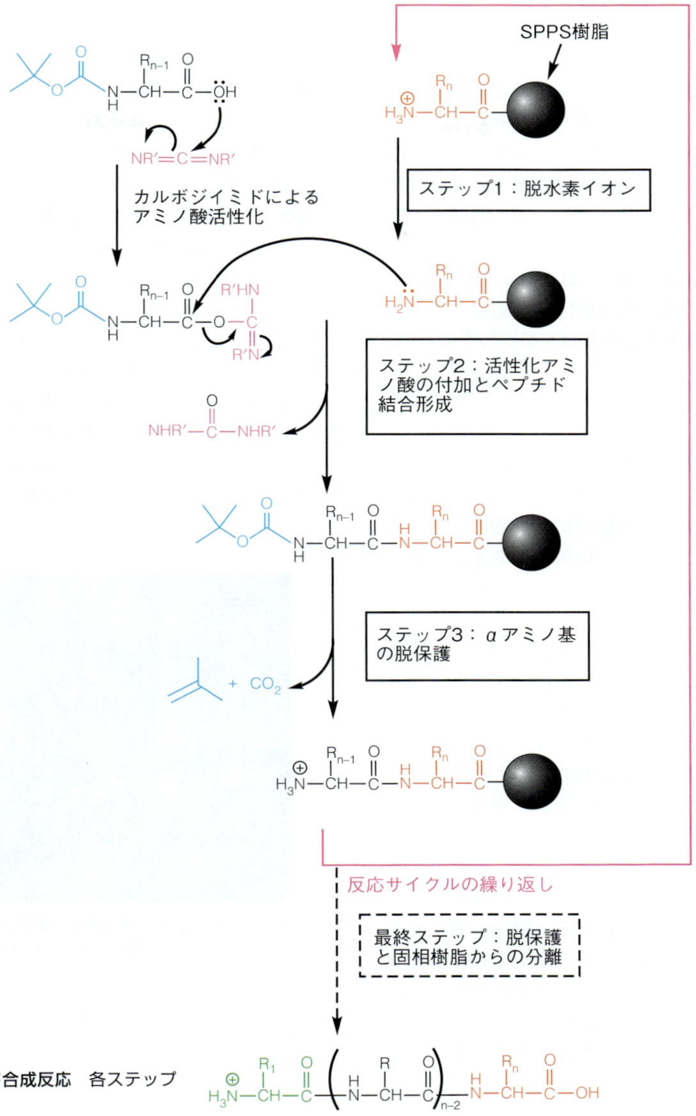

図5C.1　固相ペプチド合成反応　各ステップは本文を参照。

に共有結合で固定化する。このときにαアミノ基を露出した状態にしておく。ここから3段階からなるペプチド結合形成反応が行われる。（ステップ1）αアミノ基から水素イオンをはずし，親核性をもたせる。（ステップ2）次に付加したいアミノ酸のカルボキシ基を活性化して伸長中のペプチドに共有結合を形成させる。（ステップ3）新たなN末端αアミノ酸の保護基をはずす。新たなペプチド結合はステップ2で形成される。合成したい配列に従ってステップ1から3の反応を繰り返す。最後にペプチド鎖のN末端のαアミノ基と側鎖に付加された保護基を外し，さらに樹脂からペプチドを切り離すことにより合成が完了する。

ペプチド合成サイクルの各段階の概要は以下の通りである。樹脂に固定化された伸長中のペプチド鎖に新たに付加されるアミノ酸は，遊離のカルボキシ基に加えて，Boc基で保護されたアミノ基と，必要に応じて保護された側鎖をもつ。カルボキシ基はカルボジイミド試薬により，反応性のより高いカルボキシエステルに活性化される（ステップ2）。この共役反応により，新たなペプチド結合が形成され，アミノ酸残基分伸長し，N末端のαアミノ基がBoc保護されたペプチドが完成する。このBoc保護基はトリフルオロ酢酸処理により選択的に除去され（ステップ3），次の活性化アミノ酸が付加される（ステップ1から3を繰り返す）。合成の最後に付加されるアミノ酸は，N末端のアミノ酸残基である。また，すべての反応は伸長中のペプチド鎖が樹脂に固定化された状態で自動的に行われる。最後の段階でフッ化水素を加えることにより，側鎖の保護基の除去と合成し終わったペプチド鎖の樹脂からの分離が完了する。

このような方法を用いることにより，50 残基程度のペプチドをもよい収率で合成することができる。より長い 150 アミノ酸程度の鎖も場合によっては合成できる。例えば Merrifield は 124 残基の活性をもつ酵素リボヌクレアーゼを，Stephen Kent らは 140～160 残基程度の小さなタンパク質を合成した。合成ペプチドを天然のペプチドに結合する技術もある。この技術を用いれば，人工的なアミノ酸を大きなタンパク質に導入することもできる。native chemical ligation あるいは expressed protein ligation と呼ばれるこのような技術については，これ以上述べない。興味のある人は参考文献を参照してほしい。

コンビナトリアルペプチドアレイ

特定の生物活性の有無を多種のペプチドについて一挙に試験する必要がしばしばある。例えば，大きなオリゴペプチドファミリーの中である抗体に特異的に反応するオリゴペプチドがどれかを知りたい場合がある。従来，そのためには数百通りものオリゴペプチドを独立に合成する必要があった。

光リソグラフィーとインクジェットプリンターから借用した技術を利用することにより，現在ではさまざまな配列をもつペプチドを，顕微鏡レベルで二次元的に固相表面に配列させつつ合成することが可能である。基本的な技術を図 5C.2 に示す。合成に用いるアミノ酸は N 末端を光分解性保護基で保護され，C 末端に活性化したカルボキシ基をもつものである。最初に，第 1 のアミノ酸（この場合には Leu）をアミノ基でコートした固相表面と反応させる。次に全表面に光を照射し，保護基をはずす。それぞれの鎖に第 2 の活性化アミノ酸を付加する準備が整う。この例においては，第 4 ラウンドを回った時点で，GGFL というペプチドが各所に合成されたことになる。ここで，第 5 ラウンド以降には場所毎に異なった配列を合成したいとする。次のラウンドでは，表面に長方形の覆いをかぶせ，格子模様のパターンの半分のみに光を照射できるようにする。これにより，光を照射した領域にのみ Tyr 残基を付加することが可能となる。次に他の場所に光を照射し，Pro 残基を付加する。したがって，この例では，PGGFL と YGGFL とからなる単純な格子模様が得られる。図 5C.3 には YGGFL に反応する抗体を蛍光標識し，それを表面と反応させた例を示す。例は単純であるが，さまざまな覆いを何回も用いることにより，より複雑な模様を簡単につくることができる。これを利用すると，1 つの面上で何千種類ものペプチドを所定のパターンに合成することができる。

上述した方法とは異なった手法もある。10,000 種以上のタンパク質を 1 枚のスライドグラス上に固定化したタンパク質マイクロアレイが開発され，タンパク質–タンパク質相互作用の迅速な検出や，細胞内タンパク質の発現量の決定が行われている。このような“タンパク質チップ”は，ナノリッターのタンパク質溶液の液滴をス

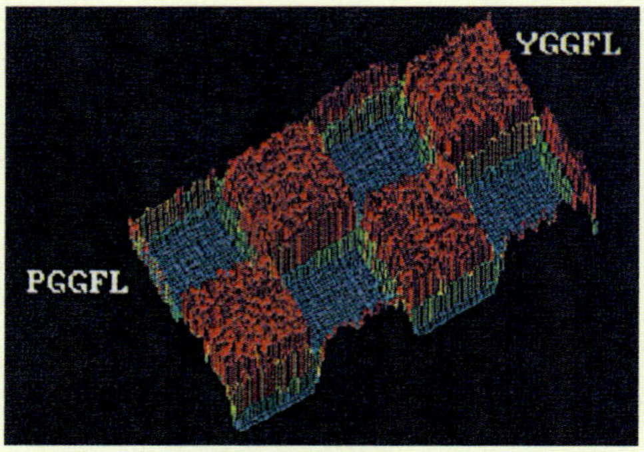

図 5C.3　格子模様の YGGFL と PGGFL ペプチド列の三次元表示　棒の高さは蛍光強度を表す。これは 2.5 μm 平方ピクセル当たりの蛍光強度に比例する。

From *Science* 251：767-773, S. P. Fodor, J. L. Read, M. C. Pirrung, L. Stryer, A. T. Lu, and D. Solas, Light-directed, spatially addressable parallel chemical synthesis. © 1991. Reprinted with permission from AAAS and Stephen P. A. Fodor.

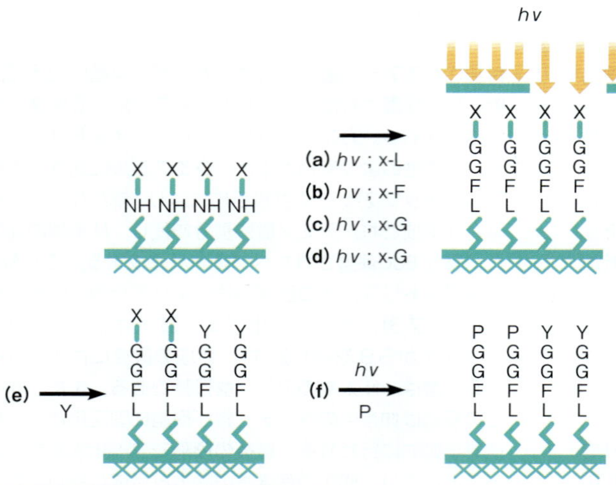

図 5C.2　光を利用して空間的に配置したオリゴペプチド合成法　X はアミノ酸残基に修飾された光分解性の保護基を示す。(a) ～ (d) の段階では，GGFL というテトラペプチドが表面上に合成される。次に，特定の場所でのみ保護基をはずす目的で覆いを用いて必要な場所にのみ光を照射する。これにより，光を照射した領域にのみチロシン残基を付加させる (e)。次の段階での光脱保護により，別の場所にプロリン残基を付加する。

From *Science* 251：767-773, S. P. Fodor, J. L. Read, M. C. Pirrung, L. Stryer, A. T. Lu, and D. Solas, Light-directed, spatially addressable parallel chemical synthesis. © 1991. Reprinted with permission from AAAS and Stephen P. A. Fodor.

ライド上の任意の位置に結合させせることにより作成される。スライド上の各スポットは異なったタンパク質である。マイクロアレイ中に固定化されたタンパク質は，他のタンパク質や薬剤候補や酵素基質などの低分子化合物と相互作用するので，この方法を用いてタンパク質-タンパク質相互作用やタンパク質と低分子リガンドとの相互作用の測定に利用できる。

生化学の道具　5D

プロテオミクスの概要

細胞に発現しているタンパク質のすべてを**プロテオーム proteome** と呼ぶ。第 1 章で述べたように，**プロテオミクス proteomics** は単離された精製タンパク質を別々に調べるのではなく，プロテオーム全体を解析することにより，タンパク質と細胞の機能との関係を理解することを目指す学問分野である。とりわけ，タンパク質の発現量や翻訳後修飾の程度が，細胞でどの程度変化して，それがどんな結果をもたらすかを理解することである。例えば，膵臓がんの細胞のプロテオームは正常な細胞と何が違うのか？　細胞には数千のタンパク質が発現している可能性があるのに，どのようにしてこの疑問に答えることができるのか？　「生化学の道具 5C」で述べたタンパク質チップはその 1 つの方法である。ここでは，より汎用されている他の方法を述べる。

プロテオミクス解析により，正常な細胞と罹患した細胞との間で，発現量と翻訳後修飾（リン酸化など）の程度を迅速に比較することができる。ここで大切なことは，変化したタンパク質を正確にみつけることである。そのための最も優れた方法が，質量分析（「生化学の道具 5B」）である。いったん変化したタンパク質を同定できれば，そのタンパク質の疾患との関わりを研究すればよい。

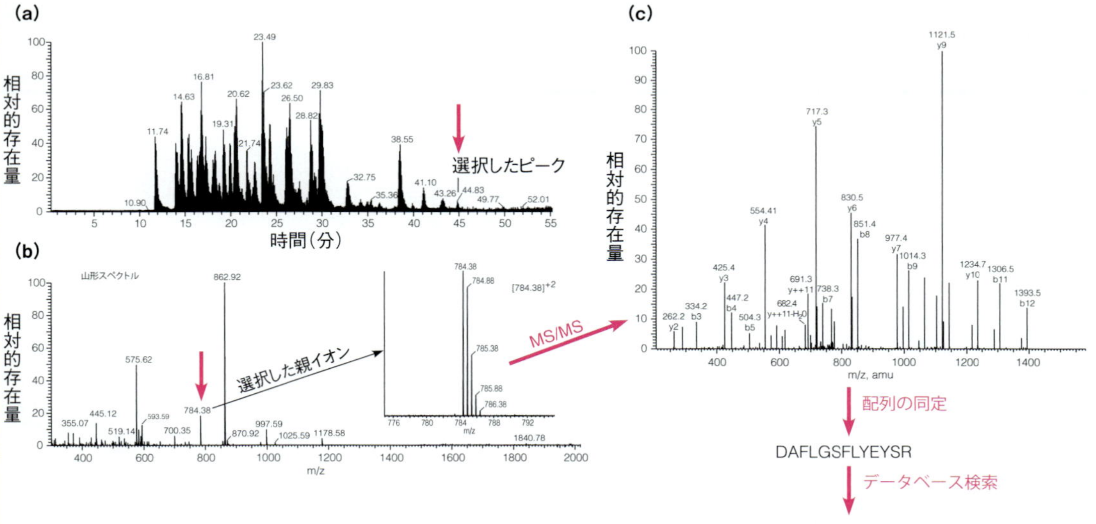

P02769 Serum albumin precursor (Allergen Bos d 6) (BSA)
MKWVTFISLLLLFSSAYSRGVFRRDTHKSEIAHRFKDLGEEHFKGL
VLIAFSQYLQQCPFDEHVKLVNELTEFAKTCVADESHAGCEKSLHT
LFGDELCKVASLRETYGDMADCCEKQEPERNECFLSHKDDSPDL
PKLKPDPNTLCDEFKADEKKFWGKYLYEIARRHPYFYAPELLYYAN
KYNGVFQECCQAEDKGACLLPKIETMREKVLASSARQRLRCASIQ
KFGERALKAWSVARLSQKFPKAEFVEVTKLVTDLTKVHKECCHGD
LLECADDRADLAKYICDNQDTISSKLKECCDKPLLEKSHCIAEVEK
DAIPENLPPLTADFAEDKDVCKNYQEAK**DAFLGSFLYEYSR**RHPEY
AVSVLLRLAKEYEATLEECCAKDDPHACYSTVFDKLKHLVDEPQNL
IKQNCDQFEKLGEYGFQNALIVRYTRKVPQVSTPTLVEVSRSLGKV
GTRCCTKPESERMPCTEDYLSLILNRLCVLHEKTPVSEKVTKCCTE
SLVNRRPCFSALTPDETYVPKAFDEKLFTFHADICTLPDTEKQIKKQ
TALVELLKHKPKATEEQLKTVMENFVAFVDKCCAADDKEACFAVEG
PKLVVSTQTALA

図 5D.1　プロテオミクスの手法を用いた目的タンパク質の同定　**(a)** HPLC で分離したペプチド TIC（total ion current）質量スペクトル。横軸は HPLC の溶出時間。TIC 質量スペクトルの任意のピーク（図の赤色矢印）を選び，これを分析機中で MS-MS 分析することも可能である。**(b)**（a）の赤色矢印で示したピークに含まれるペプチドの TIC 質量スペクトル。ペプチド混合物は *m/z* 比に応じてさらに分離される。右は拡大図を示す。**(c)**（b）の赤色矢印の部分のペプチドを MS-MS 分析した結果。得られた 13 の配列をデータベース検索した。

Panels (a-c) courtesy of Jack Benner. Panel (d) courtesy of SIB Swiss Institute of Bioinformatics.

典型的なプロテオミクス実験は次のステップを含む。(1) 細胞や組織からのタンパク質やタンパク質断片の分離と単離。(2) 選択したタンパク質のMS-MS配列決定（図5B.5，図5B.6）。(3) データベース検索による標的タンパク質の同定と，その機能の類推。標的タンパク質の同定に加えて，ペプチドの分離のためには二次元電気泳動（図1.11，p.20）をプロテオミクス解析に利用できる。しかし，二次元ゲルからのペプチドの溶出が煩雑であることから，大規模プロテオミクス解析にはタンデム質量分析でペプチド混合物を直接解析するほうが有効である。

図5D.1に基本的なプロテオミクス解析を図示した。複雑なタンパク質混合物を，この場合はトリプシンで消化し，HPLC（「生化学の道具5B」）で分離可能なペプチド混合物とする。HPLC溶出液をそのまま直接質量分析装置に注入する。ペプチド混合物の複雑さは，全質量範囲を測定するTIC（total ion current）質量スペクトル（図5D.1a）の多数のピークとして現れる。出発試料が細胞破砕液のような極めて複雑な組成の場合，ここでみえるピークは数種のペプチドの交合物である可能性が高い。しかし，これらのペプチドはそのm/z比の違いにより質量分析装置の中で分離される。分離されたペプチドは，より単純な親イオン質量スペクトル（図5D.1b）に表示される。各親イオンは，MS-MS分析によりアミノ酸配列を知ることができる（図5B.5，図5B.6）。図5D.1cは，図5D.1bに示された親イオンの1つを用いて得られたMS-MS質量スペクトルである。実験的に得られたアミノ酸配列をデータベースで検索することにより，このペプチドがウシ血清アルブミンであることがわかった。

MS-MSを用いることにより，複雑なペプチド混合物の解析が可能である。それは，混合物の中のたった1つのペプチドが配列解析される仕組みになっているからである。したがって，このような中から新たなタンパク質分子を同定することも可能である。原理的には，混合物中のすべてのタンパク質を同定することが可能である。もちろん，データベースに登録されていることが大前提である。

質量分析は，翻訳後修飾の検出に特に有効である。よくある修飾がタンパク質のリン酸化で，リン酸化されたタンパク質はその質量と電荷が変化するからである。質量分析は，酵素活性の検出にも利用できる。化学標識した試薬の分子量が酵素の働きで変化するような場合である。この種のプロテオミクス解析は，新生児の代謝疾患の検出に使われている。

プロテオミクス解析にはたくさんの課題がある。例えば，微量しか存在しないタンパク質を検出することは困難である。真核細胞の場合，最も多量に存在するタンパク質と最も微量しか存在しないタンパク質の濃度比は10^6倍にも達する。薬剤研究のための標的タンパク質は多くの場合きわめて含量の少ないタンパク質である。これらの理由により，質量分析に先だって細胞を分画し，多量に発現するタンパク質を除去すること，あるいは微量タンパク質を濃縮する操作が有効である。

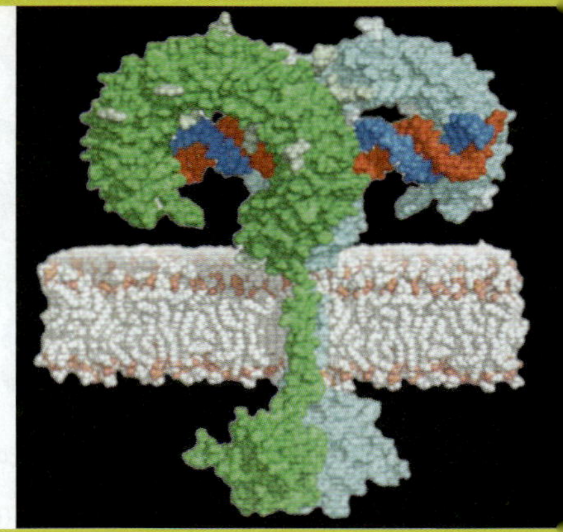

第6章 タンパク質の三次元構造

第5章ではタンパク質の一次構造の概念を紹介した。この一次構造，すなわちアミノ酸配列はそれぞれのタンパク質の遺伝子のDNA配列によって決まっている。しかし，ほとんどのタンパク質はより高次元の構造形態ももっている。特異性の高い生物学的機能を発揮できるのは，個々のタンパク質の特異な三次元構造のおかげである。

図5.1（p.120）では，マッコウクジラのもつタンパク質であるミオグロビンにおいて，各重原子が空間的にしっかりとはまっていることが示されている。図6.1では，ミオグロビン分子の三次元構造を別の形で表し，タンパク質ポリペプチド鎖の三次元の折りたたみに明確な2つのレベルが存在することがわかるように描いている。まずはじめに，ポリペプチド鎖は局所的にコイルを巻いて，ヘリックス構造をとっている。このような局所的に規則正しい折りたたみ部分を分子の**二次構造 secondary structure**と呼ぶ。ヘリックスを巻いた領域は，さらに全ポリペプチド鎖にわたって特異性の高いコンパクトな構造へと折りたたまれる。このさらなる折りたたみをタンパク質の**三次構造 tertiary structure**と呼ぶ。本章の後半では，タンパク質の中に複数の折りたたまれたポリペプチド鎖がさらに規則正しく配置されてできているものを見出すであろう。この配置のことを**四次構造 quaternary structure**と呼ぶ。

本章では，上記のようなタンパク質構造のいくつかのレベルについて，折りたたまれたタンパク質の安定化の機構，タンパク質が折りたたまれる機構，そして一次配列から三次構造を計算によって予測する方法について説明する。

> **ポイント1**
> タンパク質分子の構成の形成には4つのレベルがある。すなわち，一次（配列），二次（局所の折りたたみ），三次（全体の折りたたみ），そして四次（サブユニットの会合），である。

二次構造：ポリペプチド鎖の規則的な折りたたみ方法

ポリペプチド鎖の規則的構造の発見

タンパク質の二次構造の理解は，20世紀の最も偉大な化学者の1人，Linus Paulingの並外れた研究に端を発する。1930年代はじめ，彼は最終的にはタンパク質の構造を解析することを目指し，アミノ酸や小さなペプチドのX線回折の研究を始めた。1950年代はじめにはPaulingと共同研究者たちは，これらのデータをもとに，卓越した科学的直感をもってポリペプチド鎖のもつ可能な規則的立体構造について系統的な分析を始めた。彼らは，どのような構造も従うべきいくつかの原理を推定した。

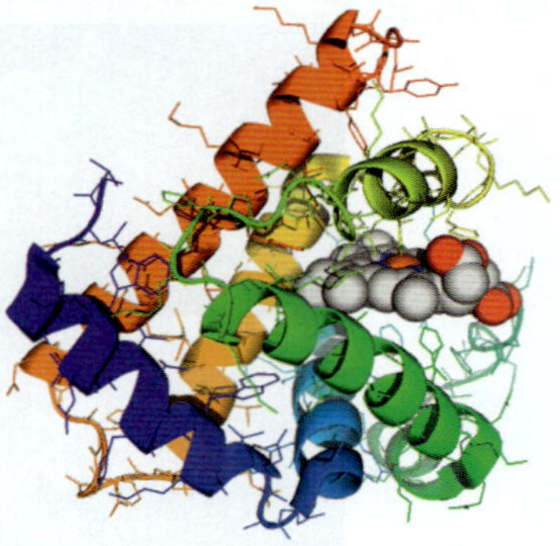

図 6.1　タンパク質ミオグロビンの三次元の折りたたみ　“リボン”で表されたこの構造は，H. C. Watson と J. C. Kendrew によって解明された X 線結晶構造に基づいて描かれている（PDB ID：1MBN）。ポリペプチドの主鎖は，太い線で一続きになったらせんで示されている。一方，側鎖は細い線で描かれている。個々のヘリックス領域は色分けされていて，N 末端は青，C 末端は赤で示されている。このタンパク質はヘムグループ（空間充填モデルで示す）と結合する。この図のタンパク質の向きは，図 5.1 のそれと同じである。

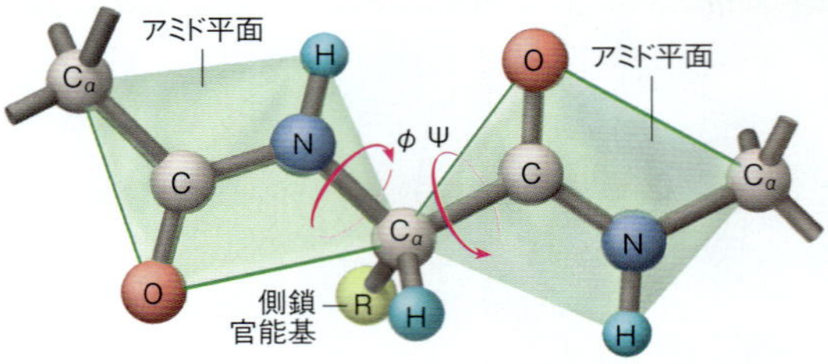

図 6.2　ポリペプチド主鎖の結合まわりの回転　2 つの隣接するアミド平面を薄緑で示す。回転は，$N_{アミド基}$ — C_α と C_α — $C_{カルボニル基}$結合のまわりだけに限られる。これらの結合まわりの回転角は，それぞれ ϕ と ψ と定義される。正の方向は矢印の向きで，α 炭素からみて時計回りが正の回転となる。ここで示した伸びた形のコンホメーションは $\phi = +180$，$\psi = +180$ に対応する。

1. 図 5.14b（p.130）に示すように，結合長や結合角は，アミノ酸やペプチドの X 線回折研究から見出された値から可能な限りゆがまない。
2. 2 つの原子同士が van der Waals 半径で許される以上に近づくことはない。
3. 図 5.14b に示したように，アミド基は平面的，かつトランスの配置をとらなければならない（この特徴は小さなペプチドの初期の X 線回折の研究からすでに認識されていた）。その結果，図 6.2 に示すように，許される回転は α 炭素につながった 2 つの結合のまわりに限られる。
4. 規則的な折りたたみの安定化にはいくつかの非共有結合が必要である。最も明らかなものは，アミド基のプロトンとカルボニル基の酸素原子との間の水素結合と考えられる。

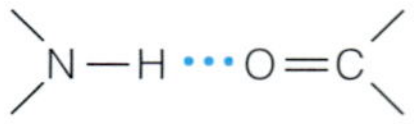

この考えは，水素結合の概念の発展に大きく寄与してきた Pauling にとっては自然なことである。以上をまとめると，好まれるコンホメーションは水素結合が最も多く，かつ 1～3 の基準を満たすものである。

αヘリックスとβシート

Pauling と共同研究者は主に分子モデルを使って研究しながら，これらすべての基準を満たす少数の規則的なコンホメーションに到達することができた。そのいくつかは 1 本のポリペプチド鎖によって形成されたヘリックス構造であり，いくつかは隣接した鎖からなるシート状の構造であった。彼らが提唱したこれら 2 つの構造，すなわち**αヘリックス α helix** と**βシート β sheet** を図 6.3a, b に示す。これら 2 つの構造は実際には，タンパク質で最も一般的な二次構造であることがわかった。図 6.3c では，いわゆる **3_{10}ヘリックス 3_{10} helix** が示されている。3_{10}ヘリックスはいくつかのタンパク質の中にみられるが，αヘリックスほど一般的ではない。図 6.3 で示したすべての二次構造は上にあげた基準を満たす。特に，それぞれの構造においてペプチド基は平面となり，すべてのアミドプロトンとすべてのカルボニル酸素（ヘリックスの終わり近くの 2，3 を除いて）が水素結合に関与する。αヘリックスにおいて，アミドの N—H と C═O は，その水素結合の主鎖らせん軸に沿った配置により，水素結合の双極子モーメントが揃い，**ヘリックス双極子モーメント helical dipole moment**（“マクロ双極子”とも呼ばれる）を生み出す。実際のところ，図 6.3 で赤い矢印で示されるように，ヘリックスの N 末端は部分的に正電荷を，C 末端は負電荷を帯びている。

> **ポイント 2**
> ポリペプチド鎖の可能ないくつかの二次構造のうち，最も頻繁にみられるものは，αヘリックスとβシートである。

両親媒性ヘリックスとシート

αヘリックスでは，側鎖はらせんの中心から外側を向いている（図 6.4）。一方，βシートでは，主鎖の水素結合のネットワークがβストランドをつないでいる。水素結合した主鎖が“シート”になると考えると，図 6.4 の右側で示されるように，側鎖がシートの面に対して両側に位置することになるだろう。さて，似た極性をもつ側鎖は，よく集まってヘリックスやシートの側面に疎水性または親水性の広がった表面，すなわち“面”を形成する。疎水面の反対に，親水面をもつ二次構造は“**両親媒性 amphiphilic**”（もしくは amphipathic）といわれる。多くのαヘリックスとβシートがこの性質をもつ。というのは，親水面で水溶

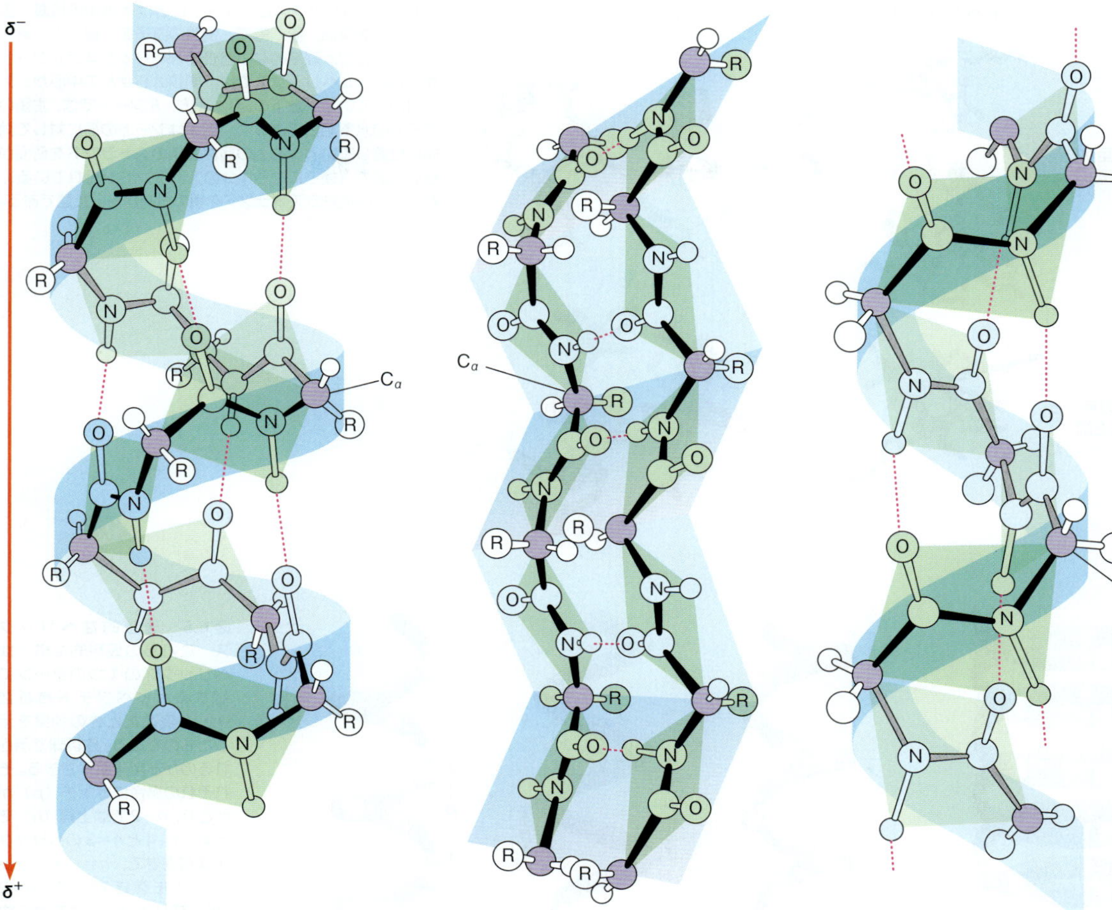

(a) αヘリックス　(b) βシート　(c) 3_{10}ヘリックス

図 6.3　右巻きのαヘリックス，βシートと 3_{10}ヘリックス　右巻きのαヘリックスとβシートは，最もよく出会う規則的な二次構造である。(**a**) αヘリックスでは，水素結合（赤い点線）は 1 つのポリペプチド鎖内であり，ほとんどヘリックスの軸に平行となっている。ヘリックス内のアミド結合が直線に並ぶことによって，赤矢印で示されるヘリックスのマクロ双極子モーメントが生み出される（p.29，図 2.4 参照）。ヘリックスの N 末端は部分的に正電荷を，C 末端は負電荷を帯びている。(**b**) βシートでは，水素結合は隣接した鎖間にある（ここでは 2 本の鎖を示す）。この構造では，水素結合はほとんど鎖に対して垂直となる。(**c**) 3_{10}ヘリックスはタンパク質中で見出されるが，αヘリックスより一般的でない。

性の溶媒と相互作用しながら，2 つか，それ以上の二次構造が疎水面を介して会合できるからである。両親媒性のαヘリックスは，3～4 残基ごとに似た極性の側鎖をもつことになる。一方で，両親媒性のβシートを構成するβストランドは，極性と非極性の側鎖を交互にもつことになる。このような側鎖の極性のパターンの違いが，多くの二次構造の予測計算の基礎となっている（これについては後述する）。

ポイント 3
両親媒性のαヘリックスは，3～4 残基ごとに似た極性の側鎖をもつ一方で，両親媒性のβシートを構成するβストランドは，極性と非極性の側鎖を交互にもつことになる。

構造の記述：分子ヘリックスとプリーツシート

「生化学の道具 4A」で分子ヘリックス中の距離を示した。すなわち，結晶学的リピート（c），ピッチ（p），そして上昇（h），である。また，ヘリックスは右巻き，あるいは左巻きであることや，1 ターンの残基数が整数の場合と整数でない場合もあることを指摘した。1 ターンごとの残基数を n と呼ぶ。いくつかの任意の n（n は整数）における理想的なヘリックス構造を図 6.5 に模式的に示す。注目点は 1 ターンの残基数が減少するごとに，構造が幅広のヘリックスから平らなリボン（n=2）へと次第に変化することである。これらすべての構造がポリペプチド鎖で見出されるわけではない。例えば，図 6.5 で示した n=2 の一本鎖の構造はまだタンパク質でみつけられていない。

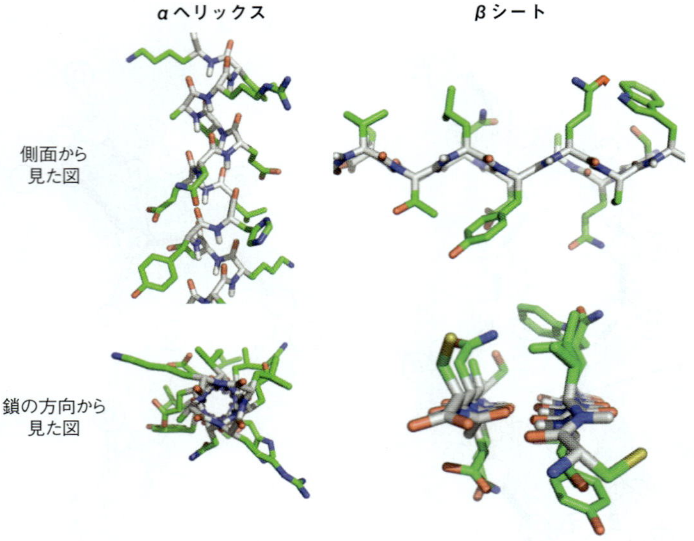

図 6.4　αヘリックスとβシートにおける側鎖の位置　主鎖の原子を灰色，赤，青で，側鎖の原子を，緑，赤，青，黄色で表して，理想的な右巻きのαヘリックスとβシートを示した。αヘリックスでは，側鎖はらせんの中心から外へ向かっている（左下の図）。一方，βシートでは，主鎖のアミドの水素結合によって，側鎖はシートの面に対して両側に位置している。右上の図は主鎖のストランドを側面から見た図で（後ろにもう1つのストランドが隠れている），右下の図は両方のストランドを鎖の方向からみた図である。

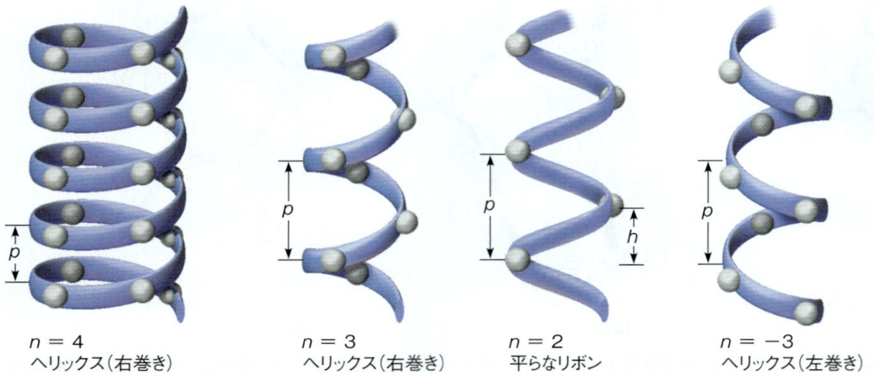

図 6.5　理想的なヘリックス　これらの仮想的な構造はヘリックスの1つのターンに対するポリペプチド残基数（n）を変えたときの効果を示したものである。白い球で示されるのがα炭素原子である。それぞれの場合にピッチ（p）が示され，$n=2$では上昇（h）を示す。$n=4$と$n=3$のヘリックスは右巻きで，$n=-3$ヘリックスは左巻きであり，$n=2$（平らなリボン）には右巻きや左巻きはない。右巻きのαヘリックス（ここには示していない）は$n=3.6$であり，$n=3$と$n=4$の構造の中間である。

Pauling の卓見の1つは，ポリペプチドヘリックスはターンごとの残基数が整数でなくてもよいことを認識したことであった。例えば，αヘリックスは正確に18残基おきの繰り返しになるが，これは5ターンに当たる。したがって，1ターンは3.6残基ということになる。ヘリックスのピッチは$p=nh$によって与えられるから，αヘリックスでは0.15 nm/残基の上昇なので，$p=3.6$（残基/ターン）×0.15（nm/残基）=0.54 nm/ターンとなる。図 6.3 と図 6.4 で示した他のヘリックスのパラメータを表 6.1 にあげた。

表 6.1　ポリペプチド二次構造のパラメータ

構造タイプ	残基/ターン	上昇(h)/残基	ピッチ(p)
逆平行βストランド	2.0	0.34 nm	0.68 nm
平行βストランド	2.0	0.32 nm	0.64 nm
αヘリックス	3.6	0.15 nm	0.54 nm
3_{10}ヘリックス	3.0	0.20 nm	0.60 nm
ポリペプチドⅡヘリックス（“ポリプロリンⅡヘリックス”）	3.0	0.47 nm	0.94 nm

もしαヘリックスのモデルを調べれば（図 6.3a），i残基中のカルボニル酸素がヘリックスのC末端方向に4つ離れた残基（つまり，$i+4$の残基）のアミドプロトンと水素結合していることに気づくであろう。したがって，もし水素原子を含むなら，13個の原子のループとなる。図 6.6 では，αヘリックスと3_{10}ヘリックスを模式的に示す。ヘリックスのタイプによって，先ほどの水素結合ループを形成する原子数が異なる。この数をNと呼ぶことにする。ポリペプチドヘリックスは，n，h，pといったパラメータを用いるよりも，それに代わってnとNを組み合わせて省略してn_Nと記述する。3_{10}ヘリックスはこの記述にならっている。それは正確に，1ターンに3.0残基で10の水素結合ループをもつ。αヘリックスは同じく3.6_{13}のヘリックスとなる。

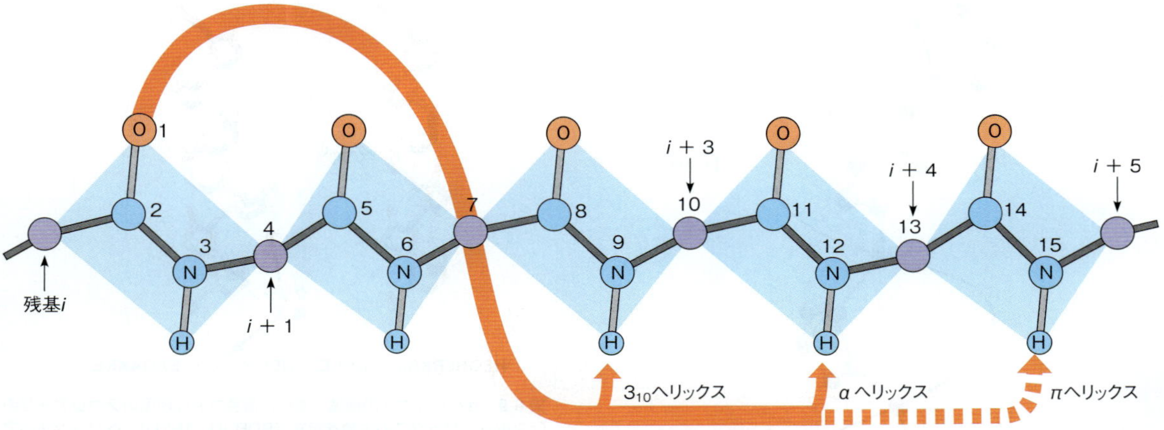

図 6.6　αヘリックスと 3_{10} ヘリックスにおける水素結合のパターン　それぞれの水素結合ループの中の原子数が数えやすい図で構造を表す。例えば，1つの水素結合ループが 13 原子であるものは，α(3.6$_{13}$) ヘリックスに相当する。πヘリックスについては後述する。

水素結合は直線的になる傾向があるので，ポリペプチドヘリックスでは原子 N—H···O は直線上に乗るべきである。図 6.3 をみれば，3_{10}，αヘリックスにおいてもこの要請は，少なくとも大まかに満たされているといえるだろう。しかしながら，わずか 2 残基/ターンで，かつ同じ鎖内の残基間で直線的な水素結合をもつヘリックスをつくることは非常に難しい。それゆえに，タンパク質に見出される n=2 の構造は図 6.5 で示す平らなリボンではなく，図 6.3b に示すβシート構造となる。

βシートは，2 つ以上の**βストランド β strand** からなる。シートでは，それぞれの残基が進行方向に対して 180° ずつ回転することにより，それぞれのβストランドが n=2 "ヘリックス" となる。もしこのような鎖がさらに図 6.3b に示すようにアコーディオン状に折りたたまれると，隣接したβストランド間に水素結合ができる。n=2 のときは，鎖間の結合を形成することにより，ゆがみの少ない正しい結合角をとることができる。βシートを形成するには 2 通りの方法がある。図 6.3b で示したβシートは，2 つのβストランドの N→C の向きが逆になっている。このようなストランドの配置を "逆平行" という。一方で，両方のストランドが同じ方向を向いている配置を "平行" という（図 6.7 参照）。逆平行での水素結合は直線である一方，平行での水素結合は直線ではない。

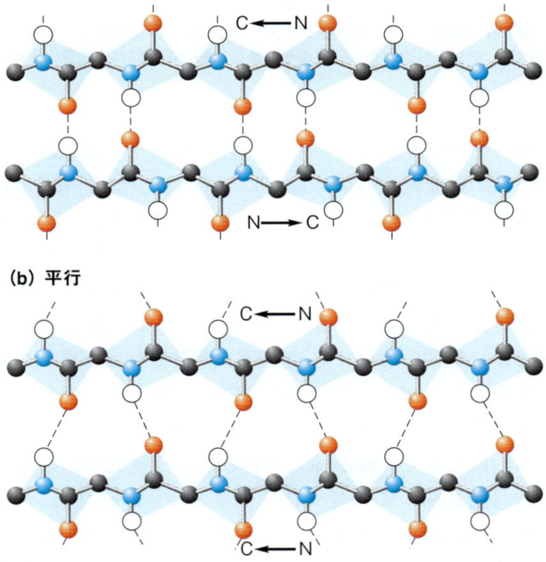

図 6.7　βシート　(a) βストランドの逆平行配置。**(b)** βストランドの平行配置。主鎖の原子だけ示した（みやすくするために側鎖は省いた）。ストランド間の水素結合は点線で示した。

上記のヘリックスやシートに加え，タンパク質構造中に一般に見出される，もう 1 つの規則的構造，いわゆる**ポリプロリンⅡヘリックス polyprolineⅡ helix** がある。この構造は理論的に予測されていなかったもので，それはこの構造が Pauling の提唱した水素結合に対する要請を満たさないからである。しかし，実際にはこの構造はタンパク質において共通のモチーフである。αおよび 3_{10} ヘリックスと違って，この構造には主鎖の間を安定化させる水素結合がなく，また左巻きである。ポリプロリンⅡヘリックスの構造中のおおよそ 3 分の 1 のアミノ酸残基がプロリンであるため，"ポリプロリンⅡヘリックス" という呼び名がついている。しかしながら，しばしばグリシンも，またかなり少ないにせよいくつかの他のアミノ酸もこの構造中に見出される。このように，この構造はプロリン残基に限らないため，この二次構造モチーフをより一般的な呼称

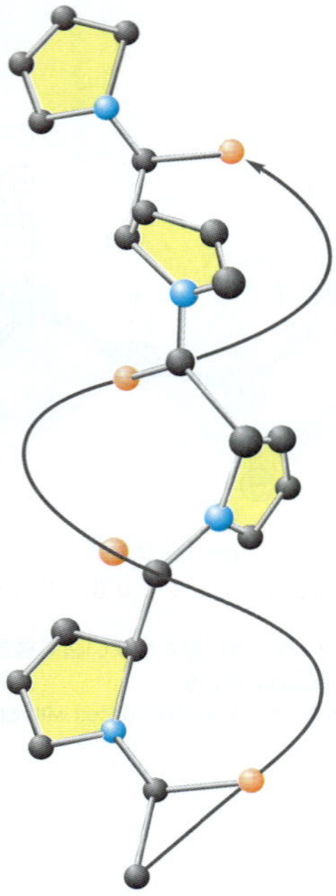

図 6.8　ポリペプチド II ヘリックス　ポリプロリン配列を示した図。しかし，ポリグリシンもこの構造をとる。左巻きのらせんを灰色の矢印で示す。

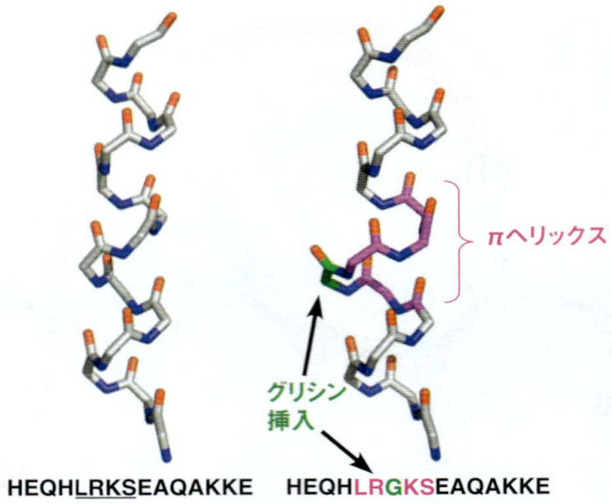

図 6.9　πヘリックスの構造　左に，黄色ブドウ球菌のヌクレアーゼの C 末端αヘリックスの主鎖を示す（PDB ID：1EYD）。ヘリックスのアミノ酸配列を一文字表記で図の下に示した。グリシンの挿入部位には下線を引いた。右に，グリシン挿入の変異が入った，左の類似体であるヘリックスを示す（PDB ID：1STY）。挿入されたグリシンが緑，πヘリックスを取った近くの 4 残基を赤紫で示す。注目すべきは，グリシンのカルボニル炭素がヘリックス内で水素結合をしていないということである。

で“ポリペプチド II ヘリックス”という（図 6.8）。

この節を終えるにあたって，**πヘリックス π helix** の構造について説明する。πヘリックスは“αバルジ”，“αアニューリズム”，“πバルジ”としても知られる。Protein Data Bank 上のタンパク質配列の約 15％に見出されるという意味では広く知られた構造だが，どんな配列においても通常は 1 箇所しかπヘリックスを取ることがないという意味では，稀な構造である。多くの（約 85％）πヘリックスの構造は，αヘリックス内に 1 アミノ酸が挿入されるという変異の結果現れる（図 6.9）。この変異によって，αヘリックスに元々あった水素結合が壊れ，2 つ以上の残基が $i+4$ 番目でなく，$i+5$ 番目の残基と水素結合を形成し（図 6.6 参照），らせん構造中に膨らみができる。図 6.9 において示したπヘリックスによる短い伸びが，多くのタンパク質中で見出される典型的なπヘリックスである。ほとんどが 1 ターン分の長さであり，2 ターン以上のπヘリックスはタンパク質中に見出されない。このため，πヘリックスを規則的な繰り返し構造とは考えない。しかしながら，πヘリックスは注目すべき構造である。というのは，挿入されたアミノ酸によってそのタンパク質が新しい機能をもつことがしばしば起こるからだ。そのため，πヘリックスはタンパク質機能の進化を追跡可能なマーカーといえる。

タンパク質中に見出される共通した二次構造モチーフに加えて，(1) アミド結合の平面性や，(2) ϕ と ψ 周りの回転に伴う立体障害，の 2 つを考慮して構造をみるべきだという理由のいくつかをこれまでに述べてきた。また，モチーフの規則的な繰り返しユニットを記述する 2 つの表し方——n_N，もしくは表 6.1 に示したパラメーター——を示した。それ以外のもう 1 つの二次構造モチーフの規則的繰り返しを記述する方法に回転角 ϕ と ψ を用いる方法がある。図 6.10a で描いたように，ϕ と ψ の組み合わせのうち，いくつかの組み合わせ（例えば，$\phi=0°$，$\psi=0°$）は立体障害のために取ることができない。ヘリックスとシートの空間充填モデルを調べることによってのみ，ペプチドのこれらの立体化学的な制限を十分に理解できる。例えば，図 6.10b で示すようなαヘリックスの主鎖の原子は密に詰め込まれ，R グループはヘリックス軸の外側に突き出している。最も取りやすい（もしくは“許容される”）ϕ と ψ の角度の組み合わせ——なぜならその組み合わせならば立体障害が緩和されるから——は **Ramachandran プロット Ramachandran plot** という，ポリペプチド主鎖の取りうる構造を系統的に示したプロットに図示される。

Ramachandran プロット

図 6.2 に示すように，ポリペプチド鎖のそれぞれの残基は，回転が許される 2 つの主鎖の結合をもつ。これらの結合まわりの回転角はそれぞれ ϕ そして ψ と定義され，どんなタンパク質のどんな特定の残基の主鎖，コンホメーションも記述することができる。定義を意味あるものにするために，それぞれの角度について正の回転の方向と角度ゼロの配置を定義しなければならない。ϕ と ψ について正の回転方向は通常，図

(a)

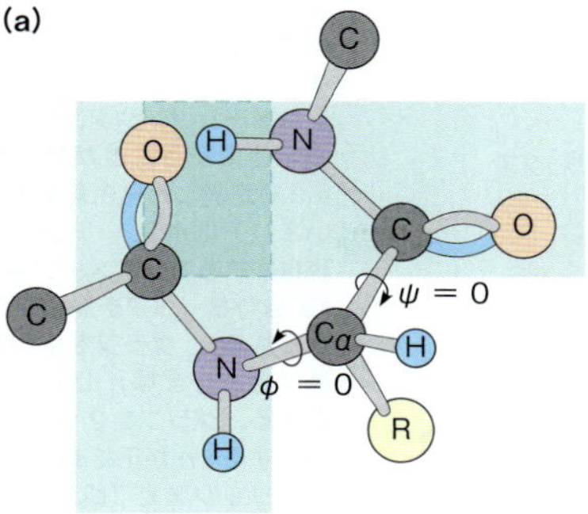

(b)

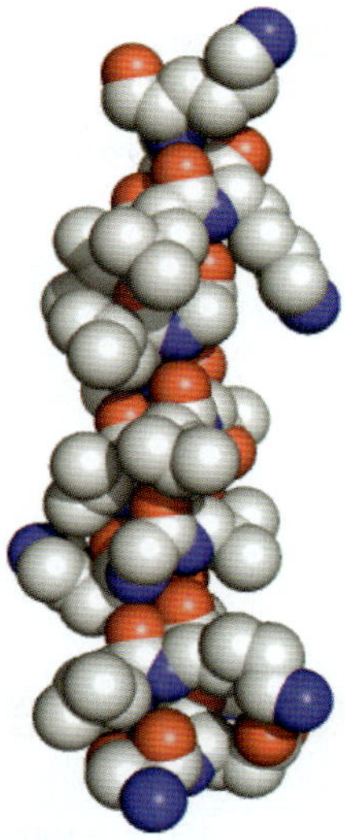

図 6.10　立体化学的相互作用がペプチドのコンホメーションを決定する　(**a**) 立体化学的に許されないコンホメーション。$\phi=0°$，$\psi=0°$ のコンホメーションは，カルボニル基酸素とアミノプロトンの間が立体的に近づきすぎるため，どのポリペプチド鎖でも許容されない。(**b**) ヘリックス中の原子が密に詰め込まれている。ここでは，マッコウクジラのミオグロビン内にあるαヘリックスの 1 つ（図 6.1 における緑色の長いヘリックス，PDB ID：1MBN）を空間充填モデルで示した。

6.2 に示す矢印の向きが選ばれる。すなわち，α 炭素からそれぞれの方向をみたときの時計回り方向である。この図で示すコンホメーションは $\phi=+180°$，$\psi=+180°$ に対応し，ポリペプチド鎖が十分に伸びた形になる。

これらの規則の下で，タンパク質のどんな残基の主鎖のコンホメーションも ϕ と ψ を座標としたマップ（図 6.11）の上の点として記述することができる。このようなマップは，最初に幅広く使用した生化学者，G. N. Ramachandran にちなんで Ramachandran プロットと呼ばれる。通常の繰り返しみられる二次構造（例えば，α ヘリックス，β シートなど）に対しては，構造の一部のすべての残基が同じようなコンホメーションにあり，そして同じような回転角 ϕ と ψ をもつことになる。したがって，それらの残基に対応する Ramachandran プロット上の点は，その二次構造で立体的に許される ϕ と ψ 角の狭い範囲に集まる。上述したさまざまなヘリックスと β シートに対応する ϕ と ψ 角の範囲を表 6.2 にリストとしてまとめた。

ポイント 4
ϕ と ψ 角の繰り返しによって定義される多くの二次構造のモチーフを表すことができるが，ほんの少数しか立体的に許容されない。Ramachandran プロットは ϕ と ψ 角のどの組み合わせが許されるかについて表している。

Ramachandran プロットの最も有用な特徴の 1 つは，いずれの構造が立体化学的に可能であるか，そうでないかを簡単に記述できることである。地図上のすべての点が ϕ，ψ 角の 1 対に対応し，したがって想像可能な限りの二次構造に対応する。しかし，多くの ϕ，ψ 値の対では，いくつかの原子が van der Waals 半径が許す範囲よりも接近することになる。図 6.10 にそのような例を示す。このようなコンホメーションは立体化学的に排除される。Ramachandran や他の研究者は，モデルとコンピュータを使って，いずれのコンホメーションが実際に許容されるかを決定するために，すべてのマップ表面を調べた。ポリ-L-アラニンの場合では，許容される ϕ，ψ 値の対は図 6.11 で白いエリアになる。明らかに，想像可能なコンホメーションのほんのわずかしか実際に可能ではない。我々が議論してきた規則的な二次構造のすべては，これらの領域あるいは非常に近い領域に対応する。

図 6.11 で，左巻き α ヘリックスは許容される領域の端にあたるが，実際には右巻きほど有利ではない。この違いは，タンパク質のすべてのアミノ酸が L 型であるという事実からの帰結である。L-アミノ酸では，ヘリックスの側鎖と主鎖の間の立体化学的な障害が，左巻きヘリックスよりも右巻きヘリックスのほうで少ない。この原則は図 6.3a を注意深くみることにより理解できる。それぞれの R グループが隣接したカルボニル酸素に対してだいたいトランスであることに注意する。もしアミノ酸が L 型のかわりに D 型であったなら，配置はシスとなり，より多くの立体障害の可能性が出てくる。第 5 章で取り上げた，ある化学者がすべて D-アミノ酸でできたタンパク質を最近合成した話を思い出そう。予想どおり，これらのタンパク質は左巻き α ヘリックスをもつ。このような側鎖の効果の重要性は側鎖のかさ高さの程度に依存する。図 6.11 で示すマップはすべての残基が L-アラニンである（すなわち，すべてが CH_3 側鎖をもつ）という仮定のもとで描かれている。もし，より大きい側鎖を考慮すれば，“許容される” 範囲は小さくなるであろう。逆に，グリシン（H だけの側鎖）では，図 6.12a に示すように多くのコンホメーションを許容することになる。プロリンは，ϕ の周りの回転が制限されため，許容される ϕ

6

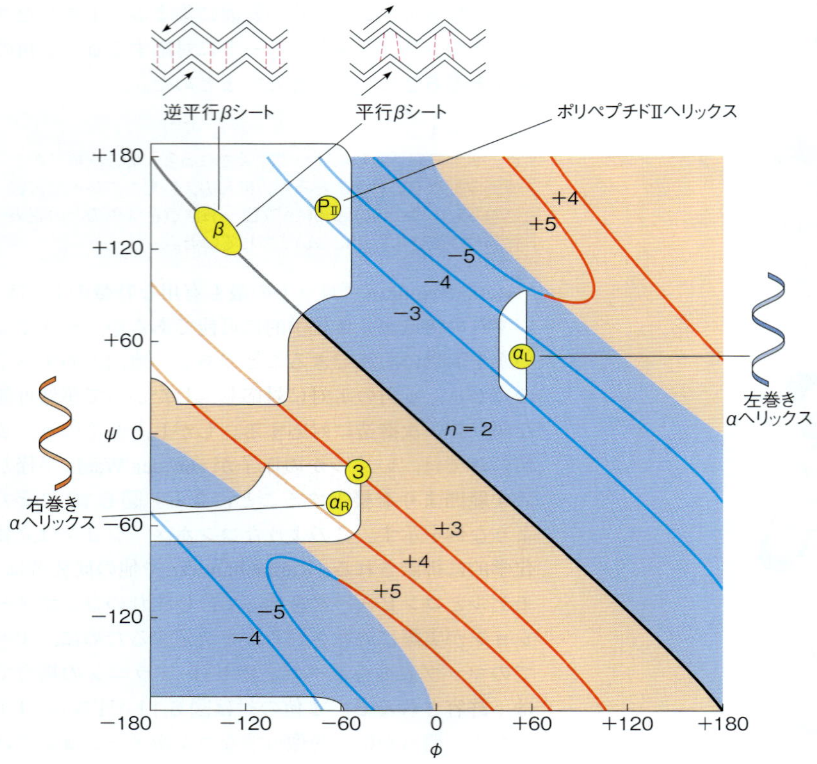

図 6.11　ポリ-L-アラニンの Ramachandran プロット　このタイプのマップは，すべてポリペプチド残基の主鎖のコンホメーションやタンパク質の二次構造の記述に使うことができる。座標は図 6.2 で定義した結合角 ϕ と ψ である。白いエリアはポリ-L-アラニンの立体的に許容されるコンホメーションに対応する（すなわち，ペプチドは L-アラニンだけからなる）。グラフを横切る色のついた線はさまざまな n（残基/ターン）に対応する。グラフを 2 分する線は $n=2$ に対応する。n が正であるときには右巻きのヘリックスで（肌色の領域），負のときには左巻きとなる（青の領域）。円の中の記号は本文の中で論じた二次構造に対応している。α_R＝右巻きヘリックス，3，3_{10}ヘリックス＝β，β シート；P_{II}＝ポリペプチドⅡヘリックス；α_L＝左巻きヘリックス。

と ψ の組み合わせが少ない（図 6.12b）。

上述のタンパク質構造についての分析は，よくみられる立体化学的相互作用についての比較的簡単な考察に基づくものである。実際のタンパク質の構造とはどのような違いがあるのだろうか？　このケースでは，理論と実際の間の対応関係が非常に良かった。図 6.13 は高分解能（≤0.12 nm）の X 線結晶学データが存在する 209 の異なるポリペプチド鎖において見つかった 30,692 もの残基の ϕ と ψ の対のプロットを示している。この図で明らかなように，Ramachandran プロットで観察された ϕ および ψ の対（図 6.13 の灰色の点）の多数が，ϕ と ψ の最も好ましい組み合わせと予測される領域（図 6.11 の白の領域）に集中している。それぞれの残基は，水素結合のパターンおよび幾何学的形状（ジオメトリー）によってヘリックスまたはシートに分類され，図 6.13 で色によって識別できる。また，それらは上述した二次構造タイプのそれぞれに対応する ϕ および ψ 値の範囲を示している（表 6.2 を参照）。

Ramachandran プロットでは右巻き α ヘリックスあるいは β シートの領域にほとんどの点が集まっている。しかし，それらの点は正確にこの領域に対応しているわけではなく，折りたたまれたタンパク質中のこれらの構造のゆがみや，β シートあるいは α ヘリックスではない領域の存在を意味している。点のほとんどが“許容される”領域に入るが，ごくわずか“許容されない”領域に入るものも存在する。これらは主にグリシンであり，側鎖がとても小さいため，ϕ および ψ 角はより広い範囲が許容される（図 6.12a 参照）。

表 6.2　ポリペプチド二次構造の ϕ と ψ の許容範囲

構造	ϕ	ψ
β ストランド	−150°～−100°	+120°～+160°
α ヘリックス	−70°～−60°	−50°～−40°
3_{10}ヘリックス	−70°～−60°	−30°～−10°
ポリペプチドⅡヘリックス（ポリプロリンⅡヘリックス）	−80°～−60°	+130°～+160°

Data from *Protein Science* 18：1321-1325（2009）S. A. Hollingsworth, D. S. Berkholz, and P. A. Karplus, On the occurrence of linear group in proteins.

歴史的に，平行および逆平行 β シートの ϕ および ψ 角の理想値と実測値が別々に記載されてきた。その区別は，図 6.13 に示した高分解能構造データを用いると，もはや明瞭ではない。なぜなら，これら 2 つの β 構造の観測された ϕ および ψ 角が大きく重複しているからである（実際のタンパク質構造の理想的な角度のゆがみに起因している）。平行と逆平行の両方の β シートのコンホメーションを記述する範囲の値を表 6.2 に示した。

我々はこれまで，タンパク質構造の基礎を理解するための背景について述べてきた。ここからは，特定の

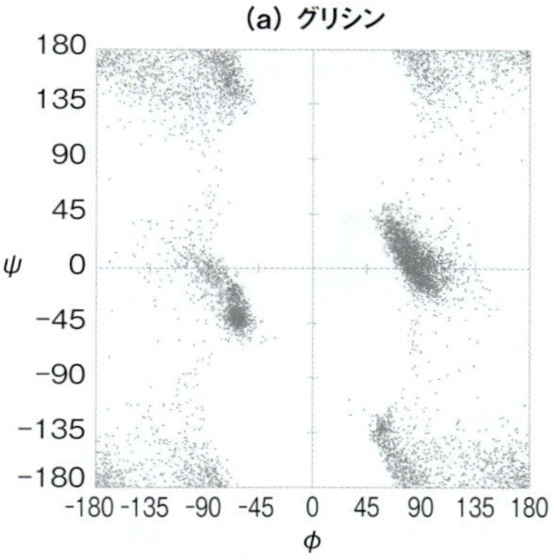

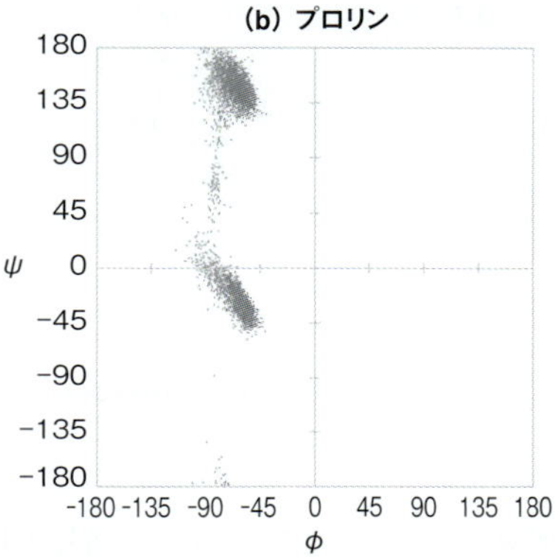

図 6.12　グリシンとプロリンの Ramachandran プロット　このデータはタンパク質の高分解能 X 線結晶構造解析でみられるグリシンとプロリンの残基を表したものである。ϕ と ψ の結合角の好ましい組み合わせは黒い範囲で示されている。グリシンが，許容された ϕ と ψ の結合角の組み合わせが最多であるのに対して，プロリンは最少である。
Plots courtesy of S. A. Hollingsworth and P. A. Karplus, Oregon State University.

ケースについて考察しよう。我々は 2 つの主要なタンパク質のクラスが存在することから始める。それらは繊維状あるいは球状タンパク質と呼ばれ，大きな構造の違いによって区別される。まずは繊維状タンパク質について考えていこう。

繊維状タンパク質：細胞や組織の構造をつくる材料

繊維状タンパク質 fibrous protein は，その繊維状あるいは伸びた形状によって球状タンパク質と区別される。それらの多くは，動物の細胞や組織において物質をひとまとめにするという，構造的な役割を担っている。繊維状タンパク質には皮膚や結合組織，髪や絹のような動物性繊維の主要なタンパク質が含まれる。これらのタンパク質のアミノ酸配列が特定の二次構造を好むため，特徴的なメカニズムをもつようになる。表 6.3 にはこれから述べる α ケラチン，フィブロイン，コラーゲン，エラスチンといった 4 例の繊維状タンパク質のアミノ酸組成をあげた。これらの繊維状タンパク質は，一般的な球状タンパク質とは異なり，タンパク質を構成する 20 アミノ酸のうち 3〜4 種類のアミノ酸を特に豊富にもつ（表 6.3 の全タンパク質の欄を参照のこと）。これらのアミノ酸が，一般的な繊維状タンパク質の伸びた二次構造を安定化する。

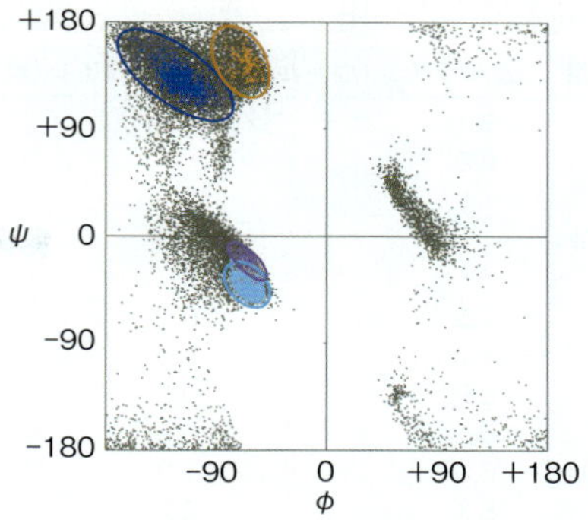

図 6.13　タンパク質の構造データにより観測された ϕ と ψ の値　高分解能（≦0.12 nm）タンパク質結晶構造で観察された 30,692 もの残基の ϕ と ψ のペア（灰色の点）を示している。異なる色：右巻き α ヘリックス（薄い青），右巻き 3_{10} ヘリックス（紫），β ストランド（青），左巻きポリペプチド II ヘリックス（オレンジ）であると明らかにされている残基を示している。各二次構造の ϕ と ψ の中央値は（ϕ，ψ）：α ヘリックス（−63，−43），3_{10} ヘリックス（−62，−22），β ストランド（−116，+129），ポリペプチド II ヘリックス（−65，+145）である。図 6.2 参照。
Courtesy of P. A. Karplus, Oregon State University.

ポイント 5
繊維状タンパク質は，はっきりとした二次構造をもつ伸びた形の分子である。それらは細胞において通常，構造的な役割を担う。

ケラチン

類似のアミノ酸配列と生物学的機能をもつ 2 種類の重要なタンパク質を α ケラチンと β ケラチンと呼ぶ。**α ケラチン α-keratin** は髪や指の爪の主要なタンパク質であり，また動物の皮膚の主な構成成分である。α ケラチンは広義の**中間径フィラメントタンパク質 intermediate filament protein** グループの一員であり，多くの細胞種で核，細胞質や細胞表面の構造において重要な役割を果たしている。すべての中間径フィラメントタンパク質は主に α ヘリックスに富む構造である。実際に，Pauling と共同研究者らが α ヘリックスモデルにより説明しようとしたものは α ケラチンの特徴的な X 線回折パターンであった。

典型的な髪の α ケラチンの構造を図 6.14 に示した。それぞれの分子は長さ 300 残基以上の長い配列をもつが，すべて α ヘリックスである。これらの右巻きのヘリックスが対となり左巻きの**コイルド-コイル coiled-coil** 構造の形で互いに巻きつく。α ヘリックス

表 6.3　いくつかの繊維状タンパク質のアミノ酸組成

アミノ酸	αケラチン(ウール)	フィブロイン(絹)	コラーゲン(ウシの腱)	エラスチン(ブタの大動脈)	すべてのタンパク質
Gly	8.1	44.6	32.7	32.3	7.9
Ala	5.0	29.4	12.0	23.0	8.7
Ser	10.2	12.2	3.4	1.3	5.8
Glu+Gln	12.1	1.0	7.7	2.1	6.6 (3.7)
Cys	11.2	0	0	—[e]	1.3
Pro	7.5	0.3	22.1[a]	10.7[c]	4.7
Arg	7.2	0.5	5.0	0.6	5.0
Leu	6.9	0.5	2.1	5.1	8.9
Thr	6.5	0.9	1.6	1.6	5.6
Asp+Asn	6.0	1.3	4.5	0.9	5.9 (4.2)
Val	5.1	2.2	1.8	12.1	7.2
Tyr	4.2	5.2	0.4	1.7	3.5
Ile	2.8	0.7	0.9	1.9	5.5
Phe	2.5	0.5	1.2	3.2	4.0
Lys	2.3	0.3	3.7[b]	3.6[d]	5.5
Trp	1.2	0.2	0	—[e]	1.5
His	0.7	0.2	0.3	—[e]	2.4
Met	0.5	0	0.7	—[e]	2.0

メモ：それぞれのタンパク質で最も豊富にみられる３つのアミノ酸を赤で示す。数値はモルパーセントである。
[a] このうちの約39%はヒドロキシプロリンである。
[b] このうちの約14%はヒドロキシリシンである。
[c] このうちの約13%はヒドロキシプロリンである。
[d] このうちのほとんど（80%）がクロスリンクに関与している。
[e]存在しない。
[f]Reprinted from *Journal of Chemical Information and Modeling* 50：690-700, J. M. Otaki, M. Tsutsumi, T. Gotoh, and H. Yamamoto, Secondary structure characterization based on amino acid composition and availability in proteins. © 2010 American Chemical Society.

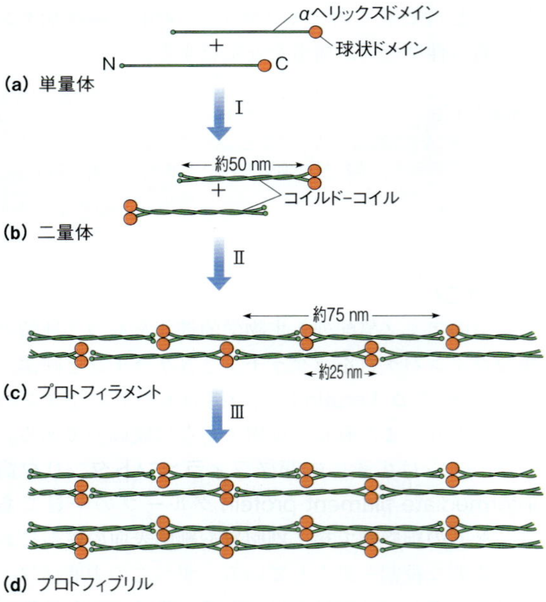

図 6.14　ケラチン型中間径フィラメントの提唱されている構造　2つの単量体（**a**）がペアとなって，長さ 50 nm の平行なコイルドｰコイル二量体（**b**）を形成する。これらはさらに会合して，はじめ４本鎖のプロトフィラメント（**c**）になり，さらに８本鎖のプロトフィブリル（**d**）となる。オーバーラップのため，繊維に沿って 25 nm の規則的な間隔がみられる。

のこの組み合わせはαケラチンの独特のアミノ酸配列によるもののようである。3または4残基ごとに非極性で疎水性の側鎖をもつアミノ酸が並ぶ。αヘリックスは3.6残基/ターンなので，これは，各鎖の片側に疎水的な残基が並ぶことを意味する（4.0は3.6とは厳密には異なるので，ヘリックス周りに浅くくぼんだらせん状の疎水性表面が生じる）。第2章で指摘したように，疎水性の表面は水性の溶媒中では会合する傾向があるので，2つのαケラチンのからみ合ったヘリックスは疎水性相互作用を介した非共有結合により接着する。

ポイント6
αケラチンはαヘリックスのコイルドｰコイル構造からできている。

中間径フィラメントでは，コイルドｰコイルのペア同士が会合して，4本鎖のプロトフィラメントになる傾向があり（図6.14c），さらにこれら2つが会合してプロトフィブリル（図6.14d）を形成する。これら高次レベルの会合について詳細はまだよくわかっていない。このようなねじれたケーブルは非常に弾力があり，また柔軟でありうるが，繊維状構造中にジスルフィド結合の架橋が入るために，αケラチンはそれぞれの組織で異なる度合いの堅さをもつ（αケラチンは非常に多くのシステインをもつことに注目せよ。表6.3参照）。指の爪ではαケラチンに多数の架橋が入るが，髪では比較的少ない。人間の髪に“パーマ”をかけるプロセスは，ジスルフィド結合の還元，繊維の再構成，髪のウェーブを“セット”するための再酸化からなる。

βケラチンは名前が意味するように，より多くのβシート構造を含む。それらは，Pauling と共同研究者らが記述したように，2 番目の主要な構造のクラスを代表するものである。βケラチンは鳥や爬虫類の羽毛や鱗などの構造で多くみられる。

フィブロイン

βシート構造をうまく利用した例が，カイコやクモがつむぐ繊維である。カイコのフィブロイン（図 6.15）ではポリペプチド鎖が繊維の軸に平行に走り，長い逆平行βシート領域を含んでいる。βシート領域は，ほとんど次の配列のみからなる多数の繰り返しからなる。

[Gly-Ala-Gly-Ala-Gly-Ser-Gly-Ala-Ala-Gly-(Ser-Gly-Ala-Gly-Ala-Gly)$_8$]

このカイコのフィブロインの配列をみると，1 つおきの残基のほとんどすべてが Gly であり，それらの間に Ala あるいは Ser 残基が入る。他の種のフィブロインでは，Gly の次にくる残基が異なり，そのため物理的性質が異なる。このように交互に並ぶことにより，図 6.15 に示すような形で，一方のシートの上に他のシートが重なることが可能となる。この配置の結果，共有結合をしている鎖が最大限に長く伸びるために，繊維は強く，比較的伸張性の少ないものとなる。しかし，シート間の結合は側鎖間のほんの弱い van der Waals 相互作用であり，曲がることへの抵抗がほとんどないために，この繊維はとても柔軟である。

ポイント 7
フィブロインはβシートタンパク質である。その構成残基の約半分はグリシンである。

フィブロインタンパク質のすべての部分がβシートからなるというわけではない。表 6.3 で示すようにフィブロインはアミノ酸成分としてバリンやチロシンのような他の大きなアミノ酸を少量含んでいるが，それらはここで示した構造には適さないだろう。これらの残基は周期的にβシートをさえぎるコンパクトに折りたたまれた領域に存在する。おそらくこれにより絹の繊維がもつ伸縮性について説明できるであろう。実際，違う種のカイコが，このような非βシート構造を異なる割合でもち，これに対応して異なる柔軟性をもつフィブロインを生み出す。フィブロインの全体構造は，カイコの繭あるいはクモの巣のような繊維をつくるために，強いが柔軟性もある繊維を生み出すような特殊な機能を発揮するために進化してきたすばらしい例である。

コラーゲン

コラーゲン collagen は多種多様な機能をもつため，ほとんどの脊椎動物が最も豊富にもつ単一タンパク質である。大きな動物では全タンパク質の 1/3 を占める場合もある。コラーゲン繊維は骨のマトリックスを形

6

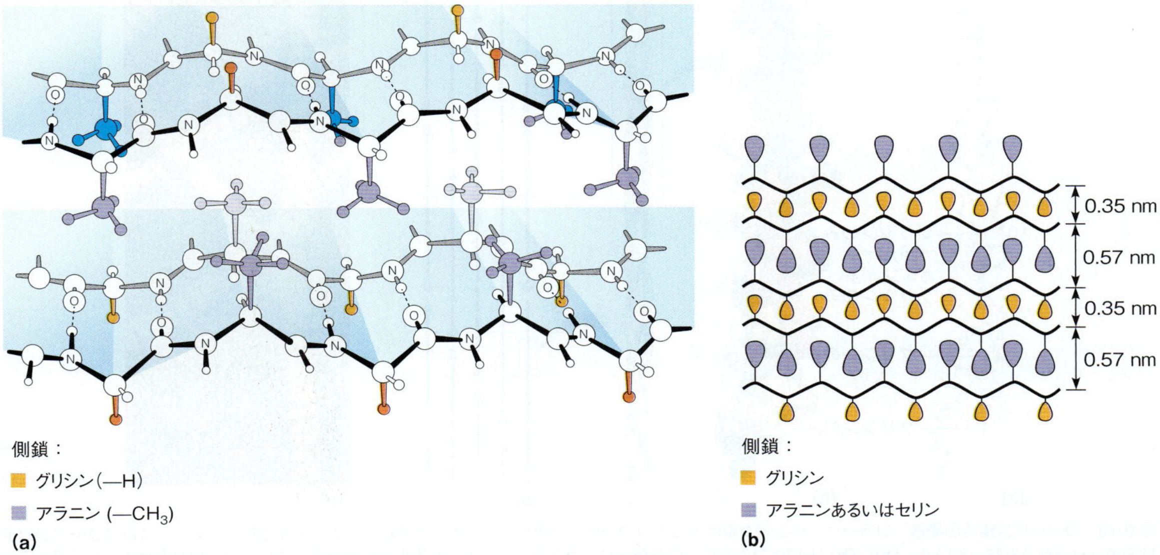

図 6.15　絹フィブロインの構造　**(a)** フィブロインの積み重なったβシートを三次元的にみたもの。側鎖はカラーで示す。表示した領域はアラニンとグリシン残基だけからなる。**(b)** フィブロインにおけるアラニンあるいはセリンの側鎖とグリシンの側鎖の噛み合い。断面は折りたたまれたシートに垂直である。

成し，その上にミネラル成分が凝結する（これらの繊維は腱の主要な構成要素である）。さらにコラーゲン繊維の網状組織は皮膚の重要な構成要素となる。基本的に，多くの動物はコラーゲンによって形を維持している。

コラーゲンの構造

コラーゲン繊維の基本的なユニットは，**トロポコラーゲン tropocollagen** 分子である。トロポコラーゲンは約 1,000 残基のポリペプチド鎖 3 本からなる三重ヘリックスを形成する。図 6.16a，b で示すように，この三重ヘリックス構造はコラーゲン特有のものである。それぞれの鎖はおよそ 3.3 残基/ターンの左巻きヘリックスである。これらの 3 本の鎖がそれぞれの鎖間でも水素結合を形成することによって互いによじれて右巻きのらせん構造をとる。モデルの検証から，三重ヘリックスの中央近くに位置する 3 残基ごとのアミノ酸は，グリシンしか許容されないことが明らかとなった（図 6.16a，表 6.3 参照）。—H 基以外のどんな側鎖でも大きすぎるのだろう。トロポコラーゲン分子の中にプロリンあるいはヒドロキシプロリンが存在するため，コラーゲンタイプのヘリックスが形成されやすい。反復される配列は Gly–X–Y の形であり，X はプロリンであることが多く，Y はプロリンあるいはヒドロキシプロリンである（表 6.3 参照）。しかしながらこれらの位置には他の残基もよくみられる。絹のフィブロイン同様，特定の繰り返し配列がいかに特定の構造を規定するかを示すのにコラーゲンはよい例である。適切に多数の機能を果たすために，高等生物においてコラーゲンには多くの遺伝子バリアントが存在する。

ポイント 8
コラーゲン繊維は，グリシンとプロリンに富むポリペプチドの三重ヘリックスからできている。

コラーゲンはプロリンが修飾され，ヒドロキシプロリンとなる点でも珍しい。三重ヘリックス鎖間の水素結合のほとんどがアミドプロトンとカルボニル酸素との間で形成されるものだが，ヒドロキシプロリンの —OH 基も同じくこの構造の安定化に関わっているようである。コラーゲンではリシン残基の水酸化も起きるが，はるかに頻度は少ない。ヒドロキシリシンは多糖類との結合部位を形成するという別の役割をもっている。

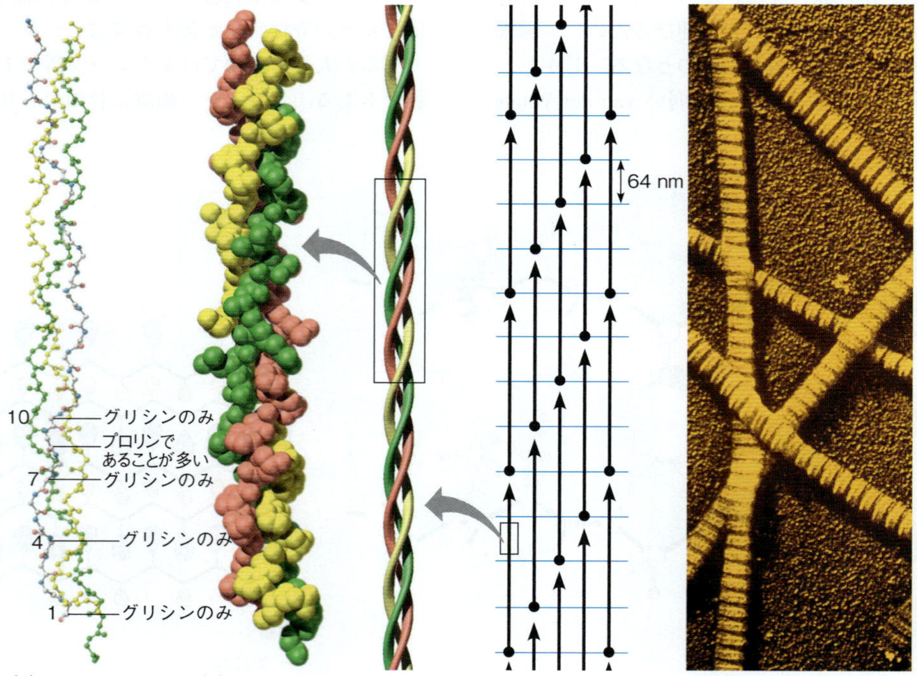

図 6.16　コラーゲン繊維の構造　コラーゲンタンパク質はトロポコラーゲン分子が互いにまとまることにより繊維を形成する。トロポコラーゲン分子は三重ヘリックスとなっている。**(a)**，**(b)** トロポコラーゲンの三重ヘリックスのスティックモデルと空間充填モデル。**(c)** 織り合わさった三重ヘリックスの二次構造を強調した低倍率モデル。**(d)** トロポコラーゲンの三重ヘリックスがずれながら平行に並んでコラーゲン繊維を形成する。この規則的な並びにより 64 nm の周期的なパターンのバンド（青線）が生じる。**(e)** コラーゲンの電顕写真では，64 nm の周期的なパターンをもつ繊維が交差している様子が鮮明にわかる。

(e) J. Gross, Biozentrum/Science Photo Library.

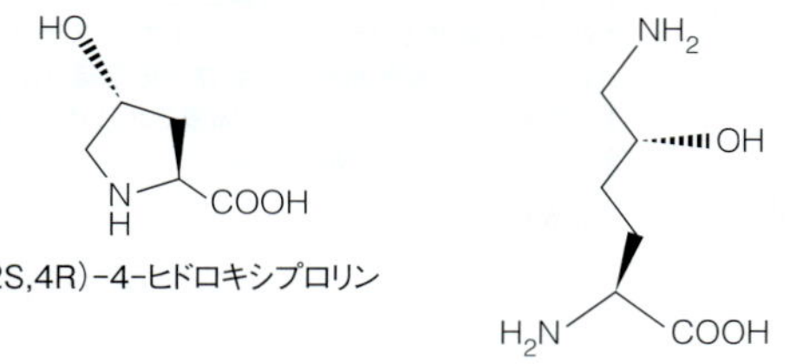

(2S,4R)-4-ヒドロキシプロリン　(2S,5R)-5-ヒドロキシプロリン

プロリンとリシン残基の水酸化を触媒する酵素は，**ビタミンC vitamin C**（L-アスコルビン酸）を必要とする（p.811，図 21.33 参照）。**壊血病 scurvy** と呼ばれる極度のビタミン C 欠乏症の症状は，これらの側鎖の水酸化が不可能になることが原因で鎖間の水素結合が減少するために生じるコラーゲン線維の弱体化である。想像がつくかもしれないが，その結果，皮膚や歯ぐきに病変が広がったり血管障害が生じたりする。ビタミン C の摂取によりこの症状は急速に改善する。

ポイント 9
壊血病はコラーゲンのプロリンとリシンを水酸化できないことが原因である。

コラーゲン繊維の中で各々のトロポコラーゲン分子は特定の形でひと固まりとなる（図 6.16c）。それぞれの分子は約 300 nm の長さで，およそ 64 nm ごとに隣の分子とオーバーラップし，図 6.16e に示すように繊維の特徴的なバンドが現れる。この構造によりコラーゲンの際立った強度が生まれ，腱のコラーゲン繊維は硬引銅線に匹敵する強さをもつこととなる。

コラーゲンの強靭さの一部は，リシン残基の側鎖での反応により，トロポコラーゲン分子が互いに架橋されることにより生じる。リシン残基の側鎖が酸化されてアルデヒド誘導体となり，これがアルドール縮合と脱水により，他のリシン残基と，あるいは誘導体同士が反応することによって架橋される。

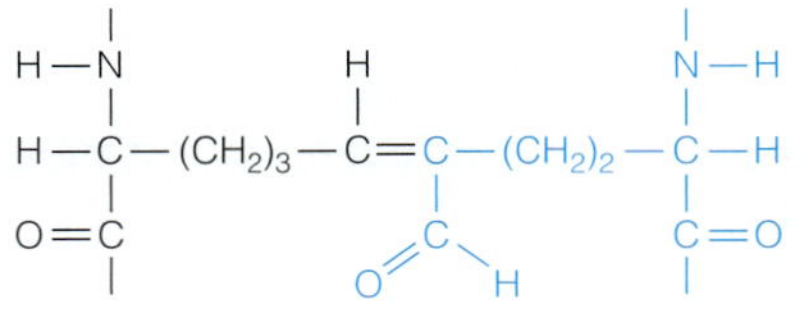

このプロセスは生涯を通じて継続され，架橋が蓄積されてくると，コラーゲンはだんだんと柔軟性がなくなり，もろくなっていく。結果として，高齢者の骨や腱は折れたり切れやすくなり，皮膚の柔軟性もかなり失われる。我々が老化と結びつける目印の多くが，この単純な架橋プロセスの結果生じるものなのである。

コラーゲンの合成

ここまでで判断できるように，コラーゲンは幅広く修飾を受けるタンパク質である。これはまさに，第 5 章の最後で論じた翻訳後修飾のほぼ完全な例と考えられる。最終的に細胞外のコラーゲン繊維と架橋されるトロポコラーゲンの三重へリックスは，最初にリボソームで合成されたときとは大きく異なる。翻訳（ステップ 1）から始まるコラーゲンの変換ステップを図 6.17 に示す。新たに翻訳されたポリペプチド鎖は水酸化を受け（ステップ 2），次に新たに水酸化されたリシン側鎖に糖鎖が付加され（ステップ 3），**プロコラーゲン procollagen** がつくられる（ステップ 4）。プロコラーゲンは約 1,500 残基からなり，このうち前述の典型的なコラーゲン繊維の配列をもたない約 500 残基が N 末端と C 末端に存在する。3 分子のプロコラーゲンの中央部分は三重へリックスへと折りたたまれるが，N 末端と C 末端の領域は球形タンパク質構造に折りたたまれる。プロコラーゲン三重鎖は細胞外領域へと運び出され（ステップ 5），この際に N 末端と C 末端領域は特異性の高いプロテアーゼにより切り出され，およそ 1,000 残基の長さのトロポコラーゲンの三重へリックスだけが残る（ステップ 6）。図 6.16d に示したように，これらの分子は，少しずつずれて並び会合する。最終的には，架橋により分子が固く結びつき，強固なコラーゲン繊維となる。

ポイント 10
コラーゲンは多くの翻訳後修飾を受ける。

エラスチン

コラーゲンは強さや頑丈さが必要な組織でみられるが，靭帯や動脈の血管のような組織ではかなり柔軟な繊維が必要となる。このような組織には**エラスチン elastin** という繊維状タンパク質がたくさん含まれている。

エラスチンのポリペプチド鎖はグリシン，アラニン，バリンに富み，非常に柔軟で，容易に伸ばすことができる。実際，おそらくそのコンホメーションはほとんど二次構造のない**ランダムコイル random coil** に近い。しかしながら，配列中には架橋に関与するリシン側鎖も含まれる。この架橋によりエラスチン繊維がどこまでも伸びてしまうことが避けられ，緊張状態が解けたときにエラスチン繊維がパチンと元に戻ることが避けられる。同じように架橋された硫化ゴムのもつ柔軟性も全く同じ原理で説明できる。エラスチンの架橋は数本の鎖をひとまとめにするようになっているという点でコラーゲンとは少々異なる。次ページに示すように 4 つのリシン側鎖は**デスモシン desmosine** 架橋を形成するように結合することができる。4 つの

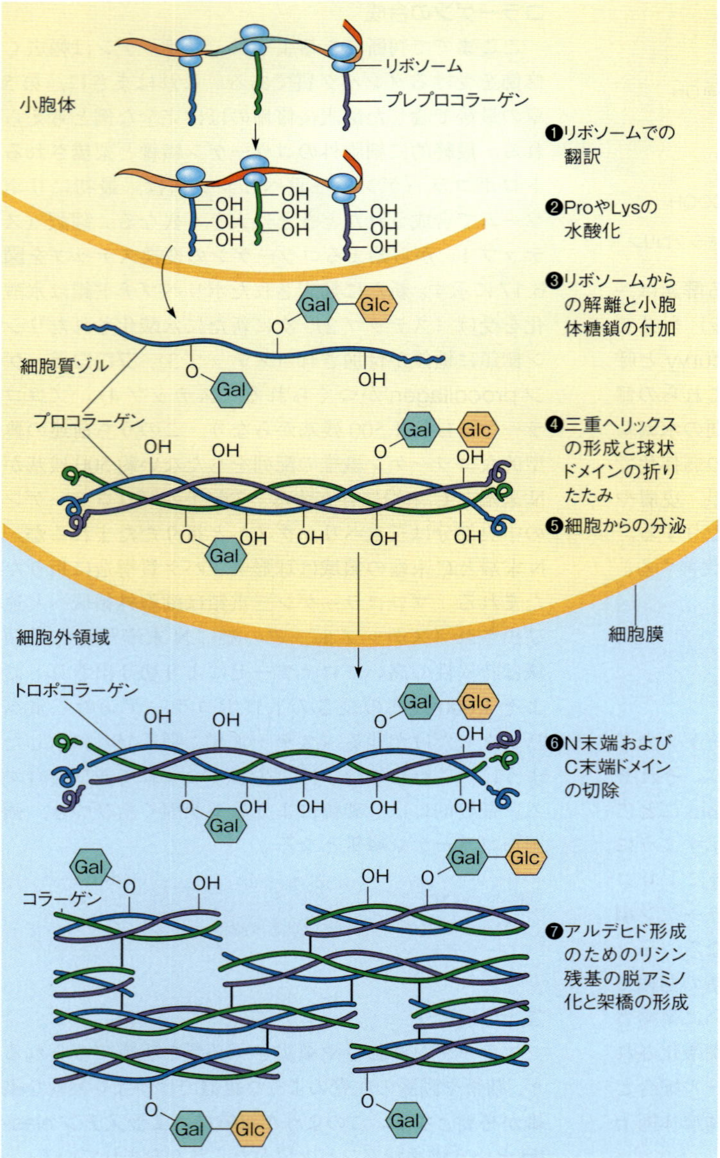

図 6.17　**コラーゲンの生合成と会合**　コラーゲンの合成過程を複数のステップで図示した。ステップ 1～4 はコラーゲン産生細胞の小胞体や細胞質ゾルで起こり，ステップ 6 と 7 は細胞外領域で起こる。Gal＝ガラクトース，Glc＝グルコース。

別々の鎖が結合できるため，エラスチン繊維を高度に結びついたゴム状ネットワークに変えるためには，ほんのわずかな架橋で十分なのである。

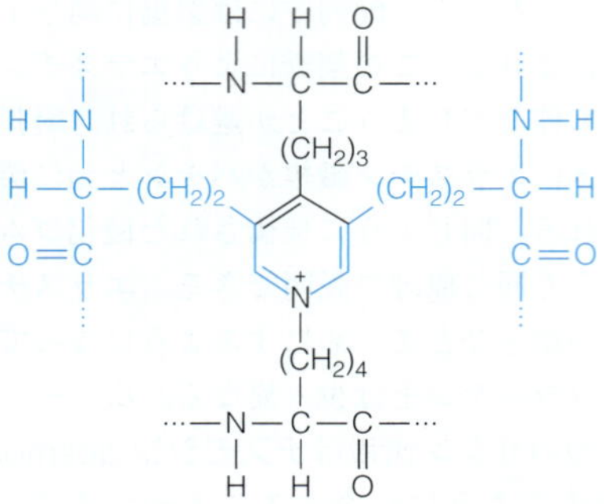

デスモシン

ポイント 11
エラスチンタンパク質は靭帯や血管にみられる柔軟な繊維を形成する。

まとめ

これまでの構造タンパク質の概説からいくつかのポイントが明らかとなった。1 つ目は，タンパク質が多種多様な機能を果たすことができるようにほぼ無限に進化することが可能であるということである。2 つ目は，繊維状の構造タンパク質の場合には，特定のアミノ酸残基の繰り返し配列構造をとることによって特有の二次構造を形成しやすくなり，多様な機能を果たしているということである。最後は，そのタンパク質特有の機能を発揮するためには，架橋を含む翻訳後修飾が重要であるということである。第 28 章では，タンパク質合成のプロセス全体を詳細に考察するにあたり，このような修飾に必要な細胞質の部位についてさらに多く取り上げる。

これら数少ない例では構造タンパク質を網羅しきれていない。ほかにも筋肉のアクチンやミオシン，そして微小管のチューブリンのような重要な構造タンパク質がある。しかし，これらのタンパク質は非常に異なる形で構築されているため，これらについては第 8 章で述べる。

球状タンパク質：三次構造と機能の多様性

異なる機能のための異なる折りたたみ

構造タンパク質はいかなる生物においても豊富で，必要不可欠であるだろうが，それらは生物のもつ多種類のタンパク質のほんの一部にすぎない。細胞におけるほとんどの化学的な仕事（合成，輸送，代謝）は膨大な数の種類の**球状タンパク質 globular protein** によって行われている。ポリペプチド鎖が長く伸びたフィラメントのような形をもつ繊維状タンパク質とは異なり，球状タンパク質はポリペプチド鎖がコンパクトな構造に折りたたまれているため，このように名づけられた。ミオグロビン（図 6.1 参照）は典型的な球状タンパク質である。その三次構造をみれば，例えばコラーゲンと比較して性質上の違いが明らかなことがすぐにわかる。

主に X 線回折（「生化学の道具 4A」参照）や**核磁気共鳴分光法 nuclear magnetic resonance spectrospcopy**（NMR，「生化学の道具 6A」参照）により，現在では多数の球状タンパク質の構造の詳細が明らかとなってきた。この 2 つの手法により原子レベルでの構造の情報が得られる。

タンパク質分子中ではポリペプチド鎖は，すでに述べてきたいずれかの二次構造（αヘリックス，βシートなど）に局所的には折りたたまれる。しかし，構造を球状に，そしてコンパクトにするには，これらの領域自体が互いに折りたたまれなければならない。この折りたたみをタンパク質の**三次構造**と呼ぶ。この折りたたみにより三次元的な全体の形ができる。図 6.1 に示したように，例えばミオグロビンの構造において二次構造と三次構造の違いは明白である。ミオグロビン鎖のおよそ 70%はαヘリックスであり，その 8 本のヘリックスは，互いに密にパッキングされることによってコンパクトな分子を形成する。この構造の内部にあるポケットは**補欠分子族 prosthetic group** のヘムをもつ。多くの球状タンパク質が補欠分子族をもち，この小さな分子は非共有結合あるいは共有結合によりタンパク質と結合し，タンパク質が特殊な機能を発揮することを可能にしている。この場合では，非共有結合しているヘムグループがミオグロビンの酸素結合部位となっている（第 7 章参照）。

> **ポイント 12**
> 球状タンパク質は二次構造を有するだけではなく，コンパクトな三次構造へと折りたたまれる。

球状タンパク質の構造の大きな多様性を明らかにするために，もう 1 つの例を考えよう。図 6.18 に，最も小さく，最も単純な球状タンパク質の 1 つであるウシ膵臓トリプシンインヒビター bovine pancreatic trypsin inhibitor（BPTI）を示した。ウシの膵臓で合成されるこのタンパク質は，トリプシンのようなタンパク質分解酵素に結合し，阻害する機能をもつタンパク質の 1 つである。もしトリプシンが誤って早く活性化されてしまった場合においても，このタンパク質により膵臓へのダメージが避けられるため，健康の維持に重要である。このタンパク質をこれから繰り返し，

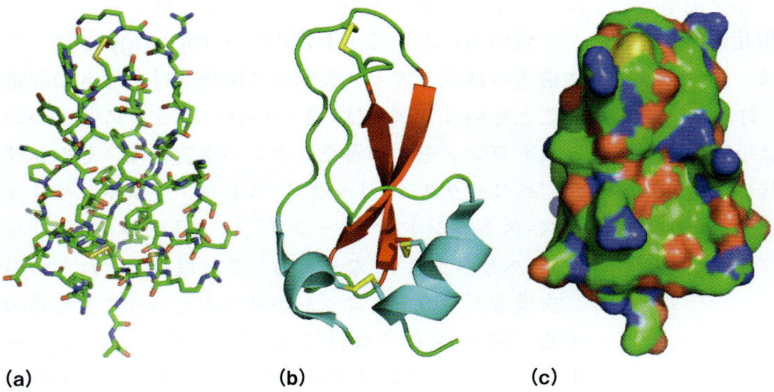

(a)　(b)　(c)

図 6.18　BPTI の三次構造　ウシ膵臓トリプシンインヒビター（BPTI）はトリプシンに結合して，ペプチド加水分解の触媒能を阻害する。BPTI はわずか 58 残基からなる，最もよく研究されてきたタンパク質の 1 つである。**(a)** スティックモデル。X 線回折法により決定された原子の位置（H 原子を除く）を示す（PDB ID：4PTI）。C 原子を緑，N 原子を青，O 原子を赤，S 原子を黄色で示す。**(b)** タンパク質骨格のリボンモデル。分子の末端近くに 2 つの短いαヘリックス（青緑）がある。2 本鎖の逆平行βシート（赤）もある。3 本のジスルフィド結合を黄色で示す。**(c)** 表面モデル。溶媒との接触が可能な分子表面を示している。原子の色は **(a)** と同じ。

例として用いる。比較的単純であるために，詳細に研究されていることが理由である。

図6.18ではBPTIを3つの方法で示した。図6.18aにはX線回折法により高い分解能ですべての原子の位置（H原子を除く）を表すスティックモデルを示す。図6.18bはポリペプチド主鎖のリボンモデルである。このモデルにより容易にポリペプチド鎖の流れを追うことができ，またこの分子に存在するαヘリックスとβシートの両方を明らかにみることができる。また，3本のジスルフィド結合の位置も示す。最後に図6.18cには，この分子の表面を示した。これは球状タンパク質が密にパッキングされた構造であり，その名の通り球状になるという重要なポイントを描写している。

図6.18と図6.1を比較すると，BPTIの構造がミオグロビンと全く異なっていることがわかる。ミオグロビンがほとんどαヘリックスであるのに対して，BPTIはヘリックスとシートの両方の領域をもち，鎖が曲がることによってつながっている。ここで強調するのは，すべての球状タンパク質は，特定の方法で折りたたまれた二次構造成分（ヘリックス，βシート，不規則的な領域）からなる独特の三次構造をもつということである。タンパク質を調べていくと，このようなコンホメーションそれぞれがそのタンパク質の果たす特定の機能的役割に適したものになっていることがわかるだろう。

球状タンパク質構造の多様性：折りたたみのパターン

一見すると，球状タンパク質の折りたたみの方法はほとんど無限にあるように思われるかもしれない。可能な折りたたみの詳細をすべて調べてみようとするのならば，これは正しい。しかし，すでにわかっている多くの構造を調べると，ある共通のモチーフと法則がみえてくる。最初の法則は，多くのタンパク質が1つ以上のドメインから構成されているということである。**ドメイン domain** はコンパクトで局所的に折りたたまれた三次構造領域のことをさす。分子全体を走るポリペプチド鎖によって複数のドメインが相互に結びついている。より大きい球状タンパク質では，マルチドメイン構造がかなり一般的であるのに対して，BPTIのような非常に小さいタンパク質では単独のドメインとして折りたたまれる傾向がある。後の節で述べるが，それぞれ異なるドメインは異なる機能を発揮することが多く，またあるドメインのタイプが異なるタンパク質の間でみられる場合もある。

> **ポイント13**
> タンパク質の“ドメイン”とは，コンパクトで三次構造の中で局所的に折りたたまれた領域のことをいう。より小さなタンパク質ではドメインを1つだけもつのが一般的である。一方，より大きなタンパク質はいくつかのドメインをもつかもしれない。

多種多様なドメインの中には，構造モチーフというものが存在し，数百種類に分類されている。これは検索可能なオンラインデータベース上にまとめられている（巻末の参考文献を参照）。これらのデータベースのおかげで，似た構造ドメインを有するタンパク質間について，潜在的機能や進化上の関係性をみつけることが可能となる。

球状タンパク質の非常に多くの構造のバリエーションを表すために，約1,300個の独立したドメイン構造を考えることができる。これらはCATH（クラス〈C〉，アーキテクチャー〈A〉，トポロジー〈T〉，同族スーパーファミリー〈H〉）データベースに登録されるタンパク質の約130,000個のドメインを分類するのに用いられる。図6.19では，7つの異なるドメインの折りたたみ構造を示しているが，CATHにはこの他に1,200個以上のドメイン構造が登録されている。しかし，球状タンパク質ではこの莫大な数のバリエーションが4つの基本的な折りたたみパターンに集約される。その4つとは，αヘリックスのパッキングで構造ができているもの，βシートのフレームで構成されるもの，ヘリックスもシートも両方を含むもの，ヘリックスやシートの構造がほとんどないものである。

CATHの分類方法において，4つのカテゴリーのうちの1つである“クラス”はドメインの折りたたみ構造の中の二次構造に基づいた分類のことをいう（図6.19の1段目）。“αヘリックスとβシートの混合型”のクラスについてよくみてみると，ドメインの折りたたみ構造についてαヘリックスとβシート構造をもつ15種類の一般的な形が“アーキテクチャー”のカテゴリーにみられる。そのうちの2種類，“αヘリックス/βシート/αヘリックスの3層サンドウィッチ”，“α/βバレル”が図6.19の2段目に示されている。タンパク質構造において，**トポロジー topology** とは，二次構造の特徴をアミノ酸配列に関係づけたときの順番のことをいう。例えば，2つのαヘリックスと1つのβストランドをもつ異なるタンパク質では，その並びが“ヘリックス–ヘリックス–ストランド”や“ヘリックス–ストランド–ヘリックス”，“ストランド–ヘリックス–ヘリックス”になりうる。これはそれぞれ3つの二次構造要素のトポロジーが異なるということを意味する。図6.19の3段目には，“αヘリックス/βシート/αヘリックスの3層サンドウィッチ”アーキテク

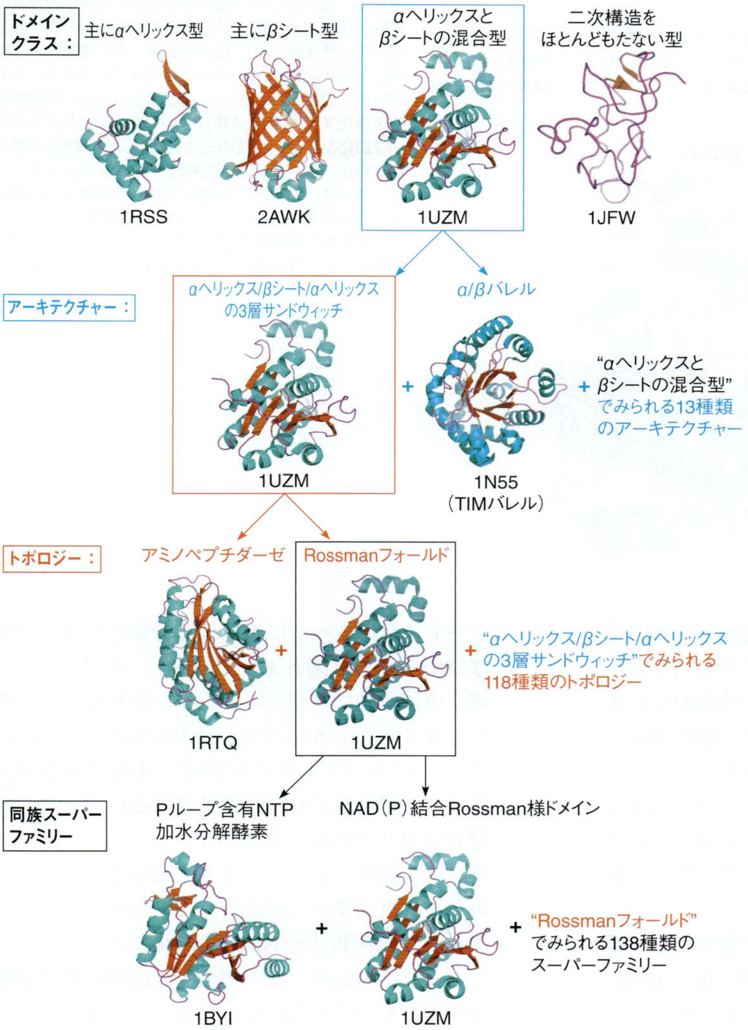

図 6.19　球状タンパク質のドメインにおける構造多様性　この図についてのより詳細な記述は本文を参照せよ。１段目：４つの主要なドメインのクラスの例をリボン図で表し，αヘリックスを青緑で，βストランドを赤で，ループを赤紫で表している。２段目："αヘリックスとβシートの混合型"でみられる15種類のアーキテクチャーのうち２種類を例示している。３段目："αヘリックス/βシート/αヘリックスの３層サンドウィッチ"でみられる120種類のトポロジーのうち２種類を例示している。４段目："Rossmanフォールド"でみられる140種類の同族スーパーファミリーのうち２種類を例示している。PDB ID：リボソームタンパク質S7（1RSS），緑色蛍光タンパク質（2AWK），βケトアシルACPレダクターゼ（1UZM），HIV-1トランスアクチベーター（1JFW），トリオースリン酸イソメラーゼ（1N55），ロイシンアミノペプチダーゼ（1RTQ），デチオビオチンシンターゼ（1BYI）

チャーの120種類のトポロジーのうち，"アミノペプチダーゼ"と"Rossmanフォールド"の２種類を示してある。**Rossmanフォールド Rossman fold** はニコチンアミドアデニンジヌクレオチド nicotinamide adenine dinucleotide（NAD）補因子と結合する重要な酵素群に共通するドメイン構造である（p.400〜401参照）。Rossmanフォールドトポロジーをもつタンパク質の"スーパーファミリー"は140個ある。それぞれのスーパーファミリーに属するタンパク質同士は相同性が高いようである（言い換えれば進化的に共通の祖先があるということである）。"NAD（P）結合Rossman様ドメイン"スーパーファミリーの中だけで3,078個のドメインの登録があり（これはCATHデータベースに登録されているうちの約2%にあたる），このうちの1つが図6.19（1UZM）に示されている構造である。このドメインについてのCATHの命名をまとめると"αヘリックスとβシートの混合型"→"αヘリックス/βシート/αヘリックスの３層サンドウィッチ"→"Rossmanフォールド"→"NAD（P）結合Rossman様ドメイン"といった形になる。

ドメイン構造のバリエーションについて深く研究しようとすれば圧倒されてしまうかもしれない。しかし，タンパク質の機能の理解を深めるのは構造について詳細を知ることである。生化学を学ぶ学生にとって幸運なことは，数千の球状タンパク質構造の研究により，３次元の折りたたみを支配する数個の一般的な原則が導かれているということである。

ポイント 14
球状タンパク質構造の大多数は，大まかに"主にαヘリックス型"，"主にβシート型"，"αヘリックスとβシートの混合型"に分類される。αまたはβの二次構造をほとんどもたない球状タンパク質はわずかである。

(a)

VLSEGEWQLV LHVWAKVEAD VAGHGQDILI RLFKSHPETL EKFDRFKHLK TEAEMKASED LKKHGVTVLT ALGAILKKKG HHEAELKPLA QSHATKHKIP IKYLEFISEA IIHVLHSRHP GDFGADAQGA MNKALELFRK DIAAKYKELG YQG

(b)

(c)

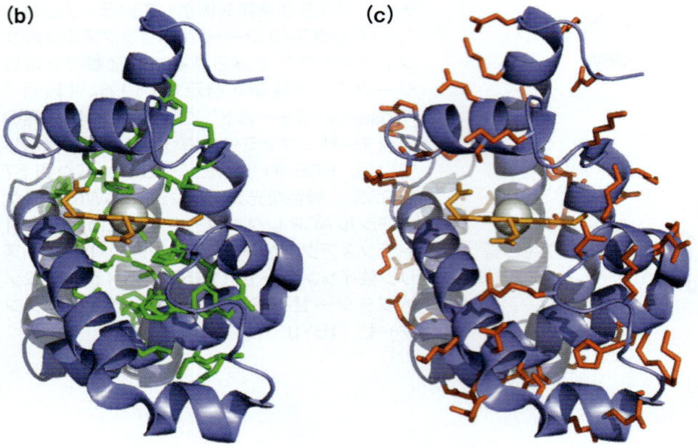

図 6.20　球状タンパク質の親水性および疎水性残基の配置　(**a**) マッコウクジラのミオグロビンアミノ酸配列。疎水性残基（緑），親水性残基（赤）両親媒性残基（黒）が配列全体に散らばっているように見える。青で示した 2 つの His 残基はヘムと酸素の結合に特別な役割を果たす（第 7 章参照）。(**b**) マッコウクジラのミオグロビンタンパク質の三次元構造。分子内部で疎水性の側鎖（緑）が疎水性の補因子であるヘム（オレンジ，鉄イオンを灰色で一緒に示す）のまわりにどのようにクラスターを形成しているか注目せよ。(**c**) ここでは親水性の側鎖を赤で示した。それらがどれだけ分子表面上に存在する傾向があるかについて注目せよ。

- **すべての球状タンパク質は明確な内側と外側の部分をもつ。**球状タンパク質のアミノ酸配列を調べると，疎水性あるいは親水性残基の特徴的な分布パターンをみつけることはできない（図 6.20a）。しかし三次元構造上のアミノ酸の位置をみると，三次構造により疎水性残基がほとんど分子内部に詰め込まれるが（図 6.20b），一方で親水性残基は表面に存在し，水分子と接触していることがはっきりとみてとれる（図 6.20c）。
- **βシートは通常ねじれたり，または巻きこむ形でバレル構造となる。**その例を図 6.19（例，1RTQ）でみることができる。絹フィブロインの構造も，図 6.15 にあるような完全な平面ではなく，おそらく多少ねじれているのだろう。
- **ポリペプチド鎖はβ領域あるいはαヘリックス領域からいろいろな形で曲がることにより，次の領域へとつながることができる。**コンパクトなターンの 1 つがβターンと呼ばれるものである（図 6.21）。βターンにはいくつかの種類があるが，どれもわずか 4 残基でポリペプチド鎖の向きを完全に逆向きにすることができる。いずれの場合とも，i 番目の残基のカルボニル基が $i+3$ 番目の残基のアミドプロトンと水素結合を形成する。さらにきついγターンでは，$i+2$ 番目の残基と結合する（図 6.22）。図 6.22 のようにプロリンはターンにおいてその役割を果たすことが多いが，ヘリックスに入りにくく，αヘリックスを破壊する役割ももつ。折れ曲がりやターンは主にタンパク質表面で起きる。
- **球状タンパク質のすべての部分がヘリックス，βシートまたはターンに都合よく分類されるわけではない。**例えば図 6.19 をみると，ポリペプチド鎖の中に奇妙にゆがんだループや折りたたみが多く存在することがわかる（赤紫で示した領域）。これらは“ランダムコイル領域”とも呼ばれるが，真のランダムコイルほど柔軟ではないのでこの呼び方は誤りである（本当のランダムコイルは第 4 章，p.96 参照）。むしろ，この領域はそれぞれしっかりとした決まった形の折りたたみをもつということが X 線回折法や NMR の結果によって示されている。そのため，この領域を変則的な構造領域と呼ぶことができるかもしれない。いくつかのタンパク質は，異なる標的に結合するシグナルタンパク質で特に重要な特徴である固有の非構造領域をもつ。

補欠分子族と結合する必要があるために折りたたみが制限されるタンパク質もある。ミオグロビンがその例である（図 6.20）。大まかにいえば，ミオグロビンはαヘリックスの束とみなすことができるだろうが，ヘムグループのまわりの疎水的なかごを形成するために，その三次構造はゆがんでいる。

二次および三次構造を決定する因子

タンパク質の折りたたみに関する情報

それぞれの球状タンパク質を特徴づける二次，三次構造の複雑な組み合わせは，最終的に何によって決定されているのだろうか？　多くの証拠が示すように，タンパク質の三次元構造を決定するためのほとんどの

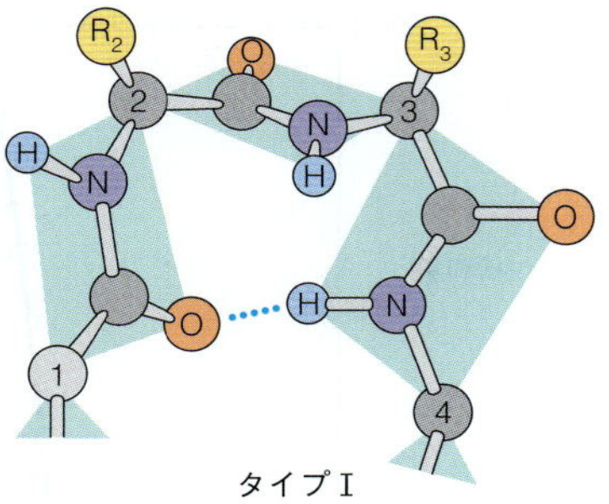

タイプⅠ

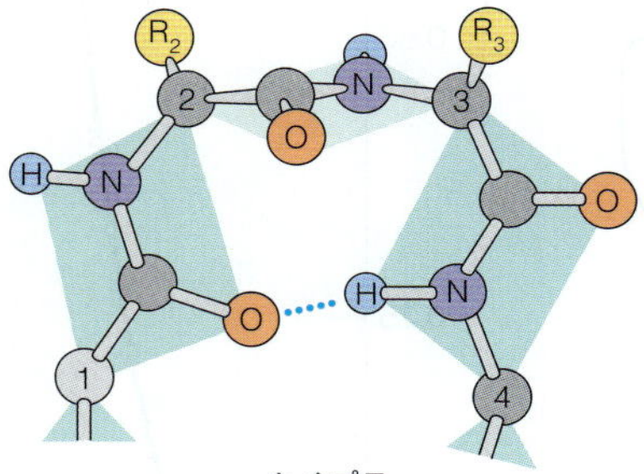

タイプⅡ

図 6.21　βターンの例　どちらのタイプのターンもポリペプチド鎖の向きを急に変えることが可能である。タイプⅡのターンでは3番の残基が通常グリシンである。なぜなら，R基がかさ高いと2番目の残基のカルボニル酸素とおそらくぶつかることになるためであると考えられる。

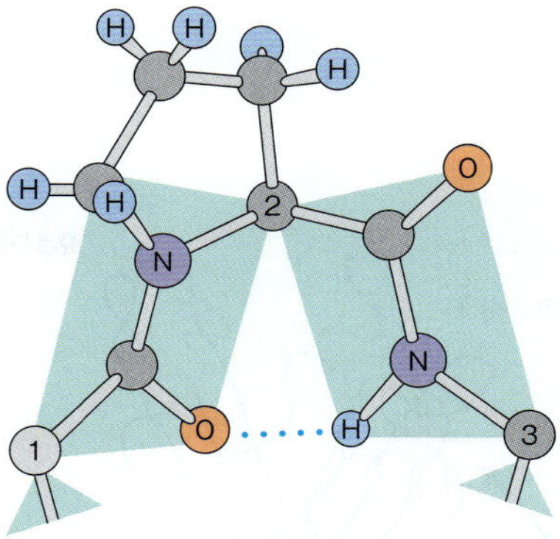

図 6.22　γターン　1残基のみが水素結合の並びからはずれる。この場合，その残基はプロリンとなる。プロリンは水素結合ドナーとなることはできない。プロリンのαアミノ基と水素結合を組むH原子がないことに注目せよ（α-N原子と結合しているようにみえるH原子は，実際にはプロリン側鎖のδ炭素原子と結合している）。

情報は，そのタンパク質のアミノ酸配列の中にある。まわりの環境を変化させて天然の三次構造を壊す実験から，これは論証できる。もし温度を十分に上げたり，pHを強い酸性あるいはアルカリ性にしたり，アルコールや尿素のような有機分子の溶媒を加えたりすると，タンパク質の構造はほどけるであろう（図6.23）。特異性の高い性質の大部分もタンパク質の天然の構造とともに失われるので，核酸の場合と同様に，このプロセスを**変性 denaturation** と呼ぶ。このほどけた鎖は図 6.23a のような模式図では，しばしばポリペプチドの主鎖と側鎖両方の結合のまわりの回転が自由であるランダムコイルとして描かれる。しかし，ごく最近得られた証拠から，これは簡略化されすぎであることが示唆された。多くの場合において，タンパク質がほどけた状態は，構造をとらずに伸びたコンホメーションが動的に調和をとっているといえる。しかし，ほどけた状態でさえも，いくつかの領域は構造を保っているかもしれない。

図 6.23a に示した Chris Anfinsen が 1972 年にノーベル賞を受賞した古典的実験では，酵素リボヌクレアーゼA ribonuclease A（RNase A）を，尿素を加えて変性させ，本来の4つのジスルフィド結合をβメルカプトエタノール β-mercaptoethanol（BME）によって還元した。リボヌクレアーゼAは，RNAの加水分解を触媒する。リボヌクレアーゼAが変性すると，その三次構造および二次構造が失われ，もはやRNA分解の触媒として働けなくなる。図 6.23b に示すように，この変性の過程はさまざまな物理的測定法で追跡することができる。注目すべきことに，このようにリボヌクレアーゼAの構造を完全に壊すことが可逆的であることが Anfinsen によって示された。もし，透析によって尿素が除かれると，還元されたリボヌクレアーゼAは，自発的に元の構造へと巻き戻る。巻き戻ったタンパク質は空気酸化によって本来のジスルフィド結合，および完全な酵素活性を取り戻す。尿素変性リボヌクレアーゼAは酸化して，その後に尿素を除去すると，ランダムにジスルフィド結合を形成したタンパク質分子の混合物を生みだす。この混合物は本来の酵素活性の約1%の活性しかもたず，このことは，正しいジスルフィド結合をもつ分子が約1%しか存在しないことを示している。8つのシステインによってランダムに形成される4つのジスルフィド結合の可能な組み合わせは，105種類ある。そのうちの1つが本来のジスルフィド結合である（1/105≈1%）。

Anfinsen の研究は，タンパク質は機能的なコンホメーションへと自己会合ができ，そしてそれには配列に含まれる情報以外は必要ないということを示した。同じ現象はほかの多くのタンパク質においても実験的に観察されている。したがって，細胞内で新しく合成されたポリペプチド鎖は，その機能を果たすことができる適切なコンホメーションへと自発的に折りたたまれると予想できる。本章の後半でみるが，in vivo での実験プロセスはより複雑である。間違った折りたたみや凝集を避けるために，いくつかのタンパク質は折りたたみのプロセスを助ける細胞内の機能分子と相互作用する。しかし，二次および三次構造の自己集合の基本的な原理は一般的な法則であると思われる。

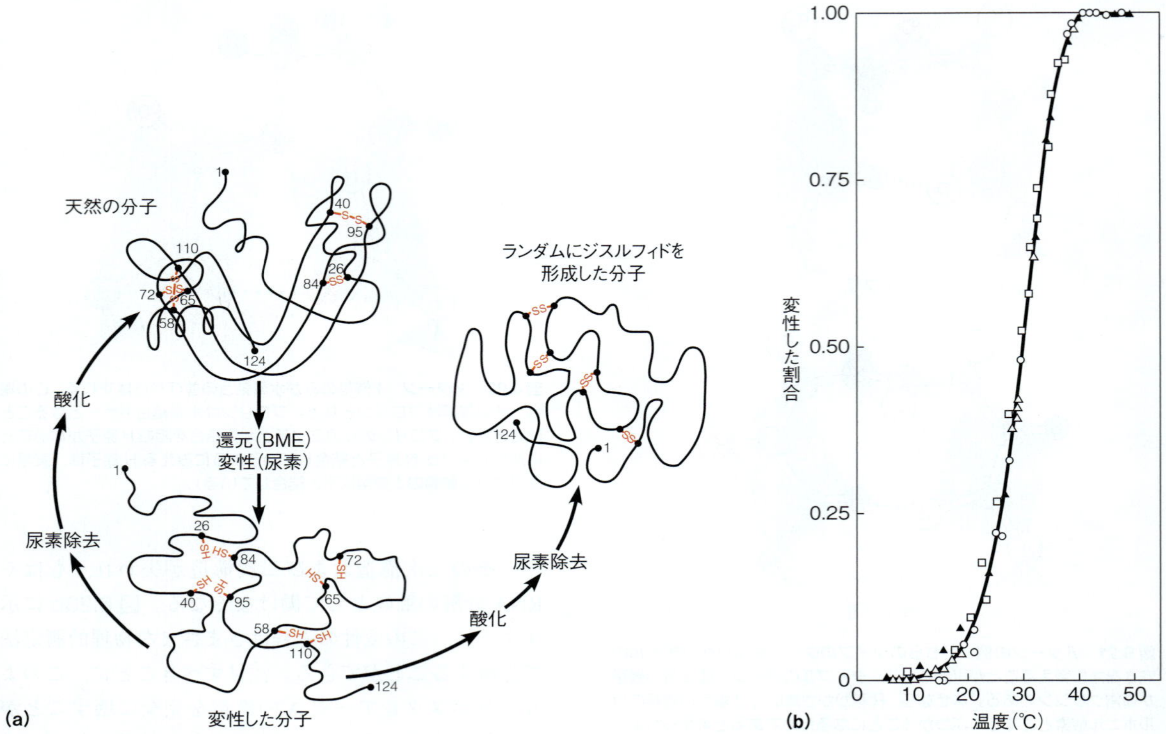

図 6.23　リボヌクレアーゼ A の変性と巻き戻り　(a) このスキームは Anfinsen の古典的なリボヌクレアーゼ A の巻き戻し実験を描いている。詳細は本文参照。**(b)** さまざまな物理的方法によるリボヌクレアーゼ A の熱変性の追跡。天然のコンホメーションと変性状態の違いは，「生化学の道具 6A」で述べられているいくつかの分光学的手法によって検出できる。このグラフは変性したタンパク質の割合を以下の方法で測定したものである。溶液粘性の上昇（□），365 nm での旋光度の変化（○），287 nm での UV 吸光度の変化（△）。3 つの方法ともすべて同じ割合の変性を示した。冷却したあとの 2 度目の変性測定（▲）でも同じ曲線を示し，29.0℃の融解温度（T_m，「生化学の道具 6C」参照）で，この方法が可逆であることがわかった。この実験は pH2.1，イオン強度 0.019 M で行った。生理的条件下でリボヌクレアーゼ A はより安定で，約 70～80℃まで変性しない。

(a) Courtesy of Gary Carlton；(b) Data from *Biochemistry* 4：2159-2174（1965），A. Ginsburg and W. R. Carroll, Some specific ion effects on the conformation and thermal stability of ribonuclease

ポイント 15
アミノ酸配列（一次構造）が二次および三次構造を決定する。

折りたたみの熱力学

生理的条件下での球状タンパク質の折りたたみは，明らかに熱力学的に好ましい過程である。言い換えると，折りたたみ全体の自由エネルギー変化は負でなければならない。しかし，この負の自由エネルギー変化は，これから説明するいくつかの熱力学的因子のバランスによって達成される。

コンホメーションエントロピー

多数の“ランダムコイル”コンホメーションから 1 つの折りたたまれた構造まで進む折りたたみのプロセスは，乱雑さの減少を含むので，エントロピーが減少する†。この変化を折りたたみの**コンホメーションエントロピー conformation entropy** と呼ぶ。

ランダムコイル（より高エントロピー）⟶
　　折りたたまれたタンパク質（より低エントロピー）

自由エネルギーの方程式，$\Delta G = \Delta H - T\Delta S$ が示すように，この負の ΔS は ΔG に対して正の寄与をする。言い換えると，コンホメーションエントロピーは折りたたみに逆行して働く。負の ΔG を説明するためには，折りたたみの際に大きな負の ΔH あるいは他のエントロピーの増大を得る折りたたみの特徴を探し出さなければならないが，両者とも見出すことができる。

負の ΔH の主要な源は折りたたまれた分子内官能基間のエネルギー的に有利な相互作用である。ここには第 2 章で記述した非共有結合的な相互作用の多くが含まれる。

† 簡略化するため，もともとのコンホメーションがはっきりと定義されている理想的なケースを紹介する。ほとんどのタンパク質はその機能を発揮するために，いくらかコンホメーションの柔軟性をもつため，天然な状態は，限られた数の，ほぼ等価な自由エネルギーをもつはっきりとしたコンホメーションであるとみなしたほうがよりふさわしい。実際，天然状態のいくつかの協調しているコンホメーションのエントロピーは，変性状態よりもはるかに低い。

> **ポイント 16**
> コンホメーションエントロピーの減少は，タンパク質の折りたたみには不利になる。これは，内部の非共有結合によるエネルギーの安定化で，部分的に補完される。

電荷–電荷相互作用

電荷–電荷相互作用は，正と負に帯電した側鎖間で起きうる。例えば，リシン側鎖の ε アミノ基が，グルタミン酸残基の γ カルボキシル基の近くに位置する場合である。中性 pH では，1 つが正に帯電し，他方が負に帯電するので，両者間に静電的な引力が存在する。このような対はタンパク質分子内にある種の塩を形成するといえる。したがって，このような相互作用は**塩橋 salt bridge** と呼ばれる。いずれかの側鎖が電荷を失うまで十分高いあるいは低い pH にタンパク質を入れると，これらのイオン結合は壊れる。この塩橋の破壊は，タンパク質の酸あるいは塩基による変性を一部説明する。強い酸性あるいは塩基性の溶液中では，タンパク質中の同じ電荷をもつ多くの官能基が相互に反発し，これが，この条件下で折りたたまれた構造を不安定化にする。

分子内水素結合

アミノ酸側鎖の多くは，よい水素結合ドナーあるいはアクセプターとなる官能基をもつ。例えば，セリンやトレオニンの水酸基，アスパラギンやグルタミンのアミノ基やカルボニル酸素，そしてヒスチジンの五員環の窒素がある。さらに，ポリペプチド主鎖のアミドプロトンもしくはカルボニル基が二次構造の形成に関わらなければ，これらも側鎖の官能基と相互作用する潜在的な候補となる。図 6.24 に示す酵素リゾチーム分子の一部に，いくつかのタイプの分子内水素結合のネットワークがみられる。これまでみてきたように，水溶液中での水素結合は比較的弱いが，しかし，それらが多くなれば安定性にかなり貢献することができる。

van der Waals 相互作用

第 3 章で述べたように，折りたたまれたタンパク質内で非極性基が密に詰まり，したがって多くの van der Waals 相互作用を形成するため，非極性基間の弱い誘起双極子–誘起双極子間相互作用もタンパク質の安定性にかなりの貢献をしている。天然のタンパク質構造の詳細な分析によって，球状タンパク質の非極性の分子内部は疎水性側鎖原子間の接触が最大になるように，実際に密に詰まっていることが示された。

高度に溶媒和され伸びたランダムコイルからタンパク質分子が折りたたまれるとき，水との有利な相互作用ができなくなるという事実から，折りたたみの際の van der Waals 相互作用による負のエンタルピーへの貢献は減損する。第 2 章でみたように，ほどけた α ヘリックスは分子内結合をせずに水と水素結合を形成す

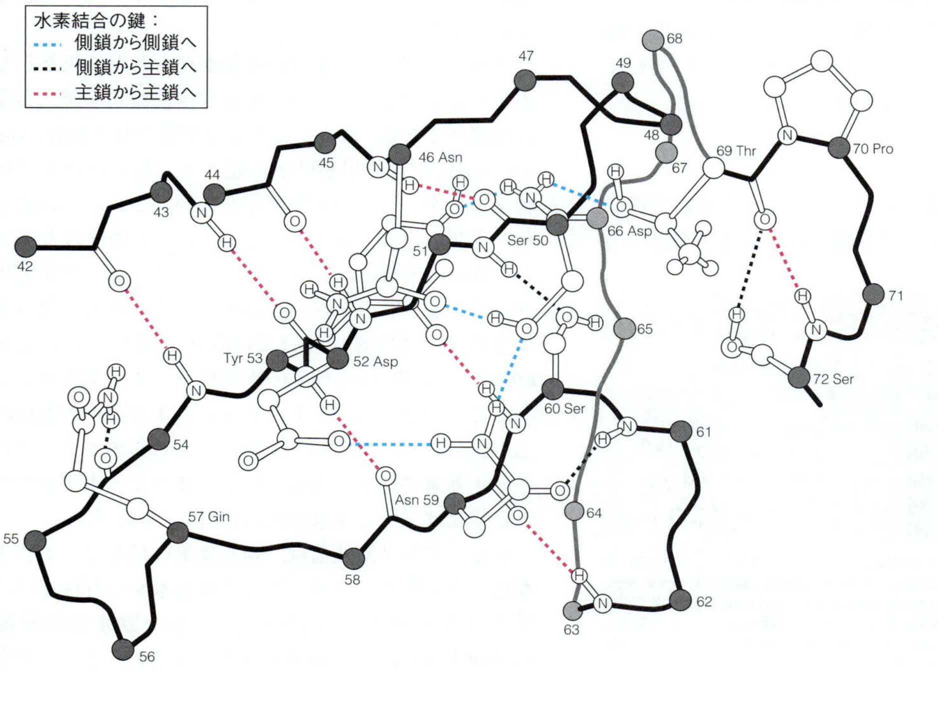

図 6.24　典型的な水素結合の詳細　酵素リゾチーム内の水素結合のネットワークを示す。3 種類の水素結合が区別できる。側鎖官能基間の結合，主鎖の官能基間の結合，そして側鎖の官能基と主鎖のアミドプロトンもしくはカルボニル酸素との結合。

る。この変換が全体のエンタルピー変化（ΔH）にどの程度影響するのか明らかではない。しかし，もし折りたたみにより水素結合のアクセプターもしくはドナーが内部に埋まって，分子内水素結合が形成されないなら，変性状態を好む方向に大きいエネルギー差が生じるであろう。

折りたたみによるエンタルピー変化$\Delta H_{U\to F}$は，変性状態と折りたたまれた状態の非共有結合的相互作用の違いに支配されている。

$$\Delta H_{U\to F} = H_{\text{折りたたまれた状態}} - H_{\text{変性状態}} \quad (6.1)$$

ここでは，変性状態は，伸びたタンパク質鎖と溶媒の水分子の間の非共有結合的相互作用によって特徴づけられ，折りたたまれた状態は変性状態よりはずっと少ない溶媒との相互作用と，かわりに変性状態よりずっと多くの分子内相互作用を含むものとなる。典型的には，折りたたみに際してつくられる唯一の新しい共有結合はジスルフィド結合である（しかし，ほとんどのタンパク質はジスルフィド結合を含まない）。ジスルフィドの形成はΔHに影響するだろう。しかし以下に述べるように，タンパク質安定性におけるジスルフィドのエントロピー効果は，そのエントロピー効果よりも重要なようである。

それぞれ独立した相互作用は，相互作用全体の負のエンタルピーにほんの少し（ほとんどわずか2〜3 kJ）しか寄与しないであろう。しかし多くの相互作用の寄与の総和が折りたたみ構造の強力な安定化を生み出しうるのである。表6.4に，折りたたみに対する全体のエンタルピー変化の例をいくつかの代表的なタンパク質についてあげた。多くの場合，分子内相互作用の総和による折りたたみへの寄与は，折りたたみに不利なエントロピーの影響を上まわっている。

疎水効果

しかし，多数の球状タンパク質の熱力学的安定性には，もう1つの因子が主に貢献する。第2章を思い出

表6.4　25℃，水中でのいくつかの球状タンパク質の折りたたみに対する熱力学的パラメータ

タンパク質	ΔG (kJ/mol)	ΔH (kJ/mol)	ΔS (kJ/K・mol)
リボヌクレアーゼ	−46	−280	−0.79
キモトリプシン	−55	−270	−0.72
リゾチーム	−62	−220	−0.53
シトクロム *c*	−44	−52	−0.027
ミオグロビン	−50	0	+0.17

注：Data adapted from *Journal of Molecular Biology*（1974）86: 665-684, P. L. Privalov and N. N. Khechinashvili, A thermodynamic approach to the problem of stabilization of globular protein structure: A calorimetric study. 各データセットはそのタンパク質が最も安定な pH（すべて生理的 pH に近い）で測定した。変性状態（ほどけた状態）⇌天然状態（折りたたまれた状態）の2状態の折りたたみ反応に対するデータである。

すと，水と接触する疎水性物質により，水分子はそれらのまわりに格子状あるいは“かご”状の構造を形成する。このように秩序が生み出されることは溶媒中の乱雑さが失われたことになり，エントロピーが減少するのである。あるタンパク質がアミノ酸配列中にかなり多くの疎水性側鎖をもつ残基（例えば，ロイシン，イソロイシン，そしてフェニルアラニン）を含むとしよう。そのポリペプチド鎖が変性状態にあるとき，これらの残基は水と接触して，周囲の水構造を格子状にする原因となる。鎖が球状構造に折りたたまれれば，疎水性残基は分子内に埋もれる（図6.20b参照）。変性状態のタンパク質の疎水性表面のまわりに並べられていた水分子は，解き放たれ，自由に動き回るようになる。そのため，折りたたみの過程で疎水性残基を内部に取り込むことで溶媒の乱雑さは増大する。

全体のエントロピー変化は系（ここではポリペプチド鎖）のエントロピー変化と外界（ここでは溶媒の水分子）のエントロピー変化の合計であることを思い出してほしい。

$$\Delta S_{\text{全体}} = \Delta S_{\text{系}} + \Delta S_{\text{外界}} \quad (6.2a)$$

$$\Delta S_{U\to F} = \Delta S_{\text{タンパク質}} + \Delta S_{\text{溶媒}} \quad (6.2b)$$

式6.2bで，$\Delta S_{\text{タンパク質}}$は折りたたみのコンホメーションエントロピー変化で負であるが，この不利なエントロピー変化は溶媒の有利なエントロピー増大（$\Delta S_{\text{溶媒}}$）によって相殺される。要するに，タンパク質の疎水性表面が，溶媒が到達できないコアへ埋もれることは，$\Delta S_{U\to F}$の値をより正に傾けることで折りたたみ状態を安定化する。

疎水結合という言葉は疎水基が埋もれた結果としての安定化を記述するためにときどき使われるが，実際には誤りである。疎水基どうしで形成される結合，van der Waals相互作用が確かに起こり，折りたたみに有利なエンタルピーの影響を与えるが，これがこの安定化の主要な原因ではない。むしろ折りたたまれたタンパク質は，溶媒のエントロピーの効果によって安定化されている。このタンパク質の安定化の原因を記述するための，より適切な言葉は**疎水効果 hydrophobic effect**である。疎水効果の重要性を示す例を表6.4にみることができる。シトクロム *c* の非常に小さな負のΔSやミオグロビンの正のΔSは，これらのタンパク質の疎水効果の結果を表している。まさにミオグロビンの安定化は，主に疎水効果に起因するのである。

異なるアミノ酸残基は，疎水効果に対してさまざまな違った影響を及ぼす。アミノ酸を水から有機溶媒に移す研究や理論的考察から，多様な**疎水性の尺度 hydrophobicity scale**が導入されてきた。2つの例を

表 6.5　疎水性尺度の 2 つの例

アミノ酸	Engelman, Steitz, Goldman のスケール[a]	Kyte と Doolittle のスケール[b]
Phe	3.7	2.8
Met	3.4	1.9
Ile	3.1	4.5
Leu	2.8	3.8
Val	2.6	4.2
Cys	2.0	2.5
Trp	1.9	−0.9
Ala	1.6	1.8
Thr	1.2	−0.7
Gly	1.0	−0.4
Ser	0.6	−0.8
Pro	−0.2	−1.6
Tyr	−0.7	−1.3
His	−3.0	−3.2
Gln	−4.1	−3.5
Asn	−4.8	−3.5
Glu	−8.2	−3.5
Lys	−8.8	−3.9
Asp	−9.2	−3.5
Arg	−12.3	−4.5

[a]Data from *Annual Review of Biophysics and Biophysical Chemistry*（1986）15：321-353, D. M. Engelman, T. A. Steitz, and A. Goldman, Identifying non-polar transbilayer helices in amino acid sequences of membrane proteins.
[b]Data from *Journal of Molecular Biology*（1982）157：105-132, J. Kyte and R. F. Doolittle, A simple method for displaying the hydropathic character of a protein.

表 6.5 に示す。若干異なる前提をもとにしたこの 2 つの尺度は，似てはいるが同じではない。にもかかわらず，このような尺度はいずれも特定のタンパク質の安定化における疎水効果の重要性の予測に用いることができる。第 10 章では，あるタンパク質のどの部分が脂肪膜に入り込むかを予測するためにこれらがどのように使われるかをみる。

これらをまとめると，球状タンパク質の折りたたまれた構造の安定性は，次の 3 つの因子の相互作用に依存する。

1. 不利なコンホメーションエントロピー変化。これは逆に変性状態のほうが有利である。
2. 分子内の相互作用に起因する有利なエンタルピーの寄与。
3. 分子内疎水性基が埋もれることによる有利なエントロピーの変化。

このように，1 は折りたたみとは逆に作用するのに対し，2，3 は折りたたみに有利に働く。図 6.25 に示すように，これらはタンパク質の折りたたみの自由エネルギーに影響する。タンパク質によっては，エンタルピー相互作用や疎水効果による折りたたまれたタンパク質の安定化の度合いは異なる（表 6.4 参照）。しかし，全体の結論は同じである。生理的条件下では，ある特定の折りたたまれた構造はそのポリペプチド鎖のもつ最小の自由エネルギーに対応している。それゆえに，タンパク質は自発的に折りたたまれるのである。タンパク質安定性に関する熱力学的パラメータの測定法は，「生化学の道具 6C」で述べられている。

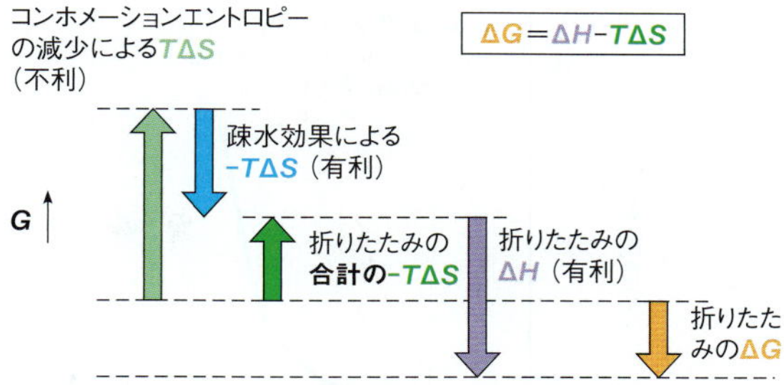

図 6.25　球状タンパク質の折りたたみの自由エネルギーに対する寄与　コンホメーションエントロピーは折りたたみに逆行する方向に働くが，内部相互作用のエンタルピーや疎水性のエントロピー変化は折りたたみを促進する。これらの 3 つの量の総和によって折りたたみ全体の自由エネルギーを負にできるので，折りたたまれた構造は安定となる。

表 6.4 のデータをみると，タンパク質の安定化のもう 1 つの重要な点が明らかになってくる。タンパク質は比較的不安定な分子である。折りたたまれた構造と変性状態の自由エネルギーの差は大きくなく，一般的に 20〜60 kJ/mol である。折りたたみ反応の比較的小さな ΔG は通常，大きな ΔH と $T\Delta S$ 成分の差である。150〜200 残基ほどのタンパク質（もしくはタンパク質ドメイン）は協同的に折りたたまれ中間的構造が少ない傾向があるために，これらの大きな値が出てくる。したがって，分子内での多くの折りたたみ相互作用は協同的につくられたり，壊されたりする。この協同性の結果として，図 6.23b に示すように，タンパク質の熱変性は通常，狭い温度範囲で起きる。

ポイント 17
折りたたまれたタンパク質分子内に疎水性官能基を埋め込むことにより，疎水効果として知られる安定化のエントロピーが増加する。

ジスルフィド結合の役割

一度折りたたみが起こると，システイン残基間のジスルフィド結合の形成により三次元構造が安定化される場合がある。この結合の極端な例が図 6.18 に示したウシ膵臓トリプシンインヒビター（BPTI）にみられる。この分子は 58 残基中に 3 個のジスルフィド結合をもち，知られているタンパク質の中で最も安定なものの 1 つである。タンパク質の折りたたみにおけるジスルフィド結合形成の役割の先駆的な研究は Thomas Creighton の研究室で BPTI を用いて行われた。BPTI は尿素のような変性剤に非常に安定であり，強酸性溶液中でのみ 100℃未満で変性する。pH 2.1 での可逆変性の中点は約 80℃である（図 6.26）。しか

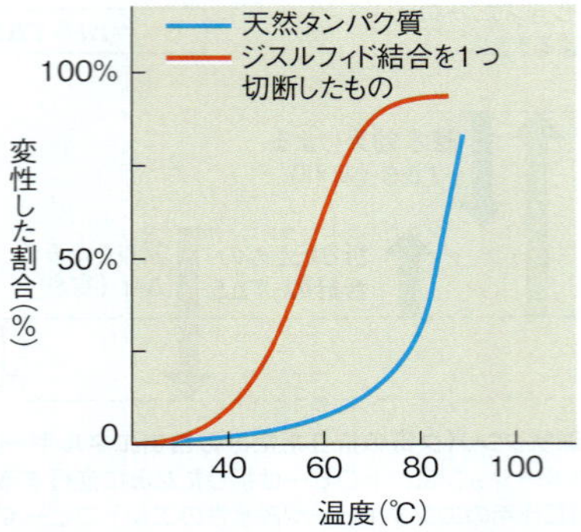

図 6.26　BPTI の熱変性　pH2.1 での温度に対する変性の割合を天然タンパク質と Cys 14-Cys 38 ジスルフィド結合を還元，カルボキシメチル化したタンパク質で比較した。
Data from *European Journal of Biochemistry*（1971）23：401-411 J. P. Vincent, R. Chicheportiche, and M. Lazdunski, The conformational properties of the basic pancreatic trypsin-inhibitor.

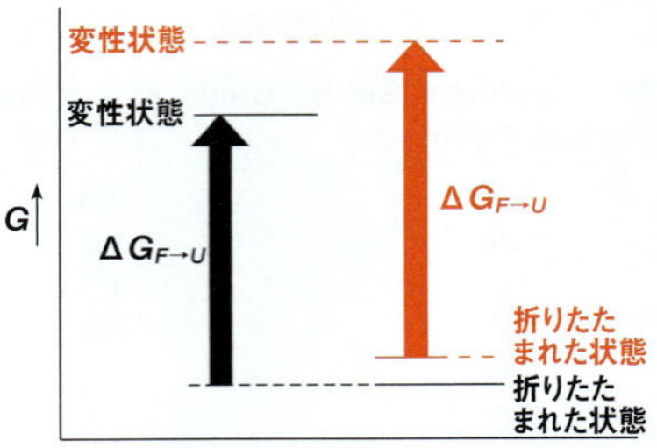

図 6.27　タンパク質安定性へのジスルフィド結合の効果　ジスルフィド結合をもつ（赤破線），もしくはもたない（黒実線）タンパク質の折りたたまれた状態，または変性状態の自由エネルギーを模式的に示した。ジスルフィド結合の存在は，変性状態のコンホメーションエントロピーをより大きく制限することにより，折りたたまれた状態よりも変性状態を不安定化する（すなわち自由エネルギーを上げる）。これはジスルフィド結合をもつタンパク質の折りたたまれた状態と変性状態の，大きな自由エネルギー差を生む。したがって，ジスルフィド結合の存在は，変性をより好ましくないものにする（$\Delta G_{F \to U}$ はより正に，もしくはより“上り坂”になる）。

し，ジスルフィド結合（14 番と 38 番のシステイン間の結合，図 6.18b に示した一番上のジスルフィド結合）の 1 つが還元，カルボキシメチル化されれば，中点は 59℃まで下がる。BPTI のすべてのジスルフィド結合を還元すると，タンパク質は室温で変性する。しかし，スルフヒドリル基を再酸化すれば，3 つの正しいジスルフィド対をもつ天然タンパク質が効率よく形成される。このような再形成は偶然に起こると期待できるものではない。BPTI 分子を還元し，6 つのシステイン残基を生じさせ，でたらめに — SH 基を再酸化したとしよう。最初の — SH 基はパートナーをみつけるのに 5 つの選択肢があり，2 番目は 3 つ，最後は 1 つだけとなるので，均等に可能な組み合わせは 5×3×1 の 15 通り存在する。したがって，還元した BPTI が偶然に正しく天然状態に巻き戻る確率はわずか約 7%と予想できる。しかし，このようなジスルフィド結合をもつタンパク質（例えば，リボヌクレアーゼ A）に関する多くの研究により，もし十分に時間があれば，ほとんど 100%の分子が正しい対をもてることが明らかになっている。この発見は，タンパク質の好まれる折りたたみでは — SH 基が正しく対をつくることをはっきりと意味している。この帰結として，ジスルフィド結合自体は正しい巻き戻しに欠かせないものではないことがわかる。しかし，一度折りたたまれれば，それらは構造の安定性に寄与する。

ジスルフィド結合をもつ分子は，もたない分子に比べて，変性状態で可能なコンホメーションの数が少ない。変性状態のコンホメーションエントロピーの劇的な減少が，ジスルフィド結合をもたない変性状態に比べ，ジスルフィド結合をもつ変性状態の自由エネルギーが増加することにつながる（図6.27）。対照的に，折りたたみ状態のコンホメーションエントロピーは，変性状態に比べてはるかに低いため，ジスルフィド結合の有無によって有意に変化することはない。コンホメーションエントロピーに対するこれらの異なる影響は，ジスルフィド結合をもつタンパク質の折りたたみ状態と変性状態の間のより大きな自由エネルギー変化を生む。結果として，ジスルフィド結合を含むタンパク質の $\Delta G_{U \to F}$ は，ジスルフィド結合がない場合に比べてより不利なものとなる。

ポイント 18
いくつかの折りたたまれたタンパク質は，非共有結合に加えて分子内ジスルフィド結合によって安定化される。

図 6.27 は，変性状態と折りたたみ状態の間のより大きな自由エネルギー変化がより安定なタンパク質と一致することを示した概念図である。したがって，タンパク質の安定性をあげる 2 つの方法が考えられる。すなわち，(1) 折りたたみ状態の安定化（すなわち G_F をより負にする），もしくは (2) 変性状態の不安定化（すなわち G_U をより正にする）。ジスルフィド結合形成の主要な効果は，折りたたみ状態に比べて変性状態を不安定化している変性状態のコンホメーションエントロピーの劇的な減少である。

ジスルフィド結合形成の明らかな利点は次の疑問を呼ぶ。なぜほとんどのタンパク質はジスルフィド結合をもたないのか？　実際，この結合は比較的珍しく，リボヌクレアーゼ，BPTI やインスリンのような細胞から輸送されるタンパク質に主にみられる。1 つの理由としては，ほとんどの細胞内の環境は還元的で，またスルフヒドリル基は還元状態に維持される傾向があることがあげられる。細胞外のたいていの環境は酸化的で，ジスルフィド結合を安定化させるのである。

タンパク質の構造安定性の原因を研究するための強

力な手法が組換えDNA技術から開発されてきた。細菌宿主内でタンパク質の遺伝子をクローニングし，発現させることができるため（「生化学の道具5A」参照），望みの位置に特異性の高い改変を行うことができるようになった。**部位特異的突然変異導入法 site-directed mutagenesis** というこの方法（「生化学の道具4B」参照）により，1つあるいはより多くのアミノ酸残基の変化がタンパク質の折りたたみや安定性に及ぼす影響を調べることができるようになった。この手法は，例えば，BPTIのシステインをセリンあるいはアラニンに置き換えることによって特定のジスルフィド結合を欠損させて，それが変異タンパク質の安定性に及ぼす影響を測定するためにすでに用いられている。反対に，部位特異的突然変異導入法は，折りたたまれた構造に，1つ（もしくはより多く）の新たなジスルフィド結合の形成を促進するように，タンパク質の適切な位置にシステイン残基を導入することにも用いられている。例えば，Brian Matthewsの研究室の研究では，酵素バクテリオファージT4 **リゾチーム lysozyme** のX線結晶構造を，新たなジスルフィドを導入する3つの部位を選ぶために用いた。1つの新たなジスルフィドの導入により，ジスルフィド結合がない場合に比べてT4リゾチームの熱安定性が11℃上昇し，3つすべてのジスルフィド結合を導入すると熱安定性は23℃も上昇する。

球状タンパク質構造の動力学

これまで展開してきた構造と熱力学的な記述は，球状タンパク質のイメージをあまりにも静的なものにしてきた。構造的研究から生み出された折りたたまれたタンパク質のモデルは，しばしば硬い構造という印象を与える。同じように，折りたたみの熱力学的研究は，はじめ（変性状態）と最後の（折りたたまれた）状態に集中している。しかし，現在，球状タンパク質は複雑な速度論的経路を経て折りたたまれ，そして一度得られた折りたたまれた構造も動的な構造であることがわかってきた。以降の項では球状タンパク質のこうした動的な側面を探ってみる。

タンパク質の折りたたみの速度論

変性したコンホメーションからの球状タンパク質の折りたたみはかなり速いプロセスであり，しばしば1秒以内に完了する。球状タンパク質の非常に正確な構造に到達することは，一見するとかなり困難に思われるので，この観察は生化学者にとってはなかなか興味深いことであった。この視点は1968年にCyrus Levinthalがはじめて記述した“Levinthalパラドックス”の中で劇的に表現されている。大まかな見積もりでは，リボヌクレアーゼA（124残基）のようなポリペプチド鎖に対して10^{50}のコンホメーションが可能であるといえる。もし分子が10^{-13}秒ごとに新しいコンホメーションを試すとしても，十分な範囲を試すためにまだ10^{30}年（！）かかることになるであろう。しかし，リボヌクレアーゼAはin vitroで約1分で折りたたまれることが実験的に観察されている。この見積もりには明らかに何らかの間違いがある。

Levinthalパラドックスでは，折りたたみはランダムなプロセスであるとしている。そのためタンパク質は，望まれる天然のコンホメーションを見つけるためにたくさんの可能性のあるコンホメーションを試さなければならない。タンパク質の折りたたみは巨大なコンホメーションの空間において完全にランダム探索ではないということが，長年の実験と理論研究からわかってきた。タンパク質構造の異なる状態をモニターするためにさまざまな物理的技術を使った速い速度論的な研究から，折りたたみは一連の中間状態を通って起こることが明らかになってきた。特によく研究されている中間体の1つが**モルテングロビュール molten globule** と呼ばれるものである。これはコンパクトで，天然に近い二次構造と主鎖が折りたたまれている形態をもつ，部分的に折りたたまれた中間状態であるが，はっきりとした天然状態の三次構造の相互作用を欠いている。これらの観察から，まずは折りたたみの古典的な“道筋 pathway”モデルが導かれ，図6.28のようにシンプルな形で描かれた。

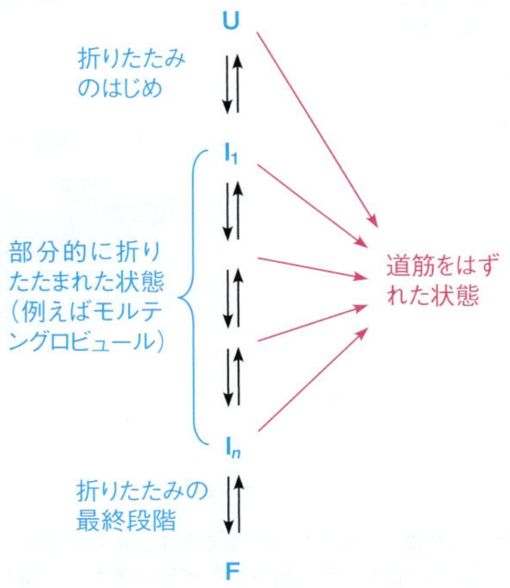

図6.28　タンパク質の折りたたみの道筋を簡単に表した図　“U”は折りたたまれていないあるいは変性状態，“F”は折りたたまれたあるいは天然状態，そして“I”は道筋上の中間状態を示している。道筋から外れた状態は凝集体や動力学的もしくは熱力学的に“行き止まっている”非天然状態を含んでいる。それゆえ，これらの状態への道筋は一般的に不可逆であるとされている。実際，このような状態へ導く道筋がすべて不可逆ではない。

ポイント19
タンパク質の折りたたみは非常に速くなりうるが，明確な中間状態を含むようである。

ポイント20
モルテングロビュールはコンパクトで，天然に近い二次構造と主鎖が折りたたまれている形態をもつ，部分的に折りたたまれた中間状態であるが，はっきりした天然状態の三次構造の相互作用を欠いている。

タンパク質の折りたたみの“エネルギー地形”モデル

いくつかのタンパク質においては，図6.28で示されているような特徴がはっきりした中間状態を経て折りたたまれることが知られている。しかし，このタンパク質の折りたたみの単純なモデルではLevinthalパラドックスを解決するには十分ではない。折りたたみの間，タンパク質がサンプリングしているコンホメーションの状態の数が有意に制限されているときにだけ，それは達成されうる。José OnuchicとPeter Wolynesにより述べられた，いわゆる**エネルギー地形 energy landscape**もしくは**折りたたみ漏斗 folding funnel**モデルは，折りたたみの間どのようにコンホメーションの制限が達成されるかを説明している。折りたたみのエネルギー論は，コンホメーションの状態の数に対応する漏斗の広さと自由エネルギーに対応する漏斗の深さを表す漏斗の形をした地形（図6.29）により記述されていると考えてほしい。タンパク質分子がエネルギー地形において“勾配を下る”（言い換えると熱力学的に有利である）軌道に導かれたとき，漏斗はだんだん狭くなり，タンパク質に到達可能なコンホメーションの数は減少する。このモデルによると，どんな分子でも可能なすべてのコンホメーションのうちのごくわずかをサンプリングすることだけが必要であり，Levinthalパラドックスは回避される。

もし図6.28のUとIの状態が1つのコンホメーションというよりむしろ，コンホメーションのアンサンブルにより成り立っていると考えると，道筋モデルと折りたたみ漏斗は両立する。ある場合において，Fの状態も関連するコンホメーション同士のアンサンブルで

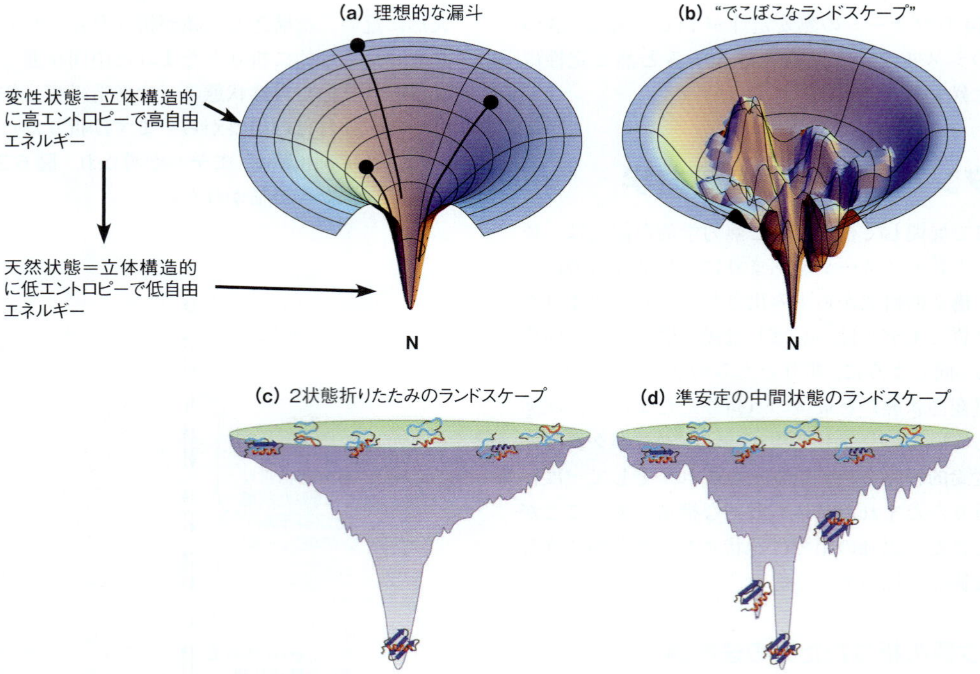

図6.29　タンパク質の折りたたみに関するエネルギー地形（ランドスケープ）　変性状態に対応する漏斗の最も広い部分と，天然状態に対応する最も深く狭い部分を示しているすべての折りたたみ漏斗を示す。**(a)** すべての軌道が天然状態へと有効に折りたたみを導いている理想的なエネルギー地形。**(b)** より“でこぼこな”エネルギー地形。多くのさまざまな道筋を取りうるが，そのうちいくつかは局所的なエネルギー最小を経ずに天然型への勾配を下るように導かれ，急速に折りたたまれる。ほかのものは局所的なエネルギー最小に対応するコンホメーションに導かれ，これはゆっくりと折りたたまれる。これらのコンホメーションは折りたたみの道筋に沿って安定な中間状態を表している。**(c)** 変性状態と天然状態の間で有意なエネルギー障害がない比較的スムーズなエネルギー地形。有意に見られる状態が変性状態と天然状態だけなので，このランドスケープはいわゆる2状態折りたたみと言われている。**(d)** 準安定の中間状態で局所的な最小がみられる，よりでこぼこなエネルギー地形。このランドスケープは多状態の折りたたみの過程を表している。

あるということが，最近の研究により示されている。

小さなタンパク質の折りたたみは詳細に研究されていて，多くの実験証拠がエネルギー地形モデルを支持している。タンパク質の折りたたみの初期段階に起きるものとして二次構造（典型的なものとしてαヘリックス）の“核形成”と“疎水性崩壊”があるが，核形成のステップが重要である。なぜならば，例えば，αヘリックスの拡張よりも開始するほうがはるかに難しいためである（最初の安定した水素結合をつくるためには，少なくとも4残基が適当に折りたたまれなければならない）。疎水性崩壊は疎水性効果により導かれ，急速に疎水性の側鎖（表6.5）が会合し脱溶媒和された疎水性中心を形成することが一般的である。二次構造の核形成もしくは疎水性崩壊（もしくはその両方）がタンパク質の折りたたみで最初に起きるにしても，部分的に折りたたまれたいかなる構造が形成されても，それは，地形モデルに示されたペプチド鎖のコンホメーションエントロピーにかなり制約をかけることになる。変性状態から天然状態への可能な道筋は1つではなく，数多くあり，それぞれの道筋でエネルギー的に低くなっていくことをこのモデルは提唱している。核形成がたくさんの場所で始まり，これらの部分的に折りたたまれた構造のすべてがペプチドのエネルギーを最小化する軌道に沿って最終状態に向かって“漏斗で集められる”と現在では考えられている。

> **ポイント21**
> “エネルギー地形”モデルにおいて，タンパク質の折りたたみの軌道は“勾配を下る”こと，すなわち自由エネルギーの減少を続けることである。

タンパク質の折りたたみにおける中間体と道筋をはずれた状態

“全体的”な自由エネルギーが最小へと向かう折りたたみの軌道において，典型的な道筋モデルで組み入れられているように，準安定の中間状態に対応する“局所的（local）”なエネルギー最小があるかもしれない。“道筋をはずれた”状態の証拠もある――その状態では，いくつかの重要な部分が正しく折りたたまれていない。そのような状態は漏斗の局所的な自由エネルギー最小に対応し，一時的にもしくは永久にタンパク質を落とし穴にとじ込めるかもしれない。後述するように，細胞は正しく折りたたまれていないタンパク質が適切なコンホメーションを見出すことを助ける特殊なタンパク質やタンパク質複合体をもっている。

これらの折りたたみのエラーで最もよくみられるものの1つが，プロリン残基に隣接するアミド結合の間違ったシス-トランス異性化により起きるものである。

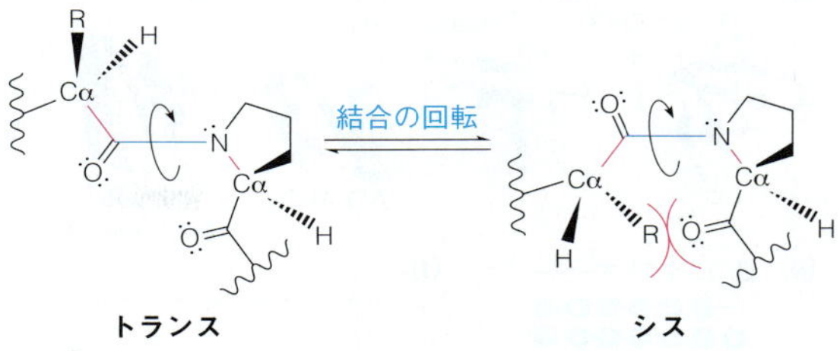

トランス型が非常に好まれる他のペプチド結合とは異なり（約1,000倍），プロリン残基はペプチド結合において約4倍しかトランス型を好まない。それゆえに，立体構造的に間違ったシス型が最初につくられるチャンスがかなりある。トランス型への変換は，鎖のかなり大きな再配置を含むことがあり，in vitroでは遅くなる場合がある。細胞は**プロリン異性化酵素 prolyl isomerase**（peptideprolyl isomerase〈PPIase〉）と呼ばれるシス-トランスの異性化を触媒する酵素をもち，in vivoでの折りたたみを促進することがわかっている。

同様に，ジスルフィド結合を含むタンパク質では，天然構造ではみられないジスルフィド結合が折りたたみの中間段階で形成されることがある。タンパク質は多くの別の折りたたみの道筋を利用するようにみえるが，最後には適当な三次構造や正しいジスルフィド結合の対をみつけ出すのである。in vivoでは**タンパク質ジスルフィドイソメラーゼ protein disulfide isomerase**（PDI）によりジスルフィド結合の再編成が触媒され，この過程は促進される。もし真核細胞の小胞体（もしくは原核細胞の細胞周辺腔）での折りたたみの間，非天然のジスルフィド結合が形成すると，PDIは誤ったジスルフィド結合を還元し，タンパク質が天然構造へ折りたたまれるようにするだろう。

> **ポイント22**
> 折りたたみは，分子が“道筋をはずれた”状態につかまると，遅くなる可能性がある。

主鎖トポロジーとコンタクトオーダー

2つの要素がタンパク質の折りたたみ速度の決定において主要な働きをするようである。まず1つ目は大きさである。複数のジスルフィド結合の存在（例えばBPTIにみられるような）は大いに折りたたみを遅くするが，一般的に，小さなタンパク質は大きなタンパク質よりも速く折りたたまれる。2つ目は主鎖トポロジー，つまり三次元空間でのペプチド主鎖の配置である。図6.30は2つの異なる主鎖トポロジーを示している。1つは主にβシート型のタンパク質（図6.30a, b）2つで，もう1つは2つのα＋β型のタンパク質

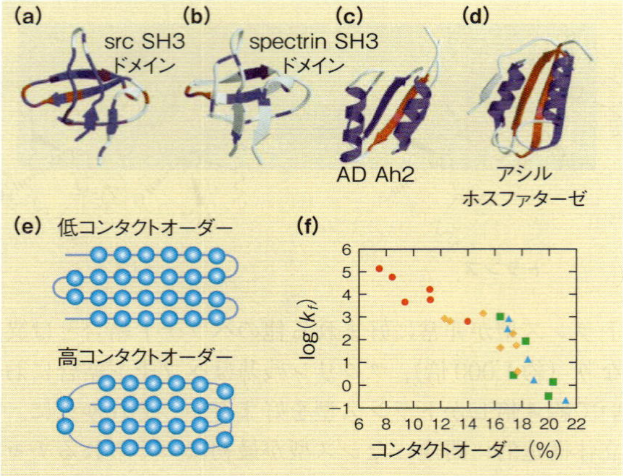

図 6.30　タンパク質トポロジーと折りたたみ速度　(a) と (b) は非常に異なった一次配列をもつが，よく似たトポロジーをもつ2つのタンパク質を示している。(c) と (d) も同様である。ADAh2 とアシルホスファターゼのように，2つのSH3ドメインは同じような速度で折りたたまれ，これはタンパク質トポロジーがタンパク質の折りたたみ速度の決定において重要な要因であることを示唆している。(e) 低コンタクトオーダー，および高コンタクトオーダーの例（本文参照）。(f) コンタクトオーダーに対する折りたたみ速度の相関。高コンタクトオーダーのタンパク質は遅く折りたたまれる傾向にある。データは，すべてαヘリックスで構成されるタンパク質（赤の円），すべてβシートで構成されるタンパク質（緑の四角），αヘリックスとβシート両方を含むタンパク質（オレンジの菱形，青の三角）で示されている。青の三角はアシルホスファターゼ（d）と構造的に似たタンパク質に相当する。
Adapted by permission from Macmillan Publishers Ltd. *Nature* 405 : 39-42, D. Baker, A surprising simplicity to protein folding. © 2000.

（図 6.30c，d）である。与えられたトポロジーは，局所相互作用（つまり配列上近い残基間で起こる相互作用）や非局所相互作用（つまり一次配列上の遠く離れた残基間で起こる相互作用）のセットを必ず規定する。非局所相互作用の相対割合はタンパク質の**コンタクトオーダー contact order** を反映する。コンタクトオーダーは，天然状態で物理的にコンタクトする残基の間の配列上で距離の平均を残基の総数で割ることで計算される。この考えを要約したものを図 6.30e に図示する。末端は配列中で最大限の距離を示すため，N 末端と C 末端が接しているタンパク質は比較的高いコンタクトオーダーとなる。最近の議論で重要なものに，コンタクトオーダーと折りたたみ速度（図 6.30f の k_f）との見事な相関関係の知見がある。コンタクトオーダー，つまり非局所相互作用の数が増加すると，折りたたみ速度は減速する。留意すべきは，図 6.30f の折りたたみ速度の値が 100 万倍の範囲に及んでいることである。図 6.30f に見られるようなその他のデータからの一般的な傾向は，すべてαヘリックスによって構成されるタンパク質はすべてβシートによって構成されるタンパク質よりも速く折りたたまれるということである。

ポイント 23
コンタクトオーダーの低いタンパク質は，コンタクトオーダーの高いタンパク質よりも速く折りたたまれる。

シャペロン

in vitro でタンパク質自体が適切に折りたたまれた状態を見つけ出すという事実は，必ずしも同じことが in vivo で起きることを意味するものではない。細胞で起きる折りたたみを助ける触媒のうち，プロリン残基のシス-トランス異性化を促進する酵素と，ジスルフィド結合の再編成を触媒する酵素の2つをすでにみてきた。しかし，タンパク質の中には適切な折りたたみを達成するために**分子シャペロン molecular chaperone** と呼ばれる特別なタンパク質の働きが必要なものがある。名前が示唆するように，これらのシャペロンの機能は新しく合成されるタンパク質をトラブルから守ることである。この場合のトラブルとは，不適切な折りたたみ，あるいは凝集を意味する。不適切な折りたたみとは，エネルギー地形上の真の安定状態ではない自由エネルギーの谷にはまり込むことである（図 6.31 参照）。凝集はしばしば危険である。なぜなら，変性状態でリボソームから解離したタンパク質は，疎水基が露出しているからである。これらは他と分子間の疎水性接触を形成し，凝集する可能性がある。

分子シャペロンは，非天然タンパク質の凝集を防ぐために結合して安定化させる，あるいは天然のタンパク質への折りたたみを達成するために助ける補助的なタンパク質と定義される（正しく折りたたまれたタンパク質の機能をもつ最終構造の一部分ではない）。多くのシャペロンシステムがこれまで発見されている。第 28 章でその多様性について述べ，異なるタイプの細胞でタンパク質が受けるプロセシングの詳細を説明する。いま，ここで例として考えるのは，すべてのシャペロンの中で最も研究の進んでいる大腸菌の GroEL-GroES 複合体である。この際立って大きな複合体の構造（図 6.32 参照）は，GroEL と GroES の2つの基本的な部分からなる。GroEL はそれぞれ7つのタンパク質分子（つまり“サブユニット”）からなる2つのリングでつくられる。各リングの中央は空洞で開いており，その端は溶媒に露出している。いずれの空洞も小さなタンパク質サブユニットからなる同じく7員環の GroES により“ふたをされる”。このような2重リングをもつシャペロン複合体は**シャペロニン chaperonin** としても知られる。

GroEL-GroES 複合体の空洞は，最大約 60 kDa までの非天然タンパク質鎖が適切に折りたたまれるのに好ましい環境を提供する。シャペロニンが折りたたみの

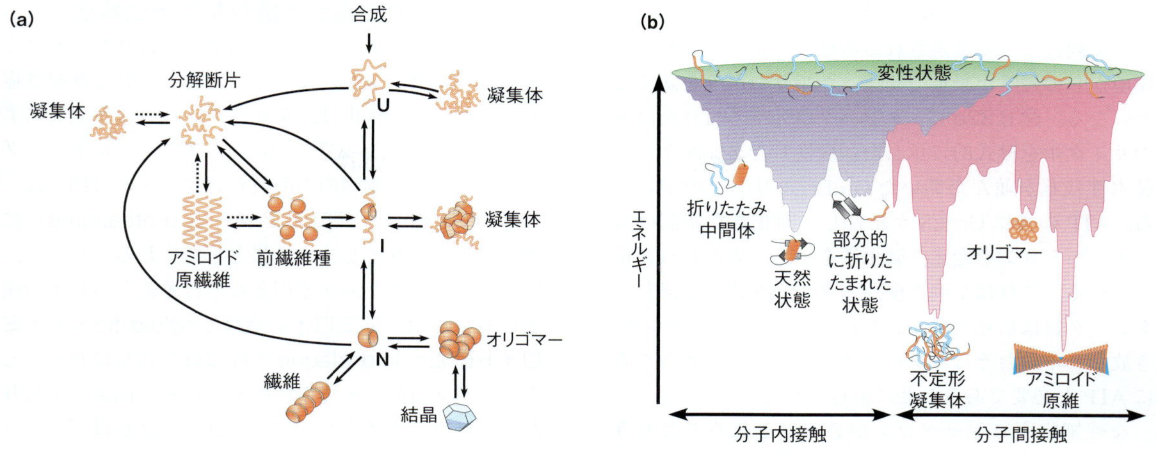

図 6.31　タンパク質の折りたたみと凝集　**(a)** さまざまなタンパク質コンホメーションとそれらの相互変換が示された経路モデル。**(b)** (a) をエネルギー地形モデルで表した図。エネルギーの谷の紫色部分は天然の構造へ導く軌道を示している。ピンク色部分は不定形の，または規則的な凝集体へ導く軌道を示している。

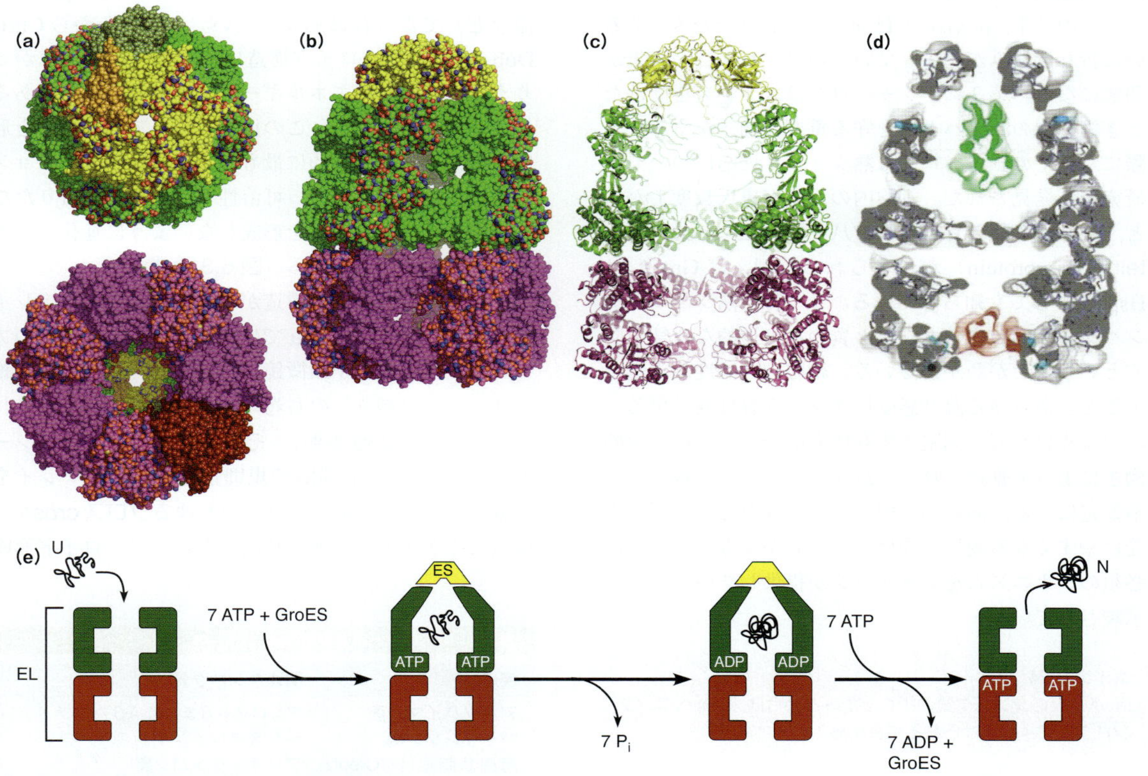

図 6.32　GroEL-GroES シャペロニン　**(a)** 空間充填モデルで示した GroEL-GroES $(ADP)_7$ 複合体の上から，そして下からみた X 線回析構造（PDB ID : 1AON）。GroES サブユニットは黄色あるいはオレンジ色，GroEL のトランスリングのサブユニット（例えば GroES のふたの反対側のリング）は赤紫や赤色，GroEL のシスリング（GroES に結合している）は緑色で示されている。**(b)** (a) を側面からみた図。**(c)** リボン表示。シスリングと比較してトランスリングが圧縮されているもの（下部）と，GroES と GroEL のシスリングによって空洞が包囲されているもの（上部）が示されている。**(d)** バクテリオファージ T4 コートタンパク質 gp23 とシャペロニン複合体の低温電子顕微鏡観察により得られた電子密度マップ。GroEL のトランスリングに結合している gp23 は赤色で示され，変性を呈する。シスリングに結合している gp23 は緑色で示され，天然のようなコンホメーションを呈する。**(e)** シャペロニンの機能の模式図。U＝変性タンパク質，N＝天然タンパク質。色は (c) と同様。

パターンを規定するわけではない。それは，タンパク質の配列によって決定されるのだ。しかし，まわりの環境からの隔離が凝集や間違った折りたたみを防ぐことになる。図 6.32e に，タンパク質分子の折りたたみのサイクルを模式的に示した。変性したタンパク質は疎水性残基が並んだ開いた GroEL のリングの中に入る。ATP の後に GroES が結合し，囲まれた空洞はコンホメーションを変え，親水性を示し，表面が負に帯電される。これは空洞の壁からタンパク質を遊離し，タンパク質は折りたたまれた後，シャペロニンから解き放たれる。おそらくプロセスを 1 方向に進めるために ATP が必要であることに留意されたい。

なぜ細胞中にシャペロンが必要とされるのだろうか。第 1 に，細胞内の環境は非常に混み合っている。細胞内のタンパク質とその他の高分子の総濃度は 1L あたり約 300～400 g である。すなわち，折りたたみの in vitro での研究に使用される典型的な濃度のおよそ 1,000 倍以上である。そんなシチューのように濃縮された細胞内では，細胞内相互作用が起きる可能性が高い。その結果，in vivo では間違った折りたたみ，あるいは折りたたみが完了していないタンパク質の凝集が問題になる。第 2 に，シャペロンはストレスを受けたとき細胞内のタンパク質を守る重要な働きをする。実際に，多くのシャペロンは熱ショック反応についての研究から発見された。細胞内の温度が摂氏数度上がると，いわゆる**熱ショックタンパク質 heat shock protein**（Hsp protein）がつくられる。例えば GroEL は Hsp60 としても知られている。今では，熱ショックタンパク質が細胞内のタンパク質の不可逆的な変性を防ぐということがわかっている。細胞内の温度が正常に戻ると，あらゆる温度感受性タンパク質は巻き戻る。このようにして，細胞の生存能力は分子シャペロンの働きによって維持される。最後に，タンパク質をより不安定にする，あるいは間違った折りたたみの影響を受けやすくなる変異を受けても細胞が生き残るために必須のメカニズムをシャペロンが提供していることが示唆されている。

ポイント 24
in vivo でのタンパク質の折りたたみと会合は，シャペロンタンパク質により助けられる場合がある。

タンパク質の折りたたみメカニズムや細胞内でいかにして折りたたみが起こるかを理解することは，タンパク質の間違った折りたたみに関連する病気の多くにとって非常に重要である。さらに分子生物学や生物物理学の分野では，ゲノム研究から得られた利用可能な膨大なタンパク質の配列情報を使い，配列からタンパク質の三次構造を予測することが今後の課題である。

タンパク質の間違った折りたたみと疾患

多くの疾患がタンパク質の間違った折りたたみ（ミスフォールディング）に関わりがある。囊胞性線維症のような一部の疾患は，重要なタンパク質が変異により安定性が低くなってしまい，ミスフォールディングを引き起こし，細胞内の品質管理システム（例えば，第 20 章で述べる**プロテアソーム proteasome**）によって除去されてしまう結果として生じる。しかし，間違った折りたたみが原因となるほとんどのヒトの疾患の場合では，**アミロイド繊維 amyloid fibril** や**アミロイド斑 amyloid plaque** と呼ばれる非常に整然としたタンパク質の凝集体が関係している。間違って折りたたまれアミロイドを形成するタンパク質は“アミロイド形成性”と呼ばれる。アミロイド形成性タンパク質とそれが原因となっているヒトの疾患の例を表 6.6 にまとめた。

一部のタンパク質やそのフラグメントは生理的条件下でアミロイド繊維を形成してしまうが，ほとんどのタンパク質は極端な条件（高いあるいは低い pH や高温など）でなければ形成しない。このことから Chris Dobson は，アミロイド構造はすべてのペプチドがとりうる一般的な低エネルギーコンホメーションであるという仮説を立てた。この仮説から，アミロイドを形成するほうが熱力学的に最も安定なコンホメーションであるにもかかわらず，可溶性タンパク質の折りたたみ経路は，アミロイドを形成しないように進化してきたという推論が導かれる（図 6.31b 参照）。

アミロイド繊維は β 構造がとても組織立ったアレイが特徴である。図 6.33a では 2 種類のインスリンのアミロイド繊維の電子顕微鏡写真を示す。これらの繊維は 4 つの“原繊維”の右巻のヘリックスから形成されている（図 6.33b 参照）。それぞれの原繊維は β シートがおよそ 1.0 nm 間隔で規則正しく並んだアレイを形成する（図 6.33c）。この，いわゆる**クロス cross β** 構造こそがアミロイドの特徴である。アミロイド形成

表 6.6　アミロイド関連疾患の例

疾患	関連タンパク質
アルツハイマー病	アミロイド β または Aβ ペプチド
パーキンソン病	α シヌクレイン
海綿状脳症（例：Creutzfeldt-Jakob 病，クールー病）	プリオンタンパク質
筋萎縮性側索硬化症（Lou Gehrig 病）	スーパーオキシドジスムターゼⅠ
ハンチントン病	ポリグルタミン領域をもつハンチンチン
白内障	γ クリスタリン
Ⅱ型糖尿病	膵島アミロイドポリペプチド（IAPP）
局所性アミロイドーシス	インスリン

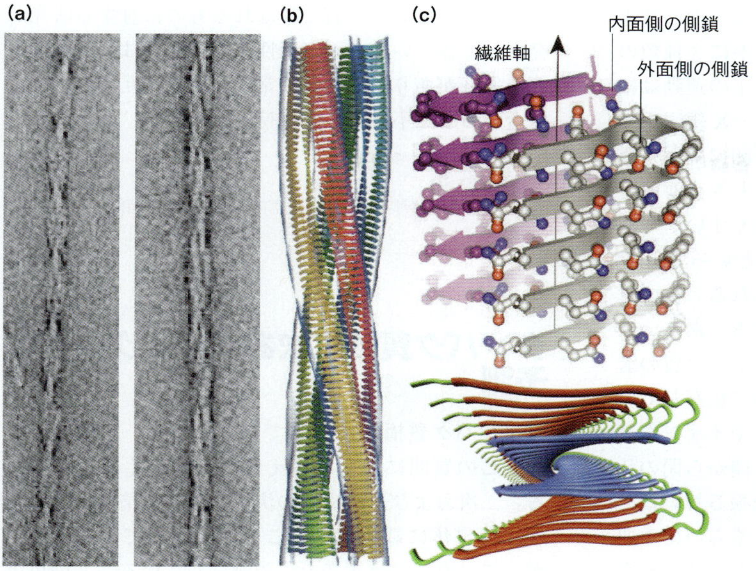

図 6.33　アミロイド繊維構造　**(a)** インスリンのアミロイド繊維の電子顕微鏡写真。**(b)** 低温電子顕微鏡によって得られた電子密度データを最適化させたインスリンアミロイド繊維モデル。**(c)** 原繊維のクロス β 構造。上図は酵母のプリオンタンパク質である Sup35 の GNNQQY ペプチドから形成される原繊維の X 線結晶構造を示している。下図は Aβ ペプチドの 1～40 残基から形成される原繊維のモデルを示している。このモデルは固体 NMR のデータより作成。

(a, b) Adapted from *Proceedings of the National Academy of Sciences of the United States of America* 99 : 9196-9201, J. L. Jiménez, E. J. Nettleton, M. Bouchard, C. V. Robinson, C. M. Dobson, and H. R. Saibil, The protofilament structure of insulin amyloid fibrils. © 2002 National Academy of Sciences, U. S. A. ; (c, top) Adapted by permission from Macmillan Publishers Ltd. *Nature* 435 : 773-778, R. Nelson, M. R. Sawaya, M. Balbirnie, A. /Ø. Madsen, C. Riekel, R. Grothe, and D. Eisenberg, Structure of the cross-β spine of amyloid-like fibrils. © 2005 ; (c, bottom) Robert Tycko, National Institutes of Health, Bethesda, MD.

性ペプチドに関する研究から示されたことは，生理的条件下においてはアミロイドの形成は遅いということである。しかし，いったんクロス β 構造がつくられてしまえば，そこが核になり，急速に原繊維や繊維が形成されてしまうのである。

ミスフォールディングが原因の疾患に対する治療法を探すために，アミロイドの構造とその形成機構はさかんに研究されてきている。アミロイド繊維の形成（図 6.33a）は，折りたたみの中間体や無秩序に凝集した状態（図 6.31a）のようなタンパク質の非天然のコンホメーションから生じていると考えられている。最近の研究から，アミロイド繊維それ自体は本来疾患を引き起こす原因ではないことが示唆されている。むしろ，アミロイドを形成する前駆体である繊維性の，あるいは無秩序な凝集体に毒性があることが明らかにされた。ある場合には，細胞内のシャペロンの濃度が増加すると繊維化する前の凝集した形態をもつものは減少し，タンパク質のミスフォールディングによる毒性は抑えられている。同じような効果は，アミロイド形成性タンパク質の天然状態に結合し安定化する低分子化合物でもみられる（「生化学の道具 6C」参照）。

アミロイド形成性タンパク質の代表的なものが**プリオン prion** である。つい最近まで，病気がある生物から他へと伝播する方法はウイルスあるいは微生物を介するものだけであるとほぼすべての研究者が信じていた。しかし，現在ではタンパク質分子それだけで伝播する病気のカテゴリーが存在するという証拠が出てきた。これらの病気で最もよく知られているのは，ウシ海綿状脳症 bovine spongiform encephalopathy（BSE）あるいは“狂牛病”であり，ここにはヒツジのスクレイピーやヒトの神経疾患（表 6.6 参照）も含まれる。感染因子はプリオンと呼ばれ，原因と考えられているタンパク質はプリオン関連タンパク質 prion-related protein（PrP）である。PrP は通常，PrP^c（prion-related protein cellular）と呼ばれる非病原型で，ヒトを含む多くの動物に存在している。ある環境下では，PrP^c が PrP^{sc}（prion-related protein scrapie）と呼ばれる異なる構造にコンホメーションが変化する。この型では PrP の不規則な N 末端部分が少なくとも部分的に β シートに折りたたまれ，これが神経系を破壊する。摂取された PrP^{sc} は受容者の PrP^c を PrP^{sc} に変換することを誘導する事実がより重要であり，これによりこの状態が伝播するのである。この変換がどのように触媒されるのかはよくわかっていないが，前節で仮定した特別に安定な道筋をはずれた折りたたみのタイプを PrP^{sc} がもつことが強く示唆される。知られているすべてのプリオン病は治療法がなく致命的である。PrP とこれらの病気との関係を発見したことに対して，1997 年，Stanley Prusiner にノーベル生理学医学賞が授与された。

ポイント 25
アルツハイマー病やパーキンソン病などの病気は，タンパク質の間違った折りたたみが原因となっている。

球状タンパク質の分子内運動

折りたたまれたタンパク質分子内でさまざまな運動が連続的に起きていることを示す多くの証拠が，特に NMR の研究によって得られている。周囲の環境との相互作用の結果として，タンパク質分子は連続的で，かつ速いエネルギーの揺らぎを受けている。その結果生じる運動は，表 6.7 に示すように大まかに 3 種類のクラスにまとめることができる。クラス 1 の運動は結晶中のタンパク質分子内でも起きており，X 線回折で得られる分解能に限界があることを部分的に説明するものである。クラス 2，3 のようなより大きくゆっくりとした運動が，溶液中ではるかに起きやすい。それらのいくつか，例えば分子の溝の開閉といった運動は，酵素の触媒機能に関与すると考えられる。後の章でみるが，タンパク質が低分子と結合する，あるいは解離するのに要する時間は，おそらくタンパク質の溝が開いたり閉じたりするのに要する時間に依存しているだろう。同じように，膜を通して分子やイオンを透過させるタンパク質チャネルはすばやく開から閉の状態へ変化する。タンパク質のこの動的な振る舞いは，少なくともその構造の静的な細部と同じくらいに重要であるように思われる。実際，いわゆる本質的に不定形性をもつタンパク質と呼ばれるものに対する研究が発展してきている。不定形性タンパク質は配列上に重要な領域があり，それは非常に動的で相互作用相手と結合するまで不定形性を維持している。

表 6.7　タンパク質分子の運動

クラス	運動のタイプ	おおよその範囲	
		振幅(nm)	時間(s)
1	個々の原子や官能基の振動や揺らぎ	0.2	10^{-15}〜10^{-12}
2	α ヘリックスや一群のアミノ酸残基のような構造要素の協調的な運動	0.2〜1	10^{-12}〜10^{-8}
3	ドメイン全体の運動，溝の開閉	1〜10	≧10^{-8}

ポイント 26
球状タンパク質は静的でなく常にいろいろな種類の内部運動を行っている。

タンパク質の二次および三次構造の予測

タンパク質構造は予測できるのか？　ある意味では，この質問に対する答えは間違いなくイエスである。二次および三次構造の決定に必要な情報はアミノ酸配列自体に載っていることがわかっている。したがって，遺伝子は構造を“予測”している。この事実は，もし折りたたみの規則を完全に理解したならば，どのようなタンパク質でも，その配列情報のみから三次元のコンホメーション全体を描写できることを意味する。しかし，この種の予測はいまだ完全にはできていない。二次構造は高精度で予測できるが，三次の折りたたみ予測はより複雑な問題である。しかし近年，この分野で大きな進展がみられてきた。

表 6.8　アミノ酸残基とタンパク質二次構造との対応

アミノ酸残基が球状タンパク質の異なる二次構造に存在する相対的な確率[a]

アミノ酸	α ヘリックス(P_α)	β シート(P_β)	ターン(P_t)	
Ala	1.29	0.90	0.78	α ヘリックスを形成しやすい
Cys	1.11	0.74	0.80	
Leu	1.30	1.02	0.59	
Met	1.47	0.97	0.39	
Glu	1.44	0.75	1.00	
Gln	1.27	0.80	0.97	
His	1.22	1.08	0.69	
Lys	1.23	0.77	0.96	
Val	0.91	1.49	0.47	β シートを形成しやすい
Ile	0.97	1.45	0.51	
Phe	1.07	1.32	0.58	
Tyr	0.72	1.25	1.05	
Trp	0.99	1.14	0.75	
Thr	0.82	1.21	1.03	
Gly	0.56	0.92	1.64	ターン構造を形成しやすい
Ser	0.82	0.95	1.33	
Asp	1.04	0.72	1.41	
Asn	0.90	0.76	1.23	
Pro	0.52	0.64	1.91	
Arg	0.96	0.99	0.88	

[a]Data adapted from *Biochemistry* 17：4277-4285, M. Leavitt, Conformational preferences of amino acids in globular proteins. © 1978 American Chemical Society.

> **ポイント 27**
> タンパク質の二次構造は今や高精度で予測することができる。より複雑な三次構造の de novo 構造予測はいまだにそれほど正確ではない。

二次構造の予測

二次構造を予測するにあたって多くのアプローチが適用されたが，最も有効だったのは完全に経験的なものであった。多くの既知のタンパク質構造の分析から，αヘリックス，βシートあるいはターンに存在する特定のアミノ酸残基の相対頻度（P_α，P_β，P_t）を示す表がつくられた。表 6.8 に例をあげる。これらのデータから明確な特徴を見出すことができる。例えば，Ala，Leu，Met，Glu はすべて強いヘリックス形成能をもつ。Gly や Pro はヘリックスに適さない。同じように，Ile，Val，Phe は強いβシート形成能をもつが，Pro はこれに適さない。Gly はβターンによくみられるが，Val はあまりみられない。これまでに述べてきたように，Pro はターンに存在する傾向がある。その他の残基も一般的にいずれかの構造に見られるが，その理由はあまりはっきりとしていない。これまでに構造予測のために，P 値を使ったさまざまなルールが提唱されてきた。これらは 1970 年に P. Y. Chou と G. D. Fasman によって開発され，これを用いて BPTI は配列からその二次構造を予測された（図 6.34）。

P 値のほかに，側鎖の極性パターンも二次構造予測に用いられる。極性残基と非極性残基が交互に長く並んだものはβストランドに特徴的であり，これは両親媒性のβシートの一部となる。同じように，3～4 残基ごとに似た極性の側鎖が出るパターンは両親媒性のαヘリックスを示している。

特に二次構造を決定する際には，たいていの場合これらの指針による構造予測の精度は完全ではないが，かなり高い（図 6.34）。精度が落ちる部分は，α領域やβ領域の正確な境界を決めるところで最もよくみられる。

公開データベースの構造情報の量が増えていくほど，配列情報から構造を予測する計算方法がより洗練されることになる。2007 年時点で最も精度の高い予測は約 80％であった（数年前までは約 70％であった）。今日，アミノ酸や遺伝子の配列情報から二次構造を迅速に予測するためにさまざまなアルゴリズムがオンライン上に公開されている（巻末の参考文献参照）。

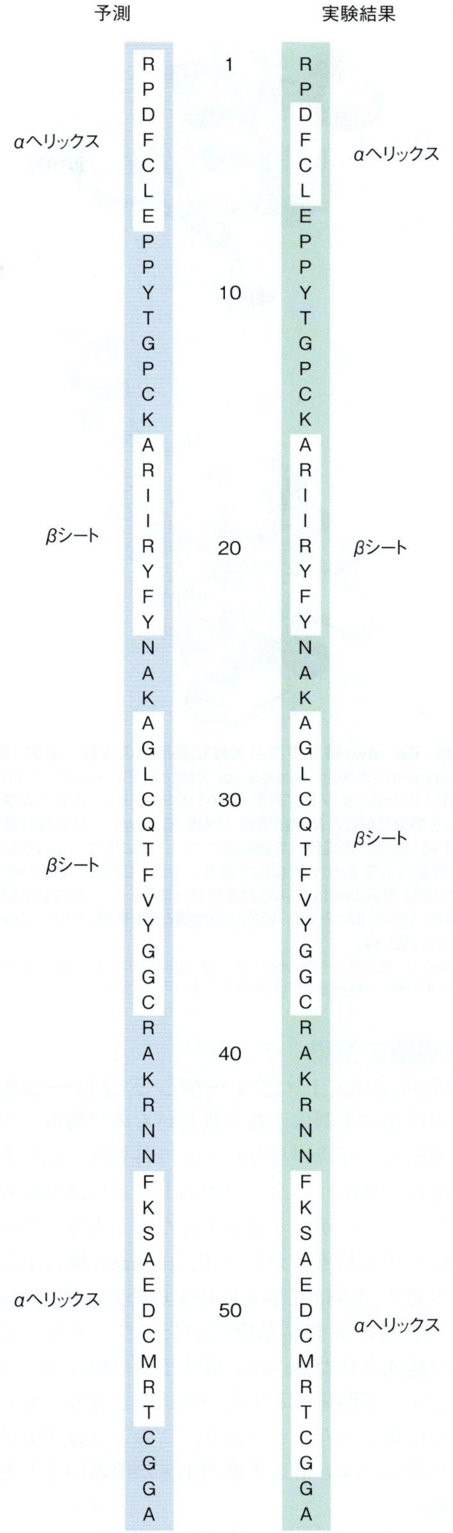

図 6.34　BPTI の二次構造予測　左側の配列は P. Y. Chou と G. D. Fasman によって予測されたウシ膵臓トリプシンインヒビター（BPTI）の二次構造要素を示す。右の配列は同じタンパク質の X 線回折研究の結果を示す。BPTI における予測構造と観測された構造間の一致度は他のタンパク質で得られた結果よりも，かなりよいものである。

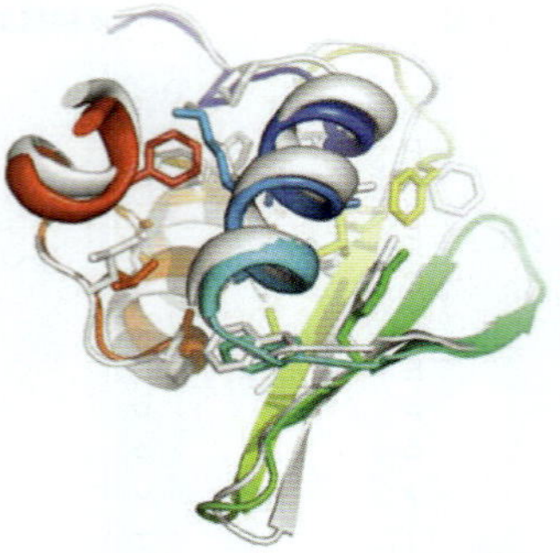

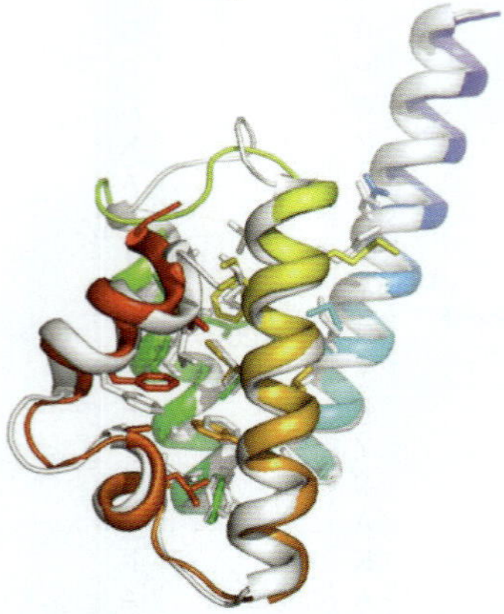

図 6.35　de novo 構造予測と X 線結晶構造の比較　上図：Critical Assessment of Techniques for Protein Structure Prediction（CASP）6 のターゲットである T0281 の Rosetta による予測構造（灰色）とその後公開された結晶構造（PDB ID：1whz，N 末端〈青色〉から C 末端〈赤色〉の虹色）を重ね合せた。2 つの構造の主鎖間の一致度は 70 残基以上で 0.16 nm 以内である。下図：CASP7 のターゲットである T0283 の Rosetta による構造予測（灰色）は，その後公開された結晶構造（PDB ID：2hh6，虹色）の主鎖と 90 残基以上が 0.14 nm 以内で一致している。

From *Annual Review of Biochemistry* 77：363-382, R. Das and D. Baker, Macromolecular modeling with Rosetta. © 2008 Annual Reviews.

三次構造の予測：折りたたみのコンピュータシミュレーション

三次構造の予測はかなり難しいものである。なぜなら，おそらく高次の折りたたみは特異性の高い非共有結合的相互作用（しばしば配列上で互いにかなり離れた残基間で）にかなり依存するためである。この問題は難解であるにもかかわらず，de novo 構造予測における最近の試みは見事な成功を収めた。図 6.35 は，タンパク質の X 線結晶構造が公表される以前に高解像度で達成された de nove 構造予測の最近の 2 つの結果を示す。予測構造と実際の構造がかなり一致していることは驚くべきことであり，このことはアミノ酸配列からの de novo 構造予測の未来が明るいことを表している。

アミノ酸配列からの三次構造予測は突き詰めると，洗練された計算を必要とするエネルギーの最小化の問題といえる。その根底にある仮説は，ポリペプチドの天然の機能的な構造は，自由エネルギーが最も低いコンホメーションをとることである。★ そのため，折りたたみの間，タンパク質は全体の自由エネルギーが最小となるものを探索することになる。この過程を理解するために，ランダムコイル鎖が各結合の回転で非常に多くの小さな置換が可能であるとする，過度に単純化したコンピュータシミュレーションを考えてみよう。コンピュータによって計算された各コンホメーションについて，“force field” もしくは “potential function” と呼ばれるパラメーター表によって，すべての非共有結合の総エネルギーが計算される。その各コンホメーションの総エネルギー値を比較し，エネルギー最小のコンホメーションが天然構造にふさわしいと考える。この過程を，計算によりエネルギー最小のコンホメーションが 1 つに収束するまで，100 万通りものコンホメーションに対して繰り返すことになるかもしれない。

これらの方法では，基礎的な 2 つのことが求められる。1 つ目は高精度でエネルギー計算するポテンシャル関数である。現在，ポテンシャル関数のほとんどは量子力学に基づいており，これは溶媒との相互作用を単純化した仮定を使っている。2 つ目は膨大な数のとりうるコンホメーションに対してサンプリングを行いやすい方法である。その方法はエネルギー地形において局所的に最小のものではなく，真にエネルギー最小をとるコンホメーションを見つけるものである。すべてのとりうるコンホメーションに対して単純にランダムサーチをすることは不可能である。なぜなら本質的に，コンピュータが Levinthal パラドックスに直面するためである。このようなランダムサーチに必要な強大な計算能力は単に存在しないのである。ともかくも，真のエネルギー最小構造の探索はもっと方向性をもたなければならない。

この問題に対して見事な解決策を考案してきた多くの研究者がいる。この中で 2 つの例に注目して考察しよう。1 つ目の例は経験的に得た “フラグメント” や短い構造モチーフを利用する。これは David Baker の研究室で開発された一連の Rosetta アルゴリズムを利用するものである。Rosetta は de novo 構造予測だけでなく，de novo でタンパク質をデザインする問題に対しても上手に利用された。Rosetta は，まずアミノ酸配列の局所領域を高分解能の結晶構造から得られた構造フラグメントのライブラリーにマッチさせる（図 6.36a 参照）。要するに Rosetta は，構造既知のタンパク質の配列相同性に基づいて最も可能性の高い二次構造を局所的に割り当てる（「生化学の道具 5D」参照）。

★これは多くのタンパク質で妥当な仮定である。しかし，いくつかの重要な例外があり（D. Baker, J. L. Sohl, and D. Agard, *Nature*〈1992〉356:263-265 参照），今後さらに見つかるであろう。

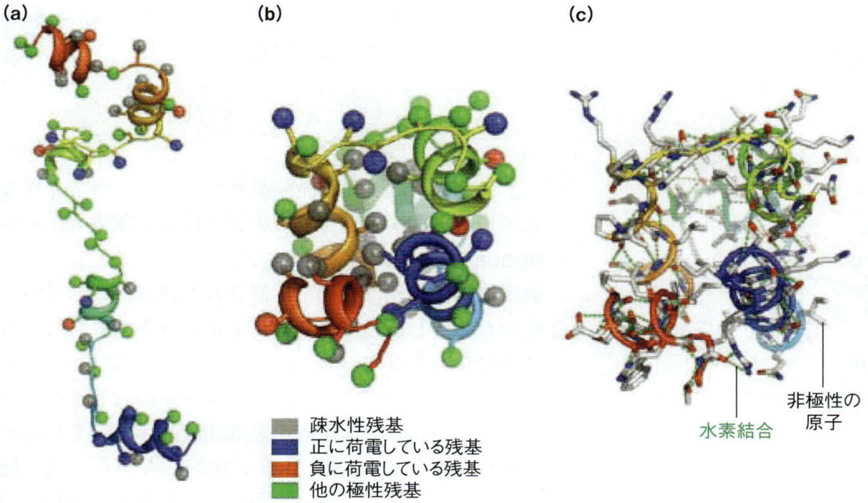

図 6.36　Rosetta による de novo 構造予測の概要　すべての主鎖の“重原子”（H 原子以外のすべての原子）はリボン図で示している（虹色）。はじめは側鎖を低分解能の球で表している。コンホメーションは埋没している疎水性残基（灰色），露出した正に荷電している残基（濃青色），負に荷電している残基（赤色），他の極性残基（緑色）に有利なエネルギー関数によって評価されている。**(a)** 局所的な二次構造のフラグメントの集合体。**(b)** フラグメントのパッキングによってつくられた最終的な低エネルギーのコンホメーション。**(c)** 高分解能の精密化後の全原子モデル。わかりやすくするために水素原子は表示していない。

その後，これらの構造フラグメントの集合体は，低エネルギーのコンホメーションをとるように一緒にパッキングされる。この部分の計算において，Rosetta は側鎖については原子の細部にまで考慮しない。むしろ極性と電荷の観点からより単純に分類する（図 6.36b）。前の段落で述べたように，最終的に側鎖はシミュレーションの後に加えられ，そのコンホメーションはエネルギー的に最小のものが探索される（図 6.36c）。この全体の過程は何百もの二次構造フラグメントの集合体から始まり，最終的に Rosetta によって最小エネルギーのコンホメーションに収束するまで繰り返される。これは疎水性効果（疎水性側鎖の埋没など），最終構造における内側の基の最密充填（van der Waals 接触の最大化など），分子内の水素結合の形成（例えば，タンパク質内部に埋没した官能基における水素結合の十分なドナーとアクセプターなど）に関連するエネルギーからなるポテンシャル関数を用いて計算される。要約すると，Rosetta は局所構造に基づいて推測することでコンホメーション探索の問題を解決し，その結果サンプリングを受けなければならないコンホメーション数に劇的な制限が加わることになるのである。

2 つ目のアプローチはコンホメーション探索に制限を入れるために実験データを使用するもので，非常に有望と考えられる。NMR の化学シフトデータ（アミノ酸の局所的なコンホメーションと原子の化学環境がわかる。「生化学の道具 6A」参照），化学修飾研究の情報（溶媒接触が可能な側鎖を特定する際に利用），低温電子顕微鏡のデータ（主鎖のトポロジーを制限する）はすべて，計算的な構造予測を補強することに利用される。このようなアプローチは，de novo 構造予測の成果をより向上させると予想される。信頼性の高い de novo 構造予測に必要なものは非常に多く，既知のタンパク質配列のうちたった 1% しか構造がわかっていないという事実がある。

ポイント 28
NMR と低温電子顕微鏡の実験データは，計算によるタンパク質三次構造予測の成果を向上させるのに利用できる。

タンパク質の四次構造

第 5 章と本章で，一次構造から二次，三次へと段階的に複雑なタンパク質構造のレベルをみてきた（図 6.37a〜c）。機能タンパク質の構成は少なくとももう 1 つ上のレベル，**四次構造**に達することができる（図 6.37d）。多くのタンパク質が 2 つあるいはそれ以上の折りたたまれたポリペプチド鎖あるいはサブユニットの特異性の高い集合体として細胞内に（そして生理的条件下の溶液中にも）存在する。あるタンパク質が複数のサブユニットからなるかどうかを決定する方法は「生化学の道具 6B」で述べる。このような四次構造の構成の仕方には 2 種類ありえる——同じあるいはほとんど同じポリペプチド鎖間の会合（**ホモティピック** homotypic），あるいは非常に異なる構造をもつサブユニット間での相互作用（**ヘテロティピック** heterotypic）である。いずれにしても，多量体（マルチサブユニット）タンパク質が形成される。

ポイント 29
特異性の高いマルチサブユニットを形づくるポリペプチド鎖の会合が，タンパク質の四次構造である。

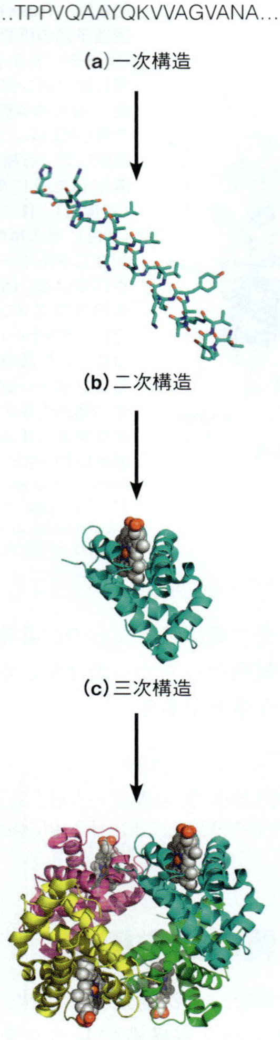

図 6.37　タンパク質構造の 4 つのレベル　タンパク質の構造レベルのまとめとして，ミオグロビン様の鎖の四量体からなるヘモグロビン分子（PDB ID：2HHB）を例として示した。

多量体タンパク質：同種のタンパク質-タンパク質間相互作用

多量体タンパク質における折りたたまれたポリペプチド鎖間の相互作用は，三次構造を安定化するものと同種である。すなわち，塩橋，水素結合，van der Waals 力，疎水性効果，そしてある場合にはジスルフィド結合である。これらの相互作用がマルチサブユニット構造を安定化するエネルギーを生み出す。

集合体においてはそれぞれのポリペプチド鎖が非対称単位となるが，全体の四次構造は相互作用の位置関係によってさまざまな対称になりうる。わかりやすくするために，右足の靴を非対称な物の例としてこのことを理解してみよう。この靴を，三次元的にコンパクトに折りたたまれたポリペプチド鎖と考える。靴はいろいろな配置にすることができる。もし，相互作用する表面（A と B）がつま先とかかとであれば，直線的な集合体を形成することになる。

2 つの相互作用する部分がサブユニットの全く異なる領域に存在する場合，この相互作用を**異種 heterologous** と呼ぶ。真に直線的な集合体となるためには，異種の相互作用は特別に配置されなければならない。そのため，しばしば各ユニットが進行方向に対してある角度をもちながらねじれる。このねじれはヘリックス構造を生み出す。n ユニット/ターンの右巻きヘリックスを形づくる靴の配置を図 6.38a に示す。それぞれの靴のつま先の先端は $360/n°$ 回転しながら，次の靴のつま先の底にくっつく。図 6.39 に，2 つの生物学的な**らせん対称 helical symmetry** の例を示した。筋肉タンパク質アクチンのらせんとタバコモザイクウイルスのらせん状の殻である。直線的配置でもらせん配置でも，サブユニットをさらに加えれば，無限に増やすことが可能であることに注意しよう。アクチン繊維は数千ユニットの長さになりうる。

タンパク質サブユニットの大部分の集合体はらせん対称ではなく，**点群対称 point-group symmetry** 中の 1 つにあたる（図 6.38b～h）。点群対称のクラスは，1 つあるいはそれ以上の**対称軸 axis of symmetry** のまわりに配置される決まった数のサブユニットを含むことになる。n 回軸は隣のサブユニットに対して，サブユニットが $360/n°$ 回転することに対応する。それゆえに，2 回軸は 180° の回転に対応する。点群対称の最も簡単な種類は図 6.38b～d に示す C_n の環状の対称である。これらのサブユニットのリングは $n=3$ またはそれ以上の異種相互作用をしている。

ポイント 30
2 つの一般的な対称，らせん対称と点群対称が多くの四次構造を決める。

非常に重要な特殊なケースでは，2 つのサブユニットが 2 回軸によって互いに関連し，C_2 対称となる。すなわち，それぞれのサブユニットがもう 1 つのサブユニットに対して，2 回軸のまわりに 180° 回転する。

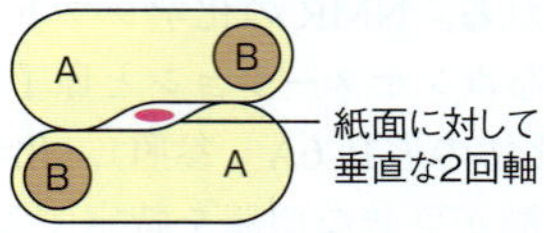

図 6.38b ではこの配置を三次元的に可視化した。A と B に相互作用する官能基が存在することを想像しよう。例えば，A が水素結合のドナーで，B がアクセプターであるとしよう。この場合，2 回対称は，2 回軸

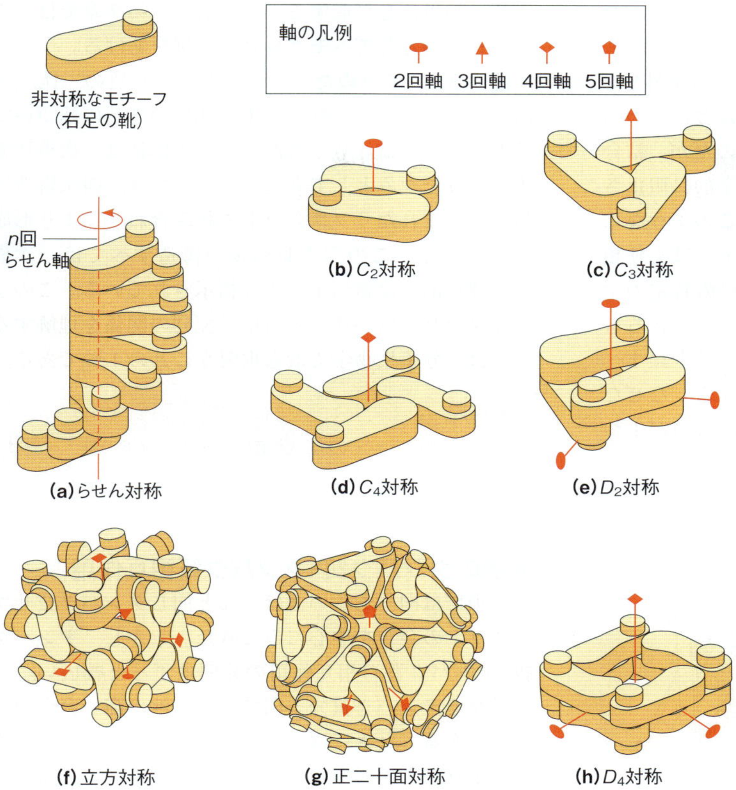

図 6.38　タンパク質の四次構造の対称性　タンパク質は非対称のポリペプチド鎖から構成されるにもかかわらず，四次構造を形成する際に多くの対称的なパターンを採用している。この図では，右足の靴が非対称な構造ユニットを表す。**(a)** それぞれのユニットが進行方向に対して 360/n° の回転をすることにより形成されるらせん構造。このような回転は無限の長さの n ユニット/ターンのらせんを生み出す。**(b)** C_2対称をもつ二量体：1 つの 2 回軸。**(c)** C_3対称をもつ三量体：1 つの 3 回軸。**(d)** C_4対称をもつ四量体：1 つの 4 回軸。**(e)** D_2対称をもつ四量体：3 つの 2 回軸。**(f)** 立方対称をもつ二十四量体。この構造は 4 回軸，3 回軸，2 回軸をもつ。**(g)** 正二十面対称の六十量体。多くのウイルスのタンパク質の殻にみられる種類の構造。この構造は 5 回軸，3 回軸，2 回軸をもつ。**(h)** D_4対称をもつ八量体：1 つの 4 回軸，2 つの 2 回軸をもつ。

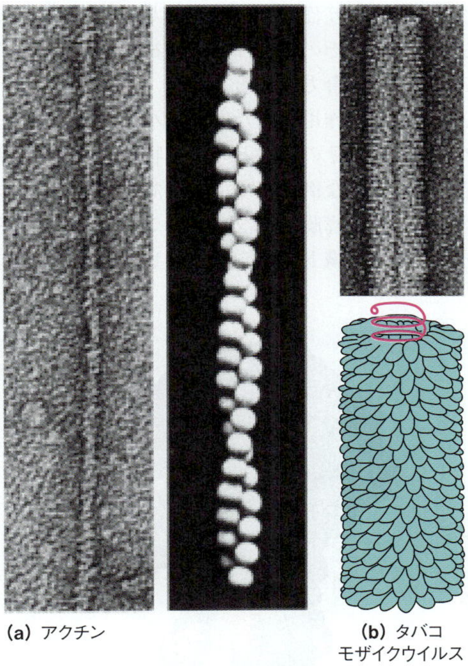

図 6.39　2 つのらせん状タンパク質　それぞれの電顕像の隣にヘリックス状集合体構造の模式図を載せた。**(a)** アクチン。**(b)** タバコモザイクウイルス。ウイルスではらせん状にコイルを巻く RNA（赤）のまわりに，タンパク質のサブユニットがヘリックスの並びを形成する。

(a) Ⓒ The Rockefeller University Press. *The Journal of Cell Biology*, 1981, 91 : 156s-165s, T. Pollard, Cytoplasmic contractile proteins ; (b) Dr. Timothy Baker/Visuals Unlimited, Inc.

のまわりに対称的におかれた 2 つの同一の相互作用が生み出すという意味になることに注意しよう。このような対称な相互作用は，非対称な異種の相互作用とは反対に，**同種 isologous** と呼ぶ。同種の相互作用は，2 回軸が存在する際に見出される。二量体はすべての四次構造で最も一般的なものであり，そしてそれらはほとんど常にこの形で結合する。図 6.40 に 1 つの例を示す。さらなる同種の相互作用によってより高次の対称をもつより複雑な四次構造が簡単にできる。1 つの例は，**二面 dihedral** 対称であり（図 6.38e），四量体タンパク質の最も一般的な構造である。それは 3 つの互いに垂直な 2 回軸をもつために，同種相互作用の 3 つの対を含む。実際には同種の相互作用だけで，D_n 対称もつくることができる。

いくつかのタンパク質の四次構造には，他のより複雑な点群対称が存在する（図 6.38f と g に例を示す）。より複雑な構造は 2 回軸と $n>2$ の軸の両方を含むことに注意しよう。このような分子は同種と異種の相互作用の両方を示す。最も重要なことは，いかなる点群対称を示す分子も，常にサブユニットが決まった数に制限されることである。多くのマルチサブユニットタンパク質は，無限に増やすことが可能な直線的あるいはらせん様の会合よりも，むしろこの種の会合した構造を示す。それゆえに，ほとんどのタンパク質分子が数多くのサブユニットをもっていようとも，決まった大きさ，形，分子量をもつことになる。

可能な構造がもつこの簡単な特徴に対する例外を 2 つ指摘しておかねばならない。第 1 は，ほとんどの二量体は 2 回対称をもつ同種の結合をするのだが，結合が異種であっても，無限の会合が立体化学的に阻止されている二量体をつくることができる。このような二量体は 2 回対称をもたない（図 6.41）。第 2 は 1 種類以上のポリペプチド鎖が合わさって，1 つの特定のマルチサブユニット構造をつくるときにいつも起きるものである。このような場合には，ポリペプチド鎖すべての数から予測できるよりも対称は減少する。なぜならば，今度は 2 つあるいはそれ以上の異なる鎖が 1 つの非対称単位を形成するからである。第 7 章では，このような例としてヘモグロビンの例をあげる。

図 6.37 にまとめたように，タンパク質の二次，三次，四次構造は，それより 1 つ低次の構造に基づいて築かれることに注意されたい。三次構造は二次構造要素の折りたたみとして考えることができ，四次構造は折りたたまれたサブユニットの組み合わせにより形成されている。この高次レベルの構造すべては一次構造，究極的には遺伝子により指示されている。このようなタンパク質の構造と遺伝子配列の関係を理解することは，分子生物学で最も重要なことの 1 つである。

ポイント 31
タンパク質のすべての高次構造は，その遺伝子の指示を受けている。

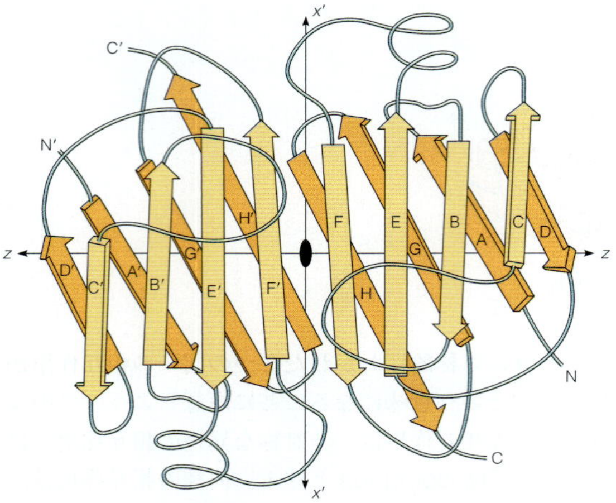

図 6.40　プレアルブミンの二量体　プレアルブミンの二量体では，2 つの単量体が組み合わさって，完全な β サンドウィッチあるいは平面的な β バレルを形成する。二量体は紙面に対して垂直な軸について 2 回対称をもつ。同種の相互作用は多くが特異性の高い β シートの鎖間，F から F′ と H から H′ の水素結合である。プレアルブミンは 2 番目の同種の相互作用により，2 つのこれらの二量体から，四量体も形成される。
Reprinted from *Journal of Molecular Biology* 88 : 1-12, C. C. F. Blake, M. J. Geisow, I. D. A. Swan, C. Rerat, and B. Rerat, Structure of human plasma prealbumin at 2.5 A resolution : A preliminary report on the polypeptide chain conformation, quaternary structure and thyroxine binding. © 1974, with permission from Elsevier.

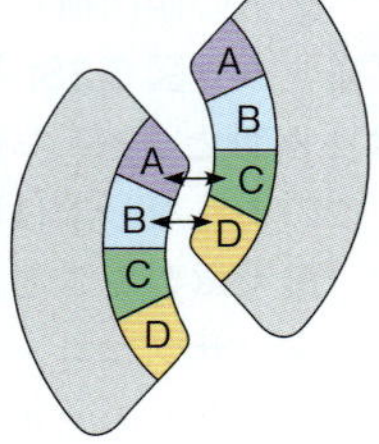

図 6.41　対称のない二量体　この模式図は，いかに 2 つのサブユニットが異種の相互作用によって会合し，無限の鎖とならないかを示した。相互作用部位（A，B，C，D）は表面が近接して結合するため，さらなる単量体の会合が阻害される。

異種のタンパク質–タンパク質相互作用

前項では同一あるいはほとんど同じタンパク質サブユニットの会合を中心にみてきた。しかし，タンパク質–タンパク質の相互作用の範囲はずっと幅広い。全く異なるタンパク質分子間での特異性の高い会合が一般的である。ときには，これらの会合は 1 ダースあるいはそれ以上の異なるサブユニットタイプで，組織立てられた構造へと導かれる場合がある。これらの会合を形成させる相互作用は，前述したものと同じものである。つまり，その相互作用は相補的なタンパク質表面での非共有結合力である。

相補的な相互作用はまた，タンパク質あるいはタンパク質複合体とその標的との間の特異的な相互作用を決定する。簡単な例として，本章で詳細に記述したタンパク質，ウシ膵臓トリプシンインヒビター（BPTI）がある。ウシ膵臓トリプシンインヒビターは，酵素ト

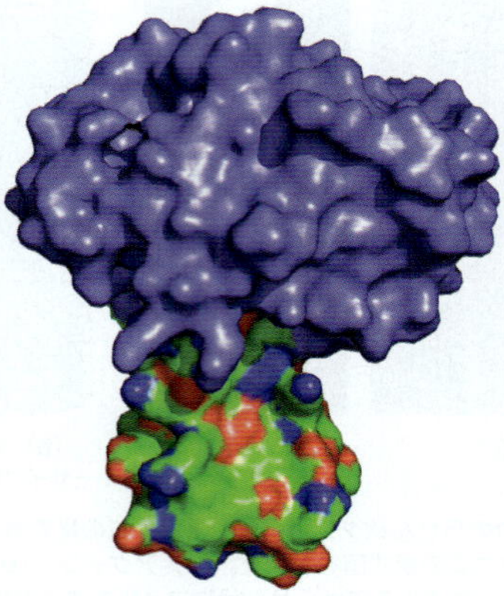

図 6.42　BPTI とトリプシンの相互作用　BPTI 分子（赤，緑，青）はトリプシン分子（薄紫）の表面にぴったりと会合しており，トリプシンの活性部位をふさいでいる。BPTI の向きは図 6.18 と同じである。PDB ID：2RA3。

リプシンと強固な特異性の高い複合体を形成し，それにより膵臓においてトリプシンのタンパク質分解活性を阻害するので，このように呼ばれる。図 6.42 は，2 つのタンパク質の表面が互いに近づいてぴったりと会合しているところを示している。

本章で前述したような計算の方法は，そのような相補的なタンパク質-タンパク質相互作用をよく予測することができる。例えば，トリプシンによる BPTI の“ドッキング”の計算は，X 線回析によって決定された実際の複合体の構造と一致した。この予測の確かさは，三次構造よりもタンパク質-タンパク質相互作用（タンパク質の四次構造の相互作用を含む）を予測するほうがより簡単であろうことを示唆している。

まとめ

タンパク質分子には構成のいくつかの典型的なレベルがある。第 1 の，もしくは一次のレベルは遺伝子により指定されたアミノ酸配列（一次構造）である。この配列は，さらに局所の折りたたみ（二次構造），全体の折りたたみ（三次構造），そしてマルチサブユニット構造への構成（四次構造）を決定している。

多くの想像可能な二次構造が存在するが，立体化学的に許されるものは，ほんの少しの限られたものである。そしてそれらは水素結合により安定化しており，αヘリックス，βシート，3_{10}ヘリックスが含まれる。ポリペプチド鎖が急なターンを形成することを可能にする特異的構造も存在する。Ramachandran プロットは 2 つの回転角 ϕ と ψ によりさまざまな二次構造を示し，これらの構造をとりうる可能性を可視化する方法である。

タンパク質は大きく 2 つのカテゴリーに分類することができる。すなわち繊維状タンパク質と球状タンパク質である。繊維状タンパク質は規則的な二次構造をもつ伸びた形をしており，細胞や生物においては構造的役割を果たす。重要な例として，ケラチン（αヘリックス），フィブロイン（βシート），コラーゲン（三重ヘリックス），そしてエラスチン（架橋されたランダムコイル）が含まれる。球状タンパク質はより複雑な三次構造をもち，しばしば決まったドメインを含むコンパクトな形に折りたたまれている。折りたたみモチーフにはいくつかのクラスが認められており，例えばαヘリックスの束，ねじれたβシートやβバレルなどがある。

数多くの要因により，球状タンパク質の安定性が決定される。すなわち，コンホメーションエントロピー，内部の非共有結合によるエンタルピー，疎水性効果，ジスルフィド結合である。多くの球状タンパク質の折りたたみは“天然”の条件下で，自発的かつ急速に起きる。細胞内では，シャペロンと呼ばれるタンパク質が正しくない折りたたみ構造や望ましくない分子内の相互作用の形成を回避するように助けている。折りたたまれたときでさえも，球状タンパク質はいくつかの内部運動を行う動的な構造となっている。二次構造に関してはある程度予測が可能であるが，三次構造の予測ははるかに難しいものである。

多くの（おそらくほとんどの）球状タンパク質は四次構造を形成するマルチサブユニットの集合体として存在し，機能する。これらのタンパク質のうち少数は，らせん様の対称をもつ伸びた構造をもつ。他のほとんどのものは少数のサブユニット（しばしば 2，4 もしくは 6）をもち，点群対称を示す。タンパク質構造のすべてのレベルは遺伝子配列により決定される。

生化学の道具　6A

溶液中における高分子のコンホメーションを研究するための分光学的手法

X 線回折（「生化学の道具 4A」参照）は，球状タンパク質や他の生体高分子の詳細な三次元構造を決定するためにとても強力な方法である。しかし，この技術は，分子が結晶化されたときにのみ用いることができるという本質的な限界があり，結晶化は必ずしも簡単ではない上に，常に可能であるかどうかもわからない。例えば，本質的に構造化されていない配列の領域を含むタンパク質は，結晶化がかなり難しい。さらに，X 線回折は分子の環境変化に対応するコンホメーション変化の研究にも簡単に使えるわけではない。しかし，他の方法では分子が溶けた状態で研究することができる。これらの多くの手法は**分光学的技術 spectroscopic technique** のカテゴリーに分類できる。

吸収分光学

タンパク質，糖質，核酸は複雑な分子であり，幅広いスペクトル範囲で電磁波を吸収することができる。そのような吸収の基本的な原理は，最も簡単な種類の分子である 2 原子分子を用いて説明することができる。

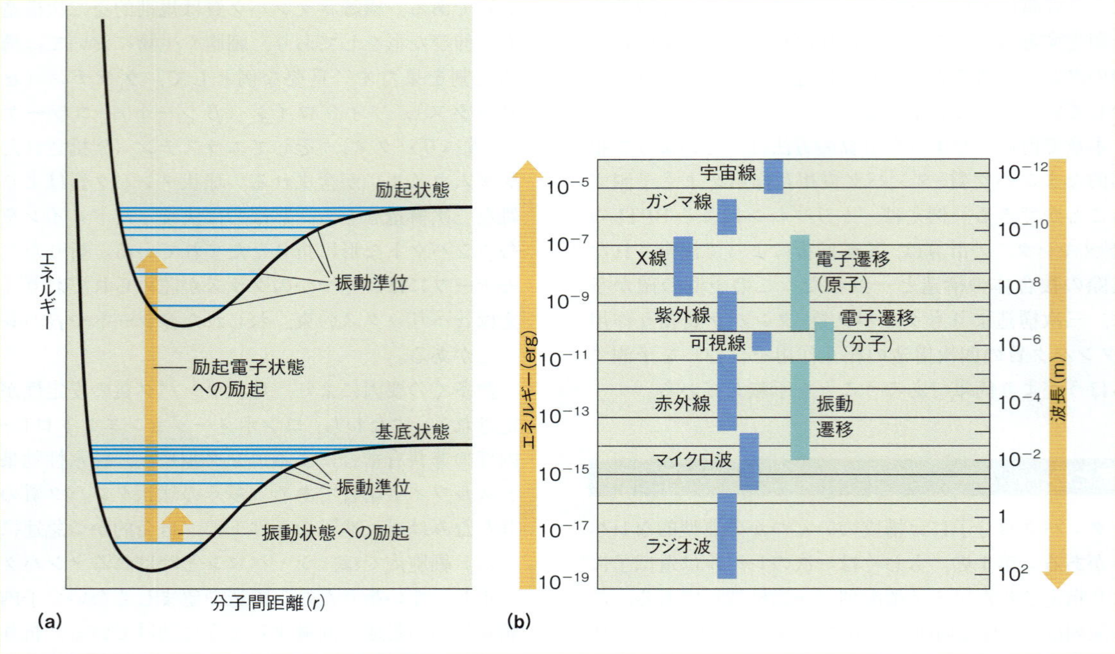

図 6A.1　吸収分光の原理　(**a**) 2 原子分子の電子遷移と振動遷移。 (**b**) 電磁気スペクトル。

2 原子が相互作用して分子を形成するとき，最小エネルギー電子状態（**基底状態** ground state）に対するポテンシャルエネルギー曲線は，図 6A.1a の低い側の曲線と似ているであろう。**励起電子状態** excited eletronic state はより高いエネルギー状態であるが，エネルギー対原子間距離に対して似た曲線を示す。分子の各電子状態に対して，図の横線で示したエネルギーレベルの許容される一連の**振動状態** vibrational state が存在するであろう。分子吸光の基本は 2 つの簡単なルールによって理解できる。(1) 分子の許容されるエネルギー状態間のみ遷移が可能である（エネルギーレベルは**量子化** quantized される）。(2) どんな遷移においても，吸収または放出されるべきエネルギー（ΔE）により，その遷移を達成するために吸収または放出される電磁波の波長（λ）が決定される。**電磁波の量子**（quantum または photon of radiation）のエネルギーは λ に逆比例する。

$$E_{\text{最終状態}} - E_{\text{初期状態}} = \Delta E = \frac{hc}{\lambda} \qquad (6A.1)$$

ここでは h は Planck 定数（6.626×10^{-34} Js），そして c は真空での光の速さ（$2.998 \times 10^{8}\ \mathrm{ms^{-1}}$）である。式 6A.1 に従えば，より小さなエネルギー差での遷移はより長い波長，より大きな差での遷移はより短い波長での吸収（または放出）に対応する。この関係は図 6A.1b と対応する。分子の電子状態間の高エネルギー遷移は可視あるいは紫外領域スペクトルの吸収を導くのに対して，異なる振動エネルギーレベル間の低エネルギー遷移は赤外の吸収を導く。

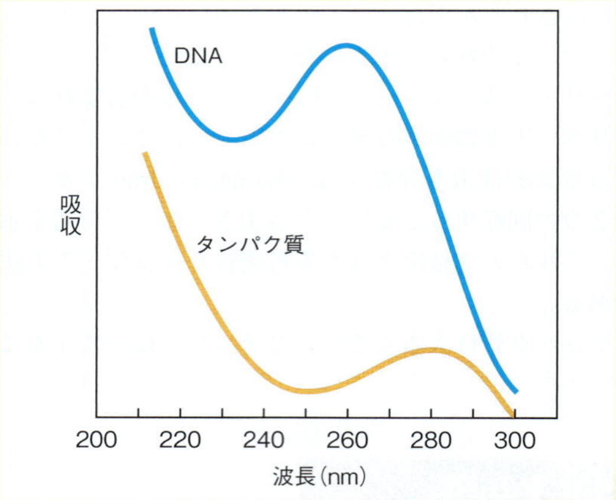

図 6A.2　典型的なタンパク質や DNA の近紫外吸収スペクトル　280 nm の吸収はタンパク質濃度測定に通常使われる。260 nm の吸収は核酸の濃度測定に使われる。

タンパク質や核酸のような複雑な生体高分子は，多種類の分子振動や揺らぎをもつ。それゆえに**赤外分光** infrared spectroscopy は，高分子構造に関する直接的な情報を与えることができる。例えば，ポリペプチド主鎖の振動に対応する正確な赤外のバンド位置はタンパク質の主鎖のコンホメーションの状態（α ヘリックス，β シートなど）に敏感である。そのため，この領域のスペクトル研究は，タンパク質分子の二次構造の特徴を調べるためによく使われる。

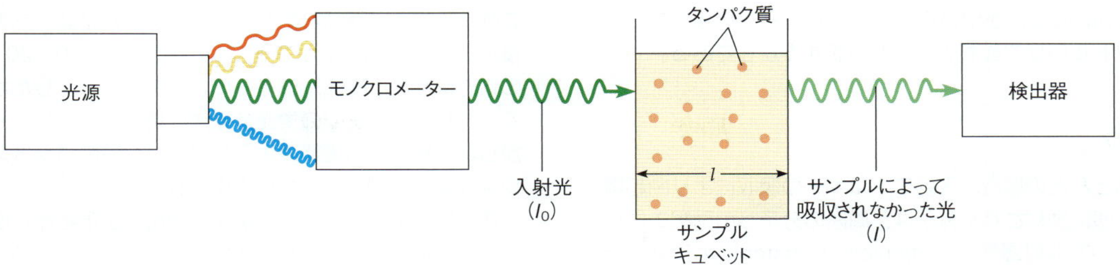

図 6A.3　分光光度計の光吸収測定

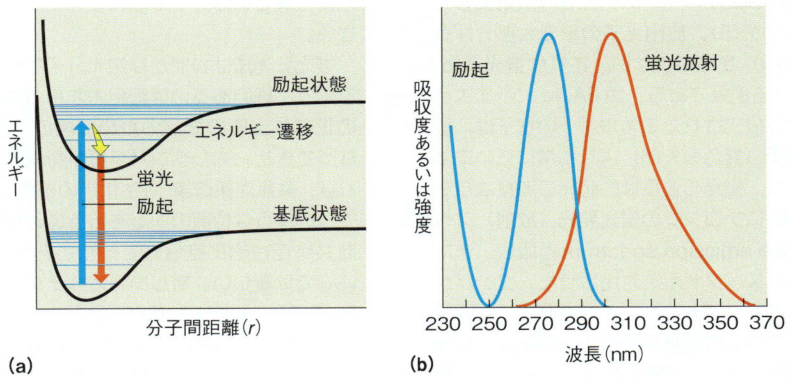

図 6A.4　蛍光　(a) 蛍光の原理。(b) 励起スペクトルと放射スペクトル（励起と放射の y 軸が異なることに注意）。

ほとんどの生体高分子は可視光を強く吸収することはない。いくつかのタンパク質は色がついているが，それらは間違いなく補欠分子族（ミオグロビンのヘムのような）あるいは可視吸収を起こす金属イオン（銅のような）を含む。血液や赤身の肉の色はヘモグロビン，ミオグロビン，その他のヘムタンパク質がもつヘム基によっている。このような吸収は，しばしば補欠分子族の分子環境の変化を調べるために用いられる。ミオグロビンあるいはヘモグロビンの酸化を追跡するために，可視光の吸収分光を用いている例がある（第 7 章，p.213〜214 参照）。生化学で最も一般的に使われている分光技術には**紫外分光法 ultraviolet spectroscopy** がある。紫外領域ではタンパク質，核酸ともに強く吸収する（図 6A.2）。最も強いタンパク質の吸収は紫外領域内の 2 つの波長領域，280 nm と 220 nm 付近にみられる。270〜290 nm 領域ではフェニルアラニン，チロシン，トリプトファンの芳香族側鎖による吸収がみられる。この領域のスペクトルは簡単に研究できるため，タンパク質濃度の測定には 280 nm の吸収が通常使われる。次に強い吸収がタンパク質のスペクトルで見られる領域は 180〜220 nm の範囲である。そのような波長での吸収は，ポリペプチド主鎖の電子遷移に起因するので，主鎖のコンホメーションに敏感である。

タンパク質濃度の分光学的測定には**分光光度計 spectrophotometer** を用いる。光路 l のタンパク質溶液の入ったキュベットを強度 I_0 の単色光ビームの中におく（図 6A.3）。キュベットを通過して現れてくるビームの強度は，溶液が光の一部を吸収するので，値 I は減少するであろう。波長 λ の**吸光度 absorbance** は，$A_\lambda = \log(I_0/I)$ として定義され，**Lambert-Beer の法則 Lambert-Beer's law** により l と濃度 c とが関連づけられる。

$$A = \varepsilon_\lambda l c \qquad (6A.2)$$

ここでは，ε_λ は研究対象の物質に対する波長 λ の**吸収係数 extinction coefficient**（molar absorpitivity）である。ε_λ の次元は使っている濃度の単位に依存する。タンパク質濃度をモル量（M），l を cm で測定したならば，A は次元のない量であるために，ε_λ は $M^{-1} \cdot cm^{-1}$ の次元をもたなければならないことになる。芳香族アミノ酸の吸光係数は順に異なることに注意すること。すなわち，トリプトファン＞チロシン≫フェニルアラニン（p.125，図 5.6 参照。チロシンより 10 倍少ないが，システインも 280 nm で吸収することに留意する必要がある）となる。

いったんタンパク質の分光係数が決まると（例えば，既知のタンパク質重量の溶液を測定することにより），そのタンパク質のどんな溶液でも，簡単な吸光度測定により式 6A.2 を使って濃度を計算することができる。同じ方法が核酸についても通常使えるが，その場合は通常 260 nm の波長が用いられる。なぜなら，核酸はこのスペクトル領域で最も強く光を吸収するからである。

蛍光

ほとんどの場合，入射エネルギーの吸収により励起電子状態に励起された分子は，周囲の分子への励起エネルギーの**非放射遷移 radiationless transfer** により基底状態に戻る，すなわち“緩和”される。簡単にいえば，緩和のエネルギーはほとんどの場合，放出された光子としてではなく熱として現れる。図 6A.4a で示すように，励起状態の分子は励起のエネルギーの一部を非放射遷移によって失い（黄色の矢印），放出光子の形で大部分が失われる（赤色の矢印）かもしれない。これは**蛍光 fluorescence** と呼ばれる現象である。図 6A.4a に示すように，蛍光として再び放出されたエネルギーの量子は，最初に吸収される量子（青色の矢印）よりも常に低いエネルギーとなるために，蛍光の波長は励起光の波長よりも長くなる。図 6A.4b にチロシンの**蛍光発光（放射）スペクトル fluorescence emission spectrum** と吸収（または**励起 excitation**）スペクトルを対比させた。タンパク質では，チロシンとトリプトファンが蛍光をもつ主要なアミノ酸である。これらの残基の局所的な環境は，蛍光強度と蛍光極大波長（$\boldsymbol{\lambda}_{max}$ と呼ばれる）を大きく変化させうる。例えば，トリプトファン残基の周囲の溶媒極性が低くなるにつれて，蛍光の λ_{max} は短波長側へと移り

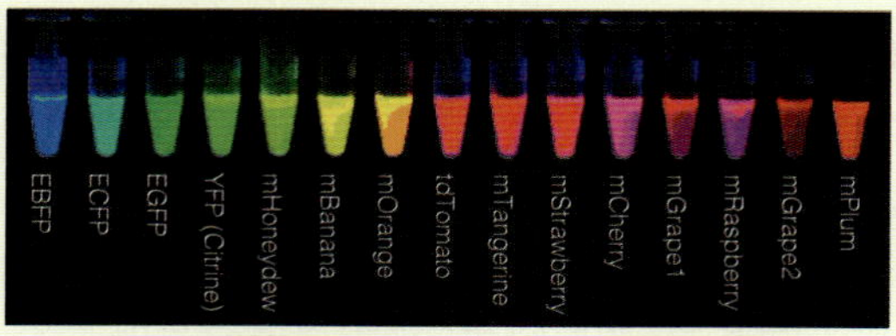

図 6A.5　それぞれが異なる蛍光スペクトルをもつ 15 種類の蛍光タンパク質が示されている。　これらのタンパク質のうち，いくつかの放射スペクトルは図 6A.6 に示されている。
Roger Tsien Lab/Composite by Paul Steinbach.

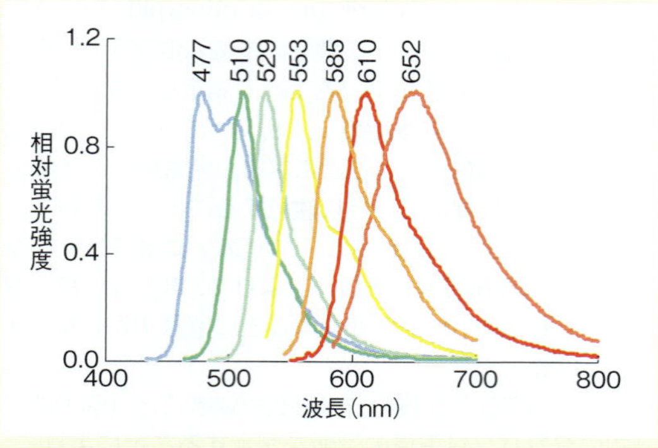

図 6A.6　数種類の蛍光タンパク質の蛍光放射スペクトル　放射 λ_{max}（nm）はそれぞれのピークの上に表記されている。スペクトルは以下のデータから作成した。http://www.tsienlab.ucsd.edu

（青方偏移），蛍光シグナル強度は増加する。タンパク質の疎水性中心に埋もれたトリプトファン残基は，溶媒が接近できる位置のトリプトファンに比べて 10〜20 nm の青方偏移を示す λ_{max}値をもつことができる。したがって，トリプトファンの蛍光分光法は折りたたまれたものから変性状態への遷移のようなタンパク質のコンホメーション変化を測定するために使われる。

さらに，平面偏光による蛍光の励起（次項参照）はタンパク質構造の動力学を研究する 1 つの方法となる。もし励起された残基が励起と放射の間でかなり動く，あるいは回転できるならば，蛍光がある程度偏光解消するであろう。この偏光解消の度合いを測定することにより，官能基あるいは分子の回転の可動度を測定することができる。

蛍光分光法はわずかな蛍光分子を検出できる手法であるので，細胞あるいは細胞内オルガネラでのタンパク質の正確な位置の同定のために幅広く用いられるようになってきた。もしタンパク質が特異的にラベルされていれば，共焦点顕微鏡（「生化学の道具 1A」参照）を用いてこのような位置の決定を行うことができる。蛍光色素を共有結合的に結合して行うこともあるが，これは in vivo では難しい。新しい強力なテクニックはある種のクラゲにみつかった **GFP（グリーン蛍光タンパク質 green fluorescent protein**，図 6A.5）と呼ばれる高い蛍光性をもつタンパク質を用いる。この強い蛍光は，Ser-Tyr-Gly のアミノ酸配列が酸化された特殊な発色団に起因する。GFP は**融合タンパク質 fusion protein** として最も効果的に使われている。すなわち，GFP の遺伝子を対象となるタンパク質の遺伝子と融合させ，研究対象の生物において融合タンパク質を発現させる。多くの場合，融合タンパク質は天然タンパク質と同じように機能

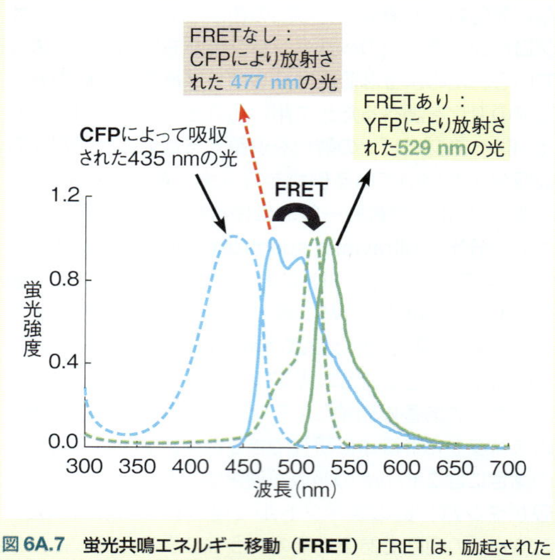

図 6A.7　蛍光共鳴エネルギー移動（FRET）　FRET は，励起されたアクセプターから近くの基底状態のドナーへのエネルギー非放射的な移動である。CFP と YFP に関して，励起スペクトル（破線）と放射スペクトル（実線）が示されている。CFP の放射スペクトルと YFP の励起スペクトルが広く重なっていることに注目。

し，局在し，顕微鏡下での素晴らしいマーカーとなる。可視光下で吸収，蛍光を発するいくつかの GFP の変異体が開発されてきた（図 6A.5, 6A.6）。蛍光融合タンパク質技術は，遺伝子発現，タンパク質の動き，pH や Ca^{2+} レベルの変化についての細胞内での時間空間的理解に多大なインパクトを与えた。これにより，下村修，Martin Chalfie，Roger Tsien に 2008 年のノーベル化学賞が授与された。

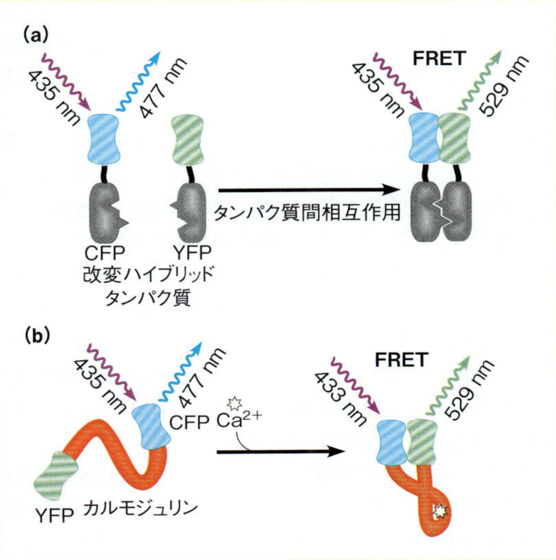

図 6A.8　**タンパク質間相互作用やタンパク質のコンホメーション変化の測定に FRET を用いる**

蛍光共鳴エネルギー移動

蛍光融合タンパク質を使用すると，**蛍光共鳴エネルギー移動 Förster resonance energy transfer（FRET）**によりタンパク質間の相互作用やタンパク質のコンホメーション変化を検出することができる。FRET では，励起された蛍光“アクセプター”が近くの基底状態の“ドナー”に非放射的過程で移動する。アクセプターは蛍光がない基底状態に戻るが，今度は励起されたドナーがアクセプターから受け取った過剰なエネルギーを蛍光によって放出することができる。実際には，アクセプターの励起がドナーによる蛍光の放出をアクセプターの放射 λ_{max}より長い波長でもたらす（図 6A.7）。FRET でのエネルギー移動は，アクセプターとドナーの長距離の双極子-双極子相互作用により達成される。したがって，FRET の効率はアクセプターとドナーの距離およびアクセプターとドナーそれぞれの放射スペクトルと励起スペクトルの重なりによって決まる。FRET の効率は $1/r^6$に依存する（ここでの r はアクセプターとドナーの距離であり，10 nm 以下でなければならない）。一般的に用いられるアクセプター / ドナーの組み合わせは，CFP（シアン蛍光タンパク質 cyan fluorescent protein，アクセプター）と YFP（黄色蛍光タンパク質 yellow fluorescent protein，ドナー）である。FRET は，CYP または YFP と融合したタンパク質間の細胞全体における相互作用を検出するために用いることができる（図 6A.8a）。

末端に適切なアクセプター / ドナーの組み合わせでラベルした“センサー”タンパク質を使用すると，FRET は

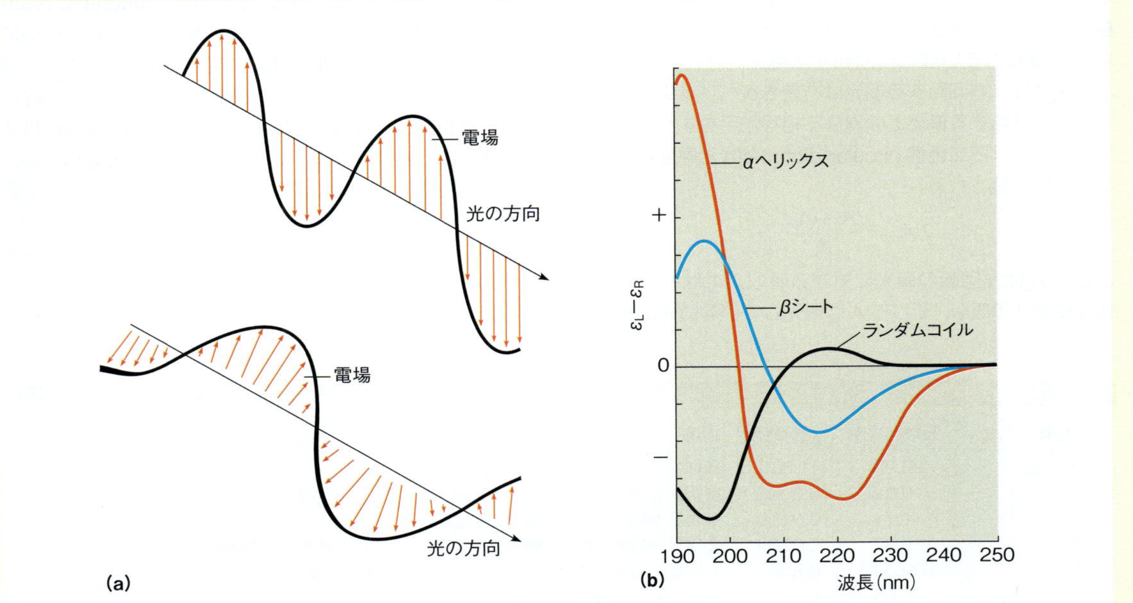

図 6A.9　**円二色性**　**(a)** 偏光。上：平面偏光。電場の振幅は平面で振動する。下：円偏光。電場の振動は光の方向を示す軸のまわりでらせん状の経路をとる。**(b)** さまざまなコンホメーションのポリペプチドに対する円二色性スペクトル。y 軸は左回りの円偏光と右回りの円偏光の吸収係数の違いを示す。

in vivo においてカルシウムイオン濃度や水素イオン濃度の変化，あるいはあるタンパク質リガンドの存在を検知することもできる。リガンドやイオンが存在しないとき，アクセプターとドナーの間に FRET は起きない。リガンドが結合すると，タンパク質のセンサーはアクセプターとドナーが接近するようなコンホメーション変化を受け，FRET が観測される（図 6A.8b）。

円二色性

可視吸収分光や蛍光は，タンパク質の局所あるいは全体の折りたたみの変化による三次コンホメーションの変化を調べるのに有効だが，二次構造の変化を直接調べることは難しい。この目的に対して赤外線分光（前述）偏光を用いるテクニックが有効となる。

光はさまざまな方法で偏光させることができる。最も身近なものは**平面偏光 plane polarization** である（図 6A.9a の上図）。ここでは，変化していく放射の電場がある固定した方向をもつ。対照的に偏光していない光は進行方向に対して垂直なすべての平面で振動する波で構成されている。あまり身近ではないが，同様に重要なものが**円偏光 circular polarization** である。ここでは偏光の方向が放射の振動数で回転する（図 6A.9a の下図）。もし自分のいる方向に向かう円偏光が観察されたなら，電場は時計回りあるいは反時計回りに回転するであろう。すなわち，光が自分のほうに進むと，電場の振動は右巻き，あるいは左巻きヘリックスとなる。前者を右回りの円偏光といい，後者を左回りの円偏光という。

生化学者の研究対象の分子の多くは非対称なものである。例えば，L-アミノ酸と D-アミノ酸，タンパク質や核酸の右巻きと左巻きのヘリックスなどである。このような分子は左あるいは右に回転する偏光を好んで吸収する。例えば，右回転する偏光は右巻き α ヘリックスに対して，左回転する偏光とは異なる相互作用をする。この吸収の差異は**円二色性 circular dichroism** と呼ばれ，次のように定義される。

$$\Delta A = \frac{A_L - A_R}{A} \qquad (6A.3)$$

ここで A_L は左回転の偏光に対する吸収，A_R は右回転の偏光に対する吸収，そして A は偏光していない光に対する吸収である。ΔA は正にも負にもなりうるので，**円二色性スペクトル circular dichroism spectrum**（CD スペクトル）は＋と－の値をとりうるという点において通常の吸収スペクトルとは異なる。

図 6A.9b に α ヘリックス，β シート，ランダムコイルコンホメーションをとるポリペプチドの CD スペクトルを示す。図の 3 つのスペクトルは非常に異なるので，円二色性測定は溶液中のタンパク質のコンホメーション変化を調べる感度の高い手法となりうる。例えば，あるタンパク質が変性する，すなわち α ヘリックスや β シートを含む天然構造が変性し，ランダムコイル構造に変わるならば，この変換は CD スペクトルに大きな変化を及ぼすことになるであろう。

円二色性は天然状態のタンパク質の α ヘリックスや β シートの含量を計算することにも使える。異なる波長でのこれらの二次構造が円二色性に与える寄与度がわかっているので，このような影響の線型的な組み合わせによってタンパク質の観測されたスペクトルに合うように試みることができる。この種の解析はしばしば，X 線と NMR で決定された二次構造の構成とよく一致することが多い。また，結晶でみられる球状タンパク質の構造は，結晶を生理的 pH の緩衝液に溶かしたときにも保持されるという考えを支持するものである。

円二色性はタンパク質あるいは核酸の構造の全体的な変化を測定するのに非常に有用な技術だが，分解能は高くない。円二色性では，原子のレベルにおける生体分子構造についての詳細な知見を得ることはできない。

タンパク質分子を原子レベルで詳細に解析することができる方法には，X 線結晶構造解析法（「生化学の道具 4A」参照）と**核磁気共鳴法 nuclear magnetic resonance**（NMR，次項で説明する）がある。生化学分野におけるこれら 2 つの構造決定に関する手法の影響は，重大なものである。生物分子の機能に対する詳細な理解が，ときにこれらの手法により得られた高分解能の構造情報によって進歩を遂げた。タンパク質の X 線結晶構造解析の最初の例（ミオグロビン）は後にノーベル賞受賞者となる John Kendrew と共同研究者らによって 1958 年に発表された。彼らは結晶構造解析を高分解能構造解析の一般的な方法へと確立させた人物としても知られる。2011 年の時点ですでに，12 名以上の X 線結晶構造

表 6A.1　生化学用 NMR 実験に最もよく用いられる核種

同位体	スピン	天然存在率[a]	相対感度[b]	応用
^{1}H	½	99.98	(1.000)	ほぼすべての種類の生化学研究
^{2}H	1	0.02	0.0096	選択的に重水素化された化合物の研究，タンパク質（>20 kDa）の構造決定
^{13}C	½	1.11	0.0159	多次元 NMR，アミノ酸残基の割当
^{15}N	½	0.37	0.0104	多次元 NMR，アミノ酸残基の割当，タンパク質骨格の動力学
^{19}F	½	100.00	0.834	局所構造解析のためのプローブとして水素と置換（例えば，^{19}F-Tyr）
^{31}P	½	100.00	0.0664	核酸やリン酸化化合物の研究

[a]数字は各元素の同位体群の中でこの同位体の天然含有率を表す。含有率が 100%に近い同位体はそのまま天然の生体高分子を使って研究できる。^{2}H（重水素），^{13}C，^{15}N のように稀な同位体は人工的に置換するなどしてその同位体が豊富な生体高分子を得る必要がある場合が多い。これは，対象となる分子（通常，組換えタンパク質）を含む生物を増殖させるための培地に 1 つ以上の同位体を加えることで得られる。

[b]各同位体に対する通常の NMR 実験での（^{1}H と比較した）感度を表す。同位体は 100%に濃縮。小さい値はより難しい，あるいは時間を費やす実験になることを意味する。

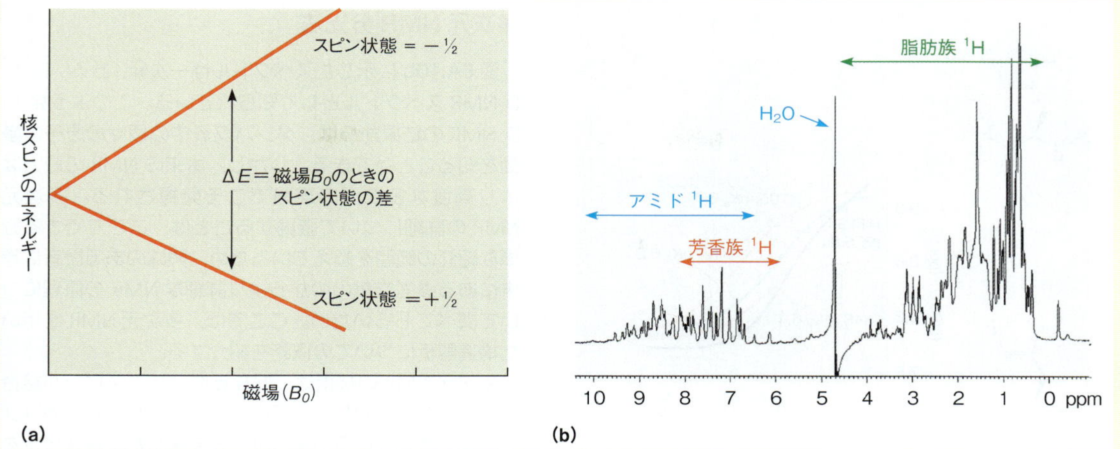

図 6A.10　核磁気共鳴法（NMR）（a） 核スピン状態エネルギーの磁場による影響（例えば，^{1}H，^{13}C）。**(b)** 500 MHz におけるヒト由来ユビキチン（25 mM リン酸ナトリウム，150 mM NaCl，pH7.0 溶媒中の 1 mM ユビキチン）の^{1}H NMR スペクトル。このタンパク質は 76 アミノ酸残基からなり，^{1}H NMR スペクトル中で約 600 のピークを示す。x 軸は 1 ppm（parts per million）あたりの化学シフト δ を示す。
Courtesy of S. Delbecq and R. Klevit, University of Washington.

解析研究者が，タンパク質や核酸の構造決定をするという重要な研究によりノーベル賞を受賞している。一方，NMRにより決定された最初のタンパク質構造（proteinase inhibitor Ⅱa）はKurt Wüthrichらによって1985年に発表された。NMR が高分解能構造を決定するための信頼性の高い方法であると広く受け入れられるまでには，しばしの時間を要した。しかし，もはや疑いの余地はなく，溶液中のタンパク質の構造を決定できるNMRの発展に対する貢献が認められて，Wüthrich は 2002 年にノーベル賞を受賞した。また，タンパク質の構造や動力学，機能の強力な解析法である NMR の近年の進展は，この領域の基本となる実験のいくつかを紹介するに値する。

核磁気共鳴法（NMR）

一般的原理：一次元 NMR

ある同位体元素の原子核には**スピン spin** と呼ばれる性質のものがあり，それによって原子核は小さな磁石のようにふるまうことができる。このような性質をもつ同位体の数には限りがある。生化学者がよく用いるものを表 6A.1 にあげる。NMR に最もよく使われるスピン状態は－1/2 と＋1/2 である。もし，このような性質をもつ原子核を含む試料が外部磁場にさらされると，磁場と同じ向き，あるいは逆向きの異なる 2 つの核スピン状態に分裂し，それによって異なるエネルギー状態になる。図 6A.10a に示すように，これら 2 つのスピン状態間でのエネルギー差（ΔE）は，外部磁場が大きいほど増大する。たいていの NMR では，ラジオ派（高周波）のパルスをかけることで外部磁場中の核スピンの向きを変えることができる（あるいは“磁化する”ことができる）。この現象を核磁気共鳴という。このように磁化に伴って原子核の核スピンが再配向する様子は，前述の電子の“励起”状態と似ている。前述のような吸光スペクトルの場合，電子の遷移に伴う光の吸収波長を測定するのに対し，NMR では，対象分子中のそれぞれの原子核のスピン状態が外部磁場で再配向するときに吸収されるラジオ派の測定する。

磁場内での核スピンエネルギーは，着目している原子周辺の化学的環境に対する感度が非常に高い。原子核周辺の化学的環境は，極性，疎水性，電子状態により決まる。例えば，ある化合物中の水素原子は，異なる化学的環境に依存して異なる磁場の強度で共鳴する。これらの差は **NMR スペクトル NMR spectrum** として記録され，対照原子をもとに定義される**化学シフト chemical shift（$\boldsymbol{\delta}$）**として表される。

$$\delta = \frac{B_{対照} - B}{B_{対照}} \qquad (6A.4)$$

ここで，B は着目している原子核が共鳴を起こすときの磁場強度，$B_{対照}$は対照となる原子核の共鳴磁場強度を表す。$B_{対照}$と B の違いはとても小さく，それは化学シフトの単位 ppm（parts per million）にも反映されている。タンパク質 NMR には対照化合物として 4,4-dimethyl-4-silapentane-1-sulfonic acid（DSS）がよく用いられ，9 つのメチル基のプロトンに相当する強力な^{1}H 共鳴スペクトルが検出される。このときの共鳴強度を 0 ppm と定義している。本項で前述の吸光スペクトルは，シグナル強度と波長に対するプロットによって得られるが，NMR スペクトルは，同様にシグナル強度（共鳴強度）と化学シフトに対するプロットから得られる。例えば，^{1}H NMR スペクトルは分子中のそれぞれの^{1}H 核に相当するピーク（あるいは線）として記録される。

図 6A.10b にあるように，タンパク質の^{1}H NMR スペクトルは多くのピークを含み，非常に複雑である。比較的小さなタンパク質であっても，共鳴が重なるような数

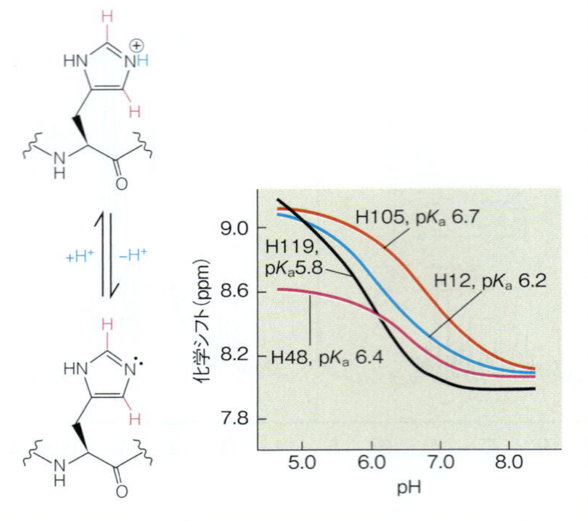

図 6A.11　NMR を用いたリボヌクレアーゼ A 中の 4 つのヒスチジン残基の pH 滴定曲線　y 軸は^{1}H 化学シフト。各曲線は，イミダゾール環中の 2 つのうちいずれかの炭素原子との^{1}H 結合（イミダゾール環の赤色 H）の NMR 化学シフトにより検出される個々のヒスチジン残基の pH 滴定に対応する。H12 や H48 のようなラベルは一次配列中のヒスチジンの位置を表す。最も低い pK_a 値を示すヒスチジン（H12 と H119）は触媒過程に直接関与することが知られている。

百にのぼる多数のプロトンが存在するからである（例えば，76 アミノ酸残基からなるヒト由来ユビキチンでさえ，600 以上のプロトンを含んでいる）。たいていの脂肪族側鎖由来の^{1}H 共鳴は，0.5〜5 ppm の範囲で起こるが，主鎖のアミド結合のプロトンに由来する共鳴は 6.5〜10 ppm で起こり，芳香族側鎖由来の共鳴は 6〜8 ppm で起こる。あるタンパク質に特異的な^{1}H 共鳴が認められた場合は，特定のアミノ酸残基周辺の化学的環境の変化を追跡することができる。そのような実験例を図 6A.11 に示す。これは，リボヌクレアーゼ A タンパク質中の各ヒスチジン残基に由来する滴定曲線を，NMR を用いて表したものである。図は第 5 章で述べた原理を模式的に表している。各アミノ酸側鎖は，タンパク質分子中の局所的な化学的環境の違いに起因して極めて異なる pK_a値を示すことがわかる。

化学シフトの変化は，タンパク質構造のコンホメーション変化にも相関がある。したがって，タンパク質ポリペプチドの局所的あるいは全体的な変性に伴う動的な変化を追跡することにも NMR を用いることができる。

比較的新しい NMR の装置では，**多次元 NMR multi-dimensional technique**（後述）を用いて 30 kDa くらいの大きさのタンパク質分子まで^{1}H 核由来の共鳴を解析することが可能である。液体 NMR を用いた 50 kDa 以上のタンパク質の構造決定は，いまだ困難である。この点が，X 線結晶構造解析と比べたときの NMR を用いた構造解析の主な限界といわれている。しかし，NMR は液体中の動的挙動を研究することができるより強力な技術である。

多次元 NMR 分光法

図 6A.10b に示したスペクトルは一次元，あるいは 1-D NMR スペクトルとして知られている。このような 1-D NMR の結果からは，タンパク質中の個々の原子の挙動を知ることができる。しかし，本来の NMR の威力はより高度な多次元の実験でこそ発揮される。多次元 NMR の詳細について議論することは，ここでできる簡単な紹介の範囲を超えているため，興味のある読者は巻末にある参考文献の中からより詳細な NMR の原理について調べてもらいたい。ここでは，多次元 NMR を用いた構造解析についての概略を紹介する。

多次元 NMR の技術は，異なる原子核のスピンが結合あるいは空間を介して相互作用する，すなわち“カップリング”するという事実に基づき発達した。核スピンを再配向させることができ，かつ 1 つの核からカップリングする相手に磁化することができるようなエネルギーをもつ多重パルスを用いると，1 つの核スピンを乱すことができ，そのスピンの乱れが別の核のスピン状態へ及ぼす効果を検出することができる。ここで重要なのは，このような実験はカップリングした核由来の化学シフトと相関があるということである。すなわち，スピン-スピン同士の詳細な相関分布を描くことができる。このような情報が，研究対象分子の三次元構造を解く鍵となる。NMR を用いてタンパク質の三次元構造を解析するには，以下の 2 つの情報が必要となる。すなわち，(1) 対象とするタンパク質のアミノ酸配列中 85% 以上についての主鎖アミド由来と側鎖由来の^{1}H 共鳴に相当する化学シフトのセット，(2) 化学シフトが割り当てられた数百から数千のカップリングする^{1}H 核間の距離の測定，である。化学シフトのセットは，結合を介したカップリングを測定することができる多次元の**相関スペクトル correlation spectroscopy**（COSY）により求めることができる。一方，距離の測定は，**核 Overhauser 効果スペクトル nuclear Overhauser effect of spectroscopy**（NOESY）により空間を介したカップリングを検出することで得られる。

化学シフトを用いた方法では，通常 NMR 測定で検出可能な^{15}N や^{13}C を多く含むタンパク質が必要である。しかし，これらの同位体は天然にはあまり存在しない（表 6A.1 参照）。よって，[^{15}N]-NH_4Cl や [^{13}C]-グルコース等を含む培地中で細菌を培養し組換えタンパク質を発現させることにより，同位体標識されたタンパク質を得ることができ，このようにして，試料タンパク質中のすべての窒素と炭素の原子が同位体標識できる。これらの標識は，一次元から二次元（あるいは三次元）とスペクトルを投影したときに重なり合う共鳴スペクトルを分離するのに必要である。このようにして，スペクトルの重複を減らすことができる。

^{15}N で標識されたタンパク質を用いて^{1}H/^{15}N **異核種単一量子コヒーレンス法 heteronuclear single quantum coherence**（HSQC）と呼ばれる 2-D NMR 測定を行う

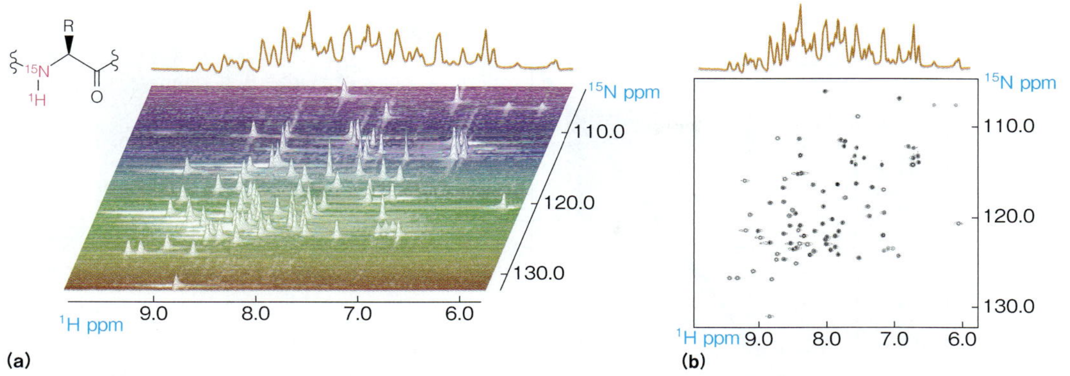

図 6A.12　ヒト由来ユビキチンの^{1}H/^{15}N HSQC スペクトル　図中のピークは左上の^{1}H と^{15}N の結合を示す。(**a**) ユビキチンの 1-D ^{1}H スペクトル（茶色）とアミド結合のプロトン領域の化学シフト（下）を x 軸に示した。アミド結合の窒素領域の^{15}N 化学シフトを y 軸右側に示した。各トレースは特異的な^{15}N 共鳴で得られた^{1}H スペクトルを示している。すべてのトレースを加算すると，グラフ上部にあるような 1-D ^{1}H スペクトルが求められる。画像は MestRe Nova software による。(**b**) ユビキチンの^{1}H/^{15}N HSQC スペクトル。これは一般的なスペクトルの表示方法である。HSQC スペクトルの各スポットはそれぞれ特定の^{1}H と^{15}N の化学シフトを組み合わせた N-H 基に相当する（特定の x 軸と y 軸の値で規定される）。HSQC スペクトルでは，1-D ^{1}H スペクトルでの重なり合う共鳴を二次元でプロットすることにより分離することができる（図の場合，各 N-H 基に対応する^{15}N 化学シフトを二次元としている）。プロットは，http://www.biochem.ucl.ac.uk/bsm/nmr/ubq から得られるデータで作成した（R. Harris and P. C. Driscoll [2007] The ubiquitin NMR resource, in *Modern NMR Spectroscopy in Education*, D. Rovnyak and R. A. Stockland eds., ACS Symposium Series vol. 969, pp.114-127 参照）。
Courtesy of Serge Smirnov, Western Washington University.

と，すべての主鎖のアミド基 N-H の共鳴スペクトルを分離することができる（図 6A.12）。この方法では，磁化が^{1}H から^{15}N へと移り，もとの^{1}H に戻る。それぞれの核の磁化転移過程で，磁化を受け取る核の化学シフトが記録され，これらのデータがプロットされた“次元”が生じる（この場合，二次元である。アミド基 N-H の^{1}H 化学シフトに相当するものと同じアミド基由来の^{15}N 化学シフトの二次元）。ちょうど二次元電気泳動が個々のタンパク質をよりよい精度で分離できるように（図 1.11 参照），2-D NMR スペクトルでは，個々のスポット，2-D ピークがタンパク質中の各アミノ酸残基由来のアミド結合に相当するので，試料タンパク質中の多数のアミド結合をよりよい精度で分離することができる。^{1}H/^{15}N HSQC スペクトルはタンパク質にとっての有用な化学シフトの“指紋”のようなものである。しかし，タンパク質中のすべての^{1}H 共鳴を完全に分離するにはさらに多くの情報が必要である。この情報は，標準的な 3-D 実験（あるいは 6-D までも重ねることが可能）をいくつか組み合わせることにより集めることができる。この実験においては，磁化が結合を介してアミド基の^{1}H からアミド基の^{15}N へ，さらに隣接する主鎖由来の^{13}C へ，というように移行する。この過程の各段階で，^{1}H，^{15}N，あるいは^{13}C の化学シフトが記録され，それによって一次配列中の主鎖原子間の共有結合が決定される。本質的には，NMR 研究者は多次元 NMR の手法を用いて主鎖の（およびいくつかの側鎖の）共有結合由来のスピンを“なぞる”ことで，タンパク質配列中のアミノ酸残基を決定する。

このようにして主鎖原子を割り当てたのち，空間を介した^{1}H スピンカップリングを NOESY 法により決定することができる。NOESY 法では，一次配列中では近接していない場合でも，2 つのプロトンが 0.5 nm より近くにある場合はカップリングスピンとして認識される。NOE シグナルの強さはカップリングしている^{1}H 核間の距離の 6 乗分の 1 に比例している。したがって，NOESY 法ではタンパク質の三次元構造中で近接しているプロトンのみを明らかにすることができる。典型的なタンパク質の NOESY スペクトルを図 6A.13a に示す。^{1}H 由来の化学シフトをそれぞれの軸に対してプロットすると，1-D ^{1}H NMR スペクトルの各ピークに相当するスポットが対角線上（右上から左下に）に並ぶ。この対角線上にないスポットを**クロスピーク crosspeak** と呼ぶ。これらは異なる化学シフトをもつ 2 つのプロトン間の空間を介した相互作用を表す。割り当てられた化学シフトと結合の制約（許容される ϕ と ψ 回転角）をふまえると，このような NOESY スペクトルで得られるクロスピークは溶液中のタンパク質の三次元構造モデルを高い精度で決定するのに十分な情報を提供してくれる。

この過程を図示するため，ユビキチン中のプロトンを黄色の球で表した図 6A.13b について考えてみよう。図 6A.13c 中の赤線は 0.5 nm 以内の距離にあるすべてのプロトン間での NOE 相互作用を示したものである。プロトン間の距離の制約にもとづいて示されたこの赤線は，三次元空間内のプロトンを位置づけることに用いられる。NOESY スペクトルでみられるクロスピークは，距離を制約するネットワークを定義づけるための実験データを提供してくれる。つまり，図 6A.13a 中の各 NOE クロスピークは，図 6A.13c の対応する赤線に相当している。実際には，図 6A.13c 中の赤線すべてがタンパク質モデル中のプロトンの位置を決定するのに必要なわけではないが，高分解能の構造を解くには各アミノ酸残基あ

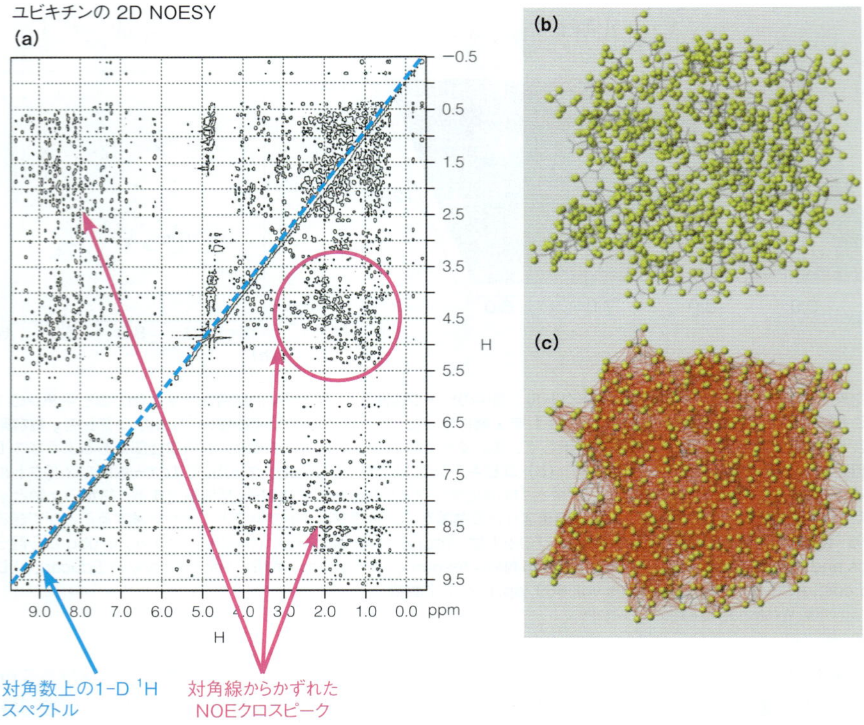

図 6A.13　NOESY 法による空間を介したスピン−スピンカップリングの検出　(a) ヒト由来ユビキチンの NOESY スペクトル。1-D ¹H スペクトルが対角線上に並んだものと，そこからはずれたクロスピークを示す。**(b)** ユビキチン中の¹H 核（黄色の球）の位置を示したモデル。**(c)** 赤線で示された距離約 0.5 nm 以内の NOE 相互作用を加えた（b）と同じモデル。理論上は，NOESY スペクトルは各赤線でクロスピークを指しており，クロスピークの強度は原子核間の距離と関係している。
Panel (a) courtesy of Stephan Grzesiek, University of Basel ; Panels (b) and (c) courtesy of Vlado Gelev, fbreagents.com, Cambridge MA.

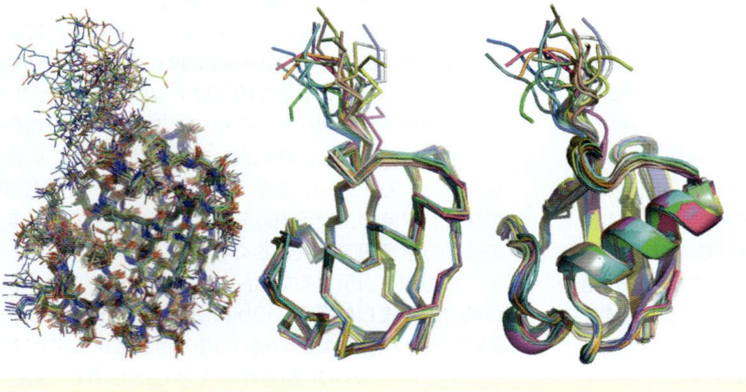

図 6A.14　NMR で決定したヒト由来ユビキチンの構造　各図は，NMR データをもとに決定した 20 の構造モデルの重ね合わせ。左：H を除く全原子を表示。中央：ヘリックスとシート領域のペプチド鎖が見事に重ね合わさっている主鎖骨格図。C 末端（上部）はより可動的。右：リボンモデル。
Data for this figure provided courtesy of R. Harris. See R. Harris and P. C. Driscoll (2007) The ubiquitin NMR resource, in *Modern NMR Spectroscopy in Education*, D. Rovnyak and R. A. Stockland eds., ACS Symposium Series vol. 969. pp.114-127.

たり約 10 の NOE クロスピークが必要である。

NMR のデータはコンピュータを用いた複数の構造モデルが提供される分子動力学シミュレーション（図 6.35，6.36 参照）にも適用できる。構造モデルは，それぞれが NOESY で得られる距離の制約を満たしていなければならず，また，他のさまざまなテストの“妥当さ”を満たしている必要がある。例えば，妥当な構造モデルは極端に不適切な ϕ と ψ 回転角がなく，疎水表面が大きく溶媒中に露出していないなどの条件を満たしていなければならない。

近年の研究で，NMR の化学シフトデータのみから ϕ と ψ 角が正確に決定することが可能であると報告された。したがって，ϕ と ψ 角の情報があれば特定のアミノ酸残基の位置を決定することができ，したがって NOESY のデータがなくても低分解能ではあるがタンパク質の主鎖構造を決定することはできる。もちろん，高分解能の構造決定には，NOESY のデータは必要であるが，化学シフトの割当と対応する ϕ と ψ 角のデータを組み合わせればタンパク質の主鎖構造を迅速に決定することができる。

X 線結晶構造解析で得られた構造モデルが X 線回折データに最もよく合致する 1 つのモデルであるのに対し，NMR では，たいてい測定データに等しく適合する複数の構造モデルが得られる。NMR により解かれたヒト由来ユビキチンの一組みの構造を図 6A.14 に示す。NMR のデータを用いると，タンパク質中のより可動性の高い領域ではより構造的束縛が少なくなるので，これらのモデルでは溶液中のタンパク質構造の動的な特徴を掴むことができる（NOE クロスピークが少なければ可動性の高いプロトンが存在することを示す）。分子動力学的シミュレーションで得られる妥当な構造モデルは，ゆらぎの最も少ない領域で最も重なり合い，より動きやすい領域で大きな多様性を示す。こうした結論は，直接タンパク質の動きを測定できるような別の NMR の実験で検証する必要がある（ここでは記述しない）。

ここまでに述べた NMR を用いたタンパク質の構造決定法は，タンパク質構造，動力学，リガンド結合を調べるといった幅広い用途がある NMR のほんの一部を紹介したにすぎない。より詳細な説明は巻末の参考文献に記載されているので参考にされたい。

生化学の道具　6B

タンパク質分子の分子量とサブユニットの数の決定

新しいタンパク質を同定し精製したとき，下にあげた 3 つの疑問がすぐに浮かぶ。

1. 生理的条件下で，このタンパク質は 1 つのポリペプチド鎖として存在するのか，あるいは多数のサブユニットからなるのか？
2. もし機能をもつタンパク質が複数のサブユニットをもつならば，そのサブユニットは同一であるか，それともいくつかの種類からなるのか？
3. もし機能をもつタンパク質が 1 つ以上のサブユニットからなるならば，それらはジスルフィド結合により共有結合しているのか？

これらの疑問に対する答えは，はじめにタンパク質の**分子量** molecular mass（M_W）を天然の条件下（通常，生理的条件に相当する pH やイオン強度の溶媒を用いる）で決定し，次にサブユニットの解離が起こる条件下で分子量を調べることで知ることができる。もしサブユニットが非共有結合で会合しているならば，それらを解離させるために溶媒環境を変えることが効果的である場合がよくある。例えば，pH を生理的条件よりも上げる，あるいは下げればよい。もしくは，高濃度の尿素や塩酸グアニジン（GnHCl）といった変性剤を用いる。これらの化合物は強い水素結合形成能があるので，通常の水構造を破壊する。このため，これらは**カオトロピック** chaotropic（“カオスを形成する”）試薬と呼ばれることがある。水構造の破壊は疎水効果を減少させるため，タンパク質の変性や解離を促進する。さらに効果的なものはドデシル硫酸ナトリウム sodium dodecyl sulfate（SDS）のような界面活性剤である。この試薬は個々のポリペプチド鎖のまわりにミセル様の構造（図 2.15 参照）を形成する。このような非天然な溶媒環境下で解離したサブユニットの分子量を決定し，天然の条件下で決定した分子量と比較することにより，いくつのサブユニットが天然のタンパク質中に含まれているかがわかる。

天然構造の分子量の決定

生理条件下でタンパク質の分子量を決定するためには，いくつかのテクニックが使える。「生化学の道具 5A」で述べたように，限外ろ過クロマトグラフィー size exclusion chromatography（SEC）は，タンパク質の混合溶液を水力学的な分子半径の差により分けることができる。水力学的な分子半径は分子量 M_W と相関があるので，SEC は天然タンパク質の M_W を見積もるときに利用できる。タンパク質の形状（繊維状，球状）は水力学的分子半径に大きな影響を与えるため，SEC のデータに影響を及ぼすことがある。ともあれ，SEC は天然条件下の

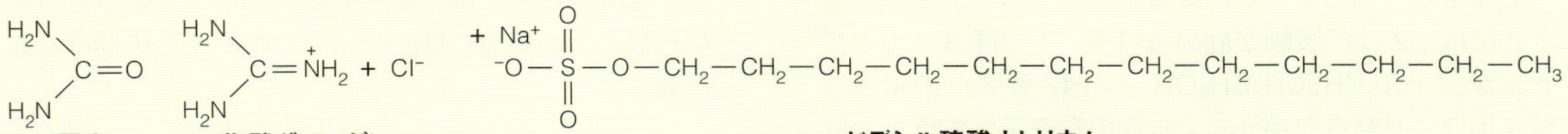

尿素　　塩酸グアニジン（塩化グアニジニウム）　　ドデシル硫酸ナトリウム（SDS）

タンパク質の M_W を見積もる簡便な，かつ適度な正確性をもった手法といえる。実際には，M_W 既知のいくつかのスタンダードタンパク質を用いて M_W の対数と滞留時間との検量線を作製することで未知タンパク質の M_W の決定を行う。

あまり一般的ではないが，より正確に M_W を決定する手法に**沈降平衡法 sedimentation equilibrium** がある。タンパク質溶液を分析用の超遠心機を用いて低速で長時間遠心沈降すると，一定の割合で沈降する分子と溶液中に拡散する分子との平衡状態が生じる。沈降平衡法や他の分子量決定に用いる物理的な手法の詳細については，van Holde らの論文を参照してほしい。

質量分析（「生化学の道具 5B」参照）は，タンパク質サブユニットの分子量を極めて正確に決定したいときに決まって用いられる手法である。たいていの場合，SEC により単離された複数のサブユニットからなるタンパク質複合体の各サブユニットの分子量を決定することができる。最近になって，巨大タンパク質複合体（例えばシャペロニン）の四次構造情報を気相に保持し，そのまま質量分析にかけることができるという報告がなされた。Carol Robinson の研究室で，1 MDa（1 MDa＝10^6 g/mol）以上にもなる巨大なタンパク質複合体が同定できることや，そのサブユニット間の相互作用をリアルタイムでモニターできることが実証された。

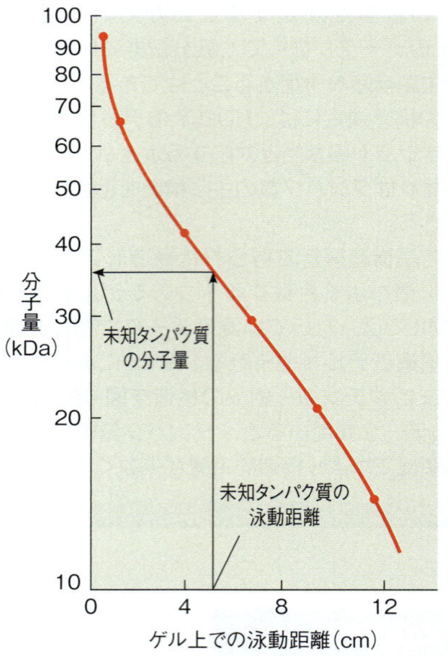

図 6B.1　SDS ゲル電気泳動　グラフは界面活性剤 SDS を含む溶液に溶けた一連のタンパク質に対する M_w の対数と相対的な電気泳動度をプロットしたものである。得られたカーブは未知タンパク質の分子量を推定するために用いられる。

サブユニットの数と大まかな分子量の決定：SDS 電気泳動

天然のタンパク質の分子量が決定できたら，次にサブユニットの分子量を調べる最も簡単な方法は，SDS 存在下でのゲル電気泳動を利用することである。この条件下では，タンパク質の四次，三次，二次構造のすべてが壊れている。タンパク質のポリペプチド鎖は変性し，SDS 分子によってまわりを覆われる。タンパク質を覆う多数の SDS 分子によりもたらされる強大な負電荷により，タンパク質自身のもつ電荷は無視できる程度になる。それゆえに折りたたまれていたポリペプチド鎖は伸びた状態になり，ほどかれたポリペプチドの鎖長や電荷は，いずれも分子中のアミノ酸残基の数（すなわち分子量 M_W）に比例する。「生化学の道具 2A」と「生化学の道具 5B」で指摘したように，このような分子はその長さにのみ依存した相対的な移動度で電気泳動ゲルの中を移動する。このような現象は図 6B.1 に示すようなグラフで示すことができる。未知のタンパク質をスタンダードタンパク質と同じゲルで電気泳動すれば，図 6B.1 のようなグラフを用いて未知タンパク質の分子量 M_W を内挿することで見積もることができる。

この技術を用いてタンパク質のサブユニットを調べるときには，2 つの実験が勧められる。1 つは β メルカプトエタノール（$HSCH_2CH_2OH$，p.147 参照）のようなジスルフィド結合を還元する試薬の存在下，もう 1 つはその非存在下での実験である。このようにすれば，サブユニット同士が —S—S— の架橋でつながっているのか，それとも非共有結合で会合しているのかを区別することができる。それぞれの SDS ゲル上で，天然構造の分子量に相当する単一バンドのみがみられたら，そのタンパク質は生理的条件下で単一のポリペプチド鎖として存在していると結論づけることができる。1 つあるいは複数のバンドが分子量の小さい位置にみられれば，マルチサブユニット構造が存在することが示唆される。ゲル電気泳動から求まる分子量はおおよそではあるが，十分な精度でそのタンパク質のサブユニット数を見積もることができる。

複数のサブユニットと示唆されたと仮定して，1 種類なのか，それとも複数の種類なのか？　SDS ゲルで 1 つ以上のバンドがあればサブユニットの複数のタイプが存在することをはっきりと示唆する。しかし，単一のバンドしかみられない場合はサブユニットが同一であることの証明にはならない。実際にアミノ酸配列は異なるが，ほとんど同じ分子量をもつ複数種のサブユニットが存在する場合もある。これらの異なるサブユニットは通常 SDS ゲルでは分離できない。1 種類の鎖しか存在しないことを確かめるには，研究者は他の手法を選ばなければならない。質量分析はそのような解析手法の候補となりうる。

生化学の道具　6C

タンパク質の安定性の測定

タンパク質構造を安定化する非共有的な相互作用の相対的な強さについての知識は，タンパク質が明確な**2 状態転移 two-state folding** を示すタンパク質の熱力学的パラメーターを測定することによりその多くが得られてきた。このようなタンパク質は天然状態と変性状態の間を極めて協同的に転移する（図 6.23b）。したがって，中間体が存在せず，変性過程は以下のように記述される。

$$\text{天然状態（折りたたまれた状態）} \rightleftharpoons \text{変性状態} \quad (6C.1)$$

タンパク質の変性過程において共有結合が切断されることはないので，タンパク質の変性は，氷から水，水から蒸気への変化と同様に“相転移”として扱われる。この過程において，対象となる分子の化学的性質は変化しないが，ある状態（天然状態）から別の状態（変性状態）への変化に伴って非共有性の相互作用が形成されたり破壊されたりする。

ここでは，代表的な 2 つのタンパク質の熱力学的な安定性を測定する方法について基本的な原理を説明する。すなわち，示差走査熱量計を用いた熱変化による測定と化学試薬（変性剤）を用いた方法である。いずれの方法でも，2 状態転移モデルについて取り扱う。

示差走査熱量計

表 6.4 に示されているようなエンタルピー変化（ΔH）やエントロピー変化（ΔS）を算出するために，対象となるタンパク質の変性に必要な熱の出入りを測定しなければならない。この測定は定圧条件下で**示差走査熱量計 differential scanning calorimetry（DSC）**を用いて行う。第 3 章の p.56 で述べたように，定圧条件下での熱の移動は ΔH に依存する。DSC はタンパク質の変性に伴う ΔH を直接的に測定することができる。

図 6C.1 は DSC の基本原理を示している。タンパク質溶液を“サンプル”セルに，溶媒溶液のみを“対照”セルにそれぞれ注入する。セル内の初期温度はタンパク質の変性中点温度（**転移温度 transition temperature**，**融解温度 melting temperature**〈T_m〉）よりも低く設定する必要がある。次に，両方のセル内の温度を，一定の速さで，一般的には毎分 0.5～2.0℃程度の速度で，タンパク質の変性中点温度 T_mより高くなるまで上げていく。タンパク質が変性するにつれ，天然状態から変性状態への転移（式 6C.1）に伴う熱が生じる。このとき，サンプルセルでは，同じ温度の対照セルよりも，タンパク質変性に由来する過剰な熱容量が吸収される。DSC はこのタンパク質溶液と溶媒間の過剰な熱容量の差を記録することができる。温度変化に伴って吸収された過剰熱容量

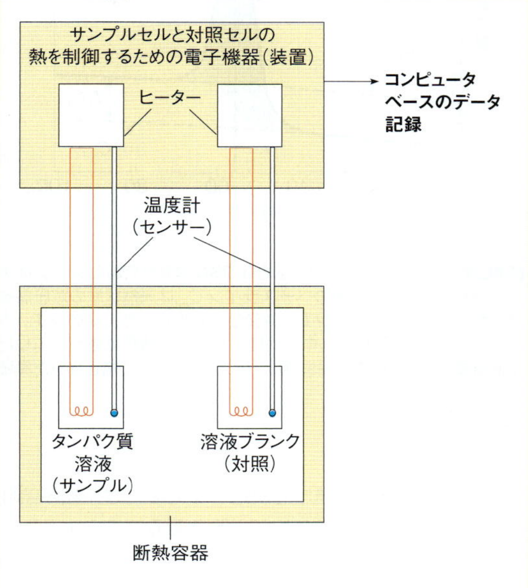

図 6C.1　示差走査熱量計の概略図

は，定圧下での熱容量 C_pと呼ばれる。図 6C.2 は C_pと温度の理想的なプロット“過剰熱容量曲線（サーモグラム）”を示している。

過剰熱容量曲線はさまざまな鍵となる情報を含んでいる。ここでは特にそのうちの 3 つについて述べる。はじめに，C_pの最高値を示す温度軸の値は，タンパク質の変性中点温度 T_mに相当する。2 状態転移で変性するタンパク質の場合，T_mは天然状態と変性状態の自由エネルギーがゼロになるときの温度を表す。すなわち，T_mは，

$$\Delta G_{F \to U} = G_U - G_F = 0 \quad (6C.2)$$

と

$$\Delta G_{F \to U} = \Delta H_{F \to U} - T_m \, \Delta S_{F \to U} = 0 \quad (6C.3)$$

または

$$\Delta H_{F \to U} = T_m \, \Delta S_{F \to U} \quad (6C.4)$$

の式より算出できる。

2 つめの重要なパラメーターは $\Delta H_{F \to U}$で，これは過剰熱容量曲線と温度軸で囲まれる転移領域の面積（図 6C.2：青色部分）に相当する。タンパク質変性に伴うエンタルピー変化のみを測定するには，天然状態由来の熱容量（$C_{p,f}$）と変性状態由来の熱容量（$C_{p,u}$）を実測値 C_pから差し引かなければならない。実際には，DSC 付録のデータ解析ソフトウェアが $\Delta H_{F \to U}$を計算してくれる

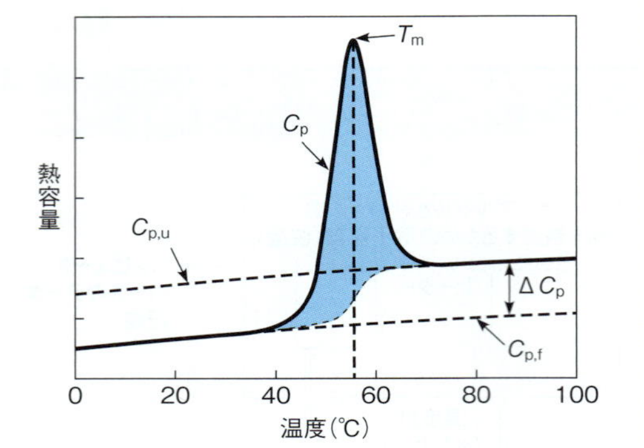

図 6C.2　タンパク質変性の理想的な DSC 過剰熱容量曲線　C_pは黒の実線で示した。転移前のベースライン $C_{p,f}$は天然状態の定圧熱容量，転移後のベースライン $C_{p,u}$は変性状態の定圧熱容量を表す。$\Delta C_p = C_{p,u} - C_{p,f}$；$T_m$は変性中点温度。$\Delta H_{F\to U}$は青色で塗りつぶした転移領域の熱容量曲線に囲まれた，かつ $C_{p,f}$と $C_{p,u}$で補正された領域を示す。

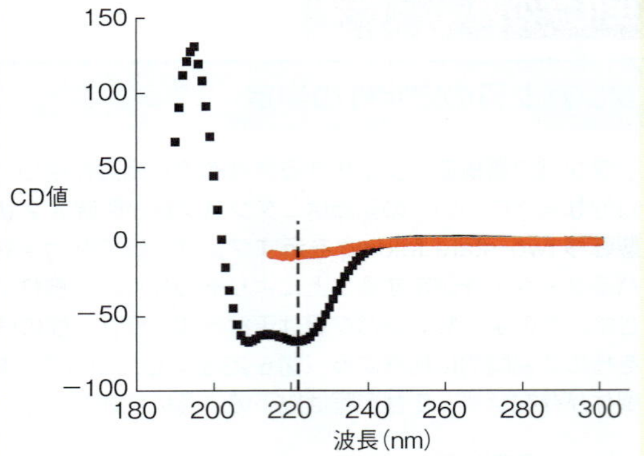

図 6C.3　天然状態と変性状態のミオグロビンの円二色性（CD）スペクトル　pH7.0 条件下での天然状態のマッコウクジラ由来ミオグロビン（sw Mb）の CD スペクトルを■で示した。赤色のデータは，8M 尿素存在下（尿素は 210 nm 付近で強い吸収を示す）での変性状態の sw Mb の CD スペクトルを示した。縦の破線は波長 222 nm の CD シグナルの違いを表した。この CD 値の違いで天然状態と変性状態を区別している。

が，高い精度で転移領域を決定するためには，転移領域前後の十分なベースラインが必要である。このようにして得られた $\Delta H_{F\to U}$と式 6C.4 と T_mの値から $\Delta S_{F\to U}$が算出できる。

表 6.4 に示された ΔG，ΔH，ΔS の値は，25℃でのタンパク質の折りたたみにおける熱力学的パラメーターであることに気づくだろう。たいていの細胞内タンパク質は 37℃で安定であるが，ではいかにして 25℃での熱力学的パラメーターを決定したのだろうか。これらは，ΔH と ΔS の温度依存性を考慮して求められた。相転移に伴う熱力学を思い出してほしい。

$$\Delta H_T = \Delta H_{T_m} + \Delta C_p\ (T - T_m) \qquad (6C.5)$$

$$\Delta S_T = \Delta S_{T_m} + \Delta C_p \ln\left(\frac{T}{T_m}\right) \qquad (6C.6)$$

$$\Delta G_T = \Delta H_T - T\,\Delta S_T \qquad (6C.7)$$

ΔH_{T_m} と ΔS_{T_m} はそれぞれ T_mにおけるエンタルピー変化とエントロピー変化を示している。Tは 298 K（25℃）などの設定温度を示している。したがって，ΔH_{T_m}，T_m，ΔC_p の実測値（この場合，$\Delta H_{F\to U}$と同じ）さえあれば，いかなる温度条件下でも ΔH，ΔS，ΔGを算出することが可能である。

図 6C.2 に示すように，ΔC_pは DSC 測定から得られる 3 つ目の重要なパラメーターである。以上のように，DSC はタンパク質の安定性を評価する際に必要なすべての熱力学的パラメーターを提供してくれる。

上記で扱った例は，2 状態転移変性であり**可逆反応 reversibility** である。すなわち，あるタンパク質を熱変性させたのちに適当な条件で巻戻した場合，元の天然状態の構造に戻るのかが重要である。実際に試料としたタンパク質が 2 状態変性する場合，2 度目（あるいは 3 度目）の DSC 測定においても 1 度目と同様の過剰熱容量曲線が得られるはずである。これは DSC 測定における重要なコントロール実験で，なぜなら，タンパク質が不可逆な化学修飾（Asn や Gln 側鎖の熱依存的脱アミノ化）を受けたり，転移後の十分なベースラインを得るために必要な高温条件下で凝集が起こったりする場合があるためである。このような現象が起こると，上述のような 2 状態転移変性モデルが適用できなくなる。

DSC を用いた場合，より複雑な系で起こるタンパク質変性の熱力学的パラメーターを算出することは可能である。しかし，本項ではそのような方法の議論は割愛する（巻末の参考文献を参照されたい）。

化学変性法

タンパク質の安定性を評価する別の方法としては，化学変性のデータを用いた線形外挿法が挙げられる。この方法は，多くのタンパク質化学の実験室で利用可能な化学試薬と実験装置を用いてできるため汎用性の高い方法である。この方法では $\Delta G^\circ_{F\to U}$（変性の過程に伴う Gibbs の自由エネルギー変化）が算出できるが，DSC 測定のようにエンタルピーやエントロピーの変化に関する情報は得られない。

原理としては，尿素や塩酸グアニジン（GnHCl）のようなカオトロープ（化学変性剤）の濃度上昇に伴い，式 6C.1 のような平衡状態が変性状態側へと移行することに基づいている。天然状態と変性状態を区別できるどのような分光学的手法（「生化学の道具 6A」）を用いても（図 6C.3），変性剤濃度依存のタンパク質変性における平衡定数を決定することができる。

2 状態転移モデルと仮定した場合，タンパク質変性の

平衡定数 K_{eq} は，

$$K_{eq} = \left(\frac{[U]}{[F]}\right) \qquad (6C.8)$$

で記述でき，また次のように書き換えられる。

$$K_{eq} = \left(\frac{A_F - A_{obs}}{A_{obs} - A_U}\right) \qquad (6C.9)$$

A_F は天然状態の分光学的手法で求められる値を，A_U は変性状態での値を，A_{obs} はタンパク質サンプルの実測値をそれぞれ表す（式 6C.9 の導入は巻末の文献を参照）。こうして求められた K_{eq} の値を用いて，変性剤を含む各タンパク質サンプルの $\Delta G°_{F\rightarrow U}$ が以下の式から算出できる。

$$\Delta G°_{F\rightarrow U} = -RT \ln K_{eq} \qquad (6C.10)$$

実験を行うには，同じ濃度のタンパク質とさまざまな濃度の変性剤を含む混合溶液を 15～20 用意する。各々のサンプルの分光学的手法による値を測定し，値を変性剤濃度に対してプロットする（図 6C.4 の△）。転移領域の測定値を基に $\Delta G°_{F\rightarrow U}$ を計算し，変性剤濃度に対してプロットし，各プロットに対して外挿することで変性剤濃度が 0 のときの $\Delta G°_{F\rightarrow U}$ の値を算出することができる。この計算過程が実験方法の名前（線形外挿法）の由来となっている。変性剤濃度が 0 のときの $\Delta G°_{F\rightarrow U}$ は，より一般的に $\Delta G°_{H_2O}$ と表記される。非線形近似曲線を引くことができるような表計算ソフトが手元にある場合は，実際の測定結果に 2 状態転移モデルを直接適用することが可能となる（図 6C.4 の黒の実線）。このように曲線近似ができれば，面倒な計算や外挿をすることなく直接 $\Delta G°_{H_2O}$ の値が求められる。しかし，信頼性の高い A_F と A_U に基づいて適切な曲線近似を行うためには，変性転移前後のベースラインを決定するための十分なデータ点が必要である。

この方法を使うと，より直接的に 2 つかそれ以上の数のタンパク質の安定性を比較することができる。転移の中間点に相当する変性剤濃度（C_m）は，大雑把ではあるが安定性比較をするときの有効な指標となる。$\Delta G°_{H_2O}$ を算出する曲線近似から，この C_m の値も得られる。安定性の高いタンパク質ほどより高い $\Delta G°_{H_2O}$ の値を示し，より高い C_m の値を有することが多い。すなわち，一般的には高い安定性を有するタンパク質の変性には，より高濃度の変性剤が必要ということである（図 6C.5）。

DSC 測定と同様に，本手法を用いるときも 2 状態転移変性であることの確認が必要である。化学変性の実験では，異なる分光学的手法を用いて何度か実験を行うことが一般的である。例を挙げると，相補的な手法として CD（二次構造を測定する）と蛍光（三次構造を測定する。例えば Trp や Tyr 残基の周辺構造）がしばしば用いられる。変性が協同的かつ 2 状態であれば，二次構造と三次構造は協調的に変性するはずであり，いずれの手法を用いても同様な変性曲線が得られる。図 6C.5 に，野

6

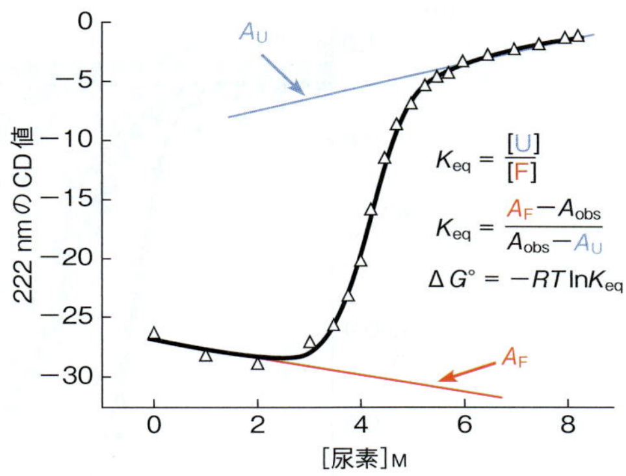

図 6C.4　尿素存在下におけるマッコウクジラ由来ミオグロビン変異体の波長 222 nm の CD 値　△は波長 222 nm の CD 値を表す。赤線は変異体の天然状態の CD 値を反映した転移前のベースラインの傾きを表す。青線は変異体の変性状態の CD 値を反映した転移後のベースラインの傾きを表す。黒の実線は，2 状態変性モデルを適用した非線形近似曲線である。曲線近似から $\Delta G°_{H_2O}$ の値が得られる。

Reprinted with permission from *Biochemistry* 41：13318-13327, A. L. Fishburn, J. R. Keeffe, A. V. Lissounov, D. H. Peyton, and S. J. Anthony-Cahill, A circularly permuted myoglobin possesses a folded structure and ligand binding similar to those of the wild-type protein but with a reduced thermodynamic stability. © 2002 American Chemical Society.

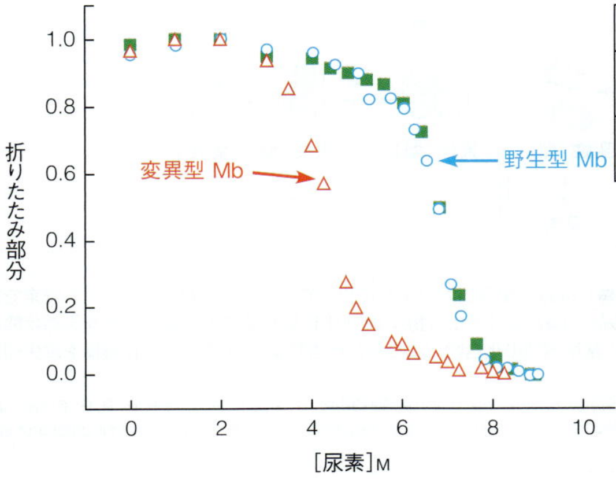

パラメーター	変異型Mb	野生型Mb
$\Delta G°_{H_2O}$ (kcal/mol)	7.2 ± 0.5	12.4 ± 1.6
C_m ([尿素]M)	4.19 ± 0.05	6.90 ± 0.06

図 6C.5　野生型ミオグロビンと不安定化ミオグロビンの変性曲線の比較　測定結果をタンパク質の天然型濃度と変性型濃度の割合でプロットした。変異体のデータ（赤の三角）は図 6C.4 と同じ。青の丸は野生型ミオグロビンの波長 222 nm の CD 値から算出された値で，緑の四角は野生型ミオグロビンのヘム蛍光から算出された値である。CD 値の非線形曲線近似から $\Delta G°_{H_2O}$ と C_m が得られる。

Reprinted with permission from *Biochemistry* 41：13318-13327, A. L. Fishburn, J. R. Keeffe, A. V. Lissounov, D. H. Peyton, and S. J. Anthony-Cahill, A circularly permuted myoglobin possesses a folded structure and ligand binding similar to those of the wildtype protein but with a reduced thermodynamic stability. © 2002 American Chemical Society.

生型ミオグロビンの変性を波長 222 nm の CD 値を追跡したもの（αヘリックス含量を追跡）と波長 409 nm でのヘムの吸光を追跡したもの（ヘム周辺の三次構造を追跡）の例を挙げる。2 つのデータセットが一致した場合，必ずしも証明されたわけではないが，2 状態であるといえるだろう。両者が一致しない場合は，中間状態の存在が示唆され，したがって 2 状態モデルを適用することは適切ではない。

化学変性法はタンパク質の天然構造を安定化する化合物を探索するときにも用いられる。スーパーオキシドジスムターゼ superoxide dismutase 1（SOD1）の 4 番目の Ala の Val 置換体（A4V）は，家族性筋萎縮性側索硬化症 amyotrophic lateral sclerosis（ALS，表 6.6）と関係しており，SOD1 変異体はアミロイド繊維を形成しやすい。ここでは，薬剤の候補となるさまざまな化合物の中から，化学変性の手法を用いて SOD1 の A4V 変異体を安定化する化合物を探索した例を示す（図 6C.6）。その結果，天然の二量体構造を安定化し，凝集を減らすことができる 15 の化合物がみつかった。これらの化合物は，ALS の治療薬を開発する際のリード化合物となりうる。一方で，SOD の変異体と野生型はヘテロ二量体を形成し毒性を示すという知見に基づくと，変異体を不安定化させて，それによって毒性のタンパク質が分解され細胞内から除かれるようにすることも治療の目標となりうる。

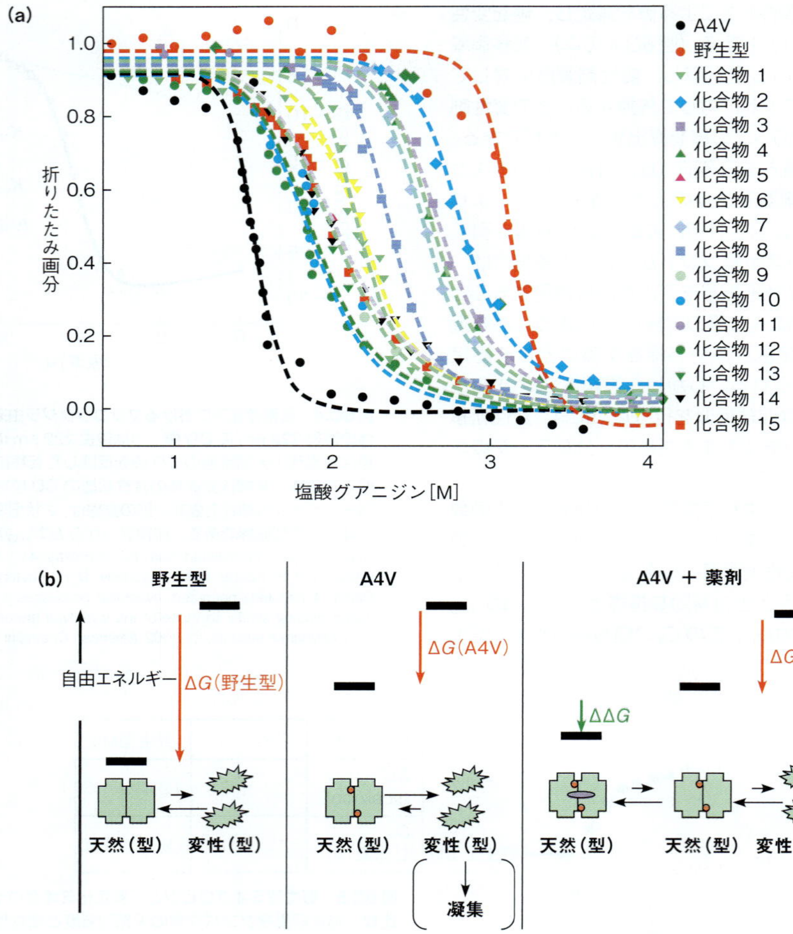

図 6C.6　化学変性を用いた薬剤候補の探索例　**(a)** SOD1 A4V 変異体（●）は野生型 SOD1（●）に比べて化学変性に対して著しく不安定である。さまざまな低分子化合物を加えることで A4V 変異体の安定性が上昇した。**(b)** 低分子化合物が SOD1 に結合すると，変性平衡を天然状態の向きに変化させることで，その二量体構造を安定化すると考えられている。薬剤候補の化合物によりもたらされる SOD1 の安定化機構を緑矢印にて右側に示している。

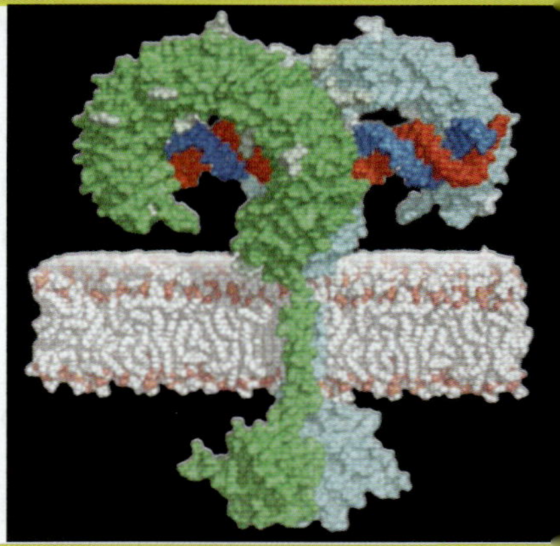

第 7 章
タンパク質の機能と進化

球状タンパク質の複合体や折りたたみ構造をより深く理解するために，そのような構造が分子機能とどのように関連し，それらの機能を発揮するためにどのように進化したかをもっとしっかり考えてみよう。本章では例として，他の分子との結合が主な機能である 2 種類のタンパク質，グロビンと免疫グロブリンを例として取り上げる。

まず，**グロビン globin** と総称されるタンパク質ファミリーのメンバーである**ミオグロビン myoglobin**（Mb）とその関連分子**ヘモグロビン hemoglobin**（Hb）について説明する。これらを例に選んだのは多くの理由がある。まず第 1 に，ヘモグロビンとミオグロビンは，動物の代謝の最も重要なものの 1 つ，すなわち，酸素（O_2）の摂取と利用に重大な役割を果たしている。第 15 章で詳細を述べるが，動物細胞において最も効率のよいエネルギー生成のメカニズムは，栄養素を酸化する酸素を必要とする。したがって，呼吸する細胞に酸素を輸送するタンパク質は，どんな高等生物にも必須である。また，ミオグロビンは，主に動物の筋肉組織に見られる事実上すべての動物種で利用される酸素結合タンパク質であり，ヘモグロビンは，すべての脊椎動物と数種の無脊椎動物において，酸素の輸送に利用される。第 2 に，ヘモグロビンは組織から CO_2 を除去するのに重要である。CO_2 は代謝産物の酸化の主要な生成物であり，たえず除去・排除されなければならない。O_2 と CO_2 の輸送におけるヘモグロビンの役割を図 7.1 に模式的に示した。O_2 の結合および CO_2 の除去は，組織の要求に合わせて慎重に制御される必要があるため，これらの例からタンパク質の機能の制御について多くのことを学ぶことができる。第 3 に，ヘモグロビンとミオグロビンが構造的に似た関係にあることから，タンパク質の機能がどのように進化してきたかについて考えるうえで重要な情報が得られる。最後に，グロビンファミリーの構造，機能そして進化については，他のタンパク質よりも詳しく調べられている。ヘモグロビンの研究は，初期の生化学と分子生物学の発展に重要な役割を果たした。19 世紀初頭にヘモグロビンの結晶化が成功したことで，ヘモグロビンは広く調べられるようになった。

ヘモグロビンとミオグロビンは，数種類の特定の分子に可逆的に結合するが（後述），**免疫グロブリン immunoglobulin**（あるいは**抗体分子 antibody molecule**）には多くの変異体があり，その各々が特定の標的と不可逆的に結合する。感染症に対する主な防御力は，**免疫反応 immune response** の一部として“外来”の分子（すなわち“非自己”起源）を免疫グロブリンが認識し結合する能力にかかっている。

多様で重要なもう 1 つのタンパク質，すなわち**酵素 enzyme** の構造と機能の関係については第 11 章で述べる。

酸素の輸送と貯蔵：ヘモグロビンとミオグロビンの役割

ヘモグロビンとミオグロビンは，動物では，O_2 の輸送と貯蔵に特化した機能を発揮するように進化してきたタンパク質である。直径数 mm を超えるような動物ならば，**好気性の aerobic**（酸素を要求する）代謝を行う際，深刻な問題に直面する。体内の細胞に定常的に O_2 を供給するとともに，CO_2 のような代謝の廃棄物を除去しなくてはならないのである。これらのガスは組織中に拡散するが，拡散による輸送は，かなりの距離を移動する場合，非常に緩慢になる。昆虫は，体表から組織に至る管状のネットワークである**気管 tracheae** をもつことでこの問題を解決している。実際，昆虫は，ガスが効率的に拡散するように体表面積を広げてきたのである。このメカニズムは，昆虫の体が小さいためにうまく働いている（あるいは，昆虫の体が小さいのは，O_2 を摂取するこのメカニズムを維持するためであるといってもよい*）。

他のほとんどすべての動物は，肺やエラで O_2 を取り出し，血液中に送り込み，動脈を通じて組織へ運ぶ（図 7.1 参照）。CO_2 は，静脈血に戻り，肺やエラで放出される。いくつかの原始的な生物では，ガスは簡単に血液中に溶け込むが，O_2 の血漿への溶解度が低いので，このメカニズムはとても効率が悪い（血漿は血液の液体部分）。活発な代謝活動を行う場合，この方法で少量の O_2 でも輸送させるためには，多量の血液を送り込まなければならない。すべての高等生物は，血液中にガス状の酸素の溶解度のおおよそ100倍以上の O_2 を運ぶことができるような**酸素輸送タンパク質 oxygen transport protein** の機能向上とともに進化してきた。酸素輸送タンパク質は（ある種の無脊椎動物のように）血液中に溶け込んだり，図 7.2 に示したヒトの**赤血球 erythrocyte** のような特定の細胞に濃縮されたりしている。すべての脊椎動物では，酸素輸送タンパク質は肺やエラで O_2 を結合し組織に輸送できるタンパク質であるヘモグロビンである。

ポイント1
極小の生物を除けば，すべての動物は，O_2をエラあるいは肺から組織へ輸送するために，あるタンパク質すなわち脊椎動物においてはヘモグロビンを必要とする。

O_2 は，いったん組織に輸送されると，利用されるためには放出されなければならない。骨格筋や心筋のような組織は，多くのエネルギーを必要としているので，呼吸している細胞内のミトコンドリア（ここで ATP が合成される）は，ヘモグロビンからの効率的な

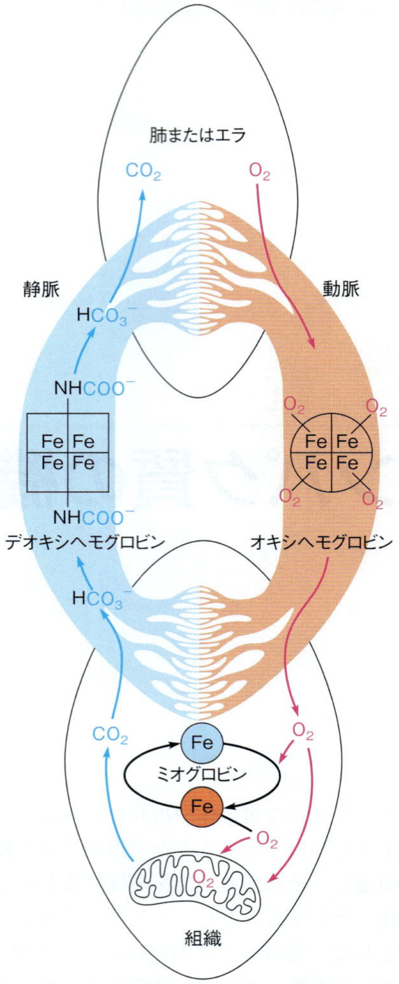

図 7.1　酸素の輸送と貯蔵におけるグロビンの役割　脊椎動物は，組織に持続的に O_2 を供給するためにヘモグロビンとミオグロビンを利用する。ヘモグロビンは肺やエラから組織へ O_2 を輸送し，その一部はミトコンドリア内の好気的代謝に直接使用される。細胞内では溶けた O_2 が自由に拡散し，あるいはミオグロビンに結合してミトコンドリアに運ばれる。組織中の酸化過程で産生された CO_2 は，ヘモグロビンによって肺やエラに戻され放出される。

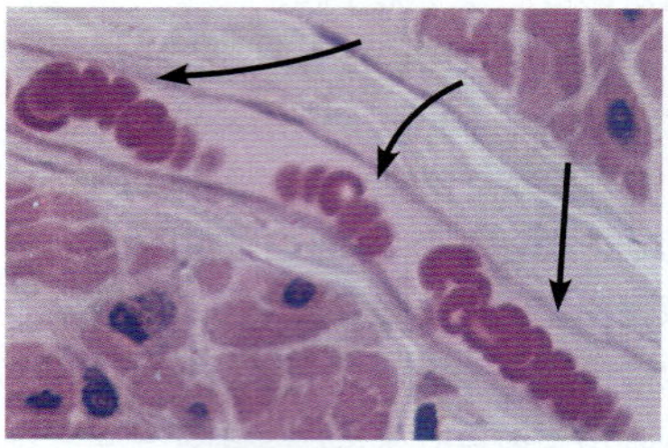

図 7.2　ヒトの赤血球　矢印は，毛細血管の中で動いている赤血球を示している。それぞれの赤血球は約3億のヘモグロビン分子を含んでいる。©Ed Reschke/Peter Arnold Inc.

*この仮説は，本質的な問題を提起している。翼幅2フィート（0.61 m）に及ぶ石炭期時代の巨大トンボをどのように説明できるだろう？　空気中の酸素含量が現在よりも高かったのか（約3億年前），それともトンボが酸素を摂取する何か他のメカニズムを使っていたのか？　最近わかった事実は，前者の説明が正しそうであることを示唆している。

O_2 の供給を必要としている。すべての哺乳類の骨格筋中で比較的ミオグロビンの濃度が高い（約 2 mg/g ヒト筋肉組織）のは，O_2 が効率的にミトコンドリアに渡るように，細胞内での O_2 の拡散を容易にするためと考えられる。深海に潜ることのできる哺乳類では，骨格筋中のミオグロビン濃度は陸生哺乳類の 10～30 倍高い。このようにミオグロビンは酸素貯蔵分子としても働き，動物が水中に潜っている間も，ATP の産生を行うための O_2 を供給する。巨大なクジラなどでは 30 分以上も潜水ができる！　本章で後述するが，ミオグロビンとヘモグロビンが，O_2 の輸送と貯蔵以外にも重要な生理活性をもつことが最近の研究で明らかになった。

ミオグロビンとヘモグロビンは，図 7.3 で示すように，共通の構造モチーフからできている。ミオグロビンでは，単一のポリペプチド鎖が O_2 結合部位を含む補欠分子族，**ヘム heme** を包み込んでいる（図 7.4）。ヘモグロビンは，それぞれがヘムを含み，構造的にミオグロビンとよく似た４本のポリペプチド鎖からなる四量体タンパク質である。まずは，ミオグロビンと O_2 の結合について述べ，これらのタンパク質の構造がどのように O_2 を肺からミトコンドリアまで輸送する機能をもつのかを考えてみよう。

ヘムタンパク質による酸素結合のメカニズム

酸素を貯蔵または輸送する分子は，O_2 と可逆的に結合し，かつ O_2 を還元できる他の物質との反応から保護できなければならない。O_2 が還元されてしまうと，ミトコンドリアでの ATP 産生に役立たなくなるのである。グロビンはどのようにこの役割を果たすのであろうか？　この問題に答えるためには，どのようにペプチドと補欠分子族が相互作用しているかについて考えなくてはならない。タンパク質のペプチド部分に補欠分子族が結合していないものを**アポタンパク質 apoprotein**，結合しているものを**ホロタンパク質 holoprotein** と呼ぶ*。アポグロビンは O_2 を結合できないが，低い酸化状態にある特定の遷移金属（特に鉄〈Ⅱ価〉と銅〈Ⅰ価〉）は，O_2 を強く結合する性質をもっている。グロビンタンパク質は，鉄（Ⅱ価）がタンパク質に結合して O_2 が可逆的に結合できる部位を生じるように進化してきたのである。

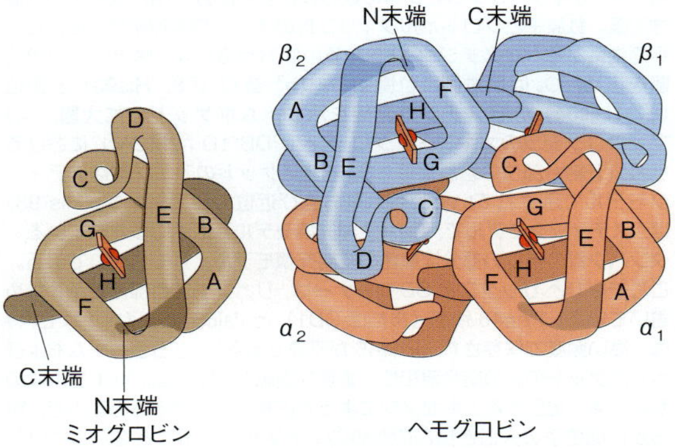

図 7.3　ミオグロビンとヘモグロビンの比較　X 線結晶構造解析によって明らかにされた２つの酸素結合分子の構造を示したもの。ヘモグロビン中の４本の鎖のそれぞれは，ミオグロビンの鎖に似た折りたたみ構造をもち，それぞれがヘム（赤色）をもっている。ヘモグロビンは，２本の同一の $α$ 鎖と２本の同一の $β$ 鎖をもっている。A～H は，$α$ ヘリックス性の領域を示す。$α$ 鎖と $β$ 鎖は互いによく似ているが，一次構造と折りたたみ構造の両方で区別がつく（$α$ 鎖は，“D” ヘリックスをもっていない）。

酸素結合部位

さまざまな鉄含有タンパク質は，多くの様式で鉄（Ⅱ価）を保持できる。ミオグロビンからヘモグロビンまでのファミリータンパク質では，一群の**ポルフィ**

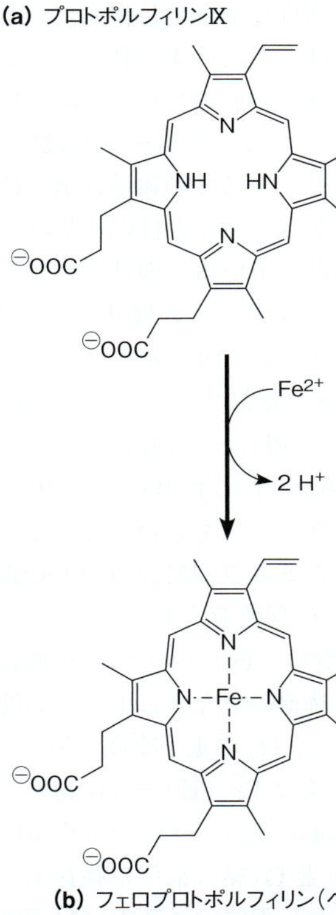

図 7.4　ポルフィリンⅨとヘムの構造　**(a)** プロトポルフィリンⅨは，ヘム分子のテトラピロール部分である。**(b)** 鉄（Ⅱ）とプロトポルフィリンⅨとの複合体であるにヘムは，ヘモグロビンやミオグロビンの補欠分子族である。ポルフィリン環内の電子の非局在化によって，ヘム内のすべての N-Fe 結合は等価である。

*酵素において対応する用語は“アポ酵素”（補欠分子族なし）と“ホロ酵素”（補欠分子族と結合している）である。

リン porphyrin 化合物の１つ**プロトポルフィリンⅨ protoporphyrin Ⅸ**（図 7.4a）と呼ばれるテトラピロール環システムと鉄がキレートを形成する。このほかのポルフィリンは，クロロフィル（第16章）やシトクロムタンパク質（第15章），いくつかの天然色素中に見出される。他の多くの大きな共役環をもつ化合物同様，ポルフィリンは鮮やかな色をしている。グロビン中の鉄–ポルフィリンは血液や肉の赤色の原因で，クロロフィル中のマグネシウム–ポルフィリンは植物の緑色の元となる。

プロトポルフィリンⅨと鉄（Ⅱ価）の複合体は，ヘムと呼ばれている（図 7.4b）。補欠分子族はミオグロビンあるいはヘモグロビン分子の疎水性の溝に非共有的に結合する（図 7.3 参照）。酸素分子とヘムの結合を図 7.5 に示す。この図はミオグロビンのオキシ体を示している。鉄イオン（Fe^{2+}）は通常，八面体状に配置し，6 個の**リガンド ligand** あるいは結合基をもっている。図 7.5a に示すように，ポルフィリン環の窒素原子はこれらリガンドのうち 4 個分のみの結合に関わっている。残りの 2 個が配置できる部位は，環の平面に対して垂直方向に沿って位置している。ミオグロビンのデオキシ体そしてオキシ体では，これら残りの部位の 1 つが，93 番目のヒスチジン残基の ε 窒素によって占められている（次ページ左段参照）。グロビン中の 8 個のヘリックス性の領域は A～H と命名されており（図 7.3 参照），93 番目の残基は F ヘリックス（図 7.5b）に存在している。他種のグロビンとの比較が可能な命名法により，この残基はヒスチジン F8 と呼ばれる（F ヘリックス内の 8 番目の残基）。また，この残基は直接 Fe と接触することから，**近位のヒスチジン proximal histidine** とも呼ばれている。**デオキシミオグロビン deoxymyoglobin** では，残りの配置部位は鉄の反対側にあり，何も結合していない。酸素原子が結合して**オキシミオグロビン oxymioglobin** になると，O_2 分子がこの部位を占有する。

鉄と O_2 の結合は，Fe^{2+} の d 軌道と電気陰性度の高い O_2 の π^*分子軌道の重なりによって高度に極性となる。この重なりは，O_2 の電子密度を増加させ，また，Fe（Ⅱ）—O_2結合に Fe（Ⅲ）—$O^{\bullet}_2$結合のような性質を与える。この Fe（Ⅲ）—$O^{\bullet}_2$のような構造の安定性は，結合した O_2 と O_2 結合部位に存在するもう 1 つの重要な His すなわち**遠位のヒスチジン distal histidine**（His64 または E7，図 7.5c 参照）との間の水素結合によって生まれる。His E7 と O_2 との間の水素結合は，His E7 と同様な結合をつくらない CO に比較して，Mb と O_2 との親和性を選択的に増加させる。それでも，CO は O_2 より約 200 倍以上結合しやすいが，E7 が H 結合しない場合には，それは 6,000 倍以上にもなるのである。したがって，遠位のヒスチジンが他のリガンドよりも O_2 との結合を促進するのに重要な役割を果たしている。

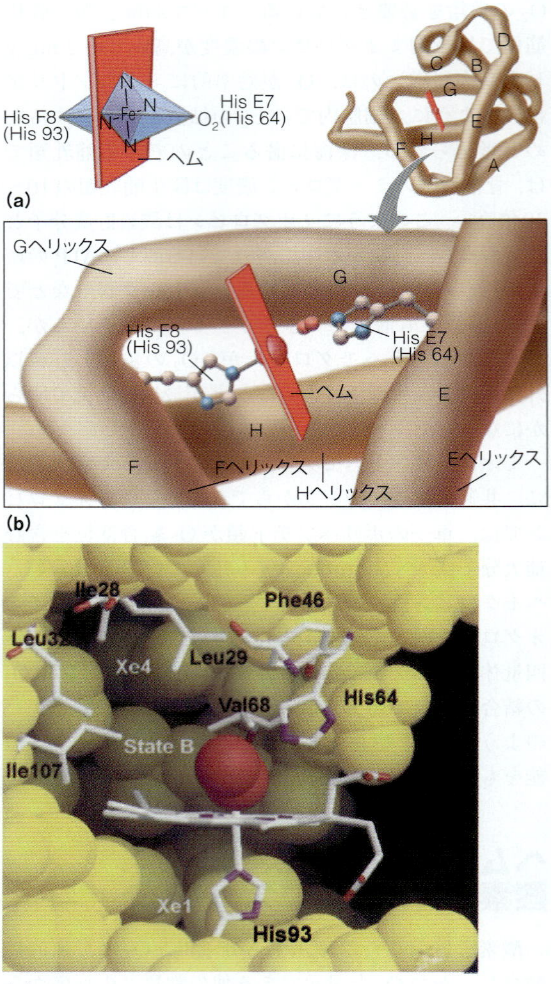

図 7.5　オキシミオグロビン中の鉄の幾何学的配置　**(a)** 鉄原子の八面体配置。鉄原子とプロトポルフィリンⅨの 4 つの窒素原子は，ほとんど平面内にある。ヒスチジン（F8 あるいは His93）は，軸上の 1 つの位置を占め，O_2 は反対側に位置する。**(b)** 近位（F8，His93）と遠位（E7，His64）のヒスチジン側鎖を示すヘムポケットの拡大図。**(c)** マッコウクジラのオキシミオグロビン（PDB 1D：2MGM）におけるリガンド結合部位の結晶構造。O_2 結合ポケットのアミノ酸はスティックモデルで示されている。ヘム基および近位のヒスチジン（His 93）は，スティックモデルで，O_2（空間充填モデル）は赤で表されている。タンパク質の残りの部分は黄色の空間充填モデルとして描かれている。ここでは D ヘリックスと CD コーナーは，リガンド結合部位を示すため省いている。Phe46 残基（または CD1）と Val68 残基（または E11）は，高い頻度で保存され（Phe46 が不変である），どちらもヘムおよびヘムポケットの間の結合親和性に重要な貢献をしている。Xe1 と Xe4 のサイトは，加圧するとキセノンによって占有される疎水性の窪みで，明らかに配位子の入口と出口のためのチャネルであることを示している（図 7.8 を参照）。

(c) Courtesy of Dr. Jeffry Nichols.

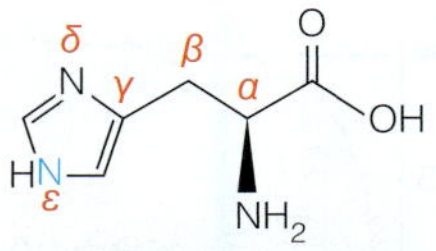

ヒスチジンの ε 互変異性体

F8 および E7 部位のヒスチジンと同様の酸素結合様式は，ヘモグロビンの各サブユニットでもみることができる。

通常，鉄イオンに近接している O_2 分子は，次第に第一鉄 Fe(Ⅱ) を第二鉄 (Fe〈Ⅲ〉) 状態に酸化する。溶液中で遊離しているヘムは O_2 によって容易に酸化されるので，ヘムだけでは鉄を酸化から守れない。しかし，ミオグロビンやヘモグロビン分子のヘムが結合する溝のように疎水性（そして無水の）環境では，鉄は簡単には酸化されない。そのため，O_2 が放出された際に鉄は他の O_2 を結合できるⅡ価の状態にとどまる。遠位のヒスチジンもこの自動酸化反応を妨げる役割をもつ。それは酸触媒である。グロビンはヘム鉄に酸化反応の第 1 段階（酸素の結合）の環境を提供するが，最後のステップ（酸化）を妨げる。

実際は，ミオグロビンとヘモグロビン中の二価鉄をもつヘムは，三価鉄 (Fe^{3+}) の状態に酸化され，**メトミオグロビン metmyoglobin** あるいは**メトヘモグロビン methemoglobin** となる。メト-グロビンは O_2 とは結合しておらず，かわりに水分子が O_2 結合部位に入っている。このため，赤血球はメトヘモグロビン中の三価鉄を二価鉄に還元する酵素をもっており，この酵素によって O_2 結合活性を復元する。

ミオグロビンとヘモグロビンは可逆的な O_2 分子との結合に理想的に適応しているが，一酸化炭素 (CO) および一酸化窒素 (NO) のような他の 2 原子気体とも結合する。CO は，グロビンだけでなく**シトクロム cytochrome** と呼ばれる他の重要な呼吸タンパク質の Fe^{2+}-ヘムに強固に結合することにより，呼吸を妨害して毒性を出す。一酸化窒素もまた，呼吸タンパク質（主に**シトクロム *c* オキシダーゼ cytochrome-*c* oxidase**，第 15 章で説明）を阻害し，免疫応答の一部として侵入者を破壊するマクロファージによって放出される。低濃度の NO は細胞シグナル伝達分子でもある。グロビンと NO の結合に関しては，本章で後述する。

ポイント 2
疎水性のグロビンポケット内のポルフィリン（ヘム）に鉄 (Ⅱ) が配位することで，鉄が酸化されることなく O_2 が可逆的に結合することが可能になる。

ミオグロビンによる酸素結合の分析

ミオグロビンが O_2 と結合するためには，特定の生理的条件を満たさなければならない。図 7.1 に示したように，筋肉中のミオグロビンは，毛細血管を循環しているヘモグロビンから細胞中に拡散した O_2 を結合する。さらに，ミオグロビンは，O_2 をミトコンドリアに送り込む。これらの機能を定量的に理解するには，O_2 のようなリガンドの結合が，その濃度にどのように依存するかを検討しなければならない。

まず第 1 に，溶けている O_2 濃度を測定する手法が必要である。Henry の法則に従うと，溶液中に溶け込んでいるガスの濃度は，その気相中のガスの分圧に比例する。したがって，研究対象のミオグロビン溶液上の O_2 分圧を調節することで溶存 O_2 圧を簡単に制御（そして測定）できる。実際，O_2 濃度はこの分圧 (P_{O_2}) として表せる。

リガンドとの結合を調べるには，O_2 が結合したミオグロビン分子の割合を測定しなければならない。ミオグロビンまたはヘモグロビンが酸素付加されると色が変化する（ヘム鉄の電子構造が変化することで吸光スペクトルが変わる。「生化学の道具 6A」参照）ので，酸素化される結合部位の存在割合を分光学的に決定することができる（図 7.6）。中性 pH の溶液中にあるミオグロビンを用いた分析結果を図 7.7 に示す。このようなグラフは，O_2 が結合したミオグロビンの部位の割合が，遊離の O_2 の濃度 (P_{O_2}) にどのように依存するかを表すもので，結合曲線と呼ばれている。

ミオグロビンとリガンド（この場合は O_2）との結合は次の反応で示すことができる。

$$\mathrm{Mb} + \mathrm{O_2} \xrightarrow{k_{on}} \mathrm{MbO_2} \tag{7.1}$$

そして，リガンドの解離は

$$\mathrm{MbO_2} \xrightarrow{k_{off}} \mathrm{Mb} + \mathrm{O_2} \tag{7.2}$$

となる。ここで k_{on} と k_{off} はそれぞれ結合と解離の速度定数を表す。そこで，可逆的なリガンドとの結合は以下の式で表すことができる。

$$\mathrm{MbO_2} \underset{k_{on}}{\overset{k_{off}}{\rightleftharpoons}} \mathrm{Mb} + \mathrm{O_2}$$

$$K_d = \frac{[\mathrm{Mb}][\mathrm{O_2}]}{[\mathrm{MbO_2}]} \tag{7.3}$$

平衡定数 K_d は，**解離定数 dissociation constant** と呼ばれる。[　] 内は，酸素を結合したオキシミオグロビンのモル濃度 $[MbO_2]$，脱酸素されたデオキシミオグロビンのモル濃度 [Mb]，そして遊離の O_2 のモル濃度 $[O_2]$ を示す。酸素が結合したミオグロビンの結合部位の割合は，次のように定義される。

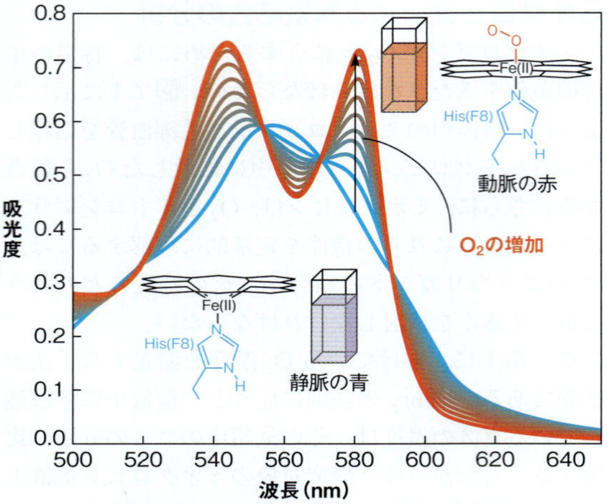

図 7.6　ヘモグロビンの可視スペクトルの変化　脱酸素状態（青のトレース）と O_2 結合状態（赤のトレース）のヘモグロビンのスペクトルが示されている。脱酸素状態のヘモグロビンは紫であるが，完全なオキシヘモグロビンは赤である。より多くの O_2 がヘモグロビンと結合したとき，可視スペクトルは，青から赤のトレース（いくつかの部分的にバインドされたヘモグロビンのスペクトルが示されている）に移行する。したがって，グロビンのリガンド結合挙動は，グロビンのさまざまな形態間の独特のスペクトルの違いによる可視分光法によって簡単にモニターされる（「生化学の道具 6A」を参照）。
Courtesy of John S. Olson, Rice University.

$$Y_{O_2} = \frac{占有部位}{総利用可能部位}$$

各ミオグロビン分子は，たった 1 つの結合部位しかもたないことから，利用できるすべての部位数は，ミオグロビンの全モル濃度，$[MbO_2]+[Mb]$ に比例する。したがって，

$$Y_{O_2} = \frac{[MbO_2]}{[Mb]+[MbO_2]} = \frac{\frac{[Mb][O_2]}{K_d}}{[Mb]+\frac{[Mb][O_2]}{K_d}} \qquad (7.4)$$

となる。ここで式 7.3 から $[MbO_2]=[Mb][O_2]/K_d$ の関係式を使い，右辺の式を得た。デオキシミオグロビン濃度 $[Mb]$ は，分子と分母の両方の因子となっているので省略でき，

$$Y_{O_2} = \frac{\frac{[O_2]}{K_d}}{1+\frac{[O_2]}{K_d}} = \frac{[O_2]}{K_d+[O_2]} \qquad (7.5)$$

が得られる。

式 7.5 は，平衡定数 K_d は半分のミオグロビン分子に O_2 が結合したときの酸素の濃度であることを示している。この関係は，式 7.5 に $Y_{O_2}=1/2$ を代入するとわかる。酸素濃度は酸素分圧に比例するので，式 7.5 は

$$Y_{O_2} = \frac{P_{O_2}}{P_{50}+P_{O_2}} \qquad (7.6)$$

と記述することができる。ここで，P_{50}は，結合部位が半分飽和するときの酸素分圧である。P_{50}の値は，リガンドに対する相対的な結合親和性の指標である。ミオグロビンの場合には，$P_{O_2}=P_{50}$ のとき，$[MB]=[MbO_2]$ である。高い O_2結合親和性をもつミオグロビンが半分飽和する濃度は，低酸素濃度（low P_{O_2}）で発生するので P_{50}の値は低い。低い O_2結合親和性をもっているミオグロビンが半分飽和する濃度は高酸素濃度（high P_{O_2}）で発生し，P_{50}の値が高くなる。

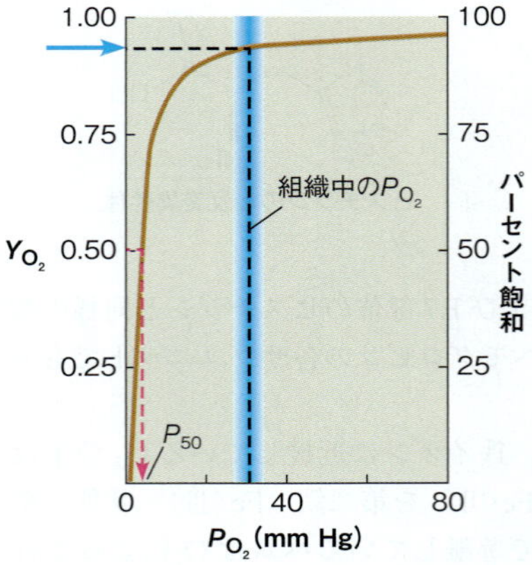

図 7.7　ミオグロビンの酸素結合曲線　遊離の酸素濃度は，P_{O_2}と表示される酸素分圧で表すことができる。酸素が結合しているミオグロビンの酸素結合部位の割合は，フラクション（Y_{O_2}，左側）あるいはパーセント飽和（右側）で表すことができる。P_{O_2}が増大すると，式 7.6 で記述するように，100%飽和に漸近線のように近づく。50%飽和の酸素分圧 P_{50}の値はグラフ上に示してある（ピンクの矢印）。青い破線は，30 mm Hg の P_{O_2}であり，Mb は 90%以上 O_2 で飽和している（y 軸の青い矢印）。

ポイント 3
P_{50}は，リガンドに対するグロビンの相対的結合親和性の指標である。O_2結合親和性が高いグロビンは，P_{50}の値が低い。O_2結合親和性が低いグロビンでは，P_{50} 値が高い。

式 7.6 は図 7.7 に示した双曲線型の結合曲線を示していることがわかる。つまり，Y_{O_2} は $P_{O_2}=0$ のとき 0 で始まり，P_{O_2} が非常に大きくなるに従い 1 に近づいていく。ミオグロビンの P_{50}はとても低い（3〜4 mmHg）。これは，ミオグロビンが O_2 に対して高い親和性があることを意味している。このことは，毛細血管中の血液から O_2 を取り出す必要性のあるタンパク質にとっては有利な性質である。動脈の毛細血管中の酸素分圧（P_{O_2}，約 30 mmHg）で，隣接した組織中のミオグロビンはほとんど飽和している（図 7.7 の青い矢印）。細胞の代謝活動が活発なときは，細胞内の P_{O_2} は非常に低いレベル（3〜18 mmHg）に落ち込む。これらの条件下では，ミオグロビンは O_2 を放出することになる。

ポイント 4
（O_2のような）リガンドの（Mb のような）タンパク質の単一の部位への結合は，双曲線型の結合曲線によって表せる。

ミオグロビン分子は，単にヘムにO_2が可逆的に結合しやすい環境を与えているだけではない。O_2の取り込みおよび放出の両方向の平衡を保つためには，O_2結合親和力（P_{50}の値によって示される）は適切な大きさでなければならない。この働きを理解するには，解離定数が平衡定数であること，すなわち，2 つの速度定数（結合反応のための k_{on}と遊離反応のための k_{off}）の比になることを思い出すとよい。リガンドの結合と遊離の速度が等しいので k_{on} [Mb][O_2]$=k_{off}$ [MbO_2] または

$$K_d = \frac{[\mathrm{Mb}][\mathrm{O_2}]}{[\mathrm{MbO_2}]} = \frac{k_{off}}{k_{on}} \qquad (7.7)$$

で表される。このように，酸素の親和性は，結合または遊離の速度を調節することによって分子レベルで制御できる。

John Olson の研究室で行われたミオグロビン突然変異体を用いた迅速反応速度の研究から，O_2の結合の大部分は遠位のヒスチジンが関与していることが明らかになった。ヒスチジンのイミダゾール側鎖は，あるリガンドに対する水素結合識別装置および，溶媒環境とヘム鉄のゲートとして作用する。先に述べたように，遠位ヒスチジンの ε — NH 互変異性体は，ミオグロビン（およびヘモグロビンの α および β サブユニット）中のヘムに結合したO_2と水素結合をつくることができる。最近の Mb の反応速度研究と高解像度な構造研究によって，この水素結合が約 15 kJ/mol の強さであることが示された。しかし，ヘモグロビンのサブユニットでの水素結合は約 8 kJ/mol で，いくぶん弱い。遠位ヒスチジンでのリガンドの結合と遊離についてさらに調べるために，CO-ミオグロビンの研究が行われた。CO-ミオグロビンにおける Fe-CO 結合を光分解開裂した後に収集された X 線結晶解析データは，遠位のヒスチジンがリガンドの光分解後に 100 ps（1 ps$=10^{-12}$ 秒）の間に比較的大きな動きを起こすことを明らかにした（図 7.8a）。この発見は，“ゲート”としての役割と一致している。コンピュータシミュレーションでも，タンパク質からリガンドが遊離する主なルートは，遠位のヒスチジンによって制御される幅の狭いトンネルであることを示している。しかし図 7.8c で示すように，リガンドは他の部位（ヘム結合ポケットから遠く離れているものもある）でもタンパク質から出ることができる。実際，リガンドは，それが溶媒に放出される前に，タンパク質の空間（ケージのようなもの）の中でしばらく活発に運動し，おそらくヘム鉄と再結合する。この過程は，前章で述べた原理を明確に示した例である。すなわち，球状タンパク質分子の内部運動の動きは，タンパク質の機能をうまく調節するうえで重要な働きをしているのである。

ポイント 5
ミオグロビンの動的運動はリガンドとの結合と放出を容易にする。

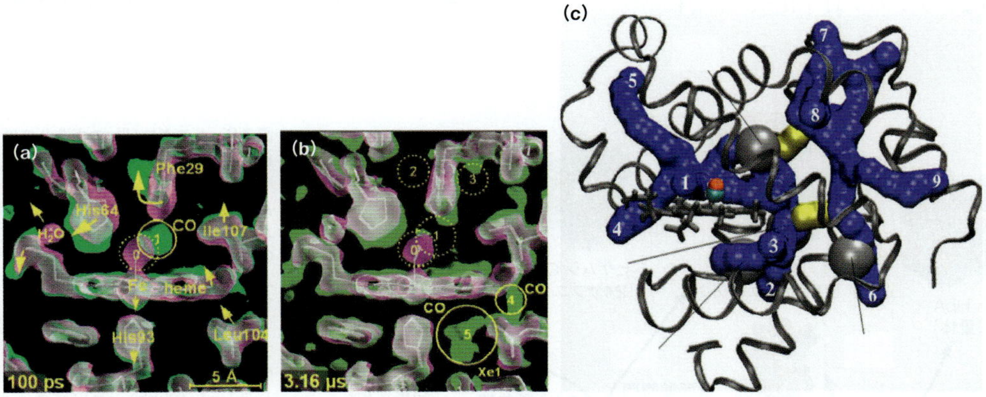

図 7.8　ミオグロビンの CO 放出の動力学　**(a)** CO を結合したミオグロビンの L29F 変異体の光分解（分解前〈赤紫色〉，100 ps 後〈緑色〉）を時間分解 X 線回折データにより原子位置を比較した。重複がある場合の電子密度は，白で表示されている。光分解から 100 ps 後は，CO がヘム鉄から 0.2 nm 程度に位置するように表示される（内側に濃い緑がある 1 と番号をつけた黄色の丸）。ミオグロビンでの最大の変位（黄色の矢印）は，遠位ポケット内の側鎖：His64 と Phe29。**(b)** a から 3.16 μs 後の光分解。この時点で，CO はヘムの近位で検出することができ（4 および 5 と番号をつけた黄色の丸内），遠位ポケット側鎖はデオキシ状態と同様の位置をとる。**(c)** 計算モデルで求められたミオグロビン中のリガンドの移行経路を青色で表示した。主要な経路はヘムの近くにあり（1〜5 で表示），マイナーな経路はタンパク質の反対側の上にある（6〜9 で表示）。タンパク質の内部運動は，マイナーな経路を介して解離する結合リガンドのために必要とされる。

(a, b) From *Science* 300：1944-1947, F. Schotte, M. Lim, T. A. Jackson, A. V. Smirnov, J. Soman, J. S. Olson, G. N. Phillips Jr., M. Wulff, and P. A. Anfinrud, Watching a protein as it functions with 150-ps timeresolved x-ray crystallography. ©2003. Reprinted with permission from AAAS；(c) Reprinted from *Proceedings of the National Academy of Sciences of the United States of America* 105：9204-9209, J. Z. Ruscio, D. Kumar, M. Shukla, M. G. Prisant, T. M. Murali, A. V. Onufriev, Atomic level computational identification of ligand migration pathways between solvent and binding site in myoglobin. ©2008 National Academy of Sciences, U.S.A.

まとめると，ミオグロビンというタンパク質の中には，比較的低い P_{O_2} の生理的条件下での酸素の結合と放出に最適な環境をつくり出すため，進化の過程で選択された複雑な分子構造を見出すことができる。最近の知見では，ミオグロビンは動物生理学的に別の重要な役割を果たすことがわかっている。それは細胞内の毒性のある濃度の NO（一酸化窒素）からの保護である。酸素輸送に関して述べたあと，本章の後ろでこの話題に戻ることにする。

ポイント6
ミオグロビンは，酸素濃度が比較的低い条件下で O_2と結合し，放出するために進化してきた。

酸素の輸送：ヘモグロビン

すべての高等生物は，ある種の酸素輸送タンパク質をもっている。脊椎動物といくつかの無脊椎動物では，このタンパク質はヘモグロビンである。すべてのヘモグロビンは，複数のサブユニットからなるタンパク質であることがわかっており，単一サブユニット構造であるミオグロビンとは対照的である。なぜそうなったのか？　この問題を追及していくと，グロビンタンパク質機能の新しい側面が明らかになる。

ヘモグロビンは，動物でみられる唯一の酸素結合タンパク質ではない。ほとんどの軟体動物といくつかの節足動物では，酸素結合部位に銅を含むタンパク質，ヘモシアニンをもっている。さらに他の無脊椎動物のあるものは，ヘムエリトリンと呼ばれる鉄を含むが類縁関係のないタンパク質を使う。無脊椎動物のヘモグロビンでさえ，その構造は二量体から 180 のサブユニットをもつ複合体にまで多岐にわたる（図 7.9）。この多様性は，同じ機能が独立した進化の過程でもたらされることを意味している。以下の議論では，図 7.3 に示された高等脊椎動物の四量体 $\alpha_2\beta_2$に焦点を当てる。

ポイント7
高等動物は，代謝を維持するために必要な呼吸組織に，肺やエラから酸素を運搬する O_2結合タンパク質を用いる。

協同的な結合およびアロステリック性

O_2 輸送タンパク質に要求される条件について考えてみよう。肺やエラ中の分圧（約 100 mmHg）で効率よく O_2 を結合し，組織では適当な量の O_2 を遊離する必要がある。安静時，毛細血管内の P_{O_2} はおよそ 30 mmHg であり，肺と毛細血管における O_2 の飽和フラクションの差 ΔY_{O_2} はおよそ 0.4 である。O_2 を極端に要求する代謝条件（例えば獲物を追うことや食肉動物との戦い）で，P_{O_2} は 10 mmHg まで落とすことができ，その場合，ΔY_{O_2} はおよそ 0.85 となる。言い換えると，組織に最適な O_2 を送るためには，100 mmHg でほぼ飽和し，安静時には組織に十分な O_2 を届けながら，かつ高い需要の場合に備えてそれなりの量の O_2 を蓄えているような輸送タンパク質が理想的である。もし，輸送タンパク質がミオグロビンのように双曲線型の結合曲線を描くとしたら，そのような働きはできないであろう。このような結合曲線では，そのタンパク質は，平常時または最大代謝状態のいずれもまかなうには不十分であろう。強化された有酸素能力の

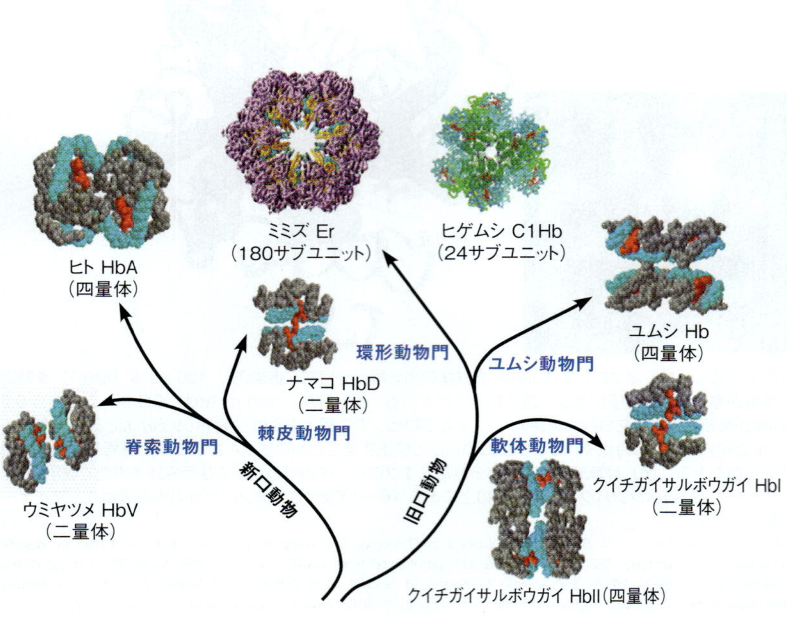

図 7.9　ヘモグロビンの構造多様性　ヘモグロビンの二量体と四量体の空間充填モデルはヘムを赤で，E ヘリックスと F ヘリックスは青，および主鎖の残りは灰色で表示されている。ヒゲムシ C1 のヘモグロビンの 24 のサブユニットの主鎖はサブタイプに応じて緑色と青色で，ヘムは赤色で表示されている。180 のグロブリンサブユニットからなるミミズのエリスロクルオリン中のヘモグロビンは，5.5 Å 電子密度マップから赤紫で表示されている。青と金色は非グロビンリンカー鎖を示している。PDB ID：ヒトの HbA（2hhb），ヤツメウナギデオキシ HbV（3lhb），*Caudina* の HbD（1hlm），ヒゲムシの C1 ヘモグロビン（1yhu）。ユムシの Hb（1ith），アカガイの HbI（3sdh）と HbII（1sct）。
Journal of Biological Chemistry 280：27477-27480, We. J. R. Royer, H. Zhu, T. A. Gorr, J. F. Flores, and J. E. Knapp, Allosteric hemoglobin assembly：Diversity and similarity. Reprinted with permission. ©2005 The American Society for Biochemistry and Molecular Biology. All rights reserved.

利点は，食肉動物と獲物の両者を生存しやすくし，最適化された酸素トランスポーターの進化に向けた選択圧を与える。

図7.10cに示すようなS字型結合曲線をもつヘモグロビンのようなO_2輸送タンパク質が，進化の過程でその問題を解決してきた。毛細血管中の最大放出と同様，肺やエラ中のタンパク質がほぼ飽和するため，S字型曲線は非常に効率的である。図7.10dを検証してみると，そのような曲線の成立の仕方がわかる。低い酸素圧では，ヘモグロビンは弱い親和性でO_2を結合するが，より多くの酸素が結合するようになるにつれ，酸素への親和性は大きくなっていく。この現象は，まさしくO_2結合部位の間で協同的な相互作用が起こっていることを意味する。リガンドが結合することにより最初の部位が埋まると，残りの部位ではO_2に対する親和性がいくらか増し，タンパク質がO_2で飽和するのを促進する。言い換えると，タンパク質から1個のO_2が失われると，残りのO_2が失われやすくなり，完全な脱酸素状態へと促進する。このような動きは結合部位の間でのある種の分子間情報伝達を必要とする。ミオグロビンのように単一のサブユニットしかもたないタンパク質は，この種のリガンド結合親和性の調整は起こらない。しかし，そのような情報伝達は，ヘモグロビンなどの複数のサブユニットをもつタンパク質のサブユニット間では可能なのである。“ヘモグロビンはなぜ複数サブユニットをもつタンパク質なのか？”という質問の答えは，低親和性から高親和性への切り替え（スイッチ）ができるというのがヘモグロビンが進化で獲得してきたことだからである。

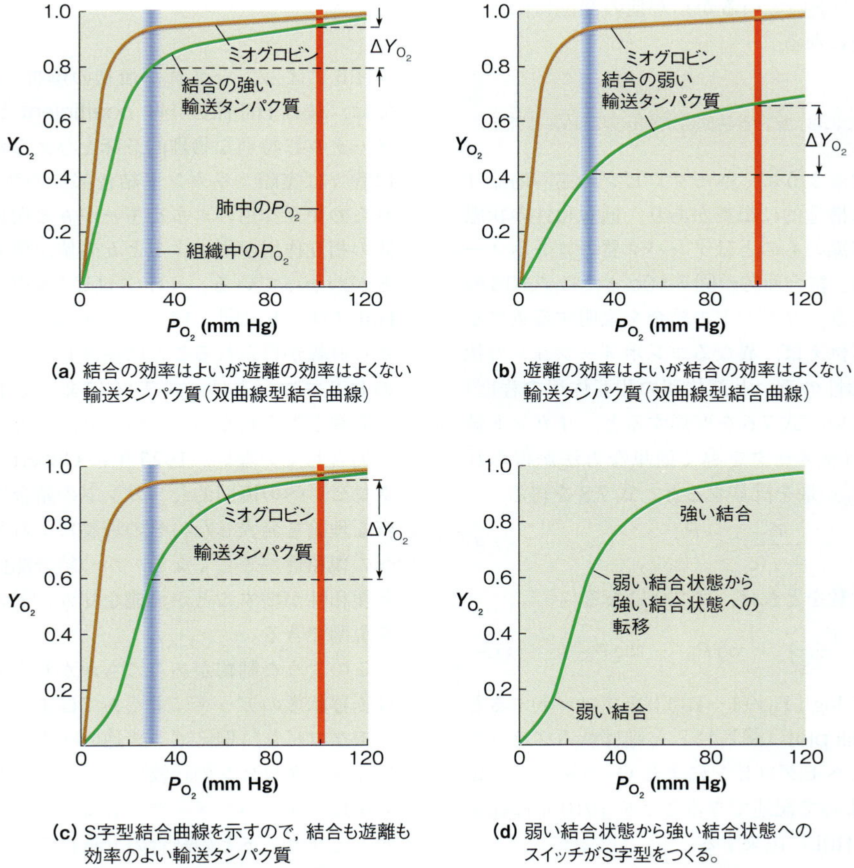

(a) 結合の効率はよいが遊離の効率はよくない輸送タンパク質（双曲線型結合曲線）

(b) 遊離の効率はよいが結合の効率はよくない輸送タンパク質（双曲線型結合曲線）

(c) S字型結合曲線を示すので，結合も遊離も効率のよい輸送タンパク質

(d) 弱い結合状態から強い結合状態へのスイッチがS字型をつくる。

図7.10　協同的なO_2結合曲線と非協同的な酸素結合曲線との比較　これらのグラフは，ヘモグロビンのようなO_2輸送タンパク質が，低または高親和性状態の間で協同してスイッチする場合に，どのように効果的であるかを示している。縦の青と赤のバーはそれぞれ毛細血管と肺のP_{O_2}を表す。毛細血管に対する肺内のヘモグロビンのO_2飽和度の差（ΔY_{O_2}）は，水平破線との間の隙間によって表される。**(a)** 輸送タンパク質が非協同的であり，高いO_2親和性をもっていた場合，肺の飽和状態は確保され，組織中のミオグロビンへのO_2の転送は非効率的であるだろう。この場合，ΔY_{O_2}は非常に小さい。**(b)** 非協同的輸送タンパク質が低いO_2親和性だった場合，組織中のミオグロビンに対して効率的なO_2輸送体であっても，肺中でO_2が飽和されないであろう。この場合ΔY_{O_2}は，高親和性の非協同的ヘモグロビンの場合よりも若干大きい。**(c)** 輸送タンパク質が，肺でO_2と効率的に結合し，組織内で効率的に取り除かれるには，S字型結合曲線を必要とし，その結合したO_2の最大の比率で運搬する（すなわち，それはΔY_{O_2}の最大値をもつ）。**(d)** S字型結合曲線は，高酸素圧で高い親和性状態への，低酸素圧で低い親和性状態への，輸送タンパク質のスイッチングを表している。

ポイント8
O_2は，タンパク質に存在する複数の結合部位に協同的に結合することで効率的に輸送される。それはS字型曲線により表される。

脊椎動物のヘモグロビンは，ミオグロビンの単量体の構造から図7.3に示される四量体構造に進化した。ヘモグロビンは，4つの各サブユニットに1つずつ，4つの酸素分子を結合することができる。各サブユニットの一次構造，二次構造，三次構造は，ミオグロビンの構造とよく似ている。しかし，ヘモグロビン中のアミノ酸の側鎖は，特定の四次構造を安定化するため，他の必要な相互作用（塩橋，水素結合，そして疎水的相互作用）も行っている。

ヘモグロビンとミオグロビンの機能的な違いは，ヘモグロビンのリガンド結合部位でみられる結合の協同性の有無による。この協同性は，部位の酸素付加状態（埋まっているか空いているか）が他の部位に伝えられることで可能になる。

ポイント9
協同的に結合するには，結合部位間の情報伝達が必要である。

本章で後述するように，ヘモグロビンの協同的なリガンド結合には構造的に根拠があり，低親和性の状態では高親和性状態のものとはタンパク質のコンホメーションが異なる。結合曲線が図7.10cまたは7.10dの場合のようなとき，リガンドの結合を説明する重要なパラメーター（例えば，異なるコンホメーションの状態での結合親和性の違いと部位間の相互作用の程度）は明らかではない。式7.6を変形すると，リガンド結合データからパラメータを導く簡単な方法が得られる。$Y_{O_2}/(1-Y_{O_2})$ 量を計算すると，式7.8を得る。

$$\frac{Y_{O_2}}{1-Y_{O_2}} = \frac{P_{O_2}}{P_{50}} \tag{7.8}$$

また，両辺の対数をとれば，式7.9になる。

$$\log\left(\frac{Y_{O_2}}{1-Y_{O_2}}\right) = \log P_{O_2} - \log P_{50} \tag{7.9}$$

$\log P_{O_2}$ に対して $\log[Y_{O_2}/(1-Y_{O_2})]$ をプロットすると**Hillプロット Hill plot**（図7.11）と呼ばれるグラフを得る。これは，ヘモグロビンによるO_2の結合は経験的に式7.10によって記述できることを1910年に提案したArchibald Hillに由来する。

$$Y_{O_2} = \frac{P_{O_2}^h}{P_{50}^h + P_{O_2}^h} \tag{7.10}$$

これより，**Hill方程式 Hill equation**の一般式が導かれる。

$$\log\left(\frac{Y_{O_2}}{1-Y_{O_2}}\right) = h\log P_{O_2} - h\log P_{50} \tag{7.11}$$

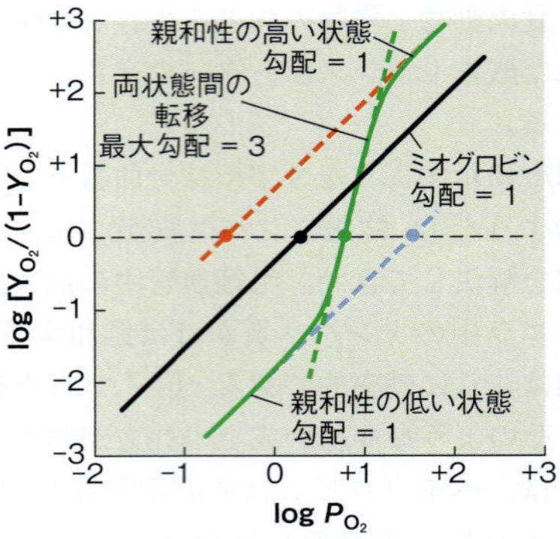

図7.11　生理的状態におけるミオグロビンとヘモグロビンの酸素結合のHillプロット　丸印は各タンパク質のP_{50}と結合状態を示す。非協同的に酸素を結合するミオグロビンのプロットは，勾配1の黒の実線で示した。協同的に酸素を結合するヘモグロビンのプロット（緑色で示している）は，弱い結合状態（大きなP_{50}。青い丸印）から強い結合状態（小さなP_{50}。赤い丸印）へのスイッチを示しており，約3のHill係数をもっている。リガンド結合親和性は，log［$Y_{O_2}/(1-Y_{O_2})$］におけるx軸に結合曲線の上下アームの外挿から誘導される。Hill係数hは，半分まで飽和したときの傾斜から決定される（緑色の丸印）。

Hillによってなされた最初の解析（式7.10，7.11）では，彼は**Hill係数 Hill coefficient**と呼ばれるパラメータhに特別な物理的意味を与えなかった。現在では我々は実際，リガンド結合部位の数（n）およびそれらの相互作用のエネルギーがhと関係があり，部位間の相互作用が増加するとhの値が値nに接近することがわかっている。ミオグロビンの場合は$h=1$で，Hillプロット（図7.11の黒の直線）において，式7.11から直線が得られることに注意しよう。ヘモグロビンのHillプロットは，式7.11によって予測できるような直線が得られない――つまり，このモデルはデータに適合していない。1925年にGilbert Adairは，ヘモグロビンへの協同的なリガンドの結合に関するより厳密な理論を発表した。その理論によると，各結合部位への親和性が等しくなく，かつ結合部位が占有されると親和性が増すことが可能なリガンドの連続的な結合を説明できる。

このような制約があるにもかかわらず，Hill方程式は転移状態のデータによくあてはまり，また，異なるヘモグロビン（例えば，普通のヘモグロビンと突然変異体ヘモグロビンの比較）でのリガンド結合のふるまいを比較するパラメーターも得られるので，ヘモグロビンとリガンドとの結合の分析に今も広く使用されている。図7.11で示すように，このようなパラメーターはHillプロットに由来し，P_{50}の値，低および高親和性状態でのP_{50}の推定，およびHill係数による協同性の程度の質的な説明を含んでいる。

Hillプロット上での，協同的なシステムと非協同的なシステムの違いは明らかである。Hill方程式によって予測されるように，非協同的結合の Hill プロットは勾配＝1 の直線を与える。ここで，ヘモグロビンのようなリガンドと協同的結合をするタンパク質の Hill プロットを考えてみよう。この場合，結合曲線は直線状よりも S 字状である。デオキシヘモグロビンが 1 番目の酸素分子に（低い P_{O_2} で）結合すると，その Hill プロットは勾配≅1 になり，これは低親和性状態の結合（大きい P_{50} で特徴づけられる）に相当する。酸素との結合が進行するに従い，曲線は変化して，高親和性状態の結合（小さな P_{50} をもつ）を示す他の平行な直線に近づく。協同的と非協同的の両システムで，Hill プロットは勾配が $\log[Y_{O_2}/(1-Y_{O_2})]=0$ の場合，h の値を与える。n 個の結合部位をもつ分子に関しては 4 つのケースが考えられる。

1. $h=1$：部位間での相互作用はない。分子は非協同的に結合する（図 7.11 のミオグロビンのように）。結合部位が互いに相互作用しない場合には，このような状況が複数の部位をもつタンパク質でも観察することができる。
2. $1<h<n$：部位間で相互作用がある。この状態は，図 7.11 のヘモグロビンが描くように正の協同性でリガンドと結合するタンパク質の場合，通常起こることである。Hill 係数は，低親和性の結合の線から高親和性の結合の線に切り替えるため 1 より大きくならなければならない。
3. $h=n$：部位間の相互作用のエネルギーは，無限に近づく。この仮想上の状態では，分子は完全に，無限に協同的である。こうした状態では，完全な非リガンド結合分子と完全なリガンド結合分子のみが結合過程のどの時点でも存在している。これは，協同性の上限を表し，実際のタンパク質においては観察されない。例えば，ヘモグロビン（$n=4$）の Hill 係数は，生理的条件下では約 3 である。
4. $h<1$：この場合には，ある部位でのリガンド結合が他の結合部位への結合親和性を減少させ，“負の協同性”と呼ばれる。この状態は，タンパク質に異なる結合親和性で相互作用しない部位があるときにも予想される。このような負の協同性がよく示された例は非常にまれである。

ポイント 10
Hill プロットは非協同的リガンド結合と協同的リガンド結合を区別することができる。協同的リガンド結合の場合，Hill 係数の値は 1 より大きい。非協同的リガンド結合の場合，Hill 係数は 1 に等しい。

ヘモグロビンによる酸素の協同的な結合は，**アロステリック効果 allosteric effect** と呼ばれる 1 つの例である。アロステリック結合では，あるタンパク質によって 1 つのリガンドが取り込まれると，残りの埋まっていない結合部位の親和性に影響が出る。ヘモグロビンへの酸素の結合の場合のように，リガンドは同じ種類かもしれないし，違うかもしれない。第 11 章で述べるように，アロステリティはまた，酵素の活性を調節する重要なメカニズムの 1 つである。

ヘモグロビンにおけるアロステリック変化を説明するモデル

低親和性結合状態から高親和性結合状態へのアロステリック転移は，実際どのように起こるのだろうか？ヘモグロビンにおけるアロステリック転移については多くの説が論じられてきている。一般に 4 つの考え方に大別できる。

1. 逐次モデル：このモデルの原型は 1925 年に Gilbert Adair によって提示され，1966 年に Koshland，Nemethy，Filmer（KNF）によって発展した（図 7.12a）。この Adair-KNF モデルでは，サブユニットは，酸素の結合に応答して 1 つずつ三次元のコンホメーションを変化させることができると仮定している。酸素が 1 つのサブユニットに結合すると，まだ埋まっていない部位の近傍のサブユニットが親和性の高いコンホメーション状態を好むことから正の協同性が生じる。こうして酸素付加が進行するに従い，ほとんどすべての部位が高親和性状態になる。このようなモデルは，高親和性と低親和性のコンホメーション状態をもつサブユニットを含む分子によって特徴づけられる。
2. 協奏または調和モデル：対極にあるのが，Monod，Wyman，Changeux（MWC）が 1965 年に発表したモデルである（図 7.12b）。この MWC モデルに従うと，すべてのヘモグロビン四量体は 2 つの異なる四次元コンホメーションの平衡にある。デオキシ状態では，各分子のすべてのサブユニットは，低親和性のコンホメーション（T 状態）をとり，オキシ状態では，すべてが高親和性のコンホメーション（R 状態）をとる。記号の T と R は，それぞれ“緊張（tense）”と“緩和（relax）”を表す。この意味については次の節で述べる。これらの状態間で平衡が存在すると考えられ，リガンド結合は平衡を R 状態に移行させる。この移行は協奏的なので，一部のサブユニットが T 状態で，他のサブユニットが R 状態であるような分子は除外される。歴史的には，これは最も広く認められてきたヘモグロビンのアロステリック効果のモデ

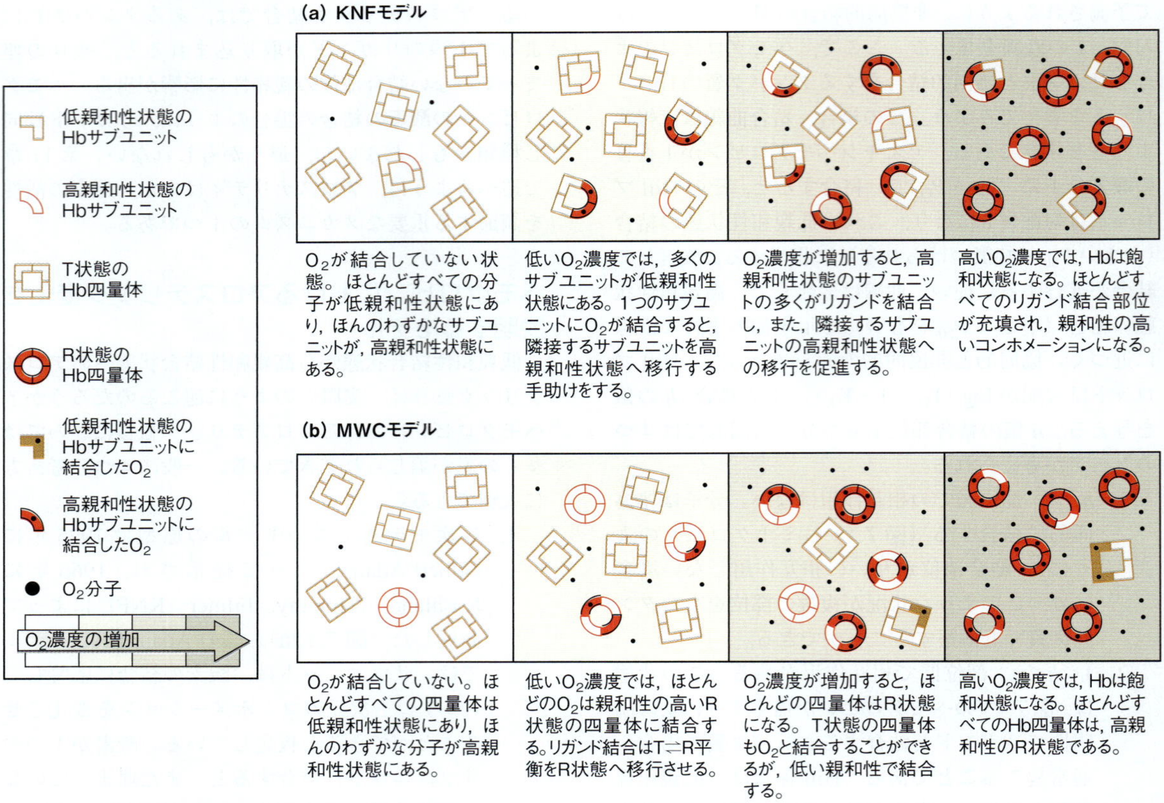

図7.12　ヘモグロビンの協同的リガンド結合を説明する2つのモデル　(a) Koshland，Nemethy，Flimer（KNF）モデル。各サブユニットがリガンドを結合すると，隣接するサブユニットが親和性の高いコンホメーション変化する。(b) Monod，Wyman，Changeux（MWC）モデル。すべての分子が2つの異なる四次構造状態（緊張〈T〉と緩和〈R〉）をもっている。それらは平衡の状態にある。リガンドが結合すると，高親和性の（R）状態へと平衡がずれる。

ルであった。

3. 多様な状態モデル：1990年代はじめから，KNFモデルでもMWCモデルでもヘモグロビンを含むタンパク質のアロステリック挙動を正確に説明できないことが明らかになってきた。そこで，大部分がKNFモデルやMWCモデルの若干の要素をもっているが，より複雑なモデルが考案された。
4. 動的モデル：コンホメーションの変化そのものではなく，タンパク質の動的挙動の変化による機能特性の変化が原因であるとする，まったく違った提案である。

ヘモグロビンでのアロステリック効果の多様な状態モデルと動的モデルについては，本章末の付録で詳しく述べる。

ポイント11
ヘモグロビンは，酸素親和性が低い状態と高い状態を切り替える。肺やエラのO$_2$が豊富な環境において，より高い親和性状態が好まれ，O$_2$はヘモグロビンに結合する。呼吸組織の低酸素な環境では，低親和性状態が好まれており，O$_2$はヘモグロビンから放出される。

酸素の結合に伴うヘモグロビン構造の変化

ヘモグロビンのアロステリック挙動の異なったモデルを理解するためには，タンパク質の構造をより詳しく調べる必要がある。高等脊椎動物のヘモグロビンは，αおよびβと呼ばれる2つのタイプのサブユニットから成り立っている。ヒトヘモグロビンの一次構造は，図7.13でマッコウクジラのミオグロビンと比較できる。みてわかるとおり，ヒトヘモグロビンのα鎖とβ鎖のアミノ酸配列は44%同一で，クジラのミオグロビンのアミノ酸配列とは18%同一である。近位あるいは遠位のヒスチジン（それぞれF8とE7）のような必須の残基は厳密に保存されており，ヘモグロビンサブユニットとミオグロビンのよく似た三次構造を維持するのに必要な残基もよく保存されている。経験則と

	Mb Hbβ Hbα			Mb Hbβ Hbα			Mb Hbβ Hbα	
1	VVV		52	EP-		103	YNN	
	-H-			AD-			LFF	
	LLL			EA-			ERK	
	STS			MV-			FLL	
	EPP			KM-			ILL	
	GEA			AGG			SGS	
	EED			SNS			ENH	
	WKK			EPA			AVC	
	QST			DKQ			ILL	
	LAN			LVV			IVL	
	VVV			KKK			HCV	
	LTK			KAG			VVT	
	HAA			HHH	E7		LLL	
	VLA			GGG			HAA	
	WWW			VKK			SHA	
	AGG			TKK			RHH	
	KKK			VVV			HFL	
	VVV			LLA		120	PGP	
	E-G			TGD			GKA	
	A-A			AAA			DEE	
	DNH			LFL			FFF	
	VVA			GST			GTT	
	ADG			ADN			APP	
	GEE			IGA			DPA	
	HVY			LLV			AVV	
	GGG			KAA			QQH	
	QGA			KHH			GAA	
	DEE			KLV			AAS	
	IAA		80	GDD			MYL	
	LLL			HND			NQD	
	IGG			HLM			KKK	
	RRR			EKP			AVF	
	LLM			AGN			LVL	
	FLF			ETA			EAA	
	KVL			LFL			LGS	
	SVS			KAS			FVV	
	HYF			PTA			RAS	
	PPP			LLL			KNT	
	EWT			ASS			DAV	
	TTT			QED			ILL	
40	LQK			SLL			AAT	
	ERT			HHH	F8		AHS	
	KFY			ACA			KKK	
	FFF		FGコーナー	TDH			YYY	
	DEP		FGコーナー	KKK			KHR	
	RSH		FGコーナー	HLL			E	
	FFF		FGコーナー	KHR			L	
	KG-		FGコーナー	IVV	FG5		G	
	HDD			PDD			Y	
	LLL			IPP			Q	
	KSS			KEV		153	G	
	TTH							

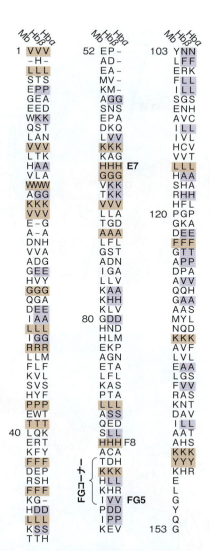

図 7.13　ミオグロビンならびにヘモグロビンのαサブユニットとβサブユニットの配列比較　クジラミオグロビンの配列と 2 つのヒトヘモグロビン配列を対応づけて並べた。配列のアライメントを最大にするために，ギャップ（-で表示）を入れている。鎖の左側にある残基数は，ミオグロビン配列のものを採用している。これらタンパク質の機能に必須の残基は，配列の右に表示している。すなわち，F8 と E7 がそれぞれ近位のヒスチジンと遠位のヒスチジンである（図 7.5 参照）。3 つの配列に共通の残基を茶色，両方のヘモグロビン配列に共通の残基を紫色で表示してある。

して，アミノ酸配列の同一性が 30%を超えるものは，同じ三次構造をもつと予測される。ヘモグロビン分子には各サブユニット 2 つのコピーが含まれるので，分子全体を$\alpha_2\beta_2$四量体と記述できる。それらのサブユニットは，図 7.3 で模式的に示すように，大ざっぱな四面体配置をとっている。ヘモグロビンは，適度な変性溶液に溶かされた場合，$\alpha\beta$ 二量体に解離する。これは，α-α 間あるいはβ-β 間よりもα鎖とβ鎖の間で最も強いサブユニットの接触があることを示唆している。言い換えると，ヘモグロビン分子は$\alpha\beta$ 二量体の二量体として考えることができる。図 7.3 では，O_2 結合部位をもつヘム官能基が，すべて分子表面に近いが，互いには近い位置関係にないことも示している。したがって，協同的な結合の原因を直接的なヘム-ヘム間の相互作用のような単純なものに起因させることはできない。

ポイント 12
脊椎動物のヘモグロビンは，2 種類のミオグロビン様の鎖からなる四量体（$\alpha_2\beta_2$）である。

リガンド結合/放出時に発生する一般的なタンパク質の構造変化は，図 7.14 にみることができる。図 7.14 は，脱酸素状態と完全に酸素付加したヘモグロビン分子の結晶構造変化の 2 つの場面を示している。初期の X 線回折研究から，これらの変化は主として微細な三次構造の変化を伴った四次構造変化によって誘起されることが示唆された。$\alpha\beta$ 二量体の 1 つのペアが，図 7.14a に示すように，他のペアに対して 15 度回転してずれる。O_2 が結合すると，図 7.14b のように，β 鎖サブユニット同士が近づいて，分子内の中心の窪みを狭める。よって，ヘモグロビン分子が 2 つの状態の四次構造，1 方が低親和性のデオキシコンホメーション（T 状態），そしてもう 1 方が高親和性のオキシコンホメーション（R 状態）をもつとみなすことができる。

ヘモグロビンのアロステリック効果についての MWC の考え方は，これらの 2 つのタンパク質四次コンホメーションの間での協奏的な移行の観点で，図 7.11 に示される Hill プロットを説明できる。完全にデオキシ状態にあるヘモグロビン分子は，T 状態のコンホメーションにある。そこへ O_2 を添加すると，低親和性状態に相当する様式で最初の結合が始まる。MWC モデルの鍵となる特徴は，T 状態と R 状態の間の切り替えが狭い酸素濃度範囲で起こるということである。酸素付加は高親和性 R 状態への移行を促す。残りのリガンド非結合部位は，主に R 状態コンホメーションをもつヘモグロビン分子内にある。したがって，結合曲線は，高親和性状態の線に切り替える。しかしながら，この件に関して多くの問題が未解決のまま残されている。変化を引き起こす引き金は何か？　どのモデルで，この結果に納得のいく説明ができるのであろうか？

ポイント 13
R 状態のヘモグロビンは，O_2 結合親和性が高く（P_{50}が低い），T 状態ヘモグロビンは，O_2 結合親和性が低い（P_{50}が高い）。

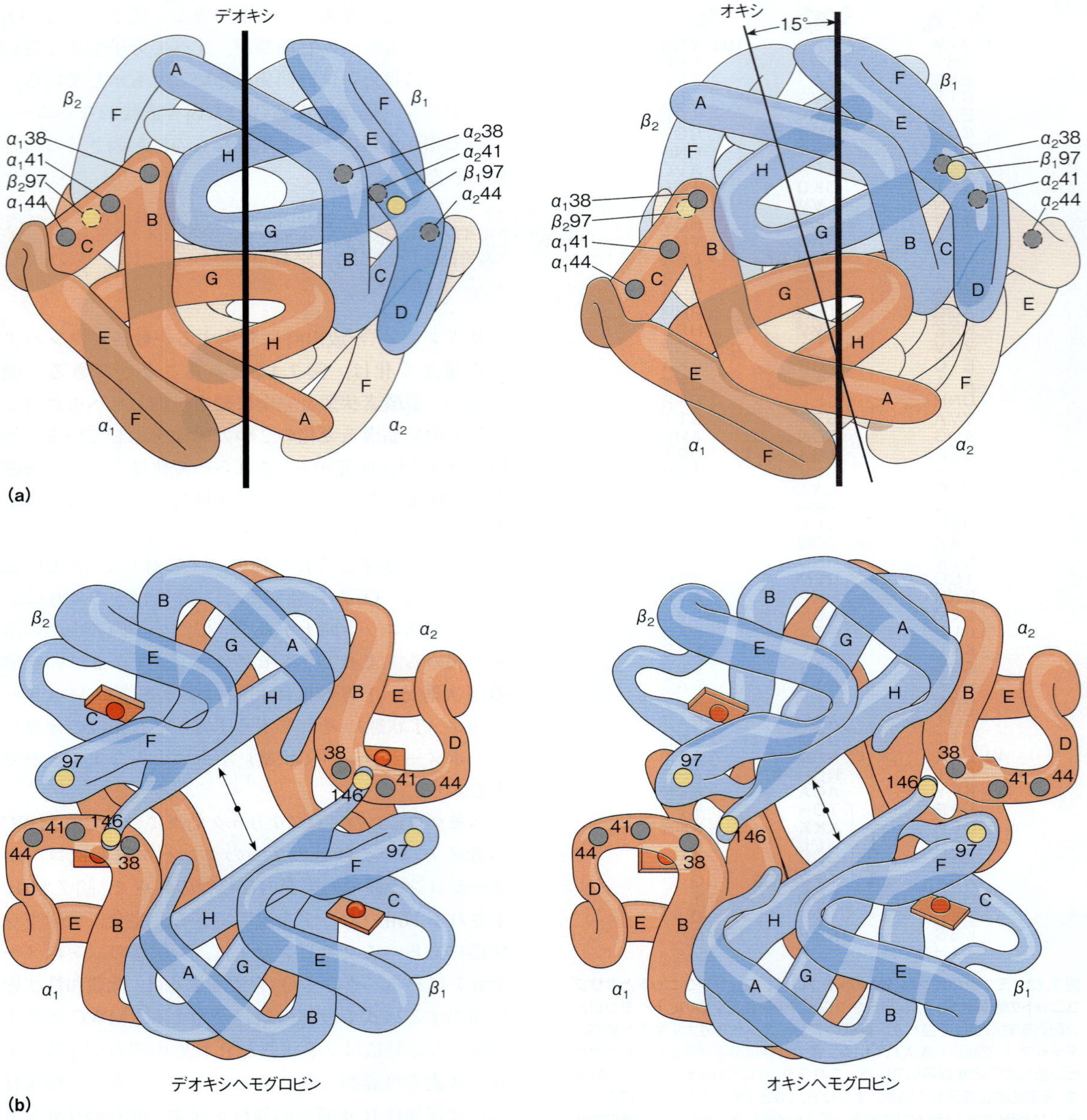

図 7.14　酸素付加過程でのヘモグロビン四次構造の変化　**(a)** $\alpha_2\beta_2$二量体の前面にある$\alpha_1\beta_1$二量体（濃い青色と赤色の部分）の，2 回回転軸に垂直方向に沿って見た転移。デオキシヘモグロビンを左に，オキシヘモグロビンを右に示す。$\alpha_2\beta_2$に対する$\alpha_1\beta_1$の回転と，α41 とα44 に対するβ97 の移動に注目していただきたい。回転の中心点が分子の中心に位置していないので，約 15° の回転はずれを伴う。**(b)** ヘモグロビンを上部からみた図。2 回回転軸を見下ろせる（中心の点）。2 つのβサブユニットは前面に，αサブユニットは背面にある。デオキシヘモグロビンでは，中心の窪みは広く，β97 の残基が近傍にあるα41 とα44 の残基の間に位置することに注目していただきたい。デオキシ状態からオキシ状態への移行は，中心の窪みが縮み，β97 の残基とα鎖との接触がずれることから明らかである。

ヘモグロビンのアロステリック変化をより詳細にみる

酸素結合における協同性を説明するために，立体化学的，非定量的なメカニズムは M. F. Perutz（ケンブリッジ大学分子生物学研究室の創設者で，タンパク質 X 線結晶学のパイオニア，ノーベル賞受賞者）によって 1970 年に提唱された。Perutz と彼の同僚は，ヘモグロビンのデオキシとオキシの両方の状態の結晶構造を解明した後，ヘモグロビンにおけるアロステリック効果のモデルの基礎として，これらの構造を使用した。デオキシヘモグロビンとオキシヘモグロビンの構造に対称性があるとすると，Perutz が対称 MWC モデルを用いて，彼のヘモグロビンのアロステリック効果の立体化学モデルを記述するのは理にかなっている。MWCモデルでは，反応性の高い（親和性の高い）コンホメーションは緩和（R）状態と呼ばれ，反応性の低い（親和性の低い）コンホメーションは緊張（T）状態と呼ばれる。アロステリック効果のPerutzモデルを考える前に，TとRの結晶構造間の重要ないくつかの相違点を考えてみよう。

デオキシコンホメーションからオキシコンホメーションへの転移は，サブユニット間の相互作用のかなり大きな変化を示している。この過程についての理解は，図7.14bのより詳細な研究から得られる。β_2サブユニットがα_1鎖と相互作用する下方左の領域に注目してもらいたい。デオキシ型では，β_2のC末端（146番目の残基）はα_1鎖のCヘリックス（36〜42番目の残基）の頂上に位置し，水素結合と塩橋とのネットワークによってこの位置に維持される。β_2中のFGコーナーにあるHis97は，Thr41とPro44の間にあるα_1のCDコーナーに向かって押し出される。オキシ型では，サブユニットの回転とずれが，αとの接触部からβ鎖のC末端をひき離す（図7.14b）。デオキシ状態のC末端を保持する塩橋と水素結合は壊れ（図7.15），β_2のHis97がα_1のThr38とThr41の間に位置するようになる。構造の対称性によって，一連の全く同等な変化が$\alpha_2\beta_1$境界面で起こる。分子は，オキシ状態の一連の新しい相互作用に“切り替え”，それによりデオキシ状態での多くの相互作用が壊される。

ポイント14
酸素付加によってヘモグロビンの四次構造が変化する。すなわち，1つの$\alpha\beta$二量体が回転し，他の二量体に対してずれる。

図7.15はT状態からR状態へ移行の際に壊される塩橋の詳細な相互作用を表している。T状態で，各々のβグロビンのC末端（His146）は，2つの塩橋をつくる。それはHis146 C末端 —COO^-と近くのαグロビンのLys40側鎖の —NH_3^+の間でのサブユニット間の相互作用，およびプロトン化されたHis146側鎖とAsp94の —COO^-の間でのサブユニット内の相互作用である。後者の相互作用は，His146側鎖のプロトン化が促進される低pH条件下でのT状態の安定化に大きな役割を果たしている（以下Bohr効果を参照）。T状態の各αグロビンC末端（Arg141）は，4つの重要なサブユニット間の相互作用に関与している。αグロビン鎖のArg141のC末端 —COO^-は，他のαグロビン鎖のLys127の —NH_3^+と相互作用する。Arg141のグアニジニウム側鎖は，Asp126の —COO^-と塩橋をつくり，近くのβグロビンのVal34のアミドカルボニル基と水素結合を形成する。さらに，Arg141側鎖は塩化物イオンおよびN末端のVal1の —NH_3^+とサブユニット間の架橋相互作用をする。次項で述べるように，[Cl^-]の増加はまた，この架橋相互作用を促進することによって，T状態を安定させる。

図7.15の左下に示されているすべての相互作用は，ヘモグロビンがT状態からR状態に切り替わると壊れてしまう（図7.15右下を参照）。これらの相互作用はエンタルピー的に安定している。そのため，結合したリガンドが存在しない場合，T状態は，熱力学的にR状態より好まれる（図7.16）。R状態に切り替わるための熱力学的な対価は（T状態の結合相互作用を壊す必要がある），タンパク質に結合したヘム鉄イオンへのO_2の結合によって与えられるエネルギーによって支払われる。O_2が放出されると，ヘモグロビンは低エネルギー状態のデオキシコンホメーションに戻る。

O_2の結合のエネルギーは，正確にどのようにこのコンホメーションの切り替えを誘導するのに伝えられるのか？　Perutzによって提案されたモデルの本質的な特徴は，His F8とデオキシおよびオキシヘモグロビン中のヘムに近いVal（FG5）との関係を示す図7.17に示されている。図には，これまで述べられていない重要な事実が含まれている。すなわち，デオキシコンホメーション中の鉄イオンがヘム平面の少し外側にあるだけでなく，ヘム自身が完全に平らではなくドーム型にゆがめられているのである。さらに，デオキシミオグロビンとデオキシヘモグロビンの両方で，His F8の軸は，正確にヘムに対して垂直ではなく，約8°だけ傾いている。酸素が他の側に結合すると，鉄イオンをほんの少しヘムの中へ引っ張り，ヘムを平らにする（図7.17b，c）。この変化は，分子の再配置なくしては起こりえない。なぜならば，His F8のε水素とVal FG5の側鎖がヘムに非常に接近するからである。すなわち，何が起こるかというと，ヒスチジンがその位置を垂直方向にシフトすることによって，FヘリックスとFGコーナーを引っ張ることになる。この運動が今度は，1つのサブユニットのFGコーナーを他のCヘリックスに結びつけている水素結合と塩橋の複合体をゆがめ，弱める。結果的に，図7.14と7.15で示すような再編成が起こる。

ポイント15
デオキシ状態での安定な相互作用を壊すエネルギーコストは，オキシ状態での$Fe—O_2$結合の形成によって支払われる。

簡単にいうと，O_2の結合によって，鉄イオンが1nmの何分の1かだけヘム側に引っ張られ，Fヘリックスを動かす。それによって，ヘム周囲のタンパク質構造，特にα-β間の境界面で非常に大きな変化が起こるの

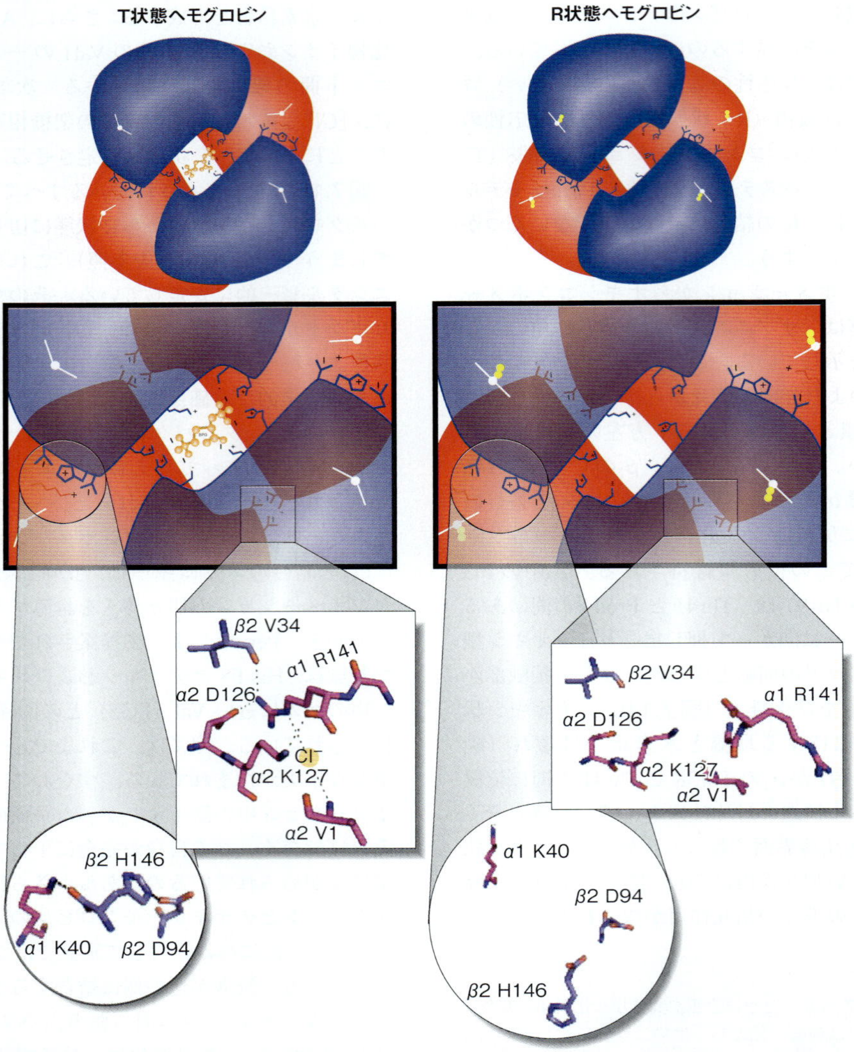

図 7.15　T 状態と R 状態のヘモグロビン四次構造間の切り替えによる，鍵となる塩橋相互作用の破壊　上段：ヘモグロビンの 4 つのサブユニットの模式図。βグロビンは青，αグロビンは赤，それぞれのヘムは白で示してある。2,3-BPG（次項を参照）は，黄色で“ボール&スティックモデル”で表されている。中段：鍵となる塩橋の拡大模式図。T 状態と R 状態の結晶構造の間で塩橋の破壊が進行している。αグロビン（赤）の N 末端との相互作用を視覚化するために，ここではβグロビン（青）を半透明にしてある。下段：β末端（丸い枠）とα末端（四角い枠）での鍵となる相互作用の結晶構造データの拡大図。関与しているアミノ酸残基の詳細な説明は本文を参照してほしい。T 状態における塩橋の相互作用は，黒色破線で示されている。これらの相互作用はすべてが，R 状態へ遷移するときに破壊される。βグロビンの側鎖は青色で強調表示されており，αグロビンのものは赤紫で強調表示される。1 つのαグロビンの C 末端（α_1，R141）から他のαグロビン N 末端（α_2，V1）に架橋をする塩化物イオンは，オレンジで示されている。これと対称的に関連のある同じ相互作用も，もう一方のαグロビンとβグロビン末端で発生することに注意。
Courtesy of Gary Carlton.

である（ヘムから 1.7～2.3 nm 離れている）。α-β 間の境界面での再改造は，リガンド結合部位間の物理結合を起こす。それで観察された協同性について説明できる。

酸素結合における協同性を説明するメカニズムは，デオキシヘモグロビンとオキシヘモグロビンの結晶構造の違いを識別することから得られた知見に基づいて，Perutz によって提唱された。それは，構造生物学を応用してタンパク質の生理学的に適切な動態を解明する格好の見本のようなものだった。しかしそれは，どの程度現実的なものだったのだろうか？　部位特異的変異導入（「生化学の道具 4B」参照）と高速リガンド結合研究（「生化学の道具 11A」参照）により Perutz のメカニズムが検証に付された。そして，それが完全に正しいというわけではないが，多くの実験データがモデルを全体としては支持する結果となり，広く受け入れられている。例えば，Barrick ら（文献参照）は，部位特異的変異導入の技法を駆使して，α鎖とβ鎖内の近位のヒスチジン残基をそれぞれグリシンに置換した。その変異タンパク質は，10 mM のイミダゾール存在下で実験された。イミダゾール分子は，近位のヒスチジン残基の代わりにヘムの鉄に結合するが，Ｆヘリックスには結合できない（図 7.18）。結果として，酸素の結合はヘムを平らにできるが，Ｆヘリックスを動かすことはできない。Barrick らは，結合での協同性が大部分は失われることを見出した。また，サブユニットはＴ状態に残るようにみえるが，突然変異体のリガンド結合の親和性は野生型のヘモグロビンと比較して増加する。これらの知見は，Perutz モデルの主な特徴を支持するだけでなく，近位のヒスチジンがヘモグロビンの協同性に重要な役割をもつことを示している。協同性がこれらのヘモグロビン突然変異体の中で完全にはなくならないという観察は，ヘモグロビン構造の他の特徴（おそらく遠位のヘムポケット中の残基）もリガンドの協同的結合に影響を与えることを示している。

ヘモグロビンのアロステリック効果のメカニズムについては，いまだ活発な討論が行われている（章末の付録を参照）。しかしながら，ヘモグロビン機能に対する特定のアロステリック効果について論じようとするなら，先に述べた Perutz と MWC のモデルを使用し続ける理由が２つある。第１に，これらのモデルの一般的な特徴は，ヘモグロビンのアロステリックの影響の多くを説明できる。第２に，これらは，他のすべてと比較するためのモデルとなるからである。したがって，これらのモデルの批判/改良を行おうとするならば，もともとの考えに精通している必要がある。

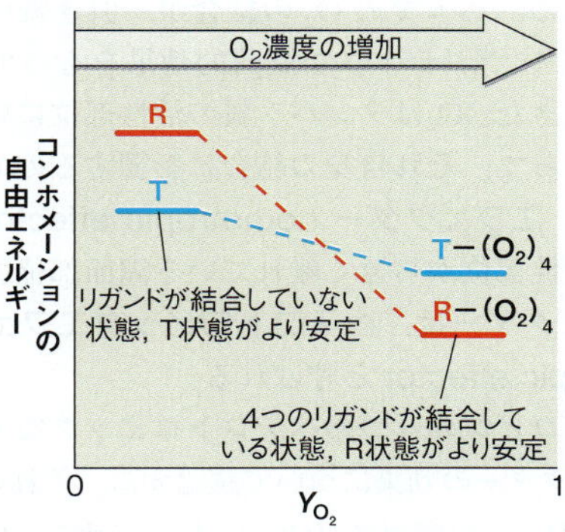

図 7.16　ヘモグロビン中のリガンド結合およびコンホメーションのエネルギーの簡易図　デオキシ（T）コンホメーションは，リガンドが結合していないときが好まれる。それは，T 状態の非共有結合的相互作用の数の増加に起因する（図 7.15 参照）。Y_{O_2}が増加する（リガンドがより結合する）に従って，Fe—O_2結合の形成によって生じるエネルギーによって，T コンホメーションよりも R コンホメーションが安定化する。

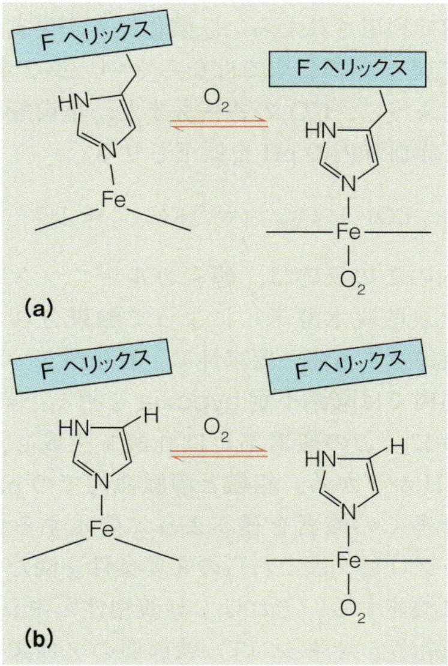

図 7.18　ヘモグロビンの近位のヒスチジンをグリシン残基で置換し，非共有結合的に結合したイミダゾールを添加することの効果　(a) Perutz モデルに従う O_2 の結合の影響。F ヘリックスは，ヘムの方向に引かれる。**(b)** ヘムとの接触を失い，F ヘリックスは O_2 結合による影響を受けず，協同性を失う。

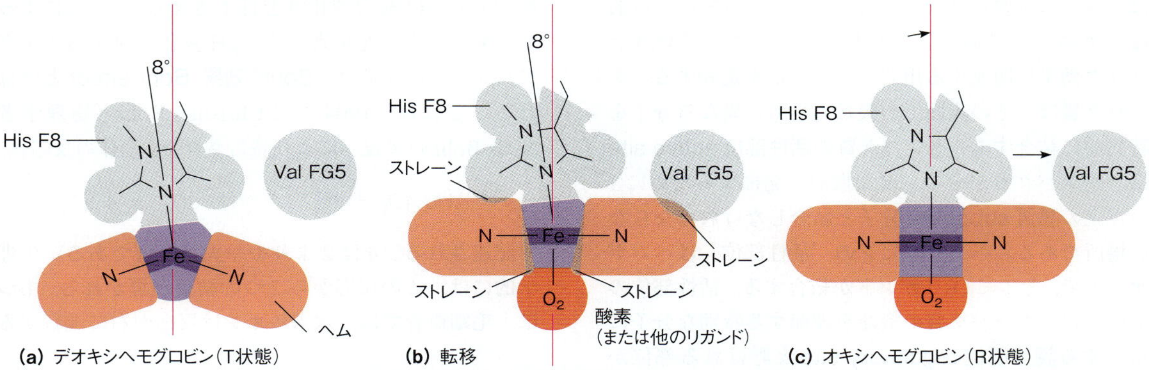

図 7.17　ヘモグロビンの T ⟶ R 転移の “Perutz モデル” の本質的な特徴　酸素がデオキシヘモグロビンに結合すると，ヘムのコンホメーション変化が起こる。**(a)** デオキシ状態では，図中で誇張して示したように，ヘムはドーム形をしている。**(b)** 酸素リガンドの結合が鉄をヘム平面に引き込むと，ヘムは扁平になり，ひずみが生じる。**(c)** His F8 の配向がずれると，Val FG5 が右側に押し出されることなどにより，ひずみが解消される。このようにヘムの三次構造変化は FG コーナーと連携している。

ポイント16
Perutzモデルでは，酸素結合時のヘム鉄の小さな動きは，Fヘリックスと近位のヒスチジン間の共有結合によるFヘリックスの大きな運動に変換される。

ヘモグロビンのアロステリックエフェクター

酸素の協同的結合や輸送は，ヘモグロビンのアロステリック挙動のほんの一部である。動物の生理においては，さらなる役割が求められている。例えば，酸素が組織内で利用されたら，二酸化炭素が生成されて肺やエラに戻ってこなくてはならない。第2章（p.42）で述べたように，CO_2の蓄積もまた，重炭酸塩の反応を通じて赤血球内のpHを低下させる。

$$CO_2 + H_2O \rightleftharpoons HCO_3^- + H^+ \quad (7.12)$$

赤血球内のこの反応は，酵素カルボニックアンヒドラーゼ（炭酸脱水酵素）によって触媒される。同時に，酸素に対する高い要求性は，特に激しい活動をしている筋肉では**酸素不足 hypoxia** を招く。第13章に示すように，この酸素不足は乳酸を生成し，それによってpHが下がる。組織と静脈血内でのpHの低下が，より多くの酸素を運ぶように要求する信号となる。ヘモグロビンはこれらの必要条件を満たすために効率的に機能する。それは，高親和性オキシ（R）状態と低親和性デオキシ（T）状態間のアロステリック転移を通じて行われる。

ポイント17
血液のpHの低下は，デオキシ状態の安定化を導き，より多くのO_2がヘモグロビンから遊離する。

本書を通してみていくように，アロステリック効果は，多くの重要なタンパク質の調節にとっての一般的なメカニズムである。したがって，ここでアロステリック効果に関連する用語のいくつかを定義する。タンパク質は，その表面上の複数の場所に異なる分子を特異的に結合する。タンパク質の**活性部位 active site** は，タンパク質がその主要な機能を発揮するために1つ以上の**基質 substrate** 分子と結合しなければならない場所である。ヘモグロビンの“活性部位”はヘムポケットで，そこにO_2リガンドが結合する。活性部位の他に，特にタンパク質の機能を調節する特別な分子に結合する**調節部位 regulatory site** と呼ばれる部位がある。タンパク質の機能をこのように調節する分子は**エフェクター effector** と呼ばれ，アロステリック機構を介してその効果を発揮している。

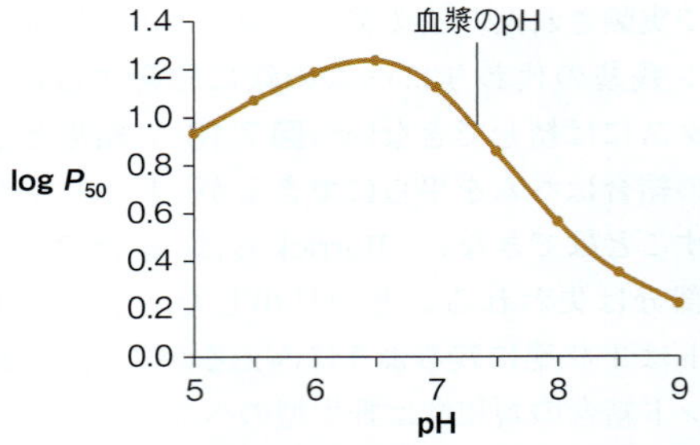

図7.19　ヘモグロビンの酸素親和性に対するpHの影響
Adapted from *Journal of Inorganic Biochemistry* 99 : 120-130, T. Brittain, Root effect hemoglobins. ©2005, with permission from Elsevier.

アロステリックエフェクターを特徴づけるには多くの方法がある。タンパク質の活性を増加させるものは，**ポジティブエフェクター positive effector** と呼ばれる。また，活性を減少させるものは，**ネガティブエフェクター negative effector** と呼ばれる。エフェクターは，それらが結合するタンパク質の部位によって区別される。ヘムでのO_2の結合が，引き続いて起こるO_2結合にポジティブな協同的効果をもっていることをみてきた。O_2はタンパク質の活性部位に結合することによって，それ自身の結合に影響するので**ホモトロピック エフェクター homotropic effector** と呼ばれる。活性部位から遠く離れている調節部位に結合するエフェクターは，**ヘテロトロピックエフェクター hetrotropic effector** と呼ばれる。

ヘモグロビンの4つのヘテロトロピックなネガティブエフェクターの効果について議論する。それらは水素イオン（H^+），炭酸ガス（CO_2），塩素イオン（Cl^-），および2, 3-BPGである。

pH変化に対する応答：Bohr効果

血漿のpHは，正常では7.4である。図7.19に示されるように，pH低下はヘモグロビンのP_{50}を上げる効果があり（O_2結合親和性を低下させる），それによって，酸素の遊離を促進する。pH変化に対するヘモグロビンのこの反応は，**Bohr*効果 Bohr effect** と呼ばれる。これは，1904年にChristian Bohr（物理学者Niels Bohrの父親）により報告された。全体の反応は，

$$Hb \cdot 4O_2 + nH^+ \rightleftharpoons Hb \cdot nH^+ + 4O_2$$

で記述される。nは2よりやや大きな値である。生理学的には，この反応から2つの結論が導かれる。1つは，毛細血管では，水素イオンは反応が右に進行する

*pHが6.5より上で観察される効果は，pHが6を下回り酸素との親和性が増加する“酸性Bohr効果”と区別するために，“アルカリ性Bohr効果”と呼ばれている。Bohr効果の生理学的関連性（哺乳類に至るまでの）は明らかではない。

ことによって酸素の遊離を促進する。そして，静脈血が肺やエラに戻ると，酸素付加によって平衡を左にずらしてプロトンを遊離させる効果を発揮する。これが次に，重炭酸塩反応を逆に進ませて，血漿中に溶けている重炭酸塩から CO_2 を遊離させる（式 7.12）。遊離した CO_2 はその後呼出される。

Bohr 効果を説明する立体化学的なメカニズムは，1970 年に Perutz と同僚によって最初に提案された。Perutz はヘモグロビンの特定のプロトン結合部位がオキシフォームよりデオキシフォームで親和性が高いと主張し，各 β 鎖の C 末端の 146 番目のヒスチジン残基が大きく関与していると予測した。あるイオン化可能な官能基へのプロトン親和性の変化は，pK_a の変化として示される。アミノ酸側鎖の pK_a は，どのように変化するのであろうか？　これは，イオン化可能な側鎖の化学的な環境を変えることによって起こる。R 状態の四量体におけるヒスチジン β 146 は，約 6.4 の pK_a を示し，それ故に血液の正常な pH（7.4）では，その大部分は脱プロトン化されている。図 7.15 に示されるように，ヘモグロビンが T 状態のとき，βHis146 がプロトン化されていれば，βAsp94 の側鎖は塩橋を形成するために移動して βHis146 と非常に接近する。この塩橋はプロトンが解離しないように安定化するため，β 鎖内 His46 の pK_a 値は上昇する。pK_a のこの変化は，Chain Ho の研究室で NMR を用いた研究によって実験で確認された。Ho とその同僚は，βHis146 の pK_a 値を測定し，CO と結合した状態（擬似的なオキシ状態）で 6.42 だったのに対して，デオキシ状態で 7.93 となることを示した。このように，プロトン濃度が増加すると，デオキシ型になりやすく酸素の遊離を促進する β His146 のプロトン化が起こりやすくなる。

β His146 がアルカリ性 Bohr 効果（図 7.20）への最大の貢献をしているが，α 鎖の N 末端アミノ酸残基などの他の残基も関与している。これらの残基へのプロトンの結合は，β His146 の場合と同様な機構でデオキシコンホメーションをとらせやすくする。ヘモグロビンの O_2 結合親和性に対する pH 低下の全体的な影響を図 7.21 に示した。わずか pH 0.8 だけの低下でも，P_{50} を 20 mmHg 以下から 40 mmHg 以上に変化させ，呼吸組織に放出される O_2 の量を大きく増加させることに注目すべきである。

二酸化炭素の輸送

呼吸している組織からの CO_2 の遊離は，2 通りの方法でヘモグロビンの酸素に対する親和性を低下させる。まず，上で述べたように，赤血球中で CO_2 は素早く重炭酸塩になり，Bohr 効果に寄与するプロトンを放出する。この重炭酸塩の多くは，赤血球の外側に輸送され，血漿中に溶解する。そして，CO_2 の一部（5〜13%）が直接ヘモグロビンと反応して，ペプチド鎖の N 末端アミノ基と結合することによって，**カルバミン酸 carbamate** を形成する。

$$-\overset{+}{N}H_3 + HCO_3^- \rightleftharpoons -N(H)-COO^- + H^+ + H_2O$$

このカルバミン酸反応は，ヘモグロビンが CO_2 を組織から肺やエラに輸送するのを助け，カルバミン酸形成時に遊離したプロトンは，Bohr 効果に貢献する。

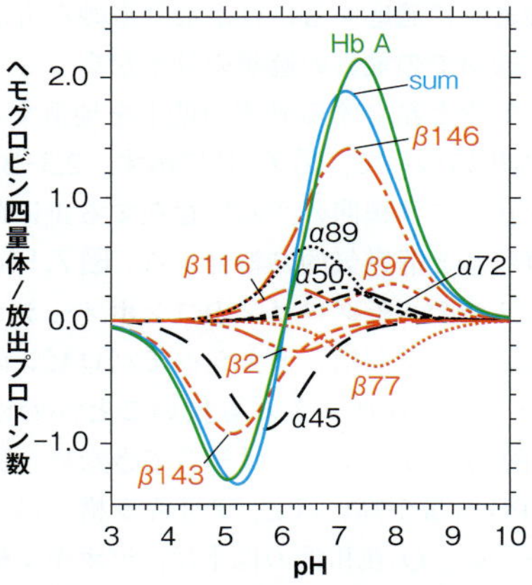

図 7.20　ヘモグロビンの Bohr 効果における His 残基の寄与　ヘモグロビンの正味の Bohr 効果は緑色の曲線で示されている。アルカリ性 Bohr 効果に対応する曲線の正の部分は，生理学的関連性が最も大きい。いくつかの His 残基の寄与は，赤色（β グロビン残基）または黒（α グロビン残基）で示され，NMR 滴定手法により pK_a 値を用いて算出される（図 6A.11 を参照）。青の曲線は，表面の合計 26 の His 残基による寄与の合計。この総和には，N 末端からの寄与は含まれていない。

Reprinted with permission from *Chemical Reviews* 104：1219-1230, J. A. Lukin, and C. Ho, The structure-function relationship of hemoglobin in solution at atomic resolution. ©2004 American Chemical Society.

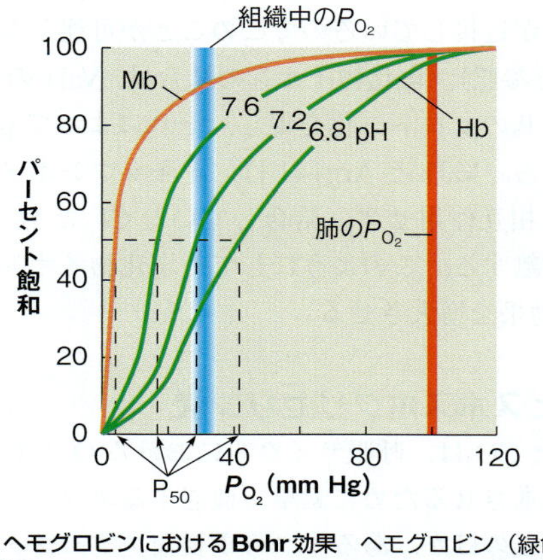

図 7.21　ヘモグロビンにおける Bohr 効果　ヘモグロビン（緑色）の酸素結合曲線を pH7.6，7.2，6.8 で示した。P_{O_2}＝30 mmHg での曲線の違いによって測定した酸素の遊離の効率は，pH の低下に伴い飛躍的に増加する。ヘモグロビンが肺から組織に循環すると，pH の低下が低親和性コンホメーションに移行させる（pH の低下が P_{50} の値の増加に反映されている）。ミオグロビン（オレンジ）はほとんど Bohr 効果を示さない。そして，その酸素結合曲線は 3 つの pH 値ともほとんど同じである。

図7.1に示した呼吸サイクルの観点から，H^+とCO_2の影響をまとめてみよう。動物の肺やエラにはO_2が豊富にある。酸素付加によってヘモグロビンはオキシコンホメーションになりやすく，CO_2の遊離を促進する。血液は，動脈を通って組織の毛細血管に流れ込むので，pHが低いほど，またCO_2含量が高いほどデオキシ型になりやすく，O_2の遊離とCO_2の結合が促進される。CO_2が，重炭酸塩を形成してヘモグロビンと反応する際，pHの減少とO_2の遊離を促進させる。

O_2遊離の促進におけるCO_2増大の役割は，過呼吸で観察される。もし，非常に早く息をすると，血漿のCO_2濃度は著しく低下し，その結果，O_2が組織中に遊離しにくくなる。この状態に陥ると，めまいがしたり，極端なケースでは，意識を失うこともある。過呼吸は，紙袋を口にあてて息をすることによって容易に治すことができる。すなわち，呼出したCO_2は血液に戻る。

ポイント18
ヘモグロビンは，組織から肺やエラへCO_2をも輸送する。CO_2は，O_2結合のネガティブアロステリックエフェクターとして働く。

αグロビンのN末端における塩化物イオンに対する反応

赤血球の内部に形成された重炭酸イオンは，周囲の血漿中に赤血球膜を介して輸送されている。赤血球内の電荷の中立性を維持するために，Cl^-イオンはHCO_3^-イオンと交換される（イオン輸送は第10章で詳しく説明する）。塩化物イオンは，各デオキシミオグロビンのαグロビンの末端残基に結合し，正に荷電したアミノ末端Val1とArg141の側鎖との間で架橋を形成する。デオキシコンホメーション中で，これらのグループが近接しているのでこのことが可能となる（図7.15を参照）。塩化物イオンの結合は，Val1のN末端アミノ基のプロトン化を促し，それによってpK_aを増加させる。Val1とArg141は，オキシコンホメーションでは相互作用せず，結合していたCl^-とH^+は両方とも遊離する。このようにして，塩化物イオン結合はBohr効果を増大させる。

2,3-ビスホスホグリセリン酸

H^+とCO_2は，呼吸サイクルにおけるO_2とCO_2の交換を促進させるために素早く機能するエフェクターである。このほか，ある1つの重要なエフェクターが，ヒトのような生物が利用可能な酸素の緩やかな変化に適応できるように長期にわたり作用している。高地に行った人たちが，最初いくらか疲労するが，低酸素圧に徐々に慣れていくのはよく見られることだ。短期間（1〜2日）の場合，この順化は，血漿量の減少による血漿中の赤血球濃度の増加から生じるが，さらに重要な短期的な適応効果はアロステリックエフェクターである**2,3-ビスホスホグリセリン酸 2,3-bisphosphoglycerate**（2,3-BPG）（図7.22a）の赤血球中濃度の変化によるものである。高地へ移動して2日以内に赤血球中の2,3-BPG濃度はほぼ倍（4.5 mM から7.6 mM）になり，結果的に，ヘモグロビンへのこのエフェクターの結合は増加する。高地への長期間での適応は（通常は2〜3箇月必要），赤血球が増加することによる。

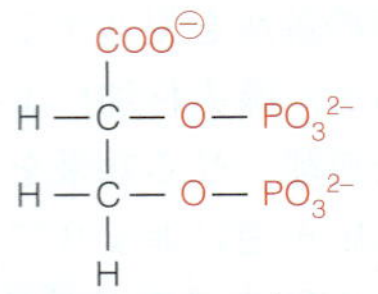

(a) 2,3-ビスホスホグリセリン酸

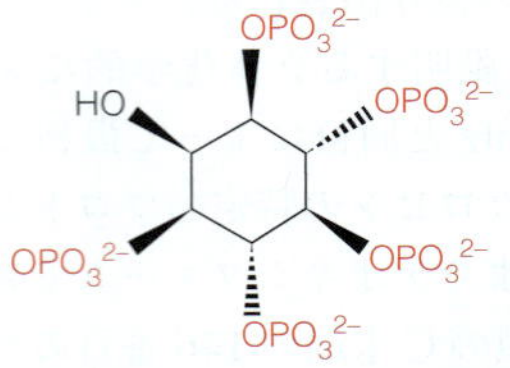
(b) ミオイノシトール1,3,4,5,6-五リン酸

図7.22 デオキシヘモグロビンに結合する2つの陰性化合物 (a) 哺乳類に見出される2,3-ビスホスホグリセリン酸（2,3-BPG）。以前は，ジホスホグリセリン酸（DPG）として知られていた。**(b)** 鳥類に見出されるミオイノシトール-1,3,4,5,6-五リン酸（IPP）。

H^+とCO_2の効果のように，2,3-BPGの結合はヘモグロビンの酸素親和性を低下させる。これは一見，低下する酸素圧に適応するにはかなり奇妙な方法にみえるが，組織中での酸素の遊離の効率が高くなるほど，肺中での酸素と結合する効率の低下を補償する。2,3-BPGの作用について，図7.23に示す。2,3-BPGは，デオキシ状態のβ鎖間の空洞に存在する正に荷電したアミノ酸残基と静電気的に結合する。図7.14bに示されている2つのヘモグロビンのコンホメーションを比較すると，この空洞は，オキシヘモグロビンのほうがデオキシミオグロビンよりも狭いことがわかる。実際，2,3-BPGはオキシ型には結合できない。赤血球中の2,3-BPG含量が高いほど，デオキシ構造はより安定になりやすい。O_2親和性の低下は，デオキシ構造が安定化するということで説明できる。喫煙者の血液中では，タバコの煙の中の一酸化炭素によってO_2の輸送に制約がかかるので，2,3-BPG量が増加する。

2,3-BPGは，ヒトあるいは他の哺乳類が呼吸をするうえで，もう1つ，微妙だが重要な働きをする。母親の体から胎盤を通じた交換によって，O_2を摂取しなければならない胎児が直面する問題を考えてみよう。

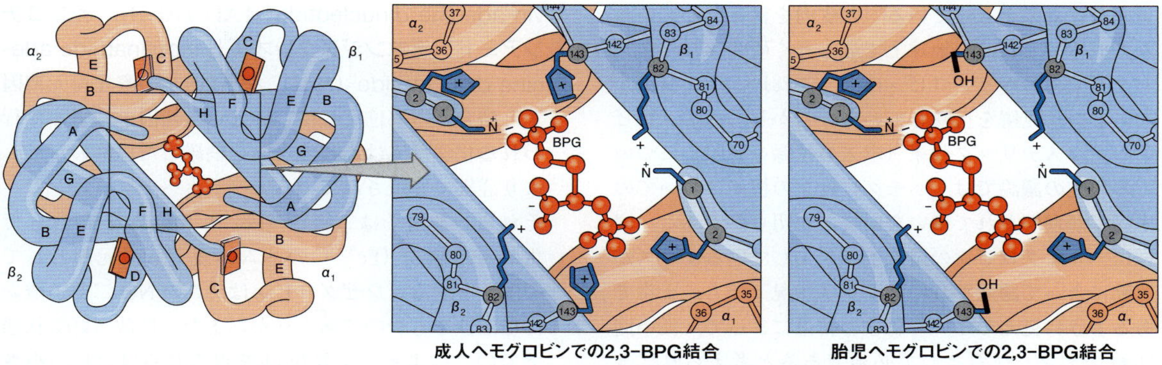

図 7.23　2,3-ビスホスホグリセン酸のデオキシヘモグロビンへの結合　成人ヘモグロビン四量体の中心にある空洞の結合部位（図 7.14，7.15 参照）は，陰電荷の 2,3-BPG 分子に結合しやすくする 8 つの正の荷電した残基で覆われている。胎児ヘモグロビンではヒスチジン残基（β143）がセリンに置換されていることにも注目していただきたい（HbF；右端のパネル）。

この交換がうまくいくには，胎児の血液は母親の血液よりも O_2 親和性が高くなくてはならない。実際，ヒトの胎児は，成人型とは異なるヘモグロビンをもっている。成人ヘモグロビン（HbA）は 2 つの α 鎖と 2 つの β 鎖（$\alpha_2\beta_2$）をもっているが，胎児では，β 鎖は似ているが明らかに違うポリペプチド鎖に置き換わっている。これらは γ 鎖と呼ばれ，胎児ヘモグロビン（HbF）は，$\alpha_2\gamma_2$ 構造と表される。HbF 固有の O_2 親和性は HbA のそれと非常に似ているが，2,3-BPG に対する親和性はかなり低い。この違いは主に，成人 β 鎖の His143 が胎児の γ 鎖のセリンに置換されていることで生じる。図 7.23 に示すように，HbF 中の正電荷の His143 の消失によって 2,3-BPG への結合親和性が減少する。2,3-BPG の濃度は，母親と胎児の循環系でほぼ等しい。これらの条件下では，HbF は HbA よりも結合した 2,3-BPG が少なく R 状態を好む傾向にある。したがって HbF は高い O_2 親和性をもつこととなり，O_2 は効率的に親和性の低い母親の HbA から胎児の HbF に渡される。

酸素の遊離を促進するエフェクターの利用は，哺乳類に限らない。鳥類の血液中には**イノシトール五リン酸 inositol pentaphosphate**（図 7.22b）が含まれ，魚類は同様の目的のために ATP を利用する。これらすべての分子は強い負電荷をもち，デオキシヘモグロビンの中心にある溝に結合する。H^+，CO_2，Cl^- と 2,3-BPG を含むこれらアロステリックエフェクターはすべて，ヘモグロビンのコンホメーションの平衡をデオキシ体側に偏らせるという，同じ一般的な様式で作用する。しかしながら，それらは明らかに異なる部位で相互作用するため，CO_2 と 2,3-BPG について図 7.24 で示したように，その効果は相加的である。

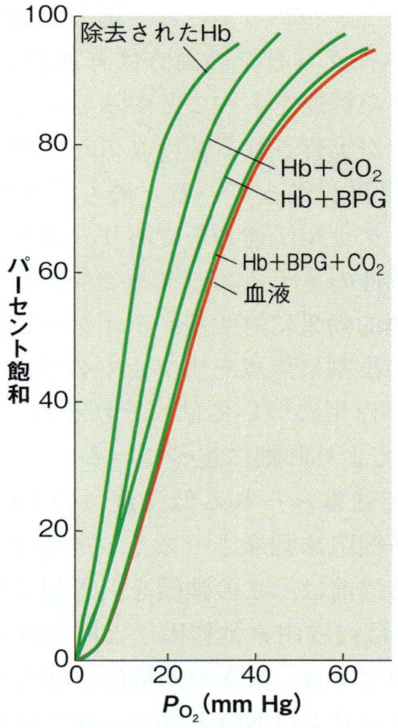

図 7.24　ヘモグロビンによる酸素結合に対する CO_2 と BPG の組み合わせの効果　CO_2 と BPG の両方が除去されたヘモグロビンは，高い酸素親和性をもつ。毛細血管から流れてくる血液で見出される濃度で両物質をヘモグロビンに添加すると，ヘモグロビンは，全血でみられるのとほぼ同じ結合曲線を示す。

British Medical Bulletin 32：209-212, J. V. Kilmartin, Interaction of haemoglobin with protons, CO_2 and 2,3-disphosphoglycerate. ©1976, by permission of Oxford University Press.

> **ポイント 19**
> 2,3 ビスホスホグリセン酸（2,3-BPG）は赤血球細胞内に存在し，ヘモグロビンの O_2 親和性を低下させる有力なアロステリックエフェクターである。

ヘモグロビンのその他の機能：一酸化窒素との反応

Francis Crick は，“ヘモグロビンは，Bohr（bore＝

退屈な）効果をもっている”と皮肉を言ったともいわれている。これは，地球上で最も長く研究されたタンパク質であるヘモグロビンには，これ以上深い発見がないという見解を反映している。しかし，ヘモグロビンのアロステリック効果（章末の付録を参照）についての現在の議論では，ヘモグロビンの機能についてのすべてが理解されてはいないことが明らかである。同様に，ミオグロビンの遺伝子が欠失しているマウスが運動によって誘発されたストレス状況下でも，正常であるように見えるという驚きの結果によって，長い間O_2輸送タンパク質として必須であると考えられてきたミオグロビンに対する見方に疑問がもたれた。注意深い研究によって，これらのマウスには多くの代償的メカニズムが，組織での酸素付加を容易にする（例えば，心筋における毛細血管の密度を高める）ために発達していたことがわかっている。過去十年間で，ミオグロビンとヘモグロビンの両方は可逆的なO_2結合のほかにも重要な機能をもつことが示されており，それらの他の機能が実行されるメカニズムに関しては多くの未解決の問題が残っている。最も活発な研究領域は，重要なシグナル伝達分子であり，また貪食作用における細胞毒性のメディエーターでもある一酸化窒素（NO）の生理的効果に対する，ミオグロビンおよびヘモグロビンの役割に焦点を当てたものである。NOの生合成および作用については，それぞれ，第21章および第23章でより詳細に述べている。

内皮細胞で通常みられる低濃度（約10^{-7} M）で，NOは平滑筋細胞を弛緩させるシグナルを出す。NOと同定される以前は，この弛緩を引き起こした物質はEDRF，または内皮由来弛緩因子と呼ばれていた。オキシヘモグロビンは，NOの効果的な捕捉剤である。オキシヘモグロビンはNOと非常に速く反応して（約7×10^{7} $M^{-1}s^{-1}$），二原子酸素付加反応で硝酸塩に酸化するからである。この反応は，

$$\mathrm{Hb(Fe^{2+}\!-\!O_2)} + \mathrm{NO} \longrightarrow \mathrm{Hb(Fe^{3+})} + \mathrm{NO_3^-} \qquad (7.13)$$

で表すことができる。Paul Gardnerおよび同僚の研究では，この反応がオキシミオグロビンまたはオキシヘモグロビンが存在する状態で行われるとき，O_2の中の両方の酸素原子がNOに加えられることが示された。しかし，この反応はミオグロビンまたはヘモグロビンがない状態では起きない。これによりGardnerらは，ミオグロビンとヘモグロビンの祖先である細菌の**フラボヘモグロビン flavohemoglobin**を含むタンパク質のグロビンファミリーの硝酸ジオキシゲナーゼ活性を提唱した（後述）。フラボヘモグロビンは，ヘム結合ドメインの他に，**フラビンアデニンジヌクレオチド flavin adenine dinucleotide**（FAD/$FADH_2$）と**ニコチンアミドアデニンジヌクレオチド nicotinamide adenine dinucleotide**（NAD^+/NADH）の酸化還元補因子と結合する部位をもつ。これらの補因子によって行われる化学反応は，代謝反応を網羅した以降の章で，より詳細に記載されている。フラボヘモグロビンで，それらの補因子は二価鉄（Fe^{2+}）のヘムを式7.13で生じる三価鉄（Fe^{3+}）のヘムへ変える還元剤としての働きをする。なぜグロビンは，このNO二原子酸素付加活性をもつのであろうか。また，拡散（好気状態下での）によって十分なO_2を得られるほどに，小さい微生物までもがなぜグロビンをもっているのだろうか。

これらの質問に対する可能性の高い答えの手がかりは，フラボヘモグロビンの遺伝子を欠く細菌は，約10 μM の濃度のNOにさらされることで死んでしまうという観察から得られた。さらに，フラボヘモグロビンを通常の量よりも多く発現するいくつかの細菌は，マクロファージ（細胞毒性作用の一部としてNOを生成する）の殺作用に対して耐性をもつ。このことから，これらの微生物では，フラボヘモグロビンはNOの細胞毒性に対する抵抗性に関係すると考えられる。高等生物では，どうだろうか？　野生型マウスと比較して，ミオグロビン遺伝子を欠失したマウスでは，NOにさらされた後に，心臓組織の損傷が増加するという表現型を示す。NOのさまざまな細胞毒性の1つに好気呼吸の阻害がある。これらの観察結果から，2001年にMaurizio Brunoriは次のように提唱している。ミオグロビンは強力なNOジオキシゲナーゼとして，NOを介する細胞のエネルギー生産の阻害に対し細胞を保護する上で重要な役割を果たしている。

ミオグロビンは，多くの異なる非筋肉組織型において低レベルで発現されているという新しい観察は，十分に是認されたミオグロビンのジオキシゲナーゼ活性により説明できる可能性がある。また，新しくヘモグロビンファミリーに加わった**サイトグロビン cytoglobin**と**ニューログロビン neuroglobin**は，NOの除去において重要な役割を果たしている。サイトグロビンはほとんどの組織で発現されている。一方，ニューログロビンは神経組織で観察されている。サイトグロビンとニューログロビンの機能は，いまだによく知られていないが，低酸素状態（例えば，脳卒中や心臓発作）に続く組織損傷を防ぐためにジオキシゲナーゼ酵素として作用することができる。これらグロビンの他に考えられる役割は，高血圧の減少と**アポトーシス apoptosis**（プログラムされた細胞死。第28章で詳細に説明する）の予防が挙げられる。

ポイント 20
サイトグロビンとニューログロビンは，脳卒中または心臓発作後の組織損傷を防ぐのを助けるだろう。

要約すると，ミオグロビンおよびヘモグロビンは，各々の機能を遂行するように調整された洗練された分子装置である。次項では，これらの構造がどのように進化してきたかを探る。脊椎動物のミオグロビンとヘモグロビンの酸素運搬機能に焦点を当てる。しかしながら，グロビンとは，さまざまな細菌および古細菌のもつ広範な機能的・構造的多様性をもつ太古からのタンパク質であり，NO ジオキシゲナーゼ活性が根本的に重要であった，ということに注意すべきである。そのため，現在の O_2 輸送体は先祖のグロビン集団に比べて，比較的新しく獲得された機能ではないかと考えられる。なぜなら，地球上の大気中の酸素濃度は，現時点より遥かに低かったのだから。

タンパク質の進化：ミオグロビンとヘモグロビンを例として

ある生物がつくる各ポリペプチド配列は遺伝子によってコードされている。その遺伝子の塩基配列はタンパク質のアミノ酸配列を決定し，順次，タンパク質の二次構造，三次構造，四次構造を決める。タンパク質の進化は遺伝子の塩基配列の変化が蓄積されて起こる。この過程を調べるために，ミオグロビン–ヘモグロビンファミリーのタンパク質の進化的な発展を例示する。しかしながら，まず真核生物の遺伝子の構造や変異が生じるメカニズムをもう少し詳しく調べなければならない。

真核生物の遺伝子の構造：エキソンとイントロン

これまでの章で，遺伝子の塩基配列と（mRNA を経由して）それがコードするポリペプチド鎖のアミノ酸配列との間に直接の対応関係があることを示した。原核生物のほとんどの遺伝子ではこの概念は正しい。しかし，高等生物のゲノムの研究から驚くべき結果が出た。すなわち，真核生物の多くの遺伝子内では，ポリペプチド鎖として発現しない DNA 配列があるということである。これらのノンコーディング領域は**イントロン** intron と呼ばれ，**エキソン** exon と呼ばれる領域と交互に存在している。エキソンは，ポリペプチドをコードする領域と転写および翻訳を調節する上で重要な 5′ および 3′ 末端の非翻訳領域を含む。図 7.25 は，β グロブリン遺伝子のエキソン–イントロン構造がどのように β グロブリンの機能と関係があるかを示している。

この目立った特徴から，真核生物での mRNA の生成は当初推定されていた以上に複雑な過程であることは明らかである。図 7.25 が示すように，実際に起こるのは，最初の一次転写物すなわちその遺伝子全体（エキソン，イントロン，フランキング領域の一部）に相当する**プレ mRNA** pre-mRNA が転写によって生成することである。プレ mRNA は細胞核内に存在している間に切断され，スプライシングされて，イントロンに相当する領域が除去され，ポリペプチド鎖を正確にコードする mRNA を生成する。この過程については第 27 章で詳しく述べる。ここでは，ほとんどの真核生物の遺伝子が，タンパク質配列のどの部分にも対応しない広範な領域を含んだ“パッチワーク”構造であることを心にとめておこう。

ポイント 21
真核生物の遺伝子は不連続で，制御領域，タンパク質をコードする配列（エキソン）と介在配列（イントロン）をもっている。

タンパク質変異のメカニズム

生物が再生する場合，自分自身の DNA をコピーするが，ときに間違いが起こる。これらの間違いは，コピーの間に起こるランダムエラーであるが，DNA が放射線や**化学変異原** mutagen などの変異発生物質を受けた損傷の結果である場合もある（詳細は第 26 章で述べる）。とにかく，これらの変化は次世代の DNA 中の**変異** mutation として現れる。タンパク質中に変異をもたらす DNA 配列の変化は基本的に 2 種類ある。すなわち，DNA 塩基の他の塩基への置換と，遺伝子内での塩基の欠失または挿入である。

DNA 塩基の置換

塩基の置換によってさまざまな影響が出る可能性がある。まず，塩基の変化はタンパク質配列に全く影響しない場合がある。例えば，その変異がイントロンに起こるときである。しかし，それがタンパク質をコードしているエキソンであっても新しいコドンが元と同じアミノ酸をコードしている場合なら，タンパク質の配列に違いは何も生じない。これを**サイレント変異** silent mutation または**同義変異** synonymous mutation と呼ぶ（図 7.26a）。遺伝暗号の重複性（p.134，図 5.18 参照）から，かなりの頻度で 1 塩基が変化してもタンパク質産物は変化しない。一方，変異したタンパク質では，本来のタンパク質の 1 つのアミノ酸残基が変異したタンパク質では違うアミノ酸によって置き換えられていることがある。このタイプの置換は，

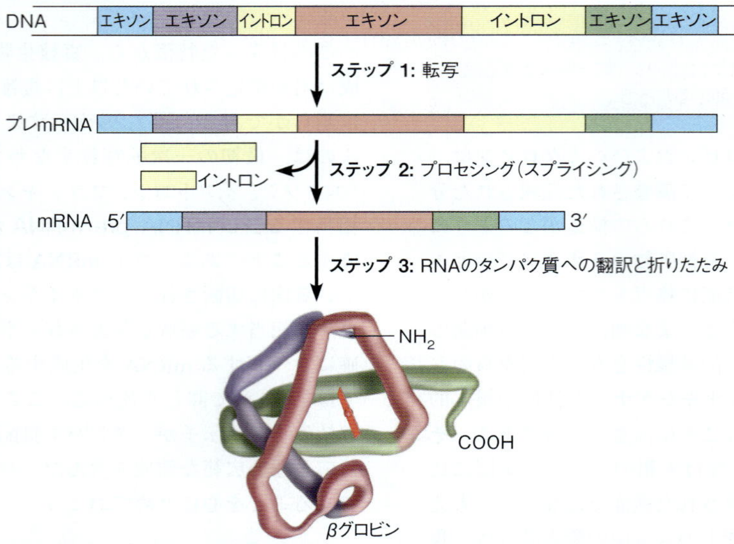

図 7.25　βヘモグロビン遺伝子のコーディング領域とノンコーディング領域　ヒトβヘモグロビン鎖の遺伝子は，制御領域（青いボックス）とコーディング領域（紫，赤，緑のボックス。エキソン）とノンコーディング領域（黄色いボックス。イントロン）をもっている。この図は，遺伝子が転写，翻訳されて最終のβヘモグロビン鎖になる流れを説明している。**ステップ 1（転写）**：エキソンとイントロンの相補的コピーをもっている一次転写産物（プレ mRNA）が，遺伝子から生成する。**ステップ 2（スプライシング）**：イントロンの配列は除去され，一緒に組み継がれて（スプライシング）エキソンは最終の mRNA になる。mRNA スプライシングのメカニズムは，第 27 章で述べる。**ステップ 3（翻訳）**：スプライシングされた mRNA のコーディング領域はβ鎖を作成し，それらの鎖は適切な三次構造をとりながらヘム官能基を取り込む。全ヘム結合領域（赤）は，1 つのエキソンによってコードされている。

残基番号		1	2	3	4	5	6	7	8	9	10	
正常β遺伝子	…A T G	G T G	C A **C**	C T G	A C **T**	C C T	G **A** G	G A G	**A** A G	T C T	G C C	…
		Val	His	Leu	Thr	Pro	Glu	Glu	Lys	Ser	Ala	
(a) サイレントまたは同義変異		G T G	C A T	C T G	A C T	C C T	G A G	G A G	A A G	T C T	G C C	…
		Val	His	Leu	Thr	Pro	Glu	Glu	Lys	Ser	Ala	
(b) ミスセンスまたは非同義変異		G T G	C A C	C T G	A C T	C C T	G T G	G A G	A A G	T C T	G C C	…
		Val	His	Leu	Thr	Pro	Val	Glu	Lys	Ser	Ala	
(c) ナンセンス変異		G T G	C A C	C T G	A C T	C C T	G A G	G A G	T A G	T C T	G C C	…
		Val	His	Leu	Thr	Pro	Glu	Glu	Stop			
(d) 欠失によるフレームシフト変異		G T G	C A C	C T G	A C □ C	C T G	A G G	A G A	A G T	C T G	C C	…
		Val	His	Leu	Thr	Leu	Arg	Arg	Ser	Leu		

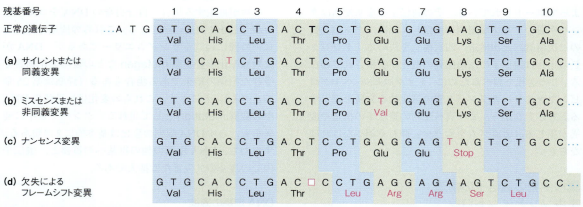

図 7.26　変異のタイプ　この図は，βヘモグロビン鎖内に起こる変異様式のいくつかを示している。正常なヒトヘモグロビン鎖の最初の 10 残基を，それらの DNA コドンとともに上部に示した。**(a)** サイレントまたは同義変異が，残基 2 のコドン内（CAC から CAT）に起きている。**(b)** ミスセンスまたは非同義変異は，残基 6 のコドン内（GAG から GTG）に起きている。これは鎌状赤血球の変異である。**(c)** ナンセンス変異が，残基 7（AAG から TAG）のあとの終止シグナルに導入されており，鎖の伸長が途中で停止している。**(d)** フレームシフト変異が，1 個の T 塩基の欠失によって起こっている。鎖の残りは，終止シグナルが新しいフレームが出てくるまで，完全に変わった配列で引き続き生成される。(c) と (d) の両方は，βセラセミアを引き起こす（p.241 参照）。

ミスセンス変異 missense mutation または**非同義変異 nonsynonymous mutation** と呼ばれる（図 7.26b）。たまに，元のタンパク質内のアミノ酸残基をコードするコドンが終止コドンに変化することもある。これは，**ナンセンス変異 nonsense mutation** と呼ばれ，タンパク質が未完成なまま切れており，多くの場合は機能不全である（図 7.26c）。またときどき反対のことが起こる。すなわち，終止コドンがあるアミノ酸残基をコードするコドンに変異する。この場合，引き続き翻訳が起こり，ペプチド鎖がさらに伸長する。

塩基の欠失あるいは挿入

遺伝子内の欠失や挿入は，大きいことも小さいこともある。コーディング領域の外側のそのような変異は，それが転写調節部位（スプライシングを受けた mRNA の非翻訳領域）を修飾しなければ，一般に影響はない。コーディング領域で大きな挿入や欠失が起こると，有用なタンパク質はかなり生成されにくくなるし，ときには，全遺伝子の欠失さえ起こる。短い欠失や挿入が起こった場合の影響は，それらが3つの塩基の倍数を巻き込むかどうかによる。もし，1つ，2つあるいはそれ以上のコドンまるごとを失うかまたは付加した場合，それと一致した数のアミノ酸残基の欠失あるいは挿入が起こる。しかしながら，コーディング領域内の3の倍数以外の数の欠失なり挿入が起こると，深刻な影響が出てしまう。すなわち，翻訳の過程でリーディングフレームにずれが起きてしまうのである。こうした**フレームシフト変異 frameshift mutation** は，変異位置からC末端方向のアミノ酸配列を完全に変化させる（図7.26d）。

タンパク質産物の機能性ひいては生物そのものに影響を与えるこれらの変異は，全く多様である。ある場合には，塩基置換の影響は中立で，コードされているアミノ酸は変化させないか，タンパク質中のその置換する位置で同等の機能を果たす他のアミノ酸に変化する。しかし，有害な場合のほうが多い。まれに，そのような変異はタンパク質の機能性を向上させ，変異を受けた生物が次世代に選抜される。対照的に，ナンセンス変異とフレームシフト変異によって，タンパク質機能はほとんど常に失われる。もし，当該タンパク質が生物の生命活動にとって重要なら，そのような変異は進化の過程で確実に排除される。それを受け継いだ個体は生き残れない。

ポイント22
変異は，遺伝子のDNA配列の変化によって起こる。変化には，塩基置換と，欠失または付加がある。

遺伝子の重複と再配列

何百万年もかけて，小さな変異による変化が多く蓄積することによって，タンパク質は徐々に進化してきた。タンパク質が全体として実行できる機能の多様性は，2つの他の現象によって増大している。すなわち，**遺伝子重複 gene duplication** と**エキソン組換え exon recombination** である。

しばしば，ゲノムの複製では特定の遺伝子を含むあるDNA配列が2回コピーされるということが起こる。初めは，そのような重複の唯一の結果として，生物の子孫が同じ遺伝子のコピーを2つもつことになる。この変異は，タンパク質の生産能力が上がるので，タンパク質が大量に必要なときに有利である。そのような場合，同一遺伝子のコピーを2つあるいはそれ以上維持するように選択圧が働くであろう。あるいは，その2つのコピーは，独立に進化することがある。1つのコピーは，本来の機能を発揮するタンパク質を発現し続けるであろう。しかし，もう1つのコピーは，変異によって新しい機能をもった完全に異なるタンパク質への変異を経て進化するかもしれない。第5章で，共通の進化の起源に関連しているタンパク質が，**ホモログ homolog** と記載されていたことを思い出してもらいたい。遺伝子重複から生じる生物内のホモログ遺伝子は，**パラログ paralog** と呼ばれている。これは，共通の祖先に由来する異なる種のホモログ遺伝子である**オルソログ ortholog** とは対照的である。

タンパク質の多様性が増す他の方法は，最初別個に存在していた2つあるいはそれ以上の遺伝子が融合することである。そのような融合によって，新たな機能の新たな組み合わせをもつマルチドメインのタンパク質が創出される。

真核生物遺伝子内の介在配列（イントロン）には，さらにタンパク質の構造と機能の多様化をもたらす可能性がある。これらの領域はコーディングには利用されないので，**遺伝的組換え genetic recombination** の過程で遺伝子が安全に切断され，組換えが可能な位置を提示してくれる。組換えのメカニズムについては第26章で述べる。ここでは，その結論を言うにとどめる。仮に，生理的機能Bをもつタンパク質領域をコードするある遺伝子のエキソンが，機能Aをもつタンパク質をコードする遺伝子のイントロン領域に挿入されたとしよう。でき上がった新しいハイブリッドタンパク質は，AとBの両方の機能をもち，新たな生理機能を発現できるようになるかもしれない。

変異，遺伝子重複，遺伝子の再配列などを組み合わせた効果によって，生物は新しい能力を発揮し，新しい環境に適応し，新しい種となる。生物の進化の過程は，化石の記録や現存の植物，動物，微生物のおびただしい多様性の中にみることができるが，いうなればこのタンパク質の分子進化の結果といえよう。

ポイント23
ゲノムは，遺伝子重複，遺伝子融合，エキソンの組換えによっても進化できる。

分子レベルでのタンパク質の機能の進化

抗生物質に対する耐性を素早く発現する細菌の例が示すように，タンパク質の機能は，環境への“適応度”を試す負荷に対処する中で進化をとげてきた。どのような変化がタンパク質の構造レベルで起こるのか？遺伝子変異はアミノ酸配列を変化させ，それが，タンパク質の構造と機能に影響する。しかし，選択的優位性を与える新規タンパク質機能を確立するために，どのくらいの変異が要求されるのか？

進化および分子生物学のツールを組み合わせることにより，先祖の遺伝子の配列を予測し，そしてタンパク質を先祖の遺伝子配列から現代の遺伝子配列に導く可能な進化経路の道筋を調べることは可能である。このアプローチを説明するために，先祖の遺伝子と4つのアミノ酸が変異した現代のホモログの例を考えてみよう。この場合，祖先および現代のアミノ酸配列の可能性がある組み合わせをコードしている16の遺伝子（$2^4=16$）が合成され，発現される。16の個々の突然変異体の構造の詳細と機能的な特性から，実現可能な進化経路を原子レベルで同定できる。このような解析から，図7.27に示すように，変異によって機能しない（例えば，不安定な）中間種を回避する順序および，その祖先から現代のタンパク質への進化において，実際の突然変異を繰り返す可能性が最も高い経路が描かれる。

タンパク質の進化の研究の多くは，タンパク質に新しい機能特性を付与する大部分の突然変異が，親タンパク質を不安定化する傾向があることを示している。したがって，進化の経路に沿って許容できる変異の数は限られている。すべての変異が不安定というわけではなく，**許容変異 permissive mutation** と呼ばれるいくつかの変異は，一般的に機能の特性に影響を与えることなく，タンパク質により大きな熱力学的安定性を与える。in vitroの進化研究から得られたもう1つの結論は，タンパク質が“進化できる”ためには，安定性の閾値が存在するということである。言い換えれば，タンパク質のより大きな熱力学的安定性が，突然変異のためのより大きい許容値と相関し，新たな機能の進化をもたらしている。必要な安定性は，突然変異体を安定させる変異を取り込むことによって，進化の過程で達成されるかもしれない。

タンパク質の進化における新しい見解は，タンパク質の動的な性質に焦点を当てており，より動的な構造に基づくコンホメーションの大きな可変性は，それが固定化したものである場合に比べて，タンパク質の急速な進化を可能にすることを示唆している。活性部位を構築する柔軟なループをもつタンパク質は，その基質結合の特異性が柔軟でありそうである。そのような状況は，本質的に，タンパク質の多くの新しい機能を進化させる潜在的な要因となっている。図7.28のaとbは，タンパク質のコンホメーションの柔軟性の例を示している。タンパク質が動的な構造をとる根拠はどこにあるのか？　特にシグナル伝達に関与するタン

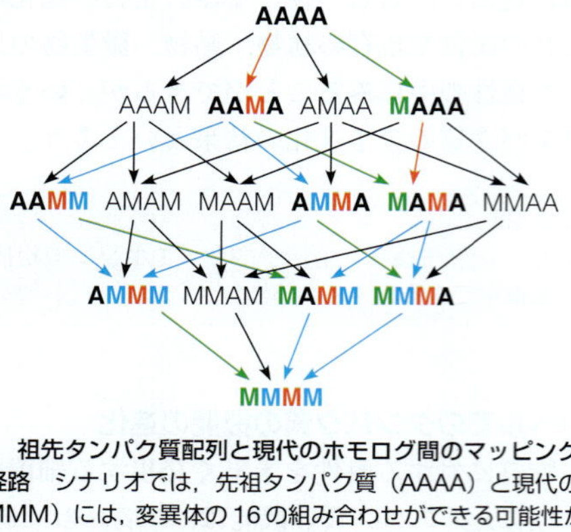

図7.27　祖先タンパク質配列と現代のホモログ間のマッピング可能な進化の経路　シナリオでは，先祖タンパク質（AAAA）と現代のホモログ（MMMM）には，変異体の16の組み合わせができる可能性があり，そして，AAAAからMMMMへの進化は，異なった4つの突然変異と24の経路（矢印）でつながっている。安定なタンパク質は太文字で示してある。赤い太文字はタンパク質の安定性を増す突然変異を示し，進化の可能性を高めることを示す。緑の太文字は安定でも不安定でもない突然変異を示し，青い太文字は不安定となる突然変異を示す。この場合，赤の（安定化する）突然変異は青の（不安定化する）突然変異より優先して起こらなければならない。この突然変異の起こる順番の必要条件により，可能性の高い経路は色のついた矢印の違った組み合わせにより示される8つの経路に限られる。

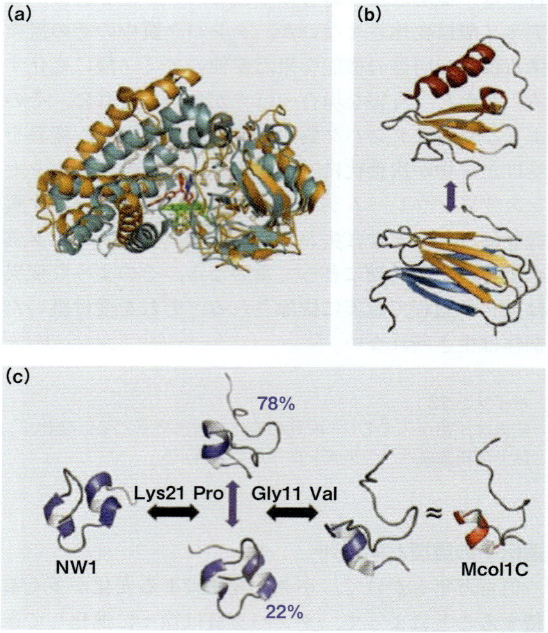

図7.28　進化能力を増進させる柔軟なコンホメーションの例　(a) 局所的な構造変化は，酵素への種々の基質の結合を可能にする。肝臓にある解毒タンパク質（オレンジのリボン）であるP450-CYP2B4の開いたコンホメーションは，大きな基質（赤で示される）との結合を可能にする。そして，閉じたコンホメーション（薄い青のリボン）は，より小さな基質（濃い青）を結合する。**(b)** 免疫応答の一部で働く小さなタンパク質リンホタクシンは，β-α 単量体（上図）とすべてβの二量体（下図）の2つのネイティブコンホメーションの間の平衡状態で存在する，いわゆるmetamorphic（変態）タンパク質である。**(c)** 2つの異なるトポロジー（3つの異なるジスルフィド結合により仲介される）は，クラゲとイソギンチャクの毒素細胞中に天然に存在する2つのタンパク質のシステインリッチドメイン（CRD）でみられる（NW1とMcol1C）。これら2つのCRDは，保存されたシステイン以外はほとんど配列が異なる。これらのトポロジー間の変換は，両方の構造内に存在する動的な中間体を生じるNW1の単一突然変異Lys21→Pro21（K21P）によって引き起こされる。2番目のGly11→Val11（G11V）変異によって，NW1からMcol1Cへの変異が完成する。

パク質の中で，“通常一定な構造をもたない”または“本質的に無秩序”であることがよく調べられたタンパク質の数は，過去 10 年間で大幅に増加している。動的なタンパク質は，どのように新たな機能を進化させたのか？　1 つの仮説は，いくつかの非天然のリガンドを結合する少数派の構造が突然変異による安定化により，天然リガンドを正常に結合する多数派の構造より増加できたことを示唆している。このプロセスについては，2 つの変異が，動的なタンパク質を全体的に片方の配座異性体に傾かせるのに十分であることを，図 7.28c で説明する。

新しい機能を得るに至った進化の道筋がどのようなものであれ，突然変異が重要な役割を果たしている。ゲノムの突然変異の速度は，新しいタンパク質機能の進化の速度を決定する上での重要なパラメータとなる。哺乳類ゲノムでは，突然変異の頻度は，年間あたり 1 塩基につき $1.1-12.4\times10^{-9}$ であると推定されている。ヒトにおける新規機能を獲得するためのタンパク質進化の速度が非常に遅いのは，次のことから理解することができる。(1) ヒトゲノムのサイズ（約 3×10^{-9} 塩基対），(2) タンパク質の遺伝子をコードする領域はゲノムの 2% 以下，(3) これらの変異の大部分が生殖系列で発生しないこと（したがって，それらは子孫に受け継がれない），(4) 新しい機能を与えるのに必要な多くの突然変異には，時間的な順序が明らかに必要なこと（図 7.27），などである。これらについての有名な事例は，有害な病気に関する突然変異についてである。それらは，1 つの塩基の変異だけで起こる。本章の後半で，ヒトヘモグロビンの例を述べることにする。

ミオグロビン-ヘモグロビンファミリータンパク質の進化

これまで，タンパク質の進化の過程の実例をみてきた。仮に，マッコウクジラとヒトのミオグロビン配列を比較してみると（図 5.16 参照），25 のアミノ酸が変化しているのがわかる。化石という証拠によって，マッコウクジラとヒトが，約 1 億年前に共通の哺乳類の祖先から分岐したという進化系統がわかっているので，この過程の速度について考察できる。もし，進化速度が一定だとすると，平均して 400 万年ごとに 1 回のアミノ酸の置換が起こってきたことになる。

ヒトのミオグロビンとサメ類のミオグロビンを比較すると，約 88 個の違いを見出せる。これらの進化系統は約 4 億年前に分岐したので，蓄積した違いは前例で予測したものとほぼ一致する。言い換えると，2 つの関係あるタンパク質のアミノ酸置換の数は，タンパク質（そして種）が共通する祖先をもってから，経過した進化時間にほぼ比例する。この原理を利用して，ヘモグロビンとミオグロビン両方の配列を比較して，グロビンタンパク質の“家系図”をつくることができる。この家系図は，ヒトを含む高等真核生物が，ミオグロビンと数種の異なるヘモグロビン鎖の両方の遺伝子をもつことから複雑になっている。これら異なる遺伝子は，ヒトのいろいろな発育段階に発現する（図 7.29）。先に述べたように，α 鎖と β 鎖は成人には存在する。しかし初期胚に発現するヘモグロビン遺伝子は，胎芽鎖の ζ と ε である。胎児が発達するに従い，これらの鎖は α 鎖と γ 鎖に置き換わり，母体から胎児への効率のよい酸素の輸送を確保する。最終的に，誕生時には γ 鎖が β 鎖に置き換わる。さらに誕生後，少数の δ 鎖が産生される。これらのヘモグロビン鎖の発育上の型はわずかに異なり，それぞれがヒトゲノム中の別々の遺伝子によってコードされている。

多くの異なる種の多くのグロビンの配列を比較することによって，図 7.30 に示すような進化系統樹ができる。これらの結果から，非常に原始的な動物は，酸素貯蔵のためにミオグロビン様の単鎖の祖先型グロビンだけをもっていることがわかる。これら原生動物や扁虫のような動物のほとんどはとても小さいので，輸送タンパク質を必要としていない。約 5 億年前に，ある重要な出来事が起こった。すなわち，祖先のミオグ

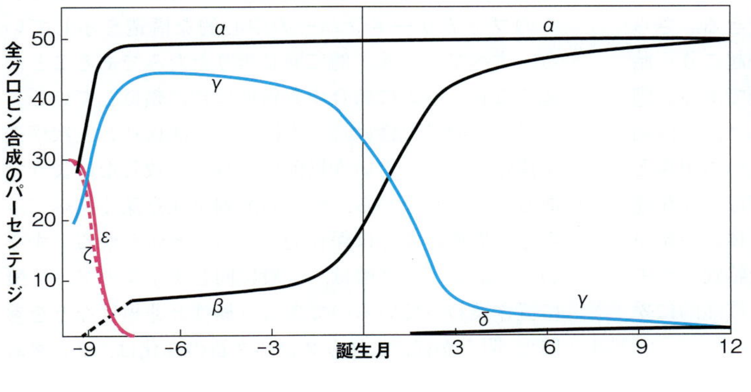

図 7.29　さまざまな発育段階でのヒトのグロビン遺伝子の発現　ヒトの ζ 遺伝子と ε 遺伝子は，初期胚に見出される $\zeta_2\varepsilon_2$ ヘモグロビンを生成する。これは，すぐに胎児の $\alpha_2\gamma_2$ ヘモグロビンに代えられる。誕生時には，γ 遺伝子の転写は終わり，β 遺伝子が転写され始める。生後 6 箇月までに，幼児はほとんどすべての $\alpha_2\beta_2$（成人）ヘモグロビンをもつ。δ 遺伝子は，高い割合では転写されない。α 遺伝子には 2 つのコピー，α_2 と α_1 がある。両方とも α 鎖の生成に寄与する。
British Medical Bulletin 32 : 282-287, W. G. Wood, Haemoglobin synthesis during human fetal development. ©1976, by permission of Oxford University Press.

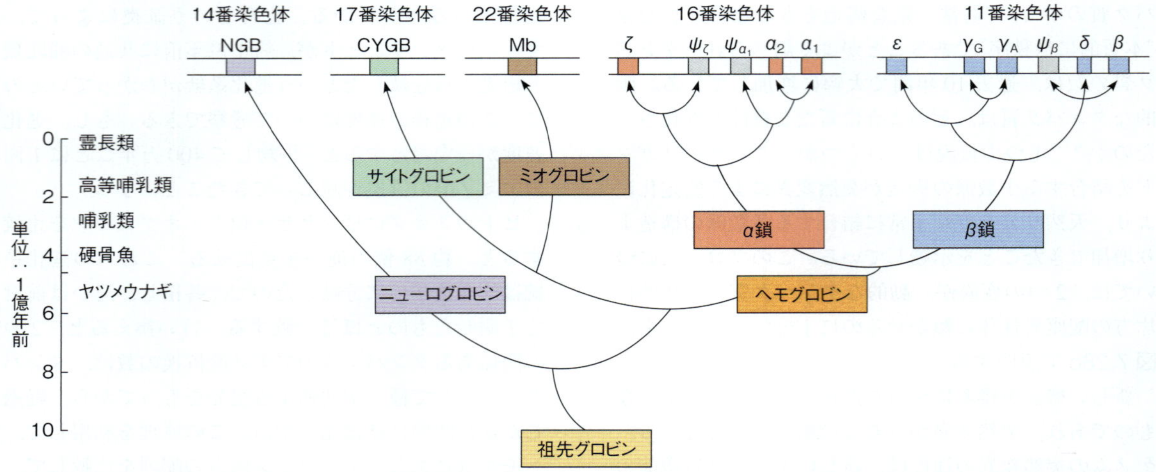

図 7.30　グロビン遺伝子の進化　ヒトグロビン遺伝子を一番上に配置した。注目すべきは，それらが５つの異なる染色体に見出されることである。機能的な遺伝子は，色をつけて示した。遺伝子が転写されないバリアントである偽遺伝子は，灰色で示してある。ヒトと他の動物のいろいろなグロビン遺伝子間の配列の違いに基づき，グロビン遺伝子ファミリーの可能な進化を図の下に示している。遺伝子重複が起こった時期は，配列と化石証拠を組み合わせて推定した近似にすぎない。２つのα遺伝子と２つのγ遺伝子は，配列が非常に似ており，それらの分岐の時間の判定が可能である。分岐はごく最近になって起こったことがわかる。

ロビン遺伝子が重複したのである。そのコピーの１つが，すべての高等生物のミオグロビン遺伝子の祖先となった。その他のコピーは酸素輸送タンパク質遺伝子に進化し，ヘモグロビンを誕生させた。

ポイント 24
ミオグロビンとヘモグロビンは，祖先のミオグロビン様のタンパク質から進化した。

脊椎動物と哺乳類に至る進化系統に沿ってみると，ヘモグロビンをもつ最も原始的な動物はヤツメウナギである。ヤツメウナギのヘモグロビンは二量体をつくれるが，四量体にはなれず，弱い協同性しか示さない。それがアロステリック結合への最初のステップである。しかし，その後２番目の遺伝子の重複が起こり，今日のα，βヘモグロビン鎖ファミリーの祖先になった。配列の比較から再構築してみると，これは約４億年前に起こっていなければならず，サメ類と硬骨魚が分岐した時期に相当する。爬虫類そして哺乳類に至る後者の進化系統では，α，βグロビン両方の遺伝子をもち，四量体の$\alpha_2\beta_2$ヘモグロビンを形成できる。さらに，ヘモグロビンの系統上で遺伝子重複が起こり，胎芽型のζとε，そして胎児型のγに至るのである。図 7.30 が示すように，成人と胎芽のサブタイプ間を区別する重複は，約２億年前の胎盤をもつ哺乳類の出現と非常によく一致している。これら哺乳類では，胚発達の後期が母体内で起こり，胎盤を通って母体から胎児への酸素の輸送を促進するように適応した特別なヘモグロビンが必須なので，このような一致は機能的に妥当である（p.228～229 参照）。

ミオグロビン–ヘモグロビンファミリーのタンパク質の長い進化の間，ごくわずかのアミノ酸残基だけは不変のままだった。これらの保存された残基は，その分子の中で真に最も重要な位置にあるのだろう。図 7.13 が示すように，それらの中には，ヘム鉄（F8 と E7，図 7.5b 参照）に近位そして遠位のヒスチジンが含まれている。面白いことに，前述したヘモグロビンのデオキシ–オキシ間コンホメーション変化に関係している Val FG5 は，ヘモグロビンでは不変だが，多くのミオグロビンの中ではこの位置に存在するイソロイシンに置換しているのがわかっている。ヘモグロビン中で高度に保存されている他の領域は，α_1–β_2 と α_2–β_1の接触部位付近である。これら接触部位は，ほとんど直接アロステリックコンホメーション変化に関与している。

数億年の間にミオグロビン–ヘモグロビンファミリーの一次構造に大きな変化が起きたにもかかわらず，これらタンパク質の二次構造と三次構造は驚くほど変わっていない。図 7.31 は，昆虫からウマまでのこのファミリーメンバーの中心的な構造を示している。すべてが，基本的に同じ折りたたみであることが認められ，ヘムに結合する領域は特に類似している。一見，この類似性は，一次構造が二次構造と三次構造を決定しているという以前の見解と一致しないようである。しかしながら，多くの配列を注意深く調べてみると，置換の多くは保存的であることがわかる。すなわち，あるアミノ酸は，一般に同じタイプのアミノ酸に置き換わっているのである（極性と非極性などを参照）。明らかに，これらタンパク質の進化は，ランダム

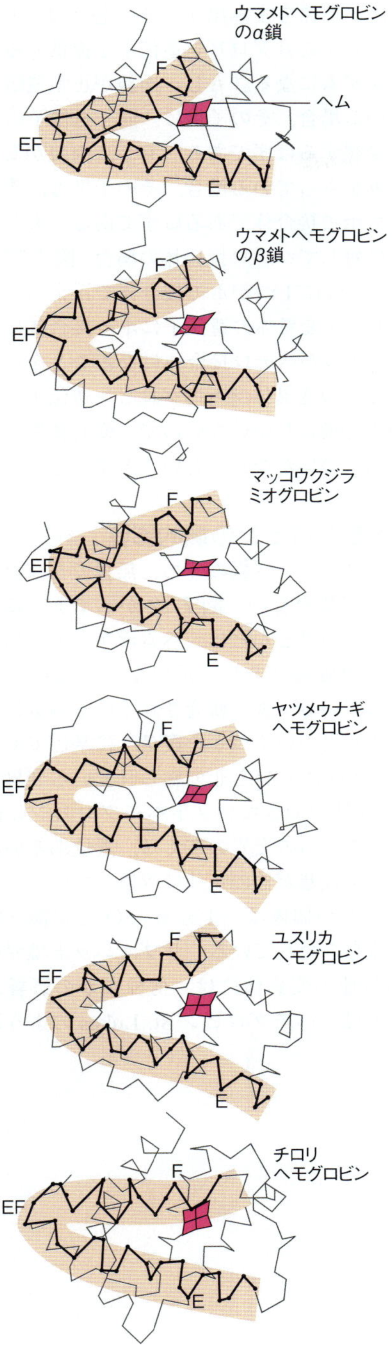

図 7.31　グロビンの折りたたみパターンの進化的保存　提示した図を見ればわかるが，ミオグロビン鎖とヘモグロビン鎖の三次構造全体は，一次構造で大きな違いがあるのにもかかわらず，ほぼ一定である。色をつけた領域は，ヘムを取り囲んでいる E ヘリックスと F ヘリックスを表している。それらはほとんど変わらず，鎖の末端近くに変化が集中する傾向にあることに注目していただきたい。最も原始的なタンパク質は，海洋性の蠕形動物であるチロリ（*Glycera*）とハエの一種ユスリカの単一鎖のヘモグロビンである。ヤツメウナギは，異なるミオグロビンとヘモグロビンをもっている最も原始的な生物である。ヤツメウナギのヘモグロビンは，二量体を形成し，ある程度結合の協同性を示す。ウマのヘモグロビンのα鎖とβ鎖は，すべての他の哺乳類のものとほとんど同一である。

に進行しているのではなく，生理的な機能構造を維持するという制約下で進行しているのである。グロビンファミリーの中で生き残ってきた変異株タンパク質は，基本的な“グロビンフォールド”を維持するタンパク質に限られていたのである。

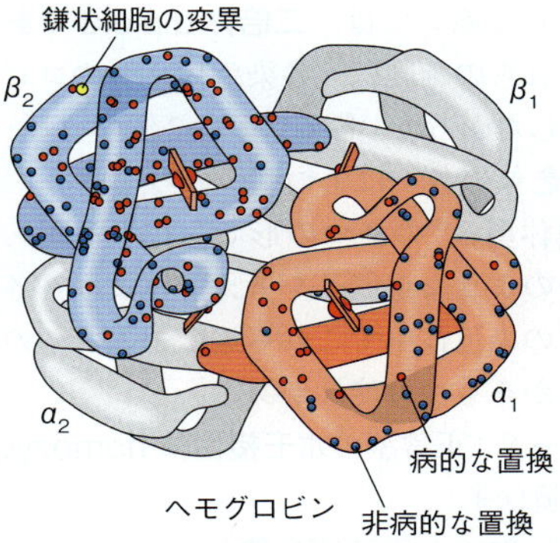

図 7.32　ヒトヘモグロビンの変異の分布　青色と赤色の点は，α鎖とβ鎖内に見出されたアミノ酸置換の位置をすべて示している（わかりやすいように，1 つのペアのみ示している）。病的影響が出てくることが知られている置換は，赤色で表示してある。これらの位置の多くで，1 つ以上のアミノ酸置換がみられる。鎌状赤血球の変異が発生するβ鎖の位置 6 は黄色で示してある。

ポイント 25
グロビンは，ヘムを保持する共通の“グロビンフォールド”を残すように進化してきた。現在の生物種に多くのバリアントタンパク質が見出されることから，進化し続けていることがわかる。

ヘモグロビンの変異体：進行中の進化

変異体とそれらの遺伝

ヘモグロビン遺伝子が進化し続けているという事実は，しばしば異常ヘモグロビンとも呼ばれるヘモグロビンの変異体が存在することからわかる。今日，数百ものヒトの変異ヘモグロビンが見出されている。四量体タンパク質上の多くの変異点を図 7.32 に示した。現存する植物と動物のほとんどのタンパク質は，おそらく似たような多様性を示すが，そのうちヒトヘモグロビンほど徹底的に研究されてきたものは少ない。ヘモグロビンの各変異株は，全個体群の中ではわずかである。ある変異はごく少数の個人にしか認められない。そのうちいくつかは有害であり，病態が認められているが，それらは自然選択の環境下で，やがて消滅していく。我々の知りうる限りでは，ほとんどが無害で，中立変異と呼ばれることが多い。きわめて少数のものは，いまのところは優性として認識されていないが，やがて個体群の中で支配的になっていくのかもしれない。

これら異常ヘモグロビンのいくつかに限って，ここで考察してみよう。最初に，遺伝学を少し復習してみる必要がある。すべてのヒトの細胞は，生殖細胞（精子と卵子）を除いては，**二倍体 diploid** である。すなわち，それらの細胞は，各染色体2つのコピーをもっている。したがって，各遺伝子は2個のコピーをもち，1対の染色体の各々に1つずつのっている。“正常”型 β と変異体型 β^* の2つの形で存在する成人 β グロビン遺伝子のような遺伝子を考えてみよう。各個人は自身のペアの染色体中でこれら遺伝子の3つの組み合わせのどれかをもつ可能性がある。

A.　$\beta+\beta$：正常型の**ホモ接合体 homozygous**（同じ遺伝子）

B.　$\beta+\beta^\star$：**ヘテロ接合体 heterozygous**（混合遺伝子）

C.　$\beta^\star+\beta^\star$：変異体型のホモ接合体

正常 β グロビンの遺伝子だけをもっている場合，A さんは正常な β グロビン鎖のみを産生する。変異体型の遺伝子だけをもつ C さんは，変異体 $\beta^\star$ グロビンのみを産生する。両タイプの遺伝子をもつ B さんは両方のタイプを産生する。仮に，変異が有害な場合，C さんは重大なトラブルが発生する。一方，B さんは変異体型とともに正常タンパク質鎖もつくれるので，疾候がないか，疾状が軽い。

2つの個体が子孫を生み出すとき，各親は，1人の子どもに1コピーの β グロビン遺伝子を提供する。その選択はランダムになる。もし，両親が正常遺伝子のみをもっている場合，その子供は，同一遺伝子の2つのコピーを受容するはずである。もし，両親が変異体の遺伝子のみをもっている場合，その子供も，その遺伝子に関してホモ接合体であるはずである。もし，両親が遺伝子に対してヘテロ接合体の場合，図 7.33 は，その子供は，4つに1つがホモ接合体で正常になること，4つに1つが変異体の遺伝子にホモ接合体になること，4つに2つがヘテロ接合体になることを示している。ほとんどの変異体型ヘモグロビン遺伝子は，ヒト個体群の中で稀にしかいないので，変異体型のホモ接合体を見出すのはかなり珍しいことである。

変異体型ヘモグロビンの病的影響

多数のヘモグロビン変異のうち，無視できない数のものが有害な影響をもつ。図 7.32 が示すように，既知の有害な変異のほとんどは，ヘムポケットの周囲のアロステリック転移に非常に重要な α-β 接触領域の付近に集中している。よく研究されている病気に関わるミスセンス変異のいくつかを表 7.1 に挙げてある。例えば，ヘモグロビン M として知られている変異体の一群は，O_2 を結合できないメトヘモグロビンに酸化されやすい。これらの変異の多くは，近位あるいは遠位のヒスチジン残基が他の残基に置換している。そういった変異をもつ個体は，十分量の O_2 を組織へ輸送するのに支障をきたしている。サブユニット境界面が変化している他の変異体には，何種類かの影響がある。あるものは，ヘモグロビン St. Lukes のようにへ

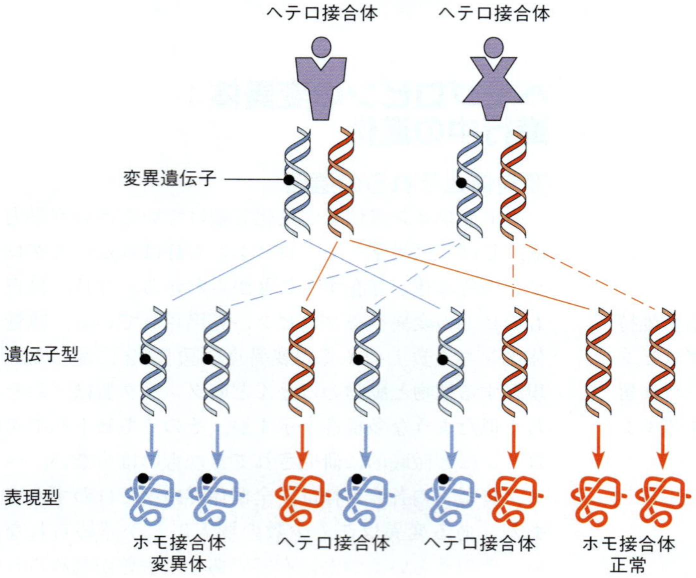

図 7.33　ヘテロ接合性交雑における正常ヘモグロビンと変異ヘモグロビンの遺伝　二倍体生物は，どの遺伝子についても，3つの型のうちの1つとして存在しうる。すなわち，ホモ接合体で正常，ホモ接合体で変異体，ヘテロ接合体のどれかである。ヘテロ接合体のペアの子孫は，個々に示すように，3つのタイプのどれかになるであろう。すなわち，1：2：1の確率で，ホモ接合体で正常，ヘテロ接合体型，ホモ接合体型で変異体になる。練習問題として他の可能性を考えてみよう。例えば，1人のホモ接合体型で正常な親と1人のホモ接合体型で変異体の親の子孫はどうなるか？　このパターンは，古典的な Mendel の遺伝法則が参考になる。

モグロビン四量体を不安定化するが，他のもの（例えば，ヘモグロビン Suresnes）は，オキシあるいはデオキシコンホメーションのどちらかを安定化させてしまう傾向があり，結果としてアロステリックな切り替えを阻害する。最後に，分子の三次構造が非常に不安定なヘモグロビン Hammersmith もある。

ポイント 26
ほとんどのヘモグロビンの変異は中立的とみられるが，いくつかは有害である。

すべての変異ヘモグロビンの中で最も悪名高い鎌状赤血球ヘモグロビン（HbS）は，若くして多くの人を死に至らしめる，災いのもとである。その変異体は，赤血球細胞が低酸素状態で伸びた鎌状になることにちなんで命名されている（図7.34a）。“鎌状（sickling）”になるのは変異ヘモグロビンがそのデオキシ状態において凝集し，長く棒状の構造になる結果である（図7.35）。伸長した細胞は，毛細血管を詰まらせやすく，炎症や極度の痛みの原因になる。さらに深刻なのは，鎌形赤血球がもろいことである（図7.34b）。すなわち，それらの細胞が崩壊することによって貧血症になり，感染症や疾患にかかりやすくなる。鎌状赤血球になる変異がホモ接合体の人は，成人になるまで生きられないことが多く，重度の衰弱状態にある。正常ヘモグロビンをまだいくらかは産生できるヘテロ接合体型の人は，長期の酸素不足状態でのみ苦しむことが多い。例えば，航空機内では酸素分圧が低いので，HbS ヘテロ接合体型の人にとっては，飛行機旅行は危険である。

Linus Pauling は，鎌状赤血球症がヘモグロビン分子の変異に起因している“分子病”だということを 1949 年に初めて示唆した。驚いたことに，前述した重要な領域から離れたところで無害と目される変異に，鎌状の原因がある。通常 β 鎖中の 6 番目に見出されるグルタミン酸残基が，バリンに置換されているのである（図 7.26 参照）。この疎水性残基バリンは，もう 1 つのヘモグロビン分子の β 鎖の EF コーナーのポケットにはまり込むことができる。図 7.35c に示すように，近くのヘモグロビン分子が一緒にはまり込み，長い棒状のらせん形の繊維になる。なぜデオキシヘモグロビンで鎌状になり，オキシ体ではならないのかは簡単に説明できる。オキシ体では，サブユニットの再配置によって EF ポケットが Val6 に近づけなくなるからである。

鎌状赤血球症は，主に熱帯地域出身の人々に見出される。一見すると，この分布は予想外のように思われ

7

表 7.1　ヒトヘモグロビンのミスセンス変異の例

影響	変化した残基	変化	名前	変異の結果	解説
鎌状形成	β6（A3）	Glu ⟶ Val	S	鎌状形成	Val が他のヘモグロビン分子の EF ポケットにはまり込む
	β6（A3）	Glu ⟶ Ala	G Makassar	重篤ではない	Ala はおそらく同じようにポケットにはまり込まない
	β121（GH4）	Glu ⟶ Lys	O Arab, Egypt	S/O ヘテロ接合体の鎌状形成を促進	β121 が残基 β6 に接近する，リシンは分子間の相互作用を増大させる
O_2親和性の変化	α87（F8）	His ⟶ Tyr	M Iwate	メトヘモグロビンを形成して O_2親和性を低下	鉄に正常に連結した His が Tyr に置換された
	α141（HC3）	Arg ⟶ His	Suresnes	R 状態による O_2親和性上昇	置換がデオキシ状態で Arg 141 と Asn 126 間の結合を除去する
	β74（E18）	Gly ⟶ Asp	Shepherds Bush	BPG 結合が低下することで O_2親和性上昇	この位置での陰電荷が BPG 結合を減少させる
	β146（HC3）	His ⟶ Asp	Hiroshima	O_2親和性が上昇し，Bohr 効果が低下した	デオキシ状態での塩橋を壊し，Bohr 効果プロトンを結合する His を除去する
	β92（F8）	His ⟶ Gln	St. Etienne	ヘムの喪失	F8 から鉄への正常な結合がなくなり，極性のグルタミンがヘムポケットを開く傾向になる
ヘムの喪失	β42（CD1）	Phe ⟶ Ser	Hammersmith	不安定，ヘムの喪失	疎水性の Phe が Ser に置換することによってヘムポケットに水を誘引する
四量体の解離	α95（G2）	Pro ⟶ Arg	St. Lukes	解離	鎖の形態が，サブユニットの接触領域で変わる
	α136（H19）	Leu ⟶ Pro	Bibba	解離	Pro がヘリックス H を妨害する

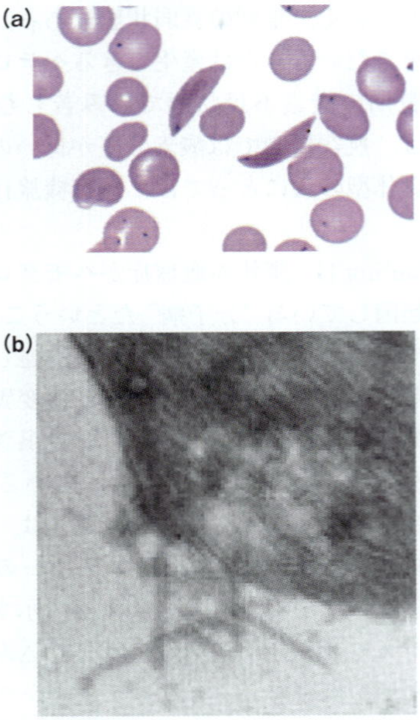

図 7.34　鎌状赤血球症の赤血球細胞　**(a)** 正常な赤色血液細胞に取り囲まれている典型的な鎌状赤血球。**(b)** 破裂してヘモグロビン繊維が飛び出している鎌状赤血球の走査型電子顕微鏡写真。

(a) Dr. Gladden Willis/Visuals Unlimited, Inc.；(b) Courtesy of T. Wellems and R. Josephs.

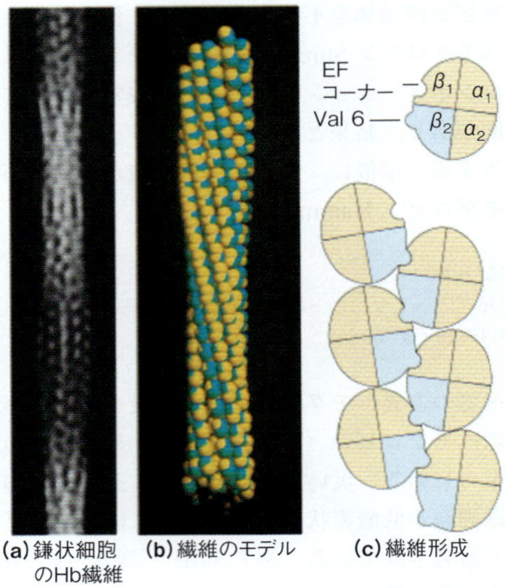

図 7.35　鎌状赤血球ヘモグロビン　鎌状赤血球ヘモグロビン分子は，凝集しやすく長い繊維を形成する。**(a)** 1本の繊維の電子顕微鏡写真。**(b)** 1本の繊維のコンピュータグラフィック描写。**(c)** 繊維が形成する模式的なモデル。1つのヘモグロビン分子のβ鎖中のVal6が，近くの分子ポケットにぴったりとはまり込むために，デオキシヘモグロビンS分子は互いに組み合って，2本鎖のクラスターを形成する。これら2本鎖構造が，互いに相互作用することによって，(a) と (b) に示すように，複数の鎖からなる繊維が生成する。

Courtesy of B. Carragher, D. Bluemke, M. Potell, and R. Josephs.

る。なぜ遺伝病が気候と関連するのか？　その答えは，一見好ましくない遺伝的な形質がなぜ根強く残っているのかということを教えてくれるものである。集団の中での鎌状赤血球症の高い発生率は，熱帯の蚊によって媒介されるマラリアの高い発生率とだいたい一致している。鎌状赤血球ヘモグロビンのヘテロ接合体型の人々は，鎌状赤血球変異のない人々よりもマラリアに対して高い抵抗性をもっている。マラリア原虫は，ヒトの赤血球細胞中で生活環の一部を過ごすが，鎌状赤血球はもろいため，ヘテロ接合体型の人々でもマラリアの生活環が中断されやすい。さらに，無傷な鎌状赤血球の膜が歪むことによって，これらの細胞からカリウムイオンが失われ，原虫にとっては好ましくない環境となる。そのため，ヘテロ接合体型の人々の生存率は高くなり，結果的にマラリアがはびこる地域でそれらの遺伝子を受け継ぐチャンスが高くなる。しかしながら，その集団中ではこれらの遺伝子の発生率が高いために，変異に関してホモ接合体型の人々が多く誕生する。

多くの人々がいつか遺伝子治療で鎌状赤血球を完治できるようになればと期待をかけている。もし，機能が正常なβグロビン遺伝子を鎌状赤血球変異に対してホモ接合体である人々に導入できることがわかったら，その人は効率よくヘテロ接合型になり，長生きできるチャンスが増大する。しかし，遺伝子治療はまだいかなる治療にも確立されておらず，患者が大きなリスクを負うことに注意しなければならない。1998年には，米国食品医薬品局（FDA）は，鎌状赤血球症の治療薬としてヒドロキシウレアを承認した。ヒドロキシウレアは，総ヘモグロビンの10〜15％程度のHbF $\alpha_2\gamma_2$四量体の発現を誘導すると考えられており，この疾患の症状を少し軽減するのに十分である。残念なことに，ヒドロキシウレアはすべての患者に有効ではなく，その長期的な安全性はわかっていない。

ポイント27
鎌状赤血球症は，β鎖の1塩基置換で発症する。

サラセミア：誤った機能をもつヘモグロビン遺伝子の影響

これまで述べてきたヒトの変異ヘモグロビンは，すべてミスセンス変異または非同義変異の結果である。ペプチド鎖の1つをコードする遺伝子内で塩基置換が起こるため，あるアミノ酸が他のアミノ酸に置換される。しかしながら，1つもしくはそれ以上の鎖が単に生産されない，あるいは不十分な量しか生産されないという他の遺伝的な欠陥もある。それが起こる病態は**サラセミア thalassemia** と呼ばれる。サラセミアはいく通りかの障害で発症する。

1．ヘモグロビン鎖をコードする，1つあるいはそれ以上の遺伝子が欠失してしまう。

2．すべての遺伝子が存在するが，1つあるいはそれ以上の遺伝子に，短くされた鎖を産生するナンセンス変異，あるいは機能しない鎖を産生するフレームシフト変異が起こる（図7.26c,d）。

3．すべての遺伝子が存在するが，コーディング領域の外側で変異が起こり，転写の障害が起きたり，mRNAの前駆体に不適切なプロセシングが起こり，当該タンパク質が産生されなくなったり機能しなくなったりする。

1あるいは2の場合は，その遺伝子は機能しないタンパク質を産生する。3の場合は，正しいポリペプチド配列の転写と翻訳に制約がかかってしまう。

ヒトゲノムは，いろいろな発育段階で利用されるタンパク質鎖に対応する多くのグロビン遺伝子を含む。したがって，サラセミアにも多くの種類がある。ここでは，主要な2つの変異，すなわち成人のβ鎖とα鎖の遺伝子を失うか，もしくは誤った機能をもつものについてのみ述べる。

ポイント28
サラセミアは，1つあるいはそれ以上の遺伝子が完全または部分的に機能しなくなるようなヘモグロビンの変異で起こる。

βサラセミア

もし，βグロビン遺伝子がなくなったり発現しなくなると，この欠陥によって，ホモ接合型の人々に最も重篤な障害が起きる。その人々はβ鎖をつくることができないので，機能するヘモグロビンである$\alpha_2\gamma_2$をつくるために胎児のγ鎖を産生し続けなければならない（図7.29）。そのような人々は，幼年期にはγ鎖を多く産生するが，たいていは成年に達する前に死んでしまう。1つのβ遺伝子がまだ機能するヘテロ接合型の状態は，それほど深刻ではない。β遺伝子の転写あるいはプロセシングが部分的に阻害され，βグロビンの産生が部分的に阻害されているが，完全にはブロックされていないより軽度のサラセミア（β^+と呼ばれる）もある。

αサラセミア

α鎖を含むサラセミアは，もっと複雑な様相を呈している。遺伝子（α_1とα_2）の2つのコピーは，ヒトの16番染色体上で互いに隣にある（図7.30）。それらのα_1鎖とα_2鎖はわずか1アミノ酸だけ異なり，会合したヘモグロビン四量体の中でそれらの鎖は置換できる。ヒトは，α遺伝子の4，3，2，1あるいは0コピーをもつことができる。3つあるいはそれ以上の遺伝子が機能しない場合だけ深刻な影響が観察される。α遺伝子を1つだけしかもたない人は，全ヘモグロビン産生量が低いために貧血症になる。αヘモグロビン産生の低さは，β_4四量体（ヘモグロビンH），γ_4四量体（ヘモグロビンBart's）が形成することで部分的に補償される。これら四量体は酸素を結合し，それを輸送するが，アロステリック転移（常にR状態にとどまっている）もBohr効果も示さない。したがって，組織への酸素の供給が不十分になる。水腫病として知られている疾患では，α遺伝子すべての4つのコピーがなくなっている。この障害のある胎児は死産を免れない。γ_4ヘモグロビンしか形成できず，出産が近づくとγ鎖の供給が低下するので，出産間近の胎児を支えるための十分なヘモグロビンが得られないのである。

α遺伝子は2コピーあるが，β遺伝子は1つしかないため，哺乳類ヘモグロビンの有害性変異の多くはβ鎖内で起こる（図7.32参照）。この現象は，遺伝子重複の機能的役割を示唆している。2つあるいはそれ以上の遺伝子のコピーがあった場合，その種は変異の悪影響をいくらか避けることができる。

主にヘモグロビンタンパク質の変異に関して述べてきたが，他のタンパク質にも同じ原理が当てはまることを理解しなくてはならない。ヘモグロビン変異に関する知識は最も充実しているが，ミスセンス変異と欠失は，多くの他のタンパク質にもよく見受けられる。有害なミスセンス変異はさまざまな遺伝病を引き起こすが，そのうちヘモグロビン病はサブクラスの1つにすぎない。多くの他の例は，代謝に関する章で紹介する。

免疫グロブリン：構造における多様性は結合の多様性を生み出す

本章の後半では，**免疫グロブリン immunoglobulin**に注目する。このタンパク質の主な機能は，細菌やウイルス病原体のような非自己の物質に対して特異的かつ不可逆的に結合することである。

ポイント29
免疫応答は，外来物質や病原体に対する体の防御を含み，さまざまな細胞メカニズムを介して働く。

獲得免疫応答

ウイルス，細菌，外来の分子などの外来物質が，高等な脊椎動物（例えばヒト）の組織に侵入した場合，その生物はいわゆる**免疫応答 immune response**によって身を守る。自然免疫応答と獲得免疫応答は多層的かつ複雑で，その反応は独立，あるいは協調して起こる。細胞の自衛手段の簡単な説明でさえ，教科書でいくつかの章を必要とするので，ここではこの広大で魅力的な領域のわずかなトピックスについてのみ述べることにする。

最初に，**獲得免疫応答 adaptive immune response** の概要を説明する。これには，体液性免疫応答と細胞性免疫応答が含まれる。**体液性免疫応答 humoral immune response** とは，**B リンパ球 B lymphocyte** と呼ばれるリンパ系細胞が特異的な免疫グロブリン分子を合成し，それらは細胞から分泌され，侵入してきた物質に結合する。この結合によって外来物質を凝集させ，それらを**マクロファージ Macrophage** と呼ばれる細胞によって破壊されるように印をつける。**細胞性免疫応答 cellular immune response** では，**T リンパ球 T lymphocyte** が，免疫グロブリン様分子を細胞表層に保持し，外来細胞や異常な細胞を認識し破壊する。本項では，主に体液性免疫応答について述べる。

免疫応答を誘導する物質は**抗原 antigen** と呼ばれ，この物質に特異的に結合する免疫グロブリンを**抗体 antibody** という。侵入してきた粒子が細胞やウイルス，またはタンパク質のように大きな場合，おそらく多くの異なった抗体が誘発され，それぞれの抗体は，抗原の表面に提示されている**抗原決定基 antigenic determinant**（**エピトープ epitope**）に特異的に結合する（図 7.36a）。図 7.36b に示すように，糖鎖においてはある種の糖残基，またはタンパク質の表面上に存在するある種のアミノ酸が抗原決定基となるであろう。

ポイント 30
体液性免疫応答では，B リンパ球が特異的抗原と反応する抗体（免疫グロブリン）を分泌する。

多種多様な免疫応答は，感染に対する主たる防御機構であり，がん細胞に対しても同様である。ヒト免疫不全ウイルス human immunodeficiency virus（HIV）による免疫システムの崩壊は，非常に重篤な病気である**後天性免疫不全症候群 acquired immune deficiency syndrome（AIDS）**を引き起こす。AIDS 患者は，直接ウイルスの影響で死ぬのではなく，感染症やがんに対する免疫機能が働かなくなることが原因で死ぬのである。

獲得免疫応答は，いくつかの顕著な特徴をもっている。まず第1に，非常に多様性があり，きわめて多くの異なる外来物質に対して応答することができる。応答できる外来物質は，同種の別個体の細胞（組織や臓器移植の拒絶の基礎）から，自然界では決して出会うことのない合成分子まで広範囲に及ぶ。獲得免疫応答の2つ目の特徴として，いわゆる記憶の性質をもつ。一度ある抗原にさらされると2度目は，急速に，かなり強力な特異的抗体をつくることができる。

クローン選択説 clonal selection theory によって説明すると，ヒトの身体は，広範囲の抗原に結合することができる異なったアミノ酸配列からなる多種多様な抗体を産生する能力がある。図 7.37 に示したクローン選択説の基本的な原理は，以下のように説明される。

1. 骨髄にある **B 幹細胞 B stem cell** は分化して B リンパ球になり，それぞれの B リンパ球は 1 種

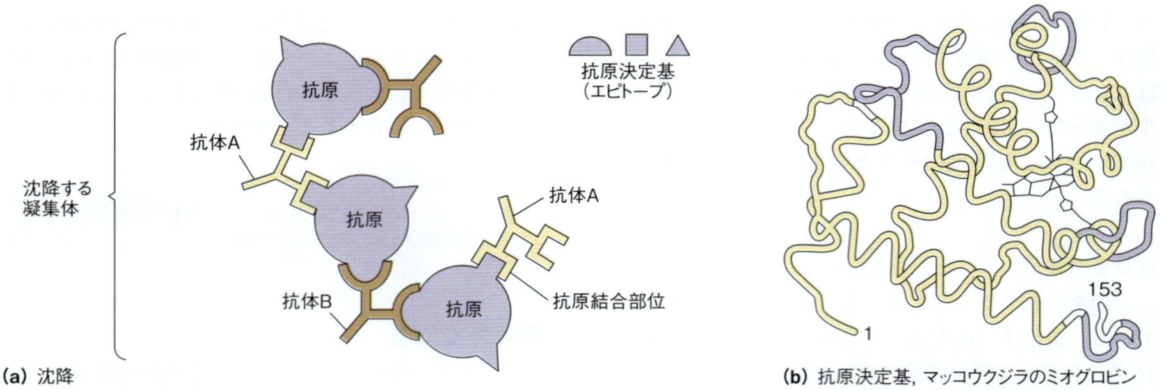

図 7.36　抗原決定基　(a) 外来物質または抗原（ウイルス，細菌細胞，外来タンパク質など）は，表面上に存在する種々の異なる抗原決定基に対する抗体の産生を引き起こす。抗原をこれらの抗体と混合した場合，沈降反応が起こる。これは，それぞれの抗体分子が，抗原決定基に対する2つの結合部位をもつからである。こうして1つの架橋されたネットワークが形成される。**(b)** マッコウクジラのミオグロビンの抗原決定基。紫色の部分は，抗原として作用するポリペプチド鎖部分を表している。決定基には，一次配列上ではかなり離れた鎖部分も含まれるが，三次構造では互いに近接しており，不連続エピトープと呼ばれる。

(b) Reprinted from *Immunochemistry* 12 : 435, M. Z. Atassi, Antigenic structure of myoglobin : The complete immunochemical anatomy of a protein and conclusions relating to antigenic structures of proteins. ©1975, with permission from Elsevier.

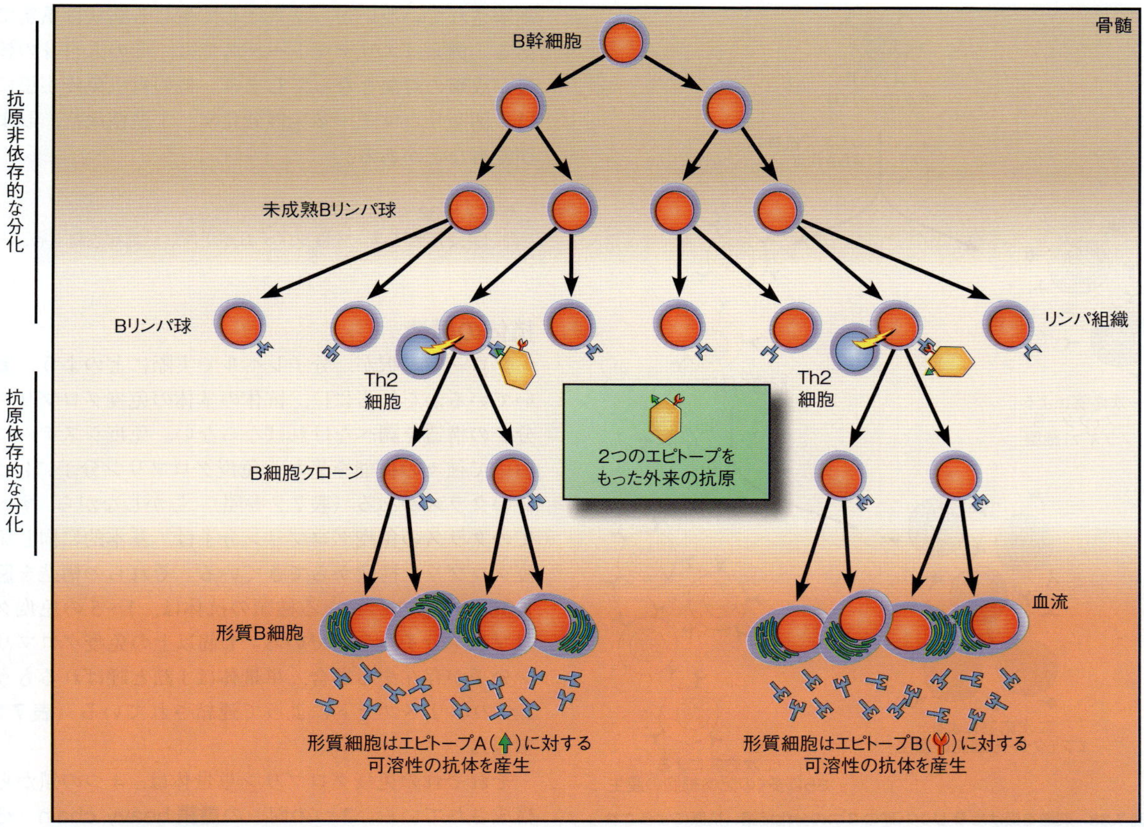

図 7.37　獲得免疫応答のクローン選択説　骨髄中の幹細胞（B 細胞，上部）が分化し，リンパ組織に移動する。分化した細胞（B リンパ球）は，それぞれ 1 種類の抗体を産生し，細胞表面に提示する。B リンパ球が抗原に出会うと（オレンジの六角形，中段），抗原決定基に対応した抗体を保持している B 細胞は，ヘルパー T 細胞（“Th2” 細胞）の刺激によって増殖し，B 細胞クローンをつくる。この場合，刺激されてクローンをつくる細胞は，外来抗原である “赤” と “緑” のエピトープに結合している細胞である。Th2 細胞はインターロイキン-2 を分泌して，B リンパ球を刺激する（稲妻のマーク）。クローン B 細胞のいくつかはプラズマ細胞と呼ばれ，可溶性の抗体を産生し，それぞれのクローンが 1 つの決定基（エピトープ）に対する抗体をつくる。他のクローン化された B 細胞は，記憶細胞と呼ばれる。その役割は図 7.38 に示す。
Courtesy of Gary Carlton.

類の免疫グロブリン分子をつくる。これらの免疫グロブリン分子は，特異的な分子形態を認識する結合部位をもっている。これら免疫グロブリンすなわち抗体は，細胞膜に付着し，B リンパ球の細胞外表面上に提示される。

2．抗原が，いくつかの細胞表面上の抗体のうち 1 つに結合することによって，その細胞を複製させる指令が出され，**クローン clone**（同一の遺伝情報を備えた細胞集団）がつくられる。この一次応答は，**ヘルパー T 細胞 helper T cell** と呼ばれる特別なクラスの T 細胞によって援助される。ヘルパー T 細胞が抗体に結合した抗原を認識すると，適切な B リンパ球に結合し，B 細胞の再生産を促進する情報タンパク質**インターロイキン-2 interleukin-2（IL-2）**を B リンパ球に渡す。こうして，抗原を認識する B 細胞のクローンだけが細胞分裂を継続するように刺激が伝達される。

3．図 7.37 と図 7.38 に示すように，2 種類のクローン化された B 細胞がつくられる。1 つは，**エフェクター B 細胞 effector B cell** または**プラズマ細胞 plasma cell** と呼ばれるものである。可溶性の抗体がつくられると，続いてそれらの抗体は循環系に分泌される。これらの抗体は，エフェクター細胞から産生された B リンパ球の表面抗体と同じ抗原結合部分をもつ。しかし，それらの表面抗体は，リンパ球の膜に結合するための疎水性部分を欠如している。他のクローンには**記憶細胞 memory cell** があり，それらは，抗原がもはや存在しない場合でも，ある期間は存在し続ける。これが免疫記憶である。図 7.38 に示すように，同じ抗原による 2 回目の刺激にも迅速に応答することを可能にしている（二次応答）。

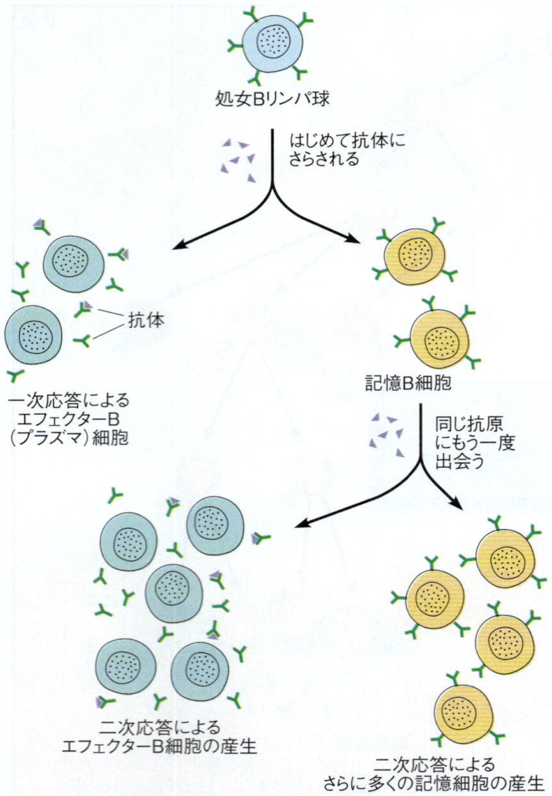

図 7.38　刺激を受けた B リンパ球の 2 つの分化経路　抗原にさらされると，B リンパ球は 2 種類の細胞に分化する。1 つの型の細胞（エフェクター B 細胞，またはプラズマ細胞）は，可溶性の抗体をつくるタイプ（図 7.37 参照）。もう 1 つの型の細胞（記憶細胞）は，膜結合型抗体をもっており，2 度目に同じ抗原に出会った場合に迅速に応答する。

> **ポイント 31**
> 獲得免疫応答の現在の説明は，クローン選択説に基づいている。

クローン選択説は，免疫応答の多くの特徴を説明するが，批判的な質問も思い浮かぶ。なぜ，自己のタンパク質や組織に対する抗体をつくり出すクローンがないのか？　その問いに対する答えは，生化学的な意味での“自己”がどのように確立されているのかについて多くを教えてくれる魅力的なものである。胎児の未熟な B 細胞が，細胞表面の抗体に結合する物質と出会った場合，複製のための刺激はされない。むしろ，こういった胎児の B 細胞は破壊されてしまう。このように，潜在するすべての“自己”抗原に対する抗体を産生する B 細胞は，おそらく出生前に除外される反応を受けている。成熟した B 細胞だけが，“非自己”基質に対する抗体を産生する。

場合によっては，免疫システムに誤りが生じ，成人の正常な組織に対する抗体をつくってしまう。このような**自己免疫** autoimmunity が生じる理由は完全には理解されていないが，結果として生じる病状は重篤である。例えばエリテマトーデスでは，その人自身の核酸が攻撃の対象となってしまう。他の自己免疫疾患には，関節リウマチ，多発性硬化症，I 型糖尿病，および乾癬などがある。

> **ポイント 32**
> 自己免疫疾患では，免疫システムが正常な組織を攻撃する。

抗体の構造

クローン選択が，分子レベルで実際にどのように働いているかを知るには，抗体の本体の免疫グロブリン分子の構造を調べなければならない。免疫システムにおいて種々の機能を果たす免疫グロブリン分子には 5 つのクラスがある（表 7.2 参照）。しかしながら，すべてのクラスの免疫グロブリン分子は，基本的に同じ免疫グロブリン構造からできている。それらの構造を図 7.39 に示した。異なる種類の抗体は，1～5 の免疫グロブリン分子を含んでいる。1 個以上の免疫グロブリン分子が存在する場合，単量体は J 鎖と呼ばれるもう 1 つのポリペプチドによって連結されている（表 7.2 参照）。

それぞれの免疫グロブリン単量体は，4 つの鎖から構成されている。2 つの同一の**重鎖** heavy chain（それぞれ $M_w = 53{,}000$ Da）と，2 つの同一の**軽鎖** light chain（それぞれ $M_w = 23{,}000$ Da）からなり，ジスルフィド結合によって互いに連結されている。それぞれの鎖には，**定常領域** constant domain（各抗体クラスごとに，すべての抗体分子に共通）と**可変領域** variable domain が存在する。異なる抗原に対しての多様な特異性を与えるのは，軽鎖と重鎖中の可変領域のアミノ酸配列（ひいては三次構造）の多様性である。4 つの可変領域が Y 字状のフォークの形をした分子末端に運ばれ，そこで抗原に対する 2 つの結合部位を形成する。

巨大なタンパク質，ウイルス，細菌細胞などは，表面に多くの異なる強力な抗原決定基を保持している。これらの抗原決定基に対して抗体がつくられ，多くの抗原分子を結合し，それによって抗原を凝集させる（図 7.36 参照）。抗原が非常に小さい場合は，1 つの決定基しかもたない。そのため，結合は起こるが，凝集は起こらない。また，**免疫沈降** immunoprecipitation と呼ばれる抗体が媒介する凝集には，抗体が二価であることが必要である（2 つの結合部位をもつ）。特異的にタンパク質を分解する酵素で抗体をヒンジ部（図 7.39 参照）で分割することができ，**F_c断片** F_c fragment とそれぞれ 1 つの結合部位だけをもつ 2 つの **F_{ab}断片** F_{ab} fragment が生じる。F_{ab}断片は，抗原には

表 7.2　免疫グロブリンの 5 つのクラス

IgM は，侵入する微生物に対する初期の応答の段階でつくられる。最も大きな免疫グロブリンで，それぞれ 2 つの軽鎖と 2 つの重鎖の 5 つの Y 字状ユニットを含む。そのユニットは，J 鎖と呼ばれる構成物と結合して 1 つになっている。IgMj は比較的サイズが大きいため，血流中にとどめられる。IgM は，補体系と呼ばれる外来の細胞が破壊する重要なメカニズムを効果的に引き起こす。

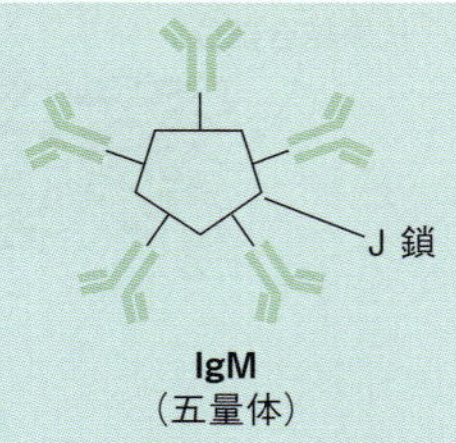

IgG 分子は，γ グロブリンとして知られ，最も豊富に循環している抗体である。B 細胞表面に結合しているものもある。IgG 分子は 1 つの Y 字状のユニットからなり，血管壁を容易に通過することができる。IgG は，胎盤を通り母体の免疫防御システムの機能の一部を，発育中の胎児に受け渡すことができる。特異的な受容体がその経路を担っている。IgG もまた，補体系を誘発する。

IgA は，唾液，汗，涙などの体の分泌物に見出され，大腸の壁にも存在する。子供が生まれたあと，母親の胸からはじめて分泌される初乳や母乳に存在する主要な抗体である。IgA は，Y 字状タンパク質分子で，単量体または二量体の集合体として存在する。IgA 分子は，体細胞表面にあって，そこで細菌などの抗原と結合して，外来物質が体細胞に直接付着するのを防いでいる。侵入する物質は，IgA 分子と一緒に体から排除される。

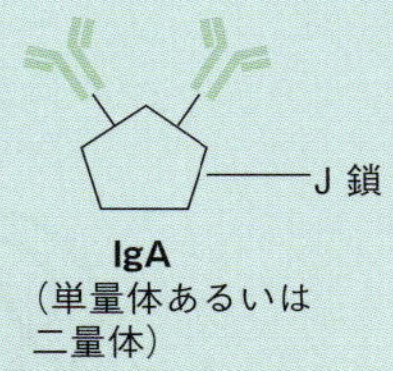

IgD と IgE 免疫グロブリンについてはほとんどわかっていない。IgD 分子は，B 細胞の表面で見出される。その機能についてはほとんどわかっていない。IgE 分子は，体のアレルギー反応に関わっており，アレルギーをもつヒトではその血中濃度が高くなっている。IgE 分子の定常部位は，アレルギー反応の一部としてヒスタミンを放出する上皮組織細胞や結合組織細胞の一種のマスト細胞に強く結合できる。IgD と IgE は，両方とも単一の Y 字状ユニットからなる。

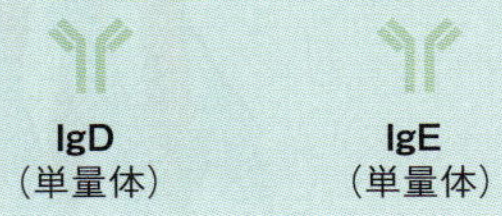

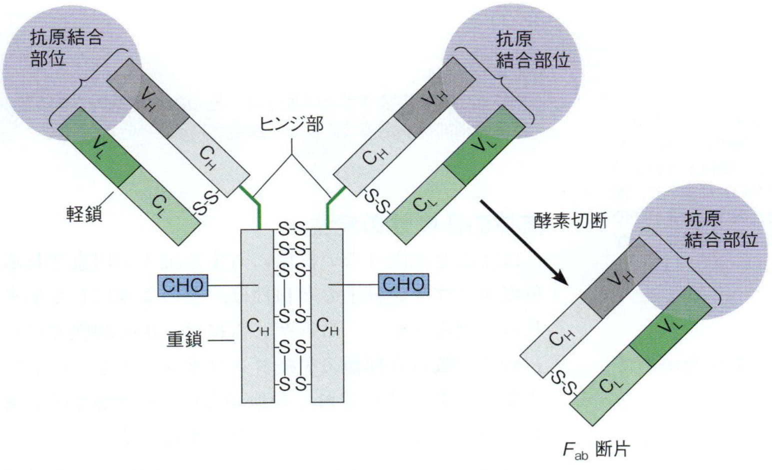

図 7.39　IgG 抗体分子と F_{ab} 断片の模式的モデル　IgG は，2 つの同一の重鎖と 2 つの同一の軽鎖からなり，ジスルフィド結合で互いに結合している。それぞれの鎖は，定常領域（C）と可変領域（V）を含んでいる。定常領域は，それぞれのクラスの抗体分子（表 7.2 参照）では同一である。一方，可変領域は，それぞれの抗原決定基に特異性を与えている。パパインなどのタンパク質分解酵素によってヒンジ部が切断を受けると開裂し，2 つの同一の一価の F_{ab} 断片と F_c 断片が生じる（図 7.40 参照）。重鎖に結合している糖鎖（CHO）は，組織中の抗体の運命を決定したり，貪食のような二次応答反応を刺激するのを援助する。免疫グロブリン分子の結晶構造を図 7.40 に示す。

結合するが，沈降させることはない。

Y 字型分子の基底部に存在する重鎖の定常領域は，鎖を結合させるために役立つ。この領域のさらに重要な役割は，抗体が結合して標識された粒子や細胞を攻撃することを，キラー T 細胞やマクロファージなどの免疫応答の他の細胞へ指令するエフェクターとして機能することである。マクロファージは外来粒子を特異的に飲み込んで分解する巨大な白血球である。それに加え，重鎖の違いは異なる組織へ輸送したり，分泌する免疫グロブリンのタイプを決定する（表 7.2 参照）。

免疫グロブリンの抗原結合部位は可変領域の末端にあり（図 7.39，7.40 参照），重鎖と軽鎖の可変領域にあるアミノ酸残基が担う。異なったアミノ酸配列をもつ可変領域は，局所的に異なる二次構造，三次構造を

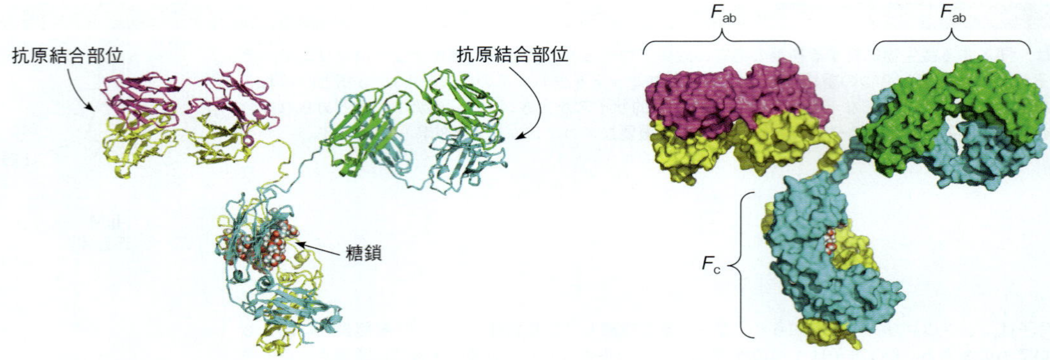

図 7.40　**マウス IgG 分子の結晶構造**　同一の重鎖は黄色と青で，同一の軽鎖は赤と緑で示されている。β シートの二次構造のモデルは左側に，右側には鎖間の密接な接触を示す表面画像を示す。重鎖に結合した糖鎖は左端の図に示す。PDP ID：1IGT。

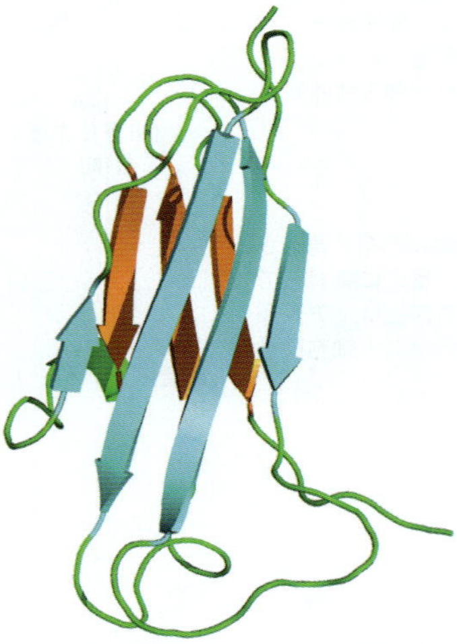

図 7.41　**免疫グロブリンフォールド**　免疫グロブリンフォールドは，免疫グロブリンスーパーファミリーの多くのタンパク質のドメインに共通の構造である（本文参照）。2 つの逆平行 β シート（青色とオレンジ色）の層が，ジスルフィド結合（図には示されていない）によって，面同士で重なり合い，共有結合している。この折りたたみは，IgG 分子の中で 12 箇所（図 7.40 の左端）および，F_{ab}断片に 4 箇所見出すことができる。PDB ID：1IGT。

形成し，異なる抗原に特異的に結合する部位を決めている。

ポイント 33
免疫グロブリン分子は，定常領域と可変領域の両方を含んでいる。可変領域は，抗原結合部位である。

免疫グロブリンと他の**免疫グロブリンスーパーファミリー immunoglobulin superfamily** タンパク質のドメインは，共通のモチーフ，すなわち，2 つの逆平行 β シートが隣接する免疫グロブリンフォールドに基づいて構築されている（図 7.41 参照）。この構造体はおそらく，獲得免疫応答の進化における原始的な構造要素を表している。実際，免疫グロブリンフォールドは，他の多くの細胞の認識に関与する他の多くのタンパク質にもみられる。免疫グロブリンフォールドは，抗原結合部位の形状や電荷の相補性を決定する超可変ループを提示する安定な足場である。これらの超可変ループは**相補性決定領域 complementarity determining region**（CDR）として知られている。図 7.42 は，ウイルス感染を促進する酵素であるノイラミニダーゼタンパク質抗原と F_{ab}断片との相互作用の X 線回折の結果を示す（第 9 章で述べる）。抗原と抗体との表面が非常に相補的に組み合わされていることに注目してほしい。

ポイント 34
抗原結合部位の多様性と特異性は，軽鎖および重鎖の高頻度可変の相補性決定領域によって決定される。

抗体の多様性の発生

ほとんど数限りない抗原に対する抗体が用意される免疫グロブリン分子の多様性は，どのようにして生まれるのだろうか？　ヒトゲノムには，B 幹細胞でつくられる，数百万種類の免疫グロブリン分子をコードする遺伝子を保持しておく余地がない。そのかわり，B 幹細胞には 2 つの特別なプロセスが起こる。

抗体の多様性を主に生じさせているのは，エキソンの組換えである。より高等な脊椎動物のゲノムは，免疫グロブリン分子のさまざまな部分に相当するエキソンの“ライブラリー”をもつ。抗体産生細胞において，エキソンは再編成され，組み継がれて，重鎖と軽鎖の両方で異なった配列の組み合わせをつくり出す。そういった再編成が生殖細胞で起こる場合，タンパク質の進化に重要な役割を果たすことはすでに述べてきた。同じプロセスが B 細胞でも起こると，個々の細胞で新

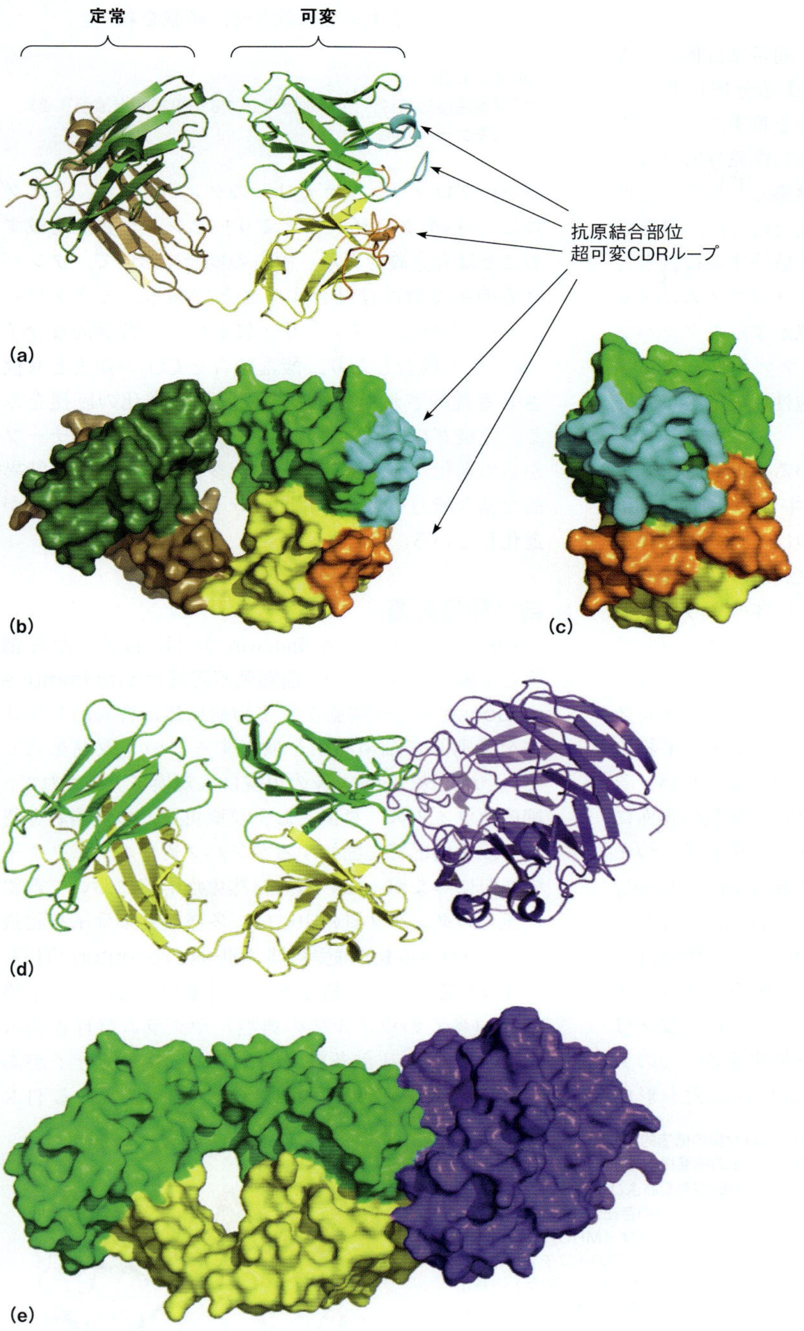

図 7.42　F_{ab}断片による抗原との結合　(a) 4つの免疫グロブリンフォールド領域を含むF_{ab}断片の骨格構造。2つは軽鎖（深緑と明るい緑），2つは重鎖（褐色と黄色）に存在する。各鎖の定常領域は左に，可変領域は右に存在する。CDRは，青緑（軽鎖）とオレンジ（重鎖）で示されている。重鎖および軽鎖の両方のCDRは超可変であり，抗原結合部位の形状や特異性を決定する。**(b)**（a）で示されるF_{ab}断片の空間充填モデル。**(c)**（b）と同様，しかしCDRループによって形成された抗原結合部位の表面を表示するために90°回転してある。**(d)** と **(e)** 抗原と抗体表面の間で起こる密接な接触を，ウイルスタンパク質ノイラミニダーゼ（PDB ID：1NCA）に結合したネズミのF_{ab}断片の骨格構造と空間充填モデルで示している。抗体軽鎖は緑，重鎖は黄色，ノイラミニダーゼ分子は紫で示されている。抗原と抗体結合部位の表面は，形状と電荷の高度な相補性により両者がフィットしている。

しい免疫グロブリン分子をつくる。このプロセスの詳細とメカニズムについては，体細胞超変異：抗体の多様性のさらなる起源，として第26章で述べる。このような変異は遺伝しない。なぜなら，それは体細胞（生殖細胞系列ではない細胞）内で生じる変異だからである。抗体を産生する細胞内では，免疫グロブリン遺伝子内のCDRループに関連した可変領域の部分が非常に高い頻度で変異を起こす。このプロセスは，遺伝子断片の組換えとともに，免疫グロブリン分子の多様性が発生することを説明できる。ヒトゲノムの免疫グロブリン遺伝子断片のライブラリーから，約100億の組換えがつくられると推定されている。

ポイント 35
体細胞組換えと高速変異から，ヒトは100億以上の異なる抗体を産生することができる。

T 細胞と細胞性免疫応答

獲得免疫系の体液性免疫応答は，通常は抗体による凝集とその後のマクロファージによる分解に基づくが，細胞性免疫応答は，外来の細胞を殺すために全く異なるメカニズムをもっている。細胞性免疫応答は，主に移植組織の拒絶やウイルスに感染した細胞を破壊する役割を果たしている。細胞性免疫応答は，潜在するがん細胞が増殖する前にそれらを破壊する役割も行う。体液性と細胞性のプロセス上のメカニズムは全く異なるが，双方において構造的に似かよったタンパク質分子（免疫グロブリンスーパーファミリーに属する）が関わっており，体液性と細胞性免疫応答に共通の進化の起源が指摘されている。

細胞性免疫応答に主に関わっているのは，**細胞傷害性T細胞 cytotoxic T cell**であり，**キラーT細胞 killer T cell**とも呼ばれる。これらの細胞は，その表面に抗体分子のF_{ab}断片に構造的に相同性がある受容体分子を保持している（図 7.43c 参照）。抗体のように，これらの断片は，主に短いオリゴペプチド配列に対して幅広い結合特異性をもっている。このようなオリゴペプチドは，例えばウイルスに感染した細胞がウイルス分子を細胞内で部分的に分解してつくられる。T 細胞受容体は，遊離のオリゴペプチドを認識はしない。それどころか，オリゴペプチドは感染した細胞の表面に提示され，他のクラスの免疫グロブリン様分子，つまり，**主要組織適合性複合体 major histocompatibility complex**タンパク質（MHC タンパク質）に結合しなければならない（図 7.43a〜c）。キラー T 細胞は，MHC タンパク質によって他の細胞の表面にある適切な抗原を（受容体を介して）同定すると，**パーフォリン perforin**と呼ばれるタンパク質を放出する。このタンパク質は，攻撃を受けた細胞の形質膜に穴を形成し，致命的にイオンを拡散させ，細胞を殺す。

ポイント 36
細胞性免疫応答は，外来細胞あるいは感染細胞を破壊するためにキラー T 細胞を使う。

免疫グロブリンファミリーのタンパク質を，ミオグロビン–ヘモグロビンファミリータンパク質と比較することは有意義である。両方の場合において，タンパク質の主な機能は結合することである。ミオグロビン–ヘモグロビンファミリーにおいて，特異的な分子（酸素）と結合したり，酸素結合をCO_2の除去と共役させる洗練された仕組みの段階的な進化の証拠をみる。免疫グロブリンファミリーでは，単純なモチーフからの進化が結合機能の莫大な多様化を導いた。特異的な結合能力をもつ広範囲の分子を産生できる機構が進化している。

自然免疫応答

1989 年に Charles A. Janeway, Jr. は，前述した B 細胞と T 細胞とは異なり，**自然免疫応答 innate immune response**を行う細胞が微生物病原体に特異的な代謝物を識別して細菌感染を検出するという仮説を立てた。それ以来，Janeway の仮説は大規模に実証されて，細菌，ウイルス，真菌，および原虫などの侵略者を認識し，免疫応答を開始するタンパク質やエフェクターの同定につながっている。自然免疫応答において重要な多くのタンパク質の中には，多様な外来分子を認識する，いわゆる **toll 様受容体 toll-like receptor（TLR）**と呼ばれるタンパク質がある。外来分子には，二本鎖 RNA（多くのウイルスの典型）やグラム陰性細菌の膜に存在するリポ多糖（LPS）などの有機分子がある。図 7.44 は，その標的に結合した 2 つの異なる TLR

図 7.43　免疫グロブリンスーパーファミリーのタンパク質の構造的類似性　この図は，タンパク質の免疫グロブリンスーパーファミリーのいくつかの結晶構造を示す。それは免疫グロブリンだけでなく，細胞の認識と結合に関与する多くの細胞表面および可溶性タンパク質を含む。これらのタンパク質すべてにある免疫グロブリンドメインの存在に注意しよう。**(a)** HIV タンパク質の断片（赤紫）に結合したヒト主要組織適合性複合体（MHC）クラスⅠタンパク質（青緑と緑）。PDB ID：1A1M。**(b)** インフルエンザウイルスのペプチドに結合したヒト MHC クラスⅡタンパク質。PDB ID：1BD2。**(c)** ウイルスペプチド（赤紫）を提示している MHC クラスⅠ分子（青緑と緑）に結合しているヒト T 細胞受容体（ピンク色と黄色）。PDB ID：1BD2。**(d)** ノイラミニダーゼ（赤紫）に結合したマウス IgG の F_{ab} 断片（青緑と緑）（図 7.42 参照）。PDB ID：1NCA。

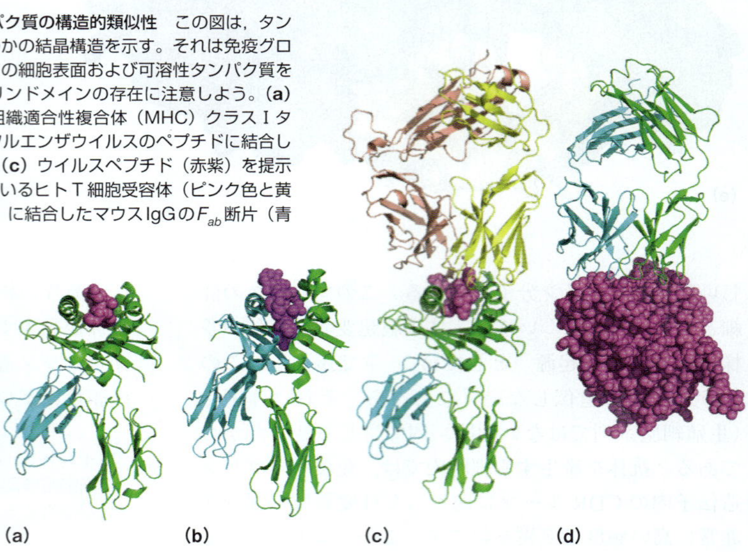

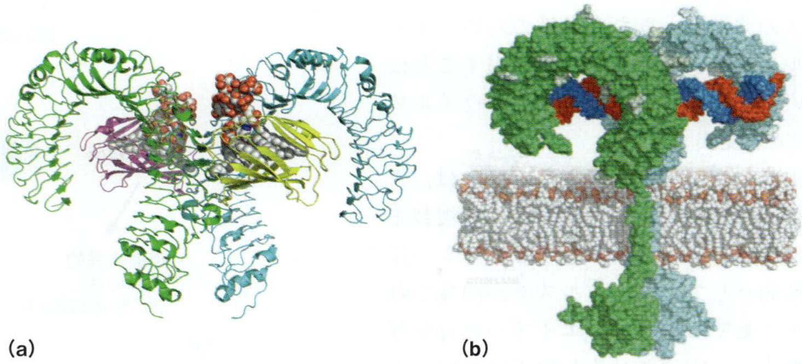

図 7.44　外来分子に結合した 2 種類の toll 様受容体（TLR）の構造　(a) ヒト TLR4 の細胞外領域（青緑，緑）は，ミエロイド系分化因子-2（紫と黄色）と複合体となって大腸菌リポ多糖（空間充填モデル）を結合する。**(b)** TLR 全体のモデル。ヒト TLR の細胞内領域および膜貫通ヘリックスに，マウスの TLR-3（青緑，緑）の細胞外領域とそこに結合した dsRNA（赤，青）を連結して示したモデル。

Panel (b) from *Science* 320 : 379-381, L. Liu, I. Botos, Y. Wang, J. N. Leonard, J. Shiloach, D. M. Segal and D. R. Davies, Structural basis of toll-like receptor 3 signaling with double-stranded RNA. ©2008. Reprinted with permission from AAAS.

7

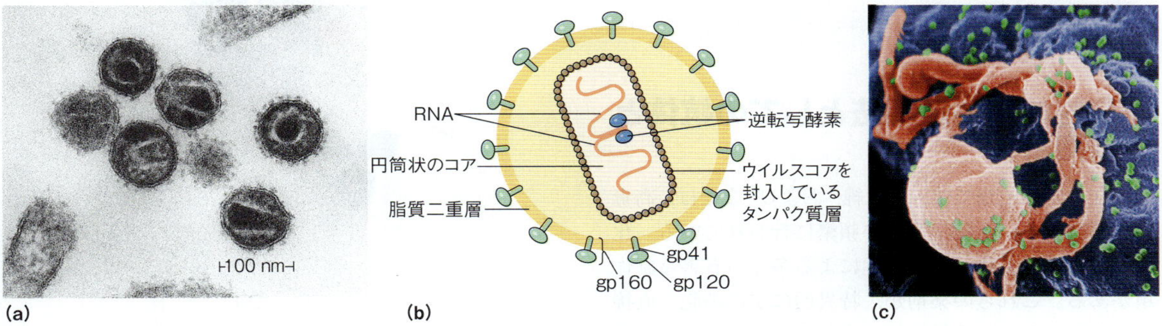

図 7.45　(a) AIDS を引き起こすヒト免疫不全ウイルス（HIV）の電子顕微鏡写真。**(b)** HIV の模式図。表面に存在するタンパク質 gp160 は，gp41 と gp120 の 2 つの断片から構成されている。RNA ゲノムは，誤りがちな逆転写酵素によって DNA に転写される。この DNA は，宿主細胞のゲノムに組み込まれ，その後，新たなウイルス性 RNA をつくるために再び転写される。**(c)** ヒトリンパ球（赤）の表面にある，出芽 HIV-1 ウイルス粒子（緑の球）の走査型電子顕微鏡の擬似カラー写真。

(a) Courtesy of Hans Gelderblom ; (b) From *Hospital Practice* (27) 9 : 154, Hoth, Jr., Myers, and Stein, with permission from JTE Multimedia. Illustration ©Alan D. Iselin (c) Centers for Disease Control/C. Goldsmith, P. Feorino, E. L. Palmer, and W. R. McManus.

の結晶構造を示している。TLR の構造および標的認識機構は，先に述べた免疫グロブリンスーパーファミリーのものとは大きく異なっていることに注目してほしい。自然免疫応答は独立して作用することができるが，獲得免疫応答を刺激することもできる。

AIDS と免疫応答

AIDS（後天性免疫不全症候群，エイズ）とは，免疫システムの疾患である。**ヒト免疫不全ウイルス**（HIV，図 7.45）は数種類の細胞を攻撃するが，特にヘルパー T 細胞に感染力が強いことが AIDS の原因である。このウイルスは，急速に複製する T 細胞を攻撃するが，最終的には，細胞が破壊される速さが複製する速さを上回る。その結果，免疫応答全体の劣化，特に，抗原の刺激に対する B 細胞の増殖能力が衰える。それに加えて，全般的に T 細胞の活性化が起こらなくなる。たいていの AIDS 患者は，AIDS にかかる以前は容易に抵抗できた病気，またはある種のがんで死んでしまう。AIDS にかかると，すべての病気に対する最も根本的な防御機構を攻撃されるため，非常に致命的になる。

1983 年以降，6,000 万人以上が主に発展途上国で HIV に感染しており，それらの半数近くは死亡している。AIDS は，全人類の健康に対する大きな脅威となっているため，ワクチンの開発が熱心に行われている。しかし，AIDS ウイルスは突然変異する能力がずば抜けて高く，どのようなワクチンに対しても抵抗性をもつ変異体をつくってしまう。HIV ゲノムに生じる突然変異率は，ヒトゲノムに生じる変異率よりも何倍も高い。誤りがちなウイルスの複製サイクルで増加する遺伝子の変異によって（第 25 章を参照），ワクチン開発戦略の免疫学的に典型的な標的となっているウイルス外殻タンパク質のアミノ酸の変異が，高頻度で起こる。この問題の大きさは，我々が経験しているインフルエンザ研究の経験を考えると理解できる。インフルエンザウイルスの非常に大きな変異性のため，生涯にわたるインフルエンザワクチンをつくり出すことには成功していない。HIVは，インフルエンザウイルスより約60倍速く突然変異する。

残念ながら，HIVのための効果的なワクチンは，まだ開発されていない。標的ウイルスのゲノムの複製または遺伝子産物のプロセシングに関与するウイルスに特異的な酵素を標的として，抗ウイルス薬が開発されてきた。抗ウイルス薬での治療は，エイズの進行を遅らせることができるが，完治させるわけではない。改良された治療薬，そして究極的なワクチンによって，エイズの流行を抑えることが望まれている。

ポイント37
AIDSでは，原因ウイルスがヘルパーT細胞を攻撃し，体の免疫防御システムを破壊する。

潜在的ながん治療法としての抗体と免疫抱合体

現在のがん治療では，放射線，および,または，高毒性の薬品を用いた化学療法が頻繁に行われている。化学療法には，薬物の細胞毒性による多くの有害な副作用がある。これらの薬剤が，特異的にがん細胞に直接届けられるなら，化学療法の有効性は増す。そのために，細胞毒性をもつ薬品と腫瘍特異抗原に対する抗体を結合させた**免疫抱合体 immunoconjugate** と呼ばれる複合薬が設計された（図7.46）。原理的には，抗体が標的腫瘍細胞に直接薬物を供給し，細胞がそれを取り込むというものである。一度細胞内に入ると，抗体と薬物をつないでいた共有結合は切断され，細胞殺傷効果を発揮する薬物を放出する。タキソールなどの細胞毒性薬に加え，放射性同位体を抗体に結合させた薬品が開発されている。このような免疫抱合体のいくつかは，臨床試験や臨床での使用が認められている。

抗体の結合は，細胞毒性応答を動員する第1段階であるため，腫瘍抗原を特異的に認識する抗体は，選択的に腫瘍細胞を破壊の標的とする抗がん剤として開発されてきた。2010年現在，約25種の抗体や免疫グロブリン誘導体が主に抗がん剤および抗炎症剤として，ヒトの治療への使用が承認されている。

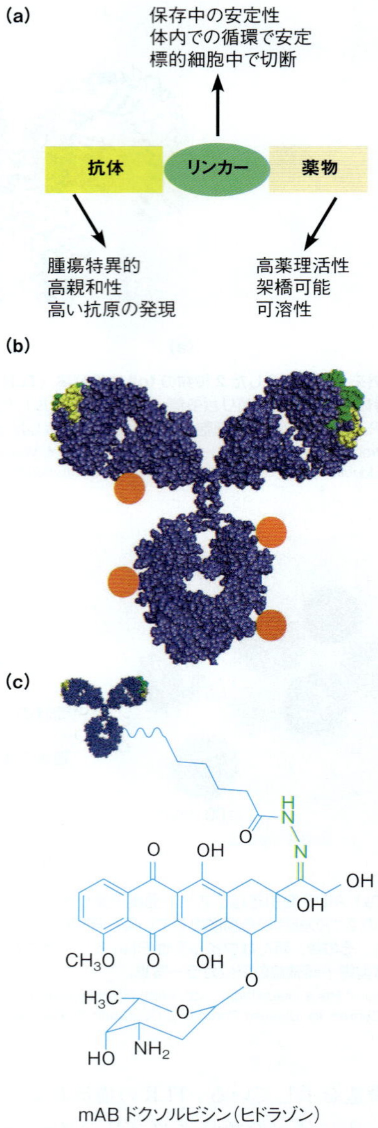

図7.46　標的とする化学療法のための免疫抱合体　(**a**) 免疫抱合体の各構成因子（標的抗体，リンカー，および細胞毒性薬）の望ましい特徴。(**b**) 抗体の定常領域へ薬物が付着する一般的な部位をオレンジ色の球体で示す。腫瘍特異的抗原結合部位は緑と黄色で示す。(**c**) 免疫抱合体の概略図（スケールは正確ではない）。酸に不安定なヒドラゾンリンカーを緑色で強調している。リンカーは循環血液中（pH 7.4）では安定であるが，腫瘍細胞中エンドサイトーシスに続くエンドソーム中の酸性環境では切断される。

まとめ

ほとんどの生物は，酸素を必要とする。脊椎動物は，肺またはエラと呼吸組織間の酸素輸送にヘモグロビンを使用する。ヘムタンパクでは，O_2はFe（Ⅱ）-ポルフィリン（ヘム）に結合している。ヘムは疎水性ポケットに保持されており，鉄の酸化を防止している。ミオグロビンは，1つの酸素結合部位をもち，その結果，非協同的で双曲線型結合曲線を示す。ヘモグロビンは，S字型結合曲線を描きながらO_2を協同的に結合し，より効果的に輸送する。O_2のヘモグロビン部位への結合は三次構造変化を引き起こす。こういった変化によるひずみが蓄積すると，四次構造的（T→R）な転移が起こり，低親和性形から高親和性形へ分子が変化する。アロステリック転移はまた，アロステリックエフェクター（H^+，CO_2，Cl^-2,3-BPG）が酸素結合に変化を与えることを可能にし，より効果的にO_2とCO_2を輸送できるようにする。グロビンはまた，強力な酸化窒素（NO）ジオキシゲナーゼでもあり，高濃度のNOの毒性から細胞を保護することができる。

ミオグロビンとヘモグロビンは，他のタンパク質のように，遺伝子の突然変異，重複，組換えによって進化している。脊椎動物の発生とほぼ同時に出現したヘモグロビンとともに，どちらのタイプのグロビンも，ミオグロビン様の祖先タンパク質から進化した。これらのタンパク質の進化がいまなお続いていることは，ヒトでみられる変異体型ヘモグロビンの多様性によって裏づけられる。ほとんどの塩基置換（ミスセンス）変異は中立的だが，鎌状赤血球ヘモグロビンのような変異は有害である。サラセミアは，ヘモグロビンの病気で，遺伝子全体，または特定の遺伝子の欠失，または発現に欠陥があることが原因で生じる。

自然免疫応答と獲得免疫応答は，体の中で感染に対して主に働く防御機構である。獲得免疫系の体液性免疫の応答では，特異的な抗原に結合する抗体（特異的な免疫グロブリン分子）がつくられ，分泌される。このプロセスは，数個の細胞による抗原の認識が適切な抗体をつくる多数の細胞からクローンの選択を導くことによって起こる。抗体の非常な多様性は，抗体産生細胞における多数の体細胞遺伝子組換えや急激な突然変異によって生じる。細胞性免疫応答には，受容体をもつキラーT細胞も含まれる。AIDSは，免疫システムの疾患で，HIVはB細胞クローンの拡大に必要なT細胞を攻撃する。

付録

ヘモグロビンのアロステリック効果の多様性と動的モデルの観察

ヘモグロビンのアロステリック効果のPerutzモデルで記述されているコンホメーション変化は，ヘモグロビン四量体の完全デオキシ状態（T）と完全オキシ状態（R）の四次構造で観察された構造変化を引き起こすと推測される酸素結合時の各サブユニットの三次構造の再配列によるものである（図7.14を参照）。以下の議論のために，デオキシおよびオキシコンホメーションに関連した四次構造を表現するために大文字のTとRを使用し，三次構造を表現するために小文字のtとrを使用する。Perutzモデルは，その当時，結晶化されたヘモグロビンの2つのコンホメーションに基づいている。しかし，より最近のデータにより，MWCとPerutzモデルの仮定の多くが疑問視されるようになってきた。例えば，対称モデル（*t*コンホメーションはR状態四次構造では存在せず，T状態四次構造では*r*コンホメーションは存在しない）の中心的な考え方は，X線結晶解析と溶液NMR分析でT状態四次構造のヘモグロビンが*r*三次構造のサブユニットをもつ場合が示され，否定されている。三次コンホメーションの切り替えが発生するが，四次構造の切り替えはできないタイムスケールで行われたゲル中に埋められたヘモグロビンと結合するリガンドの超高速の動態研究も，*r*状態がT四量体で存在することを示している。それでは，三次および四次構造変化はどのように関連させられるのか？　驚くことではないが，いくつかの競合する理論がある。ヘモグロビンにおける協同的リガンド結合のための構造的基盤についての現在の活発な議論を簡単に3つまとめる。興味のある読者は，これらのモデルについてより詳細に説明した参考文献を見ていただきたい。

Gray Ackersと共同研究者によって1992年に提案されたsymmetry ruleモデルは，T→Rスイッチが生じる前のある時点まで酸素結合に伴う三次構造の変化を許容できることを示唆している。特に，2つの$\alpha\beta$二量体の各々で1つのサイトが占有される場合は，分子は全体としてR状態四次構造を取る。このモデルは，図

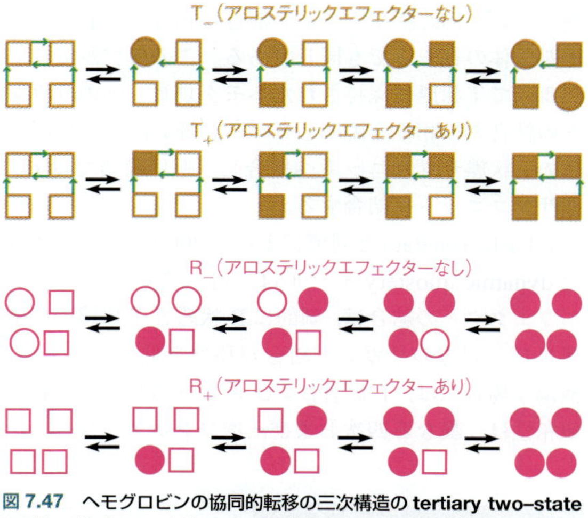

図7.47　ヘモグロビンの協同的転移の三次構造のtertiary two-stateモデル　サブユニットは$\alpha_1\beta_1$二量体が左，$\alpha_2\beta_2$が右に描かれている。R状態四量体はピンクで，T状態四量体は茶色で示してある。T状態を特徴づける塩橋の相互作用（図7.15参照）は，緑色の矢印で示されている。リガンドが結合したサブユニットは，塗りつぶして示されている。このモデルで，*r*（円）と*t*（正方形）の三次構造は，TとRの四次構造の中に見られる。アロステリックエフェクター（2,3-BPG，H^+，CO_2……）が存在すると，*t* ⇄ *r*平衡状態は，*t*状態の方向へ乱させる。*IUBMB Life* 59：586-599, W. A. Eaton, E. R. Henry, J. Hofrichter, S. Bettat, C. Viappiani and A. Mozzarelli, Evolution of allosteric models for hemoglobin. ©2007 John Wiley & Sons, Inc. Reproduced with permission from John Wiley & Sons, Inc.

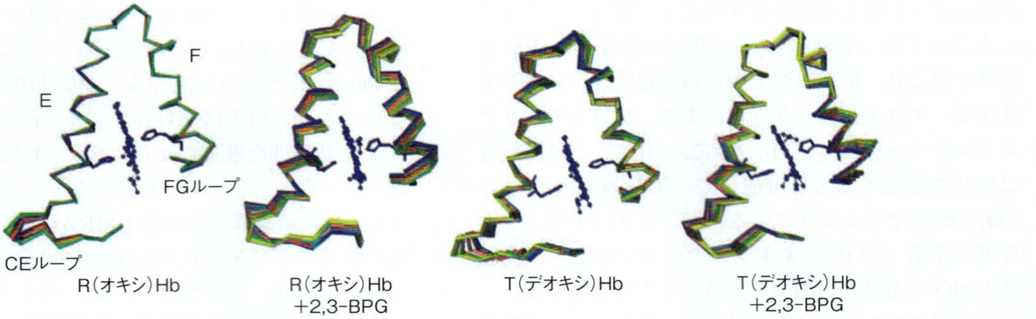

図 7.48　オキシおよびデオキシヘモグロビンの分子動力学　2ナノ秒間の全原子シミュレーションの結果が，各パネルに示されている。わかりやすくするために，αサブユニットのEおよびFヘリックスだけが示されている。各パネルで，スタート時の構造（t=0）は青で示されており，最後の構造（t=2 ns）が赤で示されている。8個の中間構造が順に示されており，青 → 緑 → 黄 → 赤の順となる。オキシヘモグロビン（R）は，デオキシヘモグロビン（T）よりも動きが少ない。シミュレーションに2,3-BPGを加えたとき，オキシとデオキシ分子の両方で動きは増加した。

7.12に示されるMWCモデルではなくKNFモデルと一致するように，ヘモグロビンが協同的二量体の二量体として働くことを提唱している。

William Eatonと同僚によって2002年に提案されたtertiary two-stateモデルは，ヘモグロビンのT状態とR状態は，tとrの三次構造のどちらもとれると仮定している。図7.47に模式的に示したように，四量体内のrおよびt状態の相対的な割合は，四次構造，リガンド結合，およびアロステリックエフェクターの結合によって影響される。このモデルでは，サブユニットのリガンド結合親和性は，その三次構造によって決定され，ヘモグロビンの四次構造には依存しない。言い換えれば，r状態のリガンド結合親和性は，TまたはR四量体のどちらでも同じである。このモデルでは，ゲル内でT状態に保持されたヘモグロビンへのリガンドの結合の二相性を説明している。速い段階では四量体のr状態サブユニットへ結合し，遅い段階ではt状態サブユニットへ結合する。

Takashi Yonetaniと同僚によって2008年に提案されたdynamic allosteryモデルは，(1) アロステリックエフェクターの結合は，劇的にR状態とT状態のヘモグロビン両方のリガンド結合親和性を低下させ，(2) 極端な場合には，T状態およびR状態のリガンド結合親和性は，異なる四次および三次コンホメーションをもっていても同じ低い値を示すという彼らの測定結果を説明するために開発された。結合親和性の違いに構造上の差異を相関させるPerutz機構の前述の議論と矛盾しないようにするには，どのような説明が可能なのか？　Yonetaniと同僚らは，リガンド結合親和性の違いは，ヘモグロビン分子の動力学的な動きの増加がリガンド結合親和性の減少の基礎となるというタンパク質の動力学の違いによって決定されると主張している。ヘムポケットの動力学は，ミオグロビンにおけるリガンドの結合と放出に重要な役割を果たしていることを思い出そう。(図7.8参照)。特に，動力学的なアロステリック効果のモデルは，近位および遠位のヒスチジン残基を含むEおよびFヘリックスの動力学の変化に焦点を当てている。オキシおよびデオキシヘモグロビンの分子動力学的なシミュレーションは，図7.48に示すような反直感的な結果をもたらす。すなわち，2,3-BPGの結合は，オキシ（R）およびデオキシ（T）状態の両方で，EおよびFヘリックスの動力学的な動きを増大させる。これは驚きである。つまり，2,3-BPGはヘモグロビンのβ_1とβ_2サブユニットとの間の空洞に結合し（図7.23），ヘモグロビン分子中の動的な動きを減少させると予想されるからである。

生化学の道具　7A

免疫学的方法

生体物質に対する抗体は，実験室内で簡便に作成することができ，また，特異性が高いこともあって，生化学的手法において多くの重要な分析や調製のツールとなりうるものである。ここでは，生化学者にとって最も重要な方法をいくつか紹介する。

抗原を動物に注射すると，1つの抗原が数種類の異なる抗体産生を誘発する。これらの抗体は，それぞれが抗原決定基，あるいはエピトープと呼ばれる抗原のある特定の部分を認識する。図 7.36b は，マッコウクジラのミオグロビンで同定されたエピトープを示している。ミオグロビン配列の中で，各エピトープは 5 つもしくは 6 つのアミノ酸残基を含む領域である。そのためミオグロビンの**抗血清 antiserum**（ミオグロビンで免疫した動物の血清）は，少なくとも 5 つの異なる抗ミオグロビン抗体を含んでおり，図で示したように，それぞれの抗体は 5 つのエピトープのうちいずれか 1 つと対応している。生化学の分野で有用な抗体の大部分は，IgG タイプのものである（表 7.2，図 7.40 参照）。Y 字状の単量体は，それぞれが 2 つの抗原結合部位をもっている。抗原抗体反応において，十分量の抗原が存在する場合，各抗原結合部位は，通常異なる抗原分子に結合する。

一般的には，免疫原性物質（抗体の合成などの免疫応答を誘発する物質）は巨大分子である。しかしながら，免疫試薬として最も有用なもののいくつかは，低分子量物質に対する抗体である。これらの低分子化合物は，それ自身では抗体の産生を誘発しない。しかし，ウシ血清アルブミン bovine serum albumin（BSA）やスカシガイヘモシアニン keyhole limpet hemocyanin（KLH）などの抗原担体タンパク質と共有結合的に連結させると，得られた複合体は免疫原性をもつようになる。その複合体に応答して産生される抗体には，**ハプテン hapten** と呼ばれる，非タンパク質性の低分子化合物に対してつくられたものがある。ハプテンに特異的に結合する抗体は，ハプテンが共有結合で連結されている固体支持体を用いたアフィニティークロマトグラフィー（「生化学の道具 5A」参照）によって単離することができる。

分析ツールとして免疫グロブリンが最も初期に用いられたのは，可溶性の IgG を用いて血漿のような複雑な体液中のステロイドホルモンや薬物の濃度を試験する**放射免疫測定法 radioimmunoassay** であった。これは，IgG に対する放射性標識および非標識抗原との結合の競合試験である。既知量の放射性抗原（通常は ^{125}I または ^{131}I で標識）は，試料中の非標識抗原の存在下で，抗体との反応を行う。試料中の非標識抗原の濃度を増加させると，それは抗体への結合により有効に競合し，標識された抗原と IgG との結合に取って代わる。結合平衡が確立されたら，抗体は沈降させて溶液から除去する。これは，**プロテイン A protein A**，または，抗 IgG 二次抗体（二次抗体）でコートされた合成ビーズを加えることで達せられる。二次抗体とプロテイン A は同じような機能をもつ。最初の IgG 抗体（または “一次” 抗体）の F_c 領域に特異的に結合し，溶液から沈降する。その後，上清と沈降物の放射線量の比を標準曲線と比較し，生体サンプル中の非標識抗原の濃度を決定する。この手法は，1950 年代に Bronx Veteran's Administration Hospital の Rosalyn Yalow と Solomon Berson によって開発された。そしてそれはいくつかのホルモン媒介過程（Ⅰ型糖尿病を含む）の研究に革命をもたらした。診断薬における RIA の影響力が認められ，Yalow は 1977 年にノーベル医学生理学賞を受賞した（Berson は 1972 年に亡くなっていた）。

抗原–抗体反応を定量する方法として，幅広く採用されている方法は，**エライザ enzyme-linked immunosorbent assay（ELISA）**である。ELISA は，その利便性（多検体処理への応用が 96 ウェルプレートを用いて容易に実行できる）および放射能の使用を必要としないという利点から，RIA に取って代わった。図 7A.1 で，最もよく使われている**間接 ELISA 法 indirect ELISA** 法を示す。最初のステップでは，96 ウェルプレートは，試料混合物を含む溶液でコートされる。タンパク質は，van der Waals 力によりウェルのポリスチレン表面に非特異的に吸着する。次に，ブロッキングタンパク質がむき出しのポリスチレン表面に結合するため（これは抗体がウェルに非特異的に結合するのを防止する）に添加される。その後，標的抗原に特異的に結合する一次抗体を添加する（ステップ 3）。これは分析の “イムノソルベント（免疫吸着）” 部分であり，特異的抗体と抗原の相互作用が生じる。この抗原–抗体相互作用の検出は，一次抗体の F_c 領域を認識する二次抗体を用いて達成される（ステップ 4～6）。例えば，マウス抗体を一次抗体に用いた場合，二次抗体にはヤギやウサギから取られたマウスの抗原に対してつくられた抗体を用いる。二次抗体は，発色基質を用いて簡単に分光光度的に分析することができる酵素（通常は，西洋ワサビのペルオキシダーゼ）と架橋している。これが，この分析法の “酵素連結 enzyme-linked” の部分である。プレートのウェル中の発色は，標的抗原の存在を示す（ステップ 6）。測定は酵素の活性に基づいているので，間接的に検出することになる。しかしながら，一般的に二次抗体はマウスの一次抗体と反応する（したがって，図 7A.1 のステップ 3 の一次抗体を変更することにより，複数の異なる標的抗原を分析するために同じ装置が使用できる）。この方法は多様な変法をもつが，その原理は，連結した酵素の活性を分析することで，結合した抗体を分析することである。この技術は，HIV 感染の現在最も幅広く使われている検査のように，多くの臨床診断検査の基本になっている。ヒト免疫不全ウイルスの表面タンパク質のうちの 1 つに対する抗体に酵素を連結したものが，ヒトの血液サンプル中のウイルス性抗原の存在を検出するのに使われている。抗原–抗体複合体が酵素活性をもつ場合，高感度で検出することが可能となる。

タンパク質を同定するために有効な他の分析技術として**ウェスタンブロット法 western blotting** があり，Southern ブロット法（p.911，図 24.14 参照）と呼ばれる核酸の分析技術に似ているので，こう呼ばれている。ウェスタンブロット法（**イムノブロット法 immunoblotting** とも呼ばれる）では，混合物中のタンパク質，あるいはタンパク質断片の混合物中で同じ抗体と反応するものを検出するのに使われる。例えば，タンパク質が成熟する段階で起こるタンパク質の翻訳後の切断を調べる

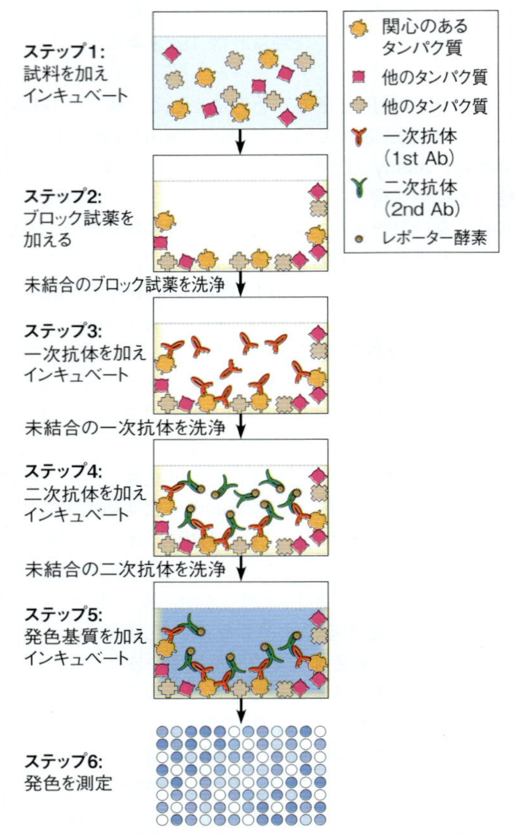

図 7A.1　間接 ELISA 分析　複雑な混合物の中の 1 種類のタンパク質の検出。典型的な分析は 96 ウェルプレートで行われる。ステップ 1～5 は，1 つのウェルのクローズアップを示している。ステップ 5 では，二次抗体に連結された酵素の作用によりウェル中で発色する。酵素は発色基質の色を変化させる。ステップ 6 で，全体の 96 ウェルプレート（各円は，96 ウェルの 1 つを表す）が分析される。発色したウェルは，標的抗原を含むと推定される。そこで，色の濃さは，サンプルウェル内抗原濃度がより高いことを示している。

場合にこの方法が用いられる。この方法では，混合物中の抗体反応性のタンパク質は，まずはじめに混合物中のタンパク質を変性ゲル電気泳動で分離する。場合によっては二次元ゲルが使われる。電気泳動後，ゲルをニトロセルロースのシートと密着させて載せ，電流によってタンパク質をニトロセルロースに転写（または，“ブロットする”）する。タンパク質は不可逆的にニトロセルロースシートに結合するので，ELISA 法で上述したように，シートを一次抗体と二次抗体で処理したのち，抗原-抗体反応を可視化できる。または，ヨウ素（^{125}I）で放射線標識した一次抗体（ないしは二次抗体）を用いて，オートラジオグラフィーにより検出することができる。1 つの例を図 7A.2 に示す。

細胞生物学者のように，生化学者は細胞内組織や関心のある反応を触媒する酵素の局在場所について興味をもっている。**免疫細胞化学 immunocytochemistry** と呼ばれる一連の技術は，細胞標本中に特別な抗原が存在す

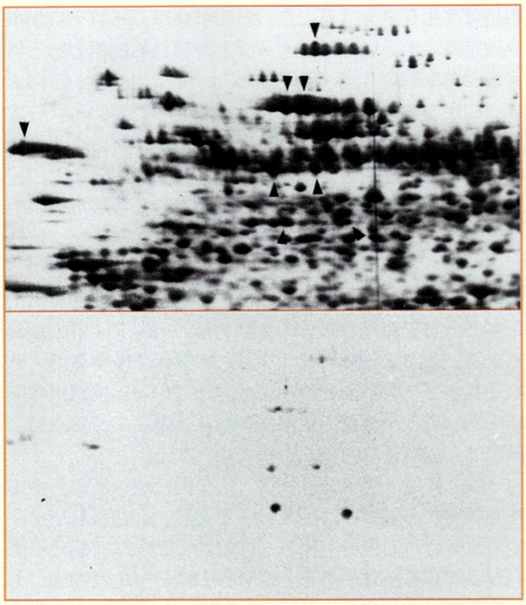

図 7A.2　ウエスタンブロット法　上図は，タバコの葉中の全タンパク質で，二次元ゲル電気泳動の結果を示す。下図は，同じゲルで，ホスホトレオニン残基を含むタンパク質に対する抗体でブロットした結果を示す。

The Plant Journal 2：723-732, J. A. Traas, A. F. Bevan, J. H. Doonan, J. Cordewener and P. J. Shaw, Cell-cycle-dependent changes in labelling of specific phosphoproteins by the monoclonal antibody MPM-2 in plant cells. ©1992 John Wiley & Sons, Inc. Reproduced with permission from John Wiley & Sons, Inc.

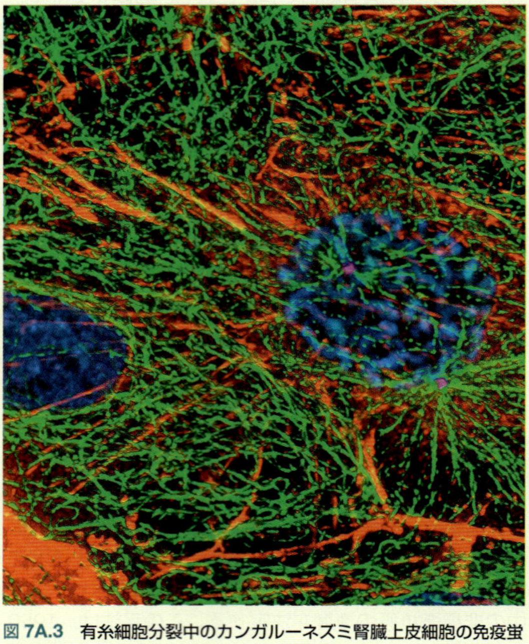

図 7A.3　有糸細胞分裂中のカンガルーネズミ腎臓上皮細胞の免疫蛍光顕微鏡写真　染色体（青，中央）は複製後，凝縮している。細胞骨格を形成するアクチンミクロフィラメント（赤）とチューブリンの微小管（緑）は，細胞の構造を維持する。クロマチン，アクチン，チューブリンに異なる蛍光色素を結合させる抗体が使用されている。

R. Alexey Khodjakov/SciencePhoto Library.

る場所を調べるために抗体を用いる。最も単純なものは，フルオレセインのような蛍光色素を結合させた抗体を利用する方法である。細胞や組織の薄切片を，蛍光抗体の溶液に浸す。過剰な蛍光抗体を洗浄したのち，結合した抗体を蛍光顕微鏡で観察する。同時に種々の色素結合抗体を用いて，細胞内の異なる抗原を可視化することもできる。図 7A.3 では 3 つの異なった抗体で細胞を染色している。これらの蛍光抗体には種類の異なった色素が結合している。各蛍光抗体は，異なった高分子化合物複合体，この場合はクロマチン，アクチンフィラメントおよび微小管に結合している。別の方法として，抗体は鉄結合タンパク質であるフェリチンとも連結することができ，結合している鉄はその高い電子密度によって，電子顕微鏡で観察することができる。

抗体とタンパク質との結合は非常に特異的であるため，抗体はタンパク質を精製する場合にも使われる。免疫アフィニティークロマトグラフィー（「生化学の道具 5A」参照）と呼ばれる手法では，抗体をクロマトグラフィーの支持担体と結合させて，これを詰めた筒が精製するタンパク質を選択的に吸着させるために使われる。タンパク質は精製され，溶出溶液の pH 調整（一般的に低い pH で 2.5，高い pH で 11.5）によって溶出され，しばしば単一に近い状態になる。

先に述べたように，タンパク質のような精製された抗原に対する抗血清は，一般的に抗原に対するいくつかの異なる抗体を含んでいる。さらに，血清は関心のあるタンパク質に対して免疫したときに動物の血流中に存在していた他の抗体を含んでいる。同一の配列と同一の結合特異性をもつ精製した抗体を用いることができれば，前述のどの手法でも特異性，感度，再現性が格段に増すだ

7

図 7A.4　モノクローナル抗体の産生
Microbiology：Introduction, 5th ed., Gerard J. Tortora. ©1995. Reprinted by permission of Pearson Education Inc., Upper Saddle River, NJ.

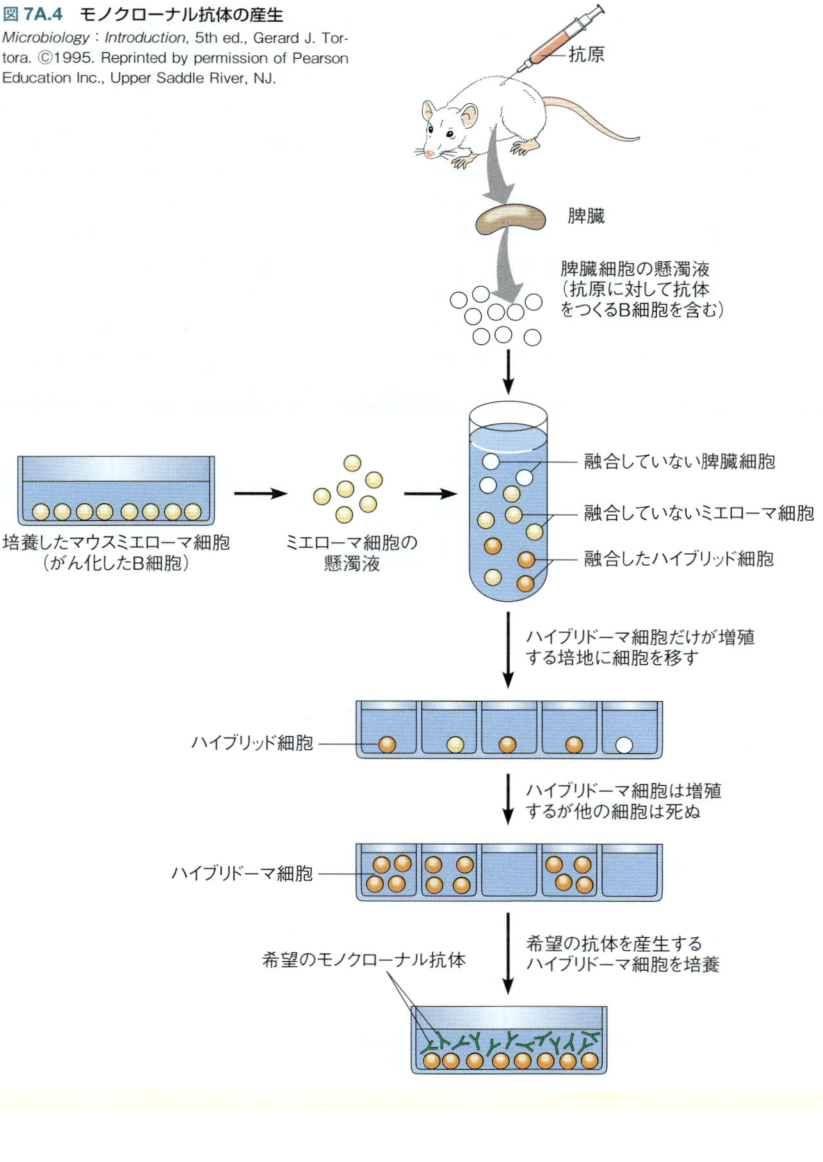

ろう。異なる IgG の間にも化学的類似性があるので，標準的なタンパク質の分画技術による精製は実際には不可能である。幸運なことに，**モノクローナル抗体 monoclonal antibody**（mAbs）の使用は，結合の特異性をもった極度に精製された抗体を量的な制限なしに手に入れる方法である。

抗体をつくる B リンパ球は，それぞれの細胞が唯一，1 種類の抗体を合成し分泌する。もし，それらの B 細胞を細胞培養で増やせれば，関心のあるタンパク質の 1 つの部位に対する 1 種類の抗体を産生するクローンもしくは 1 つの細胞由来の細胞集団を分離することが原理的には可能である。B リンパ球自身は培養液中で増殖できないが，1975 年に Georges Köhler と César Milstein は，多発性骨髄腫のマウスのがん化した白血球細胞を用いて抗体をつくるリンパ球を増殖させる方法を発見した（図 7A.4）。マウスを抗原で免疫し，脾臓由来のリンパ球を骨髄腫の細胞と融合させる。この融合によって，細胞は**ハイブリドーマ hybridoma** と呼ばれる細胞になり，がん細胞のように培養液の中で無限に増殖するようになるが，1 つの抗体しか合成しない（第22章のハイブリドーマ培養についても参照）。多数のハイブリドーマのクローンをスクリーニングすることによって，対象の抗原に対する抗体を合成するいくつかのクローンが単離され，それぞれのクローンは，異なった抗原決定基に対する抗体をつくる。抗体は適切なハイブリドーマの培養液から簡単に精製でき，それらはすでに述べた手法以外にもさらに多目的に使用できる。この方法は，均一な抗原を必要としないことに注目してほしい。多くのハイブリドーマを検査する忍耐力のある研究者は，最初に関心のある抗原の未精製標品で動物を免疫する。その後，望みのモノクローナル抗体が得られれば，それは主成分として免疫親和性を利用した抗原の精製に使用される。

mAbs が分離可能であることは，生化学，分子生物学，およびバイオ医薬品開発に大きな影響を与えた。1984 年，Milstein と Köhler の研究は，ノーベル生理学・医学賞で認められた。

mAbs の特に有用な応用は，**免疫共沈降法 co-immunoprecipitation**（co-IP または**プルダウン pull-down**）を使用した多タンパク質複合体中からの特定タンパク質の同定である。この方法では，多タンパク質複合体の一部を構成すると考えられるタンパク質に特異的な抗体が，タンパク質複合体全体を沈降させるために使用される。沈降抗体は通常，磁性粒子，アガロースビーズ，またはプロテイン A でコーティングされたビーズに結合している。この手順によって“プルダウン”された種々のタンパク質は，SDS-PAGE，続いて質量分析法（「生化学の道具 5A，5B，5D」参照）により同定される。co-IP の結果を確認するには，複合体中の異なったタンパク質に対する異なった抗体が使用される。このようにして，関心のあるいくつかのターゲットが相互作用するタンパク質を同定することが可能である。

IP 実験のために最適な抗体を得るためには，さまざまな手法が用いられる。この場合，タンパク質は短いペプチドエピトープ，例えば，$(His)_6$（図 5A.4 参照）や，“FLAG”配列（DYKDDDDK）のようなタグが付加されている。タグがついた抗体は，プルダウンに使用される。タグの存在によりタグがついたタンパク質の性質が変わらないことを示すことが重要である。

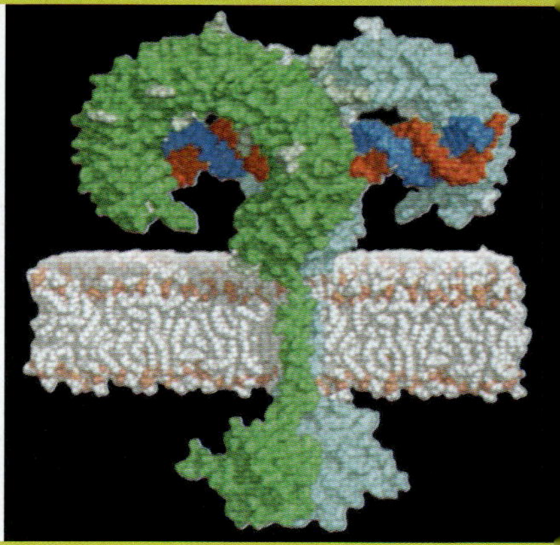

第 8 章

収縮システムと分子モーター

第 6, 7 章では，単分子であれ複数のサブユニットをもつものであれ，タンパク質分子がどのようにしてさまざまな機能を発現するかについてみてきた。このことをさらに深く追究するために，ここでは，タンパク質分子が，たくさんのポリペプチド鎖を含む，大きく複雑な構造に組織されていく例をみてみよう。そのような超分子構造はたくさんの細胞内機能を発揮している。ここではそのうちの 1 つ，**モータータンパク質 motor protein** によって起こる動きの機械的働きについて考えてみる。この動きは，器官全体およびその一部分，細胞，細胞内の構成要素を含む。ATP の結合，加水分解，そして解離によって仲介されるタンパク質のコンホメーション変化がモータータンパク質の機能の鍵であることを見てみよう。

生命体が示す多くの動きの中で我々が最もよく理解しているものは，身体を動かすのに必要な筋収縮である。しかしながら，筋収縮は非常に多種多様な動きにも同様に使われている。昆虫やヘビが毒を注入するのも，音を出すのも筋の働きである。同様に重要な筋の運動によって，心臓の鼓動，肺やエラによる呼吸，消化器系の蠕動運動など，動物体内の機能も維持されている。これらの運動はそれぞれ固有の筋組織によってもたらされる。

我々がみていく他の収縮システムと同じように，すべての筋は 2 つの主要なタンパク質，**アクチン actin** と**ミオシン myosin** の相互作用に基づいている。我々はこのようなシステムをしばしば**アクチン-ミオシン収縮系 actin-myosin contractile system** と呼ぶ。しかしながら，アクチン-ミオシン系にはまったく依存せず，別のタンパク質の機構を利用する直接的な運動（個々の細胞あるいは細胞の一部の運動）も存在する。例えば，繊毛や鞭毛の収縮や細胞内の染色体や細胞小器官の移動は，**チューブリン tubulin** と呼ばれるタンパク質からなる繊維状構造をもつ**微小管 microtubule** と，たくさんのタンパク質の相互作用によってなされる。最近，より詳細に記述された一連の“分子モーター”にいたっては，よりはっきりしている。これらの中には，プロトン勾配を使ってミトコンドリアでの ATP 合成を駆動する **ATP シンターゼ ATP synthase**（第 15 章）や，ヌクレオシド三リン酸の加水分解を使って鋳型 DNA のまわりを動き，これを巻戻す **RNA ポリメラーゼ RNA polymerase**（第 27, 29 章）がある。

運動を行う生物系には共通する，ある特徴がある。ATP の加水分解である。ATP の加水分解によって放出されるエネルギーが，一部のタンパク質分子の運動によりつくりだされる仕事に変換されることである。このように，タンパク質は**エネルギー変換器 energy transducer** として機能することができる。つまり，いくつかのタンパク質は ATP 加水分解の化学エネルギーを機械的仕事に変換できるのである。タンパク質の動きが適切に調節されているとき，直接的な目に見える運動が起こる。

ポイント1
ある種のタンパク質はエネルギー変換器としてふるまい，ATP の加水分解から得た自由エネルギーやイオン勾配の中に貯えられた自由エネルギーを利用して機械的仕事を行う。

筋肉や他のアクチン–ミオシン収縮システム

筋肉組織の主要なタンパク質はアクチンとミオシンである。しかしながら，アクチンとミオシンは他の多くの種類の細胞の中にも見出されており，さまざまな種類の細胞や細胞内の運動に関与している。筋肉の他のアクチン–ミオシンシステムがどのように働いているかを理解するために，これら 2 つのタンパク質の性質について考えておく必要がある。

ポイント2
動物の主要な筋肉システムは，タンパク質であるアクチンとミオシンに基づいている。

アクチンとミオシン

アクチン

生理的条件下においては，アクチンは，球状タンパク質単量体（G アクチン G-actin）の長いらせん状の重合体（繊維状アクチンあるいは F アクチン F-actin）として存在している。図 8.1 に示すように，G アクチン単量体は，分子質量 42 kDa で，2 つのドメインをもつ分子である。G アクチン単量体による ATP の結合により重合化が起こる。ATP はそれに伴い加水分解されるが，ADP はアクチンフィラメントの中にとどまる。F アクチンフィラメントにおいては，G アクチン単量体が，二本鎖のらせん状に配置される（図 8.2，図 6.39 も参照）。サブユニットが非対称性であるために，F アクチンははっきりした方向性をもっており，2 つの末端は，“barbed” あるいは “＋” 端 “plus” end，“pointed” あるいは “−” 端 “minus” end と呼ばれる。重合反応には進行する方向があり，＋端は生理的条件下でより早く成長する側の端と定義される。ミオシンに結合する F アクチンフィラメントの部位に各々のアクチンサブユニットのドメイン 1 が位置している。

ミオシン

細胞に見出されるミオシンの 20 程度の形態のうちの 6 つと，その多様な機能を表 8.1 にあげた。最も研究されているミオシン分子は，横紋筋由来のミオシンⅡである。以下の議論では，ミオシンⅡを単に “ミオ

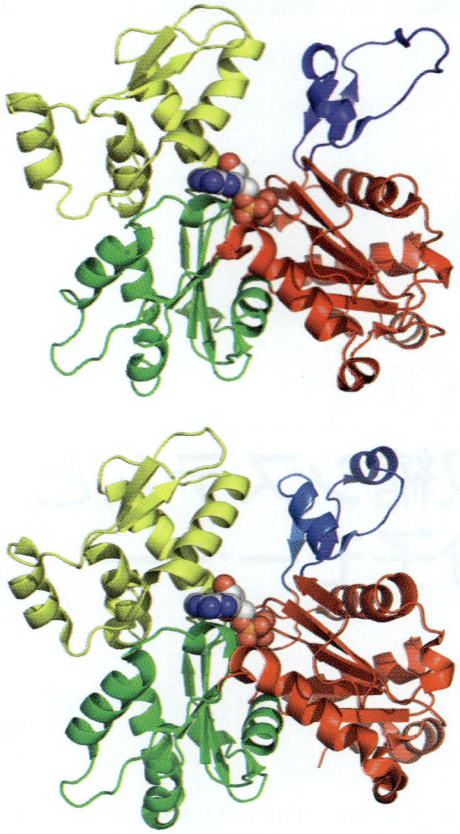

図 8.1　G アクチン　G アクチン単量体の X 線結晶構造の模式図を示した。上：ATP 結合型（PDB ID：1ATN），下：ADP 結合型（PDB ID：1J6Z）。ドメイン 1 は赤，ドメイン 2 は青，ドメイン 3 は緑，ドメイン 4 は黄色で示した。ヌクレオチドは球で示してある。“＋” 端は各々の図で下である。

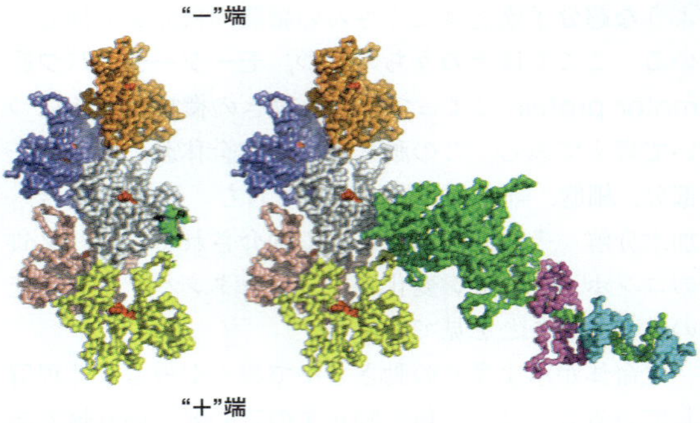

図 8.2　F アクチンフィラメントのモデル　左：5 つの G アクチン単量体の α 炭素骨格を示した。各々の単量体は色分けしてあり，結合した ATP は赤で示した。灰色のアクチン単量体のドメイン 1 にある緑の残基はミオシン結合部位を示している。右：F アクチンに結合したミオシン S1 フラグメント（本文参照）のモデル。ミオシンのモータードメインは緑で，必須軽鎖と制御軽鎖はそれぞれ赤紫と青緑で示している。PDB ID：1ALM。

表 8.1　ミオシン型とその機能

ミオシン型	機能
I	ベシクル運搬
II	筋収縮，細胞質分裂，細胞運動
V	ベシクル運搬，細胞表面での局在
VI	エンドサイトーシスベシクルの細胞中央への輸送
VIII	植物における細胞分裂
XV	内耳の聴覚センサーの一部

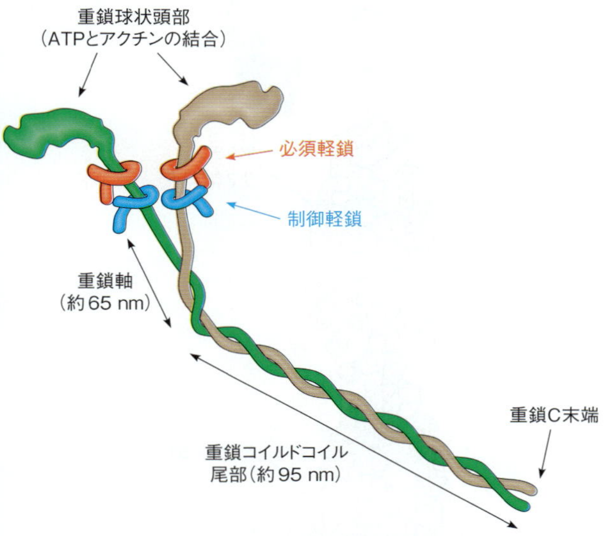

図 8.3　ミオシンII分子　この図式的なモデルは，ミオシンの 6 つのポリペプチド鎖を描いている。この分子の 2 つの重鎖（緑と茶）は，棒状のコイルドコイルの尾部で重鎖の 2 つの α ヘリックスとからみ合って連結している。2 つのそれぞれの球状頭部ドメインは，必須軽鎖（赤）と制御軽鎖（青）の 2 つの非共有結合している軽鎖をもっている。

シン”と呼ぶことにする。機能的なミオシン分子は 6 本のポリペプチド鎖からなっている（図 8.3）。それらは 2 本の同じ重鎖（分子量 230 kDa）と，2 種類の 2 本ずつの軽鎖（分子量 20 kDa）からなっている。これらを合わせて，分子量 540 kDa の複合体を形成する。重鎖は，二本鎖コイルドコイルを形づくる長い α ヘリックスの尾部と，軽鎖に結合した球状の頭部ドメインをもっている。各々の頭部と尾部の間で，重鎖は柔軟な軸として働く。尾部のコイルドコイル構造は α ケラチンの構造を連想させる（図 6.14 参照）。

ミオシン分子は図 8.4 に示すように，プロテアーゼによって分解することができる。尾部ドメインはトリプシンによって特定の場所で切断でき，**軽メロミオシン light meromyosin**（LMM）と**重メロミオシン heavy meromyosin**（HMM）と呼ばれる断片をつくる。重メロミオシンをパパインで消化すると，軸を切断して軽鎖をもつ頭部ドメインからなる 2 つの **S1 フラグメント S1 fragment** を得る。パパインで取り除

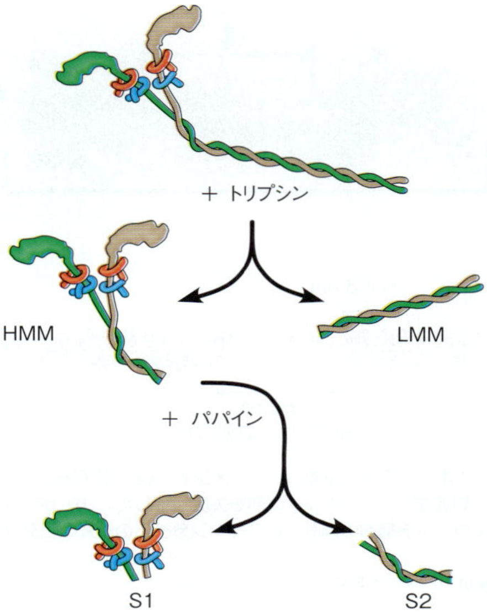

図 8.4　プロテアーゼによるミオシンIIの分解　トリプシンによる限定分解により，ミオシン尾部は軽メロミオシン（LMM）と重メロミオシン（HMM）に切断される。パパインプロテアーゼで重メロミオシンを処理すると軸構造部が消化され，2 つの S1 フラグメントが S2 フラグメントから分離される（本文参照）。

かれた軸は S2 フラグメントと呼ばれる。ミオシン分子をこのように限定分解することによって，研究者はいくつかの部分の機能を理解することができた。ミオシンは繊維状タンパク質と球状タンパク質の両方の性質をもち，その機能ドメインは非常に異なった役割を果たしている。尾部ドメインは著しい凝集傾向を示し，図 8.5 に示すように，ミオシン分子に太い両極フィラメントを形成させる。S1 フラグメント，あるいは**頭部 headpiece** は，ATP，アクチンと 2 本の軽鎖，すなわち**必須軽鎖 essential light chain**（ELC）と**制御軽鎖 regulatory light chain**（RLC）を結合する球状**モータードメイン motor domain** を含んでいる。S1 フラグメントの結晶構造を図 8.6 に示した。

アクチンとミオシンの反応

もしアクチンフィラメントが単離された S1 フラグメントと反応することができるなら，そのフィラメントはこれらミオシンの頭部で“飾られ”，アクチンフィラメントの極性を示すような非対称の“矢尻”をつくりだすだろう（図 8.2，図 8.7）。ミオシン型の多くは，アクチンフィラメントの（＋）端に向かって動くモータータンパク質である。F アクチンと結合し解離することができるように，ミオシンの **ATPase 活性 ATPase activity**（ATP の結合と加水分解）は，筋収縮の多段階機構における不可欠な部分である。

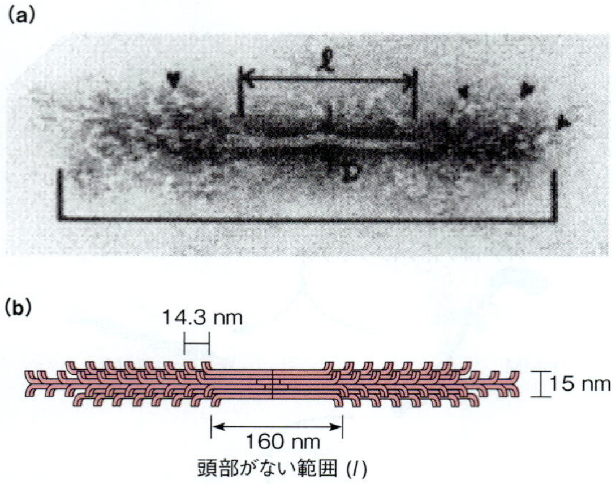

図 8.5　ミオシンⅡ分子の太いフィラメント　(**a**) 電子顕微鏡写真。頭部がない範囲を ***l*** で，ミオシン頭部を矢尻で示した。(**b**) nm 寸法で示したフィラメント構造の描写。各ミオシン分子上の頭片の組を投射している。
Courtesy of Thomas D. Pollard, Yale University.

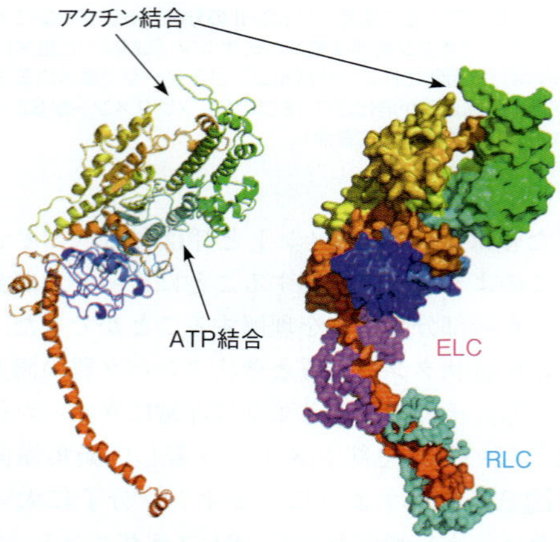

図 8.6　ミオシンⅡの S1 フラグメントの X 線結晶構造　左：重鎖を虹色で示した図。S1 フラグメントの"首部領域"は延長した赤色のヘリックスで示してある。右：必須軽鎖（ELC，赤紫），制御軽鎖（RLC，青緑）の α 炭素主鎖骨格表面を表した重鎖。アクチン結合部位と同様に ATP 結合部位も示してある。PDB ID：2MYS。

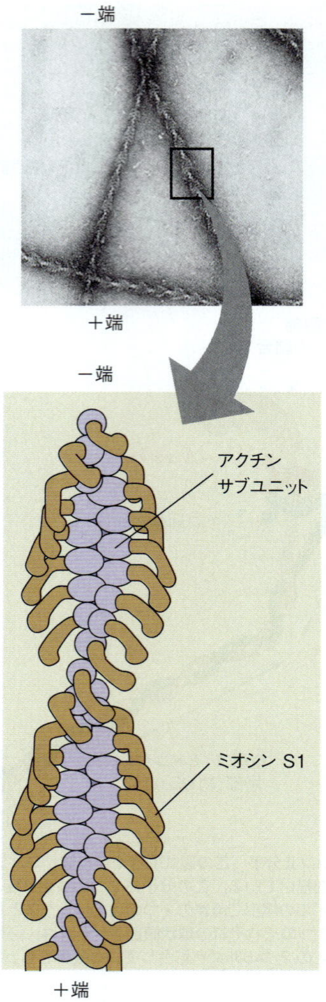

図 8.7　ミオシン頭部で修飾されたアクチンフィラメント　（上）電子顕微鏡写真。（下）さらに高倍率にした模式図。図中の S1 頭部が顕微鏡写真中にみられる矢尻の模様をつくり出している。
Photo courtesy of Roger Craig.

ポイント 3
ミオシンはアクチンフィラメントの＋端に向って動くモータータンパク質である。

筋肉の構造

筋線維において，アクチン–ミオシンフィラメントは相互作用して収縮構造をつくりだす。脊椎動物は，形態学的に 3 種類に区別される筋肉をもっている。横紋筋は筋肉という言葉から我々が最もよく連想する種類のものである。というのは，随意運動を可能にするのは，腕，足，まぶたなどの横紋筋だからである。平滑筋は血管，腸，胆嚢などの内臓を囲んでいて，随意制御下にはない，ゆっくりした持続性の収縮を可能にしている。心筋は，横紋筋の特化した形で，心臓の繰り返す不随意な拍動に適合したものと考えられている。ここでは，横紋筋の構造についてのみ考えてみよう。

図 8.8 に脊椎動物の典型的な横紋筋組織を示す。それぞれの筋繊維 muscle fiber あるいは **myofiber** は，実際には非常に長い（1〜40 mm）多核細胞であり，筋前駆細胞の融合により形成されている。各々の筋繊維は**筋原繊維 myofibril** と呼ばれるタンパク質構造の束を含んでいる。筋原繊維は光学顕微鏡を用いて調べると，周期的な構造をしている。暗い **A バンド A band** はより明るい **I バンド I band** と互い違いになっている。I バンドは **Z ディスク Z disk**（あるいは **Z 線 Z line**）と呼ばれる薄い線によって分けられている。A バンドの中央には，**H ゾーン H zone** と呼ばれるよ

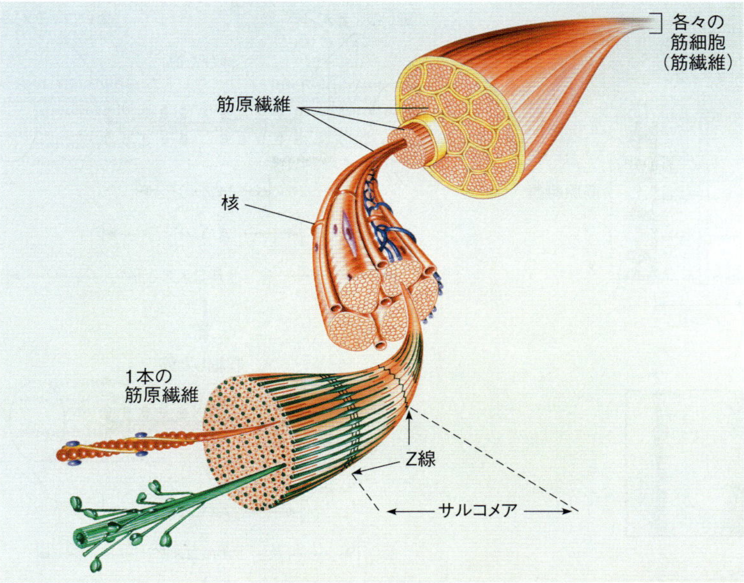

図 8.8　横紋筋における組織の階層
John Bavosi/Science Photo Library.

り明るい領域がある。筋構造の繰り返しユニットは，1 つの Z ディスクから次の Z ディスクまでとみなすことができる。それはしばしば**サルコメア sarcomere** と呼ばれ，弛緩している筋では約 2.3 μm である。

> **ポイント 4**
> サルコメアは筋原繊維の基礎となる繰り返しユニットである。

筋原繊維の周期構造の分子基盤は，図 8.9 に示すように，筋の超薄切片を電子顕微鏡により調べることでみることができる。アクチンの**細いフィラメント thin filament** は Z ディスクから両方向に広がっていて，ミオシンと組み合わさって**太いフィラメント thick filament** を形成している。太いフィラメント，細いフィラメントが重なっている領域が A バンドの暗い領域を形成している。I バンドは細いフィラメントのみを含んでいて，H ゾーンの端に広がっている。H ゾーン内部では，太いフィラメントだけが存在する。H ゾーンの中央にある暗い線（M バンドとも呼ばれる）が，太いフィラメントが互いに会合している部位を示していると考えられている。

細いフィラメントと太いフィラメントの組成は，適量の塩や界面活性剤溶液で事実上ミオシンをすべて取り除き，筋原繊維を抽出することによって示されている。このプロセスで A バンドが取り除かれるので，厚い A バンドフィラメントはミオシンから構成されているはずである。ミオシンの太いフィラメントは，図 8.5 に示したような種類の両極性構造である。そこではミオシン分子のらせん状の尾部が寄り集まり，それぞれの端には 14.3 nm の規則正しい間隔で突き出した頭部がある。この間隔は，ミオシンの尾部にあるアミノ酸配列の 14.3 nm の周期性によってつくりだされているようである。

もしミオシンを取り除いた筋原繊維を S1 フラグメントの溶液で灌流すると，細いフィラメントは矢尻形に修飾される（図 8.7）。このように，細いフィラメントはアクチンを含んでいる。さらに，矢尻形は常に Z ディスクのほうから外に向かっている。このことは，これらの細いフィラメントの極性を示している（すなわち，各々の F アクチンフィラメントの＋端が Z ディスクにつながれている）。しかしながら，細いフィラメントは F アクチンのみで構成されているわけではない。本章で後述するように，他の重要なタンパク質をも含んでいる。

筋原繊維の電子顕微鏡写真（図 8.9d）をじっくりとみれば，太い（ミオシン）フィラメントから出ている小さな突起をみることができる。これらはしばしば細い（アクチン）フィラメントと接触している。この突起はミオシン分子の頭部と対応している。ミオシン–アクチンフィラメント間のこのような架橋が筋収縮の鍵となっている。

> **ポイント 5**
> 細いフィラメントは大部分がアクチンである。太いフィラメントは主にミオシンである。これらは非共有結合の架橋によって連結している。

アクチン，ミオシン，その他の筋タンパク質がサルコメアに見出されるような複雑かつ特異性の高い構造に組織されていくことは，さまざまな種類のタンパク

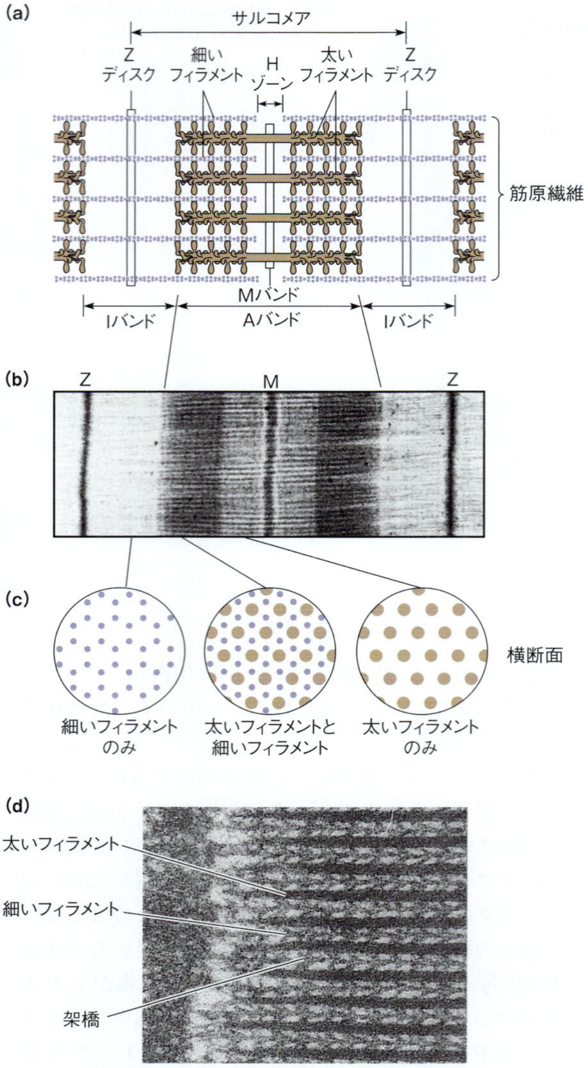

図 8.9　電子顕微鏡レベルで見た筋構造　(**a**) 横紋筋中の繰り返しユニットであるサルコメアのモデル。I バンド，A バンド，Z ディスクが同定され，サルコメアの構成要素が示されている。(**b**) 同じ部分の電子顕微鏡写真。(**c**) (a) と (b) で示したさまざまな領域におけるサルコメアの横断面。大きい茶色の点が太いフィラメント，小さい紫の点が細いフィラメントを表す。(**d**) 高倍率でみた A バンド中におけるアクチンフィラメントとミオシンフィラメントの間の架橋。
(b) Courtesy of H. E. Huxley；(d) courtesy of Mary Reedy.

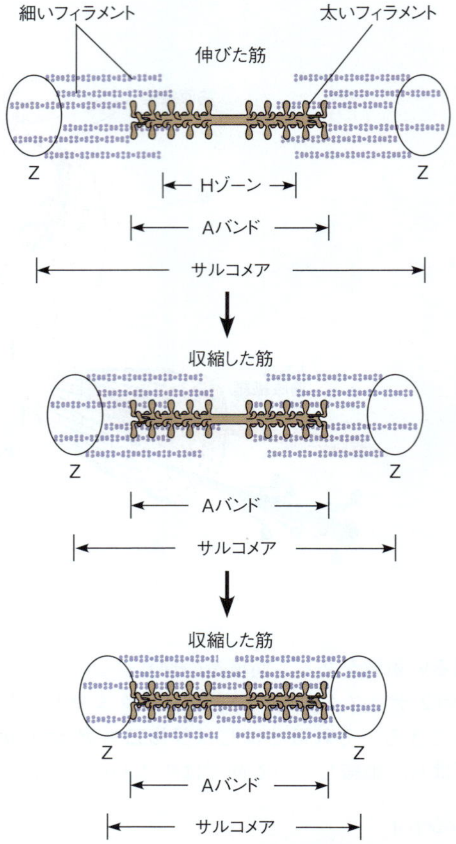

図 8.10　筋収縮の滑り説　ミオシンの頭部がアクチンフィラメントをサルコメア中央部に引っ張ったときに横紋筋収縮が起こる。

質がある特有な行程で結びついて機能的な構造を形成することをはっきりと示す例である。今からこの構造がどのように機能していくかを検証していく。

収縮機構：滑り説

筋収縮の機構は，収縮中のサルコメアのバンドのパターンにおける筋構造と変化の両方を詳細に観察することで解明された。図 8.8 や図 8.9，図 8.10 に示したような筋の切断面は弛緩した，あるいは伸びた状態にある。筋が十分収縮すると，それぞれのサルコメアは長さがおよそ 2.3～2.0 μm になる。この過程の間，I バンドと H ゾーンがみえなくなり，Z ディスクは A バンドに対して右上のほうに動く（図 8.10 下）。Hugh Huxley と Andrew Huxley（2 人は親戚ではない）がこのことを観察し，1950 年代に図 8.10 に示したような筋収縮の**滑り説 sliding filament model** を提案した。このモデルによれば，ミオシンの頭部は組み合わさったアクチンフィラメントに沿って“歩き”ながら，それらを引っ張り，それによってサルコメアを短くするとされる。

筋上の反発する力に対するそのような動きをつくりだすには，エネルギーの消費が必要である。そのエネルギーは ATP 加水分解から何らかの方法で得られると考えられる。そして，アクチン-ミオシン複合体の ATP ase 活性についての先ほどの言及は，このエネルギーをどのようにして得るかを示唆している。**首ふり説 swinging cross-bridge model** と呼ばれる滑り説を改良した説によれば，それぞれのミオシン頭部が，隣りあった細いフィラメントとの架橋の形成と崩壊の

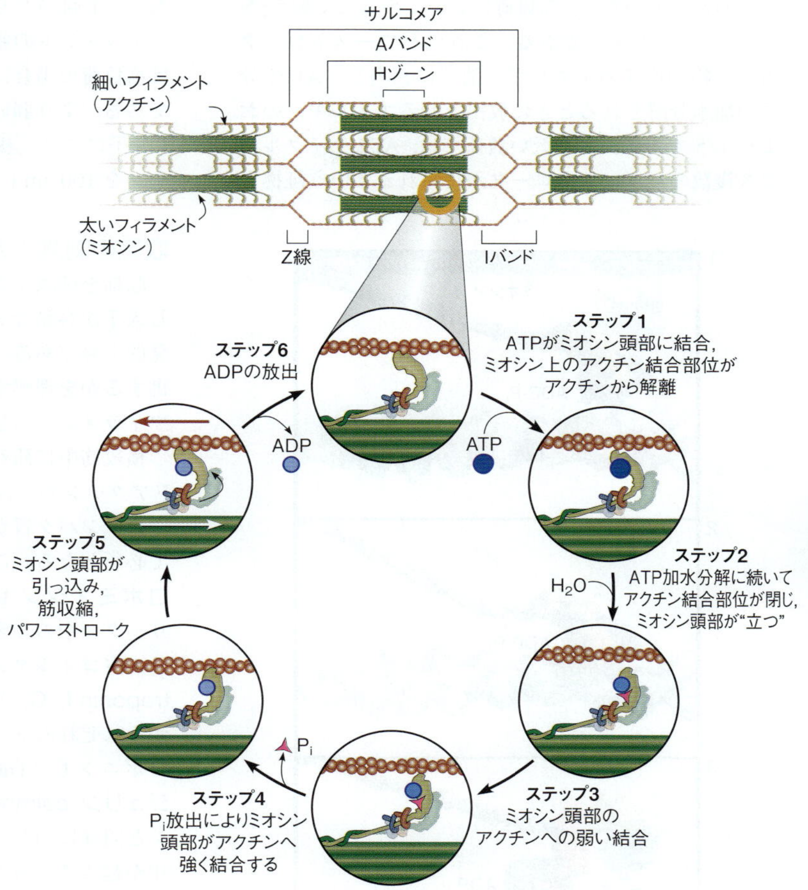

図 8.11　筋収縮における ATP サイクルのモデル　わかりやすくするために，結合，パワーストローク，そして解離のサイクルを経験する 2 つのミオシン頭部のうちの 1 つだけを示している。第 2 のミオシン頭部は薄緑で示した。サイクルの各々のステップについては本文に詳述している。
Courtesy of Gary Carlton.

反復サイクルに関与している。図 8.11 の一番上に示したように，このサイクルはミオシンがアクチンに結合して始まると推測できる。ATP の結合によりミオシンの架橋が離れる（ステップ 1）。すると ATP の加水分解によりコンホメーション変化が誘起され，頭部が“ピンと立つ”（ステップ 2）。ミオシンは，すでにピンと立っているので，細いフィラメントに，Z ディスクにより近い部位で結合する。Z ディスクには，アクチンフィラメントの＋端がつながっている（ステップ 3）。この初期の結合は弱い。リン酸基の放出が起こり（ステップ 4），細いフィラメントをサルコメア中央部に引き寄せるパワーストローク power stroke の準備ができる（ステップ 5）。ADP が放出され（ステップ 6），新しい ATP と結合することで，このサイクルは再スタートする。

ポイント 6
首ふり説では，架橋のコンホメーション変化を伴う周期的な架橋の結合と解離が，細いフィラメントと太いフィラメントを互いちがいになるように滑らせる。

パワーストロークの間，最大のコンホメーション変化を起こしているのは，軽鎖が結合している S1 フラグメント（図 8.6）の“首部領域”である。ADP 結合状態，そしてヌクレオチドが結合していない状態におけるミオシンの X 線結晶構造の比較に基づいて，ミオシンの首の C 末端部がパワーストローク中におよそ 10 nm 動くと考えられている（図 8.12）

それぞれのサイクルの終わりには，アクチンフィラメントがミオシンに対して移動し，その結果，細いフィラメントに沿ってそれぞれの頭部が連続して動く。“歩行”はむしろヤスデのそれと似ている。いくつかの太いフィラメントの“足”（多くの S1 頭部）は細いフィラメントと常に接触しており，その結果，収縮の間，太いフィラメントは滑って戻ることができない。太いフィラメントからは何百もの S1 フラグメントが出ていて，各々は筋収縮の間 1 秒あたり 5 回細いフィラメントと接触する。

発生した力と，それぞれのパワーストロークで動く距離の両方が実験的に測定されている。この力はミオシン-アクチン複合体上に存在する負荷に依存することがわかっているが，高負荷において平均して約5 pN（ピコニュートン）である。これはパワーストローク当たり約10^{20} Jのエネルギー消費に相当し，ATP1分子が加水分解されるときに放出されるエネルギーのおよそ1/5である。より低い負荷では，ATPサイクルにつき複数のパワーストロークが得られるという証拠もある。1回のパワーストロークで移動するアクチンフィラメントの距離はおよそ10〜20 nmであり，これは高負荷の場合に1回のATPサイクルで得られる距離である。より弱い抵抗に対して働きかけるとき，ATP 1分子につき，複数のパワーストロークが動いてアクチンを100 nmほども動かすことが可能となる。

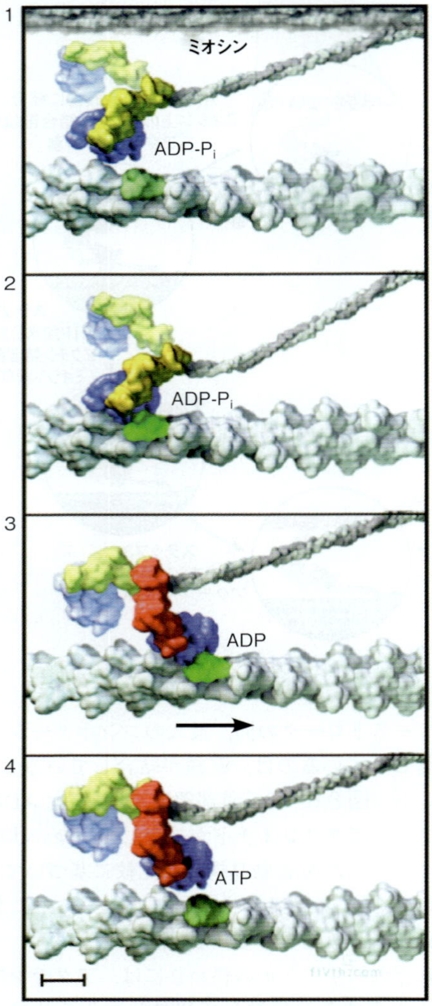

図8.12　ミオシンⅡの運動サイクルモデル　コイルドコイル（灰色）がミオシンフィラメントから伸びている。パネル1：単一のミオシンⅡ二量体からの2つの同一のS1頭部を示した。モータードメインを青，パワーストローク前状態にあるレバーアーム（軽鎖を含む）を黄色で示した。ADPとP_iが結合していると，モータードメインがアクチンと弱く結合する（図8.11，ステップ3参照）。パネル2：1つのモータードメインがアクチン結合部位（緑）と強固な複合体を形成する。パネル3：リン酸を解離すると，パワーストロークが起こり，アクチンフィラメントが10 nm動く（図8.11，ステップ4，5参照）。ストローク後の状態におけるレバーアームを赤で示した。パネル4：パワーストロークに続いて，ADPが解離，ATPがモータードメインに結合し，アクチンから離れる。ATPをADPとP_iに加水分解したのち，レベルアームはストローク前の状態（パネル1）に戻る。スケールバーは6 nm。細いフィラメントの（＋）端を左側にしてある。

From *Science* 288 : 88-95, R. D. Vale and R. A. Milligan, The way things move : Looking under the hood of molecular motor proteins. © 2000. Reprinted with permission from AAAS.

収縮の刺激：カルシウムの役割

収縮を刺激する際に重要なのは，筋原繊維中に存在し入手が容易なATPではなく，むしろCa^{2+}濃度の突発的上昇である。カルシウムがどのように筋収縮を制御するかを理解するには，やや詳細なところまで細いフィラメントの分子構造を調べる必要がある。

横紋筋中に観察される細いフィラメントは，単なるFアクチンの重合体ではない。図8.13に示した他の4つのタンパク質が細いフィラメントの収縮機能にとって必須となる。これらのタンパク質のうちの1つは**トロポミオシン tropomyosin**という，Fアクチンヘリックス中のミオシン結合部位に重なる，繊維状のコイルドコイルタンパク質である。**トロポニンI，C，T troponin I，C，T**と呼ばれる3つの小さいタンパク質がそれぞれのトロポミオシン分子に結合している。トロポニンC（TnC）は，Ca^{2+}結合タンパク質**カルモジュリン calmodulin**と相同性があり，カルモジュリンと同様に，Ca^{2+}の結合によってコンホメーション変化が起こる。カルモジュリンの構造と機能は第13章でより詳細に扱う（p.512，図13.33参照）。カルシウ

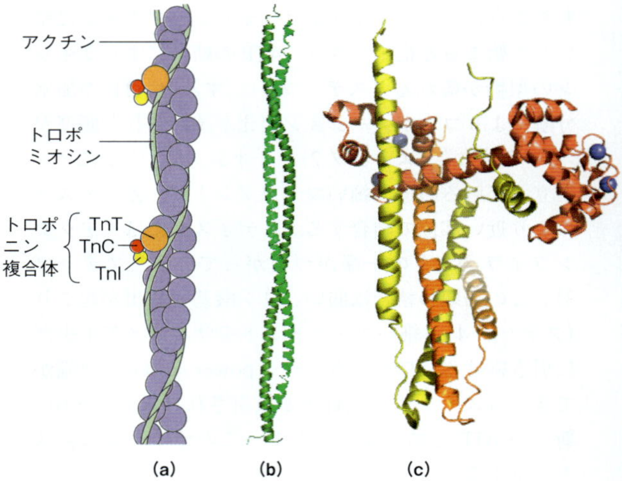

図8.13　Fアクチンとそれに連結するタンパク質　(**a**) この概略図は横紋筋の細いフィラメント中に存在するタンパク質を示す。Fアクチン，トロポミオシン，そしてトロポニン（Tn）I，C，T。(**b**) コイルドコイルを示す，ラット筋トロポミオシンフラグメントの結晶構造（PDB ID：2B9C）。(**c**) ニワトリ骨格筋由来トロポニン複合体（PDB ID：1YTZ）。TnIを黄，TnTをオレンジ，TnCを赤，結合している4つのCa^{2+}イオンを青い球で示した。(b)(c)の大きさは合わせていない。

ムが約 10^{-5}M の濃度で存在しない限り，トロポミオシンとトロポニンの存在は，ミオシン頭部のアクチンへの結合を阻害する。休止状態の筋肉においては，Ca^{2+} 濃度は 10^{-7}M 付近にあり，そのため新しい架橋は形成されない。Ca^{2+} の流入によりイオンがトロポニン C と結合するため収縮が刺激され，トロポニン-トロポミオシン複合体の再配列が起こり，トロポニンを F アクチンヘリックスの中央の溝に約 1.0 nm だけ近づける。この移動によって，アクチン上の新しい部位へのミオシン頭部の結合が可能となる。図 8.14 に示した仮定された機構は，図 8.11 のサイクル中のステップ 3 およびそれに続くステップの発生を可能にする。

ポイント 7
筋収縮は Ca^{2+} のサルコメアへの流入によって刺激される。トロポニン C が結合することで，トロポニン-トロポミオシン-アクチン複合体の再配列が起こり，アクチン-ミオシン架橋の形成が可能となる。

我々は筋収縮の活性化がカルシウムの筋原繊維への流入によるということはつきとめた。しかし，なぜこの流入は起こるのだろうか？　特に，筋肉を収縮状態に励起させる神経からの刺激によって，どのようにしてその流入が可能となるのか？　この答は筋繊維もしくは筋細胞（図 8.15）のより綿密な調査によってみつかった。細胞内で，各筋原繊維は**筋小胞体 sarcoplasmic reticulum**（SR）と呼ばれる膜状細管から形成される構造によって囲まれている。休止筋では，筋原繊維内の Ca^{2+} レベルは約 10^{-7}M に維持され，したがって筋小胞体の細胞内腔における Ca^{2+} レベルは 10,000 倍も高い。運動神経からくる刺激は筋小胞体膜を脱分極し，ゲートのある Ca^{2+} チャネル（第 10 章参照）を開き，Ca^{2+} が細胞内腔の外側から筋原繊維の内側に流れ込み，収縮を刺激する。この信号は，周期的な間隔でこの網状組織に接触している原形質膜の陥入である**横軸細管 transverse tubule** を経由して，速やかに筋原繊維の筋小胞体全体へ伝達される。収縮に続いて，Ca^{2+} 特異的輸送タンパク質が Ca^{2+} イオンをサルコメアから押し出し，残存 Ca^{2+} 濃度を 10^{-7}M に保つ。そのようなイオン輸送体の活性については，第 10 章で述べる。

Ca^{2+} レベルの急激な変化は筋収縮にとって普遍的な信号であるにもかかわらず，明らかにそれ自身では必要なエネルギーを供給できない。では筋肉の仕事に必要なエネルギーはどこからやってくるのだろうか？

筋肉内のエネルギー特性およびエネルギー供給

基本的に，筋肉は ATP の加水分解により放出された化学自由エネルギーを機械的な仕事に変換する機構である。この変換はきわめて効率的であり，最適な環境下においては 80% に近い。

筋収縮のための ATP はどのようにして産出されるのか？　この答は，横紋筋だけ見ても，筋肉の種類およびその機能によって変わりうる。横紋筋は，比較的持続的に利用される“赤筋”と，突発的で迅速な動きにしばしば利用される“白筋”に区分できる。赤筋は，ヘムタンパク質が豊富であるため，暗い色をしている。赤筋は血管が多いので，ヘモグロビンも十分に供給され，シトクロムを保持したミトコンドリアも多

8

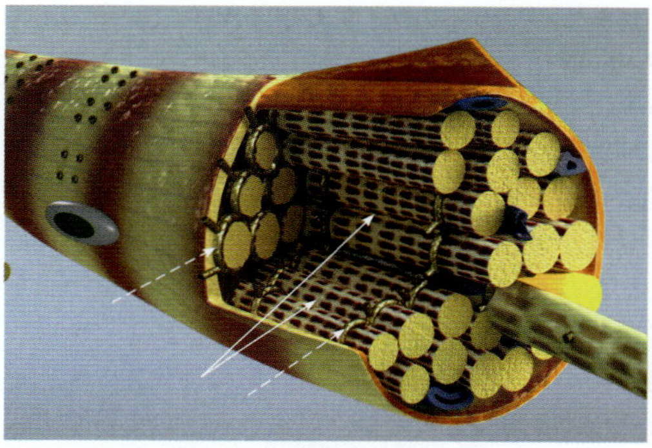

図 8.15　筋繊維（筋細胞）の構造　筋小胞体（SR）（実線の矢印）は，筋繊維内の筋原繊維を取り囲む特殊化された粗面小胞体細管のネットワークである。休止筋において，神経信号が原形質膜に到達したときに筋原繊維の中に放出される Ca^{2+} を SR は集積する。この横軸細管（T システム，破線の矢印）は，SR と多くの部位で接触している原形質膜の陥入であり，信号に対する均一な反応を確実なものとしている。
MedicalRF. com/Visuals Unlimited, Inc.

図 8.14　カルシウムによる筋収縮の制御　細いフィラメントに隣接する単一ミオシン頭部を横断面で示す。（左）弛緩した筋肉。低濃度の Ca^{2+} レベルでは，細いフィラメント中のアクチン-トロポミオシン-トロポニン複合体のコンホメーションは，ミオシン頭部が細いフィラメントに接触するのを妨害している。（右）Ca^{2+} のトロポニン C への結合により，アクチンにも結合しているトロポニン I の阻害ドメインに対するトロポニン C 上の結合部位が開く（左図参照）。アクチンからトロポニン I が解離することで，トロポミオシン-トロポニン複合体が F アクチンの中央の溝により近いほうにスライドでき，その結果，ミオシン結合部位が露出する。続いて架橋形成（図 8.11 のステップ 3）が起こり，筋肉が収縮する。
Courtesy of Gary Carlton.

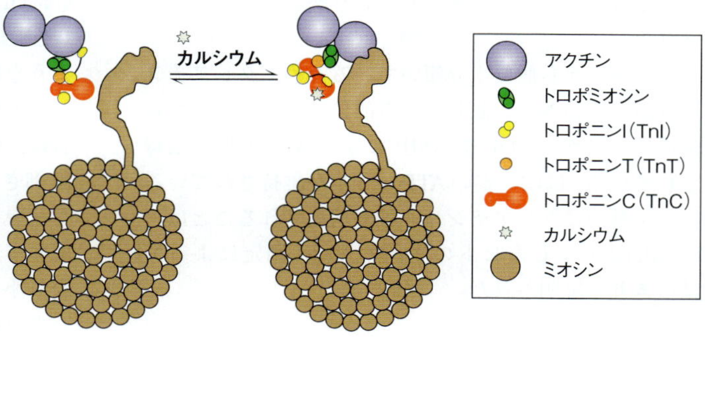

く，ミオグロビンの大きな貯蔵庫も有している。赤筋はミトコンドリア内の好気性代謝に大きく依存するため，赤筋内における主要なエネルギー源は脂肪の酸化である。一方，白筋は，グリコーゲンを主要なエネルギー源としている。グリコーゲンは迅速なエネルギー産出には優れているが，長期間に及ぶ活動を持続することはできない（赤筋と白筋のより詳細な比較は表8.2を参照のこと。またグリコーゲン代謝に関するより広範囲の議論は第13，18章を参照のこと）。

この2つのタイプの筋の機能的な違いは，鳥類において明らかである。家畜であるニワトリでは，短時間の羽ばたきや短い飛行にしか使われていない胸の飛行筋は白筋であり，一方，非常に多く使われている足の筋肉は赤筋である。野生の飛行する鳥は，長時間飛行をするが，めったに歩行しないため，赤筋と白筋の配分は正反対になっている。

赤筋におけるATPレベルを注意深く観察すると，エネルギーの供給が最初に予想されていたよりも複雑であることがわかった。単独の収縮に必要なATPの量は，サルコメアが即座に入手できるATPの全量よりも多いと思われる。しかし，比較的長い運動の後でさえ，サルコメアにおけるATPレベルは実質的に一定のままである。この発見は，筋肉ではATPは究極のエネルギー貯蔵化合物ではなく，1つの中間体にすぎないということを示唆している。実際，好気性筋組織は，長時間にわたり筋活性を保つために，ADPとP_iからATPを再合成し続ける。これには，燃料分子の定常的な輸入が必要であり，それらは，エネルギー的に好ましくないATPの合成を駆動するために，ミトコンドリアでO_2によって酸化される（第15章参照）。激しい運動が続くと，必要なATP量が，好気性代謝の供給可能量を超えるかもしれない。好気性代謝によってできるATPの中程度の需要と嫌気性代謝によってできるATPの多量の需要を結びつけるために，筋肉は，少量の，高エネルギー化合物であるクレアチンリン酸をもっている。この高いリン酸転移ポテンシャルが示唆するところによれば（図3.7参照），この化合物は，非常に効率よくADPをリン酸化することができる。この反応はクレアチンキナーゼという酵素によって触媒される。

この平衡が右側に十分傾いているため，クレアチンリン酸が供給される限り，実質的には筋肉のアデニル酸のすべてが，ADPやAMPよりもATPの形で維持されている。ほぼ一定のATPレベルが維持されている間，運動中にクレアチンリン酸が消耗されることは，図12.13で示したヒトの筋肉のNMR測定によってはっきりと証明された。

表8.2　横紋筋の赤筋と白筋の比較

	赤筋	白筋
相対的な繊維の大きさ	小さい	大きい
収縮様式	緩慢な収縮	迅速な収縮（約5倍の速さ）
血管新生	多い	より少ない
ミトコンドリア	多い	ほとんどない
ミオグロビン	多い	ほとんどない
主要な燃料貯蔵庫	—	筋肉中のグリコーゲン
主要なATP源	脂肪酸の酸化	解糖系

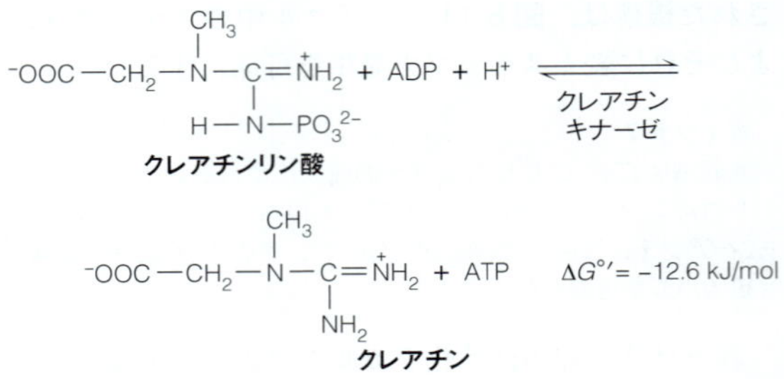

ポイント8
赤筋中のエネルギー源はクレアチンリン酸であり，それはATPが筋収縮によって消費されるとATPの再生産を連続的に行う。

非筋アクチン–ミオシン

アクチンとミオシンの機能は，筋肉の収縮に限らない。アクチン，ミオシンファミリーを構成するタンパク質は，実は真核生物の細胞の大部分にあるものであり，筋組織とはまったく関係のない細胞中にも存在する（表8.1参照）。アクチンとミオシンは，細胞の運動と細胞の形の変化に関する主な役割を担っているようである。アクチンは，**細胞骨格 cytoskeleton** の**ミクロフィラメント microfilament**——ほぼあらゆる種類の細胞に存在し，それらに固有の形を与えている繊維質の配列——の主要な構成物質である（図8.16a）。蛍光標識抗体で染色すると，ミオシンⅡのアイソフォーム（**非筋ミオシンⅡ nonmuscle myosinⅡ**〈NMⅡ〉，図8.16b）がみえる。他の型のミオシン（表8.1参照）もこの網状構造と関連している。そのような網状構造における非筋ミオシンⅡは，筋ミオシンⅡと配列が異なっており，そのフィラメントへの結合は，相互作用している制御軽鎖のリン酸化によって制御されている。NMⅡによって形成される二極性フィラメントは大体14～20個のミオシン分子をもっていて，筋原繊維における太いフィラメントよりもかなり小さいものになっている。いくつかの細胞質タンパク質が細胞膜へのミクロフィラメントのアンカーリ

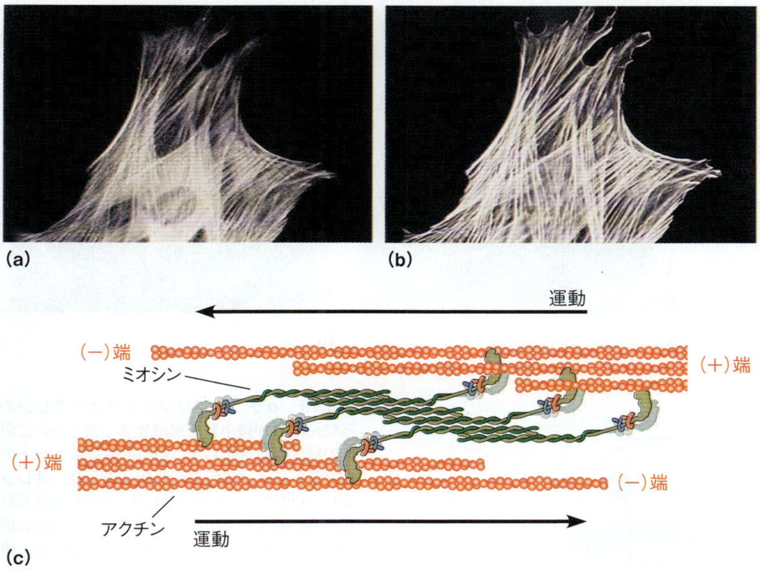

図 8.16　繊維芽細胞中の細胞骨格アクチンと非筋ミオシンⅡ（NMⅡ）（**a**）アクチンに特異的に結合するファロイジンの蛍光標識により検出されたアクチン繊維。（**b**）同じ細胞内のミオシンは蛍光標識抗体を注入して検出する。（**c**）細胞骨格内の収縮機構。NMⅡフィラメント（緑色とオリーブ色）が２本のアクチンミクロフィラメント（赤）に集まる。NMⅡはミクロフィラメントの（＋）端のほうに移動する。アクチンミクロフィラメントの移動方向を矢印で示した。
（a, b）From *Journal of Cell Science*, Suppl.（1991）14：41-47, B. M. Jockusch et al.；R. A. Cross and J. Kendrick-Jones, eds. The Company of Biologists, Ltd., Cambridge.（c）Courtesy of Gary Carlton.

ングに関与しているが，ここではそれらについては述べない。むしろ，そのようなアンカーされたミクロフィラメントとNMⅡの網状構造（図 8.16c）の組織化された収縮と弛緩が，アメーバ状の這うような動きも含めて，広範囲にわたる多彩な細胞の動きや反応を誘導できることを指摘しておく。

ポイント９
多くの種類の細胞の運動および変形は，非筋アクチン-ミオシンシステムによってつくりだされる。

細胞内のアクチン-ミオシン収縮複合体が関与していると思われるその他の細胞内プロセスは，有糸分裂の最終段階での細胞分割に相当する**細胞質分裂 cytokinesis** である（第24章）。このプロセスは，このような研究での好ましいモデルシステムであるウニの卵内ではっきりとみることができる（図 8.17）。細胞質分裂の終局に向かって，細胞の両極で娘核が明確に分裂すると，紡錘体に垂直な面の細胞表面にリング状のへこみがみえてくる。このリングが収縮して，図 8.17 に示すように**分裂溝 clevage furrow** を形成し，徐々に細胞を２つに切断していく。電子顕微鏡により，このリングが繊維から構成されることが観察でき，蛍光標識抗体で染色したところ，この繊維がアクチンとミオシンの両方を含んでいることがわかった。

ミオシンの細胞質分裂への関与を最も鮮やかに証明したのが S. Inoue とその同僚らにより行われた，図 8.18 に示した実験である。ウニの卵が分裂を１回行った後，その右側の娘細胞に，ミオシンの機能を止めてしまう抗ミオシン抗体を微量注入した。10時間後，対照細胞（左）は何回も分裂を繰り返し，胚の半分を形

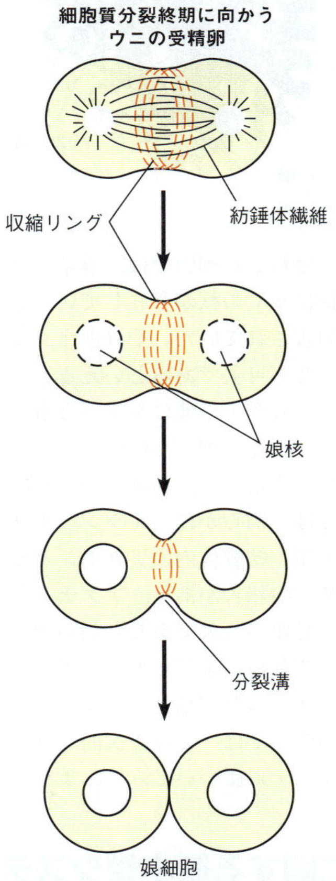

図 8.17　細胞質分裂中のアクチンと非筋ミオシンⅡ　ウニの受精卵の細胞質分裂の図。細胞を２分割している収縮リングは，原形質膜のちょうど真下に位置するアクチン-ミオシン複合体である。

8

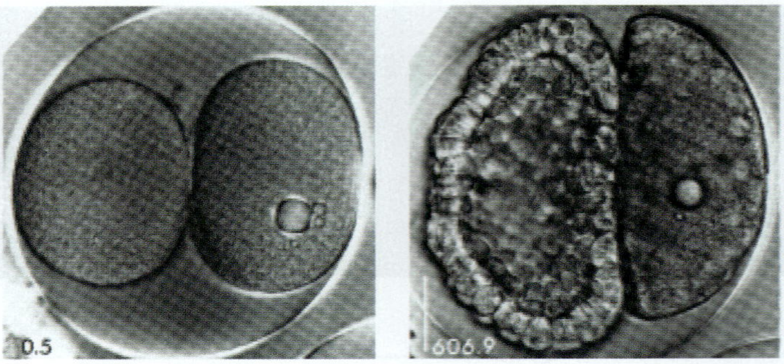

(a)　(b)

図 8.18　ミオシンは細胞質分裂には必要不可欠だが有糸分裂には必要ではない　(**a**) 2つの細胞ステージにおけるウニの胚。右側の細胞は抗ミオシン抗体を注入されている。油滴は注入箇所を示している。(**b**) 10時間後，左の細胞は何回も分裂を続け，普通の胚の半分を形成している。右側の細胞中では，細胞質分裂は完全に阻害されているが，多くの新しい核があることから有糸分裂が続いていることを示している。

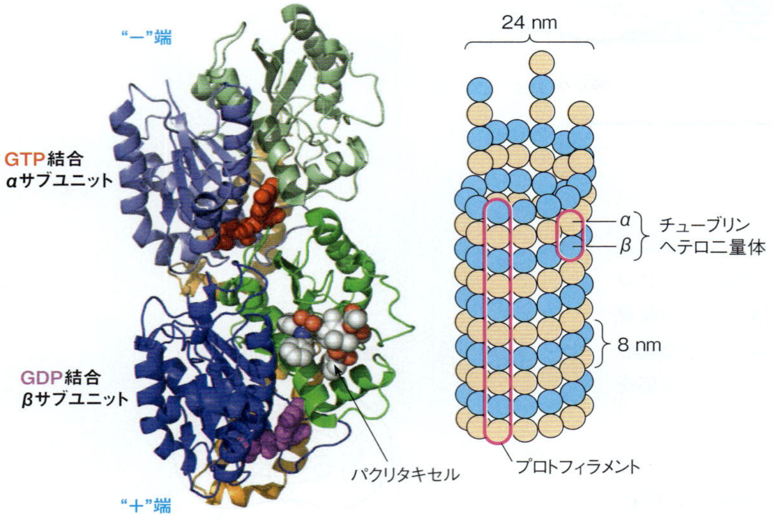

図 8.19　αチューブリンとβチューブリンのらせん配列が微小管を形成する　左：αβ二量体の結晶構造を示した。各々のサブユニットの3つのドメインを色で示した（青，緑，オレンジ）。αサブニットを上にして，GTP（赤い球）を結合させている。βサブユニットにはGDP（紫）と抗がん剤パクリタキセル（白い球，青い球，赤い球）を結合させている。サブユニットをこの配向にすると，(−) 端は上，(+) 端は下である。右：微小管の模式図。α, βチューブリンのサブユニットはそれぞれ茶色と青色で示した。微小管はαβ二量体のらせん配列，もしくはαβ二量体の平行な配列であると考えられている。これらの配列はプロトフィラメントと呼ばれる。

成していた。処理した細胞では，有糸分裂が続いており，その証拠に多くの核が存在していたが，細胞質分裂は完全に阻害されていた。それゆえ，ミオシンは細胞質分裂に必要不可欠であるといえる。

この実験は，もう1つ他にも重要な事実を示している。抗ミオシン抗体処理した細胞中でさえ有糸分裂が続いていたということは，紡錘体中における収縮プロセスにおいては，明らかにミオシンの参加が必要ではないことを示す。紡錘体内のアクチンとミオシンの存在に関する多くの報告があり，アクチンとミオシンは染色体分裂に必要不可欠であると長い間考えられてきた。しかし，これらおよびその他の実験は，いくつかの他の収縮システムが関与していなければならないことを示している。では，この2次的なクラスの運動を発生させるシステムについてみてみよう。

運動性に関する微小管システム

アクチン-ミオシン収縮システムと完全に異なり，また関係のない運動システムは，ここではいくつかしかあげないが，紡錘体，原生動物や精子の鞭毛，そして神経軸索など多様な場所で用いられている。これらのシステムは**微小管 microtubule** という非常に長い管状の構造から構成される。微小管は**チューブリン tubulin** というタンパク質がらせん状に巻いた形をしている（図 8.19）。チューブリンにはαとβという，それぞれ分子量 55 kDa の2種類のサブユニットがある。これらは微小管に等モル量存在し，αβ二量体のヘリックス配列であると考えられる。あるいは，微小管は，α，βサブユニットが交互になっている13の配列，すなわち**プロトフィラメント protofilament** から構成されているとみることもできる。α，βユニットは，繊維中で方向性が限定された再現可能な非対称のタンパク質であるため，図 8.19 において，(+)(−) 端と示されているように，微小管は一定の方向をもつ。

ポイント 10
微小管は，2種類のチューブリンヘテロ二量体からなるらせん状で管状の重合体である。

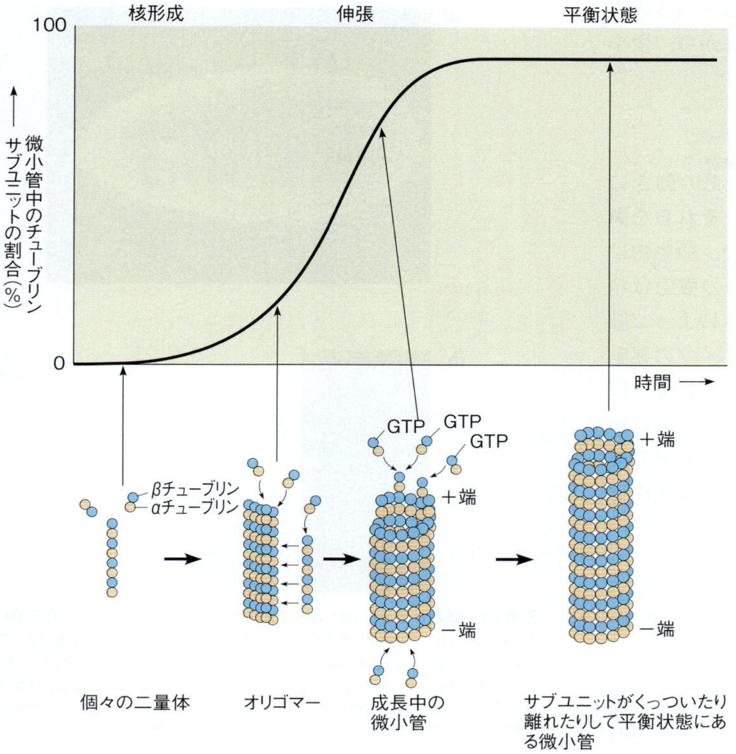

図 8.20　微小管の集合化　初期の誘導期間中，αβ 二量体は，核となる繊維形成に十分な大きさをもつオリゴマーを形成する。その後，この微小管はフリーの二量体の大部分を使い切るまで成長すると，成長と解離が平衡状態に達する。＋端のほうがはるかに成長が速いことから，簡略化のために，成長は一方の端だけについて示した。

微小管の集合はアクチンの集合との類似物を想起させるが，ATP よりむしろ GTP が必要とされる。α サブユニットと β サブユニットは各々 GTP と結合し，会合して αβ 二量体とオリゴマーを形成する。これらのオリゴマーは微小管の成長のための核形成を行う（図 8.20）。＋端と呼ばれる末端は，もう一方の－端よりも，より速く成長する。β サブユニットには GTPase 活性があり，アクチンの重合が行われる間，ヌクレオチドは加水分解されるが，フィラメントは維持している。ミクロフィラメントも微小管も，一方の端から解離と再会合することができる動的構造（ダイナミクス）を有している。事実，これが細胞骨格の重要な特性であり，細胞骨格の運動性を阻害する化合物は細胞毒性を示す。

がん細胞は迅速に分裂することから，有糸分裂中における微小管集合を阻害することが，いくつかの抗がん治療の目標である。例えば，コルチシンとパクリタキセル（タキソール）の両方が，微小管の動的構造に影響を及ぼし，その結果，細胞分裂を阻害する。コルチシンはチューブリンサブユニットに結合して，微小管の重合を阻害する。パクリタキセルはチューブリンの β サブユニットに結合し（図 8.19 を参照），微小管の分解と再利用が阻害される点まで微小管構造を安定化させ，最終的には細胞死を誘導する。非悪性細胞もそのような化学療法治療によって悪影響を受けるものの，迅速に分裂するがん細胞はそのような薬剤による細胞死に，より影響を受けやすい。

ポイント 11
コルチシンとパクリタキセルは微小管の動的構造を崩壊させることによって抗がん剤として働く。

微小管はアクチンミクロフィラメントよりも大きく，力学的により安定である。それゆえ，微小管は高いストレスがかかったときに，うまく対処するようにできている。最終的な機能性微小管の集合体は，通常その表面への他のタンパク質の結合を含む。いくつかのこれら**微小管連結タンパク質 microtubule-associated protein（MAP）**は，これからみるように，機能的な役割を果たす。他の MAP は微小管構造を安定化させる，または，微小管を連結して束状構造にすることを促進する。このファミリーの一員で，多くの注目を集めたのが，神経細胞組織中でみつかったタウ（τ）MAP である。タウのリン酸化により，微小管からのタウの解離と不安定化が引き起こされる。過剰にリン酸化されると，さらに劇的な影響が現れ，Alzheimer 病の細胞の主要な兆候の 1 つである神経軸索におけるタウフィラメントの塊が形成される。これは同様に，タウリン酸化に関与する酵素（キナーゼ）

の不適当な合成および活性化は一連の病気を引き起こす可能性があることを意味している。これから，微小管の機能について考えていく。

繊毛と鞭毛の運動性

多くの種類の真核生物細胞は繊毛や鞭毛の動きによって移動する。繊毛は鞭毛よりも短く，それらを調和させて舟をこぐような動作を行うことで，微生物は溶液中を移動する（図8.21a)。真核生物の鞭毛は精子の尾のようにより長く，波のような動きによって細胞を推進させる（図8.21b)。この2つのタイプの運動能力のある付属器は多くの共通要素をもっていて（図8.22)，それぞれ**軸糸 axoneme** と呼ばれる高次に組織化された微小管の束を含んでいる。軸糸は原形質膜に包まれ，細胞内部に固着する構造である**基底小体 basal body** に連結している。

ポイント12
多くの種類の細胞は，微小管を含む繊毛もしくは鞭毛によって動く。

(a)
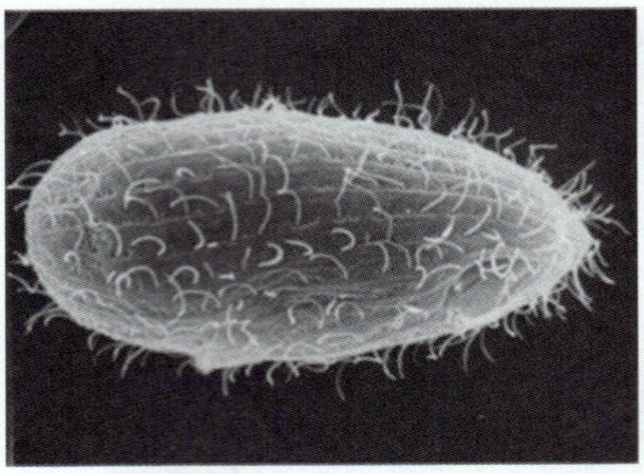

(b)
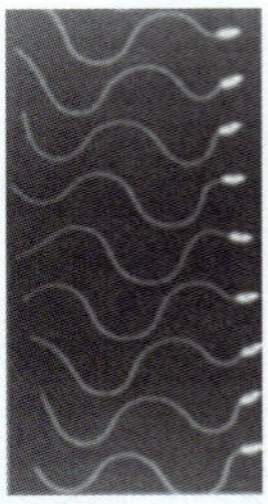

図8.21　繊毛と鞭毛　(**a**) 原生動物のテトラヒメナは繊毛の列に覆われている。(**b**) *Ciona*（ホヤの一種）の精子。コマ送りの写真は，鞭毛の波のような動きがどのようにして精子を推進させているかを示している。
(a) © The Rockefeller University Press. *The Journal of Cell Biology*, 1983, 96 : 1610, U. W. Goodenough, Motile detergent-extracted cells of *Tetrahymena* and *Chlamydomonas* ; (b) Courtesy of C. J. Brokaw, California Institute of Technology.

軸糸の内部構造は本当に驚くべきものである。図8.22cの交差部分が示すように，最もはっきりした特徴は9＋2配列として知られている微小管の配置である。2つの中央の微小管が9つのダブレットの微小管によって取り囲まれている。中央部の単一微小管は完全であり，それぞれ$\alpha\beta$チューブリン二量体の13のプロトフィラメントをもつ。それに対して，9つの周辺ダブレットはそれぞれ，わずか10もしくは11個のプロトフィラメントしかもたない不完全な微小管（B繊維 B fiber）に融合している1個の完全な微小管（A繊維 A fiber）から構成される。電子顕微鏡写真により詳細に観察したところ，図8.23に図解したような，より大きい複合体の存在が明らかになった。外側のダブレットはネキシンと呼ばれるタンパク質により周期的に相互に連結され，**ダイニン dynein** モータータンパク質から構成されるサイドアーム（側腕）を規則正しい間隔でもっている。さらに，それぞれ頭とアームから構成される放射状スポークが外側のダブレットから突き出ていて中央の対に接触している。

軸糸の構造の高度な複雑さは，単離した軸糸のゲル電気泳動の研究によって明らかにされた。約200のポリペプチドに分解できる。分析の結果，少なくとも6つのタンパク質がスポークの頭部に，その他11のタンパク質がスポークのアーム部分にあることがわかった。これらの組織のほとんどが繊毛と鞭毛の運動に直接的に関与していると思われる。もし単離した軸糸にATPを添加したら，近接したダブレットは互いに滑って通りすぎると考えられる。近年の優れたモデルにより，近接したダブレットに沿ってダイニンサイドアームが“歩行”することにより，この滑りが発生するということが立証されている（図8.24a)。ダブレットは最初は軸糸の一方の端の上から，そして次に他方へと互いに滑っていくが，その滑りの長さは中央のスポークとネキシン結合子によって制限される。この方法により，ダブレットの滑りは繊毛もしくは鞭毛全体の前後に動く屈曲した動きに変わる（図8.24b)。もし軸糸内部の結合を注意深くタンパク質分解によって除去したならば，単純にATPは軸糸を広げて細くさせ，外側のダブレットは終局点なしに互いに通りすぎて滑っていくこととなる。

ポイント13
繊毛および鞭毛の屈曲は，ダイニン駆動の微小管の相互の滑りによって達成される。

ダイニンが，ダイニン架橋の破壊と連動して，ATPと結合しながらATP ase活性をもつことを示してきた。これらのことから，繊毛と鞭毛の蠕動機構と，ATP駆動によるアクチンフィラメントに沿ったミオシン頭部の歩行の間には明らかな類似点が存在することがわかる。

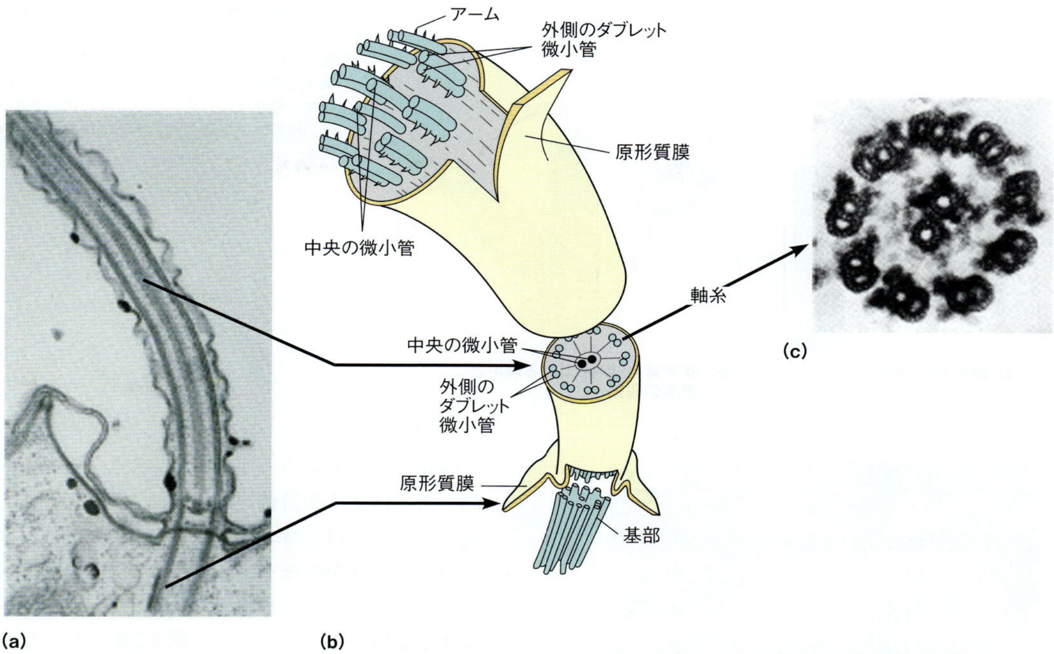

図 8.22　繊毛の超微細構造　(**a**) 繊毛の長軸方向部分の電子顕微鏡写真より，外肢に沿って走る微小管が示される。(**b**) 繊毛構造の模式図。(**c**) 軸糸の横断面の電子顕微鏡写真。外側のダブレットと中央の微小管の 9＋2 配置を示している。
(a) © Photo Researchers；(c) Courtesy of W. L. Dentler, University of Kansas.

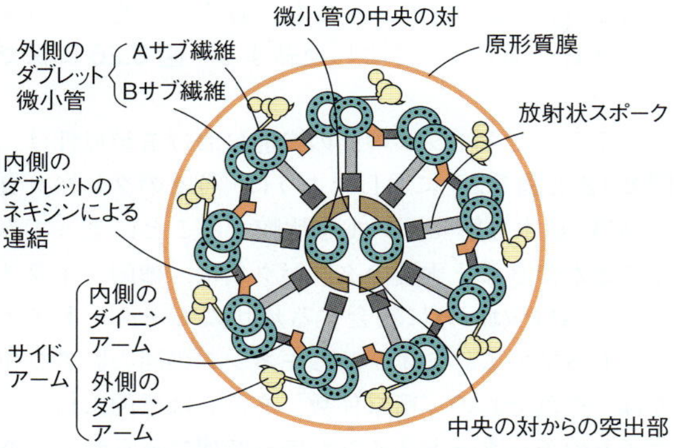

図 8.23　軸糸の横断面の図解　ダイニンアームは ATP ase 活性を有しており，隣接したダブレットを互いに滑らせることができる。ダブレットと放射状スポークスシステムの間のネキシン結合子は集合体全体に安定性をもたらす。

細胞内輸送

かつては，細胞の原形質内部の物質の輸送はすべて単純な拡散によって起こると考えられていた。今では，いくつかのタンパク質および細胞小器官が微小管に沿って急速に長い距離を輸送され，その結果，運動を方向づけ，円滑にする軌道としての役割を果たすことが知られている。

1 つの神経細胞の他の神経細胞への接触を可能にする長い突起である**軸索** axon 中の輸送に関する研究から，非常に明確な証拠が得られた（図 10.45）。神経軸索は数 cm もの長さになりうるため，細胞本体と軸索の間の迅速な物質移動は拡散によってでは不可能である。この問題は，脊髄の細胞本体から伸びる非常に長い軸索をもつ哺乳類の坐骨神経を用いて，直接的に観察できる。放射性同位元素で標識したアミノ酸を細胞本体に注入すると，それらは細胞内リボソームによってタンパク質内に組み込まれる。しばらくおいて，その軸索を切開し，新しく合成され放射標識されたタンパク質の位置を同定することができる。この方法により，どんなに輸送速度が大きく変化しても，いくつかのタンパク質，特に脂質小胞と連結しているタンパク質は，1 日に 40 cm もの速さで移動するが，これは拡散によるものと想定したときよりもはるかに速い。

ポイント 14
細胞内において，細胞小器官と個々の分子は，“軌道”である微小管もしくはアクチンミクロフィラメントに沿って輸送される。

図 8.25 にみられるように，軸索中を小さな小胞もしくは細胞小器官全体が，微小管の束に沿って移動するところを実際に観察することが可能となった。微小管に沿った輸送は両方向に発生し，どちらの場合も，輸送されるべき目的物に“分子モーター”が連結することで起こる。これらのモーターには 2 種類ある。1 つは，**細胞質ダイニン** cytoplasmic dynein と呼ばれ，繊毛や鞭毛の運動に関与しているダイニン（前節参照）に類似しており，微小管の＋端から－端に向か

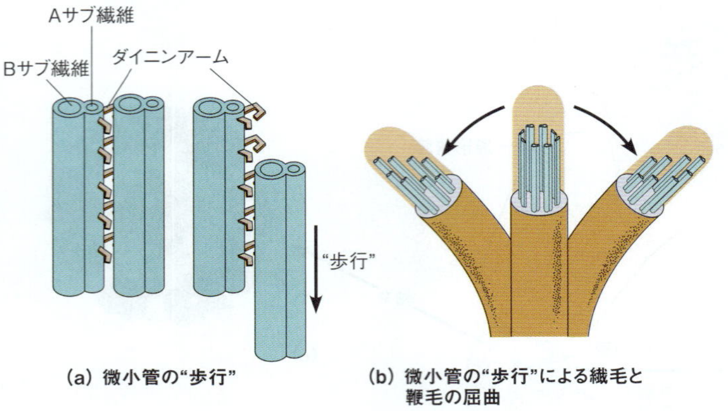

図 8.24　繊毛と鞭毛の屈曲モデル　(**a**) ATP 存在下では，単離した微小管ダブレットはダイニンアームの接触の形成と破壊によって互い“歩行”して通りすぎていく。(**b**) 繊毛と鞭毛の前後方向への屈曲は，付属器の逆サイド上を微小管が同期して“歩行”することで生み出される。長い歩行は微小管の間にある架橋連結部によって阻害される。

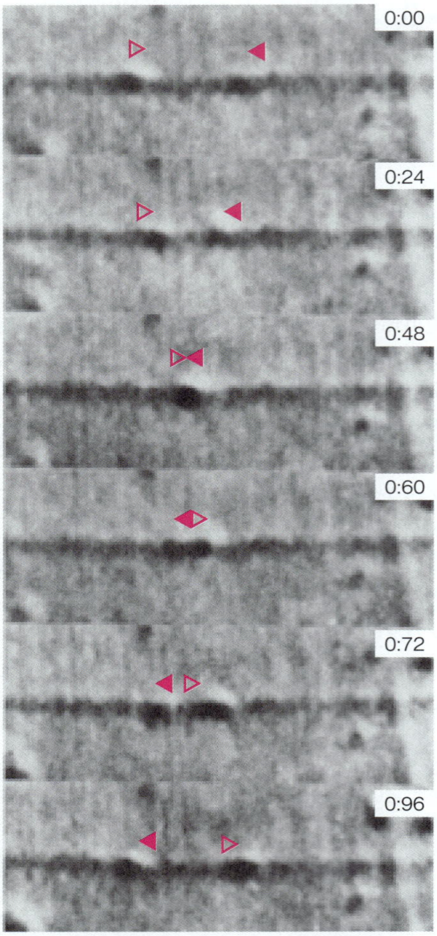

図 8.25　微小管の軌道上の移動　一連のコマ撮りビデオ顕微鏡写真は，ヤリイカの巨大軸索から抽出した単一微小管フィラメント上における細胞小器官小胞の双方向への運動を示す。この２つの細胞小器官（△▲で示した）が逆の方向に移動しており，互いに通りすぎている。それぞれのフレームの右上角に経過時間（秒）を示した。

Reprinted from *Cell* 40：455–462, B. J. Schnapp, R. D. Vale, M. Sheetz, and T. S. Reese, Single microtubules from squid axoplasm support bidirectional movement of organelles. © 1985 with permission from Elsevier.

う輸送を担っている。他方は**キネシン kinesin** と呼ばれ，逆方向への物質輸送に用いられる。キネシンと細胞質ダイニンは，さまざまな細胞の中で類似しているが明らかに異なるモータータンパク質ファミリーの代表として今では知られている。この２つのタンパク質は異なる構造をもっている（図 8.26）。しかしながら，キネシンはミオシンファミリーと，構造と機能の両方でいくつかの類似性がある。各々の分子のヘリックス構造の尾部は，ダイニンもしくはキネシンが運ぶ“積み荷 cargo”なら何であっても，おそらく連結するタンパク質を通して，そこに連結する（図 8.26 に緑で示した）。

ミオシンとキネシンの間の機能における類似性は，図 8.12 と図 8.27 に示したように，各々のタンパク質の ATP–加水分解サイクルを比較することによってみることができる。両方のタンパク質は，標的フィラメントと ATP の両方に結合する球状のモータードメインをもっている。ミオシンとキネシンの間の顕著な相違は，それぞれの“衝撃係数”あるいは標的に結合した各々のモータードメインが使う時間にみられる。ある一定時間に，ミオシンフィラメント中のごく少数のミオシン頭部がアクチンフィラメントに接触するであろうから，個々のミオシンモータードメインはほとんどの時間，非結合状態である（図 8.12，パネル 1，4 参照）。キネシンはオリゴマーフィラメントを形成しない。そのため，キネシンは積み荷を運ぶとき，微小管に強く結合したモータードメインの１つを常にもたなくてはならない。いったん微小管に結合すると，キネシンは解離するまでにおよそ 100 分子の ATP を加水分解する。こうして，キネシンのモータードメインは共同して働くのに対して，ミオシンのモータードメインは独立して働く。

ダイニンの運動機構についてはまだ詳細が明らかになっていない。しかしながら，モータードメインにおける ATP の結合と加水分解がモータータンパク質と積

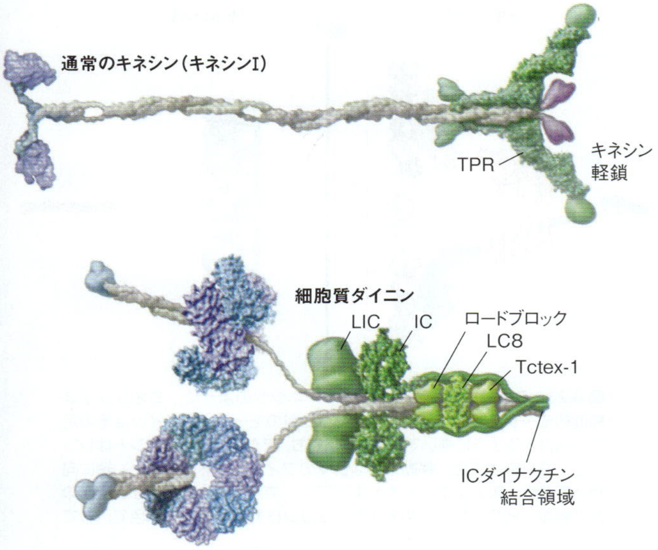

図 8.26　キネシン I と細胞質ダイニンの構造モデル　キネシンとダイニンのモデルをいくつかの単離されたドメインの結晶構造から構築した。モータードメインを青/紫で示した。微小管結合部が左側にあり，積み荷結合部位が右側にある。キネシンのモータードメインは筋ミオシンの S1 頭部に似ている。ダイニンのモータードメインは ATP に結合し，円状になった 6 つの異なるサブユニットをもっている。微小管結合軸と積み荷ドメインへのリンカーは六量体モータードメインに共有結合でつながっている。

Adapted from *Cell* 112：467-480, R. D. Vale, The molecular motor toolbox for intracellular transport. © 2003, with permission from Elsevier.

み荷ドメインとのリンカーの間の大きなコンホメーション変化を導く。

微小管上のキネシンとダイニンの運動に関する慎重な研究により，それらが微小管の軌道に沿って約 8 nm の歩幅で“歩く”ことが示唆された。これは，ある 1 つのチューブリン二量体から隣の二量体までの距離そのものである。このことは，キネシンが，微小管から離れる前に，その“積み荷”を約 100 ステップ，すなわち 1 μm 運搬できることを意味する。そのような振る舞いは**前進的 processive** と定義され，その機能の一部として大きな直線状生体高分子に沿って動くいくつかのタンパク質の重要な特徴である（例えば細胞内輸送タンパク質とゲノム DNA を複製するポリメラーゼ）。キネシンのステップサイクルに対する最近のモデル（図 8.27）によれば，この分子は一方の先端グループを，そして次にもう一方をチューブリンの単量体に噛み合わせながら旋回していると考えられている。

ポイント 15
キネシンはその荷物を微小管の（＋）端に向かって運搬するモータータンパク質である。ダイニンはその荷物を微小管の（−）端に向って運搬するモータータンパク質である。

原形質内における輸送について，別の機構が存在するという明白な証拠もある。微小管上にある細胞小器官の運動を注意深く観察すると，突然方向を変えながら，微小管が見当たらない領域内を，いくつかの細胞小器官が周期的に短く線形に動いていることがわかる。この観察により，この細胞とその他の細胞内で共

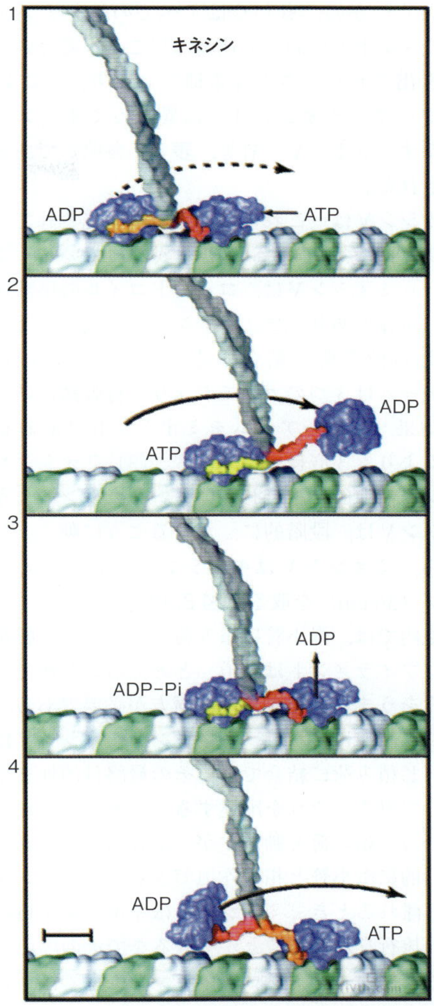

図 8.27　キネシン I の運動サイクルモデル　キネシン I を 1 本のチューブリンプロトフィラメント上に置いたモデル。コイルドコイル（灰色）がキネシンの積み荷のほうに伸びている。モータードメインは“首部リンカー”によってコイルドコイルに結合している。パネル 1：各々のモータードメイン（青）が微小管に沿ってチューブリン（緑＝β サブユニット，白＝α サブユニット）に結合している。この状態で，首部リンカー（オレンジ色）が後ろの頭部上を前に進み，前の頭部（赤色）の後方に進む。前の頭部への ATP の結合によって，前の首部リンカーにおけるコンホメーション変化が始まり，後ろの頭部と微小管との結合を弱める。パネル 2：前の頭部（黄色）の首部リンカーにおけるコンホメーション変化が，結合していない後ろの頭部を次のチューブリン結合部位に向かって 16 nm 前に進める。パネル 3：新しい前の頭部が微小管の上に強く結合し，付着した積み荷を（＋）端に 8 nm 近づける。この間，後ろの頭部が ATP を ATP-P_iに加水分解し，ADP が前のモータードメインから解離する。パネル 4：ATP が前の頭部に結合し，サイクルが再び始まる。スケールバーは 4 nm。

From *Science* 288：88-95, R. D. Vale and R. A. Milligan, The way things move：Looking under the hood of molecular motor proteins. © 2000. Reprinted with permission from AAAS.

通のいくつかの，もしくはすべてのアクチンミクロフィラメント上において運動は起こりうるという結論が導き出された。さらなる研究により，ここにあるモーターは，ミオシンⅡとは異なるミオシン（例えば，ミオシンⅠ，Ⅴ，Ⅵ等，表 8.1 参照）であることが示された。

ミオシンⅤは，これらの中で最も研究されていて，3つの重要な点でミオシンⅡと異なっている。すなわち，(1) ミオシンⅤは，コイルドコイルの尾部がより短い二量体であり，フィラメントを形成するというよりむしろ積み荷に結合する。(2) ミオシンⅤのレバーアームは3つのカルモジュリン様軽鎖に結合し，その結果，レバーアームをミオシンⅡにあるレバーアームよりも3倍長くしている。(3) ミオシンⅤはアクチンを前進的に結合している。キネシンのように，ミオシンⅤは，段階的に，たぐるように動く。しかしながら，ミオシンⅤはキネシンよりもより大きなステップ（36 nm）を取る（図 8.28）。

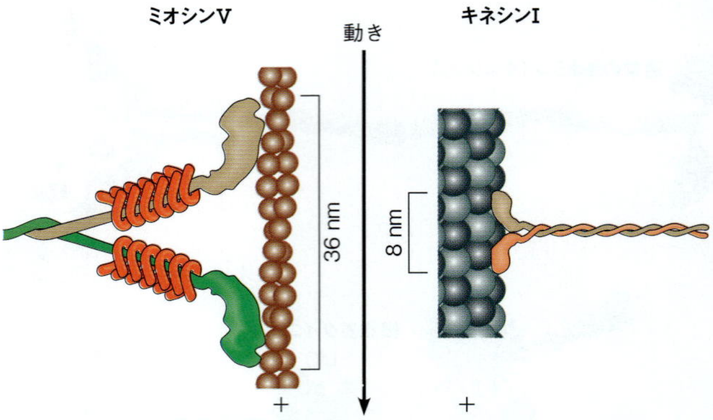

図 8.28　ミオシンⅤとキネシンⅠ　キネシンのように，ミオシンⅤは前進的モーターである。各々のタンパク質のモータードメインはその足場に結合するように描いてある。すなわち，アクチンフィラメントはレンガ色，微小管は灰色。移動方向は各々のフィラメント型の（+）端に向かっており，ステップの大きさは⌐¬で示している。ミオシンⅤの首部領域に結合した6つのカルモジュリン様軽鎖は明るい赤色で示している。
Courtesy of Gary Carlton.

細胞内では，微小管は積み荷輸送のための幹線道，ミクロフィラメントは側道，と考えることができる。積み荷をうまく配達するには両方が必要である。実験に基づく証拠によれば，キネシンとミオシンⅤは両方とも同じ積み荷に結合でき，その最終目的地まで一緒になって働き，それを配達する。キネシンだけが微小管に沿って積み荷を動かすが，結合したミオシンⅤが非特異的に微小管と相互作用できる。キネシンが微小管から離れるとき，ミオシンⅤはキネシンが再結合してその旅行を続けることができるまでその場所に留めておく。アクチンミクロフィラメント上では，これらの役割は逆になる。各々のフィラメントタイプにおいて，両方のキャリヤーに結合した積み荷は，両方のキャリヤーがあったほうが，片方のキャリヤーしかないときよりもより遠くに運搬される（図 8.29）。

表 8.3 に，本章で議論してきた異なるモータータンパク質活性の重要な特徴をまとめた。各々は，多量体タンパク質標的に結合し，ATP 駆動性のコンホメーション変化を起こすことによって，収縮，運搬機能を実行する。では，完全に異なった方法で機能するモータータンパク質についてみてみよう。

細菌の運動性：タンパク質の回転

本章の最後に，優雅さの点で他に例をみない，複雑な自己集合的高分子装置を詳細に吟味したい。微生物の鞭毛は右巻きらせん状の繊維であり，**フラジェリン flagellin** という繊維状タンパク質のみから構成されている。それは微小管，アクチン，ミオシン，その他あらゆる収縮性システムをまったく含んでいない。しかし，細菌の鞭毛は精子の尾部と同じように，平面上で屈曲運動をしていると長い間考えられてきた。そのため研究者たちは，実はそれが回転していると知って驚いた。この機構は，細菌の鞭毛が抗フラジェリン抗体によってガラスプレートにくっついたときに，最もはっきりと見ることができる。鞭毛がもはや回転できなくなったため，この細菌は回転したのである。

鞭毛を細菌に接着させて回転を発生させるという注目に値する構造を図 8.30 に示した。鞭毛の繊維は，フック構造を通り抜け，細菌の外膜の“軸受け筒”（図 8.30 の L リングと P リング）から内膜に入り込んでいるロッドに接続している。それは，“固定子”リング（Mot A と Mot B）によって囲まれた複数のサブユニットの“回転子”（MS リングと C リング）のところで終結している。これらの構成物はそれぞれタンパク質分子からつくられており，その性質もよく解析されている。言い換えると，完全にタンパク質サブユニットから構成される極微細モーターによって回転するように鞭毛がつくられている。ある意味では，これは電子モーターである。なぜならこの駆動力は細菌内膜をプロトンが横切るところからきているからである。膜を横切るイオン勾配が，細胞における多くの重要なプロセスを駆動するための自由エネルギーの源である（第 10，15 章参照）。生体内では，1 秒間に約 100 回転のスピードで回転し，1 回転ごとに約 1,000 個のプロトンの通過を必要とする。

このような回転モーターは，細胞中では広く用いられており，機能と機構の多様性を示している。ある種の海洋細菌は，プロトン流入ではなく，Na^+イオン流入によって駆動するモーターを用いて，自分自身を駆

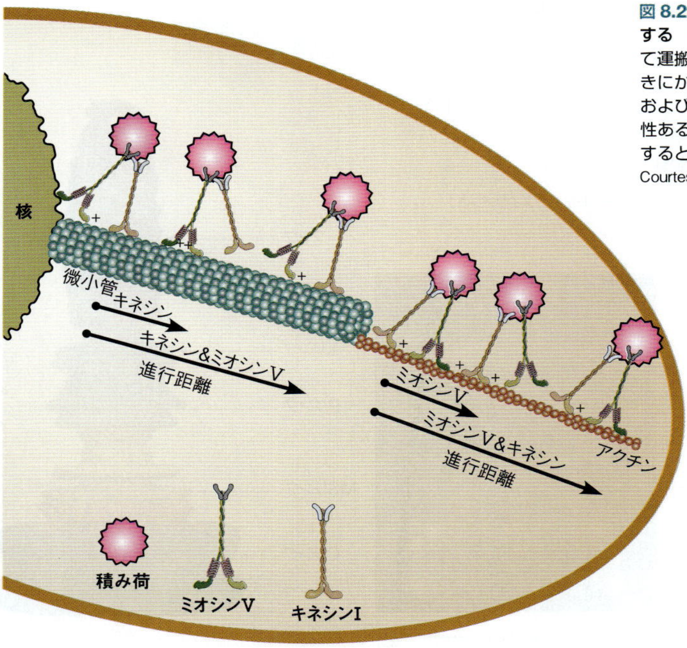

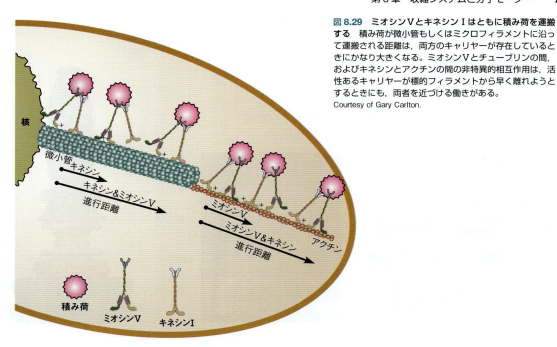

図 8.29　ミオシンVとキネシンⅠはともに積み荷を運搬する　積み荷が微小管もしくはミクロフィラメントに沿って運搬される距離は，両方のキャリヤーが存在しているときにかなり大きくなる。ミオシンVとチューブリンの間，およびキネシンとアクチンの間の非特異的相互作用は，活性あるキャリヤーが標的フィラメントから早く離れようとするときにも，両者を近づける働きがある。
Courtesy of Gary Carlton.

表 8.3　モータータンパク質とその機能

モータータンパク質	機能	結合標的/運動の方向
筋ミオシンⅡ	筋収縮	アクチンフィラメント，（＋）端のほうへ移動
非筋ミオシンⅡ	細胞質分裂，細胞運動	アクチンフィラメント，（＋）端のほうへ移動
ミオシンV	積み荷運搬	アクチンフィラメント，（＋）端のほうへ移動
キネシン	積み荷運搬	微小管，（＋）端のほうへ移動
細胞質ダイニン	積み荷運搬	微小管，（−）端のほうへ移動
軸糸ダイニン	繊毛 /鞭毛の屈曲	微小管，（−）端のほうへ移動

動させる。その一方，回転装置を通り抜けるプロトン流入は，第 15 章で述べるように，多くの生物で行われる酸化的物質代謝により ATP を発生させるのに用いられる。

ポイント 16
ある細菌は鞭毛の回転によって動き，その際，細胞膜中の分子回転モーターを利用する。

鞭毛モーターはさらにもう 1 つの驚くべき特性をもっている。モーターを通したプロトンの動きの方向を変化させることなく逆行させることが可能である。すなわち，鞭毛を時計回りにも，反時計回りにも回転させることができるのである。これにより，一定の直線運動と方向転換の両方が可能になるため，この能力は細菌にとって重要である。もし複数の鞭毛がすべて反時計回りに回転すれば（図 8.31a），右回りのらせんの向きがそれらをまとまらせる。それらは束になって引き寄せられやすく，細菌を直線状に推進させて，走行として知られる動きをさせる。しかし，もし時計回りに回転するならば（図 8.31b），鞭毛は表面から飛び出し，あらゆる方向へと引っ張る。この結果，細菌は転げ回り，それによって方向を変える。

大腸菌やその他の有鞭毛細菌の多くが**走化性 chemotaxis** と呼ばれる化学薬品に対する反応を示す。**走性 taxis** という，動物界から植物界まで広くみられる一般的な現象は，外界の刺激に反応した運動を含んでいる。走化性細菌は，栄養物質のような誘引物質に向かっては優先的に動き，毒物のような忌避物質からは遠ざかる。我々は走行と転回の動きという視点から細菌の走化性を記述することができる（図 8.32）。中性で一様な環境下においては，数秒続く走行と短期間の転回が交互に現れ，細菌はランダムに動き回る（図 8.32a）。栄養物質もしくは有害な忌避物質の勾配が存在すると，この走行と転回の分配はどちらかに偏る。もし細菌が栄養物質の勾配に動いたら，転回は遅くなり，実質的な動きは結果的に栄養物質源に向かうことになる（図 8.32b）。逆に，忌避物質から遠ざかる動きをしている細菌は，通常の転回する前よりも長い間そ

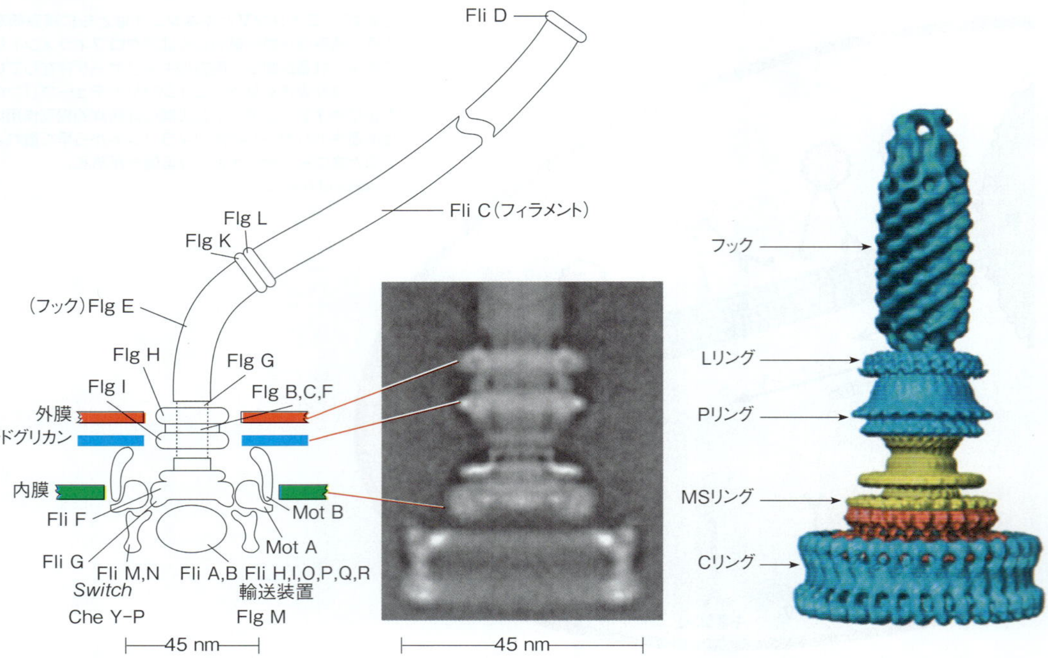

図 8.30 ***Salmonella enterica*** **由来微生物鞭毛モーターの構造**　鞭毛モーターのモデルを，再構成した電子顕微鏡像に比較して同じ大きさで示した。ラベルは複合体のさまざまな構成要素を形成する異なるタンパク質（遺伝子名をつけた）を示す。一般的な形態の特徴は，内膜から外側へ，C リング（内膜の細胞質側に位置している），MS リング（内膜中），P リング（ペプチドグリカン層中），L リング（外膜中），フック，フック結合タンパク質，そして鞭毛（図にはフィラメントと示している）である。

Left and center images from *Annual Review of Biochemistry* 72：19-54, H. C. Berg, The rotary motor of bacterial flagella. © 2003 Annual Reviews；Right image reprinted from *Current Biology* 16：R928-R930, D. DeRosier, Bacterial flagellum：Visualizing the complete machine in situ. © 2006, with permission from Elsevier.

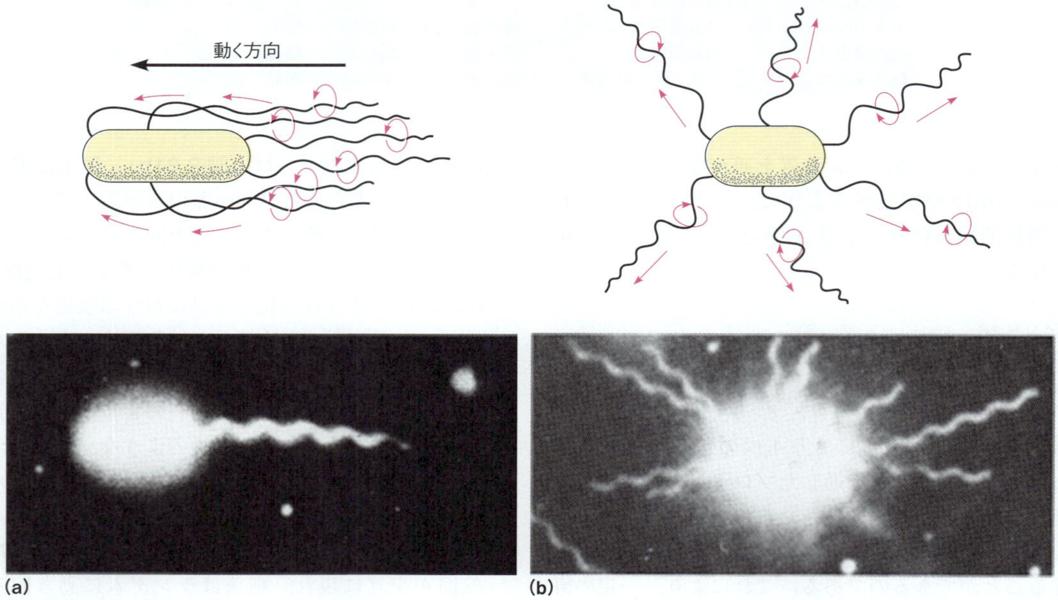

図 8.31　鞭毛の回転する方向の影響　これらの電子顕微鏡写真とその上に描いた図は，鞭毛の回転方向が数本の鞭毛をもつ細菌にどのような影響を与えるかを示している。（**a**）もし鞭毛が反時計回りに回転すると，鞭毛の右らせん構造は自身を一緒に引っ張って束にし，細菌に直線運動をさせる（走行）。（**b**）回転が時計回りのときは，鞭毛はあらゆる方向に飛び出し，細菌はランダムに転回する。

Reprinted from *Journal of Molecular Biology* 112：1-30, R. M. McNab and M. K. Ornston, Normal-to-curly flagellar transitions and their role in bacterial tumbling：Stabilization of an alternative quaternary structure by mechanical force. © 1977, with permission from Elsevier.

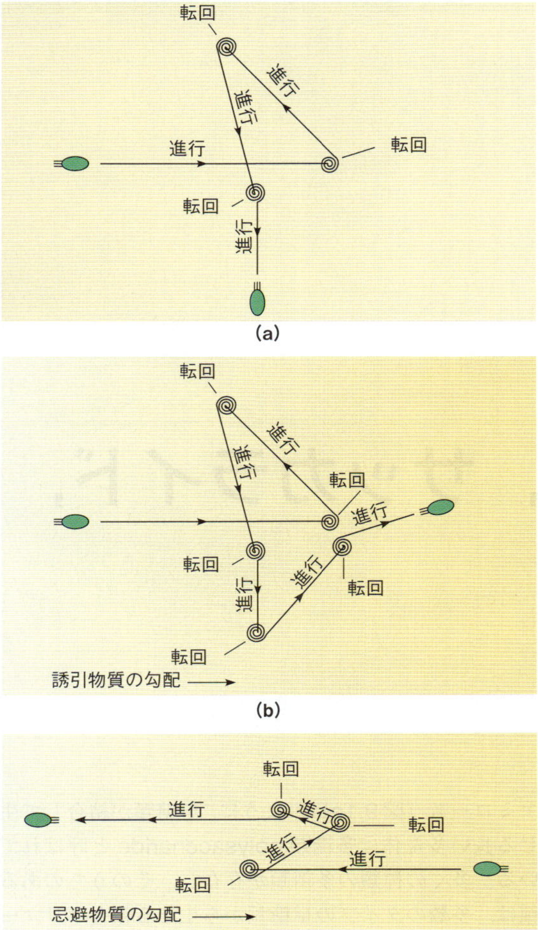

図 8.32　細菌の走化性運動　(**a**) 誘引物質も忌避物質もないとき，細菌は頻繁に止まって転回し，そのたびに新しいランダムな方向に動く。(**b**) 誘引物質の勾配があるとき，細菌は誘因物質のほうに頭を向け，転回をしないで，より長期間走行し続ける。(**c**) 忌避物質の勾配は逆の効果をもたらし，忌避物質源から遠ざかるような長い走行をさせる。

うし続けるので，結果的に回避反応をすることになる（図 8.32c）。

これらの観察は，有鞭毛細菌は誘引物質と忌避物質の勾配を察知し，この情報を鞭毛というモーターに中継するための何らかの機構をもっていなければならないことを示唆している。事実，細菌はこのような機構をもっている。この注目すべき機構について，興味をもった読者は巻末にある文献を調べてみてほしい（例えば，L. D. Muller ら，C. V. Rao ら，Shimizu ら）。

最後に，バクテリアの鞭毛は，“これ以上単純化できない複雑性”，すなわち，この驚くべき分子機械がダーウィンの進化論の原理によってより単純な前駆体から進化したという可能性に反対する議論に用いられてきた概念の例として，注目されてきている。実際，微生物の鞭毛の構成成分の多くは，他の微生物のタンパク質，特に，微生物毒素の分泌に関与するタンパク質と相同である。このように，鞭毛は，”これ以上単純化できない複合体”ではない。この議論のためのスペースはここにはないため，興味をもった読者に，再度，巻末に掲載した重要な引用文献を薦めておく（例えば，K. Miller, M. J. Pallen & N. J. Matzke による論文）。

まとめ

動物の体内に存在する多くの高分子タンパク質のシステムは，ATP エネルギーを物理的な仕事に変換する。その主要な例が筋肉のアクチン–ミオシンシステムである。筋肉中では，接着，移動，ミオシン架橋の解離によって，アクチンとミオシンのフィラメントが互いに噛み合い，互いに通りすぎる。筋肉の収縮は，アクチン結合タンパク質の再配列をもたらすカルシウムイオンの流入によって刺激される。収縮エネルギーの直接の源は ATP であり，クレアチンリン酸は短時間エネルギーの貯蔵庫である。

運動や仕事を発生させる非筋システムは，他にも数多く存在する。アメーバ様の這う動きや細胞質分裂も含めて，多くの種類の細胞運動は非筋アクチンとミオシンを利用する。一方，鞭毛や繊毛は，チューブリンの重合化により形成されるフィラメントである微小管の ATP が駆動する滑り運動によって動いている。微小管は他にも，細胞小器官やタンパク質の細胞内輸送のための“道路”としての役割や，有糸分裂中の染色体の分離の完成などを含む多くの仕事を担っている。

注目すべき分子モーターは，細菌の鞭毛に回転運動をさせる。このモーターは逆行も可能で，細菌が転回し，その結果，栄養物質を発見もしくは有毒物質の回避のための新しい方向を探し求めることをも誘起する。

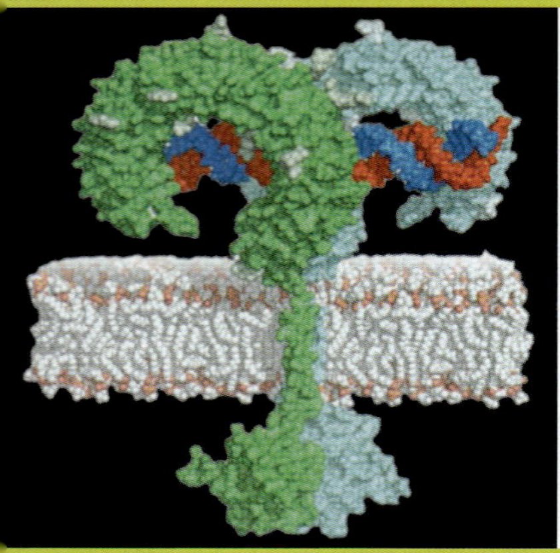

第9章

糖質：糖，サッカライド，グリカン

本章では，第3の生体分子である**糖質類** carbohydrate または**サッカライド類** saccharide について考える。核酸やタンパク質と同様，糖質は，グルコースやリボースのような単量体（モノマー）として，またデンプンやグリコーゲンのような多量体（ポリマー）としても，生物学的に重要な役割を担っている。厳密に直線的な多量体であるタンパク質や核酸と異なり，高分子のポリサッカライド類は枝分かれした多量体として存在する。本書の大部分では，生物学的エネルギーの生成と貯蔵において果たす糖質類の役割を問題とする。しかし，糖質は種々の有用な機能を併せもつ。例えば，分子認識（免疫系），細胞防御（バクテリアや植物細胞壁），細胞シグナル，細胞接着，およびタンパク質輸送調節の際の，あるいは生物学的構造（セルロース）を維持する際の生物学的潤滑体として多種多様に機能する。

糖質の多くはすでによく知られている。最も簡単な糖質は，小さな単量体分子である**単糖類** monosaccharide であり，3つから9つの炭素原子をもち，グルコース（図9.1a）のような単純な糖類を含む。その他の重要な糖質は，このような単糖類同士が結合することによって生成する。数個の単量体のみが含まれている分子は**オリゴ糖** oligosaccharide と呼ばれる。例えば，マルトース（図9.1b）は2つのグルコースが結合して生じた**二糖類** disaccharide である。デンプンアミロース（図9.1c）のように，単糖類が結合して生じる長い多量体は**多糖類** polysaccharide と呼ばれている。多くの種類の多糖類が存在し，そのうちのある種は，多数のタイプの単糖類から生じる複合ポリマーである。オリゴ糖類や多糖類は**グリカン類** glycan と呼ばれることもある。

糖質はその多くが単純な化学式 $(CH_2O)_n$ で表すことができるので，よりなじみの深い名称である炭水化物としばしば呼ばれる。化学者が糖質を最初に化学量論の立場からのみ理解し，また糖質を“含水炭素”とみなして命名したからである。しかし，この化学式は過度に単純化されたものである。多くの糖質は修飾されていて，アミノ基，硫酸基，あるいはリン酸基をもった糖質もあるからだ。それにもかかわらず，本章で取り上げる化合物は，すべてこの化学式をもつか，あるいはこの化学式をもつ物質から誘導することができる。

ポイント1
炭水化物とは，化学式 $(CH_2O)_n$ をもつ化合物であり，糖質類とは炭水化物とその誘導体である。

厳密に言えば，炭水化物という用語は，$(CH_2O)_n$ という化学式をもつ化合物に適用される。一方，糖質という概念は，化学式 $(CH_2O)_n$ をもつ化合物である炭水化物と，この炭水化物から誘導されるすべての化合

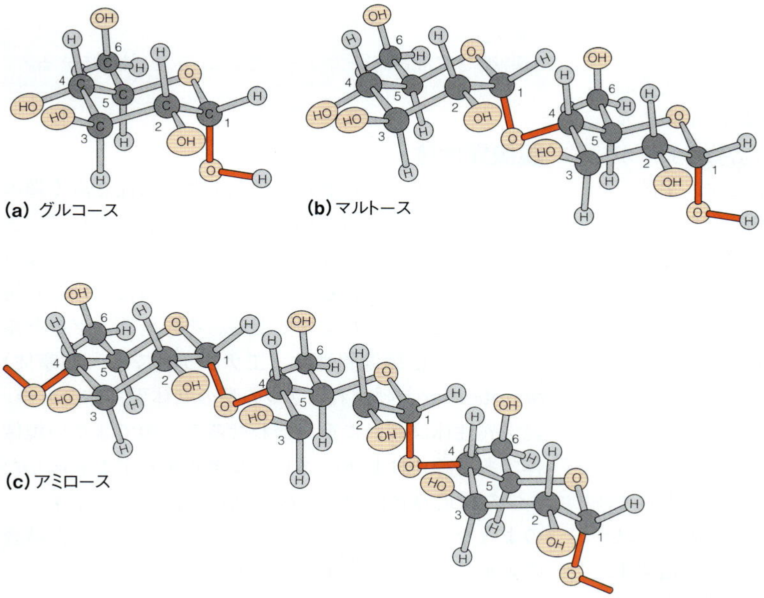

図 9.1　代表的な糖質類　図示した 3 種の化合物はすべて C（炭素原子），H（水素原子），O（酸素原子）から構成されている。また，オリゴマーとポリマー（多量体）を生成する基本単位のモノマー（単量体）としてグルコースを有している。**(a)** グルコース，単糖。**(b)** マルトース，2 つのグルコース単位を含有する二糖。**(c)** アミロース分子の一部分，デンプン中のグルコースポリマー。

物を網羅する。本文では，厳密な術語使用法ではないが，炭水化物と糖質という用語は便宜上同じ意味で用いる。一般的に，糖類という用語は誘導化していない単糖類や，グルコースとフルクトースからなる二糖であるスクロース（ショ糖）のような小さなオリゴ糖を表す。前に記したように，オリゴ糖や多糖はグリカンと呼ぶ。

上述したように，サッカライド類は生物において多種多様の役割を果たす。実際，生物圏での大部分のエネルギーサイクルは，主に糖質代謝に依存している。糖質の構造を検討する前に，図 9.2 に示したエネルギーサイクルを簡単に考察してみよう。光合成において，植物は大気中から CO_2を取り込み，糖質へと“固定化”する。基本的反応は（非常に単純化した方法で），光により推進された CO_2の還元による糖質の生成（図ではグルコースとして表示）と表現することができる。この糖質の多くは植物中にデンプンあるいはセルロースとして蓄えられる。動物は，植物あるいは植物を食べた動物を食べることにより糖質を獲得する。このように，植物が合成した糖質は最終的に，すべての動物組織中の炭素の主原料になる。このサイクルの他の半分では，植物および動物とも酸化的代謝を経て本質的に光合成の逆反応が起こり，再び CO_2と H_2O を生成する（図 9.2）。糖質のこの酸化は，代謝での一次エネルギー生成過程である。人類の基本的な食料が米，麦，イモ類のような植物食料中のデンプンであることを考慮すれば，糖質の中心的役割は明らかである。食用肉でさえ，結局は大部分が草食動物が食べる糖質に由来している。

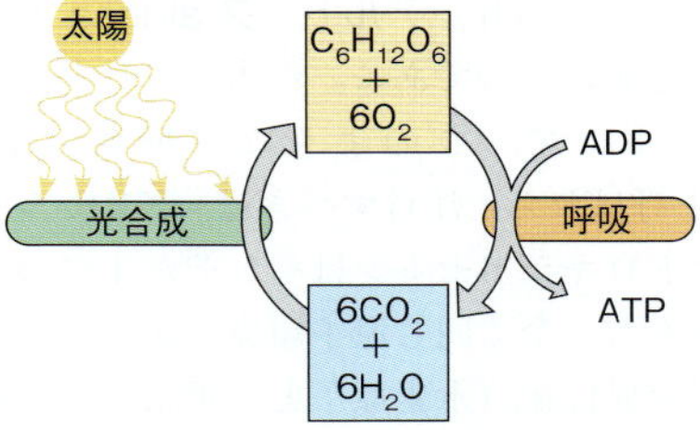

図 9.2　生命のエネルギーサイクル　光合成で，植物は太陽の光エネルギーを利用することにより CO_2 と H_2O から糖質を合成し，その過程で O_2 を放出する。呼吸作用で，動植物は植物が合成した糖質を酸化し，エネルギーと再生成した CO_2 と H_2O を放出する。

ポイント 2
“光合成で糖質を生成”し，“代謝で糖質を酸化”することにより，生命の主なエネルギーサイクルが成り立っている。

エネルギーの貯蔵と産生はたいへん重要であるが，これが糖質の唯一の機能ではない。生体構造物質の多くは，全体あるいは一部分が多糖類である。重要な例は，森林植物のセルロース，細菌の細胞壁，昆虫あるいは節足動物の外骨格などである。さらに，細胞表面の多糖類，あるいはタンパク質に結合した多糖類は，分子認識を促進する。例として，ウイルスあるいは抗体が特定の細胞に結合する，高度に特異的な過程がある。このように，糖質は，タンパク質と同様，きわめて有用な分子で，あらゆる生物体にとって必要不可欠なのである。

単糖

まず単純な単量体の糖である単糖類から検討する。$(CH_2O)_n$ の実験式で最も簡単な化合物は $n=1$ のホルムアルデヒド $H_2C=O$ であるが，この化合物は我々が通常抱く糖類の概念にほとんどあてはまらず，実際，有害で毒性の気体である。普通，単糖類とみなす最も単純な分子は $n=3$ の**トリオース（三炭糖）triose** である（一般的に，接尾辞“オース”は糖質を指す化合物に用いる）。一般的に，単糖類は 1 つのカルボニル基（アルデヒド基あるいはケト基）と 1 つ以上の水酸基（ヒドロキシ基）を併せもつ構造である。

アルドースとケトース

トリオースには，グリセルアルデヒドとジヒドロキシアセトン（図 9.3）の 2 種類が存在する。両分子は簡単な構造だが，糖類を議論する際，たびたび遭遇するある一定の特徴を示す。実際，両分子は単糖類の 2 つの主要な分類を代表している。グリセルアルデヒドはアルデヒドであり，**アルドース aldose** と呼ばれる単糖類の分類の 1 つである。一方，ジヒドロキシアセトンはケトンで，このような単糖類は**ケトース ketose** と呼ばれる。注目すべきは，グリセルアルデヒドとジヒドロキシアセトンはそれぞれ 1 つのカルボニル炭素をもち，全く同じ原子組成であることである。両者は互変異性体（水素原子と二重結合の位置が違う構造異性体）であり，図 9.3 に示したように，不安定なエンジオール中間体を経て相互変換ができる。このような互変異性的相互変換は，単糖類の 1 対のアルドースとケトースの間である程度起こるが，触媒がないときは，この変換反応はたいてい非常に遅くなる。それゆえ，グリセルアルデヒドとジヒドロキシアセトンは，互いに安定した化合物として存在できる。

ポイント 3
単糖類はアルドースとケトースの 2 つに大きく分類できる。

鏡像異性体

グリセルアルデヒドの化学式をさらに注意深く調べてみると，単糖構造の重要な特徴を知ることができる。第 2 番目の炭素原子（2 位炭素）は 4 つの異なった置換基をもっているので，α アミノ酸における α 炭素のように，キラル炭素である。そのため，グリセルアルデヒドは**鏡像異性体（エナンチオマー，対掌体）enantiomer** と呼ばれる 2 つの型の立体異性体をもつ。鏡像異性体は互いに重ね合わせることのできない鏡像体である。D-および L-グリセルアルデヒドと表記した 2 つの様式の立体図（三次元図）を図 9.4 に示す。このような不斉炭素の立体配位は，第 5 章で用いた結合の表示によっても表すことができる。

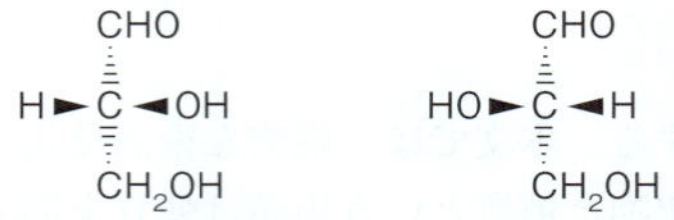

D-グリセルアルデヒド　L-グリセルアルデヒド

1 位炭素あるいは 3 位炭素はキラル炭素ではないので，これらの炭素原子のまわりの空間配位を図示する必要はない。

ポイント 4
単糖類の D 体と L 体は互いに重ね合わせることのできない鏡像体であり，鏡像異性体と呼ばれる。

鏡像異性体を表示する最も簡潔な方法は，**Fischer 投影式 Fischer projection** を用いることである。Fischer 投影式では，水平線（横）に表記した結合は紙面の表側（手前）にきて，垂直線（縦）に表記した

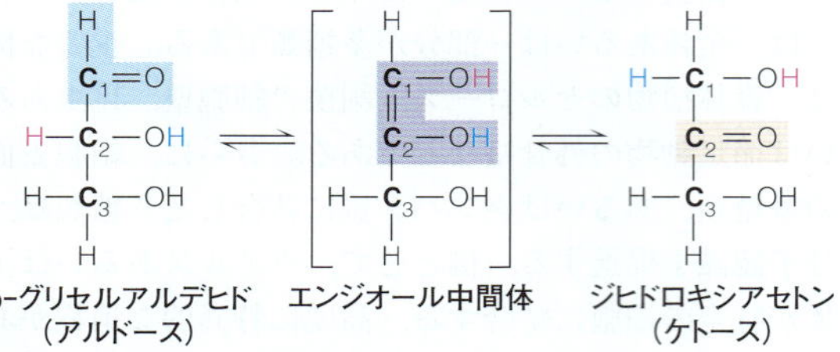

図 9.3　トリオース。最も単純な単糖類　2 つのトリオースの互変異性体から，アルドース単糖（アルドトリオース）とケトース単糖（ケトトリオース）の相違は明らかである。炭素原子の番号順は，アルドースではアルデヒド炭素から始まり，ケトースではケトン基に一番近い末端炭素から始まる（ジヒドロキシアセトンは 3 つの炭素原子しかもっていないので，2 つの末端炭素は同等であり，どちらか一方の炭素原子を 1 位とする）。アルドースとケトースが相互変換する中間体であるエンジオール中間体は不安定で，単離することができない。

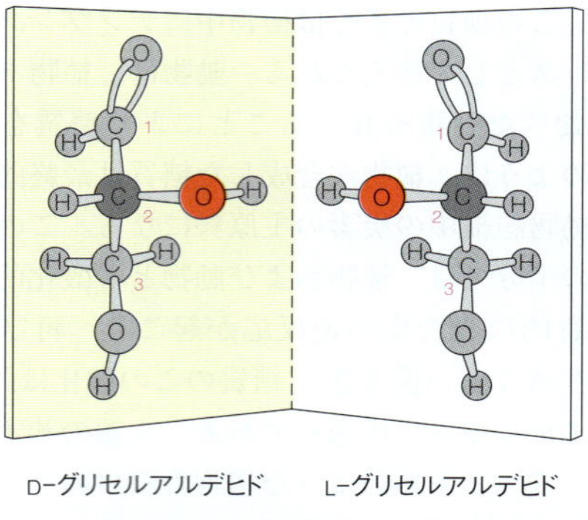

図 9.4　グリセルアルデヒドの鏡像異性体　D-グリセルアルデヒドと L-グリセルアルデヒドとでは，キラルな 2 位炭素（濃い灰色で表示）のまわりの置換基の配置は区別できる。2 つの分子は鏡像体であり，互いに重ね合わせることができない。

結合は紙面の裏へ向く（図5.3参照，p.121）。すると，D-グリセルアルデヒドとL-グリセルアルデヒドは下記のようになる。

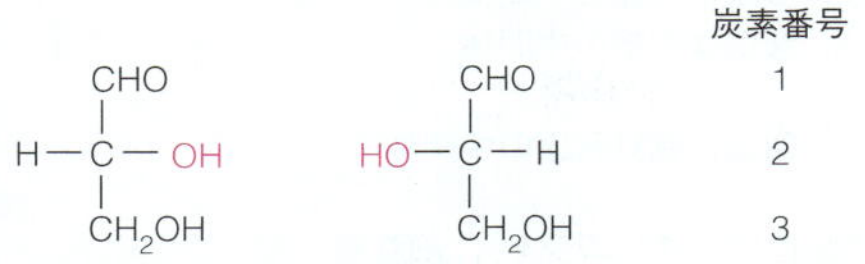

D-グリセルアルデヒド　L-グリセルアルデヒド

鏡像異性体の別の表示法：D-L と *R*-*S*

もともと用語D，Lは，偏光面での偏光の旋光方向を意味していた。Dは右旋性，Lは左旋性である。D-グリセルアルデヒド溶液は，他の多くのD-単糖類と同様，偏光で偏光面を右に旋光するのは真実であるが，この対応関係が常に成り立つとは限らない。なぜなら，旋光の程度と方向にも，キラル中心のまわりの電子構造が複雑に作用するからである。また，D-L命名法のもう1つの欠点は，常にある種の対照化合物をもとに表記しなければならず，絶対的ではないことである。したがって，あるキラル化合物の三次元構造を調べていくなかで，その化合物の不斉炭素の立体化学的表示と対応できる絶対的な表示法が編み出された。図9.5に図示したこの*R*-*S*表示法は，Cahn-Ingold-Prelog表示法ともいう。*R*-*S*表示法はより普遍的であり，キラル中心の絶対的配置を表示しているが，ほとんどの生化学者は，まだD-L表示法を使用しているので，本章ではD-L表示法を用いる。

自然界の単糖鏡像異性体

アミノ酸の場合と同様，生物では単糖類の鏡像異性体は1つの型が優勢である。その型は，タンパク質ではL型アミノ酸であり，糖質ではD型単糖類である。自然界でこの優位性が確立している理由は明らかでない。しかし，初期の発生の段階でいったん決められると，それが持続し，細胞機構がD型糖類と作用するよう調節されるのであろう。しかし，D型アミノ酸がときどき生物に見出されるように，L型単糖類も存在する。"異常" D型アミノ酸と同じく，L型単糖類も特殊な役割を担っている。表9.1にD型単糖類とともに，一般的なL型単糖類の分布と機能を示す。

ポイント5
天然に産生する最も重要な糖質はD型鏡像異性体である。

ジアステレオマー

3つ以上の炭素をもつ単糖類は，さらに複雑な構造である。そのような単糖類では1つ以上のキラル炭素

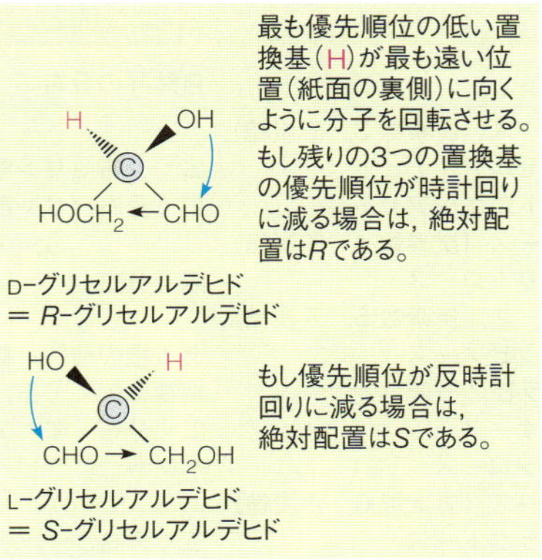

図9.5　*R*-*S*表示法　*R*-*S*系は，絶対立体配置を表示している。定義された規則に従い，キラル炭素（灰色）に結合している置換基にそれぞれ優先順位をつける。糖質化学で常用する置換基の優先順位は，チオール基（SH）＞アルコキシル基（OR）＞水酸基（OH）＞アミノ基（NH_2）＞カルボキシ基（CO_2H）＞アルデヒド基（CHO）＞ヒドロキシメチル基（CH_2OH）＞メチル基（CH_3）＞ヒドロ基（H）の順である。最も優先順位の低い置換基（図例ではH）を，観察者の眼から最も遠い位置に置いて分子を眺める。残りの3つの置換基を手前に置いて置換基の並び方をみた場合，もし優先順位の減る順が時計回り（右回り）ならば，絶対配置は*R*-配置（ラテン語*rectus*："右"の意味）であり，反時計回り（左回り）ならば，絶対配置は*S*-配置（ラテン語*sinister*："左"の意味）である。この表示法では，D-グリセルアルデヒドは*R*-グリセルアルデヒドで，L-グリセルアルデヒドは*S*-グリセルアルデヒドである。

9

があるので，2種類の立体異性体が存在する。1つは，前述した鏡像異性体である。もう1種類は四炭糖（テトロース）で，ここではじめて登場するジアステレオマーである。

テトロースジアステレオマー

実験式が$(CH_2O)_4$であるテトロースは，アルドースで，2個のキラル炭素がある。したがって，アルドテトロースは図9.6に示したように，4つの立体異性体がある。一般にキラル中心が*n*個の分子は，各々のキラル中心が2つの可能な配置をとりうるので，2^n個の立体異性体が可能になる。これらの立体異性体を命名し区別するための合理的方法として，下記のような取り決めをする。すなわち，接頭辞D，Lはカルボニル基から最も遠い位置にあるキラル炭素の立体配置を表示するときに用いる。例えば，テトロースの場合は炭素番号3の炭素（3位炭素）である。この基準になる炭素（D，L表示のための炭素）より前の炭素（カルボニル基に近いキラル炭素）の立体配置が異なる分子には，それぞれ別名をつける。例えば，2位炭素のまわりの立体配置が逆である2つのアルドテトロースは，トレオースとエリトロースである。このように，鏡像異性体関係にない立体異性体を**ジアステレオマー** diastereomerと呼ぶ。トレオースとエリトロースはジアステレオマーであり，それぞれが重ね合わせることのできない鏡像体である2つの鏡像異性体（D体と

表 9.1　単糖類の分布と生化学的役割

単糖類	自然界の分布	生理的役割[a]
トリオース（炭素数 3，三炭糖）		
グリセルアルデヒド	広く分布（リン酸塩として）	3-リン酸塩は解糖の中間体
ジヒドロキシアセトン	広く分布（リン酸塩として）	1-リン酸塩は解糖の中間体
テトロース（炭素数 4，四炭糖）		
D-エリトロース	広く分布	4-リン酸塩は糖質代謝の中間体
ペントース（炭素数 5，五炭糖）		
D-アラビノース	ある種の植物，結核菌	植物配糖体（グリコシド），細胞壁
L-アラビノース	植物に広く分布，細菌の細胞壁	細胞壁の成分，植物の糖タンパク質
D-リボース	広く分布，すべての生物体中	RNA の成分
D-キシロース	木材料	植物の多糖類の成分
ヘキソース（炭素数 6，六炭糖）		
D-ガラクトース	広く分布	ミルク（ラクトースの一部分として），多糖類の構成成分
L-ガラクトース	寒天，他の多糖類。乳糖の成分	多糖類構造
D-グルコース	広く分布	動物の代謝での主なエネルギー源，セルロースの構造
D-マンノース	植物の多糖類，動物の糖タンパク質	多糖類構造
D-フルクトース	主な植物糖。ショ糖の一部分	解糖（リン酸エステル）の中間体
ヘプトース（炭素数 7，七炭糖）		
D-セドヘプツロース	多くの植物	光合成の Calvin 回路およびペントースリン酸回路の中間体

[a]これらの単糖類の中には，ここに記してない他の役割をもっている化合物もある。

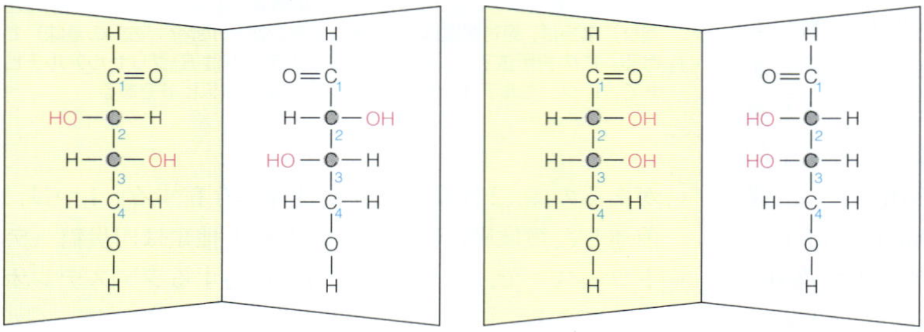

図 9.6　アルドテトロースの立体化学　アルドテトロースは 2 つのキラル炭素（2 位と 3 位炭素）をもっているので，トレオースとエリトロースという 2 つのジアステレオマーがあり，それぞれが鏡像異性体の対をもつ。Fisher 投影式で表示すると，トレオース鏡像異性体では，C2，C3 の水酸基（OH-基）が炭素鎖に対して反対側（紙面の左右）であり，エリトロース鏡像異性体では水酸基が同じ側である。

L 体）をもつ。残念ながら特定の名称（トレオースとエリトロースのような）に関する論理的な通則はない（各アミノ酸の名称のように単純にするべきである）。

ポイント 6
単糖類が 1 つ以上のキラル炭素を含む場合，接頭辞 D，L は，カルボニル基から最も遠い位置にある不斉炭素のまわりの立体配置を表示している。他のキラル炭素の立体配置が異なっている異性体はジアステレオマーと呼び，それぞれ違った名称をつける。

エリトルロースと呼ばれている四炭糖ケトースは，1 対の鏡像異性体しか存在しない。なぜなら，この単糖はキラル炭素を 1 つしかもっていないからである（図 9.7）。命名に関してもう 1 つの取り決めがある。それは，通常，ケトースの名称は，対応するアルドースの名称に“ul”を挿入して命名する。例えば，エリトロース erythrose はエリトルロース erythrulose になる。グリセルアルデヒド（および他の単糖類）のように，ケトース型とアルドース型は弱アルカリ性下で互変異性化を経て相互変換できる。アルドース-ケトース変換で，ケトースを中間体に用いることにより，アルドースジアステレオマー同士もまた相互変換できる。

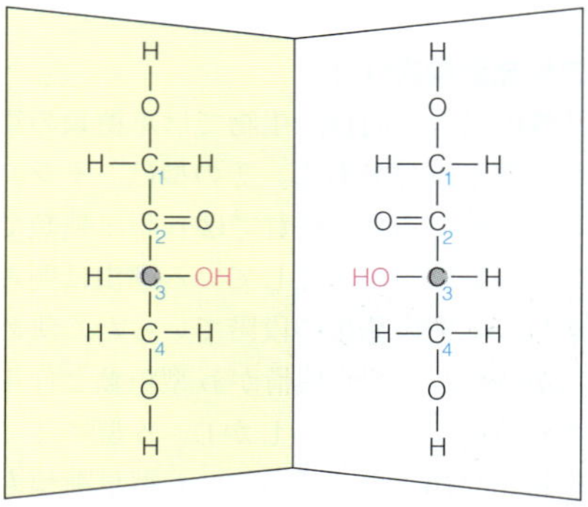

図 9.7　エリトルロースの 2 つの鏡像異性体　アルドースからケトースへ転換するとき，キラル炭素は 1 つ減少する。したがって，四炭糖アルドース（図 9.6 参照）と異なり，四炭糖ケトースはキラル炭素（3 位素）が 1 つしかなく，鏡像異性体は 1 対のみである。

ペントースジアステレオマー

炭素数が 1 つ増えると，ペントース（五炭糖）pentose になる。アルドペントース aldopentose は 3 つ

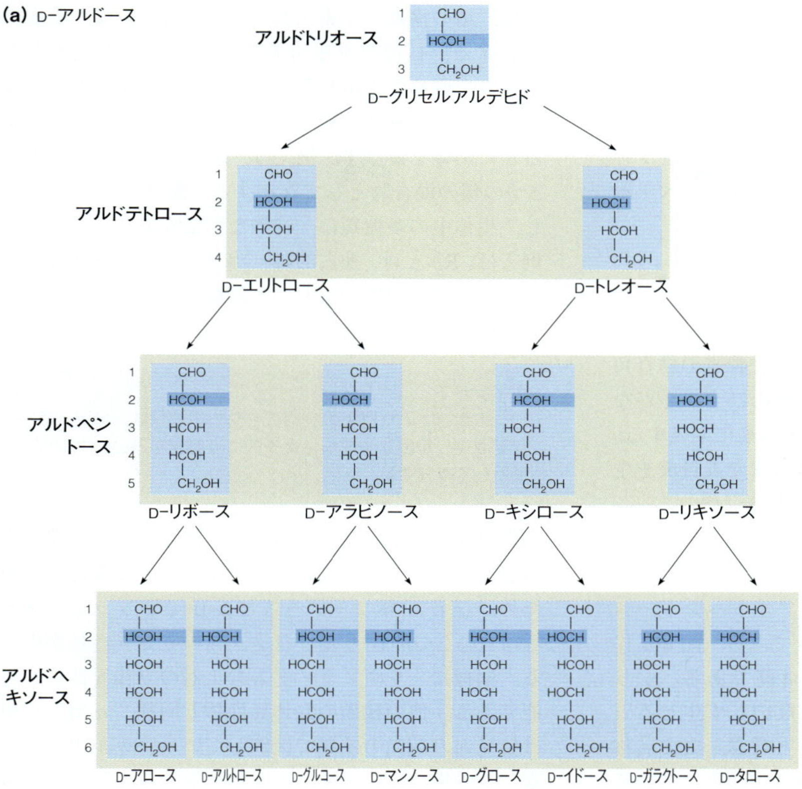

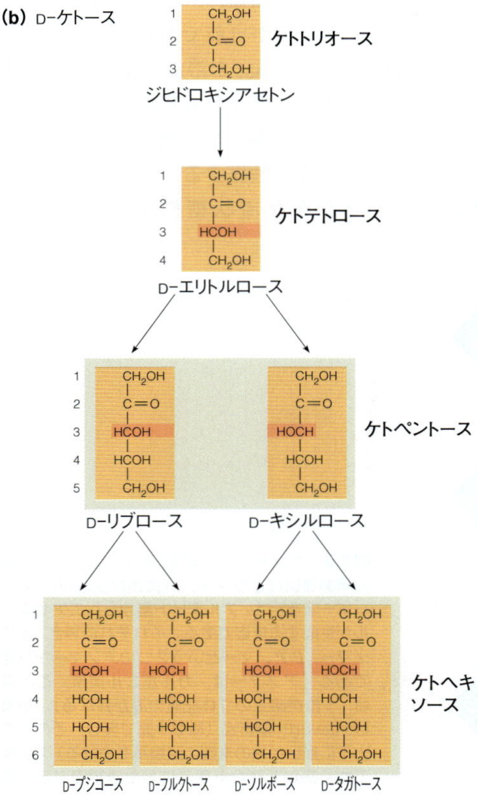

図 9.8 D-アルドースと D-ケトースの立体化学的相関関係　この図は D-アルドース系（**a**）と D-ケトース系（**b**）におけるジアステレオマー対の相関関係を示している。それぞれの系は，炭素鎖が増え，カルボニル炭素のすぐ下の新たな炭素についている水酸基（CHOH，図ではかげをつけている）の配置により派生していく。増えた炭素についている水酸基の2つの可能な配置が1対のジアステレオマーを生じる。L 体は，D 体の鏡像体であるので図示していない。

のキラル中心があるので，2^3で8個の立体異性体（4対の鏡像異性体）が可能である。図 9.8a に炭素数3〜6個の D-アルドース系を要約してあるが，その中に D 型ペントース類も図示してある。留意すべきは，それぞれのアルドペントースは4位炭素の立体配置が D であること，2位炭素と3位炭素のまわりの可能な立体配置をもつすべての異性体を含むことである（糖質構造として D 系列しかここでは図示してないが，前述した約束事に従って，当然 L 系列も可能である）。一方，図 9.8b に示すように**ケトペントース ketopentose** は2つのキラル炭素があるので4個の立体異性体（2対の鏡像異性体）が存在する。D-ジアステレオマーを D-リブロースおよび D-キシルロースと呼ぶ。

ヘキソースジアステレオマー

6つの炭素原子をもつ単糖類を**ヘキソース hexose** と呼ぶ。ヘキソースの可能な立体配置の数は多い。ペントース，テトロース，トリオースの構造と，ヘキソースの構造を関連づけた簡単な相関を図 9.8 に示した。最も頻度の高いヘキソースはグルコース（ブドウ糖）とフルクトース（果糖）である。しかし，マンノースとガラクトースも自然界に広く分布している（表 9.1 参照）。実際，ほとんどすべてのヘキソースが重要な生理的役割を果たしている。

アルドース環構造

ペントースとヘキソースは単糖類化学の別の重要な特性をもっている。炭素鎖として5つあるいは6つの炭素をもつこれらの化合物は，分子内ヘミアセタールを経てより安定な環状構造を生成する。ヘミアセタールはアルデヒドとアルコールから生成され，ヘミケタールはケトンとアルコールから生成される。

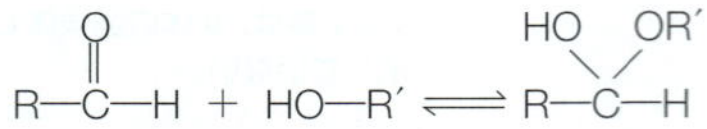

炭素原子と酸素原子の結合でできる環に特有の結合角は，5つの炭素原子の結合で生じる環のひずみをかなり減少させるので，五員環，六員環が容易に生成する。一般原則として，アルドテトロースもまた五員環を生成できるはずであるが，まれにしか生成しない。

ペントース環

D-リボース（図 9.8a）のようなアルドペントースでこのヘミアセタール環の生成をみてみる。図 9.9 に示したように，2つの閉環様式が可能である。D-リボースのC1炭素がC4の水酸基と反応して生じる五員環構造を**フラノース環 furanose** と呼ぶ。この名称は，複素環化合物であるフランと構造が類似していることに基づく。もう1つはC1炭素がC5の水酸基と反応して生じる六員環構造で，**ピラノース環 pyranose** と呼ばれ，複素環化合物であるピランに基づく。

図 9.9 に示したこの2つの反応とも平衡状態にあり，ペントースやそれ以上の糖では環構造が優先的である。溶液中での生理的条件下で，5つあるいはそれ以上の炭素数をもつ単糖類では，99%以上環構造で存在する。ピラノース環構造かフラノース環構造かの比率は，糖の構造，水素指数（pH），溶媒組成，温度に依存する。核磁気共鳴分析により得られた代表的なデータを表 9.2 に示した。単量体が多糖類に取り込まれたとき，多量体の構造もまた，どちらの環を生成するかに影響を及ぼす。例えば，D-リボースは溶液中で2つの環の混合物として存在する（表 9.2 参照）。しかし，生体中の多糖類は，特殊な形で安定化している。例えば，RNA は，独占的にリボフラノースを含む。一方，ある種の植物細胞壁の多糖類は，すべてピラノース環のペントースを含んでいる。

> **ポイント7**
> 5つあるいはそれ以上の炭素数をもつ単糖類は，分子内でヘミアセタール環が生成し，優先的に五員環あるいは六員環構造として存在する。

図 9.9 に図示した環構造を注意深くみると，環化することにより1位炭素が新しく不斉中心になる。そのため，α-D-リボフラノースとβ-D-リボフラノースと呼ばれる2つのD-リボフラノースの立体異性体が生じる。同様に，リボピラノースも1対の立体異性体が可能である。他の種類の立体異性体と同様，α型とβ型は偏光面の旋光の差異で区別している。カルボニル炭素（この場合1位炭素）の立体配置のみが異なるこの異性体を**アノマー anomer** と呼び，この1位炭素をアノマー炭素原子と呼ぶ。単糖類は，開鎖中間体を経てα型とβ型の間で相互変換が可能である。この過程を**変旋光 mutarotation** と呼ぶ。水溶液に溶解した純粋のアノマーは，溶液中での旋光の変化を伴う平衡混合物になる。生体内では，**ムタロターゼ mutarotase** と呼ばれる酵素がこの過程を触媒する。

図 9.9 で示したような環状糖構造の表記法を

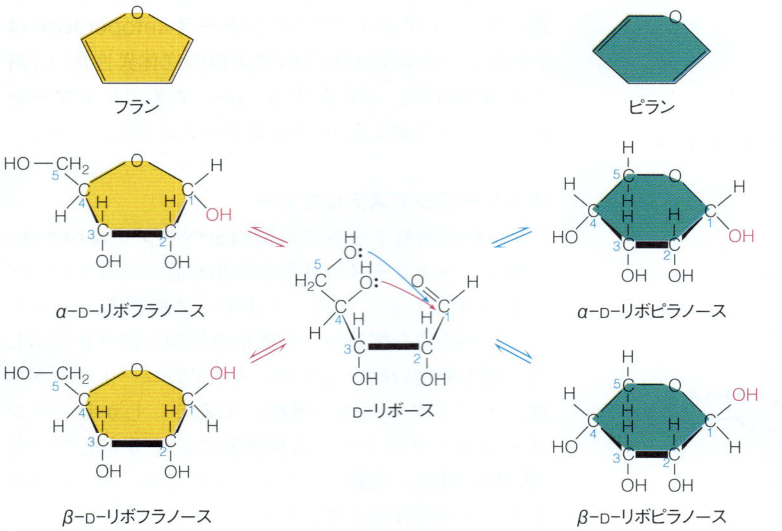

図 9.9　ペントースの環構造形成　フラノース五員環あるいはピラノース六員環が生成可能な D-リボースを示す。アルデヒド基からヘミアセタールが生成する反応である。それぞれの場合，αアノマー，βアノマーという2つのアノマーが可能である（アノマーは，カルボニル炭素，この場合，1位炭素上の立体配置のみが異なる）。糖環は Haworth 投影式（環を平面で表し，その面の上下に描いた線の末端に置換基をつける）で，黒で太く描いた結合を手前にした透視図で示している。

表 9.2　40℃水溶液中の平衡状態における単糖の互変異性体の相対量

単糖	相対量（%） α ピラノース	β ピラノース	α フラノース	β フラノース	総フラノース
リボース	20	56	6	18	24
リキソース	71	29	—[a]	—[a]	<1
アルトロース	27	40	20	13	33
グルコース	36	64	—[a]	—[a]	<1
マンノース	67	33	—[a]	—[a]	<1
フルクトース	3	57	9	31	40

注：すべての場合，開鎖型は 1%以下。その他の糖については，S. J. Angyal, The composition and conformation of sugars in solution, *Angew. Chem.*（1969）8：157-226. を参照。
[a]1%以下。

Haworth 投影式 Haworth projection と呼ぶ。環を平面において透視し，環を構成している炭素原子についている置換基――ヒドロ基（H），ヒドロキシ基（OH），ヒドロキシメチル基（CH_2OH）――はその面の上下に表示する。すべての D-単糖類で，ヒドロキシメチル基（CH_2OH）は環の上にある。Fischer 投影式と Haworth 投影式での水酸基（OH）の配位の向きの関係は簡単である。Fischer 投影式で炭素鎖（縦に投影）の右側に図示した水酸基（OH）は，Haworth 投影式では環平面の下側に図示する。例として，α-D-リボフラノースと β-D-リボフラノースの Fischer 投影式を次に示した。

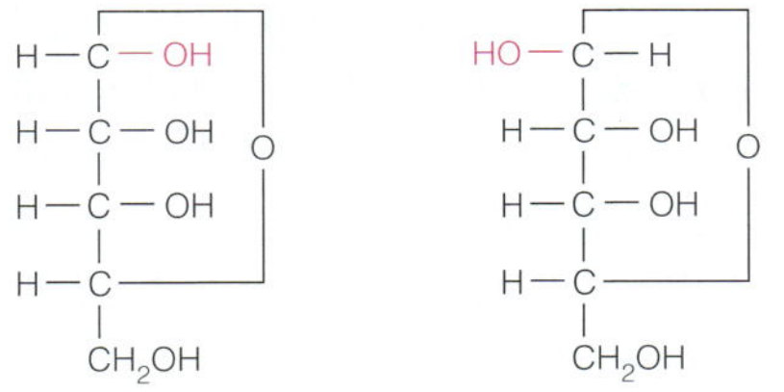

α-D-リボフラノース　　β-D-リボフラノース

しかし Haworth 投影式でさえも，リボフラノースやリボピラノースの正確な三次元分子構造は表示できない。なぜなら，炭素―炭素―炭素（C―C―C）結合角は約 109°，また炭素―酸素―炭素（C―O―C）結合角は約 118° なので，飽和五員環，六員環は平面であるはずがない。そのうえ，種々の方法で環は平面からすぼまることができる。わずかに異なった結合角により生じる種々の環のコンホメーションは**配座異性体 conformational isomer** と呼ばれる。β-D-リボフラノースでは配座異性体が数種可能だが，そのうちの2つをボール＆スティックモデルで図 9.10 に示した。

β-D-リボフラノース（β-D-リボース）とその関連化合物である β-D-2-デオキシリボフラノース（β-D-2-デオキシリボース）については，第 4 章ですでに記述した。これらの糖類は，それぞれ RNA と DNA の基本骨格の一部分であり，生化学では非常に重要な役割を果たしている。核酸構造では β アノマーのみが存在し，図 9.10 に示した 2-エンド体，3-エンド体配座が優先的である。しかしながら，たとえ局在的であっても，DNA 鎖および RNA 鎖には二次構造の変化とともに環のコンホメーションの変化が存在する。この“たわみ度”のため，立体配座（コンホメーション）と立体配置の間の基本的な相違が生じている。配座異性体は分子の簡単な変形で相互変換できるが，前述した多種類の立体異性体のように，配置異性体は共有結合が開裂，再結合することによってはじめて相互変換ができる。

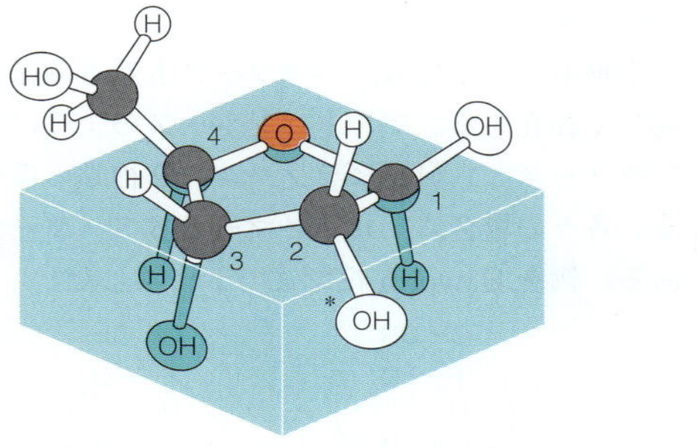

(a) β-D-リボフラノース，2位炭素エンド

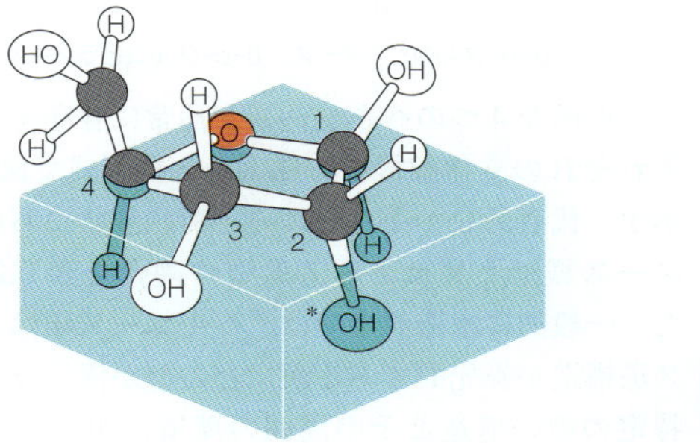

(b) β-D-リボフラノース，3位炭素エンド

図 9.10　配座異性体　β-D-リボフラノースの 2 つの可能な環配座分子模型である。2 つの分子模型で，1 位炭素（C1），酸素（O），4 位炭素（C4）が平面を規定する。**(a)** 2 位炭素（C2）がエンド体配座の場合，2 位炭素（C2）は平面より上側であり，**(b)** 3 位炭素（C3）がエンド体配座の場合，3 位炭素（C3）は平面より上側である。これらの異性体は，核酸の構成単位であるリボースとデオキシリボースの最も一般的な配座である。（DNA では，2 位炭素上の水酸基〈OH〉〈この図では*で表示〉をヒドロ基〈H〉と置き換える）。3 位炭素（C3）がエキソ配座では，一見 **(b)** のようにみえるが，しかし，この場合，3 位炭素（C3）は平面の下側にひっくり返っている。

アルドペントースのように，ケトペントースも生理条件下では，ほとんど環を生成して存在する。しかし，ケトペントースはフラノース形のみが可能である。例として，光合成の炭素固定過程の中間体である α-D-リブロースがある。

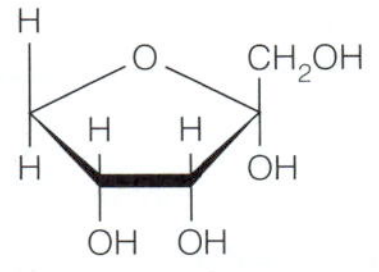

α-D-リブロース

ヘキソース環

生理的条件下では，ヘキソースも基本的には環を形成して存在する。アルドペントースのように，五員環フラノースと六員環ピラノースの 2 種類の環を生成する。各々の場合に，αアノマーとβアノマーが可能である。例を Haworth 投影式で下に示した。

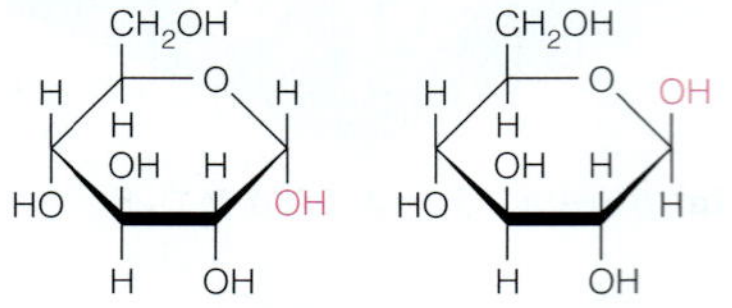

α-D-グルコピラノース　β-D-グルコピラノース

一般的な 4 つのヘキソースが通常に存在するときのそれぞれの立体配置を，Haworth 投影式で図 9.11 に示す。代表的なヘキソースの平衡状態時におけるフラノース環型とピラノース環型の割合を表 9.2 に示した。一般的に水溶液中では，ヘキソース類はピラノース環構造が優先的であるが，どの型が優位なのかは，特定の糖の構造とその周囲の環境に明らかに依存する。フルクトースでもピラノース環構造が優先的であるが，図 9.11 では，D-フルクトースとしてフラノース環型を表示している。なぜなら，最も一般的な生物源である二糖類のスクロースではフラノース環型で存在しているからである。溶液中での糖類のアノマー体と互変異性体の存在分布は核磁気共鳴スペクトル法で容易に解明できるようになった（「生化学の道具 6A」参照）。溶液中の分子の立体配座は，この感度のよい核磁気共鳴スペクトル法でのみ分析できる。

図 9.11 から，さらに注目すべきことがわかる。グルコースとマンノースは，C2 の立体配置のみが互いに異なっている。1 つの炭素についてのみ立体配置が異なるこの種の糖類は**エピマー epimer** と称する。同様に，C4 の立体配置のみが異なるグルコースとガラクトースもエピマーである。

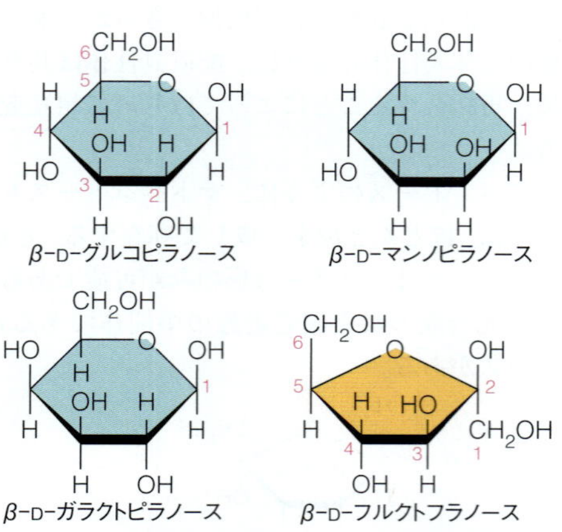

図 9.11　最も一般的な 4 つのヘキソース　Haworth 投影式で D-エナンチオマーを示す（βアノマーのみを表示）。

フラノース類の Haworth 投影式は（アノマー構造の区別にたいへん便利であるが），糖の三次元立体構造を正確に表現していない。ピラノース類の Haworth 投影式も同様である。六炭糖ではピラノース環のコンホメーションは 2 つの型が存在する。より安定な“椅子型”と，より不安定な“舟型”である。この 2 つのコンホメーションを，ボール＆スティックモデルを用い，図 9.12a に示した。また，しばしば図 9.12b に示した方法で骨格図を表現する。ピラノース環の椅子型，舟型の両方において，分子の軸は分子の中心面に対し垂直であると定める。環炭素についている置換基の結合方向が，軸に対してほぼ平行の場合をアクシアル（a），軸に対してほぼ垂直の場合（水平）をエクアトリアル（e）と分ける（図 9.12b）。ほとんどの糖類では，舟型では，アクシアル結合の置換基が混み合ってくるコンホメーションなので，椅子型のほうがより安定である。

> **ポイント 8**
> ヘキソース類は舟型と椅子型のコンホメーションで存在する。一般に椅子型のほうがより安定である。

7 個以上の炭素をもつ糖類

自然界には 7 つあるいはそれ以上の炭素をもつ単糖類が存在するが，その大部分はそれほど重要ではない。しかし，セドヘプツロースと呼ばれるヘプトースは，光合成で二酸化炭素を固定化する過程（表 9.1 および第 16 章参照）および五炭糖リン酸化過程（第 13 章参照）で重要な役割を果たす。

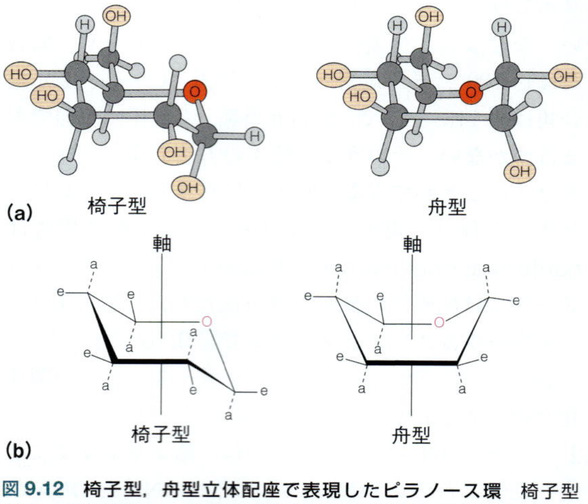

図 9.12　椅子型，舟型立体配座で表現したピラノース環　椅子型（左），舟型（右）α-D-グルコピラノースの三次元的表示。(a) ボール＆スティックモデル。(b) 結合の骨格図。アクシアル結合（軸結合）(a) とエクアトリアル結合（赤道〈水平〉結合）(e) を図示した。

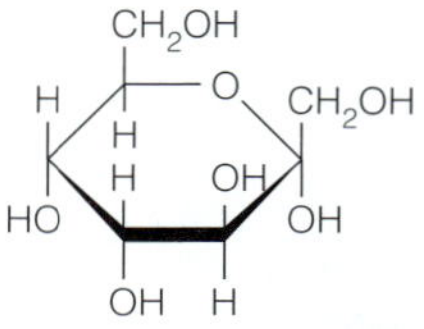

α-D-セドヘプツロピラノース

糖分子の構造を理解するために用いた種々の術語（エナンチオマー，ジアステレオマー，アノマー，環立体配座など）を混同しないように，図 9.13 に用語をまとめておく。

単糖の誘導体

それぞれの単糖類は他の置換基と結合できたり，また他の官能基に変換できる水酸基を数多くもっている。実際，非常に多くの糖類がこの方法で修飾されている。その中には，生物学的に重要な役割を果たす糖誘導体が多数存在する。

リン酸エステル

アデノシン一リン酸 adenosine monophosphate（AMP），アデノシン三リン酸 adenosine triphosphate（ATP），あるいは核酸のような化合物における糖リン酸化については前述してある。後の章で詳細は議論するが，単糖類のリン酸エステルは多くの代謝過程で重要な役割を果たす。表 9.3 に重要なリン酸エステルとそれらの標準状態での加水分解の自由エネルギー値を示す。すべての場合で，ATP（−31 kJ/mol）の加水分解自由エネルギー値よりもマイナス値は低い。つまり，ATP は単糖類へのリン酸供与体として働くことができる。一方，糖リン酸エステルの加水分解は熱力学的に有利なので，糖リン酸エステル誘導体は多くの代謝反応で“活性”化合物としてふるまうことができる。

ポイント 9
糖リン酸エステルは代謝の重要な中間体で，各種生合成の活性化合物として作用する。

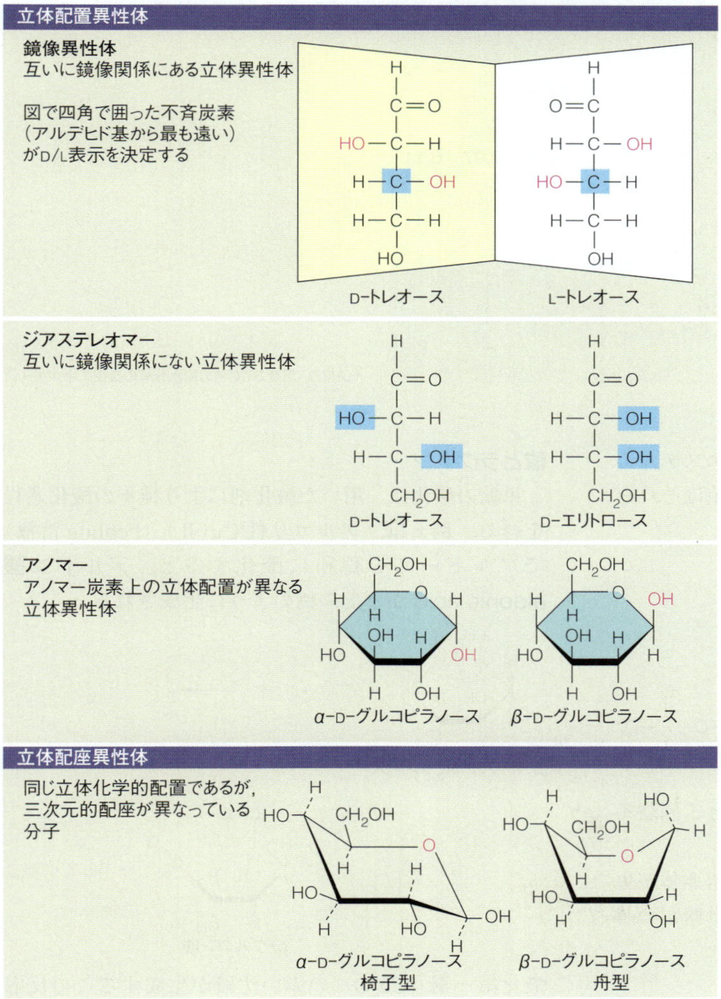

図 9.13　糖分子の構造を表現する用語　結合の開裂と再結合を伴わず相互変換できる配座異性体は，配置異性体とは区別する。たった１つしかキラル炭素をもたない配置のステレオアイソマーであるエピマーは図示していない。

表 9.3　生化学的に重要な単糖類のリン酸エステル類

名称	構造	自由エネルギー（$\Delta G^{\circ\prime}$ [a]）(kJ/mol)	pK_{a1}	pK_{a2}
D-グリセルアルデヒド 3-リン酸	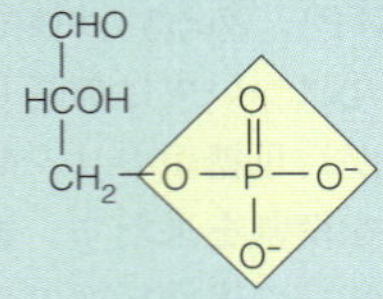	約−12	2.10	6.75
β-D-グルコース 1-リン酸	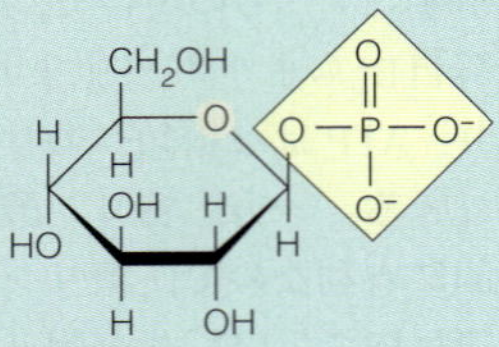	−20.9	1.10	6.13
β-D-グルコース 6-リン酸	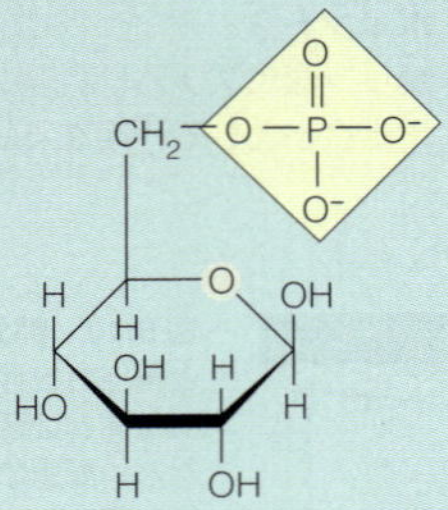	−13.8	0.94	6.11
α-D-フルクトース 6-リン酸	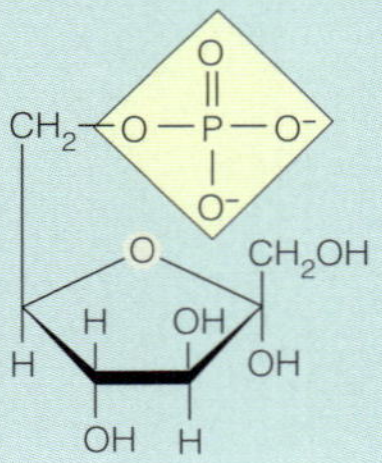	−13.8	0.97	6.11

[a] pH7.0，温度 37℃での加水分解の自由エネルギー。

糖リン酸エステルは酸性であり，リン酸エステルのイオン化には 2 段階あり，そのときの pK_a値はそれぞれ 1～2 と 6～7 である（表 9.3 参照）。

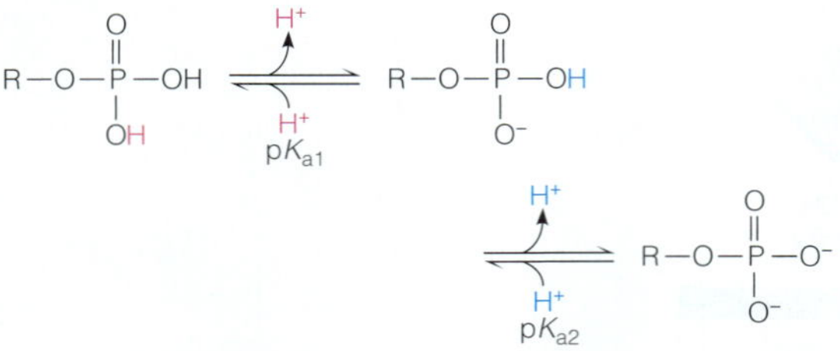

その結果，生理的条件下では一価陰イオンと二価陰イオンの混合物として存在している。

糖リン酸エステルの他にも数多くの単糖誘導体が生化学的に重要な役割を果たしているので，単糖類の誘導化反応を考察してみる。

酸とラクトン

単糖の酸化は，用いた酸化剤により種々の酸化過程を経る。例えば，アルカリ性 Cu（Ⅱ）（Fehling 溶液）でアルドースを穏和に酸化すると，**アルドン酸 aldonic acid** が下記の例のように生成される。

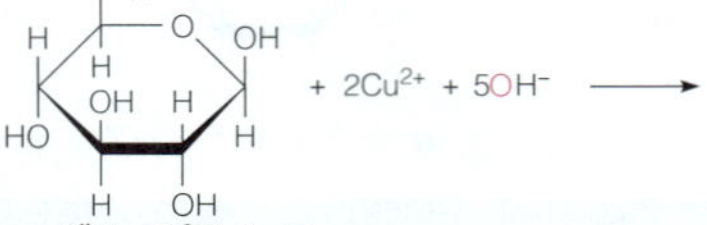

β-D-グルコピラノース

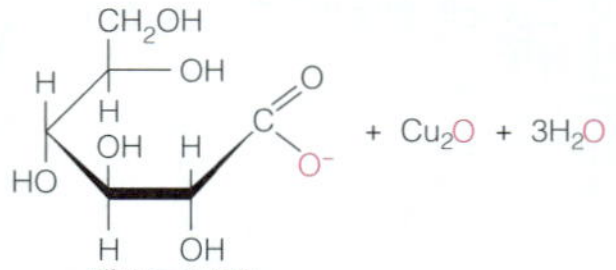

D-グルコン酸

酸化第一銅（Cu_2O）の赤い沈殿が生成するこの反応

は古典的な糖試験であり，糖尿病と推定される人の尿中の過剰な糖を試験するために以前は汎用されていた。Ag^+イオンを酸化剤として用いた同様の反応では，Ag^+イオンが還元され金属銀が遊離して，ガラス容器上に特徴的な“銀鏡”を生成する。現在では，これらの古い方法ではなく，より特異的な酵素定量法を用いている。グルコン酸のような遊離アルドン酸は，溶液中では，C1 位のカルボキシ基と C5 位の水酸基とが環状エステルを形成した**ラクトン lactone** と平衡状態にある。

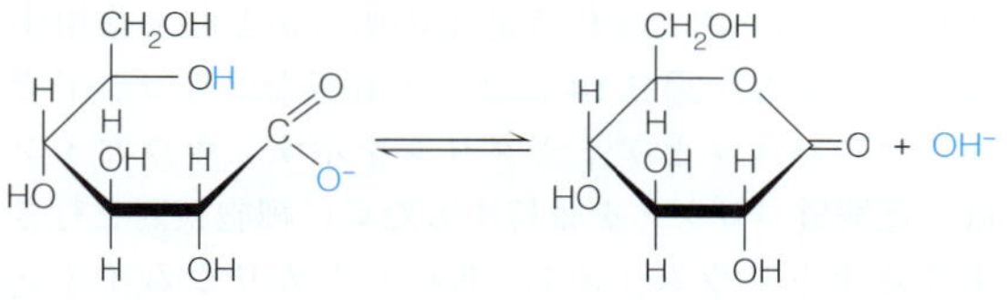

D-グルコン酸　　D-δ-グルコノラクトン

単糖を酵素触媒で酸化すると，**グルクロン酸 glucuronic acid** のような**ウロン酸 uronic acids** を含む特異的な生成物が生じる。これらの反応で酸化は 6 位炭素上で起こる。本章でまた後述するが，ウロン酸はある種の天然多糖類の重要な成分である。

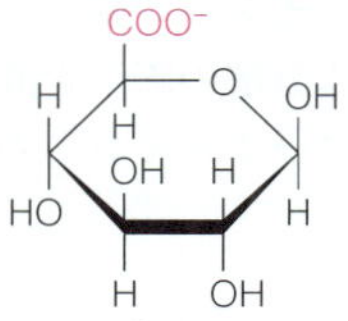

β-D-グルクロン酸

アルジトール

糖のカルボニル基を還元すると**アルジトール alditol** と呼ばれる多数の水酸基をもつ化合物が生成する。自然界で重要な化合物は，エリトリトール，D-マンニトール，ソルビトールと呼ばれる D-グルシトールである。

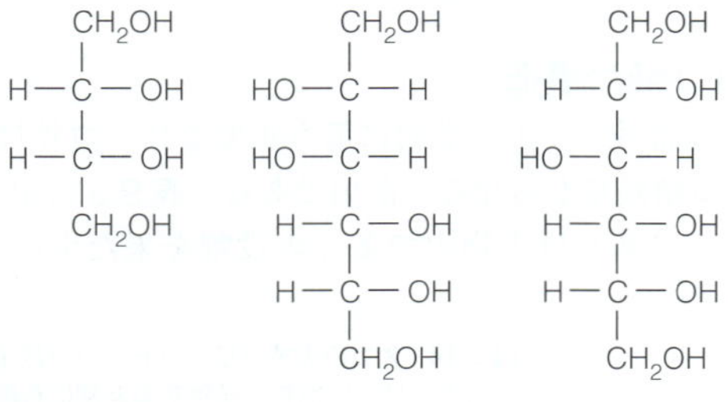

エリトリトール*　　D-マンニトール　　D-グルシトール（ソルビトール）

それぞれの名称は対応する単糖にちなんでつけられている。糖尿病患者の眼の水晶体にソルビトールが蓄積すると，白内障が生じる。

アミノ糖

単純な糖のアミノ誘導体が 2 種類，天然多糖類に広く分布している。1 つはグルコースから誘導されるグルコサミンで，もう 1 つはガラクトースから誘導されるガラクトサミンである。

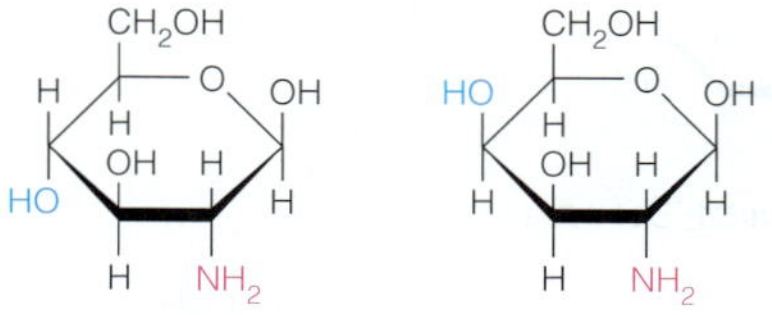

β-D-グルコサミン　　β-D-ガラクトサミン

これらのアミノ糖は普通さらに修飾される。例えば，下図の化合物は β-D-グルコサミンからの誘導体である。

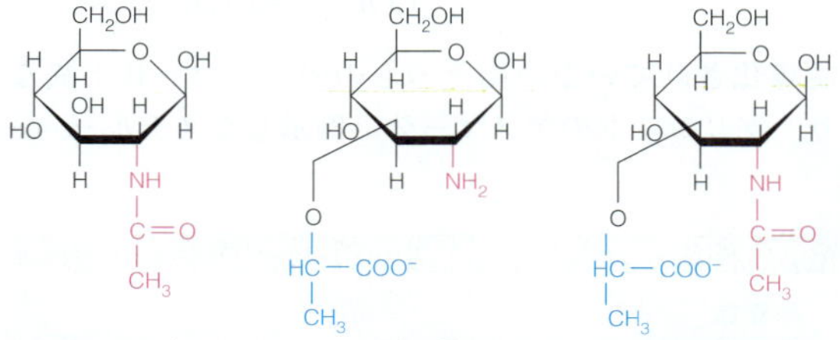

β-D-*N*-アセチルグルコサミン　　ムラミン酸　　*N*-アセチルムラミン酸

これらの糖誘導体は多くの天然多糖類の重要な成分である。よく目にする他の 2 つをあげる。

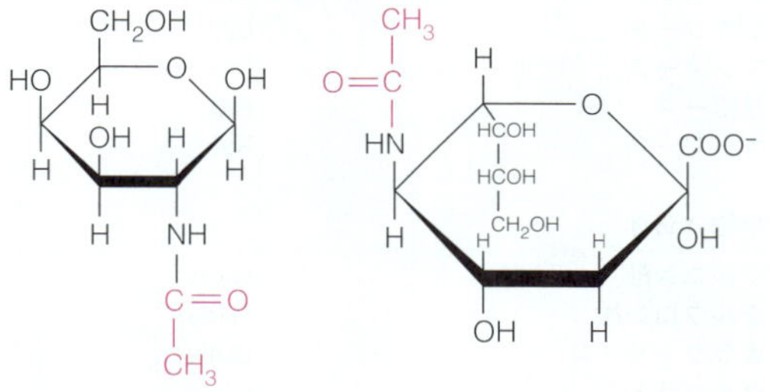

β-D-*N*-アセチルガラクトサミン　　*N*-アセチルノイラミン酸（シアル酸）

修飾された糖類（特にアミノ糖）はオリゴ糖や多糖の複合体中の単量体残基としてしばしば見出される。核酸やタンパク質構造の表記に用いたように，これらの分子の構造を表記しやすくするために，略語を使うと便利である。単純糖類とその誘導体の略語が定義されているが，最も重要なものを表 9.4 に掲げる。

> **ポイント 10**
> アミノ糖は多くの多糖類の中に存在している。

グリコシド

環状単糖のアノマー炭素の水酸基と他の化合物の水酸基との間の脱水反応が起きて，**O-グリコシド O-glycoside**（O-は水酸基についていることを意味す

*エリトリトールは，キラル炭素をもっているが光学活性ではない。なぜなら，2 位炭素と 3 位炭素の間に対称面があるからである。

る）が生成する。ここで生じたアセタール結合は**グリコシド結合 glycosidic boud** と呼ぶ。簡単な例として，メチル-α-D-グルコピラノシドの生成を示す。

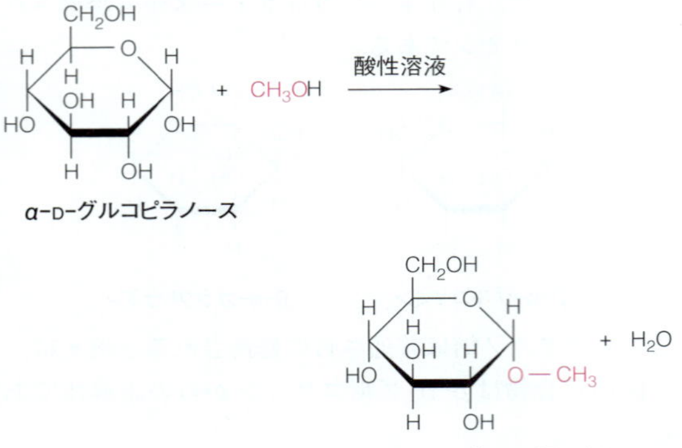

α-D-グルコピラノース

メチル-α-D-グルコピラノシド

誘導化されていない糖そのもののアノマー体と異なり，グリコシドのアノマー体（例示したメチル-α-D-グルコピラノシドとメチル-β-D-グルコピラノシド）は，酸触媒が存在しないと変旋光を伴う相互変換をしない。この性質は，糖の立体配置を決定するのに有効である。

表 9.4　一般的な単糖残基の略語

単糖類	
アラビノース	Ara
フルクトース	Fru
フコース	Fuc
ガラクトース	Gal
グルコース	Glc
リキソース	Lyx
マンノース	Man
リボース	Rib
キシロース	Xyl
単糖誘導体	
グルコン酸	GlcA
グルクロン酸	GlcUA
ガラクトサミン	GalN
グルコサミン	GlcN
N-アセチルガラクトサミン	GalNAc
N-アセチルグルコサミン	GlcNAc（あるいは NAG）
ムラミン酸	Mur
N-アセチルムラミン酸	MurNAc（あるいは NAM）
N-アセチルノイラミン酸（シアル酸）	NeuNAc（あるいは Sia）

ポイント 11
O-グリコシドは単糖の水酸基と他の化合物の水酸基との間で脱水反応して生成する。

多くのグリコシドが動物，植物の組織に分布している。なかには，有毒な物質もある。ほとんどの場合，それらが ATP 消費を伴う酵素の阻害剤として作用するからである。図 9.14 に 2 つの有毒なグリコシドであるウワバインとアミグダリンを示す。ウワバインは，電解質バランスを維持するために細胞膜間を行き来するナトリウムイオン（Na^+）とカリウムイオン（K^+）を汲み上げる（Na^+-K^+ポンプ）酵素の作用を阻害する。ウワバインはアフリカの灌木に由来し，ソマリ族の猟師がこの植物からの抽出物を矢尻に浸み込ませて猟に用いていたことから見出された。ウワバインは，現在ではある種の強心薬として用いられている（p.352 参照）。アミグダリンも全く異なる理由で有毒である。ビターアーモンドの種子の中に存在するこのグリコシドは，加水分解の際，青酸を生産する。青酸ガスがいわゆるビターアーモンドの匂いなのはこのためである。

オリゴ糖

単糖が，水酸基をもっている他の化合物とグリコシド結合を生成するように，単糖同士が互いにグリコシド結合を生成することができる。このように，単糖同士がグリコシド結合した生成物が，オリゴ糖類および多糖類のグリカン類である。

オリゴ糖の構造

最も簡単で，生物学的に最も重要なオリゴ糖は，2 つの単糖残基からなる二糖類である。表 9.5 に示すように，二糖類は生物中で多くの役割を果たす。スク

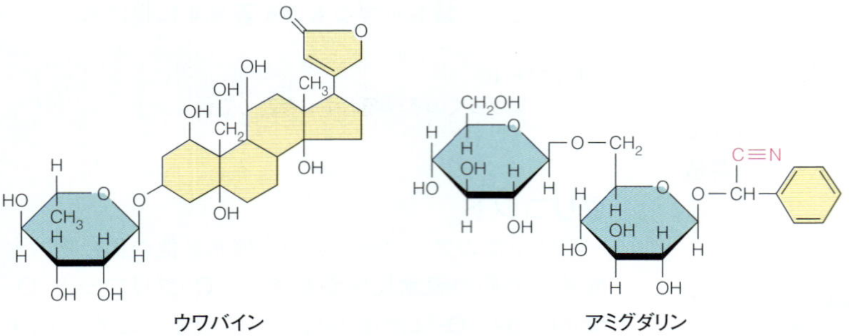

ウワバイン　　アミグダリン

図 9.14　2 つの天然グリコシド　ウワバインとアミグダリンは植物に産生する非常に有毒なグリコシドである。

表 9.5　代表的な二糖類の分布と生化学的役割

二糖類	構造	自然界の分布	生理的役割
スクロース	Glcα(1→2)Fruβ	多くの果物，種子，根，蜜	光合成の最終生成物。多くの生物で主要なエネルギー源
ラクトース	Galβ(1→4)Glc	ミルク，ある種の植物源	多くの動物のエネルギー源
α，α-トレハロース	Glcα(1→1)Glcα	酵母，キノコ類，昆虫の血液	昆虫の主要な循環糖。エネルギーに用いる
マルトース	Glcα(1→4)Glc	植物（デンプン），および動物（グリコーゲン）	デンプン，およびグリコーゲン多量体から生じる二量体
セロビオース	Glcβ(1→4)Glc	植物（セルロース）	セルロース多量体から生じる二量体
ゲンチオビオース	Glcβ(1→6)Glc	ある種の植物（リンドウ）	植物グリコシドおよびある種の多糖類の成分

ロース（ショ糖），ラクトース（乳糖），およびトレハロースのような二糖類は，動物，植物にとって可溶性エネルギー源である。マルトース（麦芽糖）やセロビオースのような二糖類は，基本的には多糖類が分解するときの中間生成物としてみなされている。ゲンチオビオースのような二糖類は，自然界に産出する複合体の成分として見出されている。これらの重要な二糖類の構造を図 9.15 に示す。

種々の二糖類を区別する特徴

二糖類を互いに区別する4つの主要な特徴：

1．構成している2つの特定の糖単量体（単糖）とその立体配置。マルトースにおける2つの D-グルコピラノース残基のように，単量体が同じ種類なのか，スクロースにおける D-グルコピラノース残基と D-フルクトフラノース残基のように2つの単量体が異なる種類なのか。
2．結合に関与する炭素は何位の炭素か。多くの可能性が存在するが，最もよく起こる結合は，1→1 結合（トレハロースの場合のように），1→2 結合（スクロースの場合のように），1→4 結合（ラクトース，マルトース，セロビオースの場合のように），および 1→6 結合（ゲンチオビオースの場合のように）である。注意すべきは，これらの二糖類のすべての場合で，少なくとも1つの糖のアノマー水酸基が結合に関与していることである。
3．2つの単量体単位が異なる種類の場合の，結合配列順。グリコシド結合による連結法は，1つの糖のアノマー炭素を含んでいるが，たいていの場合，もう1つの糖のアノマー炭素は含んでいない。そのため，分子の両端は化学反応性が異なるので，区別することができる。例えば，ラクトースのグルコース残基は，グリコシド結合に関与していないアノマー炭素，つまり，潜在的に自由なアルデヒド基が存在するので，Fehling 溶液で酸化されるが，ガラクトース残基は酸化されない。したがって，ラクトースは還元糖であり，グルコース残基がその還元末端部である。もう1つの末端部は，非還元末端部と呼ばれる。スクロースの場合，2つのアノマー炭素はグリコシド結合に含まれているので，潜在的に自由なアルデヒド基をもっている残基がない。そのため，スクロースは非還元糖である。
4．それぞれの残基の1位炭素上のアノマー水酸基の立体配置。この特色はグリコシド結合に含まれるアノマー炭素にとって特に重要である。その立体配置は α（図 9.15a に示した二糖類のように）か β（図 9.15b に示した二糖類のように）である。この相違は小さいようにみえるが，分子の形に大きな影響を及ぼす。そして，この形の相違を酵素は容易に認識する。例えば，マルトースとセロビオースは2つとも D-グルコピラノースの二量体であるが，この2つを加水分解するのに異なった酵素が必要である。そのうえ，多糖類では，アノマーの配向がこれらの高分子がもつ二次構造を決定する重要な役割を果たしている。

二糖類の構造の表記法

二糖類と，より複雑なオリゴ糖の構造を表記する便利な方法が考案されている。その規則は，

1．配列順は，表 9.4 で示した略号を用いて，非還元末端部を左側から始めて表記していく。
2．アノマー体，鏡像異性体は接頭辞（例えば α-，D-）で表示する。
3．環の立体配置は接尾辞（ピラノースは *p*，フラノースは *f*）で表示する。
4．グリコシド結合を生成する原子と原子は，残基と残基との間に“カッコ”をつけ，その“カッコ”内に原子の位置番号を表示する。例えば，(1→4) は，左側の残基の1位の炭素から右側の残基の4位の炭素への結合を意味する。

例えば，スクロースの構造は，次のように表示する。

α-D-Glc*p*(1→2)-β-D-Fru*f*

多くの場合，D-，L-表示（L-鏡像異性体が存在する特別な場合を除く）と，単量体が通常の環の形をしてい

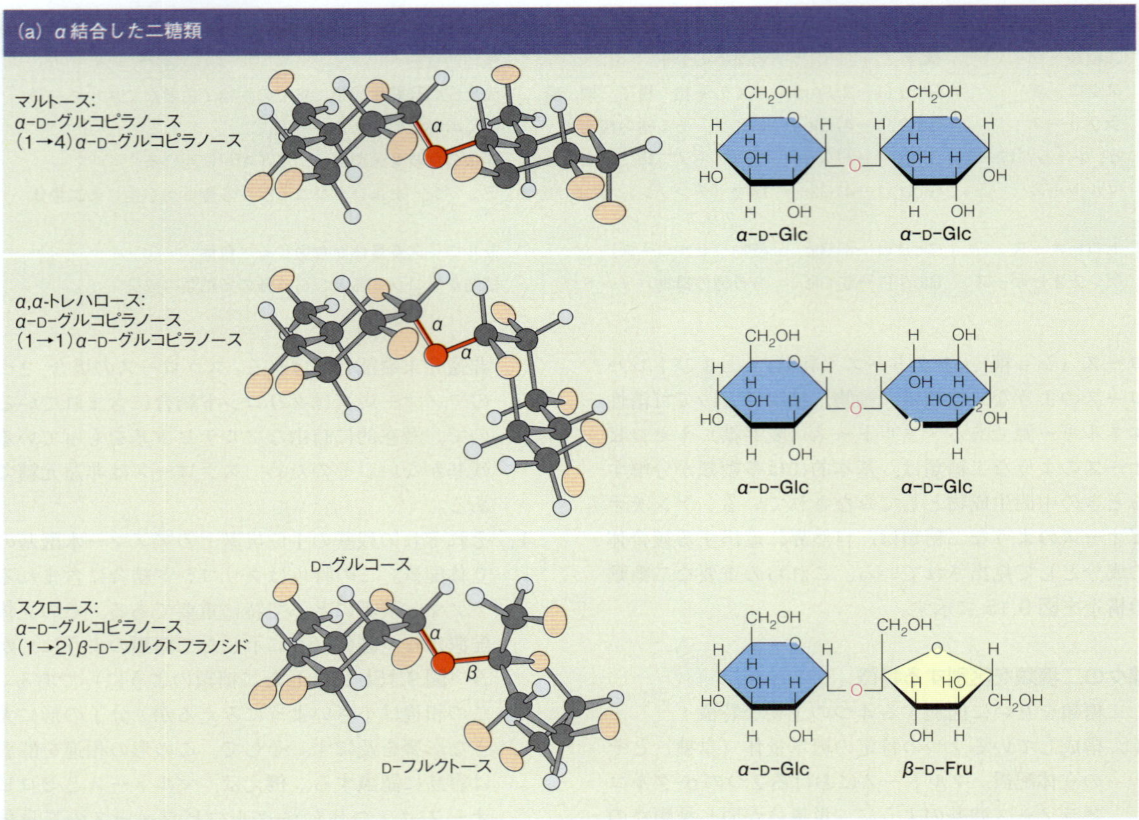

図 9.15 重要な二糖類の構造 アノマー酸素原子を赤で表したボール&スティックモデルを左側に，同じ分子を Haworth 投影式で右側に表示した。各単糖は色で指定している。青はグルコース，黄色はフルクトース，青緑色はガラクトースである。**(a)** 1位炭素の α 配置にある水酸基（α アノマー）を介してつながっている二糖類：マルトース，トレハロース，スクロース。**(b)** β アノマーを介してつながっている二糖類：セロビオース，ラクトース，ゲンチオビオース。二糖類で単糖間のグリコシド結合を表示するときの“決まり”がある。それは，Haworth 投影式で単量体を平行に表示する際“折れ曲がった結合”で表示可能であり，その折れ曲がった結合の“角”には，有機化合物の構造を表現するときと同様，余分の炭素原子があるのではないということである。

る場合の接尾辞 *p*, *f* 表示は省略して，表示法を簡略化している。そのため，スクロース（ショ糖）の構造は，表 9.5 に記したように，通常は，Glcα（1→2）Fruβ のように表示する。この表示体系は，本章で後述するデンプン類のように，長鎖あるいは枝分かれしたオリゴ糖類にも適用可能である。もし2つの残基間の結合で1つの炭素のみがアノマーの場合，還元される末端でのアノマー立体配置は溶液中では平衡状態であるので，表示はもっと短縮できる。例えば，マルトースは，Glcα(1→4)Glc と表示できる。

生物学的に重要なオリゴ糖は二量体構造に限定されているわけではない。多くの三量体，四量体，特別に構成されたより大きい分子が知られている。これらの化合物の例については，ある種のタンパク質や細胞表面に接着しているオリゴ糖として，本章で後述する。「生化学の道具 9A」に，オリゴ糖の配列順を決定するのに用いられている手法を記載している。

グリコシド結合の安定性と生成

オリゴ糖では，2つの単量体から水分子が脱離して縮合し，グリコシド結合が生成する。すなわち，ラクトースの合成は次式のように進行すると思われる。

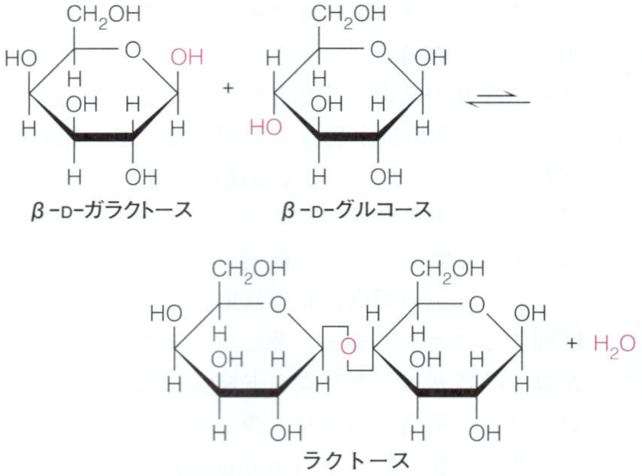

この反応はポリペプチドが生成する際，アミノ酸同士から水分子が脱離する反応や，核酸が生成する際，ヌクレオチド同士から水分子が脱離する反応に類似し

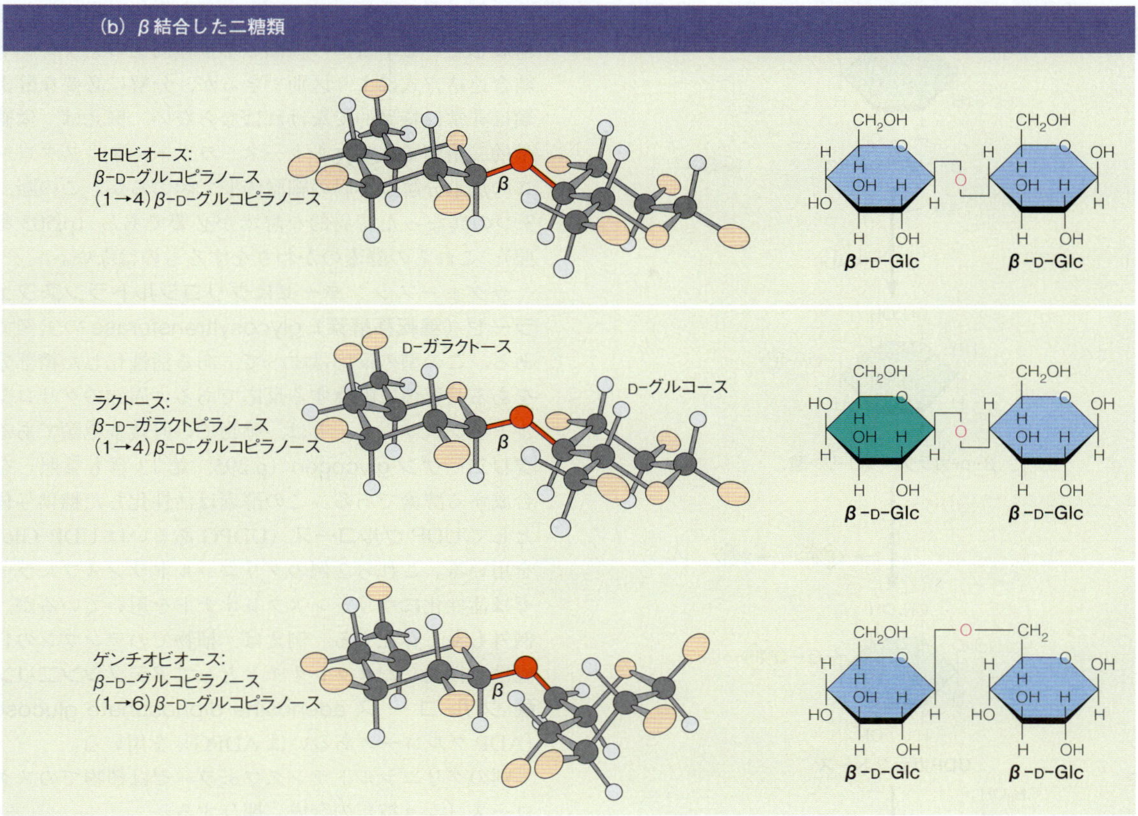

図 9.15　つづき

ている。これら反応の場合と同様，グリコシド結合が生成する反応は熱力学的には好ましくない。反対に，オリゴ糖類および多糖類の加水分解は，生理的条件下，標準状態での自由エネルギー変化は約 15 kJ/mol である。この値は加水分解生成物が生じるには好ましい平衡定数である約 800 に相当するので，熱力学的に優位である。それにもかかわらず，ペプチドやオリゴヌクレオチドのように，糖の多量体は，酵素あるいは酸で加水分解反応が触媒されない限り，長期間十分準安定状態にある。この状態は他の重要な生体高分子と同じである。つまり，生体内でのオリゴ糖類や多糖類の分解は，特異的な酵素によって調節されている。そのうえ，このような糖の多量体の合成過程は，生物体中では上記のような反応式では進行しない。タンパク質合成や核酸合成の場合のように，活性単量体が必要である。グリカンの生合成では，通常はヌクレオチドが結合した糖が活性単量体である。ラクトース生合成過程では，活性化した糖分子は，ウリジン三リン酸とガラクトース 1-リン酸との反応で生成する**ウリジン二リン酸ガラクトース uridine diphosphate galactose**（UDP ガラクトースまたは UDP-Gal）である。本章では，置換基が記述してない単結合は，単結合した水素原子を表現している。

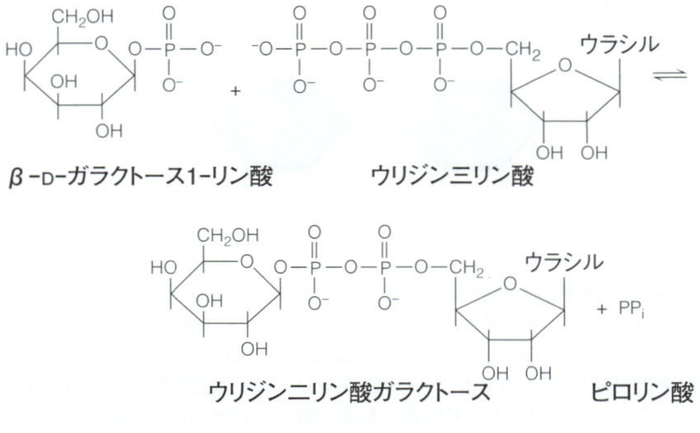

第 3 章で概説した原則から，UDP ガラクトースは，おそらく高エネルギー化合物であると認識できるだろう。したがって，1 つの結合が開裂することは熱力学的に優位で，その過程で活性化したガラクトース部分が炭水化物受容体へ転移することができる。**ラクトースシンターゼ lactose synthase** で触媒された反応では，図 9.16 に示したように，受容体はグルコースで，生成物はラクトースであり（Galβ(1→4)Glc），酵素特異性がある。グルコースには，ガラクトース部分が転移できる 5 つの異なった水酸基が存在するが，炭素 4 位の水酸基のみがこの酵素の受容体として働く。図

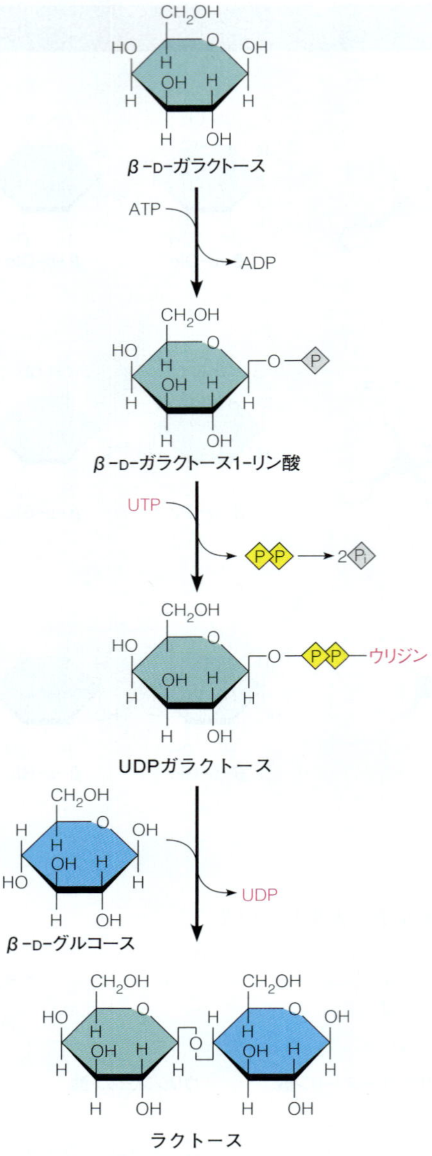

図 9.16　酵素によるラクトース生成　乳腺組織でのミルク生成過程で図の反応が起こる。ガラクトースがATPによりリン酸化され，その後ウリジン二リン酸（UDP）へ転移する。UDPガラクトースは，リン酸結合の開裂を伴ってガラクトースをグルコースへ受け渡す。反応はラクトースシンターゼによって触媒される。第4章で用いたように，ひし形の中のPはリン酸を表し，黄色で示した場合は高エネルギーリン酸である。

9.16で示した反応過程のように，UDP-Galの合成は，部分的には，生じた高エネルギー化合物である無機ピロリン酸塩（二リン酸塩）が続いて加水分解されることによって促進される。

ポイント12
核酸におけるリン酸ジエステル結合やタンパク質におけるアミド結合と同様，グリコシド結合は準安定である。酵素がグリコシド結合の加水分解を調節している。

異なった二糖類（およびオリゴ糖類や多糖類）は，構成している単量体の種類と単量体同士のグリコシド結合連結方式により区別できるが，分解に必要な酵素類は非常に特異的でなければならない。例えば，栄養学的二糖類であるマルトース，ラクトース，スクロースの加水分解は小腸の細胞内壁で起こるが，この際，3つの異なった特異的な酵素が必要である（p.503参照）。これらの酵素のかわりをするものはない。

ラクトースシンターゼは**グリコシルトランスフェラーゼ（糖転移酵素）glycosyltransferase**の実例である。この型の反応はすべて，ある活性化した糖部分をある受容体に転移する反応である。周知のグリコシルトランスフェラーゼは，動物での貯蔵多糖類である**グリコーゲン glycogen**（p.295，第13章も参照）を合成する酵素である。この酵素は活性化した糖供与体として**UDPグルコース**（UDPGあるいはUDP-Glc）を用いる。これら2例のグリコシルトランスフェラーゼは活性化にウリジンヌクレオチドを用いているが，例外も多く存在する。例えば，植物でのデンプンの合成は活性化したヌクレオチドとして**アデノシン二リン酸グルコース adenosine diphosphate glucose**（ADPグルコースあるいはADPG）を用いる。

別のグリコシルトランスフェラーゼは植物でのスクロース（ショ糖）の合成に関与する。

UDPグルコース ＋ フルクトース6-リン酸 →
　　スクロース6-リン酸 ＋ UDP

生成したスクロース6-リン酸は続いて加水分解されてショ糖とリン酸が生じる。ショ糖代謝の重要な特徴は，ヌクレオチドに結合した糖類を伴わないグリカン生合成を含むことである。ある種のバクテリアは，α(1→2)またはまたはα(1→3)またはα(1→4)分岐点をもち，α(1→6)に結合したグルコース多量体である**デキストラン dextran**合成を行う。**デキストランスクラーゼ dextran sucrase**が触媒するこの多量化は，スクロースそのものを基質とする。

n-スクロース →
　　グルコース$_n$(デキストラン)＋n-フルクトース

ヒト口腔で増殖している数種のバクテリアが多量のデキストランを合成し，歯垢生成の原因の1つになっているため，栄養士にとっては肥満とともにスクロース過剰摂取が懸念材料となっている。

本章の後半でみることにするが，さらに大きなオリゴ糖類や多糖類はきわめて複雑な構造である。オリゴ糖類や多糖類合成が，核酸合成やタンパク質合成と異なっている重要な点が1つある。それは，これら糖ポリマーは鋳型分子から複製されたものでは決してないということである。かわりに，グリカン類の合成では，それぞれの種類の単量体単位が結合するのにそれぞれ異なった酵素が触媒作用をする。明らかに糖ポリマーの合成と分解には莫大な動植物の酵素類が関与しているに違いない。

ポイント 13
グリコシルトランスフェラーゼによりグリカン生合成が起こる。この酵素は UDP グルコースのような活性化した糖部分を，糖質受容体上のある特異的な場所へ転移する。

多糖

多糖類は生物中で多種多様な機能を発揮している。デンプンやグリコーゲン（動物デンプンと呼ばれることもある）のような多糖類は，主に糖をそれぞれ植物や動物のエネルギーとして貯蔵するために役立つ。一方，**セルロース** cellulose，**キチン** chitin，細菌の細胞壁を構成する多糖類などは，構造タンパク質に類似の構造物質である。多糖類は機能別に分類して考慮するのが一番簡単である。

ポリペプチドやポリヌクレオチドの場合のように，多糖類における単量体残基の配列順が，多糖類の一次構造を規定する。タンパク質は通常，複雑な配列順であるが，多糖類はむしろ簡単な一次構造である。ある場合（例えば，セルロース），多量体はたった 1 種類の単量体残基（セルロースでは β-D-グルコース）から構成されている。この種の多量体を**ホモ多糖類** homopolysaccharide と呼ぶ。2 つあるいはそれ以上の種類の単量体残基が含まれている多量体は，**ヘテロ多糖類** heteropolysaccaride と呼ぶ。ヘテロポリマーであるこれらの貯蔵および構造多糖類でさえ，複雑なものはまれで，普通は 2 種類以下の単量体残基しか含まれていない。ほとんど常に，はっきりと決まった長さであるタンパク質分子や核酸分子とは著しく違って，多糖類の鎖は無秩序に長く伸びていく。前述したように，グリカン類は分岐鎖を生成できる点で区別できる。分岐能力，および結合形成に関与できる個々の単量体がもつ多数の官能基のため，多糖類は驚くほど構造的多様性があり，また多糖類は多様な役割を担っている。

タンパク質や核酸との相違に対する機能的理由づけは簡単である。デンプンのような貯蔵物質は（タンパク質分子や核酸分子と異なり），情報を伝達したり複雑な三次元構造を用いる必要がないからである。多糖類は単に将来使用するグルコースをしまっておく貯蔵棚である。（構造タンパク質のように）多くの構造多糖類は，繊維あるいはシートを生成するのに適した規則正しい二次構造を形成する。ある種の単純単糖類か二糖類の主要素である規則正しい繰り返しがこの機能に役立っている（比較として，第 6 章で取り上げたコラーゲンや絹フィブロインにおける単純な繰り返しアミノ酸配列を想起してみよう）。糖ポリマーでは，細胞表面に接着しているある種のオリゴ糖，あるいは特異な糖タンパク質が接着しているある種のオリゴ糖にのみ，明瞭で複雑な配列順が見出される。これらのオリゴマーは，細胞あるいは分子を同定するのに役立つので，情報を運んでいるに違いない。この機能が発揮されるためには，ちょうど核酸の配列順が拡散固有の言語で情報を読み取るように，多糖類言語で正確に規定された“言葉”が必要である。

貯蔵多糖

主要な貯蔵多糖類は，植物中のデンプンの成分である**アミロース** amylose と**アミロペクチン** amylopectin，および動物や微生物細胞中に蓄えられている**グリコーゲン** glycogen である。デンプンおよびグリコーゲンとも細胞内の顆粒中に貯蔵されている（図 9.17）。デンプンはほとんどあらゆる種類の植物細胞中に見出されるが，穀物種，塊茎，未熟の果物には特に豊富である。グリコーゲンは，多くの動物でエネルギー貯蔵の中心的臓器として働く肝臓に蓄積されている。グリコーゲンはエネルギー放出に直ちに利用できる筋組織中にも豊富に存在している。

アミロース，アミロペクチン，およびグリコーゲンはすべて α-D-グルコピラノースの多量体である。これらは，グルコースから構成される多量体で，**グルカン** glucan と総称されるホモ多糖類である。この 3 つの多量体は，大きさとグルコース残基同士の結合様式が異なっている。アミロースは隣り合ったグルコース残基同士で独占的に $\alpha(1\rightarrow4)$ 結合した直鎖状の多量体である。アミロペクチン（図 9.18）とグリコーゲンは，$\alpha(1\rightarrow4)$ 結合の他に多少 $\alpha(1\rightarrow6)$ 結合も含んでいるので，両方とも枝分かれした多量体である。グリコーゲンにおける枝分かれはアミロペクチンにおける枝分かれよりいく分頻度が高く，より短い。また，グリコーゲンのほうが通常，分子量が大きいが，ほとんどの点でこの 2 つの多糖類はよく似ている。

ポイント 14
グリコーゲンとデンプンの成分であるアミロースとアミロペクチンは，貯蔵多糖類である。アミロースは直鎖状であり，アミロペクチンとグリコーゲンは枝分かれ状である。

アミロースは単純で規則正しい一次構造なので，二次構造も規則正しい。ポリヌクレオチドやポリペプチドと同様，この構造の詳細は X 線回折研究で明らかに

9

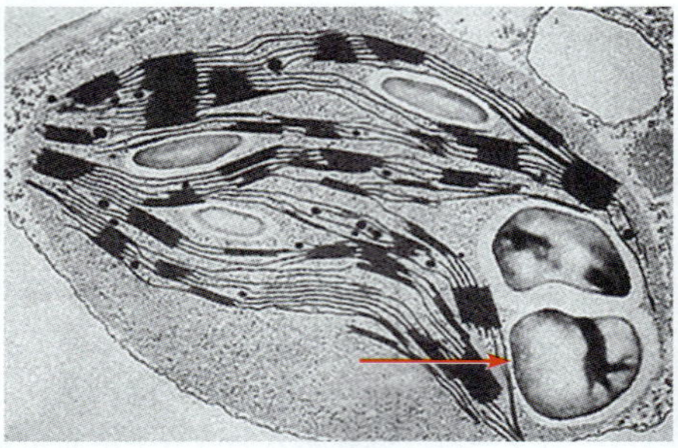

(a) 葉緑体顆粒

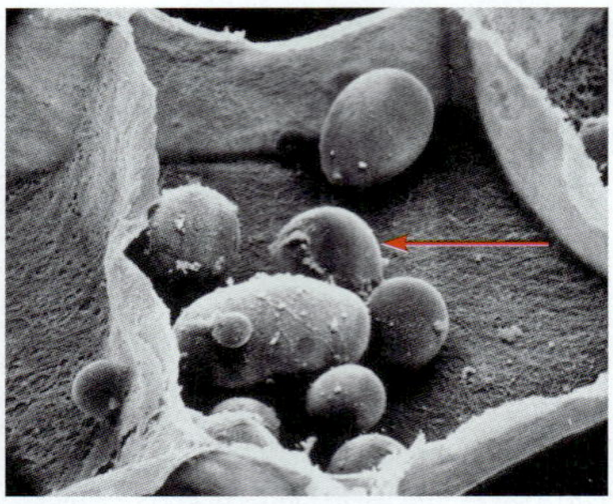

(b) 塊茎細胞顆粒

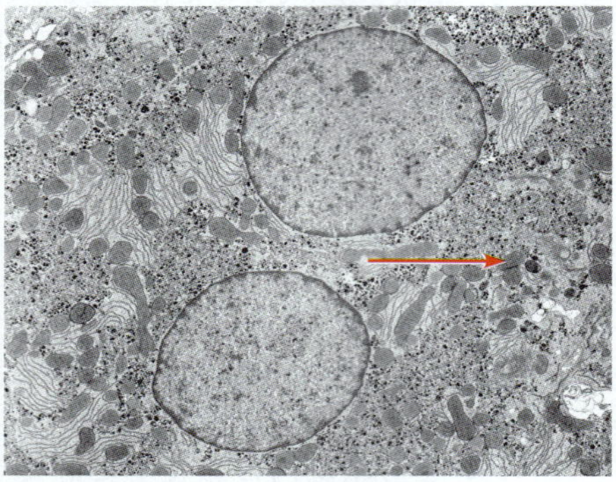

(c) 肝臓顆粒

図 9.17　顆粒中のデンプンとグリコーゲンの貯蔵（顕微鏡写真）　それぞれの場合で典型的な顆粒は矢印で表示してある。(**a**) 植物の葉の葉緑体のデンプン顆粒。(**b**) ジャガイモの塊茎細胞中のデンプン顆粒。(**c**) 肝臓のグリコーゲン顆粒。

(a) From Science Sourse, © Biophoto Associates/Photo Reseacher, Inc.; (b) Dr. Lloyd. M. Beidler/Science Photo Library; (c) Medimage/Science Photo Library.

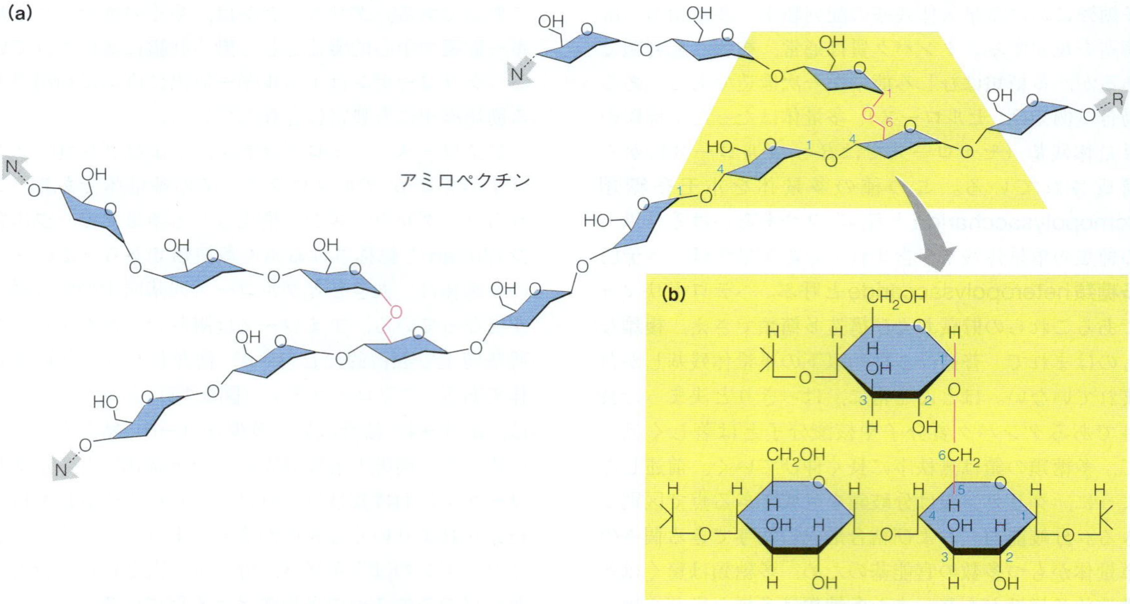

図 9.18　アミロペクチン，枝分かれグルカン　(**a**) アミロペクチンの一次構造。非還元末端 (N) と還元末端 (R) を図示した。(**b**) 枝分かれした部分の詳細な構造。図を簡略化するために，環の水酸基の一部は省略している。

なった。実際，アミロースは，この X 線回折で構造が解明された最初の生体高分子であった。α(1→4) 結合なので，それぞれの残基はその前の残基と角度があり，規則正しいヘリックス立体配座になりやすい（図 9.19）。アミロペクチンとグリコーゲンは枝分かれするので，ヘリックス生成が阻害される。なぜなら，ヘリックス生成にはそれぞれの回転に 6 個の残基が必要であるのに，アミロペクチンでは 20〜30 残基ごとに，グリコーゲンでは 8 残基ごとに，枝分かれの分岐点があるからである。

貯蔵多糖類は，それぞれの機能を発揮しやすいように実に見事に設計されている。グルコースはもちろ

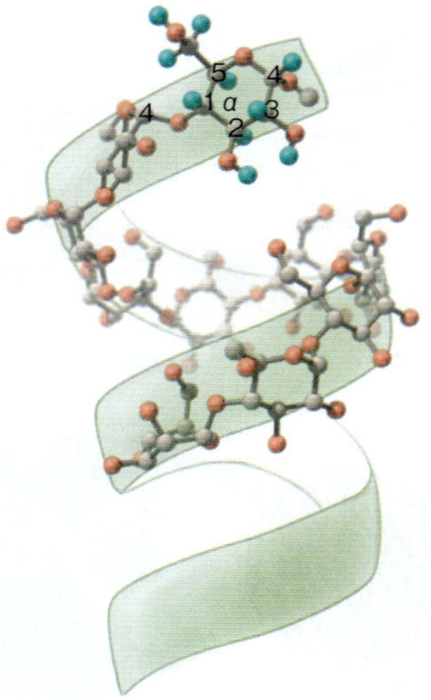

図 9.19　アミロースの二次構造　連続したグルコース残基の配向はヘリックスの生成を容易にする。大きなコアに注目。水素結合（図示していない）によりヘリックスは安定化する。

ん，二糖類であるマルトースでさえ非常に小さく，すばやく拡散され貯蔵しにくい分子である。もし，このような小さな分子が細胞中に多量に存在したら，非常に大きな細胞浸透圧が生じ，たいていの場合，有害になるだろう。そのため，大部分の細胞はグルコースを長い多量体に組み立て，大量に貯蔵可能にすることによって，拡散したり損失したりするのを防いでいる。グルコースが必要なときはいつでも，この多量体を特異的な酵素で選択的に分解して得ることができる。この過程の詳細は第 13 章で述べるが，その特色の 1 つにここでふれる。非還元末端で連鎖を攻撃する酵素は，その際 1 つのグルコースを遊離させる。このような“末端部分反応”（内部分割とは反対に）は長い多量体の連続的な分解を防ぎ，完全な可溶化状態を生じる。アミロペクチンとグリコーゲンは枝分かれ構造なので，それぞれの分子が同時に連結することができる（図 9.18 参照）非還元末端を多く含んでいて，必要なときグルコースがすぐに流動性になることができる。一方，ただ 1 つの非還元末端しかもたない直鎖状のアミロースは，グルコースの長期的な貯蔵庫として主に利用されている。

構造多糖

植物は繊維性構造タンパク質（ケラチンやコラーゲンのような）を合成したり利用したりしないようにみえるが，そのかわりに特別な多糖類が完全に肩代わりしてその役割を果たしている。動物は構造タンパク質と構造多糖類の両方の種類の物質を利用している。それぞれ異なった性質のものを必要とするため，数多くの構造多糖類が存在している。まず最初に，植物中の構造多糖類を考えてみよう。

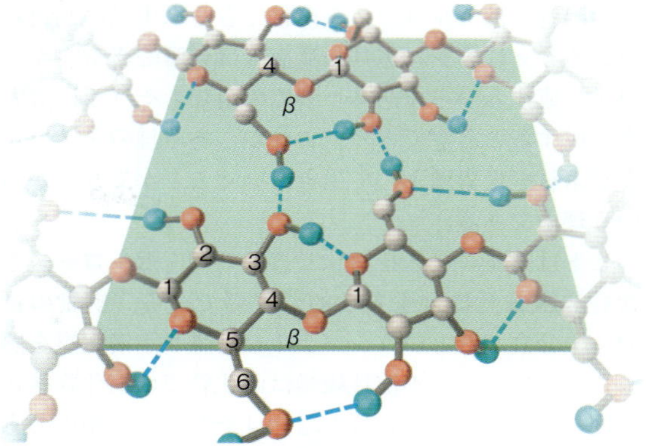

図 9.20　セルロースの構造　セルロースの β(1→4) 結合は平面構造を形成する。平行なセルロース鎖同士は水素結合で互いに連結する。水素結合に関与する水素原子は青で表示している。理解しやすいように，水素原子には 1 つのグルコース残基（炭素番号をつけた）のみを表示している。

セルロース

木材や繊維状の植物（樹木や草のような）中の主な多糖類であるセルロースは，生物圏中で最も多量にある単一のポリマーである。アミロースのように，セルロースは D-グルコースの直鎖状多量体であるが（同様にグルカンもまた D-グルコースの直鎖状多量体である），セルロースでは，糖残基は β(1→4) 結合で連結している（図 9.20）。デンプン（ヘリックス構造のアミロース）と比べてわずかな結合の違いと思えるが，結果として構造的には非常に異なってくる。セルロースは，十分伸びた鎖状であり，それぞれのグルコース残基はその隣りのグルコース残基と 180° ひっくり返っている。この十分伸びた形の中で，長鎖内および長鎖間で互いに水素結合することにより束ねられリボンを生成することができる。この配列は絹フィブロイン（硬タンパク質）の β シート構造を思い起こさせる。またフィブロインと同様，セルロースの原繊維は高い機械的な強度をもつが，伸長性は低い。

セルロースとデンプンの小さな相違は，別の重要な結果を引き起こす。すなわち，デンプンの α(1→4) 結合開裂を触媒する動物の酵素群は，セルロースの β(1→4) 結合を開裂することができない。このため，たとえ飢餓状態のときでさえ，ヒトは身の周りにセルロースの形で存在する大量のグルコースを利用することができない。ウシのような反芻動物は，その消化管にセルロース分解に必須な酵素である**セルラーゼ cellulase** を生成する共生細菌がいるので，セルロースを消化できる。シロアリは木材を侵食して，より複雑な方法でセルロースを処理している。すなわち，シロア

9

リの腸管にはセルロースを消化できる原生動物が棲んでいるうえに，シロアリの唾液腺は分解酵素セルラーゼを生成するからである。多くの菌類もそうした酵素を生成することができる。これが，ある種のキノコがなぜ木材を炭素源として生きていくことができるかという理由である。

ヒトはセルロースを消化できないが，セルロースを含む高繊維食物は栄養学的に重要である。繊維の量で，十分食べたというシグナルを認識し，満腹感を感じるようになる。不溶性繊維は消化管での消化物輸送速度を速め，また繊維量が増せばそれだけ食物中の毒物や発がん物質にさらされる可能性が減少すると考えられている。

バイオ燃料産業の主要な目標は，植物性廃棄物中のセルロースを，グルコースや他の基質に工業的規模で変換し，最終的にはエチルアルコールや他の潜在的な燃料が生産できるような効率的な手段を開発することである。しかし，植物組織中のセルロースは，主に木材組織中の複雑な多量体であるリグニンと付随的に連結している。このリグニンを分解するのは，セルロースよりさらに困難であるので，難題である（第21章参照）。まず，セルロースをリグニンから分離し，そのリグニンを分解し有用な燃料分子に変換する他の手段も見つけ出さねばならない。

植物の繊維状部分はセルロースのみからつくられているのではない。多種多様な多糖類が植物細胞壁中に存在している。それらは，β（1→4）結合したD-キシロピラノースの多量体である**キシラン類 xylan**であり，しばしば置換基がついた**グルコマンナン類 glucomannan**および他の多くの多量体を含んでいる。これらの多糖類はしばしば**ヘミセルロース hemicellulose**と呼ばれて類別されている（下を参照）。

植物の細胞壁はいくつもの層からできた複雑な構造である。セルロースの微細繊維は細かく交差していて（図9.21），他の多糖類とある種のタンパク質のマトリックスを含侵している。これは，ガラス繊維が硬い樹脂の中に埋め込まれ，強靭で耐久性のあるガラス繊維が生成されるのと同じ原理である。

セルロースは植物界だけに限定されてはいない。ツニケート（被嚢亜門の動物，ホヤなど）と呼ばれる海の無脊椎動物は，その硬い外套膜中にかなりの量のセルロースを含んでいる。ヒトの結合組織中にも少量のセルロースが存在するという報告さえある。しかしながら，セルロースは動物の進化の過程で構造物質としては除外されていったと思われる。菌類では，構造多糖類として，グルコース残基間でβ（1→3）結合あるいはβ（1→6）結合をもつグルカンが広く利用されている。

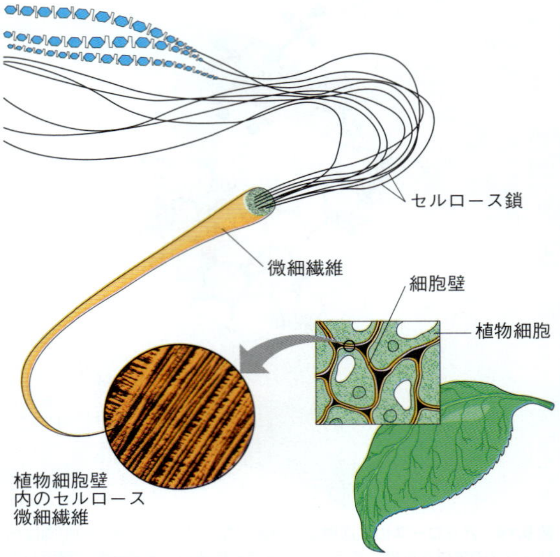

図9.21 植物細胞壁の組織体 セルロースの微細繊維はヘミセルロースのマトリックス内に埋め込まれている。繊維は網状に重層されていて，すべての方向に強度をもっている。

The World of the Cell, 4th ed., Wayne M. Becker, Lewis J. Kleinsmith, and Jeff Hardin. © 2000. Reprinted by permission of Pearson Education Inc., Upper Saddle River, N. J.；(inset) Carolina Biological Supply Co./Visuals Unlimited, Inc.

キチン

N-アセチル-β-D-グルコサミンのホモポリマーであるキチンは，それぞれの残基の2位炭素上の水酸基がアセチル化されたアミノ基で置換されている以外，基本的にはセルロースと同様の構造である。

キチンは動物，植物，鉱物界すべてに広く分布している。大部分の菌類やある種の藻類では，微量成分で

…β-D-Xyl*p*(1 → 4)[β-D-Xyl*p*(1 → 4)]$_7$-β-D-Xyl*p*(1 → 4)-β-D-Xyl*p*(1 → 4)…
Acetyl at C-2 or C-3　　4-O-Me-α-D-Glc*p*(1 → 2)

典型的なキシラン構造

…β-D-Glc*p*(1 → 4)-β-D-Man*p*(1 → 4)-β-D-Man*p*(1 → 4)-β-D-Man*p*(1 → 4)…
β-D-Gal*p*(1 → 6)　　Acetyl at C-2 or C-3

典型的なグルコマンナン構造

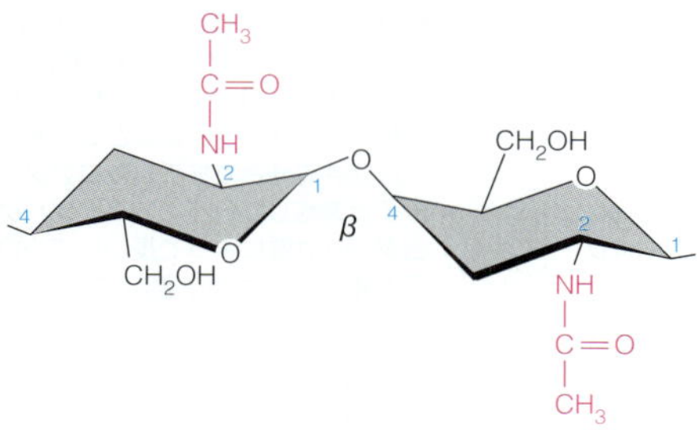

キチン

あるが，セルロースあるいは他のグルカンのかわりをしている。分割した酵母細胞中，キチンは分離細胞間で生成する隔膜内に見出される。しかし，キチンの最もよく知られた役割は，無脊椎動物におけるものである。それは，多くの節足動物と軟体動物の外骨格で，キチンが主要な構造物質の成分であることである。コラーゲンが脊椎動物の骨に無機質沈着のためにマトリックスとして働くように，これらの外骨格の多くで，キチンはミネラル化が起こるようマトリックスを生成する。このことは進化との関係を考えるうえで，非常に興味深い。動物は進化の過程で体を大きくするために硬い"パーツ"が必要となったとき，全く異なる方法をとったのである。脊椎動物の祖先はコラーゲンマトリックスにミネラル骨格を発生させた。ミミズのような環形動物は外骨格の環節にコラーゲンを利用している。節足動物と軟体動物もまた外骨格を発生するが，これらの外骨格は，タンパク質マトリックスよりむしろ糖質であるキチン上に形成される。

ポイント 15
セルロースとキチンは構造多糖類の代表例である。α(1→4) 結合で連結しているデンプン類と異なり，これらの繊維状多量体は β(1→4) 結合で連結している。

グリコサミノグリカン

多糖類の一種で，以前は，ムコ多糖類と呼ばれていた**グリコサミノグリカン glycosaminoglycan** は，脊椎動物で重要な構造的意義をもつ。重要な例は，コンドロイチン硫酸，結合組織のケラタン硫酸，皮膚のデルマタン硫酸，およびヒアルロン酸などである。すべて二糖類単位の繰り返しで生成する多量体であり，その二量体単位の糖の１つは，*N*-アセチルガラクトサミンか，*N*-アセチルグルコサミン，あるいはそのどちらかの誘導体である。グリコサミノグリカンは硫酸基あるいはカルボキシ基をもっているのですべて酸性であるが，グリコサミノグリカンの代表的な構造を図 9.22 に図示した。

ポイント 16
グリコサミノグリカンは負に荷電したヘテロ多糖類であり，動物において数多くの構造的機能を果たしている。

プロテオグリカン複合体

グリコサミノグリカンの主要な機能は，皮膚や結合組織のタンパク質成分がばらばらにならないようにマトリックスを生成することである。図 9.23 に示した例は，軟骨におけるタンパク質-糖質複合体，すなわち**プロテオグリカン proteoglycan** 構造である。フィラメント状の構造は，単一の長いヒアルロン酸分子で組み立てられていて，それに拡張したコアタンパク質が非共有結合的に連結している。コアタンパク質はコンドロイチン硫酸とケラタン硫酸を交互にもち，これらの硫酸鎖はタンパク質のセリン残基の側鎖と共有結合している。軟骨では，この種の構造はコラーゲンと結合し（第６章参照），コラーゲン繊維が密で強固な網目構造を保持する手助けをしている。明らかにこの結

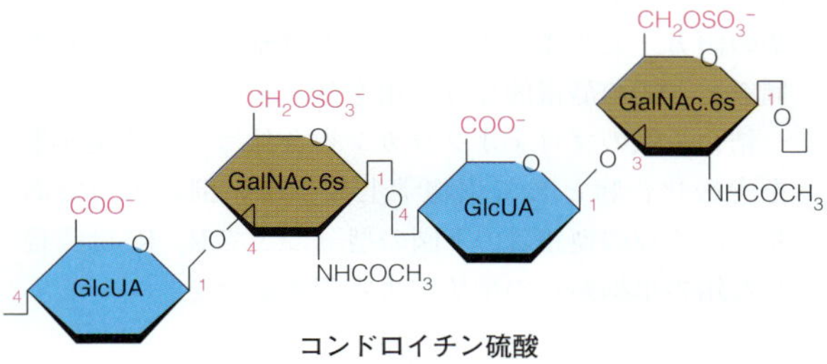

コンドロイチン硫酸

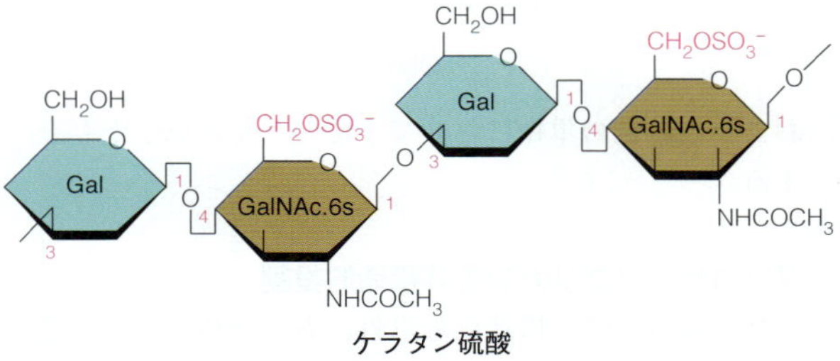

ケラタン硫酸

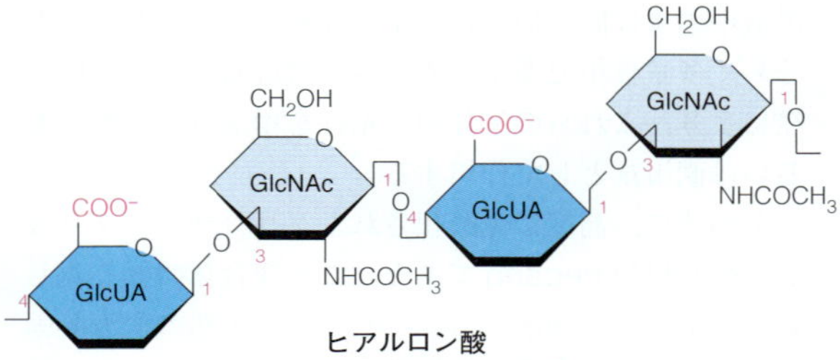

ヒアルロン酸

図 9.22　グリコサミノグリカンの繰り返し構造　それぞれの場合，繰り返し単位は二糖類であり，それぞれの構造で２つの繰り返し単位を図示した。残基の略号（-6s は６位の炭素上の硫酸エステルを意味している）は**表 9.4** を参照。図を簡略化するため，水素と反応に関与しない水酸基は図示していない。

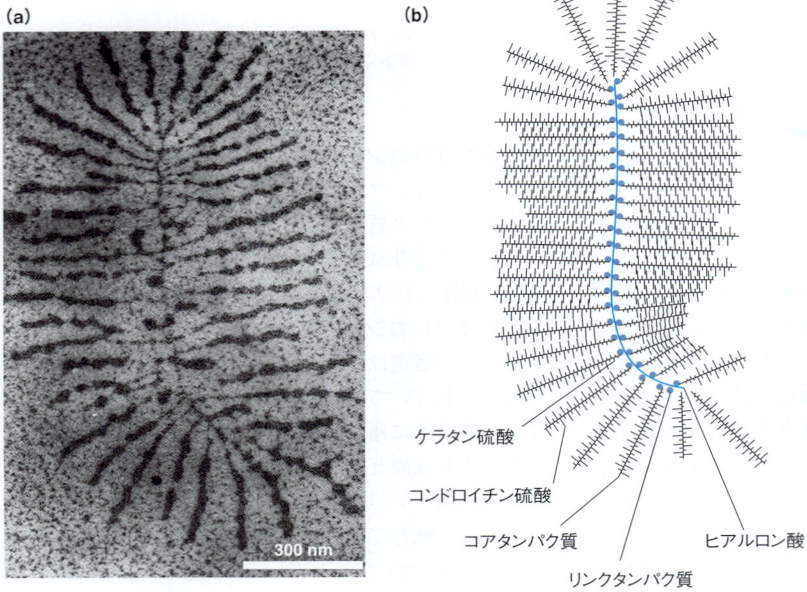

図 9.23　ウシ軟骨のプロテオグリカン　(a) プロテオグリカン会合体の電子顕微鏡写真。**(b)** プロテオグリカン構造の模式図。ケラタン硫酸とコンドロイチン硫酸は共有結合で拡張したコアタンパク質分子と連結している。コアタンパク質は結合タンパク質によって長いヒアルロン酸分子と非共有結合的に連結している。

(a) Reprinted from *Collagen and Related Research* 3 : 489-504, J. A. Buckwalter and L. Rosenberg.　© 1983, with permission from Elsevier.

合は，プロテオグリカン複合体の硫酸基とカルボキシ基の両方，またはいずれか一方とコラーゲンの塩基性側鎖との間の静電的相互作用を伴っている。

結合組織のプロテオグリカン複合体は，ケイ素元素を含む化合物として生物学上数少ない例の１つである。ある種の糖鎖は，下図の型（ここでR，R′は隣接した鎖の単糖類）の架橋による架橋結合をしている。

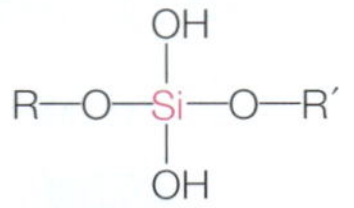

およそ 100 個の単糖に対して１個のケイ素原子が存在する。

グリコサミノグリカンの非構造的役割

ヒアルロン酸は構造成分以外にも，身体で他の機能を果たす。その多量体は水への可溶性が高く，関節の滑液中および眼の硝子体液中に存在する。そして，おそらく多量体中で多くのカルボン酸塩類間の静電的反発により，これらの液体中で粘性を増加させる物質あるいは潤滑剤として作用する。

その他に，高度に硫酸化されたグリコサミノグリカンが**ヘパリン heparin** である。この複合体の繰り返し鎖の一部を右に図示する。ヘパリンは天然の血液凝固阻害剤であり，多くの体組織中に見出される。ヘパリンは，血液タンパク質であるアンチプロトロンビンⅢと強く結合し，その複合体は血液凝固過程に働く酵素を阻害する（第 11 章参照）。そのため，ヘパリンは血管中で起こる血液凝固を阻害する目的で医薬的に用いられる。

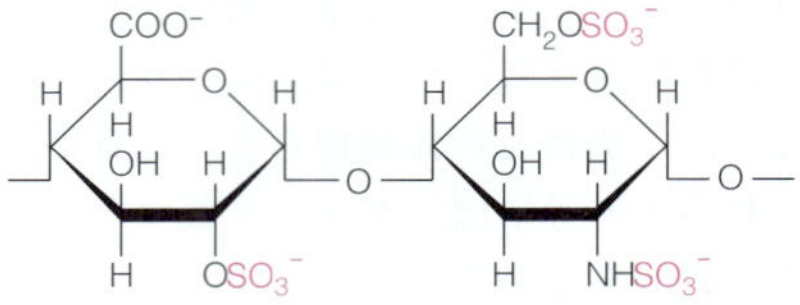

ヘパリン

糖残基がどのように修飾されて多種多様な性質と機能をもった多量体になっていくのかを知るうえで，グリコサミノグリカンは興味深い例である。

細菌細胞壁の多糖

細菌や他のほとんどの単細胞生物は細胞壁をもっていることを第１章で述べた。この細胞壁の性質により，細菌は大きく２つに分類できる。１つは，グラム陽性菌と呼ばれるグラム染色（色素-ヨウ素錯体）される細菌群，もう１つは，グラム陰性菌と呼ばれるグラム染色されない細菌群である（図 9.24）。グラム陽性菌は，脂質細胞膜の外表面に**ペプチドグリカン peptidoglycan** と呼ばれる，多層の多糖類とペプチドとの複合体よりなる架橋された細胞壁をもつ（図 9.24a）。一方，グラム陰性菌もペプチドグリカンを含んでいるが，このペプチドグリカンは単層であり，脂質外膜層で覆われている（図 9.24b）。この相違が，グラム陰性菌がグラム染色されない理由である。

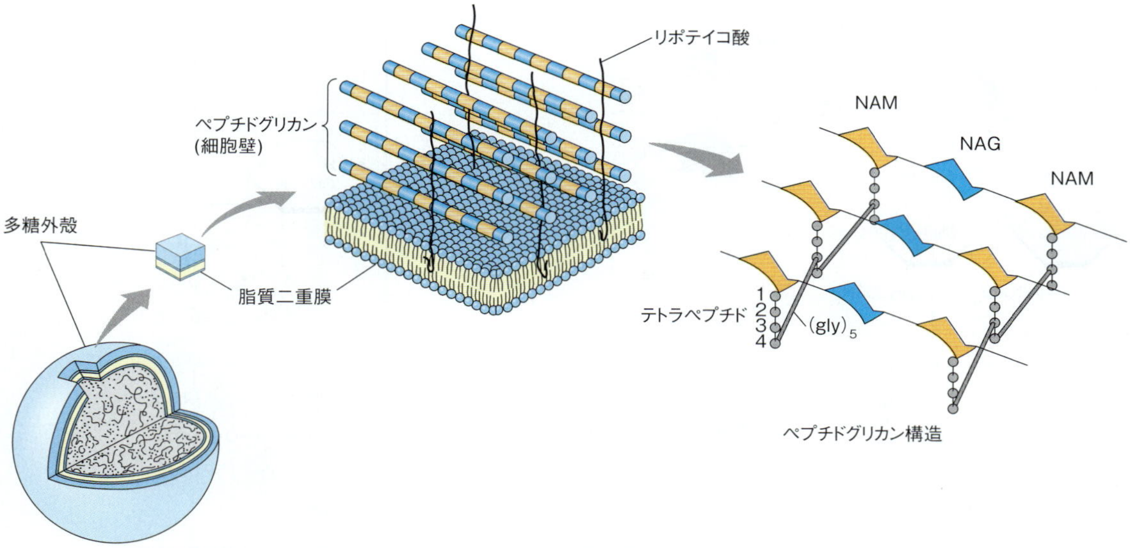

(a) グラム陽性：ブドウ球菌

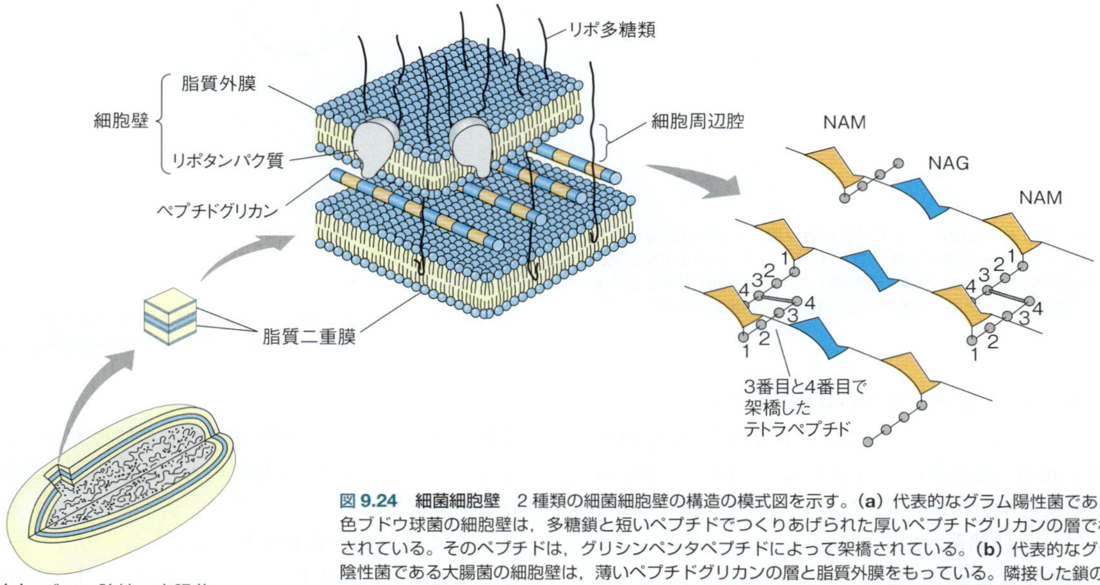

(b) グラム陰性：大腸菌

図 9.24　細菌細胞壁　2 種類の細菌細胞壁の構造の模式図を示す。(**a**) 代表的なグラム陽性菌である黄色ブドウ球菌の細胞壁は，多糖鎖と短いペプチドでつくりあげられた厚いペプチドグリカンの層で構成されている。そのペプチドは，グリシンペンタペプチドによって架橋されている。(**b**) 代表的なグラム陰性菌である大腸菌の細胞壁は，薄いペプチドグリカンの層と脂質外膜をもっている。隣接した鎖の *N*-アセチルムラミン酸（NAM，p.289）残基に結合したテトラペプチド同士で架橋構造を形成している。

ポイント 17
多くの細菌の細胞壁は，多糖鎖とオリゴペプチドの複合多量体であるペプチドグリカンで組み立てられている。

グラム陽性菌のペプチドグリカンの化学構造を図 9.25 に示した。*N*-アセチルグルコサミン（NAG）と *N*-アセチルムラミン酸（NAM）が厳密に交互に共重合した長い多糖鎖は短いペプチドで架橋されている（図 9.24a 参照）。これらのペプチドは特異的な構造をもつ。*N*-アセチルムラミン酸の乳酸部分へ

[(L-Ala)—(D-Glu)—(L-Lys)—(D-Ala)]

の配列のテトラペプチドが連結する。

このペプチドは 2 つの点で特異的である。1 つは，D-アミノ酸を含んでいること，もう 1 つは，グルタミン酸残基は通常の α カルボキシ基連結ではなく，γ カルボキシ基で鎖中で連結していることである。それぞれのリシン残基の ε アミノ基とグリシンペンタペプチドが結合し，このグリシンペンタペプチドは他の末端で隣接する鎖の端の D-アラニン（D-Ala）残基と結合している。その結果，細胞壁をすっぽり包む共有結合で架橋結合した構造が生成する。すべての細胞壁は，架橋結合したペプチドグリカン鎖の多重層でつくり上

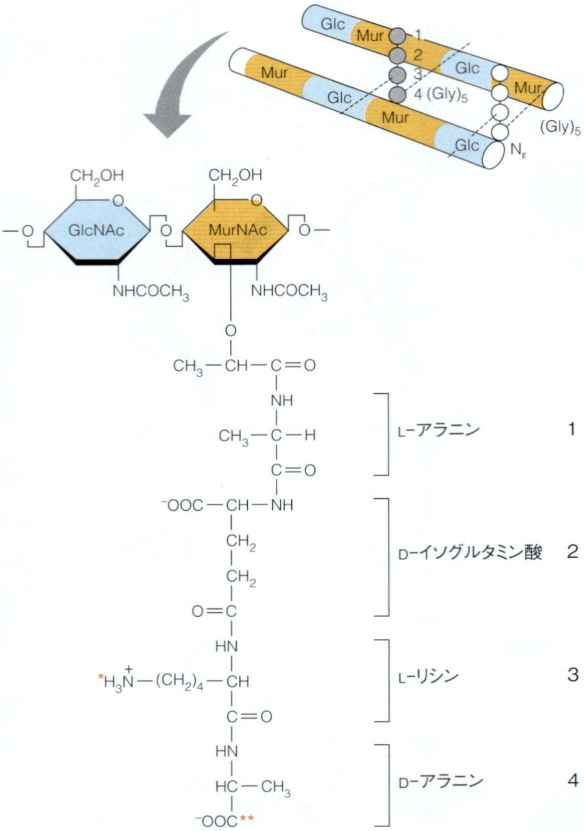

図 9.25　グラム陽性菌のペプチドグリカン層　1つの鎖上のリシン（★）のεアミノ基と隣接する鎖上のアラニン（★★）のカルボキシ基末端との間でペンタグリシン鎖を架橋結合してペプチド間で架橋が生成する。図を簡略化するため，水素と反応に関与しない水酸基は図示していない。

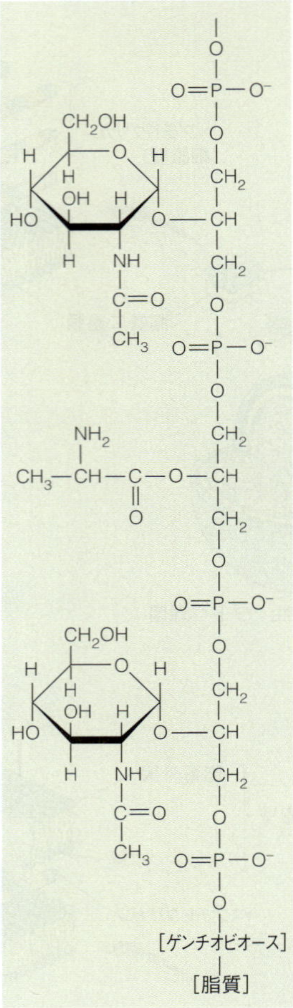

図 9.26　リポテイコ酸の構造　D-アラニン基とNAG基は不規則に鎖上に配列している。その鎖は脂質によって膜中にしっかりと固定されている。

げられた単一の非常に大きい分子とみなすことができる。上述した成分に加えて，**リポテイコ酸 lipoteichoic acid**（図 9.26）と呼ばれる長く伸びた脂質-オリゴ糖複合体がペプチドグリカン壁を経て膜から突き出している。細菌が宿主動物の血液中に存在するとき，細胞壁は細菌が溶解しないよう保護している。

グラム陰性菌では，ペプチドグリカン層はかなり薄い。同じ塩基性の多糖構造が存在しているが，ペプチド鎖とその連結様式は，グラム陽性菌の場合と多少異なっている（図 9.24b 参照）。

明らかに，細菌細胞壁のように構造の組み立てが複雑なほど，種々の酵素と反応の組み合わせが必要となる。数多くの抗生物質（例えばペニシリン）は，ペプチドグリカン層の生成を妨害することによって細菌の成長を阻害する。ペプチドグリカン生合成は，病原性細菌に対してヒトあるいは動物宿主と全く異性な化学反応を伴うことで，細胞壁生合成を薬作用に対して特異的な標的とする。本章の後半でこのトピック（抗生物質の作用）を詳細に検討するが，天然に産生する抗生物質のある種は，細胞壁の生合成を妨害するのではなく，ペプチドグリカン層そのものを攻撃することを特に強調しておく。その物質は，広く分布している酵素である**リゾチーム lysozyme** である。リゾチームは，例えばバクテリオファージ，卵白，ヒトの涙中に見出される。卵白と涙の中では無菌状態を維持するのを助け，バクテリオファージ中では，ファージが感染した細菌中に存在するのを助けている。リゾチームは多糖類の GlcNAc 残基と MurNAc 残基との間のグリコシド結合の加水分解を触媒する。このようにして，リゾチームが膜を浸透性破壊で可溶化することにより，細胞壁は溶解し細菌は死んでいく。

糖タンパク質

真核細胞のタンパク質の半分以上はオリゴ糖鎖あるいは多糖鎖と共有結合している。**糖タンパク質 glycoprotein** として知られているこれらの修飾されたタンパク質が驚くほど多く存在していて，例えば細胞接着や精子細胞による卵子認識などの多種多様な機能を果たしている。

N-結合および O-結合糖タンパク質

糖鎖（グリカン）は主要な2つの方法でタンパク質に結合することができる。N-結合グリカンは，通常は *N*-アセチルグルコサミン，時には *N*-アセチルガラクトサミンのそれぞれの水酸基と，アスパラギン残基の側鎖のアミド基が結合する。アスパラギンのまわりの通常の配列順は-Asn-X-Ser/Thr-であり，ここでXは任意のアミノ酸残基である。O-結合グリカンは通常，*N*-アセチルガラクトサミンの水酸基とトレオニン残基あるいはセリン残基の水酸基との間で生じるO-グリコシド結合により生成する。まれに，例えばコラーゲンの場合は（第6章参照），ヒドロキシリシンかヒドロキシプロリンが用いられる。

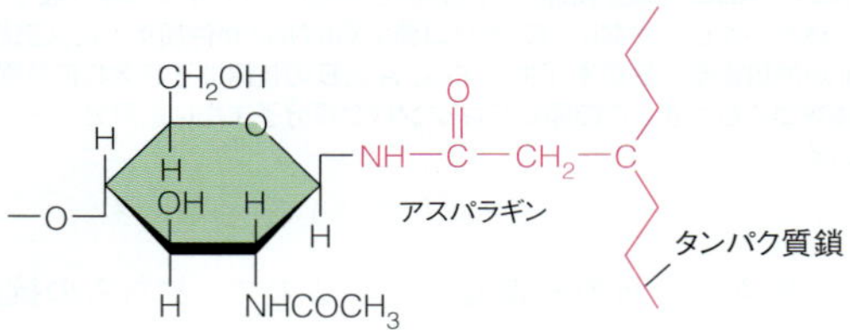

***N*-アセチルグルコサミン**

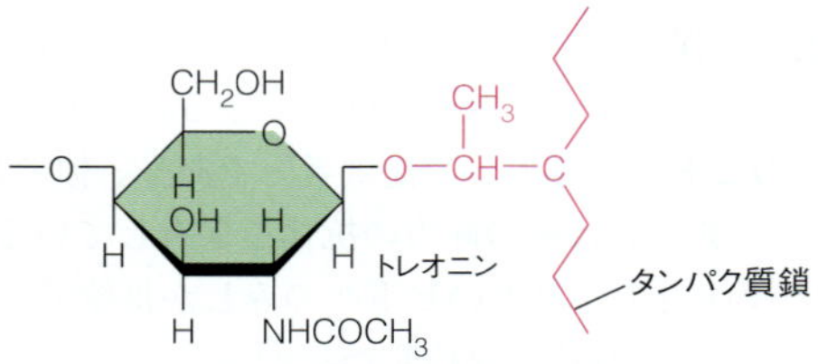

***N*-アセチルガラクトサミン**

> **ポイント18**
> オリゴ糖とタンパク質は2つの方法で結合し，糖タンパク質を生成する。O-結合グリカンはトレオニンあるいはセリン水酸基と，N-結合グリカンはアスパラギンのアミノ基と結合する。

N-結合グリカン

多くの糖タンパク質の研究から，枝分かれ構造の複合体に，N-結合オリゴ糖の側鎖が数多く存在することが明らかになった。しかしながら，共通の要素もしばしば見出される。下記の構造は以後の精密な構造を理解する基礎として役立つ。

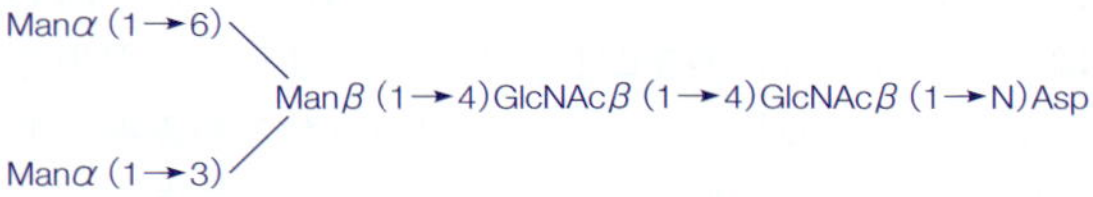

例えば，このモチーフは卵白中のオバルブミンのグリカン部分の中と免疫グロブリンの中に見出すことができる。ヒト免疫グロブリンG（IgG）へ結合しているオリゴ糖の構造を，簡素化した様式で下に表示した。

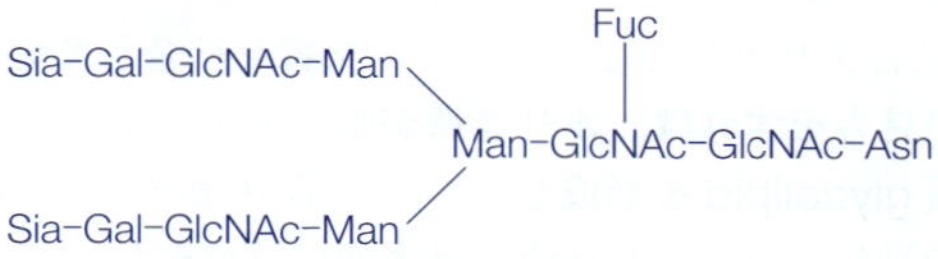

Fucと表示した残基はα-L-フコースであり，この残基は，N-結合したグリカンに連結している近くのタンパク質に結合する。

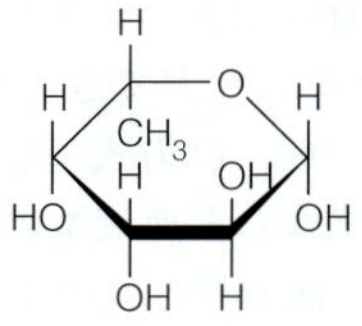

α-L-フコース

免疫グロブリンは，糖タンパク質のグリカン鎖が果たす情報機能の重要な代表例である。第7章で学んだあらゆる免疫グロブリンは，H鎖の不変ドメインに結合する糖をもっていることを思い起こしてほしい。免疫グロブリンには異なった型があり，適切な組織へ分布することと抗原を破壊する食細胞（免疫グロブリン複合体）と相互作用することの両方が認識されているはずである。少なくとも，この認識の一部はオリゴ糖鎖の相違に起因する。

さらに重要なことに，N-結合オリゴ糖は真核生物の細胞内標的に利用されている。転写後プロセシング中にオリゴ糖類によってどのように特別な印をつけられ，タンパク質がある種のオルガネラになるべき運命に，あるいは細胞から分泌される運命に定められるかを，本章の後半および第28章で学ぶ。この印づけにより，小胞体，細胞小器官膜，ゴルジ体，形質膜を適切に通過し，個々の糖タンパク質は適切な最終目的物に確実に到達する。

O-結合グリカン

多くのタンパク質は，多種多様の機能を果たすO-結合オリゴ糖を運搬する。南極の魚は，極度に冷たい水中でも体液が凍らないように“不凍液”の役目を果たす糖タンパク質をもっている。唾液中に多く存在する糖タンパク質である**ムチン mucin**は，多くの短いO-結合グリカンを含んでいる。著しく拡張し，また高度に水和したムチンは，溶解している液体の粘性を増加させる。ある種のO-結合グリカンは細胞内の標的としての機能，分子や細胞を認識する機能を発揮している。最も良く知られているのは血液型抗原における例である。

血液型抗原

最も重要なオリゴ糖類は**血液型抗原 blood group antigen** である。ある種の細胞では，これらの抗原は O-結合グリカンとして膜タンパク質と結合している。別の見方をすれば，オリゴ糖が脂質分子に結合して**糖脂質 glycolipid** を形成している（第 10 章参照）。分子の脂質部分は，赤血球膜の外表面に抗原がしっかりと固定されるのを手助けする。まさに，このオリゴ糖類がヒトの血液型を決定する。血液型により血液サンプル中のオリゴ糖類の存在が検出できる。つまり，特定の抗原に対して抗体が血液サンプル中の赤血球を凝固あるいは凝集させることができるかどうかを決定する。血液型 A，B，AB，O 方式は最もよく知られているが，100 以上の異なった血液型抗原をもち，遺伝的に確認できる 14 の血液型方式の 1 つにすぎない。これらの抗原は血液以外にも多くの細胞や組織にも存在するが，血液が特に注目されるのは，家族関係の確立や輸血の血液を選択する際に血液型検査が汎用されているからである。

ポイント 19
血液型物質は赤血球の表面に結合している抗原オリゴ糖の集合体である。

わかりやすいように，ABO 分類法を例として取り上げる。血液型のそれぞれに相当する細胞表面のオリゴ糖を図 9.27 に示した。ほぼすべてのヒトは O 型の糖を生成することができるが，ガラクトース（B 型をつくる）あるいは *N*-アセチルガラクトサミン（A 型をつくる）が付加するためには，さらに酵素が必要である。この酵素のオリゴヌクレオチド合成過程の詳細は p.309 に述べられている。ある個体はこれらの酵素の 1 つを，別の個体は別の酵素を，またある個体はヘテロ接合体であり両方の酵素を生成できる。それゆえ，ヘテロ接合体の個体は細胞表面に A と B 両方のオリゴ糖をもっていて，血液型は AB 型である。

ヒトは，A と B のオリゴ糖に対して抗体を生成することができるが，O 型は非抗原性である。通常，ヒトは自分自身の抗原に対し抗体を生成しないが，他の抗原に対しては抗体を生成することができる。このように，A 型のヒトは B 多糖に対する抗体をもっている。もし A 型のヒトが B 型のヒトから血液を受け取ると，供給された血液細胞はこの抗体により凝集，沈殿してしまう。また B 型のヒトも無事に A 型の血液を受け入れることができない。O 型のヒトは通常 A と B 両方に対して抗体をもっていて，A 型，B 型どちらの血液も受け取ることができない。AB 型のヒトは，自分自身

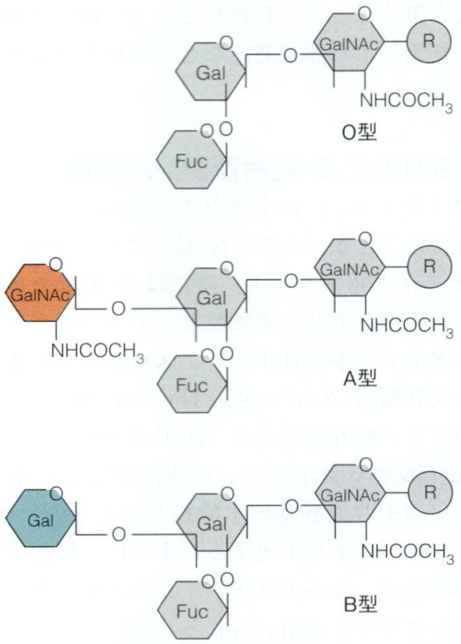

図 9.27　ABO 血液型抗原　大部分のヒトでは，O-オリゴ糖（最上部）は抗体をつくりだささない。O-オリゴ糖に GalNAc が付加すると A 抗原，Gal が付加すると B 抗原が生成する。A と B の抗原はそれぞれに特異な抗体をつくりだす。この図で R はタンパク質分子または脂質分子を表している。

A と B 両方の抗原を保有しているので，どちらの抗体ももっていない。

供給される血液にも逆の関係が当てはまる。抗原決定因子を保有していない O 型血液のヒトは，他のいかなるヒトにも安全に血液を供給できる。つまり，O 型血液のヒトは“万人への提供者”である。他のヒトは A か B，あるいはその両方の抗体を保有しているので，AB 型のヒトは AB 型のヒトへのみしか供給できない。この関係を表 9.6 に要約した。

エリスロポエチン：O-結合および N-結合オリゴ糖をもつ糖タンパク質

糖タンパク質である**エリスロポエチン erythropoietin** は，赤血球の生成を刺激する，腎臓から分泌される造血ホルモンである。EPO と呼ばれるこのホルモンは，23 番目，38 番目，83 番目のアスパラギン（Asn）に N-結合オリゴ糖類（十三量体）を，また 126 番目のセリン（Ser）に O-結合三量体糖類をもつ 165 残基のポリペプチドである。糖質は，腎臓からの急速な排出を防ぐことによって，血液中の EPO を安定化している。貧血（低赤血球数）は，がん化学療法の典型的な副作用であるが，EPO はこの副作用を打ち消すために抗がん剤とともにしばしば投与される。また EPO は，特に有酸素状態を改良したいアスリートに悪用されやすい。この目的のため通常用いられる組み換え型 EPO は，異常糖鎖形成型に基づく実験室的な薬剤試験

表 9.6　ABO 血液型の輸血関係

ヒト血液型	対抗体生成	受容可能血液型	供給可能血液型
O	A, B	O	O, A, B, AB
A	B	O, A	A, AB
B	A	O, B	B, AB
AB	なし	O, A, B, AB[a]	AB

[a]原則として，この関係は正しい。しかし，供給者の抗体が受容者の抗原と反応可能なので，AB 型は他の型からの供給を受容できない。

によって同定することができる。

インフルエンザノイラミニダーゼ，抗ウイルス薬剤の標的

ウイルスが感染した細胞内で新しい代謝経路を遂行する酵素類を誘発するという概念は，細菌ウイルス類，あるいはバクテリオファージ類の研究を通して，1950 年代，および 1960 年代に確立した（第 22 章，p.852 参照）。しかしその以前から，RNA ウイルスであるインフルエンザウイルスは，その表面上にウイルスによりコードされた酵素である**ノイラミニダーゼ neuraminidase** をもっていることが知られていた。図 9.28 に図示したように，球状のウイルス粒子はその外表面に 2 種類の突起（スパイク）をもっている。ヘマグルチニンと呼ばれるタンパク質で成り立っているこの種の突起の 1 つは，*N*-アセチルノイラミン酸（シアル酸とも呼ばれる。p.289 参照）と結合している。ウイルスは，ヘマグルチニンと細胞表面の糖タンパク質あるいは糖脂質中のシアル酸残基と結合して宿主と連結している。結果として，ウイルス感染サイクルは，各々のオリゴ糖鎖の残基からシアル酸をウイルスのノイラミニダーゼが加水分解作用して，はずすことにより，感染した細胞からウイルスを放出することが必要になる。シアル酸とノイラミニダーゼの複合体の結晶構造は1980年代に解析された（図7.43，p.248参照）。その結果から，酵素を阻害することにより感染細胞からウイルス粒子が放出されるのを防ぐシアル酸類似体が合成されることがわかる。この 2 つの類似体であるザナミビルとオセルタミビルを，ノイラミニダーゼ構造の一部とともに図 9.29 に図示する。2009 年の H1N1 インフルエンザ流行の際，効果的なワクチンが入手できるまでは，タミフルとして市販されているオセルタミビルが大変重要な薬剤とみなされた。予期したように，タミフルは感染細胞から新しく生成したウイルス粒子が放出するのを防ぐ作用をする。しかし，効果が出るためには，インフルエンザの症状が出始めたらすぐに投与しなければならない。

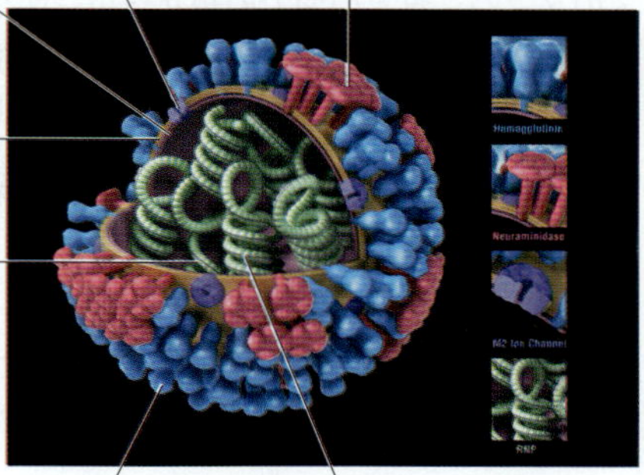

図 9.28　インフルエンザウイルスの構造　13,600-ヌクレオチド RNA ゲノムが，直径約 120 nm の球の内部に詰まっている。ビリオン（ウイルス粒子）外部上の突起物は赤血球凝集素分子を含み，ある突起の先端は 4 つのノイラミニダーゼ分子をもつ。
CDC/Science Photo Library

細胞マーカーとしてのオリゴ糖

生物学者は，血液群抗原のような分子がその他の多くの一般的な現象の特別な場合——グリカンによる標識——のみを示していることを認識している。多細胞の生物体にとって，さまざまな種類の細胞が表面を標識されることによって他の細胞や分子と適切に相互作用ができたり，ある生物体が異種細胞を免疫学的に区別し自分自身の細胞を認識できることは必要不可欠である。この観点から，多くの細胞表面が多糖類で覆われ，その多糖類が細胞膜中のタンパク質あるいは脂質に結合していることの認識が高まりつつある（図9.30a）。ある種の動物細胞は，**グリコカリックス glycocalyx**（字義は“糖衣”）と呼ばれる多糖類の極端に厚い被覆をもっている。図 9.30b に腸細胞のグリコカリックスを図示する。グリコカリックスオリゴ糖は他の物質，例えば，腸の細菌と，またある種の組織中の細胞内マトリックスのコラーゲンと相互作用する。

ポイント 20
多くの細胞がその表面に多糖類の複合層（グリコカリックス）をもっている。

グリカン類がシグナル認識としての役目を果たすには，グリカン類と特異的に結合するタンパク質が必要である。その1つが免疫グロブリンである。その他に，多種多様な糖結合性タンパク質として**レクチン lectin** がある。レクチンは最初，植物組織中に認められた。レクチンは植物組織中で防御作用を示し，また窒素固定細菌が根に接着するのを手助けする。今や動物でも，植物と同じようにレクチンが広く分布し，多種多様の役割を果たすことが知られている。例えばレクチ

ンは，コラーゲンのように，細胞と細胞内マトリックスのタンパク質との間での相互作用に関与し，組織と器官の構造を維持するのを手助けすると推定されている。腸内細菌壁のレクチンは，細菌が腸上皮のグリコカリックスへ結合するのを助ける働きをする。細胞表面の多糖類が，細胞と細胞の相互作用（接着性と回避性を含む）を決定するので，医学上重要な意味をもっている。例えば，多くのがん細胞の表面上の多糖類が異常であるということは現在よく知られていることである。これは，1つにはがん細胞が一般的に示す組織特異性の喪失に起因するのかもしれない。

動物ではこの種の関連するタンパク質は，炎症反応の一部として動員される**セレクチン selectin** である。この種のタンパク質の1つであるP-セレクチンは血小板や上皮細胞に貯蔵されている。炎症過程の最初に細胞内に蓄えられていたP-セレクチンが細胞表面に放出される。そこでP-セレクチンの糖部分が白血細胞類の白血球の表面上の糖類と相互作用をする。この相互作用により血管からの白血球の移動がゆっくりとなり，血管から白血球が離脱し感染部位に進入してくる。

なぜオリゴ糖がそれほど頻繁に細胞のマーカーの役割を果たすのか？　詳細はまだ解明されてないが，次のような可能性が考えられる。1つ目は，オリゴ糖は比較的短い鎖中に一見無限の構造を提示することができる。単量体（修飾された糖類も含む）型，結合様式型，枝分かれ様式型と多種多様の存在が選択できるので，莫大ではあるが特定の表現様式が可能であることである。2つ目は，オリゴ糖は特に強力な抗原であり，その抗原に対し特異的な抗体が速やかに生成してくることである（第7章参照）。この相互作用が糖分子のある固有の性質によるものか，あるいは抗体分子のある固有の性質によるものなのかはまだ明らかではない。しかし，多糖類が豊富に存在する細胞壁をもつ細菌に対する防御として抗体が発生し，そのためその多糖類が標的になりやすいと考えられる。

細胞表面の糖タンパク質は高度に選択的な細胞標識であるとの認識から，グリーン蛍光タンパク質を使用

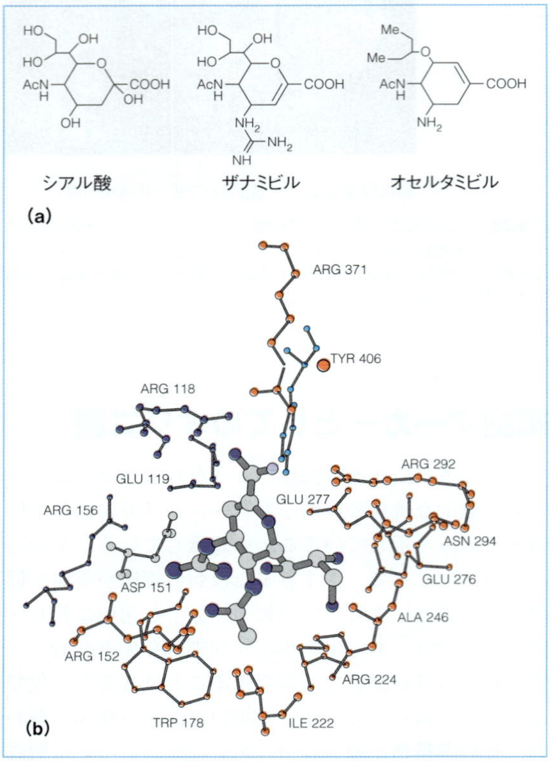

図 9.29　ノイラミニダーゼ阻害剤の対比表示　(a) シアル酸，ザナミビル，オセルタミビルの構造。**(b)** ノイラミニダーゼ（酵素）とザナミビル（阻害剤）との複合体の部分模型。阻害剤と結合する部位近傍のアミノ酸残基（酵素）を示している。
Fundamentals of Molecular Virology, Nicholas H. Acheson. © 2007 John Wiley & Sons, Inc. Reproduced with permission from John Wiley & Sons, Inc.

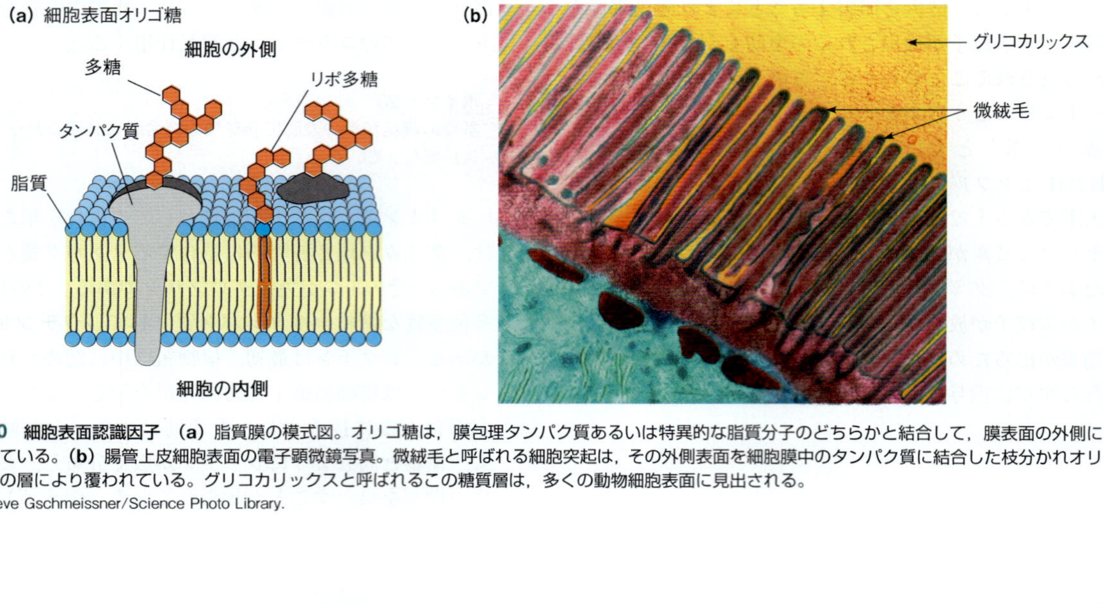

図 9.30　細胞表面認識因子　(a) 脂質膜の模式図。オリゴ糖は，膜包理タンパク質あるいは特異的な脂質分子のどちらかと結合して，膜表面の外側に連結している。**(b)** 腸管上皮細胞表面の電子顕微鏡写真。微絨毛と呼ばれる細胞突起は，その外側表面を細胞膜中のタンパク質に結合した枝分かれオリゴ糖鎖の層により覆われている。グリコカリックスと呼ばれるこの糖質層は，多くの動物細胞表面に見出される。
(b) Steve Gschmeissner/Science Photo Library.

して生細胞でタンパク質を画像化する（第 6 章参照）のと同様な手法で，生細胞でこれらの標識の画像化が好んで行われるようになった。この技術の例を図 9.31 に図示した。Carolyn Bertozzi 研究室の研究では，ゼブラフィッシュの生胚を，ムチン型 O–結合糖タンパク質に容易に取り入られるポリアセチル化した *N*–アジドアセチルガラクトサミン（$Ac_4GalNAz$）存在下で培養した。受精後ある時間おきに異なる色の蛍光試薬で胚を処理すると，各々が細胞表面の糖タンパク質のアジド基と共有結合する。図は，それぞれ受精 60〜61 時間後，62〜63 時間後，72〜73 時間後，蛍光試薬で処理し，異なった色で染色標識したものである。この実験から，生の正常胚の成長過程で，異なった時間での細胞表面の糖タンパク質合成が明らかに空間的なパターンをとっていることがわかり，それにより，胚形成において糖タンパク質代謝の機構的な分析をすることができるようになった。

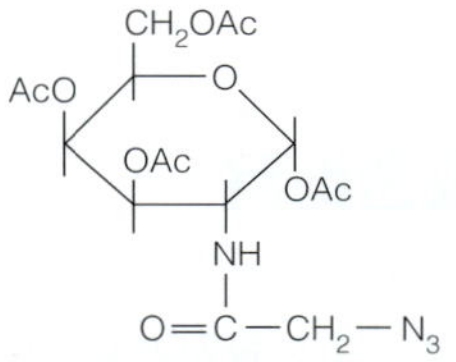

ポリアセチル化した*N*–アジドアセチルガラクトサミン

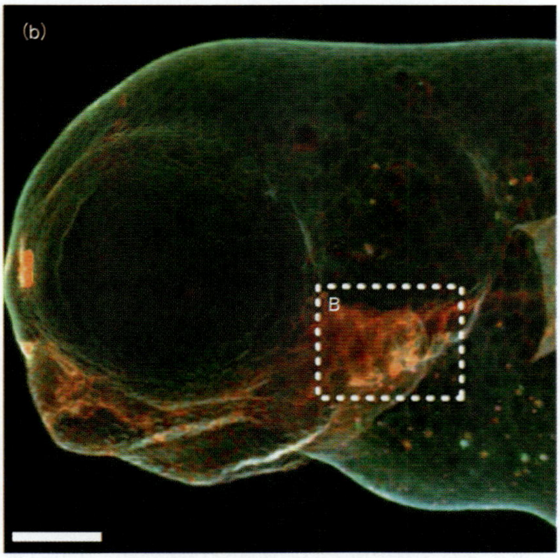

図 9.31　生細胞中の細胞表面糖タンパク質の画像　ゼブラフィッシュ（ゼブラ・ダニオ）の胚を *N*–アセチルガラクトサミン（GalNA）のアジド誘導体と混合し，ある時間後，取り込んだアジド基と結合する蛍光試薬で胚を処理する。本文中に記した異なったある時間後それぞれ異なった色の蛍光試薬と胚を処理した例を図示した。目盛りは 100 μm。

From *Science*, 320 : 664–667, S. T. Laughlin, J. M. Baskin, S. L. Amacher, and C. R. Bertozzi, In vivo imaging of membrane-associated glycans in developing zebrafish. © 2008. Reprinted with permission from AAAS.

複合糖質の生合成：アミノ糖

現在の糖鎖生物学の注目度を完全に評価するには，多種多様な代謝物の生合成経路を理解しなければならない。酵素と代謝過程は後章（酵素は第 11 章，糖質代謝は第 13 章）で詳細に取り扱い，そこで完全に評価しているので，ここでは最も重要な過程のみを検討する。

グルコサミンのようなアミノ糖は複合糖の主要成分であるので，最初にアミノ糖の代謝を取り上げる。グルコースやフルクトースのような単純糖は，図 9.2 で概説したように，主に光合成で生成する。糖リン酸は，第 13 章で示す解糖，糖新生，ペントース経路の中間体として生成する。すべてのアミノ糖は下図に示したように**アミドトランスフェラーゼ amidotransferase** 反応を通して順に**フルクトース 6–リン酸 fructose-6-phosphate**，次に**グルコサミン 6–リン酸 glucosamine-6-phosphate** から代謝的に誘導される。

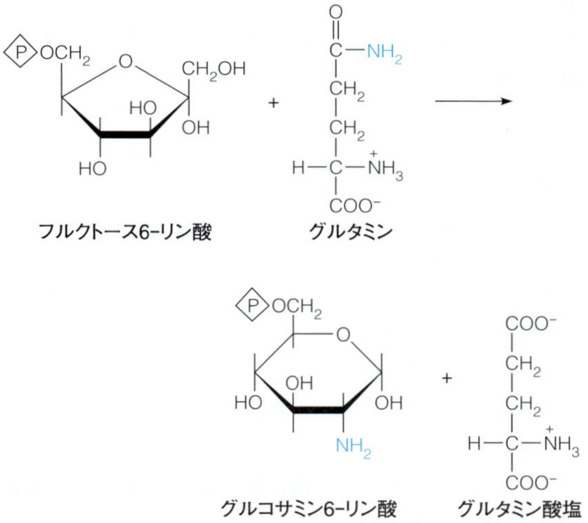

この反応で，グルタミンのアミド窒素はフルクトース 6–リン酸の C2 位に転移し，グルタミンはグルタミン酸塩に変換する。また，カルボニル部分が糖の C2 から C1 に移動するのに伴い，糖の内部の酸化還元が起こる。多種のアミドトランスフェラーゼがヌクレオチド代謝に関係するが，詳細は第 22 章で議論する。

図 9.32 に図示したように，グルコサミン 6–リン酸は**アセチル補酵素 A acetyl-coenzyme A**，別称アセチル CoA によりアミノ基がアセチル化するさらなる代謝を受ける。アセチル CoA は，ミトコンドリアで脂肪酸やピルビン酸の酸化で主に生成するアセチル化活性種である（第 12 章参照）。アセチル基はグルコサミン 6–リン酸の窒素原子上に転移する。その後，**ムターゼ mutase** がリン酸を糖の C6 から C1 へ転移させ，糖リン酸を異性化する。最後に，p.293 に示した

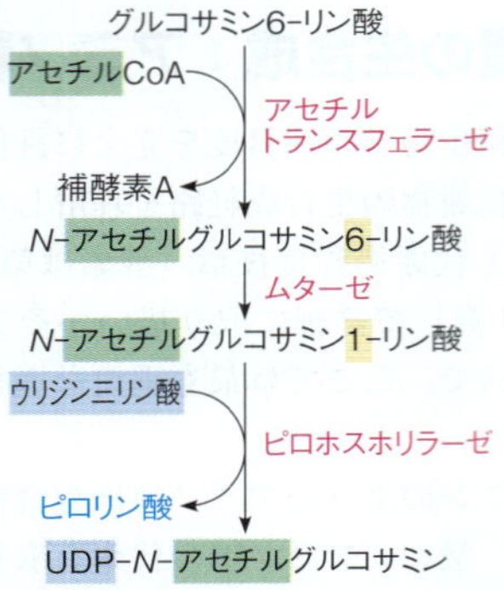

図 9.32　グルコサミン6-リン酸からUDP-*N*-アセチルグルコサミンの生合成

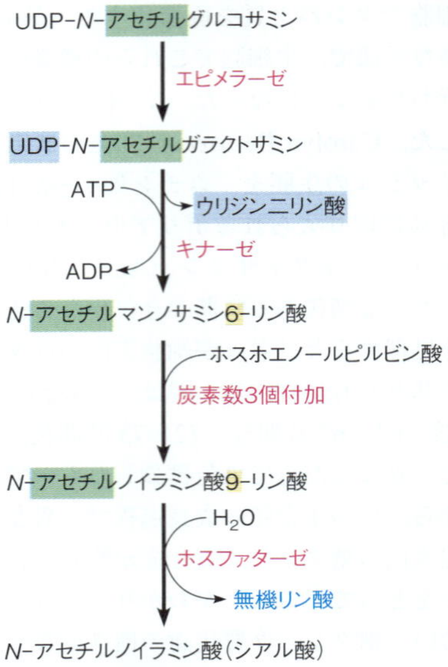

図 9.33　UDP-*N*-アセチルグルコサミンから*N*-アセチルノイラミン酸（シアル酸）の生合成

ように，ウリジン三リン酸と反応してヌクレオチド結合糖が生じる。このヌクレオチド結合糖はさらなる生合成反応を遂行する。

図9.33に単純化した形で要約した経路は，UDP-*N*-アセチルグルコサミンからシアル酸までの5ステップである。しかし，複合糖合成過程では，他の種々の中間体が生成する。最初の反応で，**エピメラーゼ epimerase** 酵素が糖のC4位の立体配置を逆にする。次に，ウリジンヌクレオチドが加水分解的にはずれ，続いてC4位のエピマー化と共役し，C6位のATP依存性のリン酸化が起こる。次に，**ホスホエノールピルビン酸 phosphoenolpyruvate** の3つの炭素が糖の環に取り入れられ，9つの炭素の糖リン酸が生成する複雑な反応が起こる。そして，リン酸が加水分解的にはずれて，*N*-アセチルノイラミン酸，別称シアル酸が生成する。解糖（第13章参照）の中間体であるホスホエノールピルビン酸に関しては，超高エネルギー化合物として第3章で既述している。

先に提示したように，複合糖質が生成する生合成経路はグリコシルトランスフェラーゼ反応を含んでいて，これらの反応は，ヌクレオチド結合糖の生成により増大したグリカン鎖へ転移できるように活性化した糖を利用する。通常，このヌクレオチドはUDPか別のヌクレオシド二リン酸である。シアル酸は例外で，この場合，活性化ヌクレオチドはシチジン三リン酸で，活性化生成物は活性化ヌクレオシド一リン酸糖である。

シチジン三リン酸 ＋ シアル酸 →
　シチジン一リン酸-シアル酸 ＋ 二リン酸（ピロリン酸）

理由は明らかでないが，この反応は動物細胞の細胞核で起こり，一方，他のすべてのヌクレオチド結合糖は細胞質ゾルで合成される。

興味深い複合糖質

本章を通して指摘してきたように，糖質の構造的多様性のため，たとえその量が非常に少量であったにしても，糖タンパク質中の細胞内および細胞外分子認識の両方に糖質が有効である。細胞表面の糖タンパク質の糖質成分が，ある細胞と他の細胞やその環境と相互作用する。このような相互作用は，発生，細胞接着，細胞運動，細胞増殖調節，発がん性形質転換，**エンドサイトーシス endocytosis**（細胞外環境からの物質の取り込み，第17章参照）における細胞移動のような多種多様の過程に関わっている。

この節では，ある種の選別した複合糖――糖タンパク質とペプチドグリカンのグリカン成分および細菌性細胞壁のO抗原部分――の糖質成分の生合成を考える。普遍的な生物学に関連し，またよく知られている複合糖質の合成機構を図示できる例を選んだ。前述したように，これらの機構は，一般的にヌクレオチド結合糖からオリゴ糖鎖の非還元末端へ，またはタンパク質成分上の適切な官能基へ，単糖単位を転移させる特異的なグルコシルトランスフェラーゼの作用を含む。グリコシルトランスフェラーゼは滑面小胞体，粗面小胞体，あるいはゴルジ装置の膜に結びついている。

糖タンパク質合成で特に興味深い部分は，オリゴ糖鎖が成長するにつれて起こるタンパク質選別あるいはタンパク質輸送である。ある場合には，オリゴ糖鎖あるいはタンパク質上の種々の鎖の構造が分子認識決定因子として役立つ。そしてその構造が，オリゴ糖合成の次のステップに適切な細胞内の部位へ，最終的には成熟したタンパク質が存在する部位へその糖タンパク質を差し向ける。このトピックをここで紹介し，また第 28 章でも振り返る。

O–結合オリゴ糖：血液型抗原

血液型抗原は細胞表面のタンパク質か脂質に結合しているオリゴ糖であると記述したことを思い出してほしい（p.304）。図 9.34 に図示したように，UDP–GalNAc からタンパク質受容体（図の R：受容体は脂質でも可能）上のセリンあるいはトレオニンの水酸基へ *N*–アセチルガラクトサミンが転移することから生合成過程が始まる。3 つの連続したグルコシルトランスフェラーゼ反応が続き，四糖の O–結合物質が生成する（免疫原性でないので抗原ではない）。グルコシルトランスフェラーゼにより，UDP–GalNAc から四糖の O–結合物質中のガラクトースの 3 位に GalNAc が転移し，五糖の A 抗原が生成する過程を図の左下に示した。血液型 B 型，O 型にはこの酵素が存在しない。同様に，図の右下に図示した UDP ガラクトースから O–結合物質へ Gal を転移させる酵素は B 抗原を生じる。この酵素は血液型 A 型，O 型には存在しない。詳細は p.304 を参照。

ポイント 21
O–結合オリゴ糖に含まれる 1 つか 2 つの特異的グリコシルトランスフェラーゼが存在するか存在しないかが，血液型 A 型，B 型，AB 型，O 型を決定する。

N–結合オリゴ糖：糖タンパク質

ほとんどの糖タンパク質に共通である N–結合オリゴ糖の合成には，全く異なった過程が存在する。はじめに，オリゴ糖構築はポリペプチド鎖上でなく脂質結合中間体上で起こる。その後，それ自身はまだ合成の最中であるポリペプチド鎖へオリゴ糖の前駆体が転移する。このタイプの反応は**同時翻訳 cotranslational** と呼ばれている。最後に，転移したオリゴ糖は，粗面小胞体，滑面小胞体からゴルジ装置を経ながら，さらに種々のプロセシング工程を受ける。

多くの N–結合オリゴ糖の構造を，3 種の基本的なオリゴ糖の構造に従って 3 つに分類することができる。図 9.35 に要約したように，**複合型 complex**，**混成型 hybrid**，**高マンノース型 high–mannose** である。よく知られた N–結合グリカンは，通常コアに五糖構造をもっている（図の四角で囲んだ部分，p.303 も参照）。

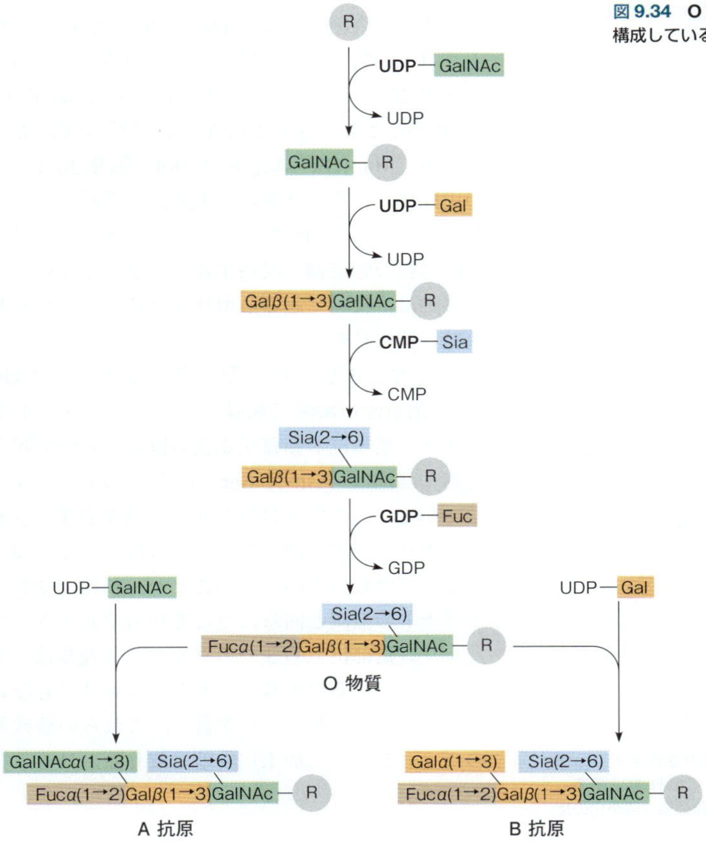

図 9.34　O 型，A 型，B 型血液型物質の糖タンパク質を構成している O–結合オリゴ糖単位の生合成

9

このコアは，脂質化合物の**ドリコールリン酸 dolichol phosphate** と結合しているオリゴ糖中間体の一部として組み立っている。ドリコールリン酸は，コレステロール合成での代謝関連物質であるイソプレノイドである（第10章）。

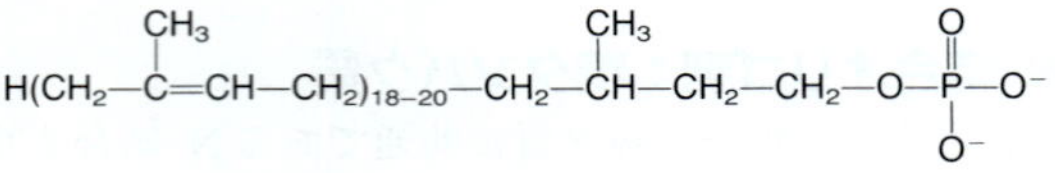

ドリコールリン酸

ポイント22
N-結合糖タンパク質の多糖鎖は，脂質化合物であるドリコールリン酸へ結合して生成する。

脊椎動物の組織では，ドリコールは炭素数5のイソプレン単位（イソプレノイド）を分岐鎖として18個から20個含む。この分岐鎖は末端のイソプレン単位は飽和で，また2つのトランス二重結合をもつ以外はシス二重結合である。ドリコールは，コレステロール，他のステロール類や他のイソプレン類と同様な経路で合成され（第19章参照），その後リン酸化される。

ポイント23
N-結合糖タンパク質の糖鎖が修飾されることにより，これらのタンパク質が細胞内および細胞外の目的地を定めることができる。

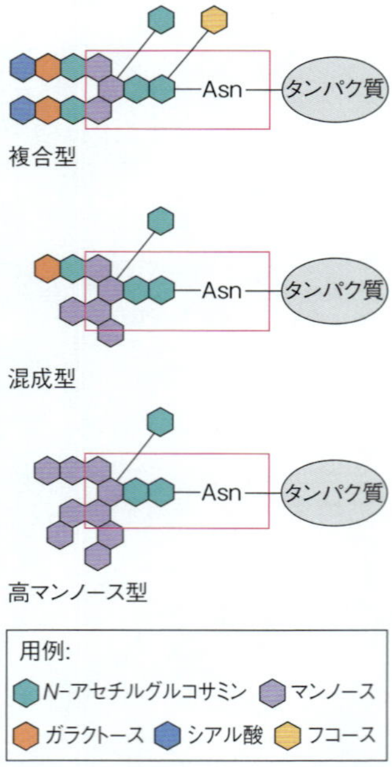

図9.35　アスパラギン-結合（N-結合）オリゴ糖の主要タイプの構造　赤の四角で囲んだ部分はよく知られているすべてのN-結合構造に共通のペンタ糖コアを含んでいる。この図以降，糖質の環は簡略化のため“縮合環”して図示する。

脂質結合中間体の合成

糖タンパク質合成の最初の段階は脂質結合オリゴ糖中間体の組み立てであり，この中間体はよく知られているすべてのN-結合オリゴ糖の前駆体として利用されている。その過程は小胞体で起こる。図9.36に，この中間体への生合成経路を要約してある。最初，ヌクレオシド二リン酸糖であるUDP-GlcNAcおよびGDP-Manからドリコールリン酸へ7つの糖が転移する。各々の反応は別々のグリコシルトランスフェラーゼが触媒する。これらの最初の酵素は，抗生物質であるツニカマイシンにより特異的に阻害される。その阻害作用とはUDP-GlcNAcとDol-Pとの反応を防止し，したがってすべてのN-結合糖タンパク質の合成を阻害する作用である。

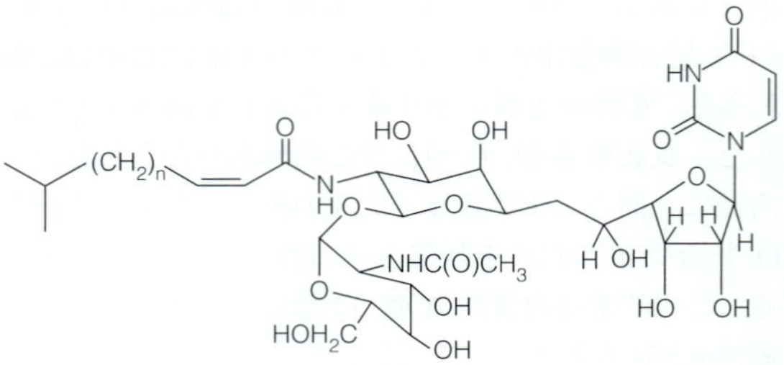

ツニカマイシン

次の7つのグリコシルトランスフェラーゼは，ヌクレオチド結合糖ではなくDol-P-ManやDol-P-Glcのドリコール結合糖を基質として用いる。これらのドリコール結合糖は，それぞれDol-PとGDP-ManかUDP-Glcとから合成される。この段階の間，脂質結合中間体（$Man_5GlcNAc_2$-P-P-Dol，図9.36上での第3の中間体）は小胞体膜の外表面から管腔あるいは内部側へなんとか移動していく。ヌクレオシド二リン酸結合糖は膜の管腔側へ浸透することができないので，この移動は，続いて起こる糖化のためのドリコールリン酸結合糖を必要とする。

特異的な**オリゴ糖トランスフェラーゼ oligosaccharyltransferase** で触媒され，ポリペプチド受容体へオリゴ糖単位が転移する次の段階も管腔で起こる。受容体部位は，Asn-X-Ser/Thr配列のアスパラギン残基である。ここでXはあるアミノ酸を表す。受容体部位はポリペプチド鎖のループかわん曲中で近づきやすくなくてはならない。このことが，転移が受容体ポリペプチドの翻訳と同時に起こる理由であろう。転移したオリゴ糖部位上の3つのグルコース残基は，少し転移を容易にするが絶対に必要というわけでもない。ほとんどすべての糖タンパク質で，これらの糖残基は次のプロセシング（加工）段階で取り除かれる。

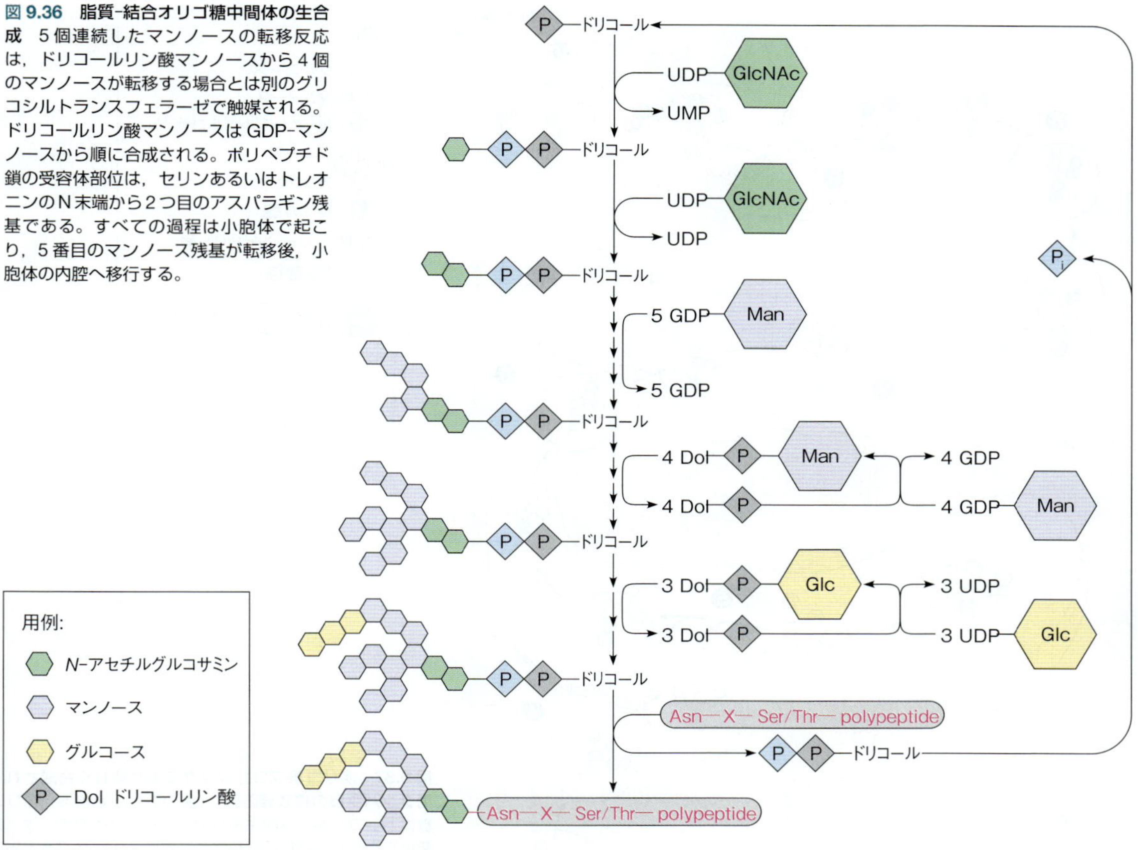

図 9.36　脂質-結合オリゴ糖中間体の生合成　5 個連続したマンノースの転移反応は，ドリコールリン酸マンノースから 4 個のマンノースが転移する場合とは別のグリコシルトランスフェラーゼで触媒される。ドリコールリン酸マンノースは GDP-マンノースから順に合成される。ポリペプチド鎖の受容体部位は，セリンあるいはトレオニンの N 末端から 2 つ目のアスパラギン残基である。すべての過程は小胞体で起こり，5 番目のマンノース残基が転移後，小胞体の内腔へ移行する。

オリゴ糖のプロセシング

オリゴ糖結合ポリペプチドのプロセシングは粗面小胞体の管腔で始まり，続いて未成熟の糖タンパク質として滑面小胞体中へ，最終的にゴルジ装置の種々の囊を通過しながら継続する。多種多様のオリゴ糖の構造は，このプロセシングの間に発生する。この多様性の一部分は，糖鎖の近傍のタンパク質部分のコンホメーションの相違に由来し，グリコシルトランスフェラーゼと**グリコシダーゼ glycosidase**（加水分解的に糖を取り除く酵素）へ糖鎖がどのように接触するかに影響を及ぼすことになる。オリゴ糖鎖はおそらく，特異的な膜結合プロセシング酵素が存在するゴルジ体の内部，その後外部の両方の異なった部分へ各々プロセシングした化合物を標的にする認識部位をつくる（図 9.37）。ほとんどすべての場合，プロセシングは，（ポリペプチド鎖へ転移後）粗面小胞体で 3 つのグルコース残基の除去で始まり，続いてゴルジ体でいくつかのマンノース残基が除去される。これらの過程は小胞体でのタンパク質の適切な折りたたみのためには不可欠なものである。複合型と分類されるこれらの糖タンパク質は *N*-アセチルグルコサミンが付加するプロセシングを受け，さらにマンノース残基が除去される。フコース残基，ガラクトース残基およびシアル酸残基は，特異的なグリコシルトランスフェラーゼにより適切なヌクレオチド結合糖から付加される。類似の経路により，他の糖タンパク質がつくられる。

プロセシングと細胞内タンパク質輸送

前述したように，オリゴ糖鎖は細胞内の最終的な目的地へ糖タンパク質を移行する手助けをする。糖タンパク質のプロセシングで生じるマンノース 6-リン酸残基の生成を図示した。この残基はリソソームの酸性加水分解酵素として知られている。この種のよく知られた酵素すべてが，1～5 個のマンノース 6-リン酸単位を含んでいて，標的タンパク質がリソソーム膜へ向かい，通過するのを明らかに手助けしている。タンパク質移行の配向性にマンノース 6-リン酸が重要な役割をすることは，**I 細胞病 I-cell disease** と称される，まれだが致命的な先天性異常が存在することで実証された。この状態では，マンノース 6-リン酸残基を生成する最初のグリコシルトランスフェラーゼが欠損し，リソソームの酸性加水分解酵素量が非常に少ないの

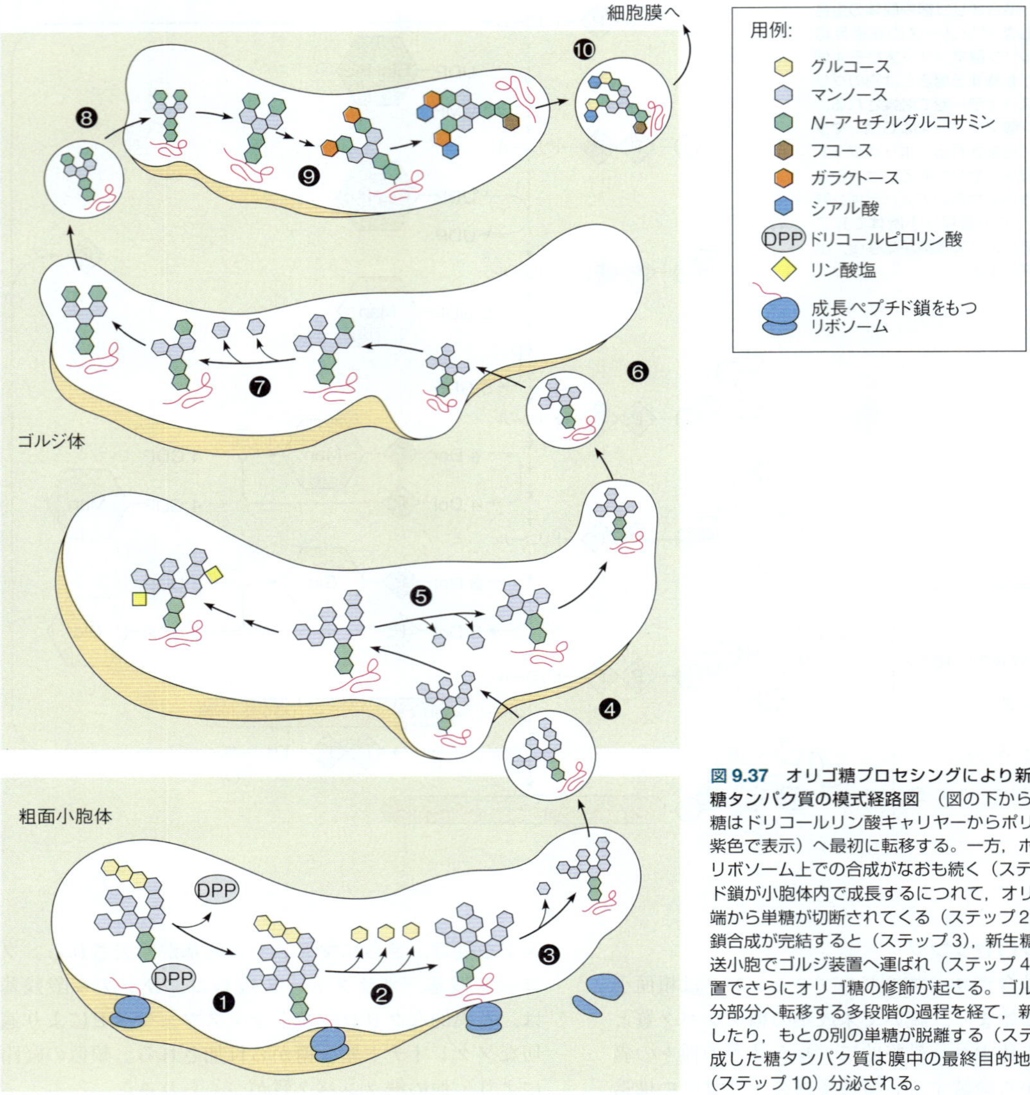

図 9.37　オリゴ糖プロセシングにより新しく合成される糖タンパク質の模式経路図　（図の下から始まる）オリゴ糖はドリコールリン酸キャリヤーからポリペプチド鎖（赤紫色で表示）へ最初に転移する。一方，ポリペプチド鎖はリボソーム上での合成がなおも続く（ステップ1）。ペプチド鎖が小胞体内で成長するにつれて，オリゴ糖の非還元末端から単糖が切断されてくる（ステップ2）。ポリペプチド鎖合成が完結すると（ステップ3），新生糖タンパク質は輸送小胞でゴルジ装置へ運ばれ（ステップ4），このゴルジ装置でさらにオリゴ糖の修飾が起こる。ゴルジ装置の別の部分部分へ転移する多段階の過程を経て，新しい単糖が付加したり，もとの別の単糖が脱離する（ステップ5〜9）。完成した糖タンパク質は膜中の最終目的地へ輸送されるか（ステップ10）分泌される。

で，リソソームは正常な細胞内消化機能を遂行することができない。小胞体で作製されるリソソーム酵素は最終目的地へ移行できないので，そのかわり細胞外環境へ分泌される。これらの酵素を精製，確認すると，酵素のオリゴ糖鎖中にはマンノース 6-リン酸残基が欠損しているのがわかる。リソソーム膜マンノース 6-リン酸受容体に対する遺伝子クローニングにより，これらのタンパク質を標的にする分子認識に関する知識は格段に進歩した。

微生物細胞壁多糖：ペプチドグリカン

グラム陽性菌は細胞質膜の周囲を取り巻いている硬いペプチドグリカン細胞壁を含んでいることを図示した図 9.24a を思い起こしてほしい。一方，グラム陰性菌には細胞質膜とペプチドグリカン層に加えて 3 番目の層がある。この外側の膜はリポタンパク質とリポ多糖を含んだ複合体構造である（図 9.24b 参照）。種々の細菌種中でこれらの巨大分子は構造的に莫大な多様性をもつので，最も興味深い経路 2 つのみを紹介する。最初の経路は，黄色ブドウ球菌 *Staphylococcus aureus* のペプチドグリカン層の生合成であり，2 つの理由から興味がある。その 1 つは，上述したように，この経路はいくつかの重要な抗生物質，特にペニシリンの作用部分であることだ。2 つ目に，多くの生合成過程は，ATP の形でエネルギーが十分供給できない細胞の外側で起こることである。

図 9.24 で図示したように，細菌ペプチドグリカンは，アミノ糖がオリゴペプチド鎖により架橋されて非

常に大きい立体的な網目構造を形成しており，細胞のペプチドグリカン層全体が1つの巨大高分子でもある。グリカン鎖，すなわち，多糖鎖は*N*-アセチルグルコサミンと*N*-アセチルムラミン酸の交互重合体であり，*N*-アセチルムラミン酸は*N*-アセチルグルコサミンの誘導体である。黄色ブドウ球菌では，すべての*N*-アセチルムラミン酸残基のカルボキシ基はテトラペプチドであるL-アラニン-D-γ-イソグルタミン-L-リシン-D-アラニンの末端アミノ基と連結している。各々の架橋は，D-アラニン残基のカルボキシ基を隣接するオリゴペプチドのリシン残基のεアミノ基に結合させるペンタグリシン鎖の形をとっている。

黄色ブドウ球菌ペプチドグリカンの生合成では，3つの異なった段階が考えられる。(1) *N*-アセチルムラミン酸ペプチドの合成，(2) *N*-アセチルグルコサミンと*N*-アセチルムラミン酸ペンタペプチドとの重合による多糖鎖の生成，(3) 個々のペプチドグリカン鎖間の架橋。この過程の多くはペニシリンの作用の研究で解明された。ペニシリンは，ペプチドグリカン合成を阻害することにより細胞壁合成を阻害し，細菌細胞を殺すのである。

N-アセチルムラミン酸ペプチドの合成

最初の段階は，UDP-*N*-アセチルグルコサミンからのUDP-*N*-アセチルムラミン酸の合成から始まる。1 molのホスホエノールピルビン酸が転移し，3個の炭素原子からなる側鎖が生じる。この3個の炭素基（ピンク色）はNADPH（生物学的還元体，第12章参照）で還元され，*N*-アセチルグルコサミンの3-O-D-乳酸エーテル，別名*N*-アセチルムラミン酸が生成する。その後，図9.38に図示したように，段階的様式でペンタペプチドが生成される。タンパク質合成のポリペプチド鎖合成の際に存在する鋳型のmRNAやリボソームは，上述の反応には関与しない。最初にL-アラニン，続いてD-グルタミン酸（後にD-イソグルタミンにアミノ化される），その後L-リシン，最後にジペプチドのD-アラニン-D-アラニンが付加する連続反応では，ATP依存性酵素群が特異性的に反応する。2つのD-アラニン残基のうちの1つはその後の段階で除去される（図9.39参照）。

ペプチドグリカン鎖の生成

次は，*N*-アセチルグルコサミンと*N*-アセチルムラミン酸ペンタペプチドとの重合で直線的なペプチドグリカン鎖が生成する段階である。この過程には，*N*-結合オリゴ糖合成の際に出くわしたドリコールリン酸に匹敵する脂質キャリヤーである**ウンデカプレノールリン酸 undecaprenol phosphate**が関与する。

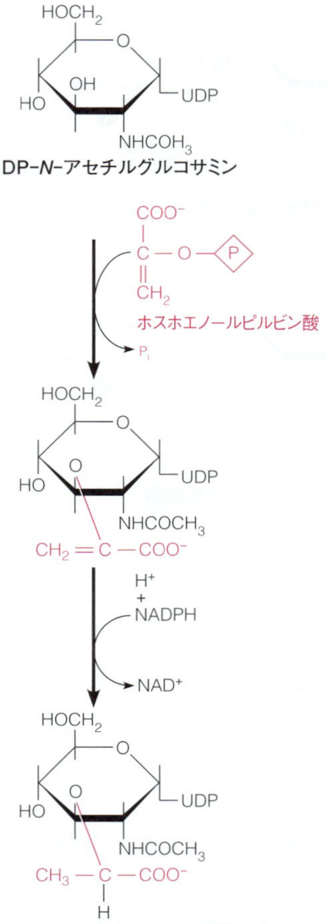

UDP-*N*-アセチルムラミン酸

ウンデカプレノールリン酸は，炭素数5のイソプレン単位を11個と末端にリン酸が結合した炭素数55個の化合物である。このリン酸に，UDP-*N*-アセチルムラミン酸ペンタペプチドから*N*-アセチルムラミルペンタペプチド部分が転移する（図9.39，ステップ1）。その後，この化合物に，UDP-*N*-アセチルグルコサミンから*N*-アセチルグルコサミンが付加し（ステップ2），続いてグリシン転移RNAから5個のグリシン残基が連続的に付加する（ステップ3）。その後，リン脂質キャリヤーがペプチド2糖単位に膜を通過させて輸送するようである（ステップ4）。なぜなら，前から存在するペプチドグリカン鎖の還元末端とする重合が細胞壁の外側で起こるからである（ステップ5）。抗生物質であるバシトラシンとバンコマイシンは，図9.39

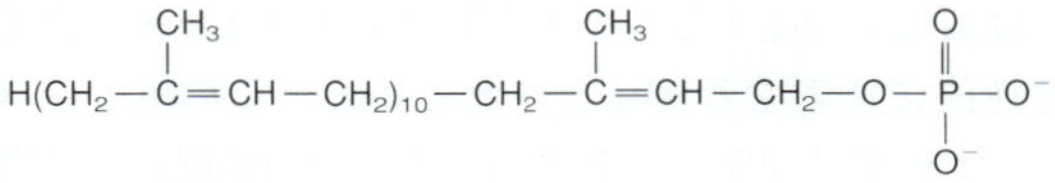

ウンデカプレノールリン酸

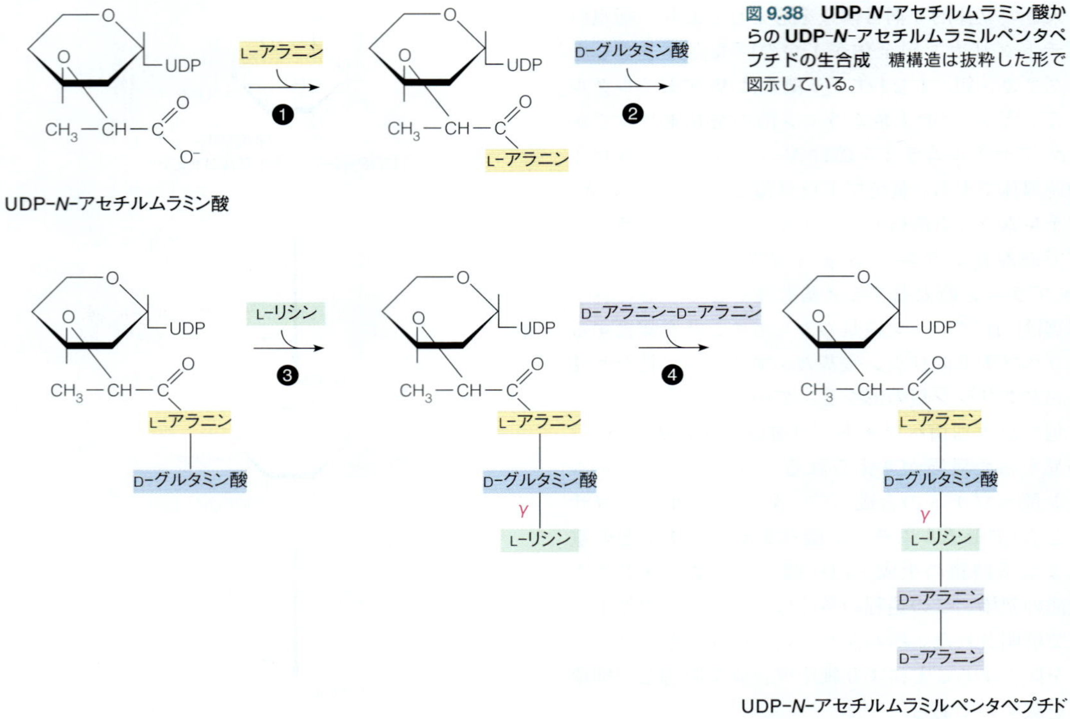

図 9.38　UDP-*N*-アセチルムラミン酸からの UDP-*N*-アセチルムラミルペンタペプチドの生合成　糖構造は抜粋した形で図示している。

で図示した特異的な部位でこの過程を阻害する。

> **ポイント 24**
> ペプチドグリカン多糖鎖生合成の多くは，細胞内部で合成された活性化中間体を利用して細胞壁の外側で起こる。

ペプチドグリカン鎖の架橋

最後に，架橋は隣接した鎖間で，また細胞外でも起こる。この架橋には，別のペプチド結合生成を推進するのに必要なエネルギーを供給するための1つのペプチド結合の開裂を伴う**ペプチド転移 transpeptidation** 反応が関与している。この事実は，架橋形成を推進するために必要な自由エネルギーは，ATP が存在する細胞内で構造内に組み込まれていることを意味している。図 9.40 に図示したように，ペプチド転移反応は，隣接した鎖中の末端 D-アラニンに結合しているアミド炭素上にペンタグリシン鎖の遊離末端アミノ基が求核攻撃する反応を含む。

架橋反応は，2つの重要な抗生物質であるペニシリンとセファロスポリンの作用の標的である。ペニシリンは架橋を触媒するペプチドトランスフェラーゼと不可逆的に反応すると見なされている。このトランスフェラーゼは通常，ペンタペプチド鎖の末端から2番目の D-アラニンと結合し，アシル-酵素複合体を生成する（図 9.40，左）。ペニシリンは，ペンタペプチド鎖構造の末端ジペプチド部位と類似しているので，同じようにペプチドトランスフェラーゼと反応することができる。その反応の推進力の一部は，ペニシリンの反応中に開環する**ラクタム四員環 four-membered lactam ring** を構成成分にもつので，この四員環のひずみによる。架橋反応は動物代謝では対応するものがないので，ペニシリンは理想的な抗生物質として幅広く研究されてきた。細菌細胞は，増殖・分裂するために細胞壁を合成し続けなければならないので，この過程中のこの段階で阻害することは，細菌病原体の成長を妨害する完全に特異的な方法である。残念ながら，ペニシリンに対する耐性が生じる。この耐性は通常，染色体外遺伝子に制御されている酵素である **β ラクタマーゼ β-lactamase** の合成を必要とする。この β ラクタマーゼは，ペニシリンのラクタム環を加水分解し，ペプチドグリカン合成を妨害する能力を無効にする酵素である。

> **ポイント 25**
> ペニシリンの抗生作用活性は，細胞外ペプチドグリカン合成の妨害に由来する。

微生物細胞壁多糖：O 抗原

最後の例で，グラム陰性のネズミチフス菌 *Salmonella typhimurium* の O 抗原の生合成を考えてみよう。

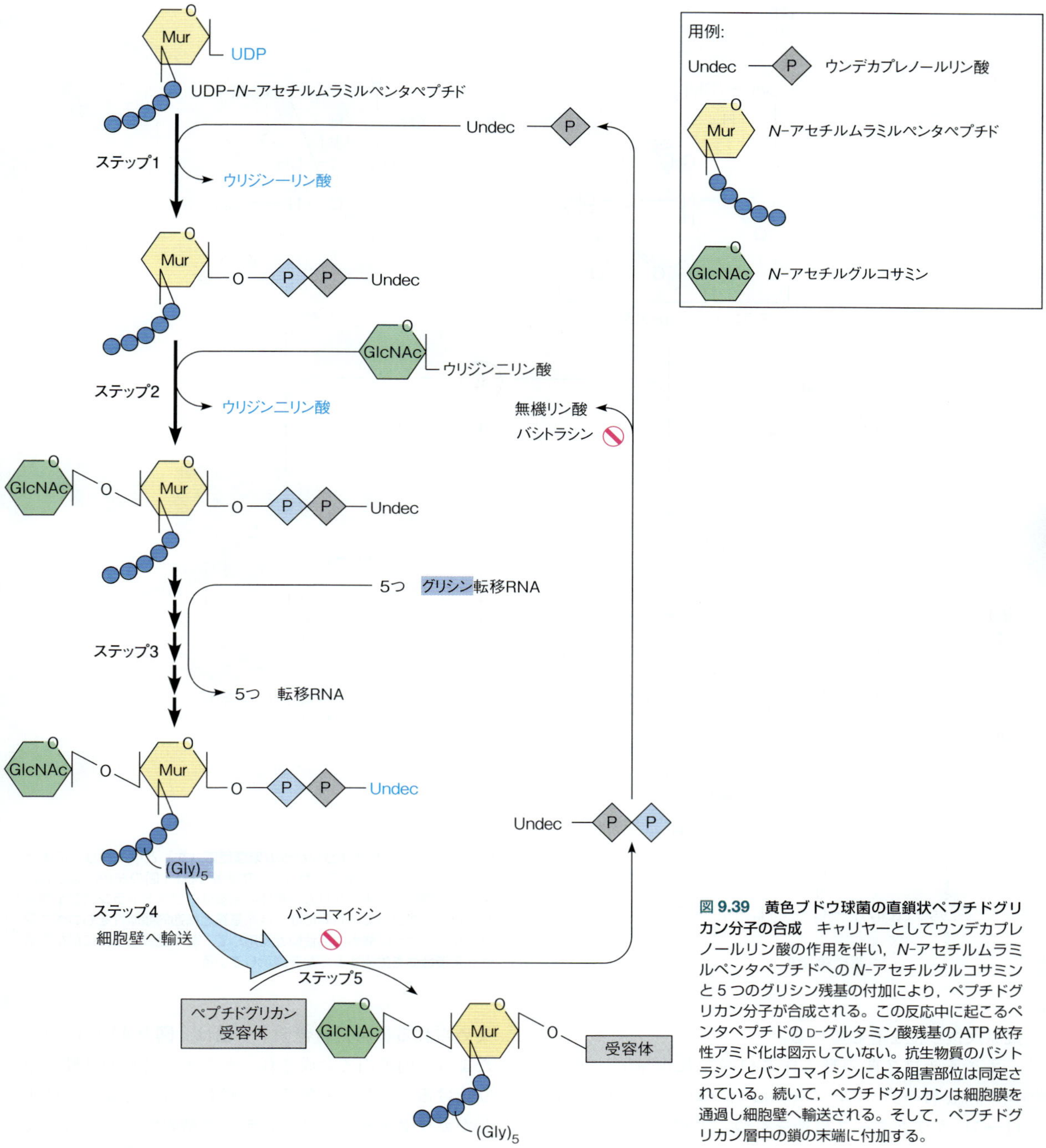

図 9.39　黄色ブドウ球菌の直鎖状ペプチドグリカン分子の合成　キャリヤーとしてウンデカプレノールリン酸の作用を伴い，*N*-アセチルムラミルペンタペプチドへの *N*-アセチルグルコサミンと5つのグリシン残基の付加により，ペプチドグリカン分子が合成される。この反応中に起こるペンタペプチドの D-グルタミン酸残基の ATP 依存性アミド化は図示していない。抗生物質のバシトラシンとバンコマイシンによる阻害部位は同定されている。続いて，ペプチドグリカンは細胞膜を通過し細胞壁へ輸送される。そして，ペプチドグリカン層中の鎖の末端に付加する。

O抗原（ヒト赤血球のO型血液型物質と混同しないように）は外膜の主要なリポ多糖成分である（図 9.24b 参照）。リポ多糖はコア多糖に付着した反復オリゴ糖単位を含んでいる。オリゴ糖単位は，次々にリピドAと呼ばれる複合体に付着する。反復オリゴ糖単位は外膜表面から微小繊維を突き出している。細胞の外表面に現れ，特異的な糖構造からできているので，これらの繊維は強い免疫反応を誘発する（この繊維がO抗原と名づけられたのはこのためである）。細菌感染に対する脊椎動物の1次防御機構は，O抗原に対して抗体を生成することである。その機構は完全には解明されてないが，非常に速い遺伝子的変化を通してO抗原構造変化が可能になることにより，細菌は進化的に応答してきた。その結果，ネズミチフス菌のような数百種の異なった抗原型細菌（免疫的に異なった菌株）が存在する。これらの抗原型細菌はおのおの異なったO

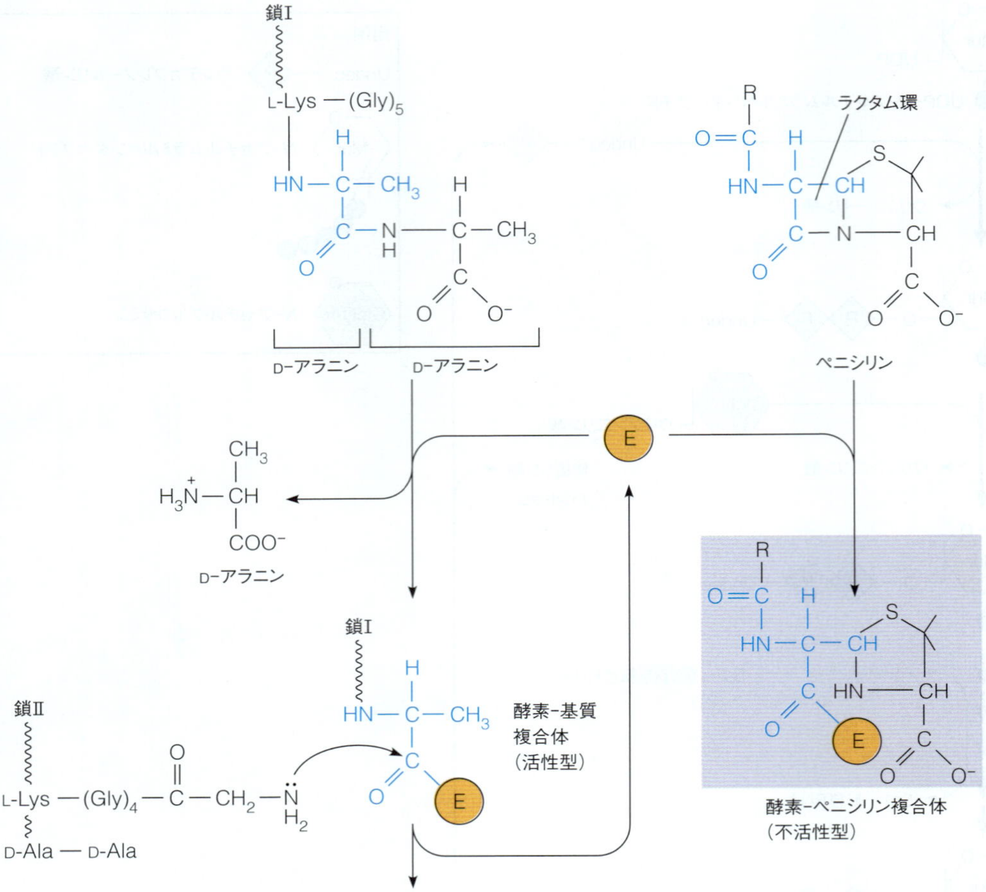

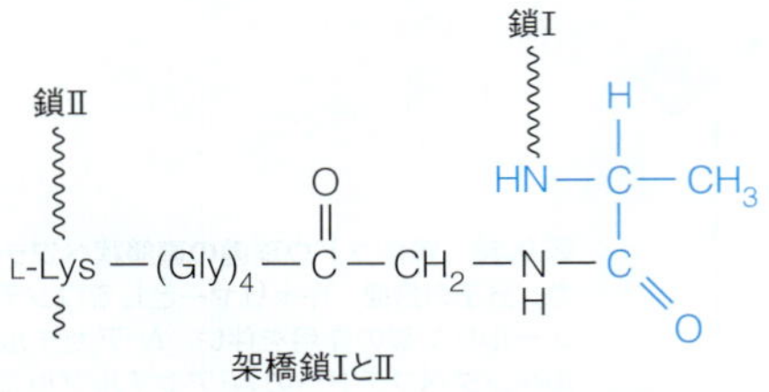

図 9.40　ペプチドグリカン合成の架橋反応（左）とペニシリンによるペプチドトランスフェラーゼ（E）の阻害（右）　図の左側に図示したように，隣接ペプチドグリカン鎖間の架橋はペプチドトランスフェラーゼ作用で形成される。右側には，自然基質と構造的類似性をもつペニシリンがどのように酵素の活性型と反応して，酵素基質複合体に似た不活性共有複合体を生成するのかを図示している。

抗原反復単位を有している。

ネズミチフス菌の野生株のO抗原反復単位はアベコース α（1→3）マンノース α（1→4）ラムノース β（1→3）ガラクトース構造をもつ。アベコースとラムノースはいずれもデオキシ糖である（下に図示）。

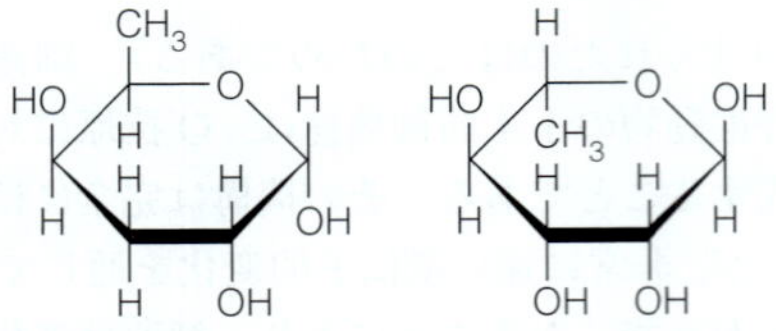

D-アベコース　　L-ラムノース

オリゴ糖単位は，ペプチドグリカン合成の際と同じ脂質キャリヤーであるウンデカプレノールリン酸上に集められる。脂質結合テトラ糖は，図 9.41 に図示したように内膜内で合成され，その後，外膜の外側へ通り抜ける。外膜の外側では，脂質結合重合体の活性化したガラクトースが活性化テトラ糖のマンノースを攻撃する。前述したように，この一般的な模式図からリポ多糖の構造的多様性が明らかになる。

複合糖の構造分析や合成過程を解明する新しい方法が開発されるに伴い，糖質生化学が今まさに新しい活気のある様相を呈してきた。糖生物学の分野で生化学者は，組織化された生物体を構成している細胞と組織との間の相関関係にますます注目を向けるようになってきたので，この相関関係の多くが糖質を媒体にしていることが明らかになりつつある。この相関関係での糖質の役割を理解することにより，創傷治癒，炎症，

図 9.41　ネズミチフス菌（*Salmonella typhimurium*）O 抗原の反復ペプチドグリカン単位の生合成　最初の 4 つの反応は膜内部で起こる。成長した多糖単位の不活性末端への活性化テトラ糖単位の転移は外膜の外側で起こる。

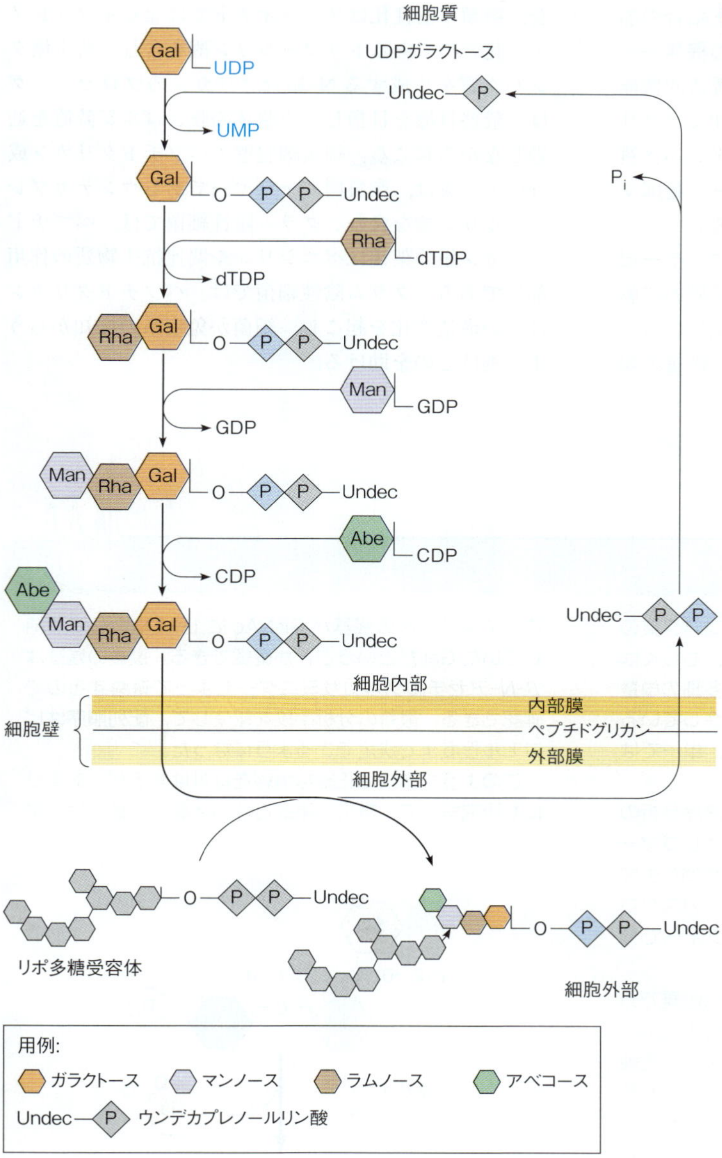

免疫，細胞増殖制御および基本的なすべての生物学的過程を解明することができるようになるだろう。

●まとめ

糖質類（あるいはサッカライド類）とは，化学式 $(CH_2O)_n$ をもつ化合物あるいはその化合物の誘導体である。糖質は光合成の主生成物であり，糖質の酸化により，動植物は主なエネルギー源を獲得している。大部分の単糖類は多数のキラル中心をもっているので，これらの糖質は多くのジアステレオマーの鏡像異性体（D 体と L 体の鏡像体）として存在する。単糖類はアルドースかケトースに分類される。重要な単糖類のほとんどが D-アルドースである。5 つあるいはそれ以上の炭素をもつ単糖類は，分子内へミアセタール生成として環化し，主に五員環（フラノース環）あるいは六員環（ピラノース環）として存在する。このような環は α アノマー体あるいは β アノマー体として存在し，多くの立体配座（例えば，舟型と椅子型）をとりうる。

単糖類の重要な誘導体は，リン酸エステル，酸とラクトン，アルジトール，アミノ糖，そしてグリコシドの誘導体である。リン酸エステルは代謝中間体として重要であり，グリコシド（配糖体）はある糖と水酸基をもった別の化合物との間で脱水して生じる化合物として分類できる。オリゴ糖類と多糖類は単糖類同士の間でグリコシド結合して生成する。グリコシド結合は準安定であり，生体内では酵素がグリコシド結合の加水分解を調節している。多糖類は多種多様の機能――糖貯蔵（デンプンおよびグリコーゲン），構造的機能（セルロース，キシラン類，キチン，グリコサミノグリカン，細胞壁多糖類），そして認識標識（糖タンパク質や細胞表面上のオリゴ糖類と多糖類）――を発揮する。血液型抗原は認識機能の重要な例である。

複合グリカン鎖は，グリコシルトランスフェラーゼ作用でヌクレオチド結合糖から単糖単位が段階的に転移することにより組み立てられている。翻訳に伴ってポリペプチド合成が起こるN-結合グリカン構築の場合，糖類の活性化はヌクレオチドではなくイソプレノイド化合物であるドリコールリン酸を含む。新生糖タンパク質を生成するN-結合グリカンのプロセシングは，最終目標を目指し，小胞体の膜とゴルジ装置を通過しながら起こる。細菌細胞壁のペプチドグリカン成分の生合成は，脂質糖キャリヤーであるウンデカプレノールリン酸を含む。グラム陽性細菌では，ペプチドグリカン鎖の架橋はペニシリンや関連抗生物質の作用部位である。グラム陰性細菌では，ペプチドグリカンは早い構造変化を起こし，細菌が免疫系の探知からうまく逃げるのを助ける。

生化学の道具　9A

オリゴ糖の配列順序

オリゴ糖の配列順序を決定する際には，タンパク質の配列順序を決定するときに直面したのと同様，もしくはそれ以上の困難な問題がある。オリゴ糖には多種の単量体が存在し，その単量体同士が多種多様に結合しているので，ポリペプチドの Edman 分解のような，単一ではない方法が考案されてきている。

ポリペプチド分析のように，オリゴ糖配列順序分析の最初の段階は，成分を決定することである。オリゴマーを酸性溶液中で加水分解すると，単糖類の混合物が生成する。現在，混合物中の単糖類はほとんど常にガスクロマトグラフィーあるいは液体クロマトグラフィーで分離，同定，定量する。

オリゴ糖の配列順序そのものの決定は非常に困難である。昔は，化学的方法が広く用いられていたが，現在は，オリゴマーを酵素で分解し，生じた断片を同定する洗練された方法に変わってきた。糖と糖の間のグリコシド結合の解裂を触媒する多くの酵素群（**グルコシダーゼ glycosidase**）に，研究者もいまや慣れ親しんでいる。これらの酵素のいくつかは，この加水分解反応に非常に特異的である。酵素類は２つの群に分類できる。オリゴ糖鎖から末端残基を取り除くエキソグリコシダーゼ群と，オリゴ糖鎖内のある部分の開裂を触媒するエンドグリコシダーゼ群である。これらの酵素群の２，３の例を表 9A.1 にあげる。

配列順序を決定するために適用する特異なグリコシダーゼの簡単な例を図 9A.1 に示す。図示したオリゴ糖は，血清タンパク質であるオロソムコイドに結合している数種のオリゴ糖の１つの一部分である。糖鎖の非還元末端の残基は，ノイラミニダーゼにより切断され取り除かれる。表 9A.1 によれば，末端残基は Gal か GlcNAc のどちらかに結合したシアル酸に違いない。この酵素反応によってシアル酸を確認できる。続いて，連鎖球菌の β ガラクトシダーゼにより Gal が切断され取り除かれることにより，次の残基が GlcNAc に 1→4 結合して連結していた Gal だということが確認できる。最後の残基は β-*N*-アセチルグルコサミニダーゼよって遊離するので確認できる。最新の分析手段を駆使して，配列順序はピコモル程度まで決定できるようになった。

このような方法は正確な情報を提供はするが，あまりにも研究室的で，常に効果的とはいえない。最近は，複

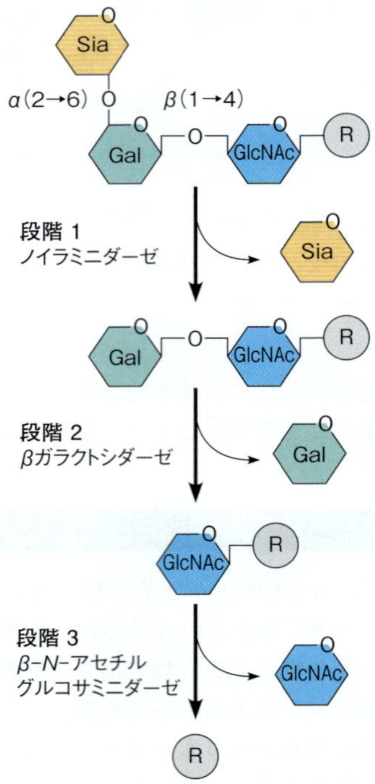

図 9A.1　グリコシダーゼによるオリゴ糖の開裂　オリゴ糖はタンパク質であるオロソムコイド（R）に結合している。

表 9A.1　オリゴ糖類の配列順序決定に用いられる特異的グリコシダーゼ

酵素名	起源	特異性
エキソグリコシダーゼ群		
ノイラミニダーゼ	肺炎連鎖球菌	Sia*α* (2→3 or 6) Gal あるいは Sia*α* (2→6) GlcNAc
β ガラクトシダーゼ	肺炎連鎖球菌	Gal*β* (1→4) GlcNAc
α フコシダーゼ	ウェルシュ菌	Fuc*α* (1→2) Gal
エンドグリコシダーゼ群		
エンド-*β*-ガラクトシダーゼ	大腸菌	··· GlcNAc*β* (1→3) Gal*β* (1→4) Glc (GlcNAc) ···
アーモンドエマルジョン	ビターアーモンドの種	多くの N-結合オリゴ糖中の Asn への結合開裂

合オリゴ糖類の同定手段として高分解能 NMR 質量分析法が驚くほど進歩してきている。この使用法は Jones と Wait の総説に記述があるが，本章で説明するにはあまりにも専門的なものなので，総説を参照してほしい（文献参照）。

9

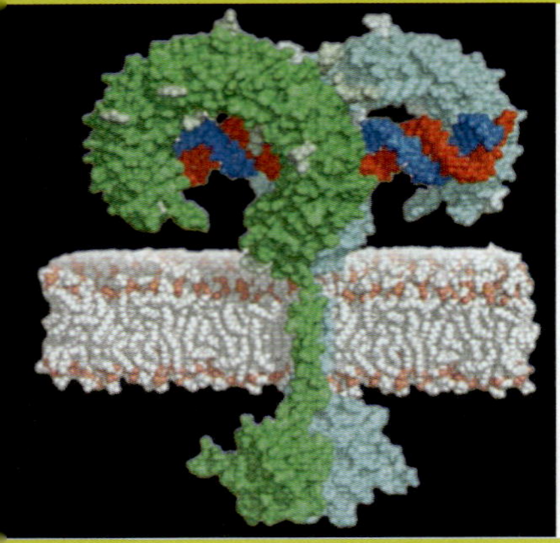

第 10 章 脂質，膜および細胞輸送

脂質は，構造的にも機能的にも多様な分子群である。脂質は一般的に疎水性であるが，その多くは疎水性のコアに加え，極性あるいは電荷をもつ部分をあわせもつ。その構造の多様性ゆえ，脂質は多くの機能を示す。中でもその代表的な機能としては，エネルギーの貯蔵，シグナリング，膜構造の形成があげられる。本章で我々は，脂質分子の構造，脂質から形成される膜の一般的な特徴，膜を介した選択的な輸送に注目する。エネルギーの貯蔵やシグナル分子としての脂質の役割については，第 17，19，23 章で細かく取り上げる。これらの章では，脂質の輸送およびその輸送に関わる脂質–タンパク質複合体，すなわちリポタンパク質に加え，脂質の生合成についても考察する。

多くの細胞で，脂質の大部分は**生体膜** membrane 形成に用いられる。生体膜は 1 つの区画を区切ったり，細胞外環境から細胞を隔離したりする間仕切りである。生体膜は単なる受動的な壁ではなく，特定の方向への物質の透過を制御する高度に選択的なゲートを有している。種々の異なった細胞が特有な作用を発揮しているのは，この選択的膜透過の性質による。複雑な多細胞生物の構成や進化を生体膜の存在なしに想像することは難しい。生体膜は（区画化によって）秩序を生み出し，（ミトコンドリアにおけるプロトンの勾配や，神経細胞におけるイオンの勾配といった）濃度勾配をつくり出すことで自由エネルギーを蓄えることを可能にした。生物が生きた状態というのは，本質的にエントロピーの増大と化学平衡に向かう傾向に逆らう継続した運動である。したがって，生体膜はこの生物を生きた状態に保つ上で極めて重要な役割を担っている。

脂質の分子構造と挙動

これまでの章でふれてきた他の生体分子と比較して，脂質はその構造の大部分が炭化水素からなるため，一般的に水に溶けにくい。この性質は，脂質が溶液中ではめったに遊離の状態では見出されず，むしろ，可溶性のタンパク質の輸送体と複合体を形成しているか，周囲の水性環境から疎水表面を隔離するような高次構造の一部として存在しているかの状態にあることを意味している。

脂質は，タンパク質中のアミノ酸，核酸中のヌクレオチド，多糖類中の単糖類とは異なり，大きな共有結合からなる重合体を形成しない。むしろ，非共有結合でお互いが結合する傾向が強い。例えば，生体膜をつくり出す脂質は，上図に示したような特徴的な構造，極性をもち，親水性の“頭部”がより大きな非極性の疎水性炭化水素からなる“尾部”とつながっているような構造をとる。水性環境下では，脂質分子は 2 つの基本的理由により非共有結合して互いに会合する傾向

両親媒性脂質分子の簡単な模式図

を示す。エントロピーにより駆動される疎水結合によって，脂質の非極性尾部とタンパク質の非極性残基とが結合する。2 番目の安定化力は，分子の炭化水素部分間の相互作用である van der Waals 力である。

膜脂質の極性親水性頭部は水と結合しやすい。このような脂質は第 2 章で述べた両親媒性分子種の代表的な例である。この膜脂質の両親媒性により，脂質は水と接すると表面単分子膜，二重層，ミセル，小胞などを形成する（図 2.15 参照）。生物学の立場からすると，これらの性質の中で最も重要なものは，脂質がミセルと二重層を形成することである。脂質が水と接する場合，どのような構造物が形成されるかは，脂質の親水性部分と疎水性部分の分子構造による。そこで，これからいくつかの主要な脂質の構造について検討することにする。

ポイント 1
脂質分子は水に溶けにくいが，水中では会合し，ミセル，小胞，二重層といった水に溶けやすい構造を形成することができる。

ポイント 2
膜脂質は両親媒性である。脂質は水と接すると表面単分子膜，二重層，ミセル，小胞を形成しやすい。

脂肪酸

最も簡単な脂質は**脂肪酸 fatty acid** であるが，これはさらに多くの複雑な脂質の構成成分でもある。この基本構造は両親媒性の脂質分子の好例である。親水性のカルボキシ基は，典型的には 12〜24 の炭素からなる炭化水素鎖の 1 つの末端に結合している。例として，多くの生体に広く分布しているステアリン酸がある。ステアリン酸塩のイオン化型の構造を図 10.1 に示す。ステアリン酸は**飽和 saturated** 脂肪酸の 1 つである。飽和脂肪酸は，尾部の炭素がすべて水素原子によって飽和されている（すなわち，C＝C 二重結合をもたない）。生物学的に重要な飽和脂肪酸を表 10.1 に示す。それぞれが慣用名（ステアリン酸）と系統名（この場合，オクタデカン酸）とをもっていることに注意してほしい。

自然界に存在する多くの重要な脂肪酸は**不飽和 unsaturated**，つまり，それは 1 つあるいはそれ以上の数の二重結合を有している（表 10.1 参照）。その 1 つの例として，多くの動物性脂肪に見出されるオレイン酸がある（図 10.1）。自然界に存在する不飽和脂肪酸の大部分は，二重結合の位置関係がトランス型ではなくシス型である。この配置は分子構造に重要な影響

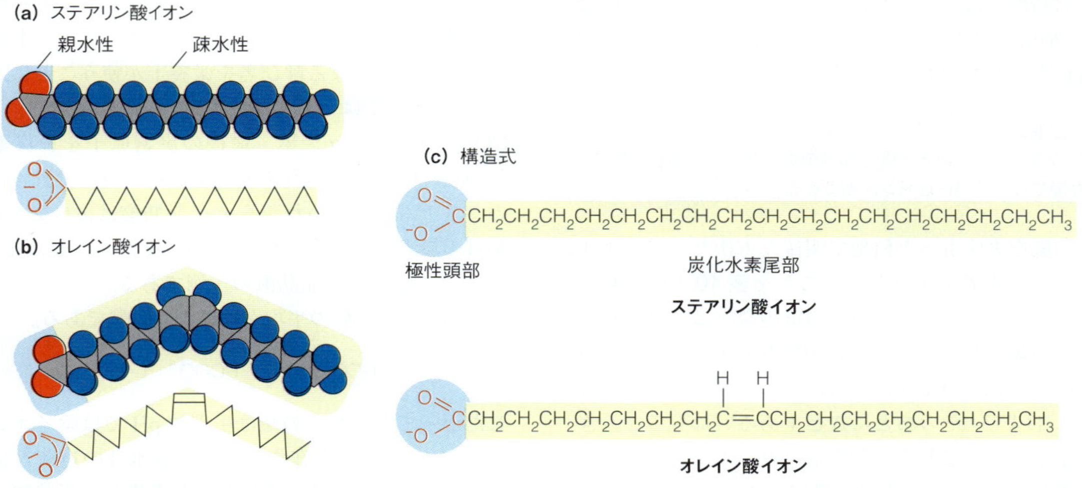

図 10.1　典型的な脂肪酸のイオン化型の構造式　親水性部位（頭部）はモデル中に水色で，疎水性部位（尾部）は黄色で示してある。(**a**) ステアリン酸陰イオンは飽和脂肪酸である。(**b**) オレイン酸陰イオンはシス型二重結合 1 個の不飽和脂肪酸である。(**c**) (a) と (b) の構造式。

表 10.1　生物学的に重要な脂肪酸

慣用名	系統名	略式	構造	融点（℃）
飽和脂肪酸				
カプリン酸	デカン酸	10：0	$CH_3(CH_2)_8COOH$	31.6
ラウリン酸	ドデカン酸	12：0	$CH_3(CH_2)_{10}COOH$	44.2
ミリスチン酸	テトラデカン酸	14：0	$CH_3(CH_2)_{12}COOH$	53.9
パルミチン酸	ヘキサデカン酸	16：0	$CH_3(CH_2)_{14}COOH$	63.1
ステアリン酸	オクタデカン酸	18：0	$CH_3(CH_2)_{16}COOH$	69.6
アラキジン酸	エイコサン酸	20：0	$CH_3(CH_2)_{18}COOH$	76.5
ベヘン酸	ドコサン酸	22：0	$CH_3(CH_2)_{20}COOH$	81.5
リグノセリン酸	テトラコサン酸	24：0	$CH_3(CH_2)_{22}COOH$	86.0
セロチン酸	ヘキサコサン酸	26：0	$CH_3(CH_2)_{24}COOH$	88.5
不飽和脂肪酸				
パルミトオレイン酸	シス 9-ヘキサデセン酸	16：1cΔ9	$CH_3(CH_2)_5CH{=}CH(CH_2)_7COOH$	0
オレイン酸	シス 9-オクタデセン酸	18：1cΔ9	$CH_3(CH_2)_7CH{=}CH(CH_2)_7COOH$	16
リノール酸	シス，シス 9,12-オクタデカジエン酸	18：2cΔ9,12	$CH_3(CH_2)_4CH{=}$ $CHCH_2CH{=}CH(CH_2)_7COOH$	5
リノレン酸	全シス-9,12,15-オクタデカトリエン酸	18：3cΔ9,12,15	$CH_3(CH_2)_4CH{=}CHCH_2CH{=}$ $CHCH_2CH{=}CH(CH_2)_7COOH$	−11
アラキドン酸	全シス-5,8,11,14-エイコサテトラエン酸	20：4cΔ5,8,11,14	$CH_3(CH_2)_4CH{=}$ $CHCH_2CH{=}CHCH_2CH{=}$ $CHCH_2CH{=}CH(CH_2)_3COOH$	−50
分枝および環状脂肪酸				
ツベルクロステアリン酸	9-メチルヘプタデカン酸		CH_3 ｜ $CH_3(CH_2)_7CH(CH_2)_8COOH$	13.2
ラクトバチルス酸	2-ヘキシル-シクロプロピル-デカン酸		CH_2 ／＼ $CH_3(CH_2)_5CH—CH(CH_2)_9COOH$	29

を与え，それぞれのシス型二重結合は炭化水素鎖を屈曲させる。しかし，注意すべき点は，図 10.1 では分子を 1 本に伸びた構造として描いているが，炭素鎖の 1 本，1 本は自由に回転することである。このため，多くの構造をとることが可能となる。

自然界に存在する脂肪酸のほとんどは偶数の炭素原子をもつ。これは，2 つの炭素からなる前駆体が順につながっていき，脂肪酸が合成されるからである。多くの脂肪酸では，炭化水素鎖は直鎖であるが，脂肪酸（特に細菌で見出される）によっては分岐あるいは環状構造を含むものもある（表 10.1）。

ポイント 3
自然界の脂肪酸のほとんどは偶数の炭素をもつ。もし二重結合があれば，それは通常シス型である。

脂肪酸を表すもっと簡便で明確な方法として，略式のシステムが考え出された。これを表 10.1 に示してある。この規則では，コロンの前の数字は全炭素数，コロンの後の数字は二重結合の数を表す。二重結合の立体配置と位置は c（シス *cis*）あるいは t（トランス *trans*）および，そのあとに Δ と 1 あるいはもっと大きな数字で示す。これらの数字は（カルボキシ基の炭素を 1 番目として）二重結合がどこから始まるかの炭素番号を示す。したがって，オレイン酸は 18：1cΔ9，リノレン酸は 18：3cΔ9,12,15 と表記する。二重結合をいくつかもつようなリノレン酸は，**多価不飽和脂肪酸 polyunsaturated fatty acid** あるいは **PUFA** と呼ばれるものの一例である。

細胞機能が適切に営まれるのに PUFA は必要であるが，動物は一般的にはすべての PUFA を生合成することはできない。このため，これらの PUFA を食餌から摂取しなくてはならない。さまざまな脂肪の栄養価や摂取の重要性については，第 17 章でエネルギー代謝と関連づけて議論することにする。ここでは，上述した命名法とは異なる呼び名を栄養士が使うことにふれておかなくてはならない。彼らの命名法では，—COO^- の炭素を α 炭素，最後の炭素原子を ω 炭素とし，C＝C 結合の場所を ω 炭素からの場所で表す。このシステムでは，いわゆる ω-3 脂肪酸は ω 炭素から 3 番目の炭素原子を含む C＝C 結合をもつことになる。リノレン酸は ω-3 脂肪酸の一例である。

脂肪酸は pK_a 値の平均が約 4.5 の弱酸である。

$$RCOOH \underset{pK_a\,\cong\,4.5}{\rightleftharpoons} RCOO^- + H^+$$

したがって，これらの酸は生理的 pH では陰イオンの形（$RCOO^-$）で存在する。この親水性の電荷と長い疎水性の尾部のため，水に溶かした場合，脂肪酸は典型的な両親媒性の物質としてふるまう。図 2.15 のように，脂肪酸は気相–液相の表面において，親水性のカルボキシ基が水相に入り込み，炭化水素尾部が水層外に存在するような**単分子膜 monolayer** を形成しやすい。

もし，脂肪酸を水と攪拌すると，脂肪酸は球状の**ミセル micelle** を形成する。そこでは炭化水素尾部はミセルの構造内に集まり，カルボキシ基の頭部は周囲の水と結合状態となる。もし，脂肪酸を水および油状あるいは脂っぽい物質（例えば，ある種の炭化水素）と混合すると，ミセルが油滴のまわりに形成され，これらを乳化する。このようにして，石鹸や合成洗剤は油脂分を溶かすのである。

脂肪酸は代謝上重要な役割を示すが，大量の遊離脂肪酸やその陰イオンを生細胞中に見出すことは困難である。むしろ，これらはもっと複雑な脂質の構成成分となっている。次に，生物学的に重要なこの種類の脂質分子に注目することにする。

トリアシルグリセロール：脂肪

脂肪酸の長鎖炭化水素は，エネルギー貯蔵に非常に有効である。なぜなら，含まれる炭素すべてが還元状態であり，そのために酸化により最大量のエネルギーを得ることができるからである。実際，脂肪は糖質に比べてより優れたエネルギー貯蔵能をもつ（これらの違いに関する定量的な解析については第 17 章で述べる）。さらに，蓄積された脂肪は疎水性であるため，糖質が水和されているのとは異なり水を含まない。このため，1 g の貯蔵された脂肪からは 1 g の貯蔵された糖質に比べ，多くの代謝エネルギーを得ることができる。このような理由により，ヒトをはじめとする多くの生物は脂質を代謝エネルギー貯蔵物質として利用している。典型的なヒトで，脂肪には（水を得られると仮定すると）数週間生き伸びるだけのカロリーを蓄えている。

生物内における脂肪酸の貯蔵は，**トリアシルグリセロール triacylglycerol**，**トリグリセリド triglyceride**，あるいは**脂肪 fat** と呼ばれる形で行われることが多い。これらの物質は脂肪酸と**グリセロール glycerol** とのトリエステル化合物である。この一般構造式を下に示す。

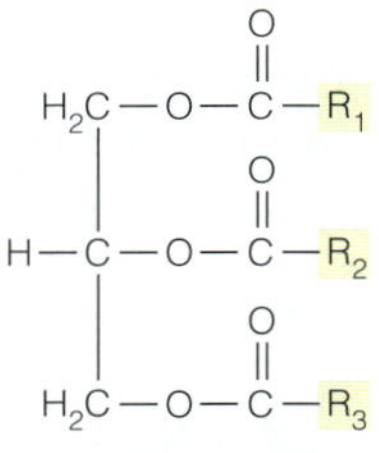

トリアシルグリセロール

ここで R_1，R_2 および R_3 は種々の脂肪酸の炭化水素尾部を示す。慣例として，疎水性炭素鎖を右側に記す。この表記は，立体配置を意味するものではない（グリセロール部分における各々の炭素原子を取り囲む正確な立体構造の配置は図 10.7a に記す）。特殊な例として，もし $R_1 = R_2 = R_3 = (CH_2)_{16}CH_3$，すなわちすべてがステアリン酸の炭化水素尾部であるとすれば，この化合物はトリステアリン（図 10.2）である。このように同じ脂肪酸がエステル結合しているトリアシルグリセロールを"単純脂肪"と呼ぶ。しかし，ほとんどのトリアシルグリセロールは異なった脂肪酸を含有する"混合脂肪"である。その多くは不飽和脂肪酸を含んでいる。表 10.2 は通常みられる脂肪における脂肪酸組成をまとめてある。

> **ポイント 4**
> 脂肪あるいはトリアシルグリセロールは脂肪酸とグリセロールとのトリエステルである。これらは多くの生物の主なエネルギー貯蔵分子である。

これらの脂肪で通常知られていることと表中のデータを比較すると，興味深い相関性がみえてくる。（オリーブ油のような）不飽和脂肪酸に富んだ脂肪は室温では液状であるが，（バターのような）飽和脂肪酸を

10

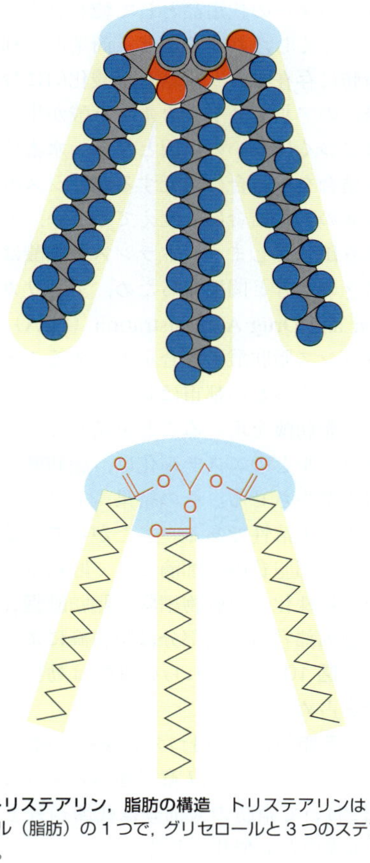

図 10.2　トリステアリン，脂肪の構造　トリステアリンはトリアシルグリセロール（脂肪）の 1 つで，グリセロールと 3 つのステアリン酸分子からなる。

表 10.2　天然脂肪における脂肪酸組成

鎖中の炭素原子数	存在割合（%）		
	オリーブ油	バター[a]	牛脂
飽和			
4〜12	2	11	2
14	2	10	2
16	13	26	29
18	3	11	21
不飽和			
16〜18	80	40	46

[a]バターは少量のほかの脂肪酸を含むため，数字をすべて加算しても 100%とはならない。

多く含有する脂肪はそれよりも硬くなる。実際，すべてが飽和している脂肪は，特に炭素鎖が長ければ全くの硬い固体である。このことは**表 10.1** の融点のデータからも明らかである。その理由は単純で，長い飽和炭化水素鎖は互いに密にパッキングされることができ，それにより van der Waals 接触の数が増し，規則性のある半結晶構造を形成する。反対に，1 個あるいはそれ以上のシス型二重結合をもって屈曲したもの（**図 10.1b** 参照）は分子パッキングがより規則的でなくなり，それゆえ流動的になる。実際，（コーン油のような）不飽和脂肪オイルの部分的**水素化 hydrogenation** は，それらをより硬い脂肪へ変化させ，マーガリンのようなバターの代用品として使われるようにしたり，傷みにくくしたりするなど，商業的に利用されている。脂肪に存在する二重結合が酸化的に分解されると，揮発性のアルデヒドやカルボン酸が生じ，腐った脂肪の鼻につくにおいの原因となる。水素化はこのような二重結合を単結合に還元するが，シスの二重結合をトランスの二重結合にも変えてしまい，トランス脂肪酸を生み出してしまう。トランス脂肪酸は循環器疾患のリスクの上昇と関連するため，アメリカ食品医薬品局 Food and Drug Administration（FDA）は食品の包装にトランス脂肪酸の割合を表示することを求めており，またいくつかの都市はレストランにおける料理にトランス脂肪酸を用いることを禁じている。

グリセロールとのエステル化は，脂肪酸頭部の親水性の性質を消失させる。その結果，トリアシルグリセロールは水に不溶性である。したがって，植物や動物では，脂肪は細胞質内に油滴として貯蔵される。脂肪貯蔵のため特殊化した動物細胞の**脂肪細胞 adipocyte** では，細胞内部容積の大部分は脂肪滴によって占められている（**図 10.3**）。これらの細胞は動物の脂肪組織の大部分を占める。

動物の貯蔵脂肪は次の3つの異なった機能を有する。

1. エネルギー産生：第 17 章で述べるように，多くの動物において脂肪の大部分は代謝過程を推進する ATP 生成のため酸化される。

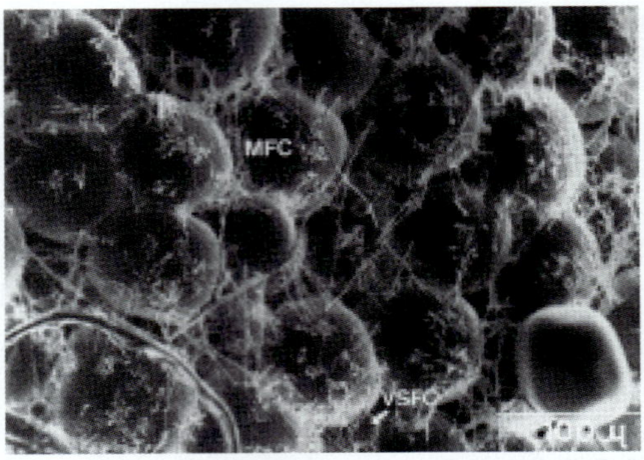

図 10.3　脂肪細胞　脂肪細胞あるいは動物脂肪貯蔵細胞は脂肪組織の大部分を占める。MFC は成熟脂肪細胞，VSFC は極小型脂肪細胞を示す。

The Journal of Lipid Research 30：293-299, P. Julien, J.-P. Despres, and A. Angel, Scanning electron microscopy of very small fat cells and mature fat cells in human obesity. Reprinted with permission.

2. 熱発生：ある特殊化した細胞（例えば，温血動物の“褐色脂肪”）は，トリアシルグリセロールを ATP 合成よりも熱発生のために酸化する。
3. 断熱材：寒冷環境下に棲息する動物では，皮膚下の脂肪層は熱絶縁体として機能している。クジラの脂肪が好例である。

石鹸と界面活性剤

脂肪を NaOH あるいは KOH のような強いアルカリで加水分解すると（古くは木の灰を使用した）石鹸ができる。この過程を**鹸化 saponification** と呼ぶ。脂肪酸は完全にイオン化したナトリウムあるいはカリウム塩として遊離する。しかし洗浄剤としての石鹸は，“硬水”に含まれるカルシウムあるいはマグネシウムによって脂肪酸が沈澱するという欠点をもつ。このことにより浮き垢が形成され，エマルジョン形成が阻害される。合成界面活性剤はこの欠点をなくすように工夫されたものである。その代表例の１つとしてドデシル硫酸ナトリウム sodium dodecyl sulfate（SDS）がある。

$$Na^{+}\,{}^{-}O_3SO(CH_2)_{11}CH_3$$

二価の陽イオン（例えば Ca^{2+}，Mg^{2+}）をもったドデシル硫酸の塩はより可溶性である。SDS がタンパク質を包み込んでミセルを形成させるために，ゲル電気泳動に広く使用されていることを思い出してほしい（「生化学の道具 6B」参照）。さらに，トリトン X-100（Triton X-100）のような合成非イオン化界面活性剤がある。

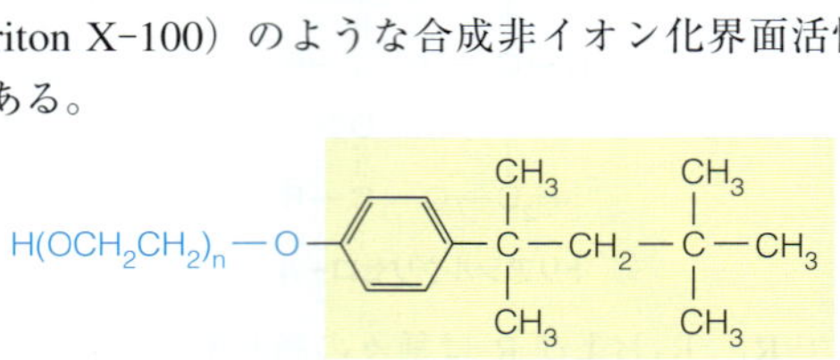

この親水性残基はポリオキシエチレン頭部（青色で表示）で，市販品では平均約 9.5 残基の長さである。

ワックス（ろう）

自然の**ワックス wax** は長鎖脂肪酸が長鎖アルコールとエステル化したものである（図 10.4）。これにより，頭部は 2 つの炭化水素鎖を結合させ，弱親水性となる。そのため，ワックスは全く水に溶けない。実際，ワックスは非常に疎水性が高いため，ある種の鳥の羽や，ある種の植物の葉でみられるように防水剤として機能する。ある海洋微生物では，他の脂質のかわりにワックスがエネルギー貯蔵に用いられる。蜜蝋（みつろう）はミツバチが巣づくりに用いる。トリアシルグリセロールと同様，ワックスの硬さは，鎖の長さと炭素鎖の飽和度によって増加する。

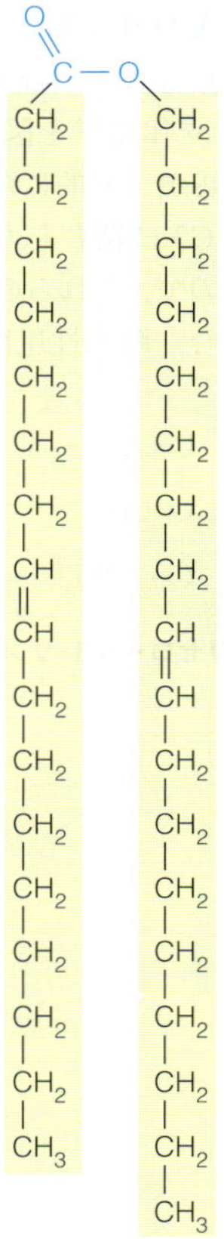

図 10.4　典型的なワックスの構造　ワックスは脂肪酸と長鎖アルコールとのエステル化で形成されている。小さい頭部はほとんど親水性を示さない。それと対照的に，2 つの長鎖尾部は著しく疎水性を示す。

生体膜の脂質組成

すべての生体膜は，主な構成成分として脂質を含んでいる。膜形成において重要な役割を果たす脂質分子はすべて，高い極性頭部と，多くの場合 2 本の炭化水素鎖尾部をもっている。この構成は分子構造上重要である。すなわち，もし大きな頭部が 1 本の炭化水素鎖に結合しているとしたら，その分子は楔形で，球状ミセルを形成すると考えられる（図 10.5a）。2 本の尾部のために脂質分子はほぼ筒状となる（図 10.5b）。このような筒状の分子はたやすく平行にパックされ，両側で親水性頭部を水相に向けた**二重層 bilayer** 膜のシート状の広がりを形成する（図 10.5c）。膜を形成する 4 つの主な脂質，すなわちグリセロリン脂質，スフィンゴ脂質，スフィンゴ糖脂質，グリセロ糖脂質は，いずれもこの筒状分子構造を有している。これらは主に頭部の性質がそれぞれ異なっている。これらのいくつかの例をあげる。

二重層はおおよそ 6 nm の厚さで，約 3 nm の疎水性コア部分とその両側の約 1.5 nm の界面部分からなる（図 10.5c）。界面部分は脂質頭部から構成され，水分子と会合している。界面のまわりには多くの水がある。

ポイント 5
生体膜の主な脂質成分はグリセロリン脂質，スフィンゴ脂質，スフィンゴ糖脂質そしてグリセロ糖脂質である。

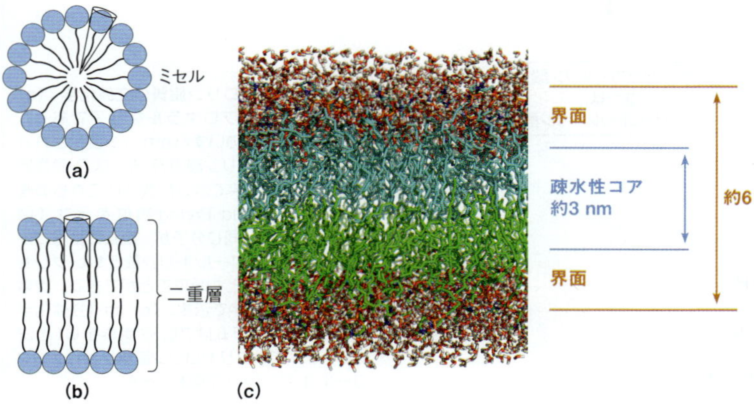

図 10.5　リン脂質と膜の構造　**(a)** 脂肪酸は楔形で容易にミセルを形成する。**(b)** リン脂質はもっと筒状で，互いに集合し二重層構造を形成する。**(c)** 疎水性コア，界面領域とそれを取り囲む水の境界を示すリン脂質二重層のコンピュータシミュレーション。白（水素）と赤（酸素）でぬられた原子が水を，緑と青が二重層の炭化水素部分を示す。

グリセロリン脂質

グリセロリン脂質 glycerophospholipid（別名ホスホグリセリド phosphoglyceride）は自然界に存在する主要な**リン脂質** phospholipid，すなわちリン酸を含む頭部をもつ脂質である。これらの化合物は細菌，植物，動物界を通じて膜脂質の主要な部分を占める。これまでにふれてきた他の生体構成分子と同様に，脂質は立体特異性を示す。グリセロールはキラル中心をもたないが，中心の炭素原子に結合している等価の —CH_2OH 残基のいずれか一方が誘導体化されると，C2 に不斉炭素が生じる（図 10.6a）。したがって，グリセロールは誘導体化されるとキラル中心をもつ**プロキラル** prochiral 分子の一例となる。図 10.6b に示すように，我々がこれまで述べてきた立体化学を規定する 2 つの命名法，D/L および *R*/*S* システムは，グリセロール誘導体では均一的な炭素の番号づけをすることができない。このような化合物における命名の混乱を避けるために開発されたのが，*sn*（立体特異性表示番号づけ）システムである（図 10.6c）。

図 10.6a に示すように，2 つの —CH_2OH 残基の炭素原子は，これらの残基いずれかの誘導化により生じる産物の立体化学をもとに，**プロ-*S*** pro-*S* あるいは**プロ-*R*** pro-*R* と名づけることができる。ここで，*R*-グリセロールリン酸は，どちらの炭素を #1 とするかにより，L-グリセロール 3-リン酸または D-グリセロール 1-リン酸とも同じように呼ぶことができることを考慮してほしい（図 10.6b）。より複雑な脂質を考えるとなると，炭素の番号づけ法は立体化学を表す表現が 1 つになるのが望ましい。*sn* システムはグリセロールのプロ-*S* 炭素を C1 と決めることで，このような番号づけを可能にする（図 10.6c）。この方法に従えば，すべてのグリセロリン脂質は *sn*-グリセロール 3-リン酸の誘導体ということになる。グリセロリン脂質の一般的な構造と立体化学を図 10.7a に示す。C1 と C2 に結合した残基が一般的に疎水性を示して二重層の内側を形成し，C3 に結合した残基が極性をもち二重層の外側にくるので，これらの残基は図 10.7b のように描く。この場合，疎水性尾部を右に，親水性頭部を左に描く。

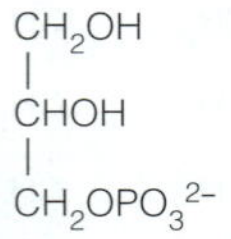

グリセロール3-リン酸

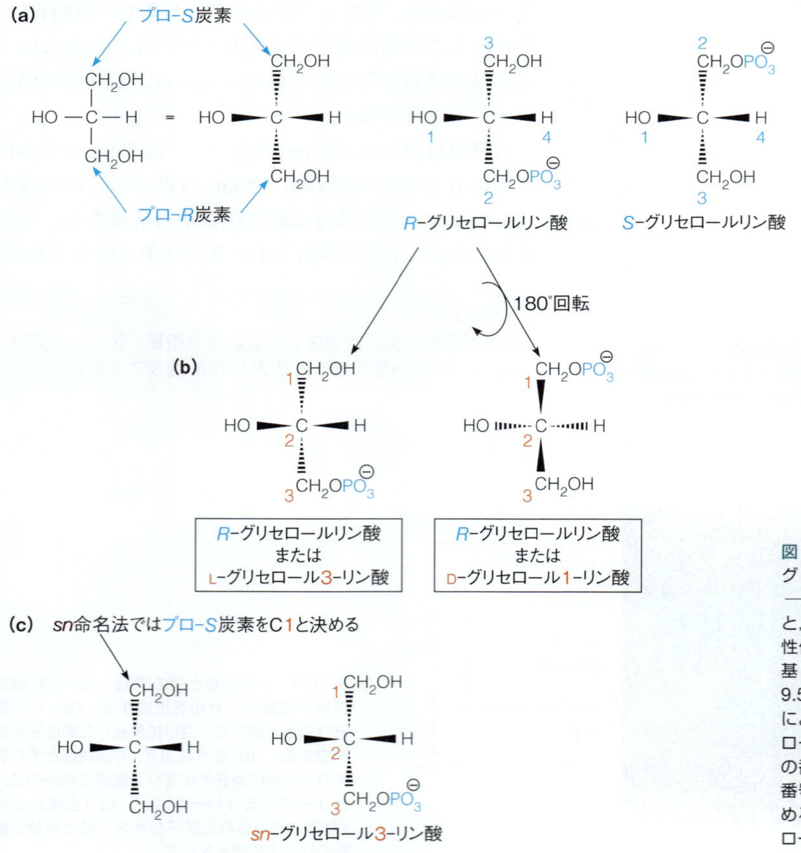

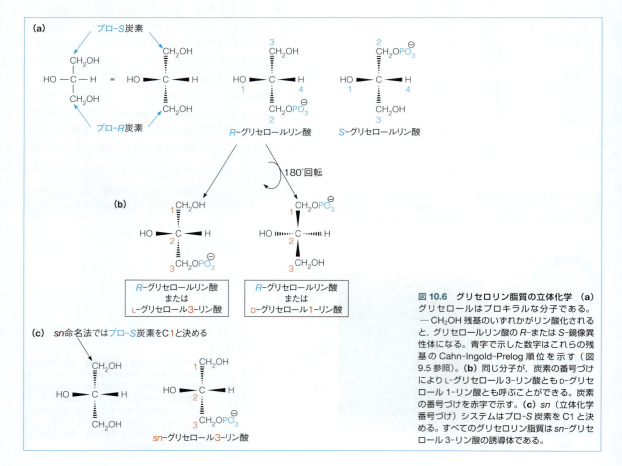

図 10.6　グリセロリン脂質の立体化学　(a) グリセロールはプロキラルな分子である。—CH_2OH 残基のいずれかがリン酸化されると，グリセロールリン酸の *R*-または *S*-鏡像異性体になる。青字で示した数字はこれらの残基の Cahn-Ingold-Prelog 順位を示す（図 9.5 参照）。**(b)** 同じ分子が，炭素の番号づけにより L-グリセロール 3-リン酸とも D-グリセロール 1-リン酸とも呼ぶことができる。炭素の番号づけを赤字で示す。**(c)** *sn*（立体化学番号づけ）システムはプロ-*S* 炭素を C1 と決める。すべてのグリセロリン脂質は *sn*-グリセロール 3-リン酸の誘導体である。

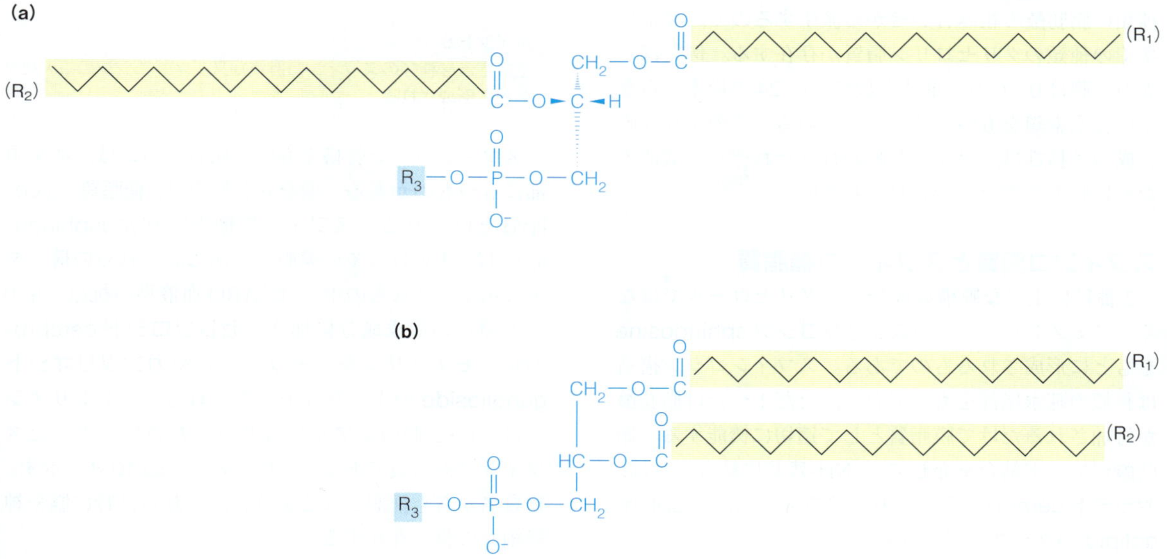

図 10.7　グリセロリン脂質の構造　**(a)** 一般的なグリセロリン脂質の構造を立体化学的に表記したもの。**(b)** 同じ構造をテキスト中で示した方法で表記した。この場合，疎水性残基を右に，親水性残基を左に描く。R_3は親水性残基（表 10.3 参照）。

通常R_1およびR_2残基は脂肪酸由来のアシル側鎖であり，しばしばR_1は飽和で，R_2は不飽和である。親水性R_3残基は多彩であり，グリセロリン脂質同士に異なった性質を与える最大の原因はこの部分にある。最も普通にみられるグリセロリン脂質のR_3残基を表 10.3に，さまざまな膜に存在するこれらの含有量を表 10.4 に示す。最も単純なものは**ホスファチジン酸** **phosphatidic acid** であるが，これは少量しか存在せず，他のグリセロリン脂質やトリグリセリドの生合成中間体として重要である（第 19 章で述べる）。グリセロリン脂質の名前はホスファチジン酸に由来しており，ホスファチジルコリン，ホスファチジルエタノールアミンなどがある。表 10.3 に示すようにグリセロリン脂質は高い極性の頭部をもつ。リン脂質における正味の電荷は，負電荷を帯びた頭部のリン酸ジエステルと相まって，（もしもあるのならば）R_3残基の電荷によって決まる。炭化水素尾部は自然界に存在する多

表 10.3　グリセロリン脂質を特徴づける親水性残基[a]

グリセロリン脂質の名前	R_3（図 10.7 と同じ）
ホスファチジン酸	H—（中性の pH ではイオン化）
ホスファチジルエタノールアミン（PE）	$H_3\overset{+}{N}-CH_2-CH_2-$
ホスファチジルコリン（PC）	$(CH_3)_3\overset{+}{N}-CH_2-CH_2-$
ホスファチジルセリン（PS）	$H_3\overset{+}{N}-C(H)(COO^-)-CH_2-$
ホスファチジルイノシトール（PI）	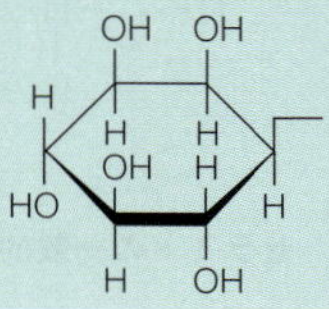

[a]図 10.7 におけるR_3である。この多様性に加えて，炭素鎖尾部（R_1，R_2残基）にも非常に多様性がある。

表 10.4　生体膜の脂質組成

脂質	全脂質中の割合（%）			
	ヒト赤血球形質膜	ヒトミエリン	ウシ心臓ミトコンドリア	大腸菌細胞膜
ホスファチジン酸	1.5	0.5	0	0
ホスファチジルコリン	19	10	39	0
ホスファチジルエタノールアミン	18	20	27	65
ホスファチジルグリセロール	0	0	0	18
ホスファチジルイノシトール	1	1	7	0
ホスファチジルセリン	8.0	8.0	0.5	0
スフィンゴミエリン	17.5	8.5	0	0
糖脂質	10	26	0	0
コレステロール	25	26	3	0
その他	0	0	23.5	17

Data from C. Tanford (1973) *The Hydrophobic Effect*. Wiley, New York.

種類の脂肪酸の組み合わせから派生するので，非常に多くの種類のグリセロリン脂質が存在する。例えば，赤血球膜は0〜6の二重結合数で16〜24の炭素からなる炭化水素鎖をもつ分子を含んでいる。このような膜組成の多様性は，異なった膜が行うそれぞれの機能のために膜の性質を“微調整”している。

スフィンゴ脂質とスフィンゴ糖脂質

2番目に主要な膜構成成分は，グリセロールではなく，アミノアルコールの**スフィンゴシン sphingosine** をもとに形成されるものである。スフィンゴシン構造は長鎖の疎水尾部をもっており，ただ1つだけ脂肪酸が付加されるだけで膜脂質として適切に機能する。脂肪酸がアミド結合を介して —NH_2残基に結合すれば，**セラミド ceramide** と称される**スフィンゴ脂質 sphingolipid** のクラスが得られる。

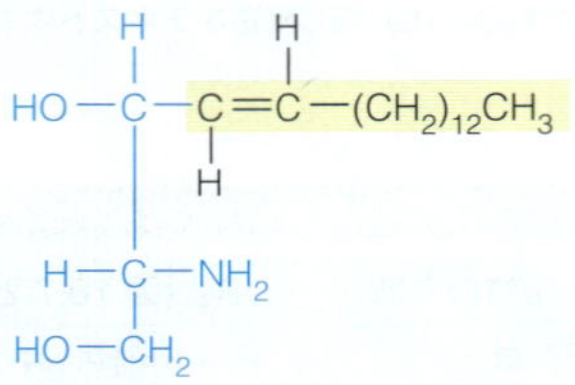

スフィンゴシン＝D-4-スフィンガニン

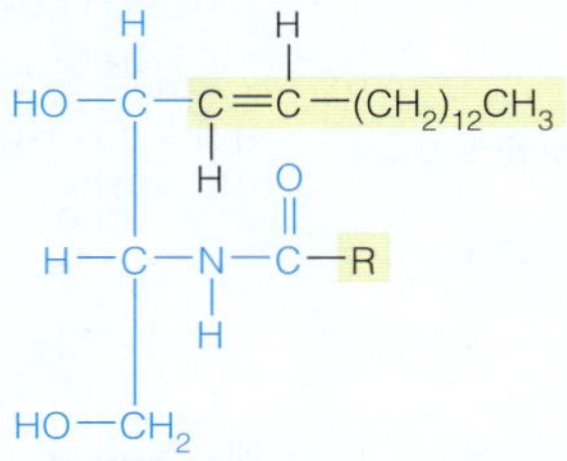

セラミドの一般的構造（R＝炭化水素）

セラミドはスフィンゴシンと1つの脂肪酸からなる。スフィンゴシンのC1水酸基に，何らかの残基が付加され，さらに修飾されて他のさまざまなスフィンゴ脂質が誘導される。特に重要な例はスフィンゴミエリンであり，ホスホコリン残基がC3水酸基に結合したものである。

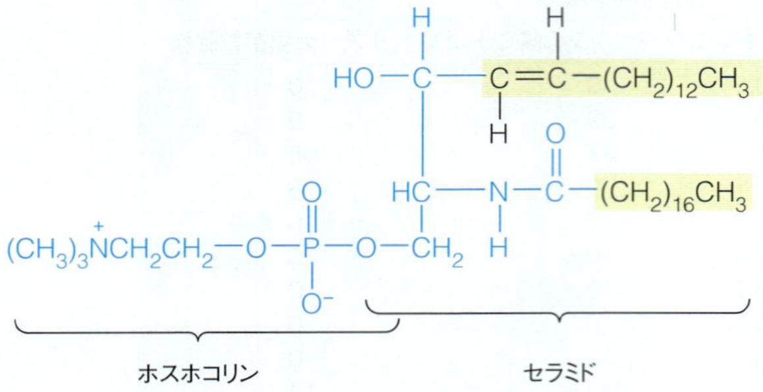

スフィンゴミエリン

ポイント6
さまざまな種類のスフィンゴ脂質がスフィンゴシンのコアをもとに形成される。

スフィンゴシン骨格をもつ膜脂質の中には，糖を頭部にもつものがある。糖を含む脂質は，**糖脂質 glycolipid** と呼ばれる。**スフィンゴ糖脂質 glycosphingolipid** は，3番目に多い膜脂質である。これらの構造を下に示す。これらの中には，ABO血液型の抗原（第9章参照）の構成成分に加え，**セレブロシド cerebroside**（モノグリコシルセラミド）や**ガングリオシド ganglioside** のような分子が含まれる。ガングリオシドは，1〜2個のシアル酸残基を含む負に荷電したスフィンゴ糖脂質である。これらの例を図10.8に示す。物質名からも推測されるように，これらは特に脳や神経細胞の膜に存在する。

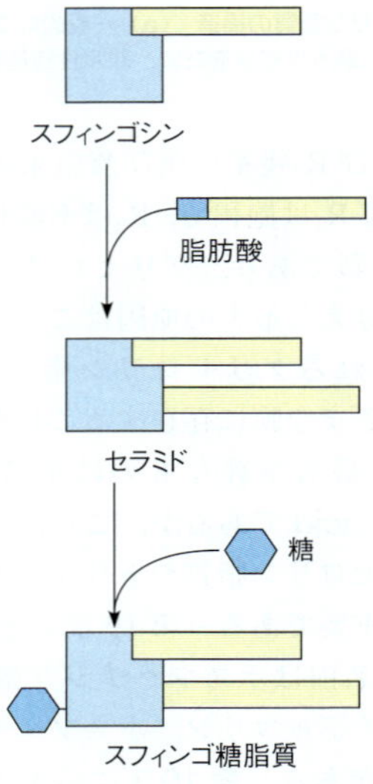

一般化したスフィンゴ糖脂質の構成

グリセロ糖脂質

脂質のその他の種類としては，動物の膜ではまれであるが，植物や細菌の膜に広く分布している**グリセロ糖脂質 glycoglycerolipid** がある。**モノガラクトシルジグリセリド monogalactosyl diglyceride** が例である。

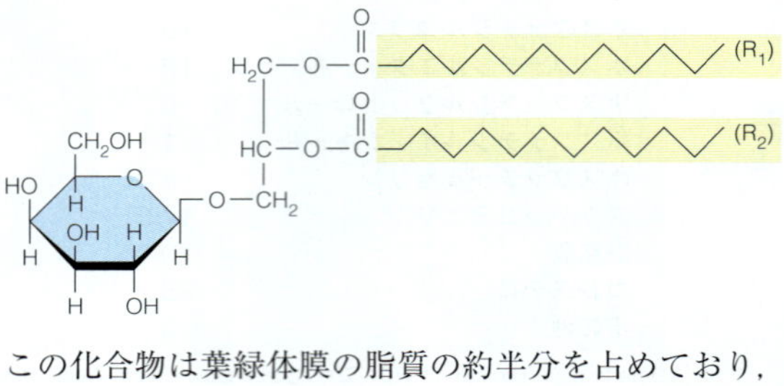

この化合物は葉緑体膜の脂質の約半分を占めており，

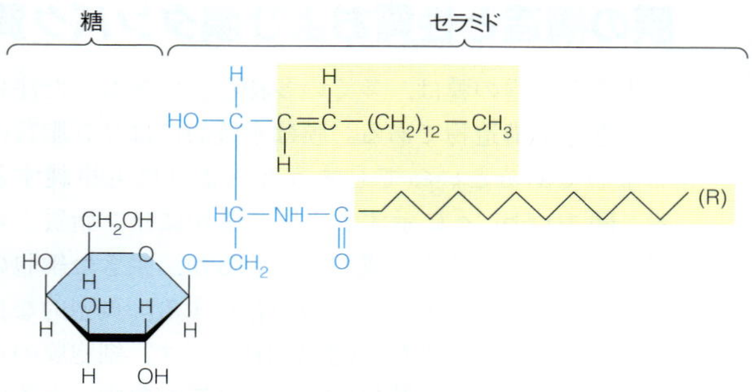

(a) ガラクトシルセラミド

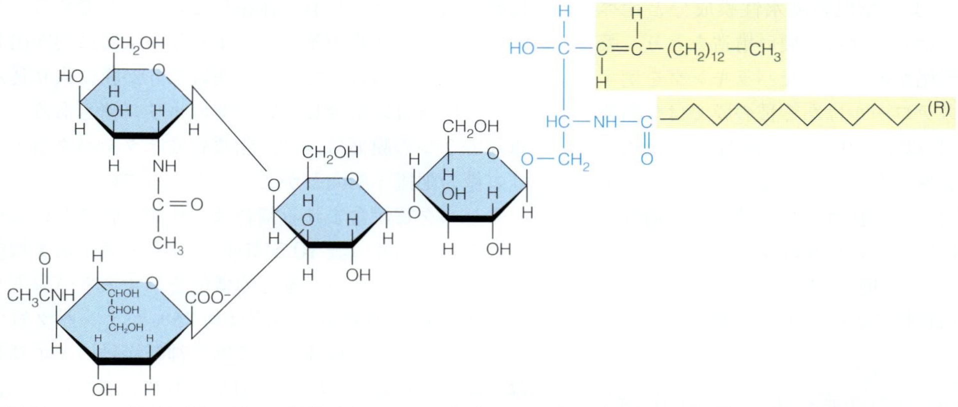

(b) *N*-アセチルガラクトサミンβ(1→4)ガラクトースβ(1→4)グルコースβ(1→1)セラミド，ガングリオシドGM_2
(3 ↑ α2)
シアル酸

図 10.8　スフィンゴ糖脂質の例　(**a**) セレブロシド，脳細胞膜の重要な構成成分。(**b**) ガングリオシド。この特有なガングリオシドは GM_2，あるいは Tay-Sachs ガングリオシドとよばれ，Tay-Sachs 病をもつ小児の神経組織に蓄積する。この先天性疾患の原因は *N*-アセチルガラクトサミンの末端を切断する酵素の欠損である（第 19 章参照）。

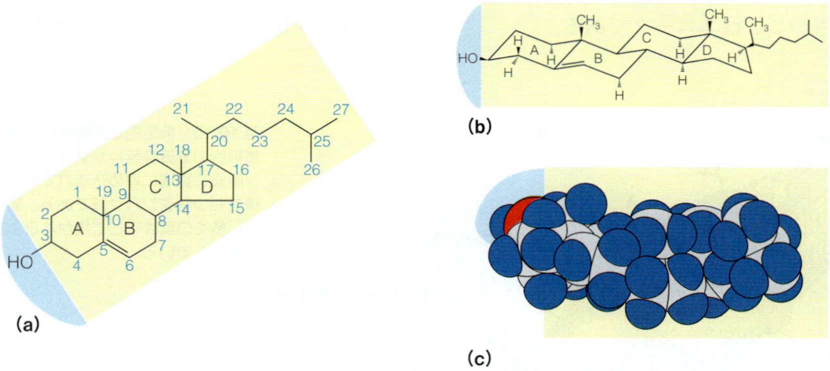

図 10.9　コレステロール　(**a**) 構造式。(**b**) コンホメーション模型。(**c**) 空間充填モデル。

実際のところ全極性脂質中で最も多いだろう（第 16 章参照）。このような脂質は古細菌（アーキア）にも多量に存在し，主な膜成分となっている。

コレステロール

多くの膜を構成する重要な脂質成分の 1 つは，我々がこれまでにふれてきた化合物とは外見上，類似性がわずかしかない。それは**コレステロール cholesterol** である。その構造を図 10.9 に示す。コレステロールは**ステロイド steroid** と呼ばれる大きなグループの一員である。ステロイドには高等動物の性ホルモンなど多くの重要なホルモンが含まれる。実際，コレステロールはこれらのホルモンの多くが合成される際の前駆体である。そのほかのステロイドやこれらの機能に関する詳細に加えて，その合成については第 19 章で述べる。脂質に由来するもう 1 つの重要で多様性をもつシグナル分子として，**エイコサノイド eicosanoid** がある。エイコサノイドはアラキドン酸（表10.1）に由来する。エイコサノイドは，炎症，血液凝固，血圧調節や生殖といったさまざまな生理機能の強力な活性化物質である。ステロイドとエイコサノイドの生合成や活性については第19章で述べる。

コレステロールは分子の末端に水酸基があるため，弱い両親媒性物質である。図10.9bに示すコンホメーション構造のように，コレステロールの結合したシクロヘキサン環はすべて椅子型である。この配座により，脂肪酸の尾部のような他の疎水性膜成分と比べて，コレステロールはかさばった硬い構造をとり，膜構造における脂肪酸尾部の規則的なパッキングを壊す働きを示す。コレステロールはある種の膜では全脂質の25%あるいはそれ以上存在する（表10.4）ため，この性質が大きな影響をもつことになる。後述するように，膜がもつ規則性の変化は，膜の硬さや透過性といったさまざまな性質に影響を及ぼす。他のステロイドも膜に見出される。例えば，ラノステロール（p.715）は，植物細胞膜において重要である。

ポイント7
多くの動物生体膜の一構成成分であるコレステロールは，そのかさばった構造により膜の流動性に影響する。

これまでに述べてきた分子は，ほとんどすべての生物の膜脂質の主成分となっている。しかし，生物の“3つの領域”の1つである古細菌が，主な脂質としてグリセロ糖脂質をもつことはユニークである。

膜の構造と性質および膜タンパク質

生きた細胞の膜は，多くの多様な機能をもった注目すべき分子構造物である。膜は本質的にはリン脂質の二重層であるといってしまうとあまりにも単純すぎる。図10.5b，cに示すように，確かにリン脂質二重層は膜の基本構造を形成してはいるが，生きた細胞の形質膜にはもっと多くのものが存在する。典型的な真核細胞膜の複雑な性状を図10.10に示す。細胞膜の重要な性質は，多彩な特異的タンパク質が膜中，あるいは膜表面に結合した形で存在していることである。これらのタンパク質の多くは，まわりの水層に突き出したオリゴ糖を結合している。脂質部分が膜に入り込んでいる糖脂質に結合している他のオリゴ糖もある。二重層の2つの膜面は通常，脂質組成とタンパク質・オリゴ糖の配置・配向とがともに異なっている。

タンパク質が含まれる割合は，種類の膜ごとに大いに異なっており（表10.5参照），特有の膜が示す機能と直接関係している。多くの機能を示すミトコンドリア内膜や細菌の細胞壁の膜は約75%がタンパク質である。主に電気絶縁体として働く神経繊維のミエリンは，もっと少ない割合（約20%）のタンパク質しか含まない。大ざっぱに言えば，典型的な膜は，重量にしておおよそ60%のタンパク質と40%の脂質を含む。

生体膜に関する最近の理解の多くは，S. J. SingerとG. L. Nicholsonが1972年に提唱した**流動モザイクモデル fluid mosaic model** が基盤となっている。このモデルを図10.10に示す。流動的で非対称性の脂質二

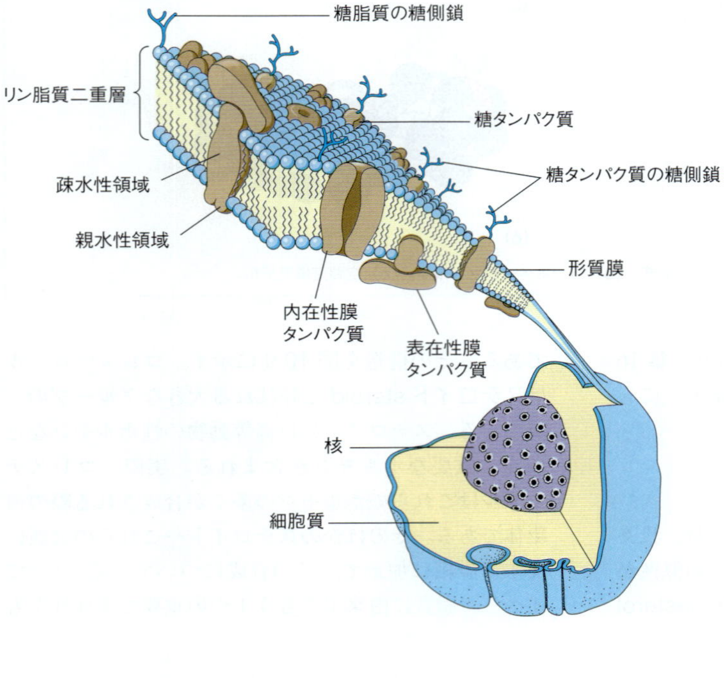

図10.10　典型的な細胞膜の構造　この概略図では，真核細胞の形質膜断片が剝がされている。タンパク質はリン脂質二重層に埋め込まれており，その一部はオリゴ糖鎖をもつ糖タンパク質である。膜の厚さは約6 nmである。多くの膜はここで描かれるよりもっと密にタンパク質を含んでいる。

表 10.5　各種生体膜におけるタンパク質，脂質，糖質の組成

膜	重量パーセント（%）		
	タンパク質	脂質	糖質
ミエリン	18	79	3
ヒト赤血球（形質膜）	49	43	8
ウシ網膜桿状体	51	49	0
ミトコンドリア（外膜）	52	48	0
アメーバ（形質膜）	54	42	4
筋小胞体（筋肉細胞）	67	33	0
葉緑体ラメラ	70	30	0
グラム陽性細菌	75	25	0
ミトコンドリア（内膜）	76	24	0

Adapted from *Annual Review of Biochemistry* 41：731, G. Guidotti, Membrane proteins. © 1972 Annual Reviews.

重層は，その中に多くのタンパク質を有している。そのうち，**表在性膜タンパク質 peripheral membrane protein** と呼ばれるものは，膜のある一方の面，あるいはもう一方の面にのみ露出している。これらは脂質の頭部，あるいは内在性膜タンパク質との相互作用により膜に保持されている。**内在性膜タンパク質 integral membrane protein** は膜に深く埋め込まれているが，通常両側に露出している。内在性膜タンパク質は特定の物質や化学的なシグナルを膜を経て伝えることにしばしば関わっている。膜全体は，脂質とタンパク質のモザイクである。最近の研究によると，図 10.10 に描いたものより，膜表面はもっと混み合っており，膜におけるタンパク質の分布はより高度に組織化されているようである。

ポイント 8
流動モザイクモデルによれば，膜は脂質とタンパク質との流動的混合物である。

ポイント 9
表在性膜タンパク質は二重層の一方の面に結合しており，二重層を壊さなくとも膜から遊離させることができる。内在性膜タンパク質はより深く二重層に埋め込まれており，膜構造が壊された条件でのみ取り出すことができる。多くの内在性膜タンパク質は二重層を貫通している。

膜の運動

機能を有する生体膜は，硬くて動かない構造物ではない。実際，脂質やタンパク質成分の多くは絶えず動いている。この動きは直接的で劇的な方法で立証することができる。ヒト細胞とマウス細胞のそれぞれの形質膜に異なった蛍光標識を行い，互いに融合させると，2 種類の標識は徐々に混ざり合うようになる（図 10.11）。このことは（膜表面に平行の）側方拡散が膜内で起こっていることを示す。このような二次元の拡散が起こる速さは膜の流動性に依存し，さらにこの膜流動性は温度と脂質組成に依存している。生理的条件下では，リン脂質が細胞のまわりを完全にひと回りするのに必要な平均時間は，数秒から数分のオーダーである。膜タンパク質も移動するが，より遅く，その速さの幅は膜の構造的性質に影響をうける。

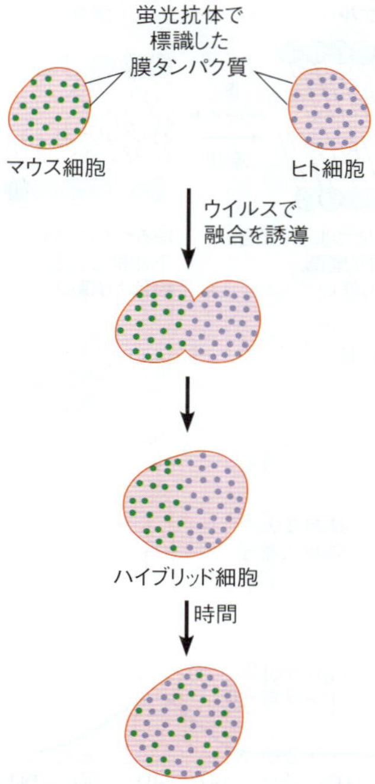

図 10.11　膜流動性の証明実験　表面膜タンパク質を蛍光標識した細胞を融合させると，これらのタンパク質は融合した膜上に徐々に混合していく。

人工膜の運動

流動性に及ぼす温度，組成の影響は，1 種類あるいはわずかな種類の脂質のみを含みタンパク質を含まない人工膜を用いた単純な系で研究することができる（「生化学の道具 10A」参照）。図 10.12a には，16 個の炭素からなる飽和脂肪酸鎖をもつホスファチジルコリン（PC-16：0/16：0 と略記）から得られる膜の運動を示す。低温では，炭化水素鎖尾部は互いにぎっしりつまった固形状に近いゲル状態を形成する。温度を 41℃以上に上昇させると，この規則正しい状態がくずれる**相転移 phase change** が生じ，炭化水素尾部は自由に動き回れるようになる。膜は“融解”し，半流動体状の液晶状態となる。これが起きる温度を相転移温度と呼ぶ。この人工膜の性状における急激な変化は，「生化学の道具 10A」に記述してある多くの手法において観察することができる。図 10.12b には相転移を熱量計によって調べた例が示してある（「生化学の道具 6C」参照）。

相転移温度は炭化水素鎖の性状に大きく影響され

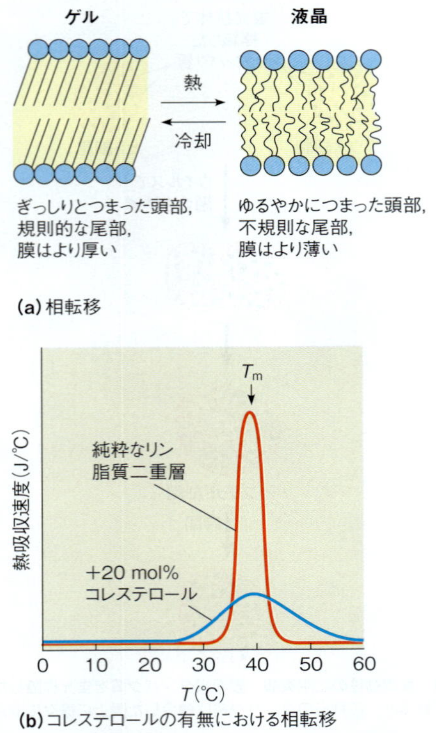

図 10.12　人工膜におけるゲル–液晶相転移　**(a)** 相転移温度における変化の概略図。この温度より低い場合，炭化水素鎖は硬く，ほぼゲル結晶の状態で互いにパックされている（左図）。この温度より高くなると，この鎖の動きはより活発になり，膜の内側は液状炭化水素に類似してくる（右図）。**(b)** 熱量計を用いての相転移の測定（「生化学の道具 6C」参照）。温度を上昇させ，膜への熱吸収を測定すると，純粋なジパルミトイルホスファチジルコリン二重層の相転移温度（T_m）で鋭いスパイクを示す。このゲルから液晶への明らかな相転移を膜融解と呼ぶ。20 mol %のコレステロールを二重層に混合すると，相転移温度は変わらず相転移を起こす温度範囲が広がる。

る。PC–14：0/14：0 で作製した膜（わずか 2 つだけ炭素鎖が前述のものより短い）を使うと，その相転移温度は 23℃に低下する。もし 1 個のシス型二重結合を各々の 16–炭素鎖に導入したら（PC–16：1/16：1），融解は 36℃で起こる。先にも説明したように，シス型二重結合は鎖を屈曲させ，密にパックされるのを妨げる。したがって，このような鎖に硬いゲルを形成させるためには，より低い温度まで冷却する必要がある。頭部残基の異なりも大きな違いをもたらす。PC–16：0/16：0 のホスファチジルコリンをホスファチジルエタノールアミン（表 10.3）にかえると，その相転移温度は 63℃に上昇する。脂質組成に対する相転移の感受性は，前述の少しの変化の組み合わせが 100℃もの幅で相転移温度を変化させる事実からも劇的に示される。

ポイント 10
膜における相転移温度はその脂質組成に依存する。脂質の相転移温度は，尾部が長く飽和であるほど高くなるが，一方，シス型二重結合が増えたり短くなったりすると相転移温度は低くなる。

生体膜の運動

生体膜は，脂質成分に加えタンパク質を含む複雑な混合物であるため，前述の人工膜で観察されるよりもっと広くかつ複雑な相転移を示す。実際，細胞膜の別々の部位には，異なった組成からなる非常に安定な“ドメイン”が存在することが今では明らかになっている。これは観察されているより幅広い相転移を説明している。生きた細胞の膜は流動的であることが必須であるため，膜組成は相転移温度が生物の体温以下に保たれるように調節されている。細菌にみられる 1 つの例として，生育する環境の温度変化に合わせて細菌は膜中の飽和/不飽和脂肪酸の比を変化させる。動物界における顕著な例は，トナカイの足におけるものである。蹄の近くは体の他の部分よりもさらに冷やされるため，その細胞膜では不飽和脂肪酸の相対量の増加が観察される。

ポイント 11
生理的条件下では，生体膜は流動的な液晶状態で存在する。

コレステロールは，特異的かつ複雑な影響を膜流動性に与える。図 10.12b で人工膜について示したように，コレステロールは相転移温度そのものには極端に影響しないが，相転移温度の幅を広くする。コレステロールは相転移温度以上では膜を硬くし，以下では構造配列の秩序を乱すことができるため，この幅広い現象が起こるとされている。したがって，コレステロールはゲル状態と流動状態との間の違いを不鮮明にする。コレステロール含量の違いが，ある種の生物における膜動態の調節に利用されていることが明らかとなっている。

コレステロールの膜構造への影響は，その膜中濃度に強く依存している。再構成した人工膜の二重層の X 線散乱研究によると，適度の濃度において，コレステロールは二重層にうまく収まり，膜を厚くする（図 10.13）が，一方，高濃度においては，コレステロール二重層の“島”が形成される。推測ではあるが，これが循環器系におけるコレステロールプラーク（斑）形成の核となっているのかもしれない。このような構造物の形成は，高コレステロール食で数週間飼育したラットを用いた in vivo の実験で立証されている。本章の後半でもふれるが，コレステロールは二重層の小さな領域を編成し，“脂質ラフト”と呼ばれる機能ユニットをつくる上でも役割を担っている。最近の実験によると，生体膜の厚さを調節する上でのコレステロールの効果はとるにたらないようである。この実験では，コレステロールをラットの肝臓細胞の膜とこれに結合しているオルガネラから除いている。この膜系では，膜中のタンパク質含量のほうがコレステロールより二重層

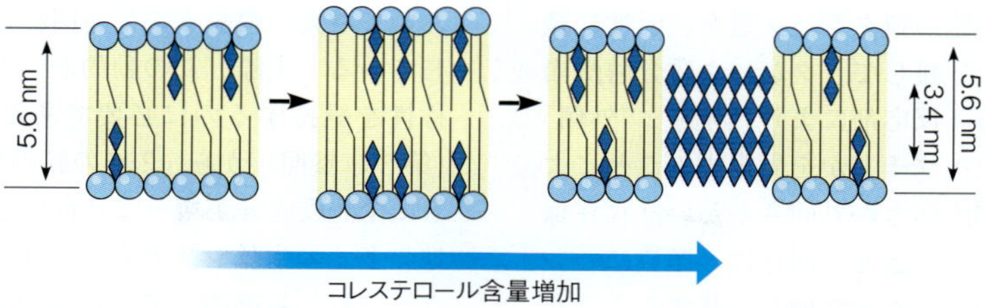

図 10.13　人工膜構造に及ぼすコレステロールの影響の図式化モデル　このデータはコレステロール/リン脂質比（C：PL）が膜の幅に及ぼす初期効果を示す。C：PL モル比が 0.8：1 あるいはそれ以下では，C：PL モル比が増加するにつれて二重層は厚くなる。C：PL モル比が 0.9：1 以上では 2 つの分離したラメラ相を形成し，1 つは液晶脂質二重層，他は混和していないコレステロール相となる。このコレステロール相はコレステロールで"飽和"された膜として相分離により形成される。

The Journal of Lipid Research 39：947-956, T. Tulenko, M. Chen, P. E. Mason, and R. P. Mason, Physical effects of cholesterol on arterial smooth muscle membranes：Evidence of immiscible cholesterol domains and alterations in bilayer width during atherogenesis. Adapted with permission.

の厚さの調節にかなり大きく影響を及ぼした。

膜の非対称性

側方拡散の容易さに比べて，一方の面からもう一方の面へ人工脂質二重層を縦断する脂質分子の"フリップ-フロップ flip-flop"現象はもっと遅い。この理由を考察することはさほど困難なことではない。すなわち，リン脂質分子はある面から他の面へ移動するとき，高親水性頭部を炭化水素尾部の疎水性の層に押し込み通過させなければならない。このような動きはエネルギー論的に考えてもたいへん困難であり，このためその過程は遅くなる。膜脂質の反転を触媒する酵素（トランスロカーゼまたはフリッパーゼ）がある。リン脂質とは対照的に，簡単な理由で，脂肪酸の膜間の輸送は 1 秒以下とかなり速く起こる。リン脂質のリン酸残基とは異なり，脂肪酸のカルボキシ基は，非極性の脂質二重層内においてプロトン化されるに十分なほど高い pK_a 値を示すからである。そのため，脂肪酸は負電荷を失い，イオン化した分子に比べ容易に膜の疎水性コアの中に分配される。

いずれの生体膜も異なる 2 つの面をもち，各々が異なった環境と向き合っている。その例を第 1 章で示した細胞の微細構造のイラストにみることができる。細胞の形質膜は，外側が外的環境に，内側が細胞質に面している。一方，葉緑体膜では，内側が光合成装置に，外側が細胞質に面している。膜のこの 2 面は異なった環境に対応する必要があるため，通常全く異なった組成と構造をとっている。

この違いはリン脂質組成のレベルに及ぶ。すべてのリン脂質膜が二重層であることを思い出してほしい。この 2 つの独立した層は小葉と呼ばれる。いくつかの細胞の形質膜における 2 つの層の組成を図 10.14 に示す。各々の脂質が非対称性に存在するのみならず，その分配のされ方も細胞の種類により明らかに異なっている。

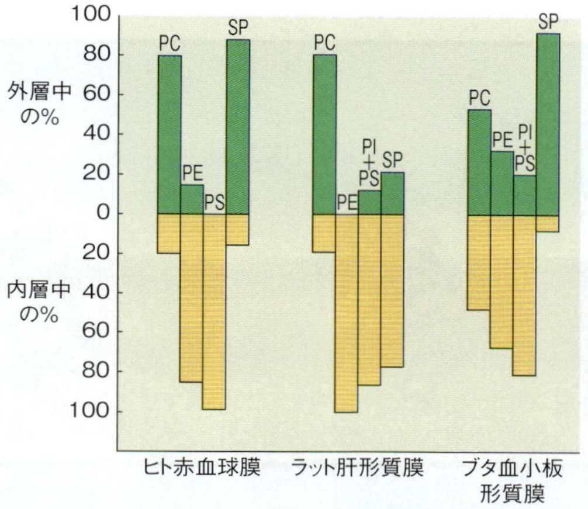

図 10.14　形質膜におけるリン脂質の非対称性　3 種の細胞形質膜の外層（緑色）と内層（黄色）の脂質組成をグラフ化した。PC＝ホスファチジルコリン，PE＝ホスファチジルエタノールアミン，PS＝ホスファチジルセリン，PI＝ホスファチジルイノシトール，SP＝スフィンゴミエリン。

> **ポイント 12**
> 膜の 2 つの層では，脂質組成が通常異なっている。

膜は異なる細胞/組織において多様な機能を示す高度に特殊化された構造物である。各々の膜における脂質およびタンパク質の組成は，その膜が示す特異的な機能のためにあつらえられている。例えば，二重層の両層間での荷電を帯びた残基の違いは，膜電位（本章で後述する）につながる。糖タンパク質と糖脂質は，オリゴ糖を介し，形質膜の外層における細胞認識に関わっている（第 9 章参照）。

膜の非対称性に関する我々の知識の多くは，**小胞 vesicle** の研究からきている。小胞は，中身が空の，内と外が区別された殻を形成するように再シール化された膜断片である。試薬を小胞内に保持させたり，外液にのみ添加することができるため，その試薬を外向き，内向きのタンパク質や脂質に特異的に反応させることが可能となる。小胞の膜タンパク質を放射性標識試薬と共有結合させ，分離して，タンパク質分解酵素でペプチドに分解する。反応剤により“内側”，“外側”のいずれで標識されたペプチドかを同定することにより，そのタンパク質が内向きか外向きかという存在様式を明らかにすることができる。同様に，脂質についても，頭部の残基を切断したり修飾したりするような酵素や他の試薬を用いて調べることができる。正常な向き，裏返しの向きの小胞を用いたこの種の実験は，図 10.14 に示すような情報を多く与えてくれる。

生体膜は非常に動的な構造物である。細胞の成長や分裂のときに絶えず伸展するのみならず，静止細胞においてさえ，膜組成の代謝回転，新規合成が絶えず生じている。実際，この動的かつ不平衡な状態は，非対称性を維持するのに必要である。熱力学の第 2 法則（第 3 章参照）から，2 層の膜の平衡状態では，2 層ともに全構成成分が均一に分布していなくてはならない。他の多くの生体システムのように，膜は平衡状態にはなく，むしろ動的な定常状態のものとして存在する。

膜タンパク質の特徴

膜タンパク質は，ほかの球状タンパク質とは異なった特別な性質を有している。これらは多くの場合，膜に埋め込まれた領域に疎水性アミノ酸を高比率に含ん

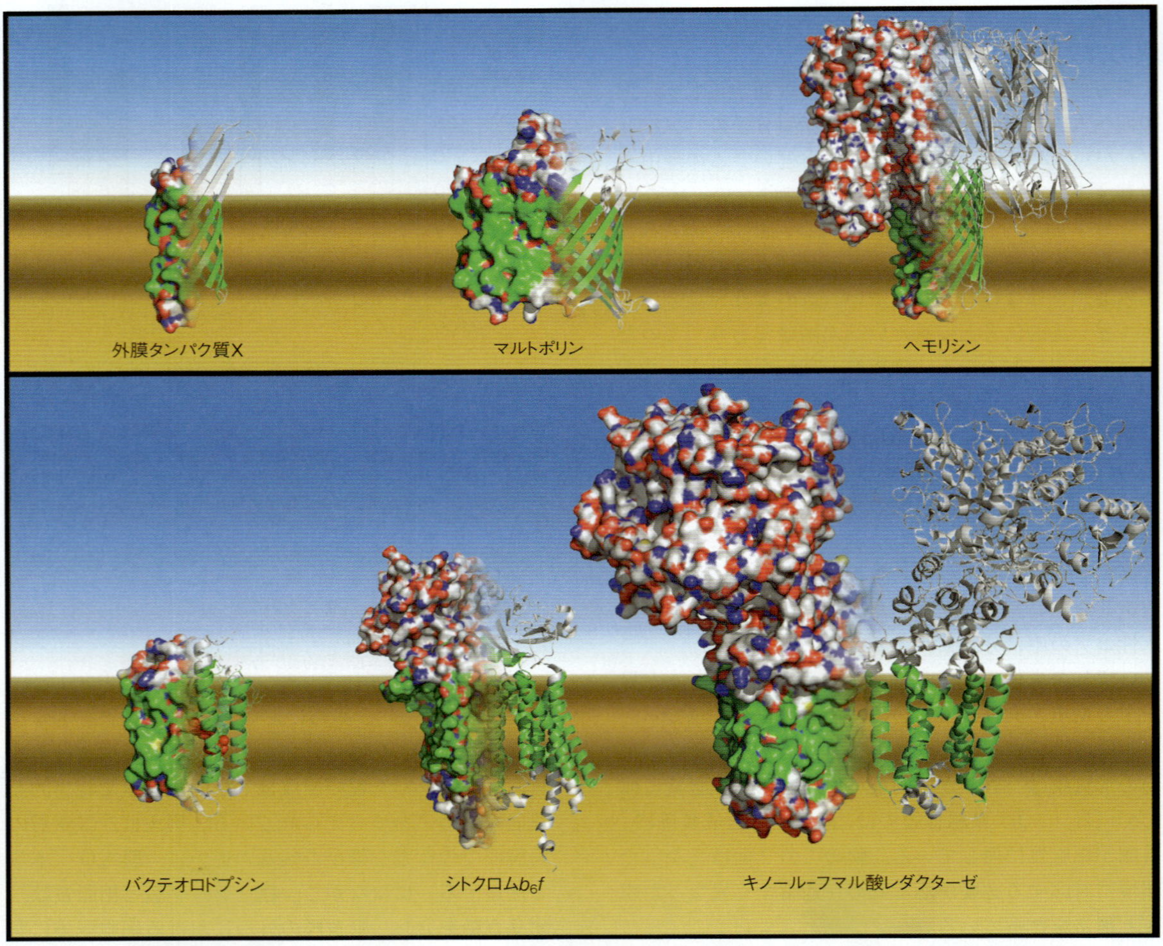

図 10.15　内在性膜タンパク質の構造の例　各々のタンパク質は，半分を空間充填モデルで（構造の左半分），半分をリボン図（右半分）で示している。上下のタンパク質のクラスにおいて，リボン図は膜貫通構造に違いがあることを，一方，空間充填モデルは親水性表面（赤および青色）および疎水性表面（緑および灰色）の分布に類似性があることを示している。膜貫通領域は疎水性表面エリアで示される。二重層は茶色い帯で，細胞質領域は水色で示してある。**上のパネル**：βバレルの膜貫通構造の例。**下のパネル**：αヘリックスをもつ膜貫通タンパク質の例。大腸菌の外膜タンパク質 X（OmpX；PDB ID：1QJ9）は生物膜の形成に関わる。ネズミチフス菌（*S. typhimurium*）のマルトポリン（PDB ID：2MPR）はグラム陰性菌の外膜を通してある種の糖質の拡散を促進する。黄色ブドウ球菌（*S. aureus*）のヘモリシン（PDB ID：7AHL）は標的細胞に穴をあけて溶かしてしまう毒素である。高度好塩性古細菌（*H. salinarum*）のバクテオロドプシン（PDB ID：1C3W）は光合成細菌におけるプロトンポンプである。コナミドリムシ（*C. reinhardtii*）のシトクロム b_6f（PDB ID：1Q90）は光合成プロトンポンプであり電子輸送体である。大腸菌のキノール-フマル酸レダクターゼ（PDB ID：1L0V）はフマル酸のコハク酸への還元を触媒する電子輸送タンパク質である。
Courtesy of Gary Carlton.

でいる（図 10.15 参照）。タンパク質の膜貫通領域はしばしばαヘリックス構造をとるが，βバレルもまた一般的な膜貫通モチーフである。図 10.16 に，構造が高分解能で解明されている内在性膜タンパク質の 1 つである，バクテリオロドプシンを示してある。多くの内在性膜タンパク質と同様に，膜を出入りする 7 個のαヘリックス構造が束をなしている。このような膜貫通領域の存在は，図 10.17 に示す**疎水性プロット hydrophobicity plot** のようなものからも推測することができる。このプロットは表 6.5 に示す Kyte と Doolittle の疎水度から計算したものである。この値は，膜貫通ヘリックスに相当する配列の領域で最大値を示す。典型的な膜貫通ヘリックスは，主として疎水性を示す 20～25 個のアミノ酸残基を含んでいる。

もう 1 つのクラスの膜結合タンパク質は，図 10.18 に示すように，脂質が共有結合で付加されるという形の修飾をうけている。シグナリングに関わる多くのタンパク質がこのように，正式にはアシル基転移，あるいは**アシル化 acylation** と呼ばれる反応を介し修飾されている。タンパク質の N 末端あるいは C 末端における特異的な配列が，**ゲラニルゲラニル geranylgeranyl** 基，**ファルネシル farnesyl** 基，あるいは**ミリストイル myristoyl** 基の付加には必要である。例えば，N 末端のメチオニン基がはずれて生じた N 末端のグリシン残基でミリストイル化が起き，ファルネシル化には C 末端における“CaaX”モチーフ（ここで，C はシステイン，a は脂肪族アミノ酸，X はプロリン以外のアミノ酸である）を必要とする。この過程の細かい詳細については，第 19 章および第 23 章で述べる。もう 1 つの一般的な修飾としては，システイン側鎖への（あるいはよりわずかしか生じないが，N 末端のアミノ基への）1 つあるいは複数のパルミトイル残基の付加がある。

後述するように，付加された脂質は，修飾されたタンパク質を特定の細胞内オルガネラあるいは形質膜上の特定の場所に運ぶために，主として用いられる。例えば，**糖化ホスファチジルイノシトール glycosylphosphatidylinositol**（GPI）がつながったタンパク質は，膜の外層におけるコレステロールやスフィンゴ脂質が豊富な領域にしばしば結合している。脂質部分は二重層に直接入り込んでいるが，脂質結合部位をもつ膜タンパク質がいくつか知られている。したがって，脂質結合タンパク質と膜との結合は，タンパク質–脂質結合を介して生じることもある。

膜は，脂質二重層の 2 つの層がそれぞれに特異的な構成成分をもった複雑な構造物である。全体像をもっと具体的にするために，膜構造を詳細に考える一例として，赤血球の形質膜を取り上げることにする。

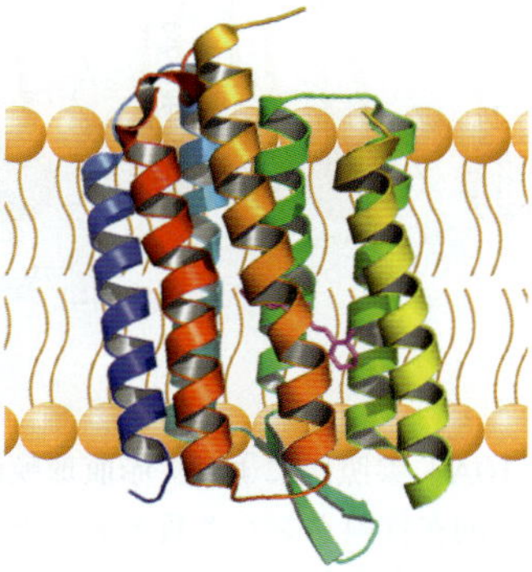

図 10.16　バクテリオロドプシン─内在性膜タンパク質　バクテリオロドプシン（PDB ID：1C3W）は，ある種の細菌において光駆動プロトンポンプとして働いている。7 つのヘリックスが膜を貫通し，光吸収色素**レチナール retinal** 分子（赤紫色）を保持している。レチナールの生合成については第 19 章で述べる。

赤血球膜：膜構造の一例

動物の赤血球は，すべての細胞の中で最も単純なものの 1 つである。成熟し循環血中に存在する際には，赤血球はミトコンドリア，細胞内膜，核を失っており，本質的にはヘモグロビンの濃縮液を入れる袋である。赤血球はたやすく破砕し内容物を滴出させ，膜ゴーストを調製することができる。膜ゴーストは，細胞の形質膜のほぼ純粋な標本となる大きな小胞である。赤血

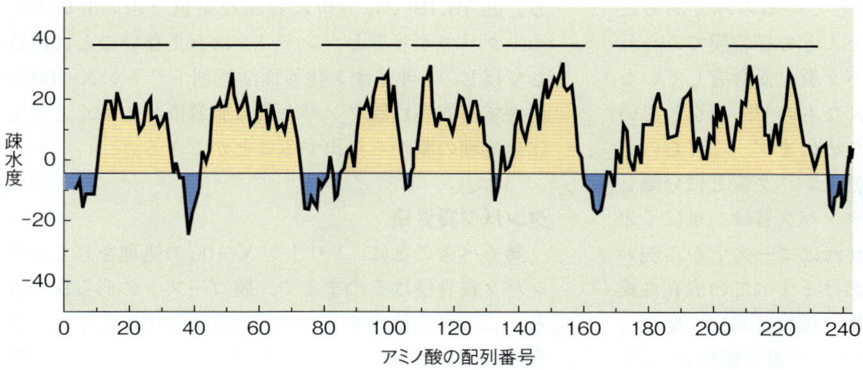

図 10.17　図 10.16 のバクテリオロドプシン分子の疎水性プロット　疎水性インデックスは Kyte と Doolittle の方法によって各残基で計算した。黒い横棒は図 10.16 に示した膜貫通ヘリックスのおおよその位置を示す。
Adapted from *Journal of Molecular Biology* 157：105-132, J. Kyte and R. F. Doolittle, A simple method for displaying the hydropathic character of a protein. © 1982, with permission from Elsevier.

図 10.18　タンパク質への脂質付加　ある種のタンパク質は1つかそれ以上の脂質アシル残基により修飾される。ミリストイル化，ファルネシル化，ゲラニルゲラニル化，パルミトイル化は膜の細胞質側で生じる。糖化ホスファチジルイノシトールの修飾は，二重層の外側でのみ起こる。GPI の糖鎖部分は，マンノース（緑色），グルコサミン（青色），イノシトール（赤色）から構成される。
Courtesy of Gary Carlton.

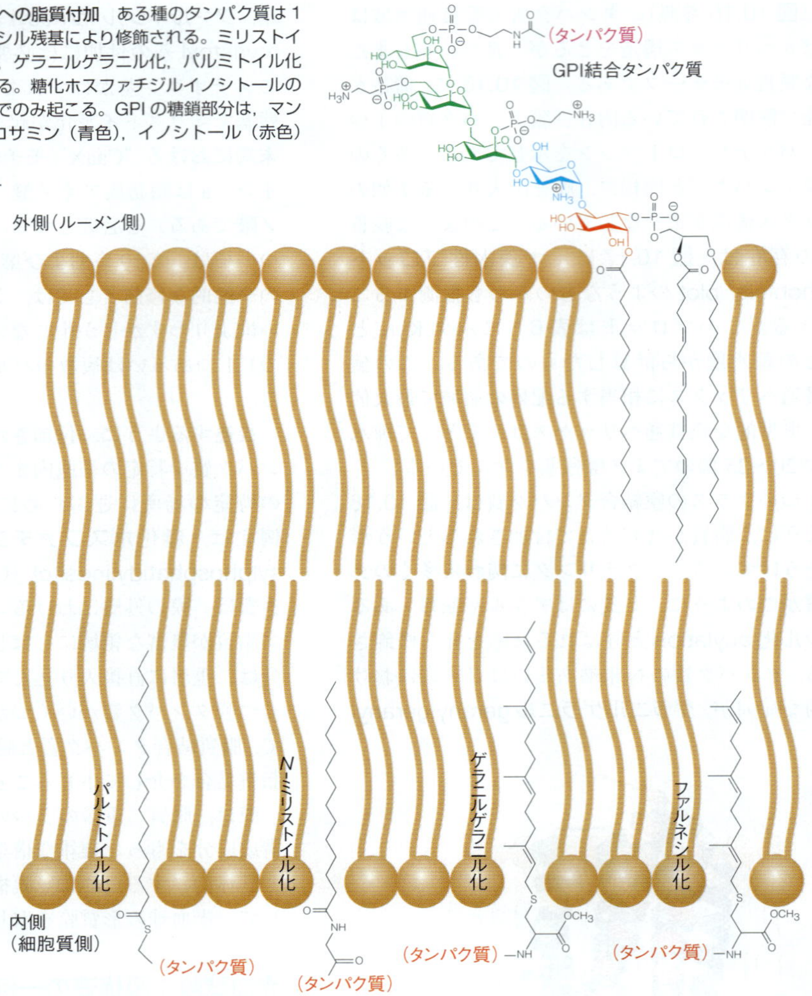

球ゴーストは表 10.4 に示す脂質組成であり，各々の脂質は図 10.14 に示すように膜の内層・外層に分布している。赤血球ゴーストの全タンパク質を界面活性剤で抽出し，SDS ゲル電気泳動法で分析すると，図 10.19a のようなパターンが得られる。

表在性・内在性膜タンパク質の分離

赤血球は単純な代謝を維持しているのみであるため，赤血球の形質膜は他のほとんどの細胞膜でみられるより，はるかに少ないタンパク質しか含有していない。それらのタンパク質はどんなもので，何をしているのだろうか？　答えを得るためにまず，これらのタンパク質を表在性と内在性の膜タンパク質とに分離しなければならない。表在性膜タンパク質は，単にイオン強度あるいは pH を変化させればゴーストから洗い出すことができる。赤血球におけるすべての表在性膜タンパク質は，赤血球膜の内側（細胞質側）に結合している（図 10.20）。凍結エッチング電子顕微鏡（「生化学の道具 10A」参照）により，赤血球膜の外面はほぼ滑らかで，内在性膜タンパク質と表面を修飾している結合糖質のみが存在し，一方，膜の内部と内側の表面はタンパク質粒子に富んでいることが明らかとなっている。

この膜の主な内在性膜タンパク質は，陰イオンチャネル（バンド 3），バンド 4.5 そしてグリコホリンである。図 10.19 では分析に特殊な染色を用いているため，グリコホリンとバンド 4.5 はみえないことに注意してほしい。非イオン化界面活性剤トリトン X-100 を用いて，内在性膜タンパク質は脂質成分の多くとともに無処理の膜から抽出することができる。

タンパク質骨格

驚くべきことに，トリトン X-100 の処理をしてもタンパク質骨格はそのままで，膜ゴーストの形も保たれる。この膜骨格のタンパク質を図 10.19b に示し，さらに，図式化したものを図 10.20 に示した。この骨格はいくつかの表在性膜タンパク質の二次元ネットワークである。主な構成成分は**スペクトリン spectrin**，アクチン，そしてバンド 4.1 である。このネットワーク中の 200 nm 長の繊維は，スペクトリトン分子の $\alpha_2\beta_2$ 四量体からなっている。これらの非常に長い分子は，α ヘリックスが大部分を占め，バンド 4.1 タンパク質やアデューシンとともに，アクチン分子の短鎖を通じてその尾部に連結しているようにみえる。アクチンはまた，赤血球特異的トロポミオシンとも複合体を形成している（第 8 章参照）。この骨格は，スペクトリンと内在性膜タンパク質バンド 3 の両方と結合しているタンパク質，**アンキリン ankyrin** によって膜に固定されている。バンド 4.1 も他の内在性膜タンパク質であるグリコホリンと結合することによって，その構造に関与している。

この精巧な土台は赤血球にとってどのように役立っているのであろうか？　明らかなことは，循環器系を通過し進む際に赤血球がみまわれる極度のねじれとずり応力のもとでも，その形態を維持するのに役立っているということである。赤血球は長持ちする細胞で，典型的には 120 日間，あるいは 1,000 万回の心拍動においても生存し続ける。この細胞の円盤状の形は，内部のヘモグロビンが O_2 と CO_2 の交換を効率よく行えるようにしている。たとえ赤血球の形がわずかな間変形したとしても，その骨格は元に戻るのを助けている。実際，これらの骨格タンパク質が欠損すると，溶血症状を呈しやすくなり，ある種の貧血の原因となる。ここで述べたこの種の構造は赤血球だけにとどまらない。ほかの多くの細胞も類似しているが若干異なる膜骨格を有している。膜骨格と細胞骨格（第 8 章参照）との間はつながっているようであり，それによって膜は細胞内構造と結びついている。

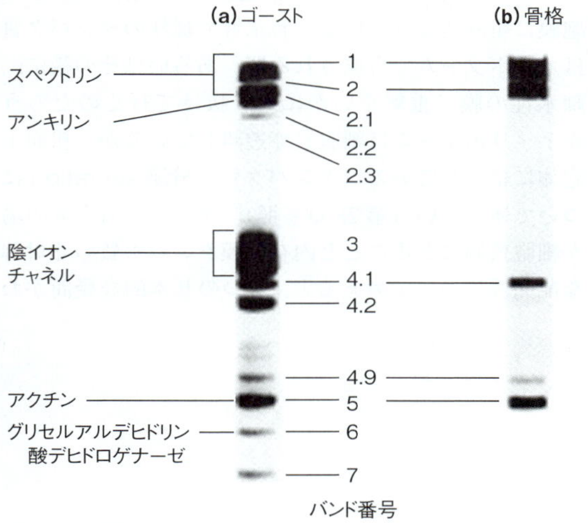

図 10.19　赤血球膜タンパク質のゲル電気泳動による分析　**(a)** 赤血球ゴーストの表在性ならびに内在性膜タンパク質。グリコホリンとバンド 4.5 タンパク質は使用した染色法では染色されず，ここではみえない。**(b)** 赤血球膜骨格のタンパク質（図 10.20 参照）。骨格は界面活性剤トリトン X-100 で内在性タンパク質を抽出したあとに残る表在性膜タンパク質からなる。

ポイント 13
赤血球は，ほかの多くの細胞と同様に，形質膜と結合する裏打ちタンパク質“骨格”複合体をもっている。

主な内在性膜タンパク質

赤血球膜に最も多量に存在するタンパク質はバンド 3 タンパク質である。これは，赤血球膜を通じた HCO_3^- と Cl^- の交換を促進する陰イオンチャネルである。CO_2 を輸送するためには HCO_3^- を赤血球内へ運び込むことが重要であり，Cl^- との交換はイオンバランスを保っていることを思い出してほしい（第 7 章参照）。バンド 3 タンパク質は 2 つあるいは 4 つのサブユニットの複合体として機能している。それぞれの

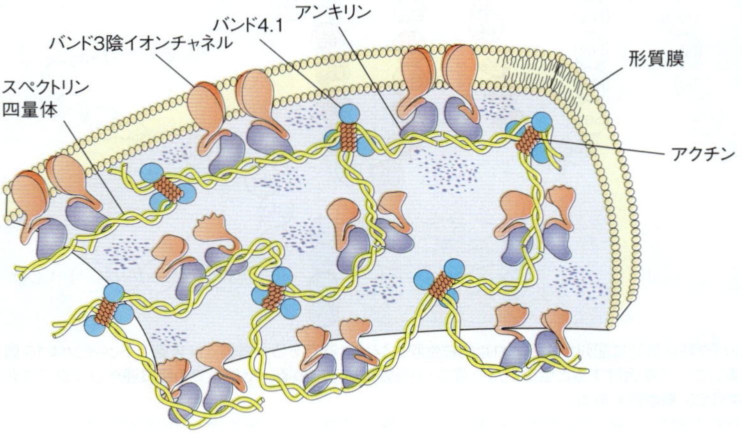

図 10.20　赤血球膜骨格の想定構造モデル　各々のタンパク質は図 10.19 で示している。アンキリンはスペクトリンと内在性バンド 3 タンパク質（陰イオンチャネル）の両者と相互作用することによって，膜を骨格に固定していることに注目してほしい。

10

サブユニット鎖はイオンが交換できるチャネルを形成するため，膜を何回も出たり入ったりしている。タンパク質のＮ末端は細胞質に突き出ており，そこで多くの興味ある相互作用を生み出している。前述したように，バンド３タンパク質は骨格タンパク質であるアンキリンと結合し，骨格と膜とを結ぶ主たる留め具となっている。これらに加え，バンド３タンパク質は，解糖系酵素（例えば，グリセルアルデヒド3-リン酸デヒドロゲナーゼやアルドラーゼ，第13章参照）やヘモグロビンをはじめとする多くの細胞質タンパク質と連結している。これらの相互作用の意義は明確ではない。

ほかの主な内在性赤血球細胞膜タンパク質としては，さまざまな機能を担うと考えられる**グリコホリン glycophorin** がある。各々のグリコホリンは，外側の糖鎖をもつドメイン，１つの膜貫通ヘリックス，そして細胞質のＣ末端ドメインをもつ（図 10.21）。外側のＮ末端ドメインにある *O* 結合型糖鎖残基は，赤血球の外側に負の電荷を帯びさせるシアル酸残基をもっている。これは，循環中に毛細血管壁への赤血球の付着を最小限にしていると考えられる。細胞質ドメインの働きはよくわかっていないが，一部のグリコホリンにおいてはバンド4.1タンパク質と相互作用し，骨格と膜との接着を安定化させているようである。

内在性膜タンパク質の配向の非対称性は強調すべきである。赤血球膜が脂質組成の分布において非対称であったように，タンパク質がそれぞれ特有の方向に配向されており，タンパク質の分布も同じように非対称である。細胞内タンパク質合成機構には，膜上でタンパク質を決められた場所に向かわせ，その非対称性の配向を確かなものとする特別な構成成分があると考えられる。ここでは，その１面である，タンパク質翻訳と同時に起こる二重層への膜貫通ヘリックスの挿入について述べることにする。

膜へのタンパク質の挿入

タンパク質の30％以上は細胞膜を通り抜けるか，細胞膜に組み込まれている。親水性で球状のタンパク質は，リボソームで合成される間，あるいはその後に，疎水性の膜二重層をいかに通り抜けて行くのだろうか？　リボソームは細胞質で遊離しているか，粗面小胞体に結合している（タンパク質の**分泌 secretion** について述べている第28章参照）。タンパク質合成の場が細胞質側にあることと内在性膜タンパク質の非対称な配向性について考えると，２つの基本的な疑問がわ

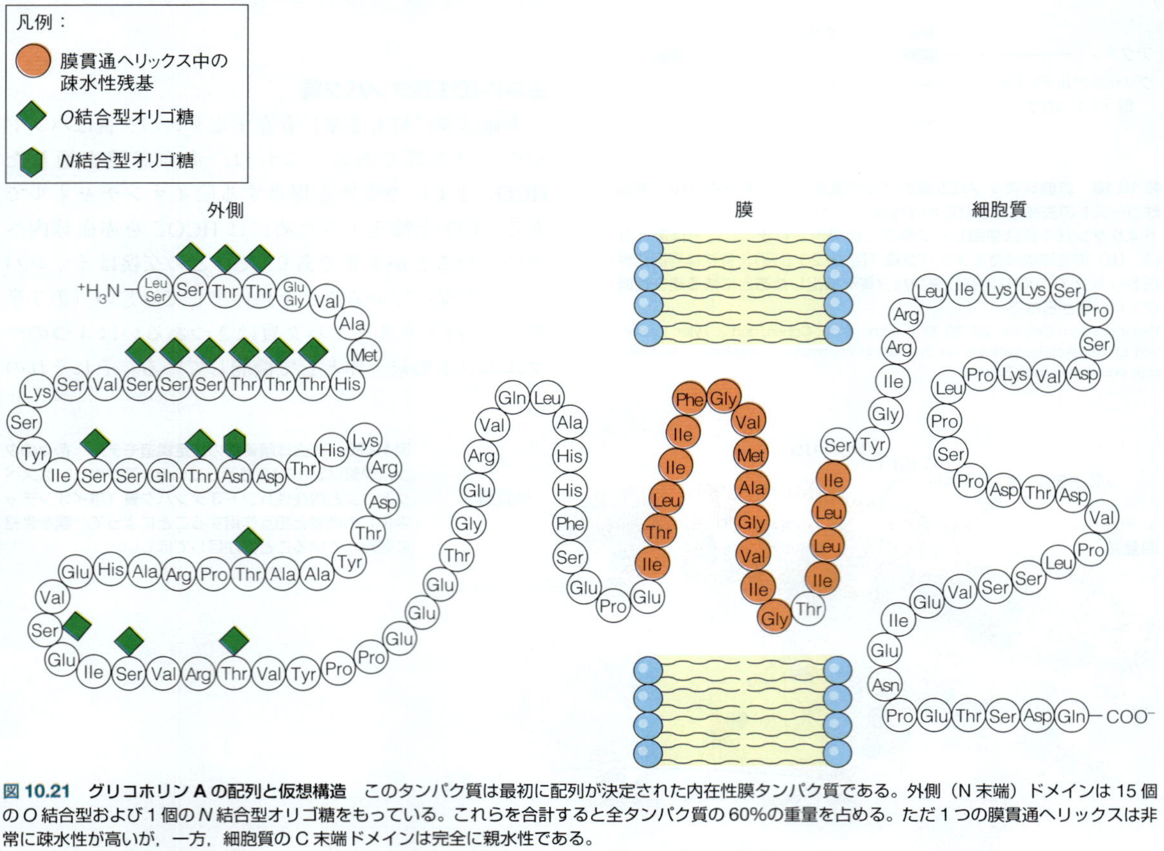

図 10.21　グリコホリンＡの配列と仮想構造　このタンパク質は最初に配列が決定された内在性膜タンパク質である。外側（Ｎ末端）ドメインは15個の *O* 結合型および１個の *N* 結合型オリゴ糖をもっている。これらを合計すると全タンパク質の60％の重量を占める。ただ１つの膜貫通ヘリックスは非常に疎水性が高いが，一方，細胞質のＣ末端ドメインは完全に親水性である。

Adapted from *Seminars in Hematology* 16：3-20, V. T. Marchesi, Functional proteins of the human red blood cell membrane. © 1979, with permission from Elsevier.

きおこる。(1) 内在性膜タンパク質はいかにして膜の中に入っていくのだろうか？ (2) いかにして正しい方向に挿入されるのだろうか？

タンパク質の膜への挿入に関する問題の 1 つの答えを，図 10.22 に図示する。いくつかの内在性膜タンパク質は，タンパク質の翻訳と同時に（すなわち，リボソームにおけるタンパク質合成の間に）二重層に挿入されていき，そこでそれから折りたたまれるのである。この過程は，**トランスロコン translocon** と呼ばれるタンパク質輸送チャネルにより促進される。このタンパク質のチャネルはいくつかのサブユニットからなる複合体であり，原核生物では **SecY**，真核生物では **Sec61** と呼ばれる。Sec は分泌に関わるタンパク質を意味する。

膜にタンパク質が組み込まれる過程において，トランスロコンは 3 つの重要な役割を担う。まず第 1 に，トランスロコンは，発現された“新生の”タンパク質の親水性配列に膜を通過させる一方で，その疎水性の膜貫通配列を二重層に留めおいている。第 2 に，トランスロコンは膜貫通配列が正しい配向，“トポロジー”となるように促している。膜タンパク質がその機能を確実に発揮するためには，二重層において正しく配向されることが必要である。例えば，ホルモン受容体は，循環中におけるホルモンの存在を認識するために，そのリガンド結合部位を膜の細胞外側に提示しなければならない。同様に，多くの輸送タンパク質は，さまざまな細胞機能を発揮する上で重要な電気化学的勾配を形成するために，二重層を超えただ一方向にのみ，その基質を移動させなければならない。したがって，挿入される膜貫通ペプチド配列が正しいトポロジーにあることが，死活問題となる。最後にもう 1 つ，トランスロコンは他の分子やイオンが非特異的に二重層を超えて通過するのを防ぎつつ，すべてをやりとげている。これらが非特異的に二重層を超えてしまうと，電気化学的勾配の崩壊により細胞死をまねいてしまう。

トランスロコンの機能モデルは，図 10.23 に示した *M. jannaschii* という細菌由来の SecY 複合体の 3 つのサブユニットの結晶構造から示唆される。α サブユ

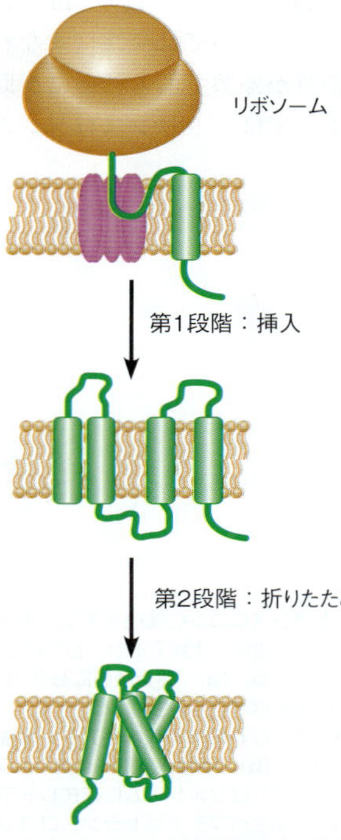

図 10.22　翻訳と同時に起こる内在性膜タンパク質中の膜貫通ヘリックスの膜への挿入と折りたたみ　二重層の脂質は薄茶色，リボソームは茶色，トランスロコンチャネルは紫色，ペプチドは緑色で示す。タンパク質のある部分（この場合はループ部分）は，トランスロコンを通じ，二重層を越えて導かれる。このとき，膜貫通部分はトランスロコンの中に存在し（本文参照），二重層に埋め込まれたままである。膜貫通ヘリックスは挿入された後，折りたたまれる。

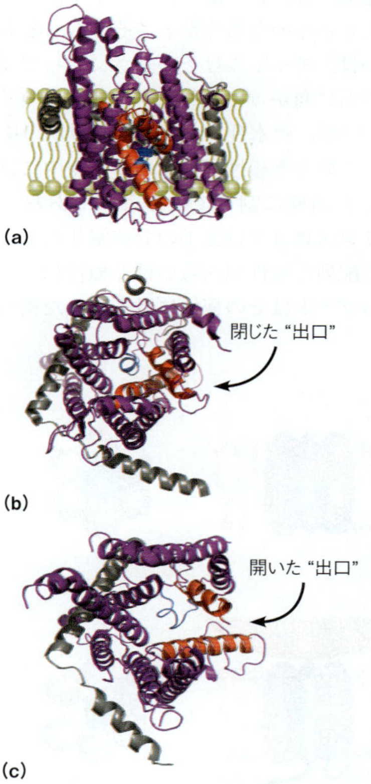

図 10.23　“開”“閉”状態における SecY 複合体の結晶構造　β サブユニットと γ サブユニットを灰色とし，α サブユニットは紫色と赤色で強調している。α サブユニットの細孔を閉じる小さなヘリックスは青色で示す。(**a**) 閉じた状態における *M. jannaschii* 由来の SecY（PDB ID：1RHZ）を“出口”に向かって横から見たもの。閉じた“出口”の両側にある 2 つのヘリックスを赤色で強調している。チャネルの中心にある青色のヘリックスの位置を確認してほしい。(**b**) 閉じた状態にあるタンパク質チャネルを上から見たもの。(**c**) 開いた状態にある *P. furiosus* 由来の SecY（PDB ID：3MP7）を上から見たもの。2 つの赤いヘリックスは動いて離れ，チャネルの全長にわたる裂け目を開き，トランスロコン中にある新生タンパク質の配列を膜の疎水性コアに近づかせる。

ニットが最も大きく，8つの膜貫通ヘリックスと，残りの二重層を完全には貫通していない2つのサブユニットにより，タンパク質のチャネルを形成している。βとγのサブユニットはそれぞれ1つの膜貫通ヘリックスをもつ。αサブユニットは砂時計のような形をし，チャネルの最も狭い部分では，イソロイシン，バリン，ロイシン残基からなる保存された6つのアミノ酸配列が，環を形成している。この環はペプチド鎖がリボソームから抜け出すときに入るのにちょうどよい大きさをしている。図10.23と10.24aに示すように，移動していくペプチドに占有されていないときは，この細孔は，αサブユニットのN末端配列由来の小さなヘリックスによって塞がれている。この機構が，SecYがどのように自分自身を塞ぎ，それによりイオンや他の分子の非特異的輸送を妨げているかを説明してくれる。

挿入されるペプチド中の疎水性の膜貫通部分はどのように認識され，どのようにチャネルから抜け出て二重層に入り込むのだろうか？ そのもっともらしい説明の1つは，チャネルはその長さに沿って開き，ペプチドが側面に向かって滑り出すというものである（図10.24bとc）。疎水性ペプチドは二重層の中へと割って入り，そのとき極性配列はチャネル内に留まり，膜の極性界面領域に割って入るようである。本質的には，トランスロコンは分子の分液漏斗のように働き，ペプチド配列を極性相あるいは非極性相にさらす。そして，ペプチドはその極性に最も合った相へ移動するのである。この仮説は*P. furiosus*由来のSecYの結晶構造より支持される。この構造はトランスロコンの側面への開放を示している（図10.23c）。

ポイント14
“トランスロコン”と呼ばれるタンパク質のチャネルは，内在性膜タンパク質の膜二重層への挿入を促進する。

膜貫通ヘリックスの挿入に関するこのモデルによれば，内在性膜タンパク質はどのように正しい配向で挿入されるのだろうか？ 挿入されるタンパク質の適切なトポロジーを確実にするためには，さまざまな因子が関与するようである。Gunnar von Heijneらは，多くの膜貫通領域の細胞質側の位置にはリシンやアルギニンといった残基に富むという“inside positive”規則を支持している。膜電位$\Delta\psi$により，二重層の細胞質側はその外側に比べ強く負電荷を帯びている。このため，正電荷を帯びた側鎖のクラスターは膜の細胞質側に移動しやすいのではないだろうか。この仮説を確かめるため，von Heijneは大腸菌のリーダーペプチダーゼ（Lep）の変異株を作製した。この変異株はN末端に4つのリシン残基が付加され，細胞質ループからいくつかの塩基性アミノ酸が削られている。変異型Lepでは膜トポロジーが野生型とは逆になっていた（図10.25）。この膜貫通タンパク質の“inside positive”な配向は，膜の内側においては酸性（すなわち負電荷を帯びた）リン脂質が優勢であることにも助長される。さらに，種によっては，トランスロコンが膜貫通ペプ

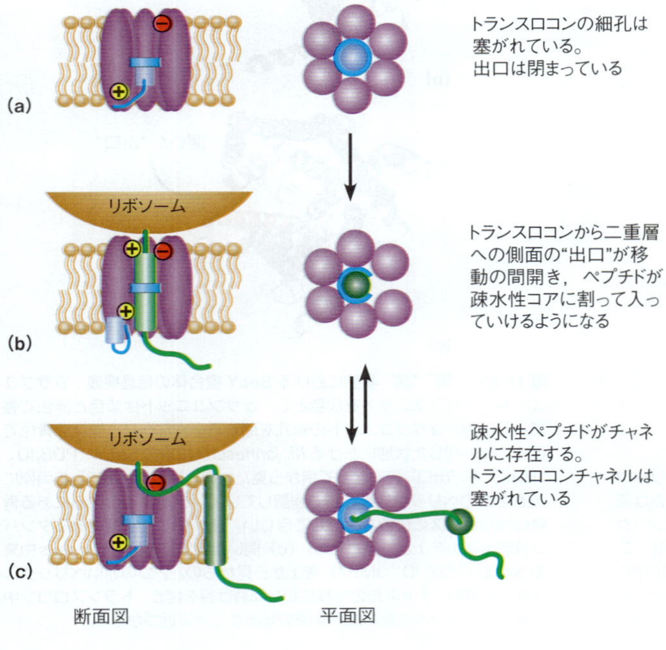

図10.24 トランスロコンの機能モデル すべてのパネルにおいて，細胞質は二重層の上側であり，色分けは図10.22および10.23と同じである。**(a)** “休止状態にある”トランスロコン。タンパク質の細孔は小さなヘリックス（薄い青色）で塞がれている。砂時計のくびれにある疎水性アミノ酸残基の環は濃い青色で示している。**(b)** “活性化状態にある”トランスロコン。新生ペプチド（緑色）はリボソームに存在しトランスロコンの中に入っていく。新生ペプチドはトランスロコンの側面が開いたところを抜け，二重層に近づいていく。酵母のトランスロコンでは，チャネル内の荷電を帯びた残基（黄色あるいは赤色の丸）が，二重層において新生ペプチドが正しく配向されるように促す。**(c)** 新生ペプチドのある部分が十分に疎水性である場合は，この部分は脂質二重層の中に割って入っていく。疎水性配列（ループ）は，膜貫通領域の配向に依存して二重層のいずれかの向きに割って入っていく。

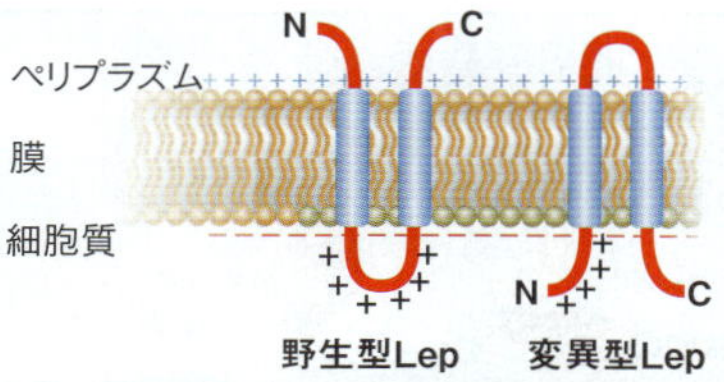

図 10.25　"inside postive" 規則　大腸菌の野生型のリーダーペプチダーゼ（Lep）は，2 つの膜貫通ヘリックスの両端をペリプラズム側につきだし，ヘリックス間のループを細胞質に置いている。4 つのリシン残基を N 末端に付加しループから正電荷を取り去ると，逆の膜トポロジーを示す変異型の Lep が得られる。ペリプラズム側に比べ細胞質側では大きく負電荷を帯びており，膜電位が生じている。

チドの配向を，鍵となる電荷間の相互作用を介して直接方向づける役割を担っている。酵母のトランスロコン Sec61 では，チャネルのペリプラズム側にある塩基性残基と細胞質側になる酸性残基（図 10.24b 参照）が，膜貫通部分の正確な配向性を決める上で重要であることが示されている。Sec61 におけるこれらの電荷を入れ換えると，膜タンパク質のトポロジーが逆になってしまう。

膜構造における流動モザイクモデルの進化

Singer-Nicolson の流動モザイクモデルが 1972 年に提唱された後，このモデルの多くの特色が裏づけられてきた。しかし，画像技術の改良に伴い，より詳細なことがわかり，このモデルの再解釈も促されている。特に，多くの膜はタンパク質でもっと混み合っており，二重層の厚さや，タンパク質や脂質の分布には意味をもった多様性があることが示されている。

前述したように，GPI 修飾タンパク質はしばしば，膜中のコレステロールとスフィンゴ脂質に富む領域に局在している。この観察結果から，これら 3 つの膜成分が合体して**脂質ラフト lipid raft**（別名，**膜ラフト membrane raft**）と呼ばれる分離した膜ドメインを形成しうることが示唆された。この脂質ラフトは小さくて（約 10 nm）短命の動的な構造物であり，ある刺激に応じ一時的にお互いに会合し，より大きな "ラフトプラットフォーム" を形成する（図 10.26）。アクチン繊維はラフトの形成を安定化したり開始したりするために作用する。ラフトプラットフォームは細胞シグナリングや細胞内における特異的なオルガネラへのタンパク質のソーティングにおいて，重要な役割を担うと考えられている。GPI アンカー型タンパク質はしばしば細胞シグナリングに関わり，ラフトプラットフォームにおける GPI タンパク質のクラスターは——シグナル受容体の二量体化が必要な場合には特に——膜を横切るシグナル伝達を加速する。さらに最近になり，ラフトは宿主細胞への細菌の侵入を促進することも示唆されている。

膜モデルにおける解析から，二重層の厚さは膜ドメインにおける脂質やタンパク質の組成に依存することがわかっている（図 10.27）。これは，脂質の相挙動に及ぼすコレステロールの影響によるものである（図 10.13 参照）。ステロールの脂質に対する濃度比がある値になると，膜脂質はより規則的で引き延ばされた構造をとるようになる。例えば，図 10.26 に示す脂質ラフトは，その周囲の非ラフト膜に比べより厚くなっている。膜の厚さは二重層中のタンパク質にも影響を受ける。図 10.28 に図示したような興味深い問題もわいてくる。膜の厚さが変わると，タンパク質は二重層と相互作用しやすいように構造を変えるのだろうか？ それとも，脂質がタンパク質が存在しやすいように構造を変えるのだろうか？　最近の研究成果は，脂質がタンパク質に適合するほうが，その逆より一般的であることを示している。しかし，両方の適合が細胞膜では観察される。

ポイント 15
脂質ラフト（膜ラフト）はコレステロール，スフィンゴ脂質，GPI アンカー型タンパク質に富む。ラフトドメインでは，周囲の膜に比べ二重層がより厚くなっている。

脂質の湾曲とタンパク質の機能

前述したように，さまざまなオルガネラ膜の X 線散乱解析によると，脂質組成よりむしろ，タンパク質の組成が膜の厚さを決める主要な決定因子である。しかし，脂質は何もしない膜成分ではない。脂質二重層は，埋め込まれたタンパク質に対し大きな横向きの圧力をかける。この圧力は 400 atm にも達することがあり，二重層の平面内における引力と反発力のバランスにより生じる。生じた圧力は二重層に埋め込まれたタンパク質に伝えられる（図 10.29）。細胞やオルガネラを取り囲む膜が伸びたり縮んだりすると，その結果生じた二重層の湾曲の変化は，埋め込まれたタンパク質に働く力の強さや位置を変化させる。このように，二重層における機械的圧力はタンパク質に伝わっていく。このような圧力は，*Mycobacterium tuberculosis* の機械受容チャネル MscL の開閉の際にみられるように，膜の構造を変化させる（図 10.30）。細胞や細菌を溶質濃度が低い，あるいは**浸透圧濃度 osmolarity** が低い溶液の中に入れると，細胞に働く浸透圧が変化し水が細胞中に入っていく。この結果，膜の湾曲が膨張するように変化し，さらにこの変化が MscL チャネルにかかる圧力を変え，チャネルを開く（図 10.30b）。開いた MscL チャネルは，細胞が溶液の浸透圧濃度の変化に応答し，細胞内の液体を速やかに排出できるようにする。さも

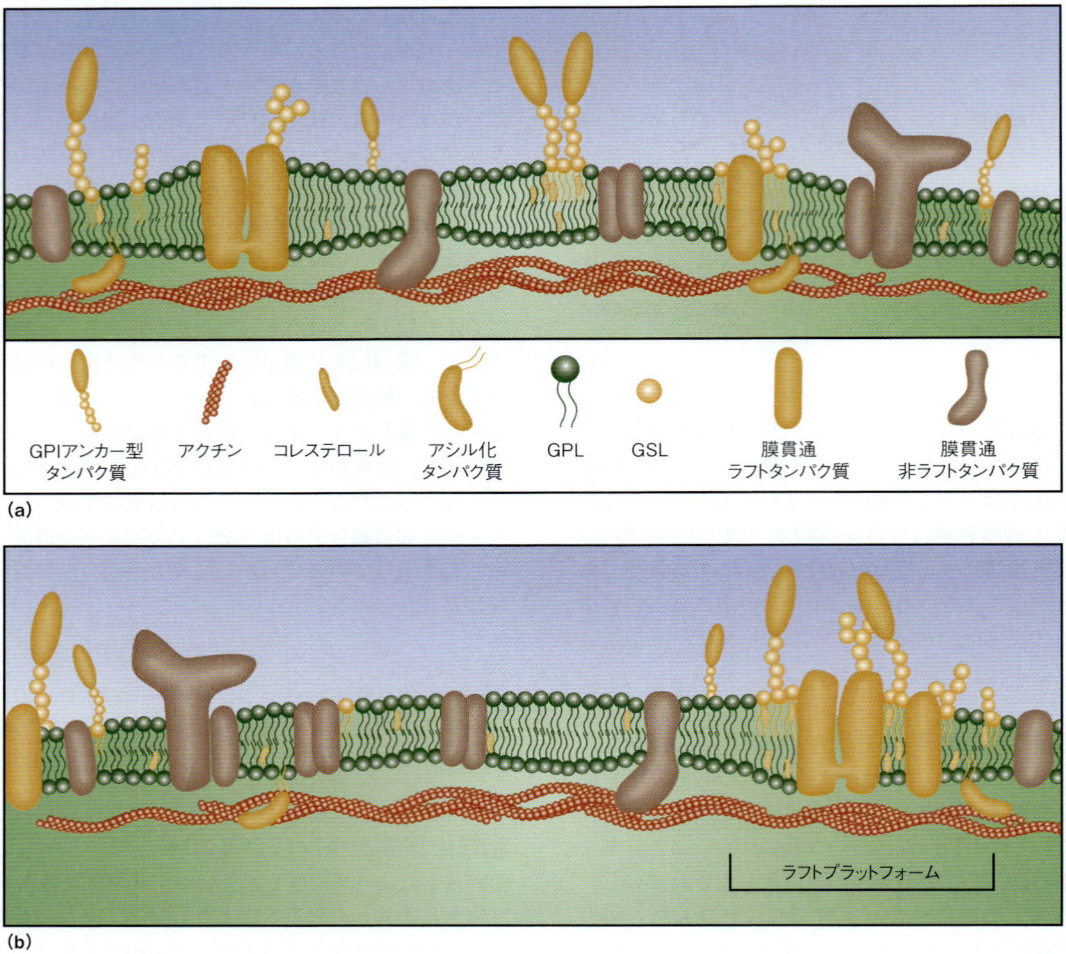

図 10.26　脂質ラフト（膜ラフト）（**a**）コレステロール，スフィンゴ脂質と GPI アンカー型タンパク質は合体し，ナノメートルサイズの動的なラフトドメインを形成する。このドメインはアクチン繊維との相互作用により安定化される。（**b**）ラフトは会合してより大きな構造物（プラットフォーム）を形成する。ある種のタンパク質（オレンジ色）はラフトとより優先的に相互作用するが，一方で相互作用しないか（茶色），あるいは排除されるタンパク質もある。GPL＝グリセロリン質，GSL＝スフィンゴ糖脂質，GPI＝糖化ホスファチジルイノシトール。

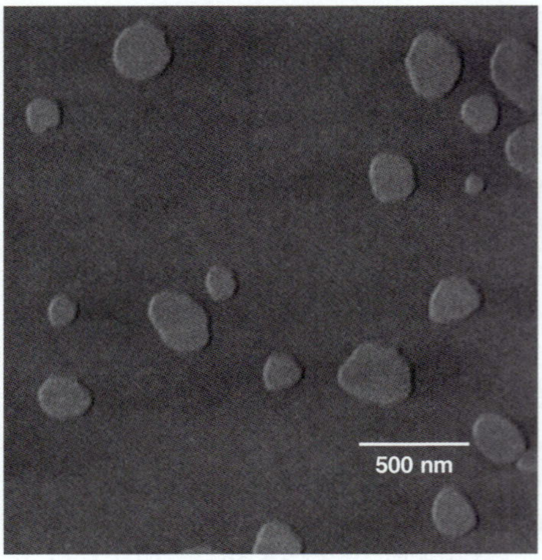

図 10.27　モデル膜における脂質ドメインの原子間力顕微鏡における像　1,2-ジラウロイルホスファチジルコリン（DLPC）と 1,2-ジステアロイルホスファチジルコリン（DSPC）からなる二重層を上から見ると，温度が 70℃から 25℃に下がると 2 相に分離する。流動的な DLPC の“海”（濃い灰色の背景）の中で，DSPC 分子は融合し厚いゲル状の“島”あるいはドメインを形成する（薄い灰色のスポット）。このような単純な系は，図 10.26 に示すより複雑な脂質ラフトのモデルとして用いられている。

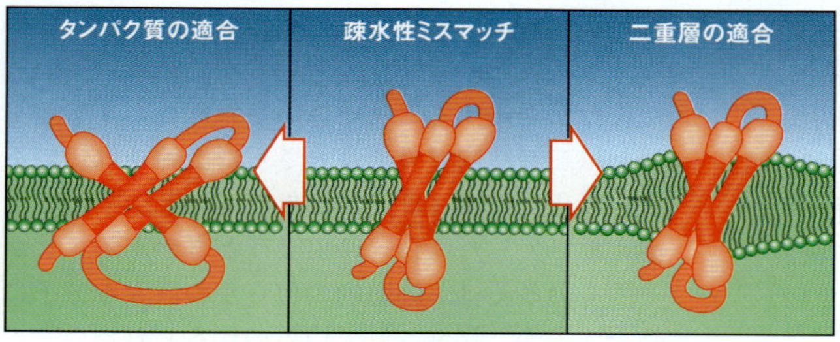

図 10.28　膜における疎水性のミスマッチへの適応　二重層のコアの厚さと埋め込まれたタンパク質の疎水性表面領域が合わなくなる（中央の像）と，疎水性領域が一致する次元まで，タンパク質が構造変化する（左側）か，二重層が脂質組成を変化させる（右側）。

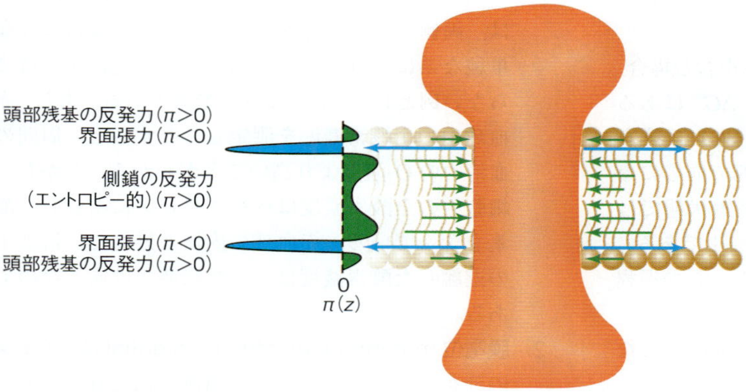

図 10.29　膜における横向きの圧力　二重層の形成は，膜平面において横向きの圧力と，その反対向きの力を生み出す。この力はすべてを含めると同じ大きさになる。頭部残基およびアルキル鎖の反発力（左側の略図の緑色）は，界面張力（左側の略図の青色）と拮抗している。界面張力が働く表面の部分は，反発力が働く部分に比べとても小さいことに気づいてほしい。反発力は膜に埋まったタンパク質（赤色）に対し正の向きの圧力（緑色の矢印）となるが，界面張力は青色の矢印で示すように逆向きの圧力となる。矢印の長さは，膜上のその場において働く圧力のだいたいの強さを示している。

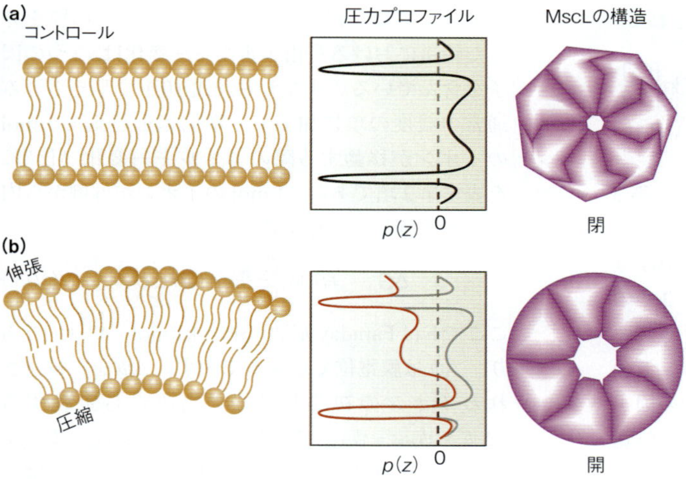

図 10.30　機械的圧力がタンパク質の構造に影響を及ぼす　二重層の湾曲の変化（左のパネル）は膜における横向きの圧力プロファイル（中央のパネル）を変化させる。この結果としてMscLの構造変化のスイッチが入り，チャネルは開いたり閉じたりする（右のパネル。図は二重層中で開くチャネルに沿って観察している）。

ないと，膜が破壊され細胞は死んでしまう。

ポイント 16
膜の湾曲は二重層において，膜チャネルの開閉のようなタンパク質の機構に影響を及ぼす機械的な力を生じる。

細胞が生き残るためには，その膜が二重層を行き来する物質の輸送を確実に制御していなければならない。このトピックに話を移すことにする。

膜を横切る輸送

細胞あるいはオルガネラは，その外界に対し完全に開いた状態でも閉じた状態でもない。細胞の内部はある種の有毒物質から守られなければならない。また，代謝物質を取り入れたり，不要になった産物を取り除いたりしなければならない。細胞は数千もの物質を抱えているので，膜の複雑な構造が輸送の調節に関わっていることは驚くに当たらない。

ここでは，分子が膜を通過する際の種々の様式について述べる。これには，イオン担体として働く小分子，高度に特異的な輸送体である大きなタンパク質，膜小胞の形成を促すタンパク質が含まれる。特異的な輸送の機構を考える前に，輸送過程の基礎となる熱力学について概説する。

輸送の熱力学

第3章では，膜を横切る物質輸送を規定する一般的な熱力学の法則を論じた。ある物質がC_1濃度で存在する場所から，1 mol のその物質をC_2濃度の場所へ輸送するための自由エネルギー変化，ΔGは次式で表される。

$$\Delta G = \Delta G^{\circ\prime} + RT \ln Q = -RT \ln K_{eq} + RT \ln \frac{[C_2]}{[C_1]} \quad (10.1a)$$

ある過程がある物質の膜を横切る輸送のみを含む場合，$\Delta G^{\circ\prime}$は0となる。なぜこうなるのか？　$\Delta G^{\circ\prime}$はある過程の平衡状態を示すことを思い出してほしい。膜を横切る輸送の場合，物質の濃度が膜の両側で同じになるとき平衡状態に達する（すなわち，平衡状態では$[C_2]=[C_1]$）。この場合，$K_{eq}=[C_2]/[C_1]=1$である。$\Delta G^{\circ\prime}=-RT \ln K_{eq}$で，$K_{eq}=1$であるから，この過程では$\Delta G^{\circ\prime}=0$となる。さらに，$[C_2]=[C_1]$のとき，$Q=1$となるから，平衡状態となる系では$\Delta G=0$となることに気づいてほしい。

輸送過程が平衡状態ではない，すなわち$[C_2]\neq[C_1]$のときは，$RT \ln Q\neq 0$であり，ΔGは次式で表される。

$$\Delta G = \Delta G^{\circ\prime} + RT \ln Q = 0 + RT \ln Q = RT \ln \frac{[C_2]}{[C_1]} \quad (10.1b)$$

この式より導かれるもののより詳細については，第3章でふれている（p.62〜63，式3.19参照）。この式より，もし$[C_2]$が$[C_1]$より小さかった場合，ΔGは負となり，この過程は熱力学的に有利となる。（2つの区画の間で）物質が輸送されるにつれて，$[C_2]=[C_1]$になるまで$[C_1]$は減少し，$[C_2]$は増加する。この時点で$\Delta G=0$となり，この系は平衡になる。他の因子が関与しない限り，この平衡はどんな膜を横切る輸送においても到達する最終状態である。要するに，膜を通過することができる物質は，最終的には膜の両側で同濃度に達する。我々は同じ過程を力学用語で表すことができる。もし，分子がランダムに膜に衝突するとしたら，膜のそれぞれの側から入ってくる分子の数は，各々の側における濃度に比例する。濃度が等しくなったとき，2方向の輸送速度は等しくなり，正味の輸送は起こらなくなる。

ポイント17
膜を通過することができる物質では，膜の両側でその物質の濃度が等しくなるときに通常の平衡状態に達する。

この平衡を崩すことができる3つの要因が存在するが，いずれも実際の膜の挙動を考える上で重要である。

1. 物質によっては，膜の片側にとどまっている巨大な分子に優先的に結合しているか，あるいはいったん膜を通過すると化学修飾されることがある。我々は，細胞内で外側よりさらに濃縮されているような化合物A（単位容積あたりの化合物Aの全mol数で表した場合）に出会うときがある。しかし，Aの多くは，細胞内の何らかの巨大な分子に結合するか，修飾されているのかもしれない。この場合は，式10.1にはあてはまらない。式10.1は，両側の遊離したAの濃度が等しくなるような単純な系におけるものである。この式にあてはまらない例としては，赤血球の酸素がある。もし，赤血球中の全酸素濃度を測定したとすると，周囲の血清中のO_2濃度より高いことがわかる。しかし，細胞中の全酸素濃度はヘモグロビンに結合した酸素を含んでいる。赤血球の内側と外側で，溶液中の遊離した酸素濃度は，平衡状態では同じなのである。
2. **膜電位** membrane electrical potential は，イオンの分布に影響を及ぼす膜の両側で保たれている。この状態を次のように表すことができる。電荷Zのイオンでは，細胞あるいはオルガネラの膜を介した輸送における自由エネルギー変化は，2つの因子を含んでいる。すなわち，式10.1で与えられる通常の濃度の項に加えて，電位差を超えて1 molのイオンが移動する際のエネルギー変化（仕事）を表す第2項である。1 molのイオンが外側から内側へ輸送される過程を考える。

$$\Delta G = RT \ln \frac{[C_{内側}]}{[C_{外側}]} + ZF\Delta\psi \quad (10.2)$$

ここでFはFaraday定数（96.5 kJ $mol^{-1}V^{-1}$）であり，$\Delta\psi$は膜電位でボルトで表す。$\Delta\psi$を，輸送されるイオンの初期と最終の場所から定義する（$\Delta\psi=\psi_{初期}-\psi_{最終}$，この場合は$\Delta\psi=\psi_{内側}-\psi_{外側}$）。膜の内側が外側に比べて負電荷を帯びていれば，$\Delta\psi$は負の値をとる。このような条件で，Zが正の値をとるとすれば，式10.2における$ZF\Delta\psi$の項は負の値をとり，ΔGはより発エルゴン的（有利なもの）となり，この仮想した細胞内への陽イオンの輸送は起こりやすくなる。0でない膜電位が存在すると，平衡状態（$\Delta G=0$）でも，膜の両側のイオン濃度が同じになることはない。しかし，エネルギーは電位差を維持するため消費され続けなければならない。さもなければ，イオンの移動がそれを中和してしまう。逆に式10.2は，もしイオン濃度差が維持されれば，膜を介した電位が形成されることを意味する。
3. もし，熱力学的に有利な何らかの過程が輸送に共役しているとすれば，この有利な過程における $\Delta G^{\circ\prime}$ と $RT \ln Q$ は自由エネルギーに関する式に含まれなければならない。これが能動輸送の一般的な例であり，次の式のように書ける。

$$\Delta G = \Delta G^{\circ\prime} + RT \ln \frac{Q[C_{\text{内側}}]}{[C_{\text{外側}}]} \qquad (10.3a)$$

ここで Q の項は，物質 C の輸送と共役している有利な反応におけるその分子種に対する活量を含んでいる。輸送される物質 C がイオンであるときは，この式には $ZF\Delta\psi$ の項も含まなければならない。

$$\Delta G = \Delta G^{\circ\prime} + RT \ln \frac{Q[C_{\text{内側}}]}{[C_{\text{外側}}]} + ZF\Delta\psi \qquad (10.3b)$$

$\Delta G^{\circ\prime}$ と Q の量は，輸送過程と共役している（1 mol の ATP の加水分解のような）熱力学的に有利な反応に相当する。この式は式 10.2 を一般化したものであるが，電位差を維持する過程のみならず，輸送に関与する多様な過程にあてはまる。1 mol の ATP の分解の結果 n mol のイオンが輸送される場合には，適当な化学量論を含んだ式にするため，式 10.3b を以下のように修正しなければならない。

$$\Delta G = \Delta G^{\circ\prime} + RT \ln \frac{Q[C_{\text{内側}}]^n}{[C_{\text{外側}}]^n} + nZF\Delta\psi \qquad (10.3c)$$

ここで，$n=1$ mol の ATP あたり輸送される C の mol 数である。以下の議論で，このような計算の例を示すことにする。

ポイント 18
膜を介した物質濃度の平衡は，（1）物質が巨大分子と結合していたり，（2）（物質がイオン性だったときは）膜電位を維持していたり，（3）エネルギー発生の過程と輸送が共役していたりすることにより，崩れることがある。

このような背景のもと，いかにして物質が膜を通過するかの機構に話を移すことにする。2 つの質問をすることにより，その問題を紹介する。（1）その過程は，膜の両側で遊離した物質の濃度が等しくなるような状態に近づいていくのだろうか，あるいは，平衡状態から離れた状態を維持するのだろうか？（2）輸送はどれくらい速く起こるのだろうか？　濃度勾配に逆らって能動的に輸送されなくても膜を非常に速く通過することができる物質がある一方，効果的に排除されるくらい非常に遅く輸送される物質もある。

非媒介輸送：単純拡散

輸送体を介さずに膜を横切る非媒介拡散は，分子が膜を通じランダムに動き回ることにより行われる。この過程はいかなる流体中でもみられる分子のブラウン運動と同じであり，**分子拡散 molecular diffusion**（単純拡散）と呼ばれる。非媒介輸送は最終的には，拡散する物質の遊離濃度が膜の両側で同じになる。正味の輸送速度 J（1 秒，1 cm^{2}あたりのモル数）は，想像できるように，膜間における物質の濃度差（C_2-C_1）に比例する。

$$J = -\frac{KD_l(C_2-C_1)}{l} \qquad (10.4)$$

ここで，l は膜の厚さ，D_l は膜中における拡散物質の**拡散係数 diffusion coefficient**，K は膜脂質と水との間の拡散物質の**分配係数 partition coefficient**（物質の脂質相および水相における溶解度の比）である。イオンやその他の親水性物質においては，K は非常に小さい数値を示し，その結果，このような物質の脂質膜を介した非媒介拡散は，非常に遅くなる。速い輸送につながるほど脂質二重層に溶解しやすい上に，十分に水溶性を示す物質はありはしない。式 10.1 と同様に式 10.4 は，正味の輸送は $C_2=C_1$ になると停止することを意味する。もし，C_1 と C_2 を mol/cm^3，l を cm の単位で表すと，D_l は cm^2/s という単位になる。D_l は，分子の大きさや形状のみならず膜脂質の粘度に依存しているため，同じ分子が水溶液中でもつ拡散係数（D）と同じではない。

ポイント 19
膜透過で測定した単純拡散の速度は，拡散係数および分配係数に比例し，膜の厚さに反比例する。

我々は，K も D_l も膜の正確な厚さも知りえない。そこで，直接測定することができる**透過係数 permeability coefficient**（P）を用い，受動輸送速度を論ずることがしばしばある。

$$J = -P(C_2-C_1) \qquad (10.5)$$

式 10.5 と式 10.4 より P は次式で求められる。

$$P = \frac{KD_l}{l} \qquad (10.6)$$

このとき，P の単位は cm/s である。

表 10.6 に，いくつかの小分子とイオンの膜中における透過係数をあげる。小さい K 値を示すことからも予想されるように，イオンの P 値は小さい。しかし，水が比較的大きな透過係数の値を示すことには驚かさ

表 10.6　膜を介するイオンや分子の透過係数

透過係数（cm/s）	人工膜（ホスファチジルセリン）	生体膜（ヒト赤血球）
K^+	$<9\times10^{-13}$	2.4×10^{-10}
Na^+	$<1.6\times10^{-13}$	10^{-10}
Cl^-	1.5×10^{-11}	1.4×10^{-4}*
グルコース	4×10^{-10}	2×10^{-5}*
水	5×10^{-3}	5×10^{-3}

Data from M. K. Jain and R. C. Wagner（1980）*Introduction to Biological Membranes*. Wiley, New York.
*促進輸送。促進輸送が行われるときはいつも，透過係数は劇的に上昇することに注目すること。

10

れる。生体膜は疎水性であるにもかかわらず，実際には水に対してあまり強い障壁とはなっていない。この理由ははっきりしていない。しかし，細胞が周囲と，たとえ遅くとも水を交換できることは，生命にとって好都合であろう。砂漠の植物の葉のように，水の損失を積極的に避けなければならないときは，ワックスのような物質が，その疎水性の高い構造により，ほとんど水を通さない障壁の役目を果たす。細胞によっては，非常に速い水の輸送が必要である。後述するように，このような速い水の輸送は**アクアポリン aquaporin** と呼ばれる特異的な膜貫通チャネルによって行われる。

促進輸送：促進拡散

多くの物質にとって，非媒介拡散による遅い輸送は，細胞の機能上，代謝上の必要性からは不十分であり，輸送速度を上げる手段を見つけ出す必要がある。例えば，Cl^- と HCO_3^- の交換は，赤血球機能にとって必須である。塩素イオンあるいは重炭酸イオンにおける赤血球膜の透過性を調べると，約 10^{-4} cm/s の透過係数が得られる。この値は表 10.6 にあげたホスファチジルセリン人工膜のような純粋な脂質二重層におけるイオンの透過係数に比べて，約 1,000 万倍も大きい。この違いを説明するには，ある特別な機構が必要となることは疑いない。**促進輸送 facilitated transport**（**促進拡散 facilitated diffusion**）には，一般的に 3 つのタイプがあることが知られている。すなわち，膜貫通タンパク質より形成される細孔あるいはチャネルを介した輸送（図 10.31a），担体分子による輸送（図 10.31b），ならびに**透過酵素 permease** による輸送である。

ポイント 20
細孔，透過酵素あるいは担体を介した促進輸送は，膜を横切る拡散速度を何桁も上昇させる。

担体

イオノホア ionophore は，イオンに対し細胞膜の透過性を上昇させる。したがって，多くの細菌は，化学兵器あるいは抗生物質として働くイオノホアを分泌し，栄養素を取り合っている他の細菌を殺す。イオノホアは無秩序なイオン輸送を生み出すことで近くの細菌を殺す。無秩序なイオン輸送は，生細胞において重要な過程を動かすのに必要な自由エネルギーを蓄積する電気化学的勾配を壊してしまう。ある種のイオノホアは，ほかの分子が二重層の片側からもう一方へのイオンを運んでいるような膜（図 10.31b 参照）に，イオンが通り抜ける細孔をつくり出す。例えば，ストレプトマイセス属（*Streptomyces*）により産生されるバリノマイシンはイオン担体であり，図 10.32 に示す構造をもつ。K^+ と複合体を形成したとき，バリノマイシンは 3 つの（D-バリン）-（L-乳酸）-（L-バリン）-（D-ヒドロキシイソバレリン酸）繰り返し配列を含む環状ポリペプチド様の分子となる。この折りたたまれたコンホメーションには，$-CH_3$ 基に富んだ外表面と，内側には，陽イオンをキレートしやすい窒素および酸素原子のクラスターが存在する。この内側の空洞の大きさは K^+ イオンが収まるにはちょうどよいが，ほかの陽イオンには適合しない。この構造がまさに陽イオン担体に必要なものである。その外表面はその分子が脂質二重層に溶解するように疎水性であり，一方，内側は陽イオンが水相に存在するかのように，ある意味水和した殻のようである。ほかの多くのイオン担体として働く抗生物質も，同じような構造をしている。これらの分子は環状か，あるいはかご状構造に折りたたむことができる直鎖状の構造をしている。異なったイオンに対するこれらの相対的親和性は大きく異なっている。例えば，バリノマイシンは Na^+ より K^+ に対してほぼ 20,000 倍優先的に作用するが，一方，抗生物質モネンシンは Na^+ を 10 倍優先する。

バリノマイシンのような分子は，膜の一表面に拡散

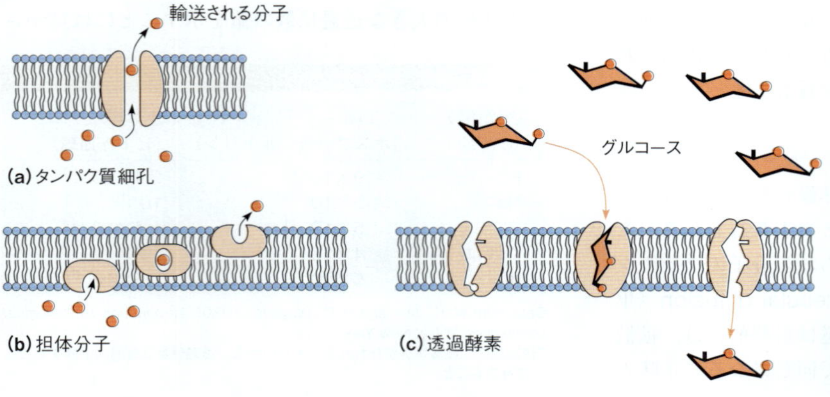

図 10.31　促進輸送の 3 つの主な機構　(a) タンパク質細孔。(b) 担体分子。(c) 透過酵素。

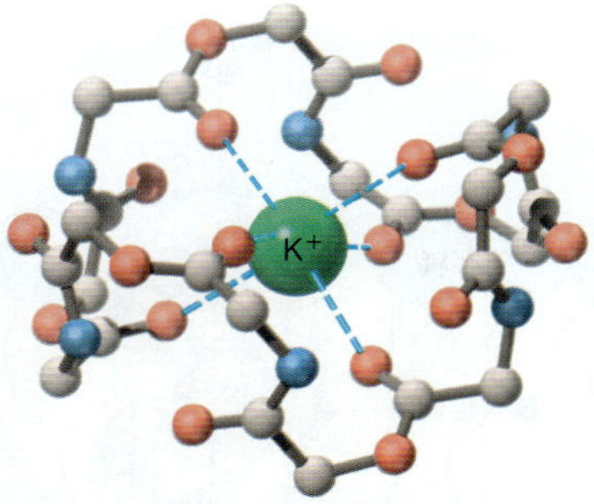

図 10.32　イオン担体として作用する抗生物質バリノマイシン　ほぼ球状の環状ポリペプチドの外側は疎水性である。中央の空洞は K^+ イオンと複合体を形成する酸素（赤色）に囲まれている。窒素は青色，ポリペプチド骨格の酸素は赤色，炭素は灰色で示す。表面は CH_3 基で覆われている（表示していない）。

し，イオンを拾い上げ，そしてそれから他の面へ拡散し，イオンを遊離させることができる。その流れに方向性はないが，担体はイオンの膜への溶解性を効果的に増加させる。すなわち，式 10.6 における因子 K を増大させるといえる。このようなイオン担体においては，イオンの正味の輸送は，膜の両側でのイオン濃度を等しくする方向で生じる。このような促進輸送は，**受動輸送 passive transport** とも呼ばれる。自由エネルギーの流入を必要とし厳密な方向性をもつ過程である**能動輸送 active transport** と区別するためである。

ポイント 21
促進輸送は受動的にも能動的にも生じる。受動輸送は濃度勾配に沿った物質の正味の輸送のみが可能である。能動輸送は濃度勾配に逆らった輸送が可能であるが，自由エネルギーの流入を必要とする。

透過酵素

輸送するために特定の分子を認識する膜貫通タンパク質は，透過酵素あるいは**輸送体 transporter** と呼ばれる。前述した担体と同様に，ある種の透過酵素は受動的に作用する。すなわち，両方向へ物質を輸送できるが，正味の輸送の向きは，膜の物質濃度が低い側に向かう方向である。赤血球におけるグルコース輸送体（GLUT1 あるいはバンド 4.5 タンパク質と呼ばれる）はこの様式で働く。赤血球のエネルギー要求は少ないので，周囲の血漿中からすぐに得られるグルコースでまかなわれる。しかし，表 10.6 に示すように，リン脂質の人工膜を介したグルコースの非媒介輸送は，$P = 4 \times 10^{-10}$ cm/s とはなはだしく遅い。12 個の膜貫通ヘリックスをもち 492 アミノ酸残基からなる GLUT1 は，グルコースの拡散速度を 50,000 倍も上昇させる。GLUT1 は全く際立った性質を有しており，例えば，D-グルコースを L-グルコースに比べ桁違いに速く輸送する。グルコースのような代謝物の促進輸送は，細胞内では普通の性質のようである。

透過酵素の機能の鍵となる特徴を，図 10.31c に図式化して示す。すなわち，透過酵素は 2 つのコンホメーションの間を行き来する。1 つは“外側”にのみ開いている構造であり，もう 1 つは“内側”にのみ開いている構造である。したがって，透過酵素は決して，輸送される物質が節度なく流れるような細孔を形成したりしない。輸送には，透過酵素の物質との結合とコンホメーション変化の両者が必要である。

ある種の透過酵素は，1 つ以上の物質あるいはイオンの輸送と共役している。2 つの分子またはイオンを同じ方向に輸送するとき，この輸送体は**共輸送 symport** と名づけられ，一方，複数の基質が逆の方向に動くとき，その輸送体は**逆輸送 antiport** と呼ばれる。このような共輸送は，有利な方向へのもう 1 つの基質の輸送と共役することで濃度勾配に逆らう熱力学的に不利な基質の輸送を可能にする。この話題には後ほどまたふれるが，その前に能動輸送の一般的な性質について述べることにする。

10

細孔-促進輸送

多くの病原性を示す細菌は，宿主生物の細胞の形質膜に細孔を生じさせるイオノホアとして作用するタンパク質毒素を合成し分泌する。図 10.33 および図 10.15 に示した例は黄色ブドウ球菌（*Staphylococcus aureus*）由来の α 溶血素である。このタンパク質は 7 個のサブユニットからできており，会合し膜貫通イオンチャネルを形成する。同様に，*Bacillus brevis* がつくる毒素グラミシジン A は，陽イオン特異的なイオン細孔として作用し，生細胞の内側と外側との間で通常維持されている不均衡な K^+ と Na^+ の濃度比を崩す。グラミシジン A は 15 残基のポリペプチドであり，L-型と D-型アミノ酸が交互に存在する（図 10.34）。グラミシジンは膜に組み込まれているときには開放型ヘリックス構造をとるが，この抗生物質 1 分子は膜の厚さ半分だけを横切る長さしかない。2 つのグラミシジン分子が末端同士で二量体型になったときにのみ開放細孔は形成される（図 10.34）。カリウムイオンは（そして程度は低いが，ナトリウムイオンも），このチャネルを通過することができる。

細胞を傷害するチャネルに加えて，多くのチャネルは，細胞の生存に重要な輸送過程を促進する。我々はすでに，赤血球膜における Cl^- と HCO_3^- の促進輸送を担っている装置について述べた。それはバンド 3 タンパク質，あるいは陰イオンチャネルと呼ばれる膜貫通タンパク質である。バンド 3 タンパク質は Cl^- と HCO_3^- を通過させるチャネルを形成している。第 7 章で説明したように，組織で生じた多くの CO_2 は，炭酸

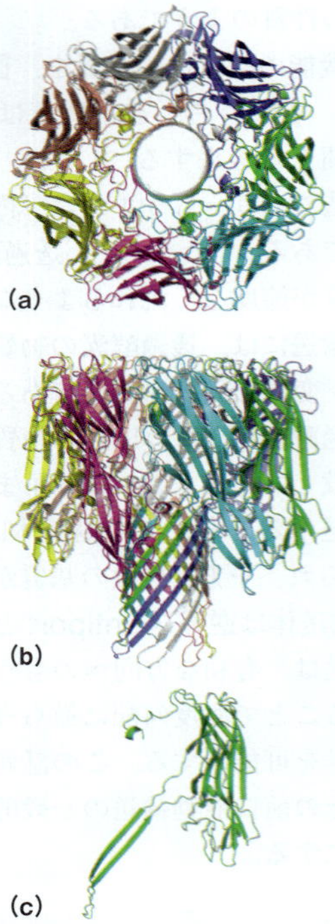

図 10.33　黄色ブドウ球菌由来のチャネル形成溶血素　α溶血素七量体のリボンモデル。(**a**) 七面体を上からみたとき。(**b**) 七面体の垂直面。(**c**) １個のプロトマーを七量体から取り出したとき。七面体に沿って計測した場合の七面体の直径は 10 nm，長さは 10 nm である。膜を貫通しているβバレルの幹は長さ 6 nm である。PDB ID：7AHL。

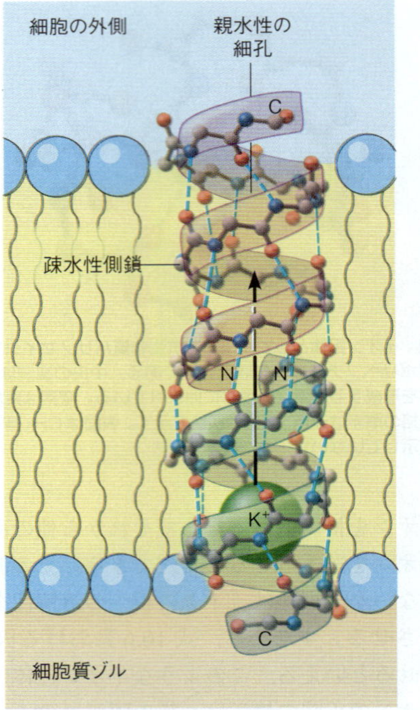

図 10.34　イオン細孔として作用する抗生物質，グラミシジン A　グラミシジン A の２分子はヘリックス構造をとり，疎水性側鎖を脂質に接することにより，膜を貫通した細孔を形成する。N 末端は二重層の内側に，C 末端は外側にあることに注目してほしい。ヘリックスの内部は親水性の細孔を形成している。この開放ヘリックス構造における水素結合は，βシートポリペチドにおける水素結合と類似している。この構造は D 型残基と L 型残基が交互に存在するため可能となる。

脱水酵素（カルボニックアンヒドラーゼ）がCO_2に作用することにより赤血球内でつくられたHCO_3^-として輸送される。

$$CO_2 + H_2O \xrightleftharpoons{\text{炭酸脱水酵素}} HCO_3^- + H^+$$

HCO_3^-の流出はCl^-の流入とバランスをとっている。この両者で電荷のバランスを保ち，そしてO_2放出を促進している（第７章参照）。このバンド３タンパク質はイオンを通過させる細孔を形成しているだけではない。むしろ，このチャネルは 1：1 の比でHCO_3^-とCl^-を交換する非常に特異的な逆輸送体である。対照的に，このような促進拡散はO_2には不必要である。この小さい非極性分子は単純拡散によりすばやく膜を通って動くことができる。

多くの真核細胞は，その生理機能の一部として，大量の水を膜を横切って動かさなくてはならない。これらの細胞には，赤血球（赤血球は肺，毛細血管，腎臓を通過するにあたり，さまざまな浸透圧にさらされる），唾液腺における分泌細胞，腎臓における上皮細胞が含まれる。水は膜を通過することができるが，その速さは比較的遅い。したがって，水に対する本来の膜の透過性（表 10.6 参照）では，多くの細胞種で観察される速い輸送を説明するには十分ではない。

このような速い輸送は，**アクアポリン**と呼ばれる水特異的なチャネルによって行われる。アクアポリンは同一の単量体からなる四量体として機能する。各々の単量体は，6 つの膜貫通ヘリックスと，保存された N 末端のアスパラギン-プロリン-アラニン（NPA）モチーフを含むより短いヘリックス２つをもつ。アクアポリンの結晶構造から，水の選択性は３つの手段によりなされていることがわかっている（図 10.35）。まず第１に，このチャネルは非常に狭く（約 0.28 nm），（水和イオンも含め）水分子より大きくないかなるものも締め出す。第２に，H_3O^+は静電反発力によって排除される。保存されたアルギニンにより，このくびれの部分は正電荷を帯びており，効果的に陽イオンを反発する。加えて，2 つの短いヘリックスはその N 末端をチャネルの最も短い部分に向けて配向されており，これにより，ヘリックスの巨大な双極子の正電荷を帯びた末端がさらにH_3O^+を反発する。第３に，水分子はチャネルを一列になってのみ通過することができることである。このため，保存された NPA モチーフに存在する保存された 72 番目と 192 番目のアスパラギンの側鎖と同様に，主鎖のカルボニル残基は各々の水

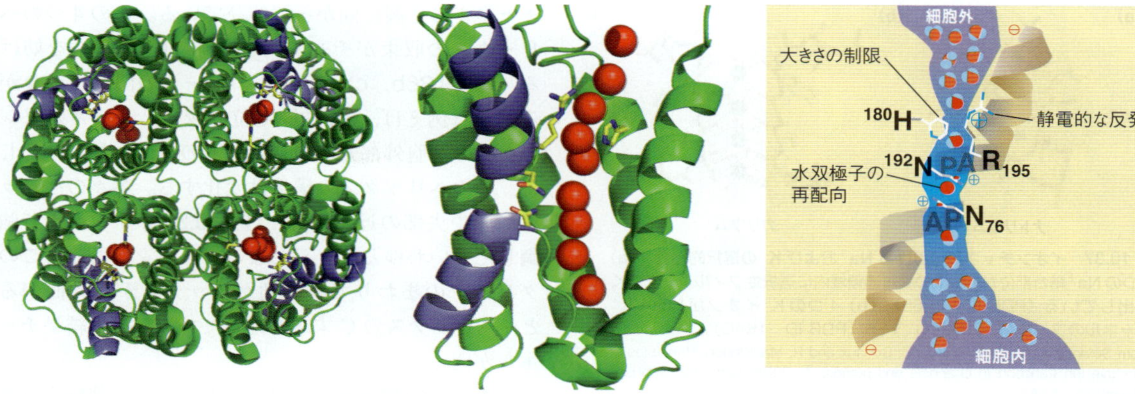

(a)　(b)　(c)

図 10.35　アクアポリン水チャネル　(a) ヒトアクアポリン-5 の四量体（PDB ID：3D9S）を 4 つの水チャネルに沿ってみた際の構造を示すリボン図。水分子は赤い球で示す。NPA 配列を含む 2 つの短いヘリックスは青色で示す。76 番目のアスパラギン，192 番目のアスパラギン，180 番目のヒスチジン，195 番目のアルギニンの側鎖は黄色で強調する。**(b)** 1 つの単量体における水チャネルの断面図。チャネルの最も狭い部分は 2 つの短いヘリックスが出会うところである。76 番目のアスパラギンと 192 番目のアスパラギンが，このくびれた部分にあることに注目すること。2 つのヘリックスの巨大双極子と 195 番目のアルギニンが H_3O^+ の通過に対し静電的な障壁をつくり出している。**(c)** アクアポリンチャネルの概略図。H_3O^+ の静電的な反発と，中央のくびれ部分を通過するときの水分子の再配向を示している。

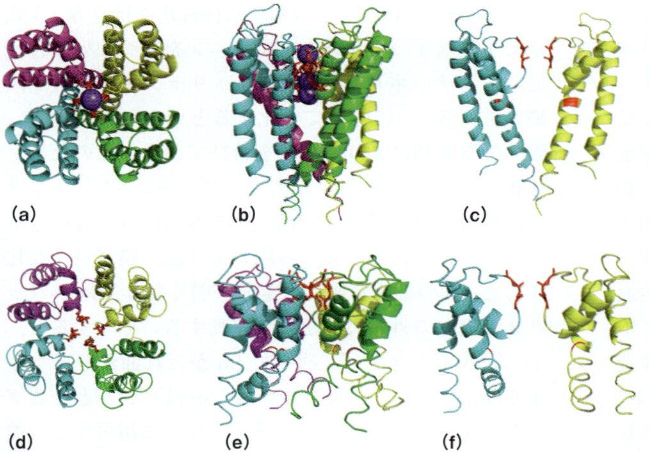

(a)　(b)　(c)　(d)　(e)　(f)

図 10.36　カリウムチャネルの細孔の構造　(a〜c) には，細菌 *Streptomyces lividans* 由来のカリウムチャネル KcsA における膜貫通細孔領域の“閉じた”構造を示す（PDB ID：1BL8）。**(d〜f)** には，細菌 *M. thermautotrophicus* 由来のカリウムチャネル MthK の細孔領域の“開いた”構造を示す（PDB ID：1LNQ）。**(a)** 細胞外から細孔の方向に沿ってみている図。4 つの膜貫通サブユニットを異なる色で示す。K^+ イオン（紫色の球）は，各々のタンパク質サブユニットのアミドカルボニル残基を介し，選択性“フィルター”（赤色で強調している）に結合している。**(b)** 二重層の平面内からみている図。この図では，ペリプラズム側を上に，細胞質側を下にしている。3 つの K^+ イオン（紫色の球）と 1 つの水分子（より小さな赤色の球）が選択性フィルター内に示されている（本文と図 10.37b 参照）。**(c)** この図では，4 つのサブユニットのうち 2 つをとり去り，チャネルを閉じる細孔ヘリックスの収束をみえやすくしてある。選択性フィルターと“ヒンジとなるグリシン”を赤色で強調している。このヒンジとなるグリシンでヘリックスが折れ曲がると，チャネルゲートが開く。**(d〜f)** は **(a〜c)** と同様であるが，選択性フィルター中の K^+ イオンは結晶化されていない。

分子と水素結合を形成する。このため，水分子はチャネル内で並び替えられ，水分子間の水素結合は壊される。これは輸送の機構において重要な性質である。なぜなら，この性質により，プロトンが水分子間の水素結合のネットワークを介し膜を横切るのを妨げてくれるからである。本章の後半ならびに次の章でよりはっきりすることであるが，多くの膜は重要な過程（例えば，細菌の鞭毛運動，ATP 合成，神経の興奮など）を担う上でイオン勾配を保持しなければならない。アクアポリンは重要なイオン勾配を壊すことなく，細胞内の浸透圧バランスを保持するという問題を優雅に解決してくれる。

膜透過に関する我々の理解を高めてくれた研究は，2003 年にノーベル化学賞を受賞した。この賞は，アクアポリンの発見に対し Peter Agre に，カリウムチャネルの構造と機能に関する解析に対し Roderick MacKinnon に与えられた。次は，膜を横切る選択的なイオンの輸送に話を移すことにする。

イオンの選択性とゲートの開閉

ここではイオンチャネルの 2 つの顕著な特性，すなわち特定のイオンに対するその選択性と，チャネルを介したイオン輸送の制御について探求する。多くのタンパク質イオンチャネルと輸送体は，生物学的に重要な K^+，Na^+，Ca^{2+}，Cl^- といったイオンに対して高い選択性を示す。これらには，細菌の K^+ チャネル KcsA（図 10.36a〜c に示す）や Na^+/ロイシン輸送体（LeuT）が含まれる。これら 2 つのタンパク質の K^+

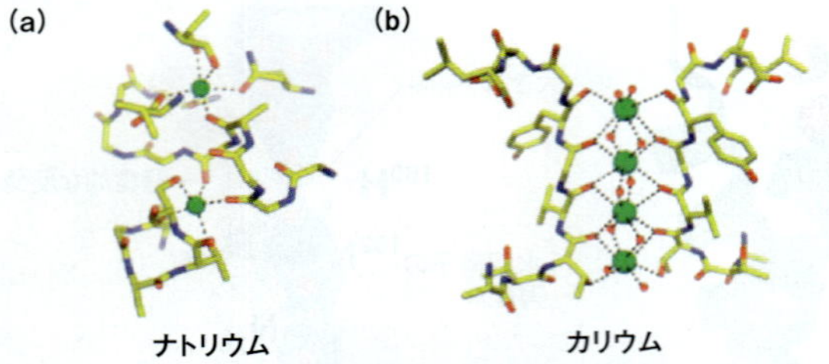

図 10.37　イオンチャネルにおける Na^+ および K^+ の選択的結合　(a) 2つの Na^+ 結合部位が LeuT の膜貫通領域内に選択性フィルターをつくり出している（PDB ID：2A65）。(b) 4つの K^+ イオンが KcsA K^+ チャネルのフィルターに結合している（PDB ID：1K4C）。

From *Science* 310：1461-1465, E. Gouaux and R. MacKinnon, Principles of selective ion transport in channels and pumps. © 2005. Reprinted with permission from AAAS.

および Na^+ の結合を比較対照するのは，いかに自然がこのような素晴らしい選択性を得ることができたのかを，理解する上で有益である。図 10.37 に示すように，**選択性フィルター selectivity filter** に結合した Na^+ および K^+ は完全に溶媒がはずれ，いくつかの酸素原子とキレートを形成している。LeuT では，2つの Na^+ 結合部位はそれぞれ（主鎖のカルボニル基，または側鎖のカルボキシ基，水酸基，アミド基にある）5つ，ないし，6つのキレートをつくる酸素原子をもち，Na^+ ― O の平均の長さは，0.23 nm である。KcsA では，各々の K^+ は（主鎖のカルボニル基，または側鎖の OH 基にある）8つの酸素原子と結合し，K^+ ― O の平均の長さは 0.28 nm である。このキレート形成基が，イオンが水分子と形成していた溶媒和相互作用にとってかわり，これにより，イオンがチャネルを通過するときにうけるイオンの溶媒がはずれるエンタルピーの妨害がなくなるのである。図 10.37 に示す構造によれば，Na^+ と K^+ とを識別する主要な決定因子は，選択性フィルターにおけるキレート形成基の配置らしい。

ポイント 22
イオンの選択性は，イオンチャネルにおけるキレート形成基の最適な配置によりなされる。

細胞機能が適切に営まれるようにイオンチャネルの活性が制御されていることは重要である。したがって，チャネルには“開”（イオンが通過する）と“閉”の構造が必要となる。伝導型と非伝導型の構造の切り替えは**ゲーティング gating** と呼ばれる。図 10.36 は K^+ チャネルの開いている構造と閉じている構造を比較している。K^+ チャネルの細孔の構造が高度に保存され，2つの膜貫通ヘリックスと，前述したより短い選択性フィルターで規定されていることに注目してほしい。閉じた構造では，各々のサブユニットから1つの膜貫通ヘリックスが，チャネルの細胞質側にあるチャネルの空洞に向かって伸びている。この4つのヘリックスの収束がチャネルを閉じ，K^+ の輸送を妨げる（図 10.36b，c）。何らかのゲートの開閉につながる刺激（例えば，pH や膜電位の変化，チャネルタンパク質の細胞外部分へのリガンドの結合など）に応じて，このヘリックスの構造は変化する。各々のヘリックスの中央部の近くには，（図 10.36c，f で赤色で強調した）いわゆるヒンジとなるグリシンがある。このグリシンのまわりで膜貫通ヘリックスが折れ曲がると，ヘリックスの C 末端が離れていき，その結果チャネルが開く。

チャネルのゲートの開閉の機構をさらに理解するために，電位開口型 K^+ チャネルの開閉に関する最近のモデルを考えてみよう。この電位開口型チャネルは，S1～S6 と名づけられる6つの膜貫通ヘリックス部分を含み（図 10.38），K^+ の細孔は選択性フィルター配列をはさむ S5 と S6 ヘリックスから形成される。この細孔は図 10.36 に示すチャネルと構造的に類似している。S1～S4 の配列は電位認識ドメインをつくり出すが，このうち S4 は，2つの疎水性残基をはさみ，3残基に1残基ずつリシンかアルギニンをもつ配列を含んでいる。チャネルにおける S4 ヘリックスの位置が，膜電位（$\Delta\psi$）に応じて変化すると考えられている。膜の細胞質側はより負電荷を帯びており，このため，休止状態ではチャネルは閉まっており，S4 ヘリックスは膜の細胞質側により近いところに位置している。神経シグナル伝達における際のように，膜電位が変化すると，膜の細胞質側の負電荷が弱くなり，S4 ヘリックスは細胞の外側に向かって移動する。そうすると，S4 は S5 を引き上げ，次いで S6 が折れ曲がりチャネルが開口する。このモデルでは，S6 はヒンジとなるグリシンをもつヘリックス（図 10.37）に相当する。能動イオン輸送により休止状態の膜電位が回復すると，チャネルは閉じた構造に戻る。

促進輸送の3つの機序について述べたところで，能動輸送の話に入る前に，これらを非媒介輸送と大まかに比較してみたい。

促進輸送と非媒介輸送との違い

促進輸送は非媒介輸送とどう区別できるのだろうか？　通常，輸送速度がより速いことのほかに，簡単に見分ける方法は，促進輸送の系は飽和することである。どんな膜にも限られた数の輸送体しかない。各々の担体または透過酵素は，一度に分子あるいはイオン1個だけしか処理できない。また，各々の細孔はいつでも，1個か数個のイオンあるいは分子に対応しているのみである。したがって，もし膜を介して輸送される物質を高濃度に増加させたときの輸送速度を測定す

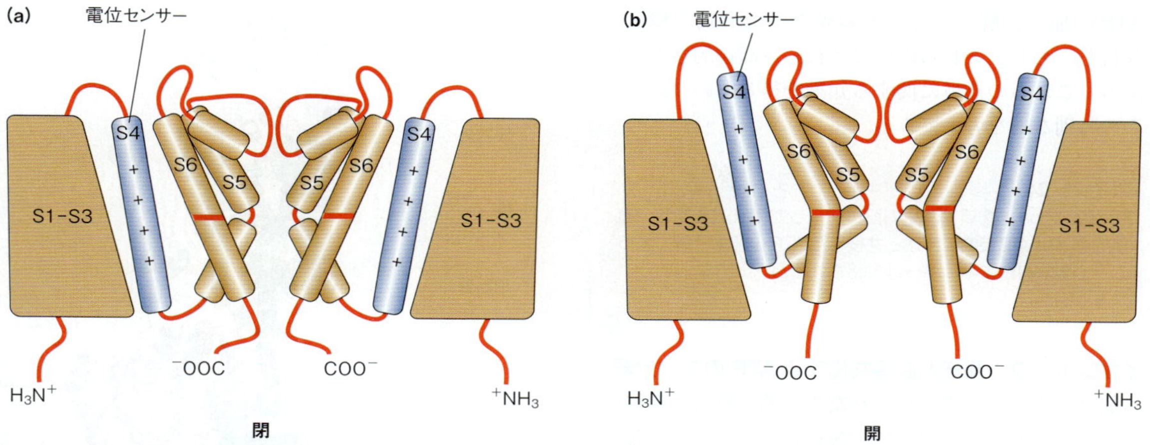

図 10.38　K^+チャネルにおける電位による開口のモデル　電位開口型 K^+チャネルのチャネル部分は，構造的に KcsA チャネルと類似している（図 10.36 と比較すること）。アルギニンとリシンに富む S4 ヘリックスを青色で強調している。二重層におけるこのヘリックスの深さは，膜電位に応じて変化する。閉じている構造（**a**）においては，このヘリックスは二重層の細胞質側により近く，この位置でチャネルを塞いでいる。電荷を帯びたヘリックスが二重層の細胞外側に向けて動くと，チャネルは開く（**b**）。ヘリックス S6 における赤い縞は“ヒンジとなるグリシン”残基の場所を示している。

ると，すべての輸送体が占有されて限界の速度に達してしまう（図 10.39）。一方，非媒介輸送の速度は，式 10.4 あるいは式 10.5 から予想されるように，濃度変化に比例して直線的に上昇する。なぜなら，非媒介輸送には飽和される部位がないからである。

ポイント 23
促進輸送の速度は，用いることができる輸送体が基質で飽和してしまうと最高値に達してしまうが，一方，非媒介輸送では基質濃度が増加すると直線的にその速度も増加する。

細孔を介した促進輸送と担体を介した促進輸送とを見分けるのにも簡便な方法がある。後者は膜流動性に非常に敏感である。なぜなら，担体は膜の中を実際に移動しなければならないからである。もし，膜の温度が液–ゲル相転移温度より低いと，バリノマイシンのような担体による輸送はほぼ機能しなくなる。一方，グラミシジン A のような細孔構造を介した輸送は，温度変化に少ししか影響を受けない。単純なたとえとして，フェリーと橋にたとえることができる。もし，川が凍結すればフェリーは停止するが，橋は輸送を継続することができる。

結論として，促進輸送は時に非常に速くまた非常に選択的であるが，これはなお拡散の特殊な形態にすぎないことを強調しなければならない。輸送体は物質の膜への溶解性を効率よく高める。促進輸送が行われている系の平衡状態は，非媒介輸送の場合と同様であり，物質は輸送され，膜の両側における濃度が等しくなるまで濃度勾配が下げられていく。生きている細胞においては，多くの物質を濃度勾配に逆らって輸送することも必要である。次の項では，これがいかになされるか，述べることにする。

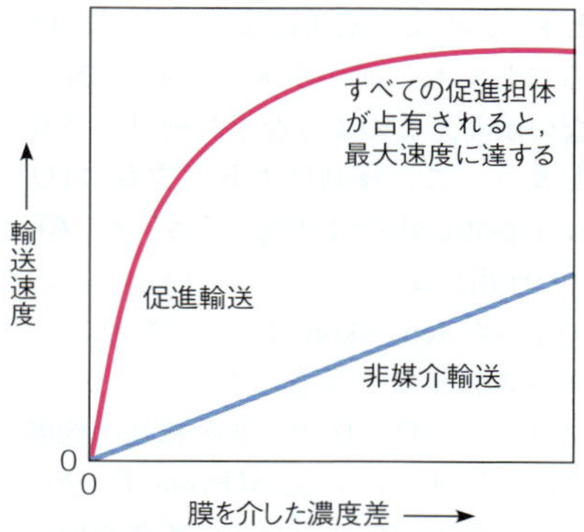

図 10.39　促進輸送と非媒介輸送　輸送物質の濃度差に対して輸送速度をプロットすると，グラフは，促進輸送の速度は高濃度差のところで限界に達するが，一方，非媒介輸送の速度は直線的に増加することを示している。

能動輸送：濃度勾配に逆らった輸送

ある種の細胞あるいはその構成成分にとっては，非常に不利な条件であっても濃度勾配に逆らった物質輸送を行えることが必須である。極端な例をあげると，ある状況下では，30,000 倍ものカルシウムイオンの濃度比が，筋繊維の筋小胞体膜を介して形成される必要がある（第 8 章参照）。式 10.1 によれば，この比は $\Delta G = +26.6$ kJ/mol にも相当する手強い障壁である。それにもかかわらず，この比は生きた細胞で形成され，維持されている。このような濃度勾配に逆らった輸送は，**能動輸送 active transport** と呼ばれる。勾配に逆らったイオンの汲み上げにある種のエネルギー源が要求されるのは明らかである。多くの場合，このエネルギーは通常 ATP の加水分解によるものである。多くの細胞は，全代謝エネルギーの 20〜40% を能動輸送のみに消費していると見積もられている。しかし，

ATP の加水分解はいくつもの異なった形式で輸送と共役しており，これらの中にはむしろ間接的なものもある。これらの機構に関する知識を得るため，いくつかの特別な例を考えてみる。

ポイント 24
能動輸送では，物質は濃度勾配に逆らって膜を透過する。直接的あるいは間接的に輸送と共役した ATP の加水分解によって，必要な自由エネルギーは供給される。

イオンポンプ：輸送と直接共役する ATP の加水分解

能動輸送の最もよく知られた生理的な例は，細胞の形質膜を介したナトリウム（Na^+）とカリウム（K^+）勾配の維持である。多くの動物の細胞外液は，約 145 mM の Na^+ と 4 mM の K^+ を含む。しかし，動物細胞はその細胞質において，Na^+ 濃度を約 12 mM，K^+ 濃度を 155 mM に保っている。

Na^+ と K^+ が非媒介輸送によって非常にゆっくりと透過するにしても，何かが K^+ を内に，Na^+ を外へ移動させない限り，このような不均衡は，最終的には消失してしまう。この移動は**ナトリウム-カリウムポンプ sodium-potassium pump**（Na^+-K^+ ATPase。図 10.40）の作用によってなされている。この点について最初に述べた Jens Skou は，その発見により，1997 年にノーベル化学賞を受賞した。ナトリウム-カリウムポンプは，形質膜を横切る能動輸送の機能をもつ多くの構造的に関連した **P 型 ATPase P-type ATPase** のうち，たった 1 つのメンバーにすぎない。この分子装置は，113 kDa の大きな α サブユニット，55 kDa の β サブユニットからなり，しばしば，もっと小さな調節サブユニット γ を含む。α サブユニットは直接輸送過程に関与すると同時に，ATP を加水分解する酵素である。この反応の自由エネルギー変化が，輸送の駆動に用いられる。α サブユニットは 10 回膜を貫通してマルチヘリックスチャネルを形成している。ATP 結合部位とリン酸化部位は，細胞質側にある（図 10.40 参照）。外側に面したところには，ウワバインや**ジギトキシン digitoxin**（ジギタリス）のような**強心配糖体 cardiac glycoside** の結合部位が複数ある。これらの医学上の重要性は後述する。β サブユニットは 1 回の膜貫通ヘリックスと，外側に大きな（20 kDa の）多糖類をもつ。β サブユニットはシャペロンとして働き，α サブユニットを形質膜へ移行させるのに必要である。さらに，イオン輸送につながる構造変化のサイクルにおける K^+ 移動（下記参照）を制限する上でも役割を担う。

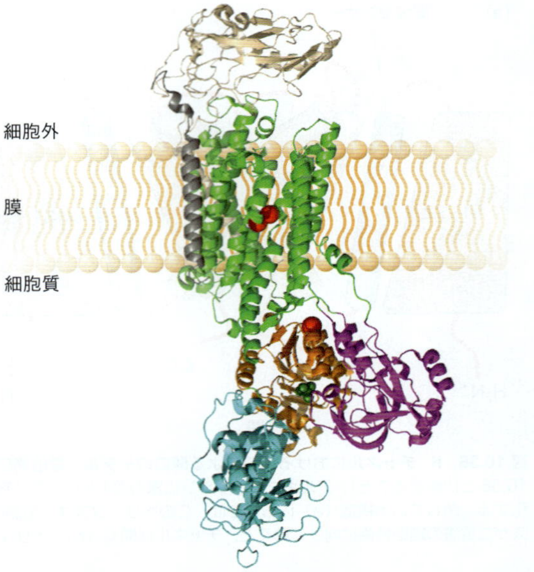

図 10.40　K^+ が結合した Na^+-K^+ ATPase の構造　α サブユニットを，膜貫通ドメインを緑色，ATP 結合ドメインを青緑色，リン酸化ドメインをオレンジ色，作動装置ドメインを紫色で表したリボン図で示している。作動装置ドメインは，細胞質ドメインにおける構造変化を膜結合ドメインに伝達する（図 10.41 参照）。β サブユニットは薄茶色で，小さな制御タンパク質（FXYD）は灰色で示している。K^+ イオンは赤色の球として示している。2 つの K^+ イオンが膜貫通ヘリックスの束に結合している。この 2 つのイオンは膜を超えて輸送される。もう 1 つの K^+ イオンはタンパク質の脱リン酸化を活性化すると考えられ，リン酸化ドメインに結合している。リン酸イオンの類似体である MgF_4^{2-} を，ATPase の可逆的なリン酸化が生じる部位に，緑色の球で示している。PDB ID：2ZXE。

ポイント 25
Na^+-K^+ ポンプは，すべての細胞において，K^+ を内側に，Na^+ を外側により高濃度に保つように働いている。

ATP の加水分解ごとに，2 個の K^+ イオンが細胞内へ汲み上げられ，3 個の Na^+ イオンが外へ汲み出される。この計算は熱力学的観点からみて適当だろうか？これに答えるため，37℃ で 3 mol の Na^+ をその濃度が 12 mM から 145 mM のところに動かし，2 mol の K^+ をその濃度が 4 mM から 155 mM のところに動かすのに必要な自由エネルギーを計算してみる。まず，3 mol の Na^+ を細胞内から外側へ輸送するのに必要な自由エネルギーを計算するために，式 10.2 を用いてみよう。ここでは，膜電位が約 0.060V であることを考慮しなければならない。膜の内側は外側に比べてより負に荷電しており，この電位は Na^+ の流れと逆向きになる。Na^+ の 1 mol あたりでは，

$$\Delta G = RT\ln\frac{[C_{Na^+}]_{外側}}{[C_{Na^+}]_{内側}} + Z_{Na^+}F\Delta\psi_{内側\rightarrow外側}$$

$$\Delta G = \left(0.008314\frac{kJ}{mol\ K}\right)(310\ K)\left(\ln\frac{(0.145)}{(0.012)}\right) + (+1)\left(96.48\frac{kJ}{mol\ V}\right)(+0.060\ V)$$

$$\Delta G = \left(6.4\frac{\mathrm{kJ}}{\mathrm{mol}}\right) + \left(5.8\frac{\mathrm{kJ}}{\mathrm{mol}}\right) = 12.2\frac{\mathrm{kJ}}{\mathrm{mol}}$$

3 mol なので，$\Delta G = 3\ \mathrm{mol\ Na^+} \times +12.2\ \mathrm{kJ/(mol\ Na^+)} = +36.6\ \mathrm{kJ}$ となる。

K^+が内側へ輸送されるとき，膜電位はK^+の流れに有利に働いている。K^+の 1 mol あたりでは，

$$\Delta G = \left(0.008314\frac{\mathrm{kJ}}{\mathrm{mol\ K}}\right)(310\ \mathrm{K})\left(\ln\frac{(0.155)}{(0.004)}\right) + (+1)\left(96.48\frac{\mathrm{kJ}}{\mathrm{mol\ V}}\right)(-0.060\ \mathrm{V})$$

$$\Delta G = \left(9.4\frac{\mathrm{kJ}}{\mathrm{mol}}\right) + \left(-5.8\frac{\mathrm{kJ}}{\mathrm{mol}}\right) = 3.6\frac{\mathrm{kJ}}{\mathrm{mol}}$$

2 mol では，$\Delta G = +7.2\ \mathrm{kJ}$ となる。3 mol のNa^+の外向き輸送と 2 mol のK^+の内向き輸送に要求される全自由エネルギーはしたがって，

$$\Delta G_{\text{合計}} = 36.6\ \mathrm{kJ} + 7.2\ \mathrm{kJ} = +43.8\ \mathrm{kJ}$$

一見したところでは，1 mol の ATP の加水分解では十分なエネルギーを供給できないようにみえる。なぜなら，すでに述べているように，生理的条件下での ATP の加水分解による標準自由エネルギー変化$\Delta G^{\circ\prime}$は−30 kJ/mol にすぎない。しかし，ほとんどの細胞において ATP は ADP より高い濃度で存在し，実際のモル当たりの自由エネルギー変化は，典型的には−45〜−50 kJ/mol となる（第 12 章参照）。したがって，観察される輸送の化学量論のもと，ATP の加水分解はこれらの濃度勾配を維持するのに十分である。しかし ATP が 1 mol 加水分解されるにつき，3 mol のNa^+と 2 mol のK^+を超えた量は輸送できない。

大きな電気化学的勾配に逆らう輸送にもかかわらず，ナトリウム-カリウムポンプは，熱力学の法則には反していない。ATP が加水分解され，輸送と共役していることが唯一必要な条件である。この共役は多段階の過程でなされているようである。全過程を示すモデルを**図 10.41** にサイクルとして図解した。このポンプは 2 種類の構造変化をとることができ，その一方は細胞質にのみ開いた状態，もう一方は細胞外界にのみ開いた状態である。1 つの構造変化の完了には 1 つの ATP の加水分解が必要である。K^+の放出とNa^+の取り込みを行う細胞質-開口型構造への移行は，ATP の結合とリン酸の遊離が引き金となっている。Na^+の放出とK^+の取り込みを可能にする外側-開口型への移行は，αサブユニットのリン酸化と ADP の遊離によって引き起こされる。

図 10.41 に E-Ⓟと図示した外側-開口型は，ジギトキシンやウワバインのような強心ステロイドにとりわけ高い親和性を示す。これらの薬物は，Na^+-K^+ポンプをこの構造に固定化することにより，ポンプを阻害

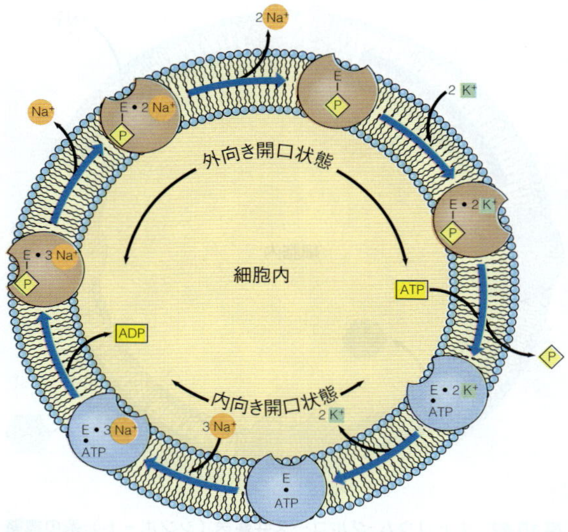

図 10.41　Na^+-K^+ポンプの機能サイクルの概略図　αサブユニットには 2 つの状態があると考えられている。1 つは外側にのみ開いた状態（茶色），もう 1 つは内側にのみ開いた状態（青色）である。2 つのシンボル間のドット（・）は非共有結合を示し，線（｜）は（リン酸化のような）共有結合を示している。

10

する。このような阻害は筋肉，特に心臓に大きく影響する。細胞内におけるNa^+の蓄積は，他のポンプによるCa^{2+}-Na^+交換反応のようなNa^+濃度を下げるような反応を導く。その結果として，心筋細胞の筋小胞体においてCa^{2+}上昇が引き起こされ，この上昇がより強い収縮を引き起こす（p.264〜265 参照）。これがジギトキシンやウワバインのような物質が強心薬として使用される理由である。

ATP の加水分解と輸送は密接に共役しているため，逆向きの輸送を駆動するポンプは ATP の発生装置としても働くことができる。すなわち，前述したのと同じ分子機構が物質を勾配に従って透過させるとすると，その機構は ADP とリン酸から ATP が合成されるのに用いられる。実際，この機構が生物内で ATP が産生される主な手段なのである（第 15 章参照）。

ポイント 26

強心ステロイドはNa^+-K^+ポンプを阻害し，その結果として心筋におけるCa^{2+}イオン濃度を上昇させ，この上昇が次に心筋のより強い収縮を引き起こす。

共輸送系

エネルギー源として ATP に直接依存しないものの，間接的に ATP の加水分解を利用する別の種類の能動輸送がある。前述したような ATP 駆動性イオンポンプには，膜を介し大きなイオン濃度勾配をつくり出すことができるものがあると考えれば，どのようにこの輸送が起きるか想像できる。ここで生じるイオン勾配

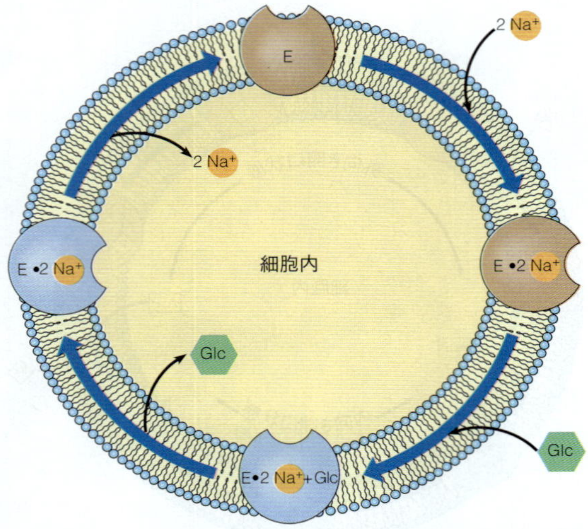

図 10.42　ナトリウム-グルコース共輸送（シンポート）系の概略図　ナトリウム-カリウムポンプの場合と同様，ナトリウム-グルコース共輸送チャネルにおいても，2つの可能な状態が想定されている。1つは外側にのみ開いている状態，もう1つは細胞の内側にのみ開いている状態である。内側-開口状態への移行は，グルコース（Glc）の $E \cdot Na^+$ への結合により刺激される。外側-開口状態への回復は，Na^+ の細胞内への流入により引き起こされる。内側から外側へのナトリウムの勾配は，グルコースの不利な輸送に駆動力を供給している。その勾配はナトリウム-カリウムポンプによって維持される必要がある。

は，平衡とはかけ離れているため，それ自身が自由エネルギーの発生源となりうる。小腸における**ナトリウム-グルコース共輸送系 sodium-glucose contransport system**（図 10.42）は，どのようにイオン勾配を輸送駆動に使用しているかの一例である。この輸送系では，グルコースはグルコース濃度の低い領域（小腸内腔）からグルコース濃度がより高い領域（小腸壁の上皮細胞内部）に輸送される。小腸内腔から上皮細胞へのグルコース各分子の輸送は，2個の Na^+ イオンの同方向への移動に付随して起こる。これらの細胞では，有利な Na^+ 勾配が ATP 駆動性 Na^+-K^+ ポンプによって維持されているから，グルコースは不利なグルコース濃度勾配に逆らって輸送されることが可能となる。グルコースは，熱力学上好都合な Na^+ 輸送に“おんぶ”されているのである。

ポイント 27
共輸送において，物質の膜を通じた不利な移動は，他の物質の有利な輸送と共役している。

このような共輸送系は数多く知られており，これらの多くは栄養物を細胞へ運ぶのに利用されている。その一部を表 10.7 に示した。多くは駆動力として Na^+ 勾配を用いるが，大腸菌におけるラクトース透過システムのように，あるものは H^+ 勾配に依存している。後の章で述べるように，H^+ 勾配の発生は多くの細胞におけるエネルギー産生の中心的過程である。

表 10.7　共輸送系

輸送される分子	使用されるイオン勾配	生物あるいは組織
グルコース	Na^+	多くの動物の小腸，腎臓
アミノ酸	Na^+	マウス腫瘍細胞
グリシン	Na^+	ハト赤血球
アラニン	Na^+	マウス小腸
ラクトース	H^+	大腸菌

修飾による輸送

勾配に逆らった輸送を達成するのに細胞が有するもう1つの方法として，次のような巧妙な方法がある。非媒介あるいは促進輸送によって細胞内へ移行しつつある分子が，もはや膜を介し逆戻りできないように化学修飾される状態を想像してほしい。その正味の結果として，修飾された分子の量が細胞内に着実に蓄積されていく。この方法は多くの細菌において糖の取り込みに用いられている。このとき，糖は膜を拡散している間，あるいは細胞質に入ると同時にリン酸化される。電荷を帯びリン酸化された単糖類を，膜は透過させず，そのため，これらの生成物は細胞内にとどまることとなる。最もよく研究されている例としては，大腸菌の**ホスホエノールピルビン酸：グルコースホスホトランスフェラーゼ系 phosphoenolpyruvate：glucose phosphotransferase system** があり，この系において輸送はある膜貫通タンパク質によって促進される。その輸送タンパク質の細孔の中で，糖分子はホスホエノールピルビン酸（PEP，強力なリン酸残基の供与体である〈第3章参照〉）によりリン酸化されるようである。この過程は，第13章で述べるように，単糖類のリン酸化がこれらが代謝利用される上での第1段階の反応でもあるという点においても好都合である。すなわち，大腸菌に取り込まれた糖は，すでに代謝にむけて用意された状態にあるのである。この輸送機構はイオンポンプにおける直接共役機構とは非常に異なっているようにみえるが，基本的に両者は同じである。どちらも，膜を介した物質の直接輸送を行うために，リン酸残基の非常に利用しやすい自由エネルギーをもつ物質（ATP あるいは PEP）が加水分解される。

ポイント 28
修飾による輸送では，膜を拡散した物質が元に戻れなくなるように修飾される。

この項では，特異的膜輸送の例をほんの少し述べた。代謝に関する後の章で，この現象に引き続きふれることとなる。特異的輸送がいかに重要であるかを示すため，図 10.43 に，植物と動物細胞の両方における特徴を含む仮想細胞を用い，知られている事例を図示した。

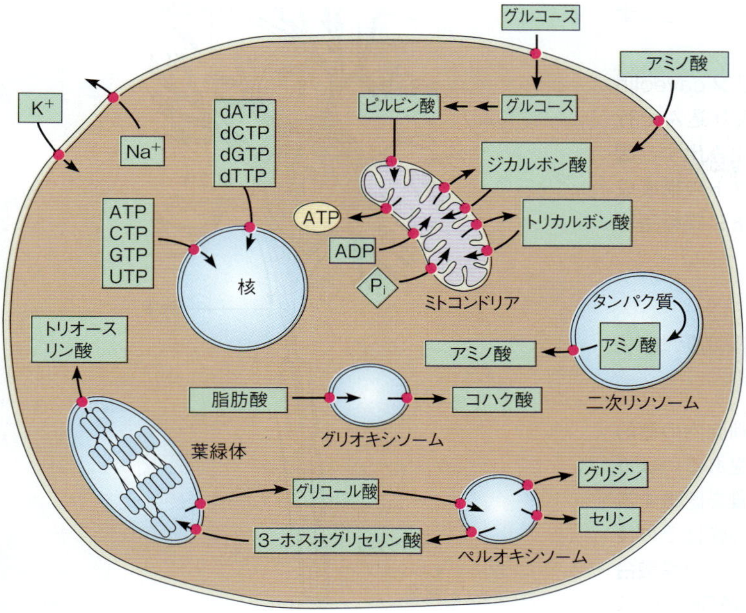

図 10.43　特異的輸送過程　この植物-動物混合細胞は最も重要な特異的輸送過程のいくつかを示している。ここで示した物質のすべて，さらにもっと多くの物質が，細胞膜を介し特定の方向へ輸送される。赤紫色の点は既知の輸送タンパク質を示す。

これまで述べてきた小分子やイオンを輸送する機構には，通常，単独の輸送体あるいは担体が関わっている。大きな容量の溶液は膜の再構成の結果，さまざまな膜を超えてまとまって輸送されることが可能となる。この現象は，二重層に強く結合してその形を崩し，輸送される溶液を包み込む小さなくぼみや嚢胞を形成するタンパク質の作用により成し遂げられる。

カベオラと被覆小胞

膜の変形は，エンドサイトーシス（第 17 章参照），エキソサイトーシス，膜輸送（第 28 章参照）といった膜の正常機能に必要である。エンドサイトーシスは，細胞外の物質を膜の小さな部分とともに飲み込み，細胞内に取り込む過程である（エキソサートシスは基本的にはその逆の過程である）。膜輸送は，輸送小胞を介した特定の細胞オルガネラへのタンパク質のソーティングに関わる。この過程には，膜の球状の部分が“積み荷”を含む溶液を飲み込んだ後，**膜分裂 membrane fission** という過程において，膜から出芽し，その後，その積み荷がある場所から他の場所へ運ばれていくことが必要である。この積み荷は封じ込められた液体の中に溶けているか，または，それ自体を封じ込めている膜上の受容体に結合している状態にある。図 10.44 に示す**被覆小胞** coated vesicle（直径約 0.1 μm）および小さな**カベオラ caveolae** が，このような構造の 2 つの例である。

被覆小胞は，何分子かの**クラスリン clathrin** と呼ばれるタンパク質を介して形成される。クラスリンは，膜のある部分のまわりにかごを形成し，それにより二重層を歪め，いわゆる**被覆ピット coated pit**（図 10.44。p.639 の図 17.10 も参照）をつくり出す。最終的にこの被覆ピットが綴じられ出芽する（図 10.44a の矢印

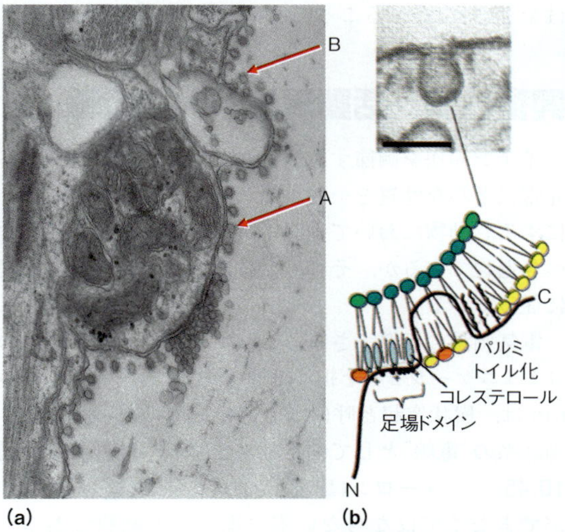

図 10.44　被覆小胞とカベオラによる大容量の輸送　電子顕微鏡像を（a）および（b）の上パネルに示す。**(a)** クラスリン被覆小胞の形成がまず被覆ピットを形成し，これがその後出芽し（矢印 A），遊離した被覆小胞を形成する（矢印 B）。**(b)** カベオラの形成は，コレステロールとスフィンゴ脂質に富む部位（脂質ラフト，図 10.26 参照）において，カベオリンの膜の内層への挿入により生じる。出芽したカベオラは遊離小胞となる。

B）。この過程は第 17 章でより詳細に述べることにする（p.639〜641）。

カベオラが形成される際には，**カベオリン caveolin** というタンパク質が，二重層の内層に入り込んで行き，出芽の形成につながる極度の湾曲を生み出す（図 10.44b）。カベオリンは前述した脂質ラフトの構成成分と相互作用する。このことから，ラフトは膜輸送において重要であると考えられている。

ポイント 29
膜を介したまとまった容量の輸送は，クラスリン被覆小胞やカベオラの形成を伴う。

積み荷はいったん封じ込められると，細胞内の標的部位へと必ず運ばれていく。これは，小胞あるいはカベオラが，標的膜の表面にあるタンパク質を認識することにより成し遂げられる。小胞と標的の膜はその後融合し，積み荷が輸送できるようになる。この**膜融合 membrane fusion** と呼ばれる過程は，SNARE と呼ばれるタンパク質を介し行われるが，その詳細については第 28 章で述べることにする（図 28.47 参照）。

興奮性膜，活動電位，神経伝導

イオン輸送を調節する能力について，膜が発揮する非常に多彩な性質を一例に示し，話を締めくくることにする。動物において神経インパルスの伝導は注目すべき過程であるが，それは非常に簡単な物理学的原理に従っている。

電気刺激の伝導，さらにこれにより生じる神経系のコミュニケーションを担う細胞である**ニューロン neuron** は，樹状突起と呼ばれる薄い細胞の出っ張りと，神経系の“電線”として働く軸索で特徴づけられる（図 10.45）。ニューロンは，並はずれた要求に応じることができなくてはならない実に際立った細胞である。ニューロンは，（例えば，脊髄からつま先の先端までのような）比較的長い距離を経て，目立った損失なしにインパルスを伝導しなくてはならない。さらに，素早くて協調のとれた思考や行動を制御するために，ミリ秒のような時間尺度でインパルスを伝導しなくてはならない。神経伝導は，電線内におけるような電子の流れではなく，膜表面における膜電位の波として生じる。神経シグナルがどのように作用するか理解するためには，膜電位がどのように発生し，どのように変化するかを解析しなくてはならない。この限られた紙面では，この広く複雑な分野を簡単にしか紹介できない。

ポイント 30
ニューロンは電気刺激を，細胞の形質膜の領域における膜電位の変化により伝える。

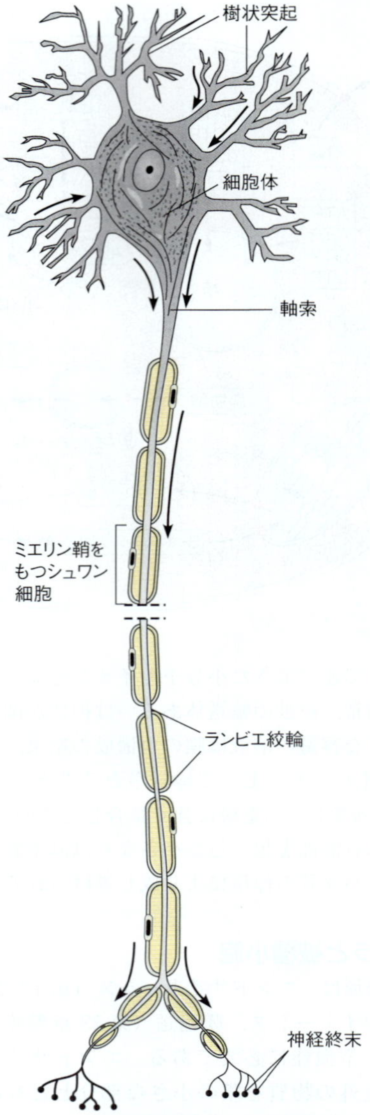

図 10.45　哺乳類の典型的な運動ニューロンの構造　運動ニューロンは，神経インパルスを筋肉へ伝達する。細胞体は核と大部分の細胞装置を含む。樹状突起は，他のニューロンの軸索からシグナルを受け取る。軸索は神経終末を介してシグナルを伝達し，他のニューロンの樹状突起あるいは筋細胞とやり取りをしている。軸索のまわりにはシュワン細胞があり，絶縁ミエリン膜層により軸索を覆っている。シュワン細胞はランビエ絞輪と呼ばれるミエリンのない部位によって分断されている。

静止電位

膜電位の変化を理解するために，まず細胞の静止電位の源と性質を理解する必要がある。ここでは，非常に単純化したモデルから始めることにする。このモデルは，半透膜を介する電気化学的電位差を以前に考察した際に示している（式 10.2 参照）。荷電 Z のイオン（M^Z）が膜の外側に $[M^Z]_{外側}$ の濃度で，内側に $[M^Z]_{内側}$ 濃度で存在するとする。

もし，この系が平衡状態にあるとすると，輸送に対

するΔGはゼロとなる。したがって式（10.2）からわかることは，

$$\frac{RT}{Z\mathrm{F}}\ln\frac{[\mathrm{M}^{Z}]_{外側}}{[\mathrm{M}^{Z}]_{内側}} = \Delta\psi \qquad (10.7)$$

ここで$\Delta\psi$は$\psi_{外側} - \psi_{内側}$と定義する。式10.7は**Nernstの式 Nernst equation**の1つの形である。20℃で1価のイオン（$Z = \pm 1$）では，Nernstの式は次のように変形できる。

$$\Delta\psi = \pm 59\log_{10}\frac{[\mathrm{M}]_{外側}}{[\mathrm{M}]_{内側}} \qquad (10.8)$$

この場合，$\Delta\psi$はミリボルト（mV）で表す。

式10.8に従うと，もし膜を介したイオンの濃度差が維持されるとすれば，電位差が生じることになる。例えば，K^+（$Z = +1$）のようなイオンが外側に比べて内側に10倍濃縮されて保たれているとすると，膜は$\Delta\psi = -59$ mVで分極することになる。同じように不均衡に分布したイオンが塩素であれば，その電位は+59 mVになる。

細胞膜を介したイオンの不均衡が生じる主な機構は，ある種のイオンを一方の側あるいはもう一方の側に濃縮するように絶えず働いている（例えば，Na^+-K^+ ATP aseのような）特定のイオンポンプによるものである。この不均衡が神経軸索の膜を介した静止電位を生み出す。よく研究されている例は，イカの巨大軸索である。イカは直径1 mm程度の太い軸索をもつという点で珍しく，実験材料として好んで用いられる。図10.46に示すように，このような軸索であれば，記録電極を挿入することも，そしてこの膜を介した電位差を測定することも可能である（この図には，今から簡潔に述べる実験で用いる刺激電極も示している）。

イカの軸索では，Nernstの式で記述できる以上に複雑な状況に直面する。数種類のイオンが関わり，それらのイオンは各々少なくともある程度は膜を通過することができ，さらに両側で不均衡な濃度が保たれている。もし，Nernstの式を用い，K^+単独の分布として電位を計算すると，−75 mVという値が推論される（それを$\Delta\psi_{K^+}$と呼ぶ）。一方，Na^+の内・外側の濃度でNernstの式を用いると，$\Delta\psi_{Na^+} = +55$ mVとなる。しかし，イカの静止した軸索膜を介した電位を測定すると，その値は約−60 mVである。この場合，何が実際の電位を決定しているのだろうか？

ここで鍵となるのは，数種のイオンが膜を通過できるとき，異なるイオンに対する膜の透過性が$\Delta\psi$を決定するのに重要であることである。種々のイオンは，軸索膜を介して真の平衡にあるのではなく，定常状態にある。どのような定常状態になるかは，各々のイオンの透過性により，その一部が決定される。この定常状態は**Goldmanの式 Goldman equation**によって定量的に定義することができる。1価の陰イオンや陽イオンの一群によって決定される膜電位については，Goldmanの式では次のようになる。

$$\Delta\psi = \frac{RT}{\mathrm{F}}\ln\frac{\sum_{+}P_i[M_i^{+}]_{外側} + \sum_{-}P_j[X_j^{-}]_{内側}}{\sum_{+}P_i[M_i^{+}]_{内側} + \sum_{-}P_j[X_j^{-}]_{外側}} \qquad (10.9)$$

ここで，総計（Σで表記している）は，明らかに透過性を示すすべての陽イオン（Σ_+）と陰イオン（Σ_-）を集計したものであり，Pの値は，これらのイオンの相対的な膜透過性を示す。どれか1つのイオンが他のいずれのイオンよりもずっと高い透過性を示す場合，Goldmanの式ではそのイオン以外は無視できるようになり，式10.9はそのイオンにおけるNernstの式に変換される。

静止電位の大部分は**K^+漏洩チャネル K^+ leak channel**によって決定される。K^+漏洩チャネルは，これまでに述べてきた開口型K^+チャネルとは異なり，ほとんどすべての状態で開いている。漏洩チャネルは細胞膜のK^+に対する透過性を上昇させ，その結果としてGoldmanの式から予測されるものに近い膜電位を生じさせる。この場合，膜電位に大きく関与しているイオンは，K^+，Na^+そしてCl^-のみであり，それら

10

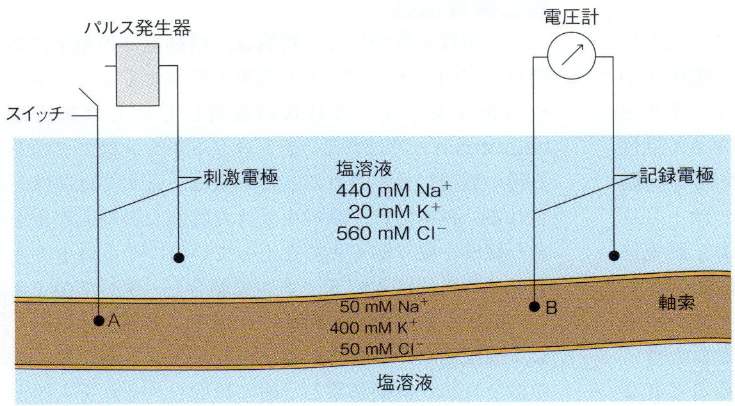

図10.46　神経伝導の研究に用いられるイカの巨大軸索　電圧計とつながった電極が軸索膜を介した電位を記録する。ここに示すように軸索のイオン濃度が静止状態にあるとき，電圧計は約−60 mVと読める。もし軸索をA点で脱分極パルスによって刺激すると，移動膜電位がB点をまもなく通過し，それを記録することができる。

の相対的な透過性は$P_{K^+}=1.0$，$P_{Na^+}=0.04$，$P_{Cl^-}=0.45$である。これらの値を，図10.46に示したイオン濃度とともに式10.9に代入すると，実験結果と一致する$\Delta\psi=-61$ mVという値が得られる。

ポイント31
神経繊維の静止電位は，異なるイオンに対する膜の透過性により決まるが，特に，K^+漏洩チャネルにより高い透過性を示すK^+の寄与が大きい。

活動電位

活動電位は，制御されつつすばやく伝播される膜電位の変化であり，これが軸索の全長にわたって伝わっていく。この過程には，独特な1組の電位開口型カリウムチャネルと電位開口型ナトリウムチャネルが関わっている。イオンチャネルの生化学的特徴により，活動電位は自己伝搬性を示し，軸索を一方向に伝わっていく。この独特な膜電位の変化がいかに生み出され伝わっていくか，簡潔に述べることにする。

活動電位は膜電位の変化が臨界閾値に達すると生じる。-61 mVという静止電位の値は，生命にとって重要である。-61 mVは$+55$ mVよりも-75 mVにより近い値であり，このことは，イカの軸索膜を介して存在する電位では，K^+がNa^+に比べて平衡な分布により近いことを意味している。もし，膜がNa^+イオンに対して完全に透過性を示すようになると，主なできごととしてNa^+イオンの大きな流入が起こり，これに伴って$\Delta\psi_{Na^+}$に対する膜電位の変化が生じる。これはちょうど，活動電位が神経に沿って伝導するときに起こることである（図10.47）。

軸索繊維は，膜を介したNa^+とK^+の促進輸送を担う特異的な電位開口型チャネルをもっている。前述したように，電位開口型チャネルは膜電位に依存して開閉する。例えば，静止状態ではこれらは閉じている（図10.47a）。ここで，図10.46に示したように，イカの巨大軸索に装着した電極を用いた実験を行うとする。記録電極からある距離離れたところに，電圧源とつながった刺激電極をおく。もしこの電極に，膜を局所的に脱分極させるのに十分な約20 mVの電圧をかけると，それは-40 mVの静止電圧（Na^+チャネルを開く閾値）になり，そのことによりNa^+チャネル**活性型ゲート activation gate**（mゲート）が開く（図10.47b）。Na^+の透過性は約100倍増加し，ナトリウムイオンが急激に流入する。その流入により，膜電位はミリ秒以内に約$+40$ mVに上昇する（図10.47c）。Goldmanの式からみると，この急激なNa^+イオン透過性の上昇によりNa^+イオン以外は無視できるようになり，膜電位は$\Delta\psi_{Na^+}$（$+55$ mV）に達することとなる。しかし，この値には達せず，さらに変化が起こる。図10.47bにみられるように，刺激は，よりゆっくりではあるがK^+チャネルゲートも開き，周囲環境へK^+を流出させる。このことにより電位は逆戻りし，約-70 mVまでオーバーシュートする。この変化がNa^+チャネル**不活性型ゲート inactivation gate**（活性型ゲートとは離れたhゲート）を閉じ，一時的にNa^+チャネルは開口に対し抵抗性を示すようになる（不応期，図10.47d）。図10.47b〜dに示した電位と透過性の変化は，たった数ミリ秒の間に生じる。同様の変化を図10.48に図示する。

ポイント32
活動電位は発生し伝搬する。それは神経細胞膜の小さな脱分極が電位開口型チャネルを開き，イオンを通過させるためである。

これらの膜電位の急峻な変化は，図10.47cおよびdに示すようにゲートが順に開いたり閉じたりしなければ，局所的効果にしかならない。Na^+イオンが外から流入すると，これらは刺激部位より遠くへ拡散していき，繊維の隣り合った部分に同様の脱分極を誘発する。したがって，脱分極の波は軸索を広がっていくことができるのである。波面の後方は，K^+流出のために逆分極し，K^+チャネルが開きNa^+チャネルが不活性化される不応領域となってから，最終的には静止状態に戻る（図10.47a，図10.49）。したがって，図10.46における記録電極では，刺激パルスのしばらく後に，図10.47b〜dと図10.48に示すような脱分極と逆分極が同じパターンで通りすぎていくのが検出される。この伝わっていく電位を，活動電位と呼ぶ。この動きを図10.49に示してある。衝撃が刺激電極から記録電極まで通過するのに要する時間は，2つの電極間の距離に比例し，パルスの伝達速度に逆比例する。活動電位の伝達速度の典型的な値は，1秒あたり1〜100 mの間である。

毒と神経伝達

強い毒性をもつ多くの物質は，活動電位の発生に必要な特定のイオンゲートの作用を阻害することによりその毒性を示す。これらの物質はしばしば**神経毒 neurotoxin**と呼ばれる。テトロドトキシンはフグのある種の臓器に見出される。この魚は，日本では美味とされる。日本では，訓練を受けた特別な料理人が毒を含む臓器を取り除く免許をもっている。テトロドトキシンは特異的にNa^+チャネルに結合し，すべてのイオンの動きを阻害する。同様の作用を，“赤潮”の原因となる渦鞭毛藻類に含まれるサキシトキシンが示す。この毒を貝類が微細藻類と一緒に摂取し，それを人間が

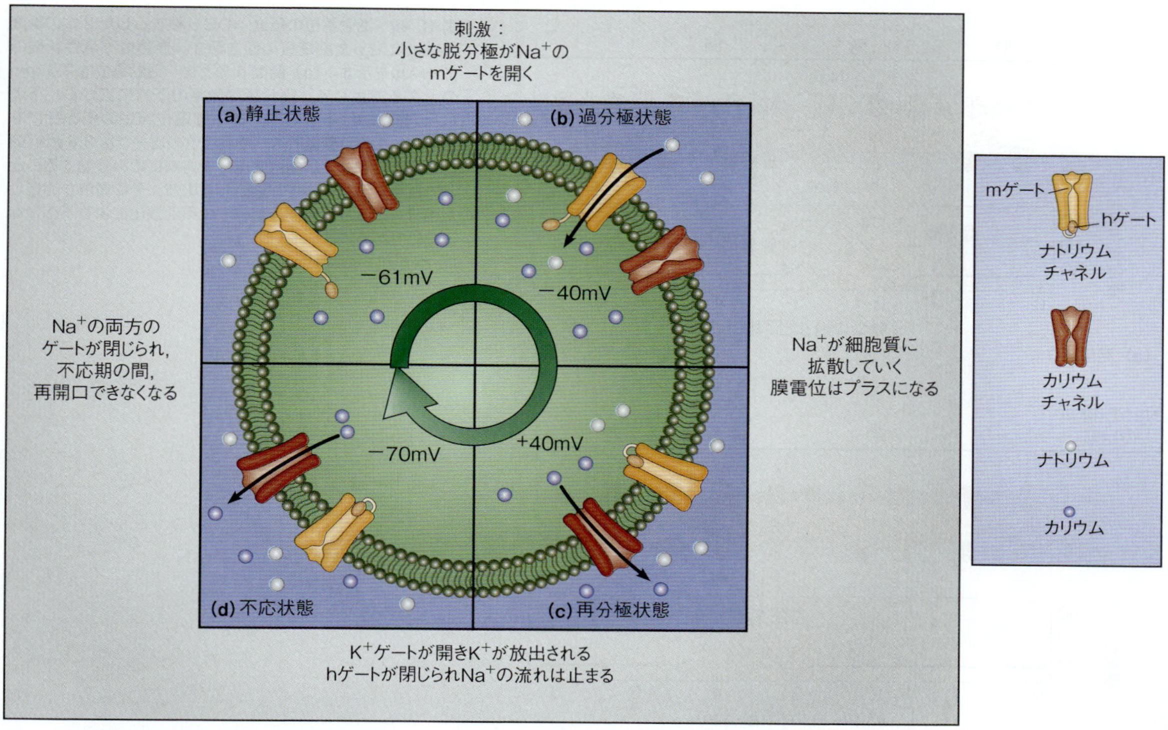

図 10.47　活動電位における電位開口型チャネルのサイクル　**(a)** 静止状態では，K^+は軸索膜の内側に，Na^+は外側に濃縮されている。**(b)** 電気刺激は局所的で不完全な膜の脱分極を起こす。この脱分極が開口型ナトリウムの活性化ゲートを開き，Na^+の内側への大きな流入を引き起こす。このチャネルの開放によりまず膜がNa^+を透過できるようになり，その結果，膜電位がNa^+の電位により決定される。Na^+が平衡状態に達すると，流入は遅くなり，Na^+は軸索内に拡散していく。**(c)** 膜電位が上昇すると，Na^+チャネルのhゲートが閉じ，K^+チャネルが開く。K^+ゲートが開き，K^+は流出する。**(d)** K^+の流出は膜電位を極端に減少させ，静止電位より一時的にさらに電位を負の状態にする。この状態が（hゲートに加え）Na^+のmゲートを閉じる。K^+イオンが移動することで静止電位を元に戻し，この間膜は不活性（不応）状態になる。この不応状態は，軸索上活動電位が単一方向に伝わっていくのを確実にする上で重要である。
Courtesy of Gary Carlton.

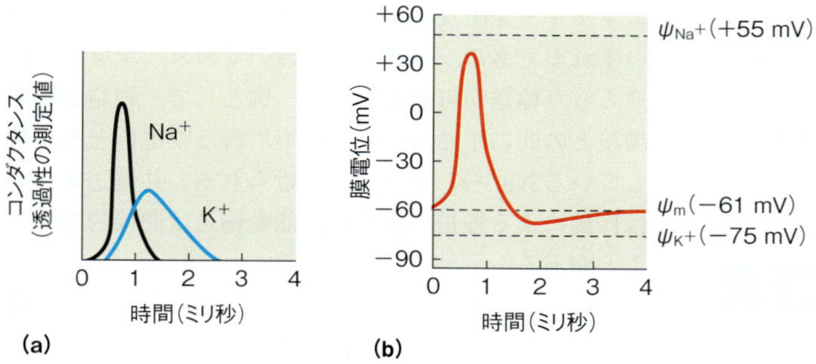

図 10.48　活動電位　**(a)** 神経インパルスが通過する際の軸索部位における膜コンダクタンスの変化。まずNa^+イオンに対する膜透過性が上昇し，Na^+の大量な流入が引き起こされる。Na^+透過性が減少すると，次にK^+の流出が生じる。**(b)** (a) で示した透過性の変化に伴う膜電位の変化。Na^+流入により電位は増加し，プラスとなる。K^+流入が増加すると電位は低下し，静止電位$\Delta\psi_m$は元の状態に戻る前に過分極になる。

食してしまうことがある。神経系の根本的な過程を侵すこれら 2 種の毒はいずれも，最も有毒な既知の物質の 1 つであり，これらの誤食により毎年多くの人が命を落としている。3 番目の非常に有毒な物質ベラトリジンは，ユリ科の植物サバジラ（*Schoenocaulon officinale*）の種子に見出される。この毒もまたNa^+チャネルに結合し，“開いた”構造で止めてしまう。

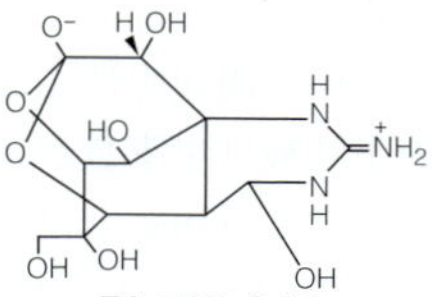

テトロドトキシン

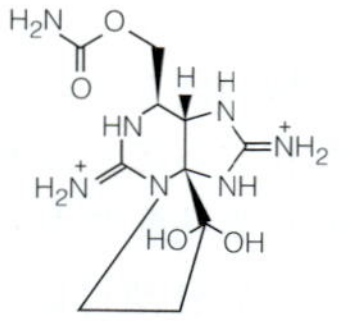

サキシトキシン

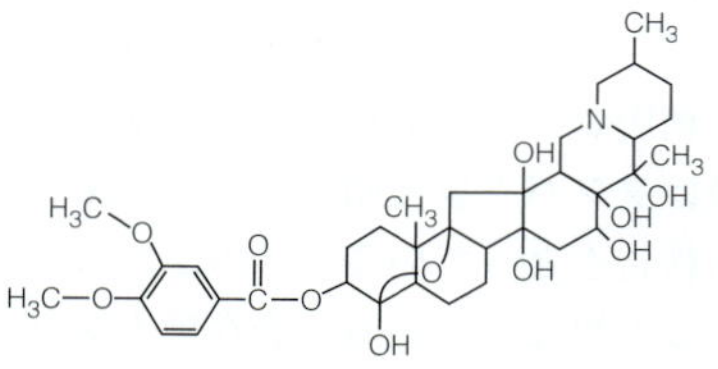

ベラトリジン

ポイント 33
神経毒は軸索膜のゲートを閉口型あるいは開口型で遮断することによりその作用を示す。

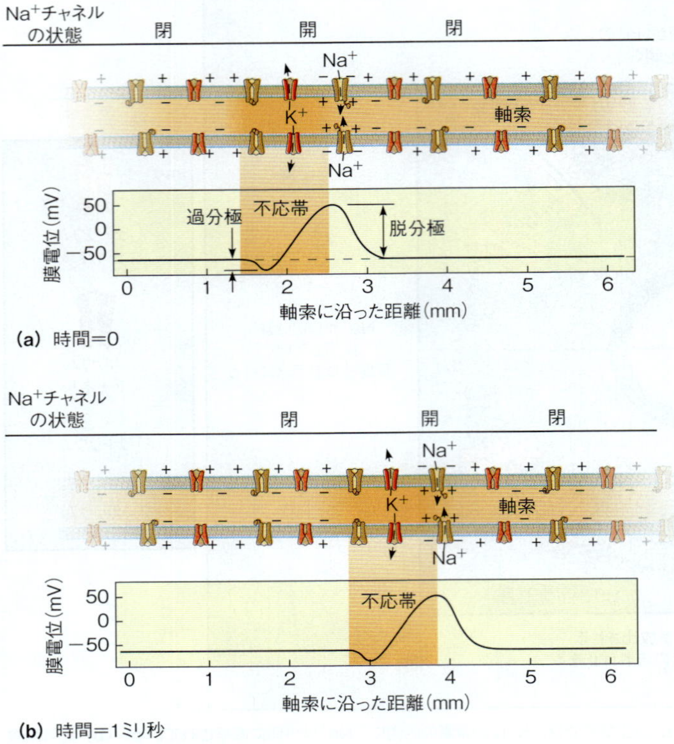

図 10.49　活動電位の伝達　1ミリ秒ずらした2つの瞬間の軸索に沿った膜電位の図を示す。赤色は不活性状態のチャネルを示す。(**a**) 時間0のとき，活動電位は2.5 mmのところで生じる。脱分極は軸索の下方に広がり，下流（この図における右方向）の活動電位発生の引き金になる。(**b**) 1ミリ秒後では，活動電位のピークは3.8 mmのところに移動する。電位はただ1方向にのみ移動することができる。それは電位が通過したのち，その電位が通過した部分が数ミリ秒の間，ゲートの不活性化により不応になるためである。
Courtesy of Gary Carlton.

これらの毒物は，軸索の構造や伝導を解析する上で非常に役に立つことが示されている。その強固な結合能力はチャネルの優れた親和標識を可能にする。

ここでは，神経インパルスの伝導に関するすべての現象の一部，1本の神経繊維に沿って起こる伝導についてのみを述べてきた。それらのインパルスが1つの細胞からもう1つの細胞にいかに伝達されるかという同じように重要な問題点，すなわち神経伝達物質については，第23章で述べる。

まとめ

脂質の重要な性質の多くは，これらの物質が非常に疎水性であることに起因する。その一部は，親水性と疎水性領域の両方をそなえている両親媒性である。自然界に存在するほとんどの脂肪酸は炭素数が偶数である。不飽和脂肪酸である場合，二重層結合は通常シス型である。脂肪酸は脂肪（トリアシルグリセロール）に存在し，エネルギーの貯蔵体や絶縁体として役立っており，また，膜では，リン脂質，スフィンゴ脂質，スフィンゴ糖脂質，グリセロ糖脂質の構成成分となっている。膜はタンパク質と脂質を含む，流動モザイク状の二重層構造をとっている。この2層はタンパク質と脂質の組成が異なっている。表在性タンパク質は一方の面あるいはもう一方の面にとどまっているが，内在性タンパク質は膜貫通部位に共通の疎水性 α ヘリックスをもち，膜を貫いている。

膜を介した輸送は，単純拡散によってなされるか，細孔，透過酵素や担体を介し促進されるか，あるいはエネルギー発生反応によって能動的に駆動されるかのいずれかである。後者の例においてのみ，濃度勾配に逆らった輸送が可能となる。一例として，細胞と周囲環境との間に生じるイオンの不均衡と膜電位とを維持している Na^+–K^+ ポンプがあげられる。共輸送あるいは修飾による輸送のように，能動輸送は間接的であることがある。

神経インパルスの伝導は，神経細胞における膜電位の脱分極（活動電位）の波の動きに依存している。この脱分極は，膜の開口チャネルを通したイオンの流れにより生じる。神経伝達速度は軸索の直径とミエリン化の有無に依存する。

付録

イオン輸送を熱力学的に評価する上の指針

生物学的な系において，溶質，特にイオンの濃度は通常，膜を介し大きく異なっている。このようなイオンの濃度の違いは，“電気化学的勾配”あるいは“電気化学的ポテンシャル”と呼ばれる。イオンの電気化学的勾配を介しての移動における自由エネルギーは，式

10a.1 で表される。

$$\Delta G = \Delta G^{\circ\prime} + RT \ln Q + nzF\Delta\psi \quad (10a.1)$$

ここで，R＝気体定数，T＝Kelvin 温度，Q＝定常状態における活量比，n＝イオンのモル数，z＝イオンの電荷，F＝Faraday 定数，$\Delta\psi$＝膜電位である。拡散により膜を超えて溶質が移動する際，$\Delta G^{\circ\prime}=0$ である。能動輸送の際には，$\Delta G^{\circ\prime}$ はゼロとは等しくならないことに気づいてほしい。なぜなら，ATP の加水分解における $\Delta G^{\circ\prime}$ はゼロに等しくなく，すべての輸送過程を通じての $\Delta G^{\circ\prime}$ は，個々の段階（イオン輸送＋ATP の加水分解）の $\Delta G^{\circ\prime}$ の合計になるからである。

$RT \ln Q$ の項は，イオンが濃度勾配の中を動いていくのに必要なエネルギーを表し，$nzF\Delta\psi$ は電気的ポテンシャルの中を動いていくのに必要なエネルギーを表す。細胞内外のイオン濃度を，$[Na^+]_{内側}$＝12 mM，$[Na^+]_{外側}$＝145 mM，$[K^+]_{内側}$＝155 mM，$[K^+]_{外側}$＝4 mM，膜電位を 60 mV（内側をマイナスとする）と与えると，基本的な熱力学の原理を用い，$RT \ln Q$ および $nzF\Delta\psi$ の項が ΔG の符号に与える効果を正確に予想することができる。

まずはじめに，ATP の加水分解を伴わないイオン輸送という単純な場合を考えてみよう。状態関数における変化は状態$_{(最終)}$－状態$_{(初期)}$として計算されることを思い出してほしい。この場合，“最終”状態と“初期”状態という言葉は，輸送されるイオンの最終状態および初期状態（すなわち，イオンが細胞の内側，外側にいずれかにあること）と表したほうが適当かもしれない。第 3 章で述べたように，定常状態における分子種の分布は質量–活量に関わる Q で表される。ただし，ここで，

$$Q = （最終状態における分子種の活量）\div（初期状態における分子種の活量）$$

$\Delta\psi$ を $\psi_{最終}-\psi_{初期}$ として計算するのと同様に，ここで“最終”と“初期”が場所（location）を示すとすると，$\Delta\psi=\psi_{最終の場所}-\psi_{初期の場所}$（この場合，“場所”＝“内側”または“外側”であり，どちらになるかは，イオンがどちらの向きに輸送されるかによる）

これらの変数を式 10a.1 に戻すと，

$[Na^+]_{内側}\rightarrow[Na^+]_{外側}$ の輸送の場合，

$$\Delta G = \Delta G^{\circ\prime} + RT \ln Q + nzF\Delta\psi \text{ あるいは}$$
$$\Delta G = RT \ln([Na^+]_{外側}/[Na^+]_{内側}) + nzF(\psi_{外側}-\psi_{内側}) \quad (10a.2)$$

となり，逆に，$[Na^+]_{外側}\rightarrow[Na^+]_{内側}$ の輸送の場合，

$$\Delta G = RT \ln([Na^+]_{内側}/[Na^+]_{外側}) + nzF(\psi_{内側}-\psi_{外側}) \quad (10a.3)$$

となる。Q をいかに適切に評価するかについては，第 3 章で詳しく述べている（p.63 参照）。ここでは，$\Delta\psi$ を正確に計算する 2 つの方法について述べる。

方法 1：前で与えた条件，$\Delta\psi$＝60 mV（内側をマイナスとする）というのは，$\psi_{内側}$ と $\psi_{外側}$ の電気ポテンシャルの大きさの違いが 60 mV であり，内側が外側と比べてマイナスとなっているということを示している。したがって，$\psi_{内側}$ は相対的に負の数，$\psi_{外側}$ は相対的に正の数になるから，

$[Na^+]_{外側}\rightarrow[Na^+]_{内側}$ の輸送の場合，

$\psi_{内側}-\psi_{外側}$＝[負の数]－[正の数]＝負の数

であるから，$\Delta\psi$ は，

－60 mV（もしくは　－0.060 V）

となり，

$$nzF\Delta\psi = (1\ \text{mol Na}^+)(+1)(96.5\ \text{kJ mol}^{-1}\ \text{V}^{-1})(-0.060\ \text{V}) = -5.79\ \text{kJ} \quad (10a.4)$$

$[Na^+]_{内側}\rightarrow[Na^+]_{外側}$ の輸送の場合，

$\psi_{外側}-\psi_{内側}$＝[正の数]－[負の数]＝正の数

であるから，$\Delta\psi$ は，

＋60 mV（もしくは　＋0.060 V）

となり，

$$nzF\Delta\psi = (1\ \text{mol Na}^+)(+1)(96.5\ \text{kJ mol}^{-1}\ \text{V}^{-1})(+0.060\ \text{V}) = +5.79\ \text{kJ} \quad (10a.5)$$

方法 2：この計算を，以下に述べる指針と照合してほしい。方法 1 から得られるように，$nzF\Delta\psi$ の大きさはいずれの場合も（±5.79 kJ/mol と）同じになる。この正負の符号は，イオンがどちらの方向に輸送されるかによって決まる。$nzF\Delta\psi$ を計算する際に最もおかしやすい誤りは，$\Delta\psi$ の符号を間違えてしまうことである。この点こそが，指針がその理解を助けてくれるところなのである。

$[Na^+]_{外側}\rightarrow[Na^+]_{内側}$ の輸送の場合，

正電荷を帯びたナトリウムイオンが，相対的に正電荷を帯びた細胞外の環境から，相対的に負電荷を帯びた細胞内へと移動する。このようなイオンの動きは，不利な反発する相互作用を減少させ，有利に引き合う相互作用を増加させる。全体的にみて，これは熱力学的に有利な過程であり，$nzF\Delta\psi$ の符号はこの事実を反映し，マイナスとなる（式 10a.4 参照）。

$[Na^+]_{内側}\rightarrow[Na^+]_{外側}$ の輸送の場合，

正電荷を帯びたナトリウムイオンが，相対的に負電荷を帯びた細胞内の環境から，相対的に正電荷を帯びた細胞外へと移動する。このようなイオンの動きは，不利な反発する相互作用を増加させ，有利に引き合う相互作用を減少させる。全体的にみて，これは熱力学的に不利な過程であり，$nzF\Delta\psi$ の符号はこの事実を反映し，プラスとなる（式 10a.5 参照）。

イオン濃度と膜電位を上述したように与えると，

表 10a.1

	RT lnQ の符号	$nzF\Delta\psi$ の符号
$[Na^+]_{内側}$→$[Na^+]_{外側}$の場合,	プラス（不利）	プラス（不利）
$[Na^+]_{外側}$→$[Na^+]_{内側}$の場合,	マイナス（有利）	マイナス（有利）
$[K^+]_{内側}$→ $[K^+]_{外側}$の場合,	マイナス（有利）	プラス（不利）
$[K^+]_{外側}$→ $[K^+]_{内側}$の場合,	プラス（不利）	マイナス（有利）

（$nzF\Delta\psi$ に用いる）上述した指針と（$RT\ \ln Q$ に用いる）以下に与えるもう 1 つの指針に基づき，自由エネルギーを計算するときに得られる $RT\ \ln Q$ および $nzF\Delta\psi$ の項の正負の符号は，表 10a.1 にまとめたように予測される。$RT\ \ln Q$ については，低い濃度の環境から高い濃度の環境への輸送が熱力学的に不利になり，高い濃度の環境から低い濃度の環境への輸送が有利となる。

生化学の道具　10A

膜研究の手法

電子顕微鏡法

細胞内に存在する状態での膜構造の解析は，電子顕微鏡に大きく依存している。そして「生化学の道具 1A」に述べた方法のほとんどすべての変法が，いろいろな場合に用いられている。例えば，プラスチックの中に封入した細胞の薄い切片を用いた透過型電子顕微鏡は，細胞膜の横断面の構造を明確にみえるようにする（例として，図 1.2 参照）。一方，走査電子顕微鏡では，表面の微細部を示すことができる。この方法のとりわけ有用な変法として凍結割断法がある。膜を急速凍結し，ミクロトームナイフで激しい衝撃を与え破壊すると，膜は二重層の 2 つの層の間で平面に沿ってうまく裂ける（図 10A.1）。1 層は裏返しに剝がれ，内側の構造が現れる。その後，サンプルに金属陰影をつけ，走査電子顕微鏡で解析を行う。凍結エッチングと呼ばれる変法では，陰影をつける前に氷の一部を昇華させ，表面と表面下の詳細を調べる。

電子顕微鏡は，自然な膜の微細構造の多くを明らかにするが，特定の膜の性質を研究するために，研究者にはしばしば単純化された系を用いる必要性が生じる。この目的のためには，人工二重層や小胞がよく用いられる。

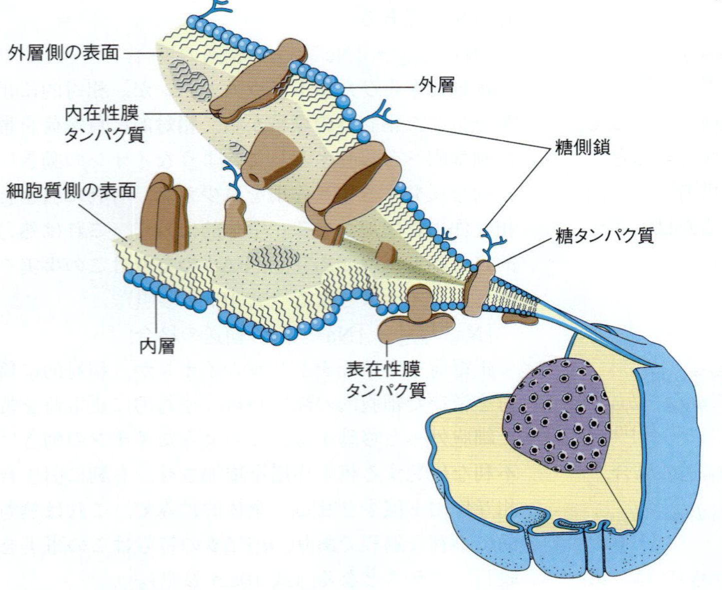

図 10A.1　凍結割断法　凍結割断した膜の模式図。

二重層と小胞の調製

個々の細胞や精製オルガネラの膜は，通常，細胞やオルガネラを破壊後，分画遠心法によって得られる。

図 10A.2 に示すように，膜を有機溶媒（例えば，クロロホルム-エタノール混液）によって抽出すると，溶解した脂質要素を，不溶性タンパク質やオリゴ糖から分離できる。この脂質混合液をその後高速液体クロマトグラフィー high performance liquid chromatography（HPLC）のような方法で分画すれば，純粋な脂質構成成分を得，さらに脂質組成を分析することができる。あるいは，膜から得た全脂質混合物を利用することもできる。

このような標品中の有機溶媒を蒸発させて除き，膜脂質を水相に分散させると，（リポソームとも呼ばれる）小胞，小さな球状の二重層構造物を形成する。そのほか，二重層を 2 区画間の壁にある小さな穴に薄く広げることがある。このような標本は，膜を介した透過性の研究にしばしば用いられる。

小胞はさまざまな種類の研究に用いることができる。例えば，特定の輸送系を再構成することも可能となる。この再構成は，輸送タンパク質を界面活性剤で可溶化後精製し，小胞生成系に加えることによって行う。ATP の存在下，適切に再構成された系は能動輸送を示す。図 10A.3 は筋細胞の Ca^{2+} ポンプの再構成を示したものである。脂質と他の構成成分との特異的な混合物を用いて調製した小胞はまた，膜の相転移や拡散のような過程を研究するのにも優れた試料である。

別の種類の実験では，膜の元々の構成成分のすべてを保持していることが望まれる。このためには，細胞やオルガネラを注意深く破砕し，無傷の膜を分離精製した後，溶液に拡散させればよい。すると，膜は再びシールされ小胞を形成する。ある種の場合，図 10A.4 の赤血球で示したように，条件を調整し，小胞を正しい向きあるいは裏返しのどちらかに優先的に再びシールされるようにすることも可能である。このような標品から膜の非対称性に関する多くの知見が得られた。

物理学的手法

膜構造の相転移に関する知見の多くは，示差走査熱量計 differential scanning calorimetry（DSC）から得られた。この手法は「生化学の道具 6C」で述べたように，

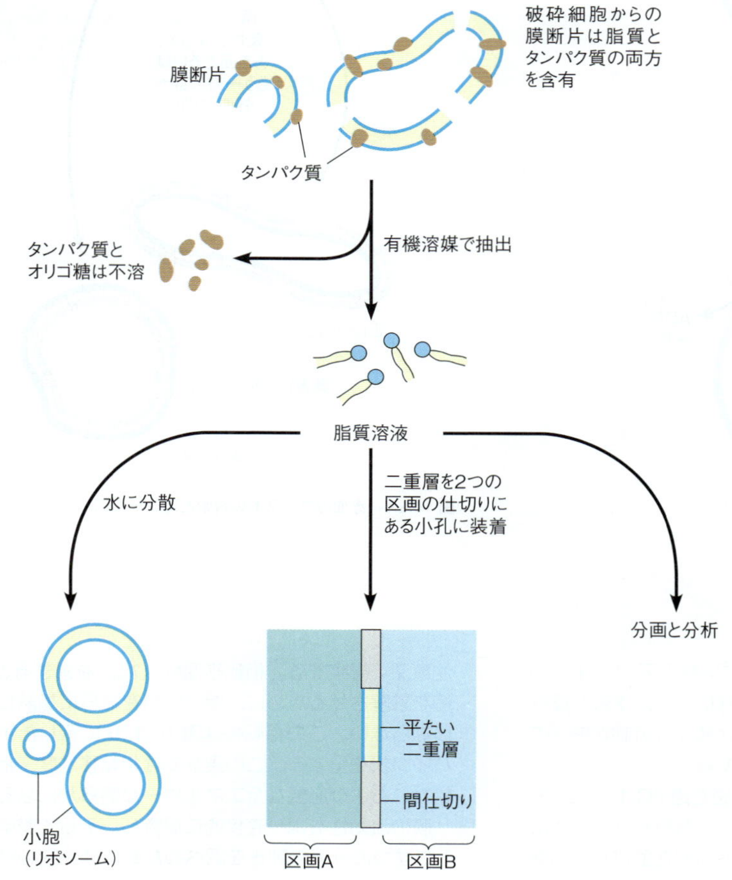

図 10A.2　小胞と二重層の調製

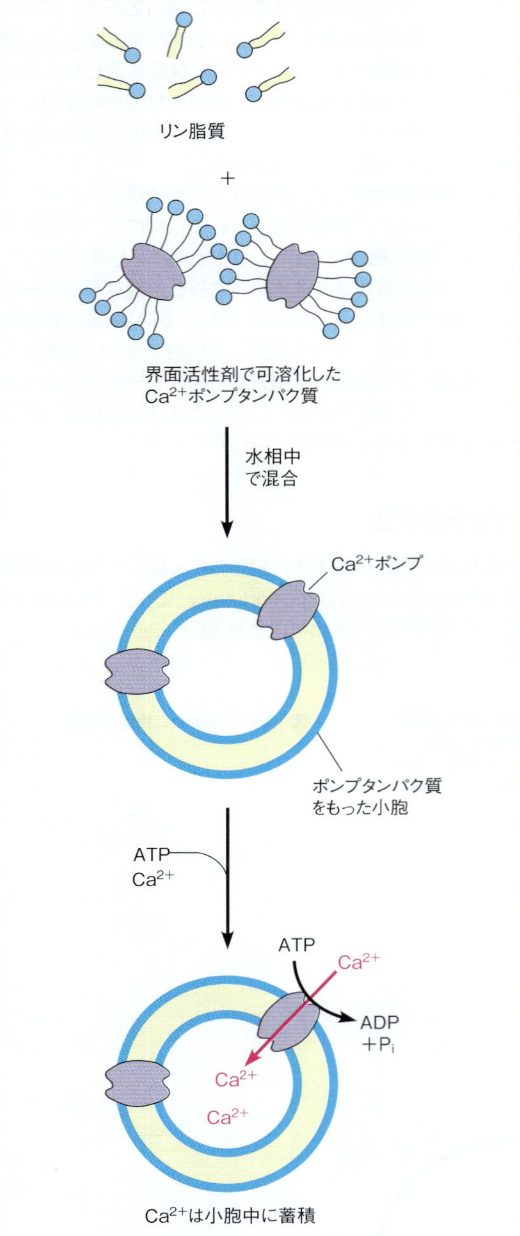

図 10A.3　Ca^{2+}ポンプの再構成

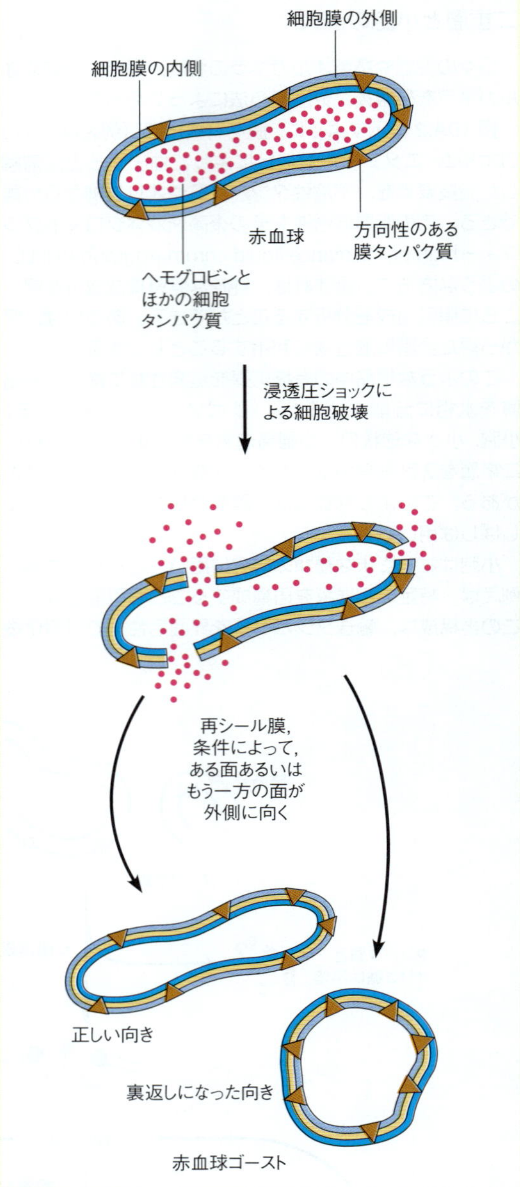

図 10A.4　赤血球ゴーストの調製と再シール化

相変化の1つの過程であるタンパク質のアンフォールディングの研究に用いられる。同様に，示差走査熱量計は膜の相転移（すなわち，準結晶状態から流動状態への転移）の研究に用いられる手法である。

示差走査熱量計装置の簡単な略図を図 6C.1（p.205）に示している。示差走査熱量計による解析を行うためには，脂質小胞浮遊液の試料と緩衝液対照を並行して加熱し，同じ温度を保つのに必要なエネルギー供給の違いを注意深く観察する。相転移温度（T_m）を過ぎると，膜構造を融解させるために，脂質試料をさらに加熱しなければならない。この相転移は図 10.12b に示したようにスパイク状を呈する。この実験では相転移温度，相転移の鋭さ，および必要な全エネルギーが明らかになる。

膜の流動性をより直接的に研究し，そして膜中の各々1つずつの分子の動きを調べるためには，別のいくつかの手法が用いられている。電子スピン共鳴 electron

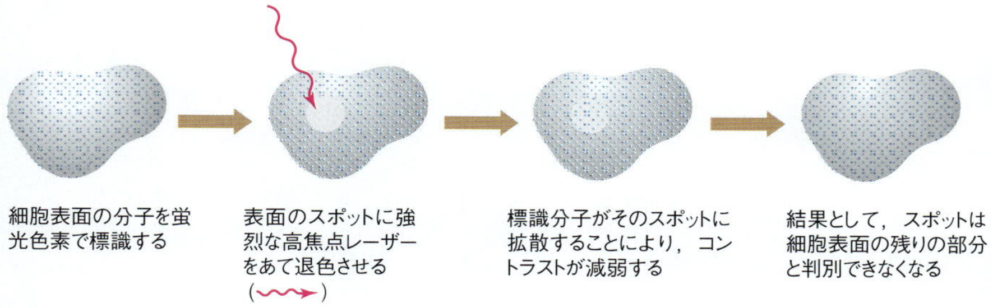

細胞表面の分子を蛍光色素で標識する
表面のスポットに強烈な高焦点レーザーをあてて退色させる（〰→）
標識分子がそのスポットに拡散することにより，コントラストが減弱する
結果として，スポットは細胞表面の残りの部分と判別できなくなる

図 10A.5　光退色後蛍光回復法（FRAP）

spinresonance（ESR）は特に重要なものの 1 つである。電子スピン共鳴は核磁気共鳴 nuclear magnetic resonance（NMR）（「生化学の道具 6A」参照）と類似性があるが，核よりむしろ不対電子のスピン変化が関係している。この共鳴スペクトルは，不対電子の周囲の状況に対して，吸収線の間隔と鋭さの両方を感知する。NMR と同様，狭いスペクトル線は，速い分子運動をもつ流体環境の特性である。そして幅広い線は，分子運動が緩慢であるときに観察される。

天然の膜に存在するほとんどの化合物は不対電子をもたないが，テンポコリンのようなある種のニトロオキシド化合物は N — O 結合の中に不対電子を含む。テンポコリンはホスファチジルコリンに含まれているコリンに置き換わり，膜内における脂質頭部の運動の自由度を感知する“レポーター残基”として用いることができる。別のレポーター残基あるいは分子は，膜内部の流動性や膜タンパク質の運動を解析することを可能にする。

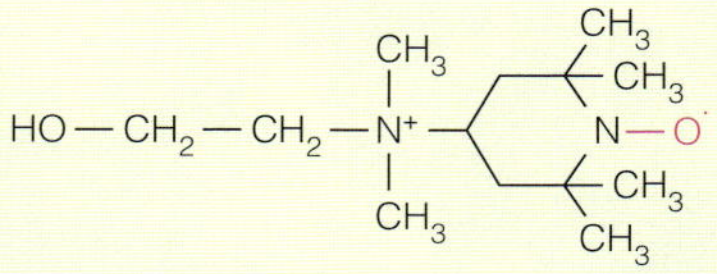

テンポコリン

もう 1 つの強力な手法は，光退色後蛍光回復法（fluorescence recovery after photobleaching）あるいは FRAP と呼ばれる（図 10A.5）。細胞膜の特定のタンパク質を蛍光標識し，それから膜表面の小さなスポットに対して高強度レーザー光を当てる。この蛍光標識を“退色”させて，その細胞表面に蛍光非標識部分を形成させ，その後，蛍光顕微鏡で観察する。退色分子がその部分から外へ拡散すると同時に，非退色分子が内へ拡散し，その結果，レーザー光を当てたスポットは元の蛍光強度へと徐々に回復する。この方法は，膜中の特定分子の側方運動を測定する直接的な方法である。

第3部

生命の原動力 1：触媒と生化学反応の調節

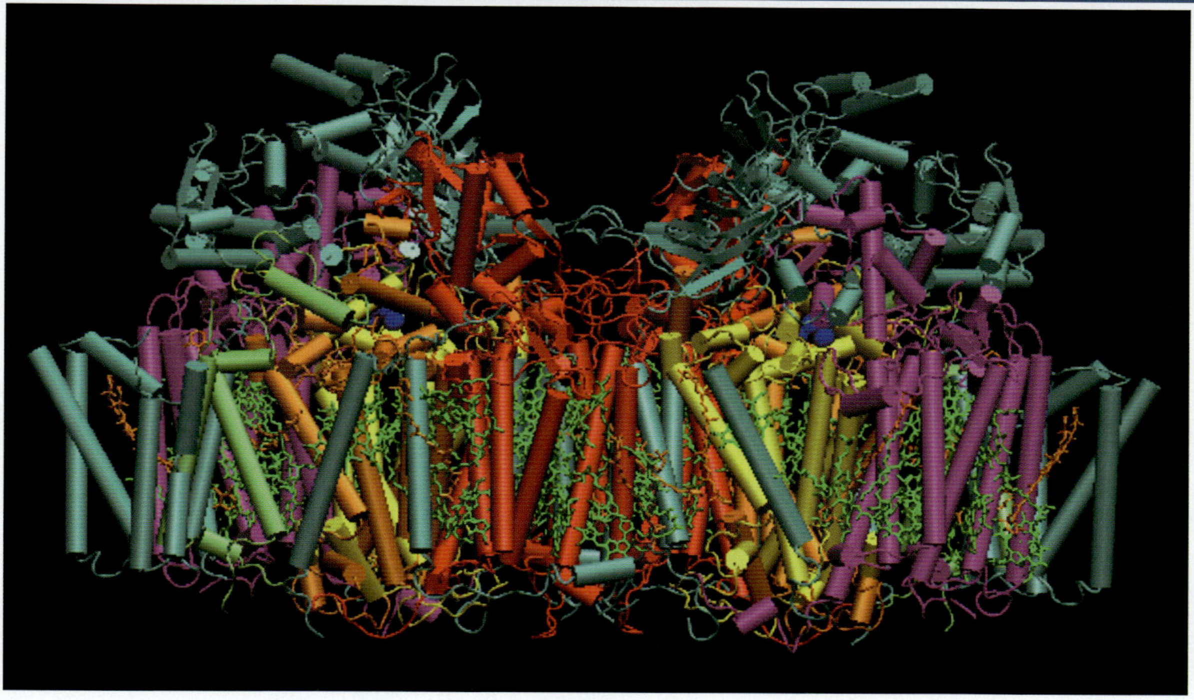

好熱性シアノバクテリアの光合成装置の一部である光化学系Ⅱ。光化学系Ⅱは，葉緑体チラコイド膜に埋め込まれており，水から酸素をつくり，還元的生合成のために電子を励起する。
Dean Appling（Figure 16.14）（PDB ID：3BZ1, 3BZ2）.

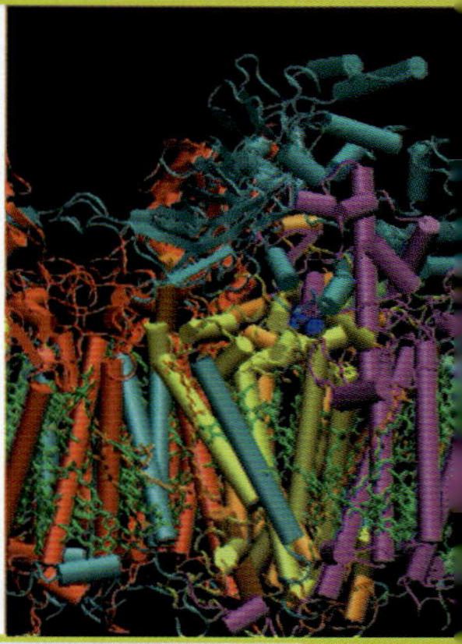

第 11 章
酵素：生物学的触媒

これまでの章で，細胞や生体での化学反応の調節において，**酵素 enzyme** と呼ばれる特異的触媒が重要であることを述べてきた。触媒は，ほとんどの重要な生化学反応を生理的条件下，十分な速度で進行させるために必須のものである。20 分で増殖するバクテリアや，刺激に対して瞬時に応答するヒトの神経細胞にとって，完了までに何時間もかかるような反応は，代謝的に有用ではありえない。

実際，細胞内のほとんどの反応は触媒作用を受けて，生命活動を維持することのできる速さで進行しなければならない。細胞内の複雑な環境においては，熱力学的に有利な無数の反応が起こる可能性がある。しかし，細胞は特異的な触媒を用い，反応性物質を非生産的な副反応ではなく有用な経路に方向づける。また，酵素の働きは制御されている。ほとんどすべての場合，酵素の活性は細胞や生体での必要性に応じて，異なる物質の産生を調節できるように制御されている。

本書の残りの部分では，このテーマを詳細に述べることにする。我々が出会う何百もの反応の各々が，必要な仕事を遂行するために進化的に至適化された特異的酵素により触媒されている。このような効率的な触媒にしている酵素の特別な性質とは何だろうか？　これこそが本章で掘り下げて考えようとしている問題である。

酵素の役割

一般的用語として**触媒 catalyst** とは，一連の過程において自身が変化することなく化学反応の速度（rate，velocity）を上昇させる物質である。酵素とは生物学的な触媒であり，そのほとんどはタンパク質である。これまでの章でも，すでに 2～3 の酵素についてみてきた。例えば，トリプシンはタンパク質やポリペプチド中のペプチド結合の加水分解を触媒する。酵素の作用を受ける物質は，酵素の**基質 substrate** と呼ばれる。すなわち，ポリペプチドはトリプシンの天然の基質である。

> **ポイント 1**
> 触媒は化学反応の速度を上昇させる。酵素は生物学的な触媒である。

酵素触媒の威力は，過酸化水素の水と酸素への分解という身近な例で実感することができる。

$$2H_2O_2 \rightarrow 2H_2O + O_2$$

この反応は熱力学的には非常に有利であるものの，触媒なしでの進行は非常にゆっくりしている。瓶入りの H_2O_2（過酸化水素）溶液は，分解してしまうまで，何箇月でも保存することができる。しかし，少量の Fe^{3+} が（例えば，$FeCl_3$ の形で）添加されれば，反応速度は

1,000 倍程度に上昇する。鉄含有タンパク質であるヘモグロビンは，この反応をさらに促進する。指の切り傷に過酸化水素溶液を塗ると，放出された O_2 の気泡がすぐに現れる。この反応は，触媒されない過程より約 100 万倍速く進行している。しかし，これを上回る速度が，この反応に特異的な酵素カタラーゼによって達成される。カタラーゼは多くの細胞に存在し，過酸化水素の分解速度を，触媒されない場合と比べて 10 億倍以上に上昇させる。過酸化水素はある種の細胞内反応で産生される，危険な酸化剤である（第 15 章参照）。したがって，カタラーゼが過酸化水素の有害作用に対して細胞を防御するような進化的選択圧が働いたのである。この例のように，熱力学的に有利な反応の速度は，触媒の有無とその性質に大きく依存する。酵素は知られているうちで最も効率がよく特異的な触媒に分類される。

ここでは 2 つの事実を強調しておこう。まず，本当の意味での触媒は反応過程に関与するものの，その過程によって変化することはない。例えば，過酸化水素 1 分子の分解を触媒しても，カタラーゼは反応前と全く同じ状態にあり，次の触媒反応に備えている。対照的に，ヘモグロビンは過酸化水素の分解反応を加速させるものの，この過程において酸化され，活性のある Fe^{2+} 型から不活性な Fe^{3+} 型へと変化する。したがって本当の意味では，ヘモグロビンはこの反応の触媒ではない。また，触媒は反応過程の速度を変えるのであって，反応の平衡位置には影響しない。触媒の存在によって熱力学的に有利な過程がより有利になるのでもなく，不利な過程が有利になるのでもない。平衡状態に達するのが速くなるだけである。

化学反応速度と触媒の効果：概論

反応速度，速度定数，および反応次数

一次反応：速度定数

反応速度が何を意味するのか，どのようにして測定されるのかを理解するために，まず，最も単純な反応，すなわち，物質 A から物質 B への非可逆的変換について考えてみよう。

$$A \rightarrow B$$

ここで片矢印は，逆反応（B → A）がごく微小な程度にしか進行しないことを意味している。つまり，平衡状態は右向きに大きく傾いている。

反応速度 reaction rate あるいは velocity（v）は，どの時点においても，生成物（この場合は B）のできる速度として定義できる。

$$v = \frac{d[B]}{dt} \qquad (11.1)$$

速度 v の単位は［濃度/単位時間］（[B] が B のモル濃度を表すとき，モル濃度/秒：$M \cdot s^{-1}$）である。B が 1 分子できるたびに A が 1 分子なくなるので，v は次のように書くこともできる。

$$v = -\frac{d[A]}{dt} \qquad (11.2)$$

ここで，マイナス符号は［A］が時間とともに減ることを示す。個々の分子 A が分子 B に変化することは，独立の事象である。したがって，分子 A が消費されるにつれ，まだ変化していない分子の数は減少し，反応が進行するにつれ，速度は低下する（図 11.1a）。これは数学の言葉を使えば，速度は［A］に比例するということである。

$$v = \frac{d[B]}{dt} = -\frac{d[A]}{dt} = k_1[A]^n \qquad (11.3)$$

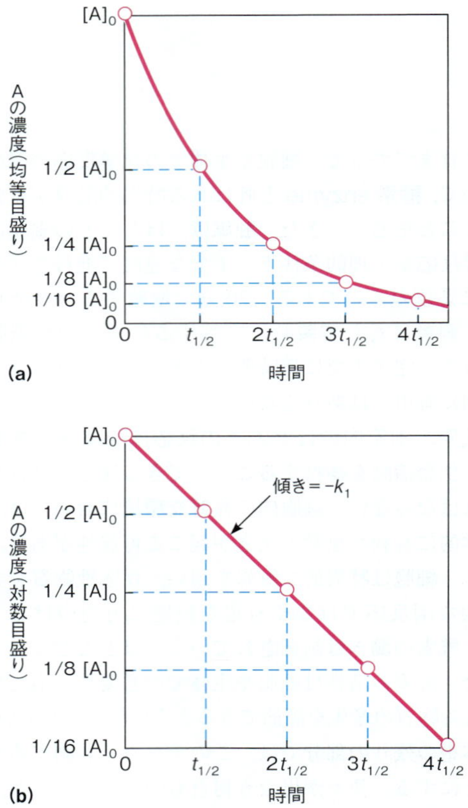

図 11.1　不可逆的な一次反応の次数と速度定数の決定　グラフ（**a**）と（**b**）は，1 つの反応の速度を解析したものである。時間は反応物質の半減期（$t_{1/2}$）の倍数で表示してある。各々の $t_{1/2}$ ごとに反応物質の濃度が半減することに注意。（**a**）t に対して［A］をプロットしたグラフで，曲線の傾きで定義される反応速度は，反応の継続とともに減少することを示している。（**b**）t に対して ln[A] をプロットしたグラフである。これが直線状の場合，反応は式 11.4d に従い，一次反応ということになる。この直線の傾き（$d \ln[A]/dt$）は $-k_1$ に等しい。

式 11.3 の n は，観測された速度の A 濃度への依存性を表す。例えば，$n = 1$ の場合，反応速度は反応物質濃度の 1 乗に依存し，その反応は**一次反応 first-order reaction** と呼ばれる。定数 k_1 は**速度定数 rate constant** と呼ばれ，一次反応の場合は［1/時間］（通常は s^{-1} または min^{-1}）の単位をもつ。速度定数は反応の速さの直接的な指標である。k_1 の数値が大きくなるほど反応は速く，数値が小さくなるほど反応は遅くなる。一次反応の例として最もよく知られているのは放射性元素の減衰である（「生化学の道具 12A」参照）。

ポイント 2
一次反応は，反応速度が反応物質濃度の 1 乗に正比例している反応である。

n の数値は最初は未知である。1（一次反応）かもしれないし，2（二次反応）あるいは 3（三次反応）かもしれない。反応の次数は速度論的なデータ（すなわち，時間に対する［A］の変化）を数学的モデルと比較することにより，実験的に決められる。数学的モデルを使えば，各々のタイプの反応について［A］の変化が予測されるのである。一次反応を例にとって，もう少し詳しく説明してみよう。

一次反応において，A の濃度が経時的にどのように変化するかを示す式からとりかかろう。これを記述するには，$n = 1$ のときに式 11.3 を変形してから積分すればよい。

$$\frac{d[A]}{[A]} = -k_1\,dt \qquad (11.4a)$$

$$\int_{[A]_0}^{[A]_t} \frac{d[A]}{[A]} = -k_1 \int_0^t dt \qquad (11.4b)$$

式 11.4b では式の両辺を時間 = 0（[A] が初期濃度 $[A]_0$ に等しい）から時間 = t（$[A] = [A]_t$）までの範囲で積分すると，次のようになる。

$$\ln\frac{[A]_t}{[A]_0} = -k_1 t \qquad (11.4c)$$

すなわち

$$\ln[A]_t = \ln[A]_0 - k_1 t \qquad (11.4d)$$

つまり

$$[A]_t = [A]_0\, e^{-k_1 t} \qquad (11.4e)$$

式 11.4e によれば，A の濃度は時間とともに指数関数的に減少する（図 11.1a）。このような指数関数的減衰の指標が**半減期 half-life**（$t_{1/2}$）であり，これは [A] が半分になるまでの時間である。一次反応では半減期は k_1 に逆比例する。ある反応が一次反応であるかどうかを調べるには，ln[A] を時間 t に対してプロットするだけでよい（図 11.1b）。式 11.4d から予想されるように，傾きが $-k_1$ で Y 切片が $[A]_0$ の直線ならば，一次反応である。

ポイント 3
一次反応には，反応物質濃度が指数関数的に減少するという特徴がある。

ほとんどの生化学的過程では，式 11.4c のように単純な式で全行程を記述することはできない。その 1 つの理由は，我々が取り扱う反応過程の多くは可逆的で，生成物が蓄積すると，逆反応も考慮しなければならないことである。例えば，次のような反応があるとする。

$$A \underset{k_{-1}}{\overset{k_1}{\rightleftharpoons}} B$$

A は右方向への反応で消費され，左方向への反応で生成されるので，当てはまる速度式は次のようになる。

$$v = -\frac{d[A]}{dt} = k_1[A]^n - k_{-1}[B]^m = \frac{d[B]}{dt} \qquad (11.5)$$

n も m も 1 の場合，k_1 と k_{-1} は各々，一次の正反応と逆反応の速度定数になる。このような反応は平衡状態に達すると，正反応と逆反応の速度が等しくなり，観測される反応速度はゼロになる（[A] も [B] もみかけ上，経時的な変化はなくなる）。したがって，平衡状態では

$$k_1[A] = k_{-1}[B] \qquad (11.6a)$$

第 7 章での可逆的なリガンド結合についての議論を思い出してみよう（p. 215，式 7.7）。逆反応の平衡定数 K は，正反応と逆反応の速度定数の比として表すことができる。

$$K = \frac{[B]}{[A]} = \frac{k_1}{k_{-1}} \qquad (11.6b)$$

二次反応

ここまで我々が述べてきたのは一次反応である。一次反応では個々の分子に起こる変化が問題となる。しかし多くの生化学反応はもっと複雑で，分子間の衝突を伴う。生成物をつくるために 2 つの分子が衝突しなければならないようなときに起こるのが**二次反応 second-order reaction** である。

$$A + B \rightarrow C$$

酸素のミオグロビンへの結合が，このような反応のよい例である。

$$\mathrm{Mb} + \mathrm{O_2} \xrightarrow{k_1} \mathrm{MbO_2}$$

この過程の速度は次式によって求められる。

$$v = -\frac{d[\mathrm{Mb}]}{dt} = -\frac{d[\mathrm{O_2}]}{dt} = k_1[\mathrm{Mb}]^n[\mathrm{O_2}]^m \tag{11.7}$$

ここで，$n = 1$，$m = 1$，そしてk_1が$\mathrm{M^{-1}s^{-1}}$のディメンションをもつ**二次反応速度定数 second-order rate constant** である。式 11.7 によれば，生成物 MbO_2の生成速度は遊離 Mb 濃度と遊離 O_2濃度の両方に依存する。この場合，反応は［Mb］について一次（$n = 1$）であり，［O_2］についても一次（$m = 1$），全体として二次（$n + m = 2$）という。基質（S）が酵素に結合して**酵素-基質複合体 enzyme-substrate complex** を形成する反応は形式上，二次過程である。

酵素 ＋ S → ［酵素・S］ → 酵素 ＋ 生成物

本章の後のほうで，酵素触媒反応の単純な速度論モデルを考えるときに，この問題をさらに掘り下げよう。

ポイント 4
一次反応速度定数の単位は（時間）$^{-1}$であるのに対し，二次反応速度定数の単位は（濃度）$^{-1}$（時間）$^{-1}$である。

複雑かつ多段階の過程で進行するような，もっと込み入った反応もたくさんある。酵素触媒反応は，詳細に分析すれば一般的には上述の反応よりずっと複雑であるが，ここでは，そうした反応の速度論にはふれない。しかし，しばしば，複雑な多段階反応の様式は，**律速段階 rate-limiting step** をつきとめれば単純化できる。律速段階は，多段階の過程の中で最も遅いステップである。このため，実験的に観測される全過程の速度を決めるのは律速段階である。

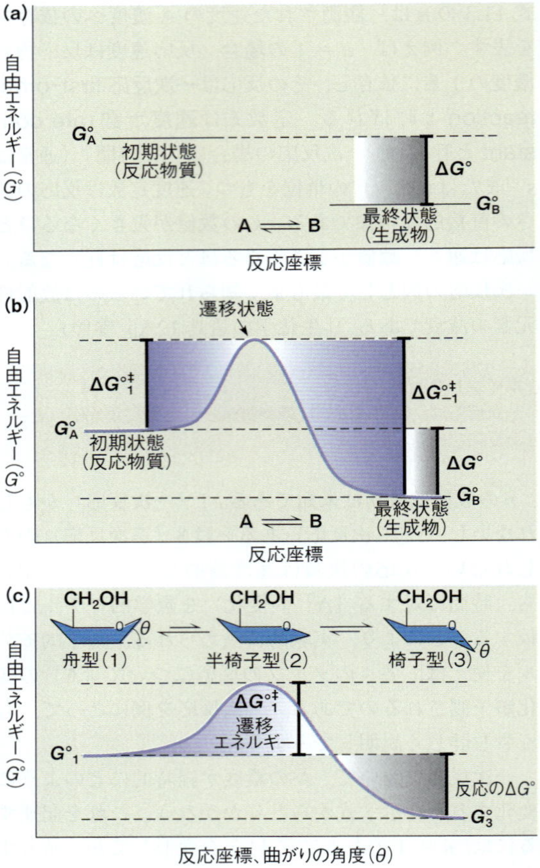

図 11.2 A→B の単純な反応における自由エネルギーのダイアグラム （a）平衡状態の熱力学的研究により得られる情報。初期状態と最終状態の自由エネルギーの差だけが示されている。G°_Aと G°_Bは各々，A 分子と B 分子のモル当たりの標準状態自由エネルギーである。ΔG° は反応の標準状態自由エネルギー変化である。（b）遷移状態を書き入れた自由エネルギーダイアグラム。A から B，あるいは B から A の反応において，分子は遷移状態を通らなくてはならない。$\Delta G^{\circ\ddagger}_1$は A→B 遷移の，$\Delta G^{\circ\ddagger}_{-1}$は B→A 遷移の活性化エネルギーである。（c）グルコースのような六炭糖の舟型コンホメーション（1）から椅子型コンホメーション（3）への遷移の合理的な経路。最も高エネルギーの遷移状態は（2）のようになっているだろう。

遷移状態と反応速度

化学反応の速度を決めるのは何だろうか？ 速度定数を大きくしたり小さくしたりするものは何か？ 本書ですでに紹介した熱力学の概念を念頭におけば，反応が有利であるかどうかはわかる。しかし，そのような情報そのものは，反応速度の説明にはならない。有利な反応についての自由エネルギーのダイアグラムは，熱力学にのみ基礎をおいて描くと，図 11.2a のようになる。この図は，中間状態を経て進む反応の進行度を示す**反応座標 reaction coordinate** に対する系の自由エネルギー変化を示している。その物理的な意味は，反応ごとに異なる（後述）。有利な反応では，標準状態での自由エネルギーは，生成物のほうが反応物よりも低くなっている。しかし，反応速度を決める上で最も重要なことは，反応物から生成物への遷移において何が起こるかであろう。平衡測定は，最初と最後の状態に関係しており，これらの状態間の遷移やそれに伴うエネルギー障壁について，何ら情報を与えるものではない。

一次反応において，反応が進行できるエネルギー状態に達する分子は，たまにしか現れないに違いない。そうでなければ，すべての分子がすぐ反応してしまったはずである。つまり，十分にエネルギーをもつごく一部の分子だけが，反応できるということである。同様に，二次反応において，物質同士の衝突のすべてが化学反応につながるわけではない。衝突してもエネルギーが十分でなかったり，衝突した分子同士が反応に適した位置関係になかったりすることもある。このような考察から，反応に対する**自由エネルギー障壁 free energy barrier** の考え，**活性化状態 activated state** あるいは**遷移状態 transition state**（‡の記号で表される）の概念がもたらされた。遷移状態は，反応分子が通過しなければならない段階と考えられており，分子がひずんだり歪んだり，特殊な電子構造をとっていたり，あるいは互いに反応しやすいように衝突する状態にある。遷移状態についての具体的なイメージもつために，図 11.2b に自由エネルギーを反応座標の関数として表した。この図の概念はやや抽象的なので，単純で具体的な例を図 11.2c に示す。ピラノース環の舟型配座→椅子型配座への転換である（第 9 章，p. 286 参照）。この場合，反応座標は角度 θ である。最初の状態（舟型配座）も最終の状態（椅子型配座）も，途中のひずんだ平面状態（半椅子型配座）よりはエネルギー準位が低い。配座が転換するために，ピラノース環は高エネルギー遷移状態にあたる半椅子型配座を経なければならない。

ポイント 5
化学反応に障壁があるのは，反応物質分子が生成物になるために高エネルギーの遷移状態を経由しなければならないからである。この自由エネルギー障壁は活性化エネルギーと呼ばれる。

反応速度を上昇させるには，2 つの方法がある。1 つは反応温度を上げること，もう 1 つは遷移状態の自由エネルギーを低下させることである。**活性化の標準自由エネルギー standard free energy of activation** $\Delta G^{\circ\ddagger}$ は，分子が遷移状態に達するために（反応分子が平均的にもつ分子エネルギーに加えて）必要な自由エネルギーである。もし，反応への活性化障壁が高ければ，ごく一部の分子だけがこれを乗り越えるのに十分なエネルギーをもつ，あるいは，ごく一部の分子衝突だけが反応を起こすに足りるエネルギーをもつことになる。どんなサンプルや溶液においても，すべての分子が同じエネルギーをもつことは，一瞬たりともない。図 11.3 に示したように，ある温度において，低い運動エネルギーをもつ分子もあれば，高い運動エネルギーをもつ分子もある。温度が高くなれば，サンプル中の分子の平均的な運動エネルギーは増加する。したがって，サンプルの温度が高くなれば，より多くの分子が遷移状態に達するのに十分なエネルギーをもつと考えられ（図 11.3 の影をつけた部分を比較），反応速度は上昇するはずである。深海底の熱水噴出孔のような極端な環境に適応した生物を除き，ほとんどの生物はわずかな温度上昇にも敏感であり，一般的には細胞内部の 2〜3℃の温度上昇にも耐えられない。例えば，実験室でよく用いる大腸菌株は，37℃ではよく増殖するが，42℃では生き残れない。ヒトの場合，体温が 41℃を超えると，医学的には緊急事態と考えられている。反応温度を上昇させることが必ずしも有益でないもう 1 つの理由は，温度の高い状態では発熱反応は不利になることである。

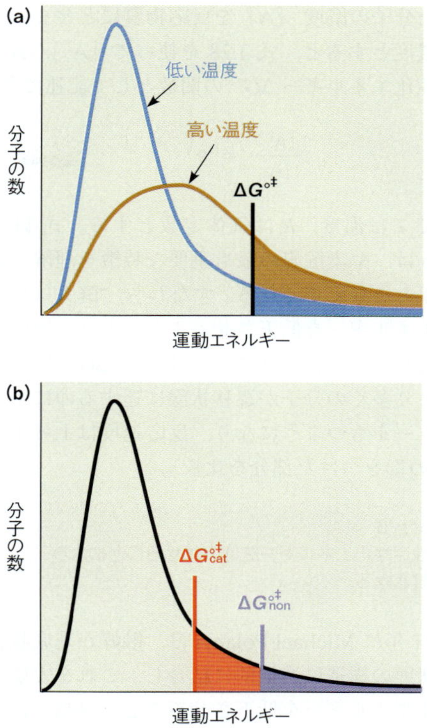

図 11.3　反応速度に対する温度上昇と $\Delta G^{\circ\ddagger}$ 低下の影響　反応速度は，活性化障壁 $\Delta G^{\circ\ddagger}$ に打ち勝つのに十分なエネルギーをもつ分子の数に比例する。(**a**) より高温では，より多くの分子がこのエネルギーをもっている（水色の曲線とオレンジ色の曲線で，下側の影をつけた部分を比較のこと）。(**b**) $\Delta G^{\circ\ddagger}$ の値を低下させても，遷移状態に到達するのに十分なエネルギーをもつ分子数が増える（曲線下の影をつけた部分を，各々の $\Delta G^{\circ\ddagger}$ の値について比較のこと）。"cat" と "non" の下つき文字は各々，触媒された過程と触媒されない過程を示す。

細胞内で反応速度を上昇させる必要性に対する自然界の解決策は，細胞内部で温度を上昇させることではなく，酵素を用いて反応の活性化エネルギーを低下させることであった。第 3 章で議論した熱力学の原理を用いて，この効果を定性的に記述することができる。

単純な反応 A ⇄ B を考え，反応物質 A の分子が初期状態と活性化状態の間で平衡にあるとしよう。ある瞬間における活性化した分子の濃度は p. 65 で導いた式 3.28（平衡反応において $K = e^{-\Delta G^{\circ}/RT}$）により求められる。遷移状態のように瞬間的で動的なものと，反応前の状態との間で真の熱平衡は不可能であることは認識しておかなければならない。そのかわり，$A^{\ddagger}$ が遷移状態の妥当な近似値ともいえる平均的構造を表していると考えよう。そのことを心に留めおきながら，もし $[A^{\ddagger}]$ を遷移状態に達するのに十分なエネルギーを

11

もった分子の濃度，[A] を反応物質にとどまっているAの濃度とすると，式3.28を使って $[A^{\ddagger}]/[A]$ の比を活性化エネルギー $\Delta G^{\circ\ddagger}$ の関数として記述できる。

$$\frac{[A^{\ddagger}]}{[A]} = e^{\left(\frac{-\Delta G^{\circ\ddagger}}{RT}\right)} \quad (11.8)$$

ここで T は温度，R は気体定数とする。式11.8と図11.3bは，酵素触媒の最も重要な特徴を理解するための枠組みを与えてくれる。すなわち，“酵素は反応の活性化エネルギーを低下させることにより，速い反応速度を達成する”ということである。$\Delta G^{\circ\ddagger}$ が減少すると，より多くの分子が遷移状態に達するのに十分なエネルギーをもつようになり，反応速度は上昇する（図11.3の影をつけた部分を比較）。

ポイント6
触媒は活性化エネルギーを低下させることにより，反応速度を上昇させる。

1921年にMichael Polanyiは，触媒が基底状態より遷移状態の構造に選択的に結合し，これを安定化し，活性化エネルギーを低下させることを提唱した。25年後，Linus Paulingはこの考えを生物学的触媒にも適用し，遷移状態構造と酵素の活性部位の間の特異的で相補的な結合相互作用で，酵素による顕著な速度上昇を説明できることを示唆した。事実，**遷移状態説 transition state theory** は，実験室においてもコンピューターシミュレーションにおいても，酵素触媒の研究に広く応用可能であることが証明されている。

遷移状態説の触媒への適用

遷移状態説は基本的に，遷移状態に達した反応分子はすみやかに分解し，エネルギーのより低い生成物の状態，あるいは中間体状態になることを前提としている（後述）。結合は遷移状態において切断，あるいは形成の途上にあるので，遷移状態の寿命は共有結合の振動周波数――ピコ秒（10^{-12}秒）のオーダー――に近い。これらの概念は速度定数 k に対する次の一般式に要約される。

$$k = \gamma\left(\frac{k_B T}{h}\right)e^{\left(\frac{-\Delta G^{\circ\ddagger}}{RT}\right)} \quad (11.9)$$

ここで k_B はBolzmann定数，h はPlank定数，T は温度，R は気体定数であり，γ は透過係数と呼ばれている。$(k_B T/h)$ の項は遷移状態にある結合の振動周波数に関わる係数である。310 K（37℃）において，$(k_B T/h)$ は約 $6.4 \times 10^{12}\ s^{-1}$ の値になる。透過係数 γ は，いくつかの因子をふまえたものである。これらの因子は多くの場合，全体の速度定数にはあまり寄与しないので，ここでは議論しない。さまざまな酵素反応に対する γ の値は量子力学の原理から計算されており，たいていは1に非常に近い。しかし量子トンネル効果*が有意な場合，ある種の水素転移反応については 10^3 くらいになることもある。式11.9中の異なるパラメーター間の比較をする前に**速度上昇 rate enhancement**（**速度加速 rate acceleration** ともいう）という用語を定義しよう。

速度上昇は，所定の条件（温度，pHなど）における，触媒された反応（k_{cat}）と触媒されない反応（k_{non}）の速度定数の比である。速度上昇は酵素の存在下で反応がどのくらい速くなるかを示している。例えば，pH = 8，23℃におけるカルボキシペプチダーゼAによるアミド結合の加水分解を非触媒条件での速度と比べることができる。

$$\text{速度上昇} = \frac{k_{cat}}{k_{non}} = \frac{238\ s^{-1}}{1.8 \times 10^{-11}\ s^{-1}} = 1.3 \times 10^{13} \quad (11.10)$$

この速度上昇はどのくらい意味があるのだろうか？触媒されないペプチド結合の加水分解は約2500年の半減期であるが，酵素で触媒される反応の半減期は約0.005秒である。触媒がなければ，この反応は生理的に意味のある時間スケールでは起こらない。図11.4は酵素触媒反応の特徴である顕著な速度上昇をよく説明している。

ポイント7
酵素触媒反応における速度上昇は，触媒されたときの速度定数（k_{cat}）と触媒されないときの速度定数（k_{non}）の比である。速度上昇は酵素の存在下で反応がどのくらい速く進むかを示している。

ここで観察される速度上昇を達成するうえで，酵素は遷移状態をどのくらい安定化させなければならないかを見積もるため，式11.9と11.10を組み合わせることができる。

$$\text{速度上昇} = \frac{k_{cat}}{k_{non}} = \frac{\gamma_{cat}\left(\frac{k_B T}{h}\right)e^{\left(\frac{-\Delta G^{\circ\ddagger}_{cat}}{RT}\right)}}{\gamma_{non}\left(\frac{k_B T}{h}\right)e^{\left(\frac{-\Delta G^{\circ\ddagger}_{non}}{RT}\right)}} = \left(\frac{\gamma_{cat}}{\gamma_{non}}\right)e^{\left(\frac{\Delta\Delta G^{\circ\ddagger}}{RT}\right)} \quad (11.11)$$

ここで $\Delta\Delta G^{\circ\ddagger} = (\Delta G^{\circ\ddagger}_{non} - \Delta G^{\circ\ddagger}_{cat})$，すなわち，触媒された反応と触媒されない反応の活性化エネルギーの違い

*ある種の反応は活性化障壁の高さ（$\Delta G^{\ddagger}$）から予想されるものよりはるかに速く起こる。したがって，反応の座標は障壁にトンネルを掘って通りぬけたようにみえる。これは電子や光子のような質量の小さい粒子に対する量子力学においては可能である。

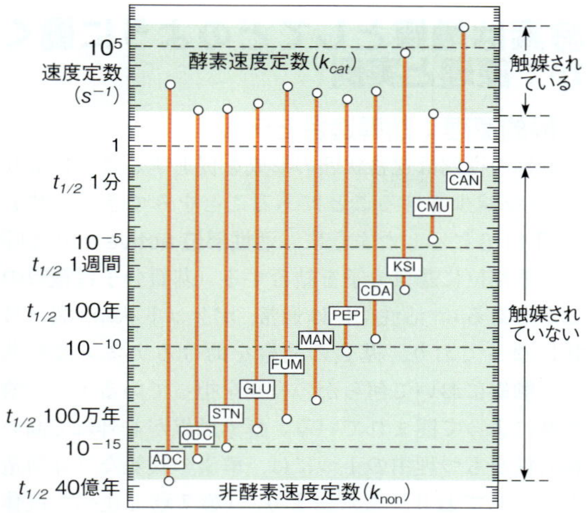

図 11.4　酵素による速度上昇　いくつかの代表的な反応について，25℃での k_{cat} と k_{non} の値を対数目盛りで表示した（○）。垂直方向の長さが，酵素による速度上昇を示す。ADC＝アルギニンデカルボキシラーゼ，ODC＝オロチジン 5′-リン酸デカルボキシラーゼ，STN＝ブドウ球菌ヌクレアーゼ，GLU＝サツマイモ α-アミラーゼ，FUM＝フマラーゼ，MAN＝マンデル酸ラセミ化酵素，PEP＝カルボキシペプチダーゼ B，CDA＝大腸菌シチジンデアミナーゼ，KSI＝ケトステロイドイソメラーゼ，CMU＝コリスミ酸ムターゼ，CAN＝カルボニックアンヒドラーゼ。

Reprinted with permission from *Accounts of Chemical Research* 34 : 938-945, R. Wolfenden and M. J. Snyder, The depth of chemical time and the power of enzymes as catalysts. ©2001 American Chemical Society.

である（図 11.5）。$\Delta\Delta G^{\circ\ddagger}$ は，触媒反応において遷移状態が何 kJ/mol 安定化されるかを示す。下記のように，$\Delta\Delta G^{\circ\ddagger}$ の値はたいてい，2，3 の非共有結合が形成されたときに得られるエネルギーと同程度（約 30〜90 kJ/mol）であり，それほど大きいものではない。

図 11.5 は重要な点を説明している。触媒は活性化エネルギー障壁を，反応の両方向について同じ程度に低下させるということである。したがって，正反応と逆反応の速度上昇は同じである（$\Delta\Delta G^{\circ\ddagger}$ は両方向に対して同じである）。これが，“触媒は反応の方向にかかわらず平衡への到達を加速するが，平衡の位置を変えるのではない”と先に述べた根拠である。

要約すれば，触媒は反応のエネルギー障壁を低下させ，遷移状態に到達するのに十分なエネルギーをもつ分子の割合を増やし，反応を両方向に加速する。しかし，触媒の存在は平衡の位置には影響しない。なぜなら，触媒があってもなくても ΔG° は同じだからである。つまり，k_1 や k_{-1} が触媒のない過程と比べて何千倍，何百万倍になろうとも，K は k_1/k_{-1} と等しく，これは触媒によっては変わらないのである。

ポイント 8
触媒の存在により，正方向にも逆方向にも反応速度が上昇する。しかし，反応物質と生成物の平衡時の組成には影響しない。

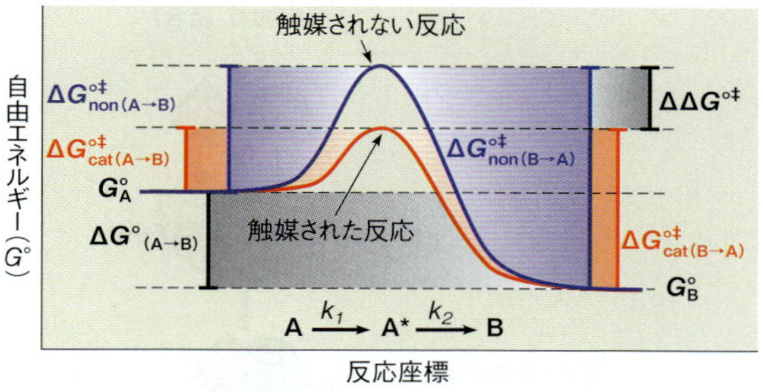

図 11.5　活性化エネルギーへの触媒の影響　図 11.2b と同様の自由エネルギーダイアグラム（紫の曲線）を，触媒されたときの経路（赤の曲線）とあわせて示した。触媒は活性化の標準自由エネルギー $\Delta G^{\circ\ddagger}$ を低下させ，反応を加速させる。これは，より多くの反応物質分子が，低められた遷移状態に到達するのに必要なエネルギーをもつからである。速度上昇は $\Delta\Delta G^{\circ\ddagger}$ に関係している（本文参照）。触媒された反応でも触媒されない反応でも，$\Delta G^{\circ}{}_{A\to B}$ の値は同じであることに注意しよう。したがって，反応の平衡は触媒の存在によって変化しない。

では，触媒はどのようにして反応の活性化エネルギー障壁を低下させ，$\Delta G^{\circ\ddagger}_{cat} < \Delta G^{\circ\ddagger}_{non}$ とするのだろうか？　この質問に答えるために，$\Delta G^{\circ\ddagger}$ をもう少し詳しく検証してみよう。$\Delta G^{\circ\ddagger} = \Delta H^{\circ\ddagger} - T\Delta S^{\circ\ddagger}$ であるから，$\Delta G^{\circ\ddagger}_{cat} < \Delta G^{\circ\ddagger}_{non}$ にする方法を 2 つ考えることができる。$\Delta H^{\circ\ddagger}$ を減少させるか（$\Delta H^{\circ\ddagger}_{cat} < \Delta H^{\circ\ddagger}_{non}$ となるように），$\Delta S^{\circ\ddagger}$ を増加させるか（$\Delta S^{\circ\ddagger}_{cat} > \Delta S^{\circ\ddagger}_{non}$ となるように）である。$\Delta H^{\circ\ddagger}$ は触媒と遷移状態の間の結合相互作用を増やすことによって低下させることができる。下記のように，これはほとんどの酵素触媒反応において主要な効果を示すらしい。$\Delta S^{\circ\ddagger}$ の項は，反応物や分子の部分同士が特定の配置をとることが，遷移状態の達成に必要である可能性があることを反映している。例えば（二次反応にみられるように）分子間の衝突のほとんどの場合，単に分子が衝突するときに適切な方向を向いていないという理由により，反応が起こらない。相互に適切な位置にある状態の 2 つの反応分子に結合することのできる触媒は，活性化のエントロピーをより小さい負の値にすることにより，反応性を増大する（図 11.6）。一次反応では単一分子中での出来事が関係するので，遷移状態に到達できるように，分子の部分同士が適切に再配置される必要がある。このような再配置は，時に分子の“歪み”と呼ばれる。酵素は構造的に動的な触媒ではあるが，酵素と基質の間のコンホメーションの“歪み”が酵素や基質のさらなるコンホメーション変化を引き起こすかどうかは，必ずしもはっきりしていない。$\Delta S^{\circ\ddagger}$ を大きな値にするための熱力学的な損失は，触媒と基質の間のエンタルピー的に有利な相互作用によって代償されている。

場合により，触媒は反応経路を変え，遷移状態に似ているがエネルギー準位は低い**中間体 intermediate** 状態を安定化し，必要な活性化エネルギーを減少させることがある（図 11.7）。その結果，単一の高い活性

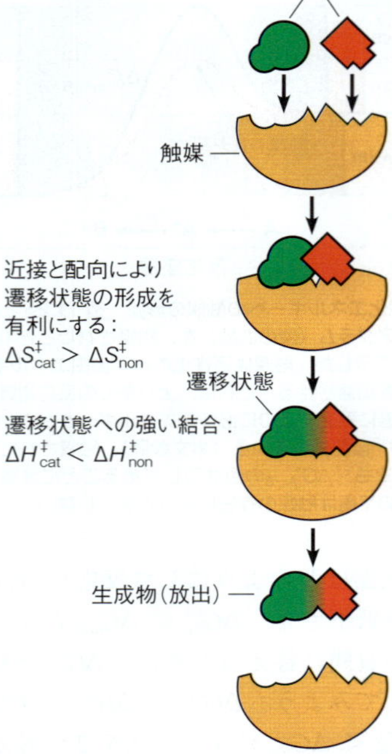

図 11.6　触媒におけるエントロピー因子とエンタルピー因子　この例では，2 つの反応物質が触媒上の部位に結合し，両反応物質は確実に近接し，相互に正しく配向できるようになる。また，両反応物質が遷移状態のコンホメーションにあるときに最も強く結合する。

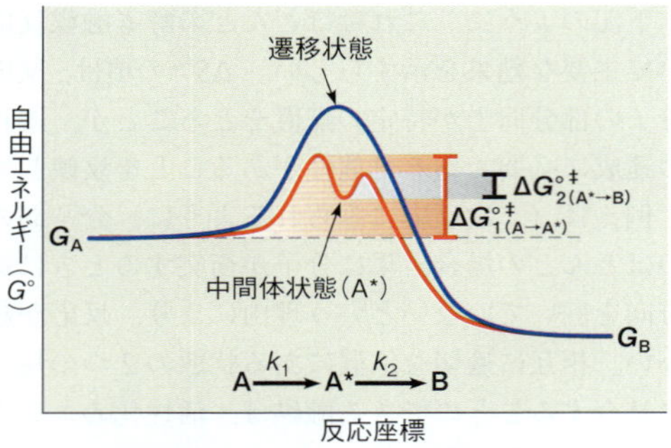

図 11.7　中間体状態の重要性　酵素は反応経路を変化させ，遷移状態に似ているが，より低い自由エネルギーをもつ中間体状態（1 つ，あるいは複数）を経由させることもある（赤の曲線）。中間体状態が 1 つの場合，中間体状態形成の活性化エネルギーと中間体を生成物に変換するための活性化エネルギー（各々，$\Delta G^{\circ\ddagger}_1$ と $\Delta G^{\circ\ddagger}_2$）は，触媒されない反応の活性化エネルギー（青の曲線）よりも低い。この図では，酵素に触媒された正反応（A→B）の活性化エネルギーのみ示した。

化エネルギー障壁を，2 つの低い活性化エネルギー障壁によって置き換えている。このような中間体状態は局所的な自由エネルギー極小状態にあたるので，自由エネルギーが局所的に極大の状態にある遷移状態とは区別される。

酵素は触媒としてどのように働くか：原理と実例

一般的原理：誘導適合モデル

触媒の役割は遷移状態の形成を促進することにより $\Delta G^{\circ\ddagger}$ を減少させることにあることをみてきた。酵素は図 11.8 に示したように，**活性部位 active site** と呼ばれる部位に基質分子を結合する（基質分子は複数のこともある）。活性部位は通常，ポケット状か，裂け目状になっており，基質の結合を助けるアミノ酸残基や，触媒において何らかの役割を担っているアミノ酸残基によって囲まれている。酵素触媒が並外れて高い特異性をもつ理由の 1 つには，酵素の複雑な立体構造が関係しており，これにより，（第 7 章で述べた抗体と抗原の結合のように）活性部位が基質を相補的結合相互作用により認識することができる。この可能性は 1894 年にはドイツの偉大な生化学者 Emil Fischer によって認識されていた。彼は酵素の作用について“鍵と鍵穴仮説”を提案している。このモデルによれば，鍵穴が特定の鍵にぴったり合うように，酵素は特異的な基質に適合する（図 11.8a）。鍵と鍵穴モデルは酵素の特異性を説明するものの，触媒作用そのものの理解を深めることにはならなかった。鍵穴は鍵に対して何もしないからである。触媒作用については，Fishcer

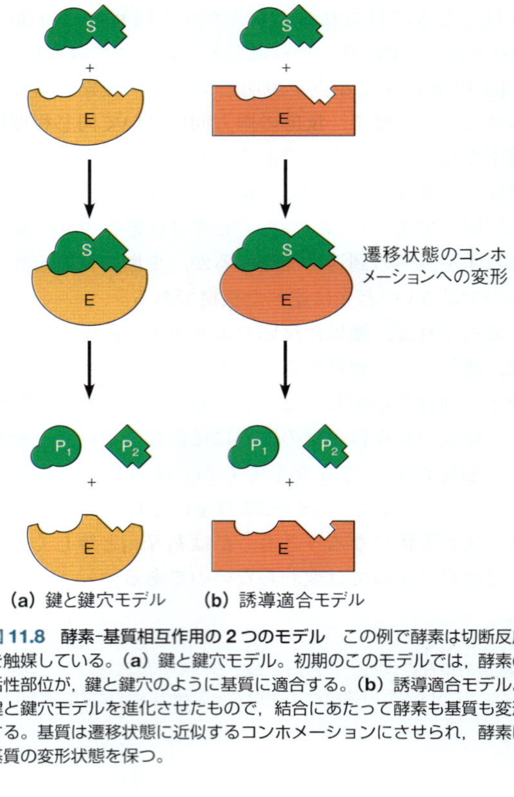

図 11.8　酵素–基質相互作用の 2 つのモデル　この例で酵素は切断反応を触媒している。(**a**) 鍵と鍵穴モデル。初期のこのモデルでは，酵素の活性部位が，鍵と鍵穴のように基質に適合する。(**b**) 誘導適合モデル。鍵と鍵穴モデルを進化させたもので，結合にあたって酵素も基質も変形する。基質は遷移状態に近似するコンホメーションにさせられ，酵素は基質の変形状態を保つ。

の考えを進化させることにより理解されるようになった。すなわち，酵素の活性部位に最もよく適合するのは，遷移状態に近似した配位をとるように誘導された基質分子であるというものである。言い換えれば，酵素は単純に基質を受け入れるのではない。酵素は基質を遷移状態に近いものへと変形させるのである。この誘導適合仮説は1958年にDaniel Koshlandにより提唱されたが，いまだに酵素触媒の重要なモデルである。もっとも，現在では，基質もまた，遷移状態を安定化するようなコンホメーション変化を酵素側に誘導することができるという考えに拡張されている。

ポイント 9
酵素の活性部位は，反応前よりも遷移状態にある反応物質の形，電荷，極性に対してより相補的になっている。酵素と基質の相補性は，酵素により触媒される反応の特異性の基礎である。

基質の結合により誘導される構造変化は，局所的な歪みのこともあれば，酵素のコンホメーションの大規模な変化を伴うこともある（図 11.8b）。このようなコンホメーション変化は，ヘキソキナーゼに基質が結合したときにみられる。ヘキソキナーゼは**解糖系 glycolysis**（第 13 章参照）と呼ばれる代謝経路の最初のステップで，グルコースをリン酸化してグルコース 6-リン酸にする反応を触媒する。この酵素の構造は，結合したグルコースの存在下および非存在下での X 線回折により決定されている。図 11.9 に示すように，グルコースが結合すると，酵素の 2 つのドメインが互いに向かって折れ曲がり，基質のまわりの結合部位の裂け目を閉じるのである。

しかし，酵素は単に基質を変形したり配置したりするだけではない。しばしば，特定のアミノ酸側鎖が触媒過程そのものを助けるために，うってつけの場所で待ち構えている。多くの場合，これらの側鎖は酸性あるいは塩基性であり，プロトンの付加や脱離を促進することができる。また，触媒に関与するのに適した場所に金属イオンをもっている酵素もある。したがって，酵素は（1）基質を結合し，（2）遷移状態のエネルギーを低下させ，（3）触媒作用を直接，促進する。触媒過程が完結すると，酵素は生成物を放出して元の状態に戻り，次のラウンドの触媒作用に備えることができなければならない。1 つの基質（S）の生成物（P）への変換を触媒する酵素（E）について，反応式は 3 つのステップからなる。

$$\mathrm{E + S} \underset{k_{-1}}{\overset{k_1}{\rightleftarrows}} \mathrm{ES} \underset{k_{-2}}{\overset{k_2}{\rightleftarrows}} \mathrm{EP} \underset{k_{-3}}{\overset{k_3}{\rightleftarrows}} \mathrm{E + P} \qquad (11.12)$$

ここで ES は**酵素-基質複合体 enzyme-substrate complex**，EP は生成物と結合した酵素を表す。多くの酵素触媒反応にとって，基質を結合する最初のステップは可逆的である（k_1，$k_{-1} \gg k_2$）。第 2 段階では ES から EP への変換が起こるが，これはずっと右に傾いている（$k_2 \gg k_{-2}$）。そして第 3 段階，生成物の放出は，触媒反応と比べて速い（$k_3 \gg k_2$）。後でみるように，中間体状態を含めてもっと複雑になることもあるが，上記の式は酵素触媒の基本モデルをよく説明している。本章では後に，このモデルと前述の 3 つの仮定にもとづいて，反応速度式を練り上げることにする。

図 11.10 では式 11.12 に基づき，反応座標のダイアグラムを赤い線で示した。この図ではいくつかの重要なポイントが図解されている。まず，基質と酵素の相補的な相互作用により，ES 複合体の形成は熱力学的に有利な傾向にある。また，最大効率のためには，生成物への結合が活性部位からの放出よりも熱力学的に不利であるべきだ。最後に，$\Delta G^{\circ\ddagger}_{\mathrm{cat}} < \Delta G^{\circ\ddagger}_{\mathrm{non}}$ とするために，酵素の活性部位は基質よりも遷移状態により有利に結合しなくてはならない。ここで ES 複合体（安定な中間体状態）を遷移状態（不安定な状態）から区別することは非常に重要である。これらは，反応座標

11

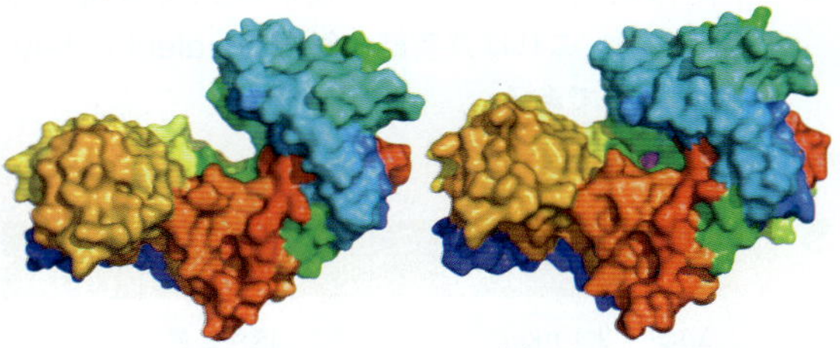

図 11.9　ヘキソキナーゼの誘導されたコンホメーション変化　ヘキソキナーゼへのグルコースの結合により，酵素には大幅なコンホメーション変化が起こる。酵素は一本鎖のポリペプチドであり，主なドメインが 2 つある。分子表面の様子を虹状の色分けで表示した（N 末端が青，C 末端が赤）。(**a**) では明らかにみられるドメイン間のくぼみが，(**b**) ではグルコース分子（赤紫の球）を取り囲むように閉じている。PDB ID は (a) 2YHX，(b) 3B8A。

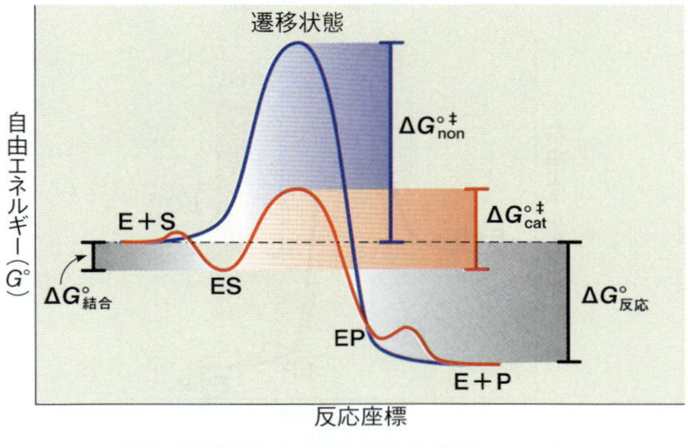

図 11.10　単純な酵素触媒反応に対する反応座標ダイアグラム　紫の曲線は触媒されていない反応の，赤い曲線は式 11.12 のスキームに従う単純な酵素触媒反応の自由エネルギー変化を示している。

においては異なる状態である。

図 11.11 の上のパネルに示すように，速度上昇は酵素が基質より遷移状態に対し，より高い親和性で結合するときにのみ達成される。この場合，$\Delta G^{\circ\ddagger}_{\mathrm{cat}} < \Delta G^{\circ\ddagger}_{\mathrm{non}}$ となっている。もし酵素が基質への結合親和性と同じ強さで遷移状態に結合したら（図 11.11 の中のパネル），活性化障壁は触媒過程でも非触媒過程でも同じ

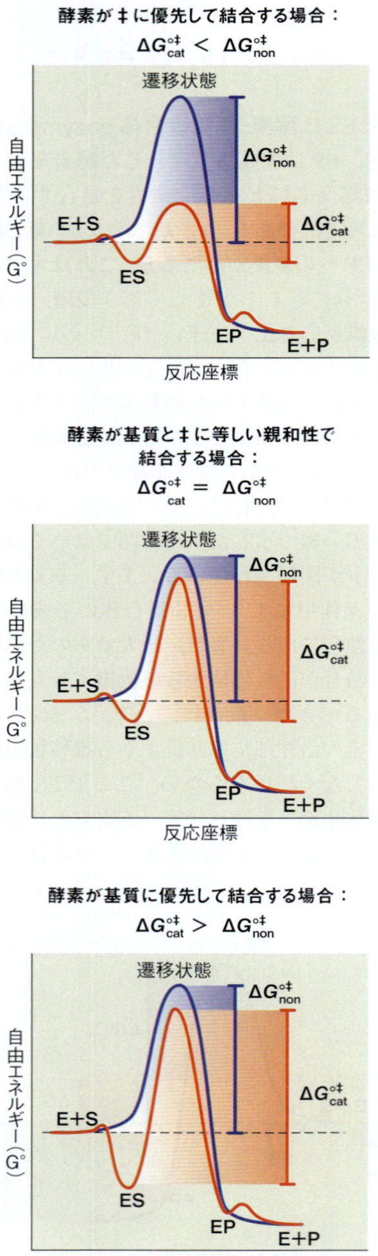

図 11.11　基質および遷移状態への酵素の結合の違いが $\Delta G^{\circ\ddagger}_{\mathrm{cat}}$ に及ぼす影響　速度上昇は $\Delta G^{\circ\ddagger}_{\mathrm{cat}} < \Delta G^{\circ\ddagger}_{\mathrm{non}}$ の場合にだけみられる（いちばん上のパネル）。

になるであろう（$\Delta G^{\circ\ddagger}_{\mathrm{cat}} = \Delta G^{\circ\ddagger}_{\mathrm{non}}$）。最後に，もし仮想上の酵素が基質に対するよりも低い親和性で遷移状態に結合するならば（図 11.11 の下のパネル），活性化障壁は“触媒”過程に対するほうが大きくなるであろう（$\Delta G^{\circ\ddagger}_{\mathrm{cat}} > \Delta G^{\circ\ddagger}_{\mathrm{non}}$）。したがって，効率的な触媒は遷移状態を安定化し，その自由エネルギーを反応座標中の他の状態よりも相対的に低下させる。

図 11.4 にみるように，酵素触媒反応について報告されている速度上昇は 10^7 から 10^{19} の範囲にある。もし我々がこれらの観察結果を遷移状態説の観点から考えるとすると，10^3 を（$\gamma_{\mathrm{cat}}/\gamma_{\mathrm{non}}$）の値の上限と仮定した場合，速度上昇への $e^{(\Delta\Delta G^{\circ\ddagger}/RT)}$ からの貢献は，最低でも 10^4 から 10^{16} が期待できる（式 11.11）。これは酵素が活性化エネルギー（$\Delta\Delta G^{\circ\ddagger}$）を，37℃では 24～95 kJ/mol のオーダーで低下させなければならないことを示している（表 11.1 参照）。このエネルギーは非共有結合 2～3 個分に相当する。したがって，酵素の活性部位と遷移状態の特異的な非共有結合が，観察されるような速度上昇をもたらす安定化に寄与していると考えてよさそうである。

ポイント 10
酵素は基質に結合し，遷移状態を選択的に安定化し，生成物を放出する。

ここまで，酵素がこのような大幅な速度上昇を達成する方法について，いくつか議論してきた。

1. 相補的な非共有結合的相互作用による遷移状態への選択的結合（水素結合，電荷相互作用など）。第 2 章で非共有結合は事実上，静電的であると述べたことを思い出そう。したがって，これは**静電触媒 electrostatic catalysis** と言われる。
2. 基質と活性部位の変形。これは活性化エネルギーの低下を促進する（誘導適合）。
3. 基質の結合による近接性と配置の至適化（$\Delta S^{\circ\ddagger}$ を有利にする）。
4. 中間体状態を含むように反応経路を変更する（図 11.7）。これは**共有結合触媒 covalent catalysis** に特有である。

表 11.1　遷移状態の安定化（$\Delta\Delta G^{\circ\ddagger}$）と速度上昇の関係（37℃で触媒された反応の例）

$\Delta\Delta G^{\circ\ddagger}$（kJ/mol）	速度上昇
24	10^4
36	10^6
47	10^8
59	10^{10}
71	10^{12}
83	10^{14}
95	10^{16}

さらにもう 2 つ，広く用いられる機構をつけ加えよう。それらは**一般酸塩基触媒 general acid/base catalysis（GABC）**と**金属イオン触媒 metal ion catalysis** である。GABC はプロトン移動を伴う反応において重要である。活性部位のアミノ酸残基は，遷移状態で負電荷を帯びる原子に H^+ を供与する場合，**一般酸 general acid** に分類される（図 11.12）。**一般塩基 general base** は遷移状態で正電荷をもつ原子から H^+ を取り去る。したがって，GABC は正電荷（H^+）の移動を伴う静電触媒の特殊な例とみることができるかもしれない。

一般に，酵素の活性部位で触媒に重要な残基は極性をもっている。His は生理的 pH でプロトンを受容も供与もできるので，活性部位に非常によくみられる GABC 触媒である。Glu，Asp，Lys，Arg のような残基はしばしば基質分子との静電結合をつくると同時に，プロトン移動にもよく関与している。その他の多くの残基，Ser，Tyr，Cys も，水素結合の供与体・受容体あるいは求核基として酵素の活性部位で重要な役割を果たすことが見出されている。

現在までに調べられた酵素の 3 分の 1 以上は，金属イオンを活性部位にもっている。したがって，**金属酵素 metalloenzyme** は重要なクラスの酵素であり，近年の多くの研究が触媒における金属イオンの役割の理解をめざしている。金属イオンが，電子に富んだ原子（遷移状態において負電荷をもつ原子）から電子密度を受容することにより Lewis 酸として挙動するときは，静電触媒として作用している。金属イオンはまた，酵素の活性部位で水酸化物イオン（^-OH）の形成を促進することができる。水酸化物イオンはタンパク質のペプチド結合や DNA・RNA のホスホジエステル結合の切断など，多くの加水分解反応において重要な求核基である。

これらの一般的原理をより具体的に説明するため，触媒作用の詳細がよく理解されている 2 つの特異的な酵素触媒反応のメカニズムについて考えよう。

リゾチーム

リゾチームについては第 9 章でグラム陽性細菌のペプチドグリカン層を切断し（図 9.25），細菌細胞の溶解を引き起こす酵素として簡単に紹介した。リゾチームはこのようにして細菌感染に対する防御となり，涙，唾液，粘液など外部環境と接触する組織の分泌物に見出されている。最初の酵素の X 線結晶構造は，1965 年イギリスの王立研究所の David Phillips の研究室によって報告された，ニワトリ卵白由来のリゾチームのものであった。

リゾチームの活性部位は深く刻まれた溝の中に位置し（図 11.13），ここでは 6 つの糖残基が A から F までのサブサイトに結合する。グリコシド結合の切断は，アノマー炭素（ここでは D サブサイトのピラノースの C1）の配位が保たれたまま残基 D と E の間で起

酵素触媒によるエステル開裂反応

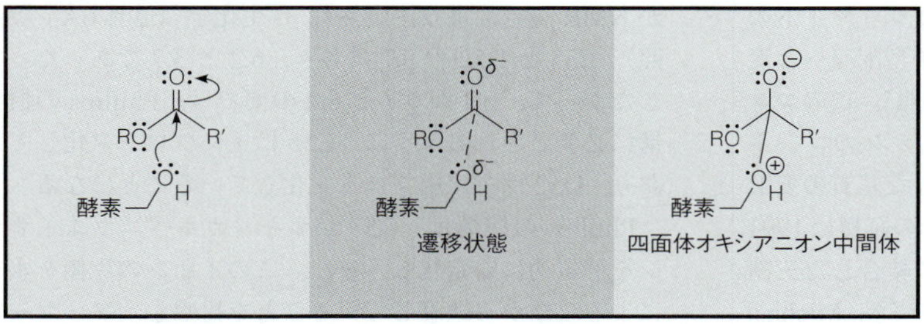

遷移状態の相互作用安定化

静電相互作用による安定化　　　一般酸塩基触媒

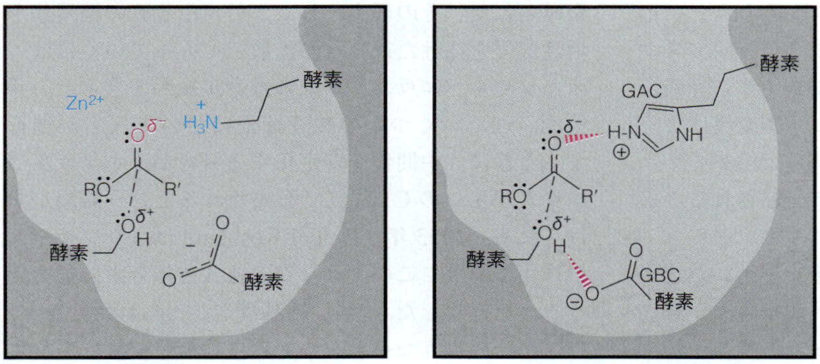

図 11.12　酵素触媒反応の遷移状態のエンタルピーによる安定化　酵素により触媒されたエステル開裂反応の遷移状態と四面体型中間体（上）。遷移状態は活性部位のアミノ酸や金属イオンとの静電相互作用（下左），あるいは一般酸塩基（下右）により安定化されるようだ。供与体から受容体へのプロトン移動の方向を，受容体に近いほうで幅が広くなる破線で示す。GAC がプロトン供与体で，GBC が受容体である。

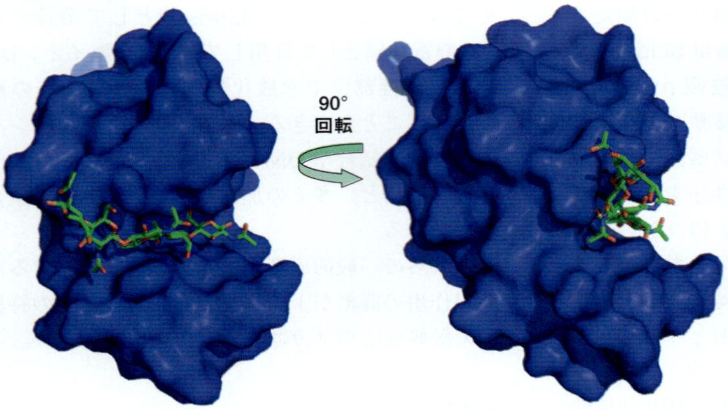

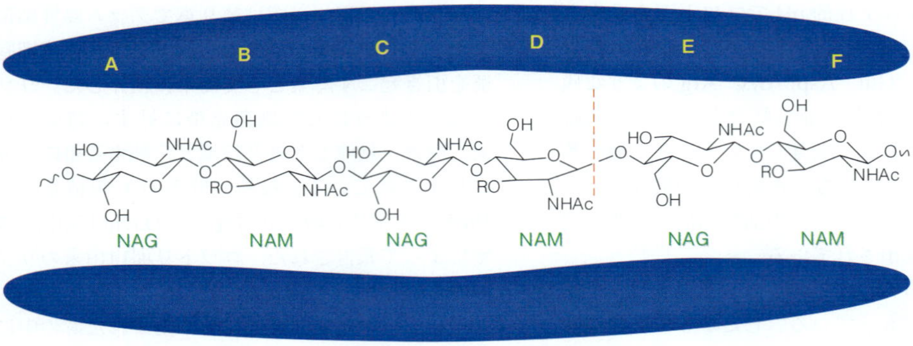

図 11.13　リゾチームの活性部位の溝　上：ニワトリのリゾチーム（PDB ID：2WAR）の溶媒接触可能表面を青色で示した。三糖 NAM-NAG-NAM は活性部位に結合した状態でスティック表示した。下：リゾゾームのAからFのサブサイトに結合した（NAG-NAM)$_3$の模式図。グリコシド結合の切断部位（サブサイトDとEの間）を赤い破線で示した。

こる。酵素の結晶構造に基づいて，Phillips は，遷移状態のオキソカルベニウムイオンの生成に際し，グルタミン酸 35（E35）が一般酸として，アスパラギン酸 52（D52）が静電触媒として働く立体化学的機構を提唱した（図 11.14）。Phillips はまた，D サブサイトの残基が活性部位への結合に伴って半椅子型配座へと変形していることを提唱した（図 11.2 参照）。このコンホメーションはオキソカルボニウムイオンのコンホメーションに近似していて，先に議論した基質の変形の一例である。D サブサイト残基の変形の証拠は 1991 年，リゾチームの B-C-D サブサイトに結合した三糖 NAM-NAG-NAM の X 線結晶構造に基づき，Michael James により報告された。

提唱されたメカニズムに対するその他の実験的証拠には，反応速度同位体効果（「生化学の道具 11A」に取り上げた），E35 や D52 をグルタミン（Q）やアスパラギン（N），アラニン（A）のような非イオン性残基へと変異させた研究結果がある。アミノ酸変異はよく一文字表記と，次のような慣用表記法［天然アミノ酸］［残基番号］［変異アミノ酸］を用いて記述される。例えば，残基 35 におけるグルタミン酸のグルタミンへの変異は E35Q と表される。規定の基質を用いた速度論的実験では，E35Q と D52N の変異体は各々，野生型の 0.1％以下の活性しか示さず，両方の残基が触媒作用に重要な役割をもつことが示唆されている。図 11.15 に示すように，リゾチームは pH が約 5 で至適活性を示し，pK_aが約 4 の塩基と pK_aが約 6 の酸に依存している。リゾチーム中のすべての Glu と Asp の pK_aが NMR 滴定により決定され（「生化学の道具 6A」参照），E35 と D52 の pK_aは各々，6.2 と 3.7 であった。したがって，pH が 3.7 と 6.2 の間では，Phillips の機構に必要とされるように，E35 は主にプロトン化しており，D52 は主に脱プロトン化していることになる。

Phillips の機構は，D52 がオキソカルベニウムイオンを静電的に安定化し，また，このイオンの片側を水による攻撃から遮蔽していることを提唱し，アノマー炭素（C1）の配座が保たれることを説明している。しかし，反応機構についてのこの解釈には疑問が投げかけられた。その理由として，(1) E と F の糖残基が活性部位を空けた後に水が拡散して入っていくには，オキソカルベニウムイオンの寿命が短かすぎるという予測，(2) いくつかの関連酵素において反応が進行するときに，中間体を安定化する結合がオキソカルベニウムイオンの C1 部位で形成されるという観察があげられる。1953 年，Daniel Koshland は，リゾチームの作用機構は，このような安定化共有結合中間体を伴うことを提唱した。また，結晶構造が得られたときも，D52 がそのような結合をつくるにはよい位置にあるよ

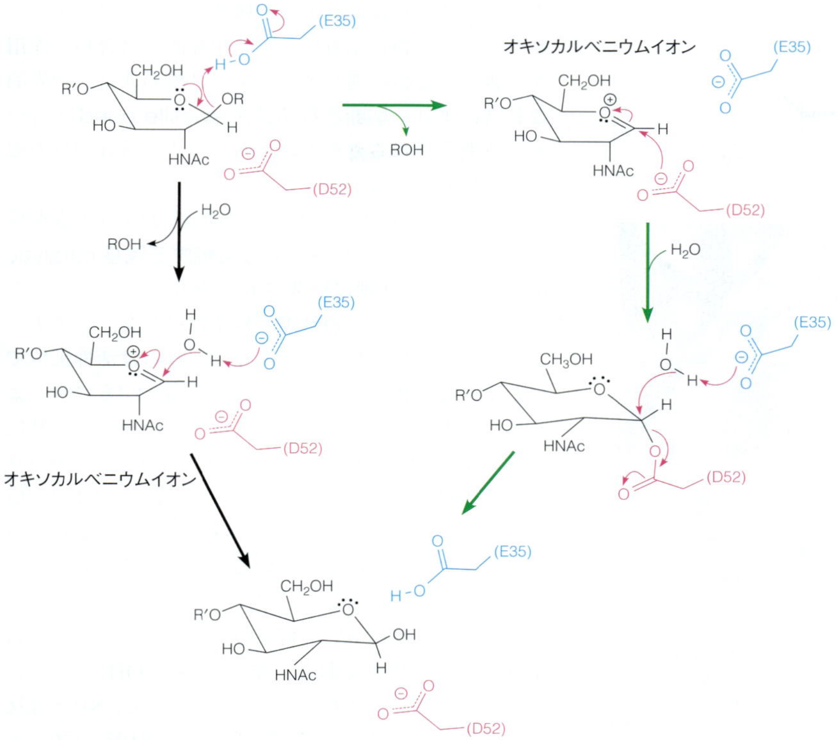

図 11.14　リゾチームの作用機構　Phillips の機構を図の左側に黒の矢印で示した。最初のステップで E35 が一般酸として作用し，グリコシド結合の切断と同時にオキソカルベニウムイオンの形成を促進する。オキソカルベニウムイオンは D52 により静電的に安定化される。次のステップで，E35 が一般塩基として作用し，水分子を脱プロトン化し，これが基質の C1 部位を攻撃する。Steve Withers により報告された共有結合中間体を含む経路は，図の右側に緑の矢印で示した。この場合，第 2 のステップで基質の C1 と D52 の間に共有結合が形成される。次のステップで水分子の攻撃により，D52 が置換される。

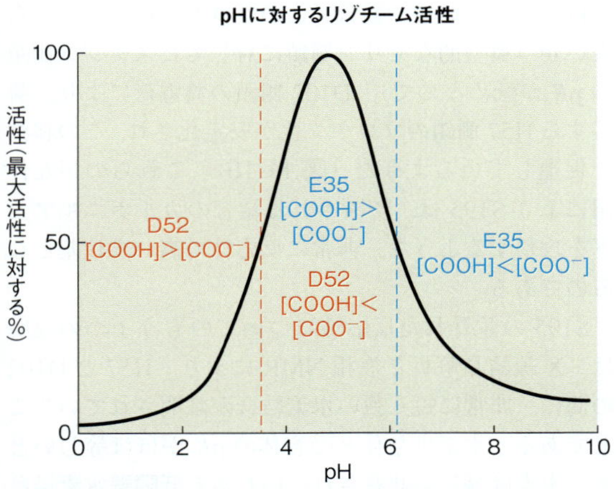

図 11.15　リゾチーム活性への pH の影響　反応機構の第 1 ステップで E35 が一般酸触媒として作用するためには，プロトン化していなければならない。したがって，pH の値が 6.2 以下（青線）では［COOH］/［COO$^-$］の比が最大になるので，触媒に有利である。一方，D52 はオキソカルベニウムイオンと相互作用するために脱プロトン化していなければならない。したがって，pH の値が 3.7 以上（赤線）では［COO$^-$］/［COOH］の比が大きくなるため触媒に有利である。この 2 つの境界的必要条件により，プロトン化した E35 と脱プロトン化した D52 が豊富な pH 約 5 が至適 pH として観察される。

うに思われた。この提案については多年にわたる議論があったが，2001 年に Steve Withers の研究室が酵素–糖中間体の結晶構造を報告し，D52 の側鎖が C1 と共有結合していることを示した（図 11.14 の右側と図 11.16）。この結果は，E35Q の変異体と合成基質 NAG–2FGlcF を用いて得られた。この基質は容易にオキソカルベニウムイオンを形成する。しかし，引き続いて C1 位に —OH を付加する反応は，E35Q の変異により遅くなる（Q は一般塩基として作用しない）。したがって，この共有結合中間体は，結晶構造を得ることができるくらい十分に寿命が長いのである。

反応が触媒的であるためには，酵素の活性部位は初期状態へと回復しなければならない。この場合では，E35 の側鎖がプロトン化し，D52 の側鎖が遊離状態で脱プロトン化していなければならない。これらの必要条件はともに，図 11.14 に示したメカニズムの後半（水分子が中間体を攻撃している）により達成される。このステップでは，E35 は一般塩基として働き，攻撃する水分子からプロトンを取り除いていることに留意してほしい。

要約すると，リゾチームは GABC，基質の変形，共有結合触媒により速度上昇を達成している。

セリンプロテアーゼ

第 2 の例として，**セリンプロテアーゼ serine protease** によるペプチド結合の加水分解を考えてみよう。この重要なクラスの酵素には，第 5 章で最初に出てきたトリプシンやキモトリプシンが含まれる。これらの酵素はポリペプチドやタンパク質のペプチド結合の加水分解を触媒するので，プロテアーゼと呼ばれる。さ

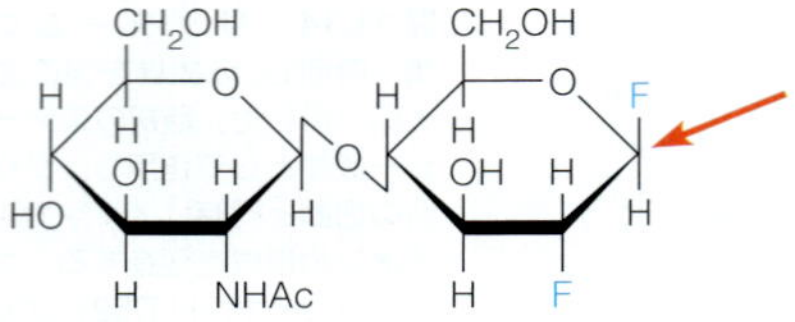

NAG-2FGlcF

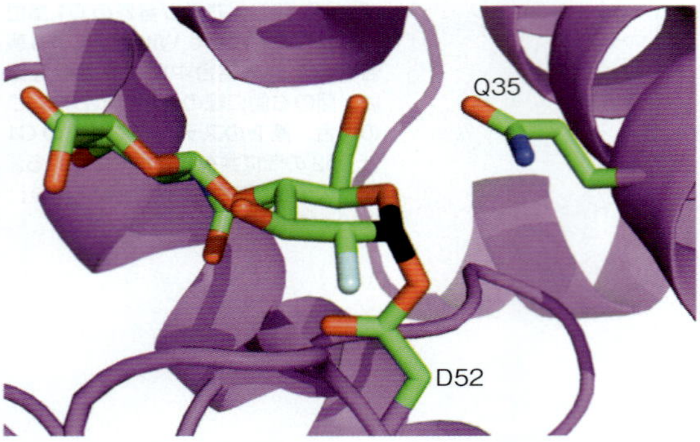

図 11.16　リゾチームの作用機構における共有結合中間体の証拠　リゾチーム E35Q 変異体の活性部位 D52 と合成基質 NAG-2FGlcF の間の共有結合性付加物（PDB ID：1H6M）。酵素の主鎖をリボン表示（紫），D52 と Q35 の側鎖をスティック表示した（炭素原子が緑，酸素原子が赤，窒素原子が青）。NAG-2FGlc 付加物もスティック表示し，C1 を黒に，C2 の F 原子を水色にした。構造式で赤の矢印は NAG-2FGlcF の C1 を示しているが，これは Asp52 が攻撃して共有結合中間体を形成する部位である。

まざまな程度の基質特異性と，多様な触媒機構を備えた，たくさんの種類のプロテアーゼがある。セリンプロテアーゼは，重要なセリン求核基を活性部位にもつことが特徴である。セリンプロテアーゼはまた，さまざまなエステルも加水分解する。この性質は生理的に重要ではないが，これから述べるように，生化学者が速度論的研究において利用している。

セリンプロテアーゼ（ここの例ではキモトリプシン）によるペプチド結合加水分解の触媒は，図 11.17 に示したように進行する。まず，切断されるポリペプチド鎖が酵素の表面に結合する。ポリペプチドのほとんどは非特異的に結合するが，切断されるペプチド結合の N 末端側残基の側鎖は活性部位のポケットに適合しなければならない。このポケットは，結合切断の場所だけでなく，セリンプロテアーゼの特異性を決定する。個々のセリンプロテアーゼは，特定のアミノ酸側鎖の C 末端側のアミド結合を選択的に切断する。部位選択的な切断の例を表 5.4（p. 131 参照）に示した。例えば，トリプシンはリシンやアルギニンのような塩基性アミノ酸の C 末端側を選択的に切断するが，キモトリプシンはこの位置にフェニルアラニンのような大きな疎水性残基を好む。キモトリプシンは小さなグリシン残基が並んだ狭い特異性ポケットをもち，これが大きな非極性側鎖に適合できる。トリプシンはこれに対し，特異性ポケットの底部にアスパラギン酸の側鎖をもつ。この負電荷を帯びた残基により，アルギニンやリシン側鎖の正電荷に対して相補的な結合相互作用ができる。この特別な種類のアミノ酸の非常に特異的な結合により，**切断される結合 scissile bond** ともいわれる開裂されるカルボニル基の近くに活性部位のセリンが配置される。

セリンプロテアーゼの共通の特徴はいわゆる求核基，一般塩基，そして酸からなる**触媒三残基 catalytic triad** である。詳細に研究されたセリンプロテアーゼの多くにおいて，この触媒三残基はセリン，ヒスチジン，アスパラギン酸残基であり，これらは活性部位で似たような立体配置をとっている。図 11.18 にみるように，キモトリプシンにおいては，この触媒三残基はセリン 195（S195），ヒスチジン 57（H57），アスパラギン酸 102（D102）である。この三残基の求核基-塩基-酸のパターンは保存されているものの，塩基と酸は異なるアミノ酸になっている場合もある（Ser-His-His，あるいは Ser-Glu-Asp）。

アルコール基は pK_aが高いので，セリンの側鎖は通常はプロトン化しており（すなわち —OH），反応性の高い求核基というわけではない。しかし，S195 は反応性を至適化するような環境にある。S195 のプロトンは H57 のイミダゾール環に移動し，セリン側鎖が負電荷になっている。通常，このプロトン移動は起こらないが（典型的なセリン側鎖に対してヒスチジン側鎖の pK_aが低めなので），D102 側鎖の負電荷により，隣接する H57 側鎖のプロトン化が安定化され，この移動を促進しているようだ（図 11.18）。これらの相互作用により S195 は，切断される結合のカルボニルアミドを攻撃するような，非常に反応性の高い求核基となるのである。

S195 の並外れた反応性についてのもう 1 つの説明は，X 線結晶解析と液相 NMR により，H57 と D102 の間に，非常に短く強い水素結合が証明されていることである。水素供与体と受容体の pK_aがほぼ等しいとき，水素は等しく共有され，いわゆる**低障壁水素結合 low-barrier hydrogen bond**（LBHB）ができる。LBHB は結合距離が短めで（<0.25 nm），結合エネルギーは 3～6 倍強く（約 30～80 kJ/mol），第 2 章で述べたような典型的な水素結合よりも共有結合の性質が強い。キモトリプシンにおける LBHB の効果は，プロトン化したイミダゾール側鎖を安定化して H57 の pK_aを約 12 まで上昇させることである。これにより H57 は S195 の脱プロトン化に適するようになる（図 11.17 のステップ 1）。酵素の触媒における LBHB の役割は，科学文献上で盛んに議論されてきた。なぜなら，酵素におけるこのような相互作用の強さを直接に測定することは非常に難しかったからである。2 つの

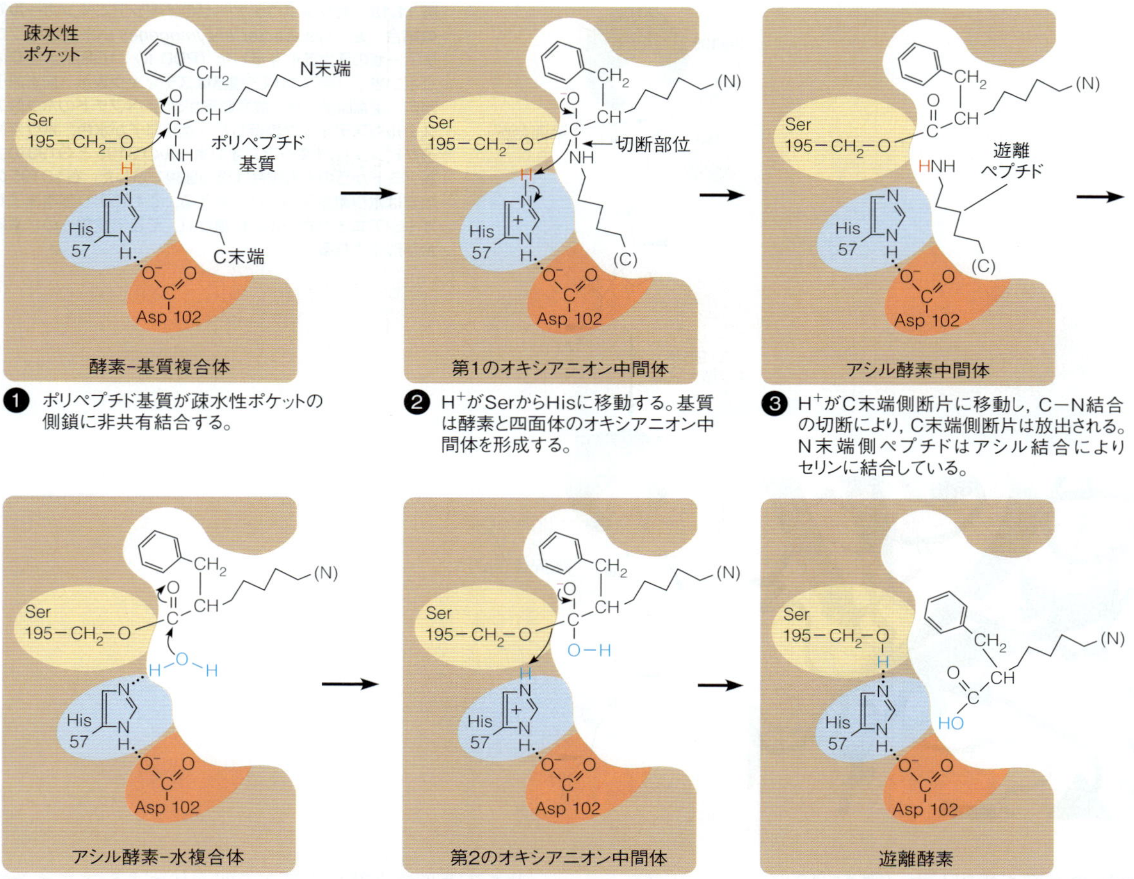

❶ ポリペプチド基質が疎水性ポケットの側鎖に非共有結合する。

❷ H^+がSerからHisに移動する。基質は酵素と四面体のオキシアニオン中間体を形成する。

❸ H^+がC末端側断片に移動し，C－N結合の切断により，C末端側断片は放出される。N末端側ペプチドはアシル結合によりセリンに結合している。

❹ 脱離したポリペプチドにかわり，水分子が酵素に結合する。

❺ 水分子からH^+がHis57へ，－OHが残存している基質断片へと移動する。再び四面体オキシアニオン中間体が形成される。

❻ 第2のペプチド断片が放出される。アシル結合は開裂し，プロトンはHisからSerに返され，酵素は初期状態に戻る。

図 11.17　キモトリプシンによるペプチド結合加水分解の触媒　キモトリプシンにより触媒されるポリペプチド鎖切断のステップを図示した。図は非常に模式的であり，実際の原子の空間的配置を表現したものではない（図 11.18 参照）。

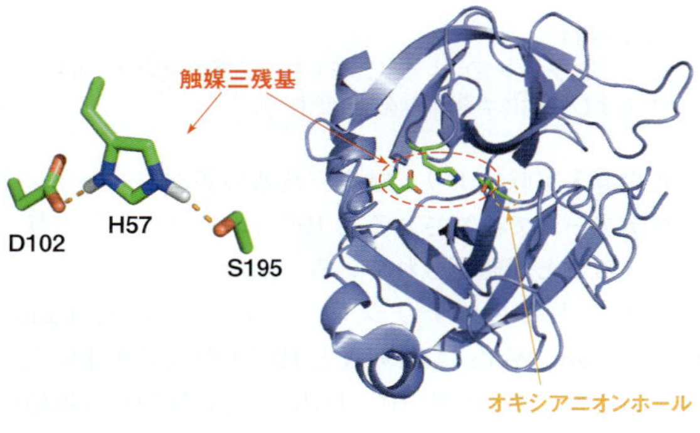

図 11.18　キモトリプシンの構造とセリンプロテアーゼの触媒三残基　X 線結晶学により構造が決定されたウシのキモトリプシン（PDB ID：4CHA）の主鎖をリボン表示し（青），触媒三残基の S195，H57，D102 を赤い破線の楕円内にスティック表示した。オキシアニオンホール（本文参照）の位置をオレンジ色の破線の円で示した。左側にはブタのエラスターゼ触媒三残基の高分解能中性子線散乱構造を示した（PDB ID：3HGN）。中性子散乱のデータは，X 線のデータより高い分解能で H 原子の位置を示す。H57 はプロトン化しているが，S195 と D102 は脱プロトン化している。水素結合はオレンジの破線で示した。

セリンプロテアーゼ，α 溶菌プロテアーゼとエラスターゼの最近の高分解能結晶構造解析によれば，H57 と D102 の間の水素結合は，典型的な水素結合より短めではあるが（約 0.27 nm），LBHB ではないことが示唆されている。この議論に関してさらに詳しくは巻末の文献を参照のこと。

セリン求核基によるアミドカルボニルの攻撃により**四面体オキシアニオン** tetrahedral oxyanion が形成され，これが壊れて**アシル酵素中間体** acyl-enzyme intermediate になる（図 11.17）。オキシアニオン中間体の形成には，平面状の sp^2混成アミド炭素が四面体の sp^3配位をとることが必要である。セリンプロテアーゼの活性部位の X 線結晶構造の中でこれらの分子種をモデリングすることにより，Jon Robertus と Josepf Kraut は，オキシアニオン中の負に帯電した酸素原子への特異的な水素結合相互作用により四面体中間体を安定化する “**オキシアニオンホール**”oxyanion

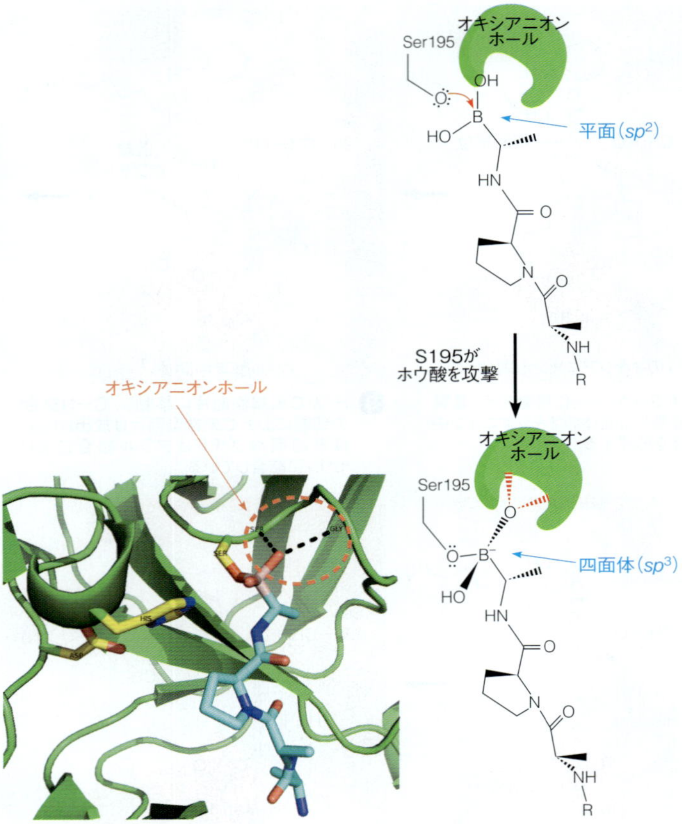

図 11.19　セリンプロテアーゼのオキシアニオンホールでの結合　左：*Lysobacter enzymogenes* 由来α溶菌プロテアーゼの活性部位を示した（PDB ID：1GBB）。主鎖はリボン表示（緑），触媒三残基はスティック表示（炭素原子が黄，窒素原子が青，酸素原子が赤），ペプチドのホウ酸エステルもスティック表示した（炭素原子が水色，ホウ素原子がピンク）。オキシアニオンホールのS195とG193の主鎖アミドからの水素結合は黒の破線で示した。右：S195の攻撃はホウ素原子の形状を変える。これにより酸素原子がオキシアニオンホールに配置され，そこで主鎖への水素結合が形成される。

holeの存在を提唱した（図 11.19）。キモトリプシンではS195とG193残基の主鎖の2つのアミドプロトンが水素結合供与体である。スブリチシンというセリンプロテアーゼでは，アスパラギン側鎖がオキシアニオンホールにおける水素結合供与体となっている。これらの水素結合は，アミド炭素原子の配座が平面よりも四面体のときに強くなる。事実，G193からの水素結合は，S195の攻撃によりオキシアニオンがつくられた後でのみ，形成されるようにみえる。おそらく，酵素はES複合体とオキシアニオン中間体の間の遷移状態をも安定化している。なぜなら，両方の状態において酸素原子に負電荷があり，sp^3様の形状をしているからである。オキシアニオンホールは，反応座標における高エネルギー状態を選択的に安定化し，これらの状態のエネルギーを全体的に低下させるようなエンタルピー相互作用の明快な例である。

プロトン化したH57は，オキシアニオンが壊れてアシル中間体が生成する過程で，一般酸として働く。こうしてポリペプチド基質のN末端側部分が酵素に共有結合し，C末端部分が活性部位から解離される。すると水分子が活性部位に入り込めるようになり，アシル中間体を切断する。H57は一般塩基としてH_2Oを脱プロトン化してより強い求核基にし，これがアシル酵素エステルを攻撃して第2の四面体オキシアニオン中間体が形成される。最後にH57は一般酸として，オキシアニオンの崩壊を促進してS195を再生し，切断したポリペプチド鎖の残りを放出させる。酵素は元の状態に戻り，他のアミド結合を加水分解するための準備ができる。

ポイント 11
セリンプロテアーゼによるペプチド結合切断の触媒は，遷移状態および四面体中間体の安定化を伴う。

変異導入実験により，触媒三残基の各々が，セリンプロテアーゼで観察される約10^{10}もの速度上昇に寄与していることが確認されている。細菌のセリンプロテアーゼであるスブチリシンでの研究により，Paul CarterとJim WellsはS195AとH57Aの変異が速度上昇を野生型に比べて約10^6，D102A変異体の場合は約10^4低下させることを示した。これらの結果は，S195とH57はD102と比べて100倍程度，速度上昇に寄与していることを示している。三重変異体S195A：H57A：D102Aでは，速度上昇の低下は約10^6である。これは，酵素活性部位の他の特徴，例えばオキシアニオンホールなどが，全体の速度上昇に約10^3～10^4程度，寄与していることを示唆している。

図 11.17 に示したメカニズムは，反応中間体や**遷移状態アナログ** transition state analog と結合した多数のセリンプロテアーゼの結晶構造によっても支持されている。遷移状態アナログは反応の遷移状態とよく似た状態をつくりだすためにデザインされた化合物である。したがって，天然の基質より，酵素の活性部位に対して形状も静電的な相補性も高いようにつくられている。実際，遷移状態アナログは天然基質よりも最低でも 10^2〜10^4以上，強い親和性で結合するのが普通である。いくつかの例では，アナログと酵素の活性部位の間に強い結合が形成される。一例を図 11.19 に示す。ここでは C 末端にホウ酸をもつ Ala-Ala-Pro-Ala のテトラペプチドが，S195 のホウ素原子への攻撃により混合ホウ酸エステルに転換されている。こうして平面的なホウ酸は四面体型のホウ酸エステルへと転換され，オキシアニオンホールのアミドと相互作用できるようになる。

要約すると，セリンプロテアーゼは共有結合触媒と，遷移状態の静電的安定化により速度上昇を達成している（表 11.2）。

多くの酵素触媒反応は，ここでは議論しなかったような働き方をしていると思われることに留意しなければならない。これらのうちには，キモトリプシンで提唱されている低障壁水素結合のように，意見の分かれているものもある。酵素による速度上昇におけるタンパク質動力学の役割を解明することは，盛んな研究と活気のある議論の的になっている。次の項で，このトピックについて簡単に紹介してみよう。

触媒における動力学の役割

タンパク質は動的な構造である。この事実を教科書のページ上で静止図に表すことは難しいが，生体分子の機能的性質を考えるときには，このことを忘れてはならない。前章までで，タンパク質のコンホメーション変化と機能が直接結びついた例をいくつか述べてきた。ヘモグロビンの O_2結合における T 状態，R 状態の切り替えや，アクチン繊維に沿ってのミオシンの動き，また，Na^+-K^+ポンプによるイオンの能動輸送などである。このような方向性をもった大きなタンパク質の動きは，ミリ秒からマイクロ秒のタイムスケールで起こるが，表 11.3 に示したように，タンパク質のかすかな動き（タンパク質の“たわみ”や側鎖の回転など）はもっと速く起こり，事実上，ランダムにみえる。最近の研究によれば，タンパク質コンホメーションの速い動きはそれほどランダムではない可能性が示唆されており，タンパク質の動的挙動は機能を増強するように進化したという仮説を立てる研究者もいる。

基質を結合し，生成物を放出し，遷移状態の至適な安定化のために活性部位を再編成し，また，活性をアロステリック調節（本章で後述）するために，酵素が動的でなければならないことは当然である。しかし，動的な動きと観察される反応速度との関係も，酵素の動的特徴の進化も，よく理解されていない。そうであっても，トンネル機構により進行しているようにみえる水素転移反応において，活性部位の動力学が決定的な役割を担いうることは妥当と思われる。量子トンネル効果は，水素の供与原子と受容原子の間の距離の小さな変化（0.1Å 程度）に対しても極めて感受性が高い。したがって，活性部位における結合の回転のような速い動きであっても，水素移動の速度に劇的に影響することもありうる。

ジヒドロ葉酸レダクターゼ（第 20 章参照）についての NMR による最近の研究は，このタンパク質の数個のアミノ酸の動的運動が，触媒機構に関連する少数のコンホメーション形成と特に関係していることを示している。さらに，ジヒドロ葉酸レダクターゼの 5 段階の触媒サイクルにおいて，個々の中間体にみられる動的運動は，サイクルにおける次の中間体に似たコンホメーション形成に有利になっているようである。

ジヒドロ葉酸レダクターゼの触媒サイクルにおける 5 つの中間体を図 11.20 に示した。触媒サイクルは，**補因子** cofactor 還元型ニコチンアミドアデニンジヌクレオチドリン酸 nicotinamide adenine dinucleotide

11

表 11.2　リゾチームとセリンプロテアーゼが $\Delta G^{\ddagger}$を低下させる戦略

触媒の戦略	リゾチーム	セリンプロテアーゼ
GABC	E35	H57（触媒三残基）
共有結合	D52	S195（触媒三残基）
静電的		オキシアニオンホール
その他	D 部位での環の変形	低障壁水素結合？

表 11.3　触媒に関係したタンパク質運動の時間スケール

運動の種類	おおよその時間スケール（秒）
結合の振動	10^{-13}〜10^{-14}
プロトン移動	10^{-12}
水素結合の形成	10^{-11}〜10^{-12}
球状領域の弾性振動	10^{-11}〜10^{-12}
糖の再パッカリング	10^{-9}〜10^{-12}
分子表面での側鎖の回転	10^{-10}〜10^{-11}
埋もれていた基のねじれ解放	10^{-9}〜10^{-11}
ドメイン接触面のつなぎ目部分の屈伸	10^{-7}〜10^{-11}
水構造の再組織化	10^{-8}
ヘリックスコイルの破壊/形成	10^{-7}〜10^{-8}
アロステリック遷移	1〜10^{-5}
局所的変性	10〜10^{-5}
分子内部の中型側鎖の回転	1〜10^{-4}

Data from *Science* 301：1196-1202（2003），S. J. Benkovic and S. Hammes-Schiffer, A perspective on enzyme catalysis.

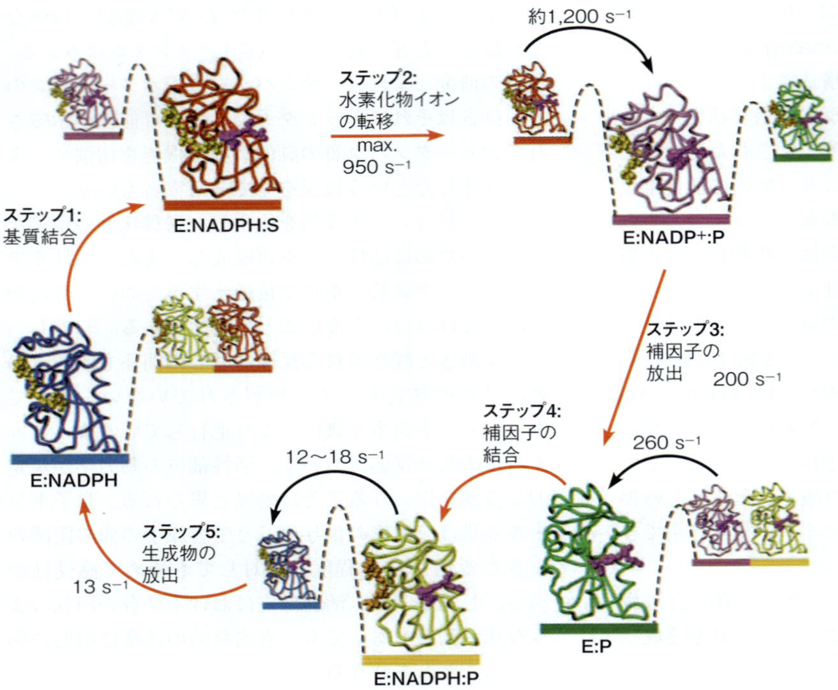

図 11.20 ジヒドロ葉酸レダクターゼの触媒サイクルにおける動的コンホメーション変化　ジヒドロ葉酸レダクターゼの触媒サイクルの5つの中間体状態のモデルを色分けして拡大図で示した。サイクルの5つのステップは赤い矢印で示した。各々の中間体状態が動的運動の中でとることのできる他のコンホメーションは，同じ色分けで小さく表示した。中間体間のコンホメーション交換速度は，黒い矢印の上に示した。詳細は本文を参照のこと。

From *Science* 313：1638-1642, D. Boehr, D. McElheny, H. J. Dyson and P. E. Wright, The dynamic energy landscape of dihydrofolate reductase catalysis. ©2006. Reprinted with permission from AAAS. Adapted with permission from Peter Wright.

phosphate（NADPH）と複合体を形成した酵素（E）への基質結合に始まる。補因子は酵素化学の守備範囲を広げる低分子で，本章の後半で詳しく述べる。例えば，NADPHは水素化物イオン（H^-）の供給源であり，生物学的な還元反応に共通して使われる。E：NADPH複合体（青）が基質（S）を結合すると，E：NADPH：S複合体（赤）が形成される。NADPHから基質への水素化物イオンの転移により生成物（P）との複合体E：$NADP^+$：Pが生じる（紫，ここでは$NADP^+$は酸化された補因子を示す）。$NADP^+$の放出により，E：P複合体（緑）ができるが，これはNADPHと結合してE：NADPH：P複合体（黄）になる。生成物がこの複合体から放出されて，E：NADPH複合体となり，サイクルが完成する。

図11.20に説明されている発見の重要な点は，個々の中間体が，次の（隣の）中間体のコンホメーションをとることができるような動的運動をしていることである。例えば，E：$NADP^+$：P中間体は，E：NADPH：SやE：Pのコンホメーションをとることができる。これらの研究に用いられたNMR実験は，コンホメーション状態の間の相互変換の速度に関する情報も提供した（図11.20の黒矢印）。触媒サイクルの中の3ステップについては，コンホメーション動力学の速度は，古典的な反応速度論研究で決定された速度とよく一致する。例えば，補因子の放出は200 s^{-1}の速度で起こるが，E：$NADP^+$：P状態とE：P状態間のコンホメーション変化は260 s^{-1}の速度である。この観察は，補因子の放出は（E：$NADP^+$：Pのコンホメーションでなく）E：Pのコンホメーションから起こり，E：$NADP^+$：P中間体がE：Pのコンホメーションをとるたびに補因子が放出されることを示唆している。

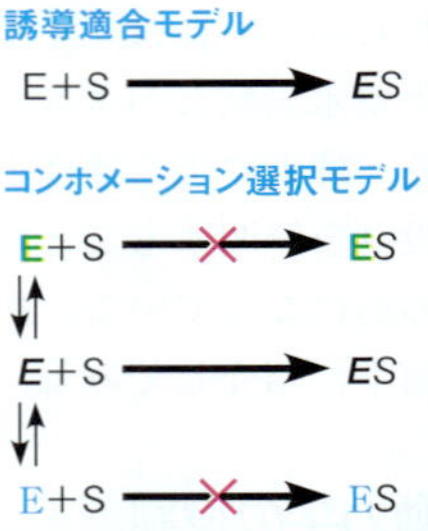

図 11.21 誘導適合モデルとコンホメーション選択モデル　ここで*ES*は酵素-基質複合体を表す。誘導適合モデルでは，基質と結合していない酵素のコンフォメーションは均一であり，これが基質結合により変形する。コンホメーション選択モデルでは，非結合型酵素は複数のコンホメーションをとっており，基質は*ES*複合体と同じコンホメーションをとった非結合型酵素とのみ結合できる。基質の結合は非結合型酵素のコンホメーション平衡に影響し，Le Chatelierの原理により（第3章参照），さらに多くのEが*ES*コンホメーションに変化する。

このコンホメーション選択 conformational selection（選択適合 selected fit ともいう）モデルは，誘導適合モデルと比べると，酵素とその基質・補因子の間の結合相互作用について，かなり異なった説明をしている。図11.21に示したように，コンホメーション選択とは，基質の結合は酵素のコンホメーション変化を強いるものではなく，むしろ，基質は ES 複合体に似たコンホメーションの酵素分子に結合するだけということを意味している。そうであれば，基質は ES 複合体が基質に適合しないコンホメーションをとったときに放出されることになる。これが，酵素のコンホメーション状態を決める酵素の動的運動が，触媒効率を至適化するための選択圧により進化したとする仮説の基礎である。

ポイント 12
酵素触媒のコンホメーション選択モデルによれば，遊離酵素は複数のコンホメーションで存在する。しかし基質は，ES 複合体中のコンホメーションに近い酵素だけに結合する。

最後になるが，動的コンホメーションスイッチがタンパク質中のいくつかのアミノ酸残基の相関した動きを必要とし，そのような相関した動きが動的な“ネットワーク”を形成していることが示唆されている。酵素におけるこのようなネットワークの存在は，2 つの観察を説明するために提唱されている。(1) 活性部位から離れていて基質に直接，接触していないアミノ酸の変異でも，反応速度に大きな影響を与えることがある，(2) このような変異は，より多くのアミノ酸の動的挙動に影響を与える傾向にある。この後者の観察は，遠位の変異が動的ネットワークを形成するアミノ酸残基の協調的な動きを介して，活性部位とコミュニケーションをとることができることを示唆している。

酵素触媒の速度論

先の項で，2 つのよく研究された酵素触媒反応の詳しいメカニズムを述べた。他にも多数の例が知られており，このような知識は現代医学の多くの側面において必須である。病気の分子的基盤を詳細に理解できれば，治療薬のデザインにつながる。第 20 章で議論するように，ジヒドロ葉酸レダクターゼの活性を阻害する化合物は，がんや感染症の治療において広く使われている。このようなメカニズムの知識はどのようにして得られるのであろうか？　X 線結晶解析と溶液 NMR の研究により，酵素の活性についての重要な構造的洞察が可能になった。しかし，酵素の作用メカニズムの理解の多くの部分は，酵素反応速度論の注意深い数学的解析によりもたらされている。そこで，そのような解析に話題を転じるとしよう。

単純な酵素触媒反応の反応速度：Michaelis–Menten 速度論

本章の前のほうで，単一の基質と生成物が関与する単純な反応の式として式 11.12 を導入した。

$$\mathrm{E} + \mathrm{S} \underset{k_{-1}}{\overset{k_1}{\rightleftarrows}} \mathrm{ES} \underset{k_{-2}}{\overset{k_2}{\rightleftarrows}} \mathrm{EP} \underset{k_{-3}}{\overset{k_3}{\rightleftarrows}} \mathrm{E} + \mathrm{P} \qquad (11.12)$$

ここで酵素触媒反応の**初速度 initial rate**（有意な濃度の生成物 P が出現する前の速度）を分析し，k_1，k_{-1}，$k_3 \gg k_2$と仮定すると，式 11.12 は以下のように単純化できる。

$$\mathrm{E} + \mathrm{S} \underset{k_{-1}}{\overset{k_1}{\rightleftarrows}} \mathrm{ES} \xrightarrow{k_{\mathrm{cat}}} \mathrm{E} + \mathrm{P} \qquad (11.13)$$

ここで k_{cat}は基質から生成物への律速となる変換の見かけ上の反応速度定数である*。

反応の初期条件では，酵素と生成物による逆反応が無視できると仮定している。生成物の触媒的形成は，酵素が再生すれば単純な一次反応になり，反応速度は ES の濃度と k_{cat}の値だけによって決められるだろう。したがって，反応速度は観測される生成物の形成速度として定義され，次のように表現できる。

$$v = k_{\mathrm{cat}}[\mathrm{ES}] \qquad (11.14)$$

もし v と［ES］が特定の酵素と基質について測定されるならば，その特定の反応の速度定数 k_{cat}を得ることができる。実際のところ，［ES］は速度論の実験では測定が難しい。容易に測定できるパラメーターは，基質（あるいは生成物）濃度と酵素の全濃度（遊離酵素と基質に結合した酵素の合計）である。

$$\underset{\text{全酵素}}{[\mathrm{E}]_t} = \underset{\text{遊離酵素}}{[\mathrm{E}]} + \underset{\text{ES 複合体中の酵素}}{[\mathrm{ES}]} \qquad (11.15)$$

したがって，速度 v を基質濃度［S］と酵素の全濃度 $[\mathrm{E}]_t$で表すことが必要である。

式 11.13 によれば，E と S は ES と解離定数 K_Sの平衡にあるはずである。

$$K_S = \frac{k_{-1}}{k_1} = \frac{[\mathrm{E}][\mathrm{S}]}{[\mathrm{ES}]} \qquad (11.16)$$

これは通常は正しくない仮定であるが，一定の状況下（$k_{\mathrm{cat}} \ll k_{-1}$）ではこの近似も有効である。この仮定は，反応速度を数式化するための初期の試みで使われた。しかし，この式は一般には適用できない。なぜなら，E，S，ES は平衡にあるわけではないからである。ES の一部は，P をつくるために継続的に失われている。1925 年に G. E. Biggs と J. B. S. Haldane により，この平衡の仮定を避けた解析がなされた。Briggs–Haldane モデルは以下の論拠に基づく。すなわち，より多くの ES があれば，より速く ES は生成物を解離するか

*k_{cat}は速度定数の総計であり，$k_{\mathrm{cat}} = k_2k_3/(k_2 + k_3)$ である。$k_3 \gg k_2$の極限においては $k_{\mathrm{cat}} \approx k_2$となる。

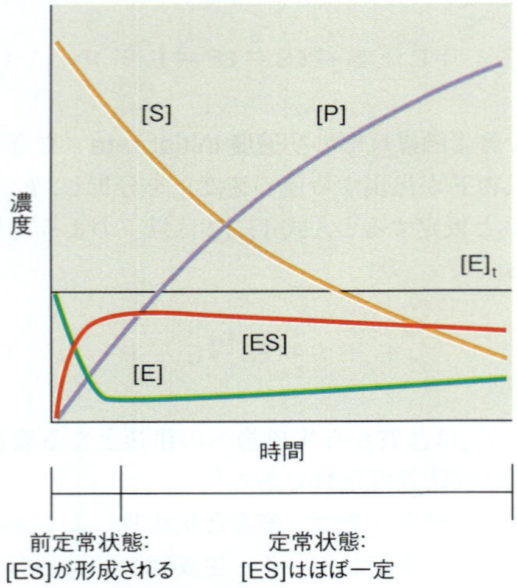

図 11.22　酵素反応速度論における定常状態　E + S⇄ES→E + P で記述されるような単純な酵素触媒反応について，基質濃度［S］，遊離酵素濃度［E］，酵素-基質複合体濃度［ES］，生成物濃度［P］が時間とともにどのように変化するかを図示した。反応が開始してごく短時間で，ES の生成と消費の速度がほぼ同等となり（$d[ES]/dt \approx 0$），［ES］は定常状態に達する。わかりやすくするために，E と ES の量は，かなり誇張してある。$[E] + [ES] = [E]_t$（全酵素濃度），実際には［ES］は基質が消費されるにつれ非常にゆっくり減衰し，これに応じて［E］は増加していく。

（k_{cat}），反応物に戻る（k_{-1}）。したがって，反応が酵素と基質の混合により開始するとき，ES 濃度は最初に急速に増加するが，速やかに ES 濃度がほぼ一定になる**定常状態 steady state** に達する。この定常状態は，ほとんどすべての基質が消費されるまで継続する（図 11.22）。定常状態は反応時間のほとんどすべてに該当するため，定常状態を前提として反応速度を計算することができる。通常，我々が反応速度を測定するのは，定常状態が確立した後，［ES］が大きく変化する前である。そこで，反応速度を次のように表すことができる。

定常状態においては，［ES］の形成と分解の速度は同じである。したがって，

$$\underset{\text{ES 複合体の形成}}{k_1[E][S]} = \underset{\text{ES 複合体の解離}}{k_{-1}[ES]} + \underset{\text{E+P への分解}}{k_{cat}[ES]} \qquad (11.17)$$

これを変形すると，

$$[ES] = \left(\frac{k_1}{k_{-1} + k_{cat}}\right)[E][S] \qquad (11.18)$$

式 11.17 の速度定数の比を組み合わせると，単一の定数 K_M が得られる。

$$K_M = \frac{k_{-1} + k_{cat}}{k_1} \qquad (11.19)$$

K_M を用いて，式 11.18 は以下のように書き換えることができる。

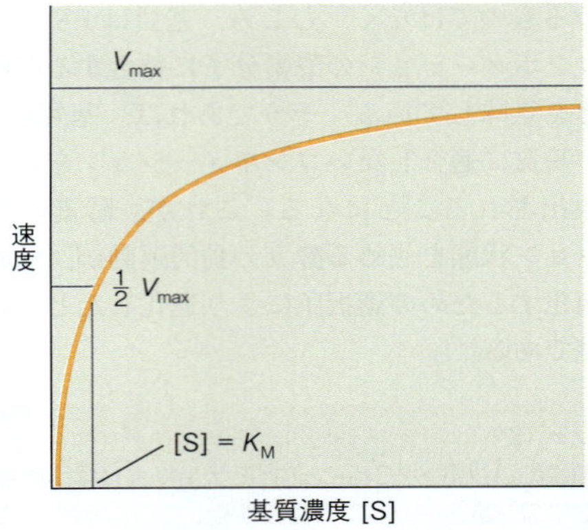

図 11.23　基質濃度の関数としての反応速度　このグラフは式 11.25 をプロットしたものであり，酵素反応速度論の Michaelis-Menten モデルで反応速度が基質濃度により変化する様子を示している。ここでプロットされている v は反応の初速度から決定される（図 11.24 参照）。$[S] = K_M$ であるとき，反応は正確に最大速度の半分になる。［S］を高くすると，漸近的に V_{max} に近づいていく。

$$K_M[ES] = [E][S] \qquad (11.20)$$

この時点で，［ES］は［E］と［S］を用いて表されている。［E］ではなく $[E]_t$ を式に取り込むために，$[E] = [E]_t - [ES]$ という式 11.15 を思い出してみよう。これを式 11.20 に代入すると，

$$K_M[ES] = [E]_t[S] - [ES][S] \qquad (11.21)$$

これを変形して，

$$[ES] = \frac{[E]_t[S]}{K_M + [S]} \qquad (11.22)$$

最後に，この結果を式 11.14 に代入すると，v を $[E]_t$ と［S］を使って表すことができる。

$$v = \frac{k_{cat}[E]_t[S]}{K_M + [S]} \qquad (11.23)$$

酵素反応速度論の解析における 2 人の先駆者 Leonor Michaelis と Maude Menten に敬意を表して，式 11.23 は **Michaelis-Menten の式 Michaelis-Menten equation**，K_M は **Michaelis 定数 Michaelis constant** と呼ばれている。K_M の意味について簡単に議論してみよう。ところで，覚えておくべきことは 2 つある。第 1 に，K_M は特定の反応の速度定数の比であるから（式 11.19），その反応の特性である。したがって，特定の基質に作用する特定の酵素は，決まった K_M 値をもつ。第 2 に，式 11.19 や式 11.20 にみるように，K_M は濃度の単位をもつ。

そこで，図 11.23 に示した v と［S］のグラフを考えてみよう。［S］が K_M よりもずっと大きいような高基質濃度においては，反応は**最大速度 maximum velocity**（V_{max}）に近づく。なぜなら，酵素分子は基質で飽和されているからである。すべての酵素分子に

は基質が結合している。したがって，[ES] = $[E]_t$であり，式 11.14 は最大値に達する。このような飽和した挙動は，膜輸送タンパク質の特徴だったことを思い出そう（第 10 章）。[S] ≫ K_M のとき K_M + [S] ≈ [S] なので，式 11.23 は単純化して，次のような V_{max}についての式になる。

$$V_{max} = k_{cat}[E]_t \quad (11.24)$$

したがって，式 11.23 の中で $k_{cat}[E]_t$は V_{max}と等しくなり，Michaelis-Menten 反応速度式は次のようになる。

$$v = \frac{V_{max}[S]}{K_M + [S]} \quad (11.25)$$

これが最もよく使われる Michaelis-Menten の式の形である。

ポイント 13
定常状態を前提とすれば，酵素-基質複合体の濃度は反応中のほとんどの間，ほぼ一定ということになる。

K_M，k_{cat}，k_{cat}/K_Mの意味

Michaelis-Menten の速度論に従う酵素を特徴づける 2 つの数量が K_Mと k_{cat}である。これらは何を意味するのであろうか？ Michaelis 定数 K_Mは，しばしば酵素の基質に対する親和性と関連づけられる。しかし，この関係は極端な場合においてのみ成立する。例えば，$k_{cat} \ll k_{-1}$であるような 2 段階反応では，式 11.19 は $K_M \approx k_{-1}/k_1 = K_S$（$K_S$は式 11.16 で定義された平衡定数）となる。しかし，より複雑な反応様式では，K_Mはいくつかの速度定数の比になることに注意しよう。Michaelis-Menten の式に従うどのような反応でも，K_Mは数値の上で，反応速度が最大値の半分に達するときの基質濃度と等しくなる（式 11.23 参照）。したがって，K_Mは効率的な触媒が起こるために必要な基質濃度の目安となる。k_{cat}が同じであっても，K_Mの高い酵素は，K_Mが低い酵素よりも，一定の反応速度を達成するのに，より高い基質濃度を必要とする。表 11.4 に重要な酵素の K_M値を示した。

ポイント 14
Michaelis 定数 K_Mは，反応速度が $1/2V_{max}$のときの基質濃度を示す。

第 2 の定数，k_{cat}は至適条件（酵素が飽和状態）における生成物産生速度の直接の指標である。k_{cat}の単位は通常 s^{-1}で与えられ，k_{cat}の逆数は酵素分子が基質 1 分子を処理するのに必要な時間と考えられる。あるいは，k_{cat}は酵素 1 分子あたり 1 秒間に処理される基質分子数の測定単位とも言える。したがって，k_{cat}はしばしば，**代謝回転数 turnover number** と呼ばれる。代謝回転数の代表例を表 11.4 に示した。

ポイント 15
代謝回転数 k_{cat}は，触媒過程の速度の指標である。

表 11.4 に示した酵素は，k_{cat}/K_Mの比が増加する順に並べてある。この比は，しばしば酵素の効率の目安と考えられている。k_{cat}の値が大きくても（代謝回転が速い），K_Mの値が小さくても（$1/2V_{max}$が比較的，低濃度で起こる），k_{cat}/K_Mは大きくなることに留意しよう。k_{cat}/K_Mの意味について，基質濃度が非常に低い状況についても考察してみよう。この場合，[S] ≪ K_Mであり，ほとんどの酵素は基質を結合していない。したがって，$[E]_t$ ≈ [E] である。すると式 11.23 は次のようになる。

$$v = \frac{k_{cat}}{K_M}[E][S] \quad (11.26)$$

したがって，このような状況においては，k_{cat}/K_M比は基質と遊離酵素の間の反応の二次反応速度定数として挙動し，酵素の効率と特異性の直接の指標となる。また，酵素が豊富にあるときに酵素と基質が成し遂げるものを示しており，異なる基質に対する酵素の有効性の比較を可能にしている。ある酵素が同濃度の 2 つの基質 A あるいは B を選べるとしよう。両方の基質が希釈されていて，酵素を競合する条件下では，次のようになる。

11

表 11.4　酵素の Michaelis-Menten パラメーターの例（k_{cat}/K_Mを指標とした効率が高くなる順）

酵素	触媒される反応	K_M（mol/L）	k_{cat}（s^{-1}）	k_{cat}/K_M [$(mol/L)^{-1}s^{-1}$]
キモトリプシン	Ac-Phe-Ala $\xrightarrow{H_2O}$ Ac-Phe + Ala	1.5×10^{-2}	0.14	9.3
ペプシン	Phe-Gly $\xrightarrow{H_2O}$ Phe + Gly	3×10^{-4}	0.5	1.7×10^3
チロシル-tRNA シンテターゼ	チロシン + tRNA ⟶ チロシル tRNA	9×10^{-4}	7.6	8.4×10^3
リボヌクレアーゼ	シチジン 2′, 3′-環状リン酸 $\xrightarrow{H_2O}$ シチジン 3′-リン酸	7.9×10^{-3}	7.9×10^2	1.0×10^5
カルボニックアンヒドラーゼ	$HCO_3^- + H^+ \longrightarrow H_2O + CO_2$	2.6×10^{-2}	4×10^5	1.5×10^7
フマラーゼ	フマル酸 $\xrightarrow{H_2O}$ リンゴ酸	5×10^{-6}	8×10^2	1.6×10^8

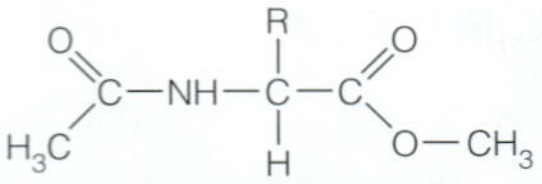

***N*-アセチルアミノ酸メチルエステル**

表 11.5　*N*-アセチルアミノ酸メチルエステル加水分解におけるキモトリプシンの選択性（k_{cat}/K_Mの測定による）

エステル中のアミノ酸	アミノ酸側鎖	k_{cat}/K_M [(mol/L)$^{-1}$s^{-1}]
グリシン	—H	1.3×10^{-1}
ノルバリン	$—CH_2CH_2CH_3$	3.6×10^{2}
ノルロイシン	$—CH_2CH_2CH_2CH_3$	3.0×10^{3}
フェニルアラニン	$—CH_2—$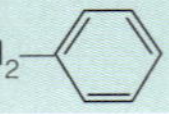	1.0×10^{5}

$$\frac{v_A}{v_B} = \frac{\left(\frac{k_{cat}}{K_M}\right)_A [E][A]}{\left(\frac{k_{cat}}{K_M}\right)_B [E][B]} = \frac{\left(\frac{k_{cat}}{K_M}\right)_A}{\left(\frac{k_{cat}}{K_M}\right)_B} \qquad (11.27)$$

表 11.5 にはキモトリプシンによるさまざまなエステルの切断に対する k_{cat}/K_Mの値を載せた。示した中でも k_{cat}/K_Mの値は 100 万倍も異なり，異なるペプチド基質に対するこの酵素の選択性の範囲を示している。最も疎水的な残基に隣接する部位に対する切断の選択性は，このデータから明らかである。

ポイント 16
k_{cat}/K_Mは，酵素の効率の簡便な指標である。

基質濃度が低いときに，k_{cat}/K_Mの比が，酵素と基質の組み合わせに対する二次反応速度定数に対応することをみてきた。このような反応速度定数には可能な最大値があり，この値は酵素と基質分子が溶液中で衝突する頻度によって決まる。このような速度を達成する反応は“拡散律速”と言われ，すべての衝突が反応につながり，分子が衝突する速度だけが反応速度を規定する。もし，あらゆる衝突が酵素-基質複合体の形成につながるのであれば，拡散理論により k_{cat}/K_Mは最大で 10^8～10^9 (mol/L)$^{-1}$s^{-1}になると予測される。したがって，ある酵素がこの範囲に k_{cat}/K_Mをもっていれば，可能な最大効率に匹敵する効率をもつ酵素であることがわかる。表 11.4 にあるように，カルボニックアンヒドラーゼやフマラーゼは実際，この限界に近い。トリオースリン酸イソメラーゼ（第 13 章で取り上げる）はもう 1 つの例で，$k_{cat}/K_M = 2.4 \times 10^8$ (mol/L)$^{-1}$s^{-1}になる。事実，トリオースリン酸イソメラーゼはほぼ完璧な酵素であり，最大に近い効率をもつように進化してきた。この考えを支持するのが，酵母と脊椎動物のように進化的に離れた生物由来のトリオースリン酸イソメラーゼでも，構造にほとんど違いがないという事実である。この酵素（細胞における炭水化物からの ATP 産生にきわめて重要な役割を担う）は進化の初期に完璧に近い形になり，それ以来，構造がほとんど変わっていないようにみえる。

速度論データの解析：Michaelis-Menten 式の検証

基質濃度の関数としての反応速度の測定は，酵素触媒反応が Michaelis-Menten モデル（式 11.25）に従うかどうか，もし，そうであれば，定数 K_Mと k_{cat}を決めるために使われる。

「生化学の道具 11A」には，速度測定のための分析的方法がいくつか述べてある。一般的な注意点が 1 つある。原則的には図 11.1a にあるように，酵素と基質を単純に混合し，経時的に基質濃度の変化を追跡すればよい。基質が消費されれば，最終的に平衡に達するまで反応速度は低下する。しかし，反応中の特定の時点における瞬間的な反応速度の測定は困難であり，通常，不正確である。酵素濃度を同一にして基質濃度を

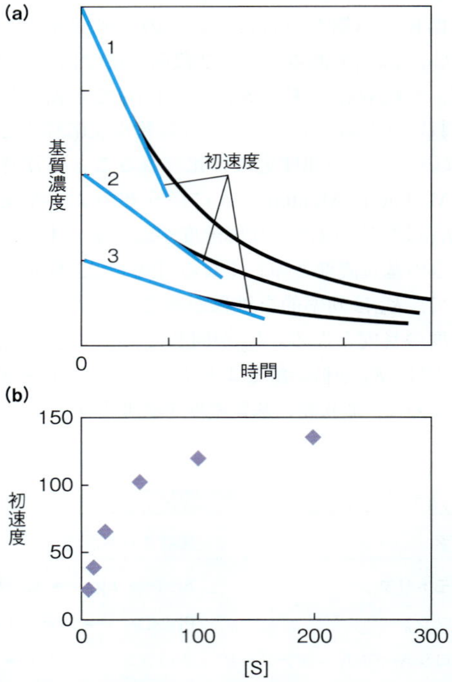

図 11.24　初速度の解析　(**a**) 基質濃度を変えて反応させ，各々の反応の初期相の曲線の傾きから初速度の値を決定した。(**b**) このようにして決定された初速度のデータを基質濃度に対してプロットした。この酵素は Michaelis-Menten の反応速度モデルに従うと思われる（このプロットを図 11.23 と比較すること）。

変化させ，反応初速度を測定するような一連の実験をセットアップするほうが，通常は容易である（図 11.24）。我々は最初の［S］を正確に知っており，t に対する［S］の変化は，初期段階ではほとんど直線的なので，［S］の関数としての v について正確なデータを得ることができる。Michaelis-Menten の速度論モデルに従う酵素は，初速度を基質濃度に対してプロットすると双曲線を示す。図 11.23 と図 11.24b を比べてみよう。

濃度と初速度のデータから，どのようにして K_M や k_{cat} が計算できるのだろうか？　実際には，最新の非線形曲線フィッティングソフトウェアは，図 11.24b にプロットされたデータにあわせて，これらのパラメーターを与えることができる。このようなデータ解析が広く利用できるようになる前は，異なる方法が使われていた（いまだに使われているが）。式 11.25 を変形すると，直線グラフの式になる。何種類かのグラフが可能であるが，最もよく使われるのは**両軸逆数プロット double reciprocal plot**，または **Lineweaver-Burk プロット Lineweaver-Burk plot** である（図 11.25）。Lineweaver-Burk プロットをすれば，反応が Michaelis-Menten 速度論に従っているかどうかがすぐにわかるし，重要な定数も簡単に計算することができる。後で述べるように，異なる種類の酵素阻害や調節を識別することもできる。式 11.25 の両辺の逆数をとることにより，

$$\frac{1}{v} = \frac{K_M + [S]}{V_{max}[S]} = \frac{K_M}{V_{max}[S]} + \frac{[S]}{V_{max}[S]} \qquad (11.28a)$$

すなわち

$$\frac{1}{v} = \left(\frac{K_M}{V_{max}}\right)\frac{1}{[S]} + \frac{1}{V_{max}} \qquad (11.28b)$$

の式が得られる。こうして，$1/v$ を $1/[S]$ に対してプロットすると直線になる。$1/[S] = 0$ のとき，［S］は非常に大きく，反応速度は最大になる。したがって，$1/[S] = 0$ のときの y 切片は $1/V_{max}$ に等しくなる。V_{max} と $[E]_t$ が与えられれば（反応速度論実験の初期状態から），k_{cat} は $V_{max} = k_{cat}[E]_t$ から計算できる。同様にして，K_M はプロットの傾き K_M/V_{max}，y 切片から得られる V_{max} の値から計算される。あるいは，K_M は Lineweaver-Burk プロットの $1/v = 0$ のときの x 切片から計算できる。$1/v = 0$ とすると，

$$0 = \left(\frac{K_M}{V_{max}}\right)\frac{1}{[S]_0} + \frac{1}{V_{max}} \qquad (11.29)$$

このとき，$[S]_0$ は $1/v = 0$ のときの［S］である。すると，式 11.29 から

$$\frac{1}{[S]_0} = -\frac{1}{K_M} \qquad (11.30)$$

が得られる。したがって，Lineweaver-Burk プロットの x 切片は $-1/K_M$ となる（図 11.25）。

Lineweaver-Burk プロットの不都合な点は，K_M を決定するときにしばしば長い外挿が必要になることで，結果に相応の不正確さが生じる。そこで，他のプロット法が使われることもある。1 つの変法が式 11.25 を変形して

$$v = V_{max} - K_M\frac{v}{[S]} \qquad (11.31)$$

とし，v と $v/[S]$ のグラフにすることである。これは **Eadie-Hofstee プロット Eadie-Hofstee plot** と呼ばれる（図 11.26）。これらの直線プロットは，反応阻害の様式を見分ける上で，有用な方法になるが，データの重みが同等ではないという問題点もある。容易に入

11

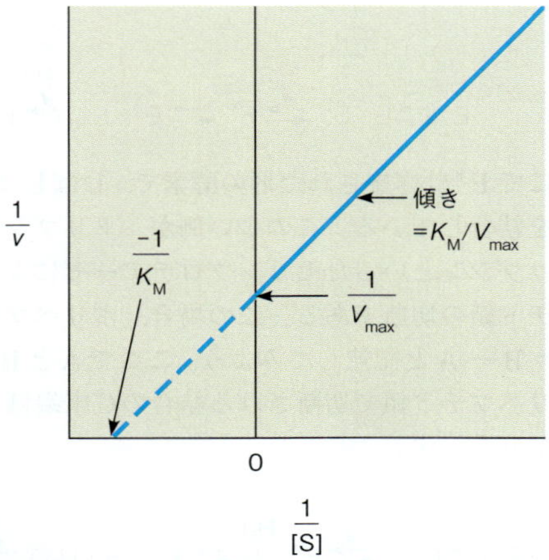

図 11.25　Lineweaver-Burk プロット　この両逆数プロットでは，式 11.28b に従い，$1/v$ を $1/[S]$ に対してグラフ化してある。データの線形外挿法により V_{max} も K_M も求められる。

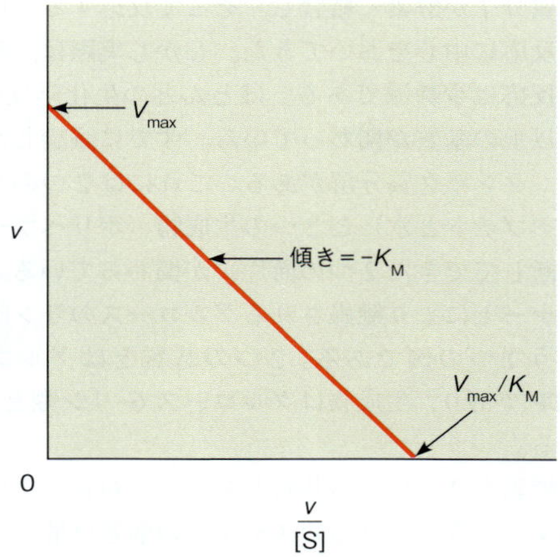

図 11.26　Eadie-Hofstee プロット　v を $v/[S]$ に対してプロットすると，$v/[S] = 0$ の値から V_{max} を，直線の傾きから K_M が得られる。

手可能なソフトウェアで生データに非線形曲線を当てはめるほうが望ましい。

> **ポイント17**
> Lineweaver-Burk プロットや Eadie-Hofstee プロットは，反応初速度のデータから K_M や k_{cat} を決定する便利な方法である。

リゾチームやスブチリシンについて述べたように，部位特異的変異はほとんどの酵素の反応機構モデルを検証するために広く用いられている。特定の変異が，見かけ上の k_{cat} や K_M，あるいはその両方を変化させることがある。このようなデータを最も単純に解釈すると，以下のようになる。k_{cat} のみに影響する変異は，基底状態での基質への結合には関与せず，触媒のみに関与するアミノ酸側鎖を変える（例えば，活性部位の求核基や一般酸塩基触媒〈GABC〉など）。逆に，K_M のみに影響する変異は，基質に結合するが，遷移状態の安定化には関与していないアミノ酸側鎖を変える。しばしば，活性部位の残基の変異で k_{cat} と K_M の両方が影響される。基質に結合し，ついで相互作用が至適になるように配置を変え，より強く遷移状態と相互作用するような残基の変異では，このようなことが起こるだろう。

> **ポイント18**
> 酵素活性部位でのアミノ酸変異による K_M と k_{cat} への影響は，基質の結合（K_M への影響）や遷移状態の安定化（k_{cat} への影響）における当該アミノ酸の役割を特定するのに使われる。

多基質反応

酵素の反応論についてのここまでの議論は，1つの基質分子が酵素に結合し，そこで反応するという単純な反応に中心をおいてきた。しかし実際は，そのような反応は少数派である。ほとんどの生化学反応には2つ以上の基質が関わっている。すでに議論した例として，タンパク質分解がある。これには2つの基質（ポリペプチドと水）と2つの生成物（ポリペプチド鎖が切断してできた2つの断片）が関わっている。ヘキソキナーゼにより触媒されるグルコースのリン酸化は，もう1つの例である。2つの基質とはグルコースと ATP であり，生成物はグルコース 6-リン酸と ADP である。

酵素が2つ以上の基質と結合して複数の生成物を放出するとき，これらのステップの順番は酵素の反応機構の重要な特徴になる。多基質反応のメカニズムについては主なもので数種類に分けられる。2つの基質 S1，S2 と，2つの生成物 P1，P2 を用いた例で説明しよう。

ランダムな基質結合

ランダムな基質結合においては，酵素に最初に結合するのはどちらの基質であってもよい。もちろん，多くの場合，片方の基質が最初の結合に好まれ，この結合は他方の基質の結合を促進することもある。一般的な経路は

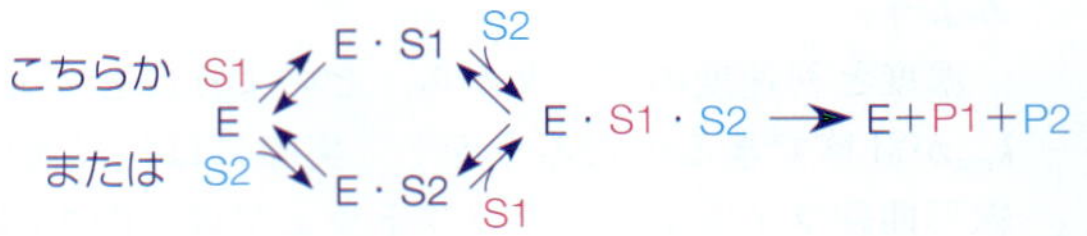

ヘキソキナーゼを酵素とする，ATP によるグルコースのリン酸化は，グルコースが最初に結合する傾向があるものの，このメカニズムに従うようだ。

順を追った基質結合

場合によっては，2番目の基質が有意に結合する前に，最初の基質が結合しなければならない。

$$\mathrm{E} \underset{}{\overset{\mathrm{S1}}{\rightleftharpoons}} \mathrm{E\cdot S1} \overset{\mathrm{S2}}{\rightleftharpoons} \mathrm{E\cdot S1\cdot S2} \longrightarrow \mathrm{E+P1+P2}$$

このメカニズムはしばしば，補因子 NAD^+ による基質の酸化においてみられる。NAD^+ はジヒドロ葉酸レダクターゼの反応機構で扱った補因子 $NADP^+$ と関係がある。

ピンポン機構

時として，触媒における一連のイベントが，以下のようになることもある。すなわち，ある基質が結合し，生成物が放出される。2番目の基質が結合し，2番目の生成物が放出される。これはピンポン反応といわれる。

$$\mathrm{E} \overset{\mathrm{S1}}{\rightleftharpoons} \mathrm{E\cdot S1} \overset{\mathrm{P1}}{\rightleftharpoons} \mathrm{E^*} \overset{\mathrm{S2}}{\rightleftharpoons} \mathrm{E^*\cdot S2} \overset{\mathrm{P2}}{\longrightarrow} \mathrm{E}$$

ここで E^* は修飾された形の酵素で，しばしば S1 の断片を結合している。このよい例が，トリプシン，キモトリプシンといったセリンプロテアーゼによるポリペプチド鎖の切断である。この場合，ポリペプチド鎖を S＝B—A と記述してみよう。ここで A と B は各々，ポリペプチド鎖で切断される結合の C 末端側と N 末端側部分を表す。

$$\mathrm{E} \overset{\mathrm{S}}{\rightleftharpoons} \mathrm{E\cdot S} \overset{\mathrm{A}}{\rightleftharpoons} \mathrm{E^*\cdot B} \overset{\mathrm{H_2O}}{\rightleftharpoons} \mathrm{E^*\cdot B\cdot H_2O} \overset{\mathrm{B}}{\longrightarrow} \mathrm{E}$$

ここで $E^*\cdot B$ と $E^*\cdot B\cdot H_2O$ は，上記の共有結合中間体を示す（図 11.17）。

ポイント 19
多基質反応は，基質が結合する順番（ランダムな結合，順を追った結合，ピンポン機構）により分類される。

複雑な反応の詳細な検証

複雑な酵素触媒反応のメカニズムや異なるステップの速度定数は，どのようにすれば決定できるだろうか？　例えば，キモトリプシンのようなセリンプロテアーゼによる基質の切断を考えてみよう。$E^* \cdot B + H_2O \rightarrow E^* \cdot B \cdot H_2O$ のステップは解析できないことに注意しよう。これは，水の濃度は水溶液中では本質的に固定されており，変数ではないからである。したがって，反応を次のように記述すれば十分だろう。

$$E + S \underset{k_{-1}}{\overset{k_1}{\rightleftharpoons}} E \cdot S \xrightarrow[k_2]{A} E^* \cdot B \xrightarrow[k_3]{} E + B$$

この例においては，決定すべき定数がいくつかある。定常状態の測定そのものは十分ではない。定常状態の反応速度は次の式で与えられる。

$$v = \frac{\left(\dfrac{k_2 k_3}{k_2 + k_3}\right)[E]_t[S]}{[S] + \left(\dfrac{K_S k_3}{k_2 + k_3}\right)} \tag{11.32}$$

言い換えれば，この酵素は Michaelis–Menten 型の反応をするが，k_{cat}と K_Mは次のように定義される。

$$k_{cat} = \frac{k_2 k_3}{k_2 + k_3} \tag{11.33a}$$

$$K_M = \frac{K_S k_3}{k_2 + k_3} \tag{11.33b}$$

$$K_S = \frac{k_{-1}}{k_1} \tag{11.33c}$$

これらの結果は，たとえ反応速度が Michaelis–Menten の式に従うような反応においても，k_{cat}と K_Mの適切な表記は反応メカニズムに依存することを強調している。このような場合において個々の速度定数を求めるには，定常状態の範囲外における測定がなされなければならない。酵素に結合した中間体がタンパク質分解に関与しているかもしれないことを最初に示したのは，キモトリプシンによるエステル加水分解の初期段階における短時間の反応速度研究である。反応生成物 A の放出（この例では *p*–ニトロフェノール）を測定すると，最初の 2〜3 秒は A の濃度が急速に増加し，ついで酵素 1 モルあたり A を 1 モル産生するようになることがわかった。この後，定常状態の反応に期待されるように，速度は，ほぼ一定になる（図 11.27）。

反応初期における最初の生成物の急速な産生は，前定常状態産生あるいは爆発相と呼ばれ，以下のように

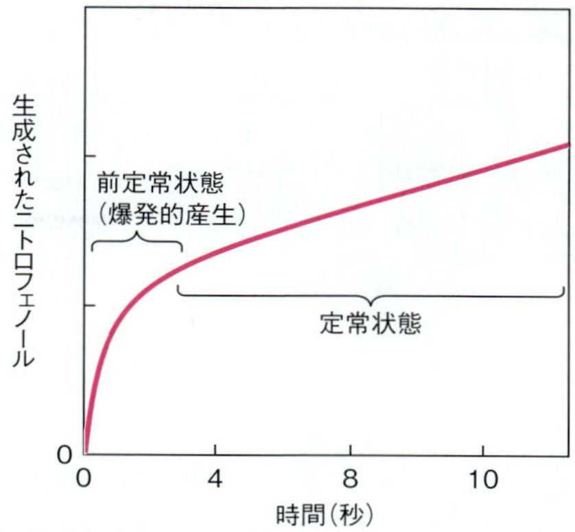

図 11.27　前定常状態　キモトリプシンにより触媒される *p*–ニトロフェニル酢酸の加水分解の反応速度をプロットした。酵素と基質を混合した後，最初の生成物（*p*–ニトロフェノール）の産生を分光学的に追跡した。初期にみられる生成物の爆発的産生は，ほとんどの酵素がアシル酵素中間体になると落ち着いていく。

説明されている。エステルの加水分解において，k_3は k_2よりもずっと小さい。したがって，アシル中間体は各々の酵素分子上で速やかに形成され，それにともなって 1 モルの生成物 A を放出する。しかし，その後は，各々のアシル中間体が分解し，酵素が次に反応できるようになるまで，それ以上の A は産生されない。アシル中間体の解離が律速段階なのである。

ストップトフロー技術（「生化学の道具 11A」参照）を用いたさらに迅速な測定により，酵素–基質複合体（ES）の形成速度を測定することができる。基質が枯渇した後にアシル中間体の減少を測定すると k_3が得られる。このような方法と定常状態の測定を組み合わせて，式 11.32 におけるすべての定数を求めることができる。表 11.6 に，*N*–アシルアミノ酸エステルについて詳細な速度論データの例を 2 つ示した。上の例において，$k_{cat} \cong k_2$であり，$K_M \cong K_S$である。これは $k_2 < k_3$であって，アシル化反応（k_2）が律速段階であるときに予想される。下の例では，脱アシル化が律速段階であり（$k_2 > k_3$），$k_{cat} \cong k_3$である。この状況では，$K_M = K_S(k_3/k_2)$ である。これらの結果については，式 11.33a〜c が具体的な場合に，どのように振る舞うかを調べることにより確かめられる。

この例は，どんな酵素の研究においても定常状態の分析は第一歩にすぎず，触媒機構の詳細を明らかにするためにはさまざまなテクニックを用いなければならないことをはっきり示している。

酵素活性の単分子研究

ここまでの酵素反応速度論の議論は，反応容器に大量の精製タンパク質が存在するという，この手の研究に用いられる典型的な条件に基づいている。したがって，分子の大規模な集団の平均的な挙動が，速度論的

表 11.6　キモトリプシンによる２つの *N*-アシルアミノ酸エステルの加水分解の速度定数

基質	k_{cat} (s^{-1})	k_2 (s^{-1})	k_3 (s^{-1})	K_M (mM)	K_S (mM)
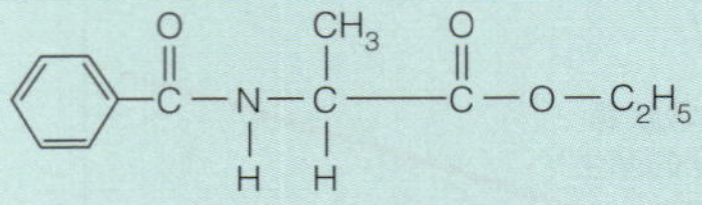	0.069	0.069	0.6	5.87	5.97
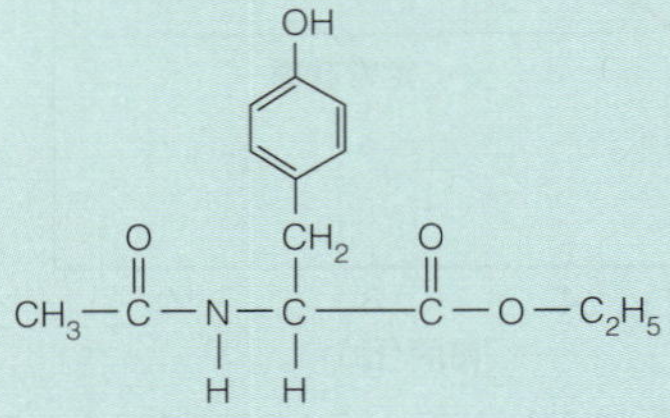	192	5000	200	0.663	17.2

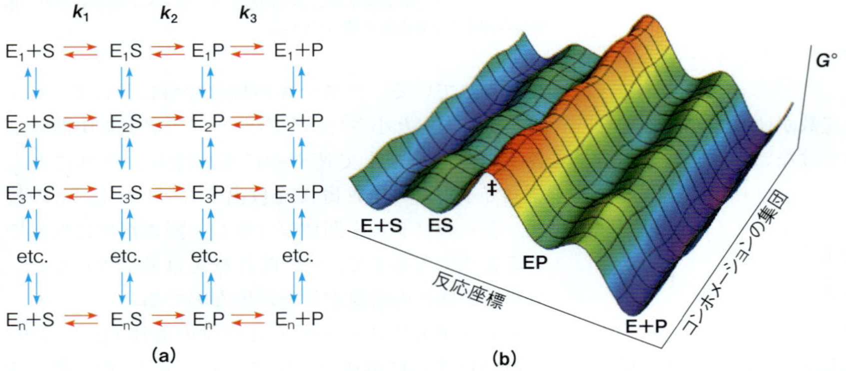

図 11.28　コンホメーションの動力学と拡張された反応座標　(a) 単分子の研究により，酵素は反応座標をたどる（赤矢印）だけではなく，反応座標上の類似の状態間で複数のコンホメーションをとることできる（遊離酵素の状態，ES 複合体，EP 複合体の間の青矢印）ことが示唆されている。**(b)** (a) で示された反応スキームの自由エネルギー状態のモデル。実際の酵素では，起伏がもっと大きくなり（ここで示したものより山は高く，谷は深くなる），ES と EP の状態の間に少数の鞍状部分ができるであろう。単分子について観察された反応速度の可変性は，(a) に示したさまざまな状態間の障壁の高さの違いに帰せられる。

な挙動として観察される。最近，蛍光顕微鏡に固定された酵素単分子の反応速度を記録することが可能になってきた。Sunney Xie と共同研究者らは，この方法でβガラクトシダーゼを研究した。彼らは，単分子の速度論的挙動はさまざまであることを見出した。１つの分子でも，代謝回転速度は速いことも遅いこともあり，また，異なる分子の間では速度も異なる。彼らはこの結果を，個々の酵素分子には異なる k_{cat} 値と結びつけられる複数のコンホメーションがあると解釈した（図 11.28a）。図 11.28b は，反応座標（図 11.10 の赤の曲線）を二次元にプロットし，動的運動の結果として分子がとることのできる複数のコンホメーションを描くとしたら，酵素単分子の k_{cat} のバリエーションをどのようにイメージできるかを説明している。酵素の個々の状態（E，ES，EP）は複数のコンホメーションをとり，各々のコンホメーションは異なる自由エネルギーと結びついている。両方の座標に沿ったエネルギー障壁の違いが，これらの実験において観察される k_{cat} のバリエーションにつながるのであろう。

これは上記の酵素反応速度論のすべてが無効ということを意味するわけではない。Michaelis-Menten モデルは分子の大きな集団の速度論のよい記述である。さらに言えば，Xie は単分子をたくさんの代謝回転にわたって観察すると，平均の速度論的挙動は Michaelis-Menten の反応速度論でも記述できることを見出したのだ。そこで，Michaelis-Menten モデルの観点から速度論的研究データの解釈を続けるとしよう。

酵素阻害

酵素阻害の研究は，その触媒機構の洞察に大いに役立つ。いろいろな種類の分子がさまざまな様式で酵素を阻害する。このうち，**可逆阻害剤 reversible inhibitor** と**不可逆阻害剤 irreversible inhibitor** は大きく区別しなければならない。前者には阻害剤の非共有結合が関与し，少なくとも原則としては，阻害剤を除去すれば阻害は解除される。生理的条件下では，非共有結合も不可逆のようにみえるほど強いこともある。トリプシンへのトリプシンインヒビターの結合がそのような例の 1 つである（図 6.42 参照）。一方，不可逆阻害では，分子は酵素に共有結合し，完全に不活性化する。不可逆阻害は生物毒や毒物の作用にしばしばみられるが，それらの多くは重要な酵素の機能を妨げることにより致死作用を示す。一方，薬物の治療効果は，これから多くの例でみていくように，酵素阻害剤としての作用に依存していることが多い。

ポイント 20
酵素の阻害は，可逆的か不可逆的かのどちらかである。

可逆阻害

可逆阻害にはいろいろな様式があるが，すべて阻害剤の酵素への非共有結合が関与している。しかし，酵素活性を弱めるメカニズムや反応速度への影響は異なっている。

競合阻害

酵素触媒反応の基質に非常によく似ていて，酵素の活性部位に結合するような分子が存在するとしよう。この分子が酵素の作用を受けるならば，単に競合する別の基質ということになる。しかし，もし，この分子が酵素の活性部位に結合するにもかかわらず，触媒ステップに進むことができないとしたら，酵素は本来の基質に対する化学反応を行うことが困難になる。このような分子は**競合阻害剤 competitive inhibitor** と呼ばれる。なぜなら，酵素上の同じ部位への結合を基質と競合するからである（図 11.29）。

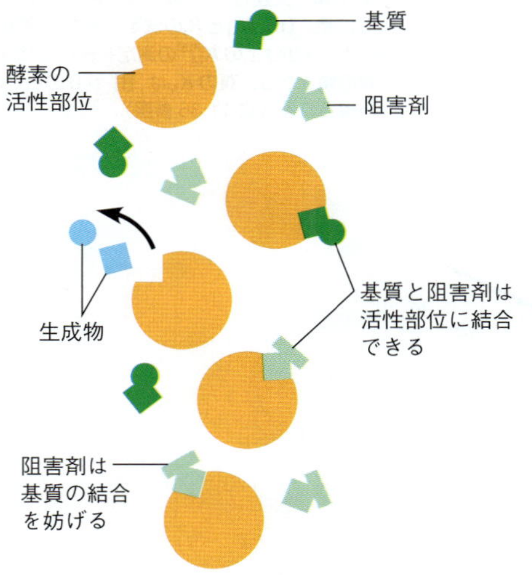

図 11.29　競合阻害　基質も阻害剤も活性部位にぴったり収まる。基質は酵素によって加工されるが，阻害剤はされない。

ほんのわずかでも競合阻害剤が活性部位を占有する限り，酵素が触媒に使われることはない。全体的な効果として，阻害剤があるときには，あたかも酵素が基質に結合できないかのようになる。したがって，阻害剤の存在により，酵素は K_M が増加したかのように振る舞う。この考えは，反応スキームを以下のように書くことにより表現することができる。

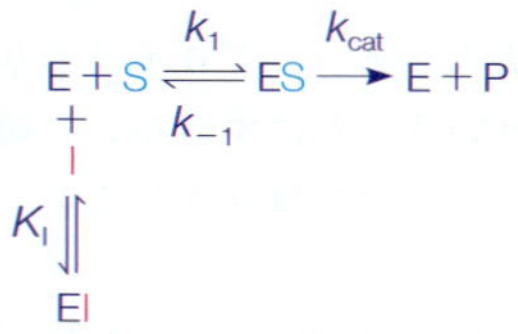

ここで I は阻害物質であり，K_Iは阻害剤結合の解離定数で，[I] を遊離阻害剤濃度としたときに $K_I = [E][I]/[EI]$ で定義される。速度式は前の項で示したように解くことができるが，次のようにも示すことができることに注意されたい。

$$\underset{\text{全酵素}}{[E]_t} = \underset{\text{遊離酵素}}{[E]} + \underset{\text{基質と結合した酵素}}{[ES]} + \underset{\text{阻害剤と結合した酵素}}{[EI]} \quad (11.34)$$

これを分析すると，v についての式は

$$v = \frac{k_{cat}[E]_t[S]}{K_M\left(1 + \dfrac{[I]}{K_I}\right) + [S]} \quad (11.35a)$$

あるいは

$$v = \frac{V_{max}[S]}{\alpha K_M + [S]} \quad (11.35b)$$

となる。ここで $\alpha = (1 + [I]/K_I)$ である。αK_Mを K_M^{app} と書くとすれば，

$$v = \frac{V_{max}[S]}{K_M^{app} + [S]} \quad (11.35c)$$

となる。この式は，ちょうど Michaelis–Menten の式と同じようにみえる。みかけ上の K_Mは $\alpha K_M = (1 + [I]/K_I)\,K_M$により与えられる。予想どおり，[I] が増加すると，みかけ上の K_Mも増加する。ES の形成が [S] に依存するように EI の形成も [I] に依存するので，競合的に阻害される反応の速度は I と S の相対的な濃度に厳密に依存する。基質に対する K_M自体は変化せず，むしろ競合阻害剤の存在が V_{max}の半数値を与える [S] の値を増加させることに留意しよう。みかけ上の K_Mは阻害された反応に対して測定されるが，α は常に >1 であるので，基質に対する実際の K_Mよりは大きくなる。

11

ポイント 21
競合阻害剤は酵素の活性部位を基質と競合し，みかけ上のK_Mを増加させる。

競合阻害では，最大速度は変化しない。なぜなら，[S] が非常に大きな値になると，v は V_{max}に近づき（ちょうど阻害がないかのように），$V_{max} = k_{cat}$ $[E]_t$となるからである。物理的には，一定の [I] に対して [S] が非常に大きいとき，より多数の基質分子が阻害剤に打ち勝つということにすぎない。競合阻害の効果を，[S] に対して v をプロットしたグラフにより示した（図 11.30a）。

この系は，一定の [I] のもとでは Michaelis–Menten 式に従うので，Lineweaver–Burk プロットと Eadie–Hofstee プロットは直線のグラフになり，K_M（V_{max}ではなく）は阻害剤の存在下で変化するはずである。図 11.30b に示すように，このようなことがまさに起こっている。真の K_Mも K_Iも，図 11.30c にみられるように決定される。これは異なる阻害剤濃度で得られる K_M^{app} の値を [I] に対してプロットすると，

$$K_M^{app} = \alpha K_M = \left(1 + \frac{[I]}{K_I}\right) K_M = K_M + \frac{K_M}{K_I}[I] \tag{11.36}$$

により予想されるような直線を与えるからである。競合阻害剤の明確な例を図 11.31 に示した。ジヌクレオチド UpA は，2つのヌクレオチド間のリン酸ジエステル結合の加水分解を触媒する酵素，リボヌクレアーゼの非常によい基質である。しかし，UpA の切断部位の酸素原子が CH_2基で置換されると，分子はホスホン酸類似体 UpcA となり，これは強力な競合阻害剤である。リボヌクレアーゼは活性部位でこの類似体に強く結合するが（複合体の X 線解析ができるくらいに），ホスホン酸結合を切断することはできない。

不競合阻害

この型の阻害は，分子あるいはイオンが，活性部位ではない酵素表面の第2の部位に結合し，k_{cat}を修飾できるときに起こる。それは例えば，酵素の構造をゆがめて触媒過程の効率を低下させるようなものかもしれない。考えられる最も単純なケースは，阻害剤分子が ES 複合体にのみ結合し，基質の結合は阻害しないが，触媒のステップは完全に抑えるというものである（図11.32）。

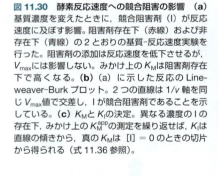

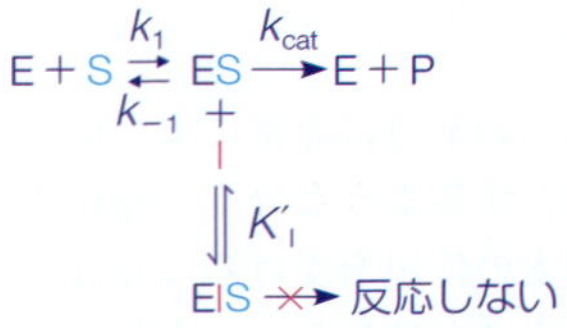

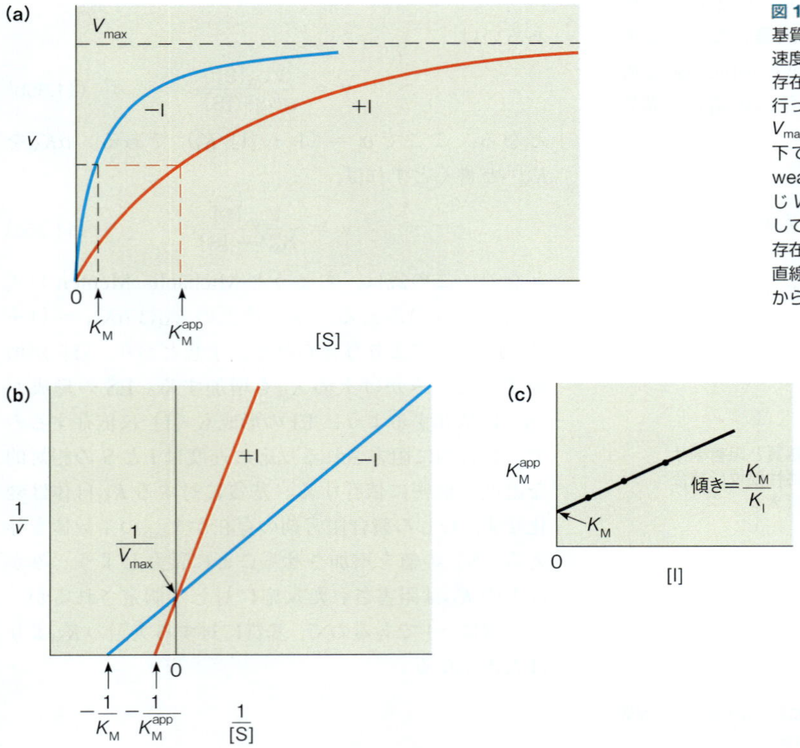

図 11.30　酵素反応速度への競合阻害の影響　(a) 基質濃度を変えたときに，競合阻害剤（I）が反応速度に及ぼす影響。阻害剤存在下（赤線）および非存在下（青線）の2とおりの基質–反応速度実験を行った。阻害剤の添加は反応速度を低下させるが，V_{max}には影響しない。みかけ上のK_Mは阻害剤存在下で高くなる。**(b)**（a）に示した反応の Lineweaver-Burk プロット。2つの直線は 1/v 軸を同じ V_{max}値で交差し，I が競合阻害剤であることを示している。**(c)** K_Mと K_Iの決定。異なる濃度の I の存在下，みかけ上の K_M^{app}の測定を繰り返せば，K_Iは直線の傾きから，真の K_Mは [I] ＝ 0 のときの切片から得られる（式 11.36 参照）。

ここで，遊離酵素に対する阻害剤結合の平衡定数 K_I と，ES 複合体に対する阻害剤結合の平衡定数 K'_Iを区別しよう。阻害剤の結合部位が基質結合部位と完全に離れているので，このような**不競合阻害剤 uncompetitive inhibitor** は基質とは似ても似つかぬものであってもかまわない。

上記のような不競合阻害についての Michaelis-Menten 式は，次のようにして示すことができる。

$$v = \frac{V_{max}^{app}[S]}{K_M^{app} + [S]} = \frac{V_{max}[S]}{K_M + \alpha'[S]} \qquad (11.37)$$

ここで $\alpha' = (1 + [I]/K'_I)$，$V_{max}^{app} = V_{max}/\alpha'$，そして $K_M^{app} = K_M/\alpha'$ である。不競合阻害剤が存在すると，V_{max}も K_Mも $1/\alpha'$ の係数によりみかけ上，減少する（図 11.33a）。不競合阻害剤は ES 複合体にのみ結合することにより，S の有効な結合を増加させ，これによりみかけ上の K_Mを減少させる。この観察結果は，どのようにして説明できるのであろうか？　$[S] < K_M$ のときには，[S] が減少すると v が V_{max} $[S]/K_M$に近づくため，阻害剤の効果はほとんどない。$[S] > K_M$のときには，阻害剤が V_{max}を減少させる効果ははっきりとする。これは [S] が増加すれば v は V_{max}/α' に近づくからである。図 11.33a に示すように，[S] に対する v のプロットは，[S] が低いときには重なり合い，[S] が高いときにはずれてくる。

ポイント 22
不競合阻害剤は活性部位を競合しないが，触媒反応に影響し，みかけ上の V_{max}と K_Mを減少させる。これらの効果は [S] を増加させても解除できない。

不競合阻害と競合阻害は次の 2 点において区別される，すなわち，(1) 不競合阻害は [S] を増やしても

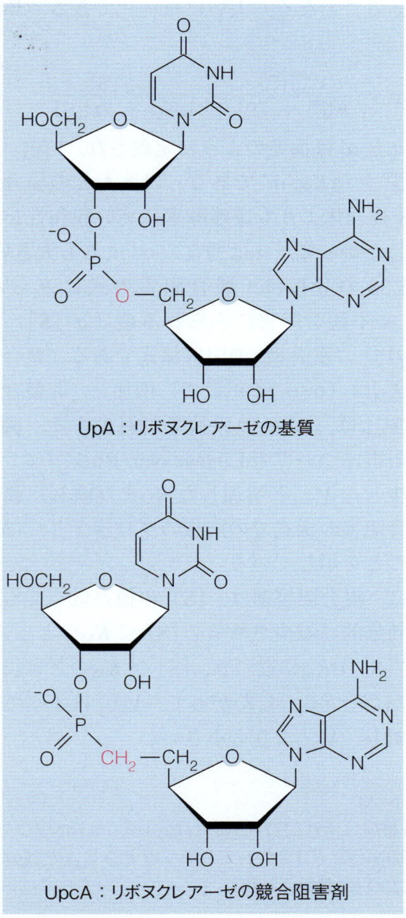

図 11.31　基質と競合阻害剤　基質 UpA と構造的に類似の分子 UpcA は，酵素リボヌクレアーゼを競合する。基質と阻害剤の唯一の違いをピンク色で示す。

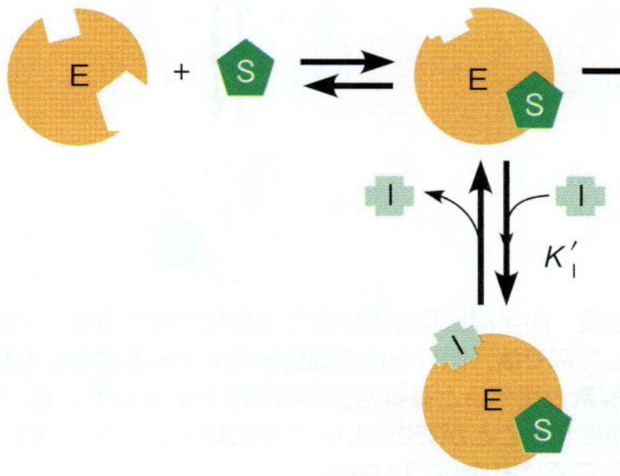

図 11.32　不競合阻害　阻害剤は基質とは異なる部位で酵素表面に結合する。この単純な例では，阻害剤は ES 複合体のみに結合し，触媒作用を阻害する。

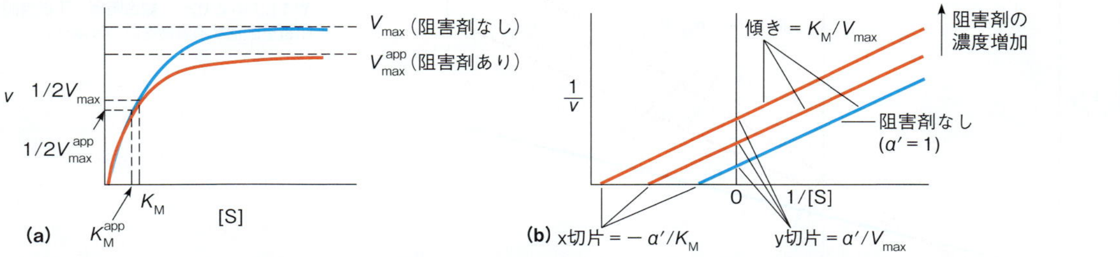

図 11.33　酵素反応速度への不競合阻害の影響　**(a)** 基質濃度を変えたときに，不競合阻害剤 (I) が反応速度に及ぼす影響。この単純な例では，K_Mも V_{max}も $1/\alpha'$ 倍に減少する。**(b)** (a) に示した反応の Lineweaver-Burk プロット。直線は平行で，異なる点で $1/v$ 軸と交差する。競合阻害との違いは明らかである。

解除されない，（2）図 11.33b に示したように，Lineweaver–Burk プロットは交差するというより平行な直線になる（これは α' がどんな値であっても，傾きを与える比率 ＝ K_M/V_{max}には関わらないからである）。

この挙動は，3 級アミン（R_3N）によるアセチルコリンエステラーゼ（第23章参照）の阻害にみられる。3 級アミン（R_3N）はさまざまな形の酵素に対して結合するが，アシル中間体–アミン複合体は酵素と生成物へと分解することはない。

混合阻害

この様式の阻害は，分子やイオンが遊離酵素と ES 複合体のどちらにも結合することができるときに起こる（図 11.34 参照）。

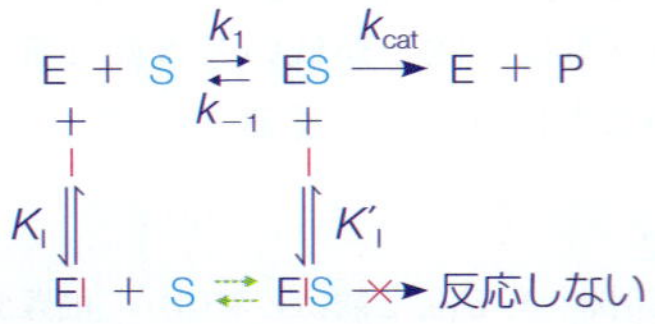

再び，阻害剤の E と ES に対する結合の平衡定数 K_Iと K'_I を各々，区別して考えよう。$K_I = K'_I$ の場合，この混合型の阻害は，**非競合阻害 noncompetitive inhibition** とも呼ばれる。EI 複合体への基質の結合（左段のスキームで黄緑の矢印）は，遊離酵素への結合に対するものよりも通常はかなり弱い。完全な熱力学的解析ではなくなってしまうが，EI ＋ S ⇄ EIS の過程は，ここでは考えない。そうすることにより，混合阻害に対する Michaelis–Menten 式の誘導は，分析の結論を有意に変えることなく，大いに単純化できる。単純化した場合，

$$v = \frac{V_{max}^{app}[S]}{K_M^{app} + [S]} = \frac{V_{max}[S]}{\alpha K_M + \alpha'[S]} \qquad (11.38)$$

ここで α と α' は前述のように定義され，$V_{max}^{app} = V_{max}/\alpha'$，$K_M^{app} = \alpha K_M/\alpha'$ である。ほとんどの場合，阻害剤は ES 複合体よりも遊離酵素に高い親和性をもっている。したがって，α は通常，α' よりも大きい。

式 11.38 の分母は，競合阻害の式にみられる項（αK_M）や不競合阻害にみられる項（$\alpha'[S]$）を含んでいるので，“混合型” の阻害様式である。競合阻害に関して K_Mは（α/α' の係数で）増加し，非競合阻害について V_{max}は（$1/\alpha'$ の係数で）減少する。図 11.35 は混合阻害についての Lineweaver–Burk プロットが，この減少した V_{max}と増加した K_Mを反映し，競合阻害や不競合阻害の様式での同様のプロットと，はっきり異なることを示している。

最後に，混合阻害剤は，[S] の値が低くても高くても v を効果的に減少させる。$[S] < K_M$のときには，v は $V_{max}[S]/\alpha K_M$に近づき，$[S] > K_M$のときには v は V_{max}/α' に近づく。したがって，V_{max}^{app} はすべての値の [S] に対し，V_{max}よりも小さい。

> **ポイント 23**
> 混合阻害剤は活性部位を競合しないが，触媒反応に影響する。どのような [S] に対してもみかけ上の V_{max}を減少させ，みかけ上の K_Mを増加させる。

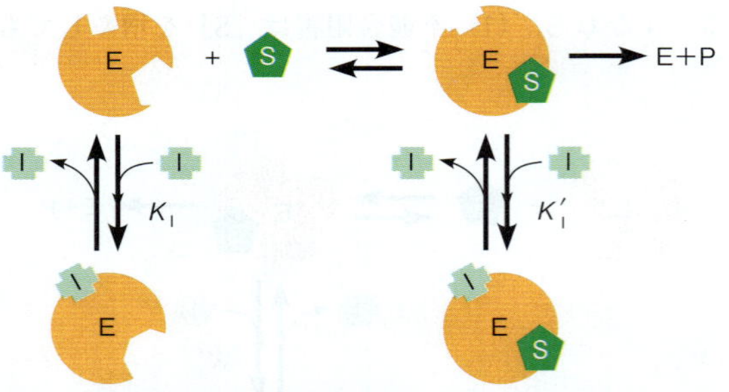

図 11.34　混合阻害　阻害剤は基質とは異なる部位で酵素表面に結合する。この単純化した例では，阻害剤は遊離酵素にも ES 複合体にも結合する。EI は遊離酵素と比べると基質結合の親和性が低下している。EIS 複合体は触媒作用を示すことができない。本文に述べたように，EI ＋ S ⇄ EIS の過程はここでは考慮していない。

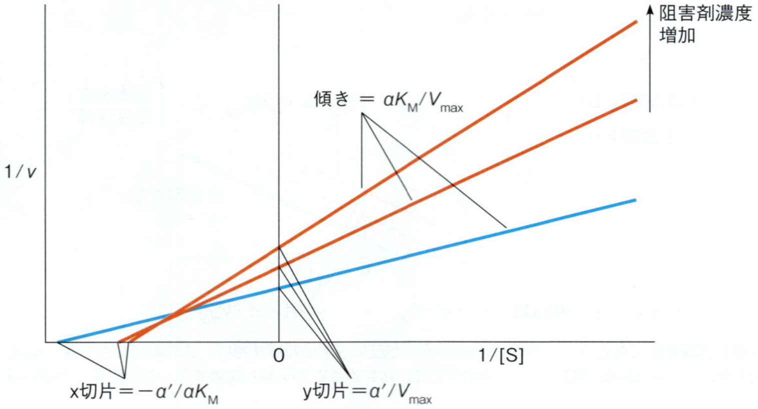

図 11.35　混合阻害の反応速度と Lineweaver–Burk プロット　V_{max}は $1/\alpha'$ 倍に減少し，K_Mは α/α' 倍に増加する。このプロットを図 11.30b や 11.33b と比べ，競合阻害，不競合阻害，混合阻害を区別する特徴をみつけよう。

不可逆阻害

ある種の物質は酵素と共有結合して不可逆的に酵素を不活性化する。ほとんどすべての**不可逆酵素阻害剤 irreversible enzyme inhibitor** は天然物であれ，合成品であれ，毒性物質である。表 11.7 にいくつかの例を示した。ほとんどの場合，このような物質は酵素の活性部位の官能基に反応して触媒能を不活性にするか，あるいは基質の結合を阻害する。

> **ポイント 24**
> 多くの不可逆阻害剤は酵素の活性部位に共有結合する。

不可逆阻害剤の代表例は，ジイソプロピルフルオロリン酸 diisopropyl fluorophosphate（DFP）である。この化合物は，図 11.36 に示すように，急速かつ不可逆的にセリンの水酸基と反応して，共有結合性付加物を形成する。したがって，DFP は活性部位に必須のセリンをもつ酵素の不可逆阻害剤として作用する。このような酵素として，セリンプロテアーゼとアセチルコリンエステラーゼがある。DFP が動物にとってことのほか有毒な物質であるのは，アセチルコリンエステラーゼへの阻害作用による。アセチルコリンエステラーゼは神経伝導に必須で（第 23 章参照），その阻害は生命機能の急速な麻痺状態を引き起こす。多くの殺虫剤や神経ガスは DPF に似ていて，強力なアセチルコリンエステラーゼの阻害剤である（表 11.7）。

重要な残基に選択的に反応する不可逆阻害剤は，活性部位に強力に結合しなければならない。多くの不可逆阻害剤は遷移状態アナログなので，活性部位に強力に結合する。代表例の DFP と神経ガスのサリンは，リン原子を囲むような四面体構造もつが，これは多くの加水分解酵素の基質の四面体オキシアニオン遷移状態に似ている

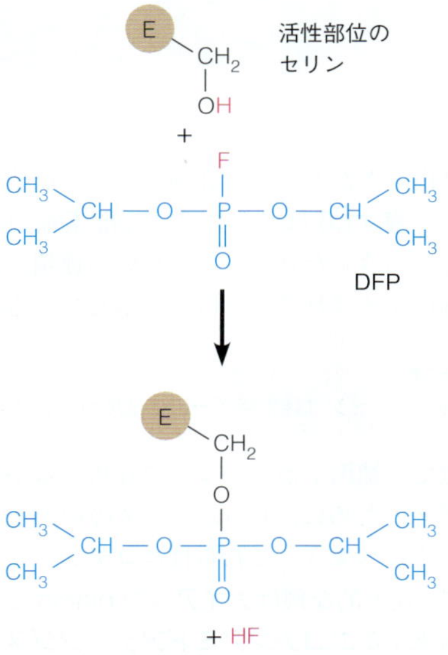

図 11.36　付加物形成による不可逆阻害　ジイソプロピルフルオロリン酸（DFP）はタンパクのセリン基に反応して共有結合性付加物を形成する。この共有結合により，触媒に重要なセリンが機能できなくなる。また，付加物は基質の活性部位への結合を妨げることもある。

標的酵素の基質を模倣する不可逆阻害剤もある。その一例が *N*-トシル-L-フェニルアラニンクロロメチルケトン *N*-tosyl-L-phenylalaninechloromethyl ketone（TPCK）である（表 11.7 参照）。TPCK のフェニル基はキモトリプシンの活性部位のポケットにうまくフィットし，塩素は His57 のイミダゾール環窒素による求核置換反応を受けるのにぴったりの位置にくるので，キモトリプシンのすぐれた阻害剤である。結果として生じる共有結合性付加物は，酵素の活性部位への基質の接近をブロックし，酵素を完全に不活性化してしまう。このように特異的な不可逆阻害剤が多数合成され，酵素の触媒機構や酵素活性の調節機構の解析に役立ってきた。例えば，キモトリプシンを使ってタンパク質を加水分解する生化学者は，単に TPCK を加えるだけで，どんなときでも反応を速やかに停止できる。このような物質のもう 1 つの利用法が，酵素の活性部位の残基を特異的にラベルし，その同定に役立てるというものである。不可逆阻害剤がこのようにして使われるときには，しばしば，**アフィニティーラベル affinity label** と呼ばれる。アフィニティーラベルが酵素の作用を受けて初めて反応性をもって不可逆に結合するような例もあり，このような基質は**自殺基質 suicide inhibitor** と呼ばれる。酵素が阻害剤を無害な形から反応性の形へと変化させることにより“自殺”するからである。

多くの天然毒素は，不可逆的な酵素阻害剤である。カラバルマメに含まれるアルカロイドのフィゾスチグミン（表 11.7 参照）は，アセチルコリンエステラーゼを強力に阻害するので有毒である。ペニシリン抗生物質も細菌細胞壁合成に使われるセリン含有酵素の不可逆阻害剤として作用する（第 9 章参照）。

補酵素，ビタミンと必須金属

球状タンパク質構造の複雑さとタンパク質の側鎖構造の多様性により，さまざまな種類の触媒部位が形成される。この可変性により，酵素は多くの反応の効率的な触媒として作用できるのである。しかし，ある種の生物学的過程においては，アミノ酸側鎖の化学的潜在力だけでは十分ではない。タンパク質が反応を遂行するのに，他の低分子やイオンの助けを必要とすることもある。この目的のために酵素に結合したイオンや分子は**補因子 cofactor** あるいは**補酵素 coenzyme** と呼ばれる。酵素と同様，補因子は触媒過程で不可逆的

表 11.7　不可逆的酵素阻害剤

名称	化学式	起源	作用機序
シアン化物	CN^-	ビターアーモンド	酵素の金属イオンと反応（Fe，Zn，Cu），呼吸鎖酵素が主な標的（第15章参照）
ジイソプロピルフルオロリン酸（DFP，DIFP）	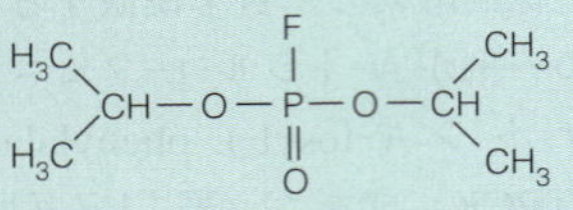	合成	活性部位にセリンをもつ酵素，アセチルコリンエステラーゼやセリンプロテアーゼを阻害
サリン	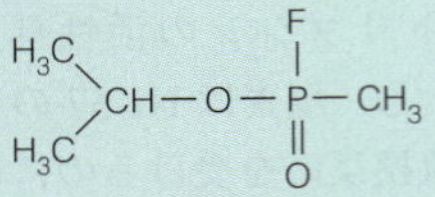	合成（神経ガス）	DFP と同様
フィゾスチグミン	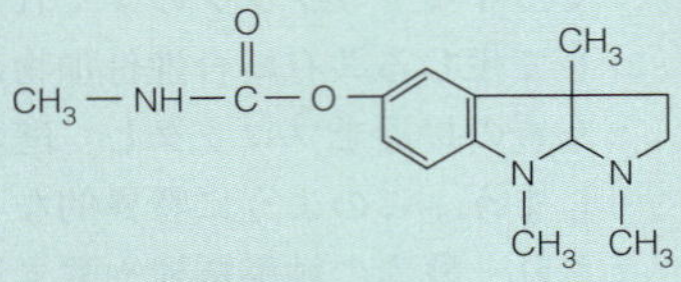	カラバルマメ	DFP と同様
パラチオン	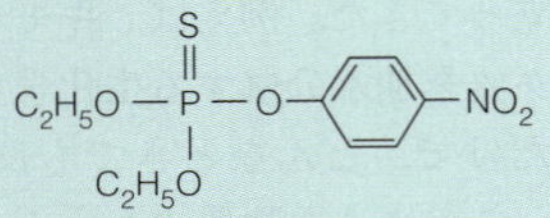	合成（殺虫剤）	DFP と同様であるが，特に昆虫のアセチルコリンエステラーゼに有効
N-トシル-L-フェニルアラニンクロロメチルケトン（TPCK）	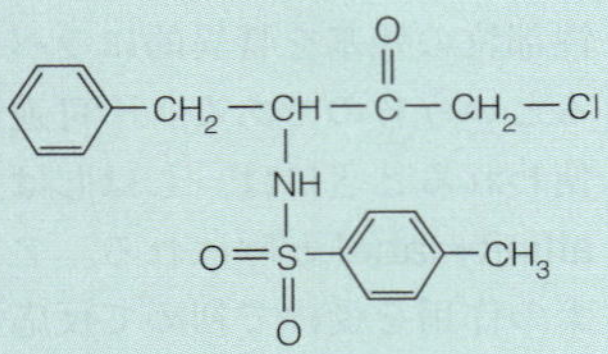	合成	キモトリプシンの His57 に反応
ペニシリン	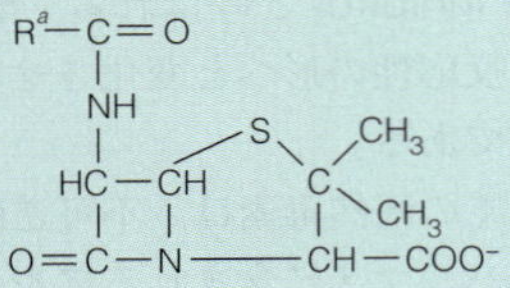	アオカビ	細菌細胞壁合成の酵素を阻害

[a]R＝ペニシリンの種類により構造が異なる部分

に変化するわけではない。これらは修飾されないか，NADPH を補因子とするジヒドロ葉酸レダクターゼ（前述）の場合のように再生される。

> **ポイント 25**
> 多くの酵素はイオンや補因子（補酵素）と呼ばれる小さい結合分子を触媒の補助に用いる。

補因子とその作用

補因子はしばしば複雑な有機構造をもち，生物種によっては，特に哺乳類では，合成することができない。通常，ビタミンＢ複合体と呼ばれる水溶性ビタミンは，いくつかの補因子の代謝的前駆体であり，これが代謝において水溶性ビタミンが非常に重要な理由である。本書では，代謝経路の説明に際して各々の補因子が最初に出てきたところで詳細な生化学を紹介することにする。表 11.8 は多くの重要な酵素補因子のリストである。関連したビタミン，反応の種類，および本書で詳細に記述されている箇所も示してある。

> **ポイント 26**
> 多くの必須ビタミンは酵素補因子の構成成分である。

この時点で，補因子がどのように作用するかをより具体的に考えるために，１つのクラスの補因子について少し詳しく述べよう。これらはニコチンアミドヌクレオチドで，代表的な例は**ナイアシン niacin** というビタミンに由来する**ニコチンアミドアデニンジヌクレオチド nicotinamide adenine dinucleotide（NAD^+）**である。

表 11.8　重要な酵素補因子と関連したビタミン

ビタミン	補因子	補因子が関与する反応	補因子が紹介されているページ
チアミン（ビタミン B_1）	チアミンピロリン酸	アルデヒドの活性化と転移	481～482
リボフラビン（ビタミン B_2）	フラビンモノヌクレオチド，フラビンアデニンジヌクレオチド	酸化還元	536
ナイアシン	ニコチンアミドアデニンジヌクレオチド，ニコチンアミドアデニンジヌクレオチドリン酸	酸化還元	400～401, 435, 475～476
パントテン酸	補酵素 A	アシル基の活性化と転移	537
ピリドキシン	ピリドキサールリン酸	アミノ酸活性化の関与する反応	755
ビオチン	ビオチン	CO_2の活性化と転移	552～553
リポ酸	リポアミド	アシル基の活性化，酸化還元	535
葉酸	テトラヒドロ葉酸	一炭素単位の活性化と転移	760
ビタミン B_{12}	アデノシルコバラミン，メチルコバラミン	異性化とメチル基転移	763

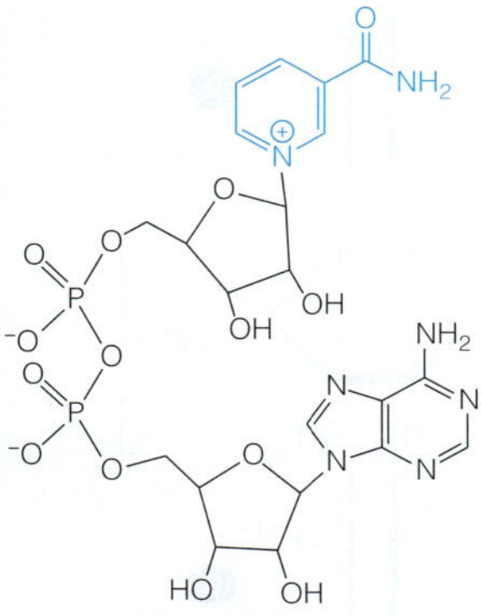

NAD⁺

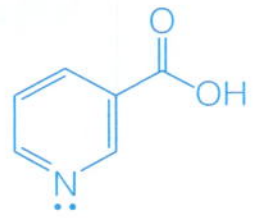

ナイアシン

NAD⁺の中ではニコチンアミドの部分が代謝に関係している。なぜなら，この部分はニコチンアミド環に 2 つの電子と 1 つのプロトンが付加して還元され，酸化剤の役割を果たすことができるからである。すなわち，$NAD^+ + 2e^- + H^+ \rightarrow NADH$。反応は可逆的で（NADH は，いくつかの反応で還元剤として作用する），形の上では**水素化物イオン hydride ion** の転移になる。すなわち，$NAD^+ + H^- \rightleftarrows NADH$。

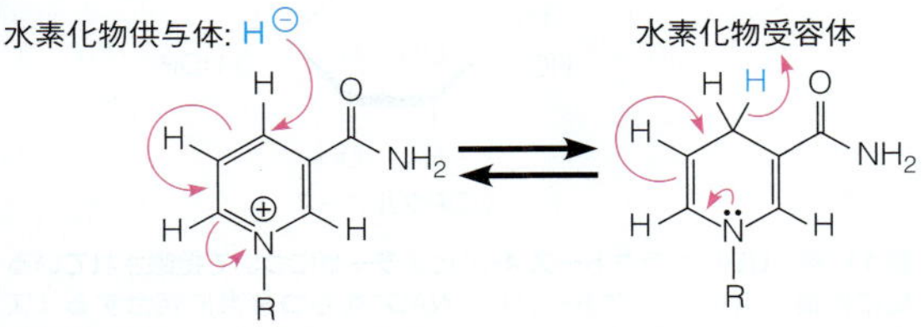

ここで R は分子の残りの部分を示す。

NAD⁺が酸化剤として作用する代表的な反応は，アルコールのアルデヒドやケトンへの転換である（例として肝臓のアルコールデヒドロゲナーゼによるもの）。

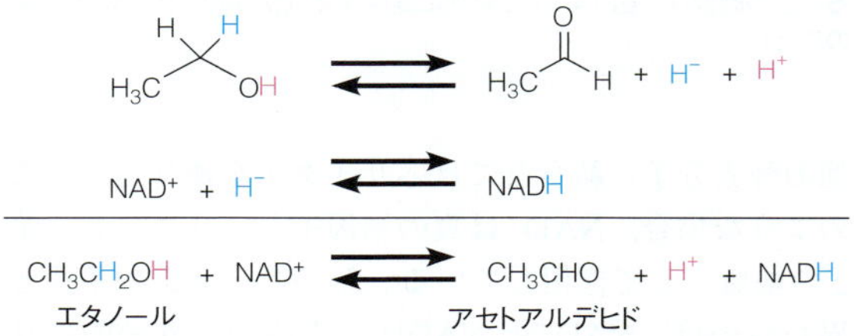

NAD⁺に転移されるのは炭素に結合した水素であって，酸素に結合した水素ではない。これは，重水素化化合物を用いた研究により証明することができた。また，これらの反応は立体特異的である。水酸基をもつ炭素が（エタノールのように）2 つの水素を結合していたとしても，このうちの特定の水素だけが NAD⁺へと転移される。エタノールにおいて水酸基をもつ炭素は不斉中心ではないので，この特異性は驚きであるかもしれない。基質分子が対称面をもつときに，どのようにして特定の水素が好まれるのだろうか？　その答えは，NAD⁺とアルコールが結合する酵素の表面が非対称な性質をもつことによる。もし，エタノールのような対称分子が非対称的物体に最低，3 点で結合したなら，2 つの水素原子は，もはや等価ではなくなる。この状態をプロキラルという（図 11.37）。また，ニコチンアミド環が平面であるとはいえ，特定の反応において，水素は常に環の片方の面へと転移される。非対称的な酵素の活性部位の中で，2 つの面は等価ではないからである。多くの酵素触媒反応は非酵素的触媒と対照的に高度に立体特異性であるが，その理由はこのように考えられている。

時に，本当の補因子と反応の第 2 の基質の区別が困難なことがある。ここで論じてきた反応は，この問題のよい例である。アルコールデヒドロゲナーゼのような脱水素酵素の各々は，酸化型の補因子 NAD⁺に対する強い結合部位をもっている。基質の酸化後，還元型の NADH は酵素から離れ，細胞内の他の電子受容系によって再酸化される。こうして形成された NAD⁺は

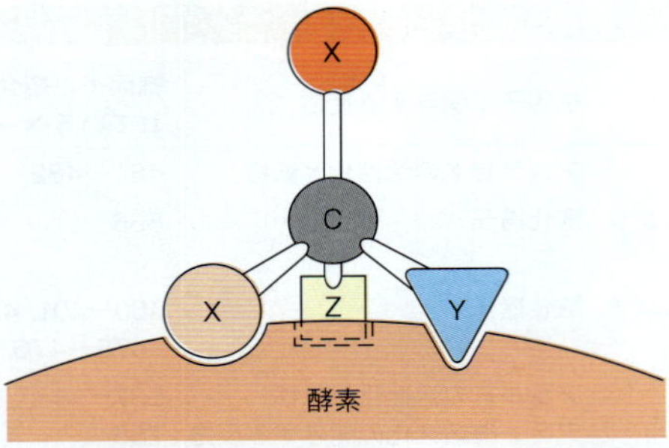

図 11.37　酵素による立体特異的な反応　この図では，対称的な基質において，どのようにして酵素の非対称な表面が立体特異的に反応するかを示している。基質分子 X_2 CYZ が酵素上のユニークな相補基と最低 3 箇所で接触すれば，2 つの X 原子は等価ではなくなる。2 つの X 原子のうちで，特定の 1 つだけが酵素表面と適切に接触できる。多くの例では，プロキラルな官能基の識別には少なくとも 4 つの接触点が必要である。この問題は，図 14.11 で詳細に議論する（p. 540。p. 542 も参照のこと）。

他の酵素分子に結合して反応サイクルを繰り返す。このような場合，NAD^+は真の補因子というよりも，第 2 の基質として作用している。しかし，通常の基質と異なるのは，NAD^+と NADH は細胞内で継続的にリサイクルされ，何度も繰り返し使われている点である。この振る舞いのため，NAD^+や NADH は補因子と考えられている。

NAD^+が明らかに補因子として挙動している例は，図 11.38 に示す UDP ガラクトース 4-エピメラーゼの反応にみられる。この酵素は UDP グルコースと UDP ガラクトースを相互転換することにより複雑な多糖の合成を促進する（第 9 章，13 章参照）。4 位の水酸基の立体化学が変化するメカニズムには，中間体状態として水酸基のカルボニル基への酸化が関与する。この場合，NAD^+は NADH に還元され（ステップ 2），次に再酸化されて（ステップ 3），NAD^+が再生される。この反応は，補因子が何をするか，なぜ必要かを示すよい例である。カルボニル中間体は，糖の相互変換にはこのうえなく優れた中間体状態であるが，タンパク質の通常のアミノ酸側鎖には，この種類の酸化還元反応の促進に適したものはない。NAD^+を結合することにより，酵素はこの機能を遂行することができるのである。

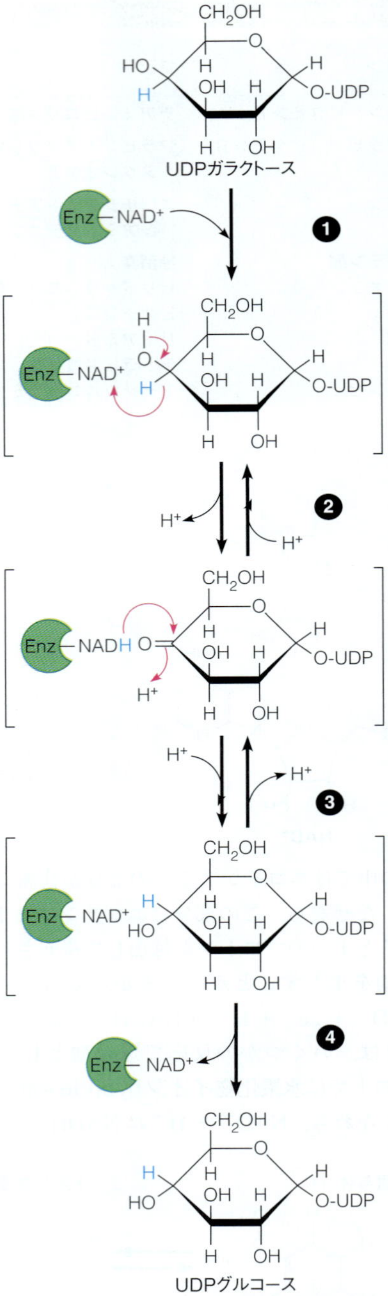

図 11.38　UDP ガラクトース 4-エピメラーゼについて提唱されている反応機構　UDP ガラクトースは，NAD^+をもつ酵素に結合する（ステップ 1）。水素化物がガラクトース環の C4 から NAD^+に転移されてカルボニル中間体ができ（ステップ 2），ついで水素化物が C4 に戻されて，立体化学的に反対のものができる。（ステップ 3）。最後に生成物 UDP グルコースが放出される（ステップ 4）。

酵素における金属イオン

多くの酵素は 1 つかそれ以上の金属イオンを含んでいる。通常はアミノ酸側鎖からの配位共有結合で保持されているが，時にはヘムのような補欠分子族によって結合されている。このような酵素は**金属酵素 metalloenzyme** と呼ばれる。結合したイオンは補酵素と全く同じように作用し，金属酵素に新たな性質を与えている。表 11.9 に示すように，これらのイオンの役割は多様である。例えばカルボキシペプチダーゼ A の亜鉛イオンは，切断される結合のカルボニル基を攻撃する水分子に結合するが，静電触媒としても作用する（図 11.39）。亜鉛イオンは，キモトリプシンでオキシアニオンホールが果たすのと同じように，遷移状態と

表 11.9　酵素補因子として重要な金属と微量元素

金属	酵素の例	金属の役割
Fe	シトクロムオキシダーゼ	酸化還元
Cu	アスコルビン酸オキシダーゼ	酸化還元
Zn	アルコールデヒドロゲナーゼ	NAD^+結合を助ける
Mn	ヒスチジンアンモニアリアーゼ	電子引き抜きにより触媒を助ける
Co	グルタミン酸ムターゼ	Co はコバラミン補酵素の一部分
Ni	ウレアーゼ	触媒部位
Mo	キサンチンオキシダーゼ	酸化還元
V	硝酸レダクターゼ	酸化還元
Se	グルタチオンペルオキシダーゼ	活性部位システインの S を置換
Mg^{2+}	多くのキナーゼ	ATP 結合を助ける

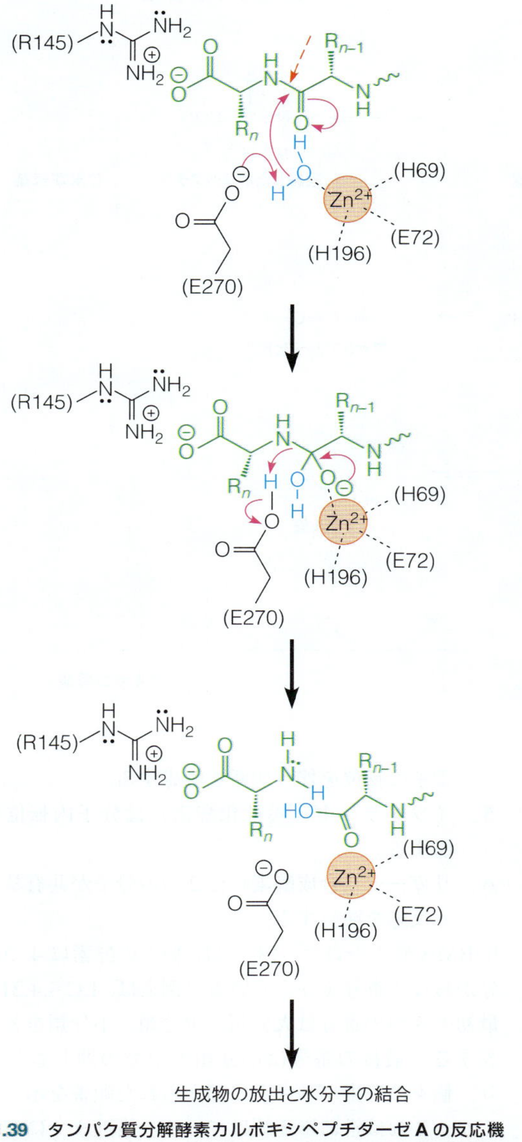

図 11.39　タンパク質分解酵素カルボキシペプチダーゼ A の反応機構　亜鉛イオン（オレンジの円）が水分子（青）に結合し，静電的触媒として，ペプチド基質（緑）の C 末端アミノ酸の加水分解を促進する。これは四面体遷移状態の酸素の負電荷の安定化による。酵素活性部位のアミノ酸残基は黒で表示した。切断された結合は破線の赤矢印で示した。

中間体状態の四面体オキシアニオンを安定化する（比較のために図 11.19 参照）。

また，金属酵素中の金属が酸化還元試薬として機能することもある。そのような一例に，ヘム鉄含有酵素カタラーゼがある。カタラーゼは，細胞内で破壊的な試薬になりうる過酸化水素を分解する。この反応は過酸化水素の還元も酸化も伴うので，Fe^{2+}は可逆的に酸化されたり還元されたりし，電子交換体として作用する。先に述べたように，カタラーゼはとても効率のよい酵素である。k_{cat}/K_M値の $4 \times 10^7\ \mathrm{M}^{-1}\mathrm{s}^{-1}$は理論的な拡散限界に近い。ヘモグロビンも Fe^{2+}をもつが，Fe^{2+}から Fe^{3+}への酸化はヘモグロビンではほぼ不可逆なので，カタラーゼ活性は弱い。このような酸化還元活性には Fe や Cu のように複数の酸化状態をもつ金属が必要である。

他の多くの酵素反応では，ある種のイオンが高い触媒効率に必要である。これらのイオンは恒常的にタンパク質に結合していないこともあれば，触媒過程に直接，役割があるわけではないこともある。例えば，ATP の加水分解を他の過程に共役する酵素の多くは，効率的な機能に Mg^{2+}を必要とする。ほとんどの例で Mg^{2+}が必要であるのは，Mg-ATP 複合体（第 3 章参照）のほうが ATP 自身よりよい基質となるからである。

> **ポイント 27**
> 触媒機能に金属イオンを必要とする酵素もある。

酵素機能の多様性

タンパク質酵素の分類

ここまでで，驚くほど多数の異なるタンパク質が酵素として働くことがはっきりしたことと思う。これらの酵素の多くは，特に酵素学の黎明期に，一般名がつけられている。トリオースリン酸イソメラーゼのように酵素機能を記述した酵素名もあれば，トリプシンのように，そうでないものもある。混乱を防ぐために，国際生

表 11.10　酵素の大分類とその例

分類	例	触媒される反応
オキシドレダクターゼ（酸化還元酵素）	アルコールデヒドロゲナーゼ（EC 1.1.1.1）（NAD⁺による酸化）	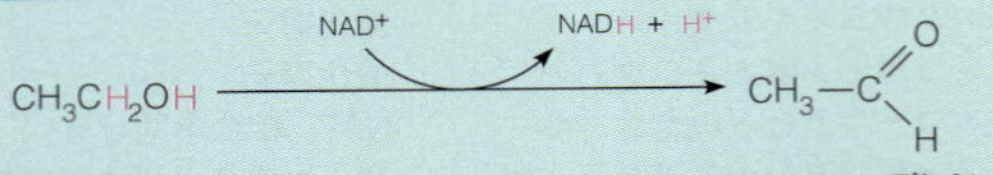 エタノール → アセトアルデヒド
トランスフェラーゼ（転移酵素）	ヘキソキナーゼ（EC 2.7.1.2）（リン酸化）	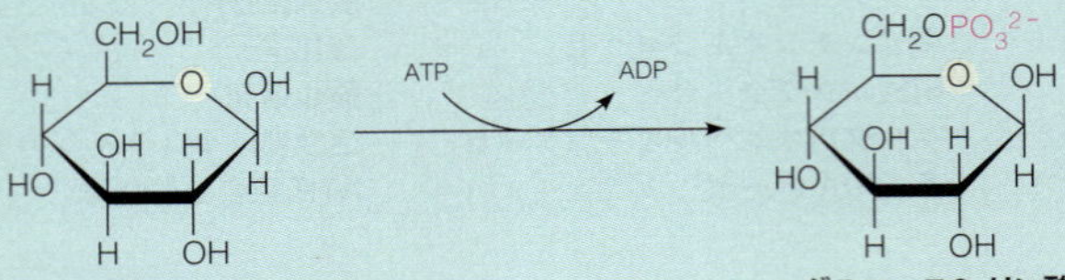 D-グルコース → D-グルコース6-リン酸
ヒドロラーゼ（加水分解酵素）	カルボキシペプチダーゼA（EC 3.4.17.1）（ペプチド結合切断）	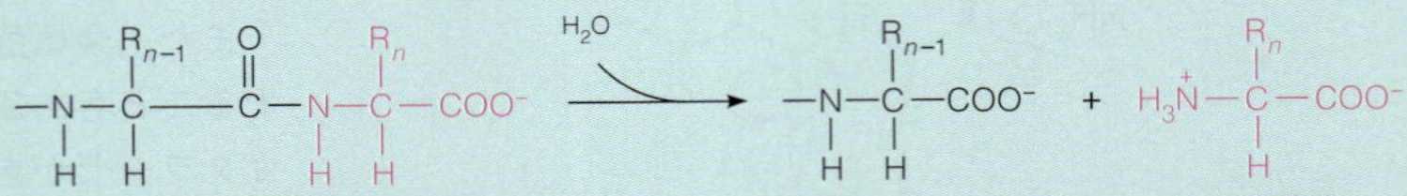 ポリペプチドのC末端 → 短縮したポリペプチド + C末端残基
リアーゼ（脱離付加酵素）	ピルビン酸デカルボキシラーゼ（EC 4.1.1.1）（脱炭酸）	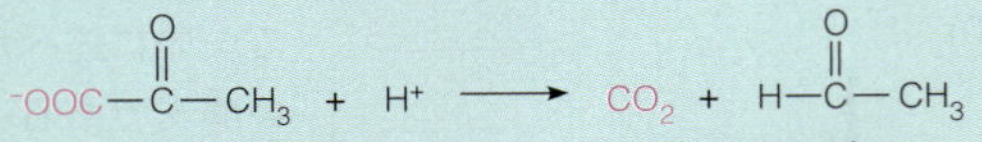 ピルビン酸 → アセトアルデヒド
イソメラーゼ（異性化酵素）	マレイン酸イソメラーゼ（EC 5.2.1.1）（シス-トランス異性化）	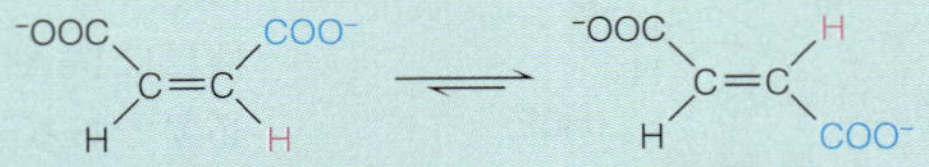 マレイン酸 ⇌ フマル酸
リガーゼ（合成酵素）	ピルビン酸カルボキシラーゼ（EC 6.4.1.1）（カルボキシル化）	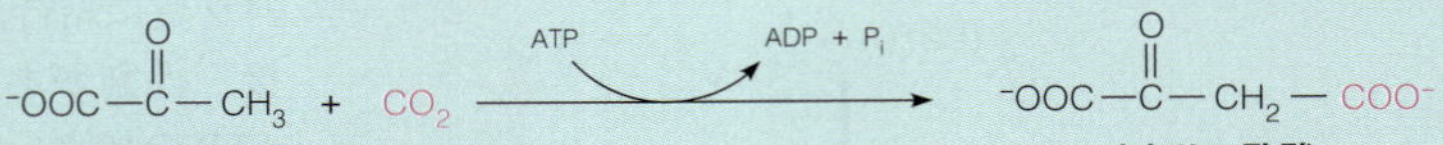 ピルビン酸 → オキサロ酢酸

化学分子生物学連合 the International Union of Biochemistry and Molecular Biology（IUBMB）の酵素委員会 Enzyme Commission（EC）により，系統的な命名法が立案されてきた。酵素は6つの主要なクラスに分類され（大分類），その機能をより正確に定義するために中分類（サブグループ）や小分類（サブサブグループ）も決められている。大分類は以下のとおりである。

1．オキシドレダクターゼ（酸化還元酵素）は酸化還元反応を触媒する。
2．トランスフェラーゼ（転移酵素）は官能基をある分子から他の分子に転移する。
3．ヒドロラーゼ（加水分解酵素）は加水分解を触媒する。
4．リアーゼ（脱離付加酵素）は基の脱離による二重結合の形成，二重結合への基の付加，あるいは電子の転位を伴う切断を触媒する。
5．イソメラーゼ（異性化酵素）は分子内転位を触媒する。
6．リガーゼ（合成酵素）は2つの分子が共有結合する反応を触媒する。

IUBMB酵素委員会（EC）は，個々の酵素に4つの部分からなる番号を与えている（例えば，EC 3.4.21.5）。最初の3つの番号は大分類，中分類，小分類を各々定義する。最後の番号は小分類の中での通し番号であり，個々の酵素がリストに加えられた順番を示しているが，これは常に増え続けている。最近までに認知された，ほとんどすべての酵素と個々の情報，参考文献のリストはBRENDA（BRaunschweig ENzyme DAtabase；http://www.brenda-enzymes.info）やExPASy（Expert Protein Analysis System；http://enzyme.

expasy.org）のようなオンラインデータベースでみることができる。これらのデータベースには 5000 以上の登録があるが，すべての酵素を網羅しているわけではなく，さらに多くの酵素が随時，発見されている。実際，通常の細胞には，何千もの異なる種類の酵素があると見積もられている。表 11.10 には個々の大分類について酵素と反応の一例をリストアップしている。これらの反応の各々については，本書で後述する。ここでの重要な論点は，酵素機能の顕著な多様性，およびその命名法がいかに合理的につくられたかということである。

新しく修飾された酵素の分子工学

天然にある酵素機能が多様であるにもかかわらず，現代生物工学は新しい触媒能をもつ物質，異なる特異性や極端な条件で機能する酵素の必要性に直面してきた。この必要性が酵素デザイン工学という分野を創成した。酵素デザイン工学は工業的触媒やバイオ医薬品の設計において大きな将来性を秘めている。このようなオーダーメイド触媒創製の目標を達成するために，いくつかのアプローチが採られている。それらは，部位特異的変異，機能ドメインの融合，ランダムに作成されたタンパク質配列の中から望ましい活性をもつ配列の選択，触媒抗体の創製，コンピュータによる分子設計などである。これらの技術については「生化学の道具 11B」に簡単な紹介がある。

ポイント 28
新しい酵素，あるいは徹底的に修飾された酵素を“タンパク質工学”により創製することができる。これには部位特異的変異，タンパク質ドメイン融合，ランダムに作成されたライブラリーからの選択，コンピュータデザインなどの技術が用いられる。

非タンパク質性生物触媒：触媒能をもつ核酸

本章を通して，酵素と呼ばれるタンパク質が生物触媒としてどのように機能するかを述べてきた。実際，長年にわたって，すべての生化学的触媒はタンパク質により行われると見なされてきた。しかし，生化学は驚きに満ちている。1980 年代に行われた研究により，まったく予想もしなかったこと，つまり**リボザイム ribozyme** と呼ばれるある種の RNA 分子が酵素として作用できることがわかった。

ポイント 29
リボ核酸の一種，リボザイムは生物学的な触媒として機能する。

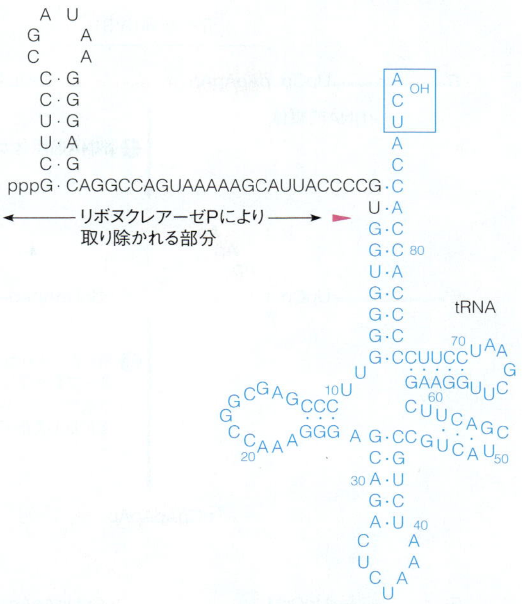

図 11.40　リボヌクレアーゼ P による典型的な tRNA 前駆体の切断　tRNA 前駆体からの tRNA の生成は，リボヌクレアーゼ P と呼ばれる RNA–タンパク質複合体によって触媒される。tRNA から取り除かれる部分を黒で，その結果生じる tRNA を青で示した。リボヌクレアーゼ P の RNA 部分はそれ自身，特異的なホスホジエステル結合（ピンクで示した）の加水分解を触媒できる。3′ 末端の — OH 基は 3′ 末端のアデノシンの下つき文字で示した。

11

RNA が触媒活性をもつかもしれないことは，tRNA 前駆体を切断して機能的な tRNA を生み出す**リボヌクレアーゼ P ribonuclease P** の研究（図 11.40 および第 27 章参照）により，最初に示唆された。活性のあるリボヌクレアーゼ P は，タンパク質部分と RNA 補因子を含むことが以前より知られていたが，活性部位はタンパク質部分にあるものと広く考えられていた。しかし，1983 年，Sidney Altman と共同研究者らが，単離した構成成分を注意深く調べたところ，驚くべきことがわかった。すなわち，タンパク質成分単独ではまったく不活性であるのに，RNA 自身は，十分に高濃度のマグネシウムイオンか，少量のマグネシウムイオンと塩基性の低分子化合物スペルミンがあれば，tRNA 前駆体の特異的な切断を触媒することができるというものである。さらに，この RNA は本物の酵素のように振る舞った。触媒過程において変化せず，触媒反応は Michaelis–Menten の速度論に従っていた。リボヌクレアーゼ P のタンパク質部分を加えると活性が顕著に亢進するが（k_{cat}が大きく増加する），基質の結合にも切断にも必須ではなかった。高塩濃度条件では，RNA 自身が高効率の触媒となる。すなわち，K_M は非常に低くなり，k_{cat}/K_Mは 10^7 (mol/L)$^{-1}$s^{-1}に近づく。

ほぼ同時に，Thomas Cech と共同研究者により，も

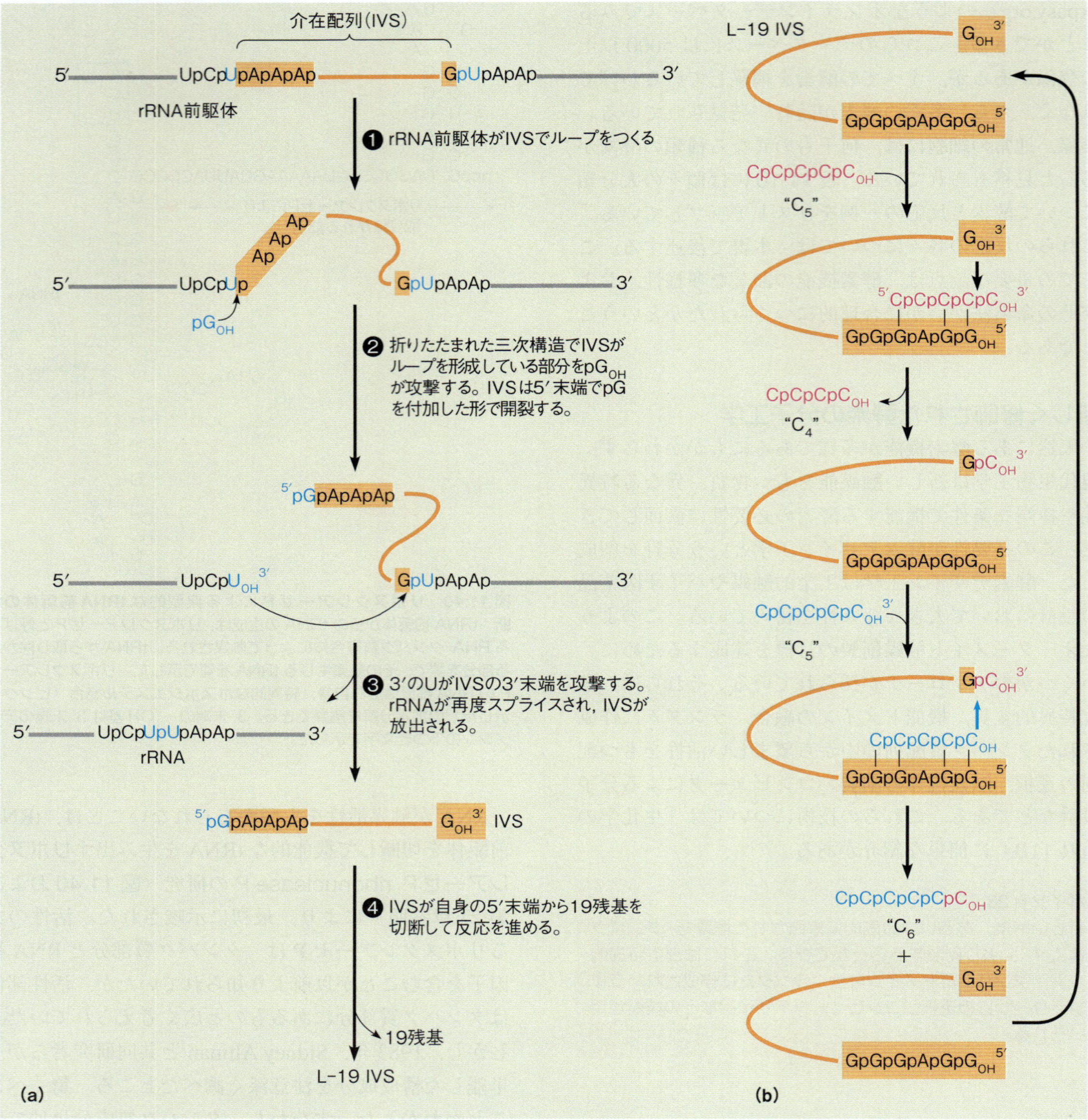

図 11.41　テトラヒメナのリボソーム RNA 前駆体介在配列による触媒　**(a)** 介在配列（IVS）の自己切除とスプライシング。反応により pG_{OH}がつけ加えられることに注意しよう。引き続く一連のステップにより IVS が L-19 IVS へと短縮する。**(b)** L19-IVS による $2C_5 \rightarrow C_4 + C_6$の転換。このオリゴヌクレオチド自身は，真のリボザイム触媒として小さいオリゴヌクレオチドを短縮したり伸長したりすることができる。

う 1 つの注目すべき RNA 触媒反応が見出された。原生生物テトラヒメナのリボソーム RNA 前駆体からのイントロン（介在配列 intervening sequence〈IVS〉）除去について検討するうちに，彼らは rRNA そのものが 413 ヌクレオチドからなるイントロンの切り出しと，必要な rRNA 鎖の再結合を行うことを発見したのである（図 11.41a）。また，切り出された IVS は部位特異的な，さらなる一連の反応を進行させた。最終的な産物は L-19 IVS と呼ばれる分子――さらに 19 ヌクレオチドが除去された介在配列――である。この活性は本当の触媒とはみなされない。なぜなら，この“触媒”そのものが反応の中で修飾されるからである。しかし，L-19 IVS は本当の意味での触媒能をもっている。図 11.41b に示すように，L-19 IVS は小さなオリゴヌクレオチドを長くすることも短くすることもできるのである。この例は決してユニークなものではない。他の RNA 触媒反応については，第 27 章と第 28 章で取り上げる。

今から振り返ると，RNA 分子が触媒機能をもってはいけない理由もないのであるが，当時，多くの生化学者はこれらの発見に驚愕した。第 4 章で議論したように，RNA 分子はタンパク質のように複雑な三次構

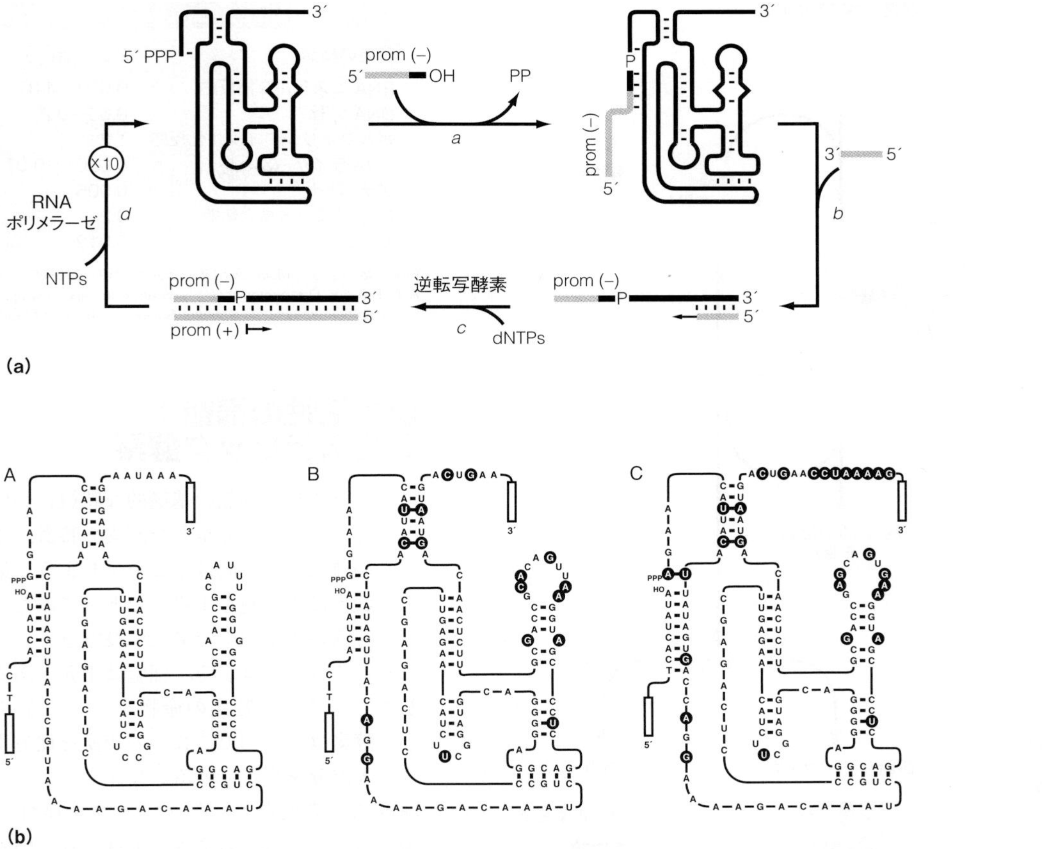

図 11.42　リボザイムの自己複製と変異　**(a)** リボザイムの複製サイクル。過剰な T7 プロモーター配列とリボヌクレオチド三リン酸が供給されれば，リボザイムの複製が繰り返される。逆転写酵素と RNA ポリメラーゼも必要である。**(b)** リボザイムの進化中に起こる変異。図中の長方形は基質の 5′ 部位とリボザイムの 3′ 末端にあるプライマー結合部位（5′-CCAAUCGCAGGCUCAGC-3′）であり，どちらも進化の過程で変異することはない。出発段階のリボザイムと比べて変異した残基は白抜きで強調した。**A** は初期のプールを構築するのに使われたリボザイムの原型。**B** は連続的な進化を開始する前のリボザイムの例。**C** は 52 時間の連続的な進化の後で単離されたリボザイムの例。
From *Science* 276 : 614-616, M. C. Wright and G. F. Joyce, Continuous in vitro evolution of catalytic function. ©1997. Reprinted with permission from AAAS.

造をとることができるが，このような複雑な構造が酵素活性には必須のようである。

第 4 章で述べたように，RNA 分子が自己複製も触媒もする潜在能力をもつという事実により，一部の科学者は RNA がおそらく生命の進化における始原物質であると提唱するようになった。この説を支持する研究者は，タンパク質や DNA が進化する前に，自己複製する RNA 分子だけが存在し，簡単な代謝反応を触媒するという “RNA ワールド” を思い描いている。リボザイムが自己複製していたかもしれないという考えは，卓越した実験によって支持されている。Wright と Joyce は，図 11.42 のようなリボザイムは（タンパク質酵素からの少しばかりの助けを借りて）自己触媒による複製ができることを示した。この RNA は他の RNA 断片（この場合はバクテリオファージ T7 プロモーターをもつ配列）を自分自身につなぐことができる。逆転写酵素と RNA ポリメラーゼ（各々，第 25 章と第 27 章を参照）の存在下で，この RNA の新しいコピーがつくられる。もし，この RNA に過剰量の T7 プロモーター断片が供給されたら，ライゲーションが起こり，リボザイムの新しいコピーがつくられる。このような実験の一例では，2 日間に 1,000 回の倍加が起こった。また，この間に配列はより効率的なリボザイムに進化した。このような研究により，生命の起源に関する “RNA ワールド” モデルが支持されている。

RNA のように，一本鎖 DNA もリガンドや基質との特異的結合や触媒作用に必要な複雑な三次構造をとることができる。DNA と RNA の化学的構造は似ているので，DNA も意味ある生物触媒を実行できるかどうかを問うことは理にかなっている。現在までに，天然由来の触媒DNAすなわち**DNAザイム DNAzyme**は，細胞内にはみつかっていない。しかし，1994 年に Ronald Breaker と Gerald Joyce により最初の触媒 DNA 分子が記述されてから，実験室内では多くの DNA ザイムが開発されてきた。今日までに機能解析された DNA ザイムは，ランダム化したオリゴヌクレ

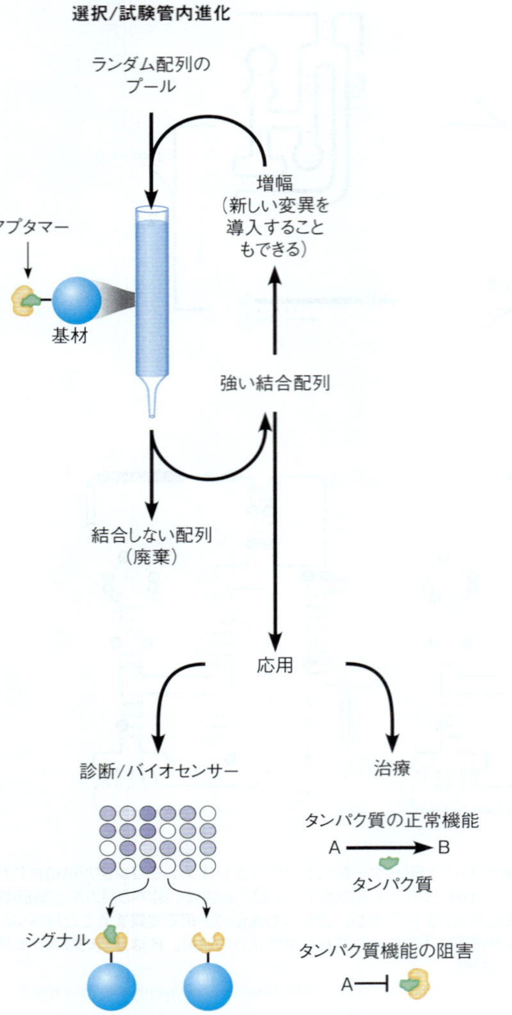

図 11.43　ランダム配列ライブラリーからの親和性選択　標的リガンドを提示するクロマトグラフィー基材に，ランダム配列をもつ大きなライブラリーを通過させる。リガンドに結合した核酸配列，いわゆるアプタマーを選択的に溶出し，増幅させる。増幅の過程は，選択された配列に大きなバリエーションを与えるようにすることもできる（試験管内進化法）。このようにして増幅された配列を再びカラムにかける。この過程を，標的に対して高い親和性をもつ配列が得られるまで繰り返す。選択された配列は，診断や治療などに臨床応用される。

オチドの大きなプールから活性のある配列を選択し，試験管内進化を行うことにより得られている（図 11.43）。

リボザイム同様，DNA ザイムも有意な速度上昇を伴ってさまざまな反応を触媒することが示されている（表 11.11）。例えば，DNA ザイムにより触媒される反応には加水分解（RNA と DNA の切断），C—C 結合の切断，損傷 DNA の光分解反応による修復などがある。DNA は RNA やペプチドと比べて化学的にずっと安定なので，DNA ザイムの治療薬，診断薬，バイオセンサーとしての開発には目下，大きな関心が集まっている。

表 11.11　DNA ザイムにより触媒される反応の種類と速度上昇

反応の種類	k_{cat} (min^{-1})	速度上昇
RNA エステル交換反応	0.007〜4.3	10^5〜10^8
DNA 切断	0.05〜0.2	10^7〜10^8
ポルフィリンのメタル化反応	1.3	10^3
DNA ライゲーション	0.0001〜0.07	10^2〜10^5
アデニル化	0.005	10^{10}
N-グリコシド結合切断	0.2	10^6
リン酸化	0.012	10^9

From *Cellular and Molecular Life Sciences* 59：596-607, G. M. Emilsson and R. R. Breaker, Deoxyribozymes：New activities and new applications, ©2002, with kind permission from Springer Science+Business Media B. V.

酵素活性の調節：アロステリック酵素

ここまで酵素機能の基礎的な特徴について述べてきた。ここで，同じく重要な酵素の特徴，すなわち酵素活性の調節に目を向けることにしよう。第 1 章において，我々は生細胞を工場にたとえてみた。このたとえは，酵素が生細胞中で果たす役割を考えるときに，特にしっくり当てはまる。細胞は手元にある原料を利用して，そこから特定の産物をつくらなければならない。酵素は細胞内でこれらの変換を促進する機械の役割の大部分を担っている。後述するように，酵素は代謝経路に必要な連続的ステップを遂行するために，“組み立てライン”のように配置されていることもしばしばある。

すべての機械が最大能力で駆動していたら，工場の操業は効率的にはならない。機械の能力にはばらつきがあり，すべてが最大速度で動いてしまったら，すぐに大変な問題が起こるであろう。ある組み立てラインでは中間産物が積み上がり，あるいは最終産物の特定の部品だけが大過剰につくられてしまうこともあるだろう。異なる組み立てラインが同じ原材料を引き込むような場合，速いほうのラインが原材料の供給を完全に使い果たせば，他の等しく重要なラインは休業しなければならない。大きな工場を効率よく操業させるには，調整と制御が不可欠なのである。

細胞の酵素機械が精密に調節されていなければ，同種の問題が起こるであろう。個々の酵素が動作する効率は，基質の供給，生成物の需要，細胞における全体的な必要性を反映するように制御されなければならない。続く章において，このような調節の例を数多くみていく。

ポイント 30
酵素活性の調節は，代謝産物の効率的で整然とした流れのために必須である。

基質レベルの制御

酵素の調節は，単純に，個々の酵素によって触媒される反応の基質と生成物が，酵素自身と直接，相互作用することによって起こることがある。これを**基質レベルの制御 substrate-level control** と呼ぶ。これは質量作用の法則の結果である（第 2，3 章に記述）。我々の反応速度論解析が示すように，少なくとも酵素が飽和するまでは，基質濃度が高ければ高いほど，反応はより迅速に起こる。逆に，生成物の量が多ければ，これも酵素と結合することができるので，基質の生成物への変換を抑制する傾向にある。代謝的に必要な反応に関しては，生成物は阻害剤として作用できる。一例として，解糖の最初のステップ（第 13 章参照），グルコースのリン酸化によるグルコース 6-リン酸（G6P）の生成を考えよう。

$$\text{グルコース} + \text{ATP} \xrightarrow{\text{ヘキソキナーゼ}} \text{グルコース 6-リン酸} + \text{ADP}$$

この反応を触媒する酵素ヘキソキナーゼは，生成物である G6P によって阻害される。もし，解糖系の引き続くステップが何らかの理由によりブロックされたら，G6P は蓄積してヘキソキナーゼに結合する。この結果，ヘキゾキナーゼが阻害され，グルコースから G6P の産生が低下する。多くの場合，反応生成物は酵素の活性部位に結合して，競合阻害剤として作用する。ヘキソキナーゼは酵素調節の興味深い例である。なぜなら，生成物の G6P は活性部位への結合により競合阻害剤としても，他の部位への結合により不競合阻害剤としても作用できるからである。

基質レベルの制御は多くの代謝経路の調節には十分ではない。多くの場合，基質や直接生成物とは全く異なる物質により酵素が調節されるほうが都合がよい。このような調節は，基質よりもずっと低い濃度の阻害剤で達成することができる。

フィードバック制御

ほとんどの代謝経路は工場の組み立てラインに似ていることを強調してきた。最も単純な代謝の組み立てラインは次のようになる。

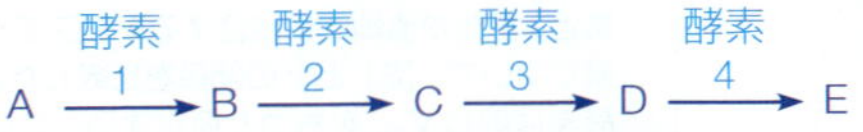

ここで A は最初の反応物質あるいは原料，B，C，D は中間産物，E は最終生成物である。

この経路の最終生成物である E は，おそらく他の経路に使われる。同様に，原料である A も他の過程に共有されているかもしれない。E の利用が突然，低下したとしよう。もしすべてが以前と同じように進行していたら，E は蓄積し，A の消費は続くであろう。しかし，それでは効率が悪い。E の濃度を注意深くモニターし，E が蓄積したら信号を送り返し，その産生を阻害すれば，もっと効率的な過程になり問題は解決するだろう。細胞は，経路において鍵となるステップを活性化（ ）あるいは阻害（ ）することで，最終生成物の産生を制御することができる。最初のステップ——A から B への転換——を阻害するのが，より効率的であろう。そうすると，A→B の "機械" は E の濃度により調節されるべきである。

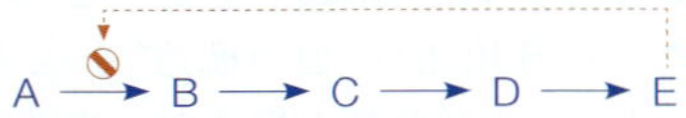

このタイプの**フィードバック制御 feedback control** は，**フィードバック阻害 feedback inhibition** と呼ばれる。E の濃度の増加が，その生成速度の低下につながるからである。最初のステップを阻害することにより，望ましくない A の利用と E の蓄積を防ぐことができる。さらに，ほとんどの生化学的過程はある程度，可逆的であるので，大量の E の産生は中間産物の濃度を上昇させる傾向にある。しかし，上記に示したフィードバック制御のメカニズムにより，代謝に悪影響を及ぼすかもしれない，どんな中間体の蓄積をも防ぐことができる。

> **ポイント 31**
> フィードバック制御は，複雑な代謝経路の効率的な調節のために重要である。

一方，より複雑なパターンを必要とする代謝状況では，阻害だけでなく**活性化 activation** も有用になる。少しだけ複雑な例を考えてみよう。A が 2 つの経路に送り込まれ，おおむね同程度の量が必要な 2 種類の生成物がつくられるとしよう。すると，次のようなスキームが浮かぶ。

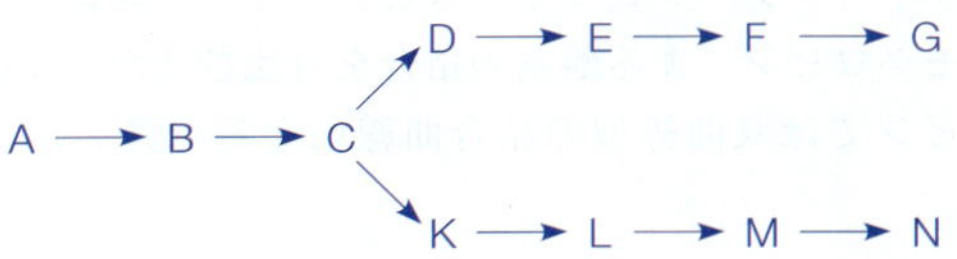

G と N のバランスがとれるように経路を制御するには，高濃度の G が C→D 酵素を阻害あるいはC→K 酵素を活性化し，逆に N が C→K 酵素を阻害あるいは C→D 酵素を活性化すればよさそうである。また，G と N が一緒になって A→B 酵素を阻害すると，全体量の調節をする上で有用であろう。このような制御は DNA をつくるプリンとピリミジンの単量体の合成にみられる。DNA の複製には，4 つのデオキシリボヌクレオチドのすべてが，ほぼ等量，必要だからである。

酵素の阻害も活性化も，代謝を調節するうえでは必須であることを指摘しておく。さらに，最終生成物により経路が制御されるということは，組み立てラインのずっと下流の分子によって必要な阻害や活性化が行われなければならないことを意味している。このような分子は，調節されるべき酵素の基質とも直接の生成物ともほとんど似ていない。ここまで取り上げてきたような種類の調節では，これらの必要性を満たすことはできない。このような制御を実現するために，生命体は**アロステリック制御 allosteric regulation** することができる特別な種類の酵素を進化させてきた。アロステリックという用語は“他の構造”を意味するギリシャ語に由来し，調節物質の構造が，基質や直接の生成物に必ずしも似ていないことを強調している。

アロステリック酵素

アロステリック酵素はしばしば，複数の活性部位をもつ多サブユニットタンパク質である。アロステリック酵素は基質の結合（**ホモアロステリー homoallostery**）や他のエフェクター分子による活性の調節（**ヘテロアロステリー heteroallostery**）において協調性を示す。

我々はすでにタンパク質機能のアロステリック制御の例について学んできた。ヘモグロビン（第７章参照）は４つのサブユニットからなるタンパク質で，“基質”ともいうべき酸素の結合部位を４つもつ。酸素の結合は協調的で，他の分子やイオンにより影響される。ヘモグロビン機能の解析について第７章で示された基本的な考えは，アロステリック酵素についても同様に適用可能である。

ホモアロステリー

まずは，ホモアロステリック効果（協調的な基質結合）について考えてみよう。第７章では，単一サブユニットのタンパク質ミオグロビンと多サブユニットのヘモグロビンによる酸素の結合を対比させた。ミオグロビンでは双曲線型の結合曲線になる（図 7.7）。一方，ヘモグロビンでは，協調的な結合により，シグモイド型（S字形）の結合曲線になる（図 7.10d）。Michaelis–Menten 型速度論に従う単一活性部位酵素と，協調的に結合する多活性部位酵素について，[S] に対して v をプロットした曲線を比べると，まさに同様の対比がみられ（図 11.44a），同じような論法が適用される。基質を協調的に結合する酵素は，基質濃度が低いときには，基質結合が弱いかのように（すなわち，K_M が大きいかのように）ふるまう。しかし，基質濃度が高くなり，より多くの基質が結合すると，酵素は残った結合部位に関してはより強力に基質と結合するので，どんどん強い作用を示すようになる（図 11.44b）。ヘモグロビンのように，より多くの基質が結合すれば，酵素が低親和性状態（T 状態）から高親和性状態（R 状態）へと遷移するので，酵素においてもこの現象が起こると想像している。ヘモグロビンによる O_2 結合を記述するために用いられたモデル（図 7.12，p. 220 参照）は，同じように協調的に基質と結合する酵素の反応速度をよく説明できる。

シグモイド型反応速度は，どのような生理的機能を満たすのであろうか？　極端な例では，シグモイド型反応速度をとる酵素は，基質濃度を非常に安定した値に保つことができる。他の反応によりコンスタントに供給される基質が，図 11.45 のような極端な協調性を示す酵素の作用を受ける場合を考えてみよう。この場合，[S] は臨界値の $[S]_c$ まで容易に増加することができる。[S] が低いときには酵素が基本的に不活性なので，[S] は $[S]_c$ まで増える。しかし，それ以上に [S] が増えると，酵素活性が非常に亢進するので，基質は急速に消費され，基質濃度は $[S]_c$ に近い値に維持される。実際のアロステリック酵素は，図 11.45 にあるような極端なシグモイド曲線は示すことはほとんどないが，原理は変わらない。多サブユニット酵素は，動的システムの恒常性維持に寄与することができる。言い換えれば，ホモアロステリーは基質レベルの制御を強化する。

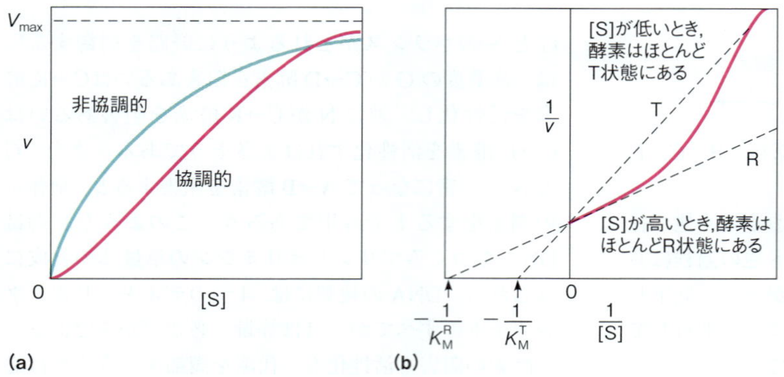

図 11.44　基質の協調的結合の酵素反応速度への影響　**(a)** 基質結合に協調性のみられない酵素と，基質が協調的に結合するアロステリック酵素について，[S] と v の関係を比較した。２つの酵素は同じ V_{max} をもつと仮定する。このプロットを図 7.10（p. 217）のミオグロビン，ヘモグロビンの酸素結合曲線と比較しよう。**(b)** Lineweaver-Burk プロット。(a) に示した協調的結合の曲線に対応する。T 状態の K_M は大きい（V_{max} は，より高い [S] で達成される）。より多くの S が結合すれば，T→R の平衡は K_M が小さい R 状態に傾く。

ヘテロアロステリー

アロステリック制御の大きな利点は**ヘテロアロステリックエフェクター** heteroallosteric effector の役割にみられる。これらのエフェクターは阻害物質のことも活性化物質のこともあり，ヘモグロビンによる O_2 結合を見事に調節する CO_2，BPG，H^+に似た働きを酵素反応において行う物質である。アロステリックエフェクターによる酵素の活性化と阻害は，上記のような複雑なフィードバック制御の鍵となる。酵素分子が，基質と結合する強さや触媒速度において極端に異なる 2 通りのコンホメーション状態（T と R）で存在することができるとすると，タンパク質に結合して T→R の平衡を変えるような他の物質によって反応速度を調節することができる。アロステリック阻害剤は平衡位置を T へ動かし，アロステリック活性化剤は平衡位置を R へと移動させる（図 11.46）。酵素によっては，複数の阻害剤や活性化剤により調節され，極めて微妙で複雑なパターンの代謝調節を可能にしている。

ポイント 32
アロステリック酵素は協調的に基質結合し，さまざまな阻害剤や活性化剤に応答する。

アスパラギン酸カルバモイルトランスフェラーゼ：アロステリック酵素の例

アロステリック制御の卓越した例として，ピリミジン合成の鍵となる酵素**アスパラギン酸カルバモイルトランスフェラーゼ** aspartate carbamoyltransferase（アスパラギン酸トランスカルバモイラーゼ aspartate transcarbamoylase〈ATCase〉としても知られる）があげられる（第 22 章）。図 11.47 にみられるように，ATCase は生化学経路の交差点に位置する。グルタミン，グルタミン酸，アスパラギン酸はすべて，タンパク質合成にも用いられる。しかし，アスパラギン酸がいったんカルバモイル化されて ***N*-カルバモイル-L-アスパラギン酸** *N*-carbamoyl-L-aspartate（CAA）を

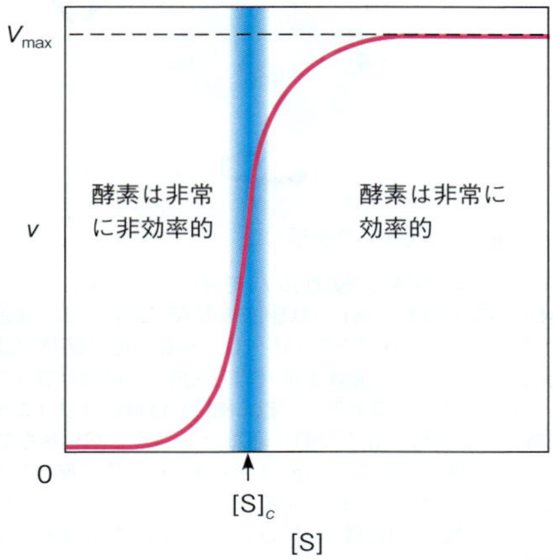

図 11.45　極端なホモアロステリー　基質結合において極端な正の協調性を示す仮想上の酵素について [S] と v の関係を示した。$[S]_c$より低い濃度では酵素活性はほとんどない。しかし，$[S]_c$より高濃度では非常に活性が強くなる。基質は容易に $[S]_c$まで蓄積するが，より高い濃度では急速に処理される。青い垂直の線は S の恒常的な濃度範囲を示す。

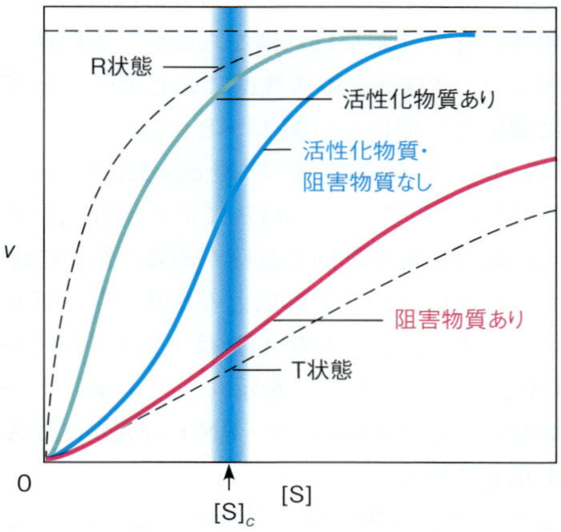

図 11.46　酵素のヘテロアロステリックな制御　活性化物質や阻害物質がないとき，[S] と v の関係はシグモイド型になる。活性化物質は系を R 状態へ移行させるが，阻害物質は T 状態を安定化する。$[S]_c$ は S の恒常的な濃度範囲である。活性化物質や阻害物質は，この範囲の [S] において酵素活性を大きく変化させている。

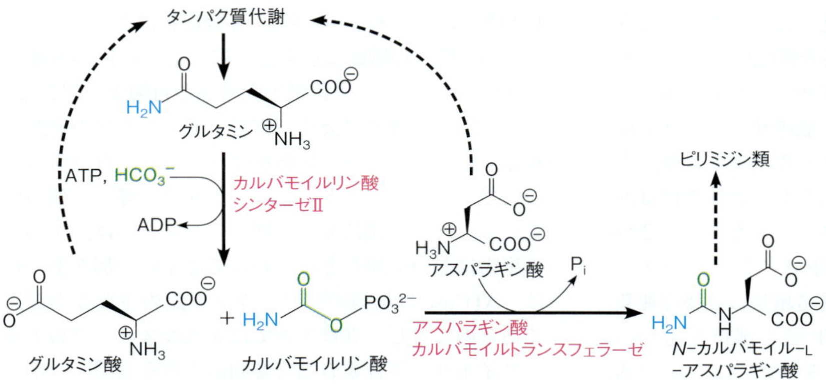

図 11.47　ピリミジン合成の調節点　この図はカルバモイルリン酸とアスパラギン酸からの，*N*-カルバモイル-L-アスパラギン酸の生成を示す。この反応は，ピリミジンヌクレオチド合成につながる一連の反応で，入口の段階にあたる。したがって，この反応か周辺の段階で調節することが重要である。原核生物ではアスパラギン酸カルバモイルトランスフェラーゼが調節されている。ほとんどの真核生物では，その 1 つ前のステップでカルバモイルリン酸シンターゼIIにより触媒される反応が調節されている。

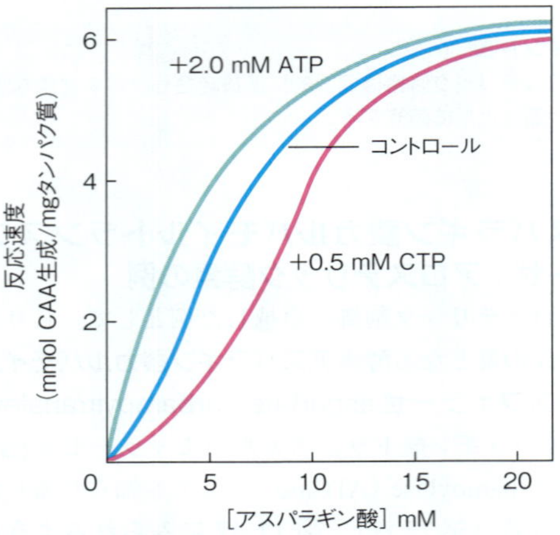

図 11.48　アスパラギン酸カルバモイルトランスフェラーゼの ATP と CTP による調節　ATP はアスパラギン酸カルバモイルトランスフェラーゼの活性化物質であり，CTP は阻害物質である。“コントロール”の曲線は両調節物質のない状態での酵素の挙動である。*N*-カルバモイル-L-アスパラギン酸（CAA）は反応の生成物である。

形成すると，この分子はピリミジン合成に進む。したがって，このステップを調節する酵素は，ピリミジンの必要性に感受性がなければならない。大腸菌のような細菌では，ATCase の活性はこの必要性に応答するように調節されている。図 11.48 に示したように，この酵素はシチジン三リン酸 cytidine triphosphate（CTP）により阻害され，ATP により活性化される。どちらの応答にも生理的な意味がある。もしCTPレベルがすでに高ければ，それ以上のピリミジンは必要ではない。一方，高レベルの ATP は，プリンが多い状態（ピリミジン合成の必要性を示す）とエネルギーに富んだ細胞の状態（DNA 合成・RNA 合成がさかんになる）を示している。

ほとんどのアロステリック酵素のように，ATCase は多サブユニットタンパク質である。その四次構造はある程度，詳細に調べられており，図 11.49a に模式的に示した。触媒サブユニットは6つあり，3つのサブユニットの組が2段に重なって，6つの調節サブユニットと結びついている。調節サブユニットのペアは，2段の触媒サブユニットを連結しているようにみえる。ATCase の三次元構造は高分解能で解かれており，触媒サブユニットと調節サブユニット1つずつの構造の詳細を図 11.50 に示した。触媒サブユニットは2つのドメインからなり，1つはアスパラギン酸，もう1つはカルバモイルリン酸と結合し，活性部位は両ドメインの間にある。調節サブユニットも同様に2つの部分からなる。いわゆる亜鉛ドメインとアロステリックドメインである。前者は構造維持に必要な亜鉛原子を結合し，後者は ATP/CTP 結合部位をもつ。ATP と CTP は同じ部位を競合するので，ATCase の活

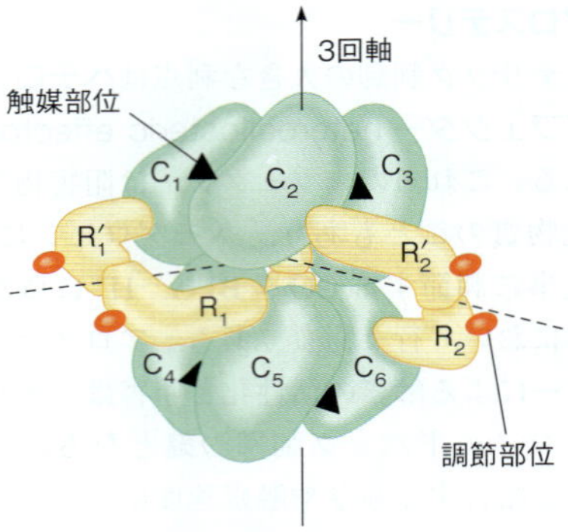

(a) ATCase：T状態

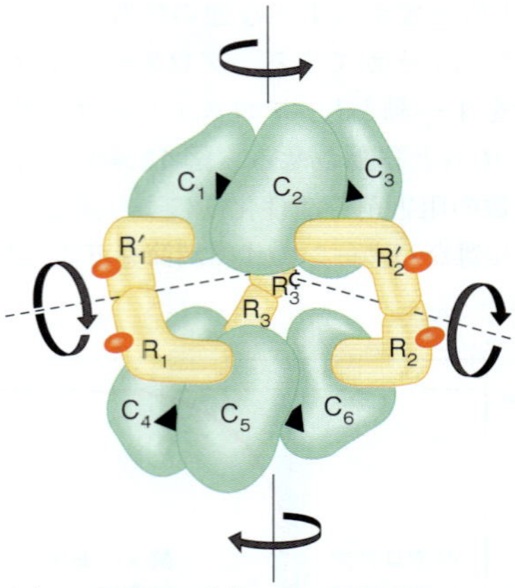

(b) ATCase：R状態

図 11.49　アスパラギン酸カルバモイルトランスフェラーゼ（ATCase）の四次構造　**(a)** T 状態にある ATCase の四次構造。この概略図では6つの触媒サブユニット（C）と6つの調節サブユニット（R）を示している。6つの触媒部位（黒の三角）は触媒サブユニット間の溝の中か近傍にある。調節部位（赤の楕円）は調節サブユニットの外側表面にある。この分子は1つの3回軸と3つの2回軸をもつ（D_3対称）。図は分子の横からみているが，3回軸を紙の平面にあわせている。**(b)** ATCaseのR状態への遷移。調節サブユニットが回転して触媒サブユニットの2つの段を引き離し，かつ3回軸の回りにわずかに回転させて遷移が起こる。

性は ATP と CTP の細胞内比によって制御される。

ヘモグロビンの場合のように，ATCase のアロステリック制御には分子の四次構造変化を伴う。R および T 状態のコンホメーションは，X 線回折により決定されている。図 11.49b に示すように，T から R への遷移に伴い，サブユニット位置の大規模な再編成が起こる。

これから本書で出会う，実質上すべての代謝経路は複雑なフィードバック制御を受けており，ほぼすべての例で多サブユニットのアロステリック酵素が使われている。ある経路における制御のパターンは，すべての生物において同じというわけではない。例をあげれば，ATCase は細菌のピリミジン経路の主要な調節点であるのに対し，真核生物では先立つステップのカルバモイルリン酸合成の段階で制御を行う（図 11.47）。

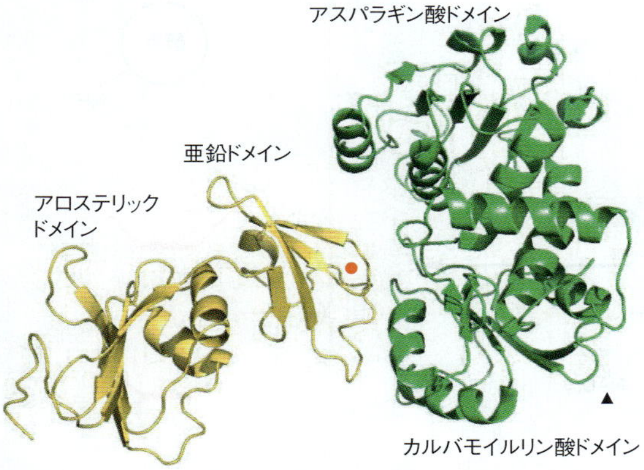

図 11.50　ATCase の触媒サブユニット（緑）と隣接する調節サブユニット（黄）の詳細な構造　この図は右下にある 3 回軸（黒の三角）にそって見おろしたもの。調節サブユニットはほとんど平面の下側に，触媒サブユニットはほとんど上側にある。Zn^{2+}の位置は赤い円で示した。PDB ID：1R0C。

哺乳類では**カルバモイルリン酸シンターゼⅡ carbamoyl phosphate synthetaseⅡ** は UDP，UTP，CTP，dUTP および UDP グルコースにより阻害される。これらの化合物はすべて ATP 基質の結合を阻害する。さらにグリシンがグルタミンの競合阻害剤として働く。

近年，単一サブユニットタンパク質がアロステリック制御のもとにある例が記載されている。ここでは，動力学が決定的に重要であると考えられている。このアロステリーのモデルによると，酵素は高活性（R 様の）と低活性（T 様の）に該当する異なるコンホメーション状態をとり，エフェクターが特定のコンホメーションに結合して安定化する。正のエフェクターは高活性コンホメーションに結合し，負のエフェクターは低活性コンホメーションに結合する。このモデルは，動的タンパク質であれば，原則的にはアロステリック制御され得ることを示唆している。

アロステリック酵素により，生物は代謝を複雑かつ繊細な方法で制御できることは明らかである。しかし，このような制御はすべてのニーズに対して十分ではない。そこで，まったく異なる種類の制御メカニズム，共有結合性修飾に話題を転じるとしよう。

酵素活性を調節するのに使われる共有結合性修飾

工場にたとえれば，アロステリック制御は連続運転している機械のフィードバック制御として考えることができる。しかし，どんな大きな工場にも，たまにしか使われず，必要になるまで待機している装置もある。これは細胞でも同じことである。この項では，**共有結合性修飾 covalent modification** により変化して機能し始めるまで，基本的に不活性であるような酵素を取り上げる。このような修飾は時には逆向きに，活性のある酵素を不活性化するように働くこともある。また，修飾が可逆のこともあれば，不可逆のこともある。

多種類の共有結合性修飾が，酵素活性の調節に共通して使われている（図 11.51）。最も広く使われているのは，いろいろなアミノ酸側鎖（例えばセリン，トレオニン，チロシン，ヒスチジン）のリン酸化と脱リン酸化である。他の共有結合性修飾として，ATP からアデニル酸部分を転移する**アデニル化 adenylation**，NAD^+から ADP リボース部分を転移する **ADP リボシル化 ADP-ribosylation**，アセチル CoA からアセチル基を転移する**アセチル化 acetylation** などがある（表 11.5）。

大部分の酵素，およびそれらの関連した代謝経路，シグナル伝達経路は，可逆的なリン酸化により制御されている。**タンパク質キナーゼ protein kinase** は ATP 依存的な酵素で，標的タンパク質上の Tyr，Ser，Thr の —OH 基にリン酸基を転移する（図 11.52）。このプロセスは**ホスファターゼ phosphatase** と呼ばれる第 2 の種類の酵素により，可逆反応となっている。ホスファターゼは側鎖のリン酸エステルを加水分解し，P_iを放出する。さらに，いくつかのタンパク質キナーゼは**がん遺伝子 oncogene**（がんの原因となる遺伝子）の産物であることが見出されている。これらのキナーゼの異常な活性は，正常細胞のがん細胞への形質転換に関与している。細胞内シグナル伝達や代謝調節におけるキナーゼやホスファターゼの役割の理解のために，多くの研究活動がなされてきた。

タンパク質のリン酸化とアセチル化は複雑な調節経路の一部であり，しばしばホルモンの調節下にある。これら経路のいくつかは，後の章において特に詳細に扱うので，その意義がより明快になるであろう。ここでは，そのかわりに第 3 の共有結合性修飾である前駆体のタンパク質切断による酵素の不可逆的活性化に集中することにしよう。

膵臓プロテアーゼ：切断による活性化

共有結合性の酵素活性化の重要な例，**タンパク質切断 proteolyic cleavage** は**膵臓プロテアーゼ pancreatic protease** の成熟においてみられる。膵臓プロテアーゼには，トリプシン，キモトリプシン，エラスターゼ，カルボキシペプチダーゼなどの多くの酵素が含まれる。このうち，いくつかについてはすでに述べた。すべて，膵臓で合成され，食物が胃から入ってくるときに生成されるホルモンのシグナルに応答して，膵管から十二指腸へと分泌される。しかし，膵臓プロ

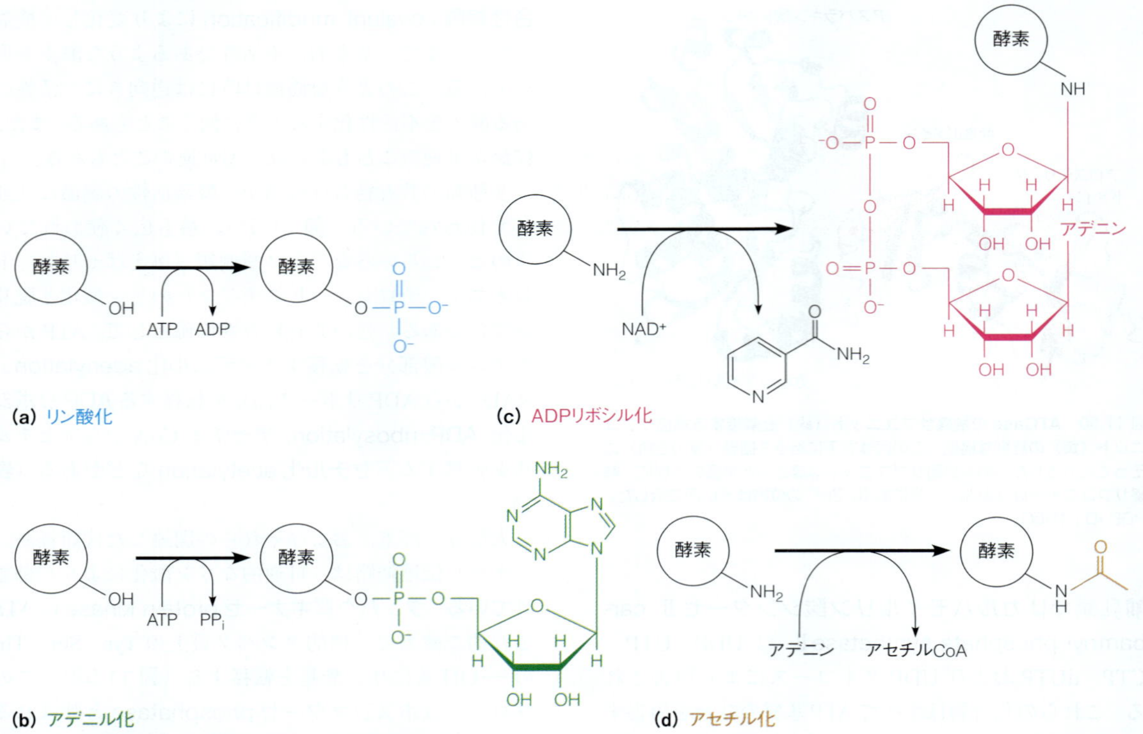

図 11.51　酵素の活性を調節する 4 種類の共有結合性修飾　リン酸化やアデニル化の標的残基は通常，セリン，トレオニン，チロシンである。一方，ADP リボシル化にはアルギニン，グルタミン酸，アスパラギン酸，あるいは修飾されたヒスチジン残基が関与する。*N*-アセチル化はリシンの側鎖とアセチル CoA の反応による。

テアーゼは最終的な活性型として合成されるのではない。これらの強力なプロテアーゼの活性型を膵臓で遊離状態にしたら，膵臓組織を消化してしまうであろう。むしろ，触媒能が不活性な少し大きめの分子，**チモーゲン zymogen** としてつくられる。上記の酵素のチモーゲンに与えられた名前は，各々，トリプシノーゲン，キモトリプシノーゲン，プロエラスターゼ，プロカルボキシペプチダーゼである。チモーゲンが活性型酵素になるためには，小腸でプロテアーゼによる切断を受けなければならない。小腸は糖鎖表面によりいく分かは保護されているが，これらの酵素は役目を果たした後，小腸を危険にさらすことがないように分解される。チモーゲンの切断による活性型酵素への転換を図 11.53 に図解した。

ポイント 33
膵臓プロテアーゼなど，タンパク質切断により不可逆的に活性化される酵素がある。

最初のステップは，十二指腸におけるトリプシンの活性化である。十二指腸細胞から分泌されるプロテアーゼであるエンテロペプチダーゼにより，6 アミノ酸からなるペプチドがトリプシノーゲンの N 末端から除去される。これにより活性型トリプシンが生成され，トリプシンはさらに特異的なタンパク質切断により他のチモーゲンを活性化する。実際，活性型トリプシンがいくらかでもあれば，他のトリプシノーゲン分子を活性化して，より多くのトリプシンがつくられる。したがって，この活性化は自己触媒的である。これは，酵素が共有結合性修飾により活性化するときにしばしば観察される**カスケード cascade** 過程の一例

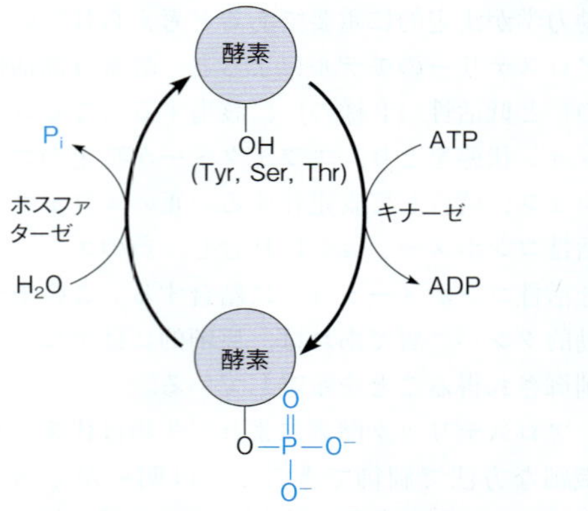

図 11.52　キナーゼとホスファターゼによる可逆的な共有結合性修飾　キナーゼによる ATP 依存的なリン酸化の標的残基は，セリン (Ser)，トレオニン (Thr)，チロシン (Tyr) である。リン酸化タンパク質はホスファターゼにより触媒される加水分解反応により脱リン酸化される。

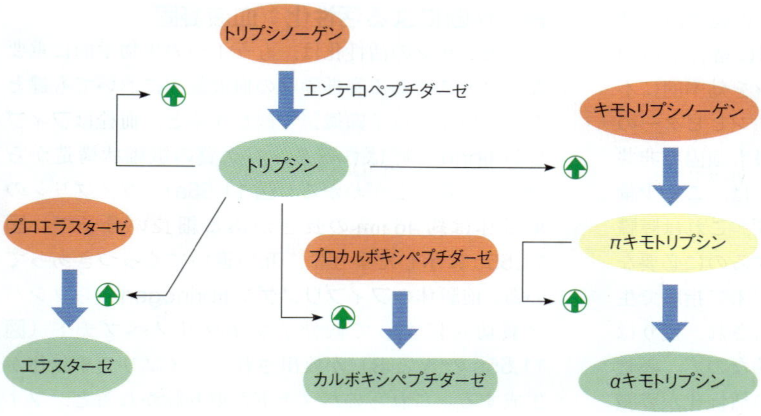

図 11.53　タンパク質切断によるチモーゲンの活性化　タンパク質切断されて触媒活性をもつようになる膵臓プロテアーゼの活性化の概略を図示にした。チモーゲンをオレンジ色で，活性プロテアーゼを黄色か緑色で示した。πキモトリプシンとαキモトリプシンの違いは図 11.54 に示した。

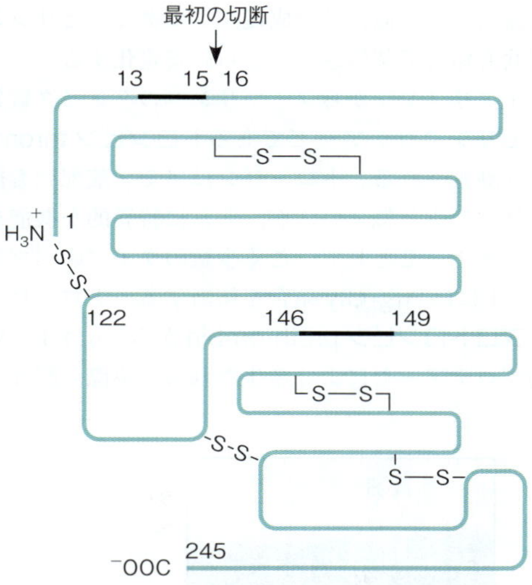

図 11.54　キモトリプシノーゲンの活性化　キモトリプシノーゲン分子の模式図。一連の切断反応によりキモトリプシンが生成されるが，ジスルフィド結合により構造は保持されている。最初の切断はアミノ酸 15 と 16 の間で起こり（矢印），πキモトリプシンが生成する。さらに黒色で表示した断片が取り除かれ，αキモトリプシンになる。

である。わずかのトリプシン分子が産生されれば，個々の活性化した酵素分子は絶えず多くの酵素分子を処理できるので，はるかに多くのトリプシン分子がすみやかに産生される。これらのトリプシン分子が今度は，他の酵素のチモーゲンを活性化するのである。実際，酵素カスケードは最初のシグナル（例えば細胞表面へのホルモン結合）を増幅し，そのシグナルへの急速で圧倒的な応答を開始する。

キモトリプシノーゲンのキモトリプシンへの活性化は，タンパク質切断による酵素の活性化として，最も複雑かつよく研究された例の 1 つである。これを図 11.54 に図示した。最初のステップでは，トリプシンが Arg15 と Ile16 の間の結合を切断する。残基 1 と 122 の間にジスルフィド結合があるので，N 末端側のペプチドは残りの部分から離れることはない。このπトリプシンと呼ばれる産物は活性型酵素である。

チモーゲンと活性型酵素の詳細な X 線回折研究の結果，1 つのペプチド結合の切断が基本的に不活性なタンパク質をどのようにして活性化タンパク質に変換するか，理解できるようになった。残基 15 と 16 の間のペプチド結合の切断により，新たに陽性に荷電した N 末端が Ile16 に生成する。この残基は位置を変えて，活性部位 Ser195 の隣の Asp194 と塩橋を形成する（図 11.18）。この変化が，今度は活性部位のコンホメーションの再配置の引き金を引き，触媒能をもった活性部位ポケットが完成する。このとき，残基 193 と 195 の主鎖のアミノ基の移動により，オキシアニオンホールも形づくられる。したがって，結合ポケットと触媒部位は，Arg15 と Ile16 の間のペプチド結合が切断された後でのみ，正しく形成されるのである。

πキモトリプシンはキモトリプシンの最も活性の強い形ではない。さらなる自己触媒的切断により残基 14-15 と 147-148 が分子から取り除かれ，最終的なαキモトリプシンが産生される。これが消化管で見出される主要で完全に活性化した形である。

この一連の酵素，トリプシン，キモトリプシン，エラスターゼ，カルボキシペプチダーゼに加え，胃のペプシンと腸壁から分泌される他の酵素により，摂取されたタンパク質のほとんどは遊離アミノ酸へと最終的に消化され，腸上皮から吸収することができる。酵素自身は絶えず相互消化と自己消化をしているので，高いレベルの酵素が腸に蓄積することは決してない。

しかし不活性なチモーゲンですら，膵臓にとっては潜在的な危険の原因となる。トリプシンの活性化は自己触媒的なので，1 分子の活性化トリプシンの存在が，活性化カスケードを早まって動かしてしまうこともありうる。そこで，膵臓は分泌性膵臓トリプシンインヒビターと呼ばれるタンパク質を合成することにより，自身を守っている（図 6.42 に示した，細胞内タンパク質で反芻動物においてのみみられる膵臓トリプシン

11

インヒビターとは別のものである）。この競合阻害剤はトリプシンの活性部位に非常に強固に結合するので，非常に低濃度であってもトリプシンを効率的に不活性化する。トリプシンとトリプシンインヒビターの結合は，生化学の領域で知られている最も強固な非共有結合性の会合である。しかし，実際には，ごく少量のトリプシンインヒビターしか存在せず，これは膵臓中の潜在的なトリプシンすべてを阻害するのに必要な量よりもはるかに少ない。したがって，十二指腸で生成したトリプシンのごく一部だけが阻害され，残りは活性化することができる。防御が限定的なので，膵管が閉塞しているときなど，チモーゲンの活性化が膵臓内でスタートしてしまうことがある。活性型酵素は膵臓の組織そのものを消化し始める。この状態は急性膵炎と呼ばれ，強い痛みを伴い，命に関わることもある。

最初に解明が進んだ制御カスケードは，動物細胞におけるグリコーゲン分解を調節するものであった。これはエネルギー産生のために炭水化物基質を供給する重要なプロセスである。この制御カスケードは酵素のリン酸化と脱リン酸化を伴うが，第 13 章で詳しく述べる。もう１つの際立った例は血液凝固での酵素カスケードであり，これは次の項で述べる。

続・切断による活性化：血液凝固

チモーゲンの活性化は，もう１つの生物学的に重要なプロセスである脊椎動物の血液凝固においても鍵となっている。電子顕微鏡で観察すると，血栓は**フィブリン fibrin** と呼ばれるタンパク質の繊維状構造からなっていることがわかる（図 11.55a）。フィブリンの単量体は約 46 nm の長さがある細長い分子で，図 11.55c に示したように，互い違いにくっつきあっている。前駆体の**フィブリノゲン fibrinogen** からタンパク質切断によって低分子フィブリノペプチド（図 11.55c の A と B）が放出され，フィブリン単量体が生成する。これらのペプチドが取り除かれると，フィブリン分子同士が互いにくっつきあうことのできる部位が露出する。血栓は形成後，グルタミンとリシンの間が共有結合で架橋され，さらに安定化する。

フィブリノゲンからフィブリンへのタンパク質分解は，セリンプロテアーゼである**トロンビン thrombin** により触媒される。トロンビンはアミノ酸配列も構造もトリプシンと似ているが，非常に特異的な機能をもつプロテアーゼとして，ごく少数のタイプのペプチド結合，主には Arg–Gly 結合を切断する。トロンビン自身も**プロトロンビン prothrombin** から，もう１つの特異的プロテアーゼにより産生される。実際，図 11.56

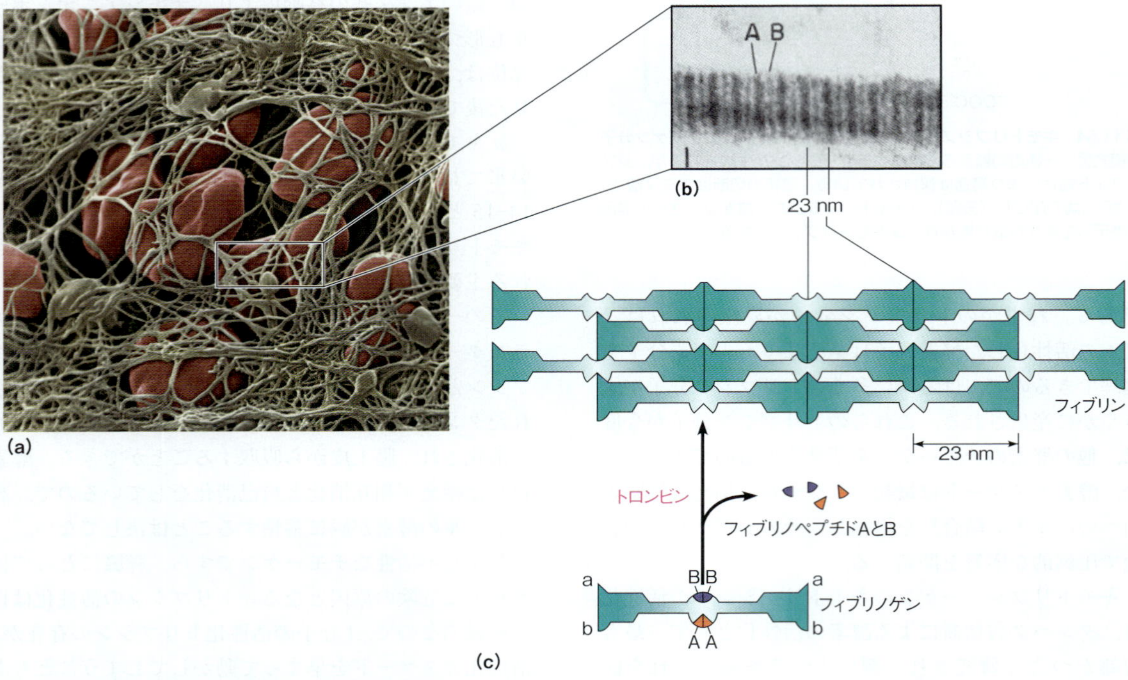

図 11.55　血栓の形成　**(a)** 赤血球がフィブリン塊の不溶性の網目の中に取り込まれている。**(b)** フィブリン繊維の部分的な電子顕微鏡写真。**(c)** フィブリン単量体が会合して繊維を形成する過程の想像図。トロンビンの作用によりフィブリノゲンからフィブリノペプチド A，B が取り除かれると，露出した部位が，隣接する単量体の相補的部位 a，b と会合できるようになる。フィブリン分子は図のように重なり合っていると考えられている。なぜなら，フィブリン繊維にみられる縞模様は 23 nm の幅であり，これはフィブリノゲン分子のちょうど半分の長さだからである。

(a) Dr. David Phillips/Visuals Unlimited, Inc.；(b) *The Journal of Biological* Chemistry 179：857-864, C. E. Hall, Electron microscopy of fibrinogen and fibrin.

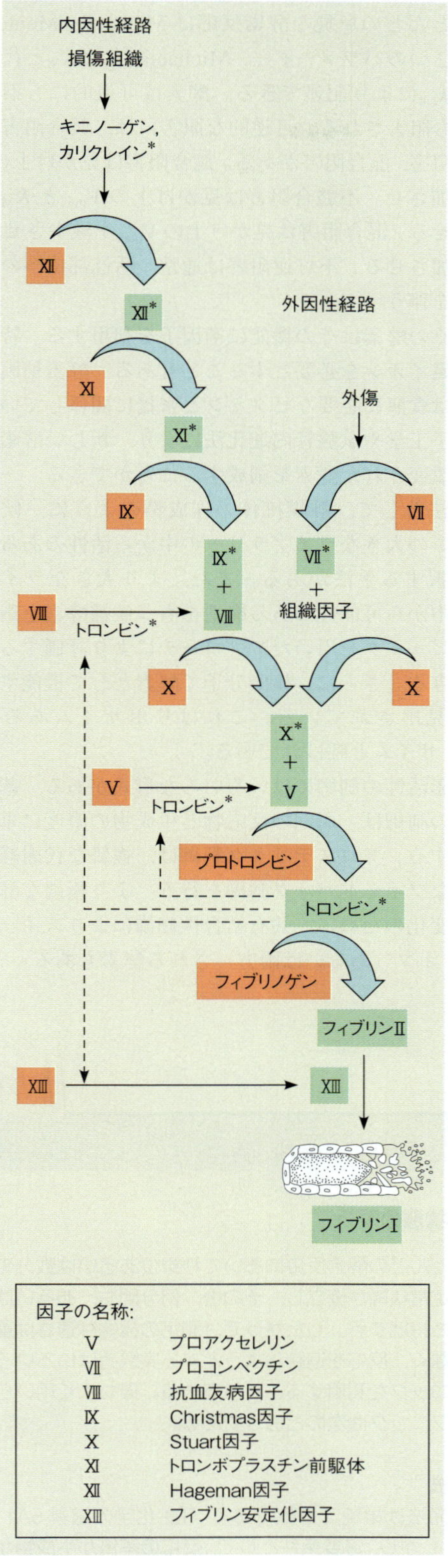

図 11.56　血液凝固のカスケード反応　血液凝固経路中の各々の因子（プロテアーゼ）は不活性型（オレンジ色）か活性型（緑）で存在する。タンパク質切断による活性化のカスケードは，血液が損傷組織表面に露出するか（内因性経路），血管壁内部に損傷ができる（外因性経路）ことによって開始される。どちらの経路でも共通して，フィブリノゲンから凝固するフィブリンへの活性化が起こる。いくつかの段階の進行を補助する因子も示した。アステリスク（*）はセリンプロテアーゼを意味する。

に示すように，タンパク質切断による活性化反応のカスケードの全体が，最終的にはフィブリン塊の形成につながる。この過程には，凝固因子と呼ばれる一連のプロテアーゼが関与している。損傷組織ではキニノーゲンとカリクレインが第XII因子（Hageman 因子とも呼ばれる）を活性化し，第XII因子が第XI因子を活性化し，反応のカスケードが図のように進行する。この一連の開始反応を**内因性経路 intrinsic pathway** と呼ぶ。また，血管壁が損傷すると，組織因子の放出と第VII因子の活性化が起こり，**外因性経路 extrinsic pathway** が開始する。2 つの経路は第X因子の活性化の段階で統合し，第X因子はプロトロンビンを切断して活性化する。

> **ポイント 34**
> 血液凝固は特異的プロテアーゼのタンパク質切断による活性化のカスケードを伴い，フィブリノゲンからフィブリンへの転換で終わる。

活性化のいくつかの段階は，補助的なタンパク質を必要とする。例えば，内因性経路において第IX因子（Christmas 因子）が第X因子を活性化するときには，抗血友病因子（第VIII因子）と呼ばれる 330 kDa のタンパク質が必要である。第VIII因子の活性が部分的あるいは完全に欠損すると，古典的**血友病 hemophilia** の原因になる。第VIII因子の遺伝子は X 染色体上にあり，女性はこの染色体を 2 コピーもっているので，この形質のヘテロ接合性保因者になりうるが，症状を呈するのはホモ接合性の場合のみである。しかし，男性が 1 つしかない X 染色体に損傷した第VIII因子遺伝子のコピーを受け取ると，程度の差こそあれ，血液凝固が重度に困難になってしまう。この疾患は第VIII因子が濃縮された血漿分画を体内に頻繁に点滴注射することによって治療されている。このタンパク質の遺伝子が最近，クローン化され，細胞で発現された。この合成第VIII因子が利用できれば，患者は頻繁に点滴注射を受けずにすむかもしれない。

傷が治り，組織損傷が修復されるときには，血栓が溶解することが必須である。血栓溶解の主要な作用因子は**プラスミン plasmin** と呼ばれる酵素であり，これはフィブリンを切断する。プラスミンそのものも不活性前駆体である**プラスミノーゲン plasminogen** のタンパク質切断によって得られる。プラスミノーゲンの活性化はさまざまなプロテアーゼにより触媒されるが，最も重要なものは**組織型プラスミノーゲンアクチベーター tissue-type plasminogen activator**（t-PA）である。その正常機能に加え，t-PA は脳梗塞や心筋梗塞に関与する無用な血栓を溶解するカスケードの開始に，著明に有効である。

ここで言及した制御の機構は，決して細胞のすべてのレパートリーを述べたものではない。細胞や生物は酵素の性能を制御することに加え，その合成と分解，また，特定のオルガネラや多酵素複合体への区画化を制御することができる。しかし，これらのプロセスの記述は第 12 章で，より広い枠組みの中で行うほうが適切であろう。

まとめ

化学反応の速度は，反応物質の濃度と速度定数によって決まる。速度定数は遷移状態に達するために必要な活性化エネルギーに依存する。すべての触媒は，反応の活性化エネルギーを低下させることによって機能する。そうすることにより，触媒は化学平衡には影響せずに速度だけを上昇させる。

酵素は生物学的触媒である。生化学的過程の速度を上昇させるが，自身は変化しない。すべてではないものの，ほとんどの酵素はタンパク質である。酵素触媒反応では，基質が酵素の活性部位に結合し，酵素–基質複合体を形成，ついで，生成物が放出される。

誘導適合仮説は，酵素は結合した基質が遷移状態に近いコンホメーションをとるように誘導すると提唱している。この結合は，酵素のコンホメーション変化を引き起こすこともある。酵素触媒における動的運動の役割はよくわかっていないが，特に水素転移を伴うような反応において，高い速度上昇を達成するために重要かもしれない。

ほとんどの単純な酵素反応は Michaelis–Menten の式の２つのパラメーター，Michaelis 定数 K_M と代謝回転数 k_{cat} により記述できる。酵素は可逆的にも不可逆的にも阻害される。可逆的な阻害には，競合阻害，不競合阻害，混合阻害がある。競合阻害は見かけ上の K_M を増加させ，不競合阻害は見かけ上の V_{max} と K_M を減少させる。混合阻害は見かけ上の V_{max} を減少させ，K_M を増加させる。不可逆阻害は通常，活性部位への共有結合を伴う。

多くの酵素はその機能に補因子を利用する。特異的な金属イオンを必要とすることもある。酵素補因子の多くは食餌に必要なビタミンと密接に関係している。

分子工学や試験管内進化法により，新しい酵素や機能が改変された酵素を創成することができる。一般的な方法として，触媒抗体の作成例のように，候補クローンの大きなライブラリーの中から活性のある分子を選択する手法がある。また，より大きなライブラリー中から可能性のある構造をもつ候補酵素を選び，コンピュータを用いたアプローチにより評価することもできる。さらに，核酸分子で酵素として機能するものも見出されている。これはリボザイムあるいは DNA ザイムと呼ばれている。

酵素活性の制御にはいろいろな形式がある。基質レベルの制御は，周囲の反応物と生成物の濃度に単純に依存する。アロステリック制御は，複雑な代謝経路で鋭敏なフィードバック制御を行う。より極端な酵素活性の変化のために，共有結合性修飾によりスイッチがオン/オフ（あるいは両方）される酵素もある。

生化学の道具　11A

酵素触媒反応の速度をどのようにして測定するか

酵素反応速度解析には，基本的に２つのアプローチがある。最も単純なものは，定常状態の近似ができる条件下で速度測定を行うというものである（p. 387 参照）。この条件下では，たいてい Michaelis–Menten の式が適用でき，基質濃度と酵素濃度の関数として反応速度を決めれば K_M と k_{cat} が得られる。ほとんどすべての酵素研究は，少なくともこのようにして始まる。しかし，もし，実験者がメカニズムの詳細をもっと知ろうとするのであれば，定常状態に達する前の研究を行うことがしばしば重要となる。そのような前定常状態の実験は，特別に高速な技術を必要とする。このようなアプローチの組み合わせにより，どのようにして複雑な酵素の反応過程を解剖し，詳細に理解することができるかを p. 393 に述べた。ここでは使用することができる実験テクニックのいくつかを述べるとしよう。

定常状態の解析

ほとんどの酵素反応において秒単位あるいは数分のうちに定常状態が確立し，その後，何分間も，あるいは何時間も持続する。したがって，測定の極端な速さは重要ではなく，反応を追跡しようとする実験者はいろいろなテクニックを利用することができる。最もよく用いられるテクニックは次のとおりである。

分光法

分光法は単純で正確である（「生化学の道具 6A」参照）。しかし，必要条件として，反応の基質か生成物が，他の基質や生成物が吸収しないようなスペクトル領域の光を吸収しなければならない。古典的な例が NADH を生成あるいは消費する反応である。NADH は 340 nm に非常に強い吸収があるが，NAD^+はこの領域に吸収がない。したがって，例えば，アルコールデヒドロゲナーゼによって触媒されるエタノールからアセトアルデヒドへの酸化は，NADH の生成を分光学的に測定することにより追跡できる。研究対象の反応に光を吸収する物質が含まれないとしても，そのような物質をもつ他の高速度の反応に共役させることが可能な場合もある。

蛍光

蛍光の応用は分光法の応用と似ており，問題点も同様である。つまり，基質か生成物が独特な蛍光発光スペクトルをもっていなければならない（「生化学の道具 6A」参照）。しかし，蛍光には高感度という長所があり，極端に希薄な溶液でも用いることができるので，実験者が実施可能な基質濃度の範囲を広げることができる。

自動滴定

もし反応が酸あるいは塩基を生成したり消費したりするのであれば，pH スタットという装置を使って，その進行を追跡することができる。ガラス電極が溶液の pH を感知し，そのシグナルがモーター駆動のシリンジを作動させ，酸あるいは塩基で滴定して反応容器中の pH を一定に保つ。時間あたりに消費された酸あるいは塩基の記録は，酵素により触媒された反応の進行の記録になる。

放射活性の測定

反応で失われたり転移する放射性同位体で基質がラベルされていれば，放射活性変化の測定が非常に感度の高い反応速度測定の手法となる。このプロセスには，反応中の決められた正確な時間に，ラベル化合物が迅速に単離されることが必要である。よい例は放射活性の ATP を使った方法であり，頻繁に用いられている。ATP は，反応混合物から一定分量をとって迅速なろ過を行うことにより，活性炭をしみ込ませたろ紙に吸着させることができる。放射活性はシンチレーションカウンター（「生化学の道具 12A」参照）で測定できる。放射性同位体を使ったもう 1 つの例は，ペプチド結合のプロテアーゼによる切断やタンパク質生合成（例えば，リボソームでのタンパク質合成）の速度測定である。ペプチドは通常は^{3}H，^{14}C，あるいは^{32}S を含む放射性アミノ酸によってラベルされる。ペプチド切断反応や合成反応の速度は，冷却したトリクロロ酢酸を用いて反応液からペプチド（あるいはペプチド断片）を急速に沈殿させ，沈殿物をろ紙の上に集めることによってモニターできる。上記のように，ろ紙上の放射活性はシンチレーションカウンターによって定量できる。

非常に速い反応の分析

非常に速い反応では，前定常状態の研究のために特別なテクニックが必要である。図 11A.1 に示した速い時間スケールをカバーするために，現在では 2 つの方法が主に使われている。

ストップトフロー

図 11A.2 に示したのは**ストップトフロー装置 stopped flow apparatus** で，1950 年代に Quentin Gibson によって最初に記述された。酵素と基質は最初は別々のシリンジに入っている。シリンジが動いて，内容物は 2〜3 ミリ秒のうちに混合チャンバーを通って第 3 の“停止”シリンジに移される。このステップが引き金となって，混合器と停止シリンジを連結するチューブの中の溶液を（例えば光の吸収や蛍光により）検出器が観察し始める。流速は容易に 1000 cm/s まで高めることができる。仮に，流れが止まったときに混合物がこの速さで動いていて，観測点が混合器から 1 cm の距離にあるとすると，検出系は 1 ミリ秒経過した混合物を最初にみることになる。その後，反応は好きなだけ，通常は 2〜3 秒程度の

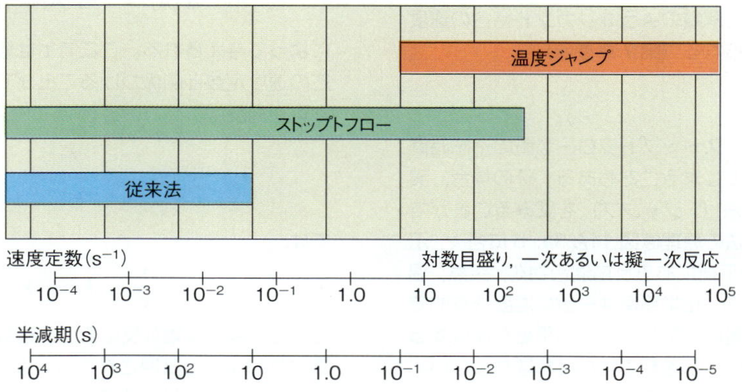

図 11A.1　反応速度測定技術の時間スケール
Courtesy of Thermo Fisher Scientific.

11

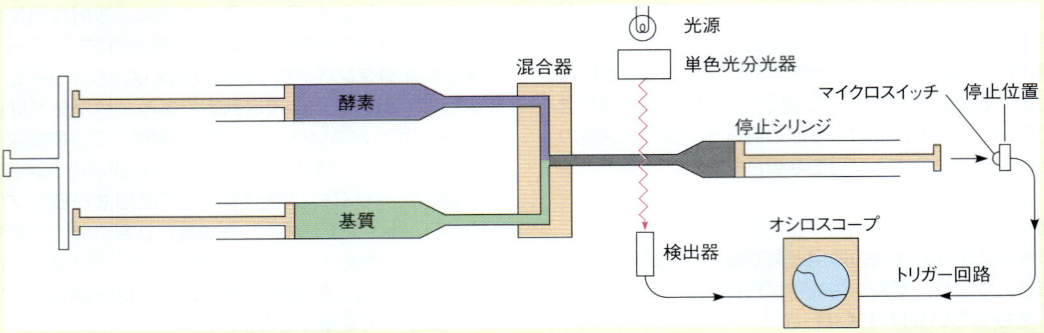

図 11A.2 標準的なストップトフロー装置

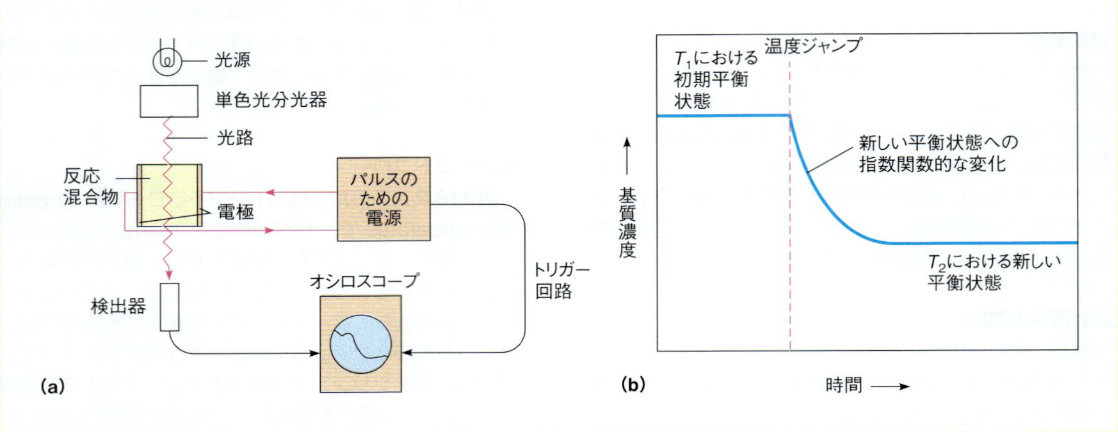

図 11A.3 温度ジャンプ法

時間を追跡することができる。この方法の限界は最初の“不感時間”（すなわち，混合液が検出器にまで到達するのにかかる時間。上記の例では 1 ミリ秒）と検出系の速さによるものだけである。

ストップトフロー法は急速な酵素反応，また，O_2のヘモグロビンへの結合・解離のようなリガンド結合の速度を測定するのに用いられる（第 7 章参照）。

温度ジャンプ

反応が速すぎると，ストップトフロー装置の不感時間中におおむね終結してしまうこともある。その場合，実験者は温度ジャンプ法（T ジャンプ）を試みることができる。基本装置と方法の原理は図 11A.3a，b に各々，示した。ある温度 T_1で平衡にある反応混合物を，突然，温度 T_2にジャンプさせる。化学平衡は一般に温度依存的であるから，平衡の位置は移動し，新しい平衡を達成するためにシステムは化学反応を起こさなければならない。急速な温度ジャンプ（1 マイクロ秒に 5～10℃）は，反応混合物に浸してある電極間に瞬間的に大電流を流すことによって可能である。混合物の加熱に赤外線レーザーのパルスを使えば，より速く（10～100 ナノ秒）ジャンプさせることもできる。新しい平衡状態への緩和過程は，吸光や蛍光で測定されるが，指数関数的なプロセスである。単純な反応では，反応物濃度の変化は

$$\Delta[\mathrm{A}] = (\Delta[\mathrm{A}]_{合計})e^{-t/\tau} \qquad (11.\mathrm{A1})$$

によって与えられる。ここで τ は緩和時間と呼ばれ，反応の速度定数と関係づけることができる。例えば，単純な可逆的反応

$$\mathrm{A} \underset{k_{-1}}{\overset{k_1}{\rightleftharpoons}} \mathrm{B}$$

では，

$$\frac{1}{\tau} = k_1 + k_{-1} \qquad (11.\mathrm{A2})$$

となる。より複雑な反応では，複数の緩和時間を伴うので，式 11.A1 で表現されるものより複雑な曲線になる。温度ジャンプ法は τ の値が 10^{-5}秒程度の反応に適している。

他にも多数のテクニック，例えば新しく開発された

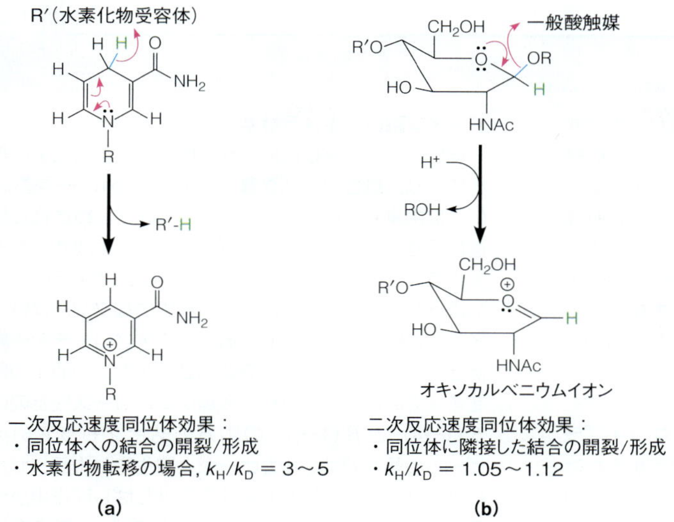

図 11A.4　一次および二次反応速度同位体効果の例

NMR 技術やパルスレーザー技術が，より速い反応に用いられているが，ここで述べた 2 つの方法は広く用いられている。また，実験者が使うことのできるさまざまなテクニックを検討しても，これらの方法が，広い時間範囲をカバーすることがわかる。全体として，ナノ秒から時間の単位まで研究することができるのである。

反応速度をメカニズムと関係づける：反応速度同位体効果

反応速度のデータは図 11.14，図 11.17，図 11.38，図 11.39 に示したような，詳細な化学反応メカニズムを提唱する基礎となっている。同位体ラベルされた基質の代謝回転速度の決定は，可能なメカニズムを他のものから区別する上で，より有用なデータとなる（例えば，リゾチームの反応機構の議論を参照）。

結合形成/開裂の速度は関与する原子の質量に依存する。なぜなら，結合の振動周波数は，結合している原子の質量に影響を受けるからである。より重い同位体が関与する結合の開裂/形成反応は，より遅く進行する。この効果は**反応速度同位体効果 kinetic isotope effect**（KIE）として知られている。合成化学者は，原子特異的に同位体で置換した酵素触媒反応基質を合成する方法を開発してきた。言い換えれば，分子中の特定の場所で通常の水素同位体 ^{1}H（プロティウムと呼ぶこともある）が重水素（^{2}H または D）またはトリチウム（^{3}H または T）に置換されているような基質である。KIE は水素同位体において最も大きくなる。これは，^{1}H 対 ^{2}H（あるいは ^{3}H）のほうが，より重い元素（例えば ^{12}C 対 ^{13}C あるいは ^{16}O 対 ^{18}O）よりも質量変化が大きいからである。

いわゆる一次 KIE は，問題の原子を含む結合が律速段階で開裂/形成されるときに観察される。一方，二次 KIE は，問題の原子に隣接する結合が開裂/形成されるときにみられる（図 11A.4）。KIE は，2 つの異なる同位体でラベルされた基質の反応速度比，例えば k_H/k_D として記録される。一次 KIE では，水素転移反応の測定値の範囲は 2〜15 である。二次 KIE では，測定値の範囲は 1 に近くなる（1.05〜1.12）。これらの数字の大きさの違いにより，一次 KIE と二次 KIE を区別することができる。

もし研究者が，特定の結合が反応中にゆっくりとしたステップで開裂すると考えたならば，ラベルした基質を合成し，ラベルした基質とラベルしない基質で反応速度を比べればよい。期待した KIE が観察されれば，提案したメカニズムは正しいかもしれない。期待した KIE が観察されなければ，提案したメカニズムは正しくないか，反応機構中の他の律速段階よりも結合の開裂/形成が速かったということである。このように，KIE は酵素触媒反応機構の詳細な解明に有用な手段なのである。

生化学の道具 11B

酵素のタンパク質工学入門

オーダーメイドの機能をもつ触媒への探求が，希望する機能をもつ新規タンパク質構造を作成する多くの戦略の開発につながってきた。これらは大きく2つのカテゴリーに分類される。1つが“合理的設計法”で，これは第5～7章に述べたタンパク質の折りたたみ，安定性，機能の原理の応用に基礎をおく。もう1つが“進化分子工学法”で，これはタンパク質変異体の大きなプール（ライブラリー）を作成し，希望する機能をもつものを厳密に選択することに基礎を置く。しばしば，これらの方法は組み合わせて用いられる。例えば，弱い活性をもつ触媒候補分子を鋳型として変異体の大きなライブラリーを作成し，活性が改善した変異体を同定するために，このライブラリーをスクリーニングするというものである。これらの原理はタンパク質触媒を例にして説明したが，同じ戦略は核酸触媒のデザインと選択にも応用することができる（図 11.43）。

部位特異的（“合理的な”）戦略においてもランダムな（“進化分子工学”）戦略においても，遺伝子配列の操作によりアミノ酸を変化させられることに注意を喚起しつつ，ざっと概観してみよう。

部位特異的変異

今や酵素の遺伝子をクローン化して，配列上の特定の部位を特異的に変異させることはありふれた作業である（「生化学の道具」5A に述べた）。リゾチームやセリンプロテアーゼ（p. 381～385 参照）について述べたように，この方法は酵素の作用メカニズムを解明する上で非常に強力な手段であることがわかっている。しかし，この方法により酵素の特異性を変化させることもできる。例えば，スブチリシンというプロテアーゼについての James Wells と共同研究者らによる研究では，特異性ポケットにある特定の部位（残基 166）の変異に注目している。この部位には通常は Gly があり，酵素は大きな疎水性残基の隣でポリペプチド鎖を選択的に切断する。同じ位置にグルタミン酸をもつポリペプチドに対する活性は非常に低い。Gly166 を Lys に置き換えると，グルタミン酸の隣での切断の頻度が 500 倍に上昇する。

工業目的でのタンパク質工学の試みは，新しい反応のために酵素を作り変えることを目的としている部分もある。しかし，それ以上に，工業や特殊な農業の行程にみられる極端な環境条件（熱，酸，塩）に対する耐性を向上させることに焦点があてられてきた。今のところ，自然（進化）は人類よりも優秀なデザイナーであるようだ。極限環境に耐性がある興味深い酵素のほとんどは，温泉，砂漠，海底の熱噴出孔に生棲する細菌に見出されたものである。100℃に近い温度でも効率的に機能することができる天然の酵素が存在することも知られている。

ドメイン融合：キメラ酵素

現代分子生物学技術により可能になった遺伝子の再編成により，**融合タンパク質 fusion protein**——複数の遺伝子に由来する断片が in vitro でつなぎ合わされた融合遺伝子でコードされたタンパク質——を生成することができる。このような遺伝子融合により，今までになかったような順番で，タンパク質や特異的なタンパク質ドメインを連結することができる。このアプローチの単純な例として，大麦にみられる穀類βグルカンの消化の問題を考えてみよう。これらの多糖はグルコース残基の間にβ(1→4) とβ(1→3) の両方の結合をもっている。ビールの醸造ではグルカナーゼと微生物セルラーゼが使われるが，後者は工業的条件下ではしばしば作用が十分ではなく，粘性のある生成物ができてビール製造を妨げてしまう。そこで両方の種類の結合を切断し，グルカンをグルコースへとワンステップで消化することのできるハイブリッド酵素が作成された。

ドメイン融合により新規酵素を創出することに加え，多ドメインタンパク質の配列を修飾して機能を改変することも可能である。例えば，ポリケチドシンターゼ polyketide synthase（PKS）は非常に大きな多ドメイン酵素であり，エリスロマイシンのような複雑な天然物を多段階で合成する。PKS の分子工学は，抗生物質耐性菌に感染した患者の治療に有効な新しい抗生物質を生み出す可能性があり，大きな注目を集めている。PKS の個々のドメインは基質に特定の化学的変化を及ぼし，PKS の一次配列中のドメインの特定の並び方は最終生成物の化学構造と立体構造を決定する（図 11B.1）。PKS のドメインをコードしている遺伝子配列を選択的に再配置・欠失させることにより，異なる生成物を得ることができる。PKS により行われる化学反応の詳細は，第 17 章で述べる（図 17.37，p. 669）。

ランダムライブラリーからの選択：触媒抗体

第 7 章で，抗体が標的抗原への結合において，際立って高い特異性を示すと述べたことを思い出してみよう。酵素は反応の遷移状態に最も強く結合する。もし，特定の反応の遷移状態アナログ分子に対する抗体を作成したら，何が起こるだろうか？ 抗体が酵素のように働くというのが答えである。このような抗体は特定の基質に対して特異性を示し，反応の速度を上昇させる。抗体触媒の初期の例に，炭酸エステルの加水分解がある（図 11B.2）。アミドの加水分解のように，エステルの加水分解においても四面体遷移状態が生じる。炭酸エステル加水分解反応の遷移状態に似せるために，四面体のホスホン酸エステルが用いられた。ホスホン酸は安定なので，ホスホン酸と強く結合する抗体を精製するためのアフィ

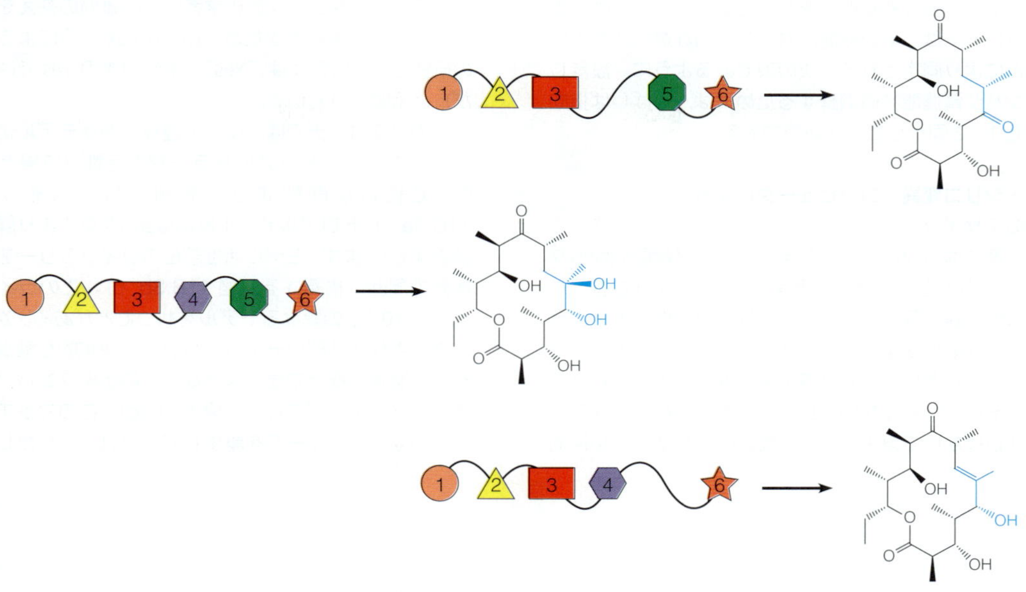

図 11B.1　ポリケチドシンターゼの改変による新規化学構造の創成　この単純化した例では，6 つのドメインをもつ PKS はエリスロマイシンのコア構造をつくる（一番左）。ドメイン 4 あるいはドメイン 5 を削ると（右側），最終生成物の構造が変わる（青色の領域に注目）。PKS のいろいろなドメインの組成と活性についての詳細な説明は，図 17.37 を参照のこと。

ニティーカラム作成にも使われた（「生化学の道具 5A」）。このようにして精製された抗体は，類似の炭酸エステルにも結合し，その加水分解速度を 10^3 のオーダーで上昇させた。

いろいろな種類の分子を抗原として，**表 11.10** に示したような，さまざまな反応に対する触媒抗体を作成することが可能になっている。速度上昇が 10^7 になるものも得られたが，しかし，現在までに報告されている触媒抗体の大多数は速度上昇が 10^4〜10^5 の範囲にある。この値が，触媒抗体によって到達できる速度上昇の実質的な限界かもしれないと考える研究者もいる。

長年にわたり，特定の化合物や官能基に対する触媒抗体を作成する上での主な難点は，選択を進める上で動物の免疫系を使う必要があることだった。この必要性を回避するシステムが近年，開発された。基本的な考えは，ランダムな相補性決定領域をもった F_{ab} や F_c フラグメント（第 7 章）をクローン化し，バクテリオファージ粒子の表面に発現させるというものである。ファージ粒子のコレクションは“ライブラリー”と呼ばれ，通常は 10^6〜10^8 の異なるクローンを含んでいる。このライブラリーをアフィニティークロマトグラフィーにかけ，必要な分子や構造と結合することのできる F_{ab} や F_c を提示するクローンを選択する。このような技術により，抗原の毒性や化学的不安定性ゆえに，in vivo 系での抗原提示が非常に困難だった合成分子基質に対する触媒抗体の開発ができるようになった。

このようなランダム配列ライブラリーの創出は，いわゆるタンパク質（あるいは核酸）の**指向進化 directed evolution** を実験室内で可能にした。タンパク質遺伝子の複数の部位に同時にランダム変異を起こさせることに

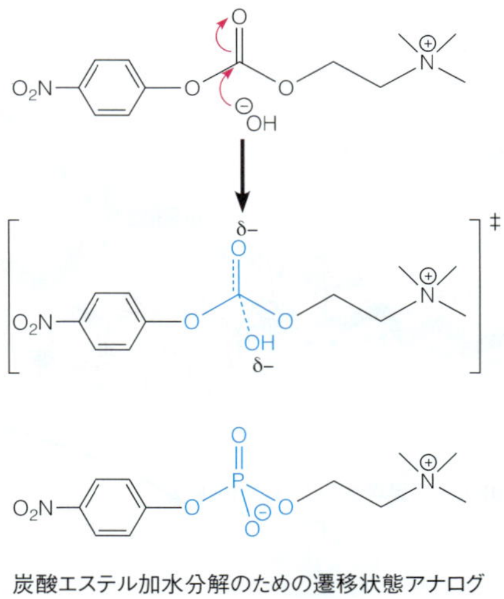

図 11B.2　リン酸エステルによる炭酸エステル加水分解の遷移状態モデル化　上：炭酸エステルのアルカリ pH での加水分解は，炭酸炭素に対する水酸化物イオンの攻撃を伴う。中：この反応の遷移状態モデル。下：アルカリ加水分解反応の遷移状態類似体。この類似体は比較的，安定である。したがって，クローンの大きなプールから候補触媒をアフィニティー精製するのに使うことができる。

より，さまざまなタンパク質配列のセットをつくることができる。必要な新規機能をもったライブラリー中の少数のクローンは，その機能に対する適切な選択法を用いることにより同定される。次の項でみるように，設計したタンパク質機能を微調整するためには，しばしば指向進化を1〜2回行うことが必要である。

イン・シリコ変異：コンピュータによる酵素のデザイン

第6章ではコンピュータを用いてアミノ酸配列からタンパク質の構造を予測する最新の方法について述べた（図6.35および図6.36）。これとは逆の問題，どのようなアミノ酸配列が望ましい立体構造を生じるかという予測を立てることに対して計算による取り組みが行われている。そこでいくつかのトピックスをまとめ，興味深い疑問を投げかけてみよう。ある反応の遷移状態に相補的な活性部位をもつタンパク質触媒を設計することは可能だろうか？　タンパク質化学者はこの難問の答えを長年にわたって追求してきたが，David Bakerらによる最近の研究で，その答えは“Yes”（条件つきのYesではあるが）と示唆されている。

このアプローチでは，反応の遷移状態がモデル化される。ここではレトロアルドラーゼの活性（結果としてC—C結合が開裂する）を例として示そう（図11B.3a。レトロアルドール反応は第13章でより詳しく議論する）。まず，モデル活性部位のライブラリーを遷移状態の周囲に構築する（図11B.3b, c）。このライブラリーは10^{18}もの異なるモデルをもつことがある。次に，さまざまな活性部位モデルについて，決定的な触媒残基を同じ配置で提示できるような既知の足場タンパク質構造とのマッチングを行う（図11B.3d）。このマッチングの段階はコンピュータを駆使して行われる。しかし，実

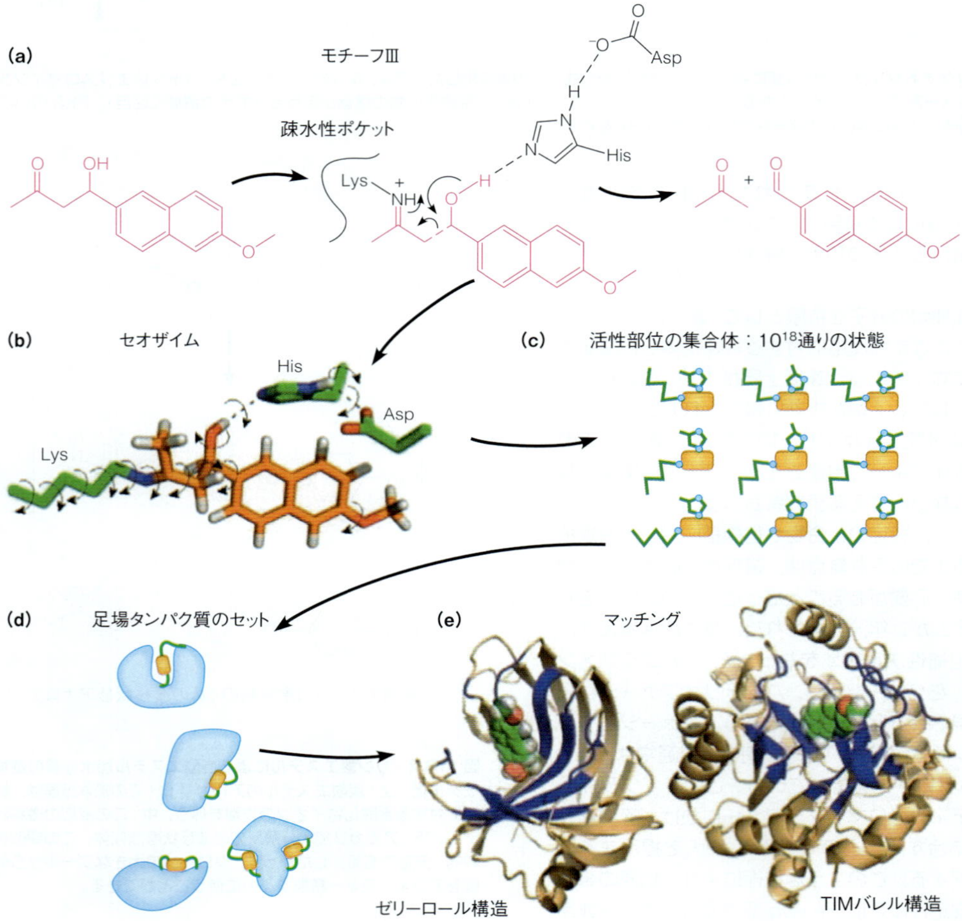

図11B.3　レトロアルドラーゼのコンピュータによるデザイン　図示された各ステップの説明は本文を参照のこと。

験室でクローン化して現実的にテストできる数よりも，可能性のあるずっと多くの活性部位をコンピュータにより評価することができる。最後のコンピュータデザインの段階では，候補となる足場タンパク質に導入すべき特異的な変異が特定され，候補酵素の遺伝子がクローン化され，発現される。この例では 72 の候補配列がクローン化されて評価され，およそ半数が多少の触媒活性を示した。最もよいクローンは速度上昇が約 10^4であり，これは有意ではあるが，天然由来の酵素のものほど大きくはなかった（図 11.4 参照）。

同様のアプローチにより，10^4の速度上昇値の Kemp 脱離反応の触媒が作成された。この値は，コンピュータでデザインされた配列の指向進化によって 10^6にまで高めることができた。これらの研究により，2 つの重要な結果が明らかになった。すなわち，(1) コンピュータによるアプローチでつくられる触媒は，特異性はよいが，反応速度の促進はいまひとつである。(2) つくられた酵素の結晶構造は，コンピュータデザインの過程で得られた構造と非常によく一致する。ごく最近では，この方法論により Diels–Alder 反応の触媒が作成された。

しかし，重要な疑問も残っている。設計した触媒が通常，天然の酵素よりもはるかに低い反応速度促進しか達成できないのはなぜだろうか？　その答えは，我々が酵素の機能におけるタンパク質動力学の役割について，定量的な理解を深めることよって明らかになるかもしれない。

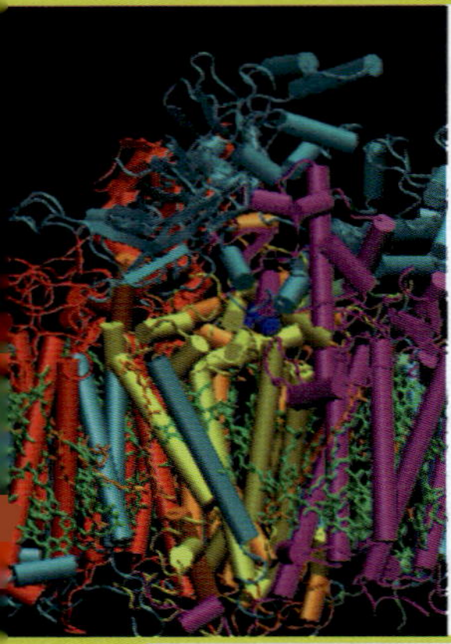

第 12 章 代謝の化学論

有機合成を行うときには，一般に 1 つの反応容器の中で複数の反応を行うことはめったにない。単一の反応は，副反応を防ぎ，目的産物の収量を最大にするために重要である。しかし，生きている細胞は同時に何千という反応を行い，しかも生じる中間体や反応産物に過不足が起こらないように，それぞれの反応過程を調節している。きわめて複雑な機構と立体化学に基づく選択性の高い反応が，1 気圧，常温，ほぼ中性の pH という温和な条件下でスムーズに進んでいる。細胞はどのようにして代謝の大混乱を防いでいるのだろうか？　本章とそれに続く数章では，細胞がこれら複雑な一連の反応を行い，またそれらをどのように調節しているのかを理解することが目標である。

代謝概観

生化学を学ぶ者の重要な課題は，細胞がどのようにして無数の反応系列を調節しているか，そしてその調節を通じてどのように細胞の内部環境を制御しているかを理解することである。すでに第 11 章で，個々の酵素およびその酵素活性の調節機構について述べた。本章では，特定の反応の系列，すなわち**反応経路 pathway**，各反応経路と細胞構造との関係，各反応経路の生物学的な重要性，反応経路の**流れ flux**，すなわち細胞における各反応の速度，および代謝研究の実験方法について考える。本章で取り扱う細胞内の代謝過程を単純化したものを図 12.1 に示す。この図には 2 つの重要な原理が示されている。(1) 代謝は，**異化 catabolism** と**同化 anabolism** の 2 つに大別されること。異化は複雑な化合物の分解過程であり，同化は基本的に複雑な有機分子の合成に関わる過程である（図 12.1a）。異化は一般に化学エネルギーの放出を伴い，同化には化学エネルギーの投入が必要である。これら 2 組の反応経路は ATP により結びつけられている。(2) 異化経路と同化経路はともに以下の 3 つの段階よりなること。第 1 段階は，タンパク質，核酸，多糖などの多量体および複合脂質とそれらを構成する単量体の相互変換。第 2 段階は，糖，アミノ酸，脂質などの単量体とこれらよりも単純な有機化合物の相互変換。第 3 段階は，二酸化炭素，水，アンモニアなどの無機化合物への最終的分解，あるいはこれらの無機物を材料とする単純な有機化合物の合成である（図 12.1b）。本章を進めながらこの図の各代謝反応の細部を紹介し，それぞれの機能を明らかにする。

エネルギーを獲得する経路は，生合成の過程で使われる中間体の生産もしている。すなわち，本章では，まずエネルギー供給のための有機化合物分解に焦点を当てるが，代謝系は実際には連続体であり，多くの場合，同一の反応が分解過程および生合成過程の両方で働いていることに留意してほしい。

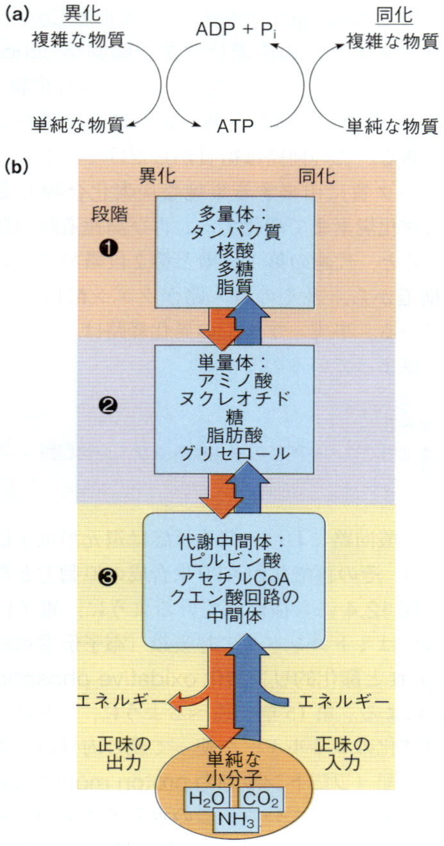

図 12.1　簡略化した代謝の全体図

これから**中間代謝** intermediary metabolism，**エネルギー代謝** energy metabolism，および**中心経路** central pathway という用語を用いる。中間代謝は，代謝エネルギーの生産と貯蔵，および中間代謝産物である低分子量化合物とエネルギー貯蔵物質の生合成に関わるすべての反応からなっている。しかし，ヌクレオチドから核酸，アミノ酸からタンパク質を合成する反応は含まない。中間代謝の反応には，DNA 情報が関与しない。それぞれの反応の特異性を決めるのに必要な情報は，反応を触媒する酵素の構造中に存在するからである。エネルギー代謝は中間代謝の一部で，代謝エネルギーの生産および貯蔵に関与する経路よりなる。第 12〜22 章では中間代謝について述べるが，特に第 13〜18 章ではエネルギーの面について焦点を当てる。代謝の中心経路は異なる生物でも実質的に同一である。その経路は細胞内の物質移動とエネルギー生産の大部分を占め，量的に主要な経路である。のちほど個々の中心経路を明らかにしその説明を行うが，ここでは中心経路全体に焦点を当てる。

ポイント 1
中間代謝とは基本的に，中間代謝産物である低分子量化合物の生合成，利用および分解である。

ほとんどの生物では，生合成に使われる原材料もエネルギーも，グルコースのように燃料となる有機化合物から得ている。中心経路は，これらの燃料化合物の酸化と，その結果生じる断片から低分子量化合物をつくる反応から成り立っている。すべての好気性生物において中心経路が見出されるが，基本的な生物の差異は燃料となる化合物にある。

独立栄養生物 autotroph（ギリシャ語の“auto＝自分で”，“troph＝餌を用意する”に由来）は，二酸化炭素の形で供給される無機炭素から，グルコースおよびその他すべての有機化合物を合成する。**従属栄養生物** heterotroph（“hetero＝異なる”，他者が餌を用意する）は，代謝産物を他の有機化合物からしか合成できず，つまり有機化合物を餌としなければならない。植物と動物の基本的な差異は，植物が独立栄養生物で動物が従属栄養生物であることにある。ハエトリグサなどの食虫植物を例外として，緑色植物は光合成による二酸化炭素の固定によって有機化合物を得ている。動物は植物や他の動物を餌とし，それから得た有機化合物を変換して代謝産物をつくっている。微生物は広範な生合成能力とエネルギー源をもつ。

12

また，微生物は無酸素条件下でも生存できるという適応性をもっている。実際には，すべての多細胞生物と多くの細菌は厳密に**好気性** aerobic 生物であり，その生存は**呼吸** respiration に全面的に依存している。呼吸とは，酸素の働きによる栄養素の酸化とエネルギー生産が共役した反応をさす。これに対して，ある種の微生物は，分子状酸素が関与しない過程で代謝エネルギーを得ることで，**嫌気性** anaerobic 条件下でも生存できるし，あるいは嫌気性条件下でのみ生存している。

光合成による炭素固定を通して，二酸化炭素から生物の構成分子（有機化合物）が合成されるという意味で，太陽は生物エネルギーの究極の源である。しかし，原核生物の比較的大きな生物群（真正細菌，アーキア〈古細菌〉）が他の方法でエネルギーを得ていることを考慮すれば，この考え方は，完全に正確とはいいがたい。そのような生物とは，例えば，深海底の熱水孔や活火山の地熱孔の周囲の 100℃あるいはそれ以上の高温の環境に生息する著しい**好熱性** thermophilic 生物である。好熱性生物の代謝に関して調べるべきことはまだ多く残されているが，その代謝エネルギーが太陽光に由来していないことは明らかである。

代謝地図上の高速道路

さて，中心代謝経路およびその検証に戻ろう。読者はおそらく，代謝経路図（生化学実験室や研究室の壁に掛けてある大きな道路地図のような図）を見たことがあるだろう。図 12.1 はきわめて単純化した代謝経路図である。図 12.2 はこれよりも詳しい代謝経路を示しており，これは本章の基本的な案内図でもある。この図は本章以降の各章でも，その章で取り上げた経路を強調しつつ繰り返し出てくるはずである。

代謝全体を構成する何千という化学反応に向き合ったとき，我々はこの大きなテーマのどこから手をつければよいだろうか。主要な問題点は中心経路とエネルギー代謝である。したがって，続くいくつかの章では，エネルギー生産に際して最も重要な分解過程，すなわち糖質と脂質の異化について考察すると同時に，これらの物質の生合成についても考察する。これらの諸反応は代謝地図の中央に位置し，大きな矢印で書かれている。つまり代謝地図における高速道路といってもよい。

ポイント2
中心経路は代謝の変換量全体の大部分を占めている。

道路地図と対比することは，代謝の双方向性を考えるときにも役立つ。車の流れは，午前中は郊外から都心へ向かい，夕方にはその逆向きとなる。これと同様に，代謝においても，ある条件下では生合成が起こりやすく，他の条件下では異化が起こりやすくなる。どちら向きの反応でも，高速道路の同じ部分が使われることがわかる。

エネルギー代謝の中心経路

図 12.1 で考察したように，関与する代謝物の複雑さによって，代謝を3段階に分けることができる。一番初めにその詳細を紹介する経路は**解糖系 glycolysis** である（第13章）。これは好気性，嫌気性いずれの細胞にも存在する糖質を分解する経路で，代謝の第2段階に分類される。図 12.3 に示すように解糖系へ投入される主要な物質は，通常，エネルギー貯蔵物質である多糖類または食事に含まれる糖質に由来するグルコースである。解糖系に投入されたグルコースから，炭素3個からなる α ケト酸であるピルビン酸が生じる。嫌気性生物はピルビン酸を還元して，さまざまな産物，例えば乳酸を生成したり，エタノールと炭酸ガスを生成する。これらの過程は発酵と呼ばれる（p.436 参照）。酸化的代謝（呼吸）では，ピルビン酸の大部分は酸化されて，炭素2個からなる代謝的に活性な**アセチル補酵素 A acetyl-coenzyme A**（アセチル CoA）となる（p.537 参照）。アセチル CoA のアセチル基にある2つの炭素は**クエン酸回路 citric acid cycle** により酸化される（図 12.4）。好気性生物では，第14章で紹介するクエン酸回路が第3段階の主要な経路である。この回路は糖質からだけではなく，脂質やタンパク質に由来する単純な炭素化合物も受け入れ，二酸化炭素まで酸化する。再び高速道路のたとえを用いると，代謝の第1段階と第2段階である高速道路や横道から，多くの導入路がクエン酸回路へつながっている。事実，すべての異化経路はこの地点へ向かって集まっているのである。

ポイント3
好気性生物では，すべての異化経路はクエン酸回路へ収斂する。

クエン酸回路における酸化反応は還元型電子伝達体をつくり，その再酸化が ATP 生合成の原動力となっている。図 12.4 にも描かれているように，電子伝達体の再酸化はミトコンドリア呼吸鎖（**電子伝達 electron transport** と**酸化的リン酸化 oxidative phosphorylation**）による。第15章で述べるように，ミトコンドリア膜は酸化のエネルギーを使って膜の内外の水素イオン濃度勾配（**プロトン駆動力 proton motive force** ともいう）を維持している。この水素イオンの電気化学ポテンシャルのエネルギーの解放が，ADP とリン酸から ATP を生産する推進力となる。

解糖系以外の第2段階の経路もクエン酸回路に燃料を供給する。アセチル CoA はピルビン酸の酸化によってだけでなく，脂肪酸の **β 酸化 β-oxidation** による分解（詳細は第17章）やいくつかのアミノ酸の酸化経路（詳細は第20，21章）によっても生産される。クエン酸回路でアセチル CoA の炭素2個が酸化されないときには，これらの炭素は同化方向に向かい，脂肪酸とステロイド合成（詳細は第17，19章）の基質となることができる。これらの経路を含めて生合成経路は，構造的に NADH にきわめて類似の還元型電子伝達体 NADPH（p.437 参照）を利用する。

糖質の生合成に関するいくつかの重要な過程にも注目しよう（図 12.5）。第13章では非糖質の前駆体からグルコースを合成する経路である**糖新生 gluconeogenesis** と多糖の生合成，特に動物細胞におけるグリコーゲンの生合成について述べる。第16章では**光合成 photosynthesis**（図 12.6）を扱う。光合成はきわめて重要な過程であり，緑色植物は光のエネルギーを捕捉してエネルギー（ATP）と還元力（NADPH）を生み出し，この両者が糖質の合成に用いられる。

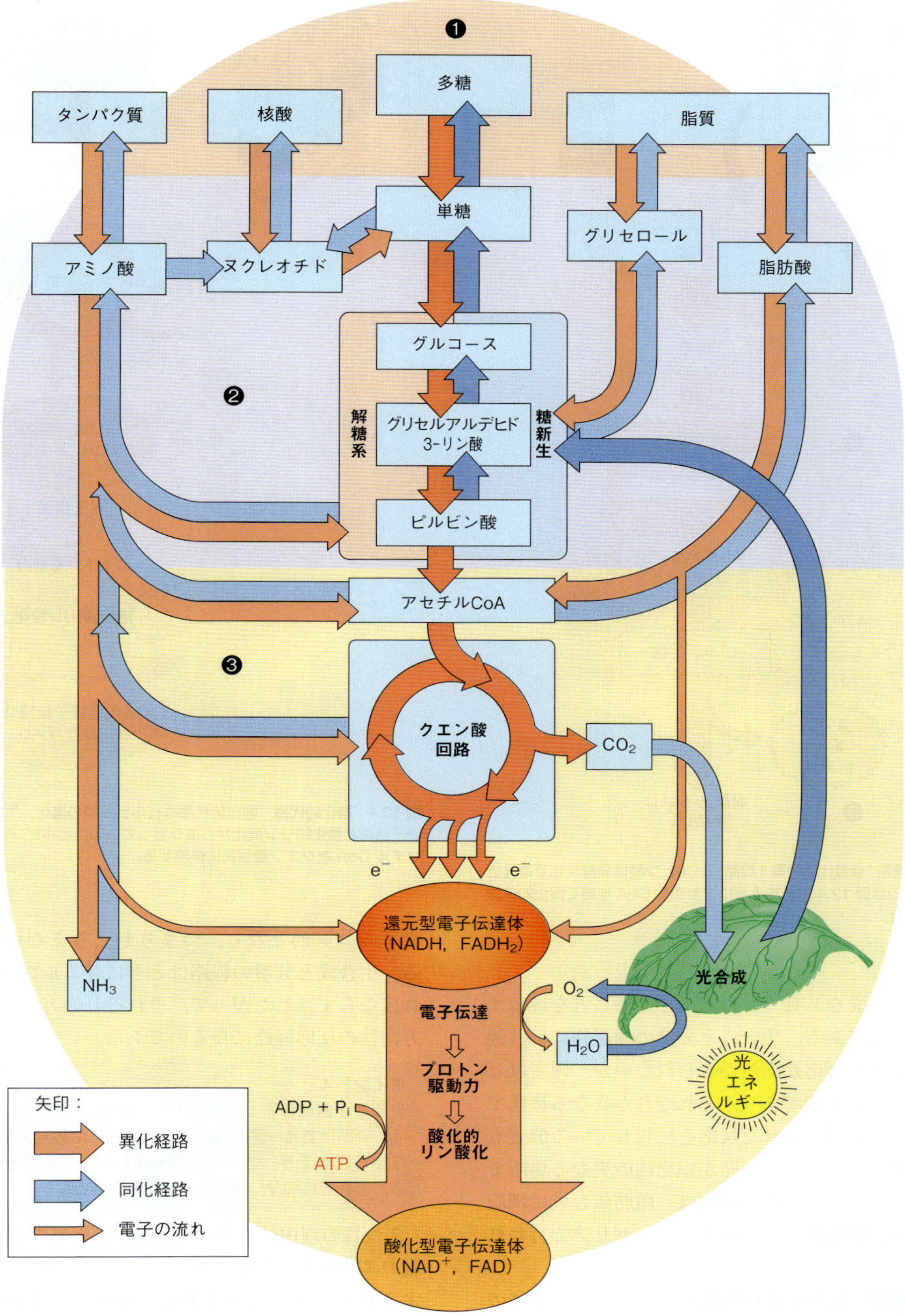

図 12.2　代謝の概観　ここに示したのは中心経路および重要な中間体である。この図では，異化経路（赤）は下に進み，同化経路（青）は上に進む経路として示されている。代謝の 3 段階に注意すること。

生合成と分解は独自の経路

図 12.2 のうちのある経路は，単純に他の経路を逆にたどっているだけのようにみえるかもしれない。例えば，脂肪酸はアセチル CoA から合成され，β 酸化により脂肪酸はアセチル CoA に変換される。同様に，グルコース 6-リン酸は糖新生においてピルビン酸から合成され，この過程は一見解糖系の単純な逆反応のようにみえる。しかし，これらの例における対向する

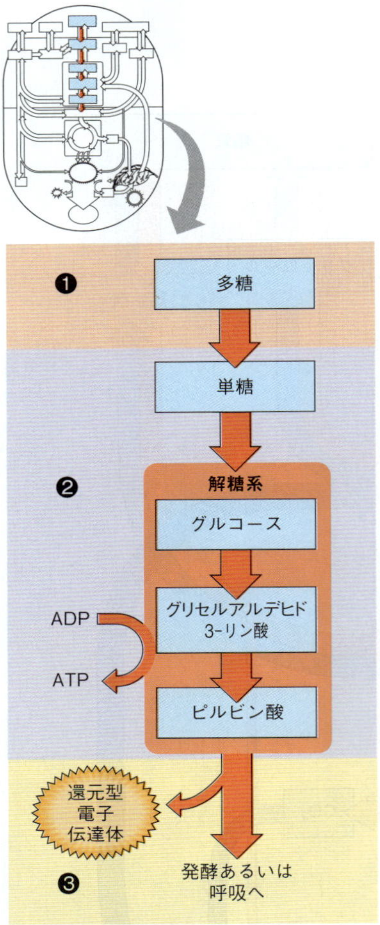

図 12.3　解糖系：糖質代謝の第１段階　ピルビン酸は発酵反応で還元されるか，あるいは図 12.4 に示すようにアセチル CoA を経て酸化的代謝（呼吸）に進む。

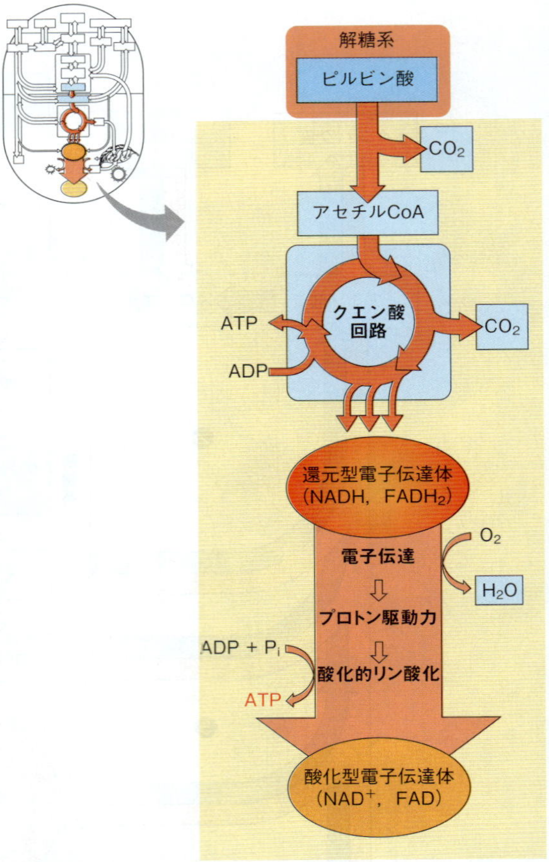

図 12.4　酸化的代謝　酸化的代謝はピルビン酸の酸化，クエン酸回路，電子伝達と酸化的リン酸化から成り立っている。ピルビン酸の酸化はアセチル CoA をクエン酸回路に供給する。

経路は互いに異なる独立したものであることを理解することが重要である。生合成と分解の両経路には共通の中間体や酵素反応があるかもしれないが，両者は互いに異なる反応系列であり，それぞれが異なる機構で調節され，その調節された反応を触媒している酵素も互いに異なっている。両経路が細胞内の異なる場所で起こることさえありうる。例えば，脂肪酸合成は細胞質で行われ，脂肪酸の酸化はミトコンドリアで行われる。

生合成経路と分解経路の開始点と終了点が，共通の代謝物であることがしばしばあるが，その場合でも，両経路は決して互いに単純な逆反応ではない。このように，一方向性の異なる経路が存在することは，次の２つの理由から重要である。第１に，ある経路が一定方向に進むためには，その方向が発エルゴン的でなくてはならない。もしある経路が強く発エルゴン的であれば，その経路の逆反応は同一条件下では同じ程度に吸エルゴン的となり，つまり起こりえない反応となる。生合成と分解の経路はともに発エルゴン的でなければならず，したがって，それぞれの方向に向けて一方向性の反応経路になるのである。

> **ポイント４**
> 分解と生合成経路が別個のものであるのは２つの理由による。経路はある一定方向に向かうときにのみ発エルゴン的になることができ，さらに無益回路になることを避けるために，それぞれ別々に調節されなければならない。

２つ目の理由は（１つ目と同様に重要であるが），細胞のエネルギー生産状況に応じて代謝物の流れを調節する必要があることである。ATP レベルが高い場合は，クエン酸回路で炭素を酸化する必要性は低い。そのような状況下では，細胞は炭素を脂肪や糖質として貯蔵することができるので，脂肪酸合成や糖新生およびその関連経路が働く。ATP レベルが低い場合には，細胞は貯蔵されている炭素をクエン酸回路の基質とするために動員しなくてはならないので，糖質や脂肪の分解が起きる。このように，生合成過程と分解過程に

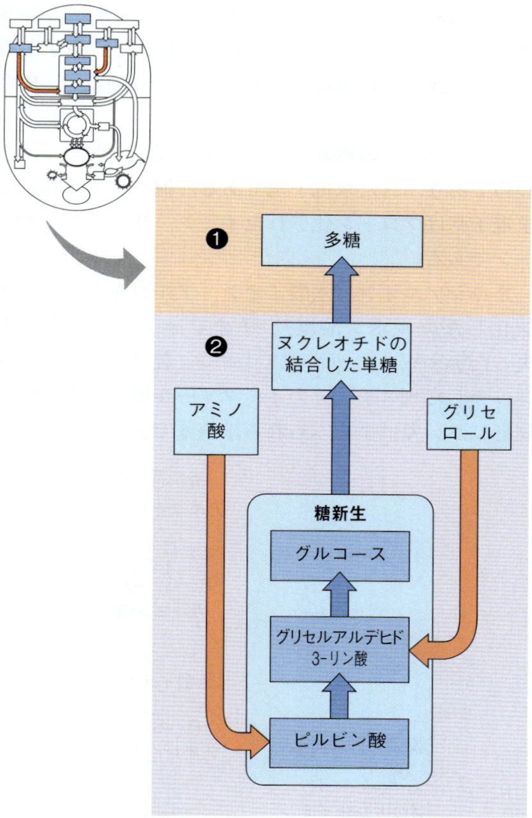

図 12.5　糖質の同化　糖質の生合成は糖新生と多糖の合成から成り立っている。

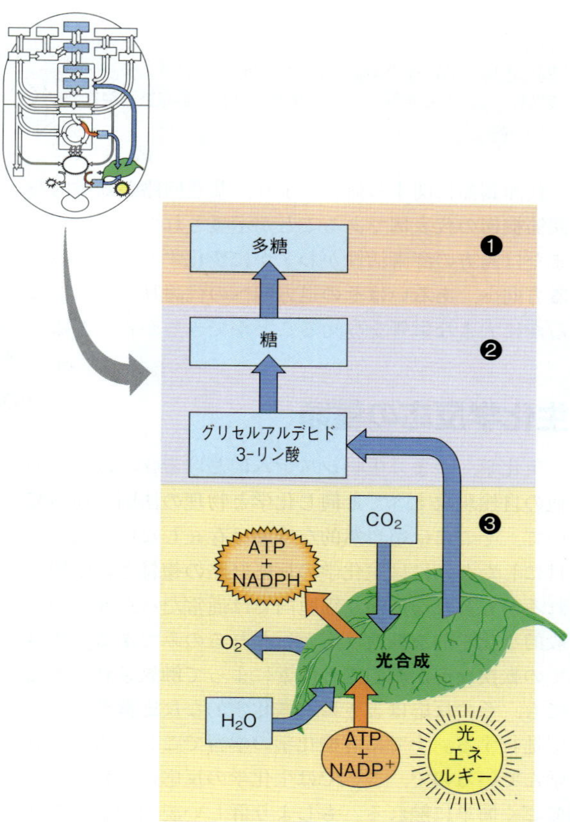

図 12.6　光合成

別々の経路を用いることは，代謝を制御するためにきわめて重要である。一方の経路を活性化する条件では，逆向きの経路は阻害されやすい。逆もまた真である。

もし脂肪酸合成と酸化が，細胞内の同じ区画で，いかなる制御もなしに行われていると仮定するとどうなるのか考えてみよう。この場合，酸化により生じた炭素 2 個の断片は，ただちに再合成に用いられてしまうだろう。このような状況は**無益回路 futile cycle** と呼ばれる。ここでは役に立つ仕事はなされず，酸化反応で生産されるよりも多くの ATP が脂肪酸合成の吸エルゴン反応で消費されるだけとなる。

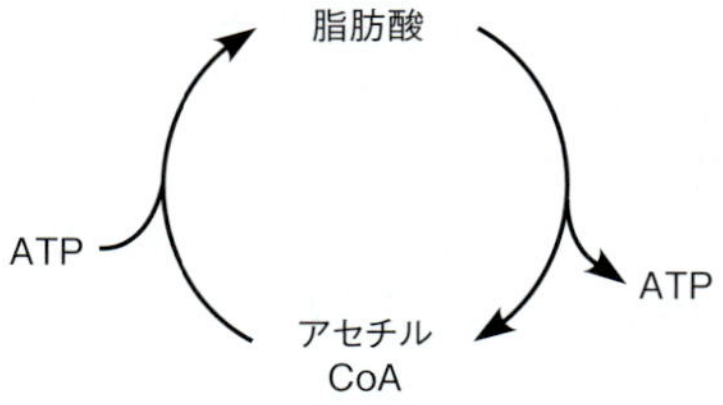

無益回路

同様な無益回路は，糖質代謝におけるフルクトース 6-リン酸とフルクトース 1,6-二リン酸の相互変換でも起こりうる。

フルクトース 6-リン酸 + ATP ⟶ フルクトース 1,6-二リン酸 + ADP

フルクトース 1,6-二リン酸 + H_2O ⟶ フルクトース 6-リン酸 + P_i

正味の反応：　ATP + H_2O ⟶ ADP + P_i

最初の反応は解糖系で起こり，2 番目の反応は生合成経路，すなわち糖新生の過程で起こる。これらの過程はともに細胞質で進行する。両方の反応が同時に起きた場合の正味の効果は，ATP の ADP および P_iへの無駄な加水分解である。しかし実際には，それぞれの反応を触媒する酵素はアロステリックエフェクターに応答し，一方の酵素が活性化される条件では他方の酵素が阻害される。この相反する制御により，2 つの酵素が細胞内の同じ区画にあるにもかかわらず，無益回路が回避されている。このようなしくみは**基質回路 substrate cycle** と呼ぶほうがより適切であろう。基質回路においては，みかけ上逆向きの 2 つの反応が，細胞内において互いに独立に制御されている。

ポイント5
同化と異化の過程の細胞内での区画分けとアロステリック制御は，単なるエネルギーの無駄づかいである無益回路を防いでいる。

代謝調節に関する研究により，基質回路が効率的な調節機構の代表例であることが示唆されている。一方または両方の酵素活性がわずかに変化することで，ある方向へ，あるいはその逆方向への代謝物の流れにはるかに大きな影響を与えることができるからである。

生化学反応の種類

生化学，つまり生物システムにおける化学は，その他の自然現象すべてと同じ化学と物理の法則に従っていて，そこには超自然的な空論は存在しない。初めて目にしたときには生化学の反応経路の複雑さに圧倒されるかもしれないが，細胞内では通常たった5つの一般的な化学的な転換反応が行われるのみである。すべての転換反応が細胞内の酵素によって触媒されるとしても，その反応はまさに有機化学的な反応機構によって進行する。すでに有機化学の学習でこれらの反応を学んでいるので，ここでは生化学の反応の種類についてごく簡単に触れる。もしより詳しい説明が必要なときには，自分の有機化学の教科書を参照すること。

求核置換反応

生体分子の化学のほとんどはカルボニル基（C＝O）の化学である。というのも，大多数の生体分子がこれを含んでいるからである。そして，カルボニル基の化学のほとんどに**求核基 nucleophile**（Nu:と略記する）と**求電子基 electrophile** が関わっている。求核基は“原子核が好きな”物質であることを思い出してほしい。求核基は負に分極した電子に富む原子を伴い，この原子が電子に乏しい原子に電子対を提供することで結合をつくることができる。求電子基は正に分極した電子に乏しい原子を伴った“電子が好きな”物質で，この原子が電子に富む原子の電子対を受け入れることで結合をつくることができる。カルボニル基は，電子に乏しく部分的に正電荷をもったC原子と電子に富み部分的に負電荷をもつO原子からなり，極性をもっている。

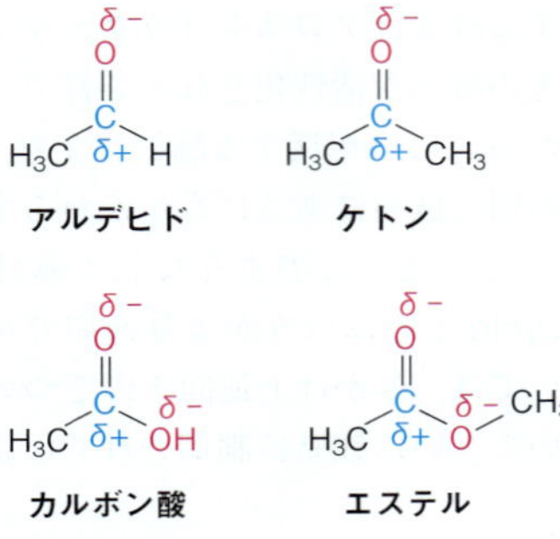

カルボニル基の炭素は，生化学の反応においてはきわめてありふれた求電子基である。他によくみられる求電子基はプロトン化されたイミン，リン酸基，プロトンである。

オキシアニオン（水酸イオン，アルコキシド，イオン化したカルボン酸塩），チオレート（プロトンを失ったチオール），カルボアニオン，脱プロトン化アミン，そしてヒスチジンのイミダゾール側鎖が生化学の反応においてはよくみられる求核基である。

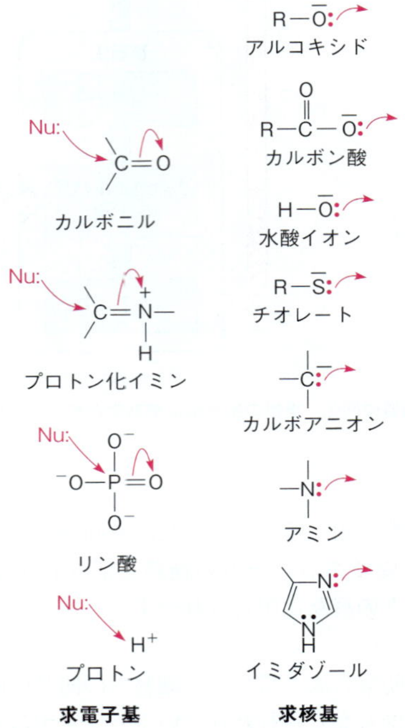

求核置換反応では，sp^3 混成軌道の炭素原子上で1つの求核基が別の求核基（脱離基）に置き換わる。脱離基は遷移状態で部分的な負電荷を形成し，陰イオンとして安定なものが最も良い脱離基となる。ハロゲン化物，リン酸イオンなど強酸の共役塩は，良い脱離基となる。求核置換反応は，S_N1，S_N2 どちらの反応機構でも進行する。S_N1（1分子的に始まる求核置換）反応機構では，求核置換基（X:⁻）の攻撃の前に脱離基（Y:⁻）が結合電子とともに解離し，カルボカチオン中間体が生じる。その結果，S_N1 反応では反応中心の立体配置の保持もラセミ化も起こる。

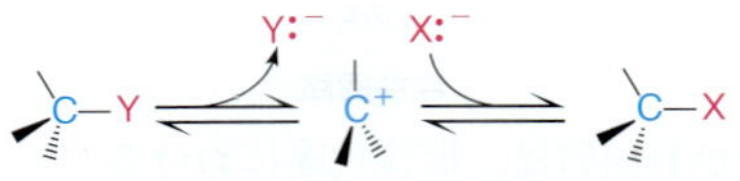

カルボカチオン中間体

S_N2（2分子的に始まる求核置換）反応機構では，脱離基（Y:⁻）が部分的に結合したまま求核置換基（X:⁻）が求電子中心の反対側から攻撃し，その結果五価の遷移中間体が生じる。

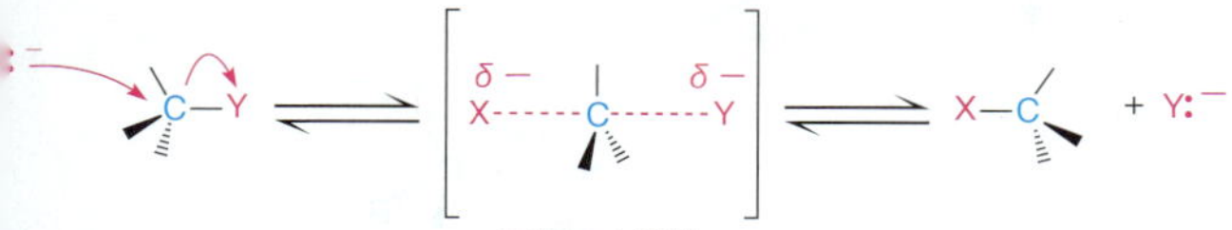

S_N2 反応では，求核置換基の反対側から脱離基が解離することで，立体配置が反転した置換反応産物が生じる。

生化学において特に重要な置換反応は，カルボン酸誘導体の**求核アシル置換反応** nucleophilic acyl substitution である。求核アシル置換反応は，カルボニル炭素が電気陰性な原子（OやN），あるいは高度に分極した原子（Sなど）に結合しているときに容易に進行する。これらの原子は陰性荷電を安定化し，非常に良い脱離基として働くからである。カルボン酸とその誘導体（エステル，アミド，チオエステル，アシル基のリン酸エステル）は求核アシル置換反応の一般的な基質である。アルキル置換の S_N1，S_N2 の反応機構の場合とは異なり，アシル置換反応では三角錐型のオキシアニオン中間体を経る。

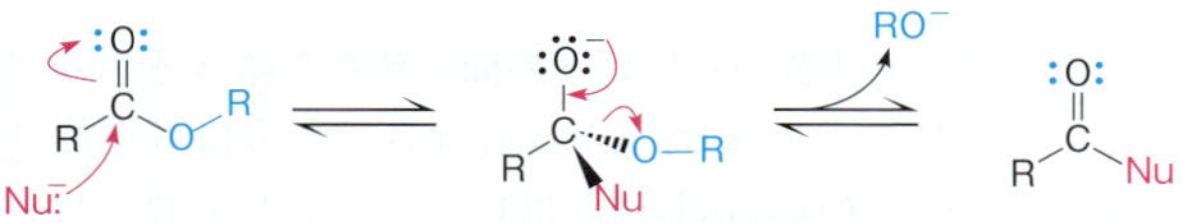

カルボニル炭素が sp^2 から sp^3 に軌道を再混成することで，平面的なカルボニル基が三角錐型の構造に転換する。電子対がオキシアニオンから中心の炭素原子に戻るとともに，脱離基が追い出されてC＝O結合が再生する。多くの酵素が求核アシル置換反応を触媒する。例えば，カルボキシペプチダーゼAは活性化した水分子を求核置換基として用いる（p.403，図11.39）。この反応機構は，アシル基，グリコシル基，リン酸基がある求核体から他の求核体に転移する種々の**置換基転移反応** group transfer reaction の基礎ともなっている。

求核付加反応

カルボン酸やその誘導体とは異なり，アルデヒドとケトンのカルボニル炭素は負電荷を安定化できない原子（CとH）に結合しているので，よい脱離基にはならない。これらのカルボニル基は置換反応ではなく典型的な**求核付加反応** nucleophilic addition reactions を受ける。求核アシル置換の反応機構のように，求核基の付加がC＝O結合の電子対を酸素原子上に移動させ，三角錐型のオキシアニオン中間体を生じる。第11章で論じたように，セリンプロテアーゼによるペプチド結合の加水分解の第1段階でオキシアニオン中間体が形成されることを思い出してほしい。いったん生じたオキシアニオン中間体は，求核基によっていくつかの運命をたどる（図12.7）。攻撃している求核基がハロゲンイオン（H:⁻）の場合，オキシアニオン中間体はプロトン化されてアルコールを生じる。攻撃している求核基がカルボアニオン（R_3C^-）の場合にもアルコールが生じるが，これは新たなC—C結合を得る機構の1つである。アルコール（ROH）などの酸素原子をもつ求核基が付加した場合，オキシアニオン中間体はプロトン転移を起こしてヘミアセタールとなる。この反応は，単糖類の環化反応の基礎である（第9章）。もう1分子のアルコールと反応すると，アセタールとなる。攻撃している求核基が一級アミン（$R'NH_2$）の場合，オキシアニオン中間体はアミノ基からプロトンを得てカルビノールアミンを生じ，これは水分子を失うとともに**イミン** imine（$R_2C＝NR'$）になる。イミン（**シッフ塩基** Schiff base とも呼ばれる）は，電子を非局在化させる能力があることから，多くの生化学の反応の一般的な中間体である。

カルボニル縮合

新たなC—C結合の形成は代謝の重要な要素である。2つのカルボニル化合物の縮合反応が多くの生化学経路で広く用いられている。カルボニルの縮合反応では，カルボニルα水素の弱酸性によって，求核性のエノラートイオンと共鳴関係にあるカルボアニオンが生じる。

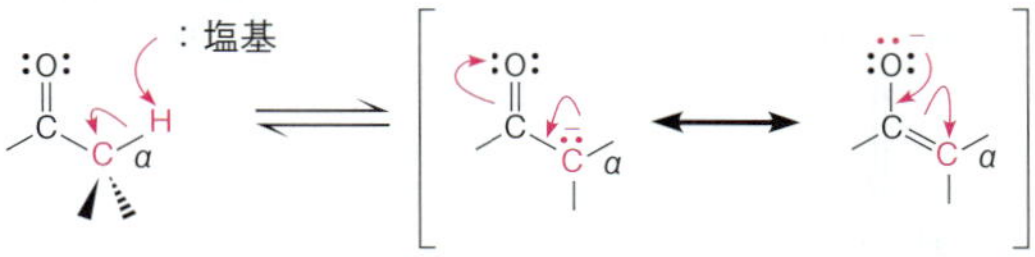

エノラートイオンは，共鳴により安定化され，もう1つのカルボニル化合物の求電子性の炭素に結合して新たなC—C結合を形成する（図12.8）。第2のカルボニル化合物がアルデヒドかケトンの場合（**アルドール縮合** aldol condensation），この求核付加反応で生じたオキシアニオン中間体がプロトン化されてβヒドロキシカルボニル化合物を生成する。もし，第2のカルボニル化合物がエステルならば（**Claisen 縮合** Claisen condensation），オキシアニオン中間体は脱離基としてエステルのアルコキシド（RO—）を追い出し，βケト化合物を生成する。カルボニル縮合は，このようにして一方の反応基質のカルボニル炭素とも

図 12.7 アルデヒドとケトンの求核付加反応

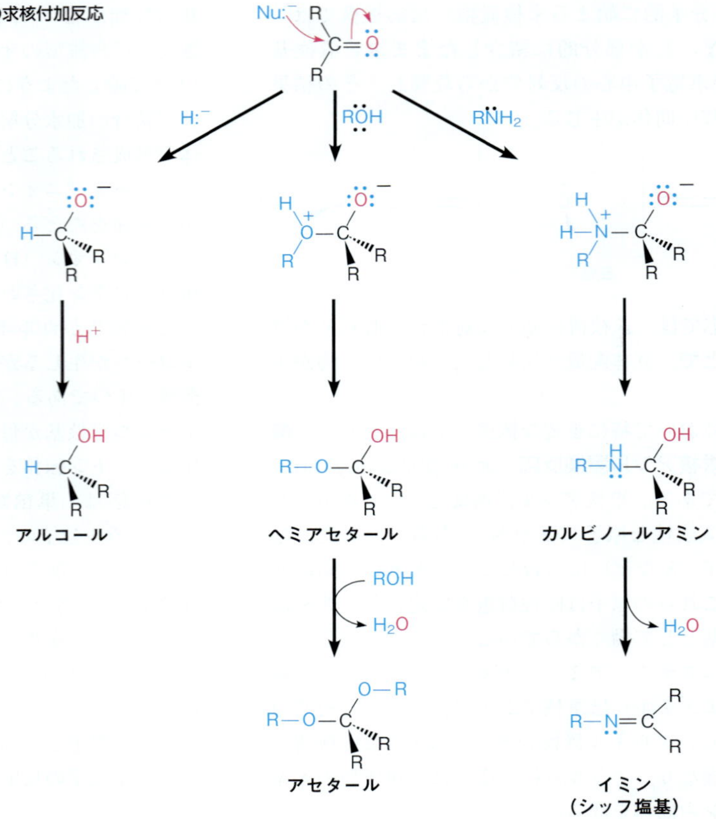

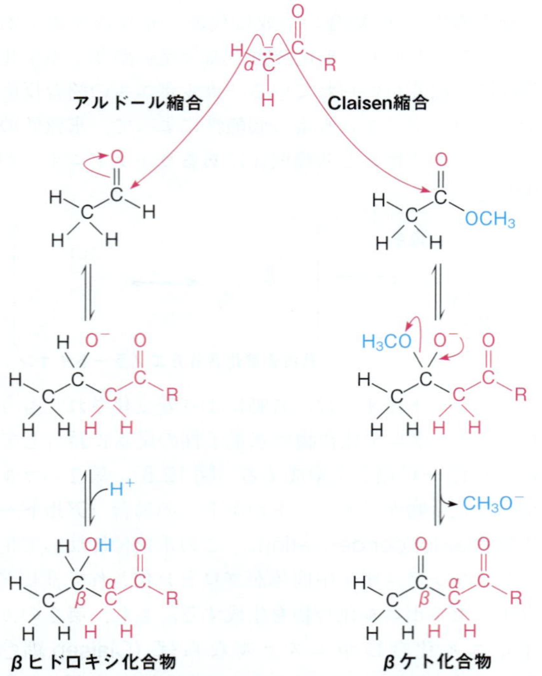

図 12.8 カルボニル縮合反応 これらの反応は弱い酸性のα水素の脱プロトン化によって共鳴安定化したエノラートイオンを生じることから始まる（上段）。アルドール縮合（左側）では，エノラートがアルデヒドやケトンに付加しβヒドロキシカルボニル化合物を生じる。Claisen 縮合（右側）では，エノラートがエステルに付加し，βケト化合物を産生する。

う一方の反応基質のα炭素との間で新たな結合を生みだす。アルドール縮合，Claisen 縮合はともに可逆的で，これらの逆反応はしばしばC—C結合を開裂させるのに使われている。カルボキシ基から炭素が 2 個離れたカルボニル基が電子を受け入れカルボアニオン型遷移状態の陰性荷電を安定化しているので，実際，βケト化合物は速やかに逆アルドール反応によって開裂するか脱炭酸する。

脱離反応

下記の反応式に示す脱離反応も，生化学経路においてはしばしばみられる反応である。

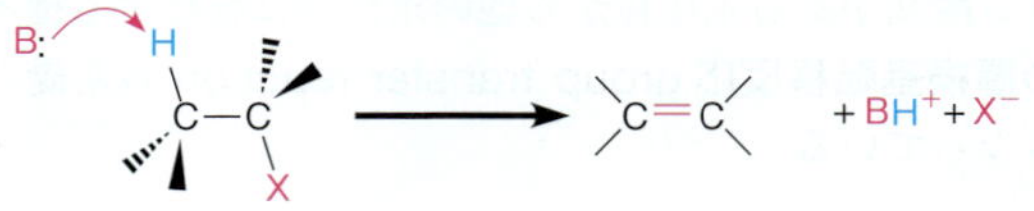

脱離反応はいくつかの異なる反応機構によって進行するが，カルボアニオン中間体を介するものが最も一般的である。反応基質はしばしばH原子が引き抜かれるβヒドロキシカルボニル（X＝OH に置換している）で，カルボニル基が隣接することによってより酸性になっている。塩基が水素を引き抜いてカルボアニオン中間体（エノラートとの共鳴で安定化している）

を生じ，これがOH^-を失うことで C＝C 二重結合を形成する。β ヒドロキシカルボニル化合物はこのような α，β 脱離反応によって速やかに脱水する。

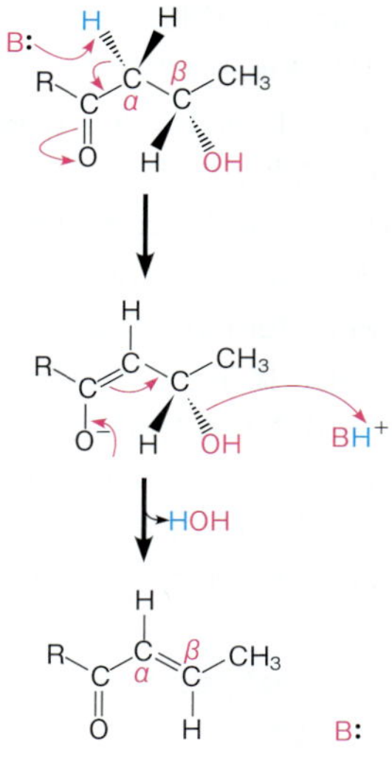

α，β 脱離反応

酸化と還元

ほとんどの細胞で，グルコースなど燃料となる分子の酸化を介してエネルギーが産生されている。酸化反応と還元反応，あるいは**酸化還元 redox** は代謝の中核に位置する。酸化還元反応は電子供与体（**還元剤 reductant**）から電子受容体（**酸化剤 oxidant**）への可逆的な電子移動を介している。細胞は種々の電子伝達体を進化させてきた。例えば，補酵素 NAD^+（ニコチンアミドアデニンジヌクレオチド）は第 11 章で紹介した。下のアルコールからカルボニル化合物への酸化反応に示すように，酸化反応は NAD^+などの補酵素を介して可逆的に水素アニオン（H^-）が転移する機構により進行する。

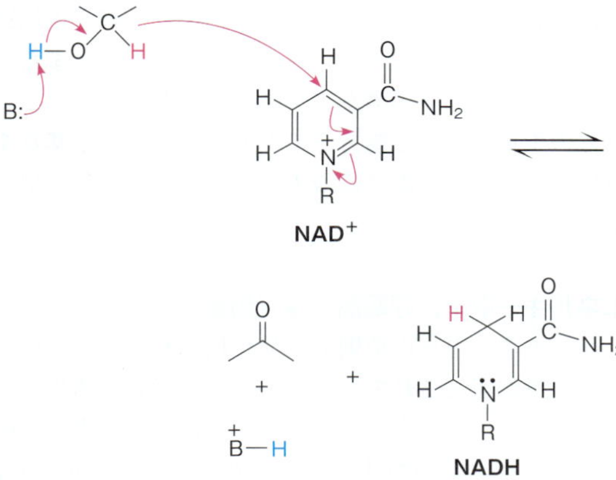

塩基は弱酸性 O—H のプロトンを引き抜き，その結合の電子対を移動させて C＝O 結合をつくり，C—H 結合は開裂する。水素とその電子対（ハイドライド，H^-）が求核付加反応で NAD^+に付加され，NAD^+を NADH に還元する。NAD^+のプラス記号は，酸化型であるピリミジン環の窒素原子の電荷を表している。電子対が環を通じて窒素原子に移動すると，この電荷は消失する。アルコールは 1 対の電子と 2 個の水素原子をすでに失っているので，このような酸化反応は**脱水素反応 dehydrogenation** と呼ばれる。また，この反応を触媒する酵素を**脱水素酵素（デヒドロゲナーゼ）dehydrogenase** と呼ぶ。しかしながら，酸化還元反応は可逆的であり，脱水素酵素は還元方向の反応も同様に触媒することを忘れないように。NAD^+の依存的な脱水素酵素を例にした 2 電子の酸化反応は，代謝において最も一般的な酸化還元反応であるが，それらが酸化還元のすべてではない。多くの酸化還元反応は 1 電子移動を介したものであり，1 電子を扱う種々の電子伝達体が存在する。第 15 章でこれらについてさらに学ぶ。

フリーラジカル反応など，生化学経路においてあまり一般的ではないその他の反応もあるが，ここに挙げた 5 つの反応は細胞が行っているほとんどすべての化学的転換を表す基本的なツールのセットである。

生物エネルギー学に関する若干の考察

代謝エネルギー源としての酸化

以降の数章ではエネルギー代謝に焦点を当てるので，どのようにして代謝エネルギーが生み出されるかについて，ここで簡単に考察する。第 3 章ですでに述べたように，熱力学的に不利な反応，すなわち吸エルゴン的な反応が滞りなく進むのは，それが熱力学的に有利な反応，すなわち発エルゴン的な反応と組み合わさったときのみである。原理的には，十分な自由エネルギーが放出されるならば，どのような発エルゴン反応でもこの目的に用いることができる。生体内では，生合成反応を推し進めるのに必要なエネルギーのほとんどは，有機物の酸化から生じる。好気性生物にとっての最終的な電子受容体である酸素は強力な酸化剤である。酸素は強く電子を引きつける傾向をもっており，その過程で還元される。この酸素の性質と，大気には酸素が豊富に存在していることを考慮すれば，生物が有機物の酸化によってエネルギーを引き出す能力を獲得したことは驚くべきことではない。

> **ポイント 6**
> 生物学的エネルギーのほとんどは，還元状態の代謝産物の一連の反応による酸化から生じ，酸素を最終的な電子受容体としている。

生物学的酸化：漸進的エネルギー放出

熱力学的な意味では，有機物の生体内酸化と木を燃やすような非生物学的酸化は同等である。木を燃やしてグルコース重合体であるセルロースを酸化させる場合も，熱量計の中でグルコースを燃焼させる場合も，グルコースを代謝的に酸化させる場合も，自由エネルギー放出に関しては，すべて同じである。

$$C_6H_{12}O_6 + 6O_2 \rightarrow 6CO_2 + 6H_2O \qquad \Delta G^{\circ\prime} = -2870\ \mathrm{kJ/mol} \qquad (12.1)$$

この反応式はグルコースの燃焼における化学反応に関わる元素の保存的なつり合い，つまり単純な**反応化学量論 reaction stoichiometry** を示している。しかし，生体内酸化は燃焼に比べるときわめて複雑な過程である。木を燃やす場合は，すべてのエネルギーは熱として放出されてしまい，蒸気機関のような装置を利用しない限りは役に立つ仕事は何もできない。これに対して生体内酸化では，温度の大きな上昇をみることなく酸化反応が進み，自由エネルギーの一部を化学的エネルギーとして獲得することができる。このエネルギー獲得の大部分はATPの合成による。第3章で述べたように，ATPの加水分解は多くの過程と共役して生命活動にエネルギーを供給することが可能である。グルコースの異化においては，放出されるエネルギーの約40%がADPとP_iからATPを合成するために用いられている。

ほとんどの生体内酸化は，前述の反応式で示される酸素によるグルコースの酸化の場合とは異なり，還元状態の有機物から酸素への直接的な電子伝達を行わない（図12.4）。より正確にいえば，一連の共役した酸化還元反応が生じることによって，電子はNAD^+やFADなどの電子伝達中間体へ受け渡されたのちに，最終的に酸素に伝達される。NAD^+の電子伝達体としての役割についてはすでに簡単に説明したが，FAD（フラビンアデニンジヌクレオチド）については第14章で詳しく紹介する。グルコースの生体内酸化は，より正確には以下の式で表現されるだろう。

$$C_6H_{12}O_6 + 10NAD^+ + 2FAD + 6H_2O \rightarrow 6CO_2 + 10NADH + 10H^+ + 2FADH_2 \qquad (12.2)$$

$$10NADH + 10H^+ + 2FADH_2 + 6O_2 \rightarrow 10NAD^+ + 2FAD + 12H_2O \qquad (12.3)$$

$$\text{正味の反応：} C_6H_{12}O_6 + 6O_2 \rightarrow 6CO_2 + 6H_2O \qquad (12.4)$$

この生体内酸化過程の正味の反応（式12.4）は，直接的な燃焼（式12.1）と同一である。式12.2や12.3は**必然的に共役した化学量論 obligate-coupling stoichiometry** の例である。これらは反応に関わる物質の化学的性質によって決められている関係なのである。グルコースを完全に酸化するには，燃焼のような直接的なやり方にせよ，あるいは中間的な電子伝達体を介する生物学的なやり方にせよ，12対の電子をグルコースから分子状酸素に移動させる必要がある。生体内の反応過程では，1 molのグルコースを6 molのCO_2に酸化するために12 molの電子伝達体（NAD^+とFAD）が共役することが必須である。

この一連の反応は**電子伝達系 electron transport chain** あるいは**呼吸鎖 respiratory chain** と呼ばれ，酸素は**最終電子受容体 terminal electron acceptor** と呼ばれる。有機物中に保存されている潜在的なエネルギーは，徐々に放出されるために酸化過程を制御しやすく，また，放出されるエネルギーの獲得も容易である。なぜなら，少量のエネルギー伝達を複数回行うほうが，1回で多量のエネルギーを伝達するよりも損失が小さいからである。

ところで，すべての代謝エネルギーが酸素による酸化で生じるわけではない。酸素以外の物質も最終電子受容体として働くことができる。**嫌気的条件下 anaerobically**（酸素非存在下）でも生育できる，あるいは嫌気的条件下で生きなければならない多くの微生物が存在する。例えば，硫酸還元菌は硫黄を最終電子重要体として用いて嫌気的呼吸を行う。

$$SO_4^{2-} + 8e^- + 8H^+ \rightarrow S^{2-} + 4H_2O$$

これらの微生物の大部分は**発酵 fermentation** によってエネルギーを得ている。発酵とはエネルギーを生産することができる異化経路であって，この経路は，基質の酸化状態と反応生成物の酸化状態を比較したときに，正味の変化なくして進行する。発酵の良い例は，第13章で示したグルコースからのエタノールとCO_2の生産である。これ以外の嫌気的エネルギー産生経路は，例えば深海の熱水孔に生息するある種の細菌において観察される。これらの細菌は最終電子伝達反応として硫黄を還元し，硫化水素を生じる。また，他の細菌では，亜硝酸がアンモニアに還元される。これらの生物は生命を維持するためにさまざまな基質を酸化するが，その際には酸素以外の電子受容体を用いている。

エネルギー収率，呼吸商と還元当量

代謝エネルギーが原則的に酸化反応から生じるのなら，基質が還元されているほど，より高い生物学的エネルギーを生じる潜在力があることになる。脂肪や糖質，タンパク質の酸化で生じる熱量（エンタルピー）は熱量計で計測できる。脂肪の燃焼は同量の糖質の燃焼に比べ，より大きい熱エネルギーを生じる。別の表現をすれば，脂肪は糖質より**カロリー含量 caloric** contentが高い。例として，グルコースの酸化と典型的な飽和脂肪酸であるパルミチン酸の酸化を比較してみよう。

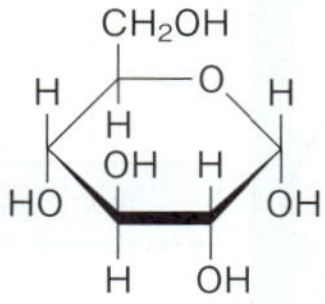
グルコース

$CH_3(CH_2)_{14}COOH$
パルミチン酸

$$C_6H_{12}O_6 + 6O_2 \rightarrow 6CO_2 + 6H_2O \qquad \Delta G^{\circ\prime} = -3.74\ \text{kcal/g}$$
$$C_{16}H_{32}O_2 + 23O_2 \rightarrow 16CO_2 + 16H_2O \qquad \Delta G^{\circ\prime} = -9.30\ \text{kcal/g}$$

カロリー（栄養の単位）をジュール（現代の熱力学の単位）に換算してみると，グルコースの酸化によって生じるエネルギーは 15.64 kJ/g であり，パルミチン酸の酸化によって生じるエネルギーは 38.90 kJ/g である。一般に脂肪中の炭素は糖質中の炭素に比べより還元されている。CO_2への変換過程において酸素と結合すべきプロトンと電子を，脂肪中の炭素は糖質中の炭素より多く含んでいる。このことは酸素原子の数を数えることによってもわかる。すなわち，グルコースはパルミチン酸に比べて，炭素原子当たりの酸素原子の数が多い。グルコースを構成する炭素原子は，少なくとも 1 つの酸素原子と結合している。

グルコースはより高いレベルに酸化された物質であるともいえる。なぜなら，グルコースの酸化に際して消費されるO_2のモル数当たり，より多くのCO_2を生じるからである。この比（生じたCO_2/消費されたO_2）のことを**呼吸商** respiratory quotient あるいは RQ と呼ぶ。先に示した式より，グルコースの RQ は 1.0（$6CO_2/6O_2$）であり，パルミチン酸のそれは 0.70（$16CO_2/23O_2$）であることがわかる。一般的に，ある物質の RQ 値が低ければ低いほど，その物質が酸化される際に炭素原子当たりに消費される酸素が増え，モル当たりの ATP 生産の潜在力が大きくなる。

基質の酸化の度合いは，糖質の酸化よりも脂肪の酸化のほうがより多くの**還元当量** reducing equivalent が引き出される，と言い表すこともできる。1 還元当量は水素原子 1 mol として定義できる（水素原子は 1 個のプロトンと 1 個の電子）。例えば，1/2 mol の酸素を還元して水にするためには，2 還元当量が使われる。

$$\tfrac{1}{2}O_2 + 2e^- + 2H^+ \rightarrow H_2O$$

複雑な有機化合物を分解すると，エネルギーと還元当量がともに生じることから，そのような化合物を生合成するには，この両者が使用されるということがわかる。例えば，酢酸の 2 つの炭素はどちらも脂肪酸の生合成に用いられる。

$$\underset{\text{酢酸}}{8CH_3COO^-} \rightarrow \rightarrow \rightarrow \underset{\text{パルミチン酸}}{CH_3(CH_2)_{14}COO^-}$$

パルミチン酸を構成する 16 個の炭素のうちの 15 個は高度に還元されている。14 個の炭素はメチレンであり，1 個の炭素はメチルである。したがって，多くの還元当量がこの生合成を完成させるために必要である。

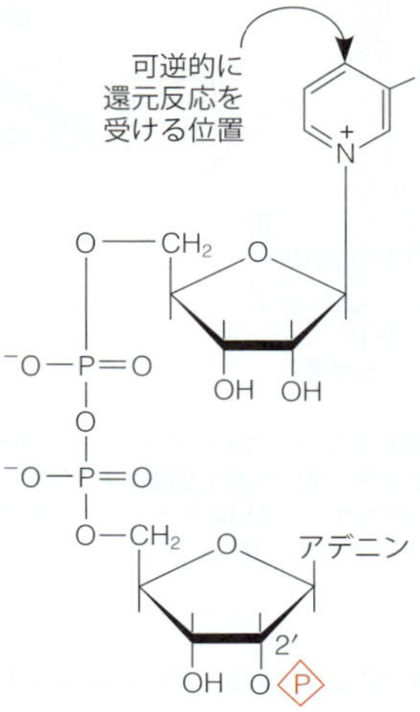

ニコチンアミドアデニンジヌクレオチドリン酸（酸化型）

還元反応における電子の主な供給源は NADPH，すなわち**ニコチンアミドアデニンジヌクレオチドリン酸（還元型）** nicotinamide adenine dinucleotide phosphate（reduced）である。$NADP^+$と NADPH は，アデニル酸部分の C-2′位がさらに 1 つのリン酸によってエステル化していることを除けば，それぞれ NAD^+と NADH と同じ構造である。NAD^+と $NADP^+$は電子受容能に関する熱力学的性質は全く等しく，両者は互いに等しい標準酸化還元電位（第 3 章）をもっている。しかし，ニコチンアミドヌクレオチドが関与する酵素で，主として異化の方向に働くものは，通常 NAD^+と NADH のペアを利用し，主として同化経路で働くものは，$NADP^+$と NADPH を利用している。言い換えれば，図 12.9 に示すように，ニコチンアミドヌクレオチドが関与する酵素で，基質を酸化する酵素（脱水素酵素〈デヒドロゲナーゼ〉）は通常 NAD^+を用い，基質を還元する酵素（還元酵素〈レダクターゼ〉）は NADPH を用いる。

もちろん脱水素酵素と還元酵素は可逆的な反応を触媒する。その反応の方向は，**酸化還元状態** redox state，あるいは細胞内に広く存在する 1 対の酸化型物質の比によって決まる。したがって健康な細胞の内部では，NAD^+/NADH の組は $NADP^+$/NADPH の組よりも酸化された状態に維持されている。これらの比は，一般的に，NAD^+の関わる反応を酸化の方向へ，そして $NADP^+$の関わる反応を還元の方向へ導いてい

12

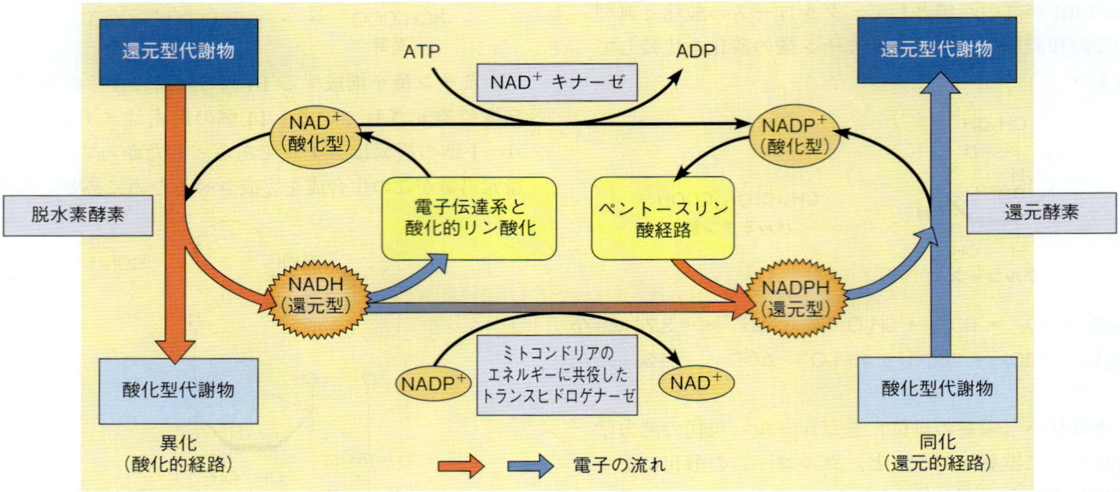

図 12.9　異化と生合成におけるニコチンアミドヌクレオチド　NAD^+は基質酸化の方向に働くほとんどすべての酵素（脱水素酵素）の補酵素であるのに対して，NADPH は通常，基質の還元を触媒する酵素，すなわち還元酵素の補酵素として働く。NADPH は，ペントースリン酸経路（第 13 章参照）で$NADP^+$から再生されるか，あるいはミトコンドリアのエネルギー依存性トランスヒドロゲナーゼの作用によりNAD^+から合成される（第 15 章参照）。$NADP^+$は ATP 依存性キナーゼによりNAD^+より合成される。

る。このことに対する例外は，**ペントースリン酸経路 pentose phosphate pathway** の 2 つの$NADP^+$が関与する脱水素酵素である（第 13 章参照）。これらの酵素は$NADP^+$を NADPH に変換することにより，還元型のヌクレオチド再生の主要な手段となっている。

ポイント7
NAD^+は，代謝物を酸化する多くの脱水素酵素の補酵素である。NADPH はほとんどの還元酵素の補酵素である。

自由エネルギーの通貨としての ATP

ATP は一般に“自由エネルギーの通貨”とみなされている。このことは何を意味しているのだろうか。通貨は交換の仲介物である。20 ドル札は一般に認識された価値をもち，さまざまな品物やサービス，例えばほどほどの値段のレストランでの夕食や熟練自動車整備工の約 15 分の労働と容易に交換される。同様の意味で，細胞は自分に必要な機能を遂行するために，ATP の分解により放出される化学エネルギーを他のエネルギーと交換する。交換されるエネルギーには，例えば，筋収縮のような機械的エネルギーや，神経刺激における電気的エネルギーや，濃度勾配に逆らいながら膜を越えて物質を輸送する浸透圧のエネルギーなどがある。ATP はただちに自由エネルギーの供与体として働くので，常に合成されつつ消費されている。安静時のヒトでは，24 時間あたり 65 kg，つまり体重とほぼ同じだけの ATP をつくっては消費していると推計される（安静時の ATP 消費の約 25%は，第 10 章で学んだ Na^+/K^+-ATPase によるものである）。激しい運動をしている間は，ATP の代謝回転は 1 分間あたり 0.5 kg にもなる。

図 12.3 と図 12.4 にまとめたように，ATP の再生はすべて発酵あるいは酸化の過程に共役している。第 15 章で説明するように，呼吸しているときの 1 mol のグルコースの酸化は約 32 mol の ADP のリン酸化と共役している。

$$C_6H_{12}O_6 + 6O_2 + 32ADP + 32P_i \rightarrow 6CO_2 + 38H_2O + 32ATP \quad (12.5)$$

この式における ADP，P_i，ATP の化学的量比は，これまでに学んできた単純な反応や化学量論に従って共役した反応とは異なっている。化学的には 32 mol の ATP が生成する必然性はないのである（実際のところ，グルコースの酸化と ATP の合成との間に直接的な化学的関連はないのである）。化学的な考察からは 32 mol の ATP が生成することを予測できず，これは**“進化的に定まった化学量論” evolved-coupled stoichiometry** と言える。“進化的に定まった化学量論”は生物が適応した妥協の産物であり，進化の過程で獲得した表現形である。では，なぜ進化は約 32 ATP の量的関係で決着したのだろうか？　第 3 章でふれたように，共役した反応の自由エネルギーの交換は相加的である。式 12.5 は自由エネルギーを与える過程とエネルギーを必要とする過程に分かれる。

	ΔG（kJ/mol グルコース）
$C_6H_{12}O_6 + 6O_2 \rightarrow 6CO_2 + 6H_2O$	− 2900
$32ADP + 32P_i \rightarrow 32H_2O + 32ATP$　$\Delta G = +50$ kJ/mol × 32 mol ATP =	+ 1600
合計：	
$C_6H_{12}O_6 + 6O_2 + 32ADP + 32P_i \rightarrow 6CO_2 + 38H_2O + 32ATP$	− 1300

グルコースの酸化反応の生理的条件下での Gibbs の自由エネルギー変化（ΔG）が−2,900 kJ/mol，ATP の加水分解が−50 kJ/mol という概算値を用いると，これらが共役し 32 ATP を生じる反応過程が，正味の ΔG が−1,300 kJ/mol で進行することがわかる。これほどの大きさの ΔG は大きな推進力なので，実質的にどんな生理的条件下でも呼吸は断然有利な反応であり，したがって最後まで反応が進行する。ATP が関わった反応の化学量論は進化的な特色なので，おそらくは太古の生物の中には異なる化学量論を進化させたものがあっただろう。ある細胞が変異して，呼吸による ATP 生成の化学量論が 32 ではなく 58 となったものを想像してみよう。上記の計算をもう一度やってみると，エネルギーが必要となる過程の ΔG は，58 ATP × 50 kJ/mol で+2,900 kJ/mol となり，したがって呼吸全体では ΔG は 0 となる。となると，この反応の推進力はもはやなくなってしまう。この仮想の細胞は酸化されるグルコース当たりの ATP は高収率であるが，多くのグルコースが代謝される前に平衡状態に至るであろう。特にグルコース濃度が制限された場合，この細胞は競争者としては非常に弱く，このような化学量論を導く突然変異は選択されないと思われる。現実に得られている ATP が共役する化学量論（約 32）は，ATP 収率を最大にすることと細胞が遭遇すると考えられうるどんな条件下でも過程全体が一方向に進むことを確保することの間で，進化により得られた妥協の産物なのである。

ポイント 8
生物にとってエネルギー共役化合物としての ATP の基本的な働きは，熱力学的に不利な反応をエネルギー的に有利な反応に転換することである。

もちろん図 12.1 で強調したように，ATP を消費する生化学反応経路は数多くある。これらの合成過程での ATP の役割は，熱力学的に不利な過程を有利な過程に変換することである。生合成経路と分解経路は決して単純な個々の過程の逆反応ではないことを思い出してほしい。特に逆向きの反応は常に ATP に関して化学量論が異なっている。つまり，分解方向で生み出された ATP（または ATP に相当する分子）の数は，合成方向で必要とされる ATP（または ATP に相当する分子）の数とは常に違っている。これらの数を反応経路の **ATP 共役係数 ATP-coupling coefficient** と呼ぶ。例えば，フルクトース 6-リン酸 / フルクトース 1,6-二リン酸の基質回路（p.431）において，解糖系は次のようになる。

フルクトース 6-リン酸 + ATP →
　　フルクトース 1,6-二リン酸 + ADP　(12.6)

この反応では，ATP 共役係数は−1 である。糖新生の

フルクトース 1,6-二リン酸 + H_2O →
　　フルクトース 6-リン酸 + P_i　(12.7)

では，ATP 共役係数は 0 である。同じように，解糖系は過程全体の ATP 共役係数は+2，それに対して糖新生の ATP 共役係数は−6 である。これは第 13 章で学ぶ。これら逆向きの反応系の ATP 共役係数の違いは，それぞれの反応が一方向性となるために必須のことなのである。

ATP が熱力学的に不利な過程を有利な過程に変換すると言ったとき，それは実際には何を意味するのだろうか？　ATP の加水分解とある反応経路とを共役させることは，異なる反応，異なる化学量論をもった新しい化学的経路をつくることである。結局それにより，その過程の全体の平衡定数を異なったものにする。実際，ある過程と ATP の加水分解を共役させると，ある基質濃度と産物濃度の平衡比率を 10^8 倍も変化させることができる！　このことを説明するために，フルクトース 6-リン酸にリン酸が直接付加した場合と，その経路が ATP 加水分解と共役した場合で，［フルクトース 1,6-二リン酸］と［フルクトース 6-リン酸］濃度の平衡関係がどのように変化するか考えてみよう。リン酸が直接付加するのは式 12.7 の単純な逆反応である。

フルクトース 6-リン酸 + P_i ⇌
　　フルクトース 1,6-二リン酸 + H_2O　(12.8)

この方向の反応では，標準自由エネルギー変化，$\Delta G^{\circ\prime}$ は+16.3 kJ/mol である（p.489，表 13.2 参照）。第 3 章の等式 3.28 を用いて平衡定数を計算してみよう。

12

$$K = e^{\left(\frac{-\Delta G^{\circ\prime}}{RT}\right)} = e^{\left(\frac{-16300\ \mathrm{J/mol}}{(8.315\ \mathrm{J/mol \cdot K})(298\ \mathrm{K})}\right)} = 0.0014 = \frac{[\text{フルクトース 1,6-二リン酸}]}{[\text{フルクトース 6-リン酸}][\mathrm{P_i}]} \quad (12.9)$$

多くの細胞で，正常な細胞内リン酸濃度は約1 mM（10^{-3}M）であり，この等式から得られる［フルクトース1,6-二リン酸］/［フルクトース6-リン酸］の比は$0.0014 \times 10^{-3} = 1.4 \times 10^{-6}$となる。

次にフルクトース6-リン酸のリン酸化がATPの加水分解と共役した反応をみてみよう。式12.6に示されているように，この反応の$\Delta G^{\circ\prime}$は-14.2 kJ/molである（p.479，**表13.1**参照）ので，この反応の平衡定数Kは308である。

$$K = e^{\left(\frac{14200\ \mathrm{J/mol}}{(8.315\ \mathrm{J/mol \cdot K})(298\ \mathrm{K})}\right)} = 308 = \frac{[\text{フルクトース 1,6-二リン酸}][\mathrm{ADP}]}{[\text{フルクトース 6-リン酸}][\mathrm{ATP}]} \quad (12.10)$$

得られる平衡状態の［フルクトース1,6-二リン酸］/［フルクトース6-リン酸］比を比較するには，細胞内のADPとATPの濃度を見積もらなければならない。ほとんどの正常で健康な細胞では，［ATP］は［ADP］の3～10倍程度である。計算を単純化するために，ADPとATPの濃度がほぼ同じだと仮定してみよう。そうすると，［ATP］と［ADP］の項は式から消去されて，［フルクトース1,6-二リン酸］/［フルクトース6-リン酸］比は308となる。この平衡状態での比は，ATPの共役なしで得られるものよりも実際に10^8倍も高い（$308/1.4 \times 10^{-6} = 2.2 \times 10^8$）。この効果は完全に普遍的なもので，すぐ近くにATP加水分解が共役する化学反応過程（例えば，解糖系で式12.6を触媒するホスホフルクトキナーゼのような酵素）が存在するかどうかという点のみによっている。この反応では，ATPは直接加水分解されず，ADPに変換されるとともにリン酸がフルクトース6-リン酸に転移されていることに注意してほしい。ATPのADPへの変換に共役する過程はすべて，ATP加水分解の自由エネルギーと熱力学的に等価である。

代謝産物の濃度と溶媒の能力

生化学システムの基本的共役物質としてATPを利用することは，進化によりつくられてきた細胞の代謝デザインに広範な影響を及ぼす。一つひとつは非常に低濃度の代謝中間体と何千もの酵素とから構成される細胞内の複雑な代謝は進化によって生み出されてきた。細胞にとっては，これらの構成成分を非常に低濃度に保たねばならない理由がいくつかある。単純な細菌でも，数千もの異なる代謝産物が細胞内の水に溶けている。代謝産物や巨大分子など細胞内の水に溶けている物質の全量には溶けきれる限界があり，これを**溶媒容量 solvent capacity**と呼ぶ。細胞の溶媒容量を超えることがないように，個々の代謝産物は低濃度（$10^{-3}-10^{-6}$）でなければならない。また，代謝産物が低濃度であることは，望ましくない副反応を最小限にしてくれる。例として，A，B，2つの代謝産物を想定して，これらが非酵素的に反応してCという産物をつくるとしよう。この望ましくない副反応がそれぞれの代謝産物についての一次反応だと仮定すると，反応速度は直接［A］と［B］に比例して，$v = k[\mathrm{A}][\mathrm{B}]$となる。AとBの濃度が異なる（1 Mずつ，または$10^{-5}$ Mずつ）条件下で産生されるCの量を比べてみよう。いかなる速度定数であっても，2つの異なる濃度での副反応の反応速度は10^{10}倍ほどの違いがある。代謝産物濃度が1 mMずつのとき2秒間に産生する産物Cの量は，もしAとBの濃度が10^{-5}Mならば，同じ量を産生するのに317年（10^{10}秒）かかるだろう。

代謝産物が高濃度になるのを，ATPはどのように防いでいるのだろうか。ATPは代謝中間体を活性化することで，代謝産物の濃度を制御している。フルクトース6-リン酸のリン酸化が，無機リン酸による場合とATPによる場合を比較した例に戻って考えてみよう。細胞が成長するためには［フルクトース1,6-二リン酸］/［フルクトース6-リン酸］比を10に維持する必要があると仮定しよう。式12.8を用いて，この非平衡状態の比率を保証するためにどのようなリン酸濃度が必要になるだろうか。この反応のΔGが0以下でなければならないことを意識して，等式3.23を変形することで，必要な［$\mathrm{P_i}$］を求めることができる。

$$\Delta G = \Delta G^{\circ\prime} + RT \ln\left(\frac{[\mathrm{F\text{-}1,6\text{-}BP}][\mathrm{H_2O}]}{[\mathrm{F\text{-}6\text{-}P}][\mathrm{P_i}]}\right) < 0$$

あるいは

$$\ln\left(\frac{[\mathrm{F\text{-}1,6\text{-}BP}][\mathrm{H_2O}]}{[\mathrm{F\text{-}6\text{-}P}][\mathrm{P_i}]}\right) < \frac{-\Delta G^{\circ\prime}}{RT} \quad (12.11)$$

$$\ln\left(\frac{[10][1]}{[1][\mathrm{P_i}]}\right) < \frac{\dfrac{-16.3\ \mathrm{kJ}}{\mathrm{mol}}}{\left(\dfrac{0.008314\ \mathrm{kJ}}{\mathrm{mol\ K}}\right)(298\ \mathrm{K})} \quad (12.12)$$

これを解いて［$\mathrm{P_i}$］を求めると，次のようになる。

$$[\mathrm{P_i}] > \frac{10}{0.0014} = 7143\ \mathrm{M}!$$

もちろん，1 Lの水溶液中に7,000 molのリン酸を含ませることはできない。たとえもし［フルクトース1,6-二リン酸］/［フルクトース6-リン酸］比が1で細胞が生存できたとしても，この反応を熱力学的に望ましい（$\Delta G<0$）状態にするには，714 mol 以上の［P_i］が必要となる。

次に，ホスホフルクトキナーゼの反応を介して ATP の加水分解が共役する過程を考えてみよう。ここで関連する計算式は次のものである。

$$\frac{[\text{F-1,6-BP}]\,[\text{ADP}]}{[\text{F-6-P}]\,[\text{ATP}]} < e^{\left(\frac{-\Delta G^{\circ\prime}}{RT}\right)} \qquad (12.13)$$

このとき $\Delta G^{\circ\prime}$ は -14.2 kJ/mol である。生理的条件下で［ADP］/［ATP］比が約 1 と仮定すると，反応が望ましい方向に進む最大の［フルクトース 1,6-二リン酸］/［フルクトース 6-リン酸］比は次のようになる。

$$\frac{[\text{フルクトース 1,6-二リン酸}]}{[\text{フルクトース 6-リン酸}]} < 308$$

したがって，ATP 加水分解を共役することによって，［フルクトース 1,6-二リン酸］/［フルクトース 6-リン酸］比が 308 以下に維持されている限り，その反応は熱力学的に起こりやすい。これは望ましい比の 10 をはるかに超える数字であり，この酵素によるシナリオで全く不可能なリン酸濃度が関わることを避けることができる。この例では，ATP はリン酸の活性化型だと考えられている。細胞は ATP の他にもアセチル CoA やアシルリポ酸，糖ヌクレオシド二リン酸など，多くの活性化中間体を進化させてきた。これら活性化中間体のそれぞれについては後の章で述べる。ここでは，これらの物質はいずれも生理的に適切な濃度で化学反応を起こさせるように機能していることを述べるに留める。

ポイント 9
ATP などの活性化中間体は，生理的に妥当な濃度で代謝中間体の反応が進むようにさせている。

ATP の熱力学的特徴

ATP がエネルギー通貨としての特別な役割をもつための要因は何だろうか？　まず，ATP にのみ備わっている化学的特質は何もない。ATP は無水リン酸エステル結合の切断が吸エルゴン反応と共役している。この無水リン酸エステル結合は，他のすべてのジヌクレオシド，およびトリリン酸ヌクレオシドやその他のいくつかの代謝産物にも ATP と同様に存在する。ATP を“高エネルギー化合物”と呼ぶとき，第 3 章でそうしたように，我々はきわめて限定された文脈でこの用語を使っている。すなわち，高エネルギー化合物とは，加水分解に際して十分に大きい $\Delta G^{\circ\prime}$ を遊離する結合を少なくとも 1 つもつ化合物である。ATP は 2 つの無水リン酸エステル結合をもっているが，そのうちの片方の切断によってアデノシン二リン酸（ADP）と無機リン酸（P_i）を生じ，他方の切断によってアデノシン一リン酸（AMP）とピロリン酸（PP_i）とを生じる。どちらの反応においても大きな負の $\Delta G^{\circ\prime}$ で加水分解が進行する（p.68，図 3.7 参照）。ここで注意してほしいのは，高エネルギー化合物という名称は，対象となる化合物が化学的に不安定であるとか非常に大きな反応性をもつという意味ではないことである。実際のところ，ATP は化学反応論的に安定な化合物であり，自発的な加水分解は遅い。しかし加水分解が起きれば，それが自発的であろうと酵素に触媒された反応であろうと，相当量の自由エネルギーが放出される。なお，ATP の自由エネルギーを吸エルゴン反応を推進するために使用するときには，多くの場合，他の基質の加水分解は生じていないことに注目しなければならない。ATP の分解はたいてい加水分解ではなく，グルコースからグルコース 6-リン酸が合成されるときのように，熱力学的に不利な反応と共役して進行する。この場合，ATP の分解によって放出されたリン酸は，P_i になるかわりにグルコースへ直接転移され，グルコース 6-リン酸のエステル化されたリン酸となる。このような理由によって，第 3 章でもふれたことだが，ATP のことを高エネルギー化合物と呼ぶよりは，高い“リン酸基転移能力”をもつというほうがより正確であろう。しかしながら，この用語が使われている文脈を理解している限り，高エネルギー化合物という概念はきわめて便利である。

第 3 章に記したように，複数の因子が加水分解可能な結合の熱力学的安定性に関与していて，それらによって $\Delta G^{\circ\prime}$ の相対的大きさが決定される。例えば ATP や ADP，あるいはピロリン酸のリン酸エステル結合の $\Delta G^{\circ\prime}$ は比較的大きく，グルコース 6-リン酸や AMP のリン酸エステル結合の $\Delta G^{\circ\prime}$ は小さい。$\Delta G^{\circ\prime}$ の大きさに関与する因子としては，加水分解される以前

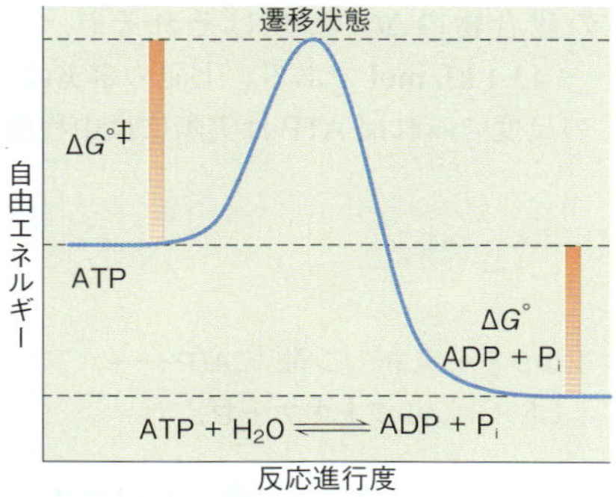

無水リン酸結合は熱力学的に不安定であるが，化学反応論的には安定である。活性化に必要な大きなエネルギー障壁を低下させるには酵素が必要である。

12

に分子内に存在するマイナス電荷の間の静電的反発，加水分解産物の共鳴安定化，加水分解産物の脱プロトン化傾向などがある（p.67～69 参照）。なお，AMP などのリン酸エステルを加水分解すると，アルコール（糖の 5′水酸基）が生じるが，このアルコールがプロトンを失う傾向はほとんどない。

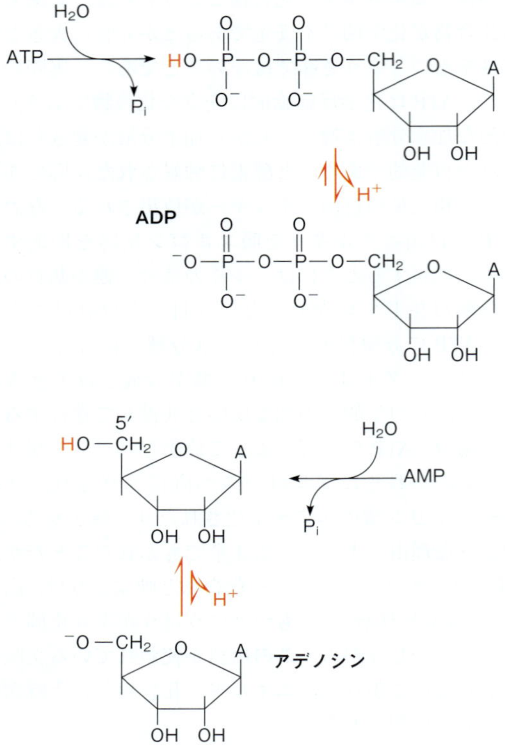

上記の各因子が合わさった結果，ATP の $\Delta G^{\circ\prime}$ は -30.5 kJ/mol となる。この値は AMP などのリン酸エステルのリン酸基転移能の 2 倍の大きさである。一方，ATP よりもさらに大きな負の値の $\Delta G^{\circ\prime}$ をもついくつかの重要な代謝産物がある。例えば，ホスホエノールピルビン酸，1,3-ビスホスホグリセリン酸，クレアチンリン酸（p.68，図 3.7 参照）などであるが，これらの化合物の $\Delta G^{\circ\prime}$ の値はそれぞれ，-61.9，-49.4，-43.1 kJ/mol である。上記の事実は，“化学的能力”の尺度でみれば ATP は実際には中程度であることを意味する。この事実は重要である。なぜならば，ホスホエノールピルビン酸の分解と共役して，ADP と P_i から ATP を合成することができるからである。実際，このような共役反応は，**基質レベルのリン酸化 substrate-level phosphorylation** と呼ばれ，第 13 章で述べるように，解糖系で ATP が合成される反応そのものである。

ΔG と $\Delta G^{\circ\prime}$ の違いの重要性

では，ATP よりもかなり高いリン酸基転移能力をもつ化合物を合成するためのエネルギーを供給しているのは何であろうか。その答えは，細胞内の条件下では，自由エネルギー変化（ΔG）が標準状態の自由エネルギー変化（$\Delta G^{\circ\prime}$）とはかなり異なっているという事実にある。その主な原因は，細胞内部の各成分の濃度が，標準自由エネルギーを計算するときに使われる 1 M という濃度とは，きわめて異なっているところにある。細胞内における ATP，ADP，AMP の濃度では，ATP の加水分解の ΔG が，標準状態における $\Delta G'$ に比べてかなり高いことが理解できるだろう。

実際，生理的な［ATP］/［ADP］比は単純な平衡状態の約 10^8 倍である。この値は偶然ではない。もし生理的な［ATP］/［ADP］比が平衡状態の比の約 10^8 倍であれば，ATP の加水分解に共役した他のいかなる反応も，その平衡が同じ桁の大きさで変わるだろう（p.440 参照）。平衡状態から大きく乖離した生理的な［ATP］/［ADP］比の維持は，酵素的調節によって成し遂げられている。重要な点は，平衡状態から大きく乖離した生理的な比を維持することが，細胞内のほとんどすべての生化学的な働きの熱力学的な推進力になっていることである。

基質回路の速度論的調節

逆向きの反応経路を組み合わせた基質回路によって，化学反応の共役剤として ATP の利点，また物質の流れの方向や速度の調節役としての ATP の利点が美しく描き出される。再度，フルクトース 6-リン酸とフルクトース 1,6-二リン酸の基質回路に立ち返ってみよう（下を参照）。

	$\Delta G^{\circ\prime}$	K	ATP 共役係数
フルクトース 6-リン酸 + ATP ⟶ フルクトース 1,6-二リン酸 + ADP（ホスホフルクトキナーゼ）	-14.2	308	-1
フルクトース 1,6-二リン酸 + H_2O ⟶ フルクトース 6-リン酸 + P_i（フルクトースビスホスファターゼ）	-16.3	719	0
正味の反応：ATP + H_2O → ADP + P_i			

ホスホフルクトキナーゼの反応については，[ATP] と [ADP] がほぼ同じという生理的条件から [フルクトース 1,6–二リン酸]/[フルクトース 6–リン酸] の平衡比を 308 と算出した（式 12.10）。したがって，この反応はフルクトース 1,6–二リン酸濃度がフルクトース 6–リン酸の 308 倍を超えるまでは，フルクトース 1,6–二リン酸を産生する方向に進む。フルクトースビスホスファターゼの反応については，生理的な P_i濃度（約 10^{-3}M）を用いて，[フルクトース 6–リン酸]/[フルクトース 1,6–二リン酸] の平衡比を 719,000 と算出した。したがって，実質的に細胞に起こりうるどんな条件下でも，この酵素反応は熱力学的にフルクトース 6–リン酸を産生する方向に進む。以上のことから，[フルクトース 1,6–二リン酸]/[フルクトース 6–リン酸] 比が 0.0000014（1/719,000）と 308 の間にある限り，これら 2 つの酵素反応は熱力学的にそれぞれの方向に進む。実際，健康な細胞内では，この基質の濃度比は常にこのような広い範囲内にあり，したがって両者は常に反応が進む。では，いったい何がこれら 2 つの反応を同時に起こさないことで，正味の ATP の加水分解以上に何も生じない（つまり，無益回路）ようにしているのだろうか？　答えはもちろん，個別の，しかし統合された，2 つの逆向きの酵素の反応速度論的調節（酵素動力学的調節）である。基質回路において酵素はアロステリックエフェクターのレベルで調節されていることを，次章で学習する。

逆向きの反応や経路の ATP 共役係数は常に異なっている。基質回路はすでに述べたこの重要な代謝デザインの特徴を説明している。ATP 共役係数が違っていることで，両反応経路は常に熱力学的に反応を進めることができる。しかし，どちらの反応経路を動かすかの選択は，（両経路とも反応可能なので）熱力学によってではなく，もっぱら細胞の代謝の必要性によって（アロステリックエフェクターを介して）決まる。なぜ両反応経路が常に熱力学的に反応可能であることがそれほど重要なのか？　なぜなら平衡から大きく離れた状態に置かれた反応においてのみ，調節を加えることができるからである。

ポイント 10
平衡から大きく離れた状態に置かれた反応においてのみ，調節を加えることができる。

次の類例について考えてみよう。ダムが 2 つの水槽を隔てている。もしダムの両側の水位が同じならば，この系は平衡状態にあるといえる。ダムの水門を開けたとき，何が起こるだろうか。水は水門を越えて行ったり来たりするけれども，水位は変わらず正味の水の動きはない。ここでは，調節（水門を開けること）は，系の平衡状態に何の影響も与えていない。

次に別の系を考えてみよう。今度は，ダムの左側の水槽の水位は右側の水槽よりもはるかに高い。この系は平衡状態から大きく乖離しているといえる。ダムの水門を開けたとき，水は急速に左側から右側へ移動する。この水は平衡になるまでか，あるいは，ある調節（水門を閉じる）をかけるまで流れ続ける。逆方向の反応経路それぞれが異なる ATP 共役係数をもつことで熱力学的に進行可能であるという特性は，結局それぞれの反応経路が一方向性に進むという結果に至る。なぜなら，逆反応は著しく熱力学的に損だからである。例えば解糖系と糖新生のような逆方向の反応経路は，それぞれが落差と釣り合いをとって（熱力学的に）高い水位を保ち，水門を開ける指令（反応速度論的調節）が出るのを待っているダムのようなものである。指令（アロステリックエフェクター）は，論理的にそれぞれ水門（調節される酵素）ごとに異なっていて，両方の経路は，決して同時に流れることはない。（もし両経路の指令があれば，同時に両方が流れることはありうる。）

この概念の論理的基礎は図 12.10 に説明されている。この図では，A⟺B の反応について Gibbs の自由エネルギー（G）と Q/K 比の対数をプロットしている。Q は A，B の量比（p.62 参照），K は両者の平衡定数である。このグラフはパラボラ型の曲線となり，その曲線上の各点での傾きが ΔG を示している。Q/K 比が 1 のとき，つまり反応基質と産物の実際の濃度が平衡状態のときと同じとなったときに，自由エネルギーが最小になる。別の言い方をすれば，系が平衡状態のとき $\Delta G=0$ である（この点での傾きが 0 であることから明らかである）。A，B の量比が平衡状態の濃度から大きく離れたときに ΔG の大きさは最大となり，反応が平衡状態から離れるほど，反応を動かす推進力は大きくなる。図のパラボラ曲線の左側，つまり [A] が高く [B] が低く $Q/K<1$ のとき，ΔG は大きな負の値となる。反対に図のパラボラ曲線の右側，つまり [B] が高く [A] が低く $Q/K>1$ のとき，反応は強い推進力のため左側に進む。

これまでに呼吸による 1 mol のグルコースの酸化での ΔG が約 −1,300 kJ/mol であると見積もった（p.439）。第 3 章の等式 3.33 を用いて，この反応に対応する 298 K における Q/K 比を計算することができる。

$$\Delta G = RT\ln\left(\frac{Q}{K}\right)$$

$$\frac{Q}{K} = e^{\left(\frac{\Delta G}{RT}\right)} = e^{\left(\frac{-1300\times10^3\ \mathrm{J/mol}}{(8.315\ \mathrm{J/mol\cdot K})\cdot(298\ \mathrm{K})}\right)} \approx 10^{-228}$$

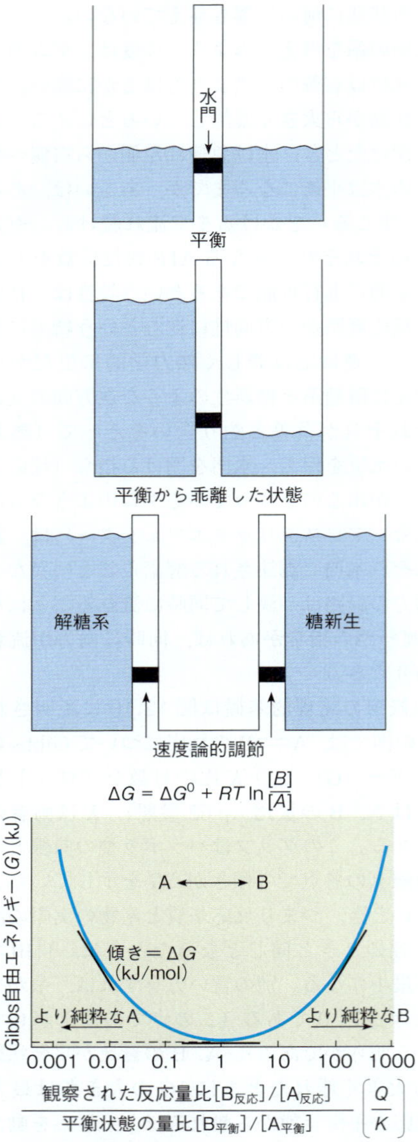

図 12.10　平衡状態から乖離した反応の Gibbs 自由エネルギー
Modified from *Bioenergetics*, 3rd ed., D. G. Nicholls and S. J. Ferguson, p.35.

10^{-228} もの Q/K 比は ΔG の概算値に基づいているので，もしかしたら数ケタ程度は減るかもしれない。しかし，正しい値が何であれ，図 12.10 のパラボラ曲線の左側のさらにずっと上に延ばした点になるので，速やかに反応を進める推進力をもつことを示している。

他の高エネルギーリン酸化合物

同じ原理により，ATP は自分自身よりもエネルギーに富むクレアチンリン酸などの化合物の合成をも推進することができる。クレアチンリン酸は，リン酸結合のエネルギーをミトコンドリアの中の ATP から筋繊維へ運び，そこでその結合エネルギーが筋収縮の機械的エネルギーに変換される。クレアチンリン酸はクレアチンから酵素**クレアチンキナーゼ creatine kinase** により合成される。

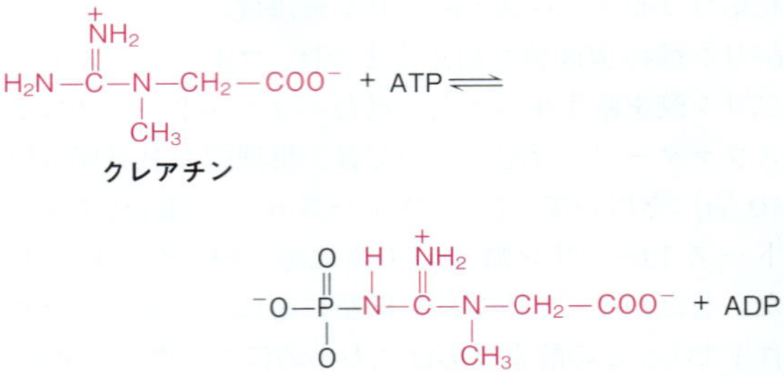

哺乳類の細胞のクレアチンキナーゼは数種のアイソザイムがあり，その内の 1 つ（mCK）は，ミトコンドリアの膜間腔に局在する。（下図参照）クレアチンリン酸と ATP の加水分解それぞれの $\Delta G^{\circ\prime}$ の値（p.68，図 3.7）から，この反応は標準状態では $\Delta G^{\circ\prime}$ の値が＋12.6 kJ/mol の吸エルゴン反応と計算できる。しかし，ATP の濃度はミトコンドリア内部ではきわめて高く，一方クレアチンリン酸の濃度は相対的に低い（$Q/K \ll 1$）ので，この反応は発エルゴン反応となって右へ進む。生成したクレアチンリン酸は，次にミトコンドリアから筋繊維に拡散していき，そこで筋収縮のエネルギーを供給する。その収縮の直接のエネルギー源は，ここでも ATP の加水分解である。収縮によって生じる高濃度の ADP は，筋繊維のクレアチンキナーゼアイソザイム（myoCK）の逆反応を促進する。クレアチンリン酸は分解消費されてクレアチンになるとともに，ATP が再生される。このようにして生じたクレアチンは，再びクレアチンリン酸再合成のためにミトコンドリアに戻ることができる。運動選手の栄養補助剤として，筋肉を増強するクレアチンの人気が高いのは，クレアチン自身の生合成（その経路は第 21 章参照）が，細胞内エネルギー運搬を動かすための律速因子である可能性を示している。

ポイント 11
非平衡的細胞内濃度によって反応が発エルゴン的になれば，ATP は高エネルギー化合物の合成を推し進めることができる。

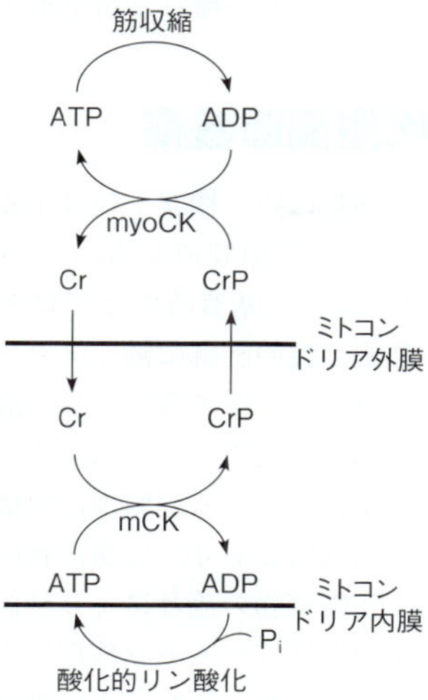

筋収縮における
クレアチン–クレアチンリン酸シャトル

ある種の無脊椎動物では，ATP の急速な生産が求められた場合に必要な高エネルギーリン酸結合の貯蔵のために，クレアチンリン酸のかわりに**アルギニンリン酸 arginine phosphate** が用いられ，同様の役割を果たしている。これら 2 つの例で示したように，2 つの環境，すなわちミトコンドリアと筋繊維でアデニンヌクレオチドの濃度が異なり，さらにその濃度がともに標準状態からは遠くかけ離れているということが，"高エネルギー"化合物がどのようにして合成され利用されるのかを理解する際に重要な点である。

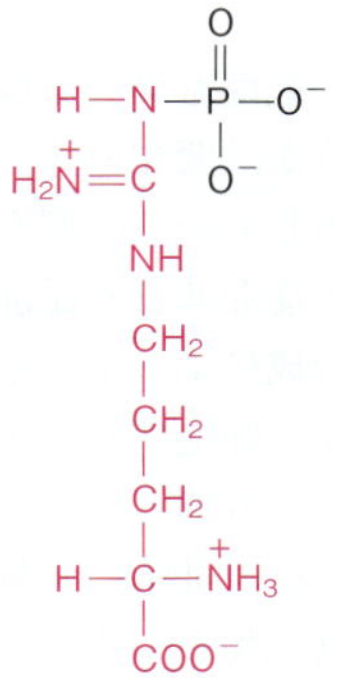

アルギニンリン酸

濃度以外の他の因子によっても，生理的 ΔG の値が標準状態とは著しく異なったものになる。例えば，pH が上昇すると ATP 分子の負電荷も増加するが，これによって ATP の隣接するリン原子に結合する酸素原子間の静電反発力が増加し，それがさらに加水分解を促進して，ΔG はより大きい負の値をもつようになる。

細胞内ではほとんどすべての ATP が Mg^{2+} との複合体を形成し，キレートされている事実もまた重要である。

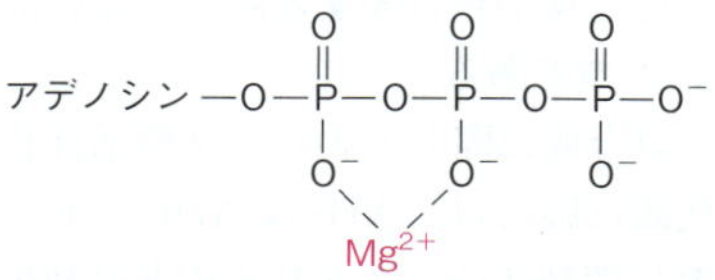

ADP もまた Mg^{2+} と複合体をつくるが，Mg^{2+} への ADP の親和力は ATP のそれとは異なる。Mg^{2+} 濃度の変化は，ATP 加水分解の反応物と産物のマグネシウムイオンに対する相対的な親和力に依存しつつ，ΔG にきわめて複雑な様式で影響を与える（pH，マグネシウムおよび他のイオン条件の効果に関する詳細な考察は，第 3 章の参考文献としてあげた R. A. Alberty の論文を参照）。

その他の高エネルギーヌクレオチド

先に述べたように，ATP にエネルギー通貨としての特別な役割を担わせている特質は何もない。他のすべてのヌクレオシド三リン酸や NAD^+ のようなより複雑なヌクレオチドも，ATP と同様に −31 kJ/mol に近い $\Delta G°'$ 値をもっている。したがって，ATP が果たしている役割を担うために，これらの化合物も同様に選ばれることができただろう。しかし，進化は，ATP に選択的に結合し，その化学的エネルギーを利用して吸エルゴン反応を進行させる一連の酵素群をつくりだした。もちろん例外もある。例えばタンパク質合成における主なエネルギー供給ヌクレオチドとしての GTP の使用である。しかし，リン酸結合エネルギーは，好気性生物の酸化的リン酸化や，植物の光合成あるいは事実上すべての生物の解糖系など，ほとんどの場面でアデニンヌクレオチドを基にして生産される。その結果，ATP は通常最も豊富に存在するヌクレオチドとなっている。

ほとんどの細胞において，ATP の濃度は 2～8 mM である。この値は他のヌクレオシド三リン酸よりも数倍高く，また ADP や AMP の濃度と比べてもやはり数倍高い。そのため，ATP は γ 位（一番外側）のリン酸を，他のヌクレオシド三リン酸合成に配給しやすい傾向がある。この過程は**ヌクレオシド二リン酸キナーゼ nucleoside diphosphate kinase** の働きによって行われる。この酵素は CTP を CDP から次のようにして合成する。

$$\text{ATP} + \text{CDP} \rightleftharpoons \text{ADP} + \text{CTP}$$

ヌクレオシド二リン酸キナーゼは多種類のリン酸供与体と受容体に対して働くことができる。しかし，反応の平衡定数が 1 に近く，ATP が細胞内で最も豊富に存在するヌクレオチドであるために，他の普通のリボあるいはデオキシリボヌクレオシド三リン酸を対応す

12

る二リン酸化合物から合成する際に，この酵素は通常ATPを用いるのである。

タンパク質合成に際してのアミノ酸活性化などのいくつかの代謝反応では，ATPはADPとP_iではなく，AMPとPP_iに開裂する。ヌクレオチド再利用のためのAMPからATPへの変換には，**アデニル酸キナーゼ adenylate kinase**（筋肉に豊富にあることからミオキナーゼとも呼ばれる）が関与している。

$$\mathrm{AMP + ATP \rightleftharpoons 2ADP}$$

ADPは基質レベルのリン酸化や，酸化的リン酸化，あるいは（植物の場合）光合成エネルギーによりATPに変換される。この反応は容易に逆転可能なので，例えば爆発的なエネルギー消費によってADPレベルが上昇したときのATP再合成に利用される。したがって，この機能は筋肉代謝では特に重要である。

アデニル酸エネルギー充足率

栄養状態が良好でエネルギーに満ちた細胞においては，ATPの濃度は通常，ADPやAMPよりかなり高い。実際のところ，エネルギーの生産やその貯蔵の経路の調節に関与する多くの酵素は，アデニンヌクレオチド濃度に非常に敏感に反応する。一般に，解糖系やクエン酸回路のようなエネルギー生産経路は，ATP濃度が比較的低くADPとAMPの濃度が比較的高い場合，すなわち低いエネルギー状態において活性化される。ここで，細胞のエネルギー状態を定量的に記述することができれば便利であろう。Daniel Atkinsonは彼のすぐれた著書の中で，細胞を電池に例えている。細胞電池が完全に充電されたときは，すべてのアデニンリボヌクレオチドはATPの形で存在する。完全に放電したときは，すべてのATPはAMPに分解されている。このような考えに基づき，Atkinsonは**アデニル酸エネルギー充足率 adenylate energy charge**という用語を提案した。アデニル酸エネルギー充足率は，細胞内のATP，ADPおよびAMPの濃度を用いて以下のように定義される。

$$\text{アデニル酸エネルギー充足率} = \frac{[\mathrm{ATP}] + 0.5[\mathrm{ADP}]}{[\mathrm{ATP}] + [\mathrm{ADP}] + [\mathrm{AMP}]} \tag{12.14}$$

この用語の意味するところは，細胞内のアデニンヌクレオチド中に存在しうるすべての高エネルギー結合に対する，実際に存在している高エネルギー結合の割合である。ATPは高エネルギー結合を2つもつのに対してADPは1つだけなので，式12.14の分子でADPはATPの半分の重みをもつことに注意してほしい。栄養の良い好気的な細胞のアデニル酸エネルギー充足率は，おそらく1からかけ離れた値を示すことはない。

主要な代謝調節機構

生きている細胞はその機能を制御するために，一連の驚くべき巧妙な調節装置をもっている。その1つは，第11章で論じた基質濃度とアロステリック制御のような，酵素活性の制御に働くメカニズムである。また，酵素の合成と分解の調節による酵素濃度の制御は，第20章および第27～29章の主要な焦点である。さらに，真核生物における細胞内の膜構造による区画分けは別の調節機構であり，代謝産物の運命が，膜を通過していく代謝産物の流れにより制御されている。これらすべての機構はホルモン作用により支配されている。ホルモンはあらゆるレベルの制御に関わる化学メッセンジャーである。

酵素量の調節

ある特定の組織の無細胞抽出液を調製して，複数の異なる酵素の細胞内濃度を測定したとすると，それらが大きく異なっていることがわかるであろう。エネルギー産生の中心となる経路の酵素は，細胞当たり数千分子存在するのに対して，限られた特別の機能をもつ酵素の分子数は，細胞当たり1桁未満かもしれない。細胞抽出液を二次元電気泳動した分析結果（p.20，図1.11参照）は，スポットの大きさや濃さが多様であり，特定の細胞中の個々の酵素量に大きな相違があることを示している。

ある1つの酵素の濃度も異なる環境条件においては大きく異なるだろうが，変化の大部分はその酵素の合成速度の変化に起因している。例えば，細菌の培養液にその細菌が利用可能な基質が添加されたときには，新たなタンパク質合成によって，その基質を処理するために必要な酵素が，細胞当たり1分子以下から数千個にまで増加することもある。この現象は酵素の**誘導 induction**と呼ばれる。同様に，ある経路の最終産物の存在は，その最終産物をつくりだす経路に必要な酵素群の合成を停止することもある。この過程は**抑制 repression**と呼ばれる。

> **ポイント12**
> 細胞内の酵素のレベルは，代謝上の必要度に応じて変化することがある。

かつては，あるタンパク質の細胞内レベルの制御は，主にそのタンパク質の合成の制御，別な言葉でいうと，遺伝子の発現調節の問題であると考えられていた。しかし，現在では細胞内のタンパク質分解もまた細胞内の酵素のレベルを決定するために重要であることがわかっている（第 20 章参照）。

酵素活性の調節

酵素分子の触媒活性は 2 つの方法で制御される。その 1 つは，リガンド（基質，産物あるいはアロステリックエフェクター）との可逆的相互作用によるものであり，他の 1 つは共有結合によるタンパク質分子の修飾を介したものである。

ポイント 13
酵素活性は，基質，産物およびアロステリックエフェクターとの相互作用，あるいは酵素タンパク質を共有結合で修飾することにより調節される。

酵素活性は多くの場合，基質やアロステリックエフェクターなどの低分子リガンドで制御されている。一般に細胞内の基質濃度は，その基質に作用する酵素の K_M 値よりも低いが，その値は K_M 値と同じ桁の範囲にとどまっているのが普通である。このことを別な言葉で表現すると，当該酵素の基質濃度–反応速度曲線において，一次反応となる範囲内に基質濃度は維持されている。そのために，酵素の反応速度は基質濃度のわずかの変化にも反応するのである。リガンドは多量体であってもよい。例えば，タンパク質–タンパク質相互作用は酵素活性に影響しうるし，核酸代謝に関与するいくつかの酵素は，DNA と結合することにより活性化される。

第 11 章で述べたように，酵素を活性化または阻害するアロステリックエフェクターは，通常ある代謝経路における最も重要な段階，しばしば一番最初の段階の反応に作用する。アロステリックエフェクターは酵素の特定の調節部位に結合することにより，酵素タンパク質を構成するサブユニット–サブユニット相互作用に影響を及ぼす。この影響で基質との結合が促進されたり妨害されたりする。もし代謝経路が一方向に流れていて途中で分岐していなければ，この機構は産物生産を制御する方法として明瞭に機能する。しかし，現実には基質は多数の経路に関わっており，かつ，それぞれの経路には多くの分岐点が存在する。そのために，以下に記述するアロステリック酵素のいくつかは，第 11 章で示した例に比べると，いくぶん複雑な調節機構をもっている。

酵素の共有結合による修飾は，酵素活性を制御するためのもう 1 つの効率的な方法である。すでに第 11 章において，共有結合による修飾のうち酵素活性の調節に使われるものを紹介した。それらは，**リン酸化 phosphorylation**，**アセチル化 acetylation**，**メチル化 methylation**，**アデニル化 adenylylation**（ATP からのアデニル酸部分の転移）および **ADP リボシル化 ADP-ribosylation**（NAD^+ からの ADP リボシル部分の転移）がある。今では，他にもこれらよりは一般的ではない多くの修飾が知られている。酵素活性の制御で極めて広範囲に認められる共有結合修飾はリン酸化である。

共有結合修飾による制御は，多くの場合，調節のためのカスケードに関連している。すなわち，修飾によってある酵素が活性化され，その酵素が 2 番目の酵素に働きかけ，それがさらにまた 3 番目の酵素を活性化して，それが最終的に基質に作用するというようなことが生じる。酵素は触媒として働くので，このようなカスケードは，最初の生物学的シグナルを効率的に増幅する方法となっている。例えば，最初のシグナルが酵素 A を修飾することで酵素 A を 10 倍に活性化するとすれば，修飾された酵素 A は次に酵素 B を 100 倍に活性化し，さらに B は酵素 C を 1000 倍に活性化する。このようにすれば，比較的少数の酵素分子しか関与しなくても，ある経路は 100 万倍（$10^1 \times 10^2 \times 10^3$）にも活性化されるのである。

最初に解明された調節カスケードは，動物細胞において糖質をエネルギー生産のために供給するための重要な過程である，グリコーゲン分解過程の制御である。酵素のリン酸化と脱リン酸化からなるこの調節カスケードは，さらに第 13 章でその詳細を説明する。第 11 章で述べた血液凝固もよく解明されている調節カスケードの 1 つである。

細胞内の区画分け

真核細胞におけるさまざまな機能が物理的に分割されていることはすでに述べた。すなわち，同じ 1 つの過程に関与する酵素群は，細胞内のある特定の区画内に局在する。例えば，RNA ポリメラーゼは DNA の転写が行われる核と核小体に見出される。またクエン酸回路を構成する酵素群はすべてミトコンドリア内に見出される。図 12.11 に真核細胞中で各代謝経路が存在する場所を示す。

細胞内の区画分けは，細胞の中で行われている役割を仕分けし，結果的に細胞の機能の効率化を促進する。クレアチン–クレアチンリン酸シャトル（p.445）が良い例である。それに加えて，この区画分けには制御機能としても重要な役割がある。この制御機能は，異なる代謝産物に対する膜の選択的透過性に基づくもので，ある 1 つの区画から他の区画への中間体の通過を制御している。典型的な例としては，特異性の高いキャリヤーによって基質が流入し産物が流出する一方，反応経路の各中間体が捕捉されてオルガネラ内に残存する。そのために，ある細胞内の区画へ基質が流入する速度を制御することによって経路全体の流量を

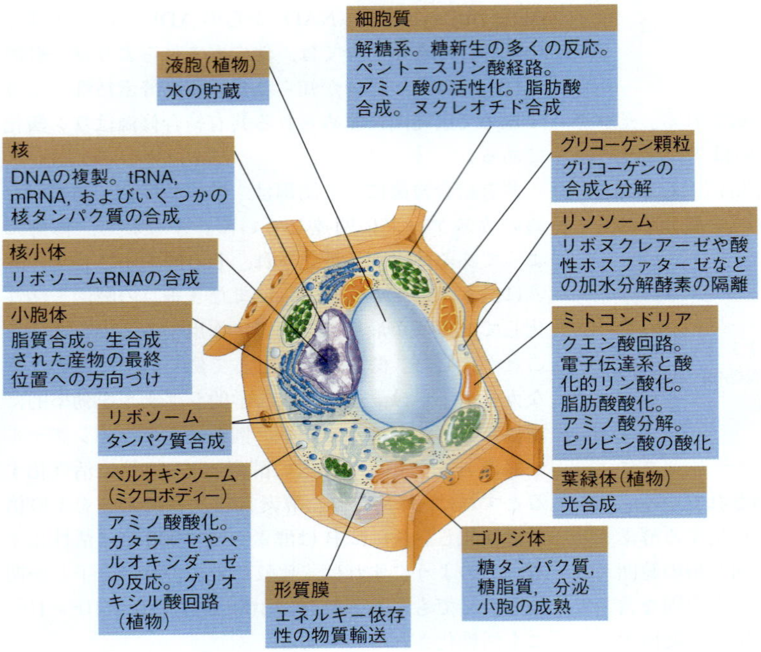

図 12.11　真核細胞内部の主要な代謝経路の存在場所　ここに示す模式的な細胞には，植物細胞と動物細胞の特徴をともに示してある。
Biology, 5th ed., Neil A. Campbell, Jane B. Reece, and Lawence A. Mitchell. © 1999. Reprinted by permission of Pearson Education Inc., Upper Saddle River, NJ.

調節できる。例えば，インスリンというホルモンは，糖質の利用を促す方法の1つとして，グルコース輸送体を細胞膜へ移動させる。これによってグルコースはより容易に細胞内へ取り込まれ，異化あるいはグリコーゲンの合成に供される。

区画分けとは，適当なオルガネラに酵素を詰め込むことだけではない。たとえ膜に囲まれたオルガネラが存在しなくても，一連の反応を触媒する酵素を並べておくことで基質を局在させることができる。代謝経路のある1つの反応の産物が，次の段階で働く酵素の活性部位近くで放出されれば，基質が拡散する機会は減少する。このような酵素群は，例えばミトコンドリアの電子伝達系の酵素のように，膜の内で互いに結合している可能性もある。あるいはまた，クエン酸回路の主要な流入点に位置するピルビン酸デヒドロゲナーゼ複合体のように，一群の酵素が高度に組織化された多タンパク質の複合体の一部となることもある。

区画分けは，単離してしまうと複合体としては維持できないような，酵素間の弱い相互作用によっても生じる。例えば，解糖系におけるグルコースのピルビン酸への変換は，溶液中ではきわめて弱い相互作用しか呈しない酵素群により触媒されるが，これらの酵素群は，細胞質中では相互作用を及ぼし合いながら超巨大分子を形成しており，それによって多段階からなる糖分解が促進されているという証拠がある。細胞質が以前考えられていたよりもはるかに高次な構造をもつことに科学者たちが気がつくにつれ，細胞内においては可溶化しやすい酵素も相互に作用し合っているという概念が出てきた。哺乳類の細胞質の高解像度電子顕微鏡写真によって，**サイトマトリックス cytomatrix** と呼ばれる組織化された構造が明らかになった。そのモデルを図 12.12 に示す。このような構造ができるのは，細胞内のタンパク質の濃度がきわめて高く，結果において水の濃度が低下するために，弱い相互作用をするタンパク質同士の会合が促進されるからであろう。可溶性タンパク質も，細胞内ではサイトマトリックスを構成する各要素に結合しているのではないかと考えられている。

ポイント 14
一連の反応を触媒する酵素は，例えば細胞質中にあってその組織化された構造をみることが困難な場合でも，しばしば会合している。

高度に構造化されているにせよ，あるいは緩く結合しているだけにせよ，多酵素複合体は反応経路の効率的な制御を可能にしている。酵素複合体は反応中間体の拡散を制限することによって，細胞内の中間体の平均濃度を低く維持する（ただし，酵素の活性部位における局所的な濃度は高くする）。この複合体形成は1つの分子がある経路を通過するために要する時間を短縮する。このようにして，経路全体の流れは，その経路の最初の基質の濃度変化にすばやく対応できるのである。

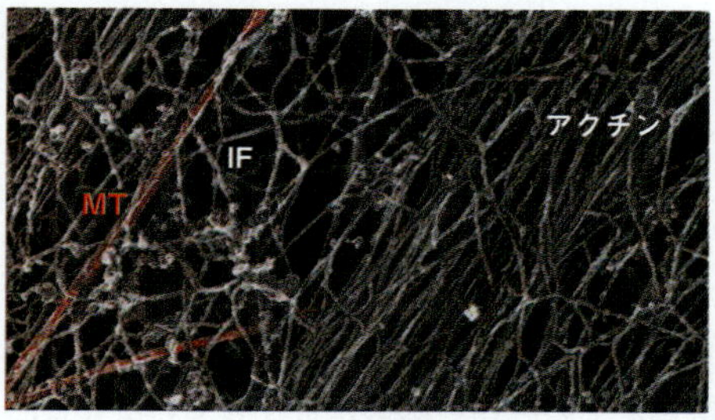

図 12.12　サイトマトリックスの組織構造　これは培養した哺乳類の繊維芽細胞のサイトマトリックスの電子顕微鏡写真で，細胞膜に固定された繊維のネットワークが明らかにみえる。MT＝微小管，IF＝中間径フィラメント。倍率は約 150,000 倍である。

ホルモンによる調節

真核細胞内で機能している種々の調節機構は，他の組織や器官から発せられるメッセージによっても制御されている。このようなメッセージを伝え，それによって代謝の変化をもたらす過程を**シグナル伝達 signal transduction** と呼ぶ。細胞外メッセンジャーには，ホルモン，増殖因子，神経伝達物質，フェロモンなどがある。これらは特異性の高い受容体と相互作用し，結果として標的細胞内に特異的な代謝変化を引き起こす。

ホルモンに対する代謝反応には，遺伝子発現の変化が関与して酵素レベルを変化させているものもある。この様式の応答は，数時間から数日の時間スケールで進行し，細胞の代謝活動の能力を組み替える。短い時間スケール（数秒から数時間）では，ホルモンは細胞内の**セカンドメッセンジャー second messenger** の産生を促して，代謝反応を調節する。最も重要なセカンドメッセンジャーは**サイクリックアデノシン 3′,5′−一リン酸 cyclic adenosine 3′,5′-monophosphate** であり，これは**サイクリック AMP cyclic AMP** または単に**cAMP** と呼ばれる。ファーストメッセンジャーであるホルモンは細胞の外から作用し，細胞膜上の受容体に結合する。受容体タンパク質は膜を貫通しているので，細胞外でファーストメッセンジャーが結合したことに応答して，細胞質側ではセカンドメッセンジャーの産生を促進することができる。これらのシグナル伝達系は，しばしば径路内の重要な酵素の可逆的な共有結合による修飾を介して代謝経路全体の精密な制御を可能にしている。

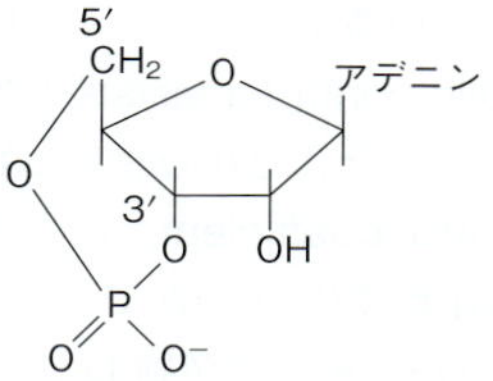

サイクリックアデノシン3′,5′−一リン酸（cAMP）

> **ポイント 15**
> セカンドメッセンジャーは細胞表面に結合したホルモンからの情報を伝達し，それによって細胞内の代謝過程を調節している。

シグナル伝達系は基本部品の組み合わせから構成されているので，多様な代謝応答が同じ動作原理に基づいている。分泌されたあるホルモンは，異なる組織においてきわめて多様な効果をもつことができる。これは，異なる標的細胞において受容体と他の構成要素の性質，およびセカンドメッセンジャー系のタイプに依存しているのである。さらに，ある種のセカンドメッセンジャーが，同じ細胞の中で複数の効果を示すこともある。例えば，サイクリック AMP はグリコーゲン分解のカスケードを活性化するが，同時にグリコーゲンの合成を阻害するカスケードもまた活性化する。この 2 つの効果は，調和した代謝応答の例である。すなわち，グリコーゲン分解が促進されるのと同じ生理的条件下で，グリコーゲン合成が阻害される。シグナル伝達系については，さらに第 13，18，23 章で詳細に述べる。

12

代謝の分配制御

近年，代謝調節に関してある重要な原理が提示された。1950 年代から 1960 年代にかけてアロステリック効果により調節される酵素が発見され，代謝経路の流れは主としてその経路中の 1 つないしは少数の鍵となる酵素活性の制御により調節されているという概念が生じた。アロステリック酵素が，しばしばある経路の最初に位置し，特別な機能はないと思われる中間体を合成する反応を触媒することが判明したときに，この酵素は代謝経路の“律速反応”を触媒しているという考え方が生まれたのである。字義通りにとれば，律速反応という用語は，ある経路におけるその反応の速度が細胞内での律速段階の活性そのものであることを意味する。しかし，代謝が定常状態にあるときには，直線状経路のすべての段階が同じ速度で進行するので，その速度が単一の酵素段階で制御されているという証明は困難，あるいは不可能である。言い換えれば，律速酵素の概念には重大な欠点がある。

現在では，代謝調節という現象はより複雑であり，ある経路を構成するすべての酵素が，その経路の流れの制御に寄与していることがわかっている。**代謝調節分析法 metabolic control analysis** と呼ばれる方法では，経路を構成するそれぞれの酵素に対して，**流れ調節係数 flux control coefficient**，C^Jを割り当てる。ここで，流れ調節係数は0〜1の間で変化する値である。基質Aがいくつかの過程で産物Dに変換される代謝経路を考えてみよう。この代謝経路の**流れ flux** であるJは，前向きの過程の反応速度v_fから逆方向の反応速度v_rを引いたものである。

$$J = v_f - v_r$$

ある酵素の流れ調節係数とは，相対的な流れの増加量を，その増加を引き起こした酵素活性の相対的増加量で割ったものである。したがって，真の律速酵素の流れ調節係数の値は1となる。この場合，その酵素活性が20%増加すれば，流れの速度も20%増加する。しかし代謝調節説では，経路のすべての酵素が調節に寄与するとしている。すなわち，すべての酵素が0より大きい流れ調節係数をもつ（しかし，どれも1にはならない。1になるということは，本当に1つだけの律速酵素によって流れが制御されている場合である）。流れ調節係数は代謝経路や代謝システムの特性であり，ある代謝経路上のすべての酵素の流れ調節係数の合計は1になる。

$$C_1^J + C_2^J + \cdots + C_n^J = 1$$

下に示した仮想的な経路中間代謝産物Cは，2つの異なる運命をたどる。反応4は中間代謝産物Cを基質A→産物Dの径路から引き抜き，この経路の流れを減らすので，反応4を触媒する酵素は負の流れ調節係数をもつ。この経路の4つの流れ調節係数の和は，やはり1である。

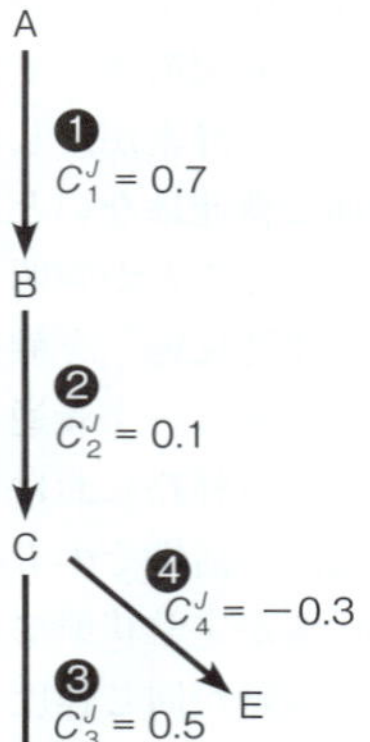

代謝調節説が提示する予測は，実験的に検証することができる。例えば，in vivoで特定の酵素の活性に一定の変化をもたらす突然変異を利用して，その酵素が関与する経路の流れの速度変化を測定すればよい。このような解析法を採用すれば，ある経路の最初に位置して中間体を産生する反応を触媒する酵素が，代謝制御において実際に大きな役割を果たしていること（すなわち大きな流れ調節係数をもつこと）を確認できる。しかし，ここでより重要なことは，このような解析法を用いることによって，ある経路を構成するすべての酵素がその経路の制御に寄与していること，言い換えれば，すべての酵素が0より大きい流れ調節係数をもつことを確認できることである。このようにして，ある経路の制御はその経路に含まれる酵素のすべてに分配されているという考え，すなわち**代謝の分配制御 distributive control of metabolism** という概念が生まれた。振り返れば，この概念は古くから理解されてきた代謝の複雑性のみからでも予測できたはずである。多くの中間体が2つ以上の経路に関与し，それにより異なる経路は相互に依存しかつ連結されている。したがって，それぞれの経路において，たった1つないし2つの酵素による制御に依存しているような制御機構は，柔軟性と精緻さに欠けており，広範囲に変化する栄養とエネルギー条件下においても恒常性を維持する細胞の能力を説明することはできないだろう。確かにそれぞれの経路や過程では，1つないしは少数の最重要な調節酵素の存在が確認されているが，それらの酵素については，その経路を話題にするときに指摘する。

代謝の実験的解析

代謝研究の目標

生物におけるすべての化学反応から代謝が成り立っているとするならば，代謝研究のためにはどのような方法論を採るべきか。一般に，ある特定の代謝過程を実験的に到達可能な目標に分割して，以下のことがらを追求する。(1) 反応物，産物，および補因子を同定し，さらに関与する各反応の化学量論を明らかにする。(2) 各反応が進行している組織において，反応の速度がどのように制御されているかを解明する。(3) 各反応とその調節機構の生理学的機能を明らかにする。これらの目標に到達するためには，経路の各反応を触媒する酵素を単離し，その特徴を調べる必要がある。特に，酵素の特徴を調べ，in vitroの生化学反応を生きた細胞に外挿する作業は，難解ではあるが重要である。例えば，ほとんどの酵素がいずれの方向にも進行可能である反応を触媒する場合，in vivoで起きるその内のある酵素反応はどちらの方向に進むのだろうか？ 実際，発見時にはin vitroである方向にしか進行しないと思われていた多くの反応が，in vivoでは逆の方向に進むことが示されている。その一例をあげれば，ADP から ATP を合成するミトコンドリアの酵素は，もともとは ATPase つまり ATP を ADP と P_iに加水分解する酵素として単離されたものである。したがって，単に酵素を単離し，それが in vitro である特定の反応を触媒することを示すだけでは不十分であり，同じ酵素が生きた組織内でも同じ反応を触媒することを示さなければならない。これは多くの場合非常に困難な仕事ではある。

目標に到達するためには，生体のさまざまな組織化のレベル，すなわち，生きている個体や生きた細胞のレベル，そして細胞破壊標品のレベル，さらに最終的には精製した個々の成分のレベルで解析を行わなければならない。細胞破壊標品や試験管内の実験では，例えば細胞膜を通過できない基質や補因子を添加するなど，生きた細胞に対してはできない方法で操作することができ，in vivo で起きることが知られている過程を in vitro で再現することを試みる。

無細胞成分を調製するとき，多くの場合，組織化された構造は破壊される。細胞は超音波振動や剪断(せんだん)力あるいは細胞壁を酵素で消化することにより破壊される。これらの過激な処理は，無傷の細胞中ではそれぞれ別々の場所に存在していた各種成分を混ぜ合わせてしまう。したがって，in vitro の系を用いて得られたデータは，間違って解釈される可能性がある。タンパク質合成の研究においてそのような例がある。遺伝調節機能が変化した細菌の突然変異株の挙動から，タンパク質合成の鋳型としてのメッセンジャー RNA（mRNA）の存在が 1961 年に予測されていた。しかし，mRNA の存在を in vitro で示すことは長い間できなかった。その理由は，想定されていた鋳型がごく微量しか存在せず，さらに無細胞抽出液中では酵素によって迅速に分解されてしまうためであった。この分解を防ぐ方法を確立したときに初めて，mRNA の存在が示されたのである。

これまでの論考で，生きた生物個体から精製された化合物のレベルまで，さまざまな生物学的な組織化のレベルにおいて，代謝研究が必要であることを明らかにした。以下の部分では，それぞれのレベルでどのようなことがわかるのかを述べる。

代謝研究の対象となるさまざまな組織レベル

生物個体全体

我々の最終目的は生きている生命体における化学反応過程を理解することであるから，生物個体全体の代謝を研究しなければならない。「生化学の道具 12A」に述べるように，放射性同位体のトレーサーが代謝経路の特性を記述する目的で広く用いられてきた。第 19 章で述べている古典的な例をあげれば，1940 年代になされたコレステロール合成系の解明である。Konrad Bloch は ^{14}C で標識した酢酸をラットに注射したのち，経時的にラットを殺し，肝臓中の放射性化合物を分析することにより標識の各中間体への移動を追跡した。このような実験を計画する場合には，標識した前駆体が目的器官へ至る輸送効率や前駆体の細胞への取り込み，あるいはすでに存在する非標識の中間体プールと外から加えた前駆体の競合に注意を払う必要がある。

臨床における多くの診断テストは in vivo の代謝実験である。放射性同位体を用いるかわりに，組織を経時的に採取し生化学的分析を行う。例えば，**経口ブドウ糖負荷試験 oral glucose tolerance test（OGTT）**においては，被験者に多量のグルコースを経口摂取させ，その後数時間にわたって経時的に血中のグルコース濃度を測定する。OGTT は糖尿病およびその他の糖質代謝異常の診断に用いられている。

近年は，生きた細胞と器官を破壊せずにモニタリングするために，核磁器共鳴（NMR）分析が広く利用されるようになった。「生化学の道具 6A」で説明したように，この方法の原理は吸収された電磁波の周波数のシフトを測定するものであり，ある特定の種類の原子核を含む化合物を NMR スペクトルから同定することができる。生化学の研究においても，細胞まるごと，あるいは生きた植物や動物の器官や組織について，NMR スペクトルを測定することができるようになった。NMR は核磁気共鳴画像（MRI）と呼ばれる強力な非侵襲性診断法にまで発達した。しかし，一般に高分子成分や 0.5 mM 以下の濃度でしか存在しない化合物は NMR スペクトルに寄与しない。現在，この生体内技術に最も広く用いられている核種は ^{1}H，^{31}P および ^{13}C である。図 12.13 に示すのは人間の腕の筋肉の ^{31}P NMR スペクトルであり，5 つの主要なピークはオルトリン酸（P_i），クレアチンリン酸，および ATP の 3 つのリン酸に含まれるリン原子の核に対応している。各ピークの面積と濃度は比例するので，細胞内のエネルギー状態を測定することができる。例えば，エネルギーに富む筋肉はクレアチンリン酸を多く含むが，疲労した筋肉ではほとんどのクレアチンリン酸が ATP を維持するために使われてしまっている（3 番目のスキャンでみられる AMP〈ピーク 6〉の蓄積に注意）。NMR は心臓発作からの回復をモニタリングする際にも広く用いられつつある。心臓発作では，細胞の虚血（酸素供給欠乏）による ATP 量の減少が細胞に損傷を与えているからである。NMR はまた代謝物の局在化の解析や，主要代謝経路の速度の測定，あるいは細胞内の pH の測定にも利用されている。

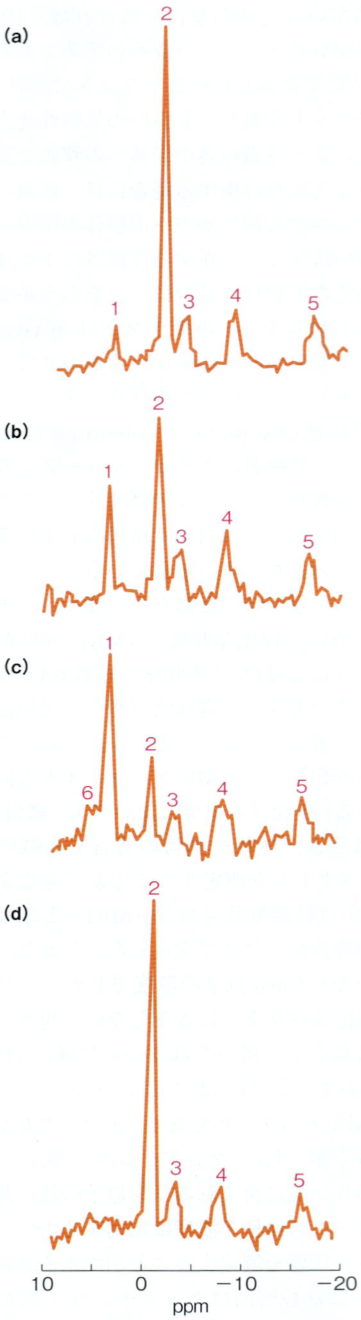

図 12.13　ヒト前腕の筋肉の³¹P NMR スペクトルに対する無酸素運動の効果　(a) 運動前。(b) 19 分の運動を開始して 1 分後。(c) 同 19 分後。(d) 運動終了後 10 分。ピーク面積は細胞内の濃度に比例している。ピーク 1＝P_i，ピーク 2＝クレアチンリン酸，ピーク 3＝ATPγ リン酸，ピーク 4＝ATPα リン酸，ピーク 5＝ATPβ リン酸，ピーク 6＝リン酸モノエステル。NMR スペクトルの説明は「生化学の道具 6A」参照。
From *Science*, 233：640-645, G. K. Radda, The use of NMR spectroscopy for the understanding of disease. © 1986. Reprinted with permission from AAAS and G. K. Radda.

単離した器官，または灌流中の器官

前駆体や阻害剤を目的とする器官へ送達するのが困難な場合，単離した器官を使うことでその困難を回避できることもある。通常，単離した器官を用いる実験操作では，その器官を**灌流 perfuse** する。灌流とは，栄養素，薬剤，ホルモンなどを含む等張緩衝液を，単離された器官へポンプで流し込むことである。この液は本来の血液循環を部分的に肩代わりし，栄養を補給し，不要な産物を除去する。また，外科的処理を施すことによって，生きた動物体内にある器官を灌流することもできる。もちろん，灌流は本来の血液循環に比べ効率がかなり低いので，このレベルの実験は短い期間に限って行わざるをえない。

循環に起因する問題は，実験操作を始める前に組織を薄い切片にすることで部分的に回避できることがある。この場合，器官としての構造の完全性は失われるが，多くの細胞は無傷のままであり，組織は周囲の液体とよりよく接触できる。器官まるごとの場合よりも，細胞には酸素や基質がよりよく供給される。肝臓と心臓の切片を用いた実験によって，クエン酸回路の大部分が解明された。

細胞

組織切片は，今ではあまり広くは用いられていない。その理由の 1 つは，器官や組織を個々の構成細胞にバラバラにする方法が利用できるようになったからである。肝，腎，心臓などの器官をトリプシンまたはコラゲナーゼで処理することによって，肝細胞や腎細胞あるいは心筋細胞を調製できる。この処理によって，細胞を器官として集合させている細胞外マトリックスを分解することができるのである。植物細胞の場合も，セルラーゼやペクチナーゼのような植物細胞壁を分解する酵素を用いて同様な標品をつくることができる。

どんな植物や動物の器官も，さまざまな種類の細胞からなる複雑な混合物で構成されている。組織をバラバラにした後，いくつかの分画法を用いて，単一種類の細胞のみを多く含むような標品を得ることができる。例えば遠心分離法では，細胞をそのサイズによって分画する。近年，**蛍光標識細胞分画装置 fluorescence-activated cell sorter（FACS）**が広く利用されるようになった。この装置の典型的な利用例は以下のようなものである。まず，細胞のタイプにより量が変わる細胞表面の抗原に対する抗体で細胞懸濁液を処理する。ただし，その抗体はあらかじめ蛍光色素を結合させておく。処理された細胞を 1 列に並んだ状態でレーザー光線のビームの中を通過させ，その際に 1 つ 1 つの細胞に検出された蛍光の量に従って物理的に分

別する。この種の装置は 1 秒間に数千個の細胞を分けることができ，これによって特定の表面抗原の存在量に基づいて細胞を分画することができる。

組織培養 tissue culture で細胞を増殖させることでも，均一な細胞集団を得ることができる。ある器官や組織に由来するバラバラにされた細胞は，特別な注意の下に，細胞栄養素と細胞増殖因子のタンパク質を含む培地で増殖させることができる。これらの細胞は，培養中の細菌と同様に，互いに独立に分裂し増殖する。動物細胞は通常，培養によってある決まった回数分裂するとその後の増殖が停止するが，ときとして，適切な栄養素が与えられれば無限に増殖が可能な変異株が出現する。このような培養から，含まれるすべての細胞が単一の細胞に由来する系統，すなわち**クローン化 clonal** された細胞系統をつくることができる。これらの細胞は遺伝的にも代謝的にも均一で，この均一性は多くの生化学の研究に恩恵をもたらす。例えば，ウイルスは同じ培養器中の多数の培養細胞に同時に感染でき，感染後いろいろな時間培養した細胞から得た試料で代謝の変化が追跡できたことによって，ウイルスの複製に関する知識が得られたのである。

培養下で長期間増殖できるように適応した細胞が，もとの植物や動物の組織中にもともとあった親細胞とは異なる性質をもつようになることが，組織培養の 1 つの問題点である。ある特定の細胞の特徴を培養中も維持させることは，常に困難な課題である。

無細胞系

膜を介した物質輸送に伴う諸問題は，細胞を破壊した標品を研究対象にすることで回避できる。動物細胞は温和な剪断力や低張液への懸濁，あるいは凍結融解で溶かす（破壊する）ことができる。これに対して，細菌細胞は硬い細胞壁をもっているので，超音波などの過激な処理を必要とする。リゾチームを用いる酵素処理は，比較的温和な条件で細胞を壊すためにしばしば用いられる。特に丈夫な酵母や植物の細胞壁を破壊するためには，通常，酵素処理と機械的処理を併用する必要がある。

たいていの場合に，代謝実験はまず分画していない無細胞ホモジェネートで行われる。しかし，代謝経路の細胞内の局在性を明らかにするためには，ホモジェネートをオルガネラに分画しなくてはならない。これには通常は**分画遠心分離法 differential centrifugation** が用いられる。一般的に等張のスクロース溶液中で細胞を溶かせば，形態的に無傷のオルガネラが得られる。こうして得られたそれぞれのオルガネラは，異なる回転速度と遠心時間で遠心分離することによって沈殿させることができる。典型的な細胞で，核，ミトコンドリア，葉緑素，リソソームと**ミクロソーム microsome**（細胞破壊により小胞体がちぎれてできた二次的な膜小胞）は，完全にとまでは行かなくても，すべて互いに分離することができる。細胞質ゾルの内容物は最終遠心ステップ後も上清に残る。単離された核を用いた研究から，真核生物における DNA 複製と転写に関する多くの知識が得られた。また，精製されたミトコンドリアにより，呼吸電子伝達鎖と酸化的リン酸化に関する知識がもたらされた。

精製された構成成分

ある代謝経路を分子レベルで理解するためには，それに関与すると思われるすべての因子を単一になるまで精製し，それらの間の相互作用を解明しなければならない。クエン酸回路の研究の場合そうであったように，多くの場合，関与する個々の酵素を精製し，それぞれの基質と必要な補因子を決定する。最後には，精製した酵素とこれらの構成成分を**再構成 reconstitution** して，すべての過程が触媒されることを示すのである。なお，ある種の経路は酵素以外の細胞構成要素を必要とする。例えば，タンパク質合成にはリボソームとトランスファー RNA（tRNA）が必要である。

個々の構成成分を精製する際には，正常な状態に保つために必須な，あるいは調べている過程のまた別の側面に必須な因子を見失う危険が常にある。そのような落とし穴を避けるためには，生物学的活性の尺度を厳密に定義し，各分画ステップで得られた画分のそれぞれが常に活性を維持していることを，たえまなく調べるという丹念な実験が必要である。このような研究方法の良い例が第 25 章に示されているが，そこでは DNA 複製フォークで働くいくつかの酵素とタンパク質について検討している。

代謝プローブ

代謝プローブの利用は，きわめて有力な生化学的研究手段の 1 つである。代謝プローブとは，ある経路中の 1 つないしは少数の反応のみを特異的に妨害することができる化合物である。そのような妨害によってもたらされる結果は，きわめて情報に富んでいる。一般に，2 種類のプローブが最もよく用いられている。すなわち代謝阻害剤と突然変異体である。in vivo におけるある特定の反応の進行を妨げ，その結果を調べることにより，プローブはある反応の代謝的役割を決定する手助けとなる。例えば，一酸化炭素やシアン化物などの呼吸毒は呼吸の特定のステップをブロックする代謝阻害剤として，呼吸電子伝達鎖における電子伝達体の順番を決定する際に役立った（第 15 章参照）。

ポイント16
突然変異と酵素阻害剤は，酵素を不活性化させることによって，代謝における個々の酵素の役割の同定に役立つ。

阻害剤が細胞内部へ取り込まれにくい場合や複数の部位を標的とするような場合，研究は困難になる。そのような場合には，研究対象である酵素に欠損がある突然変異株を選択して代謝経路を妨害するほうが，阻害剤を用いるよりも容易であることがしばしばある。1940年代にGeorge BeadleとEdward Tatumはアカパンカビ（*Neurospora crassa*）を用いた研究で，初めて生化学的プローブとして突然変異を利用した。BeadleとTatumは，アカパンカビにX線を照射して，最少培地の構成成分に加えてアルギニンを生育に必要とする突然変異株を数多く単離した。さらに，得られたさまざまな突然変異はアルギニン生合成経路を構成する酵素に影響を与え，各突然変異株中にはそれぞれ欠損した酵素の基質である中間体が蓄積した。この観察からBeadleとTatumは，図12.14に示された論理的基礎に立脚して，それぞれの反応に関わる酵素の順番を決めることができた。彼らは，もしある１つの突然変異株の培養ろ液が，アルギニンなしに第２の突然変異株を生育させることができれば，最初の突然変異は第２の突然変異がブロックするステップより後ろの酵素ステップをブロックすると結論した。最終的には，蓄積するすべての中間体が同定され，さらに経路の全体が解明された。BeadleとTatumは，遺伝的突然変異とある酵素の消失との間には一対一の対応関係があることに気が付いて，**一遺伝子一酵素仮説 one gene-one enzyme hypothesis**を提唱した。この“遺伝生化学的”手法の影響は，代謝経路の詳細を苦労して解くことよりもはるかに大きかったのである。これは，遺伝子の化学的本体が解明される何年も前のことである。

酵素を欠損した突然変異体	培養液中に蓄積する代謝物	外部からの供給が必要な栄養成分	この変異体の培養ろ過液により成長することができる変異体
Ⅰ	A	B, C, D, or E	—
Ⅱ	B	C, D, or E	Ⅰ
Ⅲ	C	D or E	Ⅰ or Ⅱ
Ⅳ	D	E	Ⅰ, Ⅱ, or Ⅲ

変異体の分析

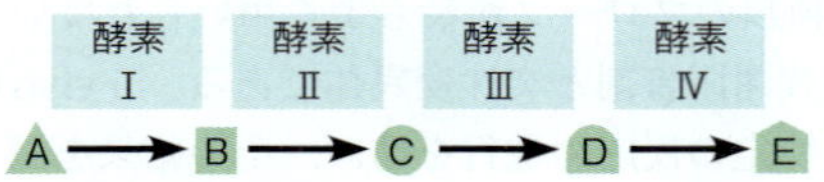

反応経路

図12.14　生化学的プローブとしての突然変異の利用　ここに示す仮説の代謝経路の各ステップは，経路の個々のステップが欠損した突然変異株の分析により同定される。例えば，代謝産物Ｃが蓄積する突然変異株に酵素Ⅲがないことから，酵素Ⅲの基質Ｃを同定できる。さらに，もしＤまたはＥを酵素Ⅲが欠損した突然変異株に与えた場合に，遺伝的ブロックをバイパスして細胞が増殖できるならば，ＤとＥがこの経路においてＣに続いていることがわかる。

突然変異株は経路の解明のみならず，遺伝調節機構の解明にも用いられてきた。最も初期の成功はパリに居たFrançois JacobとJacques Monodによる研究である。彼らは，ラクトース分解の調節に欠陥があったり，ウイルスと宿主の関係に異常をきたしたりしている大腸菌の突然変異株を多数分離した。これらのデータは最終的にmRNAおよび遺伝調節におけるリプレッサー-オペレーター機構の発見へつながった。これらについては，第27章で議論する。

組換えDNA技術（「生化学の道具4B」参照）により，代謝調節機構をより洗練された方法で解析することができるようになった。例えば，部位特異的突然変異の方法により，特定の基質回路上の酵素のアロステリック調節部位を機能できなくすることができる。変異した酵素を細胞に戻して野生型の酵素と置き換えてやると，細胞内での調節が失われた影響をみることができる。

ある１つの研究において，代謝阻害剤と突然変異の両者をともに利用することもできる。この両者を組み合わせた研究方法は，第４章で言及したDNAトポイソメラーゼの１つであるDNAジャイレースの機能解明に役立った。この酵素はナリジクス酸により阻害されるが，細菌にナリジクス酸を投与するとDNA複製が阻害されることから，DNAジャイレースがDNA複製において必須の役割を果たしていることが示唆されていた。しかし，ナリジクス酸は他の未知の酵素をブロックすることによってDNA複製を阻害しているかもしれないので，上記の示唆を確認するには，さらなる証拠が必要である。その証拠となったのは，ナリジクス酸耐性突然変異株がナリジクス酸に耐性をもつように変化したDNAジャイレースをもっていたことの発見であった。このように，単一の突然変異によって，酵素そのものと細胞のDNA複製能の両方で同時にナリジクス酸感受性が失われたことは，DNAジャイレースがDNA複製において必須の役割を果たしていることを強く支持する。

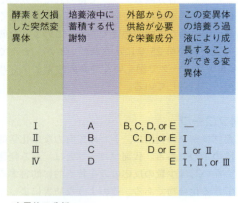

最後に，今では**システム生物学 systems biology**の手法が代謝研究に応用されている。システム生物学では，系内の全構成要素のカタログをつくり，これらの相互作用を検討し，どのような相互作用が系の特定の機能と挙動を決めるのかを調べる。代謝プロファイリ

ング（「生化学の道具 12B」参照）はこのような手法の良い例である。

本章では代謝の基本戦略を述べ，主要な経路を同定し，どのように経路が調節されるかを概説した。また代謝を理解するための実験的方法論を確認した。これで，第 13 章における糖質の代謝から始まる，代謝経路の詳細な記述への準備は整った。

まとめ

代謝とは細胞の内部で起きる化学反応の総体である。異化経路はエネルギーを供給するために，主として基質を酸化反応により分解する。それに対して，同化反応は複雑な生体分子を小さな分子（それらは異化経路の中間体である場合も多い）から合成する。同じ終点をもつ異化と同化の経路は実際には異なる経路で，互いに単純な逆反応ではないため，両経路とも熱力学的に起こりやすい。平衡状態から大きく解離した反応にのみ調節が働く。代謝エネルギーのほとんどは基質の酸化から生じ，そのエネルギーは何回かに分けて少しずつ放出され，放出された電子は最終的に酸素に伝達される。より還元されている基質ほどより多くのエネルギーを異化で放出する。

代謝経路の流れは酵素濃度（酵素合成と分解の制御による），酵素活性（基質，産物とアロステリックエフェクターの濃度および共有結合修飾による），細胞内の区画分け，およびホルモンによる調節により制御されている。ホルモンによる調節では，ホルモンのシグナルにより形成される細胞内のセカンドメッセンジャーを介して，遺伝子レベルでの酵素合成が調節され，あるいは酵素活性が調節される。

代謝過程の理解には，経路における個々の反応の同定と，各反応の機能およびその制御に関する知識が必要である。この理解には，生きている生物個体から精製した酵素までのすべての生物学的組織のレベルでの実験が必要である。特定の酵素を阻害剤あるいは突然変異でブロックできることは，その酵素の働きを同定するうえできわめて重要である。

生化学の道具　12A

放射性同位体と液体シンチレーションカウンター

第二次世界大戦直後に利用可能となった放射性同位体は，生化学に革命をもたらした。放射性同位体の利用によって，化学物質を検出する感度は数桁増大したのである。伝統的な化学分析法は，マイクロモルからナノモル（10^{-6}〜10^{-9} mol）の範囲で各分子を検出または定量できる。1 個またはそれ以上の放射性同位体原子を含む“標識された”化合物は，ピコモルあるいはフェムトモル（10^{-12}〜10^{-15} mol）の範囲で検出できる。放射性標識化合物は**トレーサー tracer** と呼ばれる。その理由は，放射性標識化合物を用いることによって，特異性の高い化学的ないしは生化学的変換過程が，大過剰の非放射性物質の存在下においても追跡（トレース）可能になるからである。

同位体が同一元素の異なる形であることを思い出してほしい。同位体の原子量は互いに異なるが，原子番号は同じである。したがって，特定元素の異なる同位体の化学的性質は，事実上同一である。同位体元素は自然界に存在し，また希少な同位体を集積した物質を天然物から単離し精製することが可能である。しかし，生化学で用いられる同位体のほとんどは核反応によりつくられる。原子炉でつくられた単純な化合物は，化学合成と酵素合成により放射性標識生化学試薬に変換される。

安定同位体

放射性同位体は生化学で広く用いられているが，特に都合のよい放射性同位体が利用できない場合には，安定同位体もトレーサーとして用いられる。例えば，水素のまれな同位体として，安定同位体（$^{2}H_{1}$または**デュウテリウム deuterium**：重水素）と放射性同位体（$^{3}H_{1}$または**トリチウム tritium**：三重水素）の 2 つがある。

生化学研究における安定同位体の多くの利用法のうち，ここでは 3 つの応用について紹介しておく。第 1 に，安定同位体の取り込みにより，しばしば物質の密度が増加する。その理由は，まれな同位体は通常自然界に豊富に存在する同位体よりも大きい原子量をもつからである。この違いにより，DNA 複製に関する Meselson と Stahl の実験（第 4 章参照）のように，標識化合物を非標識化合物から物理的に分けることが可能になる。第 2 に，安定同位体，特に^{13}Cで標識された化合物は，分子の構造や動きの解明のために，核磁器共鳴による研究で広く用いられている（「生化学の道具 6A」参照）。第 3 に，安定同位体は，反応機構の研究に用いられている。“同位体効果”とは，重い同位体に置換したときの反応速度への影響のことを指す。第 11 章で述べたように，このような効果は酵素の触媒する反応系の律速段階を特定するのに役立つ。表 12A.1 に生化学でよく用いられる安定同位体と放射性同位体に関する情報を掲げる。

放射性崩壊の性質

非安定元素の原子核は，3 種の放射線すなわち α 線，β 線，γ 線のうちの 1 つまたはそれ以上を発生しながら崩壊する。これらのうち，β 線と γ 線を発する放射性同位体だけが，生化学研究で用いられる。最も有用なものを表 12A.1 に示す。β 線は放射された電子，γ 線は高エネルギーの光子である。γ 線検出器は免疫学の研究で広く用いられる。その理由は，γ 線を発生するヨウ素の放

表 12A.1　生化学で用いられる同位体

同位体	安定同位体/放射性同位体	放射線	半減期	最大のエネルギー（MeV[a]）
^{2}H	安定同位体			
^{3}H	放射性同位体	β線	12.1年	0.018
^{13}C	安定同位体			
^{14}C	放射性同位体	β線	5568年	0.155
^{15}N	安定同位体			
^{18}O	安定同位体			
^{24}Na	放射性同位体	β線（γ線）	15時間	1.39
^{32}P	放射性同位体	β線	14.2日	1.71
^{35}S	放射性同位体	β線	87日	0.167
^{45}Ca	放射性同位体	β線	164日	0.254
^{59}Fe	放射性同位体	β線（γ線）	45日	0.46，0.27
^{131}I	放射性同位体	β線（γ線）	8.1日	0.335，0.608

[a]MeV＝100万電子ボルト。

射性同位体が利用可能であり，また抗体は他の多くのタンパク質と同様に，その生物学的特徴を大きく変えることなく容易にヨウ素化できるからである。しかし，生化学における放射性同位体の利用のほとんどはβ線核種によっている。

放射性崩壊は一次反応である。与えられた原子核が崩壊する確率は，それに先立って起きた崩壊の数や他の放射性核との相互作用のいずれにも影響されない。この確率はその原子核の本質的性質による。したがって，与えられたある一定の時間間隔に起きる崩壊の数は，存在する放射性原子の数によってのみ定まる。この現象から**放射性崩壊則 law of radioactive decay** が導かれる。

$$N = N_0 e^{-\lambda t}$$

ここで，N_0は時間0における放射性原子の数，Nはt時間後に残存する数，またλは各同位体に特異性の高い放射性崩壊定数であり，その同位体に固有の不安定性によって決定される。この式は，与えられた時間間隔内に崩壊する割合が，核の総数に対して一定であることを示す。この理由から放射性崩壊定数λよりも便利なパラメータとして**半減期 half-life**，$t_{1/2}$を用いることができる。半減期は試料中の核の半分が崩壊するのに要する時間である。半減期は$-\ln 0.5/\lambda$，あるいは$+0.693/\lambda$に等しい。半減期はλと同様に，与えられた放射性同位体に固有の性質である（表12A.1参照）。

放射性崩壊の基本単位は**キュリー curie**（Ci）である。この単位はラジウム1gに含まれるのと同じ放射能，すなわち，2.22×10^{12}分解/分（dpm）として定義される。生化学実験では通常はるかに少量の放射性物質，すなわち，**ミリキュリー mCi** と**マイクロキュリー μCi**（それぞれ2.2×10^{9}と2.2×10^{6} dpmに相当する）を用いる。放射能検出器は試料中のすべての崩壊を検出することはまずない。つまり検出は100％の効率では行われないので，多くの場合，放射能を実際に記録された崩壊（カウント/分〈cpm〉）で表す。計数効率とは，崩壊のうち実際に検出されたものの割合であり，標準試料を用いて決定される。与えられた同位体に対して50％の効率がある検出器は，0.1 μCiの試料に対して1.1×10^{5} cpmの計測数を示す。

放射能の検出：液体シンチレーションカウンター

β線の検出で最も広く用いられている液体シンチレーションによる計測では，試料は通常，有機溶媒中に溶解あるいは懸濁されるが，水溶性混合液も使用することができる。この溶液の中には1種または2種の蛍光を発する有機化合物，すなわち**蛍光剤 fluor** も溶けている。試料から放射されたβ粒子は，高い確率で溶媒分子にぶつかる。この衝突が溶媒分子を励起し，より高いエネルギー順位の電子軌道へ電子を押し上げる。押し上げられた電子が定常状態に戻るときに，光子が放射される。その光子が蛍光剤分子に吸収され，蛍光剤は励起される。蛍光とは，ある一定のエネルギーの光を吸収したあとに，それよりも低いエネルギー，すなわちより長波長の光を放射することである。光電子増倍管がこの小さな閃光を検出し，個々の原子核崩壊を電気的信号に変換する。これを計測して記録すればよい。

γ線が明確で特徴的なエネルギー値で放射されるのに対して，β放射同位体からの放射は，ある範囲に広がったエネルギー値を示す。各β線源は特徴的な**エネルギースペクトル energy spectrum** をもっている。エネルギースペクトルとは，あるエネルギー（100万電子ボルトあるいはMeVで表す）に対する，そのエネルギーをもつ個々の放射の存在確率をプロットしたものである。図12A.1には広く用いられている放射性同位体である^{3}H，^{14}Cおよび^{32}Pのエネルギースペクトルを示す。

このような放射エネルギーの差異を利用することによって，液体シンチレーションカウンターでは，同一試料中に含まれる2つの同位体の量を同時に定量することができる（二重標識実験）。強いβ放射は弱いβ放射よりも多くの蛍光剤分子を励起することによって，より明るい閃光を生じさせる。電子的識別装置を適当に設定することによって閃光レベルを測定でき，希望の範囲内にあるエネルギー値だけが記録される。言い換えれば，特定の同位体の検出のために最適化された“窓”を設定するということである。範囲を限定することで，より高いエネルギーをもつ同位体からの放射性のみを計測するために，計測の計数効率は低下してしまうが，反面，大きな選択性が得られる。ほとんどのシンチレーションカウンターは，3つの異なる識別装置の設定，すなわち**計数チャネル counting channel** をもっており，各同位体を同時に3つの異なる窓を用いて測定することができる。

放射性崩壊は無作為の過程であるから，試料の解析の間に，より多くのカウントを観測すればするほど，計測された放射能は真の崩壊速度に近づく。そのために，実際上は，数千カウントまで蓄積するのに十分な時間をかけて試料を計数する。また，シグナルとノイズの比も考慮しなければならない。**バックグラウンド放射能 background radioactivitiy**，つまり放射性の試料がない条件で記録されるカウントよりも試料の放射能が数倍は高くなるように実験を計画しなければならない。

生化学における放射性同位体の利用例

代謝研究においては，数多くの放射性同位体の利用法がある。以下にその数例を述べる。トレーサー実験は生物学的システムが放射性同位体に曝される時間によって分類することができる。すなわち，（1）平衡標識，（2）

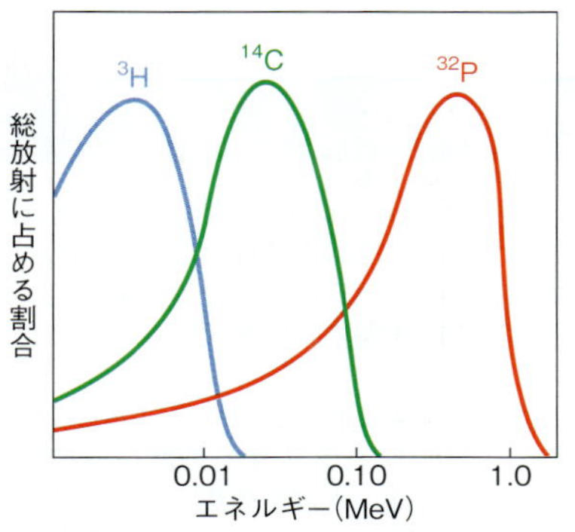

図 12A.1　β線を出す同位体のエネルギースペクトル　ここに示したのは，生化学で最も広く利用される3つのβ線放射元素，^{3}H，^{14}C，^{32}P のスペクトルである。

パルス標識，(3) パルス-チェイス標識である。

平衡標識 equilibrium labeling においては，トレーサーに曝される時間が比較的長く，標識された物質の**比放射能 specific radioactivity** あるいは**比活性 specific activity** は一定値に達している。比活性とは，標識された試料中の放射性分子の存在比を示すものであり，単位量当たりの放射能，例えば，cpm/mol で表される。代謝前駆体を同定するにはしばしば平衡標識による実験が用いられる。この種の実験では，産物中の放射能を最も容易に検出できるようにするために放射能で標識された前駆体を投与する。よい例が，第 19 章で述べる Konrad Bloch のコレステロール合成研究である。彼は^{14}C で標識された酢酸をラットに投与したのち，肝臓から単離したコレステロールを化学的に分解し，コレステロール分子中に取り込まれた放射性の炭素原子を決定した。

平衡標識の別の利用法は，低分子の前駆体による標識の速度から，生物学的過程の速度を測定することである。広く用いられている実験の例としては，標識されたチミジンを培養細胞や生物に与え，DNA 合成の速度を調べるものである。DNA 以外の高分子物へのチミジンの取り込みは無視できるので，実験としては，標識を与えてから適当な時間ごとに試料を採り，その中に含まれる酸不溶性物質への放射能の取り込みを測定するだけである。しかし，この測定だけでは DNA 複製の本当の速度は得られない。なぜなら標識された前駆体が，最終的な目的へ到達する途中における代謝も考慮しなければならないからである。細胞内で非放射性の dTTP が産生されているならば，標識体のプールと混ざり合い希釈されて，DNA に取り込まれるものの比活性が低下する。この実験では，単に，単位時間当たり細胞当たりに取り込まれる cpm で表される DNA の標識の速度が得られるだけである。真の速度，すなわち単位時間当たり細胞当たりに取り込まれる分子の数を得るためには，酸不溶性物質の放射能の結果を直前の前駆体，この場合は dTTP の比活性で割らなければならない。その比活性を計算するためには，質量と放射能をともに決定できる十分な量と純度をもつ dTTP を単離しなくてはならない。

パルス標識 pulse labeling は，対象の過程の長さに比して短い時間だけ同位体の前駆体を投与する標識法である。この場合，標識した前駆体を十分に短い時間に限定して与えれば，代謝経路の最初に位置する中間体に集中して放射能が蓄積する。なぜなら，標識時間が短かければ短いほど，標識された中間体プールから放射能が失われにくくなるからである。Melvin Calvin は，緑藻を$^{14}CO_2$でほんの数秒標識することで，光合成による炭素固定経路を同定した。もし標識が 10 秒間行われていたら，1 ダースあるいはそれ以上の放射性化合物が検出されていただろう。5 秒間の放射能パルスの後では，たった 1 つの化合物，すなわちリブロース 1,5-ビスリン酸だけが標識されていた。この発見が光合成による炭素固定経路の最初の酵素としてのリブロース 1,5-ビスリン酸カルボキシラーゼの発見につながったのである（第 16 章，p.620 参照）。

パルス-チェイス pulse-chase 実験では標識を短時間投与（パルス）したのちに，それ以上の取り込みを阻止するために，同位体を含む前駆体の比活性を迅速に低下させる。この比活性の低下は，モル比で 1,000 倍も過剰の非標識前駆体を加えて，存在する放射性同位体を希釈することにより達成される。パルスの間に標識された物質の，代謝における後の運命を決定するために，その後のいろいろな時間にサンプリングを行う。mRNA はパルス標識された細菌培養で初めて検出された（第 27 章参照）。伝統的な分析方法では，細菌細胞内での量の少なさと代謝的な不安定性のため，mRNA を検出することはできなかったのである。しかし，[^{32}P] オルトリン酸または標識されたウリジンをパルスして，mRNA へ取り込まれた標識を追跡してみると，標識は最終的には細胞の RNA 種のすべてに均一に分配されてしまうことがわかった。この発見は，mRNA の代謝的不安定性はヌクレオチドへの分解によるものであり，そのヌクレオチドは他の RNA 種の合成に利用されるということを示した。

放射性同位体の最後の応用は**ラジオオートグラフィー radioautography**（オートラジオグラフィーともいう）である。同位体を含む前駆体を生体分子に取り込ませ，写真用フィルム上に放射能で標識した分子のイメージをつくりだす。第 25 章に，^{3}H チミジン存在下で増殖させた大腸菌の放射化された個々の DNA 分子のオートラジオグラフを示してある。図 1.11（p.19）は二次元ゲル電気泳動のオートラジオグラフである。放射性標識されたタンパク質はフィルムに感光して黒くなることで検出される。フィルムを用いたオートラジオグラフィーは，**ホスフォーイメージング phosphorimaging** にほとんど置き換えられようとしている。ホスフォーイメージングでは，感光フィルムにかわって，放射線のエネルギーを吸収し，光刺激で発光する物質をコートしたイメージングプレートを用いている。このプレートは X 線フィルムよりも放射能への応答の直線性が優れており，フィルムよりも正確に放射能の量を測定できる。また，イメージングプレートは消去して再利用することができる。

生化学の道具　12B

メタボロミクス

本書のほとんどすべての内容は，細胞抽出物中の何か，例えばある mRNA の量，タンパク質の量，ある酵素の活性，代謝産物の濃度を測定した実験結果から導き出されている。実際のところ，何らかの細胞内成分の特異的で高感度の測定法の開発が，実験生化学の大部分を占めている。Hans Krebs がクエン酸回路を解明したのは（第 14 章），彼が筋肉や肝臓の切片中のピルビン酸，クエン酸，コハク酸，オキサロ酢酸などの基質の濃度を正確に測定する能力をもっていたからである。それぞれの代謝物を測定する特異的な測定法が開発されなければならないので，クエン酸回路や解糖系を完全に解析するには，10 通りかそれ以上の異なる代謝物の測定法が必要となるだろう。これらの方法は，すでに知られている代謝物を測定することができるだけで，新たな，あるいは見過ごされていた代謝中間体を見出すことにはあまり役立たない。

近年，ゲノミクス，トランスクリプトミクス，プロテオミクス，メタボロミクスなどの新しい技術が個々の mRNA，タンパク質，代謝物を測定する以上の可能性をもたらした。この新技術の発展が，生物試料中の数百から数千個の成分を同時に測定する“オミクス”革命を推進している。今では，ある細胞や組織中のすべての転写

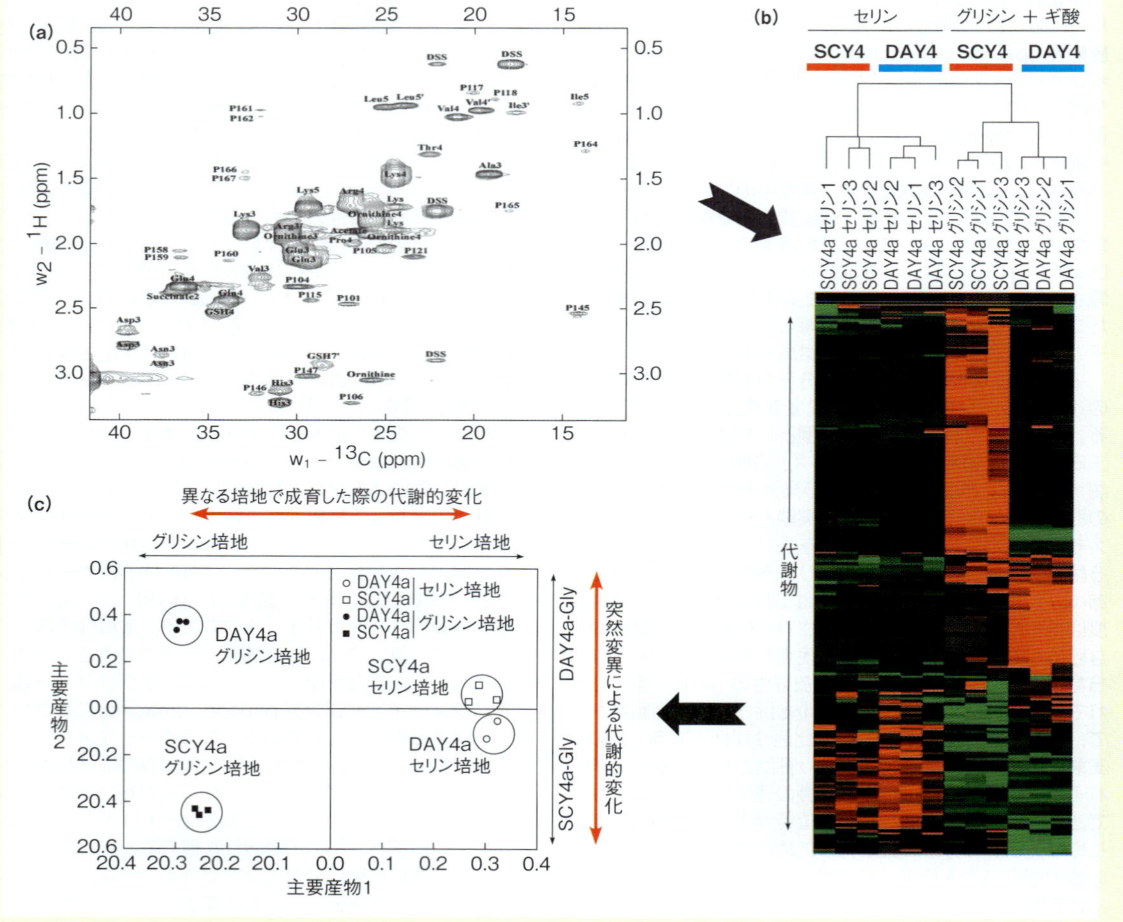

図 12B.1　代謝プロファイリングの基本的な過程　代謝物は分析的な方法で同定され，定量される。パネル（**a**）は ^{1}H-^{13}C 2D-NMR スペクトルを示している。収集したデータはインフォマティクスの手法により可視化される。パネル（**b**）のヒートマップの各行には，2D-NMR で同定した代謝物が 1 つずつ割り当てられ，各列には異なる実験条件や細胞の種類が示されている。各 2D-NMR のピークの大きさが標準化されて色で示されている。赤は代謝物の量が増加，緑は代謝物量が減少，黒は中央値に近い量を示す。インフォマティクスの手法を用いて，サンプル間の関係とパターンを明らかにする（パネル〈**c**〉）。

Modified from *Metabolic Engineering* 9：8-20, P. Lu, A. Rangan, S. Y. Chan, D. R. Appling, D. W. Hoffman, and E. M. Marcotte, Global metabolic changes following loss of a feedback loop reveal dynamic steady states of the yeast metabolome. © 2007, with permission from Elsevier.

産物のセット（トランスクリプトーム），すべてのタンパク質のセット（プロテオーム），あるいはすべての代謝物のセット（メタボローム）を測定することが可能である。あらゆる遺伝子発現や酵素活性の変化が結果として細胞内の代謝物量（代謝状態，代謝プロファイル）の変化を引き起こしているのであるから，メタボロームはある与えられた条件下の細胞の究極の分子表現形を表している。細胞や個体の代謝状態は，生物の生理的状態に鋭敏に反映している。代謝状態の変化は疾患の理解や診断に有効であり，薬物の影響を調べ，さらには個別の患者に対する薬物の有効性を予測することにも利用できる。細胞の代謝状態を調べる分析方法（代謝プロファイリング）は多数あるが，いずれも基本となる過程は同じである（図 12B.1）。サンプルを抽出し，代謝物を同定・定量し，そのデータを解析する（インフォマティクス）のである。

代謝プロファイリング

試料の収集と抽出

対象とする試料を集める。例えば，薬物で処理した細胞と無処理の細胞，患者から採取した血清，がんの生検組織。試料中の低分子物質は，用いる分析方法に合った方法で抽出する。すべての代謝物に適用できる単一の抽出法はない。メタボロームのそれぞれの部分（脂溶性代謝物，アミノ酸，糖質など）を選んで異なる抽出法を用いる。

代謝物の同定と定量

細胞内の代謝物の数はわかっていないが，数千個は間違いなくあるだろう。したがって，分析法は分離を行う部分と検出を行う部分がともに必要である。質量分析（MS）と核磁気共鳴（NMR）が最も広く用いられている検出法である。MS に基づく技術では，液体クロマト

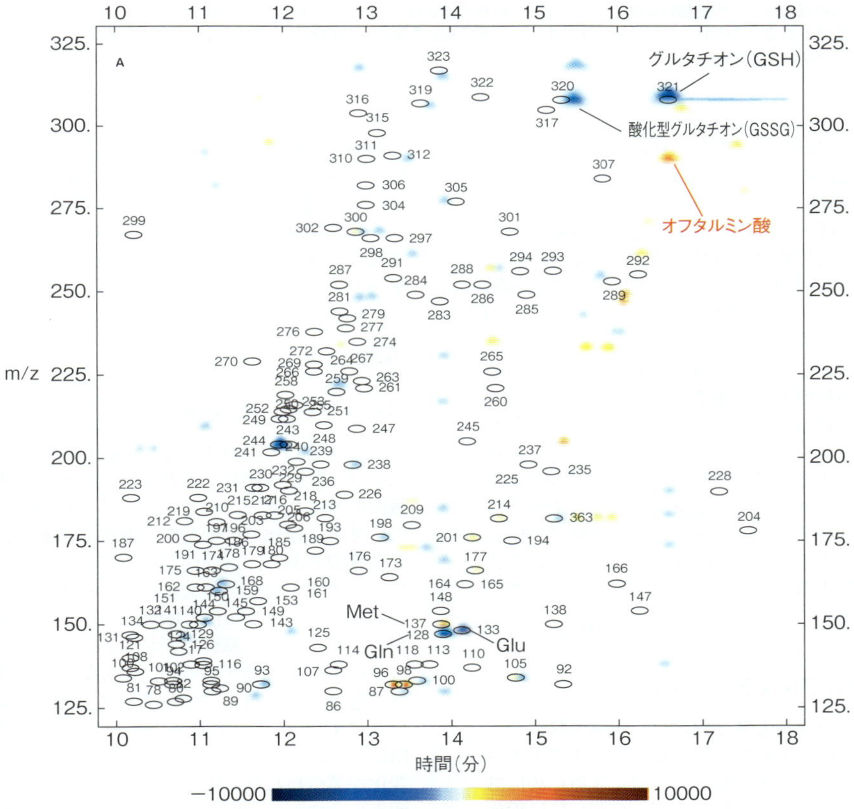

図 12B.2　アセトアミノフェン投与 2 時間後のマウス，および対照マウスの肝代謝プロファイリングの差　CE-MS 分析で得られた陽イオンの二次元プロット。縦軸に分子量（m/z），横軸に CE からの溶出時間を示している。赤で示したのが処置マウスで有意に増加したピークで，のちにオフタルミン酸と同定された。赤は薬物投与により増加した代謝物，青は減少した代謝物を表している。

The Journal of Biological Chemistry 281：16768-16776, T. Soga, R. Baran, M. Suematsu, Y. Ueno, S. Ikeda, T. Sakurakawa, Y. Kakazu, T. Ishikawa, M. Robert, T. Nishioka, and M. Tomita, Differential metabolomics reveals ophthalmic acid as an oxidative stress biomarker indicating hepatic glutathione consumption.

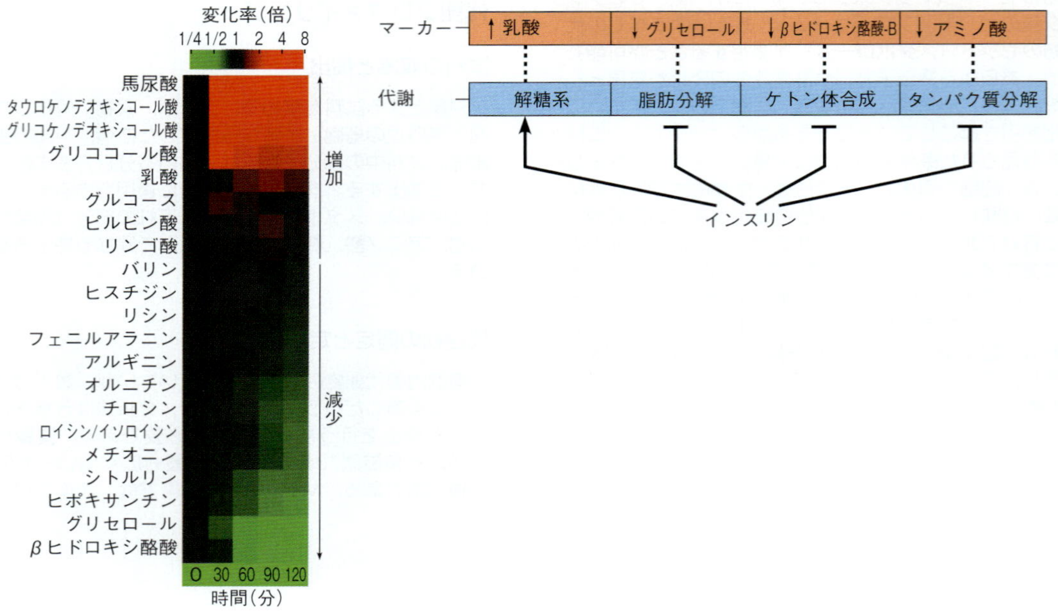

図12B.3　グルコース摂取後の血漿代謝物の変動　ヒートマップの色の強さは，絶食時に比較した中央値が何倍変化したかを反映している。代謝物は変化の程度の順に並べてある。このセットの代謝物はグルコースを摂取した後の4つの異なるインスリン作用を反映している。
Courtesy of Vamsi Mootha and O. Shaham.

グラフ（LC），ガスクロマトグラフ（GC）あるいはキャピラリー電気泳動（CE）を用いて，代謝物を何らかの化学的，物理的特性（大きさ，電荷，疎水性など）によって分離する。LC，GC，CEからの溶出物は質量分析装置にかけられ，代謝物が検出されかつ同定される（「生化学の道具5B」参照）。NMR（「生化学の道具6A」参照）ではサンプルを分離操作なしに直接測定し，^{1}Hと^{13}Cの二次元のスペクトルを得るので，2D-NMRと呼ばれる（図12B.1a）。MSもNMRも1回の測定で，数百の異なる代謝物を検出し定量することができる。いずれの方法にも，長所と短所がある。NMRは異なるクラスの代謝物を検出することができ，代謝物の同定と定量に高い能力を発揮する。MSによる方法では，NMRよりはるかに感度が高いが，ただし定量はそれほど単純ではない。しかし，どちらの方法も未同定の代謝物を検出し定量することができることに注目すべきである。このことは，新たな中間体の発見，新たな代謝経路の発見を促しうるものである。

データ解析（インフォマティクス）

代謝プロファイリングの第3段階は，データ解析である。一般に，得られる1組のデータ量はきわめて大きいので，代謝プロファイルを可視化し，視覚するためには洗練された統計手法が必要である。データ解析には現代的なインフォマティクスの手法を用いる。これらのインフォマティクスのアルゴリズムは，データ内で繰り返し現れるある代謝状態のパターンの検出を試みる。次にこれらのパターン（フィンガープリント〈指紋〉とも呼ばれる）がサンプル間で比較される。メタボロームデータの分析と比較で最も一般的なインフォマティクスの手法は，階層的クラスター分析（図12B.1b）と主成分分析（PCA）（図12B.1c）である。主成分分析は多次元のデータの組を低い次元に減らすのに用いられる。この方法は，しばしばデータの変動を最もよく説明するようなデータの内部構造を明らかにすることができる。

応用

バイオマーカーの発見

疾患を予測し診断するための新たなバイオマーカーの同定は，医化学研究の重要な目標である。すでに有用な個々のバイオマーカー分子がいくつか知られているものの，多くの疾患では複数の代謝物のパターンがより有用な情報源である。次の例で代謝プロファイリングが新たなバイオマーカー発見にどれだけ有用かを説明する。アセトアミノフェン（例：Tylenol）は市販の鎮痛剤で広く用いられている。過剰のアセトアミノフェンは酸素ストレスによる肝毒性があるが，個人個人の肝臓への感受性はばらつきがある。アセトアミノフェンによる酸素ストレスに対するバイオマーカー候補を見出すため，CE-MSでアセトアミノフェン過剰投与マウスの肝代謝物の変化が調べられた。代謝プロファイリングによって132個の化合物が見つかり，そのうち1つは新規の代謝物，オフタルミン酸塩であった（図12B.2）。オフタルミン酸塩はアセトアミノフェン由来の代謝物ではないが，この薬に応じてその量が増えた。この新規代謝物はヒトのアセトアミノフェンによる肝障害の有用なバイオマーカーとなるかもしれない。

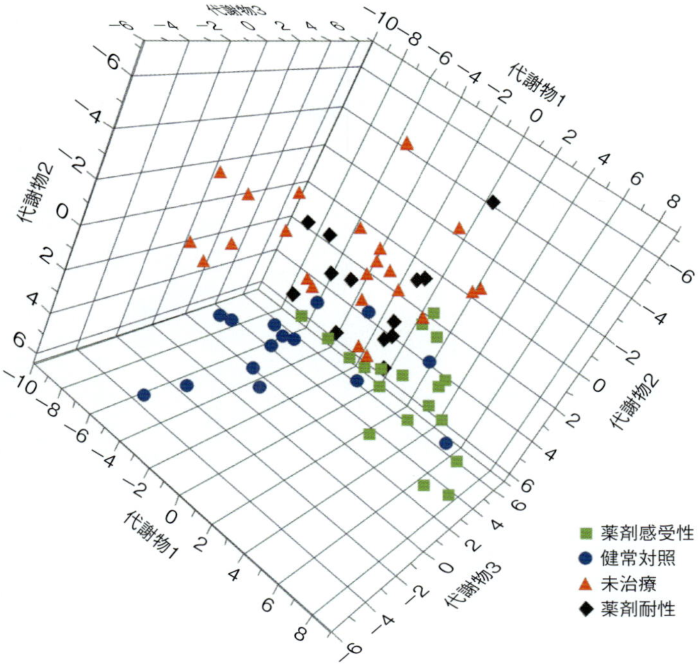

図 12B.4　慢性骨髄性白血病患者の血漿中の代謝物の成分分析　主要な 3 成分（代謝物 1：代謝物 2：代謝物 3）の分布を三次元座標で表示した。緑の四角は薬物治療に感受性の患者，黒の菱形は薬物治療に耐性の患者，赤の三角は未処置の患者，青の丸は健常対照者での値を示している。
A. J. S. Qian, G. Wang, B. Yan, S. Zhang, et al. (2010). Chronic myeloid leukemia patients sensitive and resistant to imatinib treatment show different metabolic responses. PLoS ONE 5(10)：e13186. doi：10.1371/journal. pone. 0013186.

疾患の診断

米国では，急速に糖尿病の発症数が増加している。現在，2,100 万人以上の米国人が糖尿病であり，血糖値がやや高いものの糖尿病とは診断されていない境界型が 5,400 万人と推計されている。境界型の人は，Ⅱ型糖尿病に発展するリスクが高い。もし十分に早く発見されれば，糖尿病はうまく管理できる病気である。インスリン抵抗性，つまりインスリンがグルコースの取り込みを促進する能力が低下した状態がⅡ型糖尿病の特徴である。しかし，インスリンはその他にも多くの代謝過程を制御しているので，糖代謝に留まらずにその影響を知るために，代謝プロファイリングが使える。LC-MS を用いて，グルコースを摂取した後のヒト血漿中の 191 個の代謝物の変動を調べた。これらのうち 18 個は，4 つのインスリン機能を反映して再現性良く変動するのが健常者で観察された（図 12B.3）。しかし境界型の人では，グルコースを飲んだ後もこれらの代謝物のセットが応答せず，インスリン感受性が失われていることを強く示している。この代謝プロファイリングの応用例は，糖尿病の早期診断に大いに期待されている。

薬物反応の予測

治療薬物に関する最も深刻な問題は，患者の薬物に対する応答性，副作用に対する感受性にかなりの個人差が存在することである。例えば，チロシンキナーゼの阻害剤であるイマチニブは，慢性骨髄性白血病に非常に効果的な治療薬である。残念なことに，一部の患者はこの薬物に耐性を示し，治療は失敗する。この薬物に対する個人差のもとになっている機構を理解する試みとして，すでにイマチニブに対して感受性か耐性かが判定されている慢性骨髄性白血病患者の血漿の代謝プロファイリングを行った。主成分分析により，感受性の患者と耐性の患者で代謝プロファイルが違っていることが明らかになった（図 12B.4）このように，代謝プロファイリングはある患者に薬が有効かどうかを予測するのに利用できる。

12

第 4 部

生命の原動力 2：エネルギー，生合成，前駆体の利用

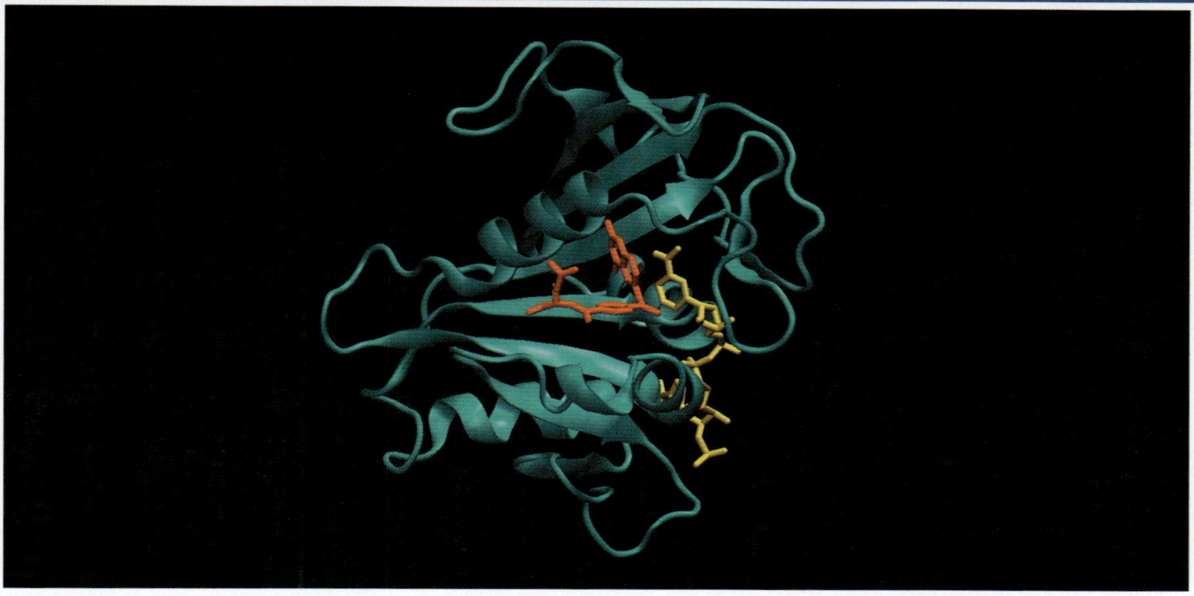

抗菌物質と抗がん剤の標的であるジヒドロ葉酸レダクターゼ。抗がん剤メトトレキサート（赤で示す）は，酵素とその補酵素（NADPH〈黄色で示す〉）と強固に結合し，ヌクレオチドとアミノ酸の生合成を阻害する。
Dean Appling（Figure 20.16）from PDB coordinates.

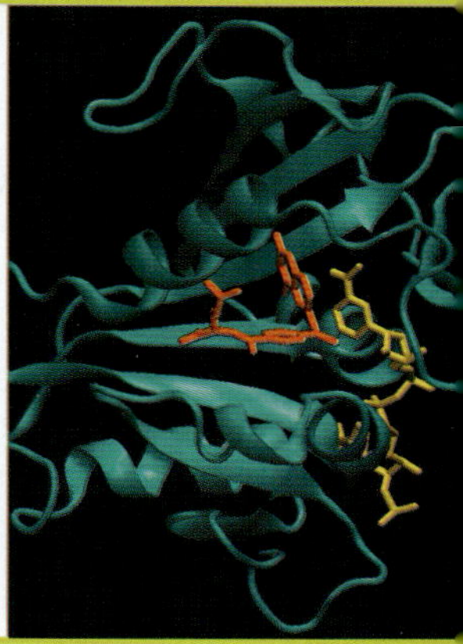

第 13 章

糖質代謝：解糖系，糖新生系，グリコーゲン代謝，ペントースリン酸回路

代謝についての詳細な学習は，糖質代謝の嫌気相から始まる（図 13.1）。本章の大半は解糖系，すなわち糖質の異化における最初の経路に当てられる。解糖系 glycolysis という用語は“甘い”と“裂く”を意味するギリシャ語に由来する。解糖系は六炭糖が裂けて三炭素化合物のピルビン酸を産生する経路であるので，これは文字どおりの意味である。解糖系を通じてヘキソース構造に蓄えられているポテンシャルエネルギーのいくらかが，ADP から ATP を合成するのに使われる。糖基質の正味の酸化が起こらなくても，解糖系は嫌気的条件下で進行可能である。**嫌気性生物 anaerobe**，つまり無酸素の環境で生存する微生物は，代謝エネルギーのすべてをこの過程から得ることができる。事実，糖質は酸素がなくても異化により ATP を産生することのできる唯一の燃料である。しかし，好気性細胞も解糖系を用いる。これらの細胞では，解糖系は，最終的に相当量の O_2消費と糖質の CO_2と H_2O への完全な酸化を含む分解経路全体の最初の嫌気的部分に相当する。

本章では非糖質前駆体からグルコースを合成する糖新生系と，動物では主としてグリコーゲンである貯蔵多糖の合成も紹介する。これら 2 つのエネルギーを必要とする生合成過程は，それらの調節が解糖系の調節と密接に協調しているのでここで考察する。そして，本章の最後には，グルコースを異化するためのもう 1 つの過程である多目的経路のペントースリン酸回路について述べる。

いくつかの理由で，解糖系は代謝の詳細な学習を始めるのにふさわしい項目である。まず第 1 に，それは最も初期に詳細に理解された代謝経路である。第 2 に，この経路は大部分の生細胞でほぼ普遍的に存在する。第 3 に，解糖系の調節は特によく理解されている。最後に，特にこの経路は他の経路のためにエネルギーと代謝中間体の両方を産生する点で，中心的な役割を果たしているということがあげられる。それは代謝という道路地図上で最も混雑している高速道路であるが，交通量の少ない多くの道路とも接続しているのである。

細胞は解糖系を経由してさまざまなヘキソース糖を代謝しうるが，多くの細胞にとってはグルコースが主要な糖質燃料である。実際に脳のような一部の動物組織では通常，グルコースを唯一のエネルギー源として用いる。そのような細胞ではすべてのエネルギー産生は解糖系で始まる。しかし，大部分の細胞では他の糖も利用できる。我々はそれらの糖がどのように解糖系の中間体に変換されるかを探究する。さらに，多糖という形で蓄えられた糖質が解糖系で利用できるようになる過程を考察する。

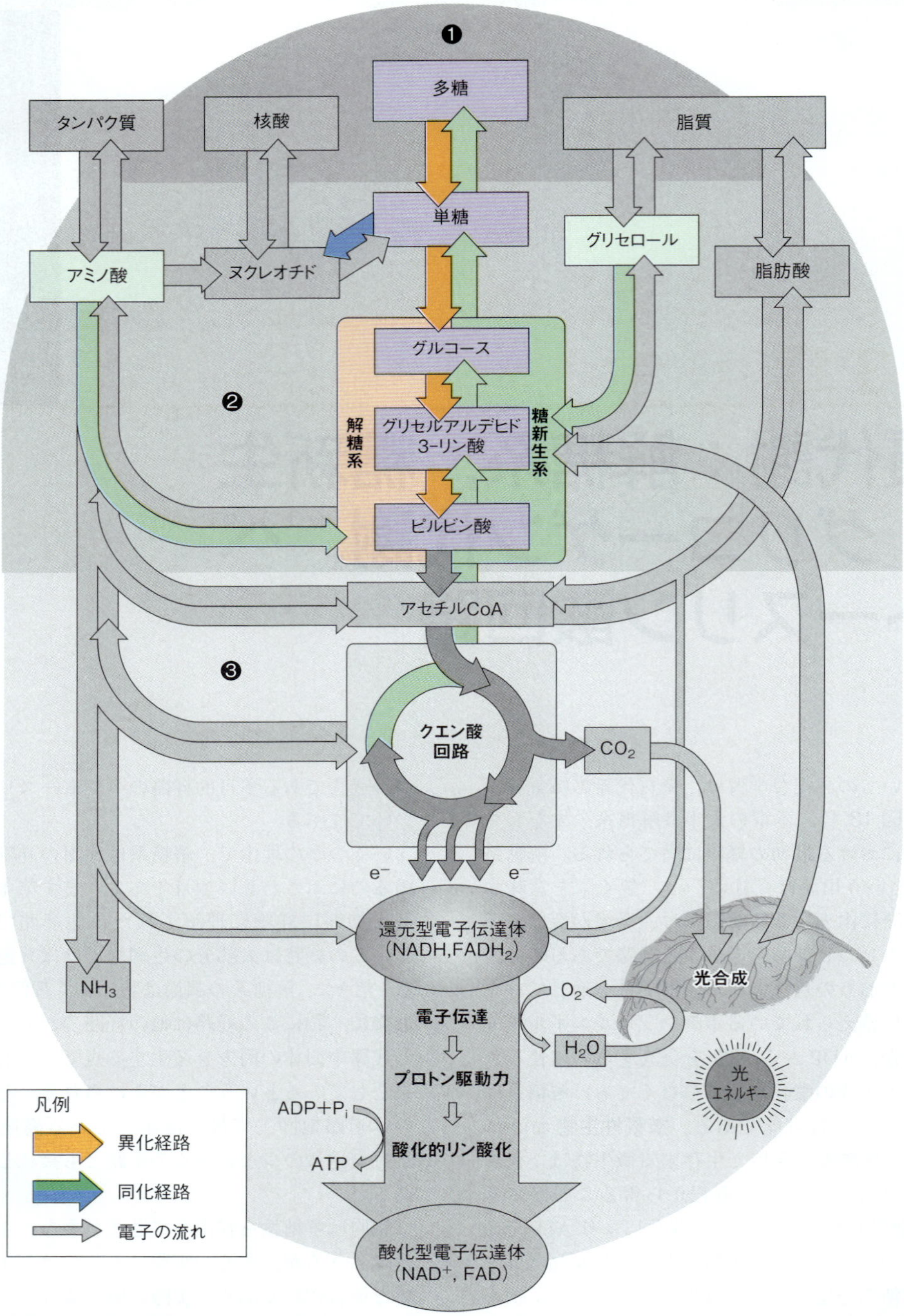

図 13.1　嫌気的糖質代謝における異化過程と同化過程　オレンジ色の矢印は解糖系とこの経路に供給される多糖の分解を示す。解糖系は嫌気的に ATP を生成し，そして好気的エネルギー生成経路のための燃料を供給する。緑色の矢印は糖新生経路とグリコーゲンのような多糖の合成を示す。①，②，③の数字は代謝の 3 段階を示す（第 12 章参照）。

解糖系：概説

解糖系と他経路の関係

解糖系は，1 分子のグルコースを 2 分子のピルビン酸に変換し，その際 2 分子の ATP の生成を伴う 10 段階の経路である。貯蔵多糖の分解とオリゴ糖の代謝によってグルコース，関連するヘキソース，糖リン酸がつくられ，それらはすべて解糖系に入る。まずはじめにグルコースで始まる解糖系に焦点を当て，次に他の糖質が合流する経路について考察することにする。

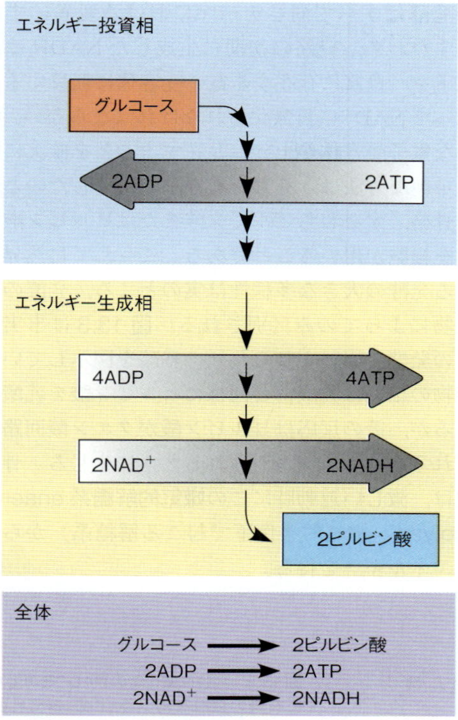

図13.2　解糖系の2つの相と解糖系の生成物

グルコースとピルビン酸の間の 10 の反応は，図 13.2 に図式化された 2 つの異なる相からなるとみなすことができる。最初の 5 反応は**エネルギー投資相** energy investment phase を構成し，2 当量の ATP を消費して糖リン酸が合成され（ATP は ADP に変換される），六炭糖が 2 分子の三炭糖リン酸に開裂する。あとの 5 反応は，**エネルギー生成相** energy generation phase に相当し，2 分子のトリオースリン酸は高エネルギー化合物に変換される。これらは 4 mol のリン酸を ADP へ転移し，4 mol の ATP が生じる。グルコース 1 mol の代謝につき正味産生されるのは，2 mol の ATP と 2 mol のピルビン酸である。2 還元当量も NADH の形で生成することに注目しよう。

> **ポイント1**
> 解糖系の 10 の反応は 2 つの相，すなわちエネルギー投資相（はじめの 5 反応）とエネルギー生成相（あとの 5 反応）からなる。

好気性生物では，解糖系はグルコースの CO_2 と H_2O への完全酸化の第 1 段階である。第 2 段階はピルビン酸のアセチル CoA への酸化であり，最終過程はアセチル基炭素のクエン酸回路における酸化である（図 13.1 参照）。後半の過程については第 14 章で詳しく述べる。解糖系はまた，生合成の中間代謝物を供給する。このように解糖系は異化経路であるとともに同化経路でもあり，ATP とクエン酸回路の基質の合成にとどまらない重要性をもつ。

嫌気的解糖系と好気的解糖系

解糖系は太古の代謝経路であり，おそらく，最も古いとされる光合成生物が地球の大気に O_2 を供給する以前に進化した。したがって，解糖系は当初，基質が生成物に変換される際に酸化状態が正味変化することなく嫌気的条件下で働かなければならなかった。酸化は基質からの電子の喪失を含み，その電子が**電子受容体** electron acceptor に転移されることによって電子受容体は還元されることを第 12 章から思い出してほしい。しかし，図 13.2 ではグルコースの炭素を酸化するグルコースからピルビン酸への変換は，2 当量の NAD^+ から NADH への還元を伴っていることに注意しなければならない。この経路が嫌気的に作動するには電子を電子受容体に転移して NADH を NAD^+ に再酸化しなければならず，その結果 NAD^+ の定常濃度が維持される。嫌気的に生育する微生物の中には，硫酸イオンや硝酸イオンのような無機質に電子を転移することでさらなるエネルギーを生成しうるものがある。また別の微生物は有機基質を還元する。最も簡単なものは乳酸菌が用いている経路であり，単純に**乳酸デヒドロゲナーゼ** lactate dehydrogenase によりピルビン酸を乳酸に還元するために NADH を用いる。

$$\begin{array}{c} COO^- \\ | \\ C=O \\ | \\ CH_3 \end{array} + NADH + H^+ \rightleftharpoons$$
ピルビン酸

$$\begin{array}{c} COO^- \\ | \\ HO-C-H \\ | \\ CH_3 \end{array} + NAD^+ \qquad \Delta G^{\circ\prime} = -25.1 \text{ kJ/mol}$$
L-乳酸

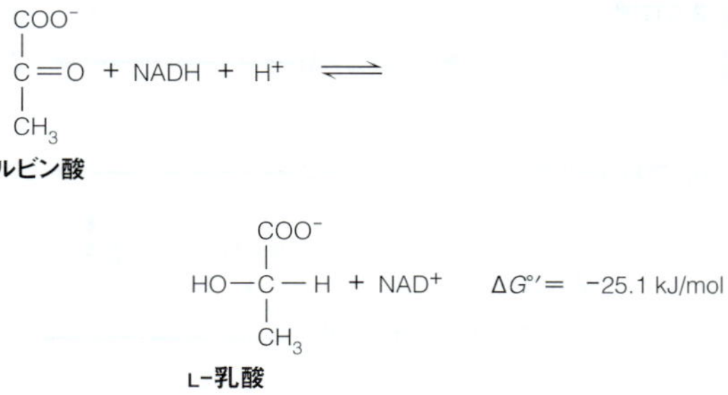

乳酸の生成は，標準自由エネルギーの大きな負の変化で示されるように標準条件下で著しく促進される。

したがって解糖系は，我々が炭素基質の酸化状態の正味の変化を含まないエネルギー産生代謝経路と定義する発酵の一種である（p.436）。この**ホモ乳酸発酵** homolactic fermentation（グルコースの 6 つの炭素すべてから乳酸への変換*）はチーズの製造においても重要である。**アルコール発酵** alcoholic fermentation は，ピルビン酸のアセトアルデヒドと CO_2 への開裂を含んでおり（p.481），アセトアルデヒドは次に**アルコールデヒドロゲナーゼ** alcohol dehydrogenase

---
*生物によってはヘテロ乳酸発酵 heterolactic fermentation を行い，乳酸を 1 分子だけ生成し，残りの 3 つの炭素は 1 分子のエタノールと 1 分子の CO_2 に変換される。

によってエタノールに還元される。

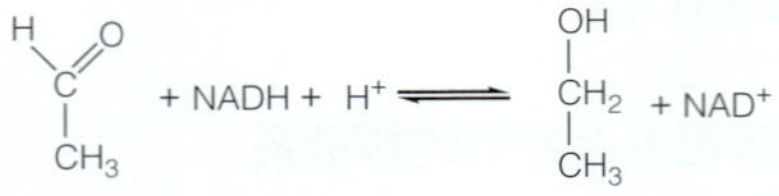

アセトアルデヒド　　エタノール

$\Delta G^{\circ\prime} = -23.7$ kJ/mol

> **ポイント2**
> 発酵とは，基質と比較して生成物の酸化状態の正味の変化を伴わないエネルギー産生代謝経路である。

酵母は，この発酵によりアルコール飲料中でエタノールを生成する。パンを焼くときに使う酵母もアルコール発酵を行う。すなわちピルビン酸の脱炭酸によって生成したCO_2はパンを膨らませ，生成したエタノールはパンを焼いている間に蒸発する。他の多数の有用な発酵の中には，酢酸発酵（酢の製造）とプロピオン酸発酵（スイスチーズの製造）が含まれる。これらの発酵はすべて同じテーマにおける変異にすぎない。すなわち，経路の初期に生成したNADHは，その電子を，豊富に存在する電子受容体に転移することによってNAD^+に再酸化されなければならない。利用可能な電子受容体が十分に存在することを確実にする最も単純な方法は，そもそも電子が由来したのと同じ炭素骨格，すなわちピルビン酸またはピルビン酸の誘導体を細胞が用いることである。こうして自然界にみられる発酵の大きな多様性は実のところ，発酵の最終生成物によってのみ区別される。図13.3は事実上すべての発酵で用いられる共通の戦略を図示している。

動物の細胞は乳酸菌と同様にピルビン酸を乳酸へ還元するが，その反応はピルビン酸がクエン酸回路で酸化されるよりも多くつくられるときに生じる。骨格筋細胞は，激しい運動時にこの**嫌気的解糖系 anaerobic glycolysis**（嫌気的条件下で起こる解糖系）から大部分のエネルギーを得る。

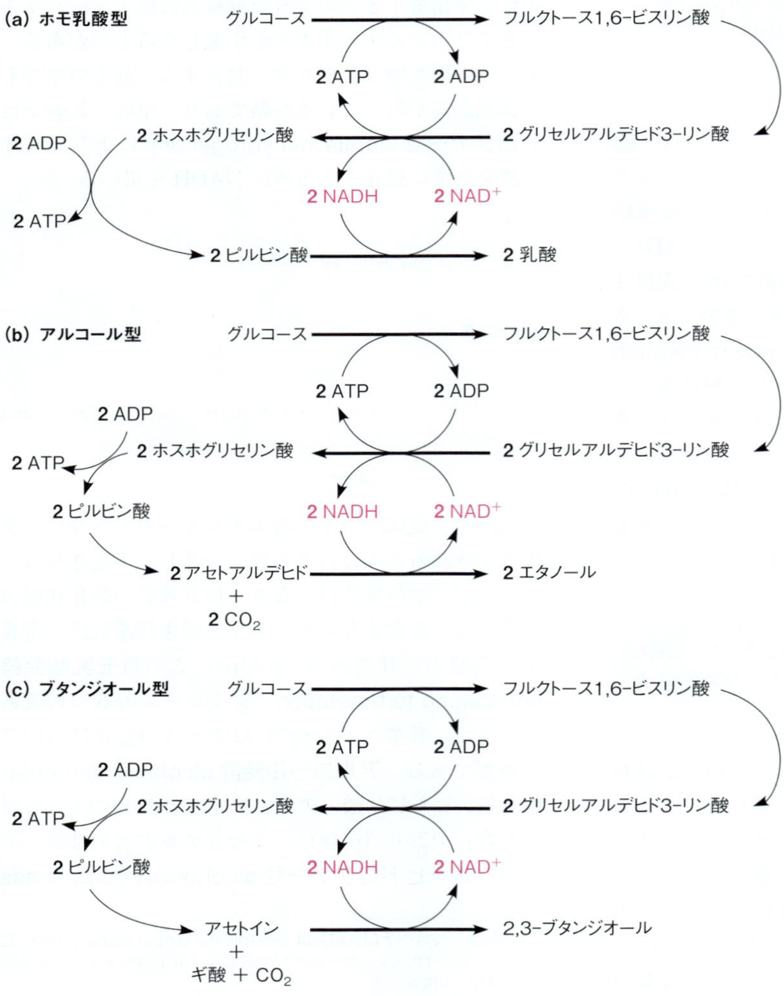

図13.3　発酵は酸化型のNAD^+を再生するのに共通の戦略を用いる　(a) ホモ乳酸型，(b) アルコール型，(c) ブタンジオール型。*The Microbial World*, 3rd ed. Roger Y. Stanier, Michael Doudoroff, and Edward A. Adelberg. © 1970. Modified with permission of Pearson Education Inc., Upper Saddle River, NJ.

ポイント 3
嫌気的解糖系は（好気的解糖系と同様に）ピルビン酸を産生するが，ピルビン酸は次に還元されるのでグルコースの正味の酸化は起きない。

対照的に呼吸，すなわち O_2 との反応によって栄養分子の酸化的分解とエネルギーの放出を活発に行っている細胞について考えてみよう。これらの細胞ではピルビン酸はアセチル CoA に酸化され，クエン酸回路に入る。解糖系で生成した NADH はミトコンドリアの電子伝達鎖を通じて再酸化されてさらにエネルギーを生成し（第 15 章参照），電子は最終的に終末電子受容体の O_2 に転移される。呼吸している細胞でのグルコースからピルビン酸への変換は**好気的解糖系 aerobic glycolysis** と呼ばれる。

重要な初期の実験

その生化学的過程は前世紀まで理解されていなかったが，人類は長い間パンづくりやビールづくりに酵母を用い，発酵を活用してきた（発酵の初期の定義は“泡立ちを伴う化学変化”であった）。1856 年の Louis Pasteur による，発酵が微生物によって行われることの実証は，化学史上画期的な出来事として位置づけられている。当時の支配的な見解は，グルコースからエタノールへの発酵のような過程は非常に複雑なので，生きている細胞の外では再現できないというものだった。しかし第 1 章で学んだように，Eduard Buchner と Hans Buchner は発酵が無細胞条件下でも起こりえることを 1897 年に示した。

1905 年に Arthur Harden と William Young は，無機リン酸を酵母に加えると，グルコースの発酵が促進され長引くことを発見した。発酵が進むと無機リン酸は反応培地から消失しており，このことから Harden と Young は，発酵が 1 つ以上の糖リン酸エステルの形成を介して作動していることを示唆した。

この観察は発酵に含まれる個々の化学反応の解明の扉を開き，その偉業は 1930 年代にドイツで主に G. Embden，O. Meyerhof，Jacob Parnas，O. Warburg によってなしとげられた。事実，解糖系はしばしば **Embden-Meyerhof-Parnas 経路 Embden-Meyerhof-Parnas pathway** と呼ばれる。これらの科学者たちは，多種類の生物で事実上同一のグルコースからピルビン酸へ至る 10 の異なる反応を同定した。解糖系は，一連の明確な化学反応として解明された最初の代謝経路である。現在では，関与するそれぞれの酵素の構造と作用機構について広範な情報が利用できる。

解糖系の戦略

解糖系は非常に重要な経路であるので，その 10 の反応のそれぞれをある程度詳しくみていくことにする。その前に経路全体を眺めてみよう。まず，真核細胞では解糖系は細胞質ゾルで起き，ピルビン酸のさらなる酸化はミトコンドリアで起こることを第 12 章から思い出そう（ある種のトリパノソーマ，すなわちアフリカ睡眠病を引き起す寄生原虫は興味深い例外を示す。それらは解糖系のはじめの 7 反応を**グリコソーム glycosome** と呼ばれる組織化された細胞質オルガネラの中で行う）。

解糖系の化学的戦略は 3 つの過程に要約することができる。

1. リン酸基をグルコースに添加して，低いリン酸基転移ポテンシャルをもった化合物を産生する＝準備刺激。
2. この低いリン酸基転移ポテンシャルをもった中間体を高いリン酸基転移ポテンシャルをもった化合物に化学変換する。
3. この高いリン酸基転移ポテンシャルをもった化合物のエネルギー産生性加水分解を，リン酸基の ADP への転移による ATP の合成と化学的に共役させる。

図 13.4 はグルコースからピルビン酸への変換の概略を示したものである。エネルギー投資相（はじめの 5 反応）において，糖はリン酸化によって代謝的に活性化される。この準備刺激の過程は二重にリン酸化された六炭糖である**フルクトース 1,6-ビスリン酸 fructose-1,6-bisphosphate（FBP）**を産生し，それは開裂して 2 当量のトリオースリン酸，すなわち**グリセルアルデヒド 3-リン酸 glyceraldehyde-3-phosphate（GAP）**と**ジヒドロキシアセトンリン酸 dihydroxyacetone phosphate（DHAP）**を産生する。両化合物は，ともに ATP より低いリン酸転移ポテンシャルをもつ。

エネルギー生成相（反応 6～10）においてトリオースリン酸はさらに活性化されて高リン酸転移ポテンシャルをもつ 2 つの化合物，まず **1,3-ビスホスホグリセリン酸 1,3-bisphosphoglycerate**，次に**ホスホエノールピルビン酸 phosphoenolpyruvate（PEP）**を産生する。これらの化合物が，いずれも ATP より高い加水分解の $\Delta G^{\circ\prime}$ をもつことを図 3.7（p.68）から思い出そう。これらの化合物のリン酸転移ポテンシャルを増強するのに使用されるエネルギーは，酸化反応によりもたらされる。エネルギー生成相を通じて，これらの化合物の高リン酸転移ポテンシャルは ADP のリン酸化を進め，ATP を産生する。この過程は**基質レベルのリン酸化 substrate-level phosphorylation** と呼

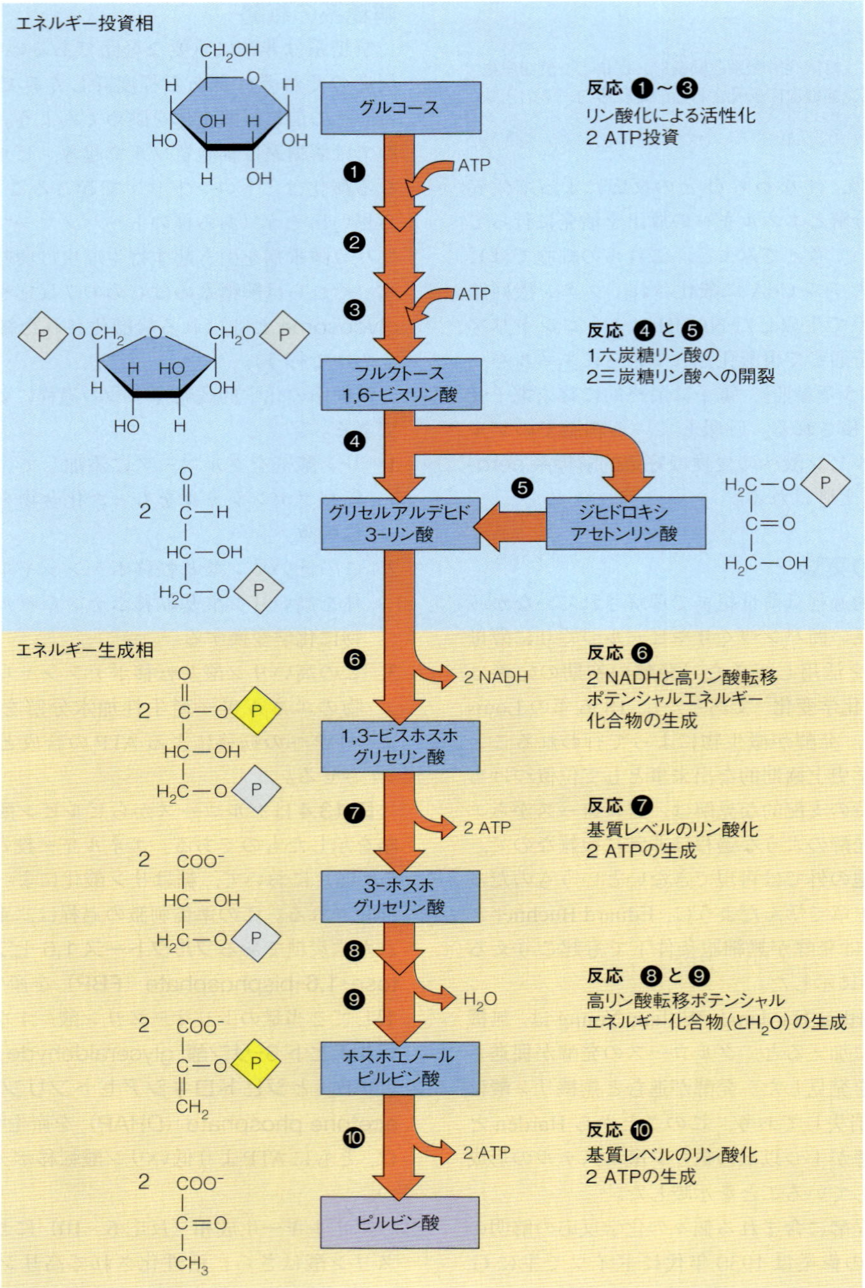

図 13.4　解糖系の概観　この解糖系の概略は，主要な 2 相のそれぞれにおける鍵となる中間代謝物と反応を示す。エネルギー投資相で利用された ATP 1 分子につき，2 分子の ATP がエネルギー生成相で生成する。他の図も含め，高リン酸転移ポテンシャルをもつ化合物のリン酸基は黄色で強調してある。

ばれ，供与体化合物から ADP へリン酸基を直接転移して ATP を産生する。基質レベルのリン酸化は，膜内外の水素イオン濃度勾配**プロトン駆動力 protonmotive force**（第 15 章参照）によって間接的に ATP の合成を進める**酸化的リン酸化 oxidative phosphorylation** や光合成の光エネルギーを利用して ATP の合成を進める**光リン酸化 photophosphorylation**（第 16 章参照）と区別される。

ポイント 4
ATP は 3 つの主要な経路，すなわち基質レベルのリン酸化，酸化的リン酸化，光リン酸化によって合成される。

グルコース 1 mol 当たり 2 mol のトリオースリン酸が代謝されるので，解糖系の 2 回の基質レベルのリン酸化によりグルコース 1 mol 当たり 4 mol の ATP が生じる。準備刺激の第 1 相（反応 1〜5）で消費される 2 mol の ATP を差し引くと，グルコース 1 mol がピルビン酸に変換されるのにつき，ATP 2 mol を正味獲得することがわかる（図 13.2 および図 13.3 参照）。

解糖系の反応

それでは，グルコースからピルビン酸に至る 10 の反応を順番にみていこう。それぞれの反応には図 13.4 に示すように番号がふってある。各反応を表示するときには基質と生成物の完全な名称を記載してあるが，本文中では簡単にするために短縮型で表してある。したがってグルコース 6-リン酸は α-D-グルコース 6-リン酸と同じである。

反応 1〜5：エネルギー投資相

エネルギー投資相を構成している最初の 5 反応を下図に要約した。

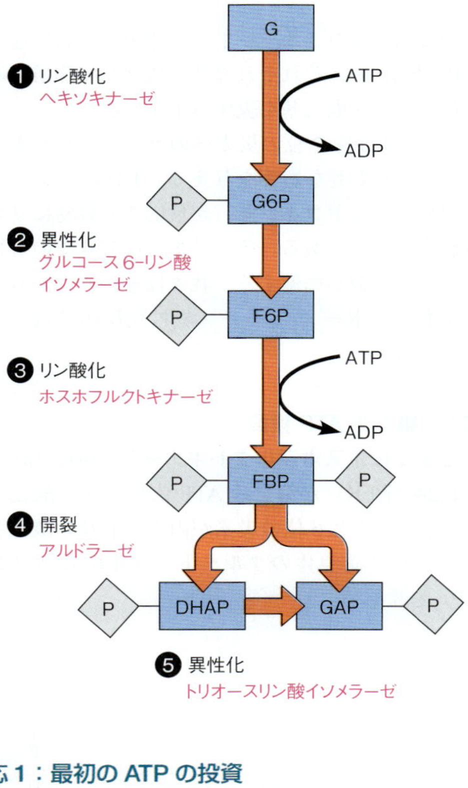

反応 1：最初の ATP の投資

まずヘキソキナーゼ hexokinase の触媒するグルコースの ATP 依存性リン酸化反応で始まる（本章以降の章で用いられる環状構造は，単純化のため水素を省略してある。フラノース環またはピラノース環の垂直の結合の空白部分には H が存在する）。

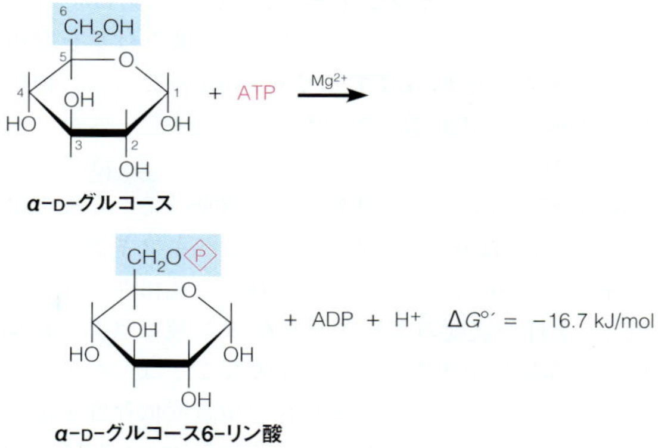

反応は ATP の求電子性 γ リン酸に対するグルコースの C6 — OH の求核攻撃を含んでいる。ATP の反応型は Mg^{2+} とのキレート複合体なので，マグネシウムイオンを必要とする（p.445 参照）。このことは事実上すべての ATP 要求酵素に当てはまる。Mg^{2+} は酸素原子の負電荷を部分的に中和し，Mg^{2+}・ATP が求核攻撃を受けやすくする。すなわち，Mg^{2+}・ATP は，より優れた求電子体になる。ヘキソキナーゼは異なる生物において種々の型で存在するが，一般的に糖に対する広範な特異性と糖基質に対する低い K_M（0.01〜0.1 mM）を特徴とする。この広範な特異性のおかげでフルクトースやマンノースを含む多様なヘキソース糖がリン酸化されて，解糖系で利用される。低 K_M のおかげで血中グルコース濃度が正常範囲下限（4 mM 以下。下図参照）でも解糖系は進行する。第 11 章で述べたように，ヘキソキナーゼは生成物のグルコース 6-リン酸によって阻害される。それは解糖系への基質の流入を制御する機構である。準備刺激としての機能に加えてグルコースのリン酸化反応は，細胞内でのグルコースの保持に役立っている。リン酸化された化合物は形質膜をほとんど通過しないからである。ヘキソキナーゼの構造は，酵素触媒作用の誘導適合モデルを証拠づけるものであることも思い出そう（p.377 参照）。

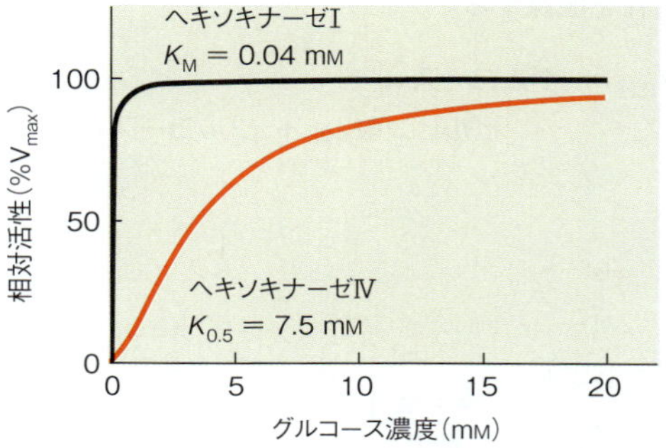

哺乳類は，いくつかの分子形態のヘキソキナーゼをもっている。同じ反応を触媒する酵素の異なる分子形態のことをイソ酵素 isoenzyme，アイソザイム iso-

13

zymeあるいは**アイソフォーム isoform**と呼ぶ。ほとんどの組織はヘキソキナーゼⅠ，Ⅱ，またはⅢを発現しているが，それらはすべて低K_M酵素である。細胞内のグルコース濃度（2〜15 mM）は通常，ヘキソキナーゼのK_M値よりもはるかに高いので，この酵素は，in vivoでしばしば飽和基質濃度で機能する。脊椎動物の肝臓は特有のアイソザイムであるヘキソキナーゼⅣを発現していて，グルコースに対する親和性が非常に低く，生理的濃度のグルコース6-リン酸で阻害されないという特徴がある。さらに重要なことは，ヘキソキナーゼⅣはグルコースに対しS字型濃度依存性を示し（前ページ，右段下の図参照），半飽和のために5〜10 mMのグルコースを必要とする。以前はグルコキナーゼと呼ばれたこの特殊なヘキソキナーゼのおかげで，肝臓は血中グルコース濃度の変動に応じてグルコースの利用速度を調節することができる。事実，第18章で考察するように，肝臓の主な役割の1つに血中グルコース濃度の調節があり，この酵素はそれを行う主要な機構の1つである。

> **ポイント5**
> 肝臓に含まれるヘキソキナーゼの低親和性アイソザイムは，グルコース濃度に対するS字型依存性を示すので，肝臓はグルコース供給時の高血糖濃度に対してグルコースの利用を調節することができる。

大部分の細菌はヘキソキナーゼを含んでいるが，グルコースの取り込みとリン酸化反応のための通常の経路はホスホエノールピルビン酸：グルコースホスホトランスフェラーゼ系である。修飾による輸送の一例として第10章で紹介されたこの系（p.354）では，グルコースのリン酸化と細胞膜を横切る移動とが共役している。これら2つの共役した過程を進めるためのエネルギーは，解糖系のエネルギー生成相でつくられる高エネルギーの1つであるホスホエノールピルビン酸（PEP）によって与えられる。ホスホエノールピルビン酸：グルコースホスホトランスフェラーゼ系は次の全過程を触媒する。

$$\text{PEP}_{\text{内側}} + \text{グルコース}_{\text{外側}} \rightarrow \text{ピルビン酸}_{\text{内側}} + \text{グルコース6-リン酸}_{\text{内側}}$$

細胞質で生じたグルコース6-リン酸は直接，解糖系の反応2に入る。細菌は多数の単糖，二糖，その他の糖誘導体の輸送とリン酸化反応を行うことのできる類似のホスホトランスフェラーゼ系をもっている。

反応2：グルコース6-リン酸の異性化

次の反応は，**グルコース6-リン酸イソメラーゼ glucose-6-phosphate isomerase**（ホスホグルコイソメラーゼとも呼ばれる）が触媒し，アルドース型のグルコース6-リン酸（G6P）を対応するケトース型の**フルクトース6-リン酸 fructose-6-phosphate**（F6P）へ容易に変換する可逆的異性化反応である。

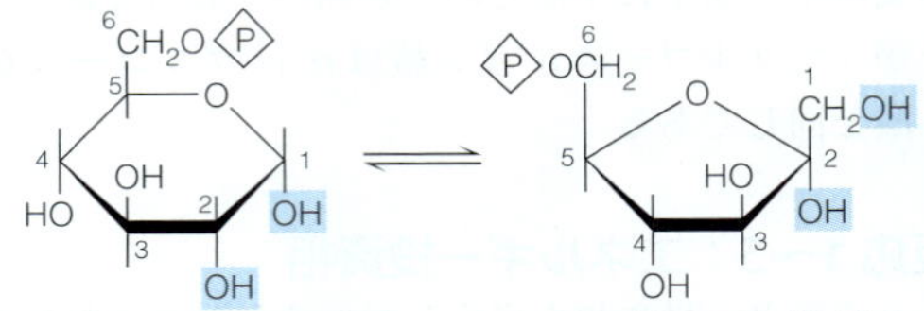

α-D-グルコース6-リン酸　　**D-フルクトース6-リン酸**

$\Delta G°' = +1.7$ kJ/mol

この反応はエンジオラート中間体を経由して進行する。B：とB-Hはそれぞれ塩基と酸として作用する活性部位のアミノ酸残基を表す（下を参照）。

1位の炭素から2位の炭素へのカルボニル酸素の転移は，2つの重要な影響を与える。1位の炭素で生成した水酸基（ヒドロキシ基）が反応3で容易にリン酸化されうることである。それはまた反応4での対称性アルドール開裂を準備する。我々はほかにも同様の機構で進むアルドース-ケトース異性化反応に遭遇することになる。

反応3：第2のATP投資

反応3では**ホスホフルクトキナーゼ phosphofructokinase**（PFK）が第2のATP依存性リン酸化反応を触媒し，1位と6位の炭素が両方ともリン酸化されたヘキソース誘導体のフルクトース1,6-ビスリン酸（FBP）を生じる。

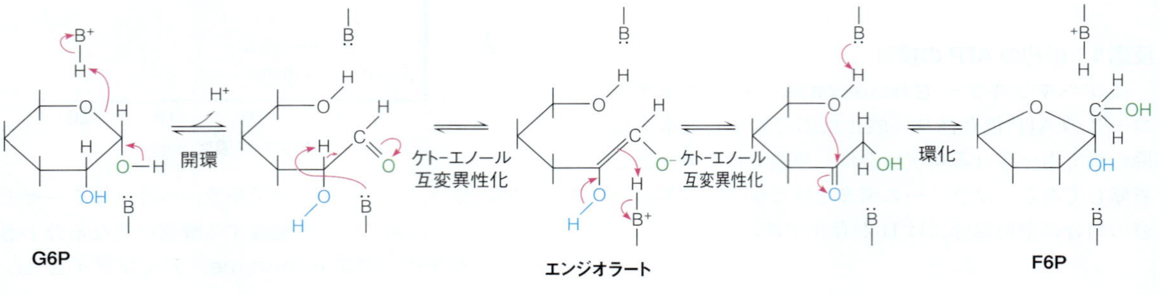

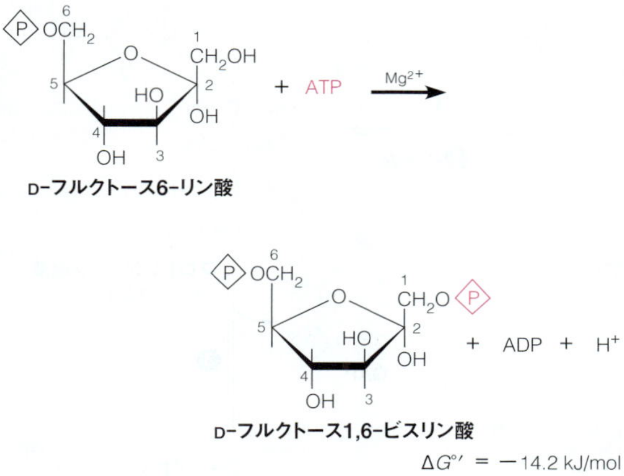

反応は我々が第 1 段階で見たのと同じ化学反応，すなわち求核置換を含んでいる。しかしここでは，フルクトース 6-リン酸の C1 ― OH が求核体として ATP の求電子性 γ リン酸を攻撃する。6 位のリン酸化と同様に，この反応は十分に発エルゴン的であるので，in vivo では本質的に不可逆である。ホスホフルクトキナーゼ（PFK）は解糖系を経由する炭素の流れを調節する主要な部位に相当するので，不可逆であることは重要である。PFK はアロステリック酵素であり，その活性は細胞のエネルギー状態のみならず，さまざまなほかの中間代謝物，特にクエン酸と脂肪酸の濃度にきわめて敏感である。本章で後述するアロステリックエフェクターとの相互作用は，PFK を活性化するか阻害する。より多くの ATP の生成を必要とするときには，このアロステリック制御は解糖系を経由する炭素の流れを増加させ，細胞が ATP や酸化しうる基質を十分に蓄えているときには流れを阻害する。

ポイント 6
ホスホフルクトキナーゼの反応は解糖系を調節する主要な段階である。

高等植物といくつかの原核生物は，2 つの異なる PFK をもつ。すなわち ATP 依存性酵素と，リン酸化剤として ATP の代わりにピロリン酸 pyrophosphate（PP_i）を用いる特殊な型がある。

フルクトース 6-リン酸 ＋ PP_i $\rightleftharpoons$
フルクトース 1,6-ビスリン酸 ＋ P_i
$\Delta G^{\circ\prime}$ ＝ −2.9 kJ/mol

ATP 依存性 PFK によるフルクトース 6-リン酸のリン酸化が in vivo で事実上不可逆であるのに対し，ピロリン酸依存性酵素は平衡に近い可逆反応を触媒する。ピロリン酸依存性酵素は，植物がリン酸欠乏や低酸素ストレスのような非最適条件へ適応するのに関与することが提唱されている。

反応 4：2 つのトリオースリン酸への開裂

反応 4 は通常アルドラーゼ aldolase と呼ばれるフルクトース 1,6-ビスリン酸アルドラーゼ fructose-1,6-bisphosphate aldolase が触媒するが，このように呼ばれるのは，この反応がアルドール縮合の逆反応に似ているからである。この反応では解糖系という用語が意味するところの“糖の分裂”が起こり，六炭素化合物のフルクトース 1,6-ビスリン酸が開裂して 2 つの三炭素中間体，すなわちグリセルアルデヒド 3-リン酸とジヒドロキシアセトンリン酸（DHAP）を生じる。

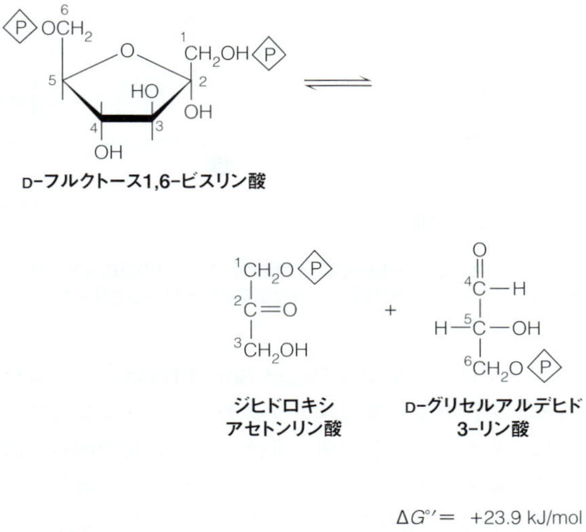

$\Delta G^{\circ\prime}$＝ ＋23.9 kJ/mol

この反応は重要な代謝上の原則の例を示す。反応が標準条件下では強い吸エルゴン反応であり，フルクトース 1,6-ビスリン酸の形成の側に強く傾いていることに注意しよう。しかしウサギの骨格筋で決定した反応物と生成物の実際の細胞内濃度から，ΔG は −1.3 kJ/mol と計算され，in vivo における反応は記載された向きに進むという観察と一致する。第 3 章で強調したように，この例はある反応がどちらの向きに偏っているかを決める際に，標準条件（$\Delta G^{\circ\prime}$）よりも細胞内の条件（ΔG）を考慮することの重要性を実証している。

ポイント 7
標準条件下では，平衡はフルクトース 1,6-ビスリン酸の側に大きく偏っているにもかかわらず，細胞内の条件下ではアルドラーゼはフルクトース 1,6-ビスリン酸を開裂させる。

多くの脊椎動物由来のアルドラーゼは四量体タンパク質である。図 13.5 に示すように酵素は，活性部位のリシンの ε アミノ基を用いて 2 位のケト炭素を求核攻撃し，それによって基質を活性化して開裂に備える。この反応は，活性部位の酸（アスパラギン酸）によるカルボニル酸素へのプロトン付加によって促進される（ステップ 1）。生じたカルビノールアミンは脱水

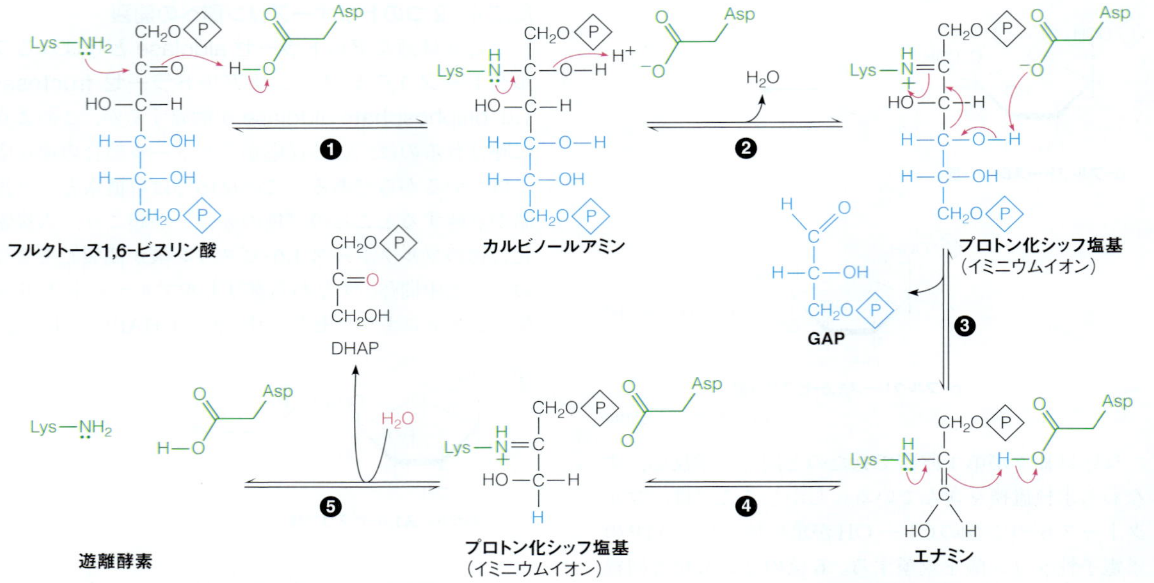

図 13.5　フルクトース 1,6-ビスリン酸アルドラーゼの反応機構　基質と活性部位のリシン残基の間のプロトン化シッフ塩基中間体（イミニウムイオン）を示す。アスパラギン酸残基は一般酸塩基触媒を経由した反応を容易にする。詳細は本文を参照のこと。

によりプロトン化シッフ塩基 Schiff base（イミニウムイオン）を生じる（ステップ 2）。シッフ塩基はアミノ基とカルボニル基の間の求核付加生成物である。次に逆アルドール反応によりプロトン化シッフ塩基はエナミンとグリセルアルデヒド 3-リン酸に開裂する（ステップ 3）。エナミンはプロトン化されて別のイミニウムイオン（プロトン化シッフ塩基）になり（ステップ 4），その後加水分解により酵素から離れて第 2 の生成物である DHAP を生じる（ステップ 5）。

シッフ塩基中間体の有利な点は，電子を非局在化できることである。それゆえ正電荷をもつイミニウムイオンはケトンのカルボニル基よりも優れた電子受容体であり，この反応や他の多くの生体変換反応で見ることになる逆アルドール反応を容易にする。この機構はまた，アルドース反応の対称性を準備する初期のグルコース 6-リン酸イソメラーゼ反応の重要性を示している。もしグルコースがフルクトースに異性化（カルボニル基を C1 位から C2 位に移動）されていなければ，アルドース反応は代謝的に等価な炭素 3 個の 2 つの断片のかわりに炭素 2 個と 4 個の断片を生じただろう。

反応 5：ジヒドロキシアセトンリン酸の異性化

前述のように対称的アルドラーゼ反応は 2 つの三炭糖リン酸を生成する。**トリオースリン酸イソメラーゼ triose phosphate isomerase** が触媒する反応 5 の機能は，これらの生成物の 1 つのジヒドロキシアセトンリン酸を他方，すなわちグリセルアルデヒド 3-リン酸（GAP）へ変換することである。GAP は次の解糖反応の基質であるので，この反応によりグルコースの 6 つの炭素原子すべてが利用可能となる。すなわちグルコースの C1 位と C6 位は GAP の C3 位に，C2 位と C5 位は GAP の C2 位に，C3 位と C4 位は GAP の C1 位になる。

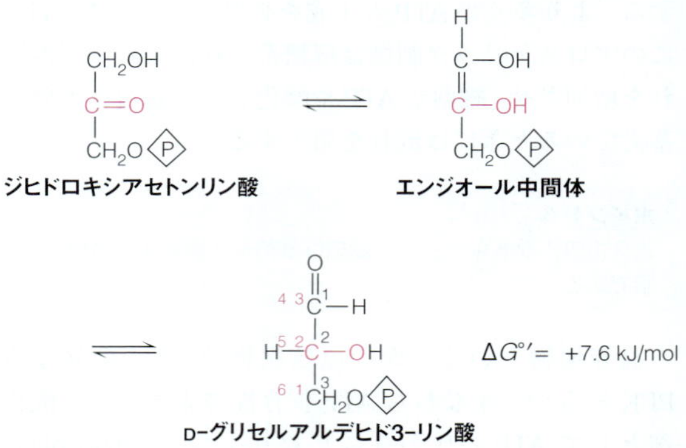

この反応も標準条件下では弱い吸エルゴン反応であるが，（あとに続く反応で消費されるため）グリセルアルデヒド 3-リン酸の細胞内濃度は低いので，反応は右向きに進む。ジヒドロキシアセトンリン酸の異性化は，エンジオール中間体を経由して進行する。

この時点で解糖系は ATP 2 分子を消費して 1 個のヘキソース糖を 2 分子のグリセルアルデヒド 3-リン酸に変換したが，次にそれらは ATP の合成を進めることのできる高リン酸転移ポテンシャルをもった化合物へと代謝される。解糖系のエネルギー投資相はここで完結し，次にエネルギー生成相が始まる。

反応 6～10：エネルギー生成相

エネルギー生成相の5反応は下図に要約されている。

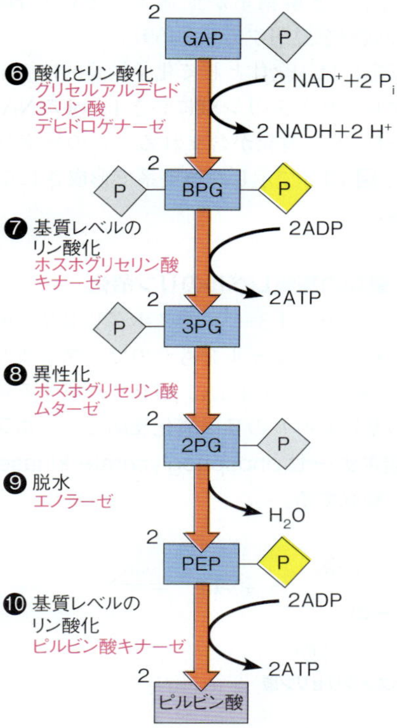

反応 6：最初の高エネルギー化合物の生成

高リン酸転移ポテンシャルをもった最初の中間体を生成するという点で，また 1 対の還元当量を生成するという点で，グリセルアルデヒド 3-リン酸デヒドロゲナーゼ glyceraldehyde-3-phosphate dehydrogenase の触媒するこの反応は，解糖系で最も重要なものの 1 つである（図 13.6）。全体の反応は次のとおりである。

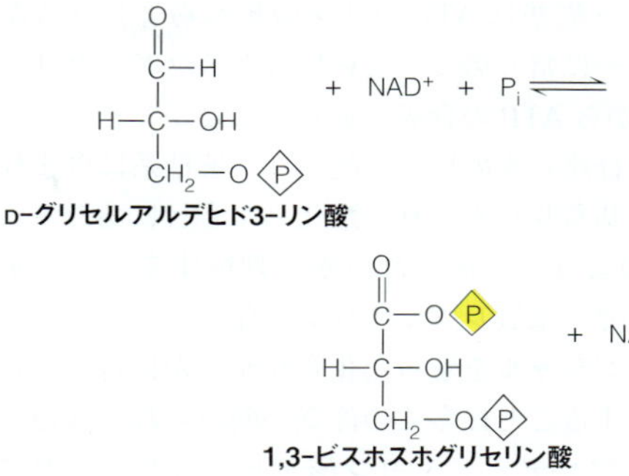

$\Delta G^{\circ\prime}$ = +6.3 kJ/mol

反応 6 はグリセルアルデヒド 3-リン酸のカルボニル炭素のカルボキシ準位への 2 電子酸化を含んでいる。この反応は通常，非常に発エルゴン的である。しかし，酵素は酸化によって放出されるエネルギーの大部分を，高リン酸転移ポテンシャルをもった化合物である 1,3-ビスホスホグリセリン酸 1,3-bisphosphoglycerate（BPG）の合成を進めるために利用するので，反応全体は（標準条件下で）わずかに吸エルゴン的である。この化合物は，カルボン酸リン酸混合無水物，すなわちアシルリン酸基 acyl-phosphate group を 1 位に含んでいて，それは −49.4 kJ/mol という非常に高い加水分解の標準自由エネルギーをもつ官能基である。この酵素はまた補酵素 NAD^+ を要求し，酸化される基質から電子を受け取る。

13

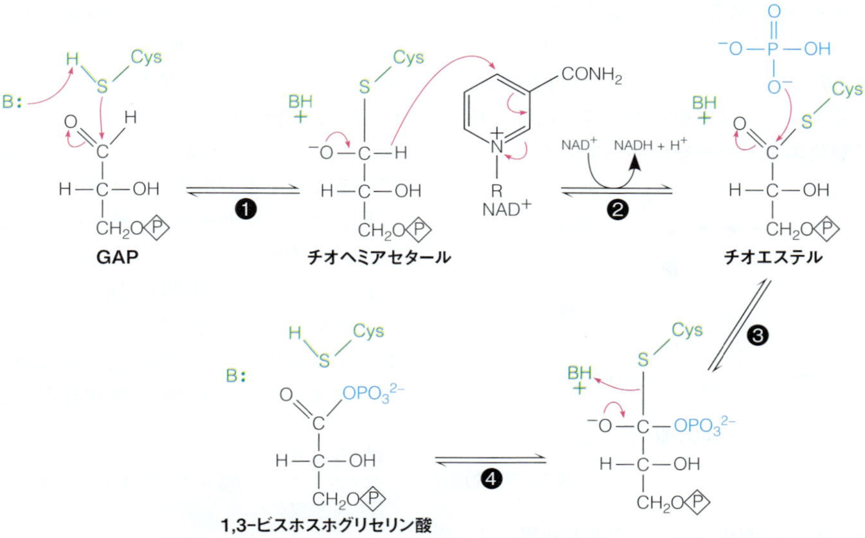

図 13.6　グリセルアルデヒド 3-リン酸デヒドロゲナーゼの反応機構　ステップ 1：グリセルアルデヒド 3-リン酸と酵素の間の初期チオヘミアセタール中間体の形成。ステップ 2：NAD^+ による初期中間体の酸化によりアシル-チオエステル酵素中間体を生じる。ステップ 3，4：アシル-酵素中間体におけるチオエステル結合の加リン酸分解による開裂。B：は一般塩基として作用する活性部位のヒスチジンを表す。

ポイント8
グリセルアルデヒド3-リン酸デヒドロゲナーゼは高エネルギー化合物をつくり，1対の還元当量を生成する。

アシルリン酸基はATPのリン酸無水物よりはるかにエネルギーに富むので，1,3-ビスホスホグリセリン酸はADPからATPの合成を進めることができる。実際，それは経路の次の反応で起こり，解糖系に含まれる2箇所の基質レベルのリン酸化の1番目にあたる。ATPがどのように合成されるかを理解することは重要であるので，基質レベルのリン酸化において高リン酸転移ポテンシャルをもった化合物がいかに合成されるかを理解することに多くの注意が向けられてきた。

グリセルアルデヒド3-リン酸デヒドロゲナーゼについての理解は，主として解糖系がヨード酢酸や水銀のような重金属によって阻害されるという古典的な観察に基づいている。どちらの化合物も遊離スルフヒドリル基と反応する。以下ヨード酢酸について示す。

$$\mathrm{RSH + ICH_2COO^- \longrightarrow RS{-}CH_2COO^- + HI}$$

これらの化合物がグリセルアルデヒド3-リン酸デヒドロゲナーゼを特異的に阻害することによって解糖系を阻害するという知見は，この酵素が1つ以上の必須チオール基を含んでいることを強く示していた。図13.6に概略を示すように，現在我々は，その反応が基質のカルボニル基と酵素のシステインのチオール基を含む**チオヘミアセタール thiohemiacetal** 基の形成で始まることを知っている。そのチオヘミアセタールは次にNAD^+によって酸化され，アシル酵素中間体，すなわちチオエステルを生じる。チオエステルは高エネルギー化合物である（図14.8，p.538参照）。P_iによるこのチオエステルの開裂を通じて，そのエネルギーの大部分は生成物であるアシルリン酸として保持される。

この機構は，発エルゴン反応を吸エルゴン反応と共役させることで酸化エネルギーを保存している。

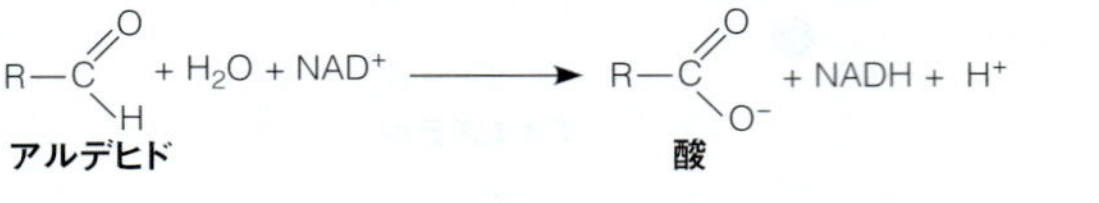

（発エルゴン的）

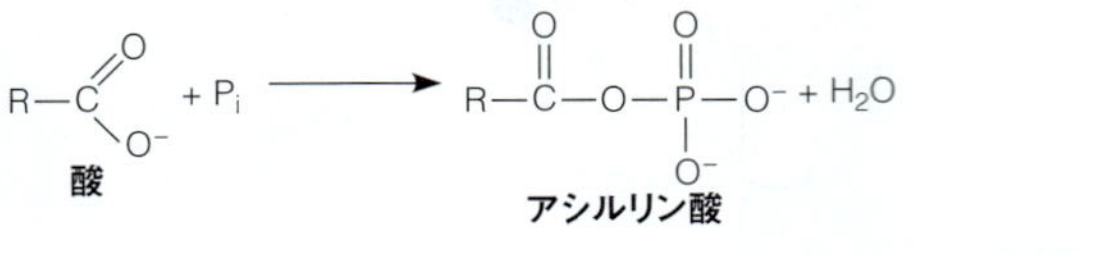

（吸エルゴン的）

アルデヒドは酸の準位に酸化される（2電子過程）。しかし，酵素は酸を遊離するのではなく酸化エネルギーを用いてP_iを取り込み，ATPよりも高いリン酸転移ポテンシャルを有する“高エネルギー”アシルリン酸化合物をつくる。この反応はまた，無機リン酸を酵母抽出物に加えると解糖系が促進するというHardenとYoungの観察を説明する（p.469）。

この反応には，全体として化学量論的に1 molのグリセルアルデヒド3-リン酸につき1 molのNAD^+から$NADH + H^+$への還元が含まれる。この反応は最初に図13.2と図13.3で示した解糖系で形成されるNADHの源である。

反応7：最初の基質レベルのリン酸化

前述したように1,3-ビスホスホグリセリン酸は高いリン酸転移ポテンシャルをもつので，アシルリン酸基をADPに転移し，結果的にATPを形成する傾向が強い。この基質レベルのリン酸化反応では，**ホスホグリセリン酸キナーゼ phosphoglycerate kinase** が以下のように触媒する。

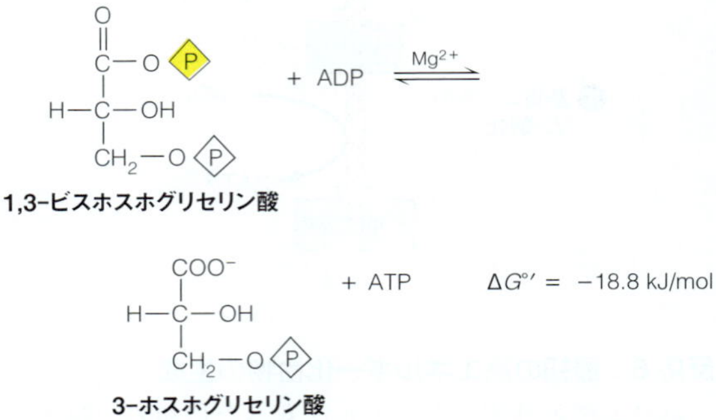

グリセルアルデヒド3-リン酸デヒドロゲナーゼとホスホグリセリン酸キナーゼは熱力学的に共役している。

このように連続する2つの反応を通して，アルデヒドのカルボン酸への酸化エネルギーはATPの形で保存される。この段階で解糖系からの正味のATP産生は0である。2 molのトリオースリン酸を生成するために，グルコース1 molにつき2 molのATPが投資されていることを思い出そう。ホスホグリセリン酸キナーゼ反応は，トリオースリン酸1 molからそれぞれATP 1 mol，すなわちグルコース1 molにつきATP 2 molを生成する（図13.3参照）。残りの3反応で経路は全体として発エルゴン的になる。これにはリン酸転移ポテンシャルが比較的低い残ったリン酸の，3-ホスホグリセリン酸（3PG）内での活性化を含んでいる。

ポイント9
ホスホグリセリン酸キナーゼはATPをつくる最初の解糖系の反応を触媒する。

	$\Delta G^{\circ\prime}$（kJ/mol）
グリセルアルデヒド 3-P ＋ P_i ＋ NAD^+ → 1,3-ビスホスホグリセリン酸 ＋ NADH ＋ H^+	＋6.3
1,3-ビスホスホグリセリン酸 ＋ ADP → 3-ホスホグリセリン酸 ＋ ATP	−18.8
グリセルアルデヒド 3-P ＋ P_i ＋ ADP ＋ NAD^+ → 3-ホスホグリセリン酸 ＋ ATP ＋ NADH ＋ H^+	$\Delta G^{\circ\prime}_{合計}$ ＝ −12.5

反応 8：次の高エネルギー化合物の合成のための準備

3-ホスホグリセリン酸の活性化は**ホスホグリセリン酸ムターゼ phosphoglycerate mutase** の触媒する異性化反応で始まる。この酵素はリン酸を基質の 3 位から 2 位に移し，2-ホスホグリセリン酸を生成する。Mg^{2+}を要求する。

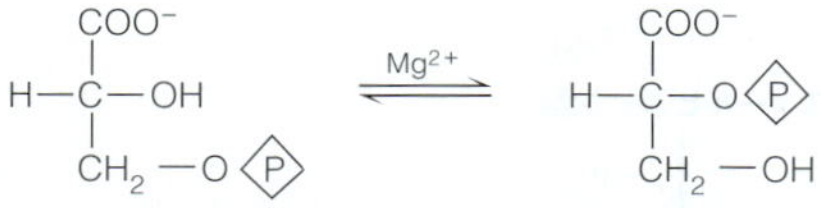

3-ホスホグリセリン酸　　**2-ホスホグリセリン酸**

$\Delta G^{\circ\prime}$ ＝ ＋4.4 kJ/mol

この反応は標準条件下ではわずかに吸エルゴン的である。しかし 3-ホスホグリセリン酸の細胞内濃度は 2-ホスホグリセリン酸（2PG）に比べると高いので，in vivo では，この反応は容易に右方向に進む。酵素の活性部位にはホスホヒスチジン残基が含まれている。

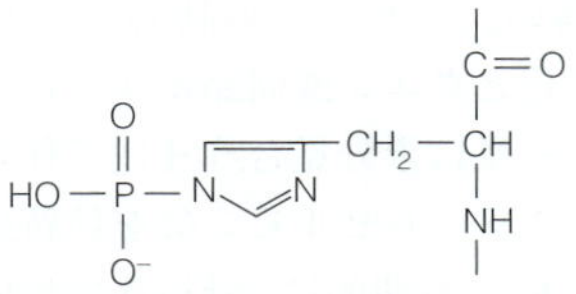

N-ホスホヒスチジン残基

この反応の最初の段階で，そのリン酸は酵素から基質に移され，中間体である 2,3-ビスホスホグリセリン酸が生成される。C3 位から酵素の活性部位へのリン酸の転移によりリン酸化酵素が再生し，同時に生成物がつくられ，遊離する。

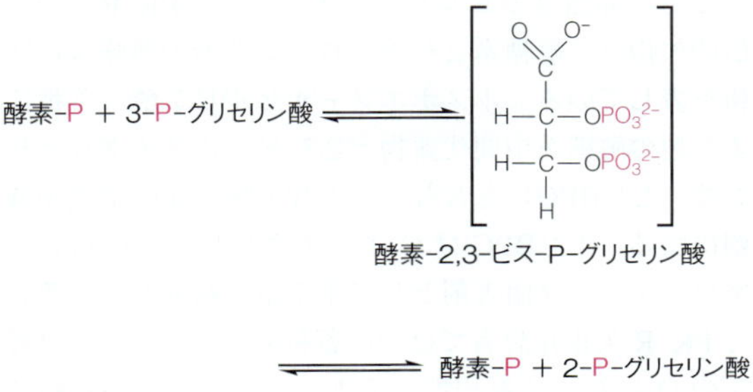

3 位から 2 位へのリン酸の移動により解糖系における次のエネルギー保存段階が準備され，再び低リン酸転移ポテンシャルをもった化合物が非常に高いリン酸転移ポテンシャルをもつものに変換されることになる。

反応 9：2 番目の高エネルギー化合物の合成

エノラーゼ enolase の触媒する反応 9 は，非常に高いリン酸転移ポテンシャルをもったもう 1 つの化合物であるホスホエノールピルビン酸（PEP）を生成する。PEP は解糖系の 2 番目の基質レベルのリン酸化に関与する。

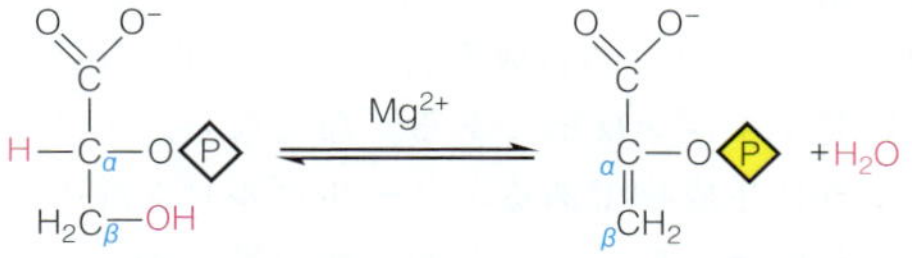

2-ホスホグリセリン酸　　**ホスホエノールピルビン酸**

$\Delta G^{\circ\prime}$ = −3.2 kJ/mol

多くのβヒドロキシカルボニル化合物と同様に，2-ホスホグリセリン酸はα，β脱離反応によって容易に脱水する。一般塩基として作用する活性部位の Lys は 2PG の C2 位（α炭素）からプロトンを引き抜き，カルボアニオン中間体を生成する。活性部位の Glu は一般酸触媒として脱離基（OH^-）をプロトン化することで，その脱離を容易にする。生成物形成は PEP の共役二重結合系の安定性を考えても好ましい反応である。エノラーゼは 2 つの Mg^{2+} イオンを必要とするが，それは基質の負電荷を中和し，C2 位のプロトンの pK_a を低下させ，引き抜かれやすくする。全体の自由エネルギーの変化は小さいが，この一見単純な変形により，リン酸結合の加水分解の標準自由エネルギーは 2-ホスホグリセリン酸の −15.6 kJ/mol からホスホエノールピルビン酸の −61.9 kJ/mol へと著しく増加する。C2—OH のリン酸化は，さもなければ非常に好ましいケト型への互変異性化が起きるのを妨げている。リン酸が ADP に転移するときエノールからケトへの互変異性化が起こり，反応を前進させる。第 3 章（p.69〜70）で考察したように，エノールピルビン酸の著しい熱力学的不安定さが，主としてホスホエノールピルビン酸が加水分解を受ける際の大量の負の自由エネルギーの原因になっている。

反応 10：2 番目の基質レベルのリン酸化

ピルビン酸キナーゼ pyruvate kinase（PK） の触媒するこの最後の反応では，もう 1 つの基質レベルのリン酸化によりホスホエノールピルビン酸のリン酸基

13

が ADP に転移する。下に示した反応で右向きが強い発エルゴン反応であるにもかかわらず，この酵素が左向きに作用しているかのように名づけられていることに注意しよう。多くの酵素は，細胞内での触媒の機能や反応の向きが決定される前に名づけられているのである。

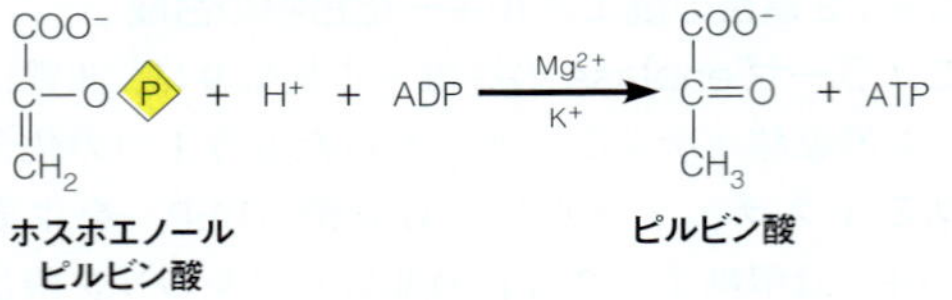

$\Delta G°' = -31.4$ kJ/mol

この酵素は Mg^{2+} と K^+ を必要とする。この反応は ATP の吸エルゴン的合成を含んでいるが，反応全体では強い発エルゴン反応である。なぜなら，第3章で述べたように生成物であるエノールピルビン酸の，非常に好ましいケト形への自発的互変異性化が，強い熱力学的推進力（$\Delta G°' = -46$ kJ/mol）を前向きに与えるからである。

ポイント10
ピルビン酸キナーゼは ATP をつくる2番目の解糖反応を触媒する。

ピルビン酸キナーゼ（PK）の反応は，もう1つの代謝調節部位である。PK は多くの酵素と同様に複数のアイソザイムとして動物組織に存在する。哺乳類は2つの類似したピルビン酸キナーゼ遺伝子をもち，それらは選択的スプライシングにより4つの異なる PK アイソザイムを生成する。第27章で見るように，選択的スプライシングは，真核生物が，単一遺伝子からつくられるタンパク質生成物の種類を大きく増加させるために用いる共通の機構である。PK–L アイソザイムと PK–R アイソザイムはともに *PKLR* 遺伝子にコード化されているが，肝臓と赤血球でそれぞれ特異的に発現している。M1 アイソザイムと M2 アイソザイムは *PKM2* 遺伝子にコード化されている。PK–M1 は筋肉，脳，その他の高度に分化した組織で発現している。PK–M2 は胚発生期に発現するが腫瘍細胞にも発現しており，これによって腫瘍細胞が選択的に増殖するのに有利に働くようである。このことについては後で詳述する。4つのアイソザイムすべてが 60 kDa 程度のサブユニットからなるホモ四量体であり，M1 アイソザイムを除いて最大活性を得るためにはフルクトース 1,6–ビスリン酸によるアロステリック活性化を必要とする。L アイソザイムと R アイソザイムは高濃度の ATP でアロステリック阻害を受ける。他方，M1 アイソザイムは恒常的に活性型である。これらのアロステリック機構に加えて肝臓型酵素の合成は食事でも制御される。高糖質摂取の結果として，酵素の合成の増加，すなわち誘導により細胞内の活性は10倍にも増加する可能性がある。

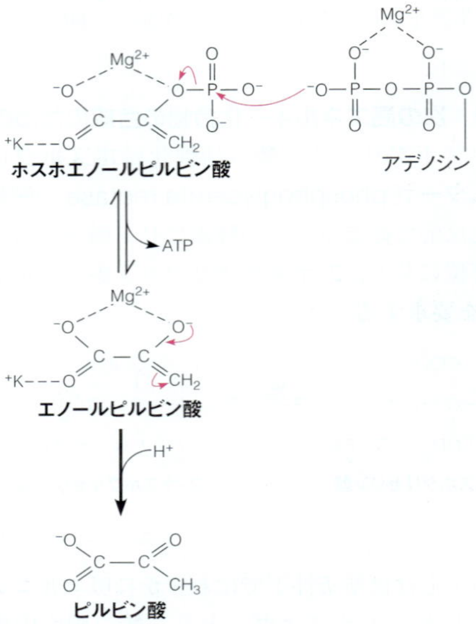

肝臓型ピルビン酸キナーゼアイソザイム（PK–L）は，酵素タンパク質のリン酸化と脱リン酸化によっても調節される。脱リン酸化型はリン酸化型よりもはるかに活性が高い。ホルモンの制御下にあるリン酸化は，脂肪酸酸化とクエン酸回路がすでに細胞の必要とするエネルギー量に十分見合う速度で作動しているときに，ホスホエノールピルビン酸を糖新生系に向かわせる（以下参照）。対照的に，骨格筋で生成されたほとんどすべてのホスホエノールピルビン酸は，ピルビン酸に変換される。

ポイント11
食事の糖質はピルビン酸キナーゼの生合成を誘導し，解糖系からエネルギーを得る身体能力を高める。

ヒトの赤血球型ピルビン酸キナーゼ（PK–R）の遺伝的欠損は，解糖系とヘモグロビン機能の興味深い関係を表している。ホスホエノールピルビン酸の蓄積により他の解糖系中間代謝物と 2,3–ビスホスホグリセリン酸（2,3–BPG）を含む三炭素代謝物の血中濃度が過剰になる。2,3–BPG は O_2 のヘモグロビンとの結合のアロステリック阻害剤として第7章で紹介した。そして PK–R 欠損症患者ではその蓄積の結果，ヘモグロビンの O_2 に対する親和性が低下している。しかし肺における O_2 結合の低下は組織での O_2 遊離の増加によって代償されるため，この酵素欠損と関連した貧血は一般に十分順応できる（図 7.10，図 7.24 参照）。

ピルビン酸キナーゼ反応は，解糖系全体をエネルギー的に中立の過程から ATP の正味の合成を含む過程に変える。1 ヘキソース当たり 2 個の高エネルギーリン酸（すなわち ATP）がここで生成され，ホスホグリセリン酸キナーゼによって生成された 2 個に加わる（図 13.3 参照）。ヘキソキナーゼとホスホフルクトキナーゼで投資した 2 ATP を差し引くと，グルコース 1 mol 当たり 2 mol の高エネルギーリン酸を正味産生したことになる。高収率でないことは確かであるが，この過程は迅速であり，多くの嫌気性生物のエネルギー要求量に見合っている。そのうえ，あとに続く好気的経路によるピルビン酸の代謝で，さらに多くの高エネルギーリン酸が生成する。

表 13.1 は，解糖系の反応を要約し各段階での自由エネルギーの変化と ATP の産生を示したものである。標準（$\Delta G^{\circ\prime}$）と推定（ΔG）の Gibbs 自由エネルギーの変化の差異と，赤字で示した 3 つの値（これらの重要性についてはすぐ後に述べる）に注意せよ。

ピルビン酸の代謝の行方

ピルビン酸は代謝の中心的な分岐点の役割を果たす。その行方は，グリセルアルデヒド 3-リン酸デヒドロゲナーゼの触媒する反応（反応 6）に関連した細胞の酸化状態に決定的に依存している。この反応がトリオースリン酸 1 mol につき 1 mol の NAD^+を NADH に変換することを思い出そう。細胞質での NAD^+の供給は限りがあるので，解糖系を続けるためには，この NADH を NAD^+に再酸化しなければならない。前述のように，好気的解糖系を通じてこの NADH はミトコンドリアの電子伝達鎖によって酸化され，電子は最終的に O_2に渡される。第 15 章で詳述するように，1 mol の NADH が酸化されるとき約 2.5 mol の ATP が ADP から合成されるので，NADH の酸化はさらに多くのエネルギーを産生する。解糖系経路に入ったグルコース 1 mol につき 2 mol の NADH が生成するので，

表 13.1　解糖系の要約

反応	酵素	ATP 産生	$\Delta G^{\circ\prime}$	ΔG
グルコース（G）→❶（ATP → ADP）→ グルコース 6-リン酸（G6P）	HK	−1	−16.7	−33.5
グルコース 6-リン酸（G6P）→❷→ フルクトース 6-リン酸（F6P）	PGI		+1.7	−2.5
フルクトース 6-リン酸（F6P）→❸（ATP → ADP）→ フルクトース 1,6-ビスリン酸（FBP）	PFK	−1	−14.2	−22.2
フルクトース 1,6-ビスリン酸（FBP）→❹→ グリセルアルデヒド 3-リン酸（GAP）＋ジヒドロキシアセトンリン酸（DHAP）	ALD		+23.9	−1.3
ジヒドロキシアセトンリン酸（DHAP）→❺→ 2 分子グリセルアルデヒド 3-リン酸（GAP）	TPI		+7.6	約 0
2 分子グリセルアルデヒド 3-リン酸（GAP）→❻（$NAD^+ + 2P_i$ → $NADH + 2H^+$）→ 1,3-ビスホスホグリセリン酸（BPG）	GAPDH		+6.3（+12.6）	−1.7（−3.4）
1,3-ビスホスホグリセリン酸（BPG）→❼（ADP → ATP）→ 3-ホスホグリセリン酸（3PG）	PGK	+1（+2）	−18.8（−37.6）	約 0
3-ホスホグリセリン酸（3PG）→❽→ 2-ホスホグリセリン酸（2PG）	PGM		+4.4（+8.8）	約 0
2-ホスホグリセリン酸（2PG）→❾（→ H_2O）→ ホスホエノールピルビン酸（PEP）	ENO		−3.2（−6.4）	−3.3（−6.6）
ホスホエノールピルビン酸（PEP）→❿（ADP → ATP）→ ピルビン酸（Pyr）	PK	+1（+2）	−31.4（−62.8）	−16.7（−33.4）
全体：グルコース＋2ADP＋$2P_i$＋$2NAD^+$→2 ピルビン酸＋2ATP＋2NADH＋$2H^+$＋$2H_2O$		+2	−83.1	−102.9

備考：$\Delta G^{\circ\prime}$ と ΔG の単位は kJ/mol。エネルギー生成相ではグルコース 1 分子当たり 2 分子の三炭素基質を含んでいるので，反応 5 より後のすべての反応では 2 倍にした値を（　）内に記載してある。ΔG 値は，ウサギ骨格筋中の解糖系中間体のおおよその細胞内濃度から計算した。

好気的解糖系では嫌気的解糖系より相当多いATPが産生される。さらにクエン酸回路でのピルビン酸の酸化は，呼吸によってはるかに多くのエネルギーを生成する。

乳酸代謝

解糖系が非常に高速で働いている好気的細胞では，解糖系で生成したNADHのすべてがそれに匹敵する速度でミトコンドリア中で再酸化されるわけではない。そのような場合やミトコンドリアを欠いている嫌気性細胞では，酸化還元ホメオスタシスを維持するために，NADHは有機基質を還元することに使われなければならない。前述のように，その基質とは真核細胞と乳酸菌のいずれにおいてもピルビン酸そのものであり，その生成物は乳酸である。この反応を触媒する酵素は，乳酸デヒドロゲナーゼ lactate dehydrogenase（LDH）である（p.467参照）。この反応の平衡は乳酸のほうに大きく偏っている。図13.3aに示したように，グリセルアルデヒド3-リン酸の酸化で生成したNADHが，ピルビン酸を乳酸に還元するのに用いられる。こうして嫌気的解糖系を通じて，全体として電子の平衡が維持されている。

> **ポイント12**
> 組織が解糖系でつくられたNADHのすべてを酸化できるほど好気的でないとき，ピルビン酸は乳酸に還元されなければならない。

好気的な脊椎動物であっても赤血球のようないくつかの組織では，エネルギーの大部分を嫌気的代謝に依存している。骨格筋では，安静時にはそのエネルギーの大部分を呼吸に依存しているが，労作時には嫌気的解糖系に大きく依存していて，貯蔵グリコーゲンがそのとき急激に壊され（すなわち動員され），解糖系のためにグルコースを供給する。通常，生じた乳酸は組織から拡散し，血流を介して心臓や肝臓のような好気性の高い組織へ運ばれる。好気的組織は呼吸によって乳酸をさらに異化するか，あるいは糖新生系によってそれをグルコースに戻すことができる。しかし，もし乳酸が大量につくられた場合は，容易に消費することができない。そのときは第7章でみたように血中のpHが低下し，Bohr効果により組織へのO_2供給が増加する。

最近まで，骨格筋における乳酸蓄積は主として嫌気的代謝の結果であり，組織が解糖系においてつくられたピルビン酸を酸化する能力を超えてエネルギーを生成する必要があるときに生じると考えられてきた。運動中の生きている骨格筋細胞内のリン酸化中間体の濃度に関する^{31}P NMR解析を含む代謝研究の結果から，乳酸は実際には中間体であり，ピルビン酸へ再変換される運命しかない代謝上の“行き止まり”ではないことが示唆されている。これらの研究は，十分にO_2で満たされた骨格筋組織においてさえ乳酸は継続的につくられ，利用されることを示している。乳酸は骨格筋ミトコンドリアで活発に酸化され，酸化は労作時の乳酸除去の75％をも占め，残りは糖新生系のために使われる。

乳酸デヒドロゲナーゼのアイソザイム

乳酸デヒドロゲナーゼ（LDH）は，アイソザイムの存在の構造的根拠が初めて確認された酵素である。多くの組織には乳酸デヒドロゲナーゼの5つのアイソザイムがある。それらは図13.7に示すように電気泳動で分離することができる。

乳酸デヒドロゲナーゼは，MとHと呼ばれるアミノ酸配列が少し異なる2種類のサブユニットからなる四量体タンパク質である。骨格筋や肝臓ではMサブユニットが優位であるのに対し，心臓ではHサブユニットが優位である。MサブユニットとHサブユニットは任意に互いに結合し合うので，5つの主要なアイソザイムはM_4，M_3H，M_2H_2，MH_3，H_4で構成されている。任意にサブユニットが組み合わされるので，組織におけるアイソザイムの構成は，主としてこの2つのサブユニットを規定している遺伝子の発現レベルによって決定される。

この酵素に異なる型が存在することが，生理的になぜ必要なのかはまだ明らかではない。しかし，アイソザイムパターンの組織特異性は臨床医学において有用である。心筋梗塞，感染性肝炎，筋疾患のような病態では病変組織で細胞死が起こり，血中に細胞の内容物が放出される。血清中のLDHアイソザイムパターンはそのアイソザイムを放出した組織を反映している。この情報によってそのような状態を診断し，また治療効果を追跡するのに用いることができる。

エタノール代謝

嫌気性微生物ではピルビン酸の行方は多様である。すでにみてきたように，乳酸菌は1段階でピルビン酸を乳酸に還元する（次ページ，右段上の図参照）。対照的に，酵母は2段階の経路でピルビン酸をエタノールに変換する。このアルコール発酵は，**ピルビン酸デカルボキシラーゼ pyruvate decarboxylase** の触媒するピルビン酸からアセトアルデヒドへの非酸化的脱炭酸で始まる。NAD^+は次の反応，すなわちアルコールデヒドロゲナーゼの触媒するアセトアルデヒドからエタノールへのNADH依存的還元によって再生される。

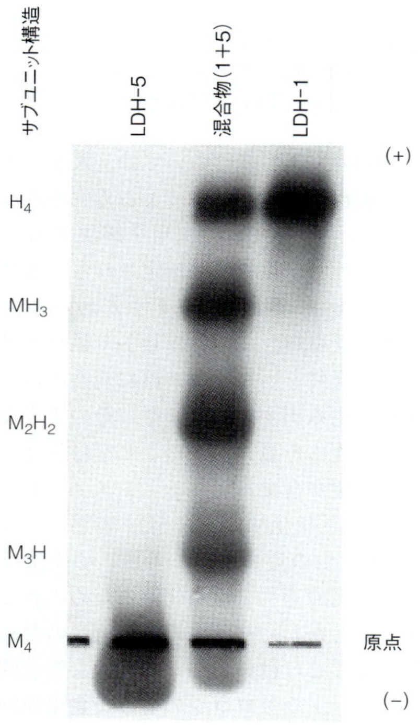

図 13.7　乳酸デヒドロゲナーゼのアイソザイムの存在の構造的根拠　標品はデンプンゲル内で電気泳動に供され，次に酵素活性のあるタンパク質を含むバンドが検出できるように処理された。LDH-1 は H サブユニットのみの四量体であり，LDH-5 は M サブユニットのみを含んでいる。中央のレーンは LDH-1 と LDH-5 を等量混合した実験である。サブユニットを一度解離させ，次に再結合させた。酵素の 5 つの異なる型の存在とそれらの量的関係は，1 つ 1 つの M サブユニットと H サブユニットが無作為に結合してサブユニット構成の異なる四量体を形成しうることを示す。

From *Science* 140：1329, C. L Markert, Lactate dehydrogenase isozymes：Dissociation and recombination of subunits. © 1963. Reprinted by Permission from AAAS.

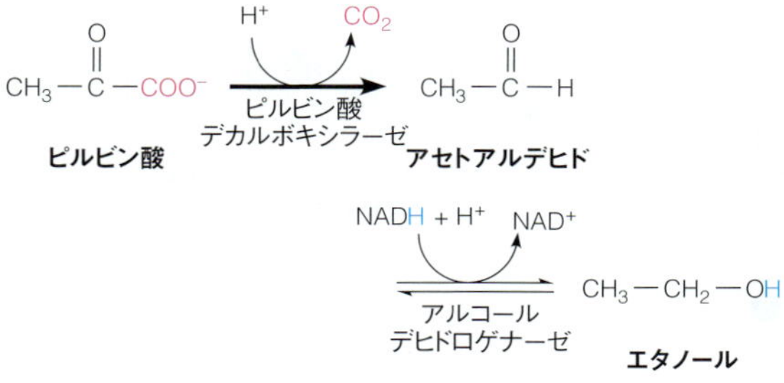

最初の反応は，補酵素として**チアミンピロリン酸 thiamine pyrophosphate（TPP）**が必要である。この補酵素は，ビタミン B 群の中で最初に同定されたのでビタミン B_1とも呼ばれるチアミンに由来する。このビタミンは構造的に複雑であるが，その補酵素型であるチアミンピロリン酸への変換は，単純な ATP 依存性のピロリン酸化反応である。

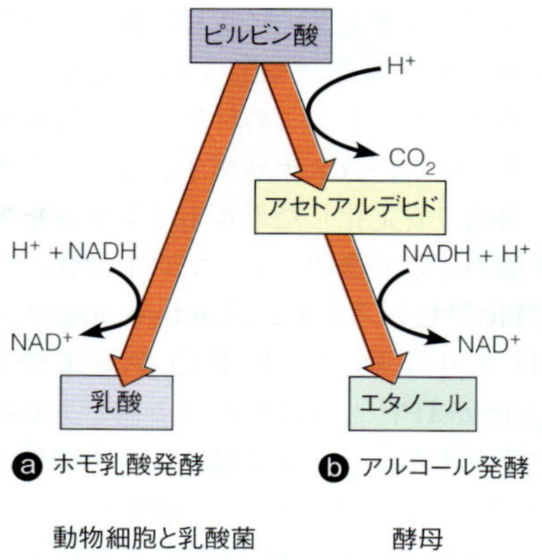

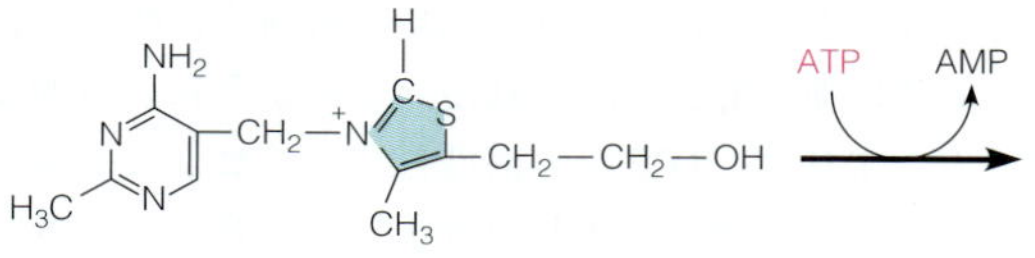

チアミン

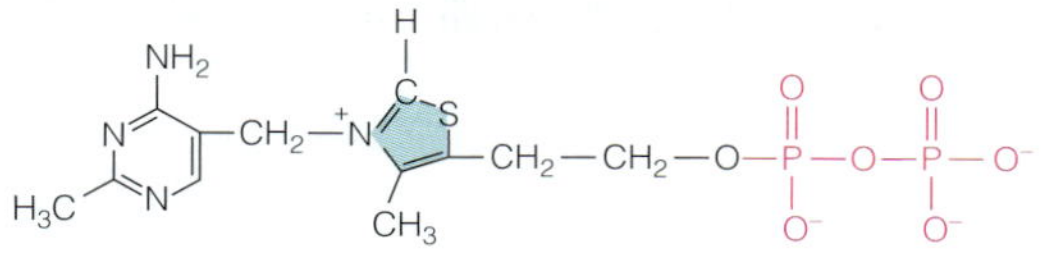

チアミンピロリン酸

チアミンピロリン酸は，すべての α ケト酸脱炭酸反応の補酵素である。β ケト酸とは異なり，α ケト酸は脱炭酸反応を通じて出現するカルボアニオン遷移状態を安定化することができないので，補酵素（TPP）の助けを必要とする。**図 13.8** で示されているピルビン酸脱炭酸の反応機構は，他の α ケト酸脱炭酸反応のすべてで含まれている。TPP は 2 つの複素環，すなわち置換されたピリミジンとチアゾールを含むことに注意せよ。最近の NMR による研究で，両方の環がチアゾール環の C2（窒素と硫黄の間の炭素）に，反応性の高いカルボアニオンを導入するのに関与することが示された（**図 13.8** のステップ 1）。チアゾール環は弱酸性（環の水素の pK_aは約 18）であるので，そのイオン化には一般塩基を必要とする。次ページ左段上の図に示すように，酵素のグルタミン酸のカルボキシ基はピリミジンの N1 を脱プロトン化し，それによって今度はアミノ基の塩基性を高めてチアゾール環の C2 の脱プロトン化を促進し，双極性のチアゾリウムカルボアニオン，すなわち**イリド ylid** を生じる。

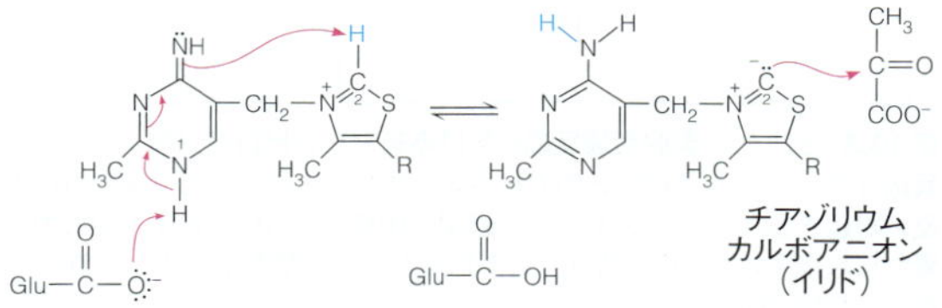

このカルボアニオンは，ピルビン酸のようなαケト酸のカルボニル炭素を攻撃して付加化合物を生じる（図13.8のステップ2）。この付加化合物は非酸化的脱炭酸反応を受けるが（ステップ3），このときチアゾール環は，共鳴で安定化したカルボアニオンを形成するのに電子溜めとして機能する。プロトン化（ステップ4）は**活性化アセトアルデヒド active acetaldehyde**，あるいはより正確には**ヒドロキシエチル-TPP hydroxyethyl-TPP**と呼ばれる分子種を生じる。ピルビン酸デカルボキシラーゼでは，この中間体は脱離反応を受けてアセトアルデヒドとTPPカルボアニオンを生じる（ステップ5）。第14章で考察するように，ピルビン酸デヒドロゲナーゼ反応では，（ここでは示していないが）活性化された二炭素の断片は酸化されると同時に他の酵素に移される。このように一般的な言い方をすれば，TPPは，活性化アルデヒド分子種を生成するときに働き，生じた分子種は受容体に移されて酸化されることもあれば，されないこともある。我々はこの補酵素に，他の経路で幾度か遭遇することになるだろう。

ポイント13
TPPのチアゾール環は，この補酵素が活性化アルデヒドに結合し，転移させることを可能にする機能部位である。

エタノールの工業生産については，人類の2つの深刻な問題，①再生可能な燃料による再生不能な石油の置換と②生物学的廃棄物の利用を解決する試みとして，はかり知れない重要性が想定される。これらの問題を解決する努力には，木くずや麦わらの中のセルロースのような材料，あるいはヒトや動物の排泄物中のより複雑な材料をヘキソース糖に変換することのできる細菌株を生み出す生物工学や，そのような糖からのエタノール産生を最大化することを目的とした解糖系の調節の解析が含まれている。システムレベルのプロテオミクス（「生化学の道具5D」参照）とメタボロミクス（「生化学の道具12B」参照）の手法は，工業的セルロース発酵過程を最適化するための新たな技術標的である。しかし，バイオ燃料の生産のために耕作地を使用することにはいくつかの重大な否定的側面がある。例えば，トウモロコシのような食用作物から生産される"第1世代"のバイオ燃料は，トウモロコシ

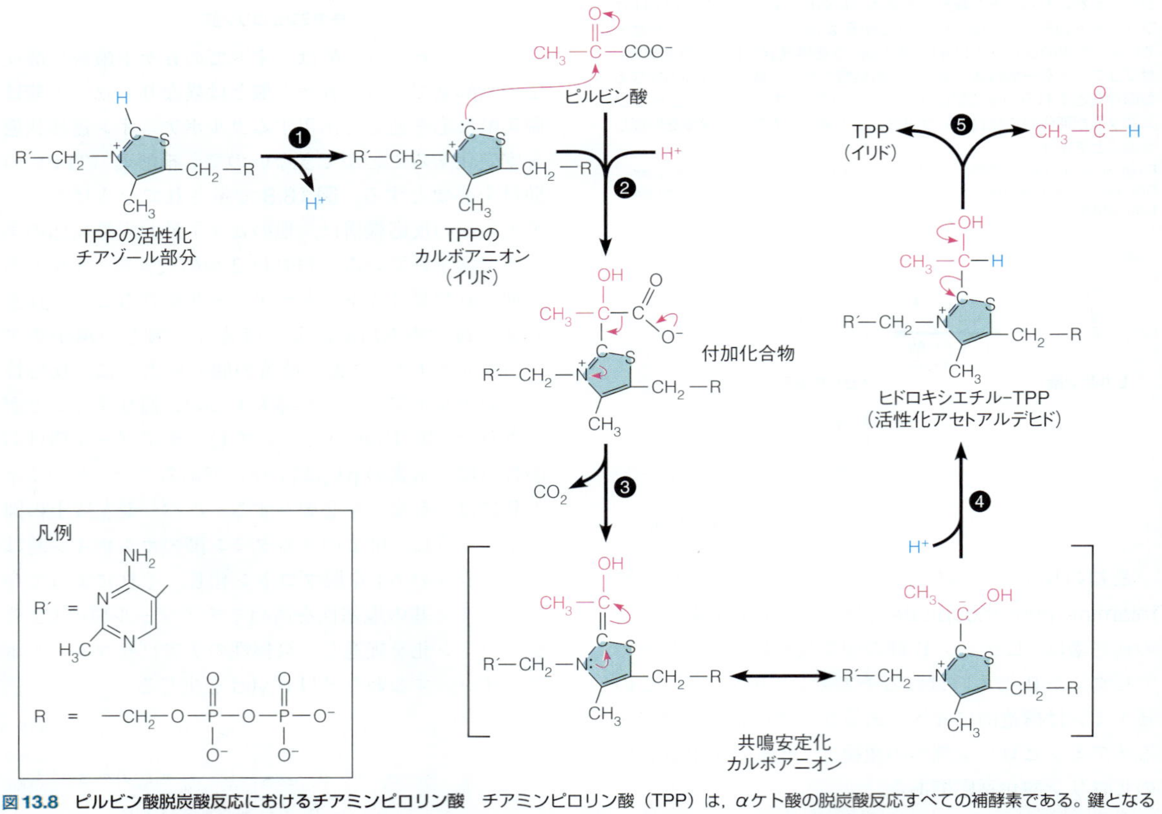

図13.8　ピルビン酸脱炭酸反応におけるチアミンピロリン酸　チアミンピロリン酸（TPP）は，αケト酸の脱炭酸反応すべての補酵素である。鍵となる反応（ステップ2）はTPPのカルボアニオンによるピルビン酸のカルボニル炭素への攻撃であり，続いて補酵素に結合したピルビン酸の非酸化的脱炭酸反応が起きる（ステップ3）。その結果，共鳴安定化したもう1つのカルボアニオンを生成する。ステップ4ではTPPに結合した二炭素断片（赤）は酵素から水素イオンを引き抜き，ヒドロキシエチル基を生じる。この断片はアルデヒドの酸化レベルのままである。最終ステップでアセトアルデヒドが遊離し，TPPカルボアニオンが再生する（ステップ5）。

やその他の主食の価格上昇，過剰な肥料の使用，土壌の劣化を招く。これらの懸念により農業副産物や干し草のような非食品バイオマス（リグノセルロース供給原料）から生産される“第 2 世代”の生物燃料の開発が進んだ。しかし農業従事者が価格の高騰のために森林や草地を新たな耕作地に転換するので，これらの手段のすべてが灌漑のための水の需要や水質汚染を増加させ，温室効果ガスの排出さえ増加させることになるだろう。このようにバイオ燃料が商業的に石油製品と競争できるようになると同時に環境に優しくなるまでには，多くの技術的障害が横たわっている。

エタノールは，動物細胞においては主要な代謝物ではないが，動物組織もアルコールデヒドロゲナーゼを含んでいる。エタノール中毒による代謝上の主要な影響のいくつかは，肝臓中のこの酵素によるエタノールの酸化の結果として生じる。まず第 1 に，NAD^+量を枯渇させるほど大量のNAD^+の NADH への還元があり，それによってグリセルアルデヒド 3-リン酸デヒドロゲナーゼを通過する流量が減少し，結果的にエネルギー生成が阻害される。第 2 にアセトアルデヒドは非常に毒性が強く，二日酔いの不快な作用の多くは，アセトアルデヒドとその代謝物の働きの結果として生じる。

エネルギーと電子の貸借対照表

解糖系の化学反応式を書いてみると，1 mol のグルコースの変換に伴うエネルギー産生量を計算することができる。ホモ乳酸発酵における反応式は次のように表せる。

$$\text{グルコース} + 2\text{ADP} + 2\text{P}_i + 2\text{H}^+ \longrightarrow 2\,\text{乳酸} + 2\text{ATP} + 2\text{H}_2\text{O}$$

同様にして，アルコール発酵の反応式も表せる。

$$\text{グルコース} + 2\text{ADP} + 2\text{P}_i + 4\text{H}^+ \longrightarrow 2\,\text{エタノール} + 2\text{CO}_2 + 2\text{ATP} + 2\text{H}_2\text{O}$$

まず第 1 に，両方の反応過程で酸化状態に正味の変化のないことに注目せよ。すなわち，NAD^+と NADH はともに反応経路に含まれるが，反応全体には現れていない。これは第 12 章で最初に紹介された強制的共役化学量論の一例である。グルコース（$C_6H_{12}O_6$）と乳酸（$C_3H_6O_3$）の実験式を比べてわかるように，グルコース代謝は，乳酸に変わるものもエタノールに変わるものも非酸化的過程に該当する。なぜなら炭素原子 1 つにつき結合している水素と酸素の数がグルコースと乳酸とでは同じなので，炭素の酸化状態に全体として変化のないことは明らかである。エタノールと CO_2 を加えたものについても，両方の原子を数えると同じことがいえる。ただし，乳酸とエタノール＋CO_2の個々の炭素原子には，酸化されているものもあれば還元されているものもある。対照的に実験式（$C_3H_4O_3$）からわかるように，ピルビン酸はグルコースよりも高度に酸化されている。

次にこれらの平衡式はどちらも吸エルゴン反応に共役した発エルゴン反応であることに注意しよう。例えばアルコール発酵では，以下のようになる。

$$\begin{aligned}
&\text{発エルゴン性：グルコース} \longrightarrow 2\,\text{エタノール} + 2\text{CO}_2\\
&\qquad \Delta G^{\circ\prime} = \quad -228\ \text{kJ/mol グルコース}\\
&\text{吸エルゴン性：}2\text{ADP} + 2\text{P}_i \longrightarrow 2\text{ATP} + 2\text{H}_2\text{O}\\
&\qquad \Delta G^{\circ\prime} = 2 \times 30.5 = 61\ \text{kJ/mol グルコース}\\
&\qquad \Delta G^{\circ\prime}_{\text{合計}} = \quad -167\ \text{kJ/mol グルコース}
\end{aligned}$$

こうしてこの過程の効率，すなわち放出された自由エネルギー量のうち実際に ATP に補足されるのは，標準条件下で 61/228＝27％である。残りの自由エネルギーは，この過程を確実に完結させるのに使用される。この過程の平衡定数 K は第 3 章の式 3.28 から計算できる。

$$K = e^{\left(\frac{\Delta G^{\circ\prime}}{RT}\right)} = 1.9 \times 10^{29}$$

明らかに解糖系は標準条件下で非常に有利であり，実際完結する。生理的条件下ではどうであろうか。表 13.1 ではウサギ骨格筋の解糖系中間代謝物のおよその細胞内濃度から推定した個々のステップの ΔG 値を示してある。図 13.9 では，この推定 ΔG 値をプロットして経路内での実際の自由エネルギーの変化を示している。3 つを除くすべての反応は平衡状態かその近傍で起きていて，in vivo で自在に逆行することができる。3 つの例外はヘキソキナーゼ，ホスホフルクトキナーゼ，ピルビン酸キナーゼの触媒する反応であり，自由エネルギーの大量の減少を伴う。これらの非平衡反応は in vivo で不可逆であり，解糖系全体を一方通行にする。次項で見るように，これらの反応は糖新生系では迂回するステップである。同時にこれら 3 つの非平衡反応は解糖系の調節部位でもある。調節は，平衡から大きく偏った反応でのみ行われることを第 12 章から思い出そう。

この 10 ステップからなる経路は素早く進行し，嫌気的解糖系は好気的な酸化的リン酸化よりも 100 倍以上の速度で ATP を産生することができる。筋細胞は，酸素の供給が ATP 産生のための需要に追いつけない激しい運動時にこれを利用する。がん細胞も嫌気的解糖系による高速度の ATP 産生を利用することで高い増殖速度を維持している。実際，高速で分裂するがん

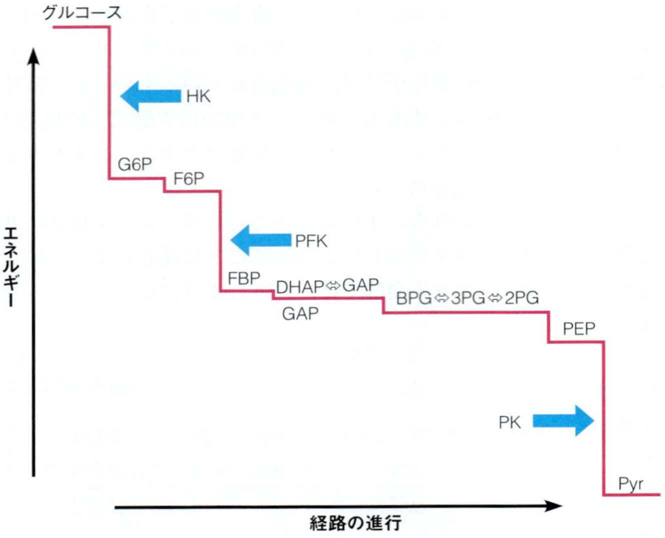

図 13.9　嫌気的解糖系のエネルギー概略　グラフは，表 13.1 で計算した推定 ΔG 値に基づいて，経路中の各反応の実際の自由エネルギーの変化を示す。代謝物と酵素の略号は表 13.1 に示してある。大部分の反応は平衡状態かその近傍で起きていて，in vivo で自在に逆行することができる。強く発エルゴン的であるため事実上不可逆な反応を触媒する3つの酵素（矢印）はアロステリック制御を受ける。

細胞の多くは，酸素が豊富でも解糖系でグルコースを代謝し乳酸を産生する。この現象は 1925 年に Otto Warburg が初めて記したもので，第 18 章で詳しく説明する“Warburg 効果”として知られている。もちろん 1 グルコースあたり 2 ATP しか産生しないので，この解糖系による ATP の高速産生には高速度でのグルコースの利用を必要とする。このことから我々は，以下のような解糖系の生体エネルギー論の結論に至る。

解糖系はグルコース分子に貯蔵されているポテンシャルエネルギーのうちのほんの一部分しか放出していない。先に述べたように（第 12 章参照），グルコースが CO_2 と H_2O に完全燃焼すると，標準条件下では 2,870 kJ/mol の自由エネルギーが放出される。2 mol の乳酸の CO_2 と H_2O への完全燃焼は標準条件下で 2×1,379 kJ/mol＝2,757 kJ/mol の自由エネルギーを放出する。こうしてホモ乳酸発酵では 2,757/2,870，すなわち元のグルコース分子で利用可能な自由エネルギーの96％が発酵生成物の乳酸に残っている。アルコール発酵も同様に低収率である。

第 15 章でみるように，グルコースが解糖系とクエン酸回路によって完全に酸化されるとき，1 mol 当たり約 30～32 mol の ATP が ADP から合成される。好気的代謝ではグルコースからより多くのエネルギーが産生され，したがって一般に好気性生物は嫌気性生物に比べてうまく適応し，広く分布している。初期の好気的代謝の進化によって，今日存在する大型で活動的な動物の出現が可能になった。それにもかかわらず，多くの大型動物は，ある生理的状況下では依然として代謝エネルギーの大部分を解糖系から得ている。1 つの好例はワニである。その生活の大部分の時間は不活発（そして好気的）であるが，激しく素早い動きを瞬間的に起こすことが可能である。後者の状況において，解糖系は糖質エネルギー源の分解と組み合わされた，非効率的ではあるが素早くエネルギーを動員する方法である。

ポイント 14
1 グルコースから 2 ATP を産生する解糖系は，素早いが，グルコースから利用可能なエネルギーのわずかな部分しか放出しない。

糖新生系

糖新生系は，非糖質前駆体からのグルコースの合成である。これは，第 12 章で述べた“生合成経路は決して対応する分解経路の単なる逆反応ではない”という原理の最初の実例である。みかけ上，糖新生系は逆にすると，解糖系と非常によく似ているが，重要な部位では異なる酵素反応が行われる。これらの部位は，主として相反する方法で制御された強い発エルゴン反応であるので，解糖系を活性化する生理的条件では糖新生系が阻害され，逆の場合もまた同様である。本章で後述するグリコーゲンの合成と動員の比較についての考察からも，似かよった状況が浮かび上がる。

動物におけるグルコース合成の生理的必要性

多くの動物器官は，エネルギー産生のために種々の炭素源を代謝することができる。それらの炭素源はトリアシルグリセロール，種々の糖質，ピルビン酸，アミノ酸などである。しかし脳と中枢神経系では，唯一の，あるいは主要な炭素源としてグルコースを必要とする。腎髄質，精巣，赤血球などの組織（図 13.10）

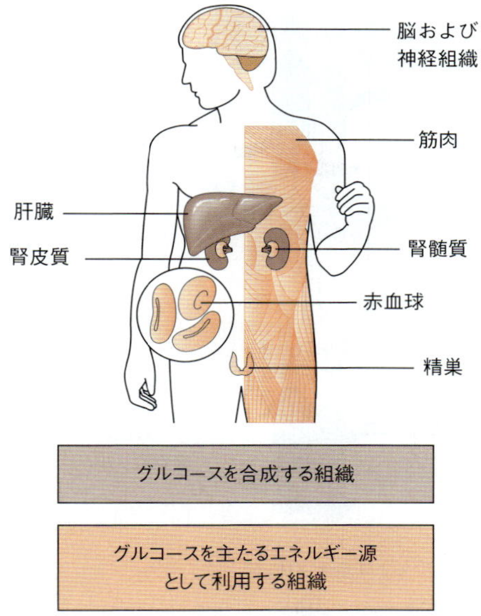

図 13.10　人体におけるグルコースの合成と利用　肝臓と腎皮質は主要な糖新生系の組織である。脳，骨格筋，腎髄質，赤血球および精巣は，唯一の，あるいは主要なエネルギー源としてグルコースを利用するが，それを合成するための酵素群を欠いている。

でも同じことがいえる。したがって，動物細胞は種々の前駆体からグルコースを合成し，血中グルコースレベルを狭い範囲内で維持できなければならない。それは脳と中枢神経系が適切に機能するためと，他の組織でのグリコーゲン貯蔵のための前駆体を供給するためである。ヒトの脳のグルコース所要量は相対的に多く，体全体で必要な 1 日約 160 g のうちの 120 g を占める。常時保存されているグリコーゲンから産生されるグルコース量はおよそ 190 g であり，体液中の総グルコース量は 20 g 強である。このように，ただちに利用できる貯蔵グルコース量は，ほぼ 1 日の供給量に匹敵する。1 日以上の絶食をした場合，グルコースは他の前駆体から合成する必要がある。夕食後の夜間，グリコーゲン分解と糖新生系の両方が全体的なグルコース産生に貢献する。しかし，もし朝食を抜くとグリコーゲンの貯蔵が枯渇してしまい，糖新生系が血中グルコースレベルを維持するための主たる経路になる。マラソンの最中のように過激な運動中でも同じことが起きる。初めのうちは肝臓でのグリコーゲン分解が骨格筋の使う臨時のグルコースの主な供給源であるが，貯蔵グリコーゲンが枯渇するにつれ肝臓での糖新生系が徐々に重要になる。

この生合成過程は**糖新生系 gluconeogenesis** とよばれ，文字通り新たなグルコースを生成する。糖新生系は炭素原子が 3 個あるいは 4 個からなる前駆体で，一般的に自然界に存在する非糖質から糖質を生合成する過程と定義される。糖新生系にとって主要な基質のうち，乳酸は骨格筋や赤血球において主として解糖系から産生され，種々のアミノ酸は食餌のタンパク質や飢餓時の筋タンパク質の分解に由来し，アミノ酸の 1 つであるアラニンはグルコース-アラニン回路（p.755，図 20.13）を介して筋中で生成し，プロピオン酸は奇数個の炭素原子をもった脂肪酸やいくつかのアミノ酸の分解物に由来し，グリセロールは脂肪の異化で生じる。脂質の分解により遊離した脂肪酸は，グリオキシル酸回路（p.555，図 14.21 参照）が機能する生物以外ではほとんどがアセチル CoA に変換されるため，糖質の合成には使うことができない。

ミトコンドリアで産生され，利用するには細胞質ゾルに運ばれなければならない前駆体もいくつかあるが，糖新生系は主として細胞質ゾルで生じる。動物では糖新生系が働く主な組織は肝臓で，肝臓ほどではないが腎皮質も重要である（図 13.10 参照）。糖新生系で生成したグルコースは，主として神経組織で異化されるか骨格筋で利用される。さらにグルコースは，アミノ糖，複合多糖，および糖タンパク質や糖脂質の糖成分を含む他のすべての糖質の主たる前駆体である。生合成中間体としてのグルコースの必要性は，糖新生系が動物のみならず植物や微生物においても重要な経路であることを意味していて，この経路はすべての生物において本質的に同一である。しかし，動物における糖新生の制御についてはすでに多くの情報があるので，本項のはじめの部分では動物での代謝に焦点を当てることにする。

13

ポイント 15
非糖質前駆体からのグルコース合成は，血中グルコースレベルを許容範囲内に維持するために必須である。

糖新生系と解糖系における酵素の関連性

糖新生系は逆にした解糖系とよく似ているため，学習しやすい経路といえる。しかし，この経路が細胞内でグルコース合成に向かって進むために，いくつかの重要な違いがある。

代謝経路は，書かれた方向からみて，その経路全体の ΔG が著しく負となる場合においてのみ円滑に進行できることを思い出そう。我々はちょうど，グルコースからピルビン酸への解糖系が強い発エルゴン反応であり，その ΔG が典型的な細胞内条件下でおよそ -103 kJ/mol であることをみた（表 13.1）。それでは，どうしてピルビン酸のグルコースへの変換が発エルゴン反応になりえるのであろうか？　ヘキソキナーゼ，ホスホフルクトキナーゼ，ピルビン酸キナーゼによって触媒される解糖系の 3 つの反応が非常に強い発エルゴン反応で，本質的に不可逆であることを思い出そう

（図13.9）。糖新生系においては，異なる化学反応と酵素がそれぞれのステップで関与しており，例えばフルクトース 1,6-ビスリン酸のフルクトース 6-リン酸への変換は，ホスホフルクトキナーゼによる反応の単なる逆反応ではない。本質的に，解糖系の3つの不可逆反応は，グルコース合成の方向に強力に進む，全く異なった反応を触媒する糖新生系に特有の酵素が関与する迂回路である。この生合成過程では実質的なエネルギー費用が発生するが，全体として熱力学的に有利であれば支払うことができる。糖新生系の残り7つの反応は，可逆反応を触媒する解糖系の酵素により触媒され，それらは質量作用の法則でいずれか一方向に進む（準平衡反応，図13.9参照）。解糖系と糖新生系の関連性については，基質回路（p.431参照）で制御される3つの反応だけが異なっているともいえる。

> **ポイント 16**
> 糖新生系は，解糖系の3つの不可逆反応を迂回する特異的酵素を利用する。

ピルビン酸からグルコースに至る糖新生系全体を図13.11に要約した。ここでは解糖系における3つの不可逆反応を迂回する反応に焦点を合わせる。

迂回路 1 : ピルビン酸からホスホエノールピルビン酸への変換

ピルビン酸キナーゼの迂回路はミトコンドリア内で始まり，2つの反応が関与している。**ピルビン酸カルボキシラーゼ** pyruvate carboxylase は，ATP とビオチンの存在下でピルビン酸をオキサロ酢酸に変換する。本酵素の構造と機構は第14章で詳細に考察する（p.552参照）。本酵素はアロステリック活性化因子としてアセチル CoA を必要とする。

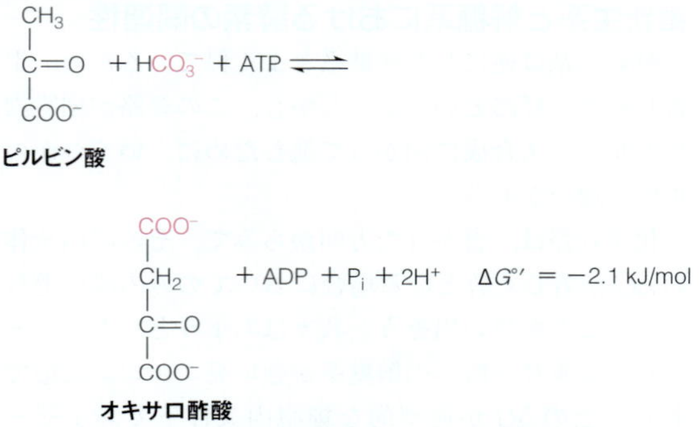

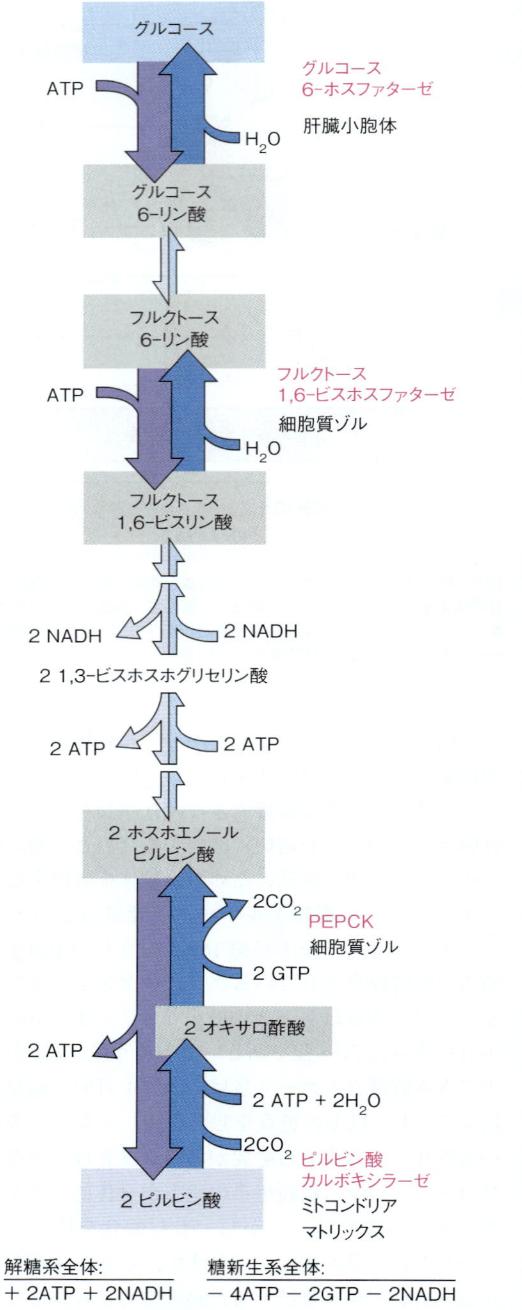

$$\begin{array}{c}CH_3\\|\\C=O\ +\ HCO_3^-\ +\ ATP\ \rightleftharpoons\\|\\COO^-\end{array}$$

ピルビン酸

$$\begin{array}{c}COO^-\\|\\CH_2\\|\\C=O\\|\\COO^-\end{array}\ +\ ADP\ +\ P_i\ +\ 2H^+\quad \Delta G^{\circ\prime}=-2.1\ kJ/mol$$

オキサロ酢酸

次章でみるようにこの反応は，クエン酸回路中間体のレベルを維持するために使われる**アナプレロティック** anaplerotic（"補充"）反応の1つである（p.552参照）。ピルビン酸カルボキシラーゼは，ミトコンドリアのマトリックスで，クエン酸回路で酸化されるオキサロ酢酸を産生する。糖新生系で利用されるためにはオ

図 13.11 解糖系と糖新生系の反応 解糖系の不可逆反応は，濃い紫色で示してある。これらのステップを迂回する糖新生系の逆反応は濃い青色で示してある。薄い色の矢印は，両経路で利用される可逆反応を表す。

キサロ酢酸はミトコンドリアから，糖新生系の残りの反応が起きる細胞質ゾルへ移行しなければならない。しかし，ミトコンドリア膜はオキサロ酢酸に対し有効なトランスポーターをもっていない。そこでオキサロ酢酸はミトコンドリアのリンゴ酸デヒドロゲナーゼによりリンゴ酸に変換され，リンゴ酸はオルトリン酸と

の交換反応により細胞質ゾルに運ばれた後に細胞質ゾルに存在するリンゴ酸デヒドロゲナーゼにより再酸化される。

細胞質ゾルに移行したオキサロ酢酸は**ホスホエノールピルビン酸カルボキシキナーゼ phosphoenolpyruvate carboxykinase（PEPCK）**の作用により，ホスホエノールピルビン酸になる。

オキサロ酢酸 ＋ GTP ⇌
ホスホエノールピルビン酸 ＋ CO_2 ＋ GDP
$\Delta G^{\circ\prime}$ ＝ ＋2.9 kJ/mol

エネルギー供与体として，ATP ではなく GTP が使われることに注意しよう。また，ピルビン酸カルボキシラーゼによって固定されたのと同じ CO_2 がこの反応で遊離するので，結局 CO_2 は固定されないことにも注意すべきである。PEPCK 反応は Mg^{2+} または Mn^{2+} を要求し，可逆的になりやすい。この反応で，転移された CO_2 に由来するカルボキシ基は，O－P 結合形成を促進するために電子を供給する。

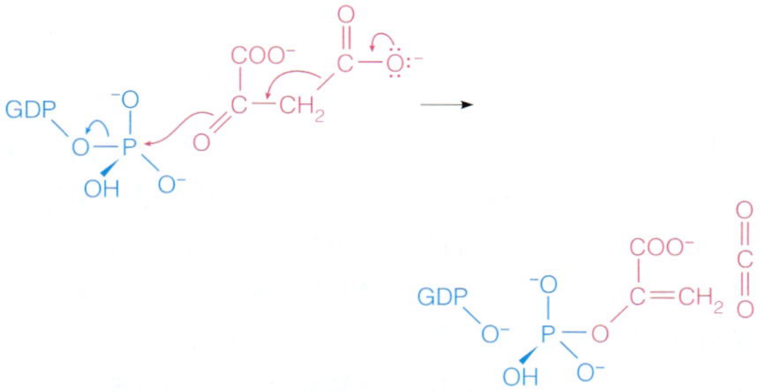

真核生物は 2 つの異なる PEPCK アイソザイムを発現していて，一方は細胞質ゾルに，他方はミトコンドリアに局在している。細胞質ゾル型は，その細胞内濃度が糖新生系を制御するホルモンによって調節されていることから，糖新生系においてより重要な役割を演じていると考えられる。しかし，（ヒトを含む）多くの哺乳類の肝臓では，PEPCK の総活性の少なくとも半分はミトコンドリア型である。酸化還元の必要条件と糖新生系の区画化を考慮すれば，2 つのアイソザイムが存在する代謝的な説明が提案できる。図 13.11 に示すように，糖新生系は 1,3-ビスホスホグリセリン酸をグリセルアルデヒド 3-リン酸に還元するために電子を NADH の形で必要とする。しかし，細胞質ゾルの［NADH］/［NAD^+］比はミトコンドリア内よりも 10^5 倍低い。細胞質ゾルの PEPCK が優位な組織では，リンゴ酸がミトコンドリアから細胞質ゾルへ輸送され，2 つのリンゴ酸デヒドロゲナーゼアイソザイムが作用することにより，グリセルアルデヒド 3-リン酸デヒドロゲナーゼで使用される還元当量がミトコンドリアから細胞質ゾルへ輸送される（図 13.12）。しかし，

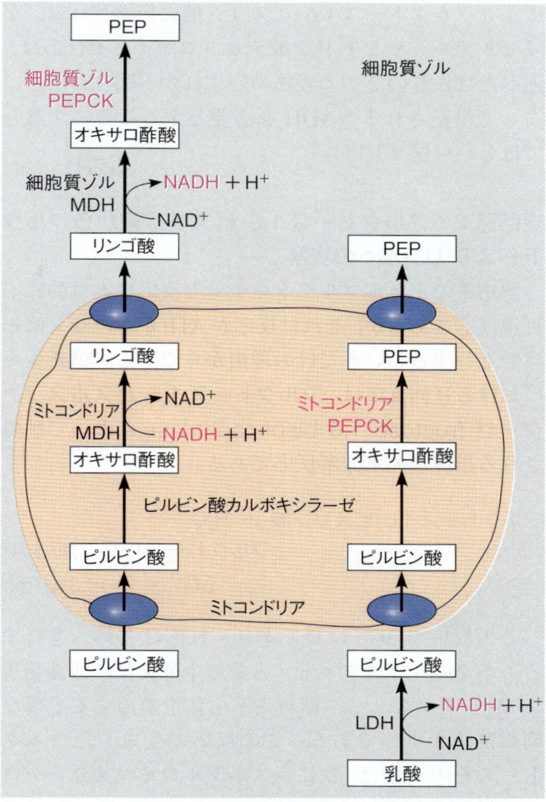

図 13.12　PEPCK アイソザイムは PEP と細胞質の還元当量を生成する選択経路を提供する　MDH＝リンゴ酸デヒドロゲナーゼ，LDH＝乳酸デヒドロゲナーゼ。青色の楕円は内膜トランスポーターを示す。

もし乳酸が糖新生系の前駆体として利用できるならば，細胞質の乳酸デヒドロゲナーゼによる乳酸のピルビン酸への酸化によって，必要とされる細胞質ゾルの還元当量が与えられる。このときミトコンドリアは PEP のトランスポーターをもっているので，ピルビン酸カルボキシラーゼによって生成したオキサロ酢酸を，ミトコンドリアの PEPCK が直接 PEP に変換することが可能になる。

ピルビン酸キナーゼの迂回路全体の反応は次の通りである。

ピルビン酸 ＋ ATP ＋ GTP ⟶
ホスホエノールピルビン酸 ＋ ADP ＋ GDP ＋ P_i ＋ H^+
$\Delta G^{\circ\prime}$ ＝ ＋0.8 kJ/mol

2 つの反応をまとめた $\Delta G^{\circ\prime}$ 値は若干のプラスとなる。しかし，細胞内の条件下で一連の反応は，ΔG がおよそ－25 kJ/mol ときわめて発エルゴン的である。要約した反応式で示したように，2 個の高エネルギーリン酸化合物が 1 個のホスホエノールピルビン酸を合成するのに投資されなければならない。この迂回路の後，ホスホエノールピルビン酸は解糖系酵素の逆反応

によりフルクトース1,6-ビスリン酸に変換される。グリセルアルデヒド3-リン酸デヒドロゲナーゼ反応は，述べたばかりの2つの経路のいずれか（図13.12）によって供給されるNADHを必要とすることに注意してほしい（図13.11）。

迂回路2：フルクトース1,6-ビスリン酸からフルクトース6-リン酸への変換

解糖系のホスホフルクトキナーゼ反応は本質的に不可逆反応であるが，それは反応がATPからのリン酸転移で進行するというだけの理由からである。糖新生系における迂回反応は，**フルクトース1,6-ビスホスファターゼ fructose-1,6-bisphosphatase**によって触媒される単純な加水分解反応である。

$$\text{フルクトース 1,6-ビスリン酸} + H_2O \xrightarrow{Mg^{2+}} \text{フルクトース 6-リン酸} + P_i \qquad \Delta G^{\circ\prime} = -16.3\ \text{kJ/mol}$$

この反応の$\Delta G^{\circ\prime}$は負であり，反応は右側へ進行する。多くのサブユニットからなる本酵素は，活性発現にMg^{2+}を必要とし，糖新生系全体を調節する主要な制御部位の1つである。この反応で生成したフルクトース6-リン酸は，次にホスホグルコイソメラーゼによる異性化反応によりグルコース6-リン酸に変換される。

迂回路3：グルコース6-リン酸からグルコースへの変換

グルコース6-リン酸がヘキソキナーゼあるいはグルコキナーゼの逆反応によってグルコースに変換されることはない。なぜなら，逆反応では$\Delta G^{\circ\prime}$は高い正の値を示し，ATPからのリン酸転移反応のために事実上不可逆反応となっている。代わりに糖新生系にとってもう1つの特異的酵素である**グルコース6-ホスファターゼ glucose-6-phosphatase**がその役割を果たす。この迂回反応も単純な加水分解である。

$$\text{グルコース 6-リン酸} + H_2O \xrightarrow{Mg^{2+}} \text{グルコース} + P_i \qquad \Delta G^{\circ\prime} = -13.8\ \text{kJ/mol}$$

グルコース6-ホスファターゼもMg^{2+}要求性であり，小胞体endoplasmic reticulum（ER）膜に認められるが，その活性部位をERの内腔，すなわち**ルーメン lumen**に向けている。本酵素は，基質のグルコース6-リン酸をERのルーメンに取り込み，生成物のグルコースと無機リン酸を細胞質ゾルへくみ出すトランスポーターを含む，多タンパク質複合体の一部である。哺乳類は3つのグルコース6-ホスファターゼアイソザイムを発現している。主要なアイソザイムは主として肝臓と腎臓に発現していて，マイナーな2つのアイソザイムは脳，筋，腸，膵島を含む他の多くの組織で少量発現している。本酵素の肝臓での存在意義は，肝臓独自の機能として血流を介して各組織に供給するグルコースを合成することである。脳や骨格筋等の他の組織におけるグルコース6-ホスファターゼの役割は，まだよくわかっていない。

糖新生系の化学量論とエネルギー収支

これまで，異化経路がエネルギーを産生するのに対して同化経路がエネルギーを消費することを強調してきた。ここで糖新生系におけるエネルギー消費を計算してみよう。2 molのピルビン酸から1 molのグルコースへの変換は，表13.2に示したように，全体としてきわめて発エルゴン的である。経路全体で$\Delta G^{\circ\prime}$はおよそ−33 kJ/molである。

糖新生系：

$$2\,\text{ピルビン酸} + 4ATP + 2GTP + 2NADH + 2H^+ + 4H_2O \longrightarrow \text{グルコース} + 4ADP + 2GDP + 6P_i + 2NAD^+ \qquad \Delta G^{\circ\prime} = -33\ \text{kJ/mol}$$

しかし，グルコースの合成はエネルギー的に高くつく。それは6個の高エネルギーリン酸化合物（4分子のATPと2分子のGTP）を消費するだけでなく，エネルギー的には5分子のATPに相当する2分子のNADHをも消費することによる（なぜなら，1分子のNADHはミトコンドリアで酸化され，約2.5分子のATPを生成するからである）。

> **ポイント17**
> 11個の高エネルギーリン酸に相当するものが，糖新生系で1分子のグルコースを合成するのに消費される。

対照的に，もし解糖反応が逆向きに進行可能ならば，はるかに少ないエネルギーの投入（2分子のNADHと2分子の高エネルギーリン酸化合物）でよいことが全体の反応式からわかる。

解糖系の逆向き

$$2\,\text{ピルビン酸} + 2ATP + 2NADH + 2H^+ + 2H_2O \longrightarrow \text{グルコース} + 2ADP + 2P_i + 2NAD^+ \qquad \Delta G^{\circ\prime} = +83.1\ \text{kJ/mol}$$

しかしこの反応の$\Delta G^{\circ\prime}$は+83.1 kJ/molであり，強い吸エルゴン反応である。もちろんこれは標準自由エネルギーの変化であるが，in vivoでグルコースの正味の合成が不可逆反応で起こるとしても，4個の余分な高エネルギーリン酸化合物の投資が必須であることは

表 13.2　ピルビン酸からグルコースまでの糖新生系の要約

反応	$\Delta G^{\circ\prime}$（kJ/mol）
ピルビン酸＋HCO_3^-＋ATP ⟶ オキサロ酢酸＋ADP＋P_i	−2.1（−4.2）
オキサロ酢酸＋GTP ⇌ ホスホエノールピルビン酸＋CO_2＋GDP	＋2.9（＋5.8）
ホスホエノールピルビン酸＋H_2O ⇌ 2-ホスホグリセリン酸	＋6.4（＋12.8）
2-ホスホグリセリン酸 ⇌ 3-ホスホグリセリン酸	−4.4（−8.8）
3-ホスホグリセリン酸＋ATP ⇌ 1,3-ビスホスホグリセリン酸＋ADP	＋18.8（＋37.6）
1,3-ビスホスホグリセリン酸＋NADH＋H^+ ⇌ グリセルアルデヒド 3-リン酸＋NAD^+＋P_i	−6.3（−12.6）
グリセルアルデヒド 3-リン酸 ⇌ ジヒドロキシアセトンリン酸	−7.6
グリセルアルデヒド 3-リン酸＋ジヒドロキシアセトンリン酸 ⇌ フルクトース 1,6-ビスリン酸	−23.9
フルクトース 1,6-ビスリン酸＋H_2O ⟶ フルクトース 6-リン酸＋P_i	−16.3
フルクトース 6-リン酸 ⇌ グルコース 6-リン酸	−1.7
グルコース 6-リン酸＋H_2O ⟶ グルコース＋P_i	−13.8
全体：2 ピルビン酸＋4ATP＋2GTP＋2NADH＋2H^+＋4H_2O ⟶ グルコース＋4ADP＋2GDP＋6P_i＋2NAD^+	−32.7

備考：ピンク色で書かれた反応は，解糖系の不可逆反応を迂回する反応であり，他の反応は解糖系の可逆反応である。2 分子の三炭素前駆体が 1 分子のグルコースをつくるのに必要であるので，最初から 6 番目の反応までは，2 倍にした $\Delta G^{\circ\prime}$ 値を（　）内に記載してある。個々の反応では，必ずしも H^+ と電荷の釣り合いがとれていない。

明らかである。

糖新生系の基質

前述したように糖新生系は，乳酸，アミノ酸，グリセロールおよびプロピオン酸を含む種々の供給源を前駆体として利用する。これらの基質が糖新生系に入る経路について図 13.13 に示し，本項で記述する。

ポイント 18
最も重要な糖新生系前駆体は，乳酸，アラニン，グリセロールおよびプロピオン酸である。

乳酸

乳酸は，量的に最も重要な糖新生系前駆体である。骨格筋は，特に組織がグルコースを完全酸化するのに必要な酸素を呼吸によって供給できないような激しい運動中，解糖系からエネルギーの多くを得ている。そのような条件下では，ピルビン酸はクエン酸回路でさらに代謝される以上の速さで解糖系において生成される。乳酸デヒドロゲナーゼは筋肉中に多量に存在しており，平衡はピルビン酸を乳酸へ還元する向きに大きく傾いている。このように運動中の筋肉で生成した乳酸は血中に放出され，速やかに心臓に取り込まれ，燃料として酸化される。長時間の運動による乳酸の蓄積は，運動能力を制限する重要な要因である。

筋肉で生成した乳酸の一部は肝臓に入り，肝臓の LDH によりピルビン酸に再酸化される。次にこのピルビン酸は糖新生系で利用され，生成したグルコースは血中に戻され，貯蔵グリコーゲンを再生するために筋肉に取り込まれる。図 13.14 に示したこの回路は，最初に Carl Cori と Gerti Cori が発表したことから **Cori 回路 Cori cycle** と呼ばれる。この経路は激しい筋肉運動の回復期に特に活発となる。この期間は呼吸数も増加し，亢進した酸化的代謝がより多くの ATP を産生し，その多くが糖新生系を介して貯蔵グリコーゲンを再構築するのに利用される。

グルコース-アラニン回路 glucose-alanine cycle という並行した経路では，末梢組織中のピルビン酸はアミノ基転移反応によりアラニンに変換され，肝臓に運ばれて糖新生系に利用される。この経路については第 20 章で詳述するが，組織がタンパク質分解で生じた有毒なアンモニアを処理するのに役立っている。

アミノ酸

アラニンと同様に他の多くのアミノ酸も，オキサロ酢酸に変換可能なクエン酸回路の中間代謝物を生成する分解経路（図 13.13 参照）を主として経由し，容易にグルコースに変換される。第 21 章でみるように，そのようなアミノ酸は，おそらく糖新生系原性 gluconeogenic がより正確な用語であるが，**糖原性 glucogenic**（すなわち，グルコースに変換されうる）と呼ばれている。タンパク質中に見出される 20 種類のアミノ酸の中で，ロイシンとリシンの異化経路だけが糖新生系に利用される前駆物質を生成しない。糖質の摂取が不十分な絶食中，筋タンパク質の異化が血中グルコース濃度を正常に維持するのに必要な中間体の主要な供給源となる。第 18 章でさらに考察するが，糖尿病でも同様のことがいえる。

グリセロール

一般的に脂質は，糖新生系前駆体としての機能は低い。トリアシルグリセロールは異化作用で脂肪酸とグ

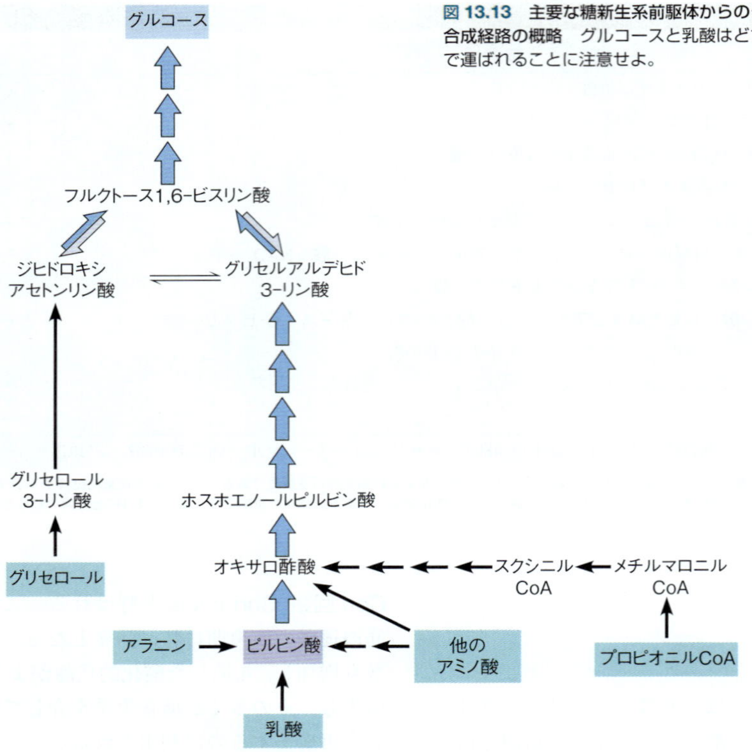

図 13.13 主要な糖新生系前駆体からのグルコース合成経路の概略 グルコースと乳酸はどちらも血流で運ばれることに注意せよ。

リセロールを生じる。脂肪酸は β 酸化によりアセチル CoA を生成する（第 17 章）。動物では，アセチル CoA がピルビン酸やその他のいかなる糖新生系前駆物質にも変換されることはない。したがって，脂肪酸は正味糖質に変換されえない。アセチル CoA の二炭素単位がクエン酸回路でオキサロ酢酸へ進むのは事実であるが，2 つの炭素はクエン酸回路が 1 回転するたびに失われるので正味の変換はない。したがって，奇数鎖の脂肪酸による若干の寄与は別として（次節で説明する），糖新生系に利用される唯一の脂肪分解産物は三炭素のグリセロールである。グリセロールはリン酸化反応から脱水素反応を経てジヒドロキシアセトンリン酸になることで利用される（図 13.13 参照）。第 14 章で考察するように，植物と細菌ではアセチル CoA をグリオキシル酸回路経由で糖質に取り込むことができることに注意してほしい。

ポイント 19
動物は，脂肪を糖質に正味変換することができない。

プロピオン酸

すべての生物において三炭素アシル CoA である**プロピオニル CoA propionyl-CoA** は，ある種のアミノ酸の分解か奇数の炭素原子をもつ脂肪酸の酸化により生成する。プロピオニル CoA は，スクシニル CoA を経てオキサロ酢酸に変換され，糖新生系に入る。この過程の詳細は第 17 章に譲るが，ビタミン B_{12} 誘導体が補酵素として関与する。

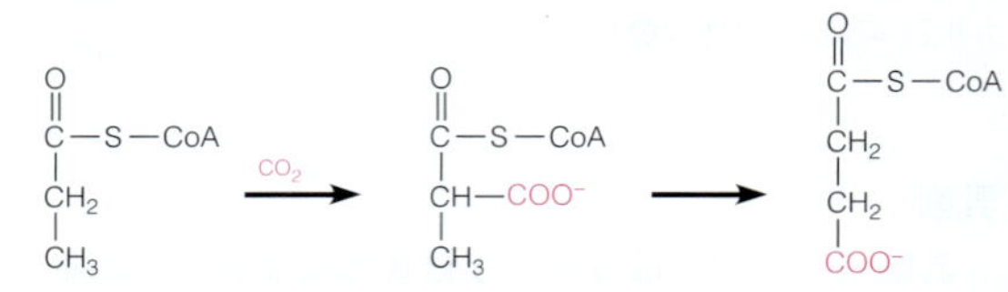

すべての生物が糖新生系の基質としてプロピオン酸を利用するが，ウシなどの反芻動物の代謝では特に重要である。これらの動物は，胃の複数の室で大量に生じる細菌性発酵の結果，多様な基質を用いて非常に高速で糖新生系を進める。ウシの胃は 4 つの室からなり，総容積は 70 L に達する。種々の細菌の働きにより植物性物質，特にセルロースはグルコースへ分解される。しかし，ヒトの消化のように血流に吸収される前に発酵がさらに進行し，グルコースは種々の物質，とりわけ乳酸とプロピオン酸に変換される。プロピオン酸はプロピオニル CoA，次いでスクシニル CoA に変換され，乳酸は単純にピルビン酸へ酸化される。

エタノール消費と糖新生系

エタノールがグルコースに変換されるまでの経路を描くことは可能であるが，実際にはエタノールは糖新

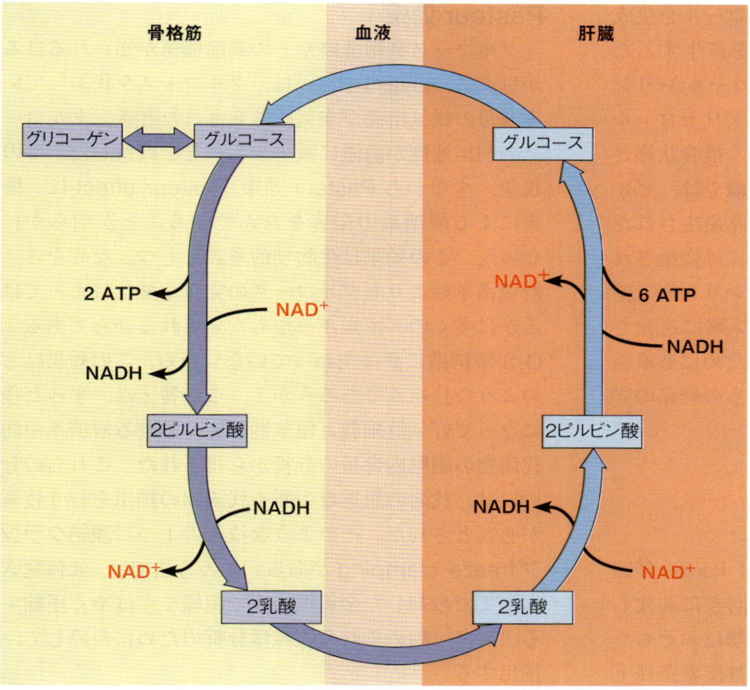

図 13.14　Cori 回路　筋肉運動中に解糖系で産生された乳酸は，糖新生系によるグルコース再合成のため肝臓に輸送される。グルコースはグリコーゲンの合成のために筋肉へ戻され，解糖系で再利用されることで回路は完結する。

生系にとってよい前駆体とはならない。それどころか，エタノールは糖新生系を強く阻害し，**低血糖 hypoglycemia** すなわち潜在的に危険な血中グルコース濃度の低下を引き起こす。

エタノールは，主として肝臓においてアルコール脱水素酵素の逆反応により代謝される。

$$\text{エタノール} + \text{NAD}^+ \rightleftharpoons \text{アセトアルデヒド} + \text{NADH} + \text{H}^+$$

この反応は，肝臓の細胞質ゾルで［NADH］/［NAD^+］比を高め，乳酸デヒドロゲナーゼとグリセルアルデヒド 3-リン酸デヒドロゲナーゼの反応の平衡を移動させて解糖系を阻害する。同じ機序により，細胞質ゾルのリンゴ酸デヒドロゲナーゼ反応（図 13.12）の平衡を移動させ，その結果，オキサロ酢酸はリンゴ酸へ還元されやすくなり，糖新生系で利用できなくなる。結果として生じる低血糖は，体温の制御に関わる脳の部位に影響を及ぼすことになる。この反応により，体温は 2℃も下がる。それゆえ，体が冷えたり濡れたりした状態で救出された人にブランデーやウイスキーを与える昔ながらの行為は逆効果である。確かにアルコールは血管拡張によって体を温まった感じにさせるが，この末梢血管拡張はさらなる熱喪失を引き起こす。代謝に基づいていうならば，体温を上げるにはグルコースがはるかに効果的である。

肝外ホスホエノールピルビン酸カルボキシキナーゼの役割

ホスホエノールピルビン酸カルボキシキナーゼ（PEPCK）は主要な糖新生系組織である肝臓における役割以外に，他の 2 つの組織における代謝でも重要である。2 つの組織のうち 1 つは，こちらも主要な糖新生系組織である腎皮質であり，PEPCK は酸塩基調節に関与している。腎臓は尿中アンモニウム（NH_4^+）の合成と排出を通じて酸塩基平衡の調節を担っている。アンモニアの主要な供給源はグルタミンであり，**グルタミナーゼ glutaminase** と**グルタミン酸デヒドロゲナーゼ glutamate dehydrogenase** が順次作用して 2 分子のアンモニアを生成する。

$$\text{グルタミン} + H_2O \longrightarrow \text{グルタミン酸} + NH_4^+$$
$$\text{グルタミン酸} + NAD^+ + H_2O \longrightarrow \alpha\text{ケトグルタル酸} + NH_4^+ + NADH$$

糖尿病で起こるような代謝性アシドーシスを通じてのアンモニウムイオンの尿への排出は，代謝によって生成した酸の排出を促進してアシドーシスを補正する。2 番目の反応で生成した α ケトグルタル酸は，クエン酸回路でオキサロ酢酸に変換される。オキサロ酢酸は最終的にはグルコース合成に向け，PEPCK 反応を介してホスホエノールピルビン酸を生成する。

もう 1 つは脂肪組織であり，PEPCK は**グリセロール新生系 glyceroneogenesis** と呼ばれる経路に関与している。この経路はトリアシルグリセロールを生成するのに十分なグリセロール 3-リン酸を産生するために作用している。遊離脂肪酸のグリセロール 3-リン酸への再エステル化反応は，トリアシルグリセロールの分解と再合成のバランスを保つために，摂食状態と飢餓状態の両方で不可欠である。脂肪組織では，ピルビン酸カルボキシラーゼと PEPCK により産生されたホスホエノールピルビン酸はグルコースには変換されない。そのかわり，ジヒドロキシアセトンリン酸で糖新生系からはずれてグリセロール 3-リン酸に還元され，トリアシルグリセロールを産生するために遊離脂肪酸の補酵素 A 誘導体と結合する。これらの経路の詳細は第 17 章で考察する。

糖質代謝経路の進化

ゲノムの比較から，Embden-Meyerhof-Parnas 経路（解糖系）はおそらく当初，糖新生系の向きに進化したことが示唆されている。最も初期の生物はおそらく好熱性の化学合成独立栄養生物であり，無酸素条件下または微量酸素存在下で海底熱水噴出孔の火山流中で生存していた。これらの生物は溶存気体と無機基質を用いてエネルギーを産生し，おそらく有機成長基質として少量の糖質を含んでいたと想像される。これらは，主要な電子供与体である H_2からの電子を用いて CO_2または CO（一酸化炭素）を酢酸の活性型であるアセチル CoA に還元していた。アセチル CoA は，原始的な糖新生系経路を用いて，より複雑な糖質を生合成するための出発材料として役立っていた。生物は，大量のシアノバクテリアと植物の糖を含む細胞壁が利用可能になってから初めて，解糖系の向きの経路を経由して糖質を成長基質として使用し始めた。

解糖系と糖新生系の協調的調節

解糖系と糖新生系は，エネルギーの生成と利用に関わる他の主要な経路，特にグリコーゲン（またはデンプン）の合成と分解，ペントースリン酸回路（本章で後述），およびクエン酸回路（第 14 章）と密接に協調している。解糖系を制御する代謝因子は，他の過程を協調的な様式で調節する傾向がある。したがって，これらの他の経路と切り離して解糖系の調節を考察することは困難であるので，他の主要なエネルギー代謝経路を示したあとでこの問題に戻ることにする（第 18 章参照）。しかし，解糖系と糖新生系は協調的代謝調節の原理を紹介するのに非常に有用であるので，これらの 2 つの逆向きの経路の調節標的として機能している鍵酵素について，ここで述べることにする。

Pasteur 効果

グルコース利用経路やその調節機構が知られるはるか以前に，Louis Pasteur は，グルコースを代謝している酵母の嫌気培養が空気にさらされたとき，グルコースの利用速度が急激に減少することを観察した。この現象，すなわち **Pasteur 効果 Pasteur effect** は，酸素による解糖系の阻害を含んでいることが明らかになった。この効果は生物学的意義をもつ。なぜなら，解糖系単独よりもグルコースの完全な酸化によってはるかに多くのエネルギーがもたらされるからである。O_2が解糖系に直接関わっていないなら，この効果はどのような仕組みであろうか？　この答えは，ずっと後になって好気性細胞と嫌気性細胞における解糖系中間代謝物の細胞内含量の分析から得られた。これらの分析には，代謝の急速な中断や代謝物の抽出を行う技術が必要とされた。そのような技術の 1 つに**凍結クランプ freeze-clamping** がある。この方法では，液体窒素温度まで冷却した金属板の間で組織をすばやく圧縮する。次に，固められた組織は分析のために粉砕して，抽出する。

この実験により，嫌気性細胞に酸素を添加すると，フルクトース 1,6-ビスリン酸以降のすべての解糖系中間体の濃度が低下し，その一方でそれ以前のすべての中間体が高濃度に蓄積することが明らかになった（下図参照）。この知見は，ホスホフルクトキナーゼを通過する代謝流量が，おそらくアロステリックエフェクターの濃度の変化により，O_2の存在下で特異的に大きく減少するという考えと一致する。

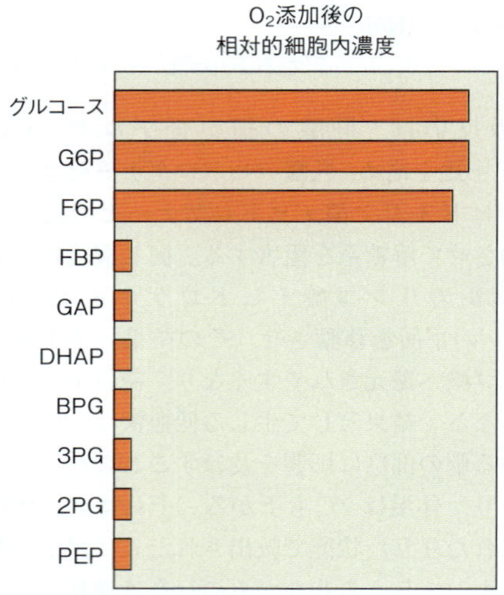

解糖系中間体の振動

図 13.15 に示すように，解糖系中間体の細胞内濃度は多くの条件下で一定ではなく，むしろ周期的に変動する，すなわち振動するという発見から，別の重要な

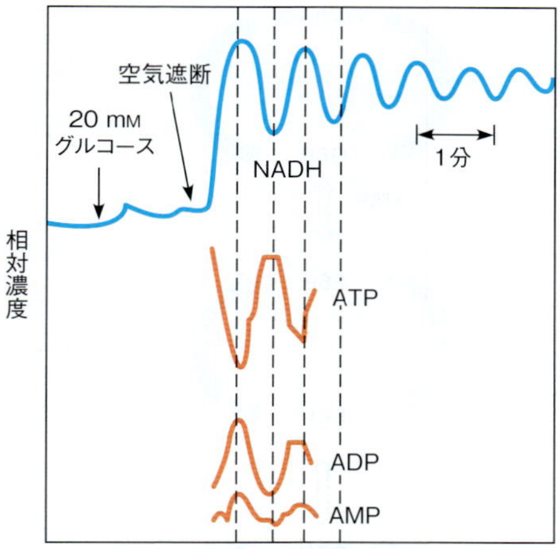

図 13.15　解糖系が進行している酵母細胞における解糖系中間体濃度の周期的振動　培養は“空気遮断”と記した時点で好気的条件から嫌気的条件へ移った。上部の曲線（青）は細胞懸濁液の蛍光の連続的追跡を表し，NADH の細胞内濃度を反映している。ヌクレオチド濃度（オレンジ）については並行して実験を行い，各時点で培養試料を採取して抽出し，ATP，ADP および AMP の含量を分析した。

Adapted with permission from *Archives of Biochemistry and Biophysics* 109：586, A. Betz and B. Chance, Influence of inhibitors and temperature on the oscillation of reduced pyridine nucleotides in yeast cells. © 1964, with permission from Elsevier.

結論が導かれた。これらの変動は 450 nm における酵母細胞懸濁液の蛍光を追跡することによって，きわめて容易に可視化できる。この蛍光に関与している主たる物質は NADH であるので，この種の実験で細胞内 NADH 貯蔵量の変動を経時的に追跡できる。振動はフィードバック制御系に共通の特徴であり，解糖系中間体の濃度の周期的変動は，解糖系の調節機構についての重要な手がかりとなる。

酵母細胞懸濁液の蛍光が増加しているとき，NADH は細胞内の NAD^+ の還元によって蓄積しつつある。この条件下で解糖系が活性化され，NADH はピルビン酸を還元するよりも速い速度でグリセルアルデヒド 3-リン酸デヒドロゲナーゼによって産生されている。おそらくこの間に 1 つかそれ以上の調節物質も蓄積する。いったんそれらが解糖系を阻害できるほどに蓄積すると，調節因子の供給が枯渇して解糖系が再び開始される時点まで NADH 濃度は低下する。この循環が繰り返し起こる。

研究者たちは NADH の細胞内濃度が周期的に変動していることがわかると，解糖系酵素の他の基質の細胞内濃度を解析するため，振動している細胞の抽出物を調製した。これらの中間代謝物も周期的に上昇し下降することがわかった。図 13.15 において ADP と AMP の濃度が NADH と正確に同調して上昇または下降するが，ATP の濃度は 180° 位相が異なることに注意しよう。このパターンは，解糖系の活性がいくつかの方法でアデニル酸エネルギーの蓄積に依存していることを示唆している（第 12 章参照）。すなわち蓄積が多ければこの経路は止まり，少なければ活性化される。これらの観察などにより，エネルギーの蓄積によって調節される酵素が主要な調節点であることが示唆された。ホスホフルクトキナーゼはこのような酵素の 1 つである。

解糖系の制御は，多くの生理機能にとってきわめて重要である。解糖系が ATP を生成し，クエン酸回路で酸化するためのピルビン酸を供給するだけでなく，生合成経路であることを認識することは重要である。解糖系の中間体は多数の化合物，特に脂質とアミノ酸の前駆体である。これらの経路は本書を通じて考察するが，図 13.16 に，解糖系中間体の主要な生合成における役割のいくつかを要約してある。この図は，なぜ解糖系が主要な代謝上の幹線道路と見なされるのかを示しており，多くの経路が解糖系に通じ，多くの経路がそこから分岐し，解糖系を通る大きな流れを生み出していることがわかる。

糖新生系の制御は多くの生理機能にとってきわめて重要であるが，神経組織の適切な機能のためには特に重要である。他の臓器は種々のエネルギー源を利用することができるが，中枢神経系が健全であるためには血中グルコース濃度を狭い範囲内で維持することが求められる。糖新生系の制御は，動物が筋肉運動や，満腹と空腹のサイクルを調整するためにも重要である。この経路の速度は，筋肉で産生された乳酸，食事からのグルコース，あるいは他の糖新生系前駆体の利用度に応じて加速したり減速したりする。

13

ポイント 20
糖新生系の速度は，食事中の糖質含量に逆相関する。この作用にはホルモンが介在している。

糖新生系は大部分が食事によって制御される。高糖質食を摂取した動物では糖新生系の速度が低下するのに対し，飢餓状態の動物や低糖質食を摂取した動物では，この経路の速度が亢進する。第 12 章で紹介したように，主としてインスリンやグルカゴンが関与するこれらのホルモン作用には，ホスホエノールピルビン酸カルボキシキナーゼの合成の制御やサイクリック AMP 量の制御による調節がある。ここでは，サイクリック AMP が介在する作用とともに酵素活性に影響を及ぼすその他の機構に焦点を当てて述べる。酵素の合成に関するホルモン作用については，ホルモン作用の詳細を述べる第 23 章で考察することにする。

細胞が必要とする調節は非常に複雑で単一の速度制御反応では対応できないので，解糖系と糖新生系はともに複数の箇所で制御されている。

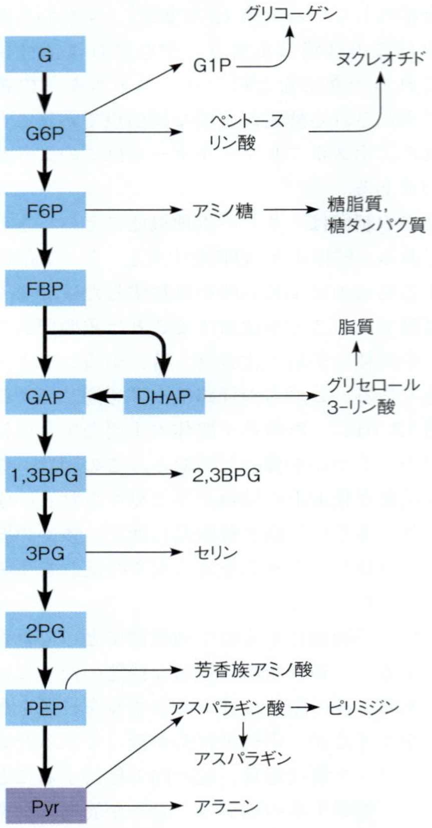

図 13.16　生合成経路における解糖系中間体の行方　G1P はグルコース 1-リン酸である。

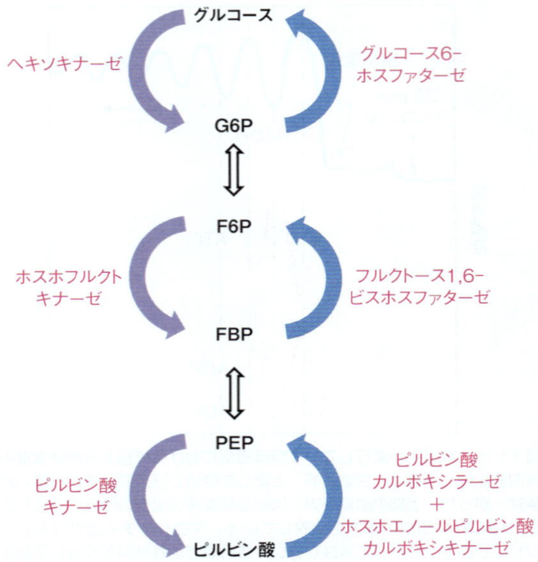

図 13.17　解糖系，糖新生系の基質回路

解糖系と糖新生系の逆向きの調節

糖新生系と解糖系はどちらも主として細胞質ゾルで生じる。糖新生系はグルコースを合成し，解糖系はグルコースを異化することから，糖新生系と解糖系が互いに逆向きで調節されなければならないことは明らかである。言い換えれば，片方の経路が活性化される細胞内の状態であれば，他方の経路は抑制される傾向にある。もし，互いに逆向きの制御がなされないならば，解糖系と糖新生系は一緒になって非常に浪費の多い回路として作用することになるだろう。互いに逆向きの制御は，大部分がアデニル酸のエネルギー量に関係している。低エネルギー量の状態では，解糖系の速度制御ステップが活性化される傾向にある一方で，糖新生系を経由する炭素の流れは阻害される。逆に異化速度は低いが ATP レベルを維持するのには十分な高エネルギー蓄積条件下では，糖新生系が活性化される。

ポイント 21
解糖系を促進する条件は糖新生系を抑制し，その逆もまた同様である。

解糖系が主として 3 つの強力な発エルゴン的非平衡反応，すなわちヘキソキナーゼ，ホスホフルクトキナーゼおよびピルビン酸キナーゼによって触媒される反応により制御されていることを述べた（図 13.9 参照）。糖新生系における逆の反応，すなわちグルコース 6-ホスファターゼ，フルクトース 1,6-ビスホスファターゼ，およびピルビン酸カルボキシラーゼとホスホエノールピルビン酸カルボキシキナーゼの組み合わせにより触媒される反応も強く発エルゴン的であり，この経路の制御にとって重要な標的である。言い換えれば，解糖系と糖新生系を区別するこれら 3 つの基質回路（図 13.17 参照）の関与する反応が，両経路の逆向き制御にとっての主要部位であることを示している。このことは，調節はこれらの 3 つの基質回路を含む反応のように，平衡から大きく偏った反応でのみ起こりうるという第 12 章で紹介した原理を例示している。図 13.18 に，解糖系と糖新生系における重要な発エルゴン反応のアロステリック活性化因子と阻害因子を示した。

ホスホフルクトキナーゼ/フルクトース 1,6-ビスホスファターゼ基質回路での調節

ホスホフルクトキナーゼは解糖系における主要な流量制御酵素である。エネルギー量は，フルクトース 6-リン酸とフルクトース 1,6-ビスリン酸の相互変換を調節することにより，解糖系と糖新生系の制御に影響を及ぼす。哺乳類では PFK は AMP と ADP によって活性化され，逆反応に関与する酵素であるフルクトース 1,6-ビスホスファターゼは AMP によって阻害される（図 13.18）。このようにエネルギー量が低下するにつ

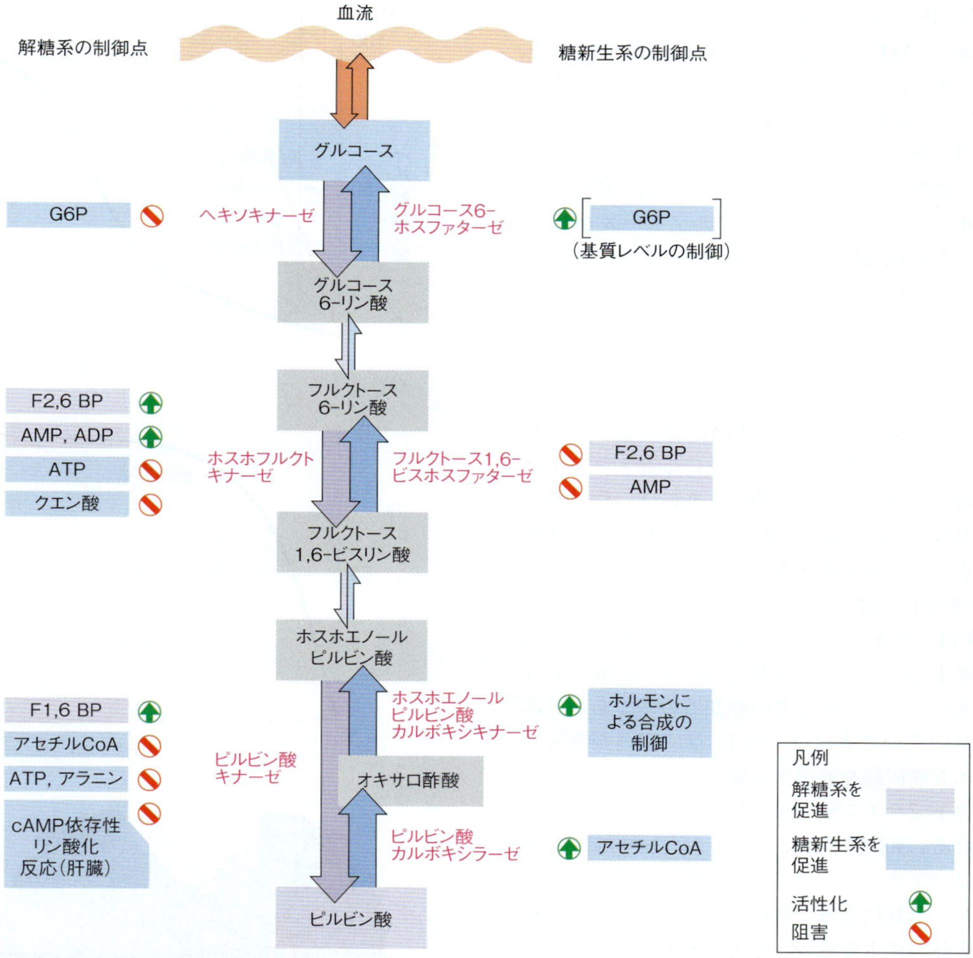

図 13.18　解糖系と糖新生系に影響する主な制御機構　図は解糖系と糖新生系の強い発エルゴン反応，およびこれらの反応の主要な活性化因子と阻害因子を示している。

れ，ホスホフルクトキナーゼとフルクトース 1,6-ビスホスファターゼ活性に対する AMP の逆向きの作用により，解糖系は活性化され，糖新生系は阻害される。エネルギー量が主要な制御因子であるならば予想されるように，細胞内アデニンヌクレオチド量は解糖系と糖新生系を介した流れの変化に応じて変動するが，その応答は絶対的なものではない。これらの観察はさらなる制御機構の存在を示唆するものであり，はるかに重要な生理的調節因子である**フルクトース 2,6-ビスリン酸 fructose-2,6-bisphosphate** の発見につながった。

フルクトース 2,6-ビスリン酸と，その解糖系と糖新生系の制御

ホスホフルクトキナーゼ（PFK）はホモ四量体であり，R と T の 2 つの立体構造（第 11 章，p.410 での R 状態と T 状態の考察を思い出すこと）の間で相互変換する。哺乳類の PFK は，基質（ATP，フルクトース 6-リン酸）と結合する触媒部位に加えて，AMP，ADP，ATP，クエン酸，およびフルクトース 2,6-ビスリン酸のようなアロステリック因子に対する結合部位をもっている。細菌の PFK は，阻害因子（ホスホエノールピルビン酸）か活性化因子（ATP）のいずれかを結合する単一のアロステリック部位しかもっていない。フルクトース 2,6-ビスリン酸は，哺乳類の肝臓で解糖系と糖新生系の炭素の流れを制御する主要な調節因子と考えられていて，これまでに考察した他の生理的調節因子よりもはるかに低濃度で作用する。図 13.19a に示すように，フルクトース 2,6-ビスリン酸はごく低濃度で PFK を活性化し，AMP と ADP も PFK を活性化する。生物学的視点から，最も重要な PFK の阻害因子は ATP（図 13.19b）とクエン酸である。ATP は基質であり，それゆえ反応に不可欠であるため，この作用は奇妙にみえるかもしれない。阻害因子として ATP は酵

素上の触媒部位とは別の部位に低い親和性で結合する（図 13.19c）。ATP が低濃度のとき調節部位はふさがっておらず，酵素はほとんどすべて R 状態にあるため，フルクトース 6–リン酸に対する基質飽和曲線はほぼ双曲線型である。ATP が高濃度のときは T 状態が優勢になり，曲線は S 字型になり，大きく右へ移動する（図 13.19b）。こうして阻害は，フルクトース 6–リン酸のみかけ上の親和性が大きく減少することによって達成される。AMP，ADP，フルクトース 2,6–ビスリン酸のような活性化因子は R 状態を安定化し，基質であるフルクトース 6–リン酸のみかけ上の親和性を増加させる。

アデニンヌクレオチドによる PFK の制御は，エネルギー代謝がアデニル酸エネルギー量に応答する方法を示している。エネルギー量が多いときには，相対的に豊富に存在する ATP がエネルギー産生解糖系の活性を下げるようシグナルを送る。すなわち，シグナルは PFK の阻害を引き起こす。逆に，高濃度の AMP あるいは ADP は，エネルギー量が少ないので解糖系の流れを増加せよというシグナルを送る。クエン酸による阻害は，別のエネルギー水準の感知器の例である。エネルギー量の高いときには，第 14 章で述べる機構によってクエン酸回路を通過する流れは減少する。このような条件下でクエン酸は蓄積し，ミトコンドリア外へ輸送される。細胞質ゾルにおけるクエン酸と PFK の相互作用は，エネルギー生成が十分であるというシグナルを発し，それによって解糖系を経由するクエン酸回路の前駆体の産生を減少させることができる。

フルクトース 2,6–ビスリン酸は，この基質回路の糖新生系側も調節する。しかしここでは，少なくとも in vitro においてはフルクトース 1,6–ビスホスファターゼの強力な阻害因子として働く。こうして同じ調節分子が蓄積すると，解糖系を活性化すると同時に糖新生系を阻害するという影響がある（図 13.18）。

フルクトース 2,6–ビスリン酸は，解糖系でよく知られていて，ここでは PFK–1 と呼ぶことにする PFK と区別するために PFK–2 と呼ばれる 6–ホスホフルクト–2–キナーゼにより，フルクトース 6–リン酸から生成される。これとは別にフルクトース 2,6–ビスリン酸を開裂してフルクトース 6–リン酸に戻す**フルクトース 2,6–ビスホスファターゼ fructose-2,6-bisphosphatase** と呼ばれる酵素活性がある。この活性は，糖新生系の FBPase と区別するために FBPase–2 と略記される。

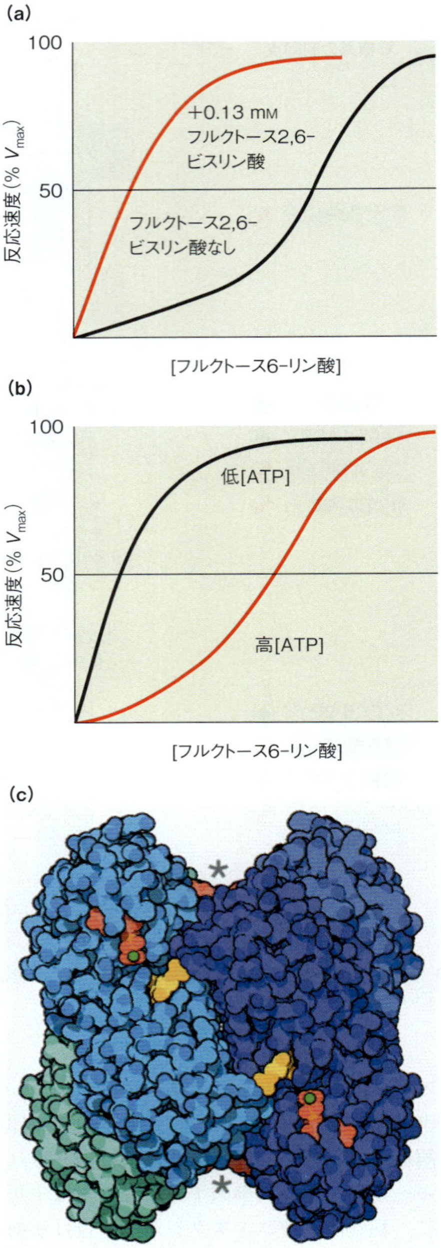

図 13.19　肝ホスホフルクトキナーゼのアロステリック制御　(a) フルクトース 2,6–ビスリン酸による活性化。**(b)** ATP がいかにして基質のフルクトース 6–リン酸に対するみかけ上の K_M を増加させるか。**(c)** PDB ID：4PFK に基づく大腸菌 PFK ホモ四量体のモデル。触媒部位は，結合している糖（オレンジ）と Mg・ADP（ADP は赤，マグネシウムイオンは緑）で示してある。★印を付した四量体の頭部と底部にある調節部位は，わずかに見える ADP 分子（赤）を含んでいる。

(c) Courtesy of David S. Goodsell, RCSB Protein Data Bank.

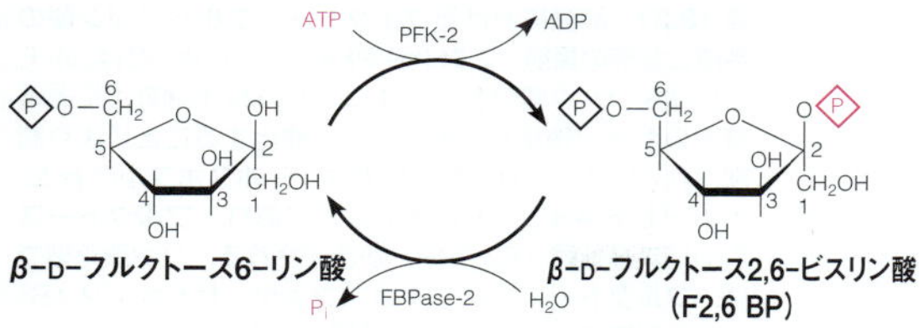

これらの 2 つの活性は，100 kDa の酵素 PFK-2/FBPase-2 の異なるドメインに含まれている（図 13.20）。このようにこの二機能性酵素は，重要な調節分子フルクトース 2,6-ビスリン酸の濃度を決定する基質回路の正反対の反応を両方とも触媒する。次にこの基質回路の 2 つの反応の速度は，二機能性酵素のリン酸化/脱リン酸化反応によって制御されている。リン酸化反応によって引き起こされる構造変化は，1 つのドメインの活性を増加させる一方で他のドメインの活性を低下させ，それによってキナーゼ活性とビスホスファターゼ活性の割合を変える。哺乳類は，4 つの異なる遺伝子から選択的スプライシングによって生成されたいくつかの組織特異的 PFK-2/FBPase-2 アイソザイムを発現している。各アイソザイムは，特徴的なキナーゼ/ビスホスファターゼ活性比とその組織の代謝上の必要性に適合した種々の調節上の特性をもっている。

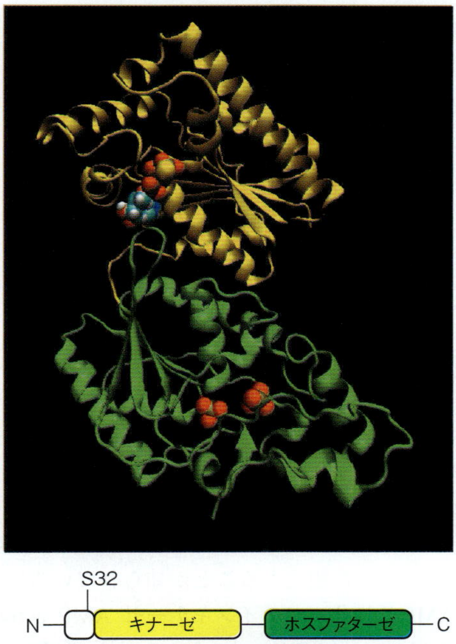

図 13.20　二機能性 PFK-2/FBPase-2　図はホモ二量体ヒト肝臓酵素（PDB ID：1K6M）の 1 つのサブユニットの X 線結晶構造を示す。N 末端の 6-ホスホフルクト-2-キナーゼドメインは黄色で，C 末端のフルクトース 2,6-ビスホスファターゼドメインは緑で示している。キナーゼの活性部位は，結合した非加水分解性 ATP 類縁体（ATPγS）によって標識されている。ビスホスファターゼの活性部位は，結合したリン酸によって標識されている。470 個のアミノ酸からなる肝臓型アイソザイムの一次構造の図では，リン酸化部位（セリン 32）の位置を示している。Ser-32 を含むアミノ酸残基 1-38 は X 線構造では見ることができず，この部分が非常に柔軟性に富むことを示唆している。

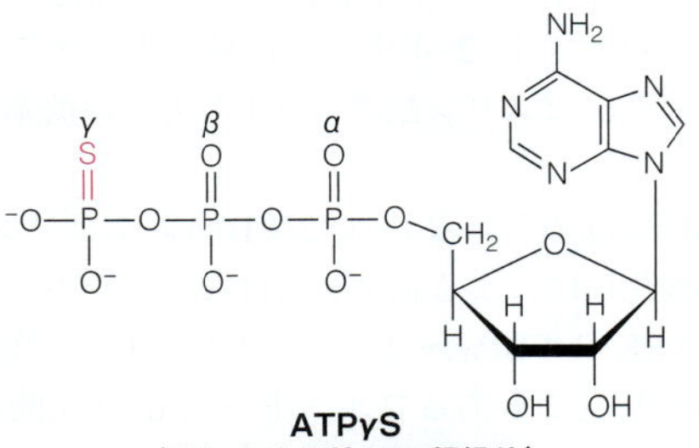

ATPγS
（非加水分解性ATP類縁体）

肝臓のアイソザイムの活性は，膵ホルモンのインスリンとグルカゴンおよびグルコースによって制御されている。これらの調節分子はすべて，タンパク質の構造変化を引き起こす特異的セリン残基の可逆的リン酸化に至るシグナルカスケードを介して作用する。リン酸化反応は PFK-2 の活性を低下させ，FBPase-2 の活性を増加させる（図 13.21）。脱リン酸化反応はこの作用を逆転させる。

PFK-2/FBPase-2 のリン酸化反応は，サイクリック AMP 依存性プロテインキナーゼによって触媒される。プロテインキナーゼ A protein kinase A（PKA）としても知られるこの重要な調節キナーゼは，本章の後半で詳細に考察する。第 12 章で指摘したように，サイクリック AMP cyclic AMP（cAMP）は真核生物と原核生物の両者で代謝調節において多くの役割を果たしている。真核生物ではその役割は 2 次メッセンジャーとしてであり，細胞外からやってきたホルモンのメッセージを受け取り，それを細胞内に伝達する。この伝達には，いくつかの代謝経路の活性化や別の代謝経路の阻害が含まれている。グルカゴンは肝臓で cAMP 濃度を上昇させる作用を示す主要なホルモンである。PFK-2/FBPase-2 の脱リン酸化反応は 1 つ以上の特異的プロテインホスファターゼによって触媒される（図 13.21）。インスリンは，脱リン酸化反応とその結果として 6-ホスホフルクト-2-キナーゼドメインの活性化を促進するが，そのシグナル経路はわかっていない。グルコースのシグナルにはプロテインホスファターゼ 2A protein phosphatase 2A（PP2A）が介在する。肝臓のグルコース濃度の増加によりペントースリン酸回路（本章で後述）の中間体の合成が増加する。これらの代謝物の 1 つであるキシルロース 5-リン酸は PP2A の特異的活性化因子である。

ポイント 22
解糖系と糖新生系において最も重要な調節因子であるフルクトース 2,6-ビスリン酸は，同じ酵素でも型によって，合成されたり分解されたりする。

13

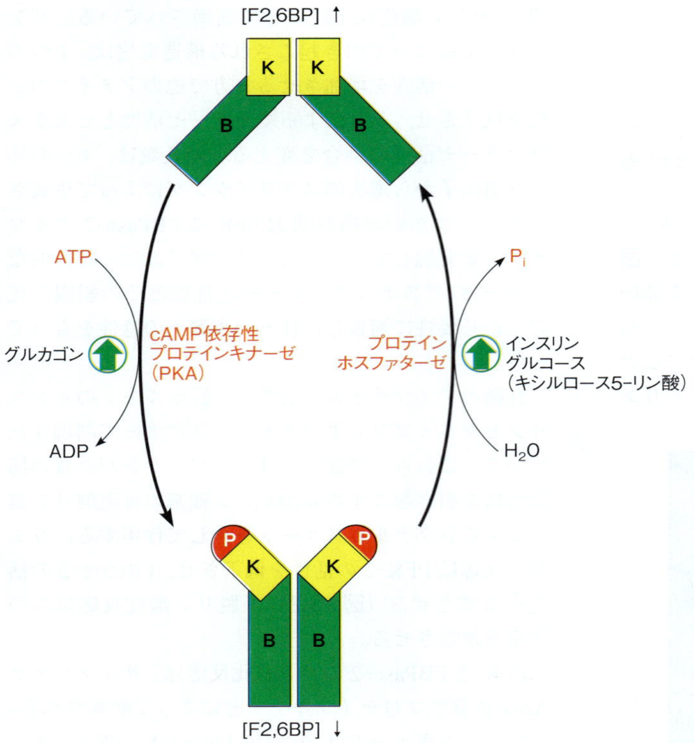

図 13.21　肝臓におけるフルクトース 2,6-ビスリン酸の合成と分解の調節　二機能性 PFK-2/FBPase-2 は，ホモ二量体タンパク質の各サブユニットの N 末端近くにある特定のセリン残基を可逆的にリン酸化することにより制御されている。非リン酸化型では，6-ホスホフルクト-2-キナーゼドメイン（K）が活性型であり，フルクトース 2,6-ビスリン酸（F2,6BP）が合成される。リン酸化型では，フルクトース 2,6-ビスホスファターゼドメイン（B）が活性型であり，F2,6BP は分解される。グルカゴンは，cAMP 依存性プロテインキナーゼ（PKA）を活性化することによってリン酸化を刺激する。インスリンと（キシルロース 5-リン酸を経由して）グルコースは，プロテインホスファターゼを活性化することによって脱リン酸化を刺激する。

ホルモンによるエネルギー代謝の制御は第 18 章で詳細に考察するが，ここでいくつかの機構の詳細を把握することにする。血中グルコース濃度の低下に応答して膵臓から放出されたグルカゴンは，肝細胞の形質膜上の受容体に結合する。活性化された受容体は次に cAMP カスケードを開始させ，それによって活性化したプロテインキナーゼ A が PFK-2/FBPase-2 のリン酸化反応を触媒し，そのフルクトース 2,6-ビスホスファターゼ活性を促進する。その結果，フルクトース 2,6-ビスリン酸濃度が低下してこの調節分子が PFK-1 から解離し，それによってアロステリック阻害因子であるクエン酸と ATP に対する PFK-1 の感受性が増加する。このことが次に解糖系の流れを減少させ，フルクトース 1,6-ビスホスファターゼの阻害を取り除くことで糖新生系を促進する。これはグルカゴンが血中グルコース濃度を増加させる機構の 1 つである。高濃度の血中グルコースに応答して膵臓から放出されるインスリンあるいはグルコースそれ自体は，PFK-2/FBPase-2 の脱リン酸化反応を刺激し，その 6-ホスホフルクト-2-キナーゼ活性を促進する。その結果，濃度が増加したフルクトース 2,6-ビスリン酸は解糖系を刺激し，糖新生系を阻害する。

心臓と骨格筋における PFK-2/FBPase-2 の調節

心臓ではこの二機能性調節酵素の異なるアイソザイムが発現していて，肝臓とは違って心臓型アイソザイムのリン酸化は，そのキナーゼ活性/ビスホスファターゼ活性の比率を増加させる。したがって心臓型アイソザイムではリン酸化部位が異なっていて，C 末端付近のセリン残基であるが，意外ではない。少なくとも 2 つのプロテインキナーゼが心臓の PFK-2/FBPase-2 をリン酸化することが知られている。それらは AMP 活性化プロテインキナーゼ AMP-activated protein kinase（AMPK）とプロテインキナーゼ B protein kinase B（PKB，Akt とも呼ばれる）である。第 18 章でみるように，AMPK は全真核生物で細胞のエネルギーバランスを制御するシグナルの主要な感知器であり統合装置である。O_2供給が制限されているとき，すなわち**虚血 ischemia** 時には，心臓細胞は筋収縮の継続のために ATP を供給するため，嫌気的解糖に切り替えなければならない。AMPK は虚血によって活性化されると PFK-2/FBPase-2 をリン酸化してその 6-ホスホフルクト-2-キナーゼ活性を促進する。フルクトース 2,6-ビスリン酸濃度は上昇し，解糖系を刺激する。

骨格筋に認められる PFK-2/FBPase-2 はリン酸化/脱リン酸化反応による制御を受けない。そのかわり骨格筋の PFK-2/FBPase-2 は，アロステリック修飾因子でもあり基質でもあるフルクトース 6-リン酸の細胞内濃度によって制御されている。ビスホスファターゼ活性に対するキナーゼ活性の比率は，解糖系での基質の利用のしやすさを伝える高濃度のフルクトース 6-リン酸によって増加する。結果的にフルクトース 2,6-ビスリン酸濃度は上昇し，PFK-1 を刺激し，解糖系が進行する。

フルクトース 2,6-ビスリン酸は植物においても調節的役割を演じている。それは細胞質ゾルのフルクトース 1,6-ビスホスファターゼを阻害することにより，光合成によって産生された三炭糖の，葉緑体から細胞質ゾルでのスクロース合成経路への流路を制御している。

ピルビン酸キナーゼ/ピルビン酸カルボキシラーゼ＋PEPCK 基質回路での調節

先にピルビン酸キナーゼが解糖系の制御点であることを確認した。PFK と同様にピルビン酸キナーゼの L 型（肝臓型）と R 型（赤血球型）アイソザイムは，反応論的に類似の様式で高濃度の ATP によってアロステリックに阻害される（図 13.18）。すなわち ATP 濃度が上昇することにより，基質の 1 つであるホスホエノールピルビン酸に対するピルビン酸キナーゼの見かけ上の親和性が低下する。第 2 のアロステリック効果は，フルクトース 1,6-ビスリン酸によるピルビン酸キナーゼのフィードフォワード活性化 feedforward activation である。フィードバック阻害の逆であるこの作用により，解糖系の最初の調節段階（PFK）を通過した炭素はこの経路を最後まで通過することができ，中間代謝物の望ましくない蓄積が生じなくなる。第 3 のフィードバック制御作用は，脂肪酸酸化の主要生成物であるアセチル CoA によるピルビン酸キナーゼの阻害である。脂肪分解で十分な基質が得られると，この阻害により細胞の解糖系流量が減少する。最後にピルビン酸キナーゼはある種のアミノ酸，特にアミノ酸の中でも主要な糖新生系前駆体であるアラニンによって阻害される。このことにより，十分なエネルギーと基質が利用できる場合，特に糖新生系組織においては必然的に糖新生系が活性化する一方で解糖系の阻害が生じる。ピルビン酸キナーゼ段階での調節により，高エネルギーリン酸はホスホエノールピルビン酸の分子内に保持される。

肝臓のピルビン酸キナーゼアイソザイムも可逆的リン酸化/脱リン酸化反応によって調節されていて，脱リン酸化型のほうがリン酸化型よりもはるかに活性が高いことを思い出そう（p.478）。リン酸化反応はグルカゴンによって刺激され，PFK-2/FBPase-2 をリン酸化する cAMP 依存性プロテインキナーゼ経路を介して作用する。こうして血糖値が低いとき，グルカゴンの分泌は肝臓のピルビン酸キナーゼを不活性化し，解糖系を阻害する。そのかわりにホスホエノールピルビン酸は糖新生系へ向かう。対照的に筋肉のピルビン酸キナーゼは共有結合修飾によって調節されず，筋肉で産生したホスホエノールピルビン酸はほとんどすべてピルビン酸に変換される。

アセチル CoA もまたピルビン酸とホスホエノールピルビン酸の相互変換を触媒する酵素に働き，解糖系と糖新生系の相互制御因子とみなすことができる（図 13.18）。アセチル CoA は，ピルビン酸カルボキシラーゼの必須の活性化因子であり，ピルビン酸キナーゼの阻害因子でもある。アセチル CoA 濃度の上昇が合図となり，十分量の基質がクエン酸回路を介してエネルギーを供給するために利用されたり，より多くの炭素原子が糖新生系に回され，最終的にはグリコーゲンとして貯蔵できるようになったりする。しかし，アセチル CoA によるピルビン酸カルボキシラーゼの活性化が重要な制御機構であることに疑問をもつ生化学者もいる。なぜなら，多くの状態でミトコンドリア内のアセチル CoA 濃度は，最大活性の 1/2 をもたらす濃度に比べはるかに高いからである。したがって in vivo ではピルビン酸カルボキシラーゼ活性は，アセチル CoA 濃度の変化に呼応して変動しないかもしれない。

最後に，グルカゴンは，ホスホエノールピルビン酸カルボキシキナーゼ（PEPCK）の構造遺伝子の転写を活性化して糖新生系の鍵酵素である PEPCK の量を制御している。インスリンは逆の作用を有し，PEPCK 遺伝子の転写を阻害することで糖新生系の流速を抑制する（図 13.18）。遺伝子レベルでのさらなる作用としてグルカゴンは，ピルビン酸キナーゼの合成を抑制し，その結果，ピルビン酸からホスホエノールピルビン酸への糖新生系流量を増加させるのに役立っている。

ヘキソキナーゼ/グルコース 6-ホスファターゼ基質回路での調節

哺乳類は，速度論的性質や調節機構の異なるいくつかのヘキソキナーゼのアイソザイムをもっていることを思い出そう（p.471～472）。多くの組織で発現しているヘキソキナーゼアイソザイム（HK-Ⅰ，Ⅱ，Ⅲ）は生成物であるグルコース 6-リン酸によって阻害される。これは基質の解糖系への流入を制御する機構である。肝臓のアイソザイムであるヘキソキナーゼ-Ⅳはグルコース 6-リン酸によるフィードバック阻害を受けない。そのかわり，HK-Ⅳはタンパク質間相互作用を含む機構でグルコースによって間接的に調節されている（図 13.22）。細胞内グルコース濃度が低いとき，HK-Ⅳは 68 kDa のグルコキナーゼ調節タンパク質 glucokinase regulatory protein（GKRP）に結合して核内に隔離されており，そのためこの条件下では肝

13

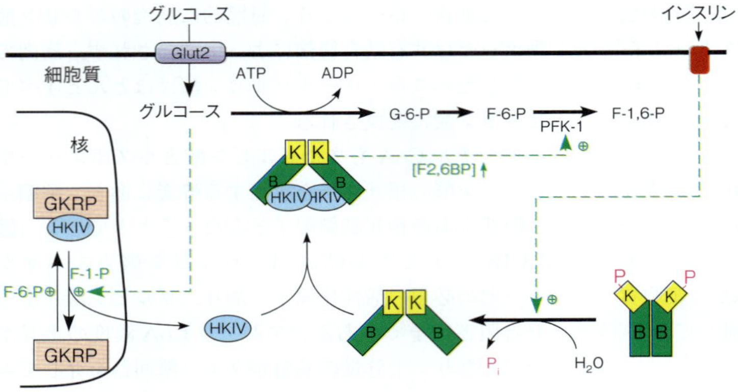

図 13.22 タンパク質-タンパク質相互作用による肝臓型ヘキソキナーゼの調節 肝臓型ヘキソキナーゼアイソザイムⅣ（HK-Ⅳ）の活性は，別のタンパク質-タンパク質相互作用である核内のグルコキナーゼ調節タンパク質（GKRP）と細胞質の脱リン酸化型 PFK-2/FBPase-2 との相互作用によって調節されている。インスリンは，形質膜の自らの受容体に結合すると，PFK-2/FBPase-2 の脱リン酸化反応を刺激する。Glut2＝形質膜のグルコース輸送体。詳細については図 13.21 の説明と本文を参照のこと。

臓の解糖系は妨げられている。グルコース濃度が上昇するとHK-Ⅳは GKRP から離れやすくなり，ヘキソキナーゼは核から細胞質に移行して，そこで解糖系を開始する。フルクトース 1-リン酸とその前駆体（フルクトースやソルビトールなど）も解離を誘起するので，グルコースの効果は直接的ではない可能性がある。フルクトース 6-リン酸は HK-Ⅳを GKRP に結合させる傾向がある（F-6-P と F-1-P は GKRP 上の共通の結合部位に対して競合する）。HK-Ⅳが細胞質に移行するとき，脱リン酸化型の PFK-2/FBPase-2 と複合体をつくる。HK-Ⅳはこの複合体中で活性化され，解糖系の流れをさらに刺激する。HK-Ⅳの活性化がフルクトース 2,6-ビスリン酸ではなくタンパク質間相互作用によって生じることに注意しよう。図 13.21 から，PFK-2/FBPase-2 の脱リン酸化反応がインスリンもしくは高濃度のグルコースによって刺激され，そのビスホスファターゼ活性に対するキナーゼ活性の比率を増加させることを思い出そう。さらにHK-Ⅳの結合はこの比率を増加させ，フルクトース 2,6-ビスリン酸濃度をいっそう高めることになる。このように（例えば，グルコースやフルクトースを含む）高糖質食に応答して，肝臓の PFK-2/FBPase-2 系は（ヘキソキナーゼによる）グルコースリン酸化反応の急速な上方制御とその後に続く解糖系の流れ（PFK-1 のステップ）を同調させるようである。

グルコース 6-ホスファターゼについてはアロステリック制御を受けることは知られていないが，そのグルコース 6-リン酸に対する K_Mはその細胞内濃度よりもはるかに高い。こうして細胞内での活性は，主として 1 次反応の様式において，この基質の濃度によって制御されている。

要約すると，解糖系と糖新生系は，主として細胞のエネルギー量と燃料の状態によって制御されている。調節は多段階に及んでいて高度に協調しているので，2 つの経路は決して同じ細胞内で同時に働くことはない。肝臓には，全身のグルコースの恒常性を維持するという肝臓の特殊な役割を反映して追加的な制御系が備わっている。その他のグルコース代謝の主要な制御点としては，少なくとも動物ではグリコーゲンの分解と合成がある。この非常に重要な過程はすぐ後に考察する。

その他の糖の解糖系への流入

これまでの解糖系についての考察は，この経路の炭素源としてのグルコースに焦点を当ててきた。その他の多くの糖質エネルギーの原料も，食物の消化もしくは内因性代謝物の利用により用いることができる。本項ではグルコース以外の単糖，二糖および脂肪代謝に由来するグリセロールに焦点を当てる。これらの経路は図 13.23 にまとめた。

単糖の代謝

前述のように，ヘキソキナーゼⅠ，Ⅱ，およびⅢは広い基質特異性をもつため，ヘキソキナーゼはグルコース以外のヘキソース，特にフルクトースとマンノースの利用に関わることができる。別の酵素のガラクトキナーゼは，ガラクトースをガラクトース 1-リン酸に変換する。

ガラクトースの利用

主としてD-ガラクトースは，特にミルクに豊富な二糖のラクトース［Galβ（1→4）Glc］の加水分解に由来する。図 13.24 に示すようにガラクトース利用のための主要経路は，Leloir 経路を経由したグルコース 6-リン酸への変換である。アルゼンチンの生化学者 Luis Leloir の名にちなんだこの経路は，ラクトースから遊離したβ-D-ガラクトースのαアノマーへのエピマー化で始まる（図 13.24，反応 1）。このステップは，次の反応である C1 位の水酸基の ATP 依存性リン酸化反

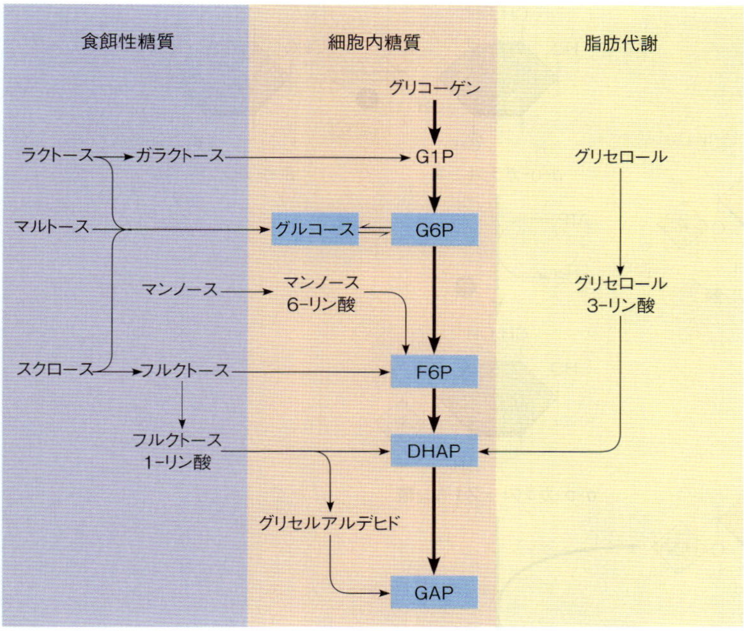

図 13.23　解糖系におけるグルコース以外の基質の利用経路　動物ではグルコースとグリコーゲン以外の糖質のほとんどは食事に由来し，グリセロールの大部分は脂質の異化に由来する。

応が α-D-ガラクトースに特異的な酵素，**ガラクトキナーゼ galactokinase** によって触媒されることから必要である（反応 2）。ガラクトース 1-リン酸からグルコース 1-リン酸への転換は，4 位の炭素のエピマー化を含む。しかしエピマー化が起きるようになる前に，ガラクトース 1-リン酸は UDP グルコースもしくは UDP-Glc と呼ばれるヌクレオチド結合糖の**ウリジン二リン酸グルコース uridine diphosphate glucose** との転移酵素反応によって代謝的に活性化されなければならない（反応 3）。この反応は，別のヌクレオチド結合糖で UDP ガラクトースもしくは UDP-Gal と略される**ウリジン二リン酸ガラクトース uridine diphosphate galactose** を生成する。反応 3 における UDP 供与体である UDP-Glc は，グルコース 1-リン酸と UTP から **UDP-Glc ピロホスホリラーゼ UDP-Glc pyrophosphorylase** によってつくられる。この酵素は逆反応にちなんで名づけられており，逆反応では，ピロリン酸の元素間の結合と交換することにより，UDP-Glc のリン酸無水物結合が開裂する。

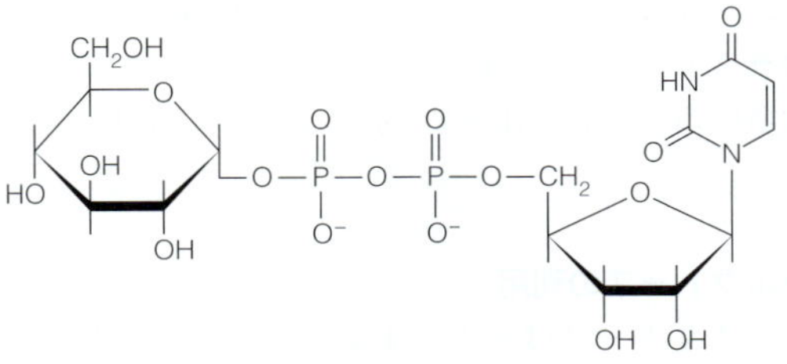

ウリジン二リン酸グルコース

反応 3 でつくられるグルコース 1-リン酸は，次に**ホスホグルコムターゼ phosphoglucomutase** というグリコーゲン合成にも含まれる酵素によってグルコース 6-リン酸に変換される（反応 4）。最終段階では，C4 位のエピマー化によって UDP-Gal から UDP グルコースを再生する（反応 5）。**UDP ガラクトース 4-エピメラーゼ UDP-galactose 4-epimerase** の触媒するこの NAD^+ 結合反応の詳細は，以前に図 11.38（p.402）で示した。反応 1～5 全体の化学量論は以下のようになる。

ガラクトース ＋ ATP → グルコース 6-リン酸 ＋ ADP

この式ではヌクレオシド二リン酸糖である UDP-Glc と UDP-Gal の重大な関与が抜け落ちている。グリコーゲンの生合成についての考察ですぐにわかるように，ヌクレオシド二リン酸糖は多糖の生合成で広く用いられる中間体である（第 9 章，p.293 参照）。

図 13.24 の左側の酵素（UDP-Glc ピロホスホリラーゼと UDP-Gal4-エピメラーゼ）は，乳腺における乳汁中のラクトースの合成にも関与している。ラクトースは，**α ラクトアルブミン α-lactalbumin** というタンパク質の存在下で**ラクトースシンターゼ lactose synthase** によって UDP-Gal とグルコースからつくられる（図 9.16，p.294 参照）。この組織で UDP-Gal はラクトースへ高速で変換されるので，UDP-Gal の吸エルゴン的合成はスムーズに進行する。第 9 章と第 19 章で考察するように，UDP-Gal は糖タンパク質と糖脂質の生合成においても用いられる。

ガラクトース血症 galactosemia と総称されるさま

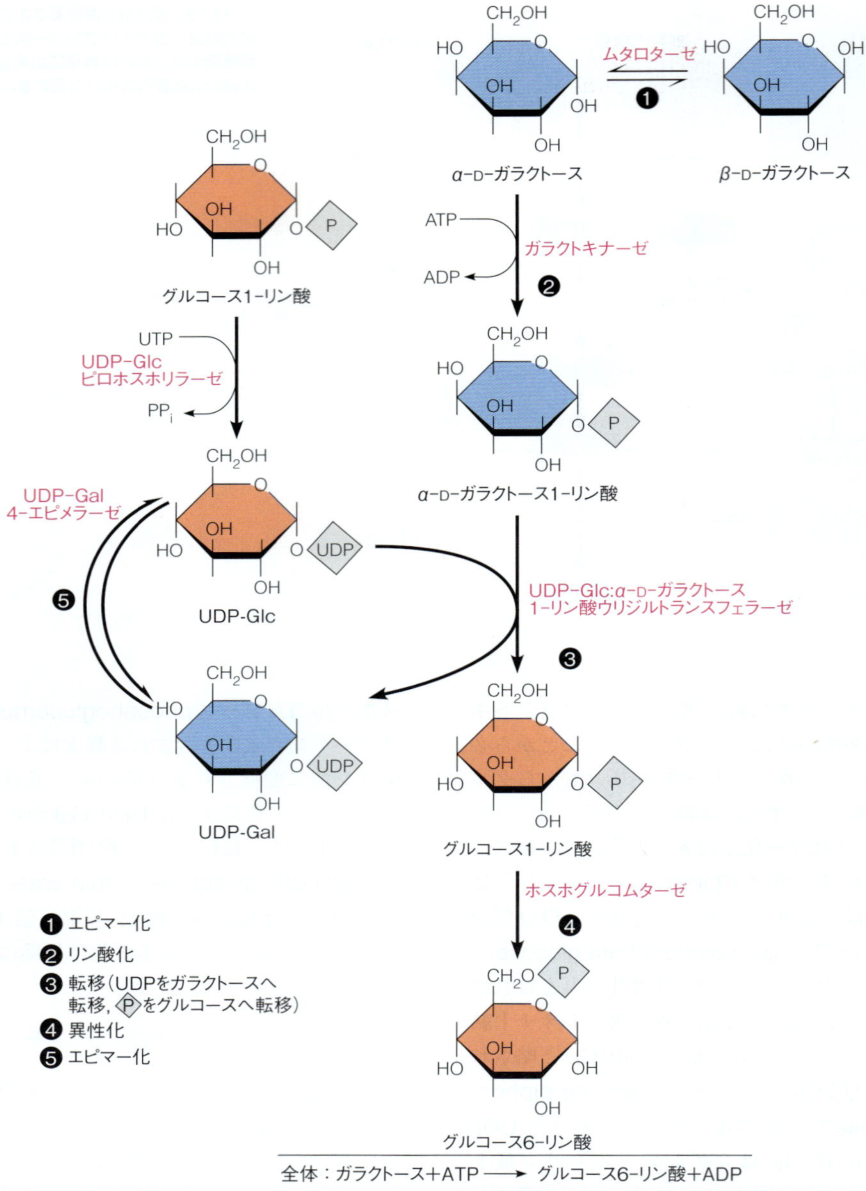

図 13.24　グルコース 6-リン酸へ変換することによりガラクトースを利用するための Leloir 経路　ガラクトース環とグルコース環をそれぞれ青とオレンジで示し，反応 3 がエピマー化ではなく，基移動反応であることを強調してある。グルコースとガラクトースが互いに C4 位でのエピマーであることを思い出そう（図 9.11 参照）。

ざまなヒトの遺伝性疾患がある。それらのすべてにガラクトース代謝の欠陥があり，その結果，ガラクトース，ガラクトース 1-リン酸もしくはその両方が血中や組織内に蓄積する。臨床症状としては，精神発達遅滞，白内障，肝臓その他の臓器の肥大がある。これらの疾患は，ガラクトースの利用に必要な 3 種の酵素のいずれかが遺伝的に欠損していることに由来する。最も一般的な型は，UDP グルコース：α-D-ガラクトース 1-リン酸ウリジルトランスフェラーゼの欠損により起こる（図 13.24，反応 3 参照）。まれに，ガラクトキナーゼもしくは UDP ガラクトース 4-エピメラーゼの欠損がみられる。ガラクトースの主要な摂取源はミルク中のラクトースであるので，症状は通常，乳児に現れる。食事中のミルクや乳製品を控えることで症状は緩和される。

フルクトースの利用

フルクトースは多くの果実中に遊離糖として存在し，またスクロースの加水分解によっても生じる（図 13.23 参照）。大部分の組織ではフルクトースのリン酸化により，解糖系中間代謝物であるフルクトース 6-リン酸が生じる。脊椎動物の肝臓には異なる経路が存在し，そこでは**フルクトキナーゼ fructokinase** という酵素によって，フルクトースは**フルクトース 1-リン酸 fructose-1-phosphate（F1P）**にリン酸化される。この中間代謝物は次に**アルドラーゼ B aldolase B** と呼ばれる特殊な酵素によって開裂する。開裂産物は，解糖系中間代謝物のジヒドロキシアセトンリン酸と D-グリセルアルデヒドである。後者はその後 ATP 依存性反応でリン酸化されて解糖系中間代謝物のグリセルアルデヒド 3-リン酸に変わる。この利用経路はホスホフルクトキナーゼによる調節を迂回するので，このことから食事のスクロースが脂肪に変換されやすいことを説明できるかもしれない（すなわち，F1P→GAP＋DHAP→グリセロール 3-リン酸→トリアシルグリセロール。第 17 章参照）。

フルクトースは，甘い清涼飲料水に用いられる“高フルクトース含有コーンシロップ”の主要成分でもある。高フルクトース含有コーンシロップの摂取が，肥満と 2 型糖尿病の危険性を増加させることを示す証拠が多く報告されている。

マンノースの利用

最後に，主要なヘキソースの 1 つであるマンノースは，ある種の多糖や糖タンパク質を含む食物の消化によって生じる。ヘキソキナーゼの触媒によりマンノースはマンノース 6-リン酸へとリン酸化された後，異性化されてフルクトース 6-リン酸となる（図 13.23 参照）。

二糖の代謝

食品中で最も豊富な二糖はマルトース，ラクトースおよびスクロースの 3 種類である。マルトースはデンプンからつくられ，主として人工甘味料として利用されるのに対し，ラクトースとスクロースは天然産物に豊富である。動物の代謝では，それらは小腸に並んでいる細胞で加水分解されて，構成成分のヘキソース糖に変わる。

$$\text{マルトース} + H_2O \xrightarrow{\text{マルターゼ}} 2\ \text{D-グルコース}$$

$$\text{ラクトース} + H_2O \xrightarrow{\text{ラクターゼ}} \text{D-ガラクトース} + \text{D-グルコース}$$

$$\text{スクロース} + H_2O \xrightarrow{\text{スクラーゼ}} \text{D-フルクトース} + \text{D-グルコース}$$

ヘキソース糖は門脈を経由して肝臓に到達し，そこで前節で述べたように異化される。

ラクターゼは幼児の腸で分泌され，母乳中のラクトースを消化する。大部分の動物は離乳後ミルクを摂取しないので，成獣でラクターゼの分泌が減少するのは正常な発達過程の 1 つである。ヒトは，多くの者が成人後もミルクを飲み続けるという点で，動物界にあって特殊である。成人でのラクターゼ欠損は，白人で 5〜20%，黒人で 75%，アジア人では 90%にも見られ，このことが**乳糖不耐症 lactose intolerance** を引き起こす。これはミルクもしくはラクトースを含む乳製品を摂取すると，蓄積したラクトースが腸内細菌によって発酵するため腸に負担がかかり引き起こされる状態である。

植物や微生物には二糖を代謝するための異なる経路がある。細菌は**スクロースホスホリラーゼ sucrose phosphorylase** の作用によってスクロースを代謝する。

$$\text{スクロース} + P_i \rightleftharpoons \text{D-グルコース 1-リン酸} + \text{D-フルクトース}$$

グリセロールの代謝

中性脂肪（トリアシルグリセロール）と大部分のリン脂質の消化により，生成物の 1 つとしてグリセロールがつくられる。動物では，グリセロールはまず肝臓で**グリセロールキナーゼ glycerol kinase** の作用を受けて解糖系に入る。

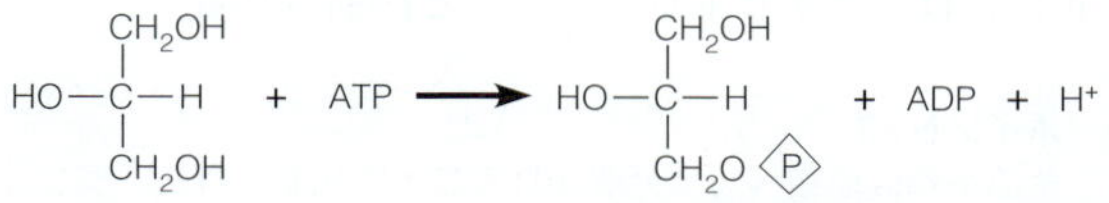

グリセロール　　グリセロール3-リン酸

この生成物は次に**グリセロール 3-リン酸デヒドロゲナーゼ glycerol-3-phosphate dehydrogenase** によって酸化されてジヒドロキシアセトンリン酸を生じ，それは解糖系で異化される（図 13.23 参照）。

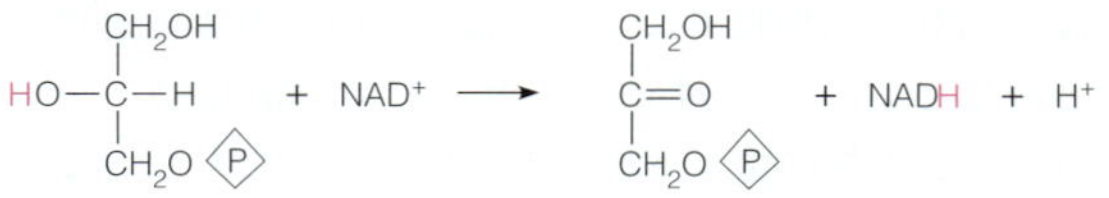

グリセロール 3-リン酸　　ジヒドロキシアセトン リン酸

多糖の代謝

動物の代謝において，グルコースの 2 つの主要な供給源は多糖に由来する。すなわち，①主として植物食品由来のデンプンと食肉由来のグリコーゲンからなる食品多糖の消化，および②動物自身の貯蔵グリコーゲンの動員，である。第 9 章で学んだように植物の主要な栄養多糖であるデンプンは，分枝鎖のないグルコース重合体のアミロースと分枝鎖のある重合体のアミロペクチンからなる。いずれの重合体もグルコース残基はα(1→4)グリコシド結合でつながっているが，アミロペクチンにはα(1→6)結合もあり，それは直鎖状重合体における分岐点となっている。グリコーゲンは化学的にはアミロペクチンに似ているが，より高度に枝分かれしていて，分子量がより大きい点で異なる。多くの微生物は，動物同様に糖質をグリコーゲンとして蓄えている。

加水分解と加リン酸分解による開裂

多糖の消化とグリコーゲン動員は，ともにグルコース重合体の非還元末端から単糖単位が順次開裂することにより起こる。これらの反応において，前者では加水分解が起こり，後者では加リン酸分解が起こる。これらの反応は化学的に似ているが，求核試薬として水または無機リン酸のいずれかを用いる（図 13.25）。加水分解は水の元素間の結合を切ってそれぞれの添加により結合を開裂するものであり，加リン酸分解的開裂はリン酸の元素の添加により起こる。グリセルアルデヒド3-リン酸デヒドロゲナーゼの触媒する反応（図 13.6，p.475）は加リン酸分解の好例である。加リン酸分解を触媒する酵素はしばしば**ホスホリラーゼ phosphorylase** と呼ばれ，リン酸エステル結合の加水分解的開裂を触媒するホスファターゼ（もしくはより正確にはホスホヒドロラーゼ）と区別される。

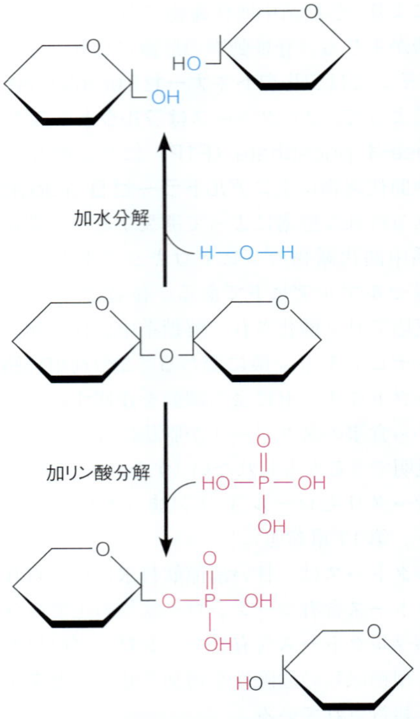

図 13.25　加水分解または加リン酸分解によるグリコシド結合の開裂　水またはリン酸の元素がそれぞれどのようにグリコシド結合と交換して付加されるかを示す。

> **ポイント 23**
> 食品多糖は単糖へ加水分解されることで代謝される。グリコーゲンのような細胞内貯蔵糖質は，加リン酸分解によりリン酸化単糖として動員される。

エネルギー論的にいえば，加リン酸分解機構の有利な点は，グリコーゲンの動員により大部分の単糖単位を糖リン酸の形で産生することである。これらの単位は，ATPの追加投資なしに直接，解糖系中間代謝物へと変換されうる。対照的にデンプンの消化は，グルコースと少量のマルトースを産生する。したがって，ATPとヘキソキナーゼ反応がこれらの糖の解糖系における分解を開始するのに必要である。

しかし，主として腸で行われる食品糖質の消化には加水分解機構が有用である。消化産物は吸収されて肝臓へ運ばれ，そこでグルコースに変換される。糖リン酸は，他の荷電した化合物と同様に細胞膜の通過効率が悪いので，ヘキソース糖を産生する多糖の加水分解的消化のほうが組織による取り込みを促進する。

若干の例外を除いて，植物は単糖とエネルギー貯蔵多糖の両方を光合成によって合成するので，植物の代謝で消化作用には触れない。しかし，植物の代謝でも動物と同様に，貯蔵糖質を動員するのに同じ酵素機構が用いられる。すなわちデンプンの加水分解と加リン酸分解が行われるが，加水分解のほうが優位である。ビールの醸造では，大麦のような穀類の種子の発芽を制御してデンプンを単糖や二糖に分解する加水分解酵素を発現させ，その後の酵母による発酵に役立てている。この過程は麦芽製造と呼ばれる。

デンプンとグリコーゲンの消化

動物ではデンプンとグリコーゲンの消化は，唾液中に分泌される**αアミラーゼ α-amylase** の作用により口の中で始まる。この酵素は両重合体の内部のα(1→4) 結合を開裂する。腸でも消化は膵臓から分泌されるαアミラーゼの助けを借りて続けられる。αアミラーゼは，アミロースをマルトースと少量のグルコースに分解する。しかし，図 13.26 に示すように，αアミラーゼは分岐点で認められるα(1→6)結合を開裂することができないので，アミロペクチンとグリコーゲンを部分的にしか分解しない。αアミラーゼによるアミロペクチンまたはグリコーゲンの最終消化産物は**限界デキストリン limit dextrin** と呼ばれる。その継続的な分解には“脱分枝酵素”の**α(1→6)グルコシダーゼ α(1→6)glucosidase**（イソマルターゼとも呼ばれる）の作用が必要である。この作用により新しいα(1→4)結合をもつ枝が現れ，新しいα(1→6) 結

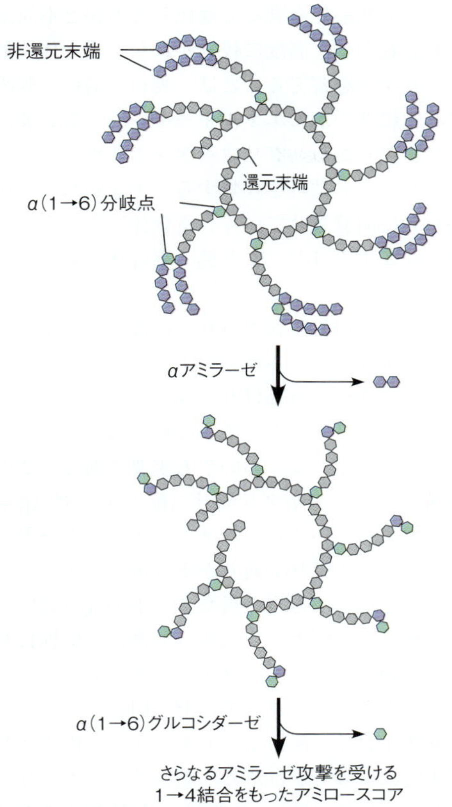

図 13.26　αアミラーゼとα(1→6)グルコシダーゼによるアミロペクチンとグリコーゲンの連続的消化　（上）唾液中のαアミラーゼはアミロペクチン（あるいはグリコーゲン）のマルトース単位の間の 1→4 結合を開裂させる。しかし，それは分枝状重合体の 1→6 グリコシド結合を開裂することはできず，α(1→6)グルコシダーゼ（脱分枝酵素）が存在しなければ限界デキストリン（灰色）が蓄積する。（下）腸のα(1→6) グルコシダーゼが分岐点を開裂し，アミロースコアがアミラーゼでさらに消化されるようになる。

合の枝に到達するまでαアミラーゼによる攻撃を受け続ける。これらの 2 つの酵素が順次作用して，最終的にデンプンとグリコーゲンはマルトースと少量のグルコースにまで完全に分解される。マルトースは**マルターゼ maltase** による加水分解で開裂して 2 mol のグルコースを産生し，それは次に血中へ吸収されて種々の組織へ輸送され，そこで利用される。

筋肉と肝臓におけるグリコーゲン代謝

動物のグリコーゲン代謝における酵素学と調節について述べる前に，筋肉と肝臓では貯蔵グリコーゲンの機能が異なっていることを学んでおこう。グリコーゲンは骨格筋の収縮のための主要なエネルギー源である。肝臓は自らの代謝エネルギーの大部分を脂肪酸酸化から得ているので，肝臓のグリコーゲンは全く異なる機能をもっていて，それは血中グルコースの供給源としてであり，他の組織に輸送されて異化反応を受ける。肝臓は主として“糖調節装置”として機能して，血中グルコース濃度を適切に維持するためにグリコーゲンの合成と分解を調節している。この役割を果たせるように肝臓は相対的に多量のグリコーゲンを含んでおり，臓器重量の 2〜8%に及ぶ。肝臓ではグリコーゲンの合成と分解の最大速度がほぼ等しいのに対し，筋肉ではグリコーゲン分解の最大速度はグリコーゲン合成の最大速度よりも約 300 倍高い。グリコーゲンの合成と分解の酵素学は，肝臓と筋肉とで類似しているが，本章と第 18 章で考察するように，肝臓でのホルモン制御は全く異なっており，酵素も構造的に異なる。

グリコーゲンの分解

脊椎動物では，グリコーゲンは主として骨格筋と肝臓に貯蔵されている。これらの貯蔵物の利用可能なエネルギーへの分解，すなわちグリコーゲンの**動員 mobilization** は，**グリコーゲンホスホリラーゼ glycogen phosphorylase** の触媒する α(1→4) 結合の連続的加リン酸分解による開裂を含んでいる。植物では，デンプンが**デンプンホスホリラーゼ starch phosphorylase** の作用により同様に動員される。両反応はグルコース重合体の非還元末端からグルコース 1-リン酸を遊離する。

グルコースα(1→4)グルコースα(1→4)グルコースα(1→4)グルコース・・・

↓ P_i　ホスホリラーゼ

α-D-グルコース1-Ⓟ＋グルコースα(1→4)グルコースα(1→4)グルコース・・・

この開裂反応は，標準条件下ではわずかに不利であるが（$\Delta G^{\circ\prime} = +3.1$ kJ/mol），in vivo では無機リン酸の濃度が相対的に高いので，反応はほとんど合成の向きよりも分解の向きに進む。反応は 1 位の炭素の立体配置を保持したまま進行すること，すなわち，リン酸基はグルコース 1-リン酸生成物中でα結合をしていることに注意しよう。

αアミラーゼと同様に，ホスホリラーゼはα(1→6) 分岐点を超えて開裂させることはできない。事実，開裂は分岐点からグルコース 4 残基を残して停止する。脱分枝過程には，図 13.27 で示すように 2 番目の酵素の作用が含まれる。このグリコーゲン“脱分枝酵素”の **(α1,4→α1,4) グルカントランスフェラーゼ (α1,4→α1,4) glucan transferase** は 2 つの反応を触媒する。第 1 は転移酵素活性であり，酵素は残りのグルコース残基のうちの 3 つを取り去り，この三糖部分をそのまま他の外側の枝の末端に新しい α(1→4) 結合を介して転移する。次に α(1→6) 結合で鎖につい

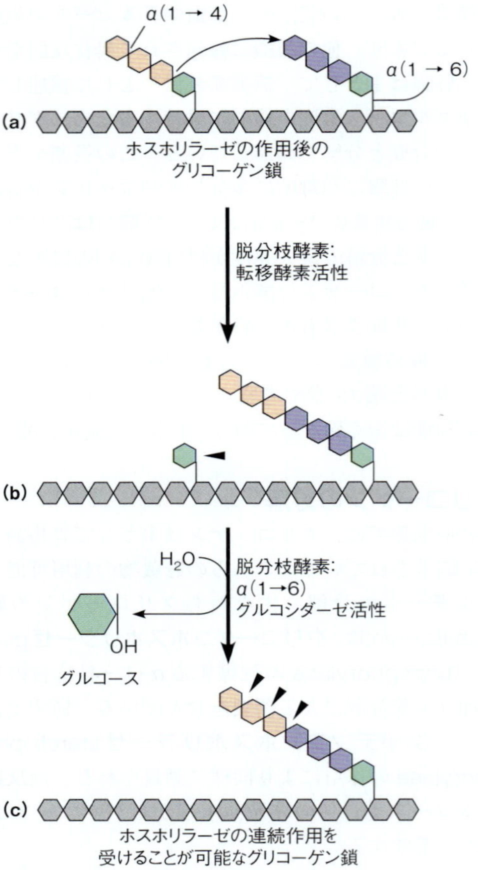

図 13.27　グリコーゲン異化における脱分枝過程　**(a)** グルコース残基を分岐点から 4 残基以下にまで開裂するホスホリラーゼの活性に伴って生じるグリコーゲン鎖。**(b)** 脱分枝酵素による転移活性に伴って生じるグリコーゲン鎖。α(1→4)結合をもった残りのグルコース 3 残基は近接する非還元末端へ転移している。**(c)** 脱分枝酵素の α(1→6) グルコシダーゼ活性によって分枝の最後に残ったグルコース残基が除去されて生じるグリコーゲン鎖。ホスホリラーゼは，新たに延長された枝のグルコース単位を 4 つ残してすべて切り離し，脱分枝過程を再開する。新しい開裂点は楔形で示してある。

たまま残っているグルコース残基を，同じ脱分枝酵素の α(1→6)-グルコシダーゼ活性によって開裂させる。この反応により，1 分子の遊離グルコースと α(1→4)結合グルコース残基が 3 個だけ伸張した枝が生成される。ホスホリラーゼは，この新たに露出した枝をさらに攻撃できるようになる。これらの 2 つの酵素の作用により，グリコーゲンは最終的にグルコース 1-リン酸（約 90%）とグルコース（約 10%）に完全に分解される。

ここで読者は，なぜグリコーゲンの分解機構がこの複雑な脱分枝過程を含んで進化したのかと不思議に思うかもしれない。高度に枝分かれした重合体の形で糖質エネルギーを蓄えることは，動物が適切な刺激に応じて非常に速やかにエネルギーを生成する必要があるときに重要である。グリコーゲンホスホリラーゼはエキソグリコシド結合を攻撃する，すなわち，非還元末端から順に開裂させていく。重合体にそのような末端が多く存在するほど，より速く重合体を動員することができる。

解糖系を経由して代謝されるには，ホスホリラーゼの作用で生成したグルコース 1-リン酸は，グルコース 6-リン酸に変換されなければならない。この異性化はホスホグルコムターゼによって行われる。この反応はグリコーゲンの合成においても重要である。この反応は機構的にはホスホグリセリン酸ムターゼ（p.477 参照）に類似しているが，ホスホグルコムターゼでは，酵素上のホスホセリン残基がホスホヒスチジンの代わりに基質と反応する点が異なる（下の式を参照）。

リン酸基を運ぶセリン残基は非常に反応性に富んでおり，このことはホスホグルコムターゼがキモトリプシンや他のセリンプロテアーゼと同様に，ジイソプロピルフルオロリン酸によって不可逆的に阻害されるという事実によって示される。阻害は，キモトリプシンのそれと同様に（第 11 章参照），活性部位のセリン残基の特異的アシル化を伴っている。

脊椎動物では，グリコーゲンの大部分は，肝臓と骨格筋の細胞内に顆粒の形で蓄えられている。糖新生系の考察ですでに学んだように，肝臓の主な機能の 1 つは，他の組織で代謝するためにグルコースを供給することである。この機能はグリコーゲンの動員と糖新生系の両方によって実行される。どちらの過程もリン酸化型のグルコースを産生するが，これらは肝細胞から外へ出ることはできない。遊離型グルコースへの変換には，糖新生系で用いられる酵素と同じグルコース 6-ホスファターゼの作用を必要とする。

グリコーゲンの生合成

動物においてグルコースが主に使われるのはグリコーゲンの合成である。グリコーゲンでグリコシド結合を形成するのに用いられる機構は，すべての多糖の合成でも用いられている普遍的な機構である。長年，グリコーゲンホスホリラーゼの逆反応がグリコーゲン合成の主経路であると考えられていたが，3 つの観察

酵素-ser-リン酸 ＋ グルコース 1-リン酸 $\rightleftharpoons$ 酵素-ser ＋ グルコース 1,6-ビスリン酸
グルコース 1,6-ビスリン酸 ＋ 酵素-ser $\rightleftharpoons$ 酵素-ser-リン酸 ＋ グルコース 6-リン酸

全体：グルコース 1-リン酸 $\rightleftharpoons$ グルコース 6-リン酸　　$\Delta G^{\circ\prime} = -7.3$ kJ/mol

でこれに反する結果が得られた。まず 1 番目はオルトリン酸の細胞内濃度が比較的高く，in vivo でホスホリラーゼがグリコーゲン合成を触媒するのは反応の平衡の点から困難であること。2 番目はホスホリラーゼは in vitro でグリコーゲンを合成することができるが，生成物の分子量が天然のものに比べてはるかに小さいこと。3 番目は，アドレナリン分泌はグリコーゲン代謝を分解の向きへのみ活性化すること。事実，アドレナリンはグリコーゲンの生合成を阻害する。これらの結果はすべて，グリコーゲンが別の酵素によって合成されることを示唆していた。

グリコーゲン合成と分枝形成過程

1950 年代後半，Luis Leloir は，グリコーゲン生合成の基質がウリジン二リン酸グルコース（UDP-Glc, p.501）であることを発見した。関与する酵素は**グリコーゲンシンターゼ glycogen synthase** であり，細胞内グリコーゲン顆粒に強く結合している。

> **ポイント 24**
> UDP グルコースは，グリコーゲン合成のためのグルコースの代謝活性化型である。

UDP グルコースの生合成

はじめに，どのようにして基質の UDP グルコースが血中グルコースから合成されるかを概観してみよう。グルコースは，形質膜の**グルコース輸送体 glucose transporter** によって細胞内に輸送される。図 13.28 に示すように，グルコースは次にヘキソキナーゼによりリン酸化されてグルコース 6-リン酸になり，ホスホグルコムターゼによりグルコース 1-リン酸に異性化される。次に，**UDP グルコースピロホスホリラーゼ UDP-glucose pyrophosphorylase** という酵素が UDP グルコースの合成を触媒する。このリン酸無水物交換反応の自由エネルギー変化はほぼ 0 であるが，ピロホスファターゼが触媒するピロリン酸のオルトリン酸への速やかな酵素的分解により，反応は正の向きへ進行する。ピロリン酸の加水分解は発エルゴン的で，標準条件下で約 19 kJ/mol 生じる。

グリコーゲンシンターゼ反応

UDP グルコースは，少なくともグルコース 4 残基長からなるグリコーゲン鎖の非還元末端へのグルコース残基の直接供与体である。グリコーゲンシンターゼは**グリコシルトランスフェラーゼ glycosyltransferase**，すなわち非還元糖の水酸基に活性化糖単位を転移する酵素の 1 つである。図 13.29 に示すように反応は，転移されるグルコースの C1 位とグリコーゲン鎖末端の

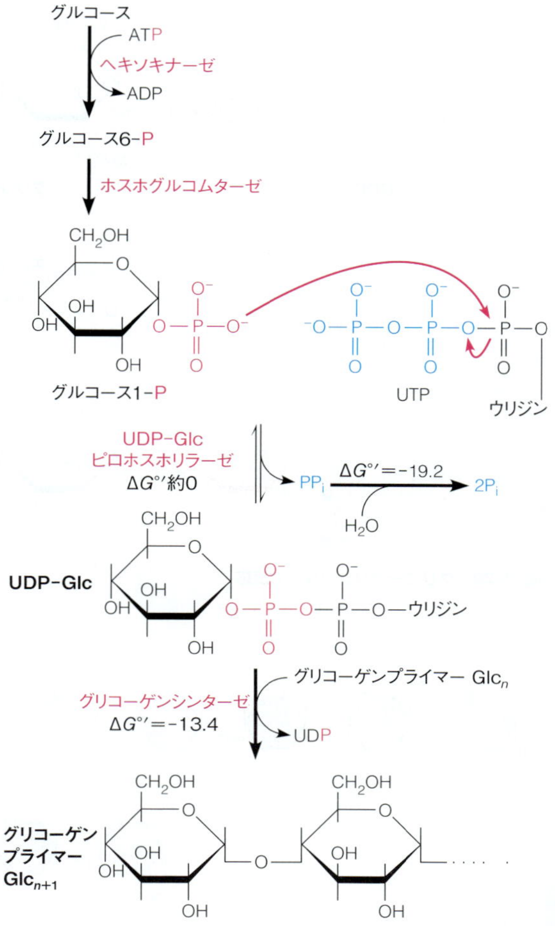

図 13.28　グルコース単量体の重合体グリコーゲンへの変換経路

グルコース残基の C4 位との間における α（1→4）グリコシド結合の形成である。反応は，直近に付加されたグルコース残基の C4 位による UDP グルコースの C1 位への求核攻撃を含んでいる。C1 位は優れた脱離基である UDP の脱離によって求電子的になるが，正確な機構は解明されていない。酵素は，非還元末端で 4 位の水酸基に連続的にグルコース残基を付加し続ける。UDP グルコースは高エネルギー化合物であるから，グリコーゲンシンターゼ反応は発エルゴン的であり，約 −13.4 kJ/mol の $\Delta G°'$ を伴う。グリコーゲンシンターゼはグリコーゲン生合成の律速段階であり，この同化経路の調節部位である。

グリコーゲンシンターゼのプライマーは，**グリコゲニン glycogenin** と呼ばれる小さなタンパク質（M_R＝37,000）によって組み立てられた短鎖グルコース残基である。グリコゲニンは，グルコースを UDP グルコースからタンパク質自身のチロシン残基に転移し，その後，さらなるグルコース単位を UDP グルコースから転移して 8 残基長までの α(1→4) 結合プライマーを生

13

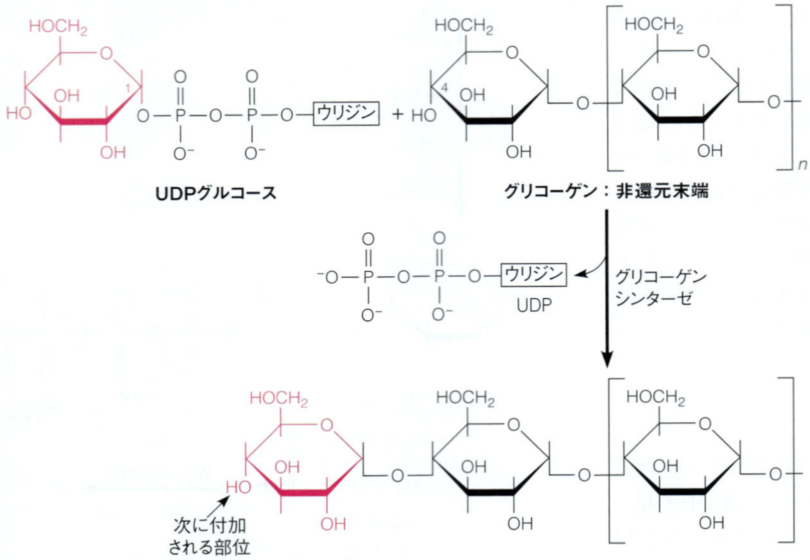

図 13.29　グリコーゲンシンターゼ反応

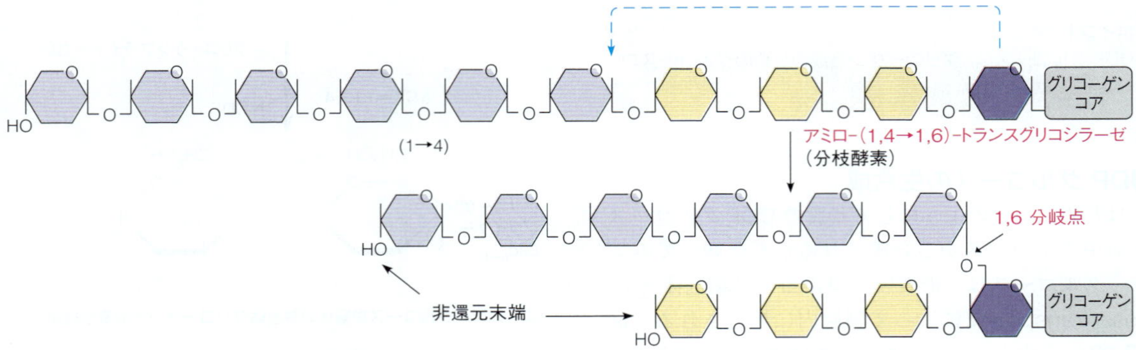

図 13.30　グリコーゲン合成における分枝過程　分枝はアミロ-(1,4→1,6)-トランスグリコシラーゼによって行われる。

成する。次いでこれらのプライマーは，グリコーゲンシンターゼにより伸長される。このように，グリコゲニンは60,000個ものグルコース残基からなる成熟グリコーゲン粒子のコアを形成する。これらの粒子は肝細胞と筋細胞で顆粒（図 9.17，p.296参照）内に貯蔵されるが，顆粒はグリコーゲンを代謝するすべての酵素も含んでいる。

分枝形成

グリコーゲン合成は，グルコース単位の重合とα(1→6) 結合による分枝形成からなる。分枝はこの重合体の溶解性を高めるだけでなく，グリコーゲン動員過程でグルコース 1-リン酸が生じる非還元末端の数を増加させるために重要である。しかし，これらの分枝はグリコーゲンシンターゼによって導入することはできない。分枝酵素 branching enzyme，より正確にはアミロ-(1,4→1,6)-トランスグリコシラーゼ amyro-[1,4→1,6]-transglycosylase と呼ばれる別の酵素が，図 13.30 に示すように働く。この分枝酵素は，およそ6あるいは7残基長の末端断片を，少なくとも11残基の長さがある分枝点から，重合体内部のグルコース残基のC6位の水酸基に転移する。この反応は，分枝を形成することになるオリゴ糖のC1位に対するC6位の水酸基の求核攻撃を含んでいる。このように反応は，反応前には1つだけしか存在していなかった非還元末端を2個つくり出し，引き続きグリコーゲンシンターゼが作用できるようにする。分枝過程は，(1→4)結合と(1→6)結合の化学的類似性のため，大きな自由エネルギー変化は必要としない。

ポイント 25
グリコーゲンの生合成は，重合化のためにグリコーゲンシンターゼを，分枝形成のためにトランスグリコシラーゼを必要とする。

グリコーゲン代謝の協調的調節

グリコーゲン分解すなわちグリコゲノリシスの制御は，調節カスケード，すなわち最初の調節シグナルの強さが一連の酵素活性化を通じて何倍にも増幅される過程の，特によく理解されている例として，第 11 章で取り上げた。例えば，恐怖や獲物を捕らえる必要性がエネルギーの生成と利用の増大を瞬間的に要求する引き金となるので，この増幅はグリコーゲン分解の場合に特に重要である。グリコーゲンは最もすばやく利用できる大規模な代謝エネルギーの供給源であるため，動物にとってグリコーゲンの動員を速やかに活性化できることは重要である。さらにグリコーゲン分解は，ホルモンの分子作用が詳細に理解された最初のホルモン制御過程である（図 13.31）。

グリコーゲンホスホリラーゼの構造

骨格筋のグリコーゲンホスホリラーゼは，1 つが 97,400 Da の同一のポリペプチド鎖 2 本からなる二量体である。酵素は 2 つの相互変換可能な型，すなわち

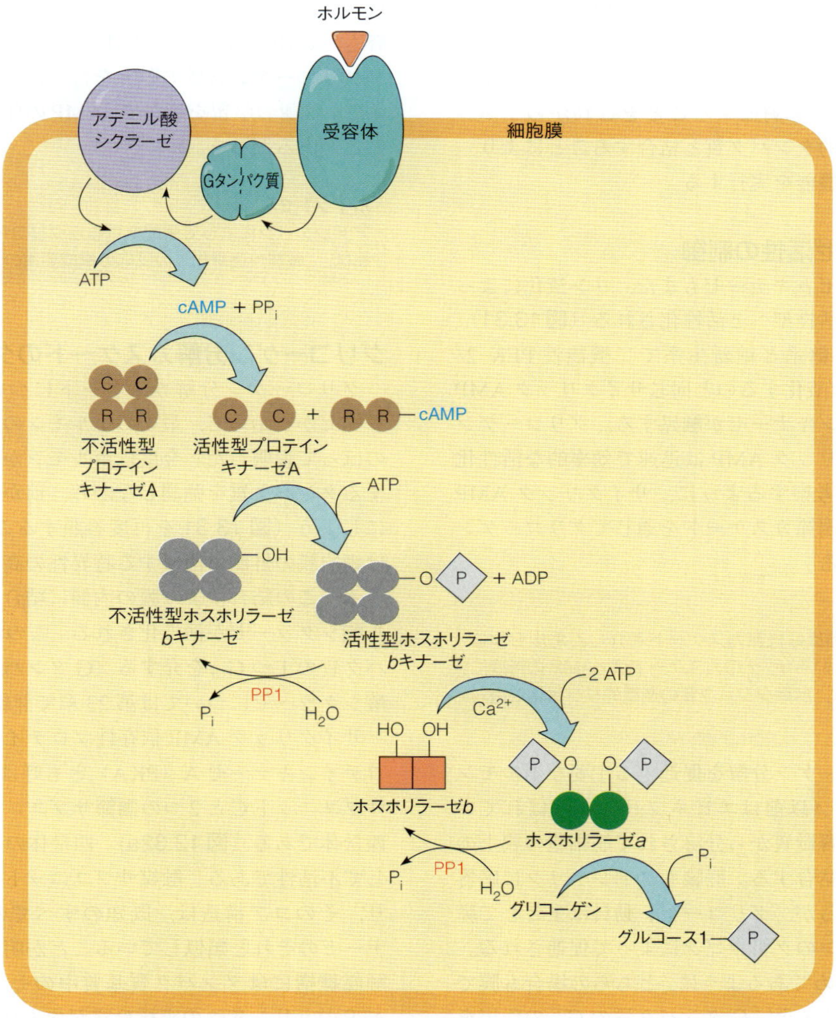

図 13.31　グリコーゲン分解を制御する調節カスケード　アドレナリンの刺激後の筋細胞もしくはグルカゴンまたはアドレナリンの刺激後の肝細胞で起きるグリコーゲン分解のホルモン調節を示している。ホルモンの形質膜受容体への結合は G タンパク質との相互作用の引き金となり，それは次にアデニル酸シクラーゼと相互作用して活性化する（第23章参照）。サイクリック AMP がプロテインキナーゼ A（PKA）の R_2C_2四量体の R（調節）サブユニットに結合すると，R サブユニットは C（触媒）サブユニットから解離する。活性のある C 単量体は，不活性型ホスホリラーゼ *b* キナーゼの特定のセリン残基のリン酸化を触媒することにより，ホスホリラーゼ *b* キナーゼを活性化する。この活性型のキナーゼは，ホモ二量体ホスホリラーゼ *b* の 2 つのサブユニットのおのおののセリン残基をリン酸化する。このことにより，不活性なホスホリラーゼ *b* は活性の高いホスホリラーゼ *a* に変換され，それがグリコーゲンの分解を触媒する。調節カスケードの各反応はホルモンのシグナルを増幅するので，その結果，ごくわずかのホルモン分子の細胞表面への結合が細胞内貯蔵グリコーゲンからグルコース 1-リン酸を大量に遊離させるきっかけになる。経路の不活性化にはプロテインホスファターゼ 1（PP1）の作用が関与していて，ホスホリラーゼ *b* キナーゼとホスホリラーゼ *a* からリン酸を除去する。PP1 の活性もホルモン調節を受ける。

13

相対的に活性の高いホスホリラーゼ*a*と相対的に不活性なホスホリラーゼ*b*として存在する*。各サブユニットのセリン14のリン酸化は構造変化を誘発し，相対的に不活性なホスホリラーゼ*b*を活性の高いホスホリラーゼ*a*に変換する。このようにリン酸化反応は構造の平衡を，活性の低いT状態からより活性の高いR状態に移行させる。図13.31に示すように，活性化は特異的な**ホスホリラーゼ*b*キナーゼ phosphorylase *b* kinase**が触媒し，リン酸をATPから2つのセリン残基に転移する。不活性化は特異的なホスホリラーゼホスファターゼで**ホスホプロテインホスファターゼ1 phosphoprotein phosphatase 1（PP1）**とも呼ばれる酵素によって行われる。PP1は真核生物に普遍的なセリン-トレオニンプロテインホスファターゼであり，何十もの基質の脱リン酸化反応によって多くの細胞過程を調節することをこれから学ぶ。PP1は多様な標的タンパク質と結合することにより，これらの種々の機能を実行する。

ホスホリラーゼ活性の制御

ホスホリラーゼ*b*キナーゼもまた，リン酸化によって不活性型から活性型へと活性化される（図13.31）。この反応は，解糖系と糖新生系で二機能性PFK-2/FBPase-2をリン酸化するのと同じサイクリックAMP依存性プロテインキナーゼが触媒する。グリコーゲン分解ではサイクリックAMPは迅速で効率的な活性化を行う。以下に考察するように，サイクリックAMPは，同時に別の調節カスケードを通じてグリコーゲンの合成を阻害する。

ポイント26
グリコーゲンの動員は代謝カスケードを介してホルモンによって制御されているが，そのカスケードはcAMPの形成によって活性化され，酵素タンパク質の連続的リン酸化を含んでいる。

筋肉でグリコーゲン分解を促進する主要なホルモンはアドレナリン（以前はエピネフリンと呼ばれていた）であり，副腎髄質から分泌されて筋細胞の膜上の特異的受容体と結合する。肝臓もアドレナリンに応答することができるが，グリコーゲン動員は主として膵ペプチドホルモンのグルカゴンによって促進される。図13.31にまとめてあるように，どちらの場合も膜でホルモンが結合すると，Gタンパク質の$G_{s\alpha}$の作用を介して膜に結合したアデニル酸シクラーゼによるcAMPの合成を促進する。cAMPは次にプロテインキナーゼAを活性化し，それがホスホリラーゼ*b*キナーゼのリン酸化を触媒する。このキナーゼは次にホスホリラーゼ*b*を*a*へとリン酸化し，その結果ホスホリラーゼ*a*の作用によってグリコーゲン分解が活性化される。これらの出来事は，相対的に少量のアドレナリンのようなホルモンの分泌により，どのようにして短時間でグリコーゲンがグルコース1-リン酸へ大量に変換されることができるかを説明する。

アドレナリンは種々の刺激に対する“戦闘か逃避か”の反応を支配する主要なホルモンである。このホルモンはグリコーゲン分解を促進する以外にも，心拍の強さや数を増加させるなどの種々の生理的現象を誘起する。第23章でさらに考察するように，細胞内Ca^{2+}濃度の増加によって引き起こされるこれらの心臓への影響もcAMPを介する。cAMPはまた，脂肪分解の刺激やグリコーゲン合成の阻害を含む他の代謝過程も調節する。代謝の学習を通じてcAMPの作用に再び触れることがあるだろう。

ポイント27
アドレナリンによって誘起される筋グリコーゲンの急速な動員は，“戦闘か逃避か”の反応の構成要素の1つである。

グリコーゲン分解カスケードのタンパク質

グリコーゲン分解カスケードについて，ホスホリラーゼから始めて，最初のホルモンのシグナルにさかのぼって説明した。今度はホルモンから始めて，関与するタンパク質を強調しながら，前から順に学ぶことにしよう（図13.31を再度参照すること）。ホルモンは細胞膜の外側に位置する特異性の高い受容体に結合する。この結合により膜の内側に結合しているアデニル酸シクラーゼが活性化される。この活性化はGタンパク質の1つ$G_{s\alpha}$を介する（Gタンパク質とアデニル酸シクラーゼについては第23章で詳細に考察する）。

サイクリックAMP依存性プロテインキナーゼはプロテインキナーゼA（PKA）とも呼ばれ，2つの触媒サブユニットCと2つの調節サブユニットRからなる四量体である（図13.32a）。四量体のR_2C_2は，触媒として不活性である。触媒サブユニットの構造解析により，そのコア構造は，既知のすべてのプロテインキナーゼのそれと類似していることが明らかになった。触媒機構にはタンパク質基質中のセリン残基によるATPのγリン酸への求核攻撃が含まれている。しかしR_2C_2四量体では，触媒部位はCサブユニットの活性部位に結合しているRサブユニット中の短い阻害セグメント inhibitor segment（IS）によって競合的に阻害されている（図13.32b）。各Rサブユニットは2つのcAMP結合部位をもっている（ドメインAとB）。Rサブユニットは，Cサブユニットに結合していると

*ホスホリラーゼのような酵素的に相互変換可能な酵素系では，*a*と*b*は，それぞれ，より活性の高い型と低い型を意味する。

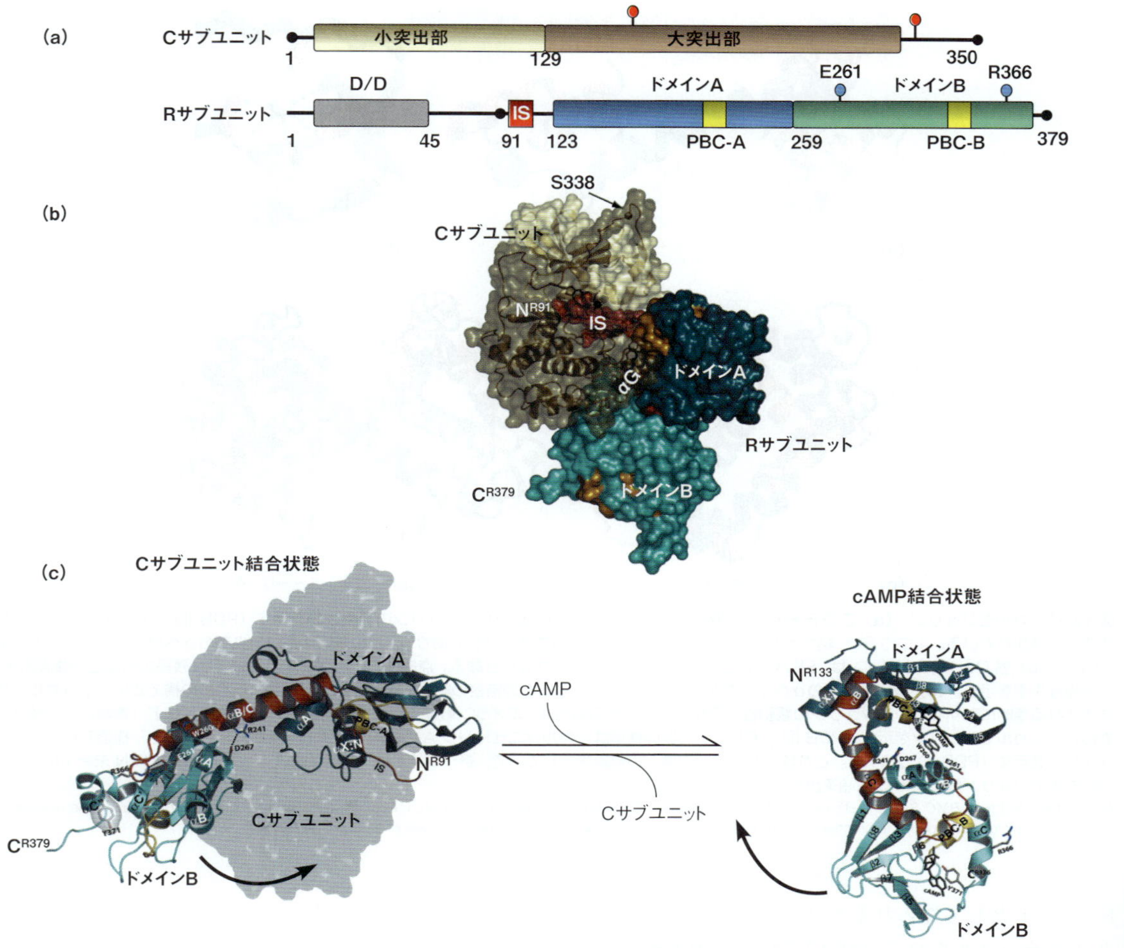

図 13.32　サイクリック AMP 依存性プロテインキナーゼ（プロテインキナーゼ A）の構造と活性化　**(a)** 触媒（C）および調節（R）サブユニットのドメイン構造。触媒サブユニットの 2 つの赤丸は，最大活性を発揮するためにリン酸化されなければならないトレオニン残基またはセリン残基を示す。R サブユニットの IS は阻害セグメントを示す。PBC-A と PBC-B は，cAMP 結合部位の位置を示す。**(b)** C サブユニットと R サブユニットの両方を含むホロ酵素複合体の曲面表現。各ドメインは（a）で用いたのと同じように色づけしてある。触媒サブユニットの活性部位は阻害セグメントによって標識されている（赤）。**(c)** cAMP 結合時の調節サブユニットの構造変化。C サブユニット結合状態の構造（左側）では，R サブユニットは引き延ばされたダンベル型になり，2 つの cAMP 結合ドメインは触媒サブユニットの大突出部に包まれている（灰色）。cAMP 結合時には，ドメイン B はドメイン A に向かって約 125° 回転し（カーブした矢印によって示されている），緻密な球状構造に詰め込まれ（右側），活性のある触媒サブユニットを遊離させる。
Modified from *Cell* 130：1032-1043, C. Kim, C. Y. Cheng, S. A. Saldanha, and S. S. Taylor, PKA-I holoenzyme structure reveals a mechanism for cAMP-dependent activation. © 2007, with permission from Elsevier.

き，引き延ばされたダンベルの形になり，2 つの cAMP 結合ドメインは触媒サブユニットの大突出部に包まれている（図 13.32b）。cAMP の R サブユニットへの結合は，R サブユニットの劇的な構造変化を引き起こし，2 つの cAMP 結合ドメインは緻密な球状構造に詰め込まれる（図 13.32c）。この構造変化が四量体の解離を引き起こし，遊離した活性型の C サブユニットがホスホリラーゼ *b* キナーゼを含む標的タンパク質のリン酸化反応を触媒する。

ホスホリラーゼ *b* キナーゼは，サブユニット α，β，γ，δ 各 4 個からなる約 1.3 MDa の複雑な多サブユニットタンパク質である。γ サブユニットは触媒部位を含んでおり，調節サブユニットの α と β は PKA によるリン酸化部位を含んでいる。δ サブユニットは**カルモジュリン calmodulin** と呼ばれるタンパク質，すなわちカルシウム調節タンパク質 <u>calcium</u>-<u>modul</u>ating <u>protein</u> である。カルシウムイオンは古くから重要な生理的調節因子，特に神経伝達と筋収縮に関連する過程の調節因子として知られていた。これらの作用の大部分は Ca^{2+} のカルモジュリンへの結合を介して起こり，カルモジュリンは細胞内カルシウム濃度のわずかな変化を増幅させる。

カルモジュリンは高度に保存されたアミノ酸配列をもつ小さなタンパク質（M_r 約 17,000）である。それは 4 つのカルシウムイオン結合部位を含んでいる（図 13.33a）。おのおのの Ca^{2+} 結合部位（図 13.33b）は

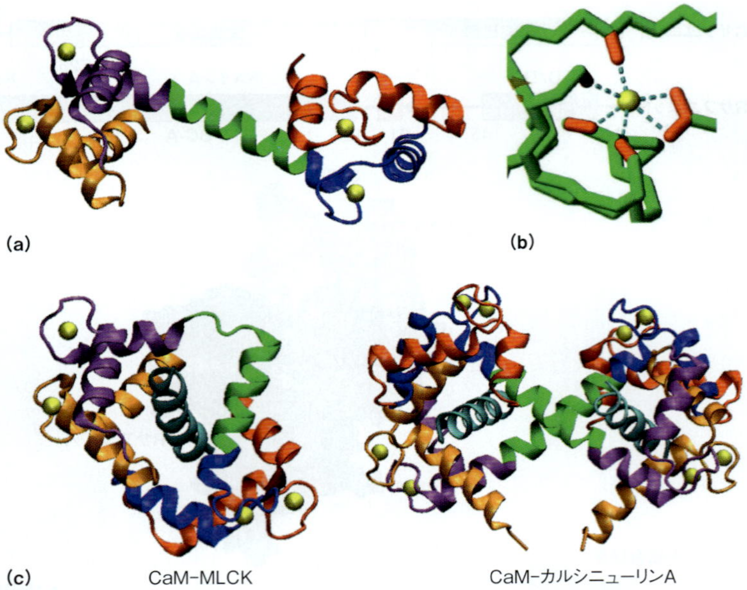

図 13.33　カルモジュリン　(a) このモデルはX線結晶学で決定されたウシ脳カルモジュリンの骨格表現を示す（PDB ID：1CLL）。Ca^{2+}イオンは黄色の球で描かれている。４つのCa^{2+}結合ドメインはオレンジ，紫，赤，青で色づけしてあり，２つの末端は長い中央部のαヘリックス（緑）とつながっている。**(b)** 各Ca^{2+}結合ドメインは，EF ハンドとして知られるαヘリックスからなる。点線はCa^{2+}と，Asp, Thr, Glu 残基の側鎖上の酸素原子（赤）との相互作用を示す。**(c)** 長い中央部のαヘリックス（緑）は，カルシウムとの結合の結果，構造変化を受ける。これらの構造変化によりカルシウムで調節される標的に対するカルモジュリンの親和性が変化する。左側の構造は，ミオシン軽鎖キナーゼ（MLCK）の標的ペプチド（青緑）に“巻込”構造で結合したカルモジュリンを示す（PDB ID：1CDL）。右側の構造は，カルシニューリン A の標的ペプチド（青緑）に“伸びた”構造で結合したカルモジュリンを示す（PDB ID：2W73）。これは“ドメイン交換”の現象を示していて，各ペプチドは１つのカルモジュリン単量体の N 末端突出部ともう１つのカルモジュリン単量体の C 末端突出部との間で結合している。

(a, b) Modified from *BMC Systems Biology* 2：48, N. V. Valeyev, D. G. Bates, P. Heslop-Harrison, I. Postlethwaite, and N. V. Kotov, Elucidating the mechanisms of cooperative calcium-calmodulin interactions：A structural systems biology approach. © 2008 Valeyev et al. licensee BioMed.

EF ハンドとして知られるヘリックス-ループ-ヘリックスモチーフからなる（図 13.34）。このモチーフは多数のCa^{2+}結合タンパク質で見られる。EF ハンドドメインは約10^{-6}M のK_DでCa^{2+}を結合する。このことはカルシウムが 1 μM という低濃度で細胞内代謝の変化を起こしうるという観察と一致する。結合はタンパク質の大きな構造変化を促し，より密集して，より高度ならせん状の構造に変わる。このことにより多数の調節標的タンパク質に対するカルモジュリンの親和性が増大する（図 13.33c）。ホスホリラーゼ *b* キナーゼの場合，カルモジュリンは酵素の構成サブユニットとして特殊な役割を果たす。したがって，グリコーゲン分解カスケードはサイクリック AMP 濃度のみならず，細胞内カルシウム濃度に依存している。この依存性は筋肉で特に重要であり，収縮はカルシウムの遊離によって促進される。こうしてCa^{2+}は筋収縮を維持するのに必要なエネルギー基質の供給と収縮そのものにおいて，二重の役割を果たしている。

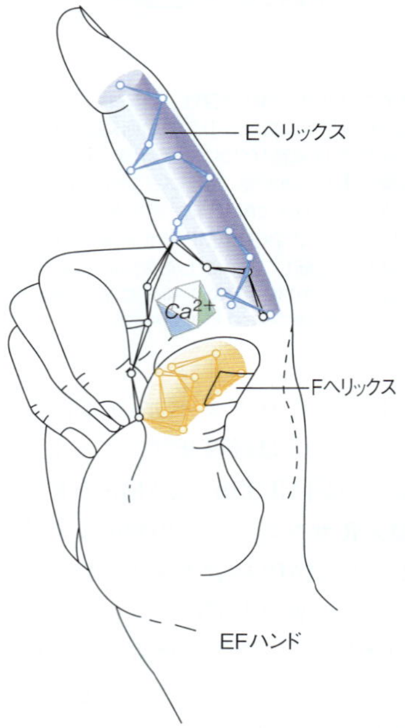

図 13.34　EF ハンド Ca^{2+}結合ドメイン　この共通のヘリックス-ループ-ヘリックスモチーフは多くのCa^{2+}結合タンパク質でみられる。

Fundamentals of Biochemistry：Life at the Molecular Level, 3rd ed. Donald Voet, Judith G. Voet, and Charlotte W. Pratt. ©2008 John Wiley & Sons, Inc. Reproduced with the permission of John Wiley & Sons, Inc. Modified with permission from *The Annual Review of Biochemistry* 45：241, R. H. Kretsinger, Calcium-binding proteins. ©1976 Annual Reviews.

グリコーゲン分解の非ホルモン制御

グリコーゲンの分解はホルモン制御下のみならず，非ホルモン制御下でも生じる。筋肉と肝臓は異なるグリコーゲンホスホリラーゼアイソザイムをもっており，それらはアロステリック制御の特性においてもいく分異なっている。ホスホリラーゼ *b* は相対的に不活性であり，主に T 状態で存在することを思い出そう。この型の酵素は，アロステリック様式で 5′-AMP によって活性化される（しかしサイクリック AMP によっては活性化されない）。5′-AMP は，はるかに豊富に存在しホスホリラーゼ *b* を活性化しない ATP と，この酵素への結合について競合するので，通常この活性化は細胞内で生じない。しかしエネルギーの枯渇した状態では ATP の分解によって AMP が蓄積するかもしれず，その結果ホスホリラーゼが活性化され，それゆえグリコーゲン分解が活性化される。最近の結晶学的研究により AMP によってホスホリラーゼ *b* で誘導される構造変化は，AMP の結合とリン酸化反応とが非常に離れた部位で起こるにもかかわらず，ホスホリラーゼ *b* の *a* へのリン酸化によって誘導される変化と酷似していることが示されている。こうして AMP の結合は，ホスホリラーゼ *b* の構造の平衡を，より活性の強い R 状態に移行させる（図 13.35）。エネルギー充足の信号である ATP とグルコース 6-リン酸は，ホスホリラーゼ *b* の平衡を，より活性の低い T 状態に戻す。グリコーゲンホスホリラーゼは，いったんリン酸化されると主として R 状態で存在し，大部分の代謝物因子に無応答になる。しかしグルコースとグルコース 6-リン酸はホスホリラーゼ *a* に協同的に働き，その平衡をわずかに T 状態に戻す。T 状態でホスホセリン側鎖はホスホプロテインホスファターゼ 1 に近づきやすくなり，T 状態は R 状態よりも容易に脱リン酸化される。

こうして ATP の生成を増加させる生理的必要性を反映したホルモンの刺激により，あるいは正常な機能を維持するにはエネルギー量が不足していることが引き金となるアロステリック機構により，グリコーゲンからの蓄積エネルギーの動員がもたらされる。代謝カスケードを含まない非ホルモン機構は，エネルギー量の低下に応答してグリコーゲン分解を刺激し，ホルモン誘導カスケードは速やかにエネルギー生成を高める必要のあるときに優位になる。どちらの場合も，グリコーゲンのグルコース 1-リン酸への加リン酸分解が増大する。一方，高濃度の ATP やグルコース 6-リン酸によって示されるように細胞が高エネルギー状態にあるならば，グリコーゲン分解は遮断される。

グリコーゲンシンターゼ活性の制御

アドレナリン分泌が，筋肉においてグリコーゲン合成を阻害すると同時にグリコーゲン分解を促進することについてはすでに記した。グルカゴンは肝臓で同様

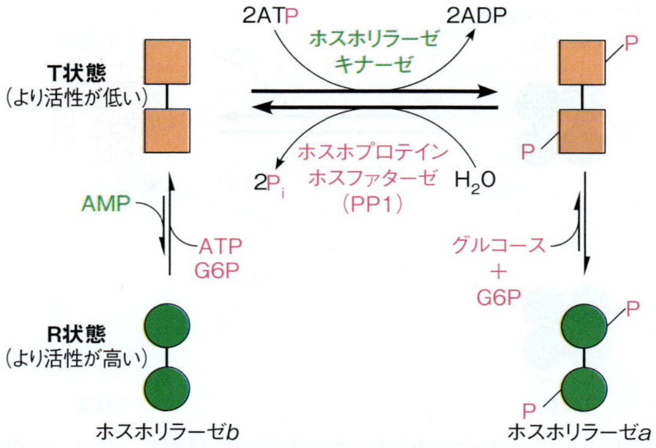

図 13.35　グリコーゲンホスホリラーゼ活性の制御　酵素は，より活性の低い T 状態と，より活性の高い R 状態の間で平衡を保っている。酵素は，ホルモンのシグナルに応答してホスホリラーゼ *b* キナーゼによりリン酸化される。リン酸化反応は，平衡を R 状態に大きく移行させる。脱リン酸化反応はホスホプロテインホスファターゼ 1（PP1）が触媒する。T 状態と R 状態はともに PP1 によって脱リン酸化されるが，T 状態の構造のほうが PP1 がホスホセリン残基に接近しやすいので，T 状態のほうがよりよい基質である。脱リン酸化型であるホスホリラーゼ *b* は主として T 状態で存在していて，その T⇔R 間の平衡は，アロステリックエフェクターの AMP，ATP，グルコース 6-リン酸（G6P）によって制御される。筋肉ホスホリラーゼ *b* は，肝臓ホスホリラーゼ *b* よりもはるかに AMP と G6P に敏感である。グルコースと G6P は相乗的にホスホリラーゼ *a* を，その平衡を T 状態に移行させることにより阻害する。その結果，ホスホリラーゼ *a* は PP1 によって急速に脱リン酸化される。

の作用を示す。グリコーゲン合成と分解の両者の制御は，サイクリック AMP 依存性プロテインキナーゼ，および可逆的タンパク質リン酸化反応を含む特徴的な調節カスケードを介して行われる。しかし，グリコーゲン分解を制御するカスケードがグリコーゲンホスホリラーゼを活性化するのに対し（図 13.31 参照），グリコーゲン合成を制御するカスケードはグリコーゲンシンターゼを阻害する（図 13.36）。

> **ポイント 28**
> グリコーゲン分解を活性化する条件はグリコーゲン合成を抑制するが，その逆もまた同様である。

グリコーゲンシンターゼのリン酸化

脊椎動物組織に由来するグリコーゲンシンターゼは，4 つの同一サブユニットからなる四量体タンパク質であり，総分子量は約 340 kDa である。グリコーゲンシンターゼ活性は共有結合修飾，アロステリック活性化，細胞内局在によって制御されている。ホスホリラーゼと同様にグリコーゲンシンターゼは，リン酸化された状態と脱リン酸化された状態で存在し，各サブユニット上で最大 9 個のセリン残基がこの修飾を受ける。いくつかの異なるプロテインキナーゼがグリコーゲンシンターゼに作用することが知られている（図 13.36）。脱リン酸化反応は，グリコーゲンホスホリラーゼとホスホリラーゼ *b* キナーゼに作用するホス

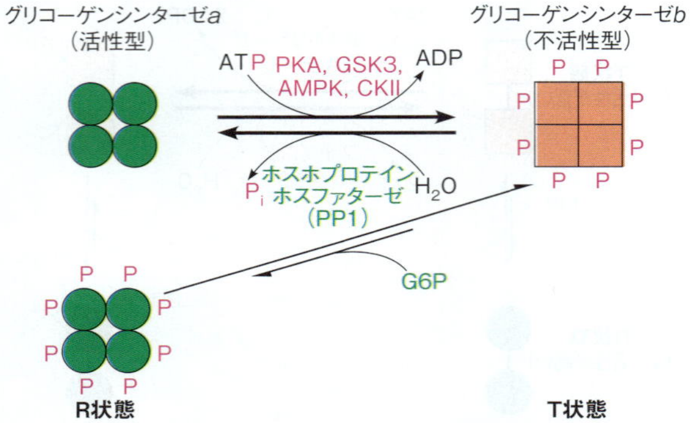

図 13.36　グリコーゲンシンターゼ活性の制御　酵素は，ホルモンシグナルに応答して，cAMP 依存性プロテインキナーゼ（PKA）の触媒サブユニット，AMP 活性化プロテインキナーゼ（AMPK），グリコーゲンシンターゼキナーゼ 3（GSK3），カゼインキナーゼⅡ（CKⅡ）を含むいくつかの異なるプロテインキナーゼによってリン酸化される。ホモ四量体の各サブユニットでは，9 個ものセリン残基がリン酸化される。脱リン酸化反応は，ホスホプロテインホスファターゼ 1（PP1）が触媒する。グルコース 6-リン酸（G6P）はリン酸化された酵素をアロステリックに活性化する。またこの構造変化により，酵素は PP1 による脱リン酸化反応を受けやすくなる。

ファターゼでもある PP1 によって触媒される。

> **ポイント 29**
> グリコーゲンシンターゼ活性は，リン酸化反応により制御される。その機構はホスホリラーゼによるグリコーゲン分解の調節機構に類似しているが，酵素活性に対し逆向きの作用を示す。

グリコーゲンホスホリラーゼとは対照的に，活性型は脱リン酸化型のグリコーゲンシンターゼ *a* である。グリコーゲンシンターゼ *a* は G6P の非存在下であっても活性型であるが，リン酸化型（グリコーゲンシンターゼ *b*）は G6P によるアロステリックな活性化に依存している。この因子の結合は，リン酸化反応によって起こる阻害を無効にする（図 13.36）。さらに G6P の結合は構造変化を誘導し，この酵素を PP1 による脱リン酸化反応を受けやすい基質に変える。

グリコーゲンシンターゼにおいて，ホルモン分泌の重要性について考えてみよう（図 13.36 参照）。図 13.31 に示すように，アドレナリン（筋肉において），あるいはグルカゴン（肝臓において）によるアデニル酸シクラーゼの活性化は，cAMP 依存性プロテインキナーゼ（PKA）を解離させて遊離の触媒サブユニット（C サブユニット）を生成する。C サブユニットは，活性型のグリコーゲンシンターゼ *a* をリン酸化して不活性型のグリコーゲンシンターゼ *b* に変える。少々複雑であるが，AMP 活性化プロテインキナーゼ AMP-activated protein kinase（AMPK），グリコーゲンシンターゼキナーゼ 3 glycogen synthase kinase 3（GSK3），カゼインキナーゼⅡのようなさらにいくつかのプロテインキナーゼがグリコーゲンシンターゼ *a* に働く。これらのうちで最も重要なのは GSK3 である。これらのキナーゼはそれぞれが異なるセリン残基を階層的にリン酸化するため，グリコーゲンシンターゼ *b* にはいくつかの異なる型が存在する。したがって，2 つの型に限った議論は単純化しすぎである。一般的に，より多くの部位がリン酸化されるにつれ，次に述べる変化により酵素活性は徐々に低下する。①基質である UDP グルコースに対する親和性の低下，②アロステリック活性化因子であるグルコース 6-リン酸に対する親和性の低下，③ともにグルコース 6-リン酸による活性化に拮抗する傾向のある ATP と P_i に対する親和性の増加。このように，一連の異なるプロテインキナーゼが関与して代謝条件を変化させる一続きの段階的な応答が存在する。いずれのキナーゼが使われたとしても，リン酸化されるとグリコーゲンシンターゼは阻害され，結果としてグリコーゲン合成は抑制される。

グリコーゲン合成のカスケードは，グリコーゲン分解のカスケードに比べ 1 段階少ないことに注意しよう。なぜなら，PKA はグリコーゲンシンターゼを直接リン酸化するのに対し，グリコーゲンホスホリラーゼへはホスホリラーゼ *b* キナーゼへの作用を介してのみ働きうるからである。この余分の段階があるおかげでグリコーゲンの分解は合成よりも敏感な調節が可能であり，このことは動物が筋肉でのエネルギー産生の要求にきわめて迅速に対応する必要があることを考えると理にかなっている。実際，筋肉のグリコーゲン分解の最大速度はグリコーゲン合成のそれと比べて約 300 倍高いことが実験によって示されている。

グリコーゲンシンターゼ調節の詳細：グリコーゲンシンターゼ *b* の脱リン酸化反応

上述のようにホスホプロテインホスファターゼ 1（PP1）はグリコーゲンシンターゼ *b* に働く主要なホスファターゼである。PP1 はグリコーゲンホスホリラーゼとホスホリラーゼ *b* キナーゼも脱リン酸化する。この酵素の活性と特異性はどのようにして制御されているのだろうか。PP1 が多くの細胞反応に関与していることを思い起こそう。PP1 の触媒サブユニット（PP1c）は細胞内で遊離型では存在せず，多数の異なる調節サブユニットと結合している。事実，PP1c は，100 にも及ぶ多数のタンパク質やペプチドと相互作用することが示されている。これらの調節サブユニットは PP1 の細胞内局在，基質特異性，活性を決定している。調節タンパク質のファミリーの 1 つにグリコーゲン標的サブユニット glycogen-targeting subunit（G サブユニット）がある。哺乳類は，筋肉の G_M と肝臓の G_L を含む少なくとも 7 種類の G サブユニットを発現しており，これらの G サブユニットは PP1 をグリコー

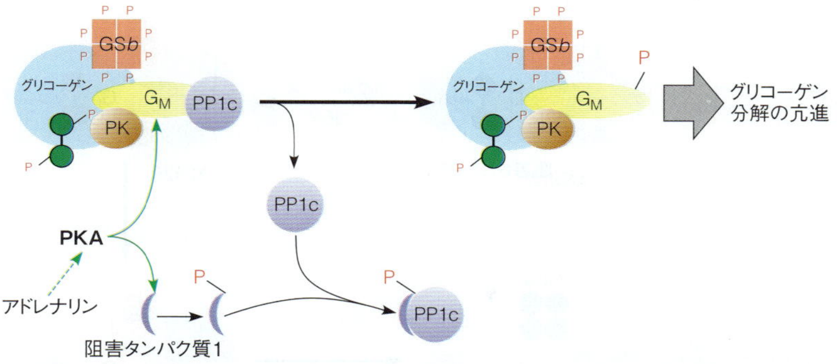

図 13.37　筋肉におけるホスホプロテインホスファターゼ 1（PP1）の調節　PP1 の活性型触媒サブユニット（PP1c）は，その G サブユニット（G_M）によってグリコーゲン顆粒に結びつけられている。グリコーゲンシンターゼ *b*（GS*b*），ホスホリラーゼ *b* キナーゼ（PK），グリコーゲンホスホリラーゼ *a*（緑）もまたグリコーゲン顆粒に結合している。cAMP 依存性プロテインキナーゼ（PKA）による G_Mのリン酸化の結果，PP1c は解離し，細胞質に放出され，そこで阻害タンパク質 1 に結合する。阻害タンパク質 1 も PKA によってリン酸化され，強力な PP1c 阻害因子となる。PP1c の隔離と阻害は，グリコーゲン顆粒に結合しているすべての酵素のリン酸化型を増加させ，その結果，グリコーゲンの合成を阻害してグリコーゲンの分解を刺激する。

ゲン顆粒に結びつけるのに役立っている。グリコーゲンシンターゼ，グリコーゲンホスホリラーゼ，ホスホリラーゼ *b* キナーゼもグリコーゲン顆粒に結合しており，それらの脱リン酸化は調節サブユニット G_Mまたは G_Lに結合した PP1 によって行われる。すべての G サブユニットは PP1 結合モチーフと，グリコーゲンおよび PP1 基質に対する結合部位を含有する標的ドメインをもっている。G_Mと G_Lは，それぞれ筋肉と肝臓で PP1 に対して異なる調節特性を示す。

まず筋肉について考えてみよう（図 13.37 参照）。PP1c–G_Mは，cAMP 依存性プロテインキナーゼ（PKA）が触媒するサブユニット G_Mのリン酸化によって調節されている。G_Mのリン酸化の結果，PP1c は解離して細胞質に放出され，そこで**ホスホプロテインホスファターゼ阻害タンパク質 1 phosphoprotein phosphatase inhibitor 1** または**阻害タンパク質 1 inhibitor 1** と呼ばれる小さなタンパク質に結合する。トレオニン残基がリン酸化されると阻害タンパク質 1 は PP1c 活性を強力に阻害する。阻害タンパク質 1 のリン酸化も PKA が行う。こうして図 13.37 に示すように，cAMP はグリコーゲン合成を阻害するのに以下の 2 つの影響を及ぼす。すなわち，①グリコーゲンシンターゼのリン酸化に関与し，不活性化を引き起こす。②その活性が脱リン酸化反応を触媒することにより，グリコーゲンシンターゼ活性を回復させるホスホプロテインホスファターゼ 1 を阻害する。阻害タンパク質 1 は哺乳類組織で広く発現しているが，心臓と神経伝達においては特に重要な PP1 機能の調節因子である。このように，筋肉でアドレナリンがその筋細胞上の受容体に結合することで開始されるリン酸化カスケードは，グリコーゲン合成の阻害（グリコーゲンシンターゼのリン酸化と PP1 ホスファターゼ活性の阻害による）とグリコーゲン分解の活性化（グリコーゲンホスホリラーゼのリン酸化と PP1 の阻害による）を引き起こす。正味の結果として，グリコーゲンから解糖系に至るグルコースの流れを亢進させ，筋収縮のために ATP を供給する。

インスリンは筋肉のグリコーゲン代謝に反対の作用を示す。ヒトでは骨格筋はグルコース貯蔵の主要部位であり，食事から得られるグルコースを最大 90% までグリコーゲンに変換する。安静時にインスリンはグルコースの取り込みを高め，グリコーゲンシンターゼを活性化することで，筋肉におけるグルコースのグリコーゲンとしての貯蔵を促進する。グルコースは主として，高親和性で低容量のグルコース輸送体である GLUT4 によって筋肉に取り込まれる。GLUT4 ははじめ筋細胞内部の小胞に局在しているが，インスリンに応答して形質膜に転位する（p.681，図 18.5 参照）。取り込まれたグルコースはヘキソキナーゼによってグルコース 6–リン酸に変換され，次いでグリコーゲン合成のためにグルコース 1–リン酸に変換される。インスリンの結合はまた，GSK3 のリン酸化と阻害に至るシグナル経路を開始する。グリコーゲンシンターゼのリン酸化は止まるが，脱リン酸化は続く。グルコース 6–リン酸がグリコーゲンシンターゼ *b* の構造変化を引き起こし，PP1 による脱リン酸化反応を酵素が受けやすくすることを思い出そう。全体として，不活性なリン酸化型グリコーゲンシンターゼ *b* が活性の高い脱リン酸化型グリコーゲンシンターゼ *a* に変換され，グリコーゲンの合成が活性化されることになる。

肝臓と筋肉でグリコーゲン代謝の役割が異なることを反映して，ホスホプロテインホスファターゼ 1 は，肝臓では違ったように調節される（図 13.38 参照）。肝臓特異的な調節サブユニット G_Lはこの組織でも PP1 をグリコーゲン顆粒に結びつけるが，G_Lは可逆的リン酸化反応を受けない。かわって PP1c–G_Lは，PP1c

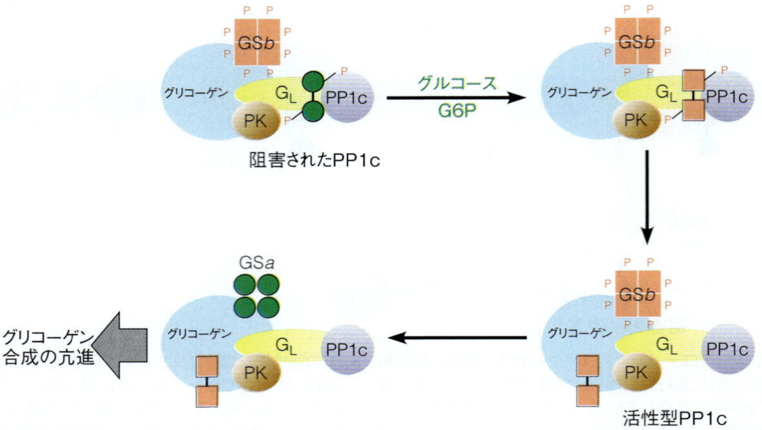

図 13.38　肝臓におけるホスホプロテインホスファターゼ 1（PP1）の調節　PP1 の活性型触媒サブユニット（PP1c）は，その G サブユニット（G_L）によってグリコーゲン顆粒に結びつけられている。グリコーゲンシンターゼ *b*（GS*b*），ホスホリラーゼ *b* キナーゼ（PK），グリコーゲンホスホリラーゼ *a*（緑）もグリコーゲン顆粒に結合している。グルコースとグルコース 6-リン酸（G6P）は，グリコーゲンホスホリラーゼ *a* の T 状態（ピンク）への移行を促し，それは PP1c によって容易に脱リン酸化されてホスホリラーゼ *b* を生じる。PP1c-G_Lは阻害複合体から解離し，グリコーゲンシンターゼ *b* を含むグリコーゲン顆粒中の他の基質を脱リン酸化できるようになり，その結果，グリコーゲンの分解を阻害してグリコーゲンの合成を刺激する。

のホスファターゼ活性を阻害するグリコーゲンホスホリラーゼ *a*（リン酸化型）をアロステリックに結合する部位をもっている。PP1 はホスホリラーゼ *a* の T 状態と R 状態の両方に結合するが，ホスホセリン側鎖が加水分解活性に接近できるのは T 状態においてのみである。こうしてホスホリラーゼ *a* が活性型の R 状態にある限りは，PP1 は他の潜在的な基質から隔離されている。しかしグルコースとグルコース 6-リン酸の濃度が上昇するとそれらがホスホリラーゼ *a* に結合して，平衡を T 状態の側に戻し（図 13.35），その結果ホスホセリン側鎖が露出する。こうして PP1c は酵素を容易に脱リン酸化して，PP1c-G_Lに対してきわめて弱い親和性しか示さないホスホリラーゼ *b* に変換する。PP1c-G_Lは阻害複合体から解離し，グリコーゲンシンターゼ（それを活性化する）とホスホリラーゼ *b* キナーゼ（それを不活性化する）を含むグリコーゲン顆粒中の他の基質を脱リン酸化できるようになる。グリコーゲンシンターゼの活性化がグリコーゲンホスホリラーゼの不活性化の後で生じるという実験事実は，この機構により説明できる。

食後，血漿グルコース濃度が上昇すると肝臓が徐々にグルコースを取り込み，それをグリコーゲンとして蓄えるという観察は，これらの調節機構で説明される。この条件下でインスリンは膵臓から分泌され，グリコーゲン合成を刺激する。インスリンは間接的にヘキソキナーゼの肝臓型アイソザイム（HK-Ⅳ）を刺激し，その結果グリコーゲンに取り込まれるグルコース 6-リン酸の産生を増加させることを図 13.22 から思い出そう。逆に飢餓時や運動時に血中グルコース濃度が低下すると，グルカゴンが分泌されて肝臓の解糖系を阻害し（図 13.21），グリコーゲンの分解を刺激する（図 13.31）。このように肝臓は貯蔵グリコーゲンを動員して，循環血中グルコース濃度を維持している。

糖新生を行わない骨格筋では，燃料を自らの貯蔵グリコーゲンだけでなく，肝臓から供給される血中グルコースにも依存している。筋細胞はグルカゴン受容体を欠いていて，共有結合修飾によって調節されないピルビン酸キナーゼのアイソザイム（PK-M1）を発現しているので，筋肉の解糖系は血中グルコース濃度が低くても阻害されない。そのかわり筋細胞は“戦闘か逃避か”の反応の一部としてアドレナリンに応答する。アドレナリンはグリコーゲンの分解を刺激し（図 13.31），解糖系を経由して ATP を産生するためにグルコース 6-リン酸を産生する。

ポイント 30
肝臓はグリコーゲンシンターゼとホスホリラーゼの制御により，部分的に血中グルコース濃度を調節している。

グリコーゲン代謝における先天性欠損症

多くのヒトの遺伝性疾患には，グリコーゲン代謝酵素をコードしている遺伝子の突然変異が含まれる。これらの臨床症状は**糖原病 glycogen storage disease**（グリコーゲン病）と呼ばれ，非常に重篤な場合もあり，異常な量のグリコーゲンの蓄積か，異常な性質をもったグリコーゲンの蓄積をきたす。異常なグリコーゲンの蓄積は，グリコーゲンがうまく分解されない結果生じる。代謝異常症に関する研究は，グリコーゲン代謝に関与する酵素の役割を解明するうえで有用であった。

糖原病で最初に報告されたものの 1 つに von Gierke 病があり，慢性的な肝肥大を呈する 8 歳の少女を診察したドイツ人内科医にちなんで命名された。1929 年にその患者がインフルエンザで死亡したのち，肝臓に 40%のグリコーゲンが含まれていることが見いだされた。そのグリコーゲンは一見正常にみえたが，患者の肝臓抽出液では分解できず，他人の肝臓抽出液によってのみ分解された。今日これらの症状は，グルコース 6-ホスファターゼか脱分枝酵素のいずれかが欠損しているために生じたと理解されている。脱分枝酵素が欠損すると，ホスホリラーゼは分岐点に到達するまではグリコーゲンを分解することができるが，それ以上反応は進まない。

ポイント 31
グリコーゲン代謝酵素に影響を及ぼすヒトの突然変異は，軽度あるいは重度の臨床症状を呈する。

表 13.3 は，これまでに解析されたいくつかの糖原病についてまとめたものである。臨床的に最も重篤なものの 1 つに，グルコース 6-ホスファターゼの機能欠損に起因する I 型疾患がある。この型の患者は，正常にグリコーゲンを分解することができるが，グルコース 6-リン酸をグルコースに開裂してそれを肝臓から血中に放出することができないため，慢性的に低血糖となる。この疾患でそれほど重度でないものでは，正常な高血糖反応が阻害されるストレス直後を除けば，血中グルコース濃度は正常である。本疾患の 1 つ（I a 型）では，グルコース 6-ホスファターゼそのものの欠損が原因である。I b 型疾患では，グルコース 6-リン酸の小胞体（ER）内腔への移行に関わる特異的トランスポーターの欠損が関与している。このトランスポーターは，ER の内腔面に局在してグルコース 6-ホスファターゼそのものを含む多タンパク質複合体の一部分を構成していることを思い出そう（p.488）。

別の型の糖原病には，既知酵素の欠損の点から理解しやすい異常症がある。脱分枝酵素の欠損を伴ったⅢ型の患者では，非常に短い外側分枝をもったグリコーゲンが蓄積し，肝肥大を引き起こす。対照的に分枝酵素欠損に関連したⅣ型疾患では，非常に長い外側分枝をもったグリコーゲンの蓄積がみられる。Ⅳ型患者ではしばしば，肝不全により早期に死亡する。Ⅲ，Ⅴ，Ⅵ，Ⅶ，およびⅨ型疾患では，それほど重篤な症状は示さない。たとえばⅤ型の患者では，筋グリコーゲンホスホリラーゼが欠損しているが，通常 20 歳頃まで症状は認められない。いったん症状が現れると，主要症状としては運動時の重篤な筋痙攣と運動後の血中乳酸の蓄積不全がある。肝臓グリコーゲンシンターゼ欠損の稀な症例では，患者の肝臓の貯蔵グリコーゲンが激減することもある。

他の多糖の生合成

最初に第 9 章で考察したように，他の多糖類の合成もグリコーゲン合成で示したのと同じ機構を含んでいる。特に，生合成の活性化中間体としてのヌクレオチド結合糖鎖や糖転移酵素を利用する点でそうである。本項では，最も豊富で広範に分布している 2 つの多糖であるセルロースとデンプンについて概観する。

ポイント 32
一般的に多糖の生合成には，ヌクレオチド活性化糖中間体と糖転移酵素が関与する。

UDP グルコースは，植物やある種の細菌で，β(1→4）結合でつながったグルコースの直鎖ホモポリマーであるセルロースの合成に利用される（p.297 参照）。その機構はグリコシド結合形成の立体化学を除けば，グリコーゲン合成と同一である。他のヌクレオチド結合糖もまた，多糖合成に利用されている。アデノシン二リン酸グルコースやシチジン二リン酸グルコースをセルロース生合成の基質に用いる植物もある。布地などの繊維製品においてセルロースが重要であることやバイオ燃料の潜在的供給原料であることから，セルロース生合成機構に多大な関心が寄せられている。

13

表 13.3　ヒトのグリコーゲン代謝における先天性欠損症

型	慣用名	欠損酵素	グリコーゲン構造	影響される臓器
I a	von Gierke 病	グルコース 6-ホスファターゼ（ER）	正常	肝臓，腎臓，腸
I b		グルコース 6-リン酸トランスポーター（ER）	正常	肝臓
Ⅲ	Cori 病または Forbes 病	脱分枝酵素	短い外側分枝	肝臓，心臓，筋肉
Ⅳ	Andersen 病	分枝酵素	異常に長く分枝のない鎖	肝臓と他臓器
Ⅴ	McArdle 病	筋肉グリコーゲンホスホリラーゼ	正常	骨格筋
Ⅵ	Hers 病	肝臓グリコーゲンホスホリラーゼ	正常	肝臓，白血球
Ⅶ	垂井病	筋肉ホスホフルクトキナーゼ	正常	筋肉
Ⅸ		肝臓ホスホリラーゼキナーゼ	正常	肝臓
—		グリコーゲンシンターゼ	正常	肝臓

グルコースを酸化する生合成経路：ペントースリン酸回路

グルコース異化の主な経路はピルビン酸を生じる解糖系であり，それに続くクエン酸回路でのCO_2への酸化である（第14章）。それ以外の経路であるペントースリン酸回路pentose phosphate pathwayは注目すべき多目的な経路であり，細胞や組織の種類によって，その働く程度は異なっている。この回路の役割は，異化というよりは主に同化であるが，この回路はグルコースの異化に関係しているので本章で紹介する。もっぱら細胞質の中で働く本経路については，図13.39に要約してある。

ペントースリン酸回路には，主に2つの機能がある。すなわち①還元的な生合成と酸化ストレスの処理のためにNADPHの形で還元当量を供給する。②ヌクレオチドと核酸の生合成のためにリボース5-リン酸を供給する。さらにこの回路は，食物中の主に核酸の消化に由来するペントース糖の代謝に働く。植物では，ペントースリン酸回路の変形したものが，光合成の炭素固定過程の一部として逆向きに働く（第16章参照）。

$NADP^+$のリボース部分の1つで，2′位に余分なリン酸基がついていることを除けば，$NADP^+$はNAD^+と同一であることを思い出してほしい（第12章）。代謝上のNAD^+と$NADP^+$の違いとして，主要な機能が基質の酸化であるニコチンアミドヌクレオチド結合酵素がNAD^+/NADHのペアを使うのに対し，主に還元の向きに働く酵素は$NADP^+$とNADPHを使用することがあげられる。NADPHは脂肪酸とステロイドの生合成に使われるので，副腎，肝臓，脂肪組織および乳腺のような組織は，ペントースリン酸回路の酵素に富んでいる。NADPHは，DNA合成のためのリボヌクレオチドからデオキシリボヌクレオチドへの還元のための最終的な電子の供給源でもある。したがって，一般的に，活発に増殖している細胞ではNADPHとリボース5-リン酸の両方の産生のためにペントースリン酸回路の酵素活性が高い。

ポイント33
ペントースリン酸回路は主に，還元的生合成のためのNADPHとヌクレオチド生合成のためのリボース5-リン酸を生じる。

酸化的段階：NADPHとしての還元力の生成

ペントースリン酸回路は，2段階で働くと考えるとわかりやすい。すなわち，酸化的段階と非酸化的段階である。回路の最初の3反応のうち，2反応は酸化的であり，それぞれの反応は，1分子の$NADP^+$のNADPHへの還元を含んでいる。図13.40に示されているように，グルコース6-リン酸デヒドロゲナーゼglucose-6-phosphate dehydrogenaseで触媒される最初の反応は，グルコース6-リン酸を対応するラクトンlactone（炭素1と炭素5の分子内エステル結合）

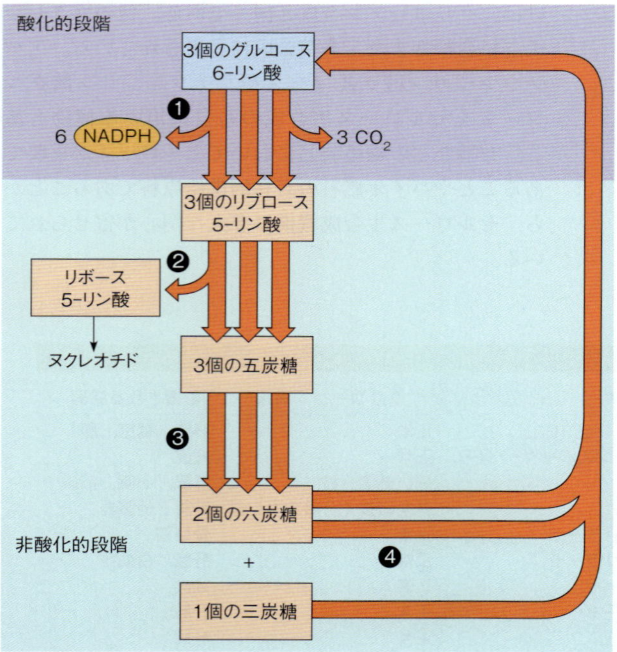

図13.39　ペントースリン酸回路の総合戦略　ペントースリン酸回路は，グルコースを他のさまざまな糖へ変換する。これらの糖は，エネルギーとして使うことができる。しかし，回路の最も重要な生成物は，NADPHとリボース5-リン酸である。**第1段階**：酸化的段階では，グルコース6-リン酸は，リブロース5-リン酸とCO_2へ酸化される。このときNADPHを産生する（この段階に関係する3種類の反応は図13.40に示されている）。残りの段階は，回路の非酸化的段階で構成されている。**第2段階**：一部のリブロース5-リン酸は，リボース5-リン酸を含む他の五炭糖に変換される。このリボース5-リン酸は（主たる用途として）ヌクレオチド合成に使われるかもしれないし，ペントースリン酸回路の次の段階で使われるかもしれない。**第3段階**：一連の反応により，3分子の五炭糖を2分子の六炭糖と1分子の三炭糖に変換する。**第4段階**：これらの糖の一部は，グルコース6-リン酸に変換される。そして，回路の反応が繰り返される。図13.43で，より詳しい回路の概略図を表すとともに，異なる代謝条件下で経路がどのように変わるかを示す。

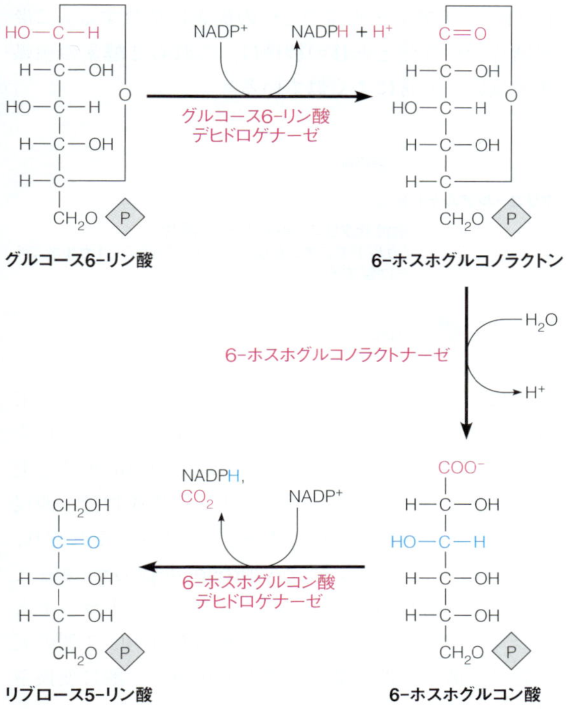

図 13.40　ペントースリン酸回路の酸化的段階　酸化的段階の 3 反応は，NADPH を産生する 2 つの酸化反応を含んでいる。

である 6-ホスホグルコノラクトンへと酸化する。ホスホグルコノラクトンは **6-ホスホグルコノラクトナーゼ 6-phosphogluconolactonase** によって加水分解されて **6-ホスホグルコン酸 6-phosphogluconate** になる。6-ホスホグルコン酸は，酸化的脱炭酸を受けて，CO_2 ともう 1 分子の NADPH および**リブロース 5-リン酸 ribulose-5-phosphate**（ペントースリン酸）を生じる。酸化的段階の全体としての結果は，1 分子のグルコース 6-リン酸あたり 2 分子の NADPH の生成，1 炭素の CO_2 への酸化，および 1 分子のペントースリン酸の合成である。

非酸化的段階：ペントースリン酸のもう 1 つの行方

非酸化的段階では，酸化的段階で産生されたリブロース 5-リン酸の一部は，**ホスホペントースイソメラーゼ phosphopentose isomerase** によってリボース 5-リン酸に変換される。この反応は，解糖系の異なる 2 種類の反応，すなわち，トリオースリン酸イソメラーゼ（p.474 参照）とホスホグルコイソメラーゼ（p.472 参照）によって触媒される反応と同様にエンジオール中間体を経て進行する。

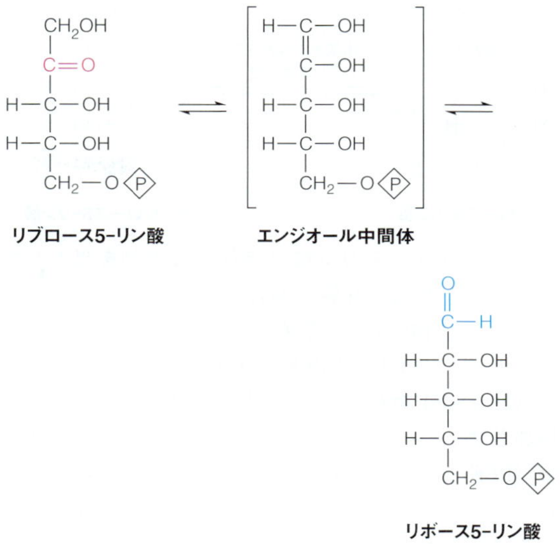

六炭糖リン酸と三炭糖リン酸の産生

この時点で，NADPH とリボース 5-リン酸の生成という回路の主な役割は，すでになしとげられている。ここまでに説明した反応で，このような反応式を書くことができる。

$$\text{グルコース 6-リン酸} + 2NADP^+ \longrightarrow \text{リボース 5-リン酸} + CO_2 + 2NADPH + 2H^+$$

多くの細胞は還元的生合成に NADPH を必要とするが，このように大量のリボース 5-リン酸は必要としない。それでは，どのようにしてこのリボース 5-リン酸は異化されるのだろうか。この過程は一連の糖リン酸の変換であり，一見複雑にみえるが結果は単純である。この一連の反応は，3 個の五炭糖リン酸を 2 個の六炭糖リン酸と 1 個の三炭糖リン酸に変換する。生成したヘキソースリン酸は，ペントースリン酸回路で再利用されるか，解糖系で異化される。ここでいうトリオースリン酸はグリセルアルデヒド 3-リン酸のことで，解糖系の中間体である。一連の反応には 3 種類の酵素が関係している。すなわち，**ホスホペントースエピメラーゼ phosphopentose epimerase**，**トランスケトラーゼ transketolase**，そして**トランスアルドラーゼ transaldolase** である。

この経路は，リブロース 5-リン酸とリボース 5-リン酸の 2 種類の化合物の反応で始まる。後者は，ホスホペントースイソラメーゼにより生じる。ホスホペントースエピメラーゼは，リブロース 5-リン酸をそのエピマーであるキシルロース 5-リン酸に変換する。

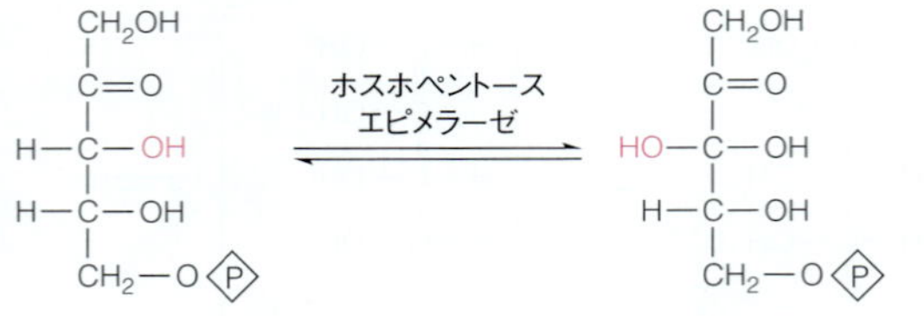

リブロース5-リン酸　　**キシルロース5-リン酸**

キシルロース5-リン酸は調節的な役割を果たしている。すなわち，肝臓におけるプロテインホスファターゼ2A（PP2A）の特異的活性化因子であることを思い出そう。PP2AはPFK-2/FBPase-2を脱リン酸化し（図13.21参照），フルクトース2,6-ビスリン酸を増加させ，それが解糖系酵素のホスホフルクトキナーゼ（PFK-1）を活性化する。このように過剰なグルコースに応答してペントースリン酸回路を経由してキシルロース5-リン酸の濃度が上昇すると，解糖系の流れも増加する。

1 molのキシルロース5-リン酸は，次に1 molのリボース5-リン酸と反応する。この反応は**トランスケトラーゼ transketolase** が触媒し，酵素はキシルロース5-リン酸からの二炭素断片をリボース5-リン酸へ転移し，トリオースリン酸であるグリセルアルデヒド3-リン酸と七炭糖の**セドヘプツロース7-リン酸 sedoheptulose 7-phosphate** を生じる。

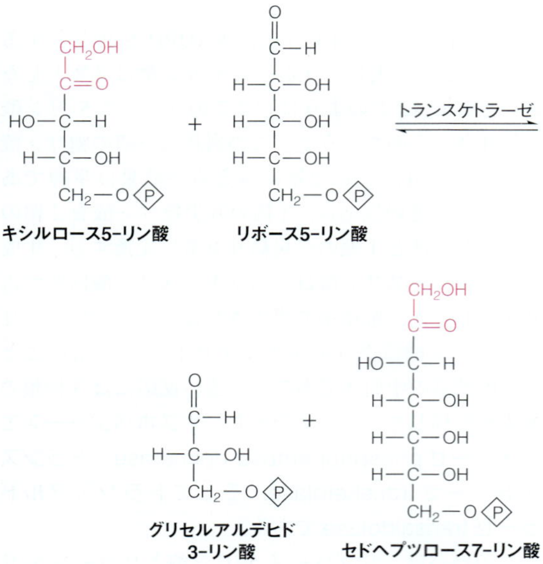

転移された二炭素断片は，活性化された**グリコールアルデヒド glycolaldehyde** 断片である（右段の図参照）。ピルビン酸デカルボキシラーゼがチアミンピロリン酸（TPP）の助けを借りて，活性化アセトアルデヒド断片を転移したことを思い出してほしい（図13.8参照）。トランスケトラーゼもまた，TPPを補酵素として要求する。そこでは，二炭素断片は，一時的にTPPのチアゾール環の2位の炭素に結合する。二炭素断片の活性化と転移の機構は，これら2酵素の触媒する反応で非常によく似ている。

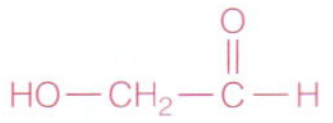

グリコールアルデヒド

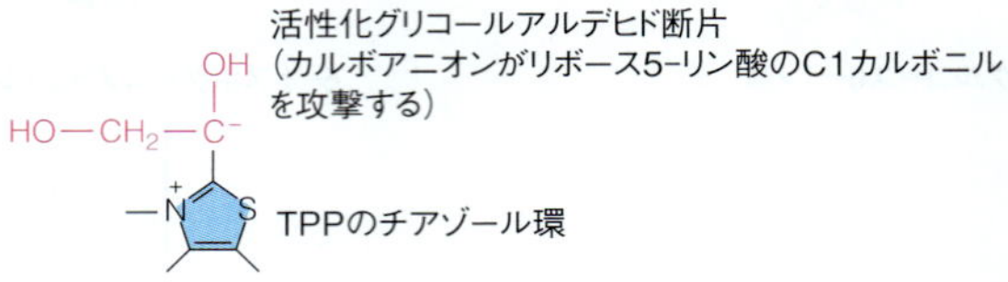

次にトランスアルドラーゼが，トランスケトラーゼ反応の2つの生成物に対して働く。すなわち，三炭素の**ジヒドロキシアセトン dihydroxyacetone** 単位を七炭素基質から三炭素基質へ転移する。生成物は，四炭糖リン酸と六炭糖リン酸である。すなわち，それぞれ，**エリトロース4-リン酸 erythrose-4-phosphate** とフルクトース6-リン酸である。トランスケトラーゼとトランスアルドラーゼの両方の働きにより，2個の五炭糖リン酸が，四炭糖リン酸と六炭糖リン酸に変換される。

図13.41は，トランスアルドラーゼ反応をより詳細に示している。この酵素は，酵素上のリシン残基とシッフ塩基を形成することによってケトース基質を活性化する（ステップ1）。シッフ塩基への水素イオンの付加は，解糖系のフルクトースビスリン酸アルドラーゼ反応で起きたように，炭素-炭素結合の開裂をもたらし（図13.5参照），それとともに四炭素アルドースリン酸が遊離する（ステップ2）。ジヒドロキシアセトン単位はエナミンとして結合したまま残り，次にアルドール縮合反応で，グリセルアルデヒド3-リン酸のカルボニル炭素に付加する（ステップ3）。プロトン化シッフ塩基の加水分解は，六炭素生成物のフルクトース6-リン酸を生成する（ステップ4）。

トランスケトラーゼとトランスアルドラーゼの機構は，炭素-炭素結合の開裂に作用する2つの異なる化学的戦略を表している（図13.42）。両機構は，電子溜めとしてイミニウムイオンを用いる。さらに両機構は，共鳴によって安定化されるカルボアニオン中間体を含んでいる。しかし，トランスケトラーゼはTPPを補酵素として利用するのに対し，トランスアルドラーゼは，活性部位のリシン残基を用いたプロトン化シッフ塩基を利用して同じ問題を解決する。

ペントースリン酸異化の最終反応では，トランスケトラーゼはもう1分子のキシルロース5-リン酸に働き，グリコールアルデヒド断片をエリトロース4-リン酸に転移して，三炭素生成物と六炭素生成物を生じる。これらは，それぞれグリセルアルデヒド3-リン酸

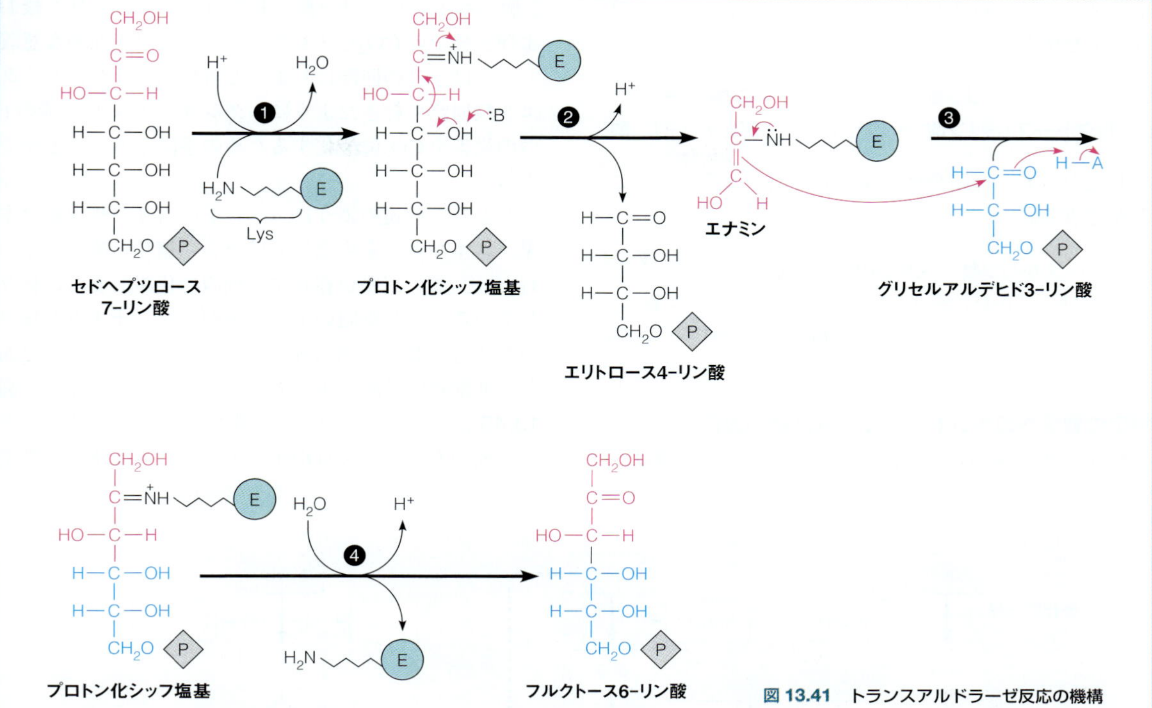

図 13.41　トランスアルドラーゼ反応の機構

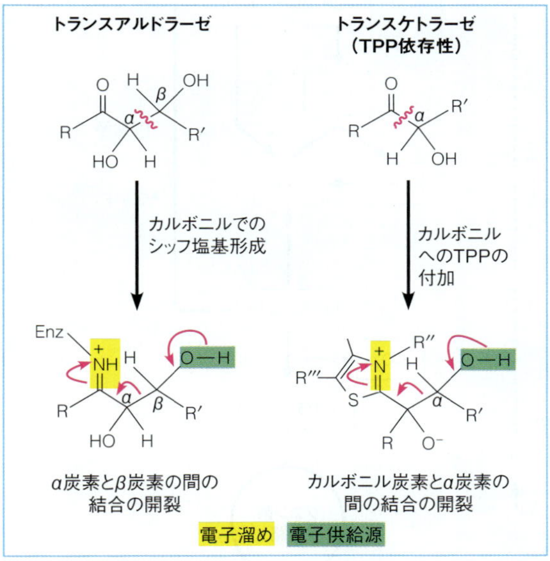

図 13.42　トランスケトラーゼ反応とトランスアルドラーゼ反応における炭素–炭素結合の開裂　黄色＝電子溜め，緑＝電子供給源。

とフルクトース 6–リン酸である。

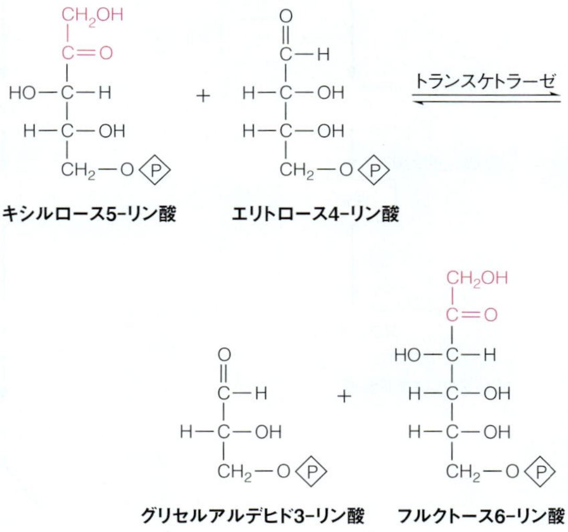

今までのところ，この回路は 3 個のペントースリン酸分子の投入を必要とした。2 個は，最初のトランスケトラーゼ反応のためであり，1 個は 2 回目のトランスケトラーゼ反応のためである。したがって，この時点までの回路の反応を要約するには，酸化的段階を通過する 3 分子のグルコース 6–リン酸について考えなければならない。

$$3\ \text{グルコース 6-リン酸} + 6NADP^{+} + 3H_2O \longrightarrow 3\ \text{ペントース 5-リン酸} + 6NADPH + 6H^{+} + 3CO_2$$

次に，非酸化的段階での再編成では，3 個のペントースリン酸から 2 個の六炭糖リン酸と 1 個の三炭糖リン酸を生じる。

2 キシルロース 5-リン酸 ＋ リボース 5-リン酸 ⟶
2 フルクトース 6-リン酸 ＋ グリセルアルデヒド 3-リン酸

したがって，経路全体の反応式を次のように書くことができる。

3 グルコース 6-リン酸 ＋ 6$NADP^+$ ＋ 3H_2O ⟶
2 フルクトース 6-リン酸 ＋ グリセルアルデヒド 3-リン酸 ＋
6NADPH ＋ 6H^+ ＋ 3CO_2

特定の要求へのペントースリン酸回路の適合

経路全体の反応式で，3 個のヘキソースリン酸は，2 個のヘキソースリン酸，1 個のトリオースリン酸および 3 分子の CO_2 を生じる。したがって表面的な意義としては，この回路はちょうど解糖系とそれに続くクエン酸回路で起きたように，グルコース 6-リン酸の 6 つの炭素を CO_2 に酸化するための手段とみることができる。

しかし，前述のように，ペントースリン酸回路は本来，エネルギー産生過程ではない。糖リン酸の実際の行方は，この回路が存在する細胞の代謝的要求に依存している。もし細胞の主な要求がヌクレオチドと核酸の合成ならば，主要生成物はリボース 5-リン酸であり，非酸化的段階の再編成はほとんど起こらない（図 13.43a）。もし主な要求が（脂肪酸またはステロイドの合成のための）NADPH 産生ならば，非酸化的段階

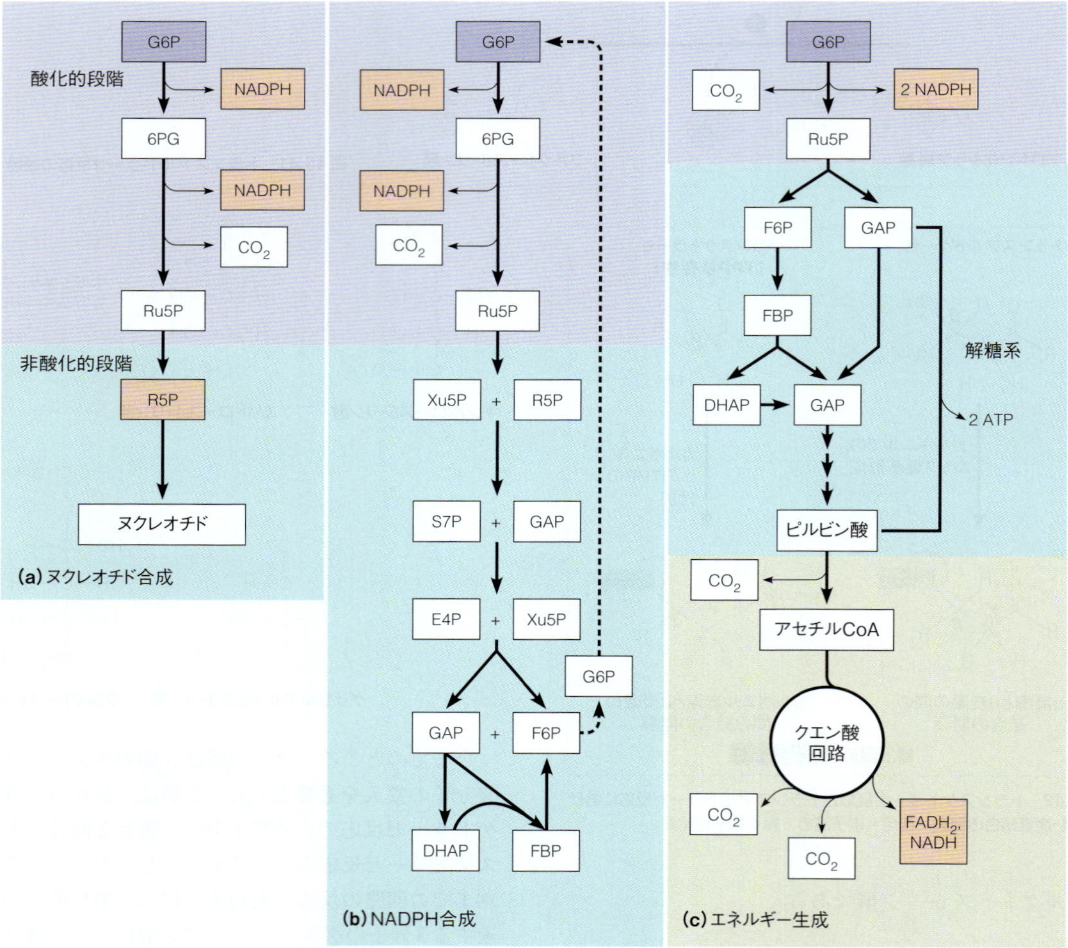

図 13.43　ペントースリン酸回路のさまざまな様式　ペントースリン酸回路には，さまざまな代謝的な要求に応じて，異なった反応様式がある（**a**）主な要求がヌクレオチドの合成ならば，主な生成物はリボース 5-リン酸である。NADPH に由来する還元当量が，リボヌクレオチドをデオキシリボヌクレオチドに還元するために使用される（第 22 章）。（**b**）主な要求が還元力（NADPH）ならば，フルクトース 6-リン酸はグルコース 6-リン酸に再変換されて酸化的段階で再酸化される。（**c**）ペントースリン酸と NADPH が，中等度の量だけ必要なときは，ペントースリン酸回路は反応生成物を解糖系とクエン酸回路で酸化することによって，エネルギーを供給するために使うことができる。G6P＝グルコース 6-リン酸，6PG＝6-ホスホグルコン酸，R5P＝リボース 5-リン酸，Ru5P＝リブロース 5-リン酸，Xu5P＝キシルロース 5-リン酸，S7P＝セドヘプツロース 7-リン酸，GAP＝グリセルアルデヒド 3-リン酸，E4P＝エリトロース 4-リン酸，F6P＝フルクトース 6-リン酸，DHAP＝ジヒドロキシアセトンリン酸，FBP＝フルクトース 1,6-ビスリン酸。

は，グルコース 6-リン酸に容易に再変換されうる化合物を生じる。そして再合成されたグルコース 6-リン酸は引き続き，再び酸化段階に入る（図 13.43b）。この様式では，回路を繰り返し回転させることにより，最終的にグルコース 6-リン酸を CO_2 と H_2O に完全に酸化し，同時に最大量の還元当量を生じる。

最後に NADPH とペントースリン酸をともに中程度に必要とする細胞では，非酸化段階で産生したフルクトース 6-リン酸とグリセルアルデヒド 3-リン酸は，さらに解糖系とクエン酸回路で異化される（図 13.43c）。細胞の状況に応じた生合成の多様な代謝的要求のため，どのような細胞でも，1 個の細胞の中でこれらの 3 様式のどれか 1 種類だけしか働かないということはおそらくないと考えられる。

ペントースリン酸回路の調節

ペントースリン酸回路は，グルコース 6-リン酸に対して解糖系と競合する。解糖系が主にエネルギー量と燃料の利用のしやすさで調節されているのに対し，ペントースリン酸回路の流れは細胞の $NADP^+$/NADPH 比に敏感である。この経路の最初の酵素であるグルコース 6-リン酸デヒドロゲナーゼは方向づけのステップであり，その活性はペントースリン酸回路全体の流れを制御する。グルコース 6-リン酸デヒドロゲナーゼは，$NADP^+$ の利用のしやすさで調節されている。$NADP^+$/NADPH 比が小さければ，それは細胞が十分な還元力をもつことを示しているが，このときグルコース 6-リン酸デヒドロゲナーゼ活性は低く，回路が解糖系からグルコース 6-リン酸を奪うことはない。しかし，もし細胞がより多くの還元当量を必要とするならば，そのとき $NADP^+$/NADPH 比は高くなり，グルコース 6-リン酸デヒドロゲナーゼ反応を通過する流れが増加して，必要とされる NADPH を再生する。

ペントースリン酸回路の酵素が関係するヒトの遺伝性疾患

ペントースリン酸回路は脊椎動物の赤血球で特に活発で，還元力の生成に関与している。この活性の重要性は，比較的一般的なヒトの遺伝性疾患であるグルコース 6-リン酸デヒドロゲナーゼ欠損症の研究を通して明らかになった。

第二次世界大戦中に抗マラリア薬であるプリマキンが予防的に軍人に投与された。その結果，かなりの割合の人が重篤な溶血性貧血（多量の赤血球の破壊）に苦しむこととなった。彼らはまた，酸化ストレスを誘起するプリマキンのようなさまざまな化合物に対して敏感であるが，それは赤血球中に過酸化水素や有機過酸化物が出現することによって明らかになる。のちに，これらの人々ではグルコース 6-リン酸デヒドロゲナーゼが欠損していることが発見された。

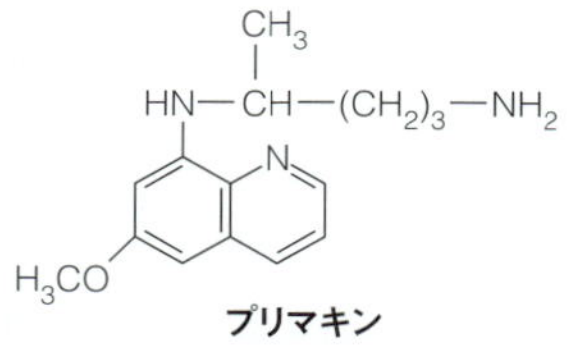

プリマキン

ポイント 34
抗マラリア薬に対する異常な感受性は，グルコース 6-リン酸デヒドロゲナーゼに影響を与える変異の結果であることが示された。

通常，過酸化物は**グルタチオン glutathione** による還元を経て不活性化される。グルタチオンは，トリペプチドの γ グルタミルシステイニルグリシンである。

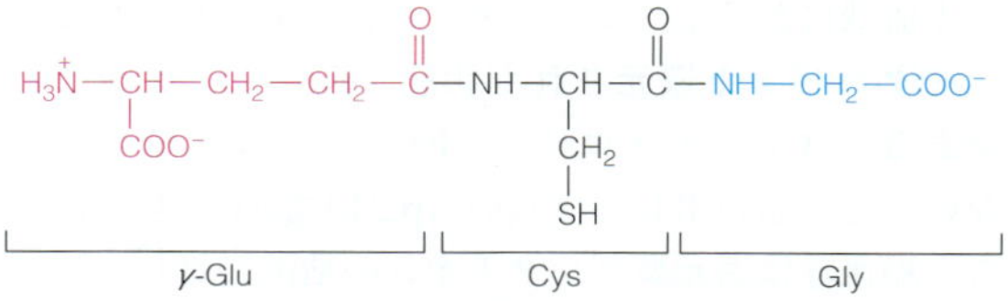

グルタチオン

グルタチオンは，ほとんどの細胞で豊富に存在し，その遊離チオール基の働きによって酸化ストレスに対する主要な保護機構になっている。例えばグルタチオンは，タンパク質中のシステインのチオール基を還元状態に保つのを助けている。もし 2 個のチオール基が酸化された場合，グルタチオンによって非酵素的に還元することができる。

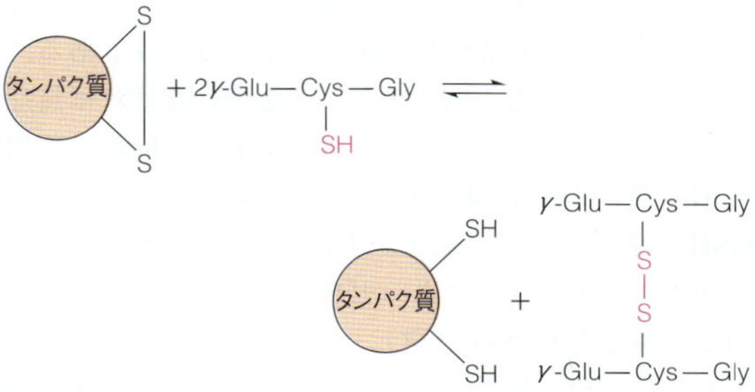

ポイント 35
細胞に豊富に存在し，チオール基をもつトリペプチドであるグルタチオンは，細胞内の主要な還元剤である。

さらに，すでに述べたように，グルタチオンはまた，過酸化物の還元を行う。これは酵素反応であり，**グルタチオンペルオキシダーゼ glutathione peroxidase** が触媒する（p.598 参照）。

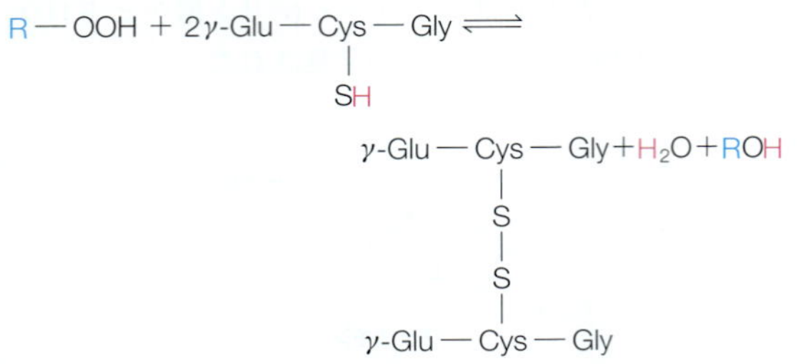

酸化型グルタチオン（GSSG）は，NADPH依存性の酵素である**グルタチオンレダクターゼ glutathione reductase** によって還元される。

$$GSSG + NADPH + H^+ \longrightarrow 2GSH + NADP^+$$

この酵素は，本質的に一方向の反応にのみ働くので，還元型グルタチオン（GSH）と酸化型グルタチオンの比率は，ほとんどの細胞でおよそ500対1である。

赤血球におけるグルタチオンの特に重要な役割は，ヘモグロビンを還元された状態（Fe^{2+}）に保つことである。メトヘモグロビン（Fe^{3+}）がO_2に結合できないことを思い出してほしい（p.213参照）。したがって，赤血球は還元型グルタチオンの枯渇に対して特に敏感である。そしてペントースリン酸回路はNADPHを産生する主要経路なので，赤血球はこの回路の流れが損なわれ，結果として細胞内NADPHレベルが低下するような状況に特に弱い。したがって，グルコース6-リン酸デヒドロゲナーゼが欠損している人々では，プリマキンで誘発される酸素ストレスに非常に敏感である。

グルコース6-リン酸デヒドロゲナーゼ欠損の大部分の症例では，赤血球中の酵素は完全に不活性ではなく，活性が1/10程度まで減少しているだけである。この欠損がある人々は，ストレスを受けなければ無症状である。すなわち，プリマキンやそれと同様の作用を示す薬品が十分量の過酸化物を生じ，利用可能なGSHが枯渇するまで症状が現れない。NADPHの濃度がグルタチオンレダクターゼを働かせるには不十分なので，生じたGSSGを還元してGSHに戻す反応が損なわれる。その結果，ヘモグロビンに代わってメトヘモグロビン（Fe^{3+}）が蓄積し，そのことで細胞の構造が変わり，細胞膜が脆弱になり，破裂すなわち溶血が起こりやすくなる。

興味深いことに，グルコース6-リン酸デヒドロゲナーゼ欠損症の患者は，鎌状赤血球貧血症と同じように，熱帯熱マラリア原虫（*Plasmodium falciparum*）によって引き起こされるマラリアに対する抵抗性がある（第7章参照）。したがって，マラリアがありふれた病気である熱帯および亜熱帯地域では，この酵素の欠損は生存に対して有利に働く。このことは，グルコース6-リン酸デヒドロゲナーゼの欠損がアフリカ系や地中海系の人々に高頻度でみられるという観察結果を裏づけるものである。

ペントースリン酸回路が関係するもう1つの遺伝性疾患に**Wernicke-Korsakoff症候群 Wernicke-Korsakoff syndrome** がある。この精神疾患は，健忘症と部分的な麻痺を伴うもので，中程度のチアミン欠乏に陥ったときに発症する。症状はしばしば，食事由来のビタミンが欠乏しがちなアルコール中毒で顕著に現れる。

Wernicke-Korsakoff症候群のもとになっているのは，チアミンピロリン酸に対する親和性がおよそ1/10にまで減少したトランスケトラーゼの変化である。他のTPP依存性酵素は影響を受けない。この病気の症状は，TPPの濃度が異常トランスケトラーゼを飽和するのに必要な値よりも下がったときに表れる。正常な人は十分に強くTPPに結合できるトランスケトラーゼをもっているので，軽度から中等度のチアミン欠乏では酵素機能の変化が起きることはない。

ポイント36
TPPに対するK_Mを増加させるトランスケトラーゼの変異が，Wernicke-Korsakoff症候群における神経症状の原因である。

グルコース6-リン酸デヒドロゲナーゼ欠損症とWernicke-Korsakoff症候群は，ともに鎌状赤血球貧血症（第7章参照）のように，臨床症状の発症に遺伝的要因と環境的要因が相互依存している例である。遺伝的な変化による病気の症状は，正常な人なら影響されない，ある種の中程度のストレスのあとにだけ現れる。

まとめ

解糖系はエネルギーが糖質から取り出されるときの中心的な経路である。10段階からなる経路は，呼吸を行っている細胞ではグルコースをピルビン酸に導く。嫌気性微生物や呼吸が減少している細胞ではピルビン酸は還元反応を受けるので，経路は全体として酸化状態の正味の変化なしに進行しうる。解糖系は2つの相で起こっていると見なされる。すなわち，第1にエネルギー投資相があり，そこでは六炭糖リン酸を合成するためにATPが使われ，それは開裂して2個のトリオースリン酸を生じる。第2にエネルギー生成相では，2つの高エネルギー化合物のエネルギーがADPからATPの合成を進めるのに使われる。ホスホフルクトキナーゼ，ピルビン酸キナーゼ，ヘキソキナーゼはこの経路の主要な制御部位である。制御の多くは細胞のエネルギー要求性と関連していて，エネルギー量の低い状態では経路を促進し，エネルギーの豊富な状態では経路を妨げる。すべての生物は糖新生系をもっていて，非糖質である三炭素および四炭素化合物から糖質を合成する。糖新生系では，7 つの解糖系酵素と 4 つの糖新生系に特有の酵素が用いられ，後者は解糖系における 3 つの不可逆段階を迂回するのに利用される。糖新生系に特有の 4 つの酵素は，ピルビン酸カルボキシラーゼ＋ホスホエノールピルビン酸カルボキシキナーゼ，フルクトース 1,6-ビスホスファターゼ，およびグルコース 6-ホスファターゼである。代謝調節は，これら 3 つの基質回路部位で行われる。血中グルコース濃度を狭い範囲内で維持することが要求されるため，調節は動物の代謝においてきわめて重要である。ホルモン機構やアロステリック機構が関与していて，フルクトース 2,6-ビスリン酸は鍵となる調節因子である。

動物の細胞内貯蔵多糖は，ホルモンの制御する代謝カスケードによって動員され，そのときサイクリック AMP がホルモンのシグナルを伝達し，グリコーゲンのグルコース 1-リン酸への分解を活性化する作業を開始する。グリコーゲンホスホリラーゼは，この過程の律速段階である。グリコーゲンを含む多糖の合成には糖転移酵素が関与し，この酵素はヌクレオチド結合糖，すなわち活性化された糖から糖単位を，受容体である糖の非還元末端に転移する。グリコーゲンシンターゼはグルコース供与体としてウリジン二リン酸グルコースを用いる。この酵素はホルモン依存的および非依存的過程により調節を受けるが，それはホスホリラーゼによるグリコーゲン分解の調節過程と相補的であり，逆向きである。

もう 1 つ別のグルコース酸化経路であるペントースリン酸回路は，還元的生合成のための NADPH とヌクレオチド生合成のためのペントースリン酸を生成する。

生化学の道具　13A

タンパク質-タンパク質相互作用の検出と解析

解糖系の酵素は，可溶性タンパク質として容易に単離できる。しかしいくつかの証拠から，生細胞中ではそれらは物理的に結合しているという考えが支持されている。長い間，生化学を学ぶ学生は“細胞は酵素の袋ではない”と教えられてきた。このことは，酵素が無傷な細胞中で機能的な超分子単位に組織化されていることを意味している。しばしばこの組織化された単位は弱い非共有結合力で安定化しているが，細胞内の酵素を単離して性状解析を行うならば，避けがたいことだが，細胞をこじ開ける際に容易にくずれてしまう。たとえ細胞を穏やかに溶解しても，大部分のタンパク質抽出過程で細胞内容物は数桁の倍率で希釈されてしまい，これだけでも濃度依存性の高い結合を壊してしまう。生化学者は，機能的関連のある酵素の組織化により，いかに代謝物の流れと代謝経路の制御と協調が促進されるかを明らかにしようと試みている。

解糖系酵素が細胞内で相互作用するかもしれないという初期の指摘は，解糖系中間体のモル濃度がこれらの中間体に作用する酵素の濃度よりも実際には低いという観察に基づいている。この知見から，供給された中間体の大部分が細胞内で酵素に結合していることが示唆され，次に解糖系酵素があたかも多酵素複合体の一部として機能しているかのように，中間体が周囲へ遊離することなく酵素から酵素へ直接渡されるという考えに到達した。

もしそのような複合体が無傷で単離されるならば，その性質を「生化学の道具 6B」で述べたような分子量の決定法により探求することができるだろう。しかし，瞬間的な力で保持されている酵素複合体を単離するのはしばしば困難であるので，科学者は通常，関与するタンパク質-タンパク質相互作用を実証し解析するためにさまざまな手段を用いる。これらの技術のいくつかをここで述べる。

二機能性架橋剤

これは，近接したタンパク質の双方の特定のアミノ酸と共有結合を形成することのできる 2 つの官能基を含む試薬である。例えば，スベルイミノ酸ジメチル dimethylsuberimidate（DMS）はリシンの ε アミノ基および N 末端アミノ基と反応して 2 つのタンパク質を架橋させることで，分子量の増加をゲル電気泳動で検出できるようにする。

ある試薬は還元的に開裂可能なジスルフィド結合のような開裂しうる架橋をもち，分離した架橋のパートナーの解析が可能である。この技術は非常に有益であるが，官能基同士の正しい組み合わせや架橋反応が測定可能な程度にまで進行するための反応パートナー間の距離を見つけ出すために，しばしば多くの試薬を用いた実験を必要とする。また，非特異的に起きるかもしれない分子間の一過性の接触さえも架橋に至ることがあるので，結果を拡大解釈しないように注意を要する。化学的架橋は，「生化学の道具 28A」で詳細に述べる。

アフィニティークロマトグラフィー

この技術では，「生化学の道具 5A」で述べたように，

13

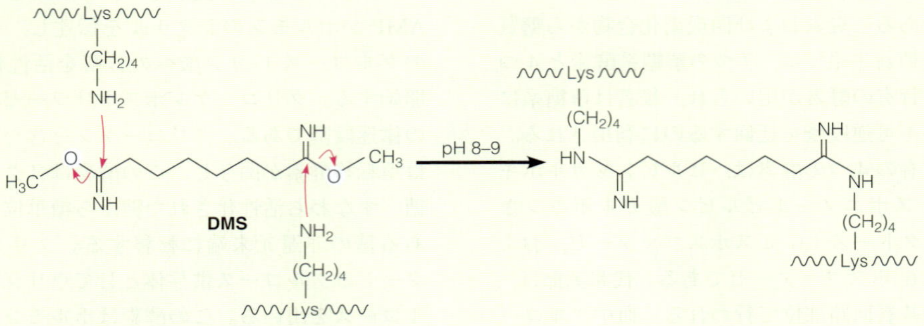

1種類のタンパク質をクロマトグラフィーの支持体に不動化し，この素材を詰めたカラムにタンパク質混合液を通す。保持されたタンパク質は，溶出後に生物活性あるいはイムノブロット法や二次元電気泳動解析のような電気泳動技術によって同定することができる。この技術の主な制約要因は，試験するタンパク質の1つを不動化するためには精製標品として利用できなければならないことと，相互作用がかなり人工的な環境中で起きるという事実である。カラム上でタンパク質の非特異的保持が起こりうるので，この場合も対照が不可欠である。

免疫沈降法

ある精製タンパク質に対する抗体をタンパク質混合液に加えると，しばしば抗原タンパク質とともに，それに結合している相互作用タンパク質が免疫沈降する（免疫共沈降，「生化学の道具7A」参照）。上記の方法と同様にこの技術も定性的ではあるが，簡単に行うことができて少量の材料があれば十分である。免疫共沈降では多数の分析を同時に行うことができるので，例えば低分子（基質あるいはエフェクター）の結合がタンパク質結合に及ぼす影響を研究するのに用いることができる。

速度論的解析

もし一連の反応を触媒する酵素群が相互作用するならば，その相互作用は多段階経路を通る代謝物の流れを容易にすることができ（代謝チャネリング），いくつかの方法によりin vitroでこれを検出することができる。チャネル化した経路は一般的に，次の特徴を1つあるいはそれ以上示すはずである。①遷移期，すなわち最終生成物の形成のために必要な多段階経路の開始後最高速度に到達するまでの時間が減少する。②中間代謝物が近傍の酵素分子への直接転移もしくは促進転移によるのではなく，拡散によって次の作用を受ける酵素に遭遇すると仮定したときに予想されるよりも，定常状態における中間代謝物の濃度がはるかに低い。③通常，放射性同位元素の実験で決定されるが，外から加えた中間代謝物がチャネル化している経路の同じ中間代謝物と平衡状態になることに制約がある。

ライブラリーに基づく方法

これは多数の遺伝子クローン，すなわちライブラリーをスクリーニングする方法である。この方法では，相互作用するパートナーの1つの精製や同定を前もって必要とせず，パートナーの仮の同定を行う。ツーハイブリッド法と呼ばれる一般に普及している方法は，適当な遺伝子部位で転写を開始させるために2つの相互作用タンパク質を要求する酵母の転写活性化系を用いる（第27，29章参照）。2つのタンパク質の一方はDNA部位に結合し，他方は転写を活性化する。2つのハイブリッドタンパク質，すなわち融合タンパク質は組換えDNA技術によって作製する（「生化学の道具4B」参照）。1つの試験タンパク質（X）の遺伝子はDNA結合タンパク質の遺伝子と融合させ，他方の試験タンパク質（Y）の遺伝子すなわち遺伝子クローンのライブラリーは転写活性化ドメインをもつ遺伝子と融合させる。これらの組換え遺伝子を酵母細胞の中へ導入すると，そこでタンパク質Xとタンパク質Yの相互作用により（融合タンパク質の機能ドメインが本来の状態で起こるのと同様に折りたたまれると仮定すると）完全に機能する転写活性化因子が形成される。次に標的遺伝子の翻訳は，レポーター遺伝子，すなわちプロモーターの下流がクローン化されていてその生物活性が容易に測定できる遺伝子の活性測定によって追跡できる。特定のタンパク質の結合が検出されたならば，その相互作用タンパク質の全長を単離して，このいくぶん定性的な方法で検出された相互作用が，本当に生物学的に意義があると確認することが不可欠である。

バイオセンサー分析

近年，新しい種類の計測法が開発され，かなり少量の精製タンパク質を用いてタンパク質-タンパク質相互作用の定量的および定性的分析が可能になった。そのような機器の1つBIACOREは，表面プラスモン共鳴と呼ばれる光学的性質を測定する。それは溶液中のタンパク質がチップに不動化されたタンパク質と相互作用するときに生じる屈折率の微小変化に関連している。得られたシグナル強度は総タンパク質濃度と広範囲にわたって比例する。こうしてタンパク質結合反応の速度は，溶液中のタンパク質が不動化タンパク質を含むチップを通りすぎるときのシグナルの増加をたどることで追跡できる。図 13A.1 に示すように，平衡時の結合タンパク質量が相互作用に対する親和定数を与える。次に解離速度は，チップに緩衝液を通過させてシグナルの減少をたどることで測定できる。この制御可能な有益な技術の制約としては，不動化によって相互作用に影響するような変化がタンパク質に生じる可能性があることと，2 つの相互作用タンパク質が異なる相（固体すなわち不動化された状態と液体）に存在するという事実があげられる。

最後に，タンパク質-タンパク質相互作用は，「生化学の道具 6A」で述べたように，蛍光偏光や蛍光共鳴エネルギー移動 förster resonance energy transfer（FRET）を含む蛍光分光法を用いて検討できる。

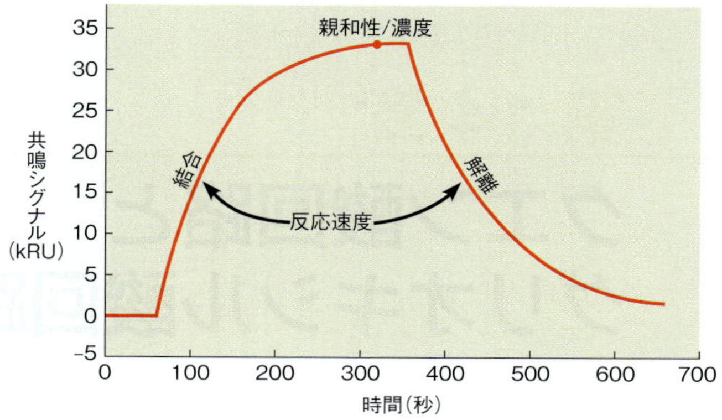

図 13A.1　タンパク質-タンパク質結合の BIACORE 分析　結合相では試験タンパク質が不動化タンパク質を通過して流れ，解離相では緩衝液で置換される。標準品と比較したときのプラトーの反応の高さは，結合の化学量論と関連している。
Courtesy of Biacore Life Sciences.

13

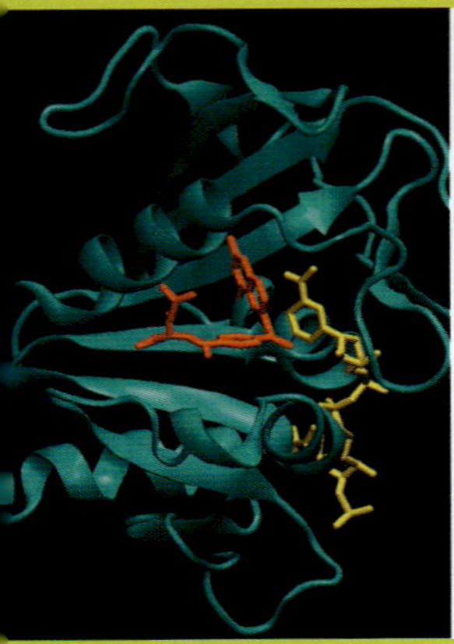

第 14 章

クエン酸回路とグリオキシル酸回路

第 13 章では，糖質分解の最初の段階である嫌気的な過程についてみてきた。本章では，それに続いて起こる好気的な反応についてみていく。この反応により，糖質は，クエン酸回路を経て，最終的に二酸化炭素と水にまで酸化される（図 14.1）。これからみていくように，クエン酸回路は呼吸における中心的な酸化経路である。呼吸とは，好気性の生物やその組織において，すべての種類の代謝燃料（すなわち糖質，脂質，タンパク質）が異化される現象のことである。

ポイント 1
クエン酸回路は，すべての種類の代謝燃料を酸化する経路である。

第 13 章でみたように，解糖系のような嫌気的な過程は，グルコースに蓄えられたエネルギーのほんの一部しか遊離しない。グルコースを完全に燃焼して水と二酸化炭素に変換すると，通常 2,870 kJ/mol のエネルギーが遊離される。エタノールと乳酸は，嫌気的な糖質異化の他の最終産物と同様に，最初の出発物質であるグルコースと同じ酸化レベルにある。実際，標準的な条件下でエタノールを完全に燃焼して水と二酸化炭素に変換すると，1,326 kJ/mol のエネルギーが遊離される。2 mol のエタノールと 2 mol の二酸化炭素が 1 mol のグルコースから産生されるので，2×1,326＝2,652 kJ/mol のエネルギーが遊離されることになる。すなわち，グルコースに蓄えられたエネルギーの 92％（2,652/2,870）は，嫌気的過程の産物（エタノール）に残されており，グルコースに蓄えられたエネルギーは，エタノールへの変換によってごくわずかしか遊離されないことがわかる。実際，すべての嫌気的過程は同様に低いエネルギーしか生み出さない。

もし，有機的燃料が酸素分子により完全に酸化されて二酸化炭素と水に変換されれば，はるかに大きなエネルギーが生じる。これを行う過程を**細胞呼吸 cellular respiration** と呼ぶ。ここで生じるエネルギーの遊離は，還元型の電子伝達体（主に NADH）を生じる脱水素反応を伴う。還元型の電子伝達体は次にミトコンドリアの呼吸鎖（電子伝達系）で再酸化される。これらの反応は，酸化的リン酸化によって ATP を合成するためのエネルギーを供給する。電子は最終的に酸素へと運ばれ，酸素を還元することによって水が生じる。本章では，酸化される基質の運命に焦点を当てる。また次の章では，電子伝達体と ATP 合成に焦点を当てる。

ポイント 2
クエン酸回路の基質酸化で生じるエネルギーのほとんどは，続いて起きる還元型の電子伝達体の再酸化に由来する。

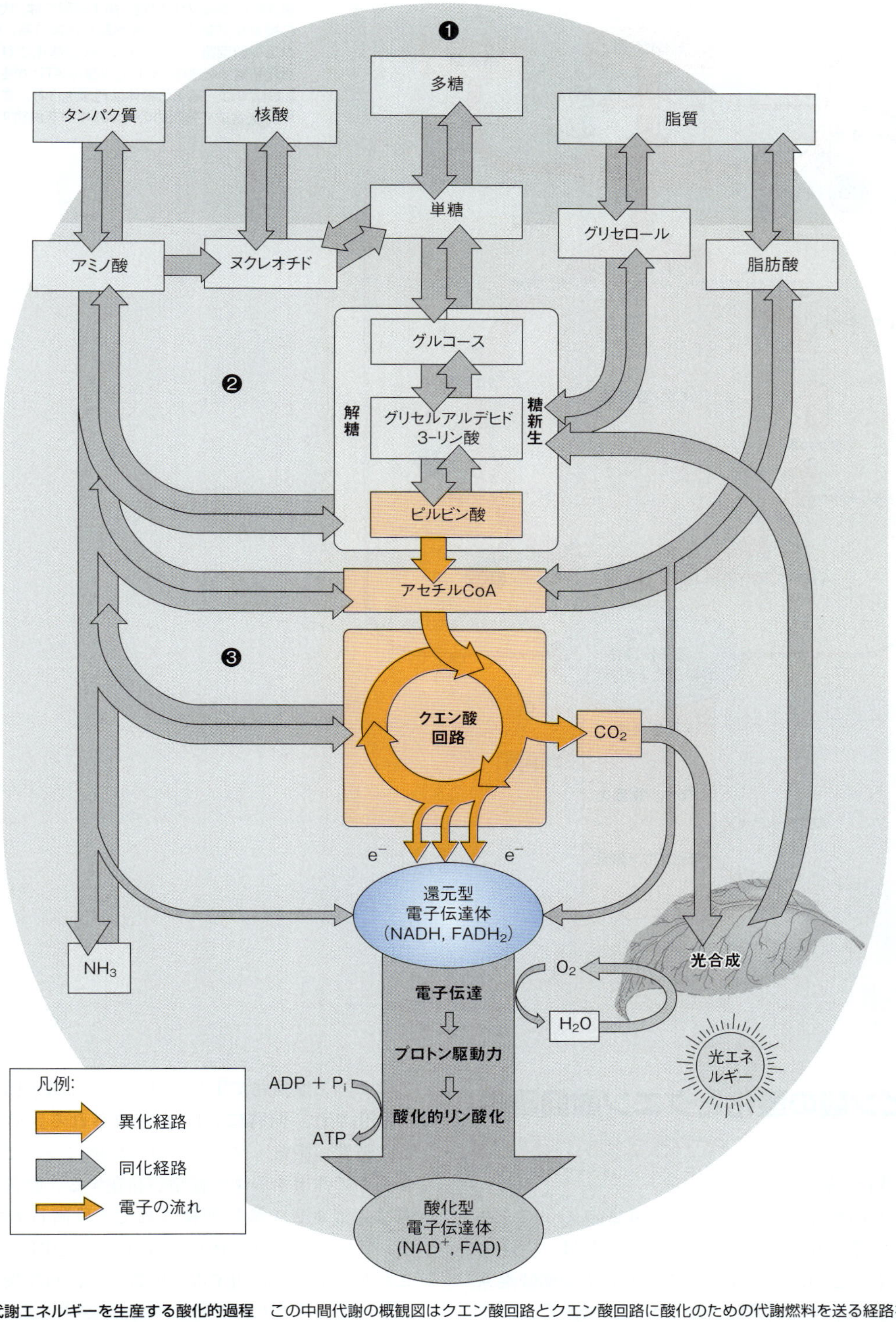

図 14.1　代謝エネルギーを生産する酸化的過程　この中間代謝の概観図はクエン酸回路とクエン酸回路に酸化のための代謝燃料を送る経路を強調して描いている。

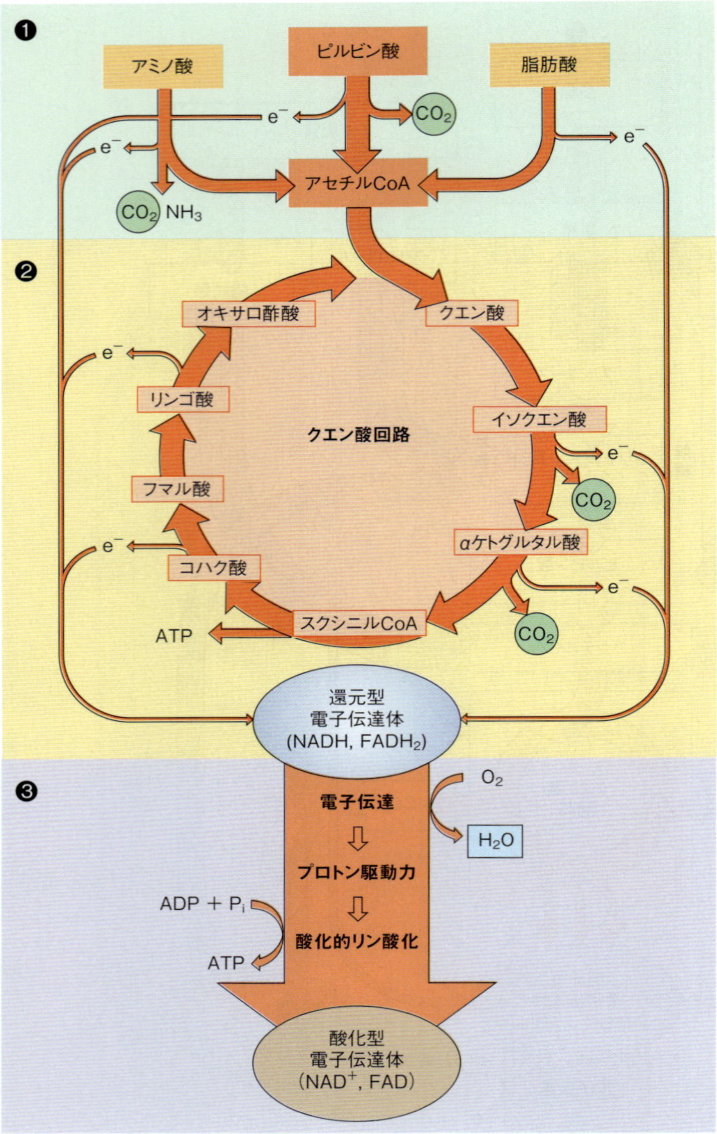

図 14.2　呼吸の3段階　第1段階では，代謝燃料からの炭素がアセチル CoA へ取り込まれる。第2段階のクエン酸回路でアセチル CoA が酸化されて，CO_2，還元型電子伝達体，そして少量の ATP が生成する。第3段階では，電子伝達体は再酸化され，さらに多くの ATP を合成するためのエネルギーを供給する。

ピルビン酸の酸化とクエン酸回路の概略

呼吸の3段階

有機基質の酸化的な代謝は，図 14.2 のように3段階に分けて考えると便利である。第1段階は，活性化された炭素数2の断片（すなわち，**アセチル補酵素 A acetyl-coenzyme A〈アセチル CoA acetyl-CoA〉**のアセチル基）の生成である（第12章で，補酵素 A がアシル基を活性化し転移させせることを学んだのを思い出すこと。詳細な記述は p.537～538 参照）。第2段階は，これら炭素数2の原子のクエン酸回路における酸化であり，2単位の二酸化炭素と4対の電子が生成する。第3段階は，電子伝達と酸化的リン酸化で，そこではクエン酸回路で生じた還元された電子伝達体が再び酸化され，同時に ATP が合成される。第1段階には，糖質，脂質，タンパク質の分解について，それぞれ別個に作用する反応経路が存在する。糖質からの炭素は，ピルビン酸に変換されて1段階目の経路に入る。ピルビン酸のアセチル CoA への酸化については，これから本章で説明する。脂質は主に脂肪酸の β 酸化によって分解され，アセチル CoA が生じる（第17章参照）。一方，アミノ酸の異化からは，いくつかの異なった経路によってアセチル CoA やクエン酸回路の中間体が生じる（第21章参照）。

バクテリアでは，ピルビン酸を酸化する酵素やクエン酸回路の酵素は細胞質と細胞膜上にある。真核細胞では，呼吸はミトコンドリアで起きる。呼吸の最初の

2 段階の反応は，ミトコンドリア内側のゲル様の**マトリックス matrix** 中で起こる。電子伝達と酸化的リン酸化は，ミトコンドリアの内膜に結合する酵素によって触媒される。ミトコンドリアの内膜は，マトリックス中に突き出し高度に重なり折りたたまれた突出構造をもっており，これは**クリステ cristae** と呼ばれる。クエン酸回路を構成する酵素のほとんどはマトリックス内の可溶性タンパク質であるが，1 つだけは内膜のマトリックス側に結合する膜タンパク質である。この構造と生化学の関係については，第 15 章で呼吸の第 3 段階を学ぶ際にさらに考察していく。

クエン酸回路の化学的戦略

クエン酸回路において基質酸化を行う上での基礎となる化学的戦略をきちんと理解するために，最初に有機物質の酸化と還元について簡単に復習しておこう。生物学的な酸化についての定量的な側面については第 15 章で述べる。

酸化は，基質からの電子の損失を伴う。ここでは基質は電子供与体であり，電子は電子受容体へ伝達され，これを還元する。自由電子は細胞内で存在できない。そこで，酵素触媒酸化によって放出された電子は，特定の電子伝達体（例えば NAD^+ や FAD）に移されなければならない。酸化された基質と電子受容体は電子に対する結合能が違っており，この違いは，発エネルギー性の電子の放出を引き起こし，最終的には ATP という形で利用されるエネルギーの源となる。

炭素原子は，ヒドリドイオン（H^-）を失うか，酸素と結合することによって酸化される。後者の過程は，負に荷電した酸素が炭素と共有している電子を自らの原子核へ引き寄せるので，炭素原子の外殻から電子を奪う過程である。同様に，有機化合物が水素を失うときも，その水素についている電子を同時に失うことになる。したがって，どちらの過程も酸化を受ける炭素原子から電子の消失を伴う。理論的にはこれら 2 つの過程は等価である。

酸化反応を触媒する酵素の命名には，潜在的に混乱が生じうる点がある。ほとんどの代謝酸化反応は，電子供与体からの水素の消失を伴うので，そのような反応を触媒する酵素を，**脱水素酵素（デヒドロゲナーゼ）dehydrogenase** と呼んでいる。**酸化酵素（オキシダーゼ）oxidase** という用語は，分子状酸素それ自身が電子受容体になる酵素のみに用いられている。もしも酸素が酸化される基質に直接結合するならば，その酵素は**酸素添加酵素（オキシゲナーゼ）oxygenase** と呼ばれる。酸化酵素と酸素添加酵素は，酸素が直接関係するうちのごく一部の酸化反応を触媒する。これらについての考察と例示は，第 15 章で行う。

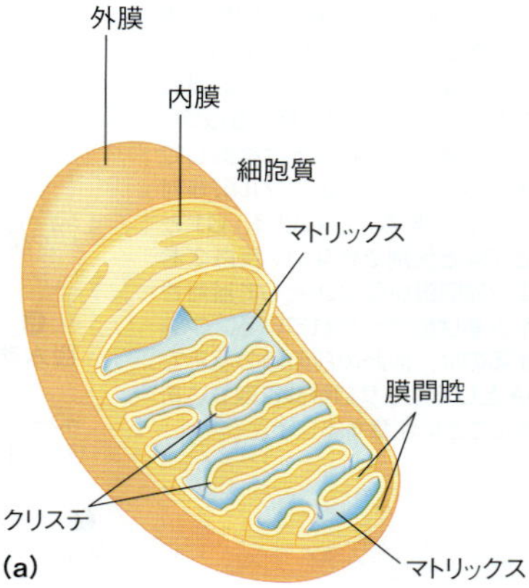

(a)

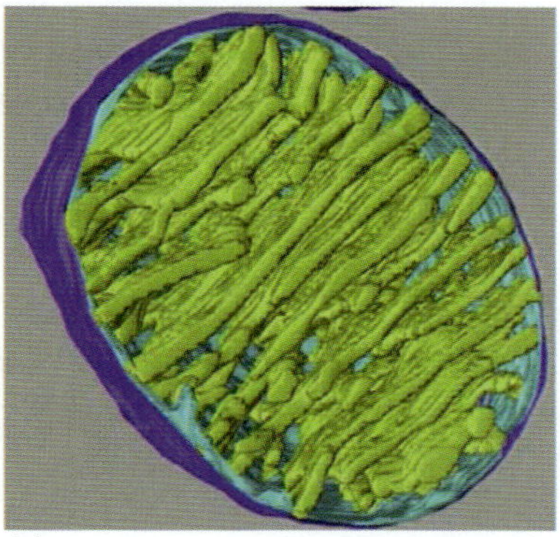
(b)

(a) ミトコンドリアの模式図。**(b)** 電子顕微鏡の断層撮影図から再構成したミトコンドリアのモデル。クリステを黄緑，外膜を濃い青で着色した。
(b) Reprinted from *Trends in Biochemical Sciences* 25 : 319-324, T. G. Frey and C. A. Mannella, The internal structure of mitochondria. ©2000, with permission from Elsevier.

14

ポイント 3
脱水素酵素は基質の酸化を触媒する。酸素添加酵素は，分子状酸素それ自身が電子受容体となる酸化反応を触媒する。

次ページの**図 14.3** を参考にして，代謝経路に入ってきた炭素原子 2 個の代謝の運命に焦点を当てながら，クエン酸回路全体を俯瞰しよう。2 個の炭素原子，すなわちアセチル CoA のアセチル基は，炭素原子 4 個をもつジカルボン酸である**オキサロ酢酸 oxaloacetate** へと転移され，炭素原子 6 個をもつトリカルボン酸であるクエン酸を産出する。クエン酸は続いて 7 段階の連続した反応へと入っていく。この過程で，二酸化炭素として炭素原子 2 個が放出され，残った 4 個の炭素原子は再びオキサロ酢酸に変換される。このオキサロ酢酸は，同じ反応過程を最初から繰り返すことになる。この回路の環状の性質から，オキサロ酢酸は，活性化された 2 個の炭素断片と反応する反応経路の最初に位置するだけでなく，炭素原子 2 個が二酸化炭素へと酸化されたのちの経路の最後にも位置している。すなわち，オキサロ酢酸（さらに言えば全回路そのも

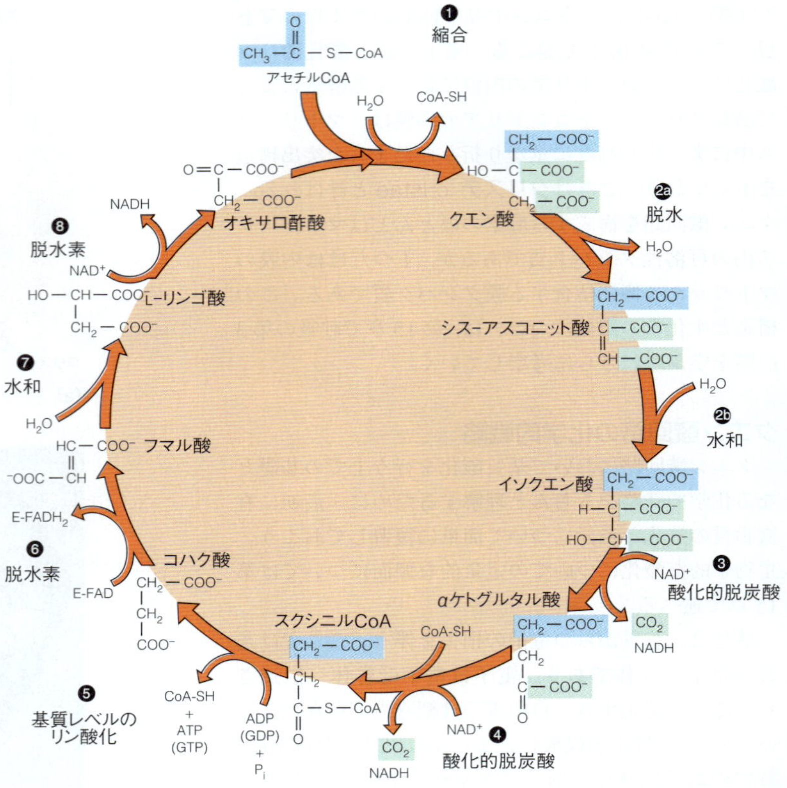

図 14.3　クエン酸回路における炭素の運命　クエン酸回路に入るアセチル CoA は，その炭素数 2 の部分が反応 4 に至るまでの運命を示すために青で強調してある。反応 5 以降，最も新しく回路に導入された炭素は強調していない。なぜなら，コハク酸とフマル酸が対称的な分子だからである。これ以降，C1 と C2 は，C3 と C4 と区別できない。反応 3 および 4 でクエン酸回路から CO_2として遊離されるカルボキシ基は緑で示されている。CO_2として脱離するのは，回路の前の回の反応でアセチル CoA としてオキサロ酢酸に取り込まれた炭素であることに注意すること。

の）は，アセチル CoA を二酸化炭素に酸化する触媒として機能している。図 14.3 で示されている 8 つの反応のうち 4 つが脱水素反応であり，これらは 3 つの $NADH/H^+$と 1 つの $FADH_2$という形で 8 還元当量を生み出す（すべてアセチル CoA 由来）ことに注意しよう。

アセチル CoA が 2 つの二酸化炭素になる酸化反応は，比較的単純な変化のようにみえる。それならば，なぜ細胞はこのような複雑な経路をとっているのだろうか。それは化学で説明できる。アセチル CoA の酸化には，C—C 結合の開裂という，炭素原子 2 個からなるアセチル基にとっては難しい反応が必要である。第 12 章で議論したように，C—C 結合の開裂は，もしカルボニル基がカルボアニオンの遷移状態を安定化させるために近くに存在していたら，かなり容易に起こる。例として，解糖系におけるフルクトース 1,6-ビスリン酸の逆アルドール開裂が挙げられる（図 13.5）。クエン酸回路で用いられる戦略は，酵素触媒反応で容易に脱炭酸化される一連の β ケト酸と α ケト酸の中間体を経由してアセチル CoA を代謝することにより，C—C 結合開裂を達成するというものである。

クエン酸回路の発見

有機燃料が環状の経路によって酸化されるという考えは，1937 年に Hans Krebs によってはじめて提案された。この考えは Fritz Lipmann の研究を基礎としており，後年，彼は Lipmann（補酵素 A の発見者）とノーベル賞を分かち合うことになる。1932 年初頭に Krebs は，肝臓と腎臓の切片における酸素消費量を調べることにより，さまざまな有機酸が酸化される割合を試験した。彼は，クエン酸，コハク酸，フマル酸，リンゴ酸，酢酸が，これら組織によって直ちに酸化されることを見出した。

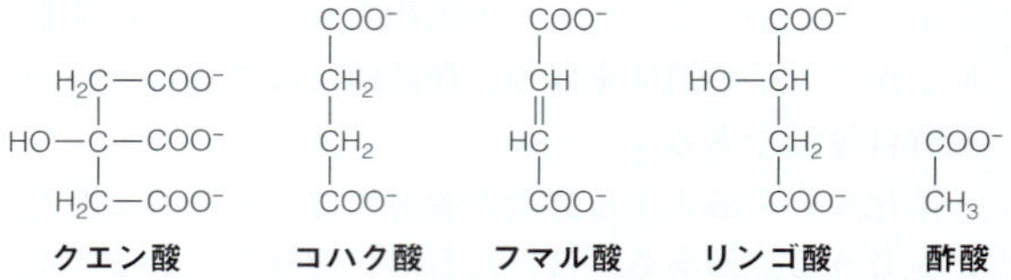

1935 年，ハンガリー人の生化学者 Albert Szent-Györgyi は，呼吸速度が速い組織であるハトの胸筋を細かく切り刻んだものに，少量のジカルボン酸であるコハク酸，フマル酸，あるいはリンゴ酸を加えると，酸素消費量が予想よりもかなり多くなることを見出した。このことから，Krebs はこれらの酸が直線的な代謝経路の基質として使い果たされるというよりはむしろ，なにか触媒的に働いているということを認識した。

そして 1937 年，Carl Martius と Franz Knoop は，クエン酸がイソクエン酸と α ケトグルタル酸（脱水素化されてコハク酸になる）に転換されることを見出した。この発見はクエン酸の酸化とコハク酸の酸化を関連づけ，クエン酸が触媒的に酸素消費を刺激するという Krebs の以前の発見を説明するのに役立った。それから Krebs は，コハク酸の類似体でコハク酸デヒドロゲナーゼの阻害剤として知られるマロン酸が，ピルビン酸の酸化を阻害することを発見した。このことは，コハク酸デヒドロゲナーゼがピルビン酸の酸化に何らかの役割を果たしていることを示している。

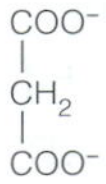

マロン酸

さらに，マロン酸によって阻害を受けた細胞は，クエン酸，αケトグルタル酸，コハク酸を蓄積した。このことは，クエン酸とαケトグルタル酸が，コハク酸の本来の前駆体であることを示唆していた。このパズルの最後のピースは，ピルビン酸とオキサロ酢酸をこの細切りにした筋肉標本に同時に加えることにより，反応液中にクエン酸が蓄積するという Krebs の発見であった。すなわち，これら 2 種類の酸がクエン酸の前駆体であることを示していた。

これらの知見に加え，呼吸を促進する有機酸の構造と反応性から，Krebs は一連の反応経路の順序と，その環状の性質を提案した。なお，Krebs と Kurt Henseleit は 1932 年に尿素回路（第 20 章）を発見したばかりだったので，Krebs は環状経路になじみがあったということは指摘に値する。

Krebs は，炭水化物がピルビン酸を経由してこの回路に入り，オキサロ酢酸と反応してクエン酸と二酸化炭素を生成すると考えた。我々は現在，ピルビン酸はまず最初に酸化されアセチル CoA を生成するとともに二酸化炭素を放出すること，そしてアセチル CoA がオキサロ酢酸と反応してクエン酸を生成することを知っている。また，コハク酸の活性化された中間体である**スクシニル CoA succinyl-CoA** の存在も知っている。この回路におけるこれらの活性化中間体の認識は，1947 年の Fritz Lipmann による補酵素 A の発見を待つ必要があった。これらの違いを除けば，Krebs によって提案された反応経路は合っていた。この反応経路は図 14.3 に示されている。

クエン酸回路は他の名前でも知られている。すなわち，発見者の名前にちなんだ K 回路であり，また，はじめからトリカルボン酸が中間体として関わっていることが明らかだったことから，トリカルボン酸 tricarboxylic（TCA）回路とも呼ばれている。クエン酸がこれらの中間体の 1 つであることは，後になって明らかになった。クエン酸回路についての次の議論では哺乳類の生化学に焦点を当てるが，基本的にこれと同一の経路はほぼ全生物でみられる。この経路は，明らかに進化的に古代から受け継がれてきた経路である。

ピルビン酸の酸化：クエン酸回路へ炭素を導入する主要経路

前述したように，炭水化物の酸化によって生じるピルビン酸は，クエン酸回路における酸化反応に必要なアセチル CoA の主要な供給源の 1 つである。第 17 章と第 20 章では，ピルビン酸が生じる他の経路である脂肪酸とアミノ酸の酸化それぞれに焦点を当てる。ピルビン酸からアセチル CoA への転還は**ピルビン酸デヒドロゲナーゼ複合体 pyruvate dehydrogenase complex（PDH complex）**によって触媒される，酸化的脱炭酸反応である。この反応の全過程で，ピルビン酸のカルボキシ基は二酸化炭素として放出される一方，残った 2 個の炭素は，アセチル CoA のアセチル基部分を形成する。

> **ポイント 4**
> ピルビン酸が酸化されてアセチル CoA が生じる反応は 3 つの酵素と 5 つの補酵素を必要とし，事実上不可逆的である。

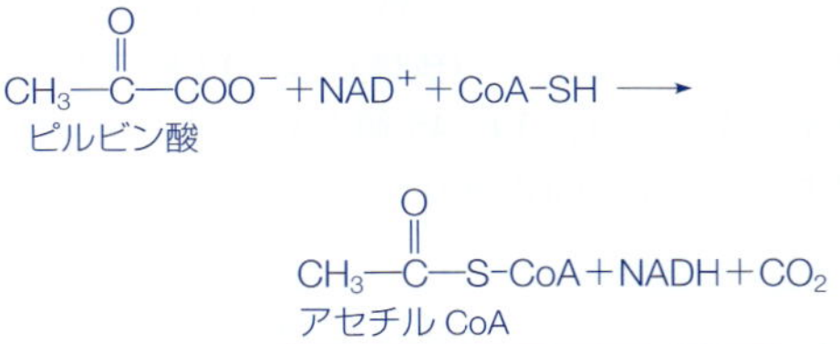

$\Delta G^{\circ\prime} = -33.5$ kJ/mol

この反応は，αケト酸（ピルビン酸）の脱炭酸反応を含んでいる。βケト酸の場合と異なり，αケト酸は脱炭酸反応の間に進行するカルボアニオンの遷移状態を安定させることができない。この問題を解決するため，αケト酸の酵素的脱炭酸には補酵素として**チアミンピロリン酸 thiamine pyrophosphate（TPP）**が使われる。これと基質が共有結合を形成することで，カルボアニオンを安定させるのに必要な電子非局在化が達成される。この同じ方法がアルコール発酵でのピルビン酸の脱炭酸反応に使われている（第 13 章，p.483）。実際，これら 2 つの脱炭酸反応はほとんど同じである。

この反応の全過程は単純でわかりやすいように思うかもしれないが，実際には，還元された電子伝達体（NADH）の生成，ピルビン酸の脱炭酸，および残った 2 個の炭素の代謝的活性化を伴う，かなり複雑な過程である。この反応は，高度に発エルゴン的であり，原則的に生体内で逆反応は起こらない。5 段階の反応の中に，3種類の酵素──**ピルビン酸デヒドロゲナーゼ pyruvate dehydrogenase**（E_1），**ジヒドロリポアミドアセチルトランスフェラーゼ dihydrolipoamide transacetylase**（E_2），および**ジヒドロリポアミドデヒドロゲナーゼ dihydrolipoamide dehydrogenase**（E_3）──が関係している。それに加えて，5種類の補酵素が必要であり，その中には全サイクル反応にも登場する2種類（NAD^+と補酵素A）が含まれている。反応に関係する3種類の酵素（E_1，E_2，E_3）は，高度に組織化された**ピルビン酸デヒドロゲナーゼ複合体**と呼ばれる多酵素複合体を形成している。

図14.4は，大腸菌（*E. coli*）から精製されたピルビン酸デヒドロゲナーゼ複合体の電子顕微鏡写真と，出芽酵母（*Saccharomyces cerevisiae*）の同複合体を低温電子顕微鏡で観察したものに基づいたモデルである。大腸菌のピルビン酸デヒドロゲナーゼ複合体は，24本のE_1ポリペプチド鎖，24本のE_2ポリペプチド鎖，12本のE_3ポリペプチド鎖を含んでいる。大腸菌から単離されたピルビン酸デヒドロゲナーゼ複合体の分子量は約460万で，リボソームよりもわずかに大きい。哺乳類のミトコンドリアの複合体は，おおよそこの2倍の大きさである。真核生物の複合体（図14.4 b〜e）は，五角十二面体（二十面体対称，図6.38，p.191参照）として配置された60個のE_2単量体を核にして構成されている。この核構造は，12個のE_3ホモ二量体を含んでおり，30〜45個の$E_1\alpha_2\beta_2$ヘテロ四量体に囲まれている。哺乳類のピルビン酸デヒドロゲナーゼ複合体は，それに加えて12個以下のE_3結合タンパク質（E_3BP）と，さらに2種類の少量の調節酵素（E_1の3個のセリンをリン酸化するキナーゼと，これらを加水分解する脱リン酸化酵素）を含んでいる。この複合体の活性調節についてはあとで考察する。

ピルビン酸デヒドロゲナーゼ複合体の中の3種類の酵素（E_1，E_2，E_3）がどのように相互作用しているかを理解するには，反応に関与する5種類の補酵素の機能を理解しなければならない。5種類の補酵素とは，チアミンピロリン酸（TPP），リポ酸，補酵素A，フラビンアデニンジヌクレオチド flavin adenine dinucleotide（FAD），そして，NAD^+である（表14.1）。TPPはE_1に強く結合し，リポ酸はE_2と共有結合し，FADはE_3と強く結合している。この5種類の補酵素については，すでに第11章で簡単に紹介したが，詳細に論じたのはNAD^+とTPPについてのみである（第13章。それぞれグリセルアルデヒド3-リン酸の脱水素反応とピルビン酸の脱炭酸反応で議論した）。そこで少し本筋からは外れるが，ここでは他の3種類の反応の化学について説明しよう。

ピルビン酸酸化とクエン酸回路に関係する補酵素

チアミンピロリン酸

チアミンピロリン酸（TPP）の化学は，アルコール発酵のピルビン酸脱炭酸反応のところで議論した（図

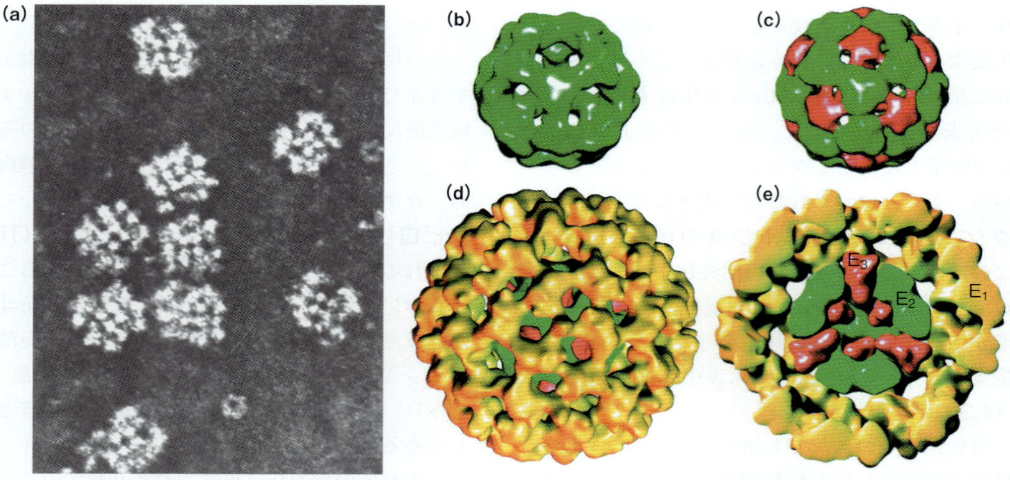

図14.4　ピルビン酸デヒドロゲナーゼ複合体反応の構造　**(a)** 大腸菌から精製されたピルビン酸デヒドロゲナーゼ複合体の電子顕微鏡写真。**(b〜e)** 真核細胞のピルビン酸デヒドロゲナーゼ複合体のモデル。このモデルは酵母（*Saccharomyces cerevisiae*）のピルビン酸デヒドロゲナーゼ複合体とそのサブ複合体の低温電子顕微鏡解析に基づいている。**(b)** E_2のコアを構成するサブ複合体（60個のE_2単量体からなる）。**(c)** E_2-E_3サブ複合体（E_2コアと，12個のE_3二量体）。**(d)** ピルビン酸デヒドロゲナーゼ複合体全体（E_2-E_3サブ複合体と約30個のE_1四量体）。**(e)** ピルビン酸デヒドロゲナーゼ複合体の断面図。E_1，E_2，E_3はそれぞれ黄，緑，赤で示してある。

表 14.1　ピルビン酸脱水素反応で使われる補酵素

補酵素	局在	機能
チアミンピロリン酸（TPP）	E_1に強固に結合	ピルビン酸脱炭酸 ヒドロキシエチル TPP を生成
リポ酸（リポアミド）	E_2の“揺れる腕（アーム）”に，リシン残基を介して共有結合	ヒドロキシエチルカルボアニオンを TPP からアセチル基として受け取る
補酵素 A（CoA）	E_2と結合（解離可能）	リポアミドからアセチル基を受け取る
フラビンアデニンジヌクレオチド（FAD）	E_3に強固に結合	還元型リポアミドから電子対を受け取る
ニコチンアミドアデニンジヌクレオチド（NAD^+）	E_3と結合（解離可能）	$FADH_2$から電子対を受け取る

13.8)。後で述べるように，カルボアニオンの安定化にも寄与するのだが，これはピルビン酸脱炭酸反応における過程と同じである。

リポ酸（リポアミド）

ピルビン酸酸化では，TPP によって生じる活性アルデヒド（ヒドロキシエチル基）の受容体は，**リポ酸 lipoic acid** である。リポ酸は分子内にジスルフィド結合をもつ 6,8-ジチオクタノイン酸である。リポ酸は 1951 年にテキサス大学の Lester J. Reed とイリノイ大学の I. C. Gunsalus によって同定された。Eli Lilly and Co. の助成を受けて，彼らはなんと 10 t もの牛や豚の肝臓を処理し，約 30 mg の結晶性物質を単離したのである！　この補酵素は，リポ酸のカルボキシ基とリシンの ε アミノ基のアミド結合を通して E_2に結合している。したがって，実際に反応する分子種はアミドで，**リポアミド lipoamide** もしくは**リポイルリシン lipoyllysine** と呼ばれる。リポイルリシンの側鎖の長さは約 14 Å であり，E_2（と E_3BP）の可動性リポイル領域内に位置している。これにより，ピルビン酸デヒドロゲナーゼ複合体の E_1, E_3部分の活性部位と相互作用することができる，いわゆる“揺れる腕（アーム）”としての機能を果たすことができる（下の図を参照）。

ポイント 5
リポアミドは電子とアシル基の両方の伝達体となる。

活性アルデヒド部位（ヒドロキシエチル基）の TPP からリポアミドのジスルフィドへの転移は，同時にアルデヒドの酸化とそれと共役して起きるジスルフィドの還元反応を伴う。この反応によりピルビン酸デヒドロゲナーゼにアシル基が生成し，次に補酵素 A へと転移される。そして電子対はジヒドロリポアミンを生成するため転移される（図 14.5）。すなわち，リポアミドは，電子伝達体であると同時にアシル基伝達体でもある。

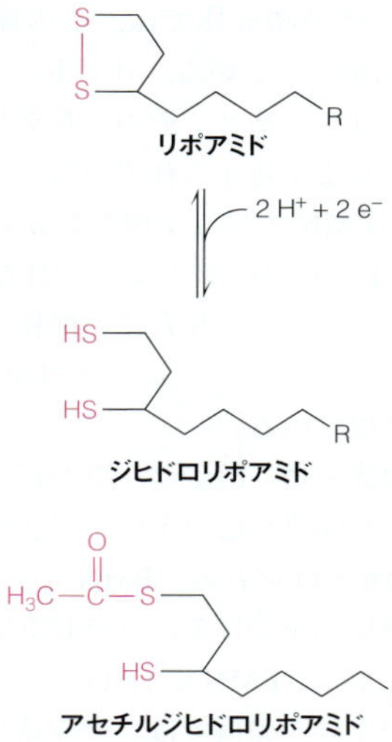

図 14.5　リポアミドの酸化型と還元型　リポアミドの環状型ジスルフィドは，可逆的に 2 電子によって還元されて，チオール基を 2 つもつジヒドロリポアミドになる。ピルビン酸デヒドロゲナーゼでは，この還元反応は TPP からのヒドロキシエチル基の転移と共役している。これにより，還元型ジヒドロリポアミドはアセチルチオエステルになる。

14

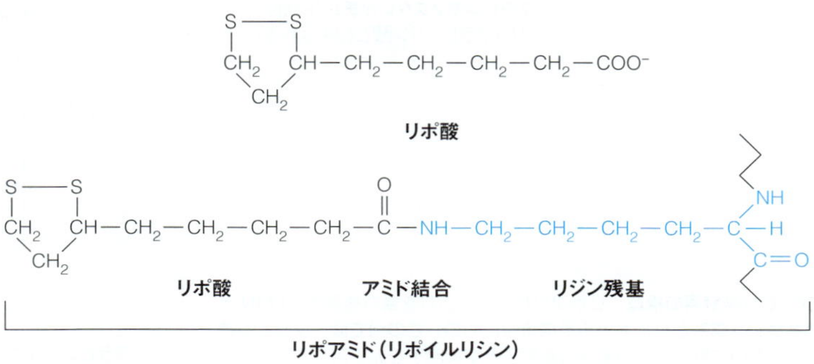

フラビンアデニンジヌクレオチド

フラビンアデニンジヌクレオチド（FAD）は，ビタミン B_2 またはリボフラビン riboflavin から誘導される 2 種類の補酵素の 1 つである。残りの 1 種類は，より簡単な構造をもつフラビンモノヌクレオチド flavin mononucleotide（FMN）であり，リボフラビンリン酸とも呼ばれる（図 14.6）。これら 2 種類の補酵素の機能的部位は，イソアロキサジン環 isoalloxazine ring 系であり，2 電子の受容体として働く。このような環構造をもつ化合物はフラビン flavin と呼ばれる。リボフラビンとその誘導体では，この環構造はリビトール ribitol に結合している。リビトールは，リボースの開環バージョンであり，そのアルデヒドの炭素がアルコールレベルまで還元されている。リビトールの 5′ 位の炭素は，FMN ではリン酸基に結合している。そして FAD は FMN のアデニル化された誘導体である。したがって，これらの化合物の関係は，ある意味で，それぞれニコチンアミドモノヌクレオチドと NAD^+ の関係に似ている。

フラビン補酵素を使う酵素は，フラビンタンパク質 flavoprotein またはフラビンデヒドロゲナーゼ flavin dehydrogenase と呼ばれる。FMN と FAD は実質的に同じ電子伝達反応を受ける。フラビンタンパク質の酵素は，種類によって FMN か FAD のどちらかと好んで結合する。いくつかの例では，その結合は共有結合である。しかしながらほとんどの場合，フラビンは補酵素が酵素から容易に解離できないように強く結合してはいるが，共有結合で結合しているわけではない。ゆえにフラビンはニコチンアミド補酵素のように，1 つの酵素からもう 1 つの酵素への電子転移は行わない。そのかわりにフラビンデヒドロゲナーゼは，還元された基質から得た電子を一時的に保持し，別の電子受容体に転移するのである。次章で後述するように，フラビンタンパク質のもう 1 つの大事な役割として，タンパク質へフラビン補酵素が強固に結合（これは共有結合か非共有結合のどちらかである）することで，フラビン環上に特有の標準還元電位（E'^0）を与えるというものがある。

> **ポイント 6**
> フラビン補酵素は 2 個の電子の酸化還元反応に関係する。この反応は，1 電子の反応が 2 段階で起きることで進行する。

ニコチンアミド補酵素のように，フラビンは 2 電子の酸化や還元反応を受ける。しかしフラビンは，図 14.7 で示したように，安定な 1 電子還元分子種であるセミキノン semiquinone フリーラジカルの構造をとりうる点で，ニコチンアミドとは異なっている。このフリーラジカルは，分光光学的に検出することができる。酸化された FAD と FMN は明るい黄色であり，完全に還元されたフラビンは無色である一方，セミキノン中間体は，pH の変化によって赤か青色を呈する。この中間体の安定性はフラビンに，ニコチンアミド補

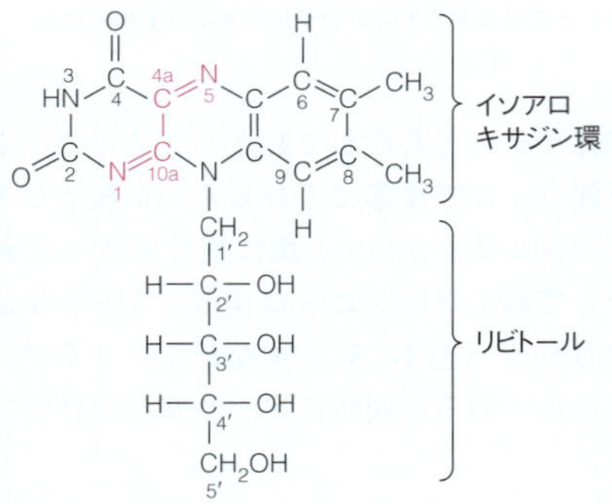

リボフラビン

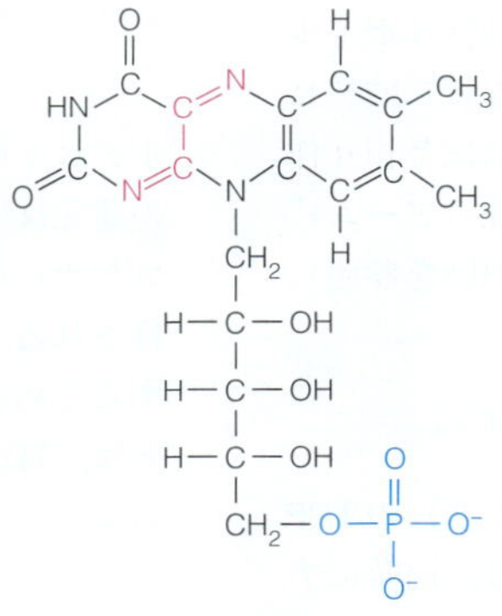

フラビンモノヌクレオチド（FMN）
（リボフラビンリン酸とも呼ばれる）

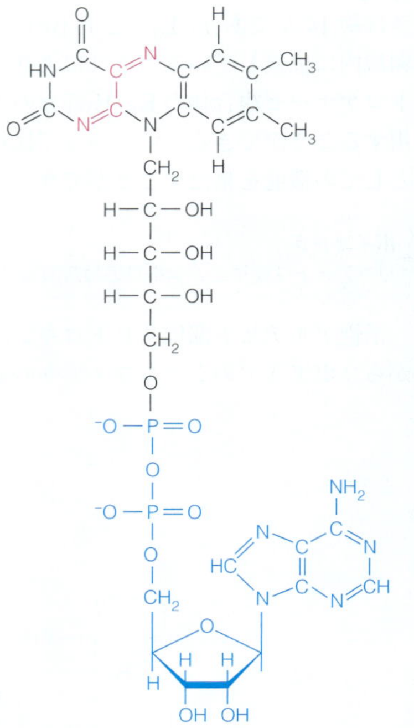

フラビンアデニンジヌクレオチド（FAD）

図 14.6　リボフラビンとフラビン補酵素の構造　リボフラビンと，これを含む補酵素（FMN と FAD）はすべて，イソアロキサジン環系とリビトールを構造中にもつ。この図では，フラビン補酵素が関係する酸化還元反応において反応に参加する炭素原子と窒素原子を赤で示している。

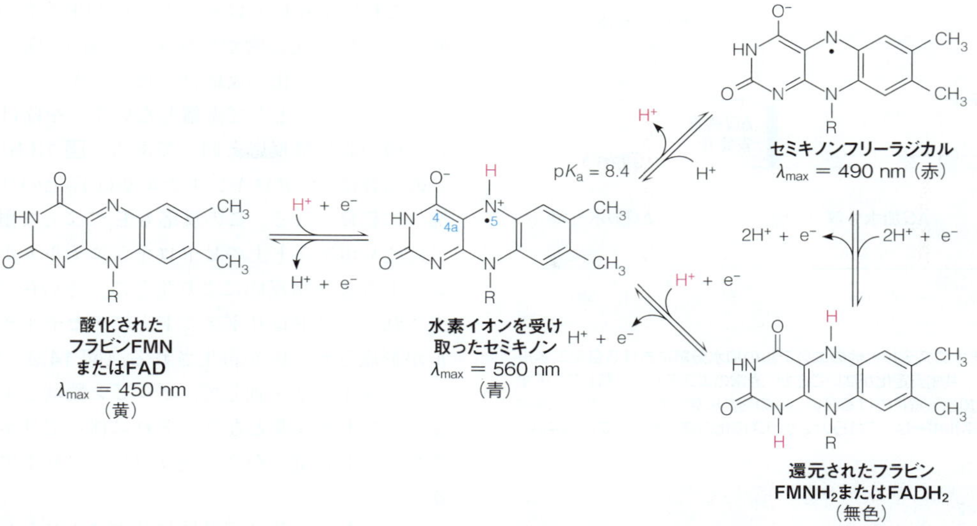

図 14.7　フラビン補酵素が関係する酸化還元反応　フラビンは 2 電子反応に働くが，安定したセミキノンフリーラジカル中間体の存在は，これらの反応を 1 回に 1 電子ずつ進行させうる。したがって，還元されたフラビンは，簡単に 1 電子受容体によって酸化される。スペクトル吸収の極大値（λ_{max}）が，酸化されたフラビンおよび水素イオンを受け取った型と失った型のセミキノン中間体について示されている。どちらの型のセミキノンも不対電子（1 電子）は N5 と C4a の間に非局在化している。

酵素にはない多様な触媒的性質を与えている。すなわち，フラビンは，1 電子または 2 電子の電子受容体‒供与体のペアと相互作用することができる。また，フラビンタンパク質は直接酸素と相互作用することができる。したがって，すべてとはいえないが，いくつかのフラビンタンパク質は酸化酵素である。

補酵素 A とアシル基の活性化

補酵素 A（A はアシルを意味する）は，一般的にアシル基の活性化のために働く。これには，ピルビン酸から誘導されるアセチル基も含まれる。この補酵素は，代謝的には，ATP，ビタミンである**パントテン酸 pantothenic acid**，および β メルカプトエチルアミンから誘導される。

β メルカプトエチルアミン部位の遊離チオール基は補酵素分子の機能に重要な部分であり，それ以外の部分は酵素に対する結合部位となる。アセチル CoA のようなアシル化された誘導体では，そのアシル基はチオール基と結合して，高エネルギーチオエステルを形成する。

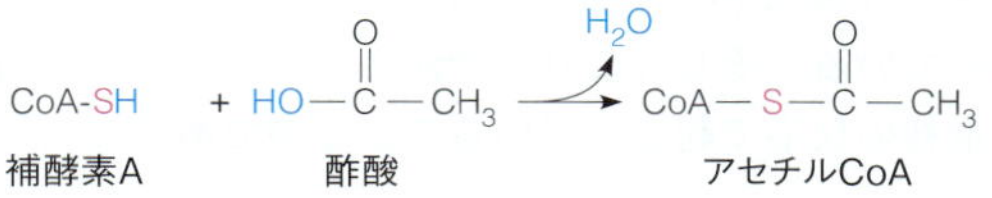

補酵素 A のアシル化体はアシル CoA と表し，非アシル化体のほうは CoA-SH と表す。

通常のエステルと比べて高エネルギーなチオエステルの性質には，主に共鳴による安定化が関係している（図 14.8）。ほとんどのエステルは，2 種類の共鳴構造をとる。安定化は π 電子の重なりに関係しており，これによって C — O 結合に部分的な二重結合性を与える。チオエステルでは，硫黄の（酸素と比較して）より大きな原子サイズが炭素と硫黄の間の π 電子の重複を減少させるので，C — S 構造は共鳴安定化にあまり寄与しない。そのため，チオエステルはエステルに比べて不安定化され，その加水分解の ΔG は増加する。

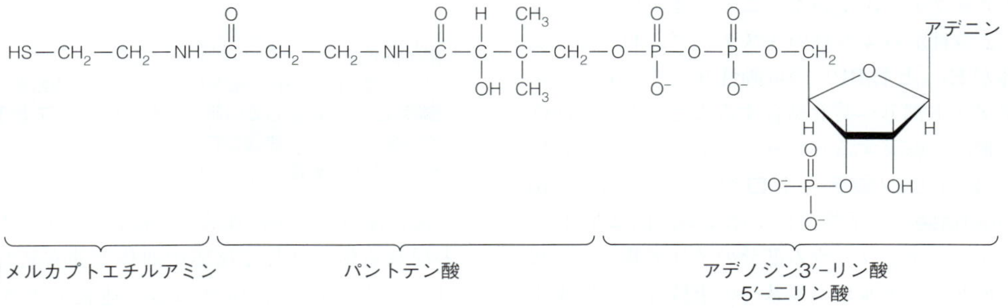

14

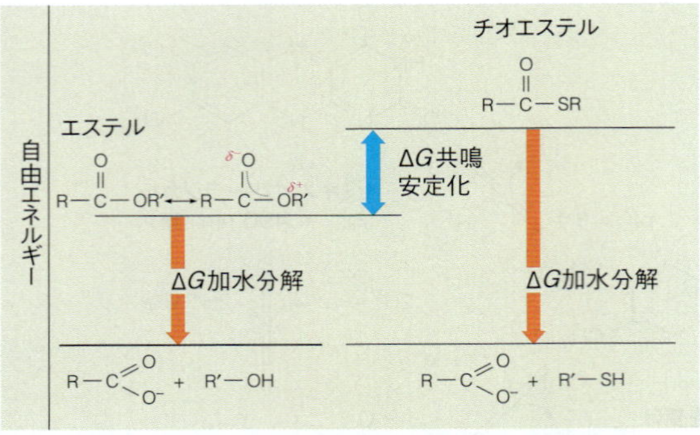

図 14.8　チオエステルと他のエステルの加水分解における自由エネルギーの比較　共鳴安定化がないことが，通常のエステルと比較して，チオエステルの加水分解における高い Δ*G* のもとになっている。加水分解産物の自由エネルギーは，これらの2クラスの化合物であまり変わらない。

ポイント7
アセチル CoA のようなチオエステルは，エネルギーに富んでいる。これは，C—O 結合に比べて C—S 結合がエステルを不安定にするためである。

アシル CoA 類の C—S 結合には二重結合性がないので，通常のエステル C—O 結合よりも弱い。このため，求核置換反応のよい脱離基であるチオアルコキシドイオン（R—S$^-$）をつくりやすい。したがって，このアシル基は他の代謝産物に非常に転移されやすくなっている。そしてこれこそが，まさにクエン酸回路の最初の反応で起こっていることなのである。

ピルビン酸デヒドロゲナーゼ複合体の働き

先に述べたように，ピルビン酸のアセチル CoA への酸化においては，ピルビン酸デヒドロゲナーゼ複合体の3種類の酵素と，補酵素の TPP，リポ酸，FAD，NAD$^+$，そして CoA-SH が協調して働く。これまでに学んだ知識に基づき，これらの構成要素がどのように連携して働き，ピルビン酸のアセチル CoA への変換に効果を及ぼすかをみていくとしよう。全体の過程については図 14.9 に要約した。

ピルビン酸の脱炭酸から始まり，最終的に NAD$^+$への電子対の転移が起こるまでの一連の反応は，全部で5つのステップをふんでいる。この一連の反応の主な特徴は，2つ目から4つ目の3ステップにおいて，反応中間体が E_2（と E_3BP）の可動性リポイルドメイン上のリポアミド部分へ共有結合することにより，活性部位間で形成，転移するということである。一連の反応は E_1（ピルビン酸デヒドロゲナーゼ pyruvate dehydrogenase）の活性部位で始まる。E_1は TPP カルボアニオン（チアゾリウム部分のイリド基）の，ピルビン酸のケトンカルボニル基への求核付加を触媒する。これによりヒドロキシエチル TPP を付与し，脱炭酸を経る付加反応物が生成する（図 14.9，反応1）。このステップの化学反応は，ヒドロキシエチル基がアセトアルデヒドとして遊離しないことを除けば，ピルビン酸の脱炭酸反応と同一である（図 13.8）。しかしこの場合は，ヒドロキシエチル基は E_2上のリポアミド部分に転移される。この反応も E_1によって触媒され，二硫化リポアミド上のヒドロキシエチルカルボアニオンによる S_N2 様反応により生じる。その後，TPP が除去され，ジヒドロリポアミド上にアセチルチオエステルが形成され，E_1が再生される（図 14.9，反応2）。ステップ1と2を通して，ピルビン酸は2電子酸化を受けてアセチル基となり，それに伴ってリポアミドジスルフィドの電子が2つ減りジヒドロリポアミドとなる。

このアセチル基は可動性のリポイルリシンの“揺れる腕（アーム）”を経由して E_2の活性部位に共有結合している。E_2（ジヒドロリポアミドアセチルトランスフェラーゼ dihydrolipoamide transacetylase）は次に，アセチル基が CoA へ転移される反応を触媒する。この求核アシル化置換反応は，単にチオエステルの交換であり，アセチル CoA とジヒドロリポアミドが生ずる（図 14.9，反応3）

最後の2ステップ（図 14.9，反応4と5）では，E_2のジヒドロリポアミドの再酸化と解離可能な伝達体（NAD$^+$）への1電子対の転移が起こる。E_3（ジヒドロリポアミドデヒドロゲナーゼ dihydrolipoamide dehydrogenase）は，ジヒドロリポアミドから NAD$^+$への電子対の転移を触媒する。E_3の活性部位には，システイン同士のジスルフィド結合と強固に結合した FAD が含まれる。この反応はジヒドロリポアミドと E_3の41番目のシステイン間にジスルフィド結合が形成されることから始まる（図 14.10）。E_2リポアミドジスルフィドは，46番目のシステインのチオールの FAD への求核付加により再構築される。これに伴い FAD は $FADH_2$に還元され，E_3上のシステイン同士のジスルフィドも再酸化される。最後のステップ（図 14.9，反応5）では，$FADH_2$から NAD$^+$への電子対の転移で酸化型 E_3が再生成し，還元された NADH が生じる。

ポイント8
リポアミドはピルビン酸デヒドロゲナーゼ複合体の1種類の酵素（E_2）と結合しているが，振れることができる柔軟性がある腕（アーム）を通して，3種類すべての酵素と相互作用することができる。

複合体の酵素が物理的に近接しており，リポアミドの揺れる腕を通じて反応中間体と共有結合することは，多くの点で有利である。連続した5段階（図

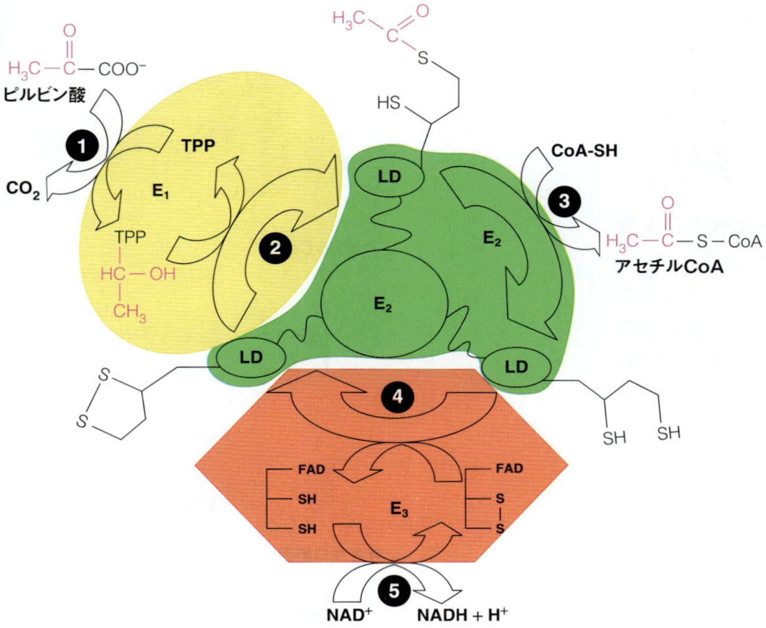

図 14.9　ピルビン酸デヒドロゲナーゼ複合体の反応機構　この図は，ピルビン酸がアセチル CoA へ酸化されるときに，ピルビン酸デヒドロゲナーゼ複合体で働くリポアミドの揺れる腕の役割を示している。E_1はピルビン酸デヒドロゲナーゼ，E_2はジヒドロリポアミドアセチルトランスフェラーゼ（LD はリポイルドメイン），E_3はジヒドロリポアミドデヒドロゲナーゼ。それぞれの色は，図 14.4e のモデルと対応している。**反応 1**：ピルビン酸は E_1の TPP カルボアニオンと反応し脱炭酸を受け，ヒドロキシエチル-TPP を生成する。**反応 2**：ヒドロキシエチル基は E_1によって，E_2上のリポアミドの揺れる腕に転移され，炭素数 2 の断片がアセチル基へと酸化される。同時に，リポアミドのジスルフィドが還元され，ジヒドロリポアミドが生成する。**反応 3**：アセチル基は CoA-SH へと転移されアセチル CoA が生じる。**反応 4**：E_3が 2 個の水素を転移することにより，還元型リポアミドの揺れる腕を再酸化する。**反応 5**：E_3が，システインのスルフィドリル基から NAD^+への 2 個の電子の転移を触媒する。これにより，E_3の酸化型が再生され，還元型 NADH が遊離する。強固に結合した FAD はこのステップにおいて電子の中間的伝達体として使用される。

Modified from *Cellular and Molecular Life Sciences* 64：830-849, T. E. Roche, and Y. Hiromasa, Pyruvate dehydrogenase kinase regulatory mechanisms and inhibition in treating diabetes, heart ischemia, and cancer. ©2007, with kind permission from Springer Science＋Business Media B. V.

図 14.10　ジヒドロリポアミドデヒドロゲナーゼ（E_3）によるジヒドロリポアミドの再酸化機構　この反応（図 14.9 のステップ 4 と 5）により，ジヒドロリポアミドから NAD^+への 1 対の電子の転移が起きる。これにより，酸化型 E_3が再生され，還元型 NADH が遊離する。

©2005 Roberts and Company Publishers as seen in *The Organic Chemistry of Biological Pathways* by John McMurry and Tadhg Begley.

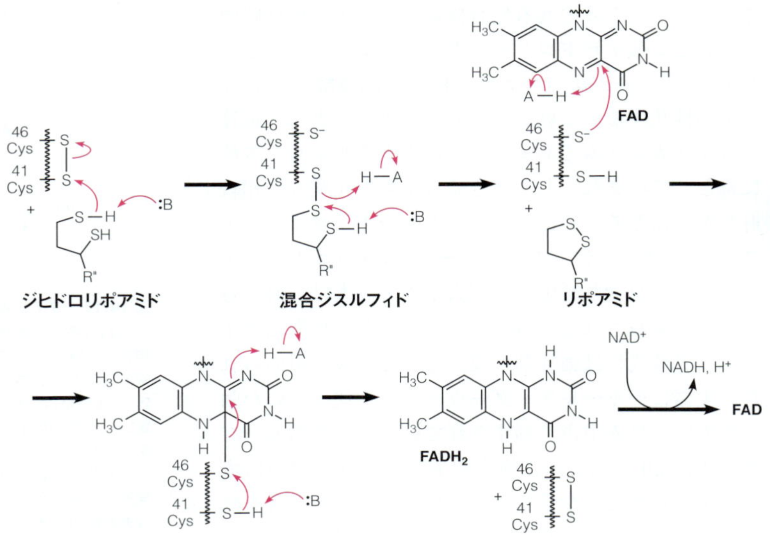

14.9）の反応は，**基質チャネリング substrate channeling** という概念を示す好例である。多段階経路の中間体は，ある活性部位から他の活性部位へ，複合体から拡散することなく引き渡されていく。この流れにより，不要な副反応や触媒部位からの中間体の拡散を伴うことなく，すべての反応が円滑に進行できるようになる。基質が特定の場所に集中して存在することで，より効率の良い経路の流れができるのである。ピルビン酸デヒドロゲナーゼ複合体は，一連の反応を触媒する酵素群を物理的に並べるという**多酵素複合体 multienzyme complex** の良い例である。これにより，どのようにして細胞が機能の効率化をなしとげるかということがよくわかる。事実，これと同じ E_1–E_2–E_3の多酵素複合体は，いくつかの他の α ケト酸の酸化にも使われている。他の例としては分枝鎖の α ケト酸デヒドロゲナーゼ複合体（第 21 章，p.773）や α ケトグルタル酸デヒドロゲナーゼ複合体がある。これについては後で少し触れることとする。E_3サブユニットは，3 つ

のどの複合体においても全く同じである。各複合体は，αケト酸それぞれについて特有のE_1サブユニットをもつことは図 14.9 から明らかである。しかし，アシル基がいったんE_2により CoA-SH に転移すれば，生じたジヒドロリポアミドはどの複合体ででも同じであり，同様にE_3サブユニットの基質となる。したがって生物が新たなαケト酸デヒドロゲナーゼ複合体を獲得しても，同じE_3が再利用されうるのである。

故意であるにせよないにせよ，ヒ素中毒には少なくとも 18 世紀にさかのぼる長い歴史がある。亜ヒ酸塩（AsO_3^{3-}）三価のヒ素の化合物と有機亜ヒ酸は，容易にチオール，特にジヒドロリポアミドのようなジチオールと特異的に反応し，二座の付加物を形成する。

亜ヒ酸塩　ジチオール

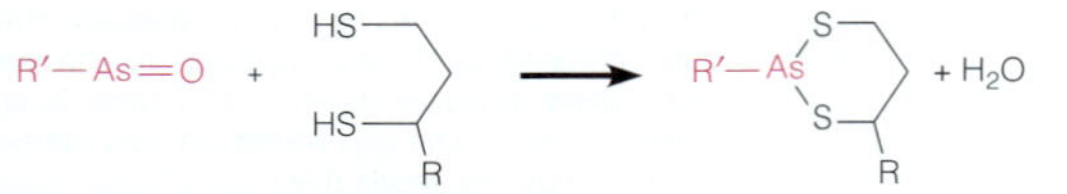

有機ヒ素化合物　ジチオール

このリポアミド基の共有結合修飾は，クエン酸回路中のピルビン酸デヒドロゲナーゼやαケトグルタル酸デヒドロゲナーゼ複合体などのE_1-E_2-E_3多酵素複合体を不活性化する。これが，ヒ素が呼吸を阻害し，毒性を表すメカニズムである。ヒ素は中世やルネサンス期に毒として好まれ，ときどきせっかちな相続人が相続財産をぶんどるために利用されたのだ！　フランチェスコ1世・デ・メディチやジョージ3世やナポレオン・ボナパルトを含む歴史上の何人かの著名人は，おそらくヒ素で毒殺されたとされている。また，ヒ素はヴィクトリア時代には強壮剤の成分としても多く用いられた。実際にチャールズ・ダーウィンは，使っていた強壮剤の慢性ヒ素中毒に悩まされていたようである。有機ヒ素は 20 世紀初頭に梅毒やトリパノソーマの治療にも用いられた。なぜなら病原体のリポアミド含有酵素は，宿主の酵素より感受性が鋭いからである。ペニシリンや他の抗生物質が開発されると，それらヒ素複合体は使われなくなった。

クエン酸回路

図 14.3 にクエン酸回路の全体像と，個々の中間体の構造を示した。では，それぞれの反応の化学的性質と反応に関わる酵素についてみていこう。この回路は 8 つの段階から成り立っている。まず，炭素原子 2 個のアセチル CoA が，炭素原子 4 個のオキサロ酢酸に

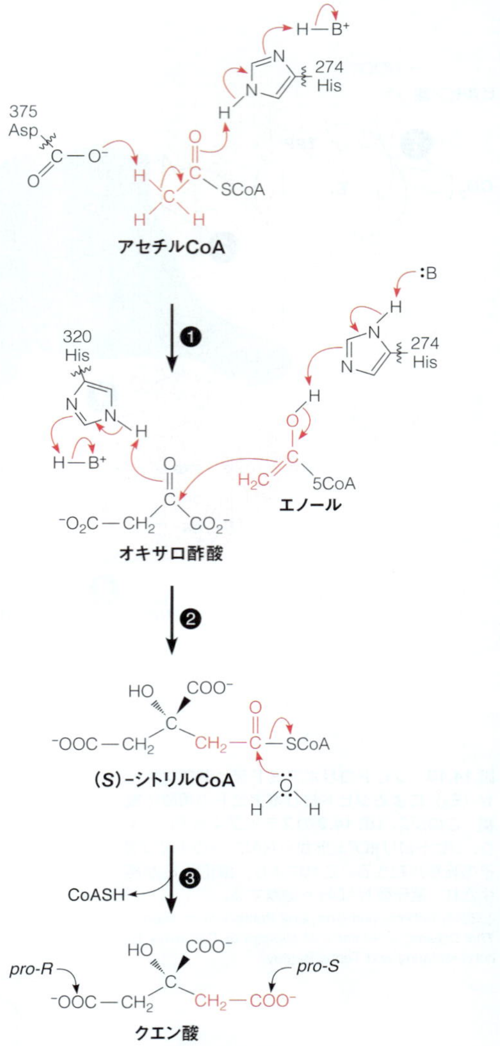

図 14.11　クエン酸シンターゼ反応の機構　ステップ 1：375 残基目のアスパラギンの側鎖が水素イオンをアセチル CoA のメチル基から引き抜き，274 残基目のヒスチジンの側鎖がアセチル CoA のカルボニル酸素にプロトンを供与することにより，エノールが形成される。**ステップ 2**：274 残基目のヒスチジンがアセチル CoA のエノールからプロトンを奪い，求核的なエノラートを安定化する。これがオキサロ酢酸のケト炭素を攻撃する。320 残基目のヒスチジンがアルドール産物である（*S*）-シトリル CoA にプロトンを供与する。**ステップ 3**：シトリル CoA は自発的に求核的置換反応により加水分解され，クエン酸になる。クエン酸は対称的な分子であるが，2 つのカルボキシメチル（$—CH_2COO^-$）基は C3 の炭素に結合した水酸基とカルボキシ基に対しては異なる位置を占める。つまり，クエン酸は**プロキラル**な分子である。つまり 2 つのカルボキシメチル基（プロ-*S* とプロ-*R* と呼ばれる）のうち片方だけが置換されるとキラルな分子になる。アセチル CoA 由来の 2 つの炭素がクエン酸のプロ-*S* になる。この立体特異性は，クエン酸シンターゼが，エノール型アセチル CoA がオキサロ酢酸のカルボニル炭素の *si* 面から攻撃する反応だけを触媒するために生じる。これにより，シトリル CoA の S 型異性体だけが生じる。カルボニル基は平面上の三角形をした構造であり，*si* と *re* と呼ばれる 2 つの "面" をもつことを思い出そう。なお，アミノ酸残基の番号はブタの酵素のものである。

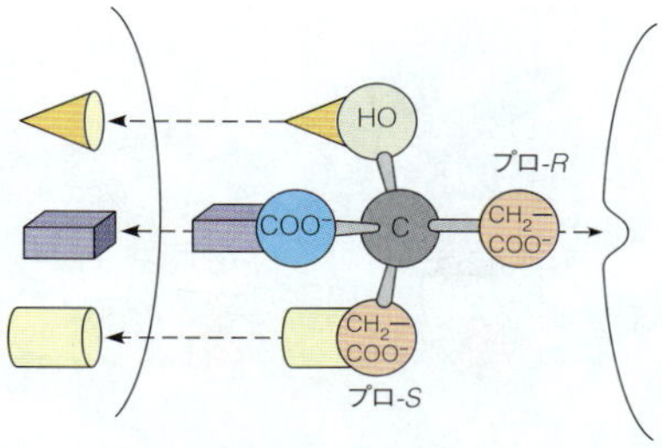

Fundamentals of Biochemistry：Life at the Molecular Level, 3rd ed., Donald Voet, Judith G. Voet, and Charlotte W. Pratt. ©2008 John Wiley & Sons, Inc. Modified with the permission of John Wiley & Sons, Inc.

付加されて，炭素原子 6 個のトリカルボン酸であるクエン酸を生成する。その後，CO_2として炭素原子 2 個が失われ，最終的にオキサロ酢酸を再び生成する。この過程では 4 対の電子が基質から遊離し，NAD^+と FAD に受け渡され，呼吸鎖へつながる。

ステップ 1：アセチル CoA としての 2 個の炭素原子の導入

クエン酸回路の最初のステップは**クエン酸シンターゼ** citrate synthase によって触媒される，アルドール縮合と類似の反応である。

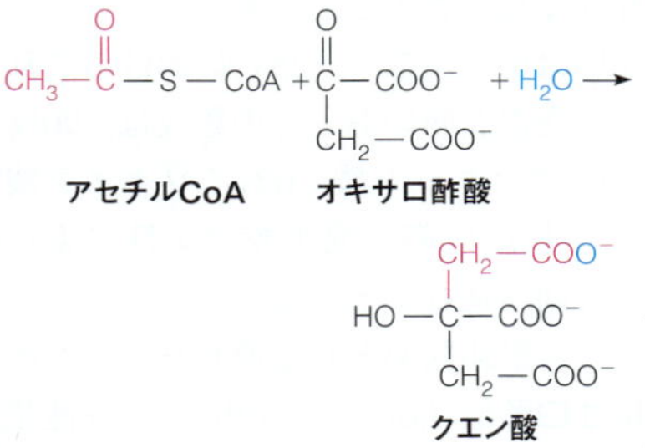

$\Delta G°' = -32.2$ kJ/mol

図 14.11 に示されているように，アセチル基のメチル基炭素が脱プロトン化されるとともカルボニル基酸素がプロトン化されることによって活性化され，エノール（もしくはエノラート）型になる。アスパラギン酸 375 の側鎖のカルボニル基が塩基として働いてα位のプロトンを引き抜き，ヒスチジン 274 のイミダゾール基が酸としてアセチル CoA のカルボニル基酸素にプロトンを付加する。そして，エノラートはオキサロ酢酸のカルボニル基炭素に求核攻撃し，酵素に結合した中間体である（*S*）-シトリルCoA（*S*）-citroyl-CoA を生成する。この反応では活性部位に存在する別のヒスチジン残基（His 320）が酸として機能し，アルドール生成物にプロトンを付加することによって促進される。シトリル CoA は非常に不安定で，自発的にクエン酸と CoA-SH に加水分解される。このチオエステル加水分解によって，順方向の反応が高度に発エルゴン的となる，そして，オキサロ酢酸濃度が非常に低い場合でも，確実にクエン酸回路の反応が続いていく。この反応のK_{eq}は約3×10^5である。反応経路の最初の重要な段階として期待されるとおり，この反応は，回路全体の反応速度の調節にとっては非常に重要である（p.547 参照）。クエン酸シンターゼ（図 14.12）の結晶構造解析は，酵素触媒における誘導結合モデルの非常によい証拠となっている（第 11 章参照）。

ステップ 2：クエン酸の異性化

クエン酸は第三級アルコール性なので，化学的な問題が生じる。第三級アルコールが酸化されるためには，炭素-炭素結合が切断されなければならない。なぜなら，水酸基（ヒドロキシ基）が結合する炭素原子はすでに 3 つの他の炭素と結合しており，炭素-酸素結合ができないからである。経路に次の酸化を生じさせるために，クエン酸はイソクエン酸に変換される。イソクエン酸は第二級アルコールであり，より容易に酸化されうる。この異性化は**アコニターゼ** aconitase によって触媒される。異性化においては，脱水反応と水の付加反応が連続して起き，酵素に結合した脱水中間体であるシス-アコニット酸を経由する。

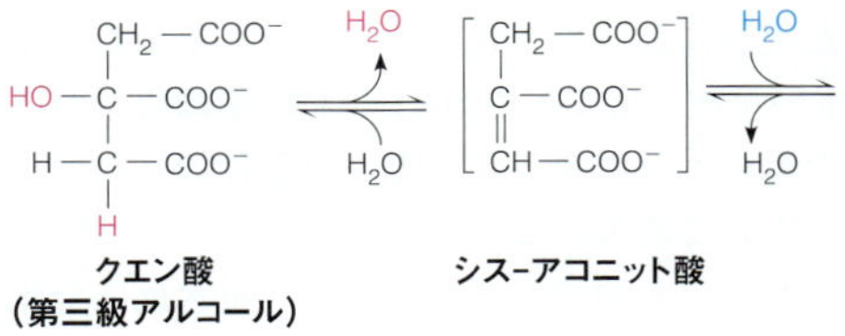

14

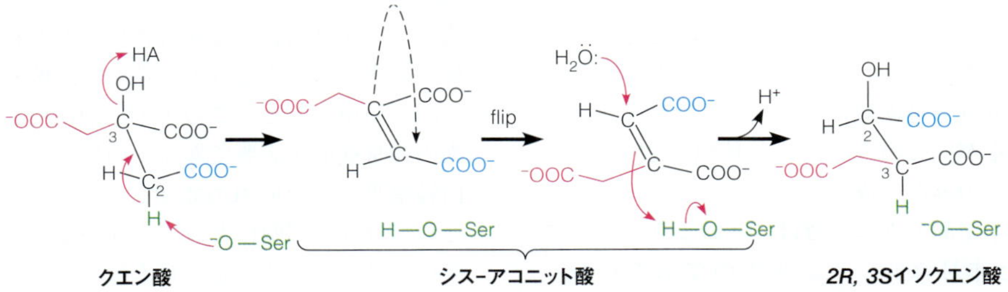

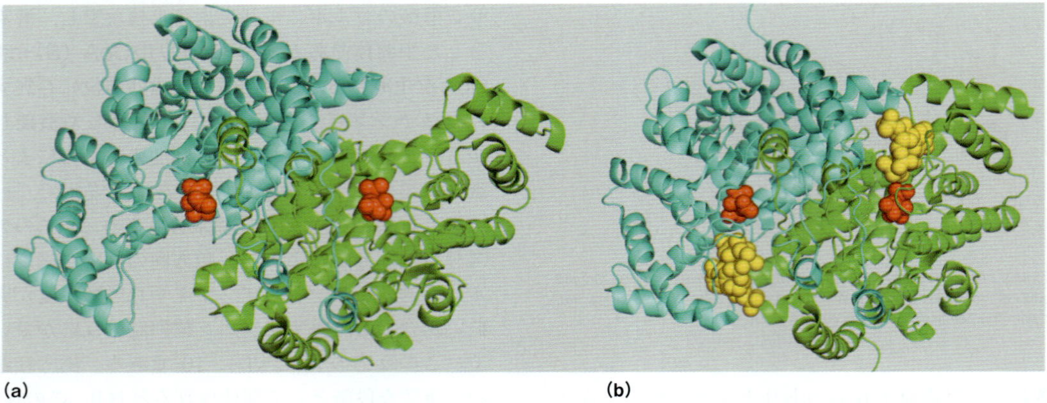

図 14.12　クエン酸シンターゼの立体構造　ここに示しているブタ心臓クエン酸シンターゼの 2 種類の型は，結晶構造解析法と酵素触媒の誘導適合モデルの裏づけにより構造が決定された（第 11 章参照）。**(a)** CoA-SH が存在しない状態では，酵素は“開いた”型で結晶化する（PDB ID：1CTS）。ホモ二量体タンパク質の両方の触媒ドメインの大きな裂け目でクエン酸（赤）が結合している。**(b)** CoA-SH（黄）の結合により，酵素はその裂け目が実質的に満たされた“閉じた”コンホメーションをとるようになる。

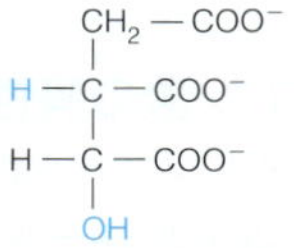

イソクエン酸
（第二級アルコール）

$\Delta G^{\circ\prime}$ = +6.3 kJ/mol

この酵素は，非ヘム鉄と，酸に対して不安定な硫黄を，4Fe–4S 中心（鉄–硫黄中心）と呼ばれるクラスターの中に含んでいる。このクラスターは，通常は酸化還元酵素（オキシレダクターゼ）と会合している（第 15 章参照）。アコニターゼでは，鉄–硫黄中心によって，水酸基とクエン酸のカルボキシ基の 1 つがうまく配置される。脱水反応はアコニターゼのプロ-*R* アームで特異的に起き，活性部位のセリン残基側鎖が塩基としてプロ-*R* のプロトンを引き抜く。標識化技術を用いた実験によって，以下のことがわかった。すなわち，水の付加反応で戻された —OH 基は脱水反応で除かれたものとは異なる。一方，再び付加したプロトンは同じものである。このプロトンは活性セリン残基に保持されているのである。さらに，脱水反応で除かれたプロトンは，水の付加反応によってシス-アコニット酸の反対面に再び付加される。これは，中間体であるシス-アコニット酸は反応中に 180° 回転することを意味する。おそらく，シス-アコニット酸は一度酵素から離れ，そして鉄–硫黄クラスターに逆方向から再び結合するのだろう。したがって，イソクエン酸には構造的にとりうる可能性があるジアステレオマーが 4 種類存在するが，このうちただ 1 種類の *2R*，*3S* ジアステレオマーのみが生成する。

対称的な分子であるクエン酸は，どのようにしてアコニット酸と非対称的に反応するのであろうか。Andrew Mesecar と Dan Koshland Jr. は，酵素が基質の 4 箇所と結合するならば，その結合部位は非対称的で基質との結合は一通りだけであると指摘した。クエン酸は，**プロキラル prochiral** として認められた最初の化合物である。プロキラルとは，対称ではあるが，非対称な酵素表面と結合することによって非対称になるか，何か他の類似の変化によって，2 個の等価な官能基の 1 個が変化する化合物のことである。

アコニット酸反応は可逆反応で，25℃におけるこれらの 3 種類の酸の平衡混合物のおよその組成は，90% クエン酸，4% シス-アコニット酸，6% イソクエン酸である。しかし次の反応段階の発エルゴン性によって，反応は図の右方向へ進むことになる。

アコニターゼは，害獣駆除薬として使われてきた植物産物である**フルオロ酢酸 fluoroacetate** の，毒性発現のターゲットになっている。この化合物は，アメリカ西部の牧場で，コヨーテの数を制限するために使われたが，意図せずワシやその他の絶滅危惧種も殺してしまうことになった。フルオロ酢酸は，**2-フルオロクエン酸 2-fluorocitrate** に代謝的に変換され，クエン酸回路を阻害する。2-フルオロクエン酸はアコニターゼの強力な“**機序に基づく阻害剤 mechanism-based inhibitor**”または“**自殺阻害剤 suicide inhibitor**”である。第 11 章で述べたように，阻害剤は酵素反応の最初のいくつかの化学的な段階を経るが，その後，しっかり結合した複合体に変換される。この複合体の結合のほとんどは不可逆的で，酵素は不活化される。言い換えると，この阻害剤が作用を表すには，酵素の通常機能が必要である。同様に，フルオロ酢酸は**自殺基質 suicide substrate** と考えられる。自殺基質それ自身は，細胞にとって毒性がない。しかし，代謝変換を受け反応産物を生じるほど，正常な代謝物とよく似ている。この生じた反応産物が重要な酵素を阻害するわけである。細胞は，基質と類似構造をもつ化合物を変換し毒物にすることによって“自殺をする”。この例では，フルオロ酢酸は，まず酢酸チオキナーゼ（p.556 参照）によってフルオロアセチル CoA に変換され，そしてクエン酸シンターゼによって 2-フルオロクエン酸に変換される。2-フルオロクエン酸はアコニターゼを阻害し，クエン酸回路は停止する。

ポイント 9
フルオロ酢酸は，アコニターゼに対する“機序に基づく阻害剤”または“自殺阻害剤”の一例である

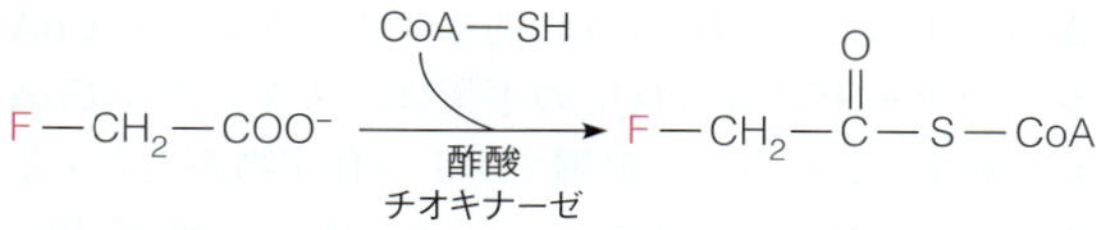

フルオロ酢酸　　**フルオロアセチルCoA**

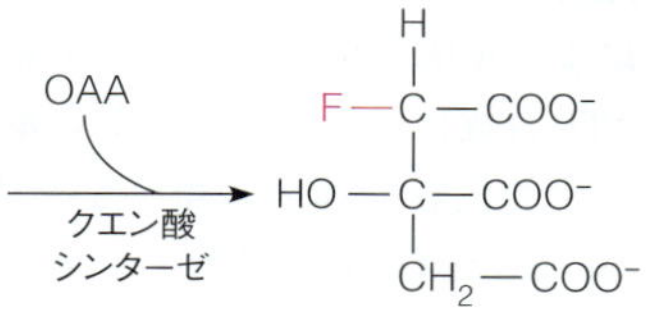

2-フルオロクエン酸

ステップ 3：NAD^+が結合した脱水素酵素による CO_2の生成

クエン酸回路の 2 つの酸化的脱炭酸酵素のうち最初の反応は，**イソクエン酸デヒドロゲナーゼ isocitrate dehydrogenase** によって触媒される。イソクエン酸は酸化され，ケトンである**オキサロコハク酸 oxalosuccinate** が生成する。オキサロコハク酸は，酵素に結合した不安定な中間体であり，自然に脱炭酸されて α ケトグルタル酸になる。ここでの戦略は，イソクエン酸の第二級アルコールを酸化して β ケトン基にし，脱炭酸が生じるようにすることである。β ケトン基には電子が豊富にあるので，カルボアニオンの転移過程を安定化して脱炭酸反応を促進する。

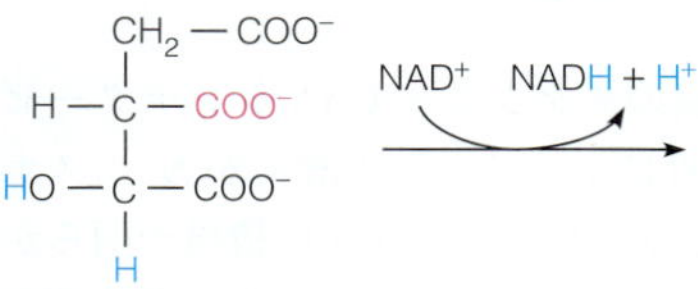

イソクエン酸

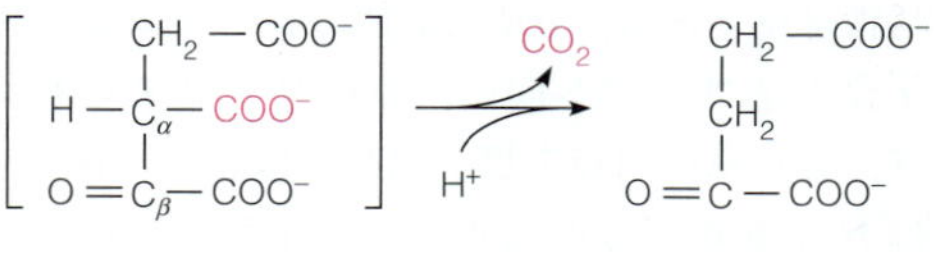

オキサロコハク酸　　**αケトグルタル酸**

この反応では $\Delta G^{\circ\prime} = -11.6$ kJ/mol であるが，生理的条件下では十分に発エルゴン的であるため，アコニターゼ反応が進行する。おそらく，NAD^+に特異的なミトコンドリア型のイソクエン酸デヒドロゲナーゼがほとんどの細胞においてクエン酸回路で主要な役割を果たしている。この反応で生じる NADH は 2 つの還元等量をもっており，クエン酸回路と呼吸鎖の電子伝達系をつなぐ最初のものとなる。このように，この酵素は，クエン酸回路の流れ（p.548 参照）をコントロールするのに重要な制御因子である。ほとんどの細胞は，$NADP^+$に特異的なタイプのイソクエン酸デヒドロゲナーゼが，細胞質とミトコンドリアの両方に存在する。この酵素の働きで，還元反応により NADPH が生成するのであろう。

ポイント 10
アセチル CoA として 2 個の炭素原子がクエン酸回路に入り，2 個の炭素がステップ 3 とステップ 4 における酸化的脱炭酸反応によって CO_2として失われる。

ステップ 4：酸化的脱炭酸による 2 個目の CO_2の生成

クエン酸回路の 4 番目の反応は，ピルビン酸脱水素反応と全体的には類似した多段階の反応である。α ケト酸基質が，酸化的脱炭酸を受けると同時にアシル CoA チオエステルを生成する。

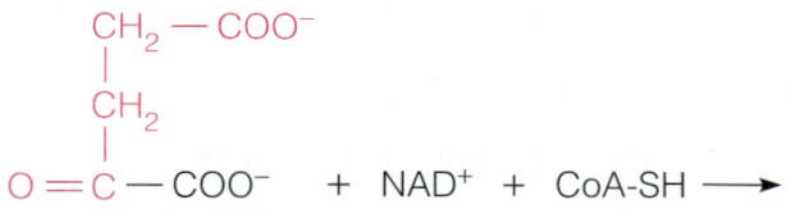

αケトグルタル酸

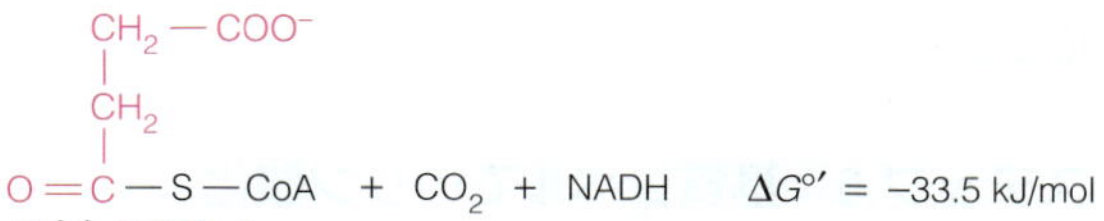

スクシニルCoA

この反応は，**α ケトグルタル酸デヒドロゲナーゼ複合体 α-ketoglutarate dehydrogenase complex** によって触媒される。これは，ピルビン酸デヒドロゲナーゼとよく似た酵素の複合体であり，3 種類の類似の酵素活性と 5 種類の同じ補酵素（TPP，リポ酸，CoA-SH，FAD，NAD^+）を含んでいる。実際，E_3サブユニットは両方の複合体で共通である。TPP は，我々が PDH 反応で学んだことと同じ理由で必要である。つまり，α ケト酸は脱炭酸反応中に起こるカルボアニオンの転移を安定化させることができない。よって，反応の最初のステップでは，α ケトグルタル酸が脱炭酸され，炭素原子を 4 つもつ中間体である TPP 誘導体が生成する（図 14.13）。それに続く，残った炭素

14

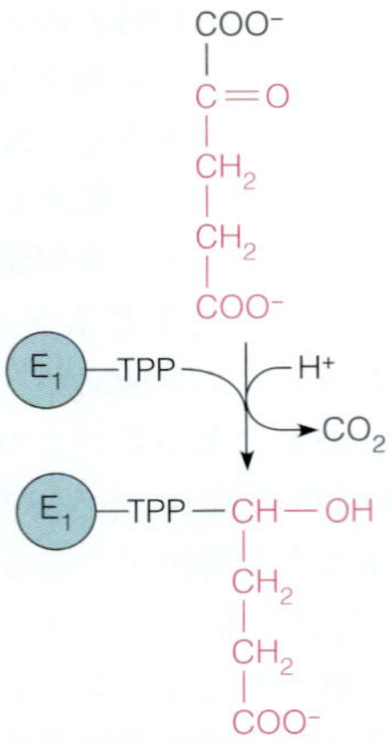

図 14.13　αケトグルタル酸の脱炭酸反応　αケトグルタル酸デヒドロゲナーゼ複合体によって行われる最初の反応は，αケトグルタル酸デカルボキシラーゼ（複合体の E_1）によって触媒される脱炭酸反応である。これにより，TPP の 4 個の炭素原子を含む誘導体が産生される。

数 4 の構成単位のリポ酸への転移と，ジヒドロリポアミドチオエステルと CoA-SH のエステル交換反応，FAD と NAD^+ による酸化は，図 14.9 に示されているピルビン酸デヒドロゲナーゼ複合体のそれと類似している。スクシニル CoA から生じる産物は，コハク酸の高エネルギーチオエステルである。

回路のここまでの反応で，2 個の炭素原子がアセチル CoA として導入され（クエン酸シンターゼによって），2 個の炭素が CO_2 として失われた。アコニターゼ反応の立体化学により，失われた 2 個の炭素原子は，回路の最初で導入された 2 個の炭素と同じものではない。残りの反応において，炭素数 4 の中間体であるスクシニル CoA は炭素数 4 のオキサロ酢酸に変換される。この残りの 4 つの反応のうち 2 つの反応は酸化反応である。

ステップ 5：基質レベルでのリン酸化

スクシニル CoA は，高エネルギーチオエステルをもつ化合物（加水分解において $\Delta G^{\circ\prime} = -36$ kJ/mol）であり，そのエネルギーはヌクレオシド三リン酸の形成のために使われる（$\Delta G^{\circ\prime} = +30.5$ kJ/mol）。**スクシニル CoA シンテターゼ succinyl-CoA synthetase** によって触媒されるこの反応は，我々が解糖系を学んだときに出会った，2 つの基質レベルのリン酸化と類似している。ただし，動物の細胞では，高エネルギーヌクレオチド産物がいつも ATP というわけではなく，組織によっては GTP である。

$$\text{スクシニル CoA} + P_i + \text{ADP(GDP)} \rightleftharpoons \text{コハク酸} + \text{ATP(GTP)} + \text{CoA-SH} \quad \Delta G^{\circ\prime} = -2.9\ \text{kJ/mol}$$

スクシニル CoA シンテターゼは，αサブユニットとβサブユニットからなるヘテロ二量体である。このβサブユニットによって基質の特異性（ADP か GDP）が決まる。動物では，脳や心臓，骨格筋のような酸化的代謝を行う組織は，主に ATP 合成に関係する酵素を含んでいる。一方で腎臓や肝臓（“生合成”，すなわち同化を行う組織）は主に GTP 合成に関係するスクシニル CoA シンテターゼを含んでいる。スクシニル CoA シンテターゼの 2 つのアイソザイムは，組織によって異なる役割を果たすのだろう。哺乳類のミトコンドリアでの GTP と GDP の比率は約 100：1 である。よって，GTP 合成に関係するスクシニル CoA シンテターゼによる反応の平衡は，スクシニル CoA が生成する側へ偏り，肝臓でケトン体産物が生成するのに十分なスクシニル CoA が生成される（第 17 章，p.657 参照）。一方で，ミトコンドリアでの ATP と ADP の比率は 1：1 に近く，ATP 合成に関係する酵素による反応の平衡は，コハク酸が生成する側へ偏る。ATP 合成に関係するスクシニル CoA シンテターゼは，酸化的代謝でエネルギーを産生する組織に適している。また，GDP 特異的アイソザイムにより生成された GTP は，**ヌクレオシド二リン酸キナーゼ nucleoside diphosphate kinase** による ATP 合成のために使われることもある。

$$\text{GTP} + \text{ADP} \rightleftharpoons \text{ATP} + \text{GDP} \qquad \Delta G^{\circ\prime} = 0\ \text{kJ/mol}$$

どんなヌクレオチドでも，リン酸化された酵素中間体を経て反応する（共有結合触媒反応）。図 14.14 に示すように，リン酸とコハク酸カルボニル基から生じる無水物は，求核アシル置換反応によって CoA-SH が追い出されて生成する（ステップ 1）。次の求核アシル置換反応では，酵素活性部位のヒスチジンがスクシニルリン酸のリン原子を攻撃してコハク酸を追い出す（ステップ 2）。そして最後の求核アシル置換反応では，ステップ 2 で生成した *N*-ホスホヒスチジン残基のリン酸がヌクレオシド二リン酸基質（ADP または GDP）に転移する。

大腸菌とブタ心臓のスクシニル CoA シンテターゼの X 線結晶構造解析によって，この酵素が *N*-ホスホヒスチジン中間体を安定化する興味深い機構が明らかにされた。これらの酵素はαサブユニットとβサブユニットからなり，この 2 つのサブユニットの接触面が活性部位である。αβ二量体の各サブユニットは N 末端側が活性部位へ向いたαヘリックスをもつ。ここで，第 6 章の内容を思い出してほしい。αヘリックスは N 末端が部分的に正電荷を帯びているらせん状の双極子モーメントである。2 つのαヘリックス双極子モーメントの正電荷側（ヘリックスの“力”と呼ばれ

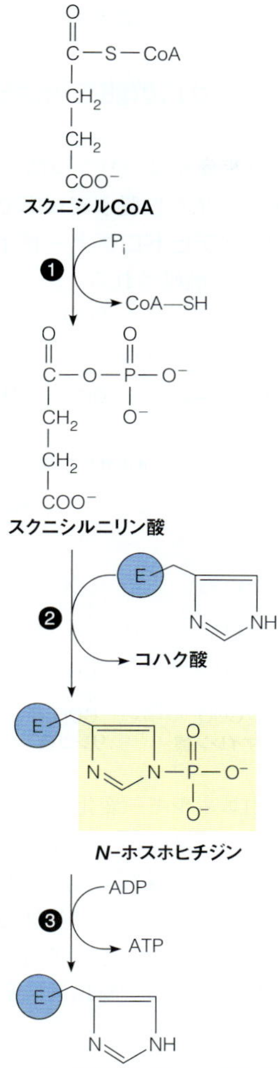

図 14.14　スクシニル CoA シンテターゼ反応による共有結合触媒　3 つの連続した求核置換反応により，スクシニル CoA のチオエステルのエネルギーは ATP（または GTP）のリン酸ジエステル結合に移される。活性部位のヒスチジン残基は，反応の間，一時的にリン酸化される（*N*-ホスホヒスチジン残基）。

る）は，一時的に負電荷を帯びるホスホヒスチジンを安定化する（図 14.15）。

ステップ 6：フラビン依存性脱水素反応

クエン酸回路の完結は，炭素数 4 のコハク酸から炭素数 4 のオキサロ酢酸への変換を含む。この変換に関与する 3 反応のうち，**コハク酸デヒドロゲナーゼ succinate dehydrogenase** によって触媒される最初の反応は，FAD 依存的に 2 個の飽和炭素を二重結合へ脱水素する反応である。

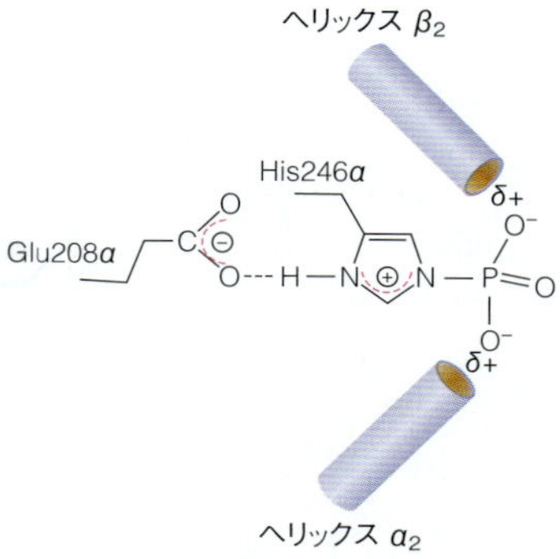

図 14.15　スクシニル CoA シンテターゼ反応では，電荷-双極子相互作用がホスホヒスチジン中間体を安定化する　この図は大腸菌の酵素に基づいて描かれている。2 つの α ヘリックスがつくる永久双極子が，N 末端側の部分的正電荷が *N*-ホスホヒスチジン残基の負電荷と相互作用するように配置されている。これにより，一時的な反応中間体が安定化される。

The Journal of Biological Chemistry 269 : 10883-10890, W. T. Wolodko, M. E. Fraser, M. N. James, and W. A. Bridger, The crystal structure of succinyl-CoA synthetase from *Escherichia coli* at 2.5-A resolution. Reprinted with permission.

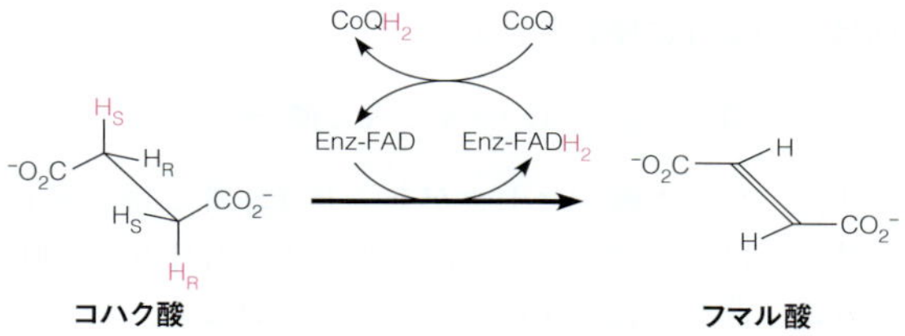

コハク酸デヒドロゲナーゼはコハク酸と構造が類似するマロン酸によって競合阻害される。ピルビン酸酸化反応がマロン酸によって阻害されるという事実は，Krebs がこの回路がサイクルであると提案するにあたってヒントの 1 つとなった。コハク酸デヒドロゲナーゼの作用は立体選択的であり，一方の炭素からプロ-*S*-水素を引き抜き，他方の炭素からプロ-*R*-水素を引き抜くため，トランス異性体であるフマル酸のみが生成することに注意しよう。シスの異性体であるマレイン酸は生成しない。

C—C の単結合は，C—O 結合よりもはるかに酸化するのが難しい。そのため，コハク酸デヒドロゲナーゼの酸化還元補酵素は，NAD^+ ではなく，より強力な酸化剤である FAD である。FAD は，E と表されている酵素タンパク質に，特定のヒスチジン残基を通して共有結合している。

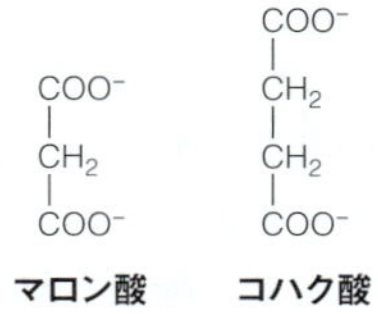

14

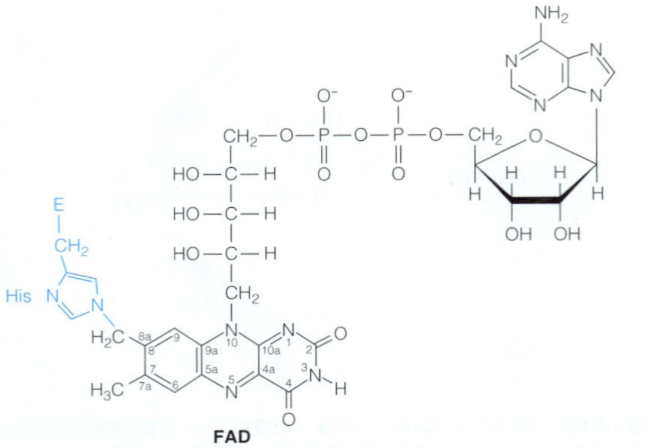

FAD

©2005 Roberts and Company Publishers as seen in *The Organic Chemistry of Biological Pathways* by John McMurry and Tadhg Begley.

この結合の重要性は，還元されたフラビンが再酸化されて酵素が再度活性をもつようにすることである。還元されたフラビンから生じた 2 つの電子は，酵素分子の鉄–硫黄中心を介して，ミトコンドリア電子伝達系の電子伝達体である補酵素 Q へ渡される。したがって，コハク酸デヒドロゲナーゼによって触媒される反応は次のように要約される。

$$\text{コハク酸} + Q \rightleftharpoons \text{フマル酸} + QH_2$$

実際，コハク酸デヒドロゲナーゼは非常に強く電子伝達体と結合しているので，呼吸鎖の複合体 II とも呼ばれる（詳しくは第 15 章参照）。これはまた，クエン酸回路の他のアイソザイムと異なり，コハク酸デヒドロゲナーゼはミトコンドリア内膜に強く結合する膜内在性タンパク質であるということも説明する。

コハク酸デヒドロゲナーゼ反応に続いて，フマル酸の二重結合への水の付加と，α ヒドロキシ酸の脱水素反応による α ケト酸オキサロ酢酸の産生が起きる。

ステップ 7：炭素–炭素二重結合への水の付加

立体特異的な炭素–炭素二重結合へのトランスの水の付加は，**フマル酸ヒドラターゼ fumarate hydratase**，あるいはもっと一般的には，**フマラーゼ fumarase** と呼ばれる酵素によって触媒される。

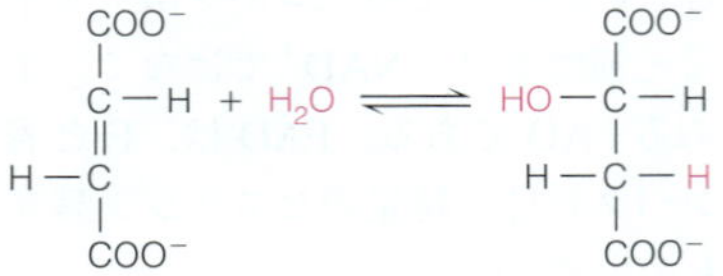

フマル酸　　L–リンゴ酸

この反応は，シス–アコニット酸に水が付加して *S*–エナンチオマー（L–リンゴ酸）だけが生成する，アコニターゼの触媒反応と類似している。フマル酸のシス異性体，すなわちマレイン酸は，前方向（右方向）の反応の基質にもならない。また，フマラーゼは逆反応で D–リンゴ酸に対して働くこともない。

ステップ 8：オキサロ酢酸を再合成する脱水素反応

最後に，クエン酸回路は，リンゴ酸からオキサロ酢酸を生成する NAD^+ 依存性脱水素反応で完結する。この反応は，**リンゴ酸デヒドロゲナーゼ malate dehydrogenase** によって触媒される。

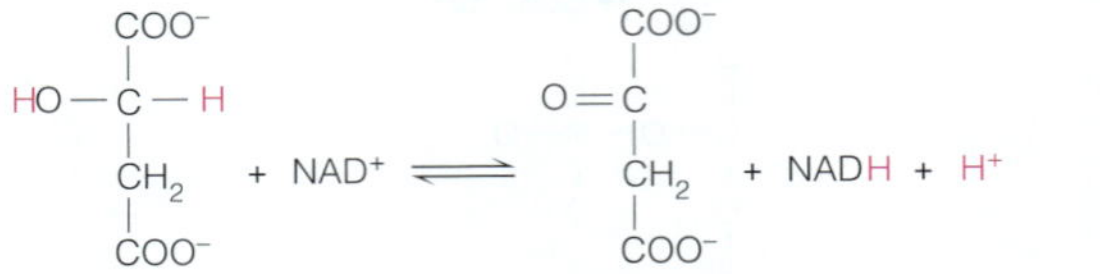

L–リンゴ酸　　オキサロ酢酸

$\Delta G^{\circ\prime} = +29.7$ kJ/mol

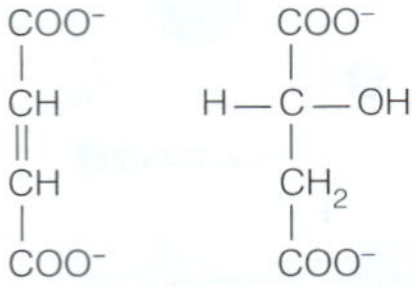

マイレン酸　　リンゴ酸

標準 Gibbs 自由エネルギー変化が大きい（$\Delta G^{\circ\prime} = +29.7$ kJ/mol）にもかかわらず，ミトコンドリアでは，この反応が図の右方向へ進行する。なぜなら高度に発エルゴン的なクエン酸シンターゼの反応（クエン酸回路の次の反応）が，ミトコンドリア内のオキサロ酢酸のレベルをきわめて低く（10^{-6}M 以下）保つからである。

クエン酸回路の化学量論とエネルギー論

クエン酸回路 1 回転分の反応（表 14.2）で，何が成しとげられたか見直してみよう。この回路は，炭素数 2 の断片（アセチル CoA）が炭素数 4 の受容体（オキサロ酢酸）と結合するところから始まった。その結果生じたクエン酸がさらに代謝されることにより，2 個の炭素が CO_2 として取り除かれた（この 2 個の炭素はアセチル CoA 由来ではない）。回路 1 回転のうちに 4 回の酸化反応が起きた。このうち 3 回は NAD^+ が電子受容体として働き，4 回目は FAD が電子受容体として働いた。これらの脱水素反応では，メチル基の 6 電子酸化と，アセチル CoA のカルボニル炭素の 2 電子酸化が同時に起こっている（8 個の電子はアセチル CoA に由来している）。1 反応でのみ高エネルギーリン酸が直接生成した（スクシニル CoA シンテターゼによって触媒されて）。最後にオキサロ酢酸が再合成され，もう 1 分子のアセチル CoA と縮合して再び回路の反応を開始するための準備ができた。

表 14.2　クエン酸回路の反応

反応		酵素	$\Delta G^{\circ\prime}$（kJ/mol）	ΔG（kJ/mol）
1.	アセチル CoA ＋ オキサロ酢酸 ＋ H_2O ⟶ クエン酸 ＋ CoA-SH ＋ H^+	クエン酸シンターゼ	−32.2	約−55
2a.	クエン酸 ⇌ シス-アコニット酸 ＋ H_2O	アコニターゼ	＋6.3	約 0
2b.	シス-アコニット酸 ＋ H_2O ⇌ イソクエン酸	アコニターゼ		
3.	イソクエン酸 ＋ NAD^+ ⇌ αケトグルタル酸 ＋ CO_2 ＋ NADH	イソクエン酸デヒドロゲナーゼ	−11.6	約−20
4.	αケトグルタル酸 ＋ NAD^+ ＋ CoA-SH ⇌ スクシニル-CoA ＋ CO_2 ＋ NADH	αケトグルタル酸デヒドロゲナーゼ複合体	−33.5	約−40
5.	スクシニル-CoA ＋ P_i ＋ ADP（GDP）⇌ コハク酸 ＋ ATP（GTP）＋ CoA-SH	スクシニル CoA シンテターゼ	−2.9	約 0
6.	コハク酸 ＋ FAD（酵素に結合した）⇌ フマル酸 ＋ $FADH_2$（酵素に結合した）	コハク酸デヒドロゲナーゼ	0	約 0
7.	フマル酸 ＋ H_2O ⇌ L-リンゴ酸	フマラーゼ	−3.8	約 0
8.	L-リンゴ酸 ＋ NAD^+ ⇌ オキサロ酢酸 ＋ NAD ＋ H^+	リンゴ酸デヒドロゲナーゼ	＋29.7	約 0
		合計	−48.0	約−115

注：反応 3 における $\Delta G^{\circ\prime}$ の値は，αケトグルタル酸/イソクエン酸の $\Delta E^{0\prime}$（−0.38 V）と，NAD/NADH の $\Delta E^{0\prime}$（−0.32 V）から計算された。

ポイント 11
クエン酸回路は，1 回転進むことにより，基質レベルのリン酸化によって，1 個の高エネルギーリン酸化合物を生じる。また，それに続いて起きる電子伝達系での再酸化に用いられる 3 個の NADH と 1 個の $FADH_2$ を生じる。

クエン酸回路 1 回転分 8 反応の正味の化学反応式は次のようになる。

$$\text{アセチル CoA} + 2H_2O + 3NAD^+ + FAD + ADP + P_i \rightarrow 2CO_2 + 3NADH/H^+ + FADH_2 + \text{CoA-SH} + ATP$$

GTP 依存性のスクシニル CoA シンテターゼが働いている組織では，スクシニル CoA シンテターゼによって生成した GTP は，エネルギー的に ATP と等価である。なぜならヌクレオシド二リン酸キナーゼが，正味の自由エネルギーコストを払うことなしに，GTP を ATP に変換できるからである。

ピルビン酸脱水素反応を考慮し，そして 1 分子のグルコースが 2 分子のピルビン酸を生じることを思い出せば，解糖系とクエン酸回路によるグルコースの異化について次のような式を書くことができる。

$$\text{グルコース} + 2H_2O + 10NAD^+ + 2FAD + 4ADP + 4P_i \rightarrow 6CO_2 + 10NADH/H^+ + 2FADH_2 + 4ATP$$

1 分子のグルコースから 10 分子の NADH が生成するが，そのうちの 2 分子は，グリセルアルデヒド 3-リン酸脱水素反応によって細胞質で生成する。この段階で，1 mol のグルコース代謝によって生じる ATP は，解糖系での収量を大きく上回ってはいない。すなわち，ここでは解糖系のみで生じた 2 mol の ATP が 4 mol に増えただけである。グルコースの酸化の間に生じるほとんどの ATP は，解糖系とクエン酸回路（基質レベルのリン酸化）の反応から直接生成するわけではなく，呼吸鎖における，還元された電子伝達体の再酸化によって生成される。これらの化合物，すなわち NADH と $FADH_2$は，その酸化反応が高度に発エルゴン的であるという意味では，それ自身高エネルギーといえる。電子がこれらの還元された伝達物質から酸素へと段階的に受け渡されるのに従い，ADP から ATP への合成が共役して起こる。その量は，1 mol の再酸化された NADH に対して約 2.5 mol であり，1 mol の再酸化された $FADH_2$については約 1.5 mol である。第 15 章でみるように，この共役した ATP の合成は，1 mol のグルコースを CO_2と水にまで酸化することにより約 30〜32 mol の ATP を生成する。

ピルビン酸デヒドロゲナーゼの調節とクエン酸回路

クエン酸回路は，代謝エネルギーを発生する経路というだけでなく，生合成中間体の源になっている。そのため，回路の調節は，回路が単にエネルギー生成経路であると仮定した場合よりもいくぶん複雑になっている。解糖系と同様に，クエン酸回路全体の反応の調節は，代謝燃料が回路に入るレベル（ピルビン酸デヒドロゲナーゼ複合体とクエン酸シンターゼ）と，回路の重要な反応を調節するレベル（イソクエン酸デヒドロゲナーゼとαケトグルタル酸デヒドロゲナーゼ）の両方によって起きる。図 14.16 は，この両方のレベルでの調節に関係する主要な因子を要約している。

ピルビン酸酸化の制御

代謝燃料は，最初にアセチル CoA として回路に導

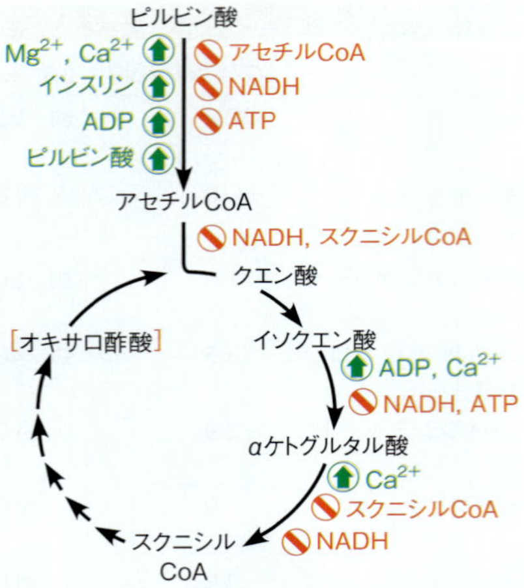

図 14.16　ピルビン酸デヒドロゲナーゼとクエン酸回路を制御する主要な調節因子　赤いカッコは濃度依存性を示している。NADHはアロステリック作用を通して阻害することができる。しかし，みかけ上のNADHによる阻害は，使用可能なNAD^+の減少を反映している可能性もある。

入される。アセチルCoAは，糖質からピルビン酸デヒドロゲナーゼ（PDH）の作用によって，または脂肪酸のβ酸化によって生じる。脂肪酸酸化については第17章で考察するので，ここではピルビン酸デヒドロゲナーゼの制御に集中してみていこう。この複合体の活性は，フィードバック阻害によって調節されている。また，すでに述べたように，細胞のエネルギー状態によって制御される共有結合に修飾（リン酸化）によっても調節されている。アセチル基トランスフェラーゼの構成成分であるE_2（図14.9参照）は，アセチルCoAによって競合的に阻害される。ジヒドロリポアミドデヒドロゲナーゼの構成要素であるE_3は，NADHによって競合的に阻害される。よって，もしアセチルCoAやNADHといった生成物が連続的な代謝経路で取り除かれ続けなかったとしたら，これら生成物によるフィードバック阻害によって，ピルビン酸の酸化は生じなくなる。

しかし，哺乳類のピルビン酸デヒドロゲナーゼ（PDH）複合体では，酵素活性を制御する最も主要な機構は，ピルビン酸デカルボキシラーゼ活性を担うE_1の共有結合修飾である。図14.17に示されているように，この制御には，E_1のセリン残基のリン酸化と脱リン酸化が含まれる。哺乳類では，**ピルビン酸デヒドロゲナーゼキナーゼ pyruvate dehydrogenase kinase**には4種類のアイソザイムが存在し，これらがE_1の特定の3個のセリン残基をリン酸化すると，酵素活性は失われる。**ピルビン酸デヒドロゲナーゼホスファターゼ pyruvate dehydrogenase phosphatase**には2種類のアイソザイムがあり，これらはリン酸基を加水分解することにより，複合体を再び活性化する。これらのプロテインキナーゼや脱リン化酵素のアイソザイムは異なった組織に存在しており，PDH複合体の組織特異的な制御を仲介している。これらの調節酵素はPDH複合体と一体化しており，異なった組織におけるPDH活性は，キナーゼと脱リン酸化酵素の活性の絶妙なバランスで保たれていることを思い出そう。ATPと，PDH反応の産物であるNADHとアセチルCoAは，ともにPDHキナーゼを活性化する。したがって，反応産物が蓄積すると，PDHキナーゼによってPDH活性は停止する。PDHキナーゼはADPとピルビン酸によって阻害される。これらのキナーゼ阻害物質はそれぞれ，細胞内エネルギーと酵素基質が少ないことを示しており，非活性型PDHに対する活性型

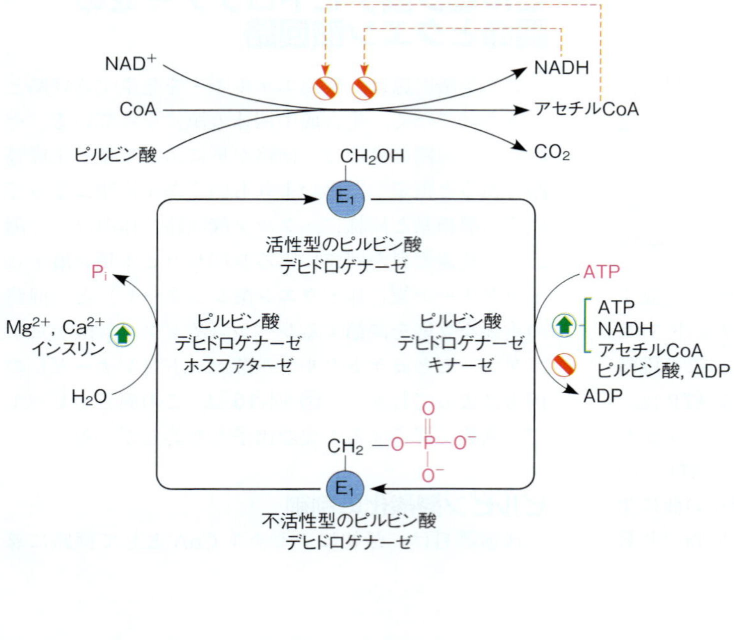

図 14.17　フィードバック阻害とE_1の修飾による哺乳類のピルビン酸デヒドロゲナーゼ複合体の調節　キナーゼとホスファターゼは，ピルビン酸デヒドロゲナーゼ複合体の第1の構成要素であるE_1の3個の特異性のあるセリン残基（—CH_2OHと描かれている）を，それぞれリン酸化することにより不活性化し，脱リン酸化することにより活性化する。活性型のピルビン酸デヒドロゲナーゼ複合体は，アセチルCoAとNADHによってフィードバック阻害を受ける。

PDH の割合を増加させ，複合体を通る流れを増加させる。PDH ホスファターゼは，Ca^{2+} や Mg^{2+}，またインスリンによって活性化される。Ca^{2+} による PDH ホスファターゼの活性化は，筋収縮や，アドレナリンへの反応における PDH の活性化を仲介する。第 8 章で，脊椎動物の筋収縮では Ca^{2+} が重要なシグナル分子であると述べたことを思い出そう。PDH の流れを制御するために同じシグナル分子を用いることは，クエン酸回路と酸化的リン酸化によって ATP 要求量とその産生を釣り合わせるすばらしいメカニズムである。PDH ホスファターゼに対する Mg^{2+} の影響は，[ATP]/[ADP] 比に応答する PDH の流れを制御する。ATP は ADP に比較してはるかに強く Mg^{2+} に結合するので，遊離した Mg^{2+} の濃度はミトコンドリア内の ATP/ADP 比を反映する。すなわち遊離した Mg^{2+} は低い［ATP］/［ADP］比のときに蓄積し，Mg^{2+} の増加は PDH ホスファターゼを活性化して複合体の脱リン酸化を行い，結果的に PDH を活性化する。一方，ATP が豊富なときやそれ以上エネルギー物質が必要でないときには，PDH は PDH キナーゼの活性化によってリン酸化され，不活性化される。

この短期的な制御機構のおかげで，細胞はクエン酸回路に入る燃料の量を調節できるのである。第 17 章でみるように，脂肪酸の酸化はアセチル CoA や NADH をつくりだすもう 1 つの重要な反応であるが，これらも PDH キナーゼを活性化させる。したがって，代謝の状態が脂肪酸の酸化を第 1 の燃料源とする状態（例えば，絶食や長時間の運動）のとき，糖質は PDH を不活性化することで貯蔵される。糖質が補充されると PDH は再び活性化される。

ポイント 12
ピルビン酸デヒドロゲナーゼ（PDH）の活性は，E_1 サブユニットの可逆的なリン酸化によって制御されている。

クエン酸回路の制御

クエン酸回路を通る物質の流れは，アロステリックな相互作用によって制御されている。しかし，基質の濃度もまた非常に重要な役割を果たしている。制御の詳細は細胞や組織の種類によって異なるが，主要な効果については図 14.16 に要約した。解糖系でみたように，細胞内の状態では，経路の多くの反応は平衡に近い状態にある（ΔG 約 0，表 14.2）。したがって，アロステリック制御の鍵になるのは，クエン酸シンターゼやイソクエン酸デヒドロゲナーゼ，α ケトグルタル酸デヒドロゲナーゼのように，自由エネルギーを大幅に減少させる反応を触媒する酵素である（表 14.2）。

クエン酸回路活性を制御する最も重要な因子は，ミトコンドリア内の［NAD^+］/［NADH］比である。NAD^+ は，ピルビン酸デヒドロゲナーゼおよびクエン酸回路内の 3 種類の酵素の基質である（図 14.3）。［NAD^+］/［NADH］比が減少する条件，例えば酸素の供給が限られているような場合では，NAD^+ が低濃度なため，これらの脱水素酵素の活性は抑えられる。

ポイント 13
クエン酸回路は主にミトコンドリア内の NAD^+ と NADH の相対的な濃度によって制御されている。

哺乳類のある種の組織，とりわけ肝臓では，クエン酸のレベルは最大 10 倍程度変動する。そしてクエン酸の量が少ないときは，クエン酸シンターゼを経る流れは，基質量によって制限される。動物のある組織では，クエン酸はホスホフルクトキナーゼ（PFK）のアロステリック制御により，解糖系を通る物質の流れを制御し，解糖系とクエン酸回路の速度を合わせている主要調節因子でもあることを思い出してほしい。しかしこのことは，すべての組織に当てはまるわけではない。例えば心臓の細胞は，クエン酸をミトコンドリアの外に運び出すことができないので，細胞質中にある PFK との相互作用はおそらく重大な影響を及ぼすレベル程度には起こらない。しかしそれでもなお，クエン酸の濃度レベルは，心臓においてクエン酸回路を調節することができる。

クエン酸回路の制御の鍵になるその他の部分としては，イソクエン酸デヒドロゲナーゼと α ケトグルタル酸デヒドロゲナーゼによって触媒される反応も挙げられる。多くの細胞で，イソクエン酸デヒドロゲナーゼは，ADP によってアロステリックに活性化され，NADH と ATP によってアロステリックに阻害される。この調節は，［NAD^+］/［NADH］比の減少による間接的な活性減少に加えて，付加的に生じるものである。バクテリアでは，イソクエン酸デヒドロゲナーゼもまた，セリン残基のリン酸化によって不活性化される。このリン酸化は，イソクエン酸の酵素への結合を妨げる。α ケトグルタル酸デヒドロゲナーゼ活性は，その産物であるスクシニル CoA と NADH によって阻害される。その機構は，アセチル CoA と NADH の濃度レベルがピルビン酸デヒドロゲナーゼの活性を調節している機構と類似している（図 14.17）。最後に，脊椎動物では Ca^{2+} はアロステリックにイソクエン酸デヒドロゲナーゼと α ケトグルタル酸デヒドロゲナーゼを活性化する。Ca^{2+} はシグナル伝達経路のセカンドメッセンジャーであると考えられるが，ミトコンドリア内膜を通過できる。よって Ca^{2+} は筋収縮時の ATP の要求の増加に応じて，クエン酸回路における基質の酸化の割合を増加させることができる。

ある時期，クエン酸シンターゼに他のアロステリック制御のための部位が含まれていると考えられていたことがあった。この酵素は，NADH，NADPH，またはスクシニルCoAによって阻害を受ける。しかし，オキサロ酢酸，アセチルCoA，およびクエン酸のミトコンドリア内のレベルの測定は，酵素がほとんど平衡状態近くで働いていることを示していた。すなわち，クエン酸シンターゼ反応については，［クエン酸］の（［アセチルCoA］×［オキサロ酢酸］）に対する比は，K_{eq}に近い。一方，オキサロ酢酸のミトコンドリア内のレベルはたいへん低いが，これによってクエン酸シンターゼを経る流れに対する基質レベルの調節ができることは明らかである。

要約すると，クエン酸回路の物質の流れは，①イソクエン酸デヒドロゲナーゼのADPによるアロステリックな活性化を通して，細胞のエネルギー状態に反応する，また，②ミトコンドリア内の［NAD^+］が減少した際に生じる流れの律速を通して，細胞の酸化還元状態に反応する，さらに，③アセチルCoAとスクシニルCoAによる関連酵素の阻害によって，使用可能な高エネルギー化合物の量に対して反応する。

クエン酸回路酵素の構成

クエン酸回路の酵素がすべて存在するミトコンドリアのマトリックスは，教科書にみられるミトコンドリアのイラストから想像できるほど単純な水溶液ではない（p.531参照）。実際，ミトコンドリアマトリックスのタンパク質濃度は500 mg/mlもしくはそれ以上に達すると考えられ，より粘性のあるゲルのようなものである。この信じられないほどの高タンパク質濃度と同じように，クエン酸回路の酵素は，超分子多酵素複合体，すなわち**メタボロン metabolon**で構成されているというかなりの数の証拠が存在する。これらの複合体は，コハク酸デヒドロゲナーゼが固定されている内膜のマトリックス側に存在する。代謝経路の連続工程を触媒する酵素の物理的会合は，ピルビン酸デヒドロゲナーゼ複合体で述べたように，基質チャネリングを行う重要な動力学的利点となる。実際には，酵母（*Saccharomyces cerevisiae*）の^{13}C-NMRの研究から，クエン酸回路における基質チャネリングのための証拠が得られている。ほとんどの場合，多段階の代謝経路は細胞内メタボロンとして構成されていると考えられる。

クエン酸回路の進化

第12章で述べたように，代謝経路は進化の産物であり，当初は他の機能をもっていたかもしれない酵素や経路から構築されている。実際，これからみていくように，我々が今知っているクエン酸回路でさえ，好気性生物では，単なるアセチルCoAの酸化以外のためにも使われる。ゲノム解析により，嫌気性化学合成生物を含む，全動物界（細菌，アーキア〈古細菌〉，真核生物）にクエン酸回路酵素遺伝子が存在することがわかった。嫌気性化学合成生物は，グルコースの酸化によるエネルギー生成を行わないが，発酵経路として，およびその他の生合成プロセスに対する前駆体を生成する目的で，不完全なクエン酸回路を有している。

還元経路では，最後の4つの酵素（オキサロ酢酸からコハク酸を生成する）の逆反応により，NADHから酸化補因子NAD^+を再生する。このNADHは，解糖系でグリセルアルデヒド3-リン酸デヒドロゲナーゼ（第13章）により生成されたものである。酸化経路では，クエン酸回路の最初の3つのステップは，重要な生合成前駆体であるαケトグルタル酸を生成する。しかし，これらの嫌気性化学合成生物は，αケトグルタル酸をコハク酸に変換するために必要な酵素を欠いている。容易に想像できるように，不完全なクエン酸回路の酸化経路と還元経路は，約25億年前に大気中に酸素が出現する以前に進化した生物に存在していたのだろう。そして酸素レベルがはるかに効率的な有酸素エネルギー代謝を担える量に達すると，新たに2つの酵素（αケトグルタル酸デヒドロゲナーゼとスクシニルCoAシンテターゼ）が動員され，完全なクエン酸回路に進化したに違いない。最後に，クエン酸回路は，初期の独立栄養生物が（αケトグルタル酸デヒドロゲナーゼ，イソクエン酸デヒドロゲナーゼ，およびピルビン酸デヒドロゲナーゼのステップで）CO_2を固定する還元経路として最初に生じたことが系統解析によって示唆された。

ヒト疾患を引き起こすクエン酸回路の異常

クエン酸回路の普遍的な性質や細胞のエネルギー代謝で果たす重要な役割を考えると，1サイクル中の酵素のいずれかに欠損が生じると，致命的になりうることが想像できる。しかし現在では，クエン酸回路の特定の酵素の異常が，致命的にはならないものの，ヒトにおける多くの稀少神経変性疾患や腫瘍の発生に関連していることがわかっている。例えば，コハク酸デヒドロゲナーゼの遺伝的欠損は，不完全であるサブユニットの種類に応じて，傍神経節細胞腫または腫瘍の形成をもたらす。フマラーゼ遺伝子の変異は，子宮および，または腎細胞がんに関連がある。αケトグルタル酸デヒドロゲナーゼ，コハク酸デヒドロゲナー

[訳注] 悪性神経膠腫でみられる変異はイソクエン酸デヒドロゲナーゼの基質特異性を変化させ，αケトグルタル酸から（*R*）–2–ヒドロキシグルタル酸を生成させる。これが発がん性代謝中間体 oncometabolite として作用すると考えられている。

ゼ，およびフマラーゼの欠損が神経変性疾患（Leigh 症候群やその他の脳症）を引き起こす。イソクエン酸デヒドロゲナーゼの突然変異は，ヒトにおける脳腫瘍では最も多いタイプの悪性神経膠腫の大部分にみられる。我々はこれらのプロセスのメカニズムを完全には理解していないが，腫瘍形成をもたらす有機酸の蓄積と異常な細胞増殖における関連性が推察されている[訳注]。ある種のクエン酸回路の代謝産物の蓄積は，腫瘍血管新生と腫瘍細胞のエネルギー代謝を調節する転写因子をもたらす低酸素誘導因子 1 hypoxia-inducible factor 1（HIF-1）の活性化をするという仮説がある。Krebs が初めてクエン酸回路を解明して以来，多くの知見があるにもかかわらず，いまだこの経路と細胞生理学におけるその役割について知られていないことが多く存在している。

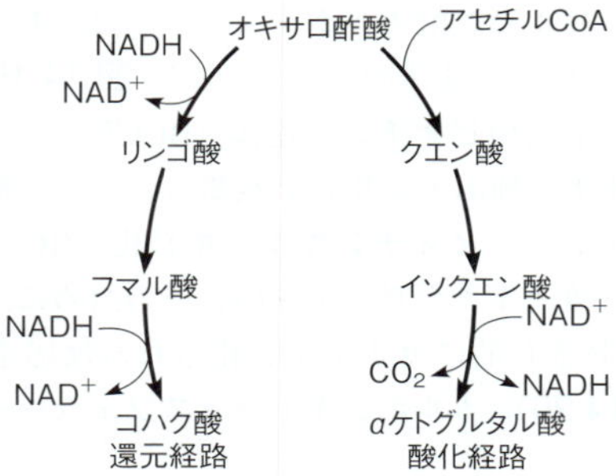

アナプレロティック経路：回路の失われた中間体を元に戻す必要性

今までのところ，クエン酸回路についての考察は異化作用とエネルギー産生に焦点を当ててきた。この回路はまた，生合成中間体の重要な源としても役立っており，それゆえに amphibolic（異化と同化の両方をもつ，という意味）な経路ということができる。図 14.18 は，関係する最も重要な同化経路を要約して示している。これらの経路は回路の中間体を使うことにより，回路から炭素を引き出す傾向がある。スクシニル CoA はヘムと他のポルフィリンの合成に使われる。オキサロ酢酸とαケトグルタル酸は，それぞれアミノ酸であるアスパラギン酸とグルタミン酸のαケト酸類似体であり，アミノ基転移反応によりアミノ酸の合成に使われる（p.554）。いくつかの組織では，クエン酸はミトコンドリアから細胞質へ輸送され，そこで脂肪酸生合成のためのアセチル CoA を供給するために分解される。これらさまざまな反応によってクエン酸回路から炭素が取り去られると，中間体が枯渇してしまいがちである。よって，もしクエン酸回路中間体の蓄えを再補充する過程がなければ，回路の回転は妨げられるだろう。これらの過程は，ギリシャ語の“いっぱいまで満たす”という意味の単語にちなんでアナプレ

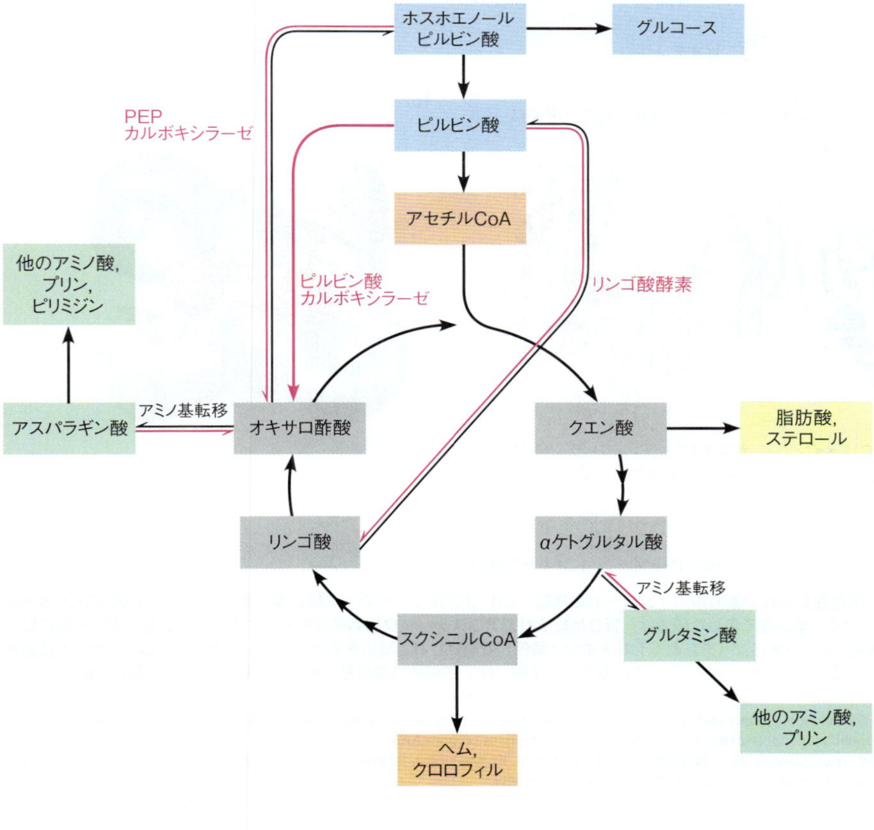

図 14.18　いくつかのクエン酸回路中間体の主要な生合成における役割　これらの中間体を補給するためのアナプレロティック経路は赤い矢印で示されている。

ロティック anaplerotic 経路と呼ばれる。ほとんどの細胞で，クエン酸回路から出て行く炭素の流れは，これらのアナプレロティック反応と釣り合いがとれており，そのため，ミトコンドリア内のクエン酸回路中間体の濃度は一定である。アナプレロティック経路については図 14.18 に要約されている。

> **ポイント 14**
> 生合成に使われたクエン酸回路中間体は，回路の流れを維持するために補充されなければならない。アナプレロティック経路がこの役割を果たす。

オキサロ酢酸を補充する反応

動物（特に肝臓と腎臓）において最も重要なアナプレロティック反応は，ピルビン酸の可逆的な ATP 依存性カルボキシ化反応であり，これによりオキサロ酢酸が生じる。この反応は，第 13 章の糖新生でも紹介した**ピルビン酸カルボキシラーゼ pyruvate carboxylase** によって触媒される。

この酵素は，アセチル CoA によってアロステリックに活性化されることを思い出そう。実際，この酵素はこの因子なしではほぼ不活性である（図 13.18）。この過程は，フィードフォワード活性化を表してい

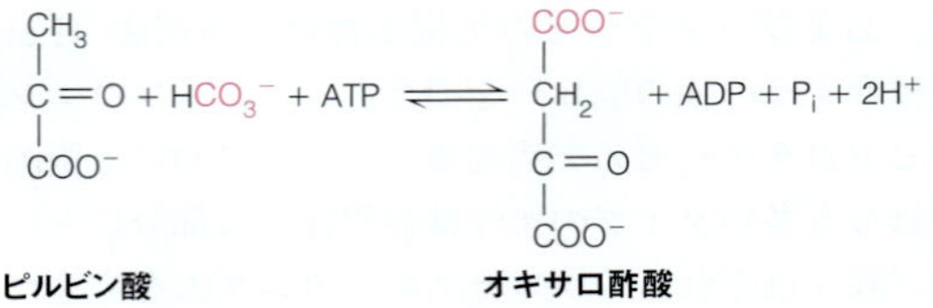

る。なぜならば，アセチル CoA 蓄積の効果は，オキサロ酢酸の合成を促進することによって，アセチル CoA それ自身の利用を促進することだからである。オキサロ酢酸は，今度はクエン酸シンターゼ反応をよってアセチル CoA と反応する。あるいは，糖新生系によって糖質合成に使用される。アセチル CoA の蓄積は，十分な炭素が存在し，一部は糖質として蓄積可能であることのシグナルとみることができる。

第 11 章で我々は，CO_2の関係するカルボキシ化反応のほとんどにおいて，ビオチンが補酵素であることを知った。ピルビン酸カルボキシラーゼは，4 分子のビオチンをもつ四量体のタンパク質（図 14.19）である。この酵素のビオチン伝達体（BCCP）ドメインには，ビオチン補因子がリシン残基の ε アミノ基に共有結合している。ビオチンカルボキシル化（BC）ドメインは，*N*–カルボキシビオチンの合成のために，ビオチンが ATP 依存的にカルボキシ化される反応を触媒する（図 14.20）。カルボシキトランスフェラーゼ（CT）

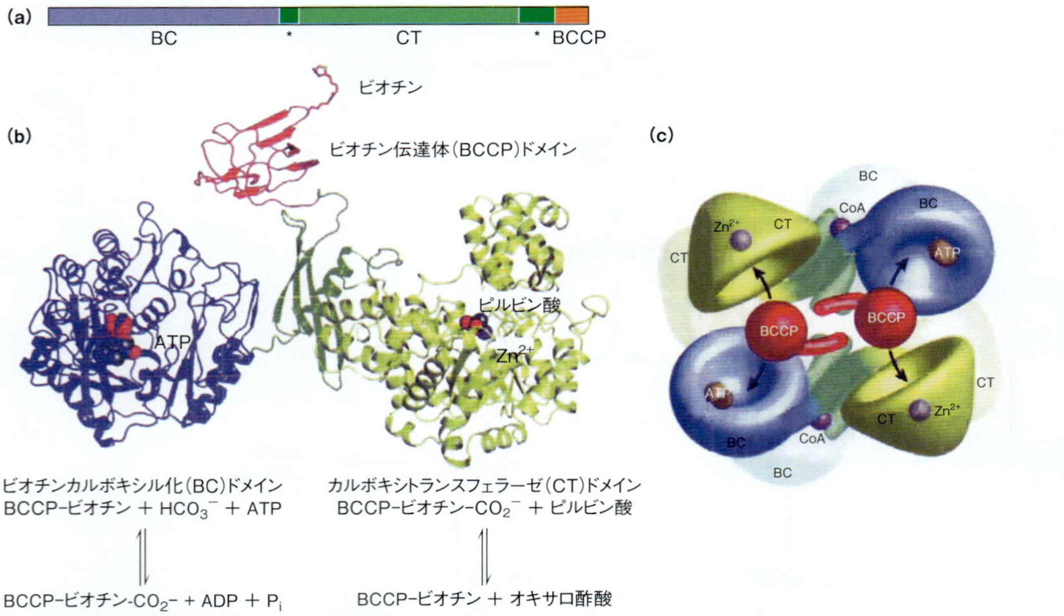

図 14.19　多くの役割をもつビオチン依存性ピルビン酸カルボキシラーゼの構造　**(a)** サブユニットの一次構造模式図。ビオチンは BCCP ドメイン（赤）にあるリシン残基に共有結合している。濃い緑で表した領域は，折りたたまれてアロステリック調節領域を形成する。**(b)** 黄色ブドウ球菌のピルビン酸カルボキシラーゼの X 線結晶構造。BC ドメイン（青）と CT ドメイン（黄色）で触媒される反応をその下に示してある。アロステリック調節領域は中心に位置し，2 つの触媒ドメインと BCCP ドメインをつないでいることに注意。**(c)** 四量体構造のモデル。BCCP ドメインは BC ドメインと CT ドメインの間をいったり来たりする。

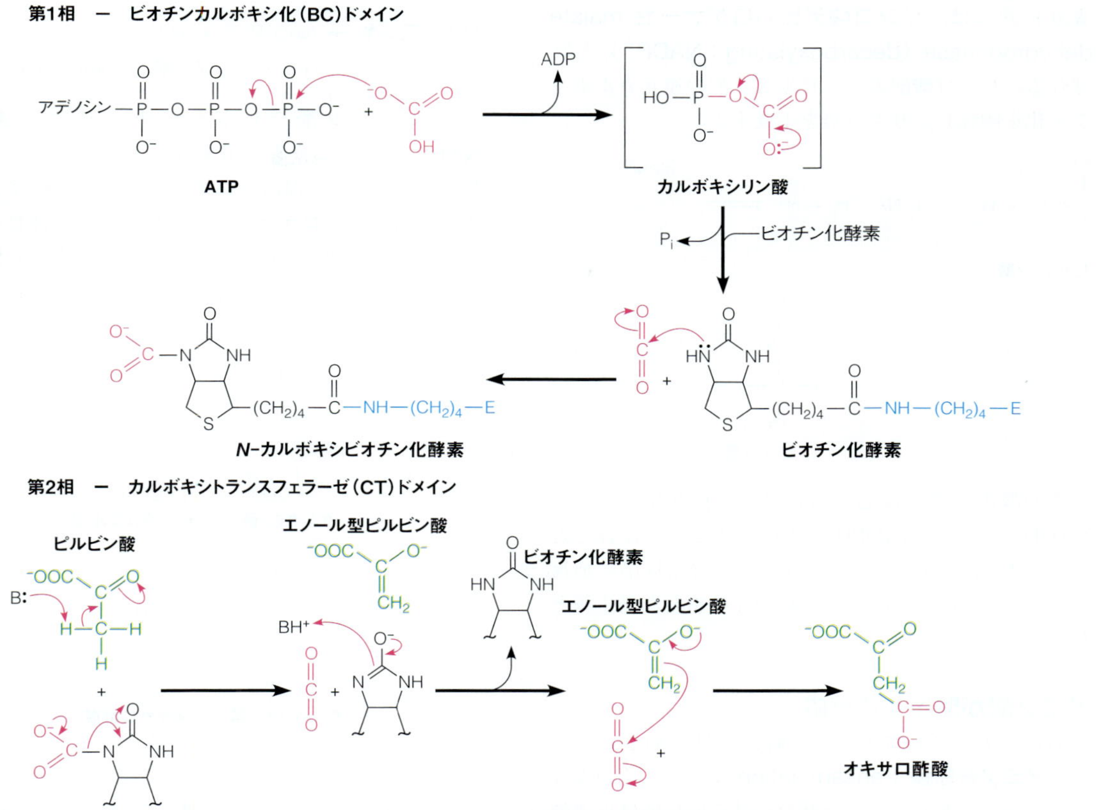

図 14.20　ビオチン依存性ピルビン酸カルボキシラーゼの反応機構　反応は 2 つの相に分かれる。第 1 相はビオチンカルボキシ化（BC）ドメインが，第 2 相はカルボキシトランスフェラーゼ（CT）ドメインが触媒する。第 1 相では，重炭酸が ATP 依存的に脱水されてカルボキシリン酸を形成する。この中間体が分解されるとき，ビオチンと CO_2の反応が生じ，*N*-カルボキシビオチンが生成する。第 2 相では，*N*-カルボキシビオチンを BCCP ドメインが CT ドメインへふる。CT ドメインにはピルビン酸が結合している。CT ドメインの活性部位にある塩基（B:）がエノール型ピルビン酸を生成する。これがビオチンから遊離した二酸化炭素を攻撃し，最終産物のオキサロ酢酸が生成する。

Biochemistry, 3rd ed., Donald Voet and Judith G. Voet. ©2005 John Wiley & Sons, Inc. Modified with permission from John Wiley & Sons, Inc.

ドメインは，*N*-カルボキシビオチンからピルビン酸へのカルボキシ基の転移を触媒し，オキサロ酢酸を生成する。この反応経路の間，BCCP ドメインは 2 つの触媒ドメインの間のカルボキシ基を転送するための揺れる腕として働く（α ケト酸デヒドロゲナーゼ複合体のリポアミドと同じように）。第 4 のドメインは，アロステリック活性化因子アセチル CoA が存在する調節ドメインである。このように，複数の触媒機能を実行する複数のドメインを有するタイプの酵素は，**多機能性酵素 multifunctional enzyme** と呼ばれる。

植物と細菌では，これとは異なる経路によって，ホスホエノールピルビン酸からオキサロ酢酸が直接生成される。ホスホエノールピルビン酸は，非常にエネルギーに富んだ化合物なので，**ホスホエノールピルビン酸カルボキシラーゼ phosphoenolpyruvate carboxylase** によって触媒されるこの反応は，エネルギー補因子とビオチンのいずれも必要としない。この反応は光合成の CO_2固定時における C_4経路で重要である（第 16 章）。

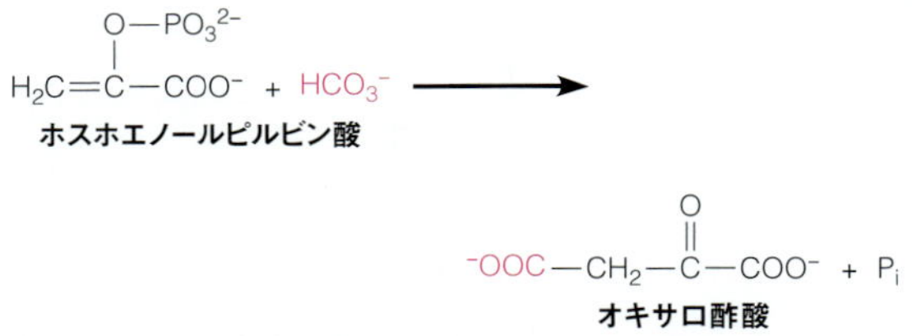

これに関係する酵素として，ホスホエノールピルビン酸カルボキシキナーゼもまた，ホスホエノールピルビン酸をオキサロ酢酸へ変換する。この酵素は，主に糖新生系において機能するので，第 13 章で詳細に考察した。しかし，心臓や骨格筋においては，同じ酵素がオキサロ酢酸を補充するためのアナプレティック方向に使用される。

リンゴ酸酵素

ピルビン酸カルボキシラーゼとホスホエノールピルビン酸カルボキシラーゼに加えて，一般に**リンゴ酸酵素 malic enzyme** と呼ばれる酵素による，3 番目のアナプロティック経路が用意されている。この酵素は，より正式には，**リンゴ酸デヒドロゲナーゼ malate dehydrogenase（decarboxylating：NADP⁺）**と呼ばれる。リンゴ酸酵素は，ピルビン酸の還元カルボキシル化を触媒し，リンゴ酸を生成する。

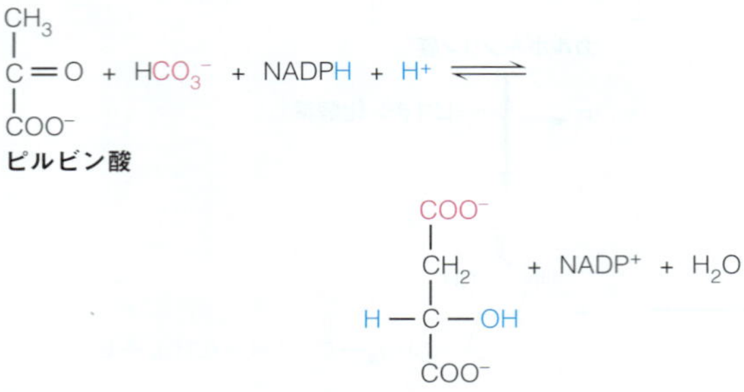

ピルビン酸　L-リンゴ酸

この酵素は還元反応において電子供与体として，NADH ではなく NADPH を使用することに注目したい。第17章でみるように，リンゴ酸酵素反応の逆反応は，脂肪酸合成のための NADPH の重要な発生源となる。

アミノ酸が関係する反応

通常，アナプレロティック経路には分類されないが，**アミノ基転移 transamination** 反応も，そのように考えることができる。なぜならばこの反応は可逆的であり，クエン酸回路で用いられる中間体を生成することができるからである。アミノ基転移反応では，アミノ酸はそのアミノ基をケト酸に転移し，それによって自らはケト酸になる。この機構については，第20章で考察する。

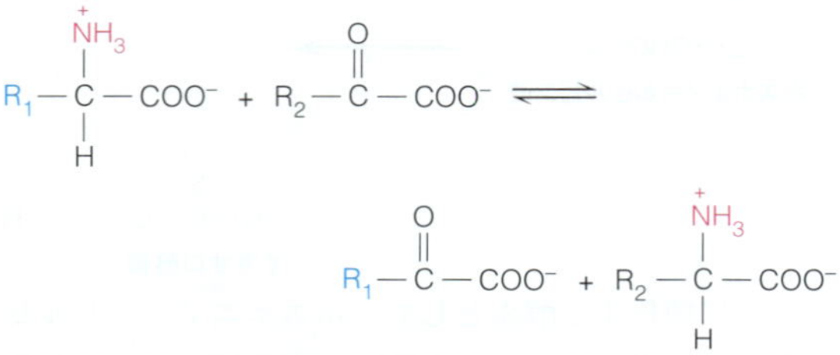

グルタミン酸とアスパラギン酸は，アミノ基転移反応によって，それぞれクエン酸回路中間体であるαケトグルタル酸とオキサロ酢酸を生成する。したがって，アミノ酸を豊富に含んでいる細胞は，それらをアミノ基転移反応によってクエン酸回路中間体へと変換することができる。また別の例として，**グルタミン酸デヒドロゲナーゼ glutamate dehydrogenase** も，グルタミン酸からαケトグルタル酸を供給する反応を触媒する。

グルタミン酸 + NAD(P)$^+$ + H_2O ⇌ αケトグルタル酸 + NAD(P)H + NH_4^+

グルタミン酸デヒドロゲナーゼは，NAD$^+$か NADP$^+$のどちらかを使用する。この酵素については，第20章でより詳細に考察する。アミノ基転移とグルタミン酸デヒドロゲナーゼ反応は可逆的な性質をもつので，細胞の要求に応じて，アミノ酸合成にも使われるし，またクエン酸回路中間体の補充にも使われる。

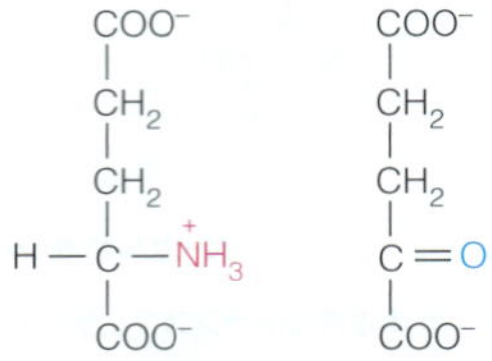

グルタミン酸　αケトグルタル酸

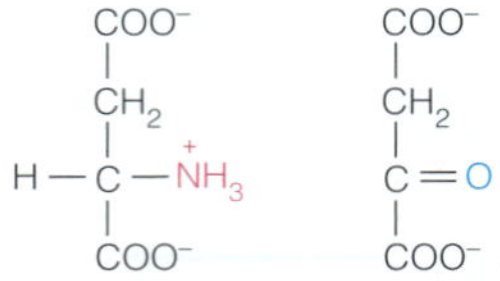

アスパラギン酸　オキサロ酢酸

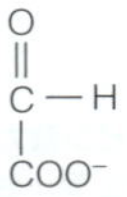

グリオキシル酸

最後に，多くの植物と細菌は，次の節で述べるように，グリオキシル酸回路を経由して，炭素数2の断片を炭素数4のクエン酸回路中間体に変換することができる。

グリオキシル酸回路：同化のために使われるクエン酸回路の変異型

植物と動物の細胞は，代謝的に多くの重要な点で異なる。なかでも特に考察すべきことは，植物細胞は，幾種類かの微生物と同様に，脂質から糖質への完全合成を行えるということである。この変換は種子の形成に重要である。種子には，大量のエネルギーがトリアシルグリセロールの形で蓄えられている（実際，食料雑貨店で入手できるほとんどの植物油は，種子由来のトリアシルグリセロールの混合物である）。種子が発芽するとき，トリアシルグリセロールは分解されて糖に変換される。この糖は，植物の生長に必要なエネルギーと粗材料を供給する。対照的に，動物細胞は脂質から糖への完全合成を実行することはできない。

植物は，**グリオキシル酸回路 glyoxylate cycle** を使って糖を合成する。この回路は，同化を行うためのクエン酸回路の変異型と考えられる。この回路の重要性を理解するために，まず，動物代謝におけるアセチル CoA の 2 つの主要な運命，すなわちクエン酸回路による酸化と脂肪酸の合成について考えてみよう。ピルビン酸デヒドロゲナーゼ反応が事実上不可逆であるため，アセチル CoA をピルビン酸へ直接変換することはできない。そのため，アセチル CoA は糖質の正味の合成に参加することができない。確かに，アセチル CoA の 2 炭素はオキサロ酢酸に取り込まれる。そしてオキサロ酢酸は，効率のよい糖新生系の前駆体である。しかし，クエン酸回路の途中で 2 炭素が失われるので，糖質中への炭素の正味の蓄積はない。しかし，グリオキシル酸回路は，二酸化炭素として 2 炭素が失われる反応を迂回することで，オキサロ酢酸の正味の合成を可能にする。

ポイント 15
グリオキシル酸回路は，植物と細菌がクエン酸回路の CO_2 産生反応を迂回して，炭素を失わずに脂肪から糖質への変換を実行することができるようにしている。

グリオキシル酸回路（図 14.21）は環状の経路であり，2 個のアセチル CoA を 1 分子のコハク酸に正味で変換する。この回路ではクエン酸回路と同じ酵素がいくつか使用されるが，炭素が失われる反応は迂回される。2 mol 目のアセチル CoA は，この迂回の過程でもち込まれる（図 14.21）。したがって回路 1 回転の反応は，全体で 2 分子の炭素数 2 の断片の取り込みと，その結果として，炭素数 4 の 1 分子の合成を伴う。この過程は，**グリオキシソーム glyoxysome** で起きる。グリオキシソームは脂肪酸のアセチル CoA への β 酸化と，生じたアセチル CoA のグリオキシル酸回路での利用の両方を行う，機能的に特殊化したオルガネラ（細胞小器官）である。図 14.22 では，植物細胞の細胞内小器官における代謝産物の交換を示している。生じたコハク酸は，グリオキシソームからミトコンドリアへと輸送され，そこでクエン酸回路の反応 6，7，8（図 14.3）を経てオキサロ酢酸へと変換される。オキサロ酢酸は糖新生系を通して容易に糖質の合成に使用される。

グリオキシル酸回路はまた，多くの細菌で酢酸のような炭素数 2 の基質の代謝を可能にする。例えば大腸菌は，多くのカビ，原生動物や藻類のように，酢酸の

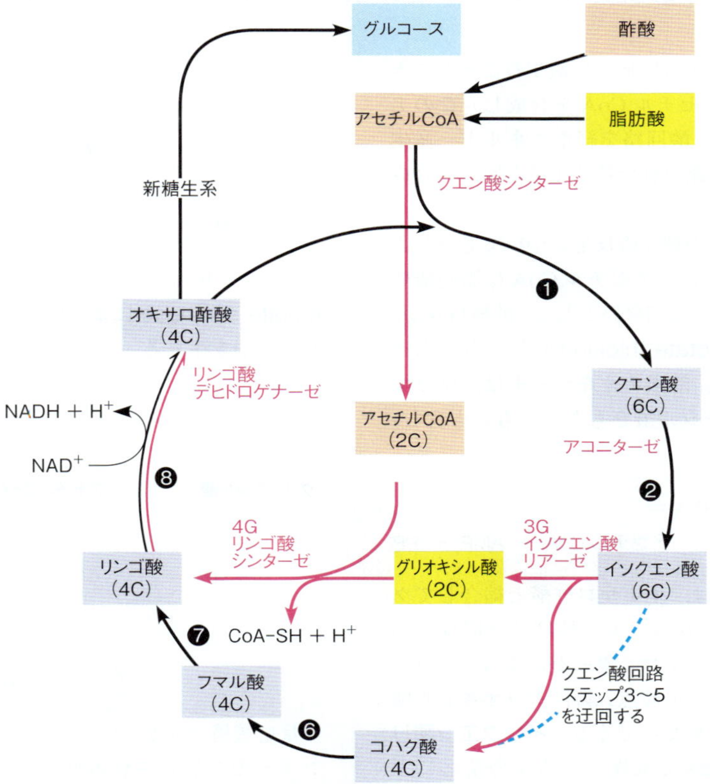

図 14.21　グリオキシル酸回路の反応　2 分子のアセチル CoA が回路に入る。1 分子はクエン酸シンターゼの段階で，もう 1 分子はリンゴ酸シンターゼの段階である。イソクエン酸リアーゼおよびリンゴ酸酵素（赤い矢印）によって触媒される反応は，イソクエン酸とコハク酸（青い矢印）の間の 3 ステップを迂回する。そのためクエン酸回路で失われる 2 個の炭素がそのまま残され，結果として全体がオキサロ酢酸に合成される。反応の番号は，クエン酸回路における番号と同じである。しかし，反応 1，2，3G，4G，8 は，グリオキシソームにある固有の酵素によって触媒される。

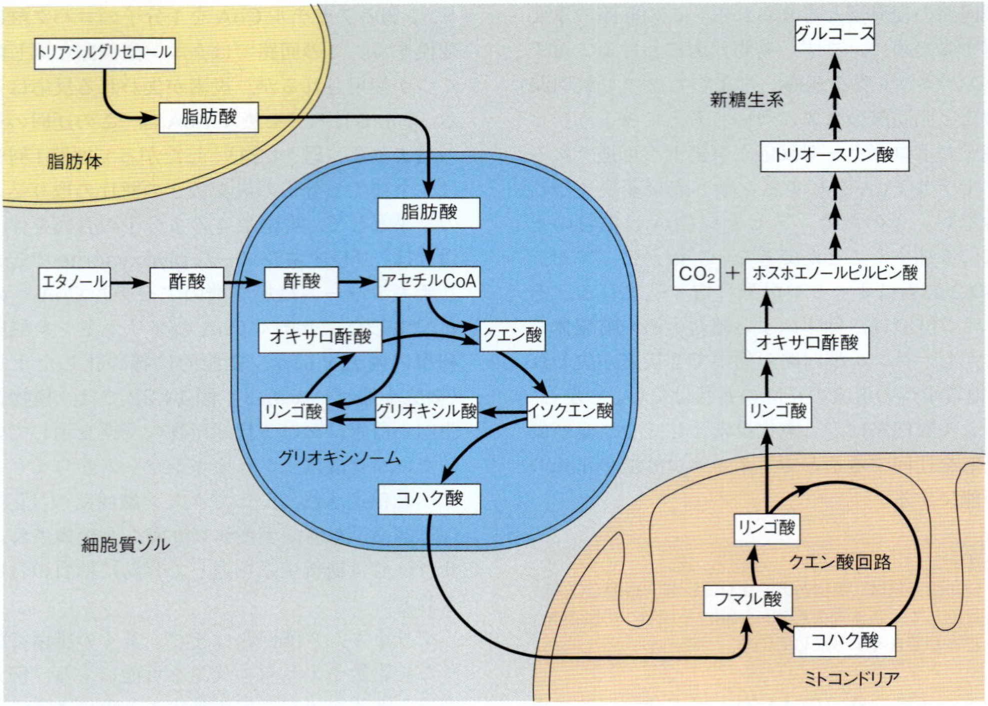

図 14.22 植物細胞のグリオキシル酸回路と関連する代謝経路の細胞内での相互関係 脂肪体から遊離した脂肪酸は，グリオキシソームでアセチルCoAへと酸化される。アセチルCoAは酢酸からも直接合成される。アセチルCoAは次にグリオキシル酸回路でコハク酸へと変換され，ミトコンドリアへ輸送される。そこでコハク酸は，クエン酸回路によりオキサロ酢酸へ変換される。オキサロ酢酸は糖新生系によって容易に糖へと変換される。

みを炭素源として供給する培地で増殖することができる。これらの細胞はアセチルCoAを合成し，このアセチルCoAは，クエン酸回路を経たエネルギー産生と，グリオキシル酸回路を経た糖新生系前駆体の合成の両方に使われる。

グリオキシル酸回路の個々の反応について考察しよう。すでに述べたように，アセチルCoAは脂肪酸酸化から供給される。または別経路として，酢酸自身が，**酢酸チオキナーゼ acetate thiokinase** によりアセチルCoAに変換される。酢酸チオキナーゼは，ほぼすべての生物（グリオキシル酸をもたないものも含む）に存在する。

$$\text{酢酸} + \text{CoA-SH} + \text{ATP} \rightleftharpoons \text{アセチルCoA} + \text{AMP} + \text{PP}_i$$

次にアセチルCoAは，オキサロ酢酸と縮合してクエン酸を生成する。これはクエン酸回路と同様である。そしてクエン酸は，アコニターゼによってイソクエン酸に変換される。この時点以降，グリオキシル酸回路はクエン酸回路と異なってくる。**イソクエン酸リアーゼ isocitrate lyase** で触媒される次の反応により，イソクエン酸はグリオキシル酸とコハク酸に分解される。

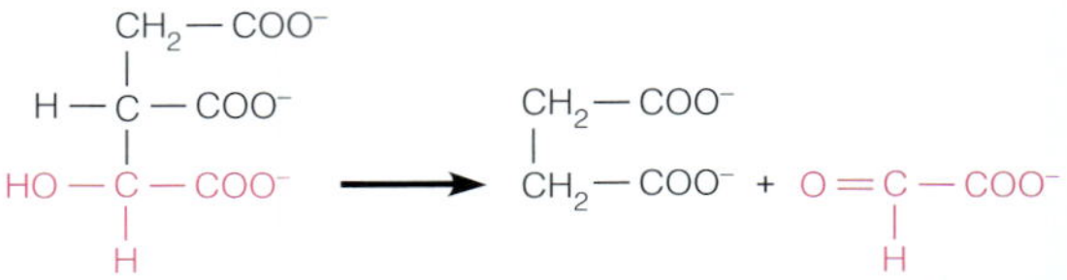

イソクエン酸　コハク酸　グリオキシル酸

次にグリオキシル酸は，**リンゴ酸シンターゼ malate synthase** によってアセチルCoAと縮合し，リンゴ酸を生じる

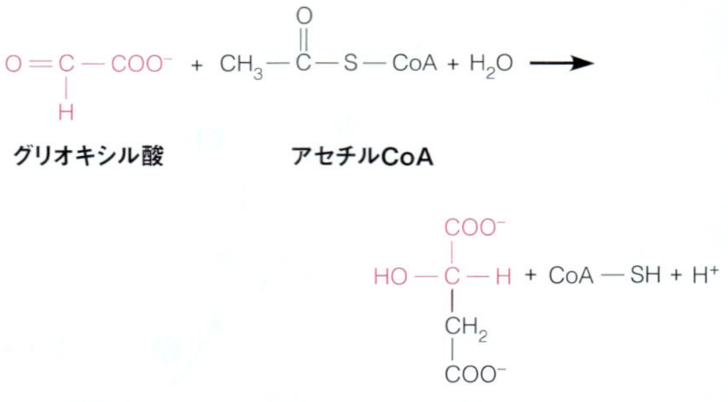

グリオキシル酸　アセチルCoA　リンゴ酸

反応機構の面からいえば，この反応は，クエン酸シンターゼで触媒されるカルボアニオン型のアセチルCoAのカルボニル基炭素への求核攻撃を含む反応と比較できる。この場合は，カルボニル基に相当するのはグリオキシル酸のアルデヒド炭素である。リンゴ酸

は次に脱水素されて，オキサロ酢酸を再生成する。この反応に関係する酵素であるリンゴ酸デヒドロゲナーゼはグリオキシソームに局在しており，クエン酸回路に関係するミトコンドリア局在型酵素とは異なっている。クエン酸シンターゼとアコニターゼについても同じことがいえる（図 14.22）。

前に述べたように，グリオキシル酸回路は，次の正味の反応式で示すように，反応の結果として，炭素数 2 の断片であるアセチル CoA の 2 分子を炭素数 4 の化合物のコハク酸に完全に変換する。

$$2\,\text{アセチル CoA} + NAD^+ + 2H_2O \longrightarrow \text{コハク酸} + NADH + H^+ + 2CoA\text{-}SH$$

ここで生じたコハク酸の大半は，最終的にオキサロ酢酸を経由して，糖新生系に使われる。

まとめ

クエン酸回路は，糖質，脂質，タンパク質を酸化する経路の中心である。この回路へ入る物質として最も主要なものが，解糖系でつくられたピルビン酸である。ピルビン酸は，ピルビン酸デヒドロゲナーゼによって酸化されてアセチル CoA になる。ピルビン酸デヒドロゲナーゼは 3 つの酵素の複合体であり，5 つの補酵素（NAD^+，CoA-SH，FAD，リポアミド，チアミンピロリン酸〈TPP〉）を必要とする。クエン酸回路が 1 回転する間に，アセチル CoA として 2 個の炭素が入り，二酸化炭素として 2 個の炭素が失われる。アセチル CoA はオキサロ酢酸と縮合してクエン酸を生成する。その後，回路によってオキサロ酢酸が再生され，またあらたなサイクルが始まる。この間，還元型の電子受容体（主に NADH）が産生され，ミトコンドリアでこれが酸化されることで ATP 合成のためのエネルギーが生まれる。クエン酸回路の制御は，燃料が供給される段階（ピルビン酸デヒドロゲナーゼとクエン酸シンターゼ）と，回路内の重要な反応（イソクエン酸デヒドロゲナーゼ，α ケトグルタル酸デヒドロゲナーゼ）の両方で行われる。哺乳類では，ピルビン酸デヒドロゲナーゼ複合体の活性は，E_1 サブユニットのリン酸化/脱リン酸化で行われており，これを触媒するキナーゼと脱リン酸化酵素が存在する。アナプレロティック反応は，クエン酸回路の中間体（他の生合成経路に使用される）を補充するものである。植物とバクテリアでは，グリオキシル酸回路がクエン酸回路の 2 つの脱炭酸反応を迂回するので，アセチル CoA から糖質への正味の変換が可能になる。

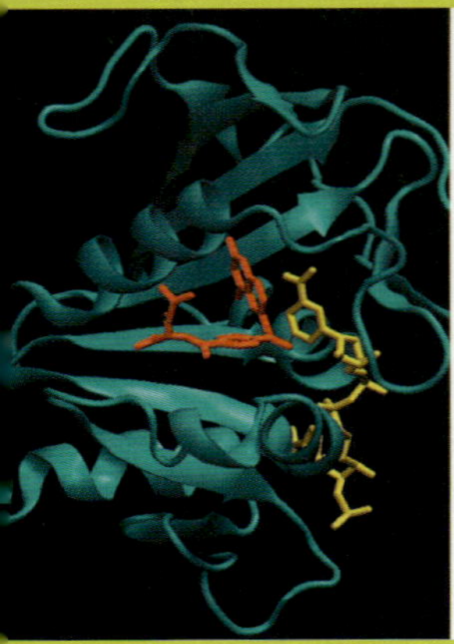

第 15 章
電子伝達，酸化的リン酸化と酸素代謝

平均的な成人においては，1 秒間にほぼ 10^{21}分子の速度で ATP を合成している。これは毎日，自分自身の体重と同程度の量の ATP を生成するのに相当する速度である。どのようにしてこれほどの量のエネルギーを変換することができるのであろうか？　第 13 章と第 14 章でみたように，解糖系とクエン酸回路自体では比較的少量の ATP しか生成しない。しかし好気的条件下では，6 つの脱水素段階（1 つは解糖系，もう 1 つはピルビン酸脱水素反応，4 つはクエン酸回路で）において，合わせてグルコース 1 mol 当たり 10 mol の NAD^+を NADH へ，2 mol の FAD を $FADH_2$へと還元する。**細胞呼吸 cellular respiration** と呼ばれるこれら還元された電子伝達体の再酸化で，ATP 合成に必要なエネルギーのほとんどが生成される。これが基質の代謝的酸化の第 3 の段階である（図 15.1）。真核生物においては，NADH や $FADH_2$はミトコンドリア内膜に結合した電子伝達タンパク質により再酸化される。共役した一連の酸化と還元反応が起き，電子は一連の電子伝達体――電子伝達鎖すなわち**呼吸鎖 respiratory chain**（図 15.1）を通過する。この最後の段階は O_2の水への還元である。全体としての電子伝達の結果は発エルゴン的である。1 mol の NADH から生み出される 1 対の還元力は，**酸化的リン酸化 oxidative phosphorylation** と命名された過程により ADP と P_iから 2 ないし 3 mol の ATP を合成するのに十分である。呼吸鎖における酸化反応から遊離されるエネルギーはどのように ATP の合成へと利用され，**共役 coupled** がなされているのか？　この共役の機構を本章で取り扱う。さらに好気性細胞において酸素が果たしているこの他の重要な役割についても考えてみたい。

ポイント 1
呼吸鎖による 1 mol の NADH の酸化は，ADP から ATP を約 2.5 mol 合成するのに十分なエネルギーを供給する。

解糖系においてグルコースの分解で遊離されるエネルギーは，低エネルギーリン酸化中間体から高エネルギーリン酸化中間体へと変換されるために利用され，後者は次に ATP をつくるためにそのリン酸を移動させることを我々はみてきた。したがって，呼吸における ATP の生成にも同様の直接的な化学的共役が働くものと推定された。長い間，世界中の科学者たちは，電子伝達を ATP と繋げることのできる高エネルギー中間体を探し求めた。しかし，解糖系におけるホスホグリセリン酸キナーゼやピルビン酸キナーゼ反応のような，直接の化学的共役過程の存在を否定するような事実が存在した。おそらく最も大きな問題は，呼吸においてグルコース 1 mol 当たりに生産される ATP 分子の数が，28～38 と一定していないという事実であった。すなわち呼吸鎖を移動する 1 対の電子の動きは，

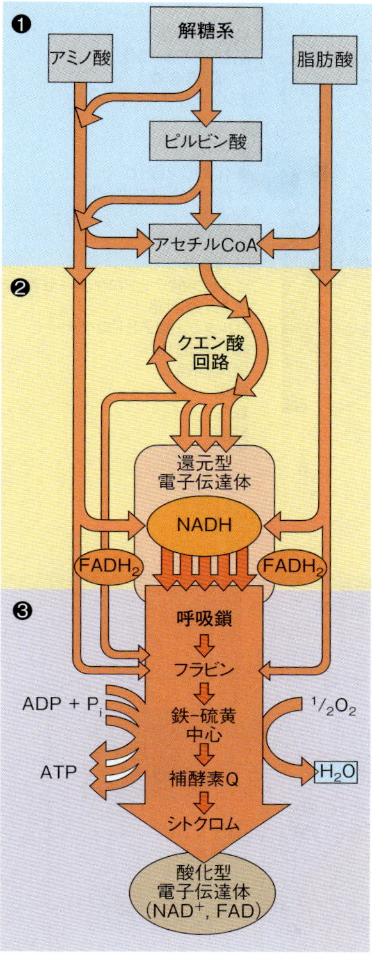

図 15.1　酸化的エネルギー生成の概要

直接の化学的共役機構で予測される整数ではなく，約 2.5 個の ATP を生産するのである。さらに呼吸には膜が必要であることも示された。もし膜が破壊されると，呼吸鎖を移動する電子の動きと ATP 合成との共役が壊される。電子はそれでも流れるが，ATP 合成は止まる。すぐにみることになるが，細胞ははるか昔にこれらすべての観察を説明する優雅で単純な機構を進化させてきており，その機構は ATP 合成だけにとどまらず，もっとずっと広い意味をもつものであることがわかってきた。簡単に言えば，電子が呼吸鎖を移動することによりミトコンドリアの内膜の内外にプロトン勾配が形成され，このプロトン勾配中のエネルギーが ATP 合成のための駆動力を提供するのである。

ミトコンドリア：作業の現場

我々が生物学的な酸化の全体像をつかむためには，酸化-還元反応の化学とミトコンドリアの細胞生物学の両方を理解する必要がある。化学の面をみる前に，これらの反応が起きる細胞内の部位について述べたい。細胞の代謝により真核細胞のすべての主要な細胞内構造（コンパートメント）において還元された化合物ができる。前にも述べたように，解糖系は真核細胞の細胞質ゾルで進行し，ピルビン酸の酸化，脂肪酸の β 酸化，アミノ酸の酸化およびクエン酸回路はミトコンドリアのマトリックスにおいて進行する。個々の細胞は所有するミトコンドリアの数や構造において大きな差異がある。ほとんどの脊椎動物細胞は数百から数千個ものミトコンドリアをもつが，その数は少ないものでは 1 個，多い場合には 10 万個にも及ぶ。

ミトコンドリアは図 15.2a と b に示したように外膜，内膜，膜間腔および内膜に囲まれたマトリックスの 4 つの明瞭な領域に分かれている。内膜は**クリステ cristae** と呼ばれる密に折りたたまれた構造をしていて，これらはミトコンドリア内部に入り込み，ほぼ全体にわたっている場合もよくみられる。呼吸タンパク質は内膜に埋まっているため，クリステの密度は細胞の呼吸活性に関連している。例えば，呼吸速度の速い心臓筋細胞は，密に詰まったクリステのあるミトコンドリアをもっている。一方，肝細胞はこれよりもずっと呼吸速度が遅く，クリステの分布密度がずっと低いミトコンドリアをもつ。

生物学的な酸化がどのような細胞内構造で進行するとしても，そこで起きるすべての反応は，主として NADH などの還元型の電子伝達体をつくる。ほとんどの NADH は再酸化され，それと同時に内膜に固く埋め込まれた呼吸鎖の酵素により ATP が生産される。内膜自体は 70% のタンパク質と 30% の脂質からなり，この組成はおそらくすべての生物の膜の中で最もタンパク質に富んでいる。ウシの心臓のミトコンドリア内膜タンパク質のおよそ半分は，電子伝達と酸化的リン酸化に直接関与する。残りのタンパク質のほとんどは，ミトコンドリアの内外へと物質を輸送する働きをしている。これに対し，全く異なる一群のタンパク質が外膜に結合しているが，それらはアミノ酸酸化，脂肪酸鎖の伸長，膜リン脂質の生合成や酵素的加水分解に関与する酵素などである。

内膜内に埋め込まれているのは，呼吸鎖を形成するタンパク質性の伝達体である。それらはⅠ，Ⅱ，Ⅲ，ⅣおよびⅤ（図 15.2b）と呼ばれる 5 つの多タンパク質複合体の形にまとまっている。複合体Ⅰと複合体Ⅱはそれぞれ NADH とコハク酸の酸化から電子を受け取り，それを脂溶性の電子伝達体であり膜を通して自由に動く補酵素 Q（p.564 参照）へと移動させる。複合体Ⅲは還元型の補酵素 Q から，これも膜間腔を自由に動くタンパク質性の電子伝達体であるシトクロム *c*

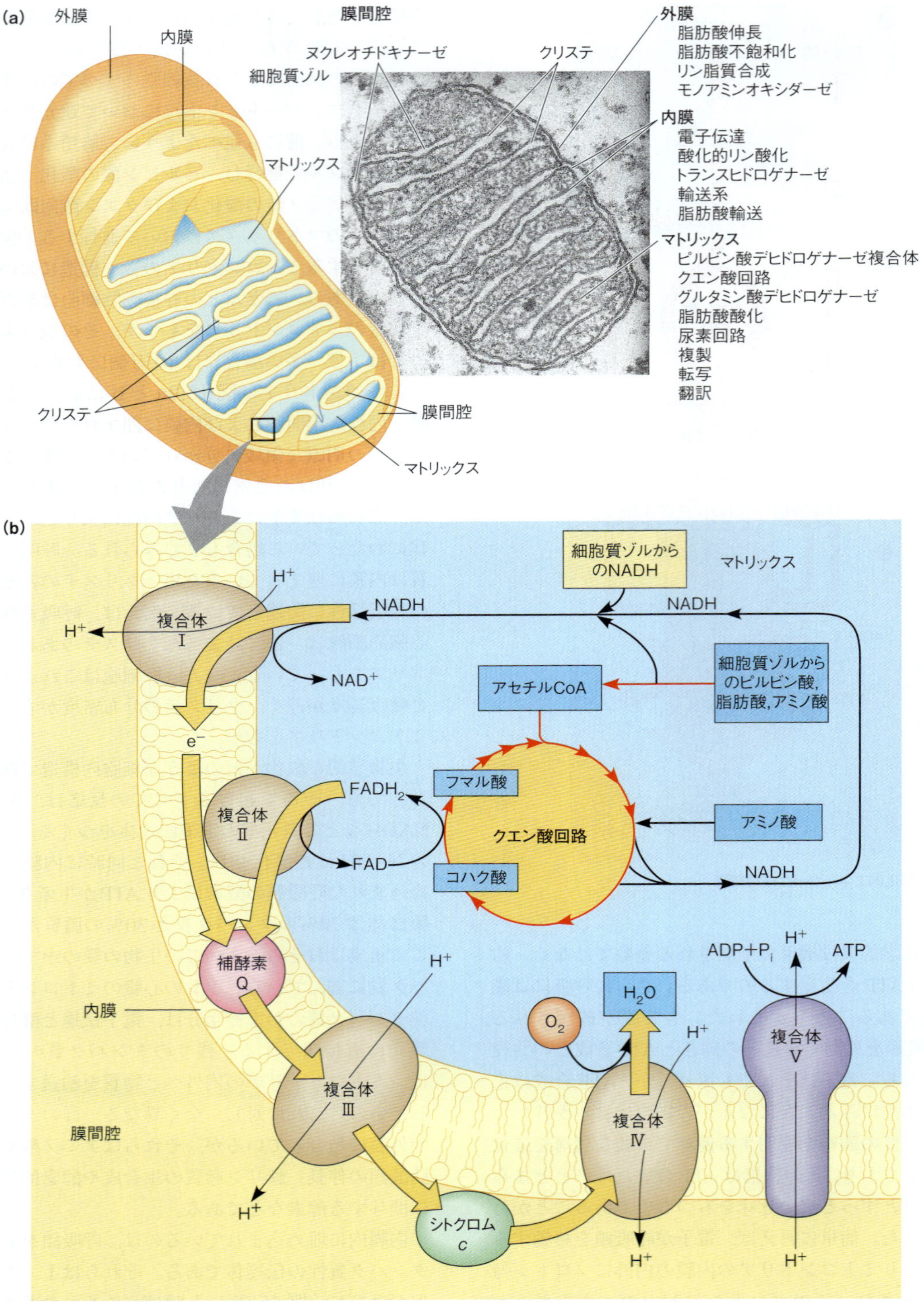

図 15.2　ミトコンドリア内での呼吸過程の存在部位　**(a)** 電子顕微鏡写真の超薄切片としてみた膵臓細胞からのミトコンドリア。主要なミトコンドリア内のコンパートメントと，それぞれのコンパートメントに存在する主な酵素と経路を示す。拡大は×155,000。**(b)** 酸化的リン酸化の概要。細胞質ゾルの脱水素酵素やミトコンドリアでの酸化的経路でつくられた還元された電子伝達体は，内膜に結合した酵素複合体により再酸化される。これら複合体はプロトンを活発に外へと汲み出し，エネルギー勾配をつくりだし，それは複合体Vによる ATP 合成の駆動に使われる。

(a) Springer and Plenum/*Mitochondria*, 1982, A. Tzagoloff, with kind permission from Springer Science＋Business Media B. V.

への電子の移動を触媒する。最後に複合体Ⅳがシトクロム c の酸化を触媒し，酸素を水へと還元する。これらの発エルゴン反応により遊離されたエネルギーは，プロトンをマトリックスから膜間腔内へと汲み出し，内膜の内外にプロトン勾配をつくりだす。次にプロトンは複合体Ⅴのもつ特異的なチャネルを通してマトリックスに再び戻ってくる。この反応の過程で遊離されたエネルギーは，ADP と無機リン酸からの ATP の吸エルゴン性合成に使われる。本章を通じて，これらエネルギーの共役的過程の理解に役立つ構造的および機能的基礎を解説する。

ポイント 2
呼吸鎖中のほとんどの電子伝達体は，ミトコンドリアの内膜に埋め込まれている。

これらの過程の総合的理解に欠かせないのが，細胞ホモジェネートの分画遠心法を用いた生理学的に無傷なミトコンドリアの単離であった。この偉業は 1940 年代後半に Eugene Kennedy と Albert Lehninger によりなされたが，彼らは酸化されうる基質が存在するときに限り，単離したミトコンドリアは in vitro においてADP と P_i から ATP を合成できることを示した。電子伝達体の順番やミトコンドリア内の特異的な酵素の局在性などに関する我々の知識のほとんどは，上に述べた複合体の分画や分析により得られたもので，電子伝達や酸化的リン酸化の全体の反応順序の中での個々の部分の様子もわかってきた。

原核細胞における事情も似たようなものではあるが，異なる電子伝達体が関与する。原核細胞にはオルガネラがないので，すべての電子伝達体や酸化的リン酸化の酵素は細胞表層の内膜に結合している。したがって，電子伝達と酸化的リン酸化は細胞の表層部分で進行する。本章の最後と第 16 章で述べるように，ミトコンドリアと葉緑体はどちらも遺伝子とその発現装置とをもっていて，独立して存在する単細胞の原始的な原核細胞の子孫であると信じられている。

酸化とエネルギー生成

生物学的な電子伝達は，一連の連続した酸化と還元，すなわち酸化還元反応から成り立っている。呼吸鎖における連続した反応の背後に存在する理論や，その結果として代謝エネルギーが生成される機構を理解するためには，第 3 章の酸化還元反応の熱力学を思い出す必要がある。そこで学んだように，酸化還元対の標準還元電位 $E^{0\prime}$ が高ければ高いほど，その対が他の基質の酸化反応に加わる傾向が強いことになる。この傾向を定量的に記述することができるが，それは自由エネルギー変化が直接還元電位の差に関係するからである。

$$\Delta G^{\circ\prime} = -nF\Delta E^{0\prime} = -nF(E^{0\prime}{}_{受容体} - E^{0\prime}{}_{供与体}) \quad (15.1)$$

この式において n は半反応において移動する電子の数を，F は Faraday 定数（96,485 J $mol^{-1}V^{-1}$）を，$\Delta E^{0\prime}$ は 2 つの酸化還元対の間の標準還元電位の差を表す。多くの生化学的に重要な酸化還元対の $\Delta E^{0\prime}$ を**表 15.1** に示す。

表 15.1 にある数値を用い，標準条件下（便宜上 pH は 7.0 であることも含め）における自由エネルギー変化の計算だけは可能である。細胞中において期待されるような非標準状態では，次のような酸化還元反応で ΔG を計算するためには，式 3.23 を用いるように第 3 章で学んだことを思い出してほしい。

$$A_{酸化} + B_{還元} \rightarrow A_{還元} + B_{酸化}$$

$$\Delta G = \Delta G^{\circ\prime} + RT\ln\left(\frac{[A_{還元}][B_{酸化}]}{[A_{酸化}][B_{還元}]}\right) \quad (15.2)$$

この例では，A は e^- の受容体であり，B は供与体である。

生物学的酸化における自由エネルギー変化

生物学的な電子伝達における共役した酸化還元反応においては，いつも 1 つの酸化還元対から他のより高い（より正の値の）還元電位をもつ対へと電子の伝達が行われる。したがって，一連の反応のそれぞれの酸化還元反応は，標準状態において発エルゴン反応である。例えば NADH として呼吸鎖に入る電子の場合，全体の反応をまとめると次のようになる。

$$NADH + H^+ + \frac{1}{2}O_2 \rightleftharpoons NAD^+ + H_2O$$

この反応は標準条件下では高いエネルギー生産反応である。

$$\begin{aligned}\Delta G^{\circ\prime} &= -nF\Delta E^{0\prime}\\ &= -2(96485\ \mathrm{J\ mol^{-1}V^{-1}})(0.82\ \mathrm{V} - (-0.32\ \mathrm{V}))\\ &= -220\ \mathrm{kJ/mol}\end{aligned} \quad (15.3)$$

本章のあとで議論するように，呼吸鎖における 1 mol の NADH の酸化は，同時に ADP と P_i から約 2.5 mol の ATP を生成する。標準条件下における ATP 加水分解の $\Delta G^{\circ\prime}$ は －30.5 kJ/mol であるから，2.5 個の ATP を合成するには標準条件下では 76 kJ が必要で，これから酸化的リン酸化の効率が約 35％であると計算される。第 3 章（p.74～75）では，ミトコンドリア内に存在すると推定される基質と産物の濃度の値を用いてこの過程での ΔG を計算した。その結果，ΔG＝

15

−381 kJ/mol O_2，または電子対当たり−190 kJ という値を得た。細胞内の条件下での ATP 加水分解の Δ*G* は−50 kJ/mol かそれ以上なので，in vivo での酸化的リン酸化の効率はおそらく60〜70％に近いであろう。

電子伝達

呼吸鎖における電子伝達体

呼吸系電子伝達体の配列順序（図 15.3）をこれら伝達体の標準還元電位（表 15.1）と比較してみると，それぞれの伝達体の $E^{0\prime}$ は，電子伝達におけるそれぞれの酸化還元反応の順序と同じ順番で増加していることがわかる。この順番は，標準状態において電子伝達のそれぞれの酸化還元反応が発エルゴン反応であること，および電子は低電位の伝達体から高電位の伝達体へと連続的に流れていることを示唆している。非常に単純明快であるが，本当であろうか？　ともかく解糖系とクエン酸回路では途中に大きな正の $\Delta G^{\circ\prime}$ をもつ反応が含まれているにもかかわらず，いずれも円滑に進行することをすでにみてきた。次は，電子伝達の現在受け入れられている経路の裏づけとなっている一連の証拠をみてみよう。まず参加者である電子伝達体についてもっとよく知ろう。

ポイント3
呼吸鎖は，低電位の伝達体から高電位の伝達体への電子の輸送を触媒する。

フラビンタンパク質

第14章（p.536）で紹介したフラビンタンパク質

表 15.1　生化学的に興味のある標準還元電位

酸化剤		還元剤	*n*	$E^{0\prime}$ (V)
酢酸 ＋ CO_2 ＋$2H^+$ ＋ $2e^-$	⇌	ピルビン酸 ＋ H_2O	2	−0.70
コハク酸 ＋CO_2 ＋ $2H^+$ ＋$2e^-$	⇌	αケトグルタル酸 ＋ H_2O	2	−0.67
酢酸 ＋$3H^+$ ＋ $2e^-$	⇌	アセトアルデヒド ＋ H_2O	2	−0.60
フェレドキシン（酸化型）＋ e^-	⇌	フェレドキシン（還元型）	1	−0.43
$2H^+$ ＋ $2e^-$	⇌	H_2	2	−0.42
αケトグルタル酸 ＋CO_2 ＋ $2H^+$ ＋ $2e^-$	⇌	イソクエン酸	2	−0.38
アセト酢酸 ＋ $2H^+$ ＋ $2e^-$	⇌	βヒドロキシ酪酸	2	−0.35
ピルビン酸＋CO_2＋H^+＋$2e^-$	⇌	リンゴ酸	2	−0.33
NAD^+ ＋ H^+ ＋ $2e^-$	⇌	NADH	2	−0.32
$NADP^+$ ＋ H^+ ＋ $2e^-$	⇌	NADPH	2	−0.32
リポ酸（酸化型）＋ $2H^+$ ＋ $2e^-$	⇌	リポ酸（還元型）	2	−0.29
1,3-ビスホスホグリセリン酸 ＋ $2H^+$ ＋ $2e^-$	⇌	グリセルアルデヒド3-リン酸 ＋ P_i	2	−0.29
グルタチオン（酸化型）＋ $2H^+$ ＋ $2e^-$	⇌	2グルタチオン（還元型）	2	−0.23
FAD ＋ $2H^+$（自由補酵素）＋ $2e^-$	⇌	$FADH_2$	2	−0.22
アセトアルデヒド ＋ $2H^+$ ＋ $2e^-$	⇌	エタノール	2	−0.20
ピルビン酸 ＋$2H^+$ ＋ $2e^-$	⇌	乳酸	2	−0.19
オキサロ酢酸 ＋ $2H^+$ ＋ $2e^-$	⇌	リンゴ酸	2	−0.17
O_2 ＋ e^-	⇌	$O_2^{\cdot -}$（スーパーオキシド）	1	−0.16
αケトグルタル酸 ＋ NH_4^+ ＋ $2H^+$ ＋ $2e^-$	⇌	グルタミン酸 ＋ H_2O	2	−0.14
FAD（酸素結合型）＋ $2H^+$ ＋ $2e^-$	⇌	$FADH_2$（酸素結合型）	2	約0〜−0.30
メチレンブルー（酸化型）＋ $2H^+$ ＋ $2e^-$	⇌	メチレンブルー（還元型）	2	0.01
フマル酸 ＋ $2H^+$ ＋ $2e^-$	⇌	コハク酸	2	0.03
Q ＋ $2H^+$ ＋ $2e^-$	⇌	QH_2	2	0.04
デヒドロアスコルビン酸 ＋ $2H^+$ ＋ $2e^-$	⇌	アスコルビン酸	2	0.06
シトクロム*b*（+3）＋ e^-	⇌	シトクロム*b*（+2）	1	0.07
シトクロムc_1（+3）＋ e^-	⇌	シトクロムc_1（+2）	1	0.23
シトクロム*c*（+3）＋ e^-	⇌	シトクロム*c*（+2）	1	0.25
シトクロム*a*（+3）＋ e^-	⇌	シトクロム*a*（+2）	1	0.29
O_2 ＋ $2H^+$ ＋ $2e^-$	⇌	H_2O_2	2	0.30
フェリシアニド ＋ e^-	⇌	フェロシアニド	1	0.36
硝酸 ＋ $2H^+$ ＋ $2e^-$	⇌	亜硝酸 ＋ H_2O	2	0.42
シトクロムa_3（+3）＋ e^-	⇌	シトクロムa_3（+2）	1	0.55
Fe（+3）＋ e^-	⇌	Fe（+2）	1	0.77
1/2 O_2 ＋ $2H^+$ ＋ $2e^-$	⇌	H_2O	2	0.82

注意：$E^{0\prime}$ は pH 7，25℃での標準還元電位，*n* は移動する電子の数，各々の電位は次のように表される部分反応のものである。酸化剤 ＋ ne^- ⇌ 還元剤。

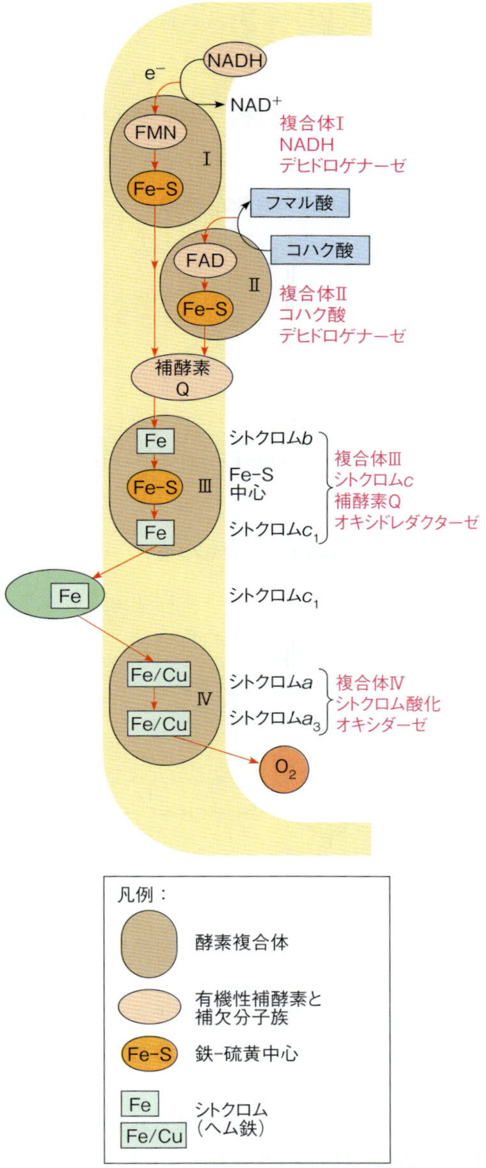

図 15.3　ミトコンドリアにおける呼吸系電子伝達体　この図は内膜においてコハク酸および NAD$^+$-連結基質を酸化する電子伝達体の順序を示す。

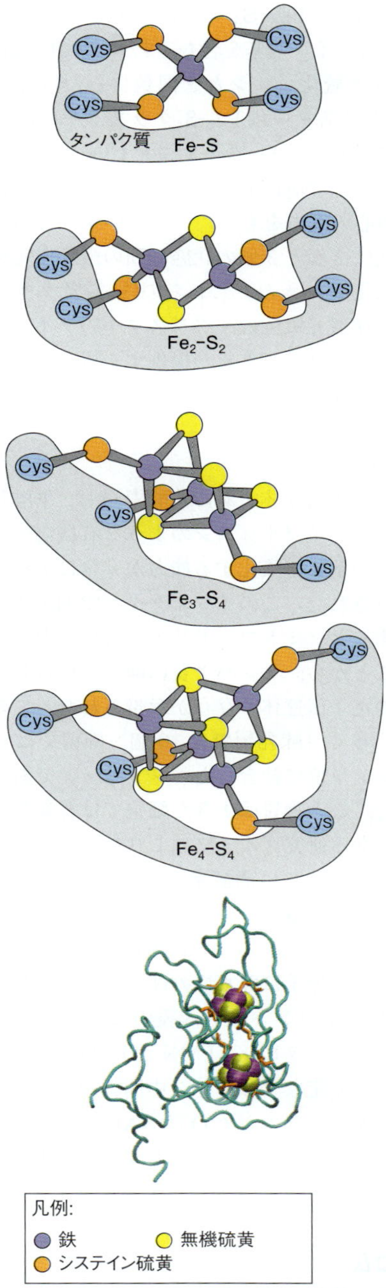

図 15.4　鉄-硫黄クラスターの構造　一番下の図は *Thermus thermophilus* からの複合体 I（PDB ID：3IAS）のサブユニット中での Fe_4-S_4クラスター対の共有結合を示す。

（フラボタンパク質）は，酸化還元補因子として強固に結合した FMN か FAD を含んでいる。それぞれのフラビンタンパク質はイソアロキサジン環に異なる微小環境を与えているため，フラビン上に特有の標準還元電位を与える。フラビンヌクレオチドは安定した 1 電子還元セミキノン中間体として存在できるため，2 電子と 1 電子過程の間の橋渡し役を務めることができる。

鉄-硫黄タンパク質

鉄-硫黄クラスター iron-sulfer cluster は，以下に示した 4 つの結合方式で硫黄と複合体を形成している非ヘム鉄で構成されている（図 15.4）。これらのクラスターは**鉄-硫黄タンパク質 iron-sulfur protein** の補欠分子族として働く。Fe-S と呼ばれる最も単純な形は，4 つのシステイン残基のチオール硫黄と四面体型の複合体を形成する 1 個の鉄を含む。第 2 の形は Fe_2-S_2 と呼ばれ，それぞれが 2 つのシステイン残基と 2 つの無機硫化物と複合体を形成する 2 つの鉄を含む。

最も複雑な形（Fe_4-S_4）は4つの鉄，4つの硫化物，4つのシステイン残基を含む。すべての鉄-硫黄クラスターが鉄と硫化イオンとを同数含むわけではない。Fe_3-S_4クラスターはFe_4-S_4クラスターと同一の幾何学構造をもつが，Fe原子1つとCysリガンド1つを欠いている。NADHデヒドロゲナーゼはFe_2-S_2とFe_4-S_4中心の両方をもつ。これらいずれの中心においても，鉄は2価と3価の状態の間の酸化還元をシャトルすることができる。これらの鉄-硫黄クラスター中の鉄の標準還元電位は，クラスターのタイプやそれが結合しているタンパク質が提供する微小環境に依存して劇的に変化する。

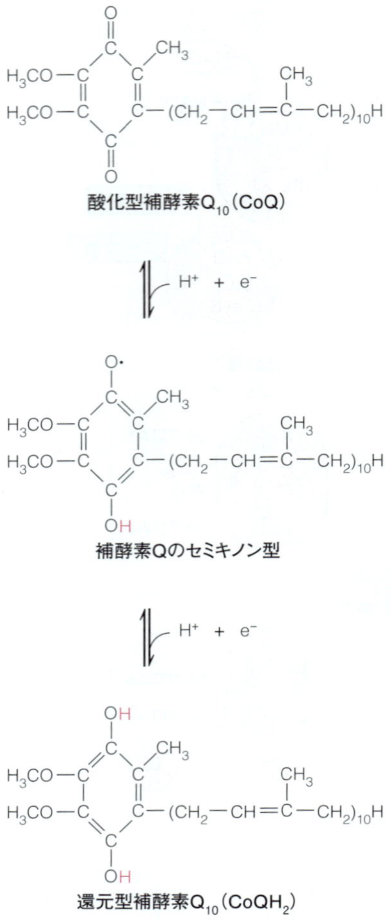

補酵素Q

呼吸系電子伝達体である補酵素Qは，単離したミトコンドリアをイソオクタンのような有機溶媒で処理すると，その基質を酸化する能力が完全に失われることから発見された。このイソオクタンで抽出された物質を添加すると，ミトコンドリアの酸化能力が完全に回復することから，タンパク質にゆるく結合した極端に脂溶性の電子伝達体の存在が示唆された。この伝達体は通常，多く（哺乳類では10個，細菌では6個）のイソプレン単位に結合したベンゾキノンであることがわかった。この物質は生きた細胞では普遍的に存在するため，ある研究グループはこれをユビキノンと命名し，他のグループは**補酵素Q coenzyme Q**，またはQと命名した。Q_{10}という語は，10個のイソプレン単位を含むQを特定するために用いられる。イソプレノイドの尾部は分子に疎水性の性質を与えており，そのためQはミトコンドリア内膜中に迅速に拡散することができる。フラビン（FMNとFAD）と同様，Qの酸化還元は安定なセミキノン中間体を通して一度に1電子を動かす。そのためQはNADHのような2電子伝達体とシトクロムのような1電子伝達体の接点となりうる。

シトクロム

最後に，独特の可視光スペクトルをもつ，赤色または茶色のヘムタンパク質のグループであるシトクロムの説明をしたい。これらのタンパク質は1925年，イギリス人David Keilinにより最初に性質が解明され，その呼吸における役割が明らかにされた。Keilinは手づくりの分光計を用い，昆虫の飛行筋肉中の赤-茶色の色素を観察した。筋肉が働いている間（固定化されたハエが逃げだそうとするとき），これらの色素のスペクトルは著しい変化をみせた。この観察からKeilinは，これらの物質が生物学的な燃料から酸素へと電子を運ぶ役割をもつと考察した。

主要な呼吸系シトクロムはそれらのスペクトル吸収ピークの波長に従って*b*，*c*，*a*のように分類される。図15.5は典型的な*b*，*c*および*a*型のシトクロムのスペクトル的性質を示している。それぞれのクラスの特有なスペクトルは，ヘムの置換基と結合様式の差に由来する。それぞれのクラス（*b*，*c*，または*a*）の中では，シトクロムはより小さなスペクトルの差により区別される。例えば，シトクロムc_1はシトクロム*c*と似たスペクトルをもつが，αとγの吸収ピークは少しだけ赤色側（長波長側）に寄っている。

呼吸系電子伝達体の中には3種の*b*型シトクロム，シトクロム*c*とc_1，およびシトクロム*a*とa_3が存在する。シトクロム*b*，*c*，c_1はいずれもヘモグロビンやミオグロビンと同様なヘム，すなわちプロトポルフィリンⅨと複合体を形成する鉄をもつ。シトクロム*b*の場合は異なるが，シトクロム*c*とc_1においては，このヘムはビニル側鎖のうちの2つと，2つのシステイン残基の間につくられたチオエーテル結合を通してタンパク質成分と共有結合している（図15.6a）。シトクロム*a*，a_3は，側鎖のうちの1つが3つのイソプレンユ

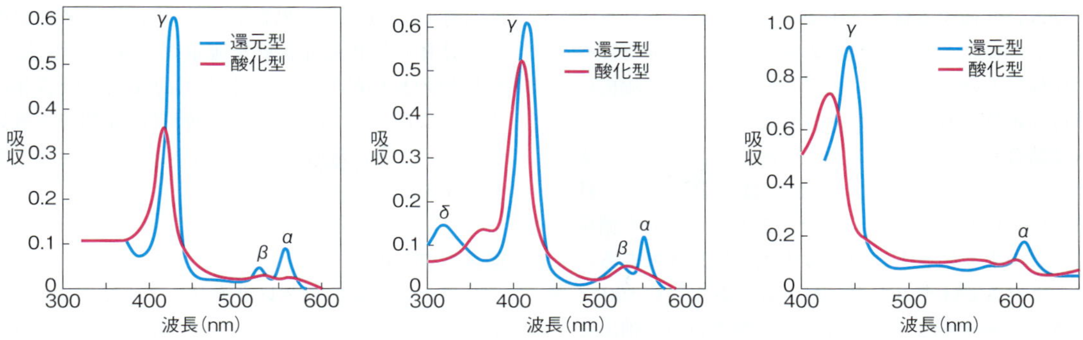

(**a**) シトクロム *b*　(**b**) シトクロム *c*　(**c**) シトクロム *a* と a_3

図 15.5　シトクロムの吸収スペクトル　曲線はシトクロム *b*，*c*，*a* の酸化状態（赤）と還元状態（青）の吸収スペクトルを表す。(**a**) *Neurospora* からのシトクロム *b*。(**b**) ウマの心臓からのシトクロム *c*。(**c**) ウシの心臓のシトクロムオキシダーゼ（これはシトクロム *a* と a_3の両方を含む）。
Springer and Plenum/*Mitochondria*, 1982, A. Tzagoloff, adapted with kind permission from Springer Science＋Business Media B. V.

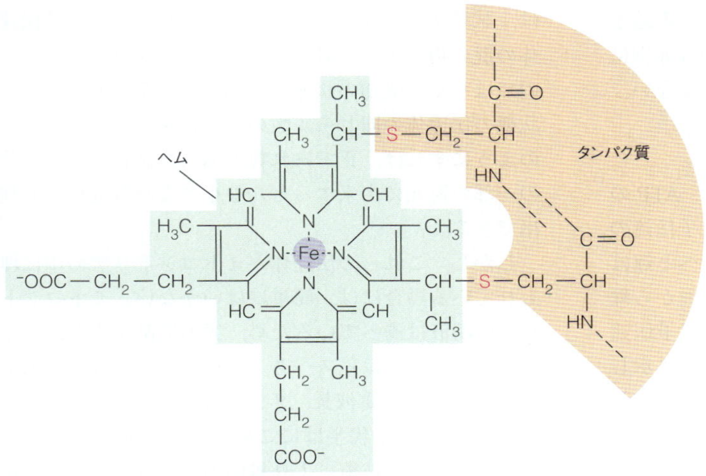

(**a**) シトクロム*c* と c_1の一般的な構造

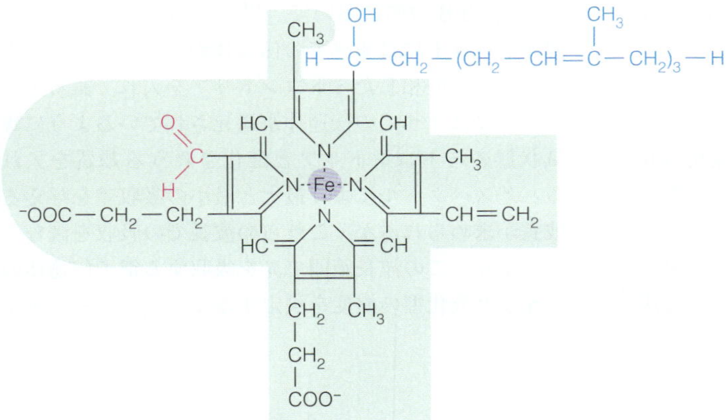

(**b**) シトクロム*a* と a_3におけるヘムA

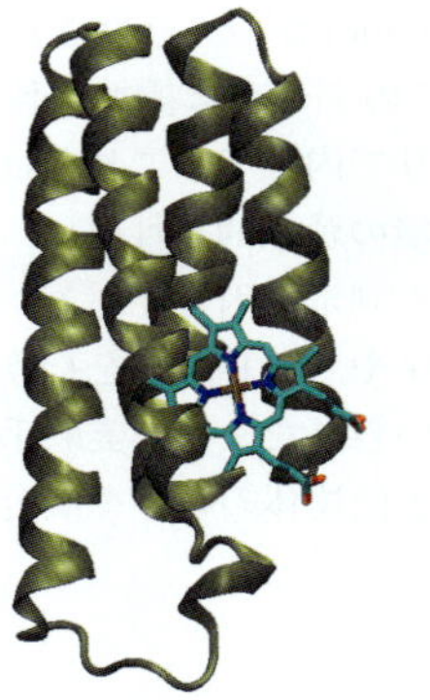

(**c**) シトクロム b_{562}の4ヘリックスバンドル

図 15.6　シトクロムにみられるヘム　(**a**) シトクロム *c* と c_1におけるヘムとタンパク質成分との間につくられる共有結合。ヘム上のビニル基は 2 つのシステイン残基のチオール基（赤）と結合している。(**b**) ヘム A，シトクロム *a* と a_3にみられる形。ホルミル基（赤）とイソプレノイド側鎖（青）の修飾側鎖に注意。(**c**) 大腸菌からのシトクロム b_{562}（PDB ID：1LM3）の 4 ヘリックスバンドル構造。

ニットからなる疎水的な尾部で修飾されているヘム A と呼ばれるヘムの修飾型を含んでいる（図 15.6b）。シトクロム *a* と a_3は全く同じヘム A 部分をもち，同じポリペプチド鎖と結合しているが，内膜の異なる環境に存在し，その結果，異なる還元電位をもつ。シトクロム *a* と a_3のヘムは，ヘム鉄の近くに存在する銅イオンと結合している。ヘム鉄の軸方向のリガンドもシトクロムのタイプにより変化する。図 15.6c は多くのシトクロムに共通する構造的モチーフである4ヘリックスバンドルに結合した *b* 型ヘムを示す。自然界ではヘムの環境におけるこれらの差異をシトクロムが幅広い標準還元電位に対応するために利用している。シトクロムは結合している金属を通して酸化還元を行う。すなわちシトクロム *a* と a_3においては，金属はヘム鉄の＋2と＋3の状態，銅の＋1と＋2の状態の間を循環する。このようにシトクロムは1電子伝達体である。

シトクロム *c* は小さなタンパク質であり（約100アミノ酸），内膜と結合しているが，可溶性の型で抽出しやすい。これは小さく，また量も比較的多いので，その詳細な構造研究が進んでいる。第5章を思い出してほしいが，シトクロム *c* のアミノ酸配列は進化の過程でよく保存されており，酵母とヒトほど離れた生物においても，シトクロム *c* の対応する位置のアミノ酸はほぼ50％同一である。他のシトクロムは膜に組み込まれたタンパク質であり，膜から遊離させるのは非常に難しい。したがって，それらの構造の知見は少ない。

呼吸系電子伝達体の順序の決定

生物学的な酸化によりエネルギーを獲得し，ATPの合成を達成している機構を理解するには，電子伝達の酸化反応を，電子が還元された基質から酸素へと運ばれる順序と，個々の反応のエネルギー論の両面から理解する必要がある。図15.7に主要な呼吸系電子伝達体の $E^{0\prime}$ 値を示した。もしこの図が順序を正確に示しているとすれば，一連の共役した発エルゴン反応としての呼吸系電子伝達を思い描くことができる。この反応ではNADHの O_2による酸化から得られる全エネルギーは多くの小さな段階で遊離され，その段階のいくつかは強い発エルゴン反応であり，その結果ATP生成に必要な30.5 kJ/molがつくりだされる。

しかし図15.7のデータは標準条件下でのものであり，ミトコンドリア内部ではこれとは条件が大きく異なる。特に膜環境の疎水的な性質は，*E* 値を変化させるが，その予想も測定も困難である。ここでは実際の電子伝達体の順序や，ATP合成を行う特別な反応を決定するために用いられた3種の実験手法の概略を説明しよう。まず電子伝達体の順序を決定する3種の方法から述べよう。(1) 無傷のミトコンドリア中での電子伝達体の酸化還元状態を測定する分光光度法，(2) 特異性の高い呼吸阻害薬や人工的な電子受容体の利用，および (3) 全体の反応の特異的な部分を触媒することのできる呼吸系の各部分へとミトコンドリアを分画する。

差スペクトル

ニコチンアミドヌクレオチド，フラビンヌクレオチドおよびシトクロムについては，還元型の伝達体は酸化型のものと異なる吸収スペクトルを示す。したがって，これらの伝達体の混合物のスペクトルを測定し，それぞれの酸化状態と還元状態の割合を知ることができる。この方法の感度は，**差スペクトル differential spectrum** が得られる場合には高くなる。この方法では，試料キュベットには調べようとしている電子伝達体の混合物を入れ，対照キュベットはブランクにするのではなく，既知の状態の，例えば完全に酸化された状態の伝達体の同じモル数の混合物を入れておく。このようにすれば，正であれ負であれ，試料中の伝達体の一部の還元に由来するどんな小さな吸収変化でも検出できる。

しかし，これらの伝達体がミトコンドリアの中に埋もれている場合には，簡単にはいかない。ミトコンドリア懸濁液は濁っているため，光の散乱が生じ，通常の分光光度計では差スペクトルを測定できない。Britton Chanceは二重波長，ダブルビームの分光光度計を開発し，1950年代半ばにこの技術の進歩に大いに貢献したが，その技術により無傷のミトコンドリアを用いて差スペクトルを測定することができるようになった。図15.8の例において，黒線で示したように，対照キュベットにはすべての伝達体が酸化されているように酸素で飽和したミトコンドリアを入れ，試料キュベットにはすべての伝達体が還元されているように嫌気状態のミトコンドリアと酸化されうる基質を入れる。差スペクトルにより最大と最小の吸収差を与える波長が求められるが，これらの波長での吸収を読むことにより，この波長範囲で光を吸収する電子伝達体の還元型と酸化型の濃度を決定することができる。例え

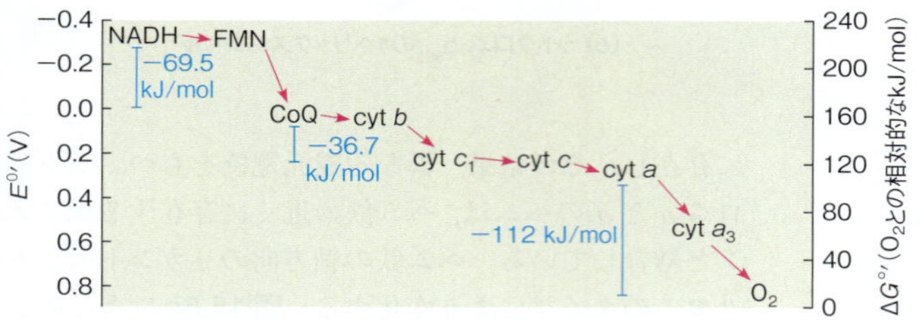

図15.7　主な呼吸系電子伝達体の標準還元電位差　呼吸鎖の以下の3つの反応の $\Delta G^{\circ\prime}$ 値はATP加水分解の $\Delta G^{\circ\prime}$ である−30.5 kJ/molより大きい。FMN → Q，cyt *b* → cyt c_1，cyt *a* → O_2。

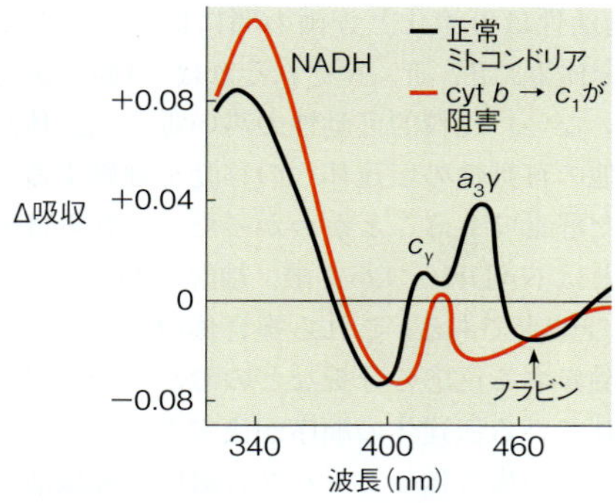

(a) 500 nm以下の波長の差スペクトル

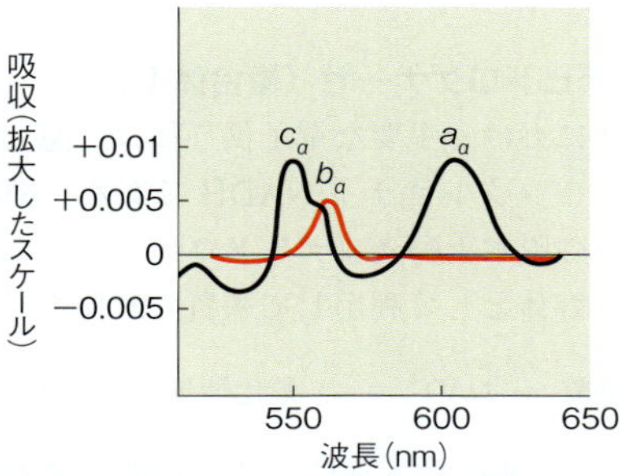

(b) さらに長い波長領域を拡大した差スペクトル

図 15.8　ミトコンドリアの差スペクトル　ラット肝臓ミトコンドリアのこれらの差スペクトルは，二重波長分光光度計により記録されたものである。黒線は完全に還元されたミトコンドリアと完全に酸化されたミトコンドリアの差スペクトルを示す。嫌気的条件下で基質により還元されたミトコンドリアを試料用容器に，酸化されたミトコンドリアを対照用の容器に入れた。この図のピークと肩は NADH，フラビン，シトクロム *a*，a_3，*b* および *c* の α と γ の吸収バンドを示している。赤線は，シトクロム *b* から c_1への電子の流れを阻害する呼吸阻害薬，アンチマイシン A を加えた影響を示したものである。この阻害薬はシトクロム *b* 以降のすべての伝達体を完全に酸化状態にとどめ，一方，NADH，フラビンおよびシトクロム *b* は還元状態にある。500 nm 以上の波長領域は拡大されていることに注意。

Springer and Plenum/*Mitchondria*, 1982, A. Tzagoloff, adapted with kind permission from Springer Science+Business Media B. V.

ば，340 nm の吸収が大きければ，それだけ NADH として存在する NAD^+/NADH 対の割合が大きいことを意味する。460 nm の負の吸収が低ければ，それだけ酸化型のフラビンヌクレオチオドの割合が大きいことになる。

この技術が導入されてすぐに 2 つの重要な観察がなされた。1 つは，活発に呼吸しているミトコンドリアにおいては NADH が NAD^+よりも多い一方で，シトクロム a_3はほとんどが酸化されていた。中間で働く伝達体においては，酸化状態のものの割合は，それが呼吸において機能していると推定される順序と同じ順序で大きくなっていた（図 15.7）。もう 1 つは，嫌気性ミトコンドリアに酸素を与え，その後一定の時間ごとに差スペクトルを観察すると，それぞれの伝達体が完全に還元された状態から部分的に酸化された状態へと変化する順番を決定することができた。そしてその順序は，呼吸においてそれらが機能していると推定される順序と同じであった。

阻害薬と人工的な電子受容体

呼吸阻害薬や人工的な電子供与体または受容体として働く添加物質を利用した差分光光度法により，さらに情報が得られた。いくつかの重要な阻害薬の作用点を図 15.9 に示した。これらの中には（1）殺虫薬として使用され，NADH から補酵素 Q への電子の流れを阻害する南アメリカの植物の産物である**ロテノン rotenone**，（2）同じ作用点をもつバルビツール系薬物である**アミタール amytal**，（3）シトクロム *b* から c_1への電子の流れを阻害する放線菌 *Streptomyces* の抗生物質である**アンチマイシン A antimycin A**，および（4）**シアン化物 cyanide**，**アジ化物 azide**，**一酸化炭素 carbon monoxide** などである。シアン化物とアジ化物はシトクロム a_3の酸化型と反応し，一酸化炭素は還元型と反応する。

呼吸阻害薬の有用性を知るため，活発に呼吸してい

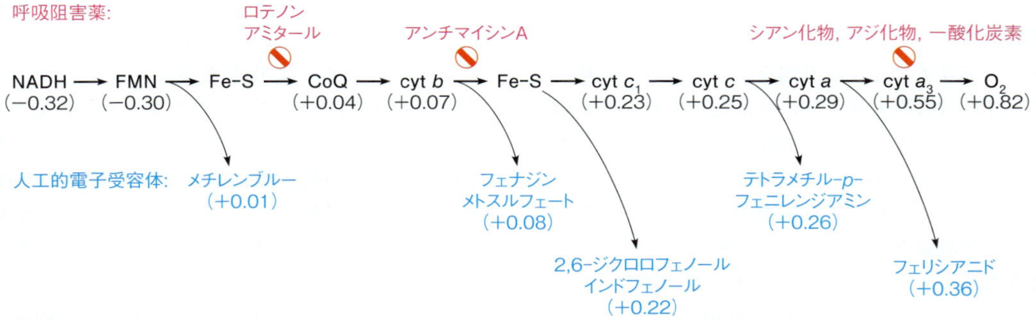

図 15.9　いくつかの呼吸阻害薬と人工的な電子受容体の作用部位　この NADH から O_2までの呼吸鎖の概略図は，いくつかの有用な阻害薬（赤字）と人工的な電子受容体（青字）の作用部位を示す。それぞれの受容体の位置は $E^{0'}$ 値（カッコの中）に従って決めた。これはミトコンドリアに加えた場合にその受容体が呼吸鎖から電子を引き出す位置として妥当なものと思われる。

るミトコンドリアにアンチマイシンAを添加した場合を考えてみよう（図15.8の赤線参照）。電子はシトクロム *b* から c_1へは移動できないために，シトクロム *b* より前のすべての伝達体は還元される一方，それ以降の伝達体はすべて完全に酸化される。これはあたかもダムの上流に水がたまったようなものである。この阻害部位は，すべての経路が阻害される阻害の特異的な標的という意味で**交差点 crossover point** と呼ばれる。呼吸鎖における交差点は，二重波長分光光度計により同定できる。すなわち，その阻害部位よりも前のすべての伝達体（アンチマイシンA処理後ではNAD，フラビン，Q，シトクロム *b*），およびその部位の後ろのすべての伝達体（シトクロム c_1，c，a，a_3）が明らかになる。

人工的な電子供与体と受容体は自動的で非酵素的な酸化還元反応によって，呼吸鎖に電子を付与したり，そこから電子を引き抜いたりすることのできる化合物である。例えば2,6-ジクロロフェノール-インドフェノール 2,6-dichlorophenol-indophenol（DCIP）は自動的にシトクロム *b* を酸化するが，おそらく c_1はしない。これは関与する $\Delta E^{0\prime}$ の問題である（図15.9参照）。このことは，シトクロム *b* がコハク酸あるいはNADHからの電子の流入点よりも後ろに位置していることを示している。重要な観察は，シアン化物で阻害されたミトコンドリアにDCIPを加えると，そのミトコンドリアはNAD^+連結基質もコハク酸もともに酸化できるようになることである。この系では電子は基質からシトクロム *b* へと流れ，次には外から加えた電子伝達体であるDCIPへと流れ，それが還元されることになる。大きな正の $\Delta E^{0\prime}$ をもつフェリシアニドは，シトクロム a_3までのすべての伝達体から電子を受け取ることができる。

> **ポイント4**
> 差分光光度法，呼吸阻害薬の分析および膜複合体の性質などから，呼吸鎖における電子伝達体の作用順序が決められた。

呼吸複合体

ミトコンドリアは超音波処理などの機械的な処理によって，または外膜を選択的に可溶化はするが多くのタンパク質-タンパク質相互作用には影響しないジギトニンのような非イオン性の界面活性薬により破壊することができる。これらの技術を組み合わせ，ミトコンドリアの呼吸鎖を，それぞれが呼吸鎖全体の一部を含むような4つの別々の酵素複合体（複合体Ⅰ，Ⅱ，Ⅲ，Ⅳ。図15.2b参照），およびADPからのATP合成を触媒する5番目のもの（複合体Ⅴ）に分画することができる。これらの多重サブユニット複合体の電子-伝達活性は可溶化と分画の間に保持されたことから，複合体Ⅰ，Ⅱ，Ⅲ，Ⅳそれぞれは，（膜に強くは結合していない）比較的可動性の高い電子伝達体からの電子の他の可動性の伝達体への移動を触媒する，膜に埋もれた酵素であることがわかった。これら可動性の伝達体とはNADH，コハク酸，補酵素Q，シトクロム *c*，および酸素である。これら複合体中の電子伝達体の有無や触媒する反応の分析などのおかげで，現在受け入れられている伝達体の順序が決定された。図15.10にそれぞれの複合体のタンパク質組成と触媒活性とをまとめた。次にこれら複合体の構造や機能をより詳細に調べ，呼吸鎖においてこれらが統合されている様子をみよう。

NADHデヒドロゲナーゼ（複合体Ⅰ）

呼吸鎖における主要な電子供与体は，還元型のニコチンアミドヌクレオチドNADHである。細胞内において多くの脱水素酵素（デヒドロゲナーゼ）がNAD^+を電子受容体として利用して基質の酸化を触媒する。

$$\text{還元型基質} + NAD^+ \rightleftharpoons \text{酸化型基質} + NADH + H^+$$

第11章で述べたように，これらの可逆的な脱水素酵素は2つの電子をハイドライドイオン（H^-）の形で基質からNAD^+へと移動させ，NADHをつくるのに関与する。ニコチンアミドヌクレオチドはすぐにそれらの酵素から離れ，異なる酵素や経路間で電子を運ぶ可溶性の酸化還元補因子として働く。ミトコンドリア呼吸においては，さまざまな脱水素酵素からのNADHは，電子伝達の最初の段階で複合体Ⅰ，すなわち**NADHデヒドロゲナーゼ NADH dehydrogenase**により酸化されるが，それは次の反応を触媒する。

$$NADH + H^+ + Q \rightleftharpoons NAD^+ + QH_2$$

ミトコンドリアのNADHデヒドロゲナーゼは膜に埋め込まれた複数のサブユニットからなる大きな複合体（約1,000 kDa）で，約45個の独立したポリペプチド鎖をもつ。細菌の複合体はずっと小さく，細菌からヒトまで保存されている14個の“芯（コア）”サブユニットからなる。より大きなミトコンドリアの酵素は，このコアに少しずつサブユニットが付加されて進化してきたものである。複合体は固く結合した補欠分子群として**フラビンモノヌクレオチド flavin mononucleotide（FMN）**および還元型フラビンから補酵素Q（Q）へと電子を移動させる8個の**鉄-硫黄クラスター**を含んでいる。

NADHデヒドロゲナーゼ複合体により触媒される反応全体は次ページ左に示した。電子は次に補酵素Qを還元するのに用いられるため，この複合体の働きを

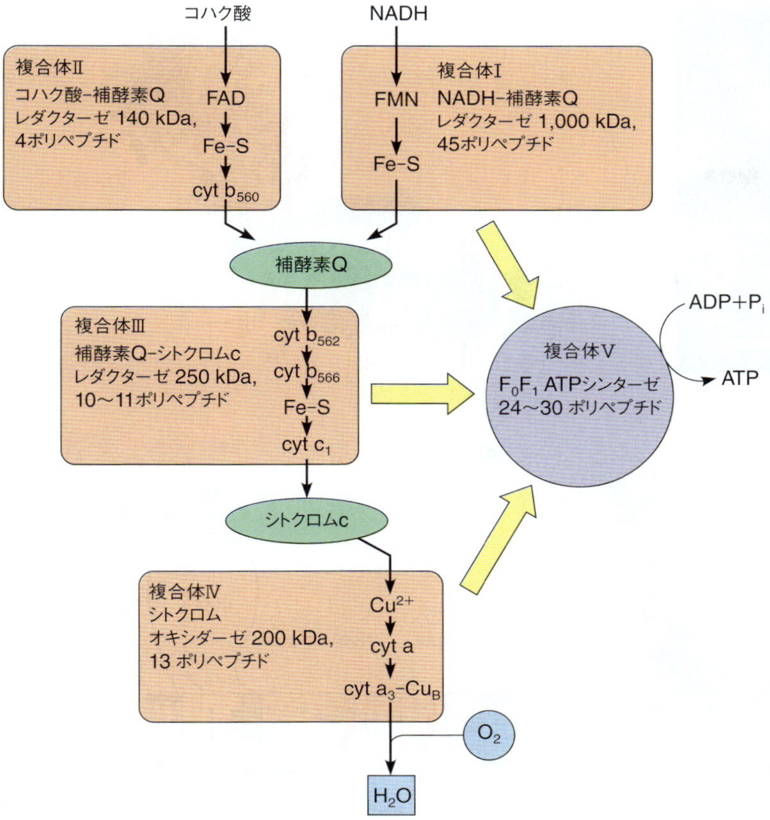

図 15.10　ミトコンドリアの呼吸集合体における多重タンパク質複合体　シトクロム *b* につけられた数字は，そのスペクトルの極大値を示す。cyt b_{562} と cyt b_{566} と同定された複合体Ⅲの 2 つのヘム *b* は，同一のポリペプチド鎖に結合している。黄色の矢印は複合体Ⅴ（ATP シンターゼ）による ATP の合成を駆動するために使われる複合体Ⅰ，Ⅱ とⅣの作用により遊離されるエネルギーを示す。

示す名前として **NADH-補酵素 Q レダクターゼ NADH-coenzyme Q reductase** とも呼ばれる。

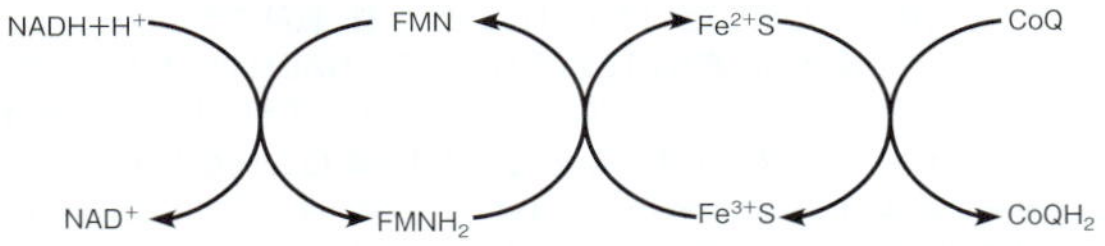

この過程は 2 電子供与体（NADH）で始まるが，単一の電子しか運べないいくつかの鉄-硫黄クラスターを用いる点に注意してほしい。FMN は 2 電子と 1 電子伝達体間のトランスフォーマーとして働いている。

図 15.11 は，複合体Ⅰの中でこれらの種々の電子伝達体がいかに機能しているかに関する現在の我々の理解を示している。いくつかの異なる真核生物と細菌からの複合体Ⅰの電子顕微鏡写真は，2 つの腕をもつ L 型構造を示している。ミトコンドリアの内膜（または細菌の原形質膜）内に埋め込まれた疎水性の膜内腕と，ミトコンドリアのマトリックス（または細菌の細胞質）に突き出た親水性の周辺腕である（図 15.11a）。アーキア（古細菌）*Thermus thermophilus* からの複合体Ⅰ全体の X 線結晶構造は，FMN と 9 個の鉄-硫黄クラスターをもつ 15-サブユニット複合体が周辺腕に存在することを示している（図 15.11b, c）。複合体Ⅰは NADH から FMN へのハイドライドの移動（2 電子）を触媒し，FMN は次に一度に 1 つずつの電子を次々に鉄-硫黄クラスターへと移動させる。反応の最終段階で Q は一度に 1 電子ずつ還元され QH_2 になる。

ポイント 5
複合体Ⅰを通した電子の輸送は，マトリックスから膜間腔へのプロトンの汲み出しと共役している。

複合体Ⅰは複合体を通した電子の流れと密接に共役した第 2 の重要な過程も触媒する。マトリックス側から内膜の膜間腔側への 4 つのプロトン（H^+）の移動である（図 15.11）。*T. thermophilus* 酵素の X 線構造は，電子伝達がいかにしてプロトンを汲み出すかを説明する可能な機構を示唆している（図 15.11d）。膜内腕の NuoL サブユニットは隣の膜サブユニットを通り抜ける長い α ヘリックス（110Å）をもつ。FMN から補酵素 Q へと電子が移動するにつれ，NuoA/J/K と H サブユニットは立体配座変化を起こし，その結果，長い α ヘリックスを膜内腕の他のサブユニットのほうへと押し出す。そのためこれらサブユニット中の α ヘリックス（図 15.11c, d では赤色）は傾き，プロトン

15

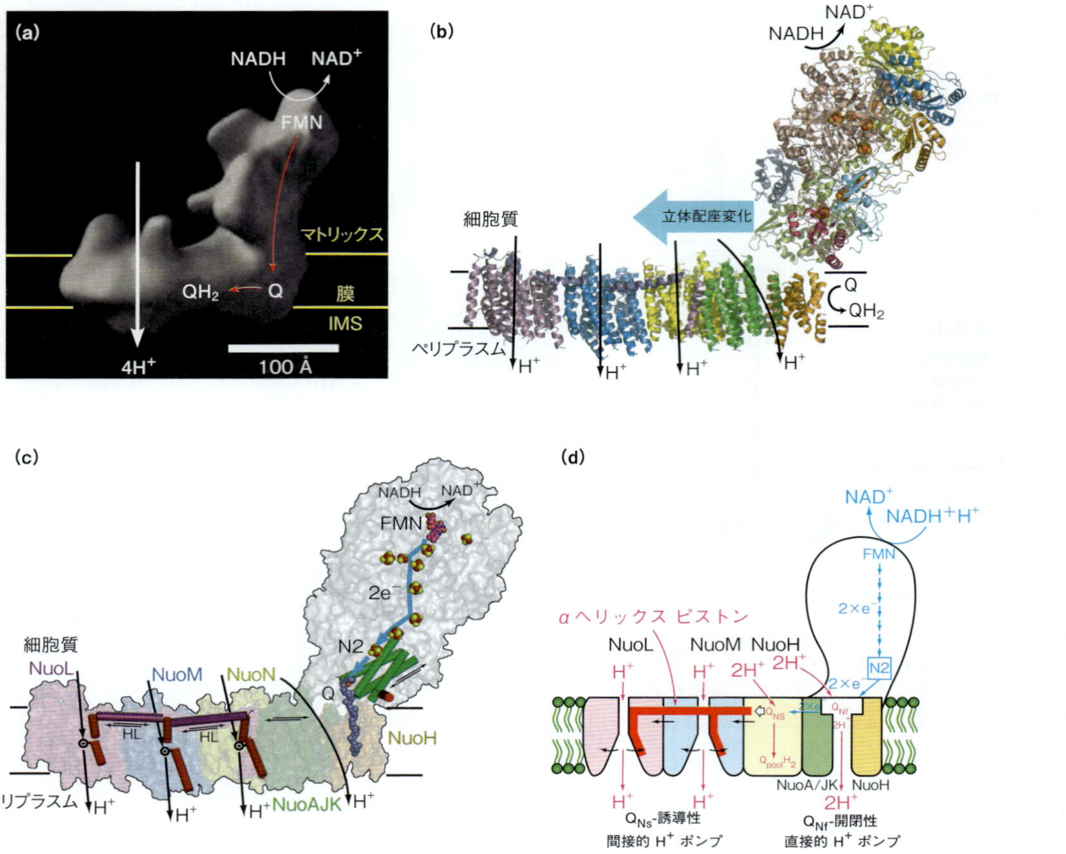

図 15.11　複合体Ⅰ（NADH-補酵素 Q レダクターゼ）の構造と機能　**(a)** 酵母 *Yarrowia lipolytica* からの複合体Ⅰを三次元電子顕微鏡で決定したもののモデル。膜中の腕部分は約 30 個のサブユニットからなり，Q 結合部位とプロトン（H^+）ポンプ機能部分をもつ。末端の腕部分は 8 つのサブユニットからなる。NADH から Q への電子伝達経路と H^+ポンプの方向を模式的に示す。**(b)** 古細菌 *Thermus thermophilus* からの複合体Ⅰの全体の X 線構造。サブユニット NuoM（青）と N（黄）へと突き出ているサブユニット NuoL の長いαヘリックスは暗紫色で示されている。プロトンの移動に関して言えば，細菌における細胞質とペリプラズムはそれぞれミトコンドリアのマトリックスと膜間腔（IMS）に相当する。**(c)** 複合体Ⅰによるプロトンの膜通過の提案モデル。サブユニットの名前は大腸菌の構造によった。そしてパネル（b）と同様な色で示した。FMN（ピンク），鉄-硫黄クラスター（赤/黄）と補酵素 Q（暗青）を中心に示した。FMN から鉄-硫黄クラスターを介した Q への電子伝達経路は青矢印で示されている。NADH は FMN の近くに結合する。**(d)** 複合体Ⅰによる電子伝達とプロトンポンプの共役の提案モデル。NuoL からの長いαヘリックスは赤い水平のバーで示した。縦の赤いバーは緑色とオレンジ色のサブユニットの立体配座変化に応じて傾くプロトンチャネルのαヘリックスを示す。Q_{Nf}とQ_{Ns}は補酵素 Q の別々の種である。

(a) Adapted from *The Annual Review of Biochemistry* 75：69-92, U. Brandt, Energy converting NADH：Quinone oxidoreductase（complex I）. © 2006 Annual Reviews；(b, c) Reprinted from *Current Opinion in Structural Biology* 21：532-540, R. G. Efremov and L. A. Sazanov, Respiratory complex I："Steam engine" of the cell? © 2011, with permission from Elsevier.(d) Modified with permission of Federation of the European Biochemical Societies from *FEBS Letters* 584：4131-4137, T. Ohnishi, E. Nakamaru-Ogiso, and S. T. Ohnishi, A new hypothesis on the simultaneous direct and indirect proton pump mechanisms in NADH-quinone oxidoreductase（complex I）. © 2010.

がチャネルを通して膜を通過できるようになる。

このようにして，複合体Ⅰは電気化学的勾配に逆らい 4 個の H^+を移動させるために，NADH から Q への 2 個の電子の発エルゴン的な移動で遊離されるエネルギーを用いるプロトンポンプとして働く。この 4 個のプロトンの膜通過を説明するため，複合体Ⅰにより触媒される反応を次のように表すことができる。

$$\mathrm{NADH} + 5\mathrm{H}^{+}_{\text{マトリックス}} + \mathrm{Q} \rightleftharpoons \mathrm{NAD}^{+} + \mathrm{QH_2} + 4\,\mathrm{H}^{+}_{\text{膜間腔}}$$

すぐ後に示すように，この強制的な共役過程は ATP を合成する化学浸透圧機構のエッセンスである。

コハク酸-補酵素 Q レダクターゼ（複合体Ⅱ）

補酵素 Q（Q）は NADH のみならず図 15.3 に示すようにコハク酸からも，また脂肪酸酸化の中間体からも呼吸鎖に電子を引き入れる。コハク酸デヒドロゲナーゼは第 14 章で述べたように，FAD 補酵素を利用する。他のクエン酸回路の酵素とは異なり，コハク酸デヒドロゲナーゼは内膜タンパク質である（図 15.12）。したがってこの酵素はその結合している $FADH_2$から直接電子を他の膜-結合型呼吸系伝達体に移動させる。NADH デヒドロゲナーゼ（複合体Ⅰ）と同様，コハク酸デヒドロゲナーゼは一連の鉄-硫黄中心を通しで電子を補酵素 Q に移動させるので，そのよ

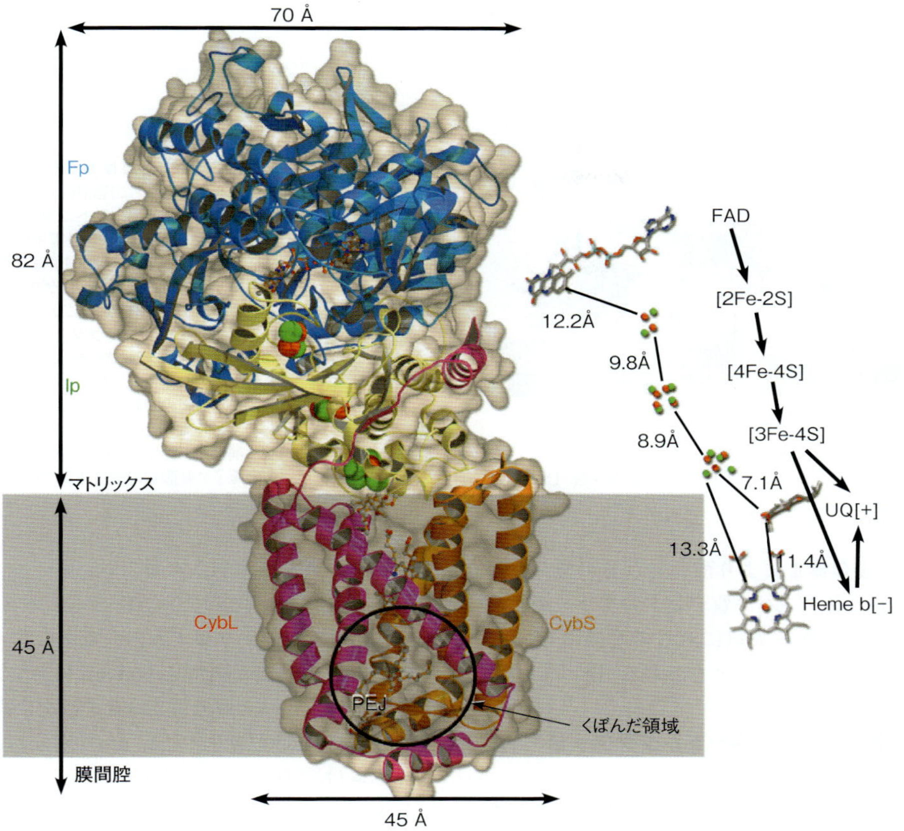

図 15.12　ブタ心臓ミトコンドリアからの複合体Ⅱ（コハク酸デヒドロゲナーゼ）(PDB ID：1ZOY) の構造　酵素はマトリックスに突き出た2つの親水性サブユニット，FAD結合サブユニット（青）と鉄–硫黄サブユニット（黄）および2つの膜貫通サブユニット（ピンクと金）とからなる。FADから3つの鉄–硫黄クラスターを介した補酵素Q（UQ）への電子伝達経路は右側に示した。酵素は膜貫通サブユニットに結合した*b*型ヘムも含むが，その電子伝達過程における役割は未知である。コハク酸は青色サブユニット中のFAD近くに結合する。
Adapted from *Cell* 121：1043-1057, F. Sun, X. Huo, Y. Zhai, A. Wang, J. Xu, D. Su, M. Bartlam, Z. Rao, Crystal structure of mitochondrial respiratory membrane protein complex II. © 2005, with permission from Elsevier.

り完全な名前は**コハク酸–補酵素Qレダクターゼ succinate-coenzyme Q reductase**である（複合体Ⅱとも呼ばれる。図15.2と図15.3参照）。複合体Ⅱはプロトンを汲み出さない。したがってその触媒する反応は以下のようにまとめられる。

$$\text{コハク酸} + \text{Q} \rightleftharpoons \text{フマル酸} + \text{QH}_2$$

ETF：ユビキノンオキシドレダクターゼ ETF：ubiquinone oxidoreductaseと**グリセロール3–リン酸デヒドロゲナーゼ glycerol-3-phosphate dehydrogenase**を含む少なくともあと2つのフラビンタンパク質である脱水素酵素も電子をQに運ぶ（図15.13）。これらの酵素はクエン酸回路の中間体からではなく，むしろ他の酸化経路から電子を移動させる。コハク酸デヒドロゲナーゼと同様，ETF：ユビキノンオキシドレダクターゼも内膜のマトリックス側に結合しており，電子伝達体としてFADとFe_4S_4クラスターを利用する。**ETF（電子伝達フラビンタンパク質 electron-transferring flavoprotein）**はミトコンドリアのマトリックス中の小型で可溶性のタンパク質であり，脂肪酸やアミノ酸の酸化に関与する少なくとも12種の異なるミトコンドリアのFAD含有デヒドロゲナーゼから電子を受け取る。例えばミトコンドリアの脂肪酸β酸化の最初の段階で（第17章参照），**アシルCoAデヒドロゲナーゼ acyl-CoA dehydrogenase**は脂肪酸アシルCoA基質からETFへの2個の電子の移動を触媒する。$FADH_2$が結合しているETFは，次にETF：ユビキノンオキシドレダクターゼにより再酸化され，呼吸鎖中のQへと電子を移動させる。内膜の膜間表面に存在するグリセロール3–リン酸デヒドロゲナーゼは，グリセロール3–リン酸のジヒドロキシアセトンリン酸 dihydroxyacetone phosphate（DHAP）への酸化を触媒し，QをQH_2へと還元する（図15.13）。この反応は，電子を細胞質のNADHからミトコンドリアのマトリックスへとシャトルさせるのに重要な役割を果たしていることを後で学ぶ（図15.2と図15.30参

15

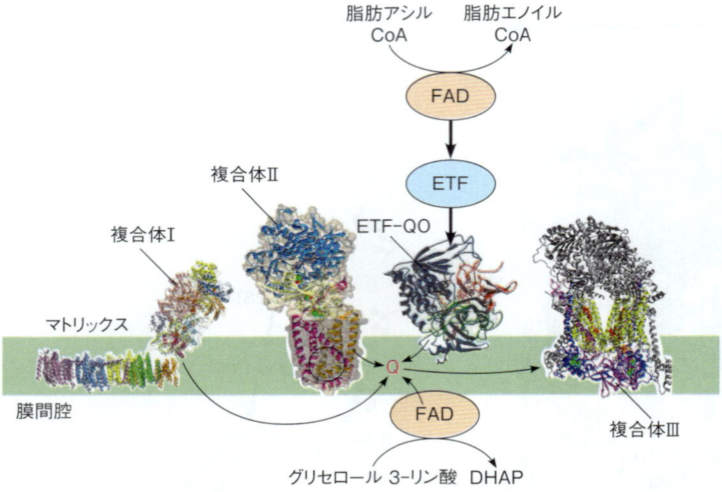

図 15.13　補酵素 Q は多くのフラビンタンパク質から電子を集める　この脂溶性で可動性の酸化還元補因子は少なくとも4つのミトコンドリアのフラビンタンパク質デヒドロゲナーゼの電子受容体として働く。NADH とコハク酸からの電子はそれぞれ複合体Iと複合体II（コハク酸デヒドロゲナーゼ）を介して供給される。電子-伝達性フラビンタンパク質（ETF）：ユビキノンオキシドレダクターゼは還元型 ETF から Q への電子の伝達を触媒する。これらの電子は脂肪酸のβ酸化のアセチル-CoA デヒドロゲナーゼの段階に由来する。内膜の膜間腔側の面に位置するグリセロール 3-リン酸デヒドロゲナーゼはグリセロール 3-リン酸から補酵素 Q へと電子を運ぶ。そして還元型 QH_2 からの電子は呼吸鎖の複合体IIIへと渡される。

照）。Q は次に複合体IIIにより酸化されるので，Q はいくつものフラビンタンパク質デヒドロゲナーゼから電子を集め，それらを呼吸鎖に沿って最後の O_2 にまで渡していく集合点とみることもできる（図 15.10）。

補酵素 Q：シトクロム *c* オキシドレダクターゼ（複合体III）

還元された補酵素 Q の酸化は内膜に埋め込まれたもう1つの大きな多重サブユニット複合体である呼吸鎖の複合体IIIにより仲介される。この酵素は QH_2 からシトクロム *c* への電子の移動を触媒し，したがって**補酵素 Q：シトクロム *c* オキシドレダクターゼ coenzyme Q：cytochrome c oxidoreductase** と呼ばれる。哺乳類の複合体IIIは二量体として働くが，それぞれはシトクロム *b*，シトクロム c_1 や Rieske 鉄-硫黄タンパク質と呼ばれるものを含む 10 か 11 のタンパク質鎖（約 250 kDa）からなる。この複合体を通した電子の移動は単量体当たり2種の *b* 型ヘム，1種の *c* 型ヘムと1つの Fe_2S_2 クラスターが関与するため，複合体IIIは**シトクロム bc_1 複合体 cytochrome bc_1 complex** とも呼ばれる。図 15.14 はウシのミトコンドリアの複合体IIIの X 線結晶構造と酸化還元中心の位置を示す。

QH_2 から複合体IIIを通ったシトクロム *c* への電子の経路は図 15.10 に示したものよりも複雑である。なぜならばこの点で，電子は2電子供与体である QH_2 から1電子受容体であるシトクロムへと移動するからである。この化学量論の説明のために **Q 回路 Q cycle** が提案されている（図 15.15）。複合体IIIは Q_0 と Q_1 という Q に対する2つの結合部位をもつ。QH_2 は Q_0 部位で酸化され，そこでは2つの電子は2つの異なる経路をとる。最初の電子は Rieske 鉄-硫黄タンパク質の鉄-硫黄クラスター，シトクロム c_1，そしてシトクロム *c* へと移される。生成した $QH^{\bullet}$ セミキノンは，次にその第2の電子をシトクロム *b* の低電位の b_L ヘム成分（このヘムは光吸収の極大を 566 nm にもつために b_{566} とも呼ばれる）へと移し，この電子は次に高電位の b_H ヘム（b_{562}，光吸収極大が 562 nm）成分へと移動する。b_H ヘムは膜のマトリックス側に近い Q_1 部位に位置するが，そこで酸化されている1分子の Q を $QH^{\bullet}$ セミキノンに還元する。この過程は反復され，QH_2 の第2の分子が Q_0 部位で酸化され，1電子が Rieske 鉄-硫黄タンパク質へと流れ，前述のようにシトクロム *c* へと流れる。しかし，この場合には b_H ヘムからの電子は Q_1 部位において $QH^{\bullet}$ セミキノンを QH_2 へと還元する（図 15.15）。その結果，2分子の QH_2 が酸化され1分子の Q が還元され，全体として2つの電子が2分子のシトクロム *c* を還元したことになる。プロトン消費反応はマトリックス内で進み，プロトンの遊離は膜間腔で起きるため，Q 回路は ATP 合成を進めるために必要なプロトン勾配に貢献する（p.577〜578 参照）。

> **ポイント6**
> 複合体IIIを通した電子の輸送は，マトリックスから膜間腔へのプロトンの汲み上出しと共役している。

シトクロム *c* の位置に注目すること。それは内膜の膜間腔側にある。シトクロム *c* は細胞の中で呼吸における電子伝達体として以外にもう1つの重要な役割をもつ。シトクロム *c* は**アポトーシスの本質的な経路 intrinsic pathway of apoptosis**，すなわちプログラム化された細胞死における中心的なシグナル伝達成分である。この経路は酸化的損傷，DNA 損傷，および他の多くの細胞を直接的に損傷する化学的，物理的攻撃への応答として開始される。これら多様な本質的な

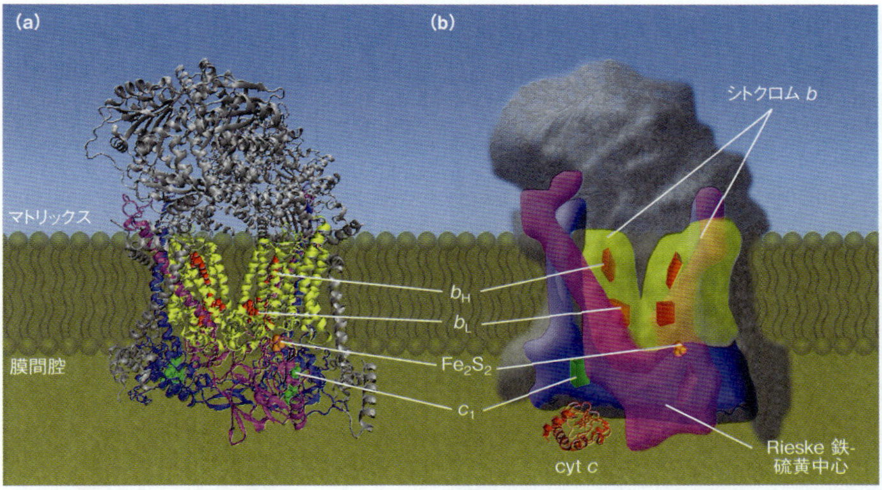

図 15.14　複合体Ⅲ（補酵素 Q：シトクロム *c* オキシドレダクターゼ）の構造　**(a)** ウシのミトコンドリアからの二量体複合体（PDB ID：1PP）の X 線構造。シトクロム *b* サブユニットは黄色，それぞれは赤色で示した 2 個の *b* 型ヘム（b_Hと b_L）と結合している。Rieske 鉄-硫黄タンパク質（ISP）サブユニットは赤紫色，Fe_2-S_2（鉄-硫黄）中心はオレンジ色（第 2 の ISP サブユニットとその鉄-硫黄中心は構造の裏側に隠れている）。シトクロム c_1 サブユニットは青色，その *c* 型ヘムは緑色，その他の残りのサブユニットは銀色。**(b)**（a）と同様の色で示した複合体Ⅲの二量体の模式図で，サブユニットと酸化還元伝達体の位置を書いた。内膜中の複合体のおおよその位置を示した。

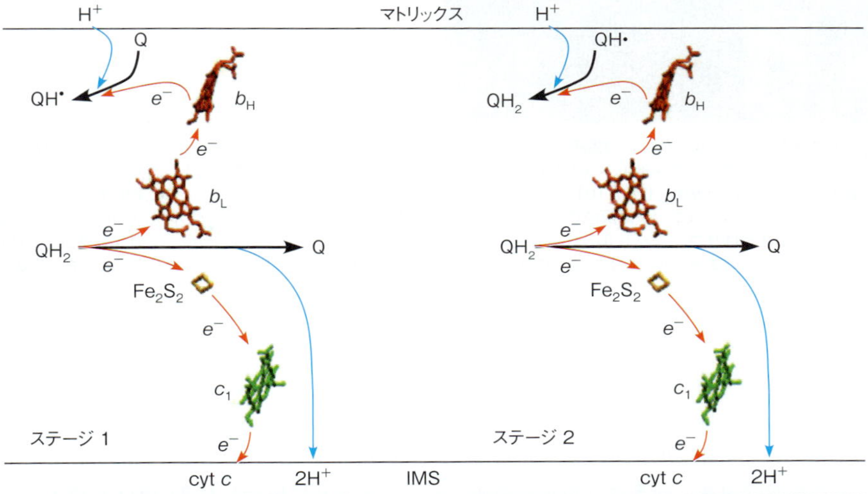

ステージ 1: $QH_2 + Q + H^+_{マトリックス} + \text{cyt } c_{酸化} \rightarrow QH^• + Q + 2H^+_{膜間腔} + \text{cyt } c_{還元}$

ステージ 2: $QH_2 + QH^• + H^+_{マトリックス} + \text{cyt } c_{酸化} \rightarrow QH_2 + Q + 2H^+_{膜間腔} + \text{cyt } c_{還元}$

正味: $QH_2 + 2\text{cyt } c_{酸化} + 2H^+_{マトリックス} \longrightarrow Q + 2\text{cyt } c_{還元} + 4H^+_{膜間腔}$

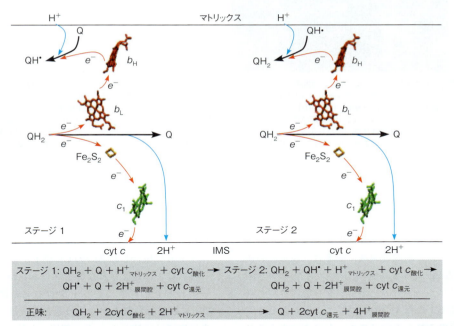

図 15.15　Q 回路　ウシのミトコンドリアの二量体複合体Ⅲ（**図 15.14**）の片方における酸化還元中心（PDB ID：1PPJ）の空間配置をタンパク質成分を除いて示した。それぞれの段階での電子の経路は赤い矢印で，プロトンの経路は青い矢印で示した。Q_0部位は図の中央に，Q_1部位は上部（内膜のマトリックス側）にある。回路のそれぞれの段階の化学量論と全体の回路の化学量論も示した。

ストレスはすべて同一の応答を引き起こす。ミトコンドリアの外膜がより透過性を増し，シトクロム *c* が膜間腔から細胞質へと遊離され，そこで複合体（**アポトソーム apoptosome**）中のいくつかの他のタンパク質と結合する結果，タンパク質分解カスケードが活性化され細胞死へと繋がる（アポトーシスは第 28 章でさらに詳細に議論される）。このようにして，呼吸鎖の重要な成分はまた細胞死経路の重要な成分でもあり，ミトコンドリアと真核細胞の進化の関連性を考えさせる（これについては本章の最後で詳しく述べる）。

シトクロム *c* オキシダーゼ（複合体Ⅳ）

電子伝達の最後の段階はシトクロム *c* オキシダーゼ（複合体Ⅳ）により行われる。このミトコンドリアの

15

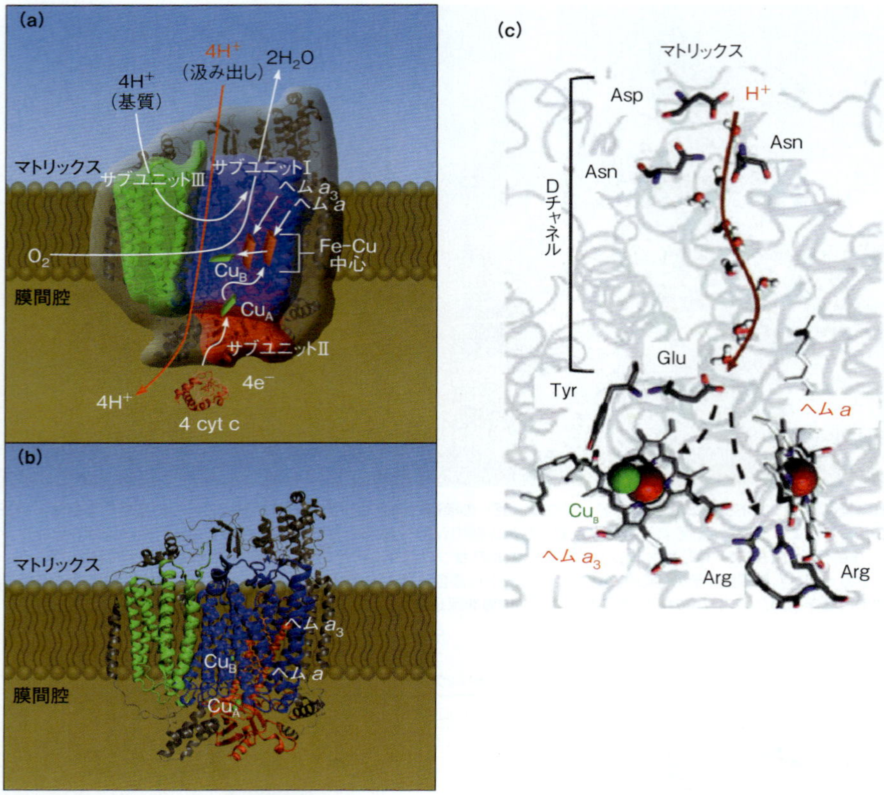

図 15.16　シトクロム c オキシダーゼ（複合体Ⅳ）の構造　**(a)** 複合体Ⅳにより触媒される反応の模式図。還元されたシトクロム *c* により一度に４個の電子がヘム *a* を介して Cu_A 中心へ，そして触媒部位へ（２核の a_3-Cu_B 部位），そこで１分子の O_2 が還元され，２分子の H_2O がつくられる。プロトンはマトリックス側から膜の膜間腔側へと汲み出される。**(b)** ウシのミトコンドリア酵素（PDB ID：2EIJ）の１つの単量体の X 線構造。サブユニットⅠ，Ⅱ，Ⅲの色は（a）と同じで，残りのサブユニットは灰色で示している。中心の２つのヘムはオレンジ色，２つの Cu 中心は緑色である。内膜中の複合体のおおよその位置を示した。cyt *c* はサブユニットⅡの Cu_A 中心の近くに結合している。**(c)** *R. sphaeroides* のシトクロム *c* 酸化酵素（PDB ID：1M57）のサブユニットⅠにおける D チャネルプロトン輸送経路を赤の矢印で，触媒部位とポンプ部位へと分岐していくプロトンの経路を黒のダッシュ線で示す。

酵素は内膜中に大きなホモ二量体複合体として存在する。それぞれの単量体は 13 個のサブユニットからなり，マトリックスと膜間腔領域に向き合う親水性の領域を分断する 28 個の膜貫通へリックスをもつ（図 15.16）。細菌のシトクロム *c* オキシダーゼはこれよりはるかに単純で，ただ４つのサブユニットからなる。しかし，細菌のこれらのサブユニットの３つのホモログがミトコンドリア複合体の芯を形成しており，この酵素の進化的起源を示している。確かにシトクロム *c* オキシダーゼのサブユニットⅠ，Ⅱ，Ⅲはミトコンドリアのゲノムにコードされており，マトリックス中でミトコンドリアのリボソーム上で合成される。シトクロム *c* オキシダーゼは膜の内部にあるサブユニットⅠに結合した２つのヘム，*a* と a_3 および２つの銅中心（Cu_A と Cu_B）をもつ。Cu_B 原子は３個のヒスチジン残基と結合し，サブユニットⅠ上のヘム a_3 の 5Å 以内に位置する。したがって，ヘム a_3 の鉄と Cu_B とは電子伝達における単一ユニットとして機能する“二核中心”を形成する。Cu_A 中心は膜の膜間腔側にあるサブユニットⅡに結合した２つの Cu 原子からなる。

複合体Ⅳは還元されたシトクロム *c* から酸素への電子の移動を触媒する。シトクロム *c* の最初の酸化は Cu_A により行われるが，このとき電子はヘム *a* へ，さらに次には二核ヘム a_3-Cu_B 部位へと移される。二核中心は，O_2 の４電子が水へと還元される触媒部位である。複合体Ⅳにより触媒される酸化還元反応は以下のとおりである。

$$4\ \text{cyt}\ c_{\text{還元}}(Fe^{2+}) + O_2 + 4H^+_{\text{マトリックス}} \rightleftharpoons 4\ \text{cyt}\ c_{\text{酸化}}(Fe^{3+}) + 2H_2O$$

移動するそれぞれの電子について，複合体Ⅳはほぼ１個のプロトンを膜のマトリックス側から膜間腔側へと汲み出す。このように複合体Ⅳにより触媒される全体の反応は以下のようにまとめられる。

$$4\ \mathrm{cyt}\ c_{\text{還元}}(Fe^{2+}) + O_2 + 8H^+_{\text{マトリックス}} \rightleftharpoons 4\ \mathrm{cyt}\ c_{\text{酸化}}(Fe^{3+}) + 2H_2O + 4H^+_{\text{膜間腔}}$$

還元される酸素分子当たり 4 つのプロトンは，いかにしてマトリックスから膜間腔へと汲み出されるのであろうか？　図 15.16 に示すように，シトクロム c オキシダーゼの X 線構造から，マトリックスからサブユニットⅠの触媒センターへと通じる，D チャネルと K チャネルと呼ばれる 2 つの別々なプロトンチャネルが存在することがわかる。K チャネル（必須のリシン残基に由来する名前）は水をつくるために必要なプロトンのうちの 2 つを供給する。D チャネル（チャネルの入口にある必須のアスパラギン酸残基に由来する名前。図 15.16c の上の部分）は O_2が $2H_2O$ へ還元するための残りの 2 つのプロトンや汲み出される 4 つのすべてのプロトンを供給する。一連の約 10 個の水分子が X 線構造（図 15.16c）における D チャネルにみられ，水素結合ネットワーク（第 2 章の移動したプロトンを思い出してほしい）を通してプロトンがマトリックスから触媒部位へと移動することがわかる。汲み出されたプロトンは内膜の真ん中に埋め込まれた触媒部位から膜間腔側へといかにして移動するのであろうか？　その機構は完全にはわかっていないが，二核ヘム a_3–Cu_B 中心の酸化還元状態の変化と共役したタンパク質の立体配座変化が関係していると考えられる。このような立体配座変化は，ヘモグロビンにおける Bohr 効果（第 7 章参照）で述べたように，プロトン結合残基（例えば Glu や Asp）の pK_aを変化させる。触媒部位への電子の移動に続いて，プロトンは保存されたグルタミン酸残基（二核中心近くの D チャネルの底に位置する）から触媒部位へと移動するというモデルも出されている。この Glu の脱プロトン化は立体配座変化を引き起こして第 2 のプロトン受容体の pK_aを上昇させ，その結果，その受容体はプロトンへの親和性を上げ，D チャネルからのプロトンと結合する。D チャネルからの他のプロトンによる Glu の再プロトン化は最初の状態への立体配座を回復させ，第 2 のプロトン受容体の pK_aを低下させ，膜の反対側での汲み出されたプロトンの遊離を引き起こす。

ポイント 7
複合体Ⅳを通した電子の輸送は，マトリックスから膜間腔へのプロトンの汲み出しと共役している。

ミトコンドリア呼吸鎖複合体の超分子構造

近年の動力学的，生化学的および電子顕微鏡の研究は，呼吸鎖複合体が無傷のミトコンドリアの内膜中で高度に組織化された“超複合体”として存在すること

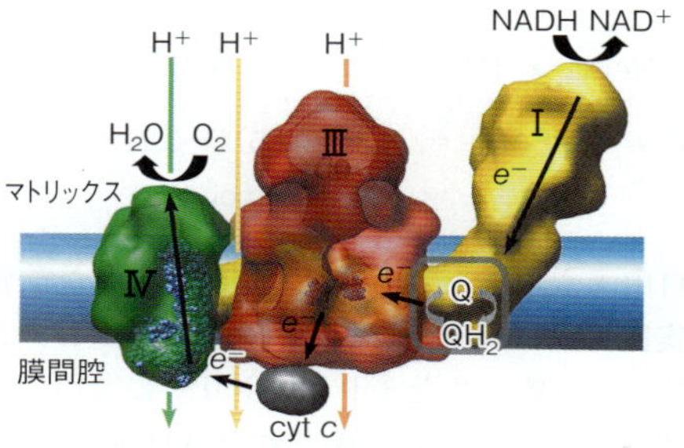

図 15.17　複合体Ⅰ，ⅢとⅣの超複合体の提案モデル　このモデルは生化学，X 線構造および電子顕微鏡の結果に基づいている。複合体Ⅰは黄色，複合体Ⅲの二量体は赤，複合体Ⅳは緑，シトクロム c は灰色で示した。NADH から O_2への電子の経路も書き入れ，複合体ⅠとⅢの仮定上の Q 結合部位は灰色のボックスで示した。
Adapted from *Biochimica et Biophysica Acta* 1793：117-124, J. Vonck and E. Schafer, Supramolecular organization of protein complexes in the mitochondrial inner membrane. © 2009, with permission from Elsevier.

を示唆している。例えば，ラットやウシのミトコンドリアをジギトニンのような温和な界面活性薬で可溶化した後に，複合体Ⅰ，複合体Ⅲおよび複合体Ⅳが 1：2：1 で含まれる超複合体を単離することができる。電子顕微鏡と 3D 再構成によれば，個々の複合体の Q とシトクロム c の結合部位はお互いに向き合っており，ここが基質のチャネリング部位である可能性が示唆される（図 15.17）。確かに動力学的な研究は，呼吸複合体は小さな電線によく似た挙動をとる密接に結びついた酸化還元反応系を形成していることを示唆している。

酸化的リン酸化

呼吸鎖を下ってきた電子伝達の自由エネルギーがマトリックスの外にプロトンを排出するのに使われる様子をみてきたが，次にエネルギーが ATP 合成へと利用される機構，すなわち酸化的リン酸化の機構を述べたい。機械的には，酸化的リン酸化は解糖系やクエン酸回路における基質レベルのリン酸化反応に比べはるかに複雑であり，この分野の問題は長い間，最も議論を呼んだ生化学的研究領域であった。故 Efraim Racker は“酸化的リン酸化に関して混乱していない者は，事情がよくわかっていない者である”と述べている。以下にみるように，必要な知見の多くは Racker がこの言葉を述べて以来，30 年の間に明らかになったものである。

P/O 比：酸化的リン酸化の効率

酸化的リン酸化の機構を考える前に，この過程のエネルギー論を思い出すのが有効である。すでに計算したように（p.561），NADH として 1 対の電子が呼吸鎖に入り O_2にいたる全体の連鎖を流れるときに，その標準自由エネルギー変化 $\Delta G^{\circ\prime}$ は −220 kJ/mol：

$$\mathrm{NADH} + \mathrm{H^+} + \frac{1}{2}\mathrm{O_2} \rightleftharpoons \mathrm{NAD^+} + \mathrm{H_2O}$$

$$\Delta G^{\circ\prime} = -nF\Delta E^{0\prime} = -2(96485)(-0.82-(-0.32)) = -220\ \mathrm{kJ/mol}$$

この自由エネルギーのどれほどが酸化的リン酸化において実際にATPとして捕まえられるのか？　これへの回答は，単離されたミトコンドリアにおいて酸化された基質のモル当たり合成されたATPの量を知ることで可能になる。通常測定するのは**P/O比 P/O ratio**であり，これは電子伝達を通して運ばれた電子対当たりに合成されたATP分子の数である。ATP合成はATPに取り込まれたリン酸として定量でき，一方電子対の量は水に還元されたμmolで表した酸素原子（O_2分子ではない）で定量化される。酸素の取り込みは酸素電極で測定できる。

想像されるように，ミトコンドリア標品中の正確な酸素消費やATP合成の測定は難しく，多くの実験的な落とし穴がP/O比の不正確な結果を導く可能性がある。初期の実験では，ミトコンドリアにおけるNADHの酸化でのP/O比は3であり，コハク酸の酸化でのP/O比は2であると示唆した。これらの値は，解糖系における基質レベルのリン酸化反応の場合と同様に，ATP合成に直接共役する高エネルギー中間体の存在を前提とする，酸化的リン酸化の古い理論と一致した。しかし，無傷のミトコンドリアの調製や酸素の消費とATP合成に関する研究者の測定技術が上がるにつれて，P/O比は整数ではないことが明らかになった。現在の一般的な共通認識では，NADHの酸化でのP/O比は約2.5であり，コハク酸の場合には約1.5である。実際にこれらのP/O値が整数でないことは，リン酸化と酸化とは直接には共役していないことを理解するのに役立つ。図15.2が示唆するように，共役は間接的である。次でみるように，この機構では消費される還元力とATP合成の間の完全な化学量論的関係は要求されない。以上のことからNADHのミトコンドリアにおけるATP生成と共役したNADHの酸化を以下のバランス式で表すことができる。

$$\mathrm{NADH} + \mathrm{H^+} + \frac{1}{2}\mathrm{O_2} + 2.5\mathrm{ADP} + 2.5\mathrm{P_i} \rightleftharpoons \mathrm{NAD^+} + \mathrm{H_2O} + 2.5\mathrm{ATP}$$

すでに述べたように，O_2によるNADHの酸化の$\Delta G^{\circ\prime}$は-220 kJ/molである。ATP加水分解の$\Delta G^{\circ\prime}$は-30.5 kJ/molなので，2.5個のATPの合成には標準条件では76 kJが必要で，標準条件での酸化的リン酸化の効率は約35%となる。細胞内条件でのATP加水分解のΔGは-50 kJ/molかそれ以上なので，in vivoでの酸化的リン酸化の効率はおそらく60%か70%に近い。

ATP合成を駆動する酸化反応

図15.10をみると，NAD^+酸化可能な基質からO_2への還元力の移動には，ほぼ1ダースの連続し連結した酸化還元反応が含まれている。これらのうちのどの反応が実際にATP合成を駆動しているのだろうか？　この問いは，ATP合成が基質レベルのリン酸化の場合と同様，個々の発エルゴン反応と直接共役していると考えられていた生物エネルギー論研究の初期の頃には最大の関心事であった。NADH酸化で推定されるP/O比が3であることの最も直接的な解釈は，呼吸鎖の個々の反応のうちの3つが，それぞれのATP分子を合成するのに十分な発エルゴン反応であるというものであった。確かにこれらの反応のうちの3つは，（標準条件下において）個々のATP合成のエネルギーを生み出すために必要な最低限のレベルである-30.5 kJ/molを超える$\Delta G^{\circ\prime}$値をもっている（図15.7参照）。これら3つの反応とは，補酵素QによるNADHの酸化（$\Delta G^{\circ\prime} = -69.5$ kJ/mol。複合体Ⅰにより触媒される），QH_2のシトクロムcによる酸化（$\Delta G^{\circ\prime} = -36.7$ kJ/mol。複合体Ⅲにより触媒される）および還元されたシトクロムcのO_2による酸化（$\Delta G^{\circ\prime} = -112$ kJ/mol。シトクロムcオキシダーゼにより触媒される）の反応である。したがって，これらの反応はそれぞれATP合成の**“共役部位 coupling site”**であると考えられた。すなわちそれぞれが，反応の結果，遊離されるエネルギーにより直接にATP合成を駆動できる反応と考えられた。

現在では，酸化反応とATP合成との共役は間接的なものであり，共役部位という概念は単純化しすぎたものであることがわかっている。しかしこの概念は，たとえ全体の電子伝達鎖が動いていないときでも，上記の3つの反応それぞれがATP合成のエネルギーを膜に供給できるものであると同定するという実験の方向性を与えたという意味において有益なものだった。このことを頭において図15.18に要約されている証拠を調べてみよう。

まず，コハク酸の酸化のP/O比は2.5ではなく約1.5であることから，NADHデヒドロゲナーゼ（複合体Ⅰ）と関連した共役部位の存在が推定された。これはアンチマイシンAによってシトクロムb以降の電子伝達を阻害することにより確認された。フェリシアニドが人工的な電子受容体として加えられ，電子が流れ続けるようになった。このような条件下で，βヒドロキシ酪酸のようなNAD^+連結基質はP/O比が約1で酸化されたので，シトクロムbより前に1つの共役部位

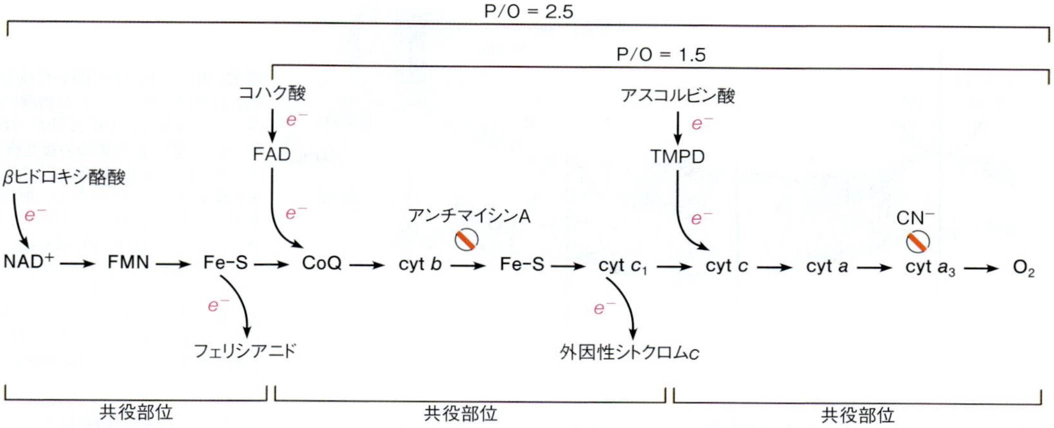

図 15.18　"共役部位" の実験的な同定　ここに示した選ばれた電子供与体，電子受容体および呼吸阻害薬を用いることにより，電子伝達を全体の鎖のそれぞれの部位に特定した。このようにして鎖の個々の部位を取り出し，そのP/O比を決定し，その結果，共役部位が同定できた。

があることが確認された。

この他の実験では，アスコルビン酸を人工的な電子供与体として用いた。電子受容体としてテトラメチル-*p*-フェニレンジアミン（TMPD，図 15.9 参照）の存在下でシトクロム *c* の位置で呼吸鎖に電子を供給することができた。これら電子伝達体はシトクロム *c* を非酵素的に還元した。そして，シトクロムオキシダーゼを通したその酸化のP/O比は約1であった。この実験から共役部位の1つが酸化型シトクロム *c* より後にあることがわかった。最後に，ミトコンドリアに精製したシトクロム *c* を加えると，電子伝達鎖から電子を引き抜き，電子受容体として働くことができる。さらにシアン化物のようなシトクロムオキシダーゼの阻害剤を加えると，シトクロム *c* のところで電子を呼吸鎖から追い出してしまう。この条件下では，コハク酸はP/O比が約1で酸化されるため，部位がシトクロム *b* と *c* の間にあることがわかる。しかしアンチマイシンAをその後に加えると，ATPは合成されないことから，複合体Ⅱ（コハク酸デヒドロゲナーゼ）は共役部位ではないことがわかる。要約すると，これらの実験は複合体Ⅰ，Ⅲ，Ⅳはそれぞれ ATP 合成を駆動できるが，Ⅱはできないことを示している（図 15.18）。今ではこれらの3つの "共役部位" は，複合体を通した電子の流れにつれて膜を通してプロトンを吸い上げることにより，間接的にATP合成を駆動していることがわかっている。

酸化的リン酸化の機構：化学浸透圧的共役

呼吸鎖を通した電子伝達で遊離されたエネルギーが利用され，ATP合成の駆動へと繋がる実際の機構はどのようなものであろうか？　長い間，世界の研究者たちは電子伝達を ATP 合成に結びつける高エネルギー中間体を探したが，酸化的リン酸化においては，そのような活性化された中間体はみつからなかった。

他にもいくつかのモデルが考えられたが，1961 年にイギリスの生化学者である Peter Mitchell が提唱した**化学浸透圧的共役 chemiosmotic coupling** を含むモデルが今では広く認められている。最初はこのモデルへの反対もあったが，これを支持する圧倒的な証拠が今日までに蓄積し，Mitchell の業績は認められ，1978 年にノーベル賞が与えられた。最も基本的なところで，このモデルでは，電子伝達からの自由エネルギーが能動輸送系を動かし，その結果としてプロトンがミトコンドリアのマトリックスから膜間腔へと汲み出されると考える。この作用によりプロトンの電気化学的な勾配が形成される。外側のプロトンには，その電気化学的勾配に沿って中に戻ろうとする熱力学的な傾向があり，それがATP合成の駆動力となる。これを別の言葉で表すと，プロトン勾配を維持するためには，自由エネルギーが使われなければならない。マトリックスの中にプロトンが戻ってくれば，そのエネルギーは発散され，そのうちの一部がATP合成を駆動するために使われる。

化学浸透圧理論をもっと詳細に理解するためには，すべてではないがいくつかの電子伝達の反応で，電子とともに水素イオン（プロトン）も移動させられる点を思い出さなければならない。これらの反応には NADH，$FMNH_2$，$FADH_2$および還元型の補酵素 Q の脱水素反応も含まれる。Mitchell はこれら脱水素反応を触媒する酵素が内膜中では非対称的に配置されており，プロトンは常にマトリックスの内側から吸い上げられ，膜間腔へと排出されると提唱した。図 15.19 には，この過程の起きる様子を描いた。この呼吸系タンパク質による**プロトンポンプ作用 proton pumping**

15

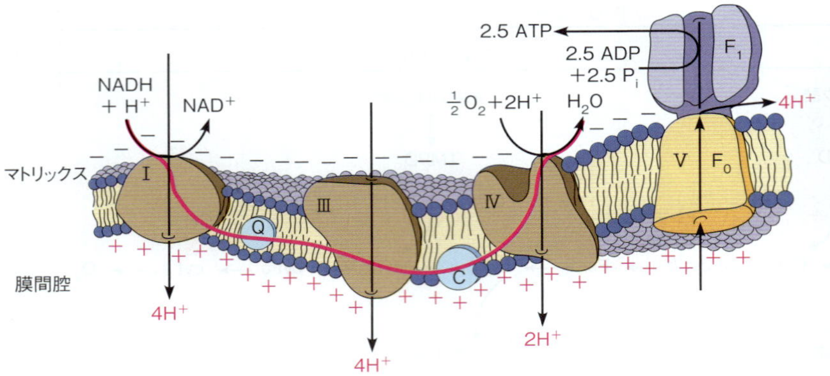

図 15.19　電子伝達と ATP 合成の化学浸透圧的共役　ここに示した内膜におけるタンパク質複合体の模式図は，NAD^+からO_2への電子伝達体の順番を表している。プロトン勾配に貢献していないため，複合体Ⅱは含まれていない。複合体中を電子が流れるにつれて，プロトンは複合体Ⅰ，ⅢおよびⅣにより汲み出され，膜を通した電気化学的な勾配を形成する（プロトン駆動力，PMF）。ATP シンターゼ（複合体Ⅴ）のF_0チャネルを通したプロトンのマトリックスへの再流入が ATP 合成を駆動するエネルギーを供給する。

は，呼吸のエネルギーを**電気化学的勾配 electrochemical gradient**，すなわち電位差をつくりだす化学的濃度勾配という形態の浸透圧エネルギーへと変換することになる（詳細は第 10 章参照）。この勾配を解消することにより遊離されるエネルギーは，単離することのできる“高エネルギー”中間体をつくることなく，ADP の ATP へのリン酸化と共役する。この過程に ATP シンターゼ（複合体Ⅴ）が関与する。この複合体のF_0部分は内膜を貫通しており，プロトンがミトコンドリアのマトリックスに戻ってくるための特異的なチャネルをもっている。プロトンがマトリックスに戻るためのこのチャネルを通るときに遊離される自由エネルギーが，この複合体のF_1成分により触媒される ATP 合成を駆動するのに用いられる。ATP シンターゼの構造と機能を述べる前に，化学浸透圧的共役機構の証拠を詳細にみてみよう。

化学浸透圧的共役の詳細：実験的証拠

化学浸透圧的共役に関する実験的証拠を少し詳しくみてみよう。それにより酸化的リン酸化の理解が進むであろうし，また膜を通した能動輸送や光合成といった他の生物学的な過程を考察できるようになる。本章の最初で，解糖系の場合と同様の直接的な化学的共役過程による ATP 合成に反するいくつかの悩ましい事実が出てきたと述べたことを思い出してほしい。最初のものは 1 対の電子で生産される ATP 分子の数は，直接的な化学的共役機構で予測されるような整数ではなく，約 2.5 ATP であるという結果であった。第 2 には，酸化的リン酸化には膜の存在が必要であるという発見である。膜が破壊されると，呼吸鎖を下る電子の流れは ATP 合成と共役しなくなる。電子は流れるが，ATP 生産は止まる。これらの観察は化学浸透圧的共役機構でうまく説明がつく。

> **ポイント 8**
> 化学浸透圧的共役とは，ATP 合成のようなエネルギー消費過程を駆動するために膜を貫通するプロトン勾配を利用することである。

膜はプロトン勾配を形成できる

pH やミトコンドリア膜内外の電位の変化を測定できるようになったとき，ミトコンドリアはプロトンをマトリックスから膜間腔へと汲み出すことができることが明らかになった。実際，活発に呼吸しているミトコンドリアの外側の pH 値は，マトリックス内よりも 0.75 ユニットほど低い。この pH 勾配はまた膜内外での 150〜200 ミリボルト（mV）の電位差を生み出すが，これは正荷電をもつプロトンが内膜を通して外側へ移動するという理由による。pH 勾配と膜電位は両方とも電気化学的 H^+勾配，すなわち**プロトン駆動力 proton motive force（pmf）**の形成に寄与する（電気的要素のほうがずっと主要な貢献をするが）。膜を通した 150 mV の電気的負荷は大きなものにはみえない（1.5 V の懐中電灯電池の 1/10）。しかしイギリスの生化学者 Nick Lane が指摘したように，生物膜の厚さ（約 5×10^{-9}m）を考慮すれば，これは 3,000 万ボルト/m となり，雷の稲妻の電圧に近い。この電気化学的な勾配の自由エネルギー変化を，第 10 章の式 10.2 を用いて計算することができる。

$$\Delta G = RT \ln\left(\frac{C_2}{C_1}\right) + ZF\Delta\psi \qquad (15.4)$$

C_2とC_1は 2 つの区画におけるイオンの濃度，Z はイオンの電荷（H^+では+1），そして$\Delta\psi$は膜電位をボルトで示したもの。この等式でのΔGはプロトンの電気化学的勾配である$\Delta\mu_H$と等しい。pH は［H^+］のログ関数なので，プロトンの電気化学的勾配に関しては，等式 15.4 は次のように簡略化できる。

$$\Delta\mu_H = 2.3\,RT\Delta pH + F\Delta\psi \qquad (15.5)$$

$\Delta\mu_H$はΔp，すなわちプロトン駆動力とも，または pmf

とも呼ばれる。ΔpH はマトリックスの pH 引く膜間腔の pH と定義されるので（pH＝－log［H^+］であるのを思い出そう），正の値をとる（＋0.75）。このように pH 勾配の貢献は 37℃（310 K）では 2.3*RT*（0.75）＝＋4.5 kJ/mol である。活発に呼吸をしているミトコンドリアの内膜を通した膜電位差（Δ*ψ*）は 0.15～0.20 V なので，電気的成分の貢献は＋14.5 から＋19.3 kJ/mol になる。したがって，マトリックスから膜間腔へのプロトンの輸送の全自由エネルギー変化は，プロトン 1 mol 当たり＋21 kJ ほどになる。このプロトン駆動力の生成はエネルギー消費過程（正の Δ*G*）なので，勾配の消失は発エルゴン過程である。ADP のリン酸化を駆動するエネルギーはまさにこれである。図 15.19 に要約されているように，NADH から O_2へと 1 対の電子が移動するごとに約 10 個のプロトンが排出される。したがって，プロトン駆動力は ATP 合成のために約 210 kJ の自由エネルギーを保存する。NADH の O_2による酸化の自由エネルギー変化は，標準条件下では－220 kJ/mol で，そのほとんどが電気化学的なプロトン勾配中に保存されていることを思い出してほしい。マトリックス中の反応物と産物の濃度に関するある穏当な仮説を入れれば，in vivo での NADH の酸化の Δ*G* はほぼ－200 kJ/mol（p.561）で，ADP と P_iからの ATP の合成の Δ*G* はほぼ＋50 kJ/mol と計算することができる。このようにして電子の移動は 1 mol の NADH の酸化で約 4 mol の ATP の合成が可能な自由エネルギーを供給できるが，約 2.5 mol しか合成されず，これは酸化的リン酸化が間接的で，そのように進化してきた共役的な化学量論であることを示している。

同様な実験が，電気化学的なプロトン勾配が酸化的リン酸化以外のエネルギー変換にも用いられていることを示している。細菌の膜は，酸化的リン酸化および細胞の運動を可能にする鞭毛モーターの駆動の両方のエネルギー生産にプロトン排出を用いている。細菌はまた，プロトン駆動力を利用して溶質を細胞の内外に輸送する多くの膜の溶質輸送体をもっている。葉緑体チラコイド膜を通したプロトンの汲み出しは光リン酸化においてATP合成を駆動する（第 16 章参照）。プロトン勾配はまた，活性輸送（第 10 章参照）と熱生産（以下参照）をも駆動する。生物の 3 つのすべての界における化学浸透圧的共役の存在とその無数の利用は，このエネルギー保存機構の進化的起源が古いことを示唆している。

酸化的リン酸化には無傷の内膜が必要である

膜の物理的連続性が損なわれると（例えば超音波処理により），そのような膜顆粒は電子伝達はできるが ATP 合成はできない。膜電位を維持できるような構造的に無傷な膜が必要だということは，プロトン勾配が酸化的リン酸化に必須であるとする考え方と一致する。

重要な電子伝達タンパク質は内膜を貫通している

呼吸系タンパク質がプロトンポンプとして働いているならば，プロトンを排出する電子伝達体は膜の内外の両側と接触する必要がある。さらに，これら伝達体は輸送を一方向，すなわち外方向に向けるために，膜内では非対称の向きに位置していなければならない。非対称の向きは，例えば抗体，タンパク質分解酵素あるいは標識試薬などの，それ自身膜を通過できず，しかし呼吸系タンパク質と反応できる試薬を用いて証明されてきた。無傷のミトコンドリアをこれら試薬で処理すると，内膜の外側に位置するタンパク質を検出することができ，一方，膜顆粒と反応させると，内側すなわちマトリックス側を処理することになる。このような実験により，例えばシトクロムオキシダーゼ複合体（複合体Ⅳ）は膜間腔側でのみシトクロム *c* と結合していることがわかる（図 15.16）。またこの複合体の 13 のサブユニットのうちの 9 個が一方の側からだけ標識化でき，膜中でのこの複合体の非対称的な位置がわかる。同様の事実が複合体Ⅰ，Ⅱ，Ⅲのタンパク質についても見出されている。

脱共役薬はプロトン勾配を消失させるように働く

脂溶性で弱酸性の 2,4-ジニトロフェノール 2,4-dinitrophenol（DNP）やトリフルオロカルボニルシアニドフェニルヒドラゾン trifluorocarbonylcyanide phenylhydrazone（FCCP）などに代表される一群の化合物は，脱共役薬またはアンカプラー uncoupler と呼ばれる。脱共役薬をミトコンドリアに与えると，ATP の合成なしに電子伝達は呼吸鎖を通り O_2へとつながる。すなわち脱共役薬は電子伝達の過程を ATP 合成の過程から脱共役する。DNP におけるフェノール性の水酸基の pK_aは，細胞内の pH では通常解離している範囲にある。しかし外側から内膜に近づく DNP 分子は，その領域の低い pH のためプロトン化する。このプロトン化した DNP は質量作用により膜の中で拡散し，通過することができる。いったんマトリックス内に入ると，そこの高い pH のためにフェノール性水酸基は脱プロトン化する。脱プロトン化したジニトロフェノール酸イオンはまだ十分に脂溶性なので，膜を通して戻ってきて，次のプロトンと結合し，このサイクルを繰り返すことができる。このようにして脱共役薬は F_0プロトンチャネルを通らず H^+をマトリックスに戻す作用をもち，そのため ATP 合成は抑えられる。

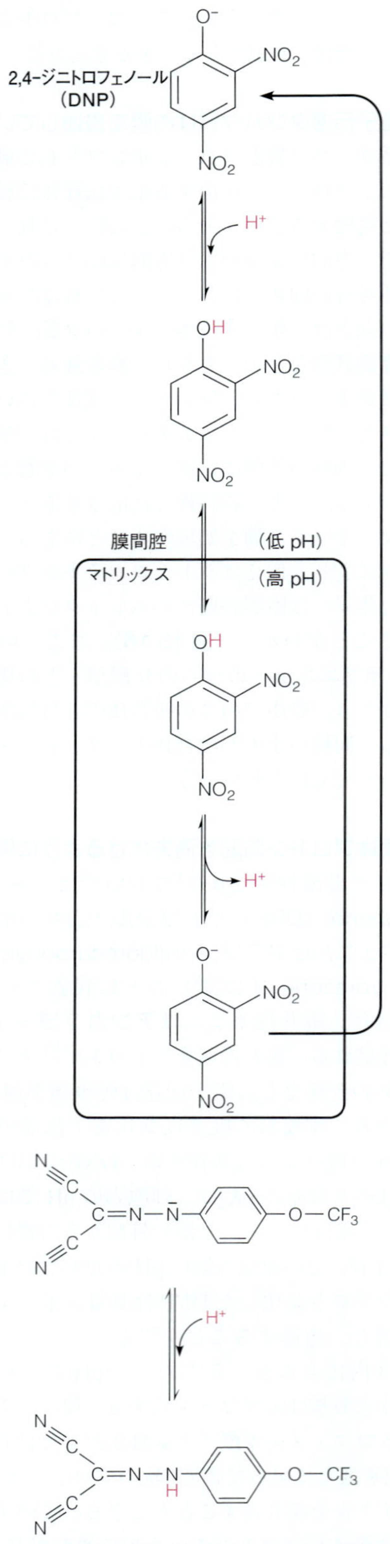

トリフルオロカルボニルシアニドフェニルヒドラゾン
(FCCP)

H^+以外の他のイオンの輸送に関する膨大なデータも，機能的に無傷な膜が酸化的リン酸化には必須であることを支持している。抗生物質バリノマイシン（第10章，p.346参照）は**イオノホア ionophore**（“イオン運搬体”）の例である。この脂溶性化合物はカリウムイオンと特異性の高い複合体を形成する。この複合体は脂溶性で，プロトン化したDNP同様に膜内に拡散できるので，DNPがプロトンを運ぶのと同じような意味で，バリノマイシンはK^+の内膜通過を可能にする。バリノマイシンはpH勾配には直接影響を与えず，pmfの$\Delta\psi$（膜電位差）成分を低下させるように働く。もう1つの抗生物質である**ニゲリシン nigericin**はK^+/H^+の**アンチポーター antiporter**として働く。すなわちH^+をある方向に運び，同時にK^+を反対方向に運ぶ。このようにして，ニゲリシンは$\Delta\psi$にはほとんど影響を与えずにpmfのΔpH成分を消失させてしまう。これらはいずれも単独では酸化的リン酸化の強力な脱共役薬ではないが，共存するとpmfの両方の成分を損ない，ATP合成は強く抑えられる。

> **ポイント9**
> バリノマイシンやニゲリシンのような抗生物質は，プロトン駆動力の維持を阻害する。

プロトン勾配の形成は電子伝達なしでのATP合成を可能にする

光合成によるATP合成の研究をしていたAndre Jagendorfは，葉緑体における化学浸透圧的共役に関する重要な発見をした。第16章で述べるように，葉緑体は光のエネルギーをATP合成へと共役させる。Jagendorfは，プロトン勾配が存在する限り，電子伝達が存在しなくとも葉緑体においてATP合成が起きることを示した。葉緑体を数時間pH 4で保温し，急激にpH 8の緩衝液に移す。こうすることにより，細胞内と同様にこの細胞小器官の内側は外側よりも低いpHとなる（葉緑体膜はプロトンを外へではなく内側へと汲み入れる）。この葉緑体にADPとP_iとを加えるとpH勾配が消失し，同時に急激なATPの合成が起きる。同様な結果はミトコンドリアを用いても得られる。これらの実験は，相当するエネルギーを与えなくとも，プロトン勾配の形成がATP合成を駆動するのに十分であることを示している。

> **ポイント10**
> 葉緑体はプロトンを内側に取り込むために光のエネルギーを利用し，ATP合成のためのプロトン勾配を形成する。

Jadendorfの実験に類似した驚くべき現象の1つが，光合成細菌であるハロバクテリウム・ハロビウム

（*Halobactrium halobium*）の膜タンパク質であるバクテリオロドプシンの発見であった（第 10 章，p.335）。バクテリオロドプシンは，この細菌を光で処理するとプロトンポンプ機能を示す。このタンパク質を膜から抽出し，正しい方向に組み込まれた単離した肝臓のミトコンドリアの F_0F_1 ATP ase とともに合成顆粒中に組み入れた。このような顆粒に光を当てたところ，ATP の合成が起き，プロトン勾配形成の直接的な結果としてリン酸化が起きうることが示された。この細菌と哺乳類の成分からなる完全に人工的に再構成された系は，化学浸透圧的共役の要点をうまく証明している。

複合体Ｖ：ATP 合成のための酵素系

複合体Ⅰ，Ⅲ，Ⅳそれぞれが ATP 合成を駆動できることは，実際に ADP から ATP の合成を触媒する複合体Ｖを含む見事な再構成実験により確認された。まず複合体Ｖの発見と性質を述べ，次にその再構成実験をみてみよう。

ミトコンドリアをリンタングステン酸で陰性染色し電顕で観察すると，短い棒状構造で内膜に結合し，マトリックス側に突き出ている多数のドアノブ状の突起でクリステ表面が覆われていることがわかる（図 15.20）。ノブは F_1球 F_1 sphere として知られている。ミトコンドリアを超音波処理で破壊すると，内膜が断片化されたものが袋状に閉じた顆粒になる。この袋状膜は内外が逆になっており，したがってノブ状突起は外側に出ている。これら**ミトコンドリア由来顆粒 submitochondrial particles** は無傷のミトコンドリアと同様に呼吸し，ATP を合成する。Efraim Racker と共同研究者らは，この顆粒をトリプシンまたは尿素で処理すると，ノブが顆粒から解離することを見出した。残された顆粒とノブとを遠心法で分離すると，顆粒は依然として基質を酸化し，酸素を還元できたが，ATP 合成はできなかった。ノブを顆粒に再び加えると，外部からの基質を酸化して ATP 合成を触媒することができる顆粒がかなりの量再構成された。

ノブを再添加すると，電子伝達系と ATP 合成とが再び共役したので，ノブは最初**共役因子 coupling factor** と呼ばれた。支えになっている棒状構造に結合したこのノブを精製すると，図 15.21 に模式的に示したように，1 ダース以上のポリペプチド鎖からなる多タンパク質凝集体であった。全体の構造は **F_0F_1複合体 F_0F_1 complex** と呼ばれ，ノブとそれに結合した棒状構造，および内膜に埋め込まれた付属複合体とからなる。棒状構造を含むノブは F_1，基底部は F_0と呼ばれる。F_1複合体には α，β，γ，δ，ε と命名されている 5 種のタンパク質が $\alpha_3\beta_3\gamma\delta\varepsilon$ の組成で存在する。F_0複合体には，c サブユニットのオリゴマー（酵母のミトコンドリアの ATP シンターゼでは 10 コピー，高等真核生物では 8 コピー）と 1 個のサブユニット a および周辺棒状構造を形成するそれぞれ 1 コピーのサブユニット b，d，F6 と OSCP（オリゴマイシン感受性関連タンパク質 oligomycin sensitivity conferral protein）とからなる。

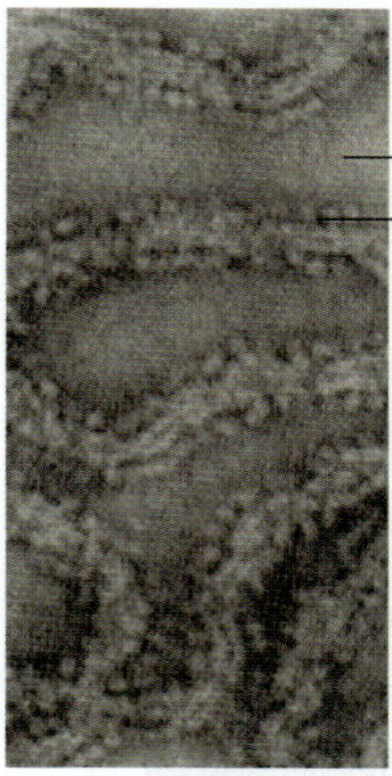

(a)

(b)

図 15.20　ミトコンドリアのクリステの微細構造　内膜の染色標品では F_1球はクリステから突き出た“ノブ”のようにみえる。**(a)** ウシ心臓のミトコンドリア内膜の一部の陰性染色標品で，膜のマトリックス側に沿ってノブ様の突起がみえる。ノブは無傷のミトコンドリアの内膜に埋め込まれた基底部と短い棒状構造でつながれている。**(b)** 低温電子断層写真からイメージしたラット肝臓ミトコンドリアからのチューブ状顆粒の表面。F_1ノブは黄色，膜は灰色。チューブの長さは 280 nm。F_1ノブは 2 列にみえ，ATP シンターゼが二量体であることを示唆している。
(a) Springer and Plenum/*Mitchondria*, 1982, A. Tzagoloff, with kind permission from Springer Science＋Business Media B. V.；(b) Courtesy of K. M. Davies, M. Strauss, B. Daum, J. H. Kief, H. D. Osiewacz, A. Rycovska, V. Zickermann, and W. Kūehlbrandt. Reprinted with permission from Werner Kūehlbrandt.

F_0F_1複合体全体は F_1因子単独の場合と同様に，in vitro でも ATPase 活性をもつ。ATPase 活性は真の生理学的反応である ATP 合成の逆反応であると考えられていた。F_0 複合体中の OSCP は ATP 合成阻害薬である**オリゴマイシン oligomycin** の結合部位である（詳細は p.587 参照）。このため，ある研究者たちはこれを，F_0ではなく，F_oと呼ぶ（o は oligomycin に因む）。その ATP アーゼ活性，オリゴマイシンへの感受性，再構成実験の結果などから，F_0F_1複合体（複合体Ｖとも呼ばれる）の役割は ATP の合成であることが確認される。分子“ロータリーエンジン”ともいうべきこの驚くべき構造の動きは，その構造を詳しくみた

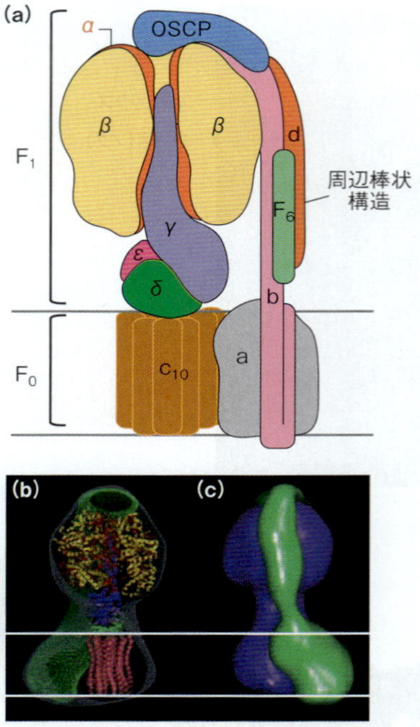

図 15.21　**F_0F_1複合体の構造**　**(a)** ATP シンターゼまたは複合体Ⅴとも呼ばれるF_0F_1複合体は，ミトコンドリアのマトリックスへと突き出し，F_0基底部に中央棒状構造で連結されたF_1ノブを含んでいる。球状のF_1ノブは3つの$\alpha\beta$二量体をもち，それはγ，δ，εサブユニットからなる中央棒状構造を囲んでいる。F_0基底部は10〜12個のcサブユニット（cリング）と1個のaサブユニットからなる。周辺棒状構造（サブユニットb，d，F6とOSCP）は，サブユニットaおよび（ここには示していない）少なくとも4つの他の小さな膜に埋もれたサブユニットを介してF_0基底部に繋がっている。中央棒状構造とcリングはATPシンターゼの“ローター”である。サブユニットの残りの部分は，F_1の$\alpha\beta$二量体の回転を抑える構造である“ステーター”を形成している。このモデルは酵母とウシのミトコンドリアのF_0F_1複合体のX線結晶構造によるものである。**(b)** 酵母のミトコンドリアのF_0F_1X線構造をウシの複合体の低温電子顕微鏡再構築体に被せた。cリングの10個のcサブユニットは赤紫色に，γサブユニットと$\alpha\beta$二量体は（a）に示したものと同じ色にしてある。緑色は周辺棒状構造サブユニットを示す。**(c)** （b）のイメージを回転させ，周辺棒状構造とそのステーターとしての機能を見やすくした。内膜における複合体のおおよその位置は，それぞれの図において水平線で示した。

後に述べよう。

この再構成実験に引き続き，Rackerは，単離したミトコンドリア由来の各構造体である呼吸複合体（Ⅰ，Ⅱ，その他）それぞれは，精製したリン脂質を含む人工的な膜（リポソーム）へと超音波処理により再構成できることを見出した。F_0F_1複合体を超音波混合液に入れておくと，これもまた顆粒へと取り込まれた。この場合できたものは，元の複合体の電子伝達機能をもつ他，リン酸化活性も示した。再構成複合体Ⅰ，Ⅲ，Ⅳの場合はいずれのP/O比も約1であった。例えば，再構成複合体Ⅲの場合は，補酵素Qからシトクロム*c*へと電子を運び，そのとき1対の還元力当たり約1molのATPを合成した。このような実験から，呼吸複合体Ⅰ，Ⅲ，Ⅳは，いずれも1つの共役部位をもつことがわかった。一方，複合体Ⅱ（コハク酸デヒドロゲナーゼ素）はATP合成を行わず，この複合体には共役部位がないことが示された。

ポイント11
F_0F_1複合体はプロトンチャネルとATPを合成する酵素とを含む。

1994年のJohn Walkerのグループによる複合体Ⅴの371 kDaのF_1成分の結晶構造の発表により，プロトンがF_0F_1複合体を通るときにATP合成が駆動される機構が明らかになった。図15.21でも示唆されたように，F_1複合体のノブは3つの同一の$\alpha\beta$二量体を含み，平らな直径が90〜100Åの球状を形成している（図15.22a）。それぞれの単量体はαとβサブユットの間の接面にアデニンヌクレオチドを結合させることができ，また触媒部位はβサブユニット内にある。αとβサブユニットはN末端の6鎖のβバレル，ヌクレオチド結合部位を含む中央領域，そしてC末端のヘリックスの束からなるほぼ同一の三次構造をもつ（図15.22b）。中央の棒状構造のγサブユニットのαヘリックスのコイルドコイル領域は，3つの$\alpha\beta$二量体の内部に入り込んでおり，そこでαとβサブユニットの中央およびC末端領域と相互作用している。結晶構造の慎重な分析の結果，特にそれぞれのβサブユニットの中央にあるヌクレオチド結合領域において，3つの二量体の間には重要な構造的差異が見出された。最も大きな差異は，1つの二量体のヌクレオチド結合部位はADPをもち，1つの二量体はAMP-PNP（結晶化のときに加えた加水分解されないATP類似体）をもち，1つの二量体は何ももたない点であった（図15.22c）。このように，それぞれの$\alpha\beta$二量体は3つのどれかの立体配座をとっている。同一の$\alpha\beta$二量体は，どのようにして異なる立体配座をとれるのであろうか？　鍵は3つの$\alpha\beta$二量体の内部にあるγサブユニットの相互作用である。γサブユニット自体が非対称形なので，それぞれの$\alpha\beta$二量体と特有の接触をすることになる。その結果，それぞれの$\alpha\beta$二量体は異なる立体配座をとる。

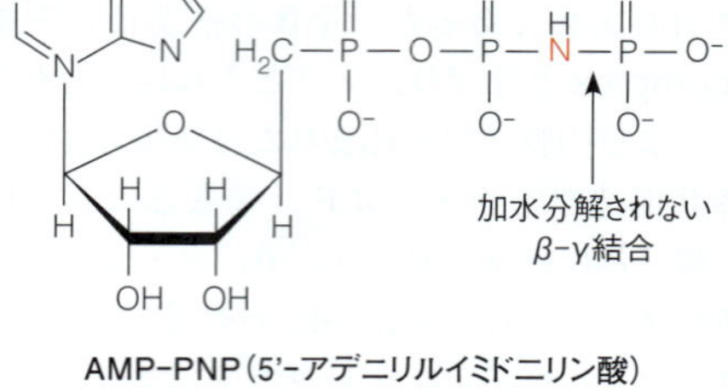

AMP-PNP（5'-アデニリルイミドニリン酸）

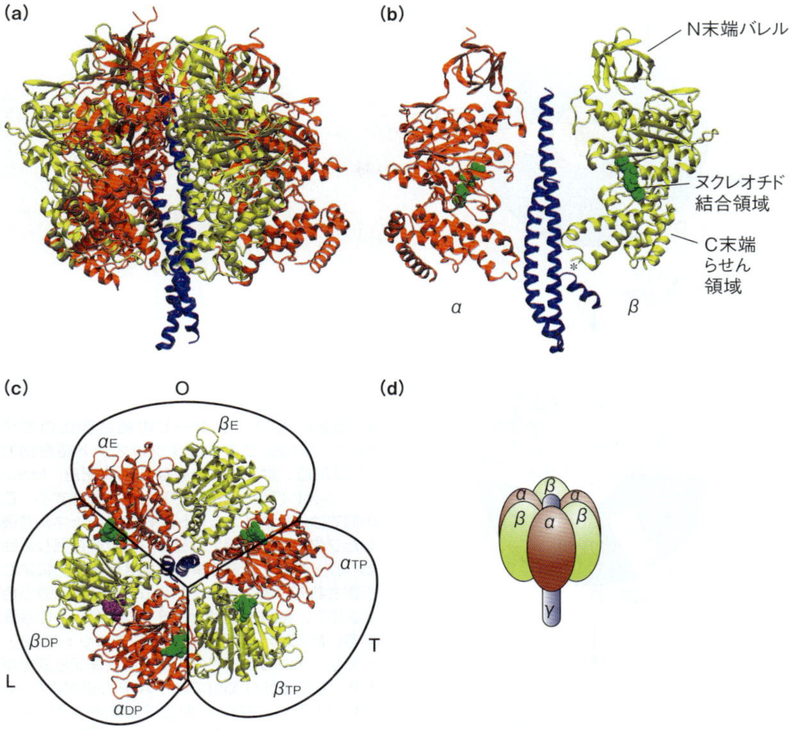

図 15.22　ミトコンドリアの F_1 ATP シンターゼ複合体の構造　(**a**) ウシのミトコンドリアの F_1複合体（PDB ID：1BMF）の X 線構造。(**d**) に模式的に示すようにαサブユニット（赤）とβサブユニット（黄）は中央のγサブユニット（青）のまわりの六量体の環になっている。この図では膜は構造の最下部にある。(**b**) では，六量体の環の反対側にあるαとβサブユニット１つずつとγサブユニットだけを書き，これらがほぼ同一の三次構造をもつことを示した。ATP 類似体（AMP-PNP，緑）はそれぞれのサブユニットに結合している。(**c**) 膜のマトリックス側から見上げた場合のこの図では，α，βサブユニットが中央のγサブユニットを囲む３つのαβ二量体として存在することが強調されている。それぞれのサブユニットの中央のヌクレオチド結合領域のみを示した。γサブユニットは非対称的であり，それぞれのαβ二量体と特有の結合をしている。この図からは見にくいが，それぞれのαβ二量体はやや異なる立体配座をもち，特にそれぞれのβサブユニットの中央のヌクレオチド結合領域で異なっている。ATP 類似体 AMP-PNP（緑）は“T” βサブユニットに結合しているのがわかる。ADP（紫）は“L” βサブユニットに結合し，“O” βサブユニットは空である。

精製した F_1成分を用いた動力学的な実験では，酵素上での ADP と P_iから ATP をつくる平衡常数は 1 に近い。溶液中で自由な ATP 加水分解のみかけ上の K'_{eq}は約 10^5M なのを思い出してほしい（第 3 章）。ATP シンターゼは熱力学の第 1 法則を破って，エネルギーを入れずに ATP を合成するのであろうか？　鍵は，この酵素は遊離の ATP を合成しているのではなく，結合した ATP を合成していることにある。実際 ATP シンターゼは ADP よりもはるかに高い親和性で ATP と結合している（約 7 乗の差）。これは約 40 kJ/mol の結合エネルギーに相当し，酵素の上で平衡が ATP のほうに偏ることになる。ATP は大変強く結合しているので，酵素から引き離すのに大きなエネルギーを必要とする。プロトン駆動力は 100 万倍かそれ以上 ATP の結合親和性を低下させ，酵素から離れやすくする。したがってエネルギー依存的段階は ATP 合成ではなく，その強い結合部位からの遊離である。この遊離はγのエネルギー依存的回転，すなわちαβ集合体中の立体配座変化によりもたらされる。

これらはいずれも何年か前に Paul Boyer が提唱した，γサブユニットの回転がαβ二量体集合体中の連続的な立体配座変化を引き起こすという機構を支持する。この結合–変化モデルと呼ばれるモデルでは，F_1モーターは 3–シリンダーエンジンと基本的には同じように機能する。図 15.23 に示したように，ヌクレオチド結合部位の 3 種の立体配座は loose（L），tight（T），および open（O）と呼ばれる。図 15.23 のステップ 1 は，F_0のチャネルを通したプロトンの通過により与えられたエネルギーによるγの 120° の回転が T 部位を開き，ATP を遊離させ，開いた O 部位は L 部位に変化して ADP と P_iが結合する。この同じ回転が第 3 の部位にゆるく結合した ADP と P_iをもつ L 立体配座から基質が強く結合した T 立体配座へと変化させ，ステップ 2 での ATP 合成を導く。ステップ 3 と 4，ステップ 5 と 6 はステップ 1 と 2 の繰り返しで，新たに 2 つの ATP 分子を遊離させるが，ただし 3 つの立体配座が 3 つのαβ二量体のまわりを巡ることになる。もう 1 つの立体配座中間体の存在を示すしっかりとした証拠も得られている。例えば，P_iは ADP よりも前に O 部位に結合する。これにより P_i＋ADP のかわりに ATP が結合してしまうことが妨げられ，ATP の濃度が ADP の濃度よりも 10〜50 倍高い細胞内条件下で酵素が ATP を合成できることを説明している。F_0F_1複合体の構造決定と，その構造から示唆される ATP 合成の機構により，Walker と Boyer は 1997 年ノーベル化学賞を受賞した。

図 15.23 のモデルで示されているように，F_1は実際にロータリーエンジンなのであろうか？　いくつかの実験的な解析からそうであることがわかった。最も視覚に訴える実験は，βサブユニットをガラスのカバー

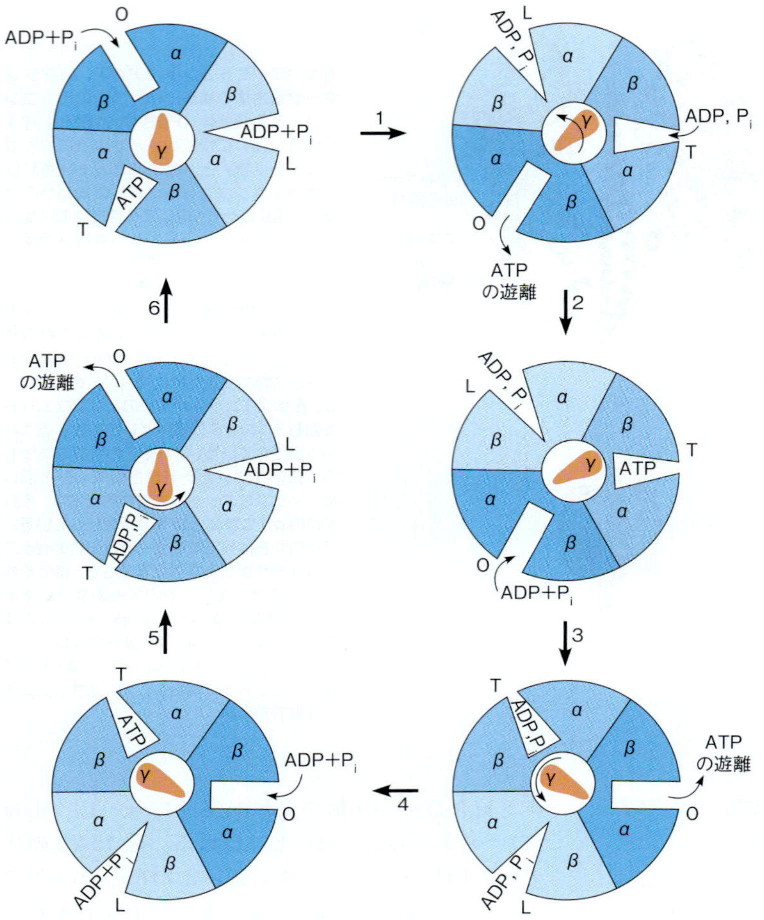

図 15.23　ATP シンターゼの結合変化のモデル　3 つの $\alpha\beta$ 二量体のヌクレオチド結合部位（触媒部位）は，3 つの異なる立体配座，loose (L)，tight (T)，open (O) として存在する。この図では，γ サブユニットは F_0 中のチャネルを通したプロトンの通過に駆動されて反時計回りに回転し，一方 $\alpha\beta$ 二量体集合体はステーターにより固定されている。それぞれの $\alpha\beta$ 二量体は違う色で区別し，触媒部位は α と β サブユニットの接面に書いた。ステップ 1 では γ サブユニットが 120° 回転し，3 つのすべての二量体に立体配座変化が起き，T 部位が O 部位になり ATP が遊離され，O 部位が L 部位になり ADP と P_i が結合する。ゆるく結合した ADP と P_i をもつ L から基質が強く結合した T 立体配座への 3 番目の部位変化は，ステップ 2 での ATP 生成となる。ステップ 3 と 4，ステップ 5 と 6 はステップ 1 と 2 の繰り返しであるが，3 つの立体配座は 3 つの $\alpha\beta$ 二量体のまわりを移動する点に注意。

Modified from *Bioenergetics*, 3rd ed., D. G. Nicholls and S. J. Ferguson, p.209. © 2002, with permission from Elsevier.

スリップ上に固定し，蛍光アクチンフィラメントを γ タンパク質に結合させたものである（図 15.24）。α サブユニットを加え，スライドグラスの上で F_1 複合体が形成されるにまかせた。その構造が蛍光顕微鏡で確認されてから ATP を加えると，蛍光プローブの回転の促進がみられた。観察によれば，回転は膜側からみて反時計方向であり，モデルから予想されるように，120° ずつであった。完全に共役した F_0F_1 ATP シンターゼにおける回転は，合成と加水分解の両モードで観察することができる。膜側からみて，ATP 加水分解の場合には回転子は反時計方向に，ATP 合成の場合には時計方向に回転するが，1 秒間に 700 回転までする（in vivo では 1 秒間に約 100 回転）。

ポイント 12
F_1 ATP シンターゼは，F_0 中のチャネルを通したプロトンの通過により駆動される 3-シリンダーのロータリーエンジンとして機能する。

F_0 膜成分を通したプロトンの流れは，いかにして γ サブユニットの回転を駆動するのであろうか？　図 15.21 に描いたように，γ サブユニットは δ サブユニットを介して c サブユニットオリゴマー（c リング）に結合している。a サブユニットは膜中に固定されており，周辺棒状のステーターサブユニットを係留している。プロトンが膜間腔から複合体を通してマトリックスへ流れるときに，c リングは固定された a サブユニットに対して回転する必要がある。生化学的および結晶学的研究により，F_0 の a と c サブユニットを通してプロトンが移動する仮想的チャネルの存在が発見された（図 15.25）。膜の中心に存在するいくつかの荷電した残基が，プロトン輸送機構では中心的役割を果たす。特異的な酸性残基をプロトン化すると（ミトコンドリアの ATP シンターゼではグルタミン酸，細菌の酵素ではアスパラギン酸），それぞれの c サブユニットはその C 末端ヘリックスの回転を大きくし，プロトン化したカルボン酸をより疎水的な環境へと動かし，c リングの回転を生み出す。連続的に c サブユニットがプロトンと結合し，それぞれのプロトン化したカルボン酸がサブユニット a と結合し，その結果再イオン化し，プロトンをミトコンドリアのマトリックスへと遊

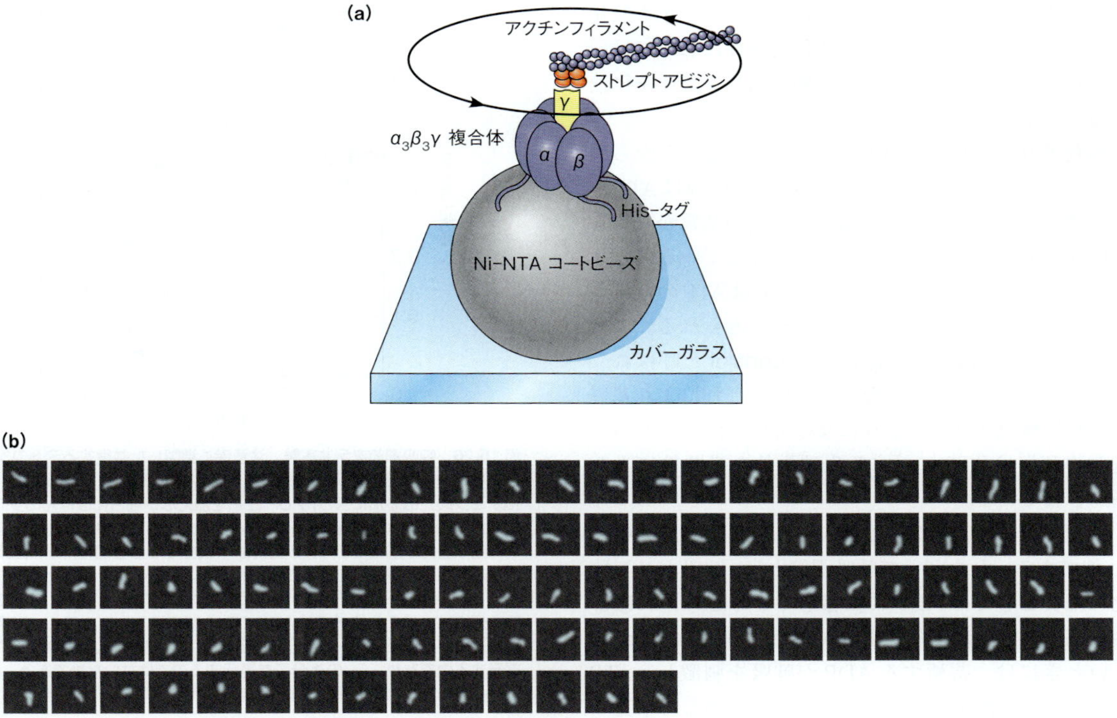

図 15.24　F_0F_1 ATP シンターゼの F_1成分の回転の観察を可能にした実験システム　**(a)** $F_1\beta$ サブユニットをコードする遺伝子がクローン化され，これにニッケルコートしたビーズ（“Ni-NTA コートビーズ”）に結合するようにオリゴヒスチジン配列をコードする配列を付加し，図にあるように配置させた。これで F_1複合体はビーズの上に固定され，ガラスのカバースリップに付着した。ストレプトアビジンは蛍光付与のアクチンを γ サブユニットに結合させるために用いたタンパク質である。**(b)** 蛍光顕微鏡による観察において，ATP の添加とその $\alpha\beta$ 触媒サブユニットによる加水分解の結果，アクチン分子が回転したことから，γ サブユニットそれ自身が回転することが証明された。写真は 133 ms ごとに撮影した。

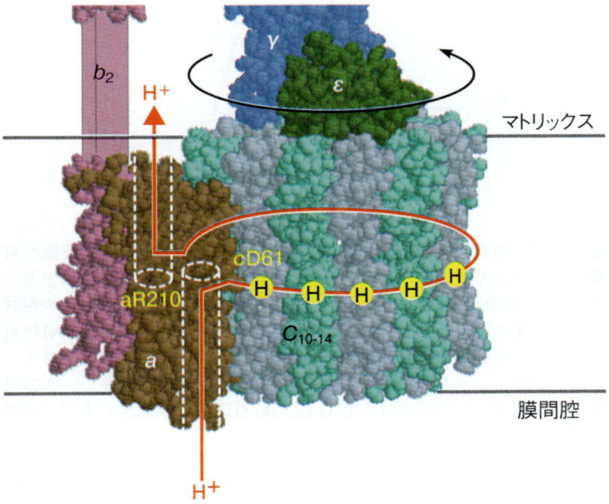

図 15.25　F_0F_1 ATP シンターゼの F_0成分の c リングのプロトン駆動による回転　このモデルは大腸菌の ATP シンターゼの X 線構造に基づくものである。c リングの膜貫通の α ヘリックス c サブユニット（大腸菌では 10 個）を灰色と青緑色の交互で示した。*a* サブユニット（茶色）と *b* サブユニット（赤紫色）は膜中で動かない。γ サブユニット（青色）と ε サブユニット（緑色）は c リングのマトリックス側に結合している。*a* サブユニットの内外を結ぶプロトンチャネルと c リングのプロトン駆動回転を考察し，赤矢印で示した。プロトン化/脱プロトン化反応に関与する重要な残基を示した（*a* サブユニットの Arg210 と *c* サブユニットの Asp61）。ミトコンドリアの ATP シンターゼでは，*c* サブユニット上のプロトン-結合アミノ酸はグルタミン酸である。

離する。このように，プロトン化/脱プロトン化反応は a に対して c の角度を変え，全体としてプロトン駆動の c リング回転となる。1 回の 360° 回転は F_1による 3 個の ATP 生産となるし，それには F_0のリング中でそれぞれの c サブユニット当たり 1 個のプロトンの移動を必要とする。

呼吸状態と呼吸調節

他のすべての代謝過程と同様，酸化的リン酸化はその基質が十分に存在するときにのみ進行する。それはアロステリックな調節だけではなく，得られる基質の量や熱力学により調節されている。基質としては ADP，P_i，O_2および還元された電子伝達体（NADH および，または $FADH_2$）を生成することのできる酸化されうる代謝物である。異なる代謝条件においては，これら4つの基質のいずれもが酸化的リン酸化を律速することができる。

酸化的リン酸化がADPに依存していることから，この過程について重要なことがわかる。呼吸はATP合成と密接に関連している。ATPの合成が基質から酸素への連続的な電子の流れに完全に依存しているのみならず，通常のミトコンドリアにおいてはATPの合成が行われているときにのみ電子の流れがみられる。この調節現象は**呼吸調節 respiratory control** と呼ばれ，生物学的に重要である。なぜならば，これにより基質が無駄に酸化されないようになっているからである。基質の利用はATPに対する生理学的な必要性により調節されている。

ほとんどの好気的細胞では，ATP濃度はADPの4〜10倍である。したがって呼吸調節とは，呼吸がリン酸化の基質としてのADPに依存していると考えればよい。細胞のエネルギー要求度が高く，ATPの消耗が激しいときには，蓄積するADPが呼吸を刺激し，ATPの再合成が活性化される。逆にゆったりとして栄養の豊富な細胞においては，ADPを消費してATPを蓄積し，ADPの枯渇が電子伝達とADPのATPへのリン酸化を制限する。このようにして，細胞のエネルギー生成能力とエネルギー要求量とが密接に調整されている。

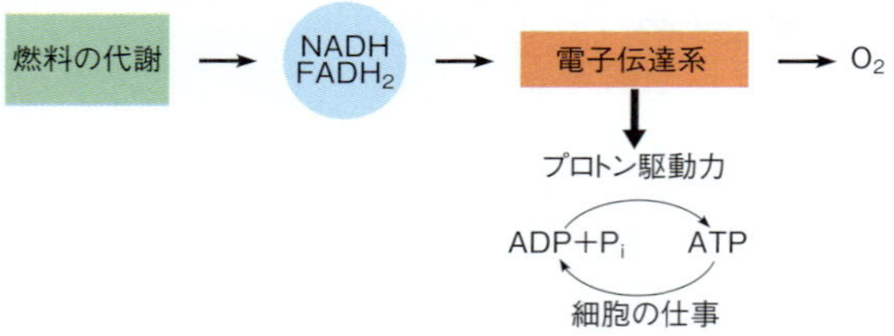

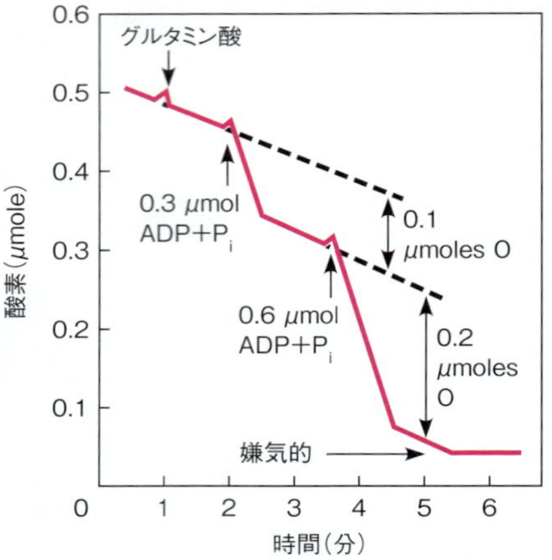

図15.26　呼吸調節を示す実験　注意深く調製した共役するミトコンドリアを用い，酸素の吸収を追跡した。外部からの酸化されうる基質（グルタミン酸）の添加により，ADPと P_i を加えない場合にはほんの少し，加えた場合には大きな呼吸の促進がみられた。2回のADP添加はいずれも制限量だけ加えている。2回目は1回目の2倍量加えたが，酸素の取り込みが化学量論的であることがわかる。最初のゆっくりとした酸素の取り込みはミトコンドリア内部の基質のためである。ADPによる呼吸の促進は，加えたすべてのADP＋P_i がATPになるまで続く。酸素の取り込みがOのμmoleで示してあるのは，1対の電子はOの1原子を還元するのであり，O_2 の1分子を還元するのではないためである。

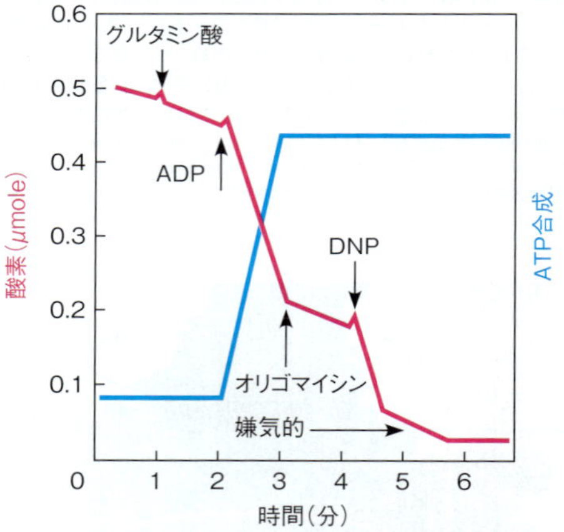

図15.27　酸素の取り込みとATP合成に対する阻害薬と脱共役薬の影響　この図は単離したミトコンドリア，酸化されうる基質（グルタミン酸），および過剰のADP＋P_i の混合液に酸化的リン酸化の阻害薬や脱共役薬を加えた実験の結果を示す。赤線は酸素の取り込み，青線はATP合成を示す。オリゴマイシンの添加はリン酸化を抑え，呼吸が遅くなる。ジニトロフェノール（DNP）は呼吸とリン酸化とを脱共役し，その結果，オリゴマイシンの存在下でも O_2 の取り込みは促進されるが，ATP合成は抑えられたままである。

実験的には，呼吸調節は単離したミトコンドリアにおける酸素利用を追跡することによってみることができる（図15.26）。基質やADPを添加しない場合にみられる内因性基質の酸化による酸素の取り込み速度は遅い。例えばグルタミン酸やリンゴ酸のような酸化されうる基質を加えても，呼吸速度はほとんど変化しない。だが，ここにさらにADPを加えると，酸素の取り込みは増大し，それは加えたADPがすべてATPに変換されるまで続き，その後，酸素の取り込み速度は元に戻る。この呼吸の促進は化学量論的である。すなわち2倍のADPを加えれば，取り込まれる酸素の量も2倍になる。酸化されうる基質が少なくADP量が多い場合には，ある程度の基質を加えればそれがすべて消耗されるまで酸素の取り込みは促進される。

呼吸調節が維持されるには，ミトコンドリアの構造的健全性が必要である。オルガネラを破壊すると，電子伝達とATP合成とが脱共役する。このような条件下では，ADPを加えなくとも酸素の取り込み速度は速くなる。電子が呼吸鎖に沿って流れ，O_2 を水に還元するのに用いられても，ATP合成は抑えられている。新鮮な単離ミトコンドリアを用いた実験を行う前に通常，生化学者はADPを添加した場合としない場合での酸素の取り込み速度を測定することにより，用いるミトコンドリアが緊密な**共役状態** coupled にあるか否かを確認する。注意して調製したミトコンドリアの場合，これら 2 条件下での O_2取り込みの比率は 10 くらいにまでなる。一方，古い，または壊れたミトコンドリアの場合には，この比率は 1 に近くなり，共役していないことがわかる。呼吸とリン酸化の脱共役は化学的にも達成できる。前にも述べたように，DNP，FCCP などの脱共役薬はプロトン勾配を消失させる。ミトコンドリアに脱共役薬を加えると，ADP を添加しなくとも酸素の利用が促進される（図 15.27）。

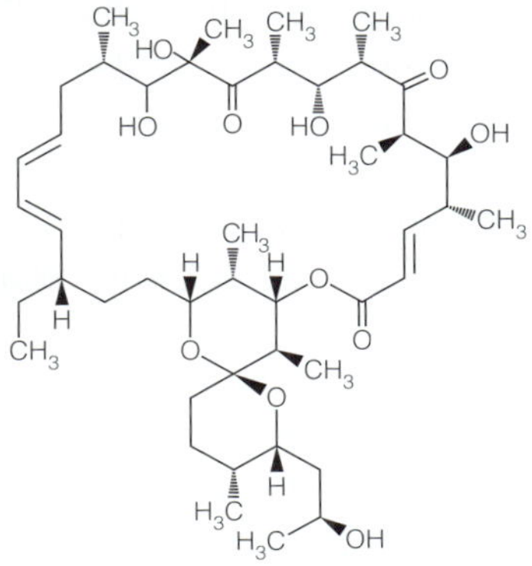

オリゴマイシン

Dean appling

抗生物質オリゴマイシンに代表される他の一群の化合物は，酸化的リン酸化の阻害薬として働く。活発に呼吸し，良好な共役状態にあるミトコンドリアにオリゴマイシンを添加すると，図 15.27 に示したように，酸素の取り込みと ATP の合成の両方が抑えられる。しかし，次に DNP のような脱共役薬を加えると酸素の取り込みが大きく促進されることからわかるように，電子伝達の直接的な阻害はみられない。

ATP 合成を基質（ADP）の不足またはオリゴマイシンによる阻害のどちらで抑えたとしても，共役しているミトコンドリアにおける電子伝達も止まることを図 15.26 と図 15.27 は示している。プロトン勾配が形成されないのであるから，電子伝達の阻害が ATP 合成の阻害になることは容易にわかる。しかし，ATP 合成の阻害はなぜ電子伝達を阻害するのであろうか？　オリゴマイシンは F_0複合体中の特異的な部位に結合することにより ADP リン酸化を阻害し，プロトンの F_0 プロトンチャネルを通した流れを阻害し，その結果 c リングの回転を阻害する。同様に ADP の不足は，$\alpha\beta$ 二量体がその触媒回路に入って立体配座変化を起こすのを阻害することにより ATP 合成を阻害する。この立体配座変化が抑えられると，γ サブユニットもそれが結合している c リングも回転できない。これらの成分の回転なしでは F_0を通したプロトンの流れも阻害される。では，なぜ F_0チャネルを通したプロトンの流れの阻害は，呼吸鎖を通した電子伝達を阻害するのであろうか。

その答えは，これらの過程が機械的に共役しているためである。我々の先祖が井戸から水を汲み上げるために使ったような簡単な手動のポンプを考えてみよう。地中から水を吸い上げ蛇口から出すために，人々は筋肉を使いハンドルを上げ下げした。もしホースを蛇口に取りつけ，消防自動車のディーゼルモーターを使ってポンプを通して地中へ水を注入したらどうなるであろうか？　ポンプのハンドルに何が起きるだろうか？　水の流れ（上下両方向に）はポンプのハンドルの機械的な動きと共役しているため，ハンドルは上下に（激しく）動くであろう。（ATP 合成の場合と同様，このポンプは可逆的である——前述のように ATP シンターゼは元来 ATPase としてみつかった）。もしこのポンプのハンドルを抑え，動かなくしたら何が起きるだろうか？　消防自動車からのポンプを通した水の流れに何が起きるだろうか？　水圧がハンドルを抑える力よりも強くなければ水は止まるであろう（あるいはホース破裂か！）

ATP 合成の阻害薬（例えばオリゴマイシン）を用いるのは，ポンプのハンドルを抑えることに似ている。ATP シンターゼが触媒回路に入るのを抑えれば，膜中の F_0複合体の c サブユニットの回転は起きず，これら 2 つの過程が機械的に共役しているために F_0を通したプロトンの流れも止まることになる。プロトン駆動力を消費するための H^+の外側からマトリックスへ

15

の戻りの流れがなければ，プロトン圧（$\Delta\psi$）はマトリックスの外へプロトンを汲み出すことがもはやできなくなるところまで膜の外側で高まる。すなわち，複合体を通した熱力学的に可能な電子の流れは，高い逆方向のプロトン駆動力に打ち克つために十分な自由エネルギーを与えることはできない（$\Delta G_{e\text{-輸送}} + \Delta G_{\text{H}^+\text{汲み出し}} = 0$）。電子伝達は複合体Ⅰ，Ⅲ，Ⅳを介してプロトン輸送と機械的に共役しているため，それも止まる。このように，呼吸速度を調節している基本的な要因は，ADPのリン酸化（ATP合成反応）のΔG，呼吸複合体を通した電子伝達のΔG，およびH^+輸送のΔG（プロトン駆動力で定義されるもの）の間のバランスである。もしATPを合成するために必要な自由エネルギーがプロトン勾配から得られる自由エネルギーとバランスがとれていれば，プロトンの流れもATP合成も起きない（$\Delta G_{\text{ATP合成}} + \Delta G_{\text{H}^+\text{マトリックスへの再入}} = 0$）。合成的代謝過程を動かすために細胞がATPの消費を始めたらどうなるかを考えてみよう。ATPの消費が進むにつれてマトリックス内のATPレベルは低下し，ADPのリン酸化のΔGは反応促進的になる（$\Delta G_{\text{ATP合成}} + \Delta G_{\text{H}^+\text{マトリックスへの再入}} < 0$）。したがってATPは合成され，共役しているプロトンのF_0を通した流れも進行する。このプロトンの再入の増加は，電子伝達の熱力学的な障害を減らすことになる（$\Delta G_{e\text{-輸送}} + \Delta G_{\text{H}^+\text{汲み出し}} < 0$）。その結果，電子伝達が増加し，また呼吸速度も上がる。

ポイント13
電子伝達の速度は，ATPへと変換するためのADPの濃度により制限を受ける。

ATPシンターゼの可逆性は，細胞にとって問題を抱えることになる。正常に呼吸しているミトコンドリアではpmfは高く，一方，マトリックスのATPとADPの交換によりATP合成に適するようにマトリックスのATP/ADP比は比較的低く維持されている（図15.28a）。しかし，ミトコンドリアの呼吸が乱されると――例えば，酸素欠乏または内膜を通したプロトンの漏れ――エネルギー関係は逆転する。pmfが閾値よりも低下し，細胞質ゾルのATPが存在すると（例えば制御されていない解糖系から），アデニンヌクレオチドトランスロカーゼはATPをマトリックスの中に入れてATP/ADP比を上げる。するとATP加水分解に有利になり，ATPシンターゼは逆方向に働き，ATPを加水分解して，プロトンをミトコンドリアのマトリックスの外に出す（図15.28b）。呼吸の乱れが穏やかであれば，あるいは一時的ならば，この逆の反応はpmfがプロトン勾配を必要とする代謝物の輸送（下記参照）などの他の過程を支える程度に維持できる。しかし膜の電位差の喪失が極端になると，ATPシンターゼの逆反応は細胞のすべてのATPを失わせ，細胞の死となる。

この壊滅的な結果を避けるために，プロトン輸送ATPaseとしてのF_0F_1 ATPシンターゼの働きは，内因性のミトコンドリアのF_0F_1 ATPase阻害タンパク質であるIF_1（F_1の阻害物質）により制限されている。IF_1は小型で（84アミノ酸），F_1成分のαとβサブユニットに直接結合することによりF_0F_1 ATP ase活性を阻害する，よく保存されたタンパク質である。IF_1の阻害活性はpHにより制御されているらしい。酸素欠乏時には，細胞はATP生産を主としてホモ乳酸発酵に頼る。これで生成する乳酸は細胞質ゾルとミトコンドリアのpHを低下させ，IF_1の阻害機能を活性化する。このように穏やかな酸素欠乏下では，IF_1によるF_0F_1 ATPaseの阻害は膜電位差を犠牲にしてATPを維持する。

自然の状態においても，呼吸をリン酸化から脱共役させることが望ましい場合もある。多くの哺乳類，中でも無毛で誕生するもの（ヒトの赤ん坊を含む），冬眠するもの，低温順応性のものなどは，体幹温度の維

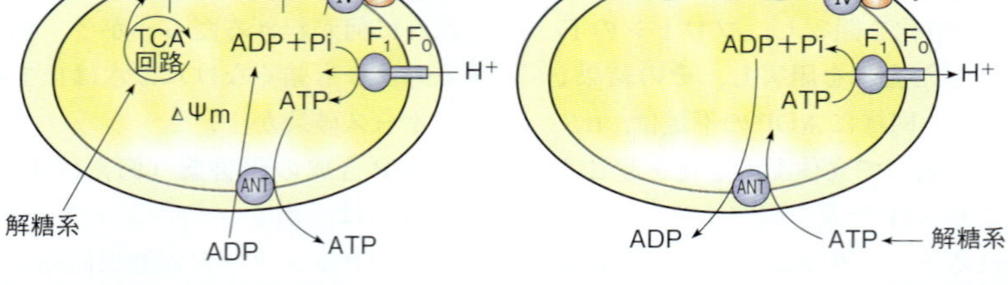

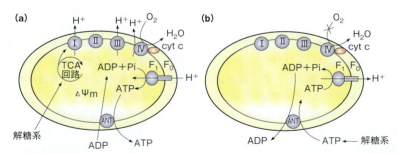

図15.28　F_0F_1ATPシンターゼの可逆性　(**a**) 正常に呼吸しているミトコンドリアではpmfが高く，ATPシンターゼはATP合成の方向に働く。ATPはアデニンヌクレオチドトランスロカーゼ（ANT）を通して細胞質のADPと交換される。(**b**) 低酸素状態ではpmfは低下し，細胞はATP生産を主としてホモ乳酸（アルコール）発酵に頼る。このATPはADPと交換してマトリックスに入る。F_0F_1 ATPシンターゼはプロトン輸送性のATPaseとして働き，プロトンをマトリックスの外に汲み出し，代謝物の輸送などの他の過程に使うための pmfを一時的に維持する。

Reprinted from *Trends in Biochemical Sciences* 34 : 343-350, M. Campanella, N. Parker, C. H. Tan, A. M. Hall, and M. R. Duchen, IF1 : Setting the pace of the F1Fo-ATP synthase. © 2009, with permission from Elsevier.

持が特に重要である。これらの動物は褐色脂肪組織 brown adipose tissue（BAT）と呼ばれる特別な組織を首や背中にもつ。この組織のミトコンドリアは，特にシトクロムなどの呼吸電子伝達体が豊富で，そのため BAT の色は褐色である。これらのミトコンドリアはクエン酸回路でアセチル CoA を代謝して，脂肪の酸化から熱を生み出すように特化している。BAT のミトコンドリアの内膜は**脱共役タンパク質 1 uncoupling protein 1（UCP1）**を多く含むが，これは ATP シンターゼを迂回して電子伝達を ATP 合成から脱共役化する過程によってプロトンをマトリックスに返す 33 kDa のチャネルである。このように，脂肪の酸化からのエネルギーは熱として放散される。哺乳類は少なくとも 5 種の異なる脱共役タンパク質（UCP1〜UCP5）を発現する。交感神経系による寒さに対応した UCP1 の機能と制御はよく理解されている一方，他の組織の他の UCP の生理学的な機能や成体における BAT の役割は集中的な研究が必要な領域である。

これと似た現象は，地面がまだ雪に覆われていることの多い初春に芽を出す植物にもみられる。ザゼンソウの花の穂は特に注目すべき例である。この組織は酸化をリン酸化から脱共役させることにより，周囲の温度よりも 10〜25℃高く維持することができる。

ミトコンドリアの輸送系

ミトコンドリアの外膜は約 5,000 Da くらいまでの分子が自由に透過できる性質をもっているが，内膜の透過性は厳しく制限されている。この選択的透過性の重要性は，電気化学的な勾配やミトコンドリアの中に還元力を取り入れるために用いられているシャトル系に関してすでに述べたことからも明らかである。また，基質の輸送に関しても考慮する必要がある。例えば，クエン酸回路における酸化の中間体の内側への輸送，細胞の他の区画において生合成に使われる中間体の外向きの輸送，および新たに合成された ATP の汲み出しなどである。ミトコンドリアの主要な輸送系の性質は図 15.29 に示した。マトリックスは細胞質に比べ負の電荷をもつため，負の電荷をもつ溶質にとってマトリックスに入るのはエネルギー的に不利である。したがって，ミトコンドリアの輸送系はこれら代謝中間体を取り込むためにプロトンとの共輸送，または OH^- との交換を用いる（注意：この他の輸送系が脂肪酸やアミノ酸を酸化するためにミトコンドリアに運ぶ)。これらの輸送系のほとんどは，ミトコンドリアの輸送系ファミリー mitochondrial carrier family（MCF）のメンバーである。

まず酸化的リン酸化に関与する ATP，ADP，P_iについて考えてみよう。2 つの系があるが，**アデニンヌクレオチドトランスロカーゼ adenine nucleotide translocase（ADP/ATP トランスロカーゼ，または ANT〈ADP/ATP carrier〉）**と**リン酸トランスロカーゼ phosphate translocase** である。前者は内膜を貫通しており，内膜の外側表面の特異性の高い部位で ADP と結合する。このタンパク質はマトリックスからの遊離の ATP の排出と，それに相当する量の遊離の ADP の膜間腔からの流入を共役させる（Mg–ADP と Mg–ATP はこの輸送系の基質ではない)。このアンチポーターでは −4 の電荷の ATP と −3 の電荷の ADP とを交換するが，その作用は膜電位（外が正）により駆動される。ミトコンドリアの輸送系においては一般に，関与する基質のうちの少なくとも 1 つは濃度勾配に従って移動するか，プロトン勾配と共役するので，他のエネルギー源は不要である。

後者のリン酸トランスロカーゼは，逆輸送方式としても共輸送方式としても作用することができる（第 10 章参照)。逆輸送の場合には，$H_2PO_4^-$をマトリックスに取り込み，それと共役して水酸基イオンを排出する。共輸送の場合には，HPO_4^{2-}をマトリックスに取り込み，同時に 2 つのプロトンも取り込む。この 2 つの方式には電気的な変化はなく，電子伝達により生成したプロトン駆動力の ΔpH 成分で駆動される。アデニンヌクレオチドとリン酸の輸送系における全体としての正味の効果は，酸化的リン酸化の基質である ADP，P_iの取り込みと，産物である ATP の汲み出しの共役である。

ATP シンターゼの基質を供給するという ADP/ATP とリン酸輸送系の重要な機能からもわかるとおり，ヒトにおけるこれらの欠損は，運動欠陥，筋緊張低下，肥大性心筋症，血漿乳酸レベルの上昇や乳酸アシドーシスとして現れる。

次に酸化の基質について考えよう。糖質の異化によりできる主な基質はピルビン酸であるが，これはリン酸と同様，OH^-と交換される。ジカルボン酸基質（コハク酸，フマル酸，リンゴ酸）はジカルボン酸輸送系により相互に，または正リン酸と交換される。同様にトリカルボン酸輸送系はクエン酸とイソクエン酸を相互に共役交換するか，またはジカルボン酸またはホスホエノールピルビン酸と共役交換する。β 酸化のための脂肪酸の流入は，第 17 章に示すこの他の輸送系で行われる。

図 15.29 に示した輸送系の他に，重要なカルシウムイオン輸送系が存在する。Ca^{2+}は細胞質ゾルにおいて多くの代謝過程を調節し，ミトコンドリア貯蔵庫からのその流出は Ca^{2+}の細胞質ゾル濃度の変化の 1 つの要因となる（第 23 章参照)。カルシウムは内側がより

15

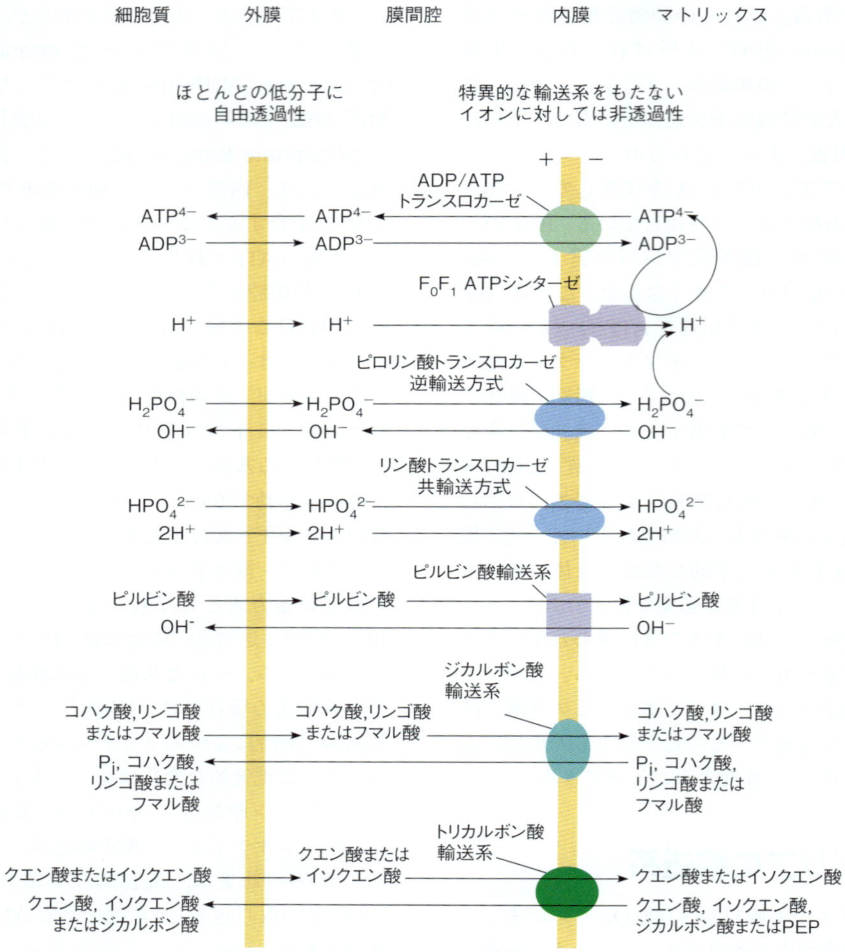

図 15.29　呼吸基質と産物のための内膜の主要な輸送系　ADP/ATP トランスロカーゼとリン酸トランスロカーゼとは，酸化的リン酸化のために基質（ADP と P_i）をミトコンドリアの中へ，産物（ATP）を外へ動かす。この他の輸送系は細胞の代謝における必要性に応じ，クエン酸回路の酸化の基質や産物をマトリックスの内外へと移動させる。

負になっている膜電位に駆動されるユニポーターによって内側へと輸送される。それは外側からの Na^+ と交換で排出される。

細胞質の還元力のミトコンドリアへのシャトル

ミトコンドリアの輸送系のもう 1 つの重要な役割は，呼吸鎖による以降の再酸化のために細胞質の還元力をマトリックスに戻すことである。好気的解糖系ではグリセルアルデヒド 3-リン酸デヒドロゲナーゼ段階でつくられる NADH は，ピルビン酸がクエン酸回路でさらに酸化されるがために再酸化はされないことを思い出してほしい。この NADH からエネルギーを取り出し，解糖系を続けるべく酸化された NAD^+ を再生するためには，還元力をミトコンドリアに移動させなければならない。しかし，細胞質ゾルの NAD にリンクした脱水素酵素によりつくられた NADH は，それ自身で呼吸鎖により酸化されるためにミトコンドリア膜を通ることはできない。したがって，還元力は補酵素の物理的な移動なしにミトコンドリアの内膜の呼吸集合体にシャトルされなければならない。この過程は，細胞質における NADH による基質の還元，特別な輸送系を通したミトコンドリアのマトリックスへの還元された基質の移動，その化合物のマトリックス内での再酸化，および酸化された基質の細胞質への移動とそこでの同一回路の反復などが含まれる。

ポイント 14
電子は代謝的シャトルによりミトコンドリアへと取り込まれる。

最初に見出されたシャトル系はジヒドロキシアセトンリン酸/グリセロール 3-リン酸系で，これは特に脳と骨格筋（および昆虫の飛翔筋）で活性が高い。図 15.30a に示したように，ジヒドロキシアセトンリン

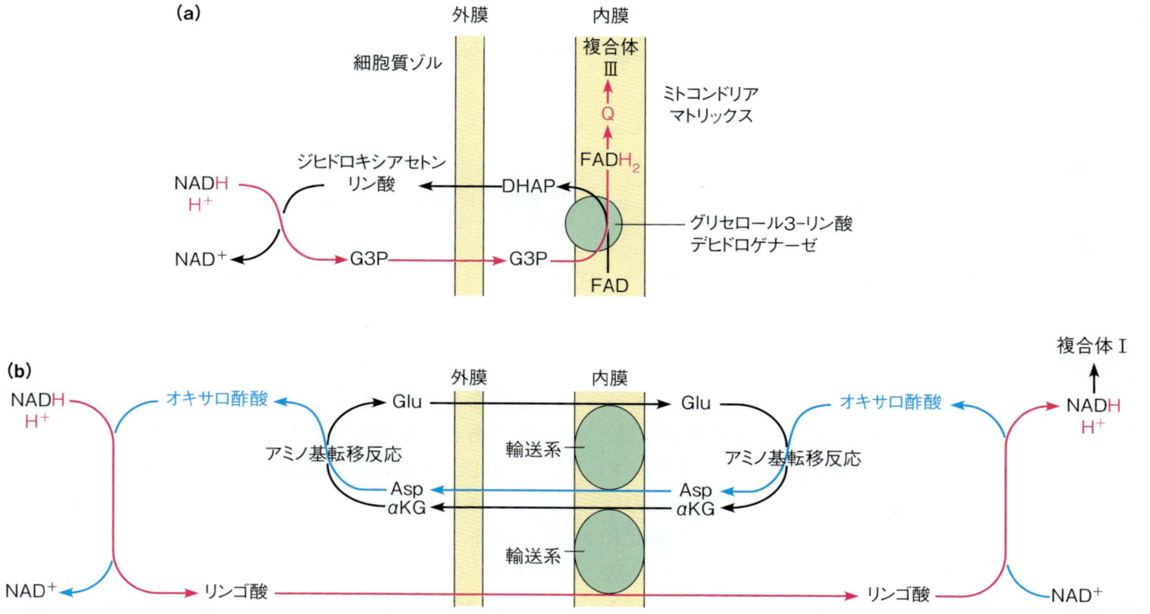

図 15.30　**細胞質ゾルからミトコンドリアへの還元力の移動のシャトル**　**(a)** ジヒドロキシアセトンリン酸/グリセロール 3-リン酸シャトル。**(b)** リンゴ酸/アスパラギン酸シャトル。赤矢印は還元力の流れを示す。Glu＝グルタミン酸，Asp＝アスパラギン酸，αKG＝αケトグルタル酸。

酸（DHAP）は細胞質ゾルで NADH により還元され，生成したグリセロール 3-リン酸はミトコンドリアの内膜の外表面に結合したフラビン依存性のグリセロール 3-リン酸デヒドロゲナーゼにより再酸化される。この過程は FAD の還元，続く $FADH_2$ からの電子対の補酵素 Q への移動（ミトコンドリア内の NADH が電子を補酵素 Q へと移動させるのと同様な）を含む（図 15.13 参照）。ジヒドロキシアセトンリン酸がいったん細胞質ゾルに戻ると，全体の収支は，2 還元等量の細胞質ゾルの NADH からミトコンドリアの $FADH_2$ への，さらにそこから呼吸鎖への移動である。

肝臓，腎臓，心臓で特に活性の高い他のシャトル系は，図 15.30b に示したように，リンゴ酸/アスパラギン酸シャトルである。ここではリンゴ酸デヒドロゲナーゼの細胞質ゾルのアイソザイムが NADH とともにオキサロ酢酸をリンゴ酸に還元し，そしてそれはミトコンドリア内膜における特異的な α ケトグルタル酸/リンゴ酸交換系を通してマトリックス内へと移動する。リンゴ酸はクエン酸回路の NAD^+ を使うリンゴ酸デヒドロゲナーゼにより再酸化される。生成したマトリックスの NADH は，次に複合体 I により酸化される。オキサロ酢酸は内膜を透過できないので，アスパラギン酸に変換され，それは特異的なアスパラギン酸/グルタミン酸交換系を介して外に出される。細胞質では，アスパラギン酸は回路の再開のために，アミノ基転移反応によりオキサロ酢酸へと再変換される。アミノ転位反応が含まれているため，この反応が進むためには α ケトグルタル酸は絶えずミトコンドリアの外に排出され，グルタミン酸は内側に取り込まれ続けなければならない。この系のバランスは 2 つの交換系の基質特異性により確保されている。

このようにして，リンゴ酸/アスパラギン酸シャトルを使っている組織では，細胞質の NADH の 1 mol 当たり約 2.5 mol の ATP が生産される。ジヒドロキシアセトンリン酸/グリセロール 3-リン酸シャトルを使っている組織では，細胞質の還元力は複合体 I ではなく複合体 Ⅲ（QH_2 を通して）のところで呼吸鎖に入るので，NADH の 1 mol 当たり約 1.5 mol の ATP が生産される。

酸化的代謝からのエネルギー収率

ここまでの 3 つの章においては，糖質が二酸化炭素と水へと酸化される経路について述べてきた。そして最後に，これら経路の組み合わせによる全エネルギー収率と代謝効率とを計算するところまでやってきた。グルコースの酸化的異化全体から，ATP の形で回収されるエネルギーについて考えてみよう。まず，関連する 3 つの経路のそれぞれに関する収支を計算し，次に還元された電子伝達体から，酸化的リン酸化により得られる ATP の量を推定したい。

次ページ上の 3 つの過程で直接 4 mol の ATP および 10 mol の NADH と 2 mol の $FADH_2$ とが生産される。NADH と $FADH_2$ の酸化の P/O 比の 2.5 と 1.5 をそれ

解糖系：

グルコース ＋ 2ADP ＋ $2P_i$ ＋ $2NAD^+$ → 2ピルビン酸 ＋ 2ATP ＋ 2NADH ＋ $2H_2O$ ＋ $2H^+$

ピルビン酸デヒドロゲナーゼ複合体：

2ピルビン酸 ＋ $2NAD^+$ ＋ 2CoA-SH → 2アセチルCoA ＋ 2NADH ＋ $2CO_2$

クエン酸回路（GTPのATPへの変換を含む）

2アセチルCoA ＋ $4H_2O$ ＋ $6NAD^+$ ＋ 2FAD ＋ 2ADP ＋ $2P_i$ → $4CO_2$ ＋ 6NADH ＋ $2FADH_2$ ＋ 2CoA-SH ＋ 2ATP ＋ $4H^+$

全体では

グルコース ＋ $10NAD^+$ ＋ 2FAD ＋ $2H_2O$ ＋ 4ADP ＋ $4P_i$ → $6CO_2$ ＋ 10NADH ＋ $6H^+$ ＋ $2FADH_2$ ＋ 4ATP

ぞれ使って計算すると，全体としてのATP収率は1 molのグルコースが酸化されると32個になる［4 ＋（2.5 × 10）＋（1.5 × 2）］。原核生物やリンゴ酸/アスパラギン酸シャトル（図15.30b参照）を用いている細胞においては，細胞質の解糖系からの還元力はエネルギーの消費なしにミトコンドリアへと運ばれる。しかし，グリセロールリン酸シャトル（図15.30a）を用いている細胞においては，細胞質ゾルのNADHからの電子は$FADH_2$として呼吸鎖に入るために，エネルギーコストがかかる。したがって，これら2つのNADHそれぞれからのATP収率は，2.5ではなくて約1.5である。その結果，全体としてのATP収率は，グルコース1 mol当たり30に減る。以下の考察では，酸化されるグルコース1 mol当たりの最大ATP収率を32としよう。グルコース酸化の$\Delta G^{\circ\prime}$は−2,870 kJ/mol（第12章，p.436参照）であり，ATP加水分解の$\Delta G^{\circ\prime}$は−30.5 kJ/molであることから，標準条件下でのこの生化学機構の作用効率は（32 × 30.5）/2,870，すなわち約34％と計算される。すでに述べたようにin vivoでのATP加水分解は50〜60 kJ/molにはなるであろうから，細胞内での効率はこれよりかなり高いであろう。

ポイント15
グルコース1 molの完全な酸化により，ADPから約30〜32 molのATPが合成される。

ミトコンドリアのゲノムと病気

ミトコンドリアは，約16,500 bpの長さの二本鎖環状ゲノムをもつ。ヒトでは，ミトコンドリアのDNA（mtDNA）は13種のタンパク質（すべて呼吸鎖複合体のサブユニットである）をコードするものを含めて37遺伝子をもつ（図15.31a）。複合体Ⅰ，Ⅲ，Ⅳ，Ⅴはいずれもm tDNAにコードされるいくつかのサブユニットを含むが，複合体Ⅱとシトクロム*c*は核のDNAにコードされている。この他mtDNA遺伝子は22のtRNAと2つのrRNAをコードする。これらは，mtDNAにコードされる13種のタンパク質を翻訳するために必要なミトコンドリアのタンパク質合成装置の構成成分である。もちろん，ミトコンドリア内のタンパク質（900以上）のほとんどは核にコードされ，細胞質のリボソーム上で翻訳され，ミトコンドリアに輸送される。

ミトコンドリアの機能を損なう病気（ミトコンドリア病）はヒトでは珍しくないと考えられる——おそらく人口の2％程度が何らかのミトコンドリアの欠陥をもつ。しかし，これらの異常のごく一部がmtDNA中の変異に起因する（1万人に約1人）。mtDNAの変異は直接に13種の構造遺伝子（図15.31a）のどれかの変異を通して，または間接的にtRNAまたはrRNA遺伝子の変異を通して，呼吸鎖の欠損に繋がる。これらの病気の多くは脳や骨格筋の異常であり，ミトコンドリア脳筋症として知られる。mtDNA病の特徴は，冒される組織や病気の程度が患者により大きく変化することである。この多様性は，それぞれの細胞が数百，数千コピーのmtDNAをもち，それぞれが細胞分裂に際しランダムに娘細胞に分配されるためである。多くのmtDNAの1つに変異が入ると，ある娘細胞は変異mtDNAと正常なmtDNAとを受け継ぐ。細胞，組織あるいは個人が正常と変異mtDNAの両方をもつ場合，それはヘテロプラスミックと呼ばれる。mtDNA変異の臨床的な表現型は，主として異なる組織中の正常と変異mtDNAゲノムの相対比により決まる。病気として現れるに十分なミトコンドリア機能の異常には，特定の器官または組織中の変異mtDNAのある最小数が必要であろう。これは閾値効果と呼ばれる。

図15.31bの“疾病地図”は，mtDNA変異の位置とそれらが引き起こすミトコンドリア脳筋症とを示す。これらの中にはLeber遺伝性視神経症（LHON：Leber's hereditary optic neuropathy），ミトコンドリア脳筋症，乳酸アシドーシス，脳卒中様エピソード（MELAS：mitochondorial encephalomyopathy, lactic acidosis, stroke-like episodes）や赤色ぼろ繊維を伴うミオクロニーてんかん（MERRF：myoclonic epilepsy with ragged-red fibers）などが含まれる。これらの異常の症状は非常に多様であるが，mtDNA病の患者は

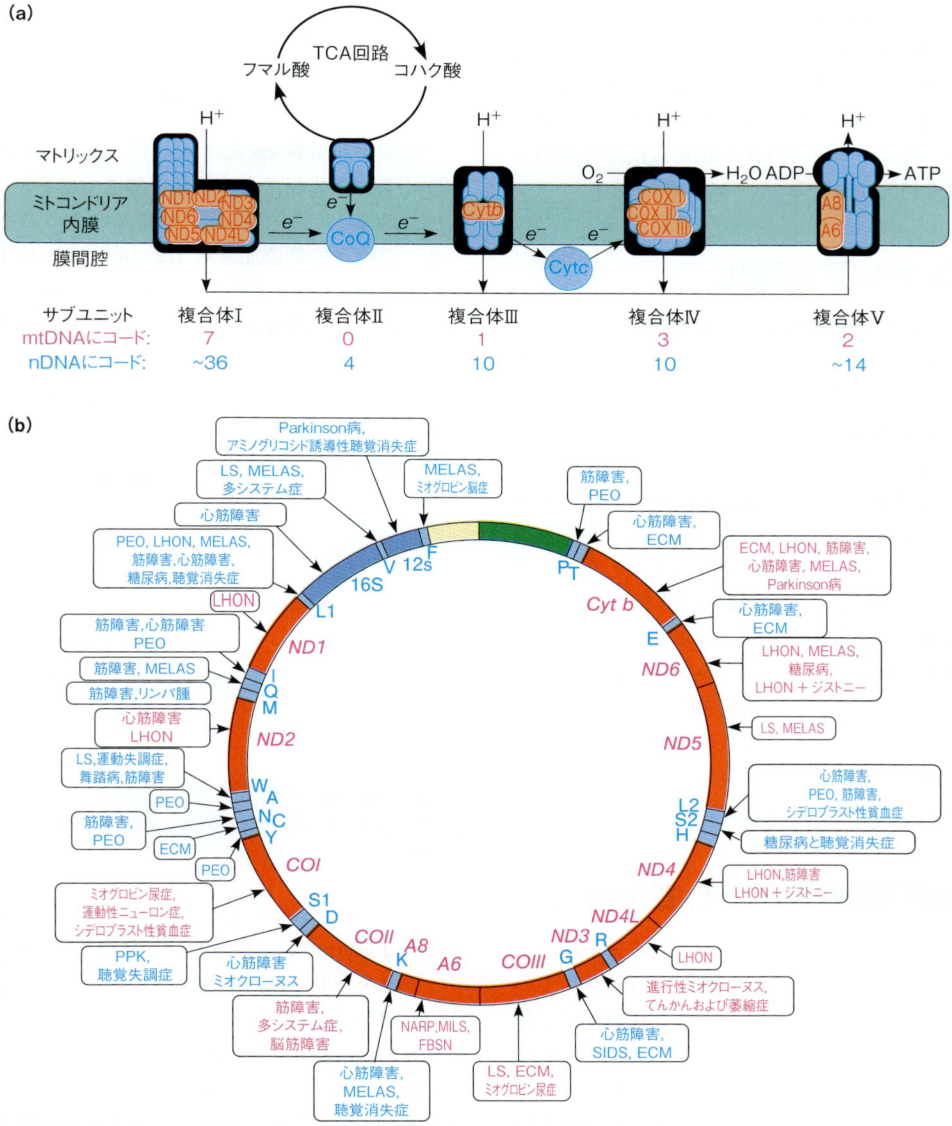

図 15.31　ミトコンドリアの DNA とミトコンドリア病　**(a)** 呼吸鎖の 5 個の多重サブユニット複合体について mtDNA コードのサブユニットのものを赤色，核コードのサブユニットのものを青色で示した。**(b)** ヒトのミトコンドリアゲノムの疾病地図。16,569 bp mtDNA にある 13 のタンパク質コードの遺伝子を赤，12S と 16S リボソーム RNA を濃い青色，22 の転移 RNA（対応するアミノ酸の 1 文字標記で）を薄い青色でそれぞれ示した。タンパク質-コード遺伝子の変異による病気を赤色のボックスで，ミトコンドリアのタンパク質合成成分の変異による病気を青色のボックスで示した。
Reprinted from *Biochimica et Biophysica Acta* 1658：80–88, S. DiMauro, Mitochondrial diseases. © 2004, with permission from Elsevier.

しばしば進行性で障害性の神経病的問題，筋肉虚弱，慢性的で進行性の眼筋麻痺や運動誘導性疲労などを示し，その根底には呼吸や ATP 生産の欠損がある。

上で述べたように，遺伝的ミトコンドリア病の大部分は核遺伝子の変異による。なぜならば呼吸鎖の効率的な集合や機能発揮には，多くの核コードのタンパク質が必要だからである。例えば，ミトコンドリアの DNA ポリメラーゼも RNA ポリメラーゼも，ミトコンドリアのリボソームのすべてのタンパク質サブユニットと同様，核の遺伝子にコードされている。ミトコンドリアの DNA ポリメラーゼ（POLG）の触媒サブユニットの遺伝子中の 150 以上の点変異が，進行性外部眼筋麻痺，Alpers 症，Parkinson 病，運動失調-ニューロン異常症候群や雄性不妊症などの多くのミトコンドリア病と関連している。この他，ミトコンドリアのダイナミクス（生合成，分裂，融合，分解）には多くの核コードのタンパク質が必要である。Charcot-Marie-Tooth 病，Friedreich 運動失調，遺伝性痙性対麻痺などは，これらの過程で必要な遺伝子中の変異による遺伝病の例である。最後に Huntington 病，Alzheimer 病や筋萎縮性側索硬化症 amyotrophic lateral sclerosis（ALS，Lou Gehrig 病としても知られる）などのいずれも，ミトコンドリア機能不全を含む一群の後発性の神経変性疾患がある。これら遺伝的な神経変性疾患の病原性におけるミトコンドリアの正確な役割は未知であり，詳細な研究が行われている領域である。

ミトコンドリアと進化

進化生物学における最も大きな疑問の1つは，ミトコンドリアの起源である。それらはどこから来たのか？　多くの説があるが，最も広く受け入れられているのが細胞内共生説であろう。そのシナリオに従えば，数十億年前に，おそらくH_2を利用するメタン生成菌である古細菌が，おそらくH_2を発生する通性嫌気性のαプロテオバクテリアと共生関係に入った。古細菌宿主は，αプロテオバクテリアを殺すことなく，次第に完全に包み込んだ。この細胞内共生関係において，宿主は細胞内共生体に酸化できる基質を与え，逆に細胞内共生体は宿主にエネルギー（ATP）を供給した。細胞内共生体の大部分の遺伝子が宿主ゲノムに移動するにつれて，この関係は永久に維持され，最初の真核細胞が現れた。そしてミトコンドリアは元のαプロテオバクテリアの現代の子孫である。

他の代謝反応の基質としての酸素

ほとんどの細胞においては，消費される分子状酸素の少なくとも90%は酸化的リン酸化に利用されている。残りのO_2は，特殊化したさまざまな代謝反応に使われている。少なくとも200種の既知の酵素がO_2を基質とする。O_2はどちらかといえば反応性が低いので，実際上これら200種の酵素すべてはシトクロム酸化酵素の場合のように，酸素の反応性を上げるために金属イオンを利用している。ここでは簡単にこれら酵素について述べ，またすべての細胞で継続的に発生し，高い反応性のために毒性が強い，部分的に還元された形の酸素の代謝を考えよう。

酸化酵素と酸素添加酵素

酸化酵素 oxidase とは，産物の中にO_2からの酸素を取り込まずに基質の酸化を触媒する酵素のことをいう。2電子酸化が普通であり，酸素はH_2O_2へと変換される。ほとんどの酸化酵素は金属かフラビン補酵素を利用する。例えばD-アミノ酸オキシダーゼは補因子としてFADを用いる。

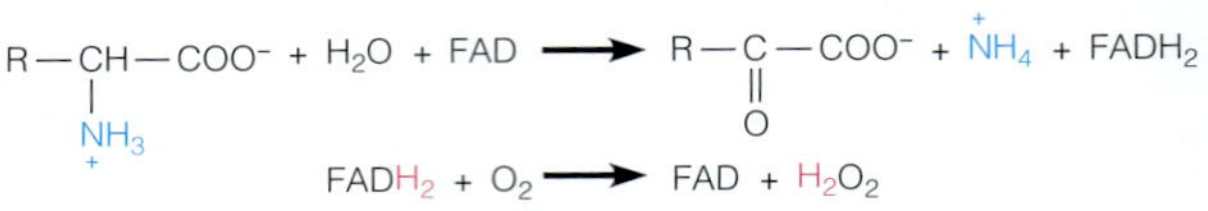

酸素添加酵素 oxygenase は，酸化された産物中にO_2からの酸素原子を取り込む酵素である。一原子酸素添加酵素と二原子酸素添加酵素の2つのクラスがある。**二原子酸素添加酵素 dioxygenase** は1つの基質にO_2の両方の原子を取り込むが，その分布は限られている。その例はトリプトファン2,3-ジオキシゲナーゼであり，これは補因子としてヘムをもち，トリプトファンの異化における最初の反応を触媒する。

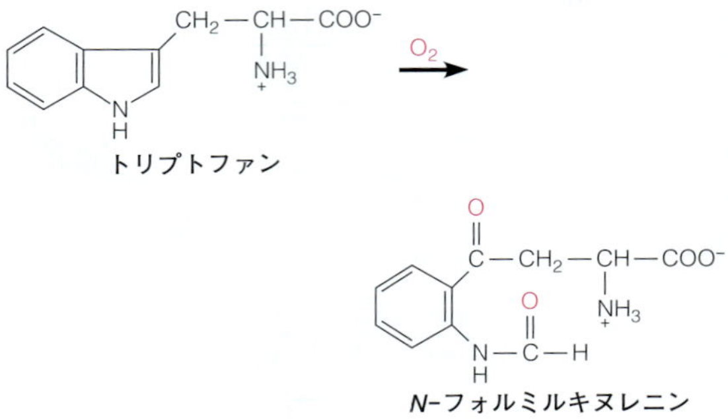

> **ポイント16**
> 酸化酵素と酸素添加酵素は，O_2を基質として利用する酵素である。

より多く分布しているのが**一原子酸素添加酵素 monooxygenase** であり，これは産物の中にO_2から一原子を取り込み，もう1つの原子を水に還元する。一原子酸素添加酵素は酸素を受け取る第1の基質と，もう1つの酸素を水に還元するための2つのH原子を供給する第2の基質をもつことになる。ここでは2つの基質が酸化されるため，このクラスの酵素は**混合機能酸化酵素 mixed-function oxidase** とも呼ばれる。一原子酸素添加酵素により触媒される反応の一般式は以下のとおりである。

$$AH + BH_2 + O{=}O \longrightarrow A-OH + B + H_2O$$

基質AHは通常このクラスの酵素により水酸化されるため，**水酸化酵素（ヒドロキシラーゼ）hydroxylase** という名も使われる。この種の反応の例の1つはステロイドの水酸化である。ここでは還元型の補因子NADPHがBH_2になっている。

$$RH + NADPH + H^+ + O_2 \longrightarrow R-OH + NADP^+ + H_2O$$

一原子酸素添加酵素反応においては$NADPH/H^+$以外のいくつかの化合物がBH_2として機能するが，例えばフィタノイル CoA（第 17 章）やコラーゲンのプロリン残基（第 21 章）などの水酸化における α ケトグルタル酸もこの 1 つである。

シトクロム P450

最も多くの水酸化反応は，細菌から哺乳類に至るほとんどすべての生物にみられる**シトクロム P450 cytochrome P450** と総称される一群のヘムタンパク質のスーパーファミリーにより行われる。ヒトゲノムは 57 種の異なるシトクロム P450 の構造遺伝子をもち，大きくて多様なタンパク質ファミリーとなっている。これらタンパク質は O_2とも一酸化炭素とも結合できるという点で，ヘモグロビンやミトコンドリアのシトクロムオキシダーゼと似ている。しかし，シトクロム P450 は，そのヘムの還元型が一酸化炭素と結合したときに 450 nm の光を強く吸収するという特徴をもつ。シトクロム P450 に共通する構造上の特徴は，システインのチオレートイオンであり，硫黄がヘム鉄の 6 つの配位位置の 1 つを占めている点である（図 15.32a）。残りの 5 つ目のリガンドは，ヘム中のプロトポルフィリンⅨの 4 つのピロール環の窒素および結合する酸素である。しかし，システイニル–ヘムの構造をもつタンパク質がすべてシトクロム P450 に分類されるわけではない。例えばこれと同じ構造モチーフは，トロンボキサンシンターゼ（p.729 参照）や一酸化窒素シンターゼ（p.790）にも使われている。Ⅰ型シトクロム P450 は細菌とミトコンドリアに見出される。より普遍的なⅡ型酵素は真核細胞の小胞体膜に埋め込まれている。

シトクロム P450 は多様な化合物の水酸化に関与している。反応の中にはステロイドホルモン生合成（第 19 章参照）や，水酸化された脂肪酸や脂肪酸エポキシドの合成などの水酸化反応が含まれる。さらにシトクロム P450 は数多くの**ゼノビオティックス xenobiotocs**（外来化合物）にも作用する。これらはフェノバルビタールなどの薬物，タバコの煙の成分であるベンツ［*a*］ピレンや，カビにより生産され，適切な検査を受けなかったピーナッツから発見される発がん物質であるアフラトキシン B などである。外来化合物の水酸化は通常その溶解度を増加させ，解毒すなわち代謝と排泄の重要な段階である。しかし，水酸化やエポキシ化により反応性の高い化合物に変換されるアフラトキシン B_1 の場合のように（次ページ左段の図参照），この反応により潜在的な発がん物質をより反応性の高い化合物にしてしまうこともある。

シトクロム P450 の高い反応性の鍵はその O_2の分割能力にあり，一方の酸素原子をシトクロムのヘム鉄に結合させる。この結合は FeO^{3+}で表される**パーフェリル鉄–酸素複合体 perferyl iron–oxygen complex** をつくる。この高い反応性をもつ基は，炭化水素のような非反応性の物質からも水素原子を引き抜く。このような水酸化において還元力は，水酸化反応中でよく用いられる電子供与体である NADPH からシトクロム P450 へとフラビンタンパク質である P450 オキシドレダクターゼ（POR）を介して移される場合が多い（図 15.32b）。

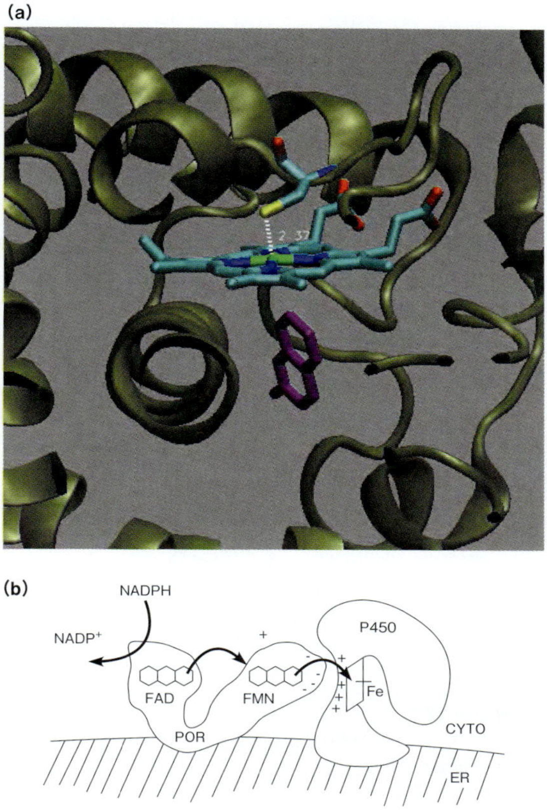

図 15.32　シトクロム P450　**(a)** 抗凝固剤クーマリンとの複合体としてのヒトのシトクロム P450 2A6（PDB ID：1ZIO）。中央に横たわるヘムの Fe 原子は Cys349 とリガンド結合をしている。クーマリン基質（紫色）はヘムの反対側にある。**(b)** フラビンタンパク質酵素である P450オキシドレダクターゼ（POR）は一度に1個の電子をNADPHから P450 に運ぶ。

(b) Courtesy of W. L. Miller. Published in *Proceedings of the National Academy of Sciences of the United States of America*, 2008, 105：1733-1738 (2008), N. Huang, V. Agrawal, K. M. Giacomini, and W. L. Miller, Genetics of P450 oxidoreductase：Sequence variation in 842 individuals of four ethnicities and activities of 15 missense mutants.

シトクロム P450 系はこの他エポキシ化，過酸化，脱硫黄化，脱アルキル化，脱アミノ化，脱ハロゲン化などの広い反応に関与している。これらの反応は特に肝臓で活性が高く，多種のシトクロム P450 が誘導される。すなわちその合成は，これら酵素により代謝される基質により促進される。誘導薬としてはフェノバルビタールや他のバルビツレートなどの薬物が含まれる。

15

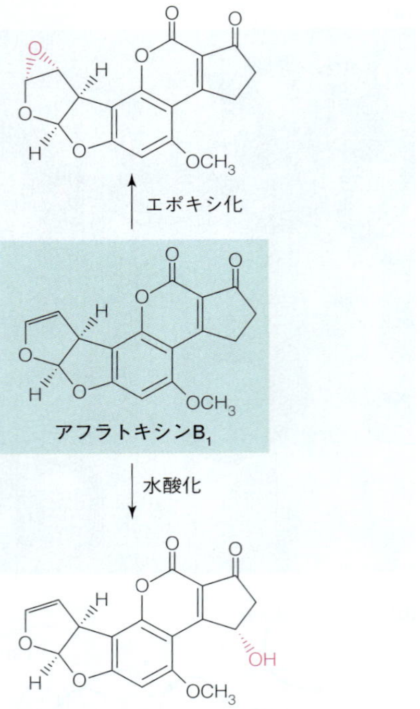

> **ポイント 17**
> シトクロム P450 は多くの反応性の低い基質を水酸化し，代謝されやすくする。

活性酸素種，抗酸化薬による防御とヒトの病気

活性酸素種の生成

すでにみてきたように，電子伝達の最終段階は O_2 の水への 4 電子還元である。ほとんどの酸化酵素と同様，シトクロムオキシダーゼも，この酵素中のヘム鉄や銅のように，一度に 1 つの電子分だけその電荷状態を変える金属イオンから酸素へと電子を移動させる。1 電子伝達体と 2 電子伝達体の相互作用の効率が 100%であることはまれなので，酸化酵素はしばしば不完全に還元された酸素種を生成する——O_2の 1 電子還元により生成する**スーパーオキシド superoxide**（$O_2^{\cdot -}$），2 電子還元により生成する過酸化水素（H_2O_2），3 電子還元により生成する**ヒドロキシルラジカル hydroxyl radical**（$OH^{\cdot}$）である（図 15.33）。さらにキサンチンオキシダーゼ（第 22 章）やアミノ酸オキシダーゼ（p.750 参照）のようなある種の酵素は，その通常の産物として過酸化水素を生成する。スーパーオキシド，過酸化物，ヒドロキシルラジカルは，いずれも O_2よりも反応性が高く，**活性酸素種 reactive oxygen species（ROS）**と総称される。ヒドロキシルラジカルは特に反応性が高く，他の生物分子の損傷の原因となる。ヒドロキシルラジカルはさまざまな経路でタンパク質に損傷を与え，また**脂質の過酸化 lipid peroxidation** と呼ばれる過程で膜の脂質中の脂肪酸の酸化の引き金を引き，膜に損傷を与える。下図に示すように，過酸化を受けたそれぞれの脂肪酸アシル基が次の過酸化を引き起こすラジカルを生成するため，脂質の過酸化は連鎖反応である。

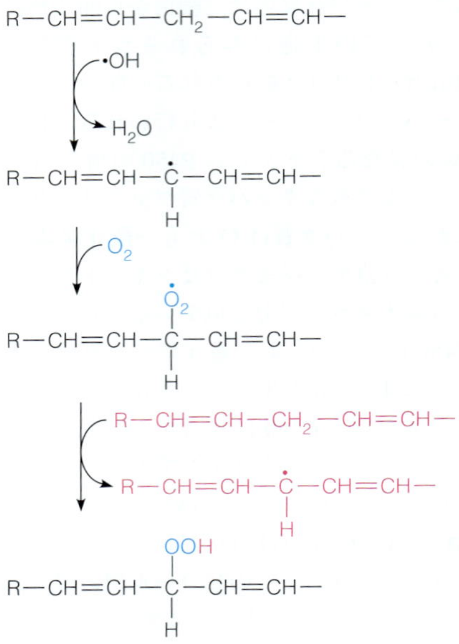

脂質の過酸化

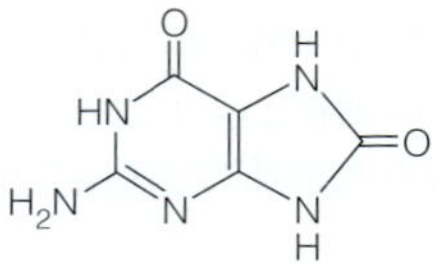

8-オキソグアニン

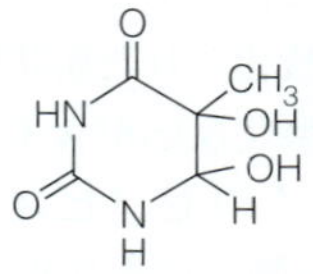

チミングリコール

> **ポイント 18**
> 部分的に還元された酸素種——スーパーオキシド，過酸化物，ヒドロキシラジカル——は非常に有毒である。これらの毒性は酵素的と非酵素的機構により解消される。

ヒドロキシルラジカルは，ポリヌクレオチド鎖の切断（二本鎖 DNA 切断は致死的である）や DNA 塩基の構造を変化させることにより，核酸にも損傷を与える。約 20 種類の異なる塩基変化すなわち DNA 損傷が，ヒドロキシルラジカルと DNA の反応により生じることがわかっている。そのあるものは（上に示した **8-オキソグアニン 8-oxoguanine** のように），DNA

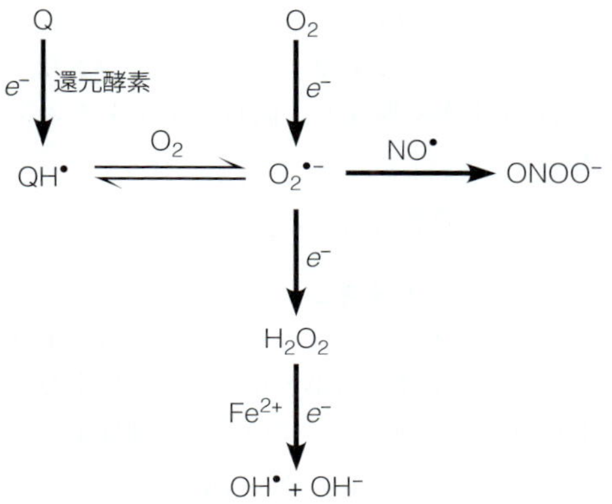

図 15.33　活性酸素種（ROS）　最も普通に見られる活性酸素種の生成と相互変換を示す。$O_2^{\bullet -}$＝スーパーオキシド，$OH^{\bullet}$＝ヒドロキシラジカル，$NO^{\bullet}$＝一酸化窒素，$OONO^-$＝過酸化亜硝酸，Q＝酸化型補酵素 Q，$QH^{\bullet}$＝セミキノンラジカル，H_2O_2＝過酸化水素。

複製時に Watson–Crick 型ではない塩基対を形成するため変異原となる。**チミングリコール** thymine glycol のような損傷は，潜在的に致死性である。なぜならば，この異常塩基が修復されない限り（第 26 章），DNA 複製がその部位から先に進めないからである。ヒドロキシルラジカルはイオン化放射線により生成し，その放射線の結果出てくる最も活性の高い変異原である。ヒドロキシルラジカルはまた，H_2O_2から Fenton 反応によっても生成される。

$$H_2O_2 + Fe^{2+}(\text{または } Cu^{+}) \rightarrow Fe^{3+}(\text{または } Cu^{2+}) + OH^{\bullet} + OH^-$$

スーパーオキシドはそれ自身比較的無毒である。しかし，対を形成していない電子をもっているためにフリーラジカルであり，多くの動物組織で生産される生物信号伝達物質として働くフリーラジカルである**一酸化窒素** nitric oxide（$NO^{\bullet}$）（図 15.33）などと容易に結合する（第 7，21，23 章参照）。その結果の産物である**過酸化亜硝酸** peroxynitrite（$OONO^-$）も活性酸素種と考えられる。過酸化亜硝酸は脂質の過酸化を引き起こし，タンパク質中のチロシン水酸基の硝酸化の原因となる。それは特に膜タンパク質に損傷を与える反応である。

ROS は正常な細胞内代謝で生成されるが，ミトコンドリアがこれら ROS の重要な生成源である。呼吸鎖に入ったすべての電子の 1〜2％はシトクロムオキシダーゼまで至らず，複合体Ⅰ，Ⅱ，Ⅲから漏れ，酸素の 1 電子還元でスーパーオキシドをつくると最初は計算されていた。現在では，この in vitro の実験は in vivo でのスーパーオキシドや過酸化水素の生産を少なくとも 2 桁過剰に見積もったと考えられている。確かに ROS はレドックス状態やミトコンドリア機能の変化に対応して細胞のエネルギー代謝を微小調整する第 2 のメッセンジャー系を構成していることを示す証拠が増えてきている。活性酸素種の過剰生産が細胞機能の正常な部分でもあるような場合すらある。例えば，ある種の白血球細胞は**食作用** phagocytosis（ギリシャ語で“細胞を食べる”の意）により感染菌に対する防御に貢献している。これらの細胞は細菌細胞を包み込むことができるのである。その後，**呼吸爆発** respiratory burst という酸素の取り込みの急激な増加が起きる。計画的で調節された過程により，この酸素の多くはスーパーオキシドイオンや H_2O_2に還元される。過酸化水素は次に次亜塩素酸 hypochlorous（HOCl）などのより活性の高い酸化薬へと変換されるが，これらは包み込んだ細菌を殺すのに役立つ。

しかし，調節のきかない活性酸素種の大量生産は，それをつくった組織に対して大きな損傷を与える可能性がある。この状態は**酸化的ストレス** oxidative stress と呼ばれる。この有害な影響を減らすために，さまざまな機構が準備されてきている。

酸化的ストレスへの対応

第 16 章で述べるように，地球はその最初の 10 億年の間，大気は嫌気的であり，当時生存していたすべての生物にとって，酸素は非常に有毒であった。大気に酸素が混じってくると，生物は酸化的ストレスに対し酵素的および非酵素的な防御系を発達させた。非酵素的な防御としては，グルタチオン（第 13 章参照），ビタミン C と E，プリン代謝（第 22 章参照）の最終産物である**尿酸** uric acid などを含む**抗酸化剤** antioxidant が働く。これらの化合物は ROS が損傷を与える前に ROS を除去するか，または酸化的損傷が広がるのを抑える。例えば，脂質の過酸化は連鎖反応で，それぞれの過酸化反応は次の過酸化を引き起こすフリーラジカルを発生する。そこで 1 つのラジカルをつかまえてしまえば，損傷を受けるであろう多くの脂肪酸アシル基を連鎖反応から防ぐことができる。α トコフェロールに代表される一群の化合物を含むビタミン E は，主要な脂質可溶性の抗酸化薬であり，膜の損傷を防ぐ重要な役割を担っている。ビタミン A（p.723 参照）に関連する β カロテンやその他のカロテノイド化合物は，脂溶性の抗酸化剤で，やはりフリーラジカルの捕捉に役立っている。第 13 章で述べたように，グルタチオンは細胞内に多量に含まれ，細胞における抗酸化的防御に特に重要な役割をもつ。ビタミン C または**アスコルビン酸** ascorbic acid は水溶性であり，酸化されて容易にデヒドロアスコルビン酸に変化できるために，重要な抗酸化剤である。細胞外液ではアスコルビン酸の濃度はグルタチオンよりもはるかに高く，おそらく細胞外の抗酸化的防御においてはアスコルビン酸が主要な役割を担っているであろう。最近の証拠によれば，尿酸の主要な抗酸化的役割は，過酸化亜硝酸と結合しこれを不活性化することにあるらしい。

酵素的機構における防御の第1列は，**ジスミューテーション dismutation**（2つの同一の基質が異なる運命をもつ反応）を触媒する一群の金属酵素である**スーパーオキシドジスムターゼ superoxide dismutase**（SOD）である。この反応においては，1分子のスーパーオキシドは酸化され，もう1つの分子は還元される。

$$O_2^{\bullet-} + O_2^{\bullet-} + 2H^+ \rightarrow H_2O_2 + O_2$$

この酵素の銅および亜鉛含有型（SOD1）は，真核細胞の細胞質ゾルに見出される。マンガン含有型（MnSOD）は，ミトコンドリアと細菌細胞の両方に見出される。関連する鉄含有型は細菌，シアノバクテリア，およびある種の植物に見出される。ニッケル含有の細菌SODが最近報告された。

過酸化水素はチオールタンパク質の遍在するファミリーである**ペルオキシレドキシン peroxiredoxin**，これも広く存在する酵素**カタラーゼ catalase**，または**ペルオキシダーゼ peroxidase**のより限られたファミリーにより代謝される。ペルオキシレドキシンはすべての生物界でみられ，その存在場所も細胞質ゾル，ミトコンドリア，葉緑体およびペルオキシソーム，さらに核や膜にも存在している。ペルオキシレドキシンはそのペルオキシダーゼ活性を通して抗酸化的役割をもつ。

$$ROOH + 2H^+ + 2e^- \rightarrow ROH + H_2O$$

これらの酵素は過酸化水素のみならず，過酸化亜硝酸や広い範囲の有機過酸化物（ROOH）を還元し解毒できる。触媒機構には過酸化基質による活性部位のシステインのスルフェン酸（S–OH）への酸化が含まれる。S–OHはチオレドキシンなどのジチオールにより提供される電子を用い，ジスルフィドレダクターゼによりチオール状態へと還元されなければならない。

カタラーゼは異常に高い代謝回転率（1秒当たり＞40,000分子）をもつヘムタンパク質である。次の反応を触媒する。

$$2H_2O_2 \rightarrow 2H_2O + O_2$$

植物中に広く分布しているペルオキシダーゼは，有機基質を酸化しながらH_2O_2を水に還元する。ペルオキシダーゼの一例は，過酸化物の蓄積に対して特に感受性の高い赤血球に見出される（グルコース6–リン酸デヒドロゲナーゼ欠乏時の過酸化物蓄積の影響の議論に関しては，第13章のp.523～524を参照）。赤血球中にはグルタチオンペルオキシダーゼがあり，この酵素はH_2O_2を水に還元し，同時にグルタチオンを酸化する。

$$2GSH + H_2O_2 \rightarrow GSSG + 2H_2O$$

グルタチオンペルオキシダーゼは興味深いことに，硫黄のかわりにセレンをもつシステインのアナログであるセレノシステイン（第5章）という異常なアミノ酸をモル当たり1残基もっている（詳細は第27章）。

γ-Glu - Cys - Gly
グルタチオン

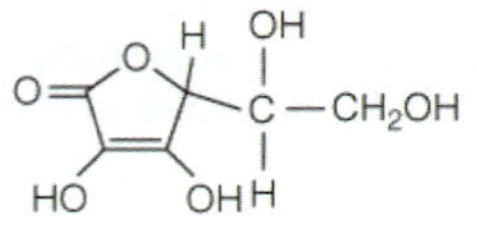

L-アスコルビン酸
（ビタミンC）

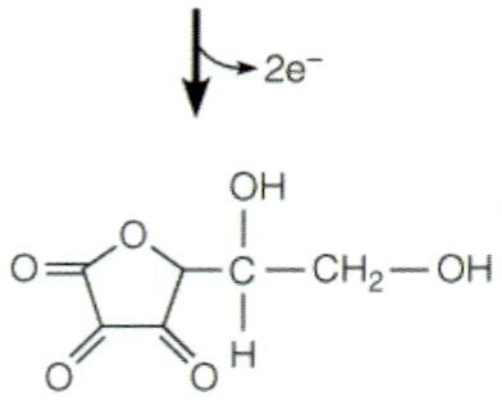

デヒドロアスコルビン酸

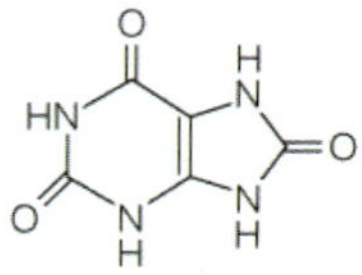

尿酸

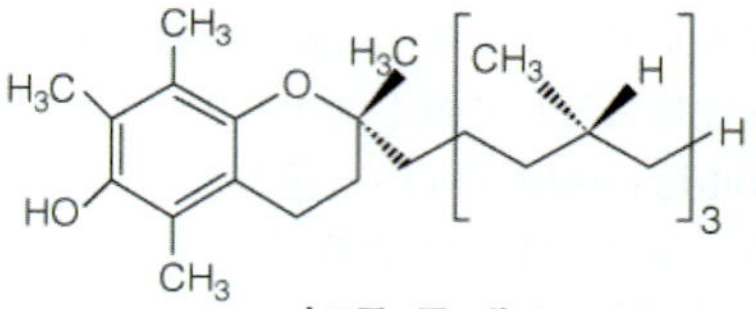

α-トコフェロール
（ビタミンE）

酸素代謝とヒトの病気

酸化的ストレスは多くの生体分子（脂質，タンパク質，核酸）に損傷を与えうるので，その結果としての組織損傷は基本的には種々の病態をつくりだす。酸化的損傷は，心血管疾患，がん，脳卒中，神経変性疾患および慢性の炎症疾患，さらには加齢など多くの異なる病態と関連していると考えられている。現在では因果関係を正確に決めることは難しいし，ある状況では，酸化的ストレスは原因ではなく，むしろ他に原因のある組織損傷の結果であることが明らかになっており，もともとの原因を悪化させる。しかし疫学的な証拠によれば，これらの病気の多くを防ぐうえで，自然界の抗酸化化合物を日々の食事で十分に摂ることは重要である。新鮮な果物や野菜の豊富な食事が，特に心臓血管系の病気やがんの発生率と関連して健康増進に有効なのは，おそらくこれらが特にビタミン C や E などの抗酸化化合物を高い含有量でもつことが主な要因であろう。今では多くの人が予防的処置としてビタミン C や E を食事のサプリメントとして摂取している。

酸化的損傷と病気との因果関係がどうであれ，発がん性があることがわかっているイオン化放射線による DNA の損傷が，ヒドロキシルラジカルの変異効果により引き起こされていることは確かである。さらに，ヒドロキシルラジカルは，放射線の影響とは独立して酸化薬によっても生じる。第 23 章と第 26 章で述べるように，がんは明らかに遺伝子に関する病気であり，細胞がそれ自身の成長やそのプログラム化された死（アポトーシス）を調節する能力を最終的に破壊してしまう変異が前がん細胞に蓄積するためである。DNA 中に 8-オキソグアニンや 5-ヒドロキシシトシンなどの変化した塩基ができると，これらは強い変異原性を示す。このような損傷は通常，DNA 修復系（第 26 章）により除かれるが，修復系は 100％の効率ではなく，修復されなかった DNA 損傷が時間とともに蓄積し，最終的には正常細胞をがん細胞に変えてしまう変異の負荷を増やしていくであろう。がんの発生は年齢と強く相関していることもあり，多くの科学者は正常な老化も，修復されない変異的な DNA 損傷の蓄積が原因であると考えており，酸化的ストレスが“加齢のフリーラジカル説”と呼ばれてきたものに関連づけられている。

まとめ

細胞中で酸化的反応から ATP 合成へと取り込まれるエネルギーのほとんどは，ミトコンドリアの酸化的リン酸化でつくられる。還元された電子伝達体である NADH，$FADH_2$は，ともにその還元力をミトコンドリアのマトリックスに戻す。ミトコンドリアの内膜に結合した酵素複合体が，これら電子を一連の上昇し続ける還元電位をもつ電子伝達体である呼吸鎖の中を運んでいく。複合体はⅠ（NADH デヒドロゲナーゼ），Ⅱ（コハク酸-補酵素 Q オキシドレダクターゼ），Ⅲ（補酵素 Q-シトクロム *c* オキシドレダクターゼ），Ⅳ（シトクロム *c* オキシダーゼ）およびⅤ（ATP シンターゼ）と名づけられている。電子は結局 O_2へと渡され，水へと還元される。複合体Ⅰ，Ⅲ，Ⅳの酸化還元反応は内膜を通してプロトンを汲み出すエネルギーを供給し，プロトン駆動力と呼ばれる電気化学的勾配を形成する。プロトンが特異性の高いイオンチャネルを通してマトリックスに戻されるときに，ここで生じたプロトン勾配を使ってエネルギーが生み出され，ATP の合成を駆動する。ほとんどの細胞において取り込まれる全酸素の約 90％は呼吸で説明がつくが，多くの他の反応で何ダースもの酵素が基質として酸素を利用する（酸素添加酵素，酸化酵素，および水酸化酵素）。ある反応では部分的に還元された酸素種を生成する――ヒドロキシルラジカル，スーパーオキシドおよび過酸化物――活性酸素種と呼ばれる。これらは有毒であり変異原性をもつ。細胞は，これら反応性酸素種の解毒のための多くの機構を備えている。

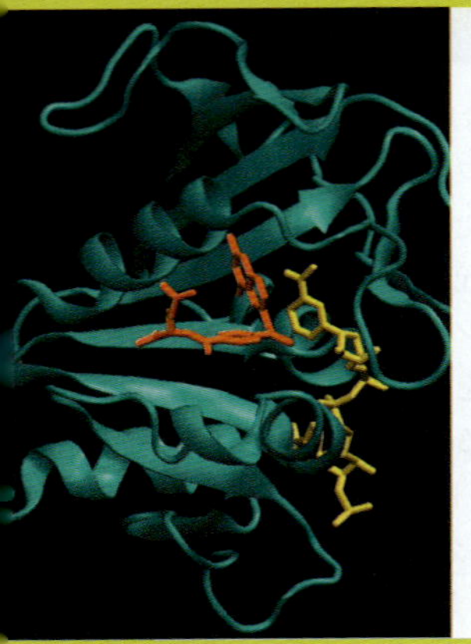

第16章 光合成

前章までで，生物が糖の酸化によって得られるエネルギーから大部分のエネルギーを取り出す方法をかなり詳しく解説してきた。例えば，グルコースの酸化により得られるエネルギーは次式で示される。

$$C_6H_{12}O_6 + 6O_2 \longrightarrow 6CO_2 + 6H_2O \quad \Delta G^{\circ\prime} = -2870\ \mathrm{kJ/mol}$$

このエネルギーの40%が生体の反応に使われる。

しかし生命は究極のエネルギー源として酸化的代謝に依存できないし，有機化合物中の炭素を大気中のCO_2として戻す反応は無限には続かない。糖が酸化されてCO_2ができる反応は，自然界のエネルギー炭素回路の半分にすぎない（図16.1）。植物や藻類やある種の微生物では，糖の酸化の逆反応が行われており，必要な大量の自由エネルギーは太陽光のエネルギーによって供給されている。

$$6CO_2 + 6H_2O \xrightarrow{\text{光エネルギー}} C_6H_{12}O_6 + 6O_2 \quad \Delta G^{\circ} = +2870\ \mathrm{kJ/mol}$$

この過程が**光合成 photosynthesis** である。光合成は植物や動物のエネルギーの生産源である糖を供給するばかりでなく，炭素が再び生物圏に入る炭素固定の主経路である。さらに光合成は，地球の大気中のO_2の主な供給源である。

ポイント1
光合成はエネルギー生産のための糖を供給し，CO_2を固定し，大気中のO_2の主な供給源となっている。

光合成生物が誕生する以前は，地球の大気はCO_2には富んでいたが，O_2はおそらく欠乏していた。その当時の生物は，水に比べると供給量が限られているH_2SやNH_3やFe^{2+}などの水素または電子供与体や，有機酸を使わなければならなかった。光合成が可能にならなかったら，そのようなエネルギー源はすべて消費し尽くされ，生物は滅亡したであろう。光合成により，CO_2を糖や生命に必要な有機分子に変えるために必要な水（無尽蔵にあると言ってもよい）を使うことと

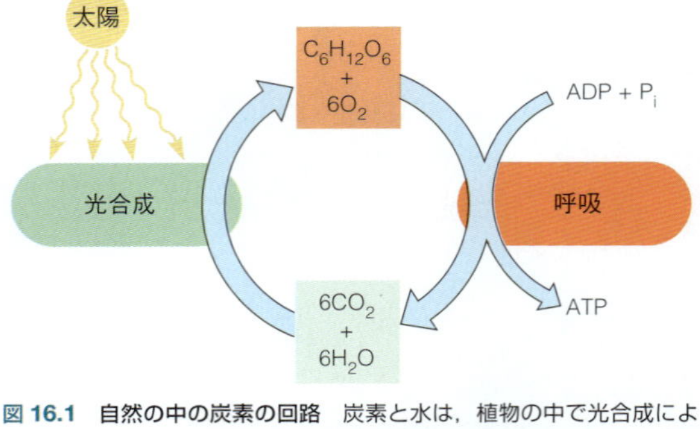

図16.1 自然の中の炭素の回路 炭素と水は，植物の中で光合成により結び合わされ，糖がつくられる。光合成をしてもしなくても，生物中で糖は再び酸化されてCO_2とH_2Oを再生する。光合成や酸化で得られるエネルギーの一部はATPとして蓄えられる。

なった。35億年前に光合成生物が誕生したことを示す化石が発掘されている。光合成生物が，地球を原始的な非酸化的な環境から酸化的環境に変えていったことで，好気的代謝と動物の進化への道がつくられた。今日では，光合成は，ほとんどすべての生物の究極のエネルギー源になっている*。植物や藻類の種々の原核生物は光合成を利用して生育し，他の生物の食料源になっている。光合成と他の代謝経路の関係の概略を図16.2に示した。

光合成の基本的な過程

もちろん，ここで示した光合成反応はきわめて単純化したものであり，実際の光合成には多くの中間の過程が含まれている。さらに，六炭糖でさえ主要な糖の生成物ではない。したがって，光合成反応は通常，糖を［CH_2O］で表して次のように書かれるのが一般的である。

$$CO_2 + H_2O \xrightarrow{\text{光エネルギー}} [CH_2O] + O_2$$

糖が燃焼してCO_2になるのは酸化的過程であるから，CO_2が逆に糖になるのは炭素が還元される反応を含んでいる。また，植物や大部分の藻類やシアノバクテリアでは，H_2Oが最終的な還元剤であるが，多くの細菌は他の還元剤を使っている。したがって，上の式はもっと一般的に次のように書かれる。

$$CO_2 + 2H_2A \xrightarrow{\text{光エネルギー}} [CH_2O] + H_2O + 2A$$

この式でH_2Aは一般的な還元剤，Aは酸化された生成物を表す。表16.1に，いろいろな生物における光合成反応の例を示した。この表の反応式を比べてみると，植物や藻類やシアノバクテリアの光合成で放出される酸素はCO_2からではなく，むしろH_2Oに由来していることが示唆されている。酸素の起源については，光合成研究のパイオニアの1人であるC. B. van Nielによって1930年に予言され，1941年に放射性同位元素^{18}Oで標識されたH_2Oと標識されていないCO_2を使った実験で，Samuel RubenとMartin Kamenにより証明された。この実験で，O_2の酸素原子はCO_2に由来しないことが明らかにされた。したがって，表16.1に示された光合成反応は，次のように書くほうがより正確である。この式でCO_2の1つの酸素は糖に，もう1つの酸素は水の生成に使われている。

$$CO_2 + 2H_2O \xrightarrow{\text{光エネルギー}} [CH_2O] + H_2O + O_2$$

ポイント2
光合成では，CO_2を還元して糖をつくるのに通常はH_2Oが還元剤として使われる。

光のエネルギーは，この反応を起こさせるのに直接使われているわけではない。実際にH_2Oはどのような環境でも直接CO_2を還元しない。これまでに記述した全過程は，すべての光合成生物中では実際は化学的にも物理的にも，2つの副過程に分かれている。図16.3に実際に起こっている光合成の過程をより詳しく示してある。最初の副過程は**明反応** light reaction と呼ばれており，光のエネルギーはH_2Oを光化学的に酸化するために使われる。この酸化に伴って，酸化剤$NADP^+$がNADPHに還元され，O_2が放出される。また，太陽光エネルギーの一部は，ADPをリン酸化してATPをつくることによって捕捉される。この反応は，**光リン酸化** photophosphorylation と呼ばれる。2番目の副過程は，光合成の**暗反応** dark reaction と呼ばれ，明反応で生成したNADPHとATPが，CO_2と水から糖を還元的に合成するために使われる。これらの反応は，光エネルギーを直接には要求しないことを強調するために暗反応と呼ばれていた。しかし，これらの反応が暗いときにしか起こらないという意味にもとれるため，この呼び方は適当ではない。むしろ，これらの反応はいつでも起きており，実際には光により促進される。暗反応という用語は定着しているので本書でもこの語を用いるが，誤解しないように注意してほしい。

明反応または暗反応の詳細を考える前に，光合成の行われる場所を知っておく必要がある。すべての真核細胞が酸化的代謝のためのミトコンドリアという細胞小器官をもっているように，植物や藻類は光合成を行う細胞小器官をもっている。

ポイント3
光合成は太陽のエネルギーを使ってNADPHとATPを生産し，O_2を放出する明反応と，NADPHとATPを使ってCO_2を固定する暗反応に分けられる。

葉緑体

すべての高等植物や藻類での光合成反応は，**葉緑体** chloroplast と呼ばれる細胞小器官で行われる。植物では，葉緑体の大部分は，葉の表面下の細胞（葉肉細

---

*最近の研究により，すべての生命が光合成から直接エネルギーを得ているという記述を修正する必要に迫られている。海底の熱水作用でできた岩に住むある細菌は，光が全くない状態で，H_2SやH_2の酸化をエネルギー源として利用していることが発見された。しかし，このエネルギー回路は，生物界のエネルギーの流れと同様に一部にしかすぎない。

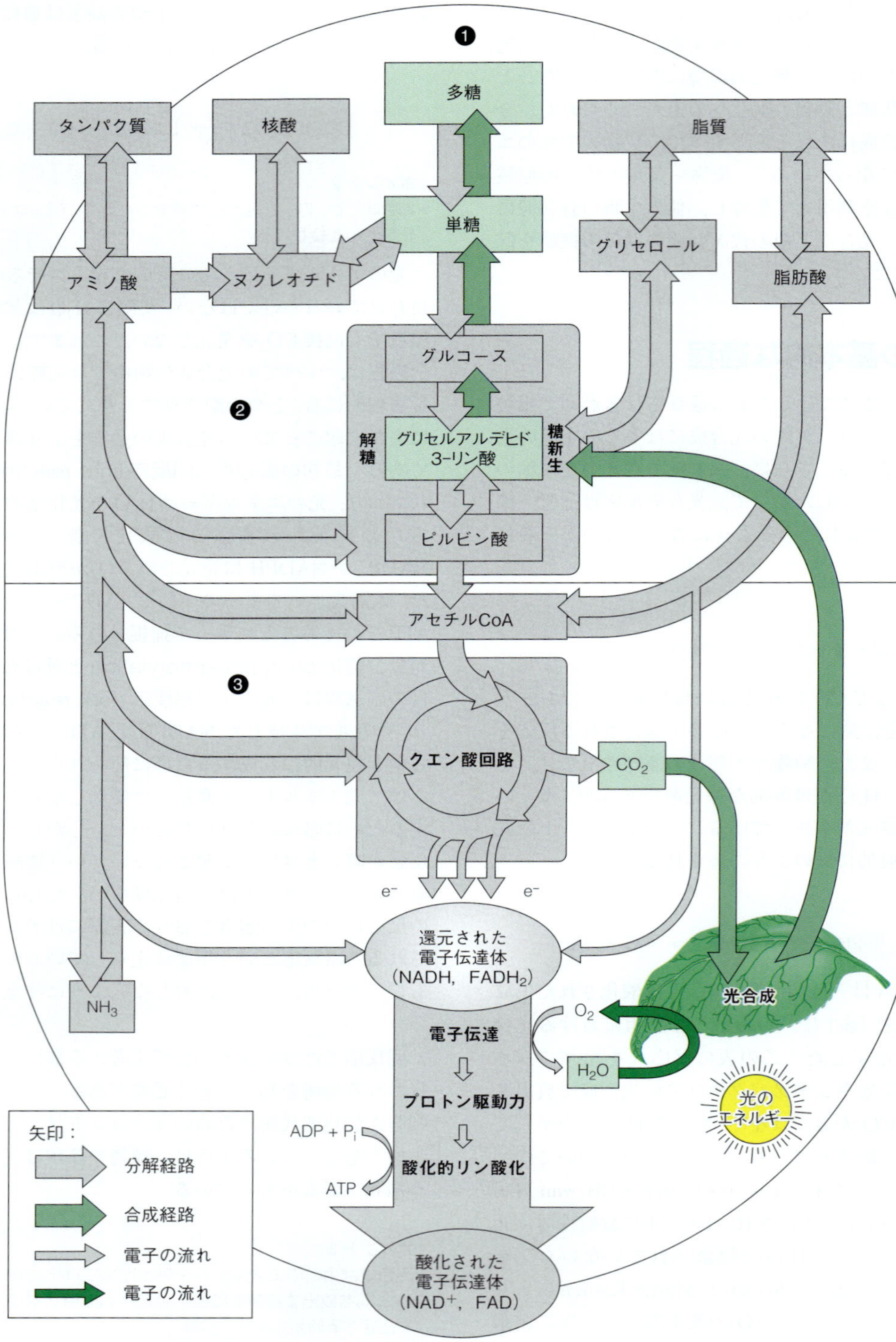

図 16.2　代謝における光合成の役割　二酸化炭素と水から多糖への主な生合成経路を緑で示してある。水に由来する酸素は，光合成の副産物として発生する。

表 16.1 光合成反応の例

生物	還元剤	炭素同化反応
植物，藻類，シアノバクテリア	H_2O	$CO_2 + 2H_2O \rightarrow [CH_2O] + H_2O + O_2$
緑色硫黄細菌	H_2S	$CO_2 + 2H_2S \rightarrow [CH_2O] + H_2O + 2S$
紅色細菌	$[HSO_3^-]$	$CO_2 + H_2O + 2[HSO_3^-] \rightarrow [CH_2O] + 2[HSO_4^-]$
非硫黄光合成細菌	H_2または乳酸のような還元剤	$CO_2 + 2H_2 \rightarrow [CH_2O] + H_2O$
		$CO_2 + 2(HC{-}OH) \rightarrow [CH_2O] + H_2O + 2(C{=}O)$
		$CO_2 + 2\left(\begin{array}{c} CH_3 \\ | \\ HC{-}OH \\ | \\ COO^- \end{array}\right) \longrightarrow [CH_2O] + H_2O + 2\left(\begin{array}{c} CH_3 \\ | \\ C{=}O \\ | \\ COO^- \end{array}\right)$ 乳酸 ピルビン酸

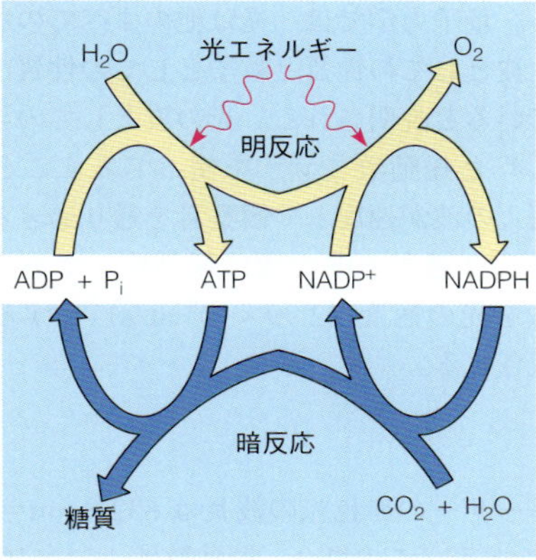

図 16.3 光合成の2つの過程 光合成の全過程は，明反応と暗反応に分けられる。エネルギー源として可視光が必要な明反応は，還元力（NADPH の形で），ATP，O_2を生産する。NADPH と ATP は，いわゆる暗反応を行わせる。暗反応は，光があってもなくても起こり，CO_2を糖質に固定する。

胞）の中に存在している。各細胞には 20～50 個の葉緑体がある（図 16.4）。真核藻類も葉緑体をもっているが，1 個の非常に大きいものが各細胞中にある場合が多い。

葉緑体は，ミトコンドリアのように半独立的で，自身のタンパク質の一部をコードしている独自の DNA と，適切な mRNA の翻訳に必要なリボソームをもっている。現在では，葉緑体がシアノバクテリア（ラン藻）に類似した単細胞生物から進化したという多くの証拠がある。光合成を行う原核細胞は葉緑体をもっていないが，葉緑体の膜と同じ役割をする膜構造をもっている（図 16.5）。シアノバクテリアは，ある点では自由に生きている葉緑体ともいえる。進化の初期に，原始的な単細胞生物がシアノバクテリア様の原核生物を取り込んで，共生関係になったと考えられている。

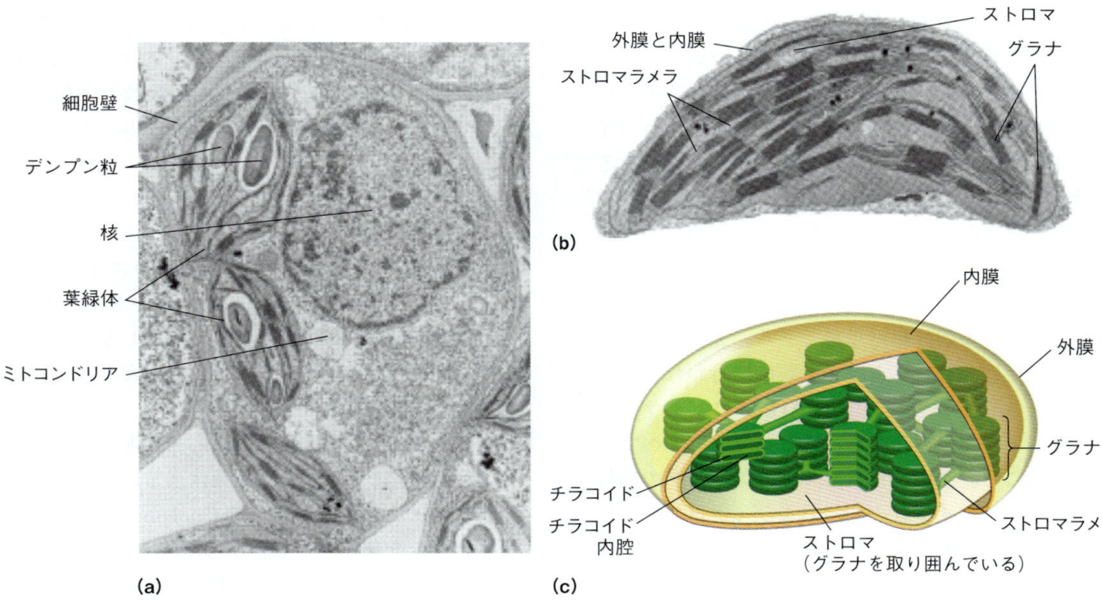

図 16.4 葉緑体と植物，藻類の光合成器官 **(a)** コリウス（*Coleus*）の葉の細胞の切断面に観察される葉緑体。**(b)** オオアワガエリ（イネ科の多年草）の葉の中の 1 個の葉緑体。**(c)** 葉緑体の模式的な透視図。

(a) Micrograph by M. W. Steer, photo provided by E. H. Newcomb ; (b) micrograph by K. P. Wergin, photo provided by E. H. Newcomb/BPS ; (c) *Biology*, 5th ed., Neil A. Campbell, Jane B. Reece, and Lawrence A. Mitchell. ©1999. Reprinted by permission of Pearson Education Inc., Upper Saddle River, NJ.

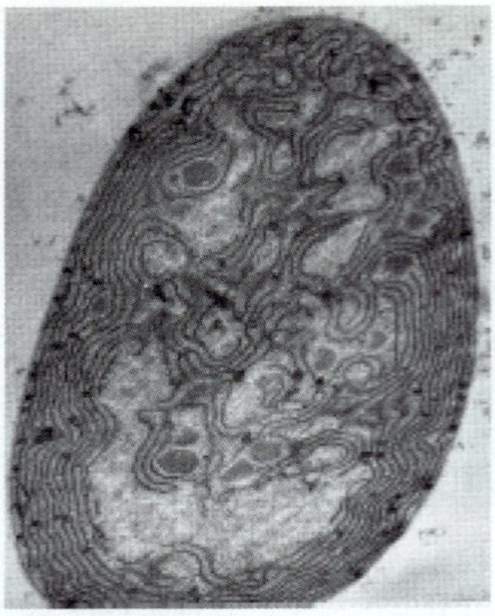

図16.5　原核光合成生物　シアノバクテリア（*Anabaena azollae*）の電子顕微鏡像。真核生物の葉緑体のチラコイド膜に似た，折りたたまれた膜が観察される。
Courtesy of N. Lang, University of California, Davis/BPS.

取り込まれたシアノバクテリアはもはや独立した生活を送れなくなり，もっぱらエネルギー源として利用されるようになった。今日では，葉緑体の遺伝子の一部は葉緑体ゲノムに，また一部は宿主細胞のゲノムにコードされている。

> **ポイント4**
> 植物や藻類の光合成は，葉緑体と呼ばれる細胞小器官で行われる。

葉緑体の内部構造（図16.4b，c）は，ミトコンドリアの構造（図15.2a）と似ている。外側の膜は透過性が非常に高く，内膜の透過性は選択的である。内膜は，ミトコンドリアのマトリックスと類似した**ストロマ stroma**と呼ばれる水溶性部分を囲んでいる。ストロマの中に，**チラコイド thylakoid**と呼ばれる多くの平らな袋状の膜構造体が埋め込まれている。チラコイドが硬貨のように積み重ねられて，グラナと呼ばれる構造体をつくっている（図16.4c）。グラナはストロマラメラと呼ばれるチラコイド膜によって結びつけられている。チラコイド膜は，**内腔 lumen**と呼ばれるチラコイドの内部空間を包んでいる。

葉緑体内の仕事の分担は単純である。光の吸収とすべての明反応はチラコイド膜上や膜内で行われる。明反応により生産されたATPとNADPHは，チラコイド膜外のストロマに放出され，ストロマ中ですべての暗反応が起こる。このように，ミトコンドリアの内膜と葉緑体のチラコイド膜の間，およびミトコンドリアのマトリックスと葉緑体のストロマの構造と機能には共通点がある。ATPの合成もミトコンドリアの内膜と葉緑体のチラコイド膜上で行われている。ATPの生成がどのように行われるかを理解するためには，光の吸収から始まる明反応の詳細を知る必要がある。

> **ポイント5**
> 光の吸収と明反応は葉緑体膜で起こり，暗反応はストロマで行われる。

明反応

光の吸収：光捕捉系

光のエネルギー

太陽光からどのようにエネルギーが捕捉され，利用されるかを理解するためには，電磁波の性質を知る必要がある。量子力学では，光は他のすべての電磁波と同様に，波としての性質と粒子としての性質の二面性をもっていると説明される。光の波としての特徴は，波長（λ）と振動数（ν）を使って表すことができる。波長λの波が速度cで観察者を通り過ぎるとすると，毎秒通り過ぎる波の数は振動数νである。したがってcを光の速度（2.99×10^{8} m/s）とすると次のように表される。

$$\nu = \frac{c}{\lambda} \tag{16.1}$$

ネオンレーザーの赤色光の波長は632.8 nm＝6.328×10^{-7} mである。この場合，振動数は$4.74\times10^{14}\ \mathrm{s}^{-1}$と算出される。しかしながら，光からどのようにしてエネルギーが得られるかを理解するには，光の粒子としての性質を考える必要がある。我々は光線を光の粒子，すなわち**光子 photon**の流れとして考えなければならない。各光子は**量子 quantum**と呼ばれるエネルギーの単位をもっている。量子のエネルギーの値，すなわち光子当たりのエネルギーは，物理学で最も基礎的なPlanckの法則により次式で振動数と関係づけられる。ただし，hはPlanckの定数6.626×10^{-34} Jsである。

$$E = h\nu = \frac{hc}{\lambda} \tag{16.2}$$

このようにネオンレーザーは，光のエネルギーを$[6.626\times10^{-34}\ \mathrm{Js}]\times[4.74\times10^{14}\ s^{-1}]=3.14\times10^{-19}$ Jの量子として運ぶことができる。しかしながら，生化学者が1光子を扱うということはほとんどない。なぜなら生化学者が興味をもっているのは，光がどのようにして化学的または生化学的反応を促進できるかということであり，それらの反応量は通常はモル単位で表されるからである。したがって，1 mol（6.02×10^{23}）の光子のエネルギーを使うのが適している。ネオンレーザー光，1光子のエネルギーに6.02×10^{23}をかけると189 kJとなる。1 molの光子は1**アインシュタイン einstein**と呼ばれる。

光子1 mol当たりのエネルギーを赤外，可視，紫外光の波長の関数として表すと図 16.6 のようになる。比較のために，分子の振動や種々の共有結合のエネルギーを示した。赤外線の光子を分子が吸収すると，分子は振動し，熱を発生する。遠紫外線はヒトや他の生物に傷害を与えるが，その大部分は幸運なことに地表を覆っているオゾン層により遮蔽されている。オゾン層の破壊が深刻な問題なのは，遠紫外線の透過を遮ることができなくなるからである。

光合成は，可視から近赤外領域の波長の光に依存しており，それらの光は弱い化学結合を切断したり，分子の振動を促進することができる。可視および近赤外の光子は非常に破壊的であるというわけではないが，有機化合物を化学反応が可能な電子状態に変える。すなわち，光エネルギーを化学的な形に変換する。この範囲の光を使う能力は，光合成生物の革命的な繁栄をもたらした。太陽エネルギーの大部分は，この波長範囲で地表に到達する。地表に到達できる少量の紫外線は水中には短い距離しか進入できないので，海中に住む原始的な光合成生物はその紫外線を利用できなかったであろう。遠赤外線の光子のエネルギーは，小さすぎて光合成反応に利用できない。

光を吸収する色素

光エネルギーの有用な部分を捕捉するために，光合成生物は可視および近赤外光を能率的に吸収する色素を改良していった。このような色素の光を吸収する部分は**発色団 chromophore** と呼ばれる。最も重要な光合成の発色団の構造を図 16.7 に示した。これらの光合成色素の吸収スペクトルを地表の太陽光のスペクトルと比較したグラフが図 16.8 である。この図からわかるように，発色団は可視光線を，全体として毛布をかけたように覆っている。すなわち，光子はどれかの発色団に吸収されてしまう。

高等植物中で最も多い色素は，クロロフィル *a* とクロロフィル *b* である。これらの色素は，ヘモグロビンやミオグロビン分子中のプロトポルフィリンⅨと似ている（図 16.7a と図 7.4b〈p.211〉を比較）。しかしながら，クロロフィル中の金属は Fe^{2+} ではなくて Mg^{2+} である。図 16.7b と c には，2つの補助色素も示した。これらのすべての分子は，大きな共役二重結合系をもっているので可視領域の光を吸収する。クロロフィル *a* と *b* は，青と赤の光を吸収するので，葉緑体に吸収されずに反射してくる光は緑である。藻類や光合成細菌の赤，茶，紫などの緑以外の色は，補助色素の量の違いに起因している。秋に葉からクロロフィルがなくなると，補助色素や非光合成色素の色が目立つようになる。カロテノイドは植物中に最も多い補助色素である。カロテノイドには，赤，オレンジ色の β カロテン（図 16.7b）や黄色のルテインのようなキサントフィル（酸素原子を含んでいるカロテノイド）などがある。光合成細菌には，近赤外の約 1,000 nm までの光を吸収する色素を使っているものもある。

光を集める構造

クロロフィルと補助色素のあるものは，葉緑体の**チラコイド膜 thylakoid membrane** 中に存在する。この膜の組成は少し偏っている。チラコイド膜では，普通のリン脂質が少なく，糖脂質が多い。また，タンパク質が多く，それらの中には光合成色素が結合しているものがある。タンパク質に共有結合していないクロロフィル *a* や *b* などの光合成色素は，タンパク質や膜の脂質と共有結合はしていないが，相互作用をしている。これらの色素は，疎水性のフィトール基を介して膜脂質と相互作用している（図 16.7a 参照）。

チラコイド膜中の集光性色素類は，それらと結合しているタンパク質と一緒に光子を吸収し，光子のエネルギーを化学的な形に変える**光化学系 photosystem** に収められている。これから説明するように，植物は2つの光化学系（ⅠとⅡ）を使っている。光合成の最初の過程は，**集光性複合体 light-harvesting complex (LHC)** と呼ばれるものの中で行われる。各集光性複合体は，クロロフィルや補助色素などの多くの**アンテ**

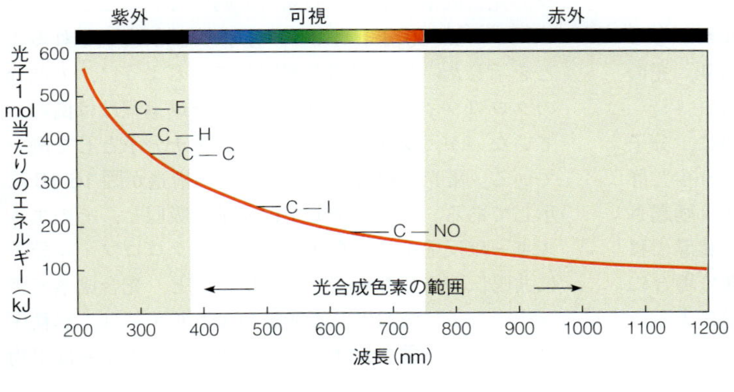

図 16.6 光子のエネルギー 光子 1 mol 当たりのエネルギーを波長の関数として表した。比較のために種々の化学結合のエネルギーも付記した。紫外領域の光は多くの化学結合を直接切断できるエネルギーをもっている。可視光は弱い化学結合を切断できる。赤外の長波長の光は，分子を振動させ熱を生じさせる。

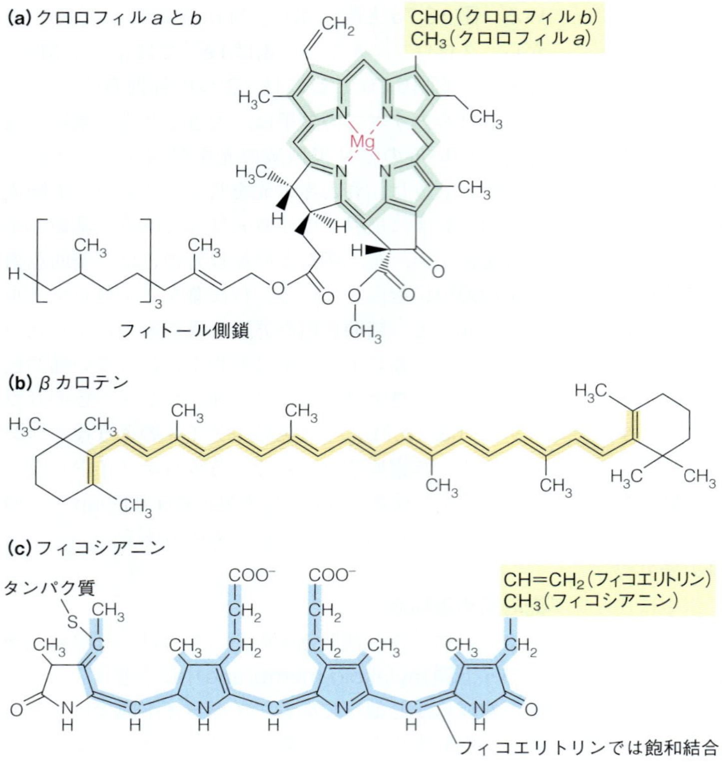

図 16.7　光合成色素　クロロフィル a と b は植物や藻類に最も多く存在する色素で，β カロテンとフィコシアニンは補助色素の例である。テトラピロールのフィコシアニンやフィコエリトリンは水中の光合成生物に多く，スルフヒドリル基で**フィコビリンタンパク質 phycobiloprotein** に共有結合している。これらの色素は，水中を効率的に透過する 500～600 nm の光を強く吸収する。クロロフィルとは構造が少し異なるバクテリオクロロフィルもある。大きな共役二重結合系は黄色で示している。

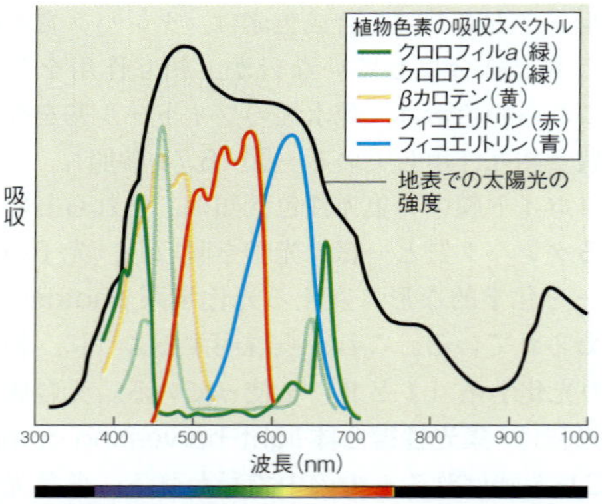

図 16.8　吸収スペクトルと光エネルギー　種々の植物色素の吸収スペクトルを地表に到達する太陽光のスペクトルと比較した。

ナ antenna 色素分子と，1 対のクロロフィルからなる**反応中心 reaction center** より構成されており，光の吸収により励起されたエネルギーを取り込む。

このシステム（系）の働きを理解するために，分子が光の量子を吸収したとき何が起きるかをもう少し詳しくみてみよう。可視光を吸収すると，分子は励起されて基底状態からよりエネルギーの高い電子状態に移る（「生化学の道具 6A」参照）。光合成色素の場合には，電子が励起されると共役結合系の π 軌道に入る。「生化学の道具 6A」で説明したように，励起された分子が基底状態に戻るとき，エネルギーを熱として失う場合と，蛍光を出す場合の 2 つの経路がある。しかし光合成系のように非常によく似ている吸収分子が密に詰め込まれていると，さらに 2 つの方法が可能になる。1 つは，励起エネルギーが 1 つの分子からその近くの分子へ，共鳴伝達または励起伝達とよばれる過程により移行する方法である（図 16.9a）。もう 1 つは，励起された電子が，少し低い状態の近傍の分子へ移行する方法で（図 16.9b），これを電子伝達反応と呼ぶ。両方とも光合成には重要な過程である。

共鳴伝達が実際に光合成で起こっていることの手がかりは，Robert Emerson と William Arnold が 1930 年代に行った実験から得られた。彼らは，藻類のクロレラの光合成系が最もよい効率で動いているとき，クロロフィル 2,500 分子当たり 1 分子の O_2 が産生されることを示した。我々が現在理解しているように，大部分のクロロフィル分子は直接には光合成過程には関わっていないが，集光性複合体のアンテナ分子として働いている。集光性複合体の 1 つの型の構造が図 16.10 に示してある。アンテナ分子は光子を吸収し，そのエネルギーは反応中心に存在する特定のクロロフィル分子に共鳴伝達で移される。言い換えると，光合成系でアンテナ分子に吸収された光子のエネルギーは，無秩序に動き回る（図 16.11）。その結果，エネルギーは平均

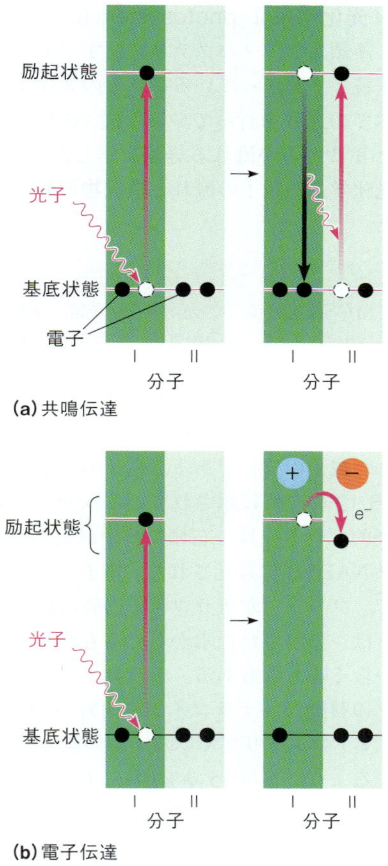

図 16.9 光励起後に起こる 2 種類のエネルギー伝達の方法 光合成系で起こる 2 種類のエネルギー伝達で，左側の図は分子が光の量子を吸収してより高いエネルギー状態に移行したことを示す。右側の図は，エネルギーがどのように近傍の分子に移行するかを示す。**(a)** 共鳴伝達では，分子 I はその励起エネルギーを分子 II に移し，分子 I が基底状態に戻るときに，分子 II は高エネルギー状態に移る。**(b)** 電子伝達では，分子 I の励起された電子は，少し低い励起状態の分子 II へ移り，分子 I を陽イオンに，分子 II を陰イオンに変える。

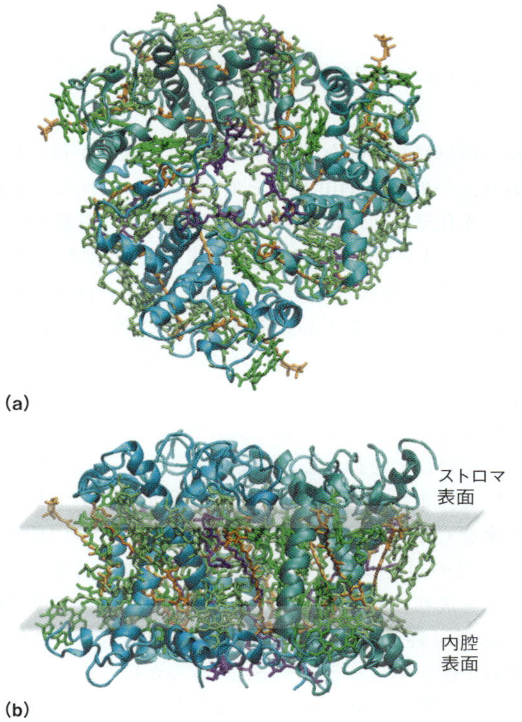

図 16.10 植物の集光性複合体 II の三量体の三次元構造 エンドウマメの集光性複合体 II の X 線構造（PDB ID：2BHW）は，三量体としてチラコイド膜に埋め込まれている。**(a)** 膜の内腔側から見た構造。3 つの単量体は青緑色の陰影が異なる。**(b)** 三量体の側面図（膜のストロマと内腔のおおよその位置関係も示されている）。三量体は 24 分子のクロロフィル *a*（明るい緑），18 分子のクロロフィル *b*（緑），12 分子のカロテノイド（ルテインとキサントフィル，オレンジ色）を含んでいる。これらの色素はアンテナ分子の役割をしている。結合している脂質は紫色で示している。

約 10^{-10}秒で反応中心のクロロフィル分子に渡される。反応中心のクロロフィル分子は，励起状態のエネルギーレベルが他のクロロフィル分子より少し低くなるような異なったタンパク質の微小環境におかれている。そのため，反応中心のクロロフィル分子は，他の色素分子が吸収したエネルギーを捕捉するように働く。反応中心のこの励起が種々の電子伝達のスタートとなるので，明反応の実際の光化学はここから始まる。

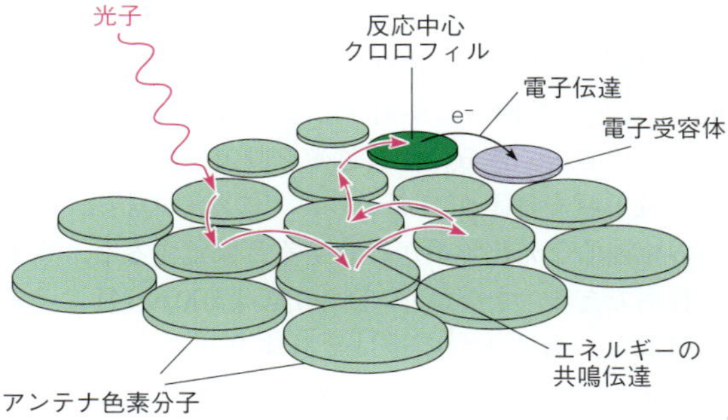

図 16.11 集光性複合体におけるエネルギーの共鳴伝達 光の光子からの励起エネルギーは，反応中心に到達するまで 1 つのアンテナ分子から他のアンテナ分子へ動き回る。反応中心では，電子が電子受容体分子に移され，エネルギーが捕捉される。

ポイント 6
大部分のクロロフィル分子は，光子を捕捉するアンテナとして使われ，吸収したエネルギーを反応中心に渡す。

植物と藻類での光化学：連続した 2 つの光化学系

多くの研究室での見事な実験により，明反応の光化学的性質が明らかにされた。1939 年にケンブリッジ大学の Robert Hill は，単離した葉緑体が種々の電子受容体の存在下で光を照射されると還元反応を促進するということを観察した。例えば，鉄（III）イオンを使うと，次の反応が効率よく進行する。

$$4\ \text{フェリシアナイド}\ [Fe(CN)_6{}^{3-}] + 2H_2O \xrightarrow{\text{光エネルギー}} 4\ \text{フェロシアナイド}\ [Fe(CN)_6{}^{4-}] + 4H^+ + O_2$$

種々の無機酸化剤を用いたこのような反応が知られており，一般的にHill反応と呼ばれる。これらの反応は，光化学的活性化がなければ非常に起こりにくい。例えば，Fe^{3+}はO_2よりはるかに弱い酸化剤である（表15.1，p.562参照）。なぜなら，上記の反応の標準自由エネルギー変化$\Delta G^{\circ\prime}$は1 molのO_2当たり約＋178 kJ〈式15.1から$\Delta G^{\circ\prime} = -4\ (96{,}485\ J\ mol^{-1}V^{-1}) \times (0.36\ V - 0.82\ V)$〉であるから，平衡は左に偏っている。Hillの発見は，“光を照射された葉緑体は，熱力学的に起こりにくい反応を行うことができる”ということを教えている。またHill反応は，光合成系ではCO_2がなくても水をO_2に酸化できることを示している（図16.3参照）。この観察は，明反応と暗反応とが別の過程であることを最初に実証したものであり，in vivoにおける明反応の最終的な電子受容体が$NADP^+$で，その結果NADPHが生じるという発見のきっかけとなった。

さらに研究が進むと，植物では2種の光合成系があるということが明らかになった。最初のヒントは，藻類の光合成の量子収率を測った実験から得られた。量子収率（Q）は，吸収した光子に対する放出された酸素分子の比である。680 nmより長い波長（遠赤外）の光で照射したとき，Qの急激な減少が観察された。このような赤色光を使ったときのQの減少は，植物中のクロロフィルは長波長側でも光を吸収するので不思議な結果だった。どういうわけか680 nmの光のエネルギーが有効には使われていないということである。そして驚いたことに，700 nmの光の量子収率が，650 nmの黄色光を同時に照射することにより著しく増加したのである。さらに，黄色光を測定の数分前に消しても量子収率は下がらなかった。これらの結果は，2つの相補的な光化学系が存在すると仮定すると，うまく説明できる。すなわち，1つの系は700 nm付近の光を吸収し，もう1つの系はそれより短い光を吸収する。光合成が効率よく行われるには，これら2つの系が必要なのである。

初期の実験から予測されていた2つの光化学系は，現在では実証されている。2つの光化学系はチラコイド膜に存在する。各光化学系は，膜を貫通しているタンパク質（多くのサブユニットをもつ）の複合体で，それらにアンテナクロロフィル分子，反応中心のクロロフィル分子，電子伝達に関与する分子が結合している。光化学系は，発見された順に各称がつけられた。700 nmまでの光を吸収する系は**光化学系Ⅰ photosystemⅠ（PSⅠ）**と呼ばれ，680 nmまでの光を吸収する系は**光化学系Ⅱ photosystemⅡ（PSⅡ）**と呼ばれる。藻類，シアノバクテリア，すべての高等植物では，連続して繋がっているこれらの光化学系が明反応のすべての過程を行っている。図16.12aに，光化学系ⅠとⅡに電子が流れる経路を示した。図16.12bには，光化学系の電子の流れと構成物の酸化還元電位を示した。

ポイント7
連続して繋がっている2つの光化学系が藻類，シアノバクテリア，高等植物での光合成の明反応に関与している。

これら2つの光化学系で最初のステップは，反応中心（P680またはP700）から電子伝達鎖への光により励起された電子の移行である。電子の根本的な発生源は，図16.12の左側に示されている水分子である。電子の最終的な行き先は，右側に書かれた$NADP^+$で，その結果NADPHに還元される。電子伝達過程の2つの段階で，プロトンがチラコイド内腔に放出される。プロトンは，分解された水からくるものもあるし，ストロマからくるものもある。チラコイド内腔へのこのプロトンの移動が，チラコイド膜内外のpH勾配を形成する。ミトコンドリアでプロトンの濃度勾配がATPを産生するように（第15章参照），チラコイド膜内外のプロトンの濃度勾配がATPを産生することは驚くに当たらない。このように，ATPとNADPHという形の還元力が明反応の生産物である。これらの化合物が，暗反応で行われる合成にまさに必要とされているものである。ATPとNADPHの産生機構を詳しく調べるために，電子が光化学系に入る光化学系Ⅱから説明する。

光化学系Ⅱ：水の分解

各光化学系は，励起された電子が段階的にエネルギーを失うときに，そのエネルギーを取り出す電子伝達鎖をもっている。光化学系は一連の酸化還元反応を行う。光化学系で起こっていることを知るには，光化学系Ⅱの集光系により取り込まれた光子の吸収から学び始めるのが最も容易である。光子は，図16.12でP680と書かれている反応中心クロロフィルに集められる。P680の励起は，クロロフィル分子を基底状態から−0.8ボルトの励起状態にする。このようにして，励起されたP680は非常によい還元剤になり，P680からエネルギーが少し低い電子受容体であるフェオフィチンa pheophytin a（Ph）に電子を速やかに渡すことができる（図16.12b）。フェオフィチンは，クロロフィルの中心に結合したマグネシウムイオンを2個のプロトンに置換した分子である。上述した励起された電子も還元電位が低い電子と考えることができる。

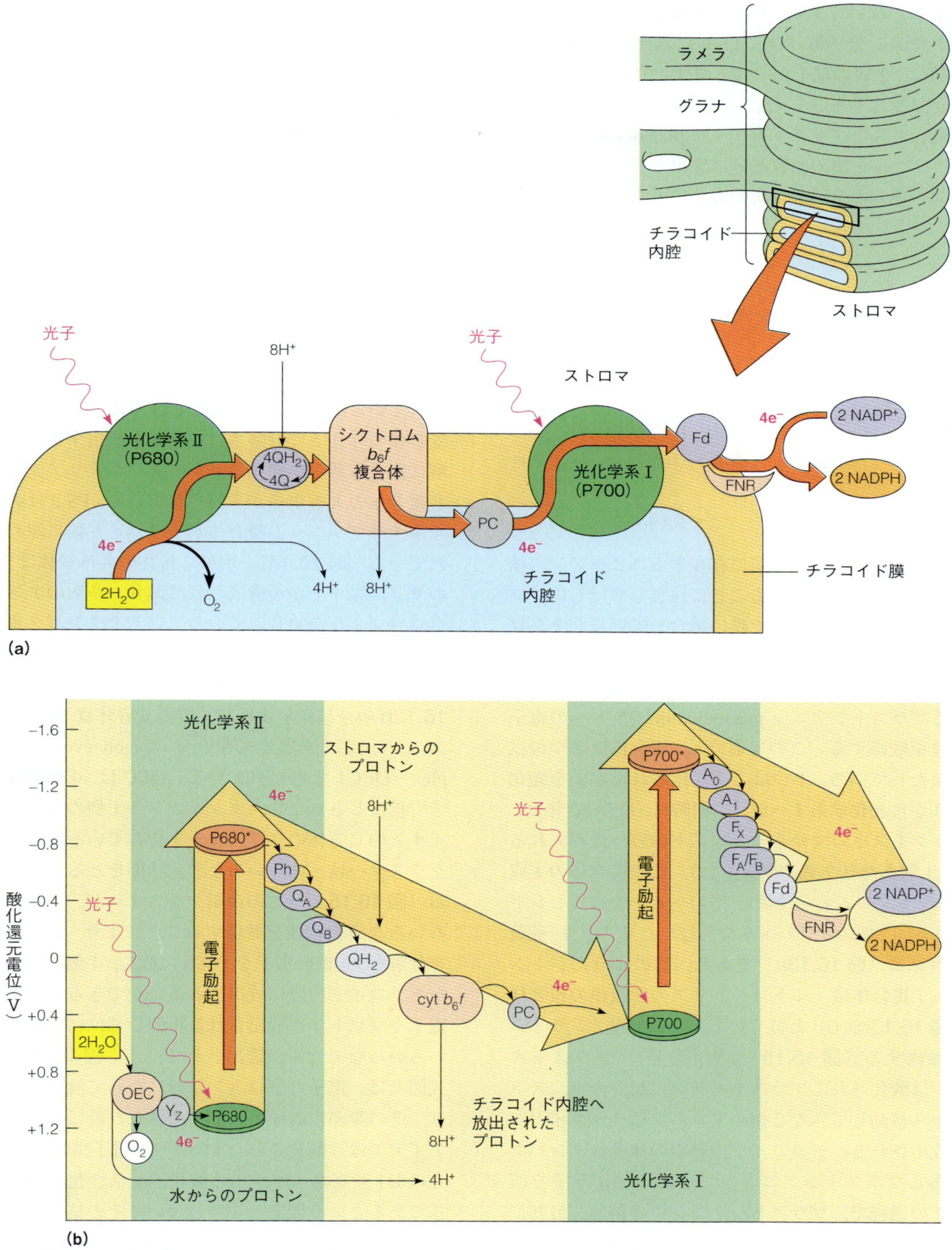

図 16.12 明反応の2つの光化学系 光合成の2つの光化学系様式では，明反応は2つの光化学系が連携して行われる。**(a)** 2つの光化学系での電子の流れの経路。2つの光化学系とシトクロム複合体は，チラコイド膜に埋め込まれている。光化学系Ⅱで，水から奪われた電子は，プラストキノン（Q），シトクロム b_6f 複合体とプラストシアニン（PC）を経て光化学系Ⅰに渡される。光化学系Ⅰでは，電子が再び光により励起され，種々の中間体を経てフェレドキシンに渡される。還元されたフェレドキシンは $NADP^+$ を還元する。**(b)** 2つの光化学系による明反応のエネルギー論。P680とP700の2つの各反応中心では，電子は光子を吸収して励起状態になる。各光化学反応系では，励起された電子は電子伝達鎖を移動し，チラコイド内腔への水素イオンの放出に寄与する。2つの光化学系は，ここに示したエネルギー変化のパターンがZという字に似ていることから歴史的にはZ模式図と呼ばれていたが，N模式図と呼ぶほうがより正確である。シトクロム b_6f 複合体から汲み出される8個のプロトンは，系を流れてくる各電子当たり2個のプロトンが輸送されるというQサイクル（キノンサイクル）に基づいている。

OEC＝酸素発生複合体，Y_z＝p680への供与体，P680＝光化学系Ⅱの反応中心，Ph＝フェオフィチン受容体，Q_A・Q_B＝タンパク質結合プラストキノン，QH_2＝膜中のプラストキノール（還元型プラストキノン），cyt b_6f＝シトクロム b_6f 複合体，PC＝プラトシアニン，P700＝系Ⅰの反応中心のクロロフィル，A_0＝クロロフィル受容体，A_1＝タンパク質結合フィロキノン，F_A・F_B・F_X＝鉄-硫黄複合体，Fd＝フェレドキシン，FNR＝フェレドキシン-$NADP^+$オキシレダクターゼ。

電子は，次いでPSⅡタンパク質と結合しているプラストキノン分子群（Q_A，Q_B）に次々に渡される。最終的に，2個の電子と，ストロマからの2個のプロトンがプラストキノンQ_Bに渡される。プラストキノンが還元されたプラストキノール plastoquinol（QH_2）は，チラコイド膜の脂質部分に放出される。プラストキノンの還元の全過程は次のように表される。

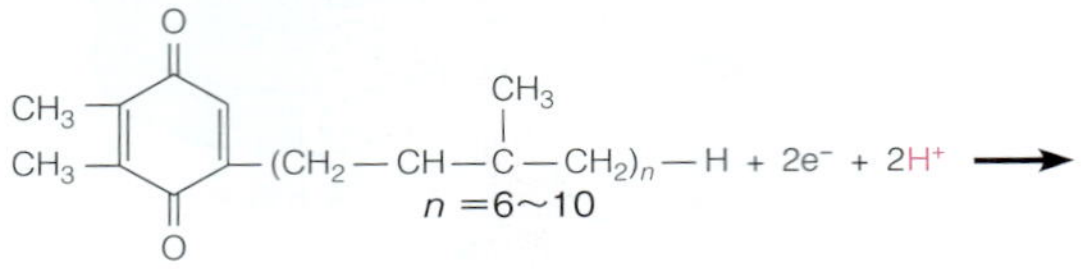

プラストキノン

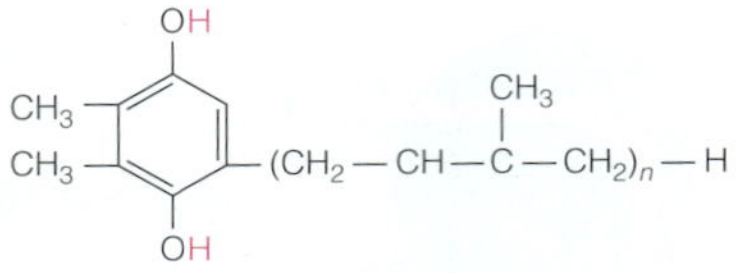

プラストキノール

プラストキノンと呼吸鎖に存在するユビキノン（補酵素Q）の構造が似ていることに注目してほしい。プラストキノールは，次いで膜に結合しているシトクロムと鉄-硫黄タンパク質の複合体であるシトクロムb_6f複合体と相互作用する。この複合体が，銅タンパク質であるプラストシアニン plastocyanin（PC）への電子の伝達を触媒する。この反応でb_6f複合体は2つの役目を果たしている。1つは，活性化された電子を光化学系Ⅱから光化学系Ⅰへ渡す。同時に，b_6f複合体は，プロトンをストロマからチラコイド内腔へ汲み入れる（電子1個あたり2個のプロトン）。この複合体の主成分は，シトクロムf（1個のc型のヘムを含む）とシトクロムb_6（2個のb型のヘムを含む）とリスケ鉄-硫黄タンパク質（図16.13a）である。このようにシトクロムb_6f複合体は，ミトコンドリアの呼吸鎖の複合体Ⅲ（図16.13b，c）と似ていて，類似のキノンサイクルを触媒する（図15.15，p.573参照）。プラストキノールは酸化されてプラストキノンに戻るので，ストロマから移動してきた2個のプロトンはチラコイド内腔に放出される。チラコイド内腔中の移動性タンパク質であるプラストシアニンは，反応中心に電子を渡す。この過程で，プラストシアニン中の銅は，最初にCu（Ⅰ）に還元され，次にCu（Ⅱ）に再酸化される。P700に渡された電子がどうなるかは，光化学系Ⅰを説明するときに考えてみよう。

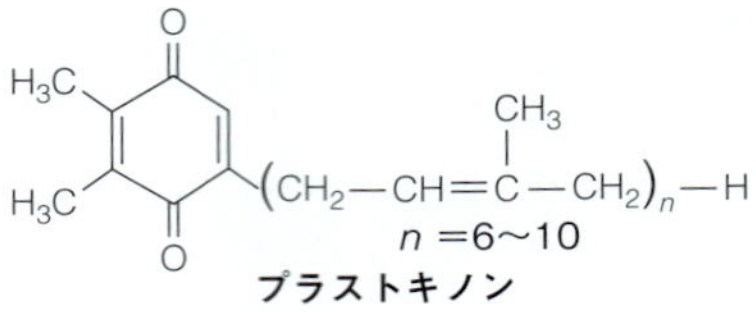

プラストキノン

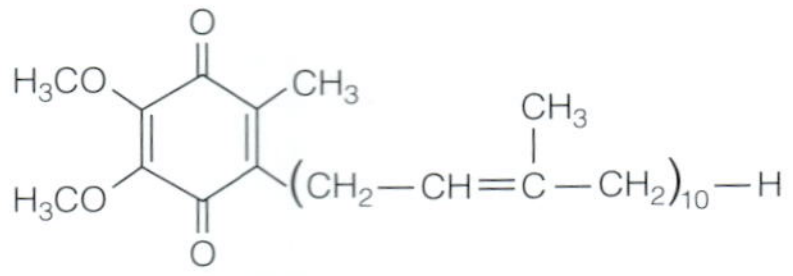

ユビキノン（補酵素Q_{10}）

上述した過程で，P680反応中心は電子が欠乏している状態，すなわち，強い酸化剤である$P680^+$に酸化されている。この電子は水から取り出され，水は電子受容体の存在下で分解されて酸素を放出する。水の分解に関する新しい知見は，シアノバクテリア光化学系Ⅱ複合体のX線構造から得られている。PSⅡは大きなマルチサブユニット複合体がチラコイド膜に埋め込まれている（図16.14）。ホモ二量体の各単量体は20個のサブユニットから構成されており，多数のアンテナクロロフィルが結合しているアンテナタンパク質が，P680反応中心のクロロフィルと水分解触媒成分をもつサブユニット（D1とD2）を取り囲んでいる。図16.12bの左に示すように，電子受容体はPSⅡのサブユニットで，酸素発生複合体 oxygen-evolving complex（OEC）と呼ばれている。OECは，4個の酸素原子で橋渡しされたマンガンイオンと1個のカルシウムイオンの立方体のクラスターを含んでいる。この金属クラスターは，いろいろな酸化状態をとることができる（図16.15a）。この金属クラスターが，光によりいろいろな酸化状態を循環することにより，2分子の水を分解し，4個の電子をP680に渡し，4個のプロトンをチラコイド内腔に放出することができる。ただし，電子やプロトンが放出される正確な部位については，いろいろなモデルが提出されている。図16.15bの模式図では，電子とプロトンは対になって放出されており，その量が水素原子の取り出された量になる。このアイデアは，酸化されたP680への電子供与体が，PSⅡのD1サブユニット中の酸化還元活性化チロシン残基であるという観察と矛盾しない。その結果，電子スピン共鳴で観察される（「生化学の道具10A」参照）チロシンラジカル（$Y_Z^{\bullet}$）が生じ，プロトンが放出される。したがって，水素原子（$H^+ + e^-$）が取り出される図16.15の各過程は次のようなサイクルになる。

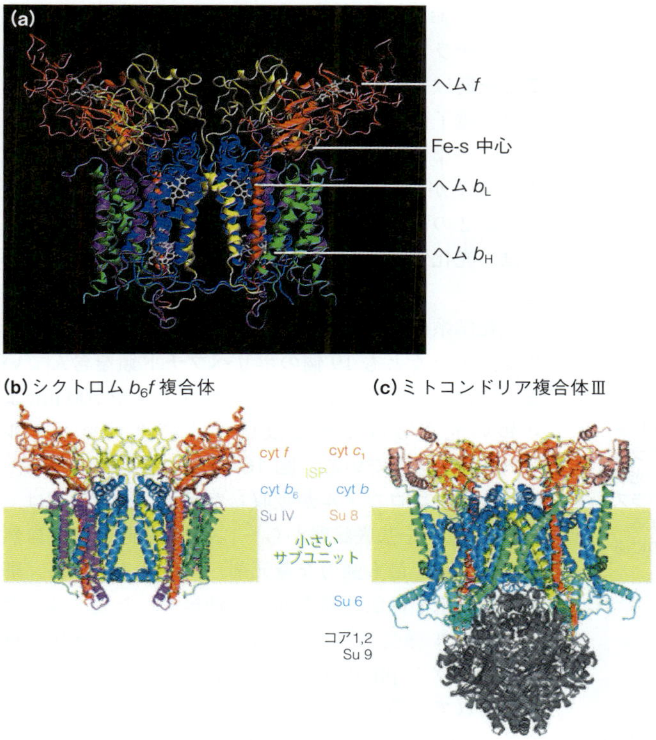

図 16.13　シトクロム b_6f 複合体の構造　**(a)** 好熱性シアノバクテリア *Mastigocladus laminosus* のシトクロム b_6f 複合体の X 線構造（PDB ID：2D2C）は，タンパク質が二量体としてチラコイド膜に埋め込まれていることを示している（チラコイド内腔を上に表示）。*c* 型のヘム（白）をもつシトクロム *f* のサブユニットは赤，Fe_2-S_2鉄-硫黄中心（オレンジ色）をもつリスケ鉄-硫黄タンパク質サブユニットは黄，b_Hと b_Lヘム（白）をもつシトクロム b_6のサブユニットは青，サブユニットⅣは紫，その他の 4 つの小さなサブユニットは緑。下のパネルは，光合成シトクロム b_6f 複合体 **(b)** とミトコンドリアの複合体Ⅲ **(c)** を比較している。色分けは（a）と同じ。

(b, c) *Photochemistry and Photobiology* 84：1349-1358, D. Baniulis, E. Yamashita, H. Zhang, S. S. Hasan, and W. A. Cramer, Structure-function of the cytochrome b_6f complex. ©2008 Jhon Wiley & Sons, Inc. Reproduced with permission from John Wiley & Sons, Inc.

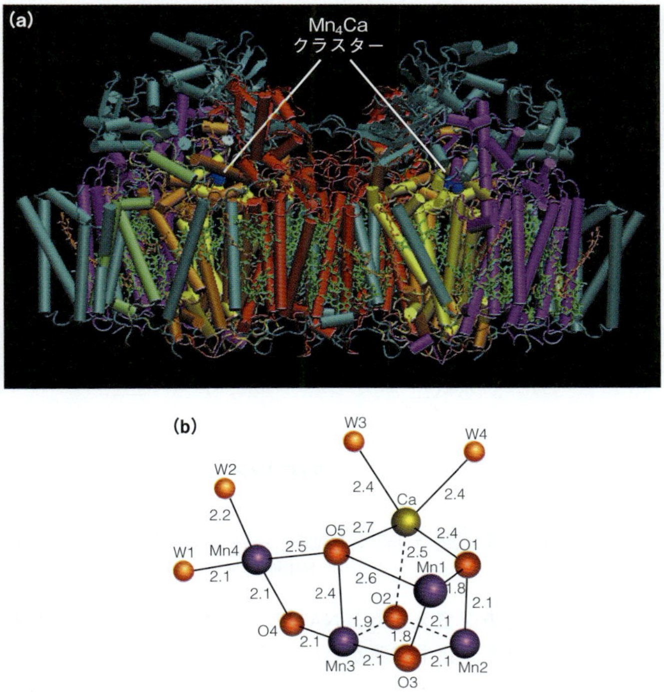

図 16.14　光化学系Ⅱの構造　**(a)** 好熱性シアノバクテリア *Thermosynechococcus elongatus* の PSⅡ の X 線構造（PDB ID：3BZ1，3BZ2）。PSⅡタンパク質は，ホモ二量体としてチラコイド膜に埋め込まれている（チラコイド内腔を上に表示）。各単量体は 20 個のサブユニットからなり，アンテナタンパク質の CP47（赤）と CP43（赤紫色），反応中心サブユニットの D1（黄）と D2（オレンジ色），2 個のシトクロム b559 サブユニット（黄緑）から構成されている。各単量体は 35 分子のクロロフィル *a*（緑），CP47 と CP43 に結合している 12 分子のカロテノイド（オレンジ色）を含有している。酸素発生中心の Mn_4Ca クラスター（青）には，各単量体の D1 サブユニットが結合している。**(b)** PSⅡ（*Thermosynechococcus vulcanus* から調製）の Mn_4Ca クラスターのさらに詳細な構造。金属原子と酸素原子や水分子との距離を Å で示す。

(b) Reprinted by permission of Macmillan Publishers Ltd. *Nature* 473：55-60, Y. Umena, K. Kawakami, J.-R. Shen and N. Kamiya. Crystal structure of oxygen-evolving photosystem Ⅱ at a resolution of 1.9Å. ©2011.

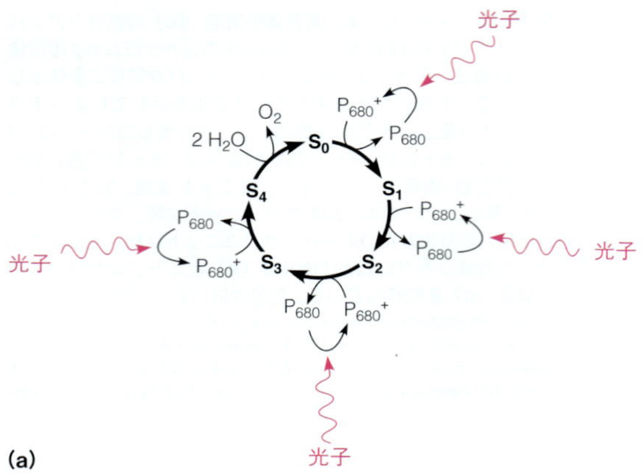

図 16.15a　PSⅡ中の酸素発生複合体（OEC）の触媒作用モデル　S_0〜S_4は，e^-とH^+が水分子から取り出される過程で金属クラスターがもつ異なった酸化状態を表す。最初の 4 つの遷移過程では，光エネルギーはP_{680}からP_{680}^+への酸化に使われ，ついで OEC の金属クラスターを酸化する。$S_4 \rightarrow S_0$遷移は光に依存せずに水からO_2を放出する。このように，4 個の光子が 2 分子の水を 1 分子のO_2に酸化するのに必要である。

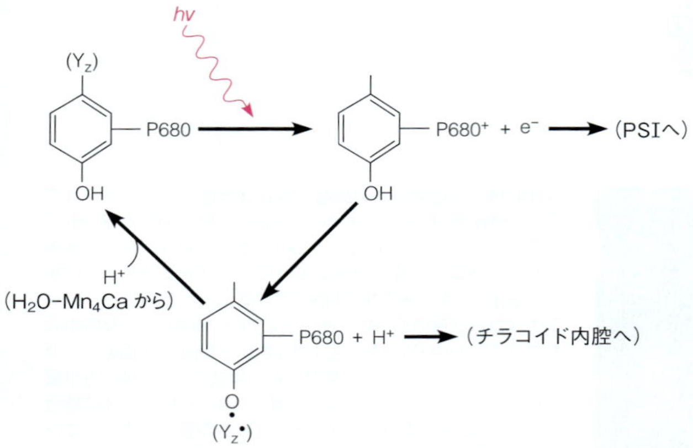

この系では，水 2 分子中の水素 4 原子から 4 個の電子が取り出されている。生成したO_2は，葉緑体の外へ拡散する。2 分子の水から生じた 4 個のプロトンは，チラコイド内腔に放出され，内腔とストロマの間の pH 勾配をつくるのに役立つ。要約すると，系Ⅱで起こる反応は次のように表される。

$$2H_2O \xrightarrow{4h\nu} 4H^+ + 4e^- + O_2$$

生成した電子は系Ⅱの電子伝達鎖を移動し，b_6f複合体を通って系Ⅰに渡される。

ポイント 8
光化学系Ⅱは，水から電子を取り出し，それを光化学系Ⅰに渡してO_2を放出する。

光化学系Ⅰ：NADPH の生成

これまでみてきたように，植物は 2 つの光化学系を利用しており，光化学系Ⅱは水を分解してO_2を発生させ，チラコイド膜を横断したプロトン勾配をつくることを助けている。しかしながら，水分子から取り出された電子は，まだ最終的な目的地である NADPH に届いていない。この過程は光化学系Ⅰの仕事で，系Ⅰでは電子が再び光の励起により反応中心から放出され，第 2 の電子伝達鎖を通って移行する。これらの電子は，光化学系Ⅱから入ってくる電子により補給される。

光化学系Ⅰは多くのタンパク質から構成される複合体で，少なくとも 19 個のポリペプチド鎖を含んでいる。また，多くのアンテナクロロフィルや 700 nm より短い光を吸収できる反応中心のクロロフィル（P700）を含んでいる。図 16.12b に示したように，アンテナクロロフィルが吸収した光子による励起は，P700 の電子を基底状態から－1.3 V の励起状態（自然界のおそらく最も強力な還元剤）に上げる。次に，励起された電子は伝達鎖を通る。励起された電子は，クロロフィル様受容体（A_0）に取り込まれ，それからフィロキノン phylloquinone（A_1）（ビタミンK_1として知られている。p.726 参照）に移され，その後 3 個の鉄–硫黄タンパク質（F_X，F_B，F_A）に渡される。これらのタンパク質は，Fe_4–S_4クラスターを含んでいる（図 15.4）。最終的に，電子はもう 1 つの鉄–硫黄タンパク質で，ストロマ中に存在する可溶性フェレドキシン soluble ferredoxin（Fd）に渡される。フェレドキシン–$NADP^+$オキシドレダクターゼは，光化学系Ⅰにより還元されたフェレドキシンから$NADP^+$への電子の伝達を触媒する。

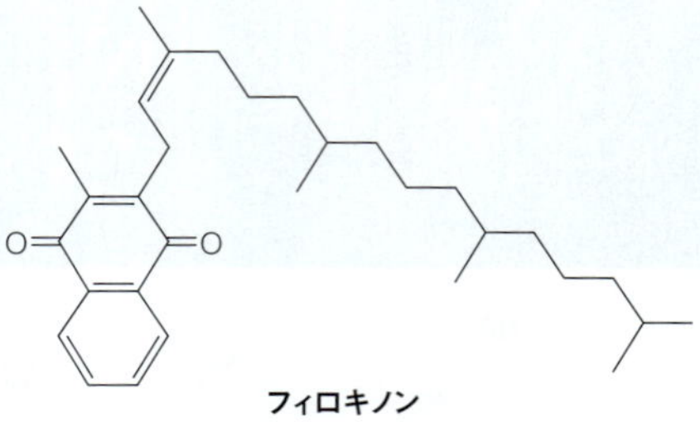

フィロキノン

$$2Fd(還元型) + H^+ + NADP^+ \xrightarrow[\text{Fd-NADP}^+\text{レダクターゼ}]{} 2Fd(酸化型) + NADPH$$

見方を変えると，$NADP^+$よりもむしろフェレドキシンが光化学経路からの直接の電子の受容体であると考えることができる。還元されたフェレドキシンの多くは$NADP^+$を還元するために使われるが，後で述べるように他の還元反応にも使われる。実際に，還元型フェレドキシンは，多くの還元過程において低い電位をもつ電子の供給源と考えることができる。フェレドキシンの酸化により生成した NADPH はストロマに放

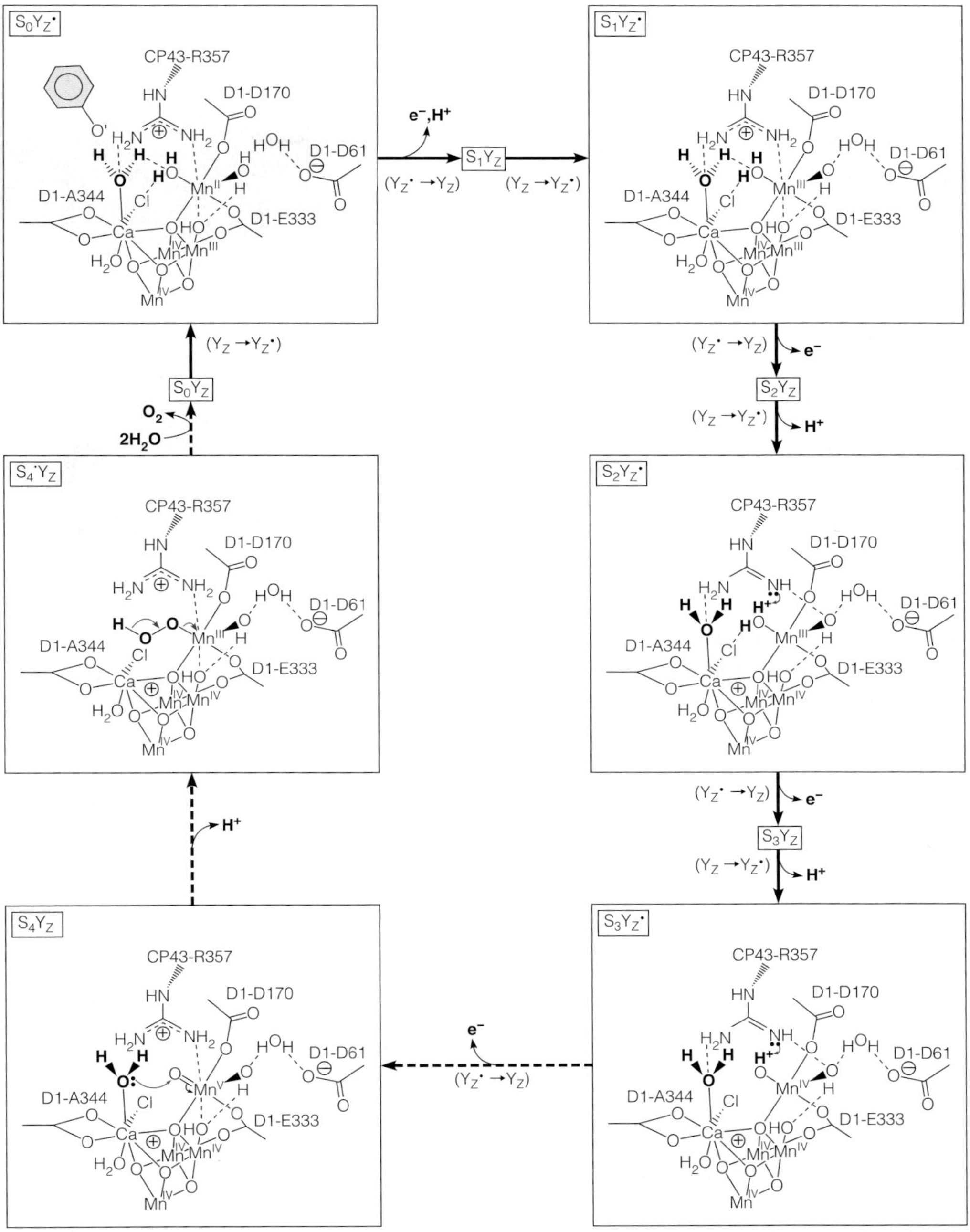

(b)

図 16.15b この機構では，Y_Zは D1 サブユニットの酸化還元活性チロシン残基を表し，Y_Zの酸化型は中性の脱プロトン化ラジカル種 $Y_Z^{\bullet}$ である。2 分子の H_2O は Ca^{2+}イオンと“ぶらさがっている” Mn^{III}イオンにより S_0Y_Z状態に固定化されている。各遷移は，酸化されたチロシンが OEC の金属クラスターを酸化できなくなる中間に生じる $S_nY_Z^{\bullet}$ を通過する。しかし，わかりやすくするためにチロシンラジカルは一度しか示されていない。このモデルでは，Mn イオンの 2 つだけが酸化状態を変化させている。$S_4 \rightarrow S_4'$ 遷移は O—O 結合を形成する非常に重要な過程で，カルシウム結合水による親電子 $Mn^V{=}O$ オキソ基への攻撃を含んでいる。O_2は放出され，新たな 2 分子の H_2O が次のサイクルに入る。

(a，b) Modified with permission from *Chemical Reviews* 106：4455–4483, J. P. McEvoy and G. W. Brudvig, Water-splitting chemistry of photosystem Ⅱ. ©2006 American Chemical Society.

出され，そこで暗反応に使われる。

ポイント 9
光化学系Ⅰは，光化学系Ⅱから電子を受け取り，$NADP^+$にその電子を渡して NADPH をつくる。

光化学系Ⅰからの電子は，P700 反応中心からの電子伝達に由来している。電子が不足している状態の酸化された反応中心（$P700^+$）には，光合成を続けるための電子が供給されなければならない。2 つの系をもつ光合成では，これらの電子はプラストシアニンを経て光化学系Ⅱから供給される。

最近，シアノバクテリアと植物の光化学系Ⅰ複合体の全構造がX線回折により明らかにされた（巻末の文献参照）。シアノバクテリアの複合体は三量体として存在するが，植物中のPSⅠは単量体である。どちらのPSⅠも多くのポリペプチド鎖からなり，数百個のクロロフィル（大部分はアンテナ分子）とチラコイド膜を貫通している複合体中の電子伝達鎖の他の成分を含んでいる。植物中のPSⅠは，コア複合体と光集積複合体Ⅰ light-harvesting complex Ⅰ（LHCⅠ）という2つの膜複合体から構成されている（図16.16a）。コア複合体の中心部分はPsaAとPsaBサブユニットから構成されており，それらには，電子伝達鎖の成分であるP700反応中心クロロフィル，A_0，A_1，鉄-硫黄クラスターと，光を集積するアンテナとして働く80個のクロロフィルが結合している。コア複合体はその他に，3つのストロマのサブユニット（PsaC，D，E）と1個のチラコイド内腔のサブユニット（PsaF）からなる。LHCⅠは4つのサブユニット（Lhca1-4）から構成されており，いずれもコア複合体の片方の側の膜中に存在する（図16.16aでは前面）。前述したLHCⅡのように，LHCⅠは光子を集め，コア複合体にエネルギーを伝達するもう1つのアンテナ系である。植物の全PSⅠ-LHCⅠ巨大複合体は，約600 kDaで，45個の膜貫通ヘリックスペプチドと168個のアンテナクロロフィルを含んでいる。アンテナクロロフィルの中心から最も近い次の中心間の距離は7～16Åの範囲で，励起されたエネルギーを伝達するのに都合のよい距離である。

PSⅠは，チラコイド膜の内腔側に存在している可溶性の電子伝達体プラストシアニンから，膜のストロマ側のフェレドキシンへの光で励起された電子伝達を触媒する。PSⅠへのプラストシアニンとフェレドキシンの結合部位および電子伝達鎖成分のおよその位置を図16.16bに示す。最初のP700鉄-硫黄クラスター（F_x）からの電子の伝達路は枝分かれしており，A_0クロロフィルとA_1フィロキノンは対称的なペアになっている。PSⅠ複合体に吸収されたほとんどすべての光子は，電子伝達を駆動するために使われている。PSⅠが非常に効率的で，ほぼ1の量子収率をもつということは，PSⅠ複合体に吸収されたほとんどすべての光子が取り込まれ電子伝達に使われるということを意味している。

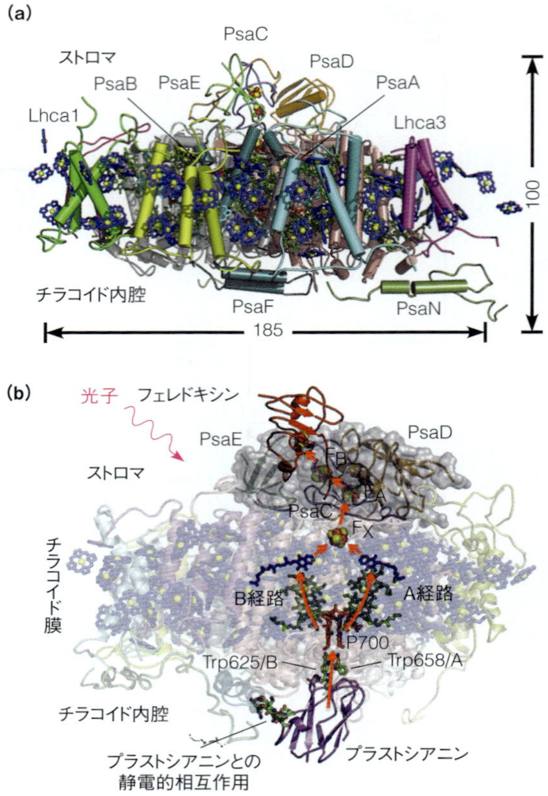

図16.16　植物の光化学系Ⅰの構造　(a) エンドウマメのPSⅠの構造（PDB ID：2001)。膜を貫通して存在し，チラコイド内腔を下に表示。前面の4つのLHCⅠサブユニット（Lhca1-4）は，それぞれ，緑，明るい青，赤紫，黄色で示されている。LHCⅠサブユニットの後ろ側にあるコアサブユニットのPsaAはピンク，PsaBは銀色で示す。LHCⅠのアンテナクロロフィルは青と青緑，コアのアンテナクロロフィルは緑，P700反応中心のクロロフィルは赤，鉄-硫黄クラスターは黄と赤の2つの球で示す。縮尺はÅ。**(b)** 電子伝達鎖とプラストシアニン，可溶性フェレドキシンの結合部位のモデル。A_0クロロフィル（緑），A_1フィロキノン（青），電子伝達鎖（赤矢印）。プラストシアニンとPsaA/PsaB間の静電的および疎水的結合に関与しているアミノ酸も表示している。
Modified from *Structure* 17：637-650, A. Amunts and N. Nelson, Plant photosystem Ⅰ design in the light of evolution. ©2009. with permission from Elsevier.

2つの系のまとめ：全反応とATPの産生

2つの系をもつ明反応の電子の流れをまとめると，電子は水から取り出され，NADPHが生成する（図16.12）。光化学系Ⅱの全反応は次のように書ける。

$$2H_2O \xrightarrow{4h\nu} 4H^+ + 4e^- + O_2$$

光化学系Ⅰの反応は，すべての中間体を除くと，

$$4e^- + 2H^+ + 2NADP^+ \xrightarrow{4h\nu} 2NADPH$$

これら2つの反応を合わせると，明反応は次のようにまとめられる。

$$2H_2O + 2NADP^+ \xrightarrow{8h\nu} 2H^+ + O_2 + 2NADPH$$

ATP産生で大事なのは，これ以外のプロトンは各電子が電子伝達鎖を通って流れる間にストロマからチラコ

イド内腔に組み入れられることである。1個の電子当たり，b_6f 複合体により輸送されるプロトンの数が正確にはわからないので，全プロトン数を推定することは非常に難しい。しかし，放出される O_2 当たり約12個のプロトンが移動すると推測される（水から $NADP^+$ へ移動する電子当たり約3個のプロトンに相当）。系ⅠとⅡの協同作業の結果，$NADP^+$ の還元とチラコイド膜を挟んでのプロトン勾配が生じ，内腔がストロマより酸性になる。第15章から，プロトン勾配で得られる自由エネルギー（$\Delta\mu_H$，プロトン駆動力）は，化学的なプロトン濃度勾配（ΔpH）と電気的な膜電位（$\Delta\psi$）を合わせたものであることを思い出してほしい。

$$\Delta\mu_H = 2.3RT\Delta pH + F\Delta\psi \qquad (16.3)$$

ミトコンドリアの内膜と違って，葉緑体のチラコイド膜は Mg^{2+} や Cl^- のようなイオンが透過できる。チラコイド膜を通ってこれらのイオンが移動すると，電気的に中性になり，膜電位の大部分は消失してしまう（光で誘導される Mg^{2+} のストロマへの移動は，後に説明するように制御的な役割をもっている）。このように，光が照射された葉緑体では，プロトン駆動力はプロトン勾配が最も重要な要素である。チラコイド膜を挟んで生じる pH の差は，強い光で照射された葉緑体ではpH3.5にもなる。膜を挟んでのpH勾配は，3,000倍以上の水素イオン濃度の差と，25℃でプロトン当たり約－20 kJの自由エネルギー変化に相当する。産生された1 molの O_2 当たり12 molの H^+ だとすると，1 molの O_2 当たり約240 kJのエネルギーがATP合成に使える。

ミトコンドリアでのATPの合成のように，これらのプロトンは，膜結合ATPシンターゼ複合体を通ってチラコイド膜中を戻ってくることができる。葉緑体では，これら複合体は CF_0–CF_1 複合体と呼ばれ，ミトコンドリアの F_0–F_1 複合体とよく似ている（第15章参照）。3個のプロトンが CF_0–CF_1 複合体を通過すると1個のATPが生成すると推定される。3 molのプロトンは1 molのATP合成に約60 kJ供給するが，これは熱力学的に妥当である。1 molの酸素当たり約12 molのプロトンが運ばれるので，産生した1 molの O_2 当たり約12/3＝4 molのATPが生産される。

図16.17に明反応の全過程の要約を示した。光化学系ⅠとⅡ，シトクロム b_6f 複合体，ATPシンターゼ（CF_0–CF_1）はすべてチラコイド膜に埋め込まれているが，必ずしも隣り合っているわけではない。光化学系と b_6f 複合体を結びつける構成物は，膜の脂質層のプラストキノンやチラコイド内腔のプラストシアニンのように非常に移動しやすい。その結果，電子はこの

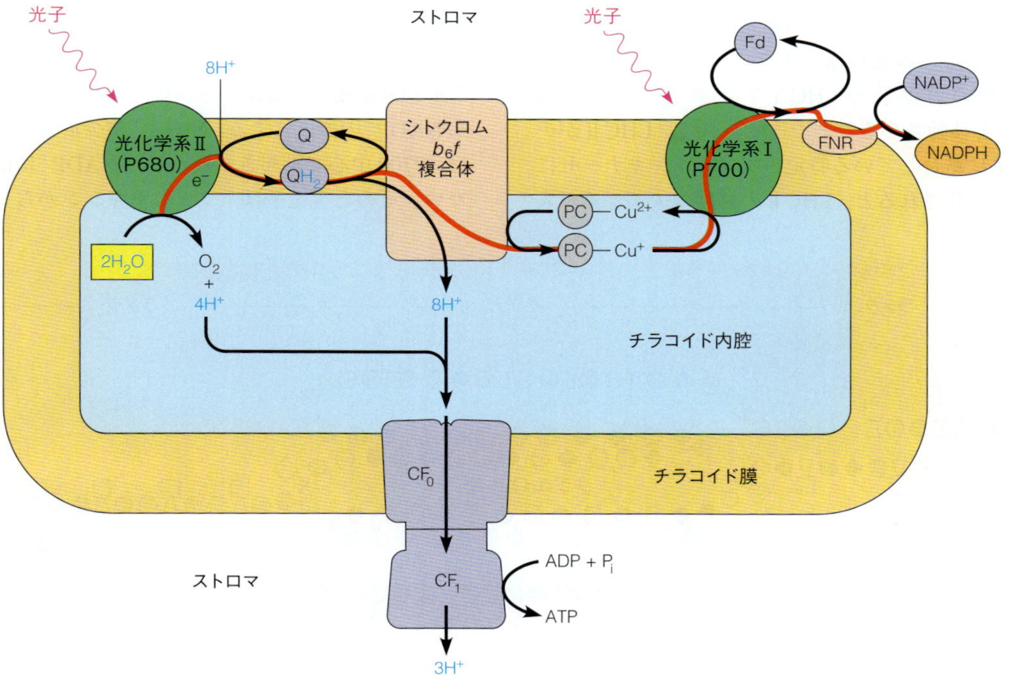

図16.17 チラコイド膜中で起こる明反応の概略 光化学系ⅠとⅡ，シトクロム b_6f 複合体は，チラコイド膜に物理的に別々に埋め込まれているタンパク質複合体である。PSⅡからシトクロム b_6f への電子伝達は，膜脂質中の還元型プラストキノン（QH_2）の拡散による。b_6f から PSⅠへの電子伝達は，チラコイド内腔に溶けたプラストシアニン（PC）により行われる。明反応中にチラコイド内腔に入ったプロトンは，ATPシンターゼ複合体（CF_0–CF_1）を通ってチラコイド膜から出ていく。ATPシンターゼの触媒サブユニットは CF_1 の構成物中に存在し，ストロマと接しているので，ATPはストロマ中で合成される。Fd-$NADP^+$ レダクターゼ（FNR）による $NADP^+$ の還元も，膜のストロマ側の表面か，その近くで起こる。

系の中を長い距離移動できる。このような電子の長距離移動は，チラコイド膜の構成要素がとっている配置からも必要である。グラナの組成を注意深く分析すると，グラナの内部の膜には光化学系Ⅱが多く，逆にストロマラメラでは光化学系Ⅰが多いことがわかる（図 16.18 参照）。光化学系のこのような物理的な分離は，プラストキノンやプラストシアニンが移動しやすいことで可能になっている。PSⅠと PSⅡのこのような物理的な分離は，光合成過程の量子収率を最適化する手段を提供している。効率を最大にするためには，各光化学系で吸収されたエネルギーはバランスがとれていなければならない。光の強度やスペクトルの特性は急激に変化するので，高等植物や緑色の藻類は 2 つの光化学系の励起エネルギーを調節する巧妙な機構を発達させた。PSⅡや PSⅠが，それぞれ，680 nm（青-緑色光）と 700 nm（赤色光）に異なった吸収極大をもっていることを思い出してほしい。もしも PSⅡが PSⅠより過剰に励起されると（ステート 2 と呼ばれる），PSⅡが Q を QH_2に還元するほうがシトクロム b_6f 複合体や PSⅠが QH_2を酸化するより早いので，プラストキノンの貯蔵プールは還元されすぎてしまう。（図 16.17 参照）。ステート 1 では，PSⅠは PSⅡ以上に励起され，プラストキノンのプールは酸化されすぎてしまう。最適の励起のバランスを維持するためには，クロロプラストは**ステート遷移 state transition** と呼ばれる過程で 2 つの光化学系の集光の効率を切り替える必要がある。この過程は，チラコイド膜中の PSⅡと PSⅠの間の可動性の LHCⅡアンテナ複合体（図 16.10）を移動させることで達成される。LHCⅡがチラコイドに結合している特定のプロテインキナーゼによりリン酸化されると，LHCⅡの移動のスイッチが入る。このプロテインキナーゼは，還元型プラストキノンが多くなると活性化される。リン酸化された LHCⅡは，PSⅡから解離して PSⅠに結合し，その結果，PSⅡに過剰に吸収された励起エネルギーを PSⅠへ注入する。いったん，PSⅠの活性が PSⅡに追いつくと，プラストキノンのプールは酸化され，LHCⅡプロテインキナーゼは不活性化される。その結果，LHCⅡは細胞内に常在するプロテインホスファターゼにより脱リン酸化され，再び移動して PSⅡに結合する。光の状態の変化により，ステート遷移は数秒から数分の間に起こる。

ポイント 10
両光化学系は，ストロマからチラコイド内腔へプロトンを運ぶ。このプロトンが CF_0-CF_1複合体を通って戻るとき ATP が産生される。

もう 1 つの明反応の機構：環状の電子の流れ

2 つの系をもつ明反応では，励起により光化学系Ⅰから放出される電子は，光化学系Ⅱの水から取り出される電子により補給される。この全過程は**非循環的電子伝達 noncyclic electron flow** と呼ばれ，この過程による ATP の生産は**非循環的光リン酸化 noncyclic photophosphorylation** と呼ばれる。明反応のもう 1 つの経路である**循環的電子伝達系 cyclic electron flow** は，光化学系Ⅰの構成要素と，プラストシアニンおよびシトクロム b_6f 複合体を利用する（図 16.19）。この経路が使われるかどうかは，葉緑体のストロマ中の $NADP^+$の濃度による。$NADP^+$が少量しかないときは，P700 中心で励起された電子は $NADP^+$には渡されない。そのとき電子は，フェレドキシンからシトクロ

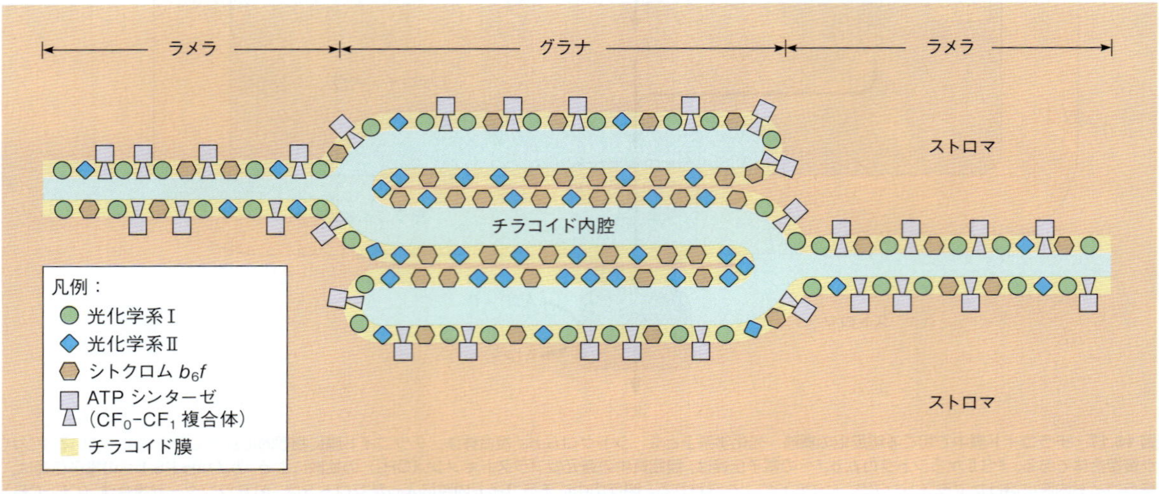

図 16.18　チラコイド膜上の 2 つの光化学系の構成要素の配置　グラナ内部の膜は光化学系Ⅱが多い。ストロマラメラとグラナの最上部と底部の表面は光化学系Ⅰと ATP シンターゼ粒子が多く，$NADP^+$の還元と ATP 合成がストロマに面している表面で起こりやすくしている。

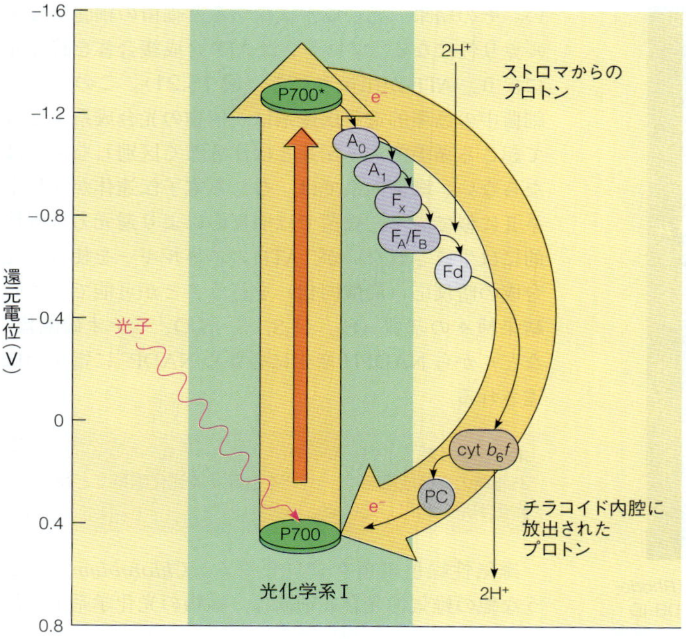

図 16.19 循環的電子伝達 $NADP^+$の量が少なく，NADPH が多いときは，P700 反応中心からの電子はシトクロム b_6f 複合体を通って反応中心に戻る。$NADP^+$の還元は起こらないが，プロトンは膜を通って汲み出され，ATP が合成される。略号は図 16.12 と同じ。

ム b_6f 複合体に渡され，そこからプラストシアニンを経て P700 の基底状態に帰る。この循環的電子伝達系をみる1つの方法は，b_6f 複合体と $NADP^+$をフェレドキシンからの電子を奪う競争相手と考えることである。b_6f 複合体は，この環状の過程の間チラコイド膜の外にプロトンを汲み出して，ATP の生成に寄与している。2個の電子がサイクルを1回りするごとに約1個の ATP が生産され，この過程は**循環的光リン酸化 cyclic photophosphorylation** と呼ばれる。しかしながら，この過程では O_2は放出されないし，$NADP^+$も還元されない。

明らかに循環的電子伝達系は，還元剤である NADPH が多量に存在して，電子受容体として $NADP^+$がほとんどない状況で ATP を生産するのに役立つ。さらに循環的電子伝達系は，もっと基本的な役割も果たしているのかもしれない。光合成の暗反応における ATP の必要量は多く，非循環的電子伝達系からの ATP だけでは不十分な場合もあるだろう。このような場合，ATP を産生するが NADPH を生じない循環的光リン酸化は，ATP と NADPH 生成量のバランスを保つのに役立っている。

ポイント 11
2つの系をもつ非循環的電子伝達系とは別の循環的電子伝達系は，NADPH が多量に存在するときにさらに多くの ATP を生産する。

光合成細菌中の反応中心複合体

上述した明反応は，植物や藻類で行われているものである。しかしながら，明反応の作用機構に関する最も正確な情報は，紅色細菌（膜中の色のついたバクテリオクロロフィルやカロテノイド色素から命名された）のような光合成細菌から得られたものが多い。これらの細菌は，暗いときには細胞呼吸で，明るいときには光合成に切り替えてエネルギーを得る適応能力の高い生物である。Roderick Clayton による先駆的研究により，光合成細菌は1つの光化学系を使用しており，反応中心をこれらの細菌から単離できることが明らかにされた。その後，Johann Deisenhofer，Hartmut Michel，Robert Huber は，X 線回折により紅色細菌 *Rhodopseudomonas viridis* から結晶化された反応中心複合体の全分子構造を決定した。この業績により彼らは，1988 年のノーベル化学賞を受賞した。

反応中心複合体の模型を図 16.20 に示す。これは，4個のポリペプチド鎖から構成される膜貫通タンパク質である。細菌の細胞膜の外側のペリプラズム空間に存在する複合体の部分は，4個のヘムをもつ *c* 型のシトクロムである。一方，サブユニット H は，膜の細胞質側に存在している。大部分 α ヘリックス構造をとっているサブユニット L と M は膜に埋まっている。L と M は，4個のバクテリオクロロフィル *b* 分子，2個のバクテリオフィオフィチン，2個のキノン（Q_A，Q_B），結合した1個の鉄原子をもっている。それらのバクテリオクロロフィル分子のうちの2個（“特別なペア”）は非常に近接しており，反応中心を構成している。光

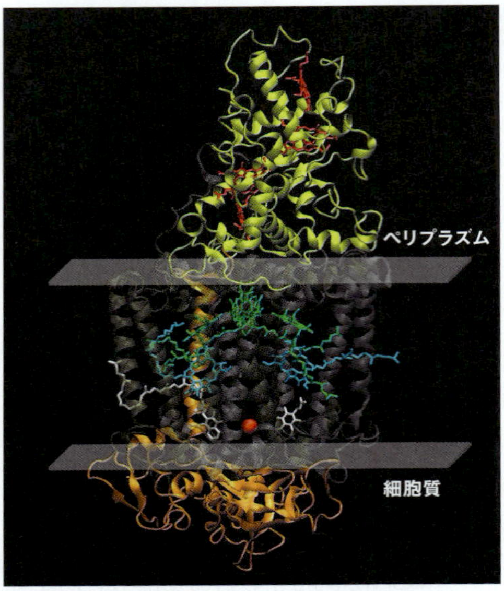

図16.20　紅色細菌の反応中心複合体のモデル　光合成細菌（*Rhodobacter viridis*，正式には*Rhodopseudomonas viridis*。PDB ID：3D38）の反応中心（膜のペリプラズム側と細胞質側のおよその位置関係を表示）。4個のヘム基（赤）をもつシトクロム（黄）は，細菌の内膜と外膜の間のペリプラズム空間に位置する。5個の膜貫通αヘリックスを含んでいるサブユニットM（銀色）とL（黄褐色）は，膜を貫通している。これらのサブユニットは，4個のバクテリオクロロフィル（緑），2個のバクテリオフェオフィチン（青緑），2個のキノン（白），1個の鉄原子（赤）をもっている。これらはすべて光子の捕捉と電子伝達に関与している。バクテリオクロロフィルのうちの2個は反応中心を構成している。サブユニットH（オレンジ色）は，膜の細胞質側に存在しているが，膜を貫通する1本のαヘリックスを含んでいる。

の吸収は，約870 nmの近赤外部が最も大きいため，反応中心はP870とよばれる。

紅色細菌の反応中心複合体は，化学的には植物の光化学系IIに似ており，フェオフィチン（バクテリオフェオフィチン bacteriopheophytin〈BPh〉）とキノンが含まれている。単離した反応中心での反応の解析の結果，電子伝達経路が明らかになった（図16.21）。反応中心が励起されると，電子が2つのフェオフィチンの1つに非常に速く（約10^{-12}秒以内）伝達される。その後，電子はQ_A，Q_Bへと伝達される。これらのキノンは通常は複合体に結合しているが，2番目の電子（と2個のプロトン）を受け取るとQ_Bは解離する。するとQH_2が移動して，シトクロムbc_1複合体（ミトコンドリアのシトクロムbc_1複合体と類似）を還元する。電子は，bc_1複合体から反応中心複合体のシトクロムを経て，反応中心へ帰る。この電子伝達は環状なので，正味の酸化還元はなく，水のような外部の還元剤を必要としない。その結果，この過程はO_2を産生しないので，非酸素発生型光合成と呼ばれる。

この循環的電子伝達の結果は，QH_2がbc_1複合体により酸化され，細菌の細胞質からペリプラズム空間へプロトンを送り出すことであることに注意してほしい。その結果，光合成が継続すると細菌の細胞質はアルカリ性になる。プロトンはATP合成複合体を経て元に戻り，ATPが生産される（図16.21）。このような細菌中の循環的電子伝達系は，植物の光合成系Iを経て起こる循環的電子伝達とは注意深く区別しなければならない。細菌の系では，むしろ電子伝達体が光化学系IIに似ている。細菌では明反応により還元力は直接的には生成されないが，ATPのエネルギーを使って光合成の暗反応（炭酸同化）を行うことが可能で，その結果種々の基質（H_2，H_2S，S，$S_2O_3^{2-}$〈チオ硫酸塩〉など）から NADPH 産生に必要な $NADP^+$に電子が伝達される。

ポイント12
ある種の光合成細菌は，ATPを生産する光化学系IIと類似の光化学系を利用している。

嫌気性緑色細菌クロロビウム（*Chlorobium*）のような他の嫌気性光合成細菌は，植物の光化学系Iに似ている光化学系を利用する。このような光化学系I型の系では直線型の光駆動電子伝達過程が使われ，酸化された反応中心に補給する電子がH_2Sから取り出され，S_2が放出される。

人工的光合成

多くの科学者は，最も効率的な太陽エネルギーの変換体である光合成を行っている植物を模倣して，環境を害さない新しいエネルギー源をつくろうとしてきた。さまざまな分子が光子を捕捉することができるが，多くの場合，エネルギーは低温では単に熱に変わってしまい，有益な仕事に変えることができない。秘訣は放射エネルギーを捕獲して目的のエネルギー保存過程につなげる長寿命の励起状態をつくり出すことである。最近，プロトンを一方向に伝達できるマンガン-酸素触媒（Mn_4O_4）をプラスチックの膜に埋め込むことが可能になった（図16.22）。この膜は2つの電極を仕切っている。陽極はルテニウム染料の入っている溶液に浸けられている。太陽光は染料中の電子を励起し，それが陽極から外部回路に流される。Mn_4O_4複合体も光子を吸収し，H_2OをO_2とプロトン（H^+）に分解（酸化）する反応を触媒をする。水からの電子は染料分子に流れ，プロトンは膜を通って陰極に流れる。このプロトンは外部回路からの電子に結合して，水素ガス（H_2）を産生する。このように，人工的な太陽電池は天然の光合成よりは効率は少し低いが，太陽光を化学的な燃料に変換する。

急速に発展している分野では，さまざまな他のモデル系が工夫され，提案されている。未来の主なエネルギー源は，自然界で数十億年前に発達したものにな

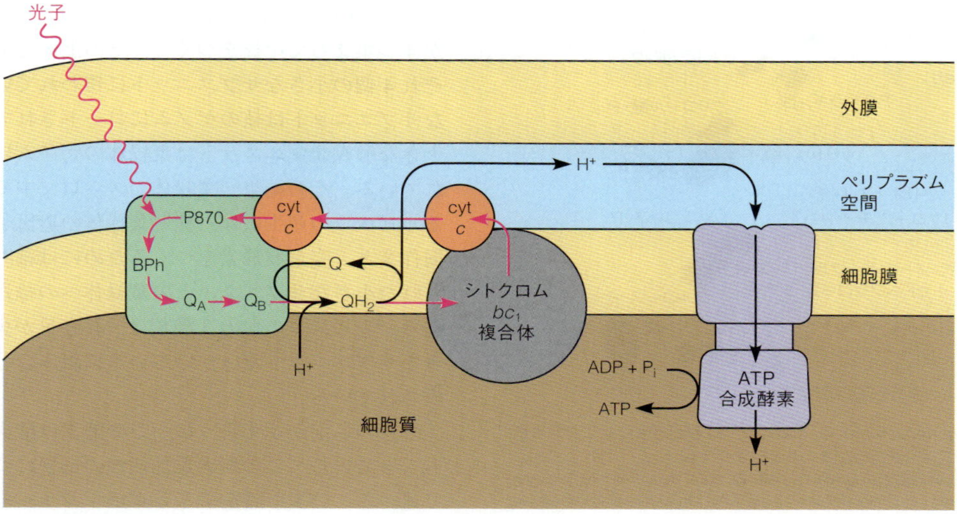

図 16.21　紅色細菌の光合成の機構　この過程は，反応中心と膜結合型シトクロム複合体をもっているチラコイド膜での光化学系Ⅱの反応と似ている（図 16.17 参照）。しかしながら，1 種類の反応中心しかなく，水は分解されず，電子の流れは環状である。

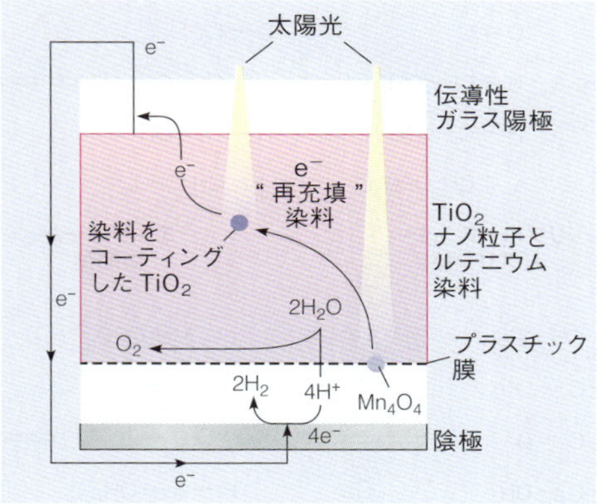

図 16.22　人工的光合成　この太陽電池では，吸収されたエネルギーは水を酸素とプロトンに分解し，水素（H_2）燃料をつくるために使われる。
From *Science* 325：1200-1201, Robert F. Service, New trick for splitting water with sunlight. ©2009. Reprinted with permission from AAAS and Gerhard Swiegers（University of Wollongong, Australia）, G. Charles Dismukes（Princeton University, USA）and Leone Spiccia（Monash University, Australia）.

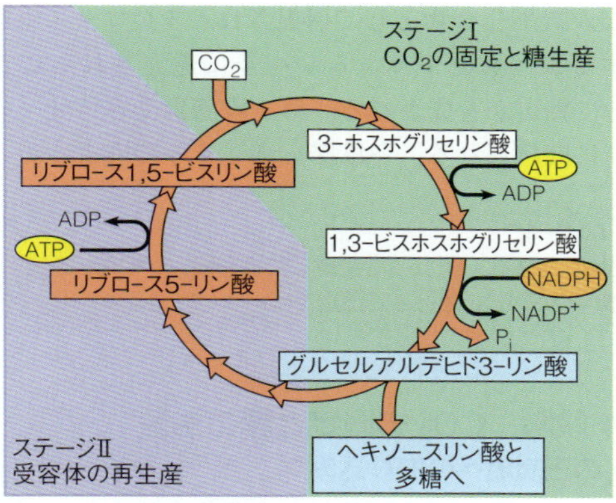

図 16.23　Calvin 回路　Calvin 回路は 2 つのステップに分けられる。ステージⅠでは，CO_2が固定され，グルセルアルデヒド 3-リン酸（G3P）がつくられる。G3P の一部は，ヘキソースリン酸，さらには多糖類をつくるために使われる。また G3P は，ステージⅡで受容分子であるリブロース 1,5-ビスリン酸を再生産するために使われる。

らってつくり出されるであろう。

暗反応：Calvin 回路

暗反応は葉緑体のストロマ（光合成細菌では細胞質）で起こる。その機能は，明反応でつくられた ATP のエネルギーと還元力（NADPH）を利用して大気の CO_2 を糖に固定することである。前述したように，暗反応は光がなくても起こるが，光により促進される。

CO_2 の固定は，一度に 1 分子の CO_2を受容体分子に結合させ，その分子を図 16.23 に示した環状の連続する反応に送り込むことで完成する。この全過程は，アメリカの生化学者で 1961 年にノーベル賞を受賞した Melvin Calvin の名前をとって，**Calvin 回路 Calvin cycle** と呼ばれる。1940 年代から 50 年代にかけて，Calvin は James Bassham や Andrew Benson とともに，単細胞藻類であるクロレラ（*Chlorella*）やイカダモ（*Scenedesmus*）を放射性の^{14}C でラベルした CO_2中で培養し，数秒後に殺してすべての代謝を止めるという実験を行った。抽出物を，当時は最新の二次元のろ紙クロマトグラフィーにかけ，放射性化合物を X 線フィルムに感光させて検出した（オートラジオグラフィー，「生化学の道具 12A」参照）。この方法で，炭酸固定の最初の化合物（3-ホスホグリセリン酸）を発見し，環状の全回路を決定した。この回路は，六炭糖の生成と受容体分子の再生産を行う。Calvin 回路

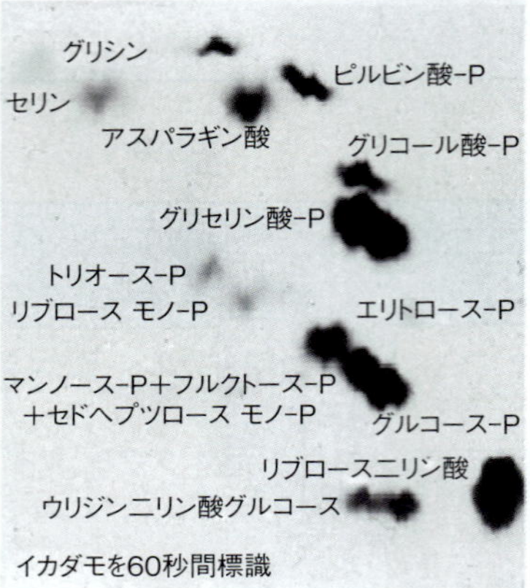

イカダモ（*Scenedesmus*）を$^{14}CO_2$中で60秒間培養し，二次元ろ紙クロマトグラフィーを行ったオートラジオグラム。

Springer/*Photosynthesis Research* 73：29-49, 2002. A. A. Benson, Following the path of carbon in photosynthesis：A personal story, with kind permission from Springer Science＋Business Media B. V.

は，2つの段階に分けることができる。第1段階では，CO_2が炭酸化合物として捕捉され，スクロース中に存在するようなカルボニルレベルに還元されることによって糖質が合成される。第2段階は受容体分子の再生産に向けられる。各段階を詳しくみてみよう。

> **ポイント 13**
> Calvin 回路は，明反応で生成した ATP と NADPH を使い，大気中の CO_2を糖として固定する。

第1段階：CO_2の固定と糖の生産

CO_2の三炭糖への取り込み

CO_2は，図16.23に示した中間体を経由してグリセルアルデヒド3-リン酸 glyceraldehyde-3-phosphate（G3P）に取り込まれる。CO_2の受容体分子は**リブロース1,5-ビスリン酸 ribulose-1,5-bisphosphate（RuBP）**である。空気からのCO_2は葉緑体のストロマ中に拡散し，そこでRuBPのカルボニル基のCに付加される。この反応は，**リブロース1,5-ビスリン酸カルボキシラーゼ ribulose-1,5-bisphosphate carboxylase**（リブロース1,5-ビスリン酸カルボキシラーゼ/オキシゲナーゼ，**ルビスコ rubisco**とも呼ばれる）により触媒される。この酵素は生物圏で最も重要な酵素の1つで，最も多量に存在している。この酵素は，葉緑体の全タンパク質の15%を占め，全世界で4,000万t，ヒト1人当たり約9kgもあると推定される。自然界には4種類のルビスコが見出されている。この酵素のI型は，高等植物，真核藻類，多くのシアノバクテリアやプロテオバクテリアに存在し，8つの大きな触媒サブユニット（約50kDa）と8つの小さな非触媒サブユニット（約15lkDa）から構成されている。このL_8S_8複合体は，触媒サブユニットの二量体が4つ集まって中核をつくり，その上部と下部がそれぞれ4個の小さなサブユニットに覆われている。小さなサブユニットは核のゲノムにコードされているが，大きな触媒サブユニットは葉緑体のゲノムにコードされている。その結果，葉緑体のストロマ中で活性のあるルビスコの産生には，核と葉緑体の遺伝子発現の共同作業と，完全な酵素をつくるためには細胞質で合成された小さなサブユニットの葉緑体への輸送が必要である。ルビスコの他の3種類は，存在量が少なく，大きなサブユニットだけがいろいろに組み合わされて構成されている。

酵素の名前が示すように，この酵素は酸素添加活性ももっている。この酸素添加活性の影響については後で述べる。CO_2を固定するカルボキシラーゼの作用に目を向けると，真の基質は5個の炭素のエンジオール中間体である。

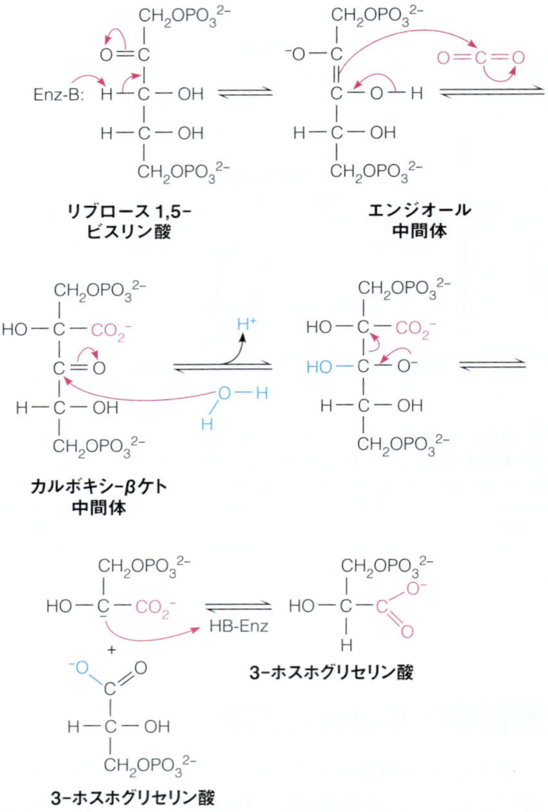

この反応の化学は重要な研究のテーマで，いくつかの機構が提案されている。酵素は最初に活性中心のリシン残基がカルバミル化されて活性化する。リシンのεアミノ基とCO_2が非酵素的に反応して生成したカルバミン酸は，ヘモグロビンのN末端のカルバミン酸と似ている（第7章）。マイナスに荷電したカルバミン酸は，酵素反応に必須のMg^{2+}イオンに対する結合部

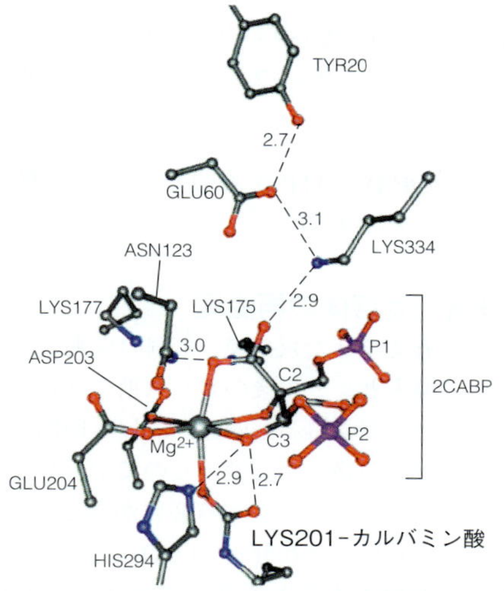

図 16.24 ルビスコの活性中心 ホウレンソウの Mg^{2+} が結合したルビスコの X 線構造（PDB ID：8RUC）と遷移状態のアナログである 2-カルボキシ-D-アラビニトール 1,5-ビスリン酸（2CABP）に基づく。
Modified with permission from *Journal of the American Chemical Society* 130：15063-15080, B. Kannappan and J. E. Gready, Redefinition of rubisco carboxylase reaction reveals origin of water for hydration and new roles for active-site residues. ©2008 American Chemical Society.

位の一部をつくる（図 16.24）。この Mg^{2+} イオンは，RuBP の結合とカルボキシ-β ケト中間体を水和する H_2O 分子の活性化に関与している。エンジオール中間体はカルボキシ化され，その生成物が水和され，それから分解して 2 分子の 3-ホスホグリセリン酸 3-phosphoglycerate（3PG）を生じる。分解は活性中心の酸（HB-Enz）によるプロトン化で促進される。この反応は不可逆で，標準自由エネルギー変化（$\Delta G^{\circ\prime}$）は -35.1 kJ/mol である。この段階で，CO_2 は糖質に固定されている。Calvin 回路の残りの反応は，トリオースから六炭糖をつくるためと，RuBP を再生産するためのものである。

ポイント 14
Calvin 回路は 2 つの段階がある。最初の段階では，CO_2 がリブロース 1,5-ビスリン酸（RuBP）への付加により固定化され，六炭糖が生じる。第 2 の段階では RuBP が再生産される。

3PG の各分子はホスホグリセリン酸キナーゼにより触媒される反応で，ATP によりリン酸化される。生成した 1,3-ビスホスホグリセリン酸は，グリセルアルデヒド 3-リン酸（G3P）に還元され，1 分子のリン酸が失われる。還元剤は明反応で生成した NADPH で，反応はグリセルアルデヒド 3-リン酸デヒドロゲナーゼにより触媒される。解糖に関与している酵素の中に同じような酵素があることが知られている（第 13 章参照）。

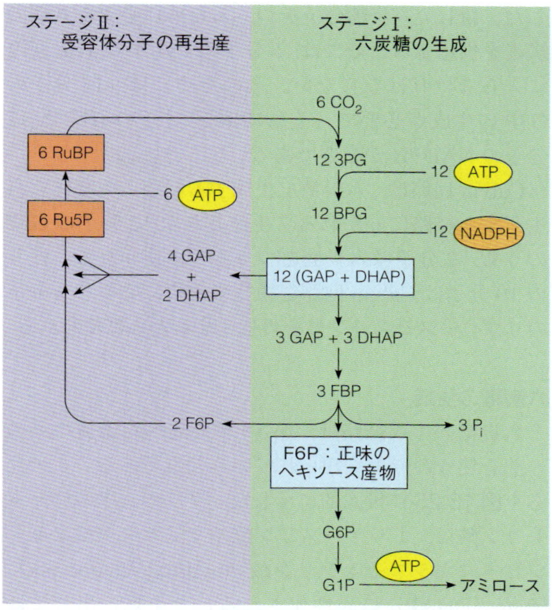

図 16.25 Calvin 回路の化学量論 Calvin 回路が 6 回転すると，6 分子の CO_2 が使われ，6 分子のリブロース 1,5-ビスリン酸（RuBP）に結合して 12 分子のグリセルアルデヒド 3-リン酸（G3P）が生成する。G3P はジヒドロキシアセトンリン酸（DHAP）と異性体平衡にあるので，12 分子の G3P は 12 分子の（G3P＋DHAP）の相互変換可能な貯蔵体と考えることができる。12 分子の（G3P＋DHAP）のうち，6 分子は 3 分子のフルクトース 1,6-ビスリン酸（FBP）を生成するために使われ，FBP のうちの 1 分子はヘキソースの原料になる。さらに 2 分子の FBP は，（G3P＋DHAP）の残りの 6 分子とともに 6 分子のリブロース 5-リン酸（Ru5P）をつくるために使われ，Ru5P はその後リン酸化されて，6 分子の RuBP が生成する。

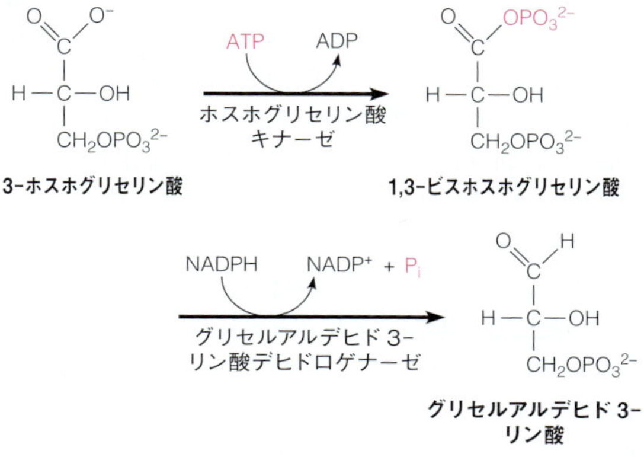

Calvin 回路のこの段階で，1 分子の CO_2 は単純な三炭糖に固定化されている。この段階に至るまで，ATP と NADPH の必要量に注意することは有益である。これらの段階で使われた各 CO_2 分子当たり 2 分子の ATP が加水分解され，2 分子の NADPH が酸化される。しかしながら，CO_2 から 1 分子の六炭糖が生成するには何が起こらなければならないかを理解したいので，グルコース 1 分子当たりで説明するほうが適切である。全 Calvin 回路の化学量論を，図 16.25 に模式的に示

した。新しい六炭糖分子をつくるために必要な6個の炭素を供給するためには，6分子のCO_2がCalvin回路に入らなければならない。そのためには，12分子のG3Pの生成が必要で，それには12分子のATPと12分子のNADPHが必要である。

Calvin回路は，六炭糖を生成する経路と受容体を再生産する経路に分かれる。生産された12分子のG3Pのうち，2分子は六炭糖をつくるのに使われる。残りの10分子はCalvin回路を維持するのに必要な6分子のリブロースビスリン酸を再生産するために使われる。

六炭糖の生成

六炭糖の生成経路は，第13章で述べた糖新生系の一部を使うのでよく知られている分野である。この反応を図16.25に模式的に示した。グリセルアルデヒド3-リン酸は，トリオースリン酸イソメラーゼにより，ジヒドロキシアセトンリン酸 dihydroxyacetone phosphate（DHAP）に異性化されることを思い出してほしい（p.475～476）。したがって，生成した12分子のG3Pは，G3PとDHAPの相互転換可能なプールであると考えることができる。1分子のG3Pと1分子のDHAPは，フルクトースビスリン酸アルドラーゼの作用により結合し，フルクトース1,6-ビスリン酸 fructose-1,6-bisphosphate（FBP）を生成する。図16.25に示すように，G3P分子のうち6分子はこの経路を通り，3分子のFBPを生成する。FBPはフルクトース1，6-ビスホスファターゼによって脱リン酸化され，3分子のフルクトース6-リン酸 fructose-6-phosphate（F6P）を生じる。これらのF6Pのうちの2分子は再生産経路に入り，残りの1分子はCalvin回路の正味の生成物となり，その後異性化されてグルコース6-リン酸 glucose-6-phosphate（G6P）に，さらに最終的にグルコース1-リン酸 glucose-1-phosphate（G1P）になる。

植物や動物中のグルコース1-リン酸はオリゴ糖や多糖生成の前駆体である。植物のデンプン（アミロース）の生成は，動物のグリコーゲン合成経路と類似の経路を通って行われる。しかし，グリコーゲン合成のようにグルコース単量体を活性化するためにUTPを使うのではなく，アミロースの重合化にはATPが使用される。

$$\text{グルコース 1-リン酸} + \text{ATP} \rightarrow \text{ADP グルコース} + \text{PP}_i$$
$$\text{ADP グルコース} + (\text{グルコース})_n \rightarrow (\text{グルコース})_{n+1} + \text{ADP}$$

貯蔵用の糖であるアミロースは，水に溶けやすくはない。しかし，植物の葉で合成された多くの糖は，植物の他の部分へスクロースとして輸送されることが多い。スクロースは，次の反応により植物の葉の細胞質で合成される。

$$\text{UTP} + \text{グルコース 1-P} \rightarrow \text{UDP グルコース} + \text{PP}_i$$
$$\text{UDP グルコース} + \text{フルクトース 6-P} \rightarrow \text{UDP} + \text{スクロース 6-P}$$
$$\text{スクロース 6-P} + H_2O \rightarrow \text{スクロース} + \text{P}_i$$

生成したUDPは，ATPからのリン酸の転移によりUTPに再び転換される。

第2段階：受容体の再生産

これまで考えてきた反応で，1個の炭素の1分子の六炭糖への導入と，その後のオリゴ糖や多糖の生成を説明することができる。しかし，Calvin回路を完成させるためには，回路を回し続けるのに十分なリブロース1,5-ビスリン酸を再生産する必要がある。このためには，取り込まれた6分子のCO_2ごとに6分子のRuBPを再生産することが必要である。これは，図16.26に示された反応により達成され，それは図16.23と16.25に図式化した回路の再生産系である。この複雑な反応系に入る分子は次の通りである。

1. 図16.25の再生産系に入った6分子のGAPからの2分子のDHAPと4分子のGAP。
2. 残りの3分子のGAPと3分子のDHAPから生産された3分子のフルクトース6-リン酸（F6P）のうちの2分子。

6個の炭素をもつ分子と3個の炭素をもつ分子から5個の炭素分子をつくるには，いくつかの再配置が必要である。その再配置は，トランスケトラーゼとトランスアルドラーゼにより行われる。これらの反応に必要な糖の構造式は，すべて第9章に書かれており，これらの化学反応は第13章（p.519～520）で考察されている。重要なのは，2分子のヘキソースと6分子のトリオースが6分子の五炭糖をつくるために再配置され，再結合される機構である。

リブロース1,5-ビスリン酸の再生産の最終段階は，酵素リブロース5-リン酸キナーゼにより触媒され，ATPを利用するリン酸化である。このサイクルを6回回すには，すでに数えた12分子のATPの他に6分子のATPが必要である。それゆえ，CO_2から1 molの六炭糖を合成するのに12 molのNADPHと18 molのATPが必要になる。

$$6CO_2 + 12NADPH + 12H^+ \rightarrow C_6H_{12}O_6 + 12NADP^+ + 6H_2O$$
$$18ATP + 18H_2O \rightarrow 18ADP + 18P_i + 18H^+$$

$P_i(HPO_4^{2-})$ 中のHを含めると2番目の式のHはバランスがとれる。そこで全暗反応は次のように書かれる。

$$6CO_2 + 18ATP + 12NADPH + 12H_2O \rightarrow C_6H_{12}O_6 + 18ADP + 18P_i + 12NADP^+ + 6H^+$$

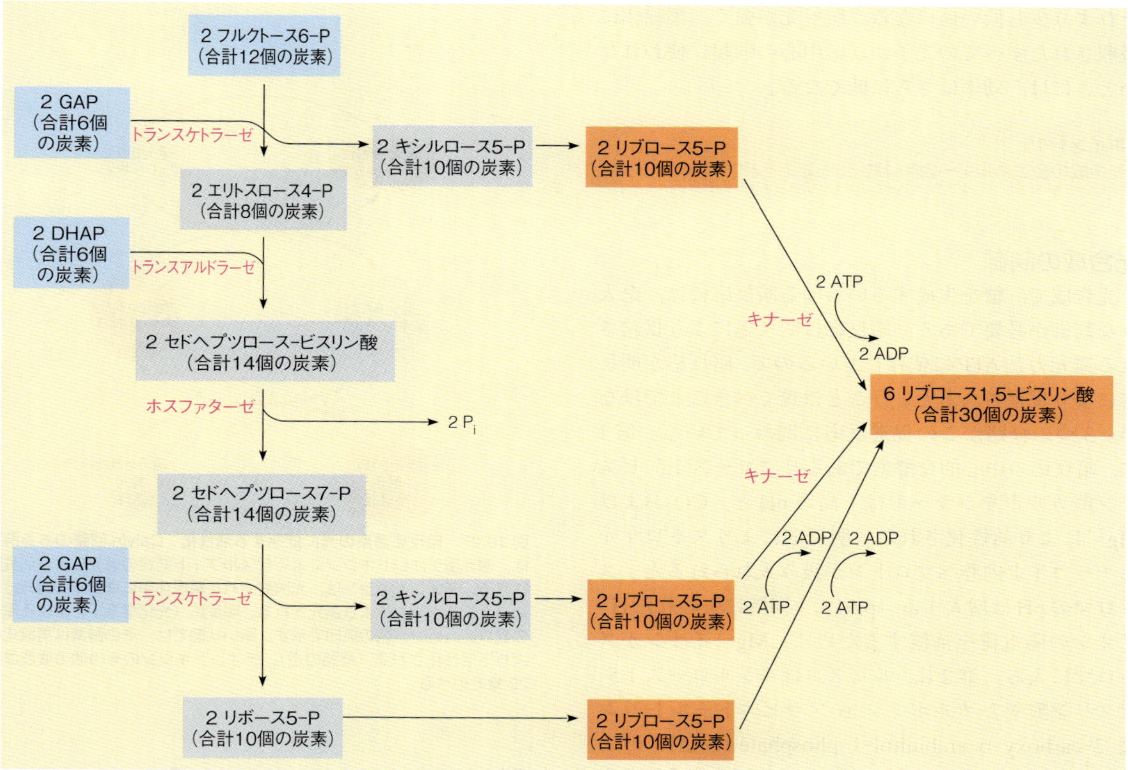

図 16.26 Calvin 回路の再生産系 ここでは図 16.25 の化学量論に従う。一番上から入る 2 分子のフルクトース 6-リン酸は，4 分子の GAP と 2 分子の DHAP と結合し，必要な 6 分子のリブロース 5-リン酸を生成する。次にこれらはリン酸化され，必要とされている RuBP をつくる。この経路は，逆に進行するペントースリン酸経路の一部と似ていることに注意すること（図 13.39，p.518 参照）。

2 つの光化学系における明反応と暗反応の要約

全反応と光合成の効率

暗反応に必要な ATP と NADPH は，光合成の明反応によりストロマ中に放出される。光化学系 I と II を 1 個の電子が通るごとに 2 個の光子が必要である。しかも，各 $NADP^+$を還元するのに 2 個の電子が必要であるから，各 NADPH 分子を生産するためには 4 個の光子が必要になる。したがって，O_2当たり 8 個の光子が必要になり，この数値は両光化学系が活動しているときに観察された量子収率（光子当たり約 0.12 O_2）と一致する。前節で要約したように，暗反応に必要な 12 分子の NADPH 当たり 48 個の光子が吸収されなければならない。これらの光子が，必要とされる 18 分子の ATP を生成するために十分量のプロトンをチラコイド膜を通して汲み出すと仮定すると，明反応の概略を次のように書くことができる。

$$12H_2O + 12NADP^+ \rightarrow 12H^+ + 12NADPH + 6O_2$$

$$18ADP + 18P_i + 18H^+ \rightarrow 18ATP + 18H_2O$$

$$\text{合計：} 12NADP^+ + 18ADP + 18P_i + 6H^+ \rightarrow 18ATP + 6H_2O + 12NADPH + 6O_2$$

この式は，プロトン勾配からの ATP の生成が含まれているので，p.614 右段の 3 番目の式とは異なっている。明反応のこの式を全暗反応の式に加えると，次式が得られる。

$$6H_2O + 6CO_2 \xrightarrow{48\text{ 光子}} C_6H_{12}O_6 + 6O_2$$

この式では非循環的光リン酸化反応が暗反応に必要な十分量の ATP を供給することを仮定して，48 個の光子を見積もっている。この分野の多くの研究者が信じているように，もし循環的光リン酸化反応からの ATP が必要になるならば，必要な光子数はこれより大きくなるであろう。

これらの計算に基づいて，光合成エネルギー効率を推定できる。すでに述べたように，CO_2と水から 1 mol の六炭糖を生成するには 2,870 kJ が必要である。光子当たりのエネルギー供給量は，使われた光の波長に依存する。650 nm の波長の光が使われたと仮定すると，その 48 アインシュタインの光子のエネルギーは約 8,000 kJ である（図 16.6 参照）。この数字から，理論的効率は約 35％と推定される。最適な条件下での実験から測定されるエネルギー効率も，ほぼこの理論値かそれより少し低い値になる。照射光が強く，葉緑体に吸収されたすべての光子が反応中心の励起に使われないときには，効率はさらに低くなる。

ポイント 15
光合成の全エネルギー効率は約 35%である。

光合成の制御

光合成で，糖を生成するいわゆる暗反応には，念入りな制御が必要である。暗反応は明反応により供給される還元力と ATP に依存しているので，暗反応が明反応により促進されるということは驚くべきことではない。3 つの経路がこの促進反応に関わっている。第 1 に，暗反応の中心的な酵素であるリブロース 1,5-ビスリン酸カルボキシラーゼは，高い pH と，CO_2および Mg^{2+}により活性化される。明反応によりストロマからチラコイド内腔へプロトンが汲み入れられると，ストロマの pH は増大する（p.615）。同時に失われた H^+ イオンの陽電荷を補償するために，Mg^{2+} イオンがストロマに入る。第 2 に，ルビスコはキシルロース 1,5-ビスリン酸や 2-カルボキシ-D-アラビニトール 1-リン酸 2-carboxy-D-arabinitol-1-phosphate（CA1P）のような自然界に存在するリン酸化された糖に感受性が高く，これらは強い阻害剤として働く。これらの阻害剤は，遷移状態の中間体に似ていて，ルビスコの活性中心を閉じた構造に変え，カルバミル化や基質の結合を阻害する。アラビドプシス（*Arabidopsis*）の遺伝学的な研究で，ルビスコを活性化し，その活性を in vivo で維持する**ルビスコ活性化酵素 rubisco activase** が発見された。ルビスコ活性化酵素は，ATP 依存的に阻害剤の解離を促進し，カルバミル化反応と Mg^{2+}や基質の結合を容易にする。

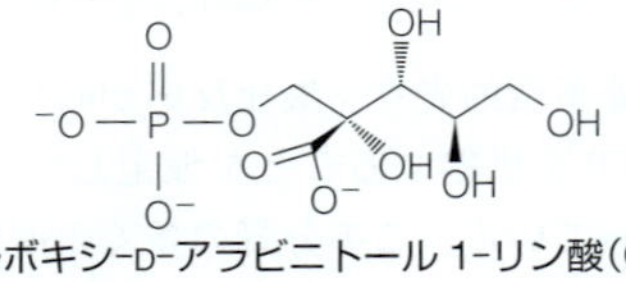

2-カルボキシ-D-アラビニトール 1-リン酸(CA1P)

ルビスコの最も強力な阻害剤の 1 つである CA1P は，葉緑体中で暗状態で合成され，暗い状態でのルビスコの特徴的な活性の減少に関与している。葉緑体が再び光照射されると，ルビスコ活性化酵素は CA1P を除去し，ルビスコを再び活性化する。ルビスコ活性化酵素の光に依存した他の機構については後述する。

暗反応が光反応により活性化される第 3 の機構は，Calvin 回路中の酵素のジスルフィド結合の酸化還元状態に依存する。それらは，ルビスコ活性化酵素，フルクトース 1,6 ビスホスファターゼ（p.622 参照），セドヘプツロース 1,7-ビスホスファターゼ（図 16.26 参照），グリセルアルデヒド 3-リン酸デヒドロゲナーゼ（p.621 参照），リブロース 5-リン酸キナーゼ（図 16.26 参照）である。これらの酵素は，ジスルフィド基の SH（スルフヒドリル）基への還元により活性化される。この還元反応はチオレドキシン（図 16.27）によるジスルフィド交換反応により促進される。可逆的に酸化される 2 つの SH 基をもっているチオレドキシンは，非常にさまざまな酸化還元反応に使われている（p.842 参照）。一方，チオレドキシンの還元は，フェレドキシン-チオレドキシンレダクターゼにより触媒される反応により生成した還元型フェレドキシンの酸化により促進される。強光で照射された葉緑体では，蓄えられていた $NADP^+$がなくなり，還元型のフェレドキシンが蓄積する。多量の還元型のフェレドキシンは Calvin 回路の酵素を活性化し，明反応が非常に盛んに行われているときに Calvin 反応を促進する。還元型のフェレドキシンはまた CF_0-CF_1 複合体を活性化し，光照射が強いときに ATP 産生を促進させる。

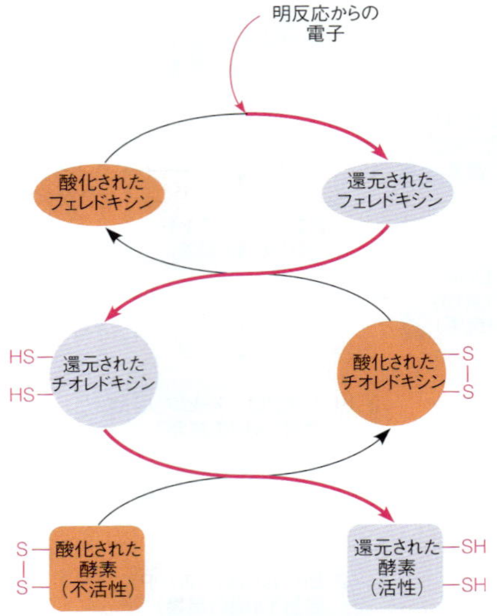

図 16.27　暗反応酵素の光に依存する活性化　Calvin 回路のある酵素は，還元型チオレドキシンによるジスルフィド結合の還元により活性化される。チオレドキシンは，光照射された葉緑体中に増加する還元されたフェレドキシンにより還元される。明反応（光化学系 I）による電子の流れは，ピンク色の矢印で示す。暗い状態では，その酵素は再酸化により不活性化される（経路の逆）。チオレドキシンのその他の機能は第 22 章で述べる。

ポイント 16
光合成の暗反応は，鍵を握る酵素の活性化のために生物が利用できる光の量により制御されている。

暗いところでは，植物は生化学的に“動物に変わる”。光合成の暗反応はしばらくは続くが，最終的には植物は光合成で合成された ATP や NADPH を使って，解糖系やクエン酸回路やペントース リン酸回路という動物の代謝の研究でよく聞く経路により，蓄えたエネルギーを使い始める。一般的にこれらの経路は，太陽光のもとでは阻害されており，暗いときのほうが活性化される。光で阻害される主な酵素は，ホスホフルクトキナーゼ（解糖系で）とグルコース 6-リン酸デヒドロゲナーゼ（ペントースリン酸回路で）である。後者は，Calvin 回路の酵素を活性化する還元型のチオレドキシンそのものにより阻害される。

最後に，葉緑体の遺伝子が転写レベルで制御されるという証拠が出ている。スクロースやグルコースはリプレッサーとして働くことができるのである。

光呼吸と C_4回路

リブロースビスリン酸カルボキシラーゼは奇妙な酵素である。この酵素は，ある条件下ではカルボキシラーゼと同様に酸素添加酵素（オキシゲナーゼ）として働くことができる。オキシゲナーゼ反応では，エンジオール中間体は CO_2の代わりに O_2を求核的に攻撃すると提案されている（p.620 のカルボキシラーゼ反応と比較せよ）。

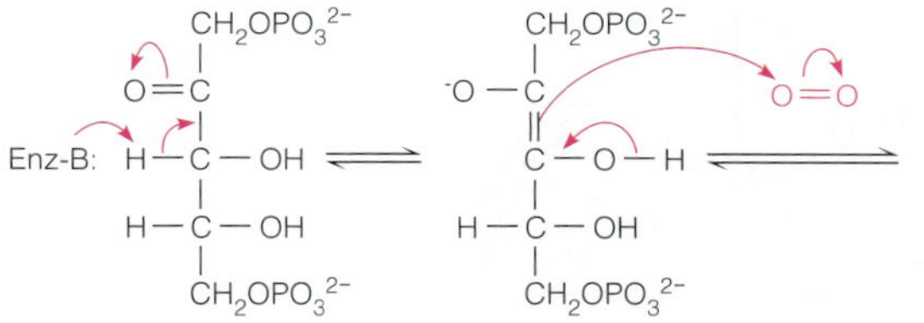

リブロース 1,5-ビスリン酸　　**エンジオール中間体**

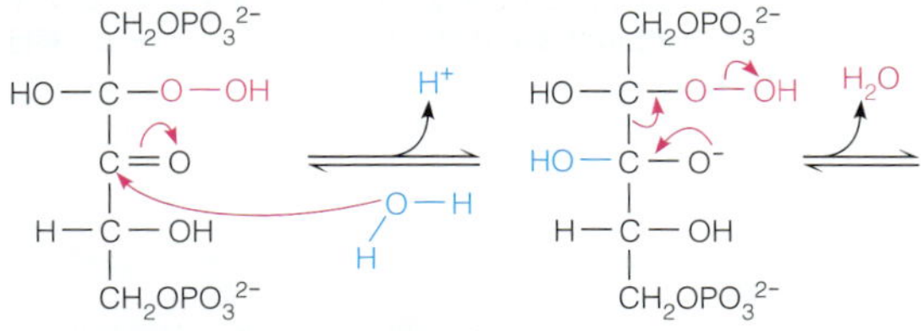

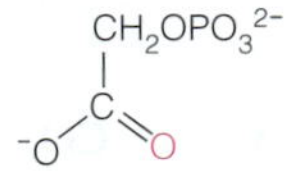

2-ホスホグリコール酸

＋

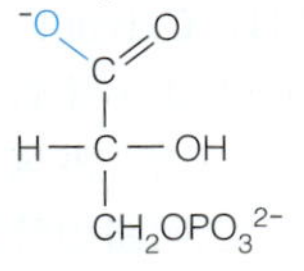

3-ホスホグリセリン酸

カルボキシラーゼとオキシゲナーゼ反応の相対的な速度は，活性中心での 2 つの気体の濃度と CO_2と O_2に対する K_M値で決まる。酸素添加は，O_2濃度が高く CO_2濃度が低い条件（通常の空気中のような）で起こる。それは O_2に対する K_M値が，CO_2に対する値より約 10 倍高いからである。酸素添加反応が行われるようになってくると，**光呼吸 photorespiration** として知られている反応を始めるようになり，葉緑体で 3-ホスホグリセリン酸とホスホグリコール酸がつくられる。**図 16.28** に示すように，その後，ホスホグリコール酸は脱リン酸化され**ペルオキシソーム peroxisome** と呼ばれる顆粒に入る。顆粒内でさらに酸化され，過酸化水素とグリオキシル酸を生じる。毒性の強い過酸化水素はカタラーゼにより分解され，グリオキシル酸はアミノ基転移によりグリシンを生じる。グリシンはミトコンドリアに入り，2 分子のグリシンから 1 分子のセリンと各 1 分子の CO_2と NH_3が生じる。グリシン解裂系を含むこの過程は第 20 章で詳しく述べる。気体である CO_2とアンモニアは放出される。セリンはペルオキシソームに戻り，そこでグリセリン酸に変わる。グリセリン酸は葉緑体に戻り，再び（ATP を使って）リン酸化され，3-ホスホグリセリン酸になる。

> **ポイント 17**
> 低 CO_2および高 O_2濃度下では，植物は光呼吸を行い，O_2が消費され CO_2が発生する。

光呼吸はかなりのエネルギーを使い，植物による炭素同化を制限する浪費過程のようでもある。次の 1～4 のことに注意してほしい。

1. リブロース 1,5-ビスリン酸は Calvin 回路から失われる。
2. CO_2の固定の逆の過程が起こっている。すなわち，O_2が消費され，CO_2が発生する。
3. 炭素の一部（75%）しか葉緑体に戻らない。
4. ATP が消費される。

光呼吸の有用な機能をみつけ出すことは難しい。進化の過程で，身近なものが利用されたのだろう。約 30 億年前，大気中の CO_2濃度が高く O_2が低いときに，ルビスコはカルボキシラーゼとして進化した。このような状態では，酸素添加反応はほとんど起こらない。しかし大気中の O_2 濃度が高くなってくると，酸素添加反応が無視できなくなってくる。植物は，ルビスコの非効率な酸素添加反応を進化させなくてはならなくなった。それには，リブロースビスリン酸カルボキシラーゼ/オキシゲナーゼの酸素添加活性を抑えるのがよいと考えられるかもしれない。しかし驚いたことには，そのようにはならなかった。この酵素は重要であるにもかかわらず（あるいはおそらく重要なので），長い間ほとんど変わらなかった。この酵素は比較的非効率な触媒（$k_{cat} \cong 2\ s^{-1}$）であり続け，酸素添加活性も失ったことがない。ルビスコのこの“設計上の欠陥”のために，植物は酸素添加活性でつくられる炭素が 2

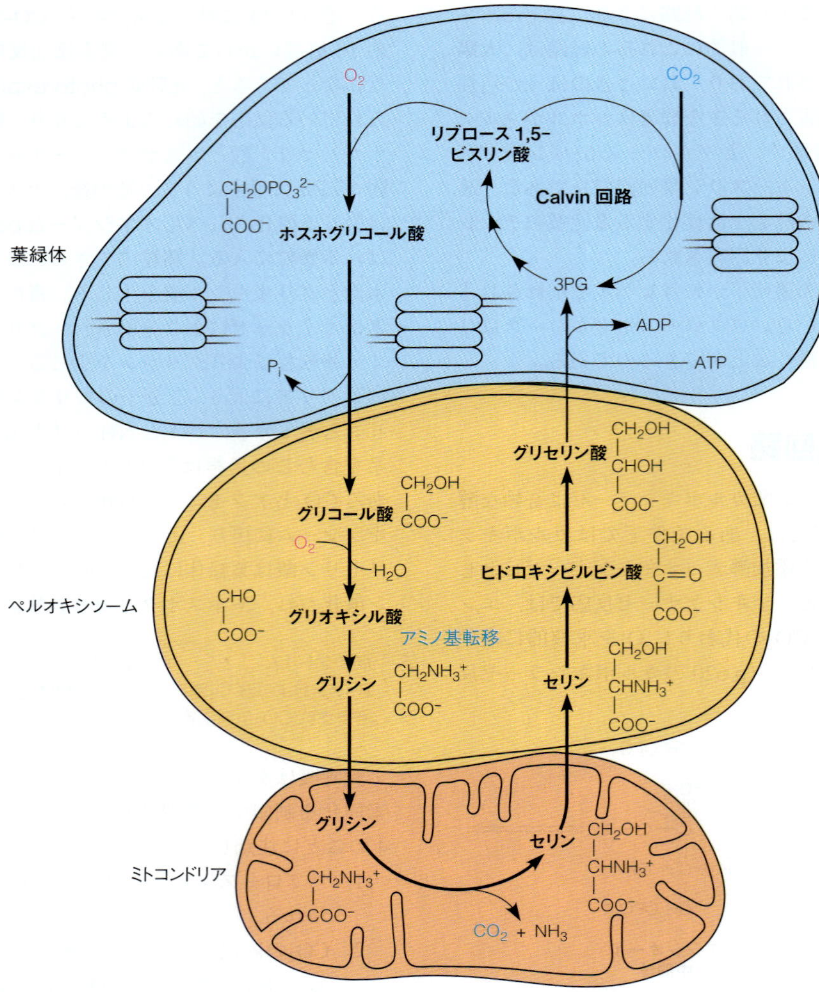

図 16.28　光呼吸　リブロース 1,5-ビスリン酸は，特に CO_2濃度が低いとき，Calvin 回路から転用することができる。RuBP カルボキシラーゼ/オキシゲナーゼ（ルビスコ）は RuBP の酸化を触媒し，ホスホグリコール酸をつくる。その後の反応で，代謝物が葉緑体から近くのペルオキシソームに移行し，それから葉緑体に戻ってくるときに，さらに O_2が使われ，CO_2が生じ，ATP が加水分解される。

個の断片（ホスホグリコール酸）を再び要求する経路を進化させた。それゆえ，この光呼吸という経路は，進化の妥協の産物と考えることができる。

C_4植物 C_4 plant と呼ばれるある種の植物は，光呼吸で放出されるCO_2を保持する追加的な光合成経路を発達させた。この経路はCO_2をC_4中間体（オキサロ酢酸）に結合させることができるので，C_4回路 C_4 cycle と呼ばれる。C_4回路は，三炭素中間体を利用する C_3回路とも呼ばれる Calvin 回路とは異なる。C_4回路は，数種の穀物種（例えば，トウモロコシやサトウキビ）に見出され，強い太陽光と高温にさらされる熱帯植物には重要である。光呼吸はすべての植物で，いつもある程度は行われているが，強い光照射，高温，CO_2欠乏の条件下で最も活性が強い。

ポイント 18
ある植物（C_4植物）では，Calvin 回路に付属的な回路を利用して，光呼吸の無駄を最小限にしている。

C_4植物の光合成は CO_2を濃縮する機構で，CO_2/O_2の比を高めて，ルビスコの活性中心がカルボキシ化に都合のよいようにしている。C_4植物は，Calvin 回路（C_3）による光合成を葉肉細胞の層の下にある維管束鞘細胞に集中させている（図 16.29）。一方，外気の CO_2に直接さらされている葉肉細胞は C_4回路の酵素をもっている。その経路を図 16.29b に示した。それは，CO_2を取り込んで 4 個の炭素化合物を生成し，これを脱炭酸反応のために維管束鞘細胞に渡し，生成する CO_2を Calvin 回路（C_3）で使用する機構である。

C_4植物の効率の重要な点は，CO_2を固定する酵素で

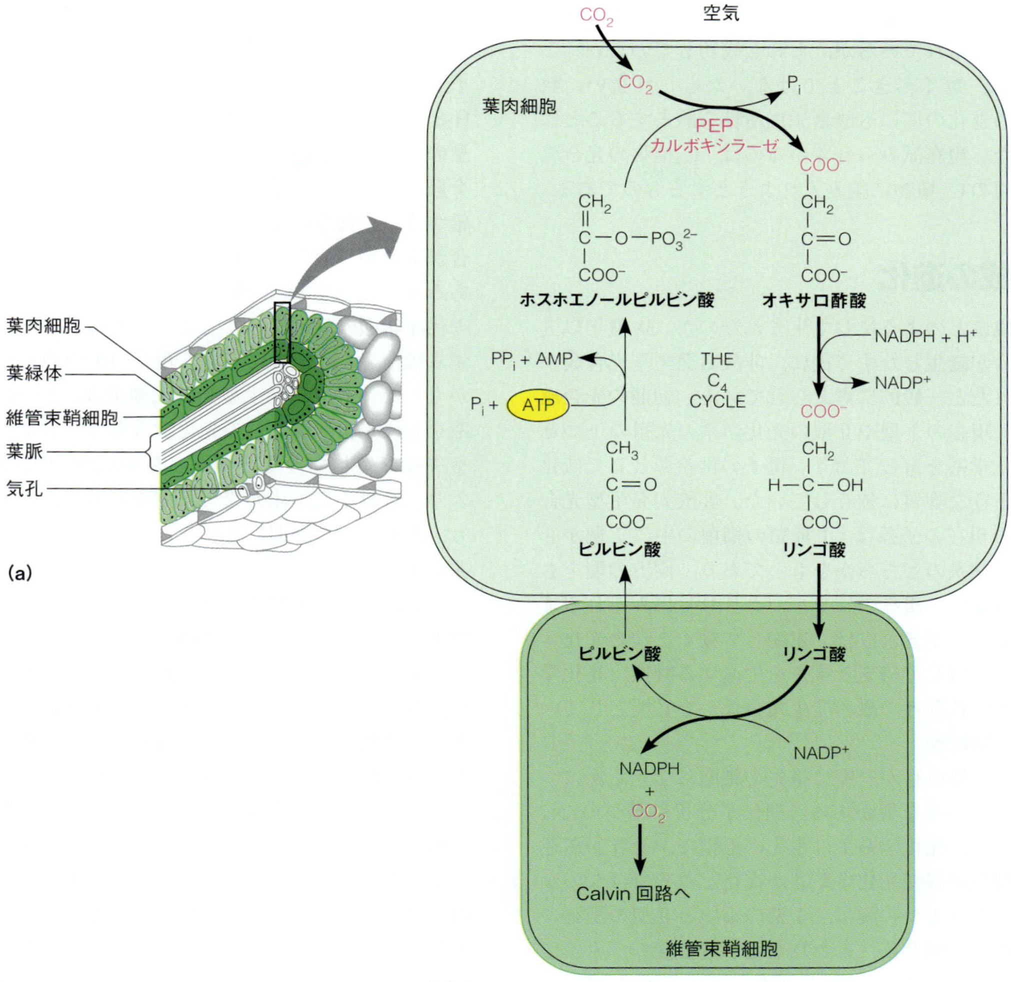

図 16.29 C_4回路の反応 (**a**) C_4植物では，葉肉細胞（薄い緑色）がCO_2を取り込んでC_4中間体を生成する。その後，C_4化合物は維管束鞘細胞（濃い緑色）に移送され，そこではCalvin回路光合成の大部分が行われている（C_3）。(**b**) CO_2は，ホスホエノールピルビン酸と結合してオキサロ酢酸をつくることにより，葉肉細胞から維管束鞘細胞へ輸送される。オキサロ酢酸はリンゴ酸に還元され，リンゴ酸は維管束鞘細胞に移送されて脱炭酸される。生成したピルビン酸は葉肉細胞に戻り，そこでリン酸化されてホスホエノールピルビン酸を再生する。

あるホスホエノールピルビン酸カルボキシラーゼがリブロースビスリン酸カルボキシラーゼのような酸素添加活性がないことと，CO_2に対するK_M値がより低いことである。したがって，O_2濃度が高く，CO_2濃度が低い条件下でも，葉肉細胞はルビスコが局在して光合成を行っている維管束鞘細胞にCO_2を送り続ける。この過程が，光呼吸よりもCO_2固定を好む維管束鞘細胞が十分高いCO_2レベルを維持することを助けている。さらに，もし光呼吸が起こっても，放出されたCO_2がまわりの葉肉細胞に回収され，Calvin回路に戻ることができる。

図 16.29が示すように，C_4回路は植物のエネルギーをATPの形で消費させる。ピルビン酸からホスホエノールピルビン酸への変換には，ATPが加水分解してAMPと無機リン酸になる反応が必要である。実際には，1分子のCO_2が固定されるのに2分子の余分なATPが消費される［訳者注：もう1分子のATPは図 16.29には描かれていないが，AMPと無機リン酸からADPをつくるのに使われる。ADPからATPができて，ホスホエノールピルビン酸の再生に使われる］。

ルビスコの酵素としての効率の悪さと光呼吸への関与は，食物源としての植物の効率を非常に低下させている。エネルギーが光呼吸で浪費されるだけでなく，合成されなければならない大量のルビスコは，植物に不必要な代謝を要求している。もし，もっと効率的な酵素がつくれたら，収穫の効率は非常に上昇し，窒素需要は減少するであろう。そのため，もっと効率的なルビスコを設計して，作物となる植物の中で機能させることに多大な努力が払われている。このために様々な方法がとられているが，どれも成功していない。この失敗は，驚くべきことではないかもしれない。数十億年の進化の間にも酸素添加活性を除去することはなかった。現在試みられているのは，C_4植物の光合成を作物用のC_3植物に組み入れようとするものである。

光合成の進化

光合成はどのようにして生まれたのか。38億年以上前に生命が誕生したすぐ後に，非酸素発生型光合成がまず現れたと一般的に考えられている。初期の光合成細菌は，現在のⅠ型やⅡ型の光化学系の先祖の1つとなる光化学系をもっており，電子の供給源として硫化水素のような物質に依存していた。非酸素発生型光合成細菌の現在の子孫は，1種類の細菌の中にⅠ型かⅡ型の光化学系のどちらかをもっており，両方の型をもつことはない。現在のシアノバクテリアにみられるような酸素発生型光合成は，連続して働く2つの光化学系と水を分解して酸素と電子を生産する触媒（光化学系ⅡのMg依存性の酸素発生複合体）を必要としている（図16.12b）。

これらの構成物が一度に祖先の細胞にできたかについてはいろいろな説がある。遺伝子分析に基づいた1つの説では，光化学系Ⅰは祖先の原型で，それから遺伝子の複製過程で光化学系Ⅱが進化したのではないかという。もう1つの説は，Ⅰ型の細胞とⅡ型の細胞の遺伝子転移や融合が，2つの光化学系をもつ“原始シアノバクテリア”を誕生させた，というものである（図16.30）。進化の過程がどちらであっても，先祖の原始シアノバクテリアには新たな問題が生じた。環状の（Ⅱ型の）光合成系は，還元型のキノンを経てプロトンを汲み出す複合体（シトクロム bc_1複合体）に電子を供給することを思い出してほしい（図16.21）。H_2Sのような電子供与体から取り出した電子を使うⅠ型の光合成は，CO_2を還元するためにフェレドキシンを経て可溶性の電子受容体である$NADP^+$へ電子を供給する。これらの2つの作用は，異なった条件では都合がよいが，同時に同じ膜で発現されると競合するであろう。そのために，原始シアノバクテリアは，環境や代謝状態の違いに応じて2つの光化学系をスイッチする機構をもったのだろう。現在の1つの光化学系しかもたない非酸素発生型光合成細菌は，2つの光化学系をもつ先祖から1つの光化学系をコードする遺伝子を失って生じたのであろう（図16.30）。この理論により，大気中に酸素がほとんど存在せず，CO_2濃度がもっと高かった時期に進化したルビスコという酵素の非効率な理由も説明可能である。

なぜ，酸素発生型光合成はつくられたのだろうか。マグネシウムイオンは，初期の大気中にオゾン層ができる前には豊富だった紫外線により光酸化されやすい。酸化によりマンガンイオンは電子を放出し，その電子は酸化された光合成系を補充するのに使われたであろう。酸化されたマンガンは，最も豊富にある資源である水から電子を取ろうとしたであろう。もし先祖の原始シアノバクテリアが光化学系Ⅱの表面にマンガンイオンを結合させたら，その細菌はH_2Oから電子を引き出し，プロトンを汲み出す複合体を通して電子を流し，循環的な経路は必要としなかったであろう。光化学系Ⅰは光化学系Ⅱと連結してシトクロム bc_1複合体から電子を取り出し，それらをフェレドキシンを介して可溶性の電子受容体に渡していただろう（図

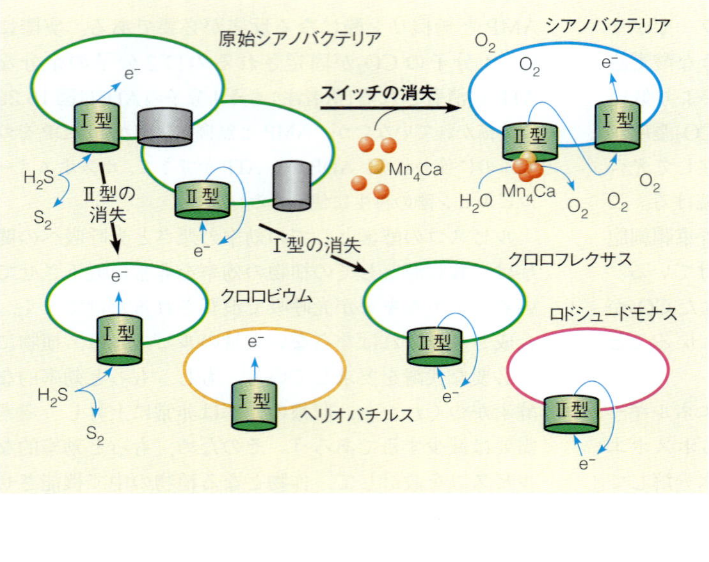

図16.30　酸素発生型光合成の進化　先祖の非酸素発生型“原始シアノバクテリア”は，Ⅰ型光合成とⅡ型光合成の両方の遺伝子をもっているが，環境や代謝の必要性に応じて2つの型の光合成のどちらか一方しか行わない。Ⅰ型光合成だけをもつ現在の非酸素発生型細菌は，クロロビウム（*Chlorobium*）やヘリオバチルス（*Heliobacillus*）のようにⅡ型の遺伝子を失って進化した。クロロフレクサス（*Chloroflexus*）やロドシュードモナス（*Rhodopseudomonas*。*Blastochloris* と再命名）のようなⅡ型光合成だけをもつ現在の非酸素発生型細菌は，Ⅰ型遺伝子を失って進化した。マンガン-金属クラスターの獲得と2つの光化学系の同時発現を防ぐ制御スイッチの消失は，H_2Oから電子を取り出しO_2を産生するMn_4Ca触媒と2つの光化学系をもつ細胞を生み出した。この細胞が，現在の酸素発生型シアノバクテリアの祖先である。

16.30)。やがて可溶性のマンガンイオンは，より安定な Mn_4Ca クラスターに置き換わり，光化学系はもっと効率がよくなり，今日の酸素発生型の緑の大地になっていったのであろう。酸素発生型光合成は，先祖の原始シアノバクテリアから希少な無機，有機電子供与体から解放したのだから，この進化の筋書きには選択的な圧力があったのであろう。ロンドン大学のJohn F. Allenは次のように述べている。“水はどこにでもあるから，生物は電子が欠乏することはない。生物を止めることはできない”。

まとめ

光合成は生物圏の大部分のエネルギー源で，大気中の CO_2 の固定と大気中のほとんどすべての O_2 の産生を行っている。その全過程は，明反応と暗反応とに分けられる。明反応は，太陽光のエネルギーを利用して水から電子を取り出し，O_2 と還元力，およびATP合成に使われるプロトン勾配を生成する。暗反応は CO_2 を還元して糖をつくる。植物と高等な藻類では，明反応および暗反応は葉緑体中で行われる。明反応に必要な光子はアンテナ色素に吸収され，エネルギーは反応中心に移送され，そこで光化学系Ⅰか光化学系Ⅱに入る。これら2つの系は共同して働き，明反応を実行する。光化学系Ⅱは水を酸化し，光化学系ⅠはNADP$^+$ を還元する。両方の系で，プロトンが葉緑体膜を通過してpH勾配をつくり，ATPの生産が行われている。NADPHの濃度が高いときには，循環的光リン酸化とよばれる光化学系Ⅰだけが光化学系Ⅱと独立して働き，ATPだけがつくられる。しかし，ある光合成細菌では，ATPを生産するのに光化学系Ⅱが変形した循環回路だけが使われている。

暗反応は，2つの段階からなるCalvin回路に要約される。最初の段階で CO_2 がリブロース1,5-ビスリン酸（RuBP）に付加され，その化合物はそれから分解され，還元されてヘキソースの原料となるトリオースをつくる。第2の段階ではトリオースとヘキソースの大部分が使われ，RuBPが再生される。これらの暗反応の多くは，光の強度により制御されている。

低濃度の CO_2 と高濃度の O_2 の条件下では，植物は光呼吸と呼ばれる酸化過程を受ける。この過程は本質的には効率が悪く，ある種の熱帯植物では，高い O_2 レベルに対して感受性の低い C_4 回路により埋め合わせをしている。

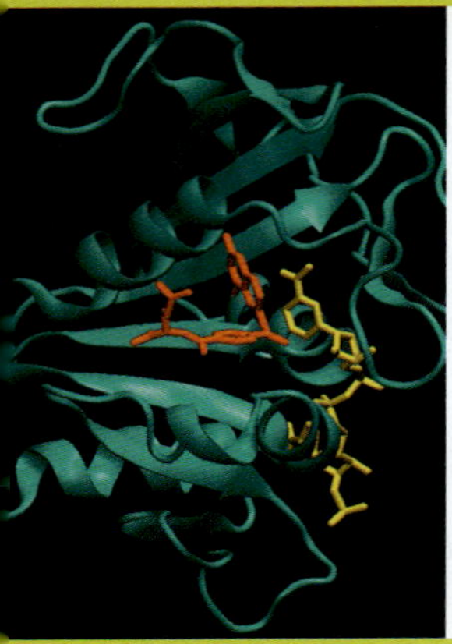

第 17 章
脂質代謝 1：脂肪酸，トリアシルグリセロール，リポタンパク質

先の章で論じた糖質のように，脂質にはエネルギー代謝のほかにも多様な役割がある。すなわち，膜の成分，ホルモン，脂溶性ビタミン，断熱材，あるいはシグナル分子などの役割である。本章では，脂質代謝の生体エネルギー論の面に注目して，脂肪酸の酸化と生合成（図 17.1），ならびにエネルギー貯蔵脂質の合成と分解を学ぶ。これらのプロセスは，植物，動物，微生物間で共通性が高い。また，動物の代謝にさらに直接関わる話題として，脂肪の消化，吸収，貯蔵，動員などを取り上げる。膜脂質と特殊な代謝機能をもつ脂質の代謝は第 19 章で扱う。

脂肪とコレステロールの利用と輸送

第 10 章で論じたように，たいていの生物では脂質の大部分を占めるのはトリアシルグリセロール（以前はトリグリセリドと呼ばれた）である。脂肪あるいは中性脂肪は，この量的に最も多い脂質を示す用語である。動物における脂肪の利用は，コレステロールの代謝と同様にリポタンパク質の代謝と密接に関係している。そのため，コレステロールの生合成は第 19 章で扱うが，ここでは脂肪とコレステロールの代謝をともに考察することにする。

哺乳類の脂質は体重の 5～25%，あるいはそれ以上にもなる。そして，その 90%はトリアシルグリセロールである。この脂肪のほとんどは脂肪組織に蓄えられていて，最も重要なエネルギー貯蔵物質となっている。動物（ヒトを含む）は“脂肪を燃やす者”であり，不連続的に食物を摂り，過剰な糖質を脂肪に変えて貯える。脂肪はその後に必要に応じて燃やされる。心臓や肝臓のような組織では，必要とするエネルギーの実に 80%を脂肪の酸化から得ている。動物のシステムでは，脂肪は脂肪細胞という特殊化した細胞に蓄えられる。この細胞では，巨大な脂肪滴が細胞内の空間のほとんどを占拠している（p.324，図 10.3 参照）。植物の種子は成長期の植物の胚にエネルギーを供給するため大量の脂肪を蓄えている（図 17.2）。植物の脂質は不飽和脂肪酸を多く含有するために，種子のトリアシルグリセロールは液状の油であることが多い。

トリアシルグリセロールは，エネルギーの貯蔵以外の役割も果たしている。脂肪は衝撃から器官を守るクッションとして役立つ。また，棲息する海水の温度よりも高い体温を維持する必要のある海洋哺乳動物に特にみられるように，効果的な断熱材でもある。

エネルギー貯蔵物質としての脂肪

トリアシルグリセロールのほとんどの炭素は，糖質の炭素よりもさらに還元されていることを思い出してほしい。念のためにいうと，脂肪酸のカルボキシル炭素は高度に酸化されているが，ほとんどの炭素は還元

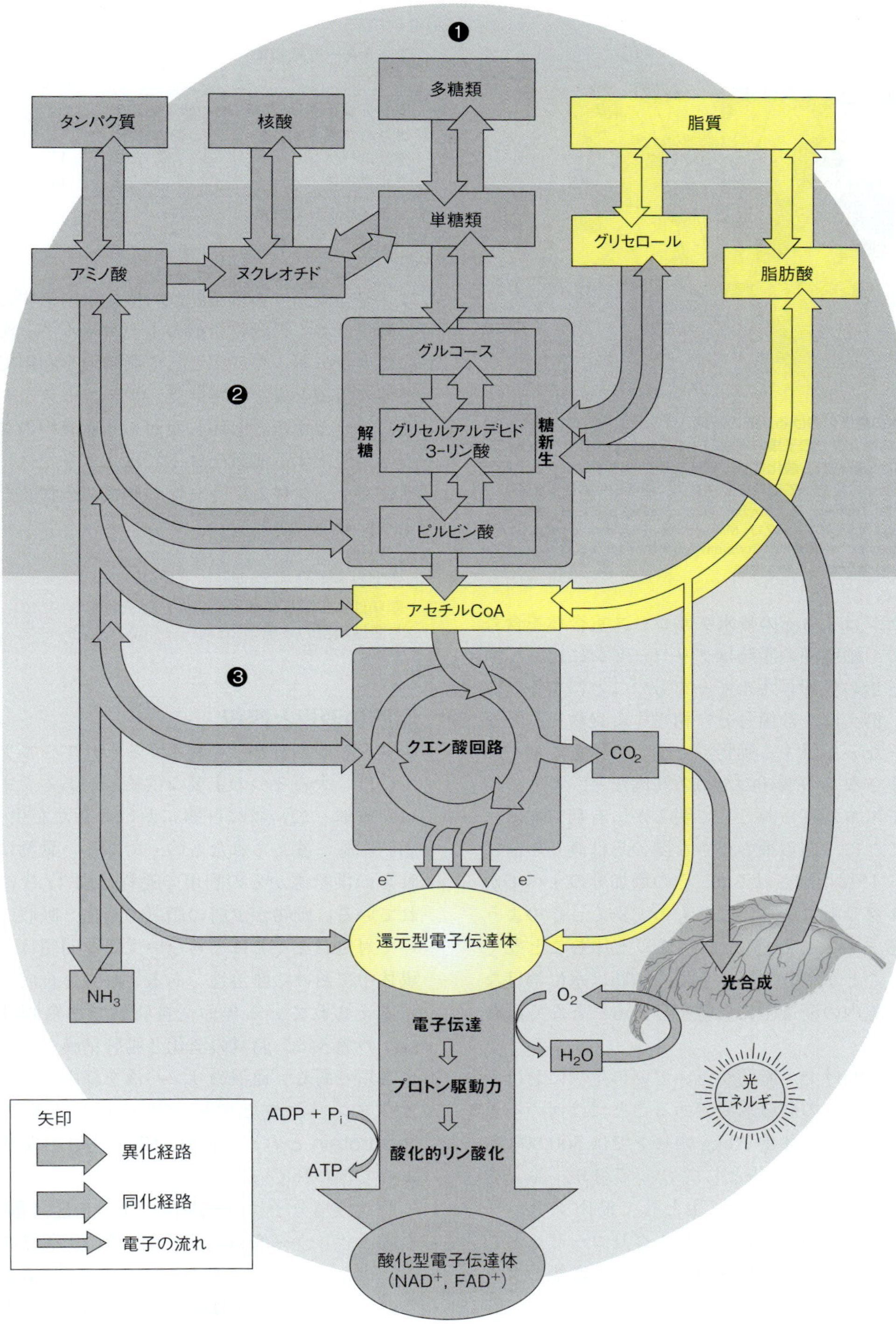

図 17.1　脂肪酸とトリアシルグリセロールの経路を強調した代謝の概観

されたメチルあるいはメチレンとして存在する。こうして，脂肪の酸化によって重量当たりでは糖質の酸化よりも多くの酸素が消費され，それに対応してより多くの代謝エネルギーが放出される。トリアシルグリセロールを完全に酸化すると 37 kJ/g 以上になるが，糖質とタンパク質では約 17 kJ/g である。脂肪と糖質の違いにはこれに加えて，グルコース重合体が親水性であるということがある。グリコーゲンは 1 g 当たり約 2 g の水を結合するのに，脂肪はきわめて非極性であり，水を含まない。このように，細胞内にある 1 g の

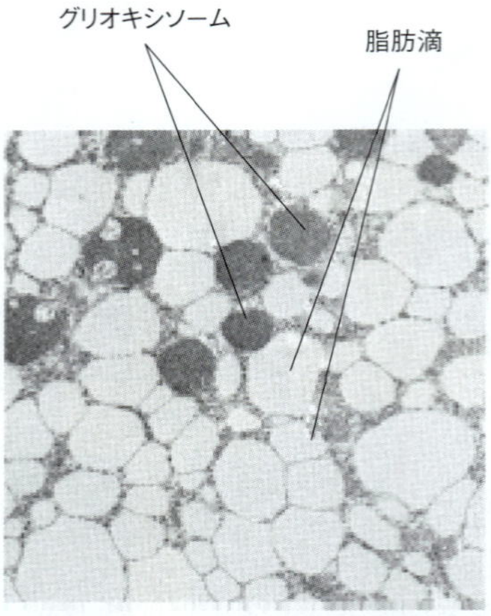

図 17.2　植物の種子における脂肪の貯蔵　電子顕微鏡写真（×6,500）は発芽後数日のキュウリの子葉の細胞の１つを示している。脂肪滴に蓄えられた脂肪は分解され，酸化され，隣接するグリオキシソーム（あるいはミクロボディ）において糖質に変換され，植物の生育を支える。
Courtesy of R. N. Trelease, P. J. Gruber, W. M. Becker, and E. H. Newcomb, *Plant Physiology*, 48：461（1971）, Microbodies（glyoxisomes and peroxisomes）in cucumber cotyledons：Correlative biochemical and ultrastructural study in light-and dark-grown seedlings.

グリコーゲンは1/3 gの無水グルコース重合体を含むだけなので，細胞内の脂肪はグリコーゲンに比べて同重量では6倍の代謝エネルギーをもつことになる。このことは，例えば，数箇月分に相当する食物を蓄えなければならない冬眠する動物や，少しの体重も増やしたくない小さな鳥の飛翔のための筋肉など，多くの場合においてエネルギー源として明らかに有利である。驚くべきことに，ある種の小さな陸の鳥は渡りの前に体重を日に15%増加させるが，その増加分のすべてがトリアシルグリセロールによるものである。そのようにしてまるまる太った鳥は60時間以上休むことなく飛び続けることができる。さらに，脂肪は水に溶けないので，細胞内の浸透圧に影響を与えることなく貯蔵可能である。

このようなわけで，脂肪がたいていの生物における主要なエネルギーの貯蔵形態であることには何の不思議もない。典型的な体重70 kgのヒトでは500,000 kJ以上の貯蔵燃料を体脂肪としてもっており，およそ100,000 kJを総タンパク質（主として筋肉タンパク質）としてもっている。対照的に，グリコーゲンとして有効なエネルギーは6,800 kJ，すべての遊離のグルコースとしては約300 kJを蓄えているにすぎない。貯蔵脂肪は食餌によって維持されている。西洋式の食事のカロリーの35〜50%が脂肪に由来している。たいていの栄養学者は，心臓血管系の健康のためにはこの値が25〜35%になることを推奨している。さらに，異化やグリコーゲンへの転化の能力を超えて摂取された糖質は，容易に脂肪に転換される。

脂肪の分解によって得られるエネルギーのほとんどは，その成分である脂肪酸の酸化に由来する。脂肪酸の酸化は多くの動物組織の主要エネルギー源である。脳は主なエネルギー源として脂肪酸を利用できない点で他の組織と異なっていて，グルコースを非常に特異的に必要とする。しかしながら，血液中のグルコース濃度が低下する飢餓条件下では，本章で後に論ずるように，ケトン体という一群の脂質関連物質を利用するように適応できる。

平均的な 70 kg のヒトのエネルギー貯蔵物質

エネルギー貯蔵物質	重量（g）	エネルギー含量（kJ/g）	全エネルギー（kJ）
トリアシルグリセロール	約15,000	37	555,000
タンパク質	約6,000	17	100,000
グリコーゲン	約400	17	6,800
グルコース	約20	17	340
全エネルギー貯蔵量			662,140

ポイント1
脂肪はより高度に還元され，水分を含まないため，重量当たりでは糖質の6倍のカロリーを含んでいる。

脂肪の消化と吸収

哺乳類が燃料として利用するトリアシルグリセロールには，次の3つの主要な供給源がある。すなわち，(1) 食餌，(2) 特に肝臓における新たな生合成，(3) 脂肪細胞に蓄えられたもの，である。動物におけるこれらの供給源からの利用の過程は図17.3にまとめられている。動物が食餌の脂質の消化，吸収，輸送において対処しなくてはならない主要な問題は，その水性媒体中における難溶性である。肝臓で合成され，胆嚢に蓄えられている界面活性物質である**胆汁酸塩 bile salt**の働きは，脂質の消化と腸管粘膜を通しての吸収に必須である。血液やリンパ液を経由する脂質の輸送は，タンパク質との複合体である**リポタンパク質 lipoprotein**という可溶性の集合体を形成することによって行われている。

胆汁酸塩分子はコール酸のような**胆汁酸 bile acid**と陽イオンからなる。胆汁酸（第19章で詳しく述べる）はコレステロールからできる。図17.4に示すように，胆汁酸塩分子は疎水性と親水性の両方の表面をもつ。この両親媒性によって胆汁酸塩は油と水の界面に位置し，疎水性の表面を非極性相に接触させ，親水性の表面を水相に接触させている。この洗剤のような作用によって脂質を乳化してミセルとし（第10章参照），水溶性の酵素による攻撃を受けやすくし，腸の粘膜細胞による脂質の吸収を促進している。ほとんどの脂肪の消化は**膵臓リパーゼ pancreatic lipase**（膵リ

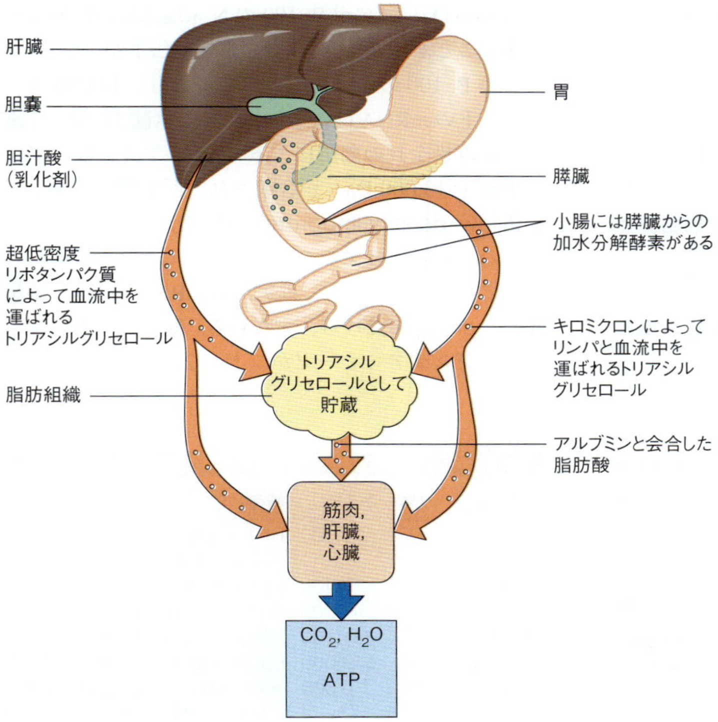

図 17.3　ヒトにおける脂肪の消化，吸収，貯蔵，動員の概観　トリアシルグリセロール（脂肪）は摂取され，肝臓で合成され，あるいは貯蔵部位から動員される。摂取されたトリアシルグリセロールは小腸の内腔で，膵臓のリパーゼや他の酵素によって加水分解される。腸管の粘膜で吸収された加水分解物はトリアシルグリセロールに再合成され，アポタンパク質と組み合わされてキロミクロンと呼ばれるリポタンパク質となる。この過程で脂質は可溶性になり，血液やリンパ液を通って輸送できるようになる。肝臓で合成されたトリアシルグリセロールは輸送のために他のアポタンパク質と組み合わされて超低密度リポタンパク質（VLDL）を形成する。リポタンパク質は末端組織に輸送され，毛細血管の内表面で加水分解される。加水分解物は細胞に入って，エネルギー生産のために異化されるか，貯蔵のためにトリアシルグリセロールに再合成される。貯蔵されたトリアシルグリセロールの動員はホルモンによって調節されている。

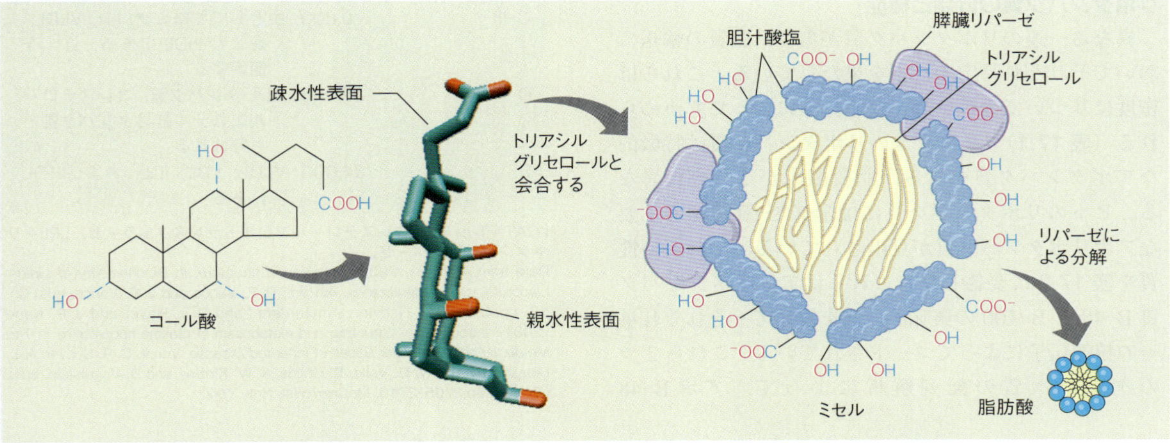

図 17.4　腸管内で脂肪を乳化する胆汁酸塩の作用　コール酸は典型的な胆汁酸で，イオン化して胆汁酸塩となる。胆汁酸塩分子の疎水性の表面はトリアシルグリセロールと会合する。そしてそのようないくつかの複合体が凝集してミセルを形成する。胆汁酸塩の極性の表面は外側を向き，ミセルが膵臓リパーゼ/コリパーゼと会合できるようにしている。この酵素の加水分解作用は脂肪酸を遊離させ，もっと小さなミセルと会合して，腸管粘膜を通って吸収されるようにする。

パーゼともいう）によって行われる。このリパーゼは油と水の界面で働く珍しい酵素で，活性にカルシウムを必要とする。加水分解される基質は非極性相にあり，もう 1 つの基質はもちろん水である。構造の研究により，膵臓リパーゼは油と水の界面においてのみ生じる分子形態の変化の結果として触媒中心が露出することが示された。膵臓リパーゼはまた，脂質表面への結合を助ける 90 アミノ酸の**コリパーゼ colipase** と 1：1 の複合体を形成して機能する。

> **ポイント 2**
> 胆汁酸塩は脂肪を乳化し，消化における加水分解を促進する。

脂肪の消化物はグリセロール，遊離脂肪酸，モノアシルグリセロール，そしてジアシルグリセロールの混合物からなる。加水分解されないトリアシルグリセロールは，はじめにあったものの 10%以下である。腸粘膜細胞を通って吸収される間に，加水分解物からのトリアシルグリセロールの再合成が活発に起こる。この再合成は粘膜細胞の小胞体とゴルジ体で起こる。トリアシルグリセロールはタンパク質と複合して，**キロミクロン chylomicron** というリポタンパク質を形成してリンパ系に現れる。キロミクロンはより極性の強い脂質とタンパク質の被膜によって覆われた脂肪滴といってよく，組織への輸送のために脂肪を分散させ，部分的な可溶化に役立っている。キロミクロンはまた，食餌から摂取されたコレステロールを輸送する入れ物でもある。

組織への脂肪の輸送：リポタンパク質

キロミクロンは血流に見られるリポタンパク質の一種である。これらの複合体は，エネルギーの貯蔵や酸化のために脂質を組織に運ぶ重要な役割を果たしている。血液中には遊離の脂質はほとんど検出できない。リポタンパク質のポリペプチド成分は**アポタンパク質 apoprotein**，あるいは**アポリポタンパク質 apolipoprotein** と呼ばれる。これらは主に肝臓で合成されるが，約20％が腸の粘膜細胞でつくられる。

リポタンパク質の分類と機能

異なる一連のリポタンパク質があり，脂質の輸送においてそれぞれ特定の役割を果たしている。これらは密度に基づいて分類され，遠心分離によっても決められる（表17.1）。各クラスのリポタンパク質は特徴的なアポタンパク質を含み，脂質組成がそれぞれ異なる。ヒトのリポタンパク質には全部で10種類の主要なアポリポタンパク質が見出されている。それらの性質を表17.2に要約した。これらはアポリポタンパク質B-48とB-100の興味深い例を除いて，それぞれ単一の核遺伝子によってコードされている。これら2つのタンパク質の配列解析によって，アポB-48（241,000 Da）はアポB-100のN末端部分の配列に一致することが示された。1つの構造遺伝子がアポB-48とアポB-100の両方をコードしており，14,000ヌクレオチドのmRNAに転写されている（図17.5）。肝臓では読み枠全長の翻訳によって4536アミノ酸のアポB-100（513,000 Da）が合成され，**低密度リポタンパク質 low-density lipoprotein（LDL）** を構築し，分泌される。腸管ではアポB-48がキロミクロンの構築のために発現する。ここではアポB mRNAは**RNA編集 RNA editing** を受ける。すなわち，腸管でのみ発現するシチジンデアミナーゼがコドン2153のシチジンを

表17.2　ヒトの血漿リポタンパク質のアポタンパク質

アポタンパク質	分子量	特徴
A-I	28,300	HDLの主要タンパク質，LCATを活性化する
A-II	17,400	HDLの主要タンパク質
A-IV	44,000	キロミクロンにある
B-48	241,100	キロミクロンだけにある
B-100	513,000	LDLの主要タンパク質
C-I	6,600	キロミクロンにある，LCATとLPLを活性化する
C-II	8,900	主としてVLDLとキロミクロンにある，LPLを活性化する
C-III	8,800	主としてキロミクロン，VLDL，およびHDLにある，LPLを阻害する
D	33,000	HDLタンパク質，コレステロールエステル転移タンパク質とも呼ばれる
E	34,000	VLDL，LDL，IDL，およびHDLにある

LCAT＝レシチン-コレステロールアシルトランスフェラーゼ，LPL＝リポタンパク質リパーゼ。

Data from A. Jonas,（2002）Lipoprotein structure. In *Biochemistry of Lipids, Lipoproteins and Membranes*, 4th ed., D. E. Vance and J. E. Vance, eds. Ch. 18, pp.483-504, Elsevier, Amsterdam；and R. J. Havel and J. P. Kane（2001）Introduction：Structure and metabolism of plasma lipoproteins in *The Metabolic and Molecular Bases of Inherited Disease*, Vol. II, C. R. Scriver, A. L. Beaudet, W. S. Sly, D. Valle, B. Childs, K. W. Kinzler, and B. Vogelstein, eds., Ch. 114, pp.2705-2716, McGraw-Hill, New York.

表17.1　主要なヒト血漿リポタンパク質の性質

	キロミクロン	VLDL	IDL	LDL	HDL
密度（g/mL）	＜0.95	0.950～1.006	1.006～1.019	1.019～1.063	1.063～1.210
直径（Å）	10^3～10^4	300～800	250～350	180～250	50～120
構成成分（％乾重量）					
タンパク質	2	8	15	22	40～55
トリアシルグリセロール	86	55	31	6	4
遊離コレステロール	2	7	7	8	4
コレステロールエステル	3	12	23	42	12～20
リン脂質	7	18	22	22	25～30
アポタンパク質の組成	A-I，A-II，A-IV，B-48，C-I，C-II，C-III，E	B-100，C-I，C-II，C-III，E	B-100，C-I，C-II，C-III，E	B-100，E	A-I，A-II，C-I，C-II，C-III，D，E

Data from A. Jonas（2002）Lipoprotein structure. In *Biochemistry of lipids, lipoproteins and membranes*, 4th ed., D. E. Vance and J. E. Vance, eds., Ch. 18, pp.483-504, Elsevier, Amsterdam；and R. J. Havel and J. P. Kane（2001）Introduction：Structure and metabolism of plasma lipoproteins. In *The Metabolic and Molecular Bases of Inherited Disease*, C. R. Scriver, A. L. Beaudet, W. S. Sly, D. Valle, B. Childs, K. W. Kinzler, and B. Vogelstein, eds., Vol. II, Ch. 114, pp.2705-2716, McGraw-Hill, New York.

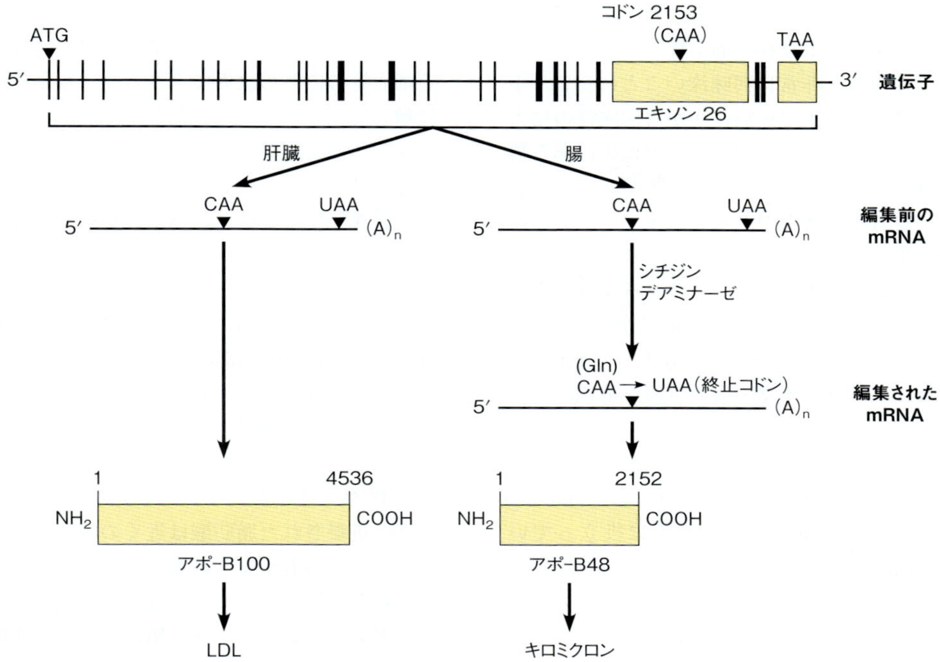

図 17.5　アポリポタンパク質 B 遺伝子転写物の RNA 編集　29 のエキソンからなるアポ B 遺伝子は，転写されると約 14,000 ヌクレオチドの転写物を生ずる。肝臓ではこの転写物から 4536 アミノ酸のアポ B-100 が生産される。腸管ではシチジンデアミナーゼが 2153 番目のコドンの C を U に変えるために，グルタミンコドンが終止コドンとなる。この編集された RNA が翻訳されると 2152 アミノ酸のアポ B-48 を生ずる。
Reprinted from *Biochimica et Biophysica Acta* (*BBA*)*-Gene Structure and Expression* 1494：1-13, A. Chester, J. Scott, S. Anant, N. Navaratnam, RNA editing：Cytidine to uridine conversion in apolipoprotein B mRNA. ©2000, with permission from Elsevier.

脱アミノ化してウリジンに変換し，もとの CAA (Gln) コドンを UAA すなわち終止コドンに変える。この編集された mRNA の翻訳によってより短いアポ B-48 が生ずる。かなり広く存在する RNA 編集の機構と制御については第 29 章で論ずる。

脂質の密度がタンパク質よりもはるかに低いために，リポタンパク質の各クラスの脂質含量は密度に逆相関している。すなわち，脂質含量が高ければ高いほど密度は低くなる。標準的なリポタンパク質の分類によると，密度の増える順にキロミクロン，**超低密度リポタンパク質 very low-density lipoprotein (VLDL)**，**中間密度リポタンパク質 intermediate-density lipoprotein (IDL)**，**低密度リポタンパク質 (LDL)**，**高密度リポタンパク質 high-density lipoprotein (HDL)** がある。ある分類方法では，2 種の HDL と，さらに少量の超高密度リポタンパク質 very high-density lipoprotein (VHDL) を区分している。

タンパク質と脂質の組成の違いにもかかわらず，すべてのリポタンパク質は共通の構造的特徴をもっていて，球状の形態が電子顕微鏡で観察される。図 17.6 に示すように，疎水性の部分，すなわち脂質と非極性アミノ酸残基が内側の核を形成し，タンパク質の親水性部分とリン脂質の極性頭部が外側に存在する。

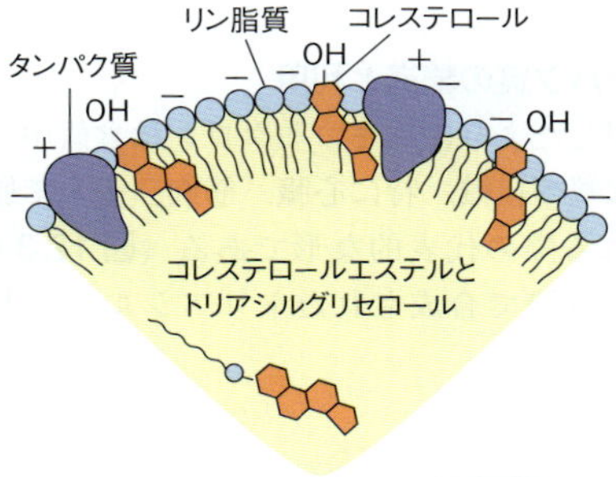

図 17.6　血漿リポタンパク質の一般的な構造　球状の粒子（一部分を図示）の内側には中性脂質があり，表層にはリン脂質，コレステロール，タンパク質がある。

ポイント 3
リポタンパク質は水性の環境を通って非極性の脂質を運ぶための，脂質-タンパク質複合体である。

いくつかのアポリポタンパク質は，ある組織から他の組織への脂質の受動的な輸送に関わるほかに，特異的な生化学的活性がある。例えば，アポ C-Ⅱは，細胞表層の糖タンパク質酵素でリポタンパク質中のトリアシルグリセロールを加水分解する**リポタンパク質リパーゼ lipoprotein lipase** の活性化因子である。ヒトにおけるアポ C-Ⅱの欠損は，血中のキロミクロンの顕著な増加とトリアシルグリセロールレベルの上昇に関係づけられている。別のアポタンパク質は，標的細胞の形質膜上の受容体に認識されることによって，それぞれのリポタンパク質を特異的な細胞に送るという役目を果たしている。非常に興味深いことに，アポEの1つの型はアルツハイマー病にかかる危険性の増大と関係づけられている。この関係づけの根底にある機構はいまだ解明されてはいないが，中年期の高い血清コレステロール濃度と後年のアルツハイマー病との間には確かな疫学的な相関があり，そしてアポEは中枢神経系において最も量の多いコレステロール輸送タンパク質である。アポEには3つの対立遺伝子の型（E2，E3，E4）があって，少なくとも1つのE4対立遺伝子の保有はアルツハイマー病の主要な遺伝的リスク要因として知られる。

食物の消化と吸収に引き続いて，リポタンパク質は，吸収後のヒトの血液100 ml当たりおよそ500 mgの全脂質を乳化した形態に維持するのに役立っている。この500 mgのうち，典型的な例では，約120 mgがトリアシルグリセロールで，220 mgがコレステロールである（2/3が脂肪酸とエステル結合していて，1/3が遊離型である）。さらに160 mgがリン脂質で，主にホスファチジルコリンとホスファチジルエタノールアミンである。実際，高脂肪の食事の後では血液中にキロミクロンが増えて，血漿がミルクのようにみえる。

リポタンパク質の輸送と利用

先に記したように，キロミクロンは食餌中の脂肪が腸から末端の組織，特に心臓，筋肉，そして脂肪組織へ送られる際の代表的な形である（図17.3参照）。VLDLは肝臓で合成されたトリアシルグリセロールの輸送で同様な役割を果たしている。これら両方のリポタンパク質のトリアシルグリセロールは末端組織の毛細血管の内側の表面でグリセロールと脂肪酸に加水分解される。この加水分解には，キロミクロンとVLDLの成分であるアポタンパク質C-Ⅱによる細胞外酵素リポタンパク質リパーゼの活性化が関わっている（図17.7）。リポタンパク質リパーゼはセリンエステラーゼファミリーの一員であり，これには膵臓リパーゼや脂肪組織からの貯蔵脂肪の制御された動員に関わる酵素である**ホルモン感受性リパーゼ hormone-sensitive lipase（HSL）**（p.643）が含まれる。このファミリーはセリン，ヒスチジン，アスパラギン酸からなる触媒三点構造（トライアッド）とアシル-酵素中間体を利用することによって特徴づけられる。これは第11章で述べたセリンプロテアーゼと同様である。一部の遊離された脂肪酸は近くの細胞に吸収され，他の部分はなおもかなり疎水性であるので血清アルブミンと複合体をつくってより遠くの細胞に輸送される。リポタンパク質リパーゼの働きで生じた脂肪酸は細胞に吸収された後，異化されてエネルギーを発生するか，脂肪細胞で再びトリアシルグリセロールを合成するのに用いられる。しかしながら，脂肪細胞はグリセロールキナーゼを欠くため，トリアシルグリセロールを再合成するためのグリセロール3-リン酸は，解糖系によって供給されなければならない。グリセロールは脂肪細胞から肝臓に戻され，糖新生系によってグルコースに再合成される。図17.8はリポタンパク質の代謝と輸送の全体像をまとめたものである。

毛細血管におけるトリアシルグリセロールの加水分解の結果として，キロミクロンとVLDLはともに代謝

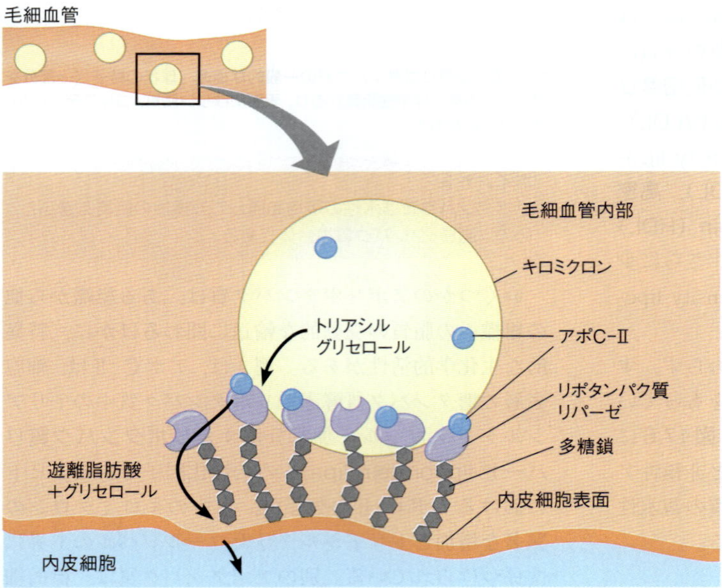

図17.7　毛細血管の内壁表面におけるキロミクロンのリポタンパク質リパーゼへの結合　キロミクロンは多糖鎖によって内皮細胞表面に係留されたリポタンパク質リパーゼによって捕捉される。アポC-IIによって活性化されると，リパーゼはキロミクロン中のトリアシルグリセロールを加水分解し，グリセロールと遊離脂肪酸が細胞に取り込まれるようにする。

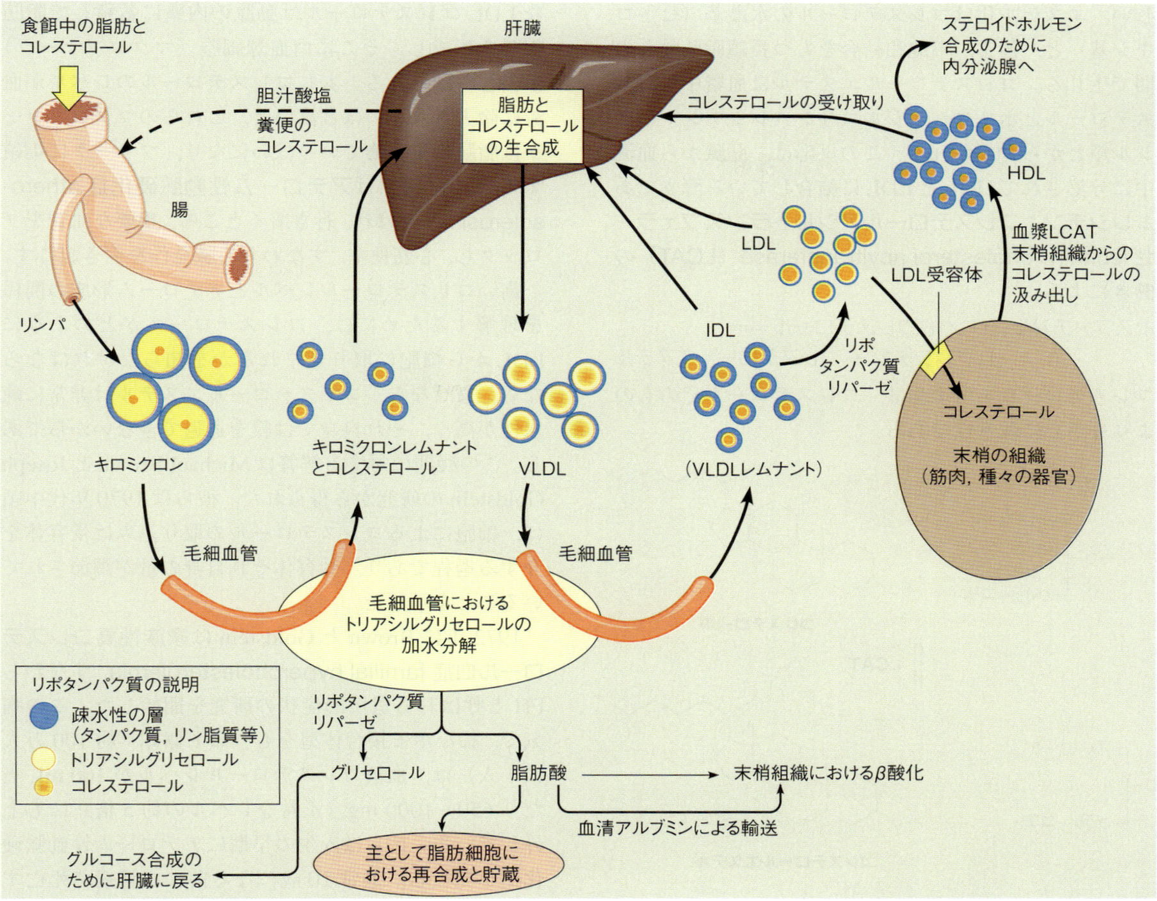

図 17.8　リポタンパク質の輸送経路と役割の概観

されてタンパク質に富むレムナントとなる。IDL というリポタンパク質は VLDL から得られ，キロミクロンは代謝されて単にキロミクロンレムナントと呼ばれるものになる。両方のクラスのレムナントは特異的な受容体との相互作用を介して肝臓に取り込まれ，肝臓のリソソームでさらに分解される。アポタンパク質 B-100 を含むリポタンパク質は，VLDL がトリグリセリドの加水分解により，IDL を経て最終的に LDL になる。次節で述べるように，LDL はコレステロールが組織に輸送される際の主要な形である。そして HDL は過剰なコレステロールが代謝ないしは排出のために組織から肝臓へ還流する際に主要な役割を果たしている。運搬装置としてのリポタンパク質の重要性は，慢性の肝硬変によって，脂肪だらけの脂肪肝となることによって明らかである。肝臓はアポリポタンパク質合成の主要な場所であるので，この器官が障害されることによって内部で合成された脂肪が末梢組織へ輸送されないために，そこに蓄積してしまう。

> **ポイント 4**
> 肝臓機能不全の主要な結果としてアポリポタンパク質を合成できず，そのために脂肪を肝臓から運び出すことができなくなる。

動物におけるコレステロールの輸送と利用

周知のとおり，心臓病を引き起こすことになる第 1 の危険因子は，血液中のコレステロール濃度の異常な上昇である。長期にわたるコレステロールの蓄積は**アテローム性動脈硬化症プラーク atherosclerotic plaque**，すなわち冠状動脈の内壁に脂肪の集積物を発達させる。

> **ポイント 5**
> 血液中のコレステロールの蓄積は，アテローム性動脈硬化症プラークの形成に関わっている。

血漿リポタンパク質中のコレステロールは，遊離のコレステロールとコレステロールエステルの両方の状態で存在するということを表 17.1 から思い出してほしい。エステル化はコレステロールの水酸基（ヒドロキシ基）と，通常，不飽和結合をもつ長鎖脂肪酸との間で生じる。コレステロールエステルは血漿中でコレステロールとホスファチジルコリン（レシチン）のアシル鎖とから合成される。この反応は，肝臓から血流中に分泌されてHDLとLDLに結合している酵素であるレシチン：コレステロールアシルトランスフェラーゼ lecithin：cholesterol acyltransferase（LCAT）の働きによる。

ホスファチジルコリン ＋ コレステロール ⇌
リゾレシチン ＋ コレステロールエステル

コレステロールエステルは，コレステロールそのものよりもさらに疎水性である。

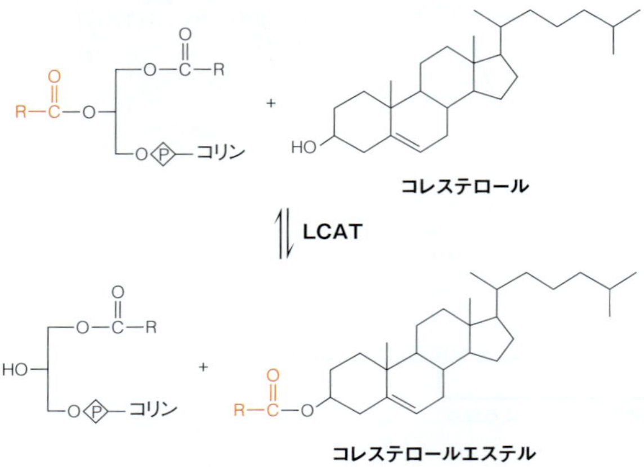

5つのリポタンパク質のクラスの中で，LDLは最もコレステロールに富んでいる。LDLに含まれるコレステロールとコレステロールエステルの量は，通常，全血漿コレステロールの約2/3である。正常な大人では，全血漿コレステロールのレベルは3.5〜6.7 mM（ヒトの血漿100 mL当たり130〜260 mgに相当し，200 mg/100 mLを超える全血漿コレステロールは心臓病の主要な危険因子である［訳注：日本では220 mg/100 mLが高コレステロール血症の基準値である］）。LDL粒子の重量の40％以上がコレステロールエステルであり，エステル化されたコレステロールと遊離のものとの合計は，全LDL重量の半分近くになる。LDL粒子は，その基本的なタンパク質成分としてアポタンパク質B-100を1分子含有している。コレステロールの生合成は，一部，腸でも行われるが，基本的には肝臓に限られているために，LDLはコレステロールを他の組織に送り届ける重要な役割を演じている。

LDL受容体とコレステロールの恒常性

コレステロールの恒常性維持の仕組みを理解することの重要性は，長期にわたる高い血漿コレステロールレベルの結果を調べることによって理解できる。過剰なLDLコレステロールは動脈の内壁に蓄積して脂肪線条を形成し，そこに白血球細胞（マクロファージ）が引きつけられる。もしコレステロールのレベルが血流に除去されないほど高いと，これらのマクロファージは脂肪の集積物でいっぱいになり，プラークに集積する。この状態は**アテローム性動脈硬化症** atherosclerosis と呼ばれ，行き着くところ，重要な血管をブロックし，心筋梗塞，すなわち心臓発作を引き起こす。

高いコレステロールレベルとアテローム形成の関係を理解するためには，コレステロールがどのようにLDLから細胞に取り込まれるかを知らなければならない。なぜなら，コレステロールエステルは非常に疎水性が高く，それ自身では膜を通過できないからである。この疑問に対する解答はMichael BrownとJoseph Goldsteinの研究から得られた。彼らは1970年代中頃に，細胞によるコレステロールの取り込みは受容体を介する過程であり，受容体それ自身の量が調節されていることを示した。

1972年にBrownとGoldsteinは**家族性高コレステロール血症** familial hypercholesterolemia，すなわちFHと呼ばれる遺伝的症状の研究を開始した。この病気で，稀なホモ接合体型をもつヒト個体（約100万人に1人）は，血清コレステロールレベルが100 mL当たり650〜1000 mg（正常なレベルの約5倍）にも上昇している。彼らは人生の早期にアテローム性動脈硬化症を発症し，通常20歳になる前に心臓病で死亡する。よりありふれたヘテロ接合体，すなわち対立遺伝子の両方でなく片方に欠陥をもつ遺伝的条件の影響を受けるヒトは，およそ500人に1人である。このような個体ではコレステロールレベルの上昇はそれほど著しくはなく，100 mL当たり350〜500 mgである。そのような人々の大部分は平均的な寿命を全うするが，30代あるいは40代に心臓発作を起こす危険性が高い。

BrownとGoldsteinの研究で決め手となったのは，彼らが細胞培養でFHの欠損表現型を示すことができたことである。FH患者からの繊維芽細胞は培養中に異常に速い速度でコレステロールを合成したが，正常な細胞は合成速度が遅かった。図17.9にこの発展性のある実験の結果を再録した。LDLの存在下で培養したとき，正常細胞ではヒドロキシメチルグルタリルCoAレダクターゼ hydroxymethylglutaryl-CoA reductase（HMG-CoAレダクターゼ。コレステロール合成における主要な制御を受ける律速酵素。第19章，p.716参照）の活性が低かった。LDLがないと，同じ細胞が約50〜100倍の高いレダクターゼ活性を示した（図17.9a）。この高い酵素活性レベルは，正常細胞にLDLを添加すると速やかに抑えられた（図17.9b）。これらの結果は，コレステロールは正常細胞では細胞

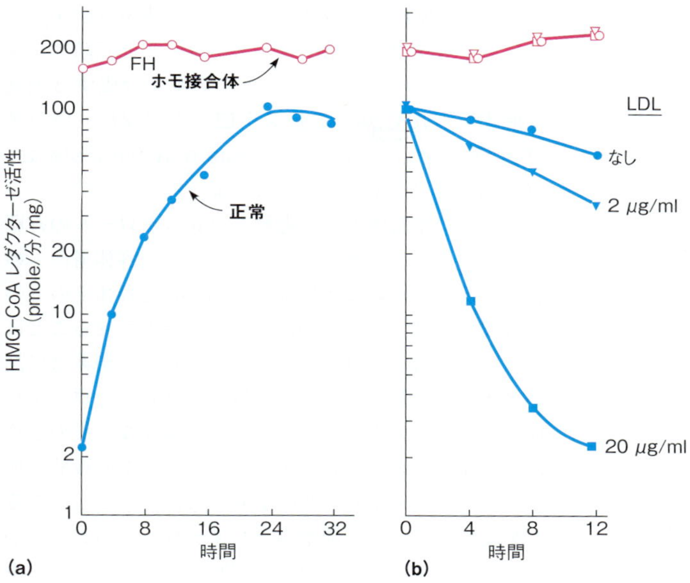

図 17.9　HMG-CoA レダクターゼ活性のフィードバック制御　正常な被験者から得られた繊維芽細胞（●）と家族性高コレステロール血症についてホモ接合体（FH ホモ接合体）の患者から得られた繊維芽細胞（○）を単層培養した。(**a**) 時間 0 のときに培地をリポタンパク質を除いた新しい培地に換え，各指定時間に細胞抽出物を調製して HMG-CoA レダクターゼの活性を測定した。(**b**) リポタンパク質を除いた培地の添加 24 時間後に，ヒト LDL を指定された濃度になるように細胞に添加してのち，HMG-CoA レダクターゼの活性を各指定時間に測定した。
Courtesy of Joseph L. Goldstein and Mike S. Brown.

内に輸送され，律速酵素の活性を制御することによってそれ自身の合成を抑えていること（フィードバック制御）を示唆している。対照的に，FH 個体からの細胞は，培養中に LDL があってもなくても高いレベルのレダクターゼ活性を示し，コレステロールを取り込む能力に欠陥があることを示唆している。

これらの観察によって，コレステロールは特異的な受容体によって細胞内に取り込まれていて，その受容体は FH 患者では欠損しているか，欠陥があると考えられた。Brown と Goldstein と共同研究者たちは，すぐにこの受容体である**LDL受容体 LDL receptor**（図 17.8 参照）の存在を示し，細胞が環境と関わる新しい機構としての**受容体介在エンドサイトーシス receptor-mediated endocytosis** を明らかにした。電子密度の高い物質で標識した LDL を細胞に結合させることによって，研究者たちは細胞表層上の LDL 受容体を可視化することができた（図 17.10）。このような実験により，受容体が集まって**被覆ピット coated pit** と呼ばれる構造をつくっていることが示された。これは一種の陥入構造で，自己分子間の相互作用によって籠状の構造を形成するタンパク質である**クラスリン clathrin** に富む（図 17.11）。

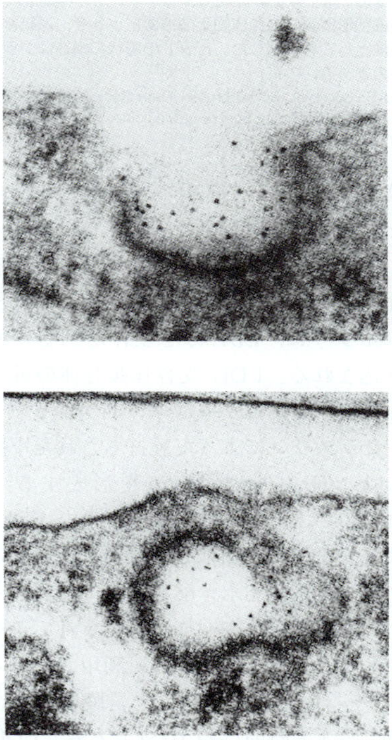

図 17.10　受容体を介した LDL のエンドサイトーシス　低密度リポタンパク質（LDL）には電子顕微鏡によってみえるようにフェリチンで標識してある。(**a**) LDL-フェリチン（黒い点）は培養ヒト繊維芽細胞（ある種の結合組織細胞）の表面の被覆ピットに結合する。(**b**) 形質膜は被覆ピットを覆うように閉じ，エンドサイトーシス小胞を形成する。
Courtesy of R. G. W. Anderson, M. S. Brown, and J. L. Goldstein.

ポイント 6
血液からのコレステロールの取り込みは，受容体介在エンドサイトーシスを経由して LDL 受容体で起こる。

エンドサイトーシス endocytosis は，細胞が細胞外の環境から大きな分子を取り込む過程である。LDL の取り込みには細胞表層の受容体が関わっているが，LDL の受容体との相互作用は，アドレナリンなどのホルモンとそれらの受容体との相互作用とは異なっている。第 12 章と第 13 章で論じたように，アドレナリン

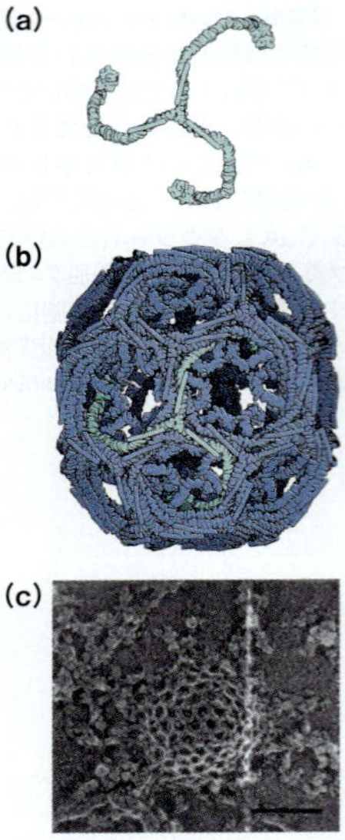

図 17.11 被覆ピットの構造 (a) クラスリン。被覆ピットの主要なタンパク質でトリスケリオン（三脚ともえ紋から命名）を形成する。集合して六角形と五角形からなる多面体の格子を形成し，(b) にみられる樽のような構造となる。**(b)** 36 個のトリスケリオンから構成されたクラスリンの樽の，電子凍結顕微鏡によるイメージの再構成。**(c)** 培養された哺乳類細胞形質膜の内側表面上の被覆ピットを，凍結割断法による電子顕微鏡像として可視化した。ピットの籠状の構造はクラスリンの格子によるものである。

(a, b) David S. Goodsell, RCSB protein Data Bank；(c) Produced by John Heuser, Washington University School of Medicine.

の形質膜上にあるその受容体への結合は細胞内の代謝の変化を引き起こすが，ホルモン自体は細胞内に入らない。対照的に受容体によるアポタンパク質 B-100 の認識を介して LDL が受容体に結合すると，図 17.12 に示されるように，LDL 分子全体が細胞に飲み込まれ，取り込まれる。LDL-受容体複合体の近くで形質膜は融合して，被覆ピットはエンドサイトーシス小胞となる。クラスリンによって裏打ちされた小胞は融合して**エンドソーム endosome** を形成する。エンドソームはそののちリソソームと融合し，LDL-受容体複合体はリソソームの加水分解酵素と接触する。LDL のアポタンパク質は加水分解されてアミノ酸となり，コレステロールエステルも加水分解されて遊離コレステロールとなる。受容体自身は再利用されて，より多くの LDL を拾い上げるために形質膜に戻る。それぞれの周回に要する時間は約 10 分である。LDL 受容体と受容体介在エンドサイトーシスの発見によって，Brown と Goldstein は 1985 年にノーベル生理学・医学賞を授与された。

遊離したコレステロールの多くは小胞体に到達し，そこで膜の合成に利用される。細胞内に入ったコレステロールは3つの制御上の影響を及ぼす。(1) 前述したように，コレステロールは HMG-CoA レダクターゼの阻害によって，そしてまたこの酵素をコードする遺伝子の転写の抑制と酵素タンパク質の分解の促進によって，細胞内のコレステロールの合成を抑制する。(2) コレステロールは，コレステロールと長鎖アシル CoA とからコレステロールエステルを合成する細胞内酵素**アシル CoA：コレステロールアシルトランスフェラーゼ acyl-CoA:cholesterol acyltransferase (ACAT)** を活性化する。これによってコレステロールエステルの脂肪滴として過剰なコレステロールの貯蔵を促進する。(3) コレステロールは，受容体遺伝子の転写を低下させることによって，LDL 受容体そのものの合成を制御する。受容体の合成を低下させることによって，細胞外のコレステロールのレベルが非常に高いときでも細胞が必要とする以上のコレステロールを取り込まないようにしている。このような制御のしくみは，なぜ過剰なコレステロールの摂取が直接的に血中コレステロールレベルの上昇をもたらすことになるかを説明している。細胞内コレステロールのレベルが巧みに制御されているので，細胞外のコレステロールは他に行き場所がなく蓄積してしまう。

ポイント 7
細胞内コレステロールは，(1) 新規コレステロールの生合成，(2) コレステロールエステルの生成とその貯蔵，(3) LDL 受容体密度を制御することにより，そのレベルが調節される。

この制御の構造から，HMG-CoA レダクターゼの阻害剤の開発が行われることになった。これは，そのような阻害剤は新規コレステロールの生合成を抑制し，細胞内コレステロールのレベルを下げるので，結果として LDL 受容体の生成を増加させ，血液中の細胞外コレステロールをより迅速に低下させることになるという仮定に基づいている。**スタチン statin** と呼ばれる HMG-CoA レダクターゼの阻害剤は全くそのとおりに作用し，現在はコレステロールレベルを下げる治療のゴールドスタンダードとなっている（これについてはさらに第 19 章で述べる）。

多くの FH 個体の研究によって，LDL 受容体とその作用について非常に詳細な図が示されている。LDL 受容体は 839 残基のポリペプチド鎖と 18 個の O 結合型糖鎖をもつ糖タンパク質である。この受容体はアポリポタンパク質 B-100 と E に特異的に結合し，また，肝臓によるキロミクロンや VLDL レムナントの取り込みにも関わっている。

遺伝子のクローン化と DNA 配列の分析によって，ヒトにおける LDL 受容体とその代謝に影響する 5 つの型の突然変異が同定された。第 1 番目の型の変異では，受容体の合成が低下する。第 2 番目は最もよくみられる変異の型で，受容体は合成されるが，細胞質膜に輸送される途中の小胞体からゴルジ体への移行が低

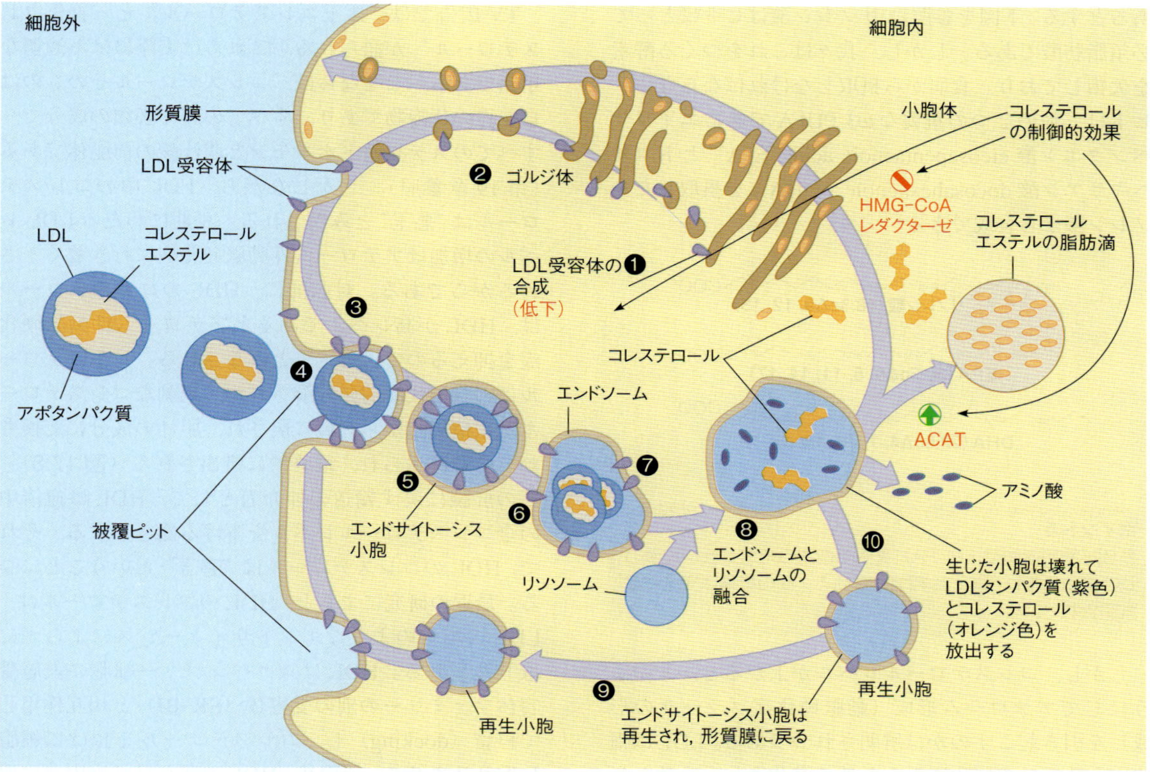

図 17.12　コレステロールの取り込みと代謝における LDL 受容体の関与　LDL 受容体は小胞体で合成され❶，ゴルジ体で成熟する❷。次いで細胞表面に移動し，そこでクラスリンに被覆されたピットに集まる❸。コレステロールエステルとアポタンパク質でできた LDL は LDL 受容体に結合し❹，エンドサイトーシス小胞に入って細胞内に入る❺。いくつかのそのような小胞が融合してエンドソームと呼ばれるオルガネラを形成する❻。エンドソーム膜にある水素イオンポンプによりエンドソーム内の pH は低下し，そのために LDL は受容体から解離する❼。エンドソームはリソソームと融合し❽，受容体を運ぶクランスリンの被覆は解離して膜に戻る❾。受容体-LDL 複合体はリソソームで分解され❿，コレステロールはさまざまな運命をたどる。コレステロールによる制御を赤で示した。ACAT＝アシル CoA：コレステロールアシルトランスフェラーゼ。

下する。第 3 番目の型の変異では，受容体は正常に合成され，修飾されて細胞表層に到達するが，LDL に結合することができない。第 4 番目の型の変異では，受容体は細胞表層に到達し，LDL に結合できるが，クラスリンで被覆されたピットに集まることができず，LDL を取り込めない。最後の変異の型では，受容体は LDL に結合し被覆ピットで LDL を取り込むこともできるが，エンドソームで LDL を放すことができず，細胞表層に戻れない。

受容体を介したエンドサイトーシスはいまや，他のリポタンパク質，細胞増殖因子，鉄結合タンパク質トランスフェリン，いくつかのビタミン，さらにウイルスなどの細胞外物質の細胞内への移行に広く利用される経路であることが知られている。

コレステロール，LDL，アテローム性動脈硬化症

主として Brown と Goldstein のおかげで，いまや我々は血清中のコレステロールレベルを調節する遺伝学的・生化学的因子に関する豊富な知識と，長期にわたる高コレステロール血症をアテローム性動脈硬化症プラークの発達に関係づける膨大な疫学的知見をもつに至っている。しかしながら，多くのことがわからないまま残されている。例えば，なぜ飽和脂肪酸の多い食餌が血清コレステロールレベルを上げるのかはわかっていない。また，なぜ **ω3（オメガ-3）脂肪酸 omega-3 fatty acid** と呼ばれる特定のクラスの多価不飽和脂肪酸 polyunsaturated fatty acid（PUFA）が血清中のコレステロールとトリアシルグリセロールのレベルを抑える傾向があるのか，不明である。しかし，栄養学者は西洋式の食事にこのクラスの脂肪酸に富む魚か魚油を加えると実際にそのような効果があることを発見している。このため，我々は赤身の肉を魚に置き換えるよう勧められている。赤身の肉は飽和脂肪酸とコレステロールの両方を多く含む傾向がある。最もよい ω3 脂肪酸はリノレン酸であり，これは 18:3cΔ9,12,15 脂肪酸である（栄養学者は生化学者とは反対の方向から番号をつけており，ω3 というのは末端のメチル基から 3 番目の炭素に二重結合があることを示している。生化学者である我々は炭素 18 個のこの分子の場合，15 番目と 16 番目の炭素の間に二重結合が

あるとする。下図を参照)。リノレン酸はヒトにとって必須脂肪酸である。しかし，我々はこれをつくる酵素を欠損しており，食餌から摂取しなければならない。ヒトは，他の2つの重要なω3 PUFAであるエイコサペンタエン酸 eicosapentaenoic acid（EPA）とドコサヘキサエン酸 docosahexaenoic（DHA）を摂取したリノレン酸から合成できる。

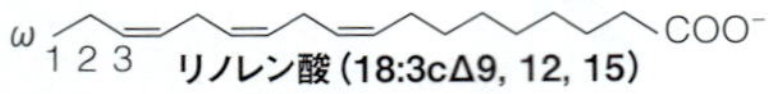

リノレン酸（18:3cΔ9, 12, 15）

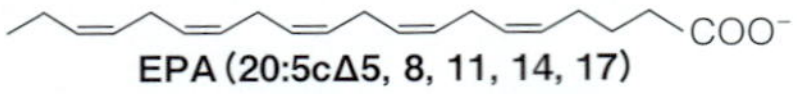

EPA（20:5cΔ5, 8, 11, 14, 17）

DHA（22:6cΔ4, 7, 10, 13, 16, 19）

> **ポイント8**
> 多価不飽和脂肪酸（PUFA）をもつ脂肪の摂取と低い血漿コレステロールレベルとは相関している。その機構は完全には解明されていない。

しかし，コレステロールレベルが上がると，どのようにしてアテローム形成（動脈硬化症プラークの形成）を引き起こすのかは解明されつつある。LDLは細胞内あるいは血漿中でかなり速く酸化され，全体として**酸化LDL oxidized LDL**と呼ばれる分子の混合物となる。それぞれの酸化反応については特定できていないが，不飽和脂肪酸の過酸化（p.596），コレステロールそのものの水酸化，アポタンパク質のアミノ酸残基の酸化が含まれる。血管壁への酸化LDLの蓄積は炎症応答を引き起こし，そこに内皮細胞が発現する接着分子によって単核球とTリンパ球が引きつけられる。それらのあるものはマクロファージに分化し，動脈の損傷部分に蓄積する脂質を取り込む。この取り込みは**スカベンジャー受容体 scavenger receptor**と呼ばれる一群の受容体を介して行われる。これらの受容体は酸化LDLに加えて多くの物質を取り込む。LDL受容体と異なり，スカベンジャー受容体はコレステロールによって抑制されない。それゆえ，これらの細胞へのコレステロールの取り込みは実質的に制限がなく，**泡沫細胞 foam cell**と呼ばれるコレステロールの詰まった細胞となる。このような変化には走化性による誘引効果があり，変化の起こった部位により多くの白血球が集まり，より多くのコレステロールが集積して，最後には，コレステロールはそのような部位に形成される動脈硬化症プラークの主要な成分の1つとなる。

> **ポイント9**
> スカベンジャー受容体による酸化LDLの取り込みは，アテローム性動脈硬化症プラーク形成の鍵となる事象である。

TV広告では“悪玉コレステロール”と“善玉コレステロール”が語られる。これらは実際には不適切な用語である。なぜならば，コレステロールそのものは自然界の代謝物であり，すべての膜で必須の成分で，すべてのステロイドホルモンと胆汁酸の前駆体である（第19章参照）。しかしながら，LDL中のコレステロールは“悪玉”とみなされる。長期にわたるLDLレベルの増加はアテローム性動脈硬化症に行き着くとされるからである。対照的に，HDLのコレステロールは，HDLが高レベルであるとアテローム性動脈硬化症を抑えるので“善玉”とみなされる。コレステロールは細胞で代謝的に分解されず，過剰なコレステロールは末梢細胞から肝臓に戻され，胆汁の成分に変換されて腸管に送られ，最終的に排出される（図17.8）。この肝臓に戻す輸送の仲介者として，HDLは血清中の全コレステロールレベルを下げる働きをする，それで，HDLのコレステロールは“善玉”ということになる。最近の研究によると，HDLのコレステロールは，LDLの場合のようなエンドサイトーシスによらずに取り込まれる。HDLはスカベンジャー細胞の表層受容体ファミリーの別の受容体（SR-BI）と相互作用して停留（docking）し，コレステロールを預けて細胞に取り込ませる。その後，HDLの残りは細胞内部に取り込まれることなく離れていく。

貯蔵脂肪の動員

一般的に，動物の脂肪を貯めておく貯蔵所の容量には実質的に限界がない。食餌から体内に入った脂肪は何であれ吸収され，そのほとんどが脂肪組織に送られて貯蔵される。この過程に抑制がないことは，人々の間で肥満が広くみられることによって哀しくも明らかである。ヒトはエネルギー供給の必要を超えて脂肪を蓄える。対照的に，脂肪組織の貯蔵所からの脂肪の放出は，生体のエネルギー生産の必要に応じてホルモンによって調節されている。

脂肪分解 lipolysisはトリアシルグリセロールの加水分解によって始まり，グリセロールと遊離脂肪酸 free fatty acid（しばしばFFAと略される）となる。その後の脂肪の酸化によって得られる約95%のエネルギーが脂肪酸に由来し，グリセロールからのものは5%にすぎない。脂肪酸のすべての炭素は，一部の奇数の炭素鎖の脂肪酸の場合を例外として，異化されて炭素原子2個の断片，アセチル補酵素A（アセチルCoA）となる。

トリアシルグリセロールに蓄えられた代謝エネルギーの利用の過程は，動物のグリコーゲンに蓄えられた糖質のエネルギーの利用の過程に比すべきものである。脂肪の分解の第1歩，グリセロールと脂肪酸への加水分解は，ホルモンによって制御されている。今では，この過程に関わる 3 つの脂肪分解酵素が知られている。それらは，ホルモン感受性リパーゼ hormone-sensitive lipase（HSL）とも呼ばれる**トリアシルグリセロールリパーゼ triacylglycerol lipase**，**脂肪細胞トリグリセリドリパーゼ adipose triglyceride lipase（ATGL）**，**モノアシルグリセロールリパーゼ monoacylglycerol lipase（MGL）**である。これら 3 つのすべての酵素はセリンエステラーゼであり，求核試薬となるセリンを用いてアシル-酵素中間体を形成し，グリセロール骨格と脂肪酸の間のエステル結合を加水分解する。HSL と MGL はそれぞれ古典的なセリン，アスパラギン酸，ヒスチジンによる触媒トライアッドをもつが，ATGL はセリンとアスパラギン酸による触媒ダイアッドをもつ。これらの酵素は同じ化学反応を触媒するが，それらの基質特異性は異なる。HSL はトリアシルグリセロール triacylglycerol（TG），ジアシルグリセロール diacylglycerol（DG），モノアシルグリセロール monoacylglycerol（MG），コレステリルエステル cholesteryl ester（CE）を分解できるが，TG や MG に対してよりも DG に対して 10 倍活性が高い。実際のところ，長い間 HSL はこの過程の唯一の酵素であると見なされてきた。この見解は，HSL を全く欠く HSL ノックアウトマウスが作出されて覆された（「生化学の道具 26A」参照）。誰もが驚いたことに，そのようなマウスは体重過重にも肥満にもならなず，なおもホルモンの刺激に応答して脂肪酸を放出することができたのである。この結果は他の TG 加水分解酵素が存在するに違いないことを示唆しており，2004 年の ATGL の発見へとつながった。ATGL は DG よりも TG に対して 10 倍高い基質特異性をもち，MG を加水分解しない。近年，ATGL ノックアウトマウスが作出された。HSL 欠損マウスと異なって ATGL ノックアウトマウスはすべての器官で過剰な TG を蓄積したが，DG のレベルは正常であった。このように，これらの 3 つの酵素はともに TG を脂肪酸とグリセロールに変換するために働く。ATGL は TG の動員の最初の段階で働いて DG と FFA を生ずる。HSL は DG を加水分解して MG と FFA を生ずる。そして，MGL は 3 番目の FFA とグリセロール骨格を遊離する（図 17.13）。

脂肪分解はどのように制御されているのだろうか？ HSL 活性はサイクリック AMP（cAMP）の関わる連鎖反応経路（カスケード）によって制御されている（図 17.14）。生理的な状態に応じて，グルカゴン，アドレナリン，副甲状腺ホルモン，甲状腺刺激ホルモンあるいは副腎皮質刺激ホルモンが形質膜上の β アドレナリン作動性受容体に結合し，第 13 章で述べたように，アデニル酸シクラーゼを活性化する。生じた cAMP は次いで，プロテインキナーゼ A protein kinase A（PKA）を，不活性な四量体 R_2C_2 から活性をもつ触媒サブユニット（C）を遊離して活性化し，PKA は脂肪細胞のいくつかの標的タンパク質をリン酸化し，脂肪の異化を促進する。HSL はリン酸化によって促進されるが，約 2 倍にすぎない。主要な促進の効果は**ペリリピン perilipin** にある。ペリリピンは脂肪細胞の脂肪滴の細胞質表層を覆うタンパク質である。通常，ペリリピンは HSL の脂肪滴への接触を妨げている。しかしながら，PKA によるペリリピンのリン酸化によって，リン酸化された HSL は脂肪滴に引き寄せられ，そこでその基質 DG に到達できる。間接的にではあるが，ATGL 活性もペリリピンによって制御されていると考えられる。加えて，ATGL はその最大の活性のためには CGI-58 という名前のタンパク質を補因子として必要とする。刺激を受けていない脂肪細胞では CGI-58 はペリリピンによって脂肪滴の上に隔離されており，ATGL を活性化できない。ホルモンの刺激と PKA 依存性のペリリピンのリン酸化によって CGI-58 はペリリピンから遊離されて，ATGL を活性化し，それを脂肪滴に送る（図 17.14）。脂肪組織では主要なホルモンの効果はストレス時にはアドレナリンによって，絶食時にはグルカゴンによって伝えられる。

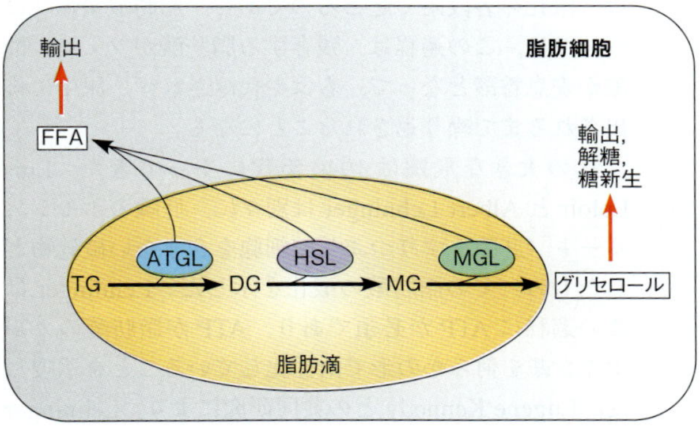

図 17.13　脂肪分解による脂肪細胞のトリアシルグリセロールの動員　3 つのリパーゼがトリアシルグリセロール（TG）を順次作用してグリセロールと遊離脂肪酸（FFA）に加水分解する。これらの酵素は脂肪滴の油-水間の境界で働く。FFA は血漿に輸出され，そこでアルブミンに結合して肝臓や他の組織に送られ，酸化される。グリセロールは血液中に放出され，肝臓細胞によって取り込まれて糖新生の基質として使われる。DG＝ジアシルグリセロール，MG＝モノアシルグリセロール，ATGL＝脂肪細胞トリグリセリドリパーゼ，HSL＝ホルモン感受性リパーゼ，MGL＝モノアシルグリセロールリパーゼ。
The Journal of Lipid Research 50：3-21, R. Zechner, P. C. Kienesberger, G. Haemmerle, R. Zimmermann, and A. Lass, Adipose triglyceride lipase and the lipolytic catabolism of cellular fat stores. Modified with permission. © 2009 The American Society for Biochemistry and Molecular Biology. All rights reserved.

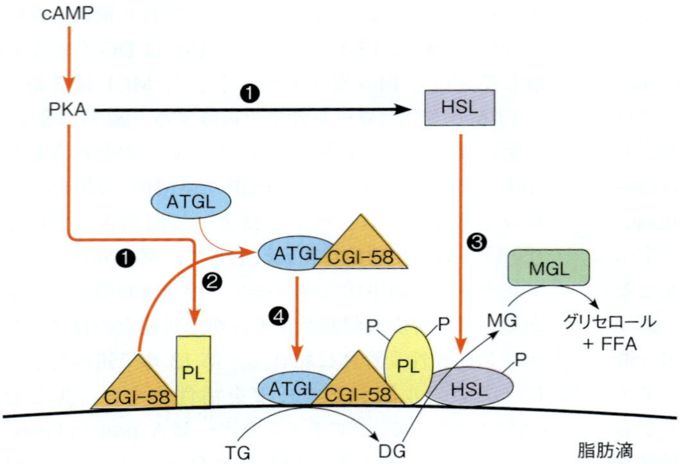

図 17.14 cAMP に媒介されたカスケード系による，脂肪細胞の脂肪分解の制御 形質膜上のβアドレナリン作動性 G タンパク質結合受容体のホルモンによる活性化によって cAMP レベルが上昇し，プロテインキナーゼ A（PKA）が活性化される。PKA はペリリピン（PL）と HSL をリン酸化する❶。CGI-58 はリン酸化されたペリリピンから解離して ATGL に結合する❷。リン酸化された HSL は脂肪滴に移行し，リン酸化されたペリリピンによって活性化される❸。リン酸化されたペリリピンは ATGL/CGI-58 複合体を脂肪滴に移行させ，ATGL を活性化する❹。活性化された ATGL は TG を DG と FFA に加水分解する。活性化された HSL は DG を MG と FFA に加水分解する。細胞質の MGL は MG を遊離のグリセロールと FFA に加水分解する。

ポイント 10
脂肪細胞における脂肪の動員は，脂肪分解酵素と脂肪滴に会合したタンパク質の，cAMP 依存性のリン酸化を介してホルモンによって制御されている。

油と水の境界において作用するリパーゼにタンパク質補因子が関わることは，かなりよくあることである。先に我々は膵臓のリパーゼがコリパーゼを必要とすること（p.633），また，リポタンパク質リパーゼがアポ C-II を最大の活性のために必要とすること（p.635）を学んだ。同様に，HSL と ATGL の作用は補因子タンパク質（それぞれペリリピンと CGI-58）に依存している。一方，MGL はいかなる補因子を必要とすることなく脂肪滴から遊離する MG を加水分解する細胞質リパーゼであるように見える。

加水分解産物である遊離脂肪酸は受動的な拡散によって脂肪細胞から血漿に出て，そこで**アルブミン albumin** に結合する。このタンパク質は最も量の多い血漿タンパク質で，ヒトの全血漿タンパク質の約 50% にもなる。分子量（M_r）66,200 で，17 のジスルフィド結合をもっている。各アルブミン分子は 10 分子までの遊離脂肪酸を結合することができるが，通常，実際に結合している脂肪酸の量ははるかに少ない。脂肪酸はアルブミンから離れ，多くは受動拡散によって組織に取り込まれる。したがって，脂肪酸の細胞への取り込みの主たる駆動力は濃度差である。血流に放出されたグリセロールのほとんどは肝細胞によって取り込まれ，糖新生の材料となってグルコースになる（図 17.8 を参照）。

脂肪酸の酸化

初期の実験

脂肪酸が酸化される経路の本質は，ドイツ人の化学者 Franz Knoop の優れた一連の実験によって，早くも 1904 年に明らかにされた。その実験は，放射性追跡標識（トレーサー）を利用できるようになる 40 年も前に，初めて代謝トレーサーを用いたものであり，霊感に導かれたというほかはない。Knoop は，末端のメチル基にフェニル基をつけた一連の脂肪酸類似体をイヌに食べさせた。これらの脂肪酸類似体が正常な脂肪酸の酸化に使われる代謝経路と同様な経路によって酸化されると期待したのである。Knoop は，与えた脂肪酸類似体が偶数の炭素鎖のものである場合，尿中に回収される最終生成物はフェニル酢酸であることを見出した。奇数の炭素鎖のものを与えると，生成物は安息香酸であった（図 17.15）。

これらの結果から，Knoop は脂肪酸が，3 位の炭素（カルボキシ基からするとβ炭素）への攻撃から始まる段階的な酸化を受けると提唱した。この攻撃によって，脂肪酸カルボキシ末端の 2 つの炭素が遊離され，残りの分子は次の酸化を受ける。2 炭素の断片の遊離は，酸化の各段階で起こるのである。脂肪酸類似体については，この過程は，残存する脂肪酸がフェニル酢酸か安息香酸となって，もはや代謝されず，尿中に排出されるまで繰り返されることになる。

次の大きな飛躍は 1940 年代にやってきた。Luis Leloir と Albert Lehninger は別々に，肝臓のホモジェネート（肝臓をすりつぶして細胞を含まない破砕物としたもの）での脂肪酸の酸化を示した。Lehninger はこの過程に ATP が必須であり，ATP が脂肪酸のカルボキシ基を何らかの形で活性化していることを示唆した。Eugene Kennedy との共同研究により，Lehninger

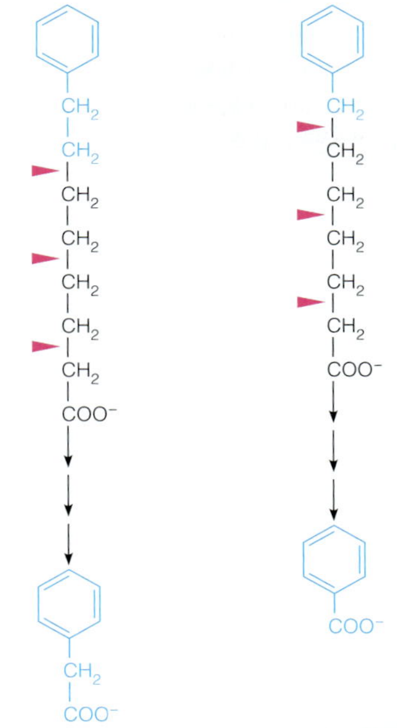

図 17.15　Knoop の実験における脂肪酸のフェニル誘導体の酸化　赤い三角印はこれらのモデル脂肪酸の推定切断位置を示す。

は，この過程はミトコンドリアで起きること，そしてクエン酸回路によって酸化される 2 炭素原子の断片を遊離することを示した。ミュンヘンでは Feodor Lynen が ATP に依存する活性化によって，脂肪酸のカルボキシ基と補酵素 A のチオール基がエステル結合すること，そしてその後，引き続く酸化反応のすべての中間体が脂肪酸アシル CoA チオエステルであることを示した。このように，1950 年代の中頃までには脂肪酸酸化経路の基本的な概要が明らかにされた。図 17.16 に示すように，この経路は，カルボキシ基の活性化，ミトコンドリアマトリックスへの輸送，そして一度に 2 炭素ずつの，カルボキシ基を含む末端からの段階的な酸化，からなる。

脂肪酸の活性化とミトコンドリアへの輸送

たいていは，脂肪酸は，生合成（本章の後のほうで論じる）に由来するにしろ，トリアシルグリセロールに由来するにしろ，あるいはまた細胞外の脂肪の蓄積場所からの脂肪酸の輸送に由来するにしろ，細胞質ゾルに現れることになる。これらの脂肪酸が酸化されるには，ミトコンドリアマトリックスに送られなければならない。ミトコンドリア内膜は遊離の長鎖の脂肪酸やアシル CoA を通さないために，特異的な輸送系の役割が必要とされる。その輸送系は β 酸化経路の開始に必要な脂肪酸の活性化と連携して働いている。

一連の脂肪酸**アシル CoA シンテターゼ acyl-CoA synthetase** には短鎖，中鎖，長鎖の脂肪酸のそれぞれに特異的なものがあり，補酵素 A との脂肪酸アシルチオエステル結合の形成を触媒する（図 17.16 上部のステップ 1 と 1′）。

$$\mathrm{R{-}COO^- + ATP + CoA{-}SH} \rightleftharpoons \mathrm{R{-}\overset{\overset{\displaystyle O}{\|}}{C}{-}S{-}CoA + AMP + PP_i}$$
$$\Delta G^{\circ\prime} \approx -15\ \mathrm{kJ/mol}$$

> **ポイント 11**
> 脂肪酸は，補酵素 A の ATP 依存性のアシル化によって活性化されてから酸化される。

長鎖脂肪酸に特異的な合成酵素は，膜結合酵素で小胞体とミトコンドリア外膜に存在している。短鎖と中鎖の脂肪酸に特異的な酵素は，主としてミトコンドリアマトリックスにある。脂肪酸の酸化の開始に主要な役割を演じている長鎖脂肪酸に特異的な酵素は，炭素数 10〜20 の脂肪酸に作用していて，中鎖脂肪酸に特異的な酵素は炭素数 4〜12 の脂肪酸に，短鎖脂肪酸に特異的な酵素は酢酸やプロピオン酸に特異的に働く。

化学的には，長鎖脂肪酸アシル CoA のエネルギーに富むチオエステル結合はアセチル CoA と同等のものである（第 14 章参照）。ピルビン酸デヒドロゲナーゼの反応で，ピルビン酸の酸化がアセチル CoA 形成のエネルギーを供給していることを思い出してほしい。一方で，アシル CoA シンテターゼは，吸エルゴン反応であるチオエステル形成を推進するために ATP の分解が関わる 2 段階の機構を用いる（図 17.17）。最初は ATP によるピロリン酸の遊離を伴うカルボキシ基の活性化であり，**脂肪酸アシル化アデニル酸 fatty acyl adenylate** を生ずる。ついで，活性化されたカルボキシ基は CoA の求核的なチオール基による攻撃を受け，それによって AMP が置き換えられて脂肪酸アシル CoA 誘導体が形成される。タンパク質合成の際に，アミノ酸のカルボキシ基は非常によく似たやり方で活性化される。

それぞれの脂肪酸アシル CoA は，ATP そのものと同様にエネルギーに富む物質である（加水分解の $\Delta G^{\circ\prime}$ は約 −30 kJ/mol）が，ATP の AMP への分解（$\Delta G^{\circ\prime}$ は約 −45.6 kJ/mol）が脂肪酸アシル CoA の形成の推進力となっている。ほとんどの細胞にある活発なピロホスファターゼのために，この反応は不可逆的といってよい。

$$\mathrm{PP_i + H_2O \rightleftharpoons 2\,P_i} \qquad \Delta G^{\circ\prime} = -19.2\ \mathrm{kJ/mol}$$

このように，全体の反応（先の 2 つの反応を合わせた

図 17.16　脂肪酸酸化経路の概観

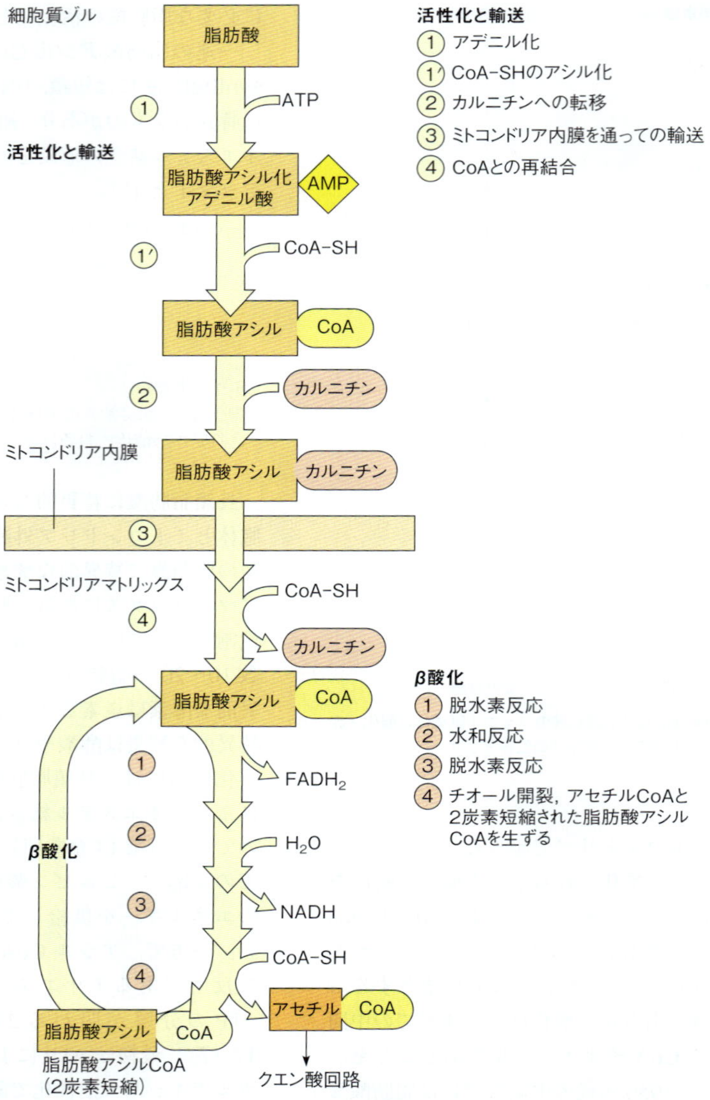

もの）は，正味の $\Delta G^{\circ\prime}$ が約－35 kJ/mol で，完了の方向に進行する。

脂肪酸アシル CoA はミトコンドリア外膜の上で形成される。そのため，脂肪酸アシル CoA が酸化されるためには，ミトコンドリアの内膜を通って移動しなければならない。この移動には，脂肪酸アシル部分の**カルニチン carnitine** と呼ばれるキャリヤーへの転移が関わっている（図 17.16 の上部，ステップ 2）。この反応は，ミトコンドリア外膜に埋まっていて活性部位が細胞質に面している**カルニチンアシルトランスフェラーゼⅠ carnitine acyltransferaseⅠ**（**カルニチンパルミトイルトランスフェラーゼⅠ carnitine palmitoyltransferaseⅠ** あるいは **CPTⅠ** とも呼ばれる）によって行われる。CPT I によって生ずる誘導体，**脂肪酸アシルカルニチン fatty acyl-carnitine** は特異的な輸送酵素，カルニチン-アシルカルニチントランスロカーゼ（転位酵素）を介してミトコンドリアの内膜を通過する（図 17.18 および，図 17.16 の上部，ステップ 3）。2 番目の酵素，**カルニチンアシルトランスフェラーゼⅡ carnitine acyltransferaseⅡ**（**カルニチンパルミトイルトランスフェラーゼⅡ** あるいは **CPTⅡ**）はミトコンドリア内膜のマトリックス側にゆるく結合し，脂肪酸アシルカルニチンからカルニチンを遊離して転移過程を完了し，ミトコンドリアマトリックス中にアシル CoA を生じる（図 17.16 上部，ステップ4）。内膜のトランスロカーゼはアシルカルニチンと遊離のカルニチンを可逆的に交換する対向輸送体である。このように，ミトコンドリアマトリックスで生じた遊離カルニチンは，トランスロカーゼを介して膜間隙に戻り，それから外膜の穴を通って細胞質に移動する。脂肪酸アシルカルニチンは普通のエステル化合物であるが，これらのエステル結合はカルニチンアシルトランスフェラーゼの容易に逆行する反応に示されるように，いくぶん活性化されている。

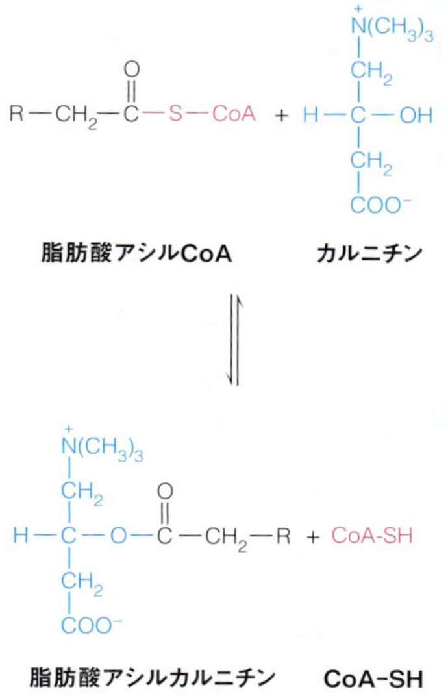

ポイント 12
脂肪酸の酸化のために，カルニチンはアシル CoA をミトコンドリア内に輸送する。

このかなり複雑な往復輸送の意味するところは何であろうか？　おそらく，同じ細胞の中で脂肪酸の酸化と再合成が同時に行われることによる無駄な分解と合成の循環が生じないように，脂肪酸の酸化を制御しているのであろう。カルニチンアシルトランスフェラーゼ I は，脂肪酸合成の経路特有の最初の中間体である**マロニル CoA malonyl-CoA**（p.659）によって強く阻害される（CPT II はマロニル CoA に非感受性であ

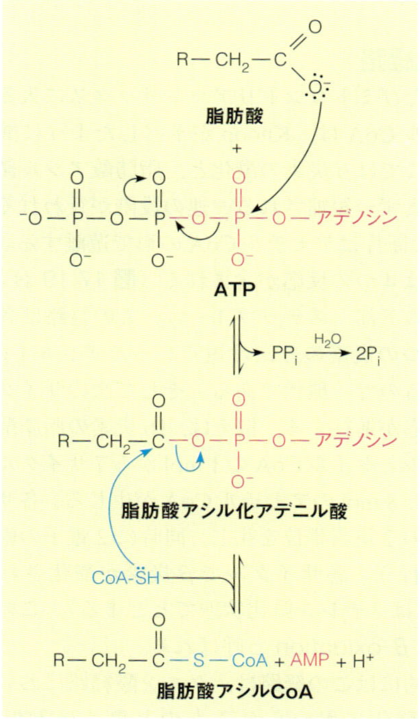

図 17.17　脂肪酸アシル CoA シンテターゼ反応の機構　図は活性化された脂肪酸である脂肪酸アシル化アデニル酸の可逆的な形成，活性化されたカルボキシ基に対する CoA-SH のチオール硫黄による求核的攻撃，そしてピロホスファターゼ反応を示す。この擬似的に不可逆であるホスファターゼ反応は，全体の反応を脂肪酸アシル CoA の生成に向かわせる。

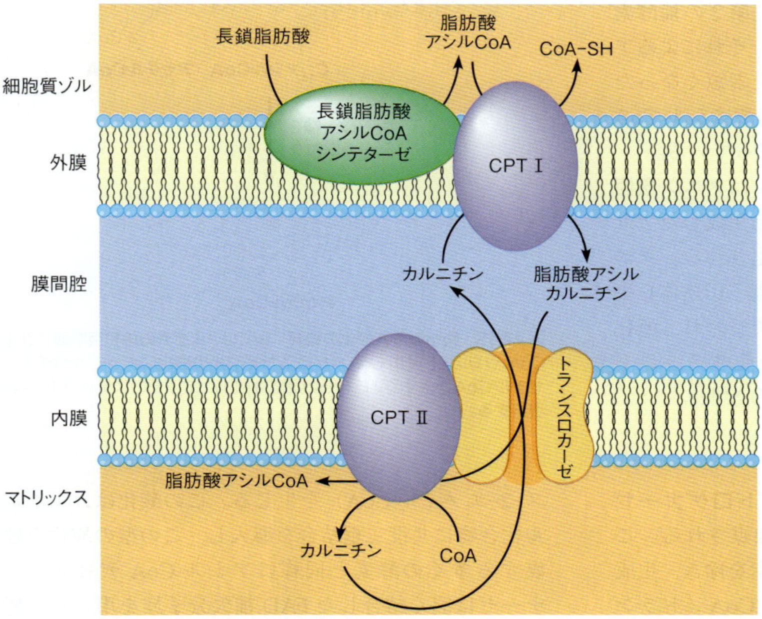

図 17.18　脂肪酸アシル CoA のミトコンドリアへの輸送に働くカルニチンアシルトランスフェラーゼシステム

る）。実際，脂肪酸のミトコンドリアへの移入は β 酸化を律速しており，制御の第 1 のポイントである。このようにして，脂肪酸合成が望ましい細胞の条件下では，細胞内の酸化を行う場所への脂肪酸アシル基の転移が妨げられ，それによってその酸化が抑えられる。

β 酸化経路

ひとたびミトコンドリアマトリックスに入ると脂肪酸アシル CoA は，Knoop が予言したように酸化される。そこでは β 炭素の酸化と，脂肪酸アシル鎖が一度に 2 炭素ずつ短縮される一連の段階が行われる。その 2 炭素の断片はアセチル CoA の形で遊離する。各サイクルには 4 つの反応が含まれる（図 17.19 および，図 17.16 の下部，ステップ 1〜4）。この経路は各サイクルで 2 つの炭素の分だけ短くなったアシル CoA が形成されるので，環状である。そして次のサイクルでも同じ反応が進行する。例えば，16 炭素の脂肪酸に由来するパルミトイル CoA の 1 mol から 7 サイクルの酸化によって 8 mol のアセチル CoA が生じる。各サイクルは 1 つの 2 炭素単位を生じ，同時に 2 電子の酸化還元反応を行う。各サイクルで β 炭素が酸化されるので（α 炭素はメチレン酸化状態でとどまる），この経路は **β 酸化 β-oxidation** と呼ばれる。

機構的にはこの経路は，クエン酸経路においてコハク酸の酸化に用いられるものと驚くほど似ている（p.532，図 14.3 参照）。図 17.19 に示されるように，飽和脂肪酸アシル CoA の酸化における各サイクルでは，次の反応が行われる。（1）エノイル誘導体を生じる脱水素反応。（2）（1）で生じた二重結合の水和化。β 炭素が水酸化されることになる。（3）水酸基の脱水素反応（ケトンが生ずる酸化）。（4）第 2 の補酵素 A 分子の β 炭素への攻撃による切断と，それによるアセチル CoA とはじめの基質よりも 2 炭素短くなった脂肪酸アシル CoA の遊離。不飽和脂肪酸アシル CoA の酸化は，p.652 で論じるように少し違っている。

β 酸化によって生じたアセチル CoA はクエン酸回路に入り，そこでピルビン酸の酸化から生成したアセチル CoA と同じように CO_2 にまで酸化される。クエン酸回路のように β 酸化は還元された電子伝達体を生成する。その再酸化はミトコンドリアで行われ，酸化的リン酸化によって ADP から ATP を生ずる。以下に，個々の反応を詳しく示す（図 17.19 参照）。

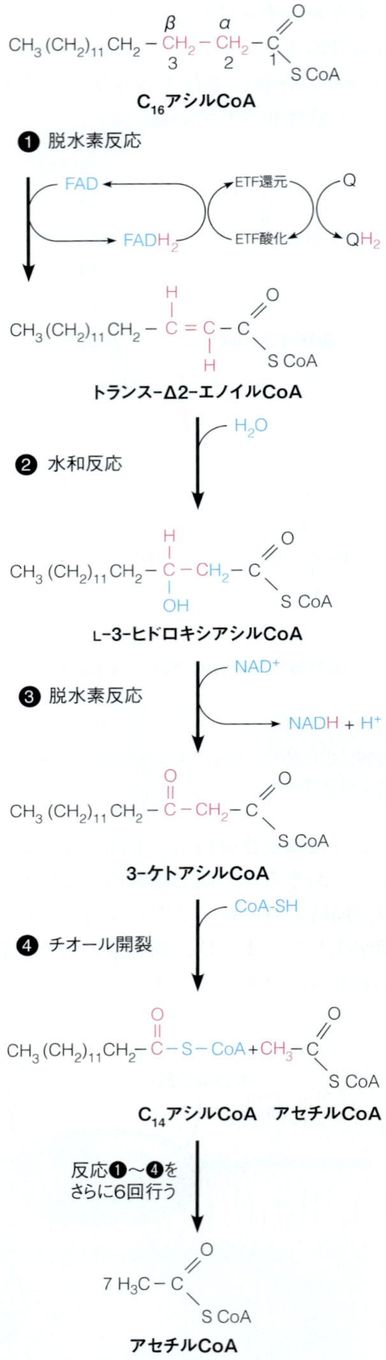

図 17.19　脂肪酸の β 酸化の概要　図では 16 炭素の飽和脂肪酸アシル CoA（パルミトイル CoA）から 7 サイクルの酸化によって 8 分子のアセチル CoA が生ずる。これらの反応は図 17.16 下部のステップ 1〜4 に相当する。

反応 1：はじめの脱水素反応

第 1 番目の反応は**アシル CoA デヒドロゲナーゼ acyl-CoA dehydrogenase** によって触媒される。この酵素は α 炭素と β 炭素から 2 個の水素を除き，生成物としてトランス α，β 不飽和アシル CoA（トランス-2-エノイル CoA）を生じる。この酸化はカルボニル化合物に共役二重結合を導入し，この型の酸化を触媒する多くの酵素と同様にアシル CoA デヒドロゲナーゼは固く結合した FAD 補欠分子族を用いる。酵

素は最初に α 炭素から酸性の *pro*–R 水素を引き抜いてチオエステルエノラートを生ずる。次いで β 炭素の *pro*–R 水素は水素化物相当物として FAD に転移され，トランス二重結合と酵素に結合した $FADH_2$ とを生ずる。

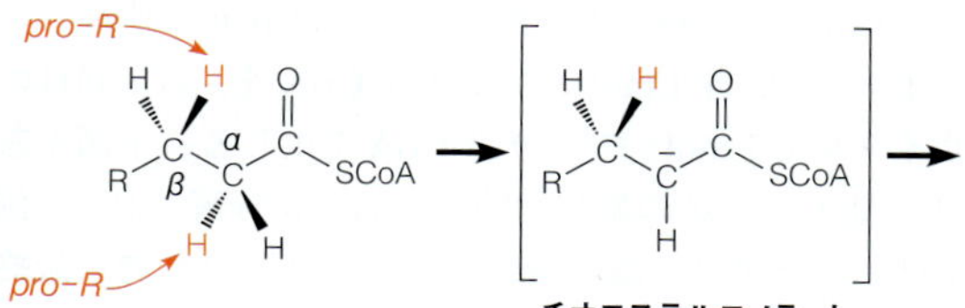

チオエステルエノラート

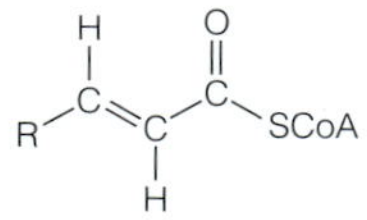

図 17.20 に示すように，酵素に結合した $FADH_2$ から，1 対の電子が往復輸送（シャトル）タンパク質である**電子伝達フラビンタンパク質 electron-transferring flavoprotein（ETF）**に渡される。これらの電子は，次いで，膜に組み込まれた酵素である ETF-Q オキシドレダクターゼを介して補酵素 Q に受け渡される。それから呼吸鎖に沿って伝達され，酸化的リン酸化によって ATP を生ずる。この補酵素 Q への電子の伝達という点において，ETF-Q オキシドレダクターゼは NADH デヒドロゲナーゼやコハク酸デヒドロゲナーゼに比すべきものである。これら 3 種の酵素はみなフラビンタンパク質で，電子を可動的な電子伝達体である補酵素 Q に伝達する（図 15.13 参照，p.572）。

反応 2 と 3：水和反応と脱水素反応

コハク酸の酸化のように，はじめの FAD 依存性の脂肪酸アシル CoA の酸化のあとに，水和化と NAD^+ 依存性の脱水素反応が続く。β 酸化ではそれぞれ，**エノイル CoA ヒドラターゼ enoyl-CoA hydratase** と **L-3-ヒドロキシアシル CoA デヒドロゲナーゼ L-3-hydroxyacyl-CoA dehydrogenase** によって触媒される（図 17.19）。両反応はともに基質の立体構造に特異的である。3 位の炭素はカルボキシ基の炭素からすると β 位であるので，これらの 2 反応の生産物はともに，それぞれ L-β ヒドロキシアシル CoA および β ケトアシル CoA と呼ばれる。それで “β 酸化” という名称になった。

反応 4：チオール開裂

β 酸化経路で繰り返される各反応の第 4 番目の，そして最後の反応では，3-ケトアシル CoA の電子の密度の低いケト（β）炭素に対する，補酵素 A の求核的なチオール硫黄による攻撃によって α—β 結合が開裂し，アセチル CoA が遊離する。他の反応産物は短くなった脂肪酸アシル CoA で，新しい酸化サイクルに入る。

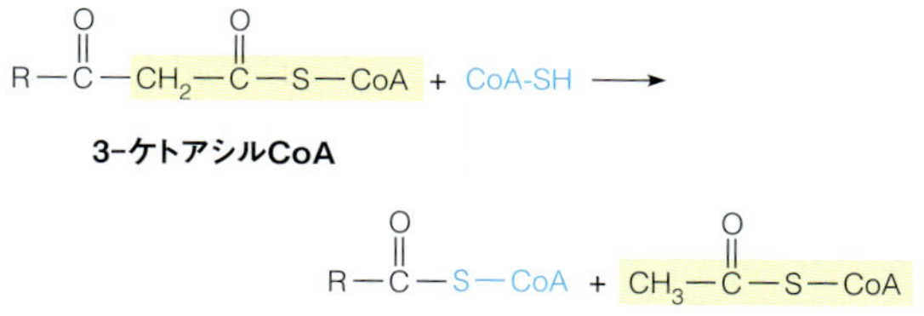

3-ケトアシルCoA　**アシルCoA**　**アセチルCoA**

> **ポイント 13**
> 脂肪酸は，脱水素反応，加水反応，2 度目の脱水素反応，チオール開裂のサイクルを繰り返して酸化される。各サイクルではアセチル CoA と，サイクル開始時のアシル CoA よりも 2 炭素短くなった脂肪酸アシル CoA を生じる。

この反応はチオールによる切断を行うので，水による開裂を行う加水分解の例にならって，**チオール開裂 thiolytic cleavage** と呼ばれる。酵素は通常 **β ケトチ**

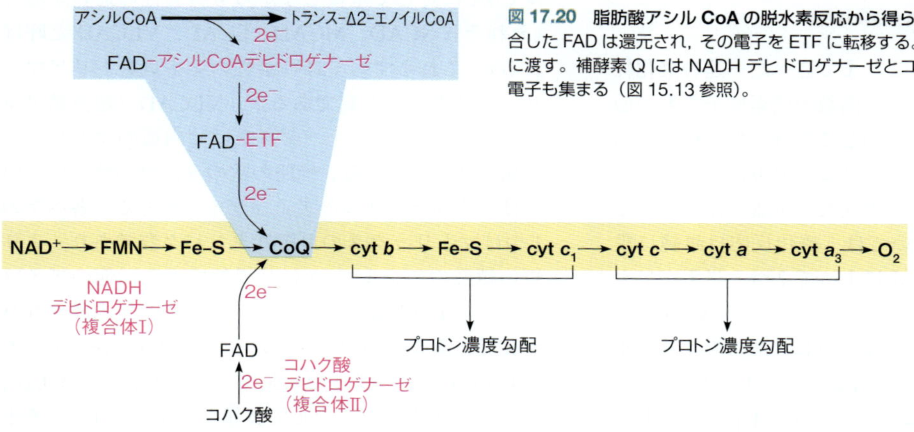

図 17.20　脂肪酸アシル CoA の脱水素反応から得られた還元当量の運命　酵素に結合した FAD は還元され，その電子を ETF に転移する。次いで ETF は電子を補酵素 Q に渡す。補酵素 Q には NADH デヒドロゲナーゼとコハク酸デヒドロゲナーゼからの電子も集まる（図 15.13 参照）。

オラーゼ β-ketothiolase あるいは単にチオラーゼ thiolase と呼ばれる。酵素上の枢要なシステイン残基の求核的なチオール基（E–SH）が基質を攻撃し，逆 Claisen 反応（第 12 章，p.433 参照）によってアシル酵素中間体とアセチル CoA を形成する。次いで遊離の CoA–SH が求核的なアシル基置換反応で中間体を攻撃する（下図参照）。

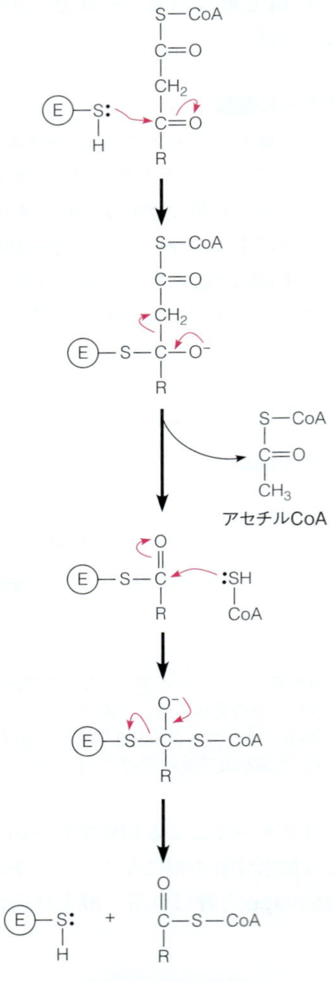

チオール開裂の機構

先に指摘したように，これまで述べた一連の酸化経路によって，最も量の多い，偶数の炭素原子をもつ飽和脂肪酸を酸化できる。今のところは，他の種類の脂肪酸の酸化もこの経路の変形によって可能であることを指摘しておこう。飽和した偶数の炭素の鎖からなる脂肪酸アシル CoA については，酸化反応は単純に段階的に進行し，各サイクルによって 2 つの炭素がアセチル CoA として失われる。C_{16}パルミトイル CoA については，図 17.19 に例示するように，最初のサイクルによってアセチル CoA と C_{14}ミリストイル CoA を得る。第 2 のサイクルでは，基質となる C_{14}ミリストイル CoA に作用し，アセチル CoA と C_{12}ラウロイル CoA を得る。最後の第 7 回目のサイクルでは，3-ヒドロキシアシル CoA デヒドロゲナーゼ反応によって，アセトアセチル CoA を得る。この基質のチオール開裂によって 2 mol のアセチル CoA を生じる。こうして，1 mol のパルミチン酸の酸化では 6 回の連続したサイクルで，各 1 mol のアセチル CoA を，第 7 回目のサイクルで 2 mol のアセチル CoA を生じる（下図を参照）。他の偶数鎖の飽和脂肪酸も同様に分解される。例えば，ステアリン酸の酸化は 8 回のサイクルで，最終サイクルで 2 分子のアセチル CoA を生じる。

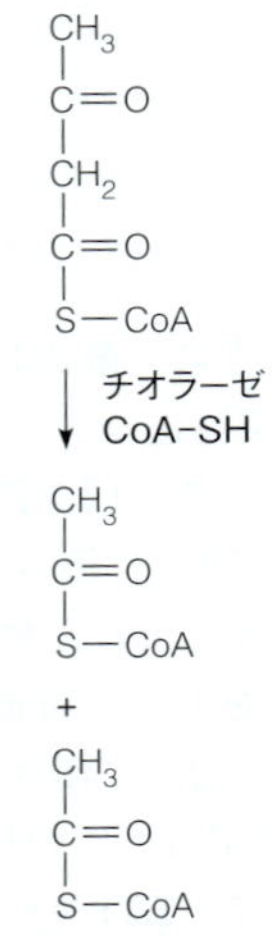

最後の
チオール開裂

ミトコンドリアのβ酸化では複数のアイソザイムが関わる

哺乳類のミトコンドリアは，β 酸化経路のいくつかの段階について複数のアイソザイムをもっている。アシル CoA デヒドロゲナーゼの 4 つのアイソザイムは，短鎖（short chain），中鎖（medium chain），長鎖（long chain），超長鎖（very long chain）の脂肪酸アシル CoA に対して重複しながらも特異性の違いがある（それぞれ SCAD，MCAD，LCAD，VLCAD と呼ばれる）。これらすべては可溶性のミトコンドリアマトリックスタンパク質であるが，VLCAD（超長鎖アシル CoA デヒドロゲナーゼ）だけは内膜のマトリックス側に結合している。経路の次の 3 段階の酵素については，それぞれ 2 つのアイソザイムがある。各ペアの 1 つはマトリックスの可溶性タンパク質であり，より短い鎖長のアシル CoA に特異的である。他のアイソザイムはより長鎖の基質に特異的であり，内膜タンパク質であることが知られている。1992 年，長鎖エノイル CoA デヒドラターゼ，長鎖ヒドロキシアシル CoA デヒドロゲナーゼ，そして長鎖ケトアシル CoA チオラーゼの活性をもつ，大きなタンパク質がラットとヒトの内膜から精製された。この 460,000 Da のタンパク質は $\alpha_4\beta_4$ の八量体であり，β 酸化サイクルの後の 3 段階を触媒する。そこでミトコンドリアの三機能酵素 mitochodrial trifunctional protein（MTP）と名づけられた。1 つの仮説として，いまだ証明されていないが，ミトコンドリアマトリックスに入るに際して長鎖脂肪酸アシル CoA は最初に VLCAD と MTP によって代謝され，膜結合酵素による数ラウンドの β 酸化ののちに，短くなったアシル CoA 基質が可溶性アイソザイムに手渡され，経路の最後まで進むことが考えられる。

ミトコンドリアの脂肪酸酸化の異常を伴う多くのヒトの疾患が伝えられており，それらにはカルニチンアシルトランスフェラーゼ系や β 酸化酵素における遺伝的欠陥も含まれている。中鎖アシル CoA デヒドロゲナーゼ（MCAD）の欠損は脂肪酸代謝で最もよくある疾患で，15,000 人に 1 人の頻度で存在し，乳幼児突然死症候群 sudden infant death syndrome（SIDS）の一部の症例に関係づけられてきた。2 つの異なる疾患がミトコンドリアの三機能タンパク質の異常を伴う。突然変異の性質によって，長鎖ヒドロキシアシル CoA デヒドロゲナーゼ（LCHAD）のみの欠損か，3 つの酵素活性が低下する MTP 全体の欠損のどちらかである。脂肪酸酸化の疾患をもつ子供たちは，生まれて 1 年以内に脂肪肝（脂肪症），脂肪酸代謝中間体の高い血中濃度，低血糖症を繰り返し発症する。また，骨格筋と心筋の筋障害を示すこともある。発症は，糖質から脂質への燃料の切り替えの制御を行う調節機構の結果としての絶食によって誘導される（これについては後に詳しく述べる）。そこで，治療としては絶食を避け，低脂肪で高炭水化物の食事を与える。質量分析の進歩（「生化学の道具 12B」参照）によって少量の血液を用いての新生児の検査が可能となり，症状が現れる前に病気をもつ乳幼児を発見できるようになっている。これらの多くの病気は比較的簡単な食事療法で対処できるため，このことは重要である。

脂肪酸酸化のエネルギー収量

これまでのことから，パルミトイル CoA の完全な分解によって，8 mol のアセチル CoA が生成する反応式を書くことができる。

$$\text{パルミトイル CoA} + 7\text{CoA-SH} + 7\text{FAD} + 7\text{NAD}^+ + 7\text{H}_2\text{O} \rightarrow 8\,\text{アセチル CoA} + 7\text{FADH}_2 + 7\text{NADH} + 7\text{H}^+$$

それぞれの生成物は，糖質の酸化について先に論じたのと全く同様に代謝される。アセチル CoA はクエン酸回路によって異化され，$FADH_2$ と NADH は，それぞれ ETF（p.649）と複合体 I を介して，呼吸鎖に電子を伝達する。このように，ADP から合成される ATP のモル数によって，脂肪酸の酸化からの代謝的エネルギー収量を容易に計算できる。第 15 章で述べたように，フラビンタンパク質と NADH の酸化における P/O 比はそれぞれ約 1.5 と約 2.5 であり，クエン酸回路を 1 周するアセチル CoA の酸化によって 10 個の ATP が生じる。以下の計算によってパルミチン酸を例としての全エネルギー収量を示す。

反応	ATP 収量
パルミチン酸のパルミトイル CoA への活性化	−2
8 個のアセチル CoA の酸化	8 × 10 = 80
7 個の $FADH_2$ の酸化	7 × 1.5 = 10.5
7 個の NADH の酸化	7 × 2.5 = 17.5
正味：パルミチン酸 ⟶ CO_2 + H_2O	106

これから，CO_2 に酸化された炭素当たりの ATP の収量を，106/16，すなわち約 6.6 と計算できる。グルコースの対応する値は 5～5.3 である（6 個の炭素の酸化により 30～32 個の ATP がつくられる）。このことから，脂肪の酸化によって得られるエネルギー収量は，還元の程度が高くない糖質の酸化に比べて，重量当たりでも（p.437 参照）モル当たりでも高い。

不飽和脂肪酸の酸化

第 10 章で述べたように，自然界にある脂質中の多くの脂肪酸は不飽和化されている。すなわち，それらは 1 個以上の二重結合を含んでいる（p.322，表 10.1 参照）。これらの二重結合はシス配置であるので，トランス化合物にのみ働くエノイル CoA ヒドラターゼは作用しない。不飽和脂肪酸が酸化されるためには，さらに 2 つの酵素，**エノイル CoA イソメラーゼ enoyl-CoA isomerase** と **2,4-ジエノイル CoA レダクターゼ 2,4-dienoyl-CoA reductase** が働く必要がある。イソメラーゼは，シス二重結合を 9 位と 10 位の炭素の間に 1 つもつ 18 炭素 Δ9 化合物であるオレイン酸のような脂肪酸（一価不飽和脂肪酸）に働く。オレイン酸は活性化され，ミトコンドリアに運ばれる。そこで，飽和脂肪酸とちょうど同じように 3 サイクルの β 酸化を受ける。第 3 番目のサイクルの生成物は，3 位と 4 位の炭素の間にシス二重結合をもつ 12 炭素の脂肪酸の CoA エステルである。この二重結合は（エノイル CoA ヒドラターゼによる）水和反応にとっては具合の悪い配置であるだけでなく，具合の悪い位置にある。エノイル CoA イソメラーゼは，このシス-3-エノイル CoA を対応するトランス-2-エノイル CoA に変換する。このトランス-2-化合物はエノイル CoA ヒドラターゼの基質となる（次ページ左段の図参照）。この水和反応とその後に続くすべての反応は，すでに述べた飽和脂肪酸に対するものと同一である。

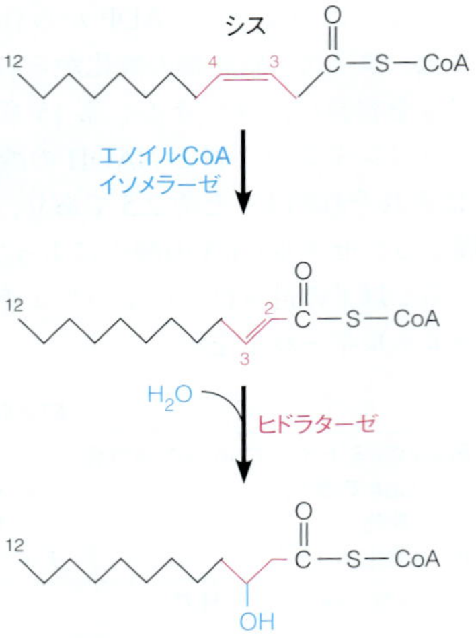

ポイント14
2つの酵素，エノイル CoA イソメラーゼと 2,4-ジエノイル CoA レダクターゼが不飽和脂肪酸の酸化に必須な役割をする。

他の補助的酵素 2,4-ジエノイル CoA レダクターゼは，リノール酸（18:2cΔ9,12）のような多価不飽和脂肪酸の酸化に働く。この 18 炭素の脂肪酸は 9 位と 10 位の炭素の間と 12 位と 13 位の炭素の間にシス二重結合をもつ。図 17.21 に示すように，リノレイル CoA はちょうどオレオイル CoA のように 3 サイクルの β 酸化を経た後，シス二重結合を 3 位と 4 位の炭素間および 6 位と 7 位の炭素間にもつ C_{12}アシル CoA になる。エノイル CoA イソメラーゼは，この C_{12}アシル CoA の Δ3 シス二重結合を Δ2 トランス二重結合に変える。引き続く水和反応，脱水素反応，チオール開裂によってアセチル CoA と 4 位と 5 位の炭素の間が不飽和化された 10 炭素のエノイル CoA が生じる。これにアシル CoA デヒドロゲナーゼが働くと，C4—C5 と C2—C3 に不飽和結合をもつジエノイル CoA ができる。NADPH 依存性の 2,4-ジエノイル CoA レダクターゼは，このジエノイル CoA を C_{10}シス-Δ3-エノイル CoA に変換する。先のイソメラーゼは再びここで働き，つくられたトランス-Δ2-エノイル CoA は β 酸化系の残りのサイクルを正常に経ていく。

ここで述べられた経路によって，一価不飽和と二価不飽和の 18 炭素脂肪酸は分解されて 9 mol のアセチル CoA を生ずる。もちろん，はじめの脂肪酸の奇数番目の炭素の各二重結合の存在は，全過程で FAD の還元段階が 1 回ずつ少ないことを意味しており，全体のエネルギー収量は減少している。偶数番目の炭素の二重結合は NADPH を使って還元される必要があり，これは約 2.5ATP の損失に等しい。上記の 2 つの補助的な酵素はすべての偶数鎖の多価不飽和脂肪酸を同様に分解できるようにするが，例外もある。かなりの量の食物中の脂質が，トランスの配置の二重結合をもつ不飽和脂肪酸を含んでいる。これらの脂肪酸は反芻する哺乳類の消化器系での微生物の作用や，化学的にも油脂の部分的な水素添加によって生じる。市販の植物油は，酸化を防ぐために，部分的な水素添加によって複数ある二重結合を一重結合に（より飽和された脂肪酸に）変えている。不運なことに，この過程で一部のシス二重結合はトランス二重結合に異性化されてしまう。このようにして，トランス脂肪酸は乳製品やマーガリン，料理用油にかなり多く含まれることになる。トランス不飽和脂肪酸が冠状動脈疾患に関係するとする証拠も増えているために，マーガリンの製造元は製品からそれらを除くことを始めており，ニューヨークなど多くの都市ではレストランにおけるトランス脂肪酸の使用を禁止した。

奇数の炭素鎖の脂肪酸の酸化

自然界にある脂質に含まれる脂肪酸のほとんどは偶数の炭素鎖であるが，一部に奇数の炭素鎖のものがある。後者のグループの脂肪酸は，新たな解決の方法が必要な代謝上の特異な問題を提起している。奇数鎖のアシル CoA の β 酸化の最後のサイクルの基質は，5 炭素のアシル CoA である。この基質のチオール開裂によって各 1 mol のアセチル CoA と**プロピオニル CoA propionyl-CoA** が生じる。

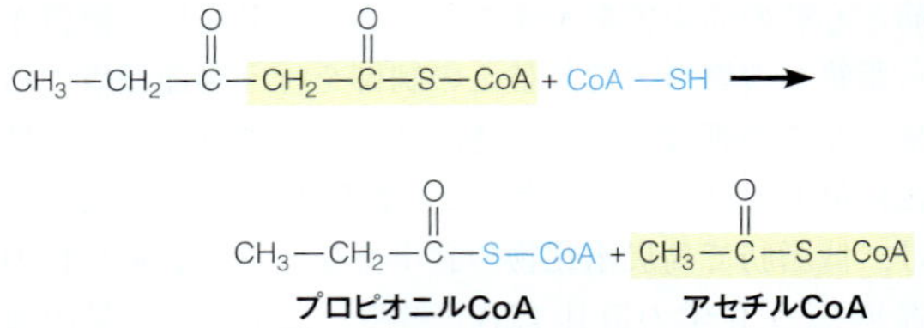

クエン酸回路によって異化されるアセチル CoA と違って，プロピオニル CoA はその炭素原子がクエン酸回路に入って CO_2まで完全に酸化される前にさらに代謝されなくてはならない。そのさらなる代謝（図 17.22）とは，まず，プロピオニル CoA の ATP 依存性のカルボキシル化であり，ビオチンを含む酵素，**プロピオニル CoA カルボキシラーゼ propionyl-CoA carboxylase** によって触媒される。第 14 章で述べられているように，この酵素はドメイン構造と反応機構においてピルビン酸カルボキシラーゼに似ている（図 14.19，14.20 参照，p.552〜553）。反応産物 D-メチルマロニル CoA は，それからメチルマロニル CoA エピメラーゼの作用によって異性化され，L 型立体異性体となる。次いでこの分枝鎖アシル CoA 誘導体は見慣れない反応によって対応する直鎖の化合物，スクシニル CoA に変換される。この酵素，L-メチルマロニル

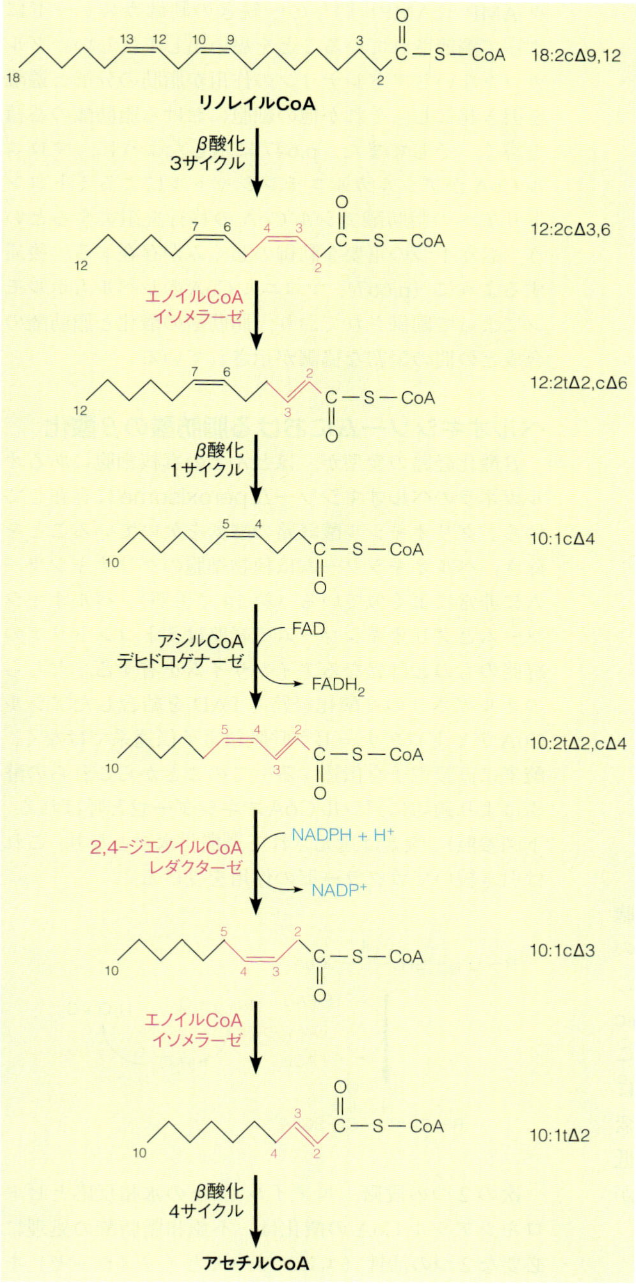

図 17.21　多価不飽和脂肪酸の *β* 酸化経路　リノレイル CoA についてのこの例では，不飽和脂肪酸の酸化に特異的な酵素（赤字），エノイル CoA イソメラーゼと 2,4-ジエノイル CoA レダクターゼの作用点を示す。

CoA ムターゼはビタミン B_{12}から得られる 5′-デオキシアデノシルコバラミン 5′-deoxyadenosylcobalamin と呼ばれる補酵素を必要とする。側鎖が移動するこの反応は，機構的にきわめて興味深いものである。しかし B_{12}補酵素はアミノ酸の代謝にも関与しているので，他の B_{12}依存の反応も含めて，その反応の仕組みは第 20 章で紹介する。

ポイント 15
奇数の炭素鎖の脂肪酸は，酸化によって 1 mol のプロピオニル CoA を生じる。これはスクシニル CoA に変換されるが，これにはビオチン依存性のカルボキシル化と補酵素 B_{12}依存の転位が関わっている。

プロピオニル CoA を適切に異化できないと，ヒトでは重い症状が現れる。もし，L-メチルマロニル CoA ムターゼの活性が欠損していたり，アデノシルコバラミン補酵素の合成が異常であったりすると，L-メチル

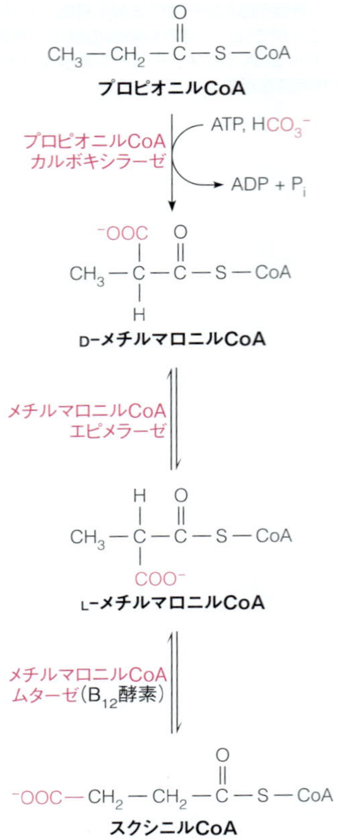

図 17.22　プロピオニル CoA の異化の経路

マロニル CoA が蓄積し，メチルマロン酸として細胞から漏出する。この変化は重い酸血症（血液の pH の低下）を引き起こし，中枢神経系に障害を与える。この稀な状態は**メチルマロン酸血症 methylmalonic acidemia** と呼ばれ，通常，早い時期に死に至る。この疾患は，患者によってはビタミン B_{12}の大量投与によって症状が改善される。このような場合は，突然変異によってムターゼの補酵素 B_{12}に対する親和性が低下しているので，補酵素の濃度を十分高くすることができれば，酵素を機能するように誘導できる。

脂肪酸酸化の調節

たいていの細胞では，脂肪酸の酸化は基質である脂肪酸そのものの利用可能率によって調節されている。動物ではその可能率は，脂肪細胞における脂肪を動員するホルモンの制御によってさらに調節されている。脂肪組織の機能は他の細胞による利用のために脂肪を貯蔵することであるので，この貯蔵された脂肪の分解と遊離が，細胞外の情報伝達物質であるホルモンによって制御されることは，代謝上，理にかなっている。p.643 に述べたように，トリアシルグリセロールリパーゼの活性が，ホルモンが引き金となるサイクリック AMP（cAMP）関与の一続きの制御カスケードによって調節されていることを思い出してほしい。グルカゴンないしアドレナリンの作用が脂肪の分解と遊離を引き起こし，それが他の細胞における脂肪酸の蓄積を導く。そしてまた，p.647 に示したように，マロニル CoA がアシルカルニチンシャトルによるミトコンドリアへの脂肪酸アシル CoA の移行を阻害するという，もう1つの重要な制御のしくみが存在する。後述するように（p.667），マロニル CoA のレベルもホルモンによって制御されており，脂肪酸の酸化と脂肪酸の合成との間の緊密な協調が示されている。

ペルオキシソームにおける脂肪酸の *β* 酸化

β 酸化経路の変型が，ほとんどの真核細胞にあるオルガネラの**ペルオキシソーム peroxisome** に存在している。グリオキシル酸経路の酵素を欠いていることを除き，ペルオキシソームは植物細胞のグリオキシソームに非常によく似ている（第 14 章参照）。ペルオキシソームとグリオキシソームの経路はミトコンドリアの経路のものとは異なるアイソザイムを有する。どちらのオルガネラの *β* 酸化経路も FAD を結合したアシル CoA デヒドロゲナーゼが呼吸鎖電子伝達系ではなく，酸素に直接電子を伝達する（このことからこれらの酵素はより適切に**アシル CoA オキシダーゼ**と呼ばれる。下図参照）。酸素は還元されて過酸化水素となり，これは引き続いてカタラーゼの作用を受ける。

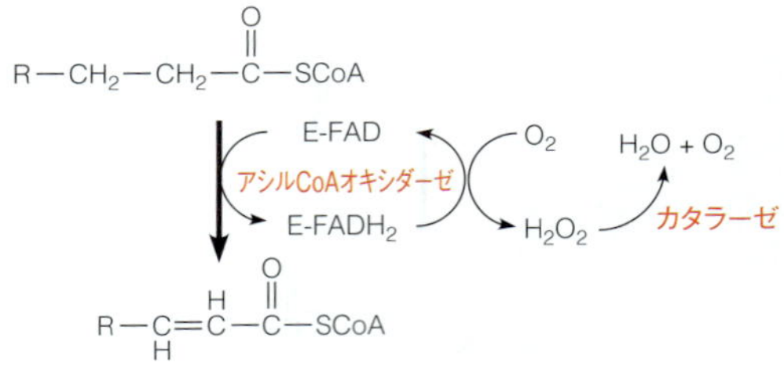

次の2つの段階，エノイル CoA の水和反応とヒドロキシアシル CoA の酸化は，不飽和脂肪酸の処理に必要な2つの活性（エピメラーゼとイソメラーゼ）をもつ多機能酵素によって触媒される。*β* 酸化の第4の段階は，単一機能酵素のチオラーゼによって触媒される。電子が呼吸鎖に送り込まれないために，ペルオキシソームの *β* 酸化経路はエネルギー生産とは連係していないが，熱を発生する。動物のペルオキシソームでは，C_4と C_6アシル CoA まで進むだけである。しかしながら，これらのアシル基はカルニチンに移され，ミトコンドリアに送られて，そこで完全に酸化される。対照的に植物グリオキシソームは，アセチル CoA まで酸化し，グリオキシル酸経路を経て糖質の合成に利用する。ペルオキシソーム経路の役割はいまだ明らか

ではないが，超長鎖脂肪酸 very long-chain fatty acids（VLCFA）や他の脂質の酸化の初期過程に関わっている。ペルオキシソームの経路の重要性は，2 つのヒトの遺伝病によって明らかにされている。Zellweger 症候群をもって生まれた乳児では，β 酸化経路の酵素を含むいかなるタンパク質もペルオキシソームに入ることができず，血液中に高レベルの VLCFA が蓄積する。これらの乳児は深刻な神経学的障害をもち，1 歳になる前に死亡する。X 染色体に連鎖した副腎白質ジストロフィー（X-ALD）の患者も VLCFA（≥22C）を代謝できない。この疾患の特徴は，血漿と組織における VLCFA の増加である。X-ALD の原因は *ABCD1* 遺伝子における突然変異であり，この遺伝子はペルオキシソーム膜に位置する ATP 結合カセット ATP-binding-cassette（ABC）輸送体をコードする。この遺伝子に突然変異を有する患者はこれらの超長鎖脂肪酸の CoA 誘導体をペルオキシソームに輸送できず，それらの酸化が妨げられている。X-ALD をもって生まれた男の子ははじめの数年は正常に成長するが，進行性の神経学的障害を患い，10〜15 歳までに死亡する。グリセリル三オレイン酸エステルとグリセリル三エルカ酸エステルの混合物（「ロレンツォのオイル」といわれる）による食事治療は，おそらく飽和脂肪酸を伸長する酵素系（p.665 参照）と競合するために，患者の血漿 VLCFA のレベルを正常化する。この治療法は 1992 年に公開された映画（邦題「ロレンツォのオイル/命の詩」）の題材となったが，X-ALD による神経学的な障害を軽減するロレンツォのオイルの臨床的な有効性はなお論議の的となっている。

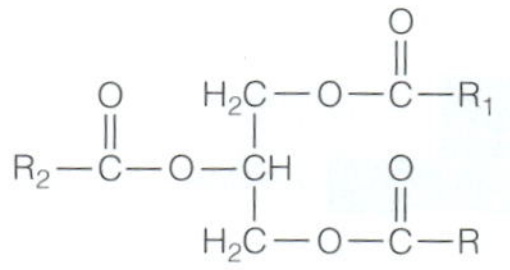

グリセリル三エルカ酸エステル

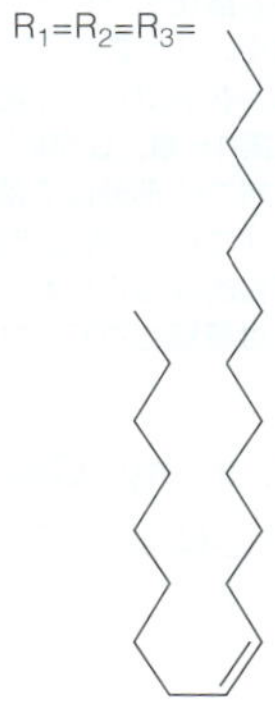

脂肪酸の α 酸化

β 酸化は脂肪酸分解の主要経路であるが，ある種の脂肪酸について，はじめに β 炭素でなく α 炭素を酸化する，主要でない経路がやはりペルオキシソームにある。**Refsum 病 Refsum's disease** という稀な重い先天性の神経学的疾患の研究によって，この経路の存在が明らかになった。この疾患の患者は，クロロフィルの成分である**フィトール phytol** から誘導される異常な脂肪酸，**フィタン酸 phytanic acid** を大量に蓄積する（図 17.23）。フィトールの 3 位炭素のメチル基が，この基質の β 酸化を妨げる。しかしながら，α 炭素が酸化を受けて**プリスタン酸 pristanic acid** となると，β 酸化によって分解される基質となる（図 17.23）。Refsum 病では，α 酸化経路が欠損しており，フィタン酸が分解される化合物に変換されない。唯一の治療法は，クロロフィルをほとんど，あるいは全く含まない食物を摂ることである。この治療法は，緑葉野菜や草食性動物由来のフィタン酸を多く含む肉やミルクを排除しなければならないので困難である。

ケトン体生成系

これまでアセチル CoA について，クエン酸回路によって CO_2 に酸化されるか，あるいは脂肪酸の生合成に利用されるかという，2 つの主要な代謝的運命だけであるかのように記述してきた。しかし，アセチル CoA が，酸化されたり，脂肪酸合成に利用されたりする量の範囲を超えて蓄積するときには，もう 1 つの主要な経路がミトコンドリア（主として肝臓の）で働き始める。この経路は**ケトン体生成系 ketogenesis** と呼ばれ，**ケトン体 ketone body** と呼ばれる種類の化合物を生成する。

絶食や飢餓状態にあって糖質の摂取が少なすぎるとき，オキサロ酢酸のレベルが低下することによってクエン酸シンターゼを通る代謝の流れが損なわれてアセチル CoA のレベルが上昇する。このような条件の下では，2 mol のアセチル CoA はチオラーゼ反応を逆行し，アセトアセチル CoA となる（図 17.24）。アセトアセチル CoA は次に **HMG-CoA シンターゼ HMG-CoA synthase** の触媒によって 3 mol 目のアセチル CoA と反応し，**3-ヒドロキシ-3-メチルグルタリル CoA 3-hydroxy-3-methylglutaryl-CoA（HMG-CoA）**を生じる。HMG-CoA は細胞質ゾル内で生成するとコレステロール生合成の初期の中間体となる（第 19 章参照）。しかし，ミトコンドリア内では HMG-CoA は **HMG-CoA リアーゼ HMG-CoA lyase** の作用を受け，**アセト酢酸 acetoacetate** とアセチル CoA を生じる。アセト酢酸は NADH に依存する還元を受け，**D-β-ヒドロキシ酪酸 D-β-hydroxybutyrate** となるか，非常に少量が自然に脱炭酸されてアセトンとなる。アセト酢酸，アセトン，β ヒドロキシ酪酸はひと

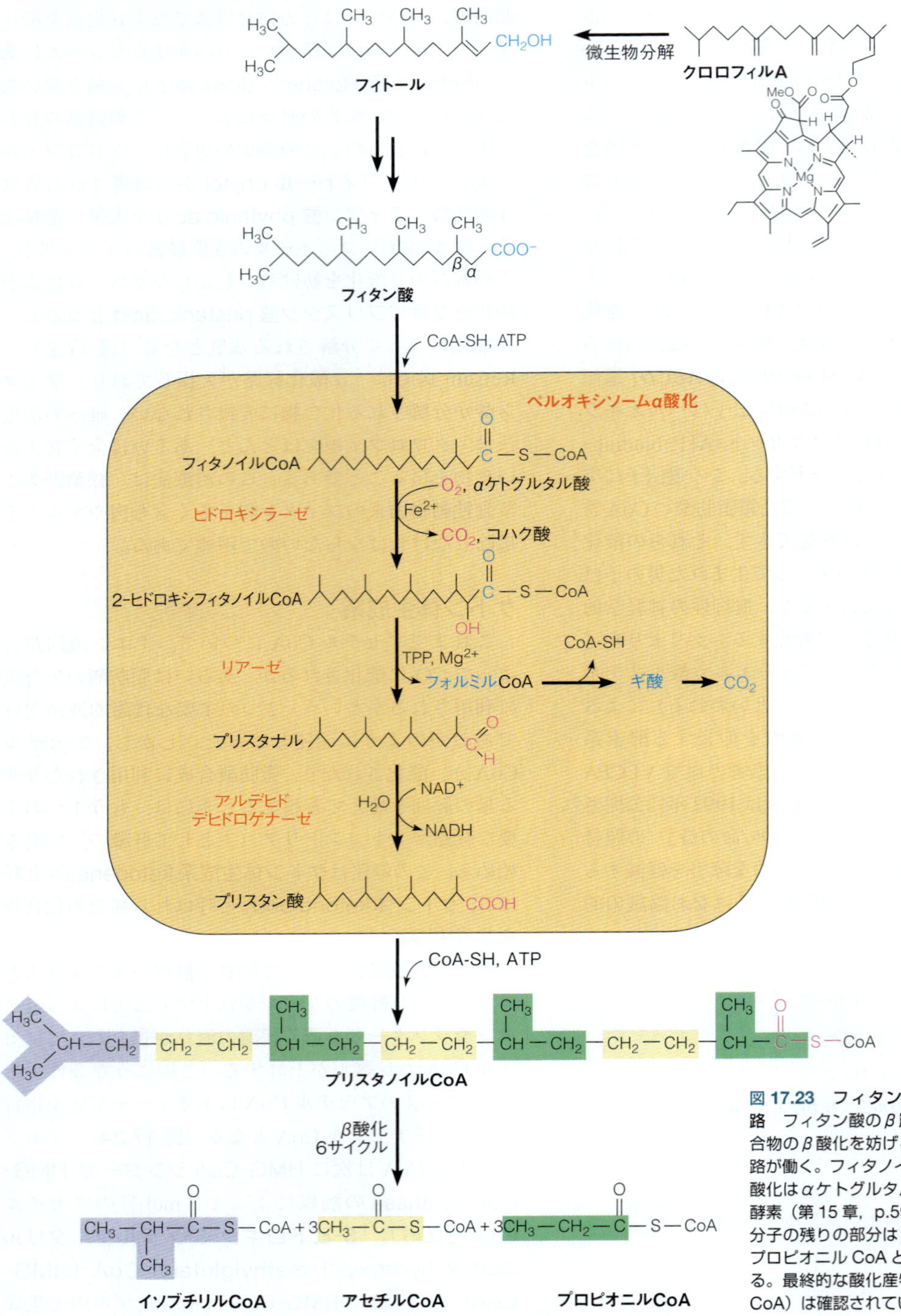

図 17.23　フィタン酸酸化のためのα酸化経路　フィタン酸のβ炭素のメチル基は，この化合物のβ酸化を妨げる。そこでα酸化を行う経路が働く。フィタノイル CoA のα位における水酸化はαケトグルタル酸依存性一原子酸素添加酵素（第 15 章，p.594）が触媒する。その後，分子の残りの部分はβ酸化によって分解され，プロピオニル CoA とアセチル CoA が生産される。最終的な酸化産物（図中ではイソブチリル CoA）は確認されていない。

まとめにしてケトン体と呼ばれる。もっとも，βヒドロキシ酪酸にはケト型のカルボニル基はないのであるが。肝臓では，アセチル CoA の直接の加水分解によって遊離の酢酸を生ずる。ケトン体を生成する条件の下では，これらの化合物はすべて末梢組織によって代替の燃料として利用されうる。肝臓外の組織は血液から酢酸を取り込み，ミトコンドリアに送る。そこでアセチルCoAシンテターゼ acetyl-CoA synthetaseの触媒する ATP 依存性の反応によってアセチル CoA に戻される。

$$酢酸 + ATP + CoA\text{-}SH \rightleftharpoons アセチル\ CoA + AMP + PP_i$$

アセチル CoA は，それから ATP 産生のためにクエン酸回路を介して酸化される。

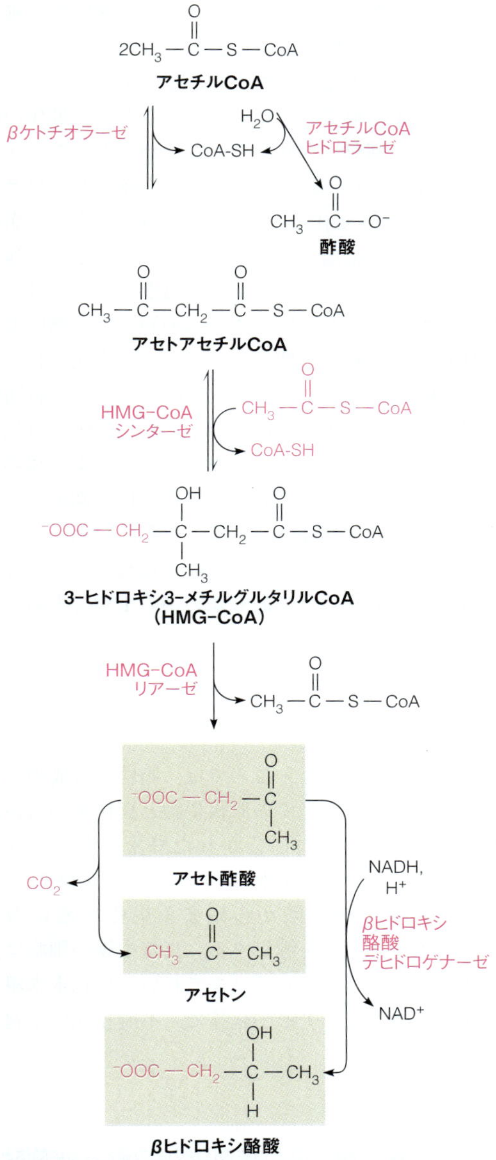

図 17.24　肝臓でのケトン体の生合成　通常，ケトン体と呼ばれる 3 つの水溶性化合物を色枠の中に入れた。アセトンはアセト酢酸の非酵素的な脱炭酸によって，ごく少量生じる。酢酸も肝臓によってつくられて放出され，末梢組織によって利用される。

ある状況下では，ケトン体の生成は“溢出経路（溢れ出し経路）”とみなすことができる。前述のように，この生成は糖質を摂取できないためにアセチル CoA が蓄積するときに促進される。肝臓に HMG-CoA シンターゼが豊富にあるために，ケトン体の生成は主として肝臓で起こる。ケトン体は肝臓から他の組織に輸送され，そこでアセト酢酸と β ヒドロキシ酪酸はアセチル CoA に再転換され，エネルギー源として利用される。再転換過程にはスクシニル CoA からの CoA 部分の酵素的転移が含まれていて，アセトアセチル CoA とクエン酸が生成される。

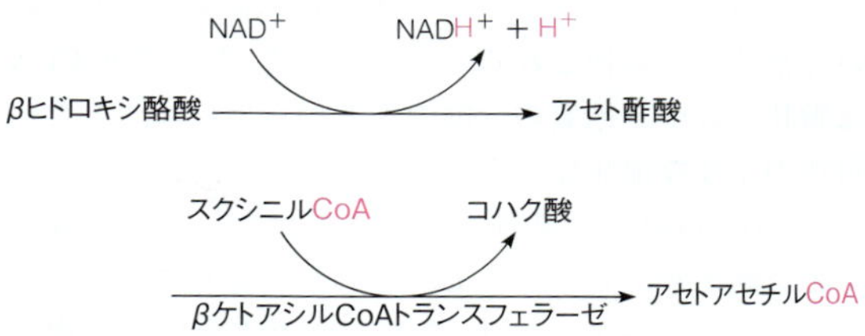

この転移を行う酵素，β ケトアシル CoA トランスフェラーゼは肝臓を除くすべての組織に存在するので，肝臓はケトン体の燃料としての利用については，末梢組織と競合しない。アセトアセチル CoA はついで，チオラーゼによって 2 つのアセチル CoA に変換される。

第 18 章でさらに詳しく論じるように，ケトン体生成は絶食や飢餓の状態ではきわめて重要になる。通常，グルコースを主たる燃料とする脳は，その代謝をケトン体を利用するように適応させる。過剰なケトン体は尿中に排出されるが，揮発性が高いためにアセトンは呼気に検出される。通常の状態でも，いくつかの組織，特に心臓は，肝臓でつくられたケトン体を代謝することによって，必要とするエネルギーの多くを得ている。治療していない糖尿病では，組織は効率よくグルコースを利用できず，ケトン体が末梢組織の利用できる容量を超えて生産され，**ケトーシス ketosis** といわれる状態になる。そのような患者ではケトン体の血液濃度が 100 mg/dL を越え，高レベルのアセト酢酸と β ヒドロキシ酪酸が血液の pH を下げる（**アシドーシス acidosis**）。この**ケトアシドーシス ketoacidosis** は糖尿病の診断上の特徴である。

> **ポイント 16**
> 糖質の異化が制限されているとき，アセチル CoA は主にアセト酢酸と β ヒドロキシ酪酸からなるケトン体に転換される。これらの物質はある環境下では重要な代謝燃料となる。

脂肪酸の生合成

脂肪酸合成の糖質代謝に対する関係

たいていの動物細胞における貯蔵燃料のほとんどは脂肪のかたちで存在することを指摘してきた。しかし，多くの動物の食餌のカロリー源は大部分が糖質であり，ヒトの場合でも同じである。糖質の貯蔵容量は厳しく制限されているので，糖質を脂肪に転換する効率的な機構があるはずである。この項では脂肪酸合成に焦点を当てる。

図 17.25 に模式化したように，中心的な代謝物はアセチル CoA で，これはピルビン酸デヒドロゲナーゼ

の反応によってピルビン酸からと，脂肪酸のβ酸化から得られる。ついでアセチル CoA は細胞質ゾルにおいて脂肪酸に変換される。このように，アセチル CoA は脂肪の分解と糖質の分解の両方から得られ，また，脂肪の主要な前駆体でもある。しかし，動物ではアセチル CoA は糖質に変換されることはない。これはピルビン酸デヒドロゲナーゼの反応が実質的に非可逆的であるためである。第 14 章に記したように，植物とある種の微生物ではグリオキシル酸回路によってこの反応段階を迂回し，アセチル CoA を糖新生系の前駆体に変換する。しかし，動物では糖質の脂肪への転換は一方向的である。その上，脂肪酸合成は制御されているが，脂肪の貯蔵の全容量は制御されていない。

ポイント17
動物は糖質を容易に脂肪に変換する。しかし，脂肪を逆行的に糖質に変換することはできない。

脂肪酸合成の初期の研究

20 世紀の初頭に，脂質中の大部分の脂肪酸は偶数の炭素からなる炭化水素鎖をもつことが明らかとなった。酸化が一度に 2 炭素ずつ進行するのと同じように，生合成過程でも活性化された 2 炭素の断片が段階的に付加される反応が関わっているだろうと予想したのは当然である。実際に，この過程は 1940 年代に実験的に証明された。この実験は同位体トレーサーを用いた最初の代謝実験の1つであった。David Rittenberg と Konrad Bloch は安定同位体である ^{13}C と重水素で標識した酢酸（$^{13}C^{2}H_3^{13}COO^-$）をハツカネズミに食べさせ，2 種の同位体がともに脂肪酸に取り込まれるのを見出した。

ひとたびβ酸化経路が発見されると，脂肪酸合成も単純にその分解経路の逆行によって行われるのであろうと広く人々に考えられた。しかし，生化学者が脂肪酸を合成できる酵素系を精製し始めると，β酸化の活性が精製した画分に存在しないことがわかった。脂肪酸合成が全く異なる経路であることを確立した要となる発見は，1950 年代後半の Salih Wakil による，脂肪酸合成は炭酸水素塩を絶対的に必要とするという観察結果であった。しかし，炭酸水素塩からの炭素は最終産物には取り込まれない。これらの観察は，脂肪酸の生合成専一の最初の中間体としての 3 炭素化合物マロニル CoA の発見へと導いた。今日の我々は，脂肪酸の合成と分解の化学は似てはいるが，それらの経路は，関わる酵素，アシル基のキャリヤー，中間体の立体化学，電子伝達体，細胞内の局在部位，調節などにおいて異なることを知っている。実際に，脂肪酸の代謝は，同化経路が異化経路の単なる逆行では決してありえない，ということの最もよい例の 1 つである。

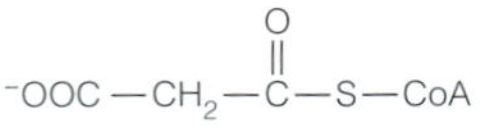

マロニルCoA

これまで調べられたところでは，脂肪酸合成の全体としての過程は，すべての原核生物と真核生物の系において似ている。3 つに分かれた酵素系が，それぞれ，（1）アセチル CoA からのパルミチン酸の生合成，（2）パルミチン酸から始まる炭化水素鎖の伸長，（3）不飽和化，を触媒する。真核生物の細胞は，最初の生合成経路を細胞質ゾルで行い，炭化水素鎖の伸長をミトコンドリアと小胞体で，不飽和化は小胞体で行う。

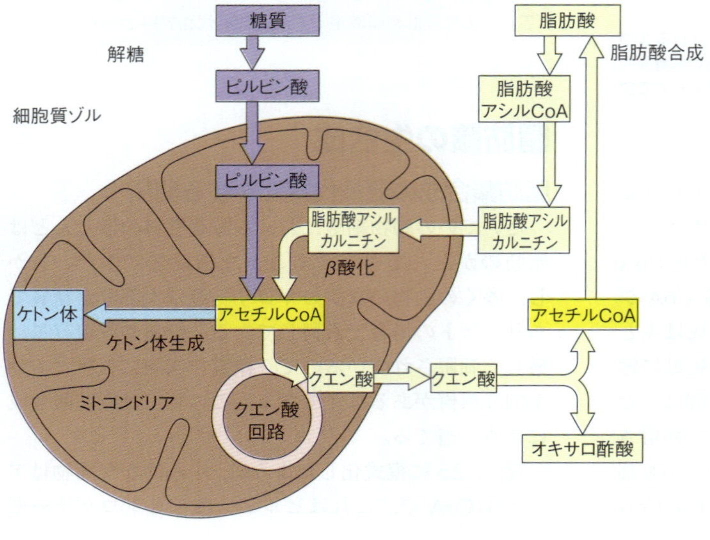

図 17.25　脂肪と糖質の代謝の間の鍵となる中間体としてのアセチル CoA　矢印はアセチル CoA の形成ないし利用の主な道筋を示す。クエン酸は脂肪酸合成のためにアセチル単位をミトコンドリアから細胞質ゾルに輸送するキャリヤーとなる。

ポイント 18
脂肪酸合成は脂肪酸の酸化の中間体に似た中間体を経る。しかし両者は，電子伝達体，カルボキシ基の活性化，立体化学，そして細胞内の局在に違いがある。

アセチル CoA からのパルミチン酸の生合成

図 17.26 に概要を示したように，パルミチン酸合成の化学はパルミチン酸の分解を逆行させたものと著しく類似している。合成過程では 2 炭素の単位の段階的な付加が行われ，各段階は縮合，還元，脱水，そしてさらなる還元からなる。主な違いは，(1) 各 2 炭素付加の段階に活性化型中間体であるマロニル CoA が必要であること，(2) アシル基のキャリヤーの性質，(3) 還元反応における NADPH 要求酵素の使用，などである。これらや他の反応の詳細を以下に述べる。

マロニル CoA の合成

脂肪酸の生合成における脂肪酸の生合成に特化した最初の段階はアセチル CoA と炭酸水素塩からのマロニル CoA の合成で，**アセチル CoA カルボキシラーゼ acetyl-CoA carboxylase (ACC)** によって触媒される。

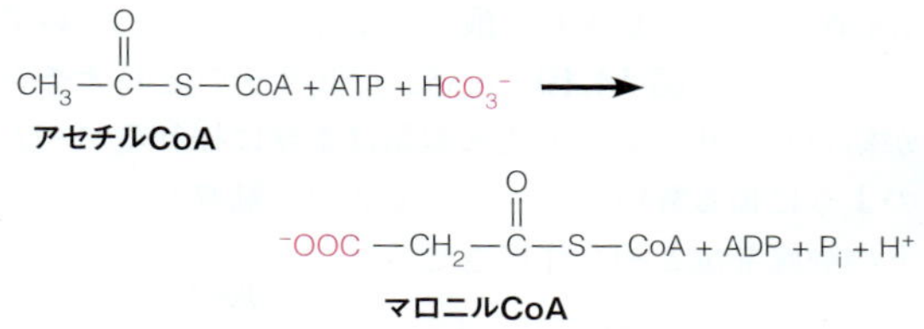

他の生合成経路における経路の方向性を決定づける段階のように，この反応は非常に発エルゴン的であるために，実質的に非可逆的である。カルボキシル化反応を触媒する他の酵素（第 14 章，p.552〜554 参照）のように，アセチル CoA カルボキシラーゼはリシンの ε アミノ基を介して共有結合するビオチン補因子をもつ。反応は共有結合した *N*-カルボキシビオチン中間体を経由して進行する。

E-ビオチン ＋ ATP ＋ HCO_3^- →
E-*N*-カルボキシビオチン ＋ ADP ＋ P_i

E-*N*-カルボキシビオチン ＋ アセチル CoA →
マロニル CoA ＋ E-ビオチン

この酵素の原核生物型は，大腸菌から精製された酵素によって例示されるように，3 つの分離したタンパク質からなる。すなわち，(1) ビオチンを結合した小さなキャリヤータンパク質，(2) ATP 依存的に *N*-カルボキシビオチンの形成を触媒する**ビオチンカルボキシラーゼ biotin carboxylase**，(3) 活性化されたカルボキシ基を *N*-カルボキシビオチンからアセチル CoA に転移させる**トランスカルボキシラーゼ transcarbox-**

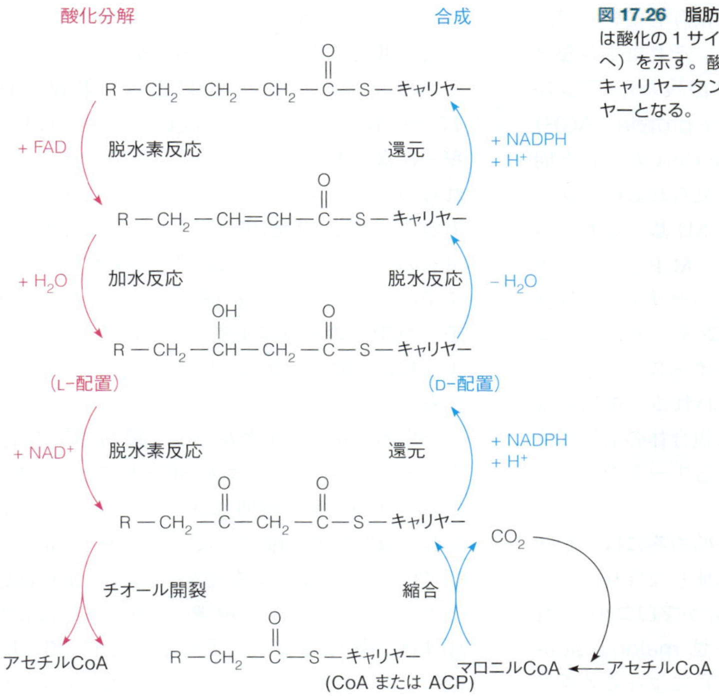

図 17.26　脂肪酸の酸化と合成の化学的な類似性　図は酸化の 1 サイクル（下方へ）と 2 炭素の付加（上方へ）を示す。酸化では補酵素 A が，合成ではアシルキャリヤータンパク質（ACP）がアシル基のキャリヤーとなる。

ylase，である。ピルビン酸カルボキシラーゼにおいてみたように（図 14.19，p.552），ビオチンとビオチンが結合したリシンの炭化水素鎖は柔軟に振れるアームのように振る舞い，ビオチンを 2 つの触媒サブユニットの触媒部位と相互作用させる。

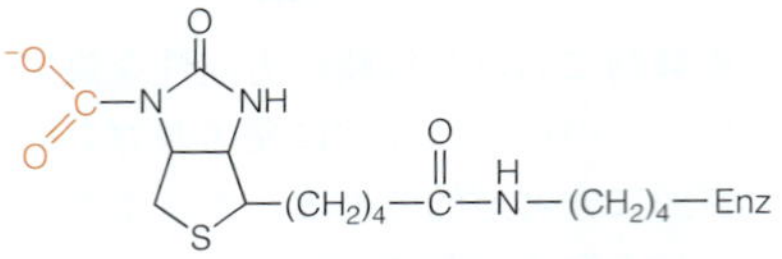

***N*-カルボキシビオチニル酵素**

対照的に，真核生物のアセチル CoA カルボキシラーゼは単一のタンパク質からできていて，分子量が約 265,000 の 2 つの同じポリペプチド鎖からなる。この二量体タンパク質それ自身は低活性であるが，クエン酸の存在下では多量体化して分子量 4～8 × 10^6の新しい線維状の形態となり，容易に電子顕微鏡で観察できる（図 17.27）。活性のない二量体タンパク質と活性のある繊維型との間の平衡と，代謝中間体によるその制御は，脂肪酸の生合成を調節する重要な機構の代表的なものである。アセチル CoA カルボキシラーゼと脂肪酸の合成の調節については，経路の残りの部分を述べた後に論じよう（p.668）。

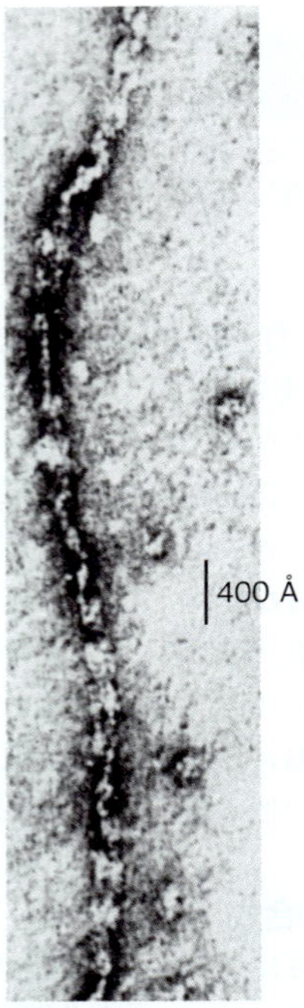

図 17.27　真核生物の活性型アセチル CoA カルボキシラーゼの繊維状形態

Reprinted from *Current Topics in Cellular Regulation* 8 : 139–195, M. D. Lane, J. Moss, and S. E. Polakis. ©1974, with permission from Elsevier.

マロニル CoA からパルミチン酸へ

脂肪酸酸化におけるすべての中間体は，カルニチンと同様でキャリヤー分子である補酵素 A への結合を介して活性化されていることを思い起こされたい。同様な活性化が脂肪酸合成においても関与しているが，そのキャリヤー分子は異なっている。それは小さなタンパク質で（大腸菌では 77 アミノ酸残基），**アシルキャリヤータンパク質 acyl carrier protein（ACP）**と呼ばれる。活性化の化学はアシル CoA のそれと同じである。実際に，ACP は CoA に見られるのと同一の反応性のあるスルフヒドリル基（SH 基）をもつホスホパンテテイン部分を用いている。ACP ではホスホパンテテイン部分がポリペプチド中のセリン残基に結合している（図 17.28）。脂肪酸シンターゼによって触媒されるすべての化学反応が，チオエステル結合を介して ACP に結合した基質上で行われる。後に見るように，ホスホパンテテイン部分は複合体の活性部位の間でアシル基を移すために旋回するアームのように振る舞う。

新しいパルミチン酸分子の合成を始めるには，脂肪酸シンターゼはまず最初の基質を充填しなければならない。アセチル CoA のアセチル部分が**マロニル/アセチル CoA-ACP トランスアシラーゼ malonyl/acetyl-CoA-ACP transacylase（MAT）**によって触媒される反応で ACP に負荷される（図 17.29，反応 1a）。ついで，アセチル基は**βケトアシル ACP シンターゼ *β*-ketoacyl-ACP synthase（KS）**の活性部位にある Cys-SH に転移し，アセチル KS を生ずる（反応 1b）。ここで，ACP のホスホパンテテイン部分は，2 番目の基質であるマロニル CoA で充填可能となり，その反応はやはり MAT によって触媒される（図 17.29，反応 2）。アシル CoA とアシル ACP のエネルギーに富むチオエステル結合は同等であるために，これらのトランスアシラーゼ反応はたやすく逆行可能である。これで，脂肪酸シンターゼは炭化水素鎖伸長の最初のサイクルのために活性化されている。各サイクルではプライマー基質（KS 上のアシル基）が伸長分子（ACP 上のマロニル基）と縮合する。合成のサイクルは順に，縮合，還元，脱水，そして還元を経て進行する。

合成の最初のサイクルでは（図 17.30，反応 1～4），それぞれ 1 mol のマロニル ACP とアセチル KS から開始して 4 つの反応の間にブチリル ACP を生成する。これらは脂肪酸の酸化の反応（の逆）に似ている（図 17.26 参照）。要となる炭素-炭素結合形成反応は，アセチル KS とマロニル ACP との間の Claisen 型の縮合（p.434，図 12.8 参照）である（図 17.30，反応 1）。KS によって触媒されるこの反応は，マロニル部分の

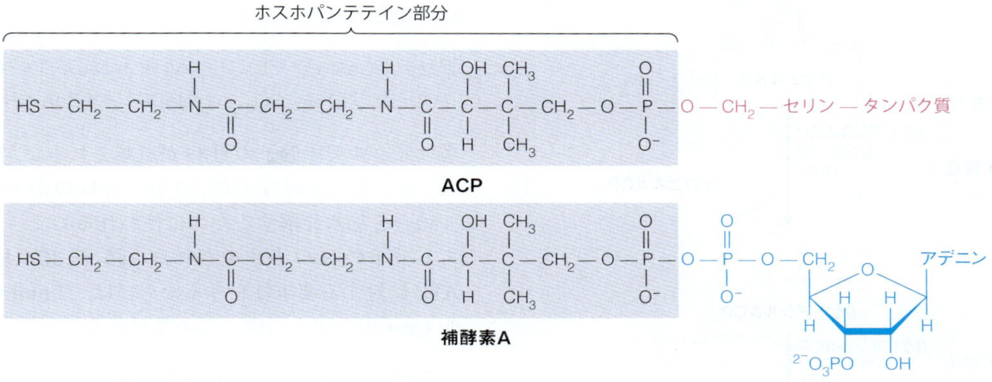

図 17.28　ACP と CoA の反応単位としてのホスホパンテテイン

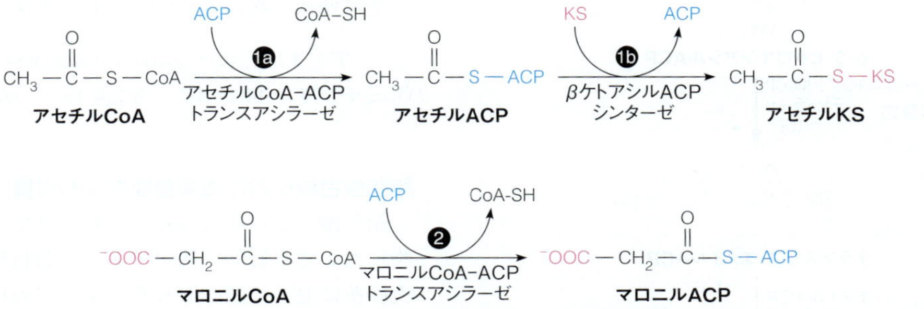

図 17.29　マロニル/アセチル CoA-ACP トランスアシラーゼ（MAT）は脂肪酸シンターゼに基質を装填する　アシル基（アセチルあるいはマロニル）は CoA の SH 基からアシルキャリヤータンパク質（ACP）のホスホパンテテイン部分の SH 基に転位する。ここで示す反応はアセチル-KS とマロニル-ACP とを生成し，これらはサイクルの残りの反応に用いられる。

脱炭酸によって求核的なエノレートイオンを生じ，これが KS 上の親電子的なアセチル基を攻撃する。四面体中間体が壊れると KS のシステインチオールが排除され，遊離して，サイクルの最後（反応 5）に伸長したアシル基が結合できるようになる。縮合反応の産物であるβケトアシル ACP チオエステルは次に，**βケトアシル ACP レダクターゼ β-ketoacyl-ACP reductase（KR）**の触媒する NADPH 依存の反応によって D-βヒドロキシアシル ACP に還元される（反応 2）。さらに，**βヒドロキシアシル ACP デヒドラーゼ β-hydroxyacyl-ACP dehydrase（DH）**が触媒する D-βヒドロキシアシル ACP の脱水反応（反応 3）によって生じたトランス-2-エノイル ACP は，**エノイル ACP レダクターゼ enoyl-ACP reductase（ER）**の触媒する第 2 の NADPH 依存の還元反応によって脂肪酸アシル ACP，すなわち合成の第 1 回目のサイクルではブチリル ACP となる。ブチリル基は ACP から KS の Cys-SH に移され，ACP は 2 番目のマロニル CoA によって充填され，最初のサイクルが終わる。2 番目のサイクルは，ブチリル KS が次のマロニル ACP 分子と反応して始まる。2 番目のサイクルの産物はヘキサノイル ACP である。同じ反応のパターンが 7 回目のサイクルの産物であるパルミトイル ACP が加水分解を受けて，パルミチン酸と何も結合していない ACP を生じるまで続く。この最後の段階は**チオエステラーゼ thioesterase（TE）**によって触媒される（反応 6）。

> **ポイント 19**
> マロニル CoA は脂肪酸の生合成における活性化された 2 炭素単位の源であり，CO_2の脱落によって C—C 結合の形成が推進される。

アセチル単位の供与体としてマロニル ACP を用いることの分子レベルにおける意味はどのようなものであろうか？　2 つの活性化されたアセチル単位の縮合は通常，強い吸エルゴン反応である。逆の脂肪酸酸化において対応する反応である，いわゆるアセトアセチル CoA のチオール開裂は強い発エルゴン反応である。しかし，βカルボニル基が脱炭酸反応の際に電子受容体として働くために，マロニル ACP のカルボキシ基はよい脱離基となる。すなわち，この脱炭酸反応が縮合反応を発エルゴン反応としている。つまるところ，ATP がアセチル CoA からのマロニル CoA の最初の合成に使われている（p.659）ので，他の状態では，吸エルゴン反応であるこの縮合反応を推進しているのは

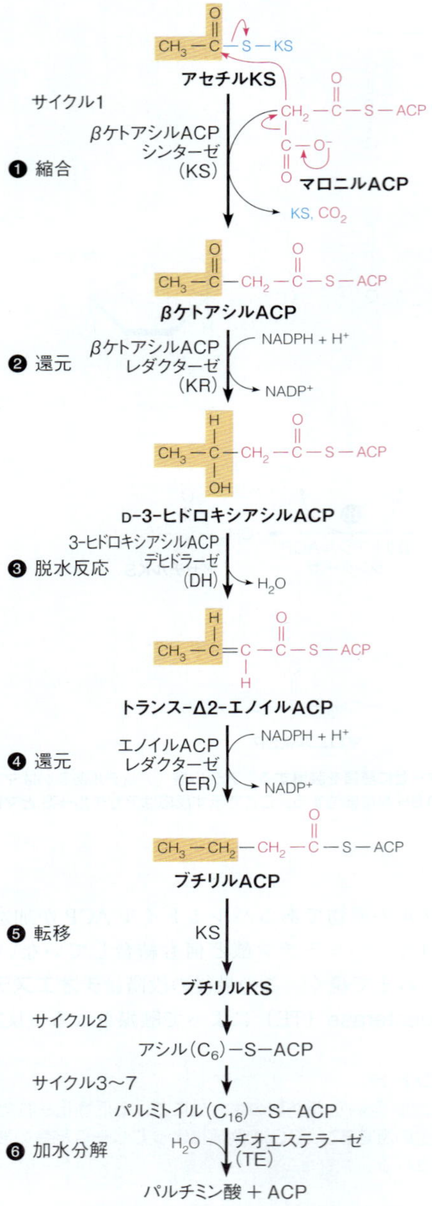

図 17.30　マロニル ACP とアセチル KS から始まるパルミチン酸の合成　4 つの反応の最初の 1 サイクルによってブチリル ACP が生じる。ACP から転移によってできるブチリル KS は 2 つ目のマロニル ACP と反応し，2 炭素付加の 2 サイクル目に入る。全部で 7 サイクルのそのような反応によってパルミチル ACP が生成する。この生成物の加水分解によってパルミチン酸が遊離される。

ATP の加水分解である。この縮合過程は炭酸水素塩が最終産物に取り込まれないという初期の観察を説明している。まさに脂肪酸のすべての炭素は酢酸に由来するのである。

たいていの生合成経路のように，この合成経路はエネルギー（ATP）と還元当量（NADPH）を必要とする。全 7 サイクルの過程の化学量論的な見地から各要因の定量的関係を示すと，

アセチル CoA + 7 マロニル CoA + 14NADPH + 14H^+ ⟶
パルミチン酸 + 7CO_2 + 14$NADP^+$ + 8CoA-SH + 6H_2O

各サイクルで 1 分子の H_2O が遊離されるが，遊離のパルミチン酸を解離する際に 1 分子の H_2O がチオエステル結合を加水分解するために使われるので，全体として 6 分子の H_2O が生産される（図 17.30，反応 6）。ATP に対する要求性をみるためには，7 mol のマロニル CoA の合成を考慮する必要がある。

7 アセチル CoA + 7CO_2 + 7ATP ⟶
7 マロニル CoA + 7ADP + 7P_i + 7H^+

それゆえ，次の等式が全過程を表す。

8 アセチル CoA + 7ATP + 14NADPH + 7H^+ ⟶
パルミチン酸 + 14$NADP^+$ + 8CoA-SH + 7ADP + 7P_i + 6H_2O

脂肪酸合成における多機能タンパク質

脂肪酸合成反応の経路は，知られているすべての生物において本質的に同一である。脂肪酸合成は最初に大腸菌において調べられた。すべての反応は，それぞれ別々に精製されうる 7 つの異なる単一機能の酵素によって触媒されることが発見された。この同じ仕組みがあらゆる細菌と植物で見出され，**II 型脂肪酸合成 type II fatty acid synthesis** と呼ばれている。動物と酵母における脂肪酸合成に関する初期の生化学的研究で，精製された脂肪酸合成酵素 fatty acid synthase（FAS）の標品中に 7 つあるいは 8 つの個別のポリペプチド種の存在が明らかになった。結局，真核生物の酵素はタンパク質分解に非常に感受性が高く，FAS 標品へのプロテアーゼのごく微量の混入によってポリペプチド鎖をより小さな断片にしてしまうことが示された。ひとたびこのことが認識されると，タンパク質の分解を防ぐ手段が講じられ，動物と酵母から完全な FAS が精製された。これらの研究によって，動物と下等真核生物においてすべての FAS 活性は多機能酵素**メガシンターゼ megasynthase**，あるいは **I 型脂肪酸シンターゼ type I fatty acid synthase** にあることが明らかにされた。2 つの基本的なメガシンターゼの構造が判明した。動物の酵素は 273,000 Da のサブユニットからなるホモ二量体である（全 0.54 MDa）。哺乳類の二量体 FAS のそれぞれのサブユニットは異なる 7 つのドメインに折りたたまれ，脂肪酸合成の反応の順番に特異的な機能を実行する。これらのうち，6 つのドメインは化学的反応の活性部位を有し，7 番目はホスホパンテテイン部分をもつ ACP のドメインであり，まさに多機能タンパク質である。これらのドメ

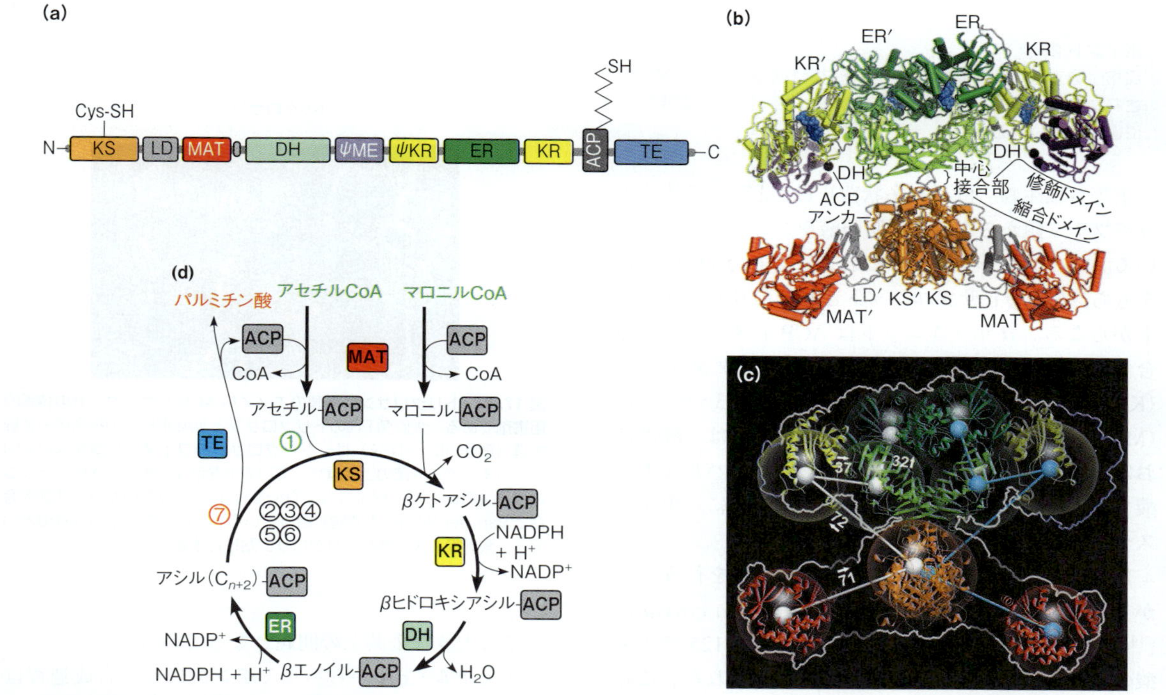

図 17.31　真核生物の脂肪酸シンターゼ複合体における旋回アーム機構　**(a)** 273,000 Da のポリペプチド鎖上のドメインの配置。KS＝ケトアシル ACP シンターゼ，MAT＝マロニル/アセチルトランスアシラーゼ，DH＝ヒドロキシアシル ACP デヒドラーゼ，ER＝エノイル ACP レダクターゼ，KR＝ケトアシル ACP レダクターゼ，ACP＝アシルキャリヤータンパク質，TE＝チオエステラーゼ。KR ドメインは実際には ER ドメインによって隔てられた 2 つの不連続な領域（ψKR ＋ KR）からなる。LD＝連結ドメイン，ψME＝触媒活性のない構造ドメイン。システインチオール基とホスホパンテテインチオール基はそれぞれ KS と ACP についている。**(b)** ブタの FAS ホモ二量体 X 線構造（PDB ID：2VZ9）の模式図。それぞれのドメインは（a）にあるように略号で示し，着色している。2 番目のサブユニットのドメインは（′）を付して示した。2 つのサブユニットは C に似た形で，X 構造の中心接合部で絡み合っている。縮合ドメインと修飾ドメインはそれぞれ X 構造の下のアームと上のアームに位置している。ACP アンカー部位は黒丸で示し，KR の活性部位に結合した $NADP^+$ は青色で示した。**(c)** ACP ホスホパンテテインの旋回するアームはアシル基を脂肪酸合成のすべての活性部位（白と青の球で示した）に接触させる機構として役立つ。それぞれの活性部位の近くの薄い球はホスホパンテテインアームの長さを示しており，触媒サイクルの間に ACP がどれほど各ドメインに近づかなければならないかを示している。活性部位は反応の順に結びつけられており，活性部位間の距離は左側のサブユニットについて Å で示されている。**(d)** 触媒サイクルのまとめ。最初のサイクル①はアセチル CoA からアセチル基の ACP 旋回アームへの転移で始まる。アセチル基はついで KS のシステインチオールに移され，マロニル基が ACP 旋回アームに移される。KS は縮合を触媒し，KR，DH，ER は修飾段階を触媒する。最初の 6 サイクル②～⑥の終わりに，KS は還元されたアシル基を ACP から自身の Cys-SH に移し，もう 1 回サイクルを開始する。最後のサイクル⑦の後，パルミトイル基は TE 活性によって ACP から加水分解される。

インのポリペプチド鎖に沿った順序は，図 17.31a に描かれている。ACP と KS のドメインの位置がポリペプチド鎖の両端にあることに注目してほしい。これらの 2 つのドメインにあるスルフヒドリル基は，縮合段階では接近する（図 17.30，反応 1）。ブタの FAS の X 線構造（図 17.31b）は，この接近がどのように起きるかを明らかにしている。2 つのサブユニットは絡み合った X 字構造を形成しており，その上では 2 つの脂肪酸が同時に合成されうる。縮合反応を触媒するドメインは，X 字構造の下のアームに見出される。それに対し，次の 3 つの反応（修飾反応）を触媒するドメインは，上のアームに見出される。ACP とチオエステラーゼ（TE）のドメインはこの構造では見ることができないが，それらの連結部（KR ドメインの C 末端）はわかっている。反応サイクルの間に，ACP ドメインに連結したホスホパンテテイン部分は旋回するアームとして働き，アシル基を複合体中のすべての活性部位と接触させる。ACP ドメインが活性部位間を動く反応の順番は図 17.31c に示されている。図 17.31d に触媒サイクルと各ドメインが働く段階をまとめた。このサイクルはアセチル基のアセチル CoA から ACP 旋回アームへの転移によって始まる。アセチル基は次いで KS 上のシステインチオール基に転移され，マロニル基が ACP 旋回アームに転移される。KS は縮合を触媒し，KR，DH，ER はその後の修飾段階を触媒する。最初の 6 サイクルの終わりには KS は ACP から還元されたアシル基を自身の Cys-SH に移し，次のサイクルを始める。最後の（7 回目の）サイクルの後，パルミトイル基は TE の活性によって ACP から加水分解されて離される。

ポイント 20
真核生物では，脂肪酸合成は多機能タンパク質を含む組織化された多酵素複合体であるメガシンターゼ（巨大合成酵素）によって行われる。

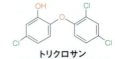

下等真核生物（酵母や糸状菌）は，2つの多機能ポリペプチド鎖からなるⅠ型脂肪酸シンターゼをもっている。このメガシンターゼはおよそ260万Daの質量をもち，6個のαサブユニットと6個のβサブユニットからなる。αサブユニットはACPドメインと，縮合酵素（KS）とβケトチオエステルレダクターゼ（KR）をもつ。βサブユニットは残りの3つの活性（MAT，DH，ER）をもつ。酵母の複合体は，酵母における脂肪酸シンターゼ活性の最終産物がパルミチン酸ではなくパルミトイルCoAであるために，チオエステラーゼ（TE）の活性を欠いている。

1988年，ミトコンドリアも脂肪酸合成を行うことが発見された。糸状菌の一種*Neurospora crassa*に[^{14}C]パントテン酸を与えると，小さな（125アミノ酸の）ミトコンドリアタンパク質が標識された。このタンパク質は細菌のアシルキャリヤータンパク質（ACP）のホモログであるとわかり，ミトコンドリアに脂肪酸合成系が存在することが示唆された。その後の研究によって，ほとんどすべての種のミトコンドリアが可溶性の単一機能酵素からなる，完全なⅡ型の脂肪酸合成系を有することが明らかにされた。このミトコンドリアの経路の役割の1つは**オクタン酸 octanoic acid**の合成であり，オクタン酸はクエン酸回路のピルビン酸デヒドロゲナーゼ複合体とαケトグルタル酸デヒドロゲナーゼ複合体に必須の補因子であるリポ酸の前駆体である（第14章）。ミトコンドリアのシステムは14炭素の長さの脂肪酸（ミリスチン酸）まで合成できる。しかし，より長い脂肪酸の合成の生理的機能は，いまだ不明である。

これらの脂肪酸合成系のすべてが本質的に同じ化学を脂肪酸の構築に用いているが，それらの酵素学上の違いは，抗微生物薬剤として特異的な阻害剤を開発する可能性を与えている。例えば，トリクロサンは抗細菌剤として広く用いられている。トリクロサンは細菌のエノイルACPレダクターゼ（ER）の強力な阻害剤であり，基質のエノレイト中間体の構造をよく模倣している（図17.32）。不幸なことに，歯磨き粉，脇の下の消臭剤，薬用石けん，プラスチック製の台所用品，他の多くの家庭用品などにおける広範なトリクロサンの使用によって，トリクロサン耐性のある細菌種が現れており，それらには*E. coli*，*Staphylococcus aureus*，*Pseudomonas aeruginosa*，*Salmonella enterica*などが含まれる。抗生物質の過剰な使用に伴う薬剤耐性は，

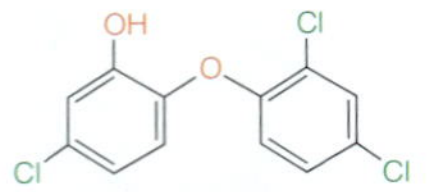

トリクロサン

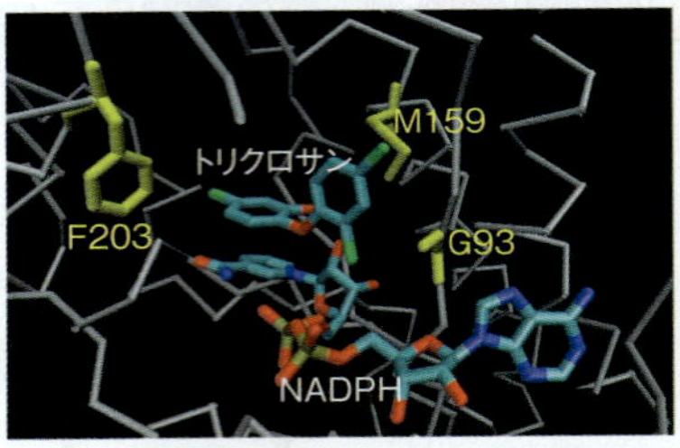

図17.32　トリクロサンは細菌のエノイルACPレダクターゼの特異的阻害剤である　大腸菌ERのトリクロサンとNADPHとの複合体のX線構造（PDB ID：1D8A）は，トリクロサンのフェノール環がNADPHのニコチンアミド環の上に重なっているのを示す。黄色で強調した3つの残基（Phe-203，Met-159，Gly-93）は，トリクロサンとは疎水会合とvan der Waals力で触れ合っている。これらの3つの残基のどのアミノ酸置換も大腸菌をトリクロサン耐性とする。

次第に大きな公共上の問題となっている。

アセチルCoAからパルミチン酸に至る合成過程は非常に速く，反応中間体が細胞内に蓄積しないことは以前から知られていた。この理由ははっきりしていて，すべての中間体は多機能タンパク質のACPドメインに共有結合によって結合しているためである。このような仕組みのおかげで，基質は単純拡散によって触媒部位を探しまわる必要がない。真核生物のメガシンターゼはアセチルCoAとマロニルCoAから1秒以内にパルミチン酸を合成できる。それ以上に，遺伝的調節機構としては7つでなく1つか2つのポリペプチド鎖の合成を制御すればよく，この型の遺伝子の構成は，いくつかの関与する活性の協調という視点からも魅力的である。1つのポリペプチド鎖が4つもの活性をもつ例は少ないが，多機能タンパク質は多くの主要な代謝過程において見出されている。

アセチル単位と還元当量の細胞質ゾルへの輸送

アセチルCoAはミトコンドリアマトリックスで生成するために，脂肪酸合成に利用されるには細胞質ゾルに輸送される必要がある。長鎖のアシルCoAと同様に，アセチルCoAはミトコンドリア内膜を透過できない。そこでこれを運搬するシステムが用いられている。このシステムは脂肪酸合成を調節する機構であるとともに，脂肪酸合成に必要なNADPHの多くを生成するという点においても興味深い。運搬システムには，クエン酸回路の第1段階でアセチルCoAとオキサロ酢酸からミトコンドリアでつくられるクエン酸が関わっている（図17.33，ステップ1）。クエン酸回路における酸化に必要な量以上にクエン酸がつくられる

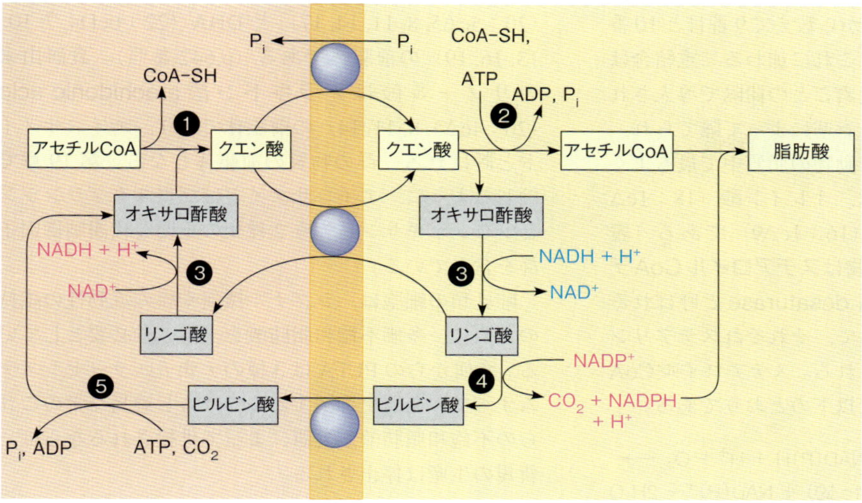

図 17.33　脂肪酸合成に用いられるアセチル単位と還元当量の輸送　この図は，脂肪酸合成に使うためにミトコンドリアから細胞質ゾルへアセチル単位と還元当量を移送する輸送機構を示すものである。クエン酸はミトコンドリアから出る際にはキャリヤーと交換されなければならない。一部のクエン酸は正リン酸と交換され，残りの部分はリンゴ酸と交換される。交換されないリンゴ酸は，脂肪酸合成に必要なNADPHのある部分をリンゴ酸酵素の作用によって生み出す。紫の球はミトコンドリア膜上の輸送系を示す。1＝クエン酸シンターゼ，2＝クエン酸リアーゼ，3＝リンゴ酸デヒドロゲナーゼ，4＝リンゴ酸酵素，5＝ピルビン酸カルボキシラーゼ。

と，クエン酸はミトコンドリアの膜を通過して細胞質ゾルに輸送される。そこでATPを消費して**クエン酸リアーゼ citrate lyase** の作用によってアセチル CoA とオキサロ酢酸に戻る（ステップ 2）。

クエン酸 ＋ ATP ＋ CoA-SH→ アセチル CoA ＋ ADP ＋ P_i ＋ オキサロ酢酸

ポイント 21
クエン酸は，脂肪酸の生合成に必要な 2 炭素単位のミトコンドリアから細胞質ゾルへの輸送キャリヤーである。

オキサロ酢酸は，ミトコンドリア内膜がこの物質の輸送タンパク質をもたないために，ミトコンドリアマトリックスに直接戻ることはできない。オキサロ酢酸は細胞質ゾルのリンゴ酸デヒドロゲナーゼによって，まずリンゴ酸に還元される（ステップ 3）。そして，一部のリンゴ酸はリンゴ酸酵素によって酸化的に脱炭酸され，ピルビン酸となる（ステップ 4，ここではリンゴ酸酵素は第 14 章，p.554 に示された方向とは反対の方向に働いている）。つくられたリンゴ酸の一部はクエン酸と交換にミトコンドリアに戻る。

オキサロ酢酸 ＋ NADH ＋ H^+ ⟶ リンゴ酸 ＋ NAD^+
リンゴ酸 ＋ $NADP^+$ ⟶ ピルビン酸 ＋ CO_2 ＋ NADPH ＋ H^+

また，ピルビン酸はミトコンドリアに戻され，そこでピルビン酸カルボキシラーゼによってオキサロ酢酸に再び変換される（ステップ 5）。

ピルビン酸 ＋ CO_2 ＋ ATP ⟶ オキサロ酢酸 ＋ ADP ＋ P_i

これら 3 つの酵素によって触媒される反応は最終的に以下の通りとなる。

$NADP^+$ ＋ NADH ＋ ATP ⟶ NADPH ＋ NAD^+ ＋ ADP ＋ P_i

細胞質ゾルに残ってピルビン酸に変換されるリンゴ酸 1 mol ごとに 1 mol の NADPH が生産される。1 mol のパルミチン酸を合成するのに必要な 14 mol の NADPH の残りは，大部分ペントースリン酸経路を介して細胞質ゾルで合成される。

脂肪酸鎖の伸長

脂肪酸シンターゼはパルミチン酸を合成するようにできているので，脂肪酸にみられる鎖長と不飽和度の変化がどのようにして生じるかを知る必要がある。真核細胞では，脂肪酸鎖の伸長はミトコンドリアと小胞体で起こる。ここでははるかに大きな活性をもつ，後者のいわゆるミクロソームのシステムを解説する。このシステムの化学反応は脂肪酸シンターゼのパルミチン酸に至る一連の反応と似ているが，アシル CoA 誘導体と小胞体膜の細胞質面に結合する個別の酵素群が関わっている。最初の反応はマロニル CoA と長鎖脂肪酸アシル CoA を基質とする縮合である。生産物であるβケトアシル CoA は，NADPH 依存性の還元，生じたヒドロキシアシル CoA の脱水，もう 1 回の NADPH 依存の還元によって，はじめの基質よりも 2 炭素長い飽和脂肪酸アシル CoA となる。

小胞体には複数の縮合酵素が存在し，そのうち 1 つは不飽和脂肪酸アシル CoA に働く。縮合以降の 3 つの反応を行う酵素は 1 セットだけのようである。

脂肪酸の不飽和化

高等動物と菌類は，一価および多価不飽和脂肪酸の合成を触媒する小胞体に結合したいくつかのアシル

CoA デサチュラーゼを有する。最初のシス二重結合は，脂肪酸のカルボキシ末端から数えて 9 番目と 10 番目の炭素の間に導入される。これに加わる二重結合はカルボキシ末端の方向に 3 炭素ごとの間隔で導入されるので，各二重結合はメチレン基によって隔てられ，したがって共役していない。動物の脂質中で最もよく見られる一価不飽和脂肪酸は，オレイン酸（18：1cΔ9）とパルミトオレイン酸（16：1cΔ9）である（表 10.1，p.322）。これらの化合物は**ステアロイル CoA デサチュラーゼ stearoyl-CoA desaturase** と呼ばれるミクロソームの酵素系によって，それぞれステアリン酸とパルミチン酸から合成される。ステアロイル CoA の不飽和化反応をまとめると以下のとおりである。

$$\text{ステアロイル CoA (18:0)} + \text{NAD(P)H} + H^+ + O_2 \longrightarrow \text{オレイル CoA (18:1c}\Delta 9) + \text{NAD(P)}^+ + 2H_2O$$

この反応では，脂肪酸と NAD(P)H の両基質は 2 電子酸化を受けることに注目してほしい。全体としての電子伝達には，シトクロム b_5 ともう 1 つの酵素，フラビン依存性の**シトクロム b_5 レダクターゼ cytochrome b_5 reductase** が関与している（図 17.34）。シトクロム b_5 成分はデサチュラーゼの N 末端ドメインに見出される。哺乳類の小胞体にはまた，Δ9 不飽和化系と同様に機能する Δ5 および Δ6 デサチュラーゼが存在する。

植物は D12 と D15 デサチュラーゼを有する（図 17.35）が，哺乳類は，脂肪酸鎖の Δ9 より先に（すなわち，C10 と末端のメチル炭素の間に）二重結合を導入することができない。そのため，哺乳類はリノール酸（18：2cΔ9, 12）とリノレン酸（18：3cΔ9, 12, 15）のどちらも合成できない。これらは食餌によって植物から供給されなければならない必須な脂質成分であるために，**必須脂肪酸 essential fatty acids** と呼ばれる*。哺乳類によって摂取された後，図 17.35 に示されるように，これらもまたさらなる不飽和化と伸長反応の基質となる。リノレン酸は ω-3 PUFA である EPA（20：5cΔ5, 8, 11, 14, 17）と DHA（22：6cD4, 7, 10, 13, 16, 19）の前駆体である（p.642 参照）。食餌由来のリノール酸は**アラキドン酸 arachidonic acid**（20：4cΔ5, 8, 11, 14）の前駆体であり，エイコサノイドと呼ばれる一群の物質の前駆体となる。第 19 章で論じるように，エイコサノイドはプロスタグランジンとトロンボキサンという 2 種類の重要な代謝制御因子群を含んでいる。

哺乳類の細胞は，シグナル機能や膜の流動性の維持のために，多価不飽和脂肪酸を一定の量必要としている。食餌からの PUFA は 3 種のデサチュラーゼシステムすべての発現を抑制するので，もし適当な量のこれらの不飽和脂肪酸が食餌によって供給されるならば，新規の生産は停止される。

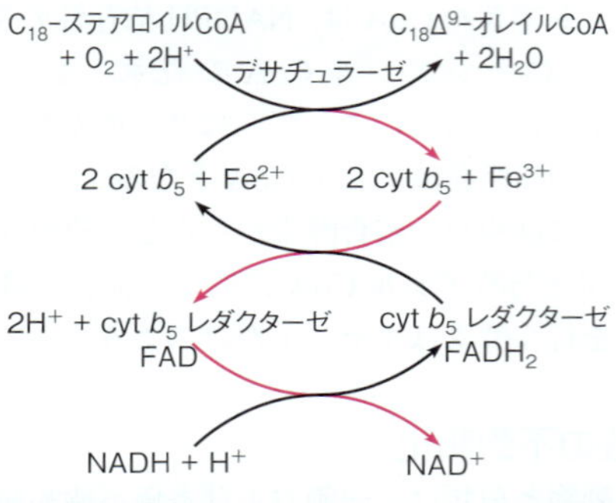

図 17.34　脂肪酸不飽和化系　黒い矢印は 2 つの基質が酸化される際の電子の流れの経路を示す。Δ5 と Δ6 デサチュラーゼは同じ機構を用いる。

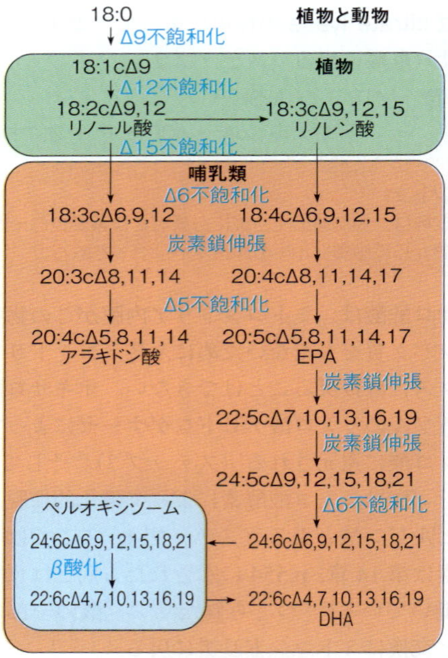

図 17.35　植物と哺乳類における多価不飽和脂肪酸の合成経路　必須脂肪酸であるリノール酸とリノレン酸は食餌より得られる。哺乳類の 2 炭素伸長を伴う二者択一的な Δ5 と Δ6 不飽和化によってアラキドン酸，エイコサペンタエン酸（EPA），そして他の PUFA が生産される。ドコサヘキサエン酸（DHA）の合成では，24：6 中間体がペルオキシソームで β 酸化を 1 サイクル受けて短縮し，22：6 の DHA を得る。ここで示されてはいないが，哺乳類の不飽和化と伸長反応はすべてアシル CoA 誘導体について行われる。一方，植物の酵素はアシル ACP に特異的である。

Adapted from *Trends in Biochemical Sciences* 27：467-473, J. G. Wallis, J. L. Watts, and J. Browse, Polyunsaturated fatty acid synthesis：What will they think of next? ©2002, with permission from Elsevier.

*魚類もよいリノール酸とリノレン酸の供給源であるが，これらの必須脂肪酸を合成できるわけではなく，すべての動物同様に食餌から得なくてはならない。

脂肪酸合成の制御

脂肪酸の生合成はかなりの程度，ホルモンの関わる機構によって制御されている。動物における脂肪酸合成の大部分は脂肪組織において行われる。そこで脂肪は，他の組織のエネルギー供給の必要に応じて放出と輸送を行うために貯蔵される。細胞外の情報伝達物質としてのホルモンは，このような器官間の調節の役割に適している。

図 17.36 に，動物細胞における脂肪酸合成の調節に影響する主要因子を要約した。インスリンは脂肪組織と肝臓における脂肪酸の合成と貯蔵をいくつかの方法で促進する。その効果の 1 つは，グルコース輸送体の形質膜への移行の促進によるグルコースの細胞内への流入の増加である。この効果によって，解糖系とピルビン酸デヒドロゲナーゼの反応を経て脂肪酸合成に必要なアセチル CoA を供給する代謝の流れが増加する。インスリンはまた，ピルビン酸デヒドロゲナーゼ複合体の脱リン酸化を促進してこれを活性型とする（第 14 章，p.548～549 参照）。

もう 1 つの調節は，ミトコンドリアマトリックスから脂肪酸合成が行われる細胞質ゾルへのアセチル単位の輸送である。この過程の鍵となる酵素であるクエン酸リアーゼ（p.665）は，リン酸化によって活性化される。インスリンと他の増殖因子は PI3K/Akt 経路を

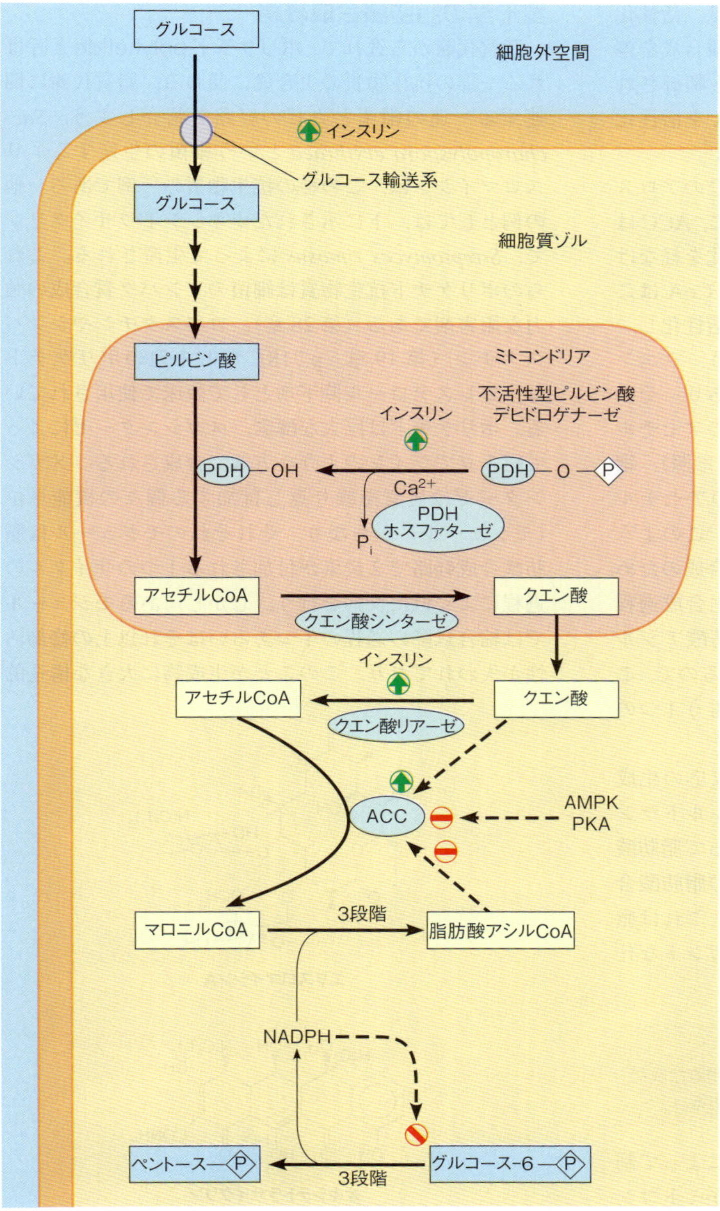

図 17.36　動物細胞における脂肪酸合成の調節　律速酵素アセチル CoA カルボキシラーゼ（ACC）はアロステリックな制御（クエン酸と長鎖脂肪酸による）と共有結合による修飾機構によって制御されている。AMP-活性化プロテインキナーゼ（AMPK），あるいはサイクリック AMP 依存性プロテインキナーゼ（PKA）は ACC を不活性化する。インスリンはグルコースの取り込みと，アセチル CoA を生産するピルビン酸デヒドロゲナーゼ（PDH）を通る代謝の流れを増加させることによって脂肪酸合成を促進する。脱リン酸化された PDH は酵素的に活性型である。

介してこの活性化を促進する（この詳細は第18章で述べる）。

脂肪酸合成に専一に関わる最初の酵素は，アセチルCoAカルボキシラーゼ（ACC，p.659）である。この酵素の活性は，アロステリックと共有結合修飾による制御機構を反映して飢餓状態にある動物では非常に低い。ACCはリン酸化によって不活性化される。AMP活性化プロテインキナーゼ（AMPK）とサイクリックAMP依存性のプロテインキナーゼの2種のプロテインキナーゼがACCをリン酸化する。AMPKシステムは細胞のエネルギー状態のセンサーとして働き，細胞のAMP：ATP比の増加によって活性化される（この詳細は第18章で述べる）。このようにして，絶食や飢餓の間に生じるエネルギーの低い状態では，活性化されたAMPKがACCの阻害によって脂肪酸合成を停止させる。ACC活性はホルモンによっても制御されている。グルカゴンとアドレナリンはPKAを活性化し，PKAはACCをリン酸化して阻害する。

クエン酸と長鎖脂肪酸アシルCoAはACCのアロステリック調節因子である。先に記したように，ACCは活性化状態であるためには可逆的な多量体化を経なければならない。低濃度の長鎖脂肪酸アシルCoAはこの多量体化を妨げ，それによって酵素を不活性化し，脂肪酸合成経路のフィードバック阻害を行う。クエン酸はACCのアロステリック活性化因子であり，その多量体化を促進する。ミトコンドリアからのアセチル単位のキャリヤーとして（図17.25，p.658参照），細胞質のクエン酸レベルはミトコンドリアのアセチルCoAとATPの濃度が増加すると上昇する。このようにして同じ分子（クエン酸）が脂肪酸の生合成のためのアセチルCoAの前駆体として，脂肪酸生合成過程の律速段階の活性化因子として働く。脂肪酸アシルCoAのレベルはインスリンによって低下するので，これはインスリンが脂肪酸合成の促進を行うもう1つの機構である。

脂肪酸の分解も制御されている。ACC反応の生成物であるマロニルCoAは，カルニチンアシルトランスフェラーゼIの活性を抑制することによって脂肪酸の酸化を阻害する。マロニルCoAは最初の脂肪酸合成経路専一の中間体である（p.647）ので，これは脂肪酸の合成と分解を協調的に制御するエレガントな仕組みとなっている。

ポイント22
アセチルCoAカルボキシラーゼ（ACC）は，脂肪酸合成だけに関わる酵素で，脂肪酸合成の主要な制御点である。

最後に，脂肪酸合成は還元剤の供給状況によって制御されることが証明されている。NADPHがミトコンドリアからのクエン酸の輸送（p.664～665）とペントースリン酸経路（第13章参照）の両方に由来することを思い起こしてほしい。ペントースリン酸経路もまた，NADPHによるグルコース6-リン酸デヒドロゲナーゼと6-ホスホグルコン酸デヒドロゲナーゼの阻害によって制御されている。一般に，脂肪酸合成に使われるNADPHの約60％はペントースリン酸経路に由来している。実験に用いた組織試料に酢酸を添加すると，この比率は80％に上昇する。このことは，NADPHの必要が高まるとペントースリン酸経路による供給が上昇しうることを示すものである。

抗生物質産生のための変形型の脂肪酸合成経路

脂質代謝から逸れて，**ポリケチド polyketide** と呼ばれる一群の抗生物質の生合成に関わる，脂質代謝に関連する一連の細菌とカビの経路を紹介しよう。*Saccharopolyspora erythraea* という細菌の生産するエリスロマイシンは，この種の抗生物質の一例である。他の例としては，下に示されたオキシテトラサイクリンで，*Streptomyces rimosus* によって生産される。これらのポリケチド抗生物質は細菌のタンパク質合成の強力な阻害剤である（第28章）。ロバスタチンやシンバスタチン（第19章，p.718）などの他のポリケチドは，コレステロール降下剤として臨床で使用されている。ポリケチドは巨大な酵素，メガシンターゼによって組み立てラインのような方式で合成される。メガシンターゼは炭素を繰り返し付加する個々の機能単位（モジュール）からなり，それぞれのモジュールは脂肪酸合成経路で2炭素が付加される1つのサイクルの過程によく似た反応を行う。しかし，あるモジュールでは縮合以降の過程の1つあるいはそれ以上の修飾活性が失われており，このことが生成物に大きな構造的

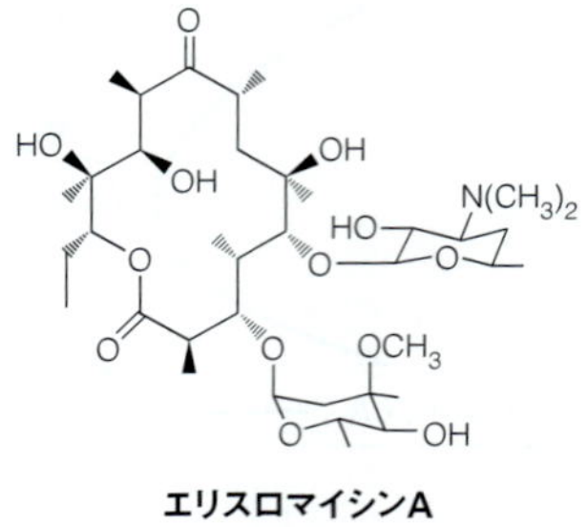

エリスロマイシンA

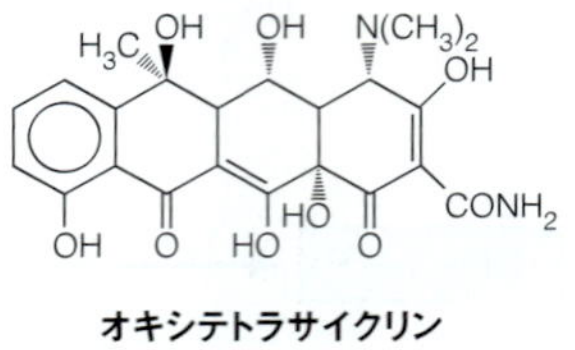

オキシテトラサイクリン

多様性を与えることとなっている。例として，6-デオキシエリスロノライド B，すなわちエリスロマイシン A のアグリコン前駆体の合成を図 17.37a に示した。6-デオキシエリスロノライド B シンターゼ 6-deoxyerythronolide B synthase（DEBS）は 28 の活性部位をもつ 3 種の大きなサブユニットからできていて，各サブユニットは，それぞれ 1 ラウンドの伸長と修飾を行う 2 つのモジュールを含んでいる。図 17.37b はモジュール 5 と 6 および末端にチオエステラーゼドメインをもつ DEBS3 サブユニットのモデルを示している。この経路では，プロピオニル CoA（アセチル CoA でなく）とマロニル CoA に始まって，ちょうどパルミトイル ACP の合成のように 2 炭素の付加が 7 回行われる。しかし，7 個のモジュールのうち 1 つだけがデヒドロゲナーゼドメインをもち，2 つのモジュールがケトアシルレダクターゼドメインを欠いている。こうして生成物は，脂肪酸と違ってケトおよび水酸基の酸素原子をもつ。この経路をさらに多様化させ，新しい有用な抗生物質をつくり出すために，タンパク質工学によって個々のモジュールを変化させ，再配置する試みが大きな期待をもって行われている。

トリアシルグリセロールの生合成

脂肪酸アシル CoA とグリセロール 3-リン酸はトリアシルグリセロールと，第 19 章で述べるように，膜の構築に用いられるグリセロリン脂質の主要な前駆体である。多くの場合，グリセロール骨格を与えるグリセロール 3-リン酸が律速となる基質である。グリセロール 3-リン酸は**グリセロール 3-リン酸デヒドロゲナーゼ glycerol-3-phosphate dehydrogenase** が触媒する解糖系の中間体ジヒドロキシアセトンリン酸 dihydroxyacetone phosphate（DHAP）の還元からか，あるいは**グリセロールキナーゼ glycerol kinase** による ATP 依存性のグリセロールのリン酸化によって得られる（p.671 左段の図参照）。脂肪組織では，グリセ

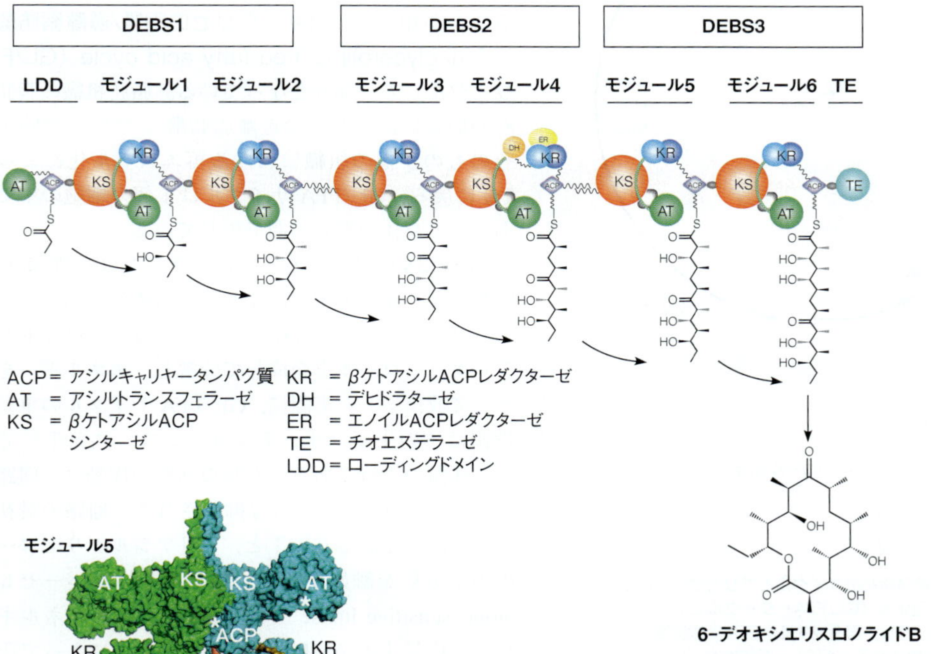

(a)

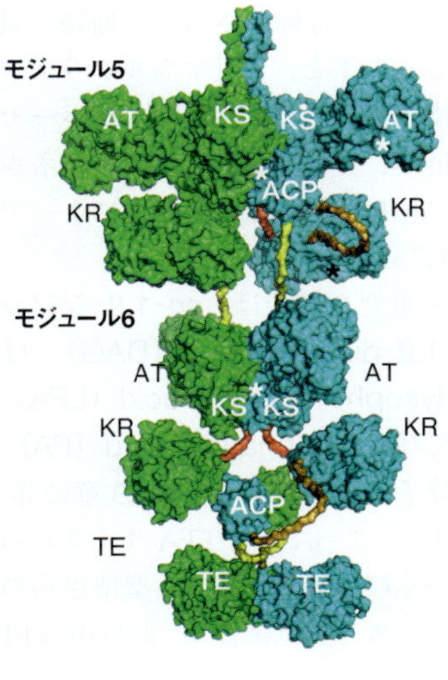

(b)

図 17.37　エリスロマイシンと関連抗生物質の生合成に至る生合成の経路　(a) *Saccharopolyspora erythraea* で行われるこの合成過程には，3 つの多機能サブユニット（DEBS1～3）が関与する。それぞれのサブユニットは 2 つのモジュール（上記では各モジュールに番号を付した）を有する。チオエステラーゼ（TE）はこの生合成の産物が結合する ACP ドメインから除去される過程で環状化が起こる。生成物である 6-デオキシエリスロノライドをエリスロマイシン A に変換するには，他の酵素によって触媒されるいくつかの改造の段階が必要である。**(b)** DEBS3 サブユニットのホモ二量体の構成。単離されたポリケチドシンターゼ polyketide synthase（PKS）ドメインの X 線構造がこのモデルを構築するために組み合わされている。ホモ二量体の 2 つの等しいサブユニットが緑と青で示されている。ドメイン間の柔軟な結合部は赤，黄，オレンジで示されている。＊印はモジュール 5 の ACP ドメインが向かう活性部位をマークしている。

ロールキナーゼを欠くために DHAP が関わる経路が主要である。解糖が低下する絶食や飢餓状態において脂肪細胞，肝細胞，およびがん細胞はピルビン酸からグリセロール 3-リン酸を合成できる。この**グリセロール新生経路 glyceroneogenesis** と名づけられた経路は，DHAP を生産するためにピルビン酸カルボキシラーゼとホスホエノールピルビン酸カルボキシキナーゼ phosphoenolpyruvate carboxykinase（PEPCK）を用いる糖新生経路（第 13 章）の短縮版である（図 17.38）。DHAP はついでグリセロール 3-リン酸デヒドロゲナーゼによってグリセロール 3-リン酸に還元される。

その起源はどうあろうと，グリセロール 3-リン酸は脂肪酸アシル CoA による 2 回の連続的なエステル化によって**ジアシルグリセロール 3-リン酸 diacylglycerol-3-phosphate** となる。最初のエステル化は**グリセロリン酸アシルトランスフェラーゼ glycerophosphate acyltransferase**（GPAT）によって触媒され，この合成サイクル専一の最初の段階として調節を受ける重要な反応である（以下参照）。ジアシルグリセロール 3-リン酸はまた，**ホスファチジン酸 phosphatidic acid** とも呼ばれ，リン脂質とトリアシルグリセロールの両方の前駆体である。トリアシルグリセロールに至る経路では，加水分解によるリン酸の除去の後，もう 1 つの脂肪酸アシル鎖がアシル CoA から転移される。

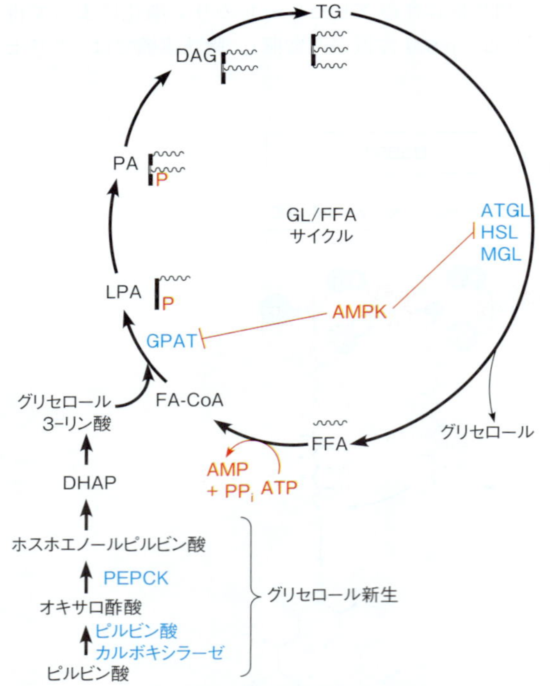

図 17.38　グリセロ脂質/遊離脂肪酸サイクルとグリセロール新生　哺乳類はグリセロ脂質/遊離脂肪酸（GL/FFA）サイクルでトリアシルグリセロール（TG）を加水分解し，再合成する。FFA は脂肪滴に働くリパーゼによって TG から遊離される。ATGL＝脂肪細胞トリグリセリドリパーゼ，HSL＝ホルモン感受性リパーゼ，MGL＝モノアシルグリセロールリパーゼ（図 17.13 参照）。一部の FFA は，輸送と酸化のために血液に放出される。しかし，約 75%が再エステル化によって TG に戻る。この非生産的サイクルにおける ATP の加水分解を赤で示した。グリセロール骨格は，ピルビン酸カルボキシラーゼとホスホエノールピルビン酸カルボキシキナーゼ（PEPCK）によって触媒される反応が関与するグリセロール新生によって生産される。p.671 左段の図に示されるように，ジヒドロキシアセトンリン酸（DHAP）はグリセロール 3-リン酸に還元される。GPAT と HSL の AMP 活性化プロテインキナーゼ（AMPK）依存性のリン酸化は，GL/FFA サイクルのこれらの酵素の働く段階を阻害する。TG 合成経路における中間体である，リゾホスファチジン酸（LPA），ホスファチジン酸（PA），*sn*-1,2-ジアシルグリセロール（DAG）も重要な脂質シグナル分子である。

ラットとヒトの脂肪組織トリアシルグリセロール（TG）のホルモン刺激による分解の間のグリセロールと遊離脂肪酸（FFA）の放出に関する注意深い研究によって，FFA の 40%が再利用されて TG に戻ることが示された。FFA とグリセロールのある部分は血流中に放出され，心臓や骨格筋といった組織に取り込まれて酸化される。しかし，かなりの部分が再び取り込まれて TG に再エステル化される。この再利用は，現在では脂肪組織だけでなく，心臓や骨格筋においても生じることが知られており，**グリセロ脂質/遊離脂肪酸サイクル glycerolipid/free fatty acid cycle**（**GL/FFA サイクル**）の一部分となっている。脂肪組織の脂肪分解の間に放出される全遊離脂肪酸の 75%が脂肪組織そのものか他の組織における再エステル化によって TG に戻る。GL/FFA サイクルは 1 個の細胞の中で，あるいは身体の器官の間で生じている。

図 17.38 に見られるように，グリセロ脂質/遊離脂肪酸サイクルは非生産的な回路の古典的な例であって（第 12 章），ATP を消費して途切れることなくトリアシルグリセロールを合成して分解し，エネルギーを熱として放出する。実際に，GL/FFA サイクルの重要な役割は熱の生産（サーモジェネシス，熱発生）であり，体温の維持である。過剰な回路の作動は，回路の 2 つの酵素の阻害によって抑制される。回路の最初の専一の段階である GPAT と，トリアシルグリセロールの加水分解を触媒するホルモン感受性リパーゼ hormone-sensitive lipase（HSL）はともに低エネルギー状態に応答する AMPK 依存のリン酸化によって阻害される（第 18 章に詳述）。

この回路の他の重要な機能は，***sn*-1,2-ジアシルグリセロール *sn*-1,2-diacylglycerol**（DAG），**リゾホスファチジン酸 lysophosphatidic acid**（LPA）および**ホスファチジン酸 phosphatidic acid**（PA）などの脂質シグナル分子の生産である（第 23 章に詳述）。最後に，最近の研究によって GL/FFA サイクルの糖尿病における役割が示唆されている。2 型糖尿病の基本的な障害であるインスリン抵抗性は，血液中の FFA の

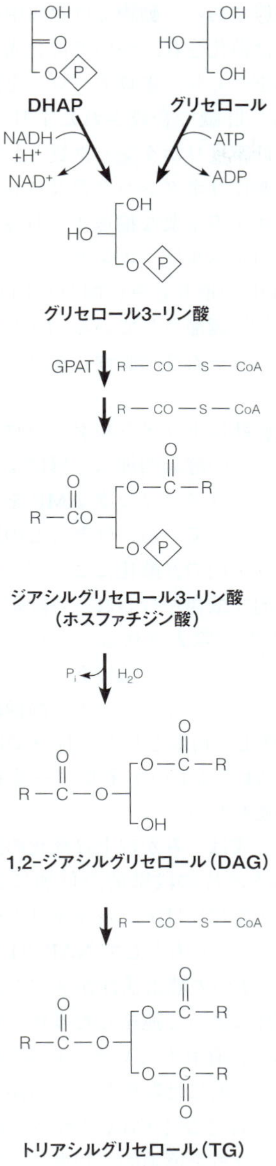

レベルの上昇に関係している。これらの FFA の上昇は筋細胞中の脂肪の蓄積を増加させる。筋細胞中の GL/FFA サイクルの作動によって細胞内の DAG が増加し，これが何らかの理由でインスリンによる情報伝達経路を押さえ込むために，筋細胞をインスリンに対して抵抗にする。チアゾリジンジオンと呼ばれる種類の抗糖尿病薬は，部分的には血液中の FFA レベルを下げることによって，インスリン感受性を向上させる。これらの薬剤が血流中の FFA を下げる機構には，脂肪組織における脂肪酸の取り込みと輸送，および貯蔵に関わる遺伝子の発現の促進が関係している。発現が上昇する遺伝子には，リポタンパク質リパーゼ，アシル CoA シンテターゼ，PEPCK，およびグリセロールキナーゼが含まれる。第 18 章で述べるように，これらの薬剤は，**ペルオキシソーム増殖因子活性化受容体-γ peroxisome proliferator-activated receptor-γ**（PPAR-γ）を介して作用する。PPAR-γ は脂肪細胞の分化と正常な脂肪細胞の機能の維持に必要な転写因子であり，細胞の代謝の主制御因子である。

チアゾリジンジオン類

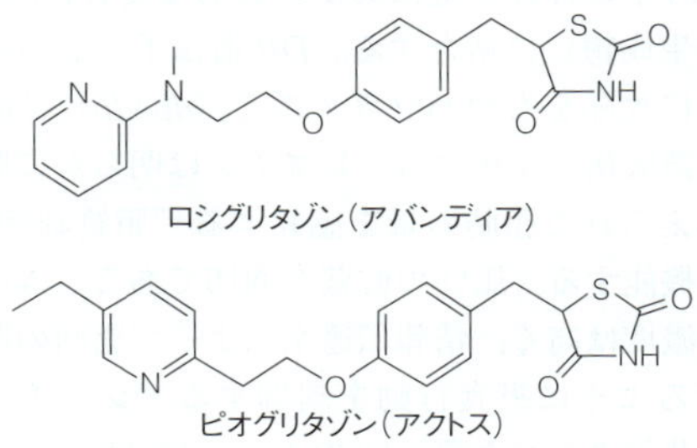

すでに記したように，トリアシルグリセロールはエネルギーを貯蔵する主要な化合物である。通常，成長した動物では合成と分解のバランスがとれており，体全体のトリアシルグリセロールの量は変化しない。もし摂食したものが必要なカロリーを超えると，そのときはタンパク質，糖質，あるいは脂肪がそれぞれただちにアセチル CoA を供給して脂肪酸とトリアシルグリセロールの合成が駆動される。一方で，貯蔵された脂肪は動物をかなり長時間の絶食に耐えさせ，かつ適当なエネルギーレベルを保たせる。しかし，第 18 章でさらに述べるように，そのような絶食はある種の代謝ストレスを生じさせる。

冬眠動物はそのようなストレスにきわめてうまく対処できるように適応している。例えば，クマは最長 7 箇月にもなる冬眠の始まる前に大量の脂肪を蓄える。冬眠の間にクマの必要とするエネルギーは，蓄えた脂肪の分解によって供給される。その上，クマは水分をほとんど排出せず，脂肪の酸化から得られる水分によって要求を満たしている。同様に，トリアシルグリセロールから遊離するグリセロールは，糖新生系の前駆体の供給源となっている。

肥満への生化学的洞察

米国人の約 1/3 はかなりの体重超過とされ，肥満が最も重要な公衆の健康問題の 1 つとなっている。最近に至るまで肥満は，単に脂肪細胞に過剰なトリアシルグリセロールが蓄積する過食の結果とみなされるのが常であった。生化学的な要因によって，ある人々は他の人々に比べてはるかに肥満になりやすいことが明らかになりつつある。1995 年にハツカネズミの *OB* 遺伝子（*OB* は obese〈“肥満した” の意の形容詞〉の短縮形）の生産物が同定された。*OB* 遺伝子について 2 つの対立遺伝子に欠陥のあるをもつハツカネズミ（*ob/ob*）は，体重が正常なものの3倍にも達する。*OB* 遺伝子は**レプチン leptin** と呼ぶ 16 kDa のタンパク質をコードする。レプチンは脂肪細胞において合成される**アディポカイン adipokine** で，ホルモンとして働き，食物の摂取を制御する視床下部の**弓状核 arcuate nucleus** 中の神経細胞にある特異的な受容体（*DB* 遺伝子の生成物）に結合する。*DB* 遺伝子の2つの対立遺伝子に欠陥をもつハツカネズミ（*db/db*）は肥満であり，糖尿病を発症する。レプチンは明らかに脂肪細胞に蓄えられた脂肪の量を感知する“脂質制御素子”として機能する。脂肪の貯蔵が適切であるときはレプチンの濃度は高く，情報伝達系によって脂肪の貯蔵を制限するように摂食行動を制御する。レプチンはまた，脱共役タンパク質（UCP 1。第15章，p.589）の合成を増加させ，脂肪組織のミトコンドリアの脱共役を促進する。飢餓状態ではレプチンのレベルは低下し，摂食と脂肪細胞における脂肪の貯蔵を促進する。機能するレプチンを欠く *ob/ob* マウスは，常に飢えているかのように振る舞い，過食によって肥満となる。それらにレプチンを注入すると餌を食べる回数が減少し，劇的に体重が低下する。しかしながら，肥満したヒトは肥満したハツカネズミとは違い，高いレベルのレプチンをもっている。このようなヒトは正常なレプチンによる情報伝達にどういうわけか応答しなくなっているという仮説の検証に狙いを絞って研究が行われている。第18章でレプチンと他のアディポカインが作用する経路について論ずる。

他の生化学的な要因が体重の制御にとって重要な因子となっているという証拠が集積されつつある。**セロトニン serotonin**（p.799）を含む多数のホルモンが膨満感，すなわち，食後の満腹感を制御している。肥満防止薬**フェンフルラミン fenfluramine** はセロトニンのレベルを上げ，食欲を減退させるように作用するので，心臓に重大な障害を与えることがわかり回収されるまでは，大変もてはやされた薬であった。最近の生化学的な関心は，酸化的リン酸化を脱共役することによって酸化代謝の間に生産される ATP の量を低下させる UCP に集っている。また，他のホルモン因子や，細胞内で脂肪酸の他の部位への輸送に働く脂肪酸結合タンパク質にも関心が集まっている。肥満についての生化学的研究は現在，最も活発な研究の最前線の1つである。

まとめ

トリアシルグリセロールは生物学的エネルギーの貯蔵の主要な形態である。動物では食餌中のトリアシルグリセロールは消化され，ついで再合成されてタンパク質と複合体をつくり，キロミクロンを形成して組織に運搬される。肝臓で合成されたトリアシルグリセロールは，超低密度リポタンパク質として末端組織へ運ばれる。低密度リポタンパク質はコレステロールを末端組織に輸送する主要な輸送体である。血液中のコレステロールのレベルは，エンドサイトーシスによる細胞内への LDL の取り込みに関わる LDL 受容体の合成の制御を通して調節されている。LDL レベルの制御の異常は，アテローム性動脈硬化症プラークの形成につながる。

貯蔵された脂肪はトリアシルグリセロールの脂肪酸とグリセロールへの酵素的加水分解によって動員される。この過程は，サイクリック AMP を介してホルモンによって制御されている。ほとんどの脂肪酸の分解はミトコンドリア内の β 酸化によって行われる。β 酸化系では段階的な酸化が行われ，各段階で2炭素がアセチル CoA として除去される。不飽和脂肪酸の分解は，立体化学的には少し複雑であるが，経路そのものは込み入ったものではない。クエン酸回路によるアセチル CoA の酸化が制限された条件下では，アセチル CoA は脳や心臓ではよいエネルギー基質となるケトン体の合成に使われる。

脂肪酸の生合成は，みかけ上 β 酸化の逆行に似た過程である2炭素断片の段階的な付加によって行われる。代謝的な活性化にはアシルキャリヤータンパク質が関わっており，還元力として NADPH が使われる。真核細胞では，7つの酵素活性がメガシンターゼと呼ばれる共有結合によって連結した多機能酵素あるいは多酵素複合体上に存在している。C_{16}段階より先の脂肪酸の伸長は機構的には類似しているが，アシルキャリヤータンパク質でなく CoA 誘導体が用いられる。脂肪酸の合成と分解を協調的に制御するために，エレガントな機構が進化した。不飽和脂肪酸は主に小胞体にある不飽和化系によってつくられる。トリアシルグリセロールは，脂肪酸アシル CoA のアシル基がグリセロール 3-リン酸とジアシルグリセロールの水酸基に転移されるというわかりやすい経路で合成される。過剰な食物摂取とともに，トリアシルグリセロールの蓄積に対するホルモンによる制御が異常になると，肥満の原因となる。

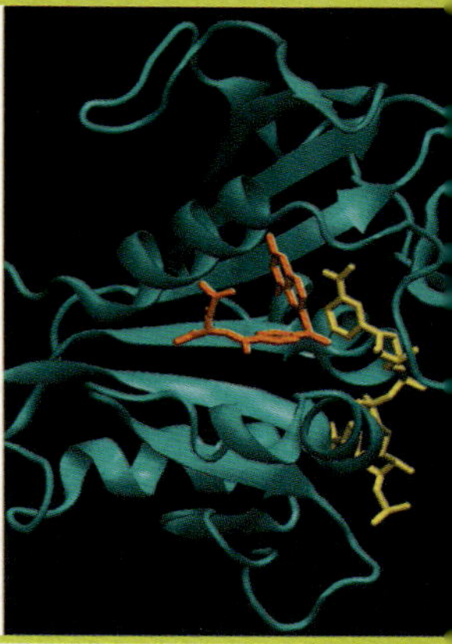

第 18 章
器官同士・細胞内における エネルギー代謝調節

これまでの章では，中間代謝について，個々の細胞における代謝反応やそれに関わる酵素などを中心に学んできた。本章では，これらの個々の反応経路を 2 つの方法で統合して考えたい。まずはじめに，脊椎動物の主要な器官における代謝学的特徴を概観する。それぞれの器官がエネルギー源として何を用いるか，またどのようなエネルギー源を産生するか，そしてストレス条件下においてそれぞれの器官がどのように連携して適切なエネルギーバランスを保つかを述べる。次に，これらの相互作用がどのようにホルモンなどによる調節を受けているかを説明する。ホルモンによる調節の一部はこれまでの章ですでに紹介した。ホルモンによるシグナル伝達の分子機構は，第 23 章で詳細に説明する。

代謝統合を考える上で忘れてはならないのは，代謝はそれぞれの代謝経路における基質の量に大きく左右されるということである。一般的に，細胞内酵素基質反応では酵素が基質に対し過剰に存在する。そのため，酵素基質反応の速度は基質の濃度に依存して変化する。例として，マラソン中に代謝がどう変化していくかを考えよう。まず肝臓と筋肉におけるグリコーゲンの貯蔵が利用され，枯渇する。すると筋肉における解糖の代謝速度が低下する。これはホルモンによる調節のためではなく，単にグルコースリン酸が足りなくなるためである。この時点からホルモンによる調節が行われ，筋肉におけるエネルギー源として脂肪酸の利用を亢進させる。しかし，結局のところ，細胞内でどの代謝経路が利用されるか，つまりどの基質を分解してエネルギーを産生するかを決める最も重要な因子は，利用可能な基質の量なのである。

ポイント 1
代謝産物濃度は，主要な細胞内代謝制御機構の 1 つである。

エネルギー代謝における主要器官の相互関係

本項では単一細胞内にとどまらず，多細胞で構成された複雑な個体内における化学反応の総和として代謝を見ていきたい。特に，エネルギー代謝における脳，筋肉，肝臓，脂肪組織，心臓などの主要な器官の役割に重点を置き，生理的変化に際し器官がどのように協調して対応しているかを述べる。

エネルギー収支

分業化した組織をもつ生物では，それぞれの組織にとって利用可能なエネルギー源を供給することが必要となる。また，組織のエネルギー需要を満たすだけでなく，その組織の機能を果たすために必要となるエネルギーも供給しなければならない。例えば腎臓は，排出するべき物質を濃度勾配に逆らって輸送するため，その能動輸送に必要なATPを合成する。筋肉は収縮にATPを必要とするが，特に心筋では，ATPをつくり出すためのエネルギー供給が決して途絶えてはならない。肝臓では，生合成にATPを必要とする。肝臓で行われる生合成とは，血漿タンパク質，コレステロール，脂肪酸の合成および糖新生，そして，窒素源の排出のための尿素合成などである。エネルギー産生は，労作の程度や食事に含まれるエネルギー源の組成，そして絶食時間などに応じて，幅広く変動させなければならない。例えば，平均的な体格のヒトにおいては，カロリー摂取は労作の程度の違いによって1,500～6,000 kcal/日と4倍程度変動しうる（1 kcalは1Calとも記載され，栄養士などが用いる単位であり，日常の食品ラベルでもよく見られる）。SI単位系では1日のカロリー摂取は6,000～25,000 kJ/日となる。

エネルギー代謝に関わる主要な器官はそれぞれが特化しており，器官によって異なったエネルギー源を貯蔵，利用，産生するため，それらに関わる酵素の発現量にも大きな違いがみられる。主なエネルギー源はトリアシルグリセロール（主に脂肪組織に存在），タンパク質（主に骨格筋に存在），グリコーゲン（肝臓と筋肉に貯蔵）である。一般的に，ある器官が特定のエネルギー源産生に特化しているとき，その器官はそのエネルギー源利用に必要な酵素をもたない。例えば，肝臓はケトン体産生の主な器官であるが，肝臓内ではケトン体の分解や利用はほとんど起きない。

ここからは，個体のエネルギー需要に対しそれぞれの貯蔵エネルギー源の動員がどのようにコントロールされ，関与する器官同士がどのように情報を伝え合うかを見ていきたい。図18.1と表18.1に概観をまとめてある。

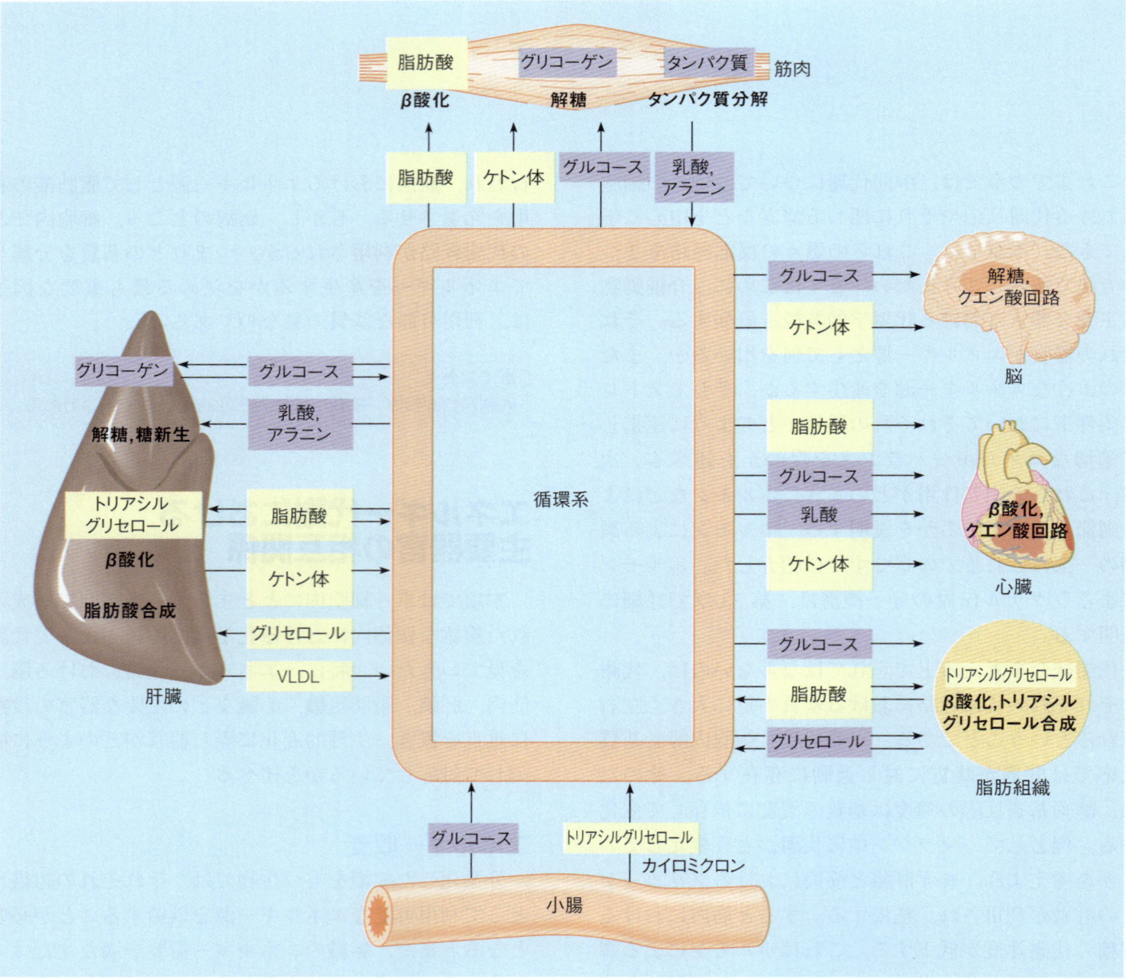

図18.1　エネルギー代謝における主要器官同士の代謝連携　主なエネルギー代謝物とそれを産生・消費する器官，そしてそれぞれの器官における主なエネルギー代謝経路と貯蔵されるエネルギー源を示す。脂質由来の代謝物を黄色，糖質由来の代謝物を紫で表す。VLDL＝超低密度リポタンパク質。

表 18.1　脊椎動物の栄養代謝における主要器官の概要

組織	貯蔵エネルギー源	利用エネルギー源	放出エネルギー源
脳	なし	グルコース（飢餓時はケトン体も）	なし
骨格筋（安静時）	グリコーゲン	脂肪酸	なし
骨格筋（運動時）	なし	グルコース	乳酸，アラニン
心筋	なし	脂肪酸	なし
脂肪組織	トリアシルグリセロール	脂肪酸	脂肪酸，グリセロール
肝臓	グリコーゲン，トリアシルグリセロール	アミノ酸，グルコース，脂肪酸	脂肪酸，グルコース，ケトン体

ポイント 2
主な貯蔵エネルギー源はトリアシルグリセロール（脂肪組織），タンパク質（骨格筋），グリコーゲン（肝臓，筋肉）である。

代謝に関わる主要な器官の間の役割分担

脳

脳は最も偏食な器官であり，かつ最も大食いな器官の 1 つでもある。神経信号を伝えるためには膜電位が必要であり，その膜電位を維持するためには大量の ATP をつくらなければならない。通常の条件では，脳はその莫大なエネルギー需要をグルコースのみで満たす。安静時のヒトにおいては，グルコース利用の実に 60%もが脳によるものである。1 日に脳は約 120 g のグルコースを消費する。これは 1,760 kJ に相当し，ヒトの 1 日の消費カロリーの 15%ほどにあたる。個体が休息や睡眠をとっているときでも，脳が消費するグルコース量は極めて一定である。また，脳は非常に好気的な器官であり，ヒトの全酸素消費量の約 20%を脳が消費する。脳はグリコーゲンやその他のエネルギー源貯蔵をもたないため，グルコースや酸素の供給が短時間でも途切れてはならない。もし途切れてしまうと，脳が不可逆的なダメージを負うこととなる。一方で，空腹時や飢餓時には，脳はそれに順応してグルコースの代わりにケトン体（第 17 章参照）をエネルギー源として使うことができる。

筋肉

筋肉は，グルコース，脂肪酸，ケトン体といったさまざまなエネルギー源を利用することができる。骨格筋では個体の活動量に応じ，そのエネルギー需要や利用するエネルギー源がさまざまに変化する。非活動時の筋肉は主なエネルギー源として脂肪酸を利用する。一方，運動時には主にグルコースを利用する。運動開始直後は，筋肉中に貯蔵されたグリコーゲンを分解することでグルコースリン酸を得る。しばらくして筋肉中のグリコーゲンが尽きると，脂肪酸が主なエネルギー源として用いられるようになる。ヒトでは体全体の貯蔵グリコーゲンのうち約 3/4 が筋肉中に存在し，残りのほとんどは肝臓に存在する。しかし，筋肉はグリコーゲンをグルコースに変換できないため、グルコースを他の器官に提供することはできない。筋肉は酵素グルコース 6-ホスファターゼをもたないため，グリコーゲンからグルコースリン酸を合成しても，それを遊離グルコースに変換して放出することはできない。筋細胞中でのみ利用される。

運動中はクエン酸回路の反応速度は解糖の速度に追いつけないため，乳酸が蓄積し放出される。また，グルコース-アラニン回路（第 20 章，p.754 参照）のアミノ基転移反応により，ピルビン酸からアラニンも合成される。乳酸，アラニンともに血中に放出され，肝臓に運ばれ，糖新生の材料となる。肝臓で合成されたグルコースはまた，筋肉やその他の組織で利用される。これを Cori 回路と呼ぶ（図 13.14，p.491 参照）。しかし，運動中に産生された乳酸の大部分は心臓によってエネルギー源として利用され，CO_2まで酸化される（第 13 章参照）。

筋細胞中にはタンパク質が大量に存在し，それらは利用可能なエネルギー源でもある。しかし，エネルギー産生のために筋肉中のタンパク質を分解することは，エネルギー的に無駄が多く，かつ有害ですらある。筋肉を使って活動することは動物が生存する上で必須だからである。飢餓時を除いては，タンパク質分解はアミノ酸異化が最小限にとどまるように制御されている。

最後に，思い出してほしいのが筋肉中に存在する補助的貯蔵エネルギーであるクレアチンリン酸で，これによりエネルギー源を代謝することなく ATP を得ることができる（第 12 章，p.444 参照）。クレアチンリン酸としてのエネルギー貯蔵は運動の早い段階で使い果たされ，筋肉が休息している間にグリコーゲンとともにクレアチンリン酸も再び蓄えられる。

心臓

心筋と骨格筋の代謝には 3 つの重要な違いがある。まず 1 つ目は，心筋の収縮力の変化は骨格筋と比べてずっと少ないということである。2 つ目は，心筋は完全に好気的であるのに対し，骨格筋は限られた時間であれば嫌気的に働くこともできることである。心筋細胞は他の種類の細胞に比べ，はるかに多くのミトコンドリアをもち，それらは心筋細胞のほぼ半分の体積を占める。3つ目の違いは，心筋は少量のクレアチンリン酸をもつものの，グリコーゲンや脂質としてのエネルギー源の貯蔵はほぼまったくもっていないことである。そのため心臓の絶え間ないエネルギー需要を満たすためには，決して途絶えることなく，血液を通じて酸素とエネルギー源が供給され続けなければならない。心臓はエネルギー源として主に脂肪酸を利用するが，他にもグルコース，乳酸，ケトン体を利用することができる。

脂肪組織

脂肪組織は動物における主要なエネルギー貯蔵器官である。脂肪に蓄えられた総トリアシルグリセロールは標準的な体格のヒトでだいたい555,000 kJ（133,000 kcal）程度である（第17章，p.632参照）。これは，代謝的な問題を無視すれば，数カ月間カロリー摂取なしで生きていけるほどのエネルギー量である。

脂肪細胞はトリアシルグリセロールを絶え間なく合成，分解することに特化した細胞である。トリアシルグリセロールの分解は，主にホルモン感受性トリグリセリドリパーゼを活性化させることでコントロールされている（図17.13，p.643参照）。脂肪細胞はグリセロールキナーゼをもたないため，トリアシルグリセロール合成にはグルコースが消費される。特に，ジヒドロキシアセトンリン酸を合成し，還元反応を経てグリセロール3–リン酸をつくり出すのにグルコースが必要となる（第17章，p.671参照）。グルコースは脂肪細胞で代謝センサーとしての働きをもつ。細胞内グルコースが十分にあると，ジヒドロキシアセトンリン酸がつくられ続け，十分量のグリセロール3–リン酸を供給することができるため，血中の脂肪酸からトリアシルグリセロールを再合成することができる。一方，細胞内グルコース濃度が減少すると，グリセロール3–リン酸の濃度も減少するため，脂肪細胞から放出された脂肪酸はアルブミンと結合し，他の組織へと運ばれる。

肝臓

肝臓の主な働きは，他の器官で使用するための各種エネルギー源を合成することである。消化吸収されて血中に入ってくる低分子代謝産物のほとんどは，この代謝過程で肝臓内に運び込まれる。肝臓は脂肪酸合成の主要な器官である。また，肝臓は貯蔵しているグリコーゲンの分解や糖新生を行うことによりグルコースも合成する。糖新生には，筋肉からの乳酸やアラニン，脂肪細胞からのグリセロール，タンパク質合成で余ったアミノ酸を用いる。ケトン体の大部分も肝臓で合成される。肝細胞内で脂肪酸アシルCoAがどのように利用されるかはマロニルCoAの濃度によって決められており，マロニルCoAの濃度は細胞のエネルギー状態を反映している。エネルギー源が十分あるとき，マロニルCoAが蓄積してカルニチンアシルトランスフェラーゼⅠを阻害し，脂肪酸アシルCoAのミトコンドリアへの輸送が阻害される。そのため脂肪酸アシルCoAがβ酸化やケトン体合成に使われなくなる。一方，マロニルCoAが減少すると脂肪酸はミトコンドリアに運ばれ，エネルギー産生とエネルギー源合成に利用される。

肝臓の重要な働きとして，血糖値を安定化させることが挙げられる。これはヘキソキナーゼⅣ（以前はグルコキナーゼと呼ばれていた）の働きによるところが大きい。ヘキソキナーゼⅣは肝臓特異的な酵素で，グルコースに対して高い$K_{0.5}$値（約7.5 mM）をもつ。一方で，高いK_M値をもつ糖輸送体（**グルコーストランスポーター〈グルコース輸送体〉）glucose transporter（GLUT）2**も血糖値の安定化に部分的に関与する。GLUT2はグルコースの輸送を担う膜タンパク質の1つである。この酵素と輸送体の働きにより，肝臓は高血糖を感知し，グルコースの取り込みとリン酸化を亢進させることができる。取り込んだグルコースはグリコーゲンとして蓄えられる。蓄積したグルコース6–リン酸はグリコーゲンシンターゼb型を活性化する（図13.36，p.514参照）。さらには，グルコース自体がグリコーゲンホスホリラーゼaに結合することで，グリコーゲンホスホリラーゼaが脱リン酸化されやすくなる。脱リン酸化型のグリコーゲンホスホリラーゼaは不活性化される（図13.35，p.513参照）。このように，後述するホルモンによる制御に加え，肝臓は摂食状態を感知してグルコースをエネルギー源として貯蔵する。肝臓はさらに飢餓状態も感知し，血糖値が低下するとグルコースの合成と排出を亢進させることにより血糖値を保つ（他の器官も摂食状態を感知する。特に膵臓は摂食状態によりグルカゴンやインスリンの分泌量を変化させる）。

肝臓は自身のエネルギー需要を満たすために，グルコース，脂肪酸，アミノ酸などのさまざまなエネルギー源を利用することができる。

> **ポイント3**
> 肝臓の重要な働きの1つは血糖値の安定化である。血糖値を監視し，一定レベルに保つ働きをする。

血液

上述したすべての器官は血流でつながっている。ある器官から廃棄された代謝産物が血流で別の器官に運ばれ，その器官のエネルギー源となることもある。筋肉から肝臓に運ばれるアラニンがそのよい例である。血液はまた，肺で吸収した酸素を組織に輸送し，酸素は酸化によるエネルギー産生反応に用いられる。生じた二酸化炭素は再び血流で肺に運ばれ，呼気から排出される（第 7 章参照）。また，第 17 章で示したように，血漿リポプロテイン（例：カイロミクロンや VLDL）は脂質輸送に不可欠である。もちろん血液は組織から組織へのホルモンの運搬媒体でもあるし，尿素などの代謝最終産物を腎臓から排出するための運搬媒体でもある。

血液自体のエネルギー代謝に関しては，赤血球における解糖が重要である。血球は血液の容積のほぼ半分を占め，そのうち 99%以上が赤血球である。哺乳類の赤血球はミトコンドリアをもたず，そのわずかなエネルギー需要は嫌気的な解糖のみに依存している。

ホルモンによるエネルギー代謝調節

動物にとって血糖値をかなり狭い範囲にコントロールすることは，特に神経系の正常な働きを支える上で，非常に重要なことである。もちろん血糖値は摂食状態により変化する。摂食数時間後のヒトの血糖値は 80 mg/dL（4.4 mM）であるが，摂食直後は 120 mg/dL（6.6 mM）まで上がりうる。血糖値の上昇に反応し，恒常性維持機構が働き始め，細胞のグルコース取り込みや組織によるグルコース利用が亢進する。同様に，摂食から時間がたち血糖値が低下すると，別のメカニズムが働き，肝臓のグリコーゲン貯蔵からのグルコース放出や糖新生を亢進させ，正常血糖値を維持する。恒常性維持機構のいくつかはすでに説明した。その他の機構としてはホルモンによる制御がある。ホルモンの作用の分子機構は第 23 章でくわしく記述するが，ここではエネルギー代謝に関わるホルモンの生理学的な作用を議論したい。

ポイント 4
血糖値を狭い範囲でコントロールすることは，脳機能維持に不可欠である。

主なホルモンの働き

インスリンは細胞へのグルコース取り込みとその利用を促進する最も重要なホルモンである。一方，グルカゴンとアドレナリンは逆に，血糖値を上げる方向に働く。これらのホルモンの主要な働きは表 18.2 にまとめた。膵臓から分泌される 2 つのホルモンであるインスリンとグルカゴンの血糖値への作用を図 18.2 に示す。

18

表 18.2　哺乳類におけるエネルギー代謝を調節する主要なホルモン

ホルモン	生化学的機能	標的酵素	生理的機能
インスリン	↑グルコース取り込み（筋肉，脂肪組織）	GLUT4	摂食時の状態を伝える：
	↑解糖（肝臓，筋肉）	PFK-1（PFK-2/FBPase-2 を介する）	↓血糖値
	↑アセチル CoA 産生（肝臓，筋肉）	ピルビン酸デヒドロゲナーゼ複合体	↑エネルギー貯蔵
	↑グリコーゲン合成（肝臓，筋肉）	グリコーゲンシンターゼ	↑細胞増殖・分化
	↑トリアシルグリセロール合成（肝臓）	アセチル CoA カルボキシラーゼ	
	↓糖新生（肝臓）	FBPase-1（PFK-2/FBPase-2 を介する）	
	↓脂質分解		
	↓タンパク質分解		
	↑タンパク質，DNA，RNA 合成		
グルカゴン	↑cAMP レベル（肝臓，脂肪組織）		絶食時の状態を伝える：
	↑グリコーゲン分解（肝臓）	グリコーゲンホスホリラーゼ	↑肝臓からのグルコース放出
	↓グリコーゲン合成（肝臓）	グリコーゲンシンターゼ	↑血糖値
	↑トリアシルグリセロールの分解と動員（脂肪組織）	ホルモン感受性リパーゼ，ペリリピン，脂肪細胞トリグリセリドリパーゼ	↑ケトン体（脳の代替栄養源）
	↑糖新生（肝臓）	FBPase-1（PFK-2／FBPase-2 を介する），ピルビン酸キナーゼ，PEPCK	
	↓解糖（肝臓）	PFK-1（PFK-2/FBPase-2 を介する）	
	↑ケトン体合成（肝臓）	アセチル CoA カルボキシラーゼ	
アドレナリン	↑cAMP レベル（筋肉）		ストレス状態を伝える：
	↑トリアシルグリセロール動員（脂肪組織）	ホルモン感受性リパーゼ，ペリリピン，脂肪細胞トリグリセリドリパーゼ	↑肝臓からのグルコース放出
			↑血糖値
	↑グリコーゲン分解（肝臓，筋肉）	グリコーゲンホスホリラーゼ	
	↓グリコーゲン合成（肝臓，筋肉）	グリコーゲンシンターゼ	
	↑解糖（筋肉）	グリコーゲンホスホリラーゼ（グルコース量が多い場合）	

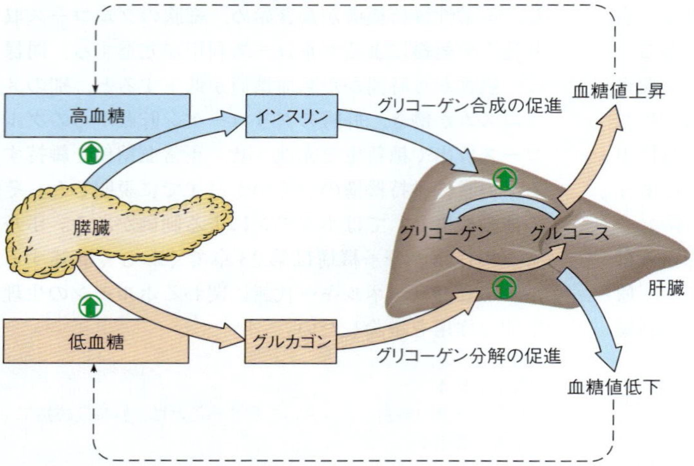

図 18.2　膵臓から分泌されるインスリンとグルカゴンによる血糖値調節　高血糖に対する反応は青で，低血糖に対する反応はピンクで示した。緑の矢印は活性化応答を示す。

> **ポイント 5**
> エネルギー代謝における主要なホルモンはグルコース利用を促進するインスリンと，血糖値を上昇させるグルカゴンとアドレナリンである。

インスリン

インスリンは5.8 kDa（p.133 参照）のタンパク質で，膵臓で合成される。膵臓は**内分泌細胞 endocrine cell** と**外分泌細胞 exocrine cell** をもつ。内分泌細胞はホルモンを直接血中へ分泌し，外分泌細胞は消化酵素の前駆体を上部小腸内に分泌する。膵臓の内分泌細胞はランゲルハンス島と呼ばれる塊状の細胞集団を形成する。ランゲルハンス島には少なくとも5種類の細胞が存在し，それぞれが特定の1種類のホルモン分泌に特化している。α（A）細胞はグルカゴンを分泌し，δ（D）細胞は**ソマトスタチン somatostatin**，ε 細胞は**グレリン ghrelin**，F細胞は**膵ポリペプチド pancreatic polypeptide** をそれぞれ分泌する。インスリンは β（B）細胞で合成される。β 細胞は血糖値を感知し，血糖値が上昇するとインスリンを分泌する。β 細胞がグルコースを吸収，代謝すると，細胞内ATPが上昇する。ATPの上昇に反応してATP感受性カリウムチャネルが閉じ，細胞膜の脱分極を引き起こす（第10章参照）。細胞膜電位を喪失すると電位依存性カルシウムチャネルが開き，細胞内カルシウム濃度の上昇を引き起こす。これによってインスリン分泌顆粒のエキソサイトーシス（開口放出）が引き起こされる。

インスリンの作用はいくつかあるが，まとめると“インスリンは摂食後の状態であることを伝えること”といえる。インスリンは，(1) エネルギー基質の細胞への取り込み，(2) エネルギー源（脂肪やグリコーゲン）貯蔵，(3) 高分子化合物（核酸やタンパク質）の生合成，を促進する。具体的には，筋肉や脂肪組織でのグルコースの取り込み亢進，肝臓での解糖促進，肝臓や脂肪組織での脂肪酸とトリアシルグリセロールの合成亢進，肝臓での糖新生抑制，肝臓と筋肉でのグリコーゲン合成促進，筋肉でのアミノ酸取り込み促進とそれによるタンパク質合成，タンパク質の分解抑制などが挙げられる。インスリンは生合成を促進する作用をもつため，成長を促進するホルモンとしての側面ももつ。

インスリンが筋肉や脂肪組織でのグルコース取り込みを亢進させるメカニズムは精力的に研究されてきた。ひとつの重要な因子は，糖輸送体のGLUT4（図18.5 参照）である。インスリン刺激が入らない状態では，GLUT4は細胞質の小胞上に存在し，細胞膜に存在しない。細胞にインスリンが作用するとGLUT4が細胞膜上に運ばれ，グルコース取り込みが促進される。脂肪細胞では，グルコースが取り込まれ，グリセロール 3-リン酸が合成される。グリセロール 3-リン酸は脂肪酸と結合し，トリアシルグリセロールが合成される。

グルカゴン

グルカゴンは3.5 kDaのポリペプチドホルモンで，膵ランゲルハンス島 α 細胞で合成される。α 細胞は血糖値を感知し，血糖値が低下するとグルカゴンを分泌する（図18.2 参照）。グルカゴンの合成と分泌はともにインスリンの制御を受ける。

グルカゴンの主要な標的器官は肝臓であり，主な作用は肝細胞内のサイクリックAMP（cAMP）濃度を上昇させることである（図18.3）。詳細は第13章で述べられているが，その結果としてグリコーゲン分解が亢進し，グリコーゲン合成は低下する。さらに，cAMPはフルクトース 2, 6-二リン酸の加水分解を亢進させることにより，解糖を抑制し，糖新生を亢進さ

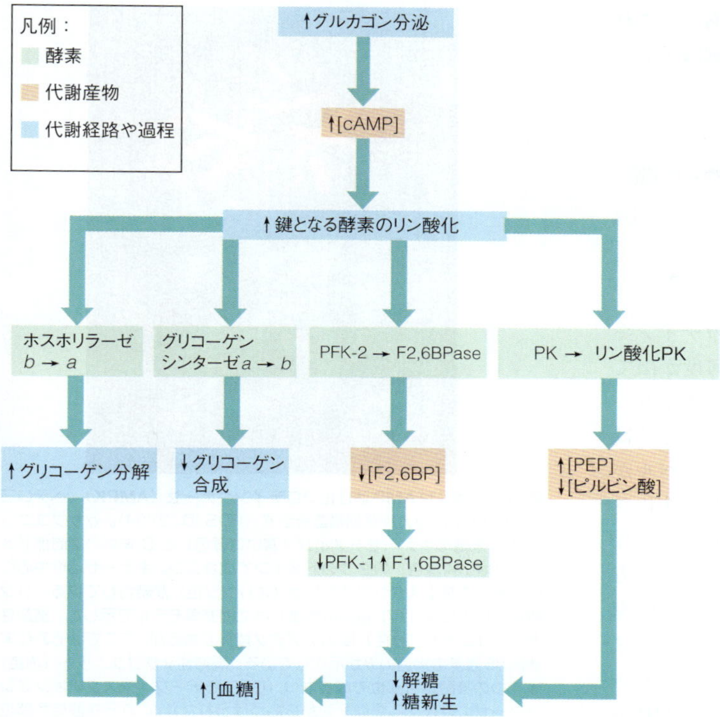

図 18.3　**肝臓におけるグルカゴンの血糖上昇メカニズム**　括弧は物質の濃度を示す。↑と↓はそれぞれ，酵素活性，代謝速度，代謝産物などの増加，減少を示す。

せる。グルカゴンはさらに肝臓におけるピルビン酸キナーゼ pyruvate kinase（PK）の活性も抑制するため，ホスホエノールピルビン酸が蓄積する。ホスホエノールピルビン酸 phosphoenolpyruvate（PEP）からのピルビン酸合成は低下する一方，ピルビン酸からホスホエノールピルビン酸がつくられ続けるため，結果としてピルビン酸は枯渇する。ピルビン酸からのホスホエノールピルビン酸の合成は，ピルビン酸カルボキシラーゼとホスホエノールピルビン酸カルボキシキナーゼによる。ホスホエノールピルビン酸の蓄積は微々たるものであるが，それは糖新生を亢進させるのに十分である。また，ピルビン酸キナーゼの抑制により，解糖の代謝速度が低下する。

グルカゴンはまた，脂肪組織における cAMP も上昇させる。脂肪組織での cAMP の主な働きは，ホルモン感受性リパーゼとペリリピンのリン酸化を介してトリアシルグリセロールの分解を亢進させることで，それにより，脂肪酸とグリセロールの産生が引き起こされる（図 17.14，p.644 参照）。

アドレナリン

カテコールアミンであるアドレナリンとノルアドレナリンは，シナプス前神経終末から放出された場合，神経伝達物質として働く（第 23 章参照）。一方，副腎髄質から低血糖に反応して分泌された場合，アドレナリンはさまざまな組織に作用し，セカンドメッセンジャーを介した多彩な反応を引き起こす。筋肉ではアドレナリンはアデニル酸シクラーゼの活性化を介して，グリコーゲンの分解亢進と合成抑制に働く（第 13 章参照）。脂肪組織でのトリアシルグリセロールの分解も促進され，その分解産物は筋肉のエネルギー源として利用される。アドレナリンはまた，インスリンの分泌を抑制し，グルカゴンの分泌を促進する。インスリン濃度の低下とグルカゴン濃度の上昇はともに肝臓でのグルコースの産生と分泌を促す。これらの効果は総じて血糖値を上昇させる方向に働く。グルカゴンとは対照的に，カテコールアミンの作用の半減期は短い。第 13 章で述べたように，アドレナリンの骨格筋と心筋への作用は“戦闘か逃避か fight or flight”反応において非常に重要な部分を占める。

エネルギー恒常性の協調的制御

すべての生物，すべての細胞は短期的にも長期的にも，エネルギー源となる分子の摂取・吸収に対してその代謝・貯蔵のバランスが取れていなければならない。このバランスを維持することを**エネルギー恒常性** homeostasis と呼び，さまざまなプロセスを統制するための複雑な制御系が用意されている。この制御系には数え切れないほどの因子が絡むが，AMPK と mTOR という 2 種類のプロテインキナーゼが，哺乳類の代謝を制御する上で最も重要な働きを担っている。3 つめの因子として**サーチュイン** sirtuin がある。これは種間でよく保存された酵素ファミリーであり，これもまた，エネルギー代謝において重要な制御因子であることがわかってきている。

ポイント 6
AMPK と mTOR というプロテインキナーゼは，哺乳類細胞の代謝調節で中心的役割を担う。

AMP 活性化プロテインキナーゼ

これまでの章で AMPK（AMP 活性化プロテインキナーゼ AMP-activated protein kinase）は何度か出てきた。AMPK はセリン-トレオニンキナーゼであり，すべての真核生物に存在する。AMPK は飢餓もしくは低酸素でみられるような，細胞内エネルギーレベルが低い（つまり AMP/ATP 比が高い）状況で活性化される。AMPK が活性化されると細胞内エネルギーを保つ方向にシグナルが入り，ATP の産生が亢進し，一方で ATP を消費する経路は抑制される。AMPK は触媒サブユニット（α）と 2 つの調節性サブユニット（β と γ）によって構成され，ヘテロ三量体を形成する。γ サブユニットにある 4 つの核酸結合部位に AMP が結合することで，α サブユニットの触媒機能が活性化される（図 18.4）。それと同時に，AMPK の活性化には α サブユニットに存在する特定のトレオニン残基のリン酸化が必要である。γ サブユニットに AMP が結合すると，このトレオニン残基の脱リン酸化がアロステリックに阻害される。このトレオニン残基は，LKB1 と Ca^{2+}/カルモジュリン依存性プロテインキナーゼキナーゼ β Ca^{2+}/calmodulin-dependent protein kinase kinase β（CaMKK β）という上流のキナーゼによりリン酸化される。

ポイント 7
AMPK は細胞内エネルギーレベルが低いと活性化される。

AMPK はエネルギー産生に関与する複数の基質をリン酸化する。そのリン酸化はグルコース取り込み（GLUT4 の細胞膜への移行による），心臓における解糖（心臓特異的 PFK-2/FBPase-2〈第 13 章，p.498 参照〉のリン酸化活性亢進による）やミトコンドリアの生合成などを促進する。同時に，AMPK の別の基質は，エネルギーを消費する経路を阻害する。これらの経路には，肝臓における糖新生（糖新生に必要な酵素の転写低下による），脂肪酸合成（アセチル CoA カルボキシラーゼの不活性化による。図 17.36，p.667 参照），トリアシルグリセロール合成（グリセロリン酸アシルトランスフェラーゼとホルモン感受性リパーゼの抑制による。図 17.38，p.670 参照），コレステロール合成（HMG-CoA レダクターゼの抑制による。第 19 章，p.718 参照）などが含まれる。これら AMPK の基質リン酸化による反応を図 18.5 にまとめる。

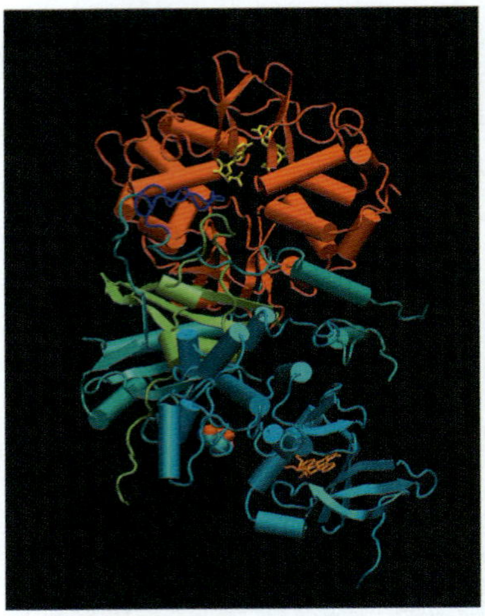

図 18.4　哺乳類 AMP 活性化プロテインキナーゼ（AMPK）　ヘテロ三量体の AMPK の X 線結晶構造を示す（PDB ID：2Y94）。α サブユニットは N 末端のキナーゼドメイン（濃い青緑色）と C 末端の調節性ドメイン（薄い青緑色）の 2 つのドメインで成り立つ。キナーゼ活性中心には阻害剤であるスタウロスポリン（オレンジ色）が結合している。リン酸化トレオニン（172 番目の残基）は空間充填モデルで示した。調節性 β サブユニット（緑色）は 272 アミノ酸長であるが，ここではその C 末端側 85 残基の構造のみが示されている。調節性 γ サブユニット（赤色）は 4 つの核酸結合部位で成り立つ（CBS モチーフ：シスタチオン β シンターゼに存在する類似配列から名づけられた）。これら核酸結合部位のうち，ここでは 2 箇所に AMP 分子（黄色）が結合し，残り 2 箇所には何も結合していない。活性化 AMPK では γ サブユニットの CBS モチーフの 1 つに結合した AMP と α サブユニットのループ（青色）が相互作用する。この相互作用により触媒ドメインが β サブユニットに安定的に結合し，172 番目のトレオニン残基の脱リン酸化が阻害される。これが，AMP が γ サブユニットに結合することで，触媒サブユニットに存在するトレオニン残基の脱リン酸化がアロステリックに阻害されるメカニズムである。

哺乳類のラパマイシン標的タンパク質

mTOR（哺乳類ラパマイシン標的タンパク質 mammalian target of rapamycin）はエネルギー恒常性における 2 大役者のもう片方である。AMPK と同様に mTOR も全真核生物で高度に保存されているセリン-トレオニンキナーゼである。AMPK がエネルギー不足のときに活性化するのに対し，mTOR はエネルギー状態が高いときに活性化し，エネルギー不足のときに不活性化する。活性化 mTOR は細胞分裂，タンパク質合成，生合成など同化促進に働く一方，異化反応を抑制する。mTOR はラパマイシン感受性の複合体 mTORC1 とラパマイシン非感受性の mTORC2 という 2 種類のタンパク質複合体として存在する。mTORC1 は mTOR，mLST8，raptor，PRAS40 により構成され，mTORC2 は mTOR，mLST8，rictor，Sin1，PRR5/Protor で構成される。mTOR は，細菌が産生するマクロライドである**ラパマイシン** rapamycin という強力な免疫抑制剤の標的として，生化学的研究により発見された。ラパマイシンはFKBP12という低分子量タンパク質と結合し，FKBP12–ラパマイシン複合体はmTORC1をアロステリックに阻害する。一方，mTORC2はFKBP12–ラパマイシン複合体による影響を受けない。

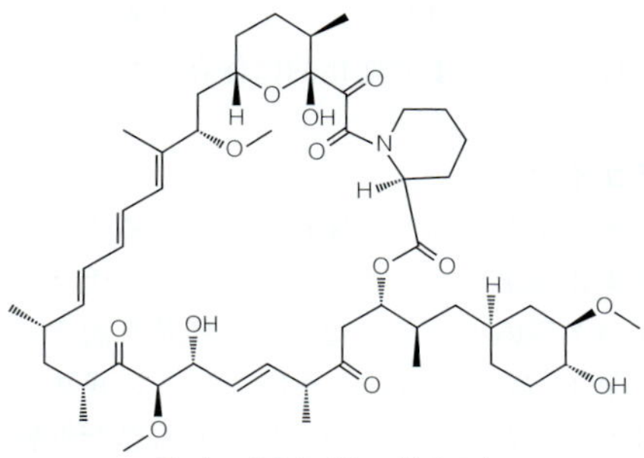

ラパマイシン(シロリムス)

mTORC1の基質のうち解析が非常に進んでいる分子が2つあり，4EBP1（真核生物翻訳開始因子 4E 結合タンパク質1 eukaryotic initiation factor 4E-binding protein 1）と S6K（リボソームタンパク質 S6 キナーゼ ribosomal protein S6 kinase）である（図 18.5）。raptor はこれら下流の基質を mTORC1 複合体へ導くための足場として働く。通常の状態では，4EBP1 は翻訳開始因子である eIF4E を阻害する（第 28 章参照）が，mTORC1 によりリン酸化されると eIF4E との結合が抑制され，翻訳の阻害が解除される。S6K のリン酸化は S6K のキナーゼ活性を上昇させ，翻訳を調節する一連のタンパク質をリン酸化する。よって，mTORC1 による 4EBP と S6K のリン酸化は相まってタンパク質合成とリボソーム生合成の促進に働くこととなる。

mTORC1 の活性はさまざまな上流因子の制御を受けるが，そのほとんどは結節性硬化症複合体 tuberous sclerosis complex（TSC）のシグナルを介する（図 18.5）。TSC は腫瘍抑制因子として同定されたタンパク質複合体であり，TSC1（hamartin），TSC2（tuberin）により構成される。TSC2 は GTPase 活性化タンパク質 GTPase activating protein（GAP）ドメインをもち，低分子量 Ras-like GTPase である Rheb を不活性化する。Rheb は通常 mTORC1 を活性化するため，TSC1 や TSC2 を欠損すると mTORC1 が過剰に活性

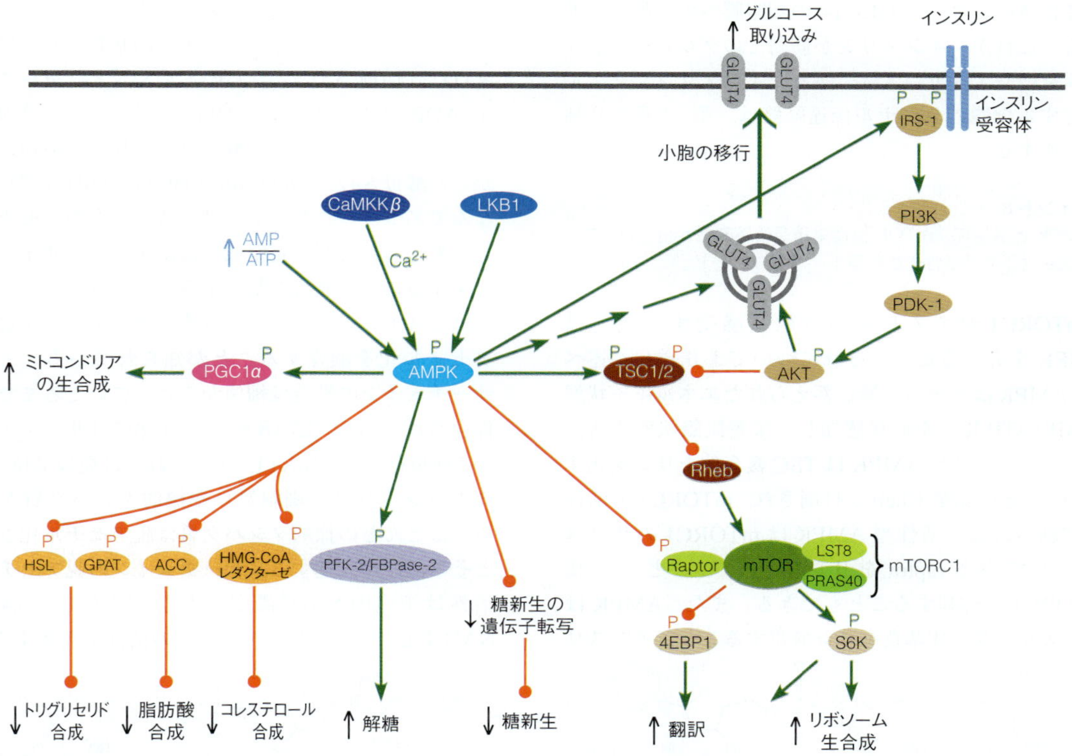

図 18.5　AMPK および mTOR シグナル経路　緑色の矢印は促進を，赤色の丸は抑制を示す。P はリン酸化を示し，標的タンパク質を活性化（P）もしくは不活性化（P）する。例えば，TSC1/2 が AKT によりリン酸化されると TSC1/2 は不活性化し，別の部位が AMPK によりリン酸化されると TSC1/2 は活性化する。AMPK と mTOR による代謝制御の一部は組織特異的である。詳細は本文を参照。4EBP1＝eIF4E-binding protein 1，ACC＝アセチル CoA カルボキシラーゼ，CaMKKβ＝Ca^{2+}/カルモジュリン依存性プロテインキナーゼキナーゼβ，GLUT4＝グルコーストランスポーター 4，GPAT＝グリセロリン酸アシルトランスフェラーゼ，HSL＝ホルモン感受性リパーゼ，IRS＝インスリン受容体基質，PI3K＝ホスファチジルイノシトール 3-キナーゼ，PGC-1α＝PPARγ コアクチベーター 1α，S6K＝リボソームタンパク質 S6 キナーゼ，TSC1/2＝結節性硬化症複合体

化する。TSCはmTORC1へのシグナルの中継分子であり，外部からのさまざまな刺激を受け取る。例えば増殖因子（インスリンや上皮増殖因子〈EGF〉）やエネルギー状態，そして栄養素利用性などである。インスリンが結合すると，細胞膜に存在するチロシンキナーゼ型受容体であるインスリン受容体は**インスリン受容体基質 insulin receptor substrate（IRS）**をリン酸化する。IRS（ヒトはIRS-1，2，4という3種類のアイソフォームを発現する）は活性化インスリン受容体から下流のアダプタータンパク質や酵素へのシグナル伝達を仲介する。その後，リン酸化IRSは**ホスホイノシチド3-キナーゼ phosphoinositide 3-kinase（PI3K）**を活性化し，PI3Kは膜に存在するホスファチジルイノシトール4，5-二リン酸（PIP_2）をリン酸化して，ホスファチジルイノシトール3，4，5-三リン酸（PIP_3）にする。PIP_3は細胞内にさまざまな標的をもつセカンドメッセンジャーとして働く。PIP_3は別のキナーゼであるPDK-1を活性化し，PDK-1は3つめのキナーゼであるAkt（PKBとも呼ばれる）を活性化する。AktはTSCをリン酸化することによりTSCの複合体を不活性化し，結果的にmTORC1が活性化する。活性化AktはさらにGLUT4の細胞膜への移動を促進する。これが，インスリンが筋肉でのグルコース取り込みを増やすメカニズムである。インスリンシグナルに対する細胞のシグナル伝達経路は，第23章で詳細に記述する。

ポイント8
AMPKとは逆に，mTORは富栄養条件下で活性化され，貧栄養条件下で不活性化される。

mTORC1がエネルギー状態を感受する機構はAMPKを介するため，それについてより詳しく述べる。AMPKはアデニル酸に蓄えられたエネルギー状態（AMP/ATP比）を直接感知し，栄養飢餓状態で活性型となる。活性型AMPKはTSC複合体をリン酸化するので，その結果Rhebが抑制され，mTORC1の活性が抑制される。活性型AMPKはmTORC1のサブユニットであるraptorをリン酸化することで直接mTORC1を抑制することもできる。また，AMPKはインスリン受容体基質をリン酸化することでインスリンシグナルを調節し，細胞のインスリン感受性を上げる働きももつ（図18.5）。

要約すると，各細胞や組織全体のエネルギー状態を反映するシグナルを細胞内外から受けると，AMPKとmTORは互いに反対の作用を及ぼして細胞の代謝活性をコントロールする。これら2種類のプロテインキナーゼとこれらがコントロールする栄養シグナル経路は，酵母からヒトまで進化的に保存されている。

サーチュイン

サーチュインは高度に保存されているタンパク質脱アセチル化酵素ファミリーである。サーチュインは標的タンパク質のアセチル化リシン残基を脱アセチル化する。第11章で述べたように，リシン残基のアセチル化はよくみられるタンパク質の共有結合性修飾であり，アセチルトランスフェラーゼファミリーの酵素により触媒される。アセチル化されたタンパク質を元に戻すには，酵素による脱アセチル化反応が必要となる。自然界には3種類の脱アセチル酵素が存在する。そのなかでも，サーチュインは脱アセチル化反応にNAD^+を必要とする点で特徴的である。NAD^+はサーチュインによる酸化還元反応の触媒共因子として働くのではなく，むしろサーチュインの基質として働き，NAD^+は切断されてニコチンアミドと2′-*O*-アセチル-ADP-リボース（*O*AADPr）になる（下を参照）。

サーチュインは，この酵素ファミリーで最初にみつかった酵母Sir2（silent information regulator 2）にちなんで名づけられた。Sir2はヒストンを脱アセチル化し，酵母の接合型決定領域の遺伝子などをサイレンシングすることで発現を制御する。今では，サーチュインはヒストンだけでなく，さまざまなタンパク質の脱アセチル化を触媒することが知られている。また，サーチュインの構造は細菌からヒトにいたるまでよく保存されている（図18.6）。哺乳類にはサーチュインが7種類存在し（SIRT1〜7），それらは発現部位（核，ミトコンドリア，細胞質）や標的タンパク質が異なる。ほとんどの標的タンパク質は脱アセチル化されるとその活性が亢進する。サーチュインの脱アセチル化活性は細胞内NAD^+濃度に大きく依存し，NAD^+/NADH比が高いとサーチュインの活性が亢進する。つ

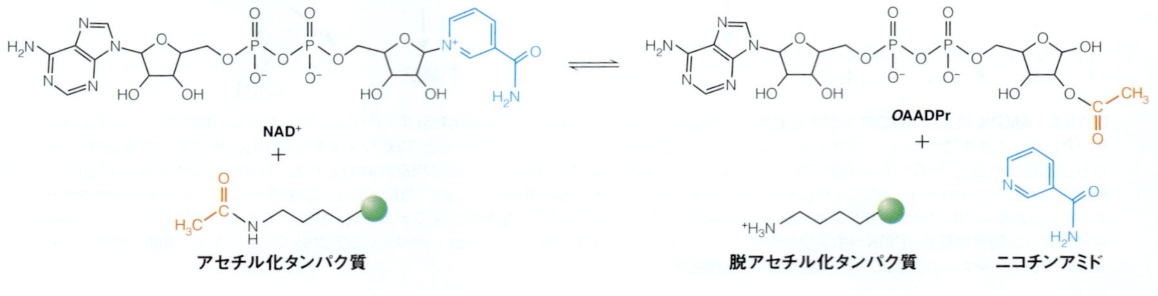

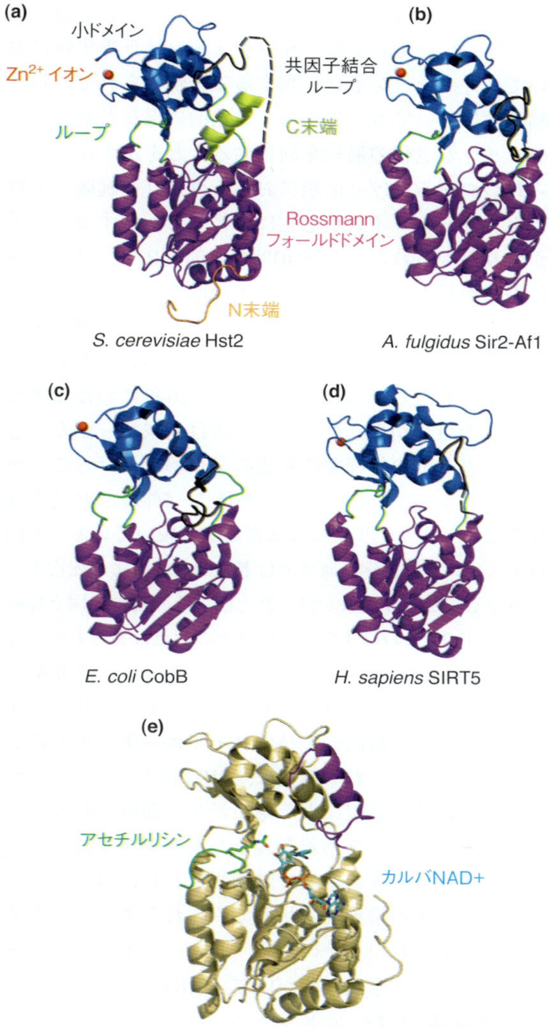

図 18.6　サーチュインの触媒活性部位は進化的に保存されている　サーチュインの触媒活性部位の X 線結晶構造。**(a)** 酵母（PDB ID：1Q14），**(b)** 古細菌（PDB ID：1ICI），**(c)** 真正細菌（PDB ID：1S5P），**(d)** ヒト（PDB ID：2B4Y）において構造的に高い類似性がみられる。Rossmann フォールドドメイン（NAD^+/NADP 結合タンパク質に特徴的）は赤紫色で，亜鉛結合部位は青で，亜鉛イオンは赤で示す。無構造部分は破線で示してある。**(e)** は酵母の Hst2 サーチュインである。アセチル化ペプチド基質（緑色）とカルバ NAD^+（青色，基質アナログ）が結合している。

Modified from *Biochimica et Biophysica Acta* 1804：1604–1616，B. D. Sanders, B. Jackson, and R. Marmorstein, Structural basis for sirtuin function：What we know and what we don't. © 2010. with permission from Elsevier.

まり，サーチュインは細胞の酸化還元状態を示す代謝センサーとして働くと言える。

> **ポイント 9**
> サーチュインは進化的に高度に保存されている NAD^+依存性タンパク質脱アセチル化酵素である。

サーチュインは，食事から得られる栄養源に応じて複数のエネルギー代謝経路の代謝速度をコントロールする，複雑な制御システムの一員である。詳細は次章で記述するが，哺乳類は飢餓状態下では複数の組織にまたがって代謝経路を調節・変更し始める。例えば，肝臓や腎臓ではグルコース合成が亢進し，末梢組織ではエネルギー源として脂肪酸の利用が上昇する。代謝経路の調節・変更を司る最も大切な因子の 1 つは peroxisome proliferator-activated receptor-γ coactivator 1α（PGC-1α）である。PGC-1α は当初，転写因子である peroxisome proliferator-activated receptor-γ（PPARγ）の共活性化因子として同定されたが，それだけではなく PGC-1α は p53，核呼吸因子 nuclear respiratory factors 1，2（NRF-1，NRF-2），forkhead box O（FOXO）を含む複数の転写因子にも結合して活性化する。

転写共活性化因子としての PGC-1α の機能は，PGC-1α のアセチル化状態によって影響される。SIRT1 は PGC-1α を脱アセチル化する。飢餓（低栄養）状態では NAD^+/NADH 比が高くなり，サーチュインが活性化する。PGC-1α は脱アセチル化されると転写共活性化因子としての機能が亢進する（図 18.7）。肝臓で PGC-1α の機能が亢進すると，ホスホエノールピルビン酸カルボキシキナーゼ phosphoenolpyruvate carboxykinase（PEPCK）とグルコース 6-ホスファターゼ遺伝子の転写活性化を通じて糖新生が活性化する。骨格筋と心筋においては，PGC-1α による転写調節により，脂肪酸の酸化が亢進し，グルコースの利用が抑制される。PGC-1α の脱アセチル化はまた，核にコードされているミトコンドリアの呼吸鎖サブユニットをコードする遺伝子の転写（第 15 章）やミトコンドリア遺伝子発現装置の成分をコードする遺伝子の転写も同時活性化する。これによりミトコンドリアの生合成が亢進し，細胞の脂肪酸酸化能力が上がる。これは PGC-1α による心筋と骨格筋の代謝リプログラミングのうちの非常に重要な部分である。

PGC-1α は，細胞内のエネルギー状態を感知する複数のシグナルを統合する。AMPK がミトコンドリアの生合成も活性化させることを思い出していただきたい。AMPK は PGC-1α をリン酸化し，活性化する（図 18.5 参照）。この PGC-1α のリン酸化が，SIRT1 による脱アセチル化の引き金にもなるようである。つまり，PGC-1α は AMP/ATP 比を AMPK シグナルにより感知し，NAD^+/NADH 比を SIRT1 経由で感知するといえる。

哺乳類細胞では 2,000 を超えるタンパク質がアセチル化修飾を受けていることが知られている。その中でも，SIRT による脱アセチル化反応で制御される経路の報告数は爆発的に増え続けている。この重要な調節性酵素サーチュインに関する現在の知見を表 18.3 にまとめる。

ミトコンドリアに発現する3種類のサーチュイン（SIRT3～5）は，尿素サイクルや呼吸などのいくつかの代謝経路の調節に関わる。これらのサーチュインは，基質タンパク質（表18.3）を脱アセチル化することでその経路を活性化する。SIRT4は，in vitroでの反応においてはNAD^+依存的脱アセチル化反応を示さないので，実際はタンパク質脱アセチル化酵素ではないようである。SIRT4はむしろタンパク質の**ADP-リボシル化 ADP-ribosylation**，つまりADP-リボースをNAD^+から標的タンパク質に転移する反応を触媒する（図11.51，p.414参照）。

サーチュインはエネルギー恒常性だけでなく，細胞のストレス応答，遺伝子の安定性，そして腫瘍発生にも関与している。実際，サーチュインは下等生物においては寿命をコントロールすることが知られている。哺乳類においても，これらの進化的に保存されたサーチュインが老化の過程を制御することを示す証拠が得られつつある。げっ歯類におけるカロリー制限の実験から，サーチュインが老化に影響をもたらす最初の手がかりが得られた。30～40%の食餌制限で，げっ歯類の寿命が最大で50%延長し，老化関連の症状の出現も遅くなった。さらに，カロリー制限は酵母，げっ歯類から霊長類に至るさまざまな生物種において寿命延長の効果をもたらすことがわかった。20年にわたるアカゲザルの研究から，カロリー制限は糖尿病，がん，心血管障害，脳の神経変性疾患の発生率を下げることが明らかになっている［訳注：カロリー制限による寿命延長効果は，アカゲザルではまだ議論が続いている。米国ウィスコンシン大学の研究では老化関連病による死亡率は低下させるという結果が得られたが，その後の米国立加齢研究所（NIA）の研究では，健康上の利点はあるものの寿命延長効果はないとされた］。酵母の遺伝学的研究を発端に，哺乳類を含むほとんどの生物においてサーチュインがカロリー制限の中核的メディエーターであることが明らかとなった。例えば，SIRT1ノックアウトマウスはカロリー制限による寿命延長が観察されなかった。一方，SIRT1を過剰発現したトランスジェニックマウスは自由摂食状態（食餌制限なし）においても，野生型マウスの栄養制限状態でみられるようなさまざまな反応を示した。そのため，サーチュインが寿命を延長させるという説に基づいて，SIRT1活性化低分子化合物探索のゴールドラッシュが巻き起こった。SIRT1のもつNAD^+依存的脱アセチル化活性を活性

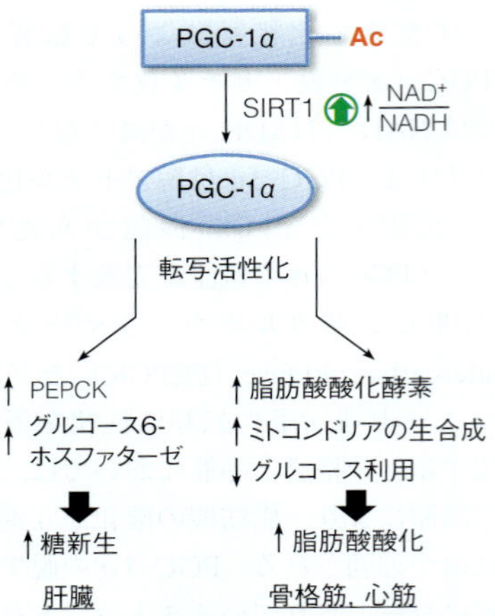

図18.7　飢餓時にはPGC-1αとSIRT1が栄養素の代謝経路を調節・変更する　飢餓により栄養素が欠乏するとNAD^+/NADH比が高くなり，SIRT1が活性化する。SIRT1はPGC-1αを脱アセチル化し，PGC-1αの転写共活性化因子としての機能を亢進させる。それぞれの組織で特異的な転写活性化が起こり，肝臓では糖新生が，骨格筋と心筋では脂肪酸の酸化が亢進する。

表18.3　哺乳類サーチュインの細胞内局在と基質

	細胞内局在	脱アセチル化基質
SIRT1	核，細胞質	ヒストン PGC-1α，FOXO，その他さまざまな転写因子 IRS-2
SIRT2	核，細胞質	ヒストン FOXO，その他転写因子
SIRT3	ミトコンドリアマトリックス	アセチルCoAシンテターゼ2（第17章） 長鎖アシルCoAデヒドロゲナーゼ（第17章） 電子伝達系の複合体I（第15章） グルタミン酸デヒドロゲナーゼ（第20章） オルニチントランスカルバモイラーゼ（第20章） $NADP^+$依存性イソクエン酸デヒドロゲナーゼ（第14章） スーパーオキシドジスムターゼ（第15章）
SIRT4[a]	ミトコンドリアマトリックス	グルタミン酸デヒドロゲナーゼ[b]（第20章）
SIRT5	ミトコンドリアマトリックス	カルバモイルリン酸シンテターゼI（第20章）
SIRT6	核	ヒストン
SIRT7	核小体	RNAポリメラーゼI[c]

[a]SIRT4は基質の脱アセチル化ではなくADPリボシル化を触媒する。
[b]グルタミン酸デヒドロゲナーゼのADPリボシル化は酵素活性を低下させる。
[c]RNAポリメラーゼIの脱アセチル化部位は明らかになっていない。

化する物質のスクリーニングで最初にみつかってきたのがレスベラトロールであった。レスベラトロールは赤ブドウ（そして赤ワイン），ベリー類，その他多くの植物に含まれるポリフェノール化合物であり，健康に良い影響があることが報告されている物質である。確かにレスベラトロールやその後みつかってきたSIRT1活性化物質は自由摂食状態の動物に栄養制限状態でみられるようなさまざまな反応を起こすが，これらの物質を単純に“若さの泉”と考えるのは短絡的である。とはいえ，サーチュイン活性を薬剤で制御することは老化関連疾患の治療に有用であると期待される。

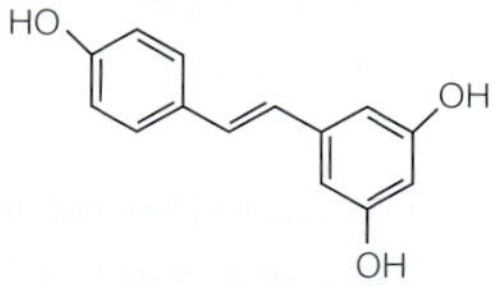

レスベラトロール

ポイント 10
カロリー制限は酵母から霊長類に至る生物で寿命延長をもたらす。寿命延長のメカニズムは必ずしもすべて明らかになっていないが，サーチュインはこの反応の重要なメディエーターである。

内分泌系によるエネルギー恒常性の制御

AMPK，mTOR，サーチュインはどれも単細胞生物の時代にすでに獲得されており，栄養を感知して，適切な代謝反応を引き起こす制御システムの一部として機能している。富栄養条件下では細胞はエネルギー源を取り込み，解糖系で代謝する。解糖系は素早い反応であるが，比較的効率の悪い代謝法である（図 18.8，左図）。指数関数的な細胞増殖時には，細胞はこの“増殖性代謝”により新しい細胞のための構成成分と自由エネルギーを手に入れる。逆に貧栄養条件下では細胞は“飢餓代謝”に適応する。細胞増殖は停止し，細胞内の代謝はゆっくりであるがもっと効率のよい，酸化的代謝に切り替わる。それにより，少ない栄養から最大限のエネルギーを得ることができる。後生生物（多細胞生物）へと進化する過程で，このコントロールシステムはさらに複雑化し，それまでとは違う多くの新しい刺激に対し，それぞれ異なった反応を生み出すようになった。単細胞生物とは対照的に，多細胞生物内のほとんどの細胞は，循環系の働きにより比較的一定の栄養供給を受ける。そしてこの栄養供給は，多くの場合，細胞の成長や分裂に必要な量より多い。よって，多細胞生物における成長のコントロールは，栄養の取り込み，運搬，使用（代謝）のレベルで行われるようになった。そのため，ほとんどの哺乳類細胞では，分化した静止状態から増殖状態に移行するためには増殖因子（ホルモン）の存在が欠かせない。細胞分裂をしない分化した哺乳類細胞は，典型的にはグルコースを代謝するために酸化的代謝（好気性解糖とクエン酸回路）を行っている。これは単細胞生物が飢餓に曝されたときの代謝と類似する（図 18.8，右図）。一方，哺乳類細胞に増殖因子（例：インスリン）のシグナルが入ると，分化した細胞でもより速度の速い代謝である解糖に移行する。

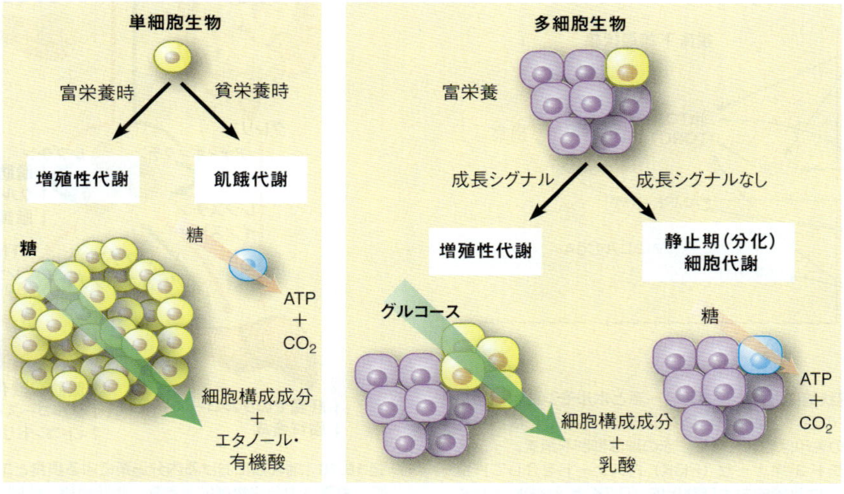

図 18.8　増殖期と静止期で細胞のエネルギー代謝は変化する　単細胞生物においても多細胞生物においても，増殖性代謝は解糖による。解糖は速いが比較的効率の悪い ATP 合成法である。この“発酵性”代謝は大量の栄養素を必要とする。単細胞生物は貧栄養条件下では飢餓代謝に切り替わり，遅いが効率のよい，酸化的代謝を用いる。分化した静止期の哺乳類細胞も同様の酸化的代謝を行っている。多細胞生物において細胞は比較的一定の栄養供給を受けるため，増殖性代謝と静止期代謝の切り替えは栄養の多少ではなく，適切な増殖因子の有無で決まる。

From *Science* 324 : 1029-1033, M. G. Vander Heiden, L. C. Cantley, and C. B. Thompson, Understanding the Warburg effect : The metabolic requirements of cell proliferation.

1925年にOtto Warburgは，分化した非増殖性の哺乳類細胞とは対照的に，非常に速く分裂するがん細胞は酸素が豊富な条件下ですらグルコースを嫌気性解糖で代謝し乳酸を産生していることを見出した。この現象は“Warburg効果”と呼ばれる。がん細胞は，通常の細胞にみられる非常に厳密な増殖因子依存性を失い，増殖性代謝に切り替わっている。多くの場合，がん細胞では，細胞増殖を制御すべき増殖因子のシグナル経路の遺伝子に変異が入っていることが現在では知られている。例えば，PI3Kのシグナル強度を変化させる変異は，がん細胞で最も頻繁に見受けられる遺伝子変異である。他の例は第23章で紹介する。

哺乳類では，脳が全身のエネルギー恒常性を調節している。現在消費されるエネルギーの質と量，血中にすでに存在するエネルギー源，体内のさまざまな場所にある貯蔵エネルギーの量といった情報が脳に入ってくる。これらのエネルギー源やホルモンの情報は，食物摂取を制御する視床下部の**弓状核 arcuate nucleus**に集まる。当然，AMPKとmTORも視床下部での情報統合において中心的な役割を担っており，AMPKの活性化は食物摂取を促進する（図18.9）。視床下部のAMPKの活性化は，グルコース，分枝アミノ酸，遊離脂肪酸などの栄養素の濃度が低い場合に起こる。食物摂取量を制御する最も大切なホルモンはインスリン，レプチン（これらは食欲を抑制），**グレリン ghrelin**，**アディポネクチン adiponectin**（これらは食欲を増進）である。これらのホルモンは弓状核にある特有の細胞の特異的レセプターに結合し，AMPKとmTORにシグナルが集まる。インスリンはmTORを活性化することで摂食を抑制する。第17章の最後で述べたように，レプチンは，脂肪が十分貯蔵されると脂肪組織から分泌されるペプチドホルモン（**アディポカイン adipokine**）である。レプチンは，視床下部においてmTORを活性化し，AMPKを抑制することで摂食を抑制する。グレリンは短い（28アミノ酸）ペプチドホルモンであり，胃に存在する細胞から分泌される。グレリンは視床下部のAMPKを活性化することで摂食を促進する。脂肪から分泌される別のアディポカインであるアディポネクチンは通常，血漿に豊富に存在するが，肥満者やII型糖尿病患者では減少する。アディポネクチンは視床下部のAMPKを活性化することで摂食を促進する。これらのホルモンによる制御を図18.9に示す。

当然これらのホルモンは脳以外の標的器官にも作用する。レプチンとアディポネクチンはともに骨格筋のAMPKシグナルを活性化し，脂肪酸酸化，グルコース取り込み，ミトコンドリア生合成を亢進させる（図18.10）。肝臓では，AMPKの活性化は糖新生と脂質合成を抑制する。グレリンとインスリンは肝臓においてAMPK活性を抑制し，レプチンと反対の働きをす

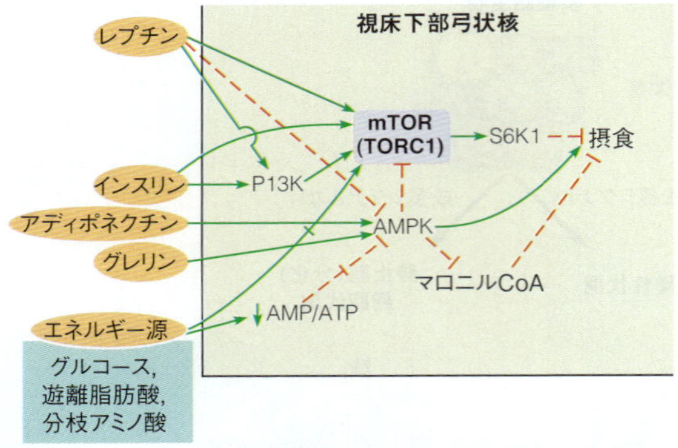

図18.9　視床下部弓状核におけるエネルギー源とホルモンによる摂食行動の制御　AMPKの活性化は摂食行動を促進し，不活性化は摂食行動を抑制する。緑色の矢印は促進を示し，赤の線は抑制を示す。インスリンはホスホイノシチド3-キナーゼ（PI3K）カスケードを介して摂食抑制に働く。レプチンは直接的および間接的（PI3KとAMPKを介する）にmTORを制御する。アディポネクチンとグレリンはAMPKを活性化させることで摂食を促進する。S6K＝リボソームタンパク質S6キナーゼ

Modified from *Annual Review of Nutrition* 28：295-311, S. C. Woods, R. J. Seeley, and D. Cota, Regulation of food intake through hypothalamic signaling networks involving mTOR. © 2008 Annual Reviews.

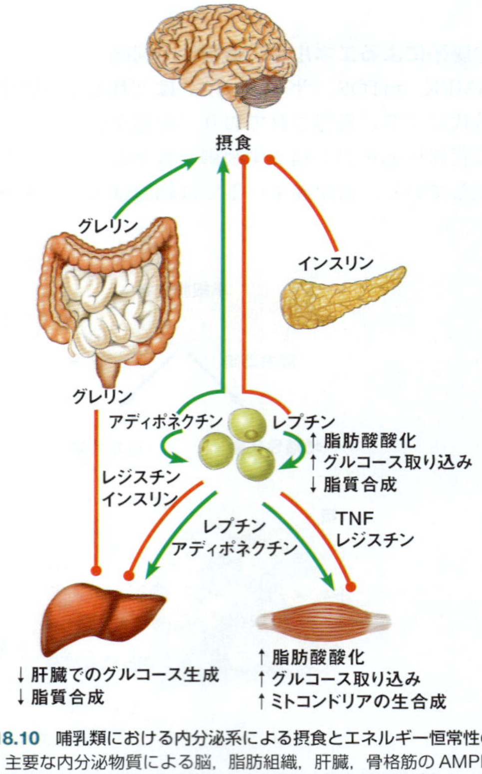

図18.10　哺乳類における内分泌系による摂食とエネルギー恒常性の制御　主要な内分泌物質による脳，脂肪組織，肝臓，骨格筋のAMPK活性の制御を示す。緑色の矢印はAMPK活性化を，赤い丸は抑制を示す。その他のアディポカインであるレジスチンとTNF（腫瘍壊死因子）には，ここでは触れていない。

Modified with permission from *Physiological Reviews* 89：1025-1078, G. R. Steinberg and B. E. Kemp, AMPK in health and disease. © 2009 The American Physiological Society.

る。アディポネクチンは肝臓やその他の組織においてインスリン感受性を高める働きをもつ。さらに，レプチンとアディポネクチンはオートクリン（自己分泌）的作用ももち，脂肪組織の AMPK を活性化することで，脂肪酸酸化やグルコース取り込みの亢進，脂質合成の抑制に働く。

代謝ストレス応答：飢餓と糖尿病

これまで器官同士の連携とホルモンによる制御を学んできたが，これらの仕組みが実際に全身のエネルギー代謝を制御していることを理解するには，代謝ストレス応答について吟味するとよい。この項では 2 種類の代謝ストレスの例を示す。1 つめは長期間の飢餓であり，エネルギー源となる基質の摂取が不足している状態である。そして 2 つめは**糖尿病 diabetes mellitus** であり，血中に糖が豊富にあるにもかかわらず，インスリンの働きが不十分なために体がグルコースを利用できなくなっている状態である。

まずは通常の摂食サイクルにおけるグルコースレベルの調節をまとめておく（図 18.11）。糖質を含む食事を摂取すると直後に血糖上昇が起こり，インスリン分泌が刺激され，グルカゴン分泌が抑制される。インスリンの上昇とグルカゴンの低下により肝臓におけるグルコース取り込みが促進され，グリコーゲンの合成は亢進し，分解は抑制される。グルコースの上昇によりヘキソキナーゼⅣ（グルコキナーゼ）による反応も亢進し，グリコーゲン合成の基質が合成される。さらには肝臓でアセチル CoA カルボキシラーゼが活性化して脂肪酸合成が亢進する。合成されたトリアシルグリセロールは超低密度リポタンパク質 very low-density lipoprotein（VLDL）に組み込まれて脂肪組織に

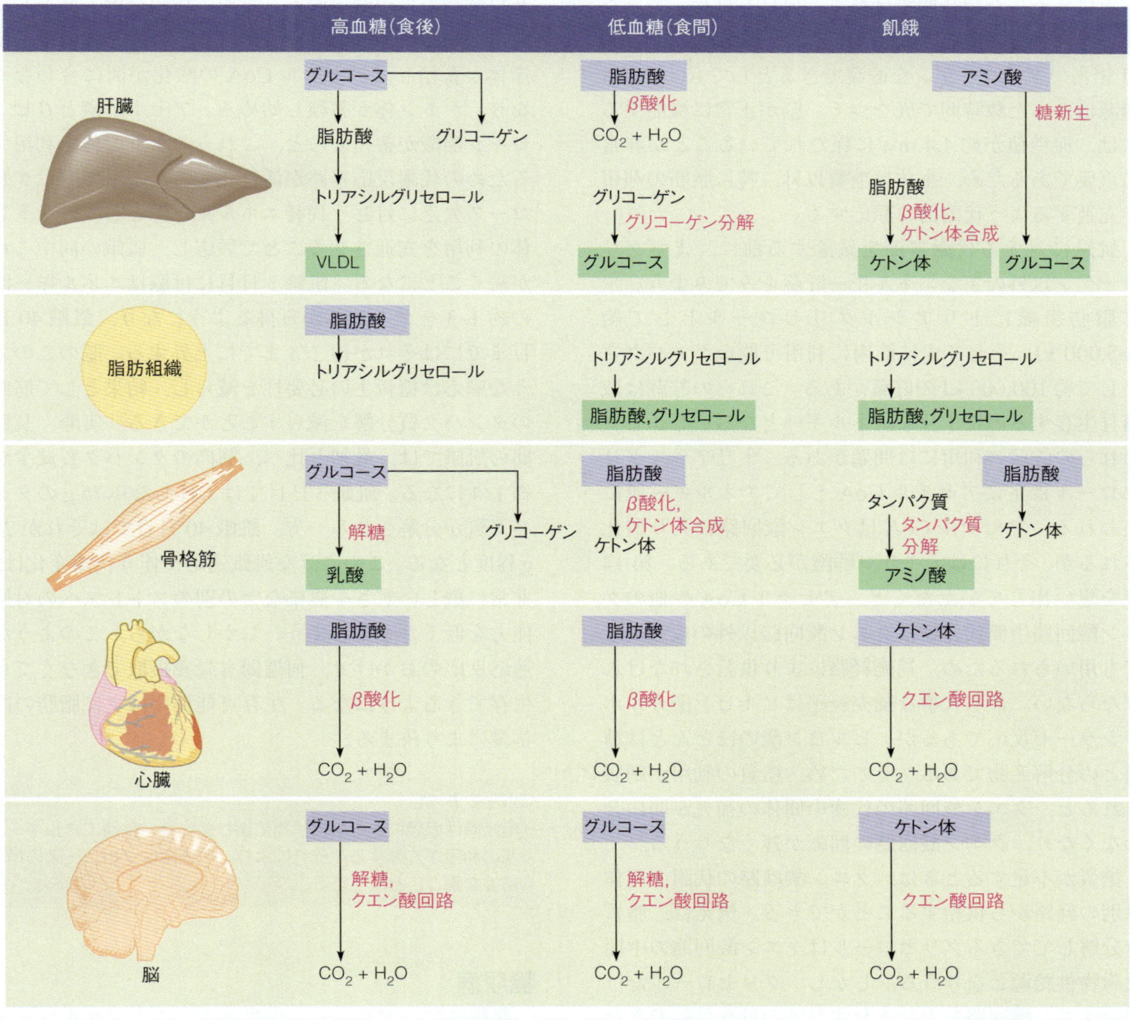

図 18.11　摂食後，食間，飢餓初期における主要なエネルギー源貯蔵，補充，利用　紫は組織に取り込まれるエネルギー源を，緑は組織から放出されるエネルギー源を示す。

運搬される。肝臓では解糖中間代謝産物や脂肪酸が増えるとトリアシルグリセロールの合成が亢進する。筋肉においても，グルコース取り込みが亢進するとグリコーゲン合成のための基質が増える。

数時間後には血中グルコース濃度は低下し始め，上記の反応は沈静化する。インスリン分泌は低下し，グルカゴン分泌は増加する。するとcAMP依存性のカスケード反応によりグリコーゲンホスホリラーゼは活性化し，グリコーゲンシンターゼは不活性化するため，結果として肝臓のグリコーゲンが分解される。脂肪組織ではホルモン感受性リパーゼの働きによりトリアシルグリセロールが分解され，生じた脂肪酸は肝臓や筋肉の栄養源となる。結果的に肝臓でつくられたグルコースのほとんどが血中に放出され，脳が利用できる状況になる。

飢餓

次に，たった数時間ではなく，何日も摂食ができなかった場合を考える。体重70 kgのヒトは最大で6,700 kJ相当のグリコーゲンを貯蔵できるとしても，この血糖源はたった数時間で底をつく。脳が正常に機能するには，血糖値が約4.4 mM に保たれていることが非常に重要であるため，生体は糖質以外，特に脂肪の利用を亢進するよう代謝的に順応する。

飢餓に対する代謝調節を議論する前に，まずグリコーゲン以外の主なエネルギー貯蔵をみてみよう。主に脂肪組織にトリアシルグリセロールとして約565,000 kJ，そして主に筋肉に利用可能なタンパク質として約100,000 kJの貯蔵がある。これらの貯蔵は数箇月生存するのに十分なエネルギーとなる。しかし，これらの貯蔵の利用には問題がある。トリアシルグリセロールは主にアセチルCoAとしてエネルギー源に使われる。アセチルCoAはクエン酸回路に入り酸化されるが，それにはオキサロ酢酸が必要である。第14章を思い出していただくと，アセチルCoAや他のクエン酸回路中間代謝物はクエン酸回路以外の代謝反応でも用いられるため，補充経路により供給されなければならない。最も大事な補充経路はピルビン酸カルボキシラーゼ反応であるが，ピルビン酸のほとんどは糖質との分解産物である。そのため，糖質の利用が制限されると，クエン酸回路の代謝中間体の補充が間に合わなくなり，クエン酸回路の回転が遅くなりうる。

糖質が不足するときは，クエン酸回路の代謝中間体は別の経路から供給することができる。例えば，脂質を分解してできるグリセロールはクエン酸回路の中間代謝物供給源となりうる。しかし，グリセロールだけではクエン酸回路を十分まわすだけの量を供給できない。他には，タンパク質分解産物のアミノ基転移反応により供給する方法もある。しかし，アミノ酸から供給する方法はエネルギー的に無駄が多く，かつ筋萎縮による個体の脆弱化を招くなど望ましくない効果をもつ。それでも飢餓が始まって数日は，タンパク質分解が亢進する。これはタンパク質分解が通常時と同様に起こる一方で，アミノ酸不足によりタンパク質合成が低下しているため，合成が分解のスピードに追いつかないためである［訳注：飢餓によってタンパク質分解そのものも亢進する。オートファジーは全身で活発化し，筋原繊維を分解するユビキチンリガーゼの発現も亢進することが知られている］。放出されたアミノ酸の主な利用法は糖新生である。グリコーゲン貯蔵が尽きた生体はグルコースを自らつくることで対処しようとする。このとき，肝臓と筋肉の主なエネルギー源は脂肪酸へとシフトしている。

一方で，炭素源が糖新生にまわされてしまうため，クエン酸回路でアセチルCoAを受け取るためのオキサロ酢酸の量が減少する。また，脂質分解も亢進しているため，肝臓ではアセチルCoAと還元型の電子伝達体が蓄積し，アセチルCoAの酸化が間に合わなくなり，ケトン体が蓄積し始める。アセト酢酸とβヒドロキシ酪酸が蓄積すると，これらのケトン体を利用するための代謝反応経路が活性化する。よって脳はグルコース欠乏に対し，代替エネルギー源としてのケトン体の利用を亢進させることで順応し，飢餓の間中これが続くことになる。飢餓3日目には脳はエネルギー源の約1/3をケトン体から得るようになり，飢餓40日目までにはそれが約2/3までに上昇する。脳のこのような順応は糖新生の必要性を減らし，結果として筋肉のタンパク質分解を減らすことができる。実際，長期間の飢餓では，最初と比べ，筋肉のタンパク質減少が約1/4になる。飢餓3日目では1日あたり75 gのタンパク質が分解される一方，飢餓40日目ではそれが20 g程度となる。このような飢餓適応に伴う代謝変化は，非常に厳しい寒さや感染などの別のストレスへの対処能力を低下させてしまう。しかしながら，このような適応反応のおかげで，何週間も栄養摂取できなくても生存できるようになる。生存可能期間は主に脂肪の貯蓄量により決まる。

ポイント11
飢餓時は飢餓に適応した代謝に切り替わり，代替エネルギー源の利用が亢進する。それにより，数週間はグルコースの恒常性を保つことができる。

糖尿病

飢餓時にはグルコースが欠乏することでグルコースの利用が異常に低くなる。一方で**糖尿病 diabetes**

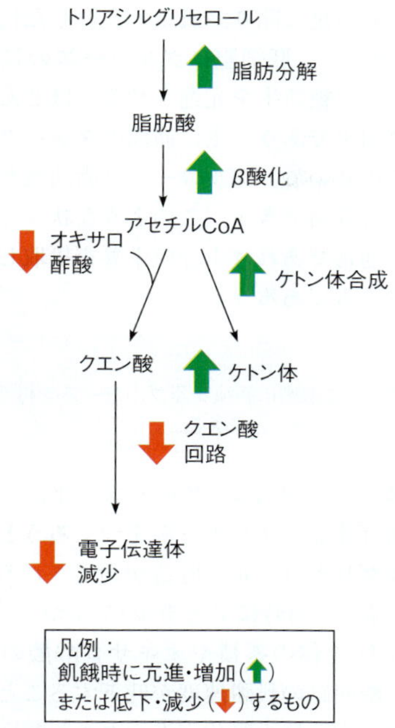

mellitus ではグルコースの利用は同様に低くなるが，その理由が異なり，グルコース利用を促進するホルモン刺激，つまりインスリンが十分働かないことによる。実際には，グルコースは結果的に過剰量存在することとなる。インスリン不全は器官同士の代謝連携において飢餓と類似の反応を起こす。

糖尿病は米国や世界全体においても数多くの患者が存在し，非常に大きな健康問題となっている。米国においては成人人口の 12% 以上が糖尿病に罹患していると見積もられている。糖尿病とは 1 つの病気ではなく，複数の病気の総称である。**1 型糖尿病 type 1 diabetes** は，かつてインスリン依存性糖尿病，もしくはその発症時期が若いことから若年性糖尿病と呼ばれていた。1 型糖尿病の多くは，自己免疫により膵臓の β 細胞が破壊されることで発症する。その誘因はウイルス感染などさまざまである。一部には遺伝性のものもある。インスリン自体の構造に変異があるため活性をもたなかったり，その他の変異によってプレプロインスリンやプロインスリンから活性型ホルモンへの変換が損なわれていたりする（第 5 章参照）。どちらにしろ 1 型糖尿病はインスリン不足により引き起こされるため，インスリン投与により治療される。一方で **2 型糖尿病 type 2 diabetes** は，かつて成人発症型糖尿病もしくは肥満関連糖尿病，インスリン非依存性糖尿病などと呼ばれていた。2 型糖尿病はインスリン抵抗性を特徴とし，患者はインスリンの投与に対する反応が非常に悪い。糖尿病の患者のうち 95% 以上が 2 型糖尿病である。

ポイント 12
糖尿病はインスリン欠乏もしくはインスリン応答機構の不全で発症する。

2 型糖尿病においてなぜインスリン抵抗性が現れるか，その明確な理由は明らかでないが，いくつかの手がかりからだんだんと理解が進んできている。1 つ目の手がかりは，2 型糖尿病を患う人々のほとんどが肥満であるということである。実際，肥満は非常に密接にインスリン抵抗性と関連するため，これらは何かしらの機構でつながっているはずである。1970 年代以降，米国において，糖尿病と同様に肥満の患者数も莫大な増加を見せている。2010 年には成人の 34% もの割合が肥満の定義に当てはまった。2 つ目の手がかりとしては，2 型糖尿病と**メタボリックシンドローム metabolic syndrome** に強い相関性があったことである。メタボリックシンドロームは，腹部肥満，高血圧，高血糖，そして一番重要な特徴としてインスリン抵抗性を示す症候群であり，約 5 千万人の米国人が罹患している。これらの代謝的異常は，しばしば心血管障害や糖尿病の前兆として現れる。肥満やメタボリックシンドロームに共通するのは，エネルギー源の過剰摂取と“異所性”の脂肪蓄積（主に肝臓と骨格筋）である。過剰の脂質はまずは脂肪細胞に貯蔵され，脂肪細胞の大きさが増す。最終的にはエネルギー源の摂取が脂肪組織の貯蔵可能量を上回り，過剰量の脂質は蓄積すべき場所以外に運ばれてしまう。異常な脂質の蓄積がインスリンの下流シグナルに異常をきたすことでインスリン抵抗性を引き起こすことがわかってきている。

糖尿病の原因として，関連する 2 つの説が有力と考えられている。**脂質負荷 lipid overload** 説では，脂質が筋細胞内に蓄積しインスリンシグナルが阻害されることで GLUT4（筋肉における主要な糖輸送体）の細胞膜上への輸送が阻害されると考えられている（図 18.5 参照）。そのため，インスリンはグルコースの取り込みを促進することができず，細胞はインスリン抵抗性を獲得する。**炎症 inflammation** 説によると，脂肪細胞が過剰な脂質の蓄積によって大きくなり，TNF-α，インターロイキン，レジスチンなどの炎症性のアディポカインやサイトカインを分泌するようになる。これらのサイトカインが筋肉など末梢組織のそれぞれの受容体に結合すると，IRS に対して阻害的リン酸化が引き起こされ，IRS がチロシンキナーゼであるインスリン受容体の基質になりにくくなる（図 18.5 参照）。したがって，ここでも同様にインスリンシグナルが阻害されることで，細胞はインスリン抵抗性を獲得する。2 型糖尿病は長く糖代謝異常と考えられてきたが，以上のような脂質代謝異常がこの病気の根本的な原因である可能性がある。

ポイント13
2型糖尿病の発症機構には，脂質負荷説と炎症説という関連する2種類の説がある。

第17章で出てきた抗糖尿病薬（チアゾリジンジオン系，p.671）は，2型糖尿病患者においてインスリン感受性を高める。これは，インスリン抵抗性を引き起こす炎症性アディポカインの発現を抑制し，インスリン感受性を高める効果をもつアディポネクチンの産生を促進することによる。これらの薬剤はPGC-1αが共活性化する転写因子であるPPARγを介して作用する。PPARγは脂肪細胞の分化と脂肪細胞の正常な機能維持に必須であり，細胞の代謝の中心的調節因子である。PPARγは多機能であるため，残念ながらチアゾリジンジオン系の抗糖尿病薬は体重増加，骨粗鬆症，心不全などの強い副作用をもつ。最近の研究により，チアゾリジンジオン系の薬剤のPPARγ活性化のメカニズムが明らかになってきたため，副作用の少ない新しい抗糖尿病薬の合成ができる可能性が出てきた。

インスリン機能不全の原因が何であろうと，糖尿病は“飽食中の飢餓”であるといえる。インスリンの産生不足やインスリンの正常機能の破綻により，インスリンがグルコースの利用を促進することができなくなると，血液中にはグルコースが過剰に蓄積する。一方で細胞は栄養不足に陥り，飢餓と類似した代謝反応を示す（図18.12）。肝細胞はグルコースの量をさらに増やそうとして糖新生を亢進させる。ほとんどの基質はアミノ酸由来であり，主に筋肉のタンパク質を分解することで得ている。グルコースは脂肪酸やアミノ酸の再合成に再利用できず，このような状況では，糖尿病患者は，通常であれば十分の栄養を摂取していても体重は減少するであろう。

ポイント14
糖尿病では血中に過剰に蓄積するグルコースを利用できないため，“飽食中の飢餓”といえる。

異常に低いインスリン/グルカゴン比に反応して，細胞が利用可能なエネルギー源をつくろうとすると，トリアシルグリセロールの貯蓄が利用される。脂肪酸の酸化が亢進し，同時にアセチルCoAがつくられる。還元型電子伝達体の蓄積やオキサロ酢酸の欠乏により，クエン酸回路の代謝速度が低下することがある。肝臓における脂肪酸の酸化亢進やクエン酸回路の不全はケトン体合成を亢進させ，血中有機酸が上昇する（ケトーシス）。これらの有機酸は血液のpHを7.4〜6.8以下まで低下させうる（ケトアシドーシス）。アセト酢酸はpHが低いと脱炭酸を受け，アセトンがつくられるため，重症な糖尿病性ケトアシドーシス患者の息はアセトン臭がする。非常に危険なことに，このよ

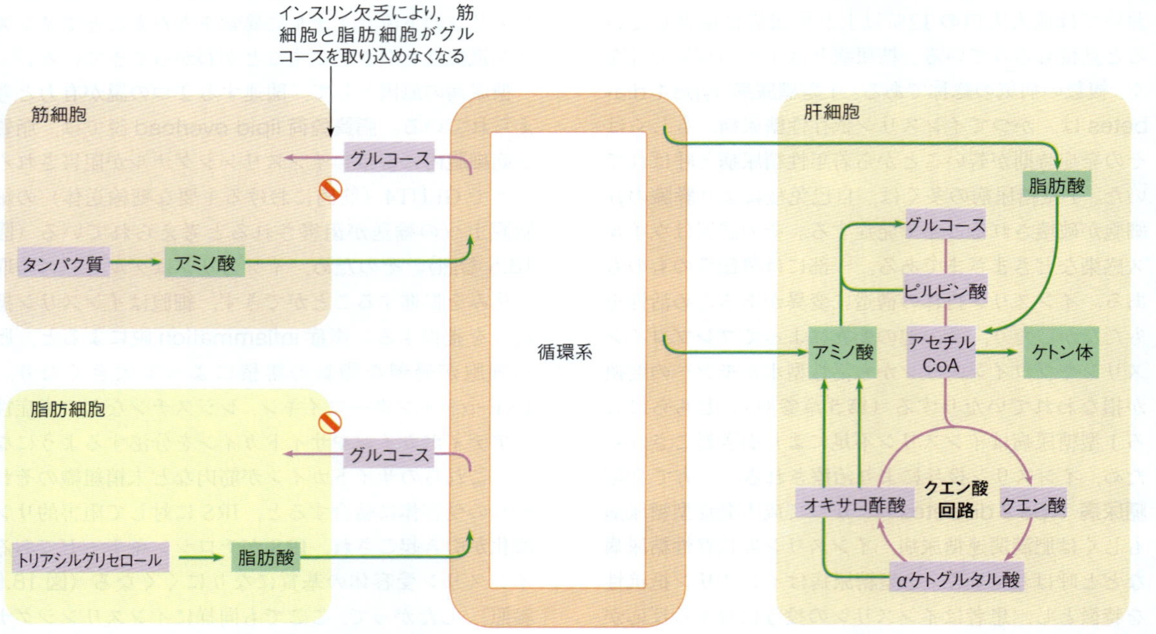

図18.12　糖尿病における代謝異常　インスリン欠乏により筋肉と脂肪組織へのグルコース取り込みが阻害され，その他すべての組織においてもグルコース分解が減少する。筋肉におけるタンパク質分解と脂肪組織における脂肪分解が亢進する。利用可能な糖の減少に対応し，肝臓ではアミノ酸とクエン酸回路中間代謝物からの糖新生が亢進する。同様に，脂肪酸酸化とケトン体合成が亢進する。亢進する代謝経路を緑色の矢印で，低下する代謝経路をピンク色の矢印で示す。

うな患者は昏睡に陥ることがあり，命の危険にさらされている状態であるというのに，息に甘い有機物系のにおいがするため，薬物中毒と間違われてしまうことがある。

体液中にグルコースが過剰に存在することは，飢餓時の反応とは全く異なる代謝上の問題ももたらす。血糖値が 10 mM を超えると，腎臓の再吸収能力を上回り，血液からろ過されたグルコースの一部が再吸収されずに尿に混じることになる。時に尿糖は 1 日 100 g ほどに達する。ここから糖尿病の diabetes mellitus“蜜のように甘い尿”というラテン名がつけられた。尿中グルコースは浸透圧負荷となり，大量の水分も同時に排泄されてしまうため，腎臓は出てしまった水分の多くを再吸収できない。実は糖尿病の最も早く出る兆候が頻尿・多尿と強い口渇感であることが多い。生化学が科学として確立するずっと以前から，栄養喪失，多尿，脂肪やタンパク質の分解が糖尿病の特徴であった。すでに紀元後 1 世紀には糖尿病に関し“骨肉が尿とともに流れ出てしまう”と記述がある。それから 1800 年ほどしてやっと，ニューヨークの Israel Kleiner とトロントの Frederick Banting，Charles Best，James Collip，John Macleod により，イヌの膵臓抽出物が血糖値を下げ，糖尿病を患う子供や若い成人に健康を取り戻すことが示された。この血糖を下げる働きをする物質がインスリンであることが明らかとなったのは 1922 年のことである。

2 型糖尿病は 1 型糖尿病より軽症で，罹患数も多い。2 型糖尿病と比較して 1 型糖尿病の患者では，たいてい代謝的不均衡がより重症でコントロールするのが難しい。2 型糖尿病は多くの場合，運動療法と食事の糖質制限でコントロールできる一方，1 型糖尿病では毎日インスリンを自分で注射しなければならない。長い間インスリンはウシの膵臓から精製されていたため高価であり，かつヒトのインスリンとウシのインスリンの構造が微妙に異なるため，場合により副作用を起こすことがあった。そのため，バイオテクノロジー業界は組換え DNA 技術を用いてヒトインスリンをつくり出そうとした。1970 年代の終わり頃，ヒトインスリンが大腸菌で発現され，1982 年には初めての組換え DNA 由来の治療薬として，ヒトインスリンが認可されたのである。

まとめ

多細胞生物における器官や組織はそれぞれに特徴的な代謝特性をもつため，それぞれに特化した役割を果たすことができる。離れて位置する組織同士も恒常性維持のためには常に情報を伝達し合っている。脊椎動物において最も大切な恒常性は血糖値を一定の範囲に維持することであり，それは正常な脳機能に特に不可欠である。インスリン，グルカゴン，アドレナリンという 3 種類のホルモンが血糖値の恒常性の主な調節因子である。インスリンは摂食後状態のシグナルとして働き，グルコースの利用やエネルギー貯蔵物質の合成を促す。グルカゴンの主な標的は肝細胞であり，サイクリック AMP を介した複数の機序で血糖値を上昇させる。アドレナリンはグルカゴンと似た働きを筋細胞にもたらす。エネルギー恒常性は，複雑な細胞内調節システムにより維持され，エネルギー源の摂取はその代謝・貯蔵とバランスを取って，エネルギー需要を満たすように調節されている。AMPK と mTOR という 2 種類のプロテインキナーゼが哺乳類における代謝調節の中心的役割を担っている。サーチュインは進化的保存性の高い NAD^+ 依存性タンパク質脱アセチル酵素ファミリーであり，細胞内の酸化還元状態の代謝センサーとして働く。飢餓や糖尿病などの代謝ストレスに対する反応を観察することで，哺乳類におけるエネルギー代謝を統合している器官同士の内分泌連携が明らかになる。

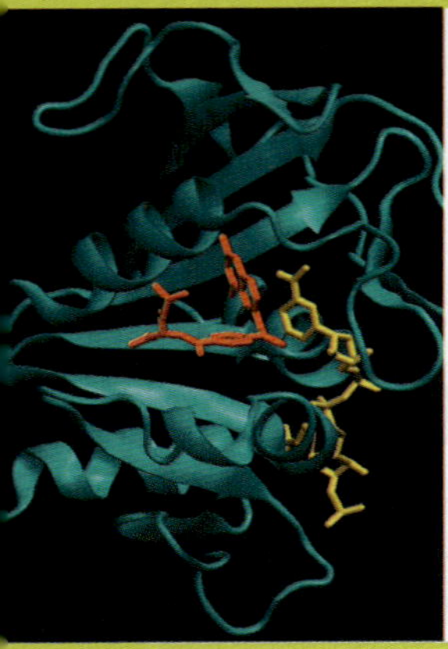

第 19 章
脂質代謝 2：膜脂質，ステロイド，イソプレノイド，エイコサノイド

第 17 章では主に，脂質代謝のエネルギー的な側面，つまり脂質の合成と分解，リポタンパク質の組織間の輸送，トリアシルグリセロールの代謝について述べた。脂質はエネルギーの蓄積に対する役割に加え，膜の構成成分，生物機能の制御においても役割を果たしている。本章ではより複雑な脂質の役割，それらの合成・分解系路に注目して述べる。それらのプロセスの代表的なものを図 19.1 に示した。

本章では以下に述べる主要なクラスのリン脂質に焦点を当てた。

グリセロリン脂質（ホスホグリセリドとも呼ばれる）：膜の主要構成成分であり，特定の制御機能ももつ。

スフィンゴ脂質：動物においては神経細胞に豊富に存在する。

ステロイドと他のイソプレノイド化合物：ホルモン，ビタミン，膜の構成成分として機能する。

エイコサノイド：アラキドン酸から合成され，生物機能の制御を司る。

脂質と生物機能の制御を含む主なトピックスであるステロイドホルモンの働きは第 23 章と第 27 章で，イノシトールリン脂質のセカンドメッセンジャーとしての役割は第 23 章で述べる。

グリセロリン脂質の代謝

リン脂質は最も豊富な脂質であり，グリセロールに由来する。これらのグリセロリン脂質 glycerophospholipid は主に膜の構成成分として存在する。膜リン脂質は情報伝達系のさまざまな制御因子の代謝前駆体でもある。第 17 章でも述べたように，リン脂質は動物ではリポタンパク質の表面を覆うことで，トリアシルグリセロール，コレステロールの輸送にも関わっている。さらに，リン脂質は血液凝固，肺の機能においても特別な役割をもつ。グリセロリン脂質の生合成経路の概略を図 19.2 に示し，より詳細な説明を以下の節で行う。グリセロリン脂質以外の主要な膜脂質はスフィンゴ脂質である。

細菌におけるグリセロリン脂質の生合成

リン脂質の代謝について，そのシステムが比較的単純である原核生物について述べる。細菌では，リン脂質は細胞の乾重量の約 10％にものぼる。しかしその役割として知られているのは，膜の構成成分ということだけである。大腸菌の膜は主に以下の 3 種のリン脂質しか含まない。全リン脂質の 70～80％はホスファチジルエタノールアミン phosphatidylethanolamine（PE）であり，ホスファチジルグリセロール phosphatidylglycerol（PG）とカルジオリピン cardiolipin（CL）が

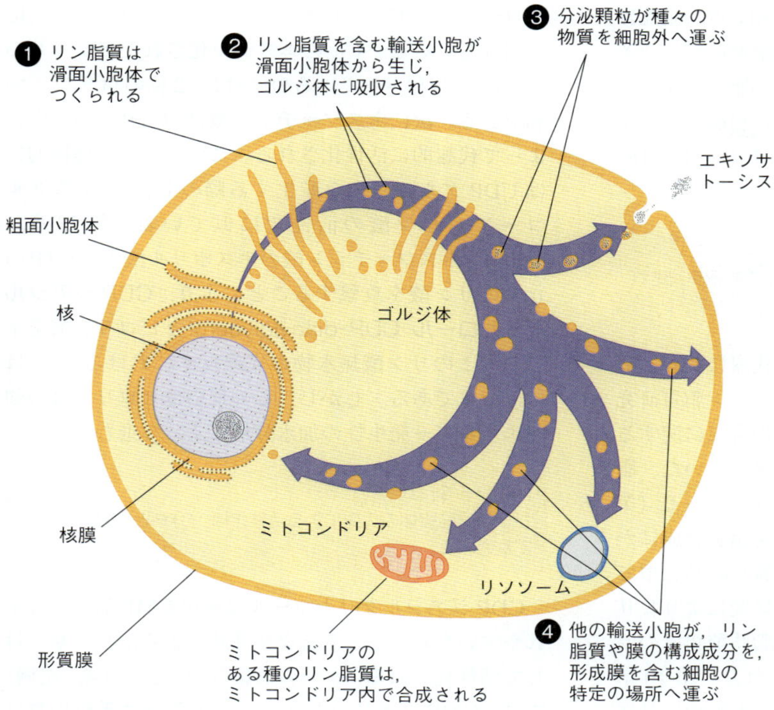

図 19.1　膜リン脂質の細胞内合成と輸送

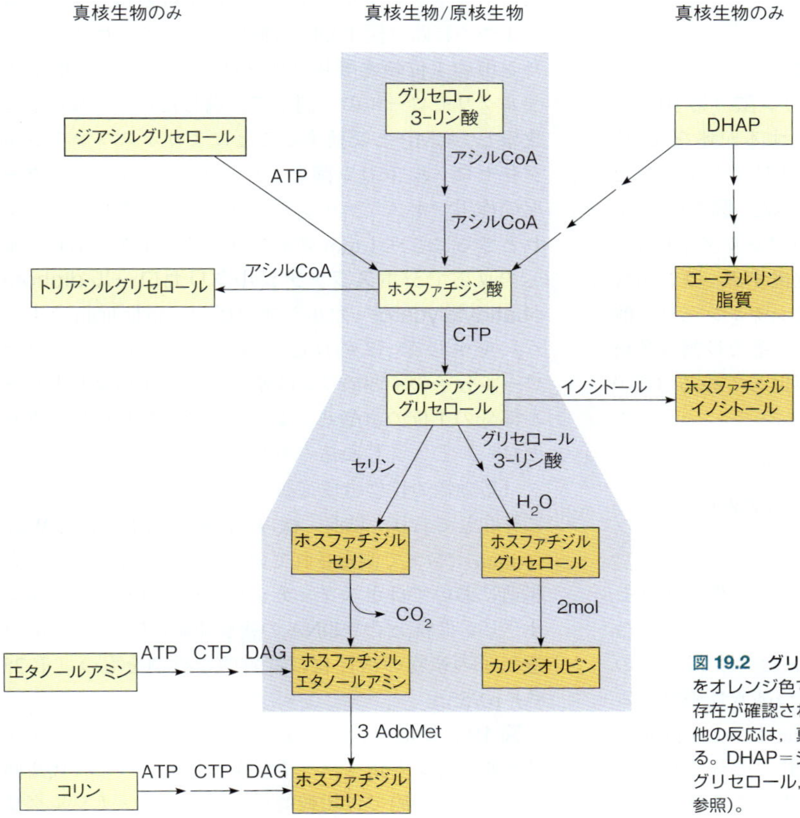

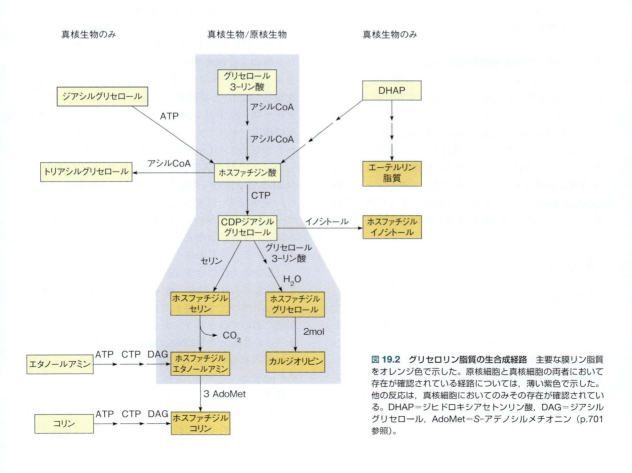

図 19.2　グリセロリン脂質の生合成経路　主要な膜リン脂質をオレンジ色で示した。原核細胞と真核細胞の両者において存在が確認されている経路については，薄い紫色で示した。他の反応は，真核細胞においてのみその存在が確認されている。DHAP＝ジヒドロキシアセトンリン酸，DAG＝ジアシルグリセロール，AdoMet＝*S*-アデノシルメチオニン（p.701 参照）。

残りの20〜30％を占める。PGとCLの相対的な量比は増殖条件によって変化し，PGは対数増殖期の細胞で多く，CLは定常期の細胞に多い。それらの脂質の脂肪酸組成もやはり単純で，主にパルミチン酸（16:0），パルミトオレイン酸（16:1cΔ9），シス-バクセン酸（18:1cΔ11）の3種からなる。

ポイント1
大腸菌の膜はわずか3種のリン脂質しか含んでおらず，それらは主に3種の異なる脂肪酸を含む。

細菌は大量培養が容易なので，脂質代謝に関わる酵素の大スケールでの単離に利用できる。リン脂質研究の初期の段階では，リン脂質と脂肪酸の合成に関する情報の多くは大腸菌を用いた研究に由来していた。脂肪酸鎖の合成は，可溶性のII型脂肪酸シンターゼ（第17章）によって行われるのに対し，リン脂質合成にかかわる酵素はすべて形質（細胞内小器官）膜結合型である。その後，細菌の変異株を用いた研究により膜リン脂質の合成制御，特にこれら脂質の脂肪酸組成の温度による制御機構に関する知見が得られた。第10章でも述べたが，細菌は低温で増殖させると膜の流動性を適度に保つため，膜の脂肪酸の不飽和度を増大させる。脂質生化学における最も魅力のある分野の1つは，特定の温度において不飽和度を至適に保つ機構の遺伝学的解析である。

ホスファチジン酸と極性基の生合成

第17章でL-*sn*-グリセロール3-リン酸（第10章，p.326の立体特異的な番号づけに関する記述を参照）を出発点としたホスファチジン酸（ジアシルグリセロール3-リン酸）の合成について述べた。図19.2に示したように，ホスファチジン酸はトリアシルグリセロール合成とリン脂質合成の分岐点に位置する。リン脂質生合成におけるエネルギー補因子はシチジン三リン酸cytidine triphosphate（CTP）であり，その役割は多糖類の合成におけるUTPの役割と類似している（第9章）。

ポイント2
ホスファチジン酸はトリアシルグリセロール合成とリン脂質合成の分岐点に存在する代謝物である。

すでに述べたように，ホスファチジン酸はグリセロール3-リン酸の連続した2回のアシル化によって合成される。細菌では，脂肪酸シンターゼ（第17章）の産物である16〜18個の炭素鎖をもつ疎水性のアシル基は，アシルキャリヤータンパク質acyl carrier protein（ACP）によって運ばれる（図19.3）。それぞれの脂肪酸アシルACPに対する特異性が異なる2種のグリセロールリン酸アシルトランスフェラーゼがこの反応に関与している。1位のエステル化されたアシル基の約90％は飽和されているのに対し，2位の90％は不飽和である。次にホスファチジン酸は，CTPとの反応によって代謝的に活性化される。この反応は，機構的にはUDPグルコースを産生する際のUTPによるグルコース1-リン酸の活性化に似ている（第13章，p.507）。ホスファチジン酸のホスホリル酸素がCTPのα位のリン酸を攻撃することにより，**CDPジアシルグリセロール CDP-diacylglycerol**とピロリン酸を生じる。このリン酸無水物の交換反応における$\Delta G^{\circ\prime}$はほぼゼロである。しかし，この反応はピロリン酸の強いエネルギー発生性の加水分解によって進む。

ポイント3
リン脂質前駆体の代謝による活性化は，CTPとの反応によってなされる。

CDPジアシルグリセロールはそのCMP部分がはずれやすいため，さまざまな極性基による求核攻撃に対して活性化される。1つの反応経路（図19.4，左側）では，CMPはセリンと交換され**ホスファチジルセリン phosphatidylserine**を生じる。ホスファチジルセリンはすぐに脱炭酸され**ホスファチジルエタノールアミン phosphatidylethanolamine**を生じる。その結果，ホスファチジルセリンは細菌では蓄積しない。もう1つの経路（図19.4，右側）では，グリセロール3-リン酸の1位の水酸基（ヒドロキシ基）がCDPジアシルグリセロールの（図中で強調した）リン酸原子を攻撃し，CMPと交換することによりホスファチジルグリセロール3-リン酸を生じ，その後，ホスファターゼの作用でホスファチジルグリセロールを生じる。これとさらにもう1 molのホスファチジルグリセロールとの反応で**ジホスファチジルグリセロール diphosphatidylglycerol**（**カルジオリピン cardiolipin**ともいう）を生じる。この反応ではホスファチジルグリセロール分子の1つのリン酸基が他の分子のグリセロール部分の1位の水酸基によって求核攻撃を受け，グリセロールと入れ替わる。カルジオリピンはスピロヘータ（運動性の化学合成従属栄養細菌）の膜に特に豊富に存在しており，以前，梅毒の診断に利用されたWasserman テストで測定されていた主要な抗原である。大腸菌においてはホスファチジルグリセロールとカルジオリピンは膜上でのDNAの複製開始に関与する*dnaA*遺伝子の産物の活性化に特異的な役割をもつ（第25章，p.955）。

図19.2には示していないが，ホスファチジルエタノールアミンとホスファチジルグリセロールの代謝回転は，細菌の膜では比較的速い。ホスファチジルグリ

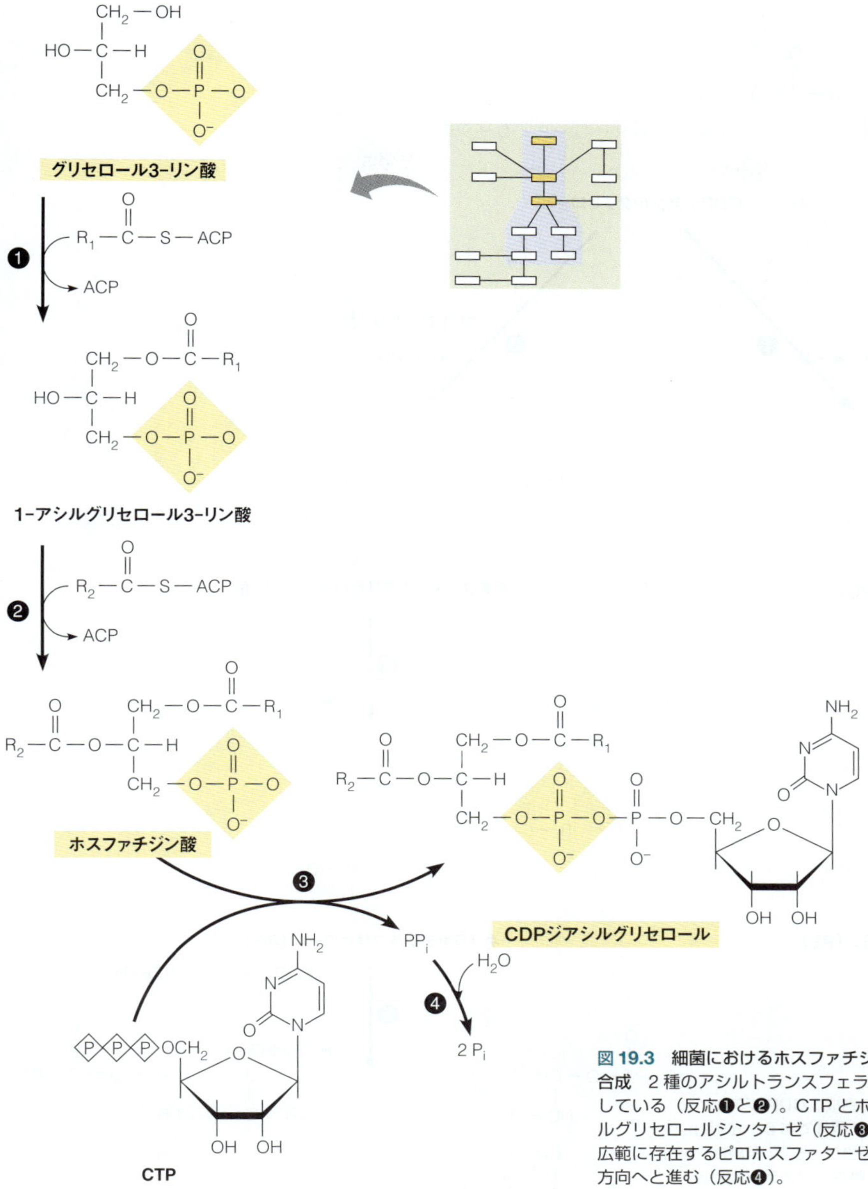

図 19.3　細菌におけるホスファチジン酸と CDP ジアシルグリセロールの合成　2 種のアシルトランスフェラーゼがホスファチジン酸の合成に関与している（反応❶と❷）。CTP とホスファチジン酸の反応は CDP ジアシルグリセロールシンターゼ（反応❸）によって触媒される。この反応は，広範に存在するピロホスファターゼによるピロリン酸の加水分解により右方向へと進む（反応❹）。

セロールのグリセロール 1-リン酸の頭部が膜由来のオリゴ糖に転移され，それがペリプラズムにおいて浸透圧の調節に関与する。もう 1 つの産物であるジアシルグリセロールはジアシルグリセロールキナーゼによりホスファチジン酸へと変換される。ホスファチジルエタノールアミンは，ペリプラズムにおいてその 1 位の脂肪酸が膜のリポタンパク質へ転移されることによって代謝回転される。この反応のもう 1 つの産物である 2-アシルグリセロホスホエタノールアミンは再アシル化されてホスファチジルエタノールアミンを生ずる。

原核生物におけるリン脂質合成の制御

大腸菌におけるリン脂質代謝に関する遺伝学的解析は，関与する大部分の酵素の構造遺伝子が同定されていること，変異株の表現型が詳細に解析されていること，それらすべての遺伝子が単離されその塩基配列が決定されていることから，かなり進んでいる。しかし，リン脂質合成がどのように制御されているかということについての知見はむしろ少ない。最近では，リン脂質合成の速度は主に脂肪酸合成のレベルで，長鎖脂肪酸アシル ACP 合成の最終産物により調節されていることが示唆されている。アシル ACP は，アセチル CoA カルボキシラーゼによるマロニル CoA の産生と，脂

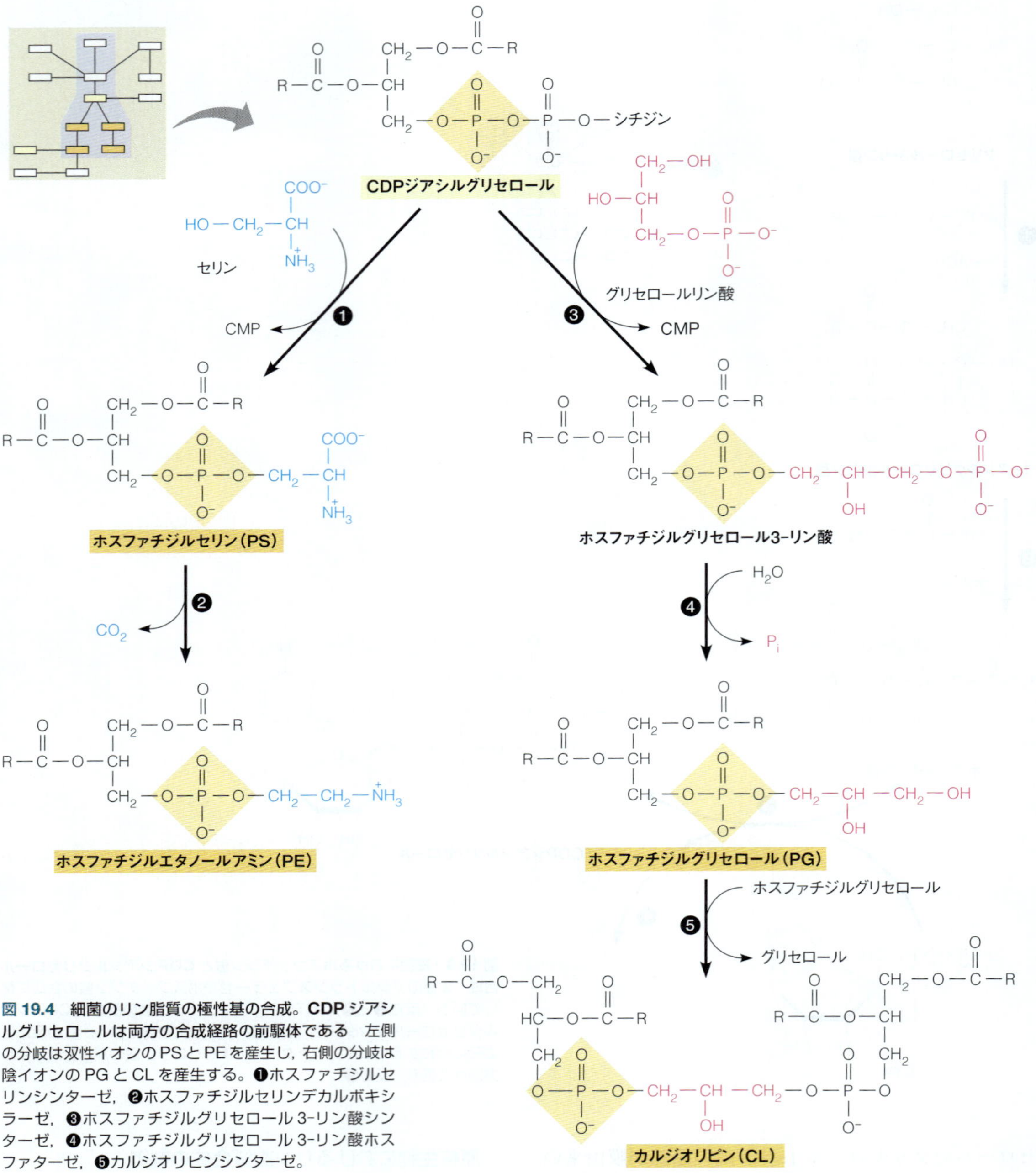

図 19.4　細菌のリン脂質の極性基の合成。CDP ジアシルグリセロールは両方の合成経路の前駆体である　左側の分岐は双性イオンの PS と PE を産生し，右側の分岐は陰イオンの PG と CL を産生する。❶ホスファチジルセリンシンターゼ，❷ホスファチジルセリンデカルボキシラーゼ，❸ホスファチジルグリセロール 3-リン酸シンターゼ，❹ホスファチジルグリセロール 3-リン酸ホスファターゼ，❺カルジオリピンシンターゼ。

肪酸シンターゼによる脂肪酸アシル ACP の脂肪酸鎖の伸長の両者を阻害する。細菌において脂肪酸は主に膜の合成に利用されておりエネルギーを得るための基質とはならないので，リン脂質合成を膜の形成に関わる最も早い段階で制限することは代謝的にも好都合である。さらに，膜の生物物理学的性質の大部分は新たに合成された脂肪酸の組成によって決定されることから，膜の恒常性を維持する上で脂肪酸を合成のレベルで制御することは重要である。リン脂質合成には CDP ジアシルグリセロールを共通の出発点とする 2 つの分岐した経路があることはすでに述べた（図 19.4）。リン脂質の極性基の組成の制御は，主に図 19.4 の左側の経路の最初の反応を触媒するホスファチジルセリンシンターゼによって決定される。この酵素（図 19.5 の PssA）は膜に結合したタンパク質で，右側の分岐経路の産物である陰イオン性のリン脂質ホスファチジルグリセロールとカルジオリピンと結合して活性化される。活性化されたホスファチジルセリンシンターゼはホスファチジルセリンの合成を促進し，合成されたホスファチジルセリンはホスファチジルセリンデカルボキシラーゼ（図 19.5 の Psd）によってホスファチジルエタノールアミンへ変換される。脂質二重層中のホスファチジルエタノールアミンの割合が一定の閾値以上になると，PssA は膜から離れ，その活性も低下し，右側の分岐経路が活性化する。右側の経路はホスファチジルグリセロール 3-リン酸シンターゼ（PgsA），ホスファチジルグリセロール 3-リン酸ホスファターゼ（PgpP），カルジオリピンシンターゼによって触媒される。

真核生物におけるグリセロリン脂質の代謝

多くの真核細胞は 6 種のグリセロリン脂質を含んでいる。細菌と同様 PE，PG，CL と，ホスファチジルセリン phosphatidylserine（PS），ホスファチジルコリン

19

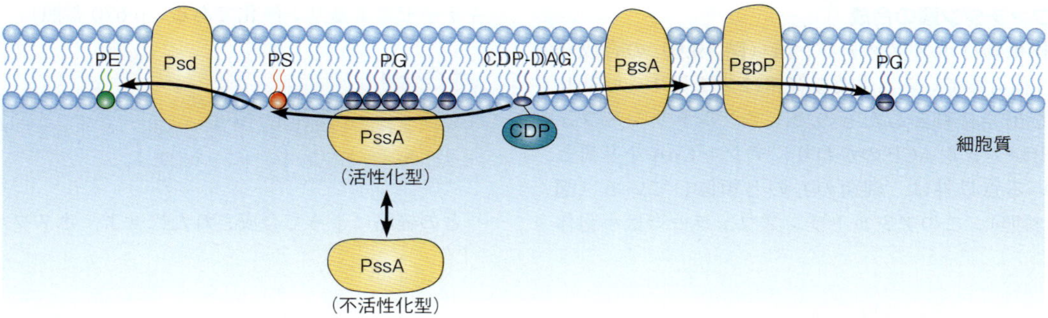

図 19.5　細菌における膜リン脂質組成の制御　詳細は本文参照。PssA＝ホスファチジルセリンシンターゼ，Psd＝ホスファチジルセリンデカルボキシラーゼ，PgsA＝ホスファチジルグリセロール 3-リン酸シンターゼ，PgpP＝ホスファチジルグリセロール 3-リン酸ホスファターゼ，CDP-DAG＝CDP ジアシルグリセロール。

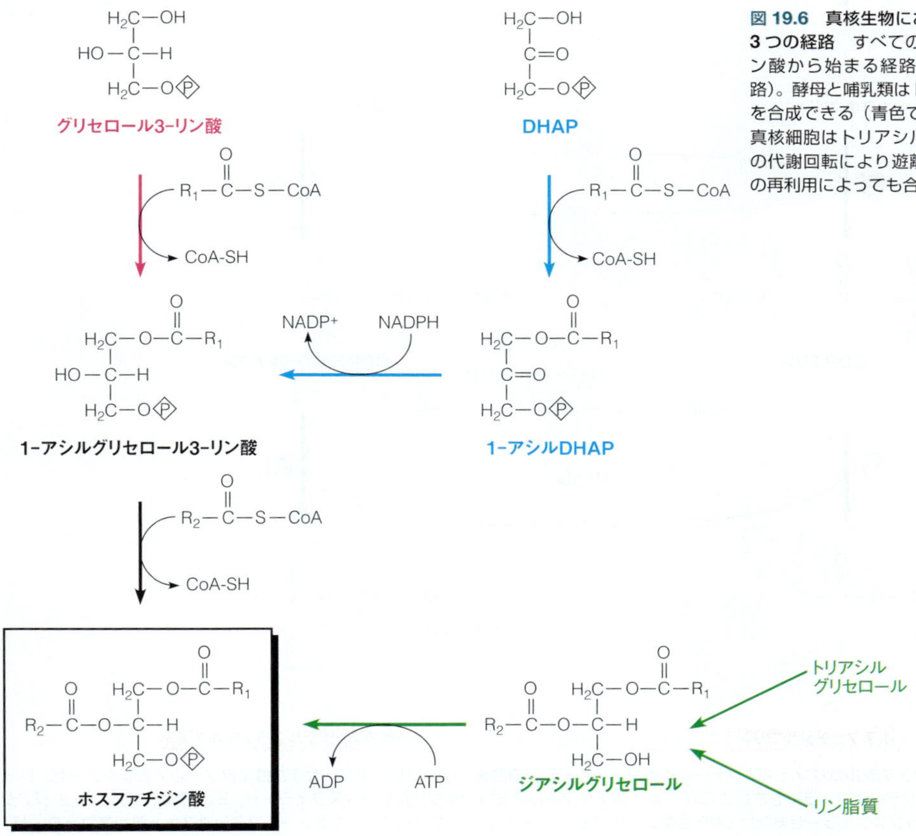

図 19.6　真核生物におけるホスファチジン酸合成の 3 つの経路　すべての真核細胞はグリセロール 3-リン酸から始まる経路をもつ（ピンク色で示した経路）。酵母と哺乳類は DHAP からもホスファチジン酸を合成できる（青色で示した経路）。それに加えて，真核細胞はトリアシルグリセロールまたはリン脂質の代謝回転により遊離されたジアシルグリセロールの再利用によっても合成できる。

phosphatidylcholine（PC），ホスファチジルイノシトール phosphatidylinositol（PI）である。図19.2に概略を示したようにホスファチジン酸は上記6種の化合物の主要な前駆体であり，PE，PS，PG，CLの合成経路は実質的には前節で述べた細菌のものと同じである。しかし真核細胞はコリンとエタノールアミンからそれぞれPCとPEを生じる，遊離の塩基を出発材料とした別の合成経路をもっている。それらの経路についても図19.2に概略を示したが，以下の節で詳しく述べる。

ホスファチジン酸の合成

真核生物はホスファチジン酸（図19.6）の合成経路を3種もっている。主要な経路はグリセロール3–リン酸を出発材料としたもので，アシルトランスフェラーゼがアシルACPのかわりにアシルCoAを基質としている点以外は，細菌のものと類似している（図19.3参照）。このアシルトランスフェラーゼは小胞体に存在している。酵母と哺乳類では，ジヒドロキシアセトンリン酸 dihydroxyacetone phosphate（DHAP）を出発材料として，この1位にアシルCoAの脂肪酸の部分が転移され，さらに還元されることにより1–アシルグリセロール3–リン酸を生じ，その後2回目のアシル化を受ける第2の経路も存在する。この経路を触媒する酵素類は小胞体とともにミトコンドリアとペルオキシソームにも存在する。

第3の経路はリン脂質の代謝回転によって生じたリン脂質の1つであるジアシルグリセロールの特異的なキナーゼによるリン酸化である（p.670参照）。

ポイント4
真核生物では，ホスファチジン酸は3つの異なる起源から生じる。それらはグリセロール3-リン酸，ジヒドロキシアセトンリン酸，ジアシルグリセロールである。

どの経路によって合成されたにせよ，ホスファチジ

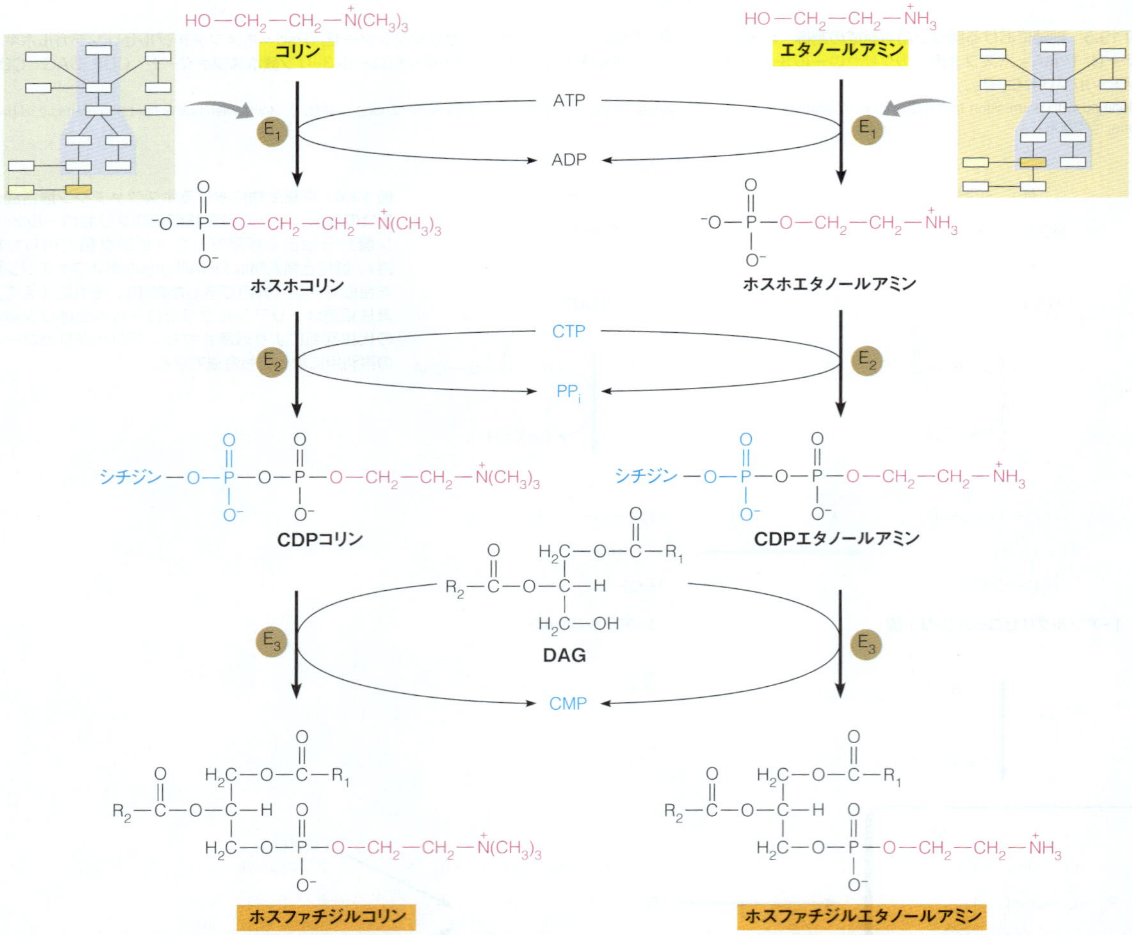

図19.7　哺乳類におけるホスファチジルコリンとホスファチジルエタノールアミンの合成　E_1＝コリンキナーゼまたはエタノールアミンキナーゼ，E_2＝CTP：ホスホコリンシチジリルトランスフェラーゼまたはCTP：ホスホエタノールアミンシチジリルトランスフェラーゼ，E_3＝CDPコリン：1,2–ジアシルグリセロールコリンホスホトランスフェラーゼまたはCDPエタノールアミン：1,2–ジアシルグリセロールエタノールアミンホスホトランスフェラーゼ。

ン酸は細菌の項で述べたように CDP ジアシルグリセロールへと変換される。さらに CDP ジアシルグリセロールは PS，PE，PG，CL 合成の前駆体となる。遊離の塩基から合成する別経路については次節で述べる。

ホスファチジルコリンとホスファチジルエタノールアミンの合成経路

多くの真核細胞において，最も多く存在するリン脂質はホスファチジルコリンとホスファチジルエタノールアミンである。どちらもホスファチジルセリンから，または遊離のコリンかエタノールアミンを出発材料とした別の経路により合成される。コリンとエタノールアミンはすでに存在するリン脂質の代謝回転により主に生じるので，この経路はそれらの分解産物の利用に対する“再利用経路”とも考えることができる。コリンの再利用の重要性は，コリンの 3 つのメチル基がアミノ酸のメチオニンに由来するということにある。第 20 章で述べるようにメチオニンは多くの動物にとって栄養学的には必須アミノ酸であるが，コリンなどの少量の代謝物の再利用においても必須である。実際，コリン自体も多くの動物の必須栄養素である。

> **ポイント 5**
> コリンとエタノールアミンに始まるリン脂質合成の再利用経路は，真核細胞において重要である。

多くの動物細胞においてすでに存在するコリンとエタノールアミンの主要な利用経路の概略を図 19.7 に示した。これらの頭部極性基とジアシルグリセロールの間のホスホジエステル結合の形成に関する反応機構は，活性化しているのがジアシルグリセロールよりもむしろ極性基側であることを除けば，細菌のリン脂質合成における機構（図 19.4）と類似している。コリンとエタノールアミンはリン酸化され，その結果生じた**ホスホコリン** phosphocholine と**ホスホエタノールアミン** phosphoethanolamine は CTP との反応によって代謝的に活性化され，それぞれ CDP 誘導体を生成する（図 19.8）。活性化された CDP コリン，CDP エタノールアミンのリン酸基はジアシルグリセロールの 3 位の炭素の OH 基によって求核的に攻撃され，それぞれリン脂質を生じる。この経路の最初のステップで働く酵素である**コリンキナーゼ** choline kinase（図 19.7 の E_1）はコリンとエタノールアミンの両方をリン酸化できる。しかし哺乳類はエタノールアミン特異的な**エタノールアミンキナーゼ** ethanolamine kinase ももつ。これらのキナーゼは細胞質に存在するが，第 2 のステップを触媒する酵素である CTP:ホスホコリンシチジリルトランスフェラーゼ CTP：phosphocholine cytidylyltransferase と CTP：ホスホエタノールアミンシチジリルトランスフェラーゼ CTP：phosphoethanolamine cytidylyltransferase（E_2）は細胞質画分と小胞体画分に存在する。これらのシチジリルトランスフェラーゼが触媒する反応は，これらの経路の律速段階となっている。最後のステップで働く酵素である，CDP コリン：1,2-ジアシルグリセロールコリンホスホトランスフェラーゼ CDP-choline：1,2-diacylglycerol choline phosphotransferase と CDP エタノールアミン：1,2-ジアシルグリセロールエタノールアミンホスホトランスフェラーゼ CDP-ethanolamine：1,2-diacylglycerol ethanolamine phosphotransferase（E_3）は小胞体膜に結合している。最近の研究結果によると，膜結合型のホスホコリンシチジリルトランスフェラーゼ（E_2）のみが活性型で，ホスファチジルコリン合成の速度は，細菌のホスファチジルセリンシンターゼの制御（図 19.5）と同様に，部分的にはこの酵素の細胞質型と膜結合型の

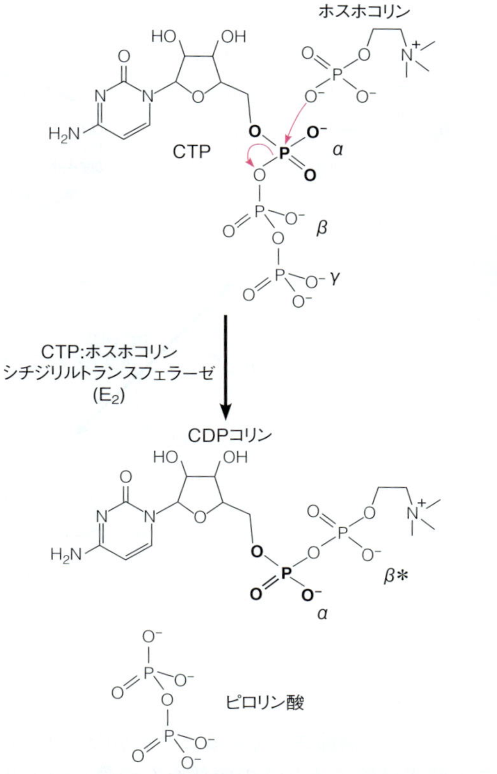

図 19.8　ホスホコリンの代謝活性化　CTP：ホスホコリンシチジリルトランスフェラーゼ（図 19.7 の E_2）が，ホスホコリンのホスホリル酸素による CTP の α 位のリン酸に対する求核的な攻撃を触媒する。その結果，CTP の β，γ 位のリン酸（ピロリン酸）とホスホコリンが入れ替わり，CDP コリンが生じる。

The Journal of Biological Chemistry 284：33535-33548, J. Lee, J. Johnson, Z. Ding, M. Paetzel, and R. B. Cornell, Crystal structure of a mammalian CTP：Phosphocholine cytidylyltransferase catalytic domain reveals novel active site residues within a highly conserved nucleotidyltransferase fold. Reprinted with permission.

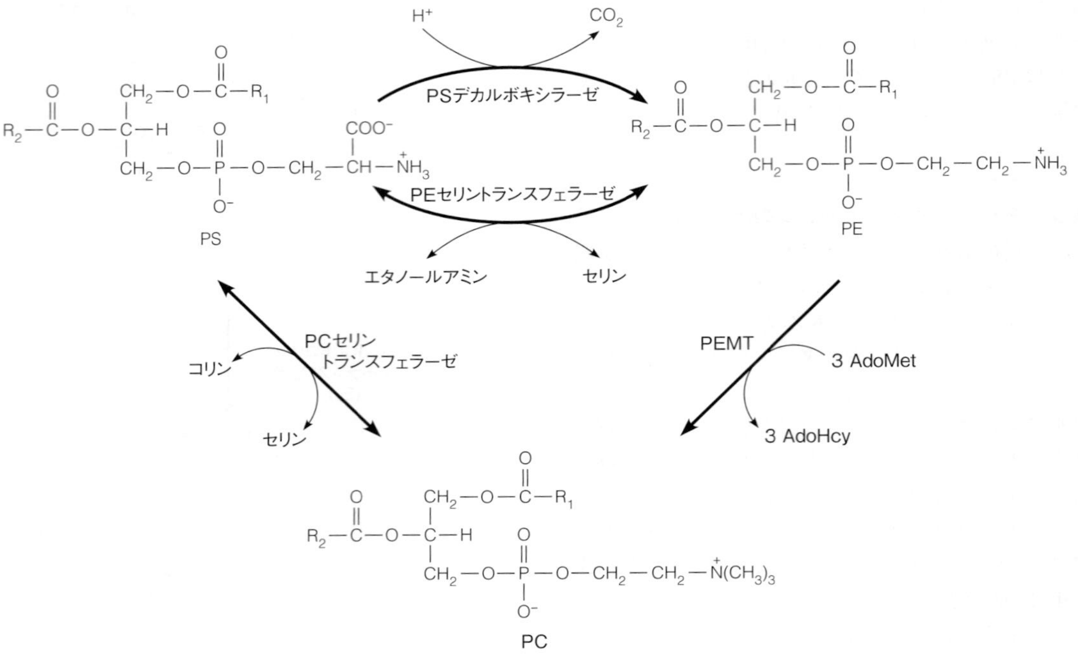

変換によって調節されていることが示唆されている。この酵素は陰イオン性の頭部をもつ膜，つまりホスファチジルコリンの欠乏した膜とより高い親和性をもち，この膜結合がこの律速段階の酵素を活性化しPCの生産を増加させる。CTP：ホスホコリンシチジリルトランスフェラーゼの細胞膜への移行を制御する生理的なシグナルは，まだ明らかになっていない。この酵素は，可溶性と膜結合型の２つの異なった状態で存在できる**アンフィトロピック amphitropic** タンパク質の１つの例である。

PEとPC合成の第２の経路は，２種の異なる酵素のどちらかによるホスファチジルセリン phosphatidylserine（PS）のPEへの変換から始まる。**ホスファチジルセリンデカルボキシラーゼ phosphatidylserine decarboxylase** はミトコンドリアの酵素で，対応する細菌の酵素のようにホスファチジルセリンを脱炭酸してホスファチジルエタノールアミンを生ずる。第２の酵素はカルシウムにより活性化される転移酵素である**ホスファチジルエタノールアミンセリントランスフェラーゼ phosphatidylethanolamine serinetransferase** で，遊離のエタノールアミンとホスファチジルセリンのセリン部分を交換することによりホスファチジルエタノールアミンとセリンを生ずる。

PEセリントランスフェラーゼは小胞体とゴルジ体にみられる。哺乳類には，遊離のセリンとPCのコリン部分を交換してホスファチジルセリンとコリンを生じる**ホスファチジルコリンセリントランスフェラーゼ phosphatidylcholine serinetransferase** も存在する。逆反応もこれらのセリントランスフェラーゼによって容易に触媒される。

形成されたホスファチジルエタノールアミンはその後，ホスファチジルエタノールアミン *N*–メチルトランスフェラーゼ phosphatidylethanolamine *N*–methyltransferase（PEMT）により連続した3回のメチル化を受け，ホスファチジルコリンを生ずる。動物では，この経路は主に肝臓で行われる。この反応におけるメチル

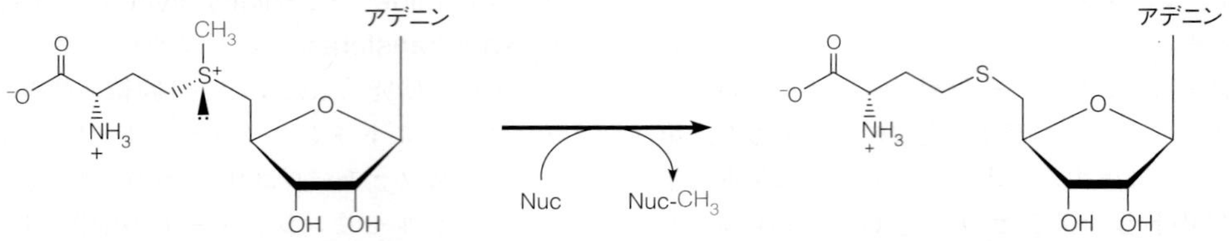

***S*–アデノシル–L–メチオニン（AdoMet）**　　***S*–アデノシル–L–ホモシステイン（AdoHcy）**

基供与体は，メチオニンの活性化された誘導体である **S-アデノシル-L-メチオニン S-adenosyl-L-methionine**（AdoMet）である。メチル基転移後の産物は **S-アデノシル-L-ホモシステイン S-adenosyl-L-homocysteine**（AdoHcy）である。本書のこれ以降の部分でみられるように，AdoMet は脂質，タンパク質，アミノ酸，核酸の代謝における“普遍的な”メチル基の供与体である。AdoMet は，熱力学的にその強い求電子性のメチル基を求核性の基質に転移してその電荷を失いやすい性質の不安定な**スルホニウムイオン sulfonium ion** をもつ。このスルホニウムイオンは，第 4 の配位子がない孤立電子対をもつ錯体の立体配置をもつ硫黄原子がキラル中心である。これまでに知られているすべての AdoMet に依存するメチルトランスフェラーゼはこの硫黄原子の異性体に特異的である（前ページ下の図参照）。

ポイント 6
S-アデノシル-L-メチオニンはホスファチジルコリンや多くの他のメチル化された代謝物に対するメチル基供与体である。

AdoMet はメチオニンと ATP からメチオニンアデノシルトランスフェラーゼにより通常とは異なる反応で合成される。その際，ATP は分解され無機三リン酸（PPP_i）とメチオニンの硫黄原子が直接アデノシル部分のリボースの 5 位の炭素に結合したものを生じる。三リン酸は酵素的に加水分解されピロリン酸（PP_i）とオルトリン酸（P_i）を生じることにより，反応が終了する。

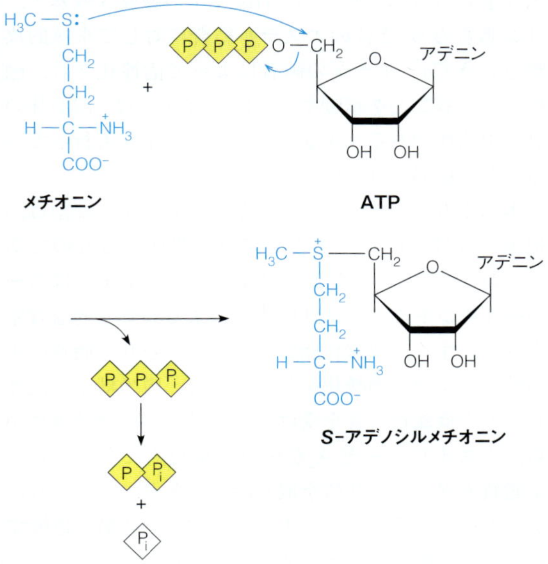

グリセロリン脂質が膜の合成とその維持という重要な役割をもつことから想像されるように，これらの生合成経路は哺乳類では必須のものである。マウスでこれらの酵素をコードする遺伝子を破壊すると，通常は胚発生の過程で死滅する。例外は 1 種類の酵素が複数の遺伝子にコードされている場合か，別の経路が存在する場合である。PEMT の欠損は CDP コリン経路（図 19.7）によって代替できる。一方，CTP：ホスホエタノールアミンシチジリルトランスフェラーゼ（図 19.7 の E_2），ホスファチジルセリンデカルボキシラーゼ（p.700）はお互いに代替できない。このことは，これら 2 つの経路で合成された PE は別の場所に隔離されていることを示唆する。実際，セリントランスフェラーゼ，PS デカルボキシラーゼ，PEMT はすべて，ミトコンドリア外膜と近接する小胞体の特別なドメインに局在し，このセリンからホスファチジルコリンを合成する経路は他から隔離されている。

リン脂質脂肪酸の再分布：肺サーファクタントとホスホリパーゼ

これまで極性基の生合成について述べたので，次にリン脂質の脂肪酸部分に焦点を当てて述べる。その後，もう 1 つの重要な極性頭部であるホスホイノシチドのイノシトール部分について述べる。さまざまな放射性同位元素を用いた実験から，リン脂質は膜に組み込まれた後でも依然として代謝的には不活性な状態ではないということが示されている。特に脂肪酸鎖の部分は環境条件，必要性の変化などに応じて変化している。飽和または一価不飽和脂肪酸は通常 *sn*-1 位に，多価不飽和脂肪酸は通常 *sn*-2 位にエステル結合で存在することはすでに述べた。この脂肪酸鎖の非対称性は William Lands によって 1958 年に初めて発表されたリモデリング経路における *sn*-2 位のアシル鎖の急速な代謝回転によって生じる。この経路（Lands の回路と呼ばれている）は**ホスホリパーゼ A_2 phospholipase A_2** と *sn*-2 位のアシル鎖を欠くリン脂質である**リゾリン脂質 lysophospholipid** 特異的なアシルトランスフェラーゼの一群の協調的な働きに依存する。リゾリン脂質という名前は強力な界面活性剤であることからつけられたが，膜を可溶化し細胞を溶かす能力をもつ。赤血球は特にこの作用（溶血）を受けやすい。ホスホリパーゼ A_2 はリン脂質の特定の結合を加水分解する 4 種の酵素のうちの 1 つのクラスであり，他の酵素はホスホリパーゼ A_1，C，D である（図 19.9）。蛇毒由来

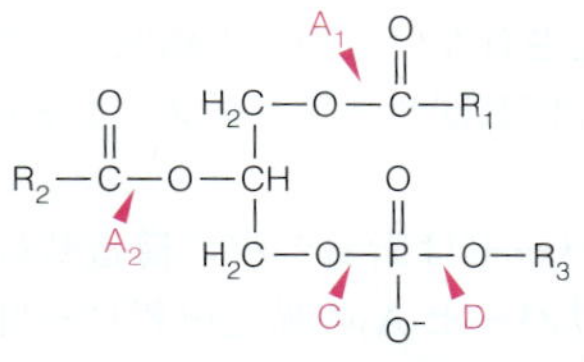

図 19.9　ホスホリパーゼ A_1，A_2，C，D の特異性

のホスホリパーゼ A_2は溶血を引き起こす。ホスファチジルコリンから1つの脂肪酸鎖が遊離することにより生じる1-アシルグリセロホスホリルコリンは**リゾレシチン lysolecithin**（ホスファチジルコリン自体も一般にレシチンと呼ばれる）としてよく知られている。

ポイント7
リン脂質の脂肪酸鎖は，ホスホリパーゼ A_2とリゾリン脂質特異的なアシルトランスフェラーゼの協調的な働きによりリモデリングされ，各器官に必要な形になる。

数種のリモデリングにかかわるアシルトランスフェラーゼは，現在ではリゾレシチン，リゾホスファチジルエタノールアミン，リゾホスファチジルカルジオリピン，リゾホスファチジルグリセロールのいずれかに特異的に作用することが知られている。個々の酵素はリゾリン脂質の *sn*-2位へ転移するアシルCoA鎖に対しても特異的な選択性をもつ。このリモデリングの過程は，肺の中の肺胞細胞から分泌され，空気が排出された際に肺表面の張力を保つことにより肺胞の崩壊を防いでいる脂質とタンパク質を含む物質，**肺サーファクタント pulmonary surfactant** のリン脂質部分の生合成において特に重要である。肺サーファクタントは50〜60％の**ジパルミトイルホスファチジルコリン dipalmitoylphosphatidylcholine**（DPPC，飽和パルミトイル鎖が *sn*-1位と *sn*-2位の両方を占める通常とは異なる形のホスファチジルコリン）を含む。**呼吸窮迫症候群 respiratory distress syndrome** の幼児は，この物質の合成または分泌に欠損があるため肺サーファクタントの代謝に障害がある。ホスホリパーゼ A_2がまず *sn*-2位のアシル鎖を加水分解して，リゾホスファチジルコリンができる。肺胞細胞は，*sn*-2位のアシル鎖の交換に対するアシル基供与体として飽和アシルCoA，特にパルミトイルCoAに優先的に作用する特異的なリゾホスファチジルコリンアシルトランスフェラーゼを産生している。肺組織でのジパルミトイルホスファチジルコリンの合成は生後大きく増加するが，これは部分的にはCTP：ホスホコリンシチジリルトランスフェラーゼ（図19.7の E_2）が小胞体へ移行して活性化されることによる。リゾホスファチジルコリンアシルトランスフェラーゼの発現は出生時にも増加し，その際に必要なリモデリング活性を提供している。肺サーファクタントの産生は乳児が生まれる予定時まで活性化されないため，未熟児は呼吸困難にならないようにしばしばサーファクタントを用いて治療される。

ホスホリパーゼは脂質と膜の構造解析に有用である。ホスホリパーゼ A_2の構造解析に興味がもたれたのは，この酵素が膜と水層の境界面で活性があり膜構造の探索子として役立つこと，ホスホリパーゼがプロスタグランジン（p.728）やセカンドメッセンジャー（第23章参照）を産生することなどによる。ホスホリパーゼ A_2では水分子がセリンに代わる求核剤として用いられ，反応においてアシル基と酵素からなる中間体を形成しないということを除けば，セリンプロテアーゼ（第11章）と類似の触媒3残基を利用して反応を行っている。ブタの膵臓のホスホリパーゼ A_2（図19.10）でみられるように，反応に関与するAsp99とHis48は水分子（W1）を含む水素結合のネットワークの中の αヘリックスに近接して存在する。活性部位には，第2の水分子（W2）に結合し触媒反応に重要な Ca^{2+}イオンが存在する。この構造は，水分子であるW2が，Asp-His-W1の触媒3残基と，リン脂質の *sn*-2位のエステル結合に対して求核的攻撃を行う Ca^{2+}イオンの両者によって活性化され，触媒に関わることを示唆する。Ca^{2+}イオンは，四面体の反応中間体であるオキシアニオンの安定化も行っていることが提唱されている。

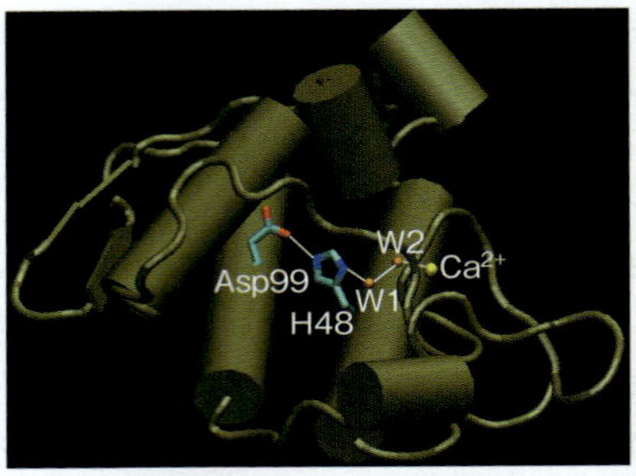

図19.10　膜リン脂質の代謝に関わる酵素，ホスホリパーゼ A_2の構造　膜と水層の境界面でのリン脂質の異化作用は，膜構造の修飾とセカンドメッセンジャーや他の制御因子の供給源として重要である。ブタ膵臓由来のホスホリパーゼ A_2（PDB ID：2B01）の結晶構造は，触媒3残基（Asp99-His48-水分子）と活性部位の Ca^{2+}イオンが第2の水分子（W2）と相互作用していることを示す。水素結合と Ca^{2+}の相互作用は細い白線で示した。

ホスホリパーゼ A_2のその他の推定される役割は，損傷を受けた膜リン脂質の修復に関与するものである。第15章で述べたように脂質は，酸素またはスーパーオキシドなどの活性酸素種による非酵素的な攻撃を受けやすく，過酸化脂質を生じる。膜リン脂質の脂肪酸アシル鎖が過酸化を受けた場合，膜の構造は乱され，膜の機能が影響を受けうる。最近の実験的証拠から，ホスホリパーゼ A_2が脂質二重層内に存在するリン脂質の異常な脂肪酸を取り除くことができ，これによって損傷を受けたアシル鎖を正常な脂肪酸に置換することが可能になると考えられている。

ポイント8
ホスホリパーゼは，シグナル伝達と膜の修復に重要な機能を果たしている。

最も単純な構造のリゾリン脂質は，ホスホリパーゼ A_2がホスファチジン酸に作用して生じる**リゾホスファチジン酸** lysophosphatidic acid である。リゾホスファチジン酸は，生物のシグナル伝達物質として同定された（第 23 章参照）。損傷の修復過程の一部として血小板などの活性化された細胞からリゾホスファチジン酸が放出されると，その特異的受容体と相互作用して細胞の増殖を刺激する。

その他のアシル化されたグリセロリン脂質の生合成

図 19.2 に示した中で残された主要な経路はホスファチジルセリン，ホスファチジルグリセロール，カルジオリピン，ホスファチジルイノシトールの合成に関するものである。酵母では，CDP ジアシルグリセロールからホスファチジルセリンを合成する経路が主である。動物では，ホスファチジルセリンは主にカルシウムにより活性化されるホスファチジルエタノールアミンとセリンの交換反応によって合成される（p.700）。しかし，この経路でのエタノールアミンの由来は未解明である。動物では，ホスファチジルグリセロールの合成は主にミトコンドリアで行われるが，これは細菌で使われている経路と同様のものである。しかし，カルジオリピンへの変換には 2 mol 目のホスファチジルグリセロールよりもむしろ，第 2 の基質として CDP ジアシルグリセロールを用いる（図 19.11）。

ホスファチジルイノシトールの生合成は CDP ジア

19

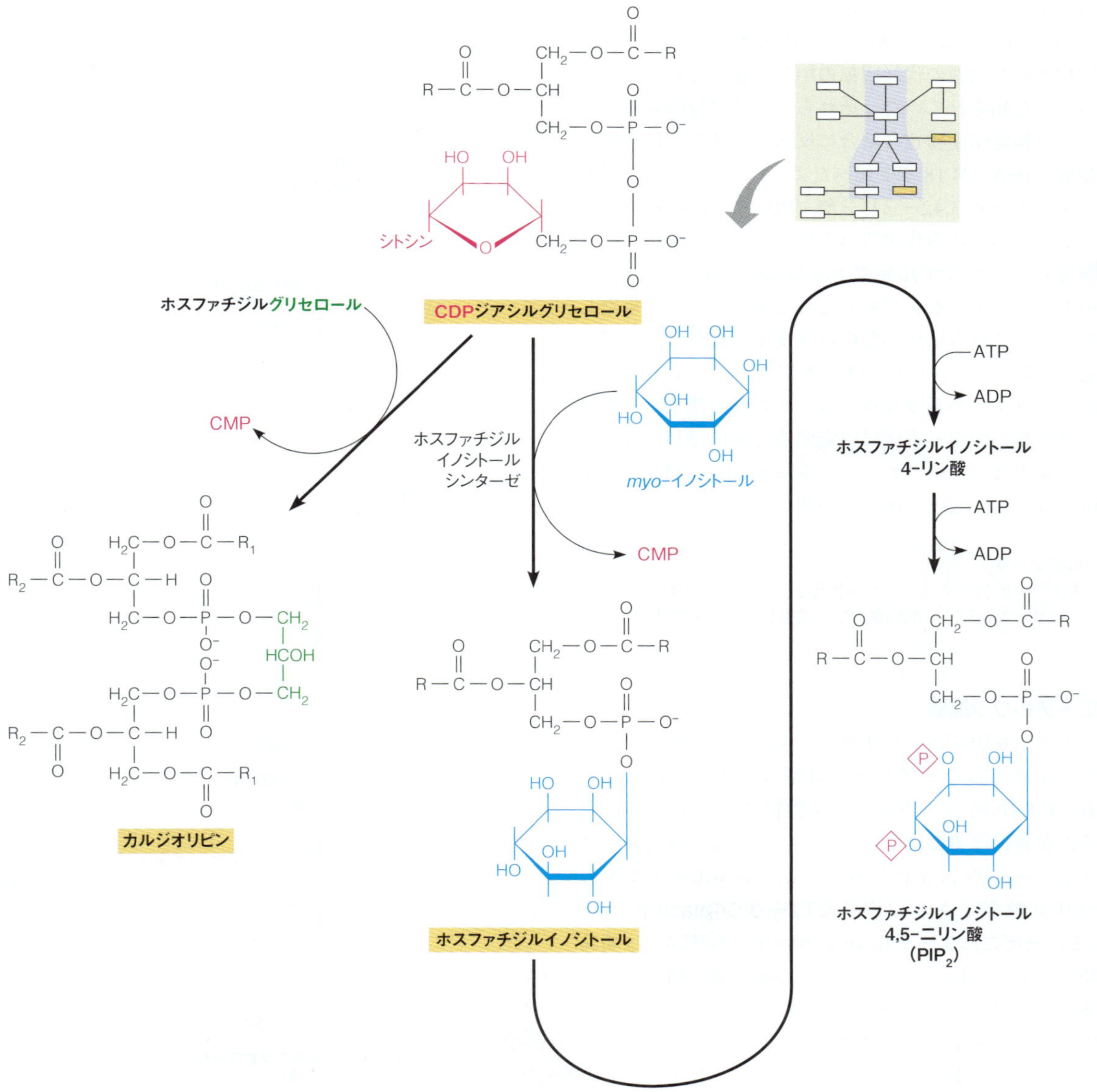

図 19.11　真核生物におけるカルジオリピンとホスホイノシチドの生合成

シルグリセロールとL-*myo*-イノシトールから**ホスファチジルイノシトールシンターゼ phosphatidylinositol synthase** によってなされる（図19.11）。L-*myo*-イノシトールはヘキサヒドロキシシクロヘキサンの9種の立体異性体のうちの1つであり，D-グルコース6-リン酸から合成される。ホスファチジルイノシトールは，その後2回の連続したリン酸化を受けてホスファチジルイノシトール4-リン酸とホスファチジルイノシトール4,5-二リン酸（PIP_2）となる。どちらも細胞には少量ではあるが確実に存在する。これら3種の脂質は総称して**ホスホイノシチド phosphoinositide** と呼ばれるが，その2位はアラキドン酸であることが多い。このアラキドン酸の濃縮は以前の節（p.702）で述べた脱アシル化と再アシル化のプロセスを介して起こっている。

^{32}Pを用いた標識実験から，ホスホイノシチドが活性化された状態の代謝回転の中に存在していることは古くから知られていた。それらは，特に神経組織において，神経伝達物質の結合に反応して速やかに合成，分解される。第18章で述べたように，ホスファチジルイノシトール3,4,5-三リン酸（PIP_3）は，細胞外のシグナルを細胞内の代謝器官の何らかの因子へ伝達する**膜を介したシグナル伝達 transmembrane signaling** のセカンドメッセンジャーとして重要な役割を果たしている。これらについての現在までの知見については第23章で述べる。ホスファチジルイノシトールの代謝のもう1つの重要な役割は，ある種の糖タンパク質が形質膜の細胞外表面に固定するために使われるグリコシルホスファチジルイノシトール glycosylphosphatidylinositol（GPI）結合への関与である（第10章）。

ポイント9
ホスファチジルイノシトールとそのリン酸化誘導体は，セカンドメッセンジャー前駆体として重要な役割を果たす。

エーテルリン脂質

エーテル脂質は，グリセロールの1つの酸素原子にアシル基ではなくアルキル基がエーテル結合している。アルキル，アルケニルリン脂質は広く分布するが，その存在量は組織によって大きく異なる。例えば，グリセロールの *sn*-1の位置にアルケニルエーテルをもつリン脂質である**プラスマローゲン plasmalogen**（または**ビニルエーテル vinyl ether** とも呼ぶ）は哺乳類の大部分の膜に存在するが，心臓，脳，精子で特に多く，膜リン脂質の50%以上を占める。筋肉以外では，エタノールアミンプラスマローゲンはコリンプラスマローゲンよりはるかに量が多い。これまでのところ，この種の脂質の機能的な重要性はほとんど不明のままである。酸に不安定なビニルエーテル結合は酸化的損傷を極めて受けやすく，プラスマローゲンは活性酸素種 ractive oxygen species（ROS）（第15章，p.596参照）の重要な標的である。そこでプラスマローゲンがROSを“除去”することによって，脂質の過酸化などの酸化的損傷から守る役割をもつことが提唱されている。プラスマローゲンはホスホリパーゼA_2の作用により *sn*-2位から遊離されるアラキドン酸やドコサヘキサエン酸 docosahexaenoic acid（DHA）の重要な供給源であろうと考えられている。アラキドン酸はエイコサノイド（詳細は後述）の前駆体であり，DHAは血清のコレステロールとトリアシルグリセロール（第17章）のレベルを抑制する能力をもつ多

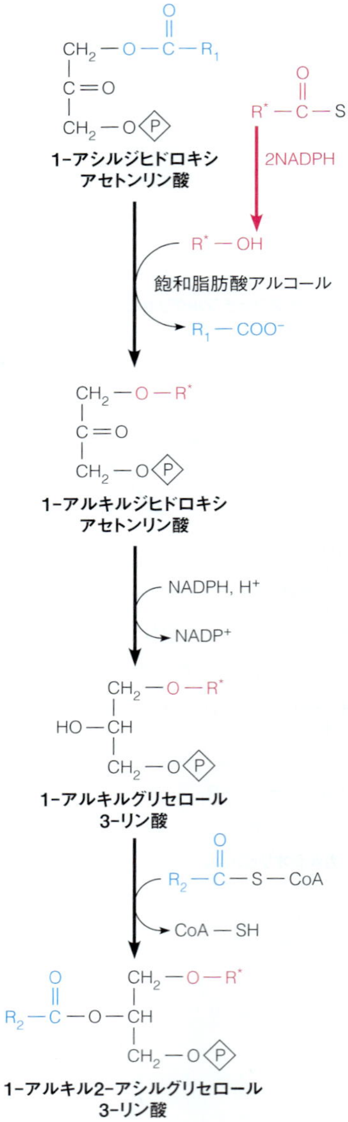

図19.12　アルキルエーテルリン脂質の生合成経路

価不飽和脂肪酸 polyunsaturated fatty acid（PUFA）である。プラスマローゲン合成の遺伝的欠損は重大な結果をもたらす。エーテル脂質の生合成は β 酸化経路と α 酸化経路をも行う器官であるペルオキシソームで行われる（第 17 章，p.654 参照）。**Zellweger 症候群 Zellweger syndrome** と呼ばれるまれな常染色体上の劣性変異の疾患では，ペルオキシソームがなく，プラスマローゲン合成に重大な欠損が生じる。この病気をもつ人は，脳，肝臓，腎臓の障害に苦しみ，寿命も短い。

エーテルリン脂質の生合成（図 19.12）はペルオキシソームで 1-アシルジヒドロキシアセトンリン酸（図 19.6 参照）を出発点として始まる。この経路はアシル基とアルキル基の交換を行うが，この反応に使われる飽和脂肪酸アルコールは，対応する脂肪酸アシル CoA の NADPH 依存的な還元により生じたものである。2 位の炭素はその後ケトからヒドロキシレベルまで還元されてアシル化され，1-アルキルグリセロール 3-リン酸を生じる。この反応中間体はペルオキシソームから小胞体へ移動し，そこで 2 位の炭素がアシル化される。これによりホスファチジン酸の 1-アルキル類縁化合物（図中の最後の構造）が生じ，これがすでに図 19.2 に示したリン脂質合成の経路により，飽和エーテルリン脂質である**グリセリルエーテル glyceryl ether** に変換される。主要な経路はホスファチジルエタノールアミンのグリセリルエーテルへとつながり，セリンとコリンの類縁化合物はエタノールアミンの類縁化合物（p.700 参照）から，それぞれ塩の部分の置換とメチル化により生じる。グリセリルエーテルからのプラスマローゲンの合成は，*sn*-1 位のアルキル基の不飽和化を含む（図 19.13）。ステアロイル CoA の不飽和化に利用されるように（p.666，図 17.34 参照），この反応に使われるミクロソーム画分の酵素系は酸素と NADH とシトクロム b_5 を必要とする。

特徴的な構造をもつエーテル脂質である**血小板活性化因子 platelet-activating factor** は，**1-アルキル 2-アセチルグリセロホスホコリン 1-alkyl-2-acetylglycerophosphocholine** 構造をもつ。生理学的には，

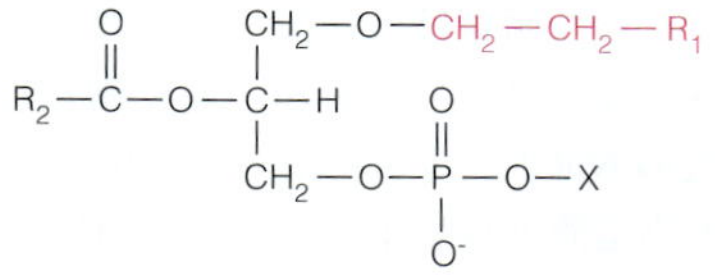

***sn*-1位にアルキルエーテルをもつリン脂質**

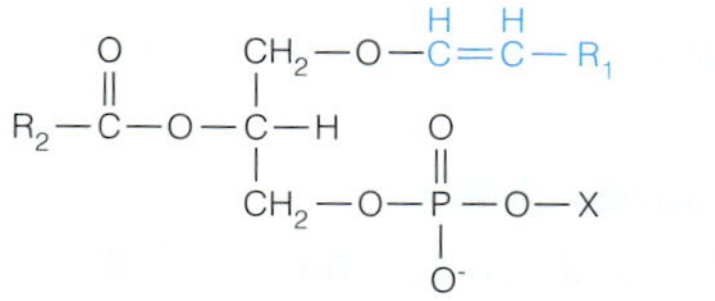

***sn*-1位にアルケニルエーテルをもつリン脂質（プラスマローゲン）**

この化合物は知られている中でおそらく最も強い活性をもつ化合物である。1 ピコモル濃度（10^{-12}M）程度の低い濃度で通常の生理的作用と炎症反応の両方，つまり，血小板凝固の促進，血圧の低下，種々のタイプの白血球の活性化，心拍出量の減少，グリコーゲン分解の活発化，子宮収縮などの多くの反応を引き起こす。この脂質は対応する 1-アルキルグリセロホスホコリンがアセチル CoA によるアセチル化を受けて合成される。

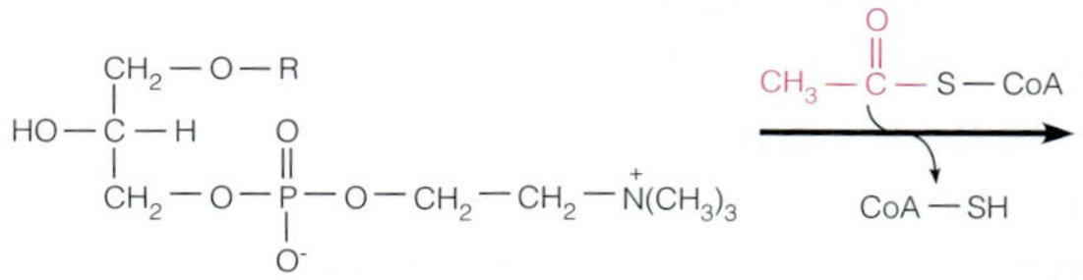

1-アルキルグリセロホスホコリン

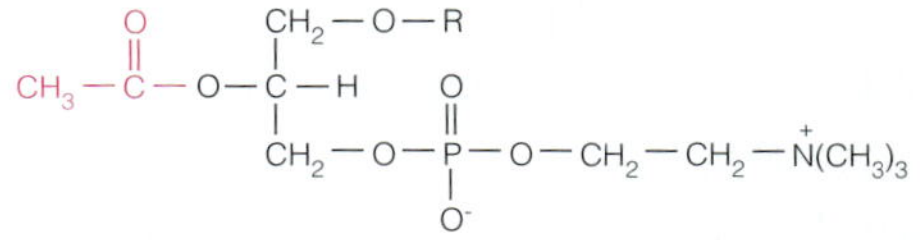

1-アルキル 2-アセチルグリセロホスホコリン

このような強力な生理活性をもつリン脂質の発見は先例のないことであり，生化学分野に魅力的な新しい領域を切り開いた。この因子は，それに対して感受性をもつ細胞上の，この因子と高い親和性をもつ受容体に結合することにより効果を示す。受容体は G タンパク質（第 23 章参照）を介してシグナル伝達を行う。

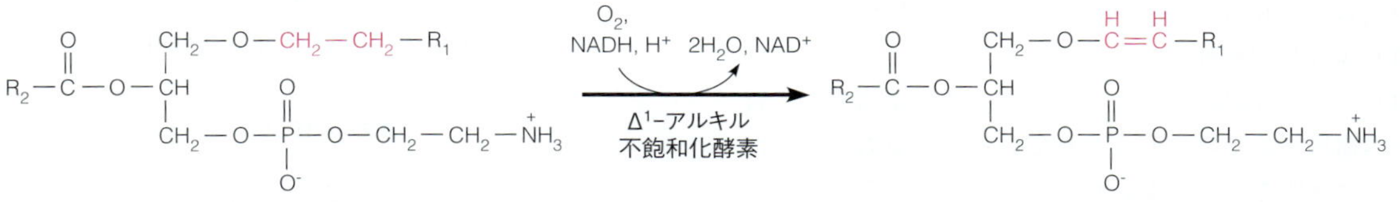

1-アルキル-2-アシルグリセロホスホエタノールアミン　　**プラスマローゲン**

図 19.13　グリセリルエーテルからのプラスマローゲンの合成　1-アルキル-2-アシルグリセロホスホエタノールアミン（ホスファチジルエタノールアミンのアルキル類縁化合物）の不飽和化が対応するビニルエーテル，またはプラスマローゲンを産出する。

エーテルを含む脂質は，好塩性微生物の膜に非常に豊富に存在する。これらの細菌，原生動物は4M程度の高い濃度のNaClを含む培地中でも生育する。エーテル脂質と高塩濃度環境下での生育能力に相関関係があるかどうかについてはわからないが，アシルエーテルと比較してアルキルエーテルは加水分解されにくく，これが1つの要因となっている可能性がある。

膜リン脂質の細胞内輸送

真核生物の膜脂質における6種の主要なグリセロリン脂質のなかで，ホスファチジルグリセロールとカルジオリピンは主にミトコンドリア膜に存在し，ミトコンドリアで合成される。残りの4種は合成されると同時に小胞体膜の細胞質側に挿入される。それらはそこから膜の内腔側に移動し，最終的に核膜，ミトコンドリア膜，形質膜などの他の膜へ輸送される。これらの機構の解明は，現代の細胞生物学における最も活発な研究分野の1つである。これには以下に述べる3つの重要な問題が含まれている。(1) リン脂質分子はどのようにして膜の片側からもう一方の側へ移動するのか，(2) リン脂質分子はどのようにして細胞内の1箇所から他の場所へ移動するのか，(3) 1つの細胞内における膜のリン脂質の構成比の違いは，特定の器官へのリン脂質の輸送によってどのように説明されるのか。

膜内のリン脂質の移動についての検討（上記の問題1）は脂質二重層の片側でのみその存在が検知できる特異的な脂質プローブの利用により行われている。「生化学の道具10A」でも述べたように，そのようなアプローチの方法は電子常磁性共鳴のスペクトラムから検知できる**スピン標識 spin label** された脂質類縁化合物の使用を含む。この測定法では脂質二重層の横断的移動（または"フリップ–フロップ flip-flop"とも呼ぶ）は，自発的にも起こるが非常に遅い反応であることが示された。in vivoでの測定では非常に速い移動がみられており，第10章で述べたフリッパーゼとフロッパーゼによって触媒される。

細胞内でのリン脂質の輸送（上記の問題2）は，図19.1に示したように小胞体膜の一部分のゴルジ体への輸送の問題を含む。分泌物を含んだ膜小胞は常時ゴルジ体から出芽し，それらの小胞は，**エキソサイトーシス exocytosis**（細胞外への輸送）を介して，形質膜と融合してそれらの内容物を分泌する。この経路は細胞外への分泌に使われるだけでなく，膜脂質を形質膜へ輸送するためにも使われているようである。まだよくは解明されていないが，おそらく同等のプロセスを経て，膜脂質はミトコンドリア，植物の葉緑体，核にも輸送されていると考えられる。

細胞内の種々の膜中の膜脂質組成の多様性（上記の問題3）を説明するためには，ゴルジ膜内に局在し特定の脂質と選択的に結合するタンパク質，つまり特定の脂質と親和性をもち，特定の器官へ局在化するタンパク質が存在すると想定することができる。もう1つの機構としては，**リン脂質交換タンパク質 phospholipid exchange protein** の作用がある。このタンパク質はリン脂質に結合する細胞質のタンパク質で，膜脂質とそのリン脂質の交換を触媒できる。タンパク質と結合した脂質は膜の中へ移動し，膜脂質はその細胞質タンパク質と結合する。この機構は脂質の膜への輸送において膜脂質の増加にはつながらないが，特定の膜の脂質組成の調整は可能である。

> **ポイント 10**
> 膜成分は小胞体とゴルジ体の合成部位から膜小胞によって目的の膜へと運ばれ，そこで融合することにより膜を構築する。

スフィンゴ脂質の代謝

スフィンゴ脂質は，主として神経組織での重要な役割と，これに関連したヒトのスフィンゴ脂質代謝の遺伝的疾患のために注目されてきた。スフィンゴ脂質は植物や酵母などの下等真核生物の膜にも広く存在している。

第10章でも述べたがスフィンゴ脂質は，塩基であるスフィンゴシンの誘導体である。植物のスフィンゴ脂質はこの化合物と少し異なった構造であるフィトスフィンゴシン phytosphingosine を含む。スフィンゴ脂質はセラミド（N-アシルスフィンゴシン），スフィンゴミエリン（N-アシルスフィンゴシンホスホリルコリン），中性・酸性**スフィンゴ糖脂質 glycosphingolipid** と呼ばれる糖質を含んだスフィンゴ脂質のファミリーを含む。酸性スフィンゴ糖脂質はセレブロシドとガングリオシド（シアル酸ももつ）を含む。セラミドはスフィンゴミエリンとスフィンゴ糖脂質の両者の前駆体となる。

動物において，セラミド合成の経路はスフィンゴシンの誘導体である**スフィンガニン sphinganine** の合成から始まる。スフィンガニンはパルミトイル CoA

$$CH_3(CH_2)_{12}\overset{H}{\underset{H}{C}}=C-\overset{H}{\underset{OH}{C}}-\overset{H}{\underset{NH_3^+}{C}}-CH_2OH$$

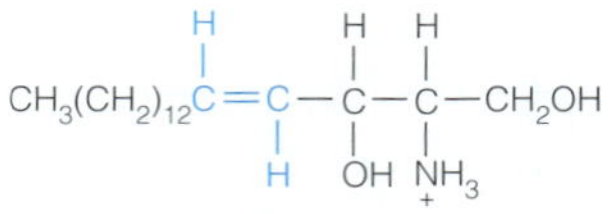

スフィンゴシン

$$CH_3(CH_2)_{12}CH_2-\overset{H}{\underset{OH}{C}}-\overset{H}{\underset{OH}{C}}-\overset{H}{\underset{NH_3^+}{C}}-CH_2OH$$

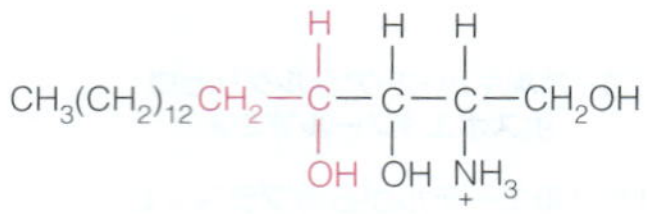

フィトスフィンゴシン

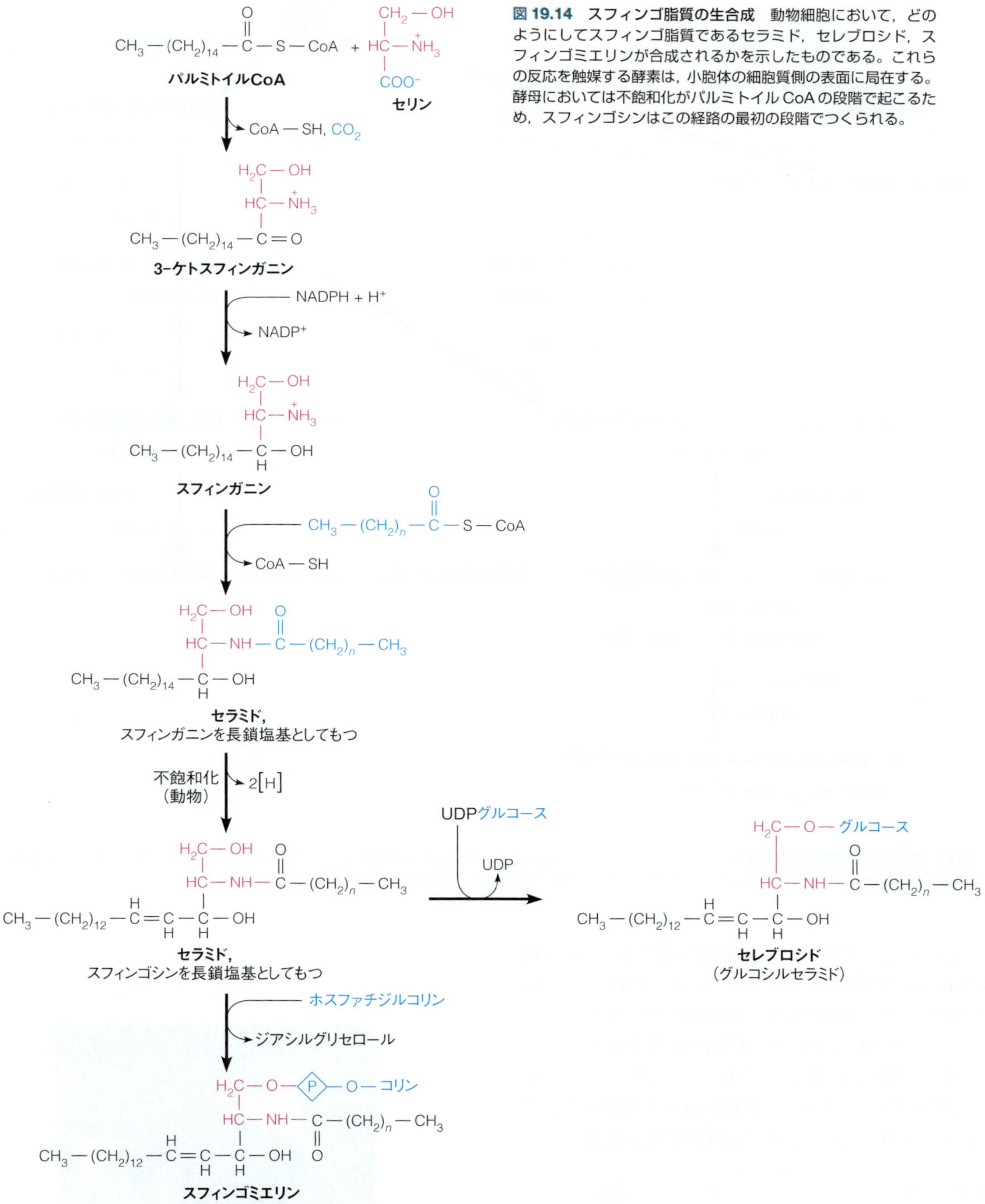

図 19.14　スフィンゴ脂質の生合成　動物細胞において，どのようにしてスフィンゴ脂質であるセラミド，セレブロシド，スフィンゴミエリンが合成されるかを示したものである。これらの反応を触媒する酵素は，小胞体の細胞質側の表面に局在する。酵母においては不飽和化がパルミトイル CoA の段階で起こるため，スフィンゴシンはこの経路の最初の段階でつくられる。

とセリンから合成される（図 19.14）。そのパルミトイルのケト基の還元後，スフィンガニンのアミノ基がアシル化されてセラミドを生じる。ゴルジ体へ輸送された後，この化合物のスフィンガニン部分は不飽和化され，スフィンゴシンを塩基としたセラミドを生じる。ホスファチジルコリンからのホスホコリン部分の転移により，スフィンゴミエリンとジアシルグリセロールが生じる。

スフィンゴ糖脂質の合成経路はさらに多く存在するが，それらの代謝経路はすでに述べた糖タンパク質におけるオリゴ糖鎖の合成に類似している（第 9 章参照）。これらの経路では，生合成基質として活性化されたヌクレオチドに結合した糖と，最初の単糖受容体としてセラミドを利用して（図 19.14），段階的に単糖

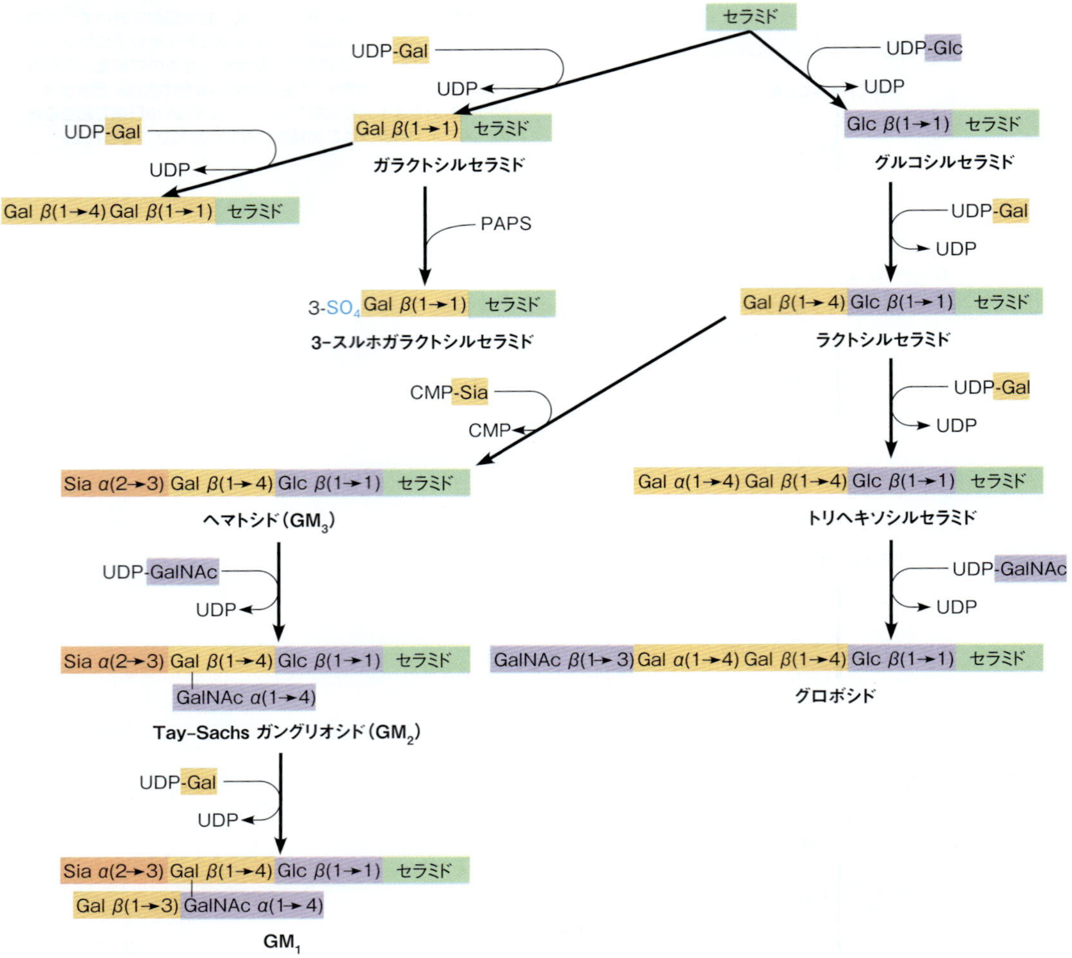

図 19.15　スフィンゴ糖脂質の合成経路　各々の化合物の一般的な名称を示した。これらの反応はゴルジ体の内腔内で起こる。複合型スフィンゴ糖脂質はその後，小胞輸送により形質膜へ運ばれる。PAPS は硫酸基の供与体である（第 21 章，p.804～806 参照）

が付加される。スフィンゴ糖脂質合成に用いられる糖ヌクレオチドはUDP グルコース（UDP-Glc），UDP ガラクトース（UDP-Gal），UDP-*N*-アセチルガラクトサミン（UDP-GalNAc），CMP-*N*-アセチルノイラミン酸（CMP-Sia または CMP シアル酸）などである。図 19.15 に，スフィンゴ糖脂質のうち最も豊富に存在する数種について，その合成経路を示した。

ポイント 11
スフィンゴ糖脂質の生合成には，ヌクレオチドに結合した糖とグリコシルトランスフェラーゼが関与する。

スフィンゴ脂質，とりわけスフィンゴミエリンは，中枢神経系の細胞を保護し隔離する多層構造であるミエリン鞘（図 19.16。図 10.45〈p.356〉参照）の主要な構成成分である。スフィンゴ脂質は，ヒトのミエリンの全脂質の約 25％を占める。スフィンゴ脂質は定常的に合成，分解されている。分解は一連の加水分解酵

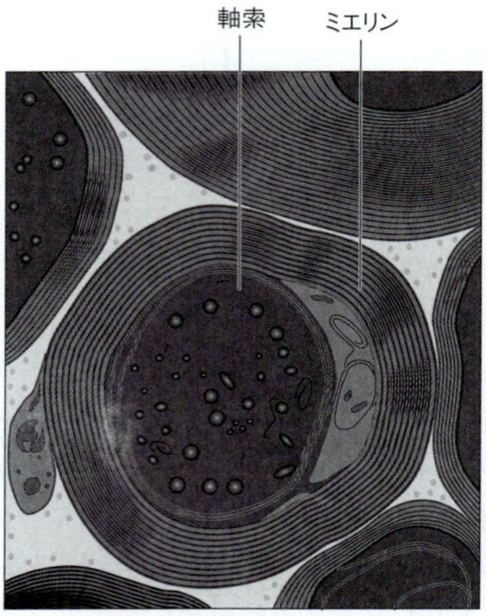

図 19.16　脊髄のミエリン化された軸索　軸索を取り囲み隔離する層であるミエリンは，スフィンゴミエリンに富む。
Courtesy of Dr. Cedric Raine, New York.

素によりリソソームで生じる。これらの経路は**スフィンゴリピドーシス sphingolipidosis**（**脂質貯蔵病 lipid storage disease** としても知られる）と呼ばれる先天的な疾患群との関係から，医学的に非常に関心をもたれている。それぞれの疾患は，分解酵素の 1 つが欠損していること，それに伴いその分解酵素の基質がリソソームで蓄積することによって生じることが明らかにされている（表 19.1）。実際，蓄積した異常な代謝産物の構造解析によって，図 19.17 に示した分解経路が解明された。これらの疾患の大部分は常染色体劣性遺伝であるので，病気の兆候が現れるには，あるヒトにおいて特定の酵素をコードする遺伝子の 2 つの対立遺伝子に変異が生じなければならない。神経組織には多量のスフィンゴ脂質が存在するので，大部分のスフィンゴリピドーシスが中枢神経の機能に重大な障害を引き起こすことは驚くにはあたらない。

スフィンゴリピドーシスで最もよく知られているものは，1881 年にはじめて報告された，リソソームの ***N*-アセチルヘキソサミニダーゼ A *N*-acetylhexosaminidase A** に欠損を生じた **Tay-Sachs 病 Tay-Sachs disease** である。この酵素が欠損すると，GM_2 と呼ばれるガングリオシドが，特に脳に蓄積する（図 19.17，構造は p.329 の図 10.8b 参照）。この病気は神経系の変性，精神遅滞，失明を引き起こし，4 歳までに死亡することが多い。

ポイント 12
スフィンゴ糖脂質の作用に欠損をもつ遺伝病は，その分解中間物を神経組織に蓄積し深刻な結果をもたらす。

Tay-Sachs 病はまれな疾患であるが，この遺伝子の欠損はアシュケナージ系のユダヤ人（中部，東部ヨーロッパ系統のユダヤ人）には比較的多く存在する。米国のユダヤ人は，30 人に 1 人の割合でこの遺伝子に欠損をもつ。よってユダヤ人同士の夫婦では Tay-Sachs 病の子供が生まれる危険性がかなりある。この病気に対する治療法は現在のところ存在しないので，出生前診断に注目が集まっている。実際，この疾患は羊水穿刺によって遺伝病の診断に成功した最も初期のものの 1 つである。夫婦ともこの遺伝子欠損をヘテロにもつ場合は，Tay-Sachs 病の子供を妊娠する可能性が 25% であるとカウンセリングされることになる。

スフィンゴ脂質は膜の構成成分としてだけではなくシグナル伝達分子としても機能する。スフィンゴ脂質の中でも，セラミドによるシグナル伝達は細胞の増殖と移動，分化，老化，**アポトーシス apoptosis**（プログラムされた細胞死）の制御に関与する。アポトーシスについては第 28 章でより詳しく述べるが，正常な分化の過程として，あるいは細胞が環境から受けた損傷が非常に大きく細胞が生きのびていくことが生物体にとって有害であるような場合，特定の細胞の死を引き起こす。細胞外の因子が膜内のスフィンゴミエリンの酵素的切断を活性化し，放出されたセラミドが特異的なプロテインホスファターゼやプロテインキナーゼを活性化する。このシグナル伝達経路の大部分は未解明のままである。

ガングリオシドはコレラ毒（ガングリオシド GM_1 と結合），インフルエンザウイルス（ある種のガングリオシドのシアル酸部分を認識）などの特定の因子の受容体として働く。インフルエンザウイルスはノイラミニダーゼをコードしており，ウイルスが細胞に侵入する過程で，この酵素がガングリオシドを切断する。オセルタミビル（タミフル）に代表されるこの酵素の阻害剤が，インフルエンザに効く抗ウイルス剤として広く利用されている。非常に興味深いことに，ある種のガングリオシドは培養細胞において神経組織の増殖を促進することから，脊髄損傷後の神経組織の再生に利用できる可能性がある。実際，アメリカンフットボールのプロチームであるニューヨーク・ジェッツの

表 19.1　スフィンゴ脂質の異化作用における遺伝的疾患

病名	欠損している酵素[a]	蓄積する中間産物
GM_1ガングリオシドーシス	❶βガラクトシダーゼ	GM_1ガングリオシド
Tay-Sachs 病	❷β-*N*-アセチルヘキソサミニダーゼ A	GM_2（Tay-Sachs）ガングリオシド
Fabry 病	❸αガラクトシダーゼ A	トリヘキソシルセラミド
Gaucher 病	❹βグルコシダーゼ	グルコシルセラミド
Niemann-Pick 病（A 型，B 型）	❺スフィンゴミエリナーゼ	スフィンゴミエリン
Farber 脂肪性肉芽腫症	❻セラミダーゼ	セラミド
グロボイド細胞白質ジストロフィー（Krabbe 病）	❼βガラクトシダーゼ	ガラクトシルセラミド
異染性白質ジストロフィー	❽アリルスルファターゼ A	3-スルホガラクトシルセラミド
Sandhoff 病	❾*N*-アセチルヘキソサミニダーゼ A と B	GM_1ガングリオシドとグロボシド

[a]番号は図 19.17 に示した酵素に対応する。

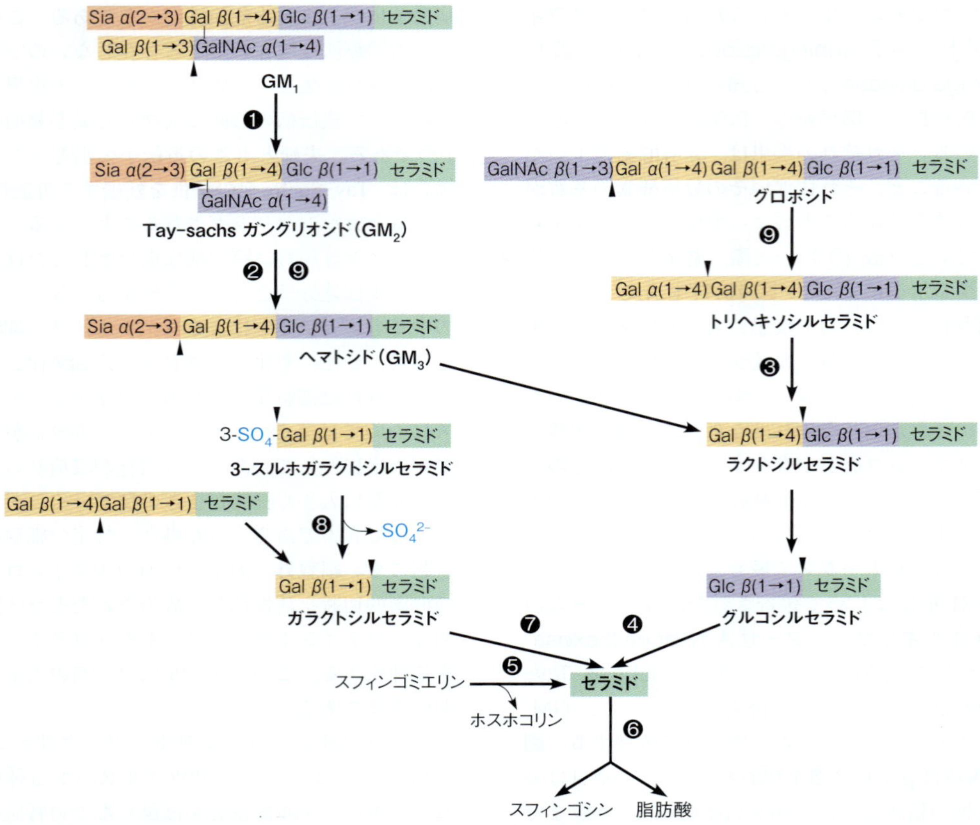

図 19.17　スフィンゴ脂質の分解におけるリソソーム経路　丸囲みの数字は表 19.1 に示した脂質貯蔵病患者において欠損している酵素と一致する。

ラインマンだった Dennis Byrd が 1992 年に試合中に首を骨折した際，外科手術と同時に GM_1-ガングリオシドによる治療を受けたが，これが彼の驚くべき回復に一部貢献したと言っても差し支えない。

ステロイドの代謝

次に，非常に多種多様な脂質である**イソプレノイド isoprenoid** または**テルペン terpene** と呼ばれる一群に目を向けてみよう。これらの化合物は，**イソプレン isoprene** と呼ばれる 5 個の炭素からなる活性化単位が集まってできた物質である。このグループにはステロイド，胆汁酸，脂溶性ビタミン，糖タンパク質の合成のところで述べたドリコールとウンデカプレノールリン酸，クロロフィルの長鎖アルコールであるフィトール，植物成長ホルモンの一種である**ジベレリン gibberellin**，昆虫の幼若ホルモン，生ゴムの主成分，補酵素 Q，その他多くの化合物が含まれる。

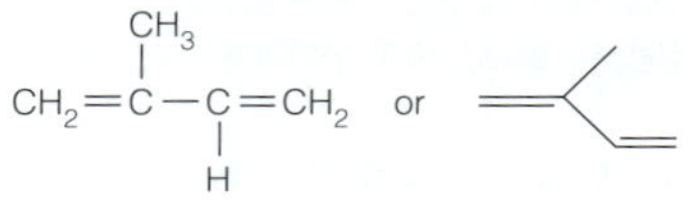

イソプレン

イソプレノイドの中でもステロイド骨格を 1 つだけもつコレステロールに焦点を当てて述べる。第 10 章でも述べたように，この脂質は動物細胞膜の主要構成成分であり，膜の流動性に深く関わっている。動物においてコレステロールは，すべてのステロイドホルモン，ビタミン D，脂肪の分解を助ける胆汁酸の前駆体である。第 17 章で述べたように，食餌中，あるいは血中コレステロール濃度，アテローム性動脈硬化，心疾患の発症に強い相関が観察されることから，コレステロールは医学的に注目されている。1784 年に胆石からコレステロールが単離されて以来，疾患との生物学的関連性と，構造の立体化学的複雑さと単一の低分子前駆体からの生合成経路のエレガントさのためもあって，コレステロールは注目を集めてきた。Michael Brown と Joseph Goldstein は，彼らを含む 13 人の研究者が仕事の大部分を費やしたコレステロールの研究によりノーベル賞を受賞したことから，コレステロールは“生物学において最も高い栄誉を受けた小さな分子”と称賛された。

構造的な考察

ステロイド steroid は，飽和した四環系の糖質であるペルヒドロシクロペンタノフェナントレン perhydrocyclopentanophenanthrene の誘導体である一連の脂質である（図 19.18）。A，B，C，D の文字は 4 つの環を示し，このうち D は五員環であることと，炭素番号のつけ方を覚えておくことが重要である。コレステロールは C17 位に脂肪族の炭素鎖をもち，C10 位と C13 位に環平面と垂直なメチル基をもち，B リングに二重結合をもち，A リングに水酸基をもつことが基本的な環構造とは異なる。アルコール官能基と C17 位の炭素鎖から，コレステロールはステロイドアルコールに用いられる総称であるステロール sterol に分類される。

ステロイドの六員環は折りたたまれたコンホメーション，つまりより安定ないす型配座を取りやすく，舟形配座はほとんど取らない（p.329，図 10.9 参照）。この構造のためコレステロールは，その一端に弱い極性のある水酸基をもつだけの強固な分子構造をとる。リポタンパク質や細胞内の貯蔵小滴に含まれるコレステロールの多くはこの水酸基の部位に長鎖脂肪酸がエステル化しており，その結果生じるコレステロールエステルは，コレステロールよりも疎水性がかなり高くなる。この構造から，膜内のコレステロール濃度が上昇するとどのようにして膜の流動性が変化するのか理解できる。コレステロールが増えると，相転移を起こす全脂質の比率が下がることに加え，膜内の極性脂質の側方拡散が減少するためである（p.332，図 10.12b 参照）。

ステロイド代謝に関して本章では，三次元立体配置モデルのかわりに，図 19.18c に示したような構造描写法を用いた。この表記法では，10 位のメチル基は環の平面の上方に突き出していることを意味する。これを含めて環の平面の上方に突き出しているすべての置換基を β と呼び，塗りつぶしたくさび形で示した。環の平面の下方に突き出した置換基を α と呼び，破線のくさび形で示した。コレステロールが完全に飽和した 2 種類の誘導体の 1 つであるコレスタノール cholestanol の構造を慣例にならって図 19.18c に示した。

コレステロールの生合成

コレステロールの生合成系は，合成される代謝物の多様さに加えて経路自体のエレガントさゆえに注目され，研究されてきた。放射性同位元素を用いたトレーサー実験から，コレステロールの 27 個のすべての炭素が 2 つの炭素からなる前駆体である酢酸に由来することが示されている。それではどのようにして，酢酸のような単純な化合物からコレステロールのように非常に複雑な構造をつくることができるのであろうか？それについて以下に述べる。

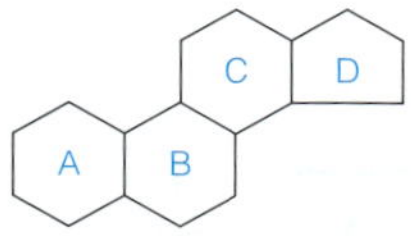

(a) ペルヒドロシクロペンタノフェナントレン

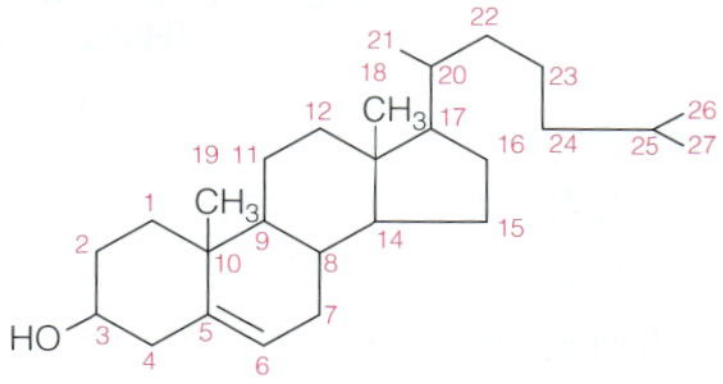

(b) コレステロール

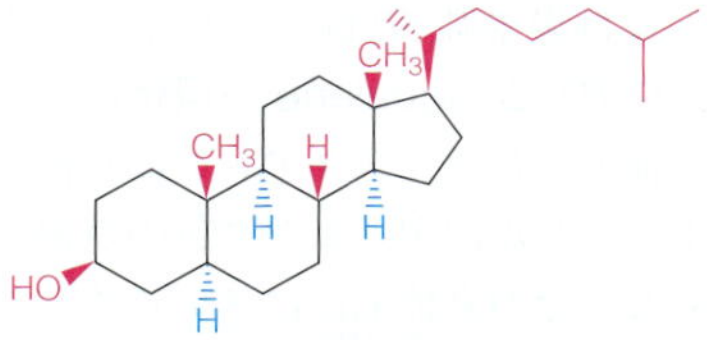

(c) コレスタノールの立体化学

図 19.18　ステロイドに使われる環構造の識別システム（a）と炭素の番号のつけ方（b）。（c）コレスタノールを例とした構造の慣例的表示法　α 置換はステロイド環構造のつくる面の下へ伸びる（青色の破線で示した）。β 置換は環構造のつくる面の上へ伸びる（ピンク色のくさび形で示した）。5 位と 9 位と 14 位の水素は α 配置であるのに対し，水酸基，2 つのメチル基，8 位の水素，17 位の脂肪族側鎖はすべて β 配置である。

コレステロール生合成の初期の研究

コレステロール生合成に対する初期の知見のほとんどは，1940 年代の Konrad Bloch の研究に由来する。Bloch は脊椎動物のコレステロール生合成が主に肝臓で行われることに注目し，メチル基またはカルボキシ基が ^{14}C で標識された酢酸をラットに与えた。投与後，肝臓からコレステロールを抽出し，化学的分解を行い，得られた断片の放射活性を測定した。この方法により下に示したコレステロールの各々の炭素が酢酸（実際にはアセチル CoA）のメチル基に由来する（図

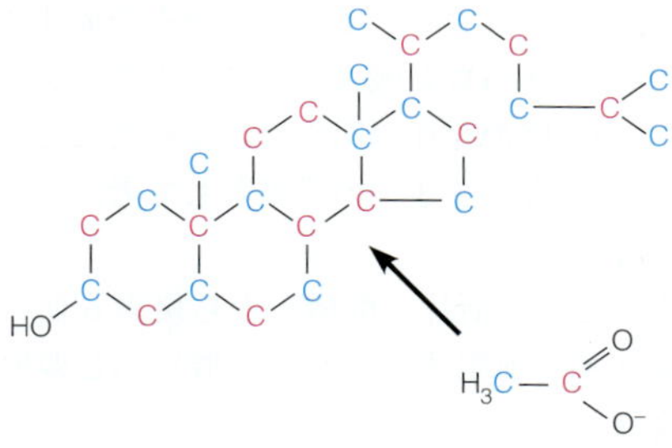

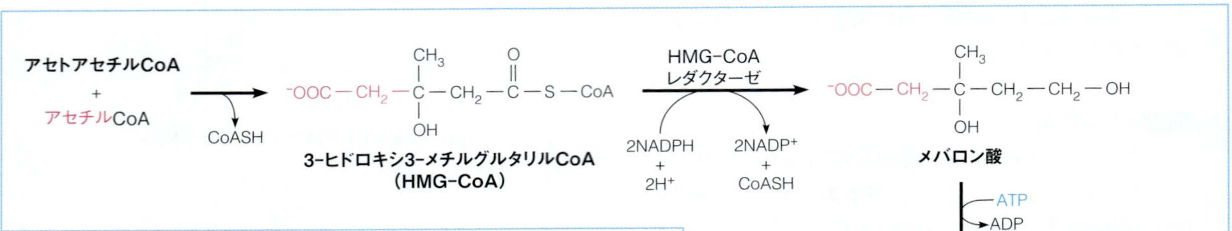

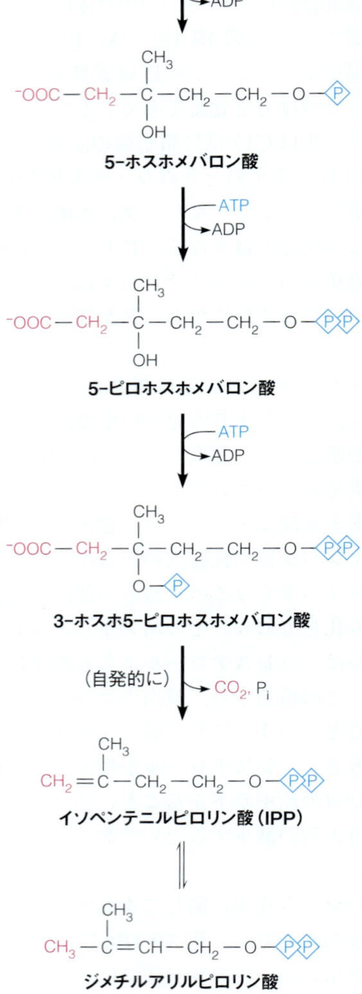

図 19.19　メバロン酸の生合成とイソペンテニルピロリン酸，ジメチルアリルピロリン酸への変換　第3のアセチル基の2つの炭素をピンク色で示した。

中，青色で示した）か，カルボキシ基に由来する（図中，ピンク色で示した）かを明らかにした。

この他にも研究の初期段階で，イソプレンの5個の炭素が酢酸3分子の代謝に由来することが示され，コレステロールは炭素数30個からなる直鎖状の炭化水素である**スクアレン squalene** の環化によって合成されることが推定された。スクアレンは6個のイソプレン単位（下に示した図中，ピンク色の点線で区切った部分）をもち，その立体配置はステロイドの前駆体を想起させる。

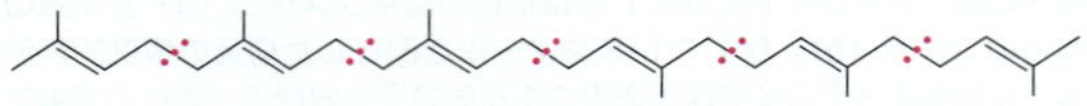

スクアレン

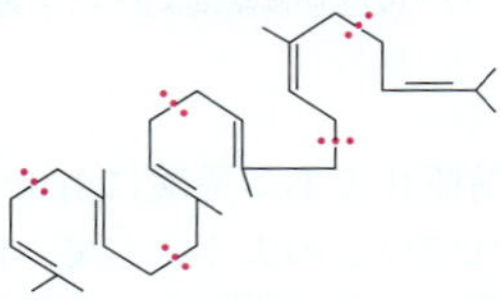

スクアレンが環化する際に推定される配置

> **ポイント 13**
> すべてのステロイド前駆体であるコレステロールのすべての炭素原子は酢酸に由来する。

1956年にもう1つの重要な発展があった。Karl Folkers は，6個の炭素からなる有機酸である**メバロン酸 mevalonic acid** が，ある種の *Lactobacillus* の酢酸要求性株の生育を維持できることを示した。Folkers はメバロン酸が炭素5個からなる活性化されたイソプレノイド化合物である**イソペンテニルピロリン酸 isopentenyl pyrophosphate** にすぐに変換されることを発見した。興味深いことに，*Lactobacillus* はステロイドを合成できないが，その経路の最初の数ステップを利用して他のイソプレノイド化合物を合成する。動物においては，メバロン酸はすぐにスクアレンに変換される。この経路の存在が明らかになったことで，コレステロール生合成を3つの段階として考えることができるようになった。

1. 炭素2個の断片（酢酸）から炭素6個のイソプレノイド前駆体（メバロン酸）へと変換される段階
2. 炭素6個のメバロン酸6個が，活性化された炭素5個の中間体を経て炭素30個のスクアレンへと変換される段階
3. スクアレンの環化と炭素27個のコレステロールへと変換される段階

次にこれらのプロセスについて詳細に考察する。

第1段階：メバロン酸の合成

この経路の最初の反応はケトン体生成（第17章参

照）で使われているのと同一であるが，細胞内で起こる場所が異なる。ケトン体生成はミトコンドリアで起こるが，コレステロール生合成は細胞質と小胞体 endoplasmic reticulum（ER）で起こる。

第 1 段階では 2 分子のアセチル CoA が縮合してアセトアセチル CoA になる。図 19.19 にこの段階以降の反応を示した。アセトアセチル CoA はアセチル CoA と反応して 3-ヒドロキシ 3-メチルグルタリル CoA 3-hydroxy-3-methylglutaryl-CoA（HMG-CoA）を生ずる。図 17.24（p.657）を思い出すと，ケトン体生成においては HMG-CoA は，ミトコンドリアのマトリックスで分解されてアセト酢酸とアセチル CoA を生じる。しかし，この反応を触媒する HMG-CoA リアーゼがコレステロール生合成が生じる小胞体には存在しない。そのかわりに小胞体の膜貫通タンパク質である **HMG-CoA レダクターゼ HMG-CoA reductase** が，HMG-CoA を還元してメバロン酸を生じる。この多段階反応には，チオエステルをアルコールに還元するために 2 つの NADPH（4 電子）またはそれに相当するものが必要である。これがコレステロールの生合成経路全体の活性を制御する主要なステップである。

ポイント 14
コレステロール生合成の初期の反応を触媒するヒドロキシメチルグルタリル CoA（HMG-CoA）レダクターゼは，コレステロールの合成経路全体の主要な調節ポイントである。

第 2 段階：メバロン酸からのスクアレンの合成

図 19.19 と図 19.20 に示した次の数種の反応は，細胞質で起こる。まずはじめに，メバロン酸は 3 回の連続したリン酸化により活性化される（図 19.19）。最初の 2 つのステップは ATP の γ リン酸の単純な求核的な交換反応である。3 回目のリン酸化は，3 位で起こるが，脱炭酸により 5 個の炭素からなるイソペンテニルピロリン酸 isopentenyl pyrophosphate（IPP）を生じるためのステップである。脱炭酸により生じる形式的な負電荷を安定化するため，電子受容体としての，カルボン酸から離れた 2 つの炭素が脱炭酸に必要であることは第 12 章（p.433〜434）で述べた。脱炭酸を容易に受ける β ケト酸が，エノラートイオンを形成することによりこれを行う。しかし 5-ピロホスホメバロン酸にはカルボキシ基を遊離できる β 炭素が存在しない。そのかわりに酵素が 3 級炭素原子の水酸基をリン酸化し，3 級のリン酸を生じる。これが自発的に遊離して 3 級のカルボカチオンを生ずる。この正電荷が β 炭素におけるのと同様の電子受容体になることにより，脱炭酸を容易にする。

IPP イソメラーゼは，生じたイソペンテニルピロリン酸 1 分子を異性化することにより C_5 **ジメチルアリルピロリン酸 dimethylallyl pyrophosphate** を生じる。この化合物は図 19.20 に示したようにイソペンテニルピロリン酸と反応して C_{10} **ゲラニルピロリン酸 geranyl pyrophosphate** を生じ，さらにもう 1 分子のイソペンテニルピロリン酸と反応して C_{15} **ファルネシルピロリン酸 farnesyl pyrophosphate** を生じる。この反応はどちらも S_N1 反応における 3 級のカルボカチオンを中間体としている。ジメチルアリルピロリン酸からの PP_i の遊離は，アリルカルボカチオンを生じる。IPP の二重結合は求核剤として働き，カルボカチオンの縮合によって，第 2 のカルボカチオンを生じるが，これから 1 電子が脱離することにより最終産物が形成される。

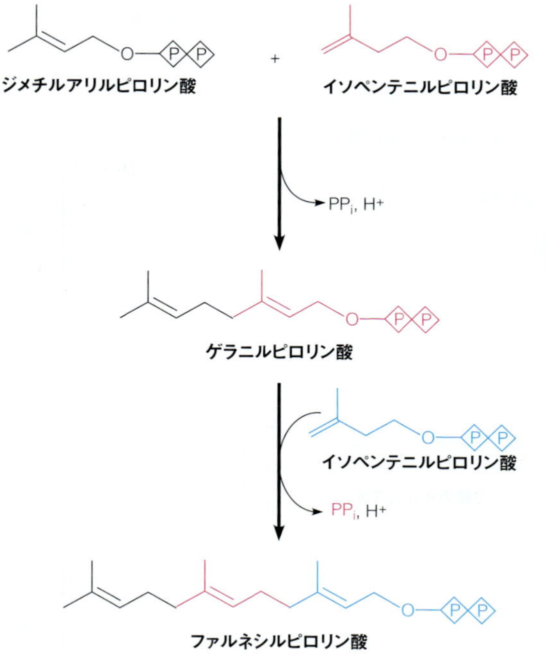

図 19.20　イソペンテニルピロリン酸とジメチルアリルピロリン酸のファルネシルピロリン酸への変換　これらの頭部と尾部をつなぐ 2 つの縮合反応は，同一のプレニルトランスフェラーゼ（ファルネシルピロリン酸シンターゼ）によって触媒される。

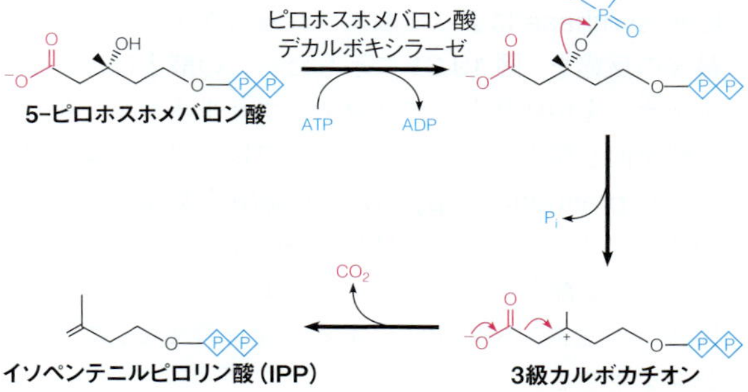

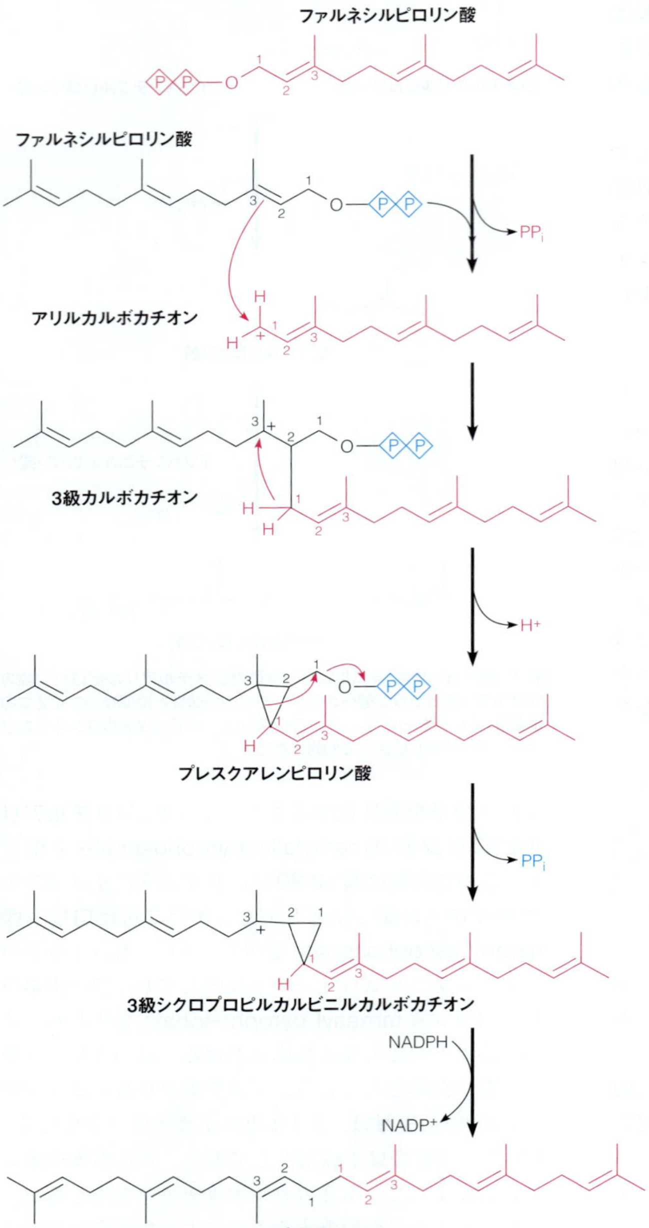

図 19.21　スクアレンシンターゼの触媒作用によるファルネシルピロリン酸のスクアレンへの変換　1 分子のファルネシルピロリン酸（ピンク色で示した）からのピロリン酸基の解離により，アリルカルボカチオンを生じる。2 位と 3 位の炭素の二重結合は求核的にカルボカチオンを攻撃し，もう 1 分子のファルネシルピロリン酸（黒色で示した）の 3 位の炭素を 3 級カチオンにする。1 位の炭素がプロトンを失うことにより，活性化されたシクロプロパン中間体であるプレスクアレンピロリン酸を生じる。第 2 のピロリン酸の解離により，もう 1 つの 3 級カルボカチオン中間体を生じる。NADPH からの水素化物の転移によりスクアレンを生じる。

小胞体膜に結合した**スクアレンシンターゼ squalene synthase** によって触媒されるスクアレン合成の最後の反応を，図 19.21 に示した。この酵素はカルボカチオンを中間体として 2 分子のファルネシルピロリン酸を同じ側からつなぐ方式で，**プレスクアレンピロリン酸 presqualene pyrophosphate** を形成する。この活性化されたシクロプロパン中間体は，その後ピロリン酸の脱離とシクロプロピルカルビニルカチオン中間体への変換，NADPH による還元を経て C_{30} スクアレンを生じる。

合成経路のこの部分の目立った特徴は，その立体化学である。1960 年代に 2 人のイギリス人科学者 George Popják と John Cornforth が，14 の“立体化学的曖昧さ”，つまり全過程中で 2 つの方法のどちらか一方で行われうるステップが 14 段階存在することを発見した。例えば，図 19.19 に示した 3 回リン酸化されたメバロン酸誘導体は，カルボキシ基とホスホリル基のシスまたはトランス脱離により脱炭酸されうる。よって，メバロン酸からスクアレンの合成には 2^{14}，つまり 16,384 通りの立体化学的に異なった経路が存在しうると考えられた。注目すべきことに，彼らとその仲間は 16,834 種の可能な経路のうち立体化学的に実際に起こる唯一の経路を同定したのである。

第 3 段階：スクアレンの環化によるラノステロールの形成と，コレステロールへの変換

これ以降の反応はすべて小胞体で行われる。スクアレンの環化によるラノステロールの形成と，コレステロールへの変換を図 19.22 に示した。4 つのステロール核の環をもつラノステロールの形成は 2 つのステップで起こる。まず第 1 は，酸素添加酵素が 2 位と 3 位の炭素にエポキシドを導入する。この官能基のプロトン化が一連のメチル基と水素化物イオンのトランス-1,2 シフトを引き起こし，ラノステロールを生じる。二重結合の還元と C14 位で 1 回，C4 位で 2 回の計 3 回の脱メチル化を含む約 20 の一連の反応がそれに続く。最終産物の 1 つ前の産物である 7-デヒドロコレステロールは，最後の還元を受けてコレステロールを生じる。

ポイント 15
C_{30}の炭化水素であるスクアレンの環化によって，4 個の環構造をもつステロール核が生じる。

19

コレステロール生合成の制御

細胞内のコレステロールレベルが，新たなコレステロール生合成の制御，過剰なコレステロールのコレステロールエステルとしての貯蔵，血中のコレステロールのエンドサイトーシスに関わる LDL 受容体の合成制御，などの複数の機構によって制御されていること

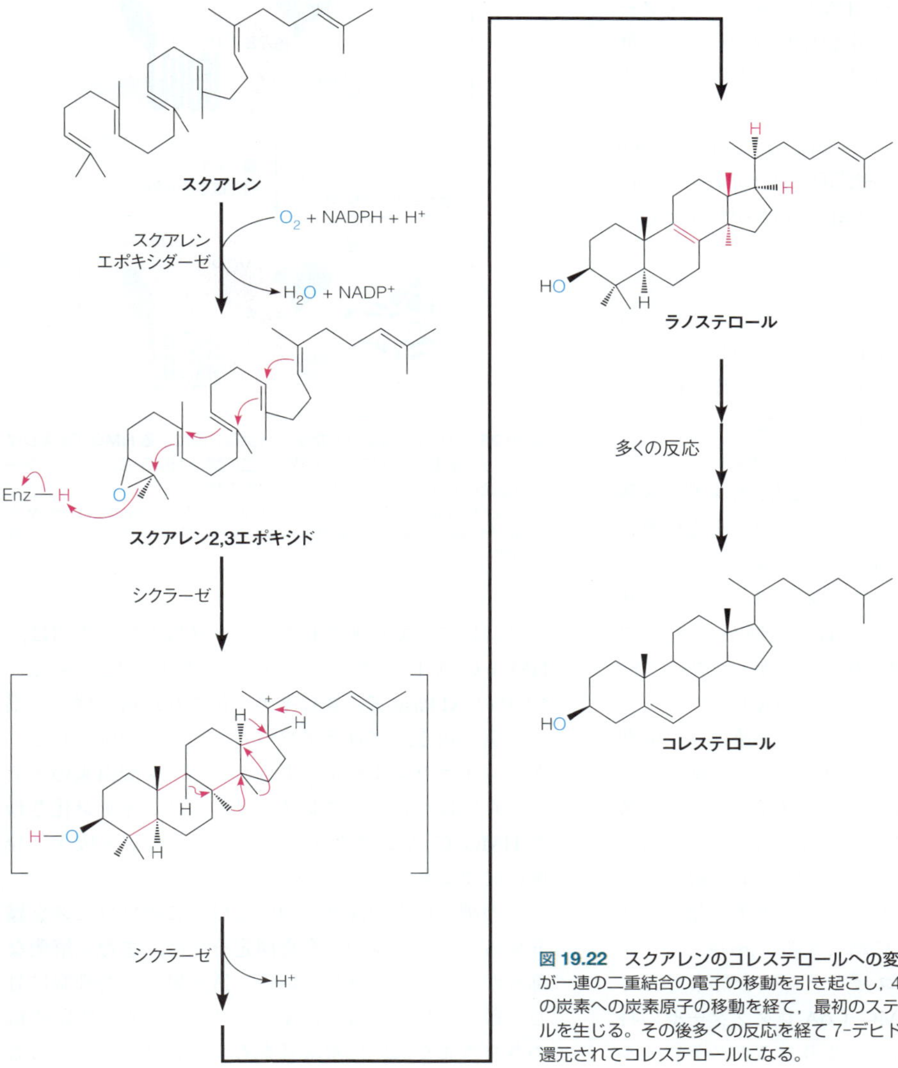

図 19.22　スクアレンのコレステロールへの変換　スクアレンエポキシドの形成が一連の二重結合の電子の移動を引き起こし，4 つの環を閉じる。14 位から 13 位の炭素への炭素原子の移動を経て，最初のステロイド中間体であるラノステロールを生じる。その後多くの反応を経て 7-デヒドロコレステロールを生じ，これが還元されてコレステロールになる。

を第17章で学んだ。前にも述べたように，コレステロール生合成の重要な反応を触媒するHMG-CoAレダクターゼが経路全体の制御の主な標的である（p.639，図17.9参照）。食餌に含まれるコレステロールが，体内のコレステロール合成を効率よく抑制することは実験的に知られていた。しかしこの制御は，律速段階にある酵素のフィードバック阻害という単純なものではない。コレステロール合成経路には2つのやっかいな問題がある。1つめは，最終産物であるコレステロールが完全に膜の中に存在していることである。細胞はどのようにして膜のコレステロールのレベルをモニターしているのだろうか？　2つめは，メバロン酸からの経路が，コレステロール合成に加えて，タンパク質のプレニル化やユビキノンとドリコールの合成に関わるゲラニルまたはファルネシルピロリン酸を含む数種の重要な物質の産生にも関与することである。細胞はこれらすべての物質の産生をどのように調節しているのであろうか？　HMG-CoAレダクターゼの制御は，転写レベルと，小胞体膜内で起こる一群のタンパク質間相互作用によるプロセスという転写後のレベルの両方で行われている。このエレガントな制御機構の中心で働くのが **Insig**（Insulin-induced growth response gene），**SREBP**（sterol regulatory element binding protein），**Scap**（SREBP cleavage-activating protein）である。これらのタンパク質はすべて，複数の膜貫通領域で小胞体膜に固定されている。Insigははじめ，培養細胞をインスリンで処理すると量が増加する機能不明のmRNAとして同定された。現在では，Insigはステロールにより小胞体膜内で誘導されるタンパク質間相互作用を介してコレステロール合成を制御する因子として知られている。

哺乳類のHMG-CoAレダクターゼも，N末端の8個の膜貫通領域からなる疎水的なドメインで小胞体膜に固定されている。触媒に関与するC末端ドメインは細胞質に突き出している。ステロールがほとんどない状態の細胞では，このタンパク質は半減期が12時間以上と非常にゆっくりと分解される。しかし，ステロールが小胞体膜に蓄積すると，HMG-CoAレダクターゼはユビキチン-プロテアソーム経路で急速に（半減期1時間以下）分解される（第20，28章）。膜のステロールは，この酵素のN末端の膜ドメイン中にあるステロールセンシングドメインへ結合する（図19.23）。HMG-CoAレダクターゼは，ステロールが結合すると，gp78，Ubc7，VCPからなるユビキチン化複合体と相互作用しているInsigに結合する。gp78はE3ユビキチンリガーゼで，E2ユビキチン結合酵素であるUbc7からユビキチンをHMG-CoAレダクターゼの特定のリシン残基へ転移する。つまり，このステロールの結合によって促進されるタンパク質間相互作用は，HMG-CoAレダクターゼのユビキチン化を導く。VCPはATPaseで，ユビキチン化された還元酵素を膜から引き抜き，プロテアソームへ運んで分解させる。ゲラニルゲラニオールのようなメバロン酸由来のステロールではないイソプレノイドも，ユビキチン化されたHMG-CoAレダクターゼの膜からの引き抜きと分解に必要である。

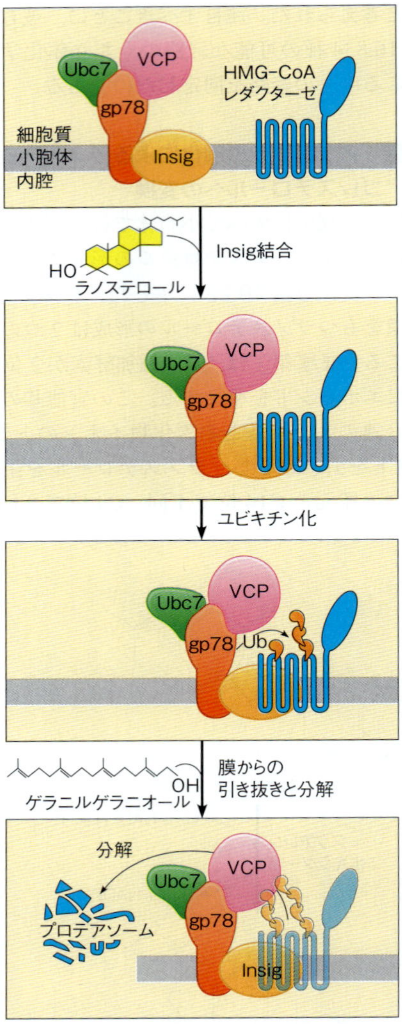

図19.23　ユビキチンを介したタンパク質分解によるHMG-CoAレダクターゼの制御　ステロールの結合がこの酵素HMG-CoAレダクターゼの急速な分解を引き起こす。詳細は本文参照。
Reprinted from *Cell* 124：35-46, J. L. Goldstein, R. A. DeBose-Boyd, and M. S. Brown, Protein sensors for membrane sterols. © 2006, with permission from Elsevier.

この制御機構の詳細については，このプロセスを媒介するステロールの完全な同定を含め，まだ未解明な部分がいくつか残されている。透過処理した細胞に対し，最も効果があるのはオキシステロール（脂肪側鎖のさまざまな部位に水酸基をもつコレステロールの派生物），ラノステロールなどのメチル化されたステロール（図 19.22），24,25-ジヒドロラノステロールである。コレステロールそのものは HMG-CoA レダクターゼの分解を制御してはいないようである。

コレステロール代謝は転写レベルでも制御されており，この過程には SREBP と Scap も関与する。名前（sterol regulatory element binding protein：ステロール制御エレメント結合タンパク質）からも想像できるように，SREBP は HMG-CoA レダクターゼ遺伝子を含めたコレステロールの生産に必要な遺伝子の転写のプロモーターに結合する因子である。アセチル CoA をコレステロールに変換するには，少なくとも 20 の酵素が必要であり，それら酵素をコードするすべての遺伝子の転写が SREBP の結合により活性化される。SREBP は食餌由来のコレステロールの吸収を媒介する LDL 受容体をコードする遺伝子の転写も活性化する。しかし，図 19.24 にも示したように，SREBP は小胞体の膜貫通タンパク質として合成される。細胞がコレステロール不足に陥ると，SREBP はゴルジ体へ移動し，そこで段階的に切断され，活性化した転写因子となり核へ移行する。この過程にはエスコートタンパク質として Scap が必要で，さらにゴルジ体では 2 種の特異的なプロテアーゼ（S1P と S2P）が必要である。ステロールが（細胞外からの取り込み，または新規の生合成により）小胞体膜に蓄積した場合，Scap-SREBP 複合体の小胞体からの移動が阻害され，SREBP の段階的な切断による活性化が阻止される。この結果，SREBP の標的遺伝子の転写が減少し，コレステロール合成と吸収の速度が低下する。HMG-CoA レダクターゼの分解と同様に，SREBP 経路は膜のステロールと Insig によっても制御されている。この場合，コレステロールそのものが Scap 内のステロールセンシングドメインに結合し，Scap のコンホメーション変化を引き起こし，Insig との結合を促進する。この相互作用が，小胞体からゴルジ体への積荷分子の移行（第 28 章）を媒介する COPⅡタンパク質と Scap との結合を阻害する。そのため，ステロールの豊富な細胞では Insig が Scap を隔離することで，SREBP の段階的切断が阻害される。しかしステロールが不足した細胞では，Insig はユビキチン化され分解されるため，Scap-SREBP 複合体と結合しない。Scap-SREBP 複合体はゴルジ体へ移行し，そこで

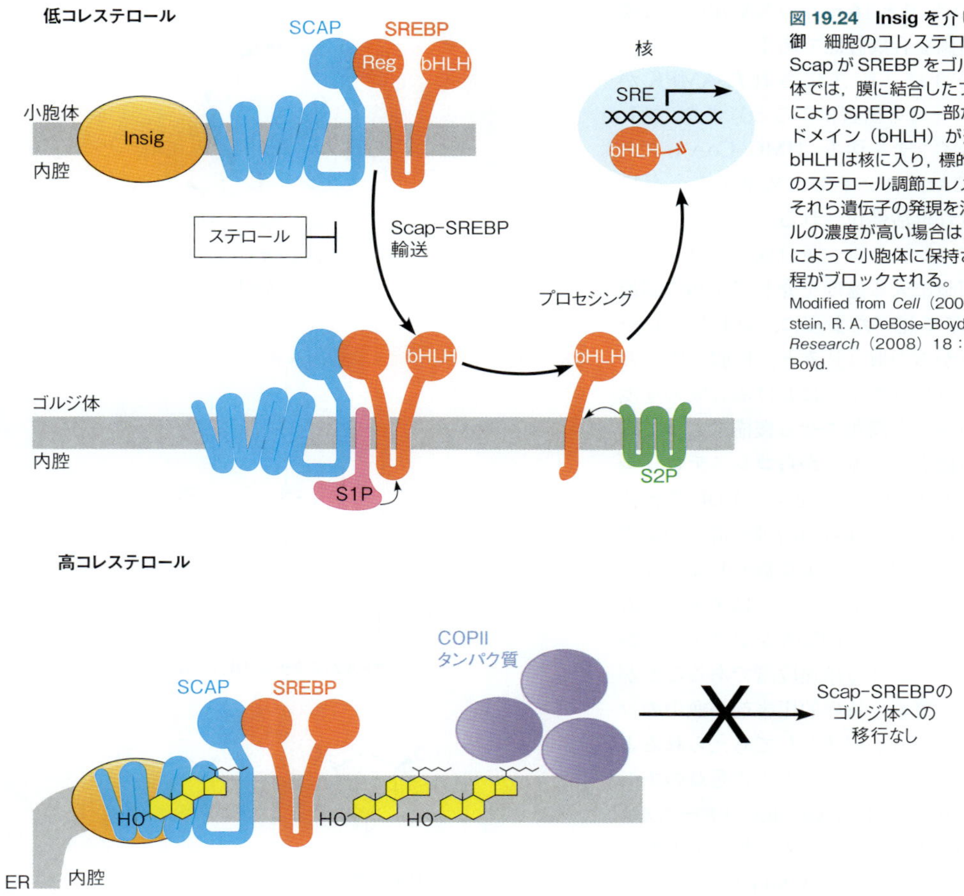

図 19.24　Insig を介した SREBP 活性化の制御　細胞のコレステロール濃度が低い場合は，Scap が SREBP をゴルジ体へ輸送する。ゴルジ体では，膜に結合したプロテアーゼ S1P と S2P により SREBP の一部が切断され，その転写因子ドメイン（bHLH）が遊離される。遊離された bHLH は核に入り，標的遺伝子のプロモーター中のステロール調節エレメント（SRE）に結合し，それら遺伝子の発現を活性化する。コレステロールの濃度が高い場合は，Scap-SREBP は Insig によって小胞体に保持されることにより，この過程がブロックされる。

Modified from *Cell*（2006）124：35-46, J. L. Goldstein, R. A. DeBose-Boyd, and M. S. Brown；and *Cell Research*（2008）18：609-621, R. A. DeBose-Boyd.

SREBPは切断を受けて活性化した転写因子となり，遺伝子発現を刺激し，最終的にコレステロールレベルの回復へとつながる。

Insigタンパク質は，こうした転写および，転写後の制御機構を統合している。両方の過程において，ステロールはHMG-CoAレダクターゼまたはScapのステロールセンシングドメインに結合し，Insigとの結合を促進する。Insigの結合は，HMG-CoAレダクターゼのユビキチン化と分解につながる。Scapの場合は，Insigの結合は転写活性化経路の遮断につながる。この両方の機構により，細胞のコレステロール代謝は精巧に制御されている。

これらに加えて，組織によってはHMG-CoAレダクターゼは可逆的なリン酸化と脱リン酸化による短期的な制御を受ける。触媒ドメインのC末端近傍の特定のセリン残基のリン酸化により，HMG-CoAレダクターゼは失活する。この反応は，AMP活性化プロテインキナーゼ AMP-activated protein kinase（AMPK）によって触媒される。AMPKが細胞内のAMPのATPに対する比率が増加することによって活性化され，細胞のエネルギー状態のセンサーとして働いていることは第18章で述べた。コレステロールの生合成は，1 molあたり36 molのATPと16 molのNADPHを必要とする，とりわけ高価な合成経路である。そこで，エネルギー不足の場合は，活性化されたAMPKがHMG-CoAレダクターゼを阻害することにより，コレステロール合成のスイッチを切る。HMG-CoAレダクターゼは，タイプ2Aプロテインホスファターゼによって脱リン酸化され再活性化される。

脊椎動物においてコレステロール合成は，コレステロールが血中から細胞に入る速度を介して精巧に調節されている。第17章で述べたように，コレステロールの恒常性は，食餌からの取り込みと，肝臓（腸においても若干の合成はみられるが）における合成の速度と，細胞による利用速度を調和させる機構によって維持されている。この機構には血中からコレステロールを細胞内に輸送する役割の大部分を担うLDL受容体も関わっている。しかし，これらの制御機構が病気や食餌コレステロールの過剰摂取により機能しなくなった場合，高コレステロール血症，さらにはアテローム性動脈硬化症になりうる。HMG-CoAレダクターゼがコレステロール生合成における律速段階であることが明らかになると，この酵素の特異的阻害剤が血中のコレステロール濃度を下げる治療法として考えられるようになった。1970年代のはじめ，日本の遠藤章のチームと米国のAlfred AlbertsとRoy Vagelosのチームが，数千の菌株からHMG-CoAレダクターゼの阻害剤をスクリーニングした。その結果，HMG-CoAレダクターゼを競合的に阻害する数種の化合物が発見され，これらは総称して**スタチン statin**と呼ばれている。下には，菌類のポリケチドであるロバスタチン（メバコール）とシンバスタチン（ゾコール），化学合成でつくられたアトルバスタチン（リピトール）など，広く使用されている化合物の構造を示した。各スタチンはメバロン酸に似た構造の部分（青色で示した）をもち，これにより競争阻害活性を示す。HMG-CoAレダクターゼの阻害は，新規のコレステロール生合成を抑え，細胞内コレステロール濃度を下げる。これは逆に，LDL受容体の生産を増加させ，血中から細胞外コレステロールをより迅速に排除するため，血中のコレステロール濃度を下げる。スタチンは高コレステロール血症の治療に劇的な効果を示すことが証明されており，米国，カナダ，他の発展途上国で最も広く処方される薬の1つである。

コレステロール合成中間体によるタンパク質プレニル化

プレニル化とは，コレステロール合成の中間体（図19.20参照）から，C_{15}（ファルネシル基）またはC_{20}（ゲラニルゲラニル基）を標的タンパク質のC末端か

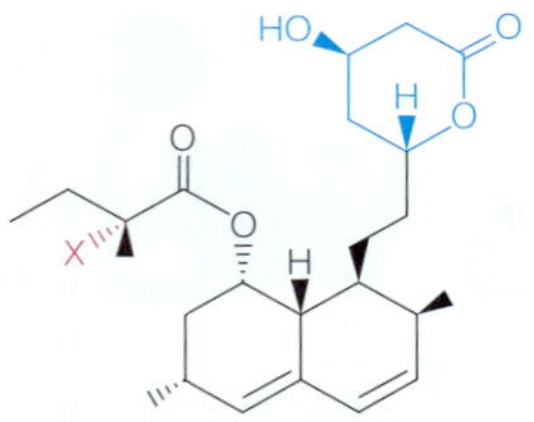

X = H　ロバスタチン（メバコール）
X = CH_3　シンバスタチン（ゾコール）

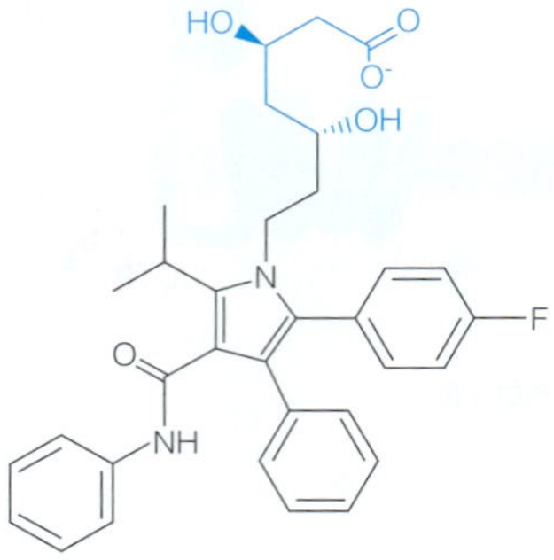

アトルバスタチン（リピトール）

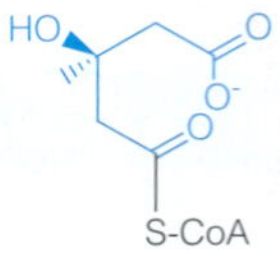

HMG-CoA

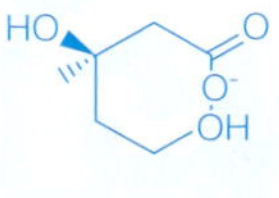

メバロン酸

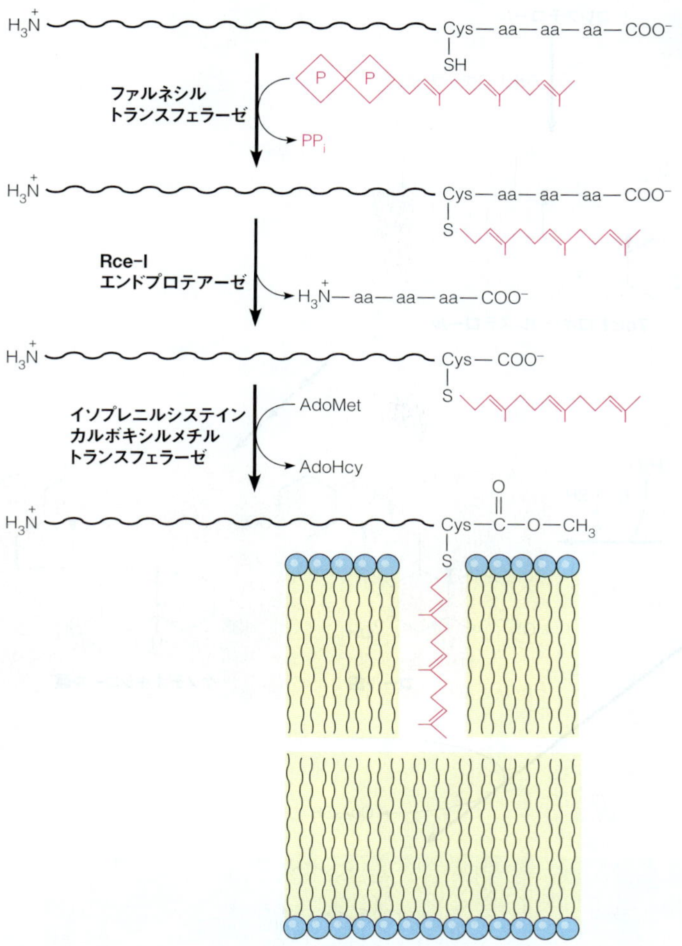

図 19.25　タンパク質のプレニル化経路
aa＝アミノ酸残基

ら 4 残基目のシステインへ転移させることを意味する（図 19.25）。その後，エンドプロテアーゼで C 末端の 3 アミノ酸残基が除去されたのち，AdoMet（*S*-アデノシルメチオニン）によって末端カルボキシ基がメチル化される。この結果，プレニル化とカルボキシメチル化を受けた C 末端システイン残基が生じるが，これは非常に疎水性が高いので，タンパク質を脂質二重層に固定させる。プレニル化されるタンパク質の多くは，低分子量 G タンパク質スーパーファミリーに属し，このうち *ras* がん遺伝子タンパク質（p.884 参照）は最も有名な例である。**ファルネシルピロリン酸 farnesyl pyrophosphate** から基質タンパク質に C_{15} ユニットを転移する**ファルネシルトランスフェラーゼ farnesyl-transferase**（図 19.25）は，がんの化学療法において魅力的な，阻害すべき標的の 1 つとして認識されている。この酵素の阻害剤は培養がん細胞の増殖を阻害する。増殖阻害機構の詳細については不明であるが，分子薬理学の有望な分野であると考えられる。

胆汁酸

次に，他の重要なコレステロールの代謝物である胆汁酸とステロイドホルモンの合成におけるコレステロールの利用について述べる。第 17 章で述べたように，胆汁酸は界面活性剤の性質をもつステロイド誘導体で，食物中の脂肪を乳化して腸管における脂肪の消化と吸収を促進する。胆汁酸は肝臓でつくられ，胆嚢に貯蔵されて胆管を通って腸内に分泌される。胆汁酸の生合成はコレステロールの主要な代謝経路であり，健康な成人ではコレステロール代謝の約 90%がこれに使われる。対照的に，ステロイドホルモン合成には 1 日に約 50 mg のコレステロールが使われるのみである。

約 400〜500 mg の胆汁酸が毎日合成されるが，それよりもずっと多くの胆汁酸が腸内に分泌される。十二指腸，小腸上部に分泌された胆汁酸の大部分は，小腸下部で吸収され，門脈を通じて肝臓に戻り再利用される。この経路は，1 日に 20〜30 g の胆汁酸を回収するもので，**腸肝循環 enterohepatic circulation** と呼ばれ

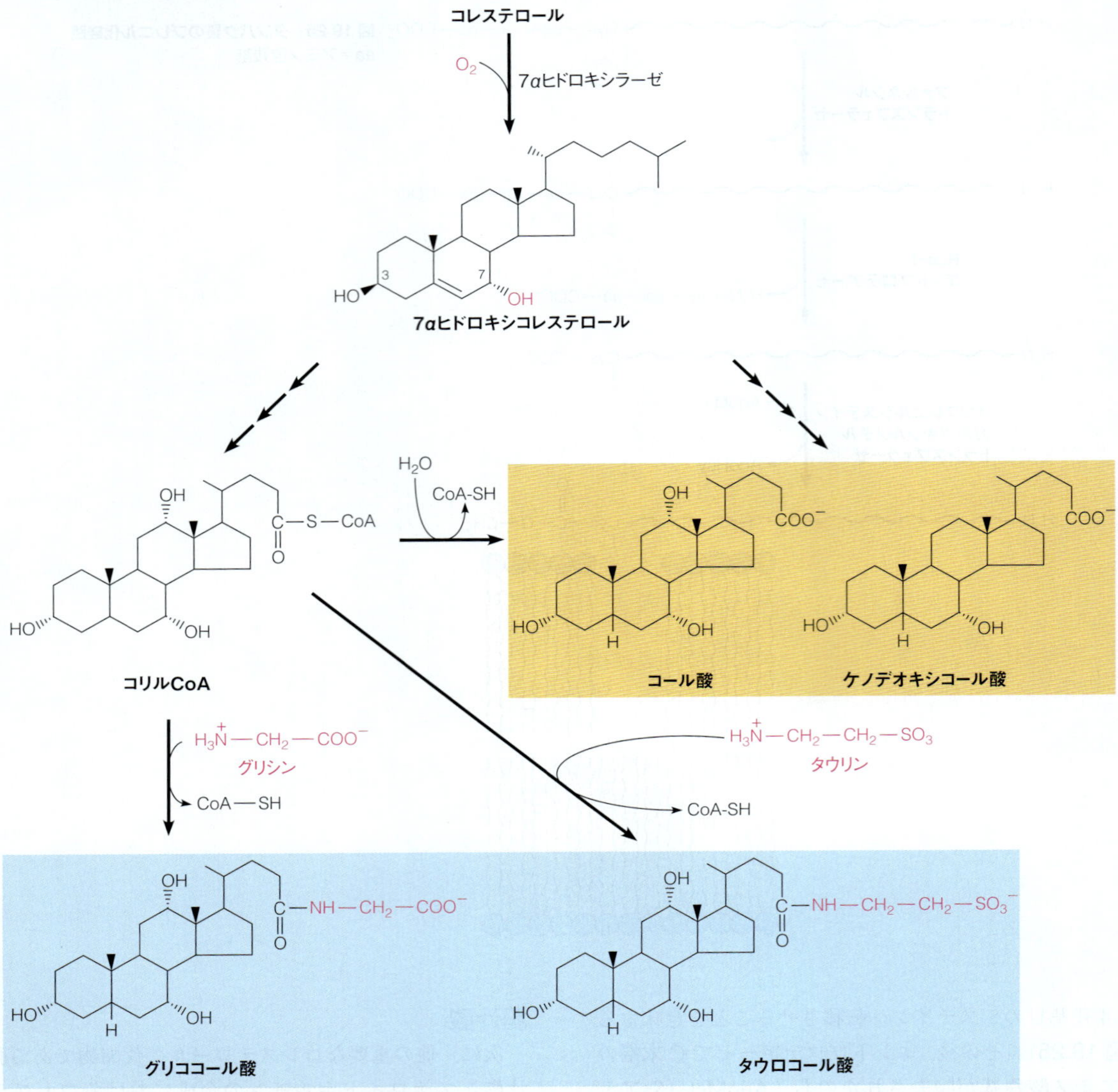

図 19.26 コレステロールからの胆汁酸と胆汁酸塩の生合成 主要な経路は，シトクロム P450 と呼ばれる多機能オキシダーゼによるコレステロールの7位の炭素のヒドロキシ化から始まる。

る。1日に排泄される胆汁酸は0.5 g またはそれ以下であり，それに相当する分が肝臓で合成され補充される。

ヒトにおいて最も量の多い胆汁酸は**コール酸** cholic acid と**ケノデオキシコール酸** chenodeoxycholic acid である（図 19.26 にそれぞれ胆汁酸塩の形で示した）。これらは通常，アミノ酸である**グリシン** glycine，**タウリン** taurine とアミド結合で結合し，**胆汁酸塩** bile salt と呼ばれる化合物となっている。グリシン，タウリンと結合したコール酸はそれぞれ**グリココール酸** glycocholate，**タウロコール酸** taurocholate と呼ばれる。もう1つの胆汁酸である**デオキシコール酸** deoxycholate は，ヒト以外の哺乳類の胆汁中にも豊富に存在する。これは膜タンパク質を可溶化する試薬として広く研究で使われている。

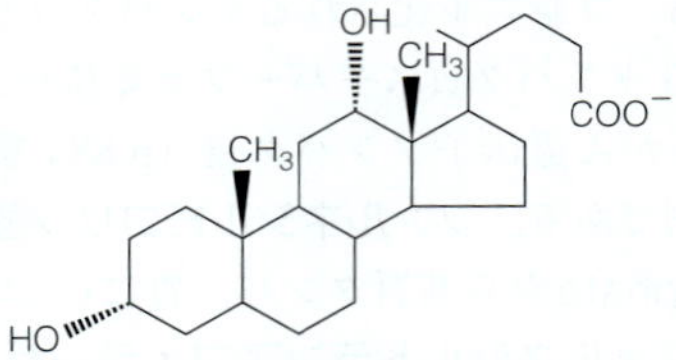

デオキシコール酸

コール酸，グリココール酸，タウロコール酸の生合成経路の概略を図 19.26 に示した。ここでは，ミクロソームのシトクロム P450 と呼ばれる多機能オキシダーゼの触媒により一連のヒドロキシ化反応が起こる。これらの中でコレステロール 7α ヒドロキシラーゼ（CYP7A1）によって触媒される最初の反応が律速になっているため，全経路の速度を調節する上で主要な役割を果たしている。この酵素の活性は食物中の胆汁酸によって抑制される。胆汁酸合成に関わる大部分の酵素は，オキシステロール合成，ステロイド合成，極長鎖脂肪酸の代謝など，他の経路にも関与している。

ステロイドホルモン

コレステロールは生殖腺，副腎皮質，妊娠中の女性の胎盤でつくられる細胞外メッセンジャーであるすべてのステロイドホルモンの生合成の材料となる。この節ではステロイドホルモンの生合成経路について紹介する。ステロイドホルモンの働きについては第 23 章で述べる。一般に，ステロイドホルモンは代謝を遺伝子レベルで調節する。これらのホルモンは細胞内の受容体タンパク質と結合し，形成されたホルモン–受容体の複合体がゲノムの特定の部位に結合し，隣接した遺伝子の転写に影響を与える。

5 種の主要なステロイドホルモンが重要である。(1) **プロゲスチン progestin**（プロゲステロン）は，妊娠中に起こる現象を制御する。(2) **糖質コルチコイド glucocorticoid**（コルチゾルとコルチコステロン）は糖新生を促進し，薬理学的投与量では炎症反応を抑える。(3) **鉱質コルチコイド mineralocorticoid**（アルドステロン）は腎臓での K^+，Na^+，Cl^-，HCO_3^- の再吸収を促進することにより，イオンのバランスを制御する。(4) **アンドロゲン androgen**（アンドロステンジオンとテストステロン）は男性の 2 次性徴を促進するとともに，男性としての機能を維持する働きをもつ。(5) **エストロゲン estrogen**（エストロンとエストラジオール）は女性の性ホルモンとも呼ばれ，女性としての特徴を持続させる。これらのホルモンの構造を，それらの合成経路の概略（下記参照）とともに図 19.27 に示した。どのホルモンの場合も，コレステロールの側鎖は非常に短くなるか，なくなってしまっている。

ポイント 16
脊椎動物における主なステロイドホルモンはプロゲスチン，糖質コルチコイド，鉱質コルチコイド，アンドロゲン，エストロゲンである。

ステロイドホルモンの一般的特徴は，合成後，放出されるまで貯蔵されることがないということである。よって，循環しているホルモンの濃度は主にその合成速度によって調節されている。その合成はしばしば脳からのシグナルによって調節されている。これらのシグナルは通常，中間ホルモンを介して伝えられる。例えばペプチド性の神経ホルモンである**副腎皮質刺激ホルモン放出ホルモン corticotropin releasing hormone**（CRH）は，中枢神経系に起こった刺激に反応して視床下部の細胞より放出される（第 23 章参照）。CRH は，**コルチコトロピン corticotropin** または**副腎皮質刺激ホルモン adrenocorticotropic hormone**（ACTH）と呼ばれるホルモンの下垂体からの放出を刺激し，放出された ACTH が次に副腎皮質で糖質コルチコイドの合成を刺激する。

ステロイドホルモン合成の活性化は，コレステロールエステルの加水分解の増大と，コレステロールの細胞内での貯蔵部位（小胞体と形質膜）から，標的器官のミトコンドリアへの取り込みの促進により起こる。ミトコンドリア外膜からミトコンドリア内膜 inner mitochondrial membrane（IMM）へのコレステロールの移行は，すべてのステロイド生産の律速段階であり，ステロイド産生急性調節 steroidogenic acute regulatory（StAR）タンパク質とトランスロケータータンパク質 translocator protein（TSPO）の少なくとも 2 つのタンパク質が必要である。いったん IMM に到達すると，**コレステロール側鎖切断酵素 cholesterol side chain cleavage enzyme** と呼ばれる膜貫通型のシトクロム P450 が，コレステロールの側鎖の 20 位と 22 位の炭素をヒドロキシ化し，それを切断することにより，すべてのステロイドホルモンの前駆体である**プレグネノロン pregnenolone** を生産する。

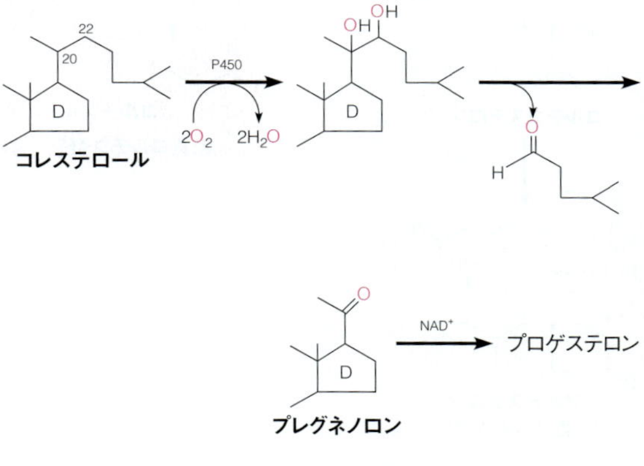

ポイント 17
プレグネノロンは，コレステロールからの他のすべての既知のステロイド化合物が生成される際の産物である。

プレグネノロンはその後，小胞体へ移動して，図 19.27 に示したように他のステロイドホルモンへ変換される。3β ヒドロキシステロイドデヒドロゲナーゼは，3 位の炭素の水酸基のケトンへの酸化と二重結合の異性化を触媒する。副腎皮質の酵素によって 21 位の炭素のヒドロキシ化が起こり，それに続く 2 回のヒドロキシ化と脱水素によりアルデヒド基が形成され，

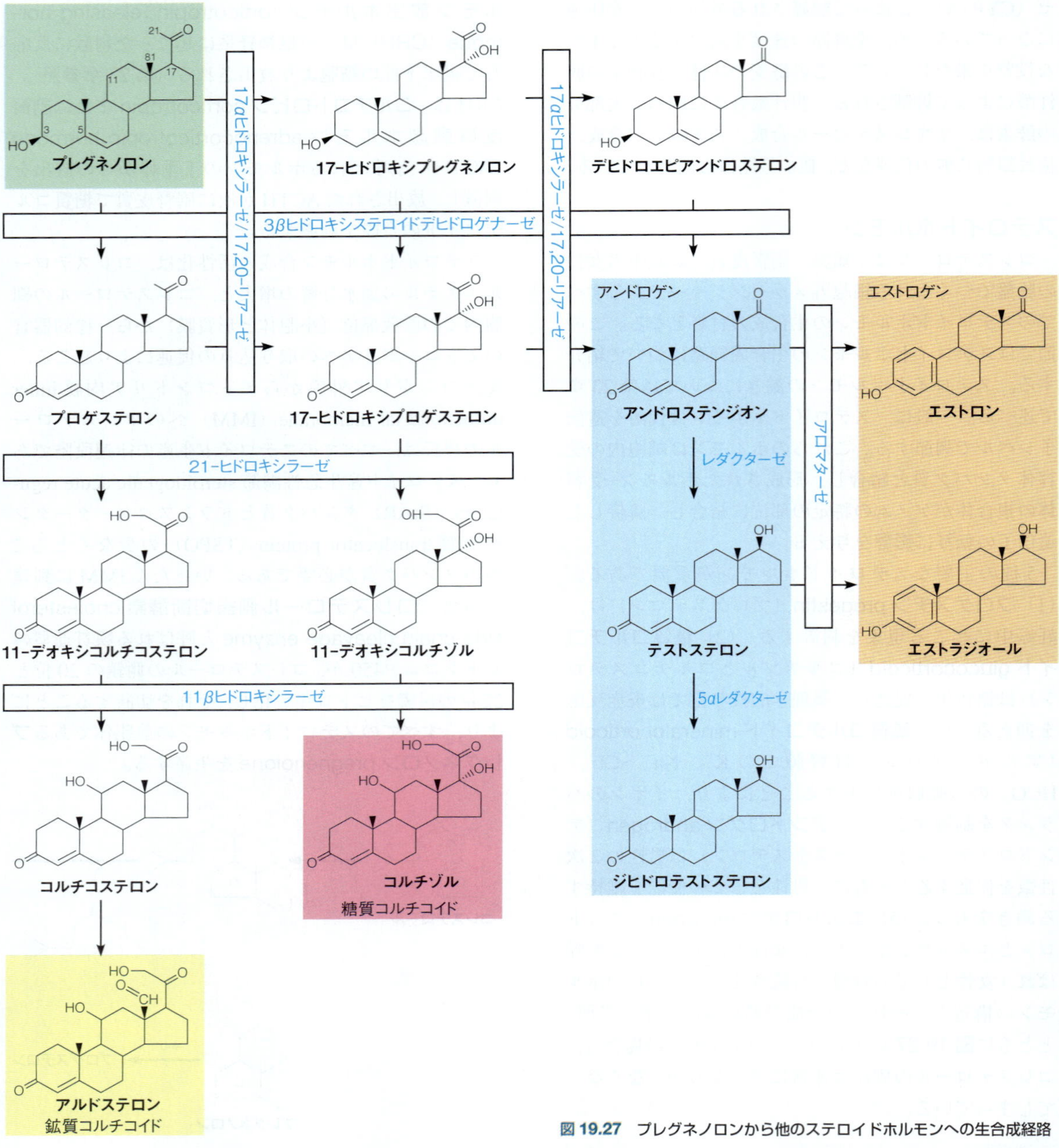

図 19.27　プレグネノロンから他のステロイドホルモンへの生合成経路

鉱質コルチコイドであるアルドステロンを生じる。プロゲステロンの 17 位の炭素のヒドロキシ化により，他のすべてのステロイドの前駆体である 17α ヒドロキシプロゲステロンを生じる。この中間体の 2 回のヒドロキシ化により，主に副腎でコルチゾル（糖質コルチコイド）が合成される。副腎皮質と生殖腺で，同一の酵素が 17-ヒドロキシプロゲステロンの 17 位の炭素の側鎖を切断し，アンドロゲンとエストロゲンの前駆体である**アンドロステンジオン** androstenedione（野球のメジャーリーグで薬物汚染が広がり，現在では使用が禁止されている“能力向上薬物”の 1 つ）がつくられる。これらのヒドロキシ化はすべてシトクロム P450 という酵素により触媒される。通常この反応には，P450 オキシドレダクターゼにより NADPH から必要な還元当量が供給される（p.595，図 15.32 参照）。テストステロンは 5 位の炭素で還元が起こり，より強い活性をもつアンドロゲンである 5α ジヒドロテストステロンを生じる。アンドロゲンは A 環の芳香環化によりエストロゲンに変換される。この変換は多段階のヒドロキシ化と脱離反応を含み，**アロマターゼ**

aromatase と呼ばれる 1 つのシトクロム P450 酵素により触媒される。この酵素に触媒される反応が，動物細胞では芳香環形成の唯一の経路である。

これらすべての酵素の欠損がヒトにおいて報告されている。21-ヒドロキシラーゼの欠損は，糖質コルチコイド，鉱質コルチコイドの合成を阻害する。この欠損によりプロゲステロンと 17-ヒドロキシプロゲステロンが蓄積し，アンドロゲンの合成経路を介して副腎でのテストステロンの高生産を引き起こす。同時に，コルチゾルの産生不全は副腎皮質刺激ホルモン放出因子（第 23 章参照），ACTH を含めたホルモン制御のフィードバックループを妨害し，増加した ACTH の分泌が副腎の肥大化とステロイドの合成を刺激し，テストステロンを過剰産生させ，女性を男性化する。11β ヒドロキシラーゼの欠損は，副腎の肥大も引き起こし，高血圧を引き起こす鉱質コルチコイド 11-デオキシコルチコステロンと，糖質コルチコイド 11-デオキシコルチゾルの蓄積を引き起こす。5α レダクターゼの欠損はアンドロゲンのレベルを効率よく下げるため，男性を女性化する。幸運なことに，こうしたステロイド産生の異常はその発見が十分に若いうちであれば，ホルモン補充療法によって対処しうる。

何百ものステロイドホルモン様の活性をもつ合成化合物がさまざまな目的で試され，利用されている。広く使われている合成ステロイドは，抗炎症作用のある糖質コルチコイドである。合成エストロゲンである**ジエチルスチルベストロール diethylstilbestrol** は，それを食すると潜在的に発がん物質となりうるレベルで牛肉中に存在することが知られるまでは，家畜牛の成長を促進するために広く用いられてきた。プロゲステロンとエストロゲン活性をもつ化合物は経口避妊薬として処方されている。広く用いられている合成エストロゲンは**ノルエチノドレル norethynodrel** と**メストラノール mestranol** である。

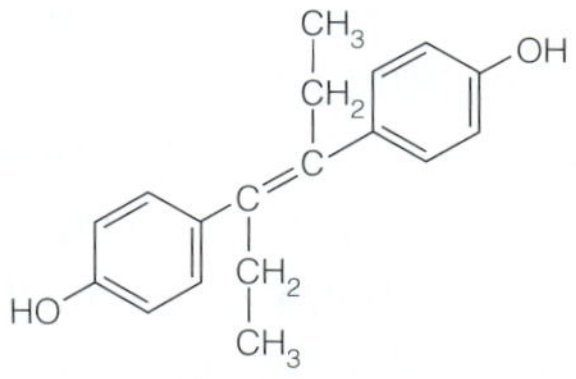

ジエチルスチルベストロール

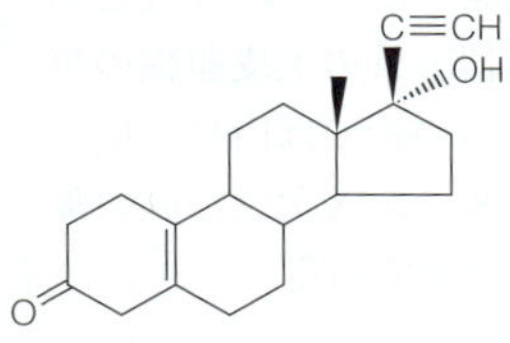

ノルエチノドレル

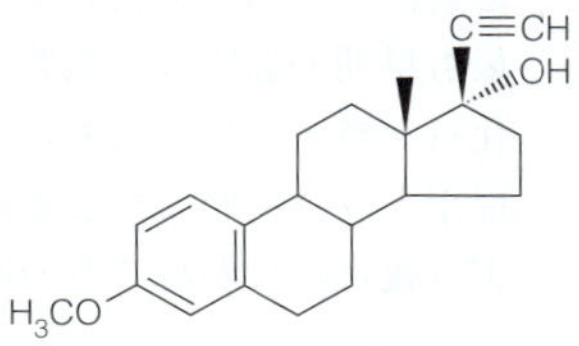

メストラノール

これらのどちらかの薬剤とプロゲステロンの混合物は，女性の生殖サイクルをコントロールするホルモンの脳下垂体からの分泌を阻害し，卵巣での卵胞の成熟と排卵を抑えることで避妊効果を発揮する。

最近の関心は，ある種の農薬のような人為起源の環境物質（環境ホルモン）が，エストロゲン様の活性をもつことがあるということである。それらの中のいくつかは生体内においてエストロゲン受容体と相互作用し，エストロゲンと同様の生化学的反応を引き起こすことが示されている。これらの“内分泌撹乱化学物質”が，肥満や糖尿病の増加と同様に，人間をも含めた多くの動物の生殖能力の低下を引き起こしている可能性を示す確固たる証拠が蓄積してきている。

哺乳類の細胞は，ステロイド化合物を完全に分解することはできない。多くの異化反応が起こるが，ステロイドとその代謝物の大部分は，水酸基を介してグルクロン酸塩，または硫酸塩となる。どちらの修飾もステロイドの水溶性を大きく増加させ，尿中への排出を容易にする。

その他のイソプレノイド化合物

脂溶性ビタミン

4 種の脂溶性ビタミンであるビタミン A，D，E，K は，すべてイソプレノイド化合物である。これらはステロイドのように活性化された 5 炭素単位からつくられる。したがって，水溶性ビタミンにはみられないような構造上の相関性をもつグループとなる。反対に，水溶性ビタミンは機能的には一様で補酵素として働くが，脂溶性ビタミンの機能は多様である。

ビタミン A

ビタミン A には 3 種の活性化型がある。**全-トランス-レチノール，-レチナール，-レチノイン酸 all-*trans*-retinol, -retinal, -retinoic acid** である。これらを総称して**レチノイド retinoid** と呼ぶ。このビタミンは食物からエステル化レチノールとして摂取されるか，ニンジンに特に多く含まれているイソプレノイド化合物 **βカロテン *β*-carotene** から生合成される。βカロテンは腸管でモノオキシゲナーゼにより切断されて，2 つの全-トランス-レチナール（レチンアルデヒド）を生じ，その後レチノールに還元される（図 19.28）。全-トランス-レチノールは血液中を循環し，最も高い生物活性をもつ。これを経口摂取すれば，このビタミンの栄養要求量はすべてまかなえるであろう。レチノール（15 位の炭素がアルコール）からレチナール（15 位の炭素がアルデヒド）への酸化は可逆的であるが，その後のレチノイン酸への酸化は不可逆

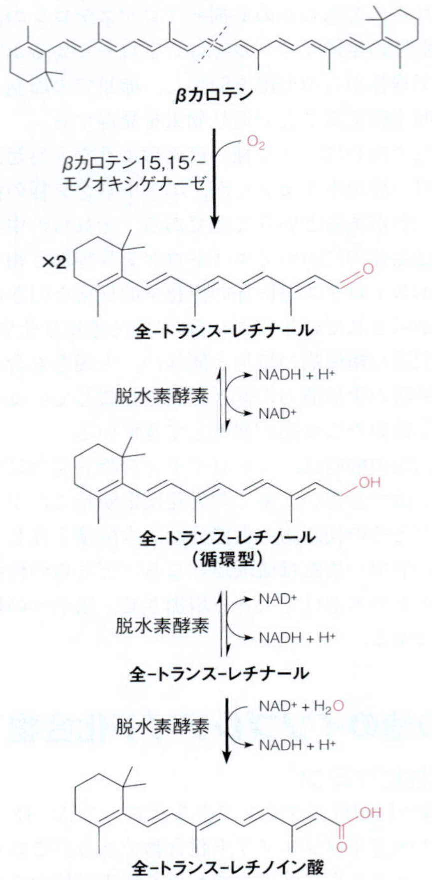

図 19.28　ビタミン A の代謝

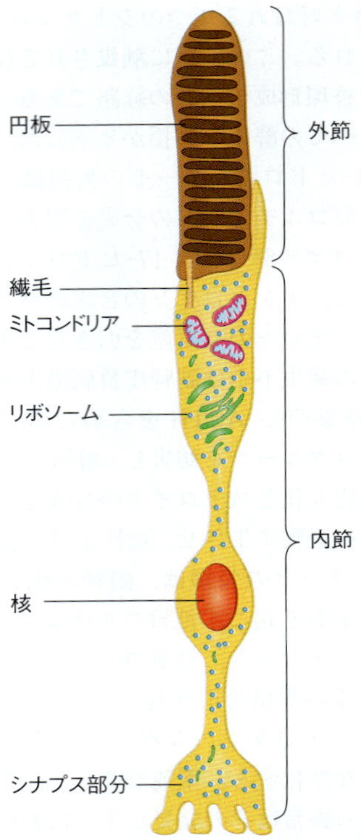

図 19.29　桿体細胞の概略図　外節では光を受容する色素を含む膜性の円板が層状に積み重なっている。この節は繊毛によって細胞核，細胞質，シナプス部分を含む内節とつながっている。外節で生じた膜電位の変化がシナプス部分に伝わり，１つかそれ以上の網膜のニューロンに伝達される。

的である。これらの２つの反応は，末梢組織の特定の脱水素酵素により触媒される。

網膜の桿体細胞（図 19.29）は，あまり色には反応せず，主に弱い光に反応して働くが，ビタミン A はこの桿体細胞の機能に重要な役割をもつ。桿体細胞の外節は**オプシン opsin** というタンパク質に富む円形の層板を含む。その層板内の全-トランス-レチノールの異性化と，それに続く脱水素により，**11-シス-レチナール 11-*cis*-retinal** を生じる。光を受容した際の化学的変化を図 19.30 に示した。11-シス-レチナールはオプシンのリシン残基とシッフ塩基を形成し，**ロドプシン rhodopsin** を生じる（ステップ 1）。ロドプシンは可視光の波長である 400〜600 nm の範囲で非常に強く光を吸収し，光量子の吸収が神経の興奮につながる一連の反応を引き起こす。ロドプシン内の活性化したレチナール部分は異性化して全-トランス型となり（ステップ 2），数回の構造変化を引き起こし，全-トランス-レチナールを生じる（ステップ 3，4）。異性化後（ステップ 5），この一連の反応ははじめに戻る。図 19.30 のステップ 3 は，光量子を受容して神経の活動電位へと変換させる上で鍵となるステップである。この過程にはサイクリック GMP と**トランスデューシン transducin** と呼ばれる G タンパク質が関与する。この過程の詳細については第 23 章で述べる。

ポイント 18
網膜におけるタンパク質結合型ビタミン A の異性化は，光エネルギーを眼が受け取る機構である。

レチノイド（主に全-トランス-と 9-シス-レチノイン酸）は発生の制御因子としても重要な役割を果たし，その働きはステロイドホルモン（p.879 参照）によく似ている。これらのレチノイドは特異的な核内受容体タンパク質と相互作用する。リガンド-受容体の複合体は，DNA 上の特定の配列に結合し，胚発生，生殖，出生後の成長，上皮の分化，免疫反応などに関わる遺伝子の転写を制御する。実際，ビタミン A 欠乏の最も早期の影響は，気管と生殖器の管の上皮組織の角化（ケラチン化）である。これらの管では円柱上皮が扁平上皮に変わってしまう。ビタミン A 欠乏で眼の障害（夜盲症）が起こるのはずっと後である。

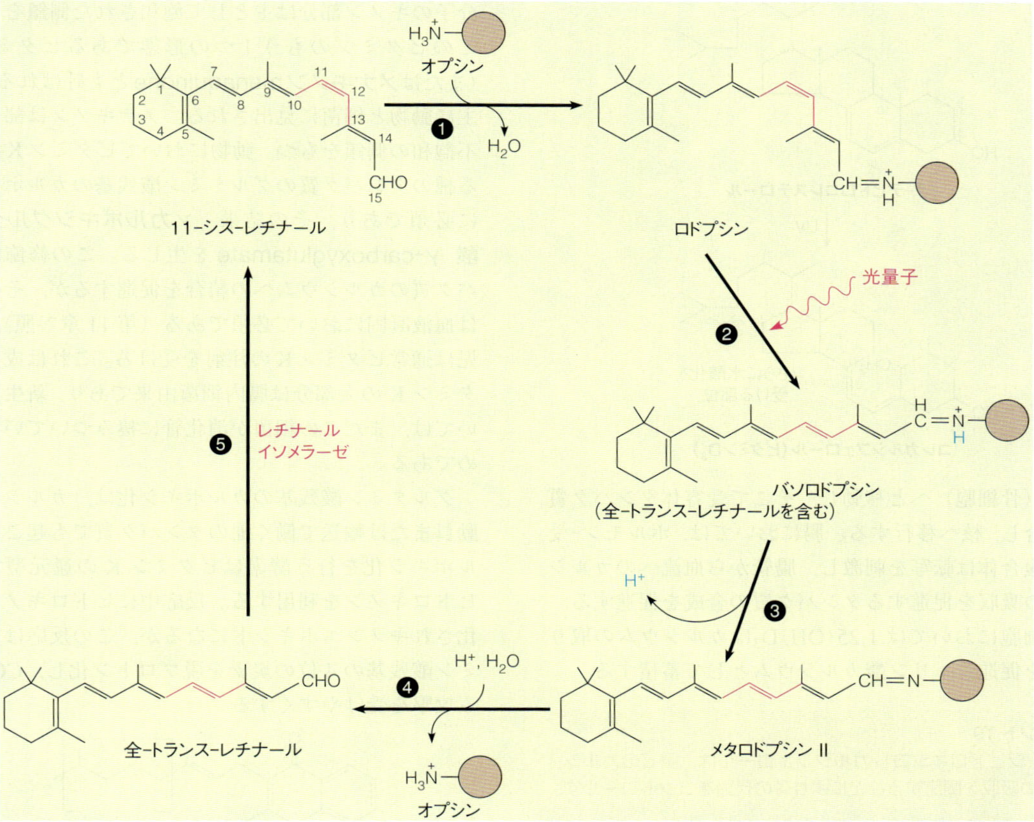

図 19.30　光受容の化学的変化　桿体細胞内の 11-シス-レチナールとオプシンが結合し，ロドプシンを形成する。光量子を吸収するとステップ 2 と 3 に示した化学的変化が引き起こされる。ステップ 3 は少なくとも 3 つの異なるコンホメーションの変化を含み，約 1 ms で起こる。メタロドプシンⅡは，図中には示していないが，トランスデューシンを活性化し，第 23 章で述べる視覚のカスケード反応を引き起こす。約 1 秒後，メタロドプシンⅡは全-トランス-レチナールに解離し，それが異性化してこのサイクルが再び始まる。

ビタミン D

最も豊富に存在するビタミン D は，ビタミン D_3 またはコレカルシフェロール cholecalciferol と呼ばれるものである。これは食餌中から摂取することが必須ではないので，本当の意味でのビタミンではない。ビタミン D_3 はコレステロール生合成の中間体である 7-デヒドロコレステロールから合成される（次ページ左段の図参照）。ビタミン D_3 はステロイドホルモンと似た働きをする代謝物へと変換されるので，むしろホルモン前駆体と考えるほうが正確である。ビタミン D_3 の作用はカルシウムとリンの代謝制御，とりわけ，主にリン酸カルシウムからなる骨の細胞間を埋める無機物の合成の制御を行う。

皮膚の細胞において，7-デヒドロコレステロールは紫外線による光分解を受けてコレカルシフェロールを生ずる。紫外線は日光に含まれているので，日光に当たる時間が少ないとビタミン D_3 の合成が不足し，くる病 rickets として知られる骨の発育不全を引き起こす。軽いビタミン D_3 欠乏は，骨からカルシウムが失われる骨粗鬆症 osteoporosis を引き起こす可能性がある。多くの地域で 1 年のかなりの期間は日照時間が不足するので，ビタミン D_3 はしばしば栄養補給物として乳製品に添加されている。

コレカルシフェロールは酸素添加酵素の働きにより 2 段階の連続したヒドロキシ化を受ける。最初のステップは，25 位の炭素が肝臓のミクロソームの酵素によりヒドロキシ化される。25-ヒドロキシコレカルシフェロールはその後，腎臓に輸送され，1 位の炭素がミトコンドリアの酵素によりヒドロキシ化される。この反応は，体内のカルシウム濃度が下がったときに甲状腺から分泌される甲状腺ホルモン parathyroid hormone によって活性化される。カルシウム濃度が適度の場合は，第 2 段階のヒドロキシ化は 1 位ではなく 24 位の炭素で起こり，この場合は不活性な代謝物を生じる。

1,25-ジヒドロキシコレカルシフェロールは，1,25 $(OH)D_3$ とも記すが，ビタミン D のホルモンとしての活性型である。この化合物は腸の標的細胞または骨芽

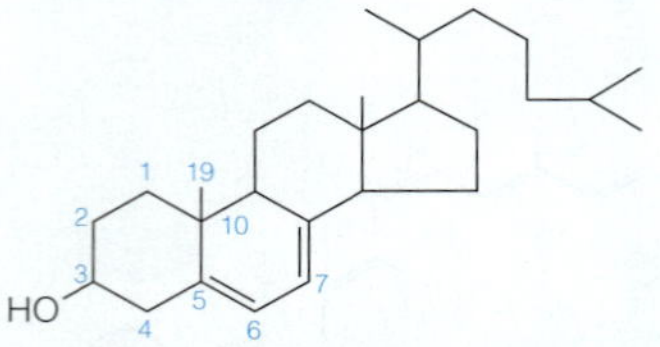

7-デヒドロコレステロール

↓ UV

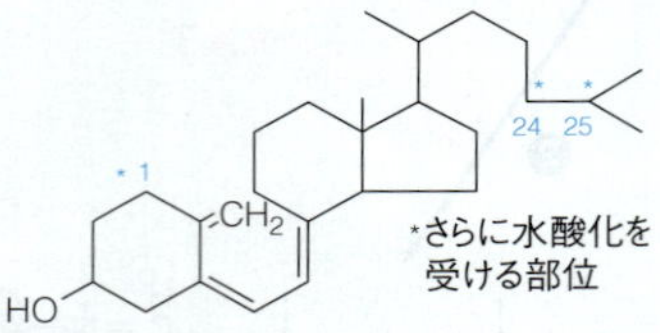

コレカルシフェロール（ビタミンD_3）

細胞（骨細胞）へと移動し，そこで受容体タンパク質と結合し，核へ移行する。腸においては，ホルモン–受容体複合体は転写を刺激し，腸管から血流へのカルシウムの吸収を促進するタンパク質の合成を促進する。骨芽細胞においては1,25(OH)D_3はカルシウムの取り込みを促進し，リン酸カルシウムとして蓄積する。

ポイント 19
1,25-ジヒドロキシコレカルシフェロールは，腸でのカルシウムの吸収を調節することにより骨の代謝をコントロールする。

ビタミンE

ビタミンEは，**αトコフェロール** α-tocopherolとも呼ばれるが，元来，ラットの不妊を防ぐ因子として栄養学の研究から発見された。このビタミンは抗酸化剤として，特に膜脂質中の不飽和脂肪酸への過酸化物の攻撃を防ぐ役割をもつ（第15章，p.597も参照）。in vitroではαトコフェロールは実際に脂肪酸の過酸化を抑える。しかしビタミンEの欠乏は，赤血球の溶血，神経筋の機能障害などの他の抗酸化剤では回復できない徴候をも引き起こす。したがって，このビタミンには他の役割も存在するようである。

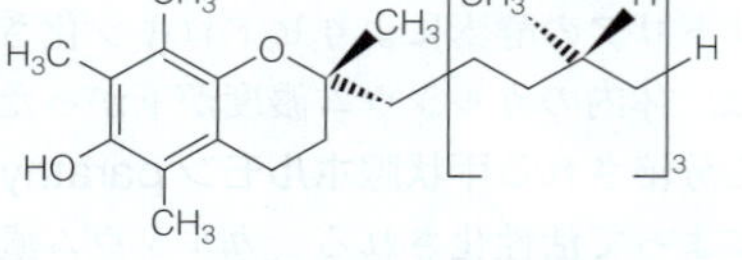

αトコフェロール（ビタミンE）

ビタミンK

ビタミンKは元来，血液凝固に関わる脂溶性因子として発見された。ビタミンK_1は，またの名を**フィロキノン** phylloquinoneといい，植物で発見された。この分子のキノン部分は主として飽和された側鎖をもつ。このビタミンのもう1つの形態であるビタミンK_2（または**メナキノン** menaquinoneとも呼ばれる）は，主に動物と細菌に見出される。メナキノンは部分的に不飽和の側鎖をもつ。動物においてビタミンK_2は，ある種のタンパク質のグルタミン酸残基のカルボキシ化に必須であり，その結果，**γカルボキシグルタミン酸** γ-carboxyglutamateを生じる。この修飾はタンパク質のカルシウムへの結合を促進するが，その作用は血液凝固において必須である（第11章参照）。新生児は通常ビタミンKの注射を受ける。これは成人のビタミンKの大部分は腸内細菌由来であり，新生児においては，まだこの細菌が消化管に棲みついていないためである。

グルタミン酸残基のカルボキシ化は，カルシウムの動員または輸送で働く他のタンパク質でも起こる。カルボキシ化を行う酵素はビタミンKの還元型であるヒドロキノンを利用する。反応中にヒドロキノンは酸化されキノンエポキシドになるが，この反応はグルタミン酸残基の4位の炭素を脱プロトン化し，CO_2による攻撃を受けやすくする。

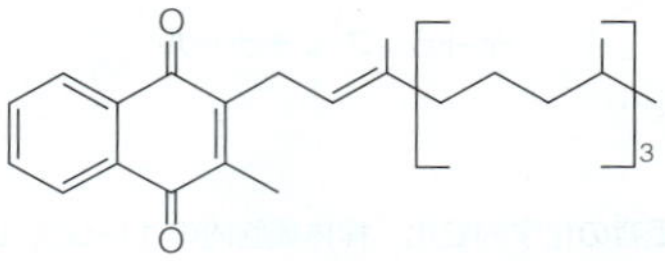

フィロキノン（ビタミンK_1）

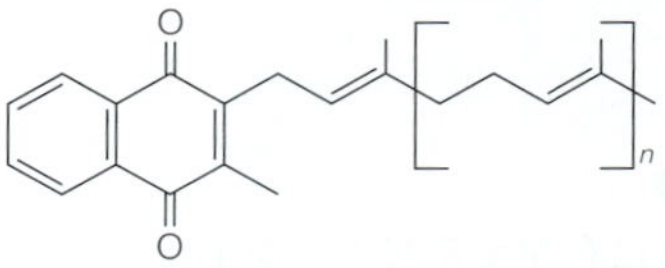

メナキノン（ビタミンK_2）

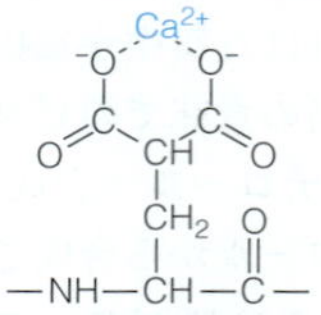

カルシウムと結合した
γカルボキシグルタミン酸残基

その他のテルペン

テルペンは，イソプレン前駆体から生合成される化合物の一般名である。したがって，我々がこれまでに述べてきたコレステロール，胆汁酸，ステロイド，脂溶性ビタミンはテルペンである。これらは動物の代謝において重要な役割をもつので，特に注目されている。ここでは他の広範なテルペン化合物について簡単に触れる。昆虫のホルモン，植物の成長ホルモン，第9章で述べた脂質の結合した糖のキャリヤーもテルペンに含まれる。

テルペンはイソペンテニルピロリン酸（C_5）とジメチルアリルピロリン酸（C_5）とから生合成される。これらが結合してゲラニルピロリン酸（C_{10}）（図 19.20 参照）を生じた場合，このようにして合成されたどのようなテルペンも**モノテルペン monoterpene** と呼ばれる。化合物が 1 mol のファルネシルピロリン酸（C_{15}）から形成された場合，その産物は**セスキテルペン sesquiterpene** と呼ばれる。**トリテルペン triterpene**（C_{30}）は，2 mol のファルネシルピロリン酸から形成される。ゲラニルゲラニルピロリン酸（C_{20}）からは，**ジテルペン diterpene**（C_{20}）または**テトラテルペン tetraterpene**（C_{40}）を生じる。第 9 章で述べたドリコールとウンデカプレノールは，**ポリプレノール polyprenol**（ポリイソプレノイドアルコール）の例であり，これらは 50 以上の炭素をもつ。数種の代表的なテルペンの構造を図 19.31 に示した。

エイコサノイド：プロスタグランジン，トロンボキサン，ロイコトリエン

最後に，強力な生理的性質をもつこと，組織中の量が少ないこと，速い代謝回転をうけること，共通の代謝化合物由来であること，などの理由によって他とは区別される脂質のグループについて述べる。これらの化合物の中で最も重要なのは**プロスタグランジン prostaglandin**，**トロンボキサン thromboxane**，**ロイコトリエン leukotriene** である。これらは，C_{20}の多価不飽和脂肪酸であるエイコサエン酸，特に全-シス-5,8,11,14-エイコサテトラエン酸であるアラキドン酸

種類	例	機能
モノテルペン	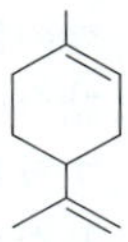 リモネン	レモンの特徴的な香りの成分
セスキテルペン	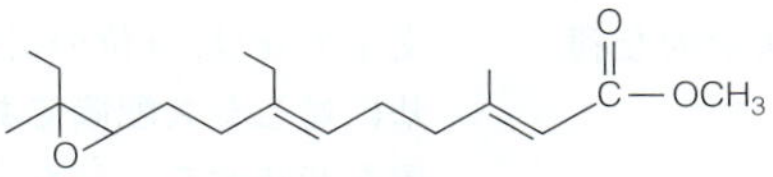 幼若ホルモン I	昆虫の変態の調節
ジテルペン	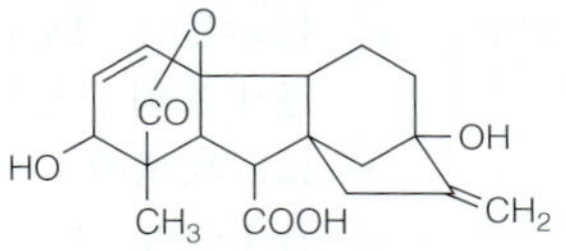 ジベレリン酸	植物成長ホルモン
トリテルペン	 スクアレン	コレステロール前駆体
テトラテルペン	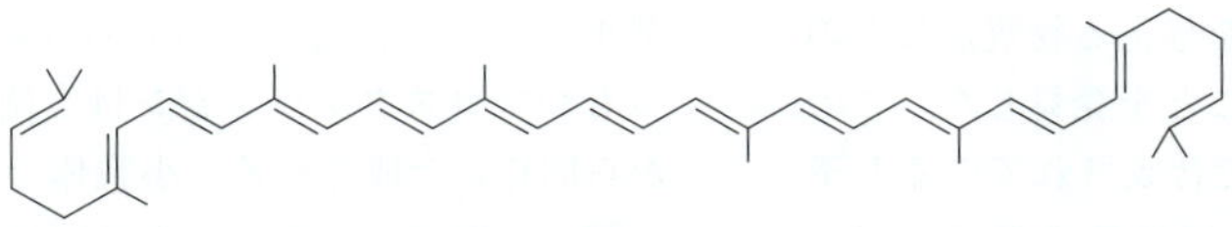 リコペン	トマトの色素
ポリプレノール	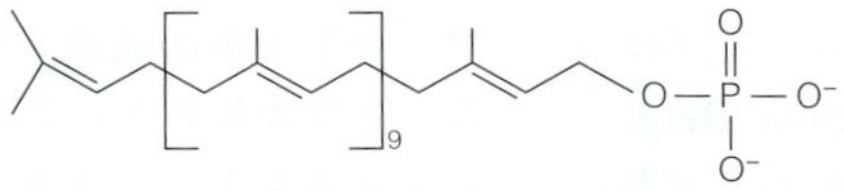 ウンデカプレノールリン酸	オリゴ糖合成の糖のキャリヤー
	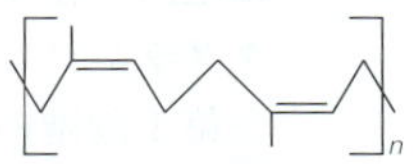 シス-ポリイソプレン	生ゴム

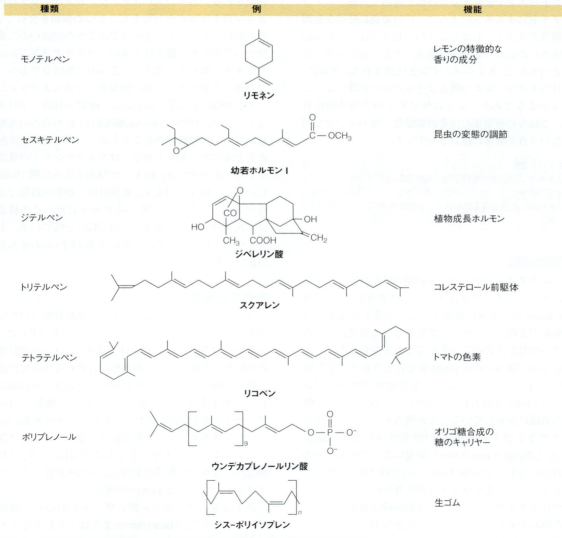

図 19.31　テルペン化合物の代表例　これらの例は自然界の非常に大きなクラスを代表している。

を共通の起源としているため，**エイコサノイド eicosanoid** と総称される。アラキドン酸がリノール酸から合成されることは第17章で述べた。関連した C_{20} トリエン酸とペンタエン酸はある種のプロスタグランジン，またはその近縁化合物のマイナーな前駆体としても利用される。ここで述べた化合物に加えて，エイコサエン酸は脂質のもう1つ別のグループの化合物の前駆体としても利用されている。その化合物とはヒドロキシエイコサエン酸とヒドロペルオキシエイコサエン酸であり，後者はロイコトリエンの代謝前駆体である。C_{20} より鎖長が短い，あるいは長い多価不飽和脂肪酸に由来する関連物質も存在し，その鎖長の長さにかかわらず，この種の脂質の一般名として**オキシリピン oxylipin** という名称を使うことが提案されている。

プロスタグランジンと近縁の物質であるトロンボキサンは，同じ経路で合成される。アラキドン酸からロイコトリエンを合成する経路は別経路である。エイコサノイドはホルモンのように，標的細胞に特別な生理的効果を及ぼす。しかしこれらの化合物は，それらが合成された近傍で局所的に働き，非常に速く異化されるという点で，多くのホルモンと区別される。さらに，プロスタグランジンの働きはそれぞれの組織によって異なるようである。エイコサノイドの生物学的性質は，これらの物質またはその類縁化合物の医学的な利用という点で非常に注目されている。

ポイント 20
アラキドン酸由来の生物学的に活性のあるエイコサノイドにはプロスタグランジン，トロンボキサン，ロイコトリエンが含まれる。これらは寿命が短く，局所的に働くシグナル分子である。

歴史的局面

プロスタグランジン研究の初期の最も重要な出来事は，スウェーデンで報告された。1930年代半ば，Ulf von Euler は，ヒトに注射すると平滑筋の収縮または弛緩を引き起こし，血圧に影響を与える物質がヒトの精液の脂質抽出物中に含まれることを発見した。この物質は前立腺 prostate gland 中で合成されていると予想されたことから，彼はこれをプロスタグランジン prostaglandin と命名した。のちに，この物質が広く動物の組織に分布していることが明らかにされた。プロスタグランジンの構造は1950年代末に Sune Bergström と Bengt Samuelsson の研究によって最初に報告された。そして生合成経路については1960年代半ばにスウェーデンとオランダで報告された。

プロスタグランジンの生物学的特徴は製薬業界の大きな関心を集めたが，これらの化合物が入手困難だったことから初期の研究はなかなか進まなかった。1971年にアスピリンがプロスタグランジンの生合成に関わる酵素の1つを阻害することが発見され，プロスタグランジンに対する関心はピークに達した。現在では，この阻害はアスピリンや他の非ステロイド性抗炎症薬 nonsteroidal anti-inflammatory drugs（NSAIDs）の主要な作用点として知られている。1970年代末にトロンボキサンとロイコトリエンが発見された。

構造

最初に発見された2種のプロスタグランジンは，それぞれエーテルに溶けやすいという性質とリン酸緩衝液に溶けやすいという性質から，プロスタグランジン E（ether）とプロスタグランジン F（F はスウェーデン語の fosfat 由来）と呼ばれた。現在これらの化合物はそれぞれ PGE，PGF と記される。他のすべてのプロスタグランジンは，たとえば PGA，PGH というように記される。各々のプロスタグランジンは，シクロペンタン環とカルボキシ基をもつ1つの側鎖を含めて2つの側鎖をもつ。下つきの数字は2つの側鎖中の二重結合の数を表す。最も量が多いプロスタグランジンはアラキドン酸から合成され，2つの二重結合をもつ。したがってアラキドン酸に由来するプロスタグランジン E は PGE_2 となる。最終的に，PGF の仲間で下付き文字の α は，9位の炭素の水酸基が11位の炭素の水酸基に対しシス配置であることを示し，β はトランス配置を意味する。最も主要なプロスタグランジンの構造をトロンボキサン A_2(TxA_2) の構造とともに図 19.32 に示した。TxA_2 ははじめ，血液凝固を初期の段階で促進する因子として血小板から単離された。その構造は，環状のエーテル環を除けば PGE_2 と似ている。もう1つのトロンボキサンである TxB_2 は TxA_2 の加水分解物である。

生合成と異化

ここではプロスタグランジンの二重結合を2つもつグループの生合成についてのみ述べる。1つまたは3つもつプロスタグランジンは，関連した C_{20} の脂肪酸から同様に合成される。小胞体で行われる生合成経路を図 19.33 に示した。この経路は以下の3つの段階に分けて考えることができる。(1) 膜リン脂質からのアラキドン酸の放出，(2) アラキドン酸の酸化による，プロスタグランジンの前駆体となるプロスタグランジンエンドペルオキシドである PGH_2 の産生，(3) 細胞内に存在する酵素に依存した PGH の他のプロスタグランジンまたは TxA_2 への変換。

第1段階のアラキドン酸の膜リン脂質からの放出は，**ブラジキニン bradykinin** またはアドレナリンのようなホルモン，またはトロンビンのようなプロテ

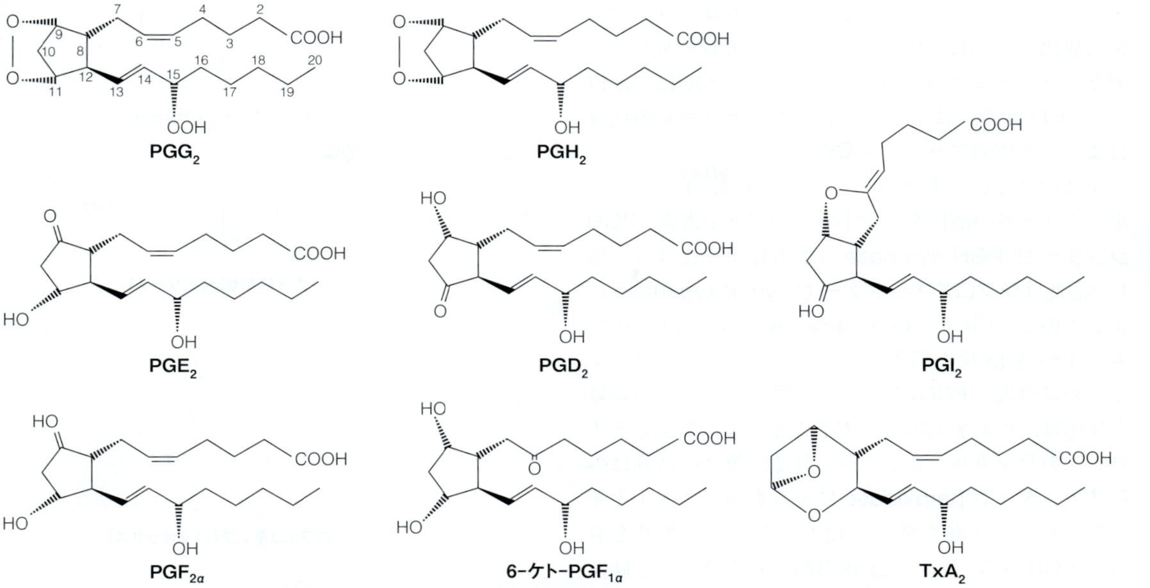

図 19.32　主要なプロスタグランジンとトロンボキサン A_2 の構造　図は最も豊富に存在するプロスタグランジンである二重結合を 2 つもつクラスを主に示した。これらはトロンボキサン A_2 同様，アラキドン酸より合成される。炭素の番号は PGG_2 の構造で示したようにカルボキシ基から始まる。

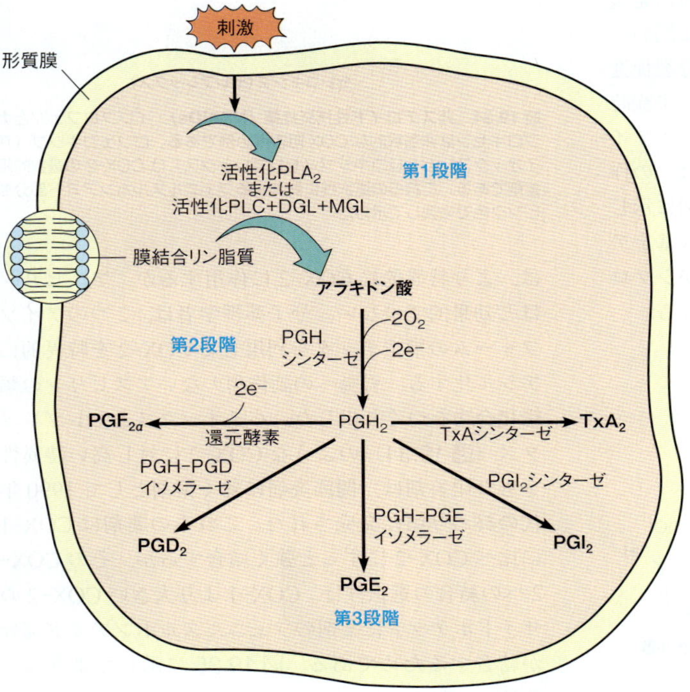

図 19.33　主要なプロスタグランジンとトロンボキサン A_2 の生合成経路の要約　PLA_2＝ホスホリパーゼ A_2，PLC＝ホスホリパーゼ C，DGL＝ジアシルグリセロールリパーゼ，MGL＝モノアシルグリセロールリパーゼ。

アーゼによる組織特異的刺激で引き起こされる。膜が乱された場合も異常な放出が引き起こされる。例えば，ハチに刺されて引き起こされた炎症は，おそらくハチ毒のタンパク質である**メリチン melittin** によりアラキドン酸の放出が促進されたために起きる。アラキドン酸は通常，ホスファチジルイノシトールまたは他の膜リン脂質のグリセロールの 2 位の炭素にエステル結合で存在しており，別々の酵素によって放出される。その 1 つの経路は，細胞質のホスホリパーゼ A_2 による，ホスファチジルコリンまたはホスファチジルエタノールアミンからのアラキドン酸の放出である。2 番目の経路は脳で顕著で，ホスホリパーゼ C によるホスファチジルイノシトールからのジアシルグリセロールの放出と，それに続くジアシルグリセロールリパーゼとモノアシルグリセロールリパーゼ（MGL，第17章，p.643参照）によるジアシルグリセロールの切断によって遊離のアラキドン酸が生じる。

第2段階では，遊離のアラキドン酸は，1つのヘムを含み2種類の活性をもつ小胞体膜にある酵素，**PGHシンターゼ PGH synthase** による作用を受ける。第1の活性は**シクロオキシゲナーゼ cyclooxygenase** によるもので，2分子のO_2を，1つは環をつくるために，もう1つは15位の炭素にヒドロペルオキシ基をつくるために導入しPGG_2を生じる（図19.32）。この複雑な反応は，ヘムを補因子とすることによって生じるチロシンのラジカルを介して行われる。第2の活性は**ペルオキシダーゼ peroxidase** によるもので，ペルオキシドに対する2電子還元で15位の炭素に水酸基を導入しPGH_2を生ずる（図19.32）。哺乳類の細胞はPGHS-1とPGHS-2（COX-1とCOX-2とも呼ばれる。この場合，COXはシクロオキシゲナーゼ cyclooxygenaseを意味する）の2種類のPGHシンターゼをもっている。COX-1は大部分の組織で恒常的に発現しており，生理的プロスタグランジンの産生に関わっている。COX-2は炎症細胞でサイトカイン，分裂促進因子，エンドトキシンにより産生が誘導され，炎症時のプロスタグランジンの産生に関わる。どちらのアイソザイムともアスピリン（アセチルサリチル酸）の作用により化学修飾を受け，不活性化される。図に示したように，アスピリンは酵素の特定のセリン残基をアセチル化することにより，基質となる脂肪酸がシクロオキシゲナーゼの活性中心へ接近するのを妨げる。

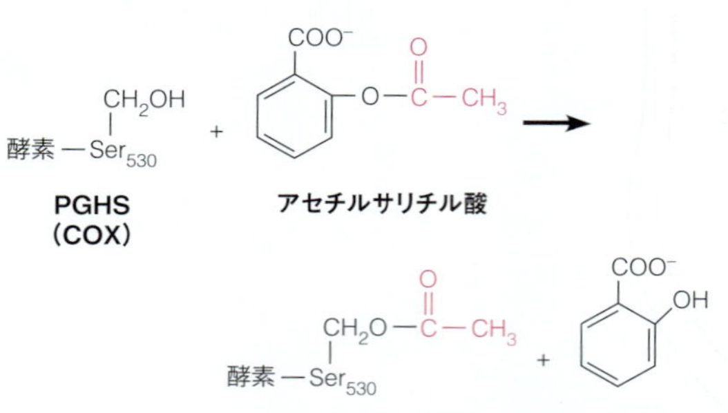

> **ポイント21**
> エイコサノイド合成の最初の反応の1つであるシクロオキシゲナーゼの反応は，アスピリンの作用の標的部位である。

アスピリンの抗炎症，抗鎮痛作用はCOX-2の阻害によるが，COX-1の阻害は，胃腸に潰瘍などの好ましくない副作用を引き起こす。もう1つの広く利用されているNSAIDsであるイブプロフェン（図19.34）は，より特異的にCOX-2に作用するが，アスピリンほど効果的ではない。分子薬理学者は，2つのアイソフォームの構造データを利用してCOX-2を特異的にアシル化する，胃腸への副作用のないアスピリンの類縁化合物をつくり出した。バイオックスとセレブレックス（図19.34）のようなCOX-2に対し高い特異性をもつ阻害剤は，関節炎痛に効く薬剤として1990年代の終わり頃に発売された。これらの薬剤はCOX-1に比べCOX-2にずっと強く結合するが，そのCOX-2への結合の選択性は，COX-1より大きいCOX-2のサイドポケットに薬剤のフェニルスルホンアミド部分が結合するためである。図19.35に示したように，COX-1ではバリンと比べてよりかさ高いイソロイシンが523番目のアミノ酸として存在するため，薬剤のこのサイドポケットへの結合を阻害している。アスピリンや他の非特異的なNSAIDsには，このサイドポケットに結合するフェニルスルホンアミド部分がないためCOX-1に結合することができる。関節炎の治療におけるCOX-2の特異的な阻害剤としての有効性にもかかわらず，最近の研究では，これらの薬剤を高濃

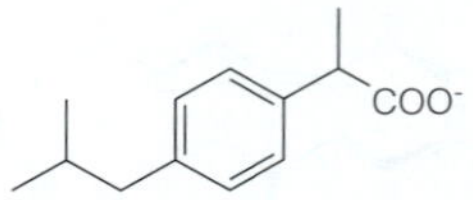

イブプロフェン（アドビル）

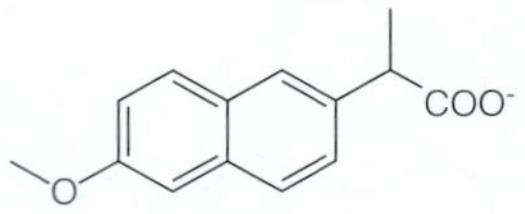

ナプロキセン（アリーブ）

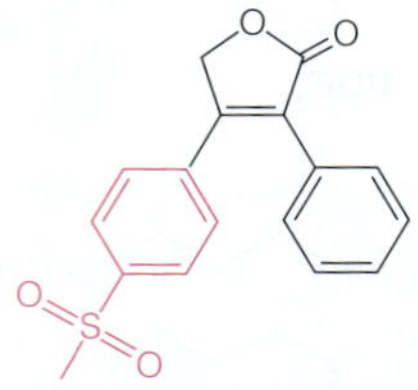

ロフェコキシブ（バイオックス）

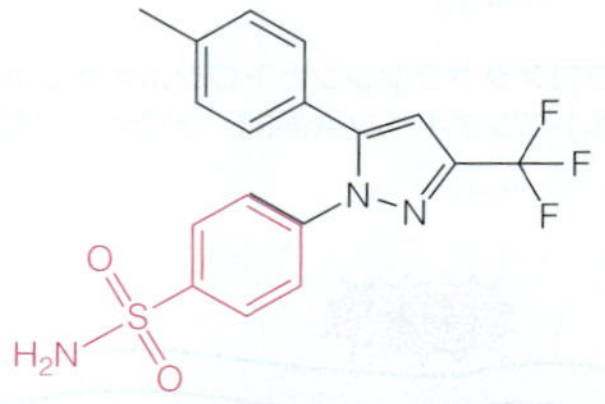

セレコキシブ（セレブレックス）

図19.34　非ステロイド性抗炎症薬（NSAIDs）　イブプロフェンとナプロキセンは非選択的なCOX阻害剤の例である。ロフェコキシブ（バイオックス）とセレコキシブ（セレブレックス）はCOX-2の選択的阻害剤である。これらの選択性に関与するフェニルスルホンアミド部分をピンク色で強調して示した。

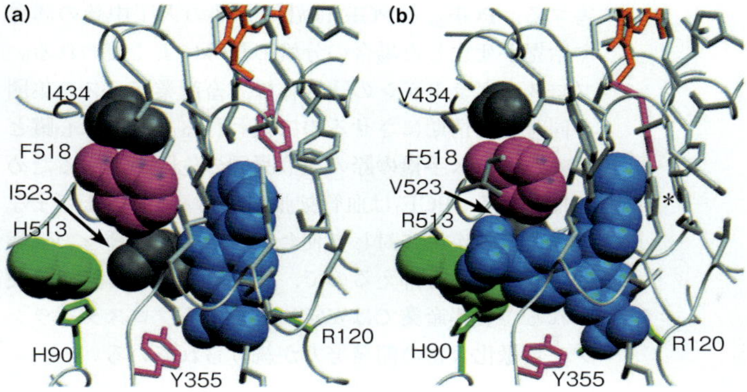

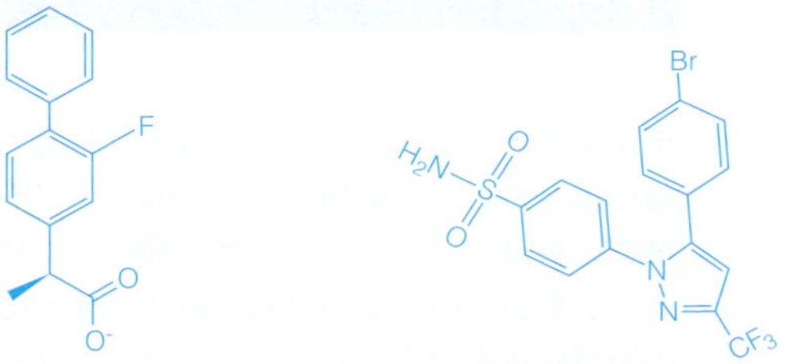

フルルビプロフェン
非選択的COX阻害剤

SC-588
COX-2選択的阻害剤

図 19.35 COX-2 選択的阻害剤の構造的基盤 （**a**）非選択的 NSAIDs であるフルルビプロフェン（青色）がヒツジの COX-1 の活性部位（PDB ID：1EQH）に結合した様子。Ile434，His513，Phe518，Ile523 残基と阻害剤は空間充填モデルで示した。通常の基質であるアラキドン酸の結合に重要な Arg120（緑色）は，フルルビプロフェンの後ろ側に伸び，カルボン酸と相互作用している。補因子であるヘムは赤色で示し，チロシン（ピンク色）が形成する活性部位のラジカルを星印（＊）で示した。（**b**）選択的阻害剤の SC-588（青色）がマウス COX-2 の活性部位（PDB ID：1CX2）に結合した様子。Val434，Arg513，Phe518，Val523 残基と阻害剤は空間充填モデルで示した。SC-588 のフェニルスルホンアミド部分は，Val523（灰色で示したが薬剤の後ろ側でほとんどがみえない）によって新たに形成されたサイドポケットへ伸びている。COX-1 のこの場所のかさ高いイソロイシンは SC-588 の結合を阻害する。結合した阻害剤の化学構造を下に示した。
Modified from *Annual Review of Biochemistry* 69：145-182, W. L. Smith, D. L. DeWitt, and R. M. Garavito, Cyclooxygenases：Structural, cellular, and molecular biology. © 2000 Annual Reviews.

度で長期間使用すると心臓発作の危険が増加することが示されている（バイオックスは 2004 年に市販が中止された）。

図 19.33 の第 3 段階では，一連の特異的酵素の働きで PGH_2を他のプロスタグランジン，トロンボキサン A_2へと変換する。もう 1 つの経路はアラキドン酸からロイコトリエンへの経路である。ロイコトリエン C は，最初，白血球の一種である多形核白血球から発見され，その起源（leukocytes）とトリエン（trien）構造（3 つの二重結合）から命名された。これは潜在的に筋肉の収縮作用があり，肺の細い気管の収縮を通して喘息の症状を引き起こすのに関与すると考えられている。図 19.36 に示したように，ロイコトリエンの生成は**リポキシゲナーゼ lipoxygenase** がアラキドン酸に作用し，5 位の炭素へ O_2を付加して 5-ヒドロペルオキシエイコサテトラエン酸 5-hydroproxyeicosatetraehoic acid（5-HPETE）を生じる反応で始まる。二重結合の異性化と共役した脱水によりエポキシドが形成され，ロイコトリエン A_4が生じる。エポキシド環の加水分解によりロイコトリエン B_4を生じる。また，グルタチオンのチオール基の転位によりロイコトリエン C_4を生じる。図には示していないが，その後のペプチド鎖の修飾により関連化合物であるロイコトリエン D と E を生ずる。

すべてエイコサノイドは 1 回の体内循環の間ももたないほど，極度に速く代謝される。肺はプロスタグランジンを異化する主要な器官で，異化経路の多くは 15-ケト-13,14-ジヒドロ化合物への変換から始まる。

生物学的作用

前にも述べたようにプロスタグランジンとその類縁化合物は局所的に働くホルモンと考えることができる。これらは明らかに，それぞれ特異的な細胞の受容体に結合することにより機能を発揮する。これらの作用についてはサイクリックヌクレオチド（cAMP）の代謝に関与しているということが明らかになっているだけで，分子レベルでの理解は比較的少ない。PGE はある種の細胞においてアデニル酸シクラーゼを刺激し，PGF_2は標的細胞でサイクリック GMP のレベルを上昇させることが報告されている。これらの化合物の受容体についてはまだ詳細には明らかになっていないが，ロイコトリエン B_4の受容体に結合して抗炎症作用を発揮する数種の化合物が現在臨床試験中である［訳注：2014 年の段階で，すべてのプロスタグランジンとロイコトリエンの受容体は分子同定されている］。アスピリンの抗炎症効果が，少なくとも部分的にはシクロオキシゲナーゼの阻害に由来するという事実から，多くのエイコサノイドが炎症を引き起こす過程に関与していることは明らかである。

その他の生物学的効果には，PGI_2による血小板凝固阻害と，冠動脈の弛緩がある。この作用は TxA_2によって打ち消される。この場合，PGI_2の働きは動脈壁への血小板の結合を阻害すると考えられる。損傷を受けた部位では PGI_2の合成が阻害され，TxA_2が血小板と結

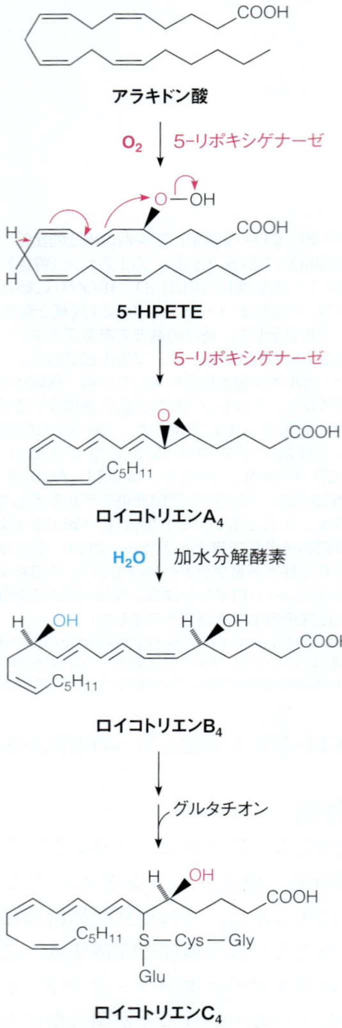

図 19.36　ロイコトリエンの生合成

合して凝固を引き起こし，血餅の形成を促進する。

これまでエイコサノイドの分子レベルでの働きについてはほとんど解明されていなかったが，エイコサノイドに関する生理学的知識が実用化に役立てられている。最近の研究結果では，長期間のアスピリンの使用により心臓発作の危険性が低減することが示されている。この効果はおそらく心筋梗塞に関与する血餅形成の初期段階の血小板の凝固を誘導するエイコサノイド（特に TxA_2）の合成量を減らすことに関連している。プロスタグランジンの放出は分娩中の子宮筋の収縮に関与しているので，$PGF_{2\alpha}$ は出産予定日に分娩を誘導する必要がある場合に利用される。この効果に関連して，$PGF_{2\alpha}$ はプロゲステロンの分泌や黄体の退縮を阻害する。$PGF_{2\alpha}$ と PGE_2 は妊娠中期の人工中絶の誘導や胎児が死亡した場合の分娩の誘導によく使われる。プロスタグランジンの誘導体は，畜産業でメスの集団を同時に発情期にさせるのに使われる。PGI_2 は心臓と肺のバイパス手術の際の血液凝固の危険を下げるために使われる。PGE_1 は血管拡張剤であるが，さまざまな循環器系の疾患に対して使われる。PGE の種々の形態は胃液の分泌を抑えるので，胃潰瘍に対する処置に使われる。製薬産業では安定に存在するプロスタグランジン類縁化合物の開発努力が続けられている。

まとめ

主要な膜脂質であるグリセロリン脂質は，ホスファチジン酸と，シチジン三リン酸の活性化された中間産物を出発点とした経路で合成される。リン脂質の脂肪酸鎖の再構築，極性基の交換，膜へリン脂質を挿入するリン脂質交換タンパク質の働きのすべてが特定の膜の脂質組成を決定する。*S*-アデノシルメチルオニンはホスファチジルコリン合成におけるメチル基の供与体である。

スフィンゴ糖脂質の形成は，グリコシルトランスフェラーゼによる，ヌクレオチドに結合した糖からセラミドへの段階的な糖の付加により行われる。これら化合物の神経組織における代謝経路は，この経路に関わる酵素を欠損した患者の細胞に蓄積された代謝中間体の解析により明らかにされた。

すべてのステロイド化合物（そして実際はすべてのイソプレノイド化合物）は，酢酸から6個の炭素を含むメバロン酸を介して，C_5，C_{10}，C_{15} の中間体を含む経路で合成される。C_{30} の糖質であるスクアレンの環化により，胆汁酸とすべてのステロイドホルモンの前駆体であるコレステロールが合成される。ステロイドホルモンの合成は内分泌腺で起こり，シトクロム P450 による水酸化反応，酸化還元反応，側鎖の切断を含む。すべてのステロイドホルモン合成は，コレステロールから始まりプレグネノロンを介する。

アラキドン酸や他の C_{20} 不飽和脂肪酸は，プロスタグランジン，トロンボキサン，ロイコトリエンなどの生理的に強力で局所的に働くホルモンの前駆体である。これら制御因子の作用はまだ分子レベルではわかっていないが，エイコサノイドの代謝は，炎症，血液凝固，胃液の分泌などを調節したり，生殖の過程をさまざまな方法で制御するための治療上の新薬の開発の標的になっている。

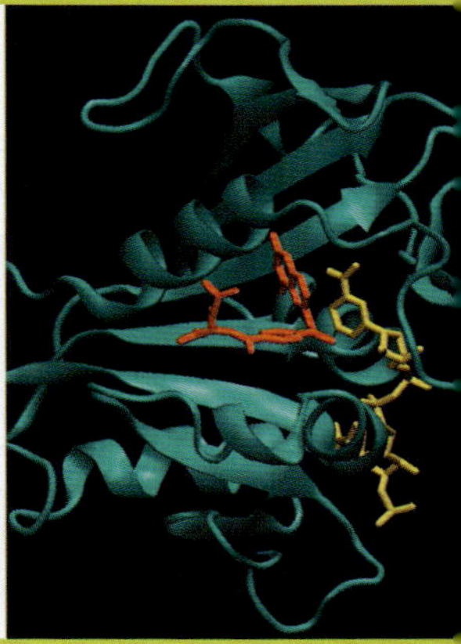

第 20 章

窒素化合物の代謝 1：生合成，利用および代謝回転の原則

ここまでの代謝の学習は主に，二酸化炭素と水に完全に分解される化合物，言い換えれば，炭素，水素および酸素のみを含む化合物に関連していた。本章では，窒素を含む化合物，すなわちアミノ酸およびその誘導体，ヌクレオチド，ならびに高分子の核酸とタンパク質に目を向ける。本章と続く第 21，22 章で，低分子量の窒素化合物（図20.1）を論じる。特定のアミノ酸の代謝については第 21 章で，ヌクレオチド代謝については第 22 章で扱う。本章では細胞がどのように窒素を利用し，かつ過剰窒素をどのように処理するかについて述べる。窒素の生物学的利用能は限られており，また窒素化合物が分解されるとしばしば有害な生成物が生じるため，我々はいくつかの新しい代謝の原理に出会うであろう。

タンパク質中に 20 種類の異なるアミノ酸が存在するということは，20 種類の生合成経路と 20 種類の分解経路が存在するということを意味する。一見とんでもないことのように思えるかもしれないが，多くのアミノ酸が関わる経路には共通した特徴があるので，学ばなければならないことは多くない。しかし，生合成や分解についての多くの詳細よりも重要なことは，アミノ酸が果たすタンパク質の構成成分以外の数々の役割である。それらにはホルモン，ビタミン，補酵素，ポルフィリン，色素および神経伝達物質の前駆体として機能することが含まれる。

第 20〜22 章では，研究室で培養細胞や細菌に起こした変異からだけでなく，自然に発生するヒトの変異から我々がいかに多くのことを学んだかを紹介する。エネルギーを生成したり貯蔵したりする主要な経路の酵素を不活化するような変異は致死性であるため，生きているヒトでは見出せないが，アミノ酸代謝に影響するような変異は致死性ではないことが多いので，生きているヒトに見出される。これらの変異は臨床的にしばしば悲劇的な結果をもたらすが，こうした遺伝性代謝疾患がヒトにおける生化学の理解を大きく進歩させてきたのである。

無機窒素の利用：窒素回路

多くの生物にとって生育と再生は，利用可能な窒素をどれだけ利用できるかによって決まり，どれだけ利用できるかは生物のさまざまな無機窒素の利用能力によって決まる。すべての生物はアンモニア（NH_3）を有機窒素化合物，つまり C — N 結合を含む化合物に変換することができる。しかしながら，すべての生物が多様な無機窒素（地球の大気中の最も多い成分である窒素ガス［N_2］や，多くの植物の生育に必須な土壌成分である硝酸イオン［NO_3^-］）からアンモニアを合成できるわけではない。**生物学的窒素固定 biological nitrogen fixation** と呼ばれる N_2 から NH_3 への還元は，

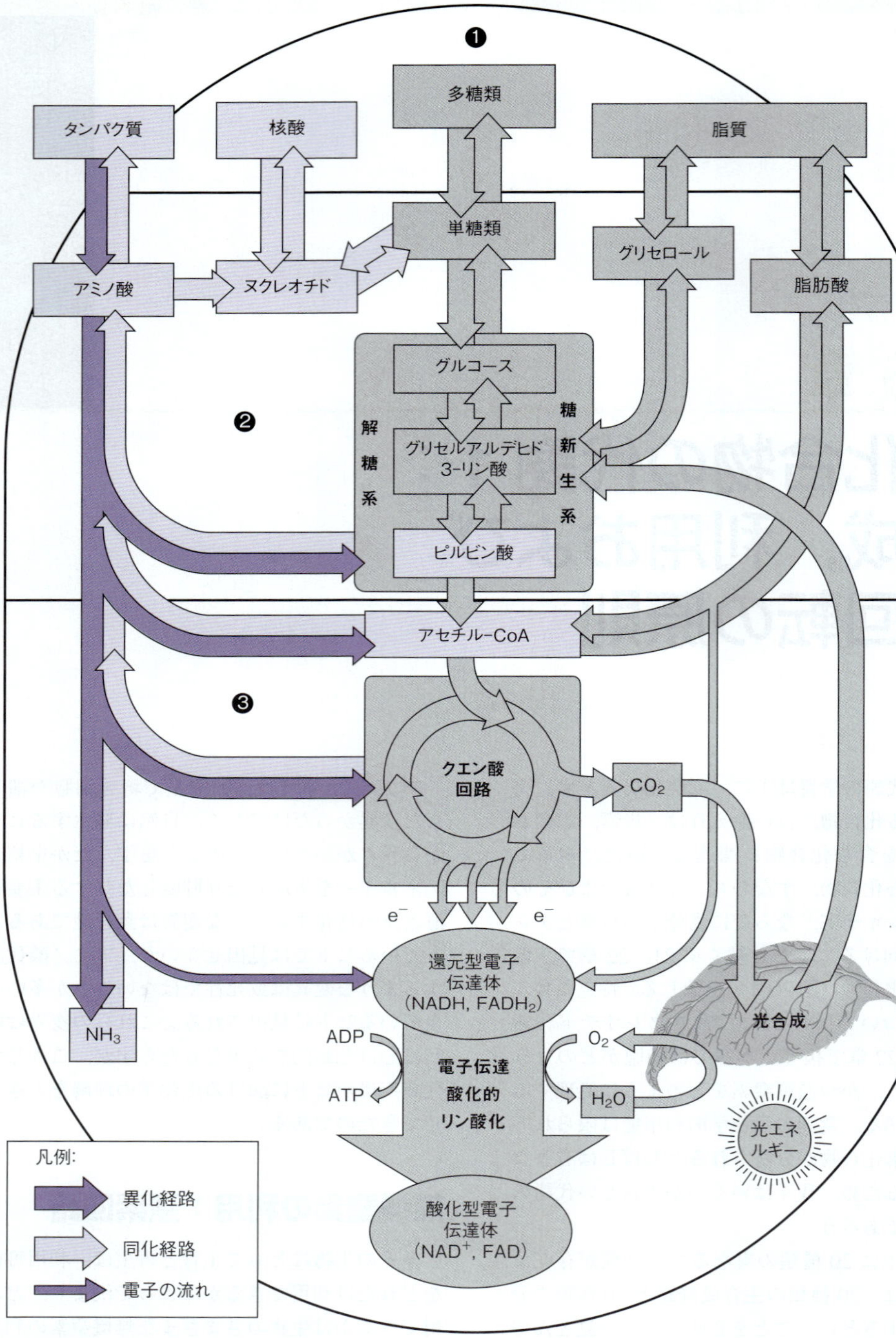

図 20.1　中間代謝の概略図中の窒素代謝経路（紫）

窒素固定菌 diazotrophs と呼ばれるある種の微生物によってのみ行われる。対照的に，NO_3^- から NH_3 への還元は，植物および微生物で広く行われる。

ポイント1
大気中の N_2 を利用できる生物はわずかであり，かつ多くの土壌は硝酸が少ないため，多くの生物の生育は窒素の生物学的利用能によって決まる。

資源は限られている以上，窒素代謝を窒素経済学 nitrogen economy の観点，すなわち供給，需要，代

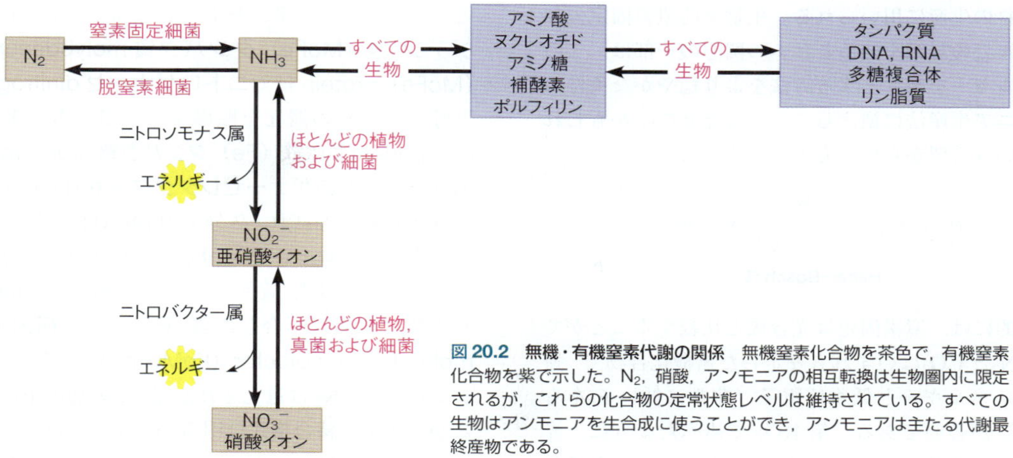

図 20.2　無機・有機窒素代謝の関係　無機窒素化合物を茶色で，有機窒素化合物を紫で示した。N_2，硝酸，アンモニアの相互転換は生物圏内に限定されるが，これらの化合物の定常状態レベルは維持されている。すべての生物はアンモニアを生合成に使うことができ，アンモニアは主たる代謝最終産物である。

謝回転，再利用，成長，および定常状態の維持についての問題に焦点を当てて考えることが大切である。生物圏では，全無機窒素と全有機窒素間でバランスが保たれている。窒素固定あるいは硝酸還元から始まる無機窒素から有機窒素への変換は，異化，**脱窒素 denitrification** および分解により釣り合っている（図 20.2）。異化によってアンモニアおよびさまざまな有機窒素最終産物が生じ，これらは次に種々の細菌によって代謝される。ニトロソモナス属（*Nitrosomonas*）はアンモニアを亜硝酸（NO_2^-）に酸化し，ニトロバクター属（*Nitrobacter*）は亜硝酸を硝酸に酸化する。これらの酸化により，他の生物が糖質や脂肪を酸化してCO_2を産生することによりエネルギーを得るように，生物学的エネルギーが生じる。別の**脱窒素細菌 denitrifying bacteria** はアンモニアをN_2に異化する。アンモニアには毒性があるので，脱窒素細菌とその酵素の**生物学的環境浄化 bioremediation** への利用，工業のような人間活動の環境残渣の浄化や解毒あるいはゴミ処分にこれら生物を利用することへの関心は非常に高い。ここでは，アミノ酸およびヌクレオチド生合成における窒素の利用について述べ，その後N_2および硝酸イオンからのアンモニアの合成に焦点を当てる。

生物学的窒素固定

窒素ガスは地球の大気の約 80% を占めるが，そのアンモニアへの還元は，比較的少ない生態系，すなわちクレブシエラ属（*Klebsiella*）やアゾトバクター属（*Azotobacter*）のような土壌中で自由に生活しているある種の細菌，光合成ができるシアノバクテリア（藍色細菌），ある種の古細菌，マメ類またはアルファルファなどのマメ科植物の根に寄生するある種の細菌（特にリゾビウム属〈*Rhizobium*〉）に感染した共生根粒（図 20.3）でしか起こらない。感染した細菌は宿主

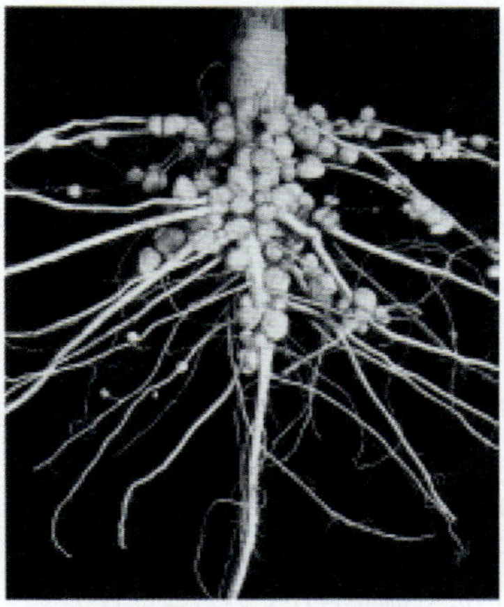

図 20.3　共生根粒の窒素固定部位　このマメ科植物の根にはリゾビウム属の窒素固定細菌が感染している。
Courtesy of Novozymes BioAg.

植物の細胞内で**バクテロイド bacteroid** と呼ばれる修飾された形態をとる。この共生により宿主の植物が，外部からの窒素源なしで成長することが可能になる。ハンノキのようないくつかの樹木も，窒素固定結節を形成し，窒素を固定する能力をもつ。また，最近熱水の噴気孔から採取された超好熱性メタン産生古細菌や，深海の冷たい浸出液から採取された嫌気性メタン酸化古細菌等のジアゾ栄養生物で，精巧な窒素固定が明らかとなった。

窒素の利用度はほとんどの土壌の肥沃度を限定する因子であるため，生物学的窒素固定を理解することは世界の食物供給を増やすことに直接関わってくる。三重結合の N_2 分子 N≡N は約 940 kJ/mol の結合エネルギーをもち，還元することが非常に難しい。工業的には，この還元は Haber–Bosch 法により行われる。すなわち，超高温高圧下での触媒による水素化であるが，収率が低い。この方法は，アンモニアを主成分とする

化学肥料の生産に用いられる。生物学的窒素固定の分子レベルでの詳細を知ることへの関心の一部は，この高エネルギーを必要とする方法をより穏やかな条件のアンモニア生産法に換えることが可能となるかもしれないという希望から出たものである。

$$N_2 + 3H_2 \xrightarrow[\text{450℃，270 気圧}]{\text{触媒}} 2NH_3$$

Haber-Bosch 法

形式的には，窒素固定は光合成と比較することができる。N_2とCO_2はいずれも安定した無機化合物で，還元にはエネルギーと低電位電子（非常に低いE_0をもつ電子）が必要である。第16章で述べたように，光合成では光を用い，エネルギー（光リン酸化を通じて）と低電位電子（還元型フェレドキシンとして）を生成する。窒素固定の機構は，関与する酵素が非常に酸素に感受性が高く，嫌気的条件下でなければ研究ができないこともあって，完全には明らかになっていない。リゾビウムが感染した植物の根粒が窒素を固定できる主な理由は，根粒が**レグヘモグロビン leghemoglobin** と呼ばれるタンパク質を多量に含んでいるからである。このタンパク質は根粒に入ってくるO_2と結合することによって嫌気的な環境を維持するとともに，根粒中の呼吸酵素にO_2を渡す。これは動物におけるミオグロビンの性状といくぶん類似している。

生物学的N_2還元は，4つのタイプが知られている**ニトロゲナーゼ nitrogenase** により触媒される。最も多く存在し，広く研究されているニトロゲナーゼは，アゾトバクター・ビネランディ（*Azotobacter vinelandii*）で見出されたようなモリブデン（Mo）依存性酵素である。全体の反応の化学量論は以下のとおりである。

$$N_2 + 8H^+ + 16MgATP + 8e^- \longrightarrow 2NH_3 + H_2 + 16MgADP + 16P_i$$

窒素固定は高エネルギーを必要とし，1電子の移動に2分子のATPを必要とする。ATPは生物のエネルギー生成経路，主として糖質の異化によって生成される。8分子の電子を必要としているが，N_2から$2NH_3$への還元には6分子使用している。他の2分子の電子は水素の形成に使用されている。N_2還元に使われる電子は低電位の伝達体である低電位フラビンタンパク質の還元型フェレドキシンやフラボドキシンに由来する。水素はN_2還元の副産物である。いくつかの窒素固定種はこの水素を“再利用”する能力をもち，さらなるN_2還元回路のための低電位電子伝達体を生成する。

モリブデン依存性ニトロゲナーゼは，2つの別々のメタロタンパク質からなる。図 20.4 に概略を示したとおり，**コンポーネントⅠ componentⅠ**であるモリ**ブデン-鉄（MoFe）タンパク質 molybdenum-iron (MoFe) protein** は**ジニトロゲナーゼ dinitrogenase** と呼ばれ，N_2の還元を触媒する。**コンポーネントⅡ componentⅡ**は**鉄（Fe）タンパク質 iron protein** であり，**ジニトロゲナーゼレダクターゼ dinitrogenase reductase** と呼ばれ，2分子のMgATPの加水分解により電子とプロトンをMoFeタンパク質に供与する。両タンパク質は鉄-硫黄クラスターを含み，MoFeタンパク質は強固に結合した**鉄-モリブデン補因子 iron-molybdenum cofactor (FeMo-co)** の形で，モリブデンを含む。N_2は還元される際，この補因子に結合するが，正確な結合様式は明らかでない。還元型フェレドキシンまたはフラボドキシンが最も一般的な電子供与体である。

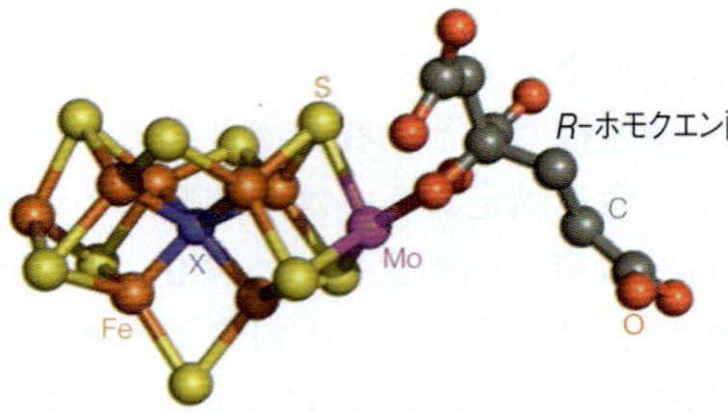

鉄-モリブデン補因子（FeMo-co）

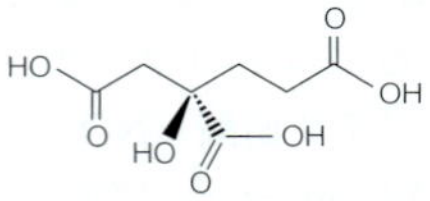

***R*-ホモクエン酸**

Modified from *Annual Review of Biochemistry* 78 : 701-722, L. C. Seefeldt, B. M. Hoffman, and D. R. Dean, Mechanism of Mo-dependent nitrogenase. ©2009 Annual Reviews.

アゾトバクター・ビネランディ由来の鉄タンパク質ならびにMoFeタンパク質のいくつかの結晶構造が最初に発表され，次いで1997年に両タンパク質複合体の全結晶構造が発表された。図 20.5 に示されているように，鉄タンパク質は分子量32 kDaのホモ二量体からなり，Fe_4S_4クラスターが2種のサブユニットを連結している。各サブユニットはヌクレオチド結合部位を1つもち（図 20.5 ではMgADPが結合している），ATPが結合するとMoFeタンパク質と結合できるような構造変化が鉄タンパク質に起こる。MoFeタンパク質は$\alpha_2\beta_2$サブユニットからなるヘテロ四量体（分子量250 kDa）で，2分子の新しい鉄-硫黄複合体を含み，合計7分子の硫黄，8分子の鉄からなるPクラスターとFeMo補因子を含む。FeMo補因子は，上に示すように，9分子の硫黄，7分子の鉄，2分子の水酸基（ヒドロキシ基）と2分子のカルボキシ基を通じて***R*-ホモクエン酸 *R*-homocitrate**（上図参照）に連結している1分子のモリブデンを含んでいる。この補因子はさらに未同定の原子X（青で表示）を含んでいる。

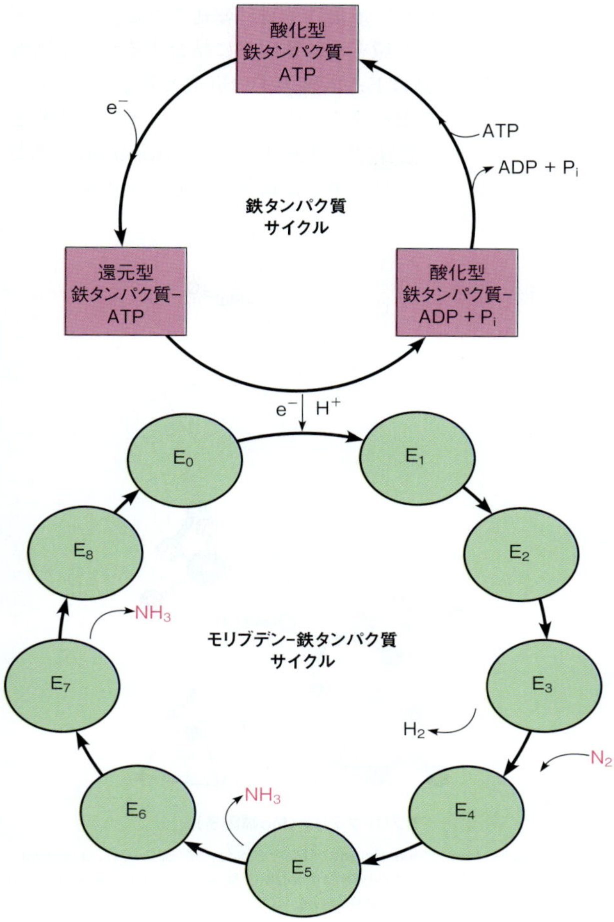

図 20.4　2 成分系モリブデン依存性ニトロゲナーゼ反応の機序　モリブデン-鉄（MoFe）タンパク質（緑）はジニトロゲナーゼであり，鉄タンパク質（ピンク）はジニトロゲナーゼレダクターゼである（この色は図 20.5 においても同様である）。MoFe タンパク質は N_2の還元を触媒し，鉄タンパク質により還元される。鉄タンパク質は 3 相のサイクルを，MoFe タンパク質は 9 相のサイクルを繰り返すと考えられている。ATP の還元型鉄タンパク質への結合（還元型鉄タンパク質-ATP）は，非常に低い還元電位で鉄タンパク質の構造を変化させる。還元型鉄タンパク質から MoFe タンパク質への電子の輸送は，ATP の ADP と P_iへの加水分解を必要とする。酸化型鉄タンパク質（酸化型鉄タンパク質-ADP + P_i）は電子の輸送後 MoFe タンパク質から遊離（N_2還元の律速段階）し，ADP が ATP に変換し，+1 酸化状態に戻る。一方，N_2分子の還元中に鉄タンパク質から MoFe タンパク質へのプロトンと電子の移送が 8 回起こる。連続した還元状態の変化は E_nで表され，n は鉄タンパク質から供与された電子数を示す。少なくとも 3 分子のプロトンと電子の MoFe タンパク質内での蓄積が，N_2の結合に必要である。N_2の MoFe タンパク質への結合により 2 分子のプロトンと電子が H_2として遊離される。N—N の解離は 5 分子のプロトンと電子の結合後に起こる。

Modified from *Annual Review of Biochemistry* 78：701-722, L. C. Seefeldt, B. M. Hoffman, and D. R. Dean, Mechanism of Mo-dependent nitrogenase. ©2009 Annual Reviews.

20

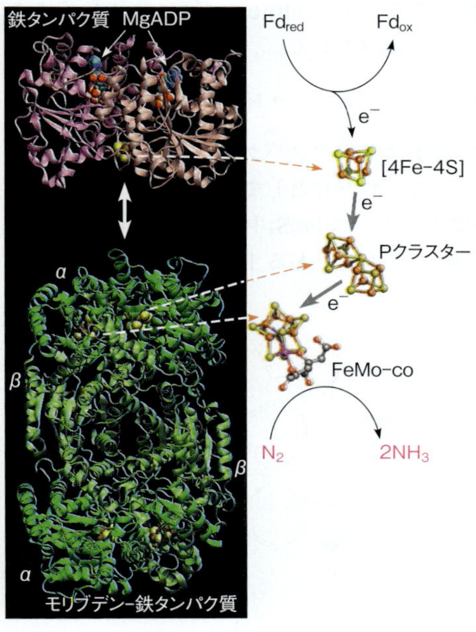

図 20.5　*Azotobacter vinelandii* のモリブデン依存性ニトロゲナーゼの構造　左図：鉄タンパク質（PDB ID：1FP6）の 2 種のサブユニットはピンクの濃淡で示されている。各サブユニットは MgADP を含んでおり，Fe_4-S_4クラスターで連結されている。MoFe タンパク質（PDB ID：1M1N）の $\alpha_2\beta_2$四量体の α および β サブユニットはそれぞれ濃い緑と薄い緑で示されており，各 $\alpha\beta$ サブユニットには 1 分子ずつの P 鉄-硫黄クラスターと FeMo 補因子・鉄-硫黄クラスターが結合している。各タンパク質の色は図 20.4 と同一である。右図：鉄タンパク質の Fe_4-S_4 クラスター，および MoFe タンパク質の P クラスターおよび FeMo 補因子（FeMo-co）の相対位置と構造が示されている。硫黄原子は黄，鉄原子はオレンジ，モリブデン原子は紫で示してある。還元型フェレドキシンまたはフラボドキシン（Fd）から鉄-硫黄クラスターを経由し，窒素へと続く流れが示されている。ATP の加水分解は，鉄タンパク質による P クラスターの還元と鉄タンパク質の構造変化を引き起こす。その結果，MoFe タンパク質が解離し，一方向性の電子の流れが起きる。

Modified from *Annual Review of Biochemistry* 78：701-722, L. C. Seefeldt, B. M. Hoffman, and D. R. Dean, Mechanism of Mo-dependent nitrogenase. ©2009 Annual Reviews.

図 20.5 ではフェレドキシンまたはフラボドキシンから鉄タンパク質の Fe_4–S_4複合体への電子の流れ，および ATP の加水分解による MoFe タンパク質中の P クラスター，さらには FeMo 補因子への電子の流れを示す。これらの 3 つのクラスターは複合体中で密接に連結しており，電子の授受を容易にしている。

最近，ある種の細菌が複数のニトロゲナーゼ複合体をもつことが見出された。アゾトバクターは 3 種もち，そのうちの 1 種はモリブデンのかわりにバナジウムを利用し，別の 1 種は唯一の結合金属として鉄をもつ。

窒素固定に関する遺伝学は，窒素固定能力の高等植物への導入により窒素化学肥料の使用を減らすことを目的として熱心に研究が行われている。クレブシエラ属では，この経路に必須な 13 個の遺伝子が，*nif* 遺伝子クラスターと呼ばれる DNA の長さがおよそ 24,000 塩基対の領域内に集結している。さらに，7 個の散在した遺伝子が窒素固定に関与するが，必須ではない。必須遺伝子の産物には，MoFe タンパク質の 2 種のポリペプチドサブユニット，鉄タンパク質のサブユニットの 1 つ，フラボドキシン，および FeMo 補因子を合成する酵素が含まれる。

マメ科の植物の窒素固定に関するねじれが最近発見された。ホモクエン酸は FeMo 補因子の必須成分であるが，ホモクエン酸シンターゼをコードしている *nifV* 遺伝子が宿主植物に感染している多くのリゾビウム菌に存在せず，根粒で発現しているホモクエン酸シンターゼは宿主植物の遺伝子にコードされていた。したがって，活性ニトロゲナーゼは宿主の植物細胞でつくられるホモクエン酸を必要とし，それによりマメ科植物と根粒バクテリアが共生窒素固定において協調的に働くための分子的基盤をもたらすことが明らかとなった。

硝酸の利用

硝酸をアンモニアへ還元する能力は，実質的にすべての植物，真菌および細菌において一般的なものである。最初のステップである硝酸（+5 酸化状態）から亜硝酸（+3 酸化状態）への還元は，**硝酸レダクターゼ nitrate reductase** により触媒される。真核細胞の酵素は FAD，モリブデン，シトクロム b_5を含み，以下の反応を触媒する。

$$NO_3^- + NAD(P)H + H^+ \longrightarrow NO_2^- + NAD(P)^+ + H_2O$$

電子供与体として植物と藻は NADH を用いるのに対し，真菌は NADPH 特異的な酵素を用いる。両電子供与体を使用する酵素が上記 3 種の生物に見出されているが，真菌に最もよく見出される。電子は NAD(P)H から，酵素に結合した FAD，シトクロム b_5，モリブデン，そして最後に基質に輸送される。モリブデンはプテリジン環を含む補因子に結合するが（下図参照），その構造は FeMo 補因子の構造と異なる。実際，ニトロゲナーゼを除く，すべてのモリブデンを必要とする酵素は，**モリブドプテリン molybdopterin** に似た構造を有し，モリブデンは錯体の中心に位置する。

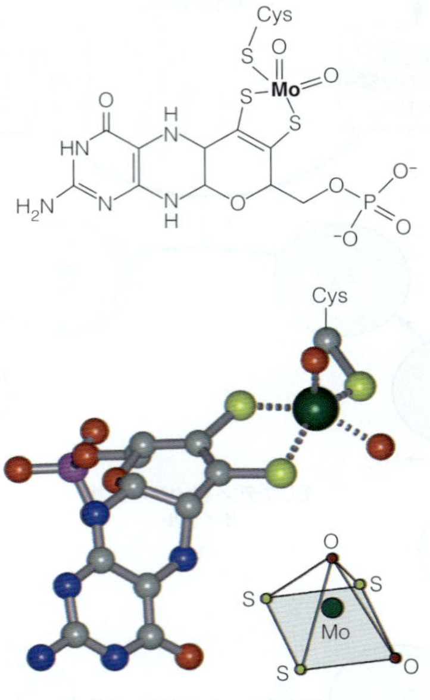

モブリドプテリン（Mo補因子）

Modified from *Annual Review of Plant Biology* 57：623−647, G. Schwarz and R. R. Mendel, Molybdenum cofactor biosynthesis and molybdenum enzymes. ©2006 Annual Reviews.

亜硝酸からアンモニアへの還元は 3 段階で行われるが，**亜硝酸レダクターゼ nitrite reductase** という 1 つの酵素によって触媒される。

$$NO_2^- \longrightarrow NO^- \longrightarrow NH_2OH \longrightarrow NH_3$$

高等植物，藻およびシアノバクテリアは，この 6 分子の電子反応に電子供与体としてフェレドキシンを用いる。この酵素は 1 つの Fe_4S_4中心と，部分的に還元された鉄ポルフィリンである 1 分子の**シロヘム siro-**

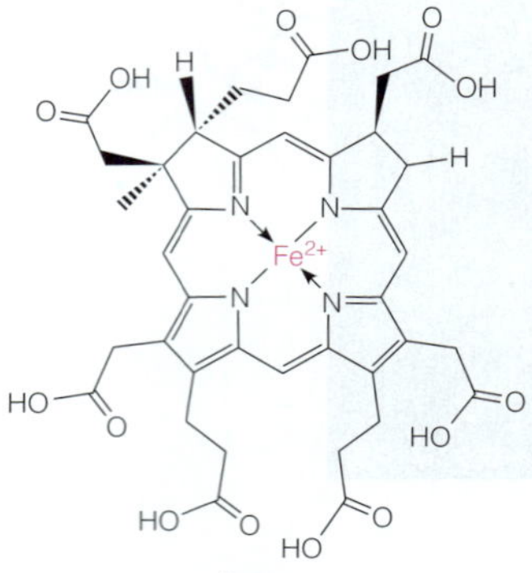

シロヘム

heme を含む。

アンモニアの利用：有機窒素の生物発生

植物，動物，および細菌の窒素源は異なっているが，実際にはすべての生物がアンモニアの形で無機窒素を利用する共通の経路をもっている。高濃度のアンモニアはかなり毒性が強いが，低濃度では中心代謝物であり，4 種類の酵素の基質となってさまざまな有機窒素化合物に変換される。生理的 pH での主なイオン種はアンモニウムイオン NH_4^+（pK_a = 9.2）である。しかし，この 4 つの反応には NH_3の非共有電子対が関与しており，NH_3が反応の本体である。

すべての生物は，グルタミン酸，グルタミン，アスパラギン，および**カルバモイルリン酸** carbamoyl phosphate を生成する反応によってアンモニアを同化する（図 20.6）。カルバモイルリン酸はアルギニン，尿素およびピリミジンヌクレオチドの生合成にのみ用いられるので，アンモニアからアミノ酸およびその他の窒素化合物への経路上に見出される窒素のほとんどは，グルタミン酸とグルタミンの 2 つのアミノ酸を経由している。グルタミン酸のαアミノ基の窒素とグルタミンの側鎖のアミド基の窒素はいずれも，種々化合物の生合成の主たる供給源である。

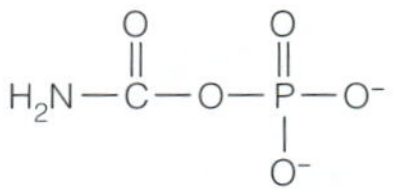

カルバモイルリン酸

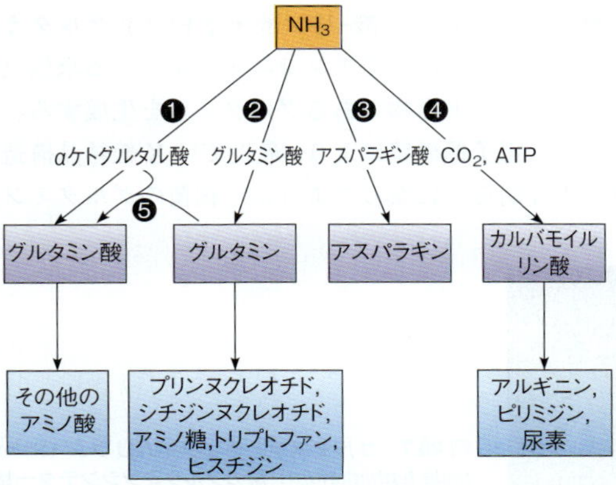

図 20.6　アンモニア同化反応と固定された窒素の主な運命　❶グルタミン酸デヒドロゲナーゼ　❷グルタミンシンテターゼ　❸アスパラギンシンテターゼ　❹カルバモイルリン酸シンテターゼ　❺グルタミン酸シンターゼ。動物では，NH_3ではなくグルタミンがピリミジンの主な窒素源である。

ポイント 2
いくつかの普遍的に存在する酵素はアンモニアを基質として，グルタミン酸，グルタミン，アスパラギン，またはカルバモイルリン酸を合成する。

グルタミン酸デヒドロゲナーゼ：αケトグルタル酸の還元的アミノ化

グルタミン酸デヒドロゲナーゼは，αケトグルタル酸の還元的アミノ化を触媒する。

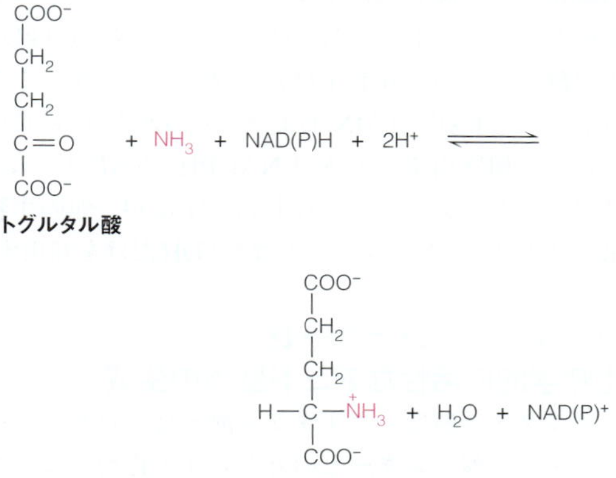

反応は可逆的であるが，アンモニアに対する K_M値は高い（約 1 mM）。ほとんどの細菌と多くの植物は NADPH 特異的な酵素をもち，この酵素は主としてグルタミン酸生成の方向に作用する。この特性と一致して，アンモニアを唯一の窒素源として生長する細菌では，この反応が窒素同化の主要経路として使われる。動物細胞では酵素は合成と異化の両方向で機能するが，クエン酸回路にαケトグルタル酸を供給する異化の役割がおそらく優位である。なぜならば，細胞内のアンモニア濃度は通常非常に低いためである。動物の酵素は主要な補酵素として NAD^+を利用するが，$NADP^+$も利用できる。動物では，同一のサブユニットの六量体であるグルタミン酸デヒドロゲナーゼはミトコンドリアの内膜に存在しており，エネルギー生成において主要な役割を果たしている。さらに，動物の酵素はアロステリックに調節されている。αケトグルタル酸合成は GTP または ATP によって阻害され，ADP によって促進される。このように，この酵素は低エネルギー状態で活性化される。酵母と真菌類は両方のタイプのグルタミン酸デヒドロゲナーゼをもつ。それぞれが適切に調節されており，一方が窒素同化に機能し，もう一方は主に異化に機能する。

関連酵素である**グルタミン酸シンターゼ** glutamate synthase はグルタミン酸デヒドロゲナーゼの反応と同様な反応を触媒するが，微生物，植物，下等真核生物にのみみられ，主にグルタミン酸生合成に機能する。

αケトグルタル酸 ＋ グルタミン ＋ 還元物質 ⟶
　　2 グルタミン酸 ＋ 還元物質の酸化体

この還元的アミノ化反応で，グルタミンのアミドの N が NH_3 のかわりに N の供給源となる。グルタミン酸デヒドロゲナーゼはアンモニアに対して比較的高い K_M をもつため，ほとんどの細胞で（グルタミンシンテターゼとともに。次節参照）グルタミン酸シンターゼがグルタミン酸合成に大きな役割を演じている。いくつかの細菌から単離されたグルタミン酸シンターゼは 2 種類のサブユニット（α および β）からなる 800 kDa のホロ酵素である。α および β サブユニットからなるプロトマーは FAD，FMN およびいくつかの鉄–硫黄中心を含む。植物由来の酵素は NADPH，NADH，あるいはフェレドキシンのいずれも利用するが，他の生物由来のグルタミン酸シンターゼは NADH だけを利用する。

グルタミンシンテターゼ：生物学的に活性なアミド窒素の生成

グルタミン酸は，グルタミン酸デヒドロゲナーゼ，グルタミン酸シンターゼのどちらかの作用によって，あるいはアミノ基転移（第 14 章，p.554 参照）によって生成されるが，さらに**グルタミンシンテターゼ glutamine synthetase** により 2 番目のアンモニアを受け入れてグルタミンを形成する。この反応には Mn^{2+} が必要である。

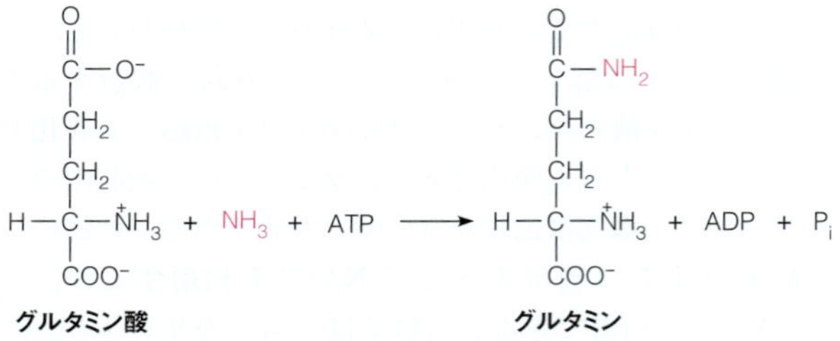

この酵素はシンターゼではなくシンテターゼと名づけられているが，これは反応の際に ATP の加水分解により得られるエネルギーによって結合が形成されるからである。どちらの酵素もリガーゼ（p.404 参照）に分類されるが，シンターゼは ATP を必要としない。

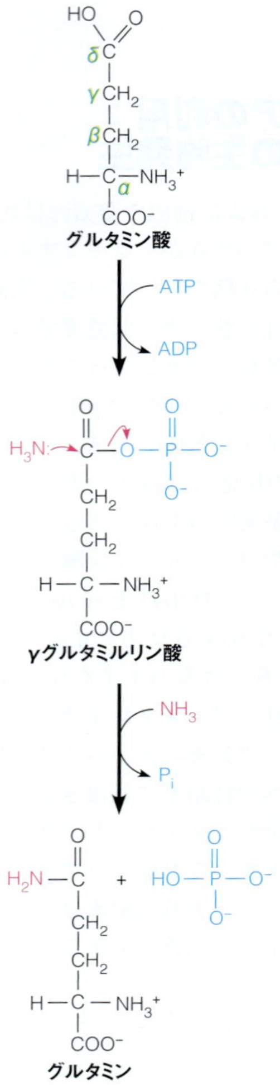

グルタミンシンテターゼ反応はアシルリン酸を中間体とする。ATP はグルタミン酸の δ カルボキシ基をリン酸化してカルボン酸–リン酸無水物（γ グルタミルリン酸）とし，次いでアンモニア窒素による求核攻撃によってアミド産物であるグルタミンを生成する。

最初は電子顕微鏡により，最近では X 線結晶構造解析により明らかになったように，細菌のグルタミンシ

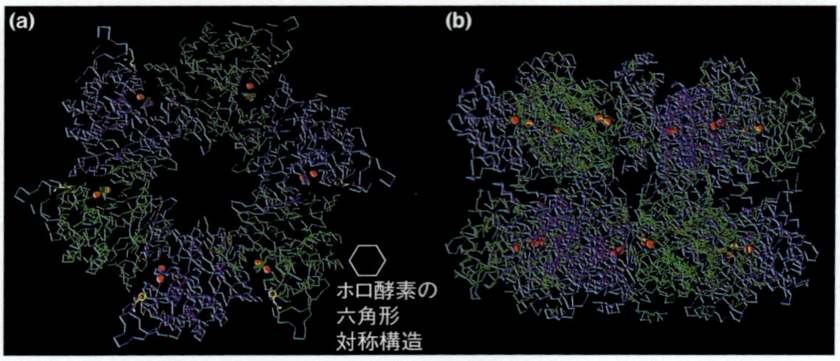

図 20.7　サルモネラ・ティフィムリウム（*Salmonella typhimurium*）菌のグルタミンシンテターゼの構造　**(a)** 結晶構造の上からみた酵素（PDB ID：1FPY）。この角度からは 6 個のサブユニットだけをみることができる。アデニリル化部位（Tyr 397）を黄色で，触媒部位の 2 個の Mn^{2+} イオンを赤で示した。**(b)** 十二量体の側面図。

ンテターゼは十二量体で，同一の 12 のサブユニットが 2 段の六角形を形成している（図 20.7）。ホロ酵素の分子量は約 620,000 である。それぞれの 12 の触媒部位は六量体中のサブユニットの接触面に形成されており，2 つの隣接したサブユニットのアミノ酸残基からなる。

グルタミンシンテターゼの調節

グルタミンは窒素代謝において中心的な役割をもつ（図 20.6 参照）。アミド窒素はいくつかのアミノ酸（グルタミン酸，トリプトファン，ヒスチジンを含む），プリンとピリミジンヌクレオチド，およびアミノ糖の生合成に用いられる。動物では，グルタミンシンテターゼは，特に脳において，アミノ酸の異化により生じるアンモニアの解毒の鍵酵素である。実際，グルタミン酸とグルタミンは，脳の細胞において遊離アミノ酸としては最も多い。これらのアミノ酸の蓄積によりその主な前駆体である α ケトグルタル酸が枯渇し，その結果クエン酸回路およびエネルギー生成が阻害される。さらに，グルタミンは腎臓におけるアンモニア排泄に関与しており，また免疫系の細胞における主要なエネルギー源でもある。したがって，グルタミンシンテターゼが厳密に調節されていることは驚くにあたらない。

大腸菌においてまず明らかになったように，この反応に対するいくつかの注目すべき調節機構は，複雑に相互作用している。グルタミンシンテターゼの活性は，別々であるが連結した 2 つの機構によって調節される。それらは，(1) **累積フィードバック阻害 cumulative feedback inhibition** によるアロステリック制御，(2) 調節カスケードにより引き起こされる酵素の共有結合修飾による活性調節，である。

> **ポイント 3**
> 原核細胞のグルタミンシンテターゼは，累積フィードバック阻害および共有結合修飾により調節されている。

累積フィードバック阻害は 8 種の特異的フィードバック阻害剤が関与する。それら 8 種の阻害剤は，グルタミンの最終代謝産物（トリプトファン，ヒスチジン，グルコサミン 6-リン酸，カルバモイルリン酸，CTP，AMP。図 20.6 参照）か，他の面からアミノ酸代謝の状態を判断できる指標（アラニン，グリシン）のどちらかである。注目すべきは，グルタミンシンテターゼの 50,000 Da のサブユニットのそれぞれが，基質や生成物と同様，8 種の阻害剤それぞれの結合部位をもつことである。8 種の化合物それぞれは単独では部分的にしか阻害しないが，組み合わせによって阻害の度合いが増加し，8 種すべての混合によってほぼ完全に阻害する。これは，ある経路の最終産物が蓄積しても他の経路に必要な基質（グルタミン）の供給を止めないという点で，代謝にとって効率的な調節である。

累積フィードバック阻害の他に，酵素の共有結合修飾が関与する調節様式が存在する。グルタミンシンテターゼは**アデニリル化 adenylylation** により調節される。酵素中の特異的なチロシン残基（Tyr 397）は，ATP と反応してフェノールの水酸基と AMP のリン酸基との間にエステルを形成する。このチロシン残基は触媒部位の非常に近傍に位置する（図 20.7）。アデニリル化により，隣接した触媒部位が不活化される。12 箇所すべてをアデニリル化された酵素分子は完全に不活化され，部分的にアデニリル化された場合は部分的に不活化される。

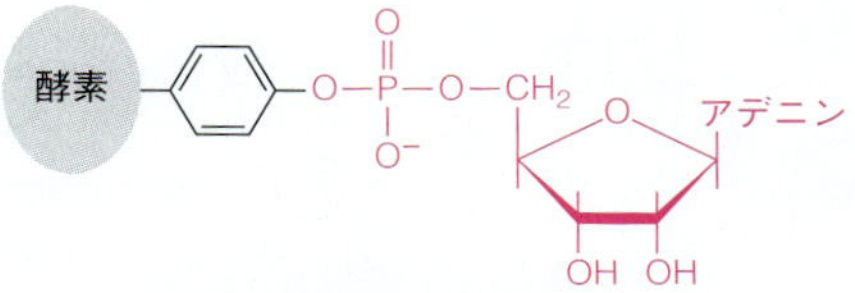

アデニリル化チロシン残基

グルタミンシンテターゼのアデニリル化と脱アデニリル化には，一連の複雑な調節カスケードが関わっている（図 20.8）。いずれの反応も同一の酵素により触媒される。その酵素は**アデニリルトランスフェラーゼ adenylyltransferase（AT）**と小さな調節タンパク質 P_{II} の複合体である。P_{II} の分子形（ウリジリル化または脱ウリジリル化）により，この複合体がアデニリル化または脱アデニリル化のどちらを触媒するかが決まる。P_{II} の可逆的なウリジリル化は，細胞内のグルタミン濃度に応じて，2 つの機能を有する**ウリジリルトランスフェラーゼ／ウリジリル除去酵素 uridylyltransferase（UT）/uridylyl-removing enzyme（UR）** により触媒される。ウリジリルトランスフェラーゼ活性は P_{II} 分子上の特定のチロシンに UMP 残基を転移する。その産物である P_{II}-UMP はアデニリルトランスフェラーゼに結合し，グルタミンシンテターゼの脱アデニリル化を促進する。P_{II}-UMP は二機能酵素 UT/UR のウリジリル除去酵素活性により UMP 残基を除去する。P_{II} の UMP 除去体はアデニリルトランスフェラーゼをアデニリル化酵素に変換する。ウリジリルトランスフェラーゼ活性はグルタミンにより阻害され，ウリジリル除去酵素活性はグルタミンにより促進される。α ケトグルタル酸濃度は P_{II} の非修飾型により感知される。すなわち P_{II} のアデニリルトランスフェラーゼ活性化能は，α ケトグルタル酸により阻害される。

これらの調節カスケードは，活性化窒素（グルタミン）の供給が高いときに，そのさらなる生合成を確実に停止させる。すなわち，UMP と結合していない形

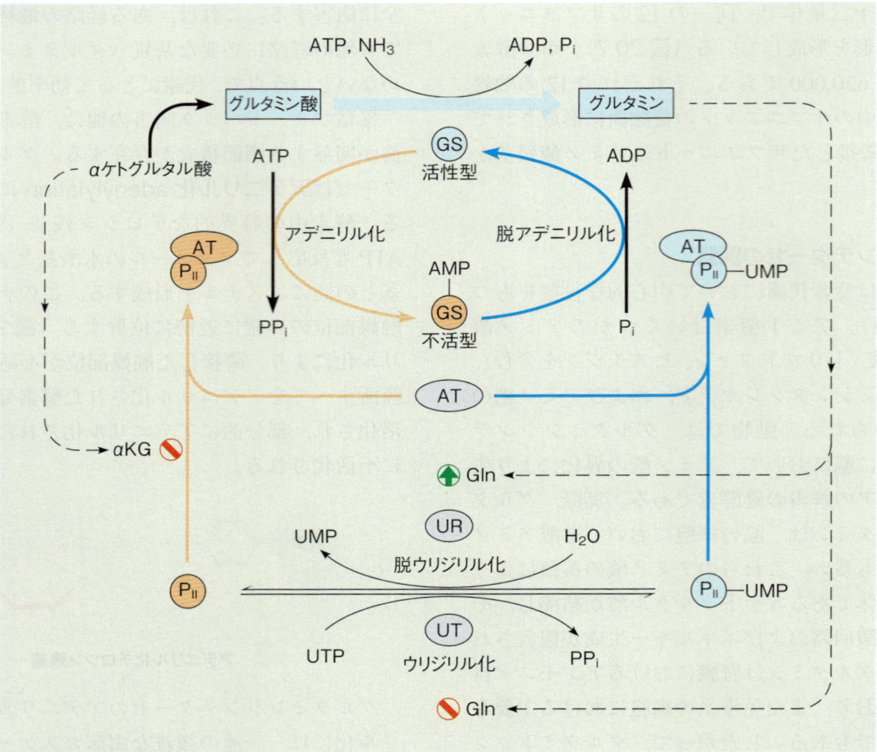

図 20.8　細菌のグルタミンシンテターゼの活性調節　AT（アデニリルトランスフェラーゼ）と P_{II}（調節タンパク質）の複合体は，P_{II}の脱ウリジリル化（左）またはウリジリル化（右）に依存して，グルタミンシンテターゼ（GS）のアデニリル化と脱アデニリル化の反応を触媒する。P_{II}のウリジリル化はウリジリルトランスフェラーゼ（UT）により触媒され，脱ウリジリル化はウリジリル除去酵素（UR）により触媒される。両酵素活性は1つの二機能酵素により触媒される。青で示した成分はグルタミンシンテターゼの活性を促進し，オレンジで示した成分は酵素の不活化に関与する。

のP_{II}が蓄積して，アデニリルトランスフェラーゼによるアデニリル化が活性化される。これにより，AMP結合型の低活性なグルタミンシンテターゼが蓄積する。逆に，活性化窒素の供給が低い場合は，αケトグルタル酸が蓄積し，逆の機構によってグルタミンシンテターゼが活性化される。

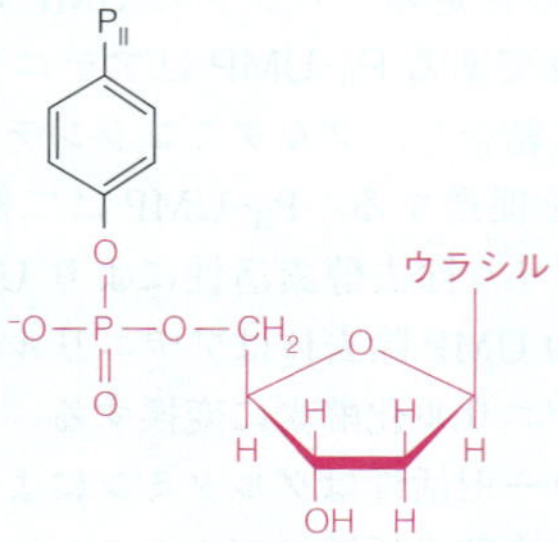

ウリジリル化されたP_{II}チロシン残基

P_{II}の修飾状態は，グルタミンシンテターゼをコードしている*glnA*遺伝子に加え，いくつかの窒素調節遺伝子（*Ntr*）の転写も調節している。この調節系には特異的なプロテインキナーゼとその標的となる転写因子の相互作用が関わっている。したがって，窒素欠乏（低グルタミン）条件下，大部分のP_{II}はP_{II}–UMPとなっており，*glnA*の転写は促進される。

12サブユニットからなる細菌の酵素と対照的に，哺乳類のグルタミンシンテターゼは，2つの環状五量体が向き合ったホモ十量体である。細菌の酵素と同じアミノ酸配列は20%以下であるにもかかわらず，各サブユニットの活性中心の構造は驚くほど類似している。しかし，動物細胞においてグルタミンシンテターゼがどのように調節されているかはあまりわかっていない。肝臓ではグルタミンシンテターゼはカルバモイル

$$NH_3 + αケトグルタル酸 + NAD(P)H \xrightarrow{グルタミン酸デヒドロゲナーゼ} グルタミン酸 + NAD(P)^+ + H_2O$$

$$NH_3 + グルタミン酸 + ATP \xrightarrow{グルタミンシンテターゼ} グルタミン + ADP + P_i$$

正味：$2NH_3 + αケトグルタル酸 + NAD(P)H + ATP \longrightarrow グルタミン + ADP + P_i + NAD(P)^+ + H_2O$

$2NH_3$ + 2 グルタミン酸 + 2ATP —(グルタミンシンテターゼ)→ 2 グルタミン + 2ADP + $2P_i$

αケトグルタル酸 + グルタミン + 還元剤 —(グルタミン酸シンターゼ)→ 2 グルタミン酸 + 還元剤の酸化体

正味：$2NH_3$ + αケトグルタル酸 + 還元剤 + 2ATP ⟶ グルタミン + 2ADP + $2P_i$ + 還元剤の酸化体

リン酸，グルタミン，および数種の他のアミノ酸によりフィードバック阻害を受けるが，脳ではカルバモイルリン酸によってのみ阻害される。哺乳類のグルタミンシンテターゼは共有結合修飾では活性調節を受けず，実際，細菌酵素のアデニリル化をうけるループ構造が動物の酵素では欠損している。

細菌では NH_4^+ を同化するために，アンモニア濃度に依存して，グルタミンシンテターゼはグルタミン酸デヒドロゲナーゼまたはグルタミン酸シンターゼとともに機能する。NH_4^+ 濃度が高い場合はグルタミン酸デヒドロゲナーゼ/グルタミンシンテターゼ経路が機能する（前ページ下を参照）。

NH_4^+ 濃度が低いとき，グルタミン酸シンターゼ/グルタミンシンテターゼ経路が機能する（上を参照）。

この経路ではグルタミンシンテターゼのみがアンモニアを固定する——グルタミン酸シンターゼはグルタミンシンテターゼの反応のためにグルタミン酸を再生する役割を担っている。

アスパラギンシンテターゼ：類似のアミド化反応

アスパラギンシンテターゼは，グルタミンシンテターゼと類似の反応を触媒する。この酵素は広く分布しているが，アンモニア固定に関する役割は大きくない。この酵素はアンモニアまたはグルタミンを基質として，アスパラギン酸をアスパラギンに変換する。

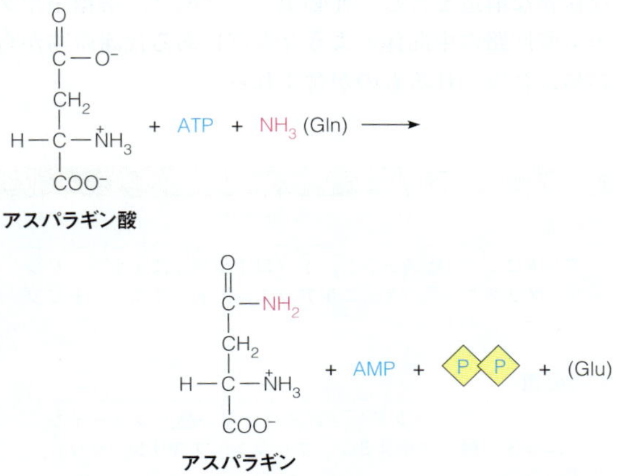

アスパラギンシンテターゼは ATP を AMP と PP_i に分解するが，グルタミンシンテターゼは ADP と P_i に分解する。また，アスパラギンシンテターゼは基質としてアンモニアよりもグルタミンに強い親和性をもつという特徴がある。結合形成において反応するものはアンモニアであり，これは基質であるグルタミンの加水分解により活性部位上で生成される。

カルバモイルリン酸シンテターゼ：アルギニンおよびピリミジン合成に対する中間体の生成

図 20.6 に示したように，アンモニア同化の最終経路において最初に形成されるのはカルバモイルリン酸である。ここで作用する酵素が**カルバモイルリン酸シンテターゼ** carbamoyl phosphate synthetase である。アンモニアまたはグルタミンのいずれも窒素供与体となる。

NH_3 + HCO_3^- + 2ATP ⟶ カルバモイルリン酸 + 2ADP + P_i

グルタミン + H_2O + HCO_3^- + 2ATP ⟶ カルバモイルリン酸 + 2ADP + P_i + グルタミン酸

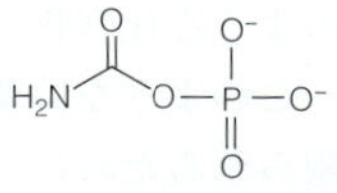

カルバモイルリン酸

細菌の酵素は両反応を触媒できるが，基質としてはグルタミンが好まれる。真核細胞は 2 つの型の酵素をもつ。I 型はミトコンドリアに局在し，基質としてアンモニアを好み，アルギニン生合成経路および尿素回路に使われる（p.751〜753 参照）。II 型は細胞質に存在し，基質としてグルタミンに強い親和性を示す。ウリジン三リン酸により阻害され，ピリミジンヌクレオチド生合成の調節に関与している。第 22 章で述べるように，II 型酵素は，3 つの異なる触媒部位をもつ巨大タンパク質の一部で，ピリミジンヌクレオチド合成の最初の 3 つの反応を触媒する。

窒素経済学：アミノ酸合成と分解の面から

窒素貯蔵化合物欠如に基づく代謝結果

初期の生化学者や生理学者は，成熟した動物のタンパク質は非常に安定しているが，食餌のタンパク質はすぐに代謝され，エネルギーとなり，最終産物は排出されると信じていた。この定説は1930年代にRudolf Schoenheimerにより検討された。彼はヒトラーの支配するドイツから逃れ，それより数年前に重水素を発見したHarold Ureyが所属する米国コロンビア大学生化学部門に移った。この環境下で，Schoenheimerは精力的に同位元素を用いて動物体内の代謝を研究した（「生化学の道具12A」参照）。Ureyが^{15}Nで窒素を濃縮することに成功し，Schoenheimerのグループは^{15}N-チロシンを合成し，ラットに投与した。その結果，尿中に排泄されたのは約50%だけで，残りの50%は組織中のタンパク質に取り込まれた。重要なことは，組織でみつかった^{15}Nのうち元のチロシン炭素骨格に結合していたのはほんのわずかで，大部分は他のアミノ酸に取り込まれていた。また，ほぼ同量の^{15}Nにラベルされていないタンパク質窒素も尿中に排出され，ラットにおいて**窒素平衡 nitrogen equilibrium**が成立していた。

タンパク質と核酸の代謝は，糖質と脂質の代謝とははっきり異なる。糖質と脂質がエネルギー生成あるいは生合成のために必要なときに使えるように貯蔵できるのに対して，胚の時期を過ぎたほとんどの生物は，貯蔵され要求に応じて放出される高分子窒素化合物をもっていない。植物は，アスパラガスにおけるアスパラギンのように，ある種の窒素源化合物を貯蔵しており，またある種の昆虫では血中に貯蔵タンパク質をもっているが，このような化合物は一般的な窒素の貯蔵庫にはならない。このような貯蔵庫がないと，特に使用できる窒素が限られるために，生物に特別な要求が課される。動物は，異化を通して失われた窒素を食餌によってたえず補充しなくてはならない。多くの地域では，ヒトと家畜に必要な栄養を満たすために十分な量のタンパク質を含む食品をつくりだすことができない。食餌中のタンパク質が不十分であると，他の目的でつくられたタンパク質，主に筋肉のタンパク質が壊され，再合成されなくなる。このようなことは，食餌がカロリー量としては十分な量のタンパク質を含んでいても，そのタンパク質中に必要なアミノ酸（必須アミノ酸，次節参照）が含まれていなければ起こる。

ポイント4
ほとんどの生物は窒素の貯蔵庫をもたない。

我々が生物圏の窒素経済について考えるように，個々の生物についても同様にそれを考えることができる。最適な条件下では，動物は窒素の摂取と排泄を同率で維持する。十分な栄養を摂っている成人は，食餌による毎日の窒素摂取量が排泄や発汗によるアンモニア放出などの経路から失った量と等しく，窒素平衡あるいは**正常窒素バランス normal nitrogen balance**状態であるといわれる。標準的な窒素摂取が窒素損失より多い正の窒素バランスは，妊娠期，年少者の成長期，あるいは飢餓からの回復期にみられる。摂取されるよりも多くの窒素が失われる負の窒素バランスは，老化，飢餓，およびある種の疾患でみられる。植物と微生物は，一般にきわめてわずかしか窒素を排出しない。微生物は異化により放出された窒素を再同化することによりしばしば非常に早く成長し，植物では非常に限定された量の窒素しか利用できないので，この因子自体が細胞の成長率を決定する。

生物の生合成能力

アミノ酸を合成する能力は，生物間で非常に異なっている。多くの細菌とほとんどの植物は，アンモニアまたは硝酸のようなただ1つの窒素源からすべての窒素代謝産物を合成することができる。しかし多くの微生物は，既存のアミノ酸を利用できる場合は，合成に優先してそれを利用する。特殊なケースでは，アミノ酸が必要となる。例えば，進化の過程で乳酸菌は多くの生合成能力を失ったが，それは非常に栄養豊富な環境であるミルク中で生育するためである。したがって，この細菌を実験室で生育させるためには，20種類のアミノ酸が必要である。哺乳類はその中間で，成長および正常窒素バランスの維持のために必要なアミノ酸の約半分を生合成することができる。

動物の代謝に必要なアミノ酸で食餌から摂取しなくてはならないものは，**必須アミノ酸 essential amino acid**（表20.1）と呼ばれる。一方，十分量を生合成できるので供給される必要がないアミノ酸は，**非必須アミノ酸 nonessential amino acid**と呼ばれる。一般に，必須アミノ酸は芳香環や長い炭化水素側鎖のような複雑な構造を含む。非必須アミノ酸は，解糖系やクエン酸回路の中間体のような豊富にある代謝産物から容易に合成されるものが含まれる。

表20.1　哺乳類におけるアミノ酸の栄養学的要求性

必須
アルギニン*，ヒスチジン，イソロイシン，ロイシン，リシン，メチオニン*，フェニルアラニン，トレオニン，トリプトファン，バリン
非必須
アラニン，アスパラギン，アスパラギン酸，システイン，グルタミン酸，グルタミン，グリシン，プロリン，セリン，チロシン

*哺乳類はアルギニンとメチオニンを合成できるが，尿素とメチル基の産生に使われるこれらのアミノ酸の量は生合成される量よりも多いため，食物より摂取することが必要である。

ポイント 5
必須アミノ酸は十分量を生合成できないので，食餌から供給されなければならない。

栄養士は 1 日に 50〜100 g かそれ以上のタンパク質の摂取を勧めるが，必須アミノ酸を適度な比率で含む栄養の質の高いタンパク質であれば，1 日に 20 g でよい。一般に，摂取したタンパク質中のアミノ酸組成が体内のタンパク質のアミノ酸組成と似ているほど，そのタンパク質の栄養の質は高くなる。ヒトにとって哺乳類のタンパク質が栄養の質が最も高く，次いで魚と鳥肉，そして果物と野菜となる（ここでは，栄養の質を必須アミノ酸組成という 1 つの基準に限って述べている）。植物性タンパク質は，特にしばしばリシン，メチオニン，あるいはトリプトファンを欠く。しかしながら，菜食者の食餌でも，さまざまなタンパク質源を含んでいて，あるタンパク質源の不足を別のタンパク質源から余分に摂って埋め合わせるのであれば，適切なタンパク質の供給が可能である。

アミノ基転移

第 14 章で，アミノ基転移をアミノ酸からクエン酸回路の中間体を補充する経路として紹介した。アミノ基転移は，アミノ酸代謝ではアミノ酸窒素の再分配経路を提供するという点で，いくらか広い役割を果たしている。グルタミン酸はアンモニア同化において重要な役割を果たすので，アミノ基転移における主役である。言い換えれば，グルタミン酸はアンモニア同化における豊富な生成物であり，アミノ基転移で他のアミノ酸を合成するのにグルタミン酸窒素を用いる。

アミノ基転移反応は**トランスアミナーゼ** transaminase，より正確には**アミノトランスフェラーゼ** aminotransferase と呼ばれる酵素により触媒される。下に示したように，アミノ基転移では，通常はグルタミン酸のアミノ基をαケト酸に転移し，対応するアミノ酸およびグルタミン酸のαケト誘導体であるαケトグルタル酸を生成する。

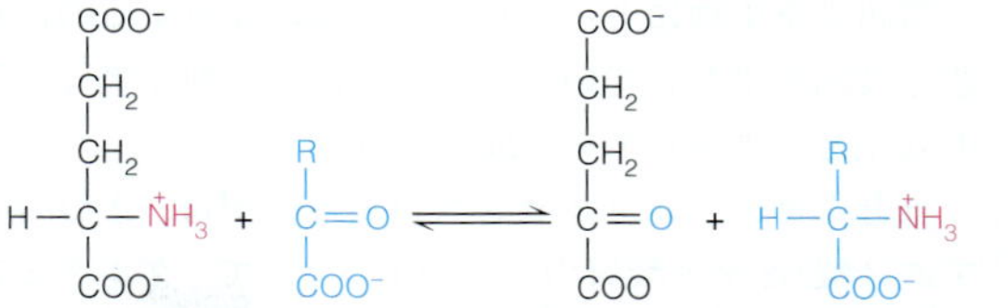

グルタミン酸　αケト酸　αケトグルタル酸　αアミノ酸

対応するαケト酸が利用可能である限り，トレオニンとリシン以外のタンパク質中に存在するすべてのアミノ酸を合成するための特異的アミノトランスフェラーゼが動物細胞中には存在する。したがって，動物細胞でほとんどの必須アミノ酸を合成できないのは，αケト酸の形で炭素骨格を合成できないからである。

アミノトランスフェラーゼは，補酵素としてビタミン B_6由来の**ピリドキサールリン酸** pyridoxal phosphate を利用する。この補酵素の機能的な部分はピリジン環に結合したアルデヒド官能基，すなわち —CHO である。触媒回路はこのアルデヒドとアミノ酸のαアミノ基との縮合から始まり，中間体のシッフ塩基，つまりアルジミンとなる。ピリドキサールリン酸はアミノ酸に関連する多くの反応に関与するので，p.755 から始まる別項で触媒機構について論じる。

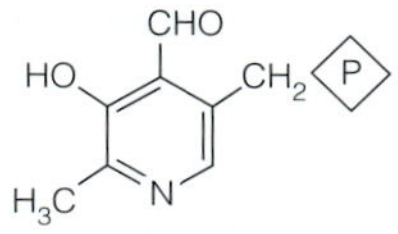

ピリドキサールリン酸

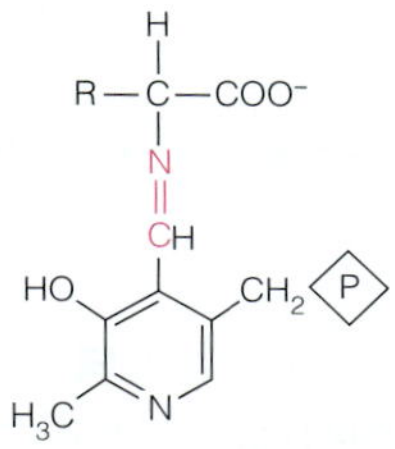

アミノ酸と
ピリドキサールリン酸との
シッフ塩基

ポイント 6
アミノ基転移は，αアミノ酸からαケト酸へのアミノ基の可逆的な転移であり，ピリドキサールリン酸を補酵素とする。

アミノ基転移反応は 1 に近い平衡定数をもつ。そのため，特定のアミノ基転移が進む方向は，主に細胞内の基質と生成物の濃度によって調節される。これは，アミノ基転移はアミノ酸合成だけでなく，必要量以上に蓄積したアミノ酸の分解にも働くことを意味する。分解では，トランスアミナーゼはグルタミン酸デヒドロゲナーゼと協力して働く。下にアラニンの分解の例を示す。

以上のように，アミノ酸の合成あるいは分解の機構としてアミノ基転移を考察した。細胞内のアミノ酸が細胞の特定タンパク質を合成するのに必要な割合で存在することはほとんどないので，アミノ基転移はアミ

アラニン ＋ αケトグルタル酸 $\xrightarrow{\text{アミノトランスフェラーゼ}}$ ピルビン酸 ＋ グルタミン酸

グルタミン酸 ＋ NAD^+ ＋ H_2O $\xrightarrow{\text{グルタミン酸デヒドロゲナーゼ}}$ αケトグルタル酸 ＋ NADH ＋ $\overset{+}{N}H_4$

正味：アラニン ＋ NAD^+ ＋ H_2O ⟶ ピルビン酸 ＋ NADH ＋ $\overset{+}{N}H_4$

ノ酸組成を生物にとって必要な組成に変換するのに重要な役割を果たしている。さらには，過剰なアミノ酸の異化と，エネルギー生成にも寄与している。

ほとんどのアミノトランスフェラーゼは，2つのαアミノ酸/αケト酸対のうちの1つとして，グルタミン酸/αケトグルタル酸を用いる。このような酵素のうち2種がヒトの疾患の臨床診断において重要である。その2種とは，血清グルタミン酸-オキサロ酢酸トランスアミナーゼ serum glutamate-oxaloacetate transaminase（SGOT）および血清グルタミン酸-ピルビン酸トランスアミナーゼ serum glutamate-pyruvate transaminase（SGPT）である。［訳注：GOT はアスパラギン酸アミノトランスフェラーゼ aspartate aminotransferase（AST），GPT はアラニンアミノトランスフェラーゼ alanine aminotransferase（ALT）とも呼ばれる］

$$\text{グルタミン酸} + \text{オキサロ酢酸} \xrightarrow{\text{SGOT}} \alpha\text{ケトグルタル酸} + \text{アスパラギン酸}$$

$$\text{グルタミン酸} + \text{ピルビン酸} \xrightarrow{\text{SGPT}} \alpha\text{ケトグルタル酸} + \text{アラニン}$$

これらの酵素は心臓と肝臓に豊富に存在し，心筋梗塞，感染性肝炎，あるいはこれらの臓器における他の損傷で起こる細胞傷害により血中に放出される。血清中のこれらの酵素活性の測定は，診断および治療中の患者の経過モニタリングに用いられる。トランスアミナーゼの命名では，アミノ基供与体およびαケト酸受容体の後にトランスアミナーゼを添えることが通例となっている。

タンパク質の代謝回転

タンパク質は継続的な合成と分解を行っている。この過程は，**タンパク質代謝回転 protein turnover** と呼ばれる。細胞内タンパク質の濃度が変わらない場合は，分解されたタンパク質を補充するのに十分量のタンパク質が合成され，定常状態が維持されている。タンパク質の代謝回転により遊離したアミノ酸の多くは，新しいタンパク質の合成に再利用される。

タンパク質の代謝回転の定量的特徴

タンパク質の代謝回転は，体重 70 kg のヒトの1日を考えると総合的にとらえることができる。このヒトは1日に約 100 g のタンパク質を消費する。そして通常の窒素平衡にあることで，同量の窒素最終産物を排出する。同位体標識の実験によると，1日約 400 g のタンパク質が合成され，同量のタンパク質が分解される。遊離したアミノ酸の約 3/4 がタンパク質合成に再利用され，残りが分解されて窒素化合物として排出される。したがって，1日当たりのアミノ酸プールは 500 g であり，100 g は食餌より，400 g はタンパク質の分解によりまかなっている。このアミノ酸プールから，400 g がタンパク質合成に使われ，100 g が代謝されて排出される。

代謝回転速度は個々のタンパク質により著しく異なっており，数分のものから数箇月のものまである。しかし，身体全体ではタンパク質が1日に 400 g 分解されている。実験動物を使いパルスチェイス実験（「生化学の道具 12A」参照）を行うと，タンパク質は一次反応に従って分解される。特定のタンパク質では，個々の分子がランダムに分解され，時間とタンパク質の残存量の半対数プロットは直線になる。した

表 20.2　タンパク質代謝回転における半減期と細胞内分解部位

半減期（時間）	細胞内局在			
	核	細胞質	ミトコンドリア	小胞体および細胞膜
<2	がん遺伝子産物	オルニチンデカルボキシラーゼ，チロシンアミノトランスフェラーゼ，タンパク質キナーゼ C	δアミノレブリン酸シンテターゼ	HMG-CoA レダクターゼ
2～8	—	トリプトファンオキシゲナーゼ，cAMP 依存性タンパク質キナーゼ	—	γ-グルタミルトランスフェラーゼ
9～40	ユビキチン	カルモジュリン，グルコキナーゼ	アセチル CoA カルボキシラーゼ，アラニンアミノトランスフェラーゼ	LDL 受容体，シトクロム P450
41～200	ヒストン H1	乳酸デヒドロゲナーゼ，アルドラーゼ，ジヒドロ葉酸レダクターゼ，フィトクロム P670	シトクロムオキシダーゼ，ピルビン酸カルボキシラーゼ，シトクロム *c*	シトクロム b_5，シトクロム b_5 レダクターゼ
>200	ヒストン H2A，H2B，H3，H4	ヘモグロビン，グリコーゲンホスホリラーゼ	—	アセチルコリン受容体

がって，特定タンパク質の半減期を決定することができる。ラットでは，タンパク質全体の平均半減期は 1～2 日である。特定タンパク質の半減期を表 20.2 に示した。

予想されるように，消化酵素，ポリペプチドホルモン，抗体といったような細胞外に排出されるタンパク質は代謝回転が速く，結合組織中のコラーゲンのような構造維持に関わるタンパク質は代謝回転がそれよりもはるかに遅い。代謝経路の律速段階を触媒する酵素も代謝回転が非常に速い。実際，多くの酵素にとってその分解速度は，細胞内酵素の濃度を調節する重要な因子である。対照的に，代謝調節を行わない酵素の代謝回転は比較的遅い。ラットではシトクロム c の半減期は約 1 週間である。ヒトでは，ヘモグロビンは赤血球（半減期 120 日）とほぼ同じくらい安定している。しかし，なぜ代謝調節に関わらないタンパク質も分解を受けるのであろうか。そのようなタンパク質の代謝回転はエネルギーの浪費ではないのだろうか。次項ではこの点について考察する。

タンパク質の代謝回転の生物学的重要性

他の細胞内構成成分と同様に，タンパク質は環境の影響，特に活性酸素種（第 15 章参照）の影響を強く受ける。これによりタンパク質の構造や生物学的活性が変化する。タンパク質は受けた損傷を修復する力が限定的である。タンパク質の代謝回転は，正常なものも修飾されたものもランダムに分解され，新しくつくられるタンパク質がそれにかわる非効率的な機能維持システムであると考えられていた。しかし，タンパク質分解にエネルギーを必要とすることが見出された。これはアミド結合の分解がエネルギー発生反応であることを考えると驚きの発見であった。実際，化学的に変化したタンパク質分子が優先的に分解されることがわかってきた。ある種の化学的変化が分解のマーカーとなり，分解酵素がそのマーカーを識別して分解を行うという考え方である。

細菌では，正常タンパク質よりも変異タンパク質のほうがより速く分解されることが明らかになった。進化により細胞内環境下でタンパク質は最も安定したコンホメーションをとるようになったので，大部分の構造変化はタンパク質の安定性を低下させる。

タンパク質の代謝回転は環境条件の変化に細胞が適応する経路でもある。例えば，多くの細菌では，タンパク質分解は**胞子形成 sporulation** の際に非常に盛んになる。胞子は，熱安定性の微生物の一形態である。胞子はほとんど代謝を行わず，長い年月休眠状態を維持することができる。栄養状態が悪くなると，増殖細胞は胞子を形成する。その際，多くのタンパク質は分解されてアミノ酸を遊離し，それが胞子形成に必要なタンパク質合成に使用される。この半休眠状態は，環境条件がよくなり，細胞が発芽により増殖可能になるまで無期限に維持される。

> **ポイント 7**
> すべてのタンパク質では，損傷の修復や生物学的調節のために常に代謝回転や置換が行われている。

胞子形成のような特殊な機能以外に，タンパク質の代謝回転はタンパク質をアミノ酸にまで分解し，次の 2 つの重要な機能を行うと 1970 年代初期まで考えられていた。(1) タンパク質の消化，タンパク質の合成とアミノ酸から派生する生理活性物質合成のためのアミノ酸の提供，(2) 変異または環境変化により損傷を受けたタンパク質の細胞からの除去。したがって，多くの細胞内プロテアーゼはタンパク質代謝回転に関わっていると考えられていた。もちろん，特殊なエンドペプチダーゼが酵素の活性化，例えば第 11 章で述べられている血液凝固カスケードに関わっていることも認識されていた。しかし，最近 30 年間の研究で，限定的なタンパク質分解（タンパク質中の特異ペプチド結合の分解）が多くの重要な機能に関わっていることが徐々に明らかになってきた。すなわち，限定分解が遺伝子発現の調節，環境ストレスに対する応答，細胞内情報伝達に関わるというものであった。その中で最も興味深いものは，選択的タンパク質分解反応がアポトーシスを起こす情報伝達に関与しているということであった。アポトーシスとは，正常の発生過程である細胞が分化した後，プログラム細胞死を起こす現象をいう。この機能は第 29 章で詳細に紹介する。ここではアミノ酸代謝に特異的に関わるタンパク質代謝回転，主な細胞内プロテアーゼの同定，ならびにタンパク質を分解に導く構造的特徴について解説する。

細胞内プロテアーゼとその存在部位

大部分のタンパク質は細胞内で機能するので，タンパク質の代謝回転は主として細胞内で行われる。最初に明らかになった細胞内プロテアーゼはリソソーム中のものであった。リソソーム系は細胞内にあるが，本質的には貪食作用により細胞内に入った細胞外からのタンパク質の分解を液胞中で行う。ゴルジ体から出芽によりつくられるリソソームは，プロテアーゼ，ヌクレアーゼ，リパーゼ，炭水化物分解酵素等の消化酵素を含む液胞である。第 28 章でさらに詳しく述べるが，リソソームはいろいろな役割を担っている。消化酵素の分泌，分解すべき器官の消化，貪食作用で飲み込んだ食物や細菌の消化，**オートファジー（自食作用）autophagy** と呼ばれる非特異的に飲み込んだ細胞成

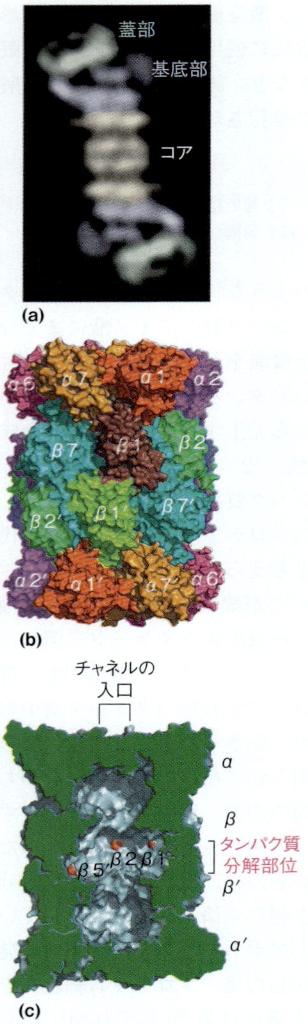

図 20.9　プロテアソームの構造　(**a**) この画像はアフリカツメガエルの 26S プロテアソームのいくつかの電子顕微鏡写真の平均像として作図された。プロテアソームは 28 サブユニットからなるコア粒子（20S 粒子としても知られている）と，ふたと基部を形成する 19 サブユニットからなる調節粒子（19S 粒子としても知られている）を含む。(**b**) および (**c**) タンパク質分解活性部位は 20S コア粒子の広い内部空間（100 × 60 Å）内に存在する。19S 調節粒子を構成するふたと基部は，20S コア粒子への基質の取り込みを調節する。ユビキチン化タンパク質は ATP を消費して内腔を通過する。

分の分解等である。

真核細胞では，**カルパイン calpain** と呼ばれる Ca^{2+} により活性化される中性のシステインプロテアーゼと，大きくて（2.5 MDa）多くのサブユニットより構成されている**プロテアソーム proteasome**（図 20.9）と呼ばれる ATP 依存性のプロテアーゼの 2 種のプロテアーゼがみつかっている。哺乳類では少なくとも 14 種の異なる**壊死性の細胞死 oncosis** に関わるカルパインが存在する。これらの酵素は，酸性環境下で機能する**カテプシン cathepsin** と呼ばれるリソソームプロテアーゼと異なる。プロテアソームは低分子のユビキチンタンパク質が結合したタンパク質を分解する。

リソソーム酵素は通常，小胞中に安全に隔離されているが，細胞質に存在するプロテアーゼは自由に活動するので，分解を必要とするタンパク質――損傷または変異を受けて機能しなくなったタンパク質あるいは不必要なタンパク質――のみを分解するように，厳密なコントロール下におかなければならない。細胞にとって必要がなくなり分解されるタンパク質がどのように同定され，分解のための標識がつけられるかを以下に述べる。

代謝回転のための化学シグナル

種々のタンパク質の分解速度は最大で 1,000 倍以上異なるが，in vitro で変性後のタンパク質の安定性はそれほど大きく変化しない。4 つの構造上の特徴が代謝回転速度の決定因子と考えられている。それらは，(1) **ユビキチン化 ubiquitination**，(2) 特定のアミノ酸残基の金属触媒酸化，(3) **PEST 配列 PEST sequence**，(4) 特定の N 末端アミノ酸残基である。

ユビキチン化

ユビキチンは，すべての真核細胞に存在する 76 アミノ酸残基よりなる低分子タンパク質である。ユビキチンという名前は広く分布している（ubiquitous）ということに由来する。ユビキチンは ATP 依存性反応で特定の細胞内タンパク質と共有結合する。この反応で図 20.10 に示してあるように，ユビキチンの C 末端と標的タンパク質のリシン残基のアミノ酸が結合する。最初はユビキチン活性化酵素 E1 に触媒されて，2 段階の行程で，ユビキチンの C 末端グリシン残基と E1 中のシステイン残基の間にチオエステルが形成される。この高エネルギー結合は ATP の加水分解により起こり，ユビキチン-アデニレート中間体が形成される。AMP は E1 の Cys-SH の求核反応で遊離する。次に，活性化ユビキチンは Cys-SH を通して E2 酵素（ユビキチン結合酵素）に結合する。ステップ 3 ではユビキチンリガーゼ E3 が機能し，ユビキチンが標的タンパク質の 1 分子以上のリシン残基の ε アミノ基と結合する。高エネルギーチオエステル結合がユビキチンを活性化することで，熱力学的に好ましい状態でイソペプチド結合が形成される。2 分子の ATP に相当するエネルギーを消費し，不可逆的かつ特異的な分解反応が起こる。ATP のより特異的な有効利用は，第 28 章 (p.1079 参照) のタンパク質合成でみる。

E3 は，すでに結合しているユビキチンに次々とユ

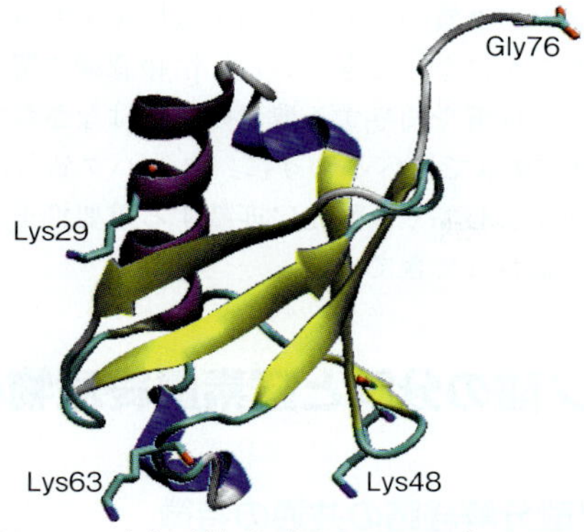

ヒトユビキチン(PDB ID:1UBI)

ビキチン分子を付加していくことで，ユビキチンのリシン残基が次のユビキチンのC末端カルボキシ基とイソペプチド結合するポリユビキチン鎖を形成する。1つのユビキチン分子には7つのリシン残基があり，その1つ，または1つ以上のリシンにポリユビキチン鎖が付加しうる。このなかでは，Lys29，Lys48，Lys63を介して連結したユビキチン鎖の機能がもっともよくわかっている。哺乳類には2つのE1酵素が存在し，それらがすべてのE2酵素へのユビキチンの転移を担っている。E2酵素はヒトでは約28個存在し，それぞれが複数のE3タンパク質へのユビキチン転移を行う。最後にE3タンパク質がユビキチン化の標的となるタンパク質を選択する。ヒトゲノムには1,000近くのE3ユビキチンリガーゼがあると推定されており，それらには共通する構造がある。ユビキチンリガーゼには2つの主要なグループがある。HECTドメインを含むE3とRING–フィンガードメインを含むE3である。これら2種のE3ファミリーは，その構造の違いにより標的タンパク質のユビキチン化機序が異なっている（図 20.10）。E3タンパク質はプロテアソーム系の特異性と選択性を決定するための中心的役割を果たすため，これらタンパク質は神経変性疾患，炎症，筋肉消耗性疾患およびがん等の多くの病状に関わっている。

Lys 29とLys 48で連結したポリユビキチン鎖は26Sプロテアソームによる分解のマーカーとなり，そのようなマークのついたタンパク質は特異的ユビキチン受容体を経てプロテアソーム中へ入り，ATP依存的に解きほぐされた後に短いペプチドに分解される。ポリユビキチン鎖は分解されず，プロテアソームのふたの部分に存在する脱ユビキチン化酵素によってはずされ，再利用される。

最近までユビキチン系の役割は制御されたタンパク質分解に限定されると考えられていたが，Lys 63に結合したポリユビキチン鎖（他のLysに結合したものも同様に働くと考えられる）は，細胞周期（第24章），コレステロール合成（第19章），炎症，低酸素に対する応答（第18章），アポトーシス（第28章）等の重要なプロセスにおける調節に関与していることが明らかとなった。他の調節システムと同様，ユビキチン化は可逆性であり，ユビキチンの遊離は，ヒトの場合は95種類存在する**脱ユビキチン化酵素 deubiquitinating enzymes（Dubs）**により触媒される。また，ユビキチン類似のタンパク質としてSUMO（small

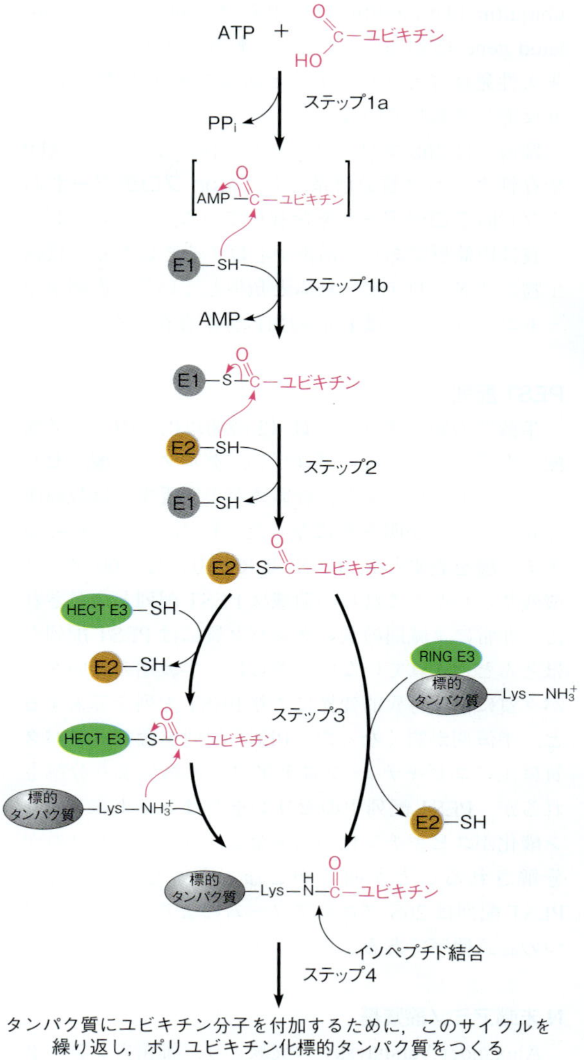

図 20.10　標的タンパク質へのユビキチンの付加経路　E1，E2，E3は標的タンパク質のリシン残基へのユビキチン転移に関わるタンパク質である。**ステップ 1a および 1b**：ユビキチンC末端とE1のシステインとの間にATP依存性のチオエステル結合形成。**ステップ 2**：ユビキチンのE1からE2への転移。**ステップ 3**：標的タンパク質上のリシン残基へのユビキチン転移。HECTドメインをもつE3（左側の経路）は，基質へのユビキチンの転移の前に，E3-ユビキチンチオエステル中間体を形成する。RINGフィンガードメインをもつE3（右側の経路）は，結合タンパク質として機能し，E2が触媒するE2-ユビキチンチオエステルの標的タンパク質中のリシン残基への求核反応を促進する。**ステップ 4**：標的タンパク質上のポリユビキチン形成。

ubiquitin-like modifier）や ISG15（interferon-stimulated gene 15 kDa）が存在し，転写，ストレス応答，先天性免疫等でユビキチンと同様な修飾/脱修飾により反応を調節している。

細菌には 26S プロテアソームが存在しないが，ATP 依存性タンパク質分解系として **Lon プロテアーゼ**および **Clp プロテアーゼ**を含有している。これらタンパク質は円筒形であり，活性中心は中心腔にあり，真核生物の 26S プロテアソームと類似している。古細菌やミトコンドリアには Lon の類似体が存在する。

PEST 配列

半減期の短いタンパク質（2 時間以内）のアミノ酸配列を調べたところ，プロリン，グルタミン酸，セリンおよびトレオニンを含む領域が 1 箇所または数箇所存在することが明らかになった。1 字記号でこれらのアミノ酸を表すと P，E，S，T であり，12〜60 アミノ酸残基からなるこれらの領域は PEST 配列と命名された。非常に半減期の長いタンパク質には PEST 配列がほとんど含まれていない。さらに，半減期の長いタンパク質に部位特異的変異により PEST 配列を導入すると，半減期が短くなった。PEST 配列を含むタンパク質は主にユビキチン-プロテアソーム系により分解されるが，PEST 配列中のセリンまたはトレオニンのリン酸化がユビキチン化の引き金となり，タンパク質が分解されることが明らかとなった。したがって，PEST 配列は 26S プロテアソームによる分解のもう 1 つの認識機序である。

N 末端アミノ酸残基

Alexander Varshavsky の実験より，細菌のタンパク質の安定性も個々のタンパク質により異なり，N 末端のアミノ酸残基が Phe，Leu，Tyr，Trp，Lys または Arg の場合は半減期が短く，他のアミノ酸残基を N 末端にもつタンパク質は半減期が長いことが明らかとなった。この結果は天然のタンパク質を用いて得られたが，部位特異的変異により N 末端アミノ酸残基を置換した変異タンパク質でも同様な結果が得られた。"N 末端ルール"は動物および植物細胞でも認められ，ユビキチン依存性タンパク質分解のもう 1 つの認識機序となっている。半減期の短いタンパク質の N 末端残基は **N-デグロン N-degron** と呼ばれる分解シグナルとして機能している。N-デグロンは **N-リコグニン N-recognin** と呼ばれる特異的 E3 リガーゼにより認識される。ユビキチンが欠損している原核細胞では N-デグロンが Clp プロテアーゼ系により認識され，分解される。

種々の実験より，タンパク質上の特異的な構造上の特徴がタンパク質の安定性に関する情報をもっていることが明らかになってきている。情報認識に関する分子レベルの理解や関与する酵素の同定はなされていないが，第 29 章で述べるように，タンパク質分解は代謝調節機序としてリン酸化に匹敵する重要性をもっていると認識されてきている。

アミノ酸の分解と窒素最終産物の代謝

アミノ酸分解経路の共通の特徴

動物は，タンパク質合成や他の生合成に必要な量以上に食餌からタンパク質を摂取するので，過剰窒素の大部分が分解され，クエン酸回路により炭素骨格が代謝される。したがってタンパク質は，動物に必要なエネルギー要求を満たすのに大きく貢献している。対照的に，植物や細菌は通常，自分自身で大部分のアミノ酸を合成し，同化経路を調節することができるので，アミノ酸が過剰になることはほとんどない。一般的に微生物は 1 種類のアミノ酸から必要な窒素と炭素をすべて合成することができるが，既存のアミノ酸を優先的に利用する。分解経路は，動物細胞と微生物では非常によく似ている。

わずかの例外を除いて，アミノ酸分解の第 1 段階は，αアミノ基を除き，αケト酸をつくる反応である。この修飾はたいていアミノ基転移により引き起こされ，αケトグルタル酸からグルタミン酸が合成される。その後に，p.745 に示したグルタミン酸デヒドロゲナーゼの反応が続く。したがって，実際の反応は，αアミノ酸の脱アミノ反応によるケト酸とアンモニアの生成である。同じ変換が肝臓と腎臓に存在するフラビンタンパク質酵素である **L-アミノ酸オキシダーゼ L-amino acid oxidase** によっても触媒される。

> **ポイント 8**
> アミノ酸の分解は，通常，アミノ基転移あるいは酸化的脱アミノ化によるαケト酸への変換から始まる。

生成した H_2O_2 はカタラーゼにより分解される。腎臓と肝臓には FAD を含む **D-アミノ酸オキシダーゼ D-amino acid oxidase** も豊富に存在する。動物ではアミノ酸の D 型異性体が少ないので，この酵素の機

$$R-CH(NH_3^+)-COO^- + FAD + H_2O \longrightarrow R-C(=O)-COO^- + FADH_2 + NH_3$$

$$FADH_2 + O_2 \longrightarrow FAD + H_2O_2$$

$$2H_2O_2 \xrightarrow{\text{カタラーゼ}} 2H_2O + O_2$$

能は不明である。しかし，細菌の細胞壁は D-アミノ酸を含んでおり，多くの細菌細胞は D-アミノ酸オキシダーゼをもっている。

窒素が除かれると，生物の生理的状態により，炭素骨格はクエン酸回路により酸化されるか，糖質の生合成に使用される。図 20.11 は各アミノ酸の分解産物がクエン酸回路に入る部位を示している。個々のアミノ酸代謝経路は第 21 章で示す。

アラニンやアスパラギン酸のようなピルビン酸やオキサロ酢酸をつくる骨格をもつアミノ酸は，糖新生系を経て効率よく糖質に変換される。ロイシンのようなアセチル CoA やアセトアセチル CoA となるアミノ酸は，ケト原性に大きく貢献する。**糖原性 glucogenic** や**ケト原性 ketogenic** という言葉は，主として糖質を生成するかケトン体を生成するかによりアミノ酸を分類するのに使われる。

アンモニアの無毒化と排出

アンモニアはアミノ酸の合成と分解に関与しているが，過剰に蓄積すると毒性を発揮する。したがって，アミノ酸代謝の盛んな細胞では，できるだけ早くアンモニアを無毒化し排出しなければならない。多くの水生動物は水の取り込みと排出が無制限にできるので，アンモニアは容易に水に溶けて拡散する。陸生動物は水分を体内に保持しなければならないので，アンモニアは大量の水を消費しなくても排出される形に変換される。鳥類，陸上に住む爬虫類や昆虫は，過剰アンモニアの大部分を酸化プリンである**尿酸 uric acid** に変える。尿酸は不溶性であるので，水を消費したり浸透圧を上昇させたりせずに排出される。このことは，これらの動物が卵中で過ごす期間中に特に重要である。尿酸は，第 22 章で示すプリンヌクレオチドを合成する経路により生合成される。多くの哺乳類は窒素の大部分を**尿素 urea** として排出する（例外はダルメシアンで，大部分の窒素を尿酸として排出する）。尿素は，蓄積しても水によく溶け，中性であるので，アンモニアのように pH に影響を与えない。

尿酸　　尿素

ポイント 9
動物はそれぞれの生活形態に合わせて，アンモニアの主な最終窒素産物として，尿酸，あるいは尿素を排出する経路を進化させてきた。

Krebs–Henseleit 尿素回路

尿素はほとんど肝臓で合成され，排出のために腎臓に輸送される。合成経路は回路で，1932 年に Hans Krebs と Kurt Henseleit により発見された。これは，Krebs を有名にしたクエン酸回路発見の 5 年前のことである。彼らは肝臓のスライスに前駆物質を添加して生成される尿素の量を測定し，合成経路の解明を試みた。アルギニンを添加したときは，添加したアルギニンの 30 倍の尿素が産生された。同様な結果が**オルニチン ornithine** または**シトルリン citrulline** をアルギニンのかわりに添加しても得られた。これら 3 種のアミノ酸が触媒的に尿素合成を促進したので，彼らは回路の存在を提案した（次ページ参照）。

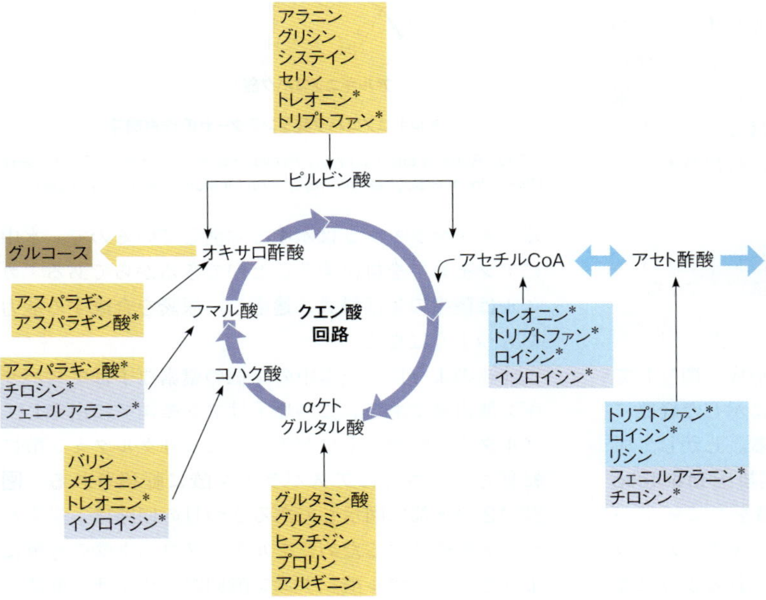

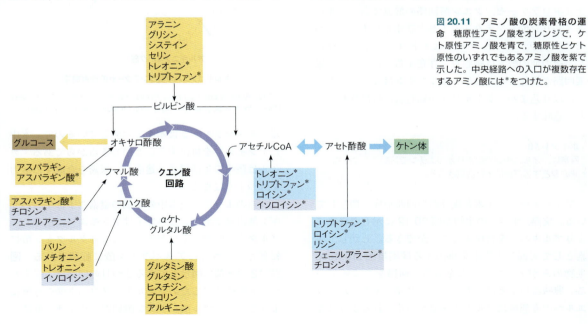

図 20.11　アミノ酸の炭素骨格の運命　糖原性アミノ酸をオレンジで，ケト原性アミノ酸を青で，糖原性とケト原性のいずれでもあるアミノ酸を紫で示した。中央経路への入口が複数存在するアミノ酸には*をつけた。

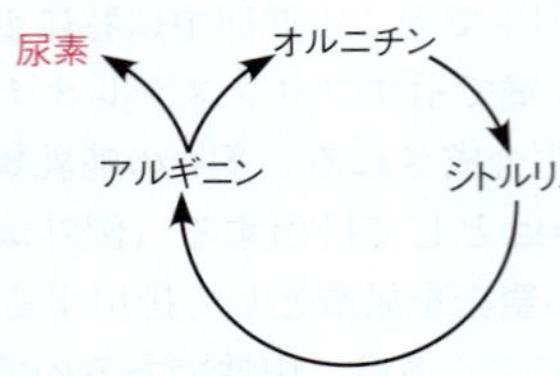

この提案が正しいことが後になって証明された。すなわち，関与する酵素の単離と，この回路が開始されるオルニチン生合成への経路が同定されたのである。詳細は図 20.12 に示した。オルニチンは尿素の構成成分である炭素と窒素原子を集める“伝達体”の役目を果たす。オルニチン自身はグルタミン酸から第21章（図 21.31，p.809）で示す経路により合成される。尿素中の炭素と1個の窒素原子は，カルバモイルリン酸シンテターゼⅠ carbamoyl phosphate synthetase（CPS Ⅰ。p.743）により NH_4^+ と CO_2 から合成されたカルバモイルリン酸由来であり，オルニチンと反応してシトルリンがつくられる。この反応は**オルニチンカルバモイルトランスフェラーゼ ornithine carbamoyltransferase** により触媒される。2個目の窒素はアスパラギン酸由来で，シトルリンとともに**アルギニノコハク酸 argininosuccinate** をつくる。この反応は**アルギニノコハク酸シンテターゼ argininosuccinate synthetase** により触媒される。次に，**アルギニノスクシナーゼ argininosuccinase** により，非加水分解的，非酸化的反応でアルギニノコハク酸からアルギニンとフマル酸がつくられる。アルギニンは**アルギナーゼ arginase** により加水分解され，オルニチンと尿素を合成する。

尿素回路の反応は，肝臓細胞のミトコンドリアと細胞質に存在する酵素により触媒される。グルタミン酸デヒドロゲナーゼ，クエン酸回路の酵素であるカルバモイルリン酸シンテターゼⅠおよびオルニチンカルバモイルトランスフェラーゼはミトコンドリアに存在し，その他の酵素は細胞質に存在する。このことは尿素回路が機能するために，オルニチンはミトコンドリアに取り込まれ，シトルリンが細胞質に排出されることを意味する。

ポイント 10
尿素は，オルニチンで始まりオルニチンで終わるエネルギーを必要とする回路により合成される。

アルギナーゼは尿素合成経路の回路形成に関与している。実際，すべての生物が図 20.12 に示した経路によりアルギニンを合成することができる。しかし，尿素として大部分の窒素を排出する**尿素排出 ureotelic** 生物のみがアルギナーゼをもち，回路をつくっている。興味深いことに，カエルはオタマジャクシからカエルへの変態後にアルギナーゼがつくられるようになる。オタマジャクシは水中で生活しているので，水中にアンモニアを排出することができるからである。カエルは陸生の生活様式に適応し，尿素を合成する能力をもつようになる。

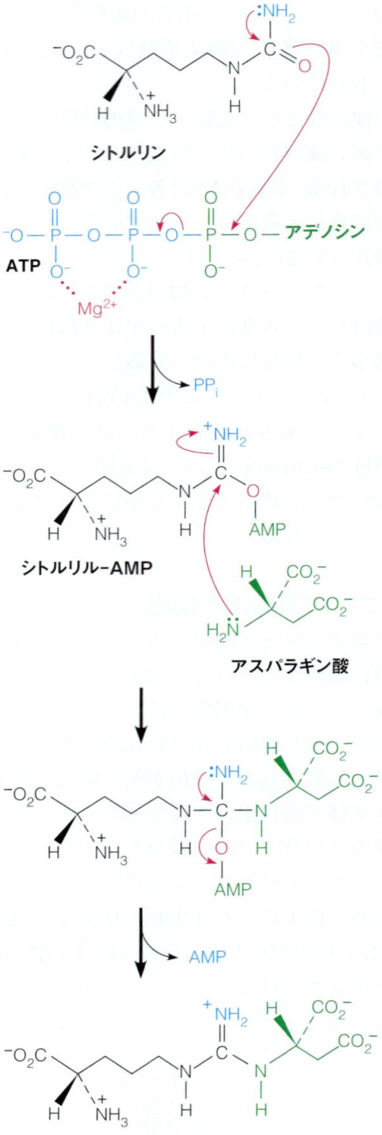

アルギニノコハク酸シンテターゼの作用機序

前述のように，尿素中の1個の窒素原子はアスパラギン酸由来である。この原子はアンモニアに由来し，グルタミン酸デヒドロゲナーゼによりグルタミン酸に転移され，さらにアスパラギン酸に転移される。図 20.12 の下部に図示してある2つ目の回路は，炭素バランスを維持するためにアルギニノコハク酸の分解により生じるフマル酸，クエン酸回路のオキサロ酢酸，

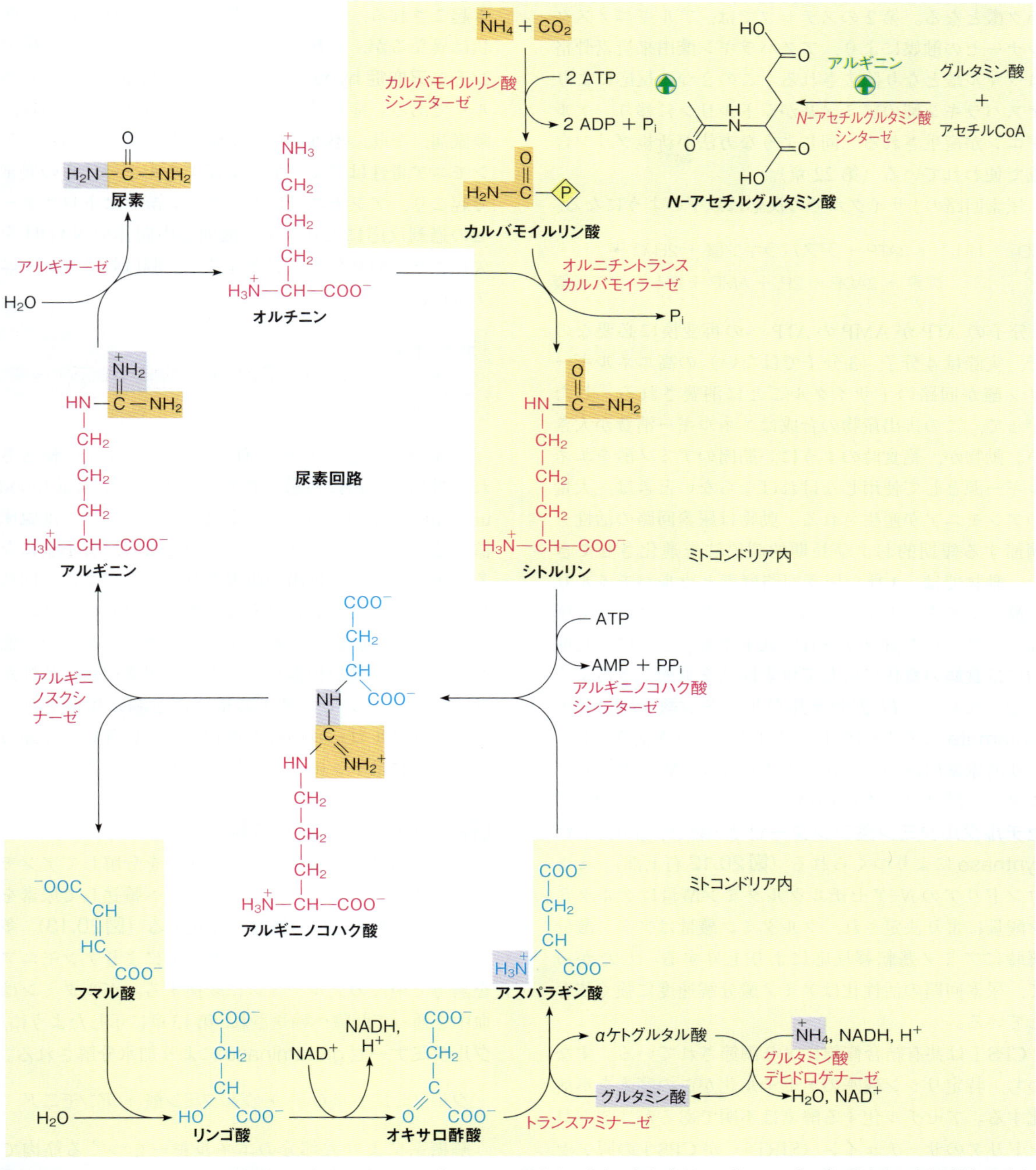

図 20.12　Krebs–Henseleit 尿素回路　尿素（左上）はカルバモイルリン酸由来の炭素と窒素（オレンジ），アスパラギン酸由来の窒素（紫）を含む。これらの元素の元々の源である CO_2 と NH_4^+ は，カルバモイルリン酸シンテターゼ（右上）とグルタミン酸デヒドロゲナーゼ（右下）の作用によりこの回路に組み込まれる。グルタミン酸は直接尿素窒素を供与することができる。黄色の部分はミトコンドリア内で起こる反応である。それ以外の経路は細胞質内で起こる。

さらにアミノ基転移によるアスパラギン酸産生を経て，アルギニノコハク酸に戻る経路である。

アスパラギン酸を窒素供与体として利用するには，2 ステップの反応が必要である。第 1 のステップでは，アルギニノコハク酸シンテターゼの触媒により，シトルリンのアミド基とアスパラギン酸の α アミノ基が連結する。この反応での ATP の役割は，アスパラギン酸による求核アシル化反応のためにアミド基を活性化することである。シトルリンのアミドカルボニル基は ATP の α リン酸と反応し，ピロリン酸と AMP–シトルリン中間体を形成する。この反応は可逆的であるが，ピロリン酸は徐々にリン酸に分解される。アスパラギン酸の求核アミノ基は $C{=}N^+$ 二重結合と反応し，四面体中間体を形成し，AMP を排除し，アルギニノコハク酸となる。第2のステップでは，アルギニノスクシナーゼの触媒により，アスパラギン酸由来炭素骨格はフマル酸となり除去される。この2つの反応によりアスパラギン酸のアミノ基がシトルリンに移り，アルギニンが産生される。同じような方法が新規プリン合成で使われている（第22章）。

尿素回路の1サイクルでの反応は以下のようになる。

$$CO_2 + NH_4^+ + 3ATP + \text{アスパラギン酸} + 2H_2O \rightarrow \text{尿素} + 2ADP + 2P_i + AMP + PP_i + \text{フマル酸}$$

2分子のATPがAMPのATPへの再変換に必要なので，実際は4分子（3分子ではない）の高エネルギーリン酸が回路の1サイクルごとに消費される。したがって，この排出産物の合成はエネルギー消費が大きい。動物が，絶食時のように，筋肉のアミノ酸をエネルギー源として使用しなければならないときは，大量のアンモニアが産生される。動物は尿素回路の活性を調節する短期的および長期的調節法を進化させてきた。動物では，4種の尿素回路酵素とカルバモイルリン酸シンテターゼⅠ（CPSⅠ）は高タンパク質食で増加し，タンパク質フリー食で低下する。さらに，長期的には食餌の変化に応じて尿素回路を調節できるようになっている。***N*-アセチルグルタミン酸 *N*-acetylglutamate** によるCPSⅠのアロステリック活性化は，短期的尿素回路の活性化を引き起こす。*N*-アセチルグルタミン酸はアセチルCoAとグルタミン酸から ***N*-アセチルグルタミン酸シンターゼ *N*-acetylglutamate synthase** によりつくられる（図20.12右上部）。ミトコンドリアの*N*-アセチルグルタミン酸量はグルタミン酸量により決定され，グルタミン酸量はアミノ酸分解時にアミノ基転移反応により上昇する。したがって，尿素回路の活性化はアミノ酸分解速度に強く依存している。

CPSⅠは共有結合修飾により調節されている。すなわち，特定リシン残基のアセチル化がこの酵素を不活化する。アセチル化する酵素は不明であるが，ミトコンドリアのサーチュイン（SIRT5）がCPSⅠの脱アセチル化を触媒する。第18章（p.682）に述べられているように，サーチュインはタンパク質のNAD^+依存性脱アセチル化を触媒する。サーチュインは細胞内のNAD^+量に応じて活性化し，ミトコンドリア内のNAD^+量は飢餓時に上昇する。これによって，SIRT5によりCPSⅠが脱アセチル化され，カルバモイルリン酸合成，さらに尿素回路の活性化につながる。アミノ酸がエネルギー源として使用される飢餓時のサーチュインによる可逆的なCPSⅠのアセチル化は，尿素回路によるアンモニア排出を促進する。

尿素回路の5種の酵素のうちの1種の異常により引き起こされる，いくつかの遺伝病が知られている。症状は異なるが，これらの病気に共通しているのが**高アンモニア血症 hyperammonemia**（高血中NH_4^+レベル）である。症状は通常乳児で認められ，それらは，睡眠病，嘔吐，不可逆性脳損傷または致死である。アンモニア毒性はアミノ酸およびエネルギー代謝の異常で起こり，アンモニアはグルタミン酸デヒドロゲナーゼの過剰反応によりクエン酸回路中間体やNADHを欠損させ，ATP欠乏を引き起こす。脳は特にアンモニア毒性に弱い。

ポイント11
少なくともヒトの5種の病気は，尿素回路酵素遺伝子の異常で起こる。

尿素は合成された後，血流に乗って腎臓へ輸送され，排出のためにろ過される。血中尿素窒素量 blood urea nitrogen（BUN）の測定は，腎機能の高感度臨床診断法として使用されている。なぜなら，腎不全になると尿素のろ過と排出が阻害されるからである。同様に，血中アンモニアの測定は肝機能の高感度診断法である。急性（肝炎，中毒）または慢性（アルコール性肝硬変）に肝臓が損傷を受けると，尿素回路の活性が低下する。アンモニアが蓄積すると脳に損傷を与える。慢性アルコール中毒が進行すると昏睡状態に陥るが，これにはアンモニア蓄積が関わっている。

肝臓へのアンモニアの輸送

すべての動物の器官は，アミノ酸を分解してアンモニアを産生する。アンモニアを肝臓へ輸送して尿素を合成するための2種の機構が存在する（図20.13）。多くの組織はグルタミンシンテターゼによりアンモニアを無毒で中性のグルタミンに変換する。グルタミンは血中を通って肝臓へ輸送され，第13章に示したように，**グルタミナーゼ glutaminase** により加水分解される。

$$\text{グルタミン} + H_2O \longrightarrow \text{グルタミン酸} + \text{アンモニア}$$

解糖系により大部分のエネルギーをつくる筋肉では，異なる代謝経路である**グルコース-アラニン回路 glucose-alanine cycle** が存在する。解糖系で産生されるピルビン酸はグルタミン酸からアミノ基を転移され，アラニンとαケトグルタル酸になる。αケトグルタル酸は次にグルタミン酸デヒドロゲナーゼによりアンモニアから窒素を獲得し，グルタミン酸となる。合成されたアラニンは肝臓へ輸送され，ちょうど逆の反応でアンモニアを遊離し，ピルビン酸になる。遊離したアンモニアから尿素が合成され，ピルビン酸は糖新生系によってグルコースになり，血流にのって筋肉に輸送されるか脳におけるエネルギー源となる。この回

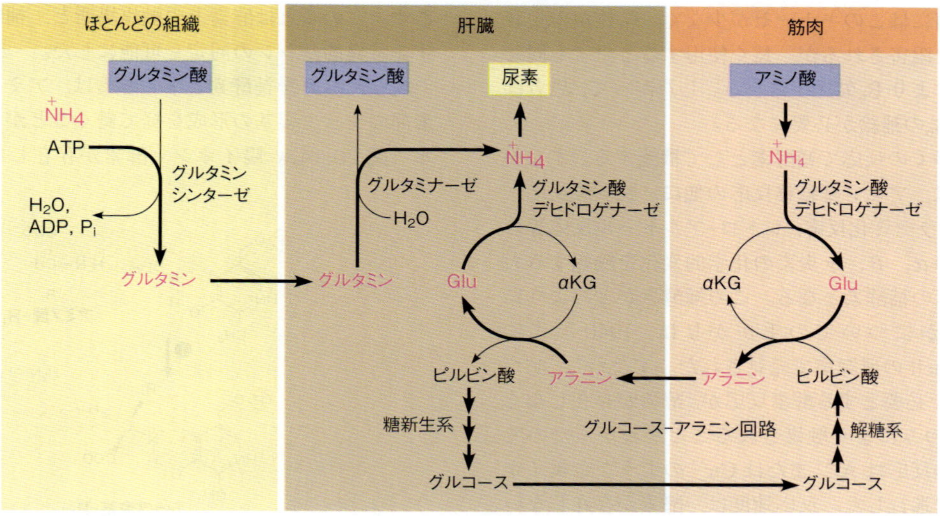

図 20.13　尿素合成のための肝臓へのアンモニア輸送　伝達体はほとんどの組織でグルタミンであるが，筋肉においてはアラニンである。

路により，筋肉からアンモニアを除去し，ピルビン酸から生成した炭素を肝臓に戻して糖新生系に利用する。

> **ポイント 12**
> **グルコース-アラニン回路は筋肉から毒性のアンモニアを除去する。グルタミンシンテターゼとグルタミナーゼは他のほとんどの組織において同じ働きをする。**

窒素代謝に関わる重要な補酵素

アミノ酸とヌクレオチドの代謝については次の 2 つの章で詳しく述べるが，その前にそれらの代謝に関わる 3 種の補酵素について紹介する。これら 3 種の補酵素についてはすでに述べられているが，ここではその作用について詳細に言及したい。共同因子は次の 3 つである。(1) ピリドキサールリン酸はアミノ基転移と多くのアミノ酸代謝に関与しており，(2) 葉酸はヌクレオチドやある種のアミノ酸の合成に関わる一炭素機能基転移に必須であり，(3) B_{12}（コバラミン）はメチオニンの合成と，第 17 章に記したように，メチルマロニル CoA の異化に関与している。

ピリドキサールリン酸

ビタミン B_6は，ラットにビタミンを含まない餌を与えた栄養学的研究によって，1930 年代に発見された。最初に分離されたビタミンは**ピリドキシン pyridoxine** であり，その名前の由来は構造がピリジンに似ているためであった。ピリドキシンはピリジン環の 4 位にヒドロキシメチル基をもっている。しかし，活性した補酵素ではこの官能基が酸化されアルデヒドになっている。さらに，5 位のヒドロキシメチル基がリン酸化されている。ピリドキサールリン酸 pyridoxal phosphate（PLP）が補酵素としての主体であり，ピリドキサミンリン酸 pyridoxamine phosphate（PMP）がアミノ基転移反応の中間体である。

軽度の B_6欠乏症はヒトで頻繁に認められ，冠状動脈疾患，脳卒中，アルツハイマー病の高リスクと関連している。さらに多くの薬や毒が，しばしばアルデヒド基と反応して補酵素の機能を阻害して欠乏症を引き起こす。よく知られている例としては，結核菌感染の際に引き起こされるビタミン B_6欠乏症である。**イソニアジド isoniazid**（イソニコチン酸ヒドラジド）を抗結核薬として使用すると，ピリドキサールと共有結合し，ピリドキサールキナーゼによるリン酸化を妨げ

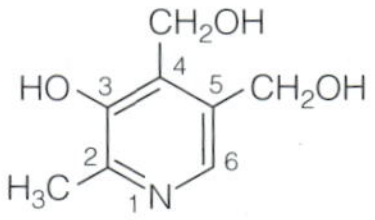

ピリドキシン

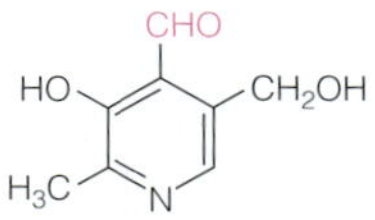

ピリドキサール

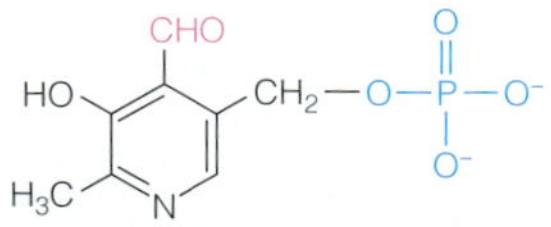

ピリドキサールリン酸（PLP）

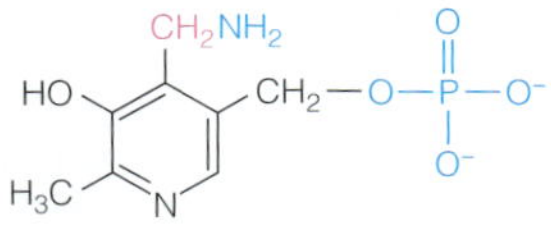

ピリドキサミンリン酸（PMP）

る。結核菌にはこのキナーゼが少なく，結核菌の生育が効率よく阻害されるが，長く使用すると患者も同じ作用機序によりB_6欠乏症になる。したがって，患者はビタミンB_6の補給が必要になる。

PLPは多くの反応で補酵素として機能する。すなわち，PLPは，アミノ基転移反応の他に，脱炭酸反応，除去反応，ラセミ化反応，レトロ-アルドール反応等のアミノ酸のα，β，γ炭素の化学的変化を触媒する大部分の酵素の補酵素となる。この補酵素がどのように機能するかについての手がかりは，1940年代にEsmond Snellの研究室で発見された。すなわち，すべてのPLPを必要とする酵素反応が，酵素が存在しなくともPLPのみにより触媒されることがわかったのである。この反応はAl^{3+}またはCu^{2+}のような金属イオン存在下で進行した。反応速度は，酵素が存在しないと非常に遅かったが，このモデル系を使った詳細な解析により，PLPを必要とする酵素反応の共通機構を明らかにすることができた。金属イオンは，ピリドキサールと基質アミノ酸の間に形成されるシッフ塩基（アルジミン）の安定化に関わると考えられた（下図）。通常，酵素の活性中心のアミノ酸残基がこの役割を果たしている。これはフルクトース-1, 6-ビスリン酸アルドラーゼ反応（図13.5，p.474）に用いられているものと同じ様式であり，カチオンイミン（シッフ塩基）が，エネルギー障壁を低くして反応を可能にする。PLPの安定シッフ塩基形成能が，この酵素触媒反応の多面性の鍵となっている。

PLPはこうした反応すべての補酵素である。反応基はアルデヒド基ではなく，むしろ活性中心にあるリシン残基のεアミノ基と補酵素との間に形成されるアルジミンである。この結合は$NaBH_4$により還元され，補酵素と活性中心のリシン残基の不可逆的結合を引き起こす。このことは酵素上の触媒場所と，補酵素と結合する特異的リシンの同定を可能にした。

現在，PLPを補酵素とする酵素は，アミノ酸と補酵素間のシッフ塩基の形成を経て働くことがわかっている（図20.14）。陽イオン（酵素が存在しない場合は

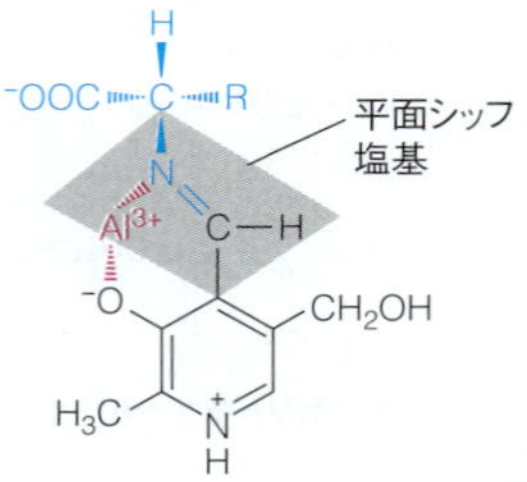

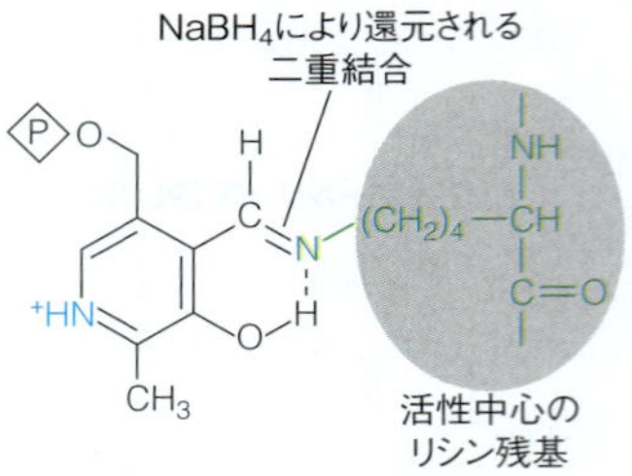

酵素結合ピリドキサールリン酸

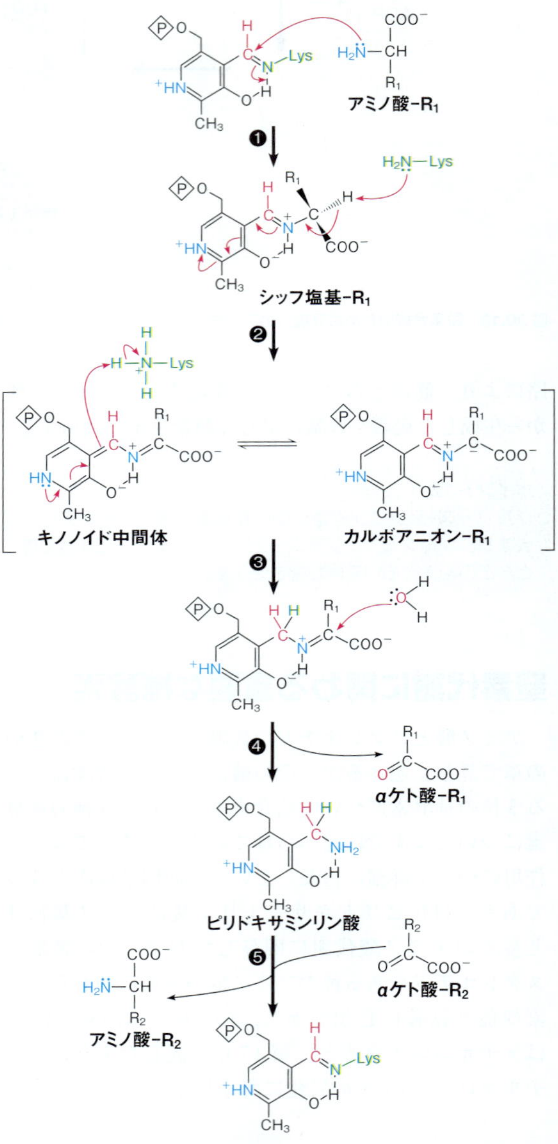

図20.14　ピリドキサールリン酸のアミノ基転移反応への関与　正に荷電したピリジニウムイオンを電子の受け皿とする反応を示した。❶アミノ酸-R_1は酵素に結合しているPLPと反応し，リシンのアミノ基を置換する。❷塩基の触媒する脱プロトン化（シッフ塩基中間体のπ電子軌道系の平面に垂直な不安定なC—Hσ結合の分解）は，キノノイド中間体と相互変換により共鳴して安定化しているカルボアニオン形成へと導く。❸PLP炭素上での再プロトン化はイミンのC—N結合の互変異性を起こす。❹カルビノルアミン中間体を経る加水分解はαケト酸産物（R_1）とピリドキサミンリン酸を産生する。❺アミノ基転移はピリドキサミンリン酸と2つ目のαケト酸（R_2）との反応で完結し，ステップ1～4の可逆的反応により，酵素結合型PLPと2つ目のアミノ酸（R_2）がつくられる。

金属であり，酵素反応ではプロトン）は，補酵素のフェノレートイオンとアミノ酸のイミノ窒素を架橋するのに必須である。架橋は，触媒作用に必須な広い架橋π分子軌道系を有する平面の維持に役立つ。補酵素の最も重要な触媒作用の特徴はピリジン環に求電子窒素をもち，これによりアミノ酸から電子を引き寄せ，3 種のα炭素上のσ結合の 1 つを反応しやすくさせることである。第 2 の重要な機能は結合の切断により生じるカルボアニオン中間体を安定化させることである。アミノ酸が PLP とともにイミンを形成するとき，ピリジン環の窒素はプロトン化し，3 つのα炭素上のσ結合はすべて電子欠乏となり，切断を受けやすくなる。π電子軌道系の平面に対して垂直に位置しているσ結合は，そうした切断を受ける場所であるが，この位置関係は酵素の活性中心との相互作用により定められる C_α—N 結合の回転角度により決定される（下図参照）。PLP 酵素の既知の反応はすべて同じ機構で行われている。最初に平面的なシッフ塩基またはアルジミン中間体の形成，次いで結合の切断，そして図 20.14 に示されているキノノイド構造をもち，共鳴により安定な構造をとるカルボアニオンの形成へと続く。どの結合が不安定になるかにより，アルジミンの形成は，（図 20.14 に示してあるような）アミノ基転移，脱炭酸化，ラセミ化またはレトロアルドール分裂（図 20.15）を引き起こす。

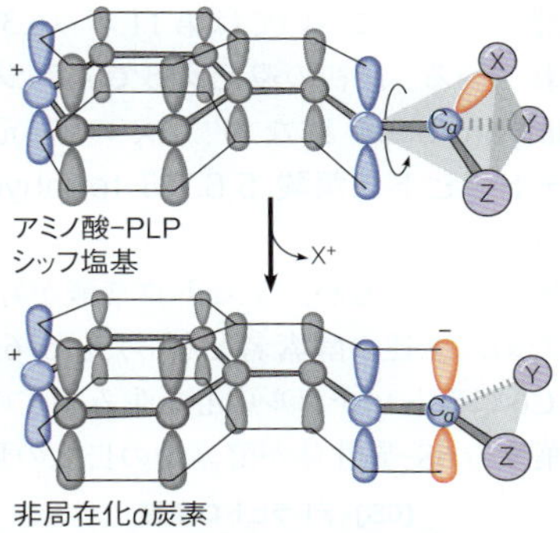

PLP–アミノ酸シッフ塩基のπ電子軌道系

Biochemistry, 3rd. ed., Donald Voet and Judith G. Voet. ©2005 John Wiley & Sons, Inc. Reproduced with permission from John Wiley & Sons, Inc.

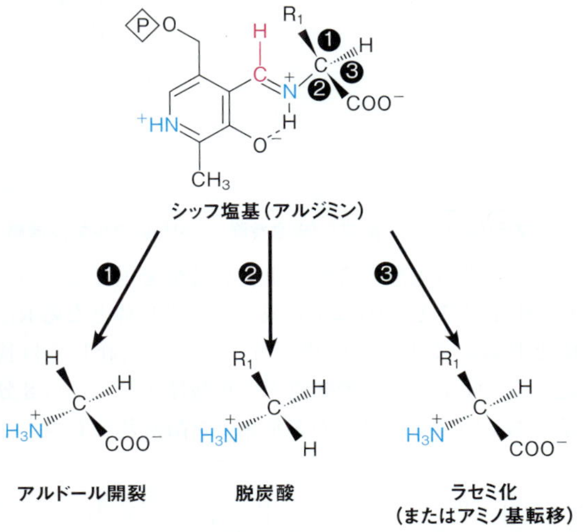

図 20.15　アミノ酸反応におけるピリドキサールリン酸のシッフ塩基（アルジミン）の多様な機能　アミノ酸部分のα炭素の 3 種の置換基は不安定化しやすい。❶は R 基の不安定化による逆のアルドール開裂，❷はカルボキシ基の不安定化による脱炭酸化反応，❸は水素の不安定化による水素のラセミ化またはアミノ基転移反応を示す（図 20.14 参照）。

ポイント 13
すべてのピリドキサールリン酸反応は，最初にシッフ塩基形成を伴う。次いで補酵素のピリジン環への電子の引き抜きにより，結合が不安定化する。

これまで，PLP がすべてのアミノ酸デヒドロゲナーゼの補酵素であると考えられていた。しかし，ある種の酵素はピルビン酸を補酵素として用いている。PLP と構造は異なるが，ピルビン酸は明らかに同じ機能を果たしている。ピルボイル基は非加水分解開裂反応により酵素前駆体中のセリン残基よりつくられ，アミド

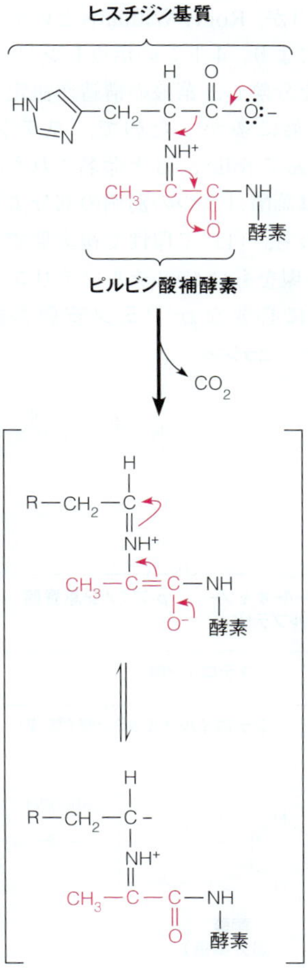

結合で新しいN末端残基に共有結合する。反応中にピルビン酸のケト酸素は，電子を引き込みカルボアニオン中間体を共鳴安定化させる。ピルビン酸が補酵素として働く酵素としては，乳酸菌の**ヒスチジンデカルボキシラーゼ** histidine decarboxylaseがあげられる。

補酵素としてのテトラヒドロ葉酸と一炭素単位代謝

葉酸の発見と化学

ビタミンである**葉酸** folic acidから派生する補酵素は，一炭素機能基（メチル基，メチレン基，ホルミル基）の産生と利用に関わっている。葉酸は1930年代に，英国の生理学者Lucy Willsが，ある種の**巨赤芽球性貧血** megaloblastic anemiaが酵母や肝臓エキスにより治癒することを見出した際に発見された。この場合，他の貧血と同様に赤血球の減少が認められた。この貧血では細胞が大きく未成熟のままであるので，葉酸が細胞増殖や成熟に関わっていると考えられた。エキス中の活性成分は，ニワトリの成長やある種の細菌（乳酸菌，連鎖球菌）の成長に必須であった。葉酸が成長因子であることは，Edmond Snellが迅速なバイオアッセイ系をつくって証明し，次いでSnellとHerschel Mitchellが，Roger Williamsとのテキサス大学での共同研究により，4トンのホウレンソウから数百μgの活性成分を分離し，葉酸の構造が決定された。葉酸は緑黄色野菜に多かったので，ラテン語のfolium（葉）にちなんでfolic acidと命名された。

科学的には葉酸は3つの別個の部分より成り立っている。すなわち，(1) 二環性で複素環である**プテリジン** pteridine環をもつ6-メチルプテリン，(2) 多くの細菌の成長に必要な***p*-アミノ安息香酸** *p*-aminobenzoic acid (PABA)，(3) グルタミン酸である。これら3成分よりなる全体構造を図に示す。

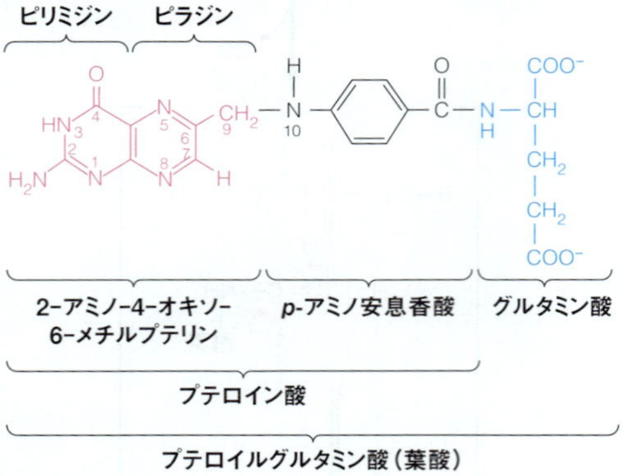

プテリジン環は自然界で多くの種類の生物色素中に見出されている。昆虫の翅や眼，あるいは両生類や魚の皮膚中にプテリジン色素が含まれている。蝶の翅には特に多く含まれており，プテリジン環構造が最初に決定されたのは翅の成分からであった。この化合物名は，ギリシャ語で翅を意味するpteronに由来している。葉酸とその多くの誘導体は**フォレート** folateと総称される。

葉酸からテトラヒドロ葉酸への変換

細胞内で葉酸は，プテリジン環のピラジン部位の2回連続して起こる還元反応により活性体となる。両反応はともにNADPH特異的酵素である**ジヒドロ葉酸レダクターゼ** dihydrofolate reductaseにより触媒される。この酵素の機序については第11章（p.385〜386）に述べられている。最初の還元反応で**7,8-ジヒドロ葉酸** 7,8-dihydrofolateとなり，次の還元反応で**5,6,7,8-テトラヒドロ葉酸** 5,6,7,8-tetrahydrofolateがつくられる。

あとで明らかとなるが，ジヒドロ葉酸が好ましい基質であるため，上述の酵素名となった。5-6二重結合の還元はC6に新しいキラル中心を生み出すので，テトラヒドロ葉酸の6S-異性体が酵素中の自然の形である。

[6S]-テトラヒドロ葉酸

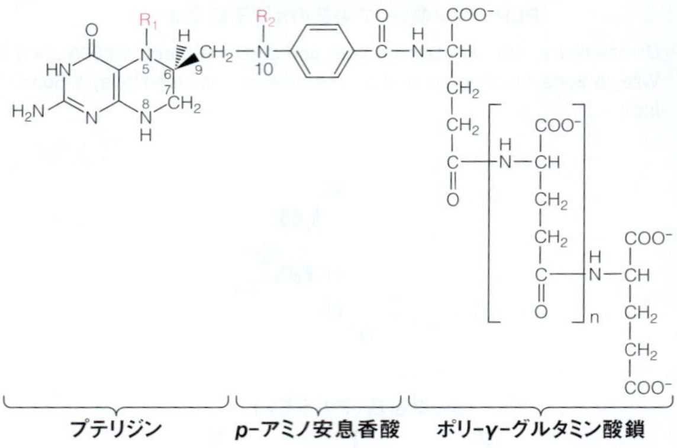

この構造は葉酸の2つの重要な特徴を示している。1つ目は，N5とN10は生合成過程の供与体となるR_1，R_2と呼ばれる1分子の炭素分子をもつ（詳しくは後述）。2つ目は，天然の細胞内の葉酸は3分子から8分子，あるいはそれ以上のグルタミン酸残基をもつ。こ

れらの残基はペプチド結合ではなく，アミド結合により最初のグルタミン酸のγカルボキシ基と次の分子のαアミノ基が結合している。このグルタミン酸の架橋形成は ATP 依存性で一度に**ホリルポリ-γ-グルタミン酸シンテターゼ** folylpoly-γ-glutamate synthetase により触媒される。

多くの酵素は，1 分子のグルタミン酸を含む葉酸よりも，多分子のグルタミン酸を含む葉酸とより活発に強く結合する。グルタミン酸残基の付加も，葉酸を細胞内に維持するために重要である。動物細胞は葉酸を能動輸送で取り込むが，それは 1 分子のグルタミン酸を含む葉酸のみである。しかし，この葉酸は細胞外にも輸送される。そのため付加的なグルタミン酸残基と結合すると陰イオン性となり，細胞外への輸送が阻害され，細胞内に葉酸が貯留される。

ポイント 14
葉酸補酵素は多分子のグルタミン酸残基を含み，酵素に強く結合することにより細胞内に保持されている。

ジヒドロ葉酸レダクターゼは，多くの臨床的に有用な**代謝拮抗剤** antimetabolite の作用部位であるため，非常によく研究されている。代謝拮抗剤は合成化合物であり，通常の代謝物の構造類似体である。この類似性のため，通常の代謝物の利用が妨げられる。1948 年の初期に 2 種の葉酸類似体**アミノプテリン** aminopterin と**メトトレキセート** methotrexate が合成され，急性白血病に効果を示すことが明らかとなった。

10 年後，これら化合物は通常の基質よりも 1,000 倍強く酵素に結合し，ジヒドロ葉酸レダクターゼ活性を阻害することが証明された。これらの類似体は葉酸やジヒドロ葉酸の利用を妨げているということである。この化合物の効果は，チミンヌクレオチド生合成，ひいては DNA 合成にジヒドロ葉酸レダクターゼが関わっているために生じる。第 22 章で詳しく述べるが，DNA 合成が阻害されるとがん細胞の増殖は停止する。さらに 20 年後，ジヒドロ葉酸レダクターゼと葉酸類似阻害剤との複合体の X 線結晶構造解析が可能となり，詳細な阻害機構が分子レベルで明らかになった（図 20.16）。

メトトレキセートのような葉酸類似体は，白血病以外のさまざまながんの治療に用いられている。臨床に有効な他のジヒドロ葉酸レダクターゼ阻害剤は，種特異的酵素の中で選択性を示す。**トリメトプリム** trimethoprim は細菌の酵素を特異的に阻害するので抗菌剤として，また**ピリメタミン** pyrimethamine は原虫の酵素を特異的に阻害する抗原虫剤として使用されている。

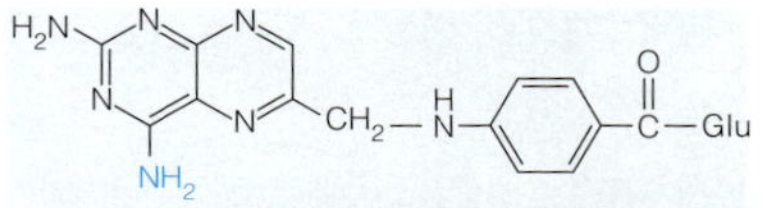

アミノプテリン（4-アミノ葉酸）

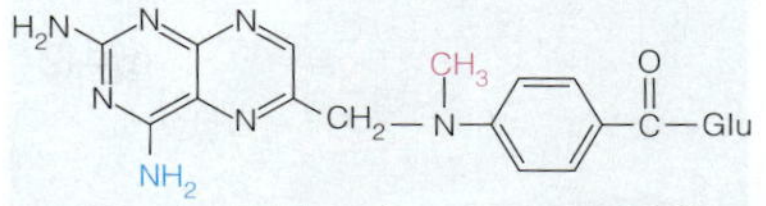

メトトレキセート（4-アミノ-10-メチル葉酸）

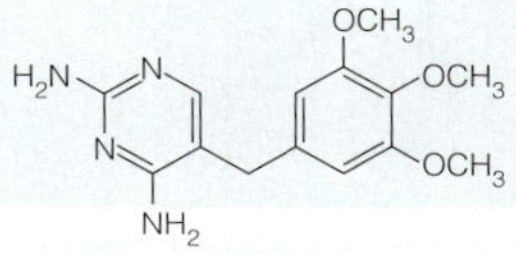

トリメトプリム

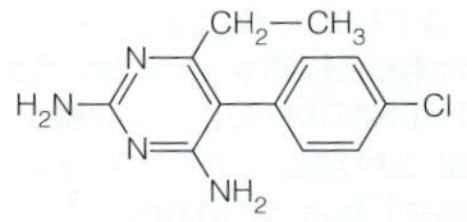

ピリメタミン

ポイント 15
ジヒドロ葉酸レダクターゼは多くの有用な抗がん剤，抗菌剤および抗寄生虫剤の標的である。

代謝拮抗剤を薬として用いるという考え方は，葉酸代謝の研究の初期で提案された。第 2 次世界大戦前に，効果的な抗菌剤としてサルファ剤（“sulfa drugs”）の 1 つである**スルファニルアミド** sulfanilamide が開発された。イギリスの科学者である D. D. Woods は，スルファニルアミドと細菌の増殖に必須であると認識されていた *p*-アミノ安息香酸（PABA）の構造的な類似性に着目した。葉酸と PABA の関係が何もわかっていないときに，スルファニルアミドが PABA の利用を妨げるのではないかと考え，代謝拮抗剤という用語を考え出した。PABA は動物細胞の増殖には必要でなく，ヒト細胞には無害であった。何年も後になって，葉酸の生合成経路が明らかとなったとき，Woods の考えが正しいことが明らかになった。すなわち，PABA を取り込む酵素がサルファ剤により阻害されたのである。動物細胞は葉酸の合成経路をもたず，食餌により完全な形の葉酸を取り込むので，サルファ剤が害を与えないことが証明された。正常細胞と原虫やウイルスに感染している病的細胞またはがん細胞との代謝の違いを見つけ出し，化学的にその相違を明らかにするという Woods の考え方は，薬理学に強い衝撃を与えた。

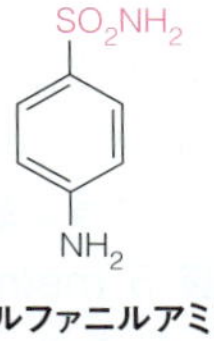

スルファニルアミド

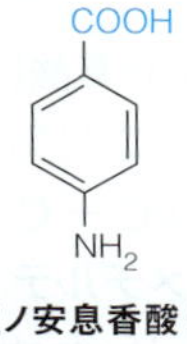

p-アミノ安息香酸（PABA）

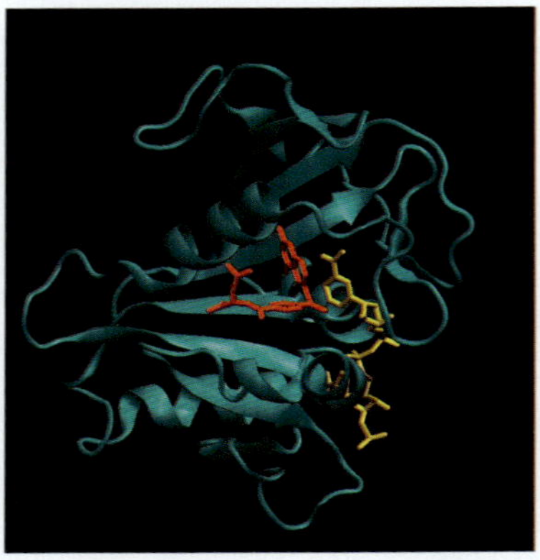

図 20.16 リガンドと結合したヒトジヒドロ葉酸レダクターゼ この図はヒト酵素に NADPH（黄）とメトトレキセート（赤）が結合した X 線結晶構造の図である（PDB ID：1U72）。メトトレキセートの付加アミノ基は酵素との付加水素結合に関与し，葉酸結合部位の親和性を増している。2 種のリガンドは NADPH のピリジン環が，葉酸のプテリジン近くに結合し，この酵素により輸送される水素の受け渡しを行っている。葉酸は折れ曲がった構造で結合しているのが注目される。

一炭素単位の代謝とテトラヒドロ葉酸

テトラヒドロ葉酸（THF）の補酵素としての働きは，一炭素機能単位の動員と利用である。これらの反応はアミノ酸の中のセリン，グリシン，メチオニン，ヒスチジンの代謝に関わるだけでなく，プリンヌクレオチドおよびチミンのメチル基生合成に関与している。

テトラヒドロ葉酸は，メチル，メチレン，ホルミル（アルデヒド）基のような一炭素単位を結合している。これらは酸化状態ではメタノール，ホルムアルデヒド，ギ酸にそれぞれ相当する（図 20.17）。THF 上の一炭素単位は N5，N10，または N5，N10 間に架橋されて存在する。THF 誘導体は一炭素単位の酸化状態とどの窒素に結合しているかにより命名される。したがって，**5,10-メチレンテトラヒドロ葉酸 5,10-methylenetetrahydrofolate（5,10-methylene THF）**は N5 と N10 に結合したメチレン基（$—CH_2—$）をもつ。

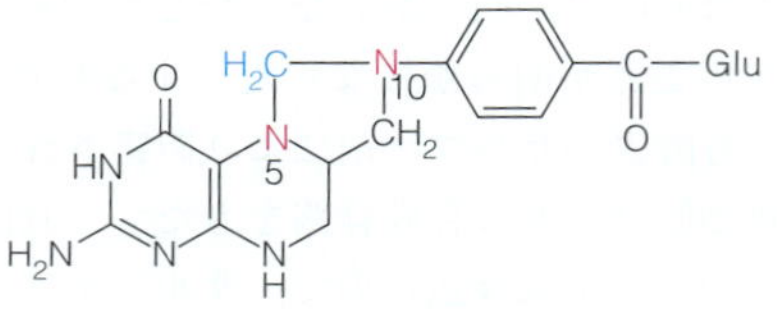

5,10-メチレンテトラヒドロ葉酸

ポイント 16
テトラヒドロ葉酸補酵素はメチル，メチレン，ホルミルのような一炭素単位を輸送し，相互変換する。

テトラヒドロ葉酸に結合する一炭素単位は，いろいろな生合成反応において新しい炭素結合（C—S，C—N または C—C）の形成を引き起こす。最も還元化された**5-メチルテトラヒドロ葉酸 5-methyltetrahydrofolate（5-methyl-THF）**は一炭素単位を 1 つのホモシステイン受容体に供与し，メチニオンの C—S 結合を形成する（図 20.17，反応 1）。5,10-メチレンテトラヒドロ葉酸により運ばれる一炭素単位は，反応 3，4，5 に示すように，新しい C—C 結合をつくるのに使われる。最も酸化された **10-ホルミルテトラヒドロ葉酸 10-formyltetrahydrofolate（10-formyl-THF）**は新しい C—N 結合をつくる。ホルミル基はテトラヒドロ葉酸の N10 から受容分子の窒素原子に転移されるので，N10 ホルミルテトラヒドロ葉酸を一炭素単位として使用するこれら酵素は**トランスホルミラーゼ transformylase** または**ホルミルトランスフェラーゼ formyltransferase** と呼ばれる。

テトラヒドロ葉酸はいろいろな経路から一炭素単位を獲得する。例えば，多くの細胞はギ酸を ATP 依存性に活性化し，10-ホルミルテトラヒドロ葉酸をつくる（図 20.17，反応 8）。微生物でも動物細胞でも，ヒスチジンの分解は 5-ホルムイミノテトラヒドロ葉酸を経て，一炭素単位をメテニルテトラヒドロ葉酸に供給する（反応 9，10）。微生物ではプリンの分解からも 5-ホルムイミノテトラヒドロ葉酸をつくることができる。しかし，多くの生物では活性化一炭素単位をセリンの β 炭素からグリシンへの酸化よりつくっている（図 20.17，反応 3，4）。この反応は**セリンヒドロキシメチルトランスフェラーゼ serine hydroxymethyltransferase** により触媒される。

$$\text{セリン} + \text{THF} \xrightleftharpoons{\text{PLP}} \text{グリシン} + \text{5,10-メチレン-THF} + H_2O$$

この反応は可逆的であり，グリシンと 5,10-メチレンテトラヒドロ葉酸を産生するが，必要に応じてセリンをつくることもできる。この酵素はピリドキサールリン酸を補酵素として必要とし，セリンと PLP の間にシッフ塩基がつくられる。

グリシンはさらにもう 1 分子の 5,10-メチレンテトラヒドロ葉酸をつくる。この反応はミトコンドリアに存在する多重酵素複合体である**グリシン開裂系 glycine cleavage system** により触媒される。

$$\text{グリシン} + \text{THF} + NAD^+ \xrightleftharpoons{\text{PLP，FAD，リポアミド}} \text{5,10-メチレン THF} + CO_2 + NH_3 + NADH + H^+$$

この反応は多くの生物におけるグリシンの主要異化経路である。全体の反応は上記の通りであり，反応様式はピルビン酸デヒドロゲナーゼ複合体のそれに似ている（第 14 章参照）。この酵素は 4 種のサブユニットから形成されている。P タンパク質は PLP 依存性のグリシン脱炭酸を触媒し，T タンパク質は THF 依存性のアミノメチル転移を触媒し，L タンパク質は FAD 依存性のリポアミドデヒドロゲナーゼであり，H タンパク質

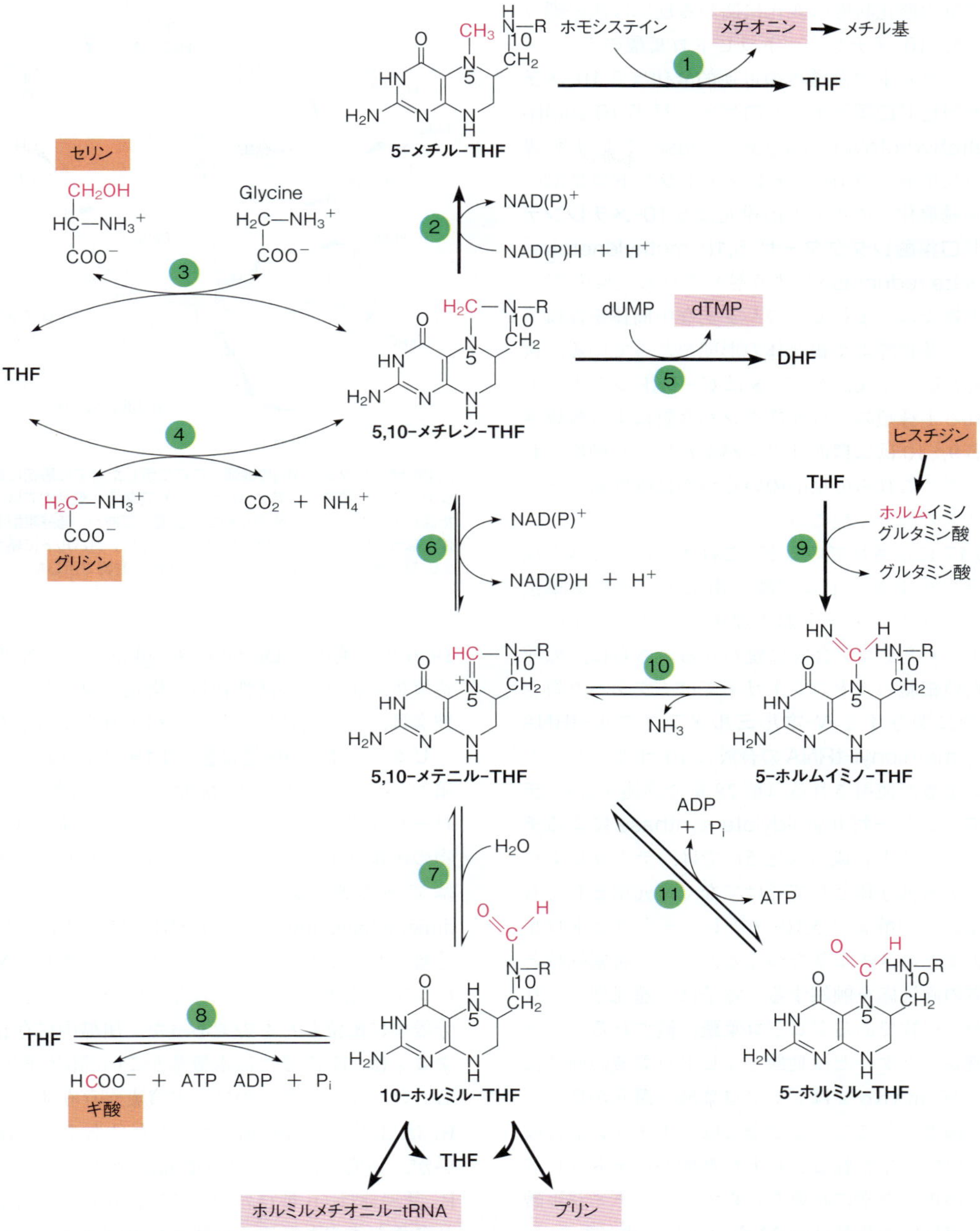

図 20.17　テトラヒドロ葉酸の一炭素単位の合成，相互変換，および利用に関わる代謝反応　一炭素代謝の主たる最終産物はピンクで，その供給源はオレンジで示されている。❶ホモシステインメチルトランスフェラーゼ（またはメチオニンシンターゼ），❷メチレンテトラヒドロ葉酸レダクターゼ，❸セリンヒドロキシメチルトランスフェラーゼ，❹グリシン分解系，❺チミジル酸シンターゼ，❻メチレンテトラヒドロ葉酸デヒドロゲナーゼ，❼メテニルテトラヒドロ葉酸シクロ加水分解酵素，❽10-ホルミルテトラヒドロ葉酸シンテターゼ，❾グルタミン酸ホルムイミノトランスフェラーゼ，❿5-ホルムイミノテトラヒドロ葉酸シクロデアミナーゼ，⓫5-ホルミルテトラヒドロ葉酸シクロリガーゼ（またはメテニルテトラヒドロ葉酸シンテターゼ）。THF＝テトラヒドロ葉酸，DHF＝ジヒドロ葉酸，R＝PABA-グルタミン酸。

はリポ酸を含む水素輸送タンパク質である。P，T，H タンパク質サブユニットはグリシンの分解に特異的であるが，L タンパク質はピルビン酸デヒドロゲナーゼと α ケトグルタル酸デヒドロゲナーゼ複合体を含む他のミトコンドリアの α ケト酸デヒドロゲナーゼと共通である。セリンヒドロキシメチルトランスフェラーゼとグリシン分解反応は，植物のミトコンドリアで起きる光吸収経路の一部も担っている（第 16 章，p.625）。

一炭素単位がいったんテトラヒドロ葉酸に結合して活性化されると，酸化状態の変化により相互変換を起こすか，生合成反応に直接使われる。図 20.17 はテトラヒドロ葉酸の関与する大部分の反応を示している。

一炭素単位の酸化状態の変化に関わる反応は次の通りである。5，10−メチレンテトラヒドロ葉酸の 5,10−メテニルテトラヒドロ葉酸への可逆的酸化は **5,10−メチレンテトラヒドロ葉酸デヒドロゲナーゼ 5,10-methylenetetrahydrofolate dehydrogenase** により触媒される（反応 6）。5,10−メチレンテトラヒドロ葉酸の 5−メチル誘導体への不可逆的還元は **5,10−メチレンテトラヒドロ葉酸レダクターゼ 5,10-methylenetetrahydrofolate reductase** により触媒される（反応 2）。多くの生物では，まれでかつ不安定な中間体を保持するために，多重酵素や複合体の形態をとっている。例えば，哺乳類では反応 6，7，8 は C_1−THF シンターゼと呼ばれる 1 種類の三機能性タンパク質により触媒され，反応 9，10 は二機能性タンパク質により触媒される。加えて，これらの反応のいくつかは細胞質とミトコンドリアの両方で起こる。

図 20.17 に示されているが，これまで述べてきた反応に加え，テトラヒドロ葉酸に由来する一炭素単位は，プリンヌクレオチドおよびチミンヌクレオチド（dTMP），メチオニン合成に使われる。さらに，原核細胞と真核細胞のミトコンドリアでは，タンパク質合成の開始に関与する ***N*−ホルミルメチオニル−tRNA *N*-formylmethionyl-tRNA** の合成に 10−ホルミルテトラヒドロ葉酸が使用される（第 28 章で詳述する）。**チミジル酸シンターゼ thymidylate synthase** によるチミンヌクレオチド合成（反応 5）では，テトラヒドロ葉酸は一炭素供与体としてだけでなく還元剤としても機能する。この酵素は 5,10−メチレンテトラヒドロ葉酸からチミンのメチル基をつくるため，一炭素転移と還元反応の両反応を触媒する。電子は，還元型プテリジン環から産物であるジヒドロ葉酸に渡される。ジヒドロ葉酸レダクターゼは葉酸とジヒドロ葉酸の両者に作用するが，in vivo ではジヒドロ葉酸の還元が葉酸の還元より顕著に起こる。なぜならば，チミジン酸合成反応において産生されるジヒドロ葉酸からテトラヒドロ葉酸への再生が常に必要だからである。チミジル酸シンターゼ反応の化学は第 22 章で詳しく述べる。

B_{12}補酵素

ビタミン B_{12}は，かつては不治の病であった悪性貧血の研究から発見された。症状は葉酸欠乏の際と同様に巨赤芽球性貧血から始まり，治療しなければ神経系が不可逆的に破壊される。1926 年にハーバード大学の 2 人の内科医 George Minot と William Murphy は，この症状が生のレバーを大量に摂取することにより緩和されることを見出した。レバー中に含まれるその活性物質はビタミン B_{12}と命名されたが，非常に少量しか存在せず，その性状は長い間不明のままであった。

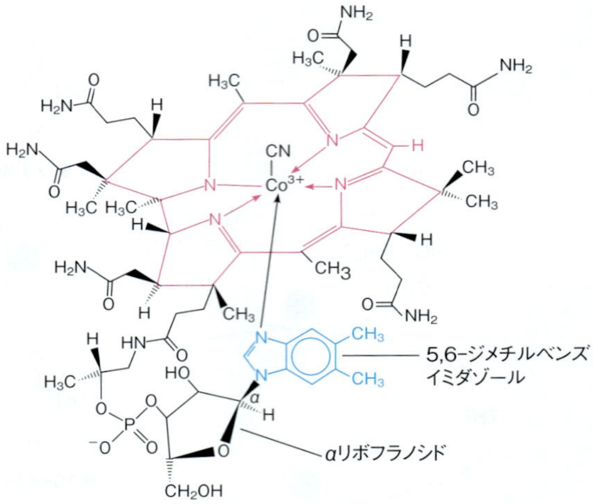

図 20.18 ビタミン B_{12}の構造 ここに示した分子は最初に単離されたシアンを含む構造（シアノコバラミン）である。細胞内では，水分子またはヒドロキシ基が CN のかわりに配位しており，補酵素型 B_{12} の前駆体となっている。コリン環をピンクで示した。コバルトに結合している 5,6−ジメチルベンズイミダゾール（DMB）を青で示した。

1956 年，英国の Dorothy Hodgkin らは，X 線結晶構造解析によりこの活性物質の構造を決定した。そして彼女は，この業績によりノーベル賞を受賞した。

ビタミン B_{12}の構造は図 20.18 に示されている。金属コバルトが**コリン corrin** 環と呼ばれるテトラピロール環系に配位結合している。この構造はヘム化合物のポルフィリン環に似ている。コバルトは複素環塩基である 5,6−ジメチルベンズイミダゾール 5,6-dimethylbenzimidazole（DMB）にも結合している。分離されたビタミンにはコバルトの 6 番目の配位部位にシアン化物イオンが結合していたが，このイオンは分離中に配位したものであった。組織中に存在するビタミンは，H_2O または水酸基がこの部位に配位している。コバルトと多くのアミド窒素が存在するために，B_{12}は**コバミド cobamide**，またはあまり正確ではないが，通常**コバラミン cobalamin** と呼ばれている。B_{12}誘導体は，6 番目の配位部位に存在する官能基により名称が決定される。分離されたビタミンは**シアノコバラミン cyanocobalamin** と呼ばれ，細胞内のものは**アクオコバラミン aquocobalamin** または**ヒドロキソコバラミン hydroxocobalamin** と呼ばれる。

B_{12}の補酵素型

B_{12}の活性補酵素型として 2 種類が知られており，それらはコバルトに 5′−デオキシアデノシル基かメチル基のいずれかを結合しているものである（図 20.19）。第 1 が，1958 年に H. A. Barker により発見された **5′−デオキシアデノシルコバラミン 5′-deoxyadenosylcobalamin** である。細菌の *Clostridium cylindrospo-*

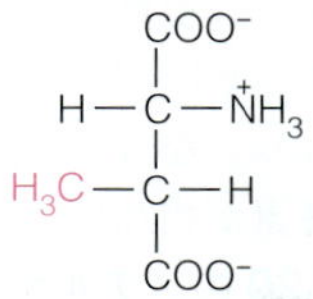

βメチルアスパラギン酸

rum がグルタミン酸を発酵する際，β メチルアスパラギン酸に異性化する必要がある。Barker と彼の同僚は，5′-デオキシアデノシルコバラミンがこの反応に必須であることを示した。そのすぐ後，**ホモシステイン** homocysteine からメチオニンを合成する際に，第 2 活性補酵素型として**メチルコバラミン** methylcobalamin（メチル B_{12}）が関与することが明らかになった。5′-デオキシアデノシルコバラミン，メチルコバラミンともに炭素とコバルトの共有結合を含んでおり，真の有機金属を形成していた。メチオニン合成では，補酵素がメチル基を転移する際にコバルトは+3（Co^{III}）から+1（Co^{I}）に酸化状態が変化した。メチル基は究極的には 5′-メチルテトラヒドロ葉酸に由来する（図 20.17，反応 1）。

> **ポイント 17**
> B_{12}補酵素ではメチル基または 5′-デオキシアデノシル基がコバルトに結合しており，代謝において初めて知られた有機金属を形成している。

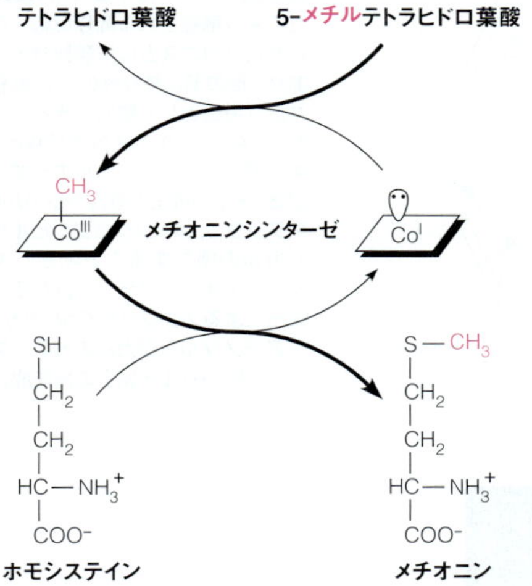

3 種の B_{12}依存性酵素が現在知られている。それらはイソメラーゼ，メチルトランスフェラーゼ，還元性デハロゲナーゼである。その大部分は特徴的な発酵を行う数種の細菌に限られている。また，メタン産生細菌ではメチル B_{12}がメタン合成に関わっている。哺乳類の代謝では，2 つの B_{12}依存性反応にのみ関与している。それは前述のホモシステインからのメチオニンの合成と，奇数脂肪酸酸化の鍵となるステップであるメチルマロニル CoA のスクシニル CoA への異化反応である（第 17 章，p.652〜654）。メチオニンシンターゼ反応では，B_{12}依存性メチルトランスフェラーゼがメチルコバラミンを補酵素として使用している。還元性デハロゲナーゼにおける B_{12}補酵素の役割はあまりよくわかっていない。イソメラーゼは 5′-デオキシアデノシルコバラミン依存性の分子内転位（炭素結合水素ともう一方の炭素に結合している官能基を交換）を触媒する。ここではメチルマロニル CoA ムターゼ（分子内トランスフェラーゼ）の触媒する反応を示す。

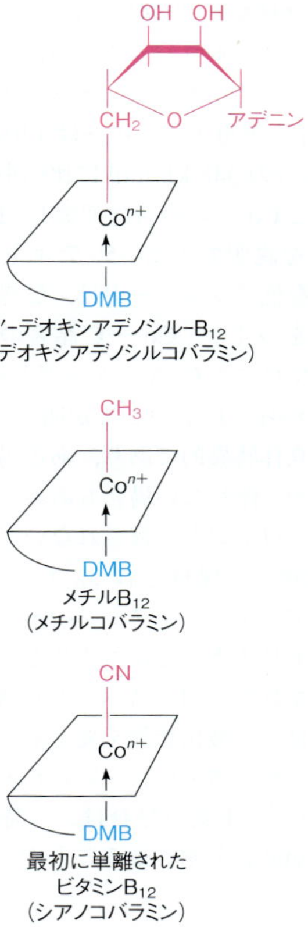

図 20.19　ビタミン B_{12}由来の補酵素　既知のすべての B_{12} に特徴的なコリン環を模式的に示した。コバルトは正の電荷（n=1，2 または 3）をもつが，補酵素の分子としては荷電されていない。

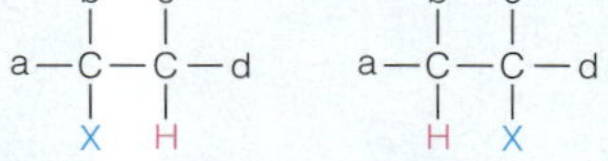

移動する官能基（X）は炭素，$-NH_2$，または-OH である。

アデノシルコバラミンの作用

炭素-炭素結合は一般的に，分解や生成は困難である。B_{12}依存性酵素はこれらの反応を容易に触媒するが，新規のコバルト-炭素結合に加えこの作用は，5′-デオキシアデノシルコバラミンの作用様式解明に研究者の興味を向けさせてきた。炭素-コバルト結合は比較的弱く，結合解離エネルギーは 140 kJ/mol で，典型的 C — C 結合の 348 kJ/mol に比べ小さい。実際，光を照射すると Co — C 結合は開裂し，B_{12}補酵素の極端な光感受性を説明できた。5′-デオキシアデノシルコバラミン依存性イソメラーゼは，触媒中にフリーラジカル中間体をつくり，Co — C 結合の開裂を行っている。メチルマロニル CoA ムターゼとその他 1〜2 種の酵素の研究から，以下のことが明らかになった。(1) 水素転位は立体特異的であり，ある場合は立体配置の変化を伴うが，伴わない場合もある。(2) 転位される水素は水のプロトンと交換されない，すなわち基質中の水素が産物中に保持される。(3) 転位される水素は一時的にデオキシアデノシンの 5′-炭素に移される。この水素をトリチウムで標識すると，産物にトリチウムが取り込まれる。(4) スペクトル研究によると，コバルトは触媒中に酸化状態を変えることが判明した。

以上のことから 5′-デオキシアデノシルコバラミン中の炭素-コバルト共有結合は，一時的に反応中に**等方性 homolytic** に分解されることがわかった。すなわち，コバルトと炭素それぞれが結合を形成していた電子対の 1 電子ずつを獲得し，デオキシアデノシンの 5′-炭素がフリーラジカルとなることが明らかになったのである。基質と補酵素が相互作用すると，基質がラジカル化され，図 20.20 のメチルマロニル CoA ムターゼの例のように，基質の転位が触媒された。

いくつかの B_{12}依存性酵素の X 線結晶構造は，2 種の異なる補酵素結合様式を明らかにした。メチルコバラミン依存性のメチオニンシンターゼや 5′-デオキシアデノシルコバラミン依存性のメチルマロニル CoA ムターゼのような酵素の場合は，補酵素は酵素に結合することにより，その構造が大きく変わる。図 20.21a に示すように，DMB を含む“テール（尾部）”はコバルトとは配位結合せず，かわりにテールが深い溝に移ることで，補酵素が強く結合しやすくなる。DMB のかわりに酵素中のヒスチジン残基がコバルトと配位結合することは，この酵素が反応中間体の安定化に寄与することを示唆する。ジオールデヒドラターゼ（図 20.21b）やリボヌクレオチドレダクターゼのようなその他の B_{12}依存性酵素の場合は，フリーの補酵素と同様に（図 20.18），DMB がより低い軸上で，コバルトと配位結合する。

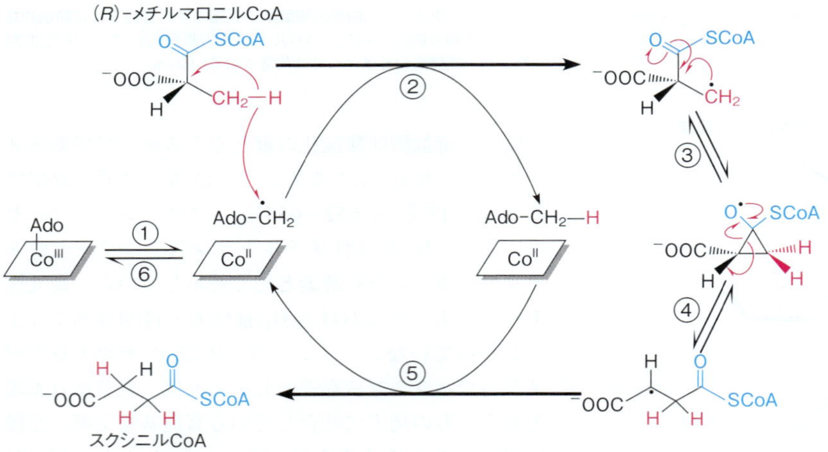

図 20.20　メチルマロニル CoA ムターゼにより触媒される転移反応　この提案されたメカニズムは実験観察と一致しており，他の B_{12} 依存性の 1,2-転移反応も共通な機構として説明できる。ステップ 1：炭素-コバルト結合の分解と 5′-デオキシアデノシルラジカルの形成。ステップ 2：水素の排出と基質ラジカルの形成。ステップ 3，4：シクロプロピルオキシラジカルの関与する 1,2-転移。ステップ 5：5′-デオキシアデノシンからの水素の排出によるスクシニル CoA と 5′-デオキシアデノシルラジカルの形成。ステップ 6：炭素-コバルト結合の再形成。

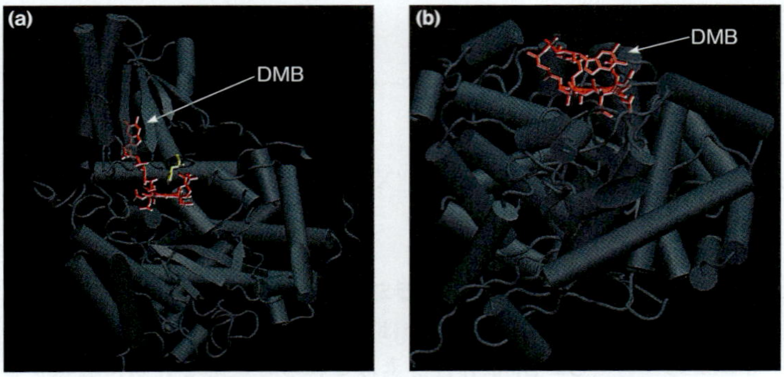

図 20.21　補酵素 B_{12}結合の 2 様式　コバラミン補酵素は赤で示され，コリン環は端に位置している。(a) *Propionibacterium shermanii* のメチルマロニル CoA ムターゼと結合補酵素の結晶構造（PDB ID：4REQ）。DMB が深い裂け目に埋没している。酵素のヒスチジン残基（黄）が，DMB のかわりにコリン環の上側面に接している。(b) クレブシエラ・オキシトカ（*Klebsiella oxytoca*）のジオールデヒドラターゼと結合補酵素の結晶構造（PDB ID：1DIO）。DMB はコバルトに配位結合している。

B_{12}補酵素と悪性貧血

次に，哺乳類の代謝における B_{12}補酵素の役割を考えてみよう。ビタミン B_{12}が悪性貧血を治療しうる因子として特定されたので，この疾患は B_{12}欠乏により起こったと考えられる。悪性貧血は，実は胃の疾患である。胃の組織は胃内で B_{12}と結合する糖タンパク質である**内因子 intrinsic factor** を分泌する。この複合体は，B_{12}の小腸の末端から血流への移行を促進する。悪性貧血はこの内因子の分泌不足により起こる。このことは，通常内因子を産生する胃の粘膜細胞を破壊する自己免疫疾患で起こる。実際，がんやその他の理由で胃を除去した患者は悪性貧血になりやすい。複合体をつくっていない B_{12}も吸収されるが効率が悪く，大量投与しないと治療や予防ができない。

ポイント 18
悪性貧血は，小腸でビタミン B_{12}を吸収するために必要な糖タンパク質の不足により起こり，このため細胞内 B_{12}補酵素が不足する。

それでは，B_{12}が吸収されないと，なぜ貧血の原因となる赤血球形成阻害が起こるのであろうか。葉酸欠乏による貧血と悪性貧血は血液学的に似ているので，葉酸と B_{12}代謝の相関が考えられてきた。実際，悪性貧血の初期に起こる巨赤芽球性貧血は，葉酸を投与すると治癒する。しかし，葉酸投与は B_{12}欠乏症のはるかに深刻な神経障害を早く起こすようになるが，神経障害は葉酸欠乏では決して起こらない。では，2 種のビタミン間の代謝的相関はどのようになっているのだろうか。

図 20.22 に現在考えられている機構を図示する。(1) B_{12}が少ないとき，メチオニンシンターゼ活性（図 20.17，反応 1）は減少するが，食餌から十分量のメチオニンが供給されるため，タンパク質代謝はただちに影響を受けない。(2) 5,10–メチレンテトラヒドロ葉酸から 5–メチルテトラヒドロ葉酸への還元（図 20.17，反応 2）は不可逆的反応であるため継続する。(3) メチオニンシンターゼが哺乳類で 5–メチルテトラヒドロ葉酸を使用する唯一の酵素であるので，細胞内でのこの酵素活性の減少は 5–メチルテトラヒドロ葉酸の蓄積を起こす。したがって，他のテトラヒドロ葉酸補酵素類が欠乏してくる。要するに，細胞内のテトラヒドロ葉酸プールが 5–メチルテトラヒドロ葉酸のままで閉じこめられてしまうのだ（メチルトラップ）。その結果，たとえトータルで十分量の葉酸があっても，核酸の前駆物質の合成に必要なホルミル THF やメチレン THF が欠乏してくる。

ポイント 19
B_{12}の不足により 5–メチルテトラヒドロ葉酸が蓄積し，それに伴って他の葉酸補酵素が枯渇する。

このメチルトラップ仮説は，依然として悪性貧血をそのままにしておくとなぜ神経障害が起きるかを説明していない。なぜならば，単純な葉酸欠乏は神経障害を起こさないからである。初期の頃は，メチルマロニル CoA ムターゼの阻害による異常脂肪酸代謝が原因であると考えられた。しかし，この問題を実験的に行うことは非常に困難であった。食餌からの B_{12}要求量が非常に少なく，B_{12}欠乏動物をつくることがほぼ不可能だったからである。最近，麻酔に使われる笑気ガス（N_2O）が悪性貧血に似た症状を引き起こすことが明らかになった。N_2O は，B_{12}中のコバルトを酸化して +1（Co^{I}）から +2（Co^{II}）とし，酵素を不可逆的に不活化する強力な酸化剤にする。メチルマロニル CoA ムターゼはコバラミンの Co^{I}酸化状態を利用しないので，N_2O 処理に抵抗性を示す。これらの実験データは，作用機序はまだ不明であるが，メチオニン合成の阻害が悪性貧血での神経系の障害を引き起こすことを示唆している。

葉酸による心血管疾患および出生時欠損の予防

1990 年代の中頃に，葉酸欠乏と心筋梗塞の危険性が相関しているという一連の臨床報告がなされた。同時に，心臓発作の危険性のある人は，血清ホモシステインの量が異常に高いことが報告された。最も単純な

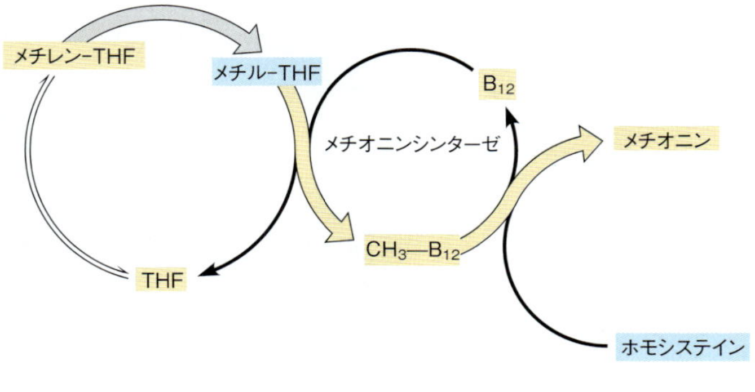

図 20.22　葉酸と B_{12}の代謝の関係　この模式図は，B_{12} 欠乏の初期にみられる見かけ上の葉酸欠乏を示している。メチオニンシンターゼ活性が減少した結果として蓄積（青）あるいは枯渇（黄）する中間体を図示した。

解釈は，葉酸欠乏の人はテトラヒドロ葉酸補因子量が低下することによりメチオニンシンターゼ反応（図20.17，反応1）による代謝流量が制限され，この酵素の基質であるホモシステインが蓄積するというものである。血漿中のホモシステインが上昇すると（ホモシステイン血症），冠動脈疾患，脳卒中，末梢血管閉塞症を含む心血管疾患になる確率が大きくなると考えられている。ホモシステインは心臓の障害に関わっていると考えられているが，その毒性機序は不明であり，ある研究では葉酸と心疾患の相関を見出すことができなかったと報告している。しかし，葉酸欠乏によりDNA中に多量のウラシルが含まれることも明らかになった。第22章で詳しく述べるが，これはチミンヌクレオチドの生合成阻害の結果であり，染色体分解を起こす。葉酸欠乏は，胚形成時には口蓋裂のような頭蓋顔面形成不良，脳貧血や二分脊髄のような神経管形成不良，心臓形成不良を引き起こす。すなわち，これら3領域の正常な発育は，多能力神経堤細胞の適切な成長，分化，移動に依存している。したがって，この細胞の発育に多量の葉酸を必要とする。その結果として，女性は妊娠時，特に初期の胎児の神経系が急速に発達するときに十分量の葉酸が必要である。例えば，神経管形成は受胎後28日までに完了する。神経管形成不良 neural tube difect（NTD）は1,000人に1人の割合で起こるが，受胎前後に葉酸を供給すると50〜75%のNTDが改善する。女性が自らの妊娠を自覚する前の葉酸の供給は有効であるので，米国では女性が子供を産む年齢に達すると，十分な葉酸を摂取できるように葉酸が添加された小麦粉や他の穀物を食することを勧めている。米国では葉酸の摂取が義務づけられた1998年以降，間違いなくNTDが減少している。

ポイント20
葉酸欠乏は心血管疾患のリスク上昇と出産障害を引き起こす。

まとめ

無機窒素は豊富に存在するが，多くの生物では窒素を有効に利用するための代謝経路が限られている。生物学的窒素固定における窒素の還元および植物と細菌の代謝における硝酸の還元はアンモニアを産生し，それをすべての生物が使用している。アミノ酸合成の能力は生物間で大きく異なり，哺乳類は20種の共通アミノ酸のうち約半分を食餌に依存している。タンパク質は常に一連の代謝回転と置換状態にあり，損傷を受けたタンパク質の分解と通常の細胞調節機構による分解が細胞内で行われている。タンパク質の代謝回転により遊離したアミノ酸の多くは，タンパク質合成に再利用される。アミノ酸が過剰供給されたり，エネルギー産生の必要性から分解を受けるときは，その第1段階は通常αアミノ基の除去であり，それはアミノ基転移または酸化的脱アミノ化により行われる。産生されたアンモニアは直接排出される（魚類）か，尿酸に変換（多くの爬虫類，昆虫，鳥類）されるか，または尿素に変換される（哺乳類）。尿素生成はオルニチンとアルギニンを中間体とする回路により行われる。アミノ基転移とアミノ酸を使用する多くの反応が，ピリドキサールリン酸を補酵素として使用する。アミノ酸のアミノ基と補酵素のアルデヒドが縮合し，シッフ塩基がつくられた後，補酵素のピリジン環が一時的に電子を引き寄せ，結合を不安定化して分解する。葉酸は相互に変換可能な3種の異なった酸化状態で一炭素単位に結合し，プリンヌクレオチド，チミジンヌクレオチドおよびいくつかのアミノ酸合成の際の一炭素単位転移に関わる。B_{12}補酵素には，メチオニン生合成に関与するメチルコバラミンや，メチルマロニルCoAムターゼの補酵素となる5′-デオキシアデノシルコバラミンが含まれる。葉酸代謝はいろいろな化学療法の標的となり，葉酸とB_{12}欠乏は重要な病気に発展する。

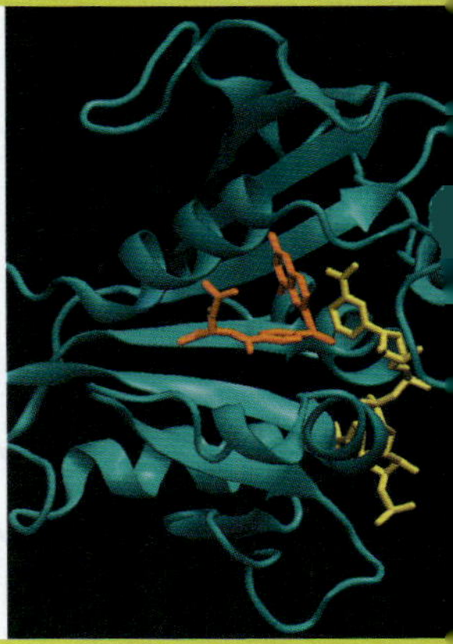

第 21 章

窒素化合物の代謝 2：アミノ酸，ポルフィリン，神経伝達物質

第 20 章では，アミノ酸代謝の統一した原理，つまり合成と分解経路の一般的な特徴，アンモニアの利用と排泄の共通の経路，窒素代謝に用いられる補酵素などを紹介した。本章では 20 種類の個々のアミノ酸の代謝について，炭素骨格の運命と供給源に注目して考える。そのために，これらのアミノ酸を代謝的に関連のある族に分け，まず各々のアミノ酸の分解経路，およびタンパク質以外の代謝中間体への途中の中間体としての主な役割について述べる。神経伝達物質や神経伝達物質前駆体，およびポルフィリン前駆体としてのアミノ酸のいくつかの生物学的役割も非常に重要なので本章の中で個別に紹介する。最後に非必須アミノ酸（可欠アミノ酸）を導く最も一般的な経路に注目して，アミノ酸の生合成を論じる。微生物や植物に限定的な必須アミノ酸（不可欠アミノ酸）の生合成については，重要な代謝と機構の原理を説明するために簡単に触れる。

アミノ酸の分解経路

これまでの章では，動物が主な代謝エネルギーを炭水化物と脂質の酸化によって生成することを学んだ。とはいえ，動物はエネルギーの 10〜15％をアミノ酸の酸化分解から得ている。第 20 章では，アミノ酸が脱アミノ化して，アミノ基は尿素を生成するためにアンモニアあるいはアスパラギン酸のアミノ基へと転換する過程について述べた。ここでは炭素骨格の運命に目を転じよう。20 種類のアミノ酸は，各々が特有の炭素骨格をもっているので，各々のアミノ酸が独自の分解経路を必要とする。しかし，これら 20 種類の経路はすべてたった 7 つの一般的な代謝中間体（ピルビン酸，α ケトグルタル酸，スクシニル CoA，フマル酸，オキサロ酢酸，アセチル CoA，アセト酢酸）に収束する。すでにいくつかの中間体（ピルビン酸，α ケトグルタル酸，スクシニル CoA，フマル酸，オキサロ酢酸）がグルコース合成の前駆体であることをみてきた（第 13，14 章）。すなわち，炭素骨格がこれら 5 つの中間体に分解されるアミノ酸は**糖原性アミノ酸 glucogenic amino acid**（図 21.1）と呼ばれる。アセチル CoA，アセト酢酸はケトン体に転換されるので（第 17 章），これらいずれかに分解される炭素骨格をもつアミノ酸は**ケト原性アミノ酸 ketogenic amino acid** と呼ばれる。いくつかのアミノ酸は，糖原性であり，かつケト原性である。これらの異化経路に関する考察は，上で述べた 7 つの一般的な代謝中間体が中心になる。

糖原性アミノ酸のピルビン酸族

三炭素骨格をもつアラニン，セリン，システインは，1 つあるいは 2 つのステップで三炭素代謝中間体であ

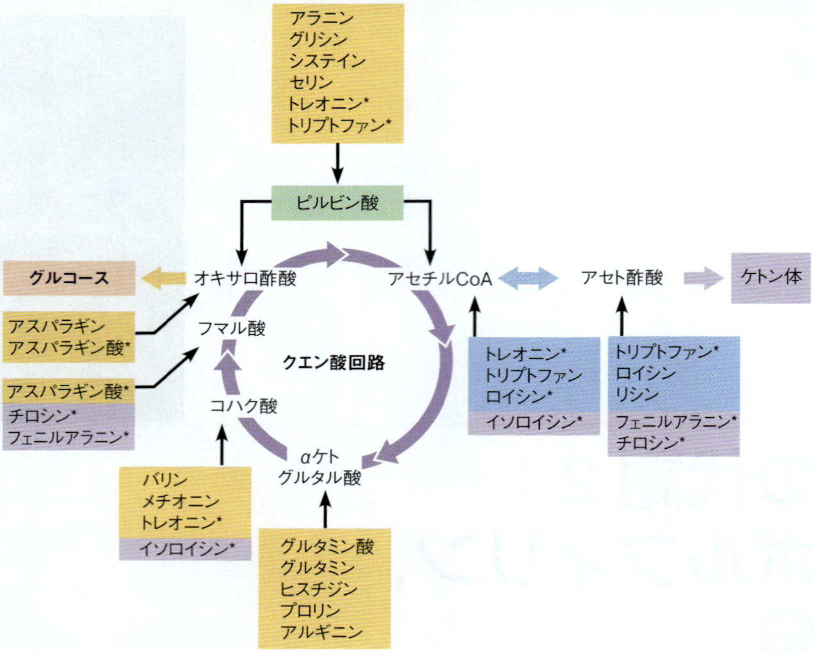

図 21.1　アミノ酸炭素骨格の運命　糖原性アミノ酸はオレンジで，ケト原性アミノ酸は青で，糖原性にもケト原性にもなり得る少数のアミノ酸を紫で示した。中心経路に入る経路が 1 つ以上あるアミノ酸を★で示した。

るピルビン酸へと転換される（図21.2）。アラニンは，第 20 章で述べたピリドキサールリン酸 pyridoxal phosphate（PLP）依存的な化学反応によってアミノ基転移されてピルビン酸になる。セリンはもう 1 つの PLP 依存性酵素である，**セリン-トレオニンデヒドラターゼ serine-threonine dehydratase** によって脱水，そして脱アミノ化されてピルビン酸になる。すべての PLP 依存性酵素のように，セリンデヒドラターゼはピリドキサールリン酸とアミノ酸の間の平面的なシッフ塩基形成を触媒するが，この反応では基質の C_α 水素と C_β 水酸基が脱離する（水の α，β 脱離）（次ページの図参照）。生成したエナミンは相互異性化されてイミンになり，イミンは自然に加水分解してピルビン酸とアンモニアになる。

システインは，まずアスパラギン酸のアミノ基転移を触媒するのと同じ酵素によってアミノ基転移される。生成した β メルカプトピルビン酸は，**メルカプトピルビン酸硫黄トランスフェラーゼ mercaptopyruvate sulfurtransferase** によって脱硫されて，ピルビン酸と硫化水素（H_2S），チオシアン酸（SCN^-），亜硫酸（SO_3^{2-}），あるいはチオ硫酸（$S_2O_3^{2-}$）になる。この反応は動物の H_2S ガスの供給源の 1 つである。もう 1 つの**ガス状のシグナル伝達物質 gasotransmitter** である一酸化窒素（NO，第 23 章参照）と同様に，H_2S は血管血流と血圧の制御に関係している。実際，食餌由来のニンニクの心保護作用と抗高血圧作用は，大部分がニンニクに豊富な有機多硫化物からの H_2S の産生によって媒介される。また，メルカプトピルビン酸硫黄トランスフェラーゼは，CN^- に硫黄を転移してチオシアン酸にする。これはシアン化物解毒の重要な機構である。

ポイント 1
システイン由来の硫化水素（H_2S）は，血管血流と血圧の制御に関係している強力な気体シグナル分子である。

ほとんどの生物において，トレオニンの分解は第 2 級アルコールの酸化によって開始され，3 位と 4 位の炭素をアセチル基に変換する。2-アミノ-3-ケト酪酸は，それから脂肪酸の β 酸化でみられるのと類似したチオール開裂を起こし（第 17 章，p.649），3 位と 4 位の炭素はアセチル CoA に，1 位と 2 位の炭素はグリシンになる。グリシンは，第 20 章（p.760）で述べた PLP，THF 依存性**グリシン開裂系 glycine cleavage system** によって，CO_2，NH_4^+ と 5,10-メチレンテトラヒドロ葉酸に分解できる。あるいは，グリシンは第 20 章で述べた別の PLP，THF 依存性酵素である**セリンヒドロキシメチルトランスフェラーゼ serine hydroxymethyltransferase** によってセリンに変換される。セリンのヒドロキシメチル基（C3）は，おそらくグリシン開裂（反応 3），あるいは何か別の一炭素供与体（p.761，図 20.17 参照）から誘導された 5,10-メチレンテトラヒドロ葉酸に由来する。グリシン分解のためのこの経路の重要性は，遺伝疾患である**非ケトン性高グリシン血症 nonketotic hyperglycinemia** によって明らかになった。これはグリシン開裂系を触媒する酵素複合体のサブユニットの欠損に起因する常染

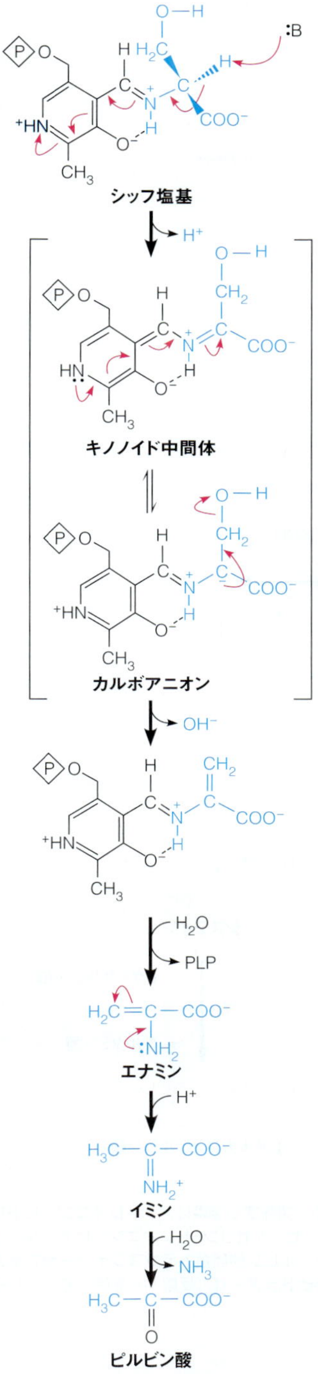

セリンデヒドラターゼ反応の機構

色体性劣性遺伝疾患で，脳脊髄液，血漿，尿中のグリシン濃度が上昇する。この疾患では，精神遅滞を含めた重篤な神経症状を伴う重篤な新生児障害が起こるのが典型的である。

ヒトでは機能的なトレオニンデヒドロゲナーゼが欠乏しているため，トレオニンは異なった運命をたどる（図 21.2，反応 1）。そのかわり，トレオニンははじめに脱水され，そしてセリン-トレオニンデヒドラターゼによって脱アミノ化されて，最終的にスクシニル CoA に変換される炭素骨格を提供する（図 21.4 参照）。

第 20 章で指摘したように，ピリドキサールリン酸は著しく多用途の補酵素である。図 21.2 の 5 つの PLP 依存性反応はこの多用途性をうまく説明している。

糖原性アミノ酸のオキサロ酢酸族

アスパラギンやアスパラギン酸の四炭素骨格は，単純な経路でオキサロ酢酸に変換される（p.771 左段の図参照）。**アスパラギナーゼ asparaginase** は，アスパラギンアミドのアスパラギン酸とアンモニアへの加水切断を触媒する。次にアスパラギン酸は，システインのアミノ基転移を触媒するのと同じ酵素である**アスパラギン酸アミノトランスフェラーゼ aspartate aminotransferase** によってオキサロ酢酸に直接アミノ基転移される（図 21.2，反応 7）。アスパラギナーゼは，酵素化学療法の興味深い一例である。大腸菌酵素は小児急性リンパ性白血病の治療に広く用いられている。正常リンパ球と悪性リンパ球の増殖は，血液からのアスパラギンの取り込みに依存する。アスパラギナーゼは，循環するアスパラギンを枯渇させ，そして多くの場合，完全寛解をもたらす。

糖原性アミノ酸のαケトグルタル酸族

アルギニン，グルタミン，ヒスチジン，プロリンの炭素骨格は，すべてグルタミン酸を経てαケトグルタル酸に分解される。図 21.3 にこれら 5 つのアミノ酸の主な異化経路を示した。プロリンとアルギニンは，中間体である**グルタミン酸γセミアルデヒド glutamate γ-semialdehyde** を経て，その後酸化されてグルタミン酸に変換される。ヒスチジンは，非酸化的脱アミノ反応によって分解が始まり，続いて水和，開環を経て，***N*-ホルムイミノグルタミン酸 *N*-formiminoglutamic acid** になる。*N*-ホルムイミノグルタミン酸は，活性一炭素単位の供与体として働くので興味深い（p.761，図 20.17 参照）。イミダゾール環の 2 位の炭素と 3 位の窒素由来のホルムイミノ基は，テトラヒドロ葉酸に転移して，5-ホルムイミノテトラヒドロ葉酸とグルタミン酸を生じる。グルタミンはグルタミナーゼによってグルタミン酸に加水分解される。これは動物でのアンモニアの肝臓への輸送に関与する（p.755，図 20.13 参照）。最後に，グルタミン酸は，グルタミン酸デヒドロゲナーゼによってαケトグルタル酸に酸化的脱アミノされる。このことについては第 20 章で詳しく論じられている。

ヒスチジンは，脱炭酸されて，多様な生物作用をも

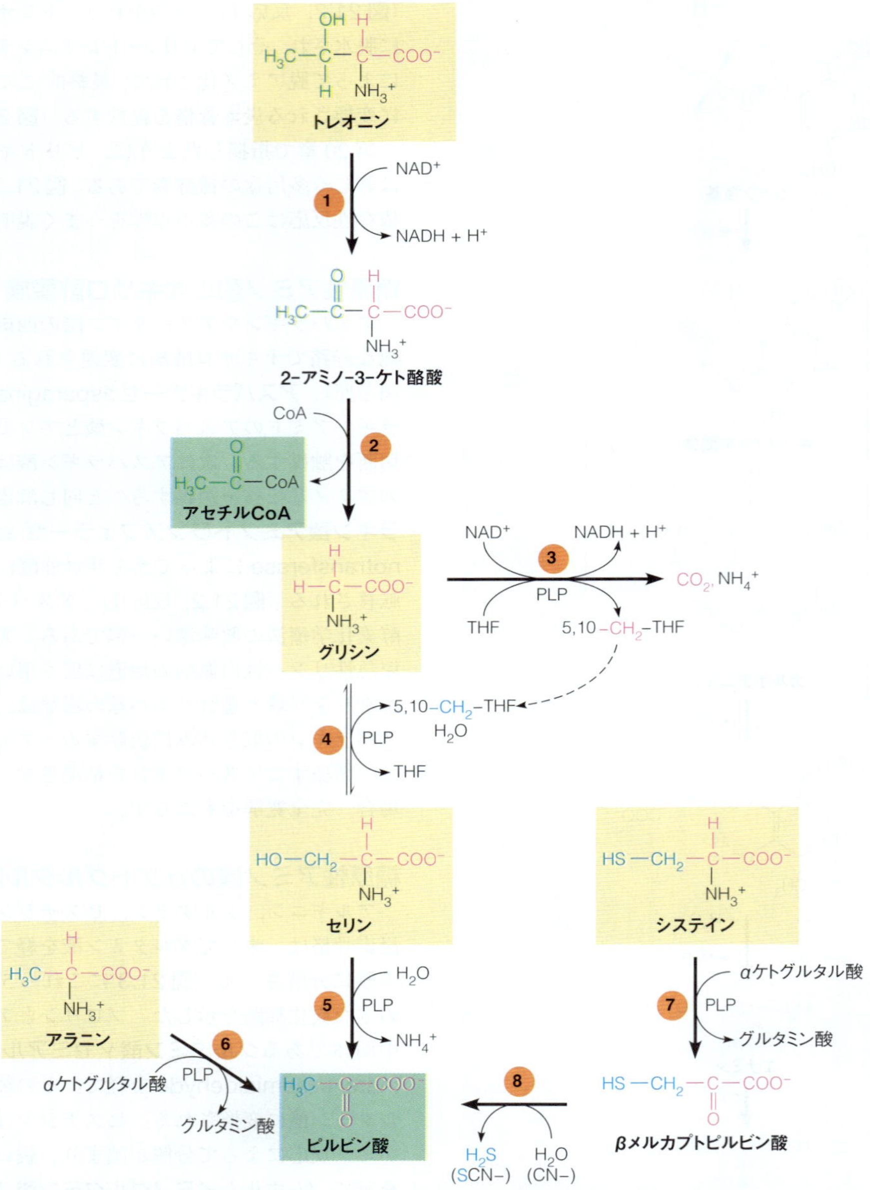

図 21.2　アラニン，システイン，グリシン，セリンおよびトレオニンはピルビン酸に分解される　関係する酵素は，❶トレオニンデヒドロゲナーゼ，❷2-アミノ-3-ケト酪酸連結酵素，❸グリシン開裂系，❹セリンヒドロキシメチルトランスフェラーゼ，❺セリン-トレオニンデヒドラターゼ，❻アラニンアミノトランスフェラーゼ，❼アスパラギン酸アミノトランスフェラーゼ，および❽メルカプトピルビン酸硫黄トランスフェラーゼである。ヒトにおいて，トレオニンは別の経路でスクシニル CoA に分解される（図 21.4 参照）。細胞質のセリンデヒドラターゼ（反応❺）を除いて，これらすべての酵素はミトコンドリアに存在する。

つヒスタミン histamine を生成する。ヒスタミンは胃に分泌されたときに塩酸とペプシンの分泌を促進し，消化を助ける。ヒスタミンは，外傷，炎症，あるいはアレルギー反応部位に局所的に放出される強力な血管拡張物質である。毛細血管の局所的な拡張が，炎症組織に起こる発赤の原因である。外傷によるヒスタミンの放出は，ショックを引き起こす危険な血圧の低下の一因となる。次ページ左段の四角の中に示した2つの例のような多くの**抗ヒスタミン剤** antihistamine が，アレルギーおよびその他の炎症の治療に使用される。一般的にこれらの薬品はヒスタミンと受容体の結合を阻害する。

糖原性アミノ酸のスクシニル CoA 族

イソロイシン，バリン，トレオニン，メチオニンは，プロピオニル CoA 経路によってクエン酸回路中間体

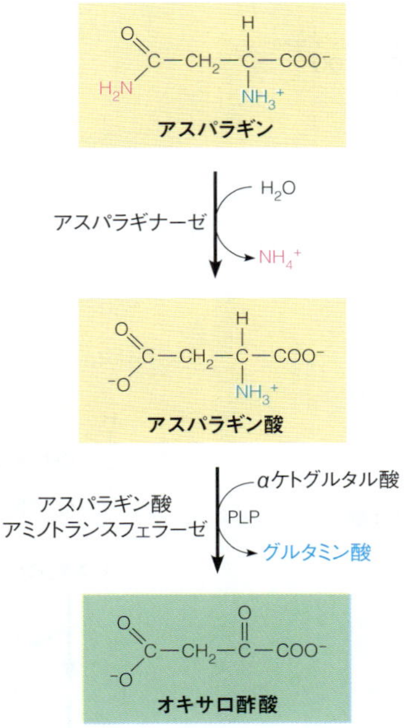

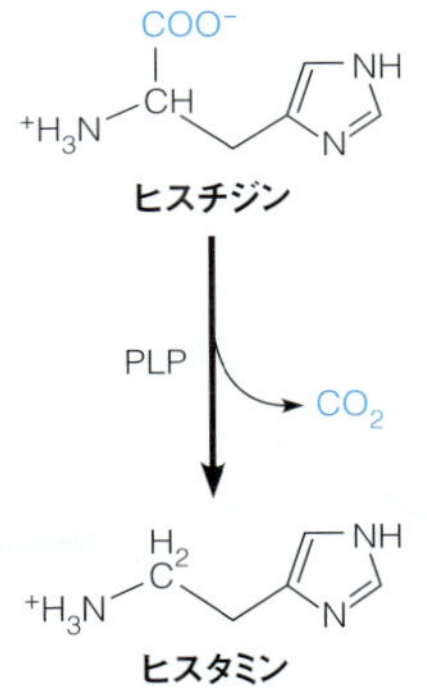

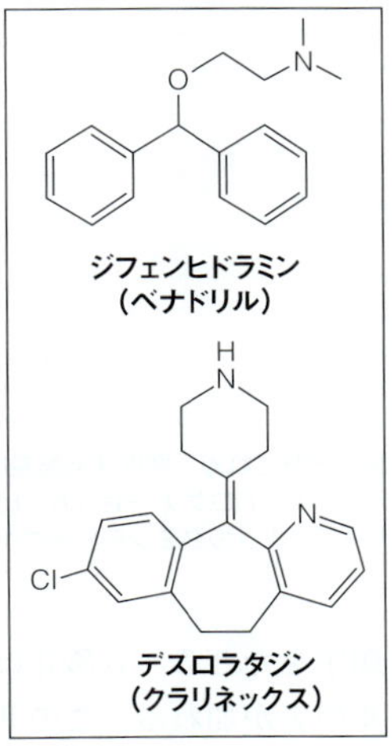

のスクシニルCoAに分解される（図21.4）。メチオニンの異化は，メチル回路で*S*-アデノシルメチオニンを経て，メチル基を供与した後に始まる（図21.9参照）。脱メチル化された炭素骨格である**ホモシステイン** homocysteine は，αケト酪酸に変換され，—SH基をセリンの—OH基と交換してシステインを形成する。実際，この経路で動物はシステインを合成する（図21.29参照）。シスタチオニンβシンターゼによって触媒される**含硫基移動** transsulfuration 過程の2つのステップの最初のステップで，ホモシステインとセリンは縮合してチオエーテル**シスタチオニン** cystathionine を形成する（図21.4，反応1）。2番目のステップでシスタチオニンγリアーゼがγ脱離を触媒して，システイン，αケト酪酸，アンモニアを生成する（図21.4，反応2）。すなわち，切断は硫黄原子の逆側で起こり，—SH基を四炭素骨格（ホモシステイン）から三炭素骨格（システイン）に転移することになる。どちらの含硫基移動酵素もPLP依存的で，シスタチオニンβシンターゼはさらにb型ヘム補因子を必要とする。αケト酪酸はプロピオニルCoAに酸化的脱炭酸され（図21.4，反応4），それから奇数鎖脂肪酸の酸化の主要段階として第17章で紹介したビタミンB_{12}を必要とする経路と同じ経路によってスクシニルCoAになる（p.654）。

αケト酪酸は，トレオニンからの炭素の入口でもある（図21.4，反応3）。トレオニンとセリンは同じ脱水酵素によって脱水，脱アミノされる。この経路は，ヒトにおいてはトレオニンの主要な分解経路である。

イソロイシンとバリンも三炭素鎖のプロピオニルCoAに分解される。しかし，イソロイシンの2つの炭素はアセチルCoAとして，1つはCO_2として放出され，バリンは2つの炭素をCO_2として失う。ロイシンを含めた分枝アミノ酸の酸化は，PLP依存性のアミノ基転移によって開始されて対応するαケト酸になり，続いて共通の化学戦略に従う（図21.5参照）。(1) アシルCoA誘導体生成のための酸化的脱炭酸反応，(2) 二重結合導入のためのFAD依存性アシルCoA脱水素反応，(3) 水酸基（ヒドロキシ基）導入のための二重結合の水和，(4) 対応するケト誘導体へのNAD^+依存性脱水素反応。3つの分枝アミノ酸は，ほんのわずかな違いがあるものの，すべて同じ戦略に従う。イソロイシン分解の最後のステップは，アセチルCoAとプロピオニルCoAを生成するチオール開裂である。バリンの経路では，2回目の脱水素反応の前にCoAは炭素骨格から加水分解脱離され，最終的には脱炭酸されてプロピオニルCoAを生成する。ロイシンの経路では，水和のステップでケトン体生成（図17.24，p.657）とコレステロール生合成（図19.19，p.712）にも関わる中間体である**3-ヒドロキシ-3-メチルグルタリルCoA** 3-hydroxy-3-methylglutaryl-CoA（HMG-CoA）を生成する。ケトン体生成に使われるのと同じミトコンドリアHMG-CoAリアーゼ HMG-CoA lyase によって，HMG-CoAはアセト酢酸とアセチル

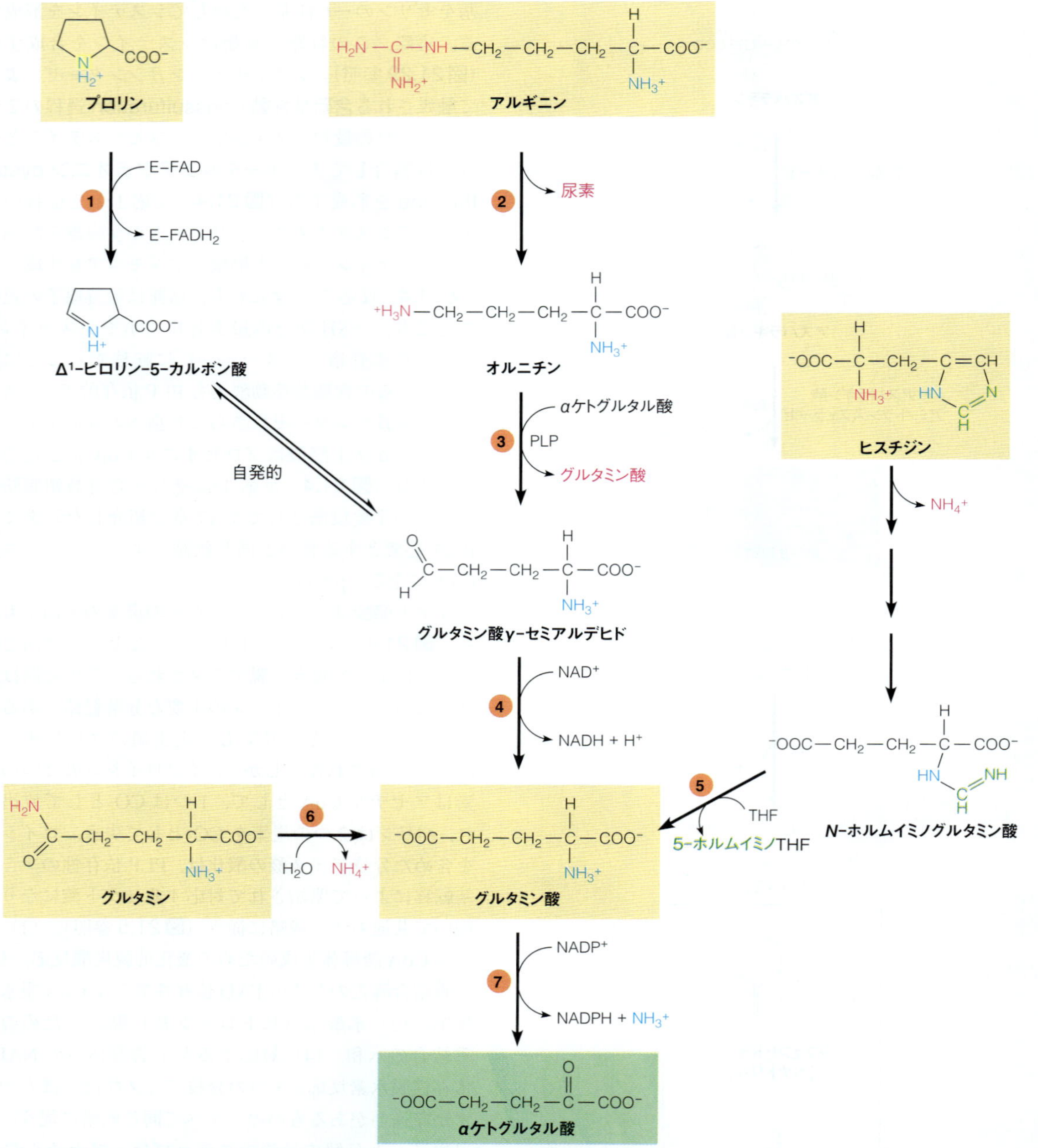

図 21.3　アルギニン，グルタミン酸，グルタミン，ヒスチジンおよびプロリンはαケトグルタル酸に分解される　関係する酵素は，❶プロリンオキシダーゼ，❷アルギナーゼ，❸オルニチンδアミノトランスフェラーゼ，❹グルタミン酸γセミアルデヒドデヒドロゲナーゼ（Δ1-ピロリン-5-カルボン酸デヒドロゲナーゼとも呼ばれる），❺グルタミン酸ホルムイミノトランスフェラーゼ，❻グルタミナーゼ，❼グルタミンデヒドロゲナーゼである。

CoA に開裂する。

分枝アミノ酸の酸化に用いられる化学戦略は，すでに 2 度出てきたので，なじみ深いはずである。これと同じ戦略で脂肪酸のβ酸化（第 17 章）とクエン酸回路（第 14 章）の中核が形づくられている。この 2 つの経路を，図 21.5 に分枝アミノ酸酸化と並べて示した。いったん，アミノ酸が対応するαケト酸にアミノ基転移されると，クエン酸回路のところで最初に学んだのと同様な順序をたどる。β酸化はこの中核反応の最後でチオール開裂が加わる。この共通性は代謝経路についての 2 つの重要なポイントを示している。第 1 に，第 12 章で論じた代謝経路は，最初は他の機能をもっていたであろう酵素と経路から組み立てられている進化の産物である。したがって，分枝アミノ酸の酸化経路は，進化的には古いクエン酸回路に起因するようである。第 2 に，細胞はいくつかの関連した基質を

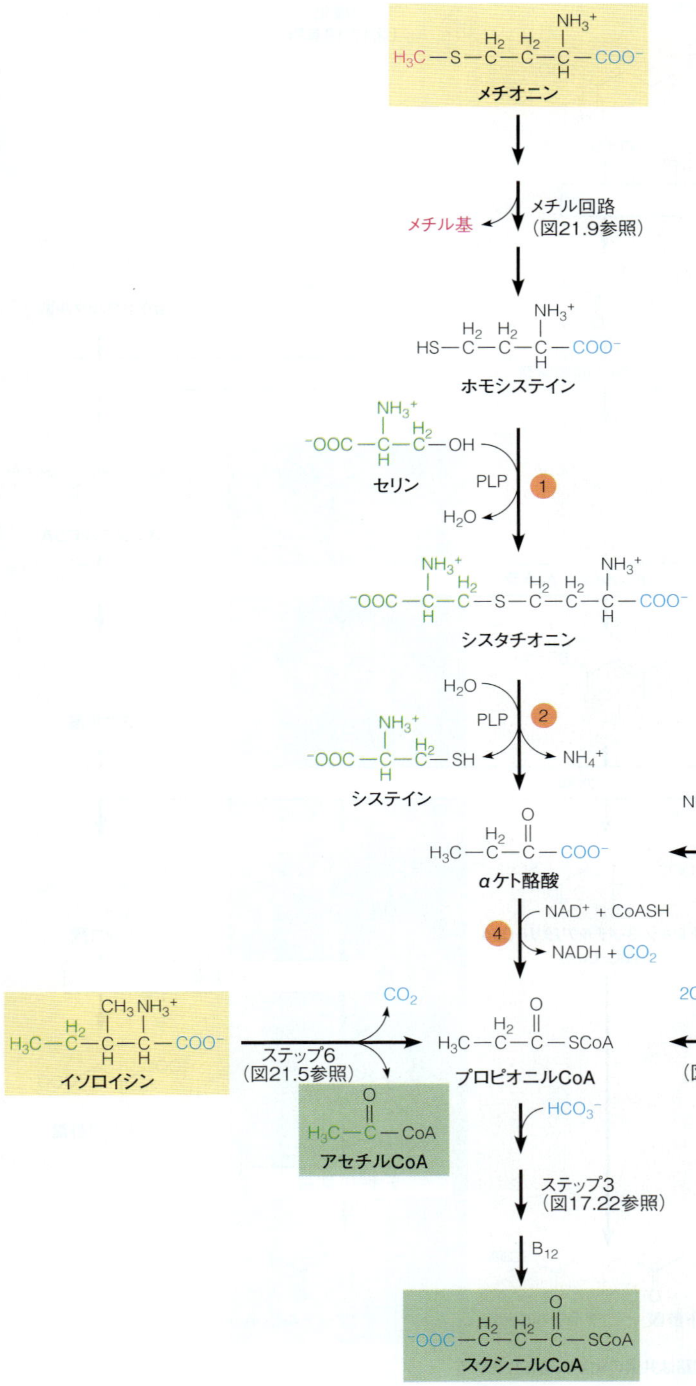

図 21.4　イソロイシン，バリン，トレオニンおよびメチオニンはスクシニル CoA に分解される　関係する酵素は，①シスタチオニンβシンターゼ，②シスタチオニンγリアーゼ，③セリン-トレオニンデヒドラターゼ，そして④αケト酸デヒドロゲナーゼである。

代謝するのに同じ酵素を用いて“倹約”することができる。実際，図 21.5 の分枝アミノ酸分解の最初の 2 つのステップは，すべての三炭素骨格に作用する単一の酵素によって触媒される。**分枝アミノ酸アミノトランスフェラーゼ branched chain amino acid aminotransferase** は，3 種のすべてのアミノ酸からのアミノ基受容体としてαケトグルタル酸を用い，そしてこの酵素には哺乳類では細胞質とミトコンドリアに 2 つのアイソザイムが存在する。この酵素は，ヒトでは肝臓には少なく，筋肉，脂肪組織，腎臓，および脳で豊富であり，これらの組織では，分枝アミノ酸は絶食時のエネルギー源として重要である。その後に続く 3 種のすべてのαケト酸誘導体の酸化的脱炭酸反応は，ミトコンドリアの**分枝αケト酸デヒドロゲナーゼ複合体**

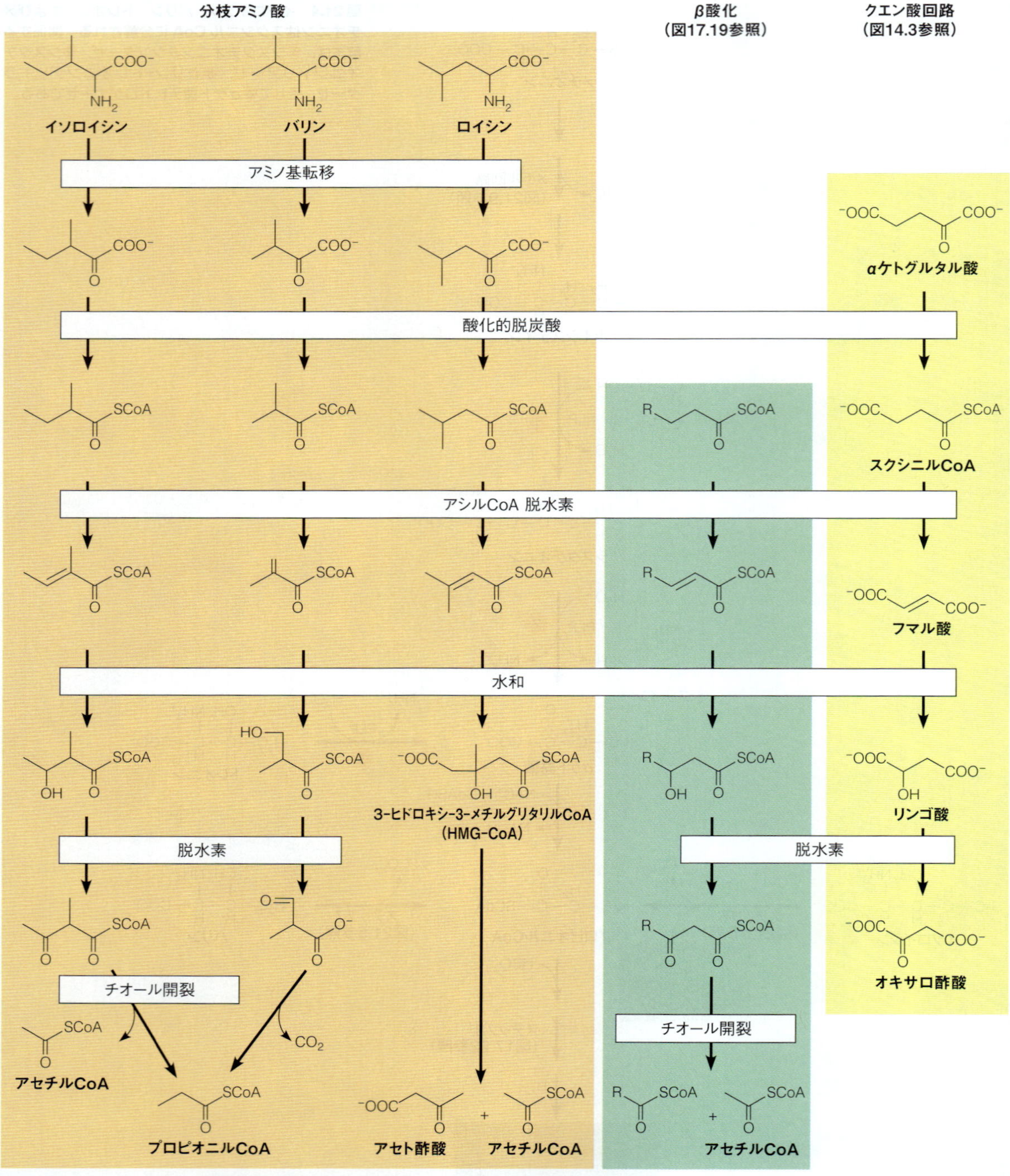

図 21.5　分枝アミノ酸酸化，脂肪酸β酸化およびクエン酸回路は共通の化学戦略を共有する

branched chain α-keto acid dehydrogenase complex によって触媒される。この酵素は，ピルビン酸デヒドロゲナーゼとαケトグルタル酸デヒドロゲナーゼ複合体（第14章）と同じ E_1-E_2-E_3多酵素構造と機構をもっている。実際，ある特定の種では，E_3サブユニットは3つすべての酵素複合体で同一である。**メープルシロップ尿症 maple syrup urine disease**，あるいは分枝ケト酸尿症と呼ばれる病気はヒトではまれであるが，この複合体が欠損している。3種のすべてのアミノ酸とそのケト酸誘導体が尿に蓄積し，その特徴的な臭いからその名前がつけられた。この疾患は重度の精神遅滞を伴う。

> **ポイント 2**
> ヒトではバリン，ロイシン，イソロイシンを代謝する分枝αケト酸デヒドロゲナーゼ複合体の欠損は，メープルシロップ尿症と呼ばれる重度の精神遅滞を引き起こす。

ケト原性アミノ酸のアセト酢酸 / アセチル CoA 族

リシン分解

ロイシンがアセト酢酸とアセチル CoA に分解される経路については，すでに論じた（図 21.5）。分枝アミノ酸の分解についての理解を踏まえると，いったん 2 つのアミノ基が除去されたリシンの分解は同様な戦略に従うことが予想できるかもしれない。アミノ基転移によってαアミノ基がどのようにして除去されるかはわかるが，リシンのεアミノ基についてはどうだろうか？　リシンはいくつかの経路によって分解されるが，哺乳類での主な経路である**サッカロピン saccharopine 経路**は，実際この予想された戦略に従う。サッカロピンは，リシンからεアミノ基を除去する 2 つのステップの中間体である。

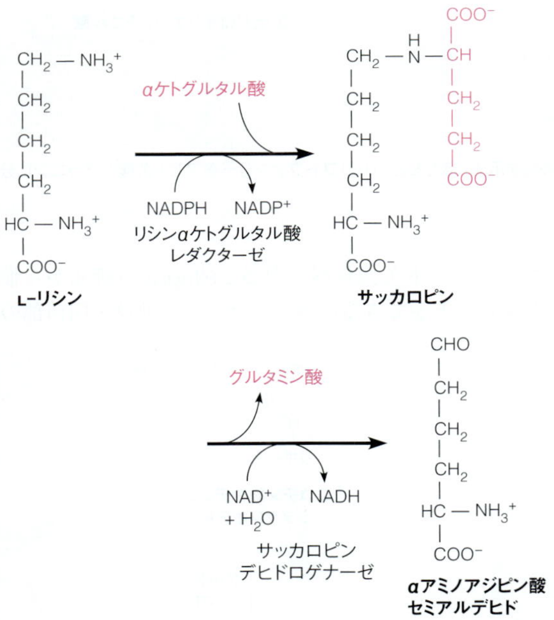

これら 2 つの反応は**αアミノアジピン酸セミアルデヒドシンターゼ α-aminoadipic semialdehyde synthase** と名づけられた二機能性酵素によって触媒される。哺乳類の酵素は，2 つの触媒活性のための別々の領域から構成される単一タンパク質である。この過程はαケトグルタル酸をアミノ基受容体として利用してグルタミン酸を生成するが，アミノ基転移反応よりも尿素回路のアルギニノコハク酸シンテターゼ-アルギニノスクシナーゼ反応（図 20.12，p.753）と類似している。

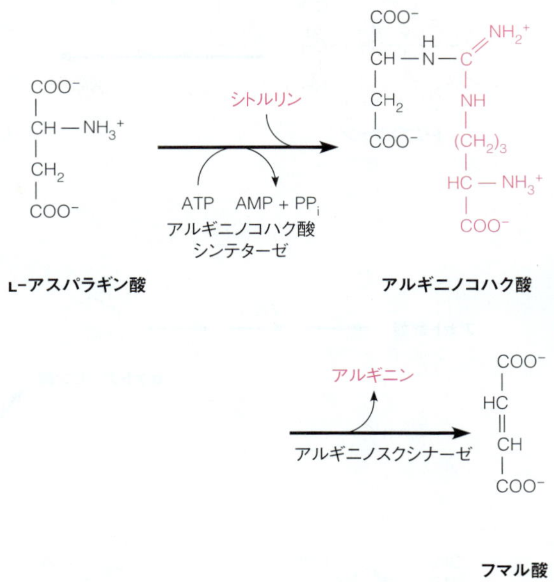

残りの経路はセミアルデヒドの酸への酸化とαアミノ基を除くためのアミノ基転移反応を含み，アシル CoA 誘導体を生成するよく知られた酸化的脱炭酸が続く。二重結合導入のための FAD 依存性アシル CoA 脱水素反応，水酸基導入のための二重結合の水和，そして対応するケト誘導体への NAD^+ 依存性脱水素反応となる。リシンに必要とされるこの一連の経路の唯一の違いは，末端の炭素（αアミノアジピン酸セミアルデヒドのアルデヒド）を除くためのアシル CoA 脱水素ステップ後の余分な脱炭酸反応である。最終的な分解産物はアセト酢酸である。

トリプトファン分解

トリプトファンは多くの経路で変換される。しかし，主要な異化経路は**キヌレニン kynurenine** を経てαケトアジピン酸に移る経路である（図 21.6）。トリプトファンの分解における最初の反応は，O_2の両原子を基質に取り込むヘムタンパク質である**トリプトファン 2,3-ジオキシゲナーゼ tryptophan 2,3-dioxygenase** によって触媒される。**キヌレニナーゼ kynureninase** によって触媒される第 4 番目のステップは C_β—C_γ 結合の PLP 依存性開裂であり，トリプトファン骨格起源のαとβ炭素がピルビン酸に容易にアミノ基転移されるアラニンとして遊離する。他の開裂反応生成物である 3-ヒドロキシアントラニル酸は，最終的にリシン分解のサッカロピン経路の中間体であるαケトアジピン酸に変換される。実際，トリプトファンとリシンの分解の最後の 7 つのステップは同一で，アセ

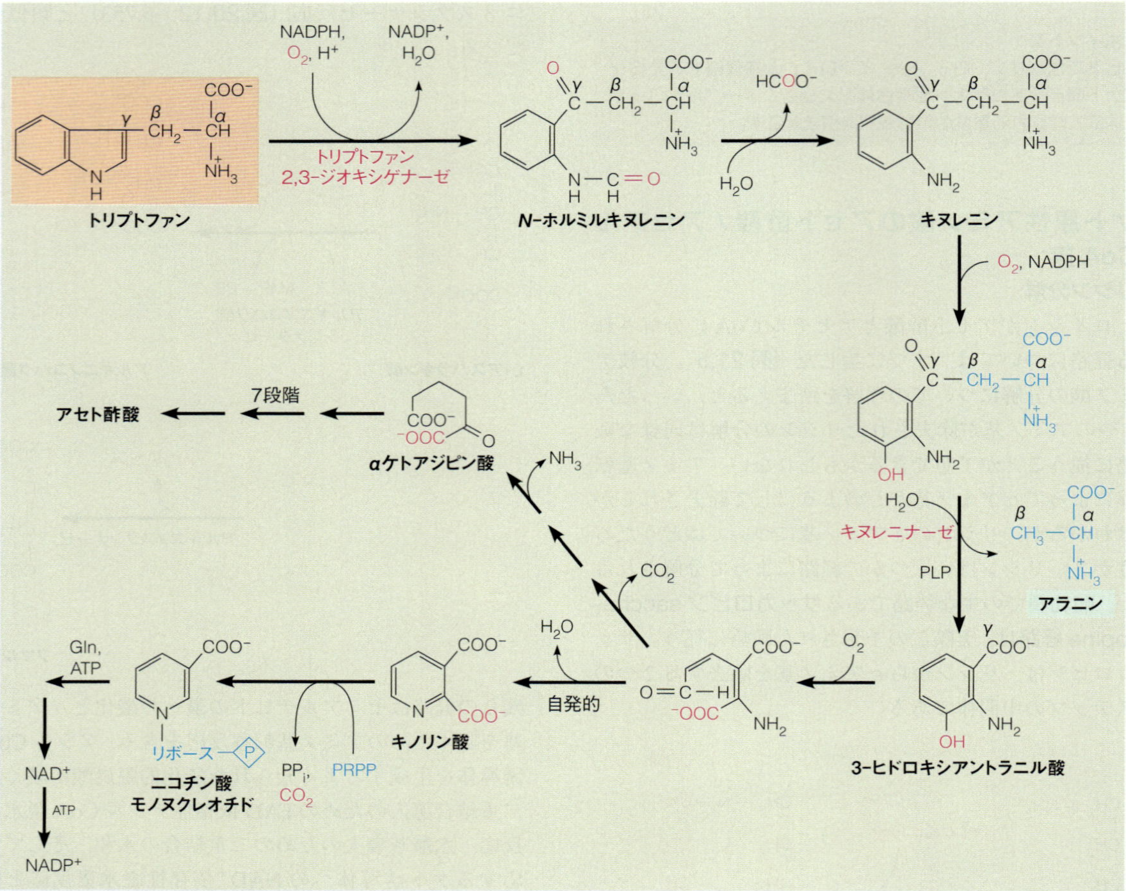

図 21.6　トリプトファンの代謝経路　この図はトリプトファンの２つの主要な経路を示す。ほとんどのトリプトファン分子をアセト酢酸とアラニンに分解する主要な異化経路とニコチンアミドヌクレオチドへの合成経路である。

ト酢酸で終わる。

トリプトファンはニコチンアミドヌクレオチド合成の重要な前駆体でもあり，動物の NAD$^+$合成前駆体の 50％ほどを占めている。残りはビタミンのナイアシンに由来する（p.401，表 11.8 参照）。両経路の最後の反応は**グルタミン依存性アミドトランスフェラーゼ glutamine-dependent amidotransferase**（右図参照）によって触媒され，この反応でグルタミンはアミド窒素を供与して，ATP 加水分解が駆動力を与える。グルタミン依存性アミドトランスフェラーゼは，他のアミノ酸，ヌクレオチド，アミノ糖や糖タンパク質を誘導する反応を含めた代謝で広くみられる。第 22 章でこれらの酵素の機構について詳しくみていく。

ポイント 3
グルタミンのアミド窒素は，プリンやピリミジンヌクレオチド，アミノ糖，およびニコチンアミドヌクレオチドを生成するアミドトランスフェラーゼ反応に用いられる。

NAD$^+$生合成におけるトリプトファンの役割は，ニコチンアミド欠損症**ペラグラ pellagra** の研究から推測することができる。ペラグラは，以前は米国南部の

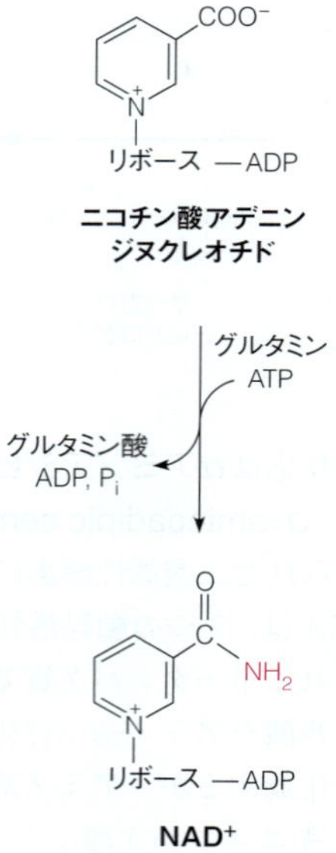

ようなトウモロコシが主食の地域特有の風土病であった。トウモロコシタンパク質はトリプトファンをほとんど含まないので，このアミノ酸の欠乏はありふれたことであった。予想されるように，もしトリプトファンの主な役割がニコチンアミドの代用品であるならば，トリプトファン欠乏の症状はニコチンアミド欠乏の症状と同じである。

フェニルアラニンとチロシンの分解

最後の 2 つのアミノ酸は，**フェニルアラニンヒドロキシラーゼ phenylalanine hydroxylase** によって触媒されるフェニルアラニンのチロシンへの水酸化によって始まる単一経路によって分解される。この興味深い酵素は，チロシンヒドロキシラーゼとトリプトファンヒドロキシラーゼとともに**芳香族アミノ酸ヒドロキシラーゼ aromatic amino acid hydroxylase** 族に属する。動物と微生物では，3 つの酵素すべてが，アミノ酸基質を水酸化するために Fe(IV)O 中間体を用いる非ヘム鉄を含むモノオキシゲナーゼである。3 つの酵素はすべて，プテリン補因子の**テトラヒドロビオプテリン tetrahydrobiopterin**（BH_4）も必要とする。構造はテトラヒドロ葉酸に類似しているが，BH_4は葉酸からは誘導されず，そのかわりほとんどの哺乳類細胞と組織で GTP から合成される。**フェニルアラニンヒドロキシラーゼ**反応において，1 つの酸素原子がチロシンの水酸基になり，もう 1 つが BH_4を水酸化してカルビノールアミンにする。図 21.7 に示したように，カルビノールアミンは**プテリン-4*a*-カルビノールアミンデヒドラターゼ pterin-4*a*-carbinolamine dehydratase** によって 7,8-ジヒドロビオプテリンのキノノイド型に変換する。プテリン補酵素は**ジヒドロプテリジンレダクターゼ dihydropteridine reductase**（ジヒドロ葉酸レダクターゼと同一ではないが類似している）によって再生される。ジヒドロプテリジンレダクターゼは NADH あるいは NADPH を電子供与体として使うことができるが，NADH に対する K_Mのほうがはるかに低い。この 3 つの酵素によるフェニルアラニン水酸化系は主に肝臓で起こるが，腎臓でも程度は小さいながら起こる。植物では，芳香族アミノ酸ヒドロキシラーゼはテトラヒドロビオプテリンよりもテトラヒドロ葉酸補因子を用いる。

フェニルアラニンヒドロキシラーゼの遺伝的欠損は，西ヨーロッパおよび米国において新生児 1 万人に対し約 1 人が罹患している**フェニルケトン尿症 phenylketonuria（PKU）**の原因である。PKU は常染色体劣性の遺伝疾患であり，両親がヘテロ接合体の場合，4 人の子供のうち 1 人にフェニルケトン尿症の危険がある。この病気の発生率から人口の約 2%がキャリヤーであると概算できる。フェニルケトン尿症では，チロシンへの変換が阻害されるためフェニルアラニンが非常に高いレベルまで蓄積する（**高フェニルアラニン血症 hyperphenylalaninemia**）。多量のフェニルアラニンは，通常ではあまり使われない経路，特にフェニルピルビン酸（フェニルケトンの 1 つ）へのアミノ基転移，それに続いて起こるフェニルピルビン酸からフェニル乳酸およびフェニル酢酸への変換を経て代謝される。

21

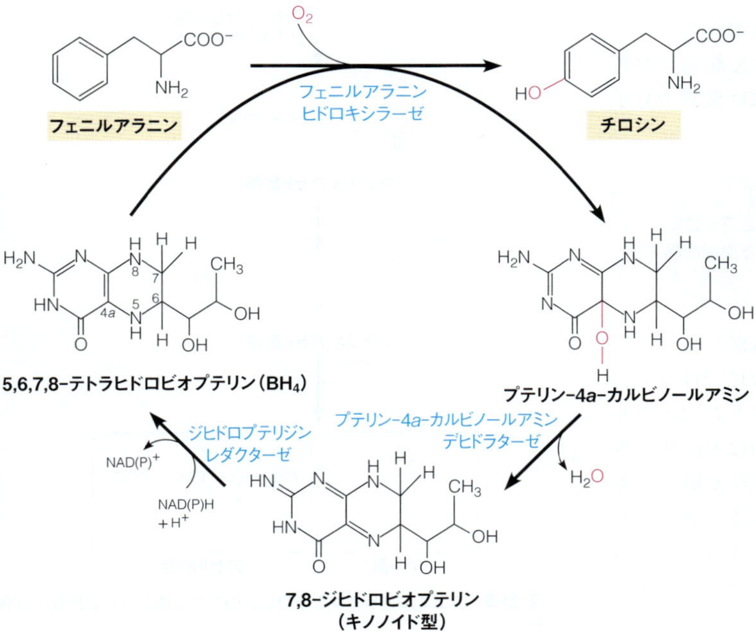

図 21.7　フェニルアラニン水酸化系　フェニルアラニンからチロシンへの変換はフェニルアラニンヒドロキシラーゼにより触媒される。同時に補因子であるテトラヒドロビオプテリンがプテリン-4*a*-カルビノールアミンに水酸化される。テトラヒドロビオプテリンはカルビノールアミンのジヒドロビオプテリンへの脱水によって再生され，続いてジヒドロビオプテリンレダクターゼにより還元される。

これらの化合物は大量に尿に排泄される（1〜2 g/日）。

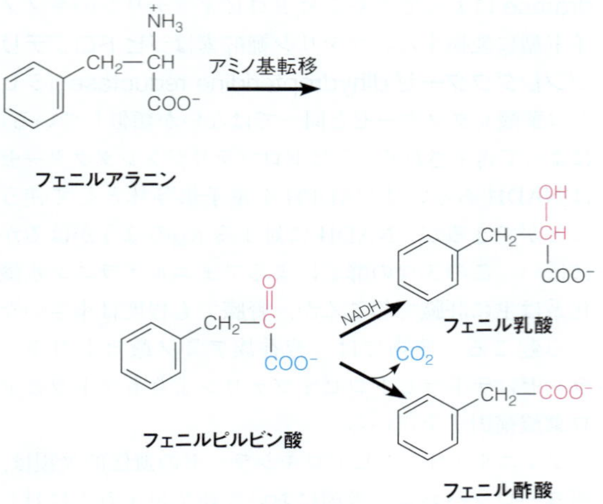

もし病気が発見されず治療が行われない場合には，PKU は非常に重い精神遅滞を招く。正確な生化学的原因は不明であるが，フェニルアラニン自体が神経毒性のある分子であるという証拠が蓄積しつつある。幸い PKU は出生時に容易に診断でき，また多くの病院が決まった方法で新生児スクリーニングを行っている。もしこの状態が早期に発見されれば，神経系を正常に発達させるために数年間，低フェニルアラニン，高チロシンの合成食を摂ることにより精神遅滞の発症を阻止できる。この合成食は非常に高価であるために，PKU の出生前診断およびヘテロ接合体キャリヤーの同定に非常に関心がもたれてきた。ヒトのフェニルアラニンヒドロキシラーゼの遺伝子に，500 以上の異なる病原性変異が位置づけられている。これらのミスセンス変異の大部分は，452 のアミノ酸からなるタンパク質のアミノ酸置換をもたらす。ヒトのフェニルアラニンヒドロキシラーゼの構造は X 線結晶解析で決定されており，現在では多くの PKU 変異の分子的説明が可能である。

ポイント 4
フェニルケトン尿症は，治療せずに放置するとフェニルアラニンヒドロキシラーゼの遺伝的不全に起因する重度の精神遅滞を招く。

PKU は群を抜いて最も一般的であるが，高フェニルアラニン血症がすべて PKU であるわけではない。ジヒドロプテリジンレダクターゼ，プテリン-4*a*-カルビノールアミンデヒドラターゼ，あるいは BH_4生合成を必要とするいずれかの酵素の遺伝的欠損が，非 PKU 高フェニルアラニン血症を誘発する。テトラヒドロビオプテリンは，チロシンやトリプトファンを含めた他の水酸化反応にも関係するので，合成や再生の異常はより重い症状を引き起こす。

チロシンのフマル酸とアセト酢酸への分解は，この異化経路の律速酵素である**チロシンアミノトランスフェラーゼ tyrosine aminotransferase** によるアミノ基転移によって開始される（図 21.8）。この生成物，*p*-ヒドロキシフェニルピルビン酸に作用するめずら

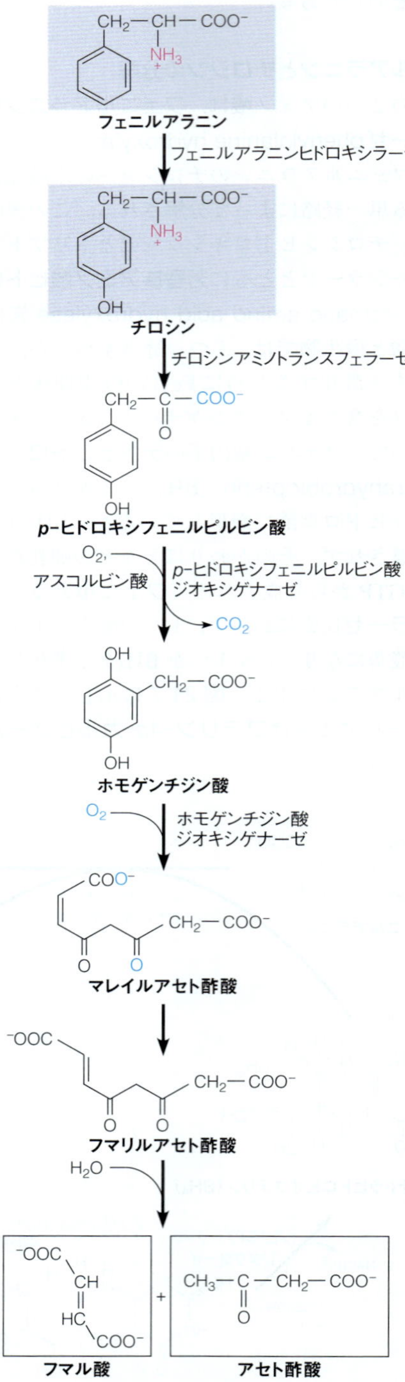

図 21.8　フェニルアラニンとチロシンのフマル酸とアセト酢酸への異化

しい鉄含有酵素の *p*-**ヒドロキシフェニルピルビン酸ジオキシゲナーゼ** *p*-**hydroxyphenylpyruvate dioxygenase** は，プロコラーゲンプロリルヒドロキシラーゼ（p.810 参照）と同じ様式で，アスコルビン酸を補因子として，環の水酸化，脱炭酸化，および側鎖移動を触媒する。この反応には，エポキシド中間体の生成とアルキル側鎖の転移を経て進行する環水酸化のメカニズムを明らかにしたアメリカ国立衛生研究所 National Institutes of Health（NIH）の科学者にちなんで，**NIH シフト NIH shift** と呼ばれる機構が関わる。

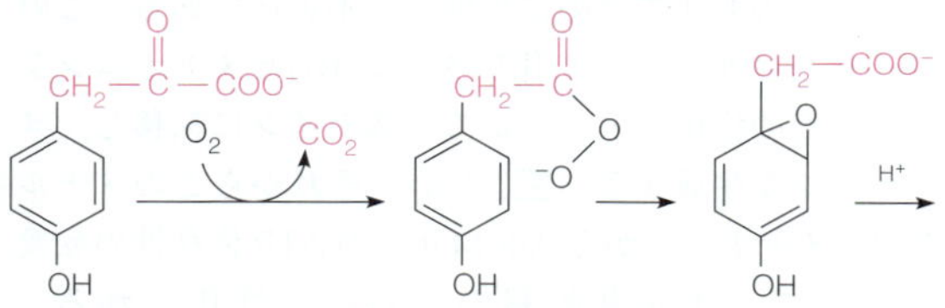

***p*-ヒドロキシフェニルピルビン酸**

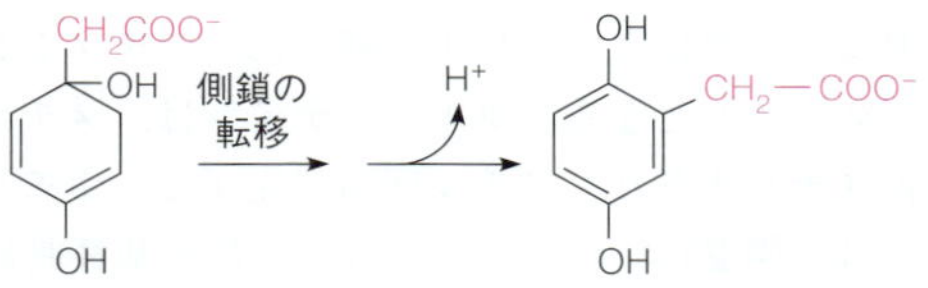

ホモゲンチジン酸

フェニルアラニンヒドロキシラーゼ反応にも，溶媒と混合することなく，フェニルアラニンの C4 水素をチロシンの C3 へ移動する NIH シフトが関わる。

p-ヒドロキシフェニルピルビン酸の酸化生成物，**ホモゲンチジン酸 homogentisic acid** は鉄含有酵素，**ホモゲンチジン酸ジオキシゲナーゼ homogentisate dioxygenase** によって酸化される。この酵素は環を開裂し，八炭素の直鎖化合物を生成し，**フマリルアセト酢酸 fumarylacetoacetate** に異性化した後，最終的に開裂してフマル酸とアセト酢酸を生成し，両者は一般的なエネルギー産生経路によって異化される。植物では，ホモゲンチジン酸は光合成（第 16 章参照）で使われるプラストキノンとビタミン E（p.726 参照）の芳香環部分の前駆体となる。

ヒトのホモゲンチジン酸ジオキシゲナーゼの遺伝的欠損は“黒い尿の病気”として何世紀も前から知られており，現在は**アルカプトン尿症 alkaptonuria** と呼ばれている。ホモゲンチジン酸が蓄積し，尿に大量に排泄される。放置すると酸化して尿は黒くなる。この病気の臨床的症状はそれほど重篤ではないが，歴史的にみると興味深いものがある。20 世紀の初頭に Archibald Garrod は，病に苦しむ人たちの家系を調べ，1909 年に“正常な代謝におけるベンゼン環の開裂は，先天性アルカプトン尿症において欠乏している特別な酵素の働きによるもので，病気では酵素の働きが部分的，あるいは完全に阻害されていると考えられる”と記している。換言すれば，遺伝子あるいは酵素の化学的性質が明らかになるずっと以前に，1 個の遺伝子が 1 個の酵素をコードすることを提唱し，そして遺伝性の代謝疾患の概念を発展させたのである。

生合成前駆体としてのアミノ酸

アミノ酸はタンパク質に取り込まれることに加えて，ポリアミン，グルタチオン，メチル基，ヘム，神経伝達物質やその他のシグナル分子，ヌクレオチド（第 22 章）のような，非常に多様な他の重要な代謝物の前駆体として働く。この項ではいくつかの最も重要な経路とアミノ酸代謝産物に着目する。

S-アデノシルメチオニンおよび生物学的メチル化

第 19 章で，ホスファチジルエタノールアミンからのホスファチジルコリンの生合成について述べた際，メチオニンの代謝的活性化型として *S*-アデノシルメチオニン *S*-adenosylmethionine（AdoMet）を紹介した。メチオニンと ATP からの AdoMet の合成は，高いグループ転移ポテンシャルをもつスルホニウム化合物を産生することを思い出してほしい。AdoMet を含むグループ転移反応は，すべてではないが多くは**メチル基転移 transmethylation** であり，この反応でメチル基は受容体に転移されて AdoMet は *S*-アデノシルホモシステイン *S*-adenosylhomocysteine（AdoHcy）になる。クレアチニン（図 21.16 参照）およびホスファチジルコリン（p.699）の合成はメチル基転移のよい例である。

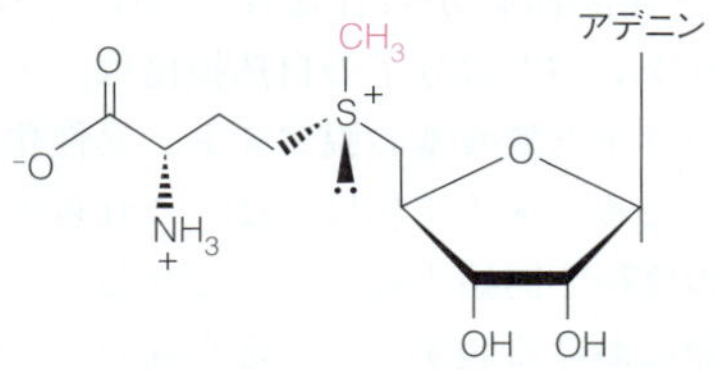

***S*-アデノシル-L-メチオニン（AdoMet）**

表 21.1 に，いくつかの生物学的に重要な AdoMet 依存性メチル基転移反応を示す。高分子のタンパク質や核酸が基質になることに注目してほしい。後の章で DNA と RNA のメチル化機構について論じる。しかし，タンパク質のメチル化はここで簡単に述べておく。メチル化できる残基は種々のタンパク質のリシン，アルギニン，および遊離カルボキシ基の残基である。ヒストンは細胞周期の特定の時期に修飾された特異的なアルギニンやリシン残基が広範にメチル化されることがわかっている。リシンは 1 つ，2 つ，あるい

表 21.1　注目すべき *S*-アデノシルメチオニン依存性メチル基転移

メチル基受容体	メチル化産物
ノルアドレナリン	アドレナリン（図 21.24）
グアニジノ酢酸	クレアチン（図 21.16）
ホスファチジルエタノールアミン	ホスファチジルコリン（p.699）
DNA（アデニンまたはシトシン）	DNA（*N*-メチルアデニンまたは 5-メチルシトシン）
tRNA 塩基	メチル化 tRNA 塩基
ニコチンアミド	N^1-メチルニコチンアミド
タンパク質のアミノ酸残基	メチル化アミノ酸残基

は3つ，アルギニンは対称あるいは非対称配置で2つのメチル基が結合できる。ヒストンのこの翻訳後修飾は，転写調節とゲノムの完全性の維持において中心的な役割を果たしており，**エピゲノム epigenome**（遺伝子発現に影響する遺伝性の非DNA化学標識。第29章でより詳しく述べる）に貢献している。また，メチル化タンパク質の酵素的加水分解によって特異的に誘導生成される *ε*-*N*-トリメチルリシンはカルニチンの前駆体として使われる。カルニチンの膜を横切る脂肪酸アシル基転移の役割は第17章で紹介した。さらに細菌では，タンパク質のメチル化は**走化性 chemotaxis** において重要な役割を果たし，その過程は，細菌が培養液中で化学物質の濃度勾配を感知して，それに向かうか，離れるかのいずれかの動きである。走化性は感覚変換の基礎モデルとして研究される。それには，MCP，あるいはメチル基受容走化性タンパク質 methy- latable chemotactic protein と呼ばれるタンパク質グループの周期的なメチル化・脱メチル化反応が関わる。タンパク質のメチル化は，少なくとも2通りの方法でタンパク質を保護することが明らかになっている。すなわち（1）ユビキチン化（第20章参照）部位をブロッキングすることで，メチル化は明らかにタンパク質を代謝回転から保護する助けとなる。(2) 加齢に伴うタンパク質分子の自然損傷は，アスパラギンとアスパラギン酸残基の脱アミド，異性化，ラセミ化の原因になる。メチル化反応は，これらの損傷を受けた残基の修復を開始することができる。

細菌代謝におけるわずかな反応を除いて，唯一知られている AdoMet が関わらないメチル基転移は，メチオニン自身の合成であるということが読者の記憶にあれば，AdoMet の中心的代謝機能は理解できる。第20章で述べたように，メチル基はフラビン依存性メチレンテトラヒドロ葉酸レダクターゼ flavin-dependent methylenetetrahydrofolate reductase（MTHFR）によって触媒される 5,10-メチレンテトラヒドロ葉酸の 5-メチルテトラヒドロ葉酸（5-メチル-THF〈tetrahydrofolate〉）への還元によって新規に生成する。哺乳類の肝臓での MTHFR 反応は，NADHP を電子供与体として利用し，細胞質ゾルの高い $NADPH/NADP^+$ 比と 5,10-メチレン-THF 還元のための大きな標準自由エネルギーの変化のために生理的に不可逆である。このメチル基は次にメチル化ビタミン B_{12} とメチオニンシンターゼの作用によってホモシステインに転移し，メチオニンが生成する（図 21.9）。それからこのメチル基は，メチオニンから AdoMet への ATP 依存性の転換によってメチル基転移のために活性化される。AdoMet 依存性メチル基転移から生成した *S*-アデノシルホモシステインは，*S*-アデノシルホモシステインヒドロラーゼによって加水分解され，アデノシンとホモシステインとなる。ホモシステインは，メチオニンに再メチル化されてメチル回路が完了し，ホモシステインは，図 21.4 で最初に説明した含硫基移動経路を経て，システインに変換することでメチル回路から除かれる。再メチル化と含硫基移動は，通常それぞれホモシステイン代謝の約50%を占める。

図 21.9 に示したように，メチル回路は一炭素回路と密接に結合している。実際，AdoMet によって供与されるすべてのメチル基の最大の供給源は，テトラヒドロ葉酸一炭素プールである。セリンは，第20章で述べた PLP 依存性セリンヒドロキシメチルトランスフェラーゼによる一炭素単位の主な供与体である。真核生物ではメチオニンシンターゼが 5-メチル-THF を利用することが知られている唯一の酵素であるので，5,10-メチレン-THF の 5-メチル-THF への還元は，この一炭素単位をメチル基生合成に供する。すなわち，もしメチオニンシンターゼ反応が何らかの理由で（例えば，ビタミン B_{12} 不足）阻害された場合，他の THF 補酵素のプールを枯渇させて 5-メチル-THF が蓄積する。これは第20章で述べたメチルトラップの基本である（p.765）。

ポイント 5

5-メチルテトラヒドロ葉酸はメチオニン合成においてメチル基を転移するが，その他のすべての生物学的なメチル転移には *S*-アデノシルメチオニンが関わる。

すでに予想されているかもしれないが，制御機構は一炭素単位の供給と AdoMet 形成におけるメチル基の合成のバランスを保つために進化してきた。MTHFR

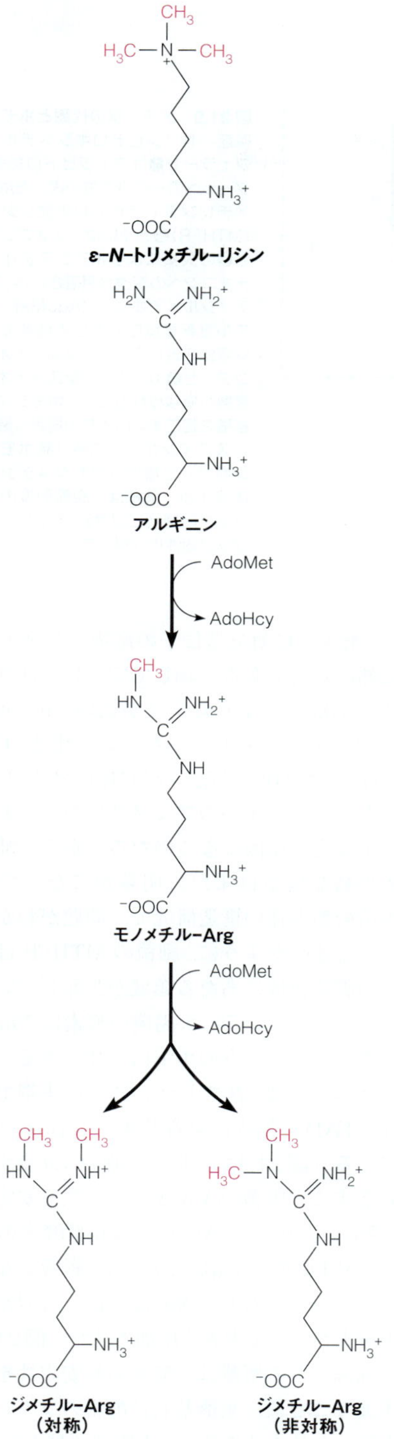

反応はメチル基生合成における関与段階を触媒するので，MTHFR の制御はすべての生物の一炭素代謝において重要である。真核生物の MTHFR は AdoMet によってフィードバック阻害される。これは AdoMet レベルが十分な場合，CH_3-THF 欠乏を避けるための主要な制御機能である（図 21.9）。ほとんどの真核生物の MTHFR は，触媒部位を含む N 末端領域と AdoMet アロステリック結合部位を含む C 末端調節領域から構成されている。植物と細菌の MTHFR は AdoMet によって阻害されない。しかし，これらの酵素は NADPH ではなくて NADH を用いる。細胞質ゾルでの NAD^+ / NADH 比が高いため，これらの生物の MTHFR 反応は可逆的となりがちであり，AdoMet によるフィードバック阻害の必要性がなくなる。他の重要な調節部位は，含硫基移動経路の最初のステップで，そこでは AdoMet がシスタチオニン β シンターゼの正のアロステリックエフェクターである（図 21.9）。すなわち，メチオニンとメチル基が十分な状態では，AdoMet は一炭素単位をメチル回路に導入するのを同時に遮断し，そして過剰なホモシステインを含硫基移動経路に向かわせる。

シスタチオニン β シンターゼの遺伝的欠損により，ヒトでは**ホモシスチン尿症 homocystinuria** と呼ばれる病気になる。この病気ではホモシスチン（酸化されたホモシステインのジスルフィド誘導体）の過度の尿排泄から明らかなように，ホモシステインが過剰に蓄積する。この状態は重度の精神遅滞，血管の損傷，および眼の水晶体の位置異常を引き起こす。ホモシスチン尿症は，ビタミン B_6（ピリドキシン）で治療できる患者もいる。シスタチオニン β シンターゼは，PLP 依存的な酵素であること思い出してほしい（図 21.4）。ビタミン B_6応答性の患者のシスタチオニン β シンターゼは，変異によって PLP との親和性が 2〜5 倍低いのが典型である。これらの“K_M変異”は，多量のビタミン B_6の投与によって生体内で改善が可能な場合が多い。

シスタチオニン β シンターゼの欠損が見出された後に，関連する 2 つの酵素，メチオニンシンターゼ，あるいは 5,10-メチレンテトラヒドロ葉酸レダクターゼの，どちらか一方の欠損によっても同じような症状が生じることが見出された。メチオニンシンターゼの欠損は，巨赤芽球性貧血やホモシステイン血症を引き起こすが，ヒトでは非常に稀である。しかし，MTHFR の欠損は，最も一般的な葉酸代謝の先天異常である。ホモシスチン尿症を引き起こす少数の重篤な MTHFR の欠損が知られているが，症状の穏やかな MTHFR 酵素活性の欠損を示すだけの患者がより一般的である。1995 年に，モントリオールのマギル大学の Rima Rozen らは，ヒトの MTHFR の触媒領域の 222 番目のアミノ酸残基の Ala から Val への置換を引き起こす MTHFR 遺伝子のエクソン 4 の C から T への置換を同定した（図 21.10）。このミスセンス，あるいは非同義コドン変化が北米ではごく当たりまえで，コーカソイドの 45％がヘテロ接合性で（1 つの T 対立遺伝子と 1

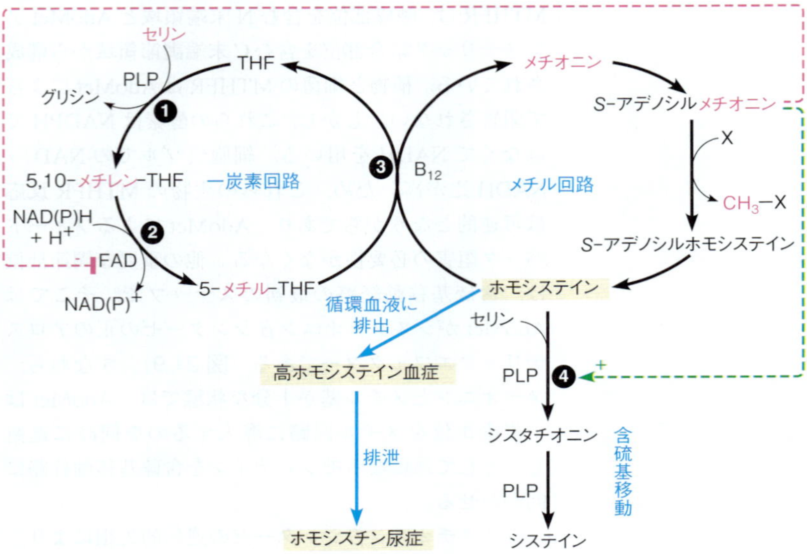

図21.9　メチル基の代謝とホモシスチン尿症　セリンヒドロキシメチルトランスフェラーゼ❶はテトラヒドロ葉酸（THF）プールへの一炭素単位の導入を触媒する。メチレンテトラヒドロ葉酸レダクターゼ（MTHFR）❷あるいはメチオニンシンターゼ❸の欠損によりホモシステインからメチオニンへの変換が阻害される。Xは*S*-アデノシルメチオニン（AdoMet）依存性メチル基転移反応における任意のメチル基受容体を表している。シスタチオニン*β*シンターゼ❹の欠損は，シスタチオニンへの変換が損なわれるので，ホモシステインの蓄積を起こす。いずれの場合も過剰なホモシステインが循環血液（高ホモシステイン血症）と尿中（ホモシスチン尿症）に蓄積する。破線は，調節酵素のアロステリック阻害（ピンク），あるいはアロステリック活性化（緑）を示す。

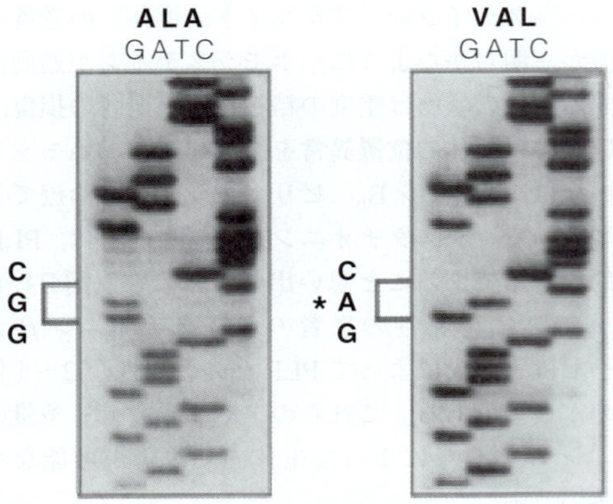

図21.10　DNA塩基配列は，ヒトのメチレンテトラヒドロ葉酸レダクターゼ（MTHFR）の一般的な多型を明らかにする　DNA塩基配列は，2人のMTHFR遺伝子のアンチセンス鎖から得たもので，1人はC対立遺伝子（左）を保有し，もう1人はT対立遺伝子（右）を保有している。対応するセンス鎖は，それぞれGCCコドン（Ala）あるいはGTCコドン（Val）をコードしている。
Courtesy of Rowena Matthews, University of Michigan.

つのC対立遺伝子を保有），10～15%がT対立遺伝子のホモ接合性である。特定の変異が比較的頻繁に起こる場合（人口の1%を超える対立遺伝子），多型と呼ばれる。この遺伝子変化はたった1つのヌクレオチドに関係するので一塩基多型 single nucleotide polymorphism，あるいはSNPと呼ばれる。MTHFRのCからTへの多型がホモ接合性の患者は，穏やかなホモシステイン血症を呈し，葉酸とリボフラビンの濃度が低い栄養状態になるだけである。ヘテロ接合性では，一般的に血漿ホモシステイン濃度は正常である。

この酵素のVal変異体（T対立遺伝子の産物）の生化学分析は，臨床知見を分子的に説明する。正常なAlaを含む酵素（C対立遺伝子の産物）と比べて，Val変異体は熱不安定である。46℃で完全に不活性化し，37℃でさえAla酵素より安定性が低い。in vitro分析では，TTホモ接合体からとったリンパ球は，CCホモ接合体のたった50%程度のMTHFR酵素活性しかもっていない。この1つのアミノ基置換が，どのようにこの熱不安定の原因になるのだろうか？　哺乳類のMTHFRの結晶構造は未だに明らかになっていないが，大腸菌の類似体の構造研究で，問題がわかってきている。上で述べたように，細菌のMTHFRは真核生物の酵素の調節領域にあたる領域が欠如しているが，触媒領域と類似している。大腸菌の酵素は296アミノ酸からなるサブユニットのホモ四量体である。それぞれのサブユニットは，*β*ストランドのC末端でフラビン補因子（FAD）と結合する基本的な$\beta_8\alpha_8$バレル構造をしている（図21.11）。真核生物のVal変異体のように，対応する大腸菌のVal変異体は熱不安定を示す（図21.12a）。大腸菌のAla型とVal型酵素の速度論的検討で，Val置換はK_M値とk_{cat}値に影響しないことが明らかになった。むしろVal置換は，酵素がフラビン補因子を失う傾向を大きく増加させた（図21.12b）。フラビン補因子との解離は，酵素の熱安定性を減少させる。重要なことに，葉酸基質は酵素のフラビン損失（図21.12c）と熱失活を防ぐ。大腸菌の酵素では，Alaの177番目（ヒトの222番目のAlaに相当する）は，*β*バレルの底に位置し，触媒部位からおよそ1.5 nm離れている（図21.11）。この距離にもかかわらず，より大きなVal残基への置換は，FAD結合部位を提供する*α*ヘリックスのパッキングを崩壊させる。タンパク質のこの構造変化が，正常なAla酵素と比べてFAD補

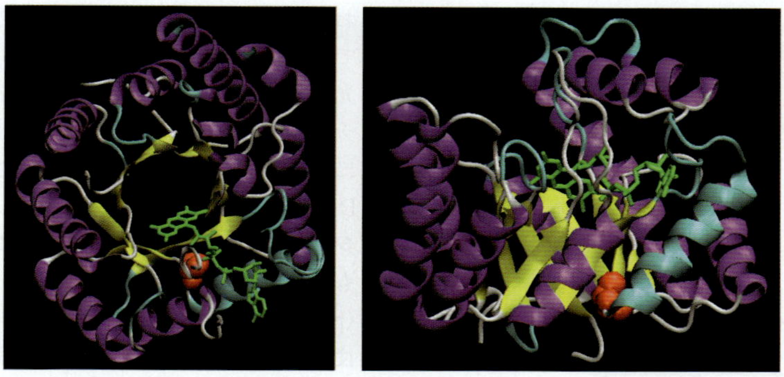

図 21.11　**リガンドと複合体化した大腸菌 MTHFR**　この図は FAD（緑色）（PDB ID：1B5T）と結合した細菌の酵素の X 線結晶構造を示している。左のパネルは，βストランド（黄色）の C 末端に向かって $\beta_8\alpha_8$ バレルの軸を見下ろしたところを示している。右のパネルはバレル軸に垂直に見たところである。空間充填モデル（赤）で示した 177 番目の Ala は，バレルの N 末端に位置している。この残基のより大きな Val 残基への置換は，FAD 結合部位のほうへ突き出している隣接するαヘリックス（青緑色）のパッキングを崩壊させる。

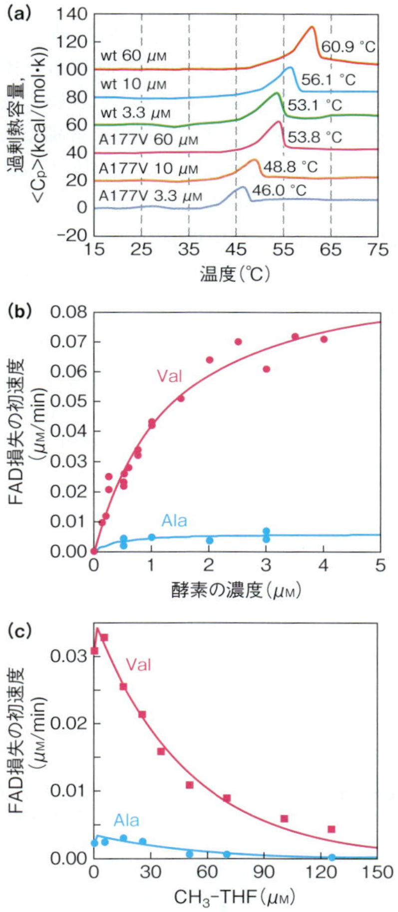

図 21.12　**大腸菌 MTHFR の Ala177Val 変異体の生化学的解析**　**(a)** 示差走査熱量測定（「生化学の道具 6C」を参照）は，野生型（wt）Ala177 酵素と比べて Val 変異体は熱不安定であることを示している。融解温度（T_m）は，両酵素ともにタンパク質濃度が減少するにつれて低下する。**(b)** 濃縮された酵素が X 軸に示した濃度に希釈された後，FAD の解離に続いてフラビン蛍光の増加を経時的に観察する。Val177 酵素は Ala177 酵素より 10 倍程度速く FAD を失う。**(c)** 葉酸補因子（5-メチル-THF）は，野生型と変異体の両方の酵素の濃度依存的な FAD 損失を防ぐ。
Courtesy of Rowena Matthews, University of Michigan.

因子の結合親和性を低下させることにつながる。葉酸補因子の結合は FAD の損失を遅らせる。すなわち，酵素の生化学的特性によって臨床像が予測される。細胞中の葉酸レベルが適切であるかぎり，Val 置換を示す TT ホモ接合体は MTHFR 活性を十分保持する。しかし，もし葉酸の取り込みがある閾値レベル以下に低下したら，MTHFR は葉酸補因子で飽和されない。FAD の解離は，熱不安定性を加速させ，MTHFR 活性を低下させ，ホモシステインの再メチル化に必要な 5-メチル-THF の生成を減少させる。これは，構造的生化学的研究が，いかにして遺伝代謝病の分子基盤のより一層の理解をもたらすかの見事な例である。

図 21.9 から，シスタチオニンβシンターゼ，メチオニンシンターゼ，あるいは 5,10 メチレンテトラヒドロ葉酸レダクターゼのどれか 1 つ欠損すると，どのようにホモシステインが蓄積するかを理解することができる。遺伝的な原因に加えて，食餌由来の葉酸，ビタミン B_6，あるいはビタミン B_{12} の欠乏もホモシステイン血症をまねく。

ポイント 6
ホモシステイン血症は，食餌由来の葉酸，ビタミン B_6，あるいはビタミン B_{12} の欠乏と同様に，シスタチオニンβシンターゼ，メチオニンシンターゼ，あるいは 5,10-メチレンテトラヒドロ葉酸レダクターゼの遺伝的欠損でも起こりうる。

図 21.9 に示したように一炭素回路とメチル回路はほとんどすべての細胞でみられるが，肝臓と腎臓は異なる種類のメチル基転移が関わる別のメチオニン合成経路をもっている。ホモシステインは，細胞質ゾルのベタイン-ホモシステインメチルトランスフェラーゼによって触媒される反応において，メチル基供与体として**ベタイン betaine** を使って再メチル化することができる。トリメチルグリシンとしても知られるベタインは，コリンのミトコンドリア酸化により生成される。

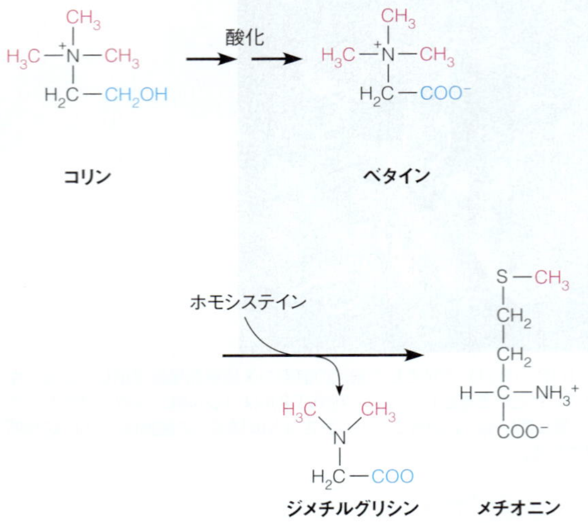

アミノ酸の第四級アミン誘導体であるベタインは，AdoMet と同様に正の電荷と高い転移ポテンシャルをもつ。ベタインのメチル基は元来，ホスファチジルコリン合成の間に AdoMet から由来したものであるから（第 19 章，p.699），このメチル基転移反応の実体は"メチオニンの合成に使用されるメチル基を除いて，すべてのメチル基はメチオニンに由来する"という説と一致する。

ベタイン合成は植物では特に重要で，渇水や高塩分の浸透ストレスを防ぐために蓄積する。ベタインはいくつかある植物の**浸透圧保護剤 osmoprotectant** の 1 つで，塩分や他の溶質の濃度が高いことによる変性に対してタンパク質や膜を安定化することができる，小さく，電気的に中性で，毒性がない分子である。ストレスを受けた植物では，ベタイン合成（コリンを経て）のためのメチル基の需要は，他のすべてのメチル基転移のためのメチル基の需要をしばしば妨げる。

メチオニンは，多くの海藻類や珊瑚共存細菌，そして他の植物プランクトンによってつくられる浸透圧保護剤であるジメチルスルホニオプロピオナート dimethylsulfoniopropionate（DMSP）の原料でもある。図 21.13 に示したように，メチオニンは最初にアミノ基転移され，そして還元される。もう 1 つのメチル基が AdoMet によって供与され，続いて酸化的脱炭酸されて DMSP を生じる。海洋細菌では，この化合物は 2 つの競合する経路によって異化される。1 つは，メタンチオール（CH_3SH）と酢酸を導く。図 21.13 に示した経路で，DMSP は加水分解されてジメチルスルフィド dimethyl sulfide（DMS）とアクリル酸になる。DMS は海洋での硫黄の主要な揮発性形態であり，毎年大気におよそ 1.5×10^{13} g の硫黄を提供している。DMS の大気への放出は，おそらく我々が海を連想する，特有の（誤称であるが）"潮風の香り"の元である。このにおいは，これを海洋の生物生産力の指標として認識している海鳥をひきつける。また，大気中の DMS は，光酸化を受けて雲形成の核形成部位として働く硫酸メチル methyl sulfate（MSA）になる。DMS はまた容易にジメチルスルホキシドに酸化されるが，海洋生物は DMS の再生を触媒する**ジメチルスルホキシドレダクターゼ dimethylsulfoxide（DMSO）reductase** をもっている。DMSO レダクターゼは，第 20 章（p.738）で述べたのと同じモリブドプテリン補因子を使う。すなわち，DMSO と DMS は地球の温度の調節に寄与する気候制御において重要な役割を果たしている。この経路の 1 種は，いくつかの菌類の子実体で硫黄含有化合物を生成するのにも用いられている。DMS や H_2S を含めたこれらの揮発性の化合物は，トリュフの香りの成分として重要である。

S-アデノシルメチオニンは植物の代謝において炭化水素ホルモン，**エチレン ethylene** の前駆体のように異なった役割を果たす。エチレンは植物の成長および発育を促進し，果実の熟成を促す。詳細な機構はまだ明らかでないが，どちらかといえばメチル基よりもメチオニンの主炭素骨格がこの反応で分裂し，**1-アミノシクロプロパン 1-カルボン酸 1-aminocyclopropane-1-carboxylic acid** を生成する。この珍しい反応は，AdoMet を非常に有効なメチル基供与体にするのと同じ化学作用に基づいている。この場合と同様に，正に帯電したスルホニウムは，隣接の 3 つの炭素中心を強力な求電子性にして，メチルチオアデノシン部分を含めて容易に転移させる。メチオニンの 1〜4 の炭素が描くシクロプロパンは，示されたように断片化してエチレン，CO_2 そしてシアン化物を生成する。

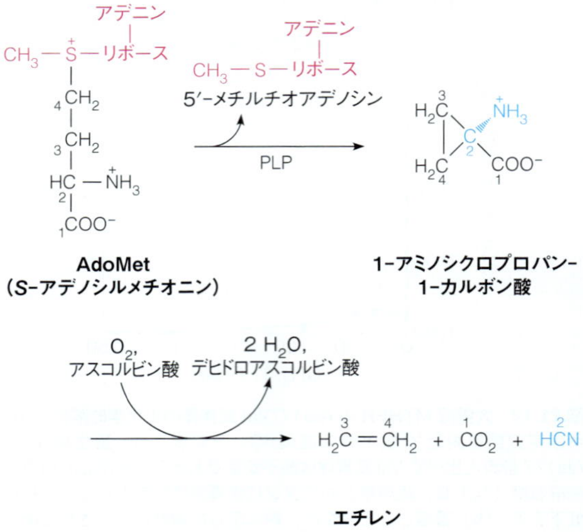

メチオニンを与えた植物を用いた放射性同位体標識（アイソトープラベル）による研究で，各炭素原子の由来が明らかになった。

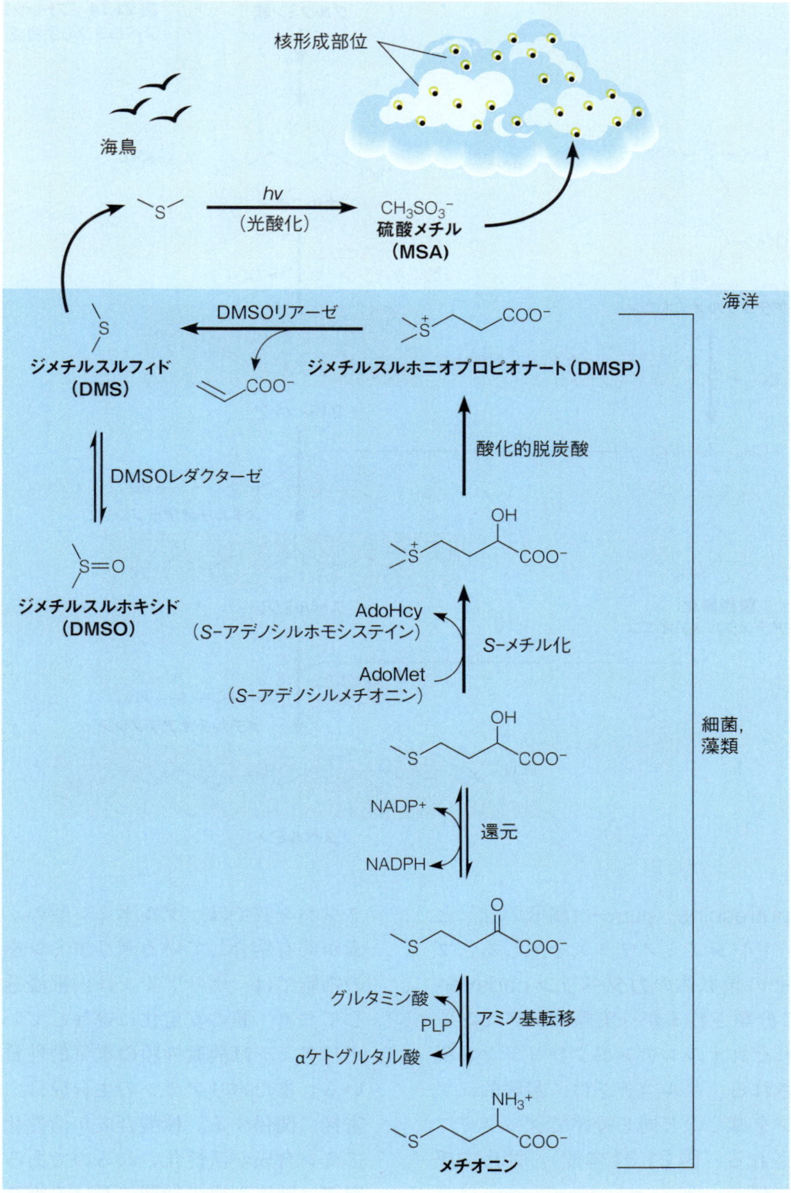

図 21.13　ジメチルスルフィド代謝の環境的な重要性

From *Science* 272：1599-1600, E. I. Stiefel, Molybdenum bolsters the bioinorganic brigade. ©1996. Reprinted with permission from Jeannette Stiefel.

21

AdoMet は，多くの細菌のリン脂質に存在するラクトバシル酸のようなシクロプロパン環をもつ脂肪酸の生合成にも用いられている。これらの珍しい脂肪酸は，AdoMet のメチル基に由来するメチレン基の不飽和脂肪酸の炭素-炭素二重結合にまたがる付加によって形成される。

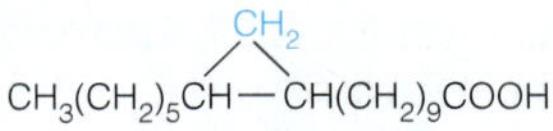

ラクトバシル酸

S-アデノシルメチオニンとポリアミン

エチレンの合成は，メチル基でなく AdoMet の結合メチオニンの四炭素部分の転移を伴う。同じような反応は広く分布するポリアミンの**スペルミン spermine** や**スペルミジン spermidine** の合成においても起こる（図 21.14）。この物質の名前は，最初に検出した原料であるヒト精液を連想させる。これらのポリアミンは広く分布している陽イオン性細胞構成要素であり，特に急速に増殖する細胞に豊富である。オルニチンは脱炭酸をうけて，最初に腐敗した肉から単離されたこと

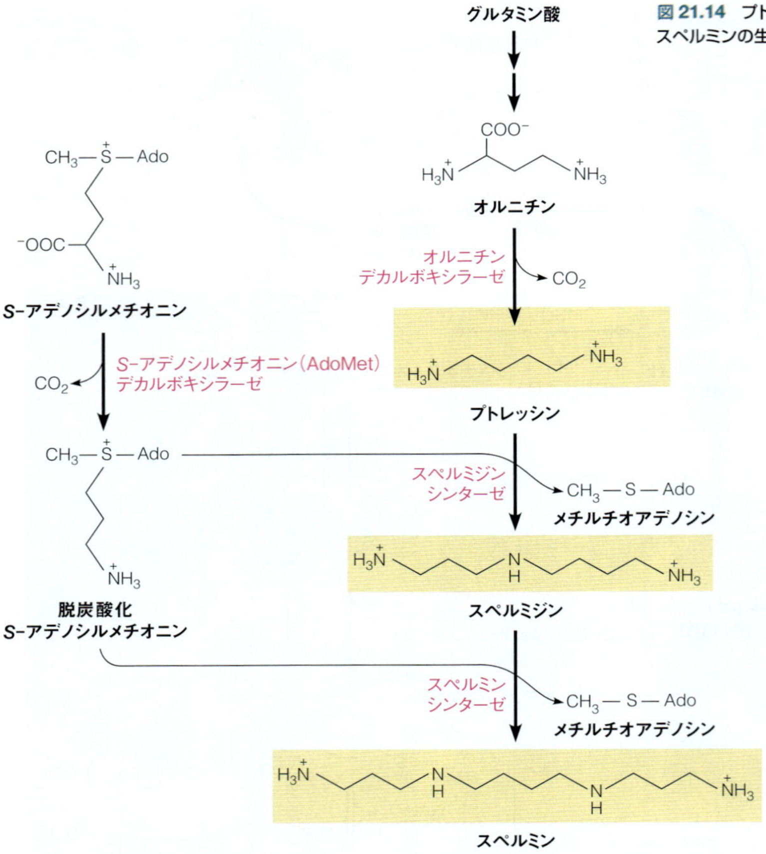

図 21.14　プトレッシン，スペルミジンおよびスペルミンの生合成

からプトレッシン putrescine（putre–は腐敗の意）という慣用名をもつ，1,4–ジアミノブタンを生じる。プトレッシンおよびその類似体のカダベリン cadaverine はポリアミンに分類されるが，実際はジアミンである。これらはそれぞれオルニチンおよびリシンの脱炭酸によって合成される。オルニチンは，最終的にアルギニンやプロリンを導くのと同じ経路でグルタミン酸から次々に合成される（図 21.31 参照）。オルニチンデカルボキシラーゼ ornithine decarboxylase は高度に調節された酵素であり，その活性は多くのホルモン刺激に応答する。この酵素は代謝半減期が非常に短く（約 10 分），細胞内の活性が主にタンパク質分解のレベルで調節されている。

ポリアミンはポリカチオンとして，負に荷電した核酸のコンホメーションの安定化に多様な役割を果たす。ポリアミン分子は二本鎖の両方の鎖上のリン酸と結合することができ，それによって二本鎖 DNA および RNA の二本鎖部分を安定化する。例えば，バクテリオファージ T4 においてウイルス DNA の約 40％の負の電荷がポリアミンによって中和される。ある種の tRNA は，tRNA 1 分子当たり，2 分子の強く結合したスペルミンあるいはスペルミジンを含んでいる。あるタンパク質では，グルタミン酸のγカルボキシ基に窒素が共有結合しているポリアミンを含んでいる。細菌の細胞では，ポリアミンは内部浸透力の調節にも関係しており，膜の安定化に寄与している。動物細胞ではポリアミンは興奮性膜の電気的性質の調節に関与している。またポリアミンの生合成は，細胞の増殖状態に密接に関係する。核酸合成が活性化されたとき，ポリアミン合成が活性化されるのである。したがって，研究者は腫瘍形成の初期におけるポリアミン合成の活性化が，初期がん診断のマーカー，あるいはがん治療のための標的になりうるのかを調べているところである。後者と一致をみるのは，駆虫剤ジフルオロメチルオルニチン difluoromethylornithine（DFMO）がオルニチンデカルボキシラーゼを阻害することにより細胞分裂周期（第 28 章参照）を停止することであり，これは細胞周期調節におけるポリアミンの役割を示唆している。

ポイント 7
二本鎖 DNA 構造の安定化における役割のために，ポリアミンは細胞の増殖に必要である。

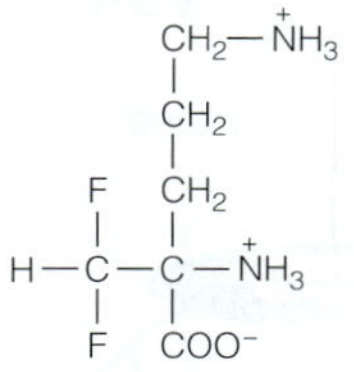

ジフルオロメチルオルニチン

プトレッシンは，AdoMet の介在する活性プロピルアミノ基の転移によってスペルミジンとスペルミンの前駆体として働く（図 21.14）。最初に AdoMet は **AdoMet デカルボキシラーゼ AdoMet decarboxylase** によって脱炭酸される。この酵素は補因子としてピリドキサールリン酸ではなく，共有結合するピルビン酸を含むデカルボキシラーゼの一例である（p.756 参照）。生成したプロピルアミノ基は，その後プトレッシンに転移されスペルミジンを生成し，そして，2 個目のプロピルアミノ基がスペルミンシンターゼによってスペルミジンに転移され，スペルミンが生成する。これらの反応のもう 1 つの生成物は 5'-メチルチオアデノシンであり，それが加リン酸分解を受けアデノシンと **5-メチルチオリボース 1-リン酸 5-methylthioribose-1-phosphate** になる。後者の化合物は，ここに示していない別の経路によってメチオニンの再合成に使われる。

スペルミンは，哺乳類の正常な発育に必要なことは明らかである。ヒトにおいて，珍しい X 連鎖 Snyder-Robinson 症候群はスペルミンシンターゼをコードする遺伝子の変異が原因である。この症候群は精神遅滞，骨格不良，骨粗鬆症，顔面非対称が特徴である。

グルタミン酸の他の前駆体機能

γ アミノ酪酸

オルニチンやポリアミンの前駆体としての働きに加え，グルタミン酸は神経インパルスの伝達で機能する化合物の前駆体として働くいくつかのアミノ酸の 1 つである。グルタミン酸の脱炭酸で，**γ アミノ酪酸 γ-aminobutyric acid（GABA）**が生じる。さらにグルタミン酸自体が神経伝達物質である。グルタミン酸と GABA の神経伝達物質としての機能は，本章の後のほうで論じる。

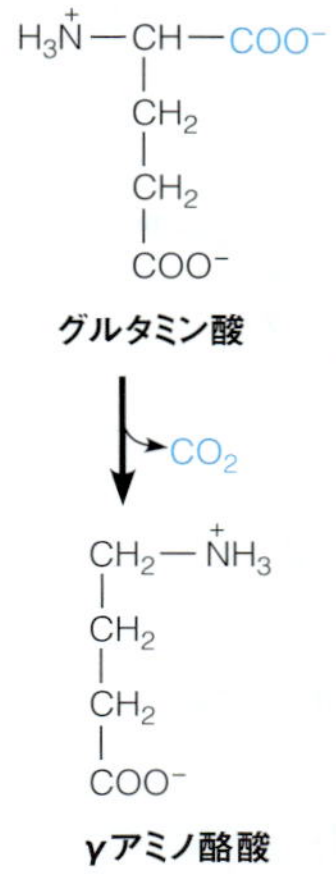

グルタチオン

グルタミン酸の他の主な，そして遍在性の代謝経路は，**グルタチオン glutathione（GSH）**，またはγグルタミルシステイニルグリシンの合成である。このトリペプチドはグルタミン酸，システイン，グリシンがアミド結合で結合して合成される。しかし，グルタミン酸はαカルボキシ基ではなくγカルボキシ基で結合する。GSH 合成は，アミノ酸を細胞に輸送する働きがある **γ グルタミル回路 γ-glutamyl cycle** の一部として起きる（図 21.15）。ATP の加水分解でアミド結合が形成される。それぞれのカルボキシ基は，アシルリン酸中間体の形成によって求核置換反応のために活性化される（下を参照）。細胞内で合成されたあと，GSH は細胞膜を超えて輸送される。細胞膜で加水分解されて，γグルタミル部分は細胞外のアミノ酸（通常はシステインかメチオニン）に転移されて，γグルタミル-アミノ酸結合体を形成する。この反応は，細胞膜タンパク質で活性部位が細胞外間隙に向いている **γ グルタミルトランスペプチダーゼ γ-glutamyl transpeptidase** によって触媒される。この反応には 1 つのアミド結合と別のアミド結合の交換が関わっているので，ATP を必要としない。γグルタミル-アミノ酸結合体は細胞内へと輸送され，加水分解されて，遊離アミノ酸とグルタミン酸に由来する 5-オキソプロリンを産生する。5-オキソプロリンは非常に安定な内部アミド結合をもっており，グルタミン酸生成のためにこの結合を開裂するために ATP の加水分解を必要とする。トランスペプチダーゼ反応のもう 1 つの生成物，システ

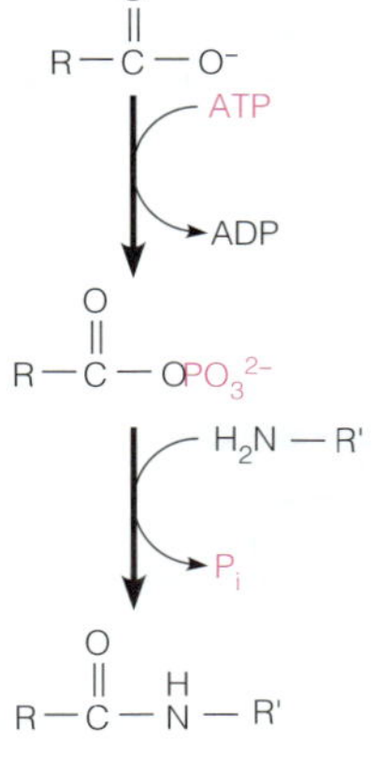

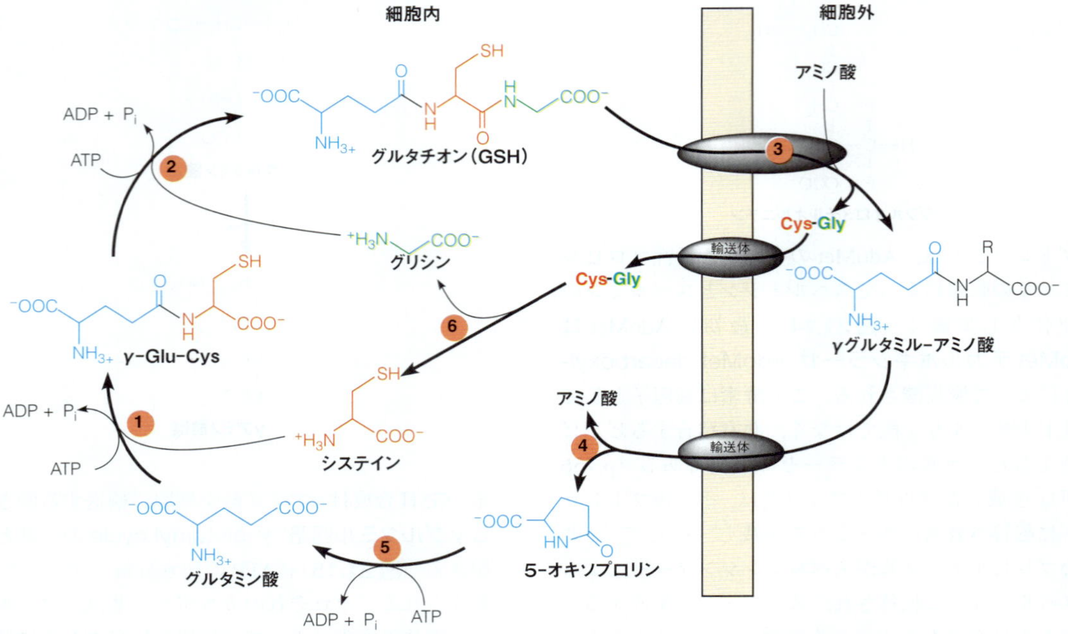

図 21.15　グルタチオンとγグルタミル回路　関係する酵素は①γグルタミルシステインシンターゼ，②グルタチオンシンターゼ，③γグルタミルトランスペプチダーゼ，④γグルタミルシクロトランスフェラーゼ，⑤5-オキソプロリナーゼ，⑥ジペプチダーゼである。

イニルグリシンジペプチドは，細胞外あるいは細胞内で遊離アミノ酸に加水分解される。続いてこれらは，グルタミン酸と結合して GSH を再生する。γグルタミル回路は，腎臓，膵臓，腸のような分泌，あるいは吸収機能をもつ細胞において特に重要である。

第 13 章でペントースリン酸経路の考察のところで最初に紹介したように，グルタチオンはいくつかの重要な代謝的役割を果たす。すべての細胞中に豊富にあるこのトリペプチドは，2 種類の代謝ストレスから保護する。1 つは，酸化条件下で細胞中に蓄積する過酸化物またはフリーラジカルのような多くの物質を非酵素的に還元できる（第 15 章，p.598）。グルタチオンは細胞内の還元的環境を維持し，細胞内タンパク質のチオールのジスルフィドへの酸化を防止する。第 2 は，広く分布している**グルタチオン *S*-トランスフェラーゼ** glutathione *S*-transferase の作用によって，グルタチオンが**生体異物** xenobiotic（代謝で産生されない外来性有機化合物），またはシトクロム P450 に関連した酸化酵素の作用によって生成した求電子試薬のような多くの物質の解毒に関係している。このような化合物には有機ハロゲン化物，脂質酸化による過酸化脂質，および放射線損傷 DNA 由来の生成物がある。グルタチオンは，ここで示したような化合物（RX と表示）と反応し，続いてγグルタミルおよびグリシル残基の開裂後，アセチル CoA によりアセチル化され**メルカプツール酸** mercapturic acid に変化する。この元の化合物より溶けやすくて毒性が低い誘導体は，その後，尿中に排泄できるようになる。あるいは，解毒はシステイン抱合体のメチルチオ化合物，またはグルクロニドへの異化に関わるかもしれない。

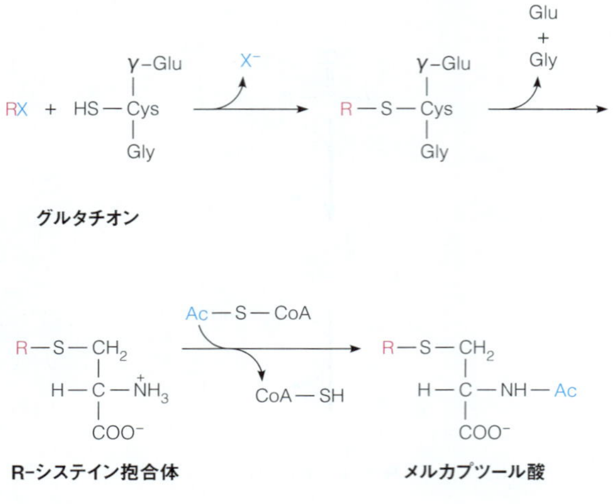

別の含硫アミノ酸族である**オボチオール** ovothiol は受精卵でみつかったが，グルタチオンに匹敵する役割を果たしている。これらのメルカプトヒスチジンは，αアミノ基上に 1 つ，または 2 つのメチル置換基をもつこと，あるいはメチル置換基をもたないことが可能である。海洋性の棘皮動物と軟体動物の卵中に mmol 濃度で存在するオボチオールは，受精初期に卵表面で生成する過酸化物による酸化傷害から卵を保護

する。オボチオールはグルタチオンによって順番に還元される。オボチオールはまた，リーシュマニアやトリパノソーマのようなトリパノソーマ類寄生虫では抗酸化物質として働く。

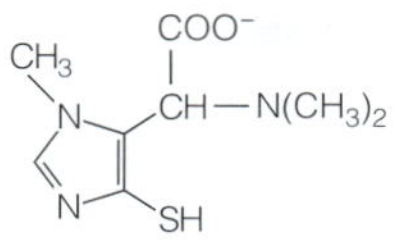

オボチオールC

最後にグルタミン酸は，ATP 依存性共役系によって葉酸およびその補酵素のポリグルタミン酸末端の合成に関係する（第 20 章，p.758〜759 参照）。グルタチオン合成のように，ポリグルタミン酸末端のグルタミン酸残基は，γ カルボキシ基によって結合する。

一酸化窒素とクレアチンリン酸

1980 年代後半から，アルギニンは新規のセカンドメッセンジャーおよび神経伝達物質の前駆体として予想外の役割をもつとみなされている。この新しい調節物質はシトルリンも産生する珍しい反応においてアルギニンから生成する気体，フリーラジカル**一酸化窒素** nitric oxide（NO）として同定された（図21.16）。酸素による 2 段階の NADPH 依存性のアルギニンの酸化を触媒する，**一酸化窒素シンターゼ** NO synthase（NOS）は，結合型 FMN，FAD，ヘム鉄，およびテトラヒドロビオプテリンを含んでいる。テトラヒドロビオプテリンは，フェニルアラニンからのチロシン合成に関係する補因子と同一である（図 21.7）。この気体シグナル分子の生理的役割と作用機構は，第 7 章と 23 章で述べる。

アルギニンはエネルギー貯蔵化合物のクレアチンリン酸（第 3 章，p.68 参照）の前駆体でもある。グアニジノ基はグリシンに転移し，アルギニン分子の残りの部分はオルニチンとして放出される（図 21.16）。アルギニンは尿素回路によってオルニチンから再生できる（図 20.12，p.753 参照）。アミジノトランスフェラーゼ反応のもう一方の生成物である**グアニジノ酢酸** guanidinoacetic acid は，*S*-アデノシルメチオニンによってメチル化され，クレアチンを生成する。続いてクレアチンはクレアチンキナーゼによりリン酸化され，クレアチンリン酸を生成する。アミジノトランスフェラーゼ反応は，クレアチン合成の律速段階である。アミジノトランスフェラーゼの発現は，クレアチンによって抑制される。関係する酵素の組織分布から考えて，哺乳類でのクレアチン生合成は臓器相互の過程のようである。グアニジノ酢酸は腎臓で生成され，クレアチンへのメチル化のために肝臓に運ばれる。クレアチンキナーゼは肝臓には非常に少ないので，クレアチンが血流へ放出される。筋肉や脳のようなエネルギー要求が高い組織は，血液からクレアチンを取り込み，クレアチンリン酸にリン酸化する。

クレアチンとクレアチンリン酸はいずれも，自然にクレアチニンに環化して（図 21.16），尿中に排泄される（健常な成人では 1 日に 1〜2 mg）。典型的な西洋食は，こうして失われるクレアチンのおよそ半分を供給できる。残る半分は内因性の生合成によってまかなわれ，成人は 1 日におよそ 4〜8 mmol 合成すると推定されている。実際，グアニジノ酢酸のクレアチンへのメチル化は，他のすべてのメチル化反応を合わせた以上の AdoMet を消費する。

21

動物におけるチロシンの利用

チロシンは動物の代謝において，甲状腺ホルモン，**メラニン** melanin と呼ばれる生物学的色素，およびホルモンや神経伝達物質として働くカテコールアミンの前駆体として，多くの重要な役割を果たしている（本章の後半で論じる）。

甲状腺ホルモン

甲状腺ホルモンは，特定の遺伝子の転写の活性化を通して多くの代謝反応を促進する（第 23 章参照）。甲状腺ホルモン，主に**チロキシン** thyroxine（T_4）および**トリヨードチロニン** triiodothyronine（T_3）は，特異的タンパク質である**チログロブリン** thyroglobulin のチロシン残基のレベルで珍しい経路によって合成される。この反応は甲状腺で起こり，甲状腺はこのために血清からヨウ素イオンを濃縮する。チログロブリンは甲状腺のろ胞細胞で合成される大きな（ヒトでは，単量体当たり 2,750 アミノ酸）ホモ二量体糖タンパク質で，ろ胞腔に分泌される。チログロブリンの 140 チロシン残基の 20% もが甲状腺ペルオキシダーゼによる触媒反応でヨウ素化される。この過酸化水素要求性の反応で，ヨウ化物（I^-）は酸化されてチログロブリンのチロシン側鎖に共有結合して，1 ヨウ素化チロシン残基や 2 ヨウ素化チロシン残基を形成する。図 21.17 で示すように同じポリペプチド鎖上の 2 個のヨウ素化チロシン残基が酸化的に結合し（この反応も甲状腺ペルオキシダーゼによって触媒される），T_3 または T_4 残基が生成する。ヨウ素化されたチログロブリンは，ろ胞細胞にピノサイトーシスによって取り込まれ，ホルモン化刺激よって分解を受けて遊離のホルモンを生成し，血流を通って作用部位へ輸送される。ヨウ素欠乏症の 1 つは**甲状腺腫** goiter であり，可能なかぎりヨウ素を取り出そうとして，甲状腺が異常に大きくふくれあがる。ヨウ素添加塩が広く使用されるようになる以前は，甲状腺腫は土壌のヨウ素が欠乏してい

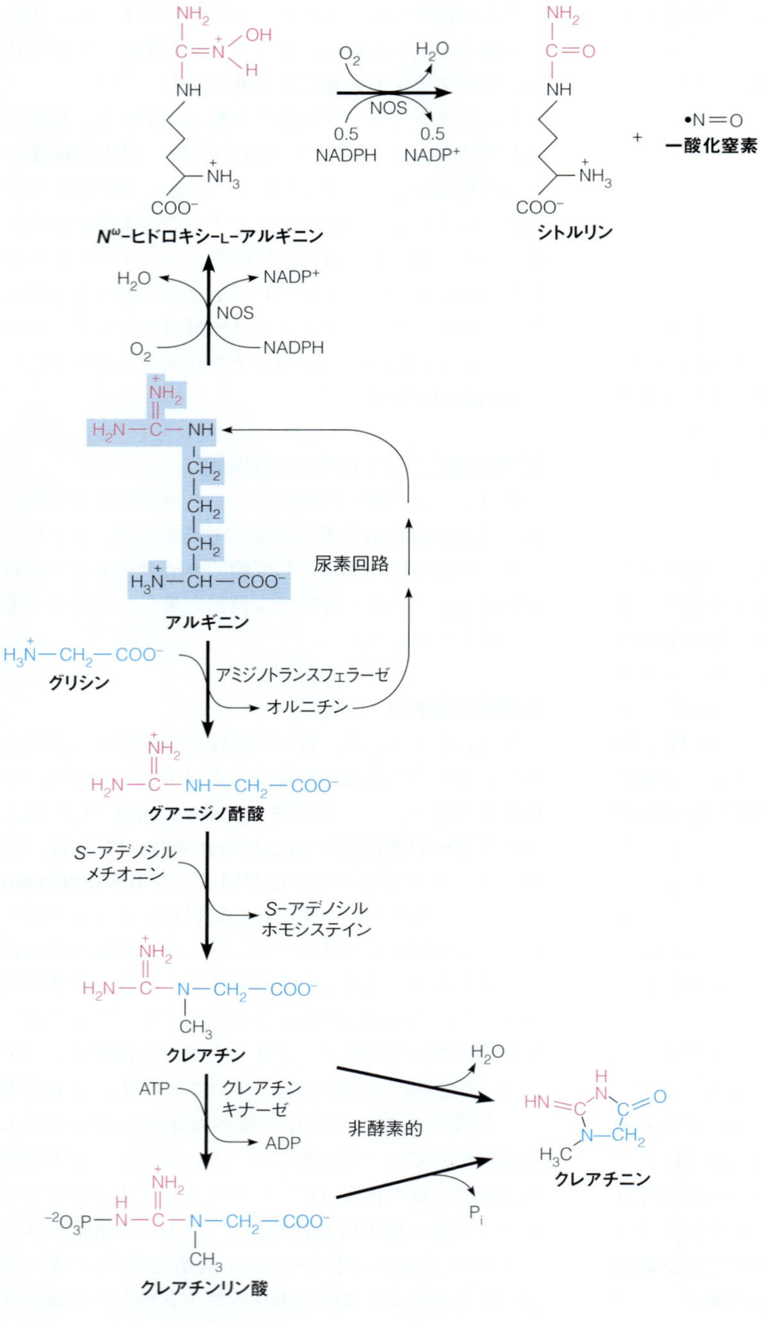

図 21.16　アルギニンからの一酸化窒素とクレアチンリン酸の生合成　一酸化窒素合成において，N^{ω}-ヒドロキシ-L-アルギニン中間体は一酸化窒素シンターゼ（NOS）としっかり結合したままである。

る地域の風土病であった。

メラニン

メラニン（図 21.18）は，色素生成細胞である**メラノサイト melanocyte** で合成される。哺乳類と鳥類のメラノサイトは，2 つの化学的に異なるタイプのメラニン，**ユーメラニン eumelanin** と**フェオメラニン pheomelanin** を産生する。メラニン合成の生化学的仕組みは，メラノソームと呼ばれる細胞膜結合小器官に含まれており，潜在的に毒性のある中間体から細胞を保護している。チロシナーゼ，チロシナーゼ関連タンパク質-1 tyrosinase-related protein-1（TRP-1），そしてチロシナーゼ関連タンパク質-2（TRP-2）として知られているドーパクロムトートメラーゼの 3 つの主要な色素酵素がメラノソーム膜の内面に結合している。銅含有オキシゲナーゼであるチロシナーゼによって触媒される最初の段階が律速段階である。ドーパキノン経路で **3,4-ジヒドロキシフェニルアラニン**

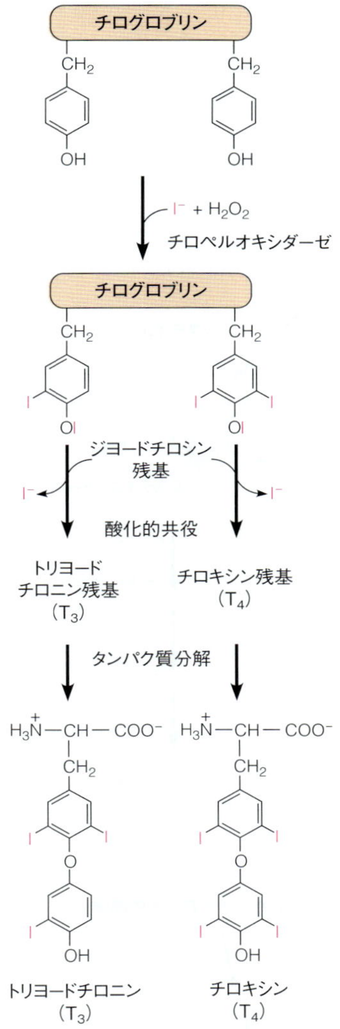

図 21.17　タンパク質チログロブリンにおける残基としての甲状腺ホルモンの生合成　チロシンのヨウ素化誘導体（トリヨードチロニン〈T_3〉およびチロキシン〈T_4〉）は，タンパク質分解によりチログロブリンから遊離する。

3,4-dihydroxyphenylalanine（通常ドーパ DOPA と呼ばれている）が最初に形成されると当初は考えられていたが，後の研究で，ドーパキノン dopaquinone（DQ）はチロシナーゼ反応で直接形成されることが示された。ドーパキノンは反応性が高く，後続反応のいくつかは自然に起こる。スルフヒドリル化合物非存在下で，ドーパキノンはアミノ基の分子内付加が起きてシクロドーパを生成する。その後シクロドーパとドーパキノン間の非酵素的酸化還元交換で，ドーパクロムとドーパが生じる。ドーパクロムはそれから徐々にジヒドロキシインドールに転位される。そしてさらに酸化され，重合されて黒褐色ユーメラニンになる。

もう一方の枝分かれした経路において，ドーパキノンは一連の関連重合体である黄褐色メラニンまたは赤褐色メラニンへの途中でシステインと反応する。ヒトの色素形成は皮膚における赤および黒メラニンの相対量によって決定される。これらは皮膚の基底層におけるメラノサイトの分布と密度，および異なるメラニンを導く経路の活性の結果として起こる。チロシナーゼの遺伝的欠損は，**白皮症 albinism** と呼ばれる状態の色素形成の欠損を引き起こす。一般的に研究に用いられるアルビノ（白色）のマウスとラットは，遺伝的にチロシナーゼが欠損している。

ヒトは皮膚や毛髪の色にかなりの程度の違いがある。皮膚の色の違いは適応性があり，皮膚に浸透する紫外線（UV）の量と関係がある。赤道付近の熱帯地域で暮らしていた最初の人類は，黒い皮膚によって皮膚がんを防いでいた。しかし，初期の人類はアフリカを出て，より北方の地域に移動したので，皮膚の色素沈着は適切なレベルのビタミン D を合成する能力を妨げて，くる病を招いた（第 19 章）。より薄い色の皮膚をもつ変異体の繁殖成功度が高くなり，したがって薄い色の皮膚がこれらのより北方の集団の優性表現型となった。チロシナーゼに加えて，1 ダース以上の遺伝子の多型が，皮膚，毛髪，または目の色に影響することが知られている。これらのうち最も顕著なものの 1 つが SLC24A5 遺伝子である。この遺伝子は，カリウム依存性のナトリウム-カルシウムイオン交換体をコードしている。このタンパク質はアフリカのヒトや他のほとんどの脊椎動物で十分に機能している。しかし，実質的にすべての薄い色の皮膚のヨーロッパ系のヒトは，SLC24A5 遺伝子にタンパク質の 111 番目の Ala が Thr に置換する非同義の一塩基多型をもっている。生化学的な機構はよくわかっていないが，この多型はタンパク質のナトリウム-カルシウムイオン交換の活性を損ない，メラニン色素の産生の有意な減少を引き起こして皮膚の色を薄くする。

植物における芳香族アミノ酸の利用

フェニルアラニンとチロシンは，重合リグニンからタンニン，色素，および多くの香料の香気成分まで，たくさんの植物性物質の前駆体として働く。実際，これらのアミノ酸のシナモン油，冬緑油，ビターアーモンド，ナツメグ，カイエンペッパー，バニラビーンズ，クローブ，ショウガの中に含まれるそのような物質の前駆体としての役割が，芳香族アミノ酸という名称と関係している。これらは，リグニン合成における主要な中間体でもあるコニフェリルアルコールから誘導される。L-チロシンは，ケシのコデインやモルヒネのようなアヘン剤合成の出発物質である。

フェニルアラニンも多くの植物色素や**フラボノイド flavonoid** と呼ばれる関連するポリフェノール化合物

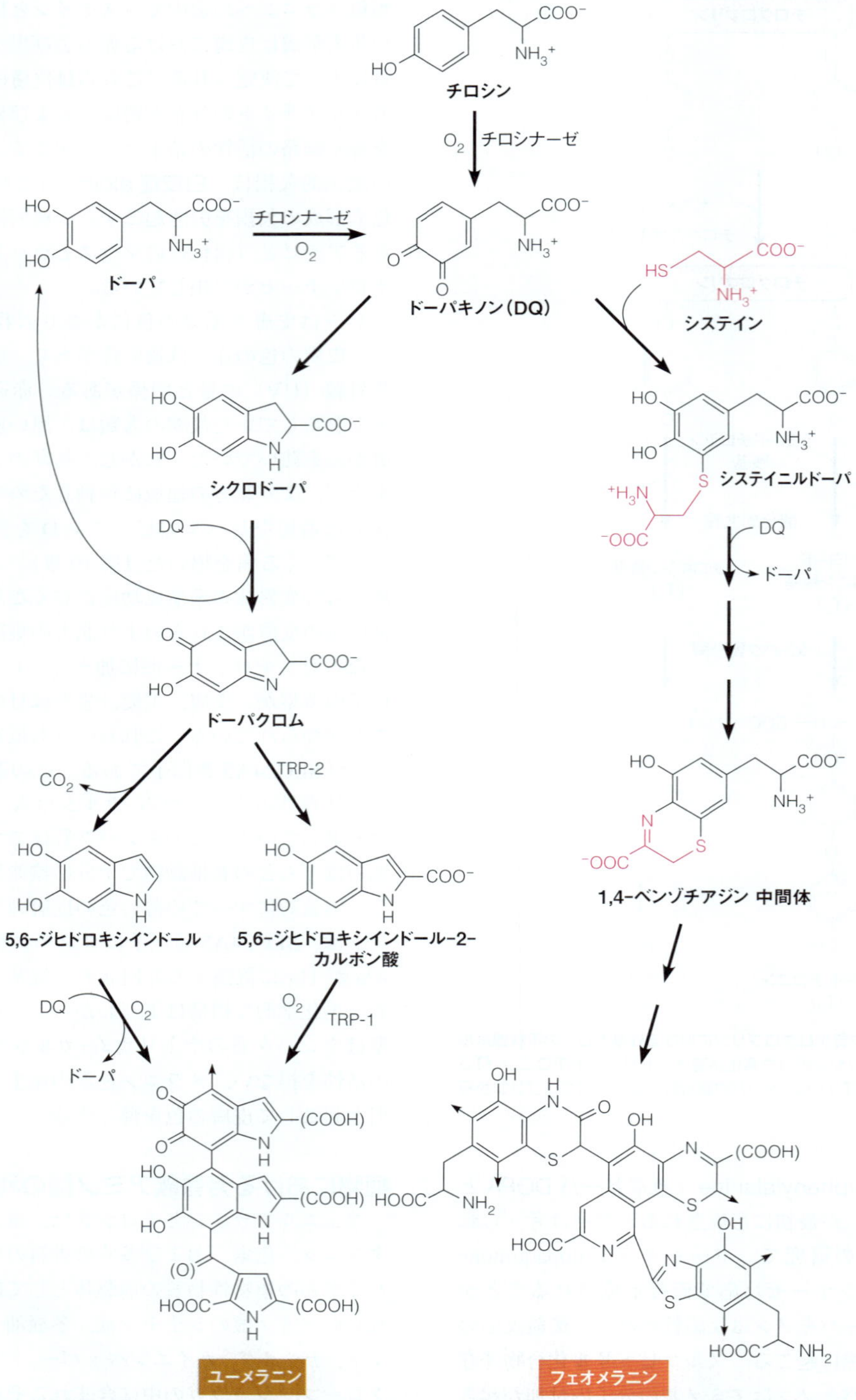

図 21.18　チロシンからメラニンの生合成経路　たった 2 つのステップだけが酵素触媒ステップであり，ほとんどが自然に起こる。いくつかのステップは，ドーパキノン依存性の酸化還元交換が関係する。形成されたドーパはチロシナーゼによってドーパキノン（DQ）に再生が可能である。ユーメラニンとフェオメラニンの構造は一般的な構造であり，矢印は他のユニットへ連結するための部位を示している。

Photochemistry and Photobiology 84：582–592, S. Ito and K. Wakamatsu, Chemistry of mixed melanogenesis—pivotal roles of dopaquinone. ©2008 John Wiley & Sons, Inc. Modified with permission from John Wiley & Sons, Inc.

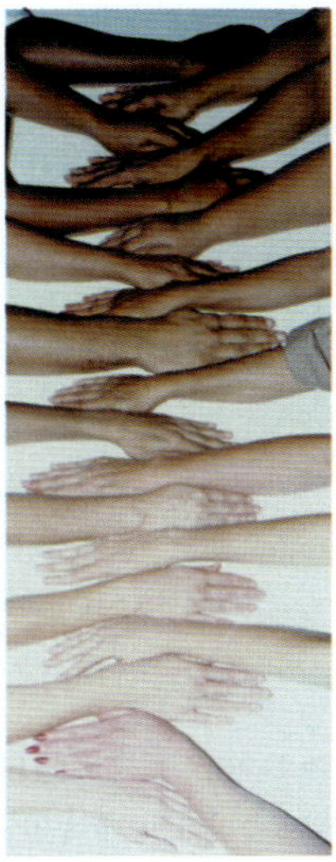

Human Molecular Genetics 18：R9–R17. R. A. Sturm, Molecular genetics of human pigmentation diversity. ©2009, by permission of Oxford University Press.

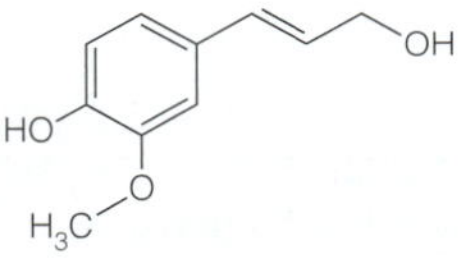

コニフェリルアルコール

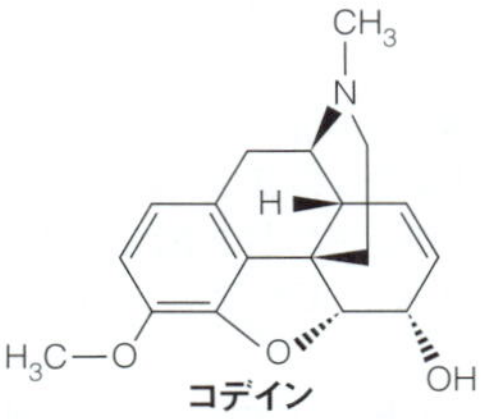

コデイン

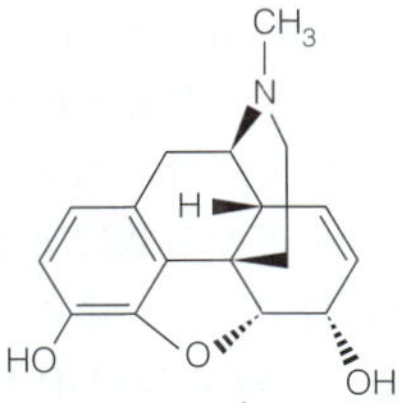

モルヒネ

の前駆体として働く。これらは多くの花の色素を含んでいる。その一部は，紫外線保護剤や呼吸阻害剤ロテノンとしても働く（p.567 参照）。下に示した一般的な構造のうち，式の右の部分の芳香環はフェニルアラニンから次ページ上に示した機構を経て生成し，左の部分の芳香環は，脂肪酸およびポリケタイド合成に類似した過程でマロニル CoA から生成する（第 17 章）。置換基（R）は—H，—OH，および$-OCH_3$の組み合わせである。

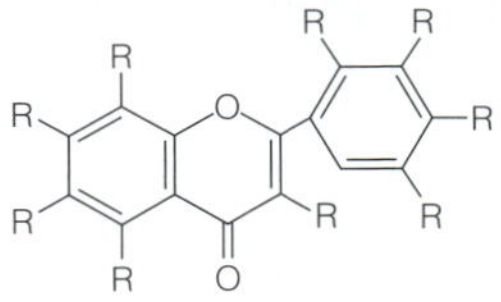

フラボノイド

同じ生合成機構は，一般的な花の色素である**アントシアニン** anthocyanin と呼ばれるフラボノイド類も誘導する。環の上の置換基が，ここに示したようにそれぞれの色を決定する。この経路から分岐してコカインが合成される。

コニフェリルアルコールは，複雑でほとんど不活性な**リグニン** lignin の前駆体である。リグニンは木質組織の主成分である。木材から紙や布地をつくる際に大変な労力を要するのは，リグニンを分解し木質組織に含まれるセルロース繊維を取り出す必要があるからである。リグニンを分解する化学パルプ化の過程は大量の亜硫酸を環境に放出するが，そのかわりに生物を利用することは，興味深いバイオテクノロジーの利用である。これらの“バイオパルピング”の応用で，化学汚染物質を蓄積しないセルロースの製造のためにリグニン分解酵素を産生する菌類が開発されている。

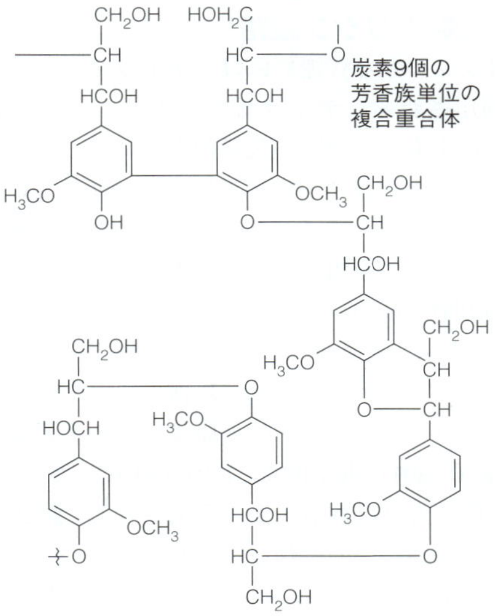

リグニン

トリプトファンは植物成長ホルモンの合成に利用される。ここで示すようにトリプトファンのアミノ基転移生成物は**インドール-3-酢酸** indole-3-acetic acid，すなわち**オーキシン** auxin である。

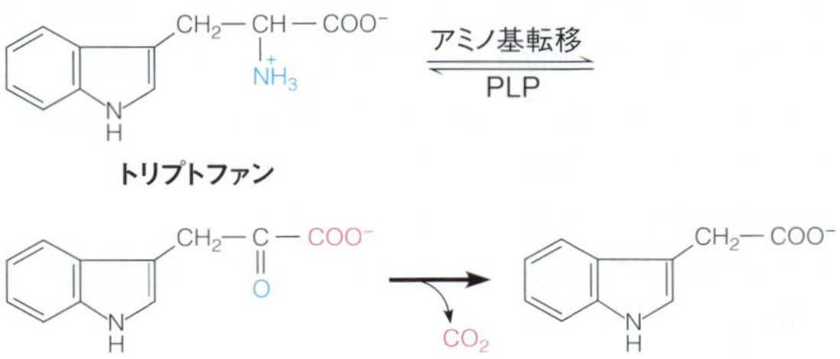

インドール-3-酢酸
（オーキシン）

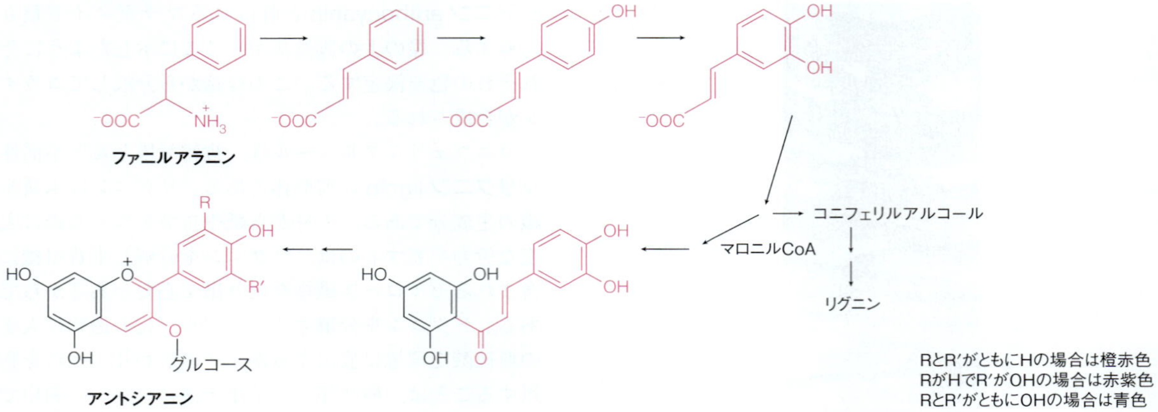

ポルフィリンおよびヘムの代謝

テトラピロールの生合成：コハク酸–グリシン経路

グリシンの主な代謝経路は，テトラピロールの生合成に利用される。テトラピロールは4個結合したピロール環をもつ化合物の包括的な総称である。このような4種類の化合物が生物界に広く存在している。広く分布する鉄ポルフィリンヘム，植物と光合成細菌のクロロフィル，藻類の光合成色素である**フィコビリン phycobilin**（第16章），そしてコバラミン，特にビタミン B_{12} およびその誘導体である（第20章）。これらほとんどの化合物の構造は，以前に示した。すべてのテトラピロールは，共通の前駆体である**δアミノレブリン酸 δ-aminolevulinic acid（ALA）**（5–アミノレブリン酸とも呼ばれる）から合成される。図21.19に種々の合成経路間の関係を示した。

ここでは，よく知られているヘムを生成するポルフィリン合成経路について述べる。この経路は動物組織に広く存在しており，また，知られている限りシトクロムのようなヘムタンパク質をもつすべての生物体で類似している。8種類の反応が関わっており，それらは細胞内の2つの異なる部位で起こる（図21.20）。最初の反応はミトコンドリアで起こり，次に細胞質ゾルにおいて4つの反応が続き，最後に3つの反応がミトコンドリアで進行する。これからみていくように，このような細胞内での区画化は，経路に新しい調節機構を取り入れる機会を提供する。

動物における初期の標識研究により，ヘムのすべての窒素はグリシンから誘導され，すべての炭素はコハク酸とグリシンに由来することが明らかになった。したがって，この合成はしばしば**コハク酸–グリシン経路 succinate-glycine pathway**と呼ばれる。最初の反応はピリドキサールリン酸依存性酵素である**δアミノレブリン酸シンターゼ δ-aminolevulinic acid synthase**またはALAシンターゼによって触媒される。図21.21に示すように，グリシンとピリドキサールリン酸（PLP）の結合（ステップ1，2）はスクシニルCoAのチオエステル炭素を攻撃するためにグリシンのα炭素を活性化する（ステップ3）。CoASHの除去（ステップ4），脱炭酸（ステップ5）の後，ALAが生成する。

> **ポイント8**
> δアミノレブリン酸シンターゼは，スクシニルCoAとグリシンをともに引き寄せ，ポルフィリン，コバラミン，フィコビリン，クロロフィル中のすべての炭素と窒素を供給する。

ほとんどの細菌，古細菌（アーキア），植物では，ALAは全く異なる経路，すなわち，グルタミン酸で始まる3段階の経路によって生成される（図21.22）。この新しい経路の最初の反応は，ちょうどタンパク質合成で起こるようなカルボキシ基によるグルタミン酸の特異的tRNAへの結合である。このように活性化されたカルボキシ基は，その後NADPHによって還元され，グルタミン酸1–セミアルデヒドに変換し，最終的に転移を受けてALAが生成する。最後の酵素であるグルタミン酸1–セミアルデヒドアミノムターゼは，PLP依存性の内部アミノ基転移を触媒する。提唱された機構では，ピリドキサミン5′–リン酸 pyridoxamine 5′-phosphate（PMP）のように，すでにアミノ化されているPLP補因子を必要とする。このアミノ基はグルタミン酸1–セミアルデヒドのカルボニル炭素に転移されて，中間体の4,5–ジアミノ吉草酸とPLPを生成する。C4上のアミノ基はそれからPLPに転移してALAを生成し，酵素上にPMPを再生する。

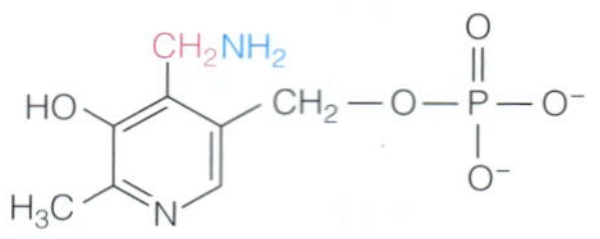

ピリドキサミンリン酸（PMP）

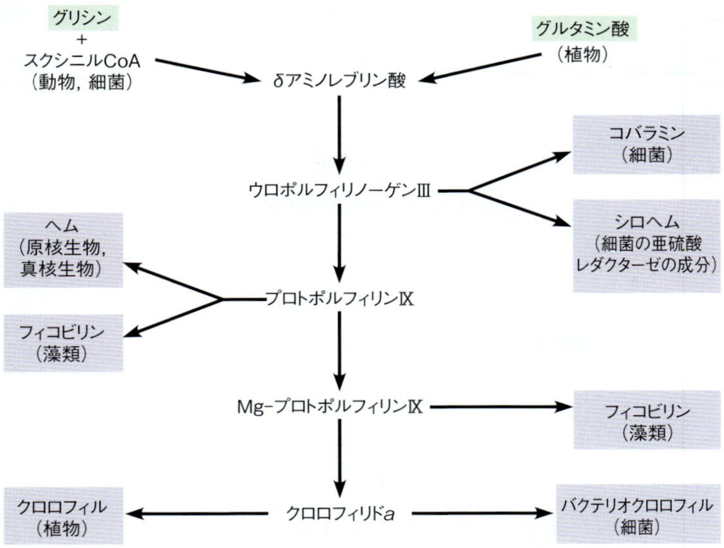

図 21.19　テトラピロールの生合成経路　ヘム，クロロフィル，フィコビリンおよびコバラミンは，テトラピロールの部類に入る。これらはすべてδアミノレブリン酸から合成される。δアミノレブリン酸は，植物では細菌や動物細胞で合成される経路とは異なる経路で合成される。

別の基質を利用するにもかかわらず，グルタミン酸 1-セミアルデヒドアミノムターゼは，動物の ALA シンターゼと機構的，構造的に近い。

植物におけるこの経路の主な最終生成物はクロロフィルであるため，ALA の合成は光によって調節される。特異的な光-調節段階の同定が，現在，盛んに研究されている。

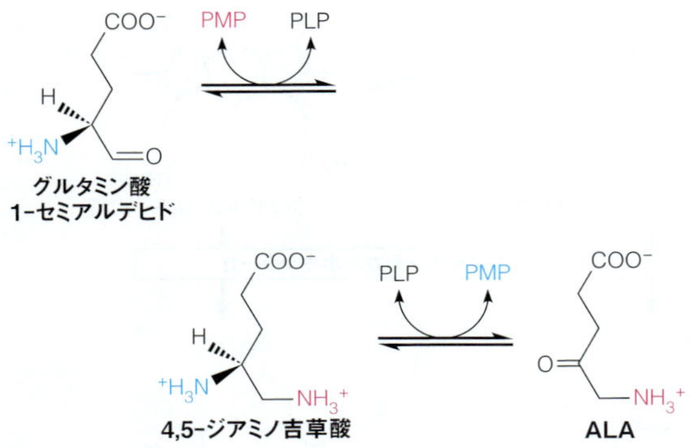

植物，動物，微生物のいずれでも，ポルフィリン合成経路（図 21.20）の残りの部分には 3 種類の異なる反応が関わる。すなわち（1）ALA からの置換ピロール化合物，**ポルホビリノーゲン** porphobilinogen の合成，（2）4 個のポルホビリノーゲン分子の縮合による**ポルフィリノーゲン** porphyrinogen と呼ばれる部分的に還元された前駆体の生成，（3）側鎖の修飾，環系の脱水素化，および鉄の導入によるポルフィリン生産物，ヘムの生成である。最初の段階において 2 分子の ALA が細胞質ゾル中で縮合し，1 mol のポルホビリノーゲンが生成する。この反応は **ALA デヒドラターゼ** ALA dehydratase によって触媒される。

ポイント 9
ポルフィリンの生合成には，（1）ピロール環の形成，（2）4 個のピロール部分の縮合によるサイクリックテトラピロールの生成，（3）側鎖の修飾および環の酸化が関わる。

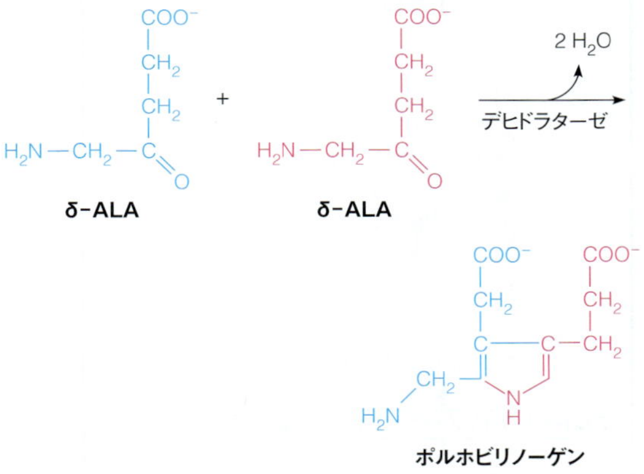

次に PLP 要求性デアミナーゼは，4 分子のポルホビリノーゲンの段階的な縮合を触媒して，直鎖状テトラピロール，ヒドロキシメチルビランを生成する。それから，**ウロポルフィリノーゲンⅢシンターゼ** uroporphyrinogen Ⅲ synthase が分子内転位と閉環を触媒して，非対称性の**ウロポルフィリノーゲンⅢ** uroporphyrinogen Ⅲを形成する（図 21.20，非対称性は，酢酸とプロピオン酸の側鎖置換基の配置を参照）。ウロポルフィリノーゲンⅢシンターゼが欠如している場合，ヒドロキシメチルビランは速やかに非酵素的に環化して，対称性の**ウロポルフィリノーゲンⅠ** uroporphyrinogen Ⅰになる。この反応で対称な化合物およびいくつかの代謝中間体が，機能をもたない副生成物として少量合成される。

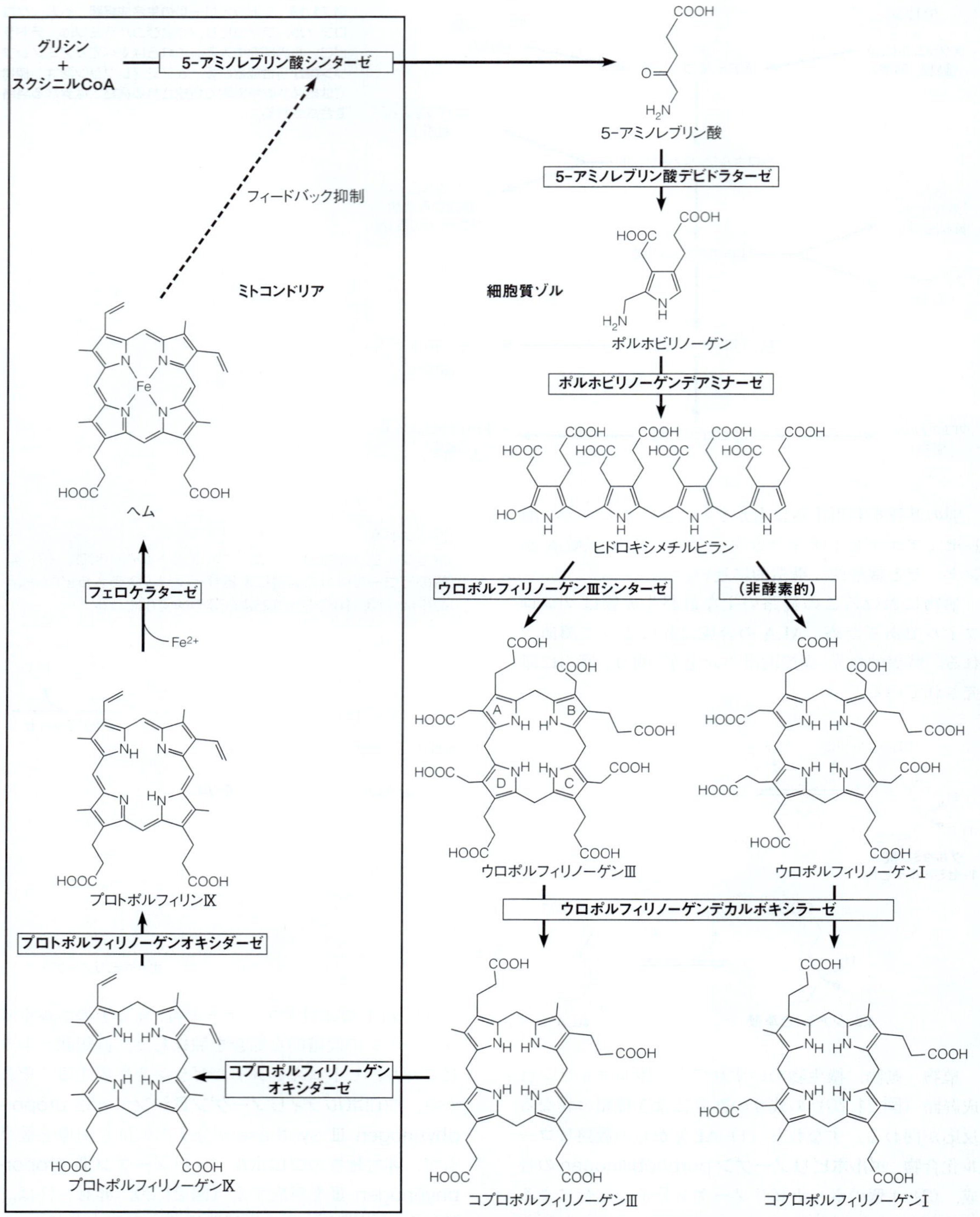

図 21.20　ヘムの生合成経路　ヒトでは，経路のそれぞれの酵素ステップに影響する遺伝性の障害が知られている。非対称性のタイプⅢポルフィリノーゲン異性体だけがヘムに変換される。

The Metabolic and Molecular Bases of Inherited Disease, 8th ed., K. E. Anderson, S. Sassa, D. F. Bishop, and R. J. Desnick ; C. R. Scriver, A. L. Beaudet, W. S. Sly, D. Valle, B. Childs, K. W. Kinzler, and B. Vogelstein, eds., Ch. 24, pp.2991-3062 ©2001 The McGraw-Hill Companies, Inc.

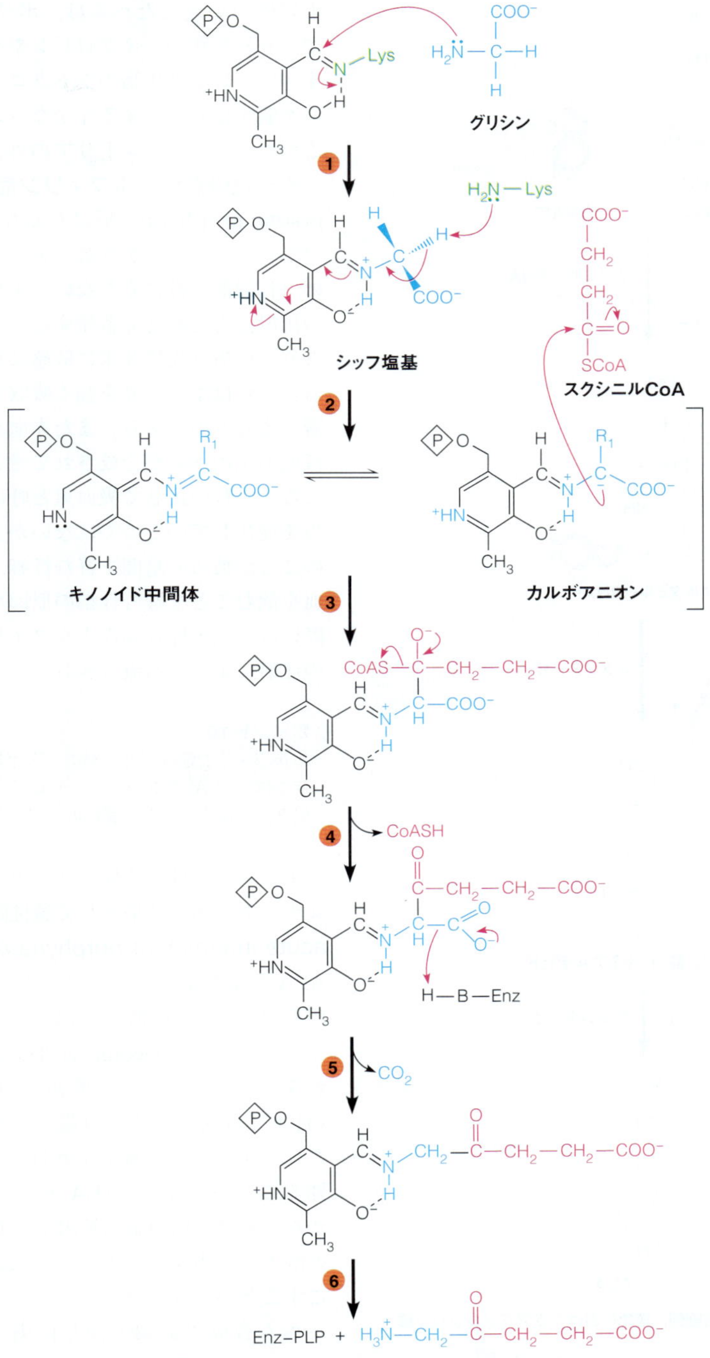

図 21.21　δアミノレブリン酸シンターゼ反応　酵素結合ピリドキサールリン酸（PLP）補因子は黒で示した。他の PLP 要求性酵素のように，この機構にはアミノ酸と PLP の間のシッフ塩基と安定したカルボアニオン中間体の形成が関与している（図 20.14〈p.756〉と比較）。

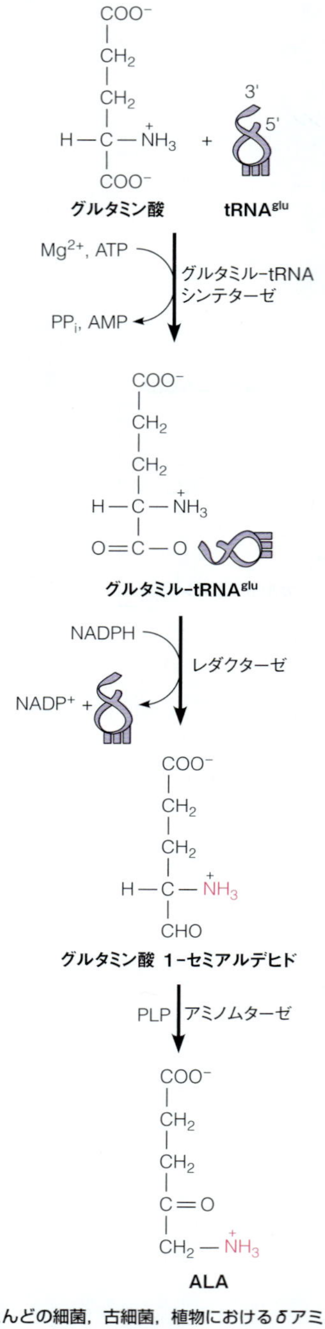

図 21.22　ほとんどの細菌，古細菌，植物における δ アミノレブリン酸の合成

ウロポルフィリノーゲンⅢの酢酸側鎖は脱炭酸を受ける。この生成物はその後ミトコンドリアに再び入り，さらに修飾される。最初に側鎖の修飾，次いで十分な共役系を生むための環の酸化，最後に鉄の挿入である。最後の反応は自発的に進行が可能であるが，還元剤を必要とするミトコンドリア内膜上の酵素，**フェロケラターゼ ferrochelatase** によって触媒される。この段階で完成したヘムは，ポリペプチドに入り込んで，脊椎動物のミオグロビンやヘモグロビン，そしてすべての好気性生物のシトクロムやその他のヘムタンパク質をはじめとする完全なヘムタンパク質を生成するために，ミトコンドリアの外に運ばれる。

先天性骨髄性ポルフィリン症 congenital erythropoietic porphyria と呼ばれるまれな遺伝疾患では，ウロポルフィリノーゲンⅢシンターゼが欠損し，対称性の（代謝的に役に立たない）Ⅰ型のポルフィリンが体の排泄能力を超えて蓄積する。この蓄積で，尿は赤くなり，皮膚は光に非常に敏感になり，歯は蛍光性になる。これはすべて光を強く吸収するポルフィリンの沈着によるものである。また赤血球は成熟前に崩壊し，機能不全のヘムが合成されて患者は重篤な貧血症に苦しむ。中世の民話で吸血鬼と呼ばれた人々は，この疾患を発症していたのではないかと推測されており，このことが彼らの暗闇を好む性癖，一風変わった容貌，血を飲むことを好む性癖の原因なのかもしれない。実際には，先天性骨髄性ポルフィリン症をもつ人はヘムの注射によって治療できる。

> **ポイント 10**
> ポルフィリン症は，非天然のⅠ型ポルフィリンの過剰産生，または，δ-ALA シンテターゼを通しての異常な量の流入のいずれかによるヘム前駆体の異常な蓄積が関わる。

上の場合とは全く異なり，ポルホビリノーゲンデアミナーゼ欠損の結果として**急性間欠性ポルフィリン症 acute intermittent porphyria** がある。この欠損は，ALA およびポルホビリノーゲンが肝臓に蓄積する原因となる。この疾患は，激しい腹痛と神経障害を伴う。イギリスの国王 George Ⅲ世はこの症状に苦しみ，それを題材とした舞台や映画がつくられ大当たりした（日本では映画『英国万歳』〈1994〉として公開された）。ポルフィリン症の症状は，最も顕著な鉛毒からも知ることができる。ALA デヒドラターゼの結晶構造から，鉛は天然の金属補因子である亜鉛と置換し，この酵素を阻害することにより大量の ALA の蓄積を起こすことが示された。

ヘム合成の最初の関与段階なので，ALA シンテターゼ反応（図 21.20）は主要な調節点である。ヘムおよび関連化合物はこの酵素をフィードバック阻害する。ヘムはこの他にも 2 つの重要な効果をもつ。ヘムは低濃度では ALA シンテターゼの合成を転写レベルと翻訳レベルの両方で阻害する。もっと高いレベルでは，ヘムはリボソーム上で合成された ALA シンテターゼの細胞質ゾルからこの酵素が機能するミトコンドリアへの転移をなんらかの形で阻害する。ヘムはフェロケラターゼ反応も阻害する（図 21.20）。多くの薬剤および毒素は過度のヘム合成を起こす。この作用はいくつかのシトクロムP450の合成の促進に起因する場合もあり，その結果，ヘムに対する需要が増加し，ALAシンテターゼを活性化する。

テトラピロールの生合成は除草剤が作用する標的として利用されている。暗所で雑草にALAを噴霧するという考えである。クロロフィルへの経路ができ始め，明るくなったときにその経路は完成し，植物が弱って枯れるほどの大量のクロロフィルが生産される。

動物におけるヘムの分解

脊椎動物において，群を抜いて最も豊富なポルフィリン化合物はヘモグロビンのヘムである。したがってポルフィリン分解は，主としてヘモグロビンとヘム分解の話となる。核のない哺乳類の赤血球は，再生することができず，新たにできてから特有の間隔をおいて自己破壊する。ヒト赤血球の平均寿命は120日である。古い赤血球や損傷した赤血球は，脾臓または肝臓を通過することにより分解される（図21.23）。

ヘモグロビン分子のグロビン部分から放出されたアミノ酸は分解されるか，またはタンパク質合成に再利用される。ヘム部分は，環を開き，メテン架橋炭素の1つを一酸化炭素に変換する混合機能オキシダーゼ反応で始まる経路で分解される。鉄は**ビリベルジン biliverdin** と呼ばれる直鎖状のテトラピロールから放出され，赤血球生産に再利用するために骨髄の貯蔵プールに輸送される。テトラピロールは次に**ビリルビン bilirubin** に還元され排泄される。ビリルビンは完全に不溶性であり，その除去には，多くの器官系が関わる。最初に肝臓に輸送するために，ビリルビンは血清アルブミンと複合体をつくる。そこでビリルビンは，2 molの**グルクロン酸 glucuronic acid** との抱合により可溶化される。この反応は**UDPグルクロン酸 UDP-glucuronate** が基質となるもので，以前（第9章参照）に説明した他のグリコシルトランスフェラーゼ反応と似た点がある。この可溶化化合物，**ビリルビンジグルクロニド bilirubin diglucuronide** は胆汁中に排泄された後，最終的に腸を経て排泄される。

ヘムの分解には多くの器官系が関わるため，誤った方向へ行く多くの経路が存在する。ヘムの異化に欠陥があるときには，ビリルビンは血液中に蓄積する。ビリルビンの特徴のある色で皮膚および白目が黄色味がかってくるので，この欠陥に最初に気づく。**黄疸 jaundice** として知られるこの状態は，例えばグルクロン酸抱合系が損なわれアルブミン合成が不完全になる急性または慢性の肝臓病において，ビリルビンジグルクロニドが腸に排泄されない胆管閉塞症（例えば胆石）において，ヘムが異化されるより速く赤血球が免疫系によって破壊される幼児のRh不適合反応において，また，ビリルビン抱合系が十分に発達していない早産児においてみられる。黄疸がみられる小児はしばしば強烈な蛍光灯の下におかれる。その光は，循環しているビリルビンの構造をより可溶性の生成物に転位する。

> **ポイント11**
> 動物では，ヘムタンパクの分解でアミノ酸，鉄，ビリルビンが放出されるが，アミノ酸と鉄は再利用され，ビリルビンは排泄のために可溶化されなければならない。

神経伝達物質および生体調節因子としてのアミノ酸およびその代謝中間体

多くのアミノ酸およびその代謝中間体は情報伝達過程（ホルモンの調節および神経インパルスのシナプス伝達）に関係する。第10章で紹介し，第23章でさらに述べるように，これらの2つの役割は，1つの細胞から放出された低分子の物質が標的細胞へ移動する点で同じである。低分子物質は標的細胞膜において特異的な受容体と相互作用する。その違いは，神経伝達がシナプスを横切って2つの隣接細胞間を移動するのに対し，ホルモンの伝達は，血流を通ってエフェクター細胞へ輸送されるホルモンというメッセンジャーによって距離を超えて起こる点である。これらの2つの情報伝達過程の類似点は，アドレナリンやヒスタミンのような化合物が両方の過程に関与するということで強調される。

アミノ酸のうちで，直接神経伝達物質として働くのはグリシンとグルタミン酸である。前にも述べたように，グルタミン酸の脱炭酸生成物であるGABAもまた神経伝達物質である。多くの芳香族アミノ酸の代謝中間体も，神経伝達において機能を果たす。これらにはヒスチジン由来のヒスタミン，トリプトファン由来の**セロトニン serotonin**（5-ヒドロキシトリプタミン），チロシン由来の**カテコールアミン catecholamine** であるアドレナリン，**ドーパミン dopamine**，**ノルアドレナリン noradrenaline** がある。これらの化合物の生合成経路を述べてから，第23章で神経伝達におけるこれらの物質の関わりを論じる。

> **ポイント12**
> グルタミン酸，チロシン，グリシン，トリプトファンは神経伝達物質または神経伝達物質の前駆体として働く。

セロトニンおよびカテコールアミンの生合成

セロトニンへの経路はフェニルアラニンヒドロキシ

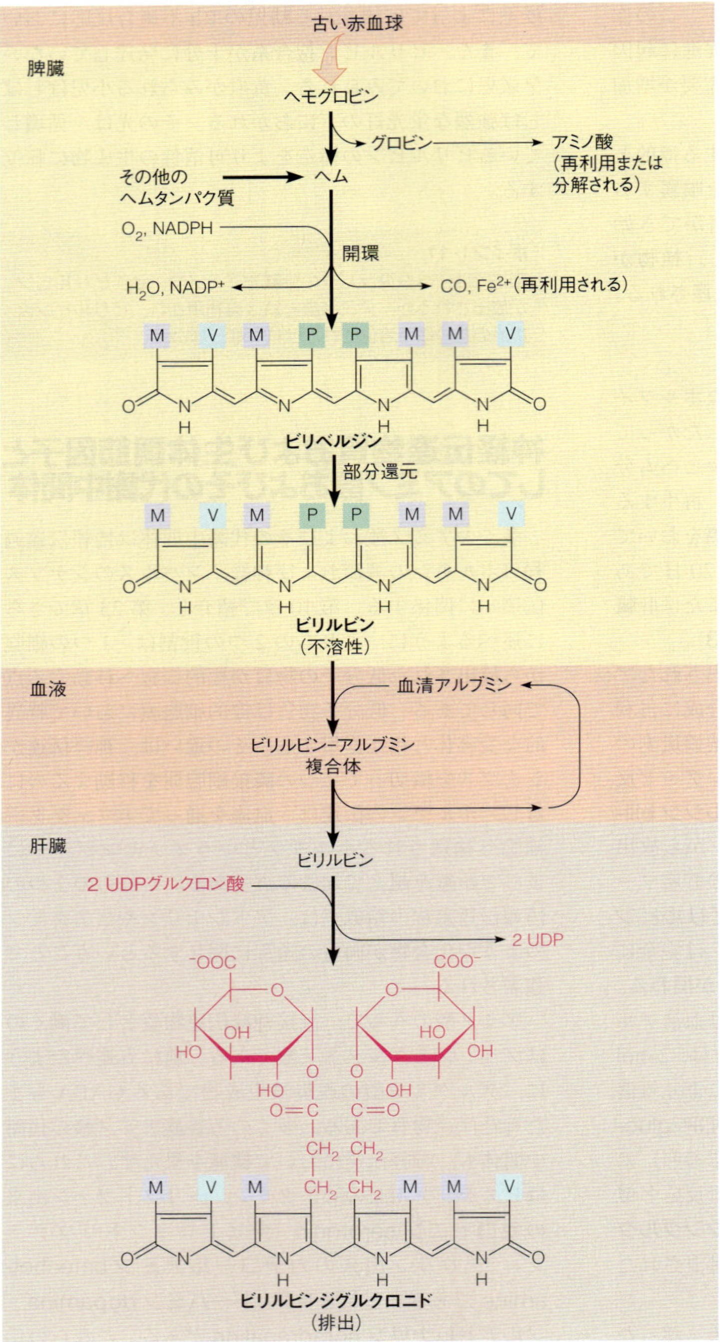

図 21.23　ヘムの分解　ほとんどのヘムは古い赤血球の分解に由来するが，いくらかはシトクロムやその他のヘムタンパク質に由来する。側鎖を示す略字は，P ＝ プロピオン酸，$-CH_2-CH_2-COO^-$；A ＝ 酢酸，$-CH_2-COO^-$；V ＝ ビニル，$-CH=CH_2$；M ＝ メチル，$-CH_3$。

ラーゼに似たテトラヒドロビオプテリン依存性の芳香族アミノ酸ヒドロキシラーゼによるトリプトファンの水酸化で始まる（図 21.7 参照）。この反応に続いて PLP 依存性の脱炭酸によってセロトニンが生成する。

ポイント 13
トリプトファンヒドロキシラーゼとチロシンヒドロキシラーゼは，ともにテトラヒドロビオプテリン依存性のモノオキシゲナーゼであり，フェニルアラニンヒドロキシラーゼと機構的，構造的に近い。芳香族アミノ酸ヒドロキシラーゼ族の 3 つのすべての構成酵素の機構には，水酸化を伴って水素化物を移動する NIH シフトが関わる。

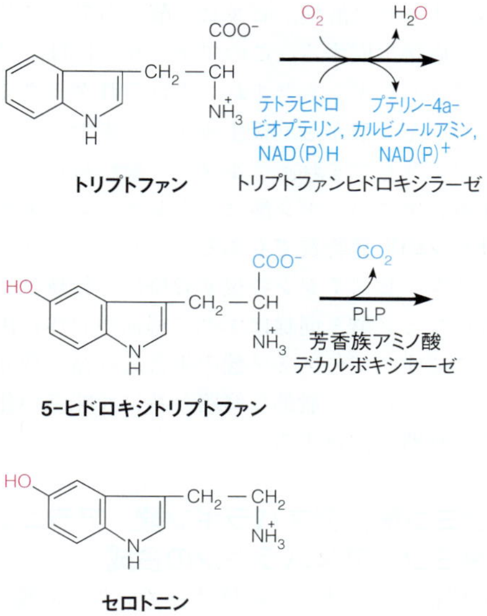

セロトニンは，神経系において神経伝達をはじめ多様な調節の役割を果たす。セロトニンは松果体で生産され，**メラトニン melatonin**（*O*-メチル-*N*-アセチルセロトニン）の前駆体として働く。松果体は動物において明-暗周期を調節することが知られており，セロトニンおよびメラトニン濃度は明-暗周期に同調して周期的変動を受ける。したがって，これらの化合物の明-暗周期に関係する作用はまだ明らかにされていないが，セロトニンとメラトニンが睡眠と覚醒の調節物質であることを暗示している。飛行機で長距離を移動する人の多くは，体内時計をリセットすることによって時差ぼけを防ごうとメラトニンの錠剤を飲む。セロトニンは小腸の細胞でも分泌され，腸のぜん動運動を調節する。また，セロトニンは血圧の調節を助ける強力な血管収縮剤である。多くの肥満治療は，セロトニン濃度を上げることにより満腹感あるいは食べ物に対する満足感を与える。

図 21.24 に示すように，カテコールアミンへの経路も同様で，別のテトラヒドロビオプテリン依存性のチロシン水酸化で始まり，続いて脱炭酸が起こる。チロシンヒドロキシラーゼはカテコールアミン合成の律速段階を触媒し，経路の最終産物であるドーパミン，ノルアドレナリン，アドレナリンによってフィードバック阻害される。チロシン水酸化産物はL-ドーパであり，全く異なるメラニン合成の機構によって生成される（図 21.18 参照）。メラニン合成経路はメラノサイトに局在しているのに対し，ほとんどのカテコールアミンは副腎髄質および中枢神経系で合成される。

21

> **ポイント 14**
> チロシンは，カテコールアミンおよびメラニンの合成において 2 つの異なる機構によって水酸化され L-ドーパになる。

一度生成したL-ドーパは，LPL 依存性に脱炭酸され（5-ヒドロキシトリプトファンを脱炭酸する酵素と同じ酵素によって），ドーパミンになる。ドーパミンは次に銅含有モノオキシゲナーゼ，**ドーパミンβヒドロキシラーゼ dopamine *β*-hydroxylase** の基質として働き，ノルアドレナリンに変化し，次いで *S*-アデノシルメチオニンによってメチル化され，アドレナリンを生

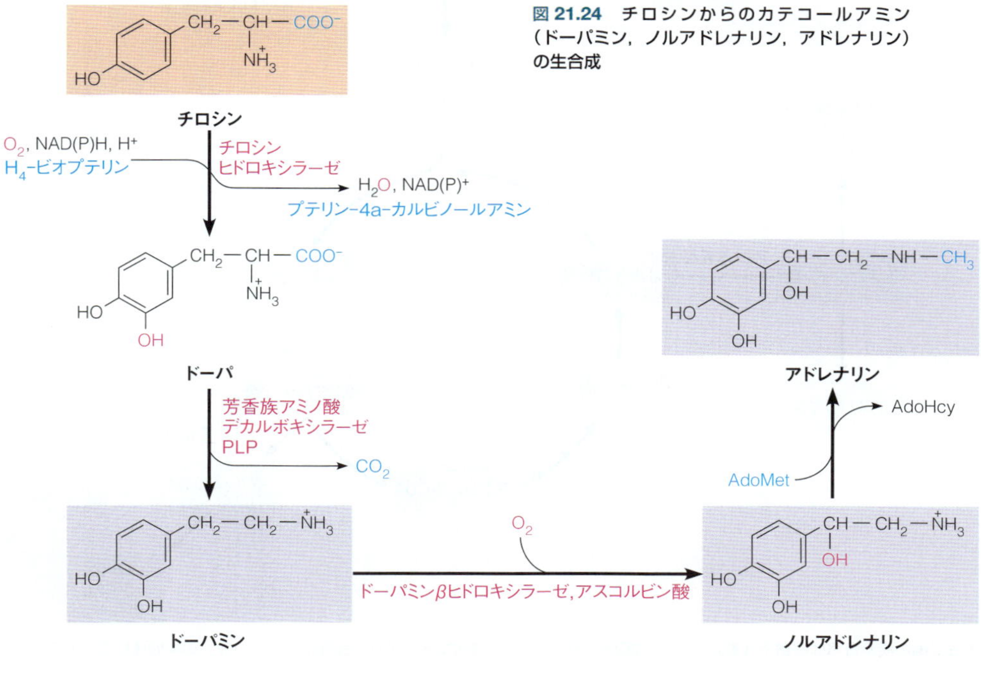

図 21.24　チロシンからのカテコールアミン（ドーパミン，ノルアドレナリン，アドレナリン）の生合成

成する。ドーパミンおよびノルアドレナリンはアドレナリン合成の中間体であるが，第23章で論じるように，これらは本来，神経伝達物質である。

ポイント15
トリプトファン，L-ドーパ，ヒスチジンの脱炭酸反応は一連の強力な生体調節因子を生成する。

アミノ酸の生合成

すべてのアミノ酸は解糖系，ペントースリン酸経路，またはクエン酸回路の中間体から合成できる（図21.25）。アミノ酸の約半数は，クエン酸回路の中間体から，またはピルビン酸から多かれ少なかれ直接的に生合成される。このファミリーにはグルタミン酸，アスパラギン酸，アラニンがあり，それぞれαケトグルタル酸，オキサロ酢酸，ピルビン酸からアミノ基転移によって直接生成する。このファミリーには，グルタミンとアスパラギンも含まれ，それぞれグルタミン酸とアスパラギン酸から直接生成する。また，プロリンとアルギニンも含まれ，グルタミン酸から短い経路で生成する。アスパラギン酸は，トレオニン，メチオニン，リシンの出発物質でもある。セリン，グリシン，システイン，ヒスチジンの炭素骨格は，分枝アミノ酸や芳香族アミノ酸と同様にすべて解糖中間体に由来する。ここですべてのアミノ酸の生合成経路を取り扱うわけではないが，一般的な経路と特に興味深い化学反応を伴う経路に注目する。

グルタミン酸，アスパラギン酸，アラニン，グルタミン，アスパラギンの合成

PLP依存性のアミノ基転移は，グルタミン酸，アス

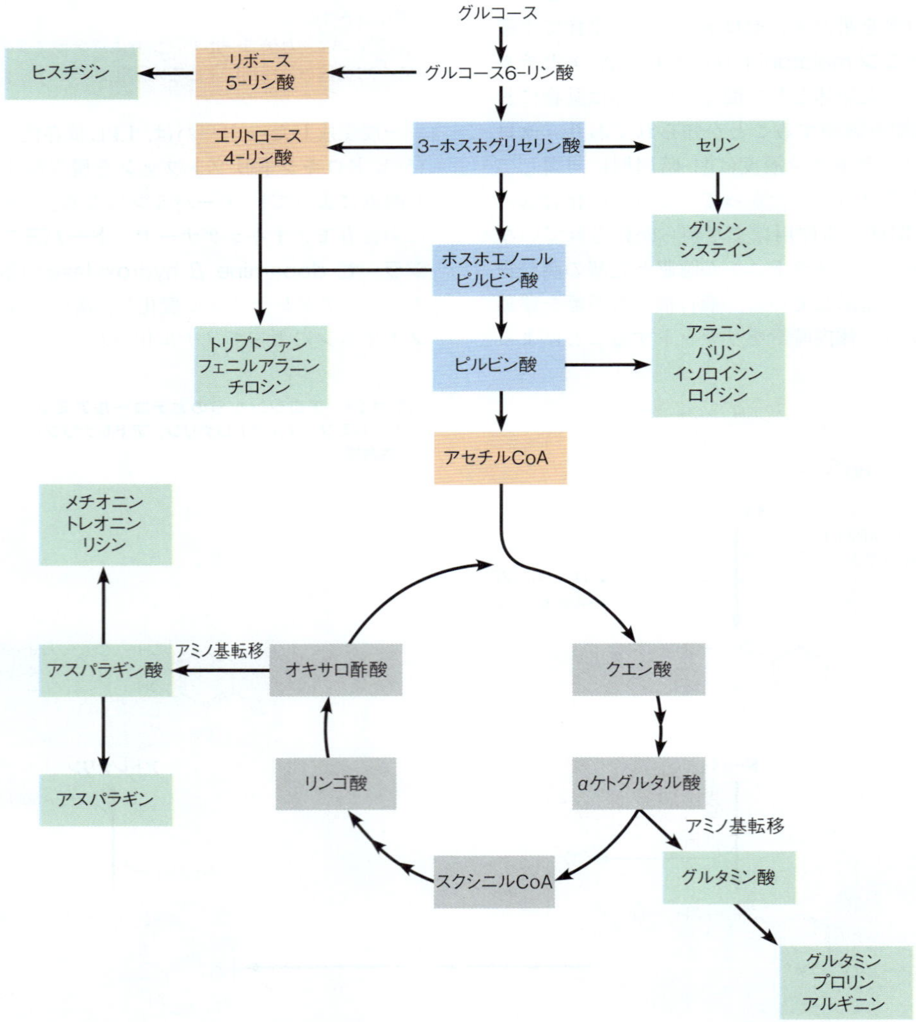

図21.25　アミノ酸の炭素骨格は解糖系（青），クエン酸回路（灰色），またはペントースリン酸経路（オレンジ）の中間体に由来する

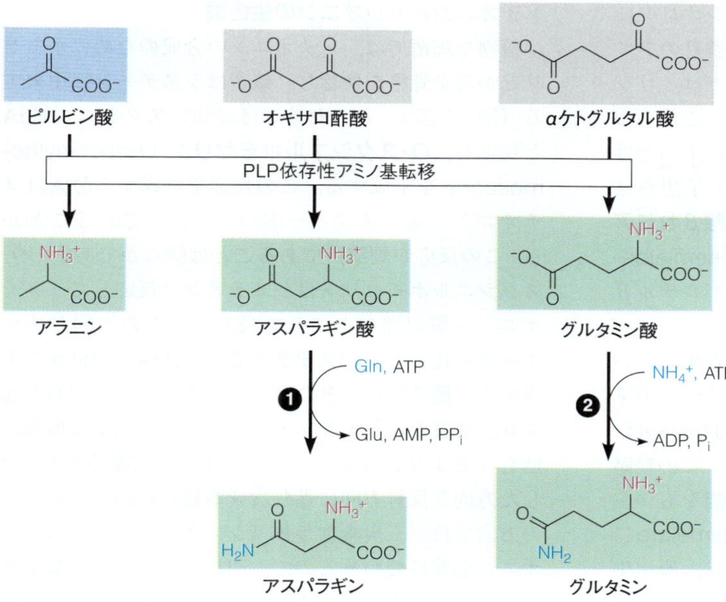

図 21.26 アラニン，アスパラギン酸，グルタミン酸，アスパラギンおよびグルタミンの合成　❶アスパラギンシンテターゼ，❷グルタミンシンテターゼ。

パラギン酸，アラニンのそれぞれαケトグルタル酸，オキサロ酢酸，ピルビン酸からの合成の主要な経路である（図 21.26）。第 20 章で紹介したグルタミン酸デヒドロゲナーゼとグルタミン酸シンターゼによって触媒される反応は，αケトグルタル酸からグルタミン酸を合成する別の経路である。アスパラギンは，グルタミン依存性のアミドトランスフェラーゼであるアスパラギンシンテターゼによって触媒される反応でアスパラギン酸から合成される。グルタミンは，アンモニアがアミド窒素を提供することを除いては，同様のアミド化反応によってグルタミン酸から合成される。このグルタミンシンテターゼ反応のγグルタミルリン酸中間体は，第 20 章に示した（p.740）。

動物において，アラニンの主な代謝機能は，グルコースアラニンサイクルにおける糖新生のための炭素の筋肉から肝臓への運搬体としての役割である（p.755，図 20.13 参照）。

メチオニン，トレオニン，リシンのアスパラギン酸からの合成

アスパラギン酸の窒素は第 20 章で述べたように，アルギニンと尿素の生合成に用いられる。同様な反応はプリンヌクレオチドの合成に関係しており，アスパラギン酸分子全体がピリミジンヌクレオチドの生合成に用いられる。この 2 つの反応は第 22 章で論じる。しかし，植物や細菌においては，ここに示したようにアスパラギン酸は**アスパラギン酸βセミアルデヒド aspartate β-semialdehyde** と**ホモセリン homoserine** に変換し，他の 3 種類のアミノ酸の前駆体となる。それから別々の経路でアスパラギン酸βセミアルデヒドからリシンが，ホモセリンからメチオニンとトレオニンが生成する。

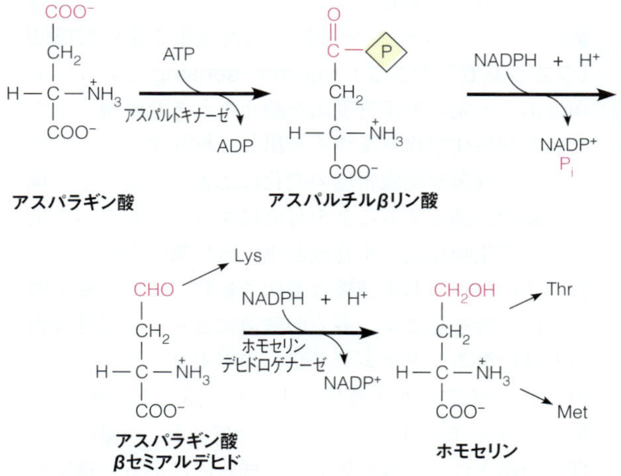

ポイント 16
アスパラギン酸はホモセリンを経てトレオニン，リシン，およびメチオニンになる。

この経路の最初の酵素，**アスパルトキナーゼ aspartokinase** は各生合成経路の主な調節部位にある。細菌は 3 種の異なるアスパルトキナーゼをもち，それぞれが独自の様式のアロステリック制御をもつ。アイソザイムのうち 2 つは，第 1 段階（アスパルトキナーゼ）と第 3 段階（**ホモセリンデヒドロゲナーゼ homoserine dehydrogenase**）を触媒する別々の領域をもつ二機能性酵素である。二機能性酵素の 1 つは，両方の

触媒活性が経路の最終産物と考えられるトレオニンによるアロステリック阻害の対象になる。3番目のアイソザイムである単機能のアスパルトキナーゼは，リシンによるフィードバック阻害の対象になる。これらの知見は，各アイソザイムは3つの最終産物の1つだけを供給するために特殊化されていることを予想させる。細菌は別の単機能酵素，**アスパラギン酸βセミアルデヒドデヒドロゲナーゼ aspartate β-semialdehyde dehydrogenase**をもち，途中のアスパルチルβリン酸の還元的脱リン酸化を触媒する。

リシンの生合成は，2つの別の経路が存在するという事実によって区別されている。細菌，いくつかの下等菌，藻類，高等植物にみられる最も一般的な経路は，アスパラギン酸βセミアルデヒドで始まる。この経路は，細菌の細胞壁の成分としても重要な機能をもつ主要な中間体，**ジアミノピメリン酸 diaminopimelate**にちなんで名づけられた。ある種の菌類や酵母，原生生物のミドリムシでみられるあまり一般的でない経路は，αケトグルタル酸で始まり，**αアミノアジピン酸**や**サッカロピン**（p.775参照）が中間体として関わる。

ホモセリンは微生物代謝において，アミノ酸合成における機能に関係なく，興味深い役割をもつ。細菌の培養は，特定の細胞密度に到達した後に限ってある処置を行う。この細胞-細胞情報交換現象を**定足数感知（クオラムセンシング）quorum-sensing**という。細菌はある一定の集団密度閾を超えたときを監視するための細胞外化学物質をつくり出し，検知する。定足数感知は，細菌が細胞密度の変化に応答して遺伝子発現を同調的に調節することを可能にする。これが引き金となって生物発光，生物膜産生，抗生物質合成，病原性因子の分泌，および接合遺伝子転移のような種々の生理的応答を起こす。多くの細菌にとって自己誘導物質と呼ばれるシグナル分子は，ホモセリンのいくつかの長鎖の*N*-アシル誘導体の1つである（下を参照）。*N*-アシルホモセリンラクトンが合成され，一定の低速度で分泌され，それが拡散して細胞内に戻る。細胞密度が十分に高いときには，ラクトンの細胞外および細胞内濃度が遺伝的調節タンパク質に結合するのに十分なところまで上がり，特定の工程を活性化するために必要な遺伝子の転写を刺激する。

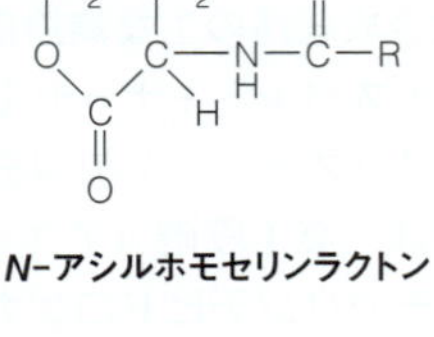

***N*-アシルホモセリンラクトン**

メチオニンとトレオニンの生合成

植物や細菌では，メチオニンの合成のためにホモセリンが炭素骨格を供給し，硫黄はシステインに由来する（図21.27）。ホモセリンは最初にスクシニルCoAと反応し，***O*-スクシニルホモセリン *O*-succinylhomoserine**を生成する。この反応を触媒する酵素はメチオニンによってフィードバック阻害されることから，この反応が調節点であることは明らかである。*O*-スクシニルホモセリンはシステインと反応して，メチオニン分解経路のところで最初にみたのと同じチオエーテル化合物，**シスタチオニン cystathionine**を生成する（図21.4）。その後シスタチオニンの開裂が起こり，硫黄がホモセリンとして出発した四炭素側鎖に結合するようになる。これは，本質的に図21.4に示した方向と反対方向に進む含硫基移動経路である。この方向では，三炭素供与体（システイン）がシスタチオニン形成に使われるので，四炭素のαケト酪酸よりもむしろ，三炭素のピルビン酸がこの方向の別の生成物である。生成した含硫炭素骨格，ホモシステインは，第20章で述べたように，5-メチルテトラヒドロ葉酸からビタミンB_{12}を用いてメチル基を転移しメチオニンを生成するメチオニンシンターゼの基質である（図21.9参照）。

トレオニンの生合成は植物と原核生物に限られるので，トレオニンは動物にとって必須アミノ酸である。トレオニン合成もホモセリンから始まる。ホモセリンはリン酸化を受け，続いてリン酸を除去して，結果として生じた二重結合を再水和してβ炭素へ水酸基を転位するピリドキサールリン酸依存性反応が起こる（図21.27）。

含硫アミノ酸の代謝

無機硫黄の還元

図21.27に示したように，メチオニンの硫黄はシステインに由来する。しかし，システインは硫黄原子をどのように獲得するのであろうか？　ある細菌は硫黄元素や亜硫酸から有機化合物を合成できるが，炭素や窒素と同様に，硫黄は無機化合物，主に硫酸の形で広く生物が利用できる。ちょうどCO_2とN_2が利用されるためには固定されなければならないように，硫酸を利用するためには，容易に還元を受けることができる形への代謝活性化が必要である。硫酸の過程は主として植物や細菌に限定されている。この8電子還元の最終生成物はS^{2-}（硫化物）であり，これはシステインとメチオニンの合成に使われる。活性化された硫酸化合物は**3-ホスホアデノシン-5-ホスホ硫酸 3-phosphoadenosine-5-phosphosulfate（PAPS）**である。このヌクレオチドはATPと硫酸イオンから2段階で生成

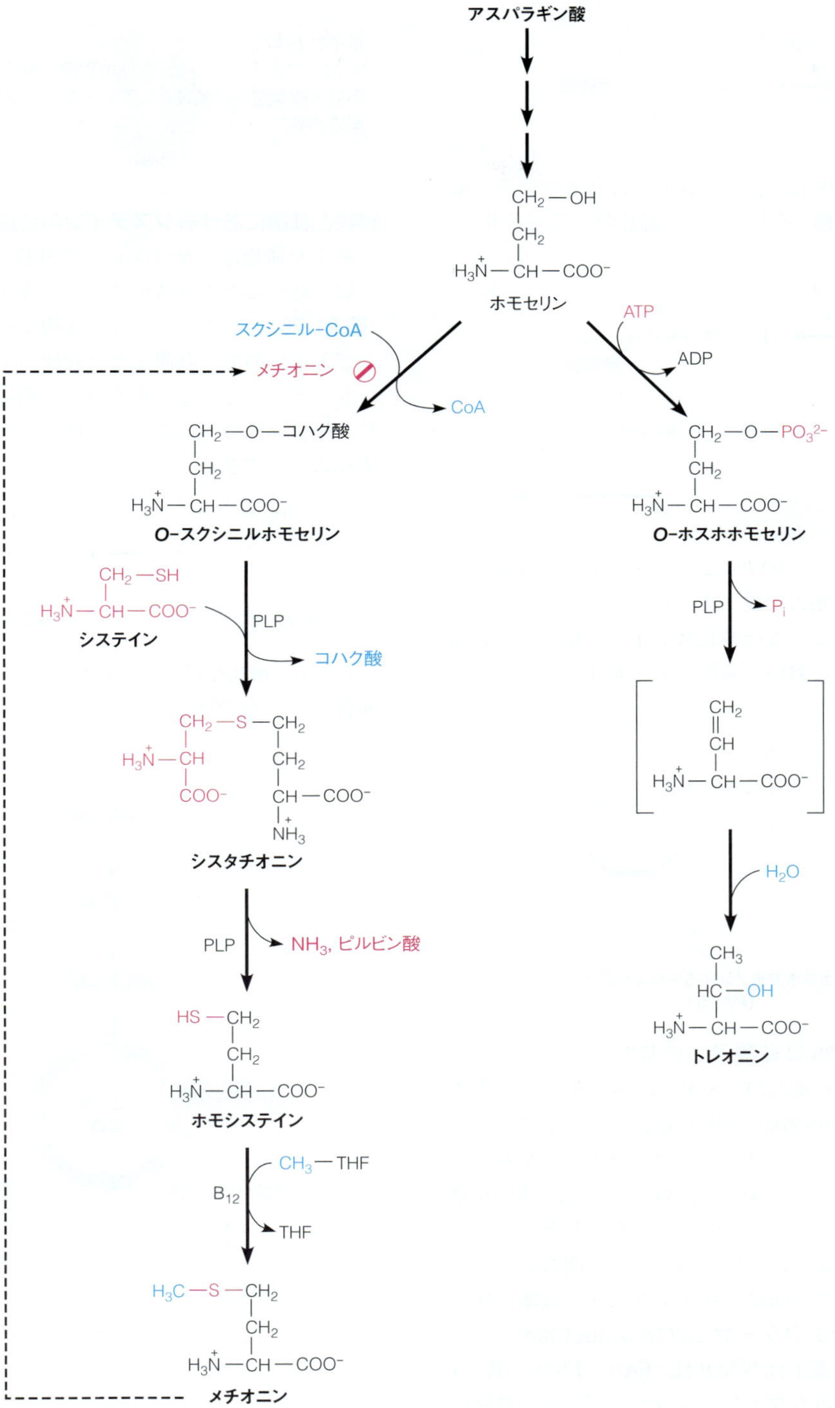

図 21.27　植物および細菌におけるホモセリンからのメチオニンとトレオニンの生合成

される。

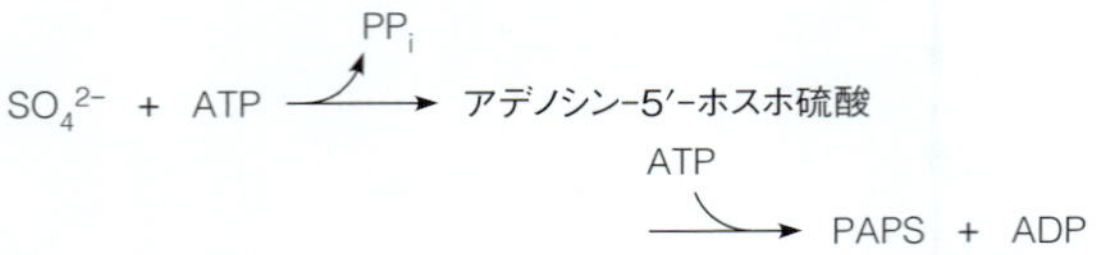

それから PAPS は，2つの NADPH 依存性の還元酵素によって亜硫酸，そしてさらに硫化物に還元される。

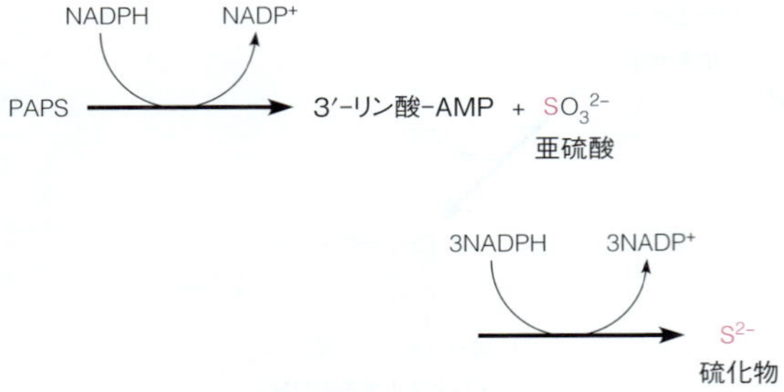

すべての生物で，PAPS はコンドロイチン硫酸のような硫酸化多糖類の合成（第9章）やスルホガラクトシルセラミドのような硫酸化スフィンゴ糖脂質の合成（第19章）などにおいて硫酸エステル化の活性剤として働く。

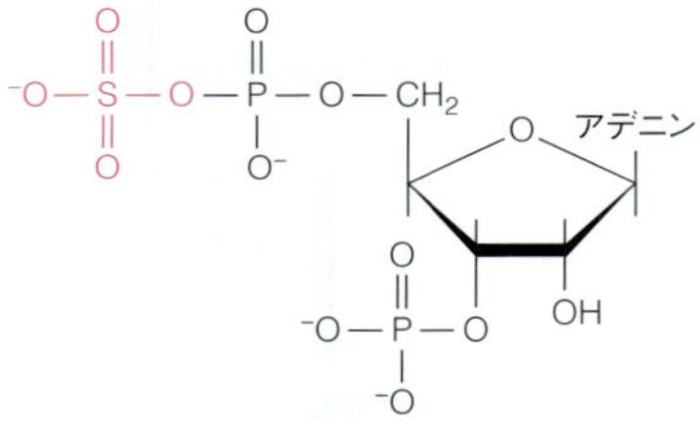

3′-ホスホアデノシン-5′-ホスホ硫酸
(PAPS)

細菌では PAPS は硫酸還元の基質としても働く。PAPS の硫酸から亜硫酸（SO_3^{2-}）への還元には**チオレドキシン thioredoxin** が関わる。チオレドキシンは可逆的に酸化される2個のシステインチオール基を含む小さなタンパク質（$M_r \cong 12,000$）である。第16章および第22章で述べたように，チオレドキシンはこのほかに多くの細胞内の酸化還元反応に関わる。亜硫酸はその後，6電子転移を触媒する大きく複雑な酵素である**亜硫酸レダクターゼ sulfite reductase** によって還元される。電子は NADPH，FAD，FMN，鉄-硫黄中心，およびポルフィリンシロヘムが関わる経路に沿って往復する（p.738）。中間体は蓄積せず，生成物は H_2S だけである。植物では PAPS よりむしろアデノシン-5-ホスホ硫酸が還元の基質となる。

> **ポイント17**
> 3-ホスホアデノシン-5-ホスホ硫酸（PAPS）は，硫酸化反応にも硫酸還元の基質としても使われる硫酸の活性化された型である。

植物と細菌におけるシステインの合成

細菌や植物は，セリンが炭素骨格を供給して，H_2S を取り込むことでシステインを合成することができる（図21.28）。一方で動物は硫化物を直接取り込むことができないので，食餌または食餌由来のメチオニンからシステインを得る。ある種の細菌はピリドキサールリン酸依存性酵素によって，H_2S とセリンを直接縮合することができる。

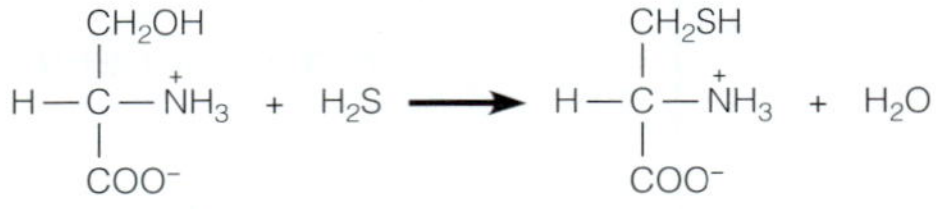

セリン　　**システイン**

しかし，植物やほとんどの微生物は H_2S と反応する基質として *O*-アセチルセリンを用いる。

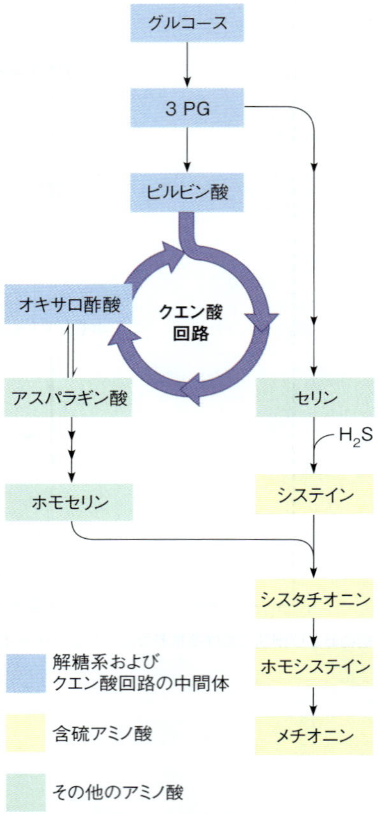

図21.28　植物および細菌におけるシステインとメチオニン合成経路の概要

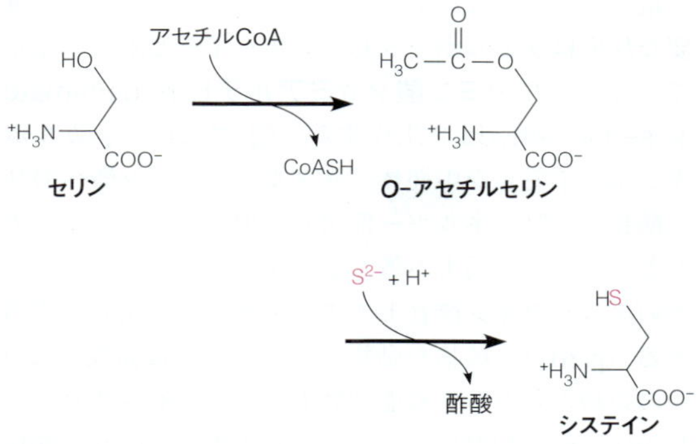

動物におけるシステイン硫黄の供給源としてのメチオニン

メチオニンは哺乳類の必須アミノ酸として分類され，システインは非必須アミノ酸と考えられている。実際，動物における生合成経路は図 21.29 に要約したように，メチオニンからシステインへと進む。したがって食餌に十分なメチオニンを含まれる限り，システインは非必須アミノ酸である。

動物でのシステイン合成は，いま論じたメチオニン生合成経路の逆に似ており，メチオニンを分解するのに使われる経路と関連して前に述べた（図 21.4 参照）。メチオニンが *S*-アデノシルメチオニンを経てメチル基を提供した後（図 21.9 参照），生じたホモシステインは含硫基移動過程でセリンと縮合してシステインを生じる。この 2 段階の過程は，七炭素のシスタチオニンを中間体として，四炭素の供与体（ホモシステイン）から三炭素の受容体（セリン）への硫黄の転移をもたらす。ホモシステインの四炭素骨格は脱アミノ化されて，αケト酪酸とアンモニアを形成する。植物および原核生物はイソロイシンの生合成にも使われるαケト酪酸とともに同じ経路で合成する。

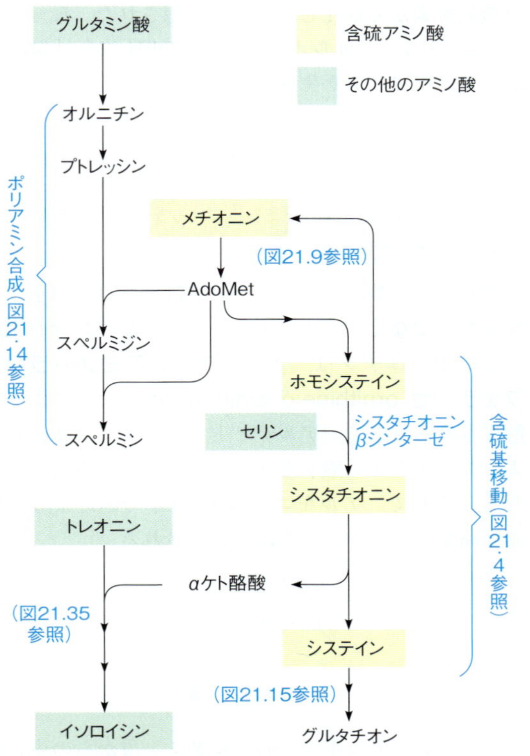

図 21.29　メチオニン代謝の概要　トレオニンからイソロイシンの合成（p.812 参照）は植物と細菌に限られるが，それ以外の経路はほとんどすべての生物で起こる。

ホモシステインは，再メチル化，または含硫基移動の 2 つの運命がありうることを思い出してほしい（図 21.9）。以前に論じたように（p.780），*S*-アデノシルメチオニンは，メチレンテトラヒドロ葉酸レダクターゼの段階での再メチル化を阻害し，シスタチオニンβシンターゼの段階での含硫基移動を活性することで，これら 2 つの運命を調節している。もし細胞のメチル化の要求が満たされていれば，AdoMet レベルが高く，そしてホモシステインはシステイン（そしてグルタチオン）生合成への含硫基移動経路へ向かう。含硫基移動は細胞の酸化還元状態によっても調節されている。酸化条件下では，細胞を酸化ストレスから保護するための機構としてホモシステインからグルタチオンへの流入が増加する。シスタチオニンβシンターゼは，ヘム補因子を通して細胞の酸化還元状態を感知していると信じられている。

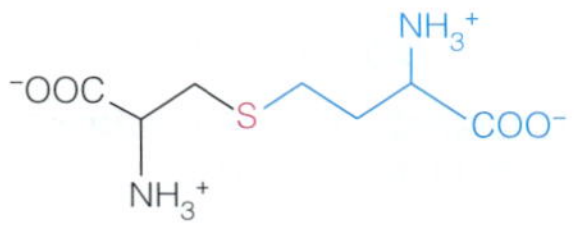

シスタチオニン

> **ポイント 18**
> 植物と細菌は，無機硫黄からシステインを合成し，システインからメチオニンを合成する。動物は食餌由来のメチオニンからシステインを合成する。

シスタチオニンは，植物および細菌におけるメチオニン生合成と，動物におけるシステイン生合成の両方で中心的な役割を果たすことに注目してほしい。システインからメチオニンの合成において（図 21.27），シスタチオニンの開裂は三炭素から四炭素側鎖への硫黄の転移を伴う。メチオニンからシステインの合成では逆の反応が起こる（図 21.4）。

システインは，動物組織で最も豊富な遊離アミノ酸である非タンパク質性アミノ酸の**タウリン taurine** の前駆体でもある。システインのスルフヒドリルは酸化されて，スルフィン酸（$-SO_2^-$），そして最終的にタウリンのスルホン酸（$-SO_3^-$）になる（図 21.30）。

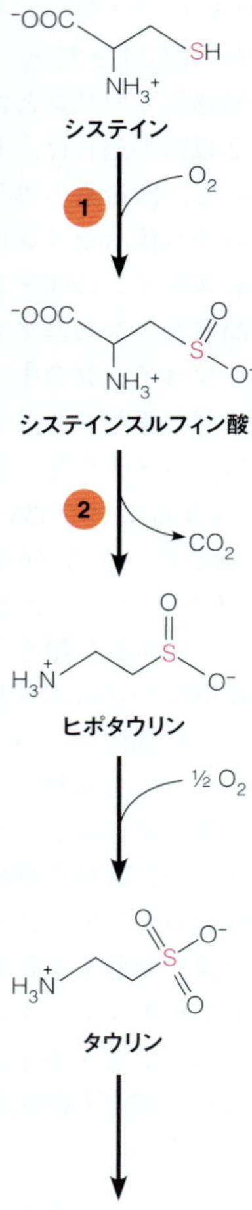

図 21.30　タウリンの生合成　❶システインジオキシゲナーゼ，❷システインスルフィン酸デカルボキシラーゼ

これは，タウリンが25 mMの細胞内濃度に達することができる肝臓，腎臓，筋肉，そして脳において大切な経路である。タウリンの機能のすべてが解明されているわけではないが，主な生物的役割には胆汁酸タウロコール酸の合成（第19章参照），細胞内の浸透圧調節物質としての血圧調節，そして強力な抗酸化剤，抗炎症剤としての役割がある。興味深いことに，タウリンはレッドブル（Red Bull）®という栄養ドリンクの主成分であり，このドリンクの8オンスの缶は1000 mgのタウリンを含んでいる（カフェインがわずか80 mgなのに対して）。このようなタウリンの大量摂取の健康効果は，深く研究されていない。

グルタミン酸からのプロリン，オルニチン，アルギニンの合成

これまでみて来たように，グルタミン酸は多くの代謝的役割の点から，すべてのアミノ酸のうちでおそらく最も活発なアミノ酸である。グルタミン酸の別の重要な反応はγカルボキシ基のエネルギー要求性の還元であり，**グルタミン酸γセミアルデヒド glutamate γ-semialdehyde** を生成する（図21.31）。γカルボキシ基の不安定な中間体，γグルタミルリン酸へのリン酸化は，吸エネルギー性還元を促進する。オルニチンとプロリンの両方へ導くこの過程は，アスパラギン酸のアスパラギン酸βセミアルデヒドへの還元に相当する（p.803）。植物や動物では，この2段階反応は2つの領域からなる二機能性酵素によって触媒される。1つの領域はATP依存性のγカルボキシ基のリン酸化を触媒し，もう1つの領域はNADPH依存性の還元を触媒する。生成物，グルタミン酸γセミアルデヒドは環化互変異性体である **Δ^1-ピロリン-5-カルボン酸 Δ^1-pyrroline-5-carboxylic acid（P5C）** と非酵素的平衡にある。この平衡はpHに強く依存し，P5CはおよそpH6.5を好む。このようにP5Cは生理的な生成物であり，したがって二機能性酵素はΔ^1-ピロリン-5-カルボン酸シンターゼと名づけられている。細菌や下等な真核生物は，グルタミン酸キナーゼの反応とγグルタミルリン酸レダクターゼの反応を行うために，2つの別の遺伝子にコードされた2つの別の酵素を使う。配列と構造の解析から，二機能性のP5Cシンターゼは，細菌では単一オペロンにコードされている2つの単機能酵素から進化したことが予想された。最後に，Δ^1-ピロリン-5-カルボン酸のNADPH依存性還元が続いて，プロリンが生成される。

ポイント 19
グルタミン酸は代謝的に最も活性なアミノ酸の1つであり，グルタミン，アルギニン，クレアチンリン酸，プロリン，ヒドロキシプロリン，ポリアミン，グルタチオン，γアミノ酪酸の前駆体である。

グルタミン酸γセミアルデヒドは，プロリンを生成するだけでなく，オルニチンや後にアルギニンも生成する。オルニチンは，**オルニチンδアミノトランスフェラーゼ ornithine δ-aminotransferase** によって触媒される反応で，アルデヒド基へのアミノ基転移によってグルタミン酸γセミアルデヒドから直接生成される。そして，アルギニンは第20章でみたように尿素回路を経てオルニチンから合成される。

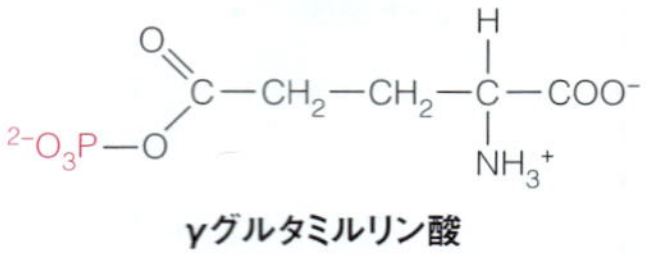

γグルタミルリン酸

プロリンとアルギニンのグルタミン酸からの生合成の経路は，基本的にはそれらの分解経路の逆である（図21.31を図21.3と比較）。それでは，どのように

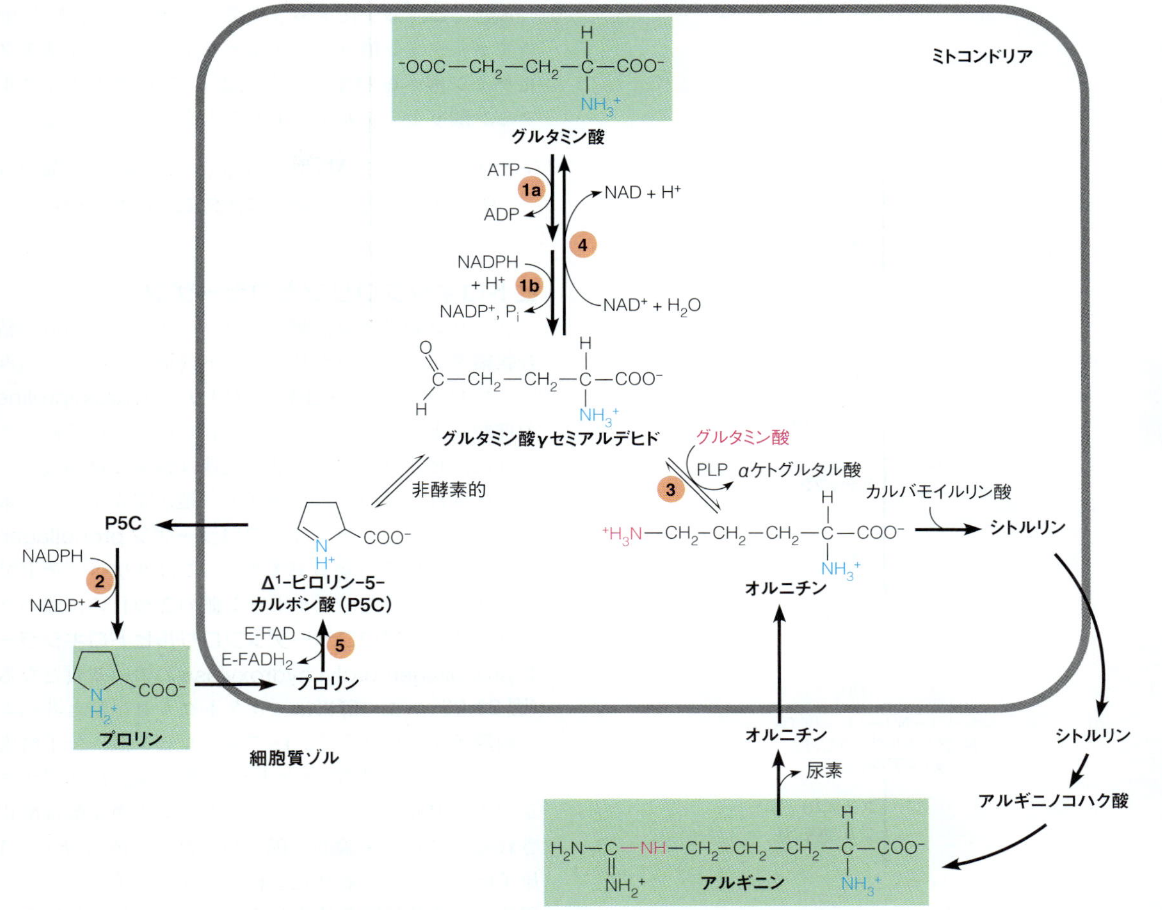

図 21.31　プロリンとアルギニンはグルタミン酸に由来する　関係する酵素は，1a グルタミン酸キナーゼ活性と 1b γグルタミルリン酸レダクターゼ活性を有する二機能性酵素である 1 Δ1-ピロリン-5-カルボン酸シンターゼ（P5C），2 Δ1-ピロリン-5-カルボン酸レダクターゼ，3 オルニチンδアミノトランスフェラーゼ，4 グルタミン酸γセミアルデヒドデヒドロゲナーゼ（Δ1-ピロリン-5-カルボン酸デヒドロゲナーゼとも呼ばれる），5 プロリンオキシダーゼである。

して細胞はこれらの反対の経路が同時に働かないようにしているのだろうか？　第 12 章で最初に概要を述べたいくつかの生体エネルギー論と代謝機構の原理がここで働く。ご想像の通り，別々の酵素と補酵素が同化と異化の方向に利用される。特に，生合成の方向は，異化方向とは異なった ATP 結合係数を有している（例えば，プロリン経路では −1 対 0）。プロリンのグルタミン酸への酸化にはフラビンデヒドロゲナーゼと NAD^+ が関わるのに対して，四電子還元であるグルタミン酸からのプロリン合成は，NADPH を用いる。唯一の可逆酵素反応は，アルギニン経路におけるオルニチンδアミノトランスフェラーゼが触媒するアミノ基転移反応である。合成経路と分解経路の非依存的であるが協調的な調節を可能にする他の要因は，これらの経路における酵素の複雑な区画化である（図 21.31）。例えば，プロリンを P5C に戻す酸化を触媒するプロリンオキシダーゼはミトコンドリアにあるのに対して，P5C のプロリンへの還元を触媒する P5C レダクターゼは細胞質にある。P5C シンターゼとプロリンオキシダーゼは両方ともミトコンドリア内膜のマトリックス側にしっかり結合している。オルニチンδアミノトランスフェラーゼは可溶性マトリックス酵素である。尿素回路によるアルギニン代謝には，1 つのミトコンドリアでの反応と 2 つの細胞質での反応が関わる。P5C，プロリン，シトルリン，オルニチンのミトコンドリアと細胞質ゾル画分間の輸送は，ミトコンドリア内膜の特異的な輸送体によって媒介される。

ポイント 20
プロリンとアルギニンは，別の酵素と別の補因子を利用する多重区画で起こる反対の経路によって合成され，そして分解される。

細菌ではグルタミン酸は，還元の前に *N*-アセチルグルタミン酸 *N*-acetylglutamate にアセチル化され

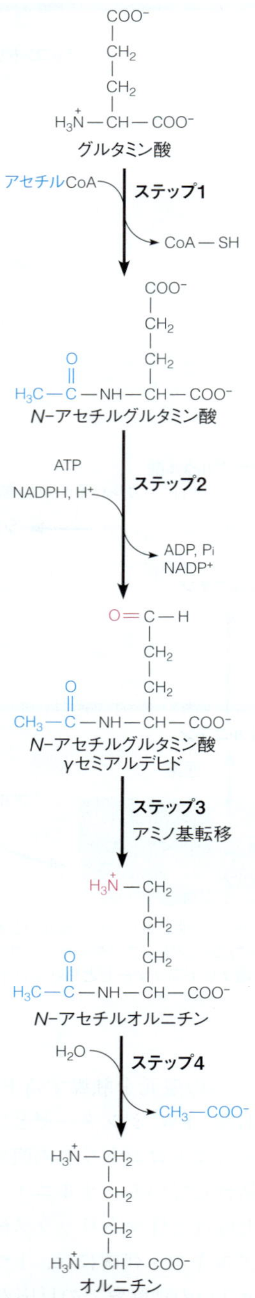

図 21.32　細菌におけるグルタミン酸からのオルニチンの生合成　*N*-アセチルグルタミン酸の還元（ステップ2）は，先に ATP によりカルボキシ基がリン酸化され，次いで活性化カルボキシ基が NADPH 依存的に還元される。

る。このアセチル基は2～3ステップ後の反応で除かれる（図 21.32）。アセチル化は，プロリン合成で非酵素的に起こるような，還元により生じるアルデヒドとαアミノ基の間の縮合による分子の環化を防ぐ。オルニチンは，その後動物の経路でみられるのと同じ反応によってアルギニンに転換される（図 21.31）。

植物ではグルタミン酸γセミアルデヒドは，*N*-アセチルグルタミン酸γセミアルデヒドのアセチル基をグルタミン酸へ転移することによって *N*-アセチルグルタミン酸γセミアルデヒドからも合成可能である。

N-アセチルグルタミン酸γセミアルデヒド＋グルタミン酸 ⇌
N-アセチルグルタミン酸＋グルタミン酸γセミアルデヒド

ヒドロキシプロリンとコラーゲン

プロリンの重要な役割は，コラーゲンとその他の結合組織タンパク質のポリペプチド前駆体への取り込みで，プロリンは**ヒドロキシプロリン hydroxyproline** の前駆体として働く。第5章（p.126 参照）で述べたように，ヒドロキシプロリン残基は翻訳後修飾によって生成され，続いてポリペプチド鎖が完成する。非水酸化コラーゲン前駆体は**プロコラーゲン procollagen** と呼ばれている（第6章参照）。このポリペプチドでは，グリシン残基のカルボキシ側の2つ目の位置のプロリン残基が**プロコラーゲンプロリルヒドロキシラーゼ procollagen prolyl hydroxylase** のよい基質となる（図 21.33）。この酵素は，αケトグルタル酸と非ヘム二価鉄イオンに加えて，L-アスコルビン酸，分子酸素を必要とする二価鉄/αケトグルタル酸依存性ジオキシゲナーゼ族に属している。αケトグルタル酸は酸化される間に化学量論的に脱炭酸されて，酸素分子の1原子はコハク酸に取り込まれ，もう1原子はプロリン残基の水酸基に取り込まれる。アスコルビン酸はこの反応に必要ではなく，酵素はアスコルビン酸なしで多くの反応サイクルを触媒することができる。しかし，プロリルヒドロキシラーゼは，時にはプロリン残基の水酸化と共役しないαケトグルタル酸の脱炭酸を触媒する。このαケトグルタル酸のコハク酸への脱共役代謝回転の間，二価鉄は酸化して酵素は不活化される。アスコルビン酸の正確な役割は知られていないが，酸化された鉄を二価鉄状態に還元して酵素を再活性化すると提唱されている。この働きにおいて，アスコルビン酸が化学量論的に必要であり，デヒドロアスコルビン酸に酸化される。この反応は，アスコルビン酸またはビタミンCの数少ない明らかにされた役割の1つであり，特に興味深い。第6章で述べたように，ビタミンCの欠乏症または壊血病は結合組織の変性を伴い，これは結合組織におけるコラーゲンの不完全な合成，あるいは未成熟に由来すると考えられている。

ビタミンCの欠乏症に関する最初の記録に残る文献は，少なくとも3,500年前にさかのぼるが，1,500年代に始まった長期にわたる探検航海では，壊血病は深刻なものであった。英国海軍の船医，James Lind が1747年の航海中に壊血病の集団発生に直面した際，

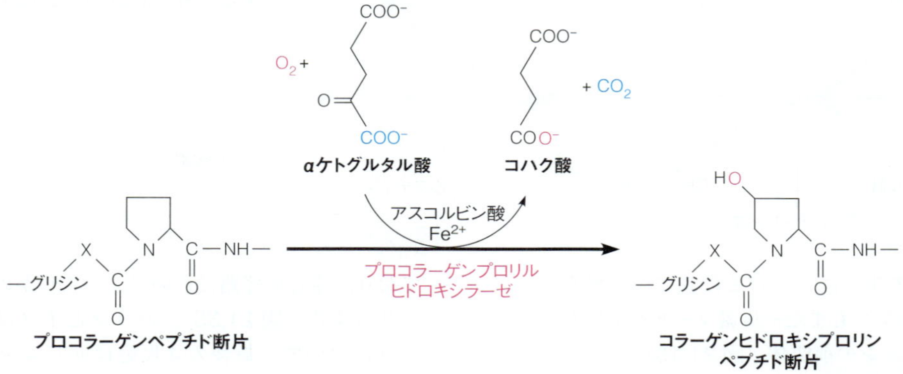

図21.33　コラーゲン合成におけるプロコラーゲンのプロリン残基の酵素的水酸化　2個の酸素原子の運命をピンクで示す。×は任意のアミノ酸残基を示す。

21

その解明が大きく進んだ。記録されている最初の比較臨床試験において，Lindは壊血病にかかった12人の船員を6ペアに分け，それぞれのペアを異なった“酸性の”（と当時は考えられていた）栄養補助食品で治療した。彼が試した栄養補助食品は1クォートのりんご酒，25滴の硫酸塩のエリキシル剤（硫酸），6さじの酢（酢酸），半パイントの海水，オレンジ2個とレモン1個，香辛料の効いたペーストと1杯の大麦湯であった。果物が尽きた6日後に柑橘類を与えられたグループの治療は中止したが，その時までにこのグループの両方の船員は著しく症状が改善し，他のグループは悪化し続けた。柑橘類を用いたより長期の試験が1794年に行われ，1795年に英国海軍はついに，1箇月以上の航海ではすべての英国水兵にライムジュースまたはレモンジュースの摂取を義務づけた（英国水兵の愛称“ライミーズ”はそこからきている）。

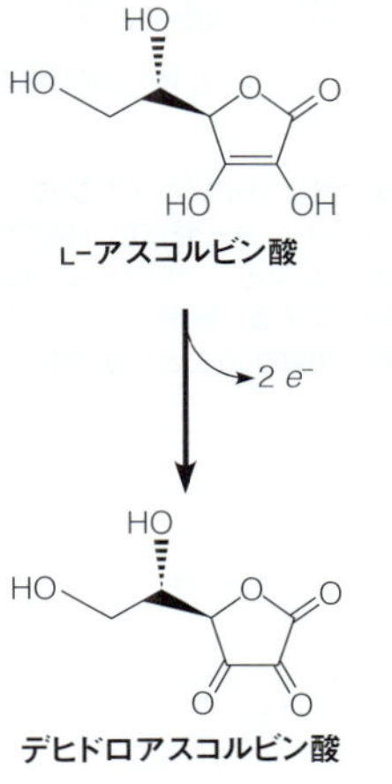

3-ホスホグリセリン酸からのセリンとグリシンの合成

セリンヒドロキシメチルトランスフェラーゼ反応を介して，セリンとグリシンは近い相互連絡がある（図21.2参照）。セリンはこの反応を介してグリシンから合成できるが，この反応はグリシンと5,10-メチレンテトラヒドロ葉酸への主要な生合成経路であるから，逆方向に進行することのほうが多い。ほとんどの新規のセリン生合成は，解糖中間体3-ホスホグリセリン酸から3段階の経路で起こる。アルコールのケトンへの酸化，αアミノ基導入のためのケトンのアミノ基転移，そして最終的に脱リン酸化してセリンを生成する。

細菌と植物では，セリン合成への最初の関与段階である3-ホスホグリセリン酸のNAD依存性の酸化がL-セリンによってフィードバック阻害される。ホスホグリセリン酸デヒドロゲナーゼも，セリン濃度が低い哺乳類の組織では重要な調節点である。一方，肝臓のようなセリンレベルが高い組織では，この反応の最終酵素でありL-セリンによるフィードバック阻害に鋭敏なホスホセリンホスファターゼが調節点である。これは，重要な調節酵素は経路の最初に位置するという一般概念の興味深い例外である。

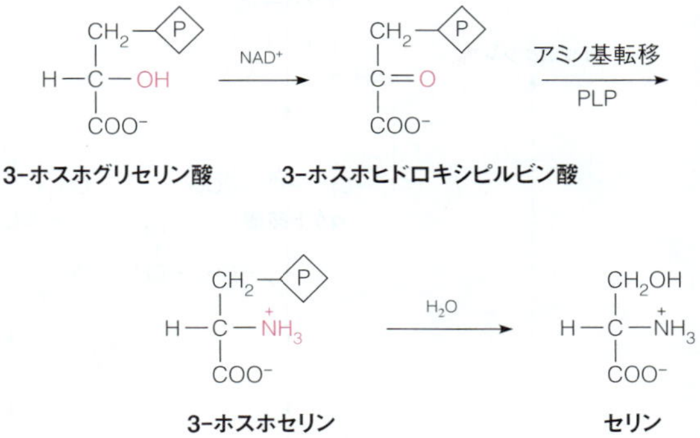

セリンは代謝的に非常に活性が高い。テトラヒドロ葉酸補酵素プールへの活性化一炭素単位の寄与（第20章）だけでなく，リン脂質（第19章）とシステイ

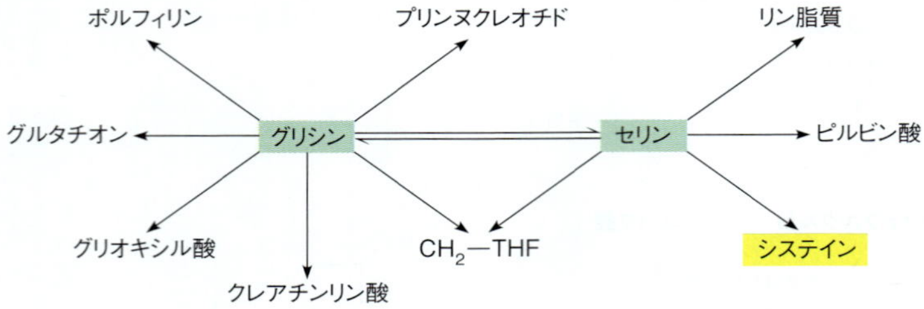

図 21.34　セリンおよびグリシンの代謝の相互変換とゆくえ

ン（p.806）の生合成における役割についてもすでに述べた。グリシンもまた一炭素プールへの寄与を含めて，グルタチオンの前駆体（図 21.15），プリンヌクレオチドの前駆体（第 22 章参照），およびポルフィリンの前駆体（図 21.19）として多くの役割を果たす。グリシンおよびセリンの代謝経路を図 21.34 にまとめた。

> **ポイント 21**
> セリンはグリシン，リン脂質，システインの合成に関わる。グリシンはプリンヌクレオチドとポルフィリンの生合成において活躍する。

> **ポイント 22**
> セリンおよびグリシンは，ともに主として 5,10-メチレンテトラヒドロ葉酸の形で活性化一炭素基のプールに関わる。

ピルビン酸からのバリン，ロイシン，イソロイシンの合成

分枝アミノ酸，バリン，ロイシン，イソロイシンは哺乳類では必須アミノ酸であり，主としてこれらは植物および細菌の細胞で合成される。さらにこれらのアミノ酸はいずれもタンパク質の構成成分，およびそれ自身の分解基質として以外に，別の重要な代謝的役割を果たすことは知られていない。その生合成経路は複雑なので，ここには概要だけを示す。

バリン，ロイシン，イソロイシンは構造的に関連しており，生合成経路において，いくつかの反応や酵素を共有する（図 21.35）。バリンとイソロイシンの生合成において，最後の 4 反応は同じ 4 種類の酵素によって触媒される。バリンの生合成は，ヒドロキシエチルチアミンピロリン酸からピルビン酸への二炭素単位の転移によって始まる。二炭素単位は，ピルビン酸デカルボキシラーゼによって触媒される反応（第 13 章）と類似した TPP 依存性反応において，もう 1 つのピルビン酸分子に由来する。二炭素単位の α ケト酪酸への同様な TPP 依存性転移によって，イソロイシンへの経路が始まる。バリンのケト酸類似体は 4 段階の経路でロイシンに導入される。細菌ではこれら 3 種のアミノ酸は，各々異なる酵素のフィードバック阻害によって自身の合成を調節する。実際，アロステリック制御の概念は，イソロイシンによるトレオニンデヒドラターゼの阻害に関する研究で大きく発展した。

解糖中間体からの芳香族アミノ酸の合成：シキミ酸経路

非環式前駆体からこれらの芳香環への合成は，複雑な化学反応が関わる。ビタミンの合成のような他の長い生合成経路と同様に，芳香族の生合成能力は動物が進化する間にほとんど失われた。ここで述べる合成経路は 1 つを除いて植物と細菌に限った。この 1 つの例外は，フェニルアラニン分解との関連で論じたフェニ

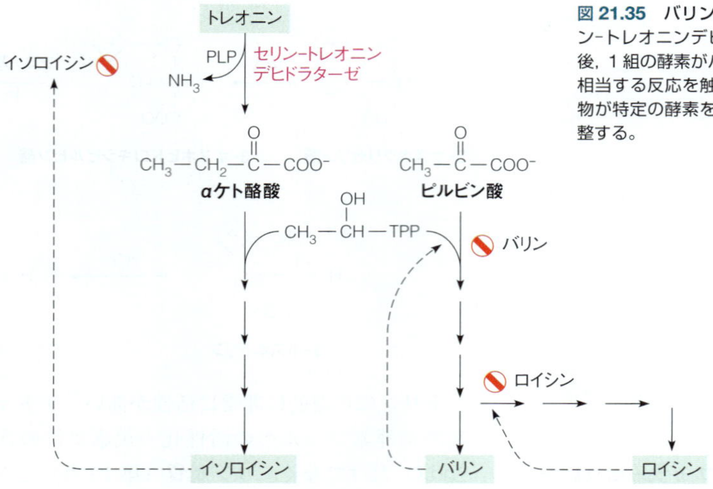

図 21.35　バリンおよびイソロイシンの生合成　セリン-トレオニンデヒドラターゼ反応（図 21.4 参照）の後，1 組の酵素がバリンとイソロイシンの合成において相当する反応を触媒する。細菌ではそれぞれの最終産物が特定の酵素を阻害することにより自身の合成を調整する。

ルアラニンからチロシンへの水酸化である（図21.7）。

微生物および植物における 1 つの分岐した経路は，フェニルアラニン，チロシン，トリプトファン，および実質的にすべての他の芳香族化合物の合成につながる（図 21.36）。この経路の個々の反応は細菌において確かめられた。数多くの栄養要求性変異株が単離できて，遺伝学的（マッピング），生理学的（増殖要求を満たす化合物の同定），および生化学的（所定の反応が妨害されたときに蓄積する中間体の同定）に特性が明らかにされた。知られる限りでは，その過程は植物でもそっくりである。

いくつかの重要な発見がなされた。第 1 に，フェニルアラニンとチロシンの炭素のすべてがエリトロース 4-リン酸と解糖中間体のホスホエノールピルビン酸 phosphoenolpyruvate（PEP）に由来する。エリトロース 4-リン酸は，ペントースリン酸経路によって解糖中間体からも誘導されることを思い出してほしい（第 13 章）。第 2 に，増殖のためにフェニルアラニン，チロシン，トリプトファン，*p*-アミノ安息香酸，および *p*-ヒドロキシ安息香酸を必要とする突然変異株が，ただ 1 種の化合物である**シキミ酸** shikimic acid でこれら 5 種類すべてに対する要求を満たしていることである。これらの突然変異株ではシキミ酸の生成（図 21.37 に示した経路の 4 番目の反応）が妨害されることが現在わかっており，シキミ酸が供給されたとき，この経路のその後のすべての段階が起こりうる。分枝のない経路がシキミ酸を通って**コリスミ酸** chorismic acid に至ることに注目してほしい。コリスミ酸から 1 つの経路は**プレフェン酸** prephenic acid に至り，プレフェン酸は次に分枝してフェニルアラニンとチロシンを生成する（図 21.38）。もう一方の経路は**アントラニル酸** anthranilic acid を通ってトリプトファンを生成する。さらにもう 1 つの経路は *p*-アミノ安息香酸を生成し，最終的に *p*-ヒドロキシ安息香酸を経て補酵素 Q を生成する。その生成物は，いま述べたように，順々に他の芳香族化合物の前駆体になるので，シキミ酸経路は実質的にすべての芳香族化合物の生合成に関わっている。

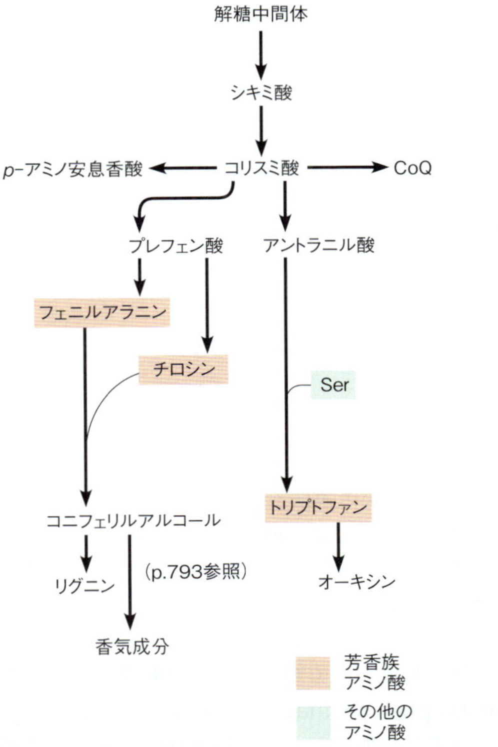

図 21.36　芳香族アミノ酸生合成の概要　3 種類のアミノ酸に至る主要な経路は植物と細菌では本質的に同じである。シキミ酸経路の詳細は図 21.37 と図 21.38 に示す。

> **ポイント 23**
> シキミ酸経路は，リグニンを含めてほとんどすべての芳香族化合物の合成をもたらす。したがって，生物学において最も生産的な経路の 1 つである。

近年，高等植物において **5-エノイルピルビルシキミ酸-3-リン酸シンターゼ** 5-enoylpyruvylshikimate-3-phosphate synthase（EPSP synthase）が触媒するシキミ酸経路の 6 番目の反応が非常に注目されている。この酵素は**グリホサート** glyphosate と呼ばれる化合物，またはグリシンホスホン酸（ホスホン酸はリンに炭素が共有結合した化合物である）によって特異的に阻害される。ほとんどの作物および雑草植物の成長は，ラウンドアップ（Roundup）® として販売されている効果的な広範囲に使用される除草剤であるグリホサートによって阻害される。バイオテクノロジーの最近の成果は，グリホサートに抵抗性を与える遺伝子の作物への導入である。例えば，ラウンドアップ耐性綿花の種が 1990 年代半ばに農家に向けて販売開始されたし，同様に遺伝子組換えを行った他の作物も現在市場に出ている。こうした改良が，簡単で効果的な雑草の管理を可能にしている。農地に噴霧すれば遺伝子改変種以外の植物をすべて除去してしまう。

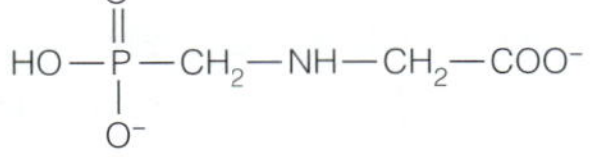

グリホサート

これらの経路の制御には興味深い調節機構が関わっている。第 29 章で述べるトリプトファン生合成の遺伝子制御に関する研究から，転写調節に対する最も重要な知見が得られた。コリスミ酸を生成する反応についての最近の研究から，多くの多機能酵素の存在が明

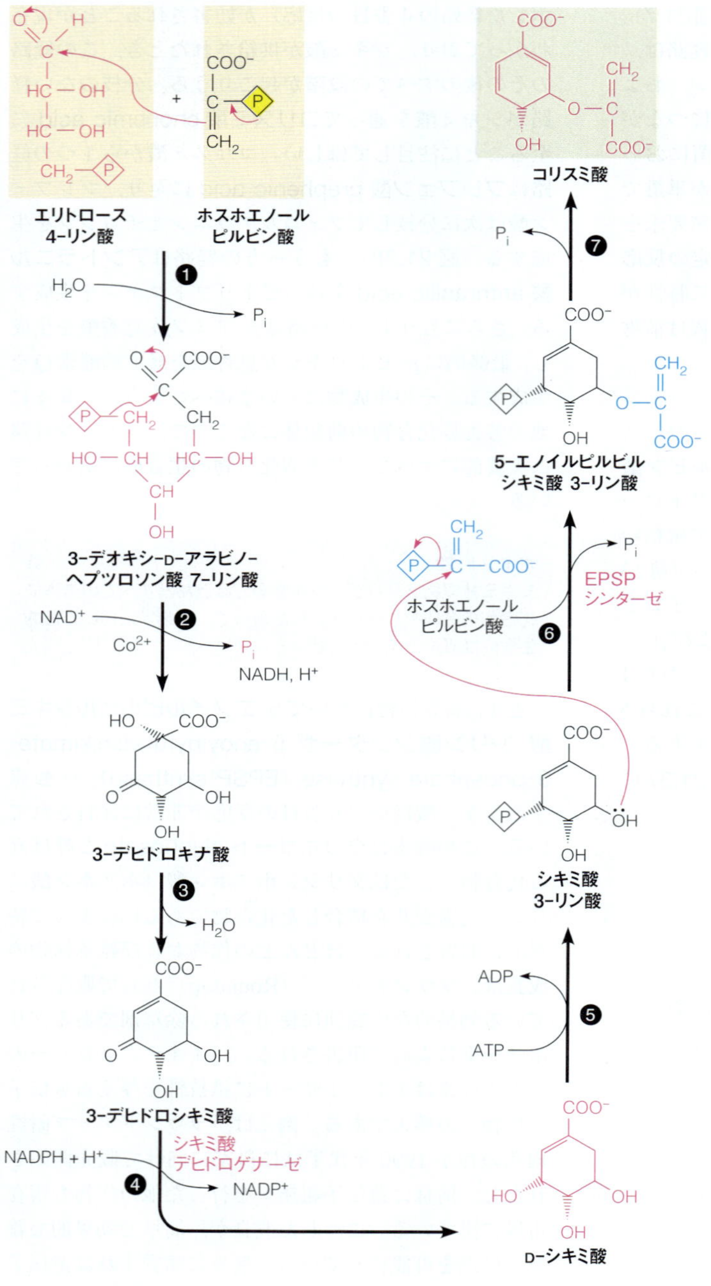

図 21.37　シキミ酸経路の詳細 I　この図はエリトロース 4-リン酸とホスホエノールピルビン酸からコリスミ酸までの最初の分枝のない経路を示す。最初の反応は，ホスホエノールピルビン酸からリン酸基が失われることにより開始する。第 2 の反応は，珍しいコバルト要求性の酵素の作用で脱水素により閉環し，第 2 のリン酸基が離脱する。第 3 の反応の脱水によりデヒドロシキミ酸が生成し，次にそれが NADPH により還元されシキミ酸になる。それからシキミ酸がリン酸化され，第 2 のホスホエノールピルビン酸が反応することによって炭素 3 個の側鎖が結合する。この中間体の脱リン酸化により，芳香族アミノ酸生合成経路の分岐点であるコリスミ酸が生成する。

らかになった。多機能酵素は 1 本のポリペプチド鎖に 2 個またはそれ以上の連続反応を触媒する活性部位を含む。このことは，明らかにいくつかの反応を一緒に調節する効果的な方法である。

アントラニル酸からトリプトファンへの経路（図 21.38）における最初の反応は，活性化した糖誘導体の**5-ホスホリボシル-1-ピロリン酸 5-phosphoribosyl-1-pyrophosphate（PRPP）**を必要とする。PRPP はヌクレオチド合成において最も幅広い役割を果たす（第 22 章参照）。細菌では，これらの酵素をコードしている遺伝子は線状に並んで連結した**トリプトファンオペロン tryptophan operon** である。第 27 章で述べるように，オペロンはリンクした遺伝子の 1 セットであり，その発現は転写レベルで一緒に調節されている。細菌，酵母，カビ，そして植物では，その経路の最後の酵素である**トリプトファンシンターゼ tryptophan synthase** は $\alpha_2\beta_2$四量体である。単離した α および β サブユニットは p.816 の部分反応を触媒しホロ酵素は協奏反応を触媒する。協奏反応において，インドールは酵素表面から解離せずにただちにセリン

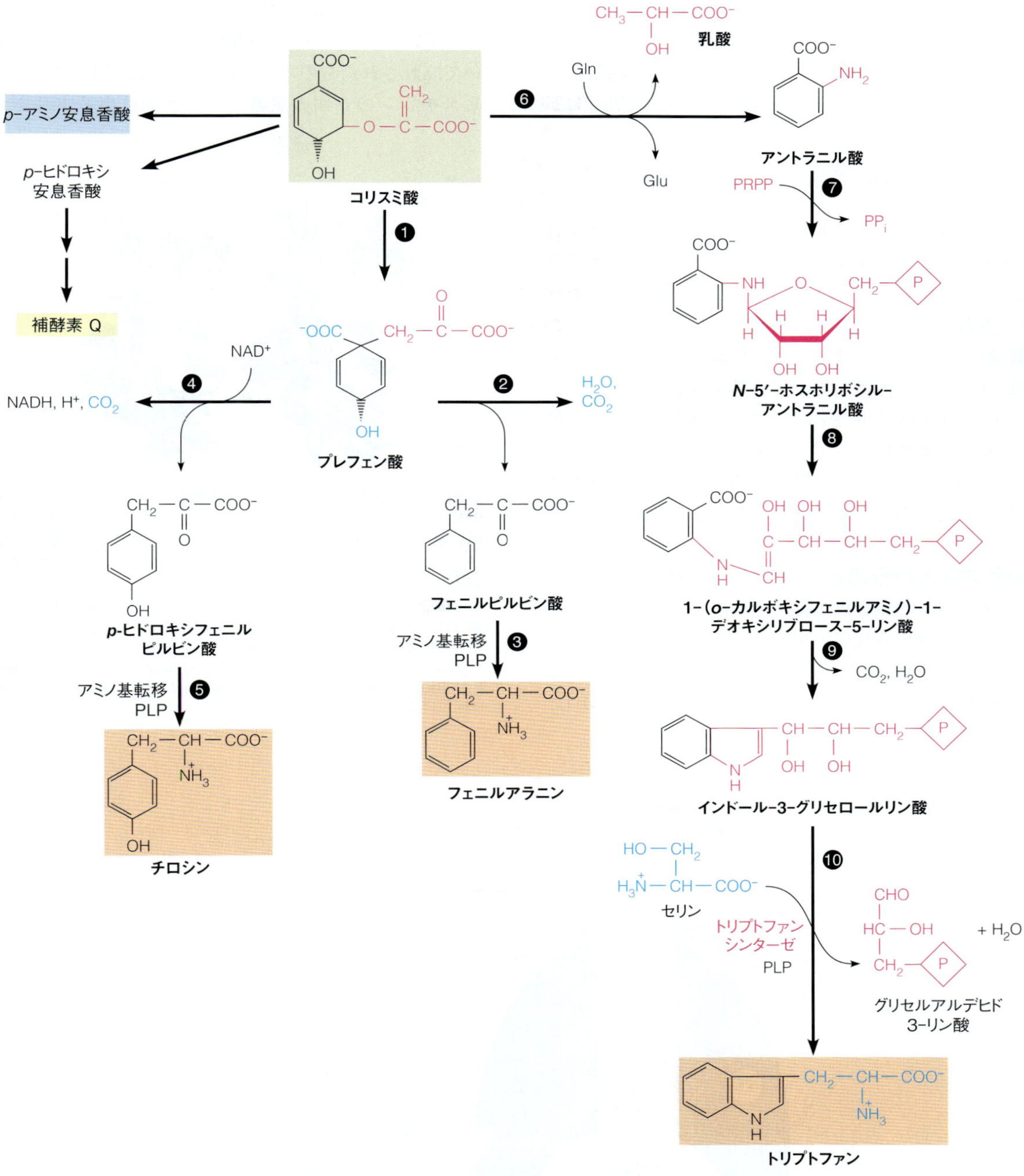

図 21.38　シキミ酸経路の詳細 II　この図は図 21.36 に示したコリスミ酸から種々の芳香族生成物への経路の分枝する部分を示す。コリスミ酸は異性化し，フェニルアラニンとチロシンへの途中の分岐点であるプレフェン酸（コリスミ酸の下に示した）となる。プレフェン酸の脱炭酸と脱水反応によりフェニルピルビン酸が生成し，アミノ基転移により直接フェニルアラニンになる。また，酸化的脱炭酸によりチロシンの直接の前駆体である p-ヒロドキシフェニルピルビン酸が生成する。コリスミ酸から右に示す経路では，コリスミ酸の側鎖がグルタミンのアミド窒素と置換する。このアントラニル酸シンテターゼがトリプトファンへの途中の最初の関与段階を触媒する。次の段階で，5-ホスホリボシル-1-ピロリン酸（PRPP）の 1 位の炭素からピロリン酸が失われ，1 位の炭素がアントラニル酸の窒素に結合する。糖環の開環に続いて脱炭酸と閉環によってインドール-3-グリセロールリン酸が生成する。最終段階は，インドール化合物の炭素 3 個の側鎖がセリンの炭素骨格と置換してトリプトファンが生成する。

と反応し，トリプトファンを生成する。

インドール-3-グリセロールリン酸 $\xrightarrow{\alpha\text{サブユニット}}$ インドール ＋ 3-ホスホグリセルアルデヒド

インドール ＋ セリン $\xrightarrow[\text{PLP}]{\beta\text{サブユニット}}$ トリプトファン ＋ H_2O

驚くべきことに，中間体，インドールはタンパク質分子の内部のトンネルを通ってαサブユニットの活性部位からβ活性部位へ2.5 nmの距離を運ばれる（チャネルされる）ことが，X線結晶解析によって示された（図21.39）。チャネリングは，代謝回転において代謝中間体が一連の酵素間を直接移動することである。第22章でこれの別の例をみる。より詳細な構造解析を補完する動態解析によって，チャネル内にインドールを保つために働く“ふた”（図21.40）によって各活性部位は断続的に覆われることが示唆された。

解糖中間体からのヒスチジンの合成

ヒスチジンの生合成には，その解明のために使用した方法，関係する反応の複雑さ，遺伝的経路調節の優雅さ，そして経路についての知見の実用的応用に関して，シキミ酸経路といくつかの類似点がある。しかし，ヒスチジン経路には，分枝がないという特色がある。大部分がBruce AmesとPhilip Hartmanの研究室において立証されたもので，その経路を図21.41に示す。ヒスチジンの6個の炭素のうち5個はホスホリボシ

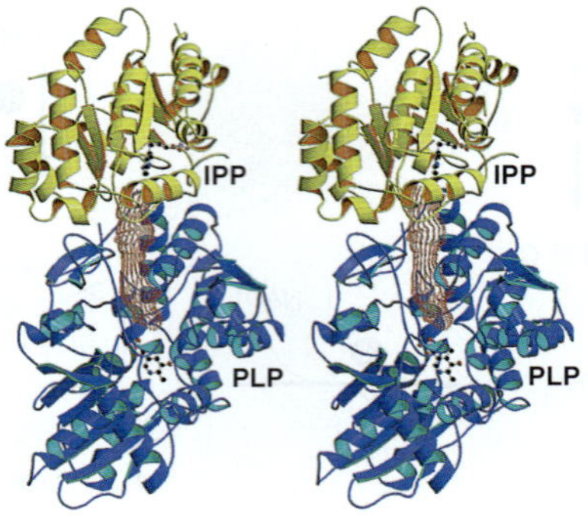

図21.39　トリプトファンシンターゼの構造　互いに異なる（ウォールアイ）ステレオモデルは，ネズミチフス菌（PDB ID：1QOP）から1つのα—β機能単位の構造を示している。αサブユニットは黄色で，βサブユニットは青で示した。2つの活性部位をつなぐトンネルは，赤い網状のチューブで示した。インドールプロパノールリン酸（IPP，インドール-3-グリセロールリン酸の競合的阻害剤）とピリドキサールリン酸（PLP）は，それぞれαサブユニットとβサブユニットに結合したボール＆スティックモデルで示した。

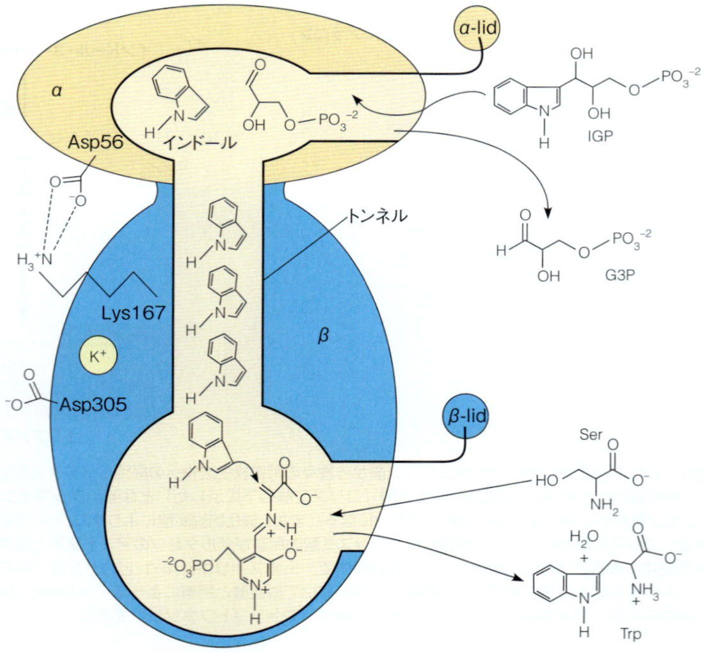

図21.40　1つのα—β機能単位におけるトリプトファンシンターゼの作用の模式図　αサブユニット（黄色）とβサブユニット（青）の活性部位，インドール分子で満たされた相互接続する2.5 nmのトンネル，両方のサブユニットの基質が入る経路と生成物が遊離する経路を示した。それぞれの経路には，トンネル内にインドールを保持するために交互に開け閉めして経路をカバーする“ふた”（α-lid，β-lid）がある。触媒として必須のK^+の結合部位と2つのサブユニット間にアロステリック結合を供給することが知られている塩橋も示した。IGP＝インドール-3-グリセロールリン酸，G3P＝グリセルアルデヒド-3-リン酸，ser＝セリン，trp＝トリプトファン。

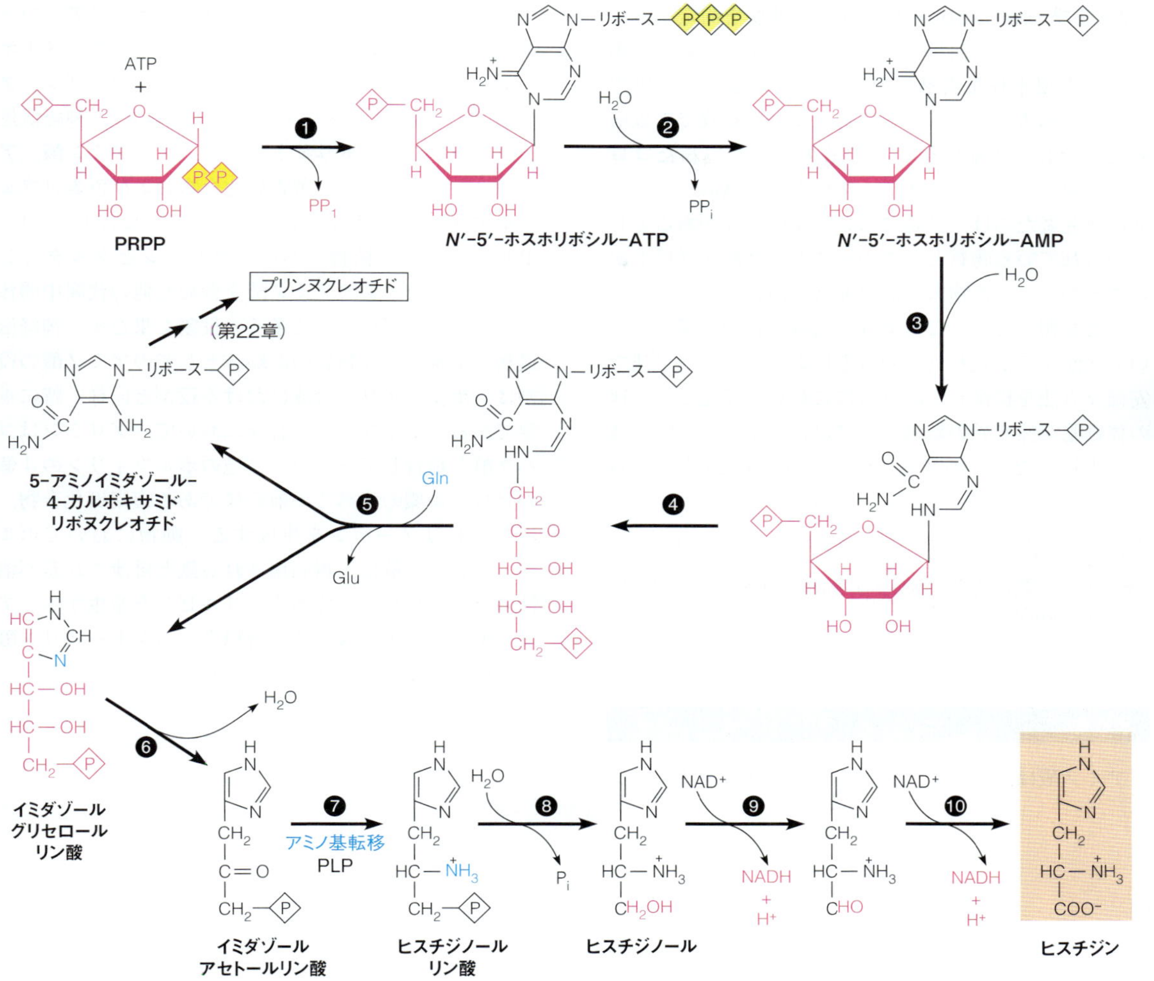

図 21.41　ヒスチジン生合成経路　5-ホスホリボシル-1-ピロリン酸（PRPP）との反応によるプリン環の活性化（ステップ❶）後，開環により第 3 の中間体が生成する（ステップ❷，❸）。次いで，PRPP 由来のリボースが開環する（ステップ❹）。グルタミンからアミド窒素が転移し（ステップ❺），開裂と閉環が起こり，最初のイミダゾール化合物であるイミダゾールグリセロールリン酸が生成する。もう 1 つの生成物はプリンヌクレオチド合成の中間体となる。イミダゾールグリセロールリン酸は，脱水（ステップ❻），アミノ基転移（ステップ❼），脱リン酸化（ステップ❽），脱水素（ステップ❾，❿）反応が関わる直接連鎖によってヒスチジンに変換される。

ル-1-ピロリン酸（PRPP）由来で，ペントースリン酸経路によってグルコース 6-リン酸から順番に誘導される（第 13 章）。6 番目の炭素とイミダゾール窒素原子の 1 つは ATP に由来する。もう 1 つのイミダゾール窒素原子はグルタミンアミドトランスフェラーゼの反応によって導入され，α アミノ基は標準的な PLP 依存性アミノトランスフェラーゼ反応においてグルタミン酸に由来する。ATP と PRPP が結合する珍しい反応で始まる 10 の独特な反応が関わる。5 番目の段階の生成物の 1 つである 5-アミノイミダゾール-4-カルボキサミドリボヌクレオチド 5-aminoimidazole-4-carboxamide ribonucleotide（AICAR）はプリン生合成の中間体であり（第 22 章），これら 2 つの経路はともにつながっている。

腸内細菌では，ヒスチジン合成の酵素の 10 個の構造遺伝子は，経路の反応の順序と同じ順序で互いに連結する。この遺伝子のセット，**ヒスチジンオペロン histidine operon** は転写レベルで協調的に調節され，10 個の遺伝子すべてが転写されて 1 つの大きなメッセンジャー RNA を生成し，それが翻訳されて 10 個の酵素が生成する。この高度に組織化された遺伝子配列が，この経路の調節を容易にするのかもしれない。

遺伝子および遺伝子産物が同定されたところで，Bruce Ames は環境における突然変異原を探索するために，これらの研究に新しい方法で産生した突然変異細菌株を使用した。研究者は **Ames 試験 Ames test** を用いて，ヒスチジンを合成できない突然変異株（ヒスチジン**栄養要求株 auxotroph**）が合成できる型

（原栄養株 prototroph）に変異する速度を測定することで，突然変異を簡単に計算することができる。培養した栄養要求株を突然変異原と思われる物質で処理し，その細菌をヒスチジンを含まない培養液で平板培養し，そして復帰突然変異の結果として現れたコロニーを数える。このシステムを使用してAmesとその共同研究者たちは，動物において発がん性があるとして知られている物質と，このテストで突然変異原であることがわかった物質の間に非常に高い相関関係があることを報告した。このようにAmes試験は環境において発がん性が疑われる物質を探索するための迅速で安価な方法を提供した。さらにこれらの発見は，一連の体細胞突然変異の結果としてがんが生じるという考えを支持した。この考えについては，第23章でさらに論じる。

ポイント24
ヒスチジン栄養要求性変異は，生合成経路の解明と環境変異原性の分析に有用である。

まとめ

アミノ酸は，プリンヌクレオチド（グルタミン，グリシン，セリン），ピリミジンヌクレオチド（アスパラギン酸，グルタミン），ポリアミンとメチル基（メチオニン），グルタチオン（グルタミン酸，システイン，グリシン），クレアチンリン酸（アルギニン），神経伝達物質（チロシン，トリプトファン，グルタミン酸，アルギニン），リグニン，芳香族化合物および色素（フェニルアラニン），ホルモン（チロシン，ヒスチジン），ポルフィリン（植物におけるグリシンとグルタミン酸）およびその他のアミノ酸を含めた他の代謝中間体の生合成の中間体として多くの役割を果たす。神経伝達物質や神経伝達物質の前駆体としてのアミノ酸の役割は，ポルフィリン合成における役割と同様，特に重要である。ポルフィリン合成において，グリシンはコハク酸と縮合してヘムおよび他のポルフィリンの4個のピロール環のすべての前駆体である複素環化合物，ポルホビリノーゲンを生成する。動物においてポルフィリンの分解は，再利用される鉄と排泄される不溶性のテトラピロールであるビリルビンを産生する。アミノ酸は，クエン酸回路，解糖系，ペントースリン酸経路における中間体から合成される。

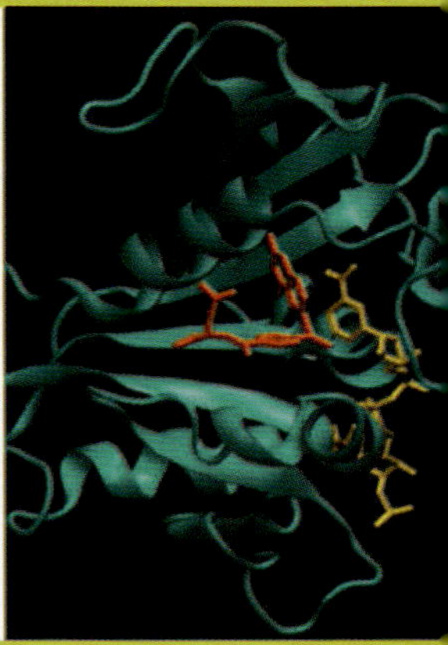

第 22 章
ヌクレオチド代謝

生化学の探求の過程で，ヌクレオチドには繰り返し遭遇してきた。ヌクレオチドは，核酸の前駆体，エネルギー代謝の必須因子，生合成における活性型代謝物質の運搬体（ヌクレオシド二リン酸糖など），補酵素の構成成分，あるいは代謝の制御因子やシグナル分子（c AMP など）として機能している。本章では，プリンおよびピリミジンヌクレオチドの生合成ならびに分解経路，DNA 複製へつながる経路において特に重要なそれらの制御機構について重点的に述べる。また，ヌクレオチド生合成酵素が抗菌薬や抗がん剤の標的となることや，ヌクレオチド代謝の遺伝的変異が及ぼす代謝疾患についても述べる。代謝や遺伝的制御因子としてのヌクレオチドの役割は，本書の他章で制御機構の各論として詳しく記述する。

本章の前に，第 4 章のヌクレオチドの構造を参照し，ヌクレオシドとヌクレオチドの相違を理解しておくとよい。1 mol のヌクレオシドを完全加水分解すると，糖と複素環塩基を少なくとも 1 mol ずつ生じる。一方，ヌクレオチドが 1 mol の場合には，糖と塩基に加えて無機リン酸をそれぞれ少なくとも 1 mol ずつ生じる。1 mol のモノヌクレオチドは塩基と糖をそれぞれ 1mol ずつ有するが，リン酸基を 1mol 以上もつこともある。これが 3 つのリン酸基を含むならば，ヌクレオシド三リン酸となる。DNA 合成に使われるデオキシリボヌクレオチドは，後に本章で述べる経路により，リボヌクレオチド（RNA の構成成分）から形成される。

ヌクレオチド代謝経路の概要

生合成経路：de novo 経路と再利用経路

これまでみてきた他のクラスの代謝物と異なり，ヌクレオチド，およびそれを構成する塩基や糖は，数種の寄生性原生動物を除くと，それ自体が栄養要求を満たすために必須というわけではない。ほとんどの生物は，必要に応じた量のプリンおよびピリミジンヌクレオチドを，低分子の前駆体から合成することができる。このいわゆる **de novo 経路 de novo pathway** は，生物界全般を通して本質的に共通である（図 22.1）。また，ほとんどの生物は，食物あるいは核酸の酵素的分解によって形成されるヌクレオシドや塩基からヌクレオチドを合成することが可能である。この過程は，生分解によって失われるような既存のプリンおよびピリミジン化合物を再利用するため，**再利用経路 salvage pathway** と呼ばれる。再利用経路は，微生物や寄生虫による感染症治療の重要な標的であり，生体システムの操作（例えば突然変異誘発の研究やモノクローナル抗体の作成）の場でもある。またこの経路は，遺伝的変化が計り知れない深刻な影響を与えてしまう重要な生物学的プロセスである。

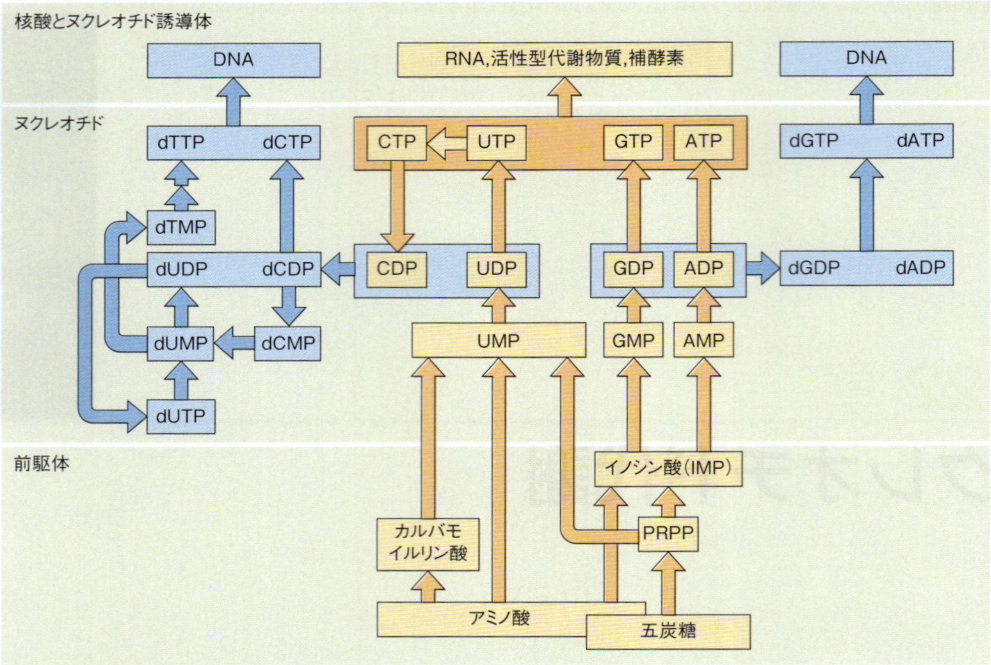

図 22.1　ヌクレオチド代謝の概要　リボヌクレオチド（オレンジ）とデオキシリボヌクレオチド（青）の合成と利用を行う de novo 経路。

ポイント1
ヌクレオチドは，低分子前駆体からの de novo 合成，あるいはヌクレオシドや塩基の再利用によって生合成される。

核酸の分解とヌクレオチド再利用の重要性

プリンおよびピリミジン塩基の再利用には，核酸の分解によって遊離した分子が必要なので，まずこの過程を簡潔に考えてみよう（図 22.2）。核酸の分解は，細胞内で（不安定な mRNA 種の代謝回転や DNA 修復経路を通して），あるいは細胞死の結果として起こりうる。動物の場合には，食物で摂取された核酸の消化によっても起こる。

動物では，摂取した核酸の細胞外加水分解が塩基およびヌクレオシドを獲得する主要経路である。この分解過程はタンパク質消化の過程に類似する。切断過程は内部結合，核酸の場合にはホスホジエステル結合から始まる。これらの反応は，小腸で核酸を消化する働きをもつ膵臓のリボヌクレアーゼあるいはデオキシリボヌクレアーゼなどの**エンドヌクレアーゼ** endonuclease によって触媒される。核酸の内部切断によって生じたオリゴヌクレオチドは，次に**ホスホジエステラーゼ** phosphodiesterase と呼ばれる非特異的酵素により分子の末端近くの結合部位でエキソヌクレアーゼ（第 25 章参照）により切断される。ここで生じるモノヌクレオチドは，酵素の特異性に依存してヌクレオシド 5′-または 3′-一リン酸のいずれかになる。その後，ヌクレオチドは，ホスホモノエステラーゼの一群である**ヌクレオチダーゼ** nucleotidase によって加水分解され，正リン酸と対応するヌクレオシドを生じる。生じたヌクレオシドは加水分解によっても切断されるが，**ヌクレオシドホスホリラーゼ** nucleoside phosphorylase の作用でヌクレオ塩基を生成するのが最も一般的な切断過程である。ヌクレオシドホスホリラーゼはグリコーゲンホスホリラーゼと同様に，分子に無機リン酸を付加してグリコシド結合を切断する反応を触媒し，塩基とリボース-1-リン酸（基質がデオキシリボヌクレオシドの場合にはデオキシリボース-1-リン酸）を生成する。

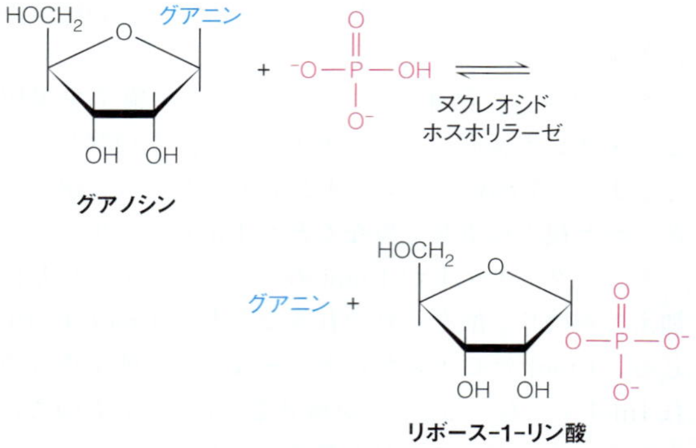

この反応は可逆的なので，ヌクレオシドホスホリラーゼは，遊離のヌクレオ塩基からヌクレオチドを再

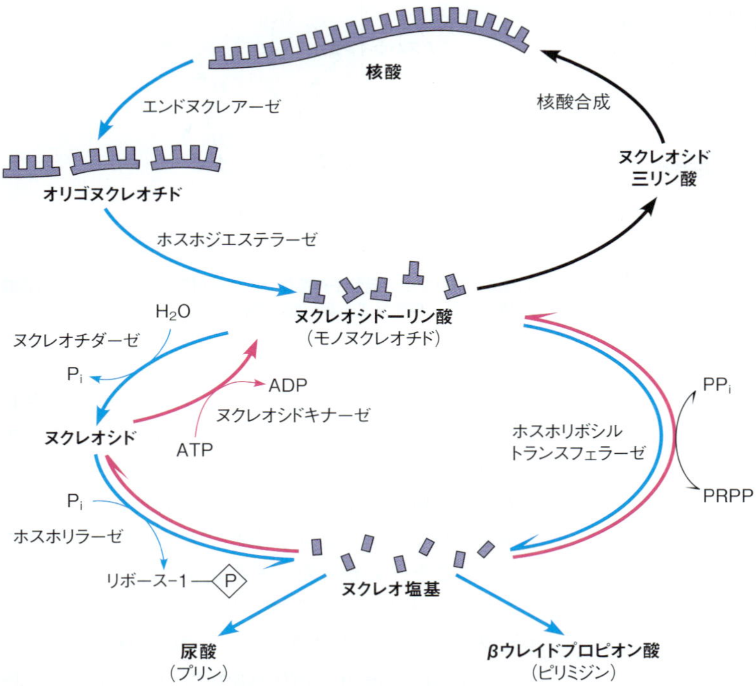

図 22.2　プリンおよびピリミジン塩基の再利用
核酸の異化（青）と再利用経路によるヌクレオチドの再合成（赤）の関係。

利用合成する最初の段階を触媒することもできる。合成されたヌクレオシドは，**ヌクレオシドキナーゼ nucleoside kinase** の作用で ATP によってリン酸化される（図 22.2）。この酵素は普遍的に存在するものではない。例えば，グアノシンキナーゼとウリジンホスホリラーゼは多くの生物で発見されているが，動物細胞はもっていない。

塩基やヌクレオシドが再利用経路による核酸合成で再利用されないと，図 22.2 に示したように，プリンおよびピリミジン塩基は，それぞれ尿酸とβウレイドプロピオン酸へとさらに分解されることになる。この経路については後に本章で述べる。

PRPP：de novo および再利用経路における主要代謝産物

図 22.2 に示したように，遊離塩基から直接ヌクレオシド 5′-リン酸を合成できるもう 1 つの再利用経路がある。この経路には，**ホスホリボシルトランスフェラーゼ phosphoribosyltransferase** と活性型糖リン酸の **5-ホスホ-α-D-リボシル-1-ピロリン酸 5-phospho-α-D-ribosyl-1-pyrophosphate（PRPP）** が必要である。第 21 章で PRPP がヒスチジンおよびトリプトファン生合成の中間体であることを述べたが，PRPP はプリンおよびピリミジンヌクレオチドの de novo 合成における重要な中間代謝物質でもある。PRPP は **PRPP シンテターゼ PRPP synthetase** によって合成される。この酵素は，ATP のピロリン酸をリボース-5-リン酸の 1 位の炭素に転移することで分子を活性化する。

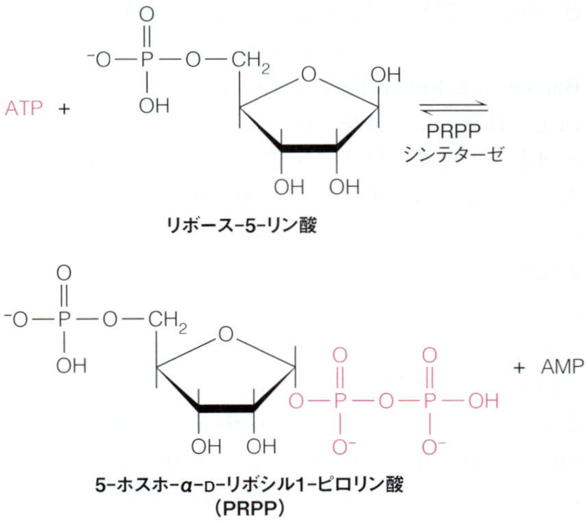

ホスホリボシルトランスフェラーゼは，PRPP のリボースのピロリン酸と置換して遊離塩基を転移し，ヌクレオシド一リン酸を生成する反応を可逆的に触媒する。PRPP のデオキシリボース類似体（アナログ）はほとんどの細胞に存在しないので，この酵素はデオキシリボヌクレオチド代謝に直接は関係していない。

原理的には，この反応がヌクレオチドの分解に関与する可能性はある。しかし，in vivo においてピロリン酸はピロホスファターゼの作用によって即座に切断されて無機リン酸を生じる。したがって，ホスホリボシルトランスフェラーゼは，一般的には遊離ヌクレオ塩基の再利用手段としてヌクレオチドの生合成過程でのみ働いていると考えられている。

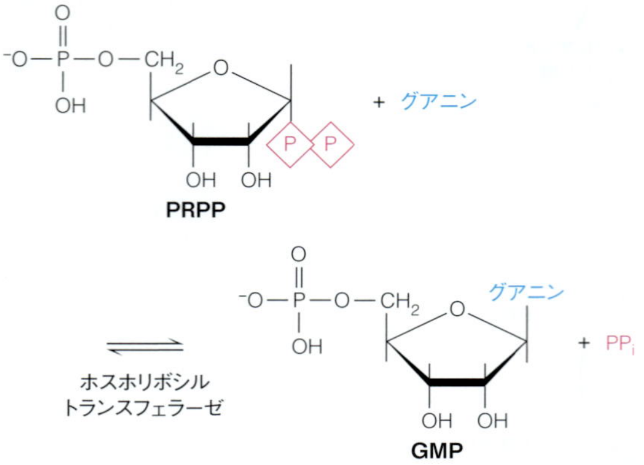

ポイント2
PRPPは再利用およびde novo経路の両方で使われる活性型リボース-5-リン酸誘導体である。

プリンヌクレオチドの de novo 生合成

de novo プリン合成に関する初期の研究

プリンヌクレオチドのde novo生合成反応は，John BuchananとRobert Greenbergの研究室で1950年代に同定された。この経路の解明は，鳥が余剰窒素化合物のほとんどを酸化型プリンである尿酸の形で排泄するという知見から始まった（第20章参照）。研究者たちは，同位体標識した化合物をハトに与え，排泄物からの尿酸を結晶化し，選択的化学分解によってどの位置がどの前駆体で標識されたかを決定することで，プリンの低分子前駆体を同定することができた。この方法で得られた結果を図22.3に示した。その時点では10-ホルミルテトラヒドロ葉酸 10-formyltetrahydrofolate（10-formyl-THF）（10-ホルミル-THF）は知られていなかったが，ヒドロキシメチル基の炭素を標識したギ酸やセリンなどの化合物が尿酸のC2およびC8を容易に標識した。

次に，プリンヌクレオチド合成の阻害剤として，抗生物質の**アザセリン azaserine**と**6-ジアゾ-5-オキソノルロイシン 6-diazo-5-oxonorleucine（DON）**が同定された。これらの化合物は，グルタミンの構造類似体であると認識された結果，ATP依存的にグルタミンのアミド基窒素を受容体に転移する**グルタミンアミドトランスフェラーゼ glutamine amidotransferase**と呼ばれる酵素群の不可逆的阻害剤となることがわかった。この酵素群が関連する反応は，プリンヌクレオチド合成において3つ存在する（ピリミジンヌクレオチド合成では2つ）。グルタミンアミドトランスフェラーゼのメカニズムの詳細は，後に本章で述べる。

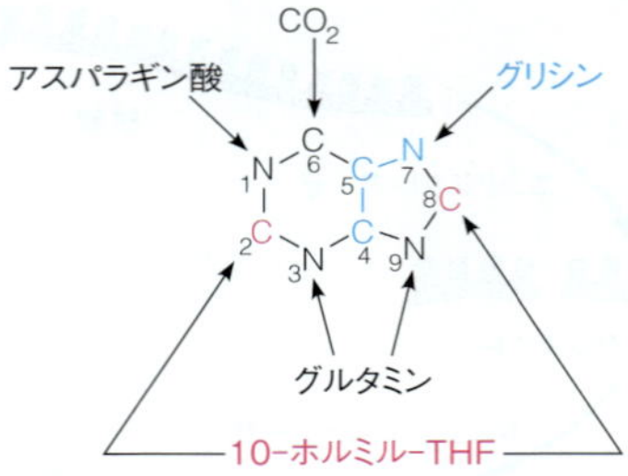

図22.3　プリン環の低分子前駆体　同位体標識による尿酸合成の実験で決定された，環を構成する元素の由来。

のちの実験で，細菌をスルファニルアミドのようなスルホンアミド剤で処理すると，大量の赤い化合物を分泌することがわかった。その化合物は，不完全なプリンヌクレオチドに類似する構造を有する**5-アミノイミダゾール-4-カルボキサミドリボヌクレオチド 5-aminoimidazole-4-carboxamido ribonucleotide（AICAR）**の酸化物と同定された。この発見は以下の3点を示唆した。すなわち，①AICARがその薬剤によって遮断されたいずれかの反応に関する生合成中間体であるということ，②スルホンアミド剤は葉酸補酵素（p.760参照）の合成を阻害するので，AICARの蓄積は葉酸補酵素がその次の反応に関係するために起こったこと，③この経路がヌクレオチドレベルで進むこと，つまりプリン環はリボース-5-リン酸部分にすでに結合した状態で構築されるということである。

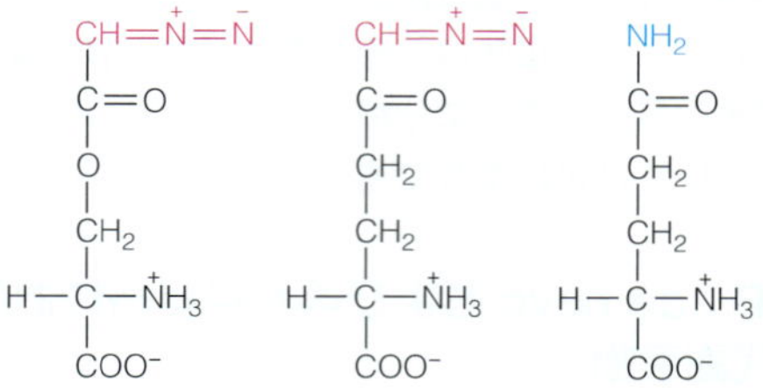

アザセリン　　6-ジアゾ-5-オキソノルロイシン（DON）　　グルタミン

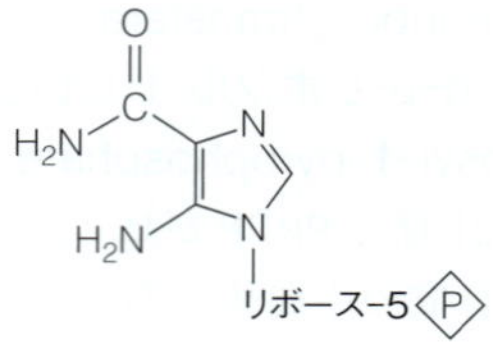

5-アミノイミダゾール-4-カルボキサミドリボヌクレオチド（AICAR）

PRPP からイノシン酸へのプリン合成

図 22.4 に，最初の中間体である PRPP から，プリンヌクレオチドの最初の完成形である**イノシン 5′-一リン酸 inosine 5′-monophosphate（IMP）**，別名**イノシン酸 inosinic acid** へいたる経路を示した。イノシン酸は，プリン塩基として**ヒポキサンチン hypoxanthine** を有する 5′-リボヌクレオチドである。この経路の中に 2 つのグルタミンアミドトランスフェラーゼ反

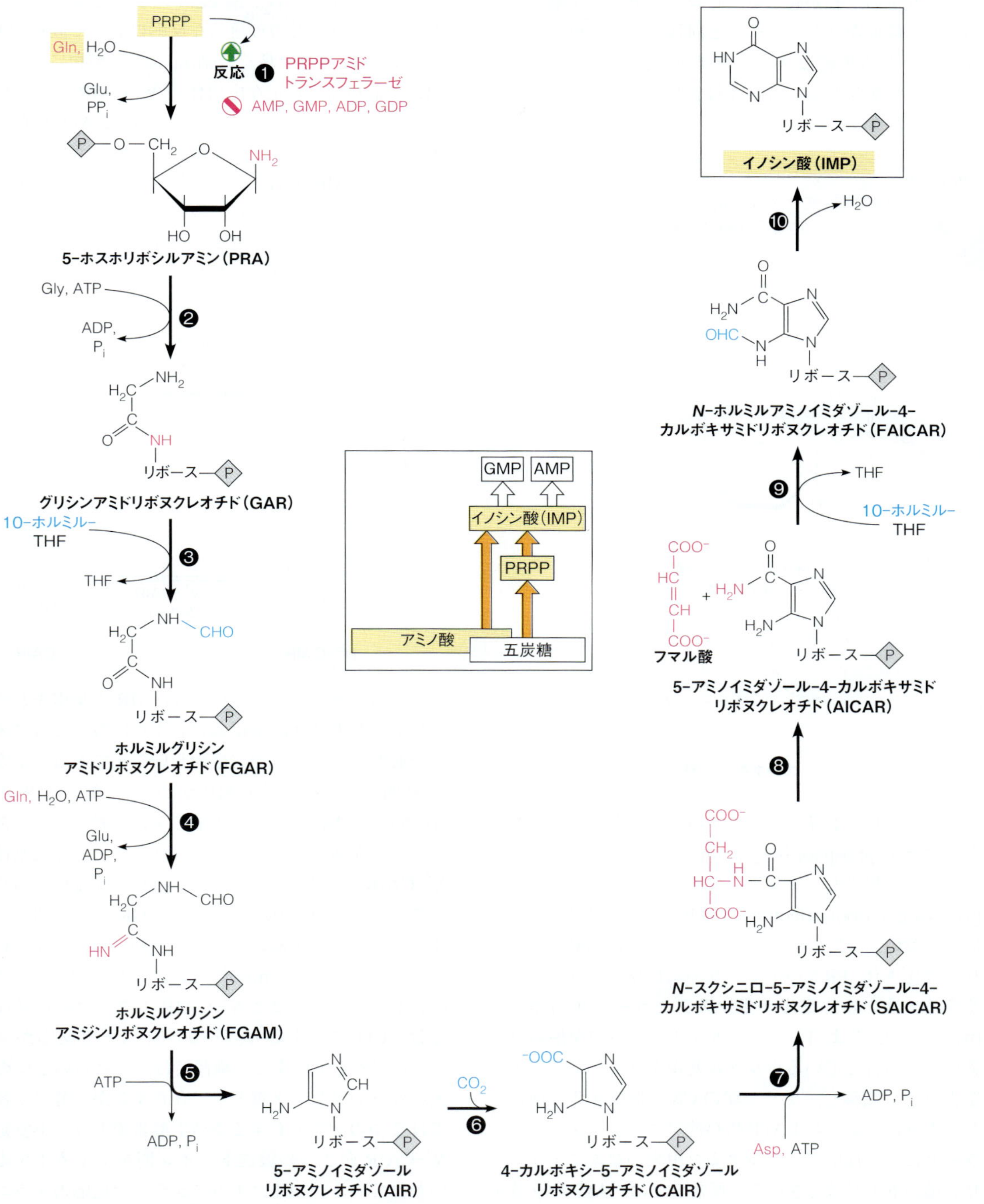

図 22.4　プリン環の de novo 生合成　これ以降の図中におけるリボース—Ⓟは，ヌクレオチドのリボース 5-リン酸分子を表す。de novo 合成に必要な酵素は，❶PRPP アミドトランスフェラーゼ，❷GAR シンテターゼ，❸GAR ホルミルトランスフェラーゼ，❹FGAR アミドトランスフェラーゼ，❺AIR シンテターゼ，❻AIR カルボキシラーゼ，❼SAICAR シンテターゼ，❽アデニロコハク酸リアーゼ，❾AICAR ホルミルトランスフェラーゼ，❿IMP シクロヒドロラーゼ。

応（反応1と4）があることに注目しよう。PRPPアミドトランスフェラーゼ（反応1）は，前段階で基質がすでにATPで活性化されているためにATPを必要としないという点で，反応4とは機構が異なる。反応1において，アミド窒素がピロリン酸部分と置換するので，配置の反転が起こる。ピロリン酸基は脱離基であり，一般的なヌクレオチドと同様に糖の1位炭素でβ配置をとる単純なヌクレオチド（5-ホスホリボシルアミン）を生じる。ここで付加した窒素は，プリン環のN9となる。

ポイント3
プリン合成はPRPPのホスホリボシルアミンへの変換とアミノ基を起点としたプリン環の構築から始まり，ヌクレオチドレベルで合成される。

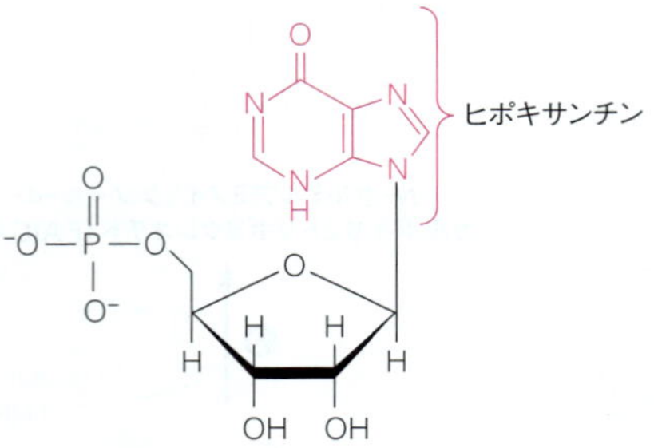

イノシン5′ーーリン酸（イノシン酸）

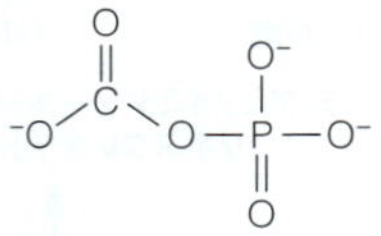

カルボキシリン酸

反応2では，グリシンのカルボキシ基とホスホリボシルアミン phosphoribosylamine（PRA）のアミノ基でアミドを形成し，グリシンアミドリボヌクレオチド glycinamide ribonucleotide（GAR）を合成する。この反応において，グリシンのカルボキシ基がATPによりリン酸化され，PRAのアミノ基の求核攻撃を受けやすくなる。次の**ホルミルトランスフェラーゼ transformylase** 反応では，10-ホルミルテトラヒドロ葉酸の窒素原子に結合しているホルミル基がグリシンアミドの窒素原子に転移し，プリン環のC8を形成する。前述したように，反応4はATP依存性アミドトランスフェラーゼによる反応で，グルタミン由来の窒素によりプリン環のN3が形成される。反応5では，ATPのγリン酸で活性化したホルミル基の酸素がFGARのN1による求核攻撃を受けてATP依存的な閉環が起こり，ここでプリン環のイミダゾール部分が完成する。反応6では，アミノイミダゾールリボチド aminoimidazole ribonucleotide（AIR）のカルボキシ化により4-カルボキシ-5-アミノイミダゾールリボチド 4-carboxy-5-aminoimidazole ribonucleotide（CAIR）を形成するが，このステップには異なる2つのメカニズムが存在する。高等生物では，図22.4に示したように，AIRカルボキシラーゼの可逆的な反応によって直接CAIRを生成する。一方，多くの細菌，カビ，植物において，AIRは最初に不安定な中間体のN^5-CAIRへと変換される。N^5-CAIRシンテターゼによってATP依存的に進行するこの反応は，中間体としてカルボキシリン酸を形成し，AIRのN^5-アミノ基による求核攻撃を活性化すると考えられている。続いてムターゼによる反応で，N^5-CAIRのカルバミン酸部位からCO_2がC4位へと転移し，CAIRが生成する。

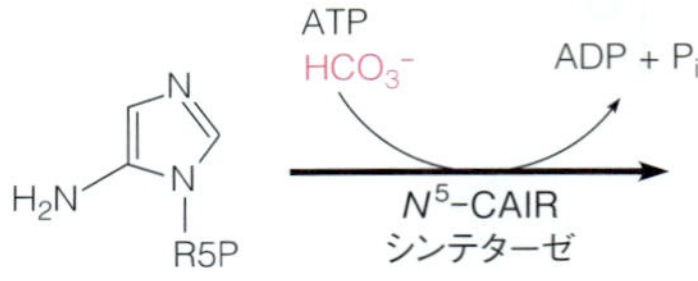

AIR

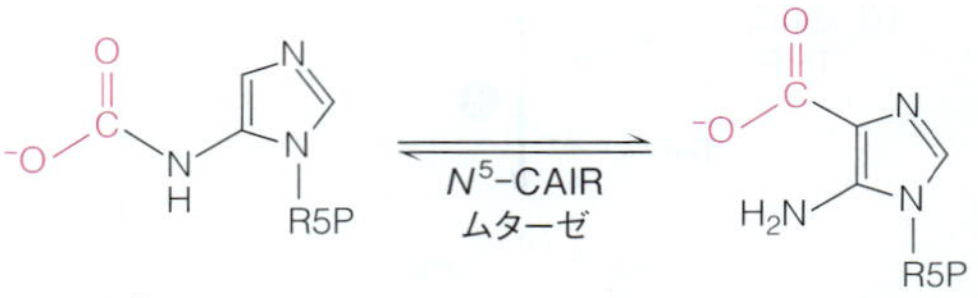

N^5-CAIR　　**CAIR**

これらのカルボキシ化反応は，AIRカルボキシラーゼ反応，および2段階反応のいずれにおいてもビオチンを必要としない点で実は珍しいことである。不安定な中間体であるN^5-CAIRがカルボキシビオチン（p.553，図14.20）のようなCO_2の運搬体として機能することが報告されている。ムターゼの主な役割は，N^5-CAIRの脱炭酸で脱離するCO_2を捕捉しておくことである。N^5-CAIRムターゼはAIRの直接的なカルボキシ化も触媒することができるが，このときのCO_2に対するK_Mは110 mMと高い。これに対して，N^5-CAIRシンテターゼとN^5-CAIRムターゼの連続反応では，CO_2に対するK_Mが100 μM以下で反応が進行し，CAIRを生成する。細菌では，これらの2つの酵素は別々のタンパク質として存在するが，酵母や植物では2つの活性を有する多機能酵素であり，不安定なN^5-CAIRが2つの機能ドメイン間をチャネルするといわれている。AIRカルボキシラーゼ反応のメカニズムはまだ解明されていないことも多い。この反応では重炭酸塩ではなくCO_2が一炭素供与体となってATP非依存的に取り込まれ，プリン環のC6となる。

反応 7 と 8 では，アスパラギン酸の窒素が転移する反応が起こる。この反応機構は，尿素回路におけるシトルリンからアスパラギンへの変換（p.753，図 20.12），およびリシンの ε アミノ基の脱離反応（p.775，第 21 章）と同じである。最初に，CAIR のカルボキシ基に全アスパラギン酸分子が転移し（反応 7），次に，α，β 脱離反応（反応 8）が起こり，AICAR を生成する。AICAR は，細菌をスルホンアミドで処理すると蓄積する中間体であることを前述した。反応 8 を触媒する酵素であるアデニロコハク酸リアーゼは 2 種類の基質特異性をもち，IMP から AMP への変換の 2 番目の反応（図 22.6）も触媒する。反応 9 は，もう 1 つのホルミル基転移反応であり，10-ホルミル-THF から一炭素基が転移されて，プリン環の C2 が形成される。反応 3 のホルミル基転移と同様に，10-ホルミル-THF の N10 のホルミル基が受容体の窒素原子に転移して，FAICAR を生成する。最後の分子内縮合反応（反応 10）により，最初のプリン化合物であるイノシン酸（IMP）が合成される。

2 つのホルミル基転移反応（反応 3，9）には，進化的に多様性がみられる。細菌や古細菌（アーキア）の中には，ホルミル基転移反応において ATP 依存性リガーゼが働き，ホルミル基の供与体として，10-ホルミル-THF よりもギ酸を優先的に利用することがある。どちらの場合でも，ATP の γ リン酸がギ酸に転移し，中間体として形成したホルミルリン酸の活性化されたホルミル炭素を GAR または AICAR のアミノ基が求核攻撃する反応も存在する。

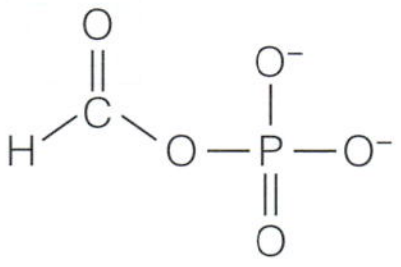

ホルミルリン酸

脊椎動物細胞のプリン de novo 合成は，複数の活性を合わせもつ多機能酵素が関与する。このことは，クローン化した脊椎動物の酵素遺伝子を大腸菌で発現させたとき，この 1 つの遺伝子が 2 あるいは 3 種類の細菌の遺伝子を相補した（すなわち遺伝子機能を置換することができた）ことから明らかになった。具体的には，1 種類のクローン化した cDNA（「生化学の道具 4B」参照）によって，E2，E3 または E5 を欠損した細菌のプリン要求株の生育を回復させることができた。続く解析で，クローン化した脊椎動物の DNA がこの 3 つの反応を触媒する 1 つのポリペプチドをコードしていることが明らかとなった。同様の研究から，反応 6 と 7，および反応 9 と 10 についても二機能性酵素で触媒されることが明らかとなった。したがって，脊椎動物におけるプリン de novo 合成の 10 種類の活性は，6 種のみのタンパク質に由来する。さらに，これら 6 つのタンパク質は，細胞質で**プリノソーム purinosome** という多タンパク質複合体を形成して存在することが証明されている（図 22.5）。この証明は，架橋（「生化学の道具 13A」），アフィニティークロマトグラフィー（「生化学の道具 5A」），共局在性の解析（「生化学の道具 7A」），および遺伝的解析によってなされた。また，プリン合成以外のセリンヒドロキシメチルトランスフェラーゼ serine hydroxymethyltransferase（SHMT）と三機能性酵素である C_1-テトラヒドロ葉酸 C_1-tetrahydrofolate（THF）シンターゼ（p.761，図 20.17）もプリノソームの一部の可能性が示唆されている。これら 2 つの葉酸に関連する酵素は，2 つのホルミルトランスフェラーゼ（反応 3，9）で使用されるホルミル供与体の 10-ホルミル-THF を，一炭素供与体のセリンから合成する酵素である。それぞれのホルミル基転移反応で遊離する THF は，セリンに由来するもう 1 つの一炭素ユニットを使って SHMT により再利用される（図 22.5）。

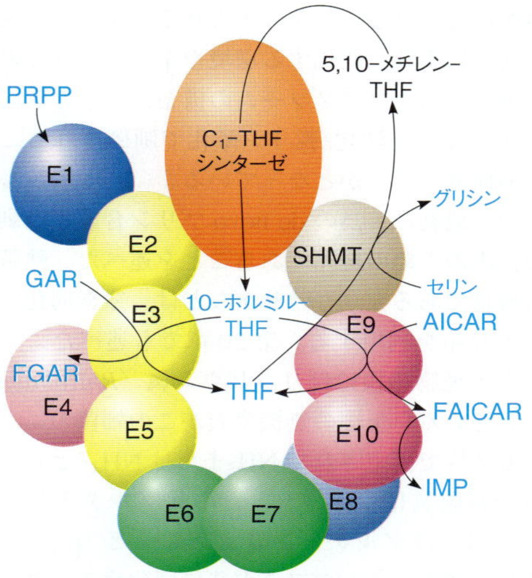

図 22.5　プリノソームのモデル　動物細胞において PRPP から IMP への変換に関与する多酵素複合体の仮説モデル。E1〜E10 は図 22.4 の反応 1〜10 を触媒する酵素を表す。同じ色で示した酵素は多機能酵素を表す。セリンヒドロキシメチルトランスフェラーゼ（SHMT）と三機能性酵素の C_1-テトラヒドロ葉酸（THF）シンターゼも複合体の一部と提唱されており，ホルミルトランスフェラーゼ反応で利用する一炭素ユニットをセリンから 10-ホルミル-THF にチャネルする役割をもつと考えられている。

これらの酵素が，多機能酵素またはプリノソームのような多酵素複合体のいずれで活性をもつ場合でも，触媒部位が隣り合わせになることによっていくつかの優位性が生じることが期待できる。まず，低濃度の中間体は“チャネル”（化合物が 1 つの触媒部位から次の部位へ直接受け渡されること）が可能なので，これによって不安定なプリン中間体と補酵素のテトラヒドロ葉酸が保護されることが考えられる。また，連続した酵素活性により，変化する環境や栄養条件下での制御を同調できる。プリノソームの構築は，その構成酵素の可逆的なリン酸化/脱リン酸化で制御されることが近年の研究で明らかとなっている。

本項の最初に，鳥の de novo プリン合成は過剰な窒素の排出のための経路であることを述べた。熱帯のマメ科植物である大豆やササゲなどは，窒素同化のためにこの経路を利用する。第20章でも述べたように，これらの植物の根にはリゾビウム属（*Rhizobium*）が共生している。土壌の無機窒素がこの細菌のニトロゲナーゼ活性で固定されて NH_3 または NH_4^+ として植物細胞の細胞質に分泌され，その後グルタミンシンテターゼおよびグルタミン酸シンターゼ（p.743参照）を介してグルタミンのアミド基に同化する。グルタミンのアミド基の窒素は，植物の細胞質小器官であるプラスチドに局在する酵素によってプリン環に取り込まれる。これらプリン体はアラントインとアラントイン酸に酸化され（図22.9），木部の根粒から輸送されて植物の窒素源となる。

イノシン酸からのATPおよびGTPの合成

イノシン酸（IMP）は，プリンヌクレオチド合成における分岐点である。IMPは蓄積せずにアデノシン5′–一リン酸とグアノシン5′–一リン酸へと変換される（図22.6）。グアニンヌクレオチドへの経路は，NAD^+ 依存的なヒポキサンチン環の酸化に始まり，塩基としてキサンチンを有する**キサントシン一リン酸 xanthosine monophosphate**（XMP）を生じる。

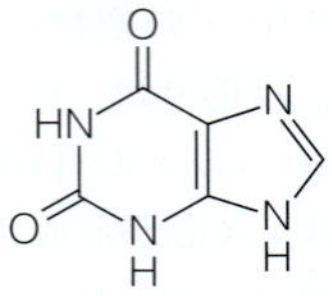

キサンチン

次に，グルタミン依存性アミドトランスフェラーゼ反応によりGMPが合成される。AMPへの経路は，プリン環の de novo 合成における反応7と8に類似する機

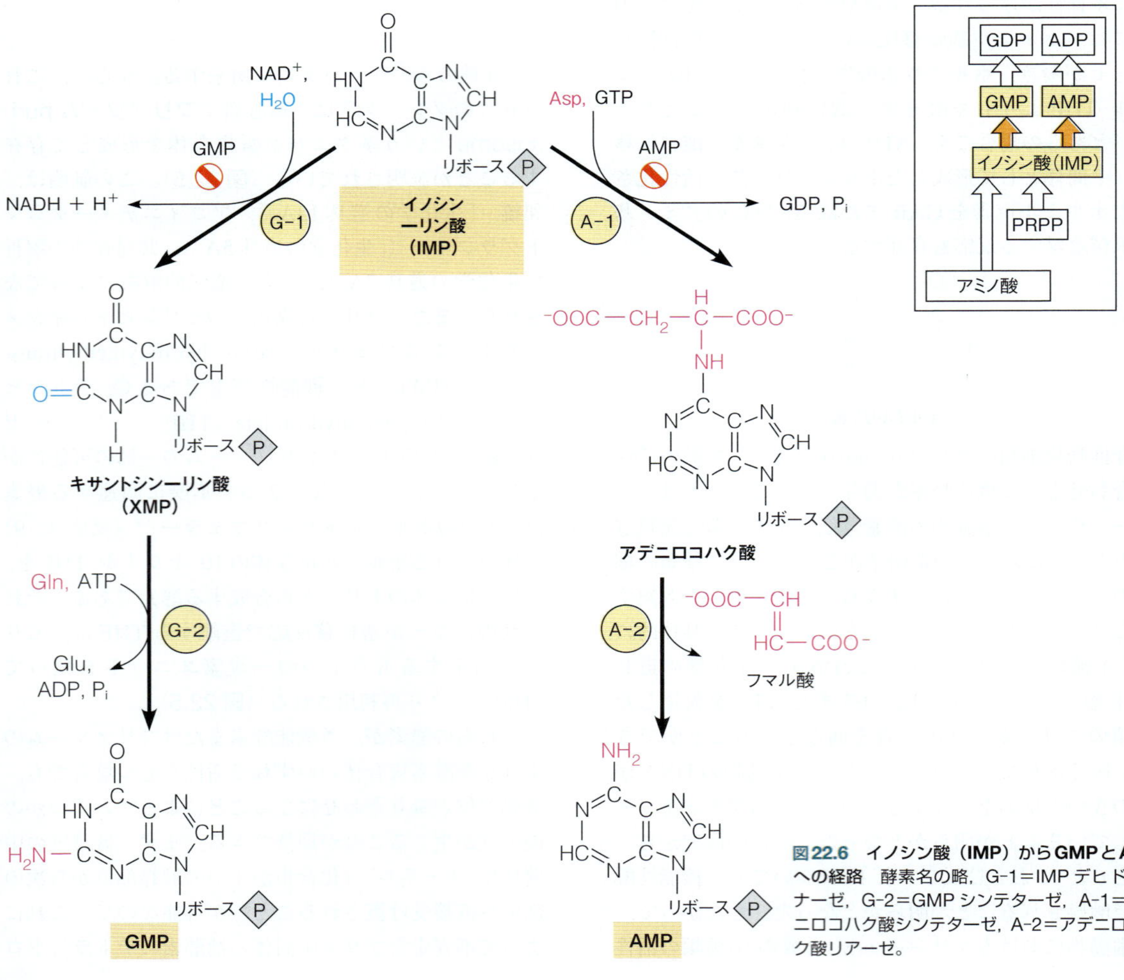

図22.6　イノシン酸（IMP）からGMPとAMPへの経路　酵素名の略，G-1＝IMPデヒドロゲナーゼ，G-2＝GMPシンテターゼ，A-1＝アデニロコハク酸シンテターゼ，A-2＝アデニロコハク酸リアーゼ。

構により，アスパラギン酸から IMP への窒素転移が起こる。最初にスクシニルヌクレオチド中間体が形成され，続いて α, β 脱離反応によって AMP とフマル酸が生成する。実際には，1 つの酵素（アデニロコハク酸リアーゼ）がこれら 2 つの脱離反応を触媒する。図 22.6 からわかるように，アスパラギン酸転移反応のエネルギーは ATP ではなく GTP である。これは，アデニンおよびグアニンヌクレオチド合成のために使われる IMP の割合を調節する手段なのかもしれない。GTP が蓄積するとアデニンヌクレオチドの合成が亢進する方向に傾く。また，XMP から GMP への変換は ATP 依存的であるため，逆に ATP が蓄積すればグアニンヌクレオチド合成が亢進するはずである。

ポイント 4
IMP は最初の完成型のプリンヌクレオチドであり，アデニンおよびグアニンヌクレオチド生合成における分岐点である。

代謝の中でヌクレオチドは，主にヌクレオシド三リン酸として機能する。2 回の連続するリン酸化反応によって，GMP と AMP はそれぞれに対応する三リン酸へと変換する。二リン酸への変換は，特異的な ATP 依存性キナーゼが触媒する。

$$\text{GMP} + \text{ATP} \xrightleftharpoons{\text{グアニル酸キナーゼ}} \text{GDP} + \text{ADP}$$

$$\text{AMP} + \text{ATP} \xrightleftharpoons{\text{アデニル酸キナーゼ}} 2\text{ADP}$$

ADP から ATP へのリン酸化は，酸化的リン酸化，基質レベルのリン酸化あるいは光リン酸化（植物の場合）などのエネルギー代謝を介して起こる。アデニル酸キナーゼがここに示されているのとは逆向きに働くことで，ADP から ATP が合成されることもある。

GDP（および他のヌクレオシド二リン酸）が**ヌクレオシド二リン酸キナーゼ nucleoside diphosphate kinase** による反応で三リン酸へ変換するときには，ATP がリン酸基供与体となる。この酵素は，リン酸基の供与体と受容体の両者に対して広い特異性でかつ高い活性をもつ。

$$\text{GDP} + \text{ATP} \xrightleftharpoons{\text{NDP キナーゼ}} \text{GTP} + \text{ADP} \qquad \Delta G^{\circ\prime} = 0$$

ほとんどの場合，ATP は細胞の中で最も量が多いヌクレオシド三リン酸であるため，平衡や質量作用を考慮すると，他のヌクレオシド三リン酸合成の際にも γ 位（外側）のリン酸基供与体として最も使われやすいといえる。

ポイント 5
ヌクレオシド二リン酸キナーゼは，ヌクレオシド三リン酸合成時に，ATP からリン酸基を転移する平衡駆動型酵素である。

ほとんどの生物において，DNA 合成のためのデオキシリボヌクレオチドの生合成は，リボヌクレオシド二リン酸のリボース部分が 2′ デオキシリボースへ還元されるところから開始する。この過程については後で詳しく述べる。プリン代謝では，続いて起こるヌクレオシド二リン酸キナーゼによるリン酸化によってデオキシリボヌクレオシド三リン酸の dATP と dGTP が合成される。

de novo プリン生合成の制御

図 22.7 に de novo プリン生合成のフィードバック制御の概要を示した。IMP 生合成の調節は，プリンヌクレオチド合成の初期段階のフィードバック制御によって行われる。PRPP シンテターゼ（p.821）は AMP，ADP，GDP などさまざまなプリンヌクレオチドで阻害され，PRPP アミドトランスフェラーゼ（図 22.4 反応 1）は，AMP，ADP，GMP，および GDP によってアロステリック阻害を受ける。また，アミドトランスフェラーゼは基質の 1 つである PRPP によってアロステリックに活性化もされる。IMP 合成の後，GMP は IMP から XMP への変換を阻害することで自身の合成を調節し，一方 AMP はアデニロコハク酸合成（図 22.6）を阻害することで自身の合成を調節する。これ以外の調節がデオキシリボヌクレオチド生合成の段階で起こるが，これについては後に述べる。細菌では，これらの酵素をコードする遺伝子の発現はリプレッサータンパク質である *purR* 遺伝子産物に制御される（第 29 章参照）。このタンパク質がヒポキサンチンまたはグアニンに結合し，生成したタンパク質-プリン塩基複合体が，プリン（およびピリミジン）合成遺伝

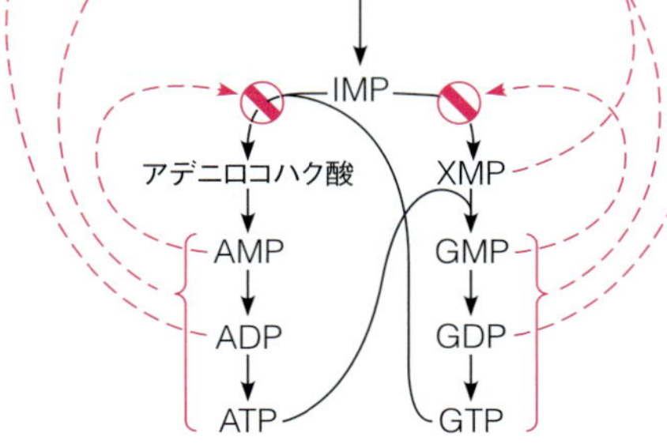

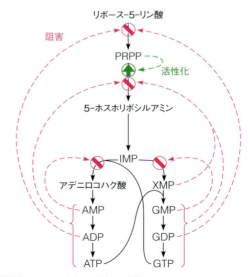

図 22.7　de novo プリン生合成の制御
Biochemistry, 3rd ed., Donald Voet and Judith G. Voet. © 2005 John Wiley & Sons, Inc. Reproduced with permission from John Wiley & Sons, Inc.

22

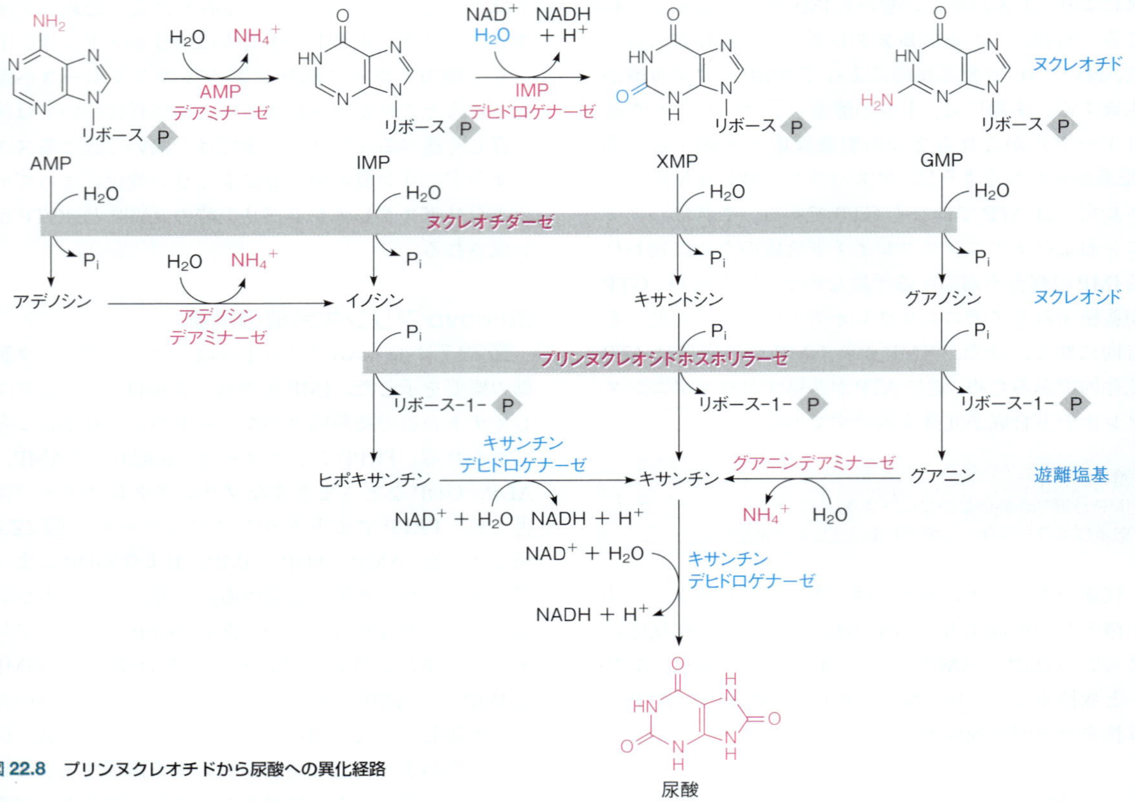

図 22.8　プリンヌクレオチドから尿酸への異化経路

子群の上流の DNA 部位に結合することで，それら遺伝子の転写を抑制する。

補酵素生合成におけるアデニンヌクレオチドの利用

プリンヌクレオチドの重要な役割の1つは，補酵素の合成である。主にアデニル酸を含む補酵素合成に関与しており，フラビンヌクレオチド，ニコチンアミドヌクレオチド，補酵素 A などがこれに該当する。概要を下に示す。

プリン分解とプリン代謝障害

尿酸の形成

図 22.8 に示すプリンヌクレオチドの異化経路によって尿酸が生成される。この経路は，生物間や同じ生物でも組織によって異なるが，**ヌクレオチダーゼ** nucleotidase によってヌクレオチドがヌクレオシドに変換され，次に**プリンヌクレオシドホスホリラーゼ** purine nucleoside phosphorylase（PNP）によりリボース-1-リン酸分子が除かれ，最後に塩基の酸化

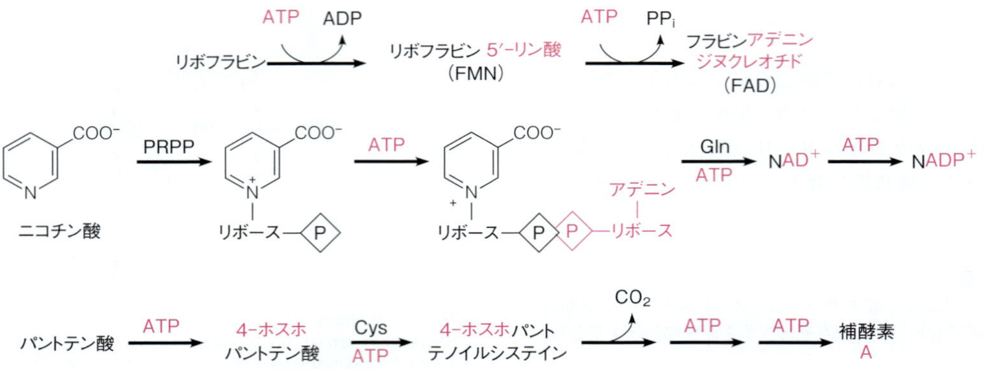

で尿酸が生成するという基本的な経路は共通している。哺乳類のプリンヌクレオシドホスホリラーゼはアデノシンやデオキシアデノシンに対して活性をもたないので，**アデノシンデアミナーゼ** adenosine deaminase（ADA）によってアデノシンのアミノ基が取り除かれてイノシンを生成する。または，AMPの脱アミノ化によってイノシン酸を生成する経路も存在する。イノシン，キサントシン，グアノシンは，それぞれに対応するヌクレオシド一リン酸の加水分解で生成され，さらにPNPの反応でヒポキサンチン，キサンチン，グアニンを生成する。グアニンは**グアニンデアミナーゼ** guanine deaminaseによる脱アミノ化でキサンチンへと変換される。グアニンデアミナーゼはヒトの脳と肝臓に多く存在する。**キサンチンオキシドレダクターゼ** xanthine oxidoreductaseにより，ヒポキサンチンはキサンチンへ，キサンチンは尿酸へと変換される。この酵素は，他の数種の含窒素複素環式化合物も酸化する。キサンチンオキシドレダクターゼは，分子内に結合した状態のFAD，2つのFe_2S_2（鉄硫黄）クラスター，モリブドプテリン複合体を含んでいる。この酵素について，哺乳類ではキサンチンデヒドロゲナーゼ xanthine dehydrogenase（XDH），およびキサンチンオキシダーゼ xanthine oxidase（XO）の2つの型がみつかっている。健常な組織ではXDHが優位に働いているが，病気の状態においては，可逆的なシステインジスルフィド結合の形成，あるいはXDHのタンパク質切断で3つの断片を形成することによりXOに変換される。いずれの型の酵素でもキサンチンの酸化はモリブトプテリン中心で起こり，電子は速やかにFe_2S_2クラスターを介してFADに受け渡される。これら2つの型の違いは，酵素の再酸化に使用される電子受容体の種類である。XDHは還元型フラビンの再酸化のためにNAD^+を利用するが，一方，XO型は酸素分子を利用し，これを還元してH_2O_2を生成する。H_2O_2はカタラーゼによって水と酸素に変換される（p.598参照）。

$$\text{キサンチン} + O_2 + H_2O \longrightarrow \text{尿酸} + H_2O_2$$

いずれのメカニズムでも，C8（およびC2）のカルボニル基の酸素原子はH_2Oに由来する。最初のキサンチン酸化で尿酸のエノール型（$pK=5.4$）が生成し，より安定なケト型に互変異性化して最終産物を形成する。

ヒト，類人猿，鳥類，爬虫類，昆虫では尿酸がプリン代謝の最終産物として排泄される。多くの動物はプリン環をさらに酸化する酵素をもっており，上記以外の哺乳類では**アラントイン** allantoin，硬骨魚類では**アラントイン酸** allantoic acid，さらに軟骨魚類，一部の軟体動物や両生類では尿素まで，ほとんどの海洋性無脊椎動物ではアンモニアにまで代謝されて排泄される。図22.9に尿酸からCO_2までの代謝経路を示した。

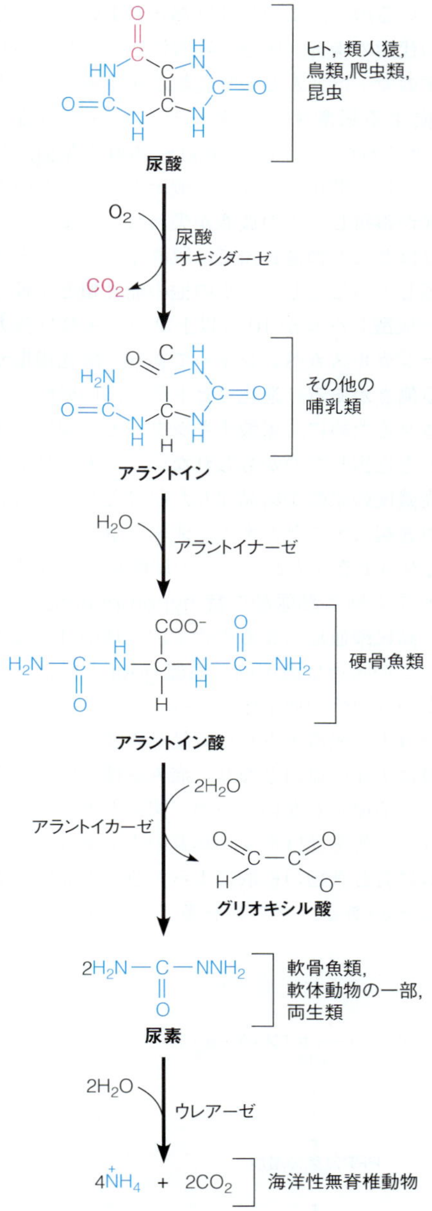

図22.9　尿酸からアンモニアとCO_2への異化経路

ポイント6
すべてのプリン分解物は尿酸になる。一部の動物ではさらに分解が起こる。

尿酸の過剰蓄積：痛風

尿酸と尿酸塩は非常に溶けにくい。鳥類や爬虫類や昆虫の場合は少ない水で過剰な窒素を排泄する手段，つまり排泄物を基本的に尿酸結晶として排出する経路をもっているので，この特性は都合がよい。しかし，哺乳類の代謝の場合，尿酸の難溶性が時として不具合を起こすので，ほとんどの哺乳類が尿酸をアラントインに変換する尿酸オキシダーゼをもっている（図22.9）。ところが，おおよそ800〜2400万年前，ヒトと類人猿では，進化の過程で尿酸オキシダーゼの遺伝子に変異が蓄積してその機能が失われてしまった。ヒトおよびほとんどの霊長類では尿酸オキシダーゼの機能を欠損していることで，その他の哺乳類と比較して血液中の尿酸レベルが10倍以上高い。尿酸は強力なフリーラジカルスカベンジャーであり，酸化損傷から保護する働きがある。進化はヒト科に高い尿酸レベルを維持させるために，尿酸オキシダーゼの変異を誘発することを選択したのかもしれない。一方，ヒトにおいては高濃度の尿酸が結晶化した尿酸として沈着して病気を引き起こすことがある。北米とヨーロッパでは1,000人中およそ3人が，血中の尿酸値が慢性的に通常レベルを上回る**高尿酸血症 hyperuricemia**を患っている。高尿酸血症になる生化学的な理由はさまざまあるが，この疾患は臨床的に**痛風 gout**と呼ばれる。慢性あるいは急性の血中尿酸レベルの増加によって，関節の滑液中に尿酸ナトリウム結晶の沈殿を生じる。この沈殿は炎症の原因となり，痛みを伴う関節炎を引き起こし，治療をしないとやがて関節が著しく変形してしまう。影響を受けやすい体質の人であれば，プリンを豊富に含む食物の摂取によって急性の痛風を引き起こすことがある。プリンを多く含む食物には，レバー，シビレ（ウシ，ブタ，ヒツジなどの胸腺や膵臓），アンチョビ，ワインなどいわゆる“高級品”が多くあるので，痛風は歴史的には贅沢な生活と関係している。

痛風の原因は，プリンヌクレオチドの過剰生産による尿酸合成亢進か，あるいは腎臓からの尿酸排泄障害かのどちらかである。図22.10に示したように，特定の酵素異常が過剰のプリン合成を起こしうる。ある種の痛風は，PRPPシンテターゼ活性の亢進（欠陥①）が原因で起こる。これは，PRPPシンテターゼ遺伝子の遺伝的な点変異により，酵素がプリンヌクレオチドによるフィードバック阻害に耐性になることが理由である。de novoプリン生合成（図22.4参照）調節の要であるPRPPアミドトランスフェラーゼ（図22.4の①）活性の一部は基質濃度によって調節されているので，定常状態のPRPPプールが上昇すると，アミドトランスフェラーゼ反応の流束が増大する。また別の理由で起こる痛風は，再利用経路の酵素である**ヒポキサンチン-グアニンホスホリボシルトランスフェラーゼ hypoxanthine-guanine phosphoribosyltransferase（HGPRT）**の異常で起こる（図22.10の②）。

$$\text{ヒポキサンチン} + \text{PRPP} \underset{\text{HGPRT}}{\rightleftharpoons} \text{IMP} + \text{PP}_i$$

$$\text{グアニン} + \text{PRPP} \rightleftharpoons \text{GMP} + \text{PP}_i$$

HGPRTはヒポキサンチンとグアニン両方の再利用を行う酵素である。この酵素は，動物のプリン代謝に存在する2つのホスホリボシルトランスフェラーゼのう

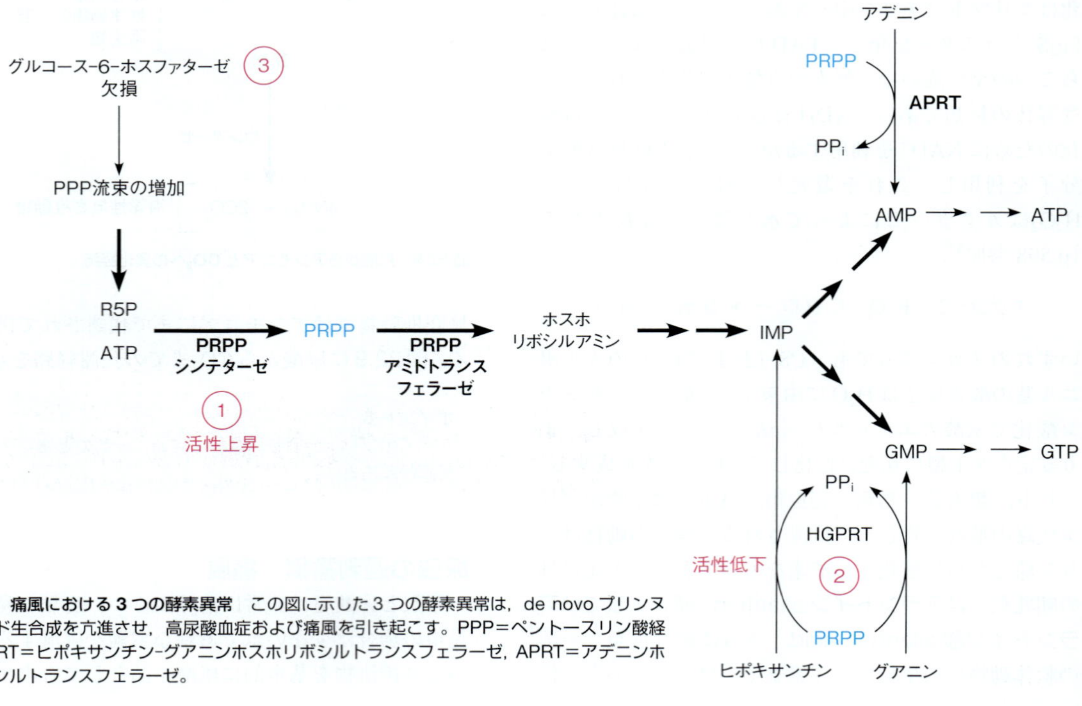

図22.10　痛風における3つの酵素異常　この図に示した3つの酵素異常は，de novoプリンヌクレオチド生合成を亢進させ，高尿酸血症および痛風を引き起こす。PPP＝ペントースリン酸経路，HGPRT＝ヒポキサンチン-グアニンホスホリボシルトランスフェラーゼ，APRT＝アデニンホスホリボシルトランスフェラーゼ。

ちの１つであり，もう１つはアデニンに特異性があるアデニンホスホリボシルトランスフェラーゼ adenine phosphoribosyltransferase（APRT）である。

$$\text{アデニン} + \text{PRPP} \xrightleftharpoons{\text{APRT}} \text{AMP} + \text{PP}_i$$

HGPRT の異常はプリン合成をどのようにして亢進させるのだろうか？　HGPRT が活性化状態にあるときは，その反応で PRPP を消費する。この酵素に異常が起こり反応を介した流束が低下すると，PRPP 消費量が低下するので定常状態の PRPP レベルが上昇する。PRPP レベルの上昇による質量作用とアロステリックな活性化で PRPP アミドトランスフェラーゼの経路の流束が増大し，プリン合成が亢進するのである。

ポイント7
プリン代謝の知られているいくつかの遺伝的な異常は，プリンの過剰合成と尿酸の過剰生成を引き起こし，結果，痛風を発症する。

グルコース-6-ホスファターゼ欠損症（Ⅰ型糖原病，第13章）もまた痛風の要因となる（図22.10の③）。ここでも PRPP が鍵となる。肝臓におけるグルコース-6-リン酸の蓄積は酸化的ペントースリン酸経路（第13章）を活性化し，それによりリボース-5-リン酸レベルが上昇し，PRPP シンテターゼの反応を介して PRPP レベルの上昇をきたす。前述したように，痛風は尿酸の排出障害によっても起こる。グルコース-6-ホスファターゼ欠損症の患者では慢性的な低血糖により有機酸（乳酸など）の蓄積が起こり，この蓄積が尿酸の腎尿細管からの分泌を妨げる。また，痛風はがんの化学療法による腫瘍細胞死の結果，核酸分解でプリンが過剰に蓄積することによっても発症する可能性がある。

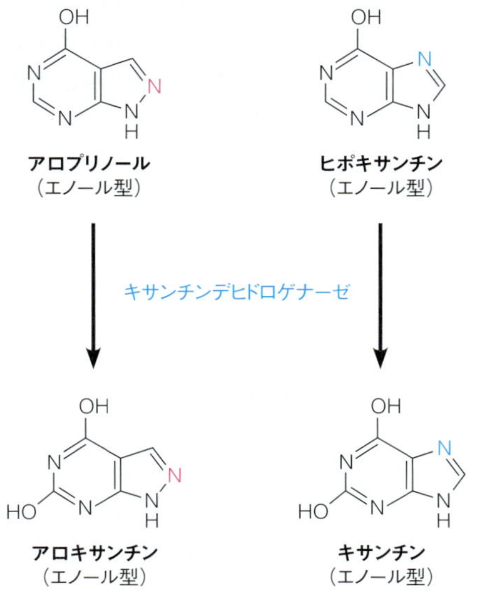

多くの痛風の場合，代謝阻害剤のアロプリノール allopurinol が治療薬として有効である。アロプリノールは，ヒポキサンチンの N7 位と C8 位が入れ替わった構造類似体である。キサンチンデヒドロゲナーゼがヒポキサンチンを変換するのと同様の機構でアロプリノールの C2 を水酸化するとアロキサンチン alloxanthine が生成され，これが酵素の還元型に強く結合する。それゆえ，アロプリノールはキサンチンデヒドロゲナーゼの強力な阻害剤となる。酵素の阻害により水溶性の高いヒポキサンチンとキサンチンが蓄積し，尿酸よりも容易に排出が可能となる。

プリンの再利用と Lesch-Nyhan 症候群

核酸のなかでも特に RNA は，ヌクレアーゼで分解されてヌクレオチドを遊離し，最終的にプリンとピリミジン塩基まで酵素的に加水分解される。脊椎動物は再利用経路を利用して，遊離したプリン塩基をヌクレオチドに変換し，核酸生合成に再利用する。この際に利用される主な酵素が，アデニンホスホリボシルトランスフェラーゼ（APRT）とヒポキサンチン-グアニンホスホリボシルトランスフェラーゼ（HGPRT）であることはすでに述べた。ヒトの場合，90％もの遊離プリン体が排出されずに再利用される。HGPRT の欠陥が原因の痛風患者の調査の結果，この患者では，影響を受けた酵素が，低レベルではあるが顕著な活性を保持することが明らかとなった。突然変異により酵素の触媒作用に変化をきたしているが，完全には活性が失われていない。一方，HGPRT 酵素の機能を完全に欠損してしまう HGPRT 遺伝子の“ヌル変異”はより深刻となる。HGPR トランスフェラーゼ機能の欠落により，グアニンとヒポキサンチンが再利用されずに，かわりに図22.8の経路を経由して分解されて，過剰の尿酸が産生されることになる。この症状は，1964年に医学生であった Michael Lesch と彼の指導教官 William Nyhan によってはじめて発見された。Lesch-Nyhan 症候群は，HGPRT 遺伝子が X 染色体に存在するため伴性劣性遺伝である。この疾患は，重度の痛風性関節炎の症状を示すだけでなく，重度の神経症状，例えば，行動異常，運動障害，学習能力障害，攻撃的行動や時に自傷行為などを有する例もみられる。極端な例では，患者は自分自身の指先，あるいは拘束されているときは唇を噛んだりして自分自身を傷つけることがある。Nyhan はこの行動を“nailbiting, with the volume turned up（行きすぎた咬爪癖）”と形容している。この奇妙な行動を引き起こす生化学的な理由はまだわかっていない。この症状はまれではあるが，もとの原因はよく知られる酵素の欠損が引き起こす

HGPRT活性レベルの低下であり，この1つの酵素の異常がこのような重篤な症状を引き起こしてしまうことは非常に興味深い。現在のところ有効な治療法はなく，患者は重度の関節炎に苦しみ，20歳以上まで生きる人はまれである。尿酸の過剰生成自体はアロプリノールで阻害できるが，この治療はLesch-Nyhan症候群の神経症状には効果がない。しかし，HGPRTの分子遺伝学的解析により，羊水穿刺による出生前診断が可能である。

プリン異化の異常が及ぼす意外な結果：免疫不全

ヒトのプリン代謝の意外な特性が発見されたのは，1972年，**重症複合免疫不全症 severe combined immunodeficiency disease（SCID）**という先天性疾患の研究からであった。この疾患をもつ患者は，抗原に対する免疫応答システムが欠落しているために感染症にかかりやすく，それが致命的になることも少なくない。この病気は，全生涯を無菌室で過ごした"バブル・ボーイ bubble boy"，David Vetterの症例により有名になった。この疾患は，Bリンパ球とTリンパ球がともに影響を受け，抗体が産生されなければならない状況において，いずれの細胞も増殖することができない。この免疫不全症のほとんどは，プリン分解に関与する酵素であるアデノシンデアミナーゼ adenosine deaminase（ADA）の遺伝的な欠損による（図22.8）。

この想定外の因果関係の機構はどのようになっているのであろうか？　第1に，アデノシンデアミナーゼはDNAの分解で生じる2′-デオキシアデノシンにも作用する酵素である（図22.11）。第2に，白血球はヌクレオシドキナーゼなどの再利用酵素を豊富にもっているので，ADA欠損で蓄積したアデノシンと2′-デオキシアデノシンは，白血球中で速やかにそれぞれ対応するヌクレオチドに変換される。これらのヌクレオチドのうち，dATPはリボヌクレオチドからデオキシヌクレオチドの合成を阻害するため，DNA複製の強力な阻害剤となる（p.843参照）。免疫応答を起こすには白血球が増殖しなければならない。ところが，増殖にはDNAとその前駆体の合成を必要とするので増殖できないというわけである。別のメカニズムは，2′-デオキシアデノシンが白血球が増殖していないときにもそれを殺してしまうことによる。このメカニズムは，1997年，dATPがアポトーシス（第28章）の発症につながる初期の代謝現象を誘導するシグナル分子であるという報告により明らかとなった。最後に，2′-デオキシアデノシンは，*S*-アデノシルホモシステイン *S*-adenosylhomocysteine（AdoHcy）をアデノシンとホモシステインに加水分解するメチルサイクルの酵素（p.782，図21.9）であるAdoHcyヒドロラーゼを不可逆的に阻害する。この酵素の阻害によりAdoHcyが蓄積し，AdoHcyが正常なDNAやヒストンのメチル化に必要な*S*-アデノシルメチオニン依存性メチルトランスフェラーゼを阻害する（図22.11）。

先天性アデノシンデアミナーゼ欠損症（ADA欠損症）の標準的な治療法として使用されている酵素補充療法では，ポリエチレングリコール重合体と共有結合させた精製したウシのADA（PEG-ADA）を頻繁に投与する必要がある。PEG-ADAは代謝異常を矯正することには効果が期待できるが，免疫系の異常が持続してしまうケースが多く認められている。標準的な治療法に限界のあることが1つの要因となり，ADA欠損症がヒトでの遺伝子治療における最初の例となった。1990年，4歳女児のADA欠損症の患者に対して遺伝子治療が行われた。DNA組換え手法でアデノシンデアミナーゼ遺伝子を挿入したウイルスベクターを導入し，改変したウイルスが細胞に定着してデオキシアデノシンを分解する酵素を産生することが期待された。遺伝子治療が施されたこの最初の患者は現在20代半ばで，今でも比較的良好な健康状態である。しかし，彼女は血中の酵素レベルを一定に保つために，定期的な遺伝子治療とPEG-ADAの補充療法を併用している。治療の安全性は認められているが，遺伝子治

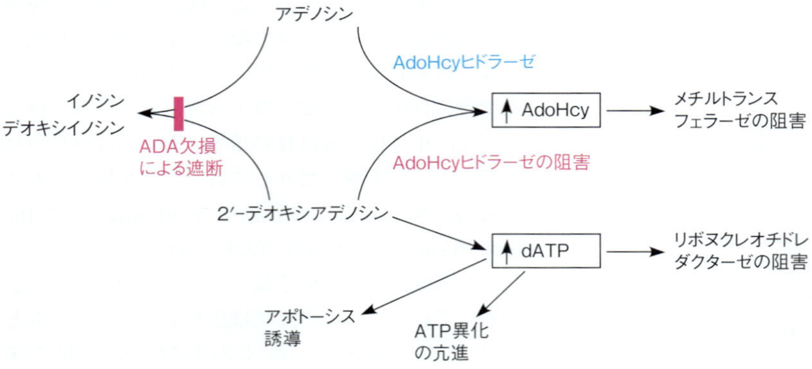

図22.11　アデノシンデアミナーゼ（ADA）欠損が代謝に与える影響　AdoHcy＝*S*-アデノシルホモシステイン

Modified from *The Metabolic and Molecular Bases of Inherited Disease*, Vol. Ⅱ, M. S. Hershfield and B. S. Mitchell；C. R. Scriver, A. L. Beaudet, W. S. Sly, D. Valle, B. Childs, K. W. Kinzler, and B. Vogelstein, eds., Ch. 109, pp.2585-2625.　© 2001 The McGraw-Hill Companies, Inc.

療がそれのみでどの程度有効であるかは今のところ不明である。

別のプリン分解酵素であるプリンヌクレオシドホスホリラーゼ（PNP）（図 22.8 参照）の欠損により，比較的症状の軽い免疫不全が起こる。この酵素の活性が低下すると，最初に dGTP と 2′-デオキシグアノシンの蓄積が起こる。これら化合物の蓄積もまた DNA 複製に影響を与えるが，dATP の過剰蓄積よりは重症とはならない。ホスホリラーゼ欠損は，B 細胞には影響を与えず T 細胞のみを破壊することが特徴的である。

ピリミジンヌクレオチド代謝

ピリミジン環の de novo 生合成

さて次はピリミジンヌクレオチド生合成に移ろう。ピリミジン生合成は，構造的に複雑なプリンヌクレオチドよりははるかに単純である。アスパラギン酸とカルバモイルリン酸の 2 つの化合物のみが，ピリミジン環のすべての C と N を供給する前駆体となる。図 22.12 に経路の概要を示したが，プリン経路とは異なる点が 2 つある。第 1 の点は，ピリミジン環は遊離塩基のレベルで構築され，経路の後半で塩基の**オロト酸** **orotic acid** がオロチジン一リン酸 orotidine monophosphate（OMP）に変換されるときにはじめてヌクレオチドになることである。第 2 の点は，ピリミジン経路には分岐が存在しないということである。この経路においても，プリン同様に 2 種類のリボヌクレオシド三リン酸が産生するが，そのうちの 1 つ，経路の最終産物でもあるウリジン三リン酸は，もう 1 つの最終産物であるシチジン三リン酸形成の基質になる。

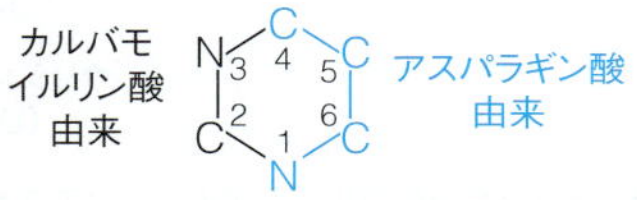

ポイント 8
ピリミジンヌクレオチド合成は最初は塩基レベルで起こり，分岐のない経路の後半でヌクレオチドに変換される。

ピリミジン合成は，第 20 章でも述べた**カルバモイルリン酸シンテターゼ carbamoyl phosphate synthetase** の反応によるカルバモイルリン酸の形成で開始する（図 22.12，反応 1）。カルバモイルリン酸は，ATP と重炭酸塩，およびグルタミンからのアミド窒素で合成される。このアミド基転移反応は 4 段階で行われる。

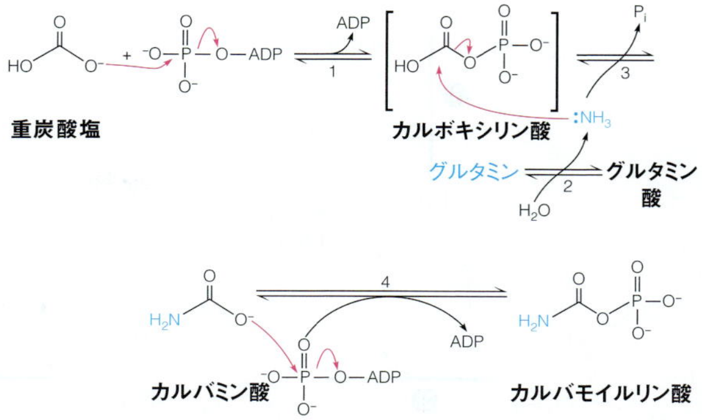

細菌のカルバモイルリン酸シンテターゼ carbamoyl phosphate synthetase（CPS）は，大小のサブユニットで構成されるヘテロ二量体である。大腸菌 CPS の X 線構造解析により，いくつかの基質結合部位とそれぞれのステップを触媒するドメインが存在することが明らかとなった（図 22.13）。小サブユニットはグルタミナーゼとして機能し，グルタミンの加水分解でアンモニアを産生して大サブユニットに渡す役割をもつ。大サブユニットは 2 つの活性部位を有する。1 つは重炭酸塩，ATP およびアンモニアと結合し，カルボキシリン酸とカルバミン酸合成を触媒する部位，もう 1 つは 2 個目の ATP に結合し，カルバモイルリン酸形成を行う部位である。3 つの不安定な中間体（アンモニア，カルボキシリン酸，カルバミン酸）は，最終産物のカルバモイルリン酸が形成されるまで酵素から遊離しない。結晶構造解析により，酵素内部に 96 Å のトンネルが存在し，中間体が 1 つの活性部位から次の活性部位へチャネルすることが明らかとなった（図 22.13）。反応中間体を直接的に活性部位間で移動させる現象は多くの酵素で知られており，不安定な中間体で起こりうる望まない反応を起こさせないで反応効率を上げるための酵素の機構の 1 つであると考えられている。

第 20 章の繰り返しとなるが，真核生物の CPS には 2 つの型が存在する。I 型はミトコンドリアに局在し，アンモニアに基質特異性を有する。この型の酵素はアルギニン生合成（第 21 章）と尿素サイクル（第 20 章）で使われる。一方，細胞質に存在する II 型は，窒素供与体としてグルタミンに強い特異性をもち，こちらがピリミジン生合成に関与する。

カルバモイルリン酸は自身の合成に使われる 2 分子の ATP で活性化され，アスパラギン酸と縮合してカルバモイルアスパラギン酸を形成する。この反応は**アスパラギン酸カルバモイルトランスフェラーゼ aspartate transcarbamoylase（ATCase）**により触媒される。この反応ではカルバモイルリン酸の求電子性のカルボニル基の C がアスパラギン酸の α アミノ基による求核攻撃を受け，無機リン酸（P_i）を遊離する。次に

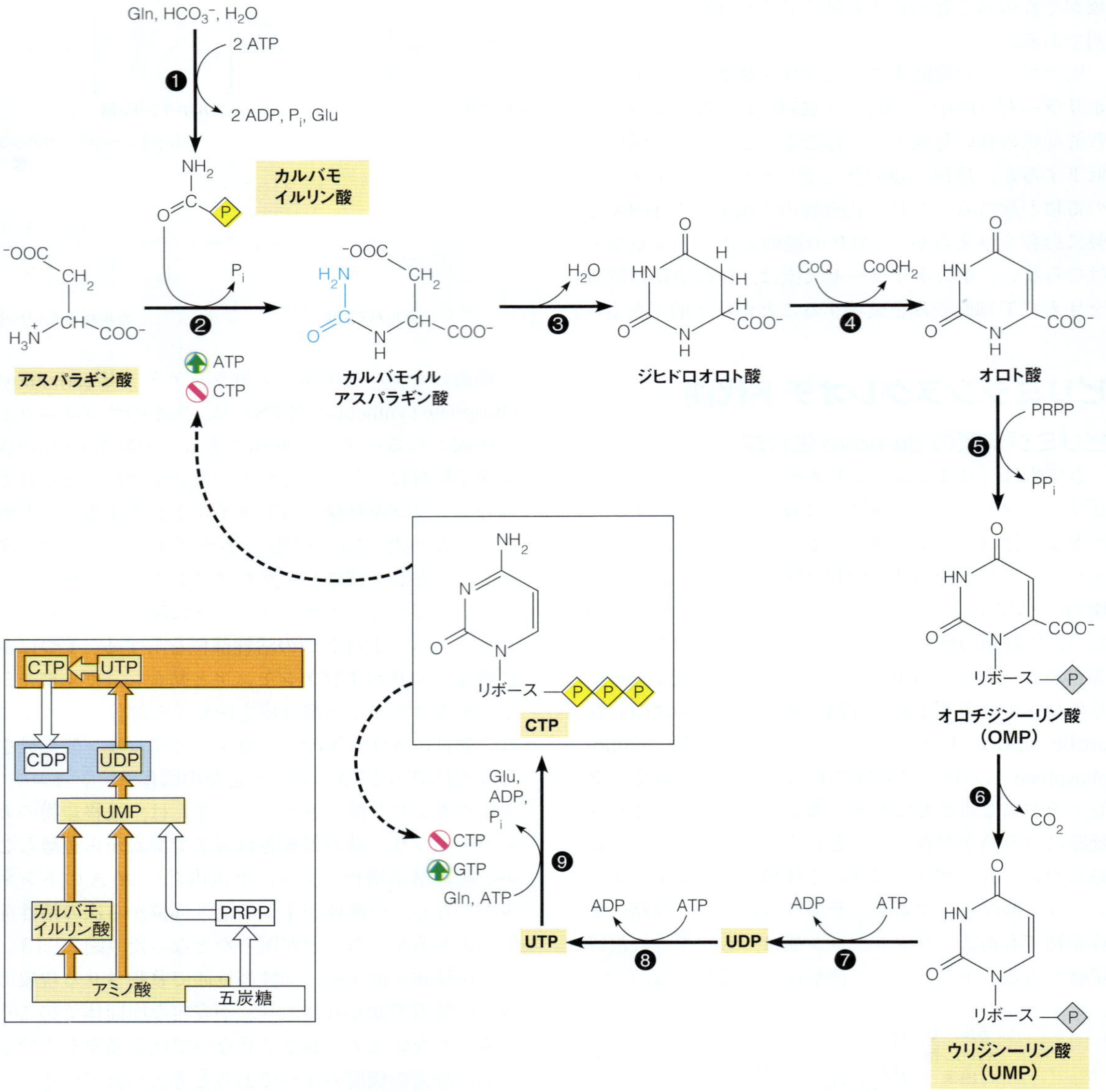

図 22.12　ピリミジンヌクレオチドの de novo 合成　❶カルバモイルリン酸シンテターゼ，❷アスパラギン酸カルバモイルトランスフェラーゼ，❸ジヒドロオロターゼ，❹ジヒドロオロト酸デヒドロゲナーゼ，❺オロト酸ホスホリボシルトランスフェラーゼ，❻OMP デカルボキシラーゼ，❼UMP キナーゼ，❽ヌクレオシド二リン酸キナーゼ，❾CTP シンテターゼ。アロステリック制御部位を記号で示した。

ジヒドロオロターゼ dihydroorotase による分子内縮合でピリミジン環が閉環する。続く**ジヒドロオロト酸デヒドロゲナーゼ** dihydroorotate dehydrogenase 反応で，ジヒドロオロト酸はオロト酸（6-カルボキシウラシル）に酸化される。細菌のジヒドロオロト酸デヒドロゲナーゼは，一般的に FAD と FMN の両方を有する NAD^+-結合型フラボタンパク質である。真核生物の酵素もフラボタンパク質であるが，ミトコンドリアの内膜の膜間隙表層に局在し，そこで補酵素 Q（ユビキノン）により再酸化されることでピリミジン生合成における電子伝達に直接関与している。この局在性はすなわち，基質であるジヒドロオロト酸がミトコンドリアの膜間隙に存在しなければならず，また生成物のオロト酸は再び細胞質に入ることを意味する。近年，**Miller 症候群** Miller syndrome を引き起こす原因としてジヒドロオロト酸デヒドロゲナーゼの遺伝的変異が同定された。このまれな疾患は，口唇口蓋裂，欠指症，眼球異常などの発生異常が起こることが報告されている。

次に，PRPP が供与体となってリボース-5-リン酸が付加し，オロチジン一リン酸を生成する。この反応は，脱離したピロリン酸の加水分解を駆動力として進行す

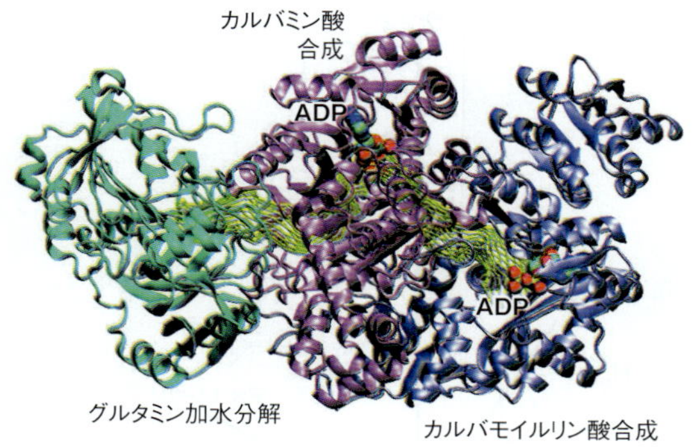

図 22.13　カルバモイルリン酸シンテターゼのチャネリング　ヘテロ二量体大腸菌酵素（PDB ID：1C30）の X 線結晶構造。小サブユニット（青緑）はグルタミナーゼとして機能する。大サブユニットの 2 つの活性部位に ADP 分子が結合している状態を表す。大サブユニットの N 末端ドメイン（ピンク）は，カルボキシリン酸とカルバミン酸合成の活性部位をもつ。大サブユニットの C 末端ドメイン（青）は，カルバモイルリン酸合成の活性部位をもつ。3 つの活性部位を含む 96 Å のトンネルを緑の網で示した。

る。**オロト酸ホスホリボシルトランスフェラーゼ orotate phosphoribosyltransferase** はこれまでに議論してきた他のホスホリボシルトランスフェラーゼと同様に，立体特異的に β グリコシド結合を形成する。経路の最終ステップの脱炭酸を経てウリジン一リン酸（UMP）を生成する。続くヌクレオシド一リン酸，および二リン酸キナーゼの反応で UMP はリン酸化されて UTP へと変換される。グルタミン依存性アミドトランスフェラーゼ反応を触媒する **CTP シンテターゼ CTP synthetase** により，UTP から CTP が合成される。

細菌におけるピリミジン生合成の調節

ピリミジン合成のみに関わる最初の反応は，ATCase の触媒によりカルバモイルリン酸とアスパラギン酸からカルバモイルアスパラギン酸が形成されることである（反応 2）。第 11 章でも詳細に述べたが，腸内細菌の ATCase は，フィードバック制御の見事な典型例である。この酵素は，最終産物の CTP で抑制され，ATP で活性化されることを思い出してほしい。ATP による活性化は，プリンとピリミジン生合成の均衡を保つためのメカニズムであると考えられる。この酵素は，2 種類のサブユニットをそれぞれ 6 つずつ有しており，触媒機能をもつ 2 つの三量体，および調節機能をもつ 3 つの二量体から構成されている。

細菌はまた，ATCase を含むいくつかの酵素の合成を制御することでピリミジン代謝を調節している。ATCase の両サブユニットをコードしているオペロンの転写速度は，細胞内の UTP レベルに応じて 150 倍にまで変化しうる。UTP 濃度が上昇すればするほど，この遺伝子の転写速度は低いレベルに抑えられる。

真核生物のピリミジン合成における多機能酵素

真核生物のアスパラギン酸カルバモイルトランスフェラーゼ（図 22.12，反応 2）は，大腸菌のものとは著しく異なる。このことは，***N*-ホスホノアセチル-L-アスパラギン酸 *N*-phosphonoacetyl-L-aspartate（PALA）**による ATCase 阻害の解析から明らかになった。

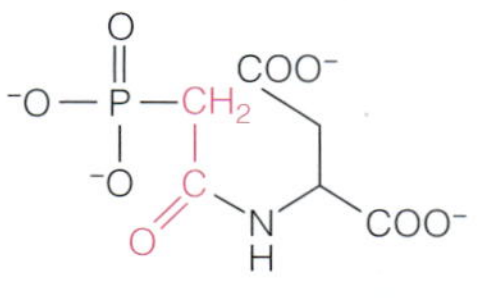

PALA

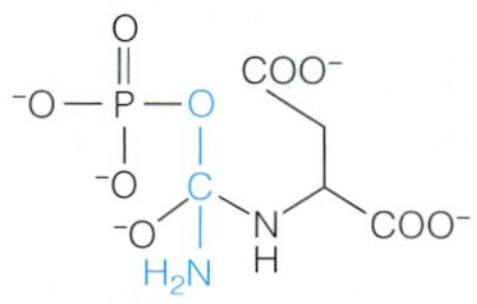

推定の遷移状態複合体

PALA は，2 つの基質から形成されるであろう推定の遷移状態複合体の構造類似体として合成された化合物で，哺乳類細胞のピリミジン合成を阻害する。しかしながら，PALA に暴露した細胞では，全活性を阻害する PALA の量を上回って細胞内 ATCase レベルが上昇するため，細胞は結局 PALA に対して耐性を獲得してしまう。そこで意外だったことは，この耐性細胞ではカルバモイルリン酸シンテターゼ（図 22.12，反応 1）とジヒドロオロターゼ（反応 3）のレベルも連動して上昇していたことである。この現象を追求することにより，分子量がそれぞれ約 220,000 の 3〜6 個の同一のポリペプチド鎖を含む 1 つのタンパク質が存在し，これが 3 つの反応すべてを触媒することの発見につながった。

George Stark はこの三機能性酵素を **CAD**（それぞれの酵素名の頭文字）と命名した。彼は，PALA による選択圧で CAD タンパク質をコードする遺伝子が増幅し，このタンパク質が PALA 耐性細胞内で蓄積することを示した。つまり，正常細胞が二倍体当たり 2 コピーの遺伝子を保持するのに対して，耐性細胞ではより多くのコピーを保持していた。この**遺伝子増幅 amplification** の現象は，長期間特定のストレスにさらされた真核細胞で頻繁に観察されている。このメカニズムについては第 26 章で述べる。

哺乳類の細胞では，図 22.12 の反応 5 と 6 もまた **UMP シンターゼ UMP synthase** という単一のタンパク質により触媒されている。この二機能性酵素の欠陥は，ヒトの稀少遺伝性疾患である**オロト酸尿症 orotic aciduria** に関連する。その名前が意味するように，この疾患をもつ患者は，オロト酸ホスホリボシルトラン

22

スフェラーゼ反応が遮断されることによりオロト酸が蓄積してしまう。

ポイント9
真核細胞において，ピリミジン合成の最初の3反応は，三機能性酵素であるCADタンパク質によって触媒される。同様に，後半の2反応は二機能性酵素のUMPシンターゼにより触媒される。

ピリミジン生合成の6つの反応は，真核生物では3種類のタンパク質（三機能性酵素，二機能性酵素，単機能性酵素がそれぞれ1つずつ）で触媒されるのに対して，細菌では別々の6つの酵素で行われる。ピリミジン生合成の制御がどのようになされているかの詳細は明らかでないが，プリン合成の多機能性酵素で記述したように，活性部位が並列に存在することでチャネリングが起こる可能性が示唆されている。ジヒドロオロト酸デヒドロゲナーゼ（図22.12，反応4）がミトコンドリアの内膜の膜間隙側に，また三機能，二機能性酵素は細胞質ゾルに局在することを思い出してほしい。産生した中間体はミトコンドリア内外を移動しなければならず，このことは最初と最後のステップのチャネリングによって得られた動力学的な優位性が打ち消されてしまうようにみえる。しかし，CADとUMPシンターゼは細胞質のミトコンドリア外膜表層で検出されており，外膜を通して直接的な基質と生成物の受け渡しを可能にしているようである。

もう1つのピリミジンヌクレオチド合成の制御を受ける箇所は，CTPシンテターゼである（反応9）。この酵素はその生成物CTPによってアロステリック阻害を受け，GTPによって活性化される。

再利用合成とピリミジン異化

すでにプリン合成で述べたのと同様に，ピリミジンヌクレオチドもまたホスホリラーゼとキナーゼによる再利用経路で合成される。ピリミジン異化経路を図22.14に示したが，これはプリンの異化に比べると単純である。中間体が比較的溶解しやすいため，ピリミジン分解に伴う代謝障害はほとんど知られていない。分解産物の1つのβアラニンは補酵素Aの生合成に使われる。

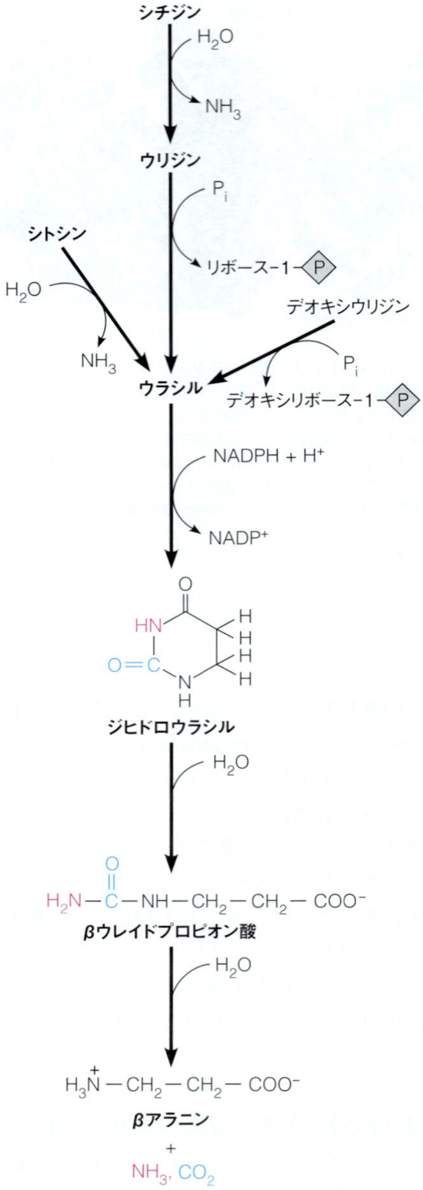

図22.14　ピリミジンヌクレオチド代謝の異化経路

グルタミン依存性アミドトランスフェラーゼ

動力としてATP加水分解を利用するグルタミン依存性アミノ化反応は，プリンおよびピリミジン生合成における共通のテーマである。これら2つの経路において，以下の5反応がグルタミン依存性アミドトランスフェラーゼで触媒される。すなわち，PRPPアミドトランスフェラーゼおよびFGARアミドトランスフェラーゼ（図22.4ステップ1，4），GMPシンテターゼ（図22.6ステップG-2），カルバモイルリン酸シンテターゼおよびCTPシンテターゼ（図22.12ステップ1，9）。これらの酵素すべての反応機構は共通している。グルタミンのアミド基（非反応性，非求核性）が活性部位で加水分解を受けて活性化され，特異的な受容体（一般的にはアミドのカルボニル基）をアミノ化できるような高い局所濃度で求核性のアンモニアを運搬する反応機構である（図22.15）。ATPにより基質のリン酸化誘導体が形成され，このリン酸が求

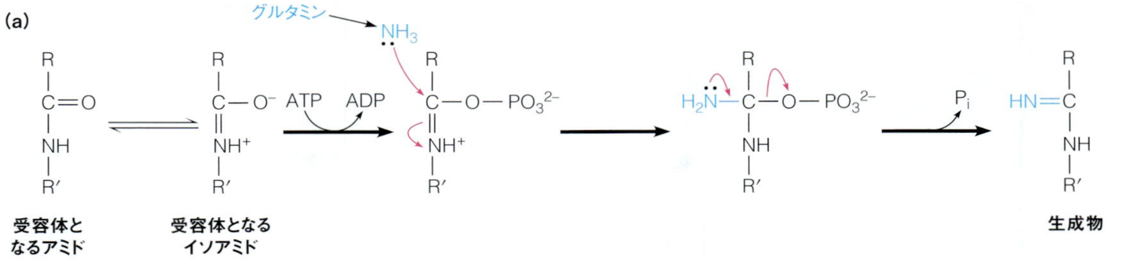

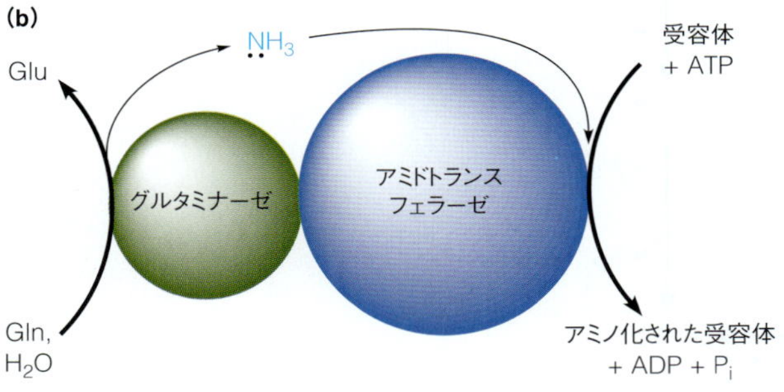

図 22.15　提唱されているグルタミン依存性アミドトランスフェラーゼのメカニズム　**(a)** 主に受容体となるアミドはイソアミド型と互変異性平衡を保ち，リン酸化によって求核攻撃を受けやすい構造を形成する。グルタミンの加水分解で生じた求核性のアンモニアに攻撃されて四面体型中間体を生成し，この中間体の崩壊により無機リン酸とアミノ化された産物を生成する。**(b)** グルタミン依存性アミドトランスフェラーゼのサブユニット（またはドメイン）構造の概略図。グルタミナーゼサブユニット（またはドメイン）から求核性のアンモニアを受け渡されたアミドトランスフェラーゼサブユニット（またはドメイン）が受容体の ATP 依存的アミノ化を行う。

核性の NH_3の攻撃に対する脱離基となることで，反応の平衡をアミノ化方向へ偏らせることが可能となる。これらの酵素のほとんどは直接 NH_3を利用することもできるが，グルタミンよりアンモニアに対する K_M のほうがかなり高いので，反応は極めて起こりにくい。プリン生合成の最初の酵素である PRPP アミドトランスフェラーゼがPRPPのアミノ化にATPを必要としないことは留意すべき点である。しかしこの場合，すでにリボースの C1 は PRPP シンテターゼ反応（p.821）において ATP で活性化されており，ピロリン酸が続く求核置換における強力な脱離基となるのでアミド基転移反応で ATP を利用しないのである。

これらの酵素は通常，グルタミナーゼ反応を触媒（求核性の NH_3を産生）する部分と特異的な受容体をアミノ化する（図 22.13，CPS）部分の 2 つのサブユニット（またはドメイン）で構成される。グルタミナーゼサブユニット（またはドメイン）は，生物種内，および生物種間のアミドトランスフェラーゼ群の間で進化的な関連がある。

デオキシリボヌクレオチドの生合成と代謝

ほとんどの細胞において，RNA は DNA の 5〜10 倍量存在する。さらに，すでにみてきたように，リボヌクレオチドはさまざまな代謝上の役割を果たすのに対して，デオキシリボヌクレオチドは DNA を構成する成分としての役割をもつだけである。そのため，ヌクレオチド合成経路を通って流れる炭素のほとんどがリボヌクレオシド三リン酸 ribonucleoside triphosphate（rNTP）のプールに流入する。しかしながら，デオキシリボヌクレオシド三リン酸 deoxyribonucleoside triphosphates（dNTP）の合成へそれたわずかな部分は，細胞の生存にとって最も重要である。dNTP はもっぱら DNA の合成に使われる。したがって，DNA 合成と dNTP 代謝の間には特に密接な調節関係があり，それは他の高分子生合成とその前駆体を供給する経路の関係にみられるよりもさらに密接である。dNTP 生合成経路の全体像を図 22.16 に示してある。

DNA が，糖の性質とピリミジン塩基の 1 つが RNA と化学的に異なっていることを思い出しながら，特定の 2 つの過程に目を向けてデオキシリボヌクレオチド生合成について議論することができる。1 つはリボースからデオキシリボースへの変換であり，もう 1 つはウラシルからチミンへの変換である。この過程は両方ともヌクレオチドのレベルで起こる。がんや感染症の化学療法の標的部位として，あるいは調節の観点から，この過程の機構は非常に興味深い。そこで，ここではこれら両経路について詳しく述べることとする。

リボヌクレオチドのデオキシリボヌクレオチドへの還元

リボースからデオキシリボースへの還元では，立体配置を保持したまま，C-2′ で水素原子によるヒドロキシ基の置換が起こる。Peter Reichard はこの難しい反応がヌクレオチドレベルで起こることを証明し，やがて重要な酵素であるリボヌクレオチドレダクターゼ ribonucleotide reductase の発見へとつながった。

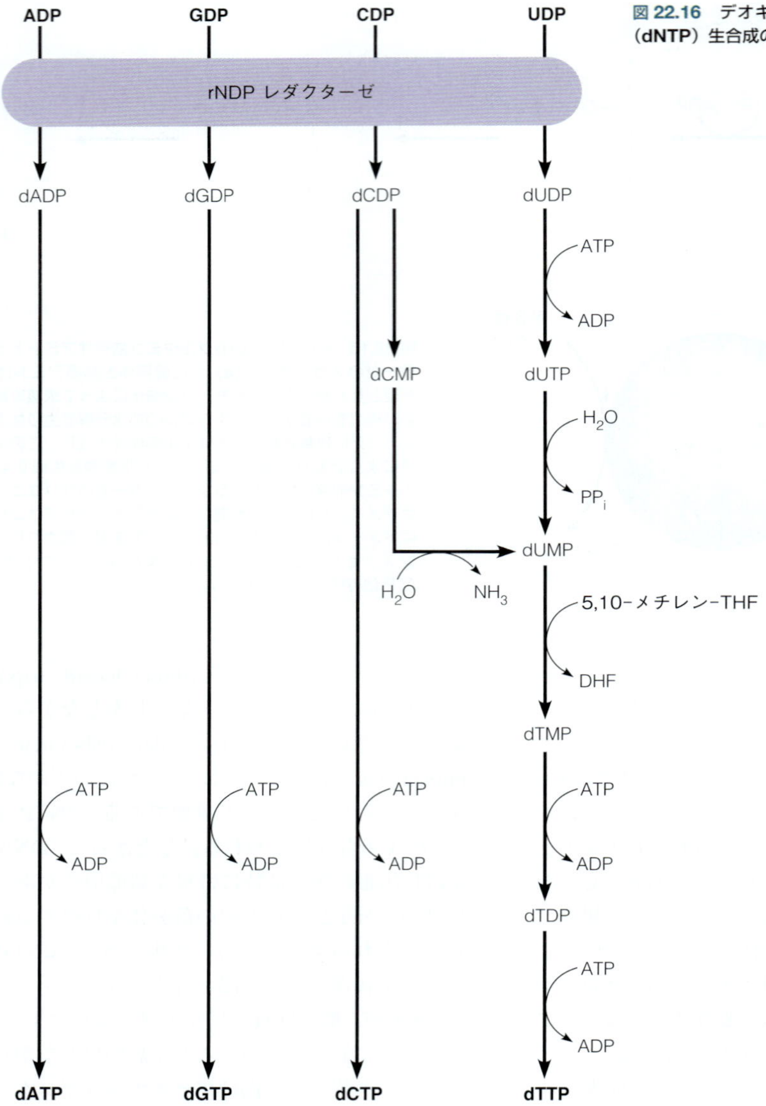

図 22.16　デオキシリボヌクレオシド三リン酸（dNTP）生合成の概要

今まで研究されてきたすべての生物において，1つの酵素が4つすべてのリボヌクレオチド基質を，対応する2′-デオキシリボヌクレオチドに還元する。この反応にはフリーラジカル機構が関係している。タンパク質のラジカルを発生させる3つの大きく異なった機構が進化の過程で生まれたが，この3つのクラスのリボヌクレオチドレダクターゼが基質を還元するときには，明らかにすべて同じ反応機構を使っている。クラスⅠリボヌクレオチドレダクターゼと呼ばれる最も広く分布している酵素は，リボヌクレオシド二リン酸 ribonucleoside diphosphate（rNDP）を基質とするため，**rNDP レダクターゼ rNDP reductase** とも呼ばれる。この酵素は Fe^{3+} と酸素との結合（図 22.17）を介して，特定のチロシン残基上にラジカルを発生させる。シアノバクテリアやいくつかの細菌およびミドリムシでみつかったクラスⅡ酵素は，基質のリボヌクレオシド三リン酸に作用し，アデノシルコバラミン，すなわちビタミン B_{12} 補酵素（第20章）を使ってフリーラジカルを発生させる。そして，通性または偏性嫌気性生物でのみみつかっているクラスⅢ酵素もまた，リボヌクレオシド三リン酸に作用する。これらの酵素は触媒に必須なラジカルをグリシン残基上に発生させるために，*S*-アデノシルメチオニンと鉄-硫黄中心を利用する。これから，最も広く存在するクラスⅠ酵素（図 22.16）に焦点を当てて議論する。

ポイント 10
1 種類の酵素，リボヌクレオチドレダクターゼが 4 つすべてのリボヌクレオチドを還元して，対応するデオキシリボ誘導体を生じる。

rNDP レダクターゼの構造

大腸菌と哺乳類の細胞でみつかったクラス I の rNDP レダクターゼは，α および β と名づけられた 2 つの異なるサブユニットからなる。大腸菌において，活性型酵素は 87,000 Da の 2 つの α 鎖と 43,000 Da の 2 つの β 鎖からなる。哺乳類の酵素の活性型は生理的な ATP および dATP 濃度の条件下において $\alpha_6\beta_2$ オリゴマーであると考えられている。しかしながら，$\alpha_2\beta_2$ のヘテロ四量体は十分活性があり，酵素の機構と制御を調べる上で最も注目されている型である。後ほどみるように，アロステリック調節分子による制御は，重合状態の変化が関係している。大腸菌酵素のヘテロ四量体構造は図 22.17 に描かれている。触媒部位は α_2 サブユニットに存在する。この部位の中にシステイン残基が 3 箇所あり，これは異なる rNDP レダクターゼ間で保存されている。その内の 2 つのシステインチオール基は，反応の間，周期的に酸化および還元を司ることから，**酸化還元活性がある redox-active** と言われている。次の項で述べるように，3 番目のシステインは明らかにフリーラジカル機構の一部として機能している。

リボヌクレオチド還元のためのラジカルは β_2 サブユニット内のチロシン残基上で生成され，ラジカル転送経路を経て 35 Å も隔てた触媒が起こるサブユニットへ送られる。β_2 サブユニットには，チロシン残基近傍に 2 つの鉄イオンを橋渡ししている酸素原子も含まれている。この**二核鉄中心 dinuclear iron center** がチロシンラジカルを生成し安定化させている。後で簡単に述べるように，α_2 サブユニットは 2 種類の調節部位をもっている。最後に，α_2 サブユニットは，外部の還元補助因子と相互作用するもう 1 対の酸化還元活性のあるチオール基をもつ。哺乳類の酵素も構造的に類似している。

22

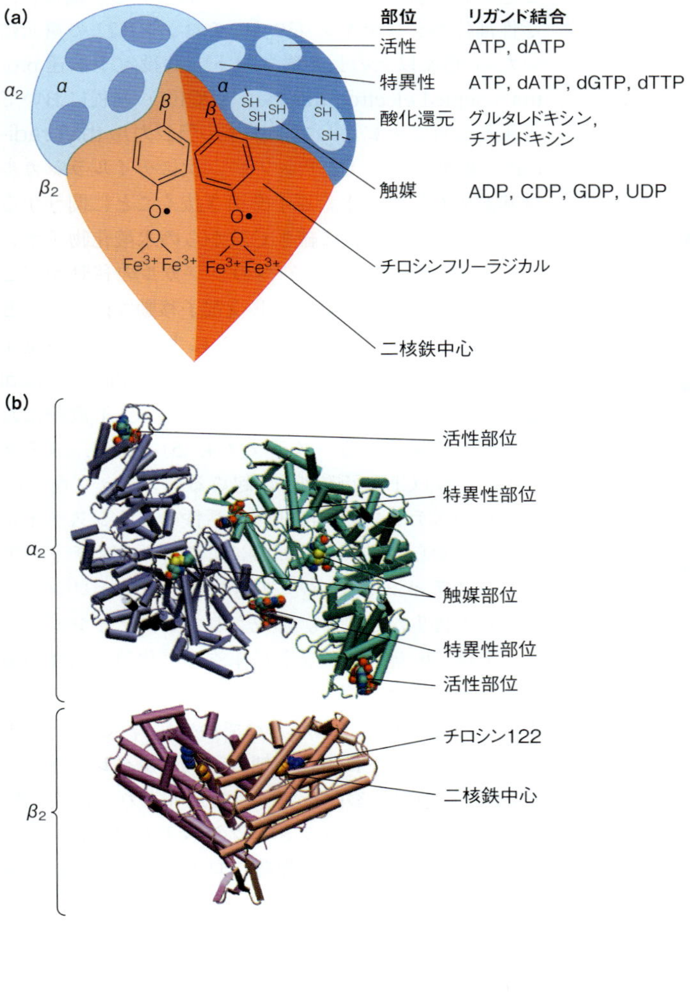

図 22.17　大腸菌 rNDP レダクターゼの構造　**(a)** チロシンフリーラジカルと酸素で架橋された二核鉄中心からなる β_2（R2）の機能中心を示した模式図。α_2（R1）上の以下のリガンド結合部位――外部電子供与体との相互作用のための酸化還元部位，触媒部位，活性部位および基質特異性部位も示した。活性部位と特異性部位はアロステリック制御を受ける。酸化還元部位は 2 つ，触媒部位は 3 つの機能システイン残基をもっている。**(b)** ホモ二量体 α_2（青と青緑）（PDB ID：3R1R，4R1R）および β_2（赤とピンク）（PDB ID：1PFR）のタンパク質の X 線結晶構造。触媒部位は各 α_2 サブユニットの 3 つのシステイン残基（Cys225，462，439）によって示されている。活性部位と特異性部位はそれぞれ結合した ATP と dTTP によって示されている。β_2 二量体において，フリーラジカルを運ぶ Tyr 122（青）と二核鉄中心（オレンジ）が示されている。四量体中の α_2 および β_2 タンパク質の正確な方向は知られていない。

ポイント 11
リボヌクレオチドレダクターゼはサブユニットのそれぞれに触媒残基として，酸化還元活性のあるチオール基および鉄酸素複合体によって安定化されたチロシンフリーラジカルを含む。

リボヌクレオチド還元の機構

rNDP 還元反応の正確な機構の解明はまだ徹底した研究の途中であるが，次の観察をもとに妥当と思われる反応機構を組み立てることができる。(1) 反応中にリボース C3′—H 結合の切断が起こることが，放射能標識の研究から示された。(2) 反応は，C2′ の配置を保持したまま進行する。このことは，S_N2 反応で水素化物イオンによるヒドロキシ基の置換が起こることを否定している。(3) 反応中にチオール基の酸化が起こる。(4) この反応にはチロシンフリーラジカルが関与している。これは，rNDP レダクターゼの阻害剤である**ヒドロキシウレア hydroxyurea** が，可逆的にフリーラジカルを分解するという事実により最初に示された。よりはっきりした証明を図 22.18 に示す。フリーラジカルは特徴的な電子常磁性共鳴 electron paramagnetic resonance（EPR）スペクトルを与える。不対電子のスピンは，核と分子の他の電子により発生した磁場と相互作用するので，EPR 分光法により，(有機ラジカルのスピンような) 不対電子のスピンを検出することができる。クローン化された大腸菌 β_2 遺伝子の部位特異的突然変異誘発によって，大腸菌酵素においてラジカルを生み出すと考えられている残基であるチロシン 122 をフェニルアラニンに変換した。この変異タンパク質は不活性で，EPR スペクトルを示さなかった。つまり，フリーラジカルの存在を示す証拠はなかった。しかしながら，結晶解析に示されたように，チロシンラジカルは触媒部位から 35Å 以上離れたところに位置しているので（図 22.17 参照），チロシンラジカル内の不対電子が活性部位の残基から電子をひきつける何かしらの長距離過程を仮定しなければならない。これまでの証拠は，(1) この残基は大腸菌の酵素ではシステイン 439 であり，(2) α_2 と β_2 上の特定アミノ酸残基の組がこの長距離電子伝達過程に関与している，ということを示唆している。

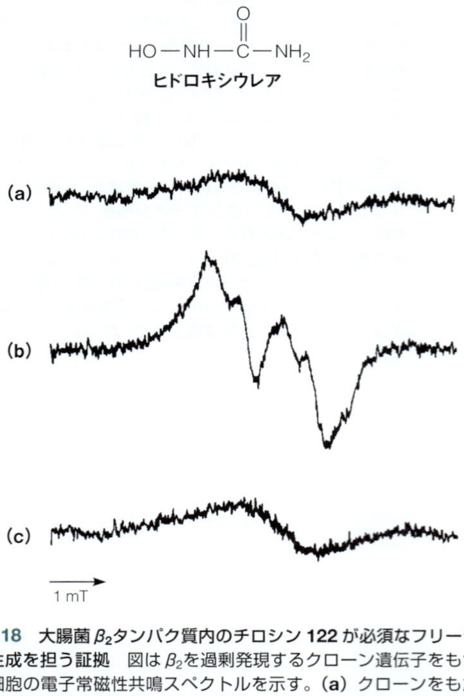

図 22.18　大腸菌 β_2 タンパク質内のチロシン 122 が必須なフリーラジカル生成を担う証拠　図は β_2 を過剰発現するクローン遺伝子をもつ大腸菌細胞の電子常磁性共鳴スペクトルを示す。(**a**) クローンをもたない細菌（通常の β_2 タンパク質は少なすぎて，顕著なスペクトル信号をつくれない）。(**b**) 野生型遺伝子をもつ細菌。(**c**) チロシン 122 がフェニルアラニンに変えられた変異クローン遺伝子をもつ細菌。精製された酵素をヒドロキシウレアで処理すると (c) に示されたようなスペクトルを生じる。

上記の観察をもとにした rNDP レダクターゼの妥当と思われる機構が図 22.19 に示されている。最初に，活性部位のシステイン 439 が，チロシン 122 の還元にいたる 35Å 以上の長距離プロトン共役電子伝達 proton-coupled electron transport（PCET）過程において電子を失うことによって，**チイルラジカル thiyl radical** に変換される（ステップ 1）。次にチイルラジカルは基質の C3′ から水素原子を引き抜くことに関与する（ステップ 2）。これに続き C2′ からの水酸化物イオン（水）の脱離，そして C2′ へのラジカルの移動が起こる（ステップ 3）。プロトン共役電子移動段階における酸化還元活性のあるシステインによる C2′ での還元は，**ジスルフィドラジカルアニオン disulfide radical anion** を生成し，その後，これは別の PCET 段階において C3′ を還元する（ステップ 4，5）。次に，ステップ 1 と 2 の PCET が逆向きに起こる（ステップ 6，7）。これらのステップで，酸化還元活性のあるシステインチオールからの電子対の転移によりヌクレオチドを生成し（ステップ 6），β_2 サブユニット上でチロシルラジカルの再生が起こる。形成されたシステインジスルフィドは，α_2 サブユニット C 末端の酸化還元活性のあるチオールのもう 1 つの対とのジスルフィド交換によって還元される（図示されていない）。この結果生じたジスルフィドは外部の補因子（グルタレドキシン〈Grx〉，次の項を参照）によって還元され，活性型酵素を再生する（ステップ 8）。クラス I の rNDP レダクターゼの律速段階は，長距離プロトン共役電子伝達過程を制御するコンホメーション変化である。

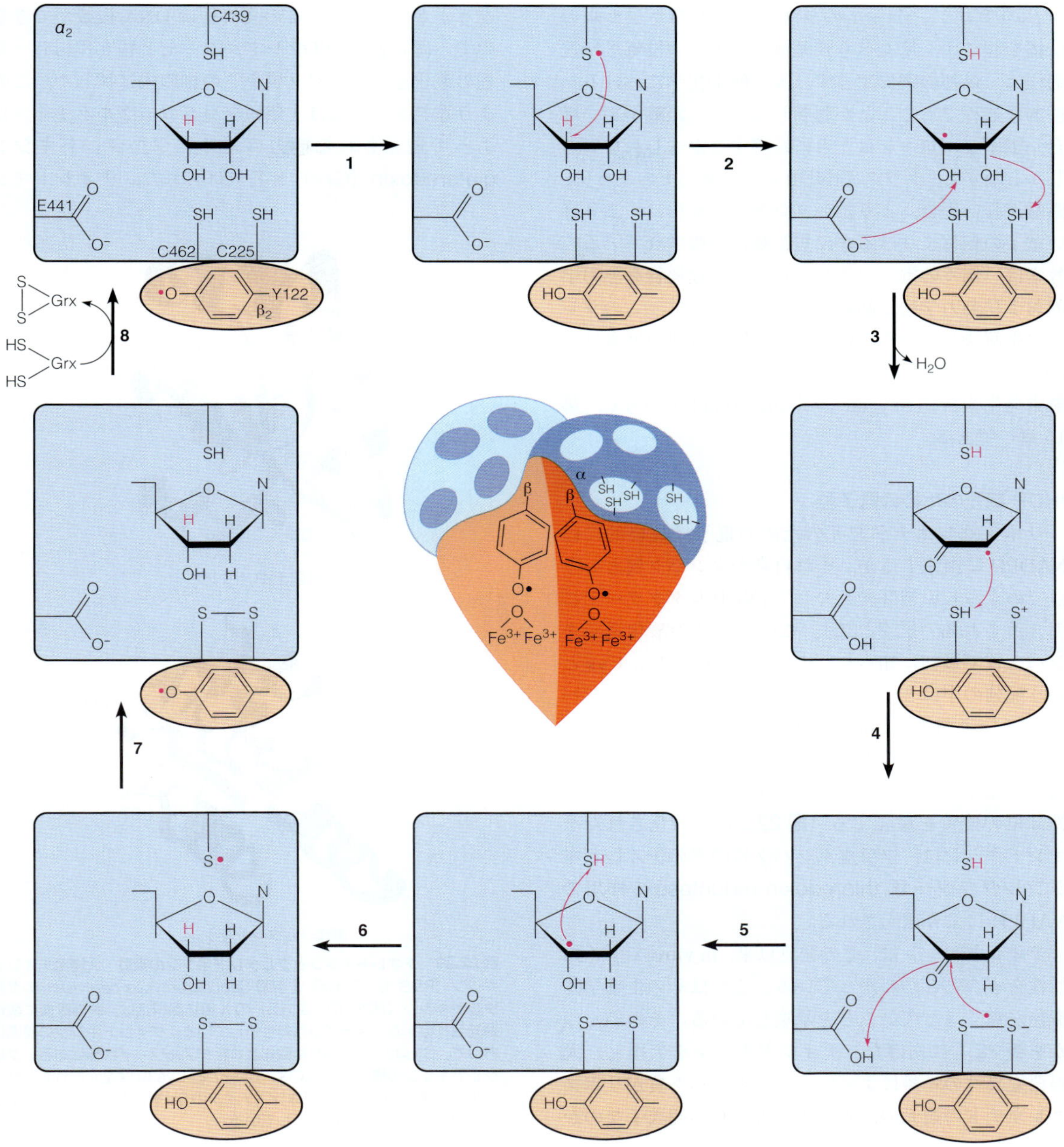

図 22.19　rNDP レダクターゼによるリボヌクレオシドニリン酸の還元　この機構はわかっている証拠と一致している。N はアデニン，シトシン，グアニンまたはウラシルのいずれかである。**ステップ 1**：反応は，β_2サブユニット上のチロシンラジカル（Y122）がα_2触媒部位のシステイン（大腸菌では Cys439）に移動することによって開始し，チイルラジカルを生成する。長距離プロトン共役電子伝達と呼ばれるこの過程によって，チロシンラジカルはチロシン残基に還元される。**ステップ 2**：基質のヌクレオチドはラジカルと相互作用し，C3′ でラジカルをつくりだす。**ステップ 3**：酸化還元活性のあるシステイン（大腸菌における 225 と 462）の 1 つによる 2′ ヒドロキシイオンのプロトン化およびグルタミン酸（大腸菌における E441）による 3′ ヒドロキシイオンの脱プロトン化は，C2′ での脱水と C2′ へのラジカルの移動を促進する。**ステップ 4，5**：酸化還元活性のあるシステインによる C2′ の還元は，ジスルフィドラジカルアニオンを生成し，その後，C3′ を還元する。**ステップ 6，7**：ステップ 1 と 2 の長距離プロトン共役電子伝達は逆向きに起こり，デオキシリボヌクレオチド産物を生成し，β_2サブユニット上にチイルラジカルを再生する。**ステップ 8**：Cys-Cys ジスルフィドは，グルタレドキシン（Grx）などの低分子タンパク質チオールによって還元される。詳しくは本文を参照。dNDP 解離（表示されていない）によって，次の触媒のための rNDP 基質の結合が可能になる。

Modified with permission from *Journal of the American Chemical Society* 131：200-211, H. Zipse, E. Artin, S. Wnuk, G. J. S. Lohman, D. Martino, R. G. Griffin, S. Kacprzak, M. Kaupp, B. Hoffman, M. Bennati, J. Stubbe, and N. Lees, Structure of the nucleotide radical formed during reaction of CDP/TTP with the E441Q-α_2 β_2 of *E. coli* ribonucleotide reductase. © 2009 American Chemical Society.

β_2のチロシンからα_2のシステインへのラジカルの伝播を起こす，驚くべき長距離プロトン共役電子伝達過程は，最初の例にすぎず，後に酵素化学における一般的な過程であることが判明している。距離が短い場合，電子とプロトンはともに転移するかもしれない。しかしながら，クラスⅠrNDPレダクターゼのように，距離が長い場合，より重いプロトンの転移は，より軽い電子の転移よりはるかに短距離に制限されている。酵素は，個々の電子およびプロトン伝達過程を熱力学的および動力学的に制御することによって，このジレンマを解決している。PCETを利用する他の酵素は，P450モノオキシゲナーゼ（第15章）と光化学系Ⅱの酸素発生複合体 oxygen-evolving complex（OEC，第16章）である。

rNDP還元のための電子源

リボヌクレオチド還元のための電子は最終的にはNADPHに由来するが，それ自身がタンパク質という点でめずらしい補酵素を介してrNDPレダクターゼに引き渡される（図22.20）。このクラスの酸化還元タンパク質で最初に知られたのは，Cys-Gly-Pro-Cysという配列の中に2つのチオール基をもつ小さなタンパク質（分子量約12,000）の**チオレドキシン thioredoxin**である。このチオール基はジスルフィドへ可逆的に酸化され，それによってrNDPレダクターゼの活性部位の硫黄を還元する（図22.21）。酸化されたチオレドキシンは，フラボタンパク質酵素の**チオレドキシンレダクターゼ thioredoxin reductase**の作用でNADPHにより還元される。

チオレドキシンは，その発見以来，in vitroで多くの活性をもつことがわかっている。これはその生物学的機能が驚くほど広いことを示唆している。そのいくつかを表22.1にあげた。チオレドキシンを欠損した大腸菌変異株の単離によって，このタンパク質がリボヌクレオチドの還元のための本当の細胞内補因子なのかどうかが問われた。この変異株はDNA複製ができるので，研究者はrNDPレダクターゼと相互作用しうる他の酸化還元タンパク質をこの細胞内に探した。このようなタンパク質は実際に発見され，グルタチオンによって還元される能力のために**グルタレドキシン glutaredoxin（Grx）**と名づけられた。チオレドキシ

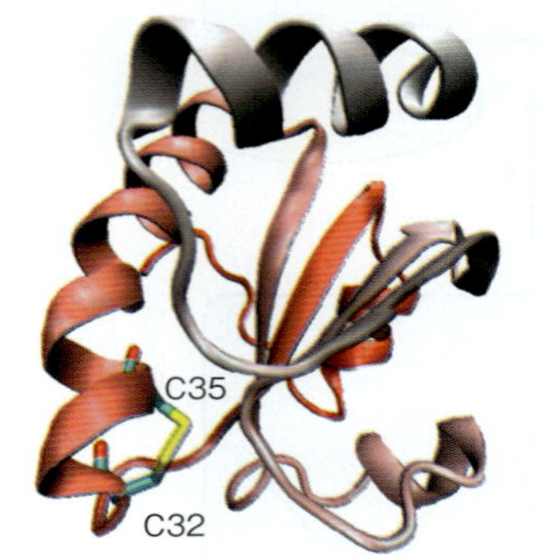

大腸菌チオレドキシン

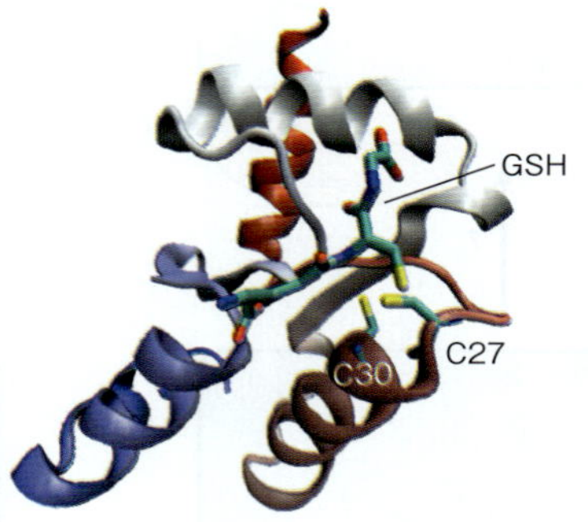

酵母グルタレドキシン

図22.20　チオレドキシンとグルタレドキシンの構造　大腸菌チオレドキシン（PDB ID：2TRX）と酵母 *Saccharomyces cerevisiae* のグルタレドキシン（PDB ID：3C1S）のX線結晶構造は，表面近傍に酸化還元活性のあるシステイン残基を示している。チオレドキシンの構造において，Cys32とCys35は酸化されたジスルフィド状態にある。グルタレドキシンの構造においては，Cys27とCys30は還元されており，グルタチオン（GSH）分子はシステインのSHをこの2つのシステイン残基の近傍に置くように結合している。

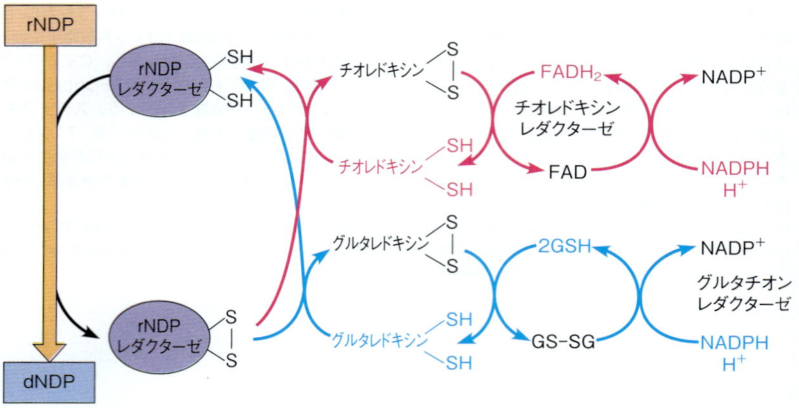

図22.21　rNDPレダクターゼ作用における一連の還元的電子輸送　チオレドキシンあるいはグルタレドキシンは還元酵素の酸化型を還元できる。酸化されたチオレドキシンとグルタレドキシンは，次にそれぞれチオレドキシンレダクターゼとグルタレドキシンレダクターゼによって触媒された反応によりNADPHからの電子で還元される。グルタレドキシン還元はグルタチオン（GSH）2分子を必要とし，酸化グルタチオン（GS-SG）を生成する（第13章，p.523を参照）。

表 22.1　チオレドキシンの生物学的活性

活性	生物種
リボヌクレオチド還元の補因子	すべての生物
タンパク質の折りたたみ（チオレドキシンは正しいジスルフィド結合形成を促進する）	すべての生物
インスリン還元制御によるインスリンレベルの調節	動物
メラニン形成調節（高いレベルのチオレドキシンレダクターゼをもつ人は日焼けしやすい）	動物
光合成的炭素固定の調節（第 16 章参照）	植物
硫化物還元（第 21 章参照）	植物，細菌
ウイルス DNA ポリメラーゼの必須サブユニット	バクテリオファージ T7
未知の機構による繊維状ファージの成熟	一本鎖 DNA バクテリオファージ

ンスーパーファミリーの一員であるグルタレドキシンも，酸化還元活性がある 2 つのシステイン残基をもつ小さなタンパク質である（図 22.20）。実際に，ほとんどの生物はいくつかの種類のチオレドキシンとグルタレドキシンをもっている。例えば，大腸菌は 2 つのチオレドキシン，3 つのグルタレドキシン，2 つのグルタレドキシン様タンパク質をもっている。真核生物は細胞質とミトコンドリアにこのタンパク質の異なるアイソフォームをもつ。最近，酵母の DNA 前駆体合成時に，チオレドキシンがリボヌクレオチドレダクターゼの生理的条件下における電子供与体であることが示された。どの伝達体が rNDP レダクターゼの主要な補因子であろうと，最終的な電子源は NADPH である。

> **ポイント 12**
> rNDP レダクターゼはタンパク質補助因子であるチオレドキシンまたはグルタレドキシンを用いてリボヌクレオチド基質の還元のための電子を供給する。しかし，究極の電子供与体は NADPH である。

リボヌクレオチドレダクターゼ活性の調節

デオキシリボヌクレオチドは DNA 合成のためにのみ使われ，1 つの酵素系が 4 つすべてのリボヌクレオチド基質の還元に使われるので，リボヌクレオチドレダクターゼの活性と特異性の調節は DNA 前駆体のバランスのとれたプールを維持するのに重要である。この調節はヌクレオシド三リン酸エフェクターが 2 つのクラスの α_2サブユニットの調節部位に結合することによってなされる（大腸菌の酵素では，二量体当たり各部位が 2 つずつ。図 22.17 参照）。**活性部位 activity site** は比較的低い親和性で ATP あるいは dATP と結合し，**特異性部位 specificity site** は ATP，dATP，dGTP，dTTP と比較的高い親和性で結合する。活性部位への ATP の結合は，rNDP レダクターゼのすべての基質に対する触媒活性を上げる傾向にあり，dATP は 4 つすべての反応に対する一般的阻害剤として働く。ATP と dATP の結合は酵素の多量体化の状態に影響を与え，活性型と不活性型の平衡状態を変化させる（図 22.22）。特異性部位へのヌクレオチドの結合は，4 つの dNTP の合成速度のバランスを保つように異なる基質に対する酵素活性を調節する。例えば，dTTP の結合は（活性部位に ATP が結合した状態で），酵素の GDP 還元活性を増大させるが，UDP や CDP を還元する活性を減少させる。表 22.2 に主要な調節効果をまとめてある。

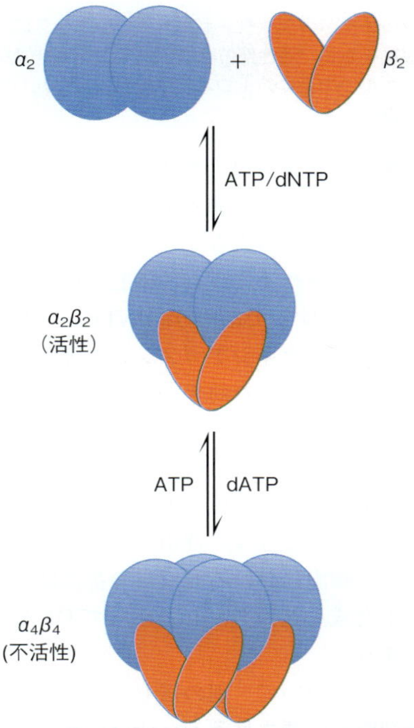

図 22.22　大腸菌のリボヌクレオチドレダクターゼの可逆的多量体化による制御　すべてのヌクレオチドは α_2と β_2の二量体から活性型の $\alpha_2\beta_2$四量体の形成を促進する。活性部位への dATP の結合は平衡を不活性型の $\alpha_4\beta_4$八量体の形成に変化させ，ATP の結合は平衡を活性型四量体が形成する方向に戻す。

表 22.2　哺乳類におけるリボヌクレオチドレダクターゼ活性の調節

ヌクレオチド結合部位		還元される基質	還元を阻害される基質
活性部位	特異性部位		
ATP	ATP または dATP	CDP, UDP	
ATP	dTTP	GDP	CDP, UDP
ATP	dGTP	ADP	CDP, UDP[a]
dATP	すべてのエフェクター		ADP, GDP, CDP, UDP

[a]dGTP 結合は哺乳類酵素によるピリミジンヌクレオチドの還元を阻害するが，大腸菌酵素では阻害しない。

ポイント 13
リボヌクレオチドレダクターゼは，2 つのクラスのアロステリック部位をもつ。活性部位は触媒効率に影響を及ぼし，特異性部位は 4 つの基質の 1 つまたはそれ以上に対しての特異性を決める。

この効果は，精製された酵素を用いて in vitro で観察されている。同様の調節効果が，細胞内でも働いていることを結論づける大きな理由がある。例えば，デオキシアデノシンやチミジンは細胞に取り込まれると DNA 合成を阻害するであろう。dNTP の細胞内プールを測定すると，デオキシアデノシン処理された細胞において，（再利用経路の効果から予測されるように）dATP プールが増大し，一方，dTTP，dGTP，dCTP プールは少なくなる。これはおそらく，アデノシンデアミナーゼ欠損における免疫不全状態で，白血球が必要なときにも増殖できない理由である（p.832 参照）。つまり，この細胞における dATP の蓄積はデオキシヌクレオチド合成を遮断し，したがって DNA の複製を止めてしまう。

細胞生物学において，別の例もある。研究者はしばしば培養細胞を**同調させる synchronize**。すなわち，細胞がすべて細胞周期の同期にいるように操作する。同調は DNA 合成を阻害するためにチミジンを細胞に加える**チミジン阻害 thymidine block** によって行われる。これにより細胞は細胞周期の G1 期から S 期に入ることを妨げられ，そのポイントの細胞が蓄積する。これは，自動車の流れが赤信号で止まっている状態に例えることができるだろう。細胞をチミジンの入っていない培地に移すことは，青信号のようなものである。阻害をなくし，細胞が同調して DNA 複製を始めるようにさせる。チミジン阻害のかかった細胞の dNTP プール測定によって，再利用合成から予測されるように dTTP が蓄積し，dTTP がリボヌクレオチドレダクターゼに与える影響から予測されるように dCTP の特異的欠乏が起こることが示された。実際，デオキシシチジンを加えることで，（再利用合成により）dCTP プールが正常な状態に戻り，チミジン阻害が解消される。

ポイント 14
チミジンやデオキシアデノシンによる DNA 合成阻害は，それぞれ dTTP と dATP によるリボヌクレオチドレダクターゼのアロステリック阻害に関係している。

in vivo における rNDP レダクターゼ活性の制御に関するさらなる知見が，デオキシリボヌクレオシドによって生育が阻害されない哺乳類細胞の変異株の単離によって得られている。この変異細胞の rNDP レダクターゼは，活性部位または特異性部位が修飾さてれおり，dNTP エフェクターによる阻害に対して感受性が低下している。この細胞株のいくつかは，dNTP プールの異常と**ミューテーター形質 mutator phenotype** を示す。すなわち，試験されたすべての遺伝子部位で自然突然変異の頻度が増大している。CTP シンテターゼあるいはデオキシシチジン酸デアミナーゼに変化がある変異細胞においても同等の結果が得られた。この発見は，dNTP 濃度が DNA 複製部位で変化したときに複製エラーも同様に増加し，変異を誘導することを示唆している。この点は第 25 章においてさらに述べる。

表 22.2 に示されている効果のすべてに対する代謝上の合理性は，直接には明らかではない。例えば，なぜ特異性部位の dATP が CDP および UDP の還元を活性化するのか？　この答の一部は，UDP 還元が比較的使用頻度の低い経路であることである。ほとんどの dTTP は dCMP デアミナーゼ反応によってデオキシシチジンヌクレオチドから生じる（後述）。

チミンデオキシリボヌクレオチドの生合成

前項では，DNA 合成に関係した最初の代謝反応，すなわち rNDP レダクターゼの作用によるデオキシリボヌクレオシド二リン酸の形成について述べた。形成された 3 つのデオキシリボヌクレオシド二リン酸——dADP，dGDP，dCDP——は直接，ヌクレオシド二リン酸キナーゼによって対応する三リン酸体に変換される。デオキシチミジン三リン酸の生合成は，一部は還元酵素を介して生産された dUDP から，一部はデオキシシチジンヌクレオチドから起こる。この割合は細胞や生物によって異なる。ここではチミジンとデオキシチミジンを同義語として使っていることに注意すること。チミンリボヌクレオチドは通常の代謝産物には存在しないので，チミンおよびデオキシリボースを含むヌクレオシドは，特にデオキシリボヌクレオシドとして区別される必要はないからである。

この経路は図 22.16 と図 22.23 にまとめられている。図 22.23 に示されているどちらの de novo 経路でも，チミンヌクレオチド合成のための基質であるデオキシウリジン一リン酸 deoxyuridine monophosphate (dUMP) ができる。(1) dUDP はリン酸化されて dUTP になり，それから高い活性のあるジホスホヒドラーゼである **dUTPase** によって切断される。(2) dCDP は脱リン酸化されて dCMP になり，その後 **dCMP デアミナーゼ dCMP deaminase** と呼ばれるアミノヒドラーゼによって脱アミノ化され dUMP になる。dCMP デアミナーゼはアロステリック活性化因子として dCTP を必要とし，dTTP によって阻害される。大腸菌や他のある種の細菌は，dUMP を合成するために異なった経路を使う。脱アミノ化は **dCTP デアミナーゼ dCTP deaminase** によって三リン酸体レベルで行われ，生成された dUTP は dUTPase によって切断され，dUMP とピロリン酸になる。

> **ポイント 15**
> チミジル酸合成のための基質である dUMP は，UDP の還元と脱リン酸化またはデオキシシチジンヌクレオチドの脱アミノ化から生じうる。

どのように形成されても，dUMP は**チミジル酸シンターゼ thymidylate synthase (TS)** によって触媒さ

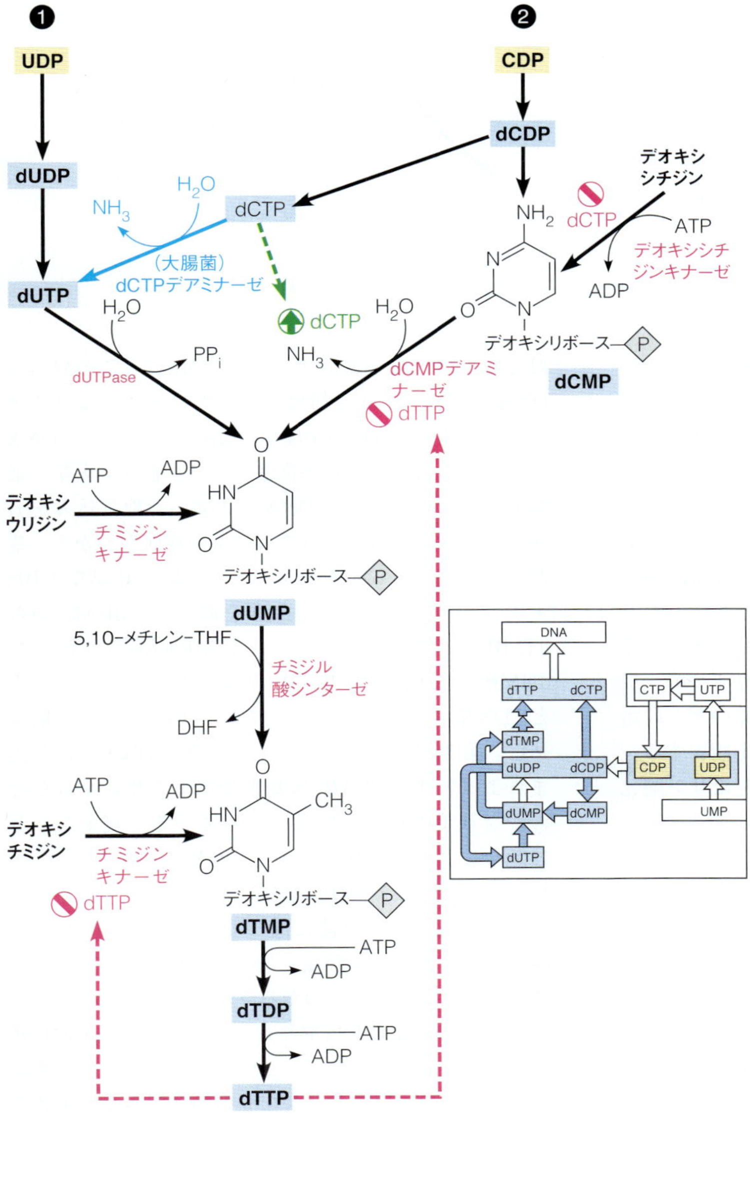

図 22.23　チミンヌクレオチドへの再利用および de novo 合成経路　de novo 経路は，上部に示したように❶UDP または❷CDP で始まる。破線矢印はフィードバック制御ループを示す。

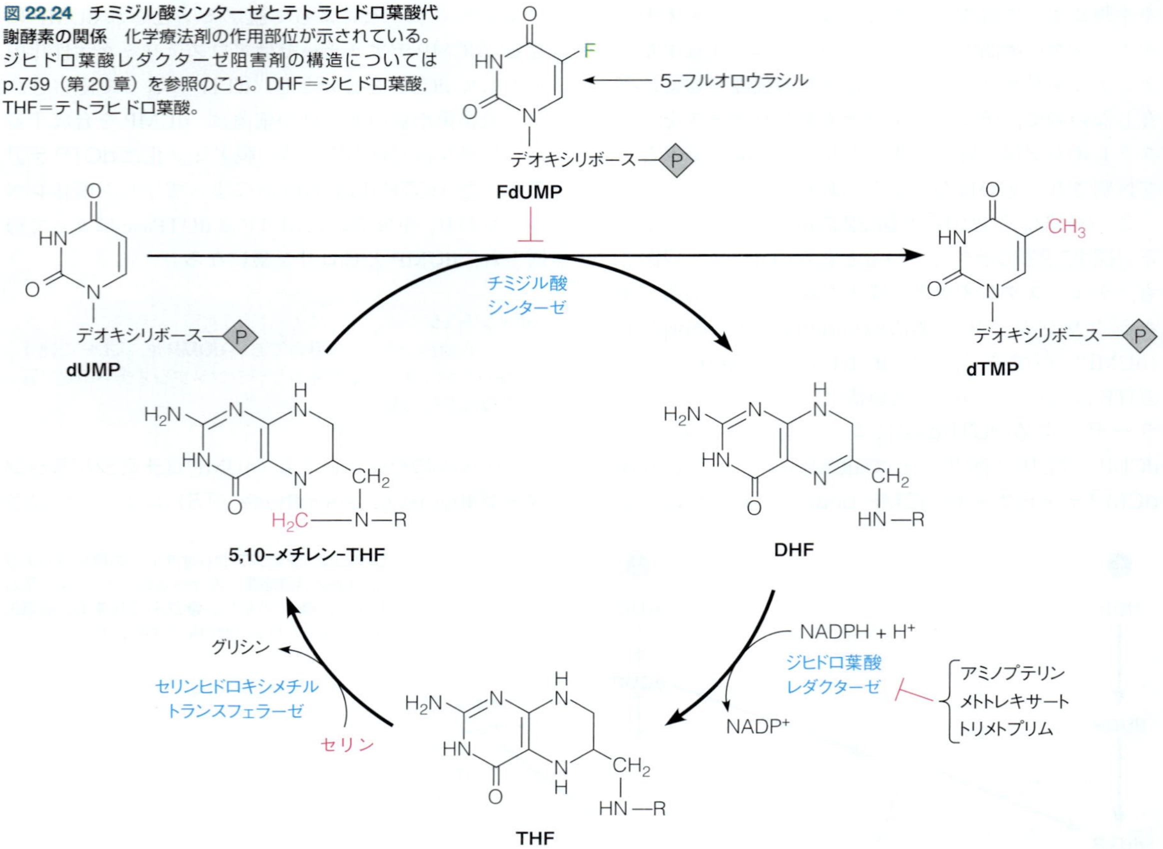

図 22.24　チミジル酸シンターゼとテトラヒドロ葉酸代謝酵素の関係　化学療法剤の作用部位が示されている。ジヒドロ葉酸レダクターゼ阻害剤の構造については p.759（第20章）を参照のこと。DHF＝ジヒドロ葉酸，THF＝テトラヒドロ葉酸。

れるチミジン一リン酸 thymidine monophosphate（dTMP）形成のための基質として機能する。この酵素は，メチレンレベルの酸化で一炭素単位を転移し，メチルレベルに還元する（第20章，p.761 参照）。一炭素供与体は5,10-メチレンテトラヒドロ葉酸であり，このめずらしい反応において電子供与体としても働き，ジヒドロ葉酸 dihydrofolate（DHF）を生成する（図22.24）。この葉酸補酵素は次にジヒドロ葉酸レダクターゼによって還元され，そして，一般的にはセリンヒドロキシメチルトランスフェラーゼによってもう1つの一炭素基を獲得しなければならない。この回路のどの段階を妨害しても，チミンヌクレオチド形成を阻害する。dTMP は一度つくられると，2回の連続したリン酸化によって dTTP に変換される（図22.23）。

> **ポイント16**
> チミジル酸シンターゼによって触媒される反応において，5,10-メチレンテトラヒドロ葉酸は一炭素基および一電子対を供与し，その基をメチルレベルに還元する。

デオキシウリジンヌクレオチド代謝

チミンヌクレオチド形成のための dUMP 生合成に対して dUTPase が機能することに加えて，この酵素は DNA からウラシルを排除することに重要な役割を果たしている。dUTP がすばやく分解されないと，DNA ポリメラーゼの格好の基質とされてしまう。実際，葉酸欠乏症はウラシルの DNA への誤った取り込みを引き起こす。図22.24 からこの効果の機構がわかる。葉酸欠乏症はチミジル酸シンターゼ反応で必要な 5,10-メチレン-THF 補酵素の欠乏を起こし，dUMP から dTMP への変換を阻害する。dTMP の消費に伴って dUMP（したがって dUTP）の量が相対的に増加すると，DNA ポリメラーゼは dUTP を DNA へ誤って取り込む。第26章で論じるように，細胞は DNA に取り込まれようとする dUMP 残基を効率よく削除するためのかなり手の込んだ機構をもっている。残念なことに，もしウラシルの誤った取り込みが頻繁になった場合，修復過程で染色体の切断が起こりうる。ウラシルは実際に塩基対形成能に関してはチミンと同等なのに，なぜチミンだけが安定的に DNA に取り込まれることがそれほど重要なのだろうか？　答はおそらく，dUMP 残基は dUTP の取り込みだけでなく，dCMP 残基の自発的脱アミノ化によっても DNA 上に生じうるという事実の中にある。かなりの頻度で起こる後者の過程は，遺伝子のメッセージの意味を変えるだろう。したがって，細胞にとっては，dUMP残基がDNAに出現したときに，これを削除する監視システムをもつことによって遺伝子の安定性を保つことが有利なのかもしれない。そもそもなぜチミジンがウラシルのかわりにDNA塩基として選ばれたのかは，これに関連する問題である。熱力学的研究によって，チミジンのメチル基がDNAの二重らせんを安定化する疎水性相互作用に大きく寄与していることが示された。

デオキシリボヌクレオチド合成への再利用経路

前に示したように，プリン再利用は通常，プリン塩基とPRPPからリボヌクレオシド一リン酸を生産するホスホリボシルトランスフェラーゼ反応を必要とする。二リン酸レベルにリン酸化された後，この化合物はリボヌクレオチドレダクターゼを介してデオキシリボヌクレオチド代謝に入る。しかし，デオキシリボヌクレオシド一リン酸を直接生成する**デオキシリボヌクレオシドキナーゼ deoxyribonucleoside kinase**が広く分布しており，プリン，ピリミジンの両方に関係している。細胞および生物では，リボヌクレオシドキナーゼとデオキシリボヌクレオシドキナーゼの存在量に大きな違いがある。ヒトの細胞は4つの異なるデオキシリボヌクレオシドキナーゼをもつ。すなわち，(1) 細胞質ゾルにあるチミジンキナーゼ1。(2) デオキシシチジンだけでなく，高濃度であればデオキシアデノシンやデオキシグアノシンをリン酸化する細胞質ゾル酵素のデオキシシチジンキナーゼ，および以下2つのミトコンドリア酵素。(3) デオキシグアノシンと同様にデオキシアデノシンとデオキシシチジンをリン酸化するデオキシグアノシンキナーゼ。(4) デオキシシチジンにも働く細胞質ゾル酵素より広い基質特異性をもつ，チミジンキナーゼ2。静止細胞のミトコンドリアDNA（mtDNA）合成のためのdNTPの供給は，主にデオキシヌクレオシドの再利用により，2つのミトコンドリア酵素の働きによって4種類すべてのdNTPを供給することができる。2つのうちのいずれか一方に欠陥があると，ヒトのmtDNA枯渇症候群を引き起こす。これは，影響を受けた組織のmtDNAのコピー数の著しい減少，進行性の筋障害や脳障害を特徴とする疾患である。

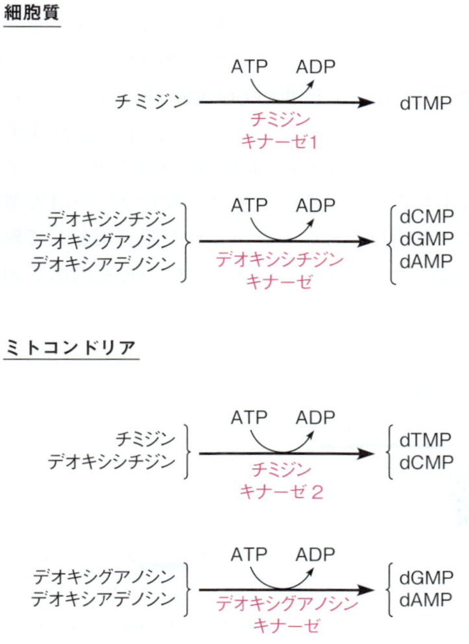

後で述べるように，いくつかのヌクレオシド類似体はがんや数種のウイルス感染症の治療に使われていたり，試験されたりしている。これらのプロドラッグが効果を表すためには常にデオキシリボヌクレオチドに変換されなければならないことから，デオキシリボヌクレオシドキナーゼに注目が集まった。例えば，ヒト免疫不全ウイルス human immunodeficiency virus（HIV）の治療効果を認められた最初の薬剤である**3′-アジド-2′,3′-ジデオキシチミジン 3′-azido-2′,3′-dideoxythimidine**（AZTまたはジドブジン，p.854参照）の副作用は，心筋に障害を与えることである。AZTを利用する主要経路では，チミジンキナーゼのミトコンドリアに存在するアイソフォーム（TK2とも呼ばれる）が使われる。AZTのデオキシリボヌクレオチドや臨床で用いられている他のほとんどのヌクレオシド類似体も，ミトコンドリアの機能を妨げる。おそらく，これが心毒性の原因である。これらの類似体のほとんどはミトコンドリアDNAポリメラーゼの代替基質として作用し，ミトコンドリアDNAの複製を阻害する。しかしながら，AZTはTK2のより強力な阻害剤でもあるので，ミトコンドリアの機能への影響は，dTTP量の変化に関係しているのかもしれない。現在の研究は，ミトコンドリアで代謝による活性化が起こらないような類似体を開発することを目指している。

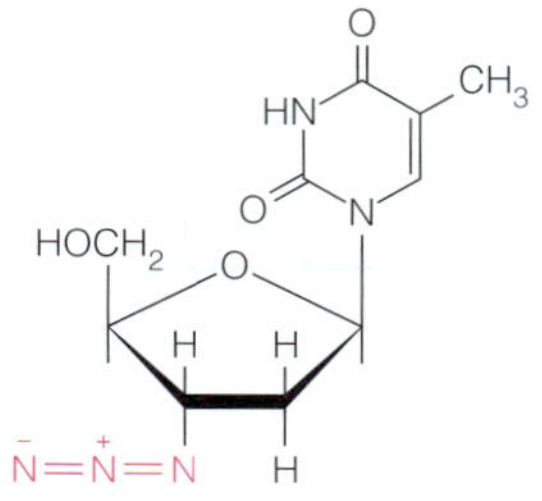

3′-アジド-2′,3′-ジデオキシチミジン（AZTまたはジドブジン）

22

4 つのデオキシリボヌクレオシドキナーゼの中で，3 つは常に合成され，細胞周期を通して一定速度で生産されている。例外は細胞質ゾルのチミジンキナーゼ（TK1）であり，その発現は DNA が複製されている S 期に最も高くなる。この点で，TK1 はリボヌクレオチドレダクターゼのような de novo デオキシリボヌクレオチド合成の酵素に類似している。いまだに理由はよくわからないが，TK1 は外部からのチミジンを非常に効率よく再利用する。放射能標識された前駆体を用いた実験で，再利用合成で生成された dTTP は通常，de novo 合成によって生産されたチミジンヌクレオチドよりも優先的に DNA に取り込まれることが示された。放射能標識されたチミジンの DNA への取り込みを測定することによって DNA 複製速度を算出する方法は，この現象を利用している。しかし，「生化学の道具 12A」で述べたように，チミジンの取り込みデータから DNA 合成速度を正確に測定するには，標識された dTTP プールの比放射能を測定する必要がある。しかしながら，チミジンはほとんどの細胞でたいへん効率よく使われているので，チミジンの取り込み量の単純な測定によって，DNA 複製速度をかなり正確に求めることができる。

チミジル酸シンターゼ：化学療法の標的酵素

化学療法 chemotherapy とは化学薬剤を用いて病気を治療することであり，選択的に病気の過程を妨げるために，その病気の組織と宿主の組織との生化学的な違いを利用することが目標となる。多くの化学療法剤は，もともと正常な代謝産物の類似体を調べているうちに偶然発見されている。そのほとんどのものが，予期しなかった副作用や，不完全な選択性および薬剤に対する耐性の出現のために，その有効性に限界がある。現代の生化学的薬理学で最も魅力的な分野の 1 つは，薬をデザインすることである。阻害剤が結合する部位の分子構造および標的分子の作用機構の知識をもとに，特異的阻害剤の設計をする。その標的が酵素である薬には，その酵素の三次元構造と作用機構を知ることが必須である。この情報を得るためには，古典的な生物有機化学，構造生物学（X 線結晶解析や NMR），部位特異的変異誘発の融合が求められる。チミジル酸シンターゼは，この手法を利用したすばらしい例である。

本項の冒頭と第 20 章でも述べたように，化学療法の目標は，病気の状態に特異的な代謝過程を選択的に攻撃することである。チミジル酸シンターゼは，デオキシリボヌクレオチド合成に関わっているため，無秩序な細胞増殖を伴うどんな病気も，原理的にチミジル酸シンターゼ阻害剤によって治療することができる。つまり，必須な DNA 前駆体の生産を止めることは，DNA の複製を阻害し他の代謝経路に与える影響を最小限にとどめるはずである。急激な増殖をしていない細胞は，このような薬剤の影響は比較的受けにくいだろう。したがって，がんや多くの感染症にこの方法が適応できるはずである。

ポイント 17
がんの化学療法への 1 つの道はチミジル酸シンターゼを阻害することであり，それによって特異的に DNA 合成阻害を引き起こす。

このことは 1950 年代中頃には認識されていなかった。実際に，チミジル酸シンターゼ（TS）はまだ発見されていなかった。しかし，ある腫瘍細胞が通常の細胞に比べてはるかに速くウラシルを取り込み，代謝することは知られていた。Charles Heidelberger は，ウラシルの代謝についての詳しい情報がなかったときすでに，腫瘍細胞のウラシル代謝を遮断する類似体を用いることによって，選択的にその細胞を殺すことができるのではないかと考えていた。そのために，彼は **5-フルオロウラシル 5-fluorouracil（FUra）** とそのデオキシリボヌクレオシドである **5-フルオロデオキシウリジン 5-fluorodeoxyuridine（FdUrd）** の化学合成に着手した。2 つの化合物は DNA 合成の阻害剤となることが明らかとなった。これが阻害剤として働くためには，チミジル酸シンターゼの不可逆的阻害剤とし

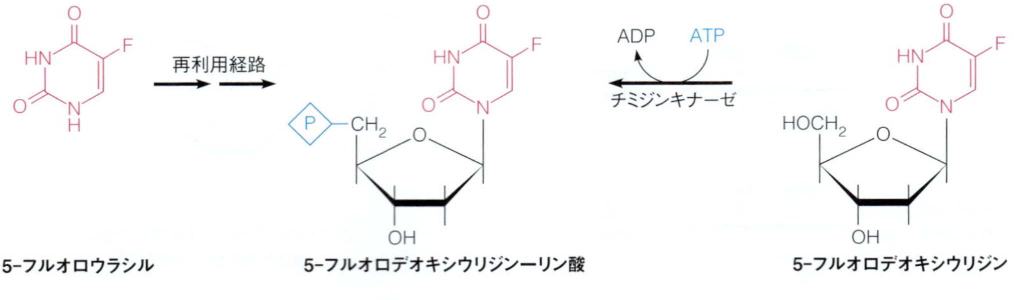

て作用する dUMP 類似体である **5-フルオロデオキシウリジン一リン酸 5-fluorodeoxyuridine monophosphate（FdUMP）** に，細胞内で変換される必要がある。

フルオロウラシルとフルオロデオキシウリジンは，両方ともがんの治療に使用されている。しかしながら，フッ化ピリミジンの作用は完全には選択的でない。例えば，フルオロウラシルは通常のウラシル再利用経路で RNA に組み込まれうるので，腫瘍細胞と正常細胞両方の mRNA の機能を妨げる。TS の活性部位に関しての詳細な理解が，完全に特異的な酵素阻害剤のデザインへとつながることは明らかだろう。

5-フルオロデオキシウリジン一リン酸の TS への結合の解析は，酵素の反応機構および活性部位の構造を理解することにつながった。FdUMP は，5,10-メチレンテトラヒドロ葉酸の存在下でのみ不可逆的結合が起こるという点で，真の**反応機構に基づいた阻害剤 mechanism-based inhibitor** である。おそらく補酵素の結合が，触媒反応の初期段階を繰り返して FdUMP と不可逆的結合をさせるような活性部位の構造変化を誘導するのである。Charles Heidelberger と Daniel Santi の研究室の研究者たちは，FdUMP-メチレン THF-酵素からなる**三量複合体 ternary complex** をタンパク質分解することによって，阻害剤と補酵素の両方を含む酵素のペプチド断片を得ることに成功した。そしてついに，FdUMP がピリミジン環の C5 を介して THF 補酵素のメチレン炭素と，ピリミジン C6 に共有結合しているシステインの硫黄を介して酵素と結合していることを証明した。この複合体の構造から，酵素反応が基質 dUMP の C6 へのシステインチオール基による求核攻撃で始まることが示唆された。

酵素に結合した FdUMP と 5,10-メチレン-THF の三量複合体の構造から推定される機構を図 22.25 に示した。先に述べたように，酵素上のシステインチオール酸イオンが dUMP の C6 に向けて求核攻撃を始める（ステップ 1）。このステップは活性部位の一般酸により促進される。C5 は求核性になり，5,10-メチレン-THF と平衡状態にあるイミニウムカチオンのメチレン炭素を攻撃し，共有結合による酵素-dUMP-THF の三量複合体を形成する（ステップ 2）。活性部位の一般塩基による C5 からのプロトンの引き抜き（ステップ 3）は，補酵素の β 脱離（ステップ 4）を導く電子移動を起こし，補因子の C6 からピリミジンへ水素の移動が続く（ステップ 5）。この水素がチミジル酸のメチル基に定量的に取り込まれるという観察結果とも一致している。この水素移動によりシステインチオール酸の置換が起こり，また，補酵素も酸化されて，ステップ 5 で解離するジヒドロ葉酸を生成する。FdUMP による阻害はフッ素の電気陰性度に起因し，壊れない C—F 結合を C5 で形成する。このため反応経路はステップ 3 へ進むことができない。

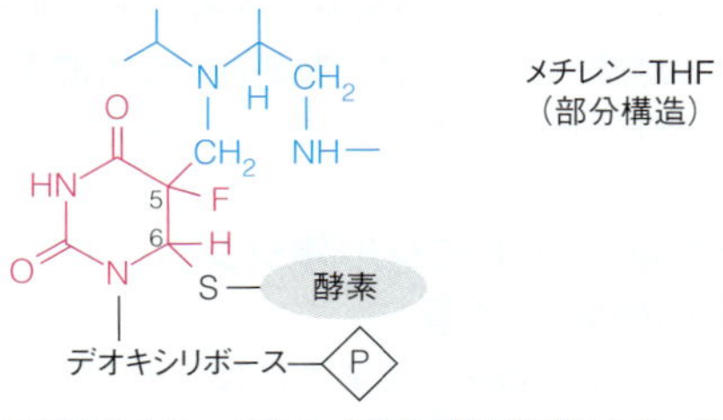

FdUMPと5,10-メチレン-THFとチミジル酸シンターゼの三者複合体

この機構は，基質 dUMP が通常の触媒作用を受けるときに補酵素と共有結合を形成するという証拠によって確かめられた。より重要な証拠は，チミジル酸シンターゼの三次元構造モデルの解明から得られた。1987 年，Robert Stroud と Daniel Santi およびその共同研究者たちは，*Lactobacillus casei* からのアポ酵素のモデルを提唱した。TS は進化の過程でよく保存されており，そのアミノ酸残基の約 20％は，哺乳類，細菌，ウイルス，カビ，原生動物の間で不変である。このアポ酵素モデルが公表された後すぐに，2 つの研究室が dUMP および 5,10-メチレン-THF と複合体を形成している大腸菌の TS を結晶化した（図 22.26）。この複合体の解析から，活性部位に結合した基質と補酵素の立体構造と，このリガンドに接触する活性部位残基が確認された。この三量複合体の構造において，FdUMP はシステイン 146（大腸菌酵素の番号づけ）に C6 を介して，葉酸補酵素に C5 を介して共有結合している。チロシン 94 はステップ 3 で C5 からプロトンを引き抜く一般塩基と考えられており，グルタミン酸 58 はステップ 1〜4 でピリミジン環からプロトンを行き来させる一般酸である。いくつかの保存されているリシン残基は近傍に存在し，葉酸補酵素上の負に帯電したポリグルタミン酸末端に対する結合部位であると考えられている（p.759 参照）。TS は葉酸のポリグルタミン酸型（プテロイルポリグルタミン酸）にモノグルタミン酸型葉酸よりも 100 倍ほど強く結合する。

1991 年，ヒトの酵素の結晶化が報告され，この酵素がさらなる新薬開発の標的となった。基質との相互作用の解析により，TS との結合に対して 5,10-メチレン-THF と効率的に競合する葉酸補酵素類似体（**抗葉酸剤 antifolate**，K_i 値が 0.4 nM の低さ）をデザインし合成することができた。3 つのそのような阻害剤を p.851 に示す。ペメトレキセドとラルチトレキセドは両方ともある種のがんの治療のために臨床で使用されている。多くの研究室が類似する方法で，酵素だけで

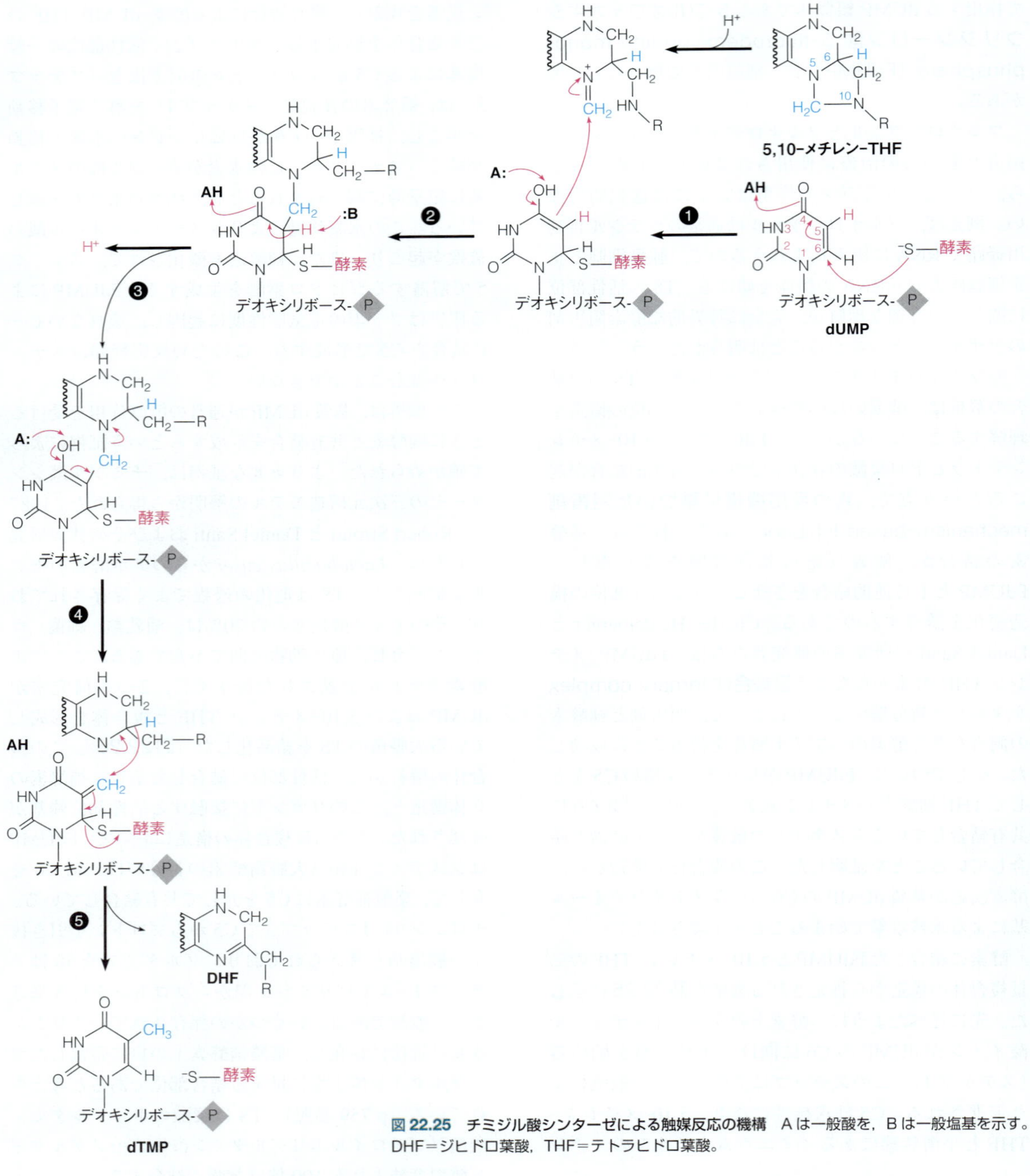

図 22.25　チミジル酸シンターゼによる触媒反応の機構　A は一般酸を，B は一般塩基を示す。DHF＝ジヒドロ葉酸，THF＝テトラヒドロ葉酸。

なく膜結合型または細胞内受容体タンパク質や核酸などを含む薬剤標的に焦点を当てて研究を行っている。抗 AIDS 剤となる HIV プロテアーゼの特異的阻害剤の開発は，この手法の顕著な成功例である。

がん以外にもチミジル酸シンターゼの阻害による攻撃の対象となるものがある。例えば，マラリア原虫のような寄生原生動物は，チミジル酸シンターゼとジヒドロ葉酸レダクターゼ活性の 2 つの機能をもつ，めずらしい TS を合成する。この酵素の活性部位の構造を明らかにすることは，動物やヒトのチミジル酸シンターゼには影響を与えずに，特異的にこの酵素だけを阻害する薬剤の開発につながるはずである。

フラビン依存性チミジル酸シンターゼ：dTMP への新たな道

細胞がチミジル酸をつくる方法は，チミジル酸シンターゼによる de novo 経路，もしくはチミジンキナーゼによる再利用経路だけであると長い間考えられてき

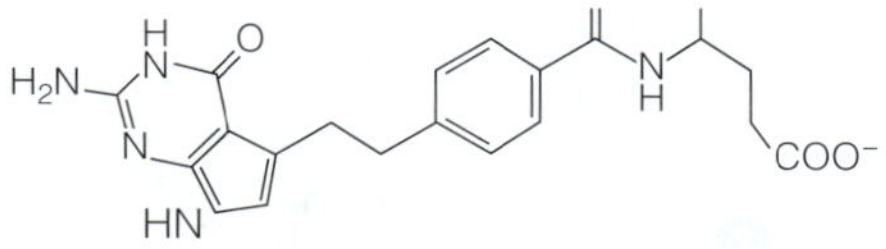

ペメトレキセド(アムリタ)

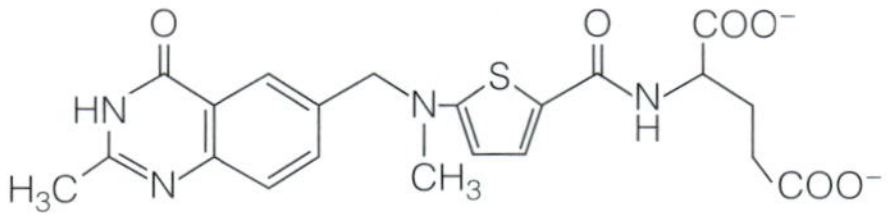

ラルチトレキセド(トミュデックス)

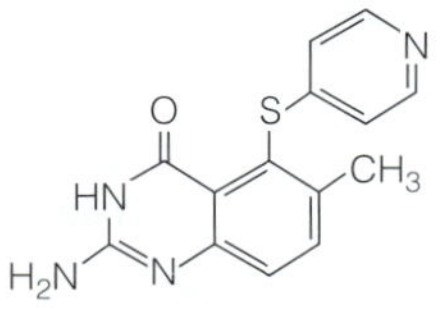

ノラトレキセド(チミタック)

た(図 22.23)。しかしながら,2002 年に,ゲノム学の研究により *thyA* と *tdk*(それぞれチミジル酸シンターゼとチミジンキナーゼをコードしている)の両方の遺伝子を欠く生物がいくつか同定された。これらの生物は,どのように DNA 合成のためのチミンヌクレオチドを合成するのだろうか? 生化学者はすぐに *thyX* 遺伝子によってコードされた代替のフラビン依存性チミジル酸シンターゼ flavin-dependent thymidylate synthase(FDTS)を発見した。この遺伝子は,いくつかの重大な人間の病原体も含めて,すべての微生物の約 30%に存在する。フラビン依存性 TS は,古典的な TS と構造や配列上の類似性はない。古典的な TS はサブユニット当たり 1 つの活性部位をもつホモ二量体(図 22.26a)だが,FDTS はサブユニット間の接触部位に 4 つの活性部位をもつホモ四量体である。古典的な TS のように,FDTS は一炭素供与体として 5,10-メチレン-THF を使用するが,FDTS は還元剤として NADPH を必要とすることが判明した。さらに重要なことに,FDTS の構造の研究から,FDTS はすべての古典的な TS に保存された活性部位のシステイン求核剤を欠くことが明らかになった。このことは,FDTS は dUMP から dTMP への転換を触媒するために異なる化学を用いることを示唆している。図 22.27 はフラビン依存性 TS について提唱された機構を示す。反応は,還元されたフラビン($FADH_2$)からピリミジン環の C6 への直接の水素化物転移によって開始される(ステップ 1)。結果として生じるエノラートアニオンは,5,10-メチレン-THF の活性化されたイミニウム型を求核的に攻撃し,葉酸ピリミジン付加物を形成する(ステップ 2)。THF は除去され(ステップ 3),結果として生じるチミン異性体は生成物 dTMP を与えるために再配置する(ステップ 4)。共有結合をもつ酵素中間体はこの機構では生じず,THF は DHF に酸化されない。NDAPH の役割は,酵素結合酸化フラビン(FAD)を $FADH_2$へ再還元し,酵素が次の反応を行えるように準備することである。

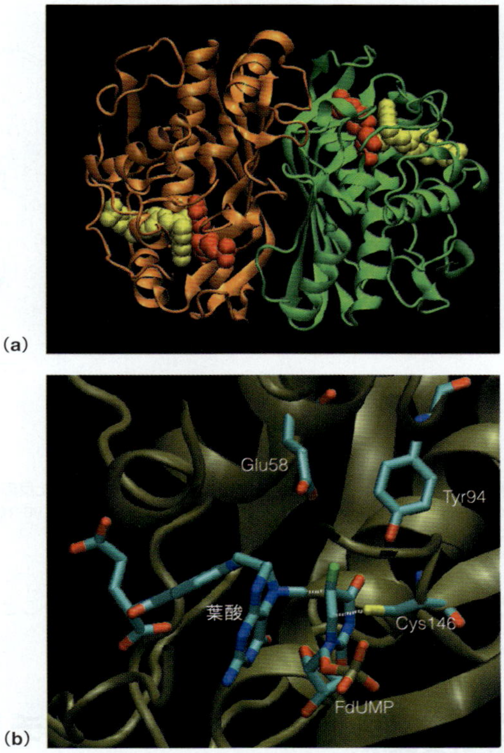

図 22.26 大腸菌のホモ二量体チミジル酸シンターゼの構造(PDB ID:1TLS,1TSN)(a) 葉酸補酵素(黄)と FdUMP(赤)が結合したホモ二量体の構造。**(b)** 5,10-メチレン-THF,FdUMP,Cys146 の三量複合体を示している,(a)のオレンジ色のサブユニットの活性部位の領域。破線は三量複合体の共有結合を示している。Glu58(一般酸)と Tyr94(一般塩基)が近接していることも明らかである。

これは同じ問題を解決するために異なる道を選んだ進化の美しい例である。FDTS は,古典的なチミジル酸シンターゼとジヒドロ葉酸レダクターゼの両方にかわることができる,二機能性酵素であると考えられる。

$$\text{dUMP} + \text{5,10-メチレン-THF} \xrightleftharpoons{\text{古典的 TS}} \text{dTMP} + \text{DHF}$$

$$\text{DHF} + \text{NADPH} + \text{H}^+ \xrightleftharpoons{\text{DHFR}} \text{THF} + \text{NADP}^+$$

正味反応

$$\text{dUMP} + \text{5,10-メチレン-THF} + \text{NADPH} + \text{H}^+ \rightleftharpoons \text{dTMP} + \text{THF} + \text{NADP}^+$$

$$\text{dUMP} + \text{5,10-メチレン-THF} + \text{NADPH} + \text{H}^+ \xrightleftharpoons{\text{FDTS}} \text{dTMP} + \text{THF} + \text{NADP}^+$$

これらの 2 つのチミジル酸シンターゼ間の機構の違いは新しい種類の抗菌薬開発の機会を与えるかもしれない。ヒトの体内で使用される古典的な TS でほとんど

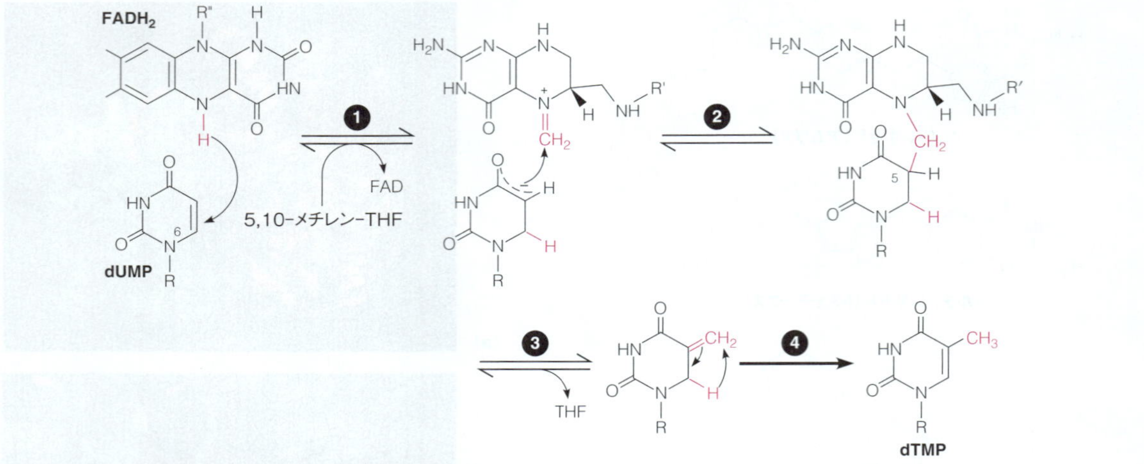

図 22.27　フラビン依存性チミジル酸シンターゼに触媒された反応に対して提案された機構　THF＝テトラヒドロ葉酸。
Reprinted from *Archives of Biochemistry and Biophysics* 493：96–102, E. M. Koehn and A. Kohen, Flavin-dependent thymidylate synthase：A novel pathway towards thymine. © 2010, with permission from Elsevier.

効果を及ぼさない，FDTS の阻害剤を発見することができるはずである。

ウイルスの指令によるヌクレオチド代謝の変化

ウイルスが，宿主細胞の代謝を支配してしまうということは，1957 年，T 偶数バクテリオファージである T2，T4，T6 に感染した大腸菌のヌクレオチド生合成の研究から明らかとなった。1952 年，G. R. Wyatt と Seymour Cohen は，このウイルスの DNA が，シトシンをもたず，そのかわりに 5-ヒドロキシメチルシトシンを含有し，ほとんどのヒドロキシメチル基がさらにグルコース分子としてグリコシド結合した状態に修飾されていることを示した。

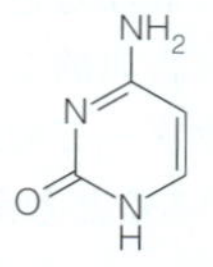

シトシン

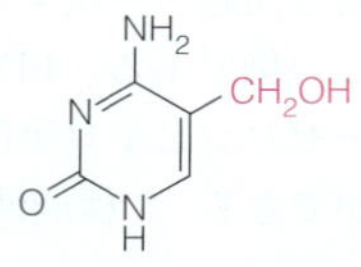

5-ヒドロキシメチルシトシン

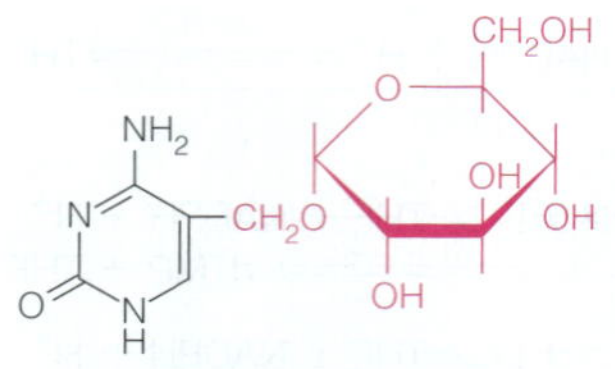

α-グルコシル-5-ヒドロキシメチルシトシン

さらに研究を進めるうちに，この修飾を行うウイルス酵素の合成が感染によって開始されることが明らかとなった（図22.28）。T 偶数ファージが感染した細菌内の主要酵素には次のものが含まれる。dCTP を dCMP に分解する酵素の **dCTPase**，ヒドロキシメチル酸化レベルで 5,10-メチレン-THF から dCMP へ一炭素基の転移を行う **dCMP ヒドロキシメチルトランスフェラーゼ dCMP hydroxymethyltransferase**，その反応で合成された 5-ヒドロキシメチル-dCMP のリン酸化を行う**デオキシリボヌクレオシドーリン酸キナーゼ deoxyribonucleoside monophosphate kinase** である。dCMP ヒドロキシメチラーゼは，チミジル酸シンターゼ（図 22.25）と同じ機構を使い，共有結合している酵素-dCMP-THF の三量複合体の中間体が関係する。5-ヒドロキシメチル-dCDP の三リン酸体へのリン酸化は，宿主細胞の二リン酸キナーゼによって触媒される。糖付加反応は，修飾されたヌクレオチドが DNA に組み込まれた後に起こる。T4 ファージに感染した細菌の**グリコシルトランスフェラーゼ glucosyltransferase** 反応には，α 配置でグルコースを転移する反応と β 配置で転移する反応の 2 つが存在する。また，ウイルスの染色体には特異的にシトシンを含む DNA を分解してしまう数種の DNA 分解酵素が存在する。この過程はウイルスが宿主遺伝子の発現を止めることを助け，またこれによってウイルス DNA 合成の前駆体を供給する。

DNA の塩基置換はかなりまれではあるが，4 種のデオキシリボヌクレオチドのうち 1 種が，もとのヌクレオチドの塩基対特性を保ったまま化学的に変化した誘導体に，すべてまたは一部が置き換わっているという実例が報告されている。例えば，枯草菌のファージ DNA の場合ではチミンがウラシルに，また他の枯草菌のファージではチミンが 5-ヒドロキシメチルウラシルに置き換わっている。イネ白葉枯病菌（*Xan-*

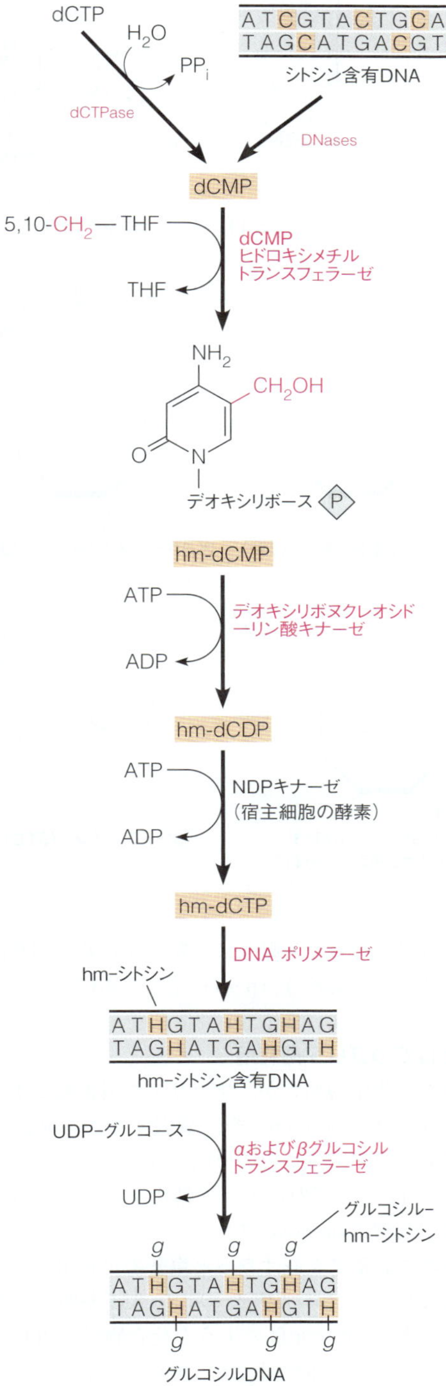

図 22.28　T 偶数ファージが感染した大腸菌内のヌクレオチド修飾にいたる代謝経路　ウイルス由来の酵素は赤で示した。hm＝ヒドロキシメチル。

thomonas oryzae）のファージの DNA においては，すべてのシトシンが 5-メチルシトシンに置換している。どの場合においても，ウイルス自身がコードする酵素の合成によって宿主細胞に新しい代謝経路をつくらせ，ヌクレオチドの修飾をさせているのである。

植物と動物のウイルスの場合には，バクテリオファージでみられるようなタイプの核酸塩基の修飾は起こらない（ほとんどの生物がメチル化された核酸塩基をもつが，この修飾は重合の後に起こる。第 26 章参照）。しかしながら，ウイルスにコードされた酵素が生産され，感染した細胞の核酸前駆体合成が高められることがある。ウイルスの酵素が対応する宿主細胞の酵素と異なる場合に，ウイルスの酵素に対する選択的な阻害剤を開発することが可能となり，ウイルス感染細胞に対して特異的に化学療法を施すことができる。現在最も成功した例は，ヘルペスウイルス感染症治療薬の**アシクロビル acyclovir** と**ガンシクロビル ganciclovir** である。ヘルペスウイルスはいくつかの酵素をコードするゲノムをもつ巨大 DNA 含有ウイルスであり，その酵素の中には**チミジンキナーゼ thymidine kinase** が含まれる。このウイルスにコードされた酵素（HSV-TK）は極端に広い基質特異性をもち，ピリミジンおよびプリンヌクレオシドの両方をリン酸化することができる。アシクロビル（または**アシクログアノシン acyclogauanosine** とも呼ばれる）やガンシクロビルは，最終的に 5′-三リン酸体に変換されて，DNA の複製を妨げる。アシクロビルとガンシクロビルは感染していない細胞では効率よくリン酸化されず，DNA の複製，したがってウイルスの増殖は感染した細胞で選択的に阻害される。

ポイント 18
ウイルスにより誘導された新しい代謝経路は，魅力的な化学療法の標的である。

22

他のヌクレオチド類似体の生物学的および医学的重要性

これまでに述べてきた例で，ヌクレオシドおよびヌクレオチド類似体の医薬品としての有用性は明らかである。本項では，医学的に重要な他の類似体や，有用な研究試薬について述べる。ヌクレオチドは，リン酸の負電荷のために細胞内へ移行しにくい。したがって，我々が論じる化合物のほとんどはヌクレオシドまたはヌクレオシド誘導体として細胞内に導入され，そこでまずヌクレオシドキナーゼの作用を受ける（p.821 参照）。この化合物は，取り込まれてヌクレオチドに変換された後，さまざまな方法で代謝を妨げる。本項ではヌクレオチド類似体とヌクレオシド類似体を同じ意味に用いる。

化学療法剤としてのヌクレオチド類似体

ヌクレオチド合成に関する酵素は，抗ウイルス薬あるいは抗菌薬の標的部位として広く研究されてきた。前に述べたように，目標は，非感染宿主と感染宿主の間の対応する過程における生化学的相違を同定することである。

抗ウイルスヌクレオシド類似体

最も早い時期にヒトに対する使用が認められた抗ウイルス薬の 1 つが，**アラビノシルアデニン arabinosyladenine**（**araA** または**ビダラビン Vidarabine**）である。現在，これは他の種類のヘルペスウイルスによる神経疾患であるウイルス性脳炎を含むいくつかのウイルス性疾患に用いられている。araA はアシクログアノシンと違って，細胞内のキナーゼによって三リン酸体へリン酸化される。三リン酸体の araATP は，ヘルペスウイルスにコードされた DNA ポリメラーゼの選択的な阻害剤である。したがって，感染細胞内でも非感染細胞内でも三リン酸体に変換されるが，araA は選択的にウイルス DNA の複製に干渉する。araA はアデノシンデアミナーゼによる分解を受けやすいため，この酵素の阻害剤を加えることでその効果を増大させることができる。デオキシシチジンのアラビノース類似体である**アラビノシルシトシン arabinosylcytosine**（**araC** または**シタラビン Cytarabine**）は，がんの化学療法剤として使われている。araC もまた三リン酸体の araCTP に変換された後に DNA 複製を阻害する。

大いに注目されている他の類似体は，HIV 感染によって起こる後天性免疫不全症候群（AIDS）と戦うためのものである。そのような類似体の 1 つである 3′-アジド-2′,3′-ジデオキシチミジン（AZT，p.847 参照）は，対応する 5′-三リン酸体に変換され，ウイルスの逆転写酵素（ウイルス RNA のコピー DNA をつくる酵素。第 25 章参照）を阻害する。その他のヌクレオシド類似体（**2′,3′-ジデオキシシチジン 2′,3′-dideoxycytidine〈ddC〉**，**2′,3′-ジデオキシイノシン 2′,3′-dideoxyinosine〈ddI〉**，**3′-チアシチジン 3′-thiacytidine〈3TC〉**，**2′,3′-ジデヒドロ-3′-デオキシチミジン 2′,3′-didehydro-3′-deoxythymidine〈d4T〉**）は，対応する三リン酸に変換されて作用する。三リン酸は，DNA に取り込まれるが，3′ 末端の水酸基をもたないために，複製中の DNA 鎖のさらなる伸長を妨げる。この 4 つの類似体はすべてヒト HIV 感染治療への使用が認められている。AZT と 3TC は，HIV プロテアーゼ阻害剤とともに，最近 HIV 感染の長期間の寛解効果が信じられている 3 薬合剤（カクテル）の成分である。1994 年の終わり頃，2 つの研究室で HIV 感染に対する ddI とヒドロキシウレアの相乗効果が報告された。これはおそらく逆転写に必要な dNTP が細胞内で枯渇するためであろう（p.963，図 25.46 参照）。

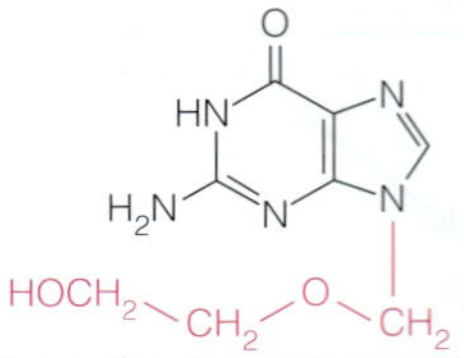
アシクログアノシン（アシクロビル）

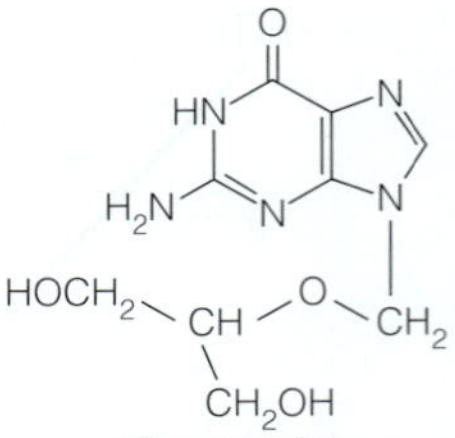
ガンシクロビル

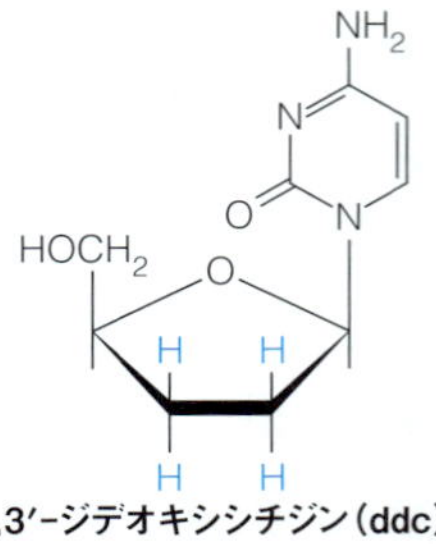
2′,3′-ジデオキシシチジン（ddc）

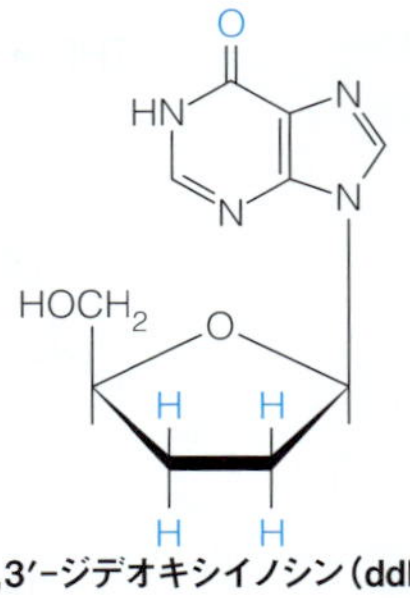
2′,3′-ジデオキシイノシン（ddI）

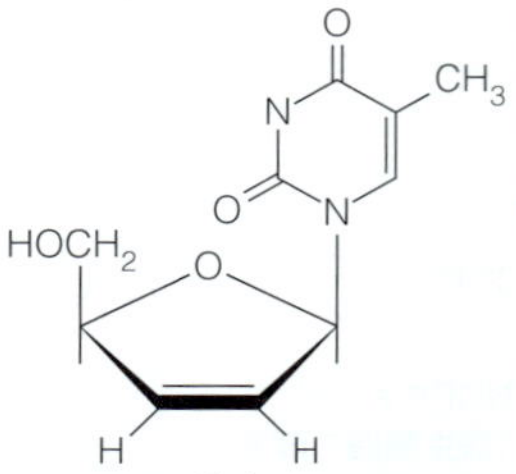
2′,3′-ジデヒドロ-3′-デオキシチミジン（d4T）

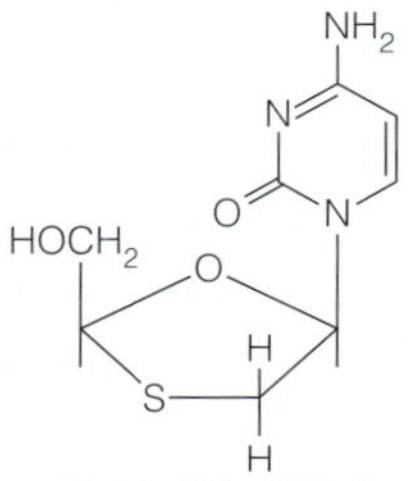
3′-チアシチジン（3TC）

標的としてのプリン再利用

重要な生化学的異常が，マラリアを引き起こすマラリア原虫（*Plasmodium*）や，衰弱するが通常致命的ではない皮膚や内臓疾患の原因となるリーシュマニア（*Leishmania*）などの寄生原生動物からみつかった。寄生原生動物は de novo プリン合成能をもたず，宿主から供給されるヌクレオシドと塩基の再利用に完全に依存している。アロプリノール（p.831 参照）や**ホルマイシン B formycinB** のような化合物は，再利用酵素の阻害や，類似体を同化する再利用酵素の能力（対応する宿主の酵素が持たない）を通して，培養中のこの生物の増殖を阻害する。例えば，アロプリノールはイノシン酸類似体へ，そしてさらに AMP 類似体へと変換され，最終的に RNA に取り込まれる。そして，タンパク質合成において mRNA が読まれることを阻害する。

プリン再利用は，抗がん剤や免疫抑制剤としてチオプリンを使うときなどにも利用されうる。5-フルオロウラシルのように，**6-メルカプトプリン 6-mercaptopurine** と **6-チオグアニン 6-thioguanine** は，細胞毒性効果を呈するために代謝による活性化を要するプロドラッグである。この両方の化合物は HGPRT（p.830）によりヌクレオシド一リン酸に再利用され，DNA や RNA に取り込まれるように三リン酸に変換される。このチオ類似体の DNA への取り込みは細胞周期の停止とアポトーシスを引起こす。これらの薬は小児白血病治療の頼みの綱である。6-メルカプトプリンと 6-チオグアニンは，アロプリノールとアシクロビルも開発した Gertude Elion と George Hitchings によって合成された。彼らは，化学治療剤の開発への多大なる貢献によって 1988 年にノーベル生理学医学賞を受賞した。

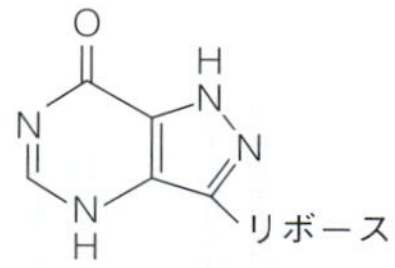

ホルマイシンB

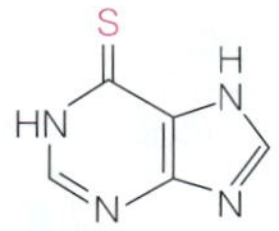

6-メルカプトプリン

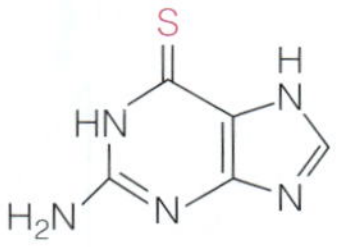

6-チオグアニン

チオプリンは，ヒトの薬に対する反応の遺伝学的違いを理解する**薬理遺伝学 pharmacogenetics** の重要性を示している。6-メルカプトプリンと 6-チオグアニンは，チオ基のメチル化（*S*-メチル化）によって代謝的に不活化させることができる。この *S*-アデノシルメチオニン依存性メチル化は，ほとんどのヒト組織に存在する細胞質酵素であるチオプリン *S*-メチルトランスフェラーゼ thiopurine *S*-methyltransferase（TPMT）によって触媒される。TPMT に欠陥のある患者が通常量のチオプリンを与えられると，活性のあるチオグアニンヌクレオチドを 10 倍もの高濃度で細胞に蓄積し，時に死にいたる重篤な血液毒性を引き起こす危険性が高い。酵素活性が低レベルになる TPMT の遺伝子変異が多くの人に存在し，およそ 300 人に 1 人は低いか検出できないレベルの TPMT 活性をもつと推定されている。このような患者は，有毒な副作用を回避するために，より少ない量のチオプリンで治療されなければならない。現在，患者の TPMT の遺伝型を決める簡単な分子遺伝学的検査があり，臨床医は各患者ごとに化学療法を最適化するためにこの情報を使い始めている。

葉酸拮抗薬

第 20 章ですでに述べたように，ずいぶん以前に葉酸類似体のメトトレキセートが，ある種の急性白血病の症状を軽減することが発見された。何がこの選択性のもとになっているのだろうか。葉酸補酵素が DNA，RNA，タンパク質およびリン脂質の前駆体合成に必須であるなら，テトラヒドロ葉酸合成を阻害することは，あらゆる細胞にとって毒性があると予測される。しかしながら，増殖している細胞に対する葉酸拮抗薬の選択的毒性の理論的根拠がある。チミジル酸シンターゼ反応がメチレン-THF を酸化しジヒドロ葉酸を生じることを思い出してほしい。これは，THF を再生しない唯一の既知の THF 要求性反応である。図 22.24 に示した反応から，ジヒドロ葉酸レダクターゼを阻害すると DHF から THF へのリサイクルが遮断されることが予想される。この条件下では，細胞内のすべての還元型葉酸が酸化型になる速度はチミジル酸シンターゼの細胞内活性に直接関係しており，DNA 合成速度と同調している。したがって，DNA 複製速度が速い増殖中の細胞は，貯蔵してあるテトラヒドロ葉酸を通常の非増殖細胞よりも速く使い果たすことになるのである。

ポイント 19
細胞増殖速度はジヒドロ葉酸レダクターゼ阻害剤を用いた化学療法の効果の決定要因であるが，それは，チミジル酸シンターゼ反応の流れはテトラヒドロ葉酸がジヒドロ葉酸に酸化される速度を決めるからである。

フルオロウラシルやメトトレキセートのような代謝拮抗剤は増殖している組織を選択的に攻撃するが，正常細胞に対しても毒性を示す。正常な状態で増殖が活発な腸粘膜，毛髪細胞，免疫系の細胞などの組織に対しても，有害な副作用がみられる。同等に問題なのは，薬剤耐性変異細胞の出現である。このような場合には，阻害剤で制御できる量を超えて標的酵素レベルが増加する。Robert Schimke とその共同研究者たちは，ジヒドロ葉酸レダクターゼ活性が上昇する機構を研究した。この上昇は，メトトレキセート耐性細胞において数百倍にもなりうる。彼らは，長期間メトトレキセートにさらして培養した細胞が，選択的にジヒドロ葉酸レダクターゼをコードする遺伝子を増幅することを見出した。細胞当たりのこの遺伝子の DNA コピー数が何倍にも増えることによって，その遺伝子産物であるジヒドロ葉酸レダクターゼが蓄積する。他の耐性突然変異では，細胞内への薬剤輸送の変化や標的酵素の変化などのように，より知られた機構で代謝拮抗剤に対する耐性を獲得する。

別の種類のジヒドロ葉酸レダクターゼ阻害剤の例は，**トリメトプリム trimethoprim** である。この化合物は，原核生物のジヒドロ葉酸レダクターゼの特異的な阻害剤である。トリメトプリムとその関連薬剤は，細菌感染症やある型のマラリアの治療に広く用いられている。脊椎動物細胞のジヒドロ葉酸レダクターゼに対する阻害効果が非常に弱いことが，この薬剤開発の成功へとつながった。トリメトプリムは，葉酸の合成を阻害して同じ経路の一連の段階を遮断するスルホンアミド系の薬剤とともに投与されることもある。

葉酸拮抗薬は de novo プリン生合成を標的とするためにも開発された。ロメテレキソール（5,10-ジデアザテトラヒドロ葉酸）とLY309887は，どちらもGARホルミルトランスフェラーゼ（図22.4）の効果的な阻害剤（K_i値は数 nM）である。チミジル酸シンターゼ阻害剤として前に紹介したペメトレキセド（p.851参照）は，実際に，ジヒドロ葉酸レダクターゼとGARホルミルトランスフェラーゼも阻害する**複数の標的をもつ葉酸拮抗薬 multi-targeted antifolate** である。これは，ある種のがんを治療するために臨床で使われている。

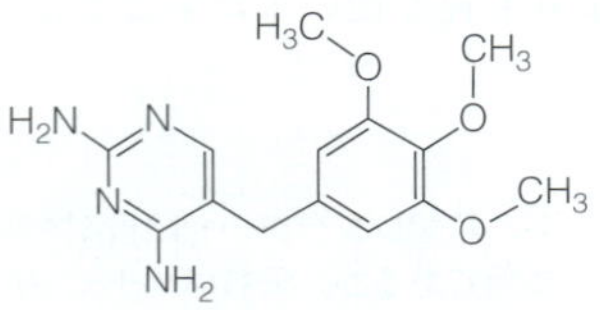

トリメトプリム

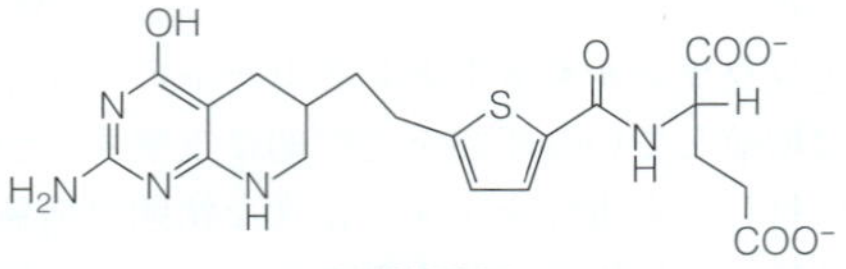

LY309887

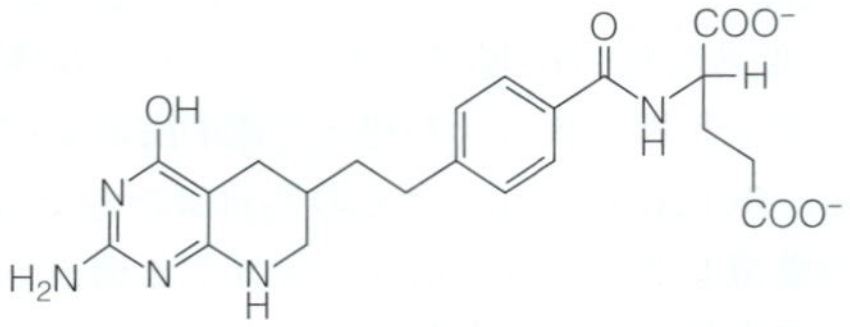

ロメテレキソール

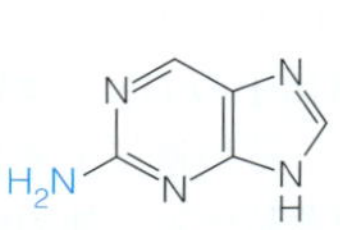

2-アミノプリン

5-ブロモデオキシウリジン

ヌクレオチド類似体と突然変異誘発

ある種のヌクレオチド類似体は，突然変異株の分離や変異誘発の機構の研究に有用な強力な変異誘発物質である。**2-アミノプリン 2-aminopurine**（2AP）と**5-ブロモデオキシウリジン 5-bromodeoxyuridine**（BrdUrd）はそのような類似体である。2-アミノプリンはアデニンのかわりにDNAに取り込まれるが，2APを含む鋳型が複製するときに，チミンではなくシトシンと塩基対を形成することがときどき起こる。したがって，2APの取り込みは，DNA内のA-T対をG-C対に変えてしまう（図22.29）。

ブロモデオキシウリジンも同じように働くが，他の使用法もある。これは，臭素原子の van der Waals 半径がメチル基のものと近いため，優れたチミジンの類

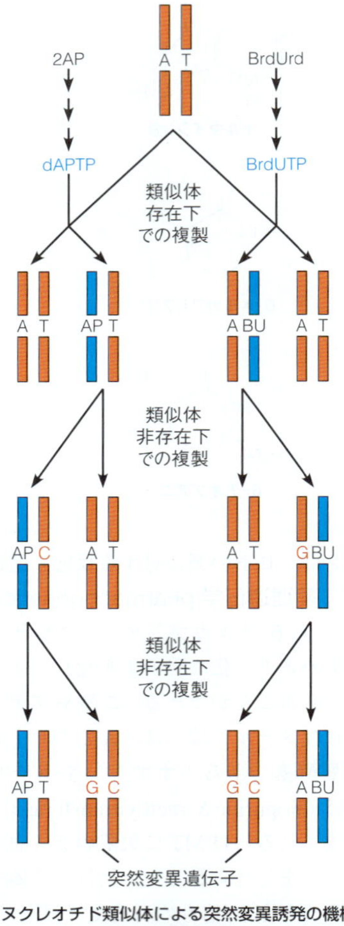

図22.29　ヌクレオチド類似体による突然変異誘発の機構　2-アミノプリン（2AP）は，再利用経路でdATPのdNTP類似体であるデオキシアミノプリン三リン酸（dAPTP）に変換される。BrdUrdはdTTPのdNTP類似体であるBrdUTPに変換される。第1回目の複製は類似体の存在下で起こり，2回目，3回目は類似体がない状態で起こる。2回目，3回目には，類似体が組み込まれた二本鎖のみの複製が示されている。APはDNA内の2-アミノプリンヌクレオチド残基であり，BUはブロモデオキシウリジンヌクレオチド残基である。図に示した経路において，いずれの類似体もA-T塩基対をG-C塩基対に換える（赤字）。他の経路も同様に起こりうる。

似体である。このため非常に効率よく DNA に取り込まれる。BrdUrd をもつ鋳型の複製の際に BrdUrd とデオキシグアノシン残基が不適正塩基対を形成することにより，A–T 塩基対が G–C 塩基対へ変わる変異が導入される（図 22.29 参照）。あるいは BrdUrd は dCTP と競合して鋳型の G の対として取り込まれることもある（図示されていない）。

臭素はメチル基よりも重いため，これに置き換えられた DNA は密度が高くなる。これが，複製中と複製中でない DNA を分離する物理的基盤である（第 25 章参照）。また，放射線生物学者は BrdUrd を放射線増感剤として用いる。類似体が取り込まれている DNA を紫外または近紫外光で照射すると，容易に DNA 中のブロモ–UMP 残基の脱臭素化が起こる。この過程は，DNA 構造にさまざまな損傷を与えるフリーラジカルも生成する。

最近，正常な代謝の過程で形成される突然変異誘発性のヌクレオチド類似体が注目されている。例えば，過酸化水素で細胞を処理したときに生じる酸化ストレスは，DNA 塩基を損傷する（第 15 章参照）。DNA 内のグアニン残基の酸化によって形成される 8–オキソグアニンは，複製の際にシトシンと同じくらいの効率でアデニンと塩基対を形成するため，強い突然変異誘発物質となる。この不適正塩基対合によって，G–C 塩基対が T–A 塩基対にかわり，突然変異を引き起こしうる。最近，特異的にヌクレオチドの 8–オキソ–dGTP を 8–オキソ–dGMP とピロリン酸に加水分解する酵素が発見された（*mutT* 遺伝子産物。第 26 章参照）。この酵素を不活化する突然変異株はミューテーター形質を

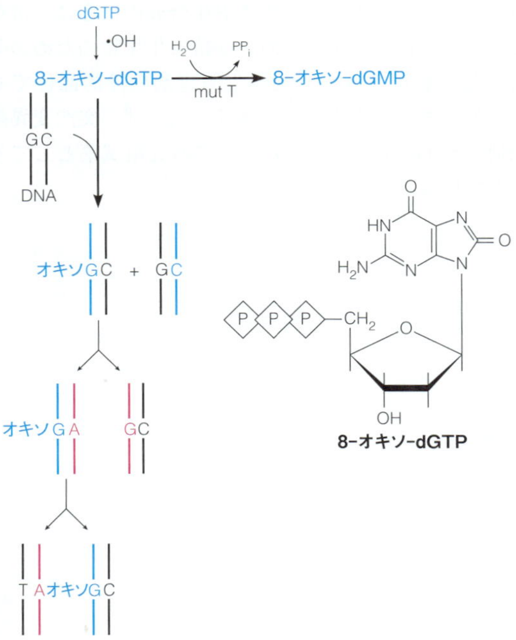

示すことから，グアニンヌクレオチドが酸化されて 8–オキソグアニンヌクレオチドになり，DNA へ取り込まれることが重要な突然変異誘発経路に関係していること，さらに酸化的突然変異誘発は 8–オキソ–dGTP の取り込みが起こる前の分解によって最小限に抑えられることが示唆される。

ポイント 20
異なる塩基対形成特性をもつヌクレオチド類似体は突然変異誘発物質である。それは，ヌクレオチド類似体が鋳型あるいは取り込まれるヌクレオシド三リン酸内にあるとき，非 Watson–Crick 型の塩基対を形成するからである。

選択遺伝子マーカーとしてのヌクレオチド代謝酵素

ほとんどの細胞は de novo 経路でヌクレオチドを合成することができるため，通常，再利用合成の酵素は細胞の生存には必須ではない。さらに，すでに学んできたように，この酵素の多くの阻害剤が入手可能である。したがって，ヌクレオチド代謝酵素とそれをコードする遺伝子は，さまざまな用途がある**選択遺伝子マーカー selectable genetic marker** として用いることができる。その名前が示す通り，ある特定の酵素を欠損している，あるいはある特定の酵素をもっている細胞だけが生育できる選択的な増殖条件を設定することができる。例えば，チオグアニンを含む培地で細胞を培養すると，活性をもつ HGPRT を欠損している細胞だけが生育できる（p.855 参照）。同様にして，ブロモデオキシウリジン耐性の表現型を選択することでチミジンキナーゼ（p.847 参照）の欠損細胞を単離することができる。これは，BrdUrd を有害代謝物に同化するためには TK が活性をもつ必要があるからである。したがって，薬剤耐性型の出現を調べることによって順方向の突然変異が起こる速度を測定することができる。

もう 1 つの有用な選択法では，ピリミジン類似体である 5–フルオロオロチン酸 5-fluoroorotic acid（5–FOA）を用いる。正常な de novo ピリミジン生合成経路をもつ細胞では，この薬剤はオロト酸ホスホリボシルトランスフェラーゼ（図 22.12）の基質となり，5–フルオロ–UTP と 5–フルオロ–CTP に代謝される。このようなフッ素化ヌクレオチドの DNA や RNA への取り込みは，細胞にとって致死的である。しかしながら，活性のあるオロト酸ホスホリボシルトランスフェラーゼや OMP デカルボキシラーゼを欠損している細胞は 5–FOA 耐性であり，このような細胞を選択するための強力な手段を提供する。

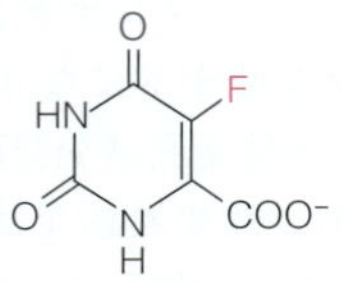

5-フルオロオロチン酸

同じように，再利用合成能が細胞の生存に必須となる培養条件を設定して，逆方向の突然変異株を選択することもできる。**細胞融合 cell fusion** は，体細胞の遺伝解析およびモノクローナル抗体の作成（「生化学の道具 7A」参照）における共通の手法である。由来の異なる 2 つの細胞株を物理的に融合できる条件で混合すると，1 つの細胞質に 2 つの異なる核を導入することができる。ハイブリッド細胞だけが **HAT 培地 HAT medium**（hypoxanthine，aminopterine，thyamine を添加した通常の細胞培養用培地）中で生育できるような条件に合わせることによって，その細胞を選択することができる。アミノプテリンは，ジヒドロ葉酸レダクターゼ（図 22.24）を阻害して de novo プリンおよびピリミジン合成を遮断する。ヒポキサンチンをプリン合成に利用するための活性ある HGPRT と，チミジンをチミジル酸合成に利用するためのチミジンキナーゼをもつ細胞だけが生育できる。

選択できる表現型を与える遺伝子は，動物，植物および微生物の細胞に新しい遺伝的特質を導入する組換え DNA 技術を利用するときに重要な補助手段となる。それは，選択マーカーを導入したい遺伝子と並列にもつ組換え DNA 分子を導入することができるからである。選択条件を選ぶことによって，新しい遺伝子のペアをもつ細胞だけを生育させることができる。脳腫瘍の新しい治療法に関する最近の報告の中で，この手法を基にした興味ある変法についての記述がある。単純ヘルペスウイルスのデオキシピリミジンキナーゼ遺伝子をもつ組換え DNA を腫瘍に注入したところ，実験動物の腫瘍細胞はこの DNA を取り込んで複製したという報告である。数日後に，この動物はガンシクロビルを投与され，腫瘍細胞内で薬剤が選択的にリン酸化されたため，この細胞は選択的に殺傷された。

ポイント 21
ヌクレオチド代謝酵素の遺伝子は優れた選択マーカーである。再利用経路と de novo 経路が別々に存在するので，特定の代謝特性をもつ細胞の生死を選択することができる。

まとめ

ヌクレオチドは細胞内で，核酸の分解や既成のヌクレオシドやヌクレオ塩基の再利用，あるいは de novo 生合成によって生まれる。プリンヌクレオチドは，PRPP からイノシン酸にいたる 10 段階の経路で形成される。この分岐点を越えて，別個の経路によってアデニンおよびグアニンヌクレオチドが生成される。プリン異化では，さまざまな病気で過剰につくられる不溶性の化合物である尿酸を生じる。ピリミジンは塩基レベルで合成され，経路の後半でヌクレオチドへ変換される。分岐のない経路は UTP および CTP の合成にいたる。ほとんどの生物において，リボヌクレオシド二リン酸はこの状態でリボース糖の還元のための基質であり，DNA 前駆体の 4 つの dNTP にいたるデオキシリボヌクレオシド二リン酸を生じる。リボヌクレオチドレダクターゼは DNA 合成に関係する最初の代謝反応であるので，重要な制御部位である。チミンヌクレオチド生合成は，5,10-メチレンテトラヒドロ葉酸のメチレン基のデオキシウリジンヌクレオチドへの転移，およびそれに続くメチレン基の還元を必要とする。デオキシリボヌクレオチド生合成の反応は，抗がん，抗菌，抗ウイルス，および抗寄生生物のための薬剤として利用されてきた酵素阻害剤の標的部位である。他のヌクレオチド類似体は，例えば，突然変異誘発研究や DNA 密度標識のための研究用試薬として使われている。

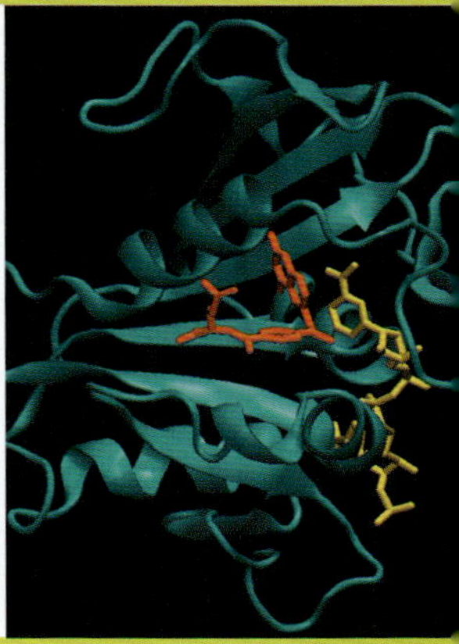

第 23 章
シグナル伝達のメカニズム

ここまでの章，特に第 12，13，18 章において，ホルモンがどのように全身のエネルギー代謝を制御しているかを大まかに説明してきたが，ここから，ホルモン作用の分子機構の説明に入っていきたい。ホルモンを一種の細胞外化学メッセンジャーとして見直してみよう。ホルモンは特定の細胞で合成され，放出され，標的細胞に発現する特異的な受容体に作用してその細胞活動を調節している。これがすなわち，シグナル伝達と呼ばれるプロセスである。広義に，シグナル伝達とは外界刺激を細胞が受容し，その刺激に適応するように細胞の代謝を変化させることを意味する。いろいろなメカニズムでホルモンが受容体に結合すると，標的細胞内で特定の代謝経路の活性化や抑制が始まる。ここで詳細な説明をする例としてアドレナリンとグルカゴンをあげる。両者は動物組織内でグリコーゲンの合成や分解をコントロールすることで代謝経路に影響を及ぼす。実際，これがシグナル伝達の分子メカニズムに関して我々が最初に理解したプロセスなのである。

インスリン，グルカゴン，アドレナリンはすべてホルモンである（ギリシャ語で hormone とは“興奮”を意味する）。ホルモンという言葉は 1904 年に初めて**セクレチン secretin** に関する記述で使われた。セクレチンは上部小腸でつくられ，血中に放出されて胃で働き，胃液を分泌して消化を助ける作用をもっている。初期の研究ではどのようにホルモンが作用するかは不明な点が多かったが，多くのホルモンはよく似た動態を示した。まず，特定の**内分泌器官 endocrine gland** で合成され，分泌される。次に，ホルモンは直接血液中に放出され，全身を流れる。ホルモンは管を通じて分泌されたり，袋に溜められることはない。したがってホルモンシグナルへの反応は，分泌に対する速い直接の反応なのである。図 23.1 はヒトの主要な内分泌臓器を示している。

ホルモンの多くは，分泌臓器から遠くの臓器の代謝を変化させる。ホルモンは μM から pM の低い濃度で作用する。また，ホルモンは非常に速やかに代謝され，その寿命は多くの場合，短い。これは速やかな代謝変化に対応するためである。ホルモンの作用を知るには濃度を正確に知ることが大切であるが，微量であり，かつ代謝的に不安定なためにその定量は困難であった。1960 年代までは主としてバイオアッセイが用いられた。例えば，**オキシトシン oxytocin** は陣痛発来時に子宮を収縮させる分子であるが，この濃度を測るには子宮筋を用いて，ホルモンを付加した前後でその長さを測るようなことをした。ホルモン定量に画期的な進歩をもたらしたのは**ラジオイムノアッセイ radioimmunoassay** である。この技法では，まずホルモンに対する抗体と検体とを放射標識ホルモン存在下で混ぜる。ホルモン抗体で沈降する放射標識ホルモン量は，検体中のホルモンが多ければ少なく，少なければ

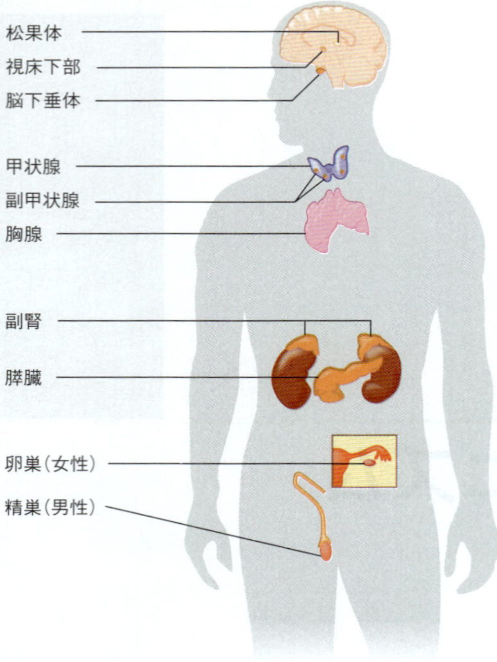

図 23.1　主要なヒトの内分泌器官と脳の指令部位　一部の消化管もホルモンを産生する。

多くなるのである。

エイコサノイドは，プロスタグランジン，トロンボキサン，ロイコトリエンなどの総称で（第19章参照），特殊なホルモンである。これらは傍分泌ホルモンと呼ばれ，ホルモンと似ているが，ホルモンよりはるかに不安定であること，合成細胞が多数あること，また，標的細胞もホルモンと比べると数多く存在すること，比較的近くの細胞に作用すること，などの違いがある。

ホルモンは他の細胞間の伝達物質とはさまざまな点で異なっている。例えば，**フェロモン pheromone** は異なる個体間でのシグナル伝達をしているし，**神経伝達物質 neurotransmitter** は放出後，きわめて短い時間でシナプス間隙を通過する。**増殖因子（成長因子）growth factor** はホルモンのように短命ではなく，持続的に細胞増殖を刺激する。もう1つのシグナル分子は，**サイトカイン cytokine** であり，免疫応答において，特異的受容体に結合後，細胞の増殖や分化を促進する。しかし，これらの違いはそれほど決定的なものではない。例えば，カテコールアミンは合成，分泌される場所により，ホルモンとして，あるいは，神経伝達物質として作用する。

ポイント1
シグナル伝達とは，神経伝達物質，ホルモン，増殖因子，フェロモンによる細胞と細胞の間での情報交換である。

ホルモン作用の概要

1950年代まで，ホルモンの作用機構についてはほとんど知られていなかった。1つの有力な説は，ホルモンはある代謝過程の律速酵素に直接結合し，活性化するというものであった。現在の我々の理解に至るには，第12，13章で述べたようなアドレナリンがどのようにグリコーゲンを代謝するか，という研究に負うところが多い。これらの重要な研究は Earl Sutherland と Edwin Krebs の研究室で行われ，アドレナリンは細胞内には入らずに，細胞の代謝を調節することを示した。これは明らかに，律速酵素を直接活性化するという旧来の説と異なっていた。そのかわりに，図 13.31（p.509 参照）に示したように，アドレナリンは細胞表面の高分子である受容体と結合し，細胞内のサイクリック AMP 産生を促し，これがセカンドメッセンジャーとして働き，標的酵素のリン酸化を引き起こすという考え方が登場した。ホルモンはそのような意味では，ファーストメッセンジャーということになる。現段階で，細胞内か細胞表面かは別にして，ホルモンが受容体タンパク質に結合して作用を営むことは間違いない。例外もある。それは一酸化窒素に代表されるガス状のシグナル分子で，標的酵素に直接作用する。この受容体の結合特異性というものが，分泌され，血中を流れるホルモンがいかにして一定の組織に作用するかを説明することになる。例えば，肝臓において，グルカゴンが促進するグリコーゲン分解の度合いは，肝細胞表面のグルカゴン受容体の密度に依存する。すべてのホルモンというわけではないが，多くのホルモンは細胞内のセカンドメッセンジャーを産生し，細胞内酵素に働きかける。

哺乳類の代謝に関係するホルモンを化学的に分けると，（1）インスリン，グルカゴンなどのペプチドあるいはポリペフチドと，（2）グルココルチコイド，性ホルモンなどのステロイド分子，（3）カテコールアミン，チロキシンなどのアミノ酸代謝物に分類される。ホルモンの作用はまた，（1）アドレナリンやグルカゴンで知られるようにセカンドメッセンジャーを介して細胞内の酵素を活性化するか，あるいは不活性化する，（2）特定の遺伝子発現を介して，タンパク質合成を促す，さらに，（3）特定の代謝物の細胞への特異的な取り込みを促進する，というように区別できる。（3）のカテゴリーの例としては，ある種の受容体はそれ自身がイオンチャネルとして働き，ホルモン結合で構造変化を起こし，チャネルを開く。また，インスリンによるグルコース取り込みとその利用などもあげられる。

ポイント 2
ホルモンは，（1）セカンドメッセンジャーを介して，酵素活性を変化させるもの，（2）特定のタンパク質の合成を調節するもの，（3）イオンや低分子の膜透過性を変化させるもの，に分類できる。

ホルモンは細胞膜，あるいは細胞内の受容体と結合する。細胞内受容体（または核内受容体とも呼ぶ）に結合するホルモンは，遺伝子発現を調節する。ホルモン-受容体複合体は核へと移動し，特定の塩基配列を認識して結合し，その近傍の遺伝子の転写を調節する。ステロイドホルモン，ビタミン D，甲状腺ホルモン（チロキシン）などがこれに相当する。さらに，レチノイン酸から生ずる**レチノイド retinoid**（ビタミン A の仲間）も核内受容体との結合を介して，発生に関与する（第 19 章参照）。

細胞膜受容体は大きく 3 つに分類される。第 1 は第 13 章で述べてきたように G タンパク質を介してセカンドメッセンジャーを産生するグループ。第 2 は，ニコチン性アセチルコリン受容体にみられるような，受容体＝イオンチャンネルの形態（p.889 参照）をもったもの。ペプチドホルモン，アドレナリンなどの多くは，この 2 種類の受容体を介して作用を示す。第 3 のカテゴリーは，インスリン受容体を代表とするような膜貫通タンパク質で，細胞外にリガンド結合部位，細胞内に触媒部位をもつものである。インスリン受容体の場合，触媒活性とはプロテインキナーゼ活性であり，インスリン結合により，さまざまな標的タンパク質のチロシン残基をリン酸化する。

ポイント 3
細胞膜受容体は，（1）セカンドメッセンジャー産生を変化させるもの，（2）イオンチャンネル，（3）酵素活性内蔵型に分類できる。

第 1 と第 3 の細胞膜受容体の作用機序は，図 23.2 に示されている。これをみると明らかなように，セカンドメッセンジャーを介するか否かにかかわらず，ホ

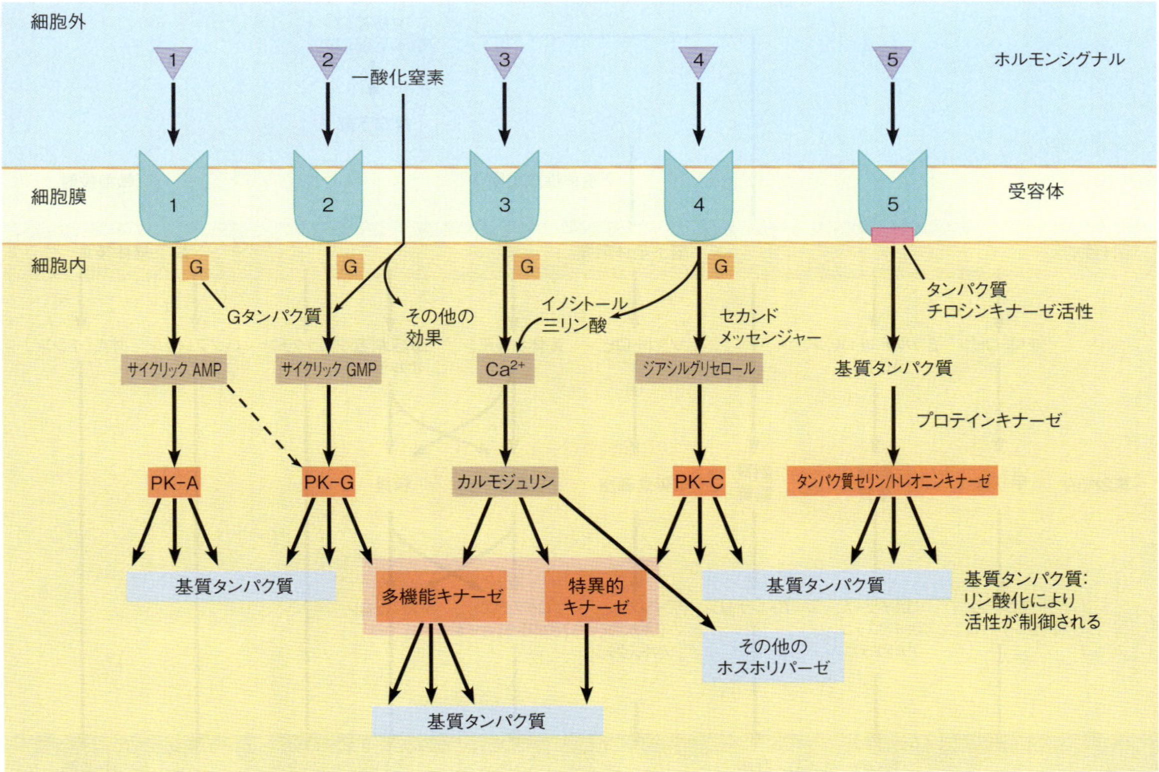

図 23.2　真核生物における膜受容体（1〜5）とセカンドメッセンジャー（1〜4）が関与するシグナル伝達システム　一酸化窒素（NO）は膜受容体を介さずに細胞内へ入り，直接にグアニル酸シクラーゼを活性化する。それぞれのセカンドメッセンジャーは 1 つあるいは複数のタンパク質をリン酸化する。そのかなり多くが同定されている。最近の研究によると，点線で示されたようなシグナル（サイクリック AMP からプロテインキナーゼ G へなど）が存在することがわかった。PK-A はサイクリック AMP 依存性プロテインキナーゼ，PK-G はサイクリック GMP 依存性プロテインキナーゼ，PK-C はプロテインキナーゼ C。プロテインキナーゼはオレンジで示されている。受容体 5 の内在性のチロシンキナーゼはピンクで示している。

ルモンと膜受容体の間のほとんどの相互作用は最終的に，いずれもタンパク質のリン酸化酵素（キナーゼ）の活性化を引き起こす。1950 年代の後半に Edwin Krebs と Edmond Fischer が，アドレナリンの刺激でグリコーゲンの分解が起こるときにタンパク質の可逆的なリン酸化が生じることを示したときは，この系が細胞情報の基本的かつ普遍的な仕組みであることを知るよしもなかった。現時点で，ヒトの細胞には 500 を超えるプロテインキナーゼが存在し，それはアミノ酸配列上，非常に類似した構造をもっていることが明らかとなっている。1992 年に Krebs と Fischer がノーベル生理学医学賞を受賞し，タンパク質リン酸化の重要性が改めて認識された。最近の研究では脱リン酸化酵素が細胞の機能を同じく調節していることが明らかとなりつつある。第 18 章で述べたように，タンパク質のアセチル化もさまざまな局面で生じることから，リン酸化と同様に可逆的なタンパク質修飾と考えられるようになってきた。

ポイント 4
多くのシグナル伝達の最終結果は，特定のタンパク質のリン酸化，あるいは脱リン酸化である。

ホルモン作用の階層性

ホルモンの産生，分泌には階層性があり，互いに刺激あるいは抑制をしている。哺乳類では，内分泌細胞からのホルモン分泌はこの階層の上位に位置する制御細胞から放出される化学シグナルによって刺激される（図 23.3 参照）。多くのホルモンの分泌は，最終的には中枢神経の調節を受けている。哺乳類では，調節の中枢は脳の**視床下部 hypothalamus** に存在する。外界からのシグナルを感覚器が受容し，脳で統合し，視床下部に伝える。刺激に応じて視床下部は数多くのホルモンを放出するが，その中のあるものは**放出因子 releasing factor** と呼ばれる。放出因子は視床下部の

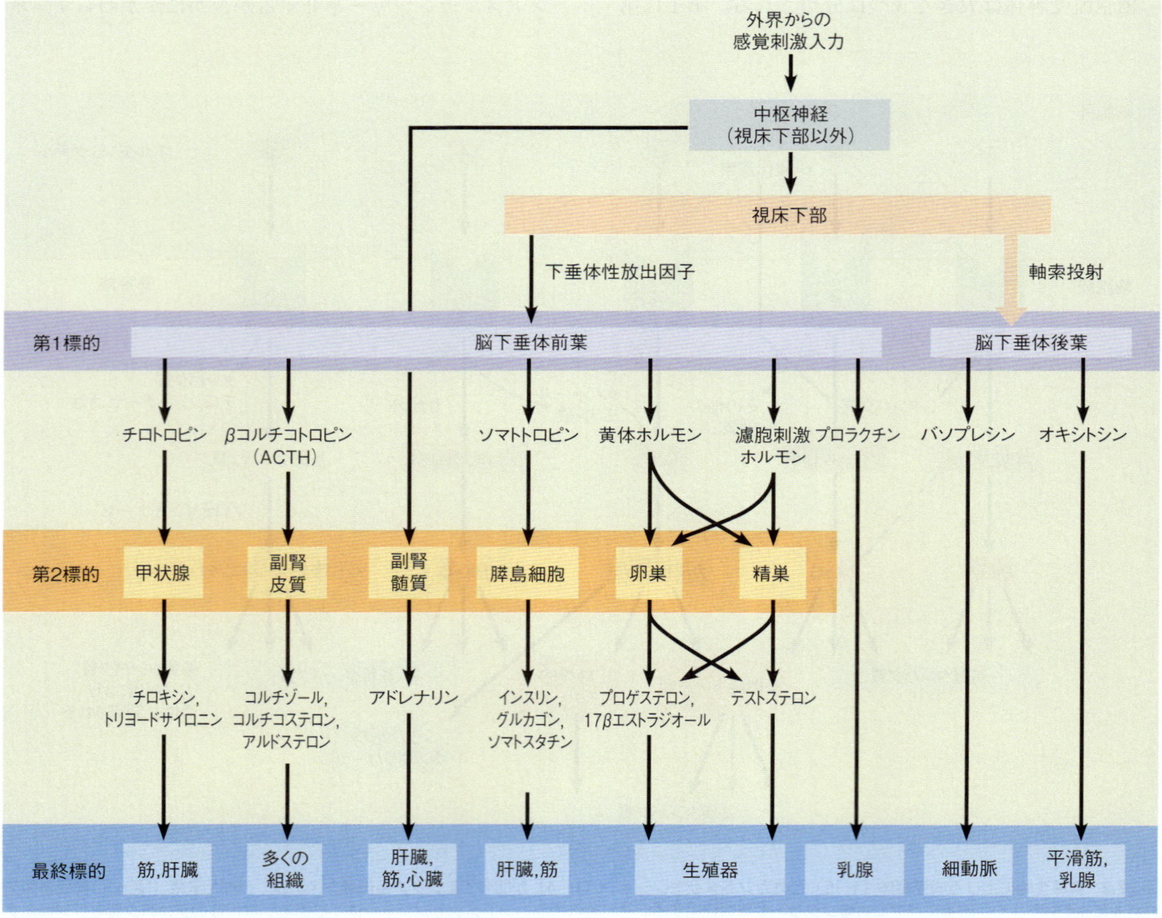

図 23.3　脊椎動物におけるホルモンの階層的な作用　脳下垂体が最初の標的組織であり，視床下部の制御を受けている。脳下垂体ホルモンは種々の内分泌臓器（第 2 標的組織）に作用し，分泌されたホルモンがその他のすべての臓器や組織の代謝調節を行っている。神経刺激で副腎髄質からのアドレナリン分泌が調節される。

真下にある脳下垂体に働く。一連の放出因子は，脳下垂体前葉に働き，特定のホルモンを放出する。別の視床下部ホルモンは下垂体ホルモンの分泌を抑制する。ある種の下垂体ホルモンは標的組織に直接働く。例えば，**プロラクチン prolactin** は乳腺組織を刺激し，乳汁分泌を促す。しかし，多くの下垂体ホルモンは，階層の中間，すなわち 2 段目の内分泌組織に作用し，さらに別のホルモンの分泌を促す。視床下部のシグナルは下垂体を介して，最終的な内分泌組織を刺激するのである。内分泌組織に作用する下垂体ホルモンは**トロピックホルモン tropic hormone**（刺激ホルモン，栄養ホルモン），あるいは**トロピン tropine** と呼ばれる。代表的な例は**副腎皮質刺激ホルモン adrenocorticotropic hormone（ACTH）**であり，別名，**βコルチコトロピン β-corticotropine** と呼ばれる。ACTH は下垂体前葉から分泌され，副腎皮質に働き，グルココルチコイドと鉱質コルチコイドの分泌を刺激する。これらのホルモンは腎，筋や免疫システムを調節している。

ポイント 5
視床下部の種々の放出因子が他のホルモンの分泌と作用を制御している。

ホルモンの作用は，フィードバックシステムにより自己調節されている。つまり，産生されたホルモンは，その上流の分泌刺激ホルモンを抑制する。例をあげると，図 23.4 にあるように，脳下垂体からのβコルチコトロピンの分泌は視床下部に存在する 41 個のアミノ酸からなる**コルチコトロピン放出因子 corticotropin releasing factor（CRF）**により支配されている。ところで，視床下部の細胞にはグルココルチコイド受容体があり，血中のコルチゾールなどが増加すると反応し，CRF の放出を阻害する。このような形でフィードバックが成立している。

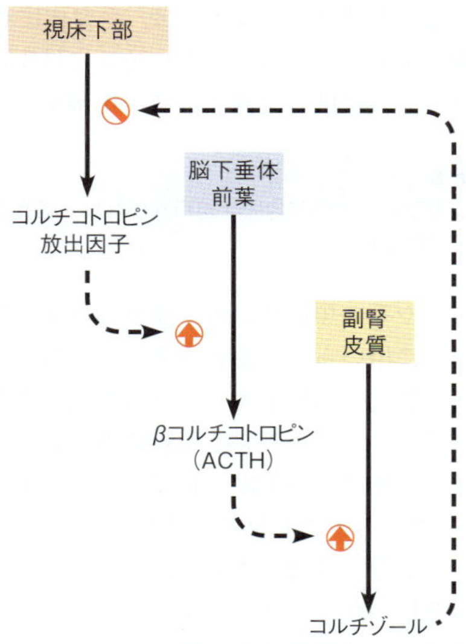

図 23.4　ホルモンのフィードバック作用　コルチコトロピン放出因子（CRF）は脳下垂体前葉からβコルチコトロピン（ACTH）の分泌を促し，ACTH は副腎皮質からコルチゾル分泌を刺激する。コルチゾルは視床下部に働き，ネガティブフィードバックにより CRF の放出を抑制する。

ポイント 6
ホルモン作用は，フィードバックシステムにより自己調節されている。

ペプチドホルモン前駆体の合成

すでにステロイドホルモン生合成については第 19 章で，また，カテコールアミンや甲状腺ホルモンの生合成については第 21 章で述べてきた。これらは非常に単純な代謝反応の結果つくられる。あらゆるペプチドホルモンのほとんどは，生理的には不活性の前駆体としてタンパク質合成され，タンパク質分解酵素の作用により切断されて活性型となる。インスリン生合成の研究は上記を明らかにした最初の例であろう。インスリンは 21，30 のアミノ酸残基からなる 2 つのポリペプチド鎖が，ジスルフィド結合でつながってできている（図 5.21，p.135 参照）。これは 81 アミノ酸からなる**プロインスリン proinsulin** の切断によりつくられるが，インスリン遺伝子において最初に翻訳されたものは 105 アミノ酸からなる**プレプロインスリン preproinsulin** である。プレプロインスリンの N 末端の 24 個の“シグナル配列”が切断されてプロインスリンとなった後，折りたたまれ，ジスルフィド結合を形成し，さらに切断されて成熟型（活性型）インスリンとなる。シグナル配列はタンパク質が小胞体膜を通過するのに必要である（第 28 章参照）。

すべての既知のポリペプチドホルモンは，このようにシグナル配列をもつ“プレプロ”体として生成され，タンパク質分解を受けて成熟ホルモンとなる。非常に面白い例は，1 つのプロホルモンから 2 種類以上の異なるホルモンができる場合である。最も複雑な例は脳下垂体で合成される**プロオピオメラノコルチン pro-opiomelanocortin** であり，1 つのタンパク質から，βリポトロピン，γリポトロピン，α，β，γタイプのメラノサイト刺激ホルモン melanocyte-stimulating hormone（MSH），エンドルフィン，エンケファリン，そして副腎皮質刺激ホルモン（ACTH）などがつくられる。プロオピオメラノコルチンはそれらを合成した名称である。非常に興味深いことに，このプロオピオメラノコルチンの分解は細胞により異なっており，同一の前駆体から異なるホルモンがつくられるということである。図 23.5 には赤で切断部位が示されている。

23

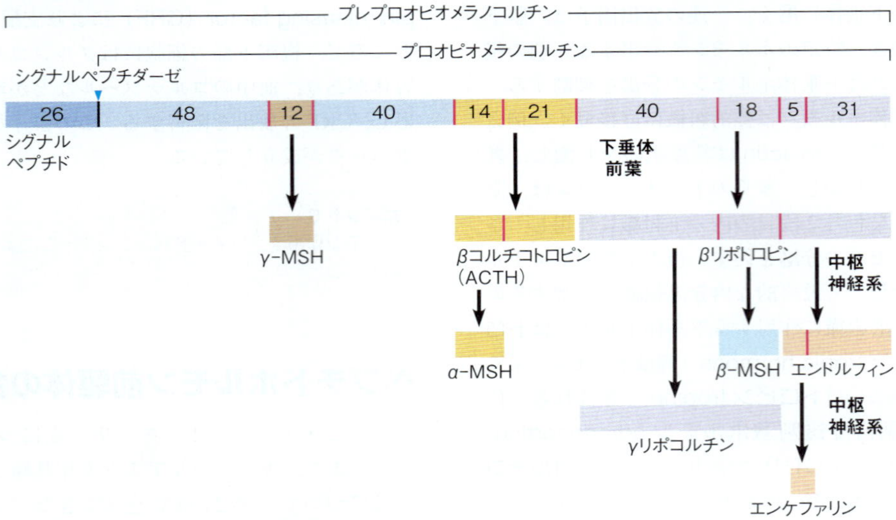

図 23.5　プロオピオメラノコルチンの構造と産生されるホルモン　一番上に示されているのが，１次翻訳産物であるプレプロオピオメラノコルチンである。シグナルペプチドが切断され，プロオピオメラノコルチンが生成される。これはプロホルモンであり，異なる組織で異なるタンパク質の分解を受けて，異なったホルモンや神経伝達物質となる。酵素による切断部位は赤線で示したが，多くは塩基性アミノ酸が２個つながっている部分で切断される。それぞれのポリペプチドのアミノ酸残基数を示した。

脳下垂体前葉では，ACTH とβリポトロピンがつくられ，中枢神経系では，βリポトロピンよりエンドルフィン，エンケファリンなどが合成される（p.893 参照）。ペプチドホルモンは，大部分，前駆体からタンパク質分解で合成される。

ポイント７
中枢神経システムが視床下部にシグナルを伝え，これを受けて視床下部が内分泌器官に作用するホルモンを放出し，このホルモンが標的組織に作用して特異的代謝刺激を促す。

シグナル伝達：受容体

先に述べたように，ホルモン作用のメカニズムについては，アドレナリン，あるいは，グルカゴン刺激で惹起されるグリコーゲン分解の解析から最初に眺めてみよう。第 13 章において我々は，このシステムの構成単位の特徴，すなわち３つのコンポーネントである受容体（ホルモン受容体），変換器（G タンパク質），そして，エフェクター（アデニル酸シクラーゼ）について述べた。本項では，これらのコンポーネントの個々の特徴と働きについてより詳細に述べる。

一酸化窒素のようなガス状のシグナル物質を除き，ホルモン分子は最初に形質膜や細胞内部に局在する高分子量の受容体分子に結合することで標的細胞に接することになる。受容体は細胞外のメッセンジャーの信号を受け取り，細胞内の代謝機構にシグナルを伝えるため，受容体結合部位以外に，少なくとも，もう１つの作用部位があるはずである。ホルモンが受容体に結合すると，この作用部位が変化し，シグナルを伝える。調節分子が触媒部位とは別の部位に結合するとアロステリック酵素の触媒活性が上がるのと同じである。

受容体の実験的研究

ホルモン受容体に関する実験は，酵素学の研究のように進められた。ホルモンの受容体への結合は飽和性をもち，酵素学における Michaelis–Menten の式とよく似ている。大部分のホルモンは，受容体に 0.1 μM～1 pM の結合定数で結合する。ホルモンに対する組織の反応性は，その組織の受容体密度に比例する。

ポイント８
ホルモンの受容体への結合には飽和性があり，基質の酵素への結合に類似している。

ホルモンやその類似体の放射標識体は受容体（結合数）の定量に用いられ，受容体を同定するときにも，また，ある特定の細胞上の受容体数を決めるときにも用いられてきた。ホルモンと受容体の結合は強く，この特性は受容体精製の手段としてアフィニティ（親和性）クロマトグラフィなどで活用することもできる（第５章）。実際，最初の実施例はインスリンを固定したカラムを用いたインスリン受容体の精製であった。この方法は，それまで２つの理由で一般的に困難とされてきた精製に画期的な進歩をもたらした。２つの理由の１つ目は，通常，膜タンパク質は精製する前に不可逆的な失活をさせない状態で界面活性剤による可溶化を行わなければならないことである。2つ目は，多くのホルモン受容体はその存在量が非常に微々たるものであるためである。例をあげると，脂肪細胞にはその細胞表面に1万分子のインスリン受容体しか存在しないのである。

ほかに，光親和性標識も用いられる。この方法により，ホルモン類似体と受容体の間に共有結合が形成される。この標識法では，ホルモン分子はアジ化（$-N_3$）のような光反応性の化学修飾を施される。放射標識したアジ化ホルモンを細胞抽出液と混合し，紫外線を照射すると，受容体に結合したホルモン類似体は放射標識されており，しかも受容体と共有結合しているので，その後の受容体分離の目じるしとして利用できるのである。

アゴニストとアンタゴニスト

通常，アフィニティクロマトグラフィや結合実験に用いるリガンドはホルモンそのものではなく，その類似体で，ときにはホルモンそのものより強い親和性をもっている。類似体はときには天然型リガンドと構造上の類似性をほとんどもたないこともあるが，三次元モデルで考えると，立体構造の類似性が明らかになることもある。合成ホルモン類似体の1つの例は**ジエチルスチルベストロール diethylstilbestrol** であり，これは17βエストラジオールの3倍，そして他の多くの天然型エストロゲンの10倍以上の活性をもっている。このジエチルスチルベストロールは，エストロゲン受容体の精製や性質の解明に用いられてきた。このような合成ホルモンは研究以外でも使用され，実際，その発がん性が明らかになるまで，ウシの成育に用いられていた。

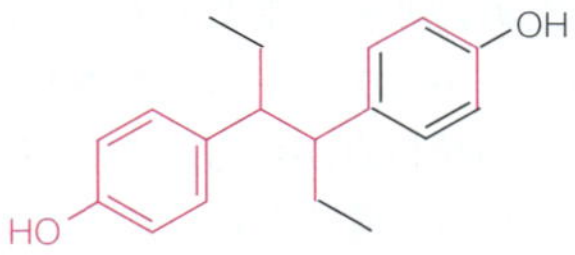

ジエチルスチルベストロール

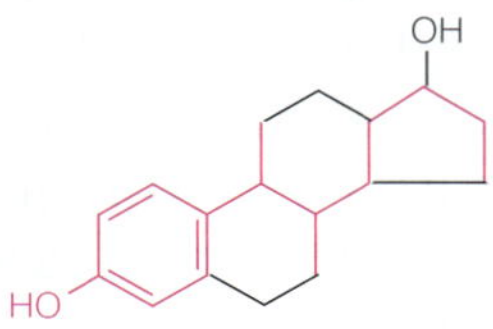

17βエストラジオール

ジエチルスチルベストロールは，ホルモン**アゴニスト agonist** の一例である。アゴニストとは，受容体に結合し，内因性のホルモンと同じような作用を引き起こす分子のことである。酵素反応でいえば，アゴニストは代替基質のようなものである。アゴニストの結合は生産的に働き，内在性ホルモンが受容体に結合したときと同じような代謝応答を惹起する。これに対して，ホルモン**アンタゴニスト antagonist** は受容体に結合するが，正常な生物学的反応を引き起こすことはない。アンタゴニストは酵素反応でいえば拮抗的阻害剤のようなものである。アンタゴニストと拮抗的阻害剤のどちらも天然リガンド（ホルモンや基質）が結合するタンパク質分子の特異的部位に結合し，これにより天然リガンドの結合は妨げられ，正常な生物学的反応は阻害されてしまう。

> **ポイント9**
> ホルモンアゴニストは，細胞にホルモンと類似した作用を引き起こす。これに対して，アンタゴニストは天然のホルモン作用を阻害する。

アゴニストやアンタゴニストは，受容体の結合部位の立体特異性を研究するのに役立ってきた。こうした研究成果は，ある種の受容体を活性化，ないし不活性化することを目指した薬剤の開発にも役立つ。例えば，**イソプロテレノール isoproterenol** は気管支喘息の治療に用いられるが，これはカテコールアミンの類似体で，気管支平滑筋を拡張させる作用がある。この化合物は，**アドレナリン受容体 adrenergic recepotr** のある1つのクラスのものと相互作用して効果を示す。もう1つの重要な例は，血圧や心拍の調節に用いられる**プロプラノロール propranolol** であり，これは，別のクラスのアドレナリン受容体のアンタゴニストである。

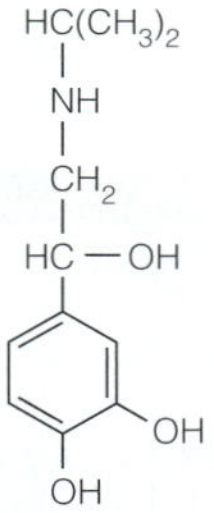

イソプロテレノール

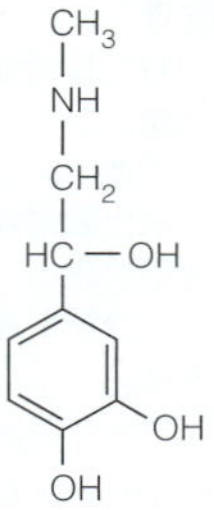

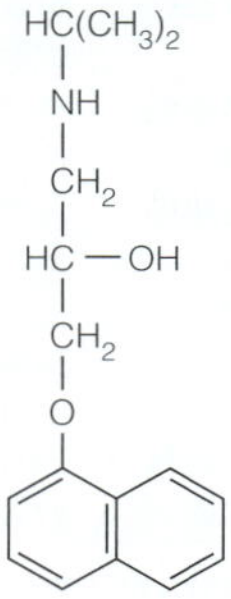

アドレナリン　プロプラノロール

アドレナリン受容体の分類

さまざまなアゴニスト，アンタゴニストを用いた研究から，脊椎動物のアドレナリン受容体は4種類あることが明らかになった（現在では，さらにいくつかのタイプの存在が示唆されている）。基本となるこれら4種類の受容体は，α_1型，α_2型，β_1型，β_2型と呼ばれている。β型受容体については，アドレナリン誘導性の脂質分解，グリコーゲン分解などですでに説明してきた（第13，17章）。アドレナリン受容体の4つのタイプ，組織分布，作用などを表23.1にまとめた。

シグナル伝達の異なるコンポーネントである受容体とアデニル酸シクラーゼ

ホルモン研究の初期，受容体を介する唯一のホルモン反応として，アドレナリンあるいはグルカゴン刺激によるグリコーゲン分解が知られていた時代に，ホルモン分泌に呼応してサイクリックAMPを産生する酵素として細胞膜結合型のアデニル酸シクラーゼが発見された。受容体も膜結合型タンパク質であるために，はじめは受容体とアデニル酸シクラーゼは同一であり，アドレナリンの結合で活性が高まると考えられた。しかし，2つの発見により，この仮説は否定された。第1は，アドレナリン以外にも多くのホルモン（例えば，グルカゴン，ACTH，メラノサイト刺激ホルモン，黄体ホルモンなど12種以上）がアデニル酸シクラーゼを活性化することがわかった。アデニル酸シクラーゼがこれほど多くの異なるホルモンに対する結合部位をもつのは考えにくいと思われた。第2は，カテコールアミンがα_2受容体に結合すると，アデニル酸シクラーゼ活性を阻害することがわかったことである。おそらく，別の種類のタンパク質があり，これがアデニル酸シクラーゼを調節していると考えられた。

この2つの発見は，受容体とアデニル酸シクラーゼが別のタンパク質分子であることを示唆した。実際には1977年に，βアドレナリン受容体とアデニル酸シクラーゼが分離された。この研究は非常に重要で，ホルモン系というものは，考えられていたよりはるかに複雑で，多様で，また，柔軟性に富んでいることが明らかとなった。さまざまなホルモンは，多くの生物作用を共通の機構（サイクリックAMPの増加あるいは減少）で引き起こしている。シグナルと細胞応答の多様性は，標的細胞における受容体と酵素の多様性の上に成り立っている。そして，これらの酵素はサイクリックAMP依存的なリン酸化で活性化されたり抑制されたりする。さらにほどなくして，受容体とアデニル酸シクラーゼを結びつける第3のタンパク質が発見された。これが第13章でも述べたGタンパク質である。受容体とアデニル酸シクラーゼが異なるタンパク質であることを示したMartin RodbellとGタンパク質を発見したAlfred Gilmanの2人に，1994年にノーベル生理学医学賞が授与された。

ポイント10
セカンドメッセンジャーを介して作用するホルモンは，受容体，変換器（Gタンパク質など），エフェクター（アデニル酸シクラーゼなど）の3つのタンパク質を必要とする。

受容体は細胞膜の中に埋め込まれ，しかも量が非常に少ないので，一次構造の分析をできる程度の量のタンパク質を採取するのは至難の業である。受容体遺伝子をクローニングすることは，受容体の全アミノ酸配列情報を得るために非常に重要である。α_2，β_2受容体をはじめ，いくつかのクローニングされた受容体には驚くほど構造上の類似点がある。タンパク質は415〜480アミノ酸残基から構成され，疎水性のアミノ酸のドメインが7つ存在する。疎水性部分はαヘリックス構造で，細胞膜に埋め込まれており，細胞外と細胞質に突き出ている親水性のループで連結されている。細胞外の部分はホルモンや神経伝達物質の結合部位となっている。β_2アドレナリン受容体（β_2AR）の推定膜貫通領域を含むアミノ酸配列を図23.6に示す。このクラスの受容体はヘビのようにくねりながら膜を出たり入ったりするので，蛇行する受容体とも呼ばれている。これらのほぼすべての受容体は，Gタンパク質とともに機能することから，Gタンパク質共役型受容体 G protein-coupled receptor（GPCR）とも呼ばれている。抗生物質を除く医療用医薬品の約半数は，このクラスの受容体を標的とするものである。

表23.1　アドレナリン受容体と生物作用

受容体クラス	標的組織	生物作用
α_1	虹彩	収縮
	腸管	蠕動運動減少
	唾液腺	カリウムイオンおよび水の分泌
	男性性器	射精
	膀胱括約筋	収縮
α_2	膵β細胞	分泌阻害
	胃	蠕動運動減少
	脂肪細胞	脂肪分解亢進
β_1	心臓	心拍増加，拍出量増加
	脂肪組織	脂肪分解抑制
	腎臓	レニン分泌促進
β_2	心臓	心拍増加，拍出量増加
	肺	気管支平滑筋拡張
	肝	グリコーゲン分解促進，糖新生亢進
	膵β細胞	膵分泌促進
	骨格筋	収縮，グリコーゲン分解促進

Adapted from *Goodman and Gilman's Pharmacological Basis of Therapeutics*, 10th ed., J. G. Hardman, L. E. Limbird, and A. G. Goodman, eds., pp.119-120.

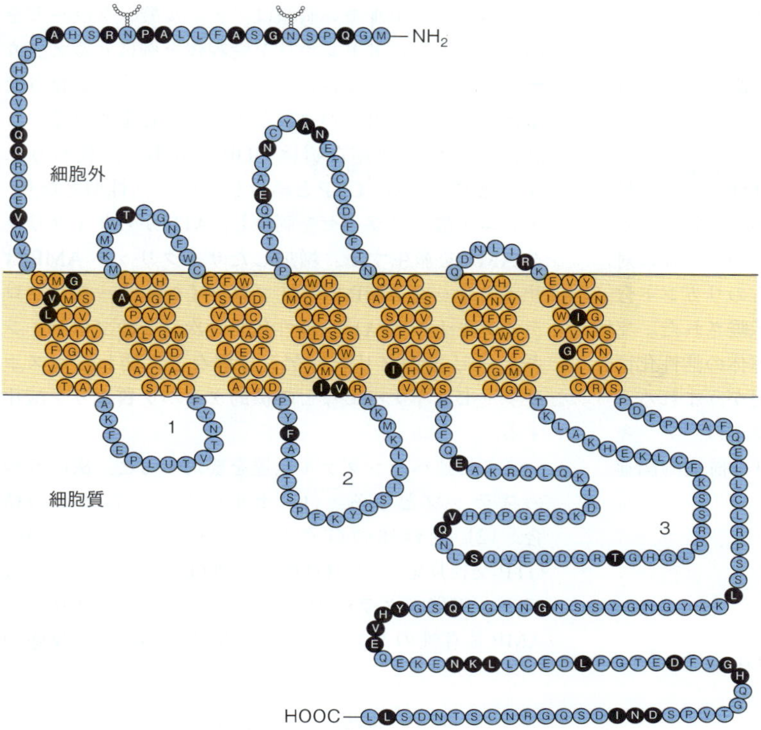

図23.6　ヒトβ_2アドレナリン受容体のアミノ酸配列　細胞膜を貫通する7個のドメインはオレンジ色で示されている。3個の細胞外ループと，3個の細胞内ループからできている。細胞外の2個のアスパラギンに糖鎖が付加されている。受容体とGタンパク質の共役は細胞質側C末端のセリン，トレオニン残基のリン酸化により調節されている。黒丸で示されたアミノ酸はハムスターのβ_2アドレナリン受容体と相違している部分である。

From *Science* 238 : 615-616, J. L. Marx, Receptors highlighted at NIH symposium. © 1987. Reprinted with permission from AAAS.

GPCRの構造解析は，膜と関連するので挑戦的な研究であった。2000年に最初にその構造が明らかにされたのはロドプシンであった。ロドプシンはホルモン作動ではなく，光感受に関わるGタンパク質共役型受容体である（p.724参照）。β_2アドレナリン受容体の構造が明らかにされたのは2007年である。図23.7に，βアドレナリン受容体のアンタゴニストであるカラゾロールとβ_2アドレナリン受容体との結合状態の様子を示す。この図から，ロドプシンとβ_2アドレナリン受容体の構造，特に7つの膜貫通ヘリックスとリガンド結合部位（β_2アドレナリン受容体に対してはカラゾロール，ロドプシンに対しては11-シス-レチナール）が非常に似ていることがよくわかる。注目すべき違いは，β_2アドレナリン受容体の細胞外領域の1つのヘリックスがリガンド結合にかかわっていることであ

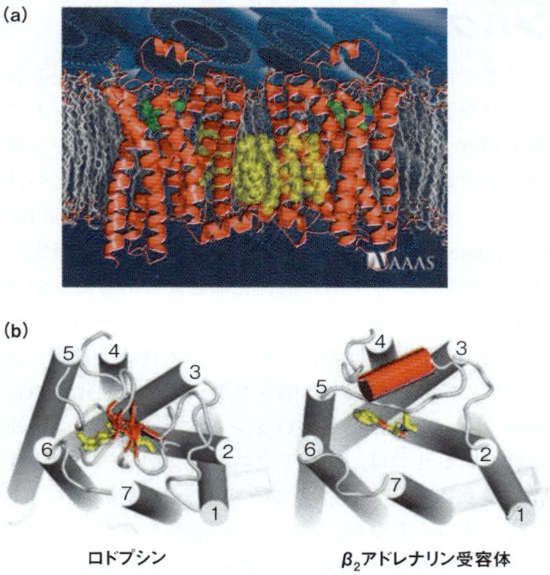

図23.7　ヒトβ_2アドレナリン受容体の構造　**(a)** 受容体2分子が膜に埋まっており，この2分子はコレステロール（黄色）によって結合している。リガンドのカラゾロールは緑色で示している。**(b)** 上部（細胞外）から見た場合のロドプシン（PDB ID：IF88）とβ_2アドレナリン受容体（PDB ID：2RH1）の構造比較。7個の膜貫通領域の配置が似ていることがわかる。各々のリガンド（ロドプシンは11-シス-レチナール，β_2アドレナリン受容体はカラゾロール）は赤色で示す。エピネフリン結合ポケットを形成する細胞外領域内のヘリックスドメインは赤色で示す。

(a) From *Science* 318 (5854), cover illustration. © 2007. Re-printed with permission from AAAS ; (b) From *Science* 318 : 1253-1254, R. Ranganathan, Signaling across the cell membrane. © 2007. Reprinted with permission from AAAS.

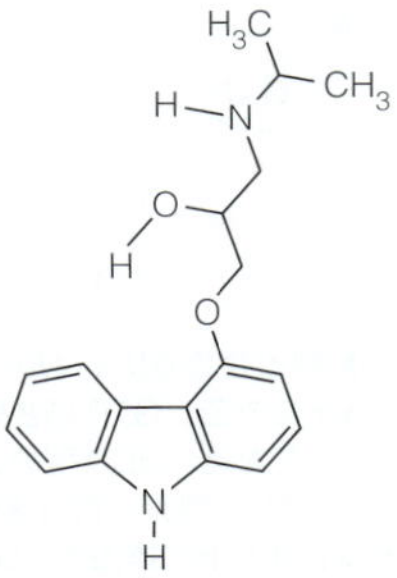

カラゾロール

る。2007年以降，6種類のGPCRの構造が報告されたが，そのほとんどの解析が，ここで示したロドプシンやβ_2アドレナリン受容体と同じ方法で成し遂げられた。

マリファナの活性本体であるΔ^9-テトラヒドロカンナビノール Δ^9-tetrahydrocannabinol（THC）は，2種類のGタンパク質共役型受容体への作用を発揮することが明らかにされた。最近，この2つの受容体に対する内因性リガンドが同定され，これらのリガンド分子が痛みや炎症に関わっていることが示唆された。また，これらの内因性リガンドによる受容体の活性化によって，食欲増進を含むさまざまな作用がうまれる。興味深いことに，これらの内因性リガンドは，アラキドン酸由来の物質であり，THCとは何ら構造的関連性のないものである。

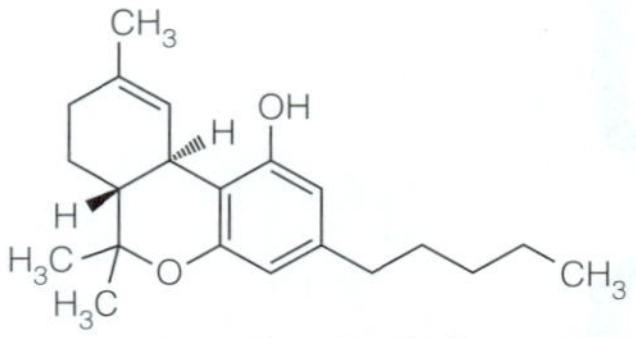

テトラハイドロカンナビノール

変換器（トランスデューサ）：Gタンパク質

ここでは，受容体/変換器/エフェクターからなるシグナリングシステムの中の2番目のコンポーネントであるGタンパク質について議論しよう。Gタンパク質は，グアニンヌクレオチドと結合することから名づけられた。1971年にグアノシン三リン酸 guanosine triphosphate（GTP）がβアドレナリン受容体を介するアデニル酸シクラーゼの活性化に必要であることが示され，70年代の終わりに，より詳細な機構が明らかとなった。GTP結合型のこの膜タンパク質は受容体と会合状態にあり，アデニル酸シクラーゼを活性化ないし抑制する。たくさんあるGタンパク質の中で，よく知られている2つは，G_s（アデニル酸シクラーゼの活性化に関わるGタンパク質ファミリー）およびG_i（G_sに近い構造をもつが，逆にアデニル酸シクラーゼを阻害する）である。この2つのタイプのGタンパク質はさまざまなホルモン受容体と共役し，また，アデニル酸シクラーゼ以外のタンパク質にも細胞内シグナルを伝達するが，ここではアドレナリン受容体に限って説明しよう。

Gタンパク質の作用

Gタンパク質は膜に存在するタンパク質であり，不活性化状態ではGDPと結合している。すでに第13章で述べたが，ホルモン刺激はアデニル酸シクラーゼを活性化する。βアドレナリン受容体を例にとると，カテコールアミンが受容体に結合しその構造を変化させると，近傍のG_sタンパク質との会合が促進される。これによりG_sタンパク質はGDPを放出し，代わりにGTPと結合する。GTPと結合したG_sは活性型となり，アデニル酸シクラーゼを刺激し，ATPからサイクリックAMPを産生する。増加したサイクリックAMPはサイクリックAMP依存性プロテインキナーゼ（プロテインキナーゼA）を活性化し，次にこのプロテインキナーゼAがグリコーゲン分解などに関わるホスホリラーゼbキナーゼなどの標的タンパク質をリン酸化する。

ここで述べたシグナル伝達を要約すると，次の5つのステップとなる。(1) ホルモンの受容体への結合，(2) 受容体のG_sタンパク質への結合とGDP-GTP交換反応，(3) GTP結合型G_sタンパク質によるアデニル酸シクラーゼの活性化，(4) サイクリックAMP依存性のタンパク質リン酸化，(5) 代謝反応の

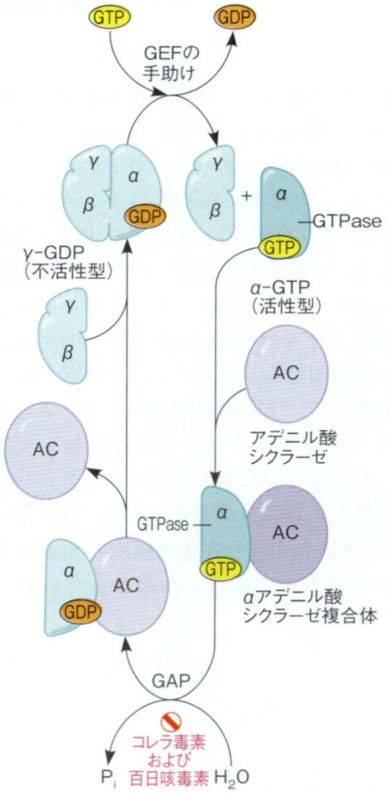

図23.8　Gタンパク質の解離と会合のサイクル　α，β，γはGタンパク質の3つのサブユニットである。GTP結合型のαサブユニットは活性型であり，濃い青で示してある。GDP型のαサブユニットは不活性で，薄い青で示している。コレラ毒素，百日咳毒素の作用点も示してある。GEF＝グアニンヌクレオチド交換因子，GAP＝GTPase活性化タンパク質。

促進ないし阻害。

最初の交換反応（図23.8の上）は**グアニンヌクレオチド交換因子 guanine nucleotide exchange factor（GEF）**の作用で促進される。G_sの持続的活性化はGTPの結合の有無で決まる。ホルモン作用は限定的で，これは，Gタンパク質のもつゆっくりしたGTPase活性により調節されている。結合しているGTPは緩やかに加水分解されてGDPとなり，アデニル酸シクラーゼの活性化能を失う。最初の活性化時と同様，この過程も**GTPase活性化タンパク質 GTPase-activating protein（GAP）**と呼ばれるタンパク質による調節を受けている。G_iタンパク質の働きも類似しているが，異なる点はα_2刺激などによりアデニル酸シクラーゼを抑制することである。GTP型のG_iタンパク質はアデニル酸シクラーゼを阻害し，サイクリックAMPの合成量を減らす。

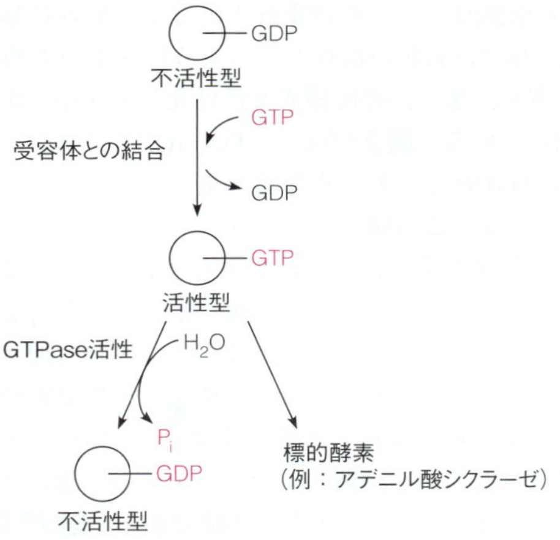

Gタンパク質の構造

Gタンパク質はどの種類もα，β，γのヘテロ三量体構造をもっている（図23.8）。αサブユニットは分子量39〜46 kd，βサブユニットは37 kd，そしてγサブユニットは8 kdからなる。ヒトの染色体上には少なくとも24種類のαサブユニット，5種類のβサブユニット，6種類のγサブユニットがコードされており，これによって非常に多様な組み合わせのGタンパク質三量体が形成される。多くの場合，γサブユニットは**プレニル化 prenylated** されている。つまり，C末端のシステイン残基に炭素数20のイソプレノイドが結合することで，γサブユニットを膜に結合させ，タンパク質–タンパク質の結合を可能としている（第19章参照）。αサブユニットの場合，G_i型，G_o型は**ミリスチル化 myristylated** されており，また，G_s型の場合はパルミチル化されている。すなわち，C末端のグリシン残基にミリスチン酸（C_{14}），あるいはパルミチン酸（C_{16}）が共有結合している。グアニンヌクレオチドが結合し，GTPaseをもっているのはαサブユニットである。ホルモン（リガンド）の受容体結合により，構造変化が生じたαサブユニットではGDPとGTPの交換反応が起こり，GTPを結合したαサブユニットが他のサブユニットと解離する。GTP型αサブユニットは膜上を移動し，アデニル酸シクラーゼをはじめとする細胞内の標的分子にシグナルを伝える。ゆるやかなGTPase活性の働きでGDP型となったαサブユニットはアデニル酸シクラーゼから離れ，β,γサブユニットと再び会合する。

> **ポイント 11**
> Gタンパク質の活性化はGDPとGTPの交換反応により起こり，αサブユニットはβ,γサブユニットと解離する。結合したGTPが自身のGTPaseの働きでゆっくりとGDPに戻ると，ホルモン作用が消失する。

GTPase活性を抑制すると起こること

ホルモン作用を調節するうえでのαサブユニットのもつGTPaseの重要性は，これを阻害することで明らかとなる。in vitroの反応で，GTPのかわりにGTPγSを使うと，これはGTPの類似体で酸素原子のかわりに硫黄がGTPのγ位リン酸基に入っており，GTPaseで分解ができない。G_sの場合は，GTPγS持続的にアデニル酸シクラーゼを活性化することとなる。

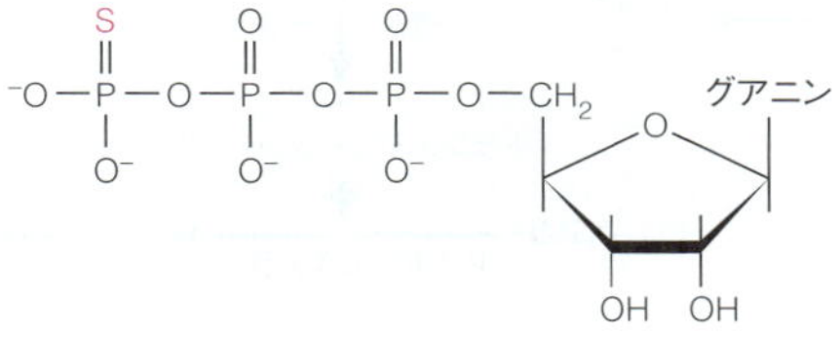

GTPγS

Gタンパク質を標的とするいくつかの細菌毒素が存在する。コレラ菌（*Vibrio cholerae*）のコレラ毒素はNAD^+を加水分解する酵素であり，この反応で生じたADPリボースをG_sのαサブユニットの特定の部位に結合させる。この修飾によりG_sが有するGTPase活性が阻害され，アデニル酸シクラーゼは持続的に活性化される。

$$NAD^+ + \alpha_s \longrightarrow \text{ニコチンアミド} + \text{ADPリボシル化}\alpha_s$$

小腸では蓄積したサイクリックAMPが水とナトリウムイオンの分泌を進め，激しい下痢の結果，水と電解質の損失を起こす。これがコレラの症状である。百日咳菌の毒素はひどい咳を起こす毒素であるが，この場合は，G_iのαサブユニットに結合し，血液中のグルコースを下げたり，ヒスタミン感受性を上げたりする。

視覚におけるGタンパク質

ホルモン伝達と光刺激の伝達におけるGタンパク質の役割は，非常に類似している面がある。実は，多くのGタンパク質の研究は網膜に存在するGタンパク質である**トランスデューシン transducin**から発展したものといってよい。視覚における最初の刺激と最後の細胞内反応はホルモン反応のそれとは異なるものの，膜を通過するシグナル伝達の基礎原理としてはほぼ同一である。第19章で述べたように，細胞外刺激は光の光子であり，膜の受容体は**ロドプシン rhodopsin**と呼ばれ，網膜桿体細胞の外節に大量に存在するタンパク質である。また，先に述べたように，ロドプシンの構造はアドレナリン受容体に類似している。光の刺激でロドプシン構造に変化が起こるとトランスデューシンがGTP結合型となり，環状ヌクレオチドである**グアノシン3,5–一リン酸 guanosine 3',5'-monophosphate**（サイクリックGMPまたはcGMP）を分解する特殊な**ホスホジエステラーゼ phosphodiesterase**を活性化する。cGMPの低下は，やがて視覚シグナルとして脳に伝達される。刺激依存的なcGMPの分解は，βアドレナリン受容体によるcAMPの変化とよく似ている。

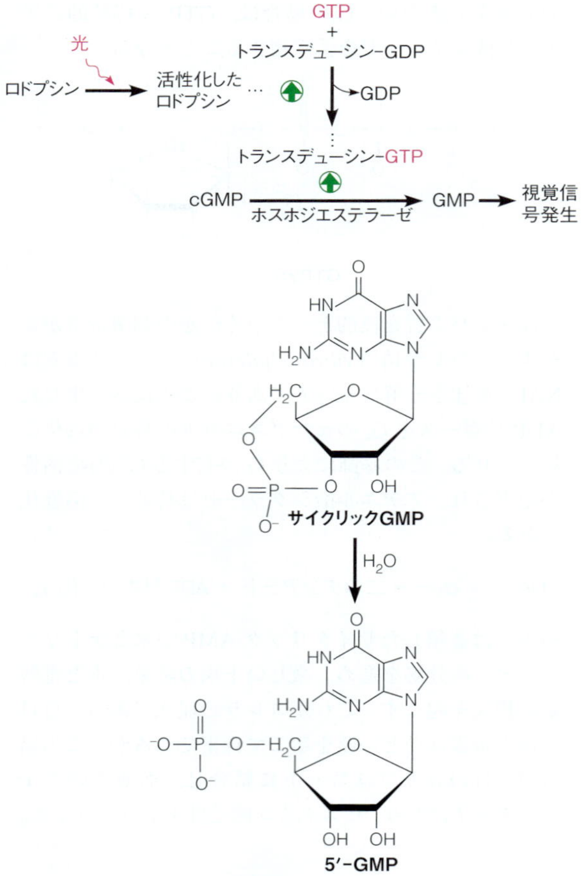

Gタンパク質サブユニットの詳細

Gタンパク質を介する機構は多くのシグナル伝達経路で利用されている。いくつかのα，β，γサブユニットの組み合わせにより実に多様なGタンパク質がつくられ，シグナル伝達が柔軟な仕組みをもつこととなる。標的酵素［訳者注：必ずしも酵素とは限らない］は主としてαサブユニットで決まる。あるものはアデニル酸シクラーゼと共役し，別のGタンパク質はイオンチャネル，あるいはホスホリパーゼCと結合する。G_{olf}と呼ばれるGタンパク質は鼻粘膜の神経上皮に存在し，多数の嗅覚受容体と共役する。

Gタンパク質のαサブユニットは，GTPで活性型となり，GDPで不活性となる低分子量GTP結合タンパク質の仲間である。この仲間にはがん遺伝子として分類されているRasタンパク質（p.884参照）や，タンパク質合成に関わるGTP結合型延長因子（伸長因子，第28章参照）などが含まれる。近年，X線結晶解析の実験からGTPの結合がどのようにタンパク質の構造を変え，また，標的酵素を活性化するかなどがわかり始めている。図23.9aは，G_iのα，β，γヘテロ三量体がGDPとどのような結合をしているかを示したものである。この図で赤で示されているのが，“スイッチII”領域と呼ばれ，GTPが加水分解すると構造を変化させる部位である。図23.9bは，$G_s\alpha$の立体構造を$G_i\alpha$と重ね合わせたものであるが，いずれも加水分解を受けないGTPγSとの結合の様子を示したものである。$G_i\alpha$と$G_s\alpha$で構造の異なる部位は，標的とするタンパク質との結合に関わったり，アデニル酸シクラーゼを活性化したり，阻害する部位である。図23.9cには，GTPγSと$G_s\alpha$が結合し，アデニル酸シクラーゼの触媒部位と結合している様子を示している。Gαのスイッチ II 領域が酵素と接触し，これを活性化していると考えられる。

ホルモン刺激の調節

言うまでもなく，ホルモン伝達が効果的に機能するために，この反応の調節にはいくつかのプロセスが関与している。第1に，ホルモン分泌に比べ，ホルモン–受容体複合体の解離は迅速である。第2に，先に述べたように，Gタンパク質のαサブユニットが有するGTPase活性がGTPを加水分解し，Gタンパク質を不活性化する。このプロセスはGAPタンパク質によって促進される。第3に，受容体のC末端に存在するセリンやトレオニン残基が**βアドレナリン受容体キナーゼ β-adrenergic receptor kinase**（β-ARK）によってリン酸化修飾を受け，これによって受容体自身が不活性化する。このリン酸化部位は**βアレスチン β-arrestin**によって認識され，結果的に受容体–β-ARK

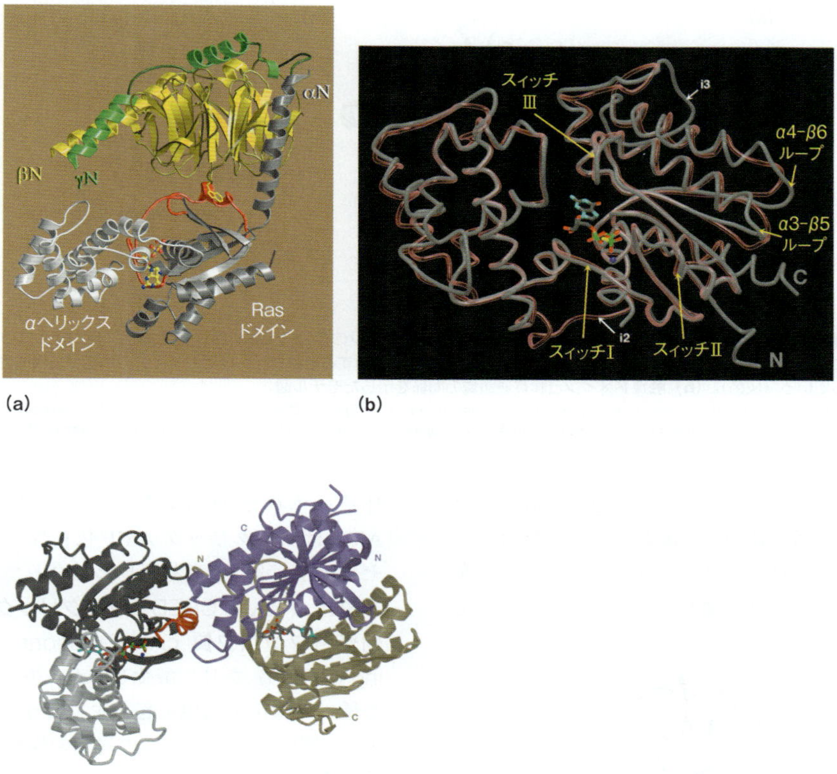

(c)

図 23.9　G タンパク質の立体構造　**(a)** ヘテロ三量体α，β，γの構造。αはG_iのαサブユニットである。αは灰色，βは黄色，γは緑で，3 つのタンパク質の N 末端領域を示している。黄色はαサブユニットに結合している GDP とαサブユニット上のスイッチⅡ領域を示す。G タンパク質は脂質修飾を受けているが，これには示されていない。**(b)** G_iのαサブユニット（赤）と $G_s\alpha$-GTPγS（灰色）を重ね合わせたものである。異なる部分（i2，i3）は白い矢印で示されている。GTP 結合部位は同じ構造である。**(c)** $G_s\alpha$-GTPγS 複合体（左）とアデニル酸シクラーゼの触媒サブユニット（右）の結合。上側が細胞膜に面していると考えられている。αサブユニットはヘリカルドメイン（薄い灰色）と Ras 様ドメイン（濃い灰色，a を参照）に分けられる。アデニル酸シクラーゼの 2 つのドメインも色を変えて示している（紫とカーキ）。GTPγS は緑で，αサブユニットのスイッチⅡ領域は赤で示されている。

(a) Reprinted from *Structure* 6：1169-1183, M. A. Wall, B. A. Posner, and S. R. Sprang, Structural basis of activity and subunit recognition in G protein heterotrimers. © 1998, with permission from Elsevier；(b) From *Science* 278：1943-1947, R. K. Sunahara, J. J. G. Tesmer, A. G. Gilman, and S. R. Sprang, Crystal structure of the adenylyl cyclase activator $G_s\alpha$ © 1997. Reprinted with permission from AAAS；(c) From *Science* 278：1907-1916, J. J. G. Tesmer, R. K. Sunahara, A. G. Gilman, and S. R. Sprang, Crystal structure of the catalytic domains of adenylyl cyclase in a complex with $G_s\alpha$・GTPγS. © 1997. Reprinted with permission from AAAS.

複合体が形成され，細胞内のエンドサイトーシス顆粒に取り込まれていく。細胞内に取り込まれた後，βアレスチン-β-ARK 複合体は解離し，受容体は脱リン酸化されて，細胞表面へと再び送られ，次のホルモン刺激に備える。βアレスチンはまた，別の受容体に結合して，同様のメカニズムで脱感作を引き起こすこともある。

エフェクター：アデニル酸シクラーゼ

G タンパク質の標的としてシグナル伝達に関与する効果器はいくつかあるが，ここではアドレナリンの情報伝達に関わり，シグナル伝達の規範的な存在でもあるアデニル酸シクラーゼ adenylate cyclase（AC）に焦点を当てることとする。先に述べたように，アデニル酸シクラーゼは ATP から cAMP とピロリン酸を産生する反応を触媒する。哺乳類細胞はヘテロ三量体 G タンパク質で制御される 10 種類のアデニル酸シクラーゼをもち，各々のアデニル酸シクラーゼは 2 つの膜貫通ドメイン（M1，M2）と 2 つの相同性の高い細胞内領域（C1，C2）を有す。図 23.10 に $G_s\alpha$ サブユニットと**フォルスコリン forskolin** 存在下で結晶化したアデニル酸シクラーゼの細胞内領域の構造を示す。フォルスコリンはインドに自生する植物（Indian plant）より抽出されたジテルペンで，アデニル酸シクラーゼを活性化することができる。この図中の構造内に部分的に示されているが，フォルスコリンの働きは，アデニル酸シクラーゼの 2 つの細胞内領域を引き寄せて活性化状態のコンホメーションへと変換させる。他の研究によると，α_Iの結合部位は疑似対称な触媒領域の反対側で，触媒領域の会合を妨げているよう

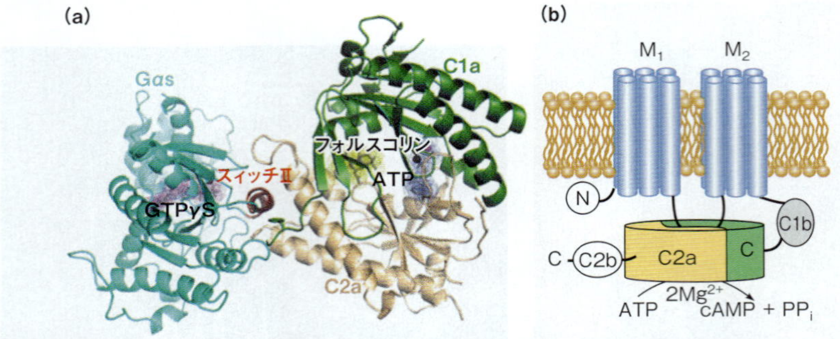

図23.10　アデニル酸シクラーゼの触媒ドメインの結晶構造解析　**(a)** 触媒ドメインのC1aとC2a（黄褐色と緑色）をフォルスコリン（黄色）とG_sタンパク質のαサブユニット（α_s）の共存下で結晶化した（青緑，左下）。ATPが結合する触媒サイトは両ドメインの残基から構成されている。α_sに結合しているGTPも示している（灰色）。**(b)** 触媒ドメインと膜貫通領域の関係を示したモデル図。

である（この図では示されていない）。2つの制御サブユニットは酵素の活性領域から離れた部位に結合し，こうした複合的なアロステリックプロセスがアデニル酸シクラーゼ活性の制御に関わっていることを示している。

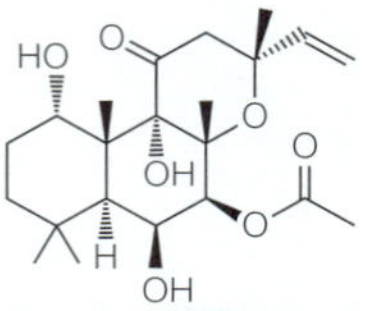

フォルスコリン

アデニル酸シクラーゼの反応は，α位（内側）のリン酸基への求核攻撃によってATPの3'-水酸基の活性化に関与し，ホスホジエステル結合の形成と同時にピロリン酸の遊離を促す。このアデニル酸シクラーゼの働きは分子内反応であることを除くと，DNAポリメラーゼによる触媒反応と類似している。図には示されていないが，活性部位におけるアミノ酸残基の配置，特にアスパラギン残基のポジションと，2つの鉄イオンが必要というアデニル酸シクラーゼの特徴は，2つの鉄イオンの要求性があると考えられているDNAポリメラーゼの特徴と非常に類似している（第25章，p.937参照）。

セカンドメッセンジャーシステム

サイクリックAMP

第13章で紹介し，本章で詳しく述べてきたように，多くのシグナル伝達は受容体，Gタンパク質，アデニル酸シクラーゼ系を介して起こる。この場合，細胞内において，セカンドメッセンジャーであるサイクリックAMPの産生が促進されたり抑制されたりする。多くの細胞内反応はセカンドメッセンジャーにより制御されている。まだ述べていない1つの例として，受容体そのものが増加する場合がある。サイクリックAMPはサイクリックAMP依存性プロテインキナーゼ（PKA，第13章参照）と結合し，活性化する。引き続き，PKAは**CREB（サイクリックAMP応答性配列結合タンパク質 cAMP response element binding protein）**をリン酸化し，ホルモン受容体などを含む種々の遺伝子発現を起こす。こうしたいくつかの反応は，細胞のホルモンへの適応の現れである。加えて，サイクリックAMPは，アドレナリン，グルカゴン，ドーパミン，副腎皮質刺激ホルモン（ACTH），ヒスタミン，セロトニン，プロスタグランジン類等の数多くのシグナル刺激において，セカンドメッセンジャーとして働くのである。

こうした多様なシグナル刺激物質の作用がすべてサイクリックAMPを介しているとするならば，各ホルモンがもつ特異的な作用はどのように説明できるだろうか？　この疑問の一部に関しては，ホルモン受容体の組織発現分布によって説明できる。例えば，グルカゴン受容体は肝臓と脂肪組織に発現することから，こうした組織にグルカゴンが特異的に作用することが説明できる。また，AC刺激性，あるいは，抑制性Gタンパク質の細胞間における発現分布差が，各細胞にホルモンが作用した後の細胞内サイクリックAMPの増減を決定する。つい最近，**AKAP（A kinase anchoring protein）**と呼ばれるタンパク質群が発見され，これらは細胞内の限られた部位に結合し，局所的なサイクリックAMPプールによって制御される特徴をもつ。このタンパク質の存在によって，単一細胞内においても異なるサイクリックAMPによる効果が説明できるようになった。30種類にも及ぶヒトAKAPは，微小管，イオンチャネルやミトコンドリアと結合状態にあり，これにサイクリックAMP依存性プロテインキナーゼが結合し，局所的なサイクリックAMP効果が単一細胞内に起こるのである。

サイクリック GMP と一酸化窒素

サイクリック AMP だけがセカンドメッセンジャーではない。サイクリック GMP（p.870 参照）やイノシトールリン酸（第 19 章，p.704 参照）についてもすでに述べてきた。特に，一酸化窒素の代謝に関わるサイクリック GMP に対する関心が高まっている。一酸化窒素 nitric oxide（NO・）はアルギニンから合成されるガス状のシグナル伝達分子であり（第 21 章参照），制御分子として重要な働きをする。一酸化窒素は，血管内皮細胞と平滑筋に作用し，血管拡張を誘発する物質として見出された。血圧降下や血小板凝集阻害時のシグナル伝達においても，一酸化窒素は中間体として働く。免疫反応や炎症反応では，誘導型の一酸化窒素合成酵素（シンターゼ）が病原性生物に対して毒性を示すレベルまで一酸化窒素を産生する。一酸化窒素はまた，中枢神経系の神経伝達も制御する。

血管内皮細胞の一酸化窒素合成酵素の働きは，細胞内カルシウムイオン濃度に依存する。すなわち，カルシウムイオン濃度によって酵素が活性化されることにより，細胞内に一酸化窒素が蓄積する。一酸化窒素はガス状物質であるので，周辺の細胞に速やかに広がり，可溶性グアニル酸シクラーゼ内の二価鉄イオンに結合することでこの酵素を活性化し，サイクリック GMP 濃度を高める。グアニル酸シクラーゼ活性は生理的濃度の ATP によって抑制される。このことは，細胞内における一酸化窒素のシグナル伝達とエネルギー状態が密接にリンクしていることを示唆する。グアニル酸シクラーゼは一酸化窒素の唯一の標的ではないが（シトクロムオキシダーゼのコンポーネントである 2 価の鉄イオンと速やかに反応する），サイクリック GMP 上昇はおそらく，一酸化窒素産生で影響を受ける最も主要な細胞内イベントといえる。

一酸化窒素は不安定な物質であり，その効果は非常に短時間である。一酸化窒素は血管拡張を誘発することから，この物質は陰茎の勃起を促す。薬剤であるバイアグラは，サイクリック GMP ホスホジエステラーゼの活性を阻害し，結果的にサイクリック GMP の代謝半減期を長くすることで勃起障害を改善する。

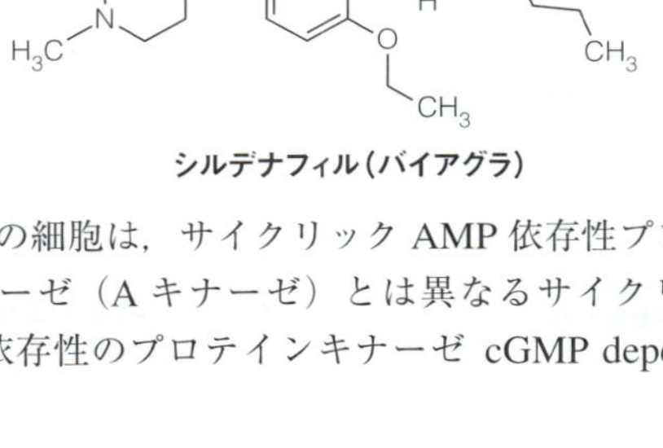

シルデナフィル（バイアグラ）

多くの細胞は，サイクリック AMP 依存性プロテインキナーゼ（A キナーゼ）とは異なるサイクリック GMP 依存性のプロテインキナーゼ cGMP dependent protein kinase（G キナーゼ）を発現している。この酵素は，1 つのポリペプチド鎖上に触媒領域と制御領域をもち，このペプチドがホモ二量体化した構造をしている。シグナル変換におけるサイクリック GMP の役割に関しては，最近まであまりわかっていなかったが，その理由の 1 つは，サイクリック AMP と比較して細胞内濃度が 1/10〜1/100 も低いからである。

一酸化窒素がガス状のシグナル伝達分子であるという発見は予想外であったが，NO 以外にもガス状シグナル分子は存在する。硫化水素や一酸化炭素はごく少量つくられ，毒性以下の用量において，一酸化窒素とメカニズムは異なるものの，同様の抗炎症作用や血管拡張作用を発揮する。システインの脱硫化によって産生される硫化水素は，平滑筋細胞において ATP 感受性のカリウムチャネルを活性化する。一酸化炭素の作用メカニズムについてはいまだ不明な点が多い。

カルシウムイオン

カルシウムイオンもまた，セカンドメッセンジャーの 1 つである。さまざまな外界の刺激に応答して細胞内カルシウム濃度が上昇し，単独で，あるいはカルモジュリンとの相互作用で，細胞内の応答を引き起こす（第 13 章）。細胞内カルシウム濃度もまた，サイクリック AMP など他のセカンドメッセンジャーの調節を受けている。神経細胞や筋肉細胞ではアデニル酸シクラーゼの活性化は細胞外からのカルシウム流入を引き起こす。シナプス前膜ではサイクリック AMP が電位依存性カルシウムチャネルを活性化し，カルシウムイオンの流入により伝達物質を放出する（第 10 章参照）。この活性化は，チャネルを構成するタンパク質の cAMP 依存的キナーゼによるリン酸化で起こる。また，βアドレナリン性アゴニストにより心拍数が増加するが，これはサイクリック AMP によってカルシウム流入が起こり，心筋の収縮力を高めるせいである（第 8 章参照）。サイクリック AMP がカルシウム濃度を調節しているので，カルシウムイオンはサードメッセンジャーと呼ぶのが正しいのかもしれない。

ホスホイノシチド

細胞質ゾルのカルシウム濃度は，細胞内のカルシウム貯蔵庫からの遊離によっても調節されている。この遊離を調節しているのが**ホスホイノシチド系 phosphoinositide system** である。ホスホイノシチド系はアデニル酸シクラーゼ系と多くの面でよく似ているが，ホルモン刺激により 2 つのセカンドメッセンジャーをつくる反応を活性化するという点で異なっている。アセチルコリンを膵臓の分泌細胞に投与すると膜のホスファチジルイノシトールの分解と再合成が速やかに進むという Mabel Hokin と Lowell Hokin の 1953 年の実験的観察が最初の発見である。ホルモン，神経伝達物質，増殖因子により同様な代謝が起こることは次々に明らかになってきたが，この仕組みが理解されるようになったのは，それから 20 年以上たった後のことである。

現在では，細胞膜の特殊なリン脂質である**ホスファチジルイノシトール 4,5-二リン酸 phosphatidylinositol 4,5-bisphosphate**（PIP_2）が 2 種類のセカンドメッセンジャーをつくる材料であることがわかっている。図 23.11 に示したように，アゴニストが受容体に結合する（ステップ 1）と，G タンパク質は GTP 結合型となる（ステップ 2）。ここまではアデニル酸シクラーゼの仕組みと同じである。違うのは，活性化された G タンパク質が膜に結合している**ホスホリパーゼ C phospholipase C** を活性化する点である。ホスホリパーゼ C は PIP_2 から ***sn*-1,2-ジアシルグリセロール *sn*-1,2-diacylglycerol**（DAG）と**イノシトール三リン酸 inositol 1,4,5-trisphosphate**（$InsP_3$）を合成する（ステップ 3）（下の図を参照）。この 2 つの産物はいずれもセカンドメッセンジャーである。つまり，ホスホリパーゼ C により PIP_2 が分解される過程は，アデニル酸シクラーゼが活性化され，サイクリック AMP が生じる過程と類似している。

イノシトール三リン酸のセカンドメッセンジャーとしての役割は，小胞体 endoplasmic reticulum（ER）のカルシウムチャネルに結合して開口させ，ER 内のカルシウムイオンを放出することにある（ステップ 4，図 23.11 参照）。生じたカルシウムイオンはすでに述べてきたように，細胞内の代謝にさまざまに作用するが，ジアシルグリセロールによる膜結合のプロテインキナーゼ C の活性化にも貢献する（ステップ 5）。プロテインキナーゼ C の活性化には，カルシウムイオン（“C” の由来はそれである）とホスファチジルセリンなどのリン脂質が必要である。ジアシルグリセロールはプロテインキナーゼ C のカルシウムイオンへの親和性を増加させて，この酵素の活性を促進させる。*sn*-1,2-DAG のみが活性をもち，*sn*-1,3，*sn*-2,3 などの異性体は不活性である。プロテインキナーゼ C は標的タンパク質のセリン，あるいはトレオニン残基をリン酸化する（ステップ 6）。cAMP 依存性キナーゼと同様，プロテインキナーゼ C の活性化が惹起する細胞応答は，細胞内でどの標的タンパク質がリン酸化修飾を受けるかによって決まってくる（例えば，カルモジュリンのリン酸化，図 23.11 参照）。他にもこのキナーゼによってリン酸化される標的タンパク質としては，インスリン受容体，β アドレナリン受容体，グルコース輸送体，HMG-CoA レダクターゼ，シトクロム P450，チロシンヒドロキシラーゼなどのさまざまなタンパク質が知られている。

PIP_2 から切り出されたイノシトール三リン酸（$InsP_3$）のその後の代謝について簡単に触れたい。加水分解によってできたイノシトールは，第 19 章で述べたように，ホスファチジルイノシトールに変換され，その後，PIP あるいは PIP_2 を再生産する。イノシトール一リン酸からイノシトールを生ずるステップは，**リチウムイオン lithium ion** により特異的に阻害される。これにより，細胞内のイノシトール量が減り，やがてはイノシトール三リン酸の生合成そのものを抑えることとなる。

イノシトール一リン酸 + H_2O → イノシトール + 無機リン酸（P_i）

ホスホイノシチドによる細胞内シグナル伝達は神経系でも幅広く機能しているので，リチウムが双極性障害（bipolar syndrome，かつては躁鬱病 manic-depressive disorder と呼ばれた）の治療に使われている。

カルシウムイオンと特定のタンパク質のリン酸化は数多くの代謝過程を調節しており，ホスホイノシチド経路は細胞の機能調節に多様な役割を果たしている。細胞は，イノシトール三リン酸と DAG のいずれか，あるいは両方を 1 つの細胞外刺激（ホルモンなど）からのレスポンスとして利用するために，さらなる多様性が生じる。このシステムで調節される細胞機能の例を表 23.2 に示した。

多くの研究から，ホスホイノシチド経路は単に細胞

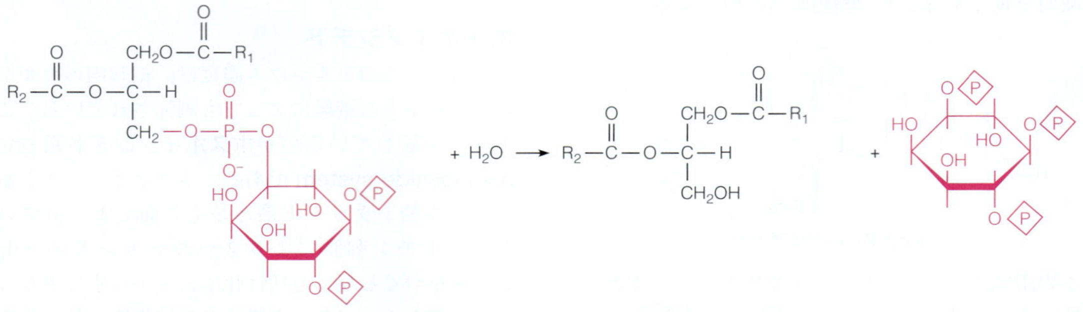

ホスファチジルイノシトール 4,5-二リン酸（PIP_2）　　*sn*-1,2-ジアシルグリセロール（DAG）　　イノシトール1,4,5-三リン酸（$InsP_3$）

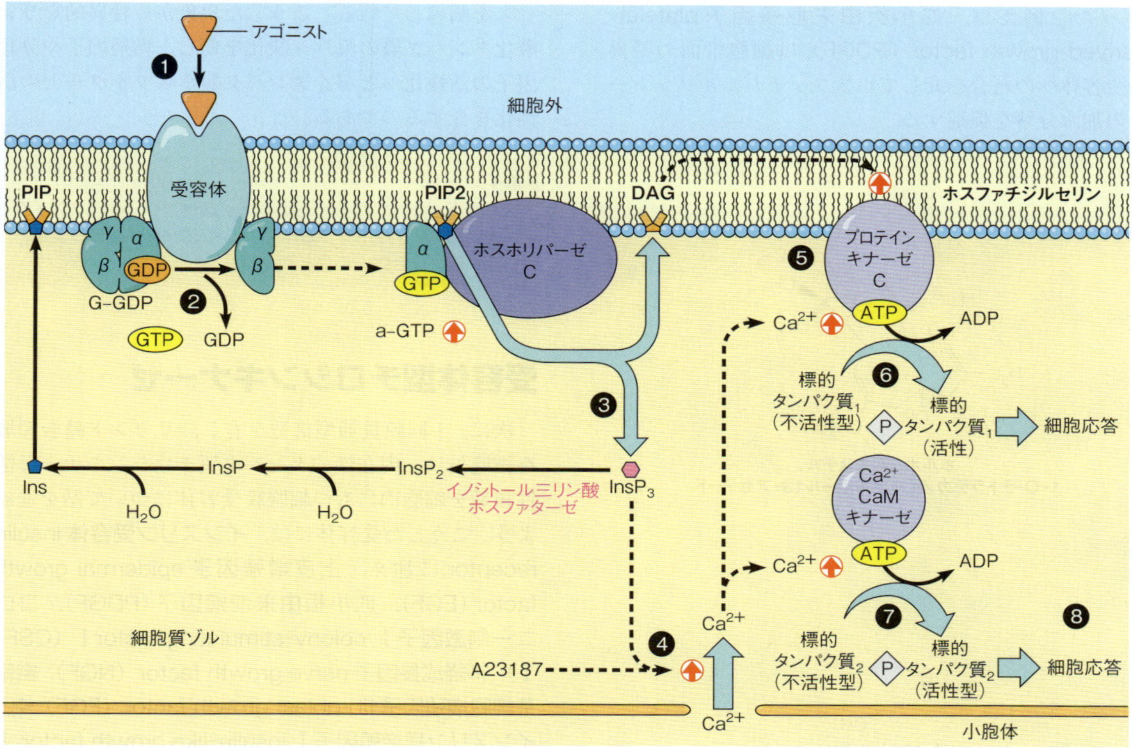

図 23.11　ホスホイノシチド代謝を介するシグナル伝達系　DAG＝ジアシルグリセロール（*sn*-1,2-ジアシルグリセロール），Ins＝イノシトール，InsP＝イノシトール一リン酸，PIP＝ホスファチジルイノシトール 4-リン酸，PIP_2＝ホスファチジルイノシトール 4,5-二リン酸，$InsP_3$＝イノシトール 1,4,5-三リン酸，$InsP_2$＝イノシトール 1,4-二リン酸。カルシウムの効果の多くはカルモジュリン（CaM）を介して発揮されると考えられる。A23187 はカルシウムイオノフォアであり，細胞内貯蔵庫からのカルシウム放出を促す。放出されたカルシウムは，プロテインキナーゼ C とカルモジュリン依存性キナーゼを活性化する。

表 23.2　ホスホイノシチド系セカンドメッセンジャーで調節される細胞応答

細胞外シグナル	標的組織	細胞応答
アセチルコリン	膵臓	アミラーゼ分泌
	膵臓（島細胞）	インスリン放出
	平滑筋	収縮
バソプレシン	肝臓	グリコーゲン分解
トロンビン	血小板	血小板凝集
抗原	幼若リンパ球	DNA 合成
	マスト細胞	ヒスタミン分泌
増殖因子	繊維芽細胞	DNA 合成
精子	卵細胞（ウニ）	受精
光	光受容体（カブトガニ）	光伝達
甲状腺刺激ホルモン放出ホルモン	脳下垂体前葉	プロラクチン分泌

Courtesy of Slim Films. As published in *Scientiffic American*（1985）253, 142-152, M. J. Berridge, The molecular basis of communication within the cell.

の代謝調節だけでなく，細胞増殖にも関係することが明らかになってきた。最初の例は，**ホルボールエステル phorbol ester** という化合物で，部分的に DAG と構造が類似している（次ページに赤で示した）。この化合物とその仲間は**発がんプロモーター tumor promoter** と呼ばれている。それ単独では，発がん性を示さないが，他の発がん物質と併用すると動物にがんをつくりやすくする。ある種のホルボールエステルはジアシルグリセロールの存在なしに，プロテインキナーゼ C を活性化することができる。この発見は，プロテインキナーゼ C が細胞の増殖に関与しており，調節システムが破綻すると腫瘍になるという仮説と一致する。ホスホイノシチド代謝が細胞増殖に関与するという別の証拠は，増殖因子の作用の研究から明らかになった。例えば，**血小板由来増殖因子 platelet-derived growth factor（PDGF）**は細胞表面の特異的受容体への結合を介してホスファチジルイノシトールの加水分解を促進する。

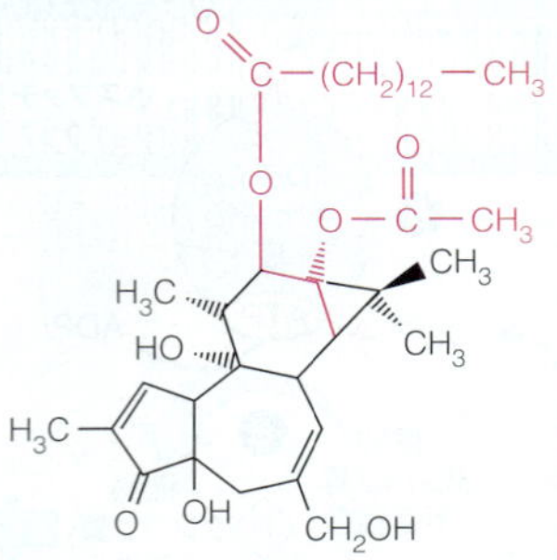

ホルボールエステル，
1-*O*-テトラデカノイルホルボール13-アセテート

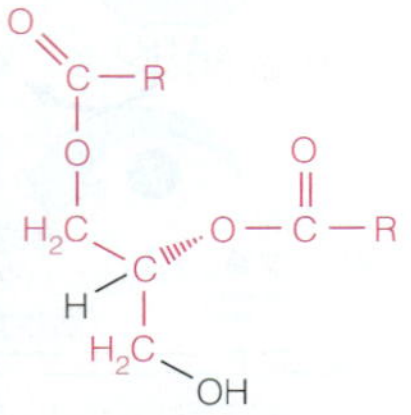

***sn*-1,2-ジアシルグリセロール**
（DAG）

ホスホリパーゼC以外の種々のホスホリパーゼもGタンパク質経路で活性化されることがわかりつつある。第19章で述べたように，ホスファチジルコリンから切り出されるアラキドン酸はエイコサノイドを産生するための主要な前駆体物質であるが，このアラキドン酸を切り出すのはホスホリパーゼA_2という酵素であり，この酵素もGタンパク質を介するシグナル伝達経路上にある。さらに，ホスホリパーゼDもジアシルグリセロール産生を介するシグナル伝達経路で活性化される。さらに，多くのホスホリパーゼがカルシウムイオンで活性化されるのである。

要約すると，最初に発見されたセカンドメッセンジャーはサイクリックAMPであった。しかし現在では，これ以外のセカンドメッセンジャーとして，サイクリックGMP，カルシウムイオン，イノシトール三リン酸，ジアシルグリセロールなどが知られている。さらに，ホスホイノシチド類以外でも，シグナル伝達に関与するリン脂質が存在する。第19章で血小板活性化因子 platelet-activating factor（PAF）について紹介したが，この分子は，特異的なGタンパク質共役型受容体への結合を介して血小板凝集を促進する。また，リゾホスファチジン酸も特異的なGタンパク質共役型受容体の活性化を介し，創傷治癒に関わる細胞の増殖と分化を制御している。最後にリン脂質ではないが，セラミドは細胞増殖，分化，老化，そしてアポトーシスを制御している。こうした現象が，特異的なリン酸化タンパク質の脱リン酸化を促し，増殖因子や分化因子の活性化へと導くタンパク質ホスファターゼの活性化を介するのである。

ポイント12
セカンドメッセンジャーにはサイクリックAMP，サイクリックGMP，カルシウムイオン，イノシトール三リン酸，ジアシルグリセロールなどがある。

受容体型チロシンキナーゼ

次に，1回膜貫通型構造を有し，リガンド結合領域を細胞外に，内在性のタンパク質チロシンキナーゼ活性領域を細胞内にもつ細胞膜受容体について話を進めよう。こうした受容体には，**インスリン受容体 insulin receptor**に加え，**上皮増殖因子 epidermal growth factor（EGF），血小板由来増殖因子（PDGF），コロニー刺激因子Ⅰ colony-stimulating factor Ⅰ（CSF-Ⅰ），神経成長因子 nerve growth factor（NGF），線維芽細胞増殖因子 fibroblast growth factor（FGF）**や，**インスリン様増殖因子Ⅰ insulin-like growth factor Ⅰ（IGF-Ⅰ）**などをリガンドとする受容体がある。これらの受容体はすべて図23.12に示すような受容体遺伝子ファミリーを形成しており，そのキナーゼ部分には相同性がある。インスリン受容体やIGF-Ⅰ受容体を除き，これらの受容体は通常，単量体で存在するが，リガンド結合とともに二量体化し，活性化状態へと変換される。このクラスのいくつかの受容体はセカンドメッセンジャー産生を介して働くが，多くのタイプはタンパク質リン酸化カスケードを“オン”にすることで応答を進める。これは我々が糖新生過程で見てきたものに似ている。このクラスの受容体は，インスリン同様（インスリンも増殖因子と考えることができるが），ペプチド性増殖因子をリガンドとするものが多い。

このファミリーの中で最初に性質が解明されたのは，インスリン受容体である（図23.12参照）。インスリン受容体は$\alpha_2\beta_2$の四量体構造をもつ糖タンパク質で，この四量体はジスルフィド結合によって安定化している。α鎖は735個，β鎖は620個のアミノ酸残基からなり，1つのmRNAからつくられた1つのポリペプチド前駆体がタンパク質分解によってつくられたものである。α鎖は細胞膜を貫通しておらず，C末端部位でインスリンと結合する。他方，β鎖はC末端を細胞内にもつ膜貫通タンパク質で，C末端領域はタンパク質チロシンキナーゼ活性をもっており，インスリンが受容体の細胞外領域へ結合することによって活性化される。キナーゼ活性がインスリン受容体の作用に

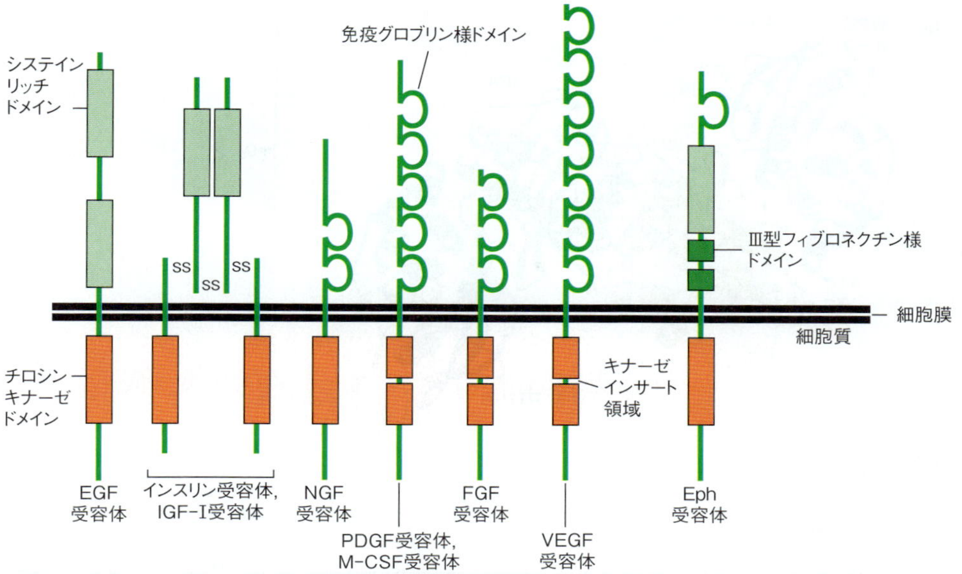

図 23.12　インスリン受容体および類似した増殖因子受容体（1 回膜貫通受容体で細胞内にチロシンキナーゼ活性をもつ）　各サブファミリーの代表的な受容体の構造を示す。いくつかのサブファミリーはキナーゼインサート領域をもつ。VEGF＝vascular endothelial growth factor，Eph＝エフリン，分化時の細胞運動性の調節因子。その他の略語は本文中に示す。

必須であることは，このキナーゼを欠損した患者がⅡ型糖尿病（インスリン非依存性糖尿病）を発症することから明らかである。

これらの受容体ファミリーとは多少離れた関係にあり，酵素活性をもつ別の受容体が存在する。それは**トランスフォーミング成長因子 β transforming growth factor-β（TGF-β）**受容体であり，セリン-トレオニンキナーゼ活性（サイクリック AMP 依存性プロテインキナーゼの場合と同じ）をもつ受容体である。**心房性ナトリウム利尿因子 atrial natriuretic factor（ANF）**は血圧を調節しているが，この受容体はグアニル酸シクラーゼとセリン-トレオニンキナーゼ活性をもっている。血圧の上昇により心房が伸展すると ANF が放出されて腎臓に送られ，そこで ANF 刺激によって cGMP 産生が促進され，これによって腎臓からのナトリウムと水の排泄が促され，結果的に血圧が低下する。

受容体型チロシンキナーゼ receptor tyrosine kinase（RTK）を介するシグナル伝達経路は，細胞外領域にアゴニストが結合することから始まるが，これが受容体の二量体化の引き金となる（インスリン受容体と IGF-Ⅰは例外で，もともとα，βサブユニットの二量体構造をとっている）。この二量体化は，受容体の細胞質ドメイン内チロシン残基の自己リン酸化を促進する。引き続き，SH2（Src homology），あるいは PTB（phosphotyrosine-binding）を分子内にもつタンパク質が RTK の細胞内領域にリクルートされる。非常に多くのシグナル伝達経路に関与する関係上，この受容体型チロシンキナーゼは創薬標的として非常に魅力的であり，実際，インスリン受容体については特によく研究されている。図 23.13a は，インスリン受容体の二量体化したキナーゼ領域の構造を示している。それは，基質の 1 つでインスリンシグナル伝達のネガティブ制御因子であるタンパク質チロシンホスファターゼ protein tyrosine phosphatase 1B（PTP1B）と複合体を形成している。

チロシンキナーゼ領域に会合するタンパク質は，シグナル分子か，もしくは，下流で働くシグナル因子の結合サイトをもつアダプター分子である。図 23.13b に示すように，インスリン受容体キナーゼの代表的な基質は，SH2 ドメインを介してインスリン受容体のキナーゼ領域と結合する**インスリン受容体基質-1 insulin receptor substrate-1（IRS-1）**である。この IRS-1 のリン酸化で影響を受ける下流のイベントの 1 つは，**ホスホイノシチド 3-キナーゼ phosphoinositide 3-kinase（PI3K）**の活性化である。この酵素は，ホスファチジルイノシトール 4,5-二リン酸（PIP_2）をホスファチジルイノシトール 3,4,5-三リン酸（PIP_3）に変換する働きがあり，この PIP_3 は細胞内に多様な標的をもつセカンドメッセンジャーとなる。インスリンに反応して，PIP_3 が及ぼす効果の 1 つは，**プロテインキナーゼ B protein kinase B（PKB）**，あるいは Akt という名前で呼ばれるタンパク質の活性化であり，この活性化は細胞膜との結合を介して進む。引き続き，活性化された PKB は，別のキナーゼであるグリコーゲンシンターゼキナーゼ glycogen synthase kinase

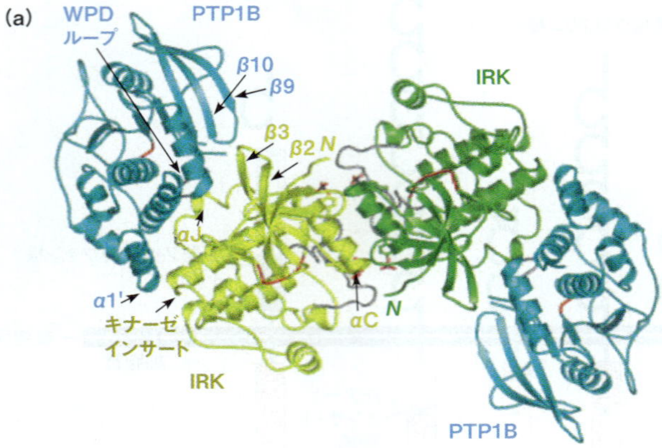

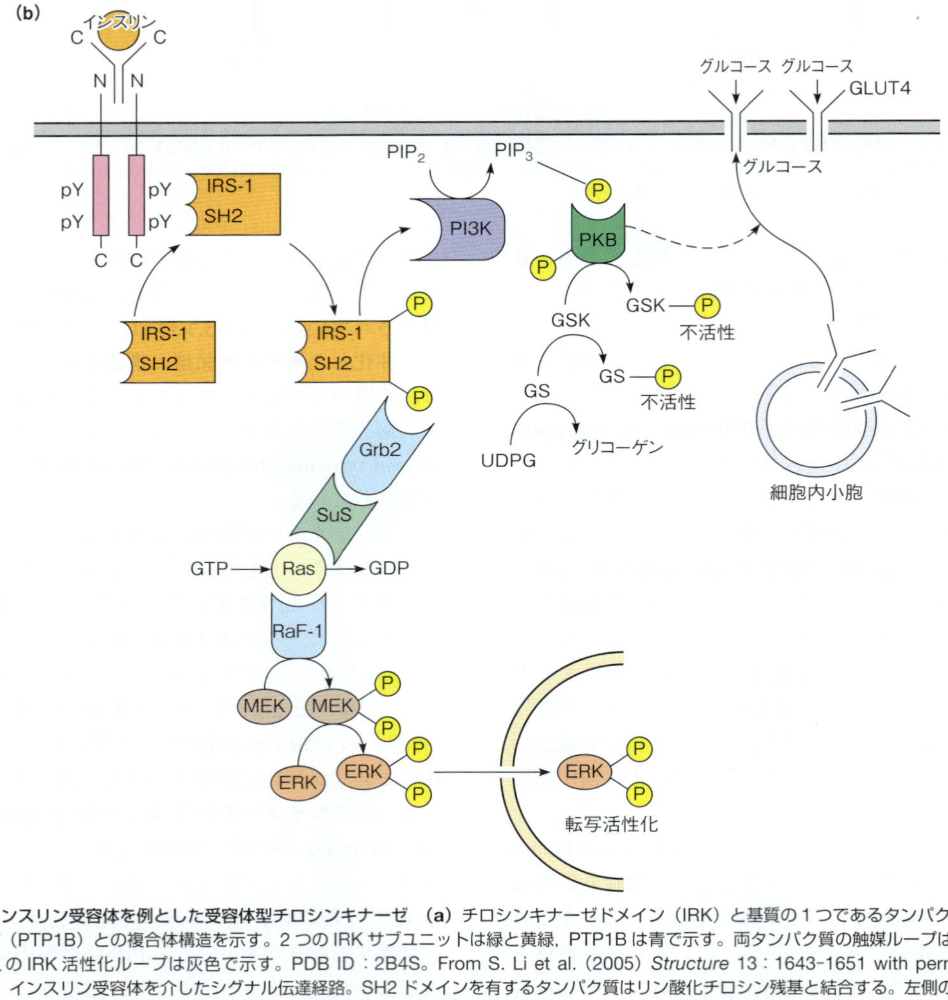

図 23.13　インスリン受容体を例とした受容体型チロシンキナーゼ　(a) チロシンキナーゼドメイン（IRK）と基質の1つであるタンパク質チロシンホスファターゼ（PTP1B）との複合体構造を示す。2つのIRKサブユニットは緑と黄緑，PTP1Bは青で示す。両タンパク質の触媒ループは赤，リン酸化チロシン近くのIRK活性化ループは灰色で示す。PDB ID：2B4S。From S. Li et al. (2005) *Structure* 13：1643-1651 with permission from Elsevier. **(b)** インスリン受容体を介したシグナル伝達経路。SH2ドメインを有するタンパク質はリン酸化チロシン残基と結合する。左側の経路：IRS-1（インスリン受容体基質-1）のリン酸化は，Raf-1，MEK，ERKリン酸化を介するリン酸化カスケードを作動させ，その結果，リン酸化ERKが核内に移行し，増殖や分化に関わる遺伝子群の転写を刺激する。右側の経路：IRS-1のリン酸化はホスホイノシチド3-キナーゼ（PI3K）を活性化し，これによってPIP_2がPIP_3へと代謝される。PIP_3はリン酸化されたプロテインキナーゼB（PKB）を膜に結合させることで活性化し，これによりグリコーゲンシンターゼキナーゼ glycogen synthase kinase（GSK）がリン酸化され不活性化されるのである。GSKによるリン酸化で不活性化状態であったグリコーゲンシンターゼ（GS）は，GSKの不活性化で活性化状態となり，グリコーゲン合成が進む。もう1つのリン酸化されたPKBの働きは，グルコース輸送体であるGLUT4を細胞内小胞から形質膜に移送することである。これによって，細胞内へのグルコースの取り込み量が増加する。

(GSK3）をリン酸化する。GSK3 はリン酸化で不活性化するが，この酵素はグリコーゲンシンターゼをリン酸化することで不活性化する働きがある。そのため，インスリンが受容体に結合した場合，グリコーゲンシンターゼは不活性化されないことから，グリコーゲン合成が続くのである。PKB は，細胞内の小胞に局在するグルコース輸送体 GLUT4 を細胞表面へと送る働きもし，グルコースの取り込みを促進する。インスリンはまた，長期的な成長ホルモンとしての効果ももっているが，そのために，別のリン酸化経路が解明されることとなる。図 23.13 に示すように，リン酸化された IRS-1 には，Grb2 と呼ばれるアダプタータンパク質が結合し，その後，Sos の活性化，Ras の結合へと続いていく（Ras についての詳細は p.884 参照）。Ras は G タンパク質の α サブユニットに匹敵するものであるが，完全な G タンパク質とは異なる。Sos は，グアニンヌクレオチド交換因子 guanine nucleotide exchange factor（GEF，p.869 参照）様の働きをし，Ras からの GDP 解離と GTP 結合を促すことで Ras を活性化する。GTP 結合型の Ras は，Raf-1 と呼ばれるプロテインキナーゼを活性化し，これによって別のプロテインキナーゼである ERK が活性化される。ERK のリン酸化は，それ自身の核内移行を促進し，他のタンパク質群のリン酸化を起こす。こうしてリン酸化されたタンパク質はゲノム上の特異的な遺伝子配列に結合し，細胞分裂や増殖に関わる遺伝子群の転写を亢進するのである。

ポイント 13
インスリン受容体と関連する増殖因子受容体は 1 回膜貫通タンパク質であり，細胞内ドメインがタンパク質チロシンキナーゼ活性をもっている。

ステロイドホルモンと甲状腺ホルモン：細胞内受容体

細胞膜を介するホルモン作用は，一般には効果が短時間のものが多い。アドレナリンによるグリコーゲン分解にみられるように，緊急で重要な生理的要求に対してすでに存在している酵素を活性化ないし阻害するのが，その作用様式である。これとは対照的に，ステロイドホルモンの作用は長時間にわたるものであり，輸送体を活性化したり，細胞を静止状態から増殖へと転換するなどの変化を引き起こす。ステロイドやその仲間のホルモン（甲状腺ホルモン，ビタミン D，レチノイン酸由来のホルモン）は細胞内受容体に作用するのである。このホルモンの疎水性（脂溶性）を利用し，細胞膜を通過し，細胞内，そして多くは核内受容

23

表 23.3　ステロイドホルモンと甲状腺ホルモンの標的組織と合成が調節されるタンパク質

ホルモン	標的組織	タンパク質[a]
グルココルチコイド	肝臓	チロシンアミノトランスフェラーゼ
		トリプトファンオキシゲナーゼ
		α フェトプロテイン（低下）
		メタロチオネイン
	肝臓，網膜	グルタミンシンターゼ
	腎臓	ホスホエノールピルビン酸カルボキシキナーゼ
	卵管	オボアルブミン
	脳下垂体	プロオピオメラノコルチン
エストロゲン	卵管	オボアルブミン
		リゾチーム
	肝臓	ビテロゲニン
		アポ-VLDL
プロゲステロン	卵管	オボアルブミン
		アビジン
	子宮	ウテログロビン
アンドロゲン	前立腺	アルドラーゼ
	腎臓	β グルクロニダーゼ
	卵管	アルブミン
1,25-ジヒドロキシビタミン D_3	小腸	カルシウム結合タンパク質
甲状腺ホルモン	肝臓	カルバモイルリン酸シンターゼ
		リンゴ酸酵素
	脳下垂体	成長ホルモン
		プロラクチン（低下）
エクジソン（昆虫）	上皮	ドーパデカルボキシラーゼ
	脂肪体[b]	ビテロゲニン

[a]多くのタンパク質の合成は促進されるが，2 つの例では低下する。
[b]昆虫の脂肪体は哺乳類の肝臓や腎臓と同じ働きをしている。

体と結合し，さまざまな遺伝子発現を調節する。そして，多くの場合，遺伝子を活性化する。どのようなタンパク質の合成が促進されるかを表 23.3 にまとめる。

ポイント 14
核内受容体を介して作用するホルモンは，一般的には細胞膜受容体に作用するホルモンよりも長く続く効果を示す。

これらの調節はステロイド応答遺伝子の転写レベルで起こる。ステロイドホルモンは細胞質ゾル中の特異的タンパク質受容体と結合し，ホルモンの作用でこの受容体は二量体を形成する。ホルモン–受容体複合体は核内へと移行し，そこで特定の遺伝子の**ホルモン応答部位 hormone responsive element（HRE）**へと結合する。ホルモン–受容体複合体の DNA への結合は，周辺遺伝子の転写を促進するのだが，この活性化機構は現在，活発に研究されている分野である。これらのタンパク質はその作用部位から，核内受容体とも呼ばれている。

核内受容体は 1 つの細胞に 10^4 分子程度しか存在せず，このためタンパク質精製は非常に困難だった。しかし，ホルモンへの結合は非常に強力なので，これを利用してアフィニティクロマトグラフィで受容体精製が行われた。cDNA の塩基配列から，タンパク質が一定の構造類似性をもっており，遺伝子組換え技術によるキメラタンパク質（融合タンパク質）の解析から，受容体タンパク質の機能ドメインが明らかとなった。いずれの受容体も中央部分に約 80 のアミノ酸残基からなる DNA 結合部位をもっている（図 23.14 参照）。N 末端領域には転写活性化に必須な部分があり，また，C 末端部位にはホルモン結合，受容体タンパク質の二量体形成，転写促進に必要な部位が存在する。

すべての既知の受容体は亜鉛を含んでおり，これは DNA への結合に必須である。DNA 結合配列中のシステイン残基の配置は完全に保存されている。亜鉛原子は，多くの真核生物の転写制御因子に見られる“ジンクフィンガー”構造モチーフと似た構造中のシステインの硫黄原子と結合していることが示唆された（第 27 章参照）。この仮説は，受容体–DNA 複合物の高解像度 NMR により証明された（図 23.15）。

ポイント 15
ステロイドホルモン受容体ファミリーは，亜鉛含有 DNA 結合配列や C 末端のホルモン結合ドメインなどの共通構造をもっている。

このような比較的長時間作用するホルモンの連携による作用は，2 つの例で示すことができる。エストロ

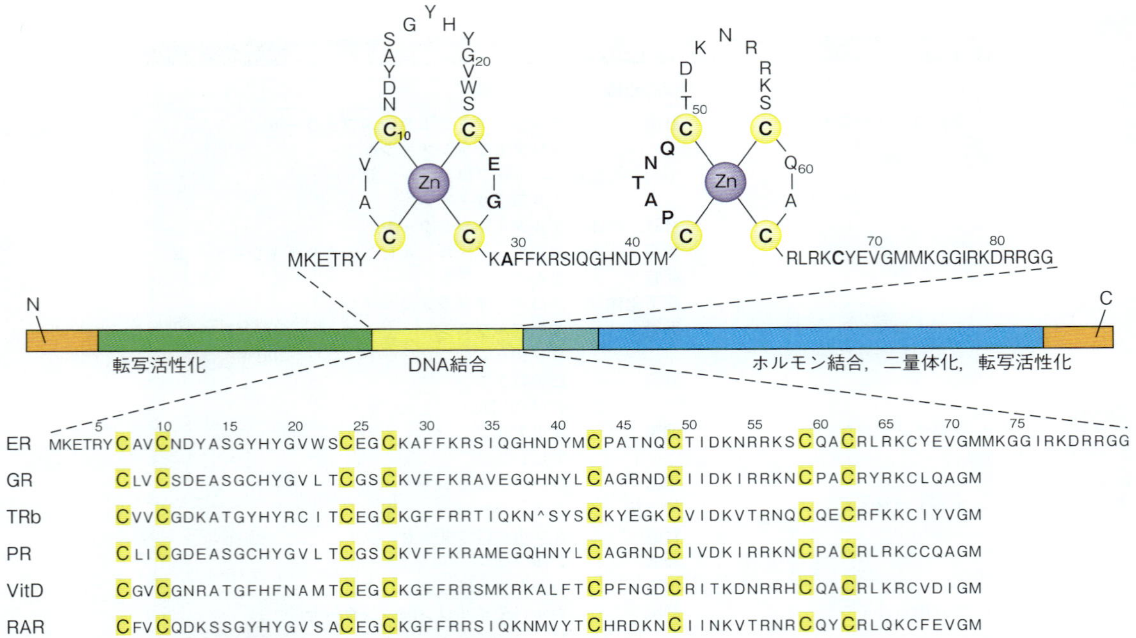

図 23.14　**ステロイド受容体の保存された DNA 結合領域**　中央にはステロイド受容体に共通にみられる構造ドメインが描かれている（図はエストロゲン受容体の例）。上にはエストロゲン受容体 DNA 結合ドメインのうち，システインと亜鉛の結合領域が描かれている（ジンクフィンガー DNA 結合モチーフ，第 27 章参照）。下段はヒトの他のステロイドホルモン受容体の DNA 結合ドメイン配列である（保存されたシステイン残基は黄色で示す）。ER＝エストロゲン受容体，GR＝グルココルチコイド受容体，TRb＝甲状腺ホルモン受容体 b，PR＝プロラクチン受容体，VitD＝ビタミン D 受容体，RAR＝レチノイン酸受容体。

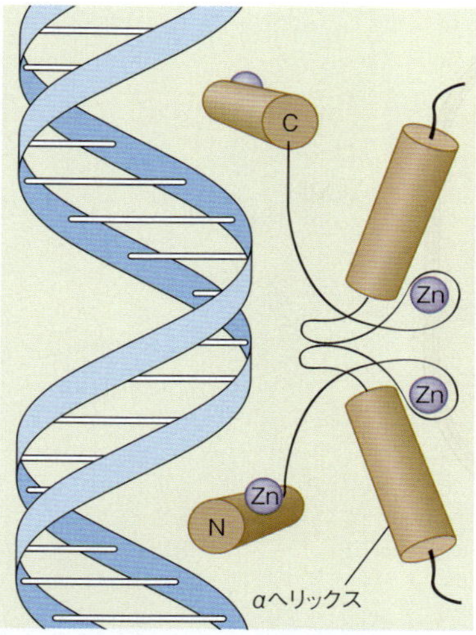

図 23.15　溶液核磁気共鳴分光法による解析から推測されたエストロゲン受容体と DNA の結合様式　二量体化した受容体は 2 つの α ヘリックス領域をもち，主溝に存在する対称的な DNA 塩基配列（AGGT-CAXXXTGACCT）の両端に結合する。

Reprinted from *Trends in Biochemical Sciences* 16：291-296, J. W. R. Schwabe and D. Rhodes, Beyond zinc fingers：Steroid hormone receptors have a novel structural motif for DNA recognition. © 1991, with permission from Elsevier.

ゲンとプロゲステロンは女性の性周期を調節する。ヒトの場合，これらのホルモンは協調作用により，4 週間周期で受精卵の着床準備を整える。子宮内膜の増殖と子宮上皮の形成が主要な出来事であり，新たなタンパク質合成と子宮への血流の増加を必要とすることはいうまでもない。脳下垂体からの指令でこのホルモン作用が止まると子宮内膜が剝離し，いわゆる月経出血となる。

グルココルチコイドの作用は，長時間の代謝変化に適応した特定のタンパク質合成の制御である。エストロゲンの作用が数週間単位で周期を示すのに対して，グルココルチコイドの分泌調節はより長期のストレスに対する応答を示す。例えば，糖新生系による生体適応や，抗炎症作用を示すタンパク質をはじめ多くのタンパク質合成に関与している。エストロゲンが主として生殖器を標的とするのに対して，グルココルチコイドは非常に多くの組織に作用する。最近の研究から，グルココルチコイド-受容体複合体の結合による標的遺伝子の転写速度は，ホルモン感受性エレメントの塩基配列に依存することが示唆された。すなわち，この配列がグルココルチコイドの応答感度を決定する重要な意味をもつと考えられている。

グルココルチコイドの抗炎症作用，免疫抑制作用の研究から，NF-κB と呼ばれる転写因子を含む他の重要なシグナル伝達経路が明らかになりつつある。この転写因子は，免疫応答（例えば，抗原産生細胞の増殖など）に重要な**サイトカイン cytokine** と呼ばれるタンパク質の遺伝子の転写を促進する。通常，NF-κB は IκBα という抑制性のタンパク質と結合し，核への移行を抑えられている。免疫活性化物質である**腫瘍致死因子 tumor necrosis factor（TNF）**は細胞膜の受容体に結合すると IκBα のユビキチン化を促進し，このタンパク質の 26S プロテアソームによる分解を促進する（第 20 章参照）。こうして，抑制因子を失った NF-κB は核へと移行し，種々のサイトカインを含む約 300 種類の遺伝子の転写を開始する（図 23.16a 参照）。もう 1 つの標的遺伝子は IκBα であり，これによってフィードバック機構が形成される。すなわち，産生された IκBα の介助によって NF-κB は核外に運ばれ，再び IκBα 分解，NF-κB の核内移行が繰り返されるのである。最近の蛍光イメージング実験から，核内における NF-κB の周期的変動が観察され，このタンパク質の時間に依存したパルス状の刺激が示唆され，さまざまな細胞における免疫性または炎症性の刺激への反応を説明することが可能になった。（図 23.16b 参照）。

グルココルチコイドの抗炎症作用においては，グルココルチコイド-受容体複合体により活性化される標的遺伝子の 1 つは IκBα 遺伝子である。IκBα タンパク質の合成を促進することにより，グルココルチコイドは NF-κB の核への移行を阻害し，NF-κB により活性化される遺伝子の発現を阻害する。

ステロイドホルモン受容体はいくつかの重要な薬剤の標的分子となっている。例えば，**タモキシフェン tamoxifen** はエストロゲン受容体と結合するが，その転写活性は上げない。乳がん細胞のある種のものはエストロゲン感受性である。タモキシフェンは乳がん切除後の化学療法に使われ，エストロゲンの作用と拮抗して残存するがん細胞の増殖を抑制する作用がある。しかし，注意する必要があるのは，タモキシフェン治

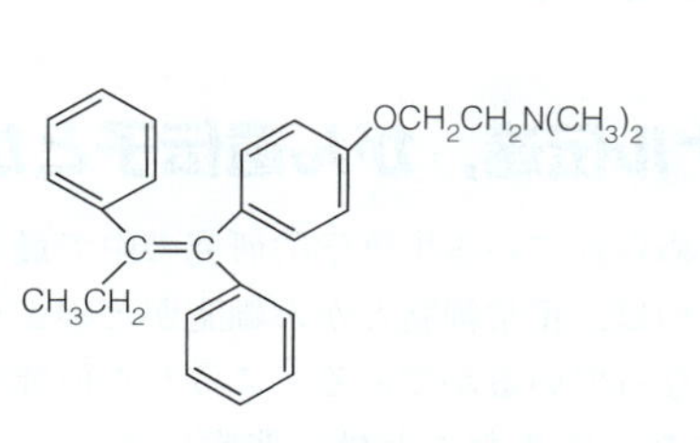

タモキシフェン

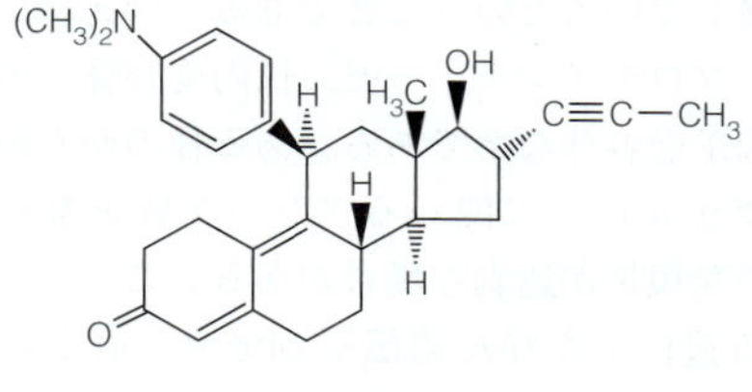

RU486

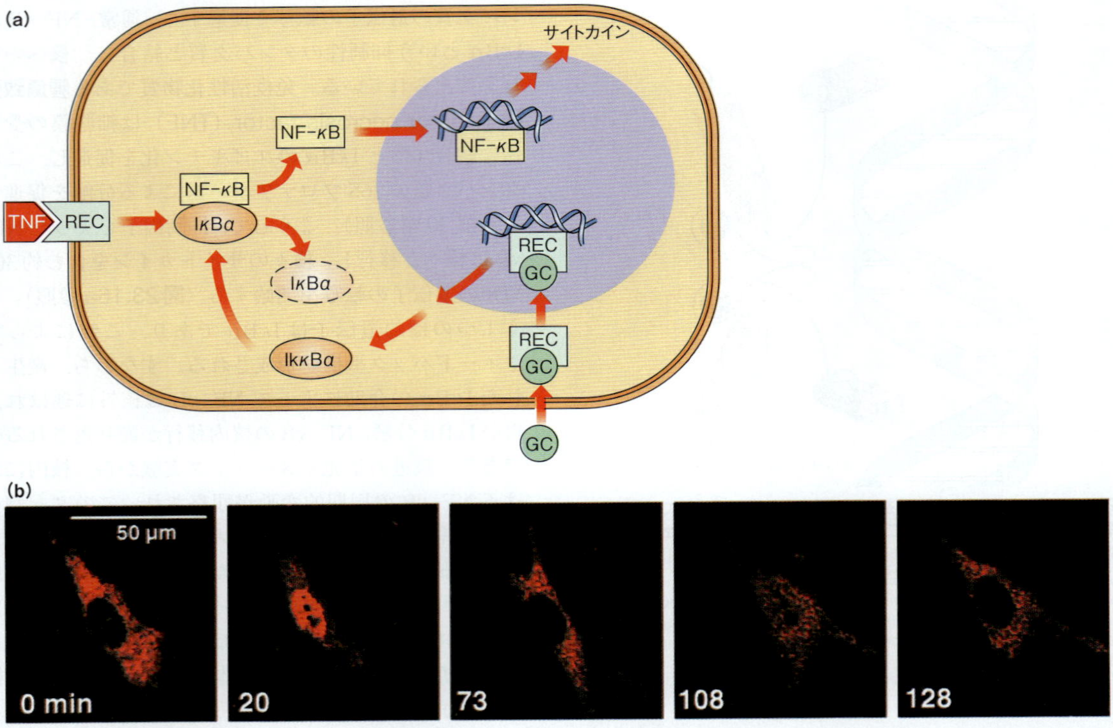

図 23.16　サイトカインによって惹起された免疫や炎症反応のグルココルチコイド（GC）による抑制　**(a)** NF-κB の核内移行に対するグルココルチコイドの作用。REC：受容体。**(b)** TNF シグナリングにおける NF-κB サブユニットの振動性。マウス胚繊維芽細胞に NF-κB サブユニットを一過的に過剰発現させ，その細胞を TNFα で刺激した。細胞は，示した時間ごとに免疫蛍光法によるイメージングで観察した。

From *Science* 342：242-246, L. Ashall, C. A. Horton, D. E. Nelson, P. Paszek, C. V. Harper, K. Sillitoe, S. Ryan, D. G. Spiller, J. F. Unitt, D. S. Broomhead, D. B. Kell, D. A. Rand, V. Sée, and M. R. H. White, Pulsatile stimulation determines timing and specificity of NF-κB-dependent transcription. © 2009. Reprinted with permission from AAAS.

療を行った患者で，今度は子宮がんのリスクが高まることである。フランスで開発された薬剤に RU486 という化合物があり，これはプロゲステロン受容体の拮抗薬である。プロゲステロンは受精卵の着床に必須であるため，RU486 は性交後に用いられる避妊薬としても使用されている。

シグナル伝達，がん遺伝子とがん

現在進められている生物学的研究の中で最も重要な課題の 1 つは，正常細胞とがん細胞がどのように遺伝子的に異なっているかである。こうした研究の中から明らかになってきたことは，非常に多くのがん細胞で，細胞のシグナル伝達に使われている分子の量や構造が変異しているということである。例えば，G タンパク質，プロテインキナーゼ，核内受容体，増殖因子や増殖因子受容体などである。ある種のがん細胞は正常なシグナル伝達に関わるタンパク質をもっているが，その発現量が過剰な場合がある。このような変異を有する遺伝子を**がん遺伝子 oncogene** と呼ぶ。また，この遺伝子産物である**発がんタンパク質 oncoprotein** の解析により，正常な細胞では代謝や細胞分裂に必要なこれらの分子が，がん細胞では調節機能を失っていることが明らかになってきた。

ウイルス性・細胞性がん遺伝子

がん研究の歴史において，特筆すべき 2 つの大きな発見がある。1 つは腫瘍ウイルスの発見であり，もう 1 つはヒトのがんにおける遺伝子変化の解析である。第 1 の発見については，ある種のウイルスが感染した動物にがんが発生することが以前より知られていた。最初の例は **Rous 肉腫ウイルス Rous sarcoma virus** で，1911 年に Peyton Rous により，ニワトリに腫瘍をつくることが発見された。

ウイルスが RNA ウイルス（Rous 肉腫ウイルスのように）であろうと，あるいは DNA ウイルスであろうと，ウイルス感染ががんを引き起こす過程には共通のものがある。最初に，細胞は**形質転換 transform** を起こす。形質転換とは，細胞が増殖の制御を失い，普通は増殖が停止するような培養条件でも増殖を続けることである。第 2 に，形質転換した細胞は，それ自身ががん形成能をもっていることである。つまり，形質転換した細胞を動物に移植するとがんが発生する。第3は，一部またはすべてのウイルスゲノムが形質転換した細胞の宿主DNAに組み込まれているということである。Rous肉腫ウイルスのようなRNAウイルスの場合は，取り込まれるためには，ウイルスのゲノムはまず二重鎖DNAに変換されなくてはならない。ウイルスは一重鎖RNAを鋳型にしてDNA合成する酵素をもっており，これを**逆転写酵素 reverse transcriptase**と呼ぶ。そして，この酵素をもつウイルスを**レトロウイルス retrovirus**と呼ぶ（第25章参照）。逆転写酵素によって合成された産物は，鋳型RNAと配列的に相補性を有することから，相補的DNA，あるいはcDNAと呼ばれる。

Rous肉腫ウイルスでありながら，腫瘍形成能をもたないものがたくさん存在する。これらの解析から，形質転換を起こす発がん遺伝子*src*が同定された。Raymond Eriksonは1978年に発がん遺伝子*src*に大きな欠失があることを利用した核酸ハイブリダイゼーション法を駆使して，ウイルスの*src*遺伝子をcDNAクローニングした。続いて，2つの驚くべき発見がなされた。1つは，クローン化した遺伝子がチロシンキナーゼ活性をもっていることである。細胞のシグナル伝達に重要なこの酵素活性は，がん遺伝子の生成産物とも関連しているのである。第2は，ウイルスの*src*遺伝子に相同性をもつ遺伝子が正常な細胞にも存在しているということである。この発見から，おそらくウイルスのがん遺伝子はもともとは正常な細胞に存在した，あるいはその逆かもしれないと示唆された。がん遺伝子あるいはその前駆体（**前がん遺伝子 proto-oncogene**）の細胞からウイルスへの引き抜きの機構を考えるには，図23.17に示すような非常にまれなケースで起こるゲノム切り取りを推定する必要がある。ウイルスゲノムが，細胞のゲノムに挿入されるとき，たまたま前がん遺伝子の隣に入ったとする。するとゲノム切り取りの際に，ウイルスゲノムとともに細胞の前がん遺伝子を誤って切り取り，新しいウイルスゲノムが誕生する。変異が起こり，前がん遺伝子はやがてがん遺伝子となる。このウイルスが再び感染した細胞が，がん化するというわけである。

ウイルス由来の*src*と細胞由来の*src*の塩基配列を比較することで，重要な違いが見出された。細胞由来遺伝子のC末端の19アミノ酸が，ウイルス由来遺伝子内では異なった11個のアミノ酸残基に置換されていた。その結果，ウイルス由来遺伝子は恒常的な活性化状態にあり，細胞増殖を促進するのである。ウイルス由来の*src*を*v-src*，細胞由来のものを*c-src*と呼ぶ。さまざまな種類のがんウイルスの研究から，現在では数十種類のがん遺伝子が発見されている。これらに相当する細胞の遺伝子（前がん遺伝子）は，細胞のシグナル伝達に関わっている。代表的なものを表23.4に

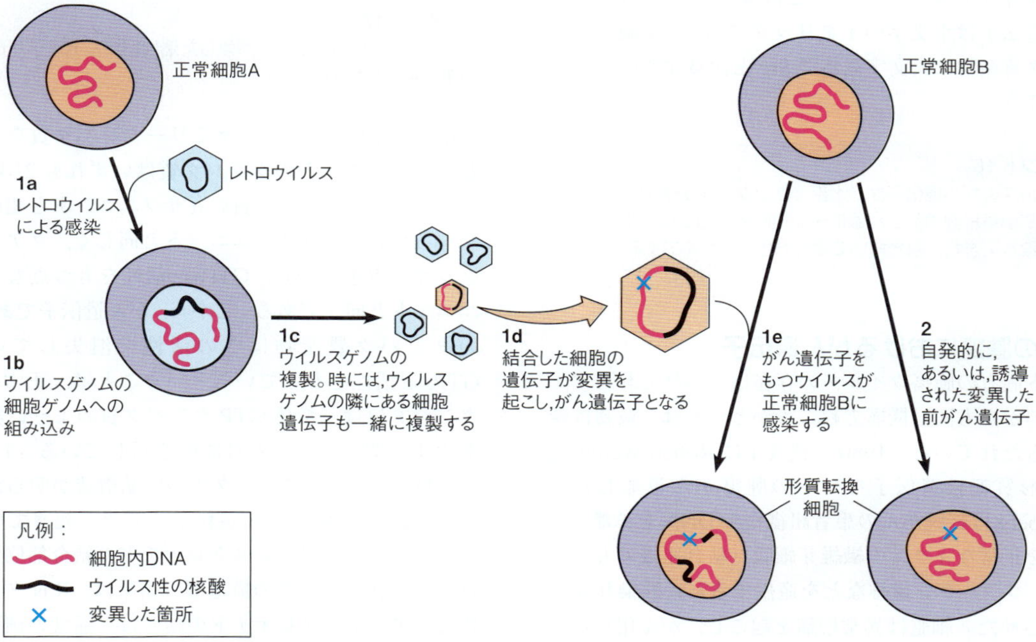

図23.17　前がん遺伝子ががん遺伝子になる経路　前がん遺伝子はもともと正常細胞の遺伝子であるが，変異を起こしてがん遺伝子となり，がん細胞への形質転換を起こす。この経路は次の通りである。(1) 前がん遺伝子の隣に入り込んだレトロウイルスは自身のゲノムと一緒に前がん遺伝子を切り出し，複製を繰り返すうちに変異したがん遺伝子をつくる。(2) 細胞の前がん遺伝子が変異を起こして，がん遺伝子となる。このがん遺伝子をもつウイルスが感染した細胞は形質転換を起こす。

表 23.4　細胞内シグナル伝達経路の因子としてのがん遺伝子産物

シグナル伝達因子	がん遺伝子	単離源	遺伝子産物
増殖因子	*sis*	レトロウイルス	血小板由来増殖因子（PDGF）
増殖因子受容体	*erbB*，*neu*	レトロウイルス	上皮増殖因子受容体
	fms	レトロウイルス	コロニー刺激因子Ⅰ受容体
	trk	腫瘍	神経成長因子
	ros	レトロウイルス	インスリン受容体
	kit	レトロウイルス	PDGF 受容体
	flg	レトロウイルス	FGF 受容体
細胞内シグナル伝達分子	*src*	レトロウイルス	タンパク質チロシンキナーゼ
	abl	レトロウイルス	タンパク質チロシンキナーゼ
	raf	レトロウイルス	タンパク質セリンキナーゼ
	gsp	腫瘍	G タンパク質 α サブユニット
	ras	腫瘍，レトロウイルス	低分子量 G タンパク質
核内転写因子	*jun*	レトロウイルス	転写因子（AP-1）
	fos	レトロウイルス	転写因子（AP-1）
	myc	腫瘍，レトロウイルス	転写因子
	erbA	レトロウイルス	甲状腺ホルモン受容体

Data from J. D. Watson, M. Gilman, J. Witkowski, and M. Zoller, *Recombinant DNA*, 2nd ed., Scientific American Books, New York, p.339. © 1992 James D. Watson

示した。さらに研究を進めると，感染により腫瘍を形成するには必ずしも塩基配列の変異は必要ないことが明らかとなってきた。つまり，ウイルスゲノムが挿入されると，それが近くにある前がん遺伝子のプロモーター活性を刺激し，前がん遺伝子の発現量を高める。すなわちこの場合，シグナル伝達に関わる分子を過剰発現させると，やはりがんが形成されるのである。

Src タンパク質はチロシンキナーゼ活性をもっているが，これは膜よりも細胞質に存在しており，通常の受容体型チロシンキナーゼとは異なっている。一般に，遺伝子は小文字のイタリックで *src* と記載し，タンパク質産物は大文字立体で Src と記載するので覚えておこう。

ポイント 16
ウイルスのがん遺伝子は，大部分はシグナル伝達因子をコードしている細胞の前がん遺伝子が細胞外に出てウイルスゲノムに取り込まれ，引き続いて変異を生じたものである。

ヒトの腫瘍におけるがん遺伝子

ヒト固有の腫瘍ウイルスの存在は知られておらず，ヒトのがんも同じ機構で起こるかどうかは，最初は疑問がもたれていた。1980 年代後半に Robert Weinberg らが形質転換遺伝子をヒトの腫瘍から単離した。Weinberg は膀胱がんの患者組織から DNA を単離し，それを正常なマウスの繊維芽細胞（結合組織のもとになり，コラーゲン繊維などを産生する）に感染 transfect させた。細胞は異常増殖を起こし，がん化した。この細胞から抽出した DNA はヒトの塩基配列をもっていた。これを再びマウスの細胞に感染させ，がん化細胞からの DNA 抽出を繰り返した。こうして得たヒトの DNA の塩基配列を決定したところ，それは昔，Harvey ラット肉腫ウイルスから単離された ***H-ras* 遺伝子**と同じであった。*H-ras* と細胞性の *c-ras* はただ 1 つのコドン（第 12 番目）に相違があり，この相違は，細胞性の Ras ではグリシンであるのに，腫瘍の中ではバリンになっているというものであった。こうして，ヒトの腫瘍でもがん遺伝子が発現しており，それは腫瘍ウイルスがもっているものと同じであることが明らかとなった。

ポイント 17
ウイルスのがん遺伝子に類似した活性型がん遺伝子がヒトの腫瘍中に認められる。

ras 遺伝子は一群のファミリータンパク質をコードしている。これらのタンパク質はいずれも 21 kDa の分子量で，G タンパク質の α サブユニットと相同配列をもっている。α サブユニットと同じく，グアニンヌクレオチドを結合し，GTPase 活性をもつ点も α サブユニットと同一である。しかし，がん遺伝子である *ras* のタンパク質産物はこの活性を消失していた。GTPase 活性をもっているということは，正常の Ras タンパク質は三量体 GTP タンパク質のように細胞シグナルに関わっている可能性を示している。1988 年に GDP 結合 Ras タンパク質の結晶構造が明らかにされた（図 23.18）。がん遺伝子で変異の起きているアミノ酸はこのグアニンヌクレオチドの結合部位のすぐ近くに存在した。この構造解析結果は，Ras タンパク質とグアニンヌクレオチドの結合は，通常の細胞内シグナル伝達に重要であるが，その変異でコントロール能を失うことにより正常細胞ががん細胞になることを示している。

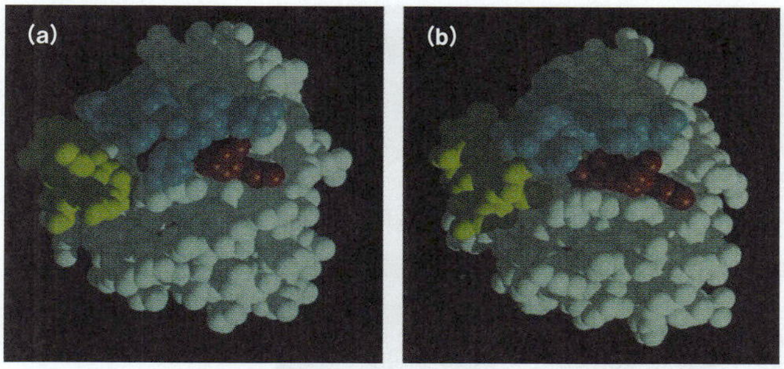

図 23.18　GTP によって活性化された Ras の構造　(a) ヒト c-H-*ras* タンパク質と非水解性 GTP 類似体との複合体を示す。(b) Ras-GDP 複合体。GDP-GTP 交換反応によってタンパク質内に大きな構造変化が起こる。最も顕著な変化は，スイッチ 1（暗い青色）とスイッチ 2（黄色）である。両者はグアニンヌクレオチドの結合部（赤色）で接触している。PDB ID：4Q21。

From *Science* 247：939-945, M. V. Milburn, L. Tong, A. M. deVos, A. Brunger, Z. Yamaizumi, S. Nishimura, and S. H. Kim, Molecular switch for signal transduction：Structural differences between active and inactive forms of protooncogenic ras proteins. © 1990. Reprinted with permission from AAAS and Sung-Hou Kim.

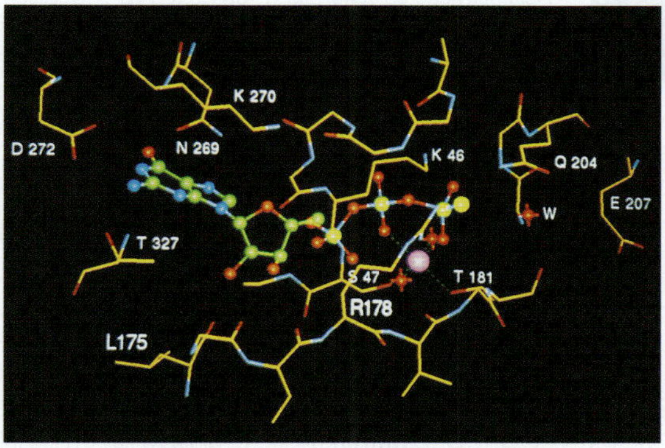

図 23.19　G_α タンパク質（$G_{i\alpha1}$）の GTP 結合部位　この図は非水解性の GTP 類似体である GTPγS の結合を示したものである。結合している GTP の炭素は緑で，タンパク質の炭素はオレンジで示されている。また，窒素は青，酸素は赤，硫黄とリンは黄，マグネシウムはピンクで示されている。リン酸基のマイナス電荷が保存されているアルギニン（R178）で安定化され，加水分解を容易にする。PDB ID：1CIP。

From *Science* 265：1405-1412, D. E. Coleman, A. M. Berghuis, E. Lee, M. E. Linder, A. G. Gilman, and S. R. Sprang, Structures of active conformations of Gi alpha 1 and the mechanism of GTP hydrolysis. © 1994. Reprinted with permission from AAAS and Stephen R. Sprang.

ポイント 18

Ras タンパク質の活性型変異体はヒトの腫瘍に多く見出されるが，この正常型は GTP 結合タンパク質で，細胞膜の増殖因子受容体から核内へシグナルを送るのに働いている。

Ras 型のタンパク質と三量体 G タンパク質の α サブユニット（G_α）の最大の相違点は，G_α のほうが高い GTPase 活性をもっていることである。前述したが（p.870 参照），Ras を活性化するタンパク質は，Ras の GTPase 活性を刺激する。1994 年に G_α タンパク質の結晶構造が解析され，Ras タンパク質との違いは，G_α タンパク質に保存されている 178 番目のアルギニン（R178）が GTP のリン酸基と結合し，その加水分解を早めるとされた（図 23.19）。

がん遺伝子の研究から，発がんメカニズムに関する理論がまとまってきた。Bruce Ames や他の研究者は，多くの化学発がん物質が同時に遺伝子変異物質であることを明らかにした。この発見から，化学発がん物質はがんウイルスが存在しなくても，前がん遺伝子を変異させ，がん遺伝子とすることができることが示唆された（図 23.17 の経路 2）。実際，動物やヒトで自然発症あるいは化学物質で起こるがんの 30％には，*ras* 遺伝子の第 12，13，61 コドンの変異が観察された。

これ以外の多くの遺伝子変異が，腫瘍組織に見出されている。それらのあるものは**腫瘍抑制遺伝子 tumor suppressor gene** などである。前がん遺伝子とはまったく逆に，これらの遺伝子は腫瘍形成を阻害している。変異や欠損によりこの遺伝子機能が損なわれると腫瘍の形成を招く。これらの遺伝子の 1 つが，**網膜芽腫遺伝子 retinoblastoma（Rb）gene** である。この遺伝子の 2 つの対立遺伝子の両方に変異が起こると網膜腫瘍となるが，これは遺伝的な疾患である。これとは別の腫瘍抑制遺伝子が ***p53***（分子質量が 53 kDa）である。*p53* 機能の喪失でがんが生じる。ヒトの腫瘍の少なくとも半分では，*p53* 遺伝子の変異がみられる。その生化学的な反応機序は不明な点が多いが，*p53* は DNA 損傷にかかわる遺伝子発現を調節する DNA 結合タンパク質であることがわかっている。もしそのダメージが軽度のものであれば，ダメージから回復するまで，G1 から S 期への移行を遅延させる。一方，ダメージが大きい場合，*p53* は細胞を**アポトーシス apoptosis** へと導く（第 28 章，p.1087〜1088 参照）。このようなチェックポイント機構の喪失により細胞増殖のコントロールが失われ，がんが発生するわけである。*p53* が機能するには特異的な DNA 配列に結合する必要があることが明らかとなった。*p53* と DNA の複合体結晶解析により，DNA 結合に関与すると推察される領域近傍のいくつかのアミノ酸残基が，ヒトの腫瘍で実際に変異していることが明らかにされた（図 23.20）。

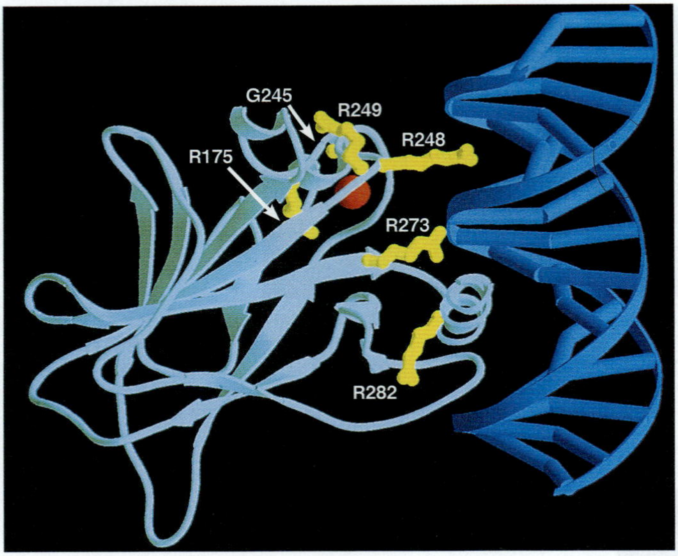

図 23.20　*p53*-DNA 複合体の構造　リボン構造はホモ四量体をつくる *p53*（薄い青）の1つのサブユニットの DNA 結合ドメインを示したものである。*p53* に結合するオリゴヌクレオチドは青色で示されている。結合している亜鉛イオンは赤色で示されている。黄色で示された6つのアミノ酸残基の変異が観察される。PDB ID：1TUP。
From *Science* 265：346-355, Y. Cho, S. Gorina, P. D. Jeffrey, and N. P. Pavletich, Crystal structure of a p53 tumor suppressor-DNA complex：Understanding tumorigenic mutations. © 1994. Reprinted with permission from AAAS and Nikola Pavletich.

ポイント 19
ヒトのがん発症には，シグナル伝達に関わる分子，あるいは腫瘍抑制遺伝子あるいはその産物の変異が関係している。

がん遺伝子と主要な増殖因子活性化経路

1990 年代の初期には，Ras タンパク質が細胞外のシグナルを核に伝え，細胞の増殖，分裂，分化などに関わる遺伝子を発現させる中心的な役割を果たす分子であることが明らかになってきた。がん遺伝子と，その産物であるタンパク質の機能が明らかになるにつれ，タンパク質のリン酸化の重要性がいっそう明らかとなり，さまざまな変異ががんの発症と関わることも明らかになってきた。

Ras 関連タンパク質は，酵母，線虫，ショウジョウバエなどさまざまな生物に共通して保存されていることが発見され，細胞の分裂，減数分裂，胚発生などに重要な役割を果たしていることが明らかになってきた。さまざまな下等動物の研究から，哺乳類の細胞において図 23.21 に示すような経路が働いていること，また，単純な下等動物を用いた実験が，がん研究にも有用であることが明らかとなってきた。

先に述べたように，多くの細胞増殖因子の受容体はチロシンキナーゼ活性をもっており，二量体を形成してお互いの受容体をリン酸化する（図 23.21 のステップ 1，2）。リン酸化された受容体は 1 種類以上の GDP-GTP 交換タンパク質と結合し，これが Ras の GDP-GTP 交換を促進する（ステップ 3）。もう 1 つ Ras 活性を調節する分子が GTPase 活性化タンパク質（GAP，p.869 参照）である。Ras の下流はタンパク質リン酸化のカスケードが連なり（ステップ 4），やがて最終的には転写因子を活性化する（ステップ 5）。転写因子とは，核内受容体と同じく特定の遺伝子発現を調節するタンパク質である（第 27 章参照）。

図 23.21 に示すように，Ras 下流の代表的なキナーゼは **MAP キナーゼ MAP kinase（MAPK）**である。MAP というのは，mitogen-activated protein の略である（マイトジェン〈mitogen〉とは細胞増殖因子と同じ意味である）。MAP キナーゼの上流には MAP キナーゼキナーゼ（MAPKK）が，さらに上流には MAP キナーゼキナーゼキナーゼ（MAPKKK）が存在している。*raf* という名前の前がん遺伝子は，この MAPKKK の 1 つである（表 23.4 参照）。インスリンの増殖因子経路においては（図 23.13b），Sos は GTP-GDP 交換タンパク質，Raf-1 は MAPKKK，MEK は MAPKK，そして，ARK は MAP キナーゼに相当する。

ここで，タンパク質リン酸化のカスケードとして，増殖因子応答，特に解析が進んでいるグリコーゲン代謝カスケードについてみていくことにしよう。Ras の GTPase 活性を抑えると，この MAP キナーゼカスケードが持続的にオンとなり，無制御な細胞増殖から発がんに至る経路を理解することができる。しかし，だからといって，異なる細胞増殖因子が細胞により異なる反応をどのように引き起こすかがわかったわけではない。自己リン酸化した受容体に結合するタンパク質を解析するなかから，SH2 ドメインという共通の構造をもつタンパク質が同定された（p.877 参照）［訳注：SH は Src homology に由来し，もともと Src タンパク質のある部分に同一の配列をもつものを指す］。リン酸化された受容体に結合するタンパク質は単にリン酸化チロシンを

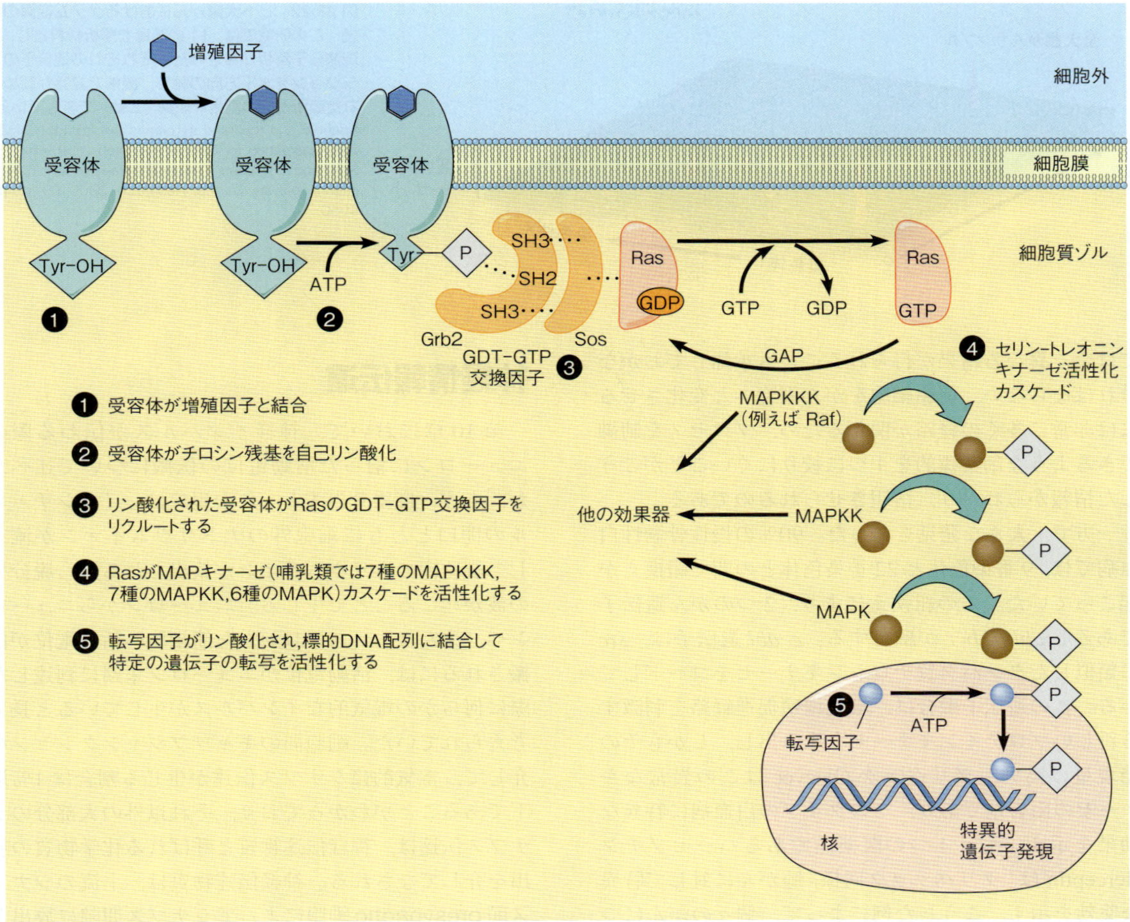

図 23.21　細胞増殖因子のシグナル伝達における Ras タンパク質の中心的役割　細胞増殖因子などが受容体に結合すると多くの場合，二量体を形成し（図には示していない），受容体チロシンキナーゼ活性（RTK）を刺激する。自己リン酸化された RTK は交換因子をリクルートし，Ras タンパク質の GDP-GTP 交換を促進する。Grb2 という分子は SH2 を介して RTK と結合し，SH3 ドメインを介して，SOS というグアニンヌクレオチド交換因子を刺激し，Ras の GTP 型を増加させ，活性化する。GTP 型の Ras は次に MAPKKK ファミリーを活性化する。次に MAPKK が活性化され，さらにこのカスケードで活性化された MAP キナーゼ（MAPK）が核内に入り，特定の転写因子を刺激し，遺伝子発現を促進する。Ras の活性は結合した GTP の加水分解を促進する GTPase 活性化タンパク質（GAP）の作用で調節されている。
Based on S. E. Egan and R. A. Weinberg, *Nature*（1993）365：782, unnumbered figure, p.782.

認識するだけでなく，その C 末端側のアミノ酸配列を認識している。シグナルのオン，オフは受容体のチロシン残基のリン酸化，脱リン酸化で制御されているが，さらにこれに結合する SH2 タンパク質により調節を受けている。その下流分子は SH3 というドメインを認識し，結合する。これらのドメインは，増殖刺激に呼応する情報伝達の過程でリクルートされるタンパク質群に見られるものである。

ゲノム上のがん原因変異

これまで我々は，細胞増殖の制御や，がん原因タンパク質，がん抑制タンパク質の生化学的機能について知識を深めてきたが，がんのバイオロジーについては何を学んできただろうか？　ヒト腫瘍由来 DNA の大規模な塩基配列解析から，“がんにおけるゲノム変異の解読”と呼ばれるものが生まれた。図 23.22 には，ヒト大腸がんの塩基配列解析の統合した結果を示す。このプロットにおいて，2 つの水平軸は染色体の位置を示し，縦の Z 軸は大腸がんで変異を起こしている遺伝子箇所と頻度を示す。このデータで最も高い“山 mountains”が示すものは，多くのがんで変異が認められる箇所である。ここでは，*H-ras*，*p53*，*APC*，そして *PIK3*（ホスホイノシチド 3-キナーゼの過剰発現，p.877 参照）の変異である。小さい“丘 hills”は，少数のがん患者で認められた変異である。大腸がんの細胞内で見出される変異は，タンパク質をコードする領域内で平均 80 箇所存在する。1 つのがん組織内であっても，細胞間にはかなりの不均一性が存在することも，こうした全体像解析を見る上で知っておかなければならない。また，肺がんのように，他の臓器のがん

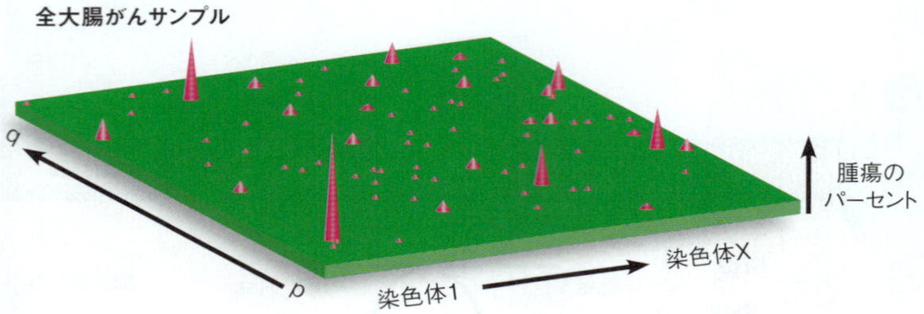

図 23.22　ヒト大腸がんにおけるゲノム変異の解読　この研究では，11 の腫瘍を解析材料とし，発現遺伝子解析がなされた。それぞれの遺伝子のポジションを水平方向の軸で，腫瘍で変異が認められた箇所とその割合を縦軸（Z 軸）で表している。Adapted and reprinted by permission from the American Association for Cancer Research：E. J. Fox, J. J. Salk, and L. A. Loeb, Cancer genome sequencing—An interim analysis, *Cancer Research*, 2009, 69：4948-4950.

では全く異なる結果が得られることも承知しておかなければならない。前駆細胞をがん細胞へと変化させるには非常に多くの経路が関わるため，プロセスを制御できるような創薬標的を 1 つに絞りにくいことがこうした情報からわかり，落胆させられるのである。

一方で，大きな発見もあった。90％の慢性骨髄性白血病では，9 番染色体と 22 番染色体との間で組換えが起こっていた。この組換えにより，2 つのがん遺伝子である *c-abl* と *bcr* が融合する。*c-abl* 遺伝子は，*src* に類似したタンパク質チロシンキナーゼをコードしている。この遺伝子融合は，細胞増殖促進経路を刺激する新しいプロテインキナーゼを生み出し，しかもその発現量は高い。グリベック Gleevec はこの異常なキナーゼの阻害剤であり，このタイプの白血病に特異な効果を示す。もう 1 つの医薬品であるハーセプチン Herceptin は，グリベック同様，肺がんに対して特異な薬効を示す。こうした例によって，個々のがんについて遺伝子および生化学的変化を調べることの重要性が示され，より特異で有効な治療法の開発が期待されるのである。

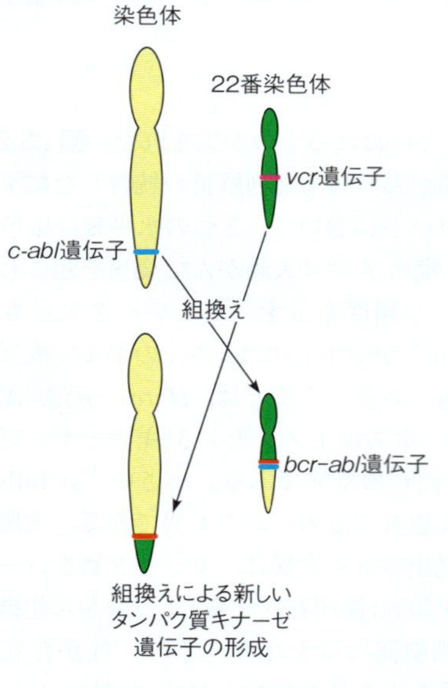

神経情報伝達

第 10 章において，神経インパルスが伝わる際のニューロンに沿った活動電位の伝搬について述べたが，もう一度繰り返すと，この現象は，イオンチャネルの開口とともに細胞外のナトリウムイオンが流入し，細胞内のカリウムイオンが放出される際，脱分極の波が起こることで生じる。ニューロンからニューロンへ，または，ニューロンから筋細胞へ活動電位が伝搬されるには，活動電位がニューロン末端に到達した際に何らかの電気的なインパルスが生じていると長く考えられていた。細胞間のギャップジャンクションを介して，電気的にシナプス伝達が生じる割合は 1％以下であることがわかっており，それ以外の大部分のシナプス伝達は，神経伝達物質と呼ばれる化学物質の放出を介してなされる。神経伝達物質は，上流の**シナプス前 presynaptic** 細胞によってシナプス間隙に放出され，下流の**シナプス後 postsynaptic** 細胞上の特異的受容体に結合することで伝達の役割を果たす。シナプス後細胞に存在する受容体は，リガンド依存性イオンチャネルであり，神経伝達物質の結合が，神経活動電位をシナプス後細胞に伝搬する引き金になるのである。アミノ酸，生理活性アミンやペプチド類を含む，100 種類以上の神経伝達物質が脳内で見つかっている。最も広く使われ，よく研究されている物質は，アセチルコリン，グルタミン酸，グリシン，γ-アミノ酪酸，ドーパミン，セロトニン，ノルアドレナリン，アドレナリンである。

コリン作動性シナプス

神経伝達に関する我々の最も初期の生化学的な理解は，筋細胞の神経刺激が筋収縮の引き金となる神経筋接合部におけるアセチルコリンの伝達物質としての作用であった。これらの研究によって，図 23.23 に示すような神経伝達のスキームがつくり上げられた。アセチルコリンが神経伝達物質として作用する場合，このイベントは**コリン作動性シナプス cholinergic synapse** と呼ばれる。この呼び方は一般的に用いられ，

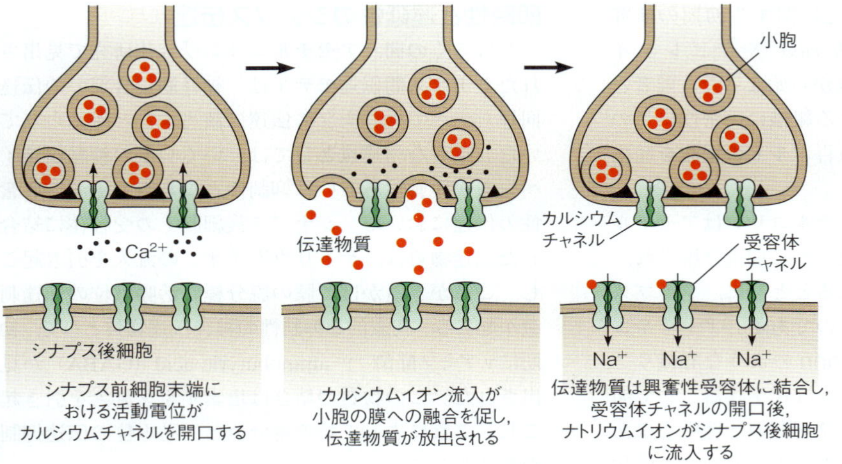

図 23.23　シナプスを介するニューロン活動電位の伝達（コリン作動性シナプスの例）

例えば，神経伝達物質がドーパミンの場合，我々は**ドーパミン作動性シナプス dopaminergic synapse** と呼ぶ。アセチルコリンは，ホスファチジルコリンの代謝で産生されたコリンの補酵素 A 依存的なアセチル化によって合成される。

シナプス間隙の距離は約 20 nm である。神経伝達物質はシナプス前細胞の末端にある球状の小胞内に貯蔵されており，小胞内には約 5,000 分子の神経伝達物質が存在する。活動電位が到達すると，電位依存性のカルシウムチャネルが開口し，これによりカルシウムイオンの流入が起こる。引き続き，小胞がシナプス前膜末端部の形質膜と融合し，アセチルコリンがシナプス間隙のスペースに放出される。神経伝達物質は間隙に拡散し，シナプス後細胞膜上の受容体に結合する。これによってチャネルが開口してナトリウムイオンの流入が起こり，活動電位が発生するのである。シナプス後細胞が筋細胞の場合，活動電位がカルシウムチャネルを開口し，細胞内カルシウムイオン濃度が高まることで収縮が起こる。この間，シナプス前細胞側では放出されたアセチルコリンが再び細胞内に取り込まれ，**液胞 ATPase vacuolar ATPase** によるプロトン交換反応の助けでアセチルコリン輸送体が神経伝達物質を小胞内に補充する。シナプス間隙に残存するアセチルコリンは，加水分解により不活性化され，シグナル伝達は完了する。これらすべてのプロセスは，1 秒間に約 1,000 回の頻度で起こる。シナプス後細胞でナトリウムイオンの上昇が活動電位の発生と伝達の引き金になることを除き，同様のイベントがシナプス間の伝達でも起こっている。

アルカロイドニコチンに結合することから**ニコチン性アセチルコリン受容体 nicotinic acetylcholine receptor** と呼ばれるタンパク質の構造解析研究により，この受容体は 5 つのサブユニットからなり，うち

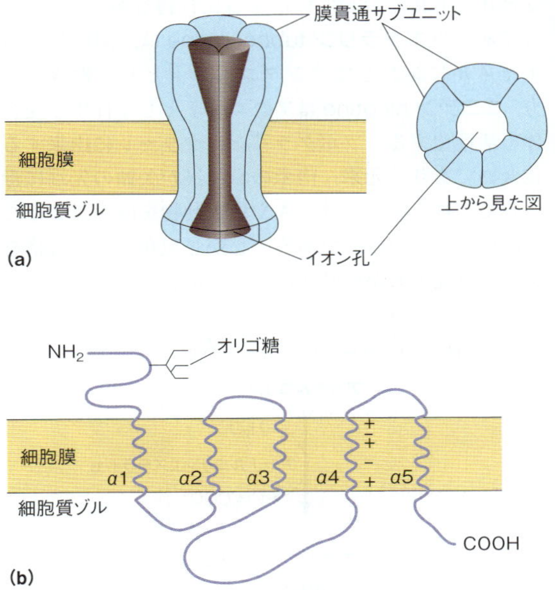

図 23.24　ニコチン性アセチルコリン受容体　**(a)** 受容体のモデル図。5 個のサブユニットが会合し，膜貫通構造を形成することで中央に 1 つの孔ができる。**(b)** 1 つの典型的なサブユニットの構造。4 種類は異なるサブユニットとして存在するが，アミノ酸配列は類似し，それぞれのサブユニットはここに示すような構造をもつ。それぞれのサブユニットの 5 個の α ヘリックス（$\alpha1$〜$\alpha5$）は膜を貫通する。$\alpha4$ ヘリックスにある荷電した残基は表面に現れる性質をもち，孔の壁面に並ぶ。

2 つは同一で，かつ，各々のサブユニットは 5 つの α ヘリックスからなる膜貫通領域を有することがわかった。図 23.24 に示すように，各サブユニットは，膜を突き抜けてチャネルを形成するような形で会合している。これらマルチサブユニットタンパク質を小胞膜内に再構成させる実験から，このチャネルはアセチルコリン刺激によりイオンを透過させることが確認された。したがって，この受容体は，神経伝達物質の結合に呼応して構造変化し，孔を開くゲート型チャネルで

ある。この受容体の構造や機能に関する初期の研究は，デンキウナギ（*Electrophorus*）やシビレエイ（*Torpedo*）がもつ受容体の単離から始まった。両者ともエレクトロプラークと呼ばれる組織に高密度にこの受容体を発現し，この組織は数百ボルトの電流を発生して獲物にショックを与える。

シナプス間隙において，アセチルコリンはアセチルコリンエステラーゼによって速やかに加水分解され，過剰な神経伝達物質が分解されるとともに，シナプス後細胞膜の静止電位が回復するのである。アセチルコリンエステラーゼは，**サリン** sarin のような有機リン酸系化合物の標的となる。サリンは化学兵器として開発され，アセチルコリンエステラーゼの活性中心にあるセリン残基に結合し，この酵素を不可逆的に不活化することで麻痺を起こさせる（表11.7，p.400参照）。受容体に直接結合して作用する化合物もある。その1つである**ツボクラリン** tubocurarine は，閉口状態のチャネルに結合してアンタゴニストとして働き，一方，**ニコチン** nicotine はアゴニストとして作用し受容体を活性化する。ツボクラリンはクラーレに由来する化合物であり，元来，南米の原住民が矢頭の先端に毒としてこれを塗りつけ，人や獲物動物を麻痺させるために用いていたものである。しかし現在では，資格をもつ医療従事者が筋弛緩剤として用いている。

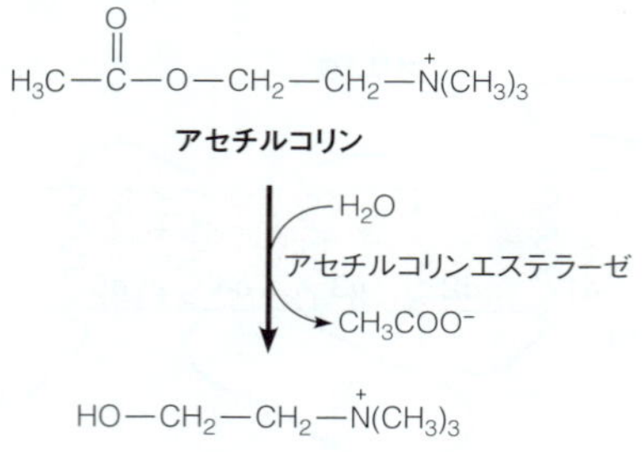

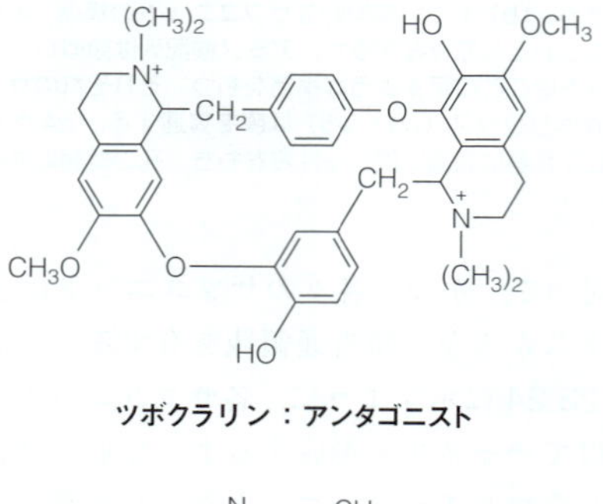

ツボクラリン：アンタゴニスト

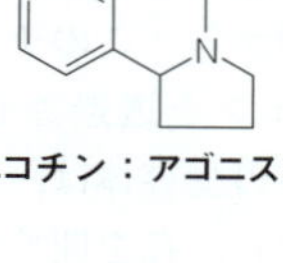

ニコチン：アゴニスト

即時性と遅延性のシナプス伝達

しばらくの間，アセチルコリン受容体研究で見出されたシナプス間伝達モデルは，神経筋接合部での伝達同様，すべてのシナプス伝達に該当すると考えられていた。重要な相違点としては，いくつかの神経伝達イベントが興奮性あるいは抑制性となる点である。興奮性の伝達において，シナプス後細胞上の受容体に結合した伝達物質は，ナトリウムイオンの流入を引き起こし，これがきっかけで膜の脱分極と活動電位の伝達刺激が起こる。代表的な抑制性の神経伝達物質として，初期にγアミノ酪酸 γ-aminobutyric acid（GABA）が見出された。この物質の結合は塩素イオン流入を引き起こし，これによって膜の過分極と活動電位の伝達抑制が起こるのである。

しかし，実際の状況はかなり複雑である。Paul Greengard は，人間の脳内では約1,000億個の細胞の各々が1細胞当り1,000個の細胞と直接的にコミュニケーションをとっていると指摘した。この複雑さは図23.25の電子顕微鏡写真からみて取れる。この写真から，1個の神経細胞体がたくさんの神経細胞と結合していることがわかる。Greengard は2000年，Arvid Carlsson，Eric Kandel とともにノーベル生理学医学賞を受賞した。受賞理由は，数百ミリ秒から数分の時間幅で起こる遅延性のシナプス伝達イベントの発見業績に対してであった。これらの場合，神経伝達物質の結合は細胞内代謝をホルモン刺激のケースと同程度に刺激する。こうしたイベントは細胞内のセカンドメッセンジャー，例えば，サイクリック AMP，サイクリック GMP，ホスホイノシチドなどを介して制御されている。例えば，図23.26に示すように，神経伝達物質-受容体相互作用はアデニル酸シクラーゼを活性化し，プロテインキナーゼAの活性化を経て，シナプス後細胞内でのサイクリック AMP 依存的な代謝レスポンスを分単位のスケールで惹起する。神経伝達物質-受容体相互作用の持続的な反復は，代謝のみならず遺伝子レベルでの変化をももたらす。この長期的な（数日単位の）反応では，セカンドメッセンジャー依存的なプロテインキナーゼは核内に移行し，細胞が新しいシナプス結合を形成するために必要な遺伝子の転写を促進する。最終的に，長期的な神経伝達物質-受容体相互作用は，シナプス結合が長期に安定持続するのに必要な細胞内でのタンパク質合成も刺激する。タンパク質新生に関わるこれらの効果は，学習や記憶にも深く関わる。こうした現象の詳細なメカニズム解析は，現代の神経科学の中心的な命題である。

特異的神経伝達物質の機能

脳内において，ほとんどの即時性の興奮性シナプス

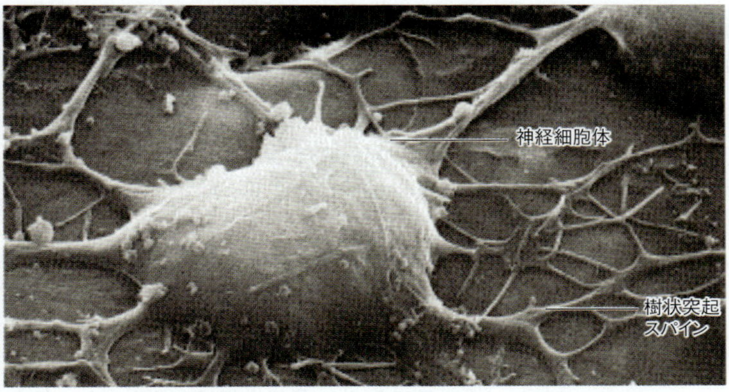

図 23.25　1 つの神経細胞の細胞体にある多数のシナプス　走査型電子顕微鏡写真により神経系の相互結合の複雑さがわかる。あるシナプスは興奮性であり，あるシナプスは抑制性である。

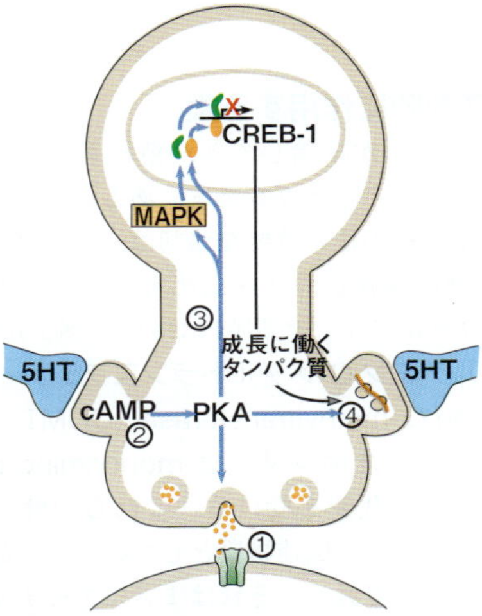

図 23.26　4 つの神経伝達物質の作用　**(1)** 即時性シナプス。イオンチャネルの開口。**(2)** セロトニン（5-ヒドロキシトリプタミン 5-hydroxytryptamine〈5HT〉）がアデニル酸シクラーゼに結合すると，cAMP 依存性プロテインキナーゼが活性化される。**(3)** 長期刺激のプロテインキナーゼへの効果。例えば，MAPK の場合，核内に移行し，CREB などの標的転写因子をリン酸化することで遺伝子発現を促進する。**(4)** 未知の翻訳ユニットとの複合体形成により，局在化タンパク質合成を刺激する。

From *Science* 294 : 1030-1038, E. R. Kandel, The molecular biology of memory storage : A dialogue between genes and synapses. © 2001. Reprinted with permission from AAAS.

では神経伝達物質としてグルタミン酸が関与し，抑制性シナプスの多くでは GABA が働く。中枢神経システムのダメージに至るグルタミン酸作動性シナプスの過剰な興奮は，グルタミン酸の過剰摂取から起こる。こうした理由から，醤油の主成分であるグルタミン酸ナトリウムは数年前から公式に離乳食から除かれた。グルタミン酸ナトリウムは風味を良くするために用いられていたが，発達中の神経システムは特にこのダメージを受けやすいことがその理由であった。

グルタミン酸と GABA の両者は同様に遅延性シナプスでも働くが，生体アミンやペプチド性の神経伝達物質も遅延性シナプス伝達に関与することが最近になって明らかにされてきた。特に興味深いのが，ドーパミンが神経伝達物質として働くシナプスである。Arvid Carlsson らは，ドーパミンシグナリングの異常が原因で重篤な精神障害を起こすケース，例えば，パーキンソン病，統合失調症，薬物依存，注意欠陥多動性障害 attention deficit-hyperactivity disorder（ADHD）などを報告した。パーキンソン病は，脳内の**黒質 substantia nigra** と呼ばれる部位に存在するドーパミン産生を司る神経細胞の死が原因とされている。パーキンソン病の治療法の 1 つは，大量の L-ドーパの投与である。L-ドーパは，**脳血管関門 blood-brain barrier** と呼ばれる障害を通り抜けることができ，脳内での脱炭酸を経て，不足したドーパミンを補充するのである。

統合失調症とドーパミンとの関係は，効果的ないくつかの抗統合失調薬の作用が，ドーパミン受容体を標的とし，ドーパミンの受容体結合を阻害する機序である事実から示唆された。1 つの例は**クロルプロマジン chlorpromazine** であり，この薬剤はドーパミンとは構造が類似していないが，ドーパミンの受容体結合を効果的に阻害する。一方，**メスカリン mescaline** や**アンフェタミン amphetamine** などの乱用はドーパミンに似た効果が現れるが，これらはドーパミン受容体に結合し，アゴニストとして働くことでドーパミンと似た効果を示すのである。ドーパミンは“pleasure agent（満足薬）”ともいわれ，多くの乱用薬がドーパミン産生量を増加させ，あるいは，内因性伝達物質の類似体として作用することで，ドーパミンシナプスを興奮させる。最近の研究で，マウスがもつ 4 つのドーパミン受容体の 1 つである D4 受容体の遺伝子を破壊すると，そのノックアウトマウスはエタノールやコカイン，メタンフェタミンに対する感受性が増すことが明らかにされた。

セロトニンを神経伝達物質として用いるシナプスも，統合失調症に関連した病態生理学に関わっている。**リゼルギン酸ジエチルアミド lysergic acid dieth-**

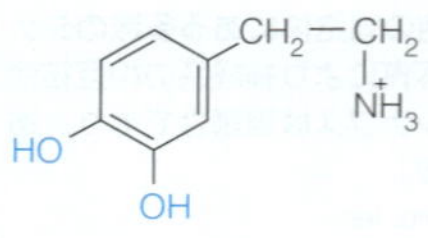

ドーパミン

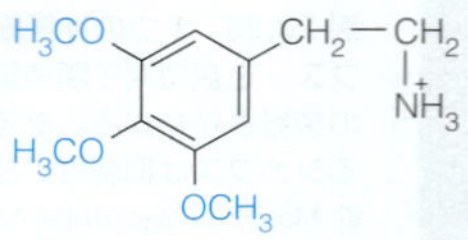

メスカリン

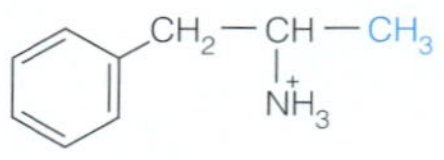

アンフェタミン

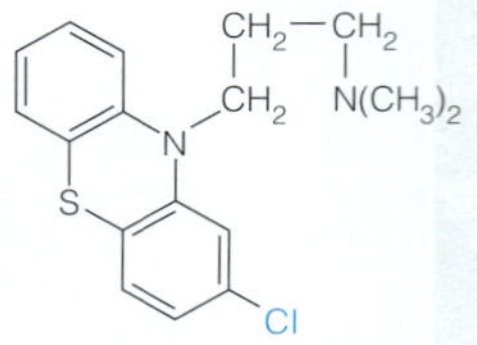

クロルプロマジン

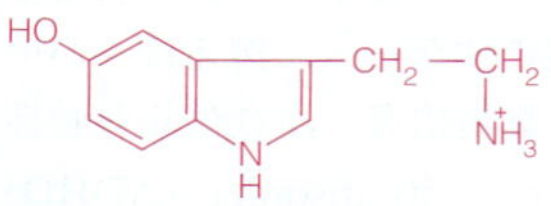

セロトニン

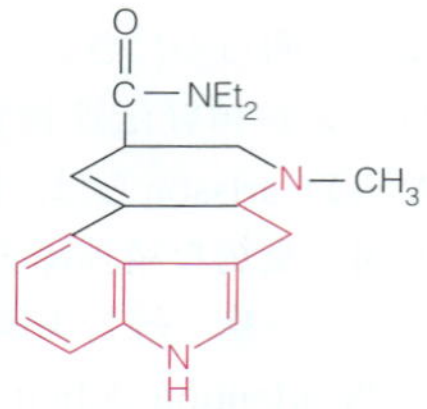

リゼルギン酸
ジエチルアミド

ylamide（LSD）は，セロトニンに類似したインドール誘導体である。LSD は，セロトニン受容体に結合してアゴニストとして働き，類似の効果を発揮する。よく知られた（違法であるが）快楽薬であるエクスタシー（Ecstasy：3,4-メチレンジオキシ-*N*-メチルアンフェタミン）はドーパミン，セロトニンやノルアドレナリンの放出を促進する。

最後に，ADHD の治療薬として用いられる**リタリン Ritalin** は，ドーパミン放出の促進作用がある。この刺激効果は逆説的である。なぜならば，この薬剤は活動過多の子どもを穏やかにすることに用いられるからである。しかし，最近の研究から，この鎮静効果はセロトニンレベルの上昇に大きく依存することが示唆されている。

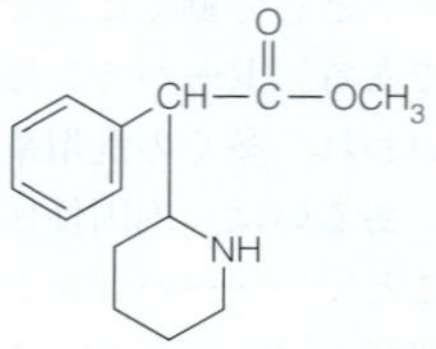

リタリン

しかし，乱用薬物のすべてが遅延性シナプス伝達に関わるわけではなく，ドーパミンやセロトニンの作用で明らかにされたのは，複雑な統合失調症の理解のごく一部にすぎないのである。最近の研究から，グルタミン酸受容体も同様に，嗜癖行動の制御に関与していることが示唆された。薬物経験を強いられたラットの強迫性薬物探索行動が，グルタミン酸情報伝達の抑制により調節できることが示され，グルタミン酸受容体拮抗薬の治療法としての開発の見通しがたち，神経科学者たちの研究に拍車がかかってきた。グルタミン酸受容体は，**フェンシクリジン phencyclidine**（PCP，あるいは“angel dust”）の作用にも深く関連している。この化合物は，グルタミン酸が NMDA（*N*-メチル-*D*-アスパラギン酸）型グルタミン酸受容体に結合するのを阻害し，これにより，グルタミン酸情報伝達の低下に起因する統合失調症に似た症状を引き起こす。しかし，神経科学者は他の薬剤による脳内グルタミン酸レベルの低下が PCP 作用を軽減させることを見出し，統合失調症の治療に向けて新たなアプローチが始められている。

シナプス間隙に作用する薬

これまで我々が議論してきた精神薬理学的な薬剤は，受容体に対するアゴニスト，あるいはアンタゴニストである。その他の重要な薬剤は，シナプス間隙において神経伝達物質の代謝に影響を及ぼすものである。カテコールアミンは間隙において，**メチル化酵素，カテコールアミン *O*-メチルトランスフェラーゼ catecholamine *O*-methyltransferase**（COMT），あるいは，**モノアミンオキシダーゼ monoamine oxidase**（MAO）による代謝を受ける。これらの酵素はカテコールアミンの神経伝達物質としての生物学的効果を制御しているのである。それはまさにアセチルコリンエステラーゼがコリン作働性ニューロンの興奮を制御しているのと同様である。うつ病の治療薬として用いられる薬剤の多くは COMT や MAO の阻害剤であり，結果としてカテコールアミンの分解抑制により活性型神経伝達物質の量が増えるのである。ごく最近に開発された薬剤の**フルオキセチン fluoxetine**（商標名はプロザック Prozac）は，選択的なセロトニンの再吸収阻害剤 selective serotonin reuptake inhibitor（SSRI）である。放出された神経伝達物質は 3 つの運命をたどる。すなわち，シナプス後細胞の受容体への結合，間隙での代謝，そして，シナプス前細胞内への再吸収と貯蔵小胞への再パッケージングである。プロザックは，セロトニンの再吸収を選択的に阻害してシナプス後細胞に作用するセロトニン量を増やし，セロトニンシナプスを増強させることができる。プロザックはもともと抗うつ薬として売り出されたものだが，統合失調症領域でも利用されるようになってきた。

表 23.5　神経ホルモン（H）あるいは神経伝達物質（T）として働くいくつかのペプチド類

名前	H/Y	アミノ酸配列[a]
β エンドルフィン	H	YGGFMTSFKSQTPLVTLFKNAIIKNAYKKGE
Met-エンケファリン	H，T	YGGFM
Leu-エンケファリン	H，T	YGGFL
ニューロテンシン	T	pELYENKPRRPYIL
ソマトスタチン	T	AGCKNFFWKTFTSC

[a]下線を付した YGGF は，β エンドルフィンやエンケファリンに共通して含まれることから，麻薬作用を発揮するのに重要と考えられている。ニューロテンシンの N 末端の p は，グルタミン酸が環化してピロ "pyro" を形成したものを意味する。

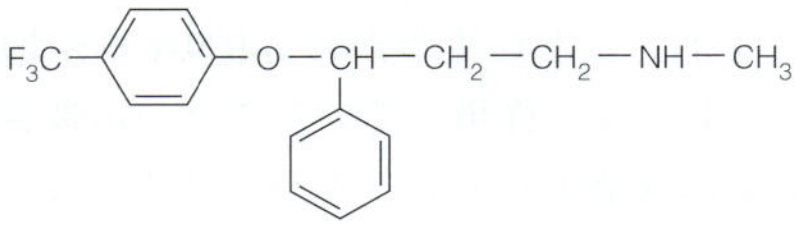

プロザック（フルオキセチン）

ペプチド性神経伝達物質と神経ホルモン

最後に，ソマトスタチン，ニューロテンシンや**エンケファリン enkephalin** といったペプチド性の神経伝達物質について述べたい（表 23.5 参照）。エンケファリンは，**β エンドルフィン β-endorphin** とともに**神経ホルモン neurohormone** としても働き，伝達物質に応答した神経細胞内のイベントにも影響を及ぼす。エンドルフィンは 1970 年代に発見され，Solomon Snyder らが**モルヒネ morphine** のようなアヘン系薬剤の効果を調べる過程で見出したものである。ヒトの脳内にモルヒネ受容体の存在が確認された後，この受容体には天然の内因性リガンドがあると Snyder は考えた。なぜなら，モルヒネはケシ由来の物質で，体内には存在しないからである。この研究は後に，小さいペプチドで天然由来の鎮痛剤であるエンドルフィンの単離に繋がった。この物質の働きで神経情報伝達に何らかの変化が生じるが，これは強いストレスや刺激で起こる痛みの緩和に関与していることが考えられる。モルヒネのようなアヘン系鎮痛剤の効果は，神経ホルモンとは構造が全く異なるにもかかわらず，神経ホルモン受容体によってこれら化合物が認識されるという，成り行き的で，おそらく偶発的なものである。

エンドルフィンやエンケファリンは，プレプロ-オピオメラノコルチンと呼ばれる長いホルモン前駆体の一部として合成される。p.863～864 で述べたように，この前駆体は切断され，これら 2 つの神経ホルモンや，全く異なる機能を有するいくつかのホルモンをつくり出す。

細菌や植物におけるシグナル伝達

単細胞生物の情報伝達の概念は多細胞からなる高等生物のものとはいく分違いがあるが，細菌も外界のシグナルに対して応答する。第 21 章では，細菌の密度に依存した遺伝子発現調節メカニズムに関して概説したが，細菌はさらに，化学誘引剤，酸素濃度，温度変化といった外界因子にも反応する。この感受メカニズムは，2 つのプロテインキナーゼからなる **2 コンポーネントシステム two-component system** と呼ばれる。最初のコンポーネントは，**受容体型ヒスチジンキナーゼ receptor histidine kinase** であり，膜貫通型タンパク質である。外界刺激がこのコンポーネントの細胞外領域に結合すると，細胞内領域のヒスチジン残基に自己リン酸化が起こる。次に，**応答制御因子 response regulator** と呼ばれる第 2 のタンパク質内のアスパラギン酸残基にリン酸基が移される。リン酸化された応答制御因子は，次に標的因子と会合する。例えば，栄養分の濃度勾配を直接的に認識する場合，鞭毛が回転行動を起こし，細菌は化学誘引剤に向かって移動する。

植物ホルモンの作用機序に関する研究は，脊椎動物のホルモンほど進んではいない。その理由は，多くの植物ホルモンが成長因子であり，植物の成長が唯一のパラメーターであること，また，植物の細胞膜は動物のそれより単離が困難であることなどである。

代謝に関する前のほうの章で，植物のホルモンには代表的なものが 6 種類あることを述べた。復習のために，6 つを図 23.27 に記載したが，(1) イソペンテニルピロリン酸から生ずる**ジベレリン gibberellin** というジテルペンの仲間，(2) 同じくイソペンテニルピロリン酸からできる**アブシジン酸 abscisic acid（ABA）**，(3) プリン塩基にテルペノイド側鎖を結合した**サイトカイニン cytokinin**，(4) トリプトファン代謝物の 1 つで，最も活性が強いインドール 3-酢酸（**オーキシン auxin**），(5) *S*-アデノシルメチオニンのメチル基から生ずる**エチレン ethylene**，(6) 脊椎動物のステロイドホルモンに類似した**ブラシノステロイド brassinosteroid** の 6 つである。ブラシノステロイドを除き，他の 5 つの化合物は，動物のホルモンとは化学的に全く異なるものである。

加えて，動物ホルモンとの違いは，(1) 1 つのホルモンが多彩な作用を示すこと，(2) 種や系統により，類似のホルモンが多数存在すること，である。例えば，

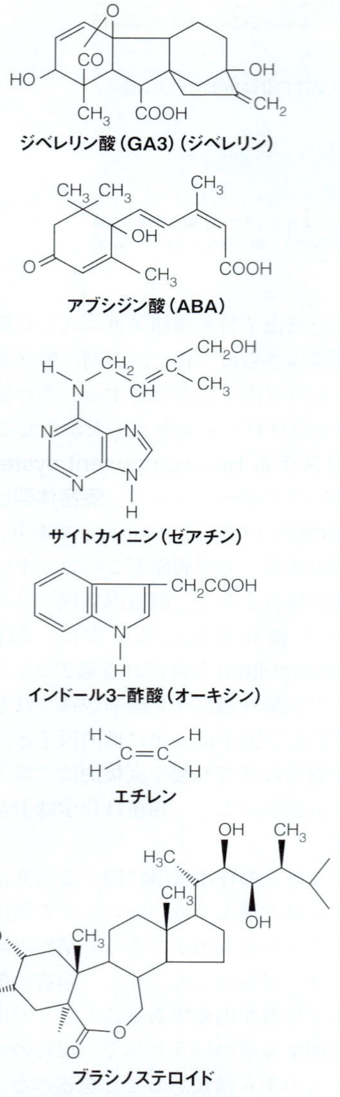

図 23.27　主な 6 種類の植物ホルモン

サイトカイニンの仲間も少なくとも十数種類が報告されている。すべてのものがアデニンの N6 位に側鎖をもっているが，その側鎖の構造に多様性が存在する。

オーキシンは，成長する枝の先端で合成される。オーキシンは主枝の成長を促し，側方への展開を抑制する。オーキシン結合膜タンパク質が同定されており，おそらく受容体と考えられる。オーキシンはプロトンの化学浸透圧勾配を形成し，オーキシン自身の勾配もつくり，植物の細胞でさまざまな作用を営む。例えば，枝の成長に必要な細胞壁破壊や，分化に必要な RNA やタンパク質合成の促進などであり，おそらくサイクリック AMP がオーキシンの作用を仲介していると考えられる。

サイトカイニンは根でつくられ，多くの組織の増殖や分化を促進する。サイトカイニンとオーキシンは協調して働き，サイトカイニンとオーキシンの量比が植物の増殖と分化を決めているとも考えられている。多くの場合，1 つの植物細胞を組織培養すると，植物全体がつくられる。サイトカイニンとオーキシンを異なる量で加え，実験的に最適の条件を見つけることが可能である。

ジベレリンは 100 種が知られており，あるものは細胞増殖に関与し，特定の遺伝子発現を引き起こす。ジベレリンを加えるといくつかの mRNA 量が増加し，遺伝子発現レベルで作用していることが示唆される。

エチレンは成熟ホルモンと考えられている。果実の熟成や花の老化などを刺激し，若木の発育を抑制する。オーキシンの輸送も制御しており，成長に必要な縦方向への輸送を横方向への輸送へと切り替える作用をもっている。

アブシジン酸は，他の多くの植物ホルモンの作用を抑える。胚形成，成長，発芽，葉の成長などを抑制し，寒冷や干ばつなどのストレスから植物を保護する。植物が枯れ始めると，アブシジン酸は葉での合成を開始する。生理学的実験より，アブシジン酸がイオンや水の透過を制御しているらしいことが推定された。

ブラシノステロイドは，細胞の膨張，種子の発芽，維管束の形成など，いくつかのプロセスをコントロールしている。

最近の研究から，最後の 3 つのホルモンに関する情報伝達が解明されている。エチレンは小胞体膜に存在する受容体ファミリーに結合する。この受容体はその後，Raf 様のプロテインキナーゼである CTR1 と結合する（図 23.28 参照）。この結合によって受容体と CTR1 の不活性化が起こる。CTR1 は陽性制御因子である EIN2 を抑制している。図中に黄色で示される MAP キナーゼ経路も関わっている。EIN2 は，核内において，転写因子である EIN3 と EILs を安定化し，エチレン応答性遺伝子群の発現を促す。これら遺伝子の中には EBF1 と EBF2 の 2 つのタンパク質があり，これらは EIN2 レベルを制御し，フィードバックループを形成するのである。

ブラシノステロイドは動物のホルモンと似た作用をする。BIN2 と呼ばれる細胞内プロテインキナーゼは 2 つの転写制御因子，BES1 と BZR1 をリン酸化し，これが両者の分解の引き金となっている。ブラシノステロイドがその受容体である BRI1 と結合すると，BIN2 を不活性化し，結果的に BES1 と BZR1 が活性化されるのである。BES1 は別のタンパク質である BIM と結合し，いくつかの標的遺伝子の発現を亢進する。一方，BZR1 は別の標的遺伝子群の発現を抑制している。

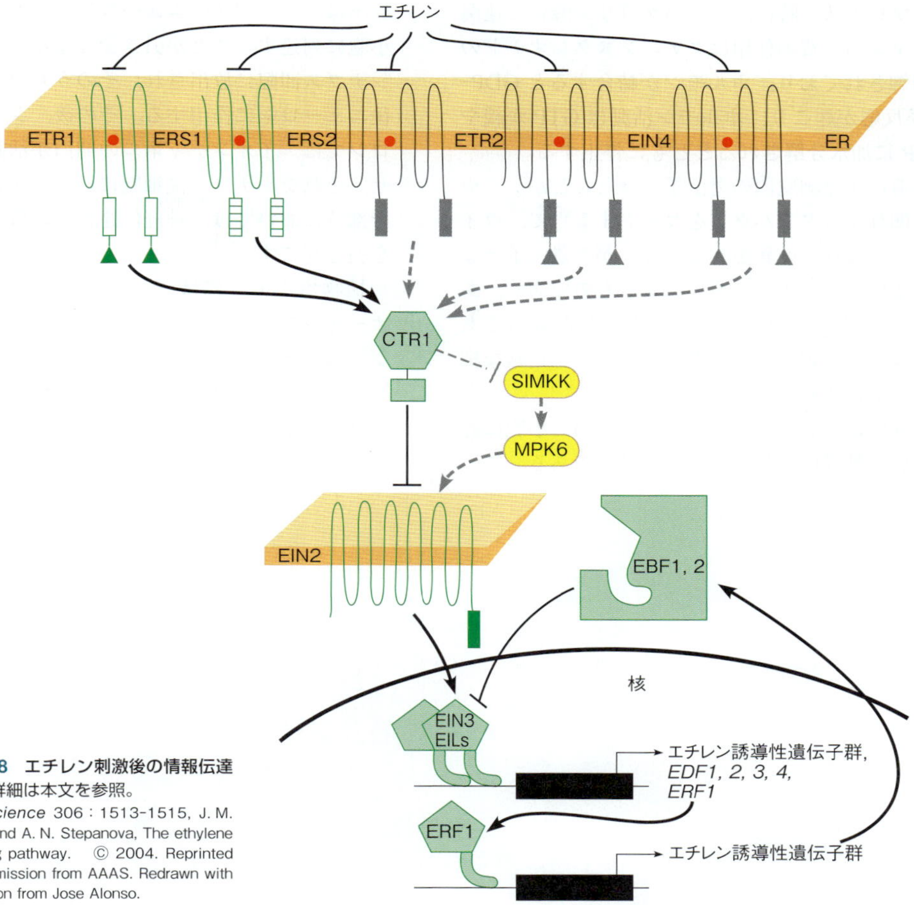

図 23.28　エチレン刺激後の情報伝達経路　詳細は本文を参照。
From *Science* 306：1513-1515, J. M. Alonso and A. N. Stepanova, The ethylene signaling pathway.　© 2004. Reprinted with permission from AAAS. Redrawn with permission from Jose Alonso.

ABA 経路は細胞外の受容体に ABA が結合することから始まり，引き続き，液胞から細胞質ゾルへカルシウムイオンが放出される。ABA の作用には，動物細胞でカルシウムホメオスタシスに関与しているサイクリック ADP リボース cyclic ADP ribose（cADPR）が関係しているようである。動物の場合と同じく，cADPR によるカルシウムイオンの放出は，細胞膜に存在するイオンチャネルを開口する。細胞内におけるイオンの放出によって，浸透圧は下がり，細胞膨圧は低下し，さらには，土壌の蒸散で十分な水分が得られない場合には細胞内の水分を保持する働きをする。

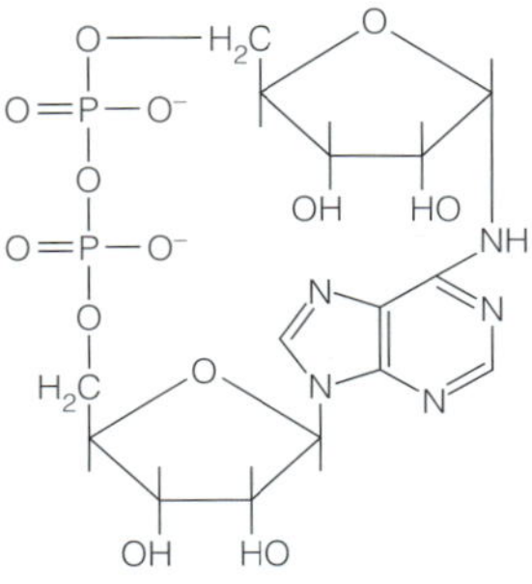

c ADP-リボース

まとめ

細胞と細胞をつなぐシグナル分子の代表的なものがホルモンである。いくつかの（脂溶性）ホルモンは核内受容体に働く。ホルモン–受容体複合体は核内で作用し，特定の遺伝子発現を調節する。他のホルモンは細胞膜の受容体に作用する。細胞膜貫通型受容体には次の 3 つのタイプがある。(1) イオンチャネル内蔵型受容体で，ホルモンが受容体に結合すると直接的にイオン透過性を変化させる。(2) インスリン受容体のように細胞膜 1 回貫通型受容体で，細胞外にホルモン結合部位を，細胞内に酵素活性を内蔵し，リガンド結合によって活性化される。(3) G タンパク質を介する受容体で，細胞内のセカンドメッセンジャー，すなわちサイクリック AMP，サイクリック GMP，カルシウムイオン，イノシトール三リン酸，ホスファチジルイノシトール二リン酸，ジアシルグリセロールなどを介して働く。セカンドメッセンジャーは細胞内のさまざまな代謝プロセス，特に，タンパク質リン酸化に連関する。Gタンパク質の作用はグアニンヌクレオチドの結合で制御されており，ホルモンが結合するとGDP–GTP交換反応が起こり，ホルモン活動はGTPが緩やかにGDPに加水分解されるとともに停止する。

前がん遺伝子は細胞内の遺伝子（ほとんどがシグナル伝達に関与するタンパク質をコードする）で，ウイルスに取り込まれ，変異を起こして，がん遺伝子となる。がん遺伝子がウイルス感染によるものであれ，あるいは前がん遺伝子の変異により生成したものであれ，それは代謝や細胞増殖の調節を失わせ，正常な細胞はがん細胞に変わる。

神経伝達では，シナプス前ニューロン内の小胞に貯蔵されている神経伝達物質の放出が重要である。この放出は，シナプス前ニューロン内の脱分極ウェーブが小胞に到達することが引き金となる。神経伝達物質はシナプス間隙に放出され，そのうちの一部がシナプス後ニューロンに作用する。その後，シナプス後ニューロンでは，イオンチャネルの開口が活動電位を発生させ，それをシナプス後細胞に沿って伝える。神経筋接合部位においては，神経伝達物質の取り込みが筋収縮を引き起こす。

植物ホルモンにはジベレリン，サイトカイニン，オーキシン，エチレン，ブラシノステロイドやアブシジン酸などがある。植物ホルモンの作用機構には不明の点が多いが，動物ホルモンと類似した機構があるのではないかと考えられている。

第5部

遺伝情報

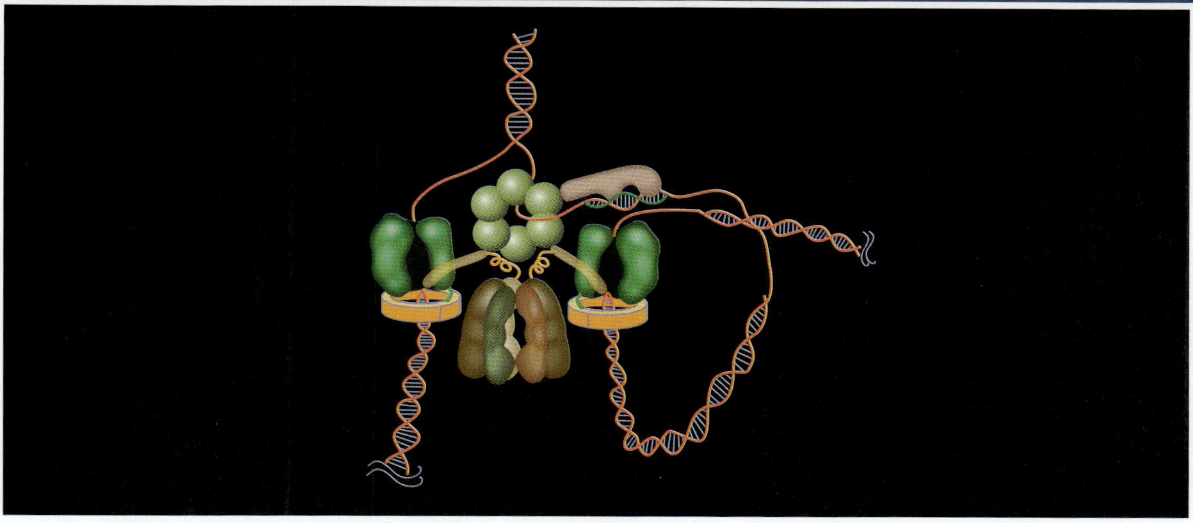

レプリソーム。DNA 二重らせんの両方の鎖をコピーする多成分タンパク質複合体装置。
Courtesy of Dr. Michael O'Donnell.

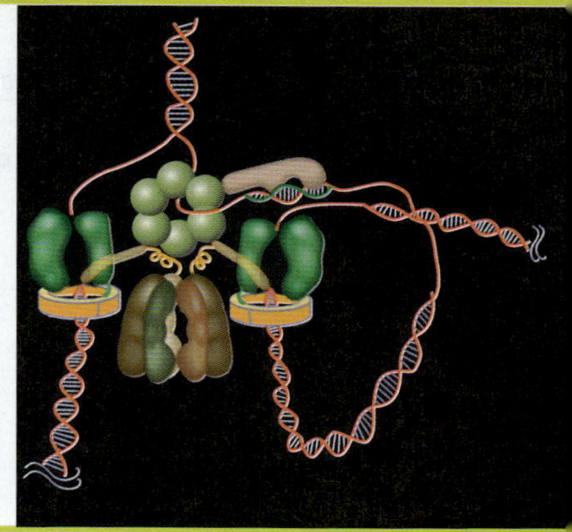

第 24 章

遺伝子，ゲノム，染色体

本書の最後のセクションでは，生化学的な情報（遺伝情報の蓄積，検索，処理，子孫への伝搬といったプロセス）を取り扱う。これらは，エネルギー代謝と区別して，情報の代謝と呼んでもいいかもしれない。エネルギー代謝においては，酵素の三次元構造が化学反応の特異性を決定する。どの基質が酵素に結合し，どの反応が触媒されるのかは，酵素の構造によって決まる。もちろん，遺伝情報は酵素の構造や特性を決めるので，最終的には代謝反応を制御しているといえる。しかしながら，我々がこれから学ぶ反応は，遺伝情報が直接関わるという点，特に酵素とともに反応を規定する“鋳型”を必要とするという点で，エネルギー代謝とは大きく異なっている。生命現象の鋳型である核酸は，通常，どの基質が結合するかを決めるだけで，触媒反応は酵素にゆだねるという受動的な役割を果たすのみであるが，RNA 酵素であるリボザイムはこの例外である（第 11 章）。DNA 複製，転写（RNA 合成），翻訳（タンパク質合成）といった基本的なプロセスについては，以降の章でみていく。本章では，遺伝情報を保持し，次世代に伝達する遺伝子が存在する染色体やゲノムの構造とあらましについて詳細に解説する。第 4 章で述べたように，“1 つの遺伝子”は 1 つのポリペプチド鎖または RNA 分子をコードする染色体の 1 つのセグメントとして定義される。こうした考え方は，過去には“遺伝子生化学”と呼ばれていたが，現在では“ゲノム生化学”と呼ぶのがふさわしい。何百もの生物種の全塩基配列を決定できる強力な技術のおかげで，生物のさまざまな過程をより巨視的に考察することが可能になったからである。それぞれの遺伝子のクローニングや塩基配列決定，さらにクローン化した遺伝子や組換え酵素の解析が可能になったおかげで，単一あるいは連続した反応のレベルで代謝を考察することが可能になった。さらに現在では，大規模な数の遺伝子が協調して発現する“統合されたシステム”の視点で，細胞や個体の機能を考えていくことも可能である。

原核生物と真核生物のゲノム

ゲノムの大きさ

RNA ウイルスを除いて，すべての生物種のゲノムはたった 4 種類のヌクレオチド（それと，ごくわずかな修飾ヌクレオチド）からなる DNA 配列で規定されている（p.81～82，p.90 参照）。しかしながら，ゲノムの大きさやゲノムの物理的な状態は，実に多岐にわたっている。単純な代謝経路しかもたない単細胞生物は，わずか数百の遺伝子だけで生存できる。感染した細胞の代謝経路を利用するウイルスは，さらに単純である。最も小さな DNA ウイルスには 10 個か，それ以下の遺伝子しか存在しないし，ある種の RNA ウイル

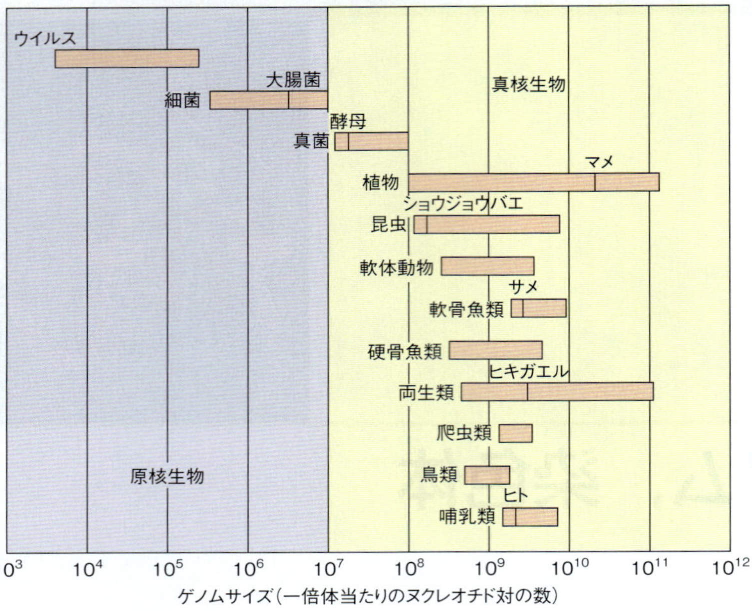

図 24.1　さまざまな生物のゲノム長　横棒は各生物種ハプロイド（一倍体）のゲノム長の範囲を示す。いくつかの動物種では縦棒でゲノムサイズを示した（例：ヒト，3×10^9塩基）。横軸はログ表示であり，ヒトよりも大きなゲノム長をもつ種が多数あることに注意すること。

スにいたっては，わずか３つの遺伝子しかもっていない。しかしながら，図 24.1 に示したように，天然痘ウイルスのような最大のウイルスのゲノムは 175,000 塩基対もの長さを有し，150 種類以上のタンパク質をコードしている。

予想されるとおり，細菌やウイルスのゲノムと比較して，多細胞生物のゲノムははるかに長大である。しかし，図 24.1 から読み取れるように，ゲノムの大きさと生物種の複雑さの間に理論的な相関はない。ヒトゲノムの長さは 30 億塩基対にも及ぶが，ある種の両生類や植物のゲノムはさらに長大で，ヒトの 50 倍に及ぶものさえある。マメ科の植物がヒトよりも 50 倍複雑であるとは考えられないことから，真核生物のゲノム DNA のかなりの部分はタンパク質をコードしない，あるいは，タンパク質合成に必要な RNA マシナリーに関与しない領域であろうと考えられた。以下の項では，真核生物ゲノムに存在するいくつかのノンコーディング DNA 配列について説明する。さらに第 29 章に記載するように，タンパク質をコードしないゲノム DNA のかなりの部分は，調節性 RNA 分子をコードしている。

ポイント１
大部分の真核生物は，原核生物よりもはるかに大きいゲノムをもっており，それには理由がある。

反復配列

1968 年に Roy Britten と David Kohne が開発した DNA の再結合実験によって，真核生物の染色体にノンコーディング DNA が存在する可能性が示された。この実験では，全ゲノム DNA を平均長が約 300 塩基対となるように物理的に切断し，熱処理によって一本鎖 DNA に解離させた後，ゆっくりと冷ますことで，相補的な配列同士を再結合させた。複数のコピーが存在する場合は比較的速く再結合するのに対し，単一のコピーしか存在しない配列の結合には時間がかかる（相補的な配列と出会う確率が低いためである）。Britten と Kohne はウシの DNA を解析し，長大なゲノム中の約半分の DNA が単一コピー配列で予想されるよりも速く再結合することに驚いた（図 24.2）。この速い再結合の解析から，ある種の DNA 配列は単一細胞内で 10^5～10^6も繰り返されていると推定された。同様の解析から，大腸菌の DNA はすべて単一コピーであるが，哺乳類の DNA で単一コピーなのはおよそ半分，植物 DNA にいたっては単一コピー遺伝子はわずか３分の１であると考えられた。

サテライト DNA

さらなる解析によって，反復配列はいくつかのカテゴリーに分類されることがわかった。１つは（ATA-AACT)$_n$のようなきわめて短い配列が直列に長く反復するタイプである。こういった反復配列は，密度勾配遠心分離法（第４章，p.90 参照）によって，他の DNA 部分から分離することができる。前述したような AT に富んだ反復配列は，平均的な DNA より密度が低く，GC に富んだ配列は，密度がより高い。したがって，反復した単純な配列は，密度勾配遠心法では，主要バンドの周辺にサテライトのバンドを形成する（図 24.3）。

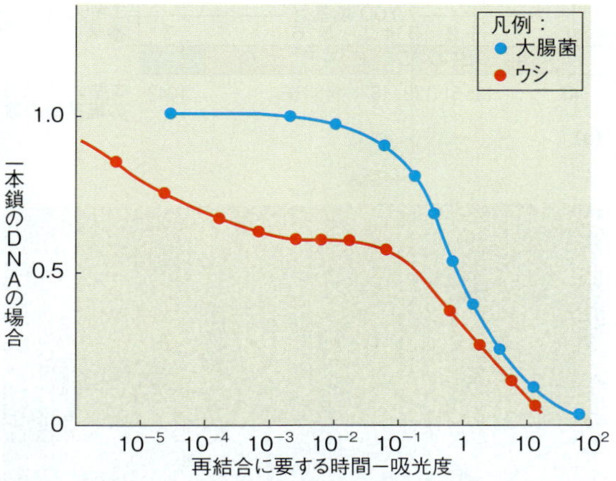

図 24.2　大腸菌とウシゲノム DNA の再結合のキネティクス　横軸は，大腸菌とウシのゲノム長で補正した再結合時間を示す。大腸菌 DNA の曲線は，大腸菌のゲノムサイズ（4.67×10⁶塩基対）のすべてが単一コピー遺伝子である際に予想される曲線と一致する。ウシ DNA を用いた場合に得られる曲線には，2 つの相がある。遅い相（図の右側）は，単一コピー DNA（非反復配列）の再結合の相である。速い相（図の左側）は，反復配列をもつ DNA 同士の速い再結合を示している。速い再結合の相からは，さまざまなコピー数の反復配列 DNA が存在すると推定される。

反復配列が，ときに**サテライト DNA satellite DNA** と呼ばれるのは，このためである。高等真核生物では，サテライト DNA は通常，全ゲノムの 10〜20％を占める。

> **ポイント 2**
> 真核生物の反復配列には，サテライト DNA と，散在する重複配列がある。

こうした高度な反復配列の役割は何だろうか？　反復配列はタンパク質をコードしているわけではなく，RNA に転写されることもない。少なくともある種の反復配列は，DNA の構造を安定化するために働いているらしい。例えばある種の反復配列は，染色体の**セントロメア centromere** 近傍に多く見出される。ここは，細胞分裂期に娘クロマチド（染色分体）が紡錘体に結合する部分である。多くの生物種のセントロメア DNA 配列が短い反復配列であるのに対し，出芽酵母のセントロメアは約 125 塩基対の AT に富む配列からなる。セントロメアは，有糸分裂の際に紡錘体繊維に結合するタンパク質の結合部位として機能している（p.916）。

機能遺伝子の重複

反復の度合いが異なるさまざまな種類の反復 DNA 配列が存在する。機能遺伝子の重複がその代表例であり，遺伝子重複によって遺伝子のコピー数を増やし，高い発現量の転写産物を得ることができる。例として

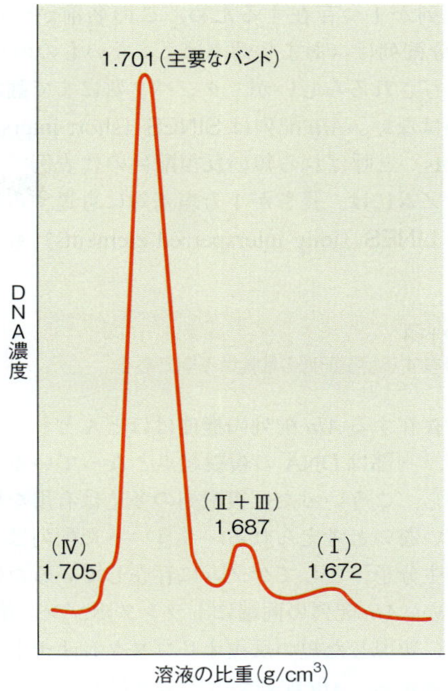

図 24.3　サテライト DNA　ショウジョウバエの DNA を密度勾配法で遠心分離すると，主要バンドの周辺にサテライトバンドが観察される。このバンドは塩基の割合が異なる配列をもつ反復 DNA 由来である。

Adapted from *Journal of Molecular Biology* 96：665-674, S. A. Endow, M. L. Polan, and J. G. Gall, Satellite DNA sequences of *Drosophila melanogaster*. © 1975, with permission from Elsevier.

は数千コピー存在すると考えられているリボソーム RNA（rRNA）遺伝子や，数百コピーあるとされるトランスファー RNA（tRNA）遺伝子があげられる。細胞は翻訳に際して大量の rRNA や tRNA を必要とするので，多コピーの rRNA，tRNA 遺伝子が必要である。真核生物の DNA がクロマチン構造（p.917 参照）をとるために必要なヒストンのように量を要するタンパク質の遺伝子も，同様に多コピー遺伝子である。第 26 章で解説するように，通常は単一コピーの遺伝子であっても，外界のストレスにさらされた際や胚発生期の特別な組織では，増幅されることがある。

Alu 配列

タンパク質をコードしていないことははっきりしているものの，その機能がまだ不明の反復 DNA 配列もある。こうした反復配列は，サテライト DNA のように 1 箇所に集中しているわけではなく，むしろゲノム全体に散らばっていることが多い。ある種の調節エレメントの働きをもつ可能性があるものの，その機能はよくわかっていない。こうといった遺伝子群の中で，霊長類で最も頻繁にみられるものに，いわゆる ***Alu* 配列 *Alu* sequence** がある。ヒトゲノム中に百万コピー以上存在すると想定されているこの配列は，約 300 塩基対の長さである。ほとんどに *Alu* I という制限酵素の

認識配列が1つ存在するため，この名前がつけられた。*Alu* 配列は（あまり効率はよくないものの）RNA には転写されるらしいが，タンパク質にまで翻訳されるものはない。*Alu* 配列は SINES（short interspersed elements）と呼ばれる短い反復配列の代表例である。ヒトゲノムには，長さが1万塩基対にも達する長い反復配列 LINES（long interspersed elements）も存在する。

ポイント3
多数存在する反復配列の機能は不明である。

多数存在する *Alu* 配列の機能はほとんどわかっていないが，一部は DNA の複製起点となっている。しかしながら，こういった反復配列の多くは有用な機能をもっていないと考えられる。こういった配列は，いわば“寄生分子”としてゲノムに存在しているだけかもしれない。*Alu* 配列の両端にトランスポゾン（第26章参照）に類似した短い反復オリゴヌクレオチドが存在することから，*Alu* 配列がどのようにしてゲノム中に広まったかのメカニズムが提起されている。すなわち，ゲノム上を移動できる他のエレメントと同様に，*Alu* 配列もまた，DNA から転写された RNA を鋳型に逆転写酵素でコピーされて，ゲノムのさまざまな場所に挿入されたという考え方である（p.963）。最近の研究で，*Alu* 配列は，膜を介したタンパク質の輸送に関わる小さな RNA（7SL RNA）由来の配列であることが示唆されている。この RNA に関しては第28章で解説する。

イントロン

真核生物のゲノムが巨大である第2の理由は，大量のイントロンの存在である。第7章で解説したが，大部分の真核生物の遺伝子のタンパク質翻訳領域（エキソン）は，非翻訳領域（イントロン）で分断されている。例として，βグロビン遺伝子が2つのイントロンによって分割された3つのエキソンからなっていることも学んだ。こういった構造は真核生物では普通のことで，むしろβグロビン遺伝子よりも複雑な構造をもつ遺伝子がたくさん存在する。図 24.4a に示したオボアルブミン遺伝子を考えてみよう。この遺伝子は386アミノ酸残基からなるタンパク質をコードしており，1,158 ヌクレオチド長の mRNA として転写される。しかし，オボアルブミン遺伝子の全長は7,700塩基対にも及び，7つのイントロンによって分割された8つのエキソンからなっている。オボアルブミン遺伝子とその mRNA の違いは，DNA-RNA ハイブリッドを形成させた際の電子顕微鏡写真で明確に知ることができる（図 24.4b, c）。ゲノム DNA はそのエキソン部分で

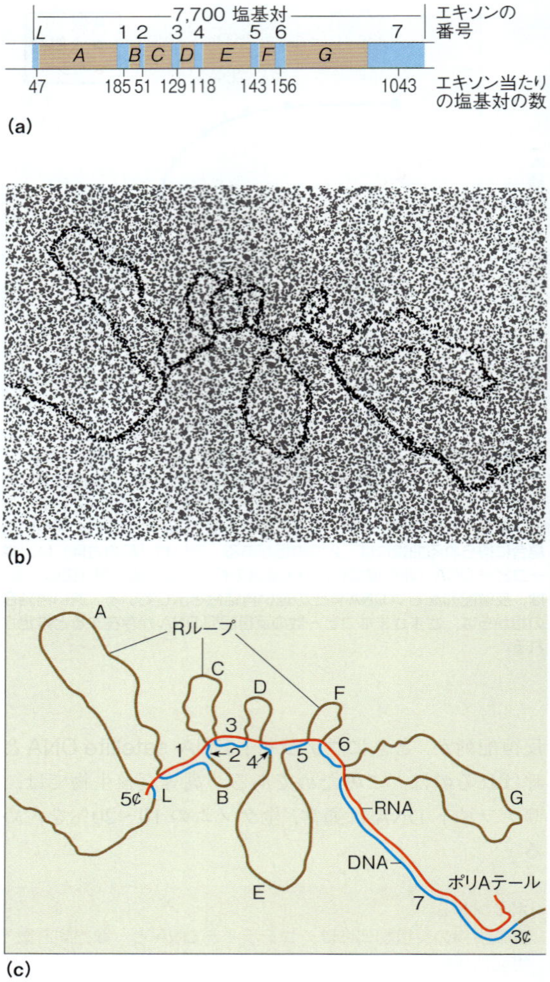

図 24.4　ニワトリのオボアルブミン遺伝子のエキソン-イントロン構造　(a) 7,700 塩基対のマップ。エキソン 1～7 と非翻訳リーダー配列（青）と，イントロン A～G（茶）を示した。(b) オボアルブミンのゲノムと mRNA のハイブリッドの電子顕微鏡写真。(c) (b) においてイントロン部分が R ループを形成する様子を図示した。RNA を赤で，エキソン DNA を青で，イントロンを茶色で示した。

(b) Courtesy of Pierre Chambon, *Scientific American* (1981) 245 : 60–70.

mRNA と塩基対を形成し，対応する mRNA のないそれ以外のイントロン部分では **R ループ R loop** と呼ばれるループアウトした構造をとっている。

ヒトゲノム塩基配列の解析から，イントロンは真核生物のタンパク質をコードする遺伝子の大部分に存在し，しばしばエキソンよりも長いことがわかっている。酵母のような下等な真核生物ではイントロンは少なく，そのせいでゲノムサイズが小さくなっている。ゲノムにイントロンがほとんど存在しない原核生物と同様に，酵母のゲノムは小さく，これは細胞増殖を効率的に行う必要性を反映しているものと思われる。

ポイント 4
真核生物の遺伝子の大部分にはイントロンが存在する。

第 7 章で述べたように，イントロンの機能はまだ完全に解明されたわけではない。イントロンは，遺伝子組換えが生じる部位となり，それにより進化においてタンパク質の機能部分を交換するのに役立っているようだ。この過程はエキソン・シャフリングと呼ばれる。また，こうした遺伝子構造をとる真核生物の場合，単一の遺伝子から異なったエキソンの組み合わせを行うことで，複数の種類のタンパク質をつくりだすことも可能である。これは**選択的スプライシング alternative splicing**（第 27 章，p.1036）と呼ばれ，さまざまな種類のタンパク質に対する遺伝子をすべて個別に用意するよりも効率的である。

遺伝子ファミリー

単一遺伝子に生じるさまざまな変異

選択的スプライシングという機構が存在するにもかかわらず，同じ種類のタンパク質をコードする遺伝子のバリアントが存在し，組織や発生時期によってその発現パターンが変化する例が多数知られている。第 7 章で学んだ哺乳類のグロビン遺伝子がその一例であり，胎生期初期型の ζ と ε，胎児型の α と γ，成人型の α，β，δ が知られている。これらのタンパク質をコードする遺伝子は，すべて別々の遺伝子として哺乳類のあらゆる細胞内に存在している。

図 7.30（p.236）は，ヒトの α，β ヘモグロビン遺伝子のクラスターを示している。それぞれの遺伝子は，図 7.25（p.232）に示すエキソン-イントロン構造をとっている。さらに，2 つの遺伝子の間には RNA に転写されない長い DNA の介在配列が存在する。グロビン遺伝子の発現は複雑かつ巧妙な制御を受けているため，この介在配列内には何らかの転写調節のシグナルが存在しているはずである。第 1 に，グロビン遺伝子のクラスターがすべてのヒト細胞に存在するにもかかわらず，グロビンタンパク質は赤血球に分化する血球系の細胞でしか発現しない。さらに第 7 章で学んだように，それぞれの遺伝子は特定の発生段階でのみ発現するようにコントロールされている。例えば，初期発生段階では ζ と ε 遺伝子だけが転写され，他のグロビン遺伝子の転写は抑制されている。発生が進むにつれて，まず胎児型の α と γ が転写され，出生時には成人型の β が優位となり，γ の転写は低下していく（図 7.29，p.235）。こういった発生段階に応じた転写制御は，真核生物に特有の現象である。細菌にはもっと単純な遺伝子発現変化しか存在せず，異なった細胞増殖のフェーズや，バイオフィルム形成時に遺伝子発現量が変化する程度である。複数のバリエーションをもった遺伝子をコピーし保存することは，DNA の贅沢な使用法ともいえる。ヒトのゲノムはヘモグロビンのいくつかのバリアントタンパク質を生み出すためだけに 10 万塩基対もの DNA を使っているのである。

他にも多数の遺伝子ファミリーが存在する。多様なヒストンタンパク質をコードする遺伝子も，グロビン遺伝子ファミリーと同様に，発生段階で役割分担をしているようである。また，免疫グロブリン遺伝子のように，多様な抗原に対応するために，複数の形で存在していると思われる遺伝子もある。いずれにしても，こういった遺伝子ファミリーのメンバーは，単一の先祖遺伝子から遺伝子の重複によって生まれてきたようである。

さまざまな種のゲノムに対する理解が広まるにつれ，“遺伝子ファミリー”の概念が以前よりも拡大してとらえられるようになってきた。当初は別個の独立した遺伝子と考えられた遺伝子の多くが，一次配列や構造の類似性から考えて，実は共通の先祖から進化してきたファミリーに属することがわかってきた。現在存在するすべての遺伝子は，非常に原始的な種で必要とされる非常に少数の（わずか数百かもしれない）遺伝子を出発点にしている可能性がある。

偽遺伝子

遺伝子ファミリーにはしばしば，1 つまたは複数の発現しない遺伝子，**偽遺伝子 pseudogene** が存在する。偽遺伝子は，特定の機能遺伝子ときわめて類似した配列をもつので，その遺伝子から *Alu* 配列の項（p.901 参照）で説明した逆転写機構によってつくられたことは明らかである。しかし，偽遺伝子は転写に必要なエレメント（たいていの場合，近傍の調節配列や，転写に必要な**プロモーター promoter** 領域）を欠いているため，mRNA に転写されることはない。偽遺伝子はタンパク質には翻訳されないため，進化の過程で選択圧を受けることはない。すなわち，偽遺伝子には何が起こってもいいので，機能的な遺伝子であれば致命的となる突然変異がしばしば生じている。最近まで，偽遺伝子は生物学的な機能をまったくもっていない“進化のゴミ”だと考えられてきた。しかし，PTEN と呼ばれるがん抑制遺伝子の研究から，本来機能する PTEN 遺伝子に結合すべき短い抑制性の RNA 分子（siRNA，第 29 章参照）が PTEN の偽遺伝子に結合し，その結果，機能的な PTEN 遺伝子の発現量を調整していることが示された。偽遺伝子の例として，ヒト DNA 中の α，β グロビン遺伝子バリアントを図 7.30（p.236）に示した。

これまでに述べたように，真核生物のゲノムサイズが大きいいくつかの理由がわかってきた。しかしながら現時点では，種としてはきわめて近い動物種の間でもDNA量が大きく違う場合がある理由を正確に説明することは難しい。例えば，両生類だけをとってみても，ゲノムサイズには100倍もの幅がある。このような違いが意味するところはまだ不明であり，真核生物のゲノムに関して，基本的に重要なことがわかっていないのだと考えられる。

一方で，原核生物やウイルスのゲノムははるかに小さい。これらの生物種が単純で，きわめて速い増殖速度をもつために，ゲノムが小さいことが有利だからであろう。ある種のウイルスや原核生物のゲノムにはイントロンが存在することがあるが，その頻度はかなり低い。時として，隣同士の遺伝子が重なっていたり，異なる読み枠によって異なるタンパク質へ翻訳されたりすることがある。長い間，細菌（特に大腸菌）やバクテリオファージは，ゲノム複製や遺伝子発現研究のモデル生物として利用されてきたが，その理由は一倍体であるためゲノムサイズが小さく，遺伝子の取り扱いが容易だったからである。表24.1に示したのは，これまでの研究に有用であった生物や，現在，興味をもって研究されているウイルスのゲノムの特性である。

制限と修飾

次に，巨大なゲノムの完全な塩基配列をどのようにして決定するのか，という問題に立ち向かうことにしよう。遺伝子の地図をつくり，ゲノムの塩基配列を決定するためには，第4章でみた**制限酵素 restriction endonuclease**（ある特定の塩基配列を認識して二本鎖DNAの切断を触媒する酵素）が大きな力を発揮した。巨大なゲノムの塩基配列決定法を考える前に，ここでこの驚くべき酵素について，そしてそれが関わる生物学的過程――**宿主誘導性の制限と修飾 host-induced restriction and modification**について考える。細菌は，自らのDNAにメチル化という印をつけることで，制限酵素による切断が生じないようにしたうえで，ウイルスのような侵入者のDNA（メチル化されてない）を制限酵素で切断して不活性化する。ウイルスにはこのDNAメチル化のシステムがないので，細菌の制限酵素や修飾酵素は，細菌の免疫システムとして機能しているのである。

制限と修飾の生物学

1952年にはじめて制限と修飾について記載されたものの，1960年代半ばのスイスのWerner Arberの研究までは，その生化学的な実体はよくわかっていなかった。大腸菌K12株（以下，K株）に感染させたλバクテリオファージは，何代にもわたってK株に感染し，**プラーク plaque**を形成する（プラークとは，大量の細菌に少数のファージを感染させた際に，ペトリ皿上に生じる透明な部分である。これは単一のファージが周辺の大腸菌内で増殖した結果，大腸菌を溶菌することで生じる。図24.5参照）。しかし，同じファージを大腸菌B株に感染させた際には，0.01％しかプラークを形成しない。言い換えれば，宿主がファージの増殖を“制限”するのである。この場合，感染したファージDNAの大部分が切断されてしまっているのである。

大腸菌B株で生じた少数のプラークから単離されたファージを再度，大腸菌B株に感染させると，高い感染性を示した。同様に，大腸菌B株で増殖させたファージの大腸菌K株への感染性は低かったが，少ないながらもK株上で生じたプラークから回収したファージは，以降，K株に対して高い感染性を示した。この実験からわかることは，新しい大腸菌株に感染させた場合にほとんどのファージが破壊されるものの，少数ながらその菌株に適応できたファージは菌株の防

表24.1　細菌やウイルスゲノムの特徴

生物種，ウイルス	ゲノムサイズ（塩基対）	遺伝子数	ゲノムの物理的性質
大腸菌	4,639,221	約4,400	環状，二本鎖
T4バクテリオファージ	168,889	約175	直鎖状，二本鎖，circularly permuted[a]
T7バクテリオファージ	39,936	約35	直鎖状，二本鎖
λバクテリオファージ	48,502	約50	直鎖状，二本鎖，末端は一本鎖
インフルエンザウイルス	約13,500	12	一本鎖RNA
エイズウイルス	9,749	23	一本鎖RNA
φX174バクテリオファージ	5,387	11	環状一本鎖DNA
M13バクテリオファージ	6,407	11	環状一本鎖DNA
サル免疫不全ウイルス40	5,226	6	環状二本鎖DNA
タバコモザイクウイルス	約6,400	4	一本鎖RNA
MS2バクテリオファージ	3,689	4	一本鎖RNA

[a]circularly permutedは，“ゲノムには同じ一次配列を有する遺伝子が存在するが，ゲノム末梢の配列が個体によって異なる”ことを意味する（第25章参照）。

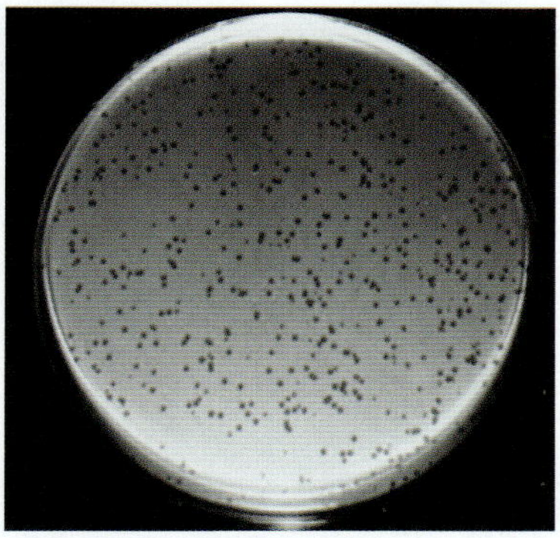

図 24.5　バクテリオファージによるプラーク　ペトリ皿に大量（10^8）の大腸菌と，少数（200）の T4 ファージを撒いて培養すると，プラークと呼ばれる透明な部分がファージの数だけ生じる。これは，ファージが感染した大腸菌の周囲で感染が繰り返され，周辺の大腸菌が溶菌するために生じる。

御システムから逃れ，再感染が可能になっているということである。Arber はこの発見を説明するために制限と修飾という単語をつくり，菌株に特異的な 2 つの酵素（制限酵素と修飾酵素）が，この現象の生化学的基礎であることを示した。菌株 K で増やしたファージを菌株 B に感染させると，菌株 B に存在する制限酵素によってファージ DNA の大部分は切断され，菌株 B は生存する。しかし，菌株 B は別の酵素をもっており，自らの DNA の特別なヌクレオチド残基にメチル化の修飾を行っている。このメチル化のおかげで，DNA は菌株 B に存在する制限酵素による切断から免れている，という考え方である。このメチル化は，標的配列中の特異的な塩基への図 24.6 に示した *S*-アデノシルメチオニン *S*-adenosylmethionine（AdoMet）からのメチル基転移反応である。

ポイント 5
細菌は，制限と修飾のシステムを用いて DNA 構造に遺伝的には変化しない修飾を与えることで，自らの DNA と侵入者の DNA を区別している。

時として菌株 B の修飾酵素がファージ DNA をメチル化することがあるため，菌株 B の制限システムによる切断から逃れるファージ DNA が出現する。こうした耐性ファージの出現頻度は 0.01% と低い。こうして生まれた耐性ファージは菌株 B の制限酵素で切断されないため，以降の菌株 B への感染と増殖が可能になる。こうした“制限”と“修飾”はいわゆる**エピジェネティック epigenetic** な現象であり，子孫へ引き継がれるが，ファージの DNA の配列そのものには変化が生じていないことに注意されたい。特定の細菌株への感染で生じたファージの耐性は，ファージの遺伝型の変化によるものではなく，過去にファージが感染し

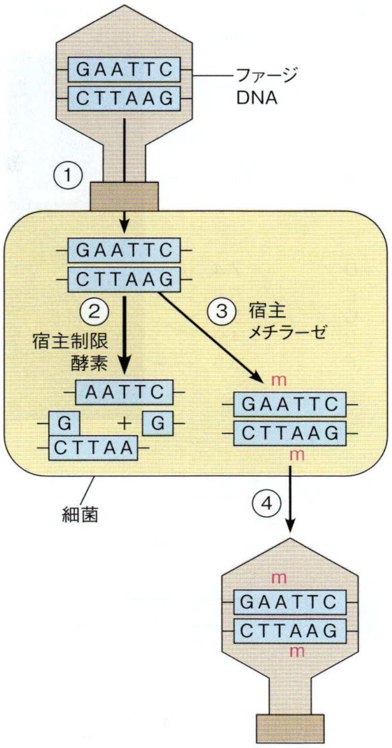

図 24.6　宿主誘導性の“制限”と“修飾”　DNA の修飾を受けていないファージが，5′-GAATTC-3′ 配列を認識する制限システムをもつ細菌株に感染する（ステップ 1）。ほとんどのファージ DNA は，制限ヌクレアーゼによって切断される（ステップ 2）が，わずかなファージ DNA は最も内側の A がメチル化されることで切断から逃れる（ステップ 3）。その後で増殖したファージでは，DNA がメチル化修飾を受けている（ステップ 4）。宿主制限酵素による制限を受けにくいため，このファージが同じ菌株に感染した場合は，菌株の防御システムに打ち勝つことができる。

増殖した菌株宿主系統に依存する。また，宿主内で生じる“制限”と“修飾”は，感染した染色体 DNA やファージ DNA だけではなく，形質転換 DNA やプラスミド DNA にも同様に生じていることにも注意が必要である。

“制限”と“修飾”のシステムは，細菌の世界では広く観察される現象である。一部は細菌の染色体遺伝子にコードされており，一部はプラスミドにコードされている。1970 年に Hamilton Smith が，研究対象の制限酵素が特定の短い配列内の二本鎖 DNA の切断を触媒することを見出した。ほどなくして“修飾”にも同様の配列特異性があることが見出された（図 24.6）。この例では，ある DNA メチラーゼが 6 ヌクレオチド内の 1 つのヌクレオチドをメチル化すると，同じ 6 ヌクレオチドを認識する制限酵素による切断を受けなくなるのである。その部分がメチル化されていない場合は，DNA は制限酵素によって攻撃され，切断されてしまう。現在では何百種類もの制限酵素が見出され，それぞれが特異的な塩基配列を認識して DNA 切断を

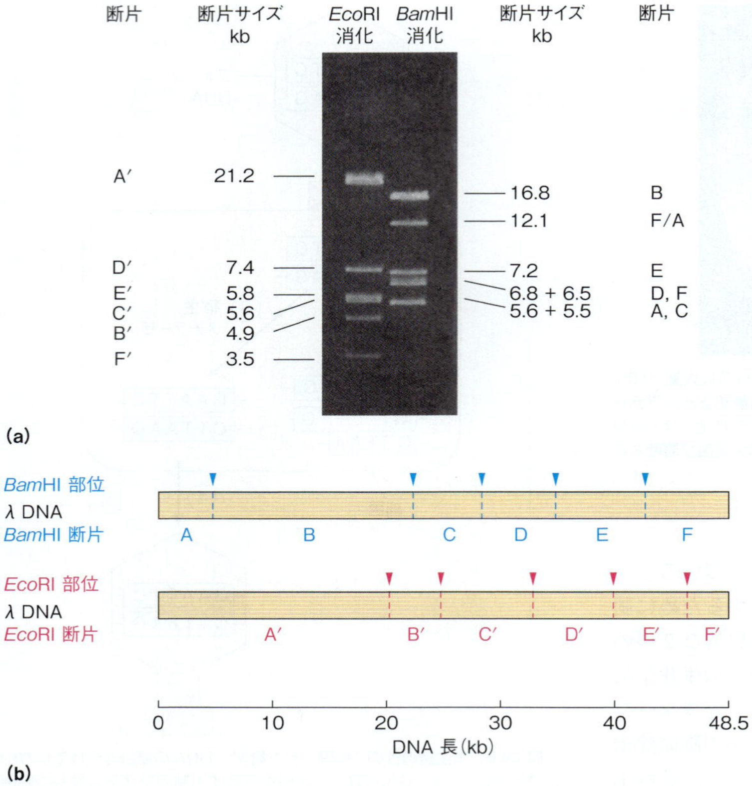

図 24.7　制限酵素 *Eco*RI および *Bam*HI によるバクテリオファージλDNA の断片化　(a) λファージの 48.5 kb の直鎖 DNA の制限酵素による断片化パターンを示す。制限酵素消化物をアガロースゲル電気泳動で分離し，ゲルを蛍光色素（臭化エチジウム）で染色後，紫外線を照射して DNA 断片を可視化した。類似のサイズの DNA 断片は，ゲル上で1つのバンドとして検出されることに注意すること。(b) DNA の制限酵素切断マップ。便宜上，それぞれの断片をアルファベットで表示した。*Bam*HI 消化で得られた 12.1 kb は，両端の A と F が接着しやすい断端配列で連結して生じたものである (p.983)。制限酵素切断部位のマップを作成するためには，それぞれ単独の制限酵素で切断したデータに加えて，*Eco*RI および *Bam*HI の両方で切断した際のデータ（ここには示さず）も必要である。

(a) Courtesy of Catherine Z. Mathews.

触媒することがわかっている。

> **ポイント 6**
> 研究に最もよく利用される制限酵素は，DNA がメチル化されていない場合，配列特異的に二本鎖 DNA を切断する。

こうした研究を背景に，DNA を in vitro で制限酵素切断し，電気泳動で分離することにより，特定の長さを有する均一な DNA 断片を単離できるようになった。こうした進歩のおかげで，第4章で学んだ遺伝子クローニングが可能になった。ゲノム解析においても，制限酵素で切断した DNA 断片を電気泳動で分離し（図 24.7），順番に並べることで，DNA 分子の物理的地図をつくることができる。こうした地図を**制限酵素地図 restriction map** と呼ぶのは，制限酵素による切断部位の物理的位置が示されているからである。

制限酵素と修飾酵素の性質

制限・修飾システムは，Ⅰ，Ⅱ，Ⅲ型の3つの異なったタイプに分類される。それぞれのシステムは，2つの異なった酵素活性：DNA メチラーゼと，二本鎖 DNA の切断を触媒するエンドヌクレアーゼから成り立っている。分子生物学実験で最も広く用いられているのは，Ⅱ型の酵素である。酵素は型には関係なく，単離された細菌種名を表す3文字と，株名を示す1文字で命名されている。例えば，大腸菌 K 株の制限酵素は，*Eco*K である。その特定の株に2つ以上の制限酵素システムがある場合は，ローマ数字が用いられる。例えば，*Eco*RⅠは大腸菌 R 株に存在する2つの制限酵素システムの1つであり，*Hind*Ⅲはヘモフィルス・インフルエンザ（*Haemophilus influenza*）d 株の3つの酵素のうちの1つである。

3つのタイプの制限酵素システムの特性を以降に解説するとともに，表 24.2 にもまとめた。

Ⅰ型

Ⅰ型酵素は，3つのサブユニットからなる単一のタンパク質分子中にメチラーゼ活性とヌクレアーゼ活性をもつ酵素群である。1つのサブユニットがヌクレアーゼ，他の1つはメチラーゼであり，残りの1つは塩基配列の認識を行う。認識部位は非対称で，認識部位から離れた部分（10 kb まで）で切断されるが，メチル化は認識部位内に生じる。酵素は認識部位に結合したまま，DNA をループ状に折りたたんでたぐり寄せて切断する。1回の切断で 10^5 個の ATP を消費する。このエネルギーはおそらく酵素の転移と DNA のスーパーコイル化に使われている。理由は不明だが，ATP と AdoMet の両者が切断活性に必要である。AdoMet は分解されないことから，アロステリックな活性化因

表 24.2　制限酵素，修飾酵素の性質

	I 型	II 型	III 型
例	*Eco*B	*Eco*RI	*Eco*PI
認識部位	TGAN$_8$TGCT	GAATTC	AGACC
切断部位	認識部位から離れた 10 kbp 以内	G と A の間（両鎖とも）	認識部位の 3′ 側 24〜26 bp
メチル化部位	TG$\overset{m}{A}$N$_8$TGCT ACTN$_8$$\underset{m}{A}$CGA	GA$\overset{m}{A}$TTC CTT$\underset{m}{A}$AG	AG$\overset{m}{A}$CC （一方の鎖のみメチル化）
ヌクレアーゼとメチラーゼは同一酵素内にあるか	ある	ない	ある
切断に必要なもの	ATP，Mg^{2+}，AdoMet	Mg^{2+} または Mn^{2+}	Mg^{2+}，AdoMet
メチル化に必要なもの	ATP，Mg^{2+}，AdoMet	AdoMet	Mg^{2+}，AdoMet

注：メチル化部位は m の文字で示してある。配列は，左から右に 5′ から 3′ の方向である。

表 24.3　II 型制限酵素の認識配列

酵素	酵素源の細菌	制限と修飾の部位[a]
*Bam*HI	*Bacillus amyloliquefaciens* H	G↓GATCC
*Bgl*II	*B. globiggi*	A↓GATCT
*Eco*RI	*Escherichia coli* RY13	A↓GA$\overset{m}{A}$TTC
*Eco*RII	*E. coli* R245	C$\overset{m}{C}$↓GG
*Hae*III	*Haemophilus aegyptius*	GG↓$\overset{m}{C}$C
*Hga*I	*H. gallinarum*	GACGCNNNNN↓ CTGCGNNNNNNNNNN↓
*Hha*I	*H. haemolyticus*	G$\overset{m}{C}$G↓C
*Hind*II	*H. influenzae* Rd	GTPy↓Pu$\overset{m}{A}$C
*Hind*III	*H. influenzae* Rd	$\overset{m}{A}$↓AGCTT
*Hinf*I	*H. influenzae* Rf	G↓ANTC
*Hpa*I	*H. parainfluenzae*	GTT↓AAC
*Hpa*II	*H. parainfluenzae*	C↓$\overset{m}{C}$GG
*Msp*I	*Moraxella* sp.	C↓CGG
*Not*II	*Nocardia rubra*	GC↓GGCCGC
*Ple*I	*Pseudomonas lemoignei*	GAGTCNNNN↓ CTCAGNNNNN↓
*Pst*I	*Providencia stuartii*	CTGCA↓G
*Sal*I	*Streptomyces albus* G	G↓TCGAC
*Sma*I	*Serratia marcescens* Sb	CC$\overset{m}{C}$↓GGG
*Xba*I	*Xanthomonas badrii*	T↓CTAGA

[a]わかっているものに関しては，メチル化部位は文字 m で示してある。配列は，左から右に 5′ から 3′ の方向である。反対鎖の切断部位は回文構造から推測できる（切断部位が非対称な *Hga*I と *Ple*I を除く）。Pu：プリン，Py：ピリミジン，N：いずれかの塩基。

子であろうと考えられる。

II 型

II 型酵素の大部分は認識配列内で配列特異的に DNA を切断するため，研究に大変に有用である。多くの II 型酵素は分子量 30〜40 kDa のサブユニットからなるホモ二量体である。DNA 切断に 2 価陽イオンが必要であるが，ATP は必要ない。II 型のヌクレアーゼには対応するメチラーゼが存在している。メチル化酵素は同じ認識配列に結合して，その配列内の 1 つのヌクレオチドをメチル化する。一方の鎖のみがメチル化された**ヘミメチル化 hemimethylated** DNA は，メチラーゼのよい基質とはなるが，ヌクレアーゼの基質とはならない。一般的にヌクレアーゼは，認識配列の両方の鎖がメチル化されていない場合にのみ DNA を切断する。DNA 切断は 3′ 水酸基，5′ リン酸基を生ずる。両鎖の切断端は多くの場合，最大で 4 塩基（*Eco*R I の場合）ずれており，短い自己相補的な一本鎖の断端を生じる。断端は，5′ 突出末端の場合もあれば，3′ 突出末端のこともある。*Sma* I や *Hind* II といった II 型酵素の切断端は平滑末端となり，切断部位はずれていない。認識配列の大部分は 4，5，6 塩基であるが，8 塩基を認識する II 型酵素も複数存在する。多くの認識配列は 2 回転軸対称（回文構造）であり，2 つの酵素サブユニットが対称に配置しているためであると考えられる。表 24.3 に示したのは，よく使用される II 型制限酵素の認識配列である。これまでに数百種類以上の II 型制限酵素が同定されている。すべての II 型制限酵素が完全な配列特異性を示すわけではない。例えば *Hind* II は 4 種類の異なった 6 塩基の配列を認識する

し，*Hga* I のような酵素は認識配列の外側で DNA を切断する。

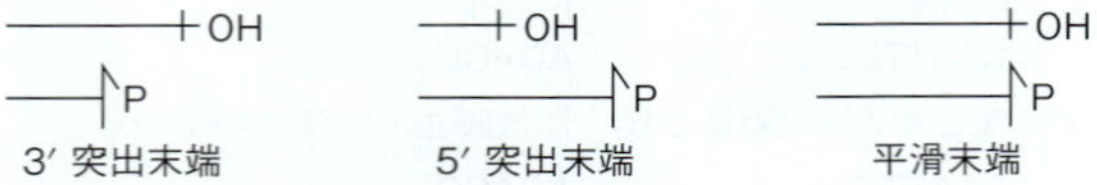

1986年にはじめてDNA認識配列を含む二本鎖オリゴヌクレオチドと結合した制限酵素（*Eco*R I ）の結晶構造が解明された。図 24.8 に，DNA 認識配列と接触している *Eco*R I の二量体酵素の 1 つのポリペプチドサブユニットを示した。DNA は酵素の割れ目に結合し，酵素サブユニットの N 末端の“アーム”によって取り囲まれている。DNA のプリン残基と，酵素の 1 個のグルタミン酸残基，2 個のアルギニン残基との間に形成された 12 個の水素結合によって，塩基配列の特異的な認識が行われている（図には示されていない）。DNA が酵素に結合すると，DNA にねじれが生じる。その結果，6 塩基の切断部位（GAATTC）は B 構造のままで，隣接した配列が A 構造をとる。図には示していないが，もう一方のサブユニットもまったく同様に，もう一方の DNA 鎖に結合している。これによって，酵素は認識配列の 2 本鎖を対称的に切断することができる。

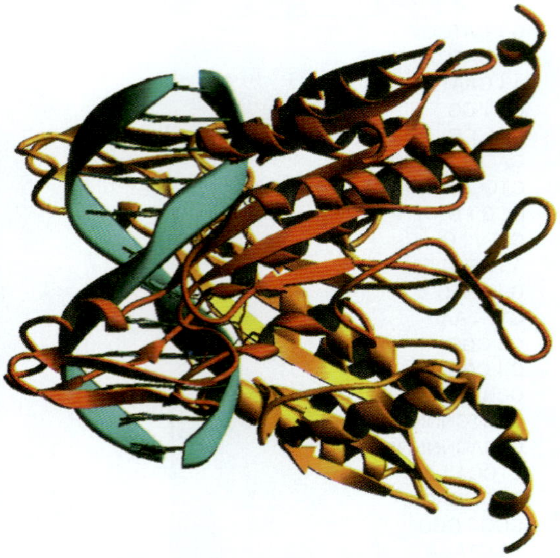

図 24.8　**DNA 基質と複合体を形成した制限酵素 *Eco*RI の構造**　DNA ヘリックスを青色，*Eco*RI の 2 つのサブユニットをそれぞれ赤色と黄色で示した。酵素が中央の B 構造 6 塩基対切断部位に結合し，周辺の配列が酵素によって A 構造をとる結果，DNA にねじれが生じている。また，各サブユニットの N 末端の“アーム”が DNA を取り囲んでいることにも注意すること。PDB ID：1ERI。

Courtesy of John Rosenberg and colleagues, University of Pittsburgh.

対照的に，制限酵素 *Bam*H I は基質である DNA にねじれを生じさせず，DNA は B 構造を保つ。しかしながら，図 24.9 に示したように，DNA に結合すると酵素自身が大きな構造変化をきたし，各サブユニット C 末端の α ヘリックスがほどけ，DNA と接触する。片方の α ヘリックスは DNA の小溝と，もう一方の α ヘリックスが DNA の糖–リン酸骨格と接触し，DNA–タンパク質複合体は予想されなかった非対称の形を取るようになる。

II 型 DNA メチラーゼの構造解析も同様に多くの情報を与えてくれる。驚くべきことに，DNA メチラーゼ *Hha* の構造解析からわかったことは，メチル化されつつある塩基が DNA 二本鎖から完全に引き出されて，酵素の活性中心に入り込んでメチル化されることであった（図 24.10）。1994 年に報告されたこの解析以降，ここに示した DNA メチラーゼや，DNA の修復を行う DNA グリコシラーゼなどの特異的な DNA 塩基に作用する酵素が，同じように標的の塩基を引き出して作用することが示されてきた（第 26 章）。

ポイント 7
修飾酵素であるメチラーゼは，酵素反応を行うために標的となる DNA 塩基をヘリックスから引っぱり出す。

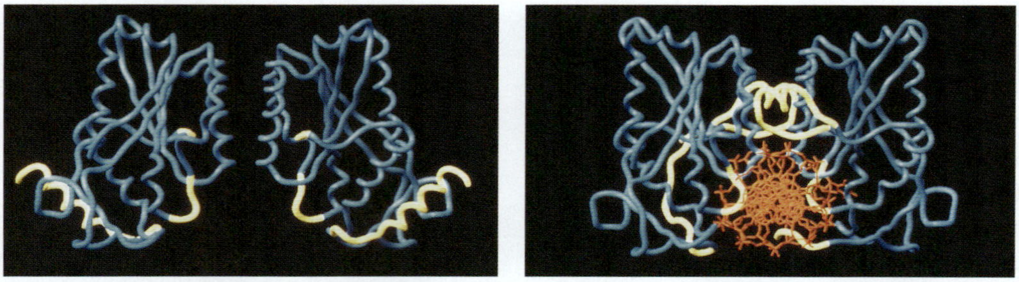

図 24.9　***Bam*HI 単独（a）と，DNA（オレンジ色で輪切りを示した）に結合した *Bam*HI（b）の構造**　黄色で示したのは，DNA 結合によって構造変化を起こしたタンパク質部分（2 つの C 末端 α ヘリックスを含む）である。PDB ID：1HBM。

From *Science* 269：656–663, M. Newman, T. Strzelecka, L. F. Dorner, I. Schildkraut, and A. K. Aggarwal, Structure of *Bam*HI endonuclease bound to DNA：Partial folding and unfolding on DNA binding. © 1995. Reprinted with permission from AAAS.

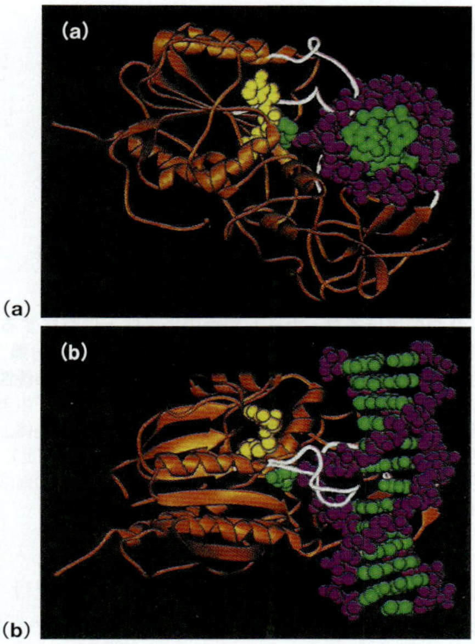

図 24.10　Ⅱ型 DNA メチラーゼと DNA 複合体の構造　ヘモフィルス・ヘモリティクス（*Haemophilus haemolyticus*）の *Hha* メチラーゼ，DNA，*S*-アデノシルホモシステインの共結晶の構造を示す。活性中心を含むループを白色，それ以外の酵素部分をオレンジ色で示した。*S*-アデノシルホモシステインは黄色，DNA 骨格は赤紫，DNA 塩基は緑色で示した。標的のシトシン塩基が引っ張り出されている様子が容易に観察される。**(a)** ヘリックスを見下ろす視点，**(b)** DNA の小溝からの視点。PDB ID：1MHT。

Reprinted from *Cell* 76：357-369, S. Klimasauskas, S. Kumar, R. J. Roberts, and X. Cheng, *HhaI* methyltransferase flips its target base out of the DNA helix. © 1994, with permission from Elsevier.

Ⅲ型

Ⅲ型酵素は，Ⅱ型酵素よりもⅠ型酵素に近い。Ⅲ型酵素は 2 つのサブユニットからなり，単一酵素中にヌクレアーゼとメチラーゼ活性の両者を有する。Ⅲ型酵素がⅠ型酵素と異なっているのは，ATP を必要としないこと，DNA 鎖の片方しかメチル化しないこと，認識部位に近い部分で DNA 鎖を切断することである。

ゲノムのヌクレオチド配列決定

ゲノム DNA を制限酵素で切断して制限酵素地図をつくることができるようになったおかげで，小さなゲノムの全ヌクレオチド配列を決定することが可能になった。制限酵素地図が作製できれば，制限酵素を用いてゲノム DNA を比較的短い断片に切断し，適切なベクターに組み込んで配列決定を行うことができる（「生化学の道具 4B」）。クローン化されたゲノム断片を集めたものを**ライブラリー library** と呼ぶのは，個々のクローンが異なった情報を有した“本”のようなものだからである。それぞれの“本”がもつ配列を決定し，それを制限酵素地図に基づいて並べ替えることで，ゲノム全体の配列を得ることができる。通常，2 つ以上の制限酵素を用いたライブラリーを別々に作製することで，配列が重なり合う部分が生じ，隣の DNA 断片の配列と連結していくことができる。これよりも少しだけ簡単なのが“ショットガンシーケンス法”である。この場合，単一の制限酵素を用いてゲノム DNA を部分的に消化（不完全消化）したり，機械的に切断したりして，クローン間の配列が一部重なるようなライブラリーを作製する。制限酵素で切り出された断片の長さのパターンを元に重なり合う部分を見つけることで，DNA 配列を並べていくことができる。もしくは，各クローンの配列を決定し，コンピュータプログラムを用いて配列の共通部分を探し，繋いでいく方法もある。これらの方法を利用して，1977 年にバクテリオオファージ ϕX174 ゲノムの 5,386 塩基の配列が決定され，数年後には，16,569 塩基対のヒトミトコンドリア DNA の全配列が決定された。1995 年にはショットガンシーケンス法を用いて，1,830,137 塩基対で，約 1,740 のタンパク質をコードする細菌ヘモフィルス・インフルエンザのゲノム DNA 配列が，独立生存生物種としてはじめて報告された。同様の方法を用いて，多くの細菌のゲノムの配列が決定されている。

しかしながら，こういった単純なやり方では，はるかに長大な真核生物のゲノム配列を決定することはできない。出芽酵母 *Saccharomyces cerevisiae* は単細胞生物であるが，16 本の染色体を有し，ゲノム長は 1,200 万塩基対にも及ぶ。ヒトゲノムの場合，染色体数は 24 本（22 の常染色体と X，Y の性染色体）であり，ゲノム長は 30 億塩基対以上にものぼる。そのため，コンティグ（“contig”）と呼ばれる隣接したゲノム断片の並べ替えを行い，それらがどの染色体に由来しているかを判定するためには異なった戦略が必要であった。巨大なゲノムの配列解析を考えるにあたって，ヒトゲノム配列の決定について述べようと思う。ヒトゲノムの配列は，Francis Collins の指揮で結集した巨大な国際コンソーシアムと，Craig Venter によって指揮されたベンチャー企業のプロジェクトの両方で 1990 年に開始された“ヒトゲノムプロジェクト”によって決定された。その結果は，2000 年にまだ完全ではない“ドラフト配列”として発表され，2003 年に“完全な配列”として発表された。

巨大ゲノムのマッピング

最初に行わなければならなかったことは，全ゲノム DNA を消化酵素で切断した断片のそれぞれが，どの染色体由来であるかを決めることであった。1 つのやりかたは，**蛍光標識 fluorescent in situ hy-bridization（FISH）法**である。まず，ゲノムの他の部分には

図 24.11　**FISH 法による遺伝子マッピング**　4つの異なった蛍光プローブを用いて，細胞分裂中期にあるヒト21番染色体の4つの遺伝子をハイブリダイズした。黄色で示されるシグナルが，染色体上の異なる部位に観察される。細胞分裂中期の染色体は，ほとんど同一の1対の（2本の）娘染色体で構成されているので，それぞれのプローブは1対の（2つの）シグナルを示す。

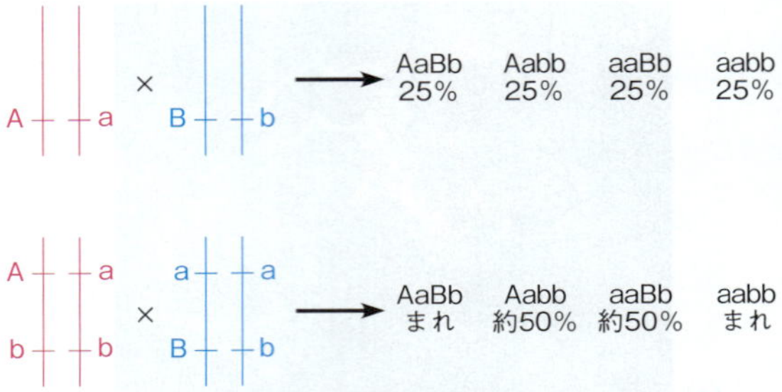

図 24.12　**2つの遺伝子マーカーが別々の染色体上に存在する場合（上）と，同一の染色体上に存在する場合（下）の，遺伝子の分離**　A，Bは，眼色異常や羽の異常形成といった表現型から観察できる優性遺伝子である。いずれの場合も，ヘテロ接合体の親同士を交配して生まれる子供の表現型の確率を示した。解析対称の遺伝子が別々の染色体上に存在する場合，子にはそれぞれの形質がランダムに分配される（上）。両者が同じ染色体上に存在する場合，野生型（AaBb）や，両方の異常をもつ個体（aabb）は極めてまれにしか生じない。

存在しない配列をもった制限酵素断片を探す。その配列（一般的には200〜300ヌクレオチド）を，PCR反応 polymerase chain reaction 法で増幅する。PCR法は，ゲノムの特定の部分をその両端の配列を利用して増幅する技術であり，「生化学の道具24A」で解説されている。増幅したDNA断片を蛍光色素で標識してプローブを作製し，これを一本鎖にしたのち，1対の凝縮した染色体がまだ分離していない細胞分裂中期で停止させた染色体と結合させる（アニーリング）。蛍光色素の波長に合わせた蛍光顕微鏡で観察すると，プローブが結合した染色体を同定することができる（図 24.11）。FISH 法は，遺伝的カウンセリングや，遺伝子医学の診断根拠となるDNAの特殊な遺伝子構造［訳注：フィラデルフィア染色体の同定など］にも応用される。FISH 法はまた，組織切片中の特定のmRNAの検出や局在を観察する際にも利用される。こういった意味で，FISH 法は細胞内や組織中における遺伝子発現の空間・時間的なパターンを同定するのに有効である。

これらの手法によって，ヒトゲノムプロジェクトは各染色体ごとに分かれた24のプロジェクトとして遂行された。それでも，各染色体は巨大であるがゆえに，配列が決定されたゲノム部分を染色体上に並べていくための目印が必要であった。一昔前の遺伝学では，表現型を元にした交配実験によって遺伝的地図が作製されてきた。例えば，ショウジョウバエの2つの系統，すなわち片方は野生型（正常），もう一方は2つの優性の変異（例えば，眼色異常と羽の形成異常）をもつ系統を交配する。もし2つの変異遺伝子が別々の染色体上に存在していれば，メンデルの法則に従って表現型が分散する。すなわち，野生型，両方の異常を有する個体，片方だけの異常を有する2種の個体の4種類は，25%ずつの確率で生じるはずである。一方，2つの変異遺伝子が同一の染色体上に存在していれば，何百もの個体を解析してはじめて，片方の異常だけ（眼色異常のみ，あるいは羽の形成異常のみ）を有する個体を見つけることができる。すなわち，この2つの遺伝子がリンクしている（同一染色体上に存在する）ことになる。この結果を図 24.12 に示す。

物理的地図の作製

たとえ2つの遺伝子が同じ染色体上に存在していても，減数分裂の際に相同染色体間で組換えが生じる結果，単一の遺伝子変異による表現型のみを示す子孫が生まれることがある。こうした状況で生じる遺伝子の組換え頻度は，2つの遺伝子の間の距離の指標となる。つまり，2つの遺伝子の間の距離が長ければ，その間で組換えが生じる確率が上がるのである。こうした解析によって，変異遺伝子の間の組換えの頻度を指標に遺伝子間の距離を推定した遺伝的地図を作製することができる。

長大な染色体の全塩基配列を決定するに当たって必要なのは，こうした統計的な生物学的な解析をもとに作製した遺伝子間の距離の地図ではなく，各マーカー遺伝子間の距離を1,000塩基対といった単位で記載した物理的地図である。この物理的地図は遺伝子解析にも必須である。30億塩基対にものぼるヒトゲノムの塩基配列を決めようという提案がなされるずっと以前から，遺伝学者たちは遺伝性疾患の原因遺伝子のゲノム上での位置を決定しようと努力してきた。例えば，嚢胞性線維症はクロライド（塩素）チャネルタンパク質の欠損あるいは異常が原因で発症する。1989年にこのタンパク質の遺伝子の場所が同定されたとき，このおそろしい病気の治療法に結びつくのではないかと期待された。しかし，現在でもこの疾患の治療法は確立していない。とはいっても，疾患につながる遺伝子や遺伝子産物を同定することは，その疾患の理解，予防や治療方針決定の大きな助けになる。

こうした疾患原因遺伝子の位置を決めるためには，物理的ゲノム地図上のマーカーを，疾患家系のメンバーの遺伝子解析と照らしあわせて，疾患遺伝子の近くに存在するマーカーを見つける必要があった。だが，どんなマーカーを使えばいいのだろうか？　1980年に，David Botstein は，ヒトゲノムに存在するランダムな変異によって，制限酵素切断部位が増えたり減ったりすること，そして，この**遺伝子多型 polymorphism**——同じ遺伝子領域内に存在する配列の違い——が，物理的地図をつくる上で必要なマーカーとなりうることに気がついた。制限酵素 *Mbo* I によって認識される 4 塩基の配列 5′-GATC を考えてみよう。通常，この配列は平均 256 塩基対ごと（4 塩基の 4 乗＝256）に登場するはずである。A さんの 2 つの相同染色体のある領域に，650 塩基対離れた 2 つの *Mbo* I 切断部位があるとする。そして，その部位内，5′ 末端から数えて 250 塩基の場所にもう 1 つの *Mbo* I 切断部位があるとしよう（図 24.13）。2 人目の B さんは RFLP（restriction fragment length polymorphism）をもっている。つまり，B さんの片方の染色体は A さんと同一だが，もう 1 つの染色体の 5′ 末端から 250 塩基対目の配列が GATC ではなくて GTTC になっており，この場合，*Mbo* I では切断されない。A さんのゲノムを *Mbo* I で切断すると，この部分からは 250 塩基対と 400 塩基対の断片が生じるが，B さんのゲノムからは，片方の染色体由来の 250 塩基対と 400 塩基対の断片に加えて，もう片方の染色体に由来する 650 塩基対の断片も生じることになる。では，ゲノムを *Mbo* I で切断して生じる多数の DNA 断片の中から，どうやってこの DNA 断片を検出するのだろうか？ Edwin Southern によって開発されその名をとって命名された **Southern ブロッティング Southern blotting**，もしくは，**Southern 転写法 Southern transfer** によってこの解析が可能となった。

> **ポイント 8**
> 巨大ゲノムの塩基配列決定にあたっては，あらかじめ，ゲノムの物理的地図をつくっておかなくてはならない。

Southern 解析法の原理

図 24.13 に示した例で考えてみよう。この図に示された部分の *Mbo* I 断片を解析したいのだが，ヒトの全ゲノム DNA を *Mbo* I で切断してアガロースゲル電気泳動を行い，通常行われる，エチジウムブロマイド染色し紫外光下の蛍光検査を行ったとしても，DNA 断片はスメア状に観察されるだけである。あまりにも多くの DNA 断片が存在し，しかもその一つひとつの量は極めて少ないためである。Southern 法（図 24.14）では，電気泳動後のゲル内容物（切断され泳動された DNA 断片）を変性して一本鎖にしたのち，ニトロセルロース膜に“転写”あるいは“ブロット”する。初期の Southern 法では，ゲルとニトロセルロース膜の間に吸収紙を置いて吸い取っていた［訳注：おそらく原書

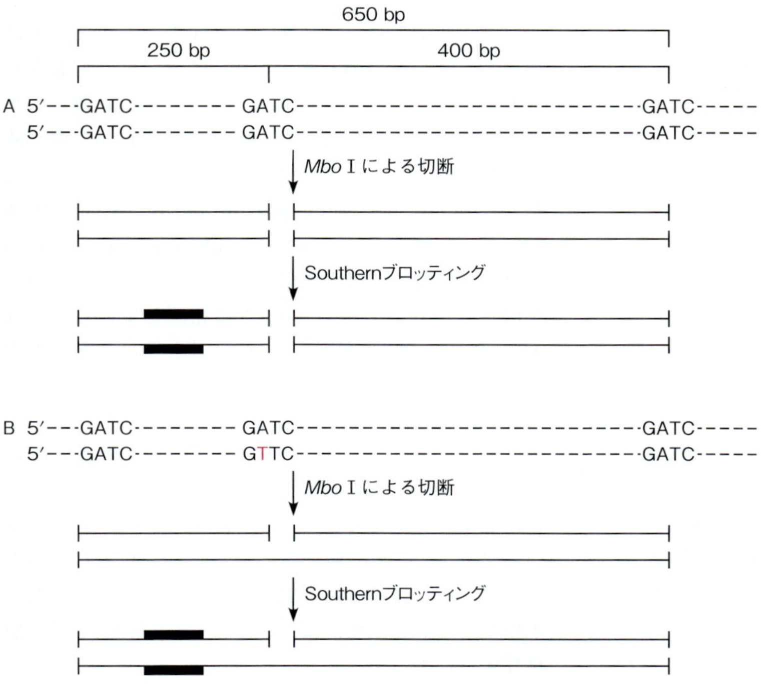

図 24.13　RFLP（restriction fragment length polymorphism）の解析　詳細は本文参照のこと。太い線はハイブリダイゼーションプローブ（図中の DNA の左側の配列に対して相補的な配列をもつ，標識されたオリゴヌクレオチド）を示す。

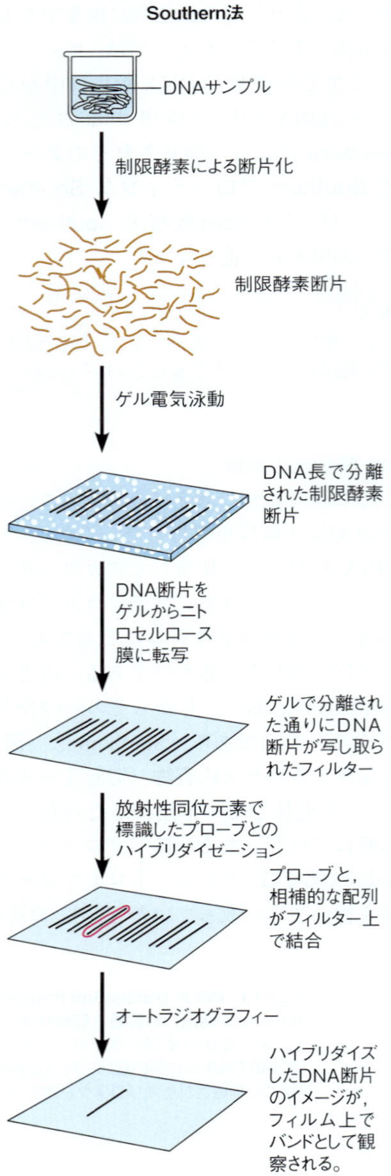

図 24.14　Southern ブロッティングの原理
Reproduced from *The Human Genome Project : Deciphering the Blueprint of Heredity*, N. G. Cooper, ed., p.63. © 1994 University Science Books, Mill Valley, CA.

の間違い。ゲル，ニトロセルロース膜，吸収紙の順に配置し，ゲルに含まれる水分を吸収紙に吸い取る過程で，ゲルから流れ出した DNA がニトロセルロース膜に吸着される]。ニトロセルロース膜は一本鎖 DNA と不可逆的に結合するので，ゲル中のすべての DNA 断片が強固に結合した“アガロースゲルの複製”ができあがるのである。次に行うことは，解析対象の一部分と同じ配列をもつ一本鎖 DNA 断片を作製し，放射性同位元素 ^{32}P を取り込ませて，標識することである。これをニトロセルロース膜とともに，相補的配列が結合するような条件でインキュベートすると，^{32}P でラベルされたプローブは相補的配列を探して結合し，^{32}P をもった二本鎖 DNA となる。ニトロセルロース膜を洗って，結合しなかったプローブを洗い流した後にオートラジオグラフィーを行うと，^{32}P のおかげで，プローブが結合した DNA 断片だけが検出される。最近では，危険な放射性同位元素のかわりに，蛍光色素で標識された DNA 断片がプローブとして用いられるようになり，ニトロセルロースを紫外線ランプにかざすだけで検出できるようになった。また，アガロースゲルからニトロセルロースへの DNA の転写も，電気的に行われるようになった。

図 24.13 で，標識されたプローブ DNA（太線）が 250 塩基対の DNA にしか存在しない塩基配列と相補的であれば，A さんのゲノム DNA の *Mbo* I 消化物では 250 塩基対の DNA 断片が，B さんの場合は 250 塩基対と 650 塩基対の DNA 断片が検出されることになる。

では，プローブをどうやって放射標識するのだろうか？　1 つのやり方は，短い DNA を化学的に合成する際に，放射性同位元素である ^{32}P や，蛍光色素が結合した dNTP を材料として用いることである。また，PCR 法（「生化学の道具 24A」）で標識プローブを作製することもしばしば行われる。

> **ポイント 9**
> Southern ブロッティング法のおかげで，たくさんの種類の DNA の中から，きわめて少量しか存在しない，特定の配列をもつ DNA 断片を検出できるようになった。

ゲノムの多型には，図 24.13 で示した一塩基多型に加えて，短い配列の挿入，欠失，くり返しなども存在する。10 人（ヒトゲノムコピーとしては 20 個）のゲノムの，ある 5,000 塩基対の配列内に存在する典型的な変異を図 24.15 に示した。ここには 10 種類の一塩基多型 single-nucleotide polymorphism（SNP），1 種類の挿入-欠失多型 insertion-deletion polymorphism（indel），4 塩基の繰り返し多型が存在している。図の左に示した 6 つの SNP は高度に相関している。計算上，6 種類の SNP の組み合わせには 2^6 の多様性があるはずだが，ここではわずかに 3 つのパターン（それぞれをピンク，黄，緑色で示した）しか存在しない。このようなパターンは**ハプロタイプ haprotype** と呼ばれる。同様に，図の右側にみられる遺伝子多型もお互いに強くリンクしており，わずか 2 つのハプロタイプ（青と紫）しか存在しない。一方で，左側と右側のグループの間にはほとんど相関がない。両者の間に遺伝子の組換えが高頻度に生じる部位“ホットスポット”が存在するためである。

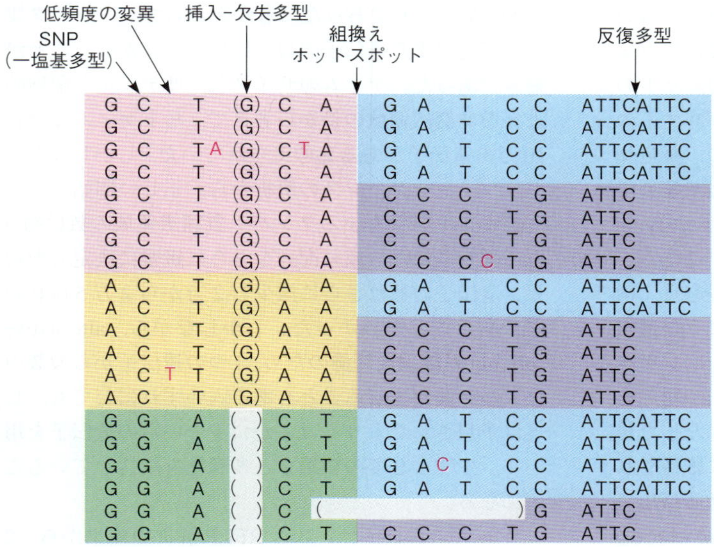

図 24.15　ヒトゲノムの配列の多様性　詳細は本文を参照のこと。13 行目の T の挿入の頻度は低い。
From *Science* 322：881-888, D. Altshuler, M. J. Daly, and E. S. Lander, Genetic mapping in human disease. © 2008. Reprinted with permission from AAAS.

Southern ブロッティングと DNA 指紋（フィンガープリント）

Southern ブロッティング法はさまざまな応用が可能で，本書でもいくつかを紹介している。最も有名なのは，法医学分野で用いられる DNA フィンガープリント法である。図 24.13 や図 24.15 に示したように，ヒトゲノム全長にわたって遺伝子多型 RFLP（または ruflups）が存在している。一卵性双生児を除いて，完全に同一な RFLP を有する 2 つの個体は存在しない。そこで，捜査官は複数のプローブを用いた Southern ブロッティングを行うことで“DNA 指紋（フィンガープリント）”を作製し，本物の指紋よりもはるかに高い精度で個人を識別する。後で述べる PCR という手法を用いることで，犯罪現場に残されたわずか 1 本の髪の毛に含まれる微量な DNA から，DNA フィンガープリント法を行える量の DNA を増幅することができる。法医学で用いられる RFLP は，一塩基多型ではなく，図 21.15 に青で示したような，タンデムくり返し配列（repeat polymorphism）である。

DNA フィンガープリント法が犯罪捜査に用いられるようになった 1990 年代後半以降，何百人もの無実の被告人が無罪となったり，過去に有罪となった人々の冤罪が証明されたりした。刑務所で何年も過ごしたり死刑になりかかった数多くの人々が，分子生物学のこれほどまでの進歩を喜ぶ一方で，こうした捜査法がなかったがために生じた何年にもわたる辛い日々や，時として奪われた命を思うと感慨深いものがある。

ヒトゲノム上での遺伝子の配置

ヒトゲノムには，単独あるいは複数の RFLP を有する多型部位が多数存在するので，この多型部分をマーカーとして利用することができる（過去には，表現型を変えるような遺伝子がマーカーとして用いられていた）。例えば眼の色のように外から観察できる表現型と同じように，制限酵素で切断されるかどうかで多型部分を区別することができる。こうしたやり方で，疾患の原因遺伝子を，特定の多型領域との距離としてマッピングすることができる。フォークシンガー Woody Guthrie の命を奪った悲惨な遺伝病 Huntington 病について考えてみよう。この病気に犯された家系の複数のメンバーのゲノム DNA を RFLP 解析することで，病気の発症にリンクした遺伝子多型や特定の塩基配列を見つけることができる。こうして Huntington 病の責任遺伝子の物理的位置が決定され，遺伝子配列のクローニング，塩基配列決定とその後の研究を経て，病気を引き起こす変異タンパク質が同定され，治療法の探索が行われている。したがって，RFLP 解析はヒトゲノムの地図作製に役立つだけではなく，原因遺伝子の解析に基づいた遺伝性疾患の治療法の探索にも大きく役立っている。Huntington 病の場合，遺伝子診断は，子供をもつかどうかには役立つが，遺伝子の同定によりこの悲惨な病気の治療にいたっているわけではない。遺伝子診断サービスは現在，多くの企業から提供されている。巻末の参考文献で述べられているように，遺伝子診断は時に社会的問題をも引き起こしている。

人工染色体を用いた遺伝子配列解析

DNA 塩基配列決定技術の進歩のおかげで，1 回のシークエンサー解析で何千塩基対もの配列決定が可能になっているが，蛍光ジデオキシヌクレオチドを用いたSanger法を用いた場合，1回の電気泳動では数百塩基対の配列を決定することしかできなかった。ヒトの1本の染色体には1億塩基対以上の配列が存在するので，典型的な制限酵素断片よりも長いものの，染色体よりははるかに小さなDNA断片を用いて塩基配列決定を行う必要があった。酵母人工染色体yeast artificial chromosome（YAC）はこの目的に合致していた。YACは，セントロメア（p.916），DNA複製起点，両端のテロメア（p.917），薬剤耐性遺伝子のような選択マーカーとクローニングサイトをもつクローニングベクターである。100万塩基対もの長さの遺伝子断片をクローニングすることができ，酵母に再導入した後は，細胞の増殖に伴って天然染色体と同様に維持される。電気泳動の途中で電圧の勾配を変化させる**パルスフィールドゲル電気泳動法 pulse field gel electrophoresis**と呼ばれる技術のおかげで，長大なDNAに由来する長いDNA断片の分離が可能になった。この手法のおかげで，巨大なシークエンスプロジェクトをそれぞれのYACの解析として分担し，その結果をつなぎ合わせることで染色体全長の塩基配列を決定することができた。染色体のバンドパターンとともに，この手法を図24.16にまとめた。図に示した1億3,000万塩基対の配列を決定するためには，きわめて多くの制限酵素断片をクローニングする必要があったことがおわかりいただけるであろう。

ヒトゲノムの大きさ

こういった技術を集結し，ゲノムセンターと名づけられた20箇所の研究所の何百人もの研究者と，Craig Ventorの経済的援助によって，約30億塩基対からなるヒトゲノムの全長の配列が決定された。ヒトゲノムのDNAが長大であったにもかかわらず，タンパク質として発現する遺伝子の数が比較的少なかったことが驚きであった。ゲノムのサイズと，サテライト配列のような非翻訳領域の量から考えて，ヒトゲノムには約10万の遺伝子があると考えられていた。しかしながらドラフトシークエンスの解析から，正しい開始コドンと終止コドンを有するタンパク質翻訳領域の数は約3万と推定された。塩基配列をさらに緻密に決定した結果，遺伝子の数はさらに減少し2万から2万5,000の間であることがわかった。しかしながら，alternative splicingや翻訳後修飾のため，1つの遺伝子から複数のタンパク質が生じることもある。いずれにしても，ヒトは予想されたよりもはるかに少ない数の遺伝子を用いて，生物としての複雑さと多様性を維持していることになる。

ヒトゲノムシーケンスとRFLP解析の結果から，2人のヒトの間のDNA配列の違いは約1,000塩基に1個であることがわかった。言葉を変えると，たとえ人種が違っていても，2人のヒトの遺伝子は99.9％は同一である，ということになる。

巨大なスケールのゲノム配列決定に要する費用を，塩基配列決定法の進歩と関連づけて考えてみるのも興味深い。アメリカ合衆国政府はヒトゲノムプロジェクトに約4億ドルの費用を提供した。1999年の段階では，100万塩基対のDNA配列を決定するのに約2万ドルが必要であった。2010年までにその費用は20ドルにまで下がっている。いわゆる次世代シーケンサー（「生化学の道具4B」）の開発元であるIllumina社は，2010年代の半ばまでには，個々人のゲノム全長配列決定を9,500ドルで行うようにすると発表した。その価格競争はさらに激化し，1,000ドル前後で数社が競争を繰り広げている。

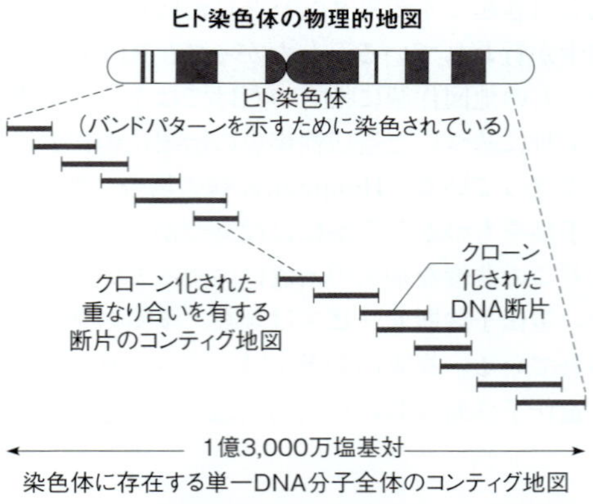

図24.16　それぞれの断片の塩基配列を決定し隣接する配列を並べることで，巨大な染色体の全塩基配列を決定することができる

Reproduced from *The Human Genome Project：Deciphering the Blueprint of Heredity*, N. G. Cooper, ed., p.113.　© 1994 University Science Books, Mill Valley, CA.

ポイント10
ヒトのゲノムには2万〜2万5,000の遺伝子が存在する。この数は，ヒトの細胞のDNA量から推定されていた数よりもはるかに少ない。

遺伝子の物理的配置：核，染色体，クロマチン

染色体

本書で触れてきたように，原核生物と真核生物の細胞は基本的な点で異なっている。最も大きく違うのはゲノムの物理的状態である。すべての生物はゲノムを小さくしなければならないという問題に直面している。すなわち，長さの点でははるかに長大なゲノムDNAを，はるかに小さな直径の細胞に押し込めなけ

ればならないのだが，原核生物と真核生物はまったく異なる方法でこの問題を解決している。大腸菌は一倍体の生物であり，通常，環状の 1 つの DNA 分子をゲノムとしている。細心の注意を払ってこの細くて壊れやすい分子を細胞の外に取り出して観察すると，その環状の構造が観察できる。図 24.17 に複製中期の大腸菌の染色体を示す。この分子は大腸菌の増殖中に加えたトリチウム［^{3}H］チミジンでラベルされており，オートラジオグラフィーで可視化することができた。複製フォークと呼ばれる Y 字形の 2 つの分岐と，閉じた環状の分子が観察できる。負のスーパーコイル構造と，約 5 万塩基対の長さの DNA スーパーコイル構造ループとしてタンパク質とともに折りたたまれることで，そのサイズを小さくすることができる（図 24.18）。細菌では，**ヌクレオイド nucleoid** と呼ばれるこの折りたたまれた構造が遊離した形で細胞質ゾル内に存在し，数箇所の接触点で膜に結合している（p.16 の図 1.8 も参照されたい）。

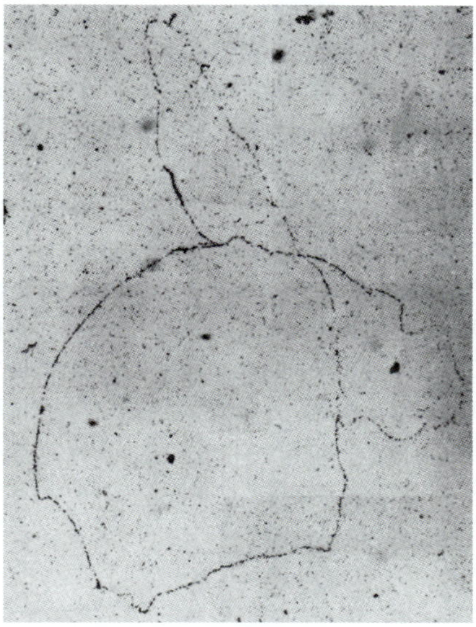

図 24.17　複製途中の大腸菌染色体のオートラジオグラム。［^{3}H］チミジンを加えて 2 世代培養した
Cold Spring Harbor Symposia on Quantitative Biology 28：44, J. Cairns. © 1963 Cold Spring Harbor Laboratory Press.

2010 年，Craig Ventor のグループによる細菌の染色体の全合成とその構造の解析によって，この構造が大腸菌ゲノムであることが最終的に証明された。この合成染色体をあらかじめヌクレオイドを取り除いておいた細菌に導入することで，この合成染色体が複製され，タンパク質を発現できることがわかった。

真核生物のゲノムはまったく異なった状態にある。第 1 に，真核生物細胞は通常二倍体であり，それぞれの細胞に 2 コピーの染色体セットが存在する。例外は性染色体であり，メスの細胞は 2 本の X 染色体を，オスの細胞は X 染色体と Y 染色体をそれぞれ 1 本ずつもっている。真核生物細胞のゲノムは数本または多数の染色体に分かれ，それぞれが単一の非常に長い直鎖 DNA 分子を含んでいる。染色体の長さは種によって，

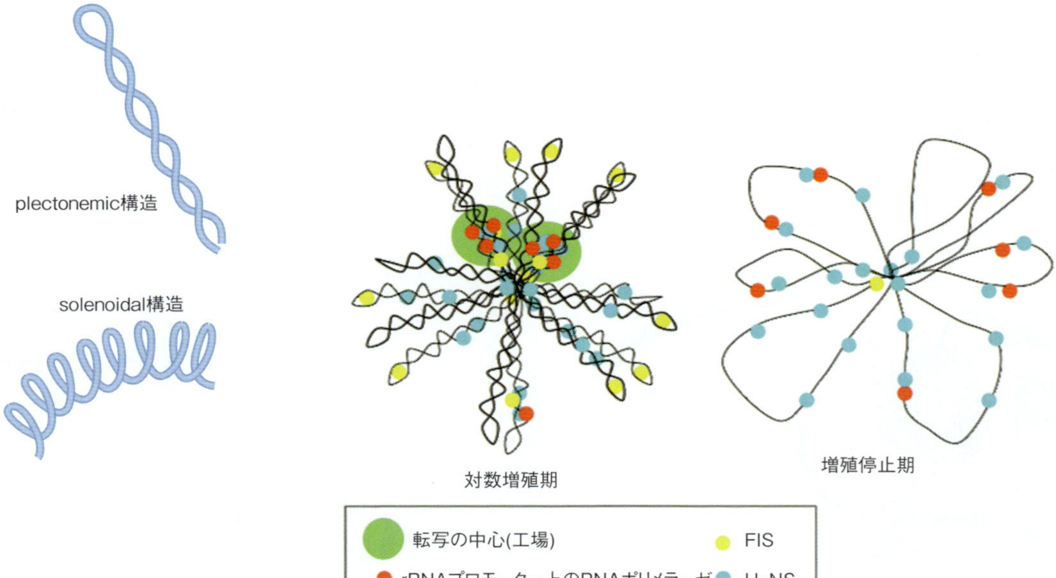

図 24.18　結合タンパク質によって安定化されたスーパーコイル構造領域を有する細菌ヌクレオイドの構造　plectonemic という単語は，DNA 鎖が通常の方向でからみ合うスーパーコイル構造を示す。直径が 1,000 nm となることで，直径 2〜5 μm の細菌内に収まる。solenoidal という逆向きのスーパーコイル構造はクロマチンで観察される構造であり，ゲノムを小さく折りたたむのに役に立つ。
Reprinted by permission from Macmillan Publishers Ltd. *Nature Reviews Microbiology* 8：185-195, S. Dillon and C. J. Dorman, Bacterial nucleoid-associated proteins, nucleoid structure and gene expression. © 2010.

あるいは染色体間でさえ大きく異なっているが，通常 10^7～10^9 塩基対の長さであることが多い。区別できる染色体の数は生物種によって大きく異なり，1本（オーストラリアに生息するアリ）から190本（蝶の一種）と多様である。原核生物の大部分が染色体コピーを1本だけ有する一倍体であるのに対し，真核生物の大部分は各染色体を2コピーずつ保有する二倍体である。すでに記載したように，ヒトゲノムは24種類（22本の常染色体と，X，Y染色体）の染色体から構成されており，正常のヒト二倍体細胞は46本の染色体をもっている。

真核生物の染色体は直鎖DNA分子であり，固く折りたたまれたクロマチン構造をとるという一般的な特徴の例外はオルガネラ（細胞小器官）DNA（すべての真核生物ではミトコンドリアDNA），植物では葉緑体DNAである。以前記したように，ミトコンドリアDNAは環状の二本鎖DNAであり，ヒトのミトコンドリアDNAゲノムは16,569塩基対である（図4.18, p.96）。ミトコンドリアゲノムはバクテリアと同様に，ヌクレオイドと呼ばれる折りたたまれた構造をとっている。ヒトのミトコンドリアDNAは13種類のタンパク質をコードし，そのすべてが呼吸鎖複合体のタンパク質である。これらのタンパク質はすべてミトコンドリア内で合成されるため，ミトコンドリアゲノムはrRNAとtRNAをもコードしている。植物のミトコンドリアDNAはさらに長大で，200万塩基対以上のものまである。葉緑体DNAは12万～16万塩基対である。こうしたオルガネラは，はるか古代に真核生物に感染した原始的な細菌に由来し，宿主とともに進化してきたと考えられるため，オルガネラDNAが構造上，原核生物のDNAと類似していることは驚くに値しない。

原核生物の染色体（ヌクレオイド）とは異なり，真核生物の染色体が通常，細胞質内に存在することはない。細胞分裂をしていない細胞では，染色体は**クロマチン** chromatin と呼ばれるDNA-タンパク質複合体の塊として核内に隔離されている（図24.19）。核膜には**核膜孔** nuclear pore と呼ばれる小さな穴が開いており，これを通って小さなタンパク質やRNAが核から出たり入ったりする。

実際には，核膜孔は複数のタンパク質サブユニットからなっており，その開口部分は直径9 nmである。そのため小さなタンパク質を含む小分子は，核と細胞質の間を拡散によって移動できる。しかしながら，核膜孔複合体は，大きなタンパク質やmRNAの選択的輸送にも関わっている。この選択的輸送には，**エクスポーチン** exportin と**インポーチン** importin と呼ばれる2種類の補助タンパク質が関わっている。真核生物細胞でのタンパク質の翻訳は核外で行われるので，原核生物で観察されるような転写と翻訳の共役は存在しない（第27章）。そのため，mRNAは翻訳されるために核外へと輸送される必要がある。後述するように，核外へ輸送される前にmRNAは加工：プロセシングを受ける。DNAの複製と娘染色体の分離が起きる分裂期には，核膜が崩壊し，染色体は凝集して図24.20に示すようなコンパクトな構造をとる。この電子顕微鏡写真では，新しく複製された染色体（**クロマチド** chromatid）が**セントロメア** centromere で結合し，それが分裂期の後期には紡錘体繊維とともに分離する様子が観察される。

ポイント11
核膜が消失する分裂期を除いて，真核生物の染色体は核内に存在する。

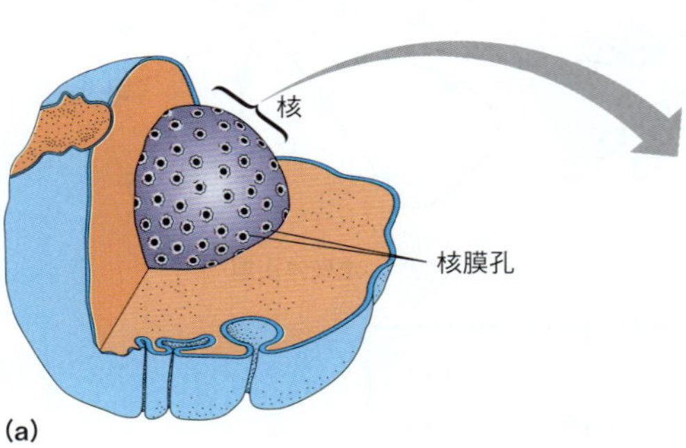

(a)

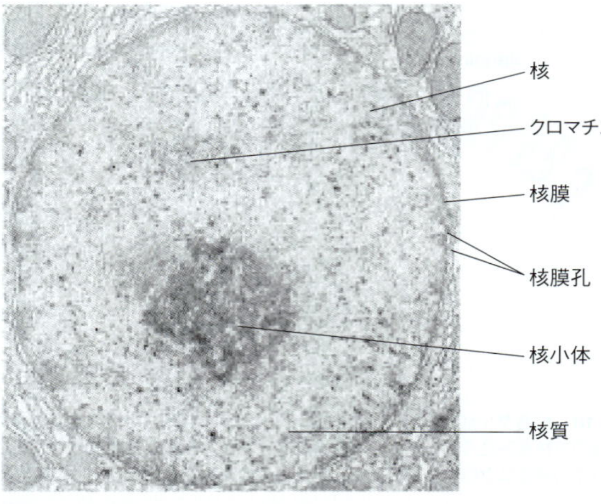

(b)

図24.19　核　(**a**) 典型的な動物細胞を，核の位置と大きさがわかるように図示した。(**b**) ラットの肝臓の核の断面の電子顕微鏡写真。

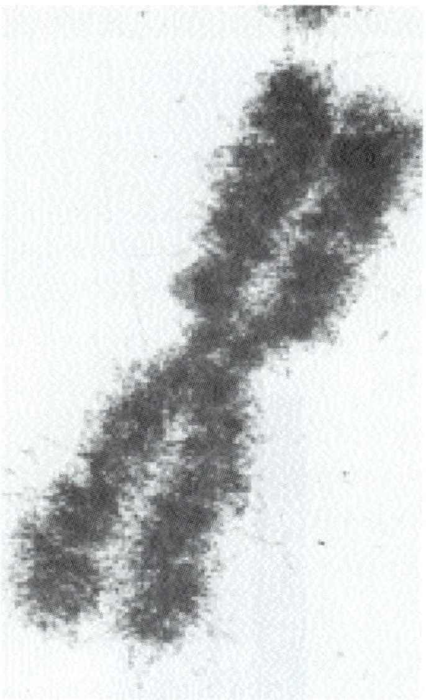

図 24.20　分裂中の染色体　細胞分裂の分裂中期にあるヒト染色体の電子顕微鏡写真。動原体のくびれと長い娘染色体がはっきりと観察できる。毛髪のようにみえるのは，高次のらせん状のクロマチンである。
Courtesy of G. F. Bahr, Armed Forces Institute of Pathology.

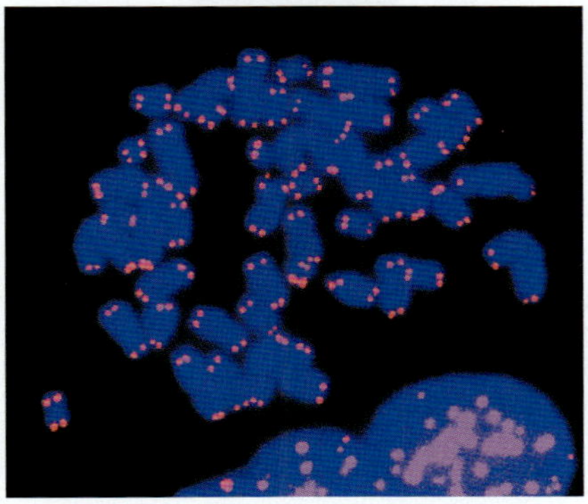

図 24.21　FISH 法でテロメアをピンク色に染色した分裂中期のヒト染色体
Arturo Londono/ISM/Science Photo Library.

図 24.20 の電子顕微鏡写真に示されていないのは，**テロメア telomere** と呼ばれる構造である。テロメアは真核生物の染色体の両端に存在する構造で，DNA を分解から防ぎ，複製の際に染色体の全長が完全にコピーされるのに必要な配列である。テロメアは数千塩基対の長さをもつタンデム繰り返し配列である。通常，片方の鎖は G に富んでおり，第 4 章で述べたように，dGMP 残基が G カルテット構造をとっている。ヒトのテロメア反復配列は 5′ -TTAGGG である。図 24.21 に蛍光色素でテロメアをピンク色に染色した分裂中期の染色体を示した。テロメアとその生合成については第 25 章で解説する。

真核生物の DNA 量はきわめて多いため，さまざまな問題が生じる。第 1 の問題は，いかにしてコンパクトにするかである。ヒトの二倍体の DNA は，6×10^9 塩基対にも達し，全長で約 2 m となる。これをどうにかして直径 10 μm（10^{-5}m）の核の中に入れなければならない。次に，選択的な転写をいかにして行うかという問題がある。分化した真核生物細胞では，DNA のごく一部分が転写されるにすぎない。これまでに述べたように，大部分の DNA は転写されないのである。多くの遺伝子は，特定の組織の特定の細胞，特定の状況でしか mRNA に転写されない。こうした複雑な転写機構を維持するためには，RNA ポリメラーゼの DNA への接近を厳密にコントロールする必要がある。DNA を小さく折りたたみ，遺伝子発現を厳密にコントロールするために，真核生物にはクロマチンと呼ばれるタンパク質–DNA 複合体を形成する 1 組の特殊なタンパク質が存在する。

クロマチン

クロマチンの DNA 結合タンパク質は 2 つのクラスに分けられる。主要なクラスである**ヒストン histone** には 5 種類が存在する。ヒストンの特徴は表 24.4 にまとめられている。ヒストンはリシンやアルギニンといった塩基性のアミノ酸に富む小さく強い塩基性のタンパク質であり，クロマチン構造の基本的な構成因子である。そのいくつかのアミノ酸配列は，進化の過程できわめてよく保存されている。すべての既知のヒストン H4 タンパク質は 102 個のアミノ酸からなっており，その配列はヒトとエンドウマメの間でわずか 2 アミノ酸しか違わないし，ヒトと酵母の間でも 8 アミノ酸しか違わない。原核生物細胞のヌクレオイドにも，やはり DNA と結合するタンパク質が存在するが，ヒストンとはまったく別のタンパク質であり，真核生物のようなクロマチン構造をとることはない。したがって，ヒストンを含むクロマチン構造は真核生物の特徴であるということができる。酵母からヒトにいたるまで，あらゆる真核生物の核には 1 g の DNA 当たり約 1 g のヒストンが存在しており，H2A，H2B，H3，H4 ヒストンが同じ分子数だけ存在する。

非ヒストン染色体タンパク質 nonhistone chromosome protein と呼ばれる多種類の DNA 結合タンパク質が，ヒストンタンパク質とともに存在する。非ヒストン染色体タンパク質の量は細胞によって大きく異なっており，1 g DNA 当たり 0.05～1 g の範囲にある。この中にはポリメラーゼに代表される核内酵素，核内受容体タンパク質，転写制御を司るタンパク質などさまざまな種類がある。二次元電気泳動で調べると，真核生物の核内にはおよそ 1,000 種類の非ヒストン染色体タンパク質が存在することがわかる。その中で最も

表 24.4　主要なヒストンタンパク質の特性

ヒストンの種類	分子量	アミノ酸の数	モル比 Lys	モル比 Arg	役割
H1	22,500	244	29.5	1.3	リンカー DNA と結合し高次構造をつくる
H2A	13,960	129	10.9	9.3	このうち 2 つの組み合わせでヌクレオソームの核となるヒストンの八量体をつくる
H2B	13,774	125	16.0	6.4	
H3	15,273	135	9.6	13.3	
H4	11,236	102	10.8	13.7	

注：H1 はウサギの，その他はウシ胸腺のデータを示した。

多く存在するのはトポイソメラーゼと **SMC タンパク質 SMC protein**（染色体の構造を保つのに必要）である。主要な SMC タンパク質に**コヒーシン cohesin** があり，複製直後の娘染色分体を中期の染色体凝集までつなぎとめる役割をもつ。**コンデンシン condensin** は，細胞が分裂期に入る際の染色体凝集に必須である。

真核生物の DNA にタンパク質が結合していることは古くから知られていた。1888 年にドイツの化学者 Albert Kossel は核からヒストンを単離し，これが塩基性の物質であり，核酸に結合するだろうと推定している。実際に，ヒストンは最初に同定されたタンパク質であった。しかしながら，ヒストンの正しい役割が理解されたのは 1974 年になってからであった。それ以降，多数の研究室で研究が行われ，クロマチン構造の反復単位である**ヌクレオソーム nucleosome** を形成するためにヒストンが特殊な結合をすることが重要であることがわかってきた。

ポイント 12
真核生物のクロマチンは，ヒストンタンパク質・非ヒストンタンパク質と結合した DNA からなる。

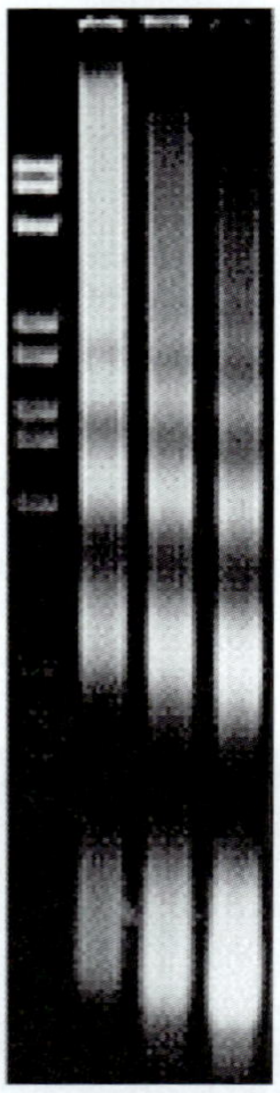

図 24.22　クロマチンの反復配列を最初に示した実験的証拠　ニワトリの赤血球のクロマチンをミクロコッカスのヌクレアーゼで処理し，ゲルで電気泳動した。右側にいくほど長時間反応させてある。左のレーンは DNA を制限酵素で処理した DNA サイズマーカーである。
Courtesy of K. Van Holde.

ヌクレオソーム

タンパク質が結合していないむき出しの DNA をミクロコッカス（球菌）由来のヌクレアーゼのようなエンドヌクレアーゼで部分消化すると，二重鎖 DNA はランダムに切断されてスメア状のポリヌクレオチド断片群が生じる。しかし 1970 年代初頭に，クロマチンや核（ある種のヌクレアーゼは核膜孔を通過する）そのものを材料にして同様の実験を行うと，DNA がランダムにではなく，ある種の規則性をもって切断されることが多数の研究室で確認された。ヌクレアーゼで処理されたクロマチン由来の DNA はポリアクリルアミドゲル上では約 200 塩基対の整数倍の長さで観察される（図 24.22）。このことからヌクレアーゼは，規則的に存在する部分で DNA に作用できると考えられた。これとほぼ同じ時期に行われた電子顕微鏡観察で，規則的に 200 塩基対位の長さの“ビーズ”がつながってクロマチン繊維ができていることがわかった（図 24.23）。また，クロマチンのエンドヌクレアーゼ処理を長時間行った場合でも消化速度は次第に遅くなり，約 30%の DNA が消化された段階で反応が停止することも見出された。残りの保護された DNA は，電子顕微鏡で観察されたビーズに相当する粒状の構造に含まれていた。この粒状の構造はヌクレオソーム（正確には nucleosomal core particle）と呼ばれ，あらゆる真核生物で観察される単純な基本的な構造である。これらは 146 塩基対の DNA を含み，H2A，H2B，H3，H4 それぞれ 2 個ずつからなる八量体のヒストンタンパク質に覆われている。クロマチンのヒストンタンパク質の割合が同じなのは，この規則的な構成のためである。ヌクレオソームとそのヌクレオソームヒストン芯構造はともに結晶化され，X 線解析で構造が解明された（図 24.24）。DNA はヒストンタンパク質の八量体の表面にらせん状となって左巻きにソレノイド型の超らせん構造をとって 1.7 回巻きついている。八量体のヒストンタンパク質は，DNA が巻きつくための左巻きらせんの湾曲した溝状の構造をもっている。現在では八量体のヒストンタンパク質の高解像度の結晶構造が得られており，“ヒストンの折りたたみ”はどのヒストンタンパク質にもみられる共通の構造であることがわかった。ヒストンのアミノ酸配列からは“ヒストンの折りたたみ”の存在は予想できなかった。したがってヒストンタンパク質には，その共通の祖先となるタンパク質があると考えられている。

ポイント 13
クロマチンの基本反復構造は，ヒストンタンパク質八量体に DNA が約 2 回巻きついたヌクレオソームと呼ばれる構造である。

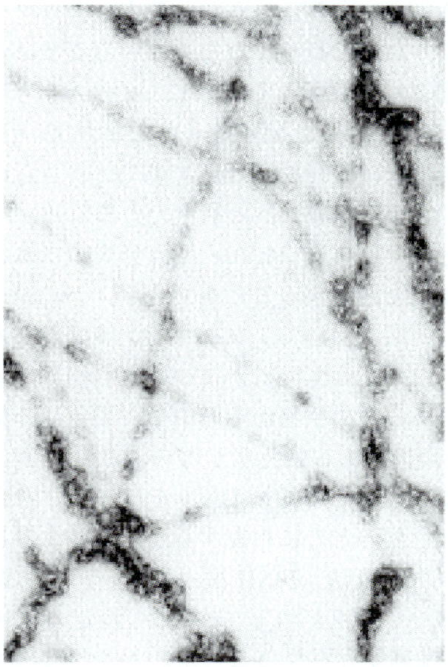

図 24.23　クロマチンのビーズ状の繊維構造　低塩溶液中でクロマチンを格子状に貼りつけ，染色した電子顕微鏡写真。この条件下ではクロマチンはほどけているが，一部でクロマチンの凝集が観察され，ヌクレオソームが規則的に並んでいるのがわかる。クロマチンとヌクレオソームの構造をはじめて示した写真である。
Courtesy of C. L. F. Woodcock, University of Massachusetts, Amherst.

ヌクレオソーム自体は，真核生物でほとんど例外なく観察される構造であるにもかかわらず，DNA の周辺にいかに配置しているかに関しては，生物によって，あるいは同一生物の組織間でも大きく異なっている。ヌクレオソーム間の DNA の長さは 20～100 塩基対以上までまちまちである。ヌクレオソームが DNA の周辺に配置されるのを決定しているのは何かについて完全にはわかっていない。しかし，少なくとも一部のヌクレオソームが，あらかじめ決められた場所に配置されることはわかっている。この発見の意味するところについては後述したい。リンカーとも呼ばれるヌクレオソーム間の DNA は，リシンに富んだ H1 タイプのヒストンと，非ヒストンタンパク質によって覆われている。図 24.25 はクロマチンの基本構造をまとめたものである。

クロマチンに存在するヒストンは，リシンの ε アミノ基のアセチル化やメチル化といった多数の翻訳後修飾を受けている。こうした修飾は遺伝子発現の調節に関与している。メッセンジャー RNA に転写されるために，DNA はヒストン芯構造からいったん解離しなければならないが，ヒストンのアミノ酸修飾は，DNA

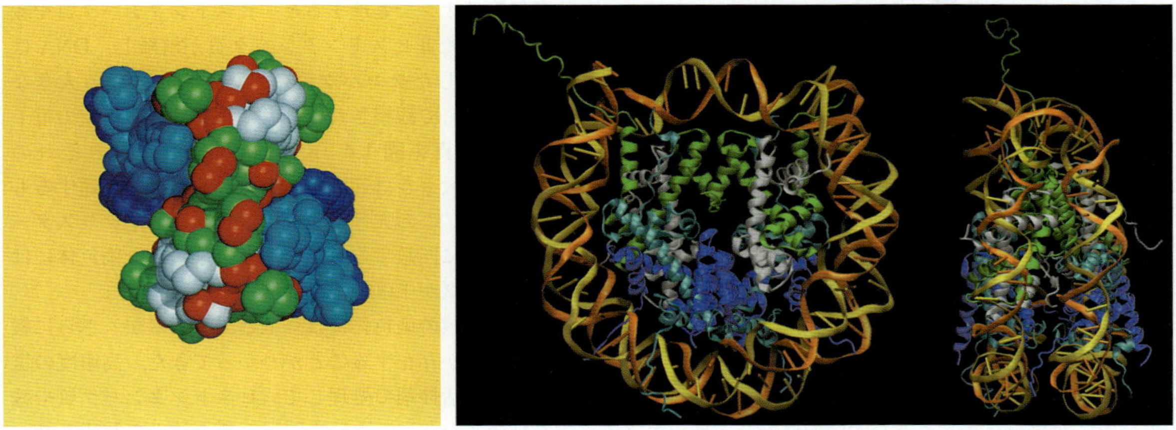

(a)　(b)

図 24.24　ヌクレオソームコア粒子の X 線回折による立体構造解析　(a) ヒストンタンパク質の八量体を示した。H3 は緑，H4 は薄い青，H2A は青，H2B は濃青で示す。$(H3/H4)_2$の四量体のリシンとアルギニン残基を赤で示した。**(b)** ヌクレオソームコア粒子の高解像度（2.8 Å）回折像。垂直像を 2 方向から示した。ヒストンタンパク質は以下の色で示した。H3：青，H4：緑，H2A：黄，H2B：赤。ヒストンタンパク質の N 末端の構造は完全には解明されていない。
(a) Reprinted from *Proceedings of the National Academy of Sciences of the United States of America* 90：10489-10493, G. Arents and E. N. Moudrianakis, Topography of the histone octamer surface：Repeating structural motifs utilized in the docking of nucleosomal DNA. © 1993 National Academy of Sciences, U. S. A；(b) Redrawn from K. Luger et al., *Nature* (1997) 389：251-260. © 1997 Macmillan Magazines, Ltd. PDB ID：1AOI.

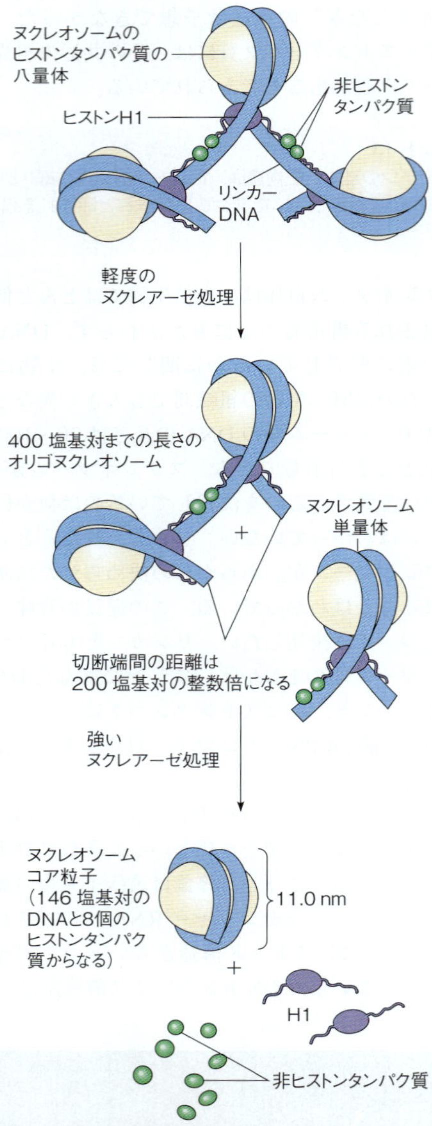

図 24.25　クロマチン構造の構成要素　現在わかっているクロマチン繊維の構造を最上段に示した。ヌクレアーゼで緩く処理すると，ヌクレオソーム単量体か，オリゴヌクレオソームとなる。さらにヌクレアーゼ処理を強く行いリンカーのDNAを消化すると，非ヒストンタンパク質とH1 ヒストンが離れてコア粒子が得られる。コア粒子の構造は図 24.24 に示した。

とヒストン芯構造の間の結合強度に影響を与える。このアミノ酸修飾の変化は，遺伝情報がどのように発現されるかという点において，長期的にわたって影響を与える。DNA の塩基配列には変化を来たさず，遺伝子発現に変化を与えるような遺伝的修飾を**エピジェネティック epigenetic** と呼ぶ。本章の最初（p.904）に述べたように，DNA のメチル化のパターンは遺伝するので，DNA メチル化はエピジェネティック変化である。クロマチンのヒストン修飾が細胞分裂の際，次世代に受け継がれるかどうかははっきりしていないが，多くの研究者がヒストン修飾もまたエピジェネティック変化であると考えている。この点については第 29 章でもう一度解説する。

核内における高次のクロマチン構造

ヒストン芯構造のまわりに DNA が巻きつき，ヌクレオソームを形成することで，真核生物の DNA は数分の 1 の長さになり，折りたたまれて核内に入ることができるようになる。しかし，核内のクロマチンの大部分がより高度に折りたたまれていることは明らかである。図 24.26 に示したように，ビーズをもった繊維はさらに太い繊維として折りたたまれているのである。この繊維は直径約 30 nm であるが，さらに太い繊維（クロマチン繊維）へと折りたたまれる。この繊維は細胞分裂中期（図 24.20）や，分裂中ではない（間期の）細胞で観察することができる。

中期や間期において，クロマチン繊維がどのようにして折りたたまれているかについての知見が集まりつつある。ある種の生物からの中期の染色体の染色を行うと，再現性のある染色像が得られる（図 24.16）。蛍光色素でラベルした相補 DNA を用いて，特定の塩基配列が染色体のどこに存在するかを観察する in situ ハイブリッド形成法（FISH 法）を行い，蛍光顕微鏡で観察すると（図 24.11），染色体の特定の場所に特定の DNA 配列が存在することがわかる。真核生物の染色体 DNA が 1 本の長い鎖であることを考えると，こうした構造をとるためにある種の規則的な折りたたみ構造が存在しなければならないことがわかる。最近の研究によって，この折りたたみが何であるかがわかってきた。中期の染色体を，硫酸デキストランのような多価陰イオンで処理すると，ヒストンタンパク質や緩く結合した非ヒストンタンパク質が解離し，DNA は固く結合したタンパク質の足場から出ている大きなループとして観察されるようになる。この構造の電子顕微鏡写真を図 1.4（p.10）に示した。それぞれのループの大きさは違うが，10 万塩基対にまで達するものもある。この大きさは β グロビン遺伝子クラスターの大きさに匹敵するものであり，平均的な染色体にはこのループが 1,000 個程度存在する。

間期の核の染色体には，上と似ているが，さらに緩んだ足場が存在することがわかってきた。高濃度の塩や，界面活性剤で処理して，ヒストンタンパク質や緩く結合した非ヒストンタンパク質を核から解離させ，ヌクレアーゼで DNA の大部分を消化すると，**核足場 nuclear scaffold** または**核マトリックス nuclear matrix**（図 24.26）と呼ばれるタンパク質の構造が現れる。この構造は核膜の内側に張りついた薄い被膜と，核全体に張りめぐらされた細い繊維状のネット

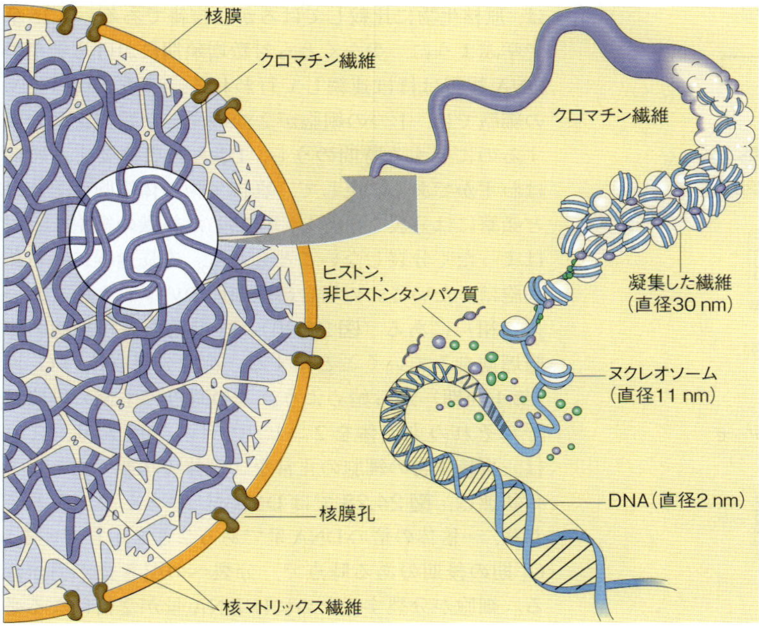

図 24.26　クロマチン構造を段階的に示した模式図　左は高度に凝集したクロマチンをもつ核の一部を模式的に示した。右にいくにしたがって拡大してあり，凝集したクロマチン（直径 30 nm），とその一部が転写されるためにほどけた状態を示した。

24

ワークからなっている。特殊な界面活性化剤であるリチウムヨードサリチル酸を用いてヒストンとその他の大部分のタンパク質を化学的にそっと取り除くと，核マトリックスへの DNA の結合は影響を受けずにそのまま残る。ここで制限酵素で DNA を切断すると，核マトリックスに結合した DNA 断片だけが残る。こういった断片はかなり離れた間隔を置いてゲノム上に存在し，マトリックス結合部位 matrix attachment region（MAR）と呼ばれる。協調的に発現する遺伝子群はしばしば MAR にはさまれた部分にまとまって存在する。その一例として図 24.27 にショウジョウバエの反復したヒストン遺伝子クラスターを示した。

DNA がループ状の構造をとるための足場となるタンパク質の中に，DNA のらせんの数を変化させるトポイソメラーゼと呼ばれる興味深いタンパク質がある（第 4 章）。ループの根元に存在するトポイソメラーゼは，そのループの超らせんの巻き方に変化を与えると考えられてきた。トポイソメラーゼによる超らせんの変化は，ヌクレオソームによってつくられたらせん構造をさらに強くするものである。超らせん構造の変化は染色体の凝縮に重要な役割をもっているのみならず，複製と転写に不可欠なものでもある。クロマチンの構造は動的なものであり，DNA が複製されたり転写されたりする際には局所的に構造が変化する。

完全に確立された考え方ではないが，細胞分裂中期と間期のクロマチンにおいて，少なくとも一部のループ-足場構造は同一であろうと考えられている。もしそうであれば，この構造のおかげで細胞は連続した細胞分裂の過程でクロマチン構造を保つことができる。さらに，このループ構造が機能的に連関した一連の遺伝子の発現を調節するのにひと役買っているらしい。

現在の考え方は以下のようなものである。ある特定の細胞において転写されない遺伝子を含むループは，直径 30 nm 程度の繊維に高度に凝縮されており，その構造は永久に変わらず，さらに高い次元のコイル構造に凝集されている可能性がある。このような領域は，長い間細胞生物学者から**ヘテロクロマチン** heterochromatin と呼ばれてきた，高度に凝縮された領域に相当すると考えられる。**ユークロマチン** euchromatin と呼ばれる領域は，これよりも開きやすく，転写が行われる緩んだ部位だと考えられる。しかし，のちほど第 27 章と第 29 章で述べるように，転写の制御は非常に複雑なステップであり，このような単純なモデルで説明できる類のものではない。

ポイント 14
ヌクレオソームによって形成される繊維は，in vivo では折りたたまれて高次のクロマチン構造をとっている。

ポイント 15
遺伝子クラスターを有することの多いクロマチンループは，核マトリックスに結合している。

細胞周期

真核生物の細胞が分裂し DNA が複製される過程

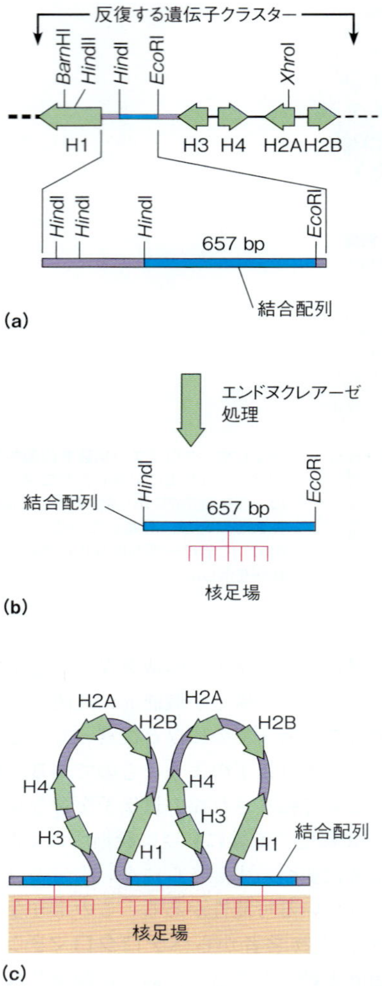

図 24.27　ヒストンの遺伝子クラスターは核のマトリックスに結合している　(**a**) ショウジョウバエの連続したヒストン遺伝子のクラスターの地図。緑の矢印は，それぞれのヒストン遺伝子を示す（矢印は転写される方向）。いくつかの制限酵素の切断部位もあわせて示した。(**b**) ショウジョウバエの核を，緩く結合したタンパク質だけをはずす作用のあるリチウムヨードサリチル酸で処理したのち，ここに示した制限酵素すべてで処理すると 657 塩基対の *HindI-EcoRI* 断片だけがマトリックスに結合しているのが観察される。(**c**) それぞれの遺伝子クラスターがループになっていること，基部では結合配列によってマトリックスに結合していることを示している。

は，原核生物に比較してはるかに複雑である。第 25 章で学ぶように，少なくとも対数増殖期における細菌の DNA 複製はほぼ連続して行われる。一方，真核生物の細胞では，1 つの細胞が 2 つの同一な娘細胞に分裂するのに要する時間のうち，DNA 複製に要する時間はわずかである。概して，真核生物の体細胞はそれほど頻繁には分裂しないし，成熟した組織の細胞などではまったく分裂しないこともある。成長過程にある体細胞は，たいていの場合細胞周期のいずれかのフェーズ（相）にある（図 24.28）。典型的な真核細胞の細胞周期をみていくことにする。細胞分裂直後の G_1 期（第 1 間期）から始めよう。この時点で 1 個の細胞はそれぞれの染色体を 2 コピーずつもっており，これは，真核生物の細胞の正常な二倍体の状態である。この状態は，図 24.28 では DNA 量 2C として表されており，一倍体の倍の DNA 量であることを示している。G_1 期の後期のある時点で，分裂への引き金が引かれる。細胞が分裂するためには DNA 量が 2 倍になる必要があり，新たな DNA はクロマチンを構成するために新しいヒストンタンパク質を必要とする。したがってヒストンタンパク質の合成は，DNA 複製の最初のきざしである（図 24.28）。

次に細胞は S 期（DNA 合成期）に入る。この段階で DNA は複製され，娘 DNA がクロマチン構造をとるために，ヒストンタンパク質，非ヒストンタンパク質の両者が合成され，娘 DNA 上に蓄積される。DNA 複製が完了すると，細胞は第 2 間期と呼ばれる G_2 期に入る。この段階では，細胞の DNA 量は一倍体の 4 倍に相当する 4C である。多くの真核細胞では G_1 期，S 期，G_2 期に要する時間はきわめて長い。**間期 interphase** と呼ばれるこの期間の間，クロマチンはほどけて核全体に広がり，活発に転写される。

有糸分裂期

G_2 期の終わりになると，細胞は分裂期（M 期）に入り分裂する。細胞分裂にはいくつかの段階があり，図 24.29 に示したようないくつかの相に分けられてい

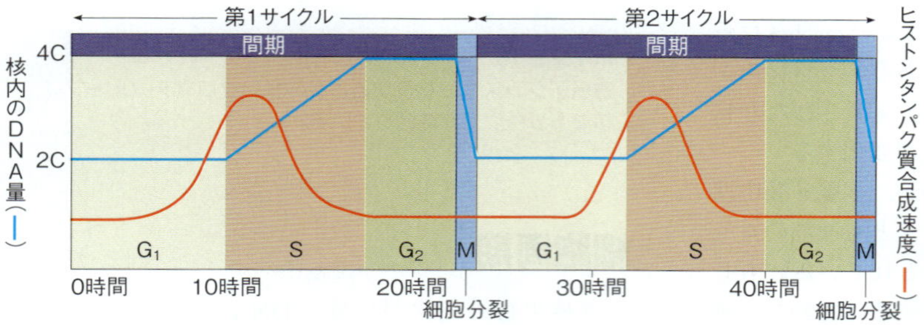

図 24.28　真核生物の細胞周期　細胞周期が 2 サイクル回転する間の DNA 量（青線）とヒストンタンパク質合成速度（赤線）を時間軸で示した。DNA 量は一倍体の DNA 量を 1 単位（C）として表示した。X 軸には平均的な真核生物の時間軸を示した。

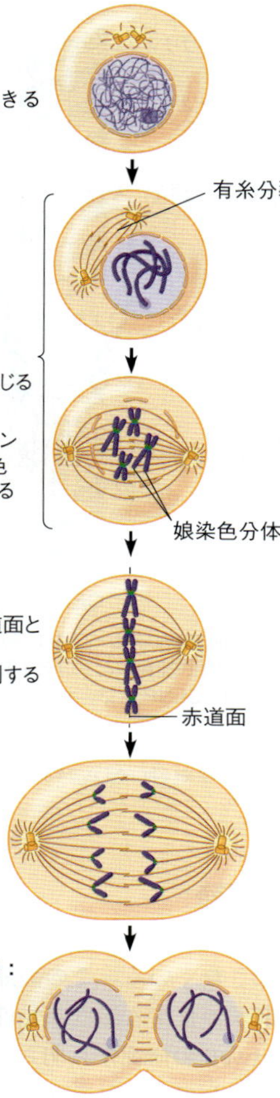

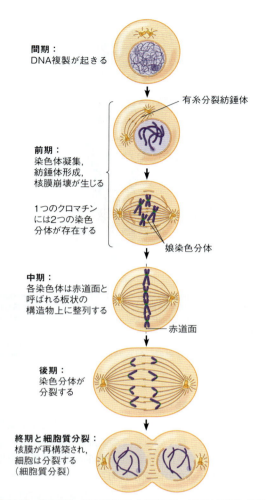

図 24.29　細胞分裂　細胞周期に入る段階では，細胞は二倍体（2C）である。DNA 合成が進んだ G_2 期では DNA 量は 4C となる。細胞分裂が終了すると，それぞれの娘細胞の DNA 量は 2C になる。

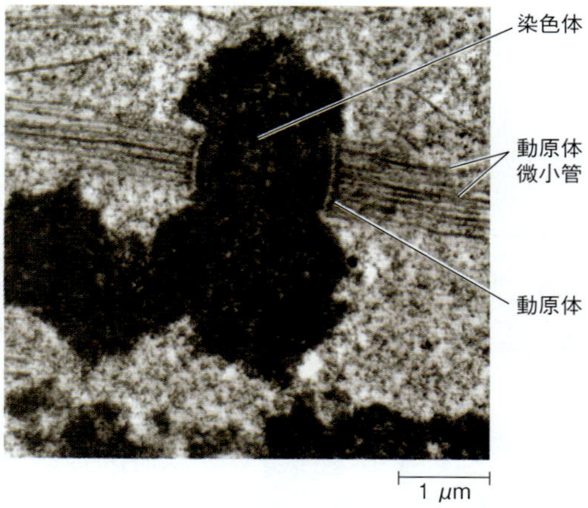

図 24.30　動原体を介して微小管に結合した凝集染色体の電子顕微鏡写真　動原体と接触している染色体部分がセントロメアである。
The World of the Cell, 4th ed., Wayne M. Becker, Lewis J. Kleinsmith, and Jeff Hardin. © 2000. Reprinted by permission of Pearson Education Inc., Upper Saddle River, NJ.

るが，これは説明しやすいように分類されたにすぎない。前期では，複製された染色体が，中期の代表的な写真としてしばしば示される形（図 24.20）で凝縮する。後期では，核膜が消失し，有糸分裂紡錘体が形成される。有糸分裂紡錘体は収縮力のある微小管からなっており，これによって染色分体は 2 つに分かれ，娘細胞は同一の染色体をもつようになる。終期には，それぞれの娘細胞で核膜が再構成され，細胞体そのものの分裂が生じる。この細胞体の分裂は**細胞質分裂 cytokinesis** と呼ばれる。分裂後，娘細胞の染色体は緩み，新しい G_1 期が始まる。

成長や分化が終了した高等生物の多くの組織では，G_1 期は非常に長くなる。極端な例は完全に分化した神経細胞であり，成体ではほとんど分裂しない。こうした非分裂細胞は G_1 期で停止しており，しばしば G_0 期とも呼ばれる。一方で，骨髄や腸管上皮に存在する特殊な幹細胞は，個体の生涯を通じて分裂し続ける。こうした幹細胞は，死んだり，傷害を受けたりした細胞を新しい分化した細胞と入れ替えるために分裂し続けるのである。

24

ポイント 16
真核生物細胞は G_1（第 1 間期），S（DNA 合成期），G_2（第 2 間期），M 期（分裂期）のサイクルを繰り返す。

セントロメアと動原体

娘染色体が分離する前に，染色体が紡錘糸中の微小管と結合する染色体部位をセントロメアと呼ぶと解説した。図 24.30 は，分裂中の紡錘体の微小管に結合した染色体の電子顕微鏡写真を示したものである。染色体上のセントロメアと紡錘糸とをつなぐ構造を**動原体 kinetochore** と呼ぶ。

セントロメアの構造的特徴は何だろうか？　これは重要な問いである。なぜならば，正しく分離するにはそれぞれの各染色体上の 1 点だけで引っぱられることが重要になるからである。セントロメアの DNA 配列は染色体の他の部分とは異なっているが，進化の過程で保存された配列ではない。出芽酵母のセントロメアには一定の 125 塩基対の配列が存在するが，より高度な真核細胞のセントロメアの塩基配列は，もっと短い配列が何回も繰り返された長い反復配列になっている。セントロメアのクロマチン構造は染色体の他の場所とは異なっているが，これはヒストン H3 タンパク質のかわりに，CenH3 と呼ばれるバリアント H3 が使われているからである。通常のヒストンとは異なり，CenH3 は進化の過程で大きく変化しており，セントロメアの DNA 配列の変化に対応してきたかのように思われる。セントロメアのクロマチンの詳細な高次構造

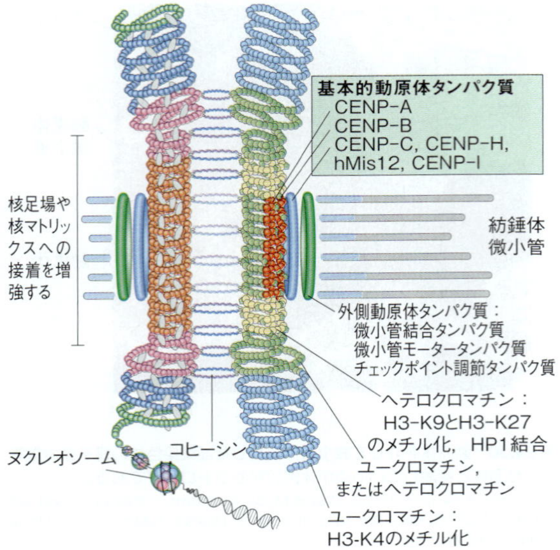

図24.31 ヒトセントロメアにおけるクロマチンの構造 1対のクロマチドの外側が動原体や微小管と相互作用している様子を示した。H3-K9とH3-K27は，それぞれヒストンH3の9番目，あるいは27番目のリシン残基がメチル化されていることを示す。

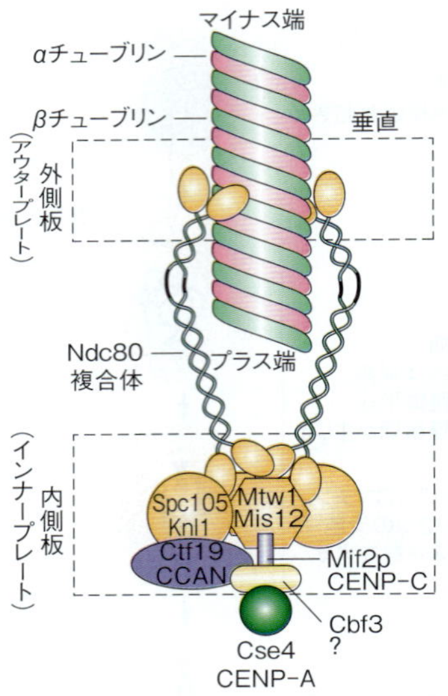

図24.32 動原体の構造のモデル このモデルは酵母（*S.cerevisiae*）を用いた動原体の電子顕微鏡観察とプロテオミクス解析によって得られたものである。Cse4，CENP-Aは，セントロメアの変異ヌクレオソームの別名である。

Reprinted by permission from Macmillan Publishers Ltd. *The EMBO Journal* 28：2511-2531, S. Santaguida and A. Musacchio, The life and miracle of kinetochores. © 2009.

についての報告はないが，セントロメアのDNAが，他の場所でみられる負のスーパーコイルではなく，正のスーパーコイル構造をとっていることを示す証拠がある。

　セントロメアのクロマチンでは，ヌクレオソームの構造にも変化がみられる。唯一H3がCenH3に置き換わるだけの場合は，コア粒子は（CenH3/H4/H2A/H2B)$_2$から構成される八量体となる。図24.31で示されるように，変化したクロマチンはセントロメア内のクロマチンコイルの外側に位置し，動原体タンパク質と相互作用する。動原体タンパク質は，細胞分裂の後期に1対の染色体をそれぞれ逆方向に牽引する。変化していないヌクレオソームは，コヒーシンと呼ばれるタンパク質で一時的に繋がれた娘クロマチドの境界面に位置する。図24.31にはセントロメア内とその周辺によく観察されるヒストンメチル化についても示した。

　動原体は，片方がセントロメアと相互作用し，もう片方が微小管と相互作用する2枚の"板"からなる複合体である。図24.32に示したように，内側と外側の"板"は，Ndc80と呼ばれる複合体で結ばれている。それぞれの動原体の内側の"板"を構成するタンパク質複合体が1個のCenH3ヌクレオソームとのみ接触しているという証拠がある。それぞれの動原体は1つの微小管とのみ相互作用するため，1つの分裂紡錘体の形成には複数の動原体が関与している。

細胞周期の調節

　細胞周期の進行は，さまざまなタンパク質リン酸化によって調節されている。この調節機構の多くは，高温で細胞周期が停止する温度感受性の酵母変異体を用いたLee Hartwellの研究から明らかとなった。このプログラムのメインプレーヤーは，**サイクリン cyclin**と呼ばれる1連の小さなタンパク質と，サイクリンが活性化する**サイクリン依存性キナーゼ cyclin-dependent kinase（Cdk）**と呼ばれるタンパク質キナーゼである。このシステムでは，さまざまなステージにおいて，細胞が次の相に進むべき環境にあるかどうかをチェックできるようになっている。その判断が行われるポイントは**チェックポイント checkpoint**と呼ばれる。G$_1$期のチェックポイントにはG$_1$-Cdkが関わっており，栄養素等を含めた周囲の環境がS期に入ってDNA複製を開始するのにふさわしいかどうかを判断している。G$_1$/S-CdkやS-CdkはDNA損傷を検出し，その損傷が修復されるまで細胞周期を停止する。がん抑制因子p53（第23章）はこのステップに関わっている。M-Cdkはその後のチェックポイントに関わっており，DNA損傷の修復，DNAの複製が完全に行われたことをチェックする。両者が完全ではない場合，細胞は細胞分裂に入ることはできない。細胞分裂後期に入る前には，**anaphase-promoting complex（APC/C）**がすべての染色体の紡錘体への結合を確認する。こうしたプロセスを図24.33に示した。

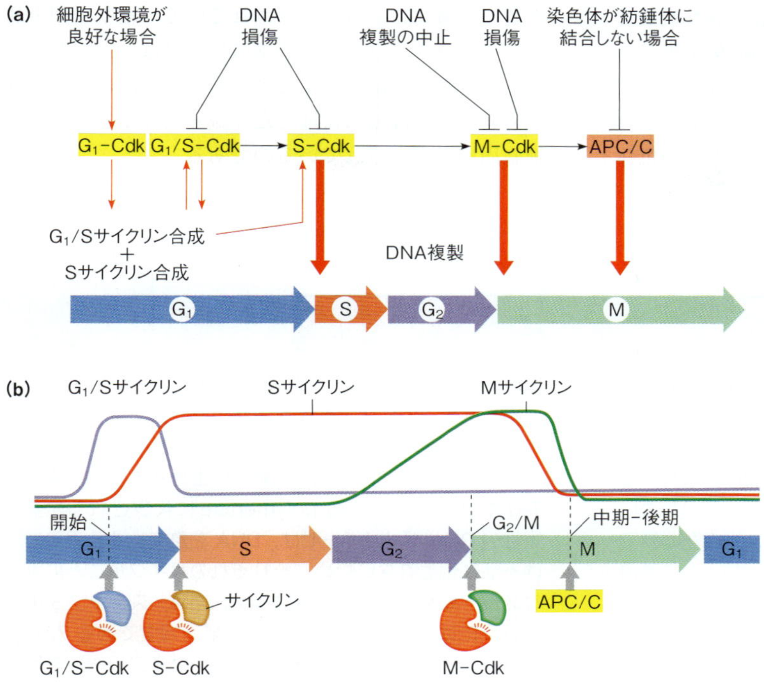

図 24.33　サイクリン依存性キナーゼによる細胞周期の調節とチェックポイント　(a) 主要なチェックポイントを，条件と制御タンパク質とともに示した。(b) 細胞周期における各サイクリン分子の合成と分解パターン。サイクリン依存性キナーゼ Cdk の活性は一定である。

Modified from *Molecular Biology of the Cell*, 5th ed., B. Alberts, A. Johnson, J. Lewis, M. Raff, K. Roberts, and P. Walter. © 2008 Garland Science/Taylor & Francis Group.

Cdk はセリン・トレオニンキナーゼに分類されるタンパク質である。各 Cdk はそれぞれ特異的なサイクリンによって活性化され，1 つ以上の標的タンパク質をリン酸化する。G_1-Cdk の主要な標的は，細胞が S 期に入るのに必要なタンパク質の発現を調節する **Rb タンパク質 Rb protein** である。Rb タンパク質の遺伝子変異は**網膜芽細胞腫 retinoblastoma** と呼ばれる眼の腫瘍を引き起こす。一度チェックポイントが活性化されれば，サイクリン-Cdk 複合体は解離し，サイクリンはマーク（ユビキチン化）され，プロテオソームと呼ばれる巨大なタンパク質複合体で分解される。細胞内タンパク質分解に関わるプロテオソームについては第 20 章で解説した。APC 複合体の機能の 1 つは，タンパク質を分解に向かわせることである。Cdk の標的の 1 つである p53 は，活性中心のセリン残基がリン酸化されると転写因子となり，DNA 修復が完了するまで細胞周期を停止させる。DNA 損傷が修復できないほど大きい場合，p53 は**アポトーシス apoptosis** つまりプログラム細胞死を引き起こす（第 28 章）。p53 遺伝子の変異は，若年性乳がんを引き起こすことで知られる Li-Fraumeni 症候群を引き起こす。第 23 章で述べたように，あらゆるがんで p53 遺伝子が変異している比率は大きい。

まとめ

原核生物のゲノム DNA のほとんどは，タンパク質や RNA をコードするか，遺伝子発現調節を行う役割をもっている。しかしながら，真核生物のゲノム DNA の半分かそれ以上は，タンパク質や RNA をコードしない反復配列である。真核生物ではゲノムサイズとその生物の複雑性の間に相関はない。複雑なゲノム，特にヒトゲノムの塩基配列決定にあたっては，Ⅱ型制限酵素，蛍光色素を用いた in situ ハイブリダイゼーション，Southern ブロッティング，PCR 法，巨大なヒトゲノム DNA をクローニングする酵母の人工染色体ベクター，などの新しい技術の発展が大きく貢献した。ウイルスゲノムは RNA または DNA であるが，コードするタンパク質は最低 3，多くても 175 である。細菌のゲノムは通常，1,500〜2,000 のタンパク質をコードする環状の二本鎖 DNA である。一方，ヒトゲノムは 20,000〜25,000 種類のタンパク質をコードしているが，これはゲノム中の DNA 量の多さから想定されたよりもかなり少ない数である。真核生物細胞の大部分は染色体を 2 組有する二倍体である。例外は性染色体であり，典型的なオスは X 染色体と Y 染色体を 1 本ずつ有する。染色体 DNA はヒストンタンパク質八量体の周囲に巻きつき，コンパクトなヌクレオソーム芯粒子を形成する構造をとる。これらの粒子とその間をつなぐリンカー DNA がクロマチンを構成し，直径 30 nm の繊維状の構造をとっている。この繊維が高密度に凝集することで，クロマチンで観察されるコンパクトな構造をとっている。真核生物細胞は厳密にコントロールされた細胞周期に従って分裂する。細胞周期は，染色体のセット数が2であるG_1期，DNA複製とヒストンタンパク質合成，クロマチンの凝集が生じるS期，染色体のセット数が4であるG_2期，細胞が分裂する複雑な過程を含むM期，に分類される。セントロメアと動原体の構造解析により，有糸分裂期の染色体分離の機構がわかってきた。細胞周期は複雑なタンパク質リン酸化によって調節されている。細胞周期を通じてタンパク質リン酸化酵素の発現量は一定であり，リン酸化酵素を活性化するタンパク質であるサイクリンの発現量が周期的に増えたり減ったりすることで，細胞周期が調節されているのである。

生化学の道具　24A

PCR反応

第4章で述べたように，1970年代の中盤に開発されたDNA組換え技術による遺伝子クローニングは，生物学に革命をもたらした。研究者が特定の遺伝子を単離・増幅し，その配列や，発現，遺伝子発現調節を解析することが可能になったためである。クローニングのためには目的遺伝子を導入して増幅させる生きた細胞が必要であった。1983年にKary Mullisによって同じように革命的な技術である**PCR**（**polymerase chain reaction**）法が開発された。PCRはごく微量のDNAを細胞へ導入することなくin vitroで増幅することができる。PCRを用いることにより，巨大なゲノムからDNAをクローニングする手間を省くことができたため，真核生物遺伝子の解析が容易になった。さらにPCR法にはさまざまな応用が可能である。

PCR法を理解するためには，DNAポリメラーゼが合成中の娘DNA鎖（またはプライマー）の既存の3′端の水酸基にデオキシリボ三リン酸を付加することを理解する必要がある。鋳型のDNA鎖が必要であり，この鋳型の配列に従ってポリメラーゼが正しいヌクレオチドを付加していく（図4.21，p.99）。反応の詳細は第25章で述べるが，大まかには以下のとおりである。

3′-pApTpTpCpApApGpApGpG..... ＋ dTTP →
5′-pTpApApG-OH
　　　　　　3′-pApTpTpCpApApGpApGpG.....
　　　　　　5′-pTpApApGpT-OH

大部分のDNAポリメラーゼには3′-エキソヌクレアーゼ活性が存在する。この活性があると，まれにWatson-Crickの法則に従わない形で取り込まれたヌクレオチドが取り除かれるので，正確な増幅が可能になる。

PCRを行うためには，増幅したい領域の両端の塩基配列がわかっていなければならない。この配列に相補的なオリゴヌクレオチドを自動化された化学合成系で合成し，DNAポリメラーゼが触媒する一連の反応のプライマーとして用いる（図24A.1）。まず増幅したい配列を含むDNAを94～96℃で熱処理することにより鋳型の二本鎖DNAを一本鎖に解離させたのち，過剰に加えたプライマーを結合させる（アニーリング，ステップ1と2）。アニーリング温度はプライマー配列に依存するが，50～65℃の間で行う。その後，プライマーの3′末端からポリメラーゼによる伸長反応を行う（ステップ3）。次に熱変性，アニーリング，プライマー伸長の第2のサイクルを行う。高熱の環境（温泉）に生息する生物由来の***Taq*ポリメラーゼ** ***Taq* polymerase**に代表される熱安定性のDNAポリメラーゼは，DNAを熱変性する温度では不活性化されないため，それぞれのサイクルごとにポリメラーゼを追加する必要はない。通常，ステップ3の伸長反応は，*Taq*ポリメラーゼの最適温度である72℃で行う。自動温度調節装置（サーマルサイクラー）を用いて以上の反応を30回以上繰り返すことにより，2本のオリゴヌクレオチドプライマーではさまれた部分のDNAが大量に合成される。3サイクル目の終わりには8本のDNAが合成され，1サイクルごとにその数は倍になる。32サイクルの反応後には約10億のコピーDNAを得ることができる（サイクル数をnとすると，厳密には2の（$n-1$）乗個のコピーを得ることができる）。

本章でも述べたとおり，この技術には無数の応用法があり，法医学の分野では，極微量の生体試料（例えば血液，精液，毛髪）からDNAが増幅され，犯罪容疑者や，親子鑑定においては父親の同定が行われる。PCR法を用いた法医学的な分析では，個体によって繰り返しの回数が異なる4塩基反復配列を含むゲノム領域が対象にされる（図24.15）。ヒトゲノムには，特定の4塩基の配列が30回程度まで繰り返される領域が存在する。この領域をPCR法で増幅すると，個人のゲノムが何個の繰り返し配列をもっているかどうかを決定することができる。こうした領域を複数解析することで，1ナノグラムという微量なDNA試料から高い信頼性をもって個人を特定することができるのである。

“分子人類学”研究分野では，ヒトのミトコンドリアDNAを対象にPCRと塩基配列決定を行い，その結果を用いてヒトの進化モデルが提唱されている。核のDNAと比較して，ミトコンドリアDNAには変異が入りやすいため，変異の頻度から進化の時間を推定するのに有効である。“分子考古学”でも同様に，氷に閉じ込められた生物や琥珀中の昆虫といった，長期間保存された生体試料中の極微量のDNAが解析されている。ネアンデルタール人の試料中のDNAの塩基配列の解析から，人類

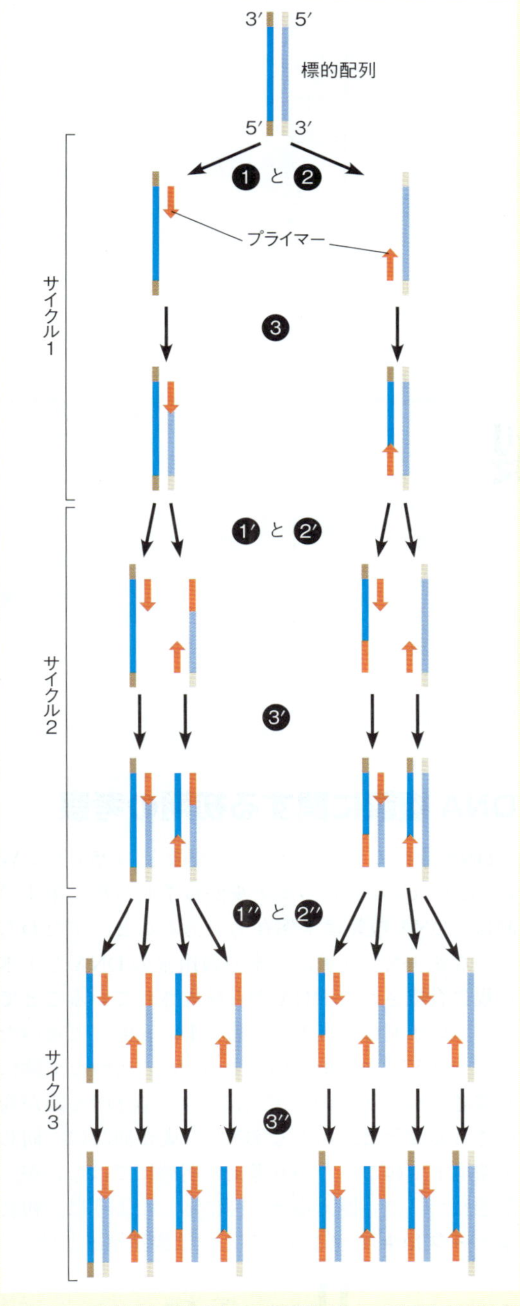

図 24A.1　PCR 法における 3 つの反応サイクル　青で示す DNA 領域の両端部分に相補的な配列をもつ 2 本のプライマー（赤）を用いることにより，この領域の内側部分が増幅される。増幅の過程が指数関数的であることに注意されたい。

の進化に関する新しい知見がもたらされた。歴史的に興味深かったのは，Thomas Jefferson の子孫の PCR 解析に関する 1998 年の報告である。米国の第 3 代大統領，あるいは彼に非常に近い近親者が，彼の奴隷であった Sally Hemings との間に子供をもうけていたことがわかったのだ。この分析に用いられた DNA は，現在生存している彼の子孫のものであったが，歴史をさかのぼって重要な結論をもたらしたのである。環境微生物学では，種に特有の遺伝子配列を用いて特定の微生物が存在するか否かの解析が行われる。同様の PCR の手法は，細菌感染やウイルス感染の診断にも利用できる。PCR 法は，遺伝疾患の出生前診断にも用いられ，この場合，その疾患を引き起こす変異責任遺伝子の配列がプライマーとして用いられる。同様に，がんを引き起こすがん遺伝子の変異も PCR で検出が可能であり，前がん病変から転移性腫瘍にいたる遺伝子配列変換の分析が可能となった。

しかしながら，PCR にも問題がまったくないわけではない。例えば，一般的に用いられる *Taq* ポリメラーゼに代表されるある種の耐熱性ポリメラーゼには，誤って合成された配列を修正する 3′ エキソヌクレアーゼ活性が存在しないため，合成された DNA 鎖の配列に時として誤りが生じる。こうした配列の誤りは増幅された領域のいたる所に点在し，それぞれの誤りの頻度はさほど高くないため，PCR 産物の配列を直接決定する際にはあまり大きな問題とはならない。また現在では，校正活性を有する耐熱菌由来 DNA ポリメラーゼを入手できる。しかし，PCR 産物をクローニングする際には，本来の配列が得られているのかサイクル数を含めて慎重に検討する必要がある。もう 1 つの問題は，PCR 法が非常に高感度であるため，混入した微量の DNA を増幅してしまうことがあるということである。こうした問題点は，陰性コントロールを置いたり，PCR 条件を検討することで避けることができる。

オリジナルの PCR 技術では，さまざまな改変技術も開発されてきた。定量的または“リアルタイム”PCR では，ヌクレオチドの 1 つが蛍光色素で標識されているため，反応をリアルタイムに追跡することで，もともとのサンプルに含まれていた標的 DNA の量を推定することができる。RT-PCR と呼ばれる改変手法では，目的とする mRNA の量を計測することで遺伝子の発現量をモニターできる。この場合，まずサンプルを RNA 依存性の DNA ポリメラーゼ（第 25 章）で処理し，mRNA を相補的 DNA（cDNA）に変換し PCR 法で増幅する。

第 25 章

DNA 複製

本書のこれからの部分では，ゲノムの複製，ゲノムの維持，遺伝子の発現の過程に焦点をあてる。本章では，DNA 複製について論じる。次の第 26 章では，DNA の複製と組換えならびにゲノム再編成における種々の過程について着目する。第 27 章では，DNA に書き込まれた情報の読み取り，すなわち転写と RNA プロセシングについて述べる。第 28 章では，タンパク質合成，すなわち 4 文字の核酸に書き込まれた情報がいかにして 20 文字のアミノ酸に変換され，いかにして翻訳によってつくられたポリペプチド鎖が修飾を受け，完成したタンパク質として，適切な細胞内外の場所に輸送されるかに焦点をあてる。最後に第 29 章では，これらの過程を踏まえて，いかにして遺伝子の発現が調節されるかを再考する。遺伝子発現のそれぞれの過程は，開始のステップ，それに続く核酸の鋳型に沿った酵素複合体の移動に伴う産物の伸長，最後に停止するステップを含む。複製，伸長，翻訳のそれぞれの過程の調整は，主に開始の段階で起こっていることがわかる。

ポイント 1
核酸とタンパク質の生合成は複製，転写，翻訳の過程を通して行われる。大部分の調節は開始の段階で起こる。

DNA 複製に関する初期の考察

DNA 複製の 3 つの中心的な特徴を，1953 年に Watson と Crick は彼らのモデルから予測した。第 1 の予測は，DNA 複製は半保存的であること，すなわち，同一な娘 DNA 分子は 1 本の親由来の DNA と 1 本の新規に合成された DNA から構成されていることである。この予測は，第 4 章（図 4.14，p.91）で述べたように，1957 年の Meselson と Stahl の巧妙な実験により確認された。このモデルにより，親 DNA 鎖が巻き戻されることと，新たな DNA 合成が同時に，同じ微小環境下で起こるという考えが明確にではないが，暗示された。言い換えると，図に示したように，複製は**フォーク fork** で起こり，そこでは親鎖がほどけ，2 本

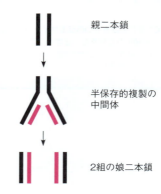

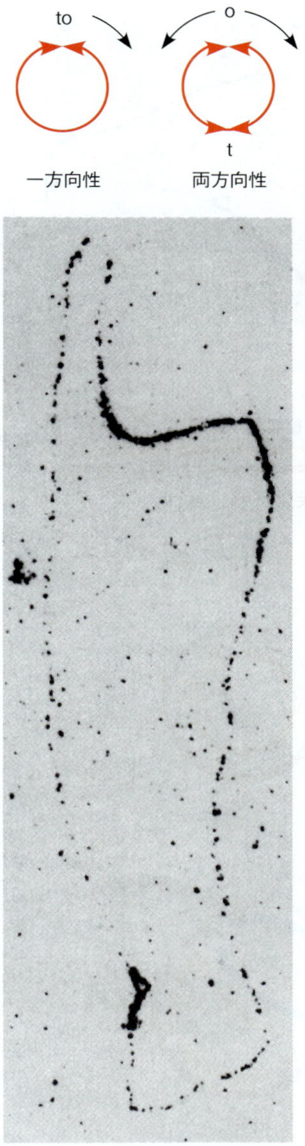

図 25.1　オートラジオグラフィーによる両方向性複製の証明　この大腸菌は，[^{3}H] チミジン中で長時間培養されて標識され，放射比活性は1 回複製が終了して 2 回目を開始しようとする同調培養よりも 4 倍高くなった。図は一方向性複製で予測される標識パターン，すなわち，停止点（t）と開始点（o）が隣接している場合と，両方向性複製で予測される標識パターン，すなわち，停止点と開始点が染色体の反対方向にある場合を示している。

Reprinted from *Journal of Molecular Biology* 74 : 599–604, R. L. Rodriguez, M. S. Dalbey, and C. I. Davern, Autoradiographic evidence for bidirectional DNA replication in *Escherichia coli*. ©1973, with permission from Elsevier.

の娘鎖が伸長する。また Watson–Crick モデルは，複製は 1 箇所もしくはそれ以上の染色体上の決まった場所——**複製開始点 replication origin**——で始まるという仮定を示唆した。

複製中の DNA の最初のイメージは，複製がフォーク構造で起こるという考えに一致した。第 24 章で John Cairns の複製中の大腸菌 DNA 分子のラジオオートグラムを示した（図 24.17，p.915）。環状の分子が 2 つの Y 字型構造をもち，どちらか一方または両方が複製フォークと考えられる。これは，ギリシア文字の θ に似ているので，θ 構造と呼ばれる。ここでは，複製が一方向性，すなわち一方の Y 接合部が複製開始点であるのか，あるいは両方向性，すなわち 2 つのフォークが 2 つの Y 接合部の中間点から移動しているのかは示されなかった。これらの異なる考え方は図 25.1 の上に示されている。大腸菌を用いて確立した Cairns の巧妙なラジオオートグラフィーの変法により，複製は 1 箇所の固定した開始点から両方向性に複製することが示された。この実験では，DNA を [^{3}H] チミジンを含む培地中で大腸菌が増殖することにより標識した。1 回目の複製が終了し，次の複製が開始すると，チミジンの放射比活性が数倍増加して，DNA 合成が起こっている場所が，フィルム上の黒さの増強により区別できるようになった。もし，複製が一方向性であるならば，終了と再開始は同じ場所に起こらなければならないだろう。図 25.1 で示したように，個々の DNA 分子を調べてみると，複製の終了と引き続く開始はお互い 180° 離れた場所で起こった。これは，複製は両方向性である場合でのみ生じる。

別の優れたラジオオートグラフィーの手法が，複製は 1 つの開始点から両方向性に進むという考えを支持した。完全な環状染色体の複製の最短時間は 40 分であるにもかかわらず，大腸菌の細胞数が倍加するのは 20 分であるという疑問があった。図 25.2 の実験では，前の複製が進行中にもかかわらず，大腸菌が新たな染色体複製を開始することにより，急速な増殖条件に反応することを示した。このように，大腸菌細胞が分裂するときに，それぞれの娘細胞は次の複製が進行中である染色体を受け取る。したがって，大腸菌細胞は細胞周期の早期に複製事象を調製することにより，急速な増殖に対応する。このことは，複製が開始の段階で主に調整されていることを強く示している。

部分的に複製された DNA 分子は電子顕微鏡でも可視化できる。ファージ粒子から単離されたバクテリオファージ λ は直線状のゲノムで，48,502 塩基対を含んでいる。しかし，2 つの 5′ DNA 末端は，12 ヌクレオチドが一本鎖として伸長している。大腸菌に感染する間に，配列において相補的であるこれらの“突出”末端は，塩基対形成により環状二本鎖構造をつくり，その末端は共有結合で閉じる。部分的に複製された分子は，図 25.3 に示したように，θ 構造として電子顕微鏡下で観察される。繰り返しになるが，この図それ自体は，複製がそれぞれのフォーク内で起こっていることを示さないが，denaturation mapping という技術に

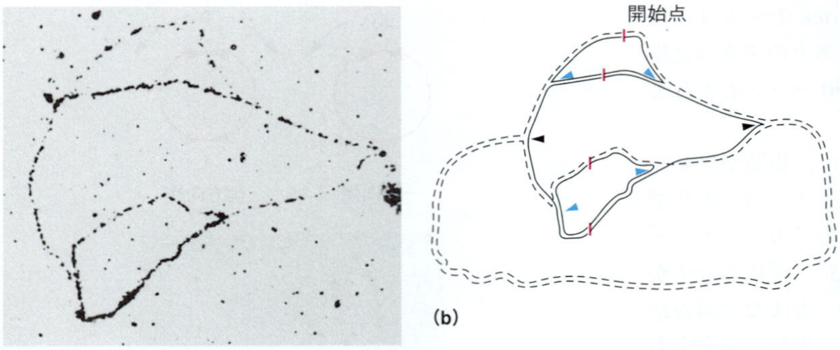

(a) (b)

図 25.2 先行する複製の終了前の新しい複製の開始 (**a**) [^{3}H] チミジンでの標識は，最初の複製が始まったときに開始する。粒子の濃度のパターンにより，再標識された枝の 1 つは，2 本の標識された DNA 鎖を含み，他の 1 つは 1 本だけ標識されていることが示されている。(**b**) 実線は放射標識された DNA を示し，破線は非標識 DNA を示す。黒い矢頭は初代複製フォーク，青い矢頭は 2 代目複製フォークを示す。複製されていない DNA は放射標識されておらず，オートラジオグラムでは検出できない。

Reprinted from *Journal of Molecular Biology* 73 : 55-58, E. B. Gyurasits and R. G. Wake, Bidirectional chromosome replication in *Bacillus subtilis*. ©1973, with permission from Elsevier.

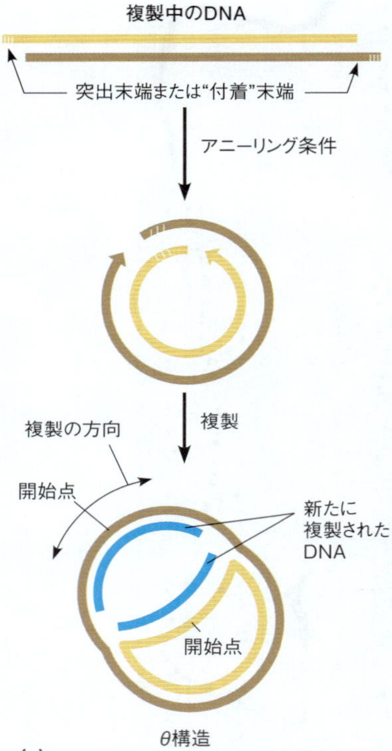

(a)

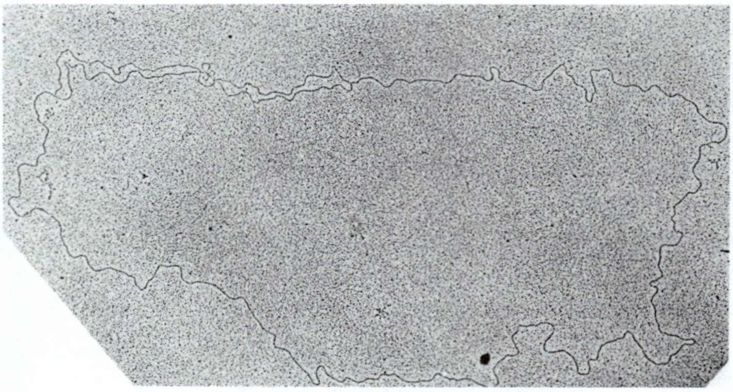

(b)

図 25.3 部分的に複製されたλバクテリオファージ DNA 分子 (**a**) 元の直線状 DNA は突出末端の塩基対形成により環状化する。共有結合性の閉鎖の後に，複製が始まる。部分的な複製により，2 つのフォークの間で等距離にある開始点からの両方向性の複製の結果，*θ* 構造がつくられる。(**b**) *θ* 構造の電子顕微鏡写真。部分的な変成の後に，このような中間物を解析することにより，複製は固定した開始点から両方向性に進むことが明らかになった。

Reprinted from *Journal of Molecular Biology* 51 : 61-73, M. Schnös and R. B. Inman, Position of branch points in replicating λ DNA. ©1970, with permission from Elsevier.

より，この分子が単離されたときに，確かに両方向性に複製していたことが明らかになった。

> **ポイント 2**
> 細菌の DNA 複製は固定した開始点から始まり，そこから両方向性に進む。

染色体内に巨大な直線状の分子をもつ真核細胞ではどうであろうか？ 典型的には，培養哺乳類細胞は 8 時間の S 期の間にすべての DNA の複製を行う（大腸菌染色体の倍加時間は 40 分であった）。ラジオオートグラムならびに他の証拠から，真核細胞の個々の DNA 鎖は大腸菌染色体よりも数段ゆっくりと，1 秒間に約 100 ヌクレオチド合成されることが判明している。ラジオオートグラフィーを用いた解析から，真核細胞では複製が直線的な染色体上の多数の固定した開始点から両方向性に起こることが示されている。図 25.4 に示したように，フォークは隣の開始点から反対の方向に進むフォークと遭遇するまで両方向性に進行する。典型的な哺乳類細胞では，染色体上に 10^3〜10^4 箇所の開始点が分布している。特筆すべきは，それぞれの開始点は S 期のある時間に複製が開始するようにプログラムされていることである。言い換えると，“origin firing（起始点の発火）” はプログラムされているのである。

真核細胞の染色体 DNA は直鎖状であるので，その末端での出来事について考慮しなければならない。こ

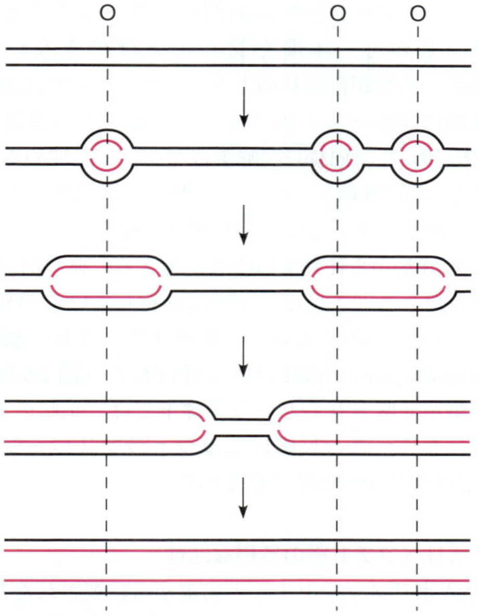

図 25.4　直鎖状の真核生物の染色体上の，いくつかの固定した開始点（O）からの両方向性の複製

の点は本章の後半で取り扱う。DNA複製の酵素学について多くを学ぶ前であっても，この過程における重要な点は，両方向性，固定した開始点，フォーク内でのDNA鎖の巻き戻しと伸長の同時進行，伸長開始時での調整等である。

DNAポリメラーゼ：ポリヌクレオチド鎖の伸長を触媒する酵素

DNA複製の生化学的な解明は，Arthur KornbergのDNAポリメラーゼの発見により，1950年代半ばに始まった。Kornbergは生物エネルギー学研究の経験から，DNA複製の基質は活性化されたDNAヌクレオチド残基の誘導体であると考えた。すなわち，ヌクレオチド残基間のホスホジエステル結合の吸エルゴン性合成は，グリコーゲンのような他の高分子化合物の合成でも起こるように，活性化された基質の発エルゴン性分解と共役するだろうとした。Kornbergは，活性化されるヌクレオチドは2′-デオキシヌクレオシド5′-三リン酸であろうと正確に予測した。放射標識したdNTPを大腸菌の可溶性タンパク質の抽出物と反応させると，高分子量物質の中に少量の放射活性が取り込まれ，それは酸沈殿とDNAの放射活性測定により定量された。放射標識された産物はDNAであることが示された。酵素にはDNAとMg^{2+}が必要であった。すでに述べたように（第4章，p.98），2つのDNA分子がこの反応に必要である。鋳型とプライマーである。プライマーは3′水酸基から伸長する。また，合成

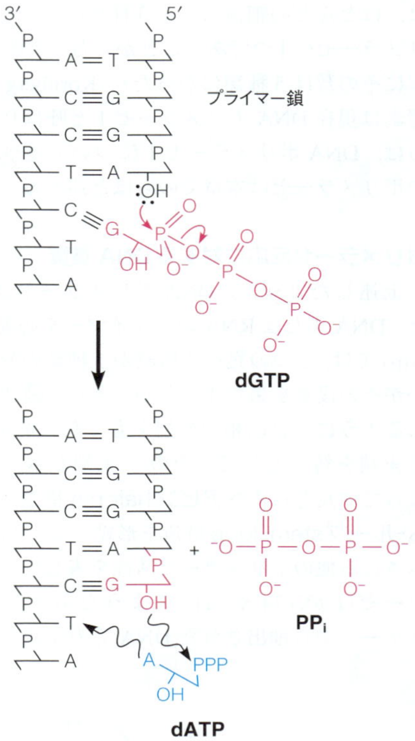

図 25.5　**DNAポリメラーゼ反応**　新しく取り込まれるdNTPは，適切な鋳型ヌクレオチドとの塩基対形成により位置取りをして，dNTPのαリン酸に対するプライマー鎖の3′水酸基の求核攻撃により，ホスホジエステル結合が形成される。

されるDNA鎖（すなわち，伸長するプライマー）の極性は，Watson-CrickモデルにおけるDNA鎖が逆方向性であることから予想されるように，鋳型DNA鎖とは逆である。

図25.5に示したように，DNAポリメラーゼ反応では，プライマー末端の3′水酸基によるデオキシリボヌクレオチド基質のαリン酸への核酸攻撃の結果，共有結合を形成する。3′水酸基は弱い求核性があり，ピロリン酸は反応のよい離脱基である。この反応は簡単に逆方向に進む。そのため，この反応は細胞や粗抽出液の中では，反応の他の生成物に対するピロホスファターゼ作用により，右方向に進む（$PP_i + H_2O \rightarrow 2P_i$）。このようにヌクレオチドが取り込まれるたびに，エネルギーの多い2つのリン酸が消費される。

ポイント3
DNAポリメラーゼは，鋳型と塩基対となり，新規に取り込まれるdNTPのαリン酸に対するプライマー鎖末端の3′水酸基の求核攻撃を触媒する。

DNAポリメラーゼⅠの構造と活性

Kornbergによって発見されたDNAポリメラーゼ

は，ほとんどの細菌にある3種類の異なったDNAポリメラーゼの1つであることがのちに判明した（1999年にその数は5種類になった）。Kornbergが発見した酵素は現在DNAポリメラーゼＩと呼ばれる。ここからは，DNAポリメラーゼＩについて述べ，他の2つのポリメラーゼは本章でのちほど述べる。

ポリメラーゼ反応に対するDNA基質

上述したように，DNAポリメラーゼは鋳型DNAと，DNAまたはRNAのプライマーを必要とする。in vitroでは，2つの異なる核酸か1種類の分子のどちらかがその役割を果たすことができる。図25.6cで示されるように，自己相補配列をもった一本鎖DNAは，5′末端を鋳型として，その3′末端がポリメラーゼによって伸長される**ヘアピン hair pin**構造，または**ステム-ループ stem-loop**構造を形成する。図はin vitroで示される他のポリメラーゼ活性を表している。ポリメラーゼはϕX174やM13のような小さなバクテリオファージから抽出されたDNA等の環状の一本鎖鋳型を，プライマーが存在する限り，コピーすることができる。しかし，断端を繋ぐことはできない（図25.6a）。鋳型が直鎖状のとき，ポリメラーゼは鋳型の5′末端に向かってのみコピーし，それから解離する（図25.6b, c）。同様に，酵素はギャップを埋めることができ（図25.6d），ギャップがニックになると解離する。ある条件下では，ポリメラーゼはニックにおける3′水酸基から伸長することができる。典型的には，これが起きるときには，すでに存在しているDNAの5′末端はニックに先立って置換する。これは**鎖置換 strand displacement**合成と呼ばれる（図25.6e）。置換鎖が分解されるという条件下では，正味のDNA蓄積はなく，この反応は**ニックトランスレーション nick translation**と呼ばれている。

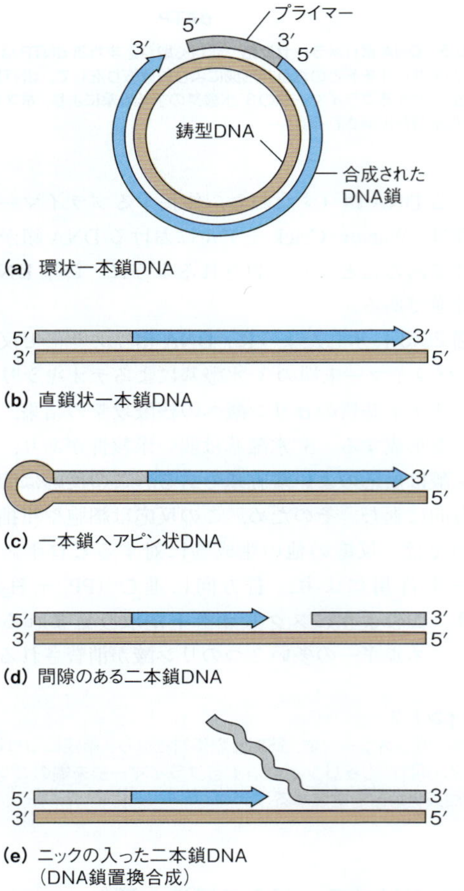

図25.6　精製されたDNAポリメラーゼが作用するDNA基質　それぞれの青い矢印は，DNA鎖の伸長が起こる3′水酸基末端を示している。

単一ポリペプチド鎖の多様な活性

DNAポリメラーゼＩが大腸菌から精製されたとき，それは単一ポリペプチド鎖であることが判明した（分子量103,000）。ポリメラーゼ活性に加えて，精製された酵素は2種類のヌクレアーゼ活性をもっている。**3′エキソヌクレアーゼ 3′ exonuclease**は3′末端から一本鎖DNAを分解する。**5′エキソヌクレアーゼ 5′ exonuclease**は5′末端から塩基対形成をしたDNAを分解する。この酵素は，DNAとRNAを含んでいる二本鎖からRNAを切断することもできる。3′エキソヌクレアーゼは，DNAの鋳型がコピーされる際の正確さを高めるための“校正”機能として働く。その活性により，ポリヌクレオチド鎖の伸長している3′末端から不適切なヌクレオチドを除去し，鋳型に基づいて，ポリメラーゼ活性が正しいヌクレオチドを挿入することができるようになる。のちほど，DNA複製の確実性を議論するときに，3′エキソヌクレアーゼについてもう少し述べる。5′エキソヌクレアーゼは，本章と次章で述べるように，DNAの複製と修復の両方で機能する。

> **ポイント4**
> DNAポリメラーゼＩには3種類の活性部位がある。ポリメラーゼ活性部位と2種類のエキソヌクレアーゼ活性部位である。

DNAポリメラーゼＩの構造

ズブチリシンやトリプシンによる限定分解の実験から，DNAポリメラーゼＩの3種類の触媒活性が，長いポリペプチド鎖上の領域に局在していることが明らかになってきた。Hans Klenowにより示されたように，このタンパク質分解は分子量103 KDaの酵素を小さなN末端側の断片（分子量35,000）と大きなC末端側の断片（分子量68,000）に分けることができる。大きな断片（Klenowフラグメント Klenow fragmentとも呼ばれる）はポリメラーゼ領域と3′エキソヌクレアーゼ領域を含んでおり，小さな断片は5′エキソヌクレアーゼ領域を含んでいる。3つの触媒部位が空間的にどのように配置しているかは，2つのエキソヌクレアーゼ活性のそれぞれが，どのようにしてポリメラーゼ活性と関連して機能しているかを理解するために重要である。

大きな断片の結晶学的研究により，構造の驚くべき特徴が明らかになった。その構造は，B型DNAを補足するのに十分な大きさの深い裂け目をもち，結合したDNAを完全に囲んでしまう曲がりやすいサブドメインをもっている（図25.7）。DNAポリメラーゼⅠのタンパク質分子は掌，親指，指からなる手にたとえられる。Klenowフラグメントと短い二本鎖DNAの結晶化により，確かにDNA結合部位であり，結合したDNAはほとんど完全にタンパク質により取り囲まれ，手が円柱をつかむようにタンパク質がDNAを包んでいることがわかった。酵素の変異型の研究により明らかにされた構造上の興味ある特徴は，3′エキソヌクレアーゼ活性部位がポリメラーゼ活性部位から約3 nmというかなり遠い所にあることである。このことは，

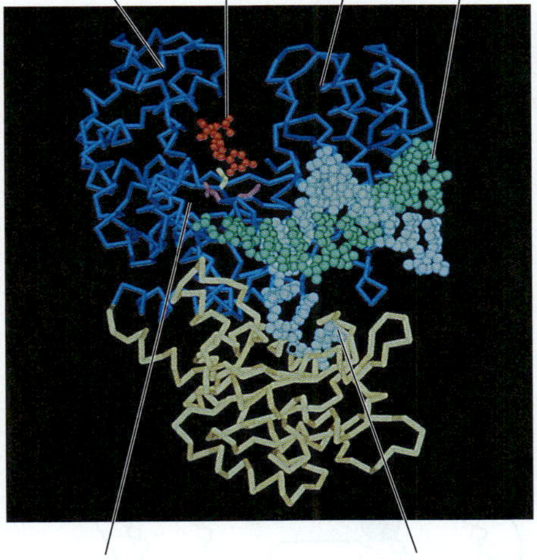

図25.7 大腸菌DNAポリメラーゼⅠのKlenowフラグメント 校正においてDNAと複合体を形成するKlenowフラグメントのα炭素骨格を示している。すなわち，伸長しているDNA鎖（水色）の3′末端は酵素の3′エキソヌクレアーゼ活性部位（黄）と結合する。ポリメラーゼと3′エキソヌクレアーゼ活性部位の場所は，部位特異的変異導入により同定された。鋳型DNA鎖は緑色で示され，結合したdCTPは赤色で示されている。PDB ID：1KFD。

From *Science* 260：352-355, L. Beese, V. Derbyshire, and T. A. Steitz, Structure of DNA polymerase I Klenow fragment bound to duplex DNA. ©1993. Reprinted with permission from AAAS and Lorena Beese.

ポリメラーゼ活性部位から3′エキソヌクレアーゼ活性部位に3′末端ヌクレオチドを移動させるために，約8塩基対のDNAを巻き戻さなければならないことを示唆する（p.960参照）。5′エキソヌクレアーゼ活性はKlenowフラグメントには存在していないので，この人工的な酵素は，研究者がDNA分解を特に避けて，in vitroでのDNA合成を行うための有効な研究室の試薬になっている。

DNAポリメラーゼⅠの機能

DNAポリメラーゼの発見により，Arthur Kornbergは1959年にノーベル賞を受賞した。この発見は歴史的なことであったけれども，大腸菌から精製された酵素のいくつかの性状は，生体内のDNA複製において，主たるヌクレオチド取り込み反応を触媒する酵素に対して予想していたものとは異なっていた。第1に，in vitroではこの酵素は，V_{max}が1秒間に約20ヌクレオチドであり，あまりにも速度が遅い。これに対して，生体内で複製しているDNA鎖の伸長の速度は1秒間に約800ヌクレオチドである。第2に，細胞当たり約400分子の酵素が存在するが，これは細胞当たりの複製フォーク（10以下）に対してかなり過剰であり，機能が別の場所で発揮されることを示唆している。第3に，すでに述べたように，DNAポリメラーゼは5′末端から3′末端方向にのみ鎖を伸ばすことができる。複製を完全に理解するためには，いかにして，DNA二本鎖の逆平行鎖の両者が同じフォーク内で複製されるかを知ることが必要である。第4に，DNAポリメラーゼは新しいDNA鎖の合成を開始することはできず，すでに存在している3′水酸基末端からDNA鎖を伸長するだけである。最後に，遺伝学的な証拠（p.936）によって，DNA複製に必須の酵素やタンパク質，例えば，DNA鎖の巻き戻しや複製の開始，ポリメラーゼを鋳型DNAに結合させておくようなタンパク質に加えて，他のポリメラーゼが存在することが示された。多くの遺伝学的解析が大腸菌や大腸菌に感染するバクテリオファージT4を用いて行われた。ここで，この重要な生物学的システムの遺伝学へ少し話題を変えよう。

微生物の遺伝学の概説

我々の現在の情報代謝に関する理解は，中間代謝の理解に比べるとかなりの部分が遺伝学分野に基づいている。したがって，複製のより詳細な機構と調節について述べる前に，いくつかの重要な遺伝学的用語を復習することは役に立つであろう。本書のいろいろな箇所で述べられているように，生物の総合遺伝情報，すなわち**ゲノム genome**は1個の細胞におけるすべての

DNA分子の塩基配列と考えることができる。これらの配列は，染色体または染色体外DNAの小さな断片上の個別の遺伝子からなる。**遺伝的地図 genetic map** では，染色体上の遺伝子の相対的場所が特定される。第24章で述べたように，組換えの頻度を測定することにより，**連鎖地図 linkage map** をつくったり，染色体上の遺伝子の物理的な位置を示す**物理的地図 physical map** をつくることができる。

外観，構造，あるいは何らかの測定可能な性質の点から，検出される生物の性状は**表現型 phenotype** と呼ばれる。表現的性状を決定する個体の遺伝子構成を**遺伝子型 genotype** と呼ぶ。異なる遺伝子型をもつ個体が同じ表現型をもつこともある。例えば，第17章に示したように，LDL受容体に影響する異なる変異をもったヒトが共通の表現型，すなわち，家族性高コレステロール血症に伴った血清コレステロール値の上昇を示す。

対立遺伝子 allele とは，ある1つの遺伝子座を占め得る特定の塩基配列のことである。例えば，フェニルケトン尿症の患者は，それぞれの染色体上に1つずつある酵素をコードするフェニルアラニンヒドロキシラーゼの2つの対立遺伝子に欠陥がある。**マーカー marker** はその頻度が定量的に決定できる対立遺伝子のことである。**コピー数 copy number** は1個の細胞における遺伝子または特定のDNA配列の数を示す。大部分の真核細胞は**二倍体 diploid** であり，大部分の染色体遺伝子のコピー数は2である。一方，大部分の原核細胞は**一倍体 haploid** 遺伝子型であり，大部分の遺伝子が単一の対立遺伝子である。染色体外遺伝子はコピー数が多く，それらは真核細胞のオルガネラDNA上でコピーされるか，細菌**プラスミド plasmid** のような染色体外DNAエレメント上でコピーされる。プラスミドは小さな環状DNA分子で，そのコピー数は染色体DNA複製を調節する機構とは別の方法で制御されている。

自然な環境下で，二倍体個体は通常，それぞれの遺伝子の少なくとも1つの機能的なコピーまたは対立遺伝子をもち，**野生型 wild-type**（正常）の表現型を示す（その遺伝子が，ホモ接合体のヒトで変異の表現型を示す劣性でなければ）。生物における野生型遺伝子は突然変異を受け，それによって変異遺伝子型を生み，それは突然変異表現型として認識されることもある。例えば，色素欠乏症は簡単に観察できる表現型であり，チロシナーゼを不活性化する変異に由来する（第21章参照）。ある遺伝子の変異部位がまれに過程をひっくり返して突然変異を起こし，それが野生型の遺伝子型に戻ることがある。この種の変異は**復帰 reversion** と呼ばれている。より頻繁に起こるのは，異なる部位の変異により野生型表現型に戻る場合である。これは，**第2復帰 second-site reversion** または**抑圧 suppression** と呼ばれる。抑圧は最初の変異が起きている遺伝子内における変異（遺伝子内サプレッション）または異なる遺伝子に起こる変異（遺伝子間サプレッション）のどちらかにより起こる。ほとんどの変異が**無症候 silent** であることは注目に値する。変異タンパク質が生物学的活性を保持しているならば，識別できる表現型はないかもしれない。

ここでの内容は，大腸菌とそのファージにおける複製に焦点を当てているので，原核細胞の遺伝子と遺伝子産物の命名におけるいくつかの約束事項を理解しておかなければならない。大腸菌遺伝子地図の観点から約束事項を復習してみよう。大腸菌において遺伝子地図をつくることは，Joshua Lederbergにより大腸菌の性的複製が発見されてから可能になった。**接合 conjugation** と呼ばれるこの経過は，図25.8に示したように，供与細胞“雄”から受容細胞“雌”へのDNAの移動を意味している。完全な染色体の移動には100分が必要である。地図の作成は“接合の中断”実験により行われた。接合のための培養は供与細胞と受容細胞を分離するために，機械的に中断された。研究者は提供細胞からのマーカー遺伝子の移動と接合が中断された時間とを関連させながら，受容細胞を解析する。したがって，遺伝子の地図上の位置は当初“分（minute）”という単位で報告された。それは，関心のあるマーカーが接合によって移動した時間と同一である。より詳細な地図の作製は，第26章に述べられる形質導入（トランスダクション）という手法によりなされた。1997年に大腸菌の完全ゲノムが報告され，我々は現在，大腸菌の全遺伝子の位置を知ることができる。

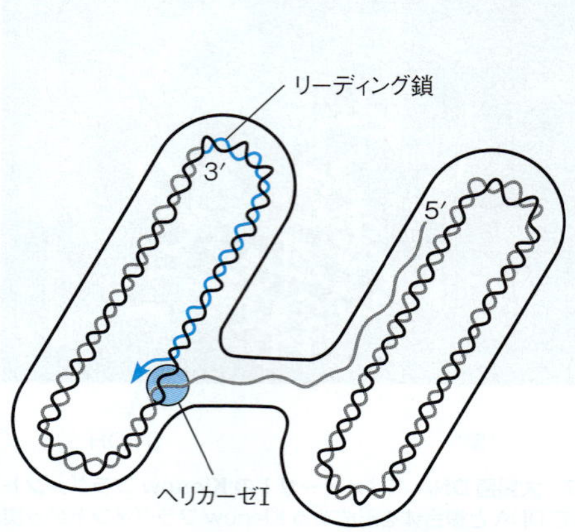

図25.8　大腸菌の接合　ニックが供与細胞（雄）の染色体につくられると，ヘリカーゼ（p.941）が二本鎖DNAを巻き戻す。ニックが入ったDNA鎖（灰色）は3′末端に伸長（青色）し，5′末端を置換して，切れた5′端を受容細胞（雌）に移す。のちに，移ったDNA鎖は受容細胞側の染色体と組換えを行い，それによって遺伝子マーカーを雌に移す。

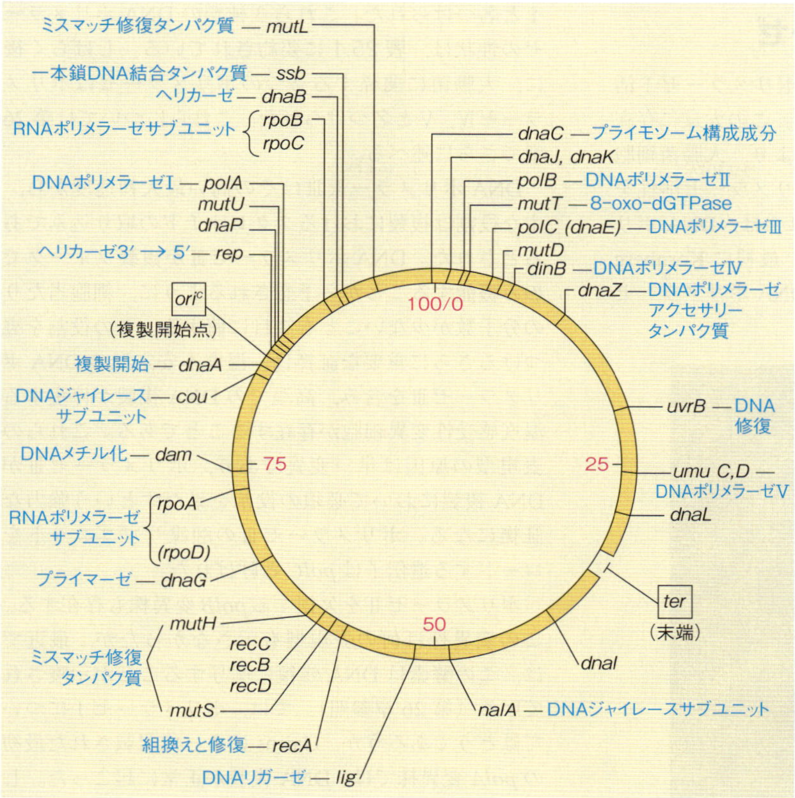

図 25.9　大腸菌の部分遺伝子地図　その産物がDNA複製または修復に関与している遺伝子が示されている。遺伝子産物の名前は青色で示されている。*dna* 遺伝子はDNA複製に必須の役割を果たす。*mut* 遺伝子は，変異が起こったときに，自然発生の変異の頻度を上げることができるタンパク質をコードする。*ori* と *ter* はそれぞれゲノム複製の開始と停止の部位である。

図 25.9 は，大腸菌の遺伝子地図の一部であり，DNA 複製に直接的または間接的に関わることが知られている遺伝子を示している。遺伝子の数がたくさんあることは，DNA 複製の複雑さを強調している。この地図に示された遺伝子について，頻回に言及することになる。ここでの目的は約束事項を記述することである。それぞれの遺伝子はイタリックの小文字 3 文字で表記されており，これはその遺伝子産物または，遺伝子が欠損する表現型を示す。大文字は，遺伝子発見の順番または遺伝子産物を示す。例えば，大腸菌には 3 種類の DNA ポリメラーゼがあり，I，II，III と呼ばれている。これらの酵素をコードする構造遺伝子は，それぞれ *polA*，*polB*，*polC* である。他の遺伝子は欠損の表現型から名づけられている。例えば，*dna* と名づけられた遺伝子はすべて，細胞が 30℃で成長するときには DNA 複製が正常に行われるが 42℃では停止する温度感受性変異 temperature-sensitive（ts）から同定された。その遺伝子産物のいくつかが同定された。例えば，*dnaG* 遺伝子産物はプライマーゼ（p.940）であることが判明した。約束事項によると，通常はタンパク質である遺伝子産物は，イタリック体ではない大文字で表記される。例えば，DnaG はプライマーゼと同一であり，どちらの用語も *dnaG* 遺伝子の産物であることを示す。

DNA 複製における他のタンパク質に関する知見の多くは，バクテリオファージ T4 での研究に由来する。（図 25.10）。このウイルスはおよそ 169,000 塩基対（169 キロ塩基対〈kbp〉）の二本鎖 DNA をゲノムとしてもつ。ウイルスとしては大きいが，このゲノムは大腸菌ゲノムのサイズの 5%以下であり，解析は容易である。T4 ファージは自分自身で複製に関するタンパク質および酵素のほぼすべてをコードする。T4 変異体は簡単に単離でき，地図にできる。実際，T4 ファージは複製に異常をもつ変異体が単離された最初の生物システムである。これは 1965 年のことであり，T4 遺伝子地図（図 25.11）上の遺伝子 43 が，ウイルスにコードされる DNA ポリメラーゼの遺伝子であることが発見された。図 25.11 は，ファージ DNA 複製において必須の役割を担う 15 の遺伝子の，T4 ゲノム上における位置を示す。この中で 3 つの遺伝子産物は修飾塩基 5-ヒドロキシメチルシトシン（第 22 章）の合成に関与する。しかし，残りのタンパク質では，T4 ゲノム複製の仕組みは細胞 DNA 複製の機構と類似する。

多様な DNA ポリメラーゼ

1969年に，John Cairns は DNA ポリメラーゼⅠ活性の欠損している大腸菌を単離した。この大量に存在する酵素が細胞から消失したことにより，大腸菌細胞において，さらに2種類の DNA ポリメラーゼ活性を検出することが可能になった。それらは，DNA ポリメラーゼⅡおよびⅢと名づけられ，最初に Kornberg により発見されたポリメラーゼは DNA ポリメラーゼⅠと名づけられた。これら3種類の DNA ポリメラーゼの性状は，表 25.1 に要約されている。しばらく後に，大腸菌に関係する2つのポリメラーゼはポリメラーゼⅣ，Ⅴと名づけられた。これらについては第26章でさらに述べる。

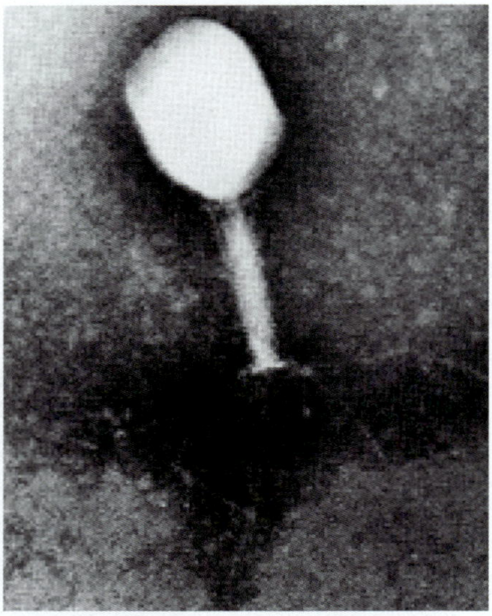

図 25.10　**T4 バクテリオファージ**　DNA がウイルス粒子の頭部につめこまれている。感染は大腸菌へのウイルス粒子の接着によって始まり，尾部の収縮が起こり，尾部を通って感染細胞内部へ DNA が注入される。Reprinted from *Virology* 32 : 279-297, L. Simon and T. F. Anderson, The infection of *Escherichia coli* by T2 and T4 bacteriophages as seen in the electron microscope I. Attachment and penetration. ©1967, with permission from Elsevier.

DNA ポリメラーゼⅢはその高い最大初速度から，主な役割は複製におけるヌクレオチドの取り込みであるとされた。DNA ポリメラーゼⅢが複製フォークでのみ機能することから予想されるように，細胞当たりの分子数が少ないことも注目に値する。この役割を裏づけるさらに重要な証拠は，温度不安定型の DNA ポリメラーゼⅢを含み，高温での DNA 複製が停止する温度感受性変異細胞が存在することである。これらの表現型の原因は単一変異であり，ポリメラーゼⅢが DNA 複製において必須の役割を果たすという強力な証拠になる。ポリメラーゼⅢの触媒サブユニットをコードする遺伝子は *polC* と呼ばれた。

ポリメラーゼⅡを欠損する *polB* 変異株も存在する。この変異株は何の表現型も示さなかったが，最近では，この酵素は DNA 修復に関与することが示唆されている（第26章参照）。では，ポリメラーゼⅠについてはどうであろうか。Cairns によって記載された最初の *polA* 変異株では，DNA 複製が正常に起こった。しかし，その大腸菌は紫外線照射や DNA と反応するアルキル化剤に異常に感受性が高いために，DNA 修復におけるポリメラーゼⅠの役割が示唆された。Cairns の変異株をさらに研究することで，ポリメラーゼⅠの複製における役割が明らかになった。DNA ポリメラーゼⅠのポリメラーゼ活性は消失したけれども，その変異大腸菌は，5′エキソヌクレアーゼ活性を含むポリメラーゼⅠタンパク質の小さな N 末端側の断片を

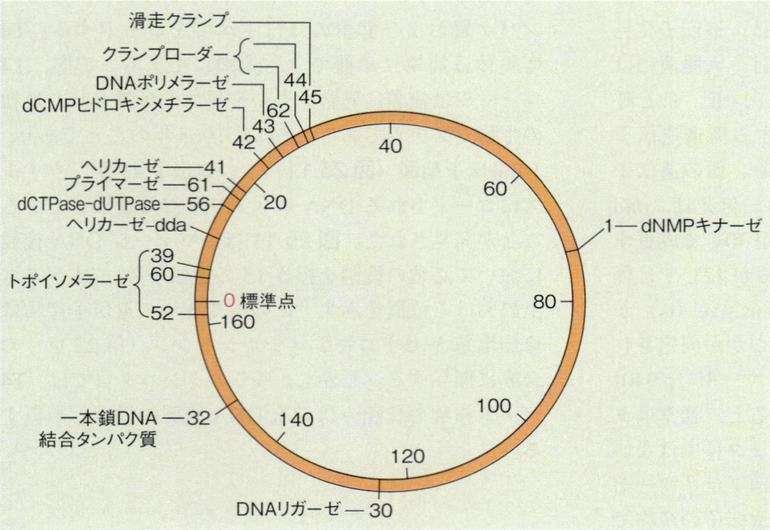

図 25.11　**T4 ゲノムの部分地図**　DNA 代謝に関わる遺伝子産物を環の外に示す。内側の数字は距離（kbp）を示す。標準点（0）は，表示されていない *rIIA* と *rIIB* 遺伝子の境界線に相当する。

表 25.1　大腸菌の古典的 DNA ポリメラーゼ

性質	ポリメラーゼⅠ	ポリメラーゼⅡ	ポリメラーゼⅢ
構造遺伝子	*polA*	*polB*	*polC*
分子量	103,000	90,000	130,000
分子数/細胞	400	100	10
最大初速度，ヌクレオチド/秒	16〜20	2〜5	250〜1000
3′ エキソヌクレアーゼ	あり	あり	なし[a]
5′ エキソヌクレアーゼ	あり	なし	なし
プロセシビティ[b]	3〜200	10,000	500,000
変異表現型	[c]UV[s]MMS[s]	なし	*dna*[ts]
生物学的機能	DNA 修復，RNA プライマー切断	SOS DNA 修復？	複製的伸長

[a]3′ エキソヌクレアーゼ活性は分断したポリペプチド鎖，DnaQ タンパク質上で測定した。
[b]ポリメラーゼと DNA が遭遇するたびに取り込まれるヌクレオチド数（p.942 参照）。
ts＝温度感受性変異株，*s*＝感受性。
[c]MMS（メチルメタンスルホン酸）は DNA をアルキル化する薬剤である。

合成した。のちに，5′ エキソヌクレアーゼ活性を欠く変異株は，DNA 複製が行えないことが判明した。したがって，ⅠとⅢの2つのポリメラーゼが DNA 複製に必須の役割を果たすことが確立した。

DNA ポリメラーゼの構造と作用機構

DNA ポリメラーゼのアミノ酸配列と構造の解析により，一次構造のレベルではかなり多様性があるが，このファミリーのすべての酵素は共通の構造上の特徴を示すことが明らかになった。ポリメラーゼⅠと同様に，これまでの記載されたすべてのポリメラーゼは，図 25.12 に示されているように，Klenow フラグメントと同じ“掌”，“親指”，“指”とみなされる領域のある構造をもつ。DNA-酵素複合体と保存されたアミノ酸残基と標的変異の解析により，ポリメラーゼ活性部位は掌の領域にあり，3′ エキソヌクレアーゼ活性部位は掌の基底部の領域にあることが明らかになった。高分解能のポリメラーゼ構造の解析により，2つのマグネシウムイオンが，リン酸ヌクレオチドと触媒に必須であるアスパラギン酸残基に結合していることが示された。この構造が，Klenow フラグメントの構造に基づいて，Thomas Steitz が提唱した一般的なポリメラーゼの作用機構を支持した（図 25.13）。作用機構は，第23章で述べたアデニル酸シクラーゼに対して提唱されたモデルに類似している。Steitz が提唱した機構では，1つの金属イオンが 3′ プライマー末端の水酸基に極性を与え，水酸基による dNTP 基質の α リン酸への求核攻撃を促進する。両方の金属が，α リン酸が5つの酸素に連結する三方晶両錐形の一過性状態を安定化させ，そして2つ目の金属がピロリン酸の解離を促進する。酵素と DNA の副溝の間での広範な接触（これは正しい塩基対二本鎖でのみ起こる接触であるが）が起こる。また，ポリメラーゼ-DNA 複合体の構造は，プライマー末端近くの DNA は B 型よりも A 型に近い高次構造をとり，この変化が副溝での結合を促進することを示している。さらに，新しく入ってくる dNTP は，鋳型と正しい塩基対を結ばせるポケットにぴったりとはまることが示された。このように，これらの構造的解析により，いかにして反応が触媒されるか，また，いかにして酵素は高い精度で鋳型 DNA をコピーするかという2点が明らかにされた。

大部分の細菌は5個の DNA ポリメラーゼをもつことがわかっている。また，本章の後ろのほうで述べるように，ヒト細胞には15個のポリメラーゼが存在する。多くの DNA ポリメラーゼのアミノ酸配列と構造学的データの解析により，7つのファミリー，A，B，C，D，X，Y，RT（逆転写酵素）に分類できるようになった。細菌のポリメラーゼⅠはファミリー A 酵素であり，ポリメラーゼⅢはファミリー C に属する。図 25.12 に示した RB69 gp43 はファミリー B である。古細菌 DNA ポリメラーゼはファミリー D であり，ファミリー X と Y ポリメラーゼは図 25.12（X）にも示されている pol β を含む DNA 修復に関する酵素と第26章（Y）で述べる細菌の pol Ⅳと pol Ⅴを含む。逆転写酵素（p.963）とテロメラーゼ（p.959）は RT ファミリーに属する。

複製フォークにおける他のタンパク質

DNA ポリメラーゼの発見によって，複製の際に DNA 鎖が伸長する生化学的な過程は明らかになったが，次のような重要な問題が残った。もしポリメラーゼが一方向にのみ移動するのであれば，2本の逆平行な DNA 鎖は同じフォークの中をどのようにして伸長するのか？　もしポリメラーゼが既存の 3′ 末端にヌクレオチドを付加するだけであれば，新たな DNA 鎖の合成はどのようにして始まるのだろうか？　親

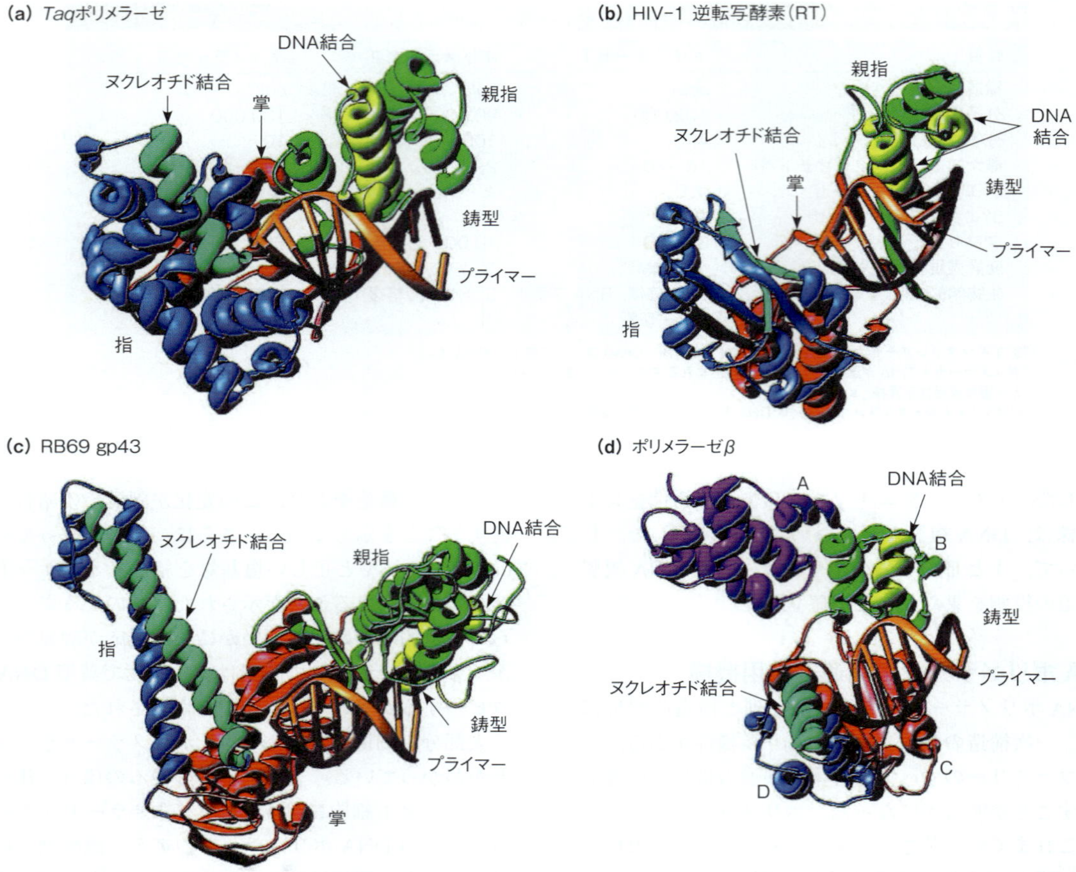

図 25.12　プライマーと鋳型 DNA が結合した DNA ポリメラーゼ構造の比較　示された 4 つの構造は，プライマー末端のはじめの 2 つの塩基対を重ね合わせることで互いに対して方向づけられている。掌，親指，指の位置がそれぞれの構造において示されている。*Taq* ポリメラーゼは PCR に用いられる耐熱性酵素である（PDB ID：1TAU）。HIV-1 RT はヒト免疫不全ウイルス（HIV）由来の逆転写酵素（RNA 依存性 DNA ポリメラーゼ）（PDB：3HVT，p.963 参照）。RB69 gp43 は T4 に類似したバクテリオファージである RB69 によってコードされる複製 DNA ポリメラーゼである（PDB ID：1WAJ）。pol β は DNA 修復に関する真核細胞の DNA ポリメラーゼである（PDB ID：2BPG，p.952 参照）。

DNA 鎖はどのようにして巻き戻されるのだろうか？

不連続な DNA 合成

最初の 2 つの疑問は，Reiji Okazaki（岡崎令治）が提唱した DNA 複製は不連続であるという研究により解決した。原理的には，1 本の親 DNA 鎖（**リーディング鎖 leading strand**）では，フォークが移動するのと同じ方向にポリメラーゼが 5′ から 3′（5′ 末端から 3′ 末端）に動いて，DNA 鎖が連続的に伸長する。**ラギング鎖 lagging strand** の合成は，不連続に起こる。すなわち，リーディング鎖に沿って DNA 鎖が伸長すると，ラギング鎖の一本鎖鋳型が現れる。この鋳型は，短いフラグメント（後に岡崎フラグメントと名づけられる）の中で複製され，ポリメラーゼがフォークの動きと逆の方向に移動する。すなわち，ラギング鎖の合成は短い断片の中で行われる。この後，**DNA リガーゼ DNA ligase** によって結合され，高分子量の DNA となる。

しかし，もし DNA ポリメラーゼが既存の DNA 鎖を伸長することしかできないのであれば，これらの短い DNA 鎖の合成はどのようにして開始するのであろうか？　岡崎フラグメントが DNA 鎖ではなく，RNA オリゴヌクレオチド鎖として合成され，それは DNA ポリメラーゼによって伸長するためのプライマーとなる。RNA プライマーを合成する酵素は**プライマーゼ primase** と呼ばれ，複製フォークで機能するような特別な形の RNA ポリメラーゼであることが明らかにされている。これらの過程は図 25.14 に示されている。

このモデルを支持するために，岡崎はアイソトープを用いた“パルス-チェイス”実験（「生化学の道具 12A」参照）を行い，DNA が低分子量のフラグメント（岡崎フラグメント）として合成されることを示した。

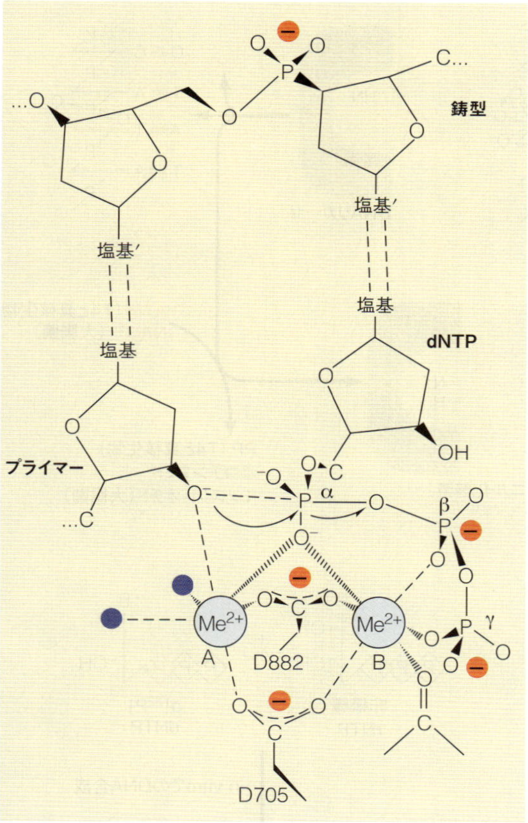

図 25.13 DNA ポリメラーゼ反応の二金属機構 この機構は T7 ファージ DNA ポリメラーゼ-基質複合体の構造をもとに考えられた。D705 と D882 は保存されたアスパラギン酸残基である。紫色の丸は金属イオン A に結合した水分子である。

Journal of Biological Chemistry 274：17395-17398, T. A. Steitz, DNA polymerases：Structural diversity and common mechanisms. Reprinted with permission.

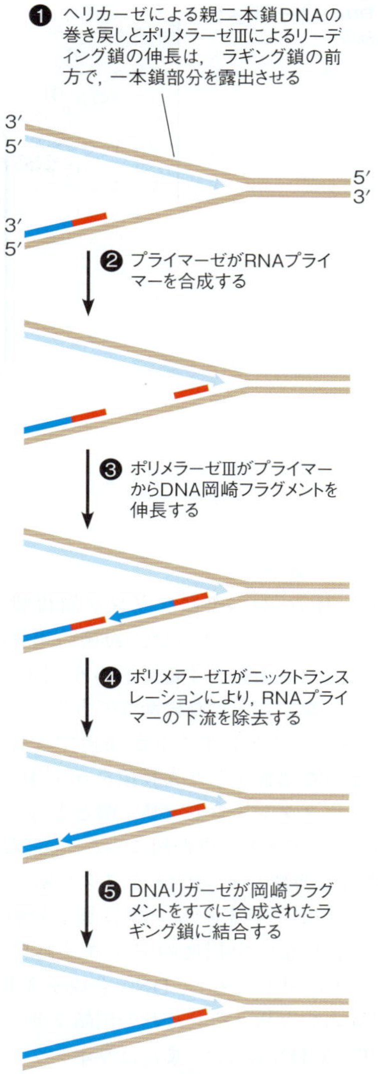

図 25.14 ラギング鎖の不連続合成を伴う DNA 複製のモデル 短い RNA プライマー（赤）はラギング鎖（青）の低分子量の DNA フラグメントの合成を開始するために用いられる。RNA プライマーはデオキシリボヌクレオチドにより置換され（本文参照），そのフラグメントは DNA リガーゼにより高分子量の DNA と結合する。それぞれの核酸鎖の矢印は，ポリメラーゼにより触媒され伸長した 3′ 水酸基を示す。複製フォークは右方向に移動している。

放射線標識は，おそらくは二本鎖 DNA のニック（一本鎖切断）を埋める酵素である DNA リガーゼにより，その後高分子量の DNA 分子に取り込まれる。T4 ファージでは，30 番遺伝子により DNA リガーゼがコードされる（図 25.11 参照）。30 番遺伝子の温度感受性変異株が 42℃で細菌に感染すると岡崎フラグメントは蓄積するが，培養温度が許容温度に下がるまで，高分子量 DNA には取り込まれなかった。この実験は，岡崎フラグメントを処理する DNA リガーゼの想定された機能を強く支持した。

DNA リガーゼが働くために，埋めるべきニックは，3′ 水酸基と 5′ リン酸基末端を含んでいて，結合すべきヌクレオチドは二本鎖構造において隣接し，かつ適切な塩基対でなければならない。DNA リガーゼは，活性部位のリシン残基のアデニル化により活性化される（図 25.15）。続いて，この酵素は DNA 基質の 5′ 末端リン酸にアデニル基を結合させて，3′ 水酸基グループによる求核攻撃に対して活性型となり，ホスホジエステル結合形成と AMP の解離を行う。T4 ファージの DNA リガーゼは真核生物の DNA リガーゼと同様に，ATP を酵素をアデニル化するために使用する。しかし，大腸菌と他の細菌由来の DNA リガーゼは NAD^+ を用いる。レドックス補因子のかわりに，DNA リガーゼ中のジヌクレオチドは切断され，アデニル酸酵素とニコチンアミドモノヌクレオチド nicotinamide mononucleotide（NMN）が産生される。

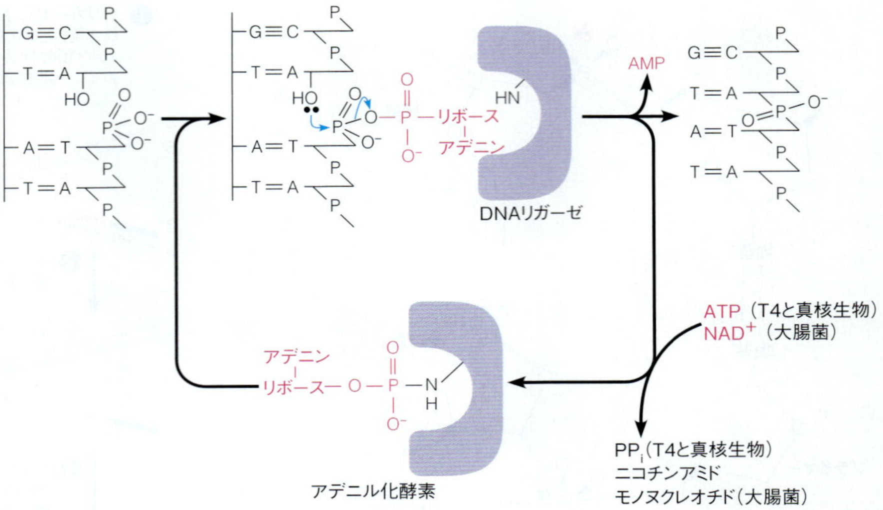

図 25.15　DNA リガーゼにより触媒される反応

RNA プライマー

もし短い RNA が実際にラギング鎖複製のプライマーとして作用するとすれば，複製の過程の間に，RNA が DNA と共有結合するであろう。岡崎令治と岡崎恒子は，トルエンを含む緩衝液で大腸菌を短時間処理して，外来のヌクレオチドが通過できるようにした。このような処置をした大腸菌を α-[^{32}P] dNTP と非標識のリボヌクレオシド三リン酸とともにインキュベートすると，DNA 合成が起こった（図 25.16）。その後，DNA を単離して，RNA をヌクレオシド 2′一リン酸とヌクレオシド 3′一リン酸に加水分解するが，DNA を分解しない中程度のアルカリ処理を行った（第 4 章，p.84 参照）。もし，DNA 合成が 3′ RNA 末端から開始するのなら，それぞれの岡崎フラグメントに対して，RNA-DNA 結合，またはリボヌクレオチド残基に放射活性のあるリン酸基を介して共有結合したデオキシリボヌクレオチド残基が存在するに違いない。DNA ではなく RNA を加水分解する（第 4 章）中等度のアルカリ処理は，もともとのデオキシリボヌクレオチドの 5′ 部位からリン酸を接合部のリボヌクレオチドの 3′ 部位に転移させるだろう。実際に，この実験系でつくられたそれぞれの岡崎フラグメントには，放射活性のあるリン酸がリボヌクレオチドに転移した。

RNA プライマーを合成する酵素は**プライマーゼ primase** と呼ばれる。大腸菌では，この酵素は *dnaG* 遺伝子の産物であり，T4 ファージでは，同様の反応は 61 番遺伝子産物 gp61 が行う。プライミングとは，鋳型 DNA 上にデオキシリボヌクレオチド残基の対となるリボヌクレオシド 5′-三リン酸を置き，続いて DNA ポリメラーゼ反応で生じるように，3′ 末端にリボヌクレオチドを付加することである。いくつかの点で，RNA 合成が停止して，DNA ポリメラーゼが RNA プ

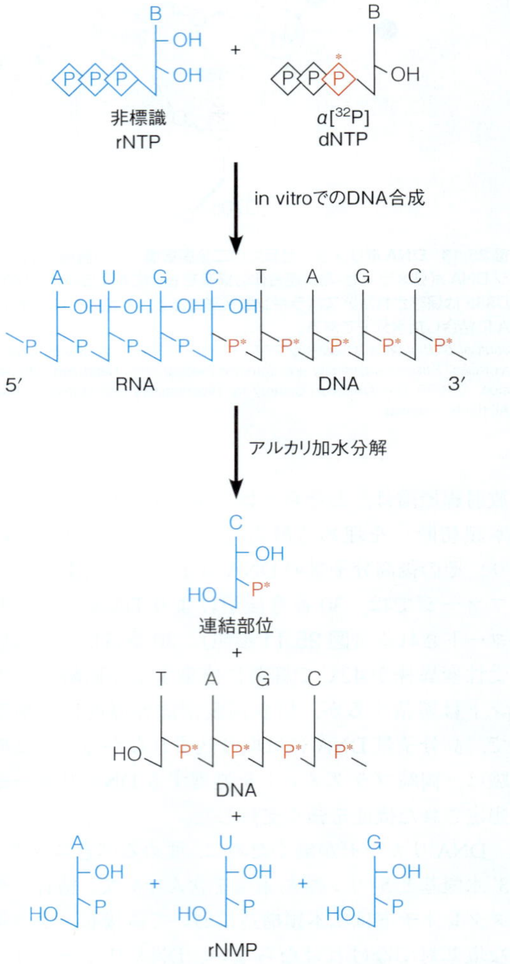

図 25.16　DNA 複製に RNA プライマーが関与することを示した転移実験　それぞれの岡崎フラグメントがアルカリ加水分解されることにより，その RNA-DNA 連結部位に放射標識されたリボヌクレオチドが 1 個生じる。

ライマーの 3′ 水酸基末端から伸長して，デオキシリボヌクレオチドを取り込むことになる。RNA プライマー構造は，ある程度わかっている。例えば，T4 と大腸菌の DNA 複製では，プライマーの長さはそれぞれ 5 と 11 ヌクレオチドであり，大部分のプライマーの 5′ 末端ヌクレオチドは，ATP である。

岡崎フラグメントが高分子量 DNA に結合するためには，RNA プライマーが切断され，対応するデオキシリボヌクレオチドと置換されなければならない。大腸菌では，DNA ポリメラーゼ I がニックトランスレーション活性を介してこの過程に関与している。ポリメラーゼ I の 5′ エキソヌクレアーゼによるプライマーの 5′ 末端からのリボヌクレオチドの除去は，デオキシリボヌクレオチドによる置換と協調している（図 25.17 参照）。RNA プライマーを分解する別の手段が，相補的配列において DNA と塩基対を形成した RNA を特異的に加水分解する酵素，**リボヌクレアーゼ H ribonuclease H** である。

さて，複製フォーク中のすべてのタンパク質をそれぞれの機能とともに考えてみよう。図 25.18 に示された理想的なフォークには，これまでに述べてきた DNA ポリメラーゼ，プライマーゼ，リガーゼが含まれている。複製ポリメラーゼは二量体で，それぞれのポリメラーゼがリーディング鎖とラギング鎖に割り当てられていることに注目すべきである。プライマーゼは**ヘリカーゼ helicase** と複合体を形成している。ヘリカーゼは ATP 加水分解のエネルギーを用いて，二本鎖核酸を巻き戻す酵素の 1 つである。ヘリカーゼ-プライマーゼ複合体は**プライモソーム primosome** と呼ばれる。それぞれの DNA ポリメラーゼ分子に環状タンパク質**滑走クランプ sliding clamp** が結合しており，何千回もの触媒反応の間 DNA ポリメラーゼを鋳型 DNA へ結合させている。DNA が巻き戻されると，露出した一本鎖鋳型 DNA に，**一本鎖 DNA 結合タンパク質 single strand DNA-binding protein（SSB）**が結合して，取り込む DNA と効率よく塩基対を形成できるように，DNA を伸長した状態に保持する。次に，**トポイソメラーゼ topoisomerase** がフォークの先端に移動して，巻き戻しによる親 DNA 二本鎖にねじれのストレスを取り除く。最後に，トポイソメラーゼは複製中の DNA 中で反対方向の超らせんを引き起こすのに決定的な役割を果たす。図には示されていないが，**クランプローディング複合体 clamp-loading complex** が滑走クランプを DNA に固定したり，外したりする。このような複製を補助するタンパク質複合体を**レプリソーム replisome** と呼ぶ。しかし，これは

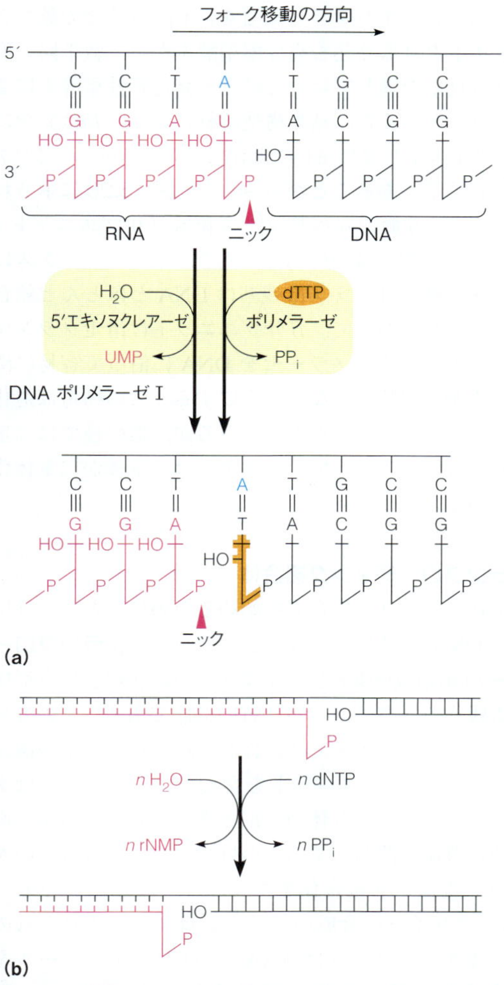

図 25.17 DNA ポリメラーゼ I のポリメラーゼ活性と 5′ エキソヌクレアーゼ活性の協調的作用による RNA プライマーの除去におけるニックトランスレーション 図は，伸長する DNA 鎖の中で，dTMP により RNA プライマー中の UMP が置換されることを示す。鋳型 DNA はラギング鎖である。

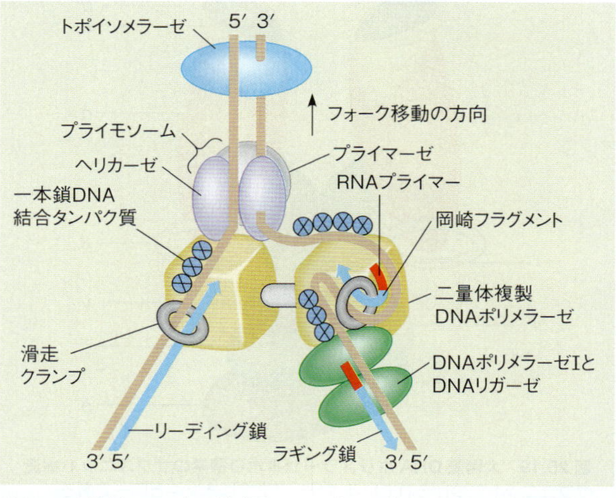

図 25.18 複製フォークの模式図 リーディング鎖とラギング鎖の複製を触媒するポリメラーゼが結合していることに注目せよ。詳細は本文を参照。

25

ピルビン酸デヒドロゲナーゼのような静的な複合体ではない。なぜなら，レプリソーム内の個々のタンパク質は常に動いていて，複合体から解離したり，動的な集合体の部分として再集合したりするからである。

ポイント5
プライマーゼは特殊なRNAポリメラーゼであり，ラギング鎖DNAの複製に際して，プライマーとして短いRNA分子を合成する。

DNAポリメラーゼⅢホロ酵素

*polC*遺伝子は分子量約130,000の単一のポリペプチド鎖をコードする。このタンパク質は内在性のポリメラーゼ活性をもっているが，その活性は低い。細胞内では，PolCタンパク質は**DNAポリメラーゼⅢホロ酵素 DNA polymerase Ⅲ holoenzyme**と呼ばれる多タンパク質集合体の一部として機能する。図25.19に示されたように，ホロ酵素は10個の異なるポリペプチド鎖を含んでおり，それぞれはギリシア文字で表されている。αとε，θサブユニットは"核となるポリメラーゼ"を形成して，αはポリメラーゼ活性をもつ*polC*遺伝子産物であり，εはDNAポリメラーゼⅠの3′エキソヌクレアーゼ領域に相当する3′エキソヌクレアーゼ活性をもっている。θの機能は不明であるが，αの触媒効率を高める働きがあるかもしれない。二量体のτタンパク質はホロ酵素を二量体化させ，ラギング鎖ポリメラーゼがフォークの移動とは逆方向に動くにしても，両DNA鎖が複製フォークで伸長できるように，リーディング鎖とラギング鎖を同時に保持しておく。χはRNAプライマーからDNAへの変換を仲介する。

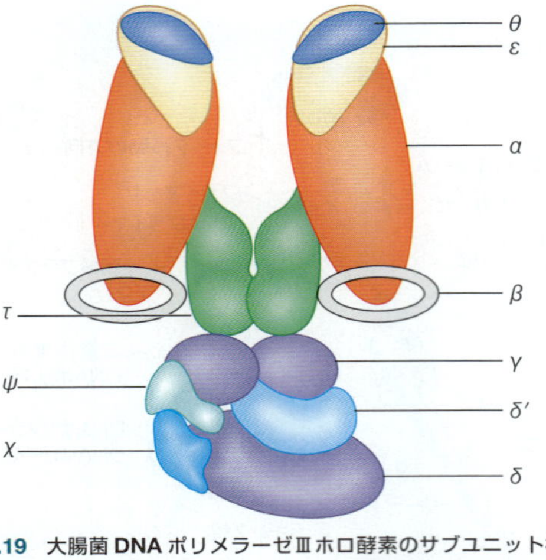

図25.19　大腸菌DNAポリメラーゼⅢホロ酵素のサブユニット構造
サブユニットにつけられているギリシア文字は本文中と同一である。
Modified from *Cell* 84：5-8, D. R. Herendeen and T. J. Kelly, DNA polymerase Ⅲ：Running rings around the fork. ©1996, with permission from Elsevier.

ポイント6
DNAポリメラーゼⅢホロ酵素は，少なくとも10個のサブユニットを含む複雑な細菌酵素であり，複製におけるDNA鎖伸長に主たる役割を果たす。

滑走クランプ

βサブユニットは，元来DNAポリメラーゼの進行性に必須のタンパク質と考えられていた。言い換えると，βサブユニットは何回もヌクレオチドを付加していく間に，ポリメラーゼ活性を鋳型に結合し続けるのに必須である。核となるポリメラーゼはいったんDNA鋳型に結合すると，プライマーを10〜20ヌクレオチド分伸長するのに必要な時間だけ結合している。しかし，βは酵素をDNAにつなぎ止め，1回の結合で数千ヌクレオチドを取り込むことを可能にする。すなわち，βはポリメラーゼⅢを，1回の結合で数ヌクレオチドだけ取り込む高分配型酵素から，数千回の取り込み反応を通して結合し続ける高進行性型酵素に変換させるといえる。結晶構造解析により，βは完全に二本鎖DNAを取り囲むことができる3.5 nmの穴のある環状分子であることが示された。図25.20に示されたように，6個のαヘリックス領域（サブユニット1個当たり3個）は円の内側に向き，このヘリックスに存在する疎水性アミノ酸残基はDNAとほとんど結合しない。したがって，βサブユニットは滑走クランプとして働き，ポリメラーゼをDNAに沿って容易に滑らせるが，解離させないようにする。この構造は進化的にきわめてよく保存されているが，他の種では二量体が三量体化していて，大腸菌では三量体が二量体化している。

クランプローディング複合体

環状分子は進行性合成を始めるために，どのようにしてDNAを包むのだろうか。それが，**クランプローダー clamp loader**とも呼ばれているγ複合体を形成する残りの5個のタンパク質の機能である。この五量体は，3分子のγタンパク質とそれぞれ1分子の関連するδとδ'サブユニットを含んでいる。χとψはクランプローダー複合体の一部と考えられているが，直接的に機能に関わっているわけではない。これらのタンパク質は，γ複合体をプライマーゼに結合させ，RNAプライマー合成の終結を制御する。それぞれの五量体サブユニットはAAA＋ATPaseモジュールを形成する（種々の細胞活性を伴ったATPase）。図25.21は，DNAに結合したγ複合体の結晶構造と，クランプが結合したり外れたりする同期を示す図である。ATPは必要であるが，クランプを開けるためでは

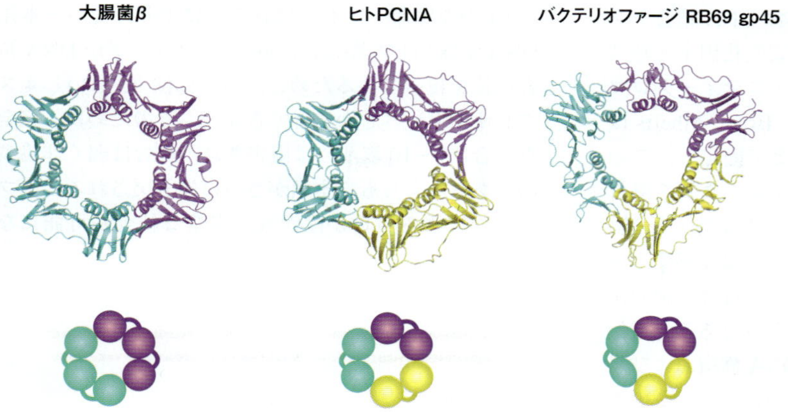

図 25.20　滑走クランプの構造　左：大腸菌βタンパク質（PDB ID：2POL），中央：ヒトPCNA（増殖細胞核抗原 proliferating cell nuclear antigen，PDB ID：1AXC），右：gp45，T4 関連ファージの滑走クランプ，RB69（PDB ID：1B77）。それぞれのタンパク質は，二本鎖 DNA を完全に取り囲むドーナツ形を形成して，ポリメラーゼと DNA 鋳型を結合できるように保つ。サブユニットの内側のαヘリックスは DNA と接するが，タンパク質の動きが遅くなるほどには強く結合しない。大腸菌のβタンパク質は，2 箇所の DNA 結合領域を有する 2 つのサブユニットからなる。一方，ヒト PCNA と RB69 は，それぞれ 2 箇所の DNA 結合領域を有する 3 つのサブユニットからなる。

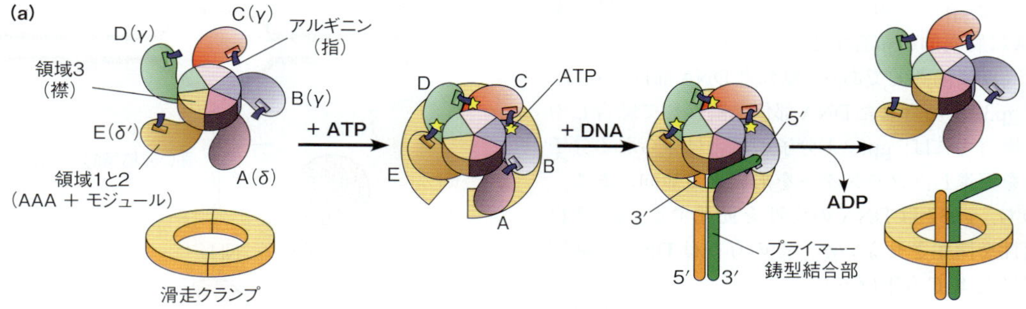

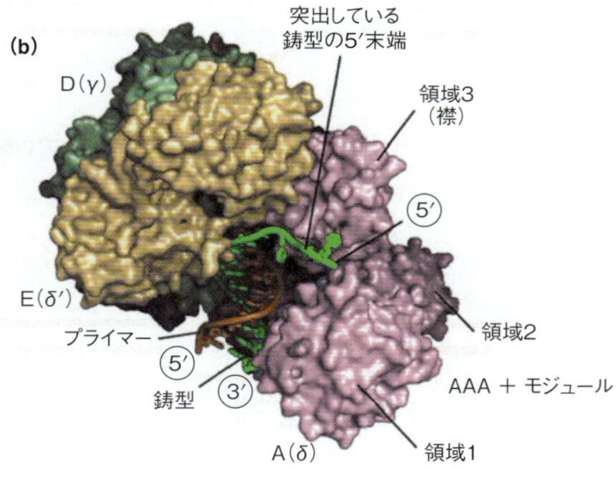

図 25.21　大腸菌クランプローダーの作用の模式図（a）と DNA に結合したγ複合体の構造（b）　複合体は，3 分子のγ（図では，B，C，D）と 1 分子ずつのδとδ′（図では，それぞれ A と E）の 5 個のタンパク質サブユニットを含む。構造上，これらのサブユニットのうち 3 つ（A，D，E）がみえるが，B と C は裏側に存在する。5 つのサブユニットのそれぞれのある領域がカラー（襟）構造となり，残りの領域が AAA ＋ ATPase モジュールになる。PDB ID：3glf。

ない。ATP 結合により生じた立体構造の変化がγ複合体をβクランプに結合させて，開かせる。これにより，DNA が結合する。一度 DNA が取り囲まれると，結合した ATP は加水分解され，βタンパク質の輪は閉じる。このことは，リーディング鎖では 1 回の複製につき 1 回だけ起こる。しかし，ラギング鎖では，ポリメラーゼは岡崎フラグメントの合成の開始のたびに結合しなければならず，既存の娘 DNA 鎖の 5′ 末端に到達すれば解離しなければならない。大腸菌では，岡崎フラグメントは 1～2 kb 長である。DNA 鎖は毎秒約 800 ヌクレオチド伸長するので，クランプが結合したり外れたりするサイクルはほとんど毎秒毎に起こらなければならない。しかも，この驚くべき過程は，すべてフォーク上で，ラギング鎖の核となるポリメラーゼ単位がリーディング鎖のポリメラーゼと結合したままの状態で起こらなければならない。

一本鎖 DNA 結合タンパク質：至適鋳型構造の維持

DNA ポリメラーゼ以外の複製タンパク質として最

初に同定されたものの1つは，一本鎖 DNA 結合タンパク質（SSB）またはヘリックス不安定化因子と呼ばれる T4 のタンパク質である。アフィニティークロマトグラフィーの初期の応用として，Bruce Alberts は DNA をセルロースに結合させることで固定し，この物質のカラムに保持されている T4 タンパク質を解析した。得られたタンパク質の1つは，32 番遺伝子産物であることが示された。なぜなら，この温度感受性遺伝子 32 変異株から単離されたタンパク質は，制限温度下では DNA と結合できなかったからである。遺伝子 32 変異株は DNA 複製に加え，DNA 修復および組換えにも異常があることが知られていたので，このタンパク質は DNA 代謝において複数の機能を担っていることが明らかになった。

精製した gp32 の解析から，このタンパク質は一本鎖 DNA に特異的に結合することが示された。さらに，結合は高度に協調的であり，離れた DNA 部位よりは，すでに gp32 が結合した DNA 部位に隣接して結合しやすい。換言すれば，gp32 1 分子の結合はさらなる分子の結合を促進し，クラスターを形成する傾向がある。すなわち，gp32 は DNA の変性を促進する。gp32 自体は変性を開始させないが，その存在は DNA の融解温度を最大 40℃も下げる。

gp32 の機能は，鋳型を長い一本鎖に保ち，新たなヌクレオチドと塩基対を形成しやすいように，プリンおよびピリミジン塩基を露出させておくことである。この機能は DNA の複製だけではなく，修復と組換えでも重要である。これら3つの過程はすべて親鎖と娘鎖間の二本鎖構造の再形成を含むことを考えると，gp32 が二本鎖 DNA の変性だけではなく，一本鎖 DNA の復元も促進することは興味深い。

ポイント7
一本鎖DNA結合タンパク質はDNAの変性と復元の両者の機能をもっているので，DNA 複製，修復，組換えに必須である。

どのようにして1つのタンパク質が二本鎖 DNA の形成と巻き戻しを同時に促進することができるのであろうか。答は，gp32 分子の特別なデザイン上の特徴にあると思われる。gp32 自体は DNA 鎖の巻き戻しを行わないことは注目に値する。むしろ，gp32 は DNA のある領域が巻き戻された後に結合することにより，一本鎖 DNA を安定化する。gp32 の限定分解はその C 末端領域を取り除く。この限定分解により，gp32 タンパク質は in vitro でより強い DNA 変性活性をもつようになり，DNA 結合に対する親和性も若干増加させる。図 25.22 で示すように，C 末端領域は gp32 の DNA 結合ドメインを部分的に覆う“フラップ”と考えられる。二本鎖の部分的，そして可逆的な巻き戻し（しばしば“わずかな隙間”とも呼ばれる）により，短い一本鎖 DNA が露出した際には，gp32 はフラップが DNA 結合部位を覆っているために，短い部位（3 ないし 4 ヌクレオチド）へしか結合できない。そのために，完全な結合（7〜10 塩基）は阻害され，結合は弱く非協調的である。もしも二本鎖がさらに巻き戻されると，フラップによる覆いが除かれ，完全な結合が可能にな

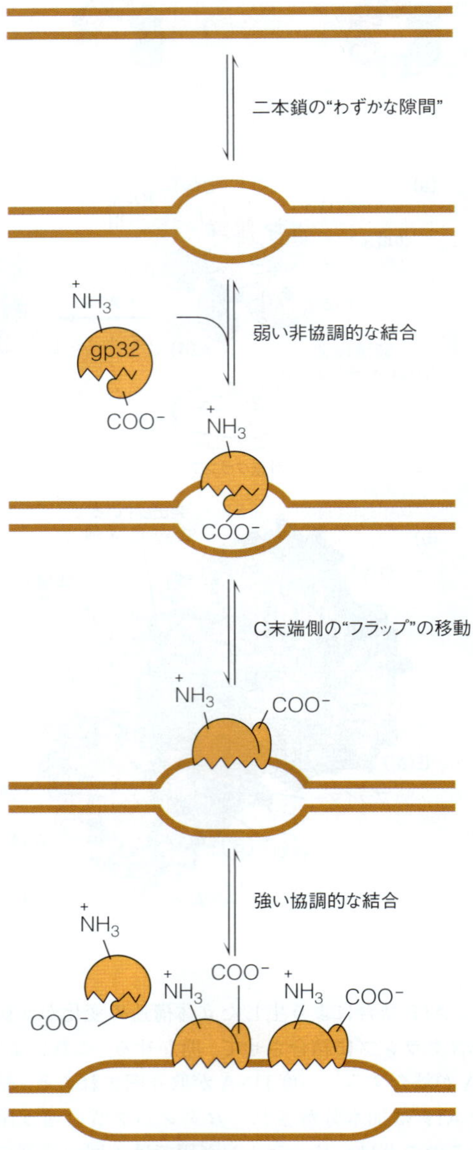

図 25.22　gp32 は DNA の変性と復元のいずれも促進する　一本鎖 DNA のごく短い領域が露出している場合には，gp32 は弱く結合する。C 末端側領域が折りたたまれていることにより gp32 分子の協調的結合は抑制されており，巻き戻しは起きない（“わずかな隙間”）。最初の gp32 が結合した後により長い一本鎖領域が露出すると，C 末端領域は“上”へ位置を変え，DNA 結合部位が広がり，協調的結合が可能になり，それによって変性部位がさらに広がっていく。単純化のため，二本鎖のうちの一方への結合のみを示してある。

り，さらに変性が促進される。

部分的に分解されたgp32は，in vitroにおいてDNAを復元する活性はもたない。したがって，gp32の立体構造は，このタンパク質が主に変性に作用するか（フラップが上にきた状態），あるいは復元に作用するか（フラップが下にきた状態）を決めるうえで非常に重要と考えられる。フラップの位置は，複製フォークの中で他のタンパク質と相互作用することによりある程度決定される。したがって，gp32は新規のヌクレオチドと対合するときに，一本鎖鋳型を安定化させることと，DNAポリメラーゼが通りすぎた後で再び二本鎖形成を促進することができる。部分タンパク質分解によってN末端側領域も取り除くことができるが，N末端側領域は自己集合と協調的DNA結合に必須であることが示された。gp32-ssDNA複合体の結晶構造は，本タンパク質の3つの領域がDNA結合に関与していることを示し，本モデルと一致していた。

一本鎖DNA結合タンパク質は，今では多くの生物種で見出されている。大腸菌の本タンパク質（*ssb*遺伝子にコードされる）も一本鎖DNAに協調的に結合する。しかし，結合機構はT4のものとはかなり異なっている。大腸菌では，DNAはSSBタンパク質四量体の外表面に包まれる。さらに，ある条件下では，SSBタンパク質結合は負の協調性を示し，次にくるSSBはすでに結合している場所を避けて結合する。SSBタンパク質は複製，DNA修復，組換えにおいて，それぞれ違う様式で結合することが示唆された。

真核細胞では，ヘテロ三量体タンパク質である複製因子A replication factor A（RFA）がDNA複製において，SSBとして機能する。このタンパク質はS期やDNA障害時にリン酸化されることから，DNA代謝過程を統合する役割が示唆されている。

ヘリカーゼ：フォーク先端でのDNAの巻き戻し

一本鎖DNA結合タンパク質は，それ自体ではDNAの変性は起こさない。すでに述べたように，一本鎖DNA結合タンパク質は一本鎖DNAを安定化するが，二本鎖の巻き戻しはできない。ポリメラーゼ反応に対して一本鎖鋳型が露出しなければならないのであれば，このような巻き戻しが起きる必要がある。ヘリカーゼタンパク質がこのような能力をもつ。ヘリカーゼはATP依存性に二本鎖DNAの巻き戻しを触媒する。大腸菌は少なくとも6つの異なるヘリカーゼをもつ。これらのうちのいくつかはDNA修復に，そして他のいくつかは細菌接合に関与する。DNA複製における主なヘリカーゼはDnaB（*dnaB*遺伝子産物）であり，これはDnaGや他のタンパク質とともにプライモソームを形成する（図25.18参照）。T4のDNA複製においては，同様の機能はgp41（ヘリカーゼ）とgp61（プライマーゼ）によって果たされる。T7ファージでは，単一のタンパク質（gp4）がヘリカーゼとプライマーゼの活性をもつ。

知られているヘリカーゼは，すべて多量体タンパク質である。多くはホモ二量体であるが，いくつかはDnaBのように，ホモ六量体である。in vitroでは，ヘリカーゼはそれぞれまず二本鎖部分に隣接した一本鎖DNAに結合し，一定方向へ進み（5′→3′あるいは3′→5′），移動しながら一本鎖DNAに置き換えていく。この移動にはATPの加水分解が共役する。ヘリカーゼはホモオリゴマーであるが，DNAに結合したときは構造的に非対称となる。例えば，よく研究されている大腸菌のRepヘリカーゼ二量体では，2つのサブユニットのATP結合とDNA結合の性状は大きく異なっている。このことは，ローリングあるいは“hand-over-hand”機構，すなわち，ある瞬間にそれぞれのサブユニットがATPあるいはADPのどちらを結合しているかによって，固い結合をする形状と緩い結合をする形状とに交互に変化することを示唆する（図25.23）。このモデルと同様に，Repヘリカーゼ・一本鎖DNA・ADP複合体の結晶構造から，2つのサブユニットの構造の大きな違いが明らかになった。これは，ヒンジ部位周辺の1つの領域が130°回転しているというものである。

T7ファージの4番遺伝子産物に代表されるような六量体型ヘリカーゼは，かなり異なった様式で動くと思われる。この環状構造のタンパク質は，エネルギー源としてATPではなくdTTPを用いて，結合する一本鎖DNAを包み込み，その上を移動する。結合していないDNA鎖はヘリカーゼ作用により置換され，中心の穴を通らない。6つのサブユニットのうち3つはdTTPと結合し，加水分解する。他の3つはdTTPを非触媒的に結合する。dTTP結合と加水分解に関するデータは，ヘリカーゼがF_0F_1ATPシンターゼと同様の回転運動をすることを示し（図25.24a，b参照），DNAの周辺を回転しながら進んでいくという興味深い可能性を示唆している。主な違いは，F_0F_1ATPシンターゼはATP合成のためにプロトンの駆動力を用いるが，T7ヘリカーゼはdTTPの加水分解のエネルギーを用いてコンホメーション変化を行い，DNAに沿って移動するのに必要な構造上の非対称性を獲得することである。図25.24cはT7遺伝子産物がDNAに沿って移動するモデルを示している。

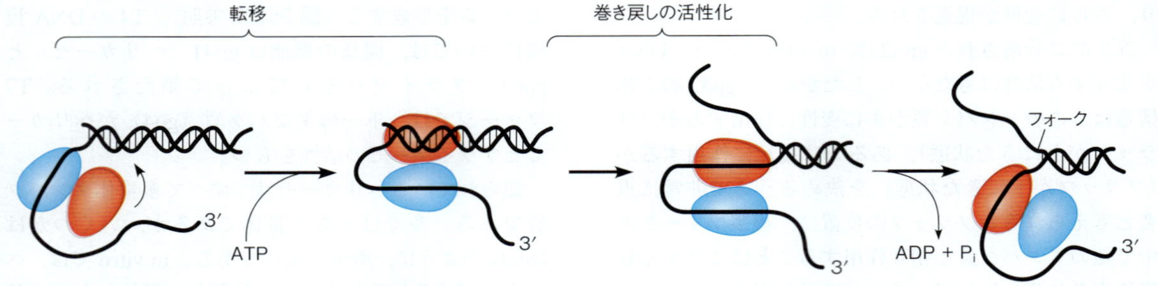

図 25.23　ヘリカーゼ作用のモデル　このモデルは，大腸菌 Rep ヘリカーゼのようなホモ二量体型酵素による 3′→5′ 方向性の反応を示している。第 1 段階では，ATP の結合により赤で示すサブユニットが活性化し，DNA の二本鎖と一本鎖の境界部位へ結合する。第 2 段階では，数塩基分の巻き戻しが行われる。第 3 段階では，もう 1 個の ATP が結合すると，フォークの先の二本鎖へサブユニットが侵入して，ATP の加水分解により青で示すサブユニットの DNA への結合が弱くなり DNA からはずれ，一連のサイクルが再び始まる。このように，2 つのサブユニットは交互に DNA へ結合することにより，このモデルが示すように，反時計回りに回転しながら二本鎖を巻き戻す。

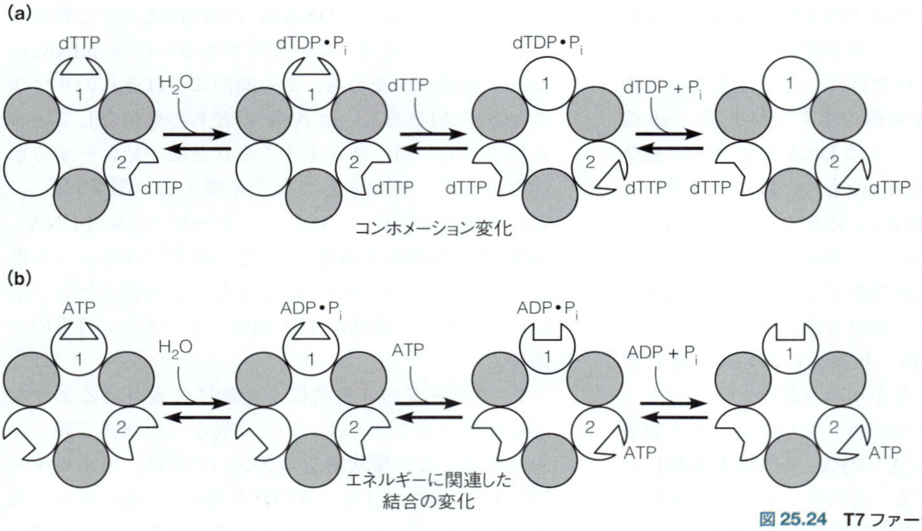

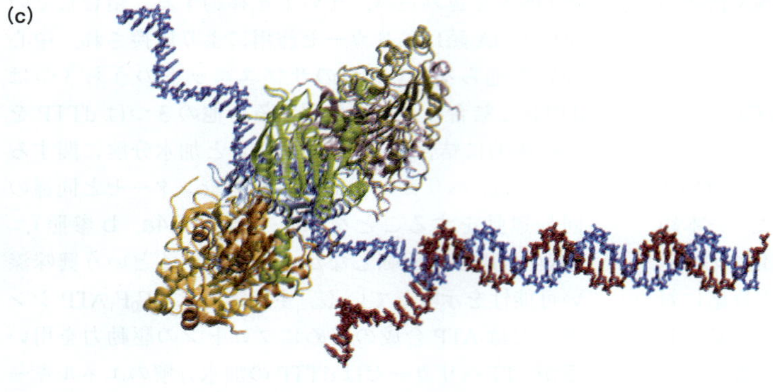

図 25.24　T7 ファージ 4 番遺伝子ヘリカーゼの構造と作用　(**a，b**) T7 gp4 の作用と ATP 合成ロータリーエンジンの作用との比較（p.584，図 15.23 参照）。両酵素の陰影をつけたサブユニットは非触媒部位を示す。この例では，T7 gp4 ヘリカーゼにおけるコンホメーション変化が 1 番部位における dTTP の加水分解の後に起こる。(**c**) T7 gp4 ヘリカーゼ作用のモデル。タンパク質が赤い DNA 鎖を中央のチャネルから除去しながら，青い DNA 鎖に沿って回転していく。PDB ID：1CR1。

ポイント 8
ヘリカーゼは多量体タンパク質であり，二本鎖 DNA のうち一本鎖に優先的に結合して，二本鎖の巻き戻しを活発に行うために ATP の加水分解をエネルギーとして用いる。

上述したように，大腸菌の DnaB ヘリカーゼもまたホモ六量体であり，1 本鎖 DNA を包み込む。それぞれのサブユニットは，1 つは結合能が高く，もう一方は弱い 2 つの DNA 結合領域をもち，それぞれが約 20

ヌクレオチド残基分に結合する。

すでに述べたように，プライモソームは γ 複合体の τ と χ サブユニットに結合して，ラギング鎖上でのプライマーゼからポリメラーゼへのスイッチを調整する。示されたタンパク質–タンパク質相互作用に基づいて，いかにしてこれが起こるかを図 25.25 に示している。

最近の大変大きな発見は，ヒトの遺伝性疾患である Werner 症候群と Bloom 症候群が，いずれもヘリカーゼの異常により生じるというものである。どちらの疾患もがんに罹患しやすく，Werner 症候群の患者は早老症をきたし，20 代で白髪化し，白内障となり，50 歳前に自然死を迎える。これら疾患の原因遺伝子をポジショナルクローニング（第 24 章）により同定したところ，原因遺伝子はいずれも大腸菌 RecQ 遺伝子産物に類似したタンパク質をコードすることが判明した。大腸菌では，このヘリカーゼは相同組換え反応に関与しており，放射線誘発性 DNA 障害の修復後の DNA 複製の再開始に関わるようである。RecQ タンパク質と同様に，Werner 症候群タンパク質は 3′→5′ ヘリカーゼ活性をもつ。これらの発見は，ゲノム不安定性と，がんや加齢との関係を理解するうえで大変興味深いヒントをもたらす。

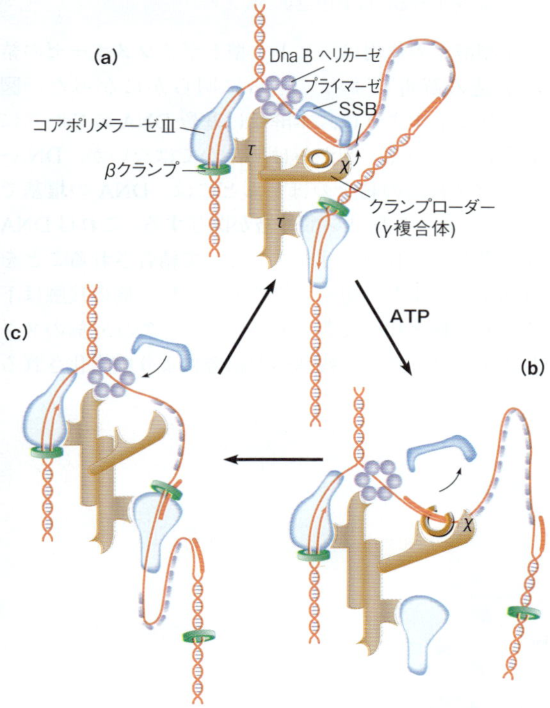

図 25.25　ラギング鎖合成におけるプライマーゼ–ポリメラーゼスイッチ　(**a**) DnaB ヘリカーゼがラギング鎖に濃縮し，プライマーゼが RNA プライマーを合成する。プライマーゼは SSB に接触して，結合し続ける。ラギング鎖のコアポリメラーゼⅢは，親鎖と娘鎖を外に出すように働く。(**b**) γ 複合体の χ サブユニットが SSB と結合して，プライマーゼを解離させる。γ 複合体がクランプを開け，新たに完成した岡崎フラグメントが鋳型に沿って移動する。(**c**) プライマーゼは，新たなプライマーをつくるために一本鎖鋳型 DNA に再結合する。(b) では γ 複合体は β クランプを解離し，(c) では新たなクランプが結合する。ラギング鎖ループの周期的な伸長は，トロンボーンの演奏に例えられる。
Courtesy of Dr. Michael O'Donnell.

トポイソメラーゼ：ねじれ応力の除去

大腸菌の環状染色体の二方向性複製においては，1 分間当たり，100,000 塩基対が巻き戻される。この結果生じるねじれ応力を解消する機構がなければ，複製フォークの前にある DNA はフォークの DNA が巻き戻されるのにしたがって過剰に巻かれることになり，複製は止まってしまうであろう。このような障害は，トポイソメラーゼという DNA のトポイソマー間の変換を触媒する酵素（第 4 章参照）が“旋回”機構を用いて取り除く。トポイソメラーゼの作用は，in vitro において超らせん DNA を弛緩する反応で簡単に検出できる。超らせん DNA を精製したトポイソメラーゼと

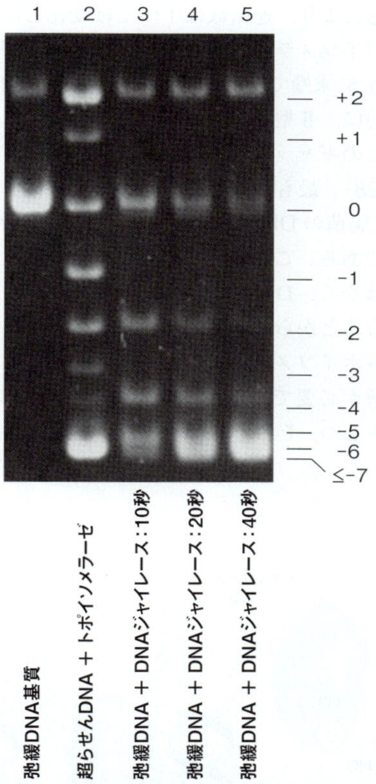

図 25.26　ゲル電気泳動法で示すⅠ型およびⅡ型トポイソメラーゼの作用　第 1 レーンは弛緩環状 DNA を示す。第 2 レーンは超らせんをⅠ型トポイソメラーゼで処理したパターンを示す。第 3～5 レーンでは弛緩環状 DNA をⅡ型トポイソメラーゼである DNA ジャイレースで異なる時間処理したものを示す。トポイソメラーゼⅠで処理したものではより多くのトポイソマーが観察される。これは，Ⅰ型酵素はリンキング数 (*L*) を 1 単位ずつ変えるのに対して，ジャイレースは 2 単位ずつ変えることによる。
From *Science* 206：1081-1083, P. O. Brown and N. R. Cozzarelli, A sign inversion mechanism for enzymatic supercoiling of DNA. ©1979. Reprinted with permission from AAAS and Pat Brown.

反応させ，ゲル電気泳動により超らせんDNAが超らせん構造を含まない弛緩DNAへと変換される中間体を観察できる（図25.26）。この解析から，大きく2つのクラスのトポイソメラーゼが存在することがわかる。I型酵素は1単位ごとにリンキング数を変えることができるものであり，II型酵素は2単位ごとにリンキング数を変えるものである。

I型およびII型トポイソメラーゼの作用

I型トポイソメラーゼは二本鎖のうち片方の鎖を切断する（図25.27）。この際，酵素は，5′末端のリン酸とチロシン残基の水素基との間でホスホジエステル結合を形成することにより，切断鎖の5′末端と共有結合する。その結果，3′末端側は自由に回転する（例では1回転の場合を示す）。次いで，3′末端の水酸基が活性化された共有結合性の5′末端のリン酸を攻撃し，ニックを閉じる。実際に，大腸菌のI型トポイソメラーゼは元々ニッキング-クロージング酵素と呼ばれていた。この反応により，連結数は1つだけ変化した。真核生物のトポイソメラーゼIも同様に作用するが，反応の過程では5′末端ではなく3′末端が固定化される。

対照的に，II型トポイソメラーゼは二本鎖切断を触媒し，このギャップをDNA鎖の他の部分が通過する（図25.28）。最もよく解析されたII型トポイソメラーゼは，大腸菌の**DNAジャイレース DNA gyrase**という酵素である。この酵素は超らせんDNAを弛緩するだけではなく，DNAに負の超らせんを導入することもできることからこの名がつけられている。ほとんどのII型トポイソメラーゼのこのような活性には，ATP加水分解が必要である。DNAジャイレースはAサブユニット2つ，そしてBサブユニット2つからなる四量体である。Aサブユニットは DNAに結合して切断し，Bサブユニットは ATP加水分解から得られるエネルギーの伝達に関わる。

図25.28に示すように，ジャイレースの反応は酵素のまわりにDNAが巻きつくことから始まる。Aサブユニットが2本のDNA鎖を切断し，固定化し，できたギャップをDNA鎖が通る。次いで，二本鎖の再連結が起き，酵素が遊離する。示した例では，正の超らせんを1個含む環状DNAが，負の超らせんを1個含む型へ変換されている。ここではリンキング数は2に変化しており，これがI型酵素とII型酵素の違いである。図25.26において，I型トポイソメラーゼで処理されたDNA（第2レーン）は，II型酵素で処理されたDNA（第3〜5レーン）と比べて2倍の数の中間体をもつ。これは，I型酵素がリンキング数を1単位で変えるからである。

> **ポイント9**
> I型トポイソメラーゼは一方のDNA鎖を切断し，再び連結する。II型トポイソメラーゼは二本鎖切断と再連結を触媒する。そして，I型およびII型酵素はそれぞれDNAのリンキング数を1あるいは2単位ずつ変える。

I型酵素の作用は，ヒトI型トポイソメラーゼの結晶構造の解析によってさらに明らかになった。図25.29に示すように，本酵素は基質DNAのまわりに完全に巻きつく。図からは明らかではないが，DNA-タンパク質間の結合のほとんどには，DNAの塩基ではなく，むしろ糖リン酸骨格が関与する。これはDNAが変型しないB型ヘリックスとして結合されることを意味する。また，切断部位の上流（5′）側の接触は下流（3′）側と比べて著しく多い。ニックの5′側のヌクレオチドはチロシン残基への結合により固定化される

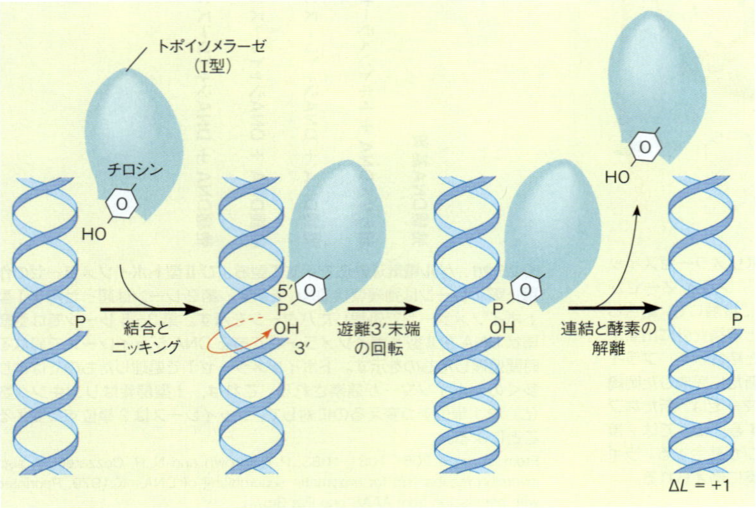

図25.27　I型トポイソメラーゼの作用　この酵素は一方のDNA鎖を切断し，その5′末端をチロシン残基とDNAのリン酸との共有結合により固定化する（大腸菌のトポイソメラーゼIの場合）。3′末端側が回転し，ついで再連結される。この例では，リンキング数は1増加する。I型トポイソメラーゼが過剰に巻かれたDNAに作用すると，同様のメカニズムによりリンキング数は減少する。

ため，構造上のデータは 3′ 末端が比較的自由に回転できることを示すが，これは超らせん DNA が弛緩するのに都合がよい。この構造決定の結果から，トポイソメラーゼを阻害することにより働く抗がん剤がどのようにこの酵素に結合するかが明らかになり，その作用機構を理解することも可能となった。これはさらに効果的な阻害剤の開発へもつながる知見である。現在，臨床の現場で使われている阻害剤の 1 つが**カンプトテシン camptothecin** である。

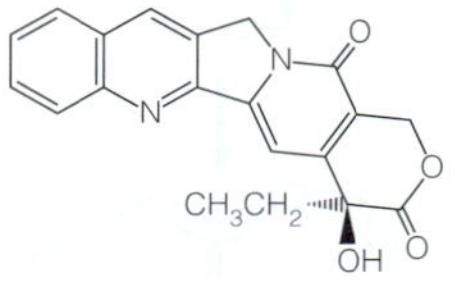

カンプトテシン

大腸菌の 4 種類のトポイソメラーゼ

1970 年代のトポイソメラーゼ I と DNA ジャイレースの発見以来，大腸菌は 4 種類のトポイソメラーゼをもつことが明らかになった。名称は少々混乱気味であり，トポイソメラーゼ I とトポイソメラーゼ III は両方とも I 型トポイソメラーゼであり，トポイソメラーゼ II（別名 DNA ジャイレース）とトポイソメラーゼ IV は II 型トポイソメラーゼである。これら 4 つのトポイソメラーゼのうち，DNA ジャイレースは複製の際の伸長において中心的な役割を担っており，フォークの前でストレスを解消するとともに，新規合成された DNA に負の超らせんを導入する。このことは，主にジャイレース阻害剤を用いた実験から明らかになった。**ナリジクス酸 nalidixic acid** は以前より DNA 複製を阻害することが知られていたが，ジャイレースの

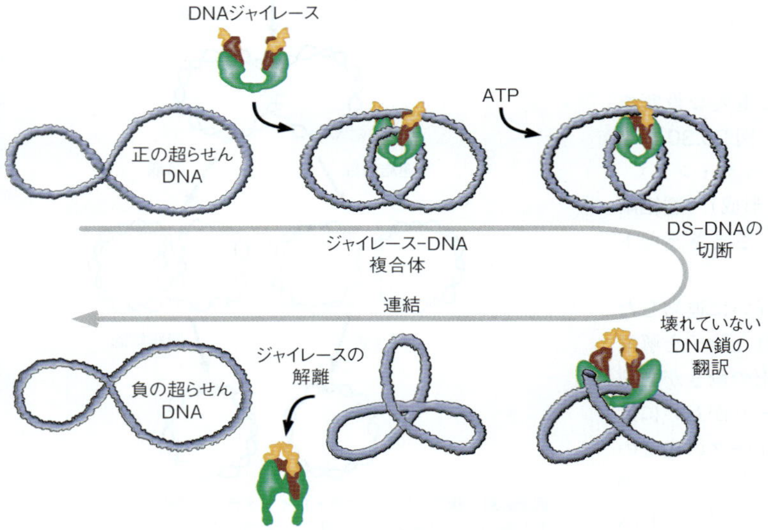

図 25.28　II 型トポイソメラーゼの作用　大腸菌の DNA ジャイレース。この例はそれぞれ 2 つの A および B サブユニットからなる四量体である。この酵素が負の超らせんを 2 つ導入し，リンキング数を +1 から −1 へ変える様子を示す。この酵素は二本鎖切断を行い，DNA 端に A サブユニットが結合し，この 2 つの DNA が離れる。そしてこのギャップを DNA 鎖が通過する。再び DNA 端が連結され，正の超らせんが負の超らせんへと変化し，リンキング数は −2 変化する。II 型トポイソメラーゼは負の超らせんをもつ DNA を逆の反応により弛緩させることができる。
Courtesy of Gary Carlton.

25

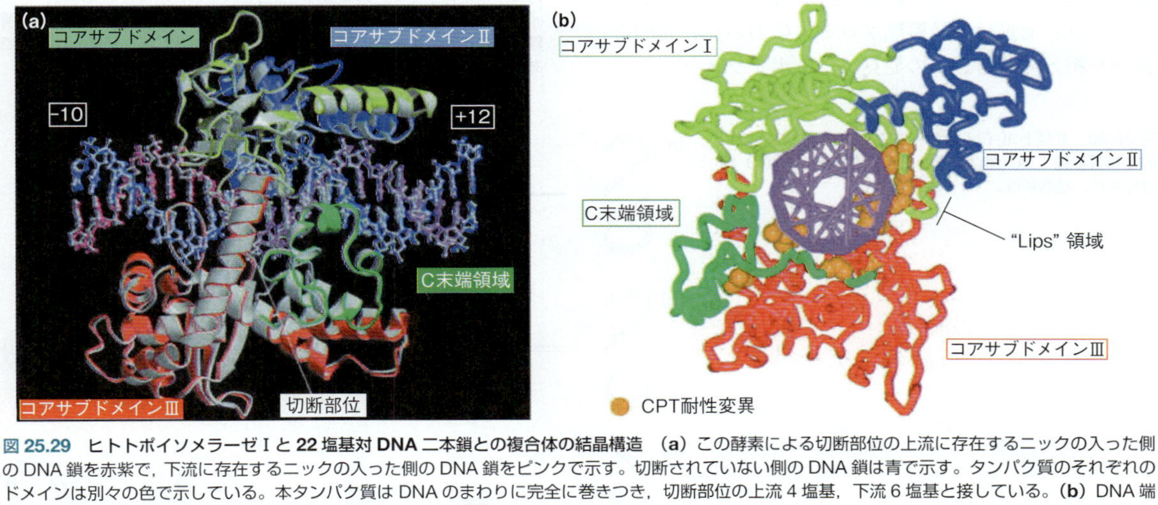

図 25.29　ヒトトポイソメラーゼ I と 22 塩基対 DNA 二本鎖との複合体の結晶構造　(**a**) この酵素による切断部位の上流に存在するニックの入った側の DNA 鎖を赤紫で，下流に存在するニックの入った側の DNA 鎖をピンクで示す。切断されていない側の DNA 鎖は青で示す。タンパク質のそれぞれのドメインは別々の色で示している。本タンパク質は DNA のまわりに完全に巻きつき，切断部位の上流 4 塩基，下流 6 塩基と接している。(**b**) DNA 端から見たトポイソメラーゼ-DNA 複合体。PDB ID：1A35。CPT＝カンプトテシン。
From *Science* 279：1504-1513, M. R. Redinbo, L. Stewart, P, Kuhn, J. J. Champoux, and W. G. J. Hol, Crystal structures of human topoisomerase I in covalent and noncovalent complexes with DNA. ©1998. Reprinted with permission from AAAS.

A サブユニットがその結合標的である。もう1つの複製阻害剤**ノボビオシン novobiocin** は B サブユニットに結合し，ATP 分解を阻害する。このような阻害剤は抗菌薬としても有用である。ナリジクス酸やノボビオシンに耐性のある変異細菌では，A あるいは B サブユニットにそれぞれ構造変化がある。

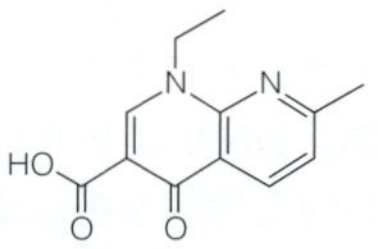

ナリジクス酸

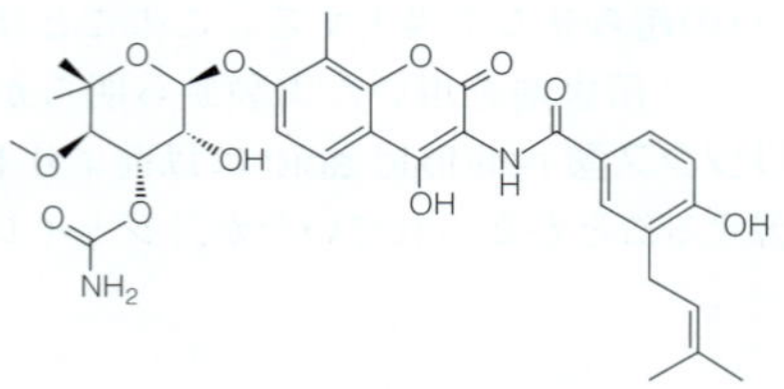

ノボビオシン

トポイソメラーゼⅣは複製の完了に重要な役割をもっている。Ⅱ型トポイソメラーゼは，図 25.30 に示すように，環状 DNA の結び目形成（ノッティング），結び目解除，**連結 catenation**（リンク形成），**連結解除 decatenation**（リンク解除）など，さまざまなトポイソマー間の変換を触媒する。

複製終結に近づいた環状 DNA は，互いに連結した2つの環を生成し，この2つの複製された分子を解離させるためには，Ⅱ型トポイソメラーゼの働きが必須となる。複製終結点で2つの複製フォークが互いに近づくにつれ，立体障害により2つのフォークの先でのトポイソメラーゼの巻き戻し活性は阻害される（図 25.31）。この段階では，2つの複製途中の染色体 DNA は互いに連結している。図 25.31 に示すように，トポイソメラーゼⅣは連結解除プロセスにおいて特異的な役割を担っている。この発見は，トポイソメラーゼにある程度の機能上の特異性があることを示唆するが，これは，緊張した DNA 構造が弛緩するという考えからは，すぐには予想できなかったものである。このことに符合して，Ⅱ型トポイソメラーゼの研究から，この酵素はトポアイソマーの平衡混合物をもたらさないことがわかった。例えば，トポイソメラーゼⅣの限界

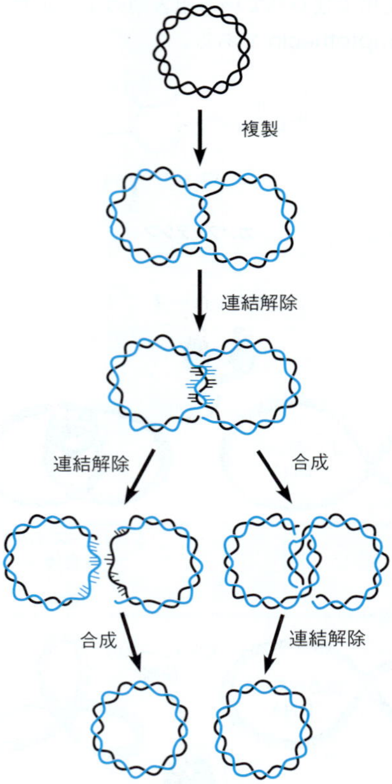

図 25.31　複製終結におけるトポイソメラーゼの作用　トポイソメラーゼがないと，複製フォークが互いに近づいてきたときに生じるねじれ応力のため，ジャイレースが DNA を巻き戻すことができなくなる。トポイソメラーゼにより2つの DNA 鎖が離れることが可能となる。連結解除が複製が完成する前に生じるのか，あるいは後に生じるのかは不明である。この2つの可能性を図に示す。

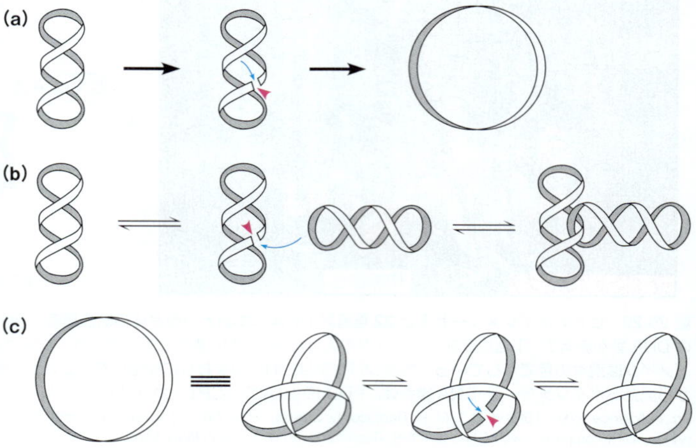

図 25.30　Ⅱ型トポイソメラーゼにより触媒される位相的な相互変換　(a) 弛緩。(b) 連結，連結解除。(c) 結び目形成，結合解除。

消化産物（反応がそれ以上進まない状態まで消化されたDNA）は結び目（ノット）あるいは連結（カテナン）構造をもつDNA分子は平衡混合物と比べてほとんどなく，この酵素はむしろDNA分子を選択的にほどくようである。また，トポイソメラーゼⅠにより生成されたトポアイソマー混合物を同じ条件下でトポイソメラーゼⅣで反応させると，平均リンキング数（超らせんの数）は変化しないが，平均値付近でのトポアイソマーの分布はより密になる。この選択性にはATP加水分解が必要であるが，この知見は驚くべきことに，トポイソメラーゼ分子は自分よりもかなり大きいDNA分子を何らかの形でスキャンし，特異的なトポロジカルな変化が起きるようにすることを示す。

大腸菌では1回の複製が終了する過程においてさらにいくつかの機構が関わり，2つのレプリソームが終結前に同じ場所にたどりつくようにしている。図25.32に示すように，複製終結領域は相同的な23塩基からなる*Ter*配列（*TerA–J*）が10回繰り返して存在し，これは5つずつ逆方向に向いている。この*Ter*配列にはそれぞれTusという36 kDaの終結タンパク質が結合する。それぞれのレプリソームが*Ter*–Tus複合体に接近すると，“許容”面か逆向きの“非許容”面にあたるが，“許容”面ではレプリソームがTusを除去して進み，“非許容”面ではTusを除去できずにレプリソームが停止する。すなわち，図に示すように，反時計回りに進むレプリソームはTusを除去しつつ*TerJ*，*TerG*，*TerF*，*TerB*，*TerC*といった配列を通り越していき，*TerC*と反対向きに配置された*TerA*の間で停止する。もう一方のレプリソームでも同様の一連の反応が起き，同じ場所で停止する。これにより2つのレプリソームがたとえ異なるスピードで動いていても，複製は同一の染色体部位で終結することになる。図25.33にTus-*Ter*複合体の結晶構造を示すが，これによりTusの除去機構に関して洞察が可能となった。終結の実際の機構については不明な点が多い。

レプリソームのモデル

トポイソメラーゼは複製フォークからは離れた部位で機能するので，厳密に言えばレプリソームの構成因子ではない。ここまで原核生物のフォーク進行に関わる主なタンパク質をみてきたが，次に真核生物の対応タンパク質についてみていくので，ここで大腸菌レプリソームのモデルと構成タンパク質の相互関係を示す（図25.34）。

近年，蛍光標識タンパク質と単一分子技術（「生化学の道具26B」）を用いて，in vivoにおける大腸菌レプリソームの像を得ることが可能になった。このような実験により，レプリソームはDNAポリメラーゼ3分子を含み，図25.34に示すような2分子ではないことが示された。τは3分子存在するが，この3分子のうち2分子が滑走クランプに結合していることから，クランプに結合していないポリメラーゼは順繰りにクランプと結合し，次の岡崎フラグメントの合成を行うことが予想されている。

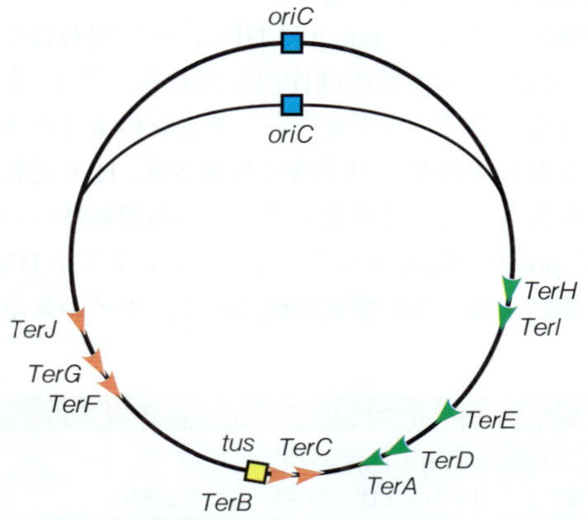

図25.32　大腸菌複製終結の極性　複製は*oriC*から両方向に始まる。本文にあるように，*Ter*配列の方向により2つのレプリソームが終結の前に同じ場所（*TerA*と*TerC*の間）に到達する。

Reprinted from *Cell* 125 : 1309-1319, M. D. Mulcair, P. M. Schaeffer, A. J. Oakley, H. F. Cross, C. Neylon, T. M. Hill, and N. E. Dixon, A molecular mousetrap determines polarity of termination of DNA replication in *E. Coli*. ©2006, with permission from Elsevier.

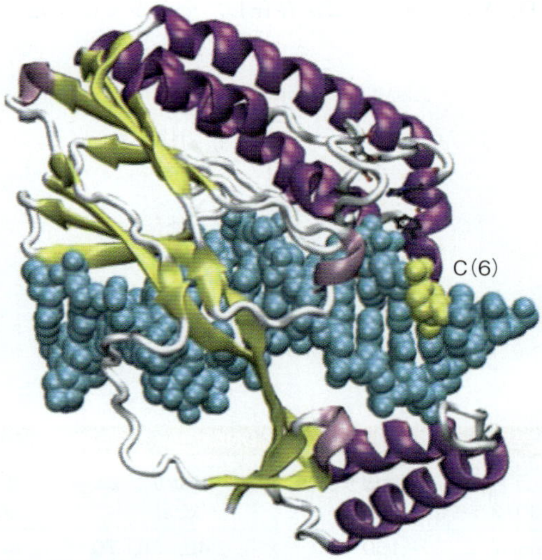

図25.33　大腸菌Tusタンパク質と二本鎖DNAの複合体の構造　PDB ID：1ECR。

Reprinted from *Cell* 125 : 1309-1319, M. D. Mulcair, P. M. Schaeffer, A. J. Oakley, H. F. Cross, C. Neylon, T. M. Hill, and N. E. Dixon, A molecular mousetrap determines polarity of termination of DNA replication in *E. Coli*. ©2006, with permission from Elsevier.

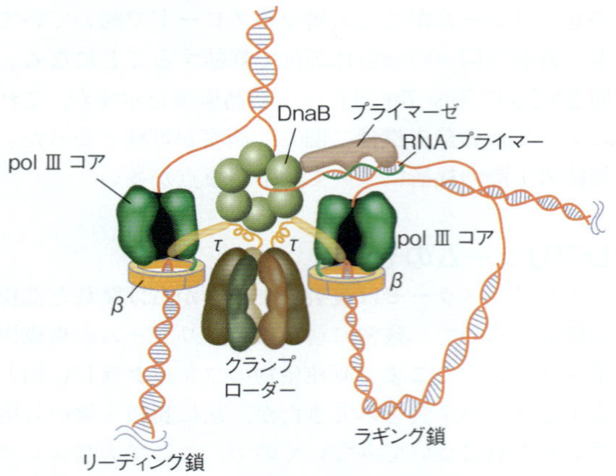

図 25.34　大腸菌レプリソーム　クランプローダーが τ タンパク質を介して pol Ⅲホロ酵素を2分子結びつけることに注意。
Courtesy of Dr. Michael O'Donnell.

真核生物 DNA 複製に関わるタンパク質

DNA ポリメラーゼ

DNA 鎖複製伸長の分子機構は，進化の過程で驚くほどよく保存されている。原核生物と真核生物における DNA 複製の大きな違いは，真核生物の複製フォークの進行には3種類の DNA ポリメラーゼが必要とされることである。酵母や哺乳類細胞から DNA ポリメラーゼを精製した初期の実験では5種類の酵素が得られた。これらの中で3種は核 DNA の複製に，1種はミトコンドリア DNA 複製に，1種は修復に関わる。その後の研究から，ヒトには少なくともさらに9種類の DNA ポリメラーゼが存在し，その多くは特定の修復過程に関わることが明らかになった。3種の複製酵素を含む5つの古典的ポリメラーゼの性状は，表 25.2 に示す。ポリメラーゼ α，δ，ε は DNA 複製に関わるが，この点は菌由来のステロイド様構造を有する**アフィジコリン aphidicolin** によりこれら酵素が阻害されることから示された。アフィジコリンは真核生物の DNA 複製を特異的に阻害する。ポリメラーゼ β および γ は，アフィジコリンに対する感受性は低い。

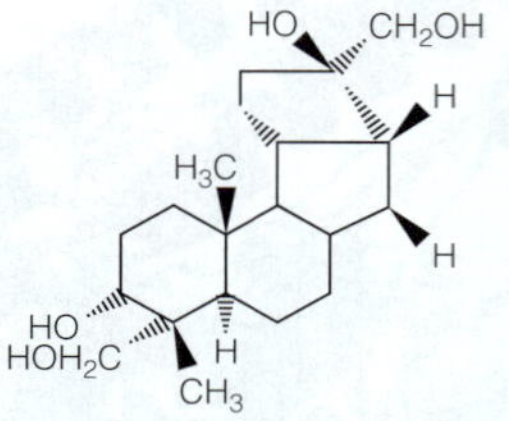

アフィジコリン

真核生物 DNA ポリメラーゼのサイズは大きく，複数のサブユニットからなることから，その構造決定は大腸菌やファージのポリメラーゼと比較してより困難であった。最近になってヒト pol γ の興味深い構造が報告された。表 25.2 に示すように，この酵素は 137 kDa の触媒サブユニット（pol γA）と 55 kDa の補助サブユニット（pol γB）からなる。表には示されていないが，ホロ酵素は2分子の pol γB を含み，それぞれ別々の様式で pol γA に結合している。それぞれの補助サブユニットはポリメラーゼのプロセシビティーを上昇させるが，その機構は異なる。1つは γA の DNA に対する親和性を上昇させ，もう1つは触媒速度を促進する。

図 25.35 に示すように，ヒト pol γ は T7 バクテリオファージの DNA ポリメラーゼとよく似ている。T7 pol もプロセシビティー促進サブユニットを有するが，これは宿主細胞のチオレドキシンであり，レドックス反応とはまったく異なる役割を果たす。他のポリメラーゼと同様，図 25.35 に示すポリメラーゼはいずれも親指領域（緑で示す），掌領域（赤），指領域（青）をもつ。pol γA の構造には，ヒト遺伝疾患での原因となる変異の部位を示してある。例えば，W748S 変異は Alpers 症候群という病態と関連しており，子供の脳皮質萎縮と肝障害を引き起こす。

興味深いことに，pol γ は HIV 治療に使われるいくつかの抗ウイルス薬の副作用に関わる。第 22 章で取り上げたように，ジデオキシシチジンのようなヌクレオシド類似体は 5′ 三リン酸に転換され，HIV 逆転写酵素を阻害することで機能する。これら類似体のいくつかは，pol γ を阻害することでミトコンドリア DNA 複製も抑制する。この酵素の構造から，ウイルスポリメ

表 25.2　真核生物の5つの古典的 DNA ポリメラーゼの性状

ポリメラーゼ	触媒サブユニット (kDa)	補助サブユニット (kDa)	3′エキソヌクレアーゼ	忠実度	プロセシビティー (PCNA を伴う場合)	生物学的機能
pol α	160	49，58，70	なし	10^{-4}〜10^{-5}	中等度	ラギング鎖プライマー合成
pol β	37	なし	なし	5×10^{-4}	低い	DNA 修復
pol γ	137	55	あり	10^{-5}	高い	ミトコンドリアDNA複製
pol δ	122	12，50，68	あり	10^{-5}〜10^{-6}	高い	ラギング鎖複製
pol ε	251	12，17，59	あり	10^{-6}〜10^{-7}	高い	リーディング鎖複製

ラーゼにより選択性の高い阻害剤をデザインする上で重要な情報が得られている。

真核生物複製に関わるその他のタンパク質

大腸菌における DNA 複製の酵素学に関する知見は，小さなバクテリオファージゲノムの複製を大腸菌抽出液や精製タンパク質系で追跡することで得られた。その原理は，小さなゲノムを複製鋳型として用いることで，複製中間体の単離や生物物理学的な解析が可能となるというものであった。同様に，ヒト DNA 複製に関わるタンパク質の知見は，腫瘍ウイルス SV40 の環状二本鎖 DNA を複製鋳型として用いる in vitro での反応系を用いて得られた。こういった研究，そして初期の T4 ファージ系の研究や，後の酵母を用いた研究などから，複製フォークにおけるタンパク質の種類が同様であり，それぞれの生化学的機能も同一であることが理解された（表 25.3）。興味深い 1 つの違いは，RNA プライマー除去に真核生物では 2 つの酵素が関与することである。すなわち，pol δ の 3′ エキソヌクレアーゼ活性と FEN1（フラップエンドヌクレアーゼ）の 5′ “フラップ” エンドヌクレアーゼ活性である。

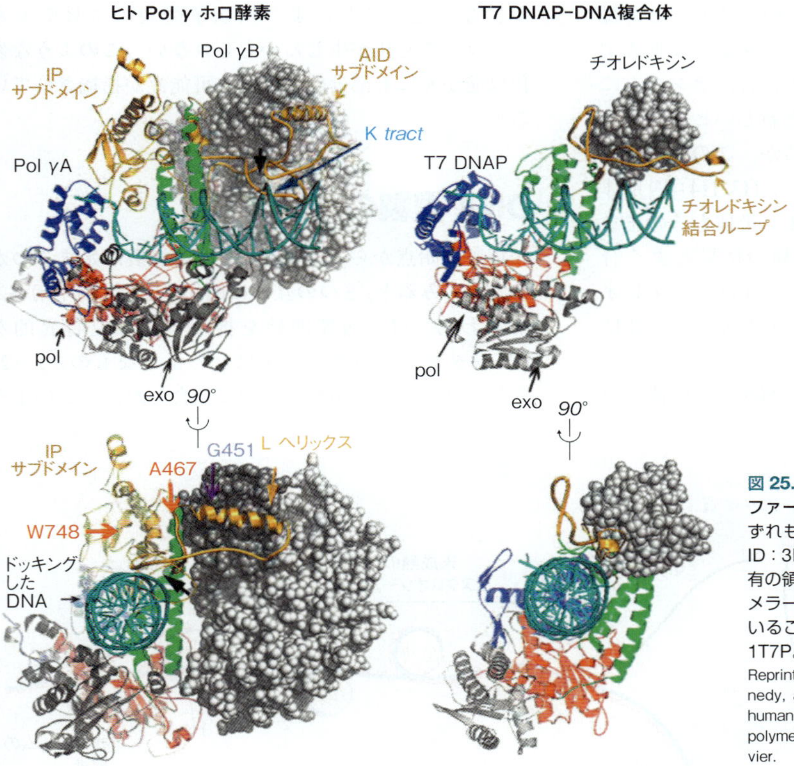

図 25.35　ヒト DNA ポリメラーゼ γ（左）と T7 ファージ DNA ポリメラーゼ（右）のホロ酵素　いずれも DNA との複合体を示す。pol γ 構造（PDB ID：3ILK，3IKM）は，DNA 結合に関わる 2 つの固有の領域（黄色で示す IP および AID）をもつ。ポリメラーゼと 3′ エキソヌクレアーゼの領域はよく似ていることに注目。T7 DNA ポリメラーゼ PDB ID：1T7P。

表 25.3　DNA 複製において類似した機能を果たすタンパク質

機能	大腸菌	T4 ファージ	SV40/ヒト	酵母
DNA ポリメラーゼ	pol Ⅲ コア酵素	gp43	pol δ，pol ε	pol δ，pol ε
プライマーゼ	DnaG	gp61	pol α	pol α
ヘリカーゼ	DnaB	gp41	SV40 T 抗原	MCM タンパク質
校正	pol Ⅲ ホロ酵素の ε サブユニット	gp43	pol δ	pol δ，pol ε の 3′ エキソヌクレアーゼ
滑走クランプ	pol Ⅲ ホロ酵素の β サブユニット	gp45	PCNA	PCNA
クランプローダー	pol Ⅲ ホロ酵素の γ 複合体	gp44/62	複製要因 C	複製要因 C
一本鎖 DNA 結合タンパク質	SSB	gp32	複製タンパク質 A	複製タンパク質 A
RNA プライマー除去	pol Ⅰ，RNase H	大腸菌 pol Ⅰ T4 RNase H	pol δ，FEN 1	pol δ，FEN 1

クロマチンの複製

真核生物におけるDNA複製には，これまでみてきた細菌やバクテリオファージの系にはない問題が1つある。それは，レプリソームがクロマチンにどう対処するのかという問題である。クロマチンは複製フォークの前方で取り除かれ，フォークが過ぎ去った後は娘DNA鎖の上で再構築される必要がある。そして，後の章で取り上げるように，DNA上におけるコア粒子の分布やその修飾パターンは不規則ではまったくなく，再構築過程で高度に調節されていることが予想される。現時点での知見を図25.36にまとめる。複製フォークの前方でヌクレオソームがはずされ，娘DNA両鎖上で再構築される。既存のヒストンと新規合成されたヒストンがヌクレオソームを新たに形成する際に使われるが，娘DNA鎖への結合はランダムに起きる。娘鎖上では古いヒストンと新しいヒストンが混じってヌクレオソームを形成するが，この過程は完全にランダムというわけではない。$(H3/H4)_2$四量体はそのまま再利用され，H2A/H2B二量体もそのまま使われる。これはin vitroでの実験の結果とよく合う。$(H3/H4)_2$四量体やH2A/H2B二量体はヌクレオソームから外しても安定であるのに対して，八量体は不安定である。

ヌクレオソームや非ヒストンタンパク質の配置が複製後にどうやって正確に再構築されるのかという重要な疑問は，まだ解明されていない。実際のところ，再構築の際に変化が生じる場合もあるのかもしれない。例えば，酵母細胞中で新規合成されたヒストンH3はLys-56が特異的にアセチル化され，この修飾は複製の際のヌクレオソーム集合とゲノム安定性に重要である。このような変化で，胚発生時の細胞分化が通常，細胞分裂時に生じるという知見を説明できるのかもしれない。しかし，こういった変化自体もプログラム化されているはずであり，この問題は非常に複雑である。

最近の研究から，複製ストレス下（例えばDNA鋳型の損傷やDNA前駆体プールの枯渇）では，複製後におけるヒストン修飾の維持が障害されることが明らかになった。これにより遺伝子発現のエピジェネティックな変化が生じるかもしれない。このような変化は発がんにも部分的に関わる可能性が指摘されている。

DNA複製の開始

複製開始点からどのようにDNA複製が始まるのかを考えてみると，3つの互いに関係する問題が浮かぶ。すなわち，(1) 複製開始を指令する部位特異的なDNA-タンパク質相互作用はどのようなものか，(2) タンパク質群は，開始点配列に結合した後にどのよう

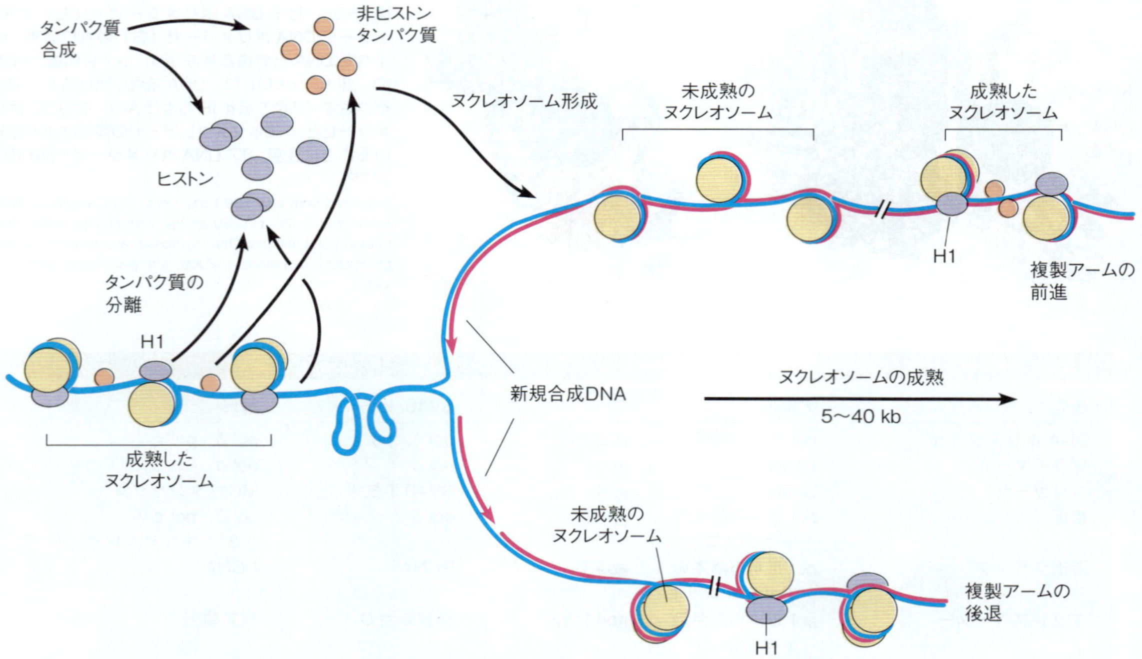

図25.36　クロマチン複製のモデル　複製フォークが近づくとDNAのヌクレオソーム構造が解離し，合成された娘DNA鎖上で再構築される。この際，新たに合成されたヒストンと既存のヒストンの両方が使われる。この再構築はゆっくりと進み，フォークが過ぎてしばらくしてからようやく完成する。簡潔にするために，この図では複製フォークに関わるタンパク質は示していない。

に機能するのか，そして（3）このプロセスはどのように制御されているのか，といったものである。開始反応はDNA複製の制御において最も主要な段階であろう。しかしながら，転写や翻訳の開始と比べると，複製の開始には不明な点が多い。細胞内においては，ある種のまだ不明な結合により，複製装置が他の細胞内構造と結びつき，その結果，DNA複製と細胞周期の制御とが共役するものと思われる。原核生物においては，複製は細胞膜に結合した部分から開始するようである。一方，真核生物のDNA複製は，核マトリックスというDNAとタンパク質とからなる構造で起きるようである（第24章，p. 920参照）。このような物理的相互作用の実体とその重要性にも不明な点が多い。DNA複製の反応の多くは，膜や核マトリックスなどを含まない可溶性無細胞系を用いて再構成されてきた。したがって，膜や核マトリックスなどの生化学的役割を検討することは困難であった。

複製開始の必要要素

複製は決まった開始点から進行するので，開始のためには2つのことが必要となる。（1）開始を指令するタンパク質が特異的に結合する核酸配列，そして（2）DNAポリメラーゼによってヌクレオチドが重合されるプライマー端を合成する機構，である。（遺伝子）クローニング技術を用いてファージ，細菌，プラスミド，細胞小器官の複製開始点が単離され，その塩基配列が決定されてきた。一般的に，これら開始点は同じ方向かあるいは逆方向の繰り返し配列（それぞれ**直列反復 direct repeat**，**逆方向反復 inverted repeat** と呼ばれる）をもつ。この知見は，多数のタンパク質が開始点に結合することを示唆する。

開始点においてプライマー端をつくる最も直接的な方法は，（1）親鎖の一方にニックを入れ，3′水酸基を露出すること，（2）親二本鎖を巻き戻し，RNAプライマーを合成して，そのリボヌクレオチド3′水酸基末端を露出させること，である。ファージϕX174とG4は，環状二本鎖の複製中間体から一本鎖ゲノムを複製するが，複製中間体DNAにウイルスの*cisA*遺伝子産物にコードされるエンドヌクレアーゼでニックを導入し，一本鎖の子孫DNAを複製する。一方，二本鎖DNAの複製は，調べられている限り親鎖にニックが導入されることはなく，RNAプライマーの合成により生じる。

大腸菌 *ori*^{C}からの複製開始

大腸菌染色体の複製開始機構は比較的よく解明されている。これは，開始点配列がプラスミドにクローン化され，その開始点からの複製をin vitroで検討することができたからである。この開始点配列は*ori*^{C}と呼ばれ，245塩基対の長さである。ここには，複製開始タンパク質である*dnaA*遺伝子産物が結合する9塩基対の配列が4回繰り返して存在する。図25.37に示すように，この配列の左側には13塩基対の直列反復が3つ存在するが，この配列はAやTに富むものであり，したがって比較的容易に解離する。この配列はいくつかの塩基性タンパク質（HUとIHF）の結合配列ももつが，これらタンパク質はDNAベンディングという複製開始にいたる過程で重要な反応を促進する。

> **ポイント10**
> 複製開始点にタンパク質が結合し，DNAの折れ曲がりが生じ，二本鎖DNAの複製が開始する。DNA折れ曲がりによる応力により近傍のDNAが巻き戻され，生じたフォークにプライモソームが集合する。そしてRNAプライマーを合成し，これがDNAポリメラーゼにより伸長される。

ステップ1は10〜20分子のDnaAタンパク質とATPとからなる複合体の結合である。ステップ1においては，このタンパク質はリン脂質であるカルジオリピンと反応することにより活性化される。これは，細胞分裂におけるDNA複製，膜成長，そして染色体分配の統御機構の一部を反映するのかもしれない。DnaAと塩基性タンパク質の結合によりDNAが鋭く折れ曲がり，負の超らせんをつくりだす。このねじれにより13塩基領域にDNAの巻き戻しが生じ，短い一本鎖ループが開く。ステップ2では，もう1つの開始タンパク質であるDnaBヘリカーゼがDnaCの助けにより，このループの両方のフォークに結合し，ヘリカーゼ活性によりこの構造がさらに巻き戻される。ステップ3，およびそれ以降（図示されていない）では，DnaGプライマーゼが結合し，RNAプライマーが合成される。最初のプライマーRNAの一部は，主に転写に関わるRNAポリメラーゼでも合成される可能性がある。リーディング鎖とラギング鎖のいずれでも，RNAプライマーは合成された後にDNAポリメラーゼⅢで伸長され，開始複合体中の2つのフォークが完成し，それぞれリーディング鎖とラギング鎖とをもつようになる。この一連の過程は染色体DNA複製開始の一般的な機構と考えられる。

真核生物における複製開始

いくつかの例外はあるが，原核生物は1つの染色体当たり1箇所の複製開始点をもつ。典型的な真核生物ではもっと複雑であり，複数の染色体にわたって数千もの複製開始点が分布する。これらの複製開始点はそれぞれS期の異なる時点で“発火”するが，1回の細胞周期ですべてが発火するわけではない。さらに，複製開始点が1回の細胞周期あたり1回以上発火するこ

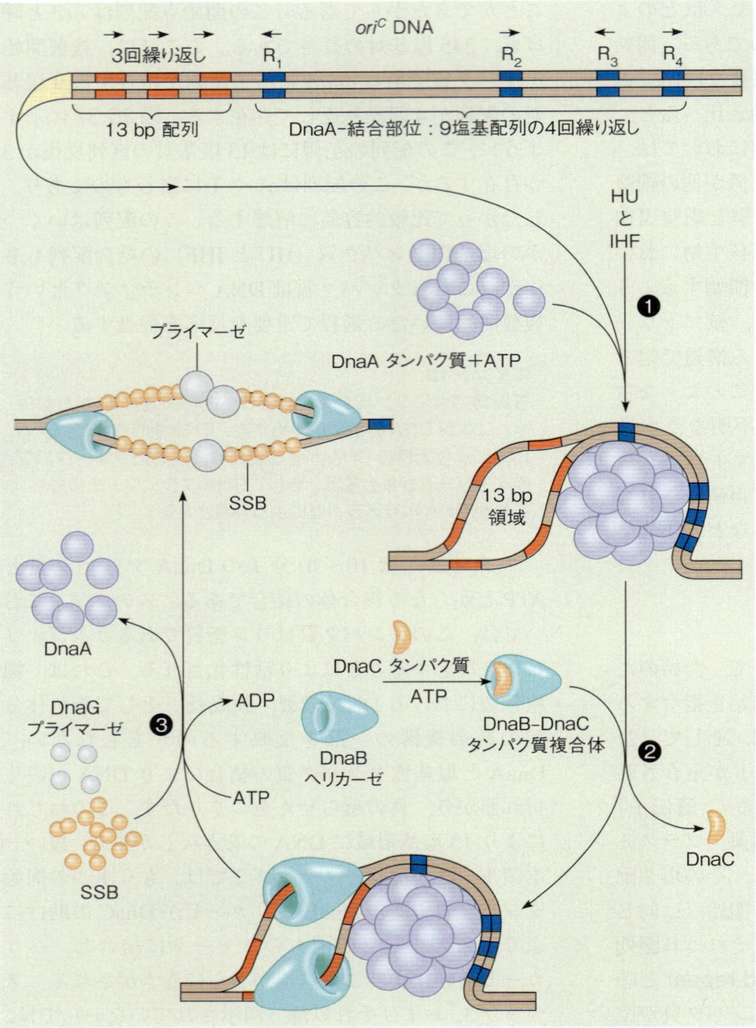

図 25.37 大腸菌 *ori*ᶜにおける複製開始のモデル HU と IHF は二本鎖 DNA 結合タンパク質であり，複製開始点における DNA 折れ曲がりを助ける。

Redrawn from *Annual Review of Genetics*. 26 : 447-477, T. A. Baker and S. H. Wickner, Genetics and enzymology of DNA replication in *Escherichia coli*. ©1992 Annual Reviews.

とを防ぐ“許可（ライセンシング）”の問題もある。

酵母複製開始点に関する初期の知見は，プラスミドを酵母細胞に導入した際に複製を可能とする自律的複製配列 autonomously replicating sequence（ARS）の同定から得られた。典型的な ARS は数百塩基対の長さであり，11 塩基の共通配列（5′ TTTTATATTTT3′）をもつ。AT に富む組成から，大腸菌 *ori*ᶜと同様に，開始に際して開始点の巻き戻しが起きると考えられる。

真核生物における複製開始の複雑さは，分裂酵母 *Schizosaccharomyces pombe* において開始点の発火準備に関わるタンパク質の数の多さにも表れている。図 25.38 に示すように，この過程は S 期の何時間も前の分裂期に始まり，まず 6 個のタンパク質からなる開始点複製複合体 origin replication complex（ORC）が結合する。これによりさらに 2 つのタンパク質 Cdc18 と Cdt1 の結合が可能となる。引き続きこれらタンパク質が，複製開始点において DNA の巻き戻しを行うヘリカーゼと考えられる 6 つの Mcm タンパク質を動員し，前複製複合体 pre–repricative complex（pre–RC）が形成される。複製許可は，pre–RC 集合の過程で起きるが，この段階の生化学はいまだ明確にされていない。さらに複数の開始因子が結合し，その一部はサイクリン依存性キナーゼ cyclin–dependent kinase（CDK），あるいは Hsk1–Dfp1 によりリン酸化される。このリン酸化は，Csc45 の開始点への結合に必要と考えられている。これにより前開始複合体 pre–initiation complex（Pre–IC）の形成が完了する。これで開始点へのプライマーゼと DNA ポリメラーゼの結合が可能となり，S 期で複製が実際に開始する際に，これら酵素が結合する。いったんプライマーゼと DNA ポリメラーゼが結合すると pre–RC は解離するので，それぞれの許可された開始点は 1 回だけ発火するようになる。

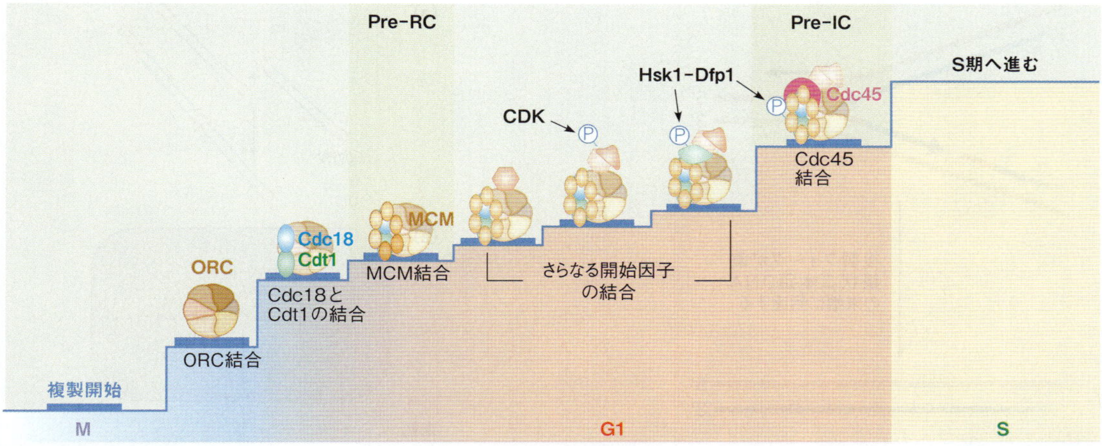

図 25.38 分裂酵母複製開始点における発火準備 この図の階段は，それぞれ調節段階を示す。各段階では，前段階で結合していたタンパク質を薄色で示してある。詳細は本文参照。

Reprinted from *Cell* 136：812–814, E. Boye and B. Grallert, In DNA replication, the early bird catches the worm. ©2009, with permission from Elsevier.

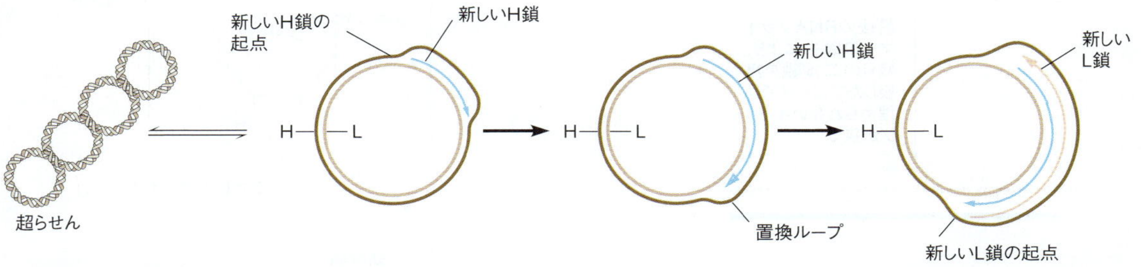

図 25.39 ミトコンドリア DNA 複製の鎖置換モデル 親 DNA の重鎖（H）と軽鎖（L）を茶色で示す。娘鎖は青と薄い茶色で示す。

ミトコンドリア DNA の複製

先に述べたように，哺乳類細胞のミトコンドリアゲノムは比較的小さい環状二本鎖（ヒトでは 16,569 塩基）であり，染色体 DNA とは異なり，複製機構をより詳しく調べることが可能である。実際，1970 年頃にはミトコンドリア DNA（mtDNA）の複製中間体を精製し，電子顕微鏡での観察が行われた。このような研究により，図 25.39 に示すような，非対称的過程からなる鎖置換モデルが考えられた。このモデルで複製は，一方の鎖（L 鎖 light strand）の決まった場所から開始する。しかし，一方の鎖のみが複製され，もう一方の鎖は単鎖 DNA として置換され置換ループ displacement loop（D loop）という構造をつくる。この一方向性の複製フォークがゲノムの 2/3 ほどを進行すると，一本鎖になった H 鎖上でもう 1 つの複製開始点が露出し，L 鎖の一方向性の複製が H 鎖複製とは逆向きにこの開始点から開始される。全体の過程にはおよそ 1 時間かかるが，これは真核生物の比較的遅い核 DNA 複製の速度とほぼ同じである。

2002 年，mtDNA 複製中間体を二次元電気泳動法（「生化学の道具 25A」）を用いて解析した結果に基づいて，この鎖置換モデルに対する疑問が呈され，論争が起きた。最近になって，mtDNA の複製に際して，ラギング鎖全長にわたって RNA が広く取り込まれることが報告された。この RNA は，初期に行われた電子顕微鏡観察の実験では，複製中の mtDNA を精製する際に失われていたのかもしれない。この RNA がラギング鎖合成のプライマーなのか，mtDNA は条件に依存して全く異なる機構で複製するのか，さらなる研究が必要となっている。

直鎖状ゲノムの複製

ここまでは環状 DNA ゲノムの複製を詳しくみてきた。直鎖状ゲノムをもつものとしていくつかのウイルスと真核細胞の染色体があるが，直鎖状ゲノムの複製には特有の問題が 1 つある。それは，ラギング鎖の複製をどうやって完了するかというものである（図 25.40）。直鎖状分子の 5′ 末端から RNA プライマーを除去することにより，DNA ポリメラーゼでは埋められないギャップが残る。これは，伸長させるためのプライマー端がないためである。もしもこの DNA 部分が複製されなければ，複製のたびに染色体の末端が少しずつ短くなってしまうであろう。

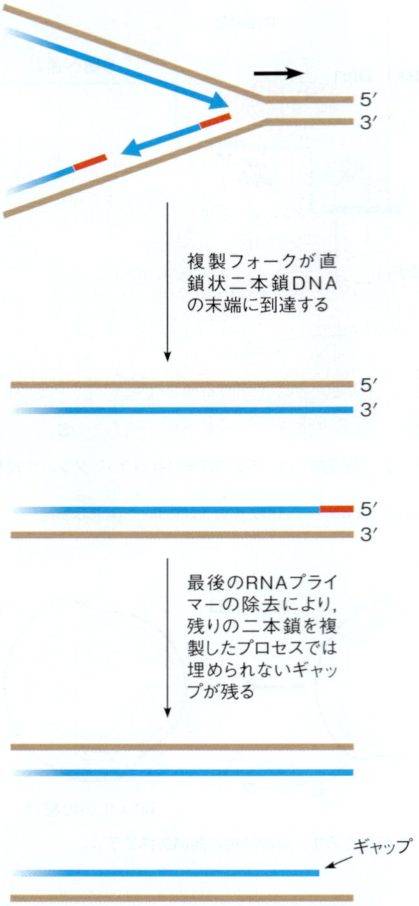

図 25.40　直鎖状 DNA 分子の 5′ 末端複製を完了する上での問題

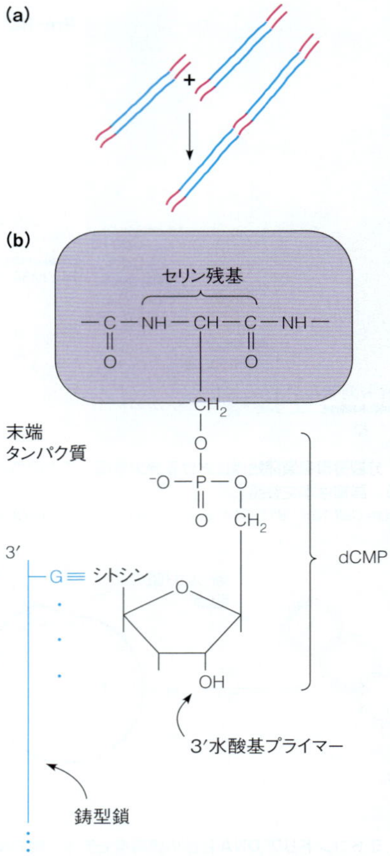

図 25.41　直鎖状 DNA 複製のメカニズム　(**a**) 染色体末端重複部位における組換え。(**b**) タンパク質セリン残基の水酸基をプライマーとして利用。

直鎖状ウイルスゲノムの複製

ウイルスは，この問題を少なくとも3つの仕組みにより解決している。T4とT7ファージでは，**末端重複 terminal redundancy**，すなわち，染色体の両端で一部が重複している構造がある。これを利用して，染色体末端の不完全に合成された新規DNA分子同士で組換えが生じ，遺伝情報の損失を防いでいる（図25.41a）。この過程は引き続き起きる複製でも繰り返され，端と端をつないでの直鎖状連結物（**コンカテマー concatemer**）が染色体1本の20倍以上の長さになるまで続く。ウイルスにコードされるヌクレアーゼによりこの巨大なDNAがゲノム単位の長さに切断され，ファージ粒子に収納される。

バクテリオファージϕ29とアデノウイルスは，異なる戦略を進化させてきた。これらウイルスのゲノムは，両端に逆位倒置配列をもつ。複製は**末端タンパク質 terminal protein**というタンパク質がプライマーとして作用することにより，直鎖状二本鎖の一方の末端から複製を開始する。このアデノウイルスのタンパク質はdCTPと反応し，dCMPがリン酸を介してタンパク質のセリン残基と共有結合する（図25.41b）。このdCMPが3′末端側の鎖の複製のプライマーとして作用し，5′末端は一本鎖として追い出されていく。ワクシニアなどのポックスウイルスでは，さらに別のメカニズムが関与する。このウイルスでは，直鎖状ゲノムの両鎖の末端が共有結合している。複製フォークが近づくと，このような構造によりリーディング鎖が鎖間の結合を通って回転できる。そして環状二本鎖と同様に最後のラギング鎖のプライマーがDNAにより置換される。

表 25.4　さまざまな種での代表的なテロメア反復配列

種	反復配列[a]
テトラヒメナ（原生生物）	TTGGGG
分裂酵母	T $(G)_{2\text{-}3}$ $(TG)_{1\text{-}6}$[b]
シロイヌナズナ（植物）	TTTAGGG
カイコ	TTAGG
ヒト	TTAGGG

[a]5′から3′方向に記した。
[b]酵母は特殊で，テロメア反復配列にさまざまなバリエーションがある。

テロメラーゼ

真核生物の直鎖状 DNA 分子では，染色体末端にそれぞれ**テロメア telomere** を付加することで末端複製問題を解消している。第 24 章で述べたように，テロメア DNA は，表 25.4 に示すような，単純な配列が直列に連結したものである。典型的には，一方の鎖は G に富み，他方は C に富む。G に富む鎖は 3′ 末端で 15 塩基ほどの突出一本鎖を形成する。これらの配列はテロメラーゼという酵素によって染色体末端に繰り返し付加される（図 25.42）。この伸長によりプライマーが結合する余地が生まれ，もう一方の鎖を鋳型としたラギング鎖合成が可能となる。こうして染色体の長さを適切に保ち，コード配列を失わずにすむ。

テロメラーゼは DNA 鋳型を使わずにヌクレオチドを追加することに注意してほしい。これは，それぞれのテロメラーゼ分子中に RNA オリゴヌクレオチドが存在することで可能となっている。この RNA は合成されるテロメア配列に相補的であり，テロメア合成の鋳型として作用する。テロメラーゼは進化的にはかつて DNA 合成を触媒したリボザイムの名残であり，こういったリボザイムはタンパク質からなるポリメラーゼにとってかわられたと考えられている。RNA を鋳型とする DNA 合成のため，この酵素の RNA を除いたタンパク質部分は TERT（Telomerase Reverse Transcriptase）と呼ばれる。

2008 年に触媒サブユニット TERT の結晶構造が決定された（図 25.43）。このタンパク質の大きな間隙には，計算上では DNA と RNA 要素がうまく入ることから，図 25.42 に示す反応機構が支持された。

最近では，テロメアならびにテロメラーゼが染色体末端維持に加えさまざまな意義を有することが明らかになりつつある。第 1 に，典型的テロメアにみられる G に富む鎖は G 四重鎖（第 4 章，p. 104）という 4 本の鎖からなる構造を形成することで，染色体対合を促進する可能性がある。このような二次構造はオリゴ G を用いると in vitro で観察することができ，ある種のテロメア結合タンパク質がこの形成を促進することも

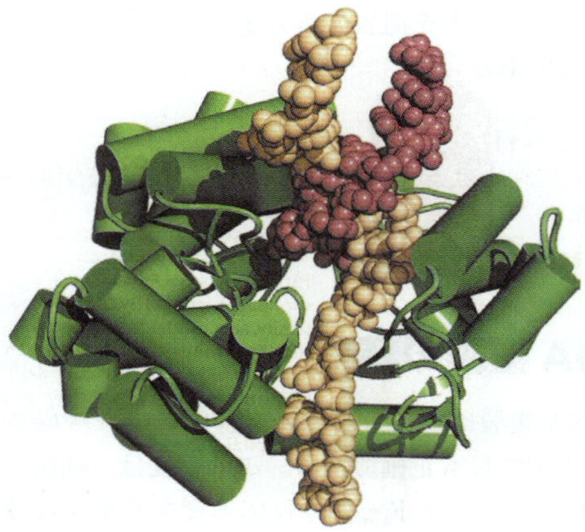

図 25.43　コクヌストモドキのテロメラーゼ触媒サブユニットの結晶構造　DNA とテロメラーゼ RNA は大きな開裂部に合うようにモデル化されている。PDB ID：3du5。
Courtesy of Emmanuel Skordalakes, The Wistar Institute/UPENN.

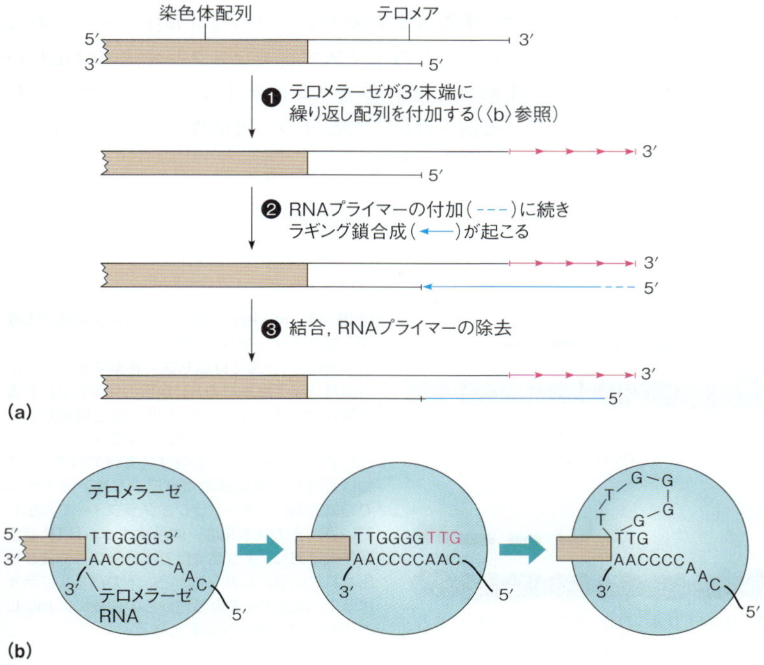

図 25.42　テロメラーゼによるテロメア DNA の伸長　**(a)** 反応の全体像。テロメラーゼは (b) に示す機構により，テロメア DNA の 3′ 末端に単純な繰り返し配列を付加する。RNA プライマーが結合することでラギング鎖合成が可能になり，連結と RNA 除去が続いて起きる。**(b)** 想定されているテロメラーゼの反応機構。テロメラーゼ RNA は DNA の 3′ 末端に相補性を有し，伸長を可能とする。DNA ループが形成されることでさらなる伸長が起きる。この伸長反応が繰り返した後で，テロメラーゼとその RNA が解離する。

知られている。第 2 に，加齢，細胞老化，そしてテロメラーゼ活性の低下に強い相関が認められている。テロメアは個体レベルでも培養細胞でも，加齢とともに短くなる。テロメアが消失すると染色体末端の保護がなくなり，2 本の染色体間での末端-末端結合のような有害な反応が生じる。

テロメラーゼ活性と加齢の相関に関連することとして，培養細胞にテロメラーゼ遺伝子を導入することで不死化することができる。こういった知見は，悪性腫瘍細胞は必ず高いレベルのテロメラーゼを有していることと併せて，がん治療法としてのテロメラーゼ阻害という概念につながってきた。当然，がん細胞特異的にテロメラーゼを阻害する方法を開発することは大きな挑戦である。

ポイント 11
テロメラーゼは染色体末端に短い DNA 配列を繰り返し付加する。

DNA 複製の精度

DNA 複製は，知られている酵素により触媒される反応の中で最も正確である。この精度は，細菌の毎秒 1,000 ヌクレオチドという反応速度を考慮すれば実に驚くべきことである。1 回の複製当たりの遺伝子に変異が入る確率が 10^{-6} という突然変異の頻度から，ある 1 箇所の塩基が間違って取り込まれる確率は 1 回の複製当たり 10^{-9} と推定できる。この精度のうち 2 桁相当の部分は**ミスマッチ塩基対修復 mismatch repair** により担保される。ミスマッチ塩基対修復は不適正なヌクレオチドや，ループを形成して飛びだしたヌクレオチド（第 26 章参照）のような異常構造を認識し，取り除く。さらに，DNA ポリメラーゼによる反応自体が，1 ヌクレオチド取り込み当たりの間違いが 10^{-7} という高い精度をもつことが観察されている（表 25.2 参照）。

3′ エキソヌクレアーゼによる校正

DNA ポリメラーゼの精度は，ヌクレオチド取り込みの段階と 3′ エキソヌクレアーゼ活性による校正によって決まっている。前述したように，3′ エキソヌクレアーゼは不適正なヌクレオチドを認識し，次のヌクレオチドが重合される前に取り除くのに適した場所にある。しかし，DNA ポリメラーゼの結晶構造解析の結果によると，多くの DNA ポリメラーゼでエキソヌクレアーゼ部位がポリメラーゼ部位から離れている。例えば Klenow フラグメントの場合（図 25.7），娘鎖の 3′ 末端がポリメラーゼの活性中心から 3′ エキソヌクレアーゼの活性中心へ移動するためには，8 塩基分の DNA が巻き戻されなくてはいけない。いったいどのようにして 3′ 末端に存在するミスマッチなヌクレオチドを見分けるのであろうか？　もし新規に取り込まれたヌクレオチドがいちいち鋳型鎖から巻き戻されてチェックされるのであれば，どうやって早い重合速度を維持することが可能になるのだろうか？

その答は，定常状態での速度論的解析から得られる。図 25.44 に示すような実験により，ミスマッチ塩基対からヌクレオチドが伸長をする際の K_M は，正しい塩基対を形成した末端から伸長する場合に比べて 1,000 倍以上も大きいことが示された。この事実は，生理的な dNTP 濃度ではミスマッチ塩基対からのヌクレオチド伸長の速度は極めて遅いこと，そして，伸長が遅れることで，部分的な巻き戻し反応によりミスマッチ塩基対を形成したヌクレオチドがエキソヌクレアーゼ活性部位に移動することが可能となる（図 25.45）。したがって，3′ エキソヌクレアーゼ活性はミスマッチなヌクレオチドに対して特異性を有するのではなく，むしろ，ミスマッチなヌクレオチドは正しい対を形成しているヌクレオチドよりもエキソヌクレアーゼ活性部位にたどりつく可能性のほうがはるかに高いと考えられる。

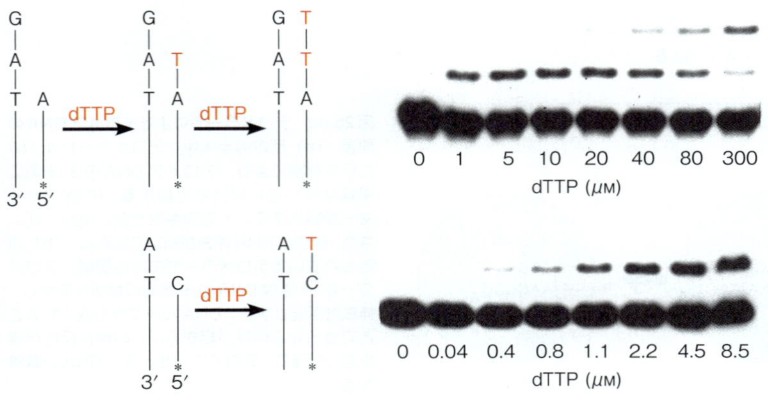

図 25.44　in vitro における DNA 複製精度の検討　プライマー鎖は 5′ 末端に放射標識されており（＊印），ゲルでは最も速く移動する。正しい塩基対（A-T 塩基対の A）からの伸張の dTTP 濃度依存性を上に示し，C-T の不適正塩基対からのものを下に示す。合成反応は基質ヌクレオチドとしては dTTP のみが存在する条件で行う。産生物は変性した後に尿素ポリアクリルアミドゲルで電気泳動し，オートラジオグラフィーで検出している。上のパネルは，伸長は 1 μM dTTP でほぼ最大であり，より高濃度ではさらなる伸長が検出されている。しかしながら，下のパネルに示すように，ミスマッチ塩基対からの伸長には mM レベルの dTTP 濃度が必要となる。
Courtesy of Myron Goodman.

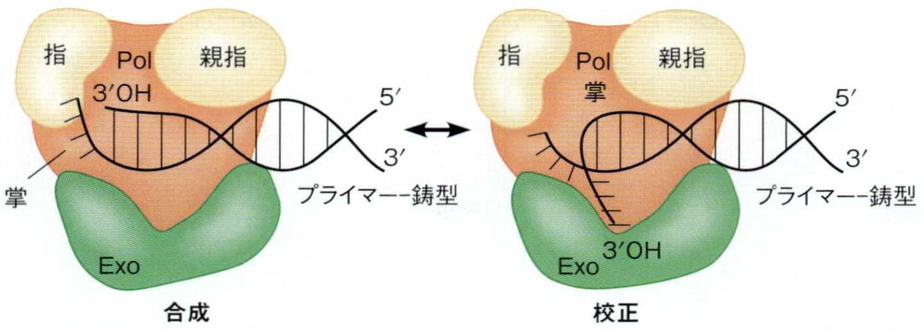

図 25.45　ポリメラーゼ部位から離れた 3′ エキソヌクレアーゼ部位によるミスマッチなヌクレオチドの選択的除去の速度論理的な原理　ミスマッチ塩基からの伸長が遅いため，二本鎖の巻き戻しが起こり，ミスマッチな 3′ 末端ヌクレオチドがエキソヌクレアーゼ部位に位置する。

ポリメラーゼの取り込み特異性

Watson–Crick モデルによれば DNA 複製の精度は A と T，G と C を結びつける水素結合に依存すると考えられた。しかし，Watson–Crick 型塩基対の自由エネルギーは，ミスマッチ塩基対（A–C や G–T）と比べると，4～13 KJ/mol しか違わない。これは，正しい塩基対と不適正塩基対の間で結合エネルギーが 100～1,000 倍しか違わないことを意味する。したがって，もしも DNA ポリメラーゼが，鋳型の DNA の塩基と対合した塩基を取り込ませるだけの完全に受動的な酵素であれば，正しい塩基対と不適正塩基対の相対的量を考えると，エラーはおよそ 0.1～1.0%で生じると予想される。校正機能がないとしても，このエラー頻度は観測値よりも極めて高いものとなる。

DNA ポリメラーゼ反応の前定常状態の速度論的解析から，ポリメラーゼ–DNA 複合体への dNTP 結合に伴って，化学結合の形成と切断という化学反応が生じる前に大きな構造変化が生じることがわかっている。ヌクレオチド 1 個を重合する際の完全な速度論的モデルを下に示す。

多くのポリメラーゼでは，ヌクレオチド選別は第 2 段階（dNTP 結合）と第 3 段階（化学反応に先行する構造変化）の両方で起きる。化学反応の段階は律速ではなく，ヌクレオチド選別にも寄与しない。不正な dNTP により生じる構造変化は活性中心の残基を歪め，これにより不正な dNTP ははずれていくことになる。

水素結合の特異性だけで取り込み特異性を説明できるのであろうか？　この点を調べるために，立体的には天然の dNTP に似るが，水素結合可能な原子をもたない dNTP 類似体が合成された。dTTP 類似体の例を下に示す。こういった類似体の多くは，反応速度からみると DNA ポリメラーゼの基質にはなりにくいが，天然の dNTP と同程度の特異性を示す。例えば，図に示した類似体は，鋳型鎖 dAMP の対側に取り込まれる際に dTTP と同程度に競合できる。すなわち，ポリメラーゼが挿入段階で基質ヌクレオチドを見分ける能力は，鋳型鎖との水素結合形成能に加え，ヌクレオチドの立体構造にも由来する。塩基の重なりに由来する相互作用も関与するのかもしれない。

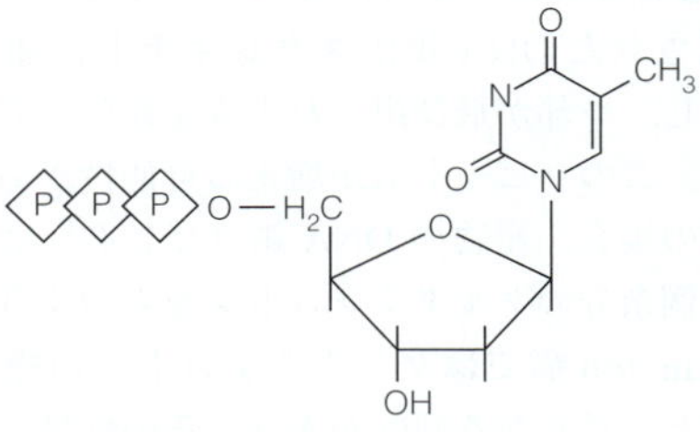

dTTP

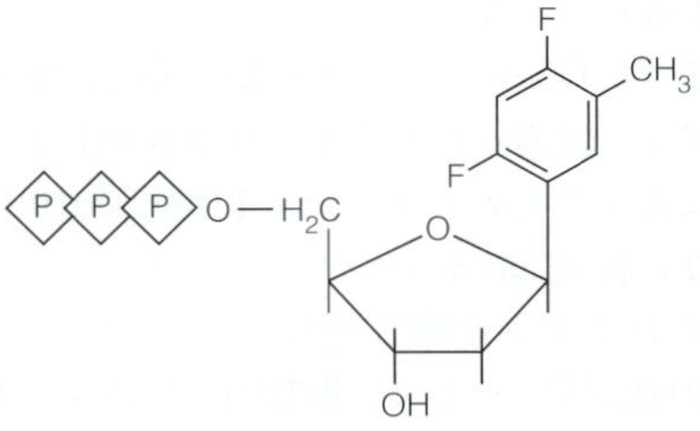

dTTPの構造類似体

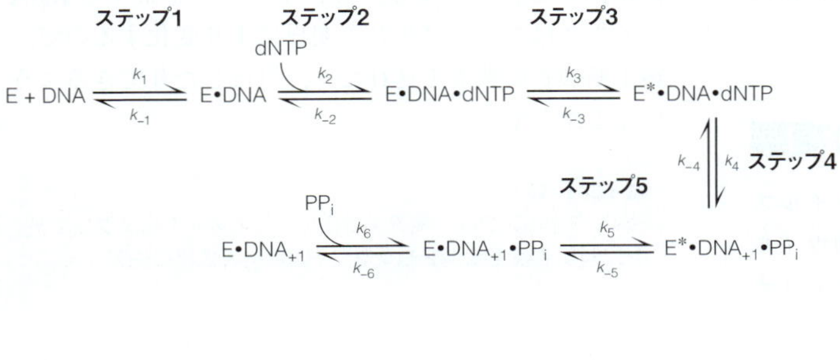

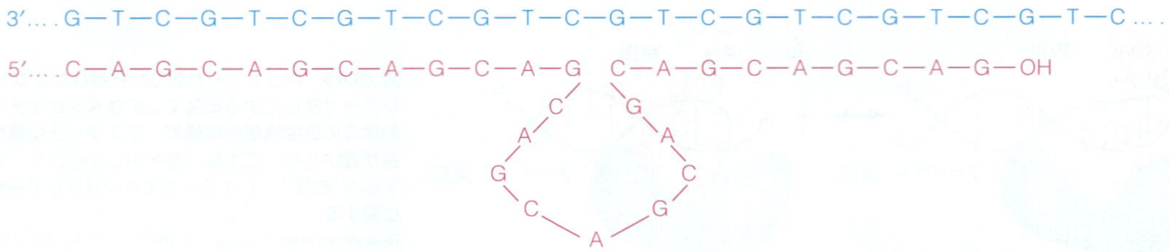

DNA複製の精度については，単一ヌクレオチド置換，すなわち1つのヌクレオチドが間違って重合されるエラーを中心に研究が進み，欠失や挿入といった他のタイプのエラーに関してはあまり研究されてこなかった。特に興味深いエラーは，短いリピート配列が直列に繰り返している鋳型に由来するものである。多くの遺伝疾患には，原因遺伝子がもつトリヌクレオチドの繰り返し配列が関与する。例えばHuntington病は常染色体優性の神経疾患であり，発症年齢は幅広い。この病気の原因となる**ハンチンチン huntingtin**という脳タンパク質は，グルタミン残基の繰り返し配列をもつが，この配列はそれぞれ5′CAG3′でコードされる。健常者ではこの部位に6〜31個のグルタミンがあるが，患者では80個以上のグルタミンが含まれる。新規合成されたDNA鎖がヌクレオチド付加の際にスリップし，一部が飛び出したような複製中間体を形成すると，このリピート数が増える可能性がある。上に示す例の場合，産物のDNA鎖（ピンク）は鋳型と比べて3個余分のグルタミンコドンをもつようになる。

Huntington病ではグルタミンコドンの繰り返しが世代ごとに長くなる傾向があり，その結果，発症年齢が早くなる。繰り返しが長いほど，この致死的な病気の発症年齢が早くなる。

最近まで，DNAポリメラーゼの精度に関するすべての研究は，間違ったデオキシリボヌクレオチドの取り込みに関するものであった。しかし2010年になって，酵母の複製DNAポリメラーゼはかなりの頻度でリボヌクレオチドを取り込むことが報告された。in vitroでの識別比，そして，細胞内のリボヌクレオシド三リン酸濃度がデオキシリボヌクレオシド三リン酸濃度よりもはるかに高いことからすると，酵母DNAが1回複製するたびに10,000個のリボヌクレオチドが取り込まれると推定される。取り込まれたリボヌクレオチドは，ゲノム安定性の維持に必須であるRNase Hにより除去される。

RNAウイルス：RNAゲノムの複製

本章の最後に，RNAをゲノムとしてもつウイルスの複製に関して触れる。ほとんどすべての植物ウイルスは，DNAではなくRNAをもつ。またバクテリオファージのいくつか，そしてポリオウイルスやインフルエンザウイルスなど多くの重要な動物ウイルスもRNAをもつ。**レトロウイルス retrovirus**というさまざまな腫瘍や後天性免疫不全症候群 acquired immune deficiency syndrome（AIDS）の原因ウイルスもRNAゲノムをもつ。

RNA依存性RNAレプリカーゼ

多くのRNAウイルスは，一本鎖RNA 1分子からなるゲノムをもつ。多くの場合，ゲノムRNAは翻訳段階の遺伝情報と同じ情報をもつ“センス”鎖である。換言すれば，ウイルス粒子から細胞内へ伝わったゲノムRNA分子は，相補鎖合成を必要とすることなく，直接mRNAとして機能しうる。ゲノムの最初の翻訳産物の1つは**レプリカーゼ replicase**，あるいはRNA依存性RNAポリメラーゼと呼ばれる酵素である。この酵素は，宿主由来のポリペプチドサブユニットと会合した後に，もとのRNA（プラス鎖）を3′末端側から複製する。すなわち，DNAポリメラーゼと同様に，新規RNA鎖（マイナス鎖）は5′側から3′側へ合成される。このマイナス鎖が次いでプラス鎖合成の鋳型として働く。そしてプラス鎖が，子孫**ビリオン virion**すなわちウイルス粒子へ収納される。RNAゲノムが二本鎖である場合，分節している場合（3分子から4分子の別々のRNA），あるいはRNAゲノムがマイナスの場合，すなわち**マイナス鎖ウイルス negative-strand virus**である場合には，さらに複雑な機構が関わる。

既知のRNAレプリカーゼは校正機能をもたない。したがって，ウイルスRNA複製はDNA複製と比べるとはるかにエラーが起こりやすく，RNAウイルスはその宿主細胞と比較すると著しく速く変化が生じ，進化する。このような特徴はウイルスの病原性とも密接に関わる。なぜなら，植物や動物に感染するRNAウイルスはしばしば生じる変異により変化するので，宿主側の防御機構を逃れたり，対抗したりできるようになるからである。

ポイント12
RNAウイルスの速い変異率は主に，ミスマッチなヌクレオチドに対する校正機構をもたないRNA複製機構に由来する。

レトロウイルスゲノムの複製

レトロウイルスのゲノムの複製には，違った戦略がとられている。レトロウイルスの名は，**逆転写酵素 reverse transcriptase** という特殊な酵素の存在に由来する。このクラスのウイルスは，一本鎖 RNA ゲノムから DNA のコピーをつくり，これが宿主細胞のゲノム中へ挿入されることにより，潜伏感染（病的な影響を及ぼすことなく宿主細胞中に長期間存在する状態）を達成する。DNA コピーは逆転写酵素によりつくられる。逆転写酵素は多機能酵素で，ウイルス粒子中に存在し，ウイルスゲノムとともに宿主細胞へ入る。図 25.46 に示すように，逆転写酵素はウイルス RNA を相補的 DNA 鎖合成の鋳型として使用する。この際，特異的な転移 RNA 分子がプライマーとして作用する（ステップ 1）。次いで本酵素の RNase H 活性が RNA を部分的に消化し（ステップ 2），DNA-RNA 塩基対により環状化する（ステップ 3）。この環状分子のまわりに新規 DNA が合成されていき，tRNA プライマーは RNase H 活性により除去される（ステップ 4）。RNA 鎖が除かれながら鎖置換合成が起きる（ステップ 5）。生じる二本鎖環状 DNA は染色体 DNA と組換えを起こし，この過程で染色体 DNA に直鎖状に挿入される。この状態では，挿入されたプロウイルスゲノムは，その遺伝子を発現することなく非感染性の状態で何年も存在することができる。環境ストレスなど（まだ十分には理解されていない）がきっかけとなって挿入されたウイルスゲノムが切り出され，ウイルスが感染性の状態へ戻る。

第 22 章でアジドチミジン azidothymidine（AZT）に関して述べたように，AIDS の原因ウイルスであるヒト免疫不全ウイルス human immunodefficiency virus（HIV）の逆転写酵素は，抗ウイルス治療法の標的となりうる。実際，活性中心部位の構造に基づいて阻害剤を開発するために，この酵素の構造が大いに関心を集めてきた。本酵素は二量体であり，51 kDa と 66 kDa の 2 つのサブユニットからなる。この 2 つはいず

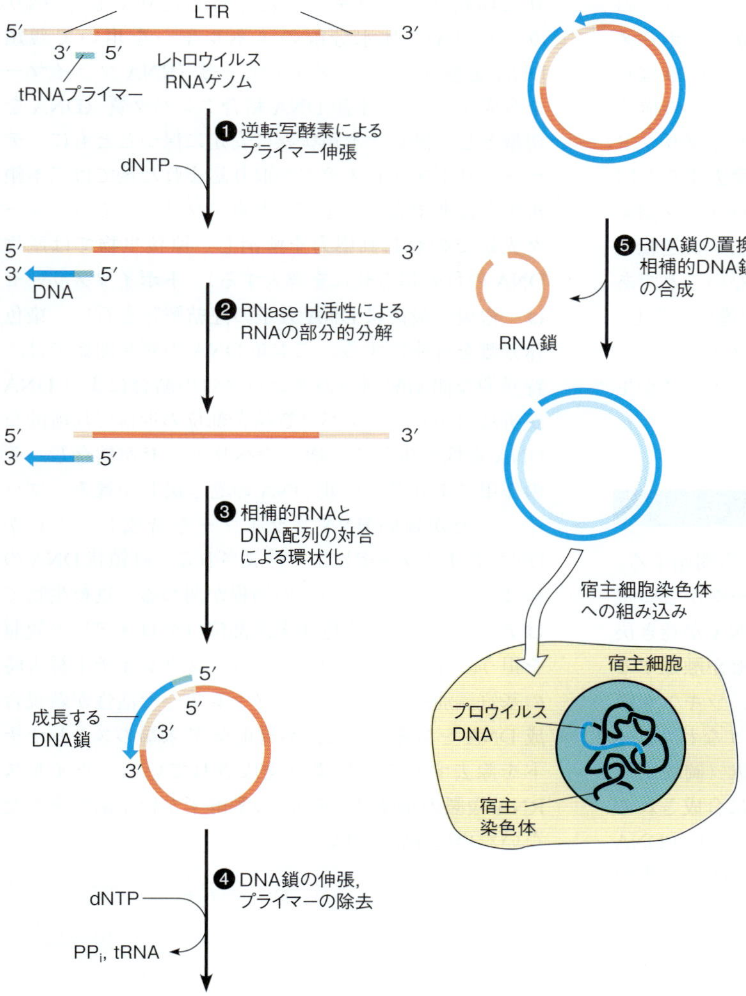

図 25.46　レトロウイルスのライフサイクルの概略　RNA ゲノムは LTR（long terminal repeat）をもち，その片方に tRNA 分子が結合する。プライマー伸長，部分的 RNA 分解，そして環状化により，DNA 合成の基質が形成される。最終的には，環状二本鎖 DNA が形成され，これが宿主染色体への組み込みの基質となる。近年得られた証拠では，ステップ 2 と 3 において，2 分子のウイルス RNA が相互作用することが必要である。

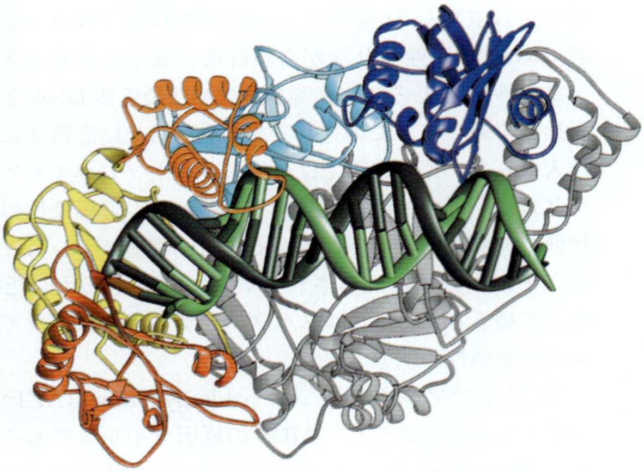

図 25.47　**HIV 逆転写酵素の構造**　本酵素はプライマー-鋳型複合体とプライマーの 3′ 末端に基質類似体（ジデオキシリボヌクレオシド三リン酸）が存在する複合体として結晶化された。p66 サブユニットは以下の色で示す（指は赤，掌は黄，親指はオレンジ，連結ドメインは青，RNase H ドメインは紫）。p51 サブユニットは灰色，ヌクレオチド基質（左下）は茶色で示す。PDB ID：1RTD。
From *Science* 282：1669-1675, H. Huang, R. Chopra, G. L. Verdine, and S. C. Harrison, Structure of a covalently trapped catalytic complex of HIV-1 reverse transcriptase：Implications for drug resistance. ©1998. Reprinted with permission from AAAS.

れも同じ遺伝子の産物である（図 25.12 参照）。小サブユニットはプロテアーゼによる大サブユニットのタンパク質分解により生じる。小サブユニットは大サブユニットのまわりに折りたたまれており，大サブユニットを分解から守る。DNA 依存性 DNA ポリメラーゼと同様に，大サブユニットは“DNA をつかむ手”のような構造をつくる。二量体構造の解析から，ポリメラーゼ活性と RNase H 活性の部位はそれぞれ 20 塩基分離れていることがわかった（図 25.47）。この構造上の関係により 2 つの活性が統御され，ハイブリッド分子の RNA 鎖からリボヌクレオチドを除去すると同時に新規合成が行われる。HIV に対するワクチン開発を行ううえで最も大きな困難の 1 つは，HIV の逆転写酵素には校正エキソヌクレアーゼ機能がないことである。このことにより，複製時にしばしば間違いが生じ，突然変異の頻度が高くなる。そして，ワクチンによりできる抗ウイルス抗体と反応しない変異ウイルスが生じることになる。

まとめ

DNA 複製は染色体上の決まった場所から開始する。多くの場合，開始反応の結果，複製フォークが 2 つ生じる。それぞれのフォークでは，親鎖 DNA が巻き戻され，それぞれの鎖が DNA ポリメラーゼが触媒する娘鎖合成の鋳型となる。リーディング鎖，ラギング鎖ともに，5′ から 3′ の方向へ合成される。すなわち，一方の鎖はフォークから逆方向へ短い DNA（岡崎フラグメント）として合成される。このように合成されるラギング鎖は，不連続的に伸長し，それぞれの DNA 鎖は短い RNA プライマーにより開始される。複製フォークを進めるレプリソームの酵素とタンパク質には以下のものが存在する。DNA ポリメラーゼ（dNTP 基質からデオキシリボヌクレオシド 5′-一リン酸を取り込む），滑走クランプ（ポリメラーゼのプロセシビティーを増強する），クランプローダー（DNA のまわりに環状クランプをのせたり外したりする），ヘリカーゼ（ATP 加水分解のエネルギーを用いて親鎖 DNA を巻き戻す），プライマーゼ（RNA プライマーを合成する），一本鎖 DNA 結合タンパク質（DNA を鋳型として働く一本鎖状態に安定に保つとともに，デオキシリボヌクレオチドが取り込まれた後では二本鎖再生を促進する），そして，トポイソメラーゼ（フォーク先端でのねじれ応力を解消し，原核生物では産物 DNA の負の超らせんを導入する）。トポイソメラーゼは，複製の最後に DNA 分子の連結解除も行い，染色体分離を可能にする。二本鎖 DNA の複製開始では，特異的な開始配列へのタンパク質の結合により DNA が折れ曲がり，タンパク質結合部位の近傍で局所的な DNA 変性が生じる。次いでヘリカーゼが結合し，その作用によりさらに親 DNA の巻き戻しが進み，プライマーゼが短い RNA プライマーを合成し，これが DNA ポリメラーゼにより伸長される。直鎖状 DNA の複製ではさらにいくつかの過程が関わる。真核生物ではテロメラーゼが染色体末端部位（テロメア）の複製を担う。非常に高い複製精度は，ヌクレオチド挿入時の基質識別能と，3′ エキソヌクレアーゼ活性が新規合成 DNA をスキャンし，不適正な 3′ 末端のヌクレオチドを除去することにより達成されている。ウイルス RNA 複製の精度は，RNA 複製酵素が校正活性をもたないために非常に低い。

生化学の道具　25A

二次元電気泳動法による DNA トポアイソマーの解析

DNA 分子をアガロース電気泳動法で解析する場合（「生化学の道具 2A」参照），DNA は**エチジウムブロマイド ethidium bromide**（EtBr）などの蛍光色素にゲルを浸すことより可視化される。

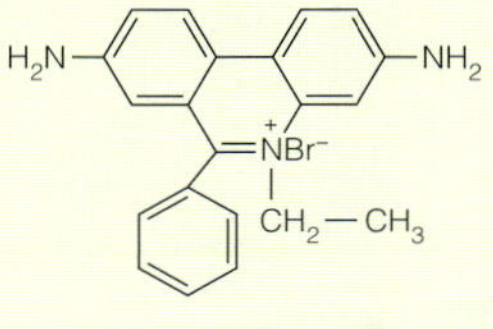

エチジウムブロマイド（EtBr）

この色素は，二本鎖 DNA に**インターカレーション intercalation** する。すなわち，この分子は平面的で大きさも塩基対 1 つとほぼ同じなので，隣り合う DNA 塩基対の間に入り込み，両者を解離させる。このことにより EtBr 分子の蛍光が増強され，DNA は EtBr で処理したゲルを紫外線下で観察することにより可視化される。

しかし，EtBr のようなインターカレーターは，電気泳動において別の目的でも使用できる。インターカレーターが電気泳動中に存在すると，トポアイソマーを分離することが可能となる。EtBr は隣り合う塩基対を引き離すことにより，二本鎖ヘリックスを巻き戻す。B 型 DNA では 1 回転当たり 10 塩基対が存在し，2 つの隣り合う塩基対は互いに対して 36° 回転している（1 周につき 360°）。EtBr 1 分子はおよそ 27° の巻き戻しを生じ，環状 DNA の流体力学的特性に対して以下のように影響を与える。第 4 章で述べたように，リンキング数（L）は，ねじれとよじれの和である。EtBr の結合は，ねじれのない二本鎖をつくるのに必要なねじれの数を減少させる。この際，L は分子が壊れない限り変化しないので，よじれが変化する。すなわち，増加する。換言すれば，EtBr は分子の正の超らせんを増やす。そして，負の超らせんをもつ分子は負の超らせんを失うので弛緩し，弛緩閉鎖二本鎖はより超らせんを獲得することになる。ゲル中での電気泳動による移動度は，移動する分子の大きさに依存する。弛緩二本鎖は最も大きく，したがってゆっくりと移動する。

環状 DNA のトポアイソマーの分布状況を二次元電気泳動で調べることができる。まず，一次元目は通常のアガロースゲル電気泳動を行い，二次元目を EtBr や類似のインターカレーター存在下に行う。図 25A.1a で示すプラスミド DNA では，トポアイソマーとしてニック（切れ目）の入った二本鎖（これは EtBr があってもなくても弛緩している）が存在し，両方の次元でゆっくりと移動している。超らせんをもつ分子では，正と負のトポアイソマーが存在する。例えば，番号 1 のものはもともと正の超らせん回転をもっていたが，二次元泳動ではその程度がさらに増大した。番号 6 のものは，もともと負の超らせん回転をもっており，二次元目ではよりゆっくりと移動している。この 2 つは，もともとは同じよじれをもつ。他のものは，もともと負の超らせん回転をもつトポアイソマーである。下端（すなわち番号 18，22 とその周辺）のものは，一次元目で分離できなかったものであり，二次元目で負のよじれが減少することにより分離された。

図 25A.1b で解析されているプラスミドは同じものであるが，G-C 配列が交互に繰り返す 16 塩基対の挿入（特定の条件下では左巻き Z 型 DNA 構造をとる）をもつ。インターカレーティング色素はこの DNA を右巻き構造に戻し，その結果，超らせん数が変化する。番号 17 および 20 のトポアイソマーは，GC に富む挿入がインターカレーターを添加する前に Z 型構造をとっていたものである。

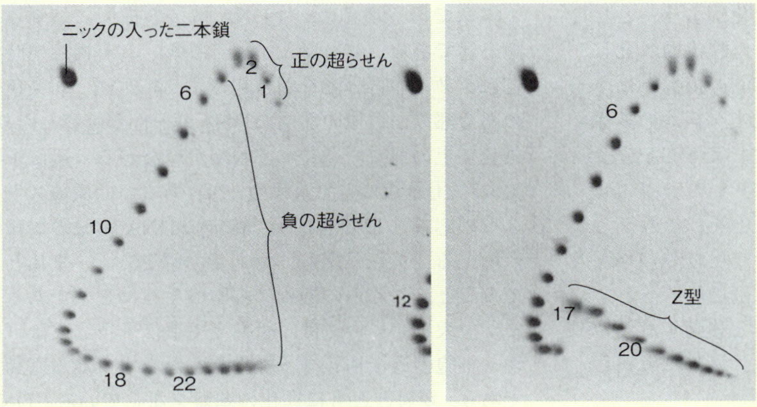

(a)　(b)

図 25A.1　二次元アガロース電気泳動を用いた環状 DNA トポアイソマーの解析　同じ DNA サンプルを解析しているが，(**b**) で用いたものは左巻き Z 型 DNA 構造を取る 16 塩基対の挿入をもつ。
Courtesy of J. C. Wang.

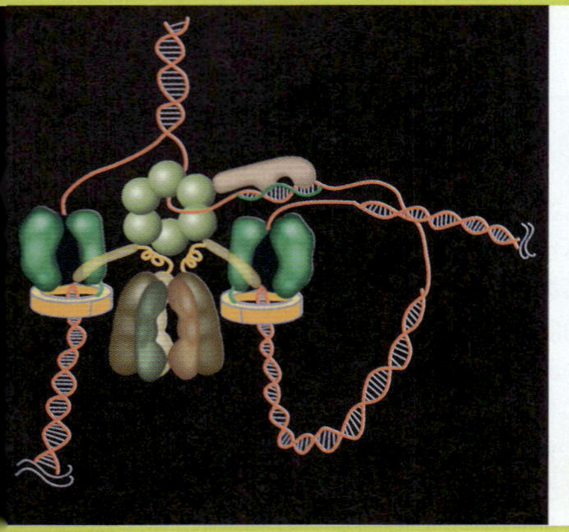

第 26 章

DNA の再構築：修復，組換え，再編成，増幅

本章では，自己複製の鋳型としての DNA から酵素反応の基質としての DNA に視点を変え，**遺伝情報の再構築 information restructuring** に分類される事象に焦点を絞ることにする。DNA は化学的に安定しているため，遺伝情報を保存する役割にとりわけ適しているものと長い間考えられてきた。確かに，有史以前の動物やヒトから DNA が単離され，塩基配列を決められることは，その安定性を立証するものである。しかし，DNA は，すべての生体分子と同じように，放射線，環境化学物質，そして活性酸素種のような内因性物質などの損傷作用に常に暴露されている。さらに，正常の DNA 複製には，化学的変化がエラーとして生じる。DNA が遺伝情報の安定した貯蔵場所としての機能を果たすためには，細胞が DNA 損傷を効率よく修復できることが必要である。元々ゲノムの多様性を確保するための過程と考えられていた DNA 分子の切断と再結合である遺伝的組換えが，いくつかの修復機構の中心的な役割を担っていることを，これから説明したい。また，選択的な増幅を行うために，DNA 断片がゲノム内においてある場所から別の場所へと，あるいはあるゲノムから別のゲノムへと移動するという意味でのゲノムの可塑性についても，最後に考察したい。

生化学者の立場からすれば，遺伝情報の再構築は DNA 複製より解析しにくい現象である。複製は細胞の生活環の中できわめて重要な代謝現象であることから，そこに関与する酵素やタンパク質は活性が高く，同定や解析が容易である。これに対して，遺伝情報の再構築に関与しているタンパク質や酵素は量がはるかに少ない。したがって，それらのタンパク質や酵素を同定するのは，かなり困難である。例えば，DNA のメチル化は，遺伝子の発現や機能に重大な影響を及ぼすが（第 29 章参照），1 遺伝子当たり 1 から数塩基しか起こらない。低い活性を扱うことから，DNA メチル化の解析には，DNA 複製の解析よりはるかに高感度の実験技術が必要である。

本章で扱う項目は，①DNA 構造の損傷に対する代謝応答である“変異導入”と“修復”，②有性生殖時などにゲノムの再分配を引き起こす“組換え”，③染色体のある部位から他の部位に DNA の一部が転移したり，染色体上の離れた部位の DNA がつながる“遺伝子再編成”，④通常の発生過程の一部，あるいは環境ストレスへの応答として起こり，特定の DNA 領域のコピーが増える“遺伝子増幅”である（図 26.1）。総体としてみると，これらの過程は細胞の生存に必須である。また，大まかにいえば，組換えや遺伝子再編成は，生物や細胞の遺伝情報の多様化をもたらす主たる原動力であり，変異とともに進化の基盤をなしている。DNA 以外のレベルで起きている遺伝情報の再構築は，他の章で述べることにする。これらの中には，選択的スプ

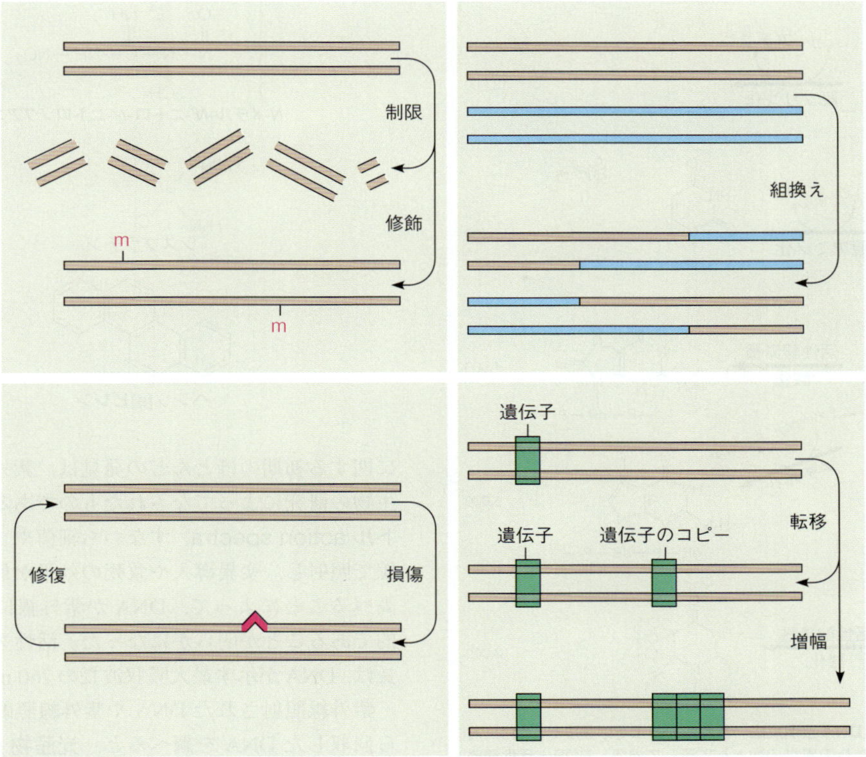

図 26.1　遺伝情報再構築の過程の要約　制限と修飾は第 24 章で議論され，他の過程が本章で紹介される。

26

ライシングやRNA編集がある（第27，29章を参照）。

DNA 修復

DNA 損傷の種類とその結末

環境的要因による損傷あるいは合成エラーによって，予期せぬ化学変化がすべての生体高分子に起こりうる。RNA，タンパク質あるいは膜のリン脂質のような多くの生体高分子の場合には，損傷やエラーの影響は，壊れた分子の代謝回転や正常分子による置換によって最小限にとどめられている。しかしながらDNAは，その中に蓄えられている遺伝子情報が，生体の細胞分裂や生殖の過程で1つの細胞から別の細胞に過不足なく受け継がれなければならない点で他とは異なる。そのために，DNAは，代謝的安定性が保たれている必要がある。この安定性は2つの方法で維持されている。すなわち，非常に高い精度で複製を行うことと，DNAが損傷を受けた場合に遺伝情報を正しく修復することである。高い複製精度を確保するための機構については，すでに第25章で述べた。ここでは，環境による損傷と内因による損傷の種類と，損傷を修復するいくつかの過程について議論する。これらの過程には，次のものがあげられる。①**直接修復 direct repair**：損傷した塩基を化学反応あるいは光化学反応によって元に戻す修復。②**ヌクレオチド除去修復 nucleotide excision repair**：損傷した部位を含むDNAの小さな領域を切り出し，正常なDNAで置き換える修復。③**塩基除去修復 base excision repair**：損傷した塩基とDNAの糖-リン酸の骨格をつなぐグリコシル結合の切断から始まる修復。④**ミスマッチ修復 mismatch repair**：複製エラー，非相同組換え，あるいは1塩基損傷によって生じたDNAのミスマッチの検出とその修復。⑤**娘鎖ギャップ修復 daughter-strand gap repair**：新たに複製されたDNAとの組換えによる損傷DNA領域の除去。⑥**損傷乗り越え合成 translesion synthesis**（誤りがちな修復）：特異的ではあるが，しばしば不正確であるDNAポリメラーゼによって，複製DNAポリメラーゼを妨げるDNA損傷が複製される。⑦**二重鎖切断修復 double-strand break repair**：切断された二重鎖の末端が再結合される。

最もよく知られている内因性のDNA損傷作用には，①デオキシリボースとプリン塩基の間のグリコシル結合を加水分解する脱プリン化，②DNAシトシン残基を加水分解によってウラシルに転換する脱アミノ化，③グアニンの酸化による8-オキソグアニンの生成やチミンの酸化によるチミングリコールの生成に代表される酸化，④*S*-アデノシルメチオニンによる酵素反

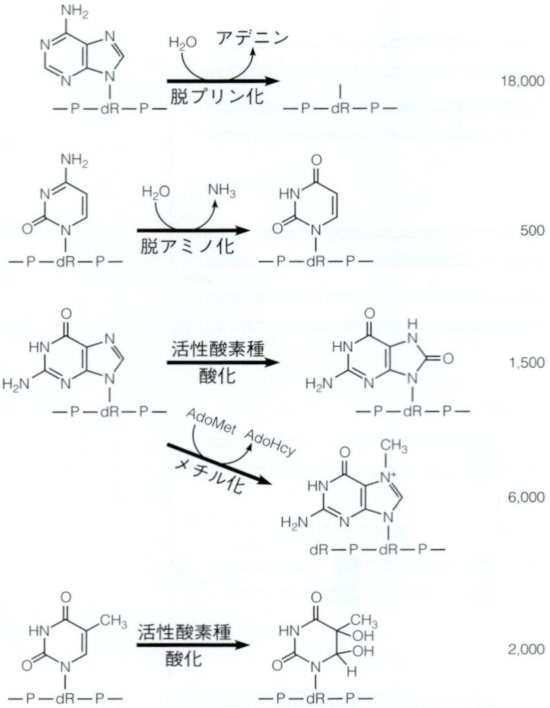

図 26.2　内因性の DNA 損傷反応　各反応のおよその頻度を，1 日における哺乳類細胞あたりの異常の数として示してある。ROS＝活性酸素種。

Data from *DNA Repair and Mutagenesis* 2nd ed., E. C. Friedberg, G. C. Walker, W. Siede, R. D. Wood, R. A. Schultz, and T. Ellenberger. ©2006 ASM Press, Washington, DC.

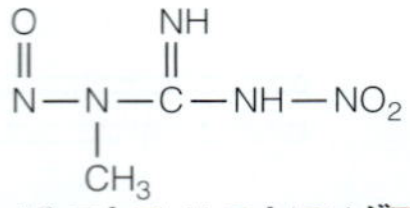

***N*-メチル-*N′*-ニトロ-*N*-ニトロソグアニジン**

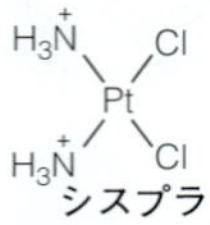

シスプラチン

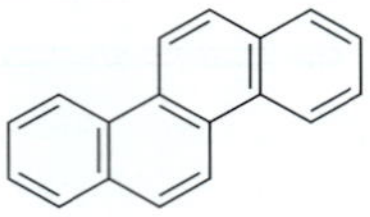

ベンゾ[a]ピレン

応によらないメチル化，などがある。これらの反応の一部は，図 26.2 に哺乳類における頻度とともに示されている。これらに加えて，複製エラーが，1 日数千におよぶ DNA ヌクレオチドの誤対合の原因となる。

環境中に存在する DNA 損傷作用物質としては，電離放射線，紫外線，***N*-メチル-*N′*-ニトロ-*N*-ニトロソグアニジン *N*-methyl-*N′*-nitro-*N*-nitorosoguanidine**（MNNG）のような DNA メチル化剤，抗がん剤である**シスプラチン cisplatin** のような DNA 架橋剤，タバコに含まれる発がん性の炭化水素である**ベンゾ [*a*] ピレン benzo [*a*] pyrene** のような，大きな親電子性物質などがある。このような物質によって生じる損傷と，これらを修復する過程について，もう少し述べなければならない。ある修復過程は正確であり，元の DNA 配列が回復するが，ある過程は修復が不正確であるために，変異を起こすことも理解するであろう。多くのがんが，体細胞変異の蓄積によって起こることは明らかであるために（第 23 章参照），DNA 修復の機構は，動物のがんになりやすさを決める重要な因子として，精力的に研究が行われている。

DNA 修復機構を考える前に，修復の対象となる損傷 DNA の化学構造を把握する必要がある。DNA 修復に関する初期のほとんどの発見は，紫外線照射された生物の研究によってなされたものである。**活性スペクトル action spectra**，すなわち細菌やファージを紫外線で照射し，変異導入や致死の効果が最も高い波長を調べることによって，DNA が紫外線による損傷の標的であることが明らかになった。活性スペクトルの波長は，DNA が示す最大吸収波長の 260 nm 付近である。

紫外線照射された DNA や紫外線照射された生物から回収した DNA を調べると，**光産物 photoproduct** と呼ばれる変化した DNA の構成成分が，少量ではあるが多種類みつかる。なかでも際立ったものは，同一鎖の中で炭素 5 と 6 が関与したシクロブタン環構造によってつながってできたピリミジン塩基二量体である（図 26.3a）。生物学的に重要な光産物として初期に同定されたのは，隣り合うチミン残基で形成される**チミン二量体 thymine dimer** である。なぜなら，紫外線照射を受けた DNA におけるチミン二量体の形成量は，細菌やファージの致死に密接に相関していたからである。すなわち，生物の紫外線照射下での生存能力は，チミン二量体の除去能力に依存していたのである。二量体化によって，隣り合ったチミン残基はひきつけられ，それによって DNA 二重らせんが歪み，複製はこの部位で停止する。

長い間，細胞死と同様に紫外線照射によって誘導される変異導入も，シクロブタンチミン二量体によって引き起こされていると考えられていた。しかし，最近のデータによると，**6-4 光産物 6-4 photoproduct** と呼ばれる別のピリミジン二量体が，紫外線で誘導される変異の主因であるらしい。図 26.3b に示すように，この光産物も二量体で，5′ 側のピリミジン（チミンあるいはシトシン）の C6 と，3′ 側ピリミジン（通常はシトシン，時折チミン。図 26.3 参照）の C4 がつながった形をしている。6-4 光産物が紫外線照射した DNA における変異の原因であるとの考えは，**光再活性化 photoreactivation**（次項参照）によってシクロ

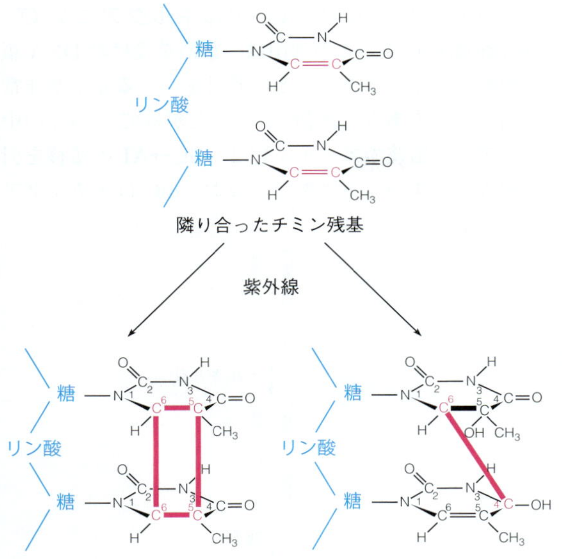

図 26.3　ピリミジン二量体光産物の構造

ブタンチミン二量体を完全に取り除いた実験によって裏づけられている。すなわち，このように処理した DNA を細菌に導入したところ，未処理のものと変異率は変わらなかったのである。しかし，6-4 光産物が紫外線による変異形成の原因であるか否かが決着したわけではない。

> **ポイント 1**
> シクロブタンチミン二量体は，DNA の紫外線照射によって生じる光産物の中で最も致死効果が高い。6-4 光産物は，最も強い変異誘導作用を示すようである。

損傷 DNA 塩基の直接修復：光再活性化とアルキルトランスフェラーゼ

解明が進んでいる 6 種類の DNA 修復機構のうち，ほとんどの機構は隣接するヌクレオチド残基と一緒に損傷したヌクレオチドを除去し，その後，相補鎖（損傷を受けていない鎖）の情報を用いて除去した領域を置き換える修復を行う。しかし，少なくとも 2 つの機構は，除去するのではなく，損傷を受けた塩基を直接変換する反応を行う。

> **ポイント 2**
> DNA は損傷した塩基を正常な塩基と置換することによって直接修復することもできるし，損傷したヌクレオチドを含む領域を置換することによって間接的に修復することもできる。

光再活性化

光再活性化酵素 photoreactivating enzyme あるいは DNA フォトリアーゼ DNA photolyase と呼ばれる広く生物界に存在する酵素は，可視光線を利用してシクロブタンピリミジン二量体を修復する。これには，波長 370 nm の光が最も効果的である。この酵素は，光非依存的に DNA の中のピリミジン二量体に結合する。可視光線の存在下で，ピリミジン環同士をつないでいる結合が切れ，光がなくなると酵素が遊離する。この機構の解明の鍵となったのは，酵素が 2 つの発色基を含んでいるという発見である（第 16 章で述べたが，発色基は特定の波長の光を吸収する構造単位であることを思い出そう）。1 つの発色基は，結合型のフラビンアデニンジヌクレオチドであり，脱電子化され，還元された状態である（$FADH^-$，図 26.4 参照）。ある種のフォトリアーゼの 2 つ目の発色基は，5,10-メテニルテトラヒドロ葉酸（第 20 章参照）で，他のフォトリアーゼでは，8-ヒドロキシ-5-デアザフラビンである。この機構は，光合成に似た機構であるらしい。

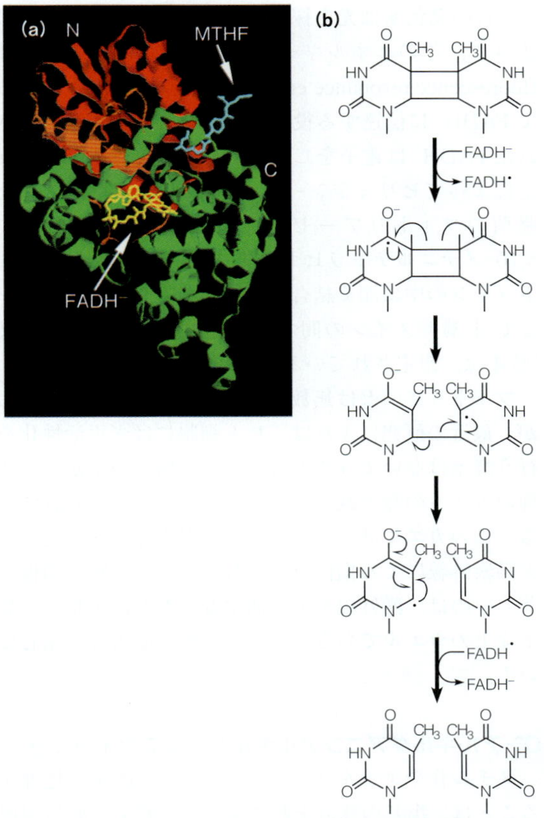

図 26.4　チミン二量体フォトリアーゼ　(a) 大腸菌酵素の構造で，葉酸とフラビン補因子の結合を示すオレンジ色のリンカーとともに，N 末端ドメイン（赤）と C 末端ドメイン（緑）を示している。(b) $FADH^-$ と $FADH^•$ の構造と，想定されている反応経路。

Journal of Biological Chemistry 283 : 32153-32157, A. Sancar, Structure and function of photolyase and in vivo enzymology : 50th anniversary. Reprinted with permission.

2つ目の発色基は光を採取し，ちょうど光合成中心のように，そのエネルギーを蛍光共鳴エネルギー転移 fluorescence resonance energy transfer（FRET）によって $FADH^-$ に伝達する役目を果たしている。活性化された $FADH^-$ は電子を二量体に与え，遊離ラジカル反応によってピリミジン–ピリミジン結合は壊れる。大腸菌のフォトリアーゼの結晶構造解析によれば，5,10–メテニルテトラヒドロ葉酸は，$FADH^-$ がC末端ドメインの中に深く結合した状態で，N末端ドメインとC末端ドメインの間で，表面に結合している。図26.4は，想定されている反応経路を示している。

フォトリアーゼは無数の真核生物でみつかっているが，最近の研究によれば，ヒト細胞には光再活性化を行う酵素はないようである。オゾン層の破壊が，ある種のカエルの数の減少につながっているといわれている。このカエルは，フォトリアーゼをもたないため，太陽紫外線による損傷をこうむりやすい。特に損傷が著しいのは，紫外線をよく通す澄んだ湖に生息する発生途上のカエルである。しかし，他の原因も関係している。

O^6–アルキルグアニンアルキルトランスフェラーゼ

メチル化やエチル化を起こす薬剤でDNAを処理することは，塩基の修飾を起こすという点で，紫外線照射と同じである。修復されなければ細胞死にいたる修飾もあれば，変異形成を起こす修飾もある。ある種のアルキル化薬は，DNA複製を抑制し，したがって細胞増殖を抑制することから，抗がん剤として用いられている。また，あるものは研究室で変異原として用いられている。3種類のメチル化あるいはエチル化薬剤を下に示す。

これらの薬剤によって修飾される塩基は，主としてプリン（リン酸基の酸素原子も標的）であり，使った薬剤によってさまざまな産物ができる。産物の中で最も変異原性に富むのは O^6–アルキルグアニン O^6–alkylguanine で，その理由は，修飾を受けたDNA鎖が複製されたときチミンと塩基対をつくる確率が非常に高いためである（図26.5）。したがって，DNAの中のグアニン塩基のアルキル化は，GC→ATの遷移を引き起こしやすい（下図参照。なお，mGはメチルグアニン残基）。

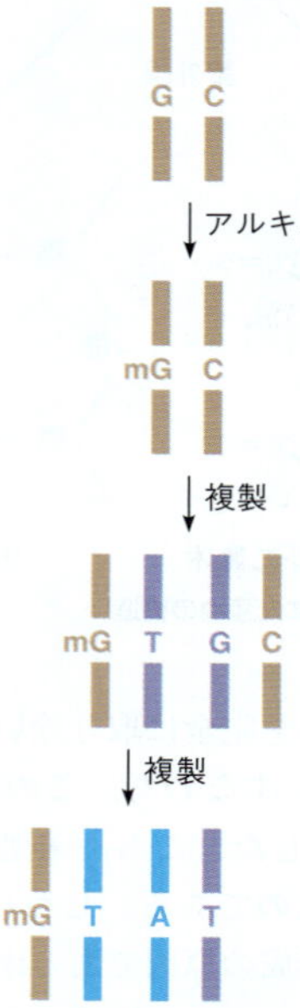

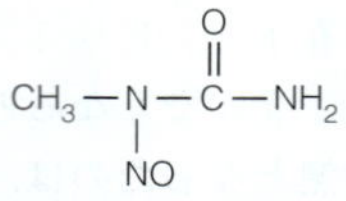

メチルニトロソ尿素（MNU）

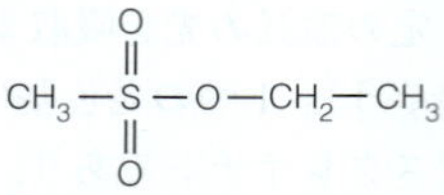

エチルメタンスルホン酸（EMS）

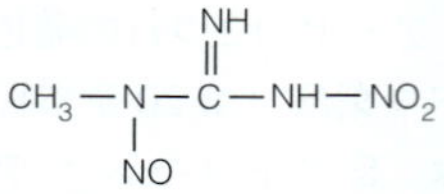

N-メチル-*N′*-ニトロ-*N*-ニトロソグアニジン（MNNG）

このタイプの損傷の修復には，O^6–アルキルグアニンアルキルトランスフェラーゼ O^6–alkylguanine alkyltransferase と呼ばれる酵素が働いている。この酵素は，O^6–メチルグアニンあるいは O^6–エチルグアニン残基からメチル基あるいはエチル基をタンパク質の活性中心のシステイン残基に転移する。原核生物，真

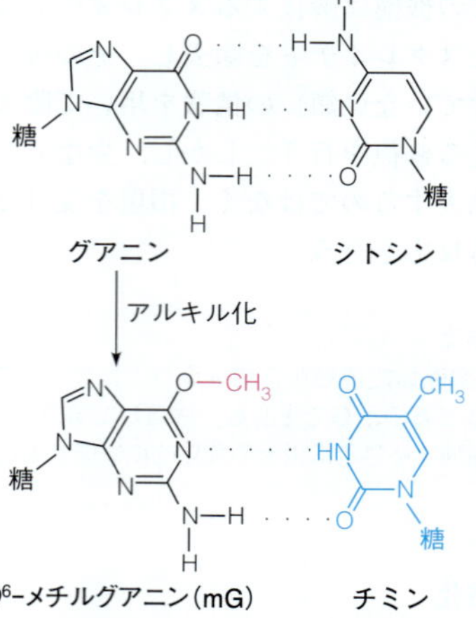

図26.5　DNA二重鎖内のチミンと O^6–メチルグアニンの誤対合

核生物を問わず広く存在するこの触媒は，驚くことに一度しか働かない。一度アルキル化されると，自分でそれを除くことができず，タンパク質分子が代謝回転する。したがって，酵素と呼ぶのは誤りである。細菌の中のこのタンパク質は，自分自身と，後で述べるもう1つの修復酵素であるDNA-*N*-グリコシラーゼの合成を制御している。制御は，この2つのタンパク質をコードする遺伝子の転写調節で行われている。アルキル化されたアルキルトランスフェラーゼは，転写活性化因子として働くことが証明されている。このように，アルキル化されたタンパク質自身を修復に必要なタンパク質をもっと多くつくるための特異的信号として細胞が利用することによって，細菌はアルキル化による損傷へ対処できるようになっているのである。

> **ポイント 3**
> 直接修復酵素には，光エネルギーを使ってピリミジン二量体を修復するフォトリアーゼと，1 回しか使えない“酵素”，アルキルトランスフェラーゼがある。

ヌクレオチド除去修復：エキシヌクレアーゼ

ヌクレオチド除去修復 nucleotide excision repair（NER）は，紫外線照射で生じたDNAチミン二量体を修復できる酵素系の発見によって，その存在が明らかになった。光再活性化と異なり，この修復は光のないところでも起こる。大腸菌の場合，少なくとも *uvrA* と *uvrB* および *uvrC* 遺伝子の産物が関与しているが，この酵素系は非常に大きい異常部位を有するいろいろなDNA損傷を修復できることが知られている。例えば，大きなアルキル基による修飾やDNA二重らせん構造をゆがめるような損傷も，この酵素系で修復できる。非常によく似た酵素系が哺乳類細胞や酵母にも存在することから，この修復機構はおそらく生物界に普遍的に存在すると思われる。

図 26.6 に示すように，大腸菌では，3つのサブユニットによって構成される UvrABC 酵素が損傷部位（例示ではチミン二量体）を認識し，ATP の加水分解によって DNA を曲げ，損傷を受けた DNA 鎖を 2 箇所，すなわち損傷部位から 5′ 側に 7 ヌクレオチドのところと，3′ 側に 4 ヌクレオチドのところで切断する。その結果，末端が 3′ 水酸基と 5′ リン酸基で，11 ヌクレオチドが抜け落ちたギャップができる。このギャップは DNA ポリメラーゼとリガーゼによって損傷していない DNA に置き換えられ，修復は完了する。この修復過程には，*uvrD* 遺伝子の産物であるヘリカーゼⅡも必要であり，おそらく損傷部位の二重鎖をほどき，切り出されたオリゴヌクレオチドを取り除くものと思われる。取り除かれたオリゴヌクレオチドは，最終的に他の酵素で分解される。UvrABC 酵素は，通常のエンドヌクレアーゼではない。なぜなら，2 箇所で切断するからである。この酵素には，除去修復での役割にふさわしいように，**エキシヌクレアーゼ excinuclease** という名称が提案されている。この酵素は，両鎖間の共有結合による架橋も修復できる。この場合，傷ついていない鋳型鎖を保存するために，鎖は片方ずつ順を追って修復される。

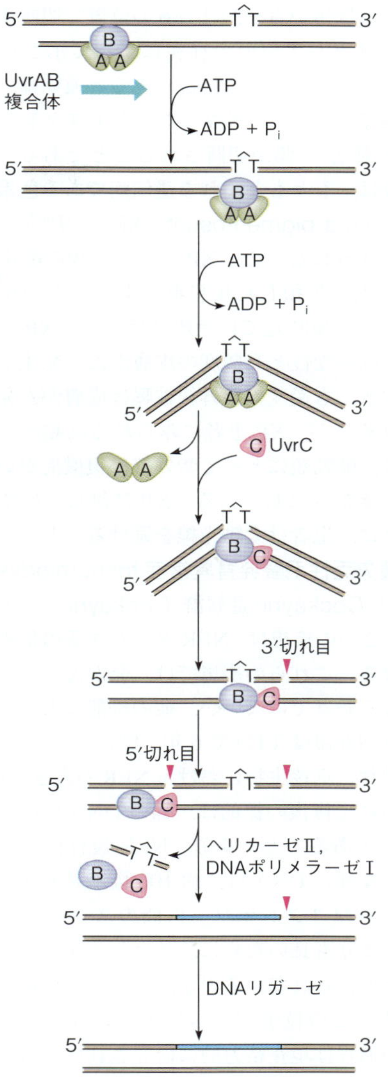

図 26.6　大腸菌 UvrABC エキシヌクレアーゼによるチミン二量体の除去修復　UvrA と UvrB の複合体が DNA に沿ってチミン二量体や他の損傷部位を探す。その部位を探し当てると，そこで停止し DNA を曲げる。UvrA（“分子仲人”）は解離し，UvrC が UvrB に結合できるようにする。UvrBC 複合体によって，チミン二量体の両側で切断される。二量体を含む 28 ヌクレオチドがヘリカーゼとポリメラーゼおよびリガーゼによって取り除かれ，新しい DNA によって置換される。この修復では，DNA ポリメラーゼⅠと同様に DNA ポリメラーゼⅡも使われる。
From *Science*, 259：1415–1420, A. Sancar, J. E. Hearst, Molecular matchmakers. ©1993. Reprinted with permission from AAAS. Adapted with permission from Aziz Sancar.

チミン二量体から－22と＋6の位置で切断するヒトのエキシヌクレアーゼの存在によって示されるように，哺乳類細胞にも除去修復がある。違いは，ヒトの除去修復では，2つの異なったエンドヌクレアーゼによって5′側と3′側が切断されることである。ヒトの除去修復は，もともとまれな遺伝病である**色素性乾皮症 xeroderma pigmentosum（XP）**の研究によって知られるようになった。XPは除去修復の酵素の1つかそれ以上が欠損した疾患群である。この疾患にかかった場合，現時点では治療法はない。XPでは高度の太陽光線感受性と高頻度の皮膚がんの発生がみられる。健常者でも過度の紫外線被曝は皮膚がん発生の危険度を高めるが，XP患者にみられる高頻度の皮膚がん発生は，哺乳類にとって紫外線修復機構がいかに重要かを浮き彫りにしている。XPに対しては治療法がないために，患者は太陽光線を避けることが必要である。**硫黄欠乏性毛髪発育異常症 trichothiodystrophy（TTD）**と**Cockayne症候群 Cockayne's syndrome（CS）**の2つの疾患は，NERタンパク質の他の欠損が原因となる。これらの疾患では，発がんリスクが異常に高くなるわけではないが，他の機能に大きな影響が及び，平均寿命はTTDで6年，CSで12年である。

原核生物と真核生物におけるNERの大きな違いは，後者において修復の標的は，裸のDNAではなくてクロマチンであることである。NER複合体を集めるために必要な裸のDNAは，約100塩基対と推測されている。これはヌクレオソーム間のスペース（20～80塩基対）よりも長いために，ヌクレオソームの中心粒子が置き換えられているのか，あるいは損傷が修復されるためにこの粒子がすべり出ているのかを意味する。この過程は現在精力的に研究されている。

最近の研究からわかったことだが，盛んに転写されている遺伝子はより効率よく修復され，その中でも転写の鋳型鎖のDNAがより効率よく修復される。この**転写共役修復 transcription-coupled repair**は，転写中のRNAポリメラーゼが損傷部位で立ち往生した部位で行われる。転写と修復の共役は，盛んに働いている遺伝子を正常に保つのに役立つ。哺乳類細胞では，転写共役修復は，さらにいくつかのタンパク質を必要とするヌクレオチド除去修復の一形態である。転写共役修復に関わる1つ以上のヒト酵素における遺伝子の欠損は，Cockayne症候群の原因となる。また，乳がんや卵巣がんの危険因子に関係するヒト遺伝子*BRCA1*も，転写共役修復に関わっている。哺乳類のNERのある過程では，DNAポリメラーゼδとκが必要とされるが，別の過程ではpol εが必要とされる。

前述したように，NERは大きなDNA付加体によって損傷されたDNAも修復する。環境中の多くの化学発がん物質は，このような付加体を形成する。修復あるいは誤りがちな修復ができない場合には，これらの付加体は変異を生じる可能性がある。例えば，多環芳香族炭化水素 polycyclic aromatic hydrocarbons（PAH）は，石炭の燃焼などの不完全燃焼によって生じるありふれた有機環境汚染物質である。多くの環境発がん物質と同じように，PAHはDNAと直接反応しない。確かに，この化学反応がないことで，その持続性は説明がつく。しかしPAHは，代謝活性化を起こしうる。これは，DNAや他の高分子に結合しうる活性親電子性中間体を生成する生体内変換である。この代謝は肝臓や他の臓器で起こる。PAHの代謝活性化の最もよく知られているものは，図26.7に示されるように（簡略した形で），ベンゾ［*a*］ピレン代謝の経路である。最初に，シトクロムP450による酸化が，エポキシド中間体を生成する。このエポキシドがエポキシドヒドロラーゼによる触媒反応で加水分解され，ジヒドロジオール産物がつくられる。2度目のシトクロムP450の触媒による酸化により，最後に活性度の高いベンゾ［*a*］ピレン7,8-ジヒドロジオール9,10-エポキシド benzo[*a*]pyrene 7,8-dihydrodiol 9,10-epoxide（BPDE）が生成される。BPDEはDNAとの反応性が

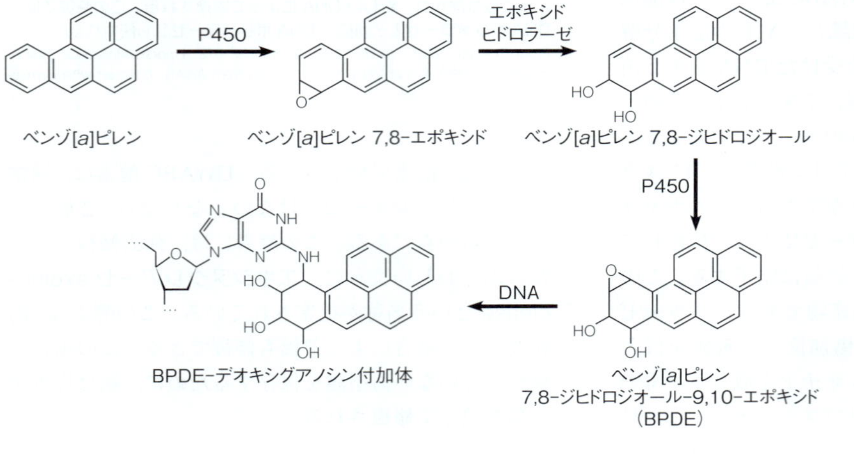

図26.7　発がん性のある多環芳香族炭化水素の代謝活性化と，それに引き続く活性化ジヒドロジオールエポキシドとDNAのdGMP残基との反応
Courtesy of Dr. David Josephy.

高く，主にグアニンと大きな共有結合性の付加体を形成する。

> **ポイント 4**
> 除去修復では，損傷部位の両側でエンドヌクレアーゼが切断され，次に DNA 置換合成が起こる。

塩基除去修復：DNA *N*-グリコシラーゼ

もう1つの除去修復である**塩基除去修復 base excision repair**（BER）も塩基損傷の部位から，1つあるいはそれよりも多くのヌクレオチドを除去する。しかし，この過程は損傷された塩基とデオキシリボースの間のグリコシル結合を酵素反応で切断することで始まる。

BER による DNA のウラシルの置換

BER システムで最もよく理解されているものの1つに，DNA をスキャンしてウラシルを除くことがある。ウラシルは DNA 二重鎖において，アデニンと塩基対を形成することがあり，DNA ポリメラーゼはチミジン三リン酸の位置にデオキシウリジン三リン酸を基質として受け入れてしまう。それが起こったとしても，細胞は DNA にデオキシウリジン残基が蓄積することを防ぐ精巧な2つの機構を有している。第 22 章で述べられているように，この過程の最初は，dUTP を dUMP とピロリン酸に切断する活性デオキシウリジントリホスファターゼが関係するものであり，それによって dUTP のプールを最小限にとどめて，それが複製の基質として使われることを抑えるものである。第2の段階では，**ウラシル-DNA *N*-グリコシラーゼ uracil-DNA *N*-glycosylase**（UNG）が関係するものであり，dUTPase の作用から逃れた dUTP を取り込むことによって生成される dUMP 残基を除く。

図 26.8 に示すように，ウラシル-DNA *N*-グリコシラーゼは，ウラシルの N1 とデオキシリボースの C1 の間のグリコシル結合を加水分解によって切断する。これによって，ウラシルが遊離し，ピリミジンが欠損した糖鎖である**無ピリミジン部位 apyrimidinic site** を有する DNA が生成される。そして，**無ピリミジンエンドヌクレアーゼ apyrimidinic endonuclease**（AP endonuclease）がこの部位を認識して，デオキシリボース分子の 5′ 側でリン酸ジエステル結合を切断する。さらに，細菌では，DNA ポリメラーゼ I のニックトランスレーション活性によって，除かれた dUMP のかわりに dTTP を挿入し，無ピリミジン部位のデオキシリボースリン酸を移す。これは，**デオキシリボース-5′-ホスファターゼ deoxyribose-5′-phosphatase** によって除かれ，生じた切れ目（ニック）は

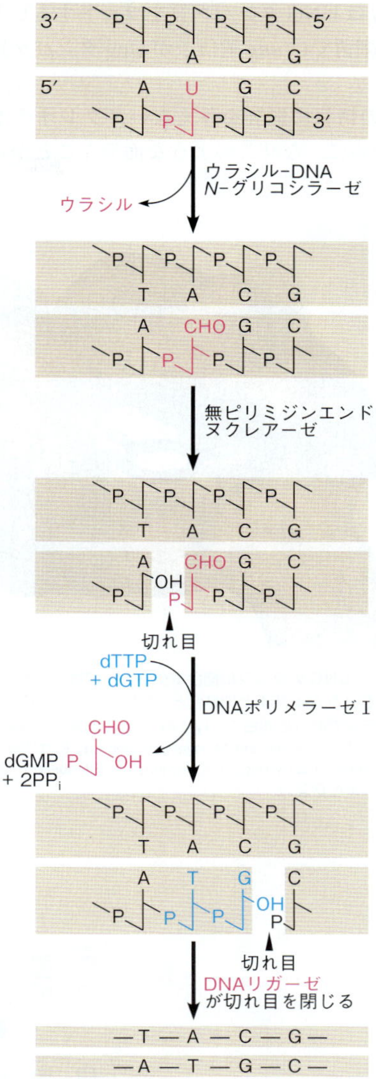

図 26.8　DNA ウラシル修復システムの反応　ウラシル-DNA *N*-グリコシラーゼ（UNG とも呼ばれる）はウラシルを除去し，無ピリミジン部位を残す。特異的なエンドヌクレアーゼがこの部位を認識して，その 5′ 側で切断する。DNA ポリメラーゼ I が欠失したヌクレオチドを置き換え，ニックの 5′ 側でデオキシリボース-5-リン酸を残す。これは加水分解によって除かれ，DNA リガーゼが切れ目を埋める。

DNA リガーゼによって修復される。

ウラシル-DNA *N*-グリコシラーゼは，これまで調べられたすべての DNA グリコシラーゼと同じように，DNA 二重鎖から標的塩基をはじき，切断が起こるポケットに結合させる。ヒト UNG の構造解析によって，このポケットはプリン塩基を排除するのに十分な小ささであることが明らかとなった。さらに重要なことは，図 26.9 に示すように，C5 のチミンメチルグループと Tyr147 の間の負の立体関係によって，ポケットがチミンを排除することである（注：伝統的に，真核生物の遺伝子と遺伝子産物は大文字で示す。そのた

め，*UNG* は UNG タンパク質をコードするヒト遺伝子であり，細菌では *ung* 遺伝子が Ung タンパク質をコードする）。

DNA の情報に影響を与えないヌクレオチドを入れ替えるために，なぜこのような面倒なことが起こるのであろうか。可能性としては，チミンにかわるウラシル（すなわち，アデニンと塩基ペアを形成する）は，この DNA 修復システムの真の標的ではないことが考えられる。DNA のウラシル残基は，シトシン残基の自発的な脱アミノ化によっても起こりうる。この変化は遺伝情報を変えてしまう。すなわち，G-C 塩基対を G-U 対に変えるために，次の複製においては U を含む鎖は A-T 塩基対を生じることになる。ウラシルを修復するシステムはこの変異を防ぐが，ウラシルがアデニンと塩基対を形成することや，グアニンと塩基対を形成することは区別しない。このモデルに合致することであるが，活性ウラシル *N*-グリコシラーゼを欠損した変異株は，**高変異性 hypermutable** 形質を示す。このような株では，dGMP と対を形成する dUMP 塩基が蓄積することによって，自発的な変異率が上昇する。

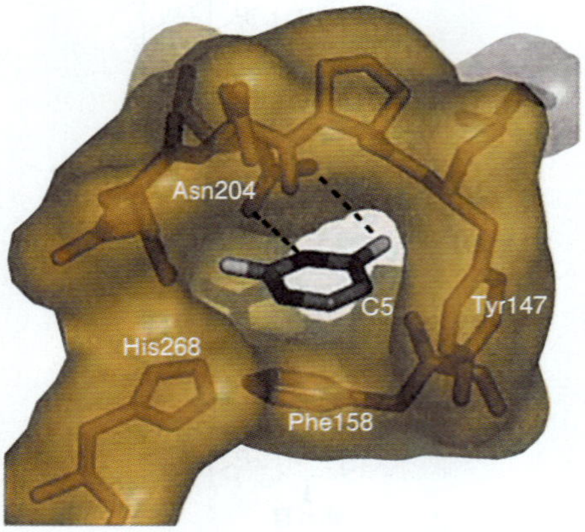

図 26.9　ヒト UNG のウラシル結合ポケット　図は，触媒に関与することが知られている Asn204 との結合と，もし結合する塩基がウラシルのかわりにチミンであった場合に，Tyr147 と起こる負の立体関係を示す。
Reprinted from *DNA Repair and Mutagenesis* 2nd ed., E. C. Friedberg, G. C. Walker, W. Siede, R. D. Wood, R. A. Schultz, T. Ellenberger. ©2006 AMS Press, Washington, DC.

ポイント 5
DNA のウラシル残基がシトシン残基の脱アミノ化で起こった場合でも，チミジンヌクレオチドのかわりにデオキシウリジンヌクレオチドが取り込まれて生じた場合でも，塩基除去修復はウラシルを取り除く。

DNA におけるチミンによるウラシルの置換は，BER の 1 つの例である。この過程は常にグリコシド結合の切断によって開始されるが，図 26.10 に示すように，その後の BER の過程にはいく分異なった経路が

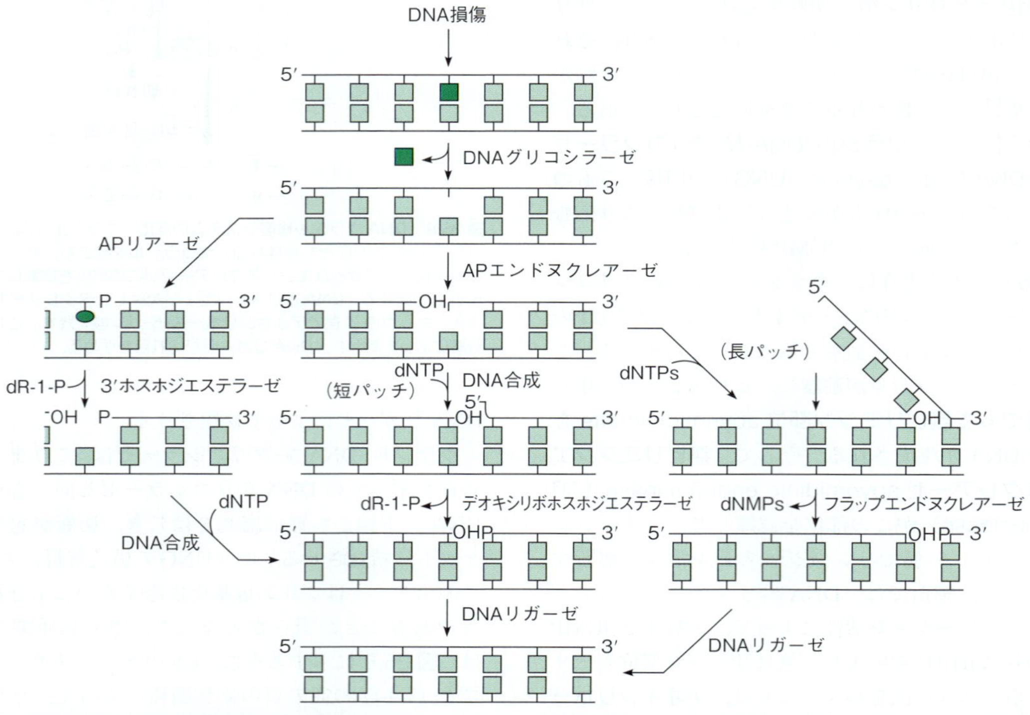

図 26.10　塩基除去修復の経路　最初の反応の四角形は除去される塩基を示し，卵形はデオキシリボース-5′-リン酸残基を示す。詳細は本文を参照。
Adapted from *DNA Repair and Mutagenesis* 2nd ed, E. C. Friedberg, G. C. Walker, W. Siede, R. D. Wood, R. A. Schultz, T. Ellenberger. ©2006 AMS Press, Washington, DC.

存在する。最も一般的な経路では，DNA-ウラシル修復と同様に，グリコシラーゼ作用と，それに引き続く AP エンドヌクレアーゼとデオキシリボース-5-ホスファターゼの作用が中心となる。しかし，DNA グリコシラーゼによっては，修復の 3′ 側のリン酸ジエステル結合が加水分解によって切断される **AP リアーゼ AP-lyase** 活性（左の経路）と関係することがある。そして，ホスホジエステラーゼはデオキシリボース-5-リン酸を除去し，DNA ポリメラーゼによって埋められるギャップを形成する。図の右には，ある種の真核生物の BER でみられる“長パッチ”修復システムを示す。ここでは，DNA ポリメラーゼが，最後の DNA リガーゼ作用の前に，移動された 5′ 末端“フラップ”が“フラップエンドヌクレアーゼ”flap endonuclease（FEN1）によって切断されるとともに，鎖の置換反応を触媒する。

酸化 DNA 損傷修復

ほとんどの細胞は，アルキル化塩基である *N*-メチルアデニン，3-メチルアデニン，7-メチルグアニンに特異的な酵素を含む複数の DNA *N*-グリコシラーゼを有する。とりわけ興味深いことには，BER は酸化 DNA 損傷をも修復することである。先にも述べたように，活性酸素種への DNA の暴露によって生じる酸化産物の中で最も豊富に存在するものは，8-オキソグアニンである。これは以下に示すように，アデニンと塩基対を形成するために強力な変異原性の変化である。

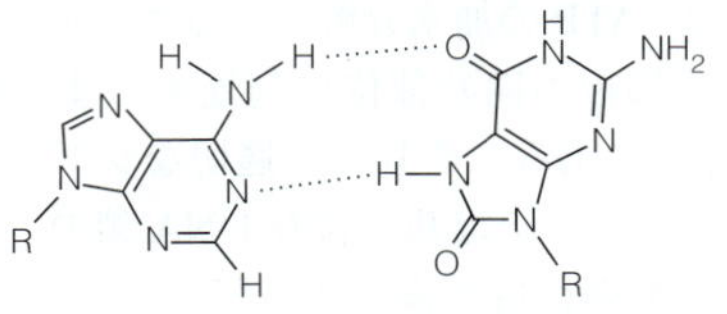

アデニン　　8-オキソグアニン

A-オキソ G の誤対合は，**転換 transversion** 変異（AT から CG，あるいは CG から AT）の中間体となりうる。大腸菌においては，*mutM*，*mutY*，*mutT*（“mut”は，これらのどの遺伝子の変異も自発的な変異率を増加させる効果を有することを意味する）の 3 つの遺伝子のコードするタンパク質によって，酸化突然変異が抑制される。これら 3 つの遺伝子産物は，いずれもが哺乳類のホモログを有している。MutM と MutY の両方とも DNA 塩基グリコシラーゼである。MutM（あるいは哺乳類の OGG1）は，DNA から 8-オキソグアニンを切断し，BER を開始する。MutY は，アデニンが 8-オキソグアニンと対合した場合に，アデニンを切断する。一方，MutT は BER では何もしないことは興味深いことである。そのかわり，この酵素はヌクレオチダーゼであり，8-オキソグアニンの dNTP である 8-オキソ-dGTP を，次式のようにこれに対応するヌクレオチド単リン酸へと切断する。

8-オキソ-dGTP ＋ 水 → 8-オキソ-dGMP ＋ ピロリン酸

この反応は，DNA に取り込まれることで強力な変異原となりうるヌクレオチドを減らすことによって，細胞の dNTP プールを“浄化する”ものと考えられている。そのために，図 26.11 に示すように，3 つの *mut* 遺伝子産物のうち 2 つは，DNA において 8-オキソグアニンが存在することによって生じる損傷の修復に働くのに対して，3 つ目の MutT は損傷されたヌクレオチドが DNA に取り込まれることを最小限にするために働く。

DNA グリコシラーゼは，それが検出して除去する 8-オキソ-dGMP ごとに数千の dGMP 残基と関係しなければならないために，どのようにして DNA 基質を“問い正して”，標的としない塩基から標的を区別しているのかを理解することは重要である。ヒト OGG1 が，二重鎖からはじかれた 8-オキソグアニンあるいはグアニンと形成する複合体の構造をとらえて解析するために，架橋による方法が用いられた。図 26.12 に示されるように，グアニンは，8-オキソグアニンの結合ポケットから完全に排除されている。このような排除を行うために，吸引と反発の力が働くことがわかっ

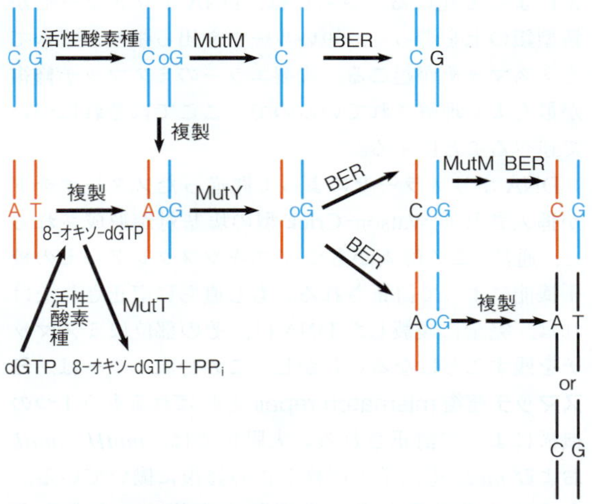

図 26.11　変異を誘導する 8-オキソグアニン（oG）に対抗する，*mutM*，*mutT*，*mutY* 遺伝子産物の作用　oG の DNA への導入のされ方によって，GC→AT，AT→GC いずれの塩基転換も起こる。MutT は 8-オキソ-dGTP を加水分解し，複製時にそれが DNA に取り込まれるのを防ぐ。MutM は C-G 塩基対から oG を切り出して，塩基除去修復（BER）を開始する。MutY はもう 1 つの BER として A-oG 塩基対から A を切り出し，次の複製時に修復される機会をつくる。すべての経路をこの図で示しているわけではない。例えば，8-オキソ-dGTP は，オキソ鋳型鎖の A 以外に，C に対しても取り込まれる。また，MutY は A-G 塩基対から A を切り出し，自発的な塩基転換変異を防いでいる。ROS は活性酸素種。

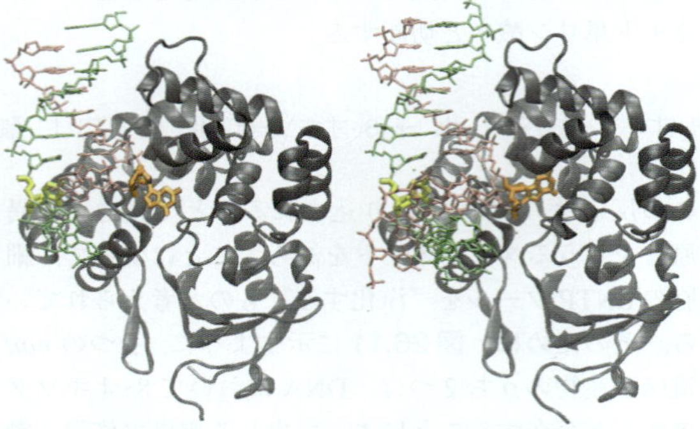

図 26.12　ヒトOGG1と，その触媒ポケットから飛び出て近くに結合するグアニンと8-オキソグアニンとの構造　力の組み合わせによって，グアニンは触媒ポケットから完全に排除される。
Based upon A. Banerjee, W. Yang, M. Karplus, G. L. Verdine, *Nature* (2005), 434 : 616-618, Structure of a repair enzyme interrogating undamaged DNA elucidates recognition of damaged DNA.

た。残った疑問は，認識過程の効率に関係したものである。それぞれの標的となる酸化ヌクレオチドに必要となるdGMPと比べて，標的とならないdGMPを調べるためにはどの程度の時間が必要であろうか。

ミスマッチ修復

ミスマッチ，あるいはDNA二重鎖におけるWatson–Crick型でない塩基対は，複製エラーやDNA中の5-メチルシトシンの脱アミノ化によるチミンへの変換，あるいは完全には相同でないDNA領域間の組換えによって起こる。さらには，DNAポリメラーゼが鋳型鎖の上を滑って，短いループや出っ張りができてもミスマッチが起こる。複製エラーのミスマッチ修復が最もよく理解されているので，ここではそれについて述べることにする。

DNAポリメラーゼによって間違ったヌクレオチドが挿入され非Watson–Crick型の塩基対が形成されると，通常，この酵素がもつ3′エキソヌクレアーゼの校正機能によって訂正される。もし直ちに訂正されなければ，完全に複製したDNAは，その部位にミスマッチを残すことになる。しかし，この合成エラーは，**ミスマッチ修復 mismatch repair**と呼ばれるもう1つの機構によって訂正される。大腸菌では，*mutH*，*mutL*および*mutS*遺伝子の産物がこの修復に働いている。もう1つの必要とされた遺伝子産物で，もともとMutUと呼ばれたものは，DNAヘリカーゼII（*uvrD*遺伝子の産物としても同定されたが）である。

ミスマッチ修復機構は複製直後のDNAをスキャンし，ミスマッチした塩基や一塩基の挿入あるいは欠損を探す。MutSタンパク質がミスマッチした部位でDNAに結合すると，それにMutLタンパク質，そしてMutHタンパク質が結合する。MutSは"モータータンパク質"で，ATPの加水分解によるエネルギーを消費しながら，修復の開始部位に到達するまで両方からDNA鎖を引っ張る。そして，適切なシグナルをみつけると，ミスマッチ塩基を含むDNA鎖の一部を切断し，正しい配列に置き換える（図26.13）。修復機構は，どのようにして修復すべきDNA鎖を正しく認識するのであろうか。もしどちらかの鎖をランダムに選ぶのであれば，2回に1回は間違ったDNA鎖を選ぶことになり，複製精度の向上にはつながらない。答えは，複製直後のDNA鎖がメチル化されていないのを手がかりにしているのである。大腸菌では，GATCの配列がたいへん重要である。なぜならこの配列は，*dam*（DNA adenine methylase）遺伝子産物の働きによって，複製直後にメチル化される部位であるからである。ミスマッチ修復酵素は，このメチル化されていないGATC配列を手がかりに，この配列から両方向に1 kbまで離れた部位のミスマッチ塩基を修復する。しかし，一度合成された娘鎖のすべてのGATC配列がメチル化されてしまえば，娘鎖を認識できなくなり，複製精度の向上にはつながらない。もしこの修復機構がうまく働けば，複製精度は10^7塩基対当たり1個のエ

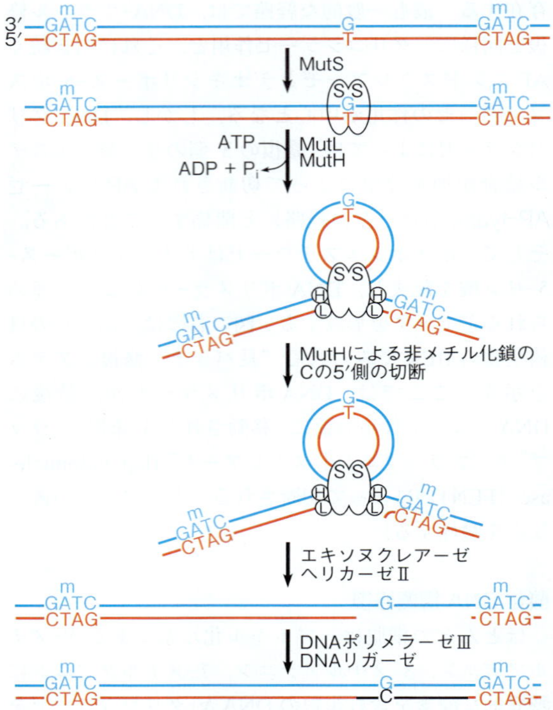

図 26.13　大腸菌におけるメチル化識別によるミスマッチ修復　新たに複製された娘鎖（赤）には，鋳型鎖（青）のGとミスマッチしたTがある。ミスマッチ修復機構は，メチル化されていないことで娘鎖を判別する。したがって，この修復機構は，Damメチラーゼが新しく複製した娘鎖のGATC配列の中のA塩基をメチル化する前に働かなければならない。

ラーが，10^9塩基対以上当たり 1 個のエラーへと，約 100 倍も向上する。

ポイント 6
細菌のミスマッチ修復機構は，DNA のメチル化を利用し，ミスマッチしたヌクレオチドがある鎖を特定する。

図 26.13 に示すように，MutHLS 複合体は，DNA に沿って両方向に動いて最も近い 5′-GATC 配列にたどり着く。すると，MutH は，そのエンドヌクレアーゼ活性によって，メチル化されていない鎖の C の 5′ 側を切断する。このあと，切断された鎖はミスマッチ部位までヘリカーゼⅡによって解かれ，解かれた単鎖 DNA はエキソヌクレアーゼで分解される。ミスマッチの 5′ 側での切断ではエキソヌクレアーゼⅦあるいは RecJ ヌクレアーゼが，3′ 側での切断ではエキソヌクレアーゼⅠあるいはⅩが働く（図 26.13 に示されるように）。それによって生じたギャップは，SSB と協力しながら DNA ポリメラーゼⅢホロ酵素と DNA リガーゼによって埋められる。

同様のミスマッチ修復機構は，真核細胞にもある。しかし，ミスマッチ認識の行程はもう少し複雑である。なぜなら 3 つの異なった MutS ホモログ（MSH タンパク質），すなわち，MSH2，MSH3，MSH6 が関与しているからである。この 3 つのタンパク質はヘテロ二量体をつくり，異なったミスマッチ特異性を示す。すなわち，MSH2-MSH6 複合体は 1 塩基のミスマッチや挿入や欠損を認識するのに対して，MSH2-MSH3 複合体は，2～4 個のヌクレオチドの挿入や欠損を認識する。さらに，4 つのヘテロ二量体性 MutL ホモログが存在するが，MutH ホモログはみつかっていない。最も不明な点は，どのようにして真核生物のミスマッチ修復機構が複製直後の DNA 鎖を認識して修復を開始しているかである。選択的なメチル化が関与していないのは確かである。最近の証拠によれば，岡崎フラグメントの 5′ 末端は，この鎖を同定する過程に関係しているかもしれない。

細菌でみられることと同じように，真核生物においてミスマッチ修復を制御する遺伝子の変異も高変異性形質を示す。すなわち，すべての遺伝子座で突然変異の発生率が上昇する。それでは，この変異はヒト細胞にどのような生物学的影響をもたらしているのであろうか。第 23 章で述べたように，1974 年に，Lawrence Loeb は，がんの発症では細胞がまず高変異性形質になることを予言した。なぜなら，がん細胞の発達過程でみられる多数の遺伝子変異を説明するには，体細胞の変異の自然発生率では低すぎるからである。20 年後，家族性非ポリープ性大腸がん heritable nonpolyposis colon cancer（HNPCC）と呼ばれる遺伝性高発がん形質をもった患者のがん細胞にミスマッチ修復タンパク質の変異がみつかり，この予言の正しさが確認された。今日までに，HNPCC に関係する 5 つのミスマッチ修復の生殖細胞系列の変異がみつかっている。この病気の最も一般的にみられる変異は，hMLH1（ヒト Mut L ホモログ）あるいは hMSH2（ヒト MutS ホモログ）の機能に影響を及ぼす。このがん素因は常染色体優性で遺伝することから，ほとんどの患者は，正常遺伝子と変異遺伝子を 1 個ずつもつヘテロ接合であると考えられる。この患者の細胞のミスマッチ修復能は正常であるが，体細胞変異によって残りの正常な対立遺伝子が不活化されると，ミスマッチ修復能はなくなり，変異導入が増えてがんになると考えられている。なぜミスマッチ修復に影響に及ぼす変異が，大腸における腫瘍に特異的に関係しているかは明らかではない。

HNPCC 患者のがん細胞では，**マイクロサテライト不安定性 microsatellite instability**，すなわち 1 個，2 個あるいは 3 個からなるヌクレオチドの反復配列において多数の変異が起こる。また，それは反復配列を形成するユニットの数の増加であることが多い。おそらく，この領域では鋳型鎖と合成された鎖がスリップし，その結果 DNA ポリメラーゼは鋳型鎖の短い反復配列を 1 回以上コピーしたりスキップしたりして複製を進める。これによって，下に示す欠損変異形成のように，短いループをもった二重鎖ができる。通常，このタイプの複製エラーは，ミスマッチ修復によって修正されるが，ミスマッチ修復の欠損細胞では，このようなエラーが持続し蓄積する。ミスマッチ修復の研究によって，進行性遺伝子疾患としてのがんの本質にせ

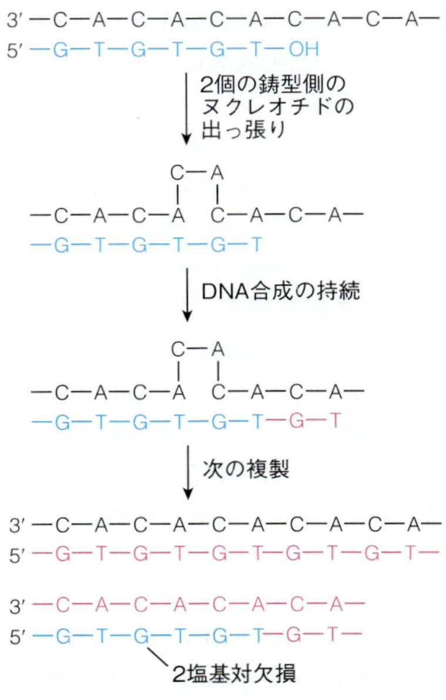

まることができた。

ポイント7
哺乳類のミスマッチ修復の遺伝的欠損は，しばしば大腸結腸がんに関係する。

娘鎖ギャップ修復

光再活性化と除去修復は短期的な代謝応答である。両方の過程は，DNAが化学的あるいは紫外線の損傷を受けた後，数分以内で起こりうる。しかし，もし光再活性化と除去修復システムが欠損する場合や，DNA損傷があまりにも激しくこれらのシステムの容量を超える場合は，細菌においては長期システムが作動しうる。このようなシステムの1つである**娘鎖ギャップ修復 daughter-strand gap repair**は，遺伝的組換えに相応し，この両者においては確かにいくつかの同じタンパク質が関与している。これらのタンパク質のあるものは組換えの項で述べるが，ここでは主に細菌で研究されている過程を簡単に紹介したい。

DNA合成を行うポリメラーゼがチミン二量体や大きな異常部位に遭遇すると，そこを越えて合成を行うことはできない。チミン二量体が関係する場合には，ポリメラーゼⅢが鋳型の最初のチミン塩基に相補する部位にdAMPを挿入するであろう。チミン二量体が存在すると二重鎖は歪み，ミスマッチとして認識され，DNAポリメラーゼⅢの3′エキソヌクレアーゼ活性によって，新たに挿入されたdAMPは切り出される。このように，ポリメラーゼは損傷部位において空回りする“アイドリング”を起こし，挿入とエキソヌクレアーゼ切断を繰り返すことによってdATPをdAMPに変換する。岡崎フラグメントの合成は損傷部位の5′側で開始され，チミン二量体の3′側にギャップを残す。これが修復されないと，次の複製において二重鎖切断を生じ，致死的になる。

このような場合に，遺伝的組換えに類似した過程が起こりうるが，損傷を修復するためではなく，複製を続けるためであり，損傷は他の過程によって後で修復される。娘鎖ギャップ修復はRecAと呼ばれる多機能を有するタンパク質の働きに大きく依存する。最初に，*recA*の変異を有する細菌は，組換え全般とDNA修復の欠損が特徴的であることが見出された。今は，RecAタンパク質が欠損する*recA*⁻細菌は，DNA修復の欠損を含んだ複雑な表現型を有することが理解されている。このタンパク質については後ほど本章で記載するが，ここでの理解のためにその重要な特性についてふれてみたい。RecAは，相同的な塩基が対合することによって2つの異なるDNAが接合する現象である**鎖対合 strand pairing**あるいは**鎖同化 strand**

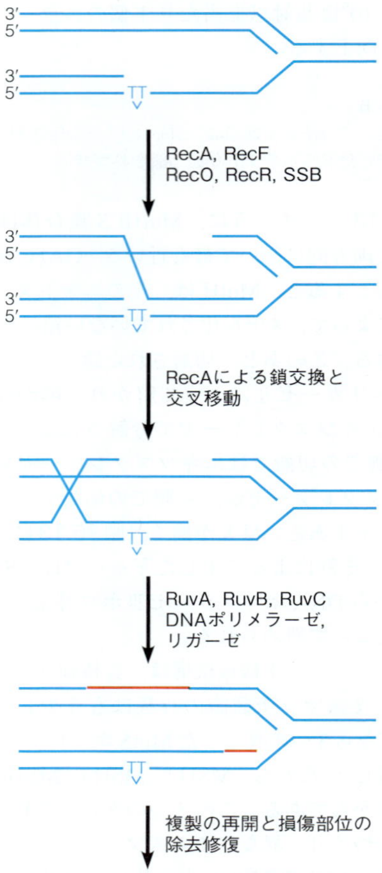

図 26.14　娘鎖ギャップ修復　損傷を受けていない親DNA鎖が娘鎖のギャップに移動するが，これはDNAポリメラーゼがそれを越えて複製することができないことによる。残りの過程は，本章で後述するように，相同組換えと同様あるいは同一の機構によって起こる。

assimilationを促進する。

チミン二量体の部位に生じたギャップは，複製不能によって生じていることから，ギャップ自体は複製フォークに近接した状態にある。したがって，ギャップはもう1つの合成された娘鎖の対応領域にも近いことになる（図26.14）。もしその領域に損傷がなければ，RecAタンパク質は，2つの相同領域の間で組換えを起こすことができる。損傷を受けた親DNA鎖に相補的な無傷の親DNA鎖が，まずギャップに結合する。この図に示してあり，組換えの項でも述べる（p.982参照）が，他のタンパク質も関与して，この反応が進む。これによって，損傷のないフォークの側にギャップができるが，損傷のない鋳型鎖に対向していることから，DNAポリメラーゼとDNAリガーゼの働きでギャップは埋めることができる。この過程でチミン二量体自体は修復できないが，これによって，のちに除去修復機構が修復する時間をとれることになる。RecAタンパク質は，娘鎖ギャップ修復の最初の反応

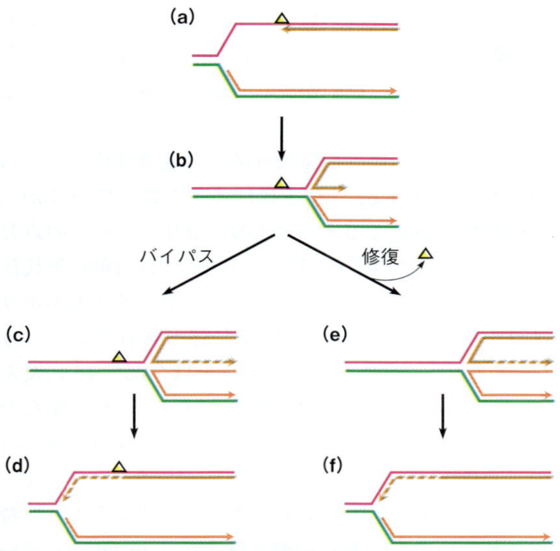

図 26.15　リーディング鎖鋳型における DNA 異常に応答しうるものとしての複製フォーク後退　(a)，(b) 後退は，損傷部位（三角形で示される）と非損傷の鋳型（緑）を対合する。(c)，(e) 損傷鎖の娘鎖部分（褐色）は，一方の娘鎖（オレンジ色）からコピーされうる。そして，損傷が修復される場合でも (f)，修復されない場合でも (d)，フォークが形成され，複製が再開される。

Adapted from *Nucleic Acids Research* 37 : 3475-3492, J. Atkinson and P. McGlynn, Replication fork reversal and the maintenance of genome stability. ©2007, by permission of Oxford University Press.

である損傷のない親 DNA 鎖がギャップの対向鎖と対合する反応に必要である。RecA は細菌のタンパク質であるが，真核細胞においては類似のタンパク質である Rad51 がこのような修復を行う。

リーディング鎖において複製の進行を阻害する異常がある場合には，それに対して**複製フォーク後退 replication fork regression** が起こる（図 26.15）。フォークは前進するのではなく後退し，“チキンの足”と呼ばれる中間体を形成する。この構造において，阻害されたリーディング鎖は，他の娘鎖を鋳型に用いて複製を継続することができ，異常部位はバイパスされ，すみやかに修復される。損傷がラギング鎖に存在する場合には，すぐに修復される必要はないが，ギャップは残り，通常は娘鎖ギャップ修復によって修復されなければならない。この過程においても，また娘鎖ギャップ修復においても，損傷部位は修復されないが複製は継続され，その後に，他の修復過程の 1 つが引き継いで損傷を固定する。

損傷乗り越え合成

前項で述べたように，ある種の DNA 異常部位は，複製の役割を担う DNA ポリメラーゼがこうした部位に遭遇した場合に，そこで停止して複製が終了する過程を導くわけではない。このような部位には，無塩基部位，チミン二量体，巨大な付加体などがある。損傷があまりに大きいと真の修復機構は抑制され，そのかわりに先ほど述べた娘鎖ギャップ修復のような損傷耐性過程が働く。これに加えて，異常部位を乗り越えて複製することができる DNA ポリメラーゼの発見によって，新たな過程が明らかにされることとなった。これらの酵素の多くは，3′ エキソヌクレアーゼによる校正機能を欠損していることや，忠実性の高い複製ポリメラーゼよりも触媒部位が大きくて開いているために，忠実性が極めて低い。第 25 章で述べたように，DNA ポリメラーゼは，構造の観点から，A，B，C，D，X，Y のファミリーに分類される。最も新しく発見された損傷耐性酵素に，Y ファミリー DNA ポリメラーゼがある。この酵素は，DNA 損傷によって誘導されるが，その制御機構は原核生物と真核生物で大きく異なる。最初に細菌のシステムを述べる。

細菌の **SOS 応答 SOS response** は，致死性のストレスを受けた細胞を救うための代謝性の警報装置である。SOS 応答の引き金としては，紫外線照射，チミン欠乏，マイトマイシン C のような架橋剤といった DNA 修飾薬剤での処理，および DNA 複製に必須の遺伝子の不活化などがある。応答としては，変異導入，細胞の線状化（細胞壁の合成が進み細長くなるが，分裂はしない），除去修復の活性化，溶原化したバクテリオファージゲノムの活性化などがある。SOS 応答下では，チミン二量体や他の損傷部位の反対鎖にできたギャップは，娘鎖ギャップ修復ではなくむしろ DNA 合成によって埋められる。この合成はきわめて不正確であることから，変異が起こる。実際に細菌では，SOS 応答が紫外線照射による変異誘発の主経路となっている。

紫外線や同様の損傷状況による SOS 応答の誘導は，大腸菌においては約 40 の遺伝子の転写を活性化する。転写の活性化の機構については，第 29 章（p.1108，図 29.16 参照）で述べる。これらの SOS 誘導遺伝子には，*recA*，*dinB*，*umuC*，*umuD* がある。Din は損傷誘導性（damage-inducible）を，Umu は紫外線変異導入の意味から名づけられている。*umu* 変異を有する細菌は紫外線によって死滅させることができるが，それによって，生存している細菌に変異株が多くなっているわけではない。言い換えれば，Umu の機能は紫外線による変異導入に必要ということである。近年，*dinB* が新たなポリメラーゼである pol Ⅳを，*umuC* と *umuD* が別の新しいポリメラーゼである pol Ⅴをコードすることがわかった。これらの酵素は非常にエラーを生じやすく，Y ファミリーポリメラーゼに分類される。DNA ポリメラーゼⅡをコードする遺伝子も SOS 制御を受けるが，pol Ⅱは正確に複製する酵素であり，損傷乗り越え合成には関わらず，その機能は現在解明

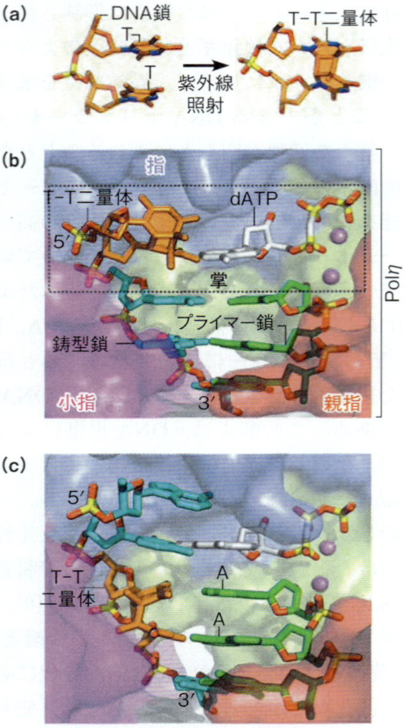

図 26.16　Polηによる正確な損傷バイパス　(a) 2つの隣接するチミン塩基が紫外線による二量化を受ける場合の構造的ねじれ。(b) 鋳型鎖の二量体の3′Tに向かい合う場所に正確に挿入されたdATPと三次複合体を形成するヒトpol η。(c) チミン二量体を越えて2つのヌクレオチドが加わることでDNA複製された三次複合体におけるヒトPol ηの結晶構造。

Reprinted by permission of Macmillan Publishevs Ltd. Nature 465：1023-1024, S. Broyde, D. J. Patel, DNA repair：How to accurately bypass damage. ©2010.

中である。

ポイント8
DNAは，組換えかあるいは誘導可能な誤りがちな修復によって，複製後に修復されうる。その両方の機構ともRecAを必要とする。

SOS活性化後に，UmuDは特異的なタンパク質分解によってUmuD′を生成し，これら2つはUmuCと結合してpol V分子を形成する。そして，ATPを結合したRecAと結合し，活性型酵素となる。Pol Ⅲホロ酵素を含むレプリソームが損傷部位で停止した場合には，pol Vがそれにかわって，スライディングクランプに結合する。いったん損傷部位が複製される（不正確に）と，pol Vはまだ未解明の機構によって役目を終え，pol Ⅲホロ酵素が複製過程を完結する。

ほとんどの変異が細胞にとって有害であることを考慮すると，DNA修復時に細胞が変異を誘発することにいったいどんな利点があるのだろうか。そうしなければ死ぬという以外に，おそらく何もないだろう。言い換えれば，変異は，修復しきれないほど大量の紫外線照射を受け，生き延びるのに誤りがちな複製を行う以外ない場合に，細胞が支払う価値のある代価とみることができる。

前述したように，損傷乗り越え合成は真核生物においても誘導される。第25章に述べたことであるが，真核生物は最近まで5つのDNAポリメラーゼのみしかもっていないものと考えられていた。1990年代後半以降，真核細胞において数多くの新たなDNAポリメラーゼが発見され，第25章に述べられているように，今やヒトのDNAポリメラーゼは全部で15に及んでいる（レトロウイルス逆転写酵素を含む）。新たなポリメラーゼのうち，Pol η，Pol ι，Pol κ，REV1の4つはYファミリーポリメラーゼであり，ほとんどは特異的なDNA損傷を乗り越えて複製することに特化されている。これらの酵素はすべてin vitroで高い複製エラー率を有することが示されていて，全般的に複製の忠実度が低い。しかし，pol ηはチミン二量体を乗り越えて原則的にはエラーなしで修復することができる点で，際立っている。最近の構造解析によって，どのようにしてこのことが起こるかが示されている。図26.16に示されるように，Pol ηは掌構造と指構造が“小指”ドメインから離れて回転して位置しているために，チミン二量体を収納するに十分な活性部位を有している。それに加えて，van der Waals力と水素結合が，接合しているチミンを，dATPを呼びこんでアデニンと対合するように保持する。すべてのYファミリーポリメラーゼは損傷乗り越え合成に関わり，またそれ以外の機能も有することが示されている。これらの機能の解明は，現在の研究において活発に行われる領域となっている。

修復ポリメラーゼの一部あるいはすべてを誘導することは，**DNA損傷応答 DNA damage response**の一部に相当するものであり，真核細胞においては著しく複雑な現象である。いくつかのYファミリーポリメラーゼの特異的な制御についてはほとんど理解されていないが，DNA損傷応答の詳細について簡単に触れてみる。より詳しくは，DNA二重鎖切断に引き続く現象について説明する際に紹介する。

DNAを損傷する出来事が起きてから，いくつかの異なる情報伝達経路が活性化される。DNA損傷によって誘導あるいは活性化されるタンパク質は次のように分類される。①センサー：DNAと接触して損傷を検出し，メディエーターをリクルートする。②メディエーター：最初の情報を増幅する。③トランスデューサー：情報をエフェクターに伝える。④エフェクター：細胞応答を刺激する。この細胞応答は，DNA損傷の激しさ，細胞の種類，細胞周期に応じて，DNA

修復経路の活性化，細胞周期停止，プログラム細胞死（アポトーシス apoptosis）をもたらす。すでに述べたが（第 23 章），p53 は，損傷が修復されるまでは細胞周期を停止させ，損傷が非常に激しい場合にはアポトーシスをもたらすなどの作用を発揮する転写因子として働くエフェクターである。他のエフェクターとしては，細胞周期を制御するサイクリン依存性キナーゼなどがある（第 24 章）。

損傷乗り越えポリメラーゼを損傷部位にリクルートする経路は，損傷部位を含む真核生物単鎖 DNA 結合タンパク質 RPA に覆われた単鎖 DNA を継続的に維持するように解きほぐし，次に真核生物クランプローダーである Rad17 と DNA の複合体がそこにリクルートされる。その後，滑走クランプである PCNA が結合し，これによって最終的に DNA 損傷部位に損傷乗り越えポリメラーゼがリクルートされる。この複雑な反応ネットワークは，現在活発に検討されている。

二重鎖切断修復

二重鎖切断 double-strand break（DSB）は電離放射線や複製停止の結果として起こりうる異常であり，染色体の物理的な安定性を破壊するために，DNA 損傷の中でも最も致死的なものである。二重鎖切断は，哺乳類の細胞周期につき約 50 回起こる。さらには，次の項で述べるように，二重鎖切断は減数分裂組換えにおいては自然に起こる。二重鎖切断は，損傷されていない姉妹染色分体を用いる**相同組換え homologous recombination（HR）**，あるいは**非相同末端結合 nonhomologous end joining（NHEJ）**の2つの過程のどちらかによって修復されうる。後者はより効率的であるが，DNA 末端は切断が起きた場所で正確に結合されないのであれば，遺伝情報は失われる場合もあれば異常をきたすこともある。対照的に，HR は切断部位を正確に修復するが，それが可能なのは相同染色体が利用できる S 期あるいは G2 期だけである。両方の過程は，切断された断端において，いくつかの情報伝達タンパク質が結合することによって開始され，脊椎動物におけるその中心的な役者は，血管拡張性失調症で変異している ATM（ataxia telangiectasia mutated）と呼ばれるプロテインキナーゼである。HR と NHEJ の早期に起こる例としては，切断に近いヌクレオソームにおける H2 ヒストンのバリアントである H2AX のリン酸化がある。その標的は，ヒストンの C 末端のセリン 139 である。これは，中心となる粒子が動くことを助けるためのクロマチンリモデリングの過程の一部であり，DNA 末端を処理するように働く。

ポイント 9
二重鎖 DNA 切断は，相同組換え，あるいは断端の結合に DNA 配列の相同性を必要としない非相同末端結合（NHEJ）によって修復される。

NHEJ において中心となる分子は，Ku70/80（1 つは 70 kDa で，もう 1 つは 80 kDa のタンパク質）と呼ばれるヘテロ二量体タンパク質である。これが切断された末端の両方に結合する。その後，末端が処理され，さらにシナプスが形成され，2 つの末端が近づけられる。そして，特異的な DNA リガーゼである DNA リガーゼⅣが末端を結合する。リガーゼⅣは，平滑末端も，単鎖オーバーハングが相補的な粘着（突出）末端も結合することが可能であり，短いギャップを越えて DNA 末端を結合する能力を有している。NHEJ の実際の反応は，まだ解明されていない。図 26.17 にこの過程が要約されている。

相同組換えは，図 26.18 に示されるように，概念的に図示することができる簡潔なものであるが，実際にはとても複雑な過程であり，DNA 損傷応答の一部として情報伝達反応を拡大するものである。ATM は

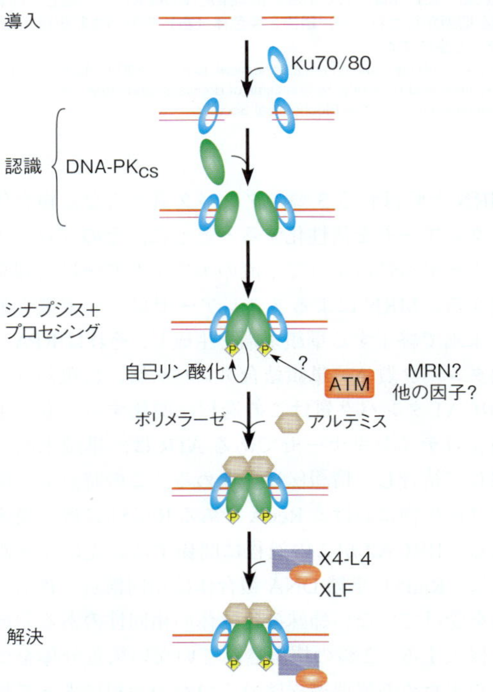

図 26.17　非相同末端結合の経路　図は，本文で記載されたものに加えて，DNA 依存性プロテインキナーゼ（DNA-PK），プロセシングタンパク質アルテミス，DNA リガーゼ IV を含む X4-L4 複合体などのいくつかのタンパク質が関与することを示す。ATM と MRN については本文参照。

Adapted with permission from *Biochemical Journal*（2009）423：157-168, A. Hartlerode and R. Scully, Mechanisms of double-strand break repair in somatic mammalian cells. © The Biochemical Society.

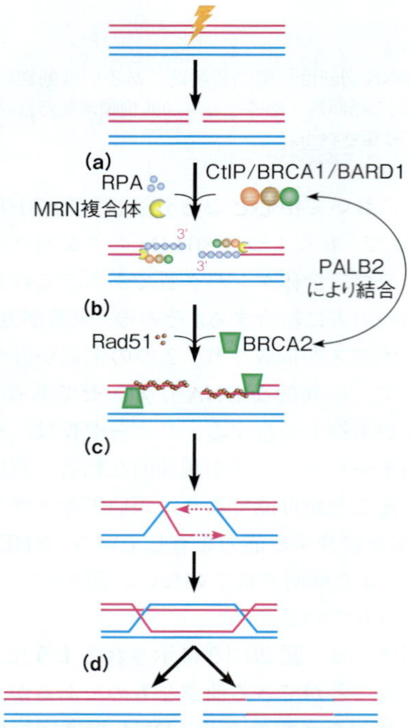

図 26.18　相同組換えが DNA 二重鎖切断を修復する経路　(a) MRN は他のタンパク質に助けられて 5′ 末端を削り，単鎖 3′ 末端は単鎖結合タンパク質である RPA によって覆われる。(b) RPA は，BRCA2 タンパク質に助けられて，Rad51（RecA のカウンターパート）に置き換えられる。(c) 損傷されていない相同染色体の侵入に引き続き，DNA 合成と切断がなされ，(d) 組換え染色体（右）あるいは非組換え染色体（左）を生成する。

Adapted with permission from *Biochemical Journal* (2009) 423：157-168, A. Hartlerode and R. Scully, Mechanisms of double-strand break repair in somatic mammalian cells. ©The Biochemical Society.

MRN と呼ばれる 3 つのタンパク質からなる複合体のヌクレアーゼを活性化するとともに，そのプロテインキナーゼ活性によって下流のエフェクターに情報を伝達する。MRN によるヌクレアーゼは，5′ 末端を削り 3′ 末端で終了する単鎖末端を生成し，それは RPA（複製タンパク質 A，単鎖結合タンパク質）に覆われる。BRCA1 タンパク質はこの過程に関係する。もう 1 つのプロテインキナーゼである ATR は，単鎖末端を認識して結合し，情報伝達を進める。この時点で，RPA は真核生物における RecA である Rad51 に置き換えられる。BRCA2 がこの過程に関係する。先に述べたように，Rad51-単鎖 DNA 複合体は相同構造を探し，損傷を受けていない姉妹染色分体の相同性のある領域へと侵入する。2 つの損傷されていない染色分体をつくりだすための解消過程はいくつかの過程によって起こり，そのうちの 1 つを図 26.18 に示す。これまで述べたように，これらの出来事のいくつかは，細胞周期の進行の制御とともに，DNA 損傷応答の中心的制御因子である ATM と ATR を含むタンパク質リン酸化によって制御されている。これら 2 つの酵素は少なくとも 25 の基質をもっていることが知られているが，DNA 損傷応答においてリン酸化されるタンパク質は 700 を超える。

ヒトにおける変異は，二重鎖切断修復に関係するいくつものタンパク質において見出されている。BRCA1 あるいは BRCA2 の変異は乳がんと卵巣がん発症のリスク因子であることが明らかにされていて，BRCA2 の変異は Fanconi 貧血にも関係している。ATM の名前は血管拡張性失調症に由来し，早期老化，小脳変性，がん罹患の増加などに関係する。

組換え

集団遺伝学が教えるところによると，種の生存は遺伝的多様性を維持する能力に依存する。なぜなら，それによって，これまでに遭遇したことがないような外的圧力に応答できる多様な能力が個々の個体につくりだされるからである。多様性は，個々の個体の単一遺伝子や一群の遺伝子に起こる突然変異と，生殖時に個体間でのゲノムの再配分を起こす組換えによって維持されている。古典的な生物学では，組換えは真核生物の減数分裂時における対合する姉妹染色体乗換えの結果とされていた。実際に，組換えに関する最初の知見は，生殖時のショウジョウバエの細胞学的・細胞遺伝学的観察から得られたものである。しかし，組換えは，生殖以外の多くの過程や生物機能にも関わっている。厳密に言えば，複数個の異なった DNA 分子から新しい DNA がつくられるいかなる過程も，新しい DNA の遺伝情報が元のそれぞれの DNA に由来するという点で，**組換え recombination** である。以前に述べた娘鎖ギャップ修復は，組換えの 1 つである。バクテリオファージやプラスミドゲノムが宿主細菌の染色体に挿入されるのもそうである。同じく，第 25 章の HIV でみられるように，ウイルスゲノムが動物宿主の細胞の染色体に挿入されるのもそうである。DNA がはじめの染色体挿入部位から他の部位に動く**転移 transposition** にも組換えが関与している。本章で後述するように，この種の組換えは脊椎動物の免疫応答に関与し，抗体の多様性を生み出す。

> **ポイント 10**
> 組換えとは，2 つの異なった DNA 分子が末端でつながるすべての過程である。

組換え過程の分類

異なる組換え反応では，組換えに必要なヌクレオチド配列の相同性と組換えを触媒するタンパク質や酵素が異なる。二倍体生物の減数分裂組換えには，組換え相手間の配列が広い範囲で相同であることが必要である。したがって，この過程は，**相同組換え homologous recombination** と呼ばれている。細菌の染色体のある種の組換えもこれに相当する。いろいろな機構を介して新しい DNA が細菌の中に取り込まれる。すなわち，①細菌の遺伝情報を交換する接合，②DNA が取り込まれたときに起こる形質転換，③宿主 DNA を取り込んだファージ粒子の感染時に起こる**形質導入 transduction**，などである。感染細胞の中でファージ粒子の組み立て中に宿主 DNA が間違ってファージ粒子に組み込まれ，それが他の細菌に感染すると形質導入となる。

もし導入された DNA が，プラスミドのように複製開始点をもっていれば，新しい宿主細胞の中で自立して増えることができる。多くの場合，導入された DNA には複製開始点がない。したがって，相同組換えで宿主細胞の染色体に挿入された場合のみ，その中の遺伝情報は発現し維持される。相同組換えの生化学的解析は，もっぱら原核生物の系で行われたが，のちに減数分裂組換えの理解に大いに役立った。ほとんどの細菌の相同組換えには，共通して RecA タンパク質かそれに相当するタンパク質が必須である。

部位特異的組換え site-specific recombination は，これと違って，限られた相同配列の間で起こる。切断部位と挿入部位は，特異的に DNA 配列を認識するタンパク質によって決定されている。この種の組換えがλファージで起こることが最初に見出された。感染ののち，直鎖状 DNA はその接着末端によって環状化される（第 25 章，p.929）。環状化したλ染色体は複製を繰り返してファージ産生にいたるか，宿主染色体の特定の部位に挿入されるかのいずれかの道をたどる。**溶原化 lysogeny** と呼ばれる後者の場合，ほとんどのファージ遺伝子の発現は抑制され，ファージゲノムは宿主の中に長くとどまることになる（図 26.19）。溶原化できるバクテリオファージは，**溶原ファージ temperate phage** と呼ばれている。これに対して，T4 ファージのように感染後必ず溶菌を起こすのは**病原ファージ virulent phage** と呼ばれている。溶原化の場合はほとんど単一の特定部位に挿入される。λファージの挿入組換えは，感染細胞 DNA への発がんウイルスゲノムの挿入のモデルとして研究されている。この組換えは，初期には染色体間の相同組換えのモデルとして研究されていたが，ファージと細菌 DNA 配列の組換え部位には 15 塩基の相同性しかないことがわかってからは，相同組換えとは異なると考えられるようになった。加えて，この組換えには，RecA タンパク質はこの過程では必要でない。むしろ，広範な DNA-DNA 配列相同性よりは，ファージは部位特異的酵素**インテグラーゼ integrase** と，組換え相手の配列の間の特異的な DNA-タンパク質をコードし，組換え部位を決定している。

組換えには，他に 2 つある。転移には，相同配列や RecA は関与しないが，転移する DNA 側に特別の配列が必要である。この仕組みについては後に述べることとする。偶然に起こるきわめてまれな出来事である**非相同的組換え illegitimate recombination** には，相同配列やこれまでわかっているタンパク質は作用しない。表 26.1 に，4 種類の組換え機構の主な違いをまとめた。

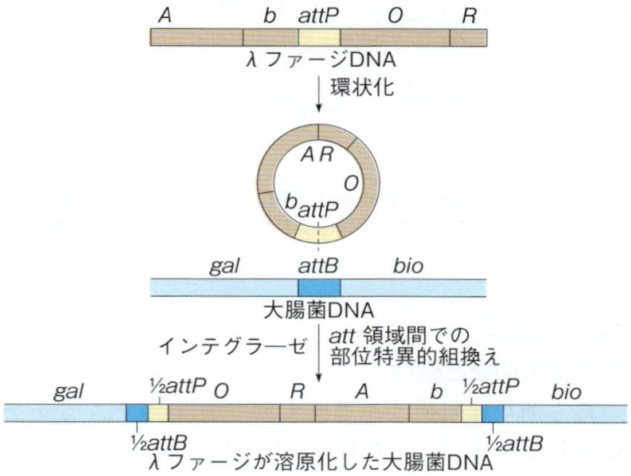

図 26.19　バクテリオファージλの溶原化を確立する部位特異的組換え　ファージ染色体は，遺伝子 *A* と *R* がつながり環状化する。この *attP* 部位と大腸菌染色体の *gal* と *bio* 遺伝子の間にある *attB* 部位との間で組換えが起こる。宿主タンパク質の助けを借りて，インテグラーゼ酵素がこの部位特異的組換えを行う。*O* と *b* は他の遺伝子である。

表 26.1　異なった種類の遺伝的組換えの特徴

種類	必要とするもの		
	配列の相同性	RecA あるいは相当タンパク質	配列特異的酵素
相同	あり	あり	なし[a]
部位特異的	あり（約 15 塩基）	なし	あり
転移	なし	なし	あり
非相同的	なし	なし	不明

[a] Chi 部位あるいはそれに相同する部位によって切断部位が決まるが（p.987 参照），最初に配列の相同性によって対合部位であることが認識される。

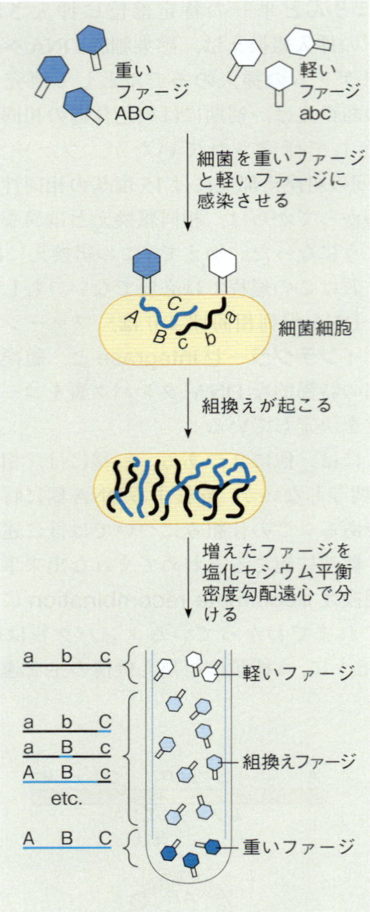

図 26.20 Meselson と Weigle の実験 この実験によって，遺伝情報の組換えが DNA 鎖の切断と再結合によって起こることが確立された。

相同組換え

染色体の切断と結合

最も簡単に組換えを達成する方法は，DNA 分子を切断してつなぐことである。しかし，もし組換えがこのような方法で起こるのであれば，組換えが起こる部位は両方の染色体で同じでなければならない。違った機構を主張する研究者もいたが，1961 年，Matthew Meselson と Jean Weigle は，組換えが実際に染色体の切断と再結合によって起こることを示した。図 26.20 に図式化した証明実験の一部は，Meselson-Stahl 型の実験である（p.91，図 4.14 参照）。一方が^{13}C と^{15}N の同位元素で標識された 2 つの遺伝型の異なる λ ファージに大腸菌を二重感染させ，そこで増えたファージを集め，塩化セシウム平衡密度勾配遠心によって分画した。組換えを起こしたファージ粒子は，密度勾配のすべての分画から回収されたが，組換えを起こしていないファージは，重い分画あるいは軽い分画からのみ回収された。この結果は，組換えファージの DNA が切断と結合によって両親ファージから直接由来したときに，はじめて得られるものである。

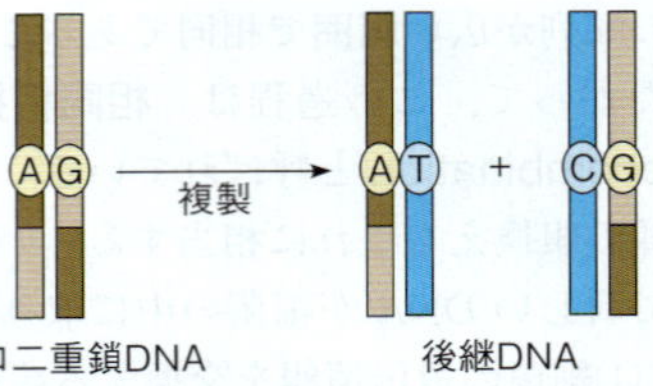

図 26.21 ヘテロ二重鎖 DNA の複製による 2 つの遺伝形質をもった後継ファージの産生

この実験から，もう 1 つの重要な結果が得られた。通常の解析では，ファージはプラークをつくらせて調査する。この中で，それぞれのプラークは 1 個のファージ粒子の感染によって生じる。Meselson と Weigle の実験で得られたファージが形成したプラークの多くには，それぞれ 1 個のファージ粒子の感染によって生じているにもかかわらず，2 つの異なった遺伝型のファージが含まれていた。このことから，組換え時には，一方の DNA 鎖が一方の親ファージから，他方の DNA 鎖は他方の親ファージから由来した**ヘテロ二重鎖 DNA heteroduplex DNA** が形成されると考えられた。もしヘテロ二重鎖の部分にミスマッチがあれば，図 26.21 に示すように，複製後に異なった遺伝型をもつ 2 つの DNA 分子が生じることになる。

その他，初期に観察された中には，相同組換えがチミジン欠乏や紫外線照射によって生じる DNA の切れ目や切断によって促進されるというものもある。このことは，単鎖 DNA や DNA の切断端が相同組換えの開始に重要な役割を演じていることを示唆している。

組換えモデル

それまでの知見と真菌の相同組換えのデータから，Robin Holliday は 1964 年に二重鎖 DNA 間の相同組換えに関するモデルを提唱した。図 26.22 に示すこのモデルは，今もって相同組換え機構に関する考察や実験のよりどころとなっている。このモデルが二重鎖切断修復における相同組換え（p.983）の機構にとてもよく似ていることに，気づくであろう。

Holliday の提唱によれば，対合した 2 つの染色体の同じ部位に切れ目が入ることによって組換えが始まる（ステップ 1）。二重鎖が部分的にほどけ，DNA 二重鎖の遊離端が互いに他方の DNA 二重鎖のうち切れ目のない相補鎖に対合する，すなわち**鎖侵入 strand invasion** が起こる（ステップ 2）。リガーゼによってつなぎ合わせられると，交叉鎖中間体の **Holliday 結合 Holliday junction** ができあがる（ステップ 3）。交叉鎖構造は，二重鎖のほぐしと巻き直しによってどちらの方向にも動きうる（分枝点移動，ステップ 4）。Holliday 結合は，DNA 鎖の切断と再結合によって 2 つの完全な二重鎖に“解離する”。ここで組換えが起こるには，まず Holliday 構造の異性化が起き（ステップ 5），次に DNA 鎖の切断が起きなければならない。この異性化のために，ステップ 1 で切断されなかったほうの DNA 鎖が切断される（ステップ 9）ことになる。この構造が解消すると（ステップ 10，11），ヘテロ二重鎖をもつ 2 つの染色体の組換え体ができあがる。しかし，もしステップ 1 で切断された元の交叉鎖が切断されると（ステップ 6～8），できあがるのはヘテロ二重鎖をもつ非組換え二重鎖（すなわち，外側の A と Z 標識に関して非組換え体）である。

Holliday モデルの正しさを実証する証拠が，今では数多く存在している。その 1 つは，Holliday 結合構造の電子顕微鏡写真である（図 26.23）。さらには，合成 Holliday 結合を結晶構造として解析して証拠が得られるようになった（図 26.24）。しかし，新しい実験データが出るのに伴い，モデルは修正されてきた。Matthew Meselson と Charles Radding は，組換えが 1 個の切れ目導入によって開始することを提唱した（これによって，どうやって対合する 2 つの染色体のまったく同じ場所に切れ目を入れることができるのかという疑問を取り除くことができる）。図 26.25 に示すように，置換 DNA 合成が起こる（赤い矢印：ステップ 1）。すると，二重鎖 A のうち，切れ目が入り置換合成で単鎖になった端が，二重鎖 B の相同領域に侵入する（ステップ 2）。侵入によってできた二重鎖 B のループは，その後切断され分解される（ステップ 3）。二重鎖 B に侵入した A 鎖は B 鎖につながれる（ステップ 4）。Holliday モデルと同じように，異性化が起こり，元の切れ目が入っていない DNA 鎖が交叉する（ステップ 5）。Meselson–Radding モデルのもう 1 つの特徴は，分枝点移動の結果，鎖進入や最初の切れ目の部位から離れた部位で分解のための鎖切断が起こることである（ステップ 6 と 7）。原理的には，鎖侵入の開始は，5′ 端，3′ 端いずれでも起こりうる。後述するように，大腸菌では，3′ 端の侵入によって組換えが始まるようである。

相同組換えに関与するタンパク質

Holliday モデルや Meselson–Radding モデルによって，特に酵母のような下等真核生物で研究されたよう

26

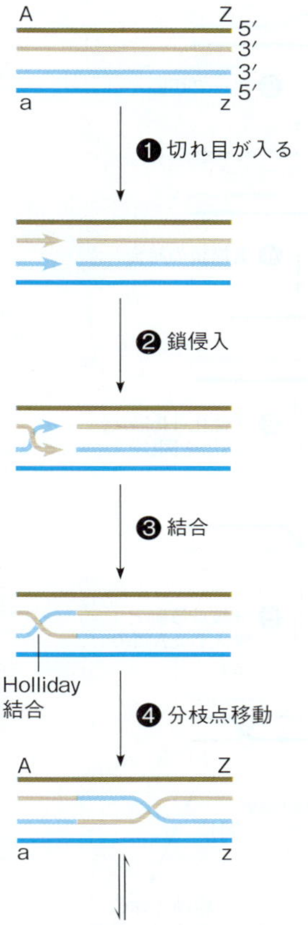

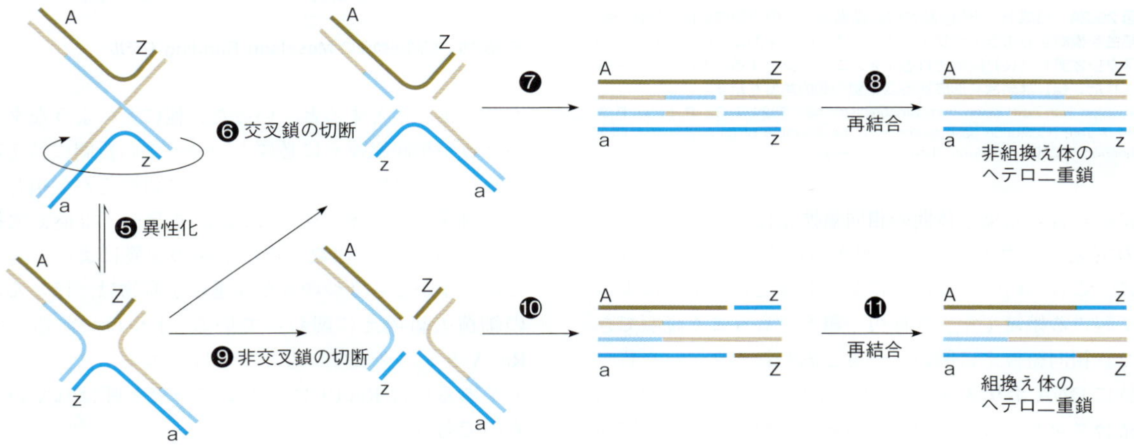

図 26.22　**相同組換えの Holliday モデル**　A，a，Z，z は遺伝子マーカー。

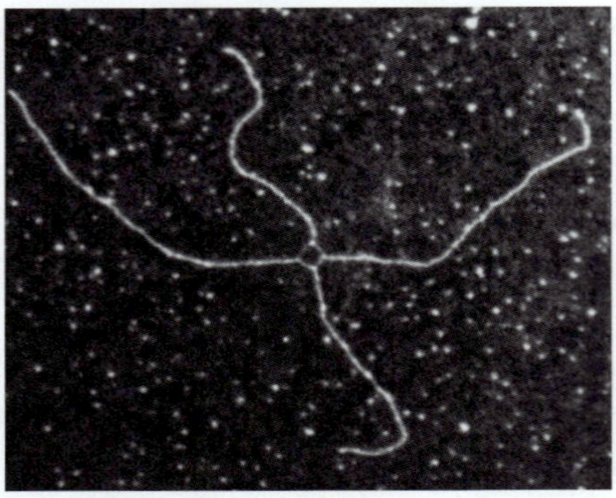

図 26.23　Holliday 結合の電子顕微鏡像　この連結は，2 つのプラスミド DNA 分子の組換えによってできたものである。
Science VU/H. Potter-D. Dressler/Visuals Unlimited, Inc.

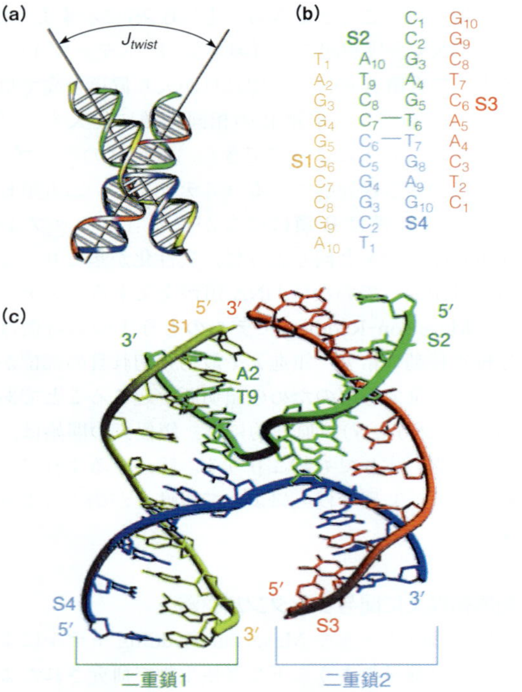

図 26.24　合成 Holliday 結合の結晶構造　この四鎖構造は，Holliday 結合を模擬するようにデザインされた 4 つの化学的に合成されたオリゴヌクレオチド（(b) に示される）をアニーリングすることによって合成された。(a) は結合を形成する二重鎖の間の角度を示す。
Adapted with permission from Biochemistry 48 : 7824-7832, P. Khuu, P. S. Ho, A rare nucleotide base tautomer in the structure of an asymmetric DNA junction. ©2009 American Chemical Society.

に，対合した染色体間の相同組換えに関するほとんどの実験データをうまく説明することができた。さらに，これらのモデルは，細菌の形質変換や接合によって起こる娘鎖ギャップ修復や組換えもうまく説明できた。相同組換えに働いていると思われるタンパク質，特に DNA ポリメラーゼ，DNA リガーゼや単鎖 DNA 結合タンパク質は十分に調べられ，相同組換えに関与していることが示された。では，もしこれらのモデル

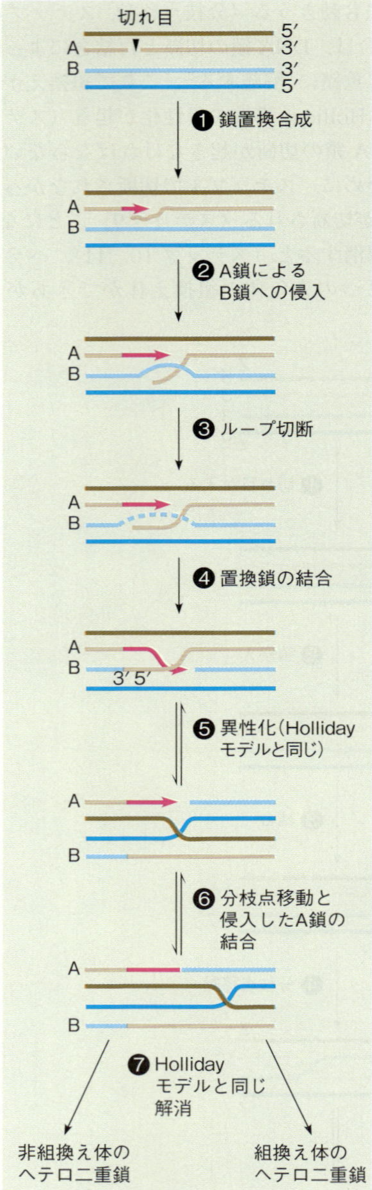

図 26.25　相同組換えの Meselson-Radding モデル

が概ね正しいとすると，いったい他にどのようなタンパク質が相同組換えに必要なのか。この質問に答えるために，大腸菌とファージならびに組換えが欠損している細菌の変異株の性質に話を戻そう。組換え欠損（rec^-）形質は，複数の遺伝子座の変異によって起こるが，なかでも 2 つの重要な遺伝子産物は，ほとんどの細菌の組換えに関わっている。1 つは，前述した RecA タンパク質で，もう 1 つは，エキソヌクレアーゼ V あるいは RecBCD ヌクレアーゼと呼ばれているものである。

RecA は，分子量 38 kDa の驚くほど多機能のタンパ

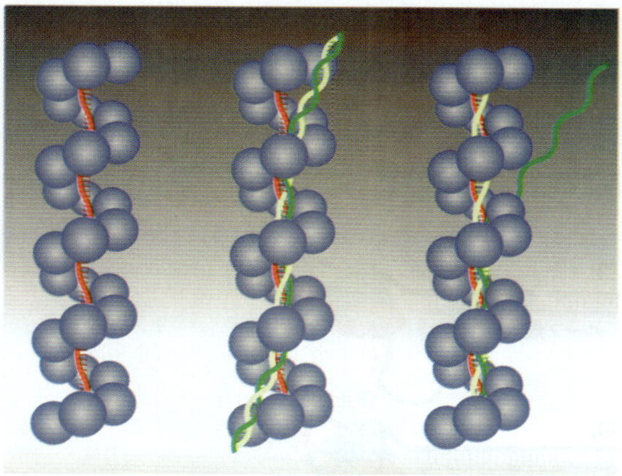

図 26.26　**RecA による鎖交換のモデル**　左：RecA-単鎖 DNA フィラメント。単鎖 DNA は赤色で示される。中央：三重鎖 DNA が形成された結合分子。元の単鎖 DNA は二重鎖 DNA（黄と緑）の副溝に包み込まれている。右：鎖交換が起こっている。赤色の単鎖 DNA は，二重鎖の黄色の鎖に対して相補配列の関係にある。RecA の作用によって，緑の鎖は置換されて，新しい赤と黄の二重鎖 DNA が形成されつつある。
Courtesy of M. Kubista, et al. *Biological Structure and Dynamics*, R. H. Sarma, M. H. Sarma, eds., pp.49-59. ©1996 Adenine press, Inc.

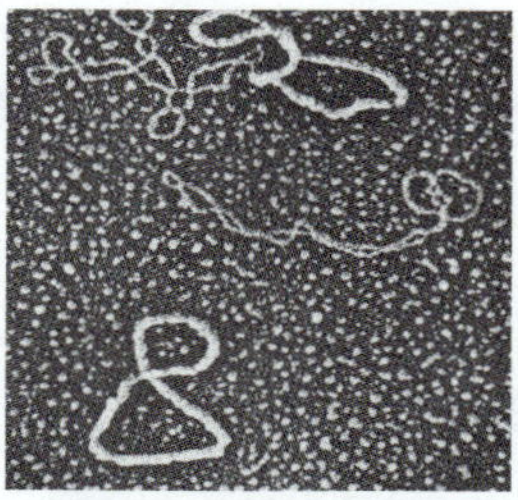

図 26.27　**連結分子の電子顕微鏡像**　技術的理由のために，この像は大腸菌 RecA の作用に似た UvsX タンパク質 T4 で得た。単鎖 DNA は UvsX タンパク質で包まれているために，二重鎖 DNA より太い。一番下の分子は環状単鎖 DNA，真ん中は環状二重鎖 DNA，一番上は単鎖と二重鎖からなる連結分子の像である。連結分子は，環状 DNA 間で形成できるが，鎖はからみ合わない。
Journal of Biological Chemistry 262：9285-9292, L. D. Harris and J. Griffith. Reprinted with permission. ©1987 The American Society for Biochemistry and Molecular Biology. All rights reserved.

ク質である。娘鎖ギャップ修復に関係して前述したように，組換えにおいて RecA は ATP 依存性に相同鎖の対合を促進する。in vitro では，単鎖 DNA が相同二重鎖に侵入する反応である単鎖交換と，侵入する二重鎖がパートナーを交換する反応である二重鎖交換の両方を，RecA が触媒する。しかし，in vivo では三鎖反応のみが起こることが明らかとなってきた。図 26.26 に図示するように（左の図），RecA と単鎖 DNA が反応し，特徴的な核タンパク質フィラメントを形成する。フィラメントの電子顕微鏡解析とこのタンパク質の結晶解析によってわかったことだが（図 26.27），RecA タンパク質は，包み込むようにして 1 回転当たり 6 分子の割合で単鎖 DNA に結合し，多サブユニット時計回りらせんを形成する。いったん単鎖 DNA が結合すると，フィラメントはこれらの単鎖 DNA と相補配列をもつ二重鎖 DNA を探す。この過程で，二重鎖 DNA はフィラメントの中に取り込まれ，連結分子とよばれる構造ができる（図 26.26，中央の図）。二重鎖 DNA への結合は ATP を必要とするが，この過程で ATP が加水分解される必要はない。対照的に二重鎖 DNA に対して単鎖 DNA-RecA 複合体が動くときは，ATP が加水分解される必要がある。この時，二重鎖 DNA はほどかれ，通常の長さの 1.5 倍ほどに伸びる。複合体は，最初に結合した単鎖 DNA に沿って 5′ から 3′ の方向に動く。このとき，単鎖 DNA（図 26.26，赤い鎖）が二重鎖 DNA の副溝に巻きつき，三重鎖構造が一過性にできる。そこでは，単鎖 DNA と二重鎖 DNA の逆行鎖（黄色）との相同性の確認が持続して行われる。この確認がどのようにして行われるかは，現在定かでないが，明らかに短いオリゴヌクレオチド部分が部分的に二重鎖構造から飛び出し，相補配列をみつければ単鎖 DNA と対合できることになる。相補であることが確認されると，分枝点移動が起こり，同時に鎖交換が起こる。赤鎖（もともと単鎖）と黄鎖（赤鎖に相補）との間に二重鎖が形成される一方，鎖交換によって置き換えられた鎖（緑）のほうは，ほどかれて複合体から離れる。このとき起こる ATP の加水分解は，フィラメントの中で DNA の回転を促進し，それによって置換された鎖の放出を促していると思われる。最近の単一分子レベルの研究によれば，図 26.26 に示されるような概略であることが確認され，また，約 80 塩基対が，たとえ相同領域がそれよりはるかに長かったとしても，常にシナプシス反応に積極的に関与することが示された（図 26.28）。

ポイント 11
細菌の多機能酵素である RecA は，ATP を用いて相同配列同士の対合を促進する。

相同組換えは，特定の DNA 配列かその近くで起こる。大腸菌では，Chi（crossover hotspot instigator）と呼ばれる特定の 8 ヌクレオチド配列，5′-GCTGGTCC の近くで起こりやすい。それではいったいどのようにして，この部位は組換えの促進に働くのであろうか。もう 1 つの重要な酵素で，*recB*，*recC*，*recD* 遺伝子にコードされる多機能ヘテロ三量体酵素である RecBCD タンパク質が，Chi に対する配列特異性をもつ。この酵素は，DNA の二重鎖切断部位に結合し，RecB と RecD のヘリカーゼ活性を使って二重鎖 DNA を解き，部分的に壊す。RecBCD-DNA 複合体の結晶構造から示されるように，両方のヘリカーゼは DNA

26

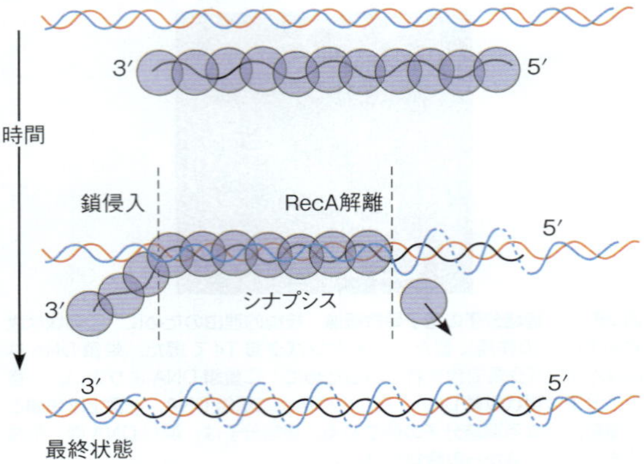

図 26.28　単一分子研究によって示される RecA 鎖交換反応　RecA に結合する黒色の鎖は，二重鎖の赤色の鎖と相補的である。シナプシスは 5′ から 3′ の方向に形成され（中央の図の右方向），RecA に結合する DNA が相補鎖と塩基対を形成した後に，RecA 分子が解離する。このモデル反応では，置換された青色の鎖は新しく形成された二重鎖に包まれる。
Reprinted from *Molecular Cell* 30：530-538, T. van der Heijden, M. Modesti, S. Hage, R. Kanaar, C. Wyman, and C. Dekker, Homologous recombination in real time：DNA strand exchange by RecA. ©2008, with permission from Elsevier.

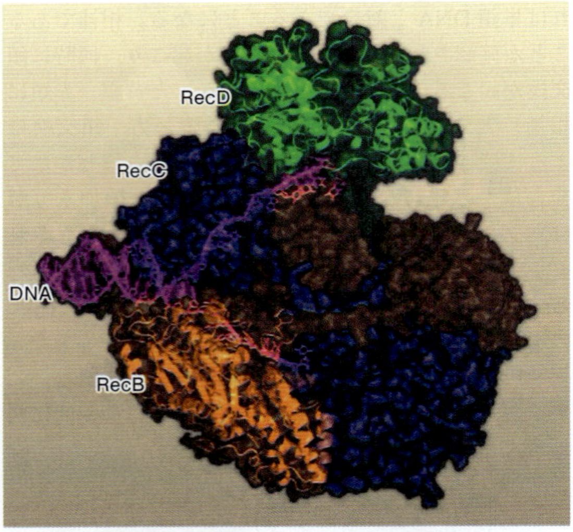

図 26.29　大腸菌 RecBCD タンパク質が DNA と複合体を形成している結晶構造解析　ほどかれた DNA の 1 つの鎖（赤紫色）は RecB と接触し，もう 1 つは RecC と接触する。
Reprinted from *Cell* 131：651-653, D. B. Wigley, RecBCD：The supercar of DNA repair. ©2007, with permission from Elsevier.

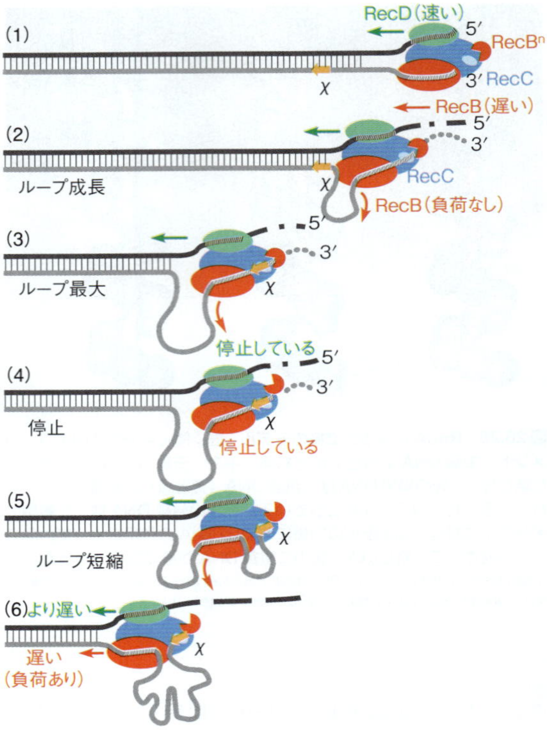

図 26.30　相同組換えの開始における RecBCD，Chi（χ）部位，RecA の作用のモデル　詳細は本文参照。
Reprinted from *Cell*, 131：694-705, M. Spies, I, Amitani, R. J. Baskin, S. C. Kowalczykowski, RecBCD enzyme switches lead motor subunits in response to χ recognition. ©2007, with permission from Elsevier.

と接触する（図 26.29）。RecD ヘリカーゼ活性は，RecB のそれよりも高いために，タンパク質が動くにつれて 3′ 末端は RecB の前方で一本鎖ループとして追い出され，SSB タンパク質でコートされる。両方の鎖は，結合しているヌクレアーゼによって分解されるが，タンパク質モーターの速度が異なるために，3′ 末端はループとしてより多く保存される。酵素が Chi 配列に到達すると，短時間停止し，配列特異的な相互作用の結果，RecBCD はそのスピードを切り換え，また分解の優先的方向を切り換える。RecB のほうが速く動くようになり，3′ 末端で終了するループは RecB によって巻き込まれ RecA に覆われる。図 26.30 に示すように，結合しているヌクレアーゼは結合している 3′ 末端を遊離し，近傍の二重鎖へ侵入できるようにする。

ポイント 12
多機能酵素である RecBCD は，一方の単鎖をより早くほどき単鎖 3′ 末端へと変換しながら，DNA をほどいて再度巻く。

前述したように，真核細胞においては，RAD51 タンパク質が RecA と同じように相同鎖対合を促進する。BRCA2 の働きは RAD51 媒介による組換えを助け，この過程において BRCA2 の機能が欠損すると，この遺伝子の変異を有する乳がんと卵巣がんの原因となるゲノム不安定性が起こるようである。

Holliday 結合が形成されると，図 26.22 と図 26.23 に示したように，分枝点移動が起こり，最終的に組換え体が形成される。これには，他の 3 つのタンパク質が必要である。大腸菌では，これらは *ruvA*，*ruvB*，*ruvC* 遺伝子の産物である。RuvA は，四重鎖の Holliday 構造に特異性を示す DNA 結合タンパク質である。RuvB は，ATP を必要とするモータータンパク質

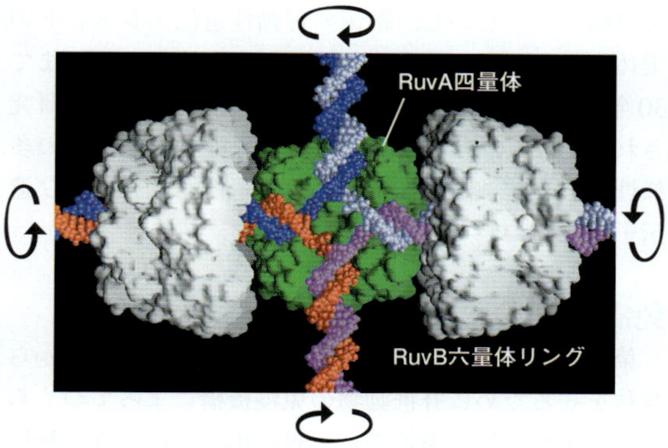

図 26.31　RuvA-RuvB-Holliday 結合構造のモデル　このモデルは，RuvA と RuvB の結晶構造解析に基づく。RuvB の双子のポンプが左右の DNA を巻き取る結果，上下の DNA 鎖は中心に引き寄せられ，最終的にポンプによって引き離され，分枝点移動が起こると考えられている。
Courtesy of Peter Artymiuk, Krebs Institute, Sheffield.

で，Holliday 結合の 2 つの対向する DNA 鎖に結合する。単離された RuvA と RuvB タンパク質の結晶解析に基づいて提唱された図 26.31 のモデルでは，2 つの RuvB 分子が双子のポンプとして働き，2 つの DNA 鎖を反対の方向に回転させる。これによって，残りの 2 つの鎖も回転させられ，分枝点移動が起こる。そのうちに，RuvC が結合し，2 つの単鎖に切れ目を入れて Holliday 構造の分解が始まる。

Ruv タンパク質のホモログは真核細胞ではまだみつかっていないが，真核生物の相同組換えの酵素反応の多くはここに記載したものに類似している。特にヒトと酵母の RAD51 タンパク質は，ともに RecA に似た（同じではないが）鎖対合活性をもっているうえに，アミノ酸配列も RecA タンパク質によく似ている。真核生物の相同組換えの重要な機能は，電離放射線や酸化ストレスや他の環境要因により生じた致死性二重鎖切断の修復である。真核生物では，図 26.18 に示すように，損傷した染色体は相同性のある染色体の中の配列情報を利用して，損傷した部位の DNA 配列を復元する。

部位特異的組換え

すでに述べたように，相同組換え時の組換え部位の整列は，DNA 配列の相同性によって起こる。他の重要な組換え反応では，切断と再結合の部位には短い相同配列があるものの，きわめて特異的な DNA-タンパク質相互作用によって組換えが行われる。この部位特異的組換えの分子機構については，λ のような溶原ファージのゲノムが感染細菌染色体の特定部位へ挿入される機構において最もよくわかっている。この過程は，腫瘍ウイルスゲノムが感染した宿主細胞のゲノムに組み込まれるような，高等生物での類似過程を研究するうえでの重要なモデルとなっている。

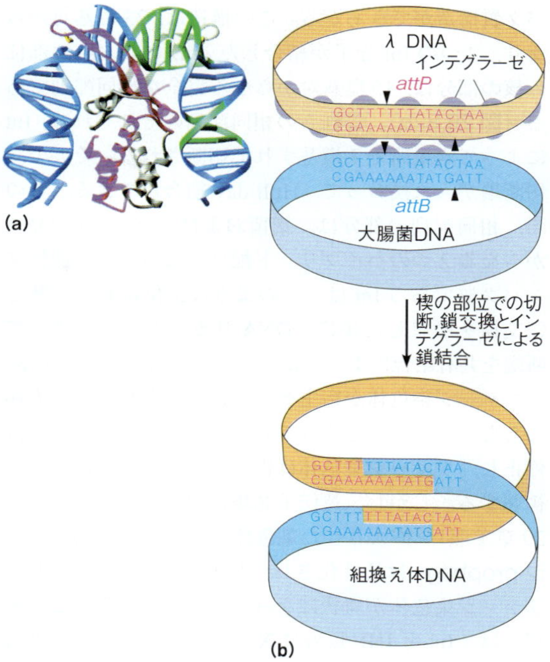

図 26.32　λ ファージの挿入組換え　(a) X 線結晶構造解析で示された IHF による DNA の曲げ。**(b)** 部位特異的組換えの過程。IHF が結合したのち（図示されていない），インタソームが形成され，インテグラーゼが楔で示した部位を切断し，再結合し，ハイブリッド結合部位をつくる。簡略化のために Holliday 結合の解消の前に起こる短い分枝点移動は示していない。
(a) Reprinted from *Cell* 87：1295-1306, P. A. Rice, S. Yang, K. Mizuuchi, and H. A. Nash, Crystal structure of an IHF-DNA complex：A protein-induced DNA U-turn. ©1996, with permission from Elsevier.

> **ポイント 13**
> 溶原ファージの挿入と切り出しを行う組換えには，特異的な DNA-タンパク質相互作用が関与している。

環状化された染色体は，大腸菌染色体の特定の部位 *attB* に挿入される。この部位は，図 26.19 に示したように，ガラクトース利用遺伝子とビオチン合成遺伝子 /(*gal* と *bio* マーカー）の間に位置している。ファージ染色体側は，*attP* と呼ばれる部位で挿入される。この部位特異的組換えには，2 つのタンパク質が必要である。①ファージインテグラーゼ（Int：*int* 遺伝子産物）と②IHF（integration host factor）と呼ばれる大腸菌タンパク質である。X 線結晶解析から明らかになったが，IHF が結合すると，DNA は 90° 回転する（図 26.32a）。組換えが起こるには，ファージ DNA は超らせん構造をとらなければならない。この超らせん構造と，IHF が *attP* の特定の部位に結合することによって生じたねじれによって，Int の *attP* 近傍への結合が容易になる。その結果，230 塩基対からなる *attP* 領域はそれぞれ特定の部位に結合した 7 つの Int 分子によって包まれ，インタソームと呼ばれる特殊な核タン

26

パク質構造ができあがる。この構造は，23塩基対からなり，2つのInt分子が結合した*attB*と並ぶ。両部位の核の部分は，15塩基対からなる完全な相同配列である（図26.32b）。これらの相同配列のそれぞれは，Intによって両鎖間で7塩基ずれて切断される。そこで，切断端が入れ換わって，Holliday結合ができる。この際，相同配列の部分は，細菌およびファージのDNAからなる2つのハイブリッド配列となる。多機能性タンパク質であるIntは，このような部位特異的切断と鎖交換を触媒した後に，DNAリガーゼ反応によって断端を共有結合によって接合してこの過程を完了する。

ファージ染色体が宿主ゲノムに挿入されても何も起こらない。ほとんどすべてのファージ遺伝子の発現は停止し，ファージ染色体は細菌の染色体の一部として複製する。しかし，遺伝子発現に変化が起こると（第29章参照），挿入された染色体，すなわち**プロファージ prophage**は活性化され，上述した過程を逆行し，ファージ染色体が環状になって切り出される。この過程には，IntとIHF以外にXisと呼ばれるタンパク質が必要である。Xisは，Intがプロファージの境にあるハイブリッドになったファージ–細菌接合部位を認識できるようにしている。したがって，IntとXisが発現しているときのみ，ファージの切り出しは起こるのである。

遺伝子の再編成

1970年代半ばまで，1つの生物あるいは集団の遺伝子情報は変わらないと思われていた。遺伝子発現に違いはあるものの，分化した器官におけるすべての細胞のDNAの中身はすべて同じと考えられていた。このように考えられていたのは，例えばニンジンのような植物では，適切な条件下で培養すると，分化した1個の細胞から完全かつ正常な植物をつくることができるからである。しかし，その後の研究から，これまでに想定されなかったDNAの可塑性（変化しうること）が明らかになった。すなわち，真核生物の通常の発生過程で，DNAのある部分がゲノムから欠損したり，ゲノム内で違った場所に動いたり，また何倍にも増えたりする。加えて，原核生物と真核生物にも，可動性遺伝エレメントがある。これらのDNAは，発生過程とは無関係に，ある染色部位から他の部位に動く。前述したように，この動く過程も特殊ではあるが組換えの1つである。

実際に，DNAの可塑性を予言した科学者はほとんどいなかった。Barbara McClintockは，1940年代にトウモロコシの遺伝学の研究を始め，その研究に基づいて，可動性遺伝エレメントによる遺伝形質の発現調節を提唱した。しかし，細菌の可動性遺伝エレメントの実体が実証されて彼女の先駆的研究が注目されるまで30年ほどかかった。本章の後半では，3つのよく研究されたDNAの可塑性，すなわち脊椎動物の抗体の多様性を引き起こす遺伝学的基盤，遺伝子転移および遺伝子増幅について述べることにする。

免疫グロブリン産生：抗体多様性の創出

第7章で述べたように，抗体は，病原体や異物から身体を守るために脊椎動物の免疫機構によってつくられるタンパク質であることを思い出してみよう。抗原が導入されると免疫機構が反応し，この抗原を認識する特異抗体が産生される。概算によると，ヒトでは1,000万種以上の異なった特異性をもつ抗体をつくることができる。この多様性のほとんどは，ゲノムのコード領域のほんの一部の遺伝子の精密に制御された再編成によって生じている。この再編成はたくさんの細胞クローンが分化する際に起こり，クローンはそれぞれ1つの抗体のみをつくる。同様の機構で多様化するタンパク質は他にもあり，特にT細胞受容体が知られている。免疫応答としては他に，その応答を誘発した抗原に特異的に反応する抗体を産生する細胞クローンの増殖促進がある。このクローン展開によって，感染や免疫系に対する他の攻撃と闘うための大規模な抗体産生が可能となる。

どのようにして抗体の多様性がつくられているかを知るために，抗体の1つのタイプである免疫グロブリンG（IgG）について考えてみよう。第7章で述べたが，これらの抗体タンパク質は2つの重鎖と2つの軽鎖から構成されていることを思い出そう。それぞれの鎖は，2つの異なった部分から構成されている。すなわち，可変ポリペプチド配列領域と，異なったIgGの重鎖および軽鎖でアミノ酸配列が同じである不変領域である。ここでは軽鎖，なかでもλクラスの軽鎖について述べよう（もう1つのκクラスは，不変領域にも多少の配列の違いがあるが，同じ機構によって多様化されている）。この過程については，1987年にノーベル生理学医学賞を受賞した利根川進の研究によって，多くが解明された。

図26.33に，抗体産生の点では未分化である生殖細胞中のκ鎖の前駆体遺伝子の構造と，分化した抗体産生細胞の中で成熟遺伝子がつくられる再編成の過程を示す。それぞれの軽鎖は，未分化細胞では不連続であるが，1つの染色体上にあるDNA配列によってコードされている。これらの配列は，V（variable），C（constant）およびJ（joining）と呼ばれている。ヒトのゲノムには，それぞれ可変領域の最初の95アミノ酸をコードする300の異なったV配列と，可変領域の

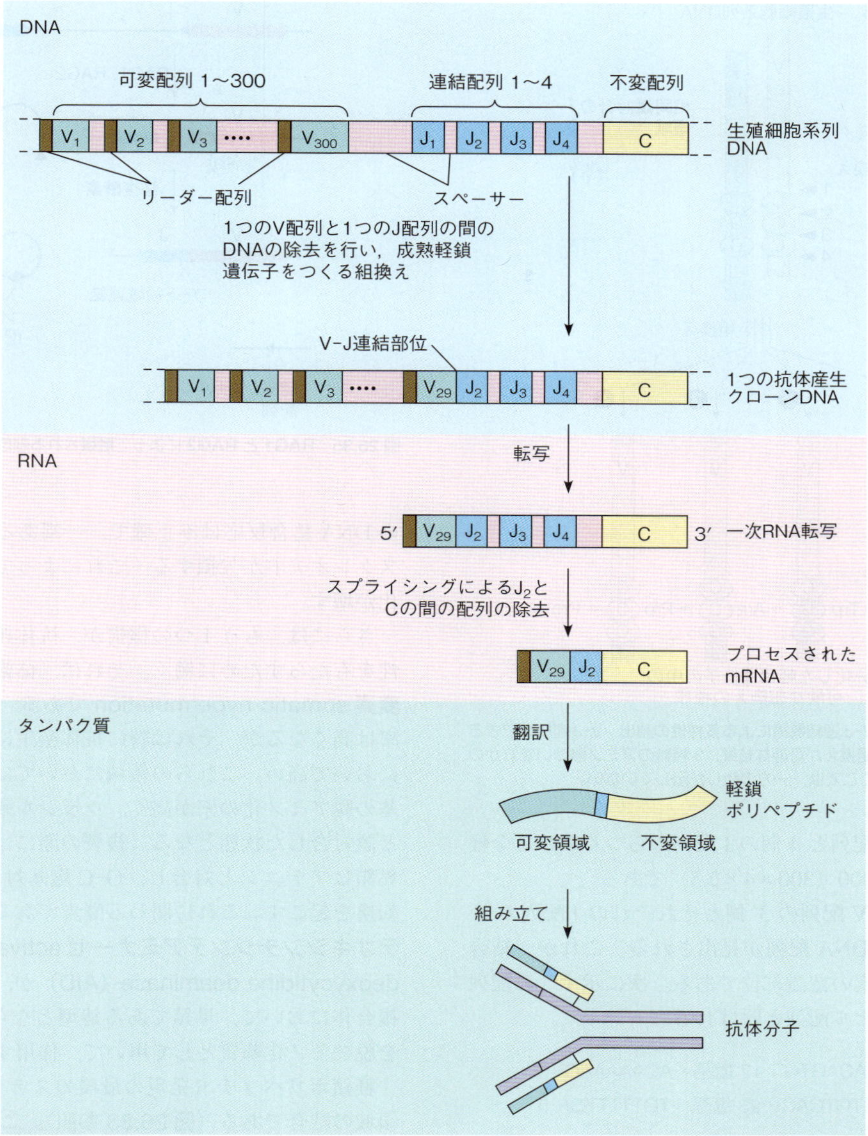

図 26.33　抗体遺伝子成熟過程での再編成　C，V，J 配列の再編成によって，成熟した κ 軽鎖遺伝子ができる。この遺伝子の転写，プロセシング，翻訳によって抗体の κ 軽鎖がつくられる。

最後の 12 アミノ酸をコードし不変領域につなげる 4 つの異なった J 配列と，不変領域をコードする 1 つの C 配列がある。胎児期の細胞では，V 配列は明確なクラスターをつくって染色体上にある。それぞれの V 配列の上流にはリーダー配列があり，この部分には胎児期の細胞では発現しない転写プロモーターが存在する。J 配列も，同じ染色体上に V 配列から離れたところにクラスターをつくっている。C 配列は，J クラスターの直後にある。それぞれの J 配列は，発現されないスペーサー配列によって仕切られている。

細胞抗体産生クローンが分化する過程で遺伝子再編成が起こり，約 300 の V 配列の 1 つが 4 つの J 配列の 1 つとつながる。つながった V–J 配列間の DNA は抹消され，この細胞のすべての後継細胞から消え去ることとなる。他方，それより上流のすべての V 配列（5′ 側；図 26.33 の左側）と下流の J 配列（3′ 側；右側）はそのまま後継細胞に残るが，抗体産生には関係しない。

V 配列と J 配列の結合の仕方に多様性があることから，さらに多様化が増す。V–J 結合は，両配列の末端の 3 ヌクレオチドの中で起こるが，その場合，必ず結合後に 1 種類の 3 ヌクレオチドが作成されるように起こる（図 26.34）。これによって異なる軽鎖の数は 2.5 倍（4 つの無作為なトリプレットによってコードされる異なったアミノ酸数の平均）に増える。したがっ

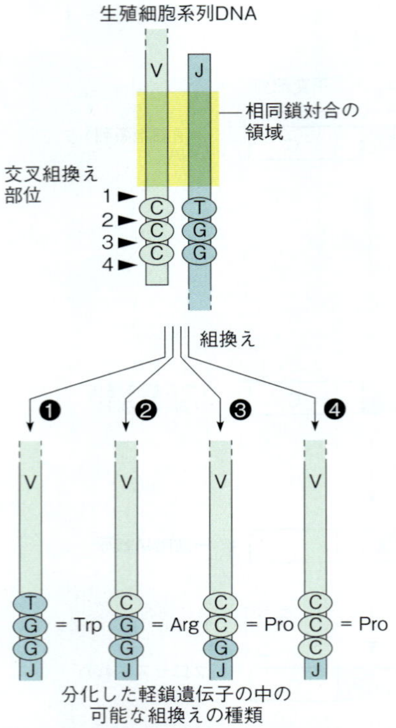

図 26.34　可変性 V–J 連結機構による多様性の創出　V–J 連結ができるとき 4 種類の交叉組換えが可能な結果，3 種類のアミノ酸のいずれかのコドンができる。ここでは，一方の鎖しか示していない。

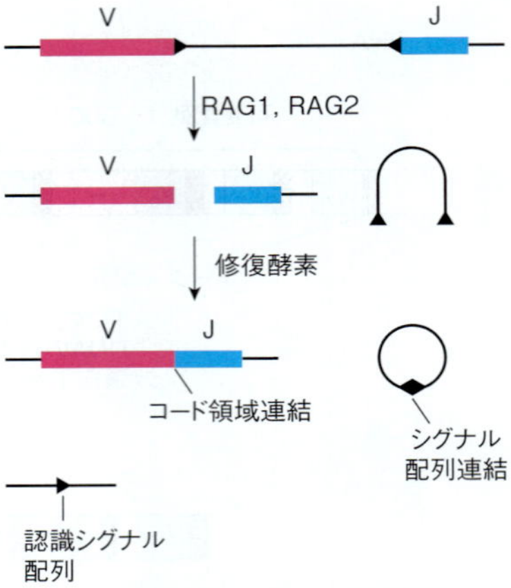

図 26.35　RAG1 と RAG2 によって触媒される部位特異的組換え現象

て，300 の V 配列と 4 個の J 配列からつくられる全軽鎖数は，約 3,000（300×4×2.5）である。

それぞれの V 配列の 3′ 側とそれぞれの J 配列の 5′ 側には，関連 DNA 配列が見出される。これが，結合反応を行う酵素の認識部位である。次に示すこの配列は，認識シグナル配列と呼ばれる。

5′ …V…CACAGTG…12 塩基…ACAAAAAC…3′
3′ …J…GTGTCAC…23 塩基…TGTTTTTG…5′

この配列の相同部分は，逆向き反復配列であることに注意するように。

この組換えは，RAG1 と RAG2 と呼ばれるタンパク質によって開始される（図 26.35）。これらのタンパク質は，細菌の遺伝子転移に関与するタンパク質に似ていて（p.993 参照），まず 2 つの認識シグナル配列と当該 V, J コード配列との間の二重鎖切断を触媒する。次に，細胞の DNA 修復タンパク質が二重鎖切断を処理し，V 配列と J 配列を適当な読み取り枠で結合させる“コード領域連結”と，切り出された介在配列を環状化する“シグナル配列連結”を行う。この配列の中のほぼ同一の 7 塩基の回文配列と，ほぼ相補的な 8 塩基の AT が豊富な配列によって，遠距離にある染色体の領域が並び，介在部分が除去され，配列が再結合される。この過程は，λ ファージの挿入と似ている。この DNA 結合反応は不正確で，一端あるいは両端からヌクレオチドが欠損する。これによって，さらに多様化が増す。

さらには，もう 1 つの機構が，抗体鎖に配列の多様性をもたらすために働く。それは，**体細胞高頻度突然変異 somatic hypermutation** である。自発的な変異率は高くなるが，それは特に抗体産生に関係した領域において高い。これらの領域においては，シトシン残基の脱アミノ化の率が高く，ウラシル残基がグアニンと誤対合した状態となる。複製の際には，これらの変異鎖はアデニンと対合し，G–C 塩基対から A–T へと転換を起こす。これに関わる酵素である，**活性化誘導デオキシシチジンデアミナーゼ activation-induced deoxycytidine deaminase（AID）**が，停止した転写複合体において，単鎖である鋳型とならない DNA 鎖を脱アミノ化基質として用いて，作用する。

軽鎖ポリペプチド発現の最後のステップは，C と J 領域の結合である（図 26.33 参照）。これは，DNA のレベルではなく，メッセンジャー RNA（mRNA）のレベルで起こる。第 7 章と第 27 章で述べているように，真核生物の遺伝子発現の過程で，通常，mRNA は切断され，つなぎ合わせられる。このとき，最終の遺伝子産物に反映されない配列は削除されてしまう。軽鎖遺伝子の場合，転写が起こるとすでに述べたが，J に再結合した V 配列の 5′ 側から C の 3′ 側まで伸びた RNA 分子ができる。V がどの J と再結合したかによって，それより下流の J 配列が RNA の中に複数個残るが，これはスプライシングによって削除される。

抗体の重鎖も同様に，V 配列，J 配列と D と呼ばれる一連の配列からつくられる。さらに，他のクラスの抗体を合成するために，8 つの C 配列がある。最大限合成できる IgG 重鎖の数は約 5,000 である。完全な IgG 分子は，いずれの軽鎖と重鎖の組み合わせでもできることから，最大限可能な IgG 分子数は，3,000×5,000，すなわち，1.5×10^7になる。このようにして，生殖細胞のゲノムの非常に小さな部分から抗体分子の莫大な多様性が生まれている。抗体産生細胞の発生過程において高頻度で V 配列に変異が入るが，これがさらに多様化を高めている。この体細胞過剰変異によって，同じ V-J 結合を行う細胞でも，異なった IgG をつくることができる。

ポイント 14
多様な免疫応答は，多種類の抗体を産生する数千種の DNA 配列の組換えによって起こる。

抗体産生細胞の相同染色体の両方で同じ再編成が起きているか否かは定かでない。しかし，それぞれの抗体産生細胞は 1 つの抗体しかつくらないことから，これが起きているか，あるいは，一方の染色体が再編成されると他方は発現調節されているに違いない。

転移性遺伝エレメント

この項では，転移性遺伝エレメントについて述べることにしよう。転移性遺伝エレメントとは，ゲノムの 1 つの位置にとどまっているのではなく，頻度は低いがある場所から違った場所に動くことができる遺伝子をいう。遺伝子転移に DNA の相同配列は関与しない。しかし，6 ヌクレオチドほどの短い配列の認識を触媒する酵素によって，遺伝子転移が起こる。Barbara McClintock が行ったトウモロコシの遺伝学の研究によって遺伝子転移の存在が予言されていたが，転移性遺伝エレメントの物理的性状が明らかになったのは，抗生物質耐性細菌株の研究によってである。1970 年代はじめまでに，テトラサイクリンやペニシリンのような薬剤に対する耐性を付与する遺伝子は，通常，宿主の染色体とは相同性がまったくないプラスミドに乗って運ばれることが知られるようになった。しかし，抗生物質耐性遺伝子は，低頻度ではあるものの，バクテリアの染色体上やその細胞に感染したファージの DNA 上に出現した。DNA の制限酵素切断分析や，電子顕微鏡を用いたテヘロ二重鎖解析によって，実際，宿主やファージの染色体に新しい DNA が挿入されていることが確認された。なりゆきまかせで 1 つの染色体から他の染色体へ動くこのような“跳躍遺伝子”の存在は，遺伝子の構成と進化に関して我々が抱いていた見解を大きく変えるものであった。この新しい概念は，学問上の興味以上に注目された。なぜなら，これは，感染症治療のための抗生物質の使用，特にそれによって問題となる抗生物質耐性菌の出現しやすさと関連していたからである。

転移エレメントはトウモロコシ，ショウジョウバエ，酵母など多くの真核生物でその存在が実証されている。しかし，ここでは物理構造と転移機構が最もよく解明されている細菌の転移エレメントについて述べることにしよう。最初に，細菌の遺伝子転移とこれまで述べた他の組換え機構との違いを述べることにする。第 1 に，遺伝子転移には広範な DNA 配列の相同性は必要ではない。さらに，遺伝子転移は *recA*$^-$宿主で起こることから，相同組換えは関与していない。第 2 に，細菌の遺伝子転移には DNA 合成が関与している。遺伝子転移では必ず転移エレメントが挿入される部位，すなわち標的部位で，短い配列（3〜12 塩基対）の重複が起こる。多くの場合，転移エレメントそれ自体が複製され，1 つのコピーは新しい部位に挿入され，もう 1 つのコピーは供与側の DNA に残る。最後に，転移エレメントは宿主の染色体の再編成を起こしうる。転移エレメントは 1 つの染色体の中である部位から他の部位に動くことができる。その結果，同じ染色体上に相同配列領域が形成される。これらの配列が順方向にあるいは逆方向に向いているかに依存して，その配列間に相同組換えが起こると，図 26.36 に示すように，欠損か逆位が起こる。また，転移エレメントは染色体に他の効果ももたらす。すなわち，（コード領域を分断する挿入では）転移エレメントが転移した遺伝子は不活化されたり，近接の遺伝子は（遺伝子の隣にプロモーターや転写活性化因子がつくられるような場合に）活性化されたりする。転移に失敗すると染色体に欠損や逆位が起こる。このようなことが起きれば生物は高頻度に死に至るので，転移率の低い生物が進化によって選択されてきた。実験室においては，遺伝子の挿入不活化は，特定の機能を欠損した変異体の作製や遺伝子のマッピングに有用である。

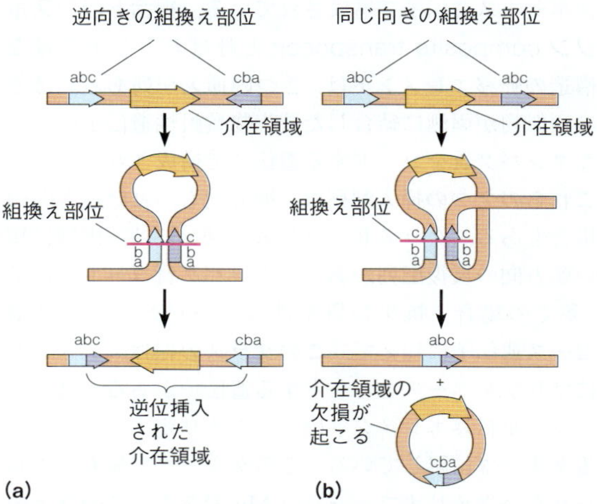

図 26.36　2 つの同じ転移エレメント間で起こる相同組換えによるゲノムの再編成　2 つのエレメントの向きによって，逆位挿入（a）あるいは欠損（b）が起こる。

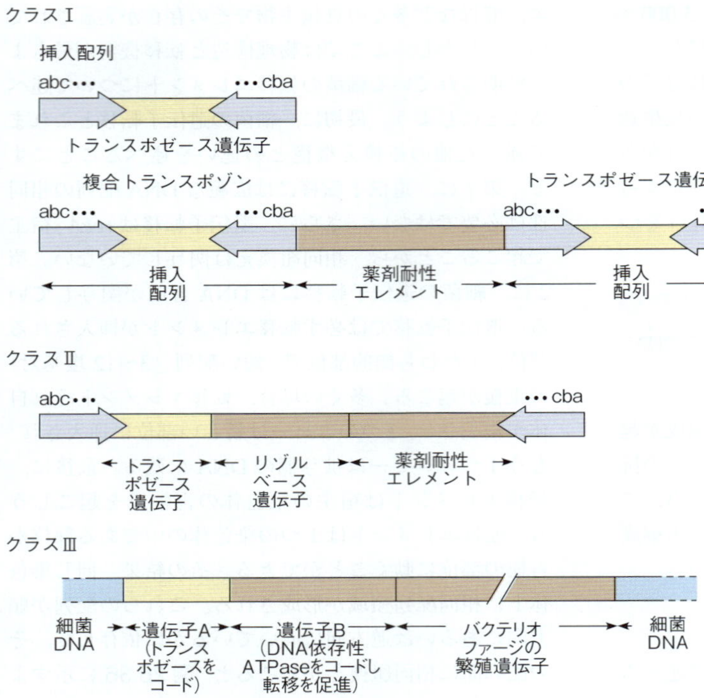

図 26.37　クラスⅠ，クラスⅡ，クラスⅢの可動性遺伝エレメントの構造　逆位反復配列は紫色で示してある。"薬剤耐性因子"はタンパク質コード遺伝子の多様性の1つかもしれない。

図 26.37 に一般構造を示すが，細菌の転移エレメントには3つの異なったクラスがある。これらの転移エレメントを分類するうえで，その機能はこのあとすぐに述べるが，**トランスポゼース transposase** と**リゾルベース resolvase** の2つの酵素の関与を考慮する必要がある。トランスポゼースをコードするがリゾルベースをコードしないクラスⅠの因子には，2つのタイプがある。最も単純な転移エレメントは**挿入配列 insertion sequence（IS）**と呼ばれており，約15〜25塩基対の2つの短い逆位反復配列が両側に連結したトランスポゼース遺伝子で構成されている。**複合トランスポゾン composite transposon** と呼ばれる若干複雑な構造の転移エレメントは，2つの挿入配列あるいはその類似物が両側に結合した抗生物質耐性遺伝子のようなタンパク質をコードする遺伝子で構成されている。これらの2つの挿入配列は，順方向もあれば逆方向の場合もある。クラスⅡトランスポゾンには，両側に短い順方向の反復配列がある。タンパク質コード遺伝子（多くの場合，抗生物質耐性遺伝子）とトランスポゼース遺伝子に加えて，このクラスの転移エレメントにはリゾルベースをコードする遺伝子がある。最後のクラスⅢ転移エレメントは，バクテリオファージのあるグループに属している。このグループで最もよく知られたバクテリオファージは Mu である。このファージはトランスポゾンの転移機構を使って自分の染色体を手当たりしだい宿主の染色体に挿入し，クラスⅡと類似した転移機構で自分自身のゲノムを複製する。このファージの遺伝子 A はトランスポゼースをコードする。もう1つの遺伝子 B は DNA 依存性 ATPase 活性をもつタンパク質をコードする。クラスⅠとクラスⅡの転移エレメントは少量のトランスポゼースしかつくらず，転移の頻度はたかだか1世代当たり 10^{-7}〜

表 26.2　大腸菌の転移エレメントの構造

エレメント	大きさ (bp)	標的 DNA (bp)	付与される耐性
挿入配列			
IS1	768	9	なし
IS2	1,327	5	なし
IS10-R	1,329	9	なし
複合トランスポゾン			
Tn5	5,700	9	カナマイシン
Tn10	9,300	9	テトラサイクリン
Tn2571	23,000	9	クロラムフェニコール，フシジン酸，ストレプトマイシン，スルフォンアミド，水銀
クラスⅡトランスポゾン			
Tn3	4,957	5	ペニシリン
クラスⅢトランスポゾン			
ファージ Mu	38,000	5	なし

Excerpted from American Review of Genetics 15 : 341-404, N. Kleckner, Transposable elements in prokaryotes. ©1981 Annual Reviews.

10^{-5}ほどであるが，ファージ Mu は 1 回の溶解感染で 100 回の挿入を起こす。これほど高い転移効率の少なくとも一部は，B 遺伝子産物のおかげである。他の遺伝子はこのファージの構造タンパク質などをコードする。

ポイント 15
転移性遺伝エレメントには，挿入配列，トランスポゾン，いろいろな部位へ挿入されるある種のバクテリオファージがある。

表 26.2 にトランスポゾンと挿入配列の性状をまとめて示す。それぞれのトランスポゾン（Tn と略称されている）と IS は，ここで例として示している 5 あるいは 9 塩基対からなる特異的な標的配列に挿入されることに注目しよう。挿入によってその部位の重複が起こる。重複された挿入部位は挿入エレメントの両サイドにある（図 26.38）。これはトランスポゼースの作用の結果であるらしい。なぜならトランスポゼースは標的配列を囲むようにして両鎖をずらして切断するからである。それぞれの末端に転移エレメント（Tn あるいは IS）がつながるとギャップができるが，このギャップが DNA 合成によって埋められると挿入エレメントの両側に順方向の反復配列ができる。

転移エレメントは，遊離した直鎖状 DNA としては決して存在しない。それでは，どのようにして標的部位の末端につながる転移エレメントの末端ができるのであろうか。現在支持されているモデルでは，図 26.39 に示すように，トランスポゼースが標的部位のそれぞれの DNA 鎖をずらして切断するとともに，転移エレメントのそれぞれの 3′ 末端に切れ目を入れる。この切れ目は正確にトランスポゾン配列と両側の順方向の反復配列の間に入る。次に受け入れ側の標的配列の 5′ 末端がその転移エレメントの 3′ 末端につながる。その結果，2 つの結果がありうる。単純転移では，その接続の後でトランスポゾンの 5′ 末端，すなわち転移エレメントに接続した配列のちょうど横で切断される。この結果，図 26.38 に示すようなギャップ構造ができる。このギャップは DNA ポリメラーゼとリガーゼによって修復される。この形の転移では標的配列のみがコピーされ，ドナーの染色体は致死的な二重鎖切断をこうむる。Tn10（表 26.2）は，元トランスポゾンの両鎖とも新しい部位に移る保存的機構によって転移される。

もう 1 つの転移である**複製転移 replicative transposition** には，リゾルベースが必要である。したがって，この転移はクラス II とクラス III の転移エレメントのみで起こる。標的染色体の 3′ 末端は，最初に切断されスプライスされた後に，図 26.39 に示すように，両方のギャップと転移エレメント自体の 2 つの DNA 鎖

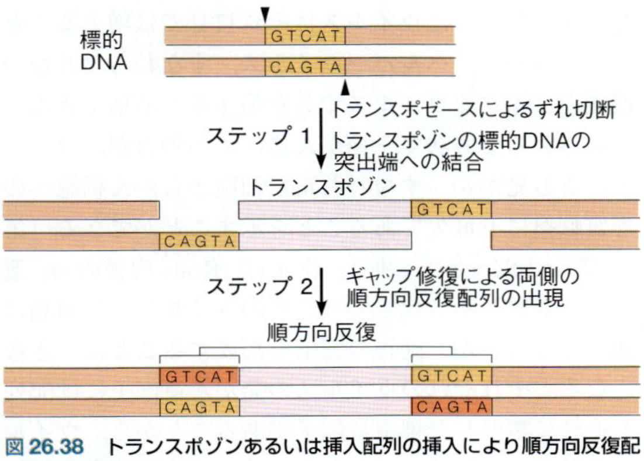

図 26.38　トランスポゾンあるいは挿入配列の挿入により順方向反復配列ができる機構のモデル

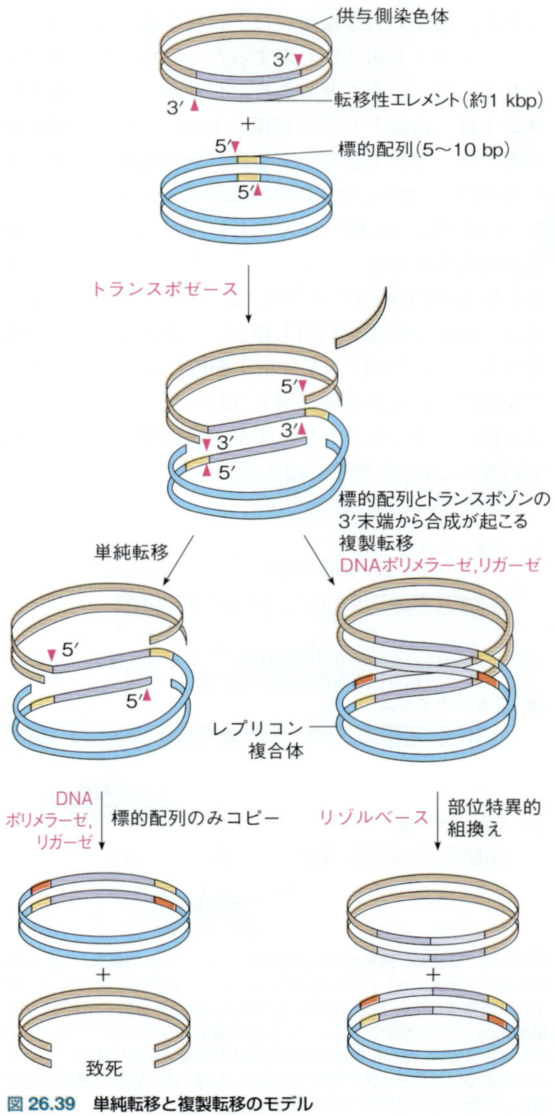

図 26.39　単純転移と複製転移のモデル

をコピーするための複製プライマーとして働く。リガーゼの作用により**レプリコン複合体 cointegrate**，すなわち供与染色体と標的染色体が2つの新しく複製した転移エレメントのコピーでつながった大きな環状構造ができる。そこで，もう1つの酵素のリゾルベースがこの2つの転移エレメントの間で部位特異的組換えを起こし，2つの染色体が分かれる。その結果，1つの転移エレメントが元の染色体に残ると同時に，新しい染色体に挿入されることとなる。大腸菌の $\gamma\delta$ リゾルベースとよばれる酵素の構造解析によって，この複雑な過程を解明するための有用な手がかりが得られつつある。

レトロウイルス

真核生物の遺伝子転移は，細菌の遺伝子転移と著しく類似している点もあれば，明らかに相異している点もある。第1の大きな違いは，真核生物では転移エレメントの挿入と切り出しがまったく異なった機構で行われているということである。したがって，転移エレメントは，遊離した二重鎖環状 DNA としてしばしば単離することができる。第2に，その転移エレメントの複製には，RNA 中間体の合成が関わっている。この2つの性質は，転移エレメントの仲間で，最もよく研究された脊椎動物のレトロウイルスにみることができる。第25章で述べたように，これらの RNA ウイルスでは，逆転写酵素を利用し環状の二重鎖 DNA が合成される。この環状 DNA は宿主細胞の染色体のいろいろな部位に挿入される。挿入されたレトロウイルスゲノムは，細菌の複合トランスポゾンにきわめてよく似ている。これは，図 26.40 と図 26.37 を比べてみるとよくわかる。プロトタイプのレトロウイルスゲノムには3つの構造遺伝子がある。すなわち，切断されることによってビリオンのコアタンパク質となるポリタンパク質をコードする *gag*，ウイルスのポリメラーゼあるいは逆転写酵素をコードする *pol*，およびウイルスの外套膜の主要な糖タンパク質をコードする *env* である。これらの構造遺伝子の両側には，2つの順方向の繰り返し配列，すなわちそれぞれ 250～1,400 塩基対のサイズの**長末端反復配列 long terminal repeat (LTR)** がある。それぞれの LTR の両端の内側には，5～13 塩基対の長さの短い逆方向の反復配列がある。ウイルスゲノムが宿主ゲノムに挿入される過程で，標的配列の重複が起こる。したがって，プロウイルスと呼ばれる挿入ウイルスゲノムの両側では，宿主 DNA の5～13塩基対の配列が同じ方向で反復することになる。

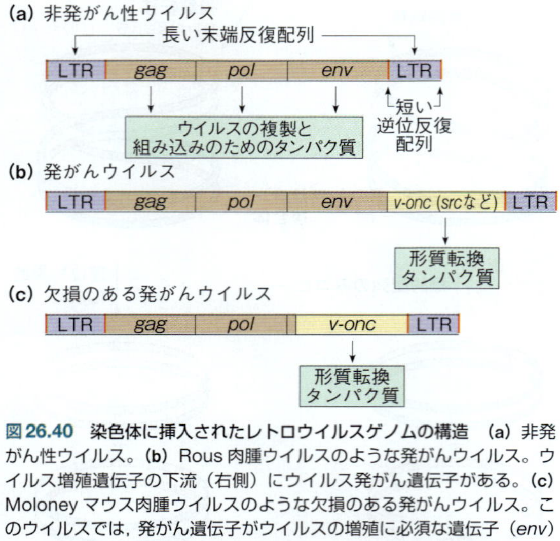

図 26.40　染色体に挿入されたレトロウイルスゲノムの構造　(a) 非発がん性ウイルス。(b) Rous 肉腫ウイルスのような発がんウイルス。ウイルス増殖遺伝子の下流（右側）にウイルス発がん遺伝子がある。(c) Moloney マウス肉腫ウイルスのような欠損のある発がんウイルス。このウイルスでは，発がん遺伝子がウイルスの増殖に必須な遺伝子（*env*）の一部あるいは全部に置き換わっている。いずれも，LTR は順方向で反復し，両側に短い逆位反復配列がある。

> **ポイント 16**
> レトロウイルスゲノムと真核生物の転移エレメントは，配列が類似しているだけでなく，細菌のトランスポゾンとも似ている。

ちょうど細菌のトランスポゾンが他の遺伝子を運ぶことができるように，レトロウイルスも他の遺伝子を運ぶことができる。最も早くみつかったレトロウイルスである Rous 肉腫ウイルスは，発がん遺伝子をもつことが示された最初のウイルスである（第23章参照）。Rous 肉腫ウイルスは 1911 年に単離され，ニワトリに腫瘍を起こすことが示された。しかしながら，*src* 遺伝子が同定され，その遺伝子が腫瘍形成を行うことが示されたのは 1978 年になってからである。*src* 遺伝子産物は，タンパク質チロシンキナーゼ活性をもつ分子質量 60 kDa のタンパク質である。DNA 配列は多少異なっているが，そのもとの細胞遺伝子が宿主のゲノムに存在する。Rous 肉腫ウイルスの *src* 発がん遺伝子は，*env* 遺伝子の 3′ 側にある。他の発がんウイルスでは，発がん遺伝子は *gag*，*pol*，*env* 遺伝子に挿入されていたり，あるいはそれと置換している。必須の遺伝子を欠損したウイルスはそれ自身では増えることができないが，ヘルパーウイルス，すなわち足りない機能を供給するウイルスで共感染すると増殖できる。

いろいろな方法で，発がん遺伝子の働きが，ウイルスによる発がん，すなわち正常細胞からがん細胞への形質転換に不可欠であることを示すことができる（第23章，p.882～888 参照）。例えば，Rous 肉腫の *src* 遺伝子を変異し不活化しても，そのウイルスの増殖能に変わりはないが，動物の腫瘍を形成することはできなくなる。それぞれのウイルスの発がん遺伝子には配列上それに類似した細胞遺伝子があることから，ウイルスの発がん遺伝子は，かなり以前に細胞から由来し，ウイルスのゲノムに取り込まれたのち勝手に変異を受けたものと推測されている。発がん遺伝子産物の多くは，Src タンパク質のようにプロテインキナーゼ活性をもつ。これらは，通常の細胞の増殖制御因子がウイルスに取り込まれて異常機能を発揮するようになったもので，その発現によってがん細胞に特徴的な増殖制御異常が起こっていると考えられている。もう 1 つの発がん機構は，プロウイルス DNA の挿入による細胞遺伝子の活性化と関係している可能性がある。プロウイルスの左端（通常記載されるように 5′ 側）の LTR には，*gag* 遺伝子と下流の *pol*，*env* 遺伝子の転写アクチベーターあるいはプロモーターがある。2 つの LTR は同じ向きで反復しているために，右端の LTR にあるプロモーターは，挿入部位の下流の細胞遺伝子の転写を誘導することができる。もしこれらの遺伝子が代謝調節に関与しているものであれば，その過剰発現によって代謝のバランスが崩れ，それによってがん化が促進されるのかもしれない。

真核細胞の転移エレメントは，構造上レトロウイルスにきわめて似ている。実際に**レトロトランスポゾン retrotransposon** という名称がこのクラスの転移エレメントをさすのに使われている。2 つのレトロウイルスと，酵母のトランスポゾンである Ty，ショウジョウバエの転移エレメントである copia と 412，およびマウスのトランスポゾンである IAP について，これらの類似点を図 26.41 に図示する。

遺伝子増幅

遺伝子情報の再編成で最後に述べる機構は，主に真核細胞に起こるゲノムの特定の領域の選択的増幅である。遺伝子増幅は，通常の発生過程で起こる。また特定の代謝ストレスの結果としても起こる。

ある両生類の卵形成時にはリボソーム RNA 遺伝子のコピーの数が 2,000 倍ほど増え，初期の発生時に起こる大量のタンパク質合成のための準備が行われることが長い間知られていた。増幅した DNA は，数コピーのリボソーム DNA と複製開始点をもつ染色体外環状 DNA として存在する。同じように，卵タンパク質をコードする遺伝子が特定の発生段階で増幅されるという類似した事例がショウジョウバエで解析されている。しかし，この場合には，増幅される領域の中で反復して複製が開始される結果，増幅が起こり，増幅した配列は元の染色体にとどまる。

培養中に薬剤耐性の哺乳類細胞株が出現するときは，明らかに両方のタイプの遺伝子増幅が起こる。この増幅過程は，ジヒドロ葉酸レダクターゼ dihydrofolate reductase（DHFR）の阻害剤であるメトトレキセートに耐性を示すようになる細胞を用いて最もよく研究された。第 22 章で述べたように，白血病をメトトレキセートで治療すると，しばしばこの薬剤に耐性を示す白血病細胞が出現する。この白血病細胞では，メトトレキセートの標的であるジヒドロ葉酸レダクターゼの量が非常に増加している。Robert Schimke によってはじめて示されたことであるが，酵素の過剰産生は，DHFR 遺伝子を含む大きな DNA 領域の特異的な増幅によって起こっている。1 つの機構では，DNA 領域が縦列重複によって増幅し，それによって多数の遺伝子コピーからなる**均一染色領域 homogenously staining region（HSR）**と呼ばれる領域をもつ巨大な染色体ができる。この領域では，典型的な染色体バンドのパターンを観察することができないことがこの名の由来である。もう 1 つの機構では，図 26.42 に示されるように，DHFR 遺伝子を含む DNA 領域が組換え反応によって切り出され，**二重微小染色体 double minute chromosome** と呼ばれるミニ染色体になる。

IR	プロモーター	polyA	IR	P	Pu	
TGTTG	TATAAAA		CTCA	TGGTAGCG	GGGTGGTA	Ty
TGTTG	TATAAAT		AACA	GGTTATGG	AGGGGGCG	copia
TGTA	TATATTA	AATAAA	TACA	TGGCGACC	GAGGGAGA	412
TGT	TATAAC	AATAAA	AACA	TGGTGCCG	AGGAGAGA	IAP
TGTA	TATTTAA	AATAAA	TTCA	TGGTGACC	GAGGGGGA	RSV
TGAAAG	AATAAAA	AATAAA	TTCA	TGGGGGCTC	AAGGGGGG	MoMLV

図 26.41　挿入されたレトロウイルスと他の真核生物転移エレメントの配列上の共通点　これらのエレメントは，すべて左右が長末端反復配列（それぞれ LTR-L，LTR-R）で仕切られている。それぞれの LTR の両端には，短い逆位反復配列（IR）がある（矢印）。転移エレメントの中の特徴的な構造の大まかな位置を示した。表にはその構造の塩基配列を示してある。すなわち，IR＝プロモーター，それぞれの LTR の転写開始シグナル，polyA＝ポリ A 付加シグナル（酵母トランスポゾン Ty とショウジョウバエの copia にはない），P＝複製のプライマーである RNA と対合する部位，Pu＝プリンの多い配列。copia と同じように，412 はショウジョウバエのトランスポゾンである。IAP はマウスゲノムのトランスポゾンで，RSV（Rous 肉腫ウイルス）と MoMLV（Moloney マウス白血病ウイルス）はレトロウイルス。

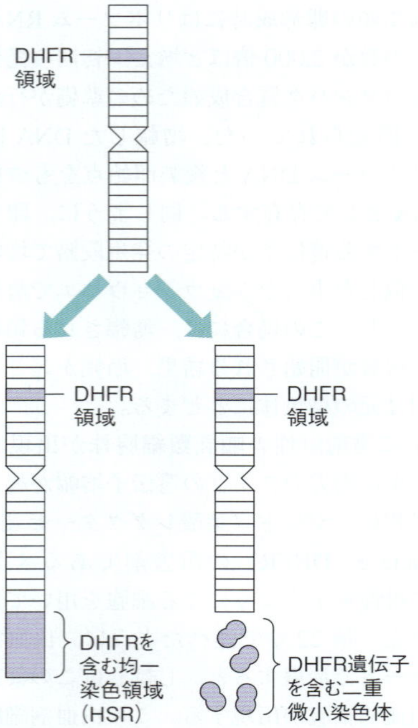

図 26.42　薬剤耐性の原因となる遺伝子増幅の 2 つの形式

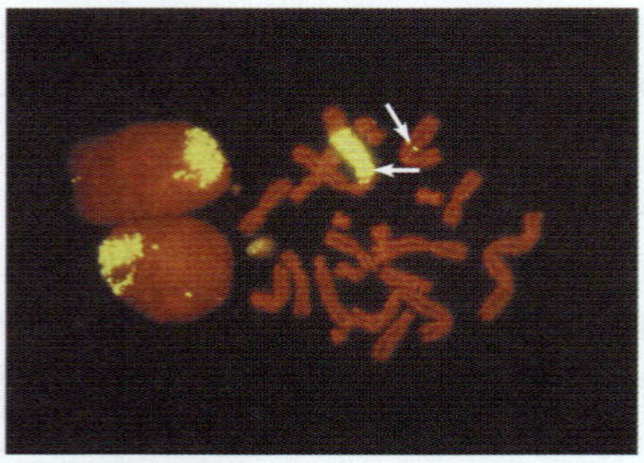

図 26.43　ジヒドロ葉酸レダクターゼ（DHFR）遺伝子の増幅に伴う染色体の構造変化　顕微鏡写真は，メトトレキセートに耐性を示すチャイニーズハムスター卵巣細胞の分裂中期染色体である。この染色体 DNA に対して，蛍光標識した DHFR 遺伝子プローブを用いて in situ ハイブリダイゼーションを行った。白い矢印は，単一コピーの DHFR 遺伝子を示す。DHFR 遺伝子をもつ元の染色体が巨大化し，その染色体に増幅した DHFR 遺伝子が乗っている。

Genes & Development 3：1913-1925, B. J. Trask and J. L. Hamlin, Early dihydrofolate reductase gene amplification events in CHO cells usually occur on the same chromosome arm as the original locus. ©1989 Cold Spring Harbor Laboratory Press. Reprinted by permission of Dr. Barbara Jo Trask and Dr. Joyce Hamlin.

ある耐性細胞は，両方のタイプの増幅遺伝子をもつ。二重微小染色体は，メトトレキセートの選択圧が細胞に加わっているときのみ，細胞の中で維持される。しかし，染色体上で増幅した遺伝子は，細胞増幅の多くの世代を通じて長い間安定している。図 26.43 に，安定して増幅したチャイニーズハムスター卵巣細胞株（CHO 細胞株）の分裂中期染色体の蛍光顕微鏡写真を示す。染色体上の DHFR の配列は，蛍光物質で標識した DHFR DNA を用いた in situ ハイブリダイゼーションによって可視化することができる。この技術は，単一コピーの配列（白い矢印）を検出できるほど鋭敏である。同時に，DHFR 遺伝子の多コピーを含む巨大染色体に注目しよう。

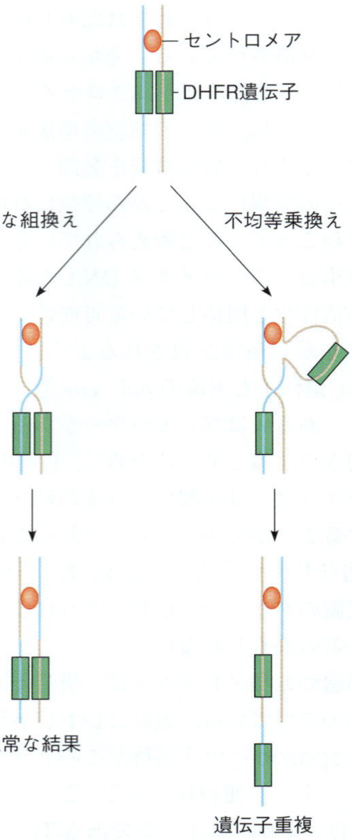

図 26.44　遺伝子増幅の初期段階を説明する機構としての不均等乗換え

ある特定の形質を選択するような条件下での遺伝子増幅は，広範に観察されている。例えば，昆虫が防虫剤耐性になるような場合である。しかし，その機構はまだ定かではない。図 26.43 に示すように，増幅された配列は，通常，元の遺伝子と同じ染色体に乗っているが，その位置からかなり隔たった部位にある。このような増幅配列は，図 26.44 に図式化したような不均等姉妹染色分体交換か保存的遺伝子転移から起こると考えられている。その後，増幅領域内での相同組換えによって，1 コピーかそれ以上の増幅配列が切り出される。自立増殖を行うには，切り出された配列にセントロメアがなければならない。このような自立増殖 DNA が，おそらく二重微小染色体の本体であろう。

ポイント 17
遺伝子増幅によって，同一染色体の異なった部位に多数の複写 DNA 配列ができる。相同性のある部位間での組換えにより，染色体外の増幅配列ができる。

メトトレキセートの持続投与などの選択的ストレスを加えれば，DHFR を過剰発現するようになるなど，そうしたストレスに対応できる細胞のみが生き残る。いったん染色体上の遺伝子が 2 コピー以上に増えれば，組換えや複製異常によってさらにそのコピー数は増える。耐性は，このように段階的に獲得され，何世代か増殖した後も残る。このことは，実用面でも重大な意味をもつ。なぜなら，がんの化学治療では，少量の代謝拮抗薬を長期間投与するからである。このような条件下では，薬剤耐性細胞の出現によって，おそらく治療の効果は早晩消失してしまう。遺伝子増幅の発現によって，抗がん剤の投与の仕方が変わっただけではなく，発がんの仕組みの解明も進んだ。ある種のヒトがんの進行過程で，特定の発がん遺伝子の増幅が起こっていることが判明した。このように，遺伝子増幅は，正常な発生や細胞のストレス適応および異常な発生過程に働いている一機構であるとみられている。進化の過程で起こった遺伝子の重複（第 7 章，p.233）も，おそらく同じ機構によるものであろう。

まとめ

遺伝情報の再構築は DNA に変化をもたらし，外的因子による損傷や外敵から DNA を保護するとともに，種の中の個体の多様化や分化に伴う体細胞ゲノムの多様化を起こす。DNA 修復には，光エネルギーを利用して逆反応を行いピリミジン二量体を元に戻す光再活性化や，1 回しか働かない“酵素”によるアルキル基除去反応などがある。ヌクレオチド除去修復では，損傷部位が検出され，損傷部位を含む 12〜30 ヌクレオチドが除去されて，正しいヌクレオチドと置き換えられる。塩基除去修復では，まず *N*–グリコシラーゼ反応によって損傷を受けた塩基が除去され，その後無塩基部位を含む 1 個以上のヌクレオチドが切り出され，修復される。損傷は，組換えや誘発（誤りやすい）修復によっても修復される。ミスマッチ修復では，複製中にたびたび起こるヌクレオチドの誤挿入が修正される。二重鎖 DNA 切断は，組換えまたは非相同末端結合によって修復される。相同 DNA 配列間の組換えでは，ヘリカーゼにより二重鎖が解かれ，部位特異的 DNA 切断が起こり，さらに単鎖 3′ 水酸基末端の二重鎖への侵入，鎖伸張，交叉移動と Holliday 構造の解消が起こる。λ ファージの挿入のような組換え反応は部位特異的であり，DNA とタンパク質の相互作用によって支配されている。遺伝子再編成には，免疫応答での分化過程で起こる抗体遺伝子の再編成や，遺伝子転移，レトロウイルスのゲノム挿入および組換え反応によると思われる遺伝子増幅がある。遺伝子増幅は，正常な発生の一過程の場合もあれば，特定の外的ストレスに対する応答の場合もある。

生化学の道具　26A

相同組換えによるジーンターゲティング

1970 年代初頭における組換え DNA 研究の最も早い時期から，研究と実用的な目的に生化学を無限に応用できることは明らかであった。間もなくして，細菌細胞において外来性遺伝子を高いレベルで発現することと，それらの遺伝子に人為的な変異を導入することが普通に行われるようになった（「生化学の道具 4B」参照）。やがて，細菌のゲノムにおいて人為的にどのような遺伝子でも不活化することが可能になった。このような“ジーンノックアウト”技術は，細菌における組換え酵素の高い活性を有効に利用したものである。このためのベクターは，外来 DNA が挿入されるべき染色体部位に相同性のある配列となるようにつくられる。ベクターの構造によって，その配列と相同染色体配列の間の組換えは，ゲノムの中に新しい配列を挿入することもあれば，ターゲティング配列に近接した染色体配列を切り出すこともある。いずれの場合でも，標的遺伝子の発現はノックアウトされる。

真核生物における同様の応用は，二倍体ゲノムであることと，核内へ外来性の DNA を導入することの技術的困難さにもより，それほど容易ではなかった。しかし，1983 年，Ralph Brinster，Richard Palmiter と彼らの同僚は，ラットの下垂体成長ホルモンをマウスの生殖細胞系列に挿入し，この遺伝子の発現によってマウスの大きさを倍にしたことによって，世に衝撃を与えた。彼らは重金属の解毒に関わるタンパク質であるメタロチオネインのプロモーターの下流に成長ホルモン遺伝子が位置するように，ベクターを構築した。このベクターは受精したマウス卵にマイクロインジェクションされた。その結果生まれた動物の一部において，ベクターがゲノムに安定的に組み込まれていることが確認された。これらの動物の食餌にカドミニウムあるいは亜鉛を添加することによって，メタロチオネインプロモーターが活性化され，成長ホルモン遺伝子が発現した。

この最初のトランスジェニック動物の作製は，歴史に残るすぐれた功績であったが，それは外来性の遺伝子をゲノム上のランダムな部位に挿入するものであった。それでは，標的とする遺伝子の部位に DNA 配列を挿入することによって動物自身の遺伝子型を変えるために，同様の技術を用いることはできるだろうか。1970 年代後半に始まったことであるが，Mario Capecchi と Oliver

Smithies は，マウス胚性幹細胞へ遺伝子を導入する実験を開始し，その功績によって 2007 年にノーベル賞が授与された。彼らの成功の鍵となったのは，外来ベクターと内因性遺伝子の間の高率な相同組換えと，狙った組換え現象を選択するための強力な技術であった。その方法は，マイクロインジェクションあるいは電気穿孔法（電場の応用）によって胚性幹細胞にターゲティングベクターを導入することである。同種の遺伝子配列とベクターとで組換えを起こすまれな細胞は，培養中に選別され，それが早期マウス胚に注入され，次いで手術的に養い母マウスに移植される。その子孫は，操作された幹細胞と移植された胚の両方に由来する細胞を有するために，モザイクである。これらのキメラを野生型マウスとかけあわせることによって，ホモ接合性トランスジェニックマウスが生まれ，トランスジーンが生殖細胞系列に伝搬されたことが示される。

Capecchi の実験室における早期のジーンターゲティングの実験では，ネオマイシン耐性遺伝子（*neo*^{r}）とヒポキサンチンホスホリボシルトランスフェラーゼ遺伝子 hypoxanthine phosphoribosyltransferase（*hprt*）が選択マーカーとして用いられた。*neo*^{r} マーカーは，抗生物質 G418（タンパク質合成阻害剤）への耐性を付与し，*hprt* の発現は，細胞の人工的な HPRT の基質である 6-チオグアニンへの感受性を高める（第 22 章参照）。この方法は，図 26A.1 に図示されている。ターゲティングベクターには，*hprt* 遺伝子のエキソン 7 から 9 の領域に *neo*^{r} 遺伝子が挿入されている。ベクターと染色体の *hprt* 遺伝子の間の相同組換えによって，*hprt* 遺伝子のエキソン 7 と 9 の間に，*neo*^{r} が挿入される。このようにして，組換え体は，G418（*neo*^{r} を発現するために）と 6-チオグアニン（*hprt* 遺伝子が破壊されたために）の両方に耐性となる。*hprt* 遺伝子が X 染色体上にあることで，6-チオグアニン耐性になるためには 1 回の挿入のみでよいことから，選択は極めて効率に行うことができる。

しかし，このシステムを解析してみると，ほとんどの挿入は，標的とする部位ではなくランダムな部位で起きていることがわかった。そのために，より厳密な選択方法が考案された。これは，相同組換えによる挿入が通常はベクターの末端には存在しない相同配列の領域で起こるのに対して，ほとんどのランダムな挿入はターゲティングベクターの末端で起こることに基づくものである。任意の遺伝子“x”を標的とした挿入の方法が，図 26A.2 に示されている。ターゲティングベクターの末端には，単純ヘルペスウイルスのチミジンキナーゼ HSV-tk の遺伝子が含まれる。この遺伝子の発現によって，ヌクレオシド類似体である 2′-フルオロ-2′-デオキシ-1-β-D-アラビノシル-5-ヨードウラシル 2′-fluoro-2′-deoxy-1-β-D-arabinosyl-5-iodouracil（FIAU）に対して細胞は感受性となる。それは，HSV-TK がこのヌクレオシドをリン酸化するのに対して，細胞のチミジンキナーゼはリン酸化しないからである。この図の（a）に示してあるように，標的部位での相同性挿入により，操作される細胞に HSV-tk 遺伝子は導入されない。そのために，操作される細胞は，*neo*^{r} が発現するために G418 に耐性となり，HSK-tk が発現されないために FIAU に耐性となる。その一方で，ランダムな組み込みは，分子の末端で起こり，細胞に HSV-tk 遺伝子を導入し，FIAU に対して感受性となるように変換する。

ここに述べられたような強力な選択方法によって，マウスゲノムのいかなる遺伝子にも新しい遺伝情報を導入することが可能となり，また他の脊椎動物のゲノムでも可能となった。正常な遺伝子の発現はノックアウトすることができ，遺伝子発現が欠損した変異株では，同様の方法によって，野生型遺伝子の活性を“ノックイン”することができる。ヒトの遺伝病をこの方法を用いて治療することはとても魅力的である。しかし，これまでの主たる応用は，マウス遺伝子の標的破壊である。11,000 以上のマウス遺伝子が破壊され，多くの研究室で，各々の

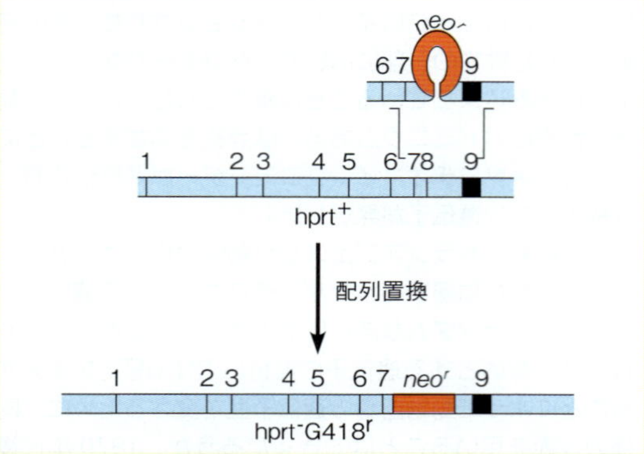

図 26A.1　*neo*^{r}遺伝子の染色体 *hprt* 遺伝子への標的挿入
Courtesy of M. R. Capecchi（2007）Novel Lecture, ©The Nobel Foundation

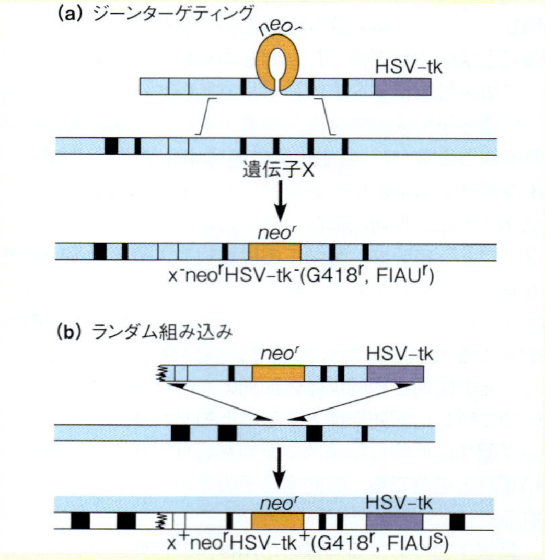

図 26A.2　相同染色体部位への挿入を保証する二重選択技術
Courtesy of M. R. Capecchi（2007）Novel Lecture, © The Nobel Foundation.

欠損した遺伝子の機能を解析することが可能となった。これらの“ノックアウトマウス”の多くの系統は，特異的なヒトの病気を理解するために役に立つモデルとなるものである。

相同組換えによる遺伝子破壊は，他の生物種でも用いられている。例えば，酵母においては，体系的な研究によって 6,925 遺伝子が欠損され，1 つずつ欠損された遺伝子機能の解析に用いられる。対照的に，植物では，主たる遺伝子操作の方法には相同組換えは用いられない。例えば，除草剤“ラウンドアップ耐性”種をつくるためのほとんどの操作では，細菌アグロバクテリウム・ツメファシエンス（*Agrobacterium tumefaciens*）が用いられ，遺伝子を提供するベクターとなる（第 21 章参照）。この細菌は，*Ti* プラスミドの遺伝子を発現するために，感染した植物で腫瘍を形成する。このプラスミドの DNA の一部は T-DNA と呼ばれ，腫瘍形成の過程として，感染した植物のゲノムに挿入される。トランスジーンは，それを T-DNA 挿入部位に挿入されるように T-DNA に近接したベクター部位にクローニングすることによって，植物ゲノムに導入される。単子葉植物は，アグロバクテリウムに感染しないために，他の形質転換の方法である“遺伝子銃”が用いられるが，これは DNA に覆われたペレットを物理的に細胞内に打ち込むものである。標的遺伝子形質転換ほど洗練されてはいないが，ある状況下では効果的な方法である。

生化学の道具　26B

単一分子生化学

長年にわたって，化学者ならびに生化学者は，多数の分子を観察して，個々の分子の動態は観察される平均のものと同様であるとの仮定のもとで，分子の動態を理解しなければならなかった。確かに，電子顕微鏡あるいは原子間力顕微鏡（「生化学の道具 1A」）を用いて，単一の高分子を観察することは可能であった。しかし，これらでは分子の動きを解析することが不可能であり，静的な観察のみが可能である。明らかなことであるが，単一の分子を観察できることは，平均の動態の解析ではかき消されてしまうゆらぎを直接観察することを可能にするであろう。過去 20 年の間に，単一分子の動きを可視化する多数の新しい技術が開発された。これらの技術では，スキャニング電子顕微鏡，タンパク質分子上に存在する蛍光体を検出するための強力な蛍光顕微鏡，単一の高分子を固定する光ピンセットが用いられる。光ピンセットは，集光レーザービームを用いて，屈折率のミスマッチに応じて微小な吸引力や反発力を加え，溶液中の微小な誘電性の物質を物理的に保持したり動かしたりすることができる。

単一分子生化学の優れた実験例が，第 15 章（図 15.24，p.585）に紹介されていて，ミトコンドリアの F_0F_1 複合体が回転エンジンである直接的な証拠を示している。その実験では，F_1 複合体の単一分子がヒスチジンタグによって顕微鏡視野に固定されている。そして，蛍光タグが，その複合体の γ サブユニットにつけられている。蛍光顕微鏡によって，γ サブユニットの回転，その速度，方向，ATP 依存性を可視化することが可能となった。

初期の単一分子可視化は，DNA 格子に沿った部位特異的な DNA 結合タンパク質の動きの増加を観察することに適するものであった。RNA ポリメラーゼ，転写リプレッサー，制限酵素などのタンパク質は，結合部位が短い DNA よりは長い DNA に埋もれている場合に，より迅速に結合することが in vitro で観察された。このことは，タンパク質が結合部位を探す際には，DNA に沿って離れることなく滑っていくことを意味するのであろうか。あるいは，セグメント間の移動のような他のモデルを考えるべきであろうか。図 26B.1 に示されるように，N. Shimamoto の研究室は，この問題を解決するための実験系をつくった。その実験では，RNA ポリメラーゼに強く結合するプロモーターを含む DNA 分子が電場に置かれた。DNA の方向に接して，液体の流れが蛍光標識された RNA ポリメラーゼの分子を，この“DNA ベルト”を乗り越えて運んだ。水平方向の流れとして滑りがみえると思われたが，図に示されるように，確かにそれがみえた。

もう 1 つの優れた単一分子研究の例は，本章（図 26.28 参照）に述べられている。この研究では，二重鎖 DNA が，1 つの末端でフローセルの底に固定されている。もう 1 つの末端には，磁石のペア（“磁石ピンセット”，図 26B.2 を参照）の近くに置かれた磁気ビーズにつけられている。磁石の回転が超らせんをつくりだし，DNA の長さに平行した動きが分子を引き伸ばすことができる。DNA を完全に引っ張った状態に保持するために必要な磁石の回転数は，図 26B.2b に示されるように，どのように超らせんが変化しているかを示す。RecA に覆われた単鎖 DNA の結合によって二重らせんが引っ張られ，超らせんの一部が解消される。典型的なデータが図 26B.3 に示されている。ATP の加水分解されない類似体である ATPγS の存在下で，RecA-ssDNA が結合することで DNA が非可逆的に引き伸ばされるが（上段），ATP を加えると引き伸ばされた繊維は収縮するようになり，ATP の加水分解は鎖侵入には必須ではないが，鎖交換に必要であるという結論と矛盾しない。標的 DNA の

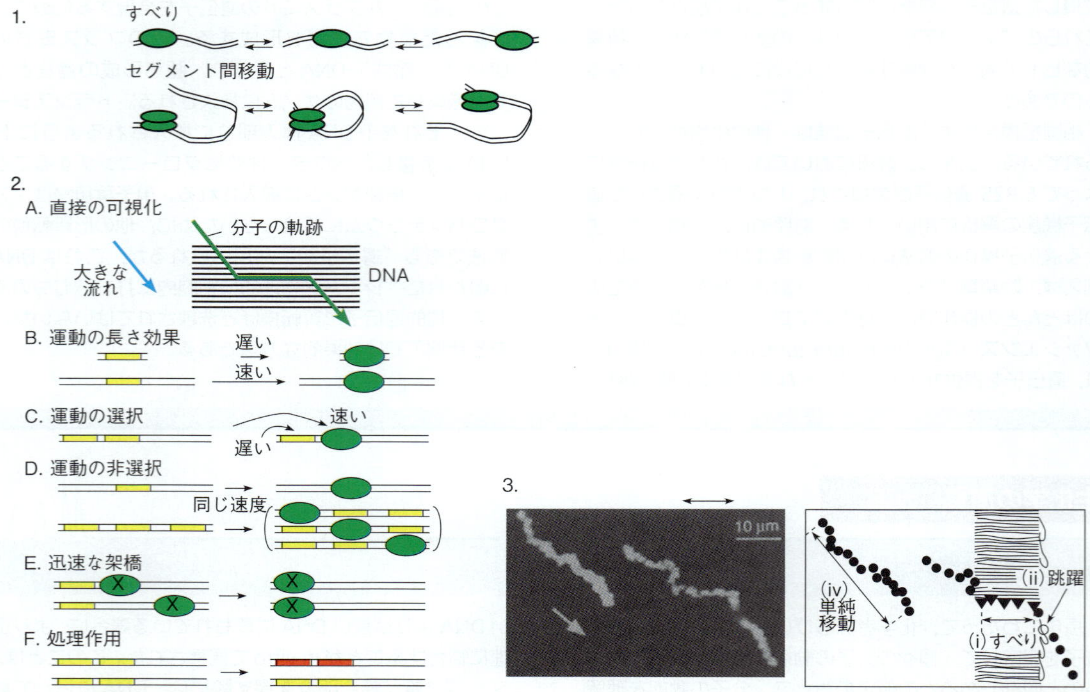

図 26B.1　1 つあるいはそれ以上の強力なプロモーターを含む DNA に沿った RNA ポリメラーゼのすべりの解析　1. 原則として，DNA に沿った増強された動きは，すべり，またはセグメント間の移動によって起こりうる。**2.** 実験の仕組み。すべりは大きな液体の流れの方向から水平の偏りとして観察される。**B〜D.** 予想される動態。**B** では，タンパク質は，短い DNA よりも長い DNA において，より速くプロモーター部位に結合する。**C** では，タンパク質は，このような DNA に隣接していない同じ分子の同一の部位よりも，非特異的 DNA に隣接している部位により速く結合する。**D** では，タンパク質は，同じ分子のどのような部位にも，これらが均等に分布していれば，同じ速さで結合する。**3.** すべり（**右**），あるいは結合せずに DNA ベルトの中を単純に移動する実験データ。データの解釈は以下に示される。

（1，2）*Journal of Biological Chemistry* 274：15293-15296, N. Shimamoto, One-dimensional diffusion of proteins along DNA：Its biological and chemical significance revealed by single-molecule measurements. Reprinted with permission. （3）From *Science* 262：1561-1563, H. Kabata, O. Kurosawa, I. Arai, M. Washizu, S. A. Margarson, R. E. Glass, and N. Shimamoto, Visualization of single molecule dynamics of RNA polymerase sliding along DNA.

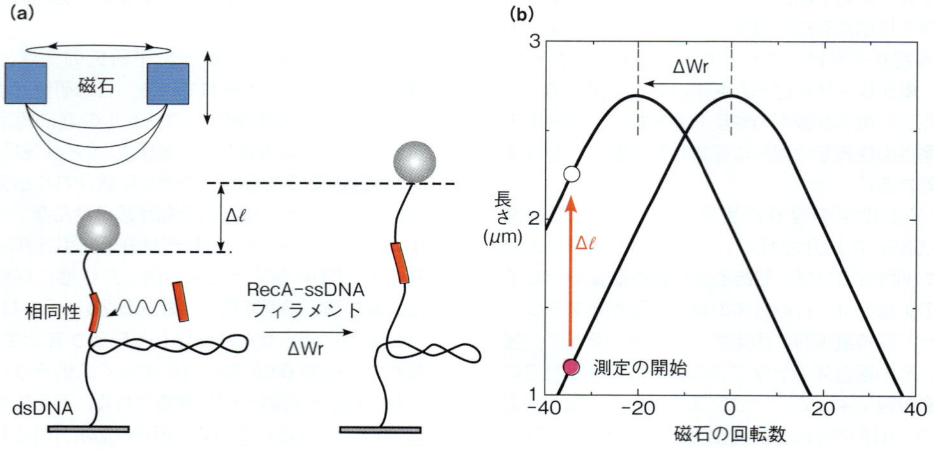

図 26B.2　RecA による鎖交換を単一分子解析するための実験の仕組み　(a) ビーズの位置，そして DNA の長さはビデオ顕微鏡とイメージ解析によってモニターされる。RecA に覆われた単鎖 DNA（赤色のバー）との結合は，繋がれた DNA の末端から末端の距離がその結合によって変わるために，リアルタイムで追跡することができる。**(b)** RecA-単鎖 DNA 複合体との結合によって標的 DNA は引き伸ばされるために，その長さは増加する。この長さは，標的 DNA が完全に伸長されることを維持するために必要とされる磁石の回転数から決められる。

Reprinted from *Molecular Cell* 30：530-538, T. van der Heijden, M. Modesti, S. Hage, R. Kanaar, C. Wyman, and C. Dekker, Homologous recombination in real time：DNA strand exchange by RecA.

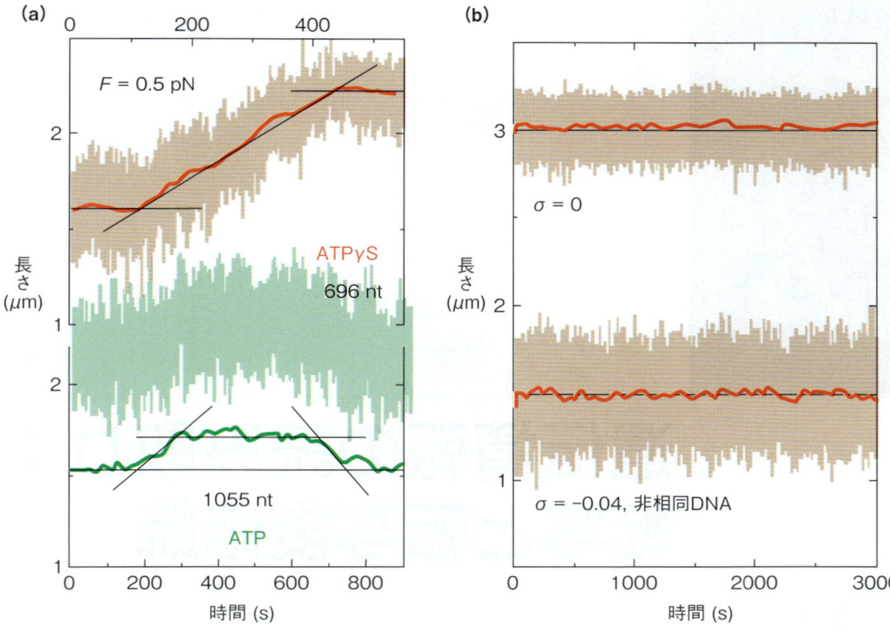

図 26B.3　RecA–DNA 鎖交換の解析データ　**(a)** 上段の追跡では，ATP 加水分解が加水分解できない類似体を用いることによって抑制されることを示す。下段の追跡は，ATP が存在すること以外は同じ条件であり，ATP の加水分解によって鎖交換反応が完遂することが可能となる。**(b)** コントロール実験は，本文に述べられているように，DNA の長さに変化がないことを示す。

超らせんがないコントロール（右パネル上段），あるいは相同性の領域がないコントロール（右パネル下段）では，長さの変化は生じなかった。相同領域の長さや，他のパラメーターを変えることによって，**図 26.26** に示されるRecAによる鎖交換を図示することが可能となった。

ここに示した例から明らかであるように，単一分子技術を，DNA–タンパク質関係，モータータンパク質，タンパク質と酵素の物理的な動きを研究するために用いることは，実験者の想像力次第である。

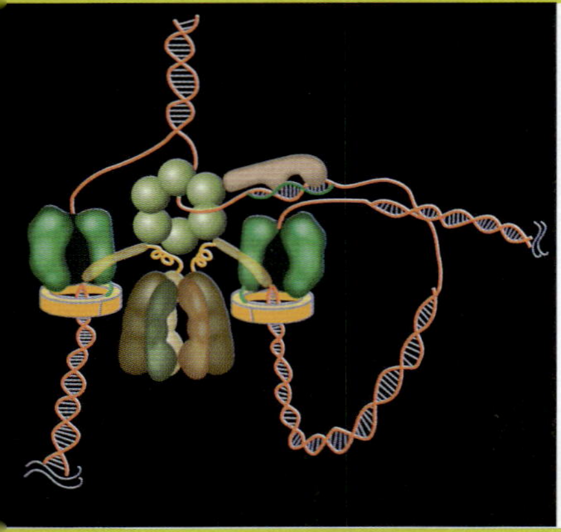

第 27 章
遺伝情報の読み取り：転写と転写後修飾

本章では，転写について述べる。鋳型に依存するポリリボヌクレオチド合成によって，DNA の塩基配列中に蓄えられた遺伝情報が読み出される。転写の機構は DNA の複製に似ている。特に，ヌクレオシド三リン酸を基質として使用し，鋳型に依存して 5′→3′ 方向へ核酸を伸長する点が似ている。2 つの主な違いは次のとおりである。①数少ない例外はあるが，1 つの DNA 鋳型鎖はある特定の遺伝子のためにだけ転写される。②1 つの細胞では，すべての遺伝子の一部しか発現しない。分化した真核細胞では DNA のごく一部しか転写されない（以前に考えられたよりも転写される DNA の割合は大きい。第 29 章参照）。実質的にすべての DNA の塩基配列が翻訳される単細胞の生物でさえ，ある時点でみると全遺伝子のわずかな部分しか転写されていない。したがって，転写に関する関心の多くは，特定の遺伝子と鋳型鎖が選択される調節機構に寄せられる。なぜなら，この選択が細胞の代謝能力を大きく支配するからである。その選択の機構は主に転写の開始と終結のレベルで機能する。非常に部位特異的な方法でタンパク質が DNA に結合することにより選択が行われるのである（図 27.1）。この図には，DNA–タンパク質の相互作用の解析を通して，転写調節について得られた知見が図示されている。この重要なトピックについては本章と第 29 章において述べる。

転写により合成された RNA がそのまま使用されることはほとんどない。ほとんどの場合，転写産物はさらにトリミング，切断，スプライシングおよび 3′ 末端や 5′ 末端の修飾の対象となる。したがって本章では転写後修飾についても取り扱う。まず，メッセンジャー RNA（mRNA），リボソーム RNA（rRNA），転移 RNA（tRNA）の合成および修飾を説明する。これらは最も直接的に遺伝子発現に関与する RNA 分子種である。しかし我々は，RNA が最近まで考えられていたよりもはるかに多用途の分子であることを学びつつある。すでに，RNA 酵素（リボザイム）と RNA プロセシングおよびスプライシング（第 11 章）におけるその役割に言及し，また，テロメラーゼ反応（第 25 章）における RNA の関与を述べた。第 29 章では，RNA 編集，リボスイッチ，低分子干渉 RNA，長いノンコーディング RNA およびマイクロ RNA の調節的な機能について議論する。

RNA 合成のための鋳型としての DNA

RNA が DNA 塩基配列の鋳型依存的な複製によってつくられるという概念はすでにしっかり確立しているので，現在の理解にいたるまでの重要ないくつかの実験を忘れてしまいがちである。それらの実験は，魅力的な研究の歴史，多くの研究者と演繹的な素晴らしい

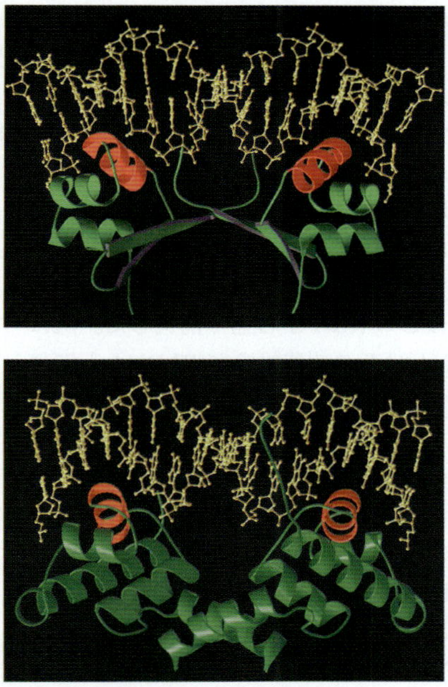

図 27.1　転写を調節する DNA–タンパク質複合体　特定の DNA 配列を認識し，その部位に結合するタンパク質によって遺伝子発現は調節される。λファージの 2 つの調節タンパク質が示してある。それらはλファージ DNA の同じオペレーター部位に結合し，その部位に隣接する遺伝子の転写を調節することによってウイルスの繁殖サイクルを制御する。上がλ cI リプレッサー，下が Cro タンパク質である。DNA は金色，タンパク質は緑色。ただし主溝で DNA と接触するαヘリックスの領域は赤で示してある。これらのタンパク質とその機能は第 29 章で述べられている。

推論を思い起こさせてくれる。のちに重要な貢献を生んだ研究の中には，出発点が間違っていたものもあった。早期の研究で使われた実験手法の中には，ラクトースオペロンや T4 およびλファージのように，現在でも有用なものがある。

DNA と RNA が化学的に似ていることや，タンパク質がリボソームの上で合成されるということから，最初に DNA が遺伝子の倉庫と同定され，同時に遺伝子情報伝達における RNA の役割が想定された。このことは，真核細胞においては何らかの方法で，DNA が保存されている細胞核から大部分のリボソームが存在する細胞質へ情報が伝達されなければならないことを意味した。しかし，mRNA の存在が示されるまで，その情報伝達の仕組みは明白ではなかった。mRNA は非常に不安定なので，存在を示すことは容易ではなかったのである。さらに，mRNA は通常はるかに多量に存在する rRNA や tRNA に比べて影が薄かった。細菌での mRNA の割合は，細胞の全 RNA の 1〜3%にすぎない。

mRNA の存在の予測

およそ 1960 年まで，rRNA がタンパク質合成のための鋳型であると考えられていた。しかし，フランスのパスツール研究所の François Jacob と Jacques Monod はこの考えに疑問をもっていた。なぜなら，1 つには rRNA は大きさが均一であるが（第 28 章において述べるように，細菌では 5S，16S，23S），タンパク質の分子量には少なくとも 2 桁以上の広がりがあるからだ。ラクトース代謝制御に変異のある大腸菌変異株を分析することにより，Jacob と Monod は，DNA 鋳型から合成され，次いでタンパク質合成のために鋳型として使われる RNA 分子種，mRNA の存在を予測した。

ポイント 1
RNA 合成の最初の概念は，mRNA の存在を予測した遺伝子の研究から生まれた。

大腸菌におけるラクトース代謝は 3 つの酵素によって制御されるということが知られていたが，それらの遺伝子は染色体の上で隣接している。その 1 つは，ラクトースや他のβガラクトシドを加水分解する**βガラクトシダーゼ β galactosidase** である。細菌がグルコースを唯一の炭素源として増殖しているとき，細胞 1 個当たりのβガラクトシダーゼは 1 分子未満しか存在せず，ラクトースを利用している酵素群の濃度は非常に低い。しかし，培地のグルコースをラクトースまたは関連したβガラクトシドに置換すると，3 つの酵素はすばやく**誘導 induction**，つまり合成される。βガラクトシダーゼは最終的に細胞の可溶性タンパク質の 6%にもなる。培地からラクトースを除去すると，さらなる酵素合成は抑えられる。βガラクトシダーゼ産生能力が迅速に変化することは，この酵素の合成のための鋳型が代謝的に不安定なことを示唆する。すなわち，必要に応じて急速に合成され，持続的な誘導刺激が存在しなくなったとき（もしくは転写レベルでの制御が働いたとき）には急速に分解される。ところが，rRNA は非常に安定しているので遺伝情報伝達での中間体ではなさそうだった。

Jacob と Monod は，ラクトース代謝酵素の誘導が不完全な多数の大腸菌変異株を分析した。ラクトースまたは類似誘導物質が存在しないときでも，いくつかの変異株は高い濃度で 3 つの遺伝子すべてを発現していた。そして他のいくつかの変異株では，ラクトースを添加しても，どの酵素も誘導することができなかった。これらの実験は，リプレッサーの概念につながった。リプレッサーは高分子で，DNA の特定のオペレーター配列に結合し，3 つの酵素すべてをコードする RNA の合成を中止にすることによってその mRNA 濃度を管理する（第 29 章，p.1096〜1098 参照）。

27

ポイント2
細菌の遺伝学によって mRNA は，わずかしか存在せず，大きさがまちまちで，DNA に相補的な，活発に代謝される RNA の集合体であると予測された。

これらの研究や，λファージに関する Andre Lwoff による同時期に行われた研究に基づいて，1961 年に Jacob と Monod は，転写は開始ステップで主に調節されるという遺伝子調節に関する統一的な仮説を提案した。リプレッサーやオペレーターと呼ぶ仮定の因子が，mRNA と呼ばれる仮定の要素の合成を制御するとしたのである。さらに，mRNA は 1 組の構造遺伝子を含む DNA の相補的なコピーであると仮定し，複数のタンパク質をコードしているとした（図 27.2）。隣接する遺伝子群とその発現を調節する付随する調節領域を加えた 1 組の領域を**オペロン operon** と呼んだことから，Jacob と Monod の仮説は**オペロンモデル operon model** として知られるようになった。

彼らはその仮説の中で mRNA の性質を正しく予想した。まず彼らは，mRNA は素速く合成され，その後すぐに分解されると想定した。これにより，誘導後の速いスイッチオンと誘導物質除去後の速いスイッチオフを説明できる。第 2 に，速い合成と分解のため，mRNA は速く蓄積するが安定した定常状態にならないと予想した。第 3 に，mRNA は複数の隣接する遺伝子のコピーであると考えたので，サイズの異なる RNA からなる大きな集団をなすと想定した。最後に，mRNA が DNA の相補的なコピーであり，そのヌクレオチド配列は鋳型 DNA 鎖のうちの 1 つと同一でなければならないとした。

T2 ファージと mRNA の証明

T2 と T4 ファージの仕事から，mRNA が実際に存在することがはじめて証明された。これらの大型 DNA ウイルスによる感染は，宿主細胞のすべての遺伝子発現を抑え，感染の後には RNA の蓄積は見出せなかった。しかし，1956 年に放射性同位体の使用により，T2 ファージの感染した大腸菌でウイルスに特異的な RNA の検出が可能となった。この大腸菌を［^{32}P］正リン酸で 3〜4 分間パルス標識すると，全体の RNA のおよそ 2%が放射性になった。この放射能標識された RNA は，2 つの性質からウイルス由来の mRNA と確認された。まず，それは代謝的に不安定であり，パルスチェイス実験（「生化学の道具 12A」参照）で，放射活性はこの RNA から速く消失した。次に，放射能標識 RNA はその核酸組成が T2 DNA と類似していたので，ウイルス DNA に由来する産物と考えられた。つまり，アデニンとウラシルが多く，グアニンとシトシンが少なかったのである。

さらに重要なことに，パルス標識 RNA をスクロース密度勾配遠心法で分画すると均一の沈降係数を示さず，それは既知の rRNA や tRNA 種とも異なっていた（図 27.3a）。Benjamin Hall と Sol Spiegelman ははじめて DNA-RNA ハイブリダイゼーション実験を行い，標識 RNA がファージ DNA への配列に相補的であることを示して，この RNA がウイルス遺伝子産物であるとした。最初の実験は，RNA が DNA より高密度であるという事実を利用した。平衡密度勾配遠心法では RNA-DNA ハイブリッドは RNA と DNA の中間的密度をもち，DNA と RNA 双方に由来すると考えられた。T2 RNA が熱変性されてゆっくりと冷やされるとき，T2 DNA とともにそのようなハイブリッドを形成した。大腸菌由来の DNA とはハイブリッドを形成しなかった。

さらに，ファージ由来の mRNA の存在は，François Jacob，Matthew Meselson，Sydney Brenner によって行われた密度平衡実験からも確かめられた。彼らは大腸菌を ^{13}C と ^{15}N からなる重い培地で培養し，通常の培地で育った T2 を感染させた。その原理は DNA 複製に関する Meselson-Stahl の実験と同様である（第 4 章）。放射性アミノ酸でパルス標識したのち CsCl の密度勾配で分析したところ，ファージのタンパク質が重いリ

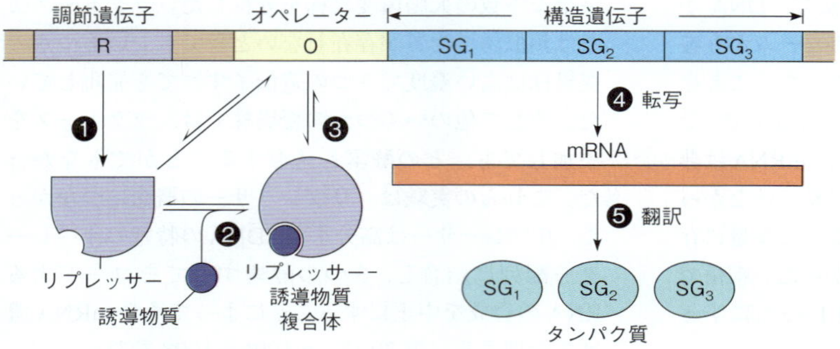

図 27.2　1961 年に Jacob と Monod によって提案されたオペロンモデル　ステップ 1：調節遺伝子 R はリプレッサー分子をコードする。リプレッサーはオペレーター（O）に結合することができ，それによって隣接する構造遺伝子 $SG_{1,2,3}$の転写を抑制する。**ステップ 2**：小分子である誘導物質はリプレッサーと複合体をつくり，平衡状態を変えてリプレッサーの立体構造を変化させる。**ステップ 3**：リプレッサー−誘導物質複合体のオペレーターへの結合は弱い。**ステップ 4**：リプレッサーの解離は構造遺伝子の転写を容易にし，mRNA すなわち構造遺伝子の RNA コピーがつくられることになる。**ステップ 5**：mRNA 配列がタンパク質に翻訳される。

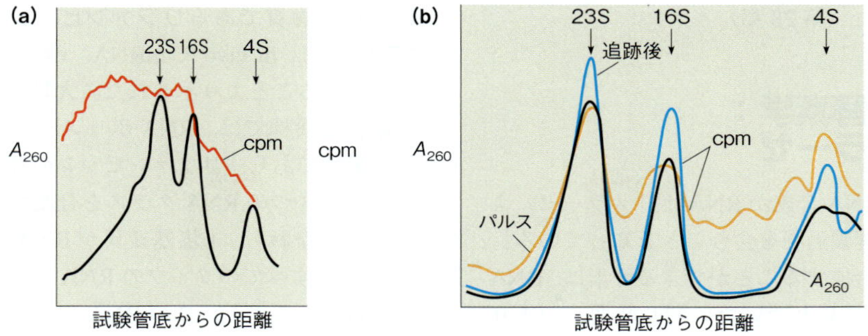

図 27.3　パルス標識と沈降による mRNA の実証　(a) T2 ファージが感染した大腸菌の総 RNA とパルス標識した RNA の沈降パターン。総 RNA の各画分（黒）の濃度は紫外線の吸光度（A_{260}）によって決定された。23S および 16S のピークは主なリボソーム RNA を表している。放射能パターン（赤）はパルス標識の間に合成された分子種の分布を示す。**(b)** 感染していない細菌でのパルス標識された RNA 分子種とチェイス実験でのその運命。黄色の線は 3 分間標識した細胞の RNA を表す。青い線はその培養を 0.7 世代チェイスした細胞の RNA である。黒い線は A_{260}のパターンである。再び 23S および 16S のピークはリボソーム RNA を表し，4S のピークは主に tRNA を表している。

(a) Data from *Journal of Molecular Biology* 14：71-84, K. Asano, Size heterogeneity of T2 messenger RNA. ©1965, with permission from Elsevier；(b) Data from *Proceedings of the National Academy of Sciences of the United States of America*（1961）47：1564-1580 M. Hayashi and S. Spiegelman, The selective synthesis of informational RNA in bacteria.

ボソーム（すなわち感染の前に合成されたリボソーム）の上で新たに合成されたことが明らかになった。ファージのタンパク質だけがつくられていたという事実は，rRNA が鋳型を提供したのではないことを示している。そしてこの実験からさらに，リボソームがどんなタンパク質でもつくる非特異的な工場として機能していること，タンパク質合成は鋳型としての mRNA に依存していることが明らかになった。

> **ポイント 3**
> T2 ファージ RNA が T2 DNA とハイブリッドを形成することができ，感染前につくられたリボソームと結合できることは，mRNA の存在の証拠となった。

非感染細胞での RNA の動態

前項で述べた実験により，ファージが感染した大腸菌では mRNA の存在が示された。感染していない細菌ではどうであろうか？　Spiegelman とその同僚は，感染していない大腸菌由来のパルス標識した RNA が大腸菌 DNA とハイブリッド形成することを示した。非常に短い時間で標識してから沈降パターンを分析すると，rRNA と tRNA 以外にさまざまなサイズに沈降する RNA の分子種が放射標識されたことがわかった。チェイス実験（図 27.3b）を行うと，放射活性のパターンは吸光度のパターンと同じパターンとなり，すべての RNA 分子種が同じ比活性で標識された状態になった。この結果は，mRNA は短い寿命（$t_{1/2}$が 2〜3 分）をもつという最初の想定を支持する。mRNA がちょうど 2，3 分以内に最大の放射活性を示すが，しばらくたつと分解され，安定な RNA 分子種にヌクレオチドを供給する。それらの分子種は代謝回転しないので，安定した RNA 分子種での標識の割合は増加し続けるのである。この考えと一致して，Spiegelman も強く標識された rRNA と tRNA が大腸菌 DNA にハイブリッド形成することを示して，RNA の 3 つの主要な分子種すべてが鋳型 DNA 鎖から合成されることを証明した。

前述したように，最初期の DNA-RNA ハイブリダイゼーション実験は，平衡密度勾配遠心法で行われたが，これは時間のかかる高価な手法であった。Spiegelman と彼の同僚は，一本鎖 DNA が不可逆的にメンブランフィルター（例えば，ニトロセルロースフィルターのような素材）に結合するという重要な発見をした。放射標識された RNA は，メンブランフィルターの上で固定されている変性 DNA とハイブリッドを形成することができるので，この方法によって多数のサンプルをすばやく分析できるようになった。メンブランフィルターの適切な処理と洗浄ののち，液体シンチレーションカウンターでフィルターの放射活性を測定するだけで，ハイブリッド形成の程度が決定できた。ニトロセルロースフィルター上の核酸の固定化の原理は，Southern ブロット法とノーザンブロット法（第 24 章，p.911）の基礎となった。これらは，現在も遺伝子の構造や発現を解析するのに広く使われている。これらの発見は，数千の DNA-RNA ハイブリダイゼーション反応が 1 つの DNA チップ上で解析される，マイクロアレイ技術にもつながった（「生化学の道具 27C」参照）。

mRNA 物語の最終章は，分離した mRNA が in vitro で鋳型活性を示すことの証明であった。すなわち，mRNA が 20 種のアミノ酸と他の因子の存在下に特定のタンパク質分子の合成をプログラムしうるかどうかである。合成物か天然物かによらず，ある RNA 鋳型が翻訳されることは，遺伝暗号の解読にとって決定的

27

に重要なことだった（第28章）。

RNA合成の酵素学：RNAポリメラーゼ

我々は今では，RNA合成がRNAポリメラーゼによる鋳型DNA鎖の複製過程を含むことを知っている。RNAをin vitroで合成することができる酵素は，DNAポリメラーゼⅠの発見とだいたい同じ時期，つまり1950年代後期に最初に発見された。**ポリヌクレオチドホスホリラーゼ polynucleotide phosphorylase**と呼ばれるRNA合成酵素は，DNAポリメラーゼとまったく異なっていた。この酵素は鋳型を必要としなかった。そして，基質としてリボヌクレオシド二リン酸 ribonucleosid diphosphate（rNDP）を使い，塩基組成が培地のヌクレオチド組成と同じランダムなポリヌクレオチドを合成した。

ポイント4
ポリヌクレオチドホスホリラーゼは，鋳型に依存しないランダムな配列のポリリボヌクレオチドの可逆的な合成反応を触媒する。

$$n\,\mathrm{rNDP} \rightleftharpoons (\mathrm{rNMP})_n + n\mathrm{P_i}$$

当初は，ポリヌクレオチドホスホリラーゼが主要なRNA合成酵素かもしれないと考えられたが，鋳型要求性の欠如が大きな問題であった。さらに，真核細胞ではこの酵素はみつからなかった。最終的に，ポリヌクレオチドホスホリラーゼはin vivoでのRNA合成で役割を果たしておらず，細菌のmRNAの分解に関与していることが明らかになった。しかし，この酵素は，遺伝コードの解明の際に，in vitroでのタンパク質合成のために鋳型として使われるポリヌクレオチドの合成に大いに役立った（第28章）。

研究者は，in vitroで鋳型DNAをコピーする酵素を探し続けた。それは，1961年に4つの別々の実験室でほとんど同時に発見された。その酵素，**DNA依存性RNAポリメラーゼ DNA-directed RNA polymerase**は，触媒作用の性質がDNAポリメラーゼに似ていた。

$$n(\mathrm{ATP} + \mathrm{CTP} + \mathrm{GTP} + \mathrm{UTP}) \xrightleftharpoons{\mathrm{Mg^{2+}, DNA}} (\mathrm{AMP{-}CMP{-}GMP{-}UMP})_n + n\mathrm{PP_i}$$

反応産物は，鋳型のDNAに相補的なRNAであった。

RNAポリメラーゼの生物学役割

大腸菌では，1種類のRNAポリメラーゼが，すべての3つのRNAクラス，つまりmRNA，rRNA，tRNAの合成を行う。これは，in vitroでmRNAの合成を妨げる抗生物質である**リファンピシン rifampicin**（図27.4a）が，in vivoでmRNA，rRNA，tRNAの合成を阻害することより示された。大腸菌のリファンピシン耐性変異株では，RNAポリメラーゼがリファンピシン耐性であり，リファンピシンの存在下に生体内ですべての3つのRNAクラスを合成できることが示された。すなわち，1塩基変異がRNAポリメラーゼとin vivoですべてのタイプのRNA合成に影響を及ぼしたわけであるから，このRNAポリメラーゼは，細菌ですべてのRNAのクラス合成に関与している酵素ということになる。

対照的に真核生物では，rRNA，mRNA，小さいRNA（tRNAとrRNAの5S分子種）の合成を行う3つの異なったRNAポリメラーゼⅠ，Ⅱ，Ⅲが存在する。**α アマニチン α amanitin**（図27.4b，毒きのこ*Amanita*からの毒素）による抑制の感受性の感度がそれぞれ異なることより，別々の酵素の存在が部分的に示唆された。RNAポリメラーゼⅡは低い濃度で阻害され，RNAポリメラーゼⅢは高い濃度でのみ阻害され，RNAポリメラーゼⅠは完全に耐性である。

図27.4には，アマニチン以外の2つのRNAポリメラーゼ阻害剤の構造もあわせて示す。**コルジセピン cordycepin**（別名3′-デオキシアデノシン）は3′の水酸基を欠いており，転写連鎖停止剤である。コルジセピンのヌクレオチドは伸長中の転写鎖に組み込まれるが，このことは伸長が5′→3′の方向に起こることも示している。もう1つの重要な抑制薬は**アクチノマイシンD actinomycin D**である。それはDNAに結合することによって作用する。つまり，三員環の部分（phenoxazone）が隣接したGC塩基対の間に入り込み，環状ポリペプチドの腕がすぐ近くの副溝を埋めるのである。

DNAポリメラーゼとRNAポリメラーゼは類似した反応を触媒するので，それらの反応速度論的性質の特徴の一部を比較することは面白い。DNAポリメラーゼⅢホロ酵素のV_{max}は500〜1,000/ヌクレオチド/秒で，細菌の転写スピード50ヌクレオチド/秒より非常に速い。これは精製された酵素でも同様の結果である。大腸菌細胞1個につきDNAポリメラーゼⅢはおよそ10分子しか存在しないが，RNAポリメラーゼは約2,000分子があり，その半分はどんな瞬間にも転写に関係している可能性がある。これは，複製のDNA鎖伸長が速いがわずかな場所でしか起こらないのに対して，転写は非常に遅いが多くの部位で起こるという観察と一致する。その結果，DNAよりはるかに多いRNAが細胞に蓄積するということになる。DNAポリメラーゼⅢホロ酵素のように，RNAポリメラーゼの作用は非常に段階的である。一定の転写の初期段階を

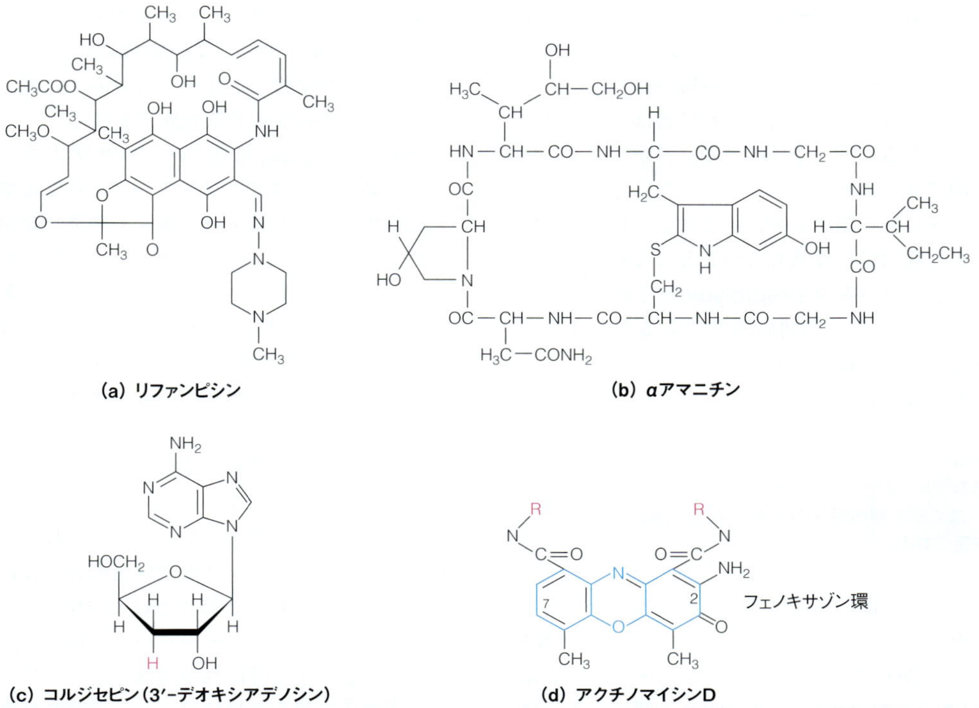

図 27.4　転写阻害剤　リファピシンは細菌の転写開始の阻害剤であり，α アマニチンは真核生物の RNA ポリメラーゼの阻害剤である。コルジセピンは，糖の 3′ 位が水酸基ではなく水素（ピンク）であるため，転写終結因子として働く。アクチノマイシンの三員環の部分（青）は，DNA の隣接した GC 塩基対に挿入される。R 基（ピンク）は環状ポリペプチドで，ヘリックスの副溝を埋める。

過ぎると，終了する特定の信号に達するまで，RNA ポリメラーゼはめったに鋳型から分離しない。これは主に原核生物の転写に関することであるが，これらの特徴は真核細胞においても類似している。

ポイント 5
DNA 複製は鎖伸長が速く細胞内の限られた部位で起こり，転写は多くの部位でより遅い鎖伸長によって行われる。RNA の蓄積のほうが DNA より多い。

DNA と RNA ポリメラーゼの重要なもう 1 つの違いは，鋳型がコピーされる精度である。RNA ポリメラーゼはおよそ 10^5 塩基に 1 つの割合で間違う。単に Watson–Crick 型塩基対だけから予測されるよりはるかに正確ではあるが，DNA ポリメラーゼホロ酵素よりは不正確である。RNA が世代間の遺伝情報を運ばないのであるから，きわめて高い忠実度の鋳型複製機構が必要でないのは明らかである。しかし，エラー訂正機構の存在を示唆する結果も最近みつかった。大腸菌では，GreA と GreB と呼ばれている 2 つのタンパク質は，新生 RNA 分子の 3′ 末端でヌクレオチドを加水分解する。これらのプロセスは，DNA ポリメラーゼによる 3′ 末端におけるエキソヌクレアーゼ活性による校正と似ているようだが，いくつかの重要な違いがある。1 つ目は，RNA 分子の 3′ 末端からの分解は，通常は 1 つのヌクレオチドではなくジヌクレオチド（2 個のヌクレオチド）の削除を行うことである。2 つ目は，この切断はポリメラーゼの触媒部位で起こるが，DNA ポリメラーゼの校正は必ずエキソヌクレアーゼ部位（末端部位）で行われる。最後に，この加水分解のスピードは，RNA ポリメラーゼによる RNA 鎖伸長のスピードより非常に遅い。あとに述べるが，この RNA の 3′ 末端からの分解は，遮断を回避して伸長反応が持続する際に，別の役割を担っているかもしれない。いずれにせよ，鎖伸長を継続する前に，誤って取り込まれたヌクレオチドを優先的に切断することを示す証拠がある。

RNA ポリメラーゼの構造

高度に精製された大腸菌 RNA ポリメラーゼは，変性電気泳動ゲル上では，5 つのはっきりしたポリペプチドサブユニットとして観察される。その性質は表 27.1 に要約されている。α サブユニットは 2 コピーあり，その他にそれぞれ β，β′，σ，ω が 1 つずつ存在し，ホロ酵素の分子量は 450,000 である。ω は制御に関与しているかもしれないが，その役割は確定しておらず，偶然そこにいるだけかもしれない。しかし他のサブユニットの機能はかなりよく解明されており，その一部は，分離されたサブユニットに再会合させて，酵素活性を再構成する**混合再構成 mixed reconstitution** 実験よりなされた。例えば，リファンピシン耐性型 RNA ポリメラーゼからの β を野生株からの α，β'，σ と再結合させると，再構成された酵素は，リファンピシン耐性となる。この発見により，β がリファンピシンの標的であることが明らかになった。さらに，リファンピシンは転写開始を阻害することが知られているので，β は開始での役割ももつことになる。β がまた，**ストレプトリジギン streptolydigin** と呼ばれている伸長の抑制剤による抑制の標的であるという事実は，鎖伸長反応で直接関与するサブユニットとしての β の役割を示している。

ポイント6
いろいろな RNA ポリメラーゼサブユニットの機能は，分離したサブユニットから活性のある酵素を再構成することによって決定される。

σ サブユニットは，例えば精製した酵素をカルボキシメチルセルロースカラムに通すことによって，RNA ポリメラーゼから簡単に分離できる。σ のない酵素（**コアポリメラーゼ core polymerase** と呼ばれる）はまだ触媒的に活性がある。しかし，RNA ポリメラーゼホロ酵素よりはるかに多くの部位で DNA に結合してしまい，鎖または配列特異性を示さない。σ サブユニットの本質的な役割は，RNA ポリメラーゼが鋳型に結合する際に，**プロモーター promoter** 上の正しい開始部位に結合し，転写のための正しい鎖を選ぶことにある。コアポリメラーゼへ σ サブユニットを追加すると，プロモーターでない領域に対するコアポリメラーゼの結合活性はおよそ1万分の1に減少し，プロモーターへの結合の特異性が上昇する。

1970年代初期に発見された σ サブユニットに関するこの発見は，コアポリメラーゼが異なる型の σ と相互に作用することによって遺伝子発現が調節される可能性を示唆し，さらにホロ酵素が順番に異なるプロモーターに結合していくことにつながる。多くの例がある。例えば，枯草菌 *Bacillus subtilis* が**胞子形成 sporulate**（後の発育のために，代謝に不活発な細胞となること）する際に新しい σ サブユニットがつくられる。これらのサブユニットはコアポリメラーゼと結合し，芽胞形成に関わる遺伝子の転写を行い細胞代謝を再構築する。もう1つの例は，大腸菌培養液が突然の温度上昇によってストレスにさらされたときに起こる。これらの熱ショックを受けた細胞では新しい σ サブユニットが出現し，修正された RNA ポリメラーゼが異なるセットのプロモーターへと結合し，一連の熱ショック遺伝子と呼ばれる遺伝子群の転写を活性化する。大腸菌に最も多量に存在し，議論の対象となった σ は分子質量が 70 kDa なので，σ^{70} と呼ばれている。表 27.2 に示すように，7つの異なる σ 因子が大腸菌で知られており，RNA ポリメラーゼを機能的に関連した一群の遺伝子に導くように設計されている。

真核生物の RNA ポリメラーゼは，原核生物の酵素と類似性を示すが，それらははるかに複雑なサブユニット構造をもっている。酵母からの RNA ポリメラーゼⅡは12のサブユニットを有する。図 27.5 に示すように，RNA ポリメラーゼの間に共通の祖先があることは明らかである。例えば，3種類の真核生物のマルチサブユニットポリメラーゼの中で，pol Ⅱ触媒コア中の2つのタンパク質は，細菌の酵素の β および β' に関連している。図に示されているように，古細菌の RNA ポリメラーゼのサブユニット組成は，原核生物のポリメラーゼよりはるかに密接に真核生物のポリメラーゼに関連している。真核生物の RNA ポリメラーゼには，細菌の σ に直接対応するものはないが，

表 27.1　大腸菌 RNA ポリメラーゼのサブユニット構成

サブユニット	分子量	酵素1分子当たりの数	機能
α	36,500	2	転写開始，制御タンパク質や上流域のプロモーター成分との相互作用
β	151,000	1	転写開始と伸長
β'	155,000	1	DNA 結合
σ	70,000[a]	1	プロモーター認識
ω	11,000	1	未知

[a] 70 kDa σ サブユニットは数個ある σ サブユニットの1つである。

表 27.2　大腸菌の σ 因子

名前	構造遺伝子	コアポリメラーゼに結合することによって転写が刺激される遺伝子
σ^{70}	*rpoD*	“ハウスキーピング遺伝子”（中心的な経路に関与するもの）
σ^{N}	*rpoN*	窒素ストレスへの適応に関与する遺伝子
σ^{S}	*rpoS*	定常期への適応に関与する遺伝子
σ^{H}	*rpoH*	熱ショックへの適応に関与する遺伝子
σ^{F}	*rpoF*	鞭毛の形成および走化性関連遺伝子
σ^{E}	*rpoE*	極度の熱ショックへの適応，細胞質外機能
σ^{FecI}	*fecI*	クエン酸第二鉄の輸送，細胞質外機能

Adapted from *Annual Review of Microbiology* 54：499-518, A. Ishihama, Functional modulation of *Escherichia coli* RNA polymerase.

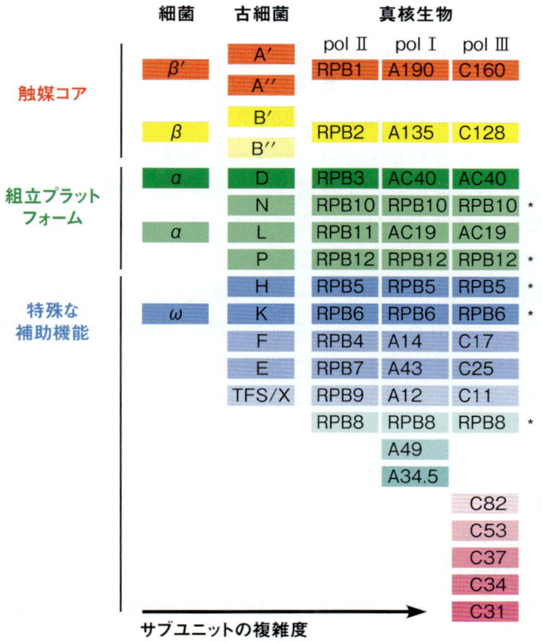

図 27.5　生物の RNA ポリメラーゼの 3 つのドメインにおけるサブユニット構造　大きさではなく機能によってサブユニットが配置されている。相同なサブユニットは同じ色で示されている。アスタリスクがついているサブユニットは，真核生物の 3 つの RNA ポリメラーゼ間で保存されている。これらはコア酵素の構造である。鋳型の認識に役立つ一過性の結合を行うタンパク質は表示していない。

Molecular Microbiology 65：1395-1404, F. Werner, Structure and function of archaeal RNA polymerases. ©2007 John Wiley & Sons, Inc. Reproduced with permission from John Wiley & Sons, Inc.

その代わりにそれに匹敵する様式で，**転写因子 transcription factor** と呼ばれる一連のタンパク質が RNA ポリメラーゼをプロモーター部位に導くようにし，後述するように，開始複合体を形成することを助けるように働く（p.1013）。第 29 章で説明するように，細菌もまた転写因子をもっている。

RNA ポリメラーゼでは，マルチサブユニット構成が構造上多くみられるが例外もある。例外として，T7 および SP6 を含むいくつかのファージゲノムにコードされる単一のサブユニットからなるポリメラーゼ，および脊椎動物でみつかったミトコンドリア RNA ポリメラーゼがある。植物の葉緑体も細胞小器官に特異的な RNA ポリメラーゼをもっている。図 27.6 は，それぞれ Seth Darst と Roger Kornberg の研究室で決定された高熱菌 *Thermus aquaticus* からの原核生物のマルチサブユニット RNA ポリメラーゼ，および酵母の RNA ポリメラーゼⅡ（pol Ⅱ）の結晶構造を示している。これらの構造と RNA ポリメラーゼ反応との関係について記述することにしよう。

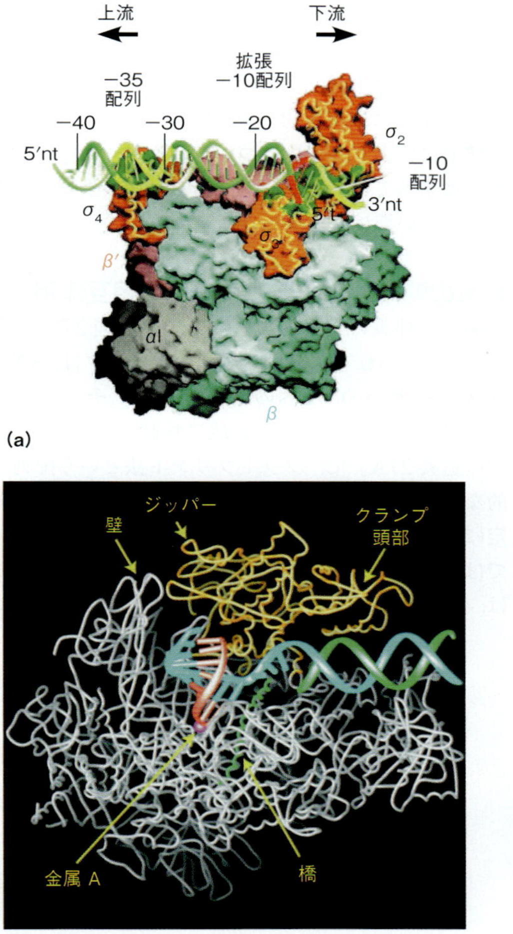

(a)

(b)

図 27.6　RNA ポリメラーゼの結晶構造　**(a)** *Taq* RNA ポリメラーゼと DNA との複合体。α と ω の両方のサブユニットは灰色で表示されている。β は青緑，β′ はピンク，σ はオレンジ。σ の分子表面は部分的に透明となっており，内部の α 炭素の骨格を示す。σ 横の数字はタンパク質のドメイン番号を示す。鋳型の DNA 鎖を緑色で示す。転写開始部位を＋1 とし，−10 と−35 のプロモーター配列は別の色で示す（p.1016 を参照）。PDB ID：1L9U。**(b)** 酵母の RNA ポリメラーゼⅡ。Rbp2（β のカウンターパート）の一部は結合した核酸を明らかにするために削除されている。順序づけられたヌクレオチド塩基が，骨格領域から突出する円筒として示されている。また，活性部位の金属と後述するタンパク質機能領域のいくつかを示す。PDB ID：1I6H。

From *Science* 296：1285-1290, K. S. Murakami, S. Masuda, E. A. Campblee, O. Muzzin, and S. A. Darst, Taq RNA polymerase；and *Science* 292：1876-1882, A. L. Gnatt, P. Cramer, F. Fu, D. A. Bushnell, and R. D. Kornberg, RNA polymerase Ⅱ. ©2002 and 2001. Reprinted with permission from AAAS.

転写の機構

DNA 複製やタンパク質合成と同様に，転写は 3 つのはっきり区別された段階，つまり開始，伸長，終結からなる。DNA 配列において，開始と終結は遺伝的に正確に調節されている。特定の遺伝子に RNA ポリメラーゼが結合し，転写がどこで始まるか，どこで止まるか，どの鎖が転写されるかを指定することによって遺伝子のメッセージが規定される。これらの信号

27

は，DNAの塩基配列でコードされる指示と，またDNA配列とRNAポリメラーゼ以外のタンパク質との間の相互作用の両方を含んでいる。ここでの大部分の最初の議論は原核生物のRNAポリメラーゼ（大腸菌の酵素に代表される）について行うが，転写の基本的機構はすべての生命で同様である。真核生物の酵素の作用については後述する。

転写の開始：プロモーターとの相互作用

開始と伸長の全体的なプロセスは，図27.7に要約されている。転写における最初のステップは，RNAポリメラーゼのDNAへの結合である。そして，プロモーターと呼ばれる開始領域に移動していく。「生化学の道具27A」で，フットプリント法という配列特異的なDNA結合タンパク質のDNA結合部位の位置決定に使用される手法が解説されている。p.1015〜1018では，プロモーターの認識が述べられている。ここでは，ポリリボヌクレオチド鎖を合成する機構の詳細を述べる。

ホロ酵素が弱い結合により非特異的にDNAに結合することによって，細菌のRNAポリメラーゼはプロモーター配列を検索し（図27.7，ステップ1），DNAに沿って移動してプロモーターに到達し，より強く結合する。前述したように，この検索にはσ因子が重要で，コア酵素だけでは非プロモーター領域よりも強くプロモーターに結合することができない。生物物理学的には，RNAポリメラーゼがDNAに沿って解離することなく滑ることが示されている。DNAに沿って酵素がスライドすることの証拠の一部は，「生化学の道具26B」に記載されているような，単一分子の研究から来ている。ちょうど，ある家を探すときにその家のある通りがみつかればみつけやすいように，DNAに結合してそれに沿って動くことは，検索の複雑さを三次元から一次元に減らすことができる。

RNAポリメラーゼホロ酵素とプロモーターが遭遇するとすぐに，**閉じたプロモーター複合体 closed-**

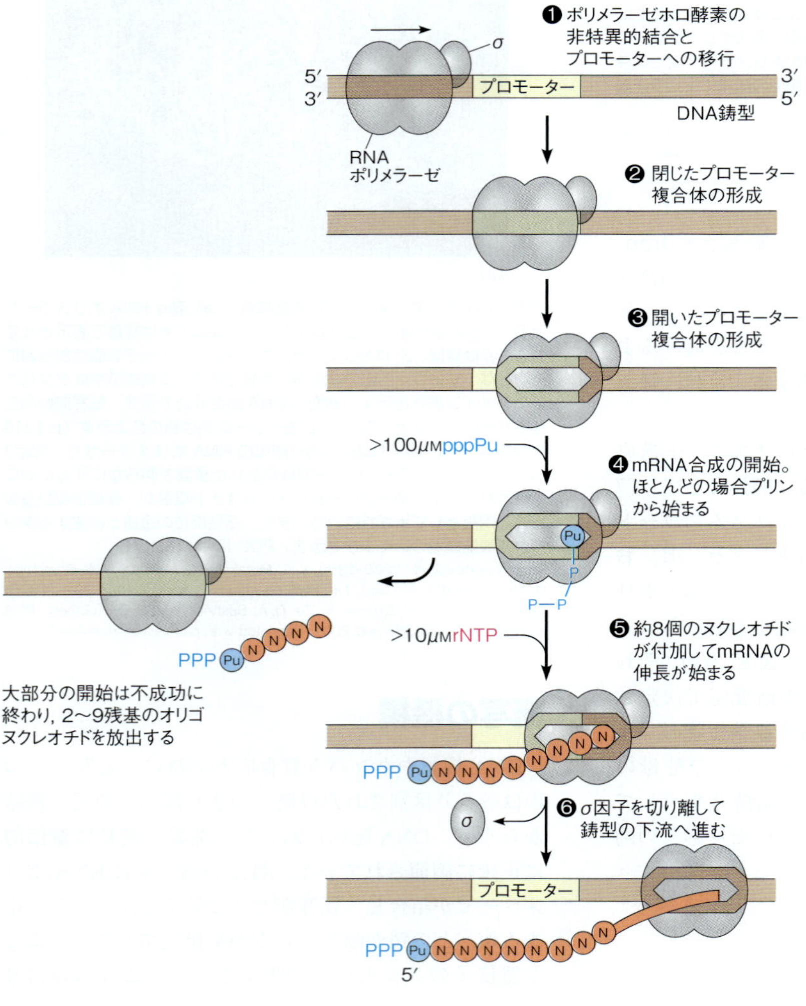

図27.7　細菌のRNAポリメラーゼによる転写の開始と伸長

promoter complex（ステップ 2）を形成する。DNA 鎖はのちほど転写のときにほどけるが，この閉じたプロモーター複合体においてはまだほどけていない。0.1 M の NaCl 存在下で，K_aは 10^7から 10^8 M^{-1}の間である。結合は主に静電的であり，K_aはイオン強度に依存している。複合体は比較的不安定でおよそ 10 秒の半減期で解離する。フットプリント法によって RNA 依存性 DNA ポリメラーゼが DNA と結合するのは，＋1 を転写開始点とすると，−55〜−5 のヌクレオチドであることがわかった。

次に一本鎖 DNA に特異的に反応する試薬による分析によれば，RNA ポリメラーゼが−10〜−1 の間の数個の塩基対をほどき，**開いたプロモーター複合体 open-promoter complex** を形成する。そこでは鎖が開いている，つまりほどかれた DNA に結合しているのである（ステップ 3）。この温度依存性の高い反応は，プロモーターの構造にもよるが，半減期が 15 秒〜20 分である。開いたプロモーター複合体は非常に安定している。それは高いイオン強度によっても簡単には壊れず，K_aは 10^{12} M^{-1}である。次に Mg^{2+}依存的な異性化が起こる。そして開いたプロモーター複合体は修飾され，ほどかれた DNA 領域が−12〜＋2 の間に広がる。原子間力顕微鏡（「生化学の道具 1A」参照）による分析により，また後に X 線結晶解析によって確認されたが（図 27.8），プロモーター領域で曲がっている DNA が，閉じたプロモーターから開いたプロモーター複合体への移行に関与することが示された（図 27.7）。これは後に述べるように，次の事実と関連しているであろう。ある特定の遺伝子の転写の活性化は，しばしばそのプロモーターとそれに結合したタンパク質や，より上流域（転写される遺伝子のずっと遠い 5′ 側）の調節部位に結合したタンパク質との相互作用によってもたらされる。

> **ポイント 7**
> 転写は，RNA ポリメラーゼとプロモーター部位の間の配列特異的な相互作用から始まる。二本鎖がほどけて鋳型鎖の選択が起こる。

開始と伸長：リボヌクレオチドの取り込み

プロモーターに位置し，開いたプロモーター複合体を形成して，酵素は RNA 鎖の合成を開始する準備ができることになる。最初のリボヌクレオシド三リン酸（通常は ATP または GTP）の結合は，約 100 μM の 50％飽和濃度で生じる。後述の rNTP の結合は約 10 μM の 50％飽和濃度で起こるので，比較的高濃度での rNTP を必要とする転写開始の調節プロセスを表している。RNA ポリメラーゼは，触媒中心付近に 2 つのヌクレオチド結合部位をもっている。最近の知見は，低親和性部位での rNTP の結合はアロステリックであり，順方向に反応を駆動することを示唆している。

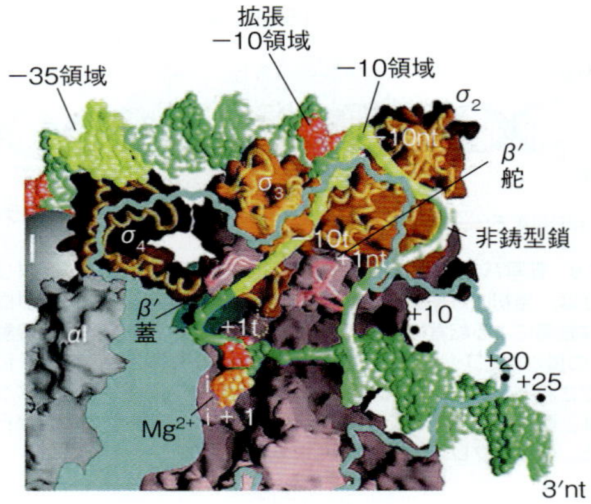

図 27.8　開いたプロモータ複合体における DNA の折り曲がり　この画像は，*Taq* RNA ポリメラーゼの結晶構造から得られた。内部構造を示すために β の一部が除去されているが，β の概略が青緑色の線として示されている。鋳型の DNA 鎖は緑色で示され，非鋳型鎖は黄色である。鋳型鎖の急激な曲がりに注目。組み込まれる最初の 2 リボヌクレオチド（i と i ＋ 1）は触媒的に不可欠の Mg^{2+}に近接しており，それぞれオレンジ，ピンクで示されている。α と β′ サブユニットの大部分は透明で，金色で示した内部の α 炭素鎖とともに表示している。プロモーターを構成する−10 および−35 領域の DNA が黄色で表示されている。PDB ID：1L9U。

鎖伸長は鋳型特異的な rNTP の結合（図 27.7，ステップ 4）から始まり，次のヌクレオチドの結合が続く。次に，第 2 のヌクレオチドの一番内側の α リンのところで最初のヌクレオチドの 3′ 水酸基が求核的な攻撃を行い，最初のホスホジエステル結合を生成するが，最初のヌクレオチド 5′ の三リン酸はそのまま残る。ヌクレオチドの取り込みは，第 25 章（p.937，図 25.13〈p.939〉も参照）で DNA ポリメラーゼについて述べた二金属機構を介して行われるが，これは現在では核酸合成酵素のための普遍的な機構であると考えられている。転写産物は最初の数個のホスホジエステル結合反応の間は緩い結合しかしていない。2〜9 残基のオリゴヌクレオチドが放出されてしまい，多くの転写開始が不成功に終わるという事実がそれを示している。開始時期の効率が低い理由はまだ完全には解明されていないが，RNA ポリメラーゼの構造解析はその手がかりを与えてくれる（p.1014）。

最初の 10 ヌクレオチドが取り込まれる間に，σ サブユニットは転写複合体から解離し，残りの転写のプロセスはコアポリメラーゼによって行われる（ステップ 5 と 6）。一度解離した後は，伸長複合体は非常に安定している。こうなると，in vitro で示されたように，転写はリファンピシンを加えても阻止できなくなり，

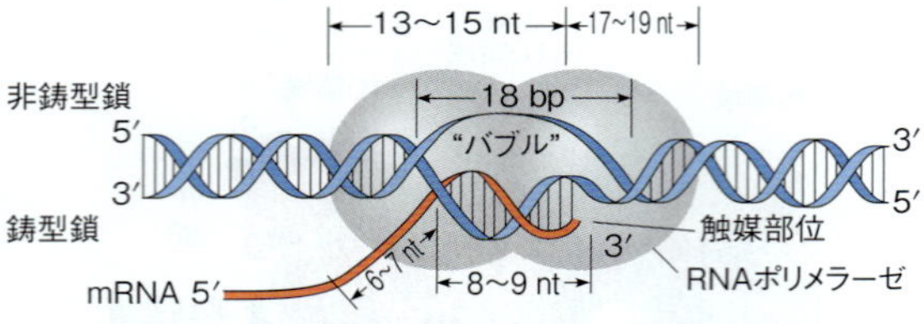

図 27.9　転写バブル構造　ほどけたDNAとDNA-RNAハイブリッドの長さは，当初は一本鎖の各酸塩基を酸化する過マンガン酸カリウムのような試薬による転写複合体の反応性から推定された。酵素と接触するDNAの長さは，フットプリント法（「生化学の道具 27A」参照）によって決定される。DNAハイブリッドの後方のRNAの6～7個のヌクレオチドは，酵素に結合することによってリボヌクレアーゼの攻撃から保護される。nt＝ヌクレオチド，bp＝塩基対。

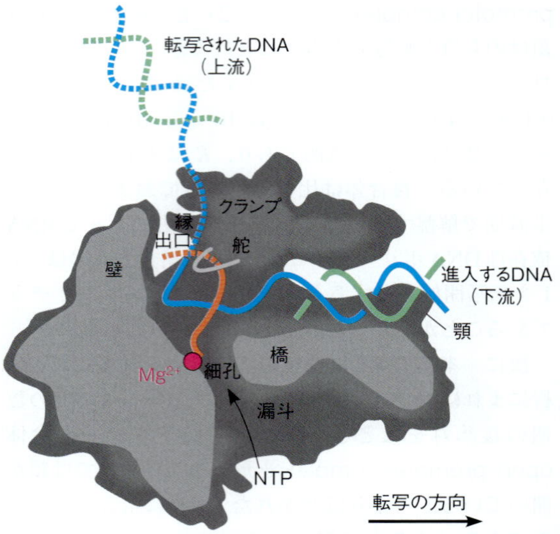

図 27.10　RNAポリメラーゼⅡの伸長複合体の断面図　タンパク質の切断面が薄い灰色で，残りの背面は濃い灰色で示されている。ポリメラーゼの動きの方向は左から右である。鋳型DNA鎖を青で示す。非鋳型鎖は不規則であるため示されていないが，鋳型DNAと対になっている場合は緑色で示した。鋳型DNA鎖にハイブリダイズしたRNAはオレンジ色である。酵素に入るDNAはタンパク質の“顎”により把持される（上の“顎”はこの断面図には示していない）。成長するRNAの3′末端は，触媒に必須なMg^{2+}イオンに隣接している。壁はDNAを強制的に回転させる。図のように，rNTPはおそらく漏斗構造および細孔を通じて活性部位に入る。成長しているRNA鎖の5′末端は舵と呼ばれるタンパク質のループによってDNA鋳型から迂回させられる。この舵は鋳型DNAにハイブリダイズしたRNAの長さを制限している。図のように，RNAは後ろから前に揺動する大型クランプから発生する。触媒部位の上にある舵と蓋はRNAを出口に案内するが，核酸の結合性や転写の高い処理能力にも貢献している。
Courtesy of Dr. Roger Kornberg.

ほとんどすべての転写プロセスは最後まで進む。

伸長する間は（ステップ5と6），コア酵素は二本鎖DNA鋳型に沿って動く。動くと同時にDNAを解き，一本鎖鋳型を露出し，入ってくるヌクレオチドとの塩基の対合を起こし，初期転写産物（最も直前に合成されたRNA）を形成する。そして伸長するRNA鎖の3′側の後ろで鋳型のDNAが巻き戻される（図27.9）。このモデルにおいて，約18個のDNA塩基対が，動く“転写バブル”をつくりあげるためにほどかれる。初期のRNA鎖の3′末端で1つの塩基対がほどかれ，RNAポリメラーゼ分子の細くなった端の近くで1つの塩基対が巻き戻される。初期の転写産物の3′末端ではおよそ9塩基対が鋳型DNA鎖にハイブリッド形成している。伸長する間，RNAポリメラーゼは真の分子モーターとして機能する。単一の複合体の観察技術によって，RNAポリメラーゼは分子モーターとしてよく研究されている細胞骨格のモータータンパク質（例えばミオシンとキネシン〈第8章〉）を上回る推進力を生成することが示されている。

図27.10に，伸長複合体のモデル図を示す。このモデルは酵母のRNAポリメラーゼⅡの構造から誘導したが，大きな壁がDNAを強制的にほぼ直角に屈曲させるモデルは一般的に適用可能な転写伸長の特徴を示している。

高度高熱菌 *Thermus thermophilus* 由来の細菌RNAポリメラーゼの高解像度の構造は，非加水分解性のrNTP類似体の存在下で，ヌクレオチド付加サイクルの詳細な画像を与えてくれる。図27.11に図式化されているように，トリガーと呼ばれる20残基の配列がこのプロセスには不可欠である。このトリガーは図27.10に示す架橋構造の一部であり，不規則なループとしてまたは2つのヘリックスのどちらかとして存在することができる。転位に続いて成長するRNA鎖へのヌクレオチドの挿入後，ループがほどけて入口のrNTPチャネルが開く。rNTPが入るとトリガーループは2つのヘリックスに折りたたまれてrNTPを捕捉し，その形状を調べて間違って塩基対を形成したヌクレオチドを除去するための機会を酵素に与える。この時点でまだ組み込まれていないにもかかわらず，ヌクレオチドは酵素によるバックトラッキングを防止するためのラチェットレンチとして機能する。触媒反応後にトリガーヘリックスはほどけて，経路が再び開く。単一サブユニットであるT7ファージのRNAポリメラーゼ，ならびに真核生物のRNAポリメラーゼⅡの構造的特徴は，このプロセスが一般的であることを示唆している。ある研究によって，よく知られたRNAポリメラーゼ阻害剤である抗生物質のストレプトリジギンは，酵素を前挿入状態で固定することが示された。

図27.9に表されるように，転写における中心的な中間体としての転写バブル構造の概念は，転写産物に組み込まれる各リボヌクレオチドのために1つの塩基対に先行する足跡を残しつつ，酵素が伸長するRNA転写産物を記録しながらDNA鋳型に沿って動くことを示している。実際，多数の開始複合体と伸長複合体をフットプリント法で解析してみると，酵素がしばしば非連続的に，そして，数個のヌクレオチドを追加す

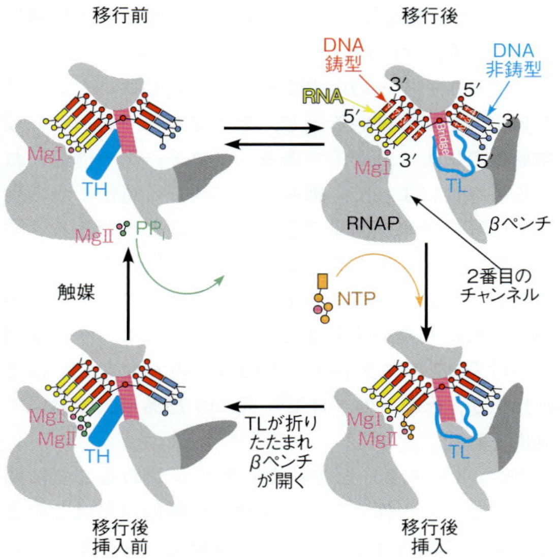

図 27.11　高熱菌 RNA ポリメラーゼのヌクレオチド追加サイクル　ペンチが開くと DNA の移行が可能となり，塩基対形成のために鋳型のヌクレオチドが 1 つだけ利用できる。TH＝トリガーヘリックス，TL＝トリガーループ。Mg^{2+} Ⅰと MG^{2+} Ⅱは触媒的に不可欠な 2 つのイオンである。詳細は本文参照。

Reprinted by permission of Macmillan Publishers Ltd. *Nature* 448：163-168, D. G. Vassylyev, J. Zhang, M. Palangat, I. Artsimovitch, and R. Landick, Structural basis for substrate loading in bacterial RNA polymerase. ©2007.

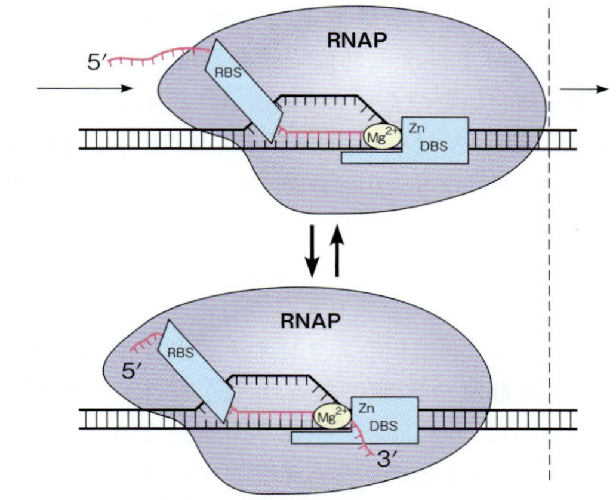

図 27.12　伸長複合体での後退現象　上：転写産物の 3′ 末端が活性部位である（Mg^{2+}が描かれている）。下：酵素が後退し，約 5′ ヌクレオチドの対合していない RNA の 3′ 末端が取り残される。転写の再開は，ポリメラーゼが前進して上図の位置に戻るか，より可能性のある機序として，対合していない転写産物を切り離して新たな 3′ 末端の塩基対を形成することによって行われる。DBS は DNA 結合部位を，RBS は RNA 結合部位を表す。

Reprinted from *Cell* 89：33-41, E. Nudler, A. Mustaev, E. Lukhtanov, and A. Goldfarb, The RNA-DNA hybrid maintains the register of transcription by preventing backtracking of RNA polymerase. ©1997, with permission from Elsevier.

るためにある場所に留まったり，鋳型に沿っていくつかの塩基対を駆け足で進んだりしながら進むことがわかった。同様の結論は，単一分子の研究および他の新しいアプローチからも得られている。これらの観察は，RNA ポリメラーゼの移動方法は，転写バブルの図によって示されているような連続的な移動とは根本的に異なっていることを示唆している。しかし，少なくとも部分的には“転写バブル構造”モデルとフットプリント法のデータを一致させるようにみえる。以前より知られていたが，ある種の DNA 配列は転写が難しく，in vitro で RNA ポリメラーゼがそうした部位にたどり着くと“休止”し，転写が再開される前に数秒間その場所に留まる。最近の実験によると，そのような部位で RNA ポリメラーゼはしばしば後退し，その過程で初期の転写産物の 3′ 末端は酵素の触媒作用の部位から移行し，そして 7〜8 ヌクレオチドからなる 3′ の尾が生じて，鋳型と対をなさずに酵素の後ろから飛び出してしまう（図 27.12）。転写が再開するためには，RNA の 3′ 末端が活性中心に配置されなければならない。これは明らかに転写の忠実度を最適化するために起こりうることで，p.1009 で述べた RNA 3′ 末端分解反応の主要な働きである。図 27.12 で示す後退現象は，*greA* と *greB* の二重変異株から得られる転写複合体においてはじめて観察された。二重変異株でなければ，ずれた 3′ の RNA 末端は切り離されてしまい検出できない。GreA と GreB タンパク質は，ポリメラーゼ自身がもつ転写産物の切断反応を促進することが示された。これらの観察は，このような特別な配列のうちの 1 つに達するまで，あるいは転写挿入エラーが DNA-RNA 誤対形成を生成し，複合力が弱まり後退を許すまで，RNA ポリメラーゼが一般に前進することを示唆する。最近までは，一時停止の仕組みとその意味はよくわかっていなかった。ある決まった DNA 鋳型を用いた単一分子の研究では，既知の調節機能が知られている一時停止の停止部位と他のいくつかの停止部位の間の一般的な類似性が示されている。すでに述べたように，一時停止および 3′ 分解は明らかに転写精度を向上させる働きをもつ。

27

転写の正確性：プロモーターの認識

プロモーターの認識は，その機序および調節の見地から転写における決定的なステップである。大腸菌では，最も頻繁に転写される遺伝子は 10 秒ごとに 1 度転写されると考えられるが，いくつかの遺伝子は 1 世代（30〜60 分）につき 1 度転写されるだけである。プロモーター認識は転写の律速段階である。細菌ではすべての遺伝子が同じコア酵素によって転写されるので，プロモーター構造における多様性で，転写開始の頻度における大きい差を説明できなければならない。プロモーター構造に関する情報は，クローニングされた遺伝子の発現ベクターを設計するときに実用的な価値をもつ。

DNAのどのような構造上の特徴が，RNAポリメラーゼをプロモーター部位で結合させ，開いたプロモーター複合体をつくりあげるように指示するのであろうか。答えの最初のヒントは，1975年にDavid PribnowとHeinz Schallerが独立に行った，当時利用できた限られたDNA配列データを調べた実験より得られた。大腸菌で転写される各遺伝子が短いアデニンとチミンに富む配列を共有することが明らかにされ，その中にはおよそ10のヌクレオチドが存在し，転写のスタート部位の5′側にあった（図27.13）（転写開始点の識別については，「生化学の道具27B」で記述する）。分析されたプロモーターの中には若干のバリエーションがあるが，**コンセンサス配列 consensus sequence** がこの保存された領域の中にあった。コンセンサス配列は，共通の機能をもつと考えられる一連の配列で，最も頻繁に各配列位置に現れる塩基からなる。大腸菌で分析された異なる転写開始配列の中で，そのコンセンサス配列は，**センス鎖 sense strand** のTATAATであった。センス鎖とは鋳型にならない側のDNA鎖である。センス鎖は鋳型鎖の配列に相補的なので，転写される領域内でRNA産物と同一の塩基配列をもつ。ただしUでなくてTである。のちに，保存されたヌクレオチド配列のもう1つの領域にはTTGACAのコンセンサス配列があり，開始点から−35ヌクレオチド付近にあることが発見された。

2つの保存された配列は，−35領域，および−10領域と呼ばれている（図27.13参照）。−10領域はPribnowボックスとも呼ばれている。実際のプロモーターでは，−35領域および−10領域コンセンサス配列にまったく同一なものはまれである。しかし一般的には，プロモーターの中のこれらの領域がコンセンサス配列に似ていればいるほど，そのプロモーターは転写開始の際により効率的である。プロモーター構造における多様性によって，細胞ごとに異なる遺伝子から異なる転写の効率を簡単に変化させることができる。図27.13は，プロモーター領域において保存されているヌクレオチドを示す。114の大腸菌のプロモーターが調べられた初期の実験では，2つのコンセンサス配列における12のヌクレオチドのうちの6つもしくはそれ以上が，それらのプロモーターの75％以上において見出された。

RNAポリメラーゼを結合し転写を始めることに関して，これらの保存された配列の機能的役割はどのようなものであろうか？　まず，プロモーター領域におけるいろいろな変化が及ぼすin vivoの転写効率に対する影響について述べる。図27.14で示すように，−35領域か−10領域のどちらかのプロモーター変異の多くは一般的に転写開始効率に大きな影響をもたらす配列であることが直接示されている。一般にプロモーター活性を増強させるような変異，**プロモーター増強変異 up-promoter mutation** は，−35領域か−10領域のどちらかがよりコンセンサス配列に似る変異である。逆に，プロモーター活性を低下させる**プロモーター低下変異 down-promoter mutation** は，コンセンサス配列から異なる配列になるような変異である。同様の結論は，in vitroでプロモーターの部位特異的

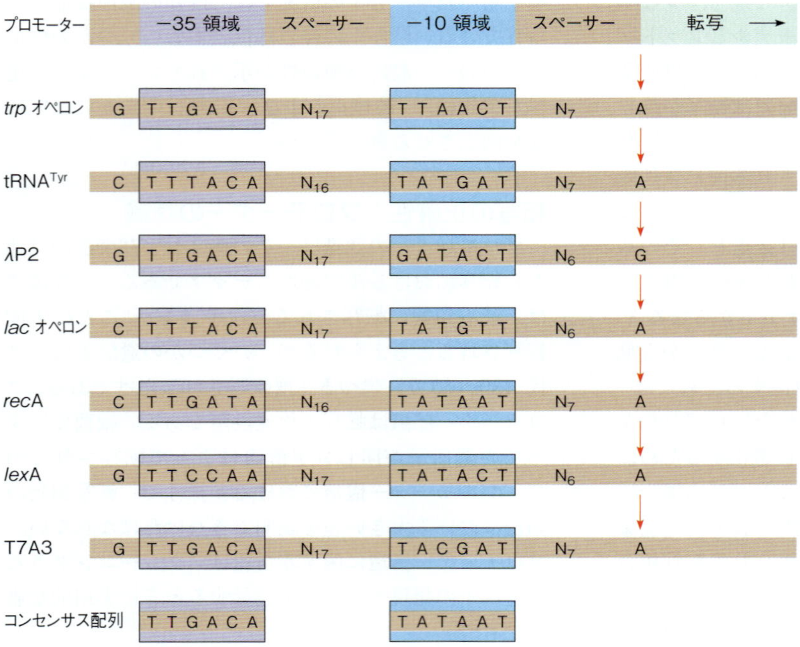

図27.13　大腸菌のRNAポリメラーゼによって認識されるプロモーターの保存配列　スペーサー配列の長さも示されている。赤い矢印は転写開始部位を示す。

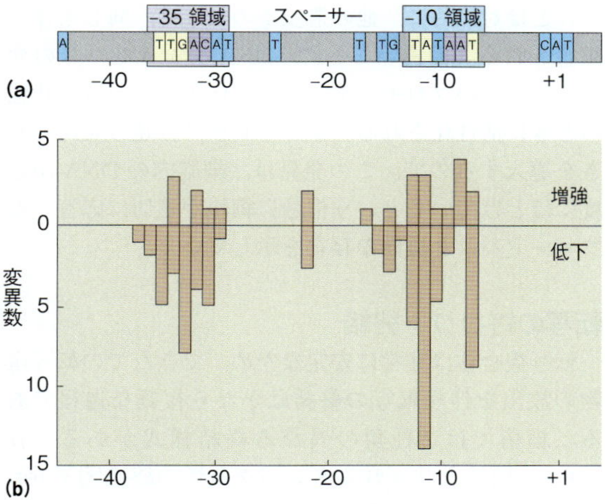

図 27.14　大腸菌プロモーターの中の保存されたヌクレオチドの調査　114個の既知の大腸菌のプロモーターの間でヌクレオチド配列が比較された。**(a)** 75%以上のプロモーターで保存されているヌクレオチドの位置は黄色，中程度（50〜75%）の保存率は紫色，低い（40〜50%）保存率は青色で示してある。**(b)** 各部位に影響を及ぼしている既知のプロモーター変異の数。プロモーター増強変異はプロモーター活性を増し，プロモーター低下変異は，プロモーター活性を低下させる効果がある。

From *Annual Review of Biochemistry* 54：171-204, D. Hawley and W. R. McClure, Mechanism and control of transcription initiation in prokaryotes. © 1985 Annual Reviews.

突然変異とそれらの転写効率の解析からも引き出されている。この研究で，2 つの領域間の距離が重要であることが示された。天然のプロモーターの大半は−35 領域と−10 領域の間に 17-ヌクレオチドのスペーサーをもつが，16 または 18 のものもある。in vitro の研究は，17-ヌクレオチドのスペーサーが最も効率的なプロモーターの構造であることを示している。

ポイント 8
大腸菌遺伝子の中である遺伝子が転写される頻度は，主にコンセンサス配列に対するその遺伝子のプロモーター配列の類似性によって決定される。

−35 領域と−10 領域が重要である他の証拠は，RNA ポリメラーゼが結合するのは，ほとんどの場合，これらの 2 つの保存された配列かまたはその近くの DNA ヌクレオチドにおいてであるということである。このことは，RNA ポリメラーゼの存在または非存在下で，特定のヌクレオチドの化学装飾に対する感受性を比較することによってはじめて確かめられた。例えば，ジメチル硫酸はグアニン残基のメチル化への感受性を判定するために使われる。まず，目的の配列を含む制限酵素断片を，γ［^{32}P］ATP および**ポリヌクレオチドキナーゼ polynucleotide kinase** で処理する。この酵素は，断片の遊離の 5′ 水酸基にリン酸を転移する酵素である。この末端標識断片を RNA ポリメラーゼとともにインキュベートし，グアニン残基と反応して

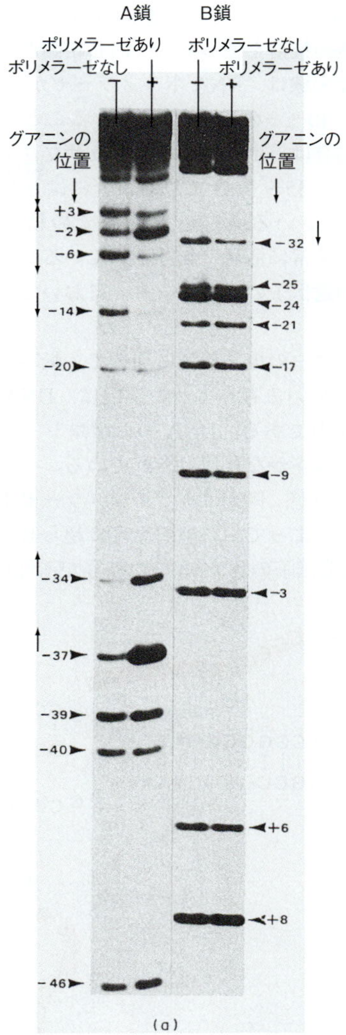

図 27.15　大腸菌トリプトファンプロモーターにおける RNA ポリメラーゼに接する G 残基の同定　↑＝ポリメラーゼの結合による切断の増強，↓＝切断の抑制。

Reprinted from *Journal of Molecular Biology* 144：133-142, D. S. Oppenheim, G. N. Bennett, and C. Yanofsky, *Escherichia coli* RNA polymerase and *trp* repressor interaction with the promoter-operator region of the tryptophan operon of *Salmonella typhimurium*. ©1980, with permission from Elsevier.

その部位で DNA を切断するジメチル硫酸で処理する。この DNA 断片をゲル電気泳動およびオートラジオグラフィーに供する。DNA-タンパク質複合体の切断産物を裸の DNA と比較する。図 27.15 にトリプトファン合成に関与する遺伝子の転写を調節する *trp* プロモーターでの分析データを示す。バンド強度の比較によってわかるように，−34 および−37 などの部位では，RNA ポリメラーゼの結合によって切断は増強されたが，−32，−14，−6 のような他の部位では反応性は低下した。この感受性の高いグアニンは，すべて−10 と−35 のボックス内にあることになる。他の塩基で化学的切断を引き起こす試薬も同様の結果を与

える。DNA フットプリント法（「生化学の道具 27A」）のような他の技術を使っても，同じ結論が導かれる。このような実験は，RNA ポリメラーゼが −35 領域から上流の −40〜−60 領域で結合することを示している。この結合は，ポリメラーゼの α サブユニットが関与するが，−35〜−10 までの結合には σ サブユニットが関与している。この上流域での結合（−60〜−40）は，非常に活発に転写されているリボソームタンパク質の遺伝子のプロモーターにおいて特に重要である。

プロモーターの塩基配列に加えて，転写の効率に影響を及ぼしているもう 1 つの要因は，DNA 鋳型の超らせんの張力である。DNA のトポロジーと転写効率の関係は，現在かなり注目されている。それとの関係は明白でないが，例えばトポイソメラーゼ I を不活性化することによって，鋳型が高度に超らせん状態になると，ある遺伝子の in vivo での転写が活性化される。それとは対照的に，他の遺伝子の転写は，同じ条件で阻害される。面白いことに，DNA ジャイレースのサブユニットのプロモーターは，遺伝子がほどけた状態のときに活性化される。ジャイレースは超らせんの巻きを導入するので，この発見は，細胞内の DNA が過度にほどけているという信号に細胞が適切に応答するフィードバック機構の存在を示している。

転写の終わり：終結

転写複合体は非常に安定なため，できたての転写産物の放出を伴う転写の終結はかなり複雑な過程である。細菌では 2 種類の異なる終結様式がある。ρ（ロー）因子と呼ばれるタンパク質性の**終結因子 termination factor** に依存して終結する場合と，ρ 因子に依存しない場合とである。

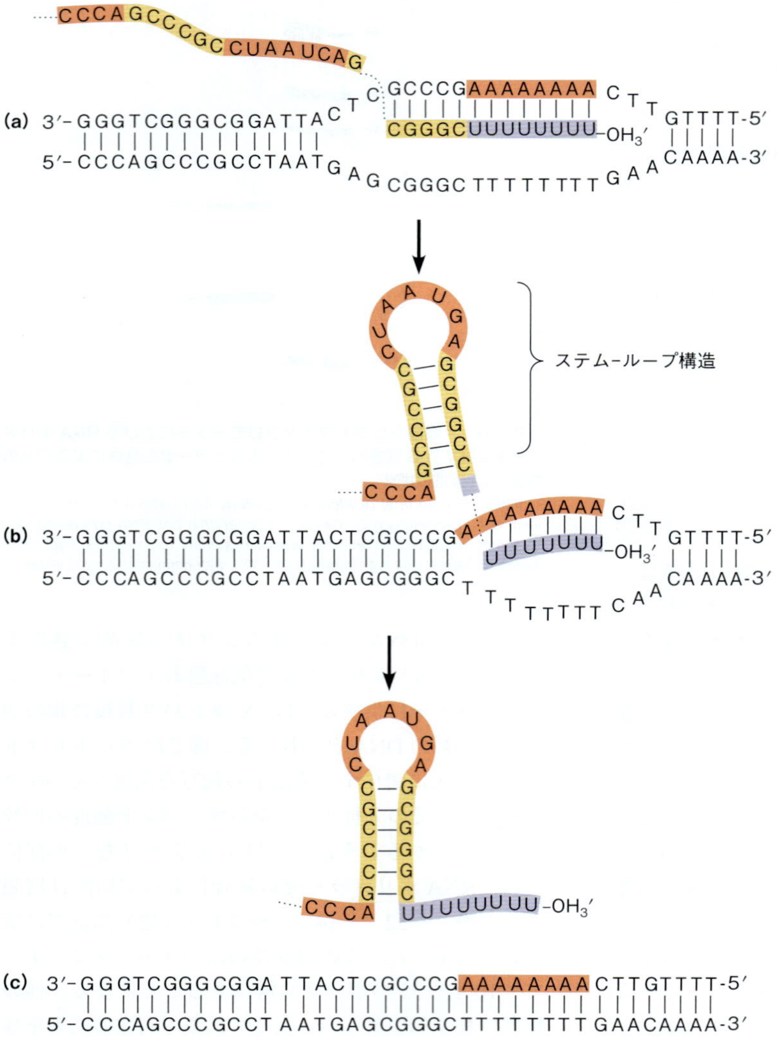

図 27.16　因子非依存性の転写終結のモデル　**(a)** 鋳型（右のオレンジ色の部分）の A に富む部分がちょうど U に富む mRNA 部分に転写されたところ。**(b)** RNA–RNA 二本鎖は GC 塩基対（黄色）によって安定し，鋳型と転写産物の間の塩基の対合の一部を解除する。**(c)** 転写産物を鋳型に結びつけていた不安定な AU 結合は分離し，転写産物を放出する。

因子に依存しない終結

終結因子非依存性の終結をする多くの遺伝子の 3′ 末端の配列には，図 27.16 で示したような 2 つの特徴がある。①ステム–ループ構造をつくる可能性のある 2 つの左右対称の GC に富む部分と，②その下流にある 4〜8 残基の A である。これらの特徴は，次のような終結機構を示唆している。GC 塩基対の安定性が鋳型をほどくのを難しくするので，RNA ポリメラーゼが GC の豊富な部分に着くと，失速するか休止する。in vitro では，RNA ポリメラーゼは GC の豊富な部分で休止するか数分間停止する。次に，休止によってできたての転写産物の相補的な GC の豊富な部分が塩基対を形成するための時間を与え，この部分が鋳型から離れたり，酵素の結合部位から離れることになる。したがって，RNA ポリメラーゼ，DNA 鋳型，RNA の 3 者の複合体の結合は弱められる。A の豊富な部分が転写され，鋳型に結合はするものの一連の非常に弱い AU 結合を形成するために，複合体の結合はさらに弱まり，ついには解離する。

> **ポイント 9**
> 因子非依存性の終結を促進する DNA 配列は，4〜8 残基からなる A 残基および GC に富んだ領域からなり，ステム–ループ構造を形成する。

終結の実際の機構はそれよりも複雑である。その理由の一部は，例えば，図 27.16 で示されている領域の上下の配列も部分的には終結効率に影響することにある。さらに，すべての休止部位が終結部位であるというわけではない。しかし，ここに示した図式は，因子非依存性の終結の重要な機構を示している。

因子依存性終結

因子に依存する終結部位はあまり多くなく，この種類の終結の機構はより複雑である。ρ タンパク質（同一のサブユニットからなる六量体）は，in vitro における λ ファージ DNA 転写の終結の研究ではじめて発見された。RNA–DNA ヘリカーゼとしての特徴をもっているこのタンパク質は，ポリヌクレオチドに結合することによって活性化されるヌクレオシド三リン酸活性をもっている。RNA ポリメラーゼが休止したとき，ρ はできたての転写産物の 3′ 末端の近傍で C に富む部位に結合することがわかっている（図 27.17）。その後，ρ は転写産物に沿って 3′ 末端に向かって進み，ヘリカーゼ活性は転写産物の 3′ 末端を鋳型（RNA ポリメラーゼ分子）から解き，それを切り離す。

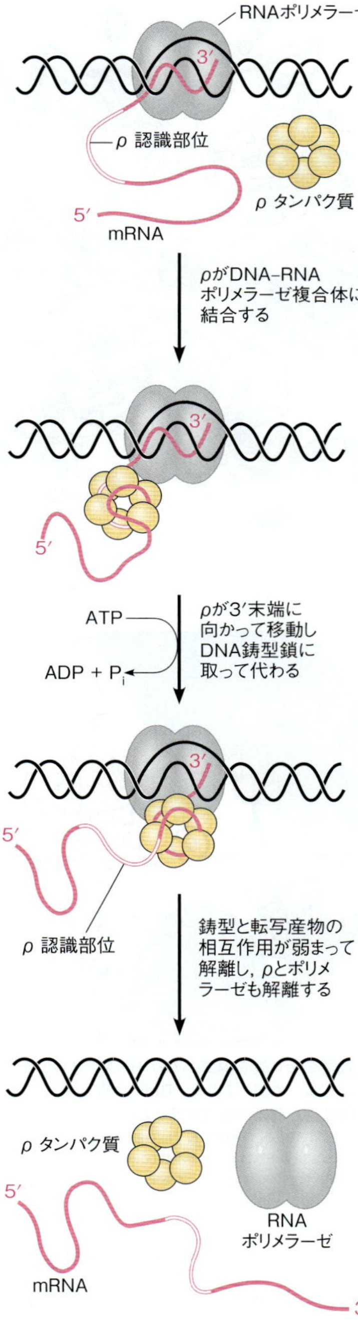

図 27.17　ρ 因子依存性の終結　ρ は初期の転写産物に結合して RNA–DNA 二本鎖をほどく。いったん ρ が RNA ポリメラーゼに到達すると，結合した NusA タンパク質（図には描かれていない）との相互作用で終結に至る。

> **ポイント 10**
> 因子依存性の終結で，ρ タンパク質は RNA–DNA ヘリカーゼの働きをする。そして，鋳型–転写産物二本鎖をほどき，転写産物の放出を容易にする。

ρ はヘリカーゼの作用を理解するためのモデルとし

27

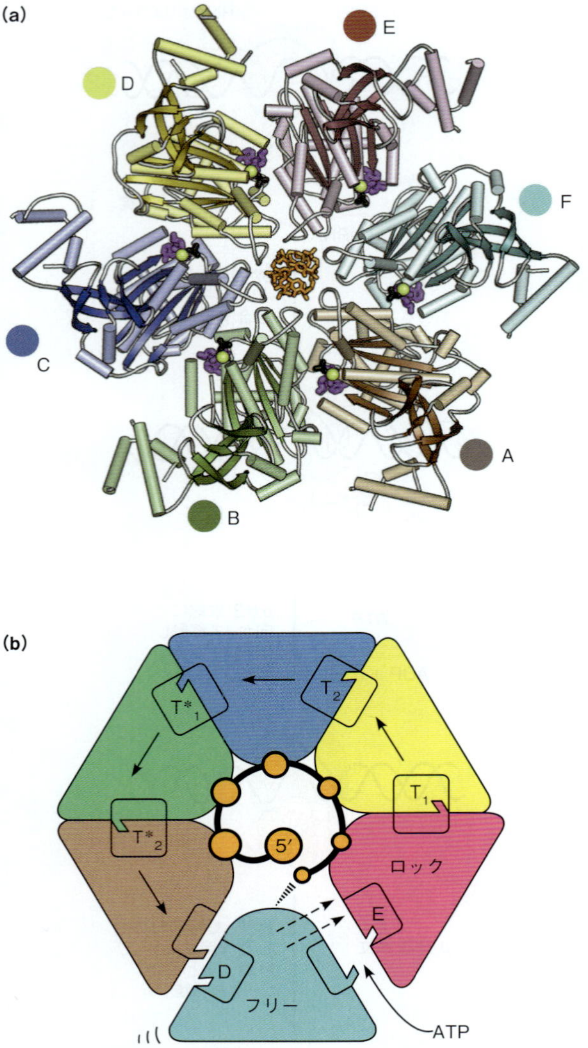

図 27.18　**大腸菌の ρ の結晶構造**　**(a)** RNA（オレンジ）が中央チャネルに示されている。ADP は赤紫。BeF_3は黒。Mg^{2+}は緑。**(b)** ヘリカーゼ反応の模式図。詳細は本文参照。PDB ID：3ICE。

て集中的に研究されてきた。図 27.18 は，大腸菌 ρ 複合体と RNA と ATP アナログ（ADP ＋ BeF_3）との結晶構造を示している。図 27.18b では 6 つのサブユニットのうち 4 つが ATP と強固に結合している。示されている瞬間は，部位 D における ATP の加水分解の結果，5′ 端の RNA ヌクレオチド（オレンジ色の円）がタンパク質から離れたところであり，小さな円で示されたヌクレオチドと破線はまさに結合しようとしているところである。部位 E においては“アルギニンフィンガー”モチーフの挿入により“ロック”“フリー”と書かれたタンパク質サブユニットとの間に触媒部位が形成されている。ρ の構造は反対の極性をもつヘリカーゼの構造と非常に類似している。その極性は ATP 燃焼の順序により決まるが，その順序で個々のタンパク質サブユニットが ATP を加水分解する。RNA 塩基がほどかれるごとに 1 つの ATP が加水分解される。

ρ に依存する終結部位において，何が RNA ポリメラーゼを休止させるかはわかっていない。もう 1 つのタンパク質，NusA（N utilization substance：N 使用物質）が何かしら関与しているのであろう。NusA は，λ ファージにおける**抗転写終結 antitermination** の研究で発見された。抗転写終結はファージ転写プログラムの初期に，2 つの ρ に依存する終結部位が不活性化されたとき起こる現象である。RNA ポリメラーゼは停止することなく通過し，その結果ファージの発生に必須の遺伝子を転写する（p.1101 参照）。この失活が起こるためには，*N* 遺伝子の産物であるウイルスタンパク質が NusA と相互に作用しなければならないが，その機構はわかっていない。*N* か大腸菌の *nusA* 遺伝子の変異は，抗転写終結を妨げて，ファージの発育を妨げる。NusA タンパク質は，初期の RNA においてヘアピン構造に特異的に結合する伸長複合体に動員されて，終結を容易にするのであろう。

もう 1 つの終結機構に関する知見は，**転写減衰 attenuation** と呼ばれている広く研究されている制御機構についてのものである。RNA ポリメラーゼが構造遺伝子に達する前に，転写減衰は初期の転写産物の合成を終結することによって特定のオペロンの転写の効率を調節する。転写末端の手本として研究された転写減衰については，第 29 章で述べる。

真核細胞における転写とその調節

真核生物の転写は，原核生物におけるよりもはるかに複雑なプロセスである。転写されるものや転写されないものの中にも，多くの識別機序があるだけでなく，転写は発生や組織分化の過程で正確にプログラムされている。さらにその転写機構は，どのような形にせよ真核生物のクロマチン構造の複雑さに対処しなければならない。この複雑さを反映して，本章の前半で説明したように，真核細胞にはそれぞれ特化された機能をもっている複数の異なる RNA ポリメラーゼがあるという事実がある。各ポリメラーゼについて，機能的な転写複合体を形成するために，いくつかのタンパク質は RNA ポリメラーゼとともに，鋳型 DNA 上のプロモーターや他の上流部位で組み立てられる必要がある。3 つの核内 RNA ポリメラーゼ（Ⅰ，Ⅱ，およびⅢ）のいずれにも原核生物の複合体の ρ 因子に対応するものはない。しかしながら 3 つとも，特定の遺伝子の転写に特有のタンパク質に加えて，ρ に匹敵する役割を果たす一群の転写因子を必要とする。慣例により，それぞれの RNA ポリメラーゼⅠ，Ⅱ，またはⅢで機能するかどうかに応じて，転写因子には TFⅠ，TFⅡ，または TFⅢという名前がつけられている。転写因子のクラスの中で個々の因子は文字で識別される。つまり TFⅡA は RNA ポリメラーゼⅡに機能するいくつかの転写因子の 1 つである。

本章のはじめに述べたように，その他の違いは細菌ゲノムはラクトースオペロンのような機能的に関連する一塊の遺伝子群――オペロン――に編成されているという事実と関係している。オペロンは一緒に転写されて，多重遺伝子の mRNA を生み出すが，真核生物の遺伝子はほとんどの場合は単シストロン性の mRNA として転写される。本章の後半では，真核生物の遺伝子の転写後のプロセスは原核生物の場合よりもはるかに複雑であることを学ぶ。

ポイント 11
真核細胞は 3 種類の核内 RNA ポリメラーゼをもっており，いずれも転写開始のためには追加のタンパク質因子を必要とする。

RNA ポリメラーゼⅠ：主要な rRNA 遺伝子の転写

真核生物のリボソームは 4 個の rRNA 分子を含んでいる（第 28 章参照）。大サブユニットには，28S，5.8S および 5S の rRNA の分子が含まれているのに対し，小サブユニットには，18S rRNA を含んでいる。これらのうち，28S，18S，および 5.8S サブユニットは，すべて初期 45S 前駆体 rRNA 転写物から生成される。これはこの転写を行うための特別な RNA ポリメラーゼである RNA ポリメラーゼⅠ（pol Ⅰ）の機能である。図 27.5 に示すように，pol Ⅰ は合計 60 万 Da で，14 のサブユニットを含む複雑な酵素である。少なくとも 2 つの転写因子（UBF1 および SL1）が必要であることが知られている。遺伝子の 1 種類のみが転写されるだけなので，複数の調節部位と複数の転写因子を含む精巧な装置を必要とする pol Ⅱ 転写の特徴は見出せない。

核小体は，真核生物のリボソームサブユニットの組立部位である。図 27.19 に示すように，45S 前駆体 rRNA の遺伝子は，複数の直列に配置するコピーとして核小体に存在している。転写後，45S 前駆体 rRNA は処理されて 18S，5.8S，28S の各 rRNA 分子となる。約 6,800 のヌクレオチドが，この過程で廃棄される。次いで，rRNA は核の他の領域からの 5S rRNA および

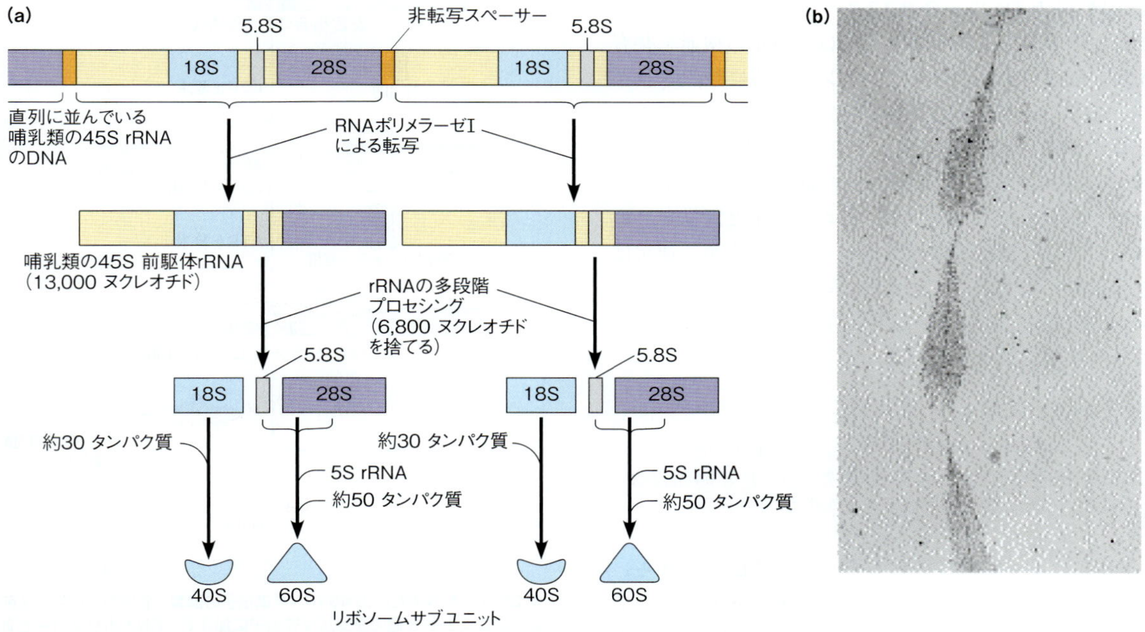

図 27.19　真核生物の主なリボソーム RNA の転写とプロセス　遺伝子は非転写スペーサーによって分離され，直列のコピーとして存在している。**(a)** 最初に 45S 転写物がつくられ，黄褐色に示す部分の除去によって処理されて，18S，5.8S，および 28S 産物が生成される。次いで，タンパク質の添加によりリボソームサブユニットに組み立てられる。**(b)** 広げられた核小体の rRNA 遺伝子の電子顕微鏡写真。転写されつつあるところ。直列に配置された遺伝子が，下から上に転写されている。

(b) Courtesy of Oscar L. Miller, Jr. and Barbara Beaty, Oak Ridge National Laboratory, Oak Ridge, TN.

細胞質中で合成されたリボソームタンパク質と結合する。得られたリボソームサブユニットは，核小体から細胞質へ再び移送される。

45S 前駆体 rRNA の直列に並んだ転写の様子が電子顕微鏡で美しく可視化されている（図 27.19b）。核小体のクロマチンの構造が長い間論争の対象となってきた。少なくともその転写領域においては，ヌクレオソームは存在しない可能性が高いと考えられる。ヌクレオソームの欠如は，これらの遺伝子の迅速かつ継続的な転写を可能にする特異的なクロマチンの修飾である。

原生動物テトラヒメナのように，いくつかの下等な真核生物では，28S rRNA はその 3′ 末端付近にイントロンを含んでいる。このイントロンの切除と RNA のスプライシングは，第 11 章で説明した一連の反応（p.406 上の図 11.41 を参照）により，RNA 自体が触媒として作用する注目すべき方法によって行われる。高等真核生物では，rRNA プロセシングのメカニズム，リボソームの組み立て，リボソームタンパク質とリボソーム RNA の協調的な合成についてはあまりよくわかっていない。

RNA ポリメラーゼⅢ：低分子 RNA 遺伝子の転写

RNA ポリメラーゼⅢ（polⅢ）は，真核生物の RNA ポリメラーゼの中で最大で最も複雑である。分子量は 70 万 Da で，合計 17 のサブユニットを含む。それが転写する遺伝子のすべては，特定の機能を共有する。転写された RNA は，タンパク質に翻訳されない，転写領域内にある小さな特定の配列によってその転写が調節されるという点で独特である。polⅢはすべての tRNA および 5S rRNA の遺伝子を転写する。前項で説明した主要なリボソーム遺伝子と同様に，これらの小さな遺伝子は複数コピー存在するが，通常は直列に並んでグループ化されているのではなく，核の 1 つの領域に局在しているというよりは，ゲノム上に，つまり核内に散在している。

ポイント 12
polⅠは主要な rRNA 遺伝子を転写し，polⅢは低分子 RNA 遺伝子を転写し，polⅡはタンパク質をコードする遺伝子といくつかの低分子 RNA 遺伝子を転写する。

polⅢによって転写されるすべての遺伝子のうち，最も徹底的に研究されているのは 5S rRNA についてである。in vitro での実験によって，5S rRNA 遺伝子の発現のためには，ポリメラーゼⅢに加えて少なくとも 3 つのタンパク質因子が必要であることが明らかになった。これらの転写因子の 2 つ（TFⅢB と TFⅢC）はすべての tRNA 遺伝子の転写に同じく関与するようにみえるが，TFⅢA と呼ばれる因子は 5S 遺伝子の転写に特異的である。3 つの転写因子，ポリメラーゼと遺伝子の相互作用を図 27.20 に示す。TFⅢA の分子は約 40 塩基対の長さにわたって DNA に接する。配列の認識は，接触領域の両端から約 12 塩基対ずつの 2 つのブロックで発生する。これで遺伝子は何とか TFⅢB，TFⅢC，およびポリメラーゼⅢへアクセスできるようになる。TFⅢA は 5S RNA と複合体をつくる。この性質があるので，RNA 産物が過剰な場合には，TFⅢA を DNA へ結合しにくくすることによって 5S RNA の産生を制限する。

金属が結合したジンクフィンガーが DNA 配列に接して認識する，配列特異的な DNA 結合性タンパク質

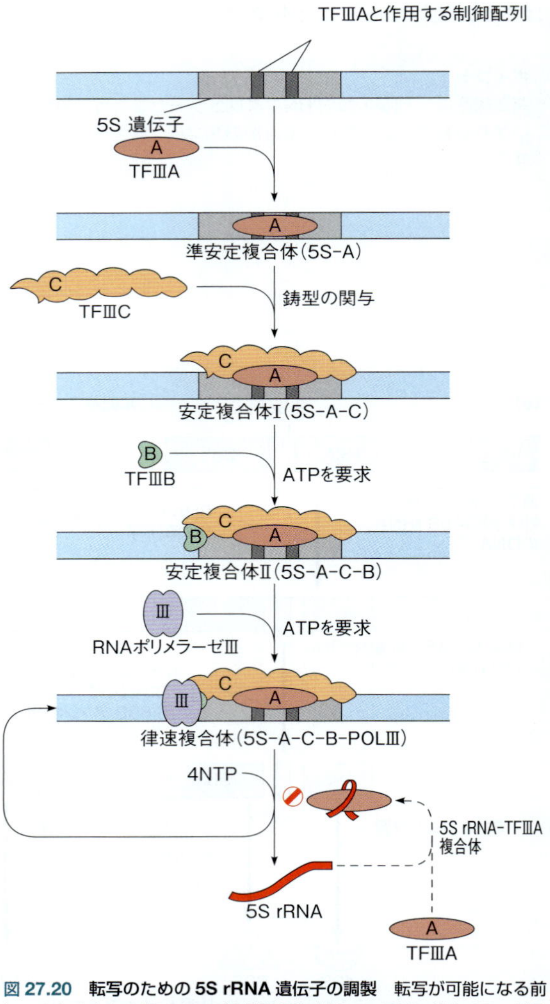

図 27.20　**転写のための 5S rRNA 遺伝子の調製**　転写が可能になる前に，少なくとも 3 個のタンパク質因子に加えて，RNA ポリメラーゼⅢが遺伝子の上で組み立てられる必要がある。TFⅢA は TFⅢC と TFⅢB が結合する前に遺伝子に結合しなければならない。一度安定な複合体Ⅱが形成されると，polⅢをリサイクルして多くの RNA のコピーが生成される。過剰の 5S rRNA は TFⅢA と複合体を形成し，さらなる転写を阻害する。

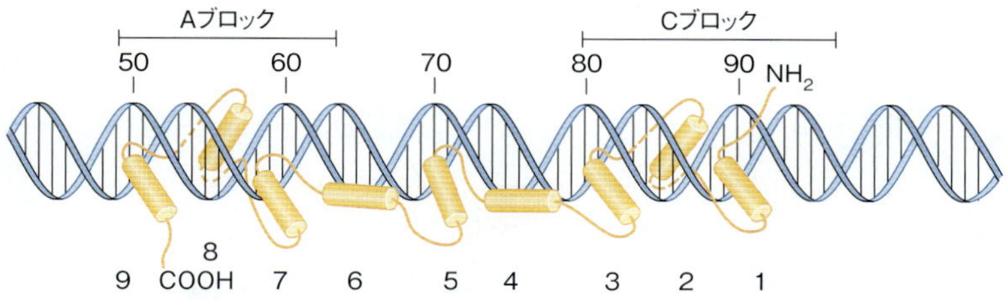

(a)

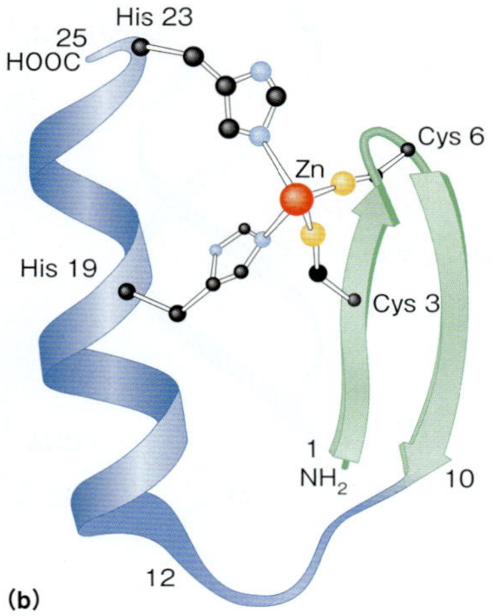

(b)

図 27.21　ジンクフィンガー　**(a)** 転写因子 TFⅢA はジンクフィンガーを介して 5S RNA 遺伝子に結合し，主溝に挿入される。2 つの主な認識領域である A ブロックと C ブロックは，フィンガー 7〜9 および 1〜3 とそれぞれ接触する。**(b)** ジンクフィンガーの構造。ジンクフィンガータンパク質に見出される配列をもつ合成ペプチドの構造を示す。α ヘリックスと β シートモチーフを，それぞれ青と緑で示す。α ヘリックスは (a) に示した主溝内に結合する。亜鉛（赤色）に配位する 2 つのヒスチジン残基と 2 つのシステインが詳細に示されている。黄色は硫黄原子である。
From *Science* 245 : 635-637, M. S. Lee, G. P. Gippert, K. V. Soman, D. A. Case, and P. Wright, Three-dimensional solution structure of a single zinc finger DNA-binding domain. © 1989. Reprinted with permission from AAAS. Adapted with permission from Peter Wright.

にはさまざまな種類があるが，TFⅢA はその一例である（図 27.21）。図 27.21b に示すように，この種のタンパク質には，亜鉛と複合体を形成するヒスチジンおよびシステイン残基が保存されている。この DNA 結合タンパク質モチーフは，先に述べたように，ステロイドホルモン受容体の構造的要素である（p.880）。

TFⅢA は単量体であり TFⅢB は二量体ではあるが，TFⅢC は 6 本のポリペプチド鎖を含み，5S rRNA と tRNA 遺伝子の全体を覆う巨大な複合体である。このようなタンパク質複合体を介して，ポリメラーゼがいかにして繰り返し転写することができるかは，依然としてよくわかっていない。いずれにせよ一度 pol Ⅲが結合すると，それが解離する前に複数の転写産物を生成することができる。

後に種々の転写因子について学ぶが，真核生物の遺伝子発現の調節はこれらのタンパク質と DNA との部位特異的相互作用にほぼ完全に依存している。典型的な転写因子は，DNA 結合ドメインおよび他の核タンパク質と相互作用することができる 1 つまたは複数の調節ドメインをもっており，調節ドメインは調節シグナルを伝える。

図 27.22b，c および d に概略的に示すように，ジンクフィンガータンパク質に加えて，他の 3 つの主要な DNA 結合性構造モチーフが知られている。ヘリックス-ターン-ヘリックスタンパク質においては，α ヘリックス（認識ヘリックスと呼ばれる）が DNA 主溝に位置し，その側鎖が DNA 塩基と特異的に接触する。ヘリックス-ターン-ヘリックスモチーフは，最初は配列特異的な原核生物の転写調節因子の研究で発見された（第 29 章，図 27.1 参照）。全く異なる DNA 結合タンパク質の種類として，ロイシンジッパータンパク質と呼ばれるものがある。これらは，疎水性相互作用によってコイルドコイル構造を保持して二量体となっている。通常，ヘリックス尾部領域にロイシンか他の疎水性残基の規則的なパターン（7 残基の周期性）を有するが，それは隣接する疎水性相互作用に好都合である。N 末端領域は隣接する主溝に横たわる認識ヘリックスである。ロイシンジッパータンパク質の特徴は，このように同種または異種の二量体を形成し，転写因子との間に多くの組み合わせを可能にすることである。ロイシンジッパータンパク質でみられるように，ヘリックス-ループ-ヘリックス helix-loop-helix (HLH) モチーフもまた，同種または異種のいずれかの二量体化を可能にする（図 27.22d）。このモチーフにおいて，短い α ヘリックスは，第 2 の長い α ヘリックスにループで接続されている。ループは柔軟なので，ヘリックスは折り返して他のヘリックスとたたみ込まれることができる。同図に示すように，2 つのヘリックス構造は，DNA および第 2 の HLH モチーフとの両方の結合を可能にする。同種の HLH タンパク質の場合

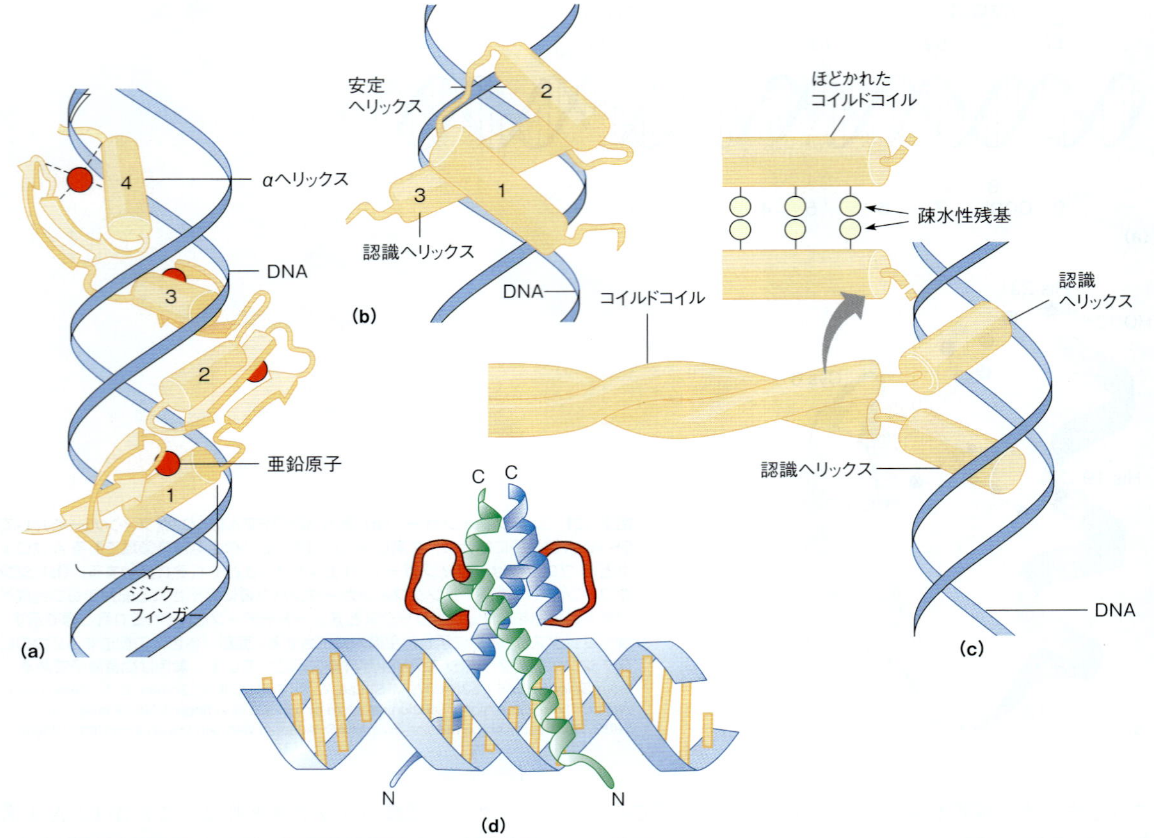

図 27.22　真核生物の転写因子由来の DNA 結合モチーフの 4 つの一般的な種類の構造　(**a**) ジンクフィンガーモチーフ。フィンガーが主溝に沿ってからみ合う様子を示す。(**b**) ヘリックス-ターン-ヘリックスモチーフ。ジンクフィンガーと同様の方法で，DNA の主溝にからみ合うことに注意。(**c**) ロイシンジッパータンパク質。コイルドコイルが，疎水性残基（通常はロイシン）とともに保持されている。それらの端部で，DNA 主溝と認識ヘリックスのペアが提示される。(**d**) ヘリックス-ループ-ヘリックスモチーフ。2 つの単量体が，4 つのヘリックスの束として保持されている。赤で示した屈曲性のタンパク質ループによって一緒に保持された 2 つのαヘリックスからなる各単量体。2 つの長いヘリックスの N 末端が DNA 結合部位の主溝において配列特異的な接触を行う。

はヘテロ二量体，異種の場合はホモ二量体を形成することになる。

RNA ポリメラーゼⅡ：構造遺伝子の転写

真核細胞中ではタンパク質をコードする構造遺伝子は，すべてポリメラーゼⅡによって転写される。この酵素はまた，スプライシングにも関与していくつかの核内低分子 RNA を転写する（p.1033）。他の RNA ポリメラーゼと同様に，pol Ⅱは複雑な多くのサブユニットからなる酵素である。しかし，12 個のサブユニットでも，真核生物のプロモーターにおいて pol Ⅱが転写を開始するのに十分なわけではない。多くの真核生物遺伝子の発現が，組織特異的か発生段階特異的，またはその両方であるため，真核生物のプロモーターの構造は原核生物のそれよりもはるかに複雑である。RNA ポリメラーゼに加えてタンパク質因子がプロモーター認識に必要であり，プロモーターに RNA ポリメラーゼが動員されて活性のある伸長複合体が生成される。典型的な真核生物プロモーターは転写開始領域（Inr）を含む。Inr の配列は YYAN$^{T}_{A}$YY であり（N は任意のヌクレオチド，Y はピリミジン），N は開始部位の＋1 である。TATA ボックスと呼ばれる細菌の Pribnow ボックスに対応する配列が−20 と−30 の間に位置し，配列 TATAAAA をもっている。そのボックスの上流には一般的な配列や遺伝子特異的な制御エレメントが配置されており，転写因子や，第 23 章で紹介したホルモン受容体などの他の調節タンパク質のための結合部位である。それ以外の調節部位として，転写開始部位の数百塩基対上流に存在することのある，**エンハンサー enhancer** 領域と呼ばれる領域がある。この遠く離れた上流の活性化部位は転写調節に関与しているが，それ自体はプロモーターの一部とはみなされない。表 27.3 に一般的および遺伝子特異的プロモーターおよびエンハンサー領域のエレメントを示し，図 27.23 に真核生物のプロモーター中のよく研究されているこれらのエレメントの位置を示す。

表 27.3　重要な polⅡ制御配列とそれらに対応する転写因子

名称	コンセンサス配列	転写因子	コメント
一般的なプロモーター配列とエンハンサー配列			
TATA ボックス	TATAAAA	TBP, TFⅡD	最も一般的なプロモーター配列
CAAT ボックス	GGCCAATCT	CP1	共通の上流配列
GC ボックス	GGGCGG	SP1	多くの場合，非 TATA のプロモーターで見出される
八量体	ATTTGCAT	Oct1, Oct2	OCT1 および OCT2 はホメオドメインを含む [a]
特殊なプロモーター配列とエンハンサー配列 [b]			
HSE	GNNGAANNTCCNNG	熱ショック因子	熱ショック応答に関与する
GRE	TGGTACAAATGTTCT	グルココルチコイド受容体	グルココルチコイドに対する応答を仲介する
TRE	GAGGGACGTACCGCA	甲状腺ホルモン受容体	甲状腺ホルモンに対する応答を仲介する

[a] ホメオドメインは第 29 章（p.1121）を参照。
[b] 略語：HSE＝熱ショックエレメント，GRE＝グルココルチコイド応答配列，TRE＝甲状腺ホルモン応答配列

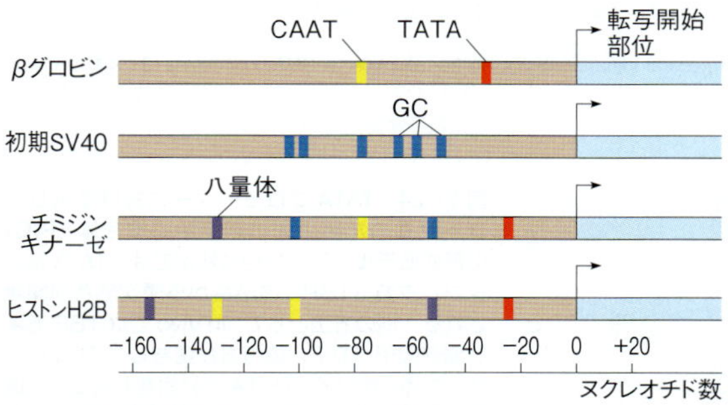

図 27.23　典型的な真核生物のプロモーターの構造　色つきのボックスは，異なった調節配列を表す。TATA＝赤，GC＝青，CAAT＝黄，オクタマー＝紫。
Based in part upon *Genes IV*, B. Lewin, Oxford：Oxford University Press, 1990.

真核生物のプロモーターに関わる制御エレメントのいくつかを紹介したが，タンパク質性の因子，つまり RNA ポリメラーゼⅡと一般的な転写因子を表 27.4 に再度掲げる。

これらのタンパク質の転写における役割を説明する前に，TFⅡH は 2 つ以上の異なる機能を有する“副業タンパク質”の一例であることを指摘しておく。TFⅡH は，転写に共役した DNA 修復（p.972）に関与している。DNA 合成がある部位で阻止されると，TFⅡH はその部位で DNA と相互作用し，ヌクレオチド除去修復を行う他のタンパク質を動員することができる。この機能の重要性は，TFⅡH サブユニットの 1 つ以上の遺伝的欠陥が，ある種の色素性乾皮症（p.972）や，発達障害，神経疾患，および光感受性を呈する Cockayne 症候群などの原因となっていることからもわかる。

ポイント 13
トランスに作用する因子が，プロモーターや離れたエンハンサーに結合することによって転写が修飾される

転写を開始することが可能な最小限の複合体を形成するためには，少なくとも 5 つの追加のタンパク質因子が必要とされる（図 27.24，表 27.4）。付加の順序は明確にされてはいないが，最も一般的な開始シグナルである TATA ボックス（すべての 3 つの核 RNA ポリメラーゼが使用する）に結合することにより開始される。前述したように，これは Inr における開始部位の上流 20〜30 塩基対の所に通常は位置する。最小限の転写単位は TATA 結合タンパク質 TATA-binding protein（TBP）を含むが，in vivo での開始複合体の形成はおそらく常に TFⅡD を使用し，TFⅡD は TATA 結合タンパク質と TATA 結合関連因子 TATA-binding associated factor（TAF）の両方を組み込んだマルチサブユニット構造をとっている。TAF は特定の遺伝子上流の部位に結合する活性化因子と相互作用し，それによって遺伝子調節のためのやりとりを行う。X 線回折やモデル研究から，TATA 部位，TBP，TFⅡB，および TFⅡA を含む複合体の構造が推定されている。TATA 部位周辺の DNA に誘導される顕著な特徴は著明なねじれである（図 27.25）。

伸長複合体の形成に必須なのは，RNA ポリメラーゼⅡの最大サブユニットのカルボキシ末端のリン酸化である。このタンパク質は 7 ペプチド配列 ——YSPTSPS—— の数十回もの繰り返しの反復配列を有しているが，哺乳類の酵素中では最大 52 回の繰り返しがある。RNA ポリメラーゼがプロモーターから離れるためには，この配列中のセリン残基の多くまたはほとんどがリン酸化を受けなければならない。同様に，最近の研究はこのドメインのアルギニン残基が部位特異的なメチル化を受けることを示している。

細菌の RNA ポリメラーゼにおいて議論してきたのと同様に，TFⅡB は初期に閉じたプロモーター複合体を開かれたプロモーター複合体に変換する際に特に重要な役割を果たしている。最近，Patrick Cramer らは酵母 RNA ポリメラーゼⅡと TFⅡB の複雑な結晶構造を解読し，関連する生化学的プロセスの理解を深めた。図 27.26 に TATA ボックス結合タンパク質 TATA box-binding protein（TBP）のモデル構造を示し，開

表 27.4　ヒト細胞における一般的な転写開始因子[a,b]

因子		サブユニット数	分子量(kDa)	機能
TFⅡD	TBP[c]	1	38	コアプロモーター認識（TATA），TFⅡBの動員
	TAF	12	15〜250	コアプロモーター認識（非TATAエレメント），正と負の調節
TFⅡA		3	12, 19, 35	TBPの安定化結合，TAF-DNA相互作用の安定化，抗リプレッション機能
TFⅡB		1	35	RNAポリメラーゼⅡ-TFⅡFの動員，RNAポリメラーゼⅡによる開始部位の選択
TFⅡF		2	30, 74	ポリメラーゼⅡの標的プロモーター，非特異的RNAポリメラーゼⅡ-DNA相互作用の不安定化
RNA polⅡ		12	10〜220	RNA合成における触媒機能，TFⅡEの動員
TFⅡE		2	34, 57	TFⅡHの動員，TFⅡHヘリカーゼ，ATPアーゼ，およびキナーゼ活性の調節，プロモーター融解の直接的な強化（？）
TFⅡH		9	35〜89	ヘリカーゼ活性を用いたプロモーター溶融，CTDキナーゼ活性によるプロモータークリアランス（？）

[a] サブユニット組成物およびポリペプチドの大きさはヒトの因子の記載だが，ラット，ショウジョウバエ，および酵母のホモログにおいても，ほぼすべて同様である。
[b] 略語：CTD＝ポリメラーゼⅡのカルボキシ末端ドメイン，polⅡ＝RNAポリメラーゼⅡ，TAF＝TATA結合タンパク質関連因子，TBP＝TATA結合タンパク質。
[c] TBP＝TATA結合タンパク質は，TFⅢBおよびSL1（PolⅠ転写因子）の一部である。
Adapted from *Trends in Biochemical Sciences* 21：327-335, R. G. Roeder, The role of general initiation factors in transcription by RNA polymerase Ⅱ. ©1996, with permission from Elsevier.

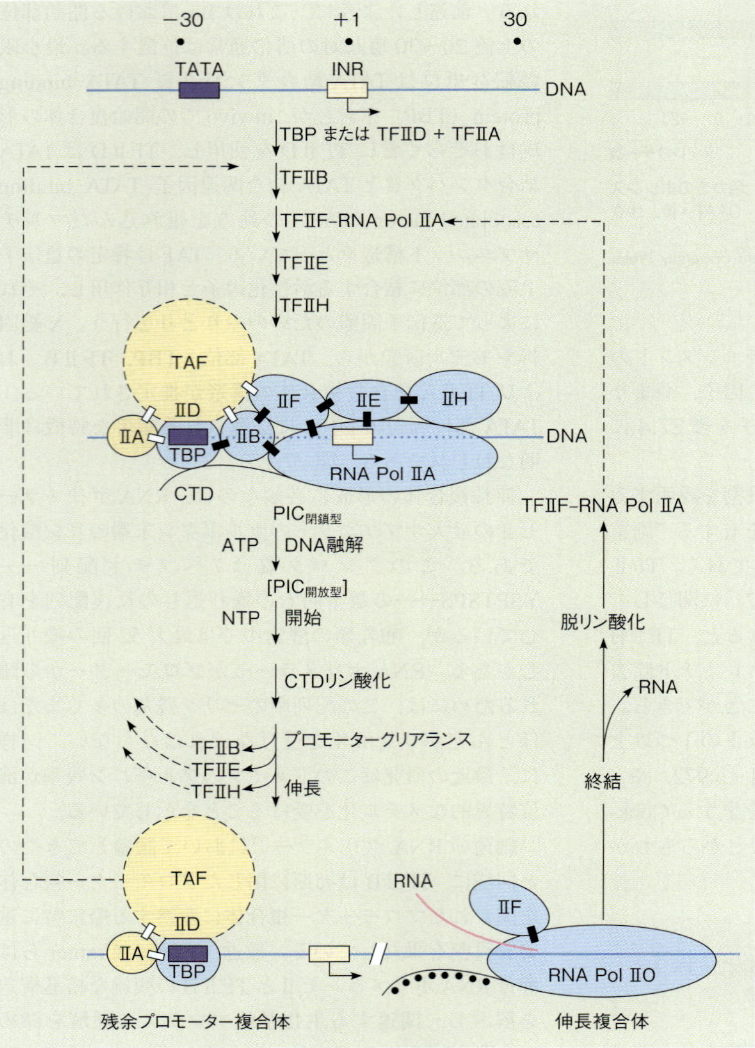

図 27.24　TATAプロモーターにおけるポリメラーゼⅡのための最小限開始前複合体（PIC）の形成モデル　最も単純な状況では，TATA結合タンパク質（TBP）の結合から順次結合が開始される。別の方法として，in vivoではTBPおよび関連因子（TAF）の両方が関与してTFⅡDが使われる。次いで，TFⅡAの結合をもたらす。連続した点はポリメラーゼⅡの最大サブユニットであるRpb1のC末端ドメイン（CTD）のリン酸化を示している。このリン酸化は開始部位からの酵素の離脱に必要である。

Reprinted from *Trends in Biochemical Sciences* 21：327-335, R. G. Roeder, The role of general initiation factors in transcription by RNA polymeraseⅡ. ©1996, with permission from Elsevier.

始プロセスの画像を表す。閉じたプロモーター複合体を形成する際に，TBP は DNA を 90 度曲げる。TFⅡB の C 末端ドメインが TBP と DNA の隣接領域に結合する。N 末端ドメインは閉じたプロモーター複合体を形成し，転写開始部位の近くのプロモーター DNA に RNA ポリメラーゼをリクルートする。次に，B リンカーと呼ばれる TFⅡB の構造要素が，転写開始部位の前の DNA を開くことに関与し，開かれたプロモーター複合体に誘導する。TFⅡB は鋳型 DNA 鎖を活性中心に貫通させることに関与している。このために，TFⅡB は他の構成要素である B リーダーを使用するが，これはヘリックスとそれに続く可動ループで構成されている。次に，DNA をイニシエーター initiator（Inr）モチーフがスキャンする。これに続いて，最初の 2 つのリボヌクレオチド基質が，Inr と呼ばれる保存モチーフの対側に位置決めされ，最初のリン酸ジエステル結合が形成される。細菌の RNA ポリメラーゼで観察されるのと同様に，早期の連鎖開始事象のほとんどはおそらく失敗に終わるが，これは B リーダーループによる成長している RNA 鎖への干渉のためである。最後に，7 個のヌクレオチドを越えて成長する RNA 鎖が TFⅡB の放出を誘発し，これによりプロモーター脱出のプロセスが完了する。説明したこのプロセスは，RNA ポリメラーゼ以外のタンパク質は大きく異なっているものの，細菌の RNA ポリメラーゼを用いて研究された転写開始のプロセスに非常によく似ている。

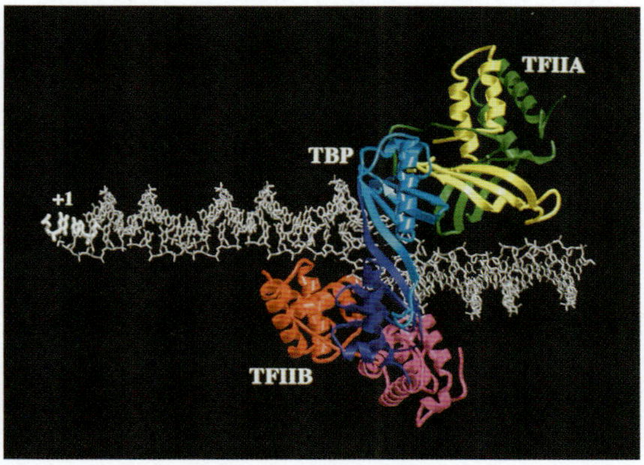

図 27.25　TBP-TFⅡB-TATA と TFⅡA-TBP-ATA 複合体の結晶構造に基づく TFⅡA-TBP-TFⅡB-プロモーター複合体の計算上の組み立てモデル　TBP のアミノ末端およびカルボキシ末端の直接反復ドメインが，青色と紫色でそれぞれ示されている。コア TFⅡB のアミノ末端およびカルボキシ末端の直接反復ドメインが，赤と赤紫でそれぞれ示されている。酵母 TFⅡA の大小のサブユニットが，緑と黄色でそれぞれ示されている。転写開始部位（+1）が白で示されている。複合体を上方からみている図。TBP が歪んだ TATA エレメントと隣接し，またがるように横方向に変位し，DNA セグメント（標準的な B 型形式）は上流および下流方向に進展し，左方は図の平面の上に，右方は平面の下に位置する。

前述したように，トランス作用因子はそれ自身のプロモーター配列から離れると，数キロ塩基対も離れて結合することによって転写に影響を与える。そのような配列はエンハンサーと呼ばれるが，その作用は，おそらくヌクレオソームによって仲介された DNA ループが，エンハンサー結合タンパク質をプロモーターに結合したタンパク質と密接に物理的に接触させるようにすることで行われる。表 27.4 に示されている転写因子のいくつかは，プロモーターまたはエンハンサー領域のいずれかで結合することができる。図 27.24 に示す TAF タンパク質が，エンハンサーやコア転写複合体と結合したアクチベーター（活性化因子）またはリ

27

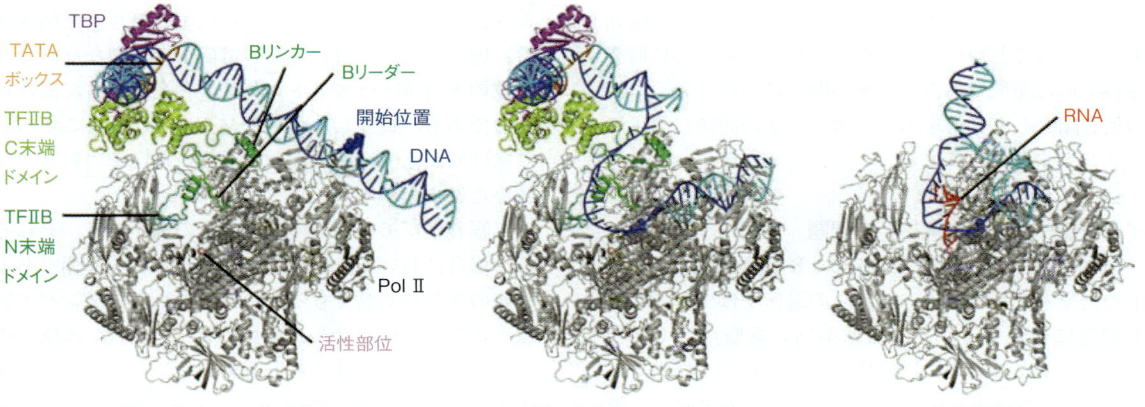

図 27.26　TFⅡB と RNA ポリメラーゼⅡ RNA との複合体の結晶構造から推定される転写開始モデル　ポリメラーゼが他の関連物質とともにグレーで示されている。文中で説明したように，いったん閉じたプロモーター複合体と開いたプロモーター複合体が形成されると，RNA 伸長鎖と B リーダーヘリックスの間の衝突，および非鋳型 DNA と B リンカーヘリックスの間の衝突が形成され，TFⅡB の解離と伸長開始につながる。

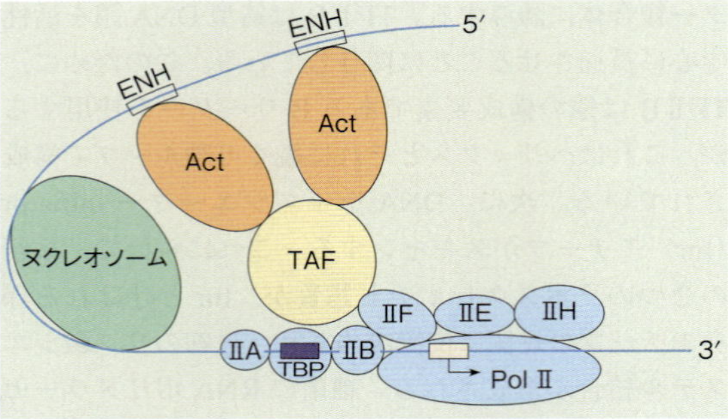

図 27.27　DNA がループ化する様式を説明した概略図（おそらくヌクレオソームにより仲介されて）。このループによって，エンハンサーに結合したアクティベーター（またはリプレッサー）タンパク質が，コア複合体と会合する TAF と接触することができる。

プレッサー（調節因子）との間を結ぶ中間体として作用しうることが，明らかになっている（図 27.27 参照）。また，メディエーター—mediator と呼ばれる多タンパク質複合体は，上流の制御エレメントとプロモーターに結合するタンパク質間の相互作用に関与している。これは，第 29 章においてより詳細に説明される。

トランス作用因子は，DNA と相互作用する構造モチーフの種類によって定義されるいくつかの種類に分類することができる。よく知られた 4 個のモチーフのモデルを図 27.22 に示した。

クロマチン構造と転写

説明してきた転写因子とポリメラーゼの複雑な相互作用は，裸の DNA の上ではなくクロマチン上で起こっている。クロマチン構造は，2 つの主要な問題を提示している。第 1 に，ヌクレオソームの存在下で，転写因子および転写開始複合体がどのように DNA に結合することができるのか。第 2 に，活性のある転写ポリメラーゼがどのようにしてヌクレオソームの配列を通過することができるのか。これらは精力的に研究されている領域である。第 1 の問題についていくつかの例を紹介して見解を示し，次に第 2 の問題に簡単にコメントすることにする。

イニシエーション（開始）の問題

例として，第 7 章で説明されたヒト β グロビン遺伝子の例を考えてみよう。これらの遺伝子はすべてのヒト細胞に存在するが，赤血球系列の細胞だけで発現し，このことは発生の段階で決定される。まだグロビンの合成を開始していない胚細胞では，β グロビン遺伝子クラスターのクロマチンは，他の細胞内と同じように，非常に密度の高いヌクレオソームで覆われている。これらの細胞が分化してグロビン合成が開始されるときには，β グロビン遺伝子クラスター全体がクロマチン構造の変化を受ける。このような変化は，ヌクレアーゼによる消化を特に受けやすい高感受性部位の出現をもたらす。ヒト胚の発生初期の段階で，これらの部位は転写される最初の胚性遺伝子の 5′ 隣接領域に出現する。その後，高感受性部位は成人の遺伝子の 5′ 隣接領域に移動する。これらの部位の多くでは数十または数百塩基対の長さに渡ってヌクレオソームが削除されるか“改造”されており，その部位の DNA は明らかに到達されやすくなっている。これによって転写因子および他のトランス作用性タンパク質が，プロモーターやエンハンサーへ接近することができる場所が提供され，転写の開始および活性化が可能となる。

ポイント 14
ヌクレアーゼの高感受性部位が，クロマチン構造を破壊して転写開始を可能にする

どのようにして，以前に応答していなかった遺伝子領域が，高感受性部位として確立されるのだろうか。例えばグロビン遺伝子の場合には，クロマチン構造が複製時に再構築されると思われる。他の例では，タンパク質因子が高感受性部位を開き，特定の遺伝子座でのクロマチン構造に干渉することができるようになると思われる。

この種の特に興味深い例が，転写のホルモン調節で発見されている。よく研究された事例として，鶏の卵白タンパク質，つまりオボアルブミン，オボムコイド，リゾチームの遺伝子の例がある。これらの遺伝子の転写は，鶏の卵管の細管細胞でのみ起こる。未熟なひよこにおいてさえ，これらの卵管細胞においては，オボアルブミン遺伝子を含むゲノムの領域が，他の組織とはいく分異なるクロマチン構造を有するようにみえる。エストロゲンによる刺激（ひよこの性成熟やホルモン投与）でオボアルブミン遺伝子の転写が開始される。卵白タンパク質の一部の遺伝子の特別な高感受性部位の 5′ 末端が，エストロゲンの存在によって開かれるのである。投与したホルモンを未熟なひよこから取り除けば高感受性部位がなくなり，遺伝子の転写の即時停止につながる。

転写のホルモン調節の他の多くの例がある。それぞれの場合において，標的細胞はホルモン受容体である特定のタンパク質をもっている。これらのタンパク質は，ホルモンに結合した後に，特定の DNA 部位やその部位に結合した非ヒストン調節タンパク質と相互作用することが可能となる。正と負の両方の調節が可能である。いくつかの場合において，ホルモンが結合した受容体が，例えばエンハンサー部位に結合することによって，正の調節因子として作用する。他の場合には，ホルモンの受容体への結合が，抑制タンパク質と相互作用し，抑制を増強したり緩和したりすることができる。最近の実験は，後者のモデルがエストロゲンのニワトリ卵管細胞の応答を説明することができることを示している。

クロマチンのリモデリング

どのように高感受性部位が生成され，どのようにクロマチン構造は DNA への接近可能性を調節するのだろうか。最近になってようやく，これらの質問に答えることができる証拠が出てきた。最初の発見は，酵母における**クロマチンリモデリング因子 chromatin remodeling factor** であり，その後，高等真核生物でも見出された。これらのタンパク質は，図 27.24 に示したような，複雑でかさばる構造をプロモーター領域が受け入れることができる。酵母の SWI/SNF および RSC 複合体やショウジョウバエの NURF 複合体が，おそらく最もよく研究されている。重要なのは，これら 3 つとも自分の仕事を実行するために ATP の加水分解を必要とし，これらの因子が正確に何を行っているかはまだ不明であるが，ヌクレオソームを排除するのではなく，何らかの方法でそれらを“開かれた状態”にすることのようだ。最近の酵母 RSC 複合体を用いた in vitro の研究は，実際にヌクレオソームは転写複合体の生成を補助するために，少なくとも一時的に解離していることを示している。最近の単一分子技術を使用した他の研究は，ポリメラーゼⅡは鋳型 DNA をクロマチンやヒストンから分離しないことを示している。そのかわりに，ポリメラーゼはクロマチンの高次構造の変動を利用して，ラチェットレンチのようにヌクレオソームの周囲の道を少しずつ動かす“ヌクレオソームの軽いひと突き”と呼ばれているプロセスによって，部分的な開口部が前進することを可能にするまで一時停止する。一過性の解離や軽いひと突きの両方のプロセスが，真核生物の転写に常に発生することかどうかについては，今後集中的に解明されるだろう。クロマチンリモデリング複合体については第 29 章で詳しく述べられる。

他のおそらく同じくらい重要な役割を，ヒストンアセチルトランスフェラーゼとヒストンデアセチラーゼが担う。かなり以前からヌクレオソームのコアヒストンの N 末端の特定のリシン残基が，アセチル化の対象となることが知られていた（図 27.28 参照）。また，強いアセチル化の程度は高い転写活性と相関することが知られており，逆もまた同様であった。これはアセチル化によるヒストンの塩基性残基の中和が，クロマチン中でヒストンと DNA との相互作用を弱めると考えれば理にかなっている。新しい発見は，活性化因子や TAF 類によって開始複合体に動員される多くのタンパク質（実際，活性化因子や TAF 類自体も）はヒストンアセチラーゼ活性（アセチル化活性）を有するということである。特異的な転写因子がこのプロセスに関与しているという事実が，なぜ特定の遺伝子のクロマチンを破壊の標的とすることができるのかという長年の疑問に対する答を与えてくれる。

転写伸長

リボヌクレオシド三リン酸および ATP の存在下で，開始前複合体（図 27.24）の形成に続いて，短い領域がほどかれ転写が開始される。上述のように，ポリメラーゼⅡ Rpb1 の C 末端尾部は強力にリン酸化され，プロモーターの解放につながり，ヘリカーゼ活性が行く先をきれいにして伸長が始まる。多くのコア転写因子が解放され，pol Ⅱは TFⅡF と一緒に DNA に沿って移動する。TBP，TFⅡA，TAF とおそらく活性化タ

27

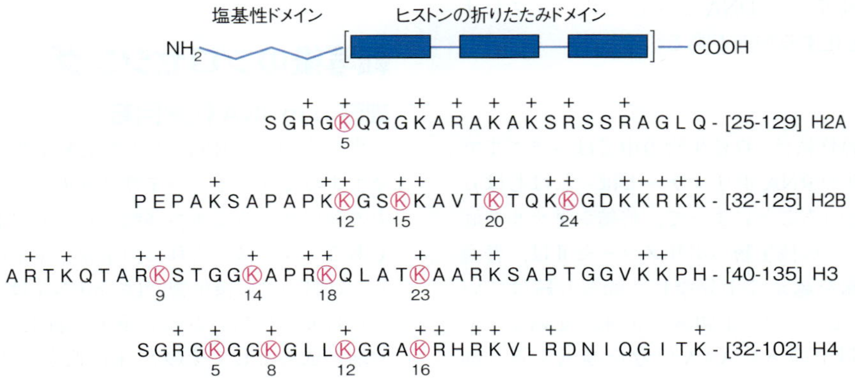

図 27.28　コアヒストンのアセチル化　4 つのコアヒストンのそれぞれの一般的な構造には，らせん状の“ヒストンの折りたたみ”ドメインに加え，構造化されていない高度に塩基性の N 末端ドメインが含まれる。核におけるアセチル化は，ピンクで示される高度に保存された部位で，N 末端ドメインにおいてのみ起こる。

Adapted with permission from *Biochemistry* 37：17637-17641, J. C. Hansen, C. Tse, and A. P. Wolffe, Structure and function of the core histone N-termini：More than meets the eye. ©1997 American Chemical Society.

ンパク質を含む残留複合体は開始部位に留まり，次のラウンド開始の準備をする。

この時点で，ポリメラーゼはいくつかの特殊な伸長因子を獲得する。これらのうちのいくつかは，DNAの一時停止部位を酵素が横断するのを手助けするようである。裸のpol Ⅱを用いたin vitroの実験では，転写は比較的遅く，特にTに富む領域において頻回に休止して中断される。この現象は，原核生物の転写において以前に述べられたものと概ね同様である。伸長因子の存在は，酵素がそのような部位を通過する手助けをする。ヌクレオソームは重要な障害物として，pol ⅡがDNAに沿って展開することを邪魔する。in vitroの実験においては，いくつかの原核生物のポリメラーゼはヌクレオソームの配列を通過することができるが，補助タンパク質が存在しない限りpol Ⅱは完全に阻止される。補助タンパク質にはヌクレオソーム再構成因子やFACTと呼ばれる特定の伸長因子が含まれている。

ポイント15
ポリメラーゼⅡはヌクレオソームの連なりを通り抜けて転写を行うことができる。

pol Ⅱがヌクレオソームをどのように通り抜けて転写するのかはまだ謎のところがある。ポリメラーゼが通過する際に，ヌクレオソームはほどかれ再び再形成されるのだろうか？　一時的に移動するのだろうか？現在得られている証拠は一時的な移動を支持するようにみえるが，決着にはいまだ遠い。このような移動において役割を果たしうる1つの要因は，ポリメラーゼが前方に移動する前の正の超らせんねじれの進展である。らせん状の鋳型に沿って移動するポリメラーゼは，継続的にDNAのまわりを回転したり，巻き戻しを代償するためにあらかじめ正のスーパーコイルを構築（巻きすぎ）したりする必要がある。そのようなねじれは負の電荷をもつDNAを含むため，ヌクレオソームを不安定化する傾向がある。

転写の終結

mRNA転写の終結は，真核生物の中ではさまざまである。原核生物のRNAポリメラーゼは，しばしばρタンパク質を用いることによって，終結シグナルを認識するのに対し，真核生物のポリメラーゼⅡは，普通は遺伝子の終端を越えて十分な長さ転写し続けている。そうすることで，コード領域の3′末端を越えた位置にある1つ以上のAATAAA信号を通過する（図27.29）。AAUAAAの配列をもった前駆体mRNAを，その部位から3′側の11～30残基の配列を認識する特殊なエンドヌクレアーゼにより切断される。この時点で，ポリアデニル酸のポリ（A）尾部が，特殊な鋳型

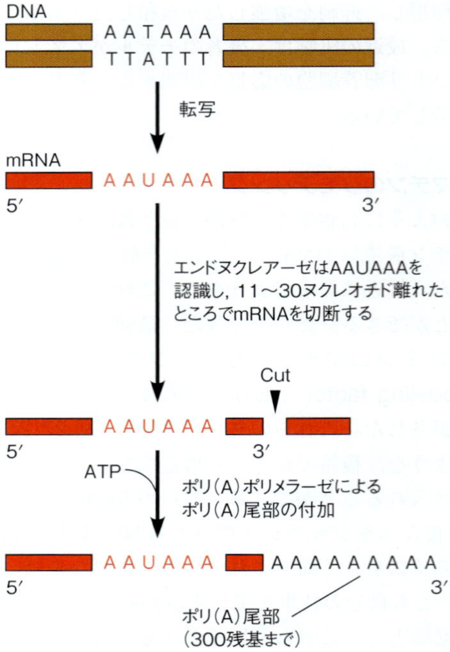

図27.29　真核生物の転写の終結とポリ（A）尾部の付加　大部分の真核生物遺伝子の3′末端の近くにはAATAAA配列がある。これがAAUAAAに転写されると，エンドヌクレアーゼの切断およびポリ（A）尾部付加のためのシグナルを提供する。

非依存性ポリメラーゼにより付加されるが，多い場合は300塩基にもなる。真核生物のmRNAのポリ（A）尾部の機能には，mRNAの安定化と核から細胞質への輸送の促進が含まれる。いくつかのmRNAはポリ（A）をもっていないので（例えば，高等真核生物では多くのヒストンmRNA），すべてのmRNAにとって必須であるこということはできない。しかしながら上述のように，典型的には尾部のないmRNAは核内にあって寿命がはるかに短いので，ポリ（A）尾部はメッセージの安定性に関連している。

転写後のプロセシング

細菌のmRNA代謝回転

真核生物のmRNA代謝の主要な側面は，転写後に発生するできごと，つまりメッセージが核から細胞質中の利用される場所へ移動するために必要なできごとである。我々は，これらの事象を本章の後半で議論する。対照的に原核生物では，mRNAはそのままタンパク質合成に使用される。事実，新生mRNAは，一方の端が依然としてその5′末端側から3′末端に向かって合成されている間にも，翻訳の鋳型として働くことができる。つまり，転写は翻訳と直接結びついている。

原核生物のmRNAの代謝における主要な転写後のできごとは自己分解で，ほとんどの場合，非常に迅速

である。細菌の少数の mRNA，特に外膜タンパク質をコードするものは寿命が長いが，細菌のほとんどの mRNA の半減期はわずか 2〜3 分である。この短い寿命は，発現している遺伝子は連続して転写される必要があり，ほとんどの mRNA 分子は数回しか翻訳されないことを意味する。これはエネルギー的に無駄に思えるかもしれないが，環境変化への迅速な適応を必要とする原核生物の生活様式と一致している。以前に我々は，誘導因子が存在する場合にのみラクトース利用の遺伝子を発現する細菌に，選択的優位性があることを指摘した。同じ観点から，ラクトースまたは関連する糖が環境から消失した後の細胞がこれらのタンパク質を生産し続けることは浪費といえる。*lac* mRNA の急速な分解は，これらのタンパク質の必要性がなくなった直後に，これらのタンパク質がエネルギー的に無駄に合成されることを停止することを保証している。

我々は 50 年以上も前から細菌の mRNA の不安定性についてよく知っているが，分解の経路についてはいまだ驚くほど少ししか理解していない。おそらくヌクレアーゼによる加水分解とポリヌクレオチドホスホリラーゼによるリン酸分解を含む機構がともに関与しているのだろう。我々は分解が 5′ 末端から始まることを知っているが，翻訳開始も 5′ 末端から始まるので，このことは重要な意味をもつ。もし分解が 3′ 末端から始まるとしたら，5′ 末端から読み始めるリボソームは，無傷の 3′ 末端に到達しないことになるかもしれない。mRNA 分解の一部はリボヌクレアーゼⅢの働きで開始されることを考えるに足る理由がある。リボヌクレアーゼⅢは二本鎖 RNA に特異的な酵素で，ステム-ループ構造を開裂し，エキソヌクレアーゼの攻撃部位を作成することができる。実際，リボヌクレアーゼⅢは，転写後プロセシングを受ける特定のファージの mRNA の成熟に関与している。しかし，このような関与が細菌の mRNA で生じることは知られていない。

細菌の rRNA と tRNA の合成における転写後のプロセシング

rRNA と tRNA は大きい転写産物（前駆体 rRNA および前駆体 tRNA）の形で合成され，成熟した RNA になる途中で両端から分解される。このプロセスは，真核細胞における 45S 前駆体 rRNA の処理と比べることができる（p.1021）。しかし第 28 章で説明するように，細菌の rRNA の構成要素は真核生物よりもやや小さく，23S，16S，および 5S である。これらの RNA をコードしている DNA の総量は大腸菌ゲノムの 1%より少ないが，残りの 99%をコードする mRNA の不安定性のため，rRNA と tRNA は細菌の細胞で全体の RNA のうちのおよそ 98%にもなる。細胞が速く成長しているとき，rRNA 遺伝子の転写効率が非常に高いことを理解することは重要である。そのときは，リボヌクレオシド三リン酸塩の細胞内の濃度が重要な制御要素である。速く増殖する細胞では ATP 濃度は高く，開かれたプロモーター複合体を安定させることによって rRNA 遺伝子の転写を活性化する。

rRNA プロセシング

大腸菌ゲノムは，rRNA 分子種のために 7 種類のオペロンをもっている。各転写産物は，それぞれ 16S，23S，5S の rRNA の配列を 1 コピーずつコードする（図 27.30）。3 つの分子種が等しい量使われるので，この構成のもつ意味は明白である。各転写産物はさらに 1〜4 個の tRNA 分子の配列を含んでいるが，その理由はもっと明白である。タンパク質合成にすべて使われる rRNA と tRNA 配列の散在は，これらの RNA の合成の速度の協調的な制御を示しているが，その仕組みはまだ明らかではなかった。

どのような酵素が 30S 前駆体 rRNA の切断に関与しているのだろうか。RNase Ⅲが不完全な細菌の株ではこの分子種が異常に蓄積することから，rRNA 処理における，この酵素の役割が初めてわかった。実際，2 つの巨大なステム-ループ領域のそれぞれで切断される二本鎖は 16S と 23S の前駆体 rRNA を切り出し，同様のことが 5S rRNA にも起こるであろう。次の成熟段階は，特定のリボソームのタンパク質の存在を必要とする。それらは転写がさらに進行する間，前駆体 RNA の上で集合を開始する。埋め込まれた tRNA 配列はプロセシングされ成熟した tRNA となるが，次に述べるように他の tRNA でも同様な方法が使われる。

tRNA プロセシング

前駆体 rRNA 転写産物に埋め込まれた tRNA 以外の tRNA は，それぞれ 1〜7 個の tRNA を含む転写産物から合成されるが，それらは非常に長い隣接配列に囲まれている。成熟過程がよく研究されている大腸菌のチロシン tRNA（$tRNA^{Tyr}$）の例を使って図 27.31 に要

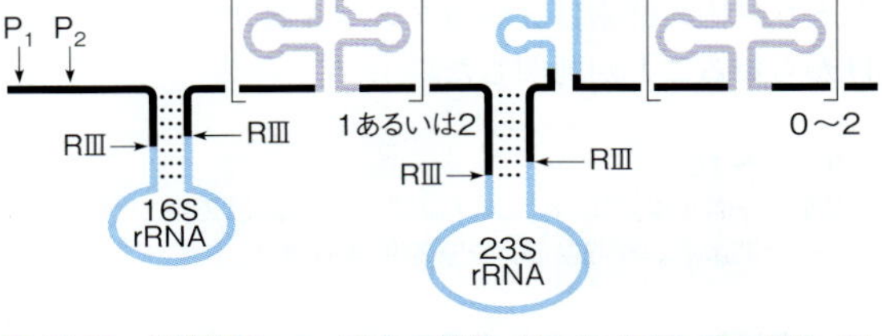

図 27.30　大腸菌 30pre-rRNA の構造　2 つのプロモーター部位（P_1 と P_2）に相補的な配列，16S と 23S の分子種を放出する RNaseⅢ（RⅢ）切断部位，および転写産物の中に埋め込まれた tRNA 配列が示されている。

27

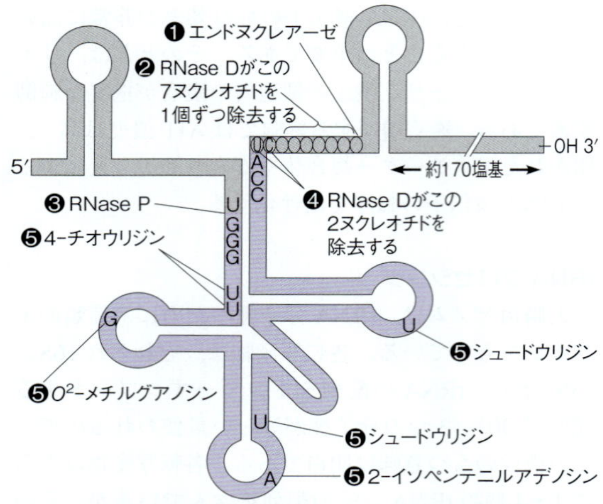

図 27.31　大腸菌 tRNATyr の転写産物からの成熟段階で起こる修飾ステップ（1～4）と成熟した tRNA で見られる修飾された塩基（5）　tRNA 配列は紫色で示されている。

約する。この場合，エンドヌクレアーゼによって成熟が開始されるが，この酵素は tRNA 配列の 3′ 側のステム-ループ構造の隣接部位を切断する（ステップ 1）。その後，**リボヌクレアーゼD ribonuclease D**（RNase D）が働き，3′ 末端 CCA 配列から取り除かれた 2 つのヌクレオチドのところでエキソヌクレアーゼ活性による切断を行う（ステップ 2）。次に，5′ 末端が**リボヌクレアーゼ P ribonuclease P**（RNase P）によってつくられる（ステップ 3）。この酵素は，5′ 末端の G のリン酸基を取り除くことによって，すべての tRNA 分子の 5′ 末端をつくる。種々の配列が切断部位に含まれるので，どんな構造上の特徴がリボヌクレアーゼ P によって認識されるかは明確でない。第 11 章で紹介したように，リボヌクレアーゼ P は，最初に同定された RNA 酵素であるリボザイムの 1 つである。リボヌクレアーゼ P は，分子量が約 20,000 で 377 のヌクレオチドからなる RNA 分子と 1 つのタンパク質分子からなる驚くべき酵素である。完全な触媒作用のためには両方の構成成分が必要だが，非生理的な条件の下では RNA 分子は単独で正確な切断の触媒作用をもつことができる。リボヌクレアーゼ P 中では RNA が触媒要素として関与しているが，最近になって，ヒトミトコンドリア内の酵素は 3 つのタンパク質サブユニットだけからなることが判明した。

ポイント 16
細菌の RNA は，エンドヌクレアーゼおよびエキソヌクレアーゼによる切断を含む翻訳後修飾を受ける。

一度適切な 5′ 末端が形成されると，リボヌクレアーゼ D は残っている 2 つのヌクレオチドを 3′ 末端より取り除く（ステップ 4）。過度に“削りとる”ことは，リボヌクレアーゼ D 活動の不完全な制御の結果起こることである。転写の過程ではないが，どんな tRNA に対しても CCA 末端を転写によらずに回復する酵素（CCA ヌクレオチドトランスフェラーゼ）がある。この酵素は，CCA のない tRNA の 3′ 末端を特異的に認識し，CTP，CTP，ATP を 1 個ずつ連続して利用して付加していく。

修飾塩基（第 4，28 章）の作成は，メチル化，チオール化，ジヒドロウラシルへのウラシルの還元などの最終的な段階で起こる。修飾の特別な例として，2 つのシュードウリジン，1 つの 2-イソペンテニルアデノシン，1 つの O^2-メチルグアノシンと 1 つの 4-チオウリジンなどがある（ステップ 5）。修飾をされていない多くの tRNA でも in vitro では十分に活性があり，これらの修飾の機能の多くは未知である。真核生物の tRNA 合成の経路は，リボヌクレアーゼ P の関与を含めて類似している。

tRNA の翻訳機能のためには，これらの修飾は明らかに必要がないにもかかわらず，細胞はそれらを行うために大量のエネルギーを費やす。90 以上の異なる塩基修飾が報告されている。酵母 *Saccharomyces cerevisiae* では，100 タンパク質サブユニットからなる 40 種類の tRNA 修飾酵素が存在し，これらの修飾を行っている。tRNA 分子は平均的には，その塩基の 12 個以上が修飾されている。

原核生物における遺伝子スプライシング

他の転写後のプロセスとして，少数のバクテリオファージの遺伝子でイントロンの自己スプライシングが報告されているものの，イントロンのスプライシングはほぼ真核生物に限定されている。興味深いことに，多くの場合スプライシングを受けるファージの遺伝子は，DNA または DNA の前駆体の生合成酵素をコードしている。例えば，T4 ファージゲノム中の 3 つのイントロンは，チミジル酸シンターゼ，クラス I リボヌクレオチドレダクターゼの小サブユニット，およびクラスⅢ（嫌気性）リボヌクレオチドレダクターゼをコードする遺伝子である。また，原核生物のイントロンは，しばしば“ホーミングエンドヌクレアーゼ”をコードすることがある。この酵素は，混合感染させた場合にイントロンをもたない同族のイントロン遺伝子に，イントロンの転送を容易にする酵素である。

ポイント 17
細菌では転写後修飾として，初期転写産物の切断，tRNA 合成時の塩基修飾，非転写的なヌクレオチドの追加，そしてまれにイントロンスプライシングを受ける。

真核生物の mRNA のプロセシング

原核細胞と真核細胞では，タンパク質をコードする遺伝子の mRNA が産生され，そしてプロセスされる方法が大きく異なる。原核生物の mRNA は細菌の核様体で合成され，そのまま細胞質において翻訳にすぐに利用されることが可能なことを思い出してほしい。5′ 末端の特異的なヌクレオチド配列は原核生物のリボソーム RNA 上の部位を認識し，翻訳を開始するためにリボソームとの結合が可能となるが，この結合はしばしばメッセージの転写が完了する前に起こる。そのため細菌の mRNA では，ほとんどあるいは全く転写後のプロセシングが起こらないのである。

真核生物では，mRNA は核内で生産され，翻訳のためには細胞質に搬出される必要がある。さらに，転写の初期産物である前駆体 mRNA はイントロンや大きな隣接領域をもっているが，正しい翻訳が開始される前にイントロンは除去されなければならない。最後に，原核生物の Shine-Dalgarno 配列のようなリボソーム接着配列（第 28 章を参照）は存在しない。これらの理由のために，タンパク質の鋳型として使用される前に，すべての真核生物の mRNA は広範なプロセシングを必要とする。mRNA が核内にある間にこのプロセシングが行われる。

キャッピング

第 1 の加工は，前駆体 mRNA の 5′ 末端で起こる。まず，1 個のリン酸が 5′ 末端ヌクレオチドの三リン酸部分の加水分解によって除去される。次に，結果として生じた 5′ 二リン酸末端が GTP の内側の α リン酸を攻撃し，グアニンヌクレオチドが逆方向（5′→5′）に追加されることになる。RNA 鎖の最初の 2 個のヌクレオチドとともに，キャップと呼ばれる構造を形成する（図 27.32）。キャップはメチル化によってさらに装飾されるが，それはグアニンの N7 位と，キャップヌクレオチドの 1 つまたは 2 つの糖の水酸基で起こっている。このようなキャップ構造は，翻訳に必要なリボソーム上での mRNA の位置決めに役立ち，おそらくメッセージの安定化にも寄与している。

スプライシング

キャッピングの後，前駆体 mRNA は核内低分子リボ核タンパク質粒子 small nuclear ribonucleoprotein particle（snRNP，“スナープ snurp” と呼ばれることがある）と複合体を形成するが，snRNP 自身も核内低分子 RNA small nuclear RNA（snRNA）と特殊なスプライシングタンパク質の複合体である。snRNA の長さはすべて 300 未満のヌクレオチドである。snRNP と

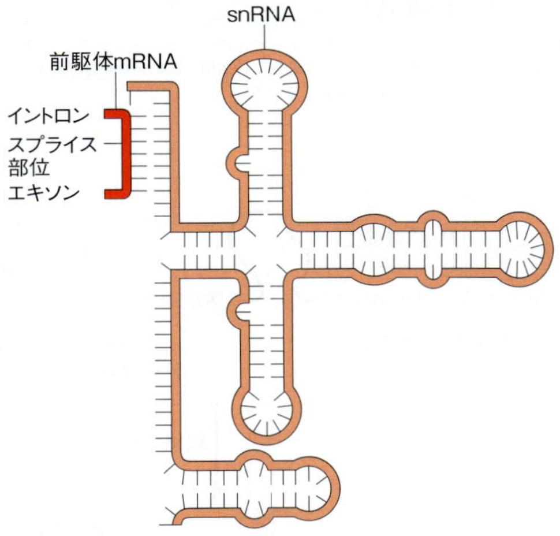

図 27.33　核内低分子 RNA（snRNA）の構造　スプライソソームを形成するときに結合するイントロン-エキソン境界領域とともに，ヒト U1 RNA を示す。

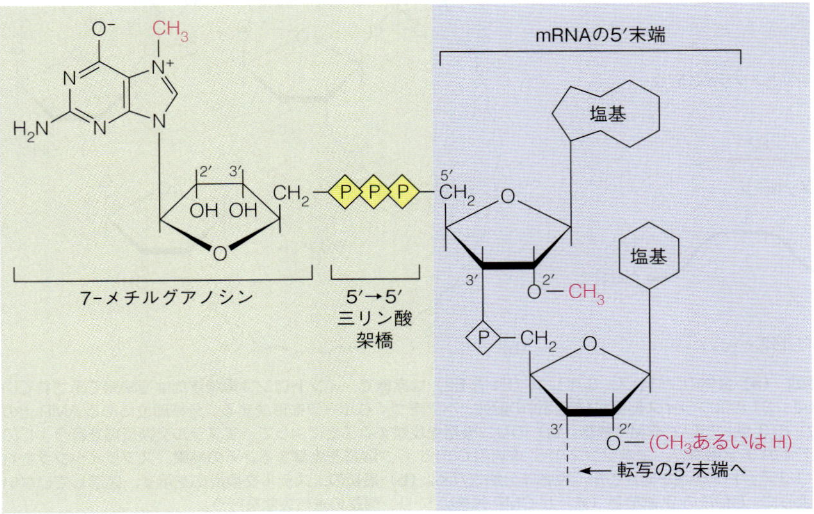

図 27.32　プロセスされた mRNA の 5′ 末端の構造　5′ キャップ領域の詳細が示されている。追加されたメチル基をピンクで示す。

27

前駆体 mRNA の複合体は**スプライソソーム spliceosome** と呼ばれ，ほとんどのエレガントな処理（切断と結合）はここで起こり，前駆体 mRNA からイントロンを切除し2つのエクソンの末端部を接合する。スプライソソームを形成する際に，snRNA は相補的な配列を用いてイントロン-エキソンスプライス部位を認識して結合する（図 27.33）。これにはスプライス配列の正確な認識が不可欠であり，1塩基のエラーでも遺伝情報の混乱をもたらす。表 27.5 に，いくつかの代表的なスプライス部位の配列と多くのイントロンに共通な配列を示す。スプライシングの化学的な機序のモデル図を図 27.34 に示す。

1つのイントロンの切り出しでは，スプライソソームの組み立てと分解が起こっている。図 27.35 に全体的な工程を示す。イントロンの 5′ 末端の G 部位に U1 の snRNP が結合することで一連の反応が始まる。そ

表 27.5　スプライス接合部の代表的な配列

タンパク質，イントロン	5′ スプライス部位 エキソン↓	分岐部位 イントロン↓	3′ スプライス部位 ↓エキソン
オボアルブミン，イントロン3	…UCAG	GUACAG…A…UGUAUUCAG	UGUG
β グロビン，ヒト，イントロン1	…CGAG	GUUGGU…A…CACCCUUAG	GCUG
β グロビン，ヒト，イントロン2	…CAGG	GUGAGU…A…CCUCCACAG	CUCC
免疫グロブリンⅠ，L-Ⅵ	…UCAG	GUCAGC…A…UGUUUCGAG	GGGC
ラット，プレプロインスリン	…CAAG	GUAAGC…A…CCCUGGCAG	UGGC
コンセンサス配列[a]	__AG	GURAGY…A…YYYYY___AG	——

[a] R＝プリン，Y＝ピリミジン。コンセンサス配列にリストされている残基（ピンク）は，分析された 100 以上の例の 3 分の 2 以上にみられる。ピンクで示す残基は，分析したすべてにおいて不変である。分岐部位の AMP 残基が青色で示されており，スプライス部位の 20〜50 ヌクレオチド上流に配置している。ピリミジンに富む配列が，3′ スプライス部位のすぐ上流に位置している。

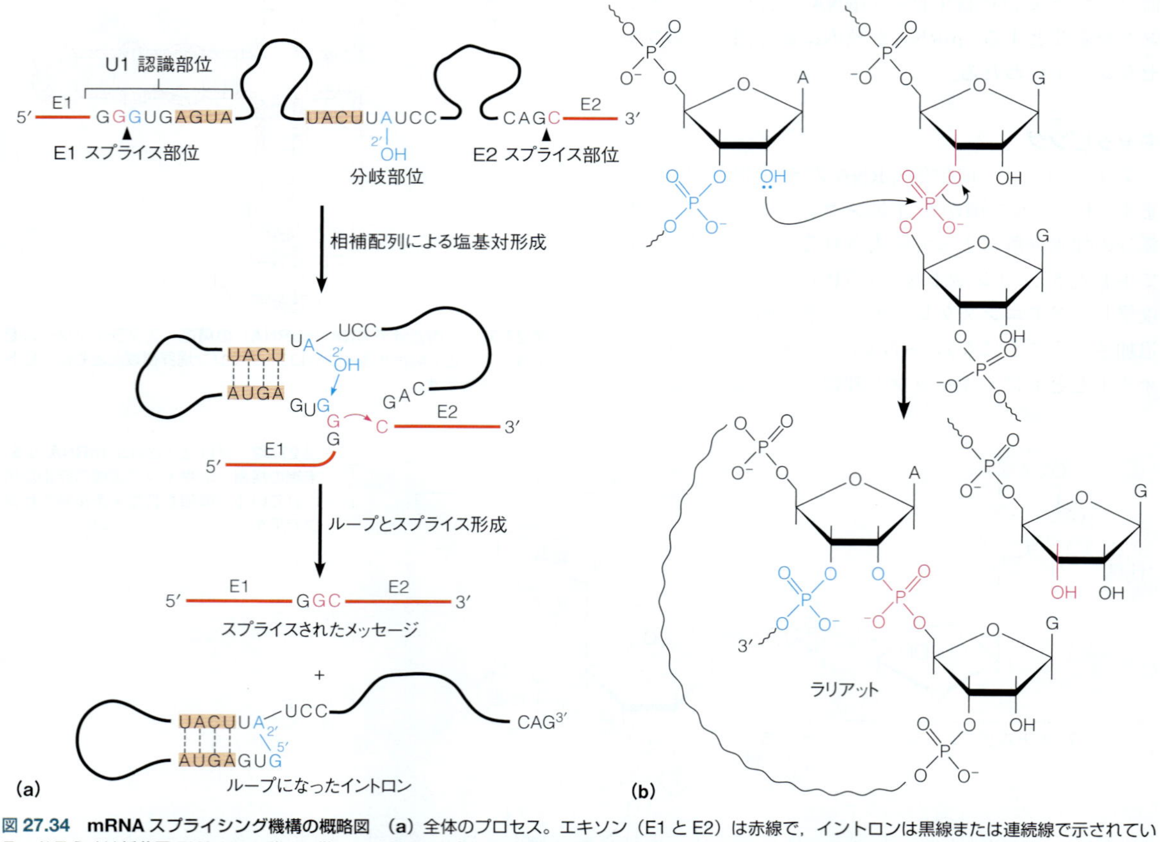

図 27.34　mRNA スプライシング機構の概略図　**(a)** 全体のプロセス。エキソン（E1 と E2）は赤線で，イントロンは黒線または連続線で示されている。おそらくは低分子 RNA U1 の助けを借りて，E1 のスプライス部位が分岐部位の配列とペアをつくりループを形成する。分岐部位にある AMP 上の 2′ 水酸基が，エキソン1（E1 スプライス部位）の 3′ 端において GMP 残基（青）のリン酸基を攻撃することによって，エステル交換反応を行う。このことによって，隣接する G（赤）が解放されてその 3′ 水酸基が，エキソン2の 5′ 末端の C の 5′ リン酸基を攻撃する。その結果，スプライシングされたメッセージとループになったイントロン“ラリアット”構造ができるが，後者は分解される。**(b)** 最初のエステル交換反応を示す。図示していないが，第2の反応では，(a) に模式的に示したように，GMP の 3′ 水酸基（赤）が CMP 残基の 5′ リン酸基の求核攻撃を行う。

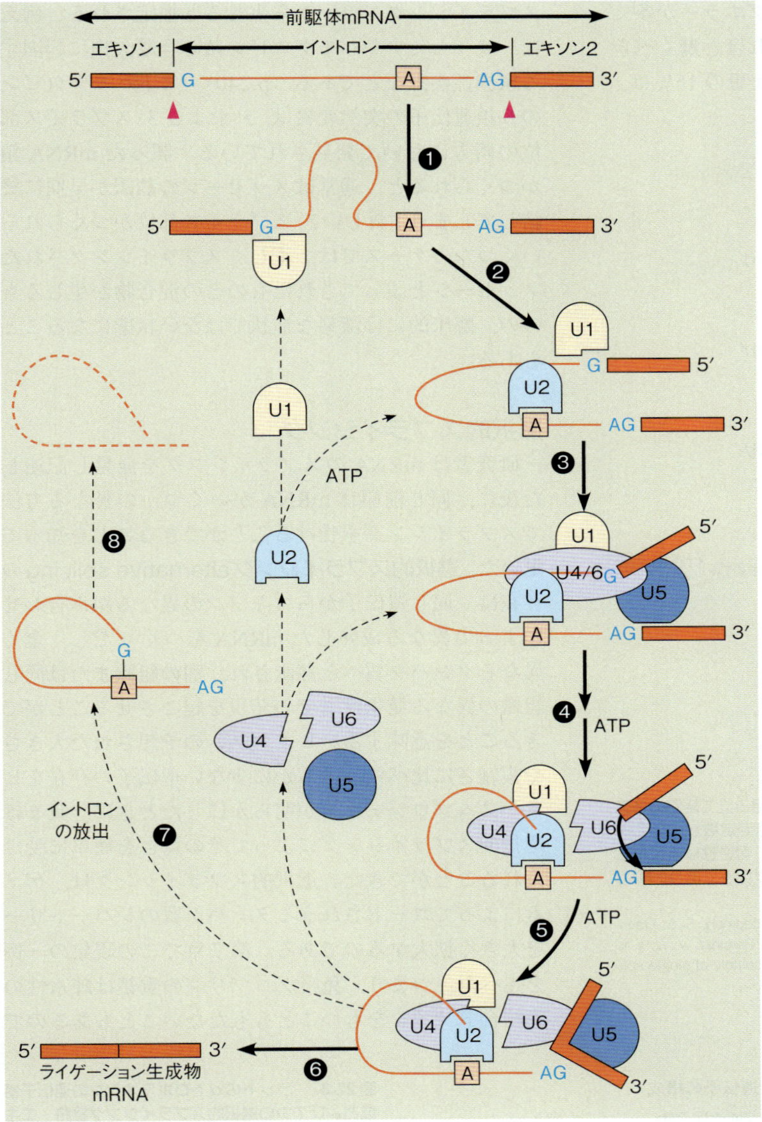

図 27.35　スプライシングの全体的なプロセス　前駆体 mRNA と多彩な snRNP が，スプライシング反応を行うスプライソソームを組み立て分解する。snRNP は U1，U2 などのように表されている。ステップ 1 で U1 が結合し，ステップ 2 で結合した U2 とともにループ構造を形成する。ステップ 3 で U4/6 および U5 が結合し，次いで切断と輸送が起こる（ステップ 4，5）。スプライソソームは分解して，ライゲーション生成物（ステップ 6）とループ状のイントロン（ステップ 7）を放出する。後者は，小さなオリゴヌクレオチドに分解される（ステップ 8）。

の後 U2 snRNP が分岐部位で結合する。さらにいくつかの snRNP の添加を含むスプライソソームの継続的な形成と，イントロンのラリアットループが形成されて 2 つのエキソンが連結される。U6 snRNP の中の RNA は，おそらく触媒的な役割を果たす。連結した mRNA からループ状のイントロンが離れて，スプライシングが完成する。スプライソソームが壊れるときにループ状のイントロンは分解され，mRNA が核から排出される。このとき正確にどのようなことが起こるかは確実にはわかっていないが，ある種の snRNP のタンパク質との共同作業によって起こるのかもしれない。

2011 年に Jeff Gelles と Melissa Moore およびその同僚は，スプライソソーム形成における個々の過程を動態に解析するための新たな手法を報告した。彼らのアプローチの鍵は，強い蛍光標識を開発してスプライソソームを形成する因子を標識し，研究者が単一分子レベルでリアルタイムに個々の過程を観察することを可能にすることであった。図 27.36 に示すように，このアプローチは，順序づけられた連続的に起こる経路を記述した。スプライソソームを形成するすべての工程は可逆的であり，単一の工程が全経路に関与することはない。そのかわりに，形成の進行とともに参加する因子が増加する。各工程が可逆性なことは，選択的スプライシングがこれらのどの工程でも調節しうることを意味しているのかもしれない。このようなアプローチは，選択的スプライシングのよくわかっていない側面を明らかにすることに役立つはずである。

遺伝情報の正確な発現のためには正確なスプライシ

ングが大変重要なので，スプライシングエラーが多くの遺伝性疾患に関与していることはそれほど驚くべきことではない。実際にすべての遺伝性疾患の15%は，スプライシングエラーから生じると推定される。例えば，サラセミアやヘモグロビン鎖の合成欠損に起因する家族性疾患などである（p.240）。ヒトヘモグロビンのβ鎖遺伝子の突然変異は，5′および3′スプライス部位の両方において発見されている。誤ったmRNA鎖がつくられると，通常はメッセージの翻訳が早期に終結してしまう。新しい5′スプライス部位がつくられるいくつかのケースでは，正しくスプライシングされたメッセージと誤ってされたものとの混合物が生じるものの，臨床的には深刻な症状ではない状態になることもある。

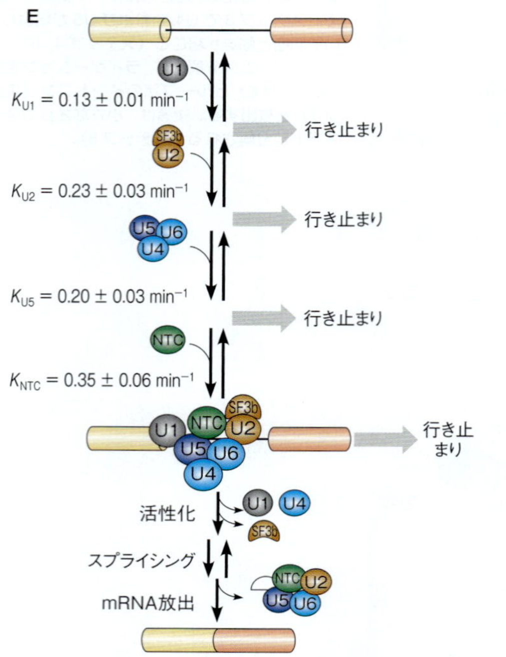

図 27.36　スプライソソーム組み立ての動態解析　組み立て経路の各ステップは可逆的であることが示された。順方向の速度定数が示してある。ただし，活性化工程とmRNAの放出過程では，可逆性はまだ示されていない。SF3bはタンパク質性のスプライシング因子であり，NTCはPrp19と呼ばれる多タンパク質複合体である。

From *Science* 331：1289-1295, A. A. Hoskins, L. J. Friedman, S. S. Gallagher, D. J. Crawford, E. G. Anderson, R. Wombacher, N. Ramirez, V. W. Cornish, J. Gelles, and M. J. Moore, Ordered and dynamic assembly of single spliceosomes. ©2011. Reprinted with permission from AAAS.

選択的スプライシング

研究者はmRNAのスプライシングを発見し記述した後に，同じ前駆体mRNAがいくつかの異なる方法でスプライシングを受けることができることを知って驚いた。**選択的スプライシング alternative splicing** の存在は，同じ遺伝子からエキソンの異なる組み合わせによって異なる成熟したmRNAをつくりだし，全く異なるタンパク質へと翻訳され，別の組織または同じ組織の異なる発生段階での発現を起こさせることができることを意味する。ヒトゲノムの予想された大きさや複雑さに比べて，はるかに少ない遺伝子の存在をヒトゲノムプロジェクトが明らかにしたときに，我々は選択的スプライシングによってその驚きを簡単に受け入れることができた。選択的スプライシングは，ゲノムによってコードされうるタンパク質のレパートリーを大きく拡大するのである。第7章でこの現象の一例を述べた。つまり，免疫グロブリンの重鎖は疎水性の膜結合ドメインをもつこともたないこともあるので

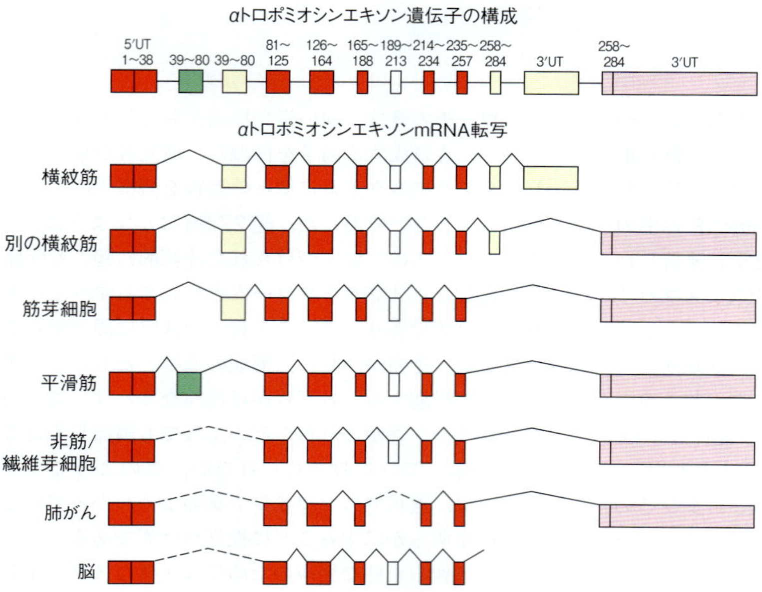

図 27.37　ラットのαトロポミオシンの遺伝子構成および7つの選択的スプライシング経路　エキソン（赤＝構成的，緑＝平滑筋特異的，黄＝横紋筋特異的，白＝可変）が，コードするアミノ酸（番号）で示されている。ヌクレアーゼプロテクションマッピングから実験的に推測されるスプライシング経路（実線）とそれ以外（破線）が示されている。アミノ酸残基39～80をコードしている平滑筋エキソン（SM）と横紋筋エキソン（STR）は相互排他的であり，各々に対応する3′末端側のエキソンも存在する。UTは非翻訳領域である。

Adapted from *Annual Review of Biochemistry* 56：467-495, R. E. Breitbart, A. Andreadis, and B. Nadal-Ginard, Alternative splicing：A ubiquitous mechanism for the generation of multiple protein isoforms from single genes. ©1987 Annual Reviews.

である。

ポイント 18
選択的スプライシングは 1 つの遺伝子から多数のタンパク質を規定することを可能にする。

選択的スプライシングのより顕著な例を図 27.37 に示す。αトロポミオシンは，種々の細胞において異なる種類の収縮システムに使用されるタンパク質である（p.264）。異なるエキソンによってコードされる機能ドメインの必要性は，αトロポミオシンのさまざまな用途によって明らかに異なる。別の組織で発現の異なる遺伝子をもつのではなく，単一の遺伝子ではあるが，異なる組織の特定のスプライシングパターンによってさまざまなαトロポミオシンを提供しているのである。図に示すように，どのエキソンをスプライスするかによって代替の選択が行うことができる 2 つの部位がある。これらのペアの各々の 3′ 側のエキソンは初期設定のエキソンで，特定の細胞シグナルが指示しない限りそれが選択される。

選択的スプライシングは，原則的にはスプライソソーム形成経路の任意の段階における異なる調節によって説明することができる。図 27.38a に示すリボ核タンパク質複合体の主役は hnRNPL（図中の L）と呼ばれている。左図では，L が可変のエキソンブロックと結合することで，交差エキソン複合体の形成後に組み立てを阻止し，隣接するイントロンを横切って U1 と U2 が相互作用するのを防止する。右図では，イントロン中のスプライス部位から離れた L の結合は，おそらく隣接する U1 と U2 の snRNP の相互作用を安定化させることにより，スプライシングを促進する。図 27.38b は，イントロンに隣接する hnRNP の結合に起因するエキソン抑制のモデルを示す。左図では，隣接する hnRNP の二量化は，U1 と遠位エキソンに結合した U2 の相互作用を促進する。右図では，イントロンと結合した hnRNP は，エキソンと結合した隣接する U1 と U2 が対になることを阻止する。図 27.38c は触媒の制御モデルを示す。SXL と呼ばれる複合体が RNA の結合した複合体（SF45）と結合して，隣接する 3′ スプライス部位の使用を禁止し，それによって第 2 の触媒のステップで下流のエキソンが選択される。

RNA エディティング

RNA エディティング RNA editing と呼ばれる真核生物の他の RNA 処理の方法は，完成した転写物において，塩基を別の塩基に変換することによって，mRNA のヌクレオチド配列を変化させる。この編集は遺伝子調節における 1 つのプロセスと考えることができるので，第 29 章で説明する。

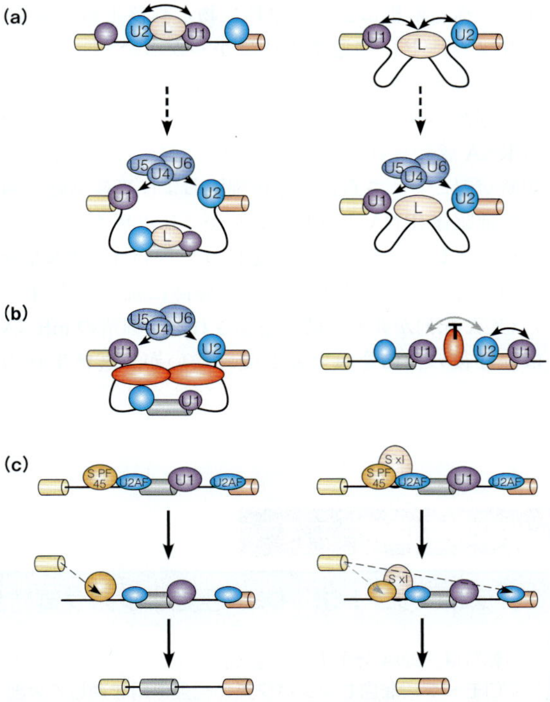

図 27.38　スプライス部位の選択によって選択的スプライシングが起こることが想定されるメカニズム　詳細は本文を参照。
Journal of Biological Chemistry 283：1217-1221, A. E. House and K. W. Lynch, Regulation of alternative splicing：More than just the ABCs. Reprinted with permission.

まとめ

すべての RNA は，RNA ポリメラーゼによって触媒される遺伝子内の 1 つの DNA 鎖の鋳型依存的複写によりつくられる。RNA ポリメラーゼは，基質として 5′-リボヌクレオシド三リン酸を使用し，5′ から 3′ の方向に転写する。原核生物は 1 つのポリメラーゼを用いてすべての種類の RNA を合成するが，真核細胞は異なるポリメラーゼⅠ，Ⅱ，Ⅲを有し，それぞれリボソーム RNA（rRNA），メッセンジャー RNA（mRNA）および転移 RNA（tRNA）の合成を行う。

RNA ポリメラーゼによって，鋳型鎖の選択や二本鎖のほどきや巻き戻しが行われる。特定の DNA とタンパク質が接することによってこの酵素はプロモーター部位に結合するが，細菌中では主に酵素の σ サブユニットが関与し，真核生物では多くの転写因子および調節タンパク質が関与する。ほとんどの転写開始は失敗に終わるが，生産的な転写が開始されるとさまざまな因子が関与して伸長は継続される。細菌では，このプロセスはコアポリメラーゼ $\alpha_2\beta\beta'\omega$ によって行われる。転写は高度に進行的であり，特定の DNA 配列で終了するが，細菌ではしばしば ρ タンパク質が関与

27

する。構造解析によって原核生物と真核生物のRNAポリメラーゼに共通する特徴がわかったが，それによって共通の機序の特徴も明らかにされた。

転写後のRNAプロセシングでは，大小のリボソームRNA成分をコードする前駆体rRNAの転写産物の切断が起こる。さらに，原核細胞および真核細胞の両方で前駆体tRNAのトリミングが，リボザイムであるリボヌクレアーゼPの助けを借りて行われ，tRNA分子のいくつかのヌクレオチドの修飾に続いて3′末端のCCA配列が非転写的に追加される。細菌のmRNAは転写後の修飾をほとんど受けないが，真核生物のmRNAは大きく修飾を受ける。3′末端のポリアデニル化，反転され修飾されたグアニンヌクレオチド残基を伴う5′末端のキャッピング，および遺伝子全体のスプライシングなどのプロセシングである。スプライシングは，核内低分子RNA成分中のスプライス部位および塩基配列の間の相補的な塩基配列の相互作用により，核内低分子リボ核タンパク質粒子によって行われる。選択的スプライシングは，異なる組織や異なる発生段階において，全く異なるmRNAスプライシングパターンを指示することによって，ゲノムの情報量を拡大するプロセスである。

生化学の道具　27A

フットプリント法：DNA上でタンパク質結合部位を確認する

転写は，DNA分子上の特定の部位で，オペレーターとプロモーターを含むタンパク質の相互作用を通して大部分が調節される。このような部位は，ラクトース系とλファージにおける遺伝子の分析を通してはじめて確認された。DNA-タンパク質複合体の構造解析とともに，結合部位の同定とヌクレオチド配列決定が生化学的に分析される。デオキシリボヌクレアーゼⅠ（DNaseⅠ）による切断からの保護を利用した，**フットプリント法 footprinting**と呼ばれるテクニックは，このような結合部位を確認するために広く使われている。フットプリント法は，タンパク質が十分にしっかりと結合する限り，タンパク質を結合するどんなDNA部位でも確認することができる。

この方法の原理（図27A.1）は，特定のDNA配列へのタンパク質の結合がデオキシリボヌクレアーゼⅠ（膵臓のDNA分解酵素）による攻撃からDNAを保護することにある。研究者は，γ-[^{32}P] ATPとT4ポリヌクレオチドキナーゼによって，タンパク質結合部位を含んでいるDNA断片の5′末端を標識する。末端標識されたDNAの一部は，検討したいタンパク質と混合され（ステップ1），大部分の鎖が一度だけ切断される条件下でデオキシリボヌクレアーゼⅠとインキュベートされる（ステップ2）。DNAの他の一部は同一の条件の下でデオキシリボヌクレアーゼⅠとインキュベートされるが，タンパク質は不在である（ステップ2）。次に，2つの反応液は，塩基配列決定用のゲルの隣接したレーンで分析される（ステップ3）。結果は塩基配列決定用のゲルにおいてみられるものと同様のはしご状態の断片であるが，配列特異性はそれほど多くない。結合強度の変化はかなりあるが，ゲルのバンドは，1ヌクレオチドごとに一様に間隔が空いている。DNA結合性タンパク質に対する相互作用のためにDNA分解酵素攻撃から保護された部位は，DNA-タンパク質複合体から得られたラダーではバンドがないかあるいは色が薄く，切断がその部位でほとんど起こらなかったことを示している。DNA-タンパク質複合体（“フットプリント”）が存在したためにゲルパターンが空白となった領域は，DNA結合性タンパク質（例えばRNAポリメラーゼ）と結合していたということが，断片の場所とサイズから確認される。

フットプリント技術の最近の改良によって，**メチジウムプロピル-EDTA-Fe^{2+} methidiumpropyl-EDTA-Fe^{2+}**（MPE-Fe^{2+}）のような化学薬品による切断が行われている。

この合成物は，エチジウムブロミドと同様にDNA塩基の間に入り込んで，その部位で酸化し切断する。デオキシリボヌクレアーゼⅠと異なり，MPE—Fe^{2+}には配列特異性がほとんどないので，よりきれいなフットプリントが得られる。関連したテクニックとしては，非特異的反応によるDNA切断を行って水酸基を生成する方法がある。

フットプリント法によって，大腸菌のRNAポリメ

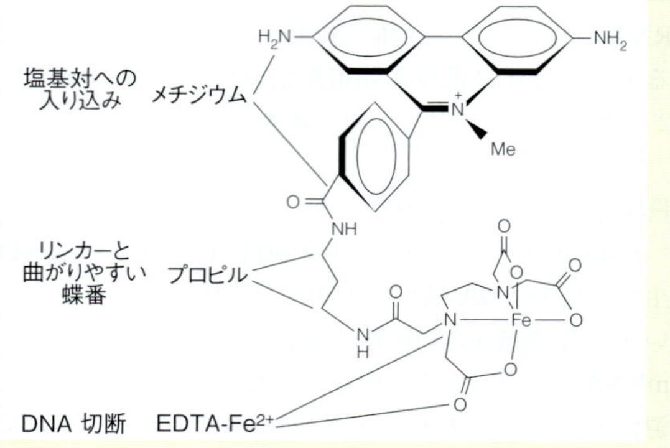

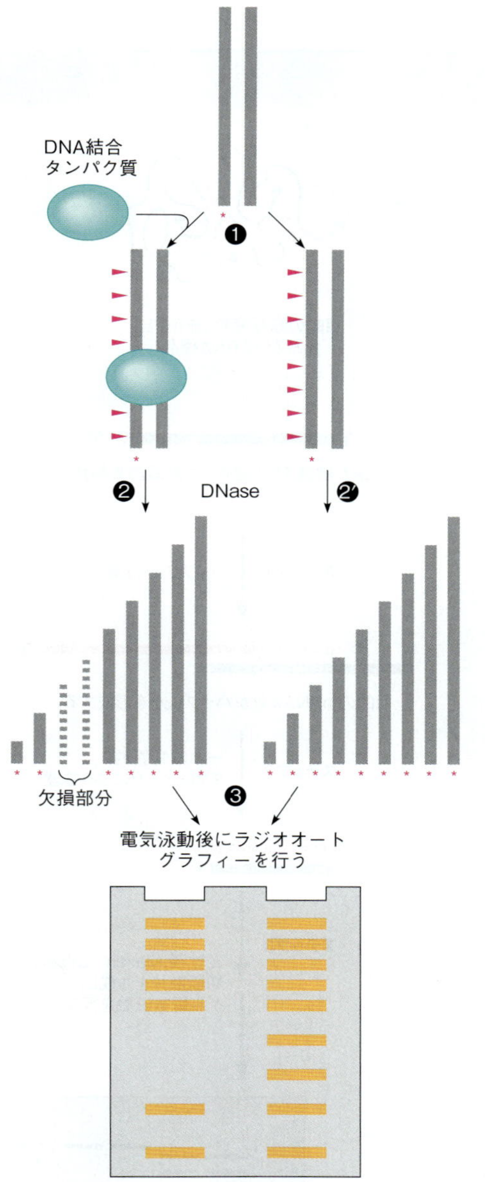

図 27A.1　特有のタンパク質を結合する DNA 部位を確認するツールとしての DNase I フットプリント法

ラーゼが転写開始位置の 5′ よりおよそ 40 のヌクレオチド上流からその転写開始点を過ぎて 20 残基まで，言い換えると，転写開始の最初の塩基を＋1 とすると，結合部位はヌクレオチド－40 から＋20 まで 60 塩基列にわたって広がることが明らかになった。1 番目のヌクレオチド，つまり転写産物の 5′ 末端は，いろいろな方法によって確認することができる。「生化学の道具 27B」で述べられる S_1 ヌクレアーゼマッピングが最も広く使われる。

生化学の道具　27B

転写開始点のマッピング

転写の開始とその調節の研究には，転写開始つまり転写産物の 5′ 末端の塩基の鋳型となる DNA 塩基の正確な同定のための方法が必要である。特定の mRNA の量は少なく，ほとんどすべての細菌の mRNA は代謝回転が非常に速いので，この作業は難しい。

原則として原核生物の転写産物は，プロセシングを受ける前の真核生物の転写産物と同様にすべて最初の塩基の 5′ 末端が三リン酸なので，それを同定する手段を提供する。この同定には転写産物の精製を必要とするので，通常より簡単な方法が望ましい。その方法（**S_1ヌクレアーゼマッピング S_1 nuclease mapping**）は菌類の酵素 S_1ヌクレアーゼを使う。この酵素は，特異的にまた定量的に一本鎖 DNA と RNA を分解する（図 27B.1）。必要な材料は，転写産物の 5′ 末端を含むと考えられるクローニングされた遺伝子と制限酵素断片である。制限酵素断片は，Maxam–Gilbert 法のように 5′ 末端が標識され，鋳型 DNA 鎖だけが標識されるように，もう 1 つの制限酵素で非対称的に分解される。Maxam–Gilbert 法で 5′ 末端が標識された DNA は，塩基特異的な方法で化学的に分解される。1 つの試薬は A か G の部位で G 依存的に切断し，他の試薬は T か C の部位で C を切断する。このように，4 つの試薬によって同じ DNA の 1/4 ずつを処理し，シーケンシングゲルの上で切断断片を表示することによって，図 27B.1 においてみることができるように配列を読むことができる。Maxam–Gilbert 法は完全に塩基特異的ではないので，ジデオキシ法に取って代わられた。その方法では，復元鎖が塩基特異的に 3′ 末端をつくっていく（「生化学の道具 4B」参照）。しかしながら，S_1マッピング法では 5′ 末端が標識された DNA 断片を使うので，同じ 5′ 末端が標識された DNA 断片を用いる Maxam–Gilbert 法のほうが転写物の 5′ 末端を決めるのに有用である。

次に，5′ 末端が標識された DNA 断片は，変性後，DNA–DNA 二本鎖よりは DNA–RNA 複合体を形成するのに適した高濃度のホルムアミド条件下で mRNA とハイブリッド形成する（図 27B.1，ステップ 1）。この状態で，二本鎖になっている核酸は DNA–RNA 混成物だけとなり，転写産物の 5′ 末端より先は 3′ 末端の一本鎖の伸長があり，制限酵素部位の 5′ 末端は標識されている。S_1ヌクレアーゼによる処理は，転写物の 5′ 末端から使用した制限酵素部位までの正確な長さの標識された二本鎖だけを残すことになる（ステップ 2）。DNA–RNA 混成物を変性させ 1 組の Maxam–Gilbert 切断断片の横に並べてシーケンシングゲルの上で泳動すると，その距離を同定することができる（ステップ 3）。

PCR 法の出現は，RNA の末端を単離し同定するためのより信頼性の高い方法につながった。そのような方法の 1 つは，5′–RACE（rapid amplification of 5′ cDNA end）

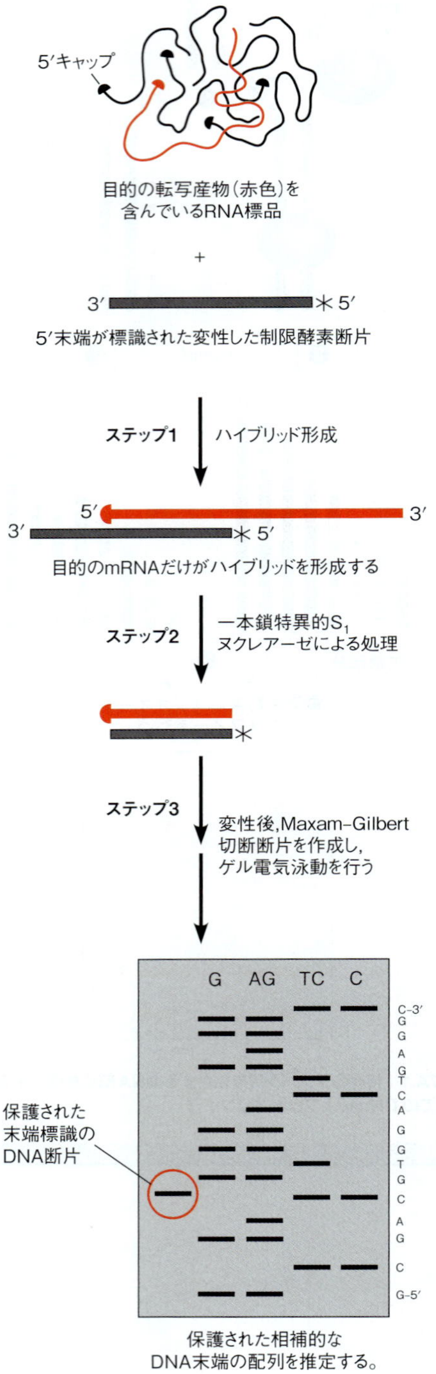

図 27B.1　**RNA 分子の 5′ 末端を同定するための S_1 ヌクレアーゼマッピング法**

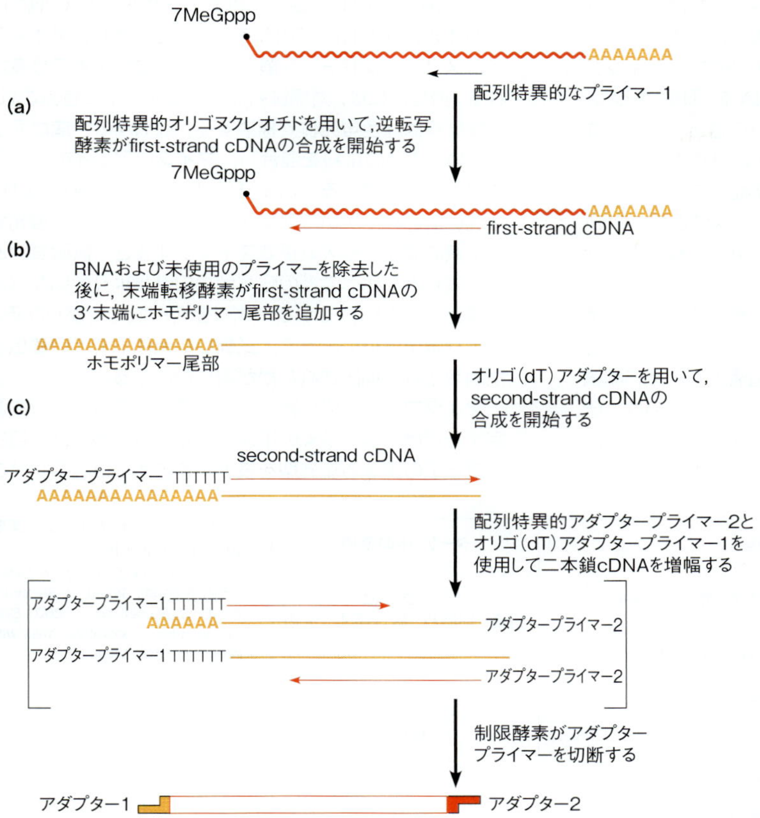

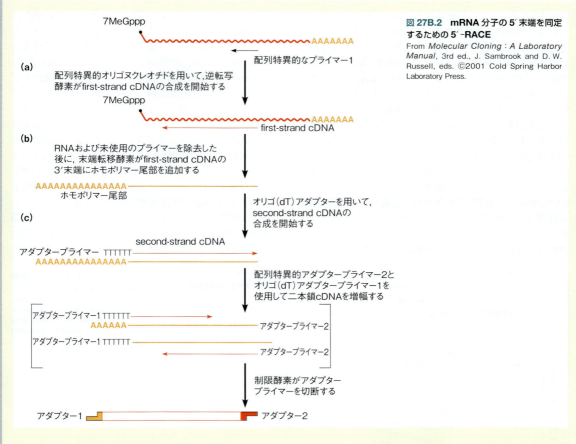

図 27B.2　mRNA 分子の 5′ 末端を同定するための 5′-RACE
From *Molecular Cloning : A Laboratory Manual*, 3rd ed., J. Sambrook and D. W. Russell, eds. ©2001 Cold Spring Harbor Laboratory Press.

と呼ばれている。この技術を行うためには，部分的な配列情報が必要である。図 27B.2 に示すように，mRNA のある領域に相補的なオリゴヌクレオチド（プライマー）が，mRNA 分子の 5′ 末端の下流の場所でアニーリングする。逆転写酵素がこのプライマーをmRNA分子の末端まで伸長する。過剰のプライマーを除去し，末端デオキシヌクレオチドトランスフェラーゼと dATP が，この first-strand cDNA の末端にポリ A 尾部を付加する。次に，オリゴ（dT）をポリ A 尾部にアニーリングし，熱安定性 DNA ポリメラーゼが，元のプライマーの 5′ 末端までこの second-strand DNA を延長する。必要量が得られるまで PCR サイクルを追加して行い，配列を解読するために適切なベクターにクローニングする。

生化学の道具　27C

DNA マイクロアレイ

DNA 一本鎖がメンブレンフィルターに不可逆的に結合するという 1960 年代の発見と 1970 年代の組換え DNA 技術の開発によって，遺伝子発現解析のための多くの技術が開発され，生きた細胞の特定の遺伝子の転写物の量の測定につながった。in vivo で放射標識された RNA が，遺伝子特異的な DNA（クローニングされた遺伝子または制限酵素断片）とハイブリダイズし，結合した放射活性はオートラジオグラフィーや液体シンチレーションカウンターで分析される。

ノーザン分析などのいくつかの技術がこの原理に基づいている。しかしながらこのようなアプローチでは，各実験において 1 個か数個の遺伝子の解析を可能にするだけである。全ゲノム配列が解読されると，単一の実験で多数の遺伝子の転写物の量を分析すること，すなわち異なる生理学的条件下で比較することができる遺伝子発現のパターン分析が望まれるようになった。マイクロアレイ技術はこのような分析を可能にした。

マイクロアレイの実験においては，通常は数千種類の微量の遺伝子特異的な DNA が，ガラスやメンブレンフィルターなどの基材の上に固定化される。遺伝子特異的なDNAは，クローン化されたcDNAまたはオリゴヌクレオチドのいずれかである。研究者は，ロボット技術を使って，DNAと結合するように適切にコーティングされた顕微鏡スライドの基板上にDNAを“印刷する”。研究者がアレイ上の場所からそれぞれの遺伝子を識別することを可能にする大規模な配列としてDNAが印刷される。“DNAチップ”ではDNAを基板上に不可逆的に固定しているので，各実験後にアニーリングされたRNA標的をストリッピングすることにより外して繰り返し使用することができる。

典型的なマイクロアレイ実験では，異なる条件での遺伝子発現プロファイルの比較を行う。例えば，腫瘍とその元の組織，ホルモンで刺激された組織と未刺激の組織を比較する（図27C.1を参照）。研究者が望むのは，分析条件下でどの遺伝子が活性化されるか，もしくは抑制されるかを知ることである。各組織または細胞培養から全mRNAを単離し，逆転写酵素の作用によりcDNAに変換する。酵素的にcDNAを合成するときに，デオキシリボヌクレオシド三リン酸の1つが，蛍光色素で標識される。典型的には，対照試料は赤色蛍光色素で標識され，試験試料は緑色蛍光体で標識する。cDNAの合成が完了した後，2つの試料を混合し，マイクロアレイの存在下でアニーリングする。ハイブリダイズしていないcDNAは洗い流され，次いでアレイがスキャンされる。蛍光標識試薬の発光の極大波長でスキャンすると，試験試料と対照試料とを比べてどの転写産物の量がより多いか（より緑色の蛍光），少ないか（より赤色の蛍光）がわかる。つまり画像解析によって，試験した条件下でどの遺伝子が刺激され，抑圧されたかが明らかになる。

マイクロアレイの技術は，遺伝子発現のパターンを測定するだけでなく多くの用途に使われる。例えば，目的の遺伝子の異なる変異型を表す一連のオリゴヌクレオチ

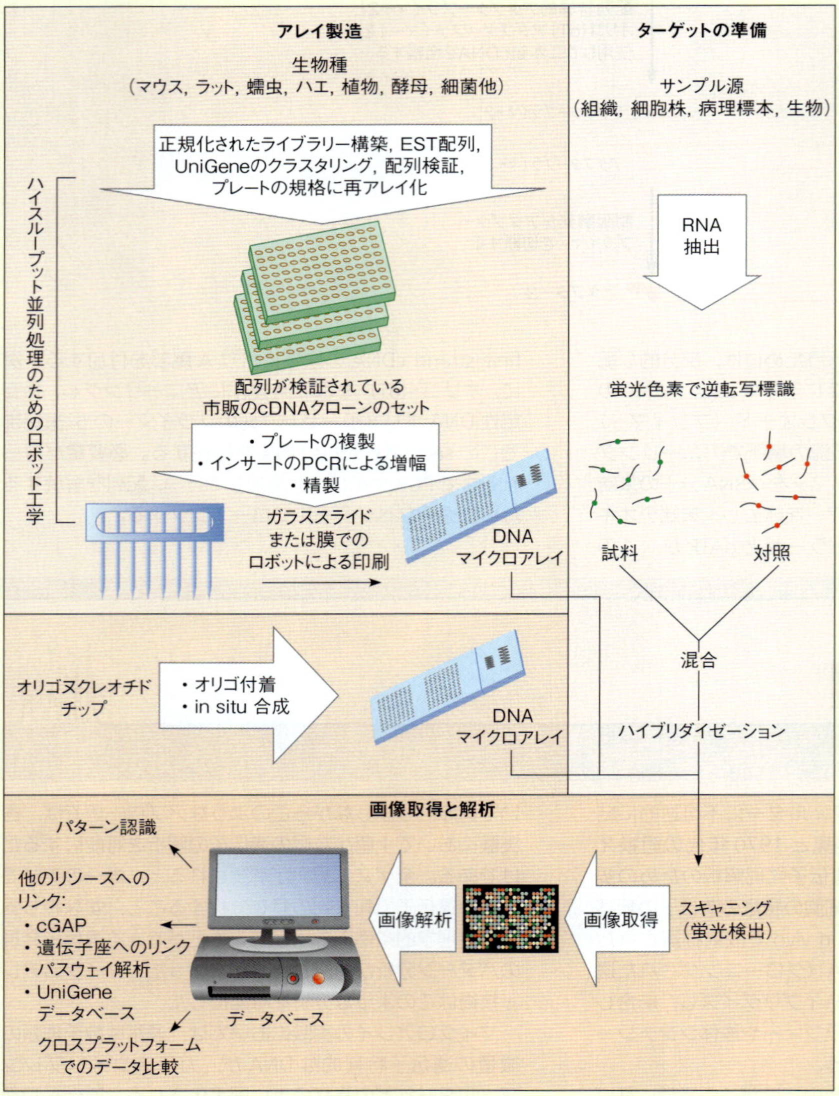

図27C.1　マイクロアレイ実験のフローチャート
From *Molecular Cloning : A Laboratory Manual*, 3rd ed., J. Sambrook and D. W. Russell, eds. ©2001 Cold Spring Harbor Laboratory Press with permission from Vivek Mittal.

ドを用いて，遺伝子チップ上で DNA-DNA ハイブリダイゼーションを行い，生物試料中の変異やまたは 1 塩基多型を同定することができる。

生化学の道具　27D

クロマチン免疫沈降法

これまで我々が RNA ポリメラーゼとリプレッサーなどのタンパク質の結合部位を同定しその特徴を解明するための技術として述べたものは，単一の結合部位についてであったが，例えば核内ホルモン受容体の調節タンパク質は，多数の結合部位を介して作用する。フットプリント法のような技術は in vitro で行われるが，我々の主な関心は，生きた細胞における DNA-結合タンパク質の結合部位の特徴を知ることである。クロマチン免疫沈降法は，in vivo におけるゲノム全体での結合部位の同定を可能にする。

技術の原理は，膜を通過しタンパク質と DNA の両方と共有結合的に反応することができる架橋試薬の使用によって，どの DNA-結合タンパク質も in vivo で DNA 結合部位（単数または複数）に可逆的な様式で共有結合できることである。図 27D.1 に示すように，ホルムアルデヒドが最もよく使用される。全細胞をホルムアルデヒド処理した後，クロマチンを単離し，各 DNA 分子の長さを数百塩基対の断片の長さにする条件で超音波処理を行

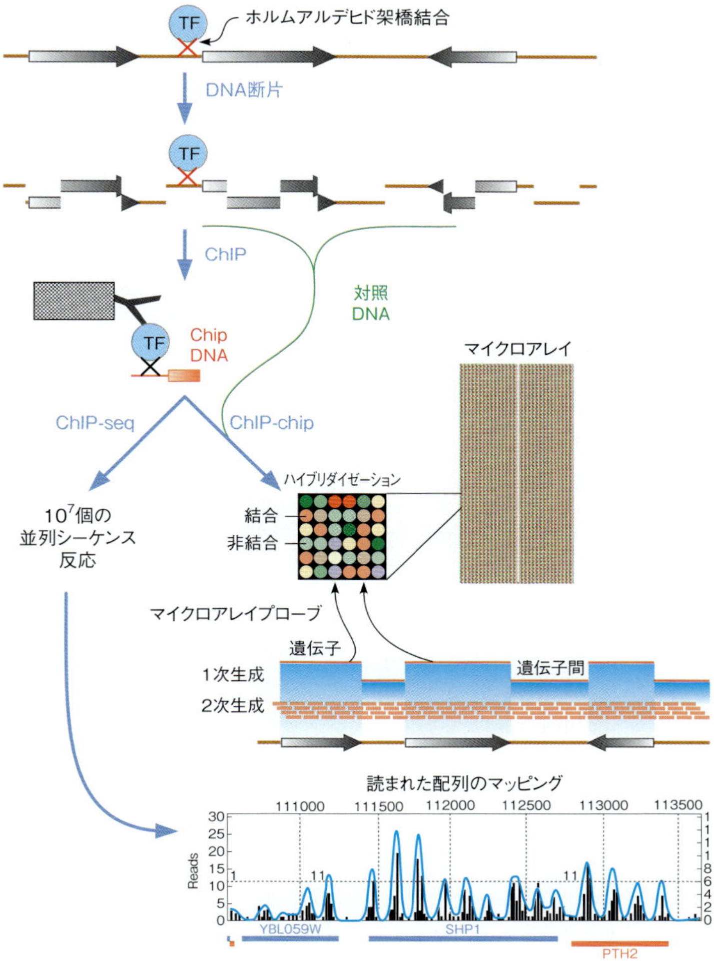

図 27D.1　クロマチン免疫沈降法　この図では，クロマチン上で転写因子（TF）が結合する DNA 部位に架橋されている。断片化され TF に対する抗体を用いて免疫沈降された後，TF と結合した DNA 断片は，赤色蛍光色素で標識されて，ゲノム断片のアレイとのハイブリダイゼーション分析に供される（ChIp-chip）。もしくは，大規模な並列配列解読に供される（ChIp-seq）。
Reproduced from *Critical Reviews in Biochemistry and Molecular Biology* 44：117-141，B. J. Venters and B. F. Pugh, How eukaryotic genes are transcribed. ©2009 Informa Healthcare.

27

う。この混合物を目的のタンパク質に対する抗体で処理し，免疫沈降した DNA-タンパク質複合体を回収する。この時点で架橋結合は解かれ，タンパク質とともに沈殿した DNA の配列が解析される。従来は，DNA を PCR 増幅した後に，配列が解析されることが多かった。しかしこの方法では，DNA の既知の配列や疑わしい配列の解析しか行えない。かわりの方法は，各クローンの配列に続くベクター上の隣接配列に対応する PCR プライマーを使用することで，混合物中のすべての DNA 断片をクローニングし解読する。マイクロアレイ技術の出現により，数百または数千の DNA 配列を含有する DNA マイクロアレイに対して DNA 断片をスクリーニングすることが可能となった。免疫沈降した DNA 断片（ChIP）は遺伝子チップ上で同定されるので，この技術は ChIp-chip と呼ばれる。さらに ChIp-seq と呼ばれる最新の技術では，数百または数千の DNA 分子の同時配列分析を可能にする次世代シーケンス技術を用いて，免疫沈降した DNA のすべての平行的な配列決定を行う。

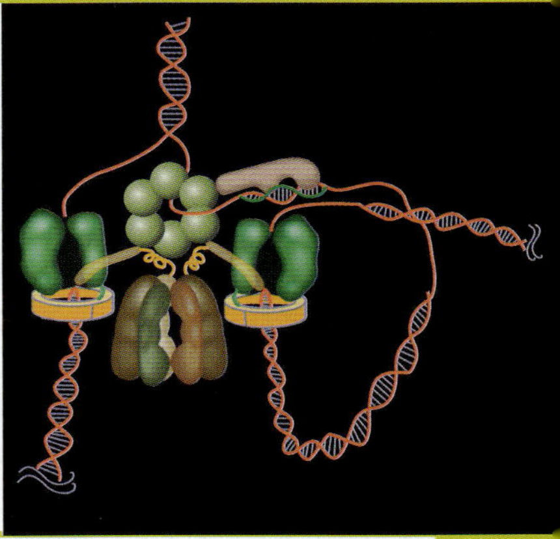

第 28 章

遺伝情報の解読：翻訳と翻訳後のタンパク質プロセシング

本章では，生物学的情報輸送の最も複雑な過程に目を向ける。すなわち，4 文字の核酸の言葉から，20 文字のアミノ酸の言葉で表されるタンパク質のアミノ酸配列へ至るまでの遺伝情報の解読である。DNA 複製，転写そして逆転写においては，情報輸送は DNA や RNA のどちらにおいても鋳型の核酸と生成される核酸の間で Watson–Crick 型塩基対が形成されることで厳密に行われる。一方，mRNA 配列は特異的なタンパク質の合成を指令し，塩基配列の相補性は十分に保たれながらも，より複雑な全体の過程が核酸の配列を特定のアミノ酸配列として表される情報に変換する。

翻訳に関わる多くの要素（rRNA やタンパク質，tRNA，アミノ酸活性化酵素，可溶性タンパク質因子，そして細胞ごとに異なる多くのタンパク質）についていえば，タンパク質合成はおそらくすべての代謝プロセスの中で最も複雑であり，細胞の代謝運動の大きな部分を占めていることは確かである。対数的に増える細菌においては，すべての代謝運動の 90% もがタンパク質合成に使われ，翻訳のための代謝機構は細胞の乾燥重量の 35% を占める。

タンパク質合成について考えるとき，特異的なアミノ酸配列をつくる翻訳だけでなく，それぞれのタンパク質が正しく修飾されて最終的に細胞内または細胞外の目的地に運ばれるというような，翻訳後プロセシングや輸送についても考慮しなければならない。例えば，すでにみたように，タンパク質プロセシングというのは，プレプロインスリンからインスリンへの変換時のような切断や，アミノ酸の修飾，コラーゲン合成時のプロリン残基のヒドロキシ化，そして特定のアミノ酸残基のリン酸化などである。また，細胞内外において，どのようにして成熟した，または成熟しつつあるタンパク質が最終の目的地にたどり着くのかについても考慮しなければならない。

翻訳の概観

タンパク質合成におけるリボソームの役割を最初に証明したのは，放射標識をしたアミノ酸をラットに注射し，肝臓を単離して肝臓ホモジェネート画分を得た実験であった。標識は，すぐに遊離型または小胞体に付着したリボソームの中に取り込まれているようにみえた。この実験や関連実験から，リボソームがタンパク質合成の場であることが立証された。無細胞系の実験によって，アミノ酸の活性化や小型で安定な RNA（tRNA）が必要なことが明らかになった。

第 4 章や第 5 章で，翻訳の簡潔な図を示した。図 4.23（p.100）で，どのように 3 つのヌクレオチドごとに mRNA 分子がリボソームに沿って動き，mRNA 上のそれぞれのトリヌクレオチド配列が特定のアミノ酸をもつ 1 つの tRNA に対応し，1 つのアミノ酸ごとにN末端からC末端まで段階的にポリペプチド鎖が成長して翻訳が進んでいくのかを示した。図 28.1 に，この過程のもう少し詳細な図と翻訳の概観を示す。図 5.18（p.134）では，64 個の可能性のあるトリプレットとこれによってコードされている 20 のアミノ酸との対応が遺伝暗号であることを示した。本章では，タンパク質合成過程と遺伝暗号の解明とその本質について，もっと詳しくみていくことにしよう。

1958 年，遺伝暗号の解明や mRNA の存在が証明される何年か前に，Francis Crick は，特定のアミノ酸に結合して遺伝暗号を翻訳し，そのアミノ酸を翻訳機構の分子暗号の言葉と結びつけるように機能するアダプター分子の存在を予言した。これらのアダプター分子は tRNA であることがわかった。第 4 章で論じたように，個々の tRNA 分子は 75～80 ヌクレオチドの長さであり（いくつかは 93 ヌクレオチドくらいの大きさだが），分子内水素結合によって 3 ループ構造に折りたたまれている。それぞれの tRNA 分子は，1 つのアミノ酸活性化酵素，もっと正しく言えばアミノアシル tRNA シンテターゼの特異性を介して，20 アミノ酸のうちの 1 つと結合するようになっている。図 28.2 に示すように，アミノ酸の活性化は ATP の加水分解のエネルギーによって進行し，結果として，アミノ酸のカルボキシ基と tRNA の 3′ 末端のヌクレオチドの 3′ 水酸基がエステル化し，アミノアシル tRNA ができ上がる。

ポイント 1
tRNA は，アミノ酸とコドンを対応させるアダプター分子である。

それぞれの tRNA は，mRNA 上のコドンのトリヌクレオチドと相補的である**アンチコドン anticodon** と呼ばれるトリヌクレオチドの配列をもつ，**アンチコドンループ anticodon loop** と呼ばれる領域を含んでいる。それゆえ，細胞内の一連の tRNA のセットは，4 文字の核酸の言葉（遺伝子配列）と 20 字のアミノ酸

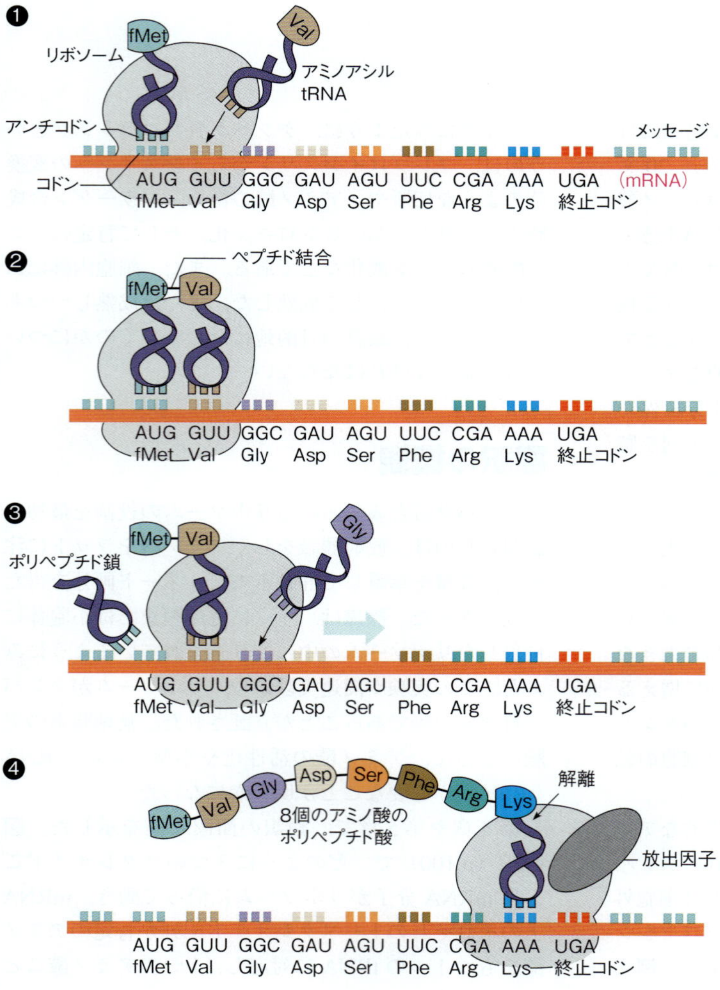

図 28.1　RNA の暗号からタンパク質への翻訳　リボソームが暗号に沿って進むにつれて，特定のアミノアシル tRNA を順に受け取り，mRNA のトリヌクレオチドコドンに対して tRNA 上のアンチコドンが合うように選んでいく（**ステップ 1**）。アミノ酸（この図では，鎖の 2 つめの Val）は，伸長中のポリペプチド鎖を受け取る（この図では，前に結合した fMet）（**ステップ 2**）。そしてリボソームは同じプロセスを繰り返すために次のコドンの上に進み，一方で前のサイクルで伸長するペプチドを保持していたアシル基を失った tRNA は離れていく（fMet に対応する tRNA，**ステップ 3**）。このステップは，鎖にさらにアミノ酸を追加しながら，終止コドンが読まれるまで続き（**ステップ 4**），タンパク質放出因子がすばやくポリペプチドと mRNA を解離する。ここでは，ポリペプチドは開始と終了を描くために非常に短く描かれているが，実際はもっと長い。

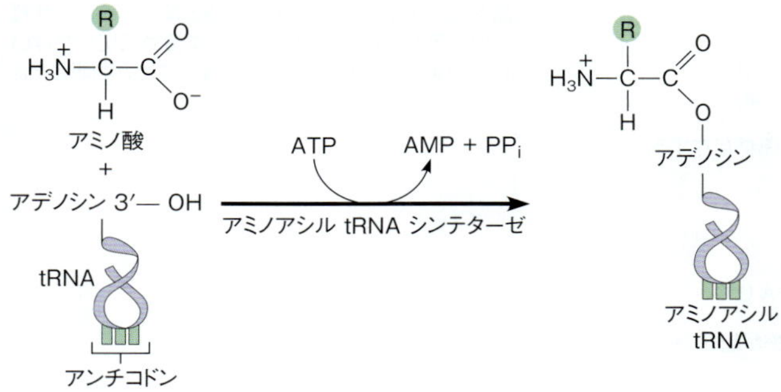

図 28.2　タンパク質に組み込むためのアミノ酸の活性化　特異的な酵素であるアミノアシルtRNA シンテターゼは，特定のアミノ酸とそれに相当するアンチコドンをもつ tRNA を認識する。この合成酵素は，ATP の AMP への加水分解を伴ってアミノアシル tRNA の形成を触媒する。

の言葉（タンパク質のアミノ酸配列）を対応させる，ある種の翻訳時の分子辞書を形成しているといえる。

図 28.1 に示すように，mRNA はリボソームに結合する。アミノアシル tRNA もまた，図のステップ 1 のように，暗号とアンチコドンが合うように 1 対 1 に結合する。伸長中のペプチド鎖は，すでにそこにある tRNA から次にやってくるアミノアシル tRNA に渡される（ステップ 2）。そのとき最初の tRNA は放出され，リボソームは mRNA に沿って 1 コドン分進み，次のアミノ酸を運んでくる tRNA が入れるようになる（ステップ 3）。ここでも，この移動の各ステップに，高エネルギーリン酸の加水分解のエネルギーが用いられる。リボソームが mRNA に沿って進んでいくと，最終的には“終止”コドンに出会う。ここで，ポリペプチド鎖は放出される。ステップ 4 では，短いが完成したタンパク質が示されている。あらゆる生物のすべての細胞において，この優れた機構が何千もの異なる遺伝子にコードされた情報を何千種類ものタンパク質に翻訳する。それらの成分のすべてと結合してペプチド形成を触媒する細胞内器官はリボソームで，これは，RNA とタンパク質で構成されている。リボソームは mRNA に結合し，それを“読む”ことができる。つまり，RNA に沿って動き，mRNA に指定されている順にアミノ酸を結合している tRNA を呼び込み，1 つずつ正確な順番でアミノ酸残基を結合してポリペプチド鎖をつくる。

mRNA は常に 5′→3′ の方向に読まれ，ポリペプチド鎖は N 末端から合成される。ポリペプチド合成の方向は，1961 年の古典的な実験によって決められた。Howard Dintzis は，網状赤血球（ヘモグロビン合成細胞）に ^{3}H ラベルされたロイシンをパルス標識し，標識後さまざまな時間をおいてヘモグロビン分子を単離した。そのヘモグロビン分子をトリプシンによってペプチドに消化し，そのペプチドのどの場所がラベルされているかを比較した。パルス標識直後では，合成中または合成されたばかりの鎖にのみ，しかも，ペプチドの C 末端側だけがラベルされていた。標識後の時間が長くなると，タンパク質の合成が進むに従って，より N 末端側に近い場所がラベルされていた。このことから，ポリペプチド鎖は N 末端側から始まり C 末端方向へアミノ酸が結合していくと Dintzis は結論づけた。

ポイント 2
mRNA は，5′→3′ 方向に読まれる。ポリペプチド合成は N 末端から始まる。

これまで示してきた翻訳の簡単な図では，まだ多くの疑問点を残したままである。tRNA とアミノ酸はどのように結合するのか？　リボソームは mRNA にどのように結合し，その上を動くのか？　ペプチド結合の形成はどのように触媒されるのか？　翻訳の開始と終結はどのように正しく行われるのか？　どのようにして誤りを避けるのか？　こうした反応すべてのエネルギーはどこからくるのか？　このような疑問に答えるためには，翻訳のすべての過程それぞれについて注意深く分析し，検討しなければならない。まず最初に，遺伝暗号についてもっと詳しくみてみよう。

28

遺伝暗号

遺伝暗号については第 5 章や第 7 章でも紹介したが，本章では，その遺伝暗号を解読するために行われたいくつかの鍵となる実験を通して，すべての生物種で共通であるかどうかを含めて，遺伝暗号の特徴を考えていきたい。

1950 年代後半までには，タンパク質のアミノ酸配列が核酸の鋳型の塩基配列によって指令されていることは一般に受け入れられていた。トリプレットコードはおそらく確かで，3 つの核酸で 1 つのアミノ酸を規定するだろうと考えられていた。明らかに，ダブレットコードでは足りない。なぜなら，それぞれのアミノ酸が独自のコードをもつならば，最低でも 20 種類のコードが必要だが，ダブレットコードでは 16 通り（4×4）の配列しかつくれないからである。64 通り（4×4×4）の配列があるトリプレットコードは最も

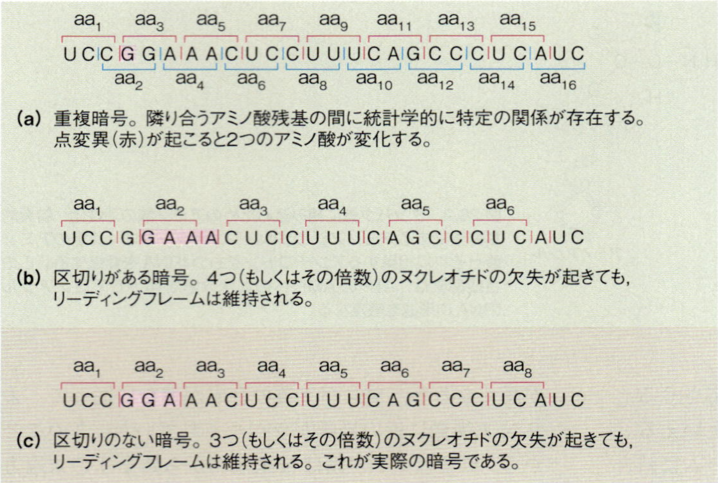
UCCGGAAACUCCUUUCAGCCCUCAUC
(a) 重複暗号。隣り合うアミノ酸残基の間に統計学的に特定の関係が存在する。点変異(赤)が起こると2つのアミノ酸が変化する。
(b) 区切りがある暗号。4つ(もしくはその倍数)のヌクレオチドの欠失が起きても，リーディングフレームは維持される。
(c) 区切りのない暗号。3つ(もしくはその倍数)のヌクレオチドの欠失が起きても，リーディングフレームは維持される。これが実際の暗号である。

図 28.3 考えられる 3 種類の遺伝暗号 暗号の性質に関する初期段階の研究から，重複や区切りがない **(c)** がすべての実験結果と一致することが判明した。

シンプルで，アミノ酸の中には1つ以上のコードによって指令されているものもありうる。

いくつかの遺伝実験がトリプレットコードの概念を明らかにし，さらに，コードは隣のコードと文字を重複して用いることもなければ，コード間が塩基によって区切られていることもないとわかった。図 28.3 に，重複やコードの区切りのある場合や，それらが成り立たない理由を示す。

遺伝暗号はどのようにして解読されたか

暗号の生化学的解明は，1961年に Marshall Nirenberg と Heinrich Matthaei によって，人工的な RNA の鋳型を用いた無細胞タンパク質合成系を使って始められた。第27章（p.1008）を思い出していただくと，酵素ポリヌクレオチドホスホリラーゼは，溶液中の因子組成が適合するランダムな RNA 配列の鋳型非依存的合成をリボヌクレオチド二リン酸の混合液から触媒する。Nirenberg と Matthaei は UDP をこの酵素で重合させ，UMP 残基だけを含むポリリボヌクレオチドであるポリ U をつくった。この人工的な RNA を，大腸菌抽出液，ATP，GTP，そしてタンパク質中にみられる20の標準アミノ酸を含む無細胞系に入れると，でき上がったポリペプチドはフェニルアラニンのみを含んでいた。それゆえ，フェニルアラニンの遺伝暗号は，トリプレットコードに従えば UMP 残基に特異的な配列 UUU だとわかった。それからすぐに，ポリ C はプロリンのみを，ポリ A はリシンのみをコードしていることが明らかになった。

他の17個のアミノ酸のコードを見つけるのはもっと難しかった。例えば，CDP：ADP が 5：1 の割合で含まれる塩基混合物の中からポリリボヌクレオチドを酵素で合成させることを考えよう。重合体の塩基の構成は基質の割合に比例するので，重合体は8つのトリヌクレオチドコドンを含み，CCC は125倍 AAA より豊富である（5×5×5）。2つの A と1つの C を含むコドン（2A1C–AAC，ACA，CAA）は AAA よりも5倍豊富で，1つの A と2つの C を含むコドン（2C1A–CCA，CAC，ACC）は25倍豊富である。この重合体が Nirenberg と Matthaei によって用いられたとき，プロリン，ヒスチジン，トレオニン，グルタミン，アスパラギン，リシンのそれぞれの割合が 100，23.4，20，3.3，3.3，1 となった。この結果から，重合体がプロリンに対して2つのコドン（CCC と 2C1A），トレオニンに対しても2つのコドン（2A1C と 2C1A）を含んでいると考えられる。リシンのコドンはすでに知られているように AAA である。アスパラギンとグルタミンに対するコドンはどちらも 2A1C で，ヒスチジンのコドンは 1A2C である。この実験や他のランダム配列の重合体を用いた実験で，ほとんどのコドンの核酸の構成はわかったが，配列まではわからなかった。

コドンの配列を同定するために，2つの方法がとられた。1つは，H. Gobind Khorana が周期的な繰り返し配列のポリリボヌクレオチドを合成した実験である。たとえば，UCUCUCUC…という重合体からは，Ser–Leu–Ser–Leu–Ser–Leu…という1つおきの共重合体ができた。もしコードがトリプレットかつ重複がないとするなら，これは UCU がセリンかロイシンをコードしていて，CUC が他方をコードしていることを意味する。そして，セリンは 2U1C のコドンで，ロイシンは 2C1U のコドンであることがわかっていたので，UCU はセリン，CUC はロイシンのコドンであると同定された。トリヌクレオチドごとに繰り返されたときには，図 28.4 に示すように，異なるいくつかの結果が生じた。AAGAAGAAG…という重合体からは，ポリリシン，ポリアルギニン，ポリグルタミン酸の3種類のホモポリペプチドが合成された。この実験

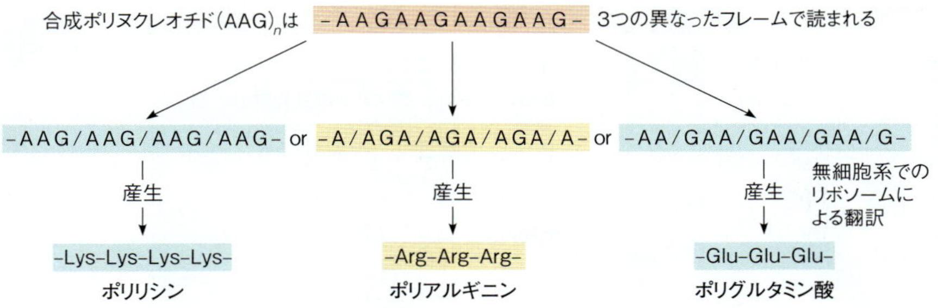

図 28.4　繰り返し配列をもつ合成ポリヌクレオチドを使った暗号の解読　この例では，$(AAG)_n$重合体からのポリペプチドが，どのようにトリプレットコードの正当性を担保し，コドンの同定を助けたかを示している。$(AAG)_n$重合体からは，リーディングフレームの違いによって3種類の異なるポリペプチドがつくられる。

からはコドンの配列は同定されなかったが，コドンが，トリプレットで重複のない性質をもっていることを裏づける結果となった。これより，生成されるポリペプチドの性質は，翻訳開始時の最初のアミノ酸をコードするコドンとしてどれが読まれるか，すなわち最初の**リーディングフレーム reading frame** によって決まることがわかった。例えば，もし GAA が選ばれれば，以降すべてのコドンが GAA となり，すべてのアミノ酸が同一になるだろう。この実験からは，GAA，AGA，そして AAG が先の 3 種類のアミノ酸のコドンであることがわかったが，どのコドンがどのアミノ酸をコードするかまではわからなかった。

このような実験は多くのコドンを同定したが，1964 年に Philip Leder と Marshall Nirenberg は，どのコドンにどのアミノ酸が対応しているかを迅速に調べる新しい方法を開発し，暗号解読を完了させた。Leder と Nirenberg は，3 塩基の合成ヌクレオチドがリボソームに結合し，特定の tRNA の結合を導くことを発見したのである。例えば，UUU や UUC ならリボソームに Phe-tRNA のみが結合し，CCC や CCU では Pro-tRNA が結合するのである。これらの実験から，複数のコドンが 1 種類のアミノ酸に対応している（遺伝暗号の重複）という明白な事実が示された。以上のようなさまざまな技術を組み合わせた研究により，ポリ U がフェニルアラニンをコードしていることが明らかになって，数年のうちに遺伝暗号は完全に解読された。

第1（5′末端）	第2 U	第2 C	第2 A	第2 G	第3（3′末端）
U	UUU Phe	UCU Ser	UAU Tyr	UGU Cys	U
U	UUC Phe	UCC Ser	UAC Tyr	UGC Cys	C
U	UUA Leu	UCA Ser	UAA 終止	UGA 終止	A
U	UUG Leu	UCG Ser	UAG 終止	UGG Trp	G
C	CUU Leu	CCU Pro	CAU His	CGU Arg	U
C	CUC Leu	CCC Pro	CAC His	CGC Arg	C
C	CUA Leu	CCA Pro	CAA Gln	CGA Arg	A
C	CUG Leu	CCG Pro	CAG Gln	CGG Arg	G
A	AUU Ile	ACU Thr	AAU Asn	AGU Ser	U
A	AUC Ile	ACC Thr	AAC Asn	AGC Ser	C
A	AUA Ile	ACA Thr	AAA Lys	AGA Arg	A
A	AUG Met	ACG Thr	AAG Lys	AGG Arg	G
G	GUU Val	GCU Ala	GAU Asp	GGU Gly	U
G	GUC Val	GCC Ala	GAC Asp	GGC Gly	C
G	GUA Val	GCA Ala	GAA Glu	GGA Gly	A
G	GUG Val	GCG Ala	GAG Glu	GGG Gly	G

図 28.5　遺伝暗号（RNA で書かれている）　ほとんどの生物で使われている遺伝暗号を示す。鎖の終結，すなわち“終止”コドンはオレンジ色で，開始コドンである AUG は濃い緑色で示してある。薄い緑色のコドンは，まれに開始コドンとして使われるコドンである。AUG が開始コドンとして使われるとき，*N*-fMet（原核生物）か Met（真核生物）をコードしている（p.1053）。それ以外では Met をコードする。こうしたコドンにおける例外は表 28.1 に示した。

暗号の特徴

図 28.5 に示したように，遺伝暗号は 64 個のうち 61 個が“センス”コドンであり，1 つのアミノ酸をコードする。残りの 3 つは普通は“ナンセンス”コドンであり，アミノ酸をコードしていない（いくつかの例外は表 28.1 に示し，p.1051 で解説する）。正しいリーディングフレームで，リボソームがナンセンスコドン（UAG，UAA，UGA）に出会うと，細胞内にはアンチコドンに対応するアミノアシル tRNA がないので，翻訳は終結する。後で見るように，これらのコドンは mRNA のメッセージの翻訳を終結させる機構として用いられている。暗号は，ほとんどのアミノ酸が 1 つ以上のコドンをもち対応は明確であるが，特定のトリヌクレオチドは 1 つのアミノ酸しかコードしていないというような意味で，縮重（重複）している。そして，表 28.1 に要約し p.1051 で述べるように，いくつかの例外もある。言い換えると，遺伝暗号はほとんど普遍的だが，完全ではない。

ポイント 3
遺伝暗号は，すべてではないがほぼ普遍的である。

28

表 28.1　遺伝暗号の修飾

コドン	通常使用	特別使用	特別使用が起こるとき
AGA AGG	Arg	終止，Ser	動物のミトコンドリアや原生動物の一部
AUA	Ile	Met	ミトコンドリア
CGG	Arg	Trp	植物のミトコンドリア
CUU CUC CUA CUG	Leu	Thr	動物のミトコンドリア
AUU GUG UUG	Ile Val Leu	開始（*N*-fMet）	原核生物の一部[a]
UAA	終止	Glu	原生動物の一部
UAG	終止	ピロリシン Glu	さまざまな古細菌 原生動物の一部
UGA	終止	Trp セレノシステイン セレノシステインと Cys	ミトコンドリア，マイコプラズマ 広範囲[a] *Euplotes*

[a]Depends on context of message, other factors.

暗号の生物学的効力

前述したように，遺伝暗号の言葉からアミノ酸への割り当ては，合成した鋳型によって結合されるアミノ酸の取り込みとアミノアシル tRNA のリボソームへの結合の分析を調べる in vitro の実験を通して厳密に行われた。では，生きている細胞におけるメッセージの翻訳において，それらのコドンの割り当てが正しいかどうかをどうやって確かめればよいだろうか？　いくつかの検証は，突然変異したヒトのヘモグロビンのアミノ酸配列の解析によって行われた（第 7 章）。アミノ酸配列の変化の多くは，1 塩基の変化であり，自然に起こる突然変異としては最も頻繁なものである。例えば，グルタミン酸からバリンへの変化は鎌状赤血球のヘモグロビンで見られ，グルタミン酸の GAA や GAG コドンが，バリンの GUA や GUG にそれぞれ変化するために起こる。

他の重要な検証実験は，George Streisinger が T4 バクテリオファージのリゾチームの系を使って行った。リゾチームはファージにコードされている酵素で，ファージの複製サイクル後に宿主の細菌を破裂させる原因となる。リゾチームに変異が起きると，ファージはつくれるが宿主を溶かすことができなくなるので，リゾチームの変異体を見つけるのは容易である。変異は，ファージが感染した細胞に**プロフラビン proflavin** を作用させて誘導する。プロフラビンは平面型の大きな分子で，積み重なる DNA の塩基対の間にインターカレートし，1 塩基の挿入や欠失によってリーディングフレームが変わるフレームシフト変異を引き起こす（p.232，図 7.26）。あるフレームシフト変異に

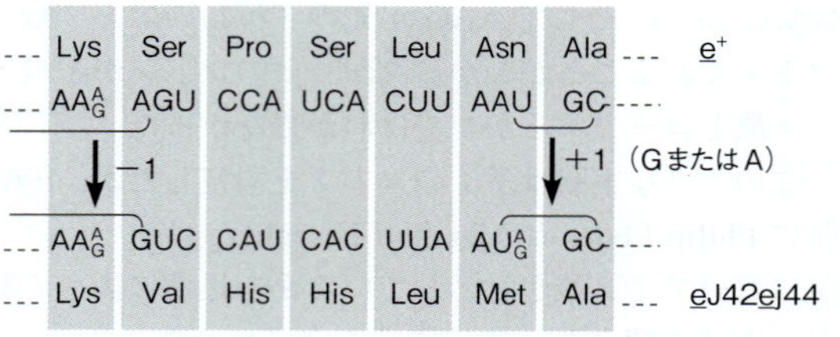

図 28.6　T4 ファージのリゾチーム変異体のアミノ酸配列を用いた遺伝暗号の検証　*e* はリゾチームの遺伝子で，一部のアミノ酸配列を示した。プロフラビンで誘導した変異株，*e*J42 と *e*J44 のどちらかにおいて，1 塩基の欠失によってリーディングフレームがずれたが，2 度目に起きた 1 塩基挿入変異によってリーディングフレームは回復した。しかし，2 箇所の変異部位間のアミノ酸配列は変化した。5 つの変化したアミノ酸をコードしている mRNA の配列は，変異原の既知のふるまいと遺伝暗号によって示唆される。

Adapted with permission from Eric Terzaghi from *Proceedings of the National Academy of Sciences of the United States of America* 56：500–507, E. Terzaghi, Y. Okada, G. Streisinger, J. Emrich, M. Inouye, and A. Tsugita, Change of a sequence of amino acids in phage T4 lysozyme by acridine-induced mutations, 1966.

おいては，野生型の機能は 2 度目の変異によって回復することがある。リゾチームの二重変異体の配列の解析では，野生型の配列と 5 つの塩基が異なっていた。このデータは，二重変異体はリーディングフレームを元に戻す 1 塩基の挿入や欠失によってつくられるという仮説と一致していた（図 28.6）。DNA シーケンシング技術が発達するよりはるか以前に，その核酸の配列を推定するために実験的に用いられたすべてのコドンは，in vitro で決定されたコドンの割り当てと一致した。

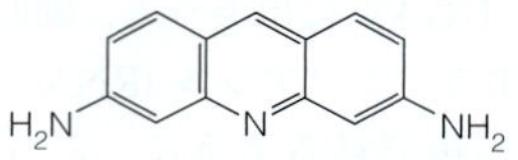

プロフラビン

遺伝暗号からの逸脱

なぜ遺伝暗号は壮大な進化の過程でほとんど変化しなかったのだろうか？　おそらく，ほんの少しのコドンの変化が致命傷になってしまうからであろう。たった 1 つのコドンの変化でも，生物のほぼすべてのタンパク質の配列を変えてしまうことになり，そのような変化はほぼ間違いなく致命的な影響を及ぼす。つまり，コドンの変化はゲームにおける最も基本的なルールを変えることであり，進化において強い選択圧がかかって抵抗にあったのである。

重大な逸脱の中で注目すべきは，ミトコンドリアの暗号における 21 番目と 22 番目のアミノ酸，すなわち，セレノシステインとピロリシンである（第 5 章，p.126）。表 28.1 に示すように，ミトコンドリアの暗号における顕著な変化の 1 つは，AUA がイソロイシンではなくメチオニンのコドンになっていることである。これは，ミトコンドリア内の酸化ストレスに対する適応だという主張があった。メチオニンは，遊離状態であってもタンパク質中の残基であっても，すぐに酸化されるが，メチオニンスルホキシドレダクターゼによって直ちに還元される。そのため，ミトコンドリアがメチオニンをタンパク質中に多く含むことが有利に働くのではないか，また，不活発な標的を攻撃する活性酸素分子種を吸収するのに有利なのではないかと論じられている。確かにミトコンドリアのタンパク質は，その他の細胞小器官のタンパク質よりもメチオニンを多く含んでいる。

セレノシステイン（21 番目のアミノ酸）とピロリシン（22 番目のアミノ酸）は異なる方法で翻訳される。それらは，終止コドンとして利用されていたコドンを使い，UGA はセレノシステイン（Sec），UAG はピロリシン（Pyl）をコードしている。特別な RNA である $tRNA^{Sec}$は，Ser-$tRNA^{Sec}$シンテターゼの基質であり，この酵素は Ser-$tRNA^{Sec}$をつくるためにセリンを直接結合している（表記法について：セリンは結合しているアミノ酸，上つきの Sec は tRNA 分子上のアンチコドンに対応しているアミノ酸を意味する）。tRNA と結合したセリンは，セリンの水酸基のリン酸化から始まる 2 ステップの過程によってセレノシステインへと変えられる。合成された Sec-$tRNA^{Sec}$は，UGA コドンに反応する。終止コドンではなくセレノシステインとして翻訳される特別な UGA は，セレノシステイン挿入配列（SECIS）を 3′ の非翻訳領域（3′ UTR）に有している。タンパク質中においてセレノシステインは珍しいが，ヒトのプロテアソームには 25 個のセレノプロテインがあることがわかっている。前に述べたように（第 15 章），それらのタンパク質のいくつかは酸化剤からの防御に役立っている。

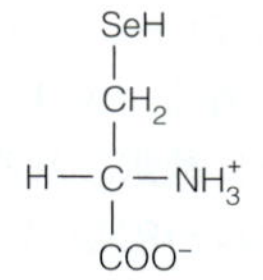
セレノシステイン

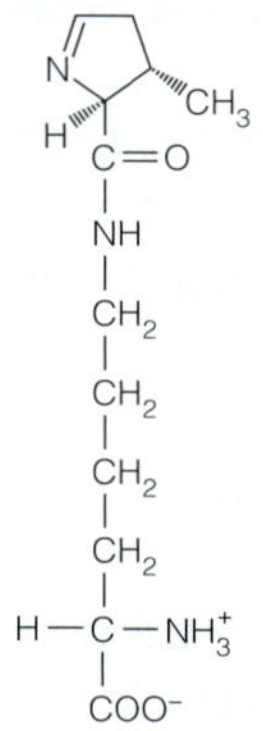
ピロリシン

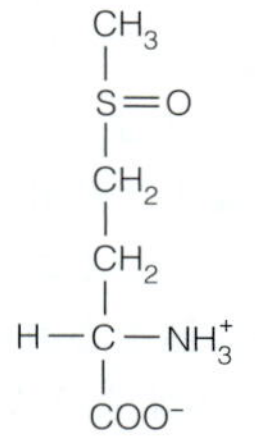
メチオニンスルホキシド

ポイント 4
暗号には余裕がある。いくつかのコドンはただ 1 つのアミノ酸に対応しているが，5′ アンチコドンの位置にゆらぎがある場合もある。

それに対してピロリシンは，数がもっと少なく，すべての解読されたゲノムのうち約 1％ほどしかみつかっていない。そのほとんどはメタン生成古細菌のものである。ピロリシンは，それ独自のアミノアシル tRNA シンテターゼによって直接 Pyl-tRNA に変換される。合成された Pyl-$tRNA^{Pyl}$は，通常は鎖の終結に使われる UAG に対応するアンチコドンをもっている。これまでのところ，UAG のどれが終止コドンとして読まれるのか，またはすべてがピロリシンをコードしているのかどうかは，はっきりしていない。

暗号は明確であると述べたが，*Euplotes* 属の繊毛原生動物を使った最近の研究を考慮すると，最終的にこの概念は見直される必要があるかもしれない。この生物は UGA をシステインの 3 つのうちの 1 つのコドンとして用いている（残りの 2 つは UGU と UGC）。少なくとも，*Euplotes crassus* の 1 つの遺伝子は，システインとセレノシステインの両方をコードしている UGA をもっている。配列の文脈は，明らかに挿入による特異性を正しくさせるための鍵である。この生物はまた，ミトコンドリア内では UGA はトリプトファンをコードしているので，UGA は引っ張りだこなのだ。

ゆらぎ仮説

図 28.5 をよく見ると，アミノ酸はたいてい 3 塩基のうち最初の 2 塩基で決まっていることに気づくだろう。例えば，プロリンのコドンはすべて CC で始まっ

ているし，バリンはGUで始まっている。このように，3番目の塩基はたいてい余分である（ACU，ACC，ACA，ACGはすべてトレオニンに翻訳される）。暗号がすべて解読された直後に，1つのtRNAがいくつかの異なるコドンを認識していることがわかった。コドンの3′側とアンチコドンの5′側が複数認識に常に関係しているのである。

1966年，Francis Crickは，翻訳中はアンチコドンの5′側塩基は“ゆらいだ”状態になっていて，いくつかの異なったコドン塩基と水素結合すること（非Watson-Crick型）ができるという仮説を提唱した。図28.7に示す例のように，アンチコドンの5′側塩基がGならば，塩基対の相対的な位置次第でコドン上のCともUとも対になることができる。塩基対における可能性と実際に観察されるtRNAの選択性から，Crickは表28.2に示すような“ゆらぎ仮説”を提唱した。この仮説は，コドンの3′側における縮重を非常にうまく説明することができる。非常に珍しいヌクレオチドであるイノシン（I）（第22章）はアンチコドンによくみられ，そこではAやUやCと塩基対をつくっている。

1つのtRNAが複数のコドンを翻訳するとき，必ずしもゆらぎ対合を使っているわけではない。例として，ロイシンの6つのコドンを考えてみよう。6つのうち4つはCUで始まっていて，原理的には2つの異なるtRNAがゆらぎを使って翻訳される。しかし，残りの2つのコドンであるUUAとUUGは，3′-AAU-5′のような異なるアンチコドンを必要とするだろう。実際，大腸菌には5つの異なるLeu-tRNAと多数の**イソアクセプターtRNA isoaccepting tRNA**をもっている（tRNAは1つのアミノ酸を受け取って翻訳するのが普通である）。

コドンバイアス

遺伝暗号の余剰は，複数のトリプレットが同じアミノ酸をコードしていることを意味している（例えば，ロイシンは6つのコドンをもつ）。原理的には，CUAがCUGになるようなサイレント変異は，どちらのトリプレットもロイシンをコードしているので生物学的に影響はない。しかし，ある生物では縮重したコドンの使用が極めて選択的である。極端な例では，*Thermus thermophilus*という細菌では64個のコドンのうちの半分がほとんど，または全く使われていない。進化の過程でどうしてそのようなコドンの選択に偏りが生じたかはわからないが，真核生物のタンパク質を細菌に組み込んで発現させたい研究者たちにとって，コドンバイアスの知識は実際的な重要性をもっている。遺伝子組換え実験の際に宿主としてよく用いられる大腸菌について考えよう。アルギニンをコードする6つのコドンのうち，AGAとAGGはとても数が少なく，全ゲノム中のアルギニンのコドンとしては1%以下しかない。関連して，それらの2つの稀なコドンを翻訳するための3′-TCI-5′のアンチコドンをもつtRNAの細胞内濃度も極めて低い。これはつまり，これらのコドンを多く含む組換え遺伝子を大腸菌に導入しても，あまり発現しないことを意味している。この問題点は，組換え遺伝子のアルギニンのコドンに部位特異的な変異導入を行い，大腸菌ゲノムに豊富に存在していて効率よく翻訳されるコドンに変えれば改善されるだろう。または，その希少なtRNAを過剰発現するように宿主の大腸菌を改変すれば，AGAやAGGといったコドンも効率よく翻訳されるだろう。

似たような構造の同義コドンに暗号を設計する利点は，前述した通りCUAからCUGのような変化は遺伝子のメッセージを変えないため，1塩基の変化を含む多くの変異がサイレント変異になることである。1塩基変化がサイレント変異になるだけでなく，機能を失わず構造が似ている別のアミノ酸を代用するような保守性を保った変異もある。例えば，ロイシンの6つの

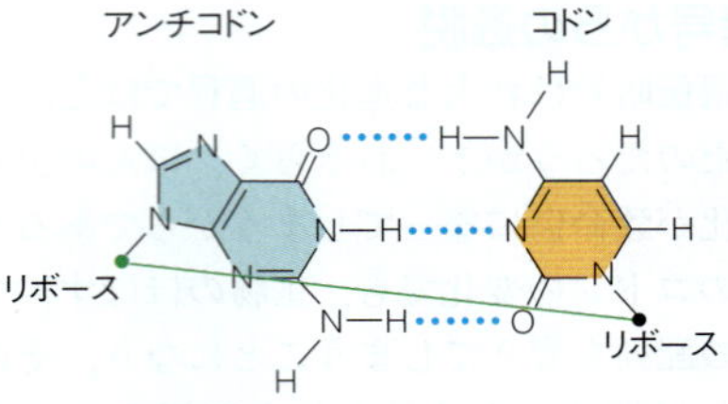

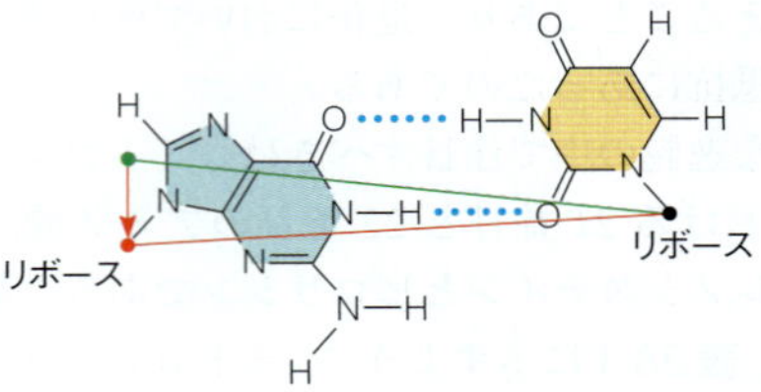

図28.7　ゆらぎ仮説　一例として，アンチコドン塩基のGがコドンのCやUとどのように塩基対を形成するのかを示している。5′側アンチコドンの塩基が動く（ゆらぐ）ことで，このようになる可能性がある（矢印を参照）。

表28.2　ゆらぎ仮説における塩基対の可能性

アンチコドンの5′の位置にある塩基		コドンの3′の位置にある塩基
G	対	CまたはU
C	対	G
A	対	U
U	対	AまたはG
I	対	A，U，またはC

コドンはそれぞれ 1 塩基変異で近縁のバリンのコドンになりうる。これは，コードが遺伝子の安定性を最大限にするように進化してきたことを示唆している。

終結と開始

mRNA はたいてい，翻訳されるオープンリーディングフレームよりも長いので，翻訳の開始と終結という特別のシグナルが必要となってくる。ほとんどの生物で，UAA，UAG，UGA が終結のシグナルとして使われ，アミノ酸をコードしていない（前に述べた例外を除く）。終結シグナルは，翻訳を終了させてつくられたポリペプチドがリボソームから離れることを意味する。明らかに，3 つの終止コドンは絶対必要な数以上あるわけで，これらのコドンがミトコンドリアや他の生物においてアミノ酸をコードするのに使われているのも驚くべきことではない（表 28.1）。

ポイント 5
真核生物の mRNA には，翻訳の開始と終結シグナルがあり，リボソーム上に並ぶシグナルもある。

終止コドンでは寛容であるにもかかわらず，開始コドンについては驚くほど厳しい制約がある。翻訳の開始シグナルはふつう，メチオニンの唯一のコドンである AUG が使われている。リボソームは，どうやって，このコドンが開始部位なのか途中のアミノ酸をコードしている部位なのかを区別しているのだろうか？　答えは，mRNA の 5′ 末端には特別な配列があって，それによってリボソームが正確に結合できるのである。メッセージの読み取りが始まると，最初に出会った AUG が開始コドンとして読まれ，そこから翻訳が始まる。原核生物と真核生物で多少の違いはあるが，ポリペプチド鎖の最初のアミノ酸は常に，*N*-ホルミルメチオニン（原核生物）もしくはメチオニン（真核生物）である。つまり，すべてのタンパク質は少なくとも最初に合成されたときは *N*-fMet か Met で始まるということである。しかし，多くの場合，この残基は翻訳過程で脱ホルミル化されるか，取り除かれる。開始コドンのあとにある AUG はメチオニンとして認識され，配列に組み込まれる。非常に稀ではあるが，原核生物で GUG（バリン），UUG（ロイシン），AUU（イソロイシン）が 5′ 末端付近にあるときに開始コドンとして認識されることがある（表 28.1）。しかし，それらが開始コドンと認識されても *N*-ホルミルメチオニンのコドンとして読まれ，他の部位では通常通りに読まれる。

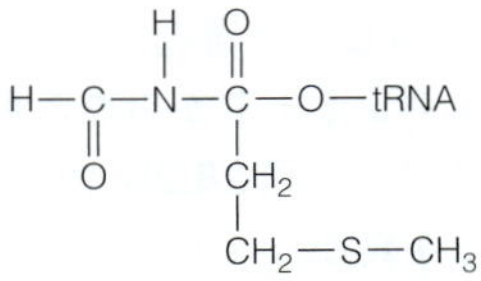

N-ホルミルメチオニル-tRNA

翻訳に関わる主な分子：mRNA，tRNA，リボソーム

mRNA

第 27 章で述べたように，真核生物の mRNA は原核生物の mRNA とはかなり異なる。原核生物の mRNA は，より複雑なのである。なぜなら多くの，もしくはたいていの mRNA は 2 つ以上のポリペプチド鎖をコードするポリシストロニックな mRNA であるからである。これは，それぞれの遺伝子に対応する RNA の翻訳がそれぞれの開始シグナルと終結シグナルによってコントロールされるように，mRNA 配列が区切られていなければならないということを意味する。真核生物の mRNA はほとんどの場合ただ 1 つのタンパク質をコードしているが，原核生物でみられるものと比べてはるかに大がかりな転写後のプロセシングの結果，真核生物の mRNA はできあがっている。

原核生物の mRNA のよい例として，第 27 章で紹介した大腸菌ラクトースオペロン（第 29 章も参照）の転写産物を考えよう。3 つのつながった遺伝子，*lacZ*，*lacY*，*lacA* をもつこのオペロンは，バクテリアが利用するラクトースやラクトース関連の糖を制御している。図 28.8 に示すように，これら 3 つの遺伝子は，長さ約 5,300 ヌクレオチドの単一 mRNA 分子として発現する。この mRNA には 3 つの**オープンリーディングフレーム open reading frame** が存在し，*lacZ*，*lacY*，*lacA* に対応している。オープンリーディングフレームとは mRNA 内の配列であり，開始コドンと終止コドンで囲まれていて，連続して翻訳される。一つひとつのオープンリーディングフレームにはそれぞれの開始シグナルと終結シグナルがあるが，これらのシグナルが多様であることがわかるだろう。リーディングフレーム間やリーディングフレームと mRNA 末端の間には，余分な，翻訳されない RNA が存在する。各開始シグナル付近の 5′ 領域の配列は A，G に富み，これが適切な場所で正確なリーディングフレームで翻訳を始められるように mRNA をリボソーム上に整列するのを助けている。このような付加配列はすべての原核生物の mRNA でみられ，初めてこれらを報告した J. Shine と L. Dalgarno にちなんで Shine–Dalgarno 配列と呼ばれている。Shine–Dalgarno 配列は，表 28.3 に示すように rRNA に含まれる配列と塩基対を形成することができ，これによって適切に翻訳が開始される。付加配列が異なれば rRNA と親和性が異なるようであ

28

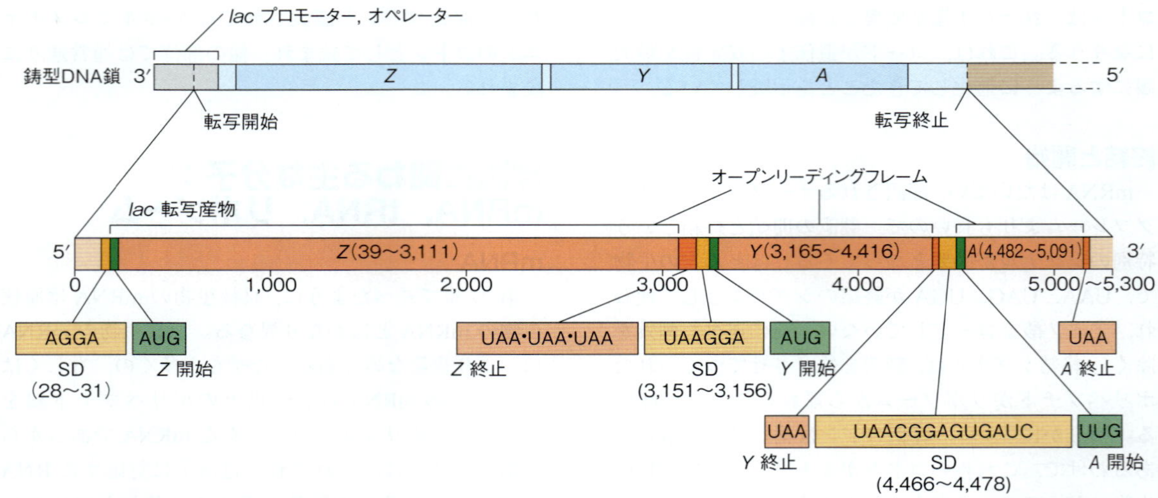

図 28.8　*lac* オペロンの mRNA　大腸菌の *lac* オペロンの mRNA は約 5,300 ヌクレオチドの長さで，*lacZ*，*lacY*，*lacA* 遺伝子に対応するオープンリーディングフレームを含む。それぞれの遺伝子の両側には，開始，終止，Shine-Dalgarno（SD）配列が適切に配置されている。

表 28.3　Shine-Dalgarno 配列

メッセージ	Shine-Dalgarno 配列
リボソームタンパク質 L10	SD 配列 / 開始 5′ AGGAGCAAAGCUA AUG 3′ mRNA 3′ AUUCCUCCA 5′ 16 リボソーム RNA の 3′ 末端に相補的
大腸菌 *lac Z*	5′ AGGAAACAGCU AUG 3′ 3′ AUUCCUCCA 5′
λ ファージ Cro	5′ UAAGGAGGUUGU AUG 3′ 3′ AUUCCUCCA 5′

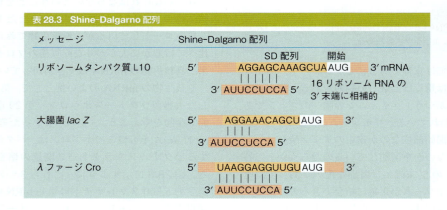

る。例えば，*lac* オペロンの 3 つの遺伝子（図 28.8）は同程度には翻訳されない。*lacZ* は，*lacY*，*lacA* に比べてはるかに高い頻度で翻訳される。

ポイント 6
Shine-Dalgarno 配列は翻訳開始が適切に行われるようにリボソームが mRNA 上に並ぶのを助ける。

lac オペロンから転写される mRNA は，機能するために必要な基本的なエレメントをすべてもっている。それは，mRNA とリボソームを適切に結合させる配列であり，正しい場所で翻訳を開始，終結させる配列である。多くの mRNA はまた，三次元の二次構造，三次構造をとる可能性があり，それによりさまざまなタンパク質の相対的な産生量が調節されている。この点については第 29 章で述べることとする。

tRNA

原核細胞であれ真核細胞であれ，どの細胞も多くの種類の異なる tRNA 分子をもっており，20 個のすべてのアミノ酸をタンパク質に組み込むのに十分である。これは，存在するコドンと同じ数の tRNA の種類が必要ということではない。前に述べたように，コドンの 3 番目の位置に違いがあるとき（ゆらぎ），いくつかの tRNA は 1 つ以上のコドンを認識できるからである。例えば，大腸菌にはおよそ 40 個の異なる tRNA があるが，すべてのアミノ酸をコードするのに十分であり，61 ものアミノ酸のコドンは必要ではない。p.1051 で述べたように，あるアミノ酸に特異的な tRNA はアミノ酸を右上に書いて，$tRNA^{Ala}$ のように表記する。

1965 年の Robert Holley による酵母 $tRNA^{Ala}$ に関する先駆的な研究で，tRNA の配列が最初の天然ヌクレオチド配列として決定された。それ以来，何千という tRNA の配列が決定されている。すべて図 28.9a に模式的に示されたような一般構造をとっており，およそ 70〜80 以上のヌクレオチドからなる似たような配列をもっている。しかし，図 28.9b や c で例示するように，詳細はかなり異なっている。さらに，tRNA は RNA 分子の中でも珍しい修飾塩基が豊富であるとい

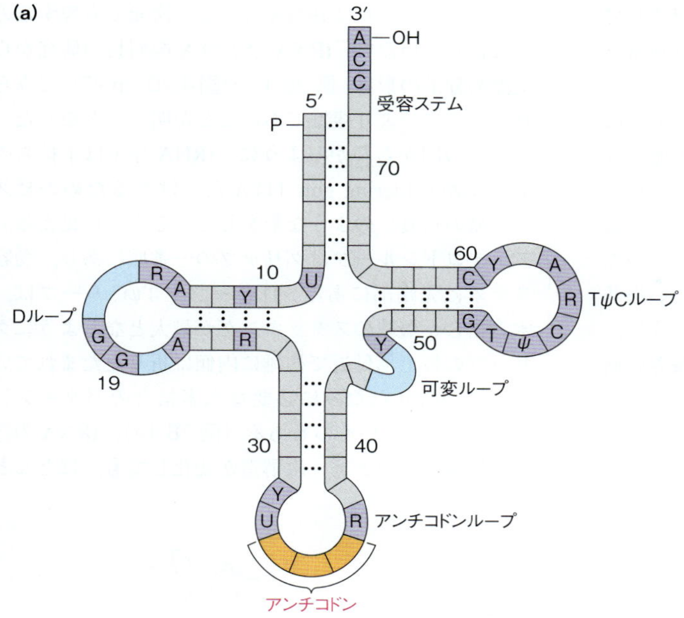

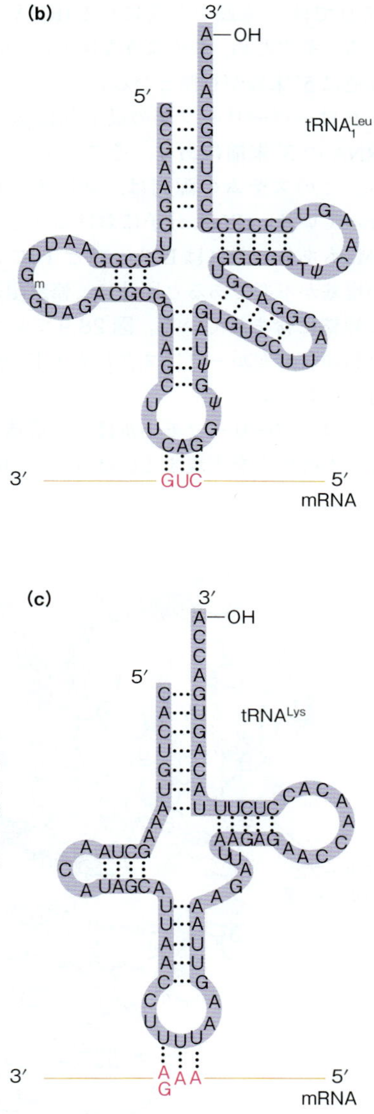

図 28.9　tRNA の構造　(**a**) 一般的な tRNA の構造。不変のまたは滅多に変わらない塩基の部位は紫で示してある。さまざまな数のヌクレオチドを含むことがある D ループと可変ループ領域は青で示す。アンチコドンはオレンジ色で示した。(**b**) 大腸菌の Leut-RNA。(**c**) ヒトのミトコンドリア Lys-tRNA。Y＝ピリミジン，R＝プリン，ψ＝シュードウリジン，T＝リボチミジン，D＝ジヒドロウリジン（図 28.10 参照）。

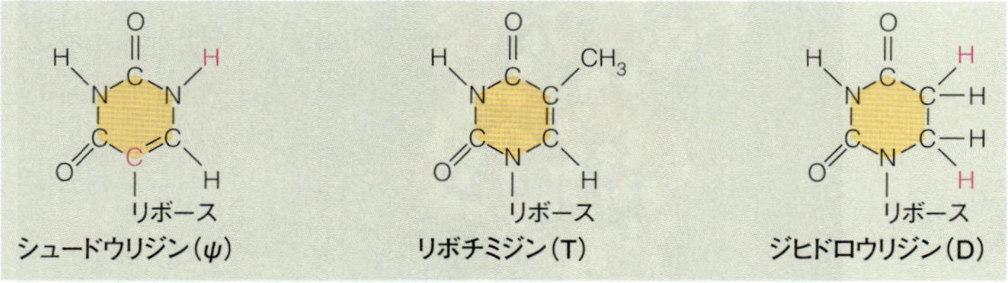

図 28.10　tRNA に見られる修飾塩基もしくは一般的でない塩基の例

う点で独特で，このうち 3 つを図 28.10 に示す。第 27 章で述べたように，修飾塩基の生合成は常に転写後に行われる。例えば，イソメラーゼはウリジン残基（1-リボシルウラシル）を珍しい C-グリコシドシュードウリジン（5-リボシルウラシル）へと変換し，*S*-アデノシルメチオニン依存的なメチルトランスフェラーゼは非修飾塩基をメチル化誘導体へと変換している。

図 28.9 に示されるようなクローバーリーフモデルは，水素結合の一般的なパターンや tRNA の機能に関与する部位を説明するのに役立つ。底の部分のループにあるアンチコドンは，mRNA のコドンと相補的となっており，塩基対を形成する。コドンとアンチコドンが塩基対を形成するとき，短い二本鎖 RNA となるので，その方向は逆平行とならなければならない。図

28.9 では 5′ 末端を左側にして tRNA 分子を記述している。そのため，このような図では，mRNA は通常とは逆に 5′ 末端が右側となる。

クローバーリーフ図の最上部にある受容ステムは tRNA の 3′ 末端にあり，そこにアミノ酸が付加される。このステムの配列は，常に 5′…CCA—OH3′ となっている。tRNA 分子における共通した特徴は，ほかにもある。それは D ループと TψC ループで，多くの塩基が不変であると同時に，修飾塩基や珍しい塩基も頻繁に含まれている。図 28.9 で示されるように，いわゆる可変ループはヌクレオチドの配列と長さの両方が変動する。

クローバーリーフモデルは一次構造や二次構造のいくつかの要素を表現するにはうってつけのモデルであるが，このモデルは tRNA 分子を三次元で表現するのには適していない。tRNA 分子の X 線回折の研究から実際の分子の形は，図 28.11 や図 4.20（p.97）でみられるように，より複雑であることが明らかとなった。これらの図からわかるように，tRNA 分子は手持ちのドリルか soldering gun（はんだづけするためのピストル型の道具）のような形をしているように見える。アンチコドンループはグリップの一番底にあり，受容ステムは先端部にある。D ループや TψC ループは，水素結合や塩基のスタッキングが最大となるようにグリップの最上部付近で複雑に内側に折りたたまれている。この折りたたみに必要な水素結合のパターンには，かなり珍しいものもある（図 28.12）。tRNA の三次元構造は，たとえ一次構造が変化しても，ほとんど

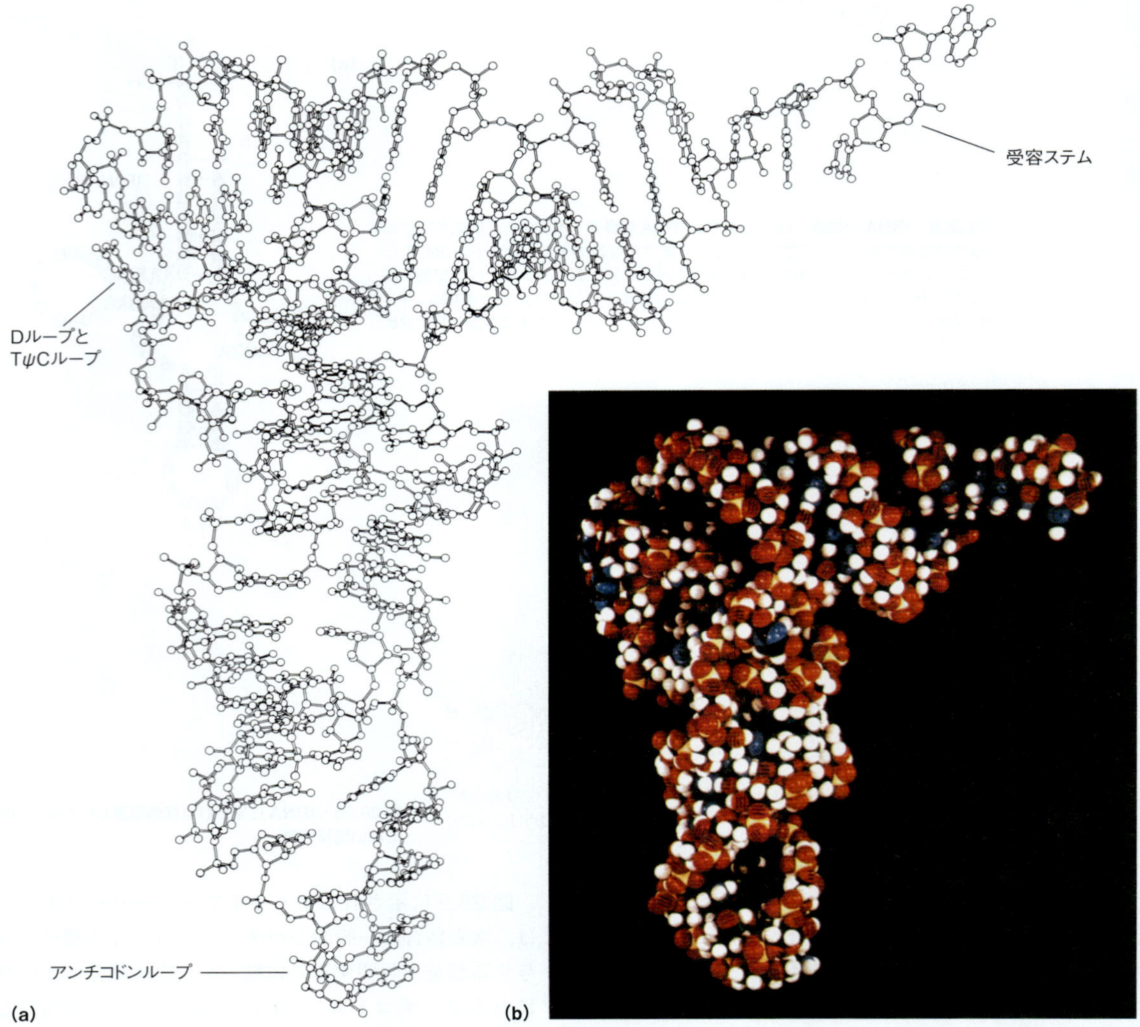

図 28.11　X 線回折によって導かれた酵母 Phet-RNA モデル　下部にアンチコドン，右上に 3′ 受容ステムを示した。(**a**) すべての原子配置を示した図。(**b**) 空間充填モデル。

From *Science* 185 : 435–440, S. H. Kim, F. L. Suddath, G. J. Quigley, A. McPherson, J. L. Sussman, A. H. J. Wang, N. C. Seeman, and A. Rich, Three-dimensional tertiary structure of yeast phenylalanine transfer RNA. ©1974. Reprinted with permission from AAAS and Sung-Hou Kim.

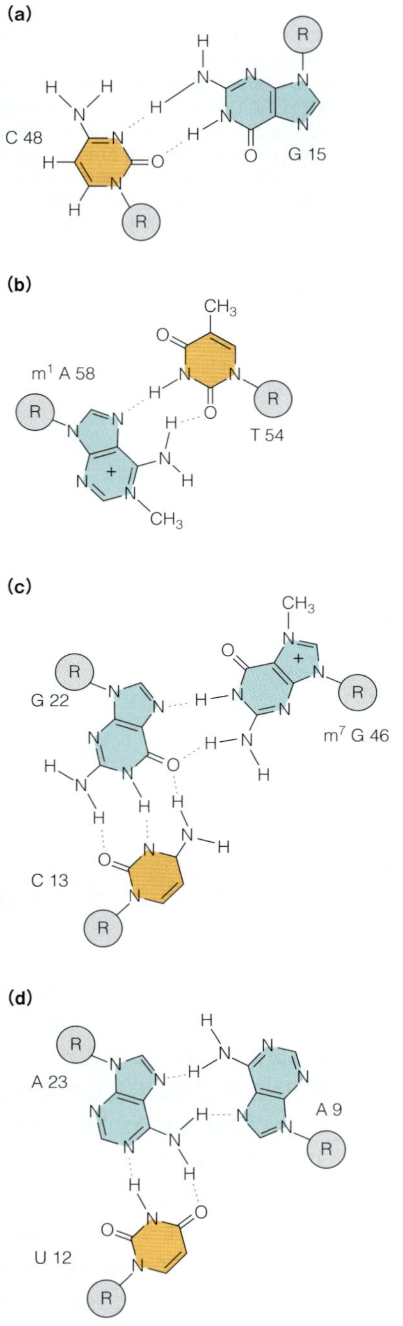

図 28.12　tRNA の例外的な塩基対形成　すべて図 28.11 の酵母 $tRNA^{Phe}$のものである。(**a, b**) 一般的でない塩基対。(**c, d**) 3 塩基間の相互作用の例。R は RNA 鎖のリボシル残基を表している。頭に m がついた塩基は，上つき文字の炭素原子がメチル化されている。塩基を示す文字の後ろの数字は，配列における位置を示している。

変化しない。このように三次元構造が保たれることで，それぞれの tRNA がリボソームに等しく結合し，機能を果たすことができると考えられている。

> **ポイント 7**
> すべての tRNA は，コドンと対をなすアンチコドンループ，アミノ酸が付加される受容ステムという一般的な共通構造をもつ。

tRNA のアミノ酸への結合とアミノアシル tRNA の形成：タンパク質合成の第 1 歩

アミノ酸は tRNA に共有結合で結合する。この結合は，アミノ酸のカルボキシ基と tRNA の 3′ 末端に必ず存在するアデノシン残基にあるリボースの 3′ 位の水酸基との間で起こる。正しいアミノ酸残基と tRNA との結合は，**アミノアシル tRNA シンテターゼ amino-acyl-tRNA synthetase**（AARS と略す）と呼ばれる一群の酵素によって行われる。大腸菌には 21 の合成酵素が存在し，それぞれが 1 つのアミノ酸と 1 つ以上の tRNA を認識する。リシンは合成酵素を 2 つもつ点がユニークである。図 28.13 に示すようにアミノ酸と tRNA を結びつける反応は 2 段階で進行する。はじめに，合成酵素に結合したアミノ酸は ATP によって活性化され，**アミノアシルアデニル酸 amynoacyl adenylate** を形成する。その後，酵素とまだ結合しているうちに，この中間体は正しい tRNA の 1 つと反応して共有結合を形成し，AMP を遊離する。

28

すべての合成酵素は本質的に同じ機能を果たすので，これらの酵素はほとんど同じ構造をもち，その差は微々たるものであると思うかもしれない。しかし，そうではない。アミノアシル tRNA シンテターゼには大まかに 2 つのクラスがある（I と II）。2 つの活性化部位は完全に異なり，2 つのクラスは対応する tRNA と正反対の側で結合する。さらに，クラス I 酵素は単量体として機能するが，クラス II は二量体もしくは四量体で働く。そのうえ，これらの酵素はメカニズムも異なっている。クラス II 酵素は，アミノアシルアデニル酸中間体のアミノアシル部分を，直接 tRNA 受容体の 3′ 水酸基に結合させる。一方，クラス I 酵素は 2′-アミノアシル tRNA 中間体をはじめに合成し，次に分子内エステル交換反応の結果，3′-アミノアシル tRNA が合成される。

なぜこのように極端に異なっているのかはわかっていないが，おそらくタンパク質合成の進化の初期段階で，他のアミノ酸に先駆けて含まれていたいくつかのアミノ酸を利用していた名残りであろう。この疑問と関係があるかもしれない最近の研究によると，いくつかのオルガネラと同様，ある生物（例えば，グラム陽

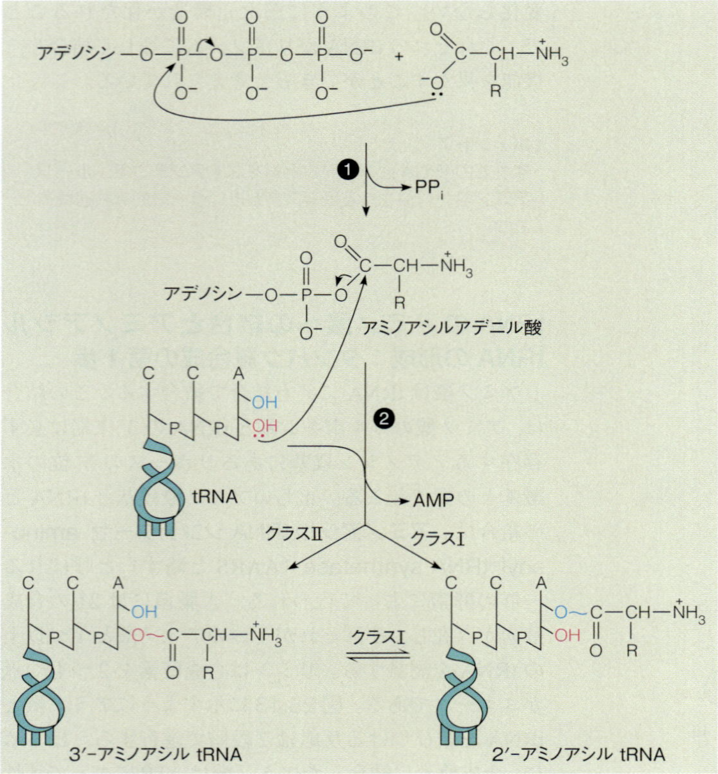

図 28.13　アミノアシル tRNA シンテターゼによるアミノアシル tRNA の形成　ステップ1でアミノ酸は合成酵素に受容され，アデニル化される。このとき，アミノアシルアデニル酸は酵素に結合したままである。ステップ2で合成酵素が適切な tRNA を受容し，アミノ酸残基が tRNA の 3′ 末端残基の 3′ 水酸基（クラスII酵素）に転移される。あるいは 2′ 水酸基に転移され，3′ アミノアシル tRNA に異性化される（クラスI酵素）。クラスI酵素にとって，AMP の 3′ 末端の 2′ 位の水酸基は反応 2 の求核分子である。

性細菌や古細菌）では，間接的なアミド転移過程を経て，アミノ酸と結合する tRNA もあるということである。例えば，$tRNA^{Gln}$は最初 Glu を結合し，それを Gln に置き換える。

$$Glu + tRNA^{Gln} + ATP \xrightleftharpoons{\text{グルタミル tRNA シンテターゼ}} Glu\text{-}tRNA^{Gln} + AMP + PP_i$$

$$Gln + Glu\text{-}tRNA^{Gln} + ATP \xrightleftharpoons{\text{Glu-tRNA}^{Glu}\text{ アミドトランスフェラーゼ}} Gln\text{-}tRNA^{Gln} + ADP + P_i + Glu$$

したがって，このような生物では，グラム陰性細菌や真核生物とは違い，Gln-$tRNA^{Gln}$シンテターゼを（もっているかもしれないが）必要としない。このことから，グルタミンは，タンパク質を構成するようになった最後のアミノ酸の1つであり，初期のうちはこうした間接的な経路によって組み込まれていたことが示唆された。

高等生物では，9つのアミノアシル tRNA シンテターゼが3つのアクセサリータンパク質とともに1つの高分子複合体となっている。この複合体の生物学的な機能は不明であるが，タンパク質合成とアミノ酸合成を調和させるのに寄与していると考えられている。

ポイント 8
アミノアシル tRNA シンテターゼによって，アミノ酸は適切な tRNA と対合する。

合成酵素は，アンチコドンに基づいて正しく tRNA を認識していると思うかもしれない。しかし，多くの研究から，その認識機構はもっと複雑で，さまざまなヌクレオチドが tRNA の認識要素として働いていることが示されている。1988 年に Ya-Ming Hou と Paul Schimmel は，$tRNA^{Cys}$や $tRNA^{Phe}$の（受容ステムにある 3 番目の塩基と 70 番目の塩基の間で形成される）塩基対を$tRNA^{Ala}$にみられるような G-U 対に置換すると，アラニンシンテターゼがこの $tRNA^{Cys}$ や $tRNA^{Phe}$ を認識し，アラニンを結合させることを示した。他の tRNA も，さまざまな場所で対応する合成酵素に認識されるようだ（図 28.14 参照）。認識部位がアンチコドンループと受容ステムに集まっているのははっきりしているが，単純な法則の存在は，まだわかっていない。認識部位が重要であることの印象的な例は，次の事実で示される。図 28.14 に示されている酵母 $tRNA^{Ala}$を刈り込んで図示してあるヘアピンが1つだけの分子にしても，この分子は，認識に重要な G-U 塩基対（赤で示してある）がありさえすれば，効率よく，正確にアミノアシル化されるのである。

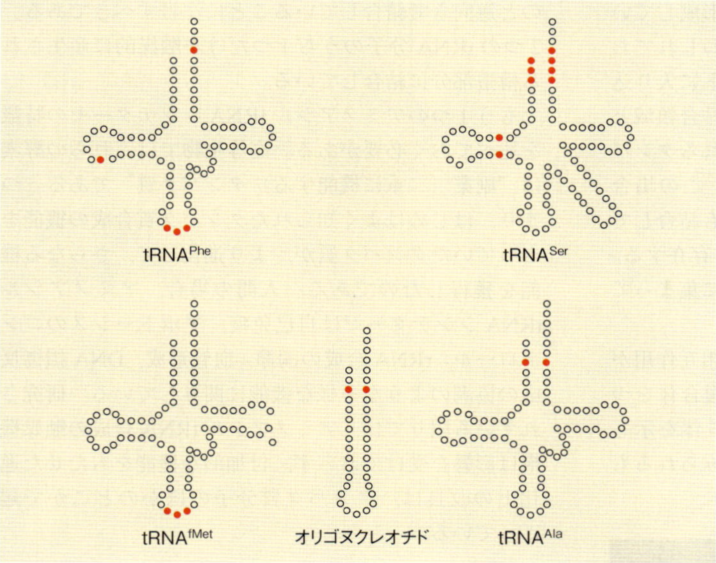

図 28.14　いくつかの tRNA における主な“認識要素”　赤丸は対応する酵素が認識する tRNA 部位を表している。さらに G-U アラニン認識要素（赤丸）を含む合成ポリヌクレオチドも示している。これは Ala-tRNA シンテターゼのよい基質である。

From *Science* 240：1591-1592, L. Schulman and J. Abelson, Recent excitement in understanding transfer RNA identity.　©1988. Reprinted with permission from AAAS. Adapted with permission from John Abelson.

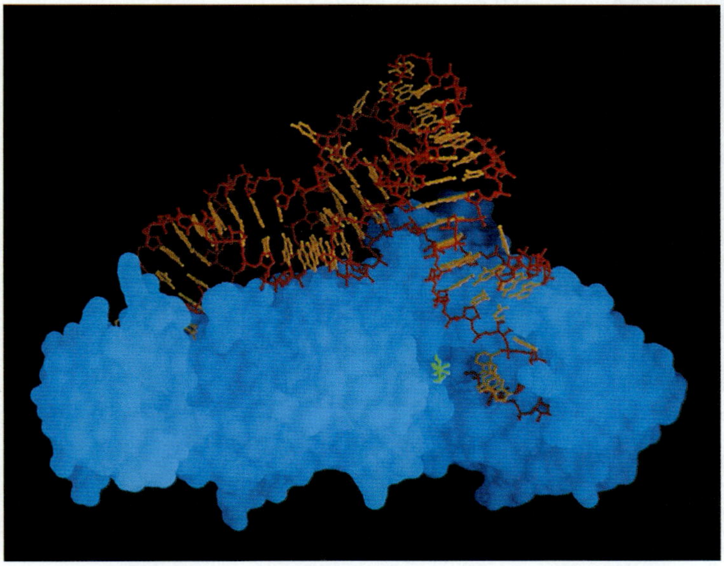

図 28.15　tRNA，ATP と結合した大腸菌 Glnt-RNA シンテターゼのモデル　tRNA は詳細な原子模型で表されており，タンパク質は溶媒に露出した表面（青）で示されている。ATP（緑）と tRNA の 3′ 受容ステムは，合成酵素の深い溝にフィットしている。この溝はアミノ酸を入れることもできる。このモデルはクラス I 酵素の単量体である。PDB ID：1GSG。

From *Science* 246：1135-1142, M. A. Rould, J. J. Perona, D. Söll, and T. A. Steitz, Structure of *E. coli* glutaminyl-tRNA synthetase complexed with tRNA（Gln）and ATP at 2.8 Å resolution. ©1989. Reprinted with permission from AAAS and Thomas Steitz.

アミノアシル tRNA シンテターゼは，DNA ポリメラーゼが行う校正のようなプロセスによって，正確な翻訳を行うことができる。酵素と結合したアミノアシルアデニル酸が形成されてからアミノアシル tRNA になる一瞬の間に，アミノアシル tRNA シンテターゼはアミノ酸側鎖の誤った結合を感知し，アミノ酸と tRNA が結合する前に中間体を加水分解することができる。さらに，たとえ間違ったアミノアシル tRNA が合成されたとしても，合成酵素はわずかな時間で誤ってチャージされたアミノ酸を間違いと認識し，放出されて翻訳に加わる前に加水分解することができる。タンパク質合成の全体としてのエラー頻度は 10^{-4} であるが，アミノアシル tRNA はこういった方法でこの数値に貢献している。確かに DNA 複製時のエラー頻度より低いが，エラーは次の世代に伝わらないのでエラーとしては結果的に低頻度となる。AARS の校正に関する研究の多くは，Ile-tRNA シンテターゼとイソロイシンとはたった 1 つメチレン基が異なるバリンを間違ってチャージしうることに関して行われた。このようにわずかに構造が異なっていても，誤ってチャージする頻度はたったの 3/10,000 である。

合成酵素による tRNA の認識機構は，複合体の結晶解析によって解明されている。図 28.15 はクラス I 合成酵素と tRNA の複合体（大腸菌の Gln-tRNA）を示している。図にあるように，tRNA はタンパク質上に横たわっており，アンチコドン領域と受容ステムの重

28

要な結合を含めた，複数の特異的な結合を形成している。これらの領域は両方とも複合体の中でねじれており，受容ステムは伸びて活性部位のポケットに入り込んでいる。このポケットは，ヌクレオチド結合領域として働くジヌクレオチドフォールドと呼ばれるタンパク質構造モチーフにより形成されている。この場合は，このポケットにアシル化に必要なATPも結合している。さらに，グルタミンが結合する部位も存在する。こうして，反応に必要な3つの要素が近くに集まっている。

クラスIIシンテターゼに関しても同様の相互作用がみられる。図28.16は，$tRNA^{Asp}$2分子と複合体をつくった酵母Asp-tRNAシンテターゼの二量体を示している。tRNAがクラスIシンテターゼでみられるのと逆向きで結合していることに注目すべきである。2つのtRNA分子のうち1つだけが触媒的に産生される構造部分に結合している。

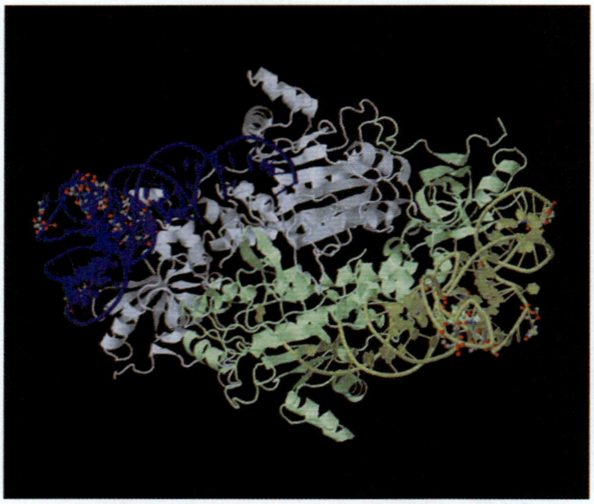

図28.16　2分子の$tRNA^{Asp}$と複合体を形成した酵母Asp-tRNAシンテターゼ　これは二量体のクラスIIシンテターゼである。タンパク質サブユニットは白と薄い緑色で描いてある。tRNA分子は青と金色で示してある。PDB ID：1ASY。

From *Science* 252：1682, M. Ruff, S. Krishnaswamy, M. Boeglin, A. Poterszman, A. Mitschler, A. Podjarny, B. Rees, J. C. Thierry, and D. Moras, Class II aminoacyl transfer RNA synthetases：Crystal structure of yeast aspartyl-tRNA synthetase complexed with tRNA（Asp）. ©1991. Reprinted with permission from AAAS and Marc Ruff.

もう1つのアミノアシルtRNAシンテターゼの特徴を述べておく必要がある。高等生物ではこれらの酵素は“副業（二重に機能する）タンパク質”である。つまり，はじめはよく知られたタンパク質合成の機能をもっていたタンパク質が，より進化して，さらなる機能を獲得したのである。人間の場合，アミノアシルtRNAシンテターゼは自己免疫，アポトーシスのコントロール，rRNA合成の調節，血管形成，DNA損傷反応の協調のような多様な機能に関与している。研究されている限りでは，アミノアシルtRNA合成の触媒機構は影響を受けておらず，付加的な機能をもたせた進化上の改良は，タンパク質分子のほかのどこかで起こっている。

リボソームと関連因子

これまで，タンパク質の生合成を行う上で必要な2つの物質，mRNAと適切なアミノ酸を結合しているtRNAについて述べてきた。これら役者たちは舞台の袖におり，あとは適切な監督とイベントが展開する舞台があれば十分である。この両方を提供するのがリボソームであり，典型的な細胞は数多くのリボソームを必要としている。例えば大腸菌は，20,000個ものリボソームを含んでおり，それは，細胞の乾燥重量の約25%を占めている。このように，細胞はリボソームを合成し，タンパク質合成に用いるために多くのエネルギーを注いでいる。

翻訳における可溶性タンパク質因子

リボソームを詳細に記述する前に，翻訳を行うもう1組のタンパク質について触れておく（機能については後で詳しく述べる）。これらのタンパク質は可溶性で，翻訳の3つの過程に関与している開始因子，伸長

表28.4　翻訳における可溶性タンパク質因子

	因子（細菌）	因子（真核生物）	翻訳における役割
開始	IF1	eIF1, eIF1A	70Sリボソームの解離を促進する
	IF2	eIF2, eIF2B	イニシエーターtRNAの結合を助ける
	IF3	eIF3, eIF4C	IF1と同様。リボソーム結合のためのmRNAを準備する
		eIF4A, eIF4B, eIF4F	eIF1，eIF1Aと同じ
		eIF5	eIF2，eIF3，eIF4Cの解離を助ける
		eIF6	不活性のリボソームから60Sサブユニットを解離するのを助ける
伸長	EF-Tu	eEF1α	アミノアシルtRNAをリボソームに運ぶのを助ける
	EF-Ts	eEF1$\beta\gamma$	GTPと一緒にEF-Tuの再生を助ける
	EF-G	eEF2	転位（トランスロケーション）を促進する
放出	RF1	eRF	放出因子（UAA，UAG）
	RF2		放出因子（UAA，UGA）
	RF3		放出を促進するGTPase

因子，放出（解離）因子である。表 28.4 ではこれらの因子を，当初細菌で研究されたように紹介するが，真核生物で対応するものも一緒に示す。翻訳の機構について説明するときに，再びこの表の情報を参照しよう。

リボソームの構成因子

リボソームは，60～70％の RNA と 30～40％のタンパク質を含んだ巨大なリボ核タンパク質粒子である。リボソームとそのサブユニットは，超遠心分離の際の沈降係数で特徴づけられる。こうして，細菌のリボソームは 70S 粒子と呼ばれ，およそ 2.5×10^6Da である。真核生物のリボソームはいくらか大きく，沈降係数 80S で，分子量は 4.2×10^6Da である。単離したリボソームが Mg^{2+}濃度の低いバッファーに入れられると，リボソームは 2 つの小さなサブユニットへ分離する。図 28.17 に示すように，原核生物の 70S リボソームは 30S，50S のサブユニットに分かれる。これらのサブユニットの分離と会合が，翻訳の過程で非常に重要であることは後で述べる。図 28.17 には，それぞれのサブユニットのもつ RNA やタンパク質の構成因子の数も示している。細菌の 50S サブユニットは 2 つの rRNA 分子（5S と 23S）と 34 個の異なるタンパク質が含まれるが，30S サブユニットはただ 1 つの rRNA（16S）と，50S に含まれるタンパク質とすべて異なる 21 個のタンパク質が含まれている。小サブユニット由来のタンパク質は S1，S2，S3…S21 と呼ばれ，大サブユニット由来のタンパク質は L1，L2，L3…L34 と呼ばれる。すべてのタンパク質はリボソーム当たり 1 コピー存在するが，L12 だけは例外で，4 コピー存在する。真核生物のリボソームは，より大きな rRNA とより多くのタンパク質をもち，かなり大きい。ここでは主に，構造と機能がはるかに詳細にわかっている細菌のリボソームについて論じていこう。

リボソームが複雑で，特に各サブユニットに多くのタンパク質が存在することが明らかになると，粒子の構造を決定することやリボソームを構成する各タンパク質の機能を理解することは困難な仕事であるように思えた。しかし，Peter Traub と Masayasu Nomura により，1968 年には 30S サブユニットを分離した RNA と構成因子であるタンパク質から再構成できることがわかった。再構成された 30S サブユニットは，50S サブユニットと結合すると，in vitro でタンパク質合成の活性を有した。いくつかのタンパク質には，特定の別タンパク質が結合してからでないと複合体に取り込まれない，という決められた順序が見られた。予想されるとおり，転写と翻訳が連動することにより，翻訳過程で初期に結合したタンパク質は 5′ 末端側に結合する。in vitro でリボソームを再構成できることにより，それぞれのリボソームタンパク質の機能の解析ができるようになった。というのは，リボソームのサブユニットは特定のタンパク質がなくても複合体形成できたため，故意に変えられた粒子について機能解析がなされたのである。

より最近の研究により，in vivo でのリボソームの形

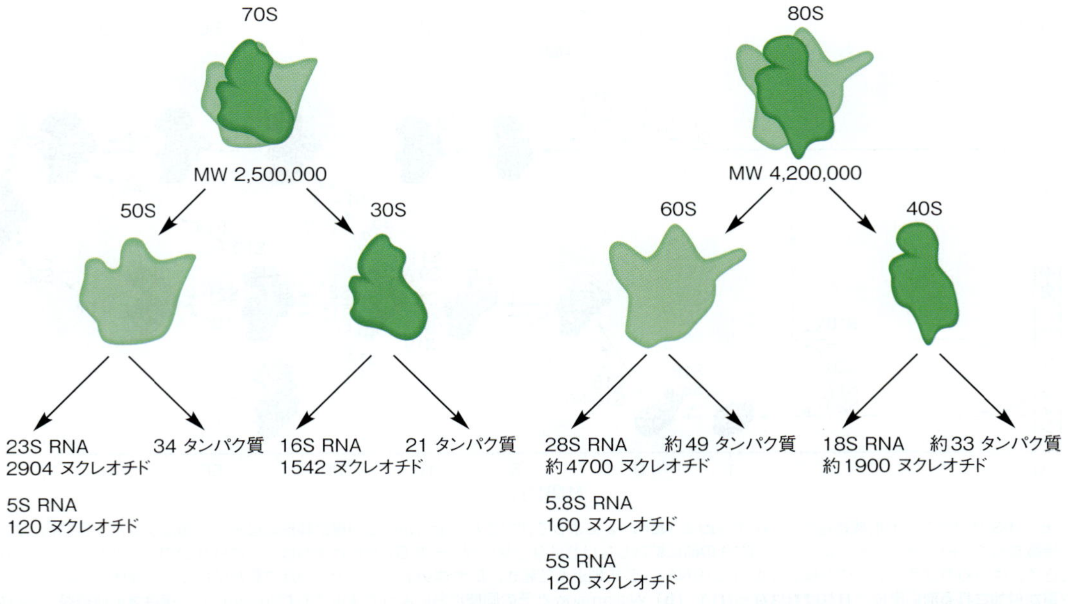

図 28.17　細菌と真核生物のリボソームの構成因子　細菌（左）と真核生物（右）のリボソームは，同じ構造プランに沿って組み立てられているが，真核生物のリボソームはいくらか大きく複雑である。リボソームサブユニットの形は，電子顕微鏡によって決定された。
Modified from *Molecular Biology of the Cell*, 4th ed., B. Alberts et al. Garland Science, New York, 2002.

成過程は in vitro での形成過程と多くの点で異なっていることが示された。James Williamson とその同僚によって，リボソームの集合中間体が抗生物質のネオマイシンで処理した大腸菌で蓄積することがわかり，^{15}N パルスラベリングと質量分析法で解析された。それぞれのリボソーム複合体の中間産物の電子顕微鏡による解析から，さらなる情報が得られた。in vitro と in vivo の形成過程の違いは次のようなものである。1つ目は，in vivo でのリボソーム形成は，はじめに rRNA の 5′ ドメインにタンパク質を加えていく経路と 3′ ドメインに加えていく経路の 2 つが同時に進行すること。2 つ目は，中央ドメインに結合するいくつかのタンパク質は 16S rRNA の両端と結合するタンパク質の前に取り込まれること。3 つ目は，リボソームは，新しく合成されたタンパク質と以前に合成された完全なサブユニット由来のタンパク質の両方からつくられる，ということである。図 28.18 に in vitro と in vivo の形成過程の主な特徴をまとめてある。

ポイント９
複雑であるにもかかわらず，リボソームのサブユニットは in vitro で組み立てることができる。

リボソーム内のタンパク質のアミノ酸配列を比べると，全く相同性はみられないが，生物種間で比較すると進化的に非常によく保存されていることがわかる。このように，リボソームは生命の歴史の初期に進化してきた複合体であり，あまり変化せずに現在まで残っているのである。真核生物のリボソームは原核生物のリボソームと非常に異なっているが，進化における連続性は明らかである。多くの rRNA の配列が同じストーリーを教えてくれている。事実，比較的ゆっくりとした進化速度であったため，rRNA は系統樹間の進化尺度として広く有用である。Carl Woese が第 3 のドメインである古細菌を提唱したのは 16S rRNA の配列

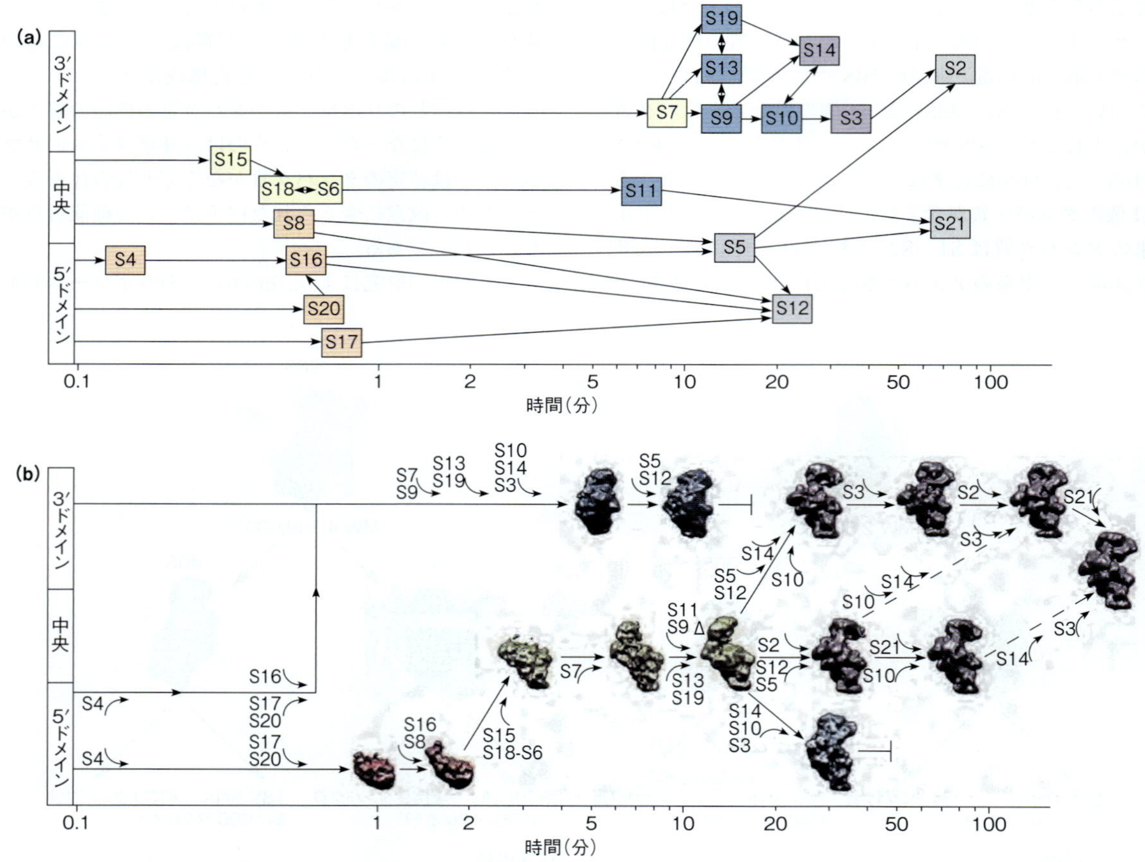

図 28.18　30S サブユニット形成過程図　**(a)** Traub と Nomura によって決定された in vitro での複合体形成経路。矢印はタンパク質結合が起きる定まった特徴を示す。例えば S7 は，S9，S13，S19 の前に結合しなければならないが，一度 S7 が結合すれば，これら 3 つのうちどれでもつけ加わることができる。はじめのほうのタンパク質結合は 16S rRNA の 5′ 末端近くで起き，5′ や中央ドメインのタンパク質が結合した中間体は，3′ ドメインのタンパク質が付加される前に形成されなければならない。**(b)** Williamson とその同僚たちによって決定された in vitro での複合体形成経路。平行な経路は 16S rRNA の 5′ ドメインか，または 3′ ドメインにタンパク質が付加されて開始する。

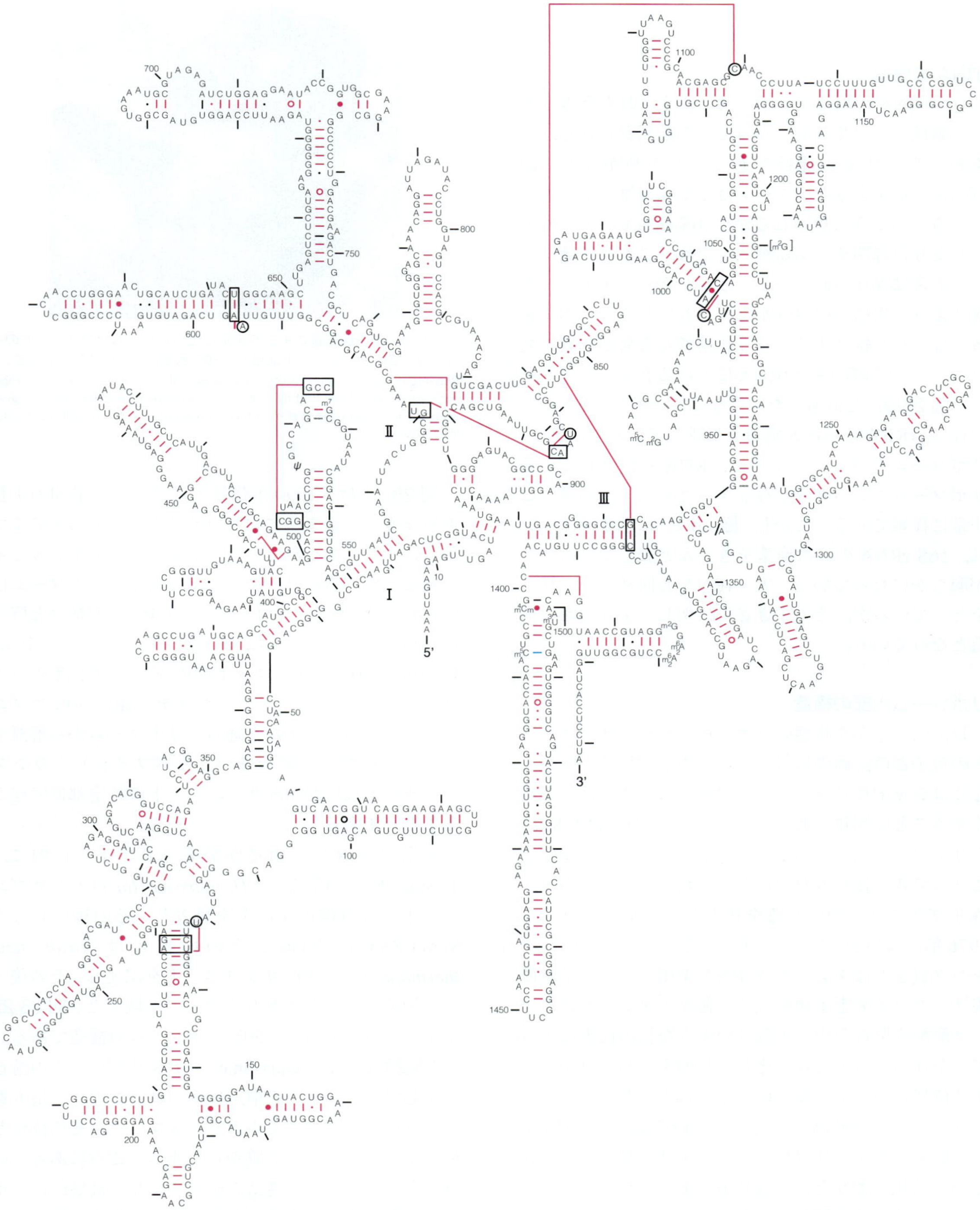

図 28.19　大腸菌 16S rRNA の二次構造　配列は，相補鎖部分で最大の塩基対形成がされるように並べた。この分子には 3 つの主な折りたたみドメインがある（Ⅰ～Ⅲ）。標準的でない塩基対（A-U，G-C 以外）は特別な記号で示してある（ピンクの点，黒の点またはピンクの丸）。三次元の（比較データとの）相互作用は，実線で結ばれている。

From *BMC Bioinformatics* 3：2, J. J Cannone, S. Subramanian, M. N. Schnare, J. R. Collett, L. M. D'Souza, Y. Du, B. Feng, N. Lin, L. V. Madabusi, K. M. Müller, N. Pande, Z. Shang, N. Yu, and R. R. Gutell, The Comparative RNA Web（CRW）Site：An online database of comparative sequence and structure information for ribosomal, intron, and other RNAs. This article is available from www.biomedcentral.com/1471-2105/3/2. ©2002 Cannone et al.；licensee BioMed Central Ltd. Verbatim copying and redistribution of this article are permitted in any medium for any purpose, provided this notice is preserved along with the article's original URL. Image provided courtesy of Robin Gutell.

分析からであった。

rRNA の構造

16S rRNA の塩基配列が最初に決定されたとき，多くの領域で自己相補的になっている配列が存在し，二本鎖を形成する可能性があることがわかった。図 28.19 で示すようなパターンはとても複雑で不ぞろいであるかのように思われるが，16S rRNA の塩基配列でかなり遠縁関係にある種同士でも，二本鎖領域において非常に保存されていることがわかる。事実，一次構造より二次構造のほうが保存されており，二本鎖領域で塩基対を維持するような相補的な変異が頻繁に発見される。図 28.19 は tRNA におけるクローバーリーフ（図 28.9）と似通った図になっているが，tRNA と同様に，rRNA も三次元構造を形成している。しかし，リボソームサブユニットでは，RNA と結合しているリボソームタンパク質が存在するために，その構造は非常に複雑である。しかし，図 28.19 に示すパターンは，16S rRNA の二次構造をきちんと表していることが明らかになっている。23S rRNA も同様な二次構造をとっているが，その大きさに比例してより複雑な構造となっている。

リボソーム内部の構造

以前に，完全な状態のリボソームやそのサブユニットの電子顕微鏡画像は得られていたが，粒子を染色もしくはシャドウイングする必要があるため解像度を高くすることは困難であった。また，タンパク質と RNA がリボソーム内でどのように配置されているかを知ることのできる技術もなかった。それにもかかわらず，各サブユニットがつくる全体としての形は，早くも 1976年にはわかっていた（図 28.20）。タンパク質–タンパク質またはタンパク質–RNA 架橋，免疫電子顕微鏡法，クライオ電子顕微鏡法，個々のタンパク質のアミノ酸配列解析や中性子散乱のような他の技術によって，全体の構造のなかでそれぞれのタンパク質が存在する位置についての多くの情報が得られた。

リボソームを結晶化させようという試みは 1970 年代に始まったが，リボソームのサイズと複雑さが，初期の結晶化しようという取り組みを妨げた。結晶化の試みを成功させる鍵となったのは，特に Ada Yonath 研究室で行われた，極限環境の細菌を原料として使用することだった。その当時まで大腸菌のリボソームは最もしっかりと研究されていたが，超好熱性古細菌（*Thermus thermophilus*）や好塩性生物（*Haloarcula marismortui*）が最良の結晶を生み出した。リボソームの構造は進化的によく保存されているため，これらの細菌のおかげで満足のいくリボソームのモデルが得られた。

図 28.20 電子顕微鏡によって決定したリボソームサブユニットのイメージ 50S サブユニットは黒で，30S は明るい灰色で示してある。

図 28.21 は，1990 年代後半に得られた最初の中程度解像度の構造を基にした 70S リボソームのモデルである。すでに知られていた，あるいはこのモデルで示される重要な特徴は，次のことである。リボソームは tRNA 結合部位を 3 つもつこと，mRNA の結合と解読は 30S リボソームで起こること，アミノアシル tRNA が 30S と 50S サブユニット間のギャップを埋めること，新たに合成されたポリペプチド鎖が 50S サブユニットにあるトンネルを通ってリボソームから解離すること，ペプチド結合をつくるペプチジルトランスフェラーゼ反応が 50S サブユニットの特定部位で起こること，である。

中程度解像度の構造が発表されて 1 年以内に，Thomas Steitz 研究室は *H. marismortui* の 50S サブユニットの高解像度な構造を発表し，その後間もなく Venki Ramakrishnan とその同僚らは *Tetrahymena thermophilus* の 30S サブユニットを記述し，その後，この細菌の完全な 70S リボソームが続いた。図 28.22 が示すのは，Steitz の 50S リボソームの構造である。図 28.23 では Ramakrishnan の 70S リボソームの構造を示している。両方の構造にみられるおそらく最も顕著な特徴は，ペプチジルトランスフェラーゼ部位がどのリボソームタンパク質からも遠いところにあるということである。この構造の研究により，最終的にリボソームがリボザイムであるということが立証された。この酵素反応についてと，どのような構造の研究がリボソームの機能を明らかにしたのかについては，後で述べる。リボソームの構造と機能解明に貢献したとして，Yonath と Steitz と Ramakrishnan は 2009 年のノーベル化学賞を共同受賞した。

2010 年後半に Adam Ben-Shem とその同僚は，酵母 80S リボソームの構造を 4.15Å の解像度で報告し，

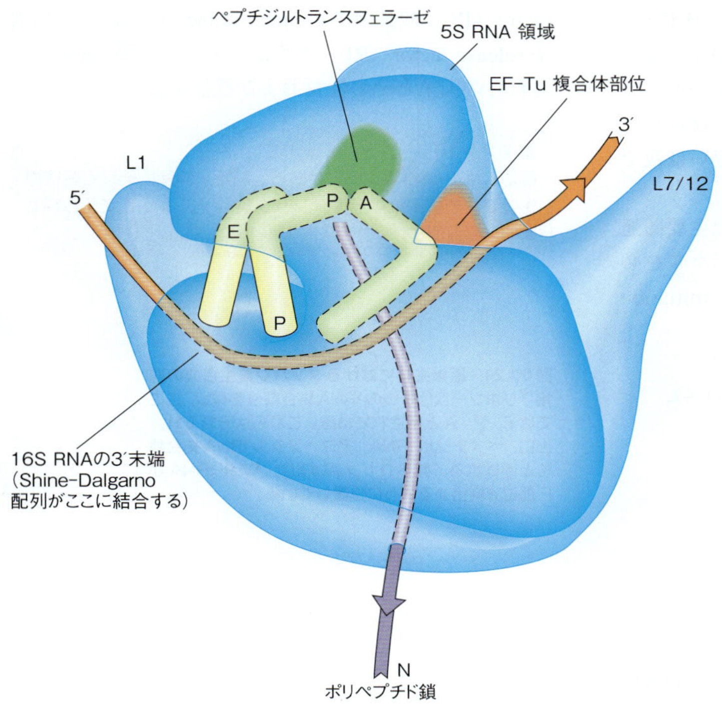

図 28.21　初期の構造データに基づいた 70S リボソームのモデル　このモデルは 3 つの tRNA 結合部位がすべて同時にふさがれている。これは普通に起きるものではない。このモデルは 30S サブユニットを前面に，50S サブユニットを背面にしたものである。

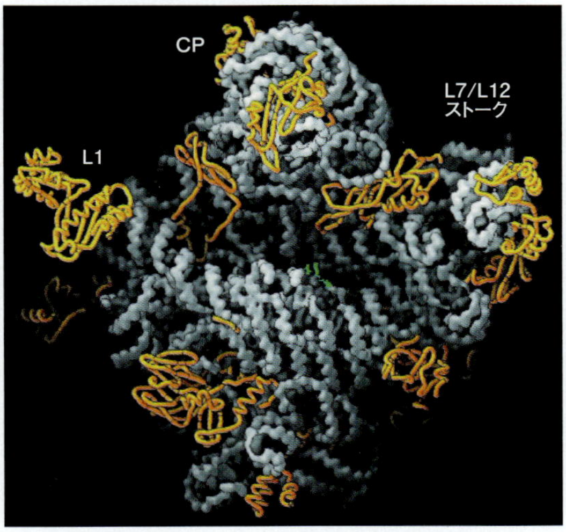

図 28.22　50S リボソームサブユニットの高解像度モデル　この図には，初期の電子顕微鏡写真にもみられたような，2 つのストークと中央の突起（CP）が見える。この像では RNA は灰色，タンパク質は黄色で示している。緑色で示したペプチジルトランスフェラーゼ部位は，阻害剤の結合から特定された。PBD ID：1FFK。

From *Science* 289：905–920, N. Ban, P. Nissen, J. Hansen, P. B. Moore, and T. A. Steitz, The complete atomic structure of the large ribosomal subunit at 2.4 Å resolution. ©2000. Reprinted with permission from AAAS.

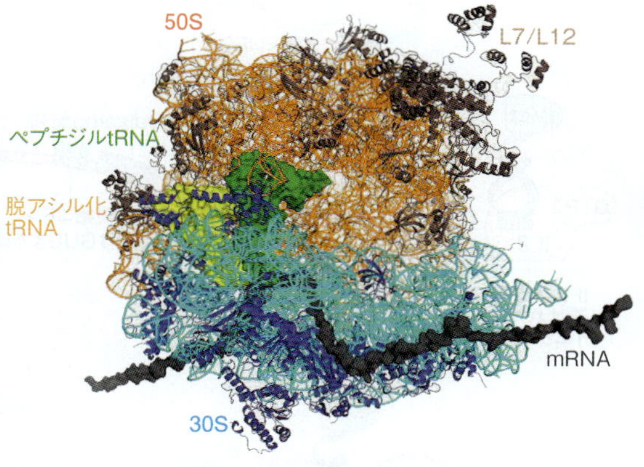

図 28.23　mRNA と tRNA の結合した 70S リボソームのモデル　30S サブユニットは薄い青緑色（RNA）と青色（タンパク質）で，50S サブユニットはオレンジ色（RNA）と茶色（タンパク質）で示してある。tRNA が 2 つ結合しているのが確認できる。ペプチジル tRNA は緑色，脱アシル化 tRNA は黄色，mRNA は灰色で示した。PBD ID：2j00（30S-1），2j01（50S-1），2j02（30S-2），2j03（50S-2）。

Courtesy of V. Ramakrishnan (2009) Nobel Prize lecture. ©The Nobel Foundation.

また 2011 年前半には *T. thermophila* のリボソームの大サブユニットがいくらか高解像度で報告された。報告された酵母の構造（本書のカバーになっている）は“ラチェット”状であった。これはトランスロケーション，つまり 1 つのコドンから隣のコドンへのアミノアシル tRNA の移動の中間体を現していると考えられる。細菌のリボソームとの大きな違いは，リボソームタンパク質がリボソーム RNA とではなくタンパク質同士で互いに相互作用していることが多いことである。

翻訳機構

さて，ここまでは翻訳のプロセスに関与するすべての関係因子，mRNA，アミノ酸が結合した tRNA，可溶性のタンパク質因子そして翻訳を実際に行うリボソームについて述べてきた。転写と同様，翻訳を開始，伸長，終結の 3 つのステップに分けることができる。ここでは，まずこれらのステップを最も理解が進んでいる原核生物で説明する。基本的な違いではないが，真核生物のタンパク質合成における重要な違いは次で説明する。

翻訳のそれぞれのステップは，先に挙げた主要関連因子と相互作用するいくつかの特定のタンパク質を必要とする。これらのタンパク質は，開始因子 initiation factor（IF），伸長因子 elongation factor（EF），放出因子 release factor（RF）と呼ばれている。表 28.4 に，これらの因子とその性質および機能をまとめた。

ポイント 10
翻訳には 3 つのステップがある。開始，伸長，そして終結の 3 つで，それぞれ可溶性タンパク質因子によって支えられている。

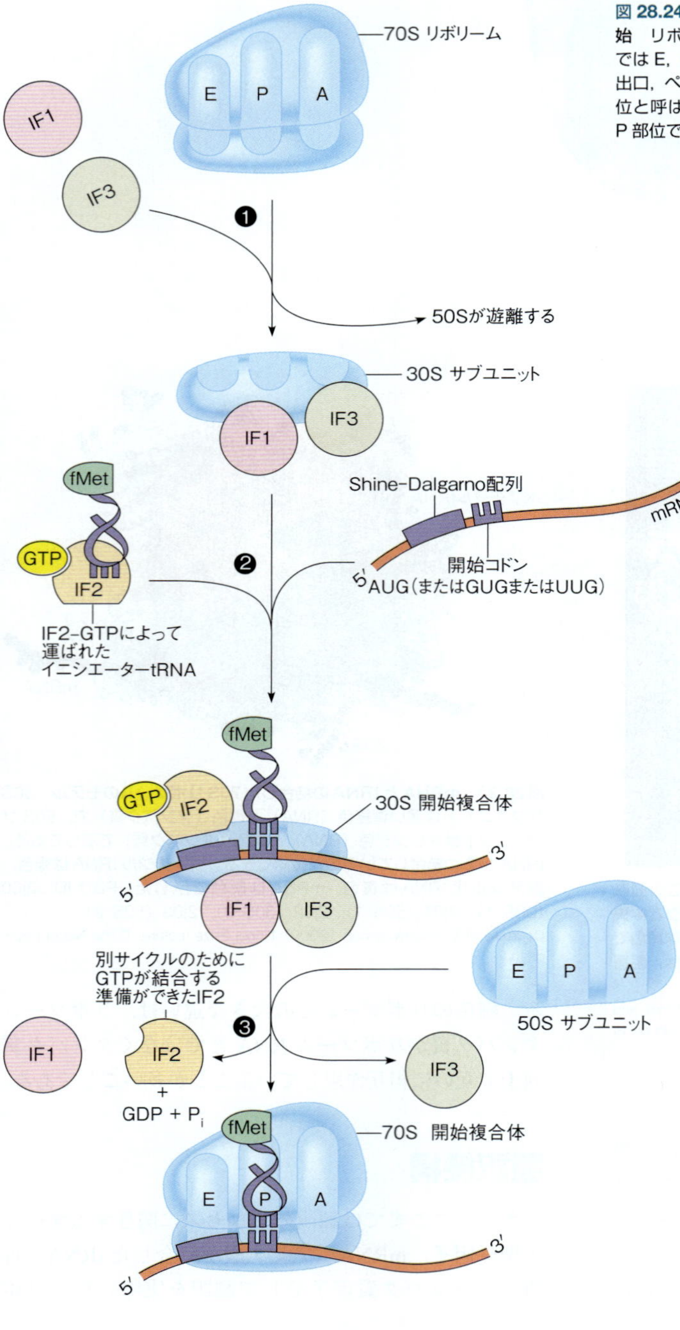

図 28.24　原核生物におけるタンパク質生合成の開始　リボソームは 3 つの tRNA 結合部位を有し，ここでは E，P，A と示されている。これらはそれぞれ，出口，ペプチジル tRNA，アミノアシル tRNA 結合部位と呼ばれる。開始コドン AUG は，fMet-tRNA が P 部位で結合するように位置している。

開始

翻訳の開始を図 28.24 に示す。開始では，mRNA とアミノ酸のついたイニシエーター tRNA に結合したリボソームからなる 70S 開始複合体が形成される。細菌ではイニシエーター tRNA に *N*-ホルミルメチオニン formylmethionine（fMet）が結合している。まず，mRNA と tRNA は解離した 30S サブユニットに結合し，そこに 50S サブユニットが追加されて，完全な複合体が形成される。多くの場合，イニシエーター tRNA が結合する開始コドンは AUG で，mRNA の内部ではメチオニンコドンとしても使用される。以前に示したように（p.1054），開始 AUG は内部のメチオニンコドンとは 16S rRNA の相補的配列と結合する上流の Shine–Dalgarno 配列の存在で区別されている。その結果，開始 AUG が位置づけられる。

mRNA とイニシエーター tRNA の結合には，遊離した 30S サブユニットへの 3 つの**開始因子 initiation factor**（IF1，IF2，IF3）の結合が必要である。IF3 と IF1 は，70S リボソームの解離を促進して，開始に必要な遊離 30S サブユニットの生成に作用する（図 28.24，ステップ 1）。第 3 の因子である IF2 は，GTP1 分子とともに 30S サブユニットに結合するが，この際にイニシエーター tRNA の結合を伴うと考えられる。IF2 はシグナル伝達に関連する G タンパク質と同様，G タンパク質である。そして IF2–fMet–tRNA^{fMet}複合体が 30S サブユニットに結合すると同時に，mRNA が 30S サブユニットに結合する（ステップ 2）。これらの因子の結合の順序はまだ解明されていないが，IF2–GTP が最初の（イニシエーター）tRNA の結合に必須であることは確かである。イニシエーター tRNA と mRNA との結合によって，30S 開始複合体の形成は完了する。開始複合体は，50S サブユニットに対して強い親和性をもっているので，50S があれば結合し（ステップ 3），同時に IF3 がリボソームから遊離する。

イニシエーター tRNA は特殊である。通常，メチオニンをコードする AUG コドンを認識して結合するが，実際には *N*-ホルミルメチオニンを運んでいる。ホルミル基は，tRNA にアミノ酸が付加されたのち，特定の tRNA^{fMet}を認識して 10-ホルミルテトラヒドロ葉酸からホルミル基を転移させる酵素（ホルミルトランスフェラーゼ）によって追加される（図 20.17，p.761 参照）。ここでは，tRNA^{fMet}のみが 30S 開始複合体を形成することができる。その他のアミノ酸が付加された tRNA は，完全に複合体が形成された 70S リボソームを必要とする。したがって，大部分の（すべてではない）原核生物のタンパク質は同じ N 末端残基，つまり *N*-ホルミルメチオニンから合成される。ほとんどの場合，このホルミル基はペプチド鎖延長の際に取り除かれる。多くのタンパク質においてメチオニンそのものも，後に切り取られることになる。

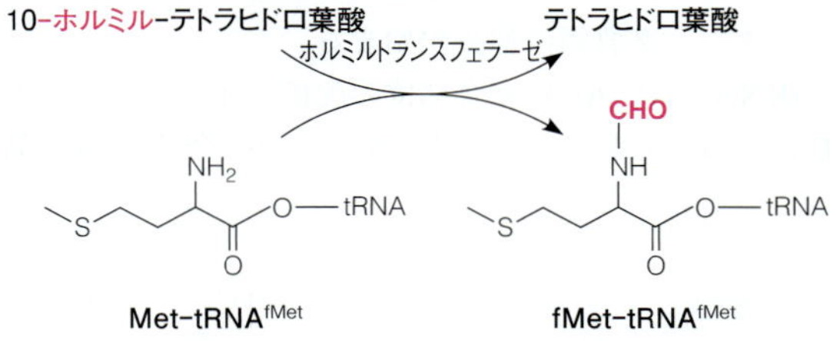

mRNA は，メッセージの 5′ 末端の近くで 30S サブユニットと結合する。これはすべてのメッセージが 5′ →3′ 方向に翻訳されることから妥当なことである。前述したように AUG 開始コドンは，16S rRNA の 3′…UCCUCC…5′ 配列と相補的な上流の Shine–Dalgarno 配列に認識される。この配列はどんな Shine–Dalgarno 配列とも対合する（例を表 28.3 に示す）。この対合は，リボソームの 3 つの tRNA 結合部位の 1 つである P 部位の隣に開始コドンを配置させるなど（後述），翻訳開始のためのメッセージを正しく並べている。

> **ポイント 11**
> 開始において，mRNA がリボソームに正しく結合するかどうかは Shine–Dalgarno 配列がリボソームの 16S rRNA 上の配列と結合することで決定される。

翻訳は，50S サブユニットが 30S 開始複合体に結合するまでは始まらない。リボソームには tRNA 結合部位が 3 つあり，それらは P（ペプチジル）部位，A（アミノアシル）部位，E（出口）部位と呼ばれている。fMet–tRNA^{fMet}が結合した AUG 開始コドンが P 部位に並ぶと，この時点で IF2 が運んできた GTP 分子が加

28

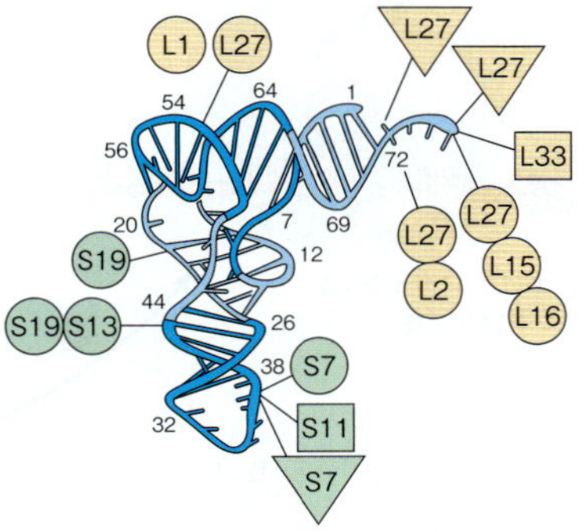

図 28.25　架橋によって決定されたリボソームでの tRNA の環境　tRNA の決まったヌクレオチド部位からリボソームタンパク質までの架橋を示している。タンパク質は，tRNA の位置によってさまざまに架橋された。A 部位＝三角形，P 部位＝円，E 部位＝四角。S＝小サブユニット，L＝大サブユニット。

Biochimie 76：1235–1246, J. Wower, K. V. Rosen, S. S. Hixson, and R. A. Zimmermann, Recombinant photoreactive tRNA molecules as probes for cross-linking studies.

水分解され，IF2-GDP，P_i と IF1 が複合体から解離する。これまでに形成された 70S 開始複合体は 2 番目のアミノ酸のついた tRNA を受け入れる準備ができており，タンパク質鎖の伸長が始まる。

tRNA の P，A，E 結合部位の配置は元々は化学的架橋によって立証された（図 28.25）が，今は X 線結晶解析で確かめられている（図 28.23）。tRNA 分子の末端にあるアンチコドンが 30S サブユニットに接し，受容末端が 50S サブユニットと特異的に相互作用する。相互作用したすべてのリボソームタンパク質は 30S と 50S サブユニットの間のくぼみに存在している。tRNA 分子は，30S サブユニット近くのくぼみの底部

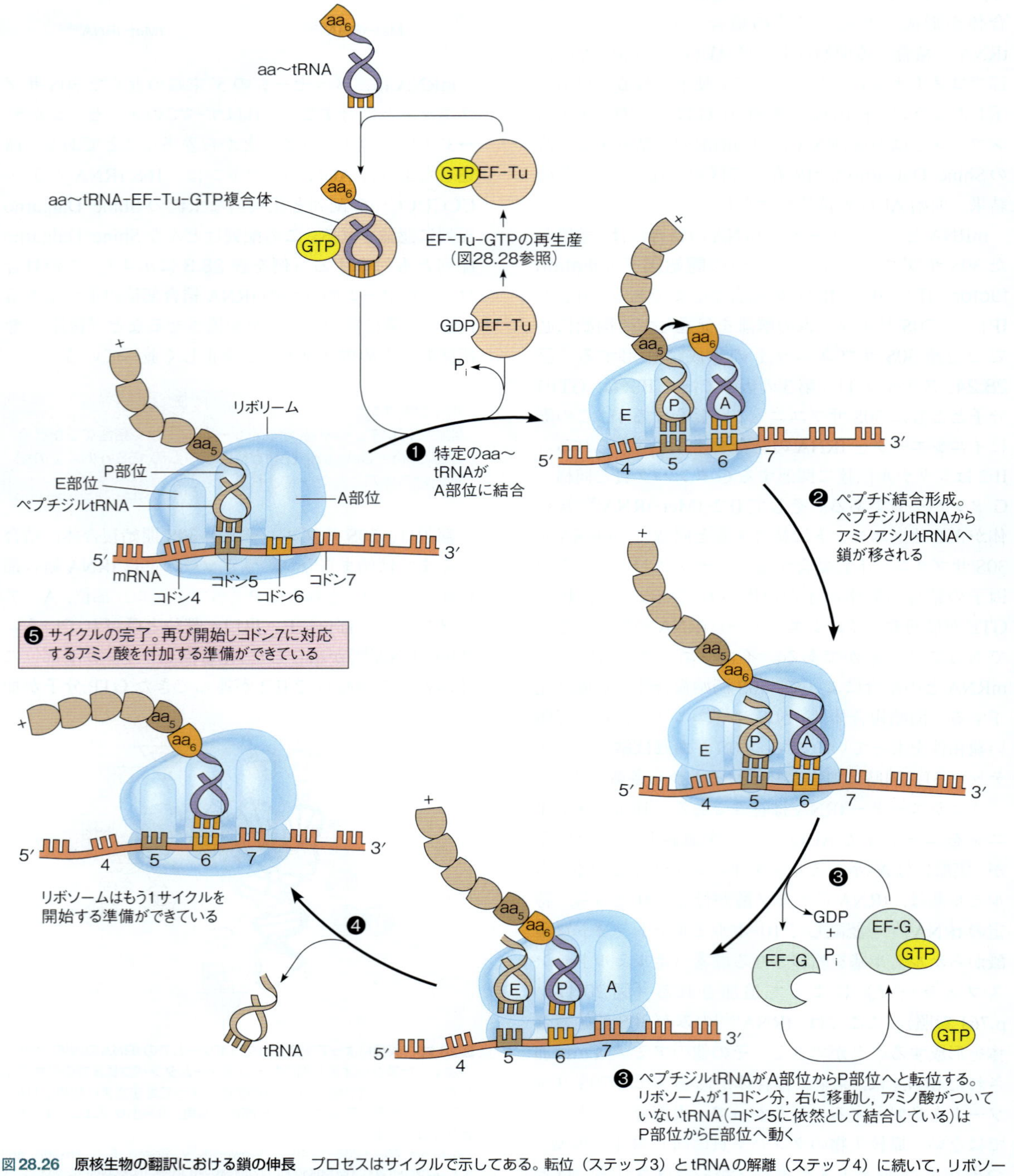

図 28.26　原核生物の翻訳における鎖の伸長　プロセスはサイクルで示してある。転位（ステップ 3）と tRNA の解離（ステップ 4）に続いて，リボソームは次のアミノアシル tRNA（aa～tRNA）を受容する準備が整う。このサイクルを繰り返す。このサイクルは，終止コドンに達するまで続く。全体の伸長過程における最初の反応は，A 部位の aa_2～tRNA と P 部位の fMet～tRNA 間の反応である（fMet は aa_1）。

にある mRNA にアンチコドンが接するように配置され，そして受容末端はくぼみの上部にある 50S サブユニットのペプチジルトランスフェラーゼ領域と接するようになっている。

伸長

リボソーム上におけるポリペプチド鎖の伸長は，周期的なプロセスによって営まれる。図 28.26 はこのサイクルの一周りを図示している。この詳細な例において，N 末端から 5 番目のアミノ酸が 6 番目のアミノ酸に結合している。しかし，すべてのサイクルは終結シグナルに達するまで同じである。

各サイクルの開始時には，合成途中のポリペプチド鎖が P 部位の tRNA に結合しており，A 部位と E 部位は空になっている。A 部位に並ぶのは次に組み込まれるアミノ酸に対応する mRNA コドンである。アミノ酸が付加された（アミノアシル化された）tRNA は，GTP1 分子を結合したタンパク質である伸長因子 EF-Tu とともに複合体として A 部位に結合する（IF2-GTP とパラレルであることに注目）。EF-Tu は，正しいアミノアシル tRNA がそのコドンに確実に適合することに積極的な役割を果たす。図 28.27 に模式的に示されたように，アミノアシル tRNA は EF-Tu と複合体形成しているときは歪んでいる。これは Ramakrishnan 研究室の成果から明らかとなった。最初の結合によって tRNA のアンチコドンループが 30S サブユニット上の解読センターに入る。このとき受容ステムは EF-Tu 部位付近にある。解読部位のヌクレオチドは，アンチコドンループの主溝，特にポジション 1，2 を探る。この構造の研究により，コドン-アンチコドンの一致がはじめの 2 つのポジションでより厳密であるこ

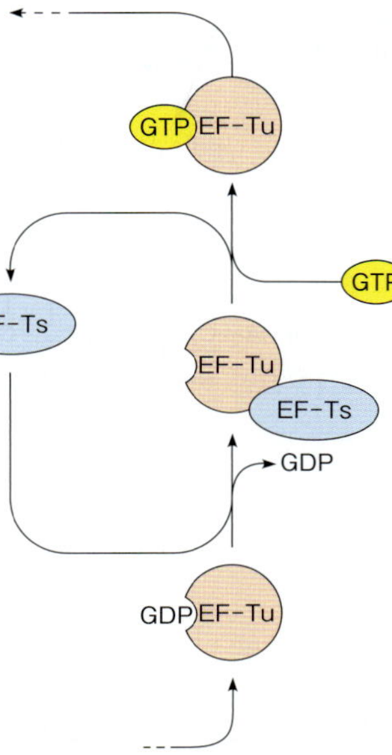

図 28.28　Tu-Ts 交換による EF-Tu-GTP の再生産　この図は，図 28.26 の上の部分で示される再生産サイクルの詳細である。EF-Ts が EF-Tu に結合すると GDP が放出され，新たな GTP が結合して次のサイクル用に EF-Tu を用意する。

28

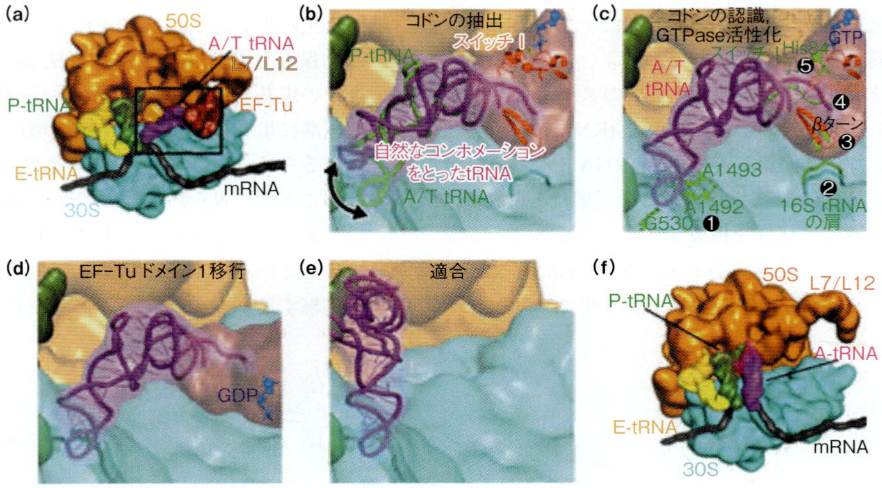

図 28.27　リボソームの解読経路　**(a)** 50S サブユニット上の L7/L12 ストークが三重複合体（アミノアシル tRNA-EF-Tu-GTP）を，E 部位に脱アシル化 tRNA，P 部位にペプチジル tRNA をもったリボソームへとリクルートする。次に続くパネルは，黒枠内を拡大したものである。A/T tRNA は一時的に歪んだ tRNA 分子で，30S サブユニットの解読部位と EF-Tu に同時に相互作用するために，サブユニット間のスペースに結合している。**(b)** tRNA のさぐりあい，コドン-アンチコドンのペアリング。**(c)** 適合はコーディング部位（G530，A1492，A1493）の特定のヌクレオチドで感知される。コドンの認識が 30S サブユニットのドメイン閉鎖を起こす。一連の構造変化（②～⑤で示してある）が疎水性ゲートを開き，EF-Tu 上の His84 に GTP の加水分解を開始させる。**(d)** GTP 加水分解と P_i の放出は EF-Tu に構造変化をもたらし，リボソームからの解離を引き起こす。**(e)**，**(f)** EF-Tu の解離はアミノアシル tRNA 構造をゆるめ，コーディング部位とペプチジルトランスフェラーゼ部位の両方に適合させる。PDB ID：2WRN，2WRO，2WRR。
From *Science* 326：688-693, T. M. Schmeing, R. M. Voorhees, A. C. Kelley, Y.-G. Gao, F. V. Murphy IV, J. R. Weir, and V. Ramakrishnan, The crystal structure of the ribosome bound to EF-Tu and aminoacyl-tRNA to EF-Tu and aminoacyl-tRNA. ©2009. Reprinted with permission from AAAS.

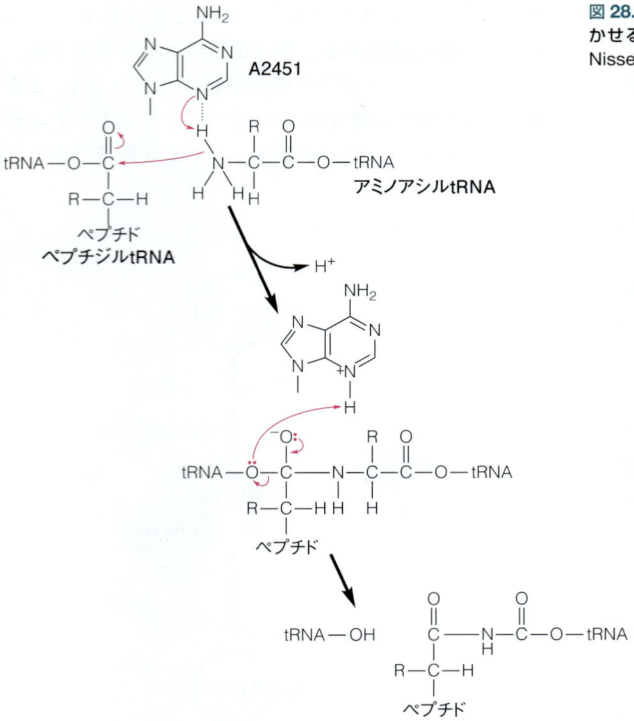

図 28.29　2,451番目のアデニン（大腸菌）を一般塩基として働かせるペプチジルトランスフェラーゼの機構　この機構は，P. Nissenらによる50Sサブユニットの構造に基づいている。

とを示すことによって，ゆらぎ仮説の確証が得られた。EF-TuによるGTPの加水分解の結果，アミノアシルtRNA全体をA部位に移動させる構造変化が起き，EF-Tu自体が解離する。EF-Tu-GTP複合体が次に，図28.28に示される補助的サイクルによって再び産生される。アミノ酸を保持したtRNAがその場所に到達すると，GTP加水分解の前後にチェックが行われ，もし間違っていれば拒絶される。

ペプチド結合形成は，重要な次のステップである（図28.26，ステップ2）。P部位でtRNAに結合していたポリペプチド鎖は，A部位のtRNA上にあるアミノ酸のアミノ基に転移される。この反応は，50Sサブユニットの不可欠部分を構成するペプチジルトランスフェラーゼによって触媒される。前述のように，50Sサブユニットの構造決定によって，サブユニットのRNA部分で触媒反応が行われていることが決定的に実証された。この発見は，生命の起源に対する“RNAワールド”モデルを受け入れるのに非常に重要である。というのも，この発見は，タンパク質なしのRNA存在下で，どのようにして生きた細胞の祖先が存在しうるかを示しているからである。

Steitz研究室による50Sサブユニットの解析によると，保存されたAMP残基（*H. marismortui*の2,486番目の塩基と大腸菌の2,451番目の塩基）がプリン環を極端に塩基性にするような環境に存在するが，これはおそらく，近くのGMPと水素結合した結果である。このことは，N3がアミノアシルtRNAのアミノ基から水素イオンをとり，アミノ基をペプチジルtRNAに結合しているC末端のアミノ酸のカルボキシ基の炭素を攻撃するようなより強い求核分子に変換するプロセ

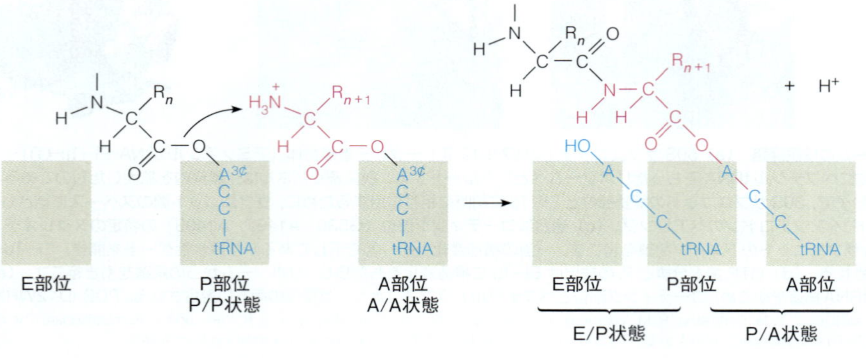

スを示唆する（図 28.29）。プロトン化した N3 は，次にオキシアニオンに結合することで，四面体の炭素中間体を安定化する。プロトンはその後，ペプチジル tRNA の 3′ 水酸基に，新たに形成された脱アシル化ペプチドとして転移される。P と A の単純な状態からハイブリッド状態への変換は，この転移反応と同時に起こる。つまり，コドン末端は固定されたまま，2 つの tRNA 分子の受容末端が左方向に動いた状態が発生する。このようなハイブリッド状態を E/P と P/A と表す。これが転位反応の前半部分と考えられる（図 28.26，ステップ 3）。

転位を完了させるには，P 部位の遊離 tRNA のアンチコドン末端が E 部位に移り，A 部位の tRNA（合成途中のポリペプチド鎖をもつ tRNA）が P 部位に完全に移動しなくてはならない。この過程で，リボソームが mRNA に沿って 3′ 方向に 3 ヌクレオチド分だけ移動し，空になった A 部位の隣に新たなコドンが配置される。この反応には，ペプチド転移反応と同様，GTP を結合したタンパク質性因子（EF–G）とその GTP 加水分解が必須となる。結晶学的な研究によって，EF–G–GTP と三重複合体の aa〜tRNA–EF–Tu–GTP との間に注目すべき“分子擬態”が存在することが明らかとなった。図 28.30 に示す通り，タンパク質と RNA–タンパク質複合体は，その構造と配列がまったく違うのにもかかわらず，ほとんど同じ形をしている。この類似性の理由は，EF–G–GTP を一時的に A 部位に移動させてペプチジル tRNA 複合体の置換を促進させるためだと推測されている。構造学的な研究により，このモデルは支持されている。

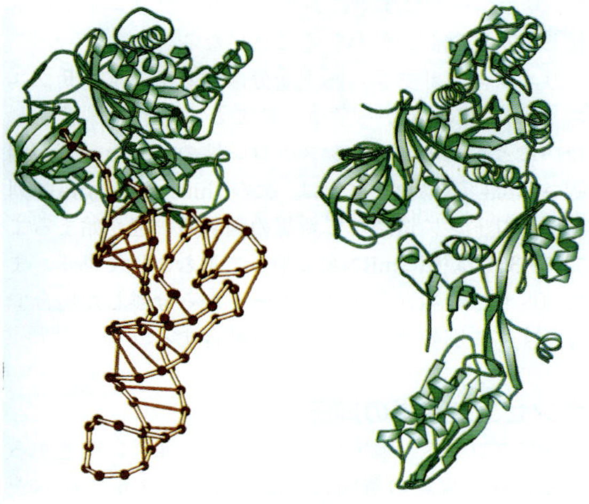

図 28.30　転位因子 EF-G（右）と三重複合体 aa〜tRNA-EF-Tu-GTP（左）の間の構造上の同一性　タンパク質は緑で，RNA は茶色で示す。
From *Science* 270 : 1464-1472, P. Nissen, M. Kjeldgaard, S. Thirup, G. Polekhina, L. Reshetnikova, B. F. C. Clark, and J. Nyborg, Crystal structure of the ternary complex of Phe-tRNA^Phe, EF-Tu, and a GTP analog. ©1995. Reprinted with permission from AAAS.

ポイント 12
伸長過程では，P 部位の伸びていくペプチド鎖が A 部位に新たに結合したアミノアシル tRNA に渡される。この tRNA は，次に P 部位に転位し，以前 P 部位にあった tRNA は E 部位へと移動する。

翻訳の間，リボソームはお互いに対して 2 つのリボソームのサブユニットが回転することで mRNA 分子に沿ってラチェットのように動く。リボソームが回転している中間状態の構造解析に基づいて，ラチェットのように進む過程は図 28.31 に模式化されている。

この時点で E 部位と P 部位は占有されているが，A 部位は空いている。脱アシル化された tRNA が E 部位から解離すると（図 28.26，ステップ 4），A 部位が高い親和性を得て，次のコドンの指令を受けるアミノアシル tRNA を受容する。伸長の 1 回のサイクルは，これで終了する。以下の点を除けば，すべて開始時と同じである。

1．ポリペプチド鎖が 1 残基分成長した。
2．リボソームが mRNA に沿ってヌクレオチドの 3 塩基分（1 コドン分）移動した。

28

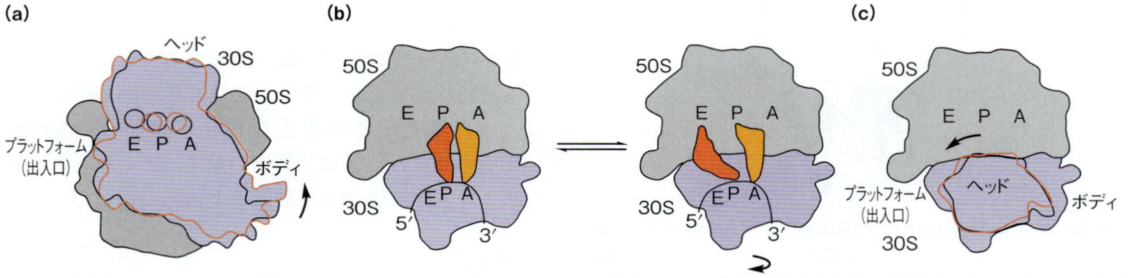

図 28.31　結晶構造を基盤にした中間状態におけるリボソームサブユニットの回転動作の概観図　**(a)** 下から見た図。30S サブユニット（薄い紫）が終結の後に開始の位置について（赤の線で示す），伸長中に見られる回転したコンホメーションをとっている（黒の線で示す）。**(b)** 横から見た図。完全に回転した状態へ移る間，tRNA は A/A と P/P 部位（30S/50S）への結合から，A/P と P/E ハイブリッド部位への結合にシフトする。**(c)** 別の面での回転を見ると，30S サブユニットのヘッドドメインが E 部位に向かって 14° 動いている。
From *Science* 325 : 1014-1017, W. Zhang, J. A. Dunkle, and J. H. D. Cate, Structures of the ribosome in intermediate states of ratcheting. ©2009. Reprinted with permission from AAAS.

3．少なくとも GTP2 分子が加水分解された。

すべての過程は，終止コドンに達するまで繰り返される。新たにポリペプチド鎖が合成されると，50S サブユニット中のトンネルを通過し，底付近にある孔から出てくる。

終結

ポリペプチド生合成の完了シグナルは，終止コドン（UAA，UAG，または UGA）の 1 つが A 部位へ転位することである。正常な状態ではこれらのコドンを認識する tRNA が存在しないため，ポリペプチド鎖の終結は tRNA の結合を伴うことはない。その代わり放出因子と呼ばれるタンパク質が終結のプロセスに関与する。原核生物に見られる 3 つの放出因子を表 28.4 にあげた。そのうち，2 つの放出因子である RF1 と RF2 は，終止コドンが A 部位を占有するとリボソームと結合することが可能になる（RF1 は UAA および UAG を認識し，RF2 は UAA および UGA を認識する）。第 3 の因子である RF3 は GTPase であり，GTP 結合と加水分解によって放出プロセスを促進するようである。RF2 と複合体を形成するリボソームの構造解析によって，放出因子は直接 UGA 終結コドンと相互作用することが示されている（図 28.32）。

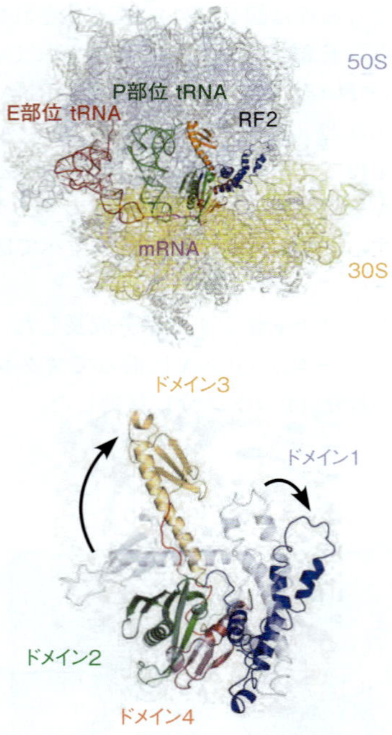

図 28.32　解読中心における RF2 と UGA 終止コドンの相互作用　上図は RF2 と複合体をつくったリボソームである。UGA は赤紫色に，RF2 は緑色に，コドンと直接相互作用しているそれらの部分は赤で示している。大きく動く RF2 らせん状のドメインは動く範囲を色で示していて（ドメイン 1 と 3），同じ色で，下図にも示されている。

From *Science* 322 : 953-956, A. Wexelbaumer, H. Jin, C. Neubauer, R. M. Voorhees, S. Petry, A. C. Kelley, and V. Ramakrishnan, Insights into translational termination from the structure of RF2 bound to the ribosome. © 2008. Reprinted with permission from AAAS.

ポイント 13
終結には，終止コドンを認識する因子の遊離を必要とする。

終結の一連の流れを図 28.33 に示す。RF1 もしくは RF2 がリボソームに結合すると，ペプチジルトランスフェラーゼがポリペプチド鎖の C 末端残基を P 部位の tRNA から水分子に転移させ，リボソームからペプチド鎖を切り離す。この化学反応は，求核試薬として水分子が α アミノ基の代わりに使われることを除いて，ペプチド結合形成に似ている（図 28.29）。次に RF 因子と GDP がリボソームから遊離し，続いて tRNA が遊離する。70S リボソームはここで不安定な状態となり，この不安定な状態はリボソーム再生因子というタンパク質や放出因子である IF3 や IF1 によって助長され，リボソームはすぐに 50S と 30S サブユニットに解離して次に翻訳に使われることになる。

リボソームサブユニットが分離する際，30S サブユニットは mRNA から解離することもあれば，解離しないこともある。ポリシストロン性のメッセージが翻訳されている場合などでは，次の Shine-Dalgarno 配列と開始コドンに遭遇して新規の翻訳の一巡が始まるまでに，30S は単に mRNA に沿って進むだけである。また 30S サブユニットがメッセージから分離した場合でも，すぐに別のメッセージに再結合する。

ナンセンス変異の抑圧

終結プロセスの研究は，ナンセンス変異に関連するある特有の現象の解明に貢献した。第 7 章で述べたが，ナンセンス変異とはアミノ酸に対応したコドンが終止コドンに変化し，ポリペプチド鎖が不完全に中断してしまうことである。これらの変異は，もともと見つかっていた。なぜなら，それらの表現型の発現は他の遺伝子に存在するある種の変異によって抑圧されるからである。第 25 章で述べたことを思い出していただきたいが，抑圧とは別の部位に起こった第 2 の突然変異によって野生型機能が回復すること，と遺伝学的に定義されている。第 2 の突然変異が別の遺伝子で起こった場合，この現象を**遺伝子間抑圧 intergenic suppression** と呼ぶ。調査の結果，ナンセンス変異のサプレッサーは tRNA 遺伝子上に見つかった。

ポイント 14
ナンセンス変異の効果は，サプレッサー変異によって抑圧される。これは，tRNA が終止コドンを認識するように変異して，終止コドンのところにアミノ酸を挿入するものである。

図 28.34 の例を考えてみよう。正常な状態では，チ

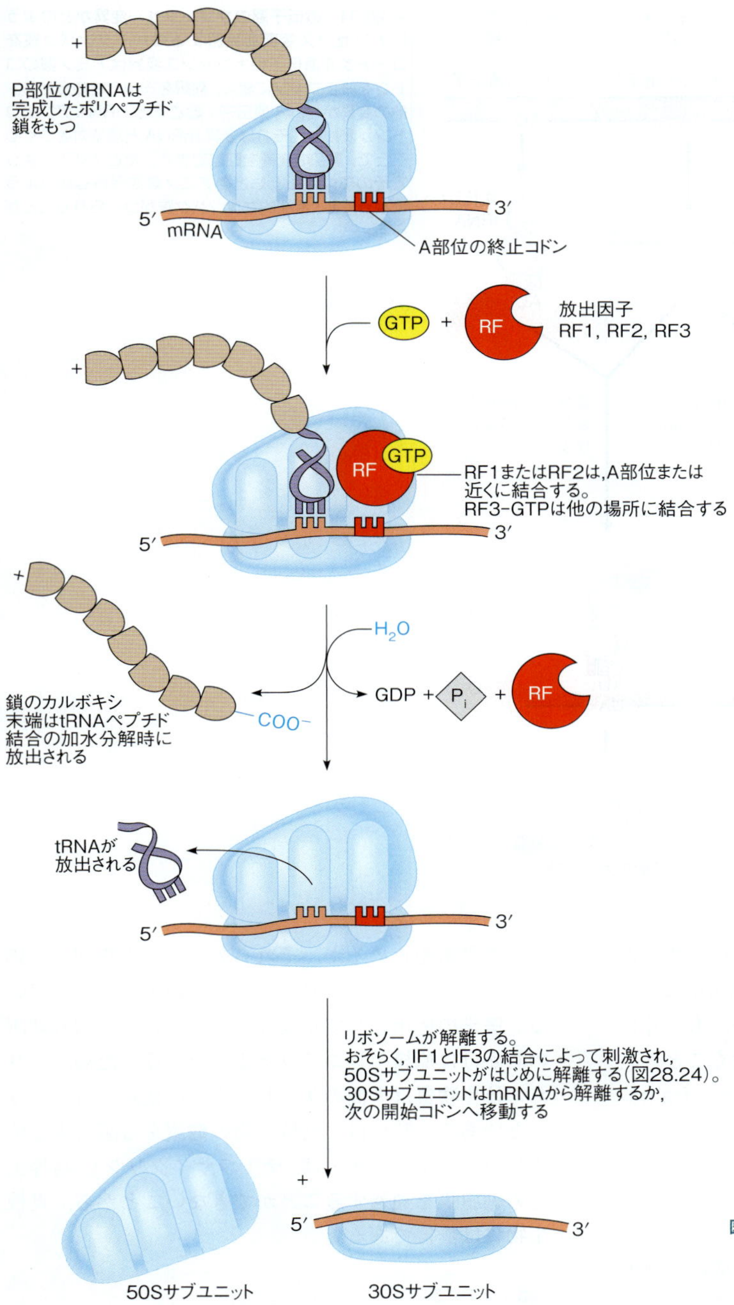

図 28.33　原核生物の翻訳終結

ロシンを指定するコドンがナンセンス変異によって終止コドンに変化したため，ポリペプチド鎖の中途での翻訳終結を引き起こした。しかし，もし，いくつかのTyr-tRNAのうちの1つが，アンチコドン領域で突然変異して終止コドンを認識するようになれば，翻訳が正常に続行しうる。したがって，ともすれば，致命的であった突然変異もこのような変化によって抑圧されることがあり，生物は生き延びることができるのである。しかし，突然変異したtRNAの存在は他のタンパク質の正常な終止の妨げとなることもあり，問題があることも確かである。微生物が生き延びられるのは，通常サプレッサー変異が正常な翻訳とは関わりのないマイナーなtRNA種に起こるからにほかならない。それらの影響は，mRNAに直列に並ぶ2種以上の終止シグナルの頻繁な発生によって，最小限に抑えられるのであろう。万が一，第1の終止コドンが抑圧されても，"非常ブレーキ"がかかるようになっているのである。

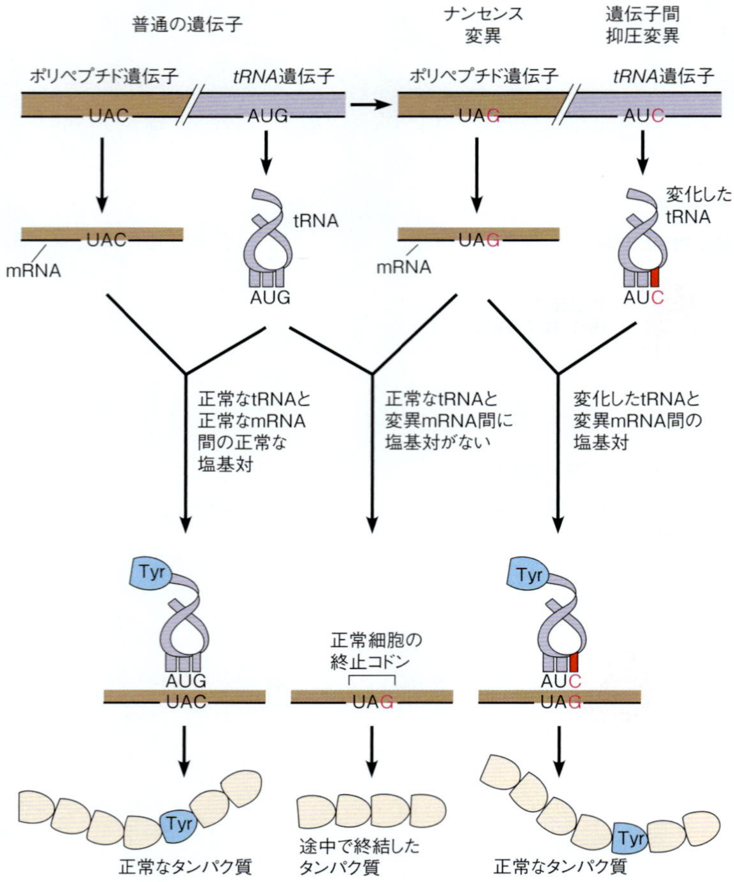

図 28.34　遺伝子間のサプレッサー変異がどのようにナンセンス変異を克服するのか　タンパク質をコードする遺伝子のナンセンス変異はアミノ酸のコドンを終止コドンに変え，翻訳を途中で終わらせる。他の変異が *tRNA* 遺伝子に起こると，tRNA アンチコドンが変わり，それは変異 mRNA と塩基対をつくることで，最初の変異を回避できる。たとえ抑圧によってその部位でもともとのアミノ酸を保持しないようになっても，機能的なタンパク質がつくられることがある。

サプレッサー変異は，ナンセンス変異を修正するためのものであるとは限らない。ある変異 tRNA はミスセンス変異を修正し，またあるものは2つ，もしくは4つの塩基をもち，アンチコドンとして働くことさえある。これらは**フレームシフトサプレッサー frameshift suppressor** としての役割を果たす。

抗生物質による翻訳の阻害

多くの抗生物質は，細菌のタンパク質合成の特異的段階を阻害することによって働くとされてきた。これら抗生物質のいくつかは，翻訳のメカニズムを調べたり，感染と闘ったりするための有用な試薬であると証明されてきた。我々はすでに，抗生物質のいくつかの機能を記してきた。第9章においては，ペニシリンが微生物の細胞壁合成を阻害することを，第10章においては，グラミシジンやバリノマイシンなどの抗生物質が生体膜のイオン平衡を狂わせることを述べた。リファンピシンやストレプトリジギンなどの抗生物質（第27章）は，原核生物の転写を妨げている。

自然界にある多くの物質は，タンパク質合成のさまざまな段階を止めるが，それらのいくつかを図 28.35 に示す。それぞれが，異なる方法で翻訳を阻害している。医学の応用として重要なことは，真核生物の翻訳のしかけは原核生物のそれとまったく違うため，これらの抗生物質は人間の薬として安全に使われるということである。時には，真核生物の翻訳をも阻害する抗生物質もあるが（例えば，テトラサイクリン），高等生物の細胞膜を通過することができないことから，真核生物には無害である。

ポイント 15
細菌の細胞における翻訳を阻害することによって，多くの抗生物質が働く。

抗生物質を治療手段に使用する上での最大の問題は，微生物がそれら抗生物質の多くに対して耐性をもってしまうことである。著名な一例は，エリスロマイシン耐性である。エリスロマイシン結合部位はリボソーム上の 23S RNA の特定領域を含むため，この領域にある特定のアデニン残基をメチル化する酵素によって抗生物質の結合が阻害される。分子生物学者はエリスロマイシン耐性を，組換え DNA 研究の中で細

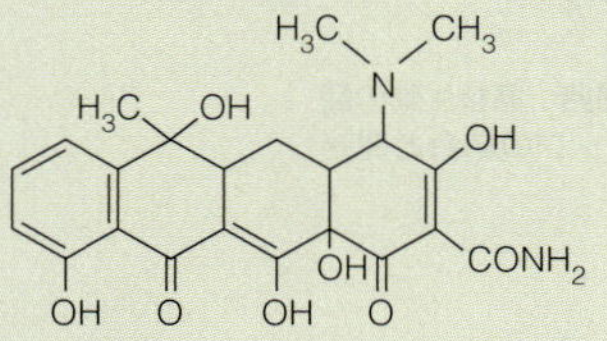

テトラサイクリン: リボソームへアミノアシルtRNAが結合するのを阻害し，それによって継続した翻訳を阻害する

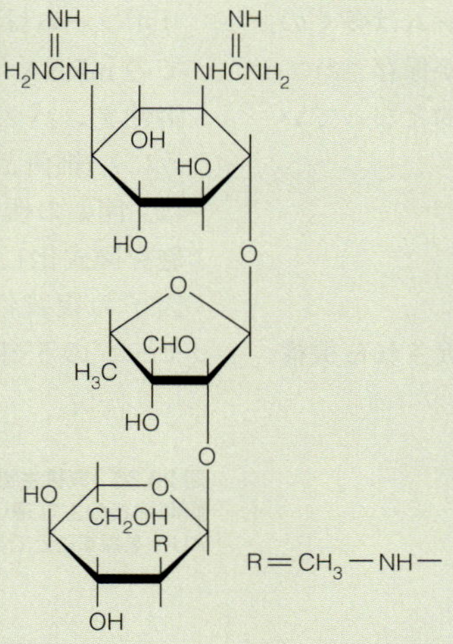

ストレプトマイシン: アミノアシルtRNAとメッセージコドンの普通の対を阻害する。それによって誤った読み取りを引き起こし，異型のタンパク質を生産する

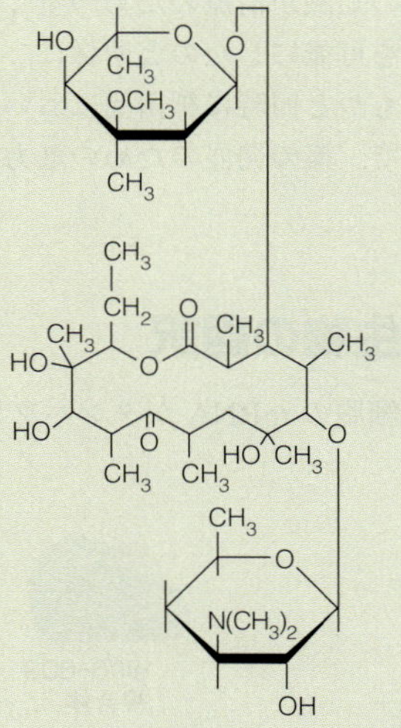

エリスロマイシン: 23S RNAの特異的な場所に結合し，転位段階を阻害することで伸長を阻害する

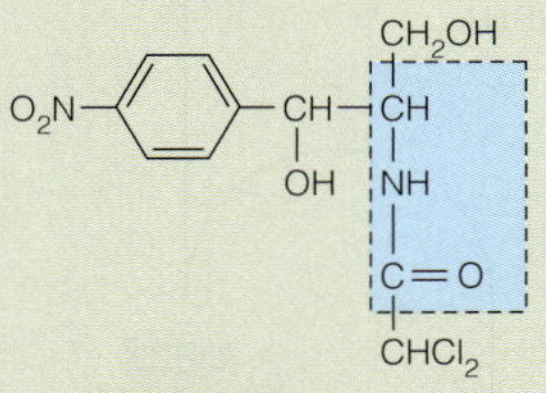

クロラムフェニコール: ペプチジルトランスフェラーゼ複合体の競合的な阻害剤として働くことによって，明らかに伸長を阻害する。アミド結合（青）はペプチド結合と似ている

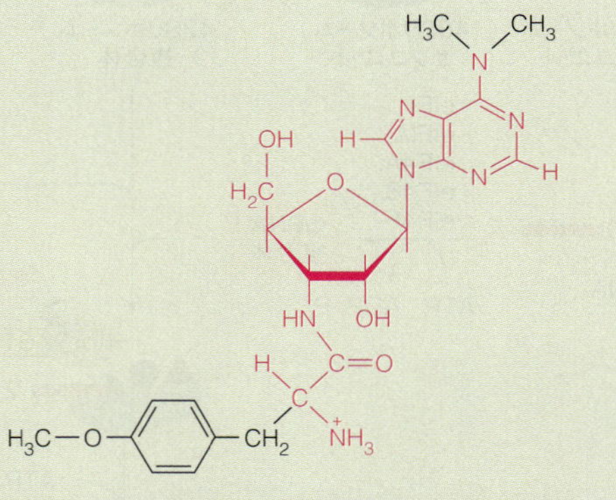

ピューロマイシン: 中途での鎖の終結を引き起こす。分子の赤の部分がアミノアシルtRNAの3′末端に似ている。A部位に入って伸長鎖に移行され，中途での鎖の放出を引き起こす

図 28.35　タンパク質の生合成を阻害することにより働く，いくつかの抗生物質　エリスロマイシンは，第 17 章で述べた生合成のポリケチド抗生物質の 1 つである。

菌のクローンをスクリーニングするのに用いている。細菌のプラスミドにメチルトランスフェラーゼをコードする耐性遺伝子を挿入することによって，細菌はエリスロマイシンに対する耐性を獲得できる。メチラーゼ遺伝子を有するプラスミドをもった細菌はエリスロマイシンを含有する培養液中でも成長することができるが，そのプラスミドをもたない細菌は死滅してしまうことから，そのような培養液中で成長するクローンはプラスミドをもっていると判別することができ，自動的に選択できるのである。多くのそのような耐性遺伝子はプラスミドをもっているため，簡単に細菌から細菌へ移動し，抗生物質耐性株が生じるのは染色体上に要素が乗っているよりもずっと早い。もう 1 つの問題は，家畜への抗生物質の乱用である。これは感染の治療のためではなく，動物の体重を維持することを目的に可能性のある感染を抑制するために用いているもので，飼育場の密集した状態で動物から動物への感染拡大を防ぐためである。短い期間であるならまだしも，抗生物質耐性株の出現増加は，この方法の長期的実践に多くの疑問を投げかけている。

リボソームの構造の研究は，耐性をもたない新しい抗菌物質の発展に大きく寄与してきた。酵素と受容体

の構造の知識が治療のための全く新しい阻害剤をつくることを可能にしたのと同様に，リボソームは多くの活性をもつと同時に細菌間において構造が保存されているので，薬の発展のための魅力的な標的となっている。

真核生物の翻訳

真核細胞の mRNA がタンパク質に翻訳される機構は，基本的には原核生物と同じである。真核生物ではリボソームはより大きく，より複雑で，ほとんどすべての mRNA は単シストロン性である。より多くの可溶性タンパク質因子が存在し（表 28.4 に見られるように），細菌とほぼ同じ機能をもつ。最も顕著な相違点は，開始の機構にある。これらを，図 28.36 に真核細胞を図式化して示す。リボソームや可溶性タンパク質因子の複雑性は別にして，主な相違点は（1）メッセージの 5′ 末端は Shine-Dalgarno 配列ではなく，7-

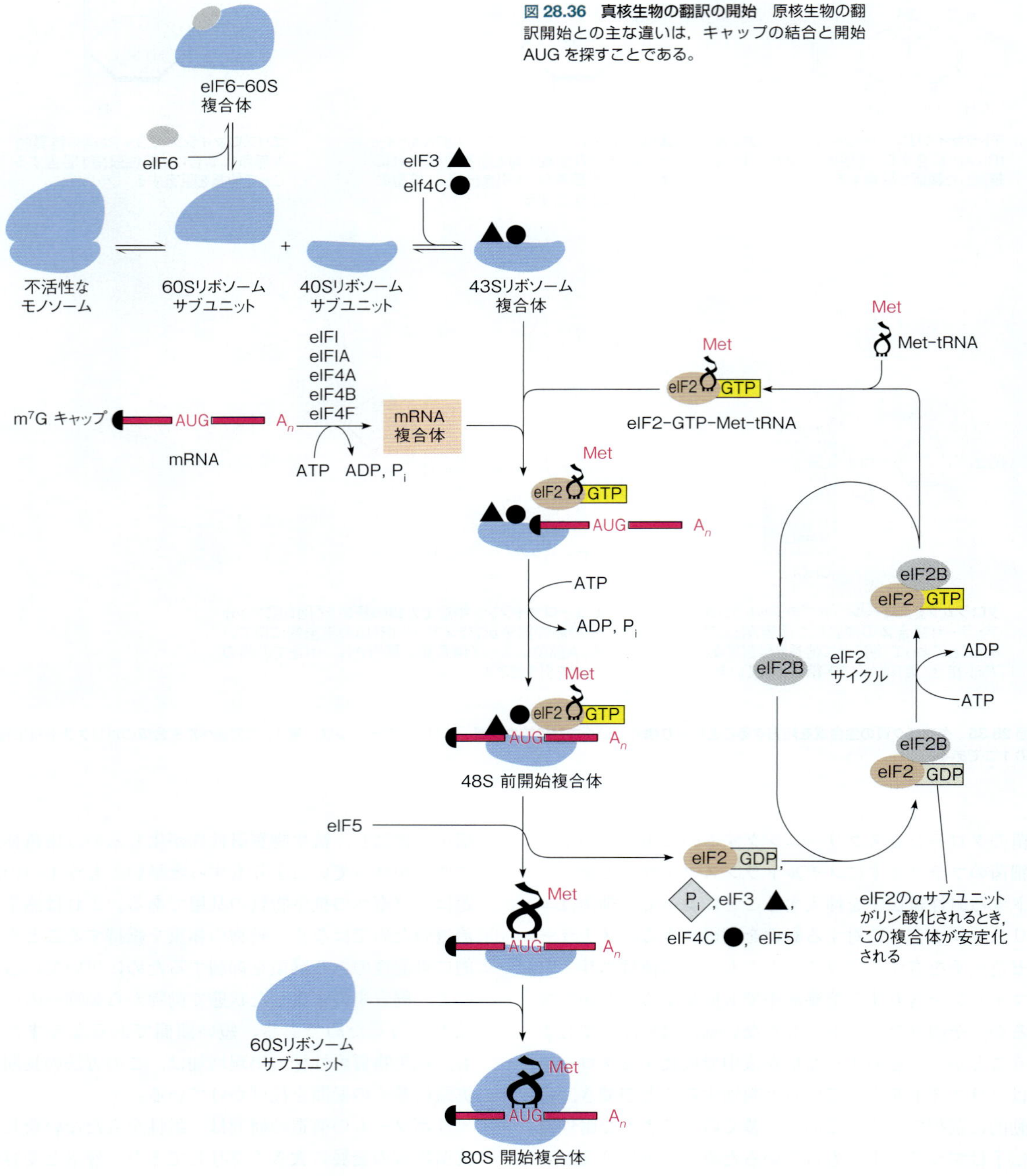

図 28.36 真核生物の翻訳の開始 原核生物の翻訳開始との主な違いは，キャップの結合と開始 AUG を探すことである。

メチルグアニンキャップによって読み取られる。(2) N 末端アミノ酸は開始 AUG にコードされているメチオニンで，*N*-ホルミルメチオニンではない。5′ キャップを検出した後，リボソームの 40S サブユニットは最初の AUG がみつかるまで mRNA に沿って読み取る（ATP 依存性過程）。この時点で開始因子は放出され，翻訳を開始するために 60S サブユニットが結合する。

ポイント 16
真核生物では翻訳の開始はより複雑で，原核生物より多くのタンパク質因子を必要とする。

原核生物の翻訳における共通の阻害剤の多くは，真核細胞にも効果的である。阻害剤にはパクタマイシン，テトラサイクリン，ピューロマイシンがある。真核生物にのみ効果的な阻害剤もある。2 つの重要な阻害剤は，シクロヘキシミドとジフテリアトキシンである。シクロヘキシミドは，真核生物のリボソームの転位を阻害し，タンパク質合成なしに工程を研究しなければならないときの生化学的研究にしばしば使われる。ジフテリアトキシンはバクテリオファージによってコードされる酵素で，細菌の *Corynebacterium diphtheriae* において溶原性である。それは NAD^+の ADP リボシル基を転位因子 eEF2（真核生物の EF-G に相当する，図 28.37）の特に修飾したヒスチジンに加える反応を触媒する。その毒素は触媒活性があるので，微量でも細胞のタンパク質合成機構を不可逆的に阻害することができる。純品のジフテリアトキシンは，知られている最も致命的な物質の 1 つである。

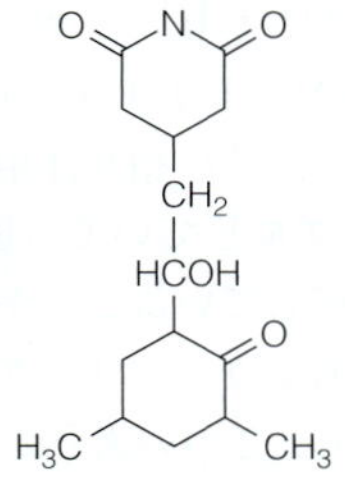

シクロヘキシミド

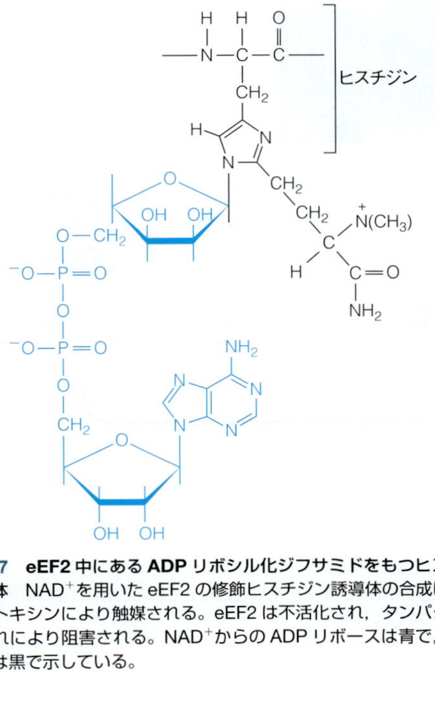

図 28.37　eEF2 中にある ADP リボシル化ジフサミドをもつヒスチジン誘導体　NAD^+を用いた eEF2 の修飾ヒスチジン誘導体の合成はジフテリアトキシンにより触媒される。eEF2 は不活化され，タンパク質合成はそれにより阻害される。NAD^+からの ADP リボースは青で，ジフサミドは黒で示している。

オルガネラのタンパク質合成

第 15 章に記述したように，ミトコンドリアゲノム（mtDNA）は 37 遺伝子を含んでおり，（ヒトで）13 のタンパク質をコードしていて，そのすべてが呼吸鎖複合体のサブユニットである。残りの mtDNA は，22 個の tRNA と 2 個の rRNA をコードしている。これらの tRNA と rRNA は，ミトコンドリア DNA にコードされた 13 のタンパク質を翻訳するのに必要なミトコンドリアのタンパク質合成機構の一員である。α プロテオバクテリウムに遡る進化を反映して，ミトコンドリアのタンパク質合成機構は真核生物の細胞質システムよりも細菌システムに深く関わっている。原核生物のように翻訳は，ミトコンドリアではホルミル Met-tRNA で開始され，ほんの一握りの開始因子と伸長因子しか必要としない。さらに，ミトコンドリアのタンパク質合成は細菌のタンパク質合成の数段階を阻害するいくつかの抗生物質によって阻害される。しかしながら，ミトコンドリアのリボソームはミトコンドリアの進化の過程で，主要な再構築を行ってきた。哺乳類のミトコンドリアリボソームの rRNA は細菌のものよりも小さく，ミトコンドリアリボソームの大サブユニットは 5S RNA が完全に欠けている。もう一方で，ミトコンドリアリボソームはより多くのタンパク質サブユニットをもっているので，ミトコンドリアのリボソームはタンパク質：RNA の割合が 2：1 で，細菌のリボソームの 1：2 の割合とは異なる。葉緑体は独自のタンパク質合成機構をもっているが，その機構についてはほとんどわかっていない。

翻訳の速度とエネルギー論

原核生物の翻訳は，速い過程で行われる。37℃で，大腸菌のリボソームは約 20 秒で 300 残基のポリペプチド鎖を合成することができる。これは，1 つのリボソームが毎秒 15 コドン，すなわち 45 ヌクレオチドを通過することを意味する。この速度は原核生物の転写速度の，我々の最も良い推定とほぼ合致する。それは，転写されるのと同じくらい早く mRNA が翻訳されることを意味する。その合致は偶然ではない。最近の大腸菌における研究により，リボソームタンパク質 NusE は細胞内で RNA ポリメラーゼ構成因子の NusG と相互作用していて，その相互作用を通して転写と翻訳が物理的にカップルしていて（図 28.38），翻訳速度が転写速度を制御していることが明らかになった。このタイプの直接的なカップリングは真核生物では起こらない。なぜなら，2 つの過程が別の場所で行われているからである。

しかし，上で言及した速度は個々のポリペプチド鎖の伸長を表していて，細胞のすべてのタンパク質合成速度を説明しているわけではない。なぜなら，多くのリボソームは与えられたメッセージを同時に翻訳している場合もあるからである。実際，注意深く大腸菌を溶解すると，図 28.39 に示すように，**ポリリボソーム polyribosome**（ポリソームとも呼ばれる）が観察される。それによると，リボソームが mRNA の 5′ 領域を動くと，すぐにほかのリボソームが結合する。いくつかの条件下では，50 個ほどのリボソームが 1 個の

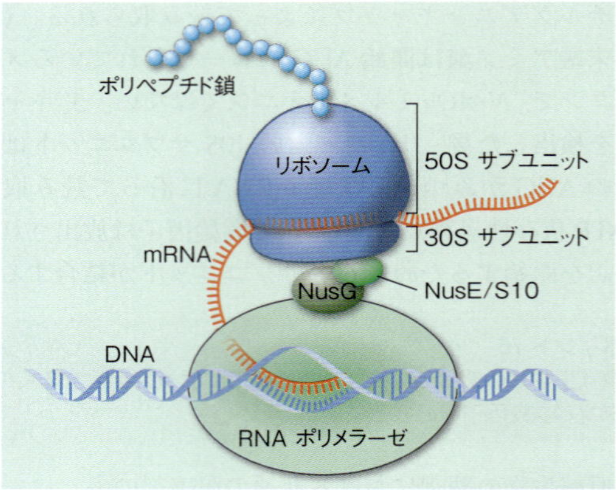

図 28.38　NusE と NusG の相互作用を介した大腸菌の転写，翻訳のカップリング
From *Science* 328：436-437, J. W. Roberts, Syntheses that stay together. © 2010. Reprinted with permission from AAAS.

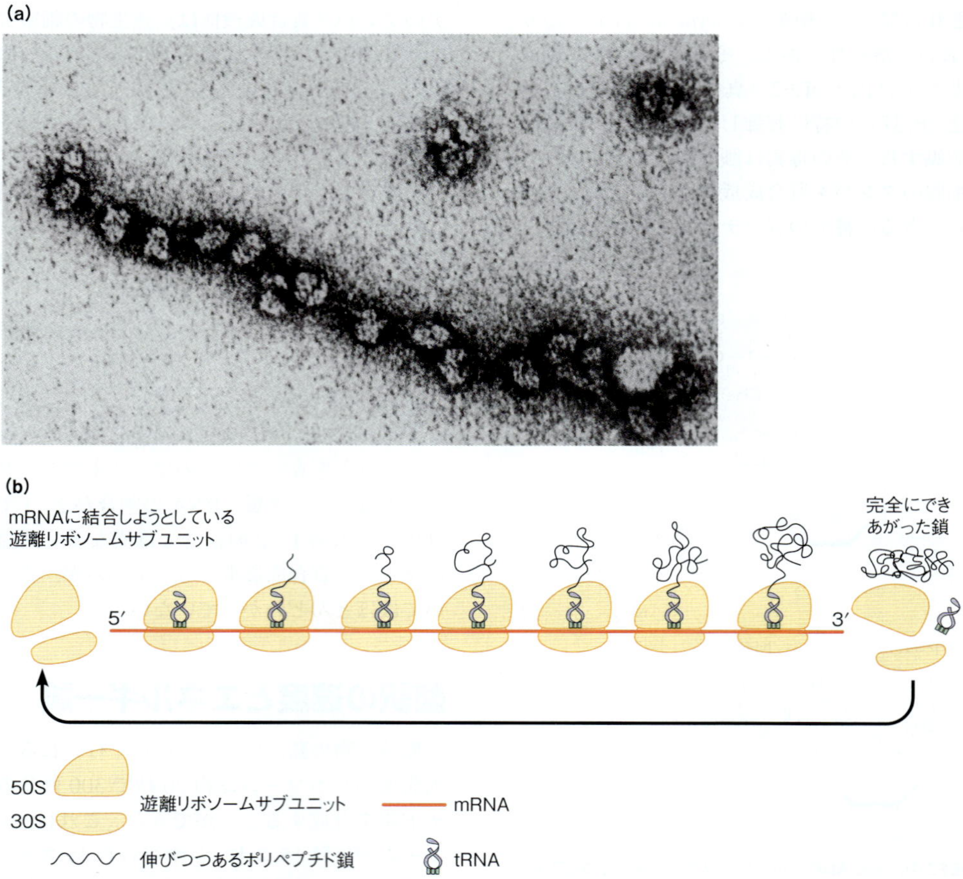

図 28.39　ポリリボソーム　(a) 大腸菌ポリリボソームを示した電顕写真。リボソームが mRNA 分子上に密に塊になっている。**(b)**（a）に示されたポリリボソームを図示したもの。それぞれのリボソームが左から右へ動くように考えて描かれている。
(a) Courtesy of Barbara Hamkalo；(b) *Molecular Biology of the Gene*, 4th ed., James D. Watson, Nancy H. Hopkins, Jeffrey W. Roberts, Joan Argetsinger Steitz, and Alan M. Weiner. ©1987. Reprinted by permission of Pearson Education Inc., Upper Saddle River, NJ.

mRNA 上に詰めこまれ，1 つのリボソームは 2〜3 秒ごとに翻訳を終える。それぞれの大腸菌の細胞は 15,000 個以上のリボソームを含んでいるので，そのすべてが最大限の能力で働いているとき，毎秒およそ 300 残基の長さをもつ 750 個のタンパク質分子を合成できる。

この過程のエネルギーコストは高い。前述のタンパク質合成の各段階を調べると，次のような N 残基からなるタンパク質合成の全エネルギー予算が推定できる。

$2N$	ATP は tRNA の充電に必要である。なぜなら，ATP は AMP と PP_i に分解され，PP_i は，その後，加水分解される。
1	GTP は開始に必要である。
N−1	GTP は，EF-Tu-GTP 加水分解段階において N−1 ペプチド結合を形成するのに必要である。
N−1	GTP は N−1 転位に必要である。
1	GTP は終止に必要である。
合計＝$4N$	

まとめると，およそ $4N$ の高エネルギーリン酸分子が N ユニットの鎖を完成するのに加水分解されなければならない。これは最小限の推定である。なぜなら，メチオニンをホルミル化するのに必要なエネルギーを含んでいないのと，tRNA に誤って結合したものを，校正し，取り替えるのに消費されたかもしれない余分な GTP が含まれていないからである。さらに，昔から議論の的となっている報告がある。個々の aa〜tRNA が A 部位に結合するたびに，2 分子の GTP が加水分解されなければならないという報告である。しかし，これは保守的な推定なのだが，もし細胞の状態で ATP あるいは GTP の加水分解に 50 kJ/mol 生じると推定するならば，典型的な 300 残基のタンパク質でさえ，細胞に 1 mol あたり 60,000 kJ の自由エネルギー負荷がかかることになる。タンパク質は高価なのだ！

ポイント 17
翻訳は速いがエネルギーがかかる。それぞれのアミノ酸の付加に，およそ 4 ATP が必要である。

1 mol のペプチド結合を合成するのに必要なエネルギーについて同じデータを使うと，およそ 200 kJ/mol のエネルギーコストが生じる。希薄な水溶液中でペプチド結合を形成するのに必要な自由エネルギーの代価は，およそ＋20 kJ/mol だけである。その値は途方もないように見える。どうして細胞はそれぞれ数十 kJ のペプチド結合をつくる機構をもたなかったのだろうか。確かに 40 kJ/mol の投入でさえも平衡定数がおよそ 3,000 となり，合成過程を非常に有利にするのに十分である。

膨大なエネルギー消費の鍵は，生命の基盤となる性質でみつかった。細胞は決まった配列のポリペプチドをつくっている。もし単純にアミノ酸をでたらめにつなげたならば，自由エネルギーの値はずっと低いものだっただろう。しかし 20 個の異なるアミノ酸からなる 300 残基の鎖は 20^{300} 通りの異なる方法でつなげられる可能性があるが，細胞は 1 つの特異的な配列のみを必要としているのである。言い換えると，特異的な配列を正しくつくりあげるために，膨大なエントロピーが支払われなければならないのである。これは機構のレベルという点で何を意味しているかというと，組み立てるすべての段階で自由エネルギーが過剰に消費されなければならないだけでなく，特異的な選択が含まれなければならないということである。さらに，その生産物は，ある重要な時点時点で校正機構によって調べられなければならないが，それはより多くのエネルギーを必要とする。洗練された翻訳書の値段が高いのは，専門の翻訳家が注意深く翻訳を行わなければならないというだけでなく，彼らの仕事が注意深く校正されなければならないというのも，その理由である。

タンパク質合成の最終段階：折りたたみと共有結合修飾

リボソームから現れるポリペプチド鎖は，完成した機能的なタンパク質ではない。それは三次構造に折りたたまれなければならないし，また他のサブユニットに結合していなければならないかもしれない。場合によっては，ジスルフィド結合が形成されなければならない。そして，他の共有結合修飾，例えば特異的なプロリンやリシンの水酸化が起こらなくてはならない。炭化水素や脂質による複雑な過程が翻訳の後に起こる。加えて，多くのタンパク質が最初につくられた鎖の一部を除くために特異的なタンパク質分解を受ける。

鎖の折りたたみ

細胞は，タンパク質の最終仕上げを施すのに全体の鎖がリボソームから遊離するまで待つ必要がない。合成されつつある鎖の最初の部分（30 残基）は，リボソームがトンネルを通過しているときには保護されている。しかし，変化は N 末端が現れると同時に始まる。翻訳の間に三次構造への折りたたみが始まり，鎖が遊離するときまでにほぼ完成するということについては，ある程度の証拠がある。例えば，その分子の三次構造の折りたたみを認識する大腸菌の β ガラクトシダーゼ抗体は，このタンパク質を合成しつつあるポリリボソームに結合する。この酵素は四量体としてのみ触媒活動を行う。合成途上の β ガラクトシダーゼ鎖は依然としてリボソームに結合したまま遊離のサブユニットと結合して機能的な四量体を形成するということが立証されている。したがって，合成が完了するまでに四次構造が部分的に確立することもある。

これは驚くべきことではなく，第6章，第7章で述べたようにタンパク質の二次，三次，四次構造の形成は熱力学的に有利なのである。しかし，第6章で説明したとおり，この自然発生的折りたたみはシャペロンタンパク質により補助される場合がある。

共有結合修飾

ポリペプチド鎖のいくつかの共有結合もまた，翻訳の最中に起こることがある。先に説明したとおり，*N*-ホルミル基はたいていの原核生物タンパク質の頭にある *N*-fMet から取り除かれるが，特殊な脱ホルミル酵素がこの反応を触媒する。多くの場合，N 末端がリボソームから出てくると同時に脱ホルミル化が起こるようである。N 末端のメチオニン除去も初期段階で起こるようだが，これが起きるかどうかは，鎖の翻訳と同時に行われる折りたたみに依存する。おそらくこの残基は，“しまい込まれ”，タンパク質分解から保護されているものと考えられる。

いくつかの原核生物（と多くの真核生物）のタンパク質は，さらに激しいタンパク質分解という修飾を受ける。これらのタンパク質はたいてい細胞外に輸送されるか，細胞膜またはオルガネラに向かうように運命づけられているものである。ここでは原核生物について述べるにとどめ，より複雑な真核生物のタンパク質合成については次項で説明する。

ポイント 18
翻訳の後すぐにさまざまな種類のタンパク質のプロセシング（鎖の折りたたみ，共有結合修飾，直接的輸送）が続く。

分泌（細胞膜を通過 translocation）されるはずの細菌タンパク質に特徴的なのは，N 末端領域に見られる高い疎水性をもった**シグナル配列 signal sequence**，または**リーダー配列 leader sequence** である。代表的なものを表 28.5 に示す。タンパク質が細胞膜を通過するとき，表の矢印に示される箇所でリーダー配列が切り取られる。

一般的に普及している細菌の移行モデルを図 28.40 に示す。多くの（しかしすべてではない）場合，移行

表 28.5　代表的な原核生物タンパク質の N 末端シグナル配列

タンパク質	−20　−15　−10　−5　−1	↓	+1
ロイシン結合タンパク質	M K A N A K T I I A G M I A L A I S H T A M A		E E
プレアルカリ性ホスファターゼ	M K Q S T I A L A L L P L L F T P V T K A		R T
プレリポタンパク質	M K A T K L V L G A V I L G S T L L A G		C S

疎水性残基はピンクで，切断部位は矢印で示されている。

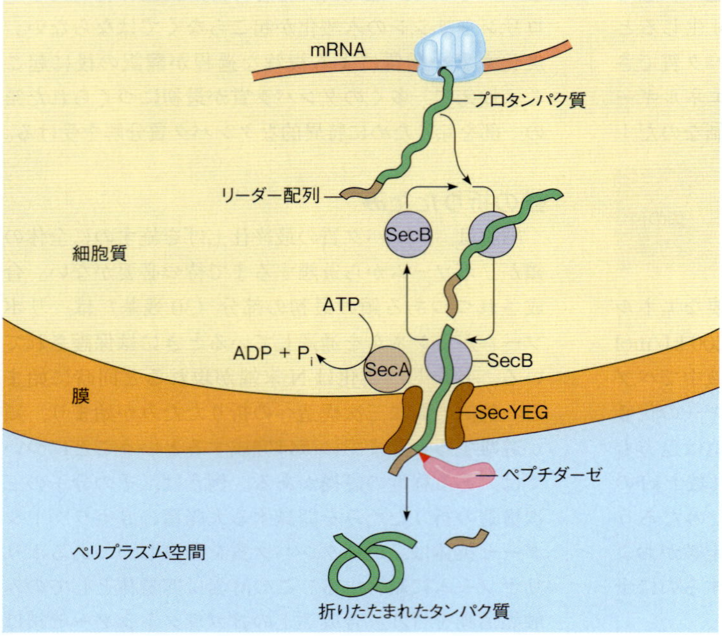

図 28.40　原核生物によるタンパク質分泌の最新モデル　新しいポリペプチド鎖（プロタンパク質）は SecB と複合体をつくり，膜への輸送の間，完全な折りたたみを防いでいる。膜では，膜孔を形成している SecYEG の助けを借りて膜を通過する転位を ATPase である SecA が推進している。リーダー配列は，膜ペプチダーゼにより切断される。

の対象であるタンパク質（プロタンパク質）は細胞質においてまずシャペロン（この例では SecB タンパク質）と複合体を形成する。この複合体形成によって，タンパク質は不完全な折りたたみを保ち，細胞膜の分泌孔から排出されるのを防いでいる。この孔は SecE，SecY，SecG の“SecYEG トランスロコン”ヘテロ三量体からできている。分泌孔は第 4 のタンパク質成分である SecA のターゲットでもある。SecA は ATPase で，ATP の加水分解と膜をはさんだ電気化学的ポテンシャル勾配が移行を促進する。結合アデニンヌクレオチドがある場合とない場合の SecA タンパク質の構造解析で，タンパク質を膜に通過させる DNA 依存性ヘリカーゼと類似のメカニズムが示唆されている。プロタンパク質が移行すると，膜結合型プロテアーゼによってリーダーペプチドが切り離され，タンパク質は折りたたまれる。表 28.5 に示したとおり，リーダーペプチドが切り取られる部位は，通常小さなアミノ酸（G または A）と，アルカリ性または酸性アミノ酸の間に位置する。

タンパク質のスプライシング

大部分は単細胞生物（細菌や古細菌，真核微生物）からのものであるが，少しだがある一定数のタンパク質は，第 27 章で述べた RNA スプライシングと類似したプロセスである翻訳後スプライシングを経験する。タンパク質スプライシングでは intein（内在タンパク質断片）はポリペプチド配列内から切断され，成熟タンパク質である extein（外部タンパク質）を産出する。普通のスプライシングを受けないタンパク質に intein を埋め込むと，新しいタンパク質はスプライシングを受けるが，これはスプライシングを触媒するのに必要なアミノ酸残基を intein がもっていることを示している。

タンパク質スプライシングの生物学的機能はまだよくわかっていないが，このメカニズムが異なる機能残基を含んだ RNA スプライシングと類似していることは知られている。図 28.41 で示すように N 末端のセリンやトレオニンヒドロキシラジカル（またはシステインチオール。ここではセリンを示す）は intein 断片の上流にある C 末端のペプチド炭素（N-extein）を攻撃し，これに続いて下流の extein 断片（C-extein）の N 末端残基チオールやヒドロキシラジカルを含むエステル置換が N-extein の同じ炭素で起こる。これによって，intein の C 末端の Asn，Gln（ここでは Asn）は C-extein の N 末端の Ser につながったままになり，枝分かれした中間体を産生する。結合した extein 間のエステルまたはチオエステル結合の自動的な再構築によって，N-extein と C-extein をつなぐ安定的なペプチド結合が産生される。大部分の intein はイントロンで見られるものと類似した誘導ヌクレアーゼをコードしている。これは RNA とタンパク質スプライシング機能は似ているということを示唆しており，遺伝子から遺伝子へ移動する能力を促進している。

真核生物のタンパク質ターゲティング

真核細胞は，多様な区画からなる構造をとっている。そのいくつかのオルガネラそれぞれが異なるタンパク質を必要としていて，それらタンパク質のうち少しだけが，オルガネラ自身で合成される。例えば，大部分のミトコンドリアや葉緑体タンパク質は核ゲノム

28

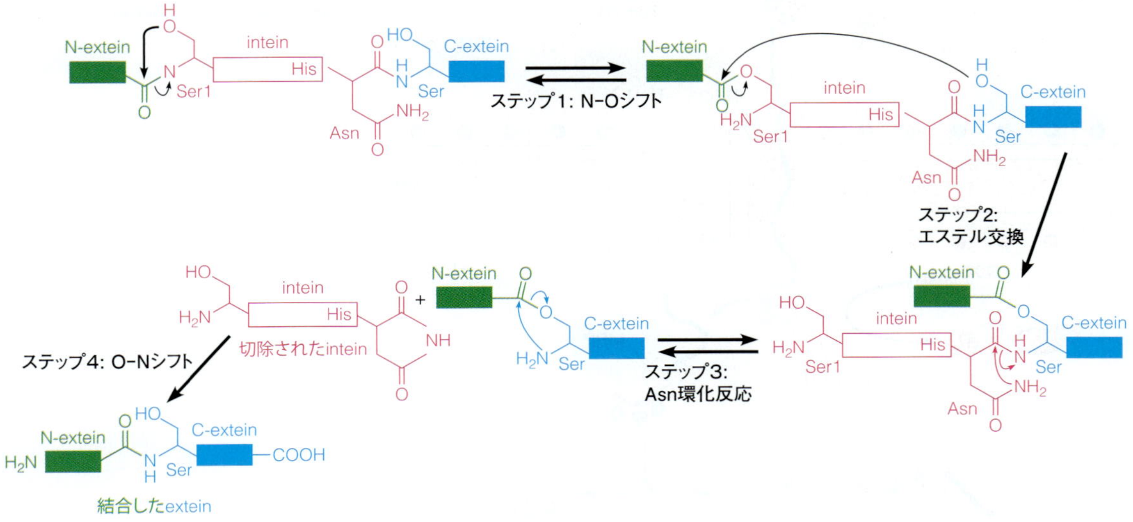

図 28.41　タンパク質スプライシングのメカニズムの大枠

によりコードされ，細胞質で合成される。それらタンパク質は新たに合成されたタンパク質と注意深く区別され，選択的に的確な住所に運ばれなければならない。他の新しく合成されたタンパク質は細胞外に運ばれたり，リソソームのような小胞へ運ばれる運命にある。さまざまなタンパク質の多様な行き先は，新たに合成されたタンパク質の標識や分類，そして，適切な場所に確実に辿り着く複雑なシステムの存在を意味している。そして，細菌に見られるように，それらは，親水性のタンパク質分子が疎水性の膜を利用して，その中を通過したり，膜内在性タンパク質の場合のように膜に埋め込まれる方法を見つけるという，過程でなければならない。

細胞質で合成されるタンパク質

細胞質に運命づけられるタンパク質や，ミトコンドリアや葉緑体または核に組みこまれるべきタンパク質は，細胞質の遊離ポリリボソーム上で合成される。オルガネラを標的としたタンパク質は，最初に合成されたときには特異的なシグナル配列を含んでいる。これらの配列は，おそらく膜に挿入されるときの補助となるが，それらはポリペプチドが特定のシャペロンと相互作用するシグナルでもある。これらのシャペロンは “熱ショック” Hsp70 ファミリーの一員であり，新しく合成されたタンパク質が折りたたまれず，オルガネラ膜上の受容体の場所に確実に運ばれるようにする。折りたたまれないタンパク質は次に膜を通過するが，そのときには，内腔，膜，オルガネラマトリックスに到達するように運命づけられたタンパク質を区別する輸送タンパク質を含むゲートを通過する。もしそのタンパク質がオルガネラマトリックスに到達するときには，タンパク質は最終の折りたたみのために内在オルガネラ性シャペロンによって処理されなければならない。N 末端のターゲティング配列は，輸送中に切断される。

ミトコンドリアへのタンパク質輸送を図 28.42 に図式化して示す。まず Hsp70 に結合したタンパク質は，塩基性の N 末端シグナル配列を介して TOM（外膜輸送 translocation of outer membrane）複合体と呼ばれる構造の一部である受容体タンパク質に結合する。ATP

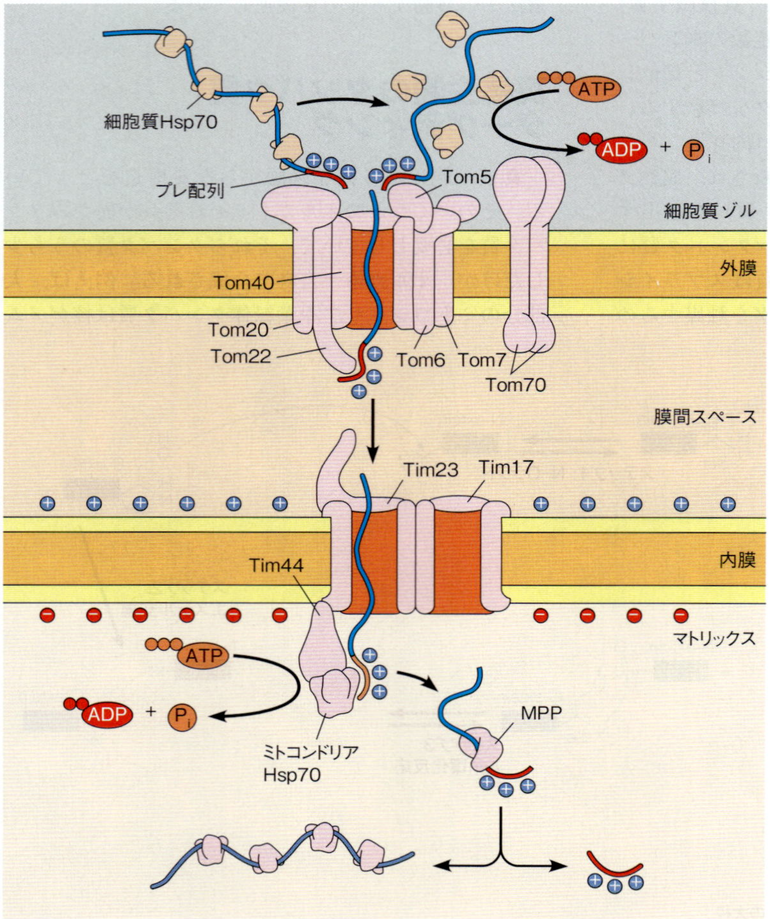

図 28.42　新しく合成されたミトコンドリアタンパク質のマトリックスへの輸送　左上，Hsp70 を結合したタンパク質のシグナル配列が，外膜の TOM 複合体（TOM20）のインポート受容体に結合する。Hsp70 の解離は ATP 加水分解とカップルしている。外膜への（TOM22 経由の）タンパク質の挿入を見ると，内膜の TIM 複合体（TIM23）と相互作用する場所にシグナル配列がある。内膜を横切るポテンシャルはマトリックスにタンパク質を駆動する。シグナル配列は MPP により切り取られる。ミトコンドリアの Hsp70 はマトリックスでタンパク質に結合し，残りのタンパク質を引き寄せるために，ATP 加水分解のエネルギーを使う。
Modified from *The Cell：A Molecular Approach*, 4th ed., G. M. Cooper and R. E. Hausmann（2007）. American Society for Microbiology.

依存性反応によって受容体からタンパク質が放出され，TOM 複合体の他の部分で構成された孔にタンパク質が挿入される。シグナル配列は次に，内膜にあるもう 1 つの複合体である TIM（内膜輸送 translocation of inner membrane）複合体と相互作用する。内膜を横切る電気化学的勾配は，シグナル配列を引き寄せる。ミトコンドリア Hsp70 は，ミトコンドリアマトリックスにタンパク質が顔を出したとき結合し，もう 1 つのエネルギー依存性反応によって，残りのタンパク質を引き寄せる。シグナル配列は特異的なプロテアーゼ（MPP〈マトリックス・プロセシングペプチダーゼ matrix processing peptidase〉）によってマトリックス内で除去される。この過程は，ミトコンドリア内膜，外膜両方を通してタンパク質を引き寄せることに着目してほしい。

核輸送においては，全く違う過程が起こる。従来は，それらのタンパク質は単に核孔を通して核に分散していき，クロマチンに結合すると考えられていた。しかし，核孔は開かれたチャネルというよりは複雑なゲートであることが明らかになってきた。核に移行するように運命づけられたタンパク質は核局在配列 nuclear localization sequence（NLS）を含んでいて，これらのタンパク質が核を目的地として選択するのを手伝っている。核局在配列は，N 末端だけでなくポリペプチド配列のどこにでも見られる。さらに NLS は輸送が終わった後に取り除かれない。これは重要である。なぜなら，核膜は細胞分裂周期のたびに壊れ，核タンパク質それぞれが核膜の再構築の後，核に再輸送されなければならない。

予想される積荷タンパク質の核局在シグナルは，図 28.43 に示したように核孔複合体を通してタンパク質を運ぶ importin と呼ばれるタンパク質と相互作用を及ぼす。輸送エネルギーは，Ran（Ras 関連核タンパク質 Ras-related nuclear protein）と呼ばれる単量体 G タンパク質から供給される。Ran は我々がみてきた他の G タンパク質と似ている。Ran タンパク質はグアニンヌクレオチド変換因子 guanine nucleotide exchange factor（GEF）により Ran 結合 GDP が GTP に変換することで活性化され，結合 GTP を GDP に加水分解する GTPase 活性化タンパク質 GTPase-activating protein（GAP）により不活性化される。Ran は自由に核孔を通過する。GEF は核に局在していて，GAP は細胞質に局在しているため，Ran-GTP は核に圧倒的に多く，Ran-GDP は細胞質に多い。

一度，importin-積荷複合体が核に入ると，Ran-GTP はその複合体に結合し，積荷と入れ替わる。Ran-

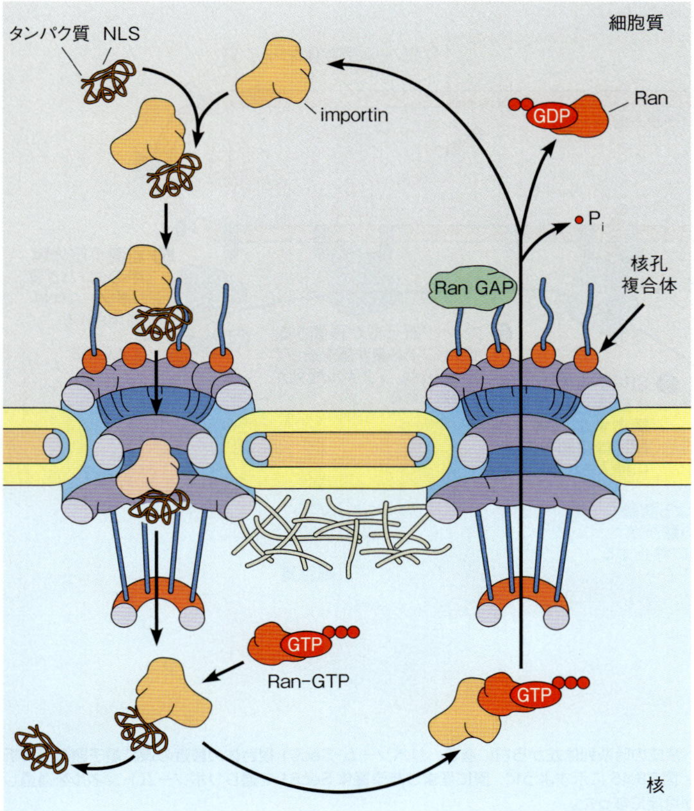

図 28.43　細胞質で合成されたタンパク質の核への輸送の模式図　核局在シグナル nuclear localization signal（NLS）をもつタンパク質は importin に結合する。その複合体は核膜孔に結合し通過する。核内で Ran-GTP は importin-積荷複合体に結合し，積荷と入れ替わる。Ran-importin 複合体形成の結果，Ran に結合した GTP が加水分解して GDP になり，細胞質に戻る。Ran-GDP は核へ戻り，結合した GDP は GTP へ変化する（図には示されていない）。

Modified from *The Cell：A Molecular Approach*, 4th ed., G. M. Cooper and R. E. Hausmann（2007）. American Society for Microbiology.

GTP 複合体は細胞質に戻り，結合 GTP が GDP に変換する。Ran-GDP は核に戻って GDP が GTP に入れ替わり，importin が新しい NLS を含む積荷タンパク質を探す。

ポイント 19
細胞質，核，ミトコンドリア，葉緑体へ移行するように運命づけられたタンパク質は，細胞質で合成される。オルガネラへと運命づけられたタンパク質は特異的な標的配列をもつ。

粗面小胞体で合成されたタンパク質

細胞膜，リソソーム，細胞外輸送へと運命づけられたタンパク質は，全く異なる配置システムを用いている。このシステムの鍵となる構造は，**粗面小胞体 rough endoplasmic reticulum（RER）**とゴルジ体である（第 9 章参照）。粗面小胞体は，細胞質中にある膜で囲まれた空間のネットワークである。RER 膜の外側には細胞質に向かってポリリボソームが厚くコーティングされている。このコーティングにより膜の外見が粗くなっている。ゴルジ体は薄い膜で囲まれた袋の重なりであるという点で RER と似ている。しかし，ゴルジ体はお互いつながっておらず，表面にポリリボソームを付着させていない。ゴルジ体の役割は，さまざまな目的地をもつタンパク質の“スイッチセンター”として働くことである。

ポイント 20
細胞膜，リソソームまたは細胞外に輸送されるように運命づけられたタンパク質は粗面小胞体で合成され，ゴルジ体を通して修飾され，輸送される。

ゴルジ体を経由して目的地に向かうタンパク質は，RER に結合したポリリボソームにより合成される。合成は，実際，細胞質で始まる（図 28.44，ステップ 1）。合成されるべき最初の配列は N 末端のシグナル配列で，リボソームと合成初期のタンパク質が RER にくっつく部分である。シグナル認識粒子 signal recognition particle（SRP）はいくつかのタンパク質と小（7S）RNA を含んでいるが，合成されつつあるタンパク質のシグナル配列を認識し，リボソームから押し出されたときシグナル配列に結合する。（ステップ 2）

SRP は 2 つの機能をもっている。第 1 の機能として，N 末端シグナル配列がリボソームからそれ以上伸びないように，その結合により一時的に翻訳を停止させる。この停止は，間違った場所でタンパク質が完成するのを防いでいる。すなわち細胞質では，ポリペプチド鎖の早すぎる折りたたみも阻害している。したがって，SRP は一種のシャペロンのような働きをしている。SRP の第 2 の機能は，RER 膜上にある連結タ

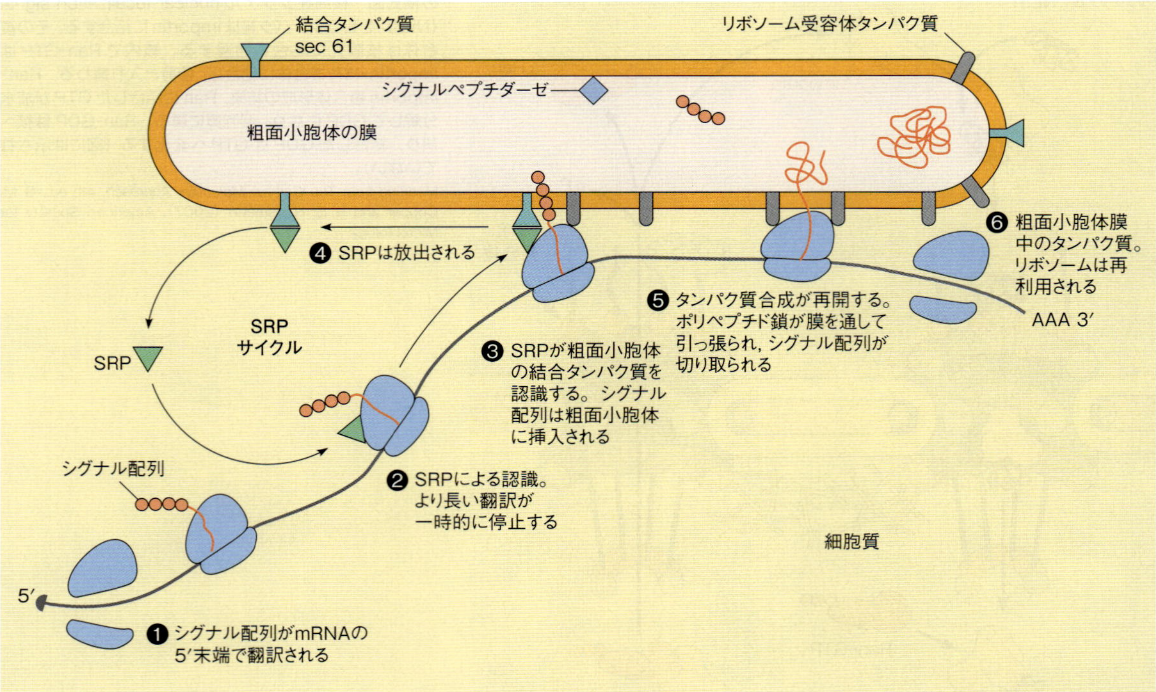

図 28.44　粗面小胞体におけるタンパク質合成　ポリペプチド合成の時系列は左から右に進む。リボソーム-Sec61 複合体の最近の凍結電子顕微鏡解析により，Sec61 は単量体として機能することが示されている。図 28.45 に示すように，膜に埋まった単量体 Sec61 を通りリボソームトンネルを通過して tRNA から新しく合成されたタンパク質の軌跡を追うことが可能になった。

ンパク質を認識することである。これは，三量体 Sec61 複合体で，細菌の SecYEG と相同である。連結タンパク質はリボソームを RER に結合させ，シグナル配列は RER 膜に挿入される（ステップ 3）。次に SRP は放出され（ステップ 4），翻訳が再開される（ステップ 5）。合成されたタンパク質は，ATP 依存性の過程により膜を通して実際に引っ張られる。翻訳が終わる前に，シグナル配列は RER 結合型プロテアーゼによりいくつかのタンパク質から切り取られる。これらのタンパク質は RER 内腔に放出され，より遠くに輸送される（ステップ 6）。小胞体に留まるタンパク質は抵抗性のあるシグナルペプチドをもっていて，それにより RER 膜に固定される。タンパク質移動過程のモデルは，図 28.45 に示されるように Sec61 の構造を基礎としている。

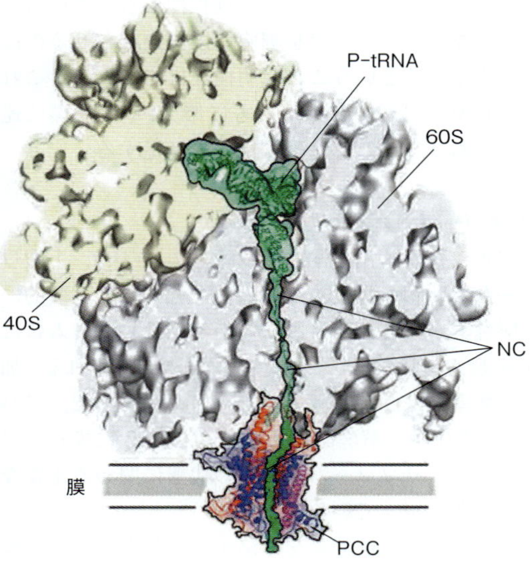

図 28.45　真核生物のリボソーム-Sec61 複合体の活発な翻訳と転位の図式　NC＝産生されたばかりの鎖，PCC＝タンパク質輸送チャネル（Sec61），P-tRNA＝産生されたばかりの鎖とペプチジル RNA。PDB ID：2ww9，2wwa，2wwb。

From *Science* 326：1369-1372, T. Becker, S. Bhushan, A. Jarasch, J.-P. Armache, S. Funes, F. Jossinet, J. Gumbart, T. Mielke, O. Berninghausen, K. Schulten, E. Westhof, R. Gilmore, E. C. Mandon, and R. Beckmann, Structure of monomeric yeast and mammalian Sec61 complexes interacting with the translating ribosome. ©2009. Reprinted with permission from AAAS.

ゴルジ体の役割

RER 内腔に入るタンパク質は，この時点でグリコシル化の第 1 段階を経験する。これらのタンパク質を運ぶ小胞は RER から出芽しゴルジ体へ移動する（図 28.46）。ここで，糖タンパク質の糖部分が完成し（第 9 章，p.302〜305 参照），最終のソーティングが起こる。ゴルジ体を構成する多様な膜の袋は，これらの過程の多層な舞台を表している。RER から小胞は最も近いゴルジ体のシス面に入り，ゴルジ膜と融合する。タンパク質は次に小胞を経由して中間層に移行する。最終的に小胞がゴルジ体のトランス面から出芽してリソソーム，ペルオキシソーム，グリオキシソームを形成したり，原形質膜へ移動したりする。RER からゴルジ体のシス面へ，連続したゴルジ装置へ，そして最終目的地への小胞の移動すべてにおいて，ターゲティングに高い特異性が必要とされる。誤った目的地への小胞輸送は細胞にカオスを引き起こす。このソーティングは，それぞれの種類のタンパク質の積荷が特異的な小胞膜タンパク質によって印をつけた小胞に詰め込まれて完成する。ある場合では，標的膜はこれらと相互に作用し膜融合を引き起こす相補的なタンパク質を含む。これら相補ペアを SNARE（soluble N-ethylmaleimide-sensitive factor attachment protein receptor）と呼び，v-SNARE が小胞にあり，t-SNARE が標的膜にある。特定の v-SNARE と t-SNARE の相互作用は細胞質融合タンパク質により補助され，小胞と標的膜の融合と積荷の輸送を引き起こす（図 28.47 参照）。

28

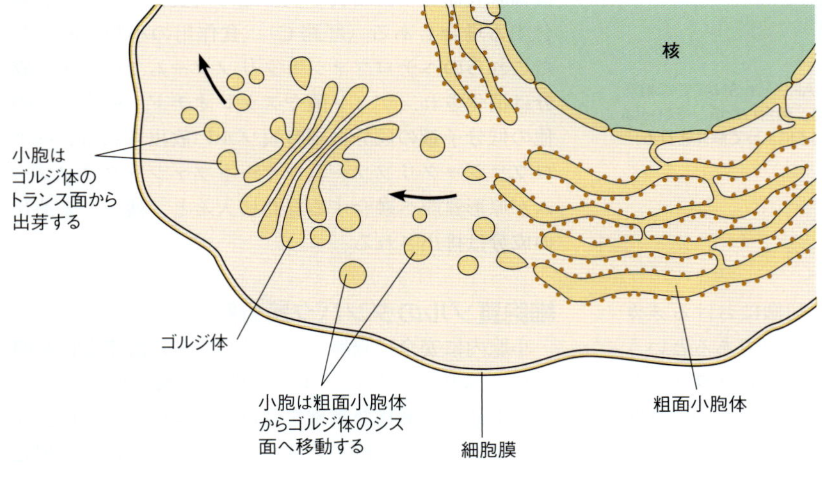

図 28.46　粗面小胞体からゴルジ体への輸送　RER から小胞が出芽し，ゴルジ体のシス面へ移動する。初期リソソームの小胞はゴルジ体のトランス面から出芽する。

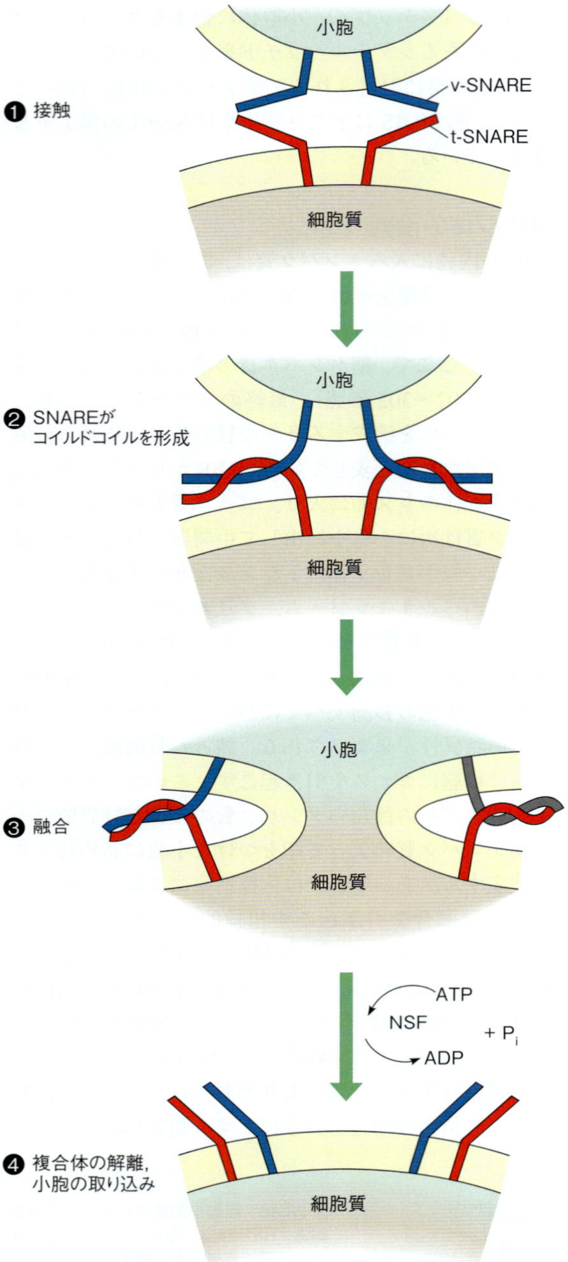

図 28.47　SNARE 融合仮説　特異的な v-SNARE と t-SNARE は相互作用を規定し，コイルドコイル構造を形成する。融合した後，それらは ATP の加水分解のエネルギーを用いて NSF 因子によって解体される。

タンパク質の運命：プログラムされた分解

第 11 章では，酵素機能に関わる制御におけるメカニズムの 1 つは特定の酵素の選択的分解であるということを指摘した。しかし，酵素だけがプログラムされたように分解を受ける必要があるわけではない。細胞周期のある時期では不可欠だが，他の時期では有害となるような制御タンパク質は，ある時点で取り除かれなくてはならない。例えば，サイクリンを考えよう（第 24 章）。サイクリンは各細胞周期において，分解や再合成がなされなければならない。傷ついたタンパク質も分解されなくてはならない。いくつかの発生過程では，オルガネラや，細胞，組織全体でさえ分解される必要がある。

真核細胞には，タンパク質分解について 2 つの異なる方法がある。リソソームには，内部に閉じ込められたあらゆるタンパク質を分解する（加水分解性）タンパク質分解酵素がある。この過程と並立して細胞質分解機構があり，必然的に高い選択性をもっている。非特異的なプロテアーゼを細胞質内に遊離させるのは本来危険であるということは明白なはずである。これらのプロセスについては，ともに第 20 章で簡潔に述べられており，ここではその情報を補足する。

リソソームシステム

ゴルジ体から出芽するリソソーム粒子は，**1 次リソソーム primary lysosome** として知られ，本質的には分解酵素が入った袋となっている。リソソームには，50 を超える数の異なる加水分解酵素が含まれる。加水分解酵素には，プロテアーゼやヌクレアーゼ，リパーゼ，炭水化物分解酵素がある。図 28.48 に模式的に示すように，リソソームは細胞の代謝に関わる重要な役割を数多く担っている。

膵臓にある分解酵素を分泌する細胞などのいくつかの細胞では，初期リソソームは細胞の表面に移動して内容物を外界に放出する（経路 A）。滑面小胞体が分解されるべき運命のオルガネラを飲み込んだときに形成されるオートファジー小胞に，1 次リソソームは融合する場合もある（経路 B）。融合した小胞はオートファジックリソソームと呼ばれる。ある種の細胞では（それは主に特定の白血球なのだが），初期リソソームは細胞表面で栄養物質を飲み込んだ食作用の小胞と融合する場合もある（経路 C）。食作用の小胞と融合したこれらのヘテロファジックリソソームでは，栄養成分は消化され，アミノ酸やヌクレオチド，脂質，その他の低分子量の成分は細胞質ゾルに放出される。ヘテロファジックリソソームやオートファジックリソソームが原形質膜へ融合する経路に入ると，残った未消化の成分は排出される。

細胞質ゾルのタンパク質分解

小胞内に安全に隔離されたリソソーム酵素とは対照的に，通常の細胞質ゾルに遊離するあらゆるプロテアーゼ活性は厳格な制御を受けなければならない。プロテアーゼは，分解が必要なタンパク質だけに作用し

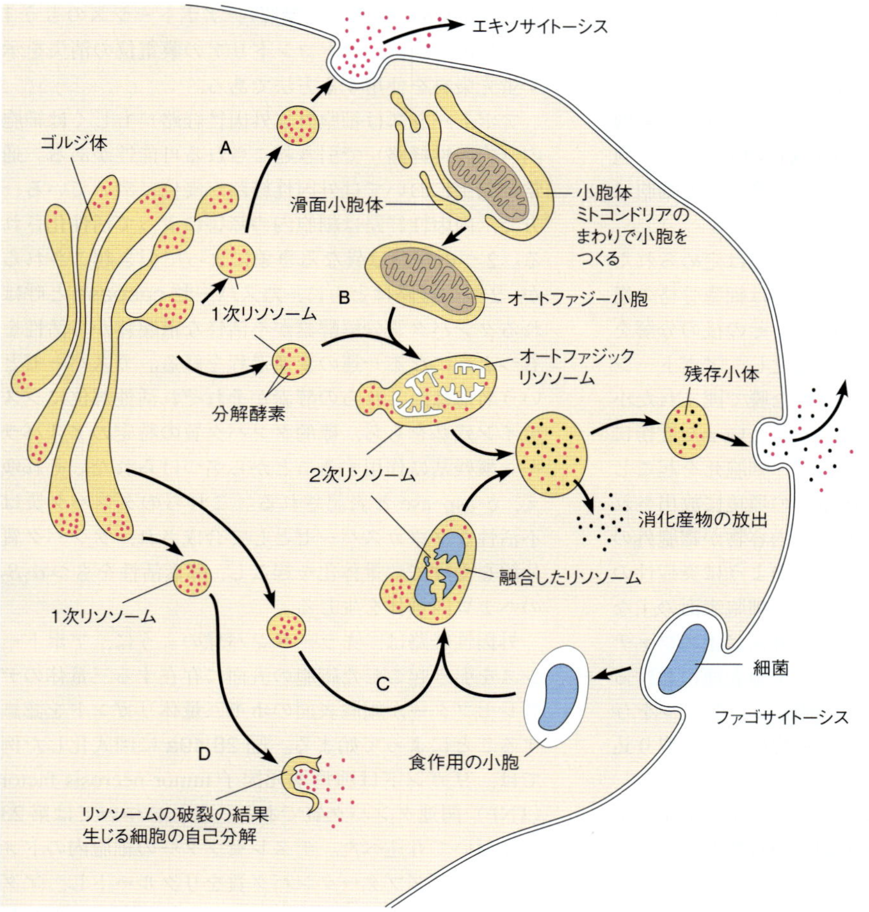

図 28.48　1 次リソソームおよび 2 次リソソームの形成と細胞内の分解過程におけるそれらの役割　ゴルジ体から出芽した 1 次リソソームは，いくつかの経路に関与する。**経路 A**　エキソサイトーシス：細胞外に酵素を輸送する。**経路 B，C**　ファゴサイトーシス：オルガネラの分解（オートファゴサイトーシス）や取り込まれた内容物の分解（ヘテロファゴサイトーシス）をするための成分を取り込んだリソソームの形態。**経路 D**　自己分解：細胞自身の分解。

なければならない。これらのタンパク質には，傷ついたタンパク質や誤って合成されたタンパク質，細胞周期の特定の段階でもはや不要になったタンパク質などが含まれるだろう。タンパク質の加水分解が熱力学的に有利な反応であることを思い出すならば，細胞質ゾルで分解に関わる酵素は加水分解過程に対する単純な触媒以上のものであり，さもなければ分解は大規模なものになるということは明らかである。つまり，分解されるべきタンパク質を単体で残るべきタンパク質と区別する何らかの手段があるに違いない。

第 20 章で述べられているように，細胞質ゾルの主要なタンパク質分解系では，分解されるべきタンパク質に印をつけるためにユビキチンを用いる。ユビキチンは小さく，熱安定性のタンパク質であり，分解や他のプロセシングを受けるべきタンパク質のリシン残基に転移されることを思い出してみよう。ユビキチン化されたタンパク質には，単に細胞の特定の部位への移行のための印をつけられたものも，よくわかっていない理由で印をつけられたものもあるが，たいていはプロテアソームによる ATP 依存性のタンパク質分解のために印がつけられる。

ポイント 21
タンパク質分解は，加水分解酵素で満たされたリソソームか，細胞質で行われる。これには，マーカーであるユビキチンとプロテアソームが使われる。

アポトーシス

プログラム細胞死の 1 つであるアポトーシスについては本書で前述した。標準的な胚発生の一部として，かなり大きなスケールで細胞死が起きることが以前から知られている。例えば，オタマジャクシがカエルへと変態を遂げるとき，尾は構成している細胞の死によって消失する。もう 1 つの例として，足や手の指の発生がある。本来指がくっついている状態の水かきは，プログラム細胞死の結果として衰退していく。これらの例や他の発生過程では，付近の細胞の成長と分裂が密接に協調して起こり，おそらく毒性をもつ細胞内成分の放出は，近傍の細胞に害を与えることはない。加えて，そのまま存在すると生物体を脅かしうるような不可逆的なダメージを受けている細胞もプログ

28

ラム細胞死を起こす。アポトーシス（ギリシャ語で，葉が木から落ちることを意味する）は，ネクローシスとは区別される。ネクローシスは，外傷や酸素の欠乏，もしくは血液の供給不足によって引き起こされる細胞死の１つである。ネクローシスを引き起こした細胞は，自ら破裂して内容物を流出し，近傍にある細胞に炎症性の応答を引き起こす。

対照的に，アポトーシスにおける事象は定められた通りに起こる。適切なシグナルの受容は細胞骨格の崩壊や核膜の分解，クロマチンの凝集とその後の分解を引き起こす。細胞表面は化学的に変化し，アポトーシスを引き起こした細胞からつくられた膜で囲まれた小片を取り込み分解するマクロファージといった近傍にある細胞を誘引する。これによって，細胞死を起こしつつある細胞の内容物が直接細胞外の環境に放出されないように保護しているのである。内容物が細胞外の環境に放出されれば，ネクローシスのように炎症性の応答を引き起こす可能性がある。この細胞表面の主な変化というのは，細胞膜の内側から外側にホスファチジルセリンが移動することである。細胞表面における特異的なリン脂質は，近傍の食細胞にシグナルを与え，アポトーシスを引き起こした細胞の断片を取り込み，分解させることができる。

アポトーシスを理解することは，がんを理解する上で重要である。なぜなら，腫瘍細胞の特徴として，アポトーシスを起こすことができない点があげられるからである。例えば，第23章ではp53について述べた。p53はDNAの損傷を感知し，その程度に応じて損傷が修復されるまで，細胞周期を遅らせるかアポトーシスを起こして，損傷を受けた細胞が生き残り，生物体に害を与えることのないように見張り番をするタンパク質である。多くの腫瘍で見られるように，p53の機能をなくすと異常な腫瘍細胞の増殖が連続して起こる。

ポイント22
腫瘍細胞はアポトーシスを起こす可能性を失っているので，アポトーシスを理解することは，がんを理解する上で重要である。

アポトーシスを引き起こした細胞を特定するさまざまな方法の１つに，クロマチンの分解パターンを観察する方法がある。アポトーシスが行われる間，制御されなくなった分解活性の中に，ヌクレオソーム間のリンカー部分においてクロマチンに結合したDNAを切断するエンドヌクレアーゼ活性がある。それゆえ，精製されたクロマチンがエンドヌクレアーゼによって分解されるときに見られるように，ゲル電気泳動法によるクロマチンの分析結果が“はしご状”パターンを示し，各バンドは整数個のヌクレオソームを含む粒子を表す（p.918，図24.22参照）。アポトーシスのもう１つの検出方法は，ミトコンドリアの膜電位の消失を示す蛍光染料を使用する方法である。

アポトーシスは細胞外（外因性経路）もしくは細胞内（内因性経路）で引き起こされる可能性がある。通常の発生においては外因性経路が優位に働いている一方で，内因性経路は細胞内の障害によって活性化される。２つの経路は異なる事象によって引き起こされるが，２つの経路はともに，**カスパーゼ caspase** と呼ばれるタンパク質分解酵素が不活性な前駆体から活性をもつようになる一連の変換過程を経る。カスパーゼという名前は，これらの酵素がそれぞれ活性部位にシステイン残基をもち，標的タンパク質の特定のアスパラギン酸残基に作用することから名づけられた。それゆえ，c-asp-aseと表記される。これらのタンパク質は不活性なプロカスパーゼとして合成され，タンパク質分解を受けて二量体化を起こし，酵素活性をもつ$\alpha_2\beta_2$のヘテロ四量体を生じる。

外因性経路は，キラーリンパ球のように，アポトーシスを引き起こした細胞の表面に存在する三量体のデスレセプターが細胞表面のホモ三量体リガンドを認識することによって始まる。図28.49aに図式化した例では，リガンドは腫瘍壊死因子 tumor necrosis factor（TNF）関連タンパク質である。これについては第23章においても述べた。デスレセプターの細胞内のドメインが，アダプタータンパク質をリクルートし，アダプタータンパク質はデスエフェクタードメインを介してプロカスパーゼ-8またはプロカスパーゼ-10を交互にリクルートする。これらによってDISC（細胞死誘導性情報伝達複合体 death-inducing signaling complex）を形成する。DISCは，プロカスパーゼの分子種をかなり接近させて活性化し，互いを切断することを可能にし，活性化したカスパーゼをつくり出す。続いて，活性化したカスパーゼは，他のプロカスパーゼを切断して活性化し，細胞死に至る一連の事象を始動させる。

対照的に，内因性経路はDNA損傷や栄養飢餓といった細胞内の事象に応答するシグナルによって活性化される（図28.49b）。動物細胞において，情報伝達の媒体はBakもしくはBaxというタンパク質である。第15章において述べたように，BakとBaxはミトコンドリアの外膜と相互作用し，膜間領域からシトクロム*c*を放出させる。その後シトクロム*c*はApaf1（アポトーシス誘導性プロテアーゼ活性化因子 apoptotic protease activating factor）に結合し，Apaf1に結合したdATPの加水分解を引き起こす。これにより，Apaf1がオリゴマー化して七量体のアポトソーム形成を促進する。アポトソームは，プロカスパーゼ-9をリクルートして活性化する風車様の構造体である。プロカス

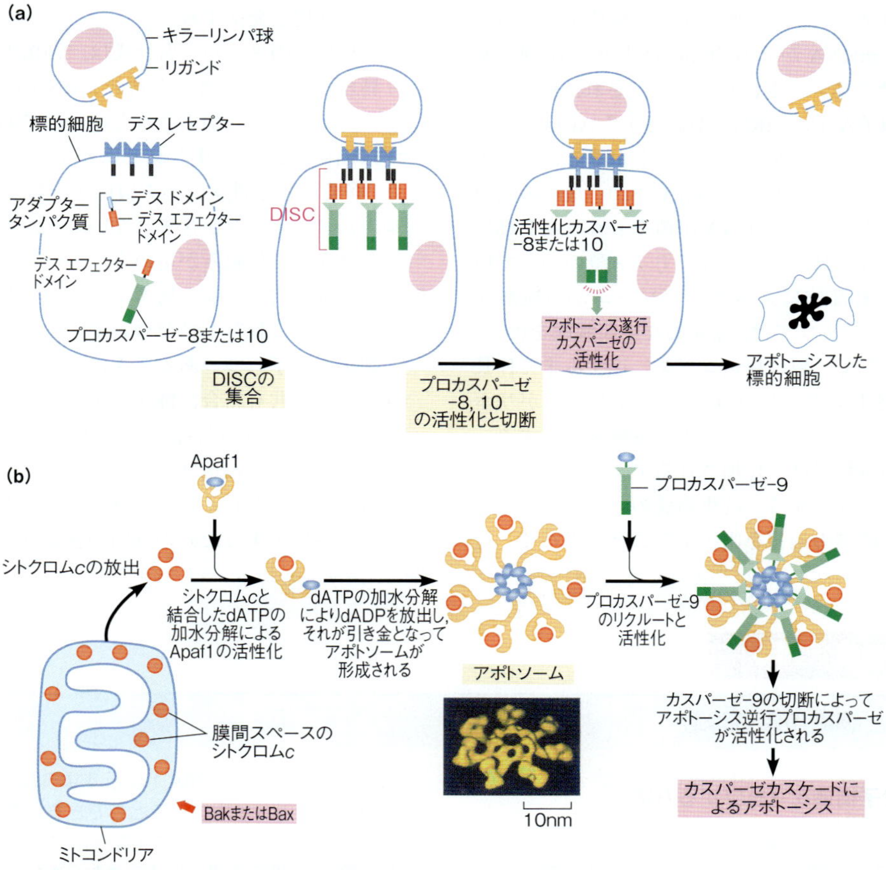

図 28.49　アポトーシスを誘導する外因性と内因性の情報伝達経路　(**a**) 外因性経路。上図に示すように，アポトーシスを引き起こす細胞上の三量体のデスレセプターとキラー細胞の三量体リガンドの相互作用は，不活性のプロカスパーゼ-8 または 10 もしくは両方をもつ DISC（細胞死誘導性情報伝達複合体）の集合を促進する。結合したプロカスパーゼの活性化は，下流にあるアポトーシス遂行カスパーゼの活性化カスケードを引き起こす。(**b**) 内因性経路。Bak や Bax といったタンパク質は，解明されていない仕組みでミトコンドリアの外膜と相互作用し，膜間領域にあるシトクロム *c* や他のタンパク質を放出する。シトクロム *c* は Apaf1 に結合し，結合した dATP の加水分解を促し，七量体のアポトソーム集合体を生じさせる。アポトソーム内のプロカスパーゼ-9 の活性化は，外因性経路に見られるように下流にあるアポトーシス遂行カスパーゼの切断を促す。

Modified from *Molecular Biology of the Cell*, 5th ed., B. M. Alberts et al. The electron micrographic image of the apoptosome is reprinted from *Molecular Cell* 9：423-432, D. Acehan, X. Jiang, D. G. Morgan, J. E Heuser, X. Wang, and C. W. Akey, Three-dimensional structure of the apoptosome：Implications for assembly, procaspase-9 binding and activation. ©2002, with permission from Elsevier.

パーゼ-9 の切断と活性化により，活性型カスパーゼ-9 を生じる。カスパーゼ-9 は下流のプロカスパーゼを切断して活性化し，最終的にアポトーシスを活性化する。内因性と外因性の両方の経路における，カスパーゼカスケードにより生じる下流の事象については，現在積極的に研究されている分野である。

ポイント 23
プログラム細胞死の主な形態であるアポトーシスは，外因性経路または内因性経路のどちらか一方によって引き起こされ，どちらの経路もカスパーゼを活性化するためのプロカスパーゼのタンパク質分解の一連の活性化を起こす。

まとめ

遺伝子（または mRNA）配列とタンパク質配列の結びつきは，遺伝暗号によって支配されている。この暗号は，すべてではないがほとんどが全生物を通じて共通である。遺伝暗号は重複しており，ほとんどのアミノ酸に複数のコドンが対応している。さらに遺伝暗号は開始シグナルと終結シグナルをもつ。

ポリペプチド鎖への mRNA の翻訳は，いくつかのステップから構成される。まず，アミノアシル tRNA シンテターゼと呼ばれる酵素を使って，適切な tRNA が対応するアミノ酸と結合する。翻訳が行われる場は，リボソームである。リボソームとは 2 つのサブユニットからなる RNA-タンパク質複合体で，それぞれのサブユニットは特定の RNA とタンパク質から構成されている。リボソーム上における mRNA の翻訳は，3 つのステージからなる。すなわち，開始，伸長，終結である。それぞれの段階においては，リボソームに加え特定のタンパク質因子を必要とする。原核生物における開始では，mRNA がその Shine–Dalgarno 配列に基づいて 30S サブユニットにうまく固定され，P 部位において開始因子 *N*–fMet tRNA が対応する AUG コドンと結合する。さらに 50S サブユニットがそこに結合する。そして第 2 の tRNA が A 部位に入り，最初の鎖がそこに転移する。次に，mRNA が鎖をもう一度 P 部位に入れ子のように動かし，ここでアミノ酸のついていない tRNA が E 部位に入ってリボソームから遊離する。これらのステップでは，遷移的な中間状態を伴う。

このようにして，鎖は終止コドンに達するまで伸長し続ける。終止コドンに達すると，放出因子がリボソームに結合し，ポリペプチド鎖の遊離を促進する。翻訳の一連の過程では，付加されるアミノ酸ごとに約 4 ATP 当量を必要とする。抗生物質のいくつかは，さまざまな翻訳段階の過程を阻害することによって，その抗菌作用を発揮する。

真核生物のタンパク質合成は，細菌のそれとはっきり異なっている。真核生物の mRNA は，単一の遺伝子に対する高度に加工された鋳型鎖である。真核生物では細菌に比べ，リボソームがより大きく複雑であり，多くの水溶性タンパク質因子を含んでいる。*N*–ホルミルメチオニンが含まれないことから，開始では細菌とは異なる仕組みが用いられている。翻訳と転写の過程は細胞内の異なる場所で起こることから，翻訳は単に間接的に転写と結びついている。

翻訳が完了しつつあるときに，ポリペプチド鎖の折りたたみと共有結合修飾が始まる。合成された鎖は細胞質外へ運ばれる目印となる N 末端配列をもつことがある。異なる輸送プロセスには，オルガネラや核への取り込み，もしくは，リソソームや膜の内部，細胞外環境へ輸送するための選別が含まれる。

生化学の道具　28A

電気泳動と等電点電気泳動

複雑な高分子構造をマップする方法

細胞の構造を，より繊細でより分別的な手法によって精査し続けると，細胞マシナリーはほとんどが高分子の会合体という複雑な構造で組織されていることがわかってくる。何種類かの RNA と多くのタンパク質からなるリボソームは，そのよい例である。巨大なサイズと複雑さをもつリボソームは，ついに X 線結晶構造解析で調べられるようになったが，先行研究で用いられた手法の中にも，生物における他の複雑な構造について調べるのに依然として重要なものがある。ここでは，そのいくつかの方法について述べる。

化学的架橋（クロスリンク）

ある粒子の構成物の配置を知る方法の 1 つに，化学的架橋（p.525，「生化学の道具 13A」参照）を通じて空間的な関係を解析するものがある。3 つの異なるタンパク質分子からなる仮想粒子（図 28A.1 に示すような）を考えてみよう。側鎖残基に反応してタンパク質分子同士が架橋を形成するような両反応性をもつ試薬（表 28A.1 に示すものの 1 つのような）があれば，軽く反応させてタンパク質を架橋分子の混合物として抽出することができる。こうして形成された共有結合物は，さまざまな方法によって識別することができる。もし異なるタンパク質に対する抗体をもっていれば，ウェスタンブロット法（図 28A.1 の方法 1，さらに「生化学の道具 7A」も参照），あるいは，二次元ゲル電気泳動法（図 28A.1 の方法 2）を使って，表 28A.1 に示すような“開裂可能な”架橋試薬の 1 つを用いることもできる。この単純な例では，いかなるときもタンパク質 A はタンパク質 B とタンパク質 C の間に位置しなくてはならない。なぜなら，タンパク質 A はどちらかのタンパク質と結合することができるが，タンパク質 B とタンパク質 C では架橋二量体を形成することはないからである。

ここで説明したタンパク質–タンパク質架橋技法以外に，RNA–タンパク質架橋，RNA–RNA 架橋の手法がある（巻末の参考文献参照）。これらの手法は，リボソームモデルの詳細を決定するのに大きな役割を果たし，最終的に，本章で紹介したように結晶構造の決定につながったのである。

免疫電子顕微鏡法

免疫電子顕微鏡法では，粒子の表面上にある成分の局在を，それらに対する抗体を使うことによって直接知ることができる。Y 字型の抗体分子は 2 つの粒子間に架橋を形成するが，それは，その粒子の成分との結合点が表面にあることを意味する。図 28A.2 では，図 28A.1 で使った仮想粒子と同じものを使っている。抗 B 抗体によって 2 つの粒子が結びつくということは，タンパク質 B が粒子の先端に位置することを意味することは明らかである。RNA 配列がリボソームの表面付近にあるとき，RNA 分子の特定の箇所に適切なハプテン基を加えると，同じ手法原理を適用することができる。rRNA 末端の位置はこの方法によってわかり，また合成途中のペプチド

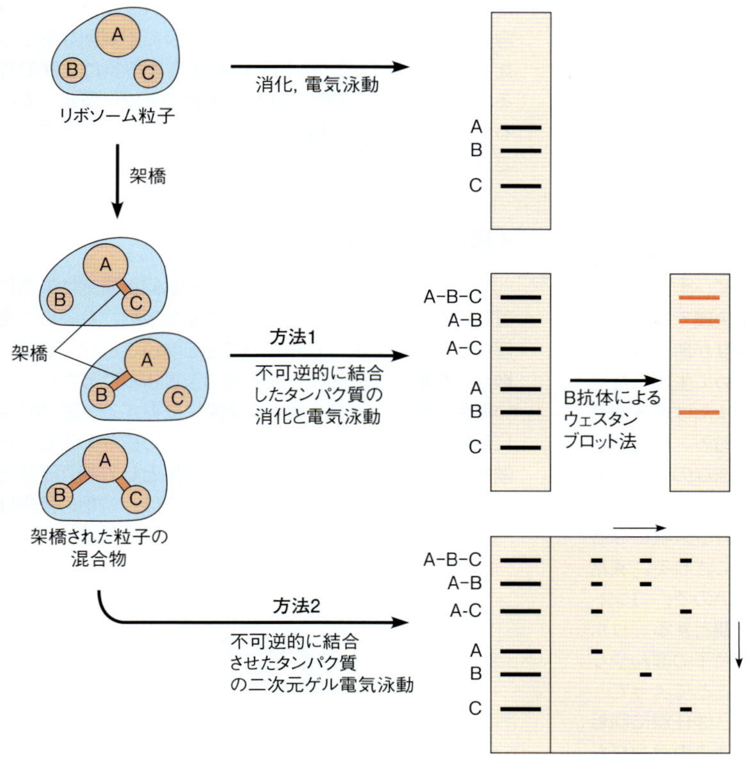

図 28A.1　**化学的架橋を使って複合体粒子に存在するタンパク質同士の近接度を測定する**

表 28A.1　タンパク質架橋試薬の例

試薬	分子構造	主な反応基	開裂可能か？
ビス(*N*-マレイミドメチル)エーテル	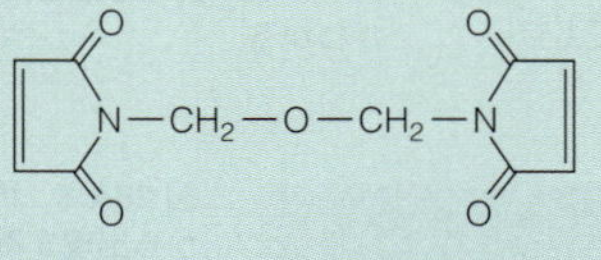	スルフヒドリル基	不可
2,2′-ジカルボキシ-4, 4′-アゾフェニルジイソシアネート	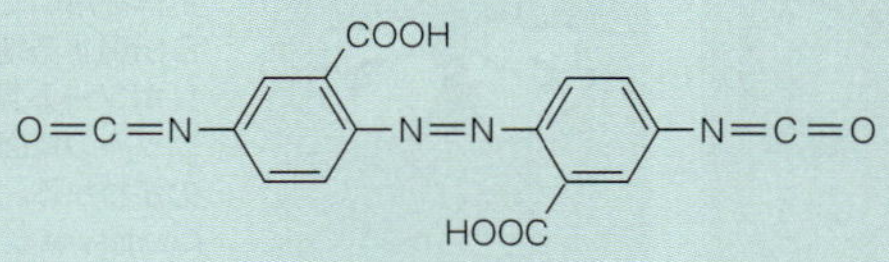	アミノ基	可（—N=N—を還元することによって）
ジメチルスベルイミデート	$CH_3O-C(=NH)-(CH_2)_6-C(=NH)-OCH_3$	アミノ基	可（アンモニアによって）
テトラニトロメタン	$C(NO_2)_4$	フェノール基（チロシン）	不可
メチル-4-アジドベンゾイミデート[a]	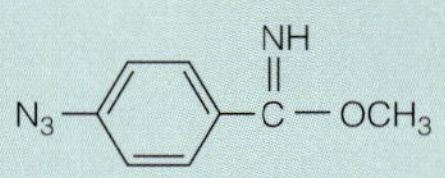	アミノ基，他	不可
メチル[3-(*p*-アジドフェニル)ジチオ]プロピオンイミデート[a]	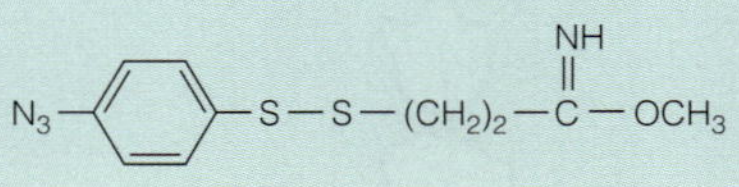	アミノ基，他	可（—S—S—を還元することによって）

[a]これらの試薬は光によって活性化される。暗いところでは右のイミド基がまず反応し，光を当てるとアジド（N_3）が活性化され，もう一方の残基と結合する。

がリボソームから出現する場所も同じように得られた（図 28A.3 参照）。

凍結電子顕微鏡法

従来の透過型電子顕微鏡（「生化学の道具 1A」）の技法では，繊細な生物の構造を観察するには不都合な点がいくつかあった。まず第1に，電子顕微鏡内の真空チャンバーは完全な脱水状態を必要とするので，生体の構造を著しく変化させる可能性がある。第2に，十分なコントラストを出すために，従来は試料を重金属で染色したり，金属シャドウしたりしたため，解像度が悪くなる。

このようなアーチファクトを避けるために生まれた比較的新しい技法が，凍結電子顕微鏡法（または電子凍結顕微鏡法）である。この考え方は単純である。試料は氷中で急速に凍結される。凍結が非常に急速なので，水分子は結晶化されずガラス状になる。試料は EM グリッドの隙間でガラス状になるか，かさばってガラス状になるかするので，その後，観察用に超薄切片にされる。凍結電子顕微鏡法では，染色という操作がないので，コントラストは低く，解像度を高める手法を必要とする。リボソームのような粒子の場合には，氷中の粒子のぼんやりとしたイメージ情報を複数つぎ合わせることによって，その画像を得ることができる。通常それらは任意に回転しているので，コンピュータ解析の際にはこのランダム配置について考慮しなくてはならない。利点はもちろん，最終的なイメージをコンピュータ画面上で“どの方向からでも”見ることができ，どの角度からでも観察できることである。

もし粒子（例としてウイルス）が対称要素をもっていたり，サブユニット構造がわかっていれば，分析はより容易になる。しかしリボソームのように不規則な形をしたものでさえ 1〜2 nm に近い解像度を得ることができる。また，試料は観察を通じて水性の環境に留まっているわけであるから，構造の損傷は最小限に抑えることができる。

X 線と中性子小角散乱

リボソームのような巨大分子の結晶回折研究は非常に難しいが，そのような粒子の溶液から放射される散乱を解析することによって多くのことを学ぶことができる。散乱した電磁波の範囲が放射線の波長よりはるかに大きい場合，散乱の強度は観察の角度に依存する。図 28A.4 に示すように，0°以外の角度で粒子内の異なる領域から散乱する電磁波は位相が異なり，結果として相互干渉と強度の減少を生じる。大きな回折角では，位相の差異は増大し，散乱波を部分的に相殺する。この干渉は，微粒

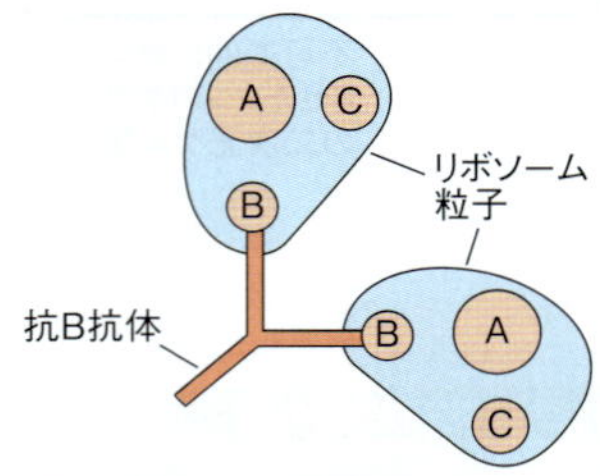

図 28A.2　抗体の結合によって，粒子表面にあるタンパク質の配置がわかる

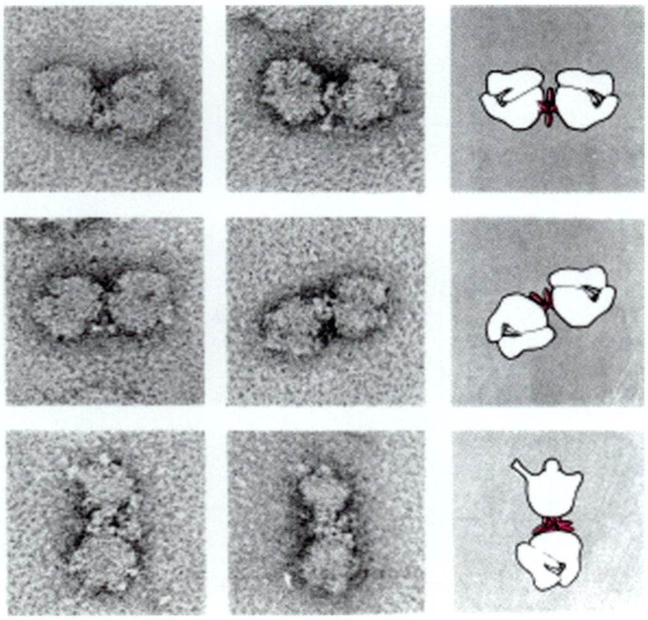

図 28A.3　抗体を使ってポリペプチド鎖がリボソームから出現する場所を検出する　*β* ガラクトシダーゼの抗体を用いて，*β* ガラクトシダーゼ鎖がリボソームから出現する地点で鎖と相互作用するようにする。70S リボソーム同士が，この抗体によって，50S サブユニットの背面の近くにある小孔の位置で結合しているのがわかる。
Courtesy of C. Bernabéu and J. A. Lake.

子の平均的大きさを計るのに使われる。回折角θ（I_θ）における散乱の強度を回折角 0（I_0）のときと比較すると次のような式が得られる。

$$\frac{I_\theta}{I_0}=e^{-(16\pi^4 R_G^2/3\lambda^4)\sin^2(\theta/2)} \qquad (28A.1)$$

ここでλは波長，R_Gは慣性半径と呼ぶ定数（粒子の平均的大きさの一種）である。式（28A.1）によると，低い角度における ln（I_θ/I_0）対 $\sin_2$（$\theta/2$）のグラフは，初期勾配（$16\pi^4R_G{}^2/3\lambda^4$）をもつ直線になるはずである。したがって低い回折角において散乱を計測すると，微粒子の平均的な大きさを計測することができる。より大きな回折角においては，I_θ/I_0 の曲線は最大値と最小値のあるさらに複雑な形をとり，これらの最大値と最小値は粒子の形状と生体物質内部の分布に関する追加情報となる。

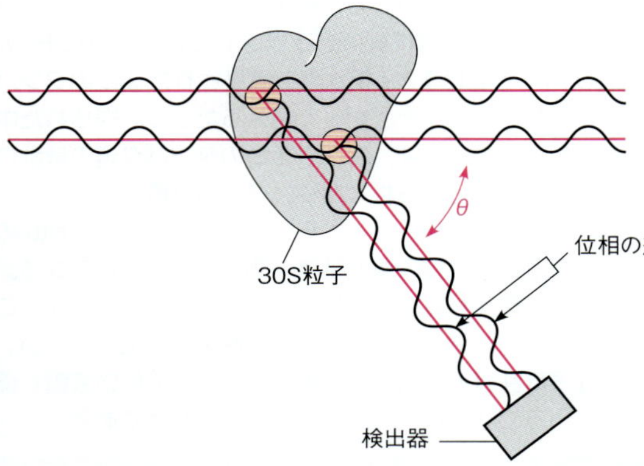

図 28A.4　X 線または中性子散乱の原理　大きな粒子内の別々の狭い領域からの X 線や中性子の散乱は，散乱波の相互干渉を引き起こす。

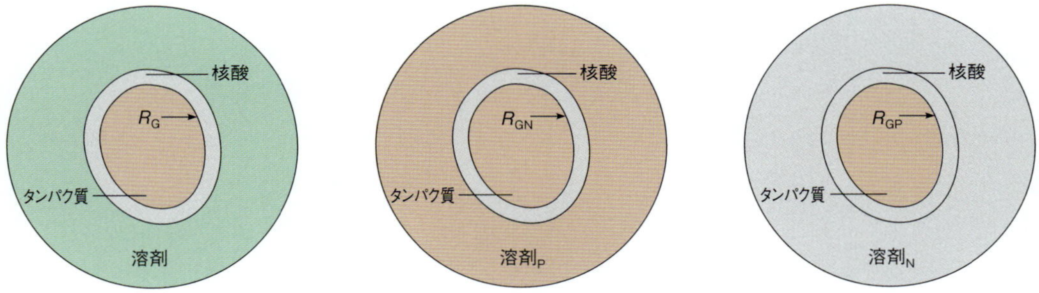

溶剤$_P$ ＝ タンパク質の散乱の性質と合致する溶剤
溶剤$_N$ ＝ 核酸の散乱の性質と合致する溶剤
R_G ＝ 核酸–タンパク質複合体の慣性半径
R_{GN} ＝ 核酸の慣性半径
R_{GP} ＝ タンパク質の慣性半径

図 28A.5　中性子散乱によって，選択的溶剤を使うことで核酸が核タンパク質の外側にあることを示す
Principles of Biochemistry, 2nd ed., Kensal E. Van Holde, Curtis Johnson, and Pui Shing Ho, ©2006. Adapted by permission of Pearson Education Inc., Upper Saddle River, NJ.

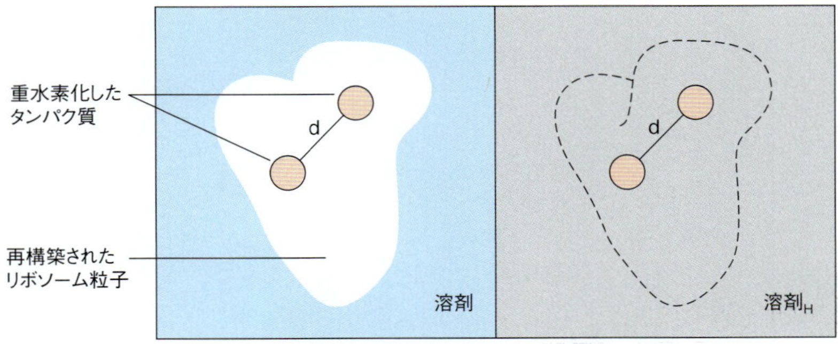

溶剤$_H$ ＝ 粒子中の非重水素化された部分に適合した溶剤

図 28A.6　重水素化されていない粒子の中にある 2 個の特定の重水素化タンパク質間の距離を決定するための溶剤の適正

溶液中の粒子の観察にはX線の小角散乱が有効であるが，さらに効果的な技法として**中性子小角散乱 low-angle neuron scattering** がある。中性子を放射線と考えるのは意外なことかもしれないが，すべての素粒子は波動性をもつという量子力学理論を忘れてはならない。速度 v で動く質量 m の粒子の波長は，式 $\lambda = h/mv$ で得られる。h は Planck 定数である。原子炉から放射される“熱中性子”の波長は，ナノメーターの数十分の一でしかない。したがって高分子構造の詳細を調べるには，ちょうどよい長さである。さらに重要なことは，中性子は主に原子核と相互作用するため，原子ごとに散乱の仕方が異なる。つまり核酸とタンパク質では中性子の散乱は異なり，水素と重水素でさえ異なる。また，H_2O と D_2O では散乱が異なるので，核タンパク質粒子中の核酸，またはタンパク質部分の中性子散乱力に合う H_2O/D_2O 混合溶剤を使って，図 28A.5 に示すとおり核酸かタンパク質を，バックグラウンドに“消してしまう”ことができ，どちらの構成要素の慣性半径を計測することもできる。この例で示すように核酸の R_G がタンパク質の R_G より大きいということは，核酸が粒子の外側に凝集していることを表す。

同じ技法でももっと効率的なバリエーションが，複合粒子の特定のタンパク質ペア間の距離を“マップ”するのに使われている。図 28A.6 のように，重水素化された細菌から得られた2つのタンパク質（粒子がもつ複数のタンパク質のうちの2つ）だけを含む粒子を再構成させたとしよう。これらの2つのタンパク質はかなり強力に重水素修飾されており，その他の粒子とは大きく異なる中性子散乱力をもつので，粒子の重水素化されていない粒子部分の平均的バックグラウンドに合うように H_2O/D_2O 溶剤を混ぜると，重水素で置換された2つのタンパク質は対照的に浮き上がって見えるだろう。得られた中性子散乱パターンは，これら2つのタンパク質の散乱の干渉によって占められており，タンパク質同士の間隔を測定するのに使われる。さらにこの手法では，in situ の特定のタンパク質の慣性半径を測定することができる。

中性子散乱が有益な情報を与えてくれるとはいえ，これは平均的な生化学者が研究室で使える技法ではない。中性子散乱研究に適した大規模な研究用の反応装置を備えているのは，世界でもほんの数箇所だけである。

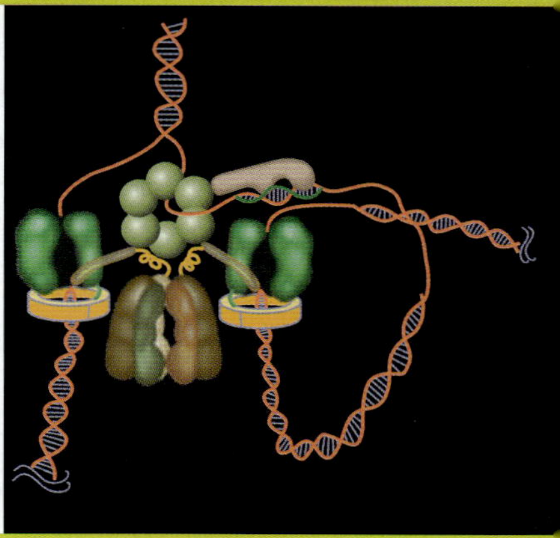

第 29 章
遺伝子発現の調節

生命を理解する鍵は，遺伝子発現がどのようにして調節されているかを知ることである。ヘモグロビンはどうして赤血球にだけ発現しているのだろうか？　細菌の培養液にラクトースを加えると，βガラクトシダーゼの合成速度が数千倍に上昇するのはどうしてだろうか？　オタマジャクシがカエルになる形態形成時に，なぜ尿素回路の酵素が発現してくるのだろうか？胚の分化に伴って経時的に変化する遺伝子発現は，どのような因子によって調節されているのだろうか？これらの疑問は，遺伝子発現調節を理解することが必要な，ほんの数例にすぎない。

第 27 章で述べたように，大腸菌のラクトースの利用の遺伝的解析に基づいて，フランスのパスツール研究所の François Jacob と Jacques Monod により 1960 年に“遺伝的調節のオペロンモデル”という考え方が示された。Jacob と Monod とは独立に，Andre Lwoff は大腸菌におけるテンペレート（溶原）バクテリオファージλの複製の遺伝的調節を見出した。この重要な生物学的システムについては後で述べる。この 2 つのまったく異なったシステムでありながらも類似性が認められる調節メカニズムをもとにして，Jacob と Monod は遺伝子発現の調節が転写レベル，特に転写開始のレベルで調節されていることを提唱した。彼らが提唱したモデルは基本的に正しかったが，数年後にはこうした調節が遺伝子発現のさまざまな局面で行われていることも明らかになった。例えば第 26 章で学んだように，ストレスを伴う環境変化に伴って，ストレスに対応するための遺伝子のコピー数の増加が起こるといった遺伝的制御も存在する。

とはいえ，Jacob と Monod は正しかった。大部分の遺伝子制御は転写のレベルで生じるので，本章ではこの点を中心に述べる。まず歴史的な内容を含む原核生物のシステムを学び，より複雑な真核生物の制御機構について解説する。転写以外のレベル，特に翻訳で生じる制御機構の例についても触れる。最近明らかになった，遺伝子制御における小 RNA 分子の機能についても解説する。

細菌における転写の調節

ラクトースオペロン：最初に発見された遺伝子の転写調節機構

第 27 章で述べたように大腸菌におけるラクトースの利用は，3 つの連続した遺伝子：*lacZ*（βガラクトシダーゼ），*lacY*（βガラクトシドパーミアーゼ，輸送タンパク質），*lacA*（チオガラクトシドトランスアシラーゼ，いまだに機能不明の酵素）で調節されている。誘導物質によってこの 3 つの酵素は同時に蓄積されるが，その蓄積レベルは異なっている。ラクトース添加によってラクトースオペロンが誘導されるが，真の細胞内誘導物質は**アロラクトース allolactose**，Gal β（1⟶6）Glc（βガラクトシダーゼの作用で生じる少量の代謝産物）である。実験的には，**イソプロピルチオガラクトシド isopropyl thiogalactoside**（IPTG）のような合成誘導剤を用いることが多い。IPTG はラクトースオペロンを誘導するが，βガラクトシダーゼで分解されないため，濃度が実験の間は一定に保たれる。

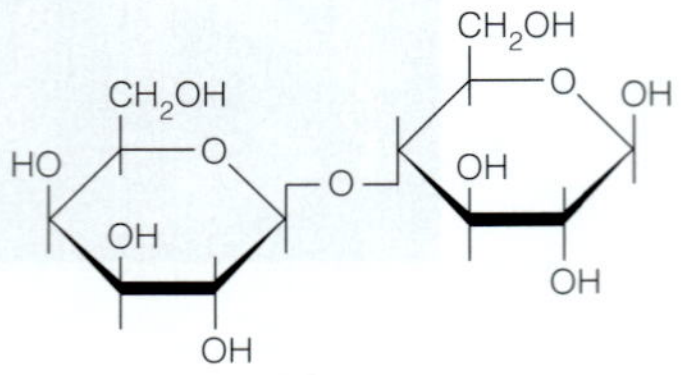

ラクトース

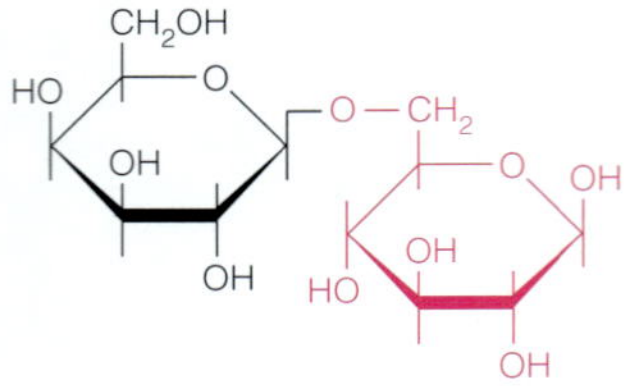

アロラクトース

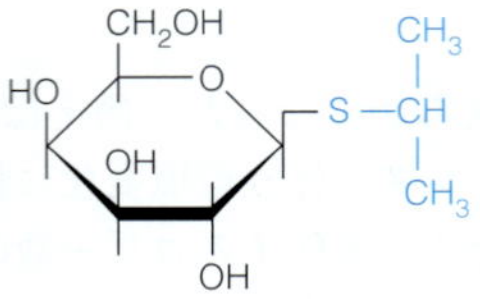

イソプロピルチオガラクトシド（IPTG）

ある構造遺伝子の変異（例えば，*lacZ* の変異）は，他の2つの遺伝子の制御に影響を与えることなくその産物（βガラクトシダーゼ）の活性を失わせる。しかし，*lacZ*，*lacY*，*lacA* 遺伝子の外側に存在する調節領域の変異は，この3つの構造遺伝子の発現に影響を与える。Jacob と Monod は研究の初期に2つの異なった変異株の表現型を見出した。1つは**構成的 constitutive** と呼ばれ，誘導物質が存在しないときでも3つの遺伝子由来のタンパク質を高いレベルで合成する表現型である。もう1つは**非誘導的 noninducible** と呼ばれ，誘導物質を加えても3つの酵素活性が低いまま保たれる表現型を示した。こうした変異はそれぞれ異なる2つの部位に存在し，*o* と *i* と名づけられた。重要なことに，Jacob と Monod は細菌接合の中断実験（第25章）を用いて部分的二倍体を作成し，これらの変異の優性劣性関係を決定できた。

このシステムに基づいた遺伝子制御の最初の Jacob–Monod モデルを図 27.2（p.1006）で紹介した。ラクトースオペロンのより詳細な遺伝子地図を図 29.1 に示した。Jacob と Monod が提案した通り，3つの構造遺伝子の転写は，隣接する部位に存在する**オペレーター operator** の周辺で始まる。転写によって1つの**ポリシストロン性 mRNA polycistronic messenger RNA** が生じる。ポリシストロン性とは，1つの mRNA 上に，この場合3つの遺伝子が転写されることを意味する（**シストロン cistron** という単語は遺伝学的に重要であり，1つのポリペプチド鎖をコードするゲノムの領域を意味する）。*i* 遺伝子の産物は高分子の**リプレッサー repressor** であり，その活性型はオペレーターに結合して転写を阻害する（図 29.2a）。

リプレッサータンパク質もまた，誘導物質と結合する部位をもつ。リプレッサーがその部位で IPTG，アロラクトースやその他の誘導物質と結合すると，DNA への親和性が大きく低下してリプレッサーは不活性化される（図 29.2b）。リプレッサーと誘導物質が結合した複合体がオペレーターから離れると，立体的ブロックがはずれて RNA ポリメラーゼが転写開始点に結合できるようになり，その結果，*lacZ*，*lacY*，*lacA* 遺伝子の転写が促進される。このようにして，ラクトース添加によって転写抑制が解除され，ラクトース代謝に関連する遺伝子産物の合成が促進されるのである。調節因子（リプレッサー）は転写の阻害物質なので，この制御様式は基本的に負の制御といえる。図 29.1 に示した CRP 部位が関わる正の制御については後で簡単に触れる。

上述した通り，このオペロン仮説を確立することができたのは，部分的二倍体細菌（1コピーの完全な染色体と，接合によって加わった一部の染色体をもつ細菌）における調節機構を解析することができたためである。1コピーのオペロンが染色体に存在し，細菌の

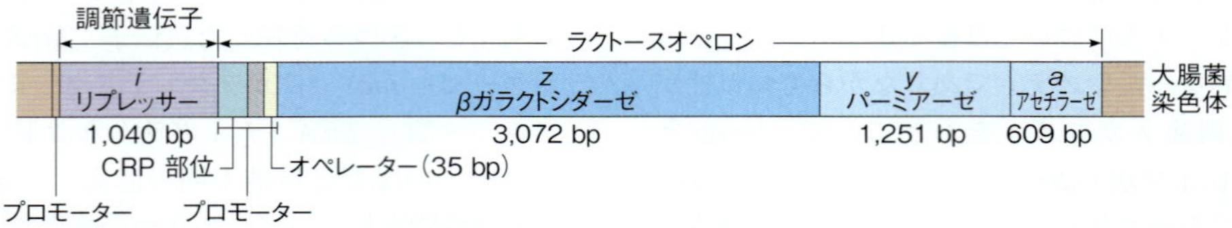

図 29.1　ラクトースオペロンの遺伝子地図　CRP 部位には，調節因子である cAMP 受容体タンパク質が結合する（p.1100）。プロモーター領域には RNA ポリメラーゼと *lac* リプレッサーが結合する部位がある。リプレッサー mRNA の合成は，自身のプロモーターである *i* プロモーターで開始する。*lacZ* 遺伝子の転写開始点から 82 塩基上流と 432 塩基下流にも，リプレッサーが結合する配列が存在する（図には示されていない）。

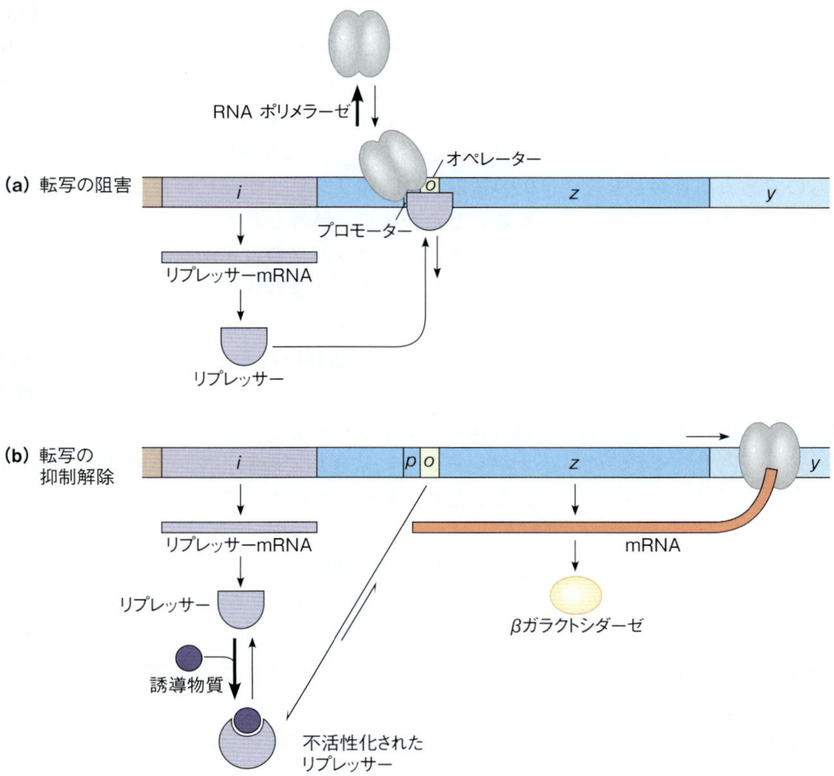

図 29.2　ラクトースオペロンの概要　(**a**) リプレッサータンパク質のオペレーター領域への結合は，下流の構造遺伝子の転写を抑制する。(**b**) 誘導物質がリプレッサータンパク質に結合すると，リプレッサーのオペレーターへの親和性が低下する。不活性化されたリプレッサー–誘導物質複合体がオペレーターから解離すると，構造遺伝子の転写が開始される。

接合過程で導入された不完全な染色体にも，もう 1 つのオペロンが存在する。*i* の部位に存在する"非誘導的な"変異は優性の表現型を示した。すなわち，野生型の *i* と変異型の *i* がともに存在したとき，構造遺伝子の発現は低くなった。そこで，Jacob と Monod は変異した対立遺伝子が，誘導物質と結合できない変異型のリプレッサーを生み出すと考えた。この変異型リプレッサーは，たとえ誘導物質が存在していても野生型・変異型両方の染色体のオペレーター領域に結合したままになっていると想定したのである。

i に存在する"構成的な"変異は劣性の表現型を示した。すなわち，この変異が両方の対立遺伝子に存在するときのみ，構造遺伝子の高い発現が観察された。この変異型の対立遺伝子からつくられるリプレッサーはオペレーター領域に結合できないので，遺伝子の転写を抑制することができない。正常なリプレッサーが同じ細胞の細胞質に存在すると，すべてのオペレーター領域に結合し転写を抑制してしまうので，このようなリプレッサーの"構成的な"変異は劣性となるのである。こうした観察から，リプレッサーの変異が**トランス優性** ***trans*-dominant** であることがわかった。すなわち，一方のゲノムにコードされる *i* 遺伝子産物が，同一細胞内のもう片方のゲノムからの遺伝子発現に影響を与えることが示された。この発見から，リプレッサーは拡散できる物質であり，細胞内で結合できるどんな DNA にも作用しうるという結論が導かれた。一方で，*o* の部位に存在する"構成的な"変異は**シス優性** ***cis*-dominant** な効果をもっていた。すなわち，1 つの細胞内に野生型オペレーターと変異型オペレーターの両者が存在した場合，変異型オペレーターが存在する染色体の遺伝子だけが"構成的に"発現した。タンパク質は細胞質ゾル内で拡散し他の染色体にも作用しうることから，オペレーターは遺伝子産物（タンパク質）をコードしているわけではないと推定された。

> **ポイント 1**
> *lac* 調節遺伝子に関わる部分的二倍体の表現型解析は，転写調節の機構解析における重要な手がかりを与えた。

ほとんどが遺伝学的な解析による間接的な証拠によって提唱されたにもかかわらず，Jacob と Monod のオペロンモデルは，"時の試練"に耐え，現在でも正しいと考えられている。さらなる解析によって，このモデルには 3 つの修正が加えられた。まず第 1 に，プロモーターがオペレーターとは別のエレメントであることがわかった（遺伝子上の部位としては重なってはい

29

るが)。第２に，当初は *i* 遺伝子由来の RNA であると考えられてきたリプレッサーが，単離してみると実はタンパク質であることが示された。第３に，Jacob と Monod は，すべての転写調節が“負”であると提案した。すなわち，調節タンパク質が結合すると，遺伝子の転写は必ず抑制されるというものである。しかしながら，他の遺伝子発現調節と同様に，ラクトースオペロンにも“正”の転写調節（タンパク質結合による転写の活性化）が存在することがわかった（p.1099〜1100）。

ポイント２
リプレッサー–誘導物質システムはラクトースオペロンの“負”の制御を行う。リプレッサーはオペレーターに結合し，転写開始を阻害する。誘導物質はリプレッサーに結合し，オペレーターへの結合の親和性を低下させる。

リプレッサーの単離とその性質

lac リプレッサーは，Walter Gilbert と Benno Müller–Hill によって 1966 年に単離された。このリプレッサーは細胞の全タンパク質の 0.001% しか存在しないので，Gilbert と Müller–Hill は，この分子が全体のタンパク質のおよそ 2% を占める変異体を利用した（遺伝子クローニングによって過剰発現が行えるようになる何年も前のことである）。次に彼らは，合成誘導物質 IPTG に結合できる特性を利用して，リプレッサーを精製した。精製された *lac* リプレッサーは，360 アミノ酸からなる同一のサブユニット（分子量 38,350）4 つからなるホモ四量体で，K_a値 約 10^6 M^{-1}で IPTG と，K_a値 約 3 × 10^6 M^{-1}で非特異的に二本鎖 DNA と結合するタンパク質であった。しかしながら，*lac* オペレーターとの結合は，K_a値が 10^{13} M^{-1}とはるかに強いものであった。RNA ポリメラーゼと同様に，リプレッサーは適当な部位でまず DNA に結合し，その後 DNA に沿って動くことでオペレーター部分を探す。リプレッサーは滑るように移動するが，DNA の２つの部位がループによって隣接している場合はループを飛び越えて移動することもある。

大腸菌の細胞あたりのリプレッサーの発現量が低いことを考えると，*lac* リプレッサーによる制御は非常に効率的だといえる。*i* 遺伝子の発現量は極めて低いので，1 細胞あたりのリプレッサー四量体はわずか 10 分子にすぎない。これはモル濃度に換算すると 10^{-8} M となるが，この値は解離定数（10^{13} M^{-1}）よりも何桁も高く，誘導されていない細胞のオペレーターには 99.9% 以上の時間リプレッサーと結合していることになる。したがって，誘導されていない細胞では，ラクトースオペロンタンパク質は 1 細胞あたり 1 分子未満しか存在していない。誘導物質がリプレッサーに結合すると，オペレーターへの親和性が何桁も減少する。この条件下では，誘導物質とともに非特異的に DNA の色々な場所に結合しているリプレッサー–誘導物質複合体の量がかなり増加し，リプレッサーが特異的にオペレーターに結合して抑制している時間が 5% 以下になるため，抑制が解除されるのである。

リプレッサー結合部位

lac リプレッサーが結合する DNA 部位は，RNA ポリメラーゼの項で解説したフットプリント法とメチル化保護実験によって解析された（図 27.15，p.1017）。下の図に示すように，オペレーターは左右対称の 28 塩基対の配列（両方向に同一な配列，図では色がつけてある）を含む 35 の塩基対からなる。したがって，7 つの塩基対が左右対象ではないため，オペレーターは不完全な回文構造（パリンドローム）をとることになる。

図に示したように，転写開始点はリプレッサー結合配列の中に存在する。オペレーターの 35 塩基対のうち 24 塩基対は，リプレッサーが結合することによって，DNA 分解酵素の攻撃から保護されている。常時ラクトースオペロン遺伝子が発現しているオペレーターの構成的変異（o^c）では，この配列の中心部に DNA 配列の変異が存在する。図 29.3 はオペレーターとプロモーターの重なり合いを示したものであり，リプレッサーや RNA ポリメラーゼが結合することにより，DNA 分解酵素で切断されなくなった DNA 領域によって決定された。

ラクトースオペロンの DNA 配列が決定されると，さらに２つの *lac* リプレッサー結合部位が近傍に存在

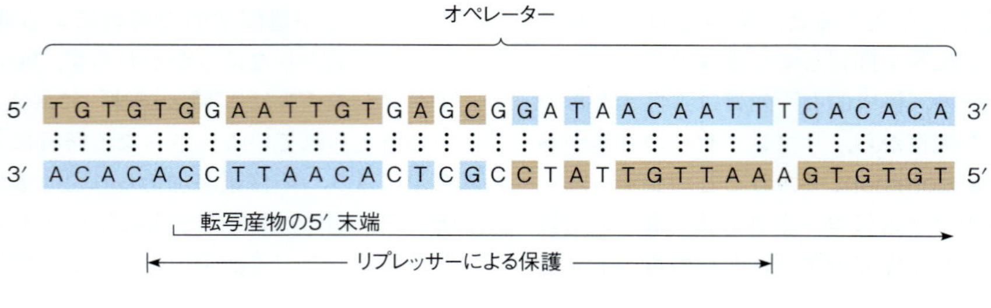

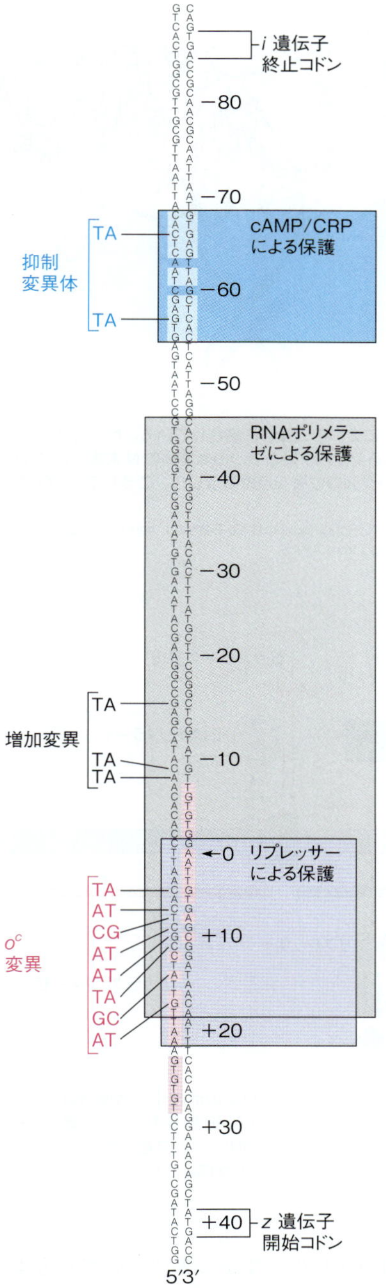

図 29.3　122 塩基からなる *lac* 調節領域　CRP 結合部位の折り返し配列を青で，オペレーターの回文配列をピンクで示した。DNase I によるフットプリント法で決定された 3 つのタンパク質（CRP，リプレッサー，RNA ポリメラーゼ）の結合部位を枠で示した。プロモーター変異とオペレーター変異で見出された塩基配列の変化，*lacZ* タンパク質（*Z* 遺伝子）の開始コドン，リプレッサータンパク質（*i* 遺伝子）の終止コドンを示した。ヌクレオチドの番号は，*lac* 遺伝子の転写開始点を基準に示してある（*lac* 遺伝子の最初の mRNA のヌクレオチドを＋1 とする）。

することが明らかになった。1 つは転写開始点から上流の−82 に，もう 1 つは *lacZ* 遺伝子の中の＋432 に，そして最初に見出されていたオペレーターは＋11 に中心点が存在する。遺伝的解析により，これら 2 つの部位もまたラクトースオペロンの調節に関わっていることがわかった。下流の部位の重要性はあまり明らかではないが，上流域（−82）の変異では，オペロンの抑制が不完全であった。−82 および＋11 の両方の部位にリプレッサーが結合することで，DNA がループ構造をとり，これによってオペロンが完全に抑制されると考えられた。その確定的な証拠は，四量体の *lac* リプレッサータンパク質それ自身，オペロンの配列を含むオリゴヌクレオチド断片との複合体，そして，誘導体である IPTG との複合体の結晶構造解析（1996 年）であった。図 29.4a に示すように，四量体リプレッサータンパク質は 2 つの二量体単位からなり，ヒンジ領域でつながれている。各二量体は別々に DNA に結合していることから，四量体タンパク質は＋11 と−82 の両者と結合し，93 塩基対からなる DNA ループを生み出していることがうかがわれる。リプレッサータンパク質の DNA 結合ドメインは α ヘリックス構造をとり，オペレーター DNA の主溝の塩基と相互作用する。後で述べるように，α ヘリックス結合モチーフは塩基配列特異的に DNA に結合する他のタンパク質にもみられる構造である。

図 29.4b は誘導機構を示している。リプレッサーはアロステリックなタンパク質であり，誘導物質が結合すると，二量体中の単量体間の角度が大きくなる。このため，リプレッサータンパク質の DNA 結合ヘリックス間の距離は 3.5 Å まで開いてしまい，標的 DNA にしっかりと結合することができなくなってしまう。

グルコースによるラクトースオペロンの調節：正の制御機構

利用できる β ガラクトシドがない場合，*lac* リプレッサー-オペレーターシステムはオペロンを停止している。他のエネルギー源が存在しないときだけ，図 29.5 に示した重なり合った制御領域がオペロンをオンにする。大腸菌は，他の多くのエネルギー源よりもグルコースを優先的に利用することが知られている。グルコースとラクトースの両方を含む培地で大腸菌を培養すると，菌は優先的にグルコースを消費する。グルコースが枯渇すると菌の成長は遅くなり，ラクトースオペロンが活性化され，菌はラクトースを利用して成長を続けるようになる。この現象は，以前はグルコース抑制またはカタボライト抑制と呼ばれていたが，現在では転写活性化機構が関与することがわかっている。グルコース濃度が低いと転写の活性化が起こるが，その調節は細胞内のサイクリック AMP（cAMP）濃度によって引き起こされる。

動物細胞で，細胞内 cAMP 濃度が上昇すると，異化

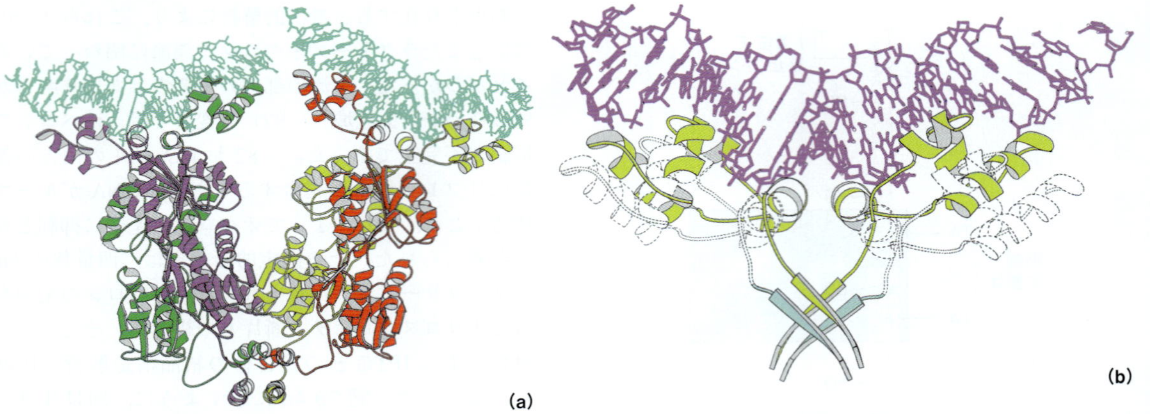

図 29.4　*lac* リプレッサーの構造　(**a**) リプレッサー-DNA 複合体。DNA（緑色）は別々に２つの二量体に結合している。片方では単量体が緑色と紫色で，もう一方では黄緑色と赤色で描かれている。(**b**) IPTG 結合の影響。黄緑色で示されるタンパク質の２つの単量体の N 末端（1〜68 残基）が紫色の DNA に結合している。タンパク質に誘導物質 IPTG が結合したときの DNA 結合ヘリックスの位置を点線で示した。こうして IPTG は DNA 結合ヘリックスを解離させる。PDB ID：1LBG, 1LBH。

に関わる酵素が活性化され，エネルギー源となる基質量が増えることを思い出そう。こうした効果は，ホルモンのシグナルが代謝経路に影響を与え，代謝のカスケードを引き起こすことでもたらされる。細菌において，cAMP 濃度上昇は遺伝子の発現に変化を与えるが，最終的には動物細胞と同様の効果をもたらす。大腸菌においては，細胞内グルコース濃度が高いとき，細胞内 cAMP の濃度は低いことが知られているが，この制御機構はいまだに明らかではない。アデニル酸シクラーゼは，グルコース異化における何らかの中間代謝物の細胞内濃度を明らかに感知している。この制御は**カタボライト活性化 catabolite activation** と呼ばれている。図 29.5 に示したように，グルコース濃度が低下すると cAMP 濃度は上昇し，**cAMP 受容体タンパク質 cAMP receptor protein（CRP）**と呼ばれるタンパク質（以前は**カタボライト活性化タンパク質 catabolite activator protein〈CAP〉**と呼ばれていた）が結合することによって，ラクトースオペロンが活性化される。CRP タンパク質は，210 アミノ酸残基からなる２つの同一のポリペプチド鎖からなるホモ二量体である。cAMP が結合すると CRP の立体構造が変化する。この構造変化によって，RNA ポリメラーゼ結合部位に隣接するラクトースオペロンを含む DNA 領域に対する CRP の結合親和性が大きく上昇する。この DNA 領域に cAMP-CRP 複合体が結合すると，図 29.3 の－68 から－55 の配列が保護される。これにより，RNA ポリメラーゼがプロモーター領域に結合して閉じた構造をとるか，開いたプロモーター複合体の形成速度を増すことで，ラクトースオペロンの転写を促進する。

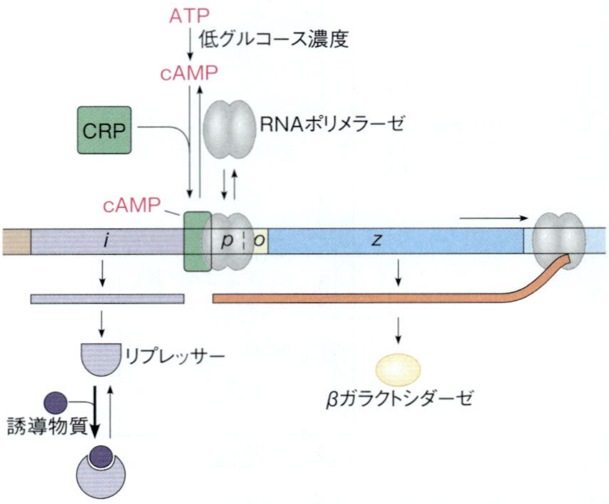

図 29.5　**ラクトースオペロンの活性化**　誘導物質と結合するとリプレッサーは不活性化され，cAMP 受容体タンパク質（CRP）は cAMP と結合して活性化される。CRP-cAMP 複合体が DNA に結合すると，RNA ポリメラーゼによる転写が開始される。

cAMP-CRP 複合体が大腸菌でいずれもエネルギー産生と関係したいくつかの遺伝子系を活性化することも関係し，CRP の作用についての我々の理解はまだ不完全である。cAMP-CRP 複合体で調節される遺伝子は，ブドウ糖以外の糖，ガラクトース，マルトース，アラビノース，ソルビトール，いくつかのアミノ酸の利用に関わるオペロンが含まれる。cAMP で活性化される二量体の DNA 結合部位と転写開始点との関係は，これまでに解析されたオペロンの間でかなり異なっており，CRP が関わる転写調節機構が複雑であることを示唆している。

ポイント 3
cAMP 受容体タンパク質（CRP）は，ラクトースオペロンやその他のカタボライト抑制オペロンを正に制御する。グルコース濃度が低いとき，cAMP-CRP 複合体は *lac* プロモーターに結合し転写開始を促進する。

CRP-DNA 複合体

CRP-cAMP-DNA 複合体の X 線結晶構造解析の結果，CRP タンパク質がどのように DNA と結合するかが明らかになった（図 29.6）。各 CRP サブユニットは，ターンで連結される特徴的な 2 つの α ヘリックス構造を有している。図の平面に対して垂直に描かれている 2 つのヘリックスは，DNA の主溝に接している。λ ファージの Cro リプレッサーの構造（図 27.1，p.1101～1107）でも同時期に発見されたこの**ヘリックス-ターン-ヘリックス helix-turn-helix** の構造モチーフは，その他にも rDNA 結合調節タンパク質中にも見られることから，この DNA 結合調節タンパク質ファミリーが進化的に同じ起源に由来することが示唆される。ヘリックス-ターン-ヘリックス構造は，第 27 章（p.1023～1024）で学んだモチーフよりも早く，最も早期に解明された DNA 結合構造モチーフである。後で λ ファージのリプレッサーについて学ぶ際に，再度このモチーフとその調節の役割について解説する。

DNA タンパク質複合体の解析の結果，CRP が DNA に結合すると DNA に強い折れ曲がりが生じることがわかった。この折れ曲がりによって，上流の DNA に結合している RNA ポリメラーゼが，直接プロモーター領域や転写開始点に接触できるようになり，転写開始が生じるのかもしれない。いくつかの実験結果から，DNA が折れ曲がった結果として，ポリメラーゼ α サブユニットと DNA の重要な相互作用が生じることがわかっている。

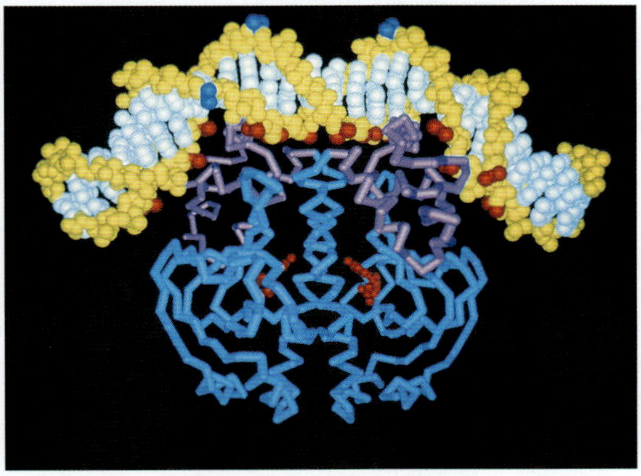

図 29.6　CRP-cAMP の結合による DNA の折れ曲がり　DNA-タンパク質-cAMP 複合体の結晶構造解析から得られたモデルである。DNA の塩基を水色で，糖-リン酸骨格を黄色で示した。紫色で示した CRP タンパク質の DNA 結合ドメイン（DNA の主溝で DNA の塩基と接する 2 つの α ヘリックス〈本文参照〉）は，紙面に対して垂直に位置している。CRP タンパク質の cAMP 結合ドメインを青で，結合している 2 つの cAMP 分子を赤で示した。DNA 分子上で，タンパク質に最も近く接触し，エチル化によってタンパク質との結合が妨げられるリン酸基を赤で，折れ曲がりの外側に位置し，エチル化を受けやすいリン酸基を青で示した。PDB ID：1CGP。
From *Quarterly Reviews of Biophysics* 23：205–280, T. A. Steitz, Structural studies of protein-nucleic acid interaction：The sources of sequence-specific binding. © 1990 Cambridge University Press.

バクテリオファージ λ：複数のオペレーター，2 つのリプレッサー，特異的 DNA 結合モデル

次に λ ファージについて解説しよう。ラクトースオペロンよりもはるかに大きく複雑な遺伝子制御系であるが，ラクトースオペロンと類似したタンパク質因子が，調節される遺伝子のすぐ上流の部分で DNA の転写調節部位に結合することによって制御され，転写開始を活性化したり抑制したりする点では同じである。しかし，ウイルスとその宿主細菌の関係が多様であるため，これまで解説したシステムよりも複雑で精密な調節機構となっている。第 26 章で述べたように，λ ファージの感染は，T4 ファージの場合と同様の溶菌増殖サイクルを引き起こす場合と，溶原化を生じる場合があることを思い出してほしい。溶原化を生じる場合，ウイルスの染色体は環状化して，宿主の染色体の特定の部位に組み込まれ（図 26.19〈p.983〉），その結果，ウイルス遺伝子の発現はほぼ完全に抑制される。いったん溶原化されれば，ファージ染色体は転写が抑制されたプロファージとして，何世代にもわたって維持される。この抑制が解除されると，ウイルスの染色体は環状 DNA として切り出され，複製され，そしてウイルス粒子の産生に必要な遺伝子発現の活性化が生じる。ウイルスは以下の 4 つの生理的環境に適応するため，4 種類の遺伝子発現パターンを使い分ける。この 4 つとは，(1) 溶菌増殖につながる感染，(2) 溶原化につながる感染，(3) 長期間にわたる溶原性の維持，(4) 溶原性中止とその後の溶菌増殖，である。

λ ファージの転写調節には cI，Cro と呼ばれる 2 つの異なるリプレッサータンパク質が関わっている。この 2 つのタンパク質は，2 つの別々のオペレーターに結合する。ラクトースオペロンではそれぞれのオペレーターは単一のリプレッサー結合部位しかもたないのに対し，λ ファージのそれぞれのオペレーターには 3 つのリプレッサー結合部位があり，それぞれにはリプレッサー結合部位とともに分散分布するプロモーターが存在する。2 つのプロモーター-リプレッサー部位からの転写は，ゲノム上で反対方向に生じる（図 29.7）。リプレッサーは 6 箇所のオペレーター部位に結合するが，その親和性はさまざまであり，その結果，生理的条件に応じてリプレッサーによるオペレーター

29

の占有状態が変化する。さらに複雑なことに，cIリプレッサーは遺伝子発現を抑制するだけではなく，ある特定の条件下では転写活性化因子として働き，特定の遺伝子の発現を抑制する一方で他の遺伝子の発現を上昇させることもある。これに関わる生化学的なメカニズムを理解するためには，まず，λゲノムの遺伝子とその位置関係を理解し，調節遺伝子に変異を有する変異株の表現型を理解しなければならない（図29.7）。

λシステムの遺伝子とその変異

溶原性の確立や維持が不完全であるファージ変異株は，*lac* 調節に異常がある変異株と同様の表現型を示す。この類似性のおかげで，Jacob と Monod がオペロンモデルを一般化することができたのである。溶原化にあたっては，オペレーターにリプレッサーを結合させてウイルス遺伝子を不活性化する必要がある。これは誘導物質が存在しないときにラクトースオペロンが停止しているのと同等である。主なλ表現型と，それに相当する *lac* 変異を表29.1にまとめた。

変異によって機能を失ったリプレッサーがオペレーターに結合できなくなると，変異ファージは大腸菌を溶菌して澄んだプラークを形成する。通常，λファージがつくるプラークは濁っている。これは，ファージに加えて，溶原化された細菌（後で感染したファージに対して“免疫”を有するため，ファージによって殺されることなく成長できる）を含むためである。対照的に，溶原性を確立できない変異ファージは，すべての細菌を溶菌するため，澄んだプラークを形成する。こうした澄んだプラークを形成する変異株は，λ遺伝子の中の *cI*, *cII*, *cIII* のどれかに変異を有する。*cI* は前述したリプレッサーをコードする構造遺伝子であり，*cII* と *cIII* は cI タンパク質の合成を制御する遺伝子である。

オペレーター領域に変異を有するビルレント変異株もまた，澄んだプラークを形成するが，重要な違いがある。λ溶原化した細菌では，侵入してきたファージのオペレーターにリプレッサーが結合するので，2回目以降のλファージの感染に対して免疫が生じる。このことは，リプレッサーが結合できる正常のオペレーターを有する *cI* 変異株に当てはまる。しかしながら，ビルレント変異株では，細菌に感染した後でも，オペレーターがリプレッサーに結合できないので，（同じビルレント変異を有する）子孫ファージを生産することができる。これらは，ラクトースオペロンにおける部分二倍体の実験結果と原理的に類似している。

ポイント4
λファージの溶原性の制御は，ラクトースオペロンの調節に似ているが，より複雑である。

λファージの cI リプレッサーとそのオペレーター

Mark Ptashne は1967年，*cI* にコードされるλリプレッサーを単離した。cIリプレッサーは分子量27,000

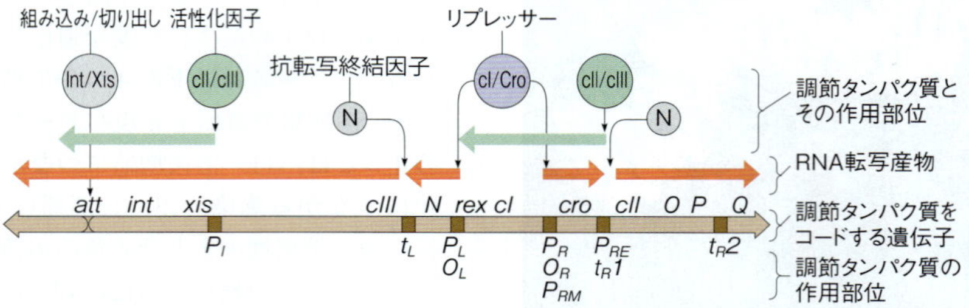

図29.7　λファージの初期制御領域　調節タンパク質の作用部位を示す（薄茶色の矢印上の茶色の帯部分）。調節タンパク質は，cIとCroリプレッサー，cII活性化因子，cIII（cIIを安定化させる），抗転写終結因子N，遺伝子の組み込みと切り出しを行うInsとXisである。緑と赤で示す転写産物RNAは，さまざまな条件下で矢印で示した方向に合成される。

表29.1　*lac* とλの変異の表現型の比較表

lac 表現型	λ表現型との関連	制御の異常
誘導物質-構成的，劣性	澄んだプラーク，溶原性を確立することができない	オペレーターへの結合が不完全なリプレッサー
オペレーター-構成的，シス支配的	ビルレント，溶原免疫を獲得していても複製できる	リプレッサーを結合することができないオペレーター
非誘導的，トランス支配的	非誘導的（UVまたは他の処理によって誘導されない）	リプレッサーは，誘導物質に結合できないか，不活性化できない

のサブユニットからなるホモ二量体であり，そのアミノ末端を介してオペレーター領域に $3 \times 10^{13}\ \mathrm{M}^{-1}$の K_a値で結合する（図 29.8）。リプレッサー–DNA 相互作用の解析によって，*cI* 遺伝子座を挟んで 2 つのオペレーター領域が存在することがわかった。この 2 つのオペレーター領域は，図 29.7 に示したように，中心の調節領域から左向き（O_L）と右向き（O_R）の異なった転写を調節する。フットプリント法で明らかになったのは，それぞれのオペレーターは，およそ 17 塩基対からなるリプレッサー結合部位を 3 つずつ含む。3 つのリプレッサー結合部位の配列は似てはいるものの同一ではなく（図 29.9），3〜7 塩基対のスペーサー領域によって隔てられている。ビルレント変異株は，O_Lと O_R領域に少なくとも 2 つの変異を有する。

λ オペレーターには，リプレッサー結合部位が複数存在すること以外にも注目すべき点がある。(1) プロモーター活性に影響を与える変異が，リプレッサー結合部位の間に存在する。このように，オペレーターとプロモーターが分散分布しているので，調節領域をより正確に表すために，O_LP_Lと O_RP_Rと呼んでいる。(2) 図 29.9 で示したように，O_RP_Rは 2 つの異なったプロモーター，すなわち右向きの P_Rと左向きの P_{RM}からの転写を制御する。(3) O_LP_Lと O_RP_Rからの転写は，2 つの異なったリプレッサー，cI と Cro によって制御される。*cro* 遺伝子の名前は <u>c</u>I <u>r</u>epressor <u>o</u>ff の頭文字である。(4) 特定の条件下では，cI リプレッサーは転写の抑制因子ではなく，活性化因子として働く。この制御機構のもう 1 つの新しい特徴は，生理的条件に応じて，*cI* 遺伝子の転写を始めるプロモーターが変わることである。大きく異なった生理的条件のもとでもファージ遺伝子を規則正しくかつ効果的に制御するために，こうした複雑な遺伝子制御機構が生じたのだと考えられる。

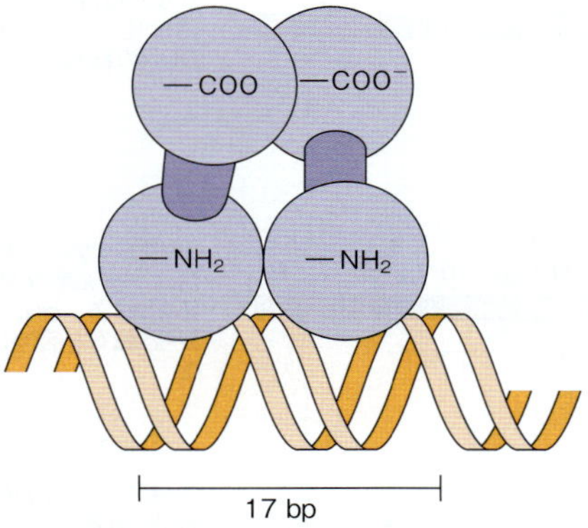

図 29.8　**λcI リプレッサーの構造と DNA 結合のモデル**　リプレッサーは二量体で，λ オペレーター内の 17 塩基対からなる領域に結合する。
A Genetic Switch : Gene Control and Phage λ, M. Ptashne.　© 1986 John Wiley & Sons Inc. Reproduced with permission of Blackwell Publishing Limited.

λ ファージ初期遺伝子

cI 遺伝子調節の重要性を理解するためには，感染初期に発現するいくつかの λ 遺伝子を知っておかなければならない（図 29.7）。先に述べたように，*cI* と *cro* 遺伝子はリプレッサーをコードしており，*cII* と *cIII* 遺伝子はともに cI 合成を活性化する。*rex* は機能不明の遺伝子であるが，*cI* 遺伝子とともに溶原性の時期に発現する唯一の遺伝子である。第 26 章で部位特異的組換えについて述べたときに，*int*，*xis*，*att* 遺伝子について解説した。*O* と *P* は λDNA の複製開始に関わっている。*N* 遺伝子の産物は NusA（p.1020）と相互作用し，転写の終結を防ぐ。*Q* 遺伝子の産物は，後期の遺伝子の転写を活性化する。

29

2 つの λ リプレッサー間の相互作用

分散分布する O_LP_Lは，その配列中に存在するリプレッサー結合部位に cI タンパク質が結合することに

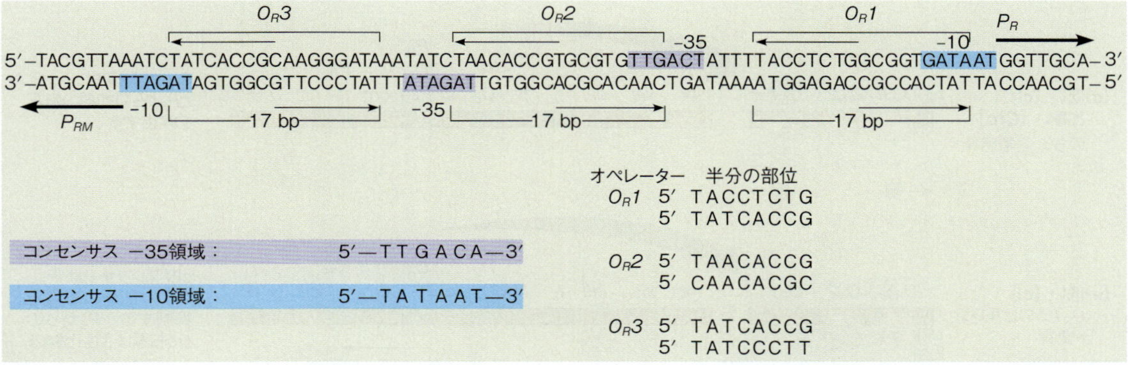

図 29.9　**O_RP_R 領域**　図の上部に O_RP_R 領域の塩基配列を示した。この領域には，3 つのリプレッサー結合部位（O_R1，O_R2，O_R3），左向きのプロモーターである P_{RM}，−35（紫色）と−10（青色）の 2 つのプロモーターが存在する。細い矢印で示したのはオペレーター領域の半分の部位である。図の下部分には，−35，−10 プロモーター領域のコンセンサス配列，および，オペレーターの半分（リプレッサー結合部位）の配列の部分的な相同性を示した。

よって，N 遺伝子の転写を調節する。しかしながら，大部分の調節は O_RP_R で生じ，溶菌か溶原性かを決定するのは正にここである。溶菌か溶原性かの決定には，cI と Cro タンパク質の相互作用が関わっている。

定量的なフットプリント法実験によって，cI タンパク質が，O_RP_R 中の3つのリプレッサー結合部位の中では，O_R1 に最も強く，O_R2 にはやや弱く，O_R3 にはきわめて弱く結合することがわかった。さらに，cI タンパク質の結合は協調的で，リプレッサータンパク質二量体が O_R1 に結合すると，リプレッサーの O_R2 への結合親和性が上昇する。Cro タンパク質は66アミノ酸残基のタンパク質サブユニットからなるホモ二量体であり，cI タンパク質が結合する3つの部位に cI タンパク質よりも弱く結合し，その親和性の強さの順序は cI タンパク質とは逆である。すなわち，Cro タンパク質は O_R3 に最も強く結合し，O_R1 と O_R2 にはほぼ同様の親和性で弱く結合する。Cro タンパク質の結合は非協調的である。

Cro はリプレッサーではあるが，独特な方法で cI の作用に拮抗するので，**抗リプレッサー antirepressor** と考えることもできる。これを理解するためには，さまざまな cI タンパク質濃度下で生じている転写の様子を知っておく必要がある（図29.10）。溶原状態にあるファージ（図29.10a）においては，細胞内 cI 濃度が低い（1細胞当たり200分子，10^{-7} M）ときでも，cI タンパク質のオペレーターの結合が協調的であるた

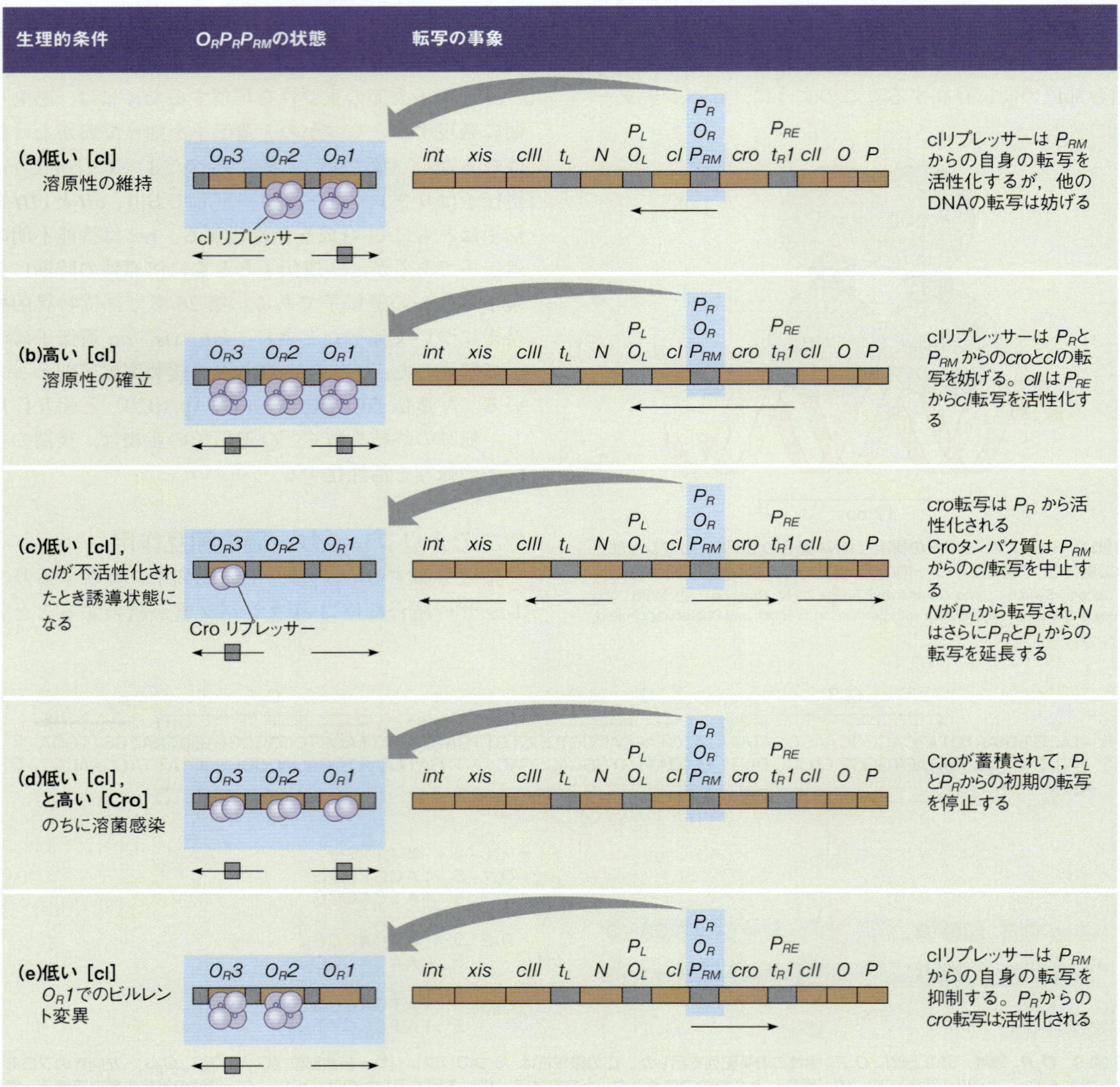

図29.10　**O_RP_{RM} 領域での cI-Cro 相互作用**　生理的条件の変化によって cI や Cro タンパク質とゲノムとの相互作用が変化する結果，λファージの転写が大きく変化する。灰色の四角は転写が阻害されていることを意味する。*rex* 遺伝子は転写調節に関係しないため，図には示していない。

め，O_R1 と O_R2 には cI タンパク質が結合している。この状態では，*cro* 遺伝子のプロモーターからの右向きの転写は阻害されているが，P_{RM}プロモーターからの *cI* 遺伝子の左向きの転写は活性化されている（P_{RM} の *M* は，“メンテナンス”の M であり，溶原性が維持〈メンテナンス〉されている間，cI タンパク質がこのプロモーターから転写されるためこう呼ばれている）。P_{RM}プロモーターの −10 と −35 の部位はオペレーター内に存在する。溶原状態にあるファージにおいて，cI タンパク質が自らの転写を活性化している証拠は，ある種の特殊な *cI* 遺伝子変異株の解析から明らかになった。この変異株ではリプレッサーが O_R1 と O_R2 に強く結合するものの，P_{RM}からの *cI* 遺伝子の転写を促進できない。

溶原性確立の過程（図 29.10b）においては，溶菌性と溶原性の遺伝子が競合してウイルスゲノムの運命を決定しているが，P_{RM}から転写されるよりも多い cI リプレッサータンパク質が必要である。このとき，P_{RE}と呼ばれる異なった *cI* プロモーターが活性化される（*E* は，確立〈establishment〉に由来する）。この活性化では，cII タンパク質はP_{RE}プロモーターの −35 領域に特異的に結合して，その領域への RNA ポリメラーゼ結合を活性化する。この結果，P_{RM}プロモーターから転写されるよりも長い *cI* の mRNA が転写されるが，この mRNA は効率よくタンパク質に翻訳される。その結果，十分な量の cI リプレッサーが合成され，3 つの O_Rの部位に結合することで，両方向への λ 遺伝子の転写が阻害され，溶原性が確立する。

ポイント 5
λ ファージの溶原性は，2 つのリプレッサーである cI と Cro によって制御されている。この 2 つのリプレッサータンパク質は，オペレーター領域とプロモーター領域に複数存在する O_RP_R領域の 3 つのオペレーターに，異なった親和性で結合する。

次にプロファージの誘導について考えてみよう。溶原性が壊れると溶菌感染へと移行する（図 29.10c）。まず，cI リプレッサーが不活性化され（その様子はすぐに述べるが），O_R部位が空くと，P_Rからの *cro* 遺伝子の転写が生じ，生じた Cro タンパク質が P_{RM}プロモーターからの *cI* 遺伝子の転写を阻害する。同時に P_Lからの左向きの転写によって N タンパク質が合成され，図 29.10 に t_Rと t_Lで示した部位における転写の終結を阻害する。このようにして，Cro と N の 2 つの初期転写産物が新規遺伝子を活性化する方向に働く。左向きの転写はプロファージの切り出しに必要な Int と Xis タンパク質を合成する。右向きの転写は DNA 複製に必要な O と P タンパク質を合成する。

引き続いて生じる遺伝子調節では，遺伝子 *Q* 由来のタンパク質と協調して，ウイルスの構造タンパク質をコードする後期作働遺伝子の転写が活性化される。この際，後期タンパク質の合成速度を最大とするためには，初期遺伝子の転写を抑制することが望ましい。そこで，それまでに O_R1 と O_L1 の両方に結合できる濃度まで蓄積してきている Cro タンパク質が働き，それぞれ P_Rおよび P_Lからの転写を阻害する（図 29.10d）。ビルレント変異株の感染（図 29.10e）の場合，P_{RM}からの *cI* 遺伝子の転写は阻害され，その結果 P_Rからの *cro* 遺伝子の転写活性化をもたらす。

Cro と cI リプレッサーおよび，関連する DNA 結合タンパク質の構造

Cro と cI リプレッサーの三次元構造の研究は，タンパク質が特定の DNA 配列を認識するメカニズムについての大きな知見をもたらした。さらにこの発見のおかげで，どのようにして特異的な DNA-タンパク質相互作用が転写を調節するかについての理解が深まった。

1981 年に，Brian Matthews が Cro タンパク質の結晶構造を決定した。Cro は 66 アミノ酸残基からなり，3 つの α ヘリックスと 3 つの β ストランドをもつサブユニット 2 つからなるホモ二量体タンパク質である（図 29.11）。立体構造モデルから，図中に 2 と 3 で示した 2 つのヘリックスが，DNA 二重らせんの主溝にはまり込む可能性が示された。この 2 つのヘリックスは短い β ターンでつながれており，CRP タンパク質で述べたようなヘリックス-ターン-ヘリックスモチーフを形成している（p.1101）。Cro 二量体では，2 つのヘリックス 3 は距離にして 3.4 nm 離れており，これは DNA 二重らせんの 1 回転分に相当する距離である。この結果，2 つのサブユニットがヘリックスの同じ側で隣接した DNA 主溝に結合し，Cro タンパク質のヘリックス 3 が主溝中で縦に位置していることが推定された。このモデルは，タンパク質と結合する DNA の官能基を決定する実験であるメチル化およびエチル化保護アッセイの結果とよく一致するものであった。そ

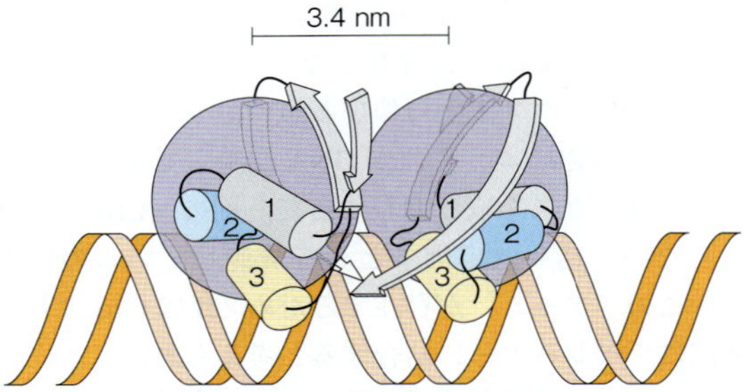

図 29.11　Cro 二量体-オペレーター複合体の構造モデル
A Genetic Switch: *Gene Control and Phage* λ, M. Ptashne. © 1986 John Wiley & Sons Inc. Reproduced with permission of Blackwell Publishing Limited.

れぞれのオペレーター部位が不完全な回文配列からなる点（図 29.9）に注意されたい。したがって，2 つのヘリックス 3 はわずかに配列が異なった塩基対と相互作用していることになる。

ポイント 6
ヘリックス-ターン-ヘリックスモチーフは，原核生物の転写調節を行うタンパク質にしばしば観察される構造である。DNA の主溝内の塩基対と，それを認識するヘリックス内アミノ酸の間に，特異的な結合が存在する。

ヘリックス 2 と 3 の間のアミノ酸配列は，配列特異的な DNA 結合タンパク質ファミリー分子の対応する配列とかなりの相同性があるが，配列非特異的な DNA 結合タンパク質の配列とは相同性がない。このことから，ヘリックス-ターン-ヘリックスモチーフが，少なくとも原核生物においては，転写調節を行うタンパク質に共通した，進化的に保存された部品であることがわかる。*lac* リプレッサーもまた，ヘリックス-ターン-ヘリックスモチーフ構造で DNA と結合する（図 29.4）。先にも述べたように，これは配列特異的に DNA に結合するタンパク質では初めて解かれた構造である。この研究以降に明らかになったジンクフィンガー，ロイシンジッパー，ヘリックス-ループ-ヘリックスモチーフなどのモチーフについては第 27 章で解説した。

p.1023 で述べたように，cAMP 受容体タンパク質のヘリックス E と F にはヘリックス-ターン-ヘリックスモチーフが存在する。λcI リプレッサーの三次元構造が解かれ，そこでもヘリックス-ターン-ヘリックスモチーフの存在が明らかになると，このモチーフがタンパク質の DNA 結合に共通して利用される構造だと考えられたようである。Cro，CRP，cI リプレッサーの類似した構造を図 29.12 に示した。Cro と cI タンパク質のヘリックス-ターン-ヘリックスモチーフ中のアミノ酸配列の相同性を図 29.13 に示した。アミノ酸配列は似ているものの，同一ではないことに注意されたい。アミノ酸配列が完全に一致していれば，Cro と cI リプレッサーが異なるオペレーターに対して異なった親和性をもつことが説明できないであろう。cI リプレッサーには Cro には存在しない 1 対の“アーム”，つまりヘリックス 1 から伸びる短いポリペプチド鎖が存在し（図 29.14），これが DNA 二重らせんの向こう側でヘリックスを取り囲むことで，別の（Cro には存在しない）結合決定因子として機能しているのである。この“アーム”が存在するため，cI は Cro よりも強固にオペレーターに結合すると考えられる。

α-3 ヘリックスは主溝の深い位置で特定の DNA 塩基と接し，結合の配列特異性を決定していると考えられるため，**認識ヘリックス recognition helix** と呼ばれている。α-2 ヘリックスは主に DNA のリン酸の部分に接している。こうした静電的な接触は結合を強めるものの，特異性には貢献しない。オペレーター DNA とリプレッサーの特異的な結合が失われた *cI* 遺伝子変異の大部分が α-3 ヘリックス内のアミノ酸の変異であることから，α-3 ヘリックスが認識ヘリックスであ

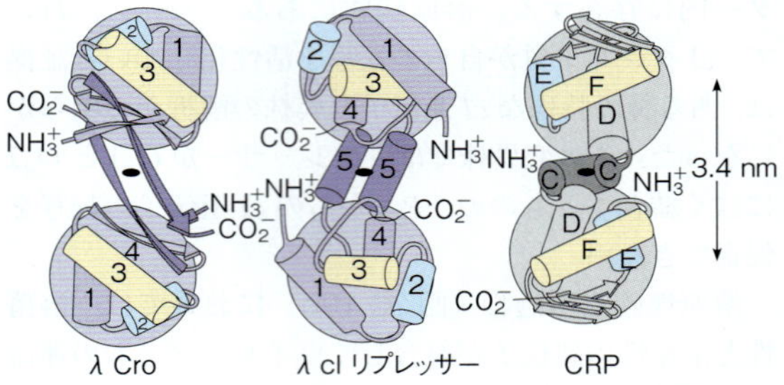

図 29.12　λCro，λcI リプレッサー，CRP の DNA 結合面をヘリックス-ターン-ヘリックスモチーフを中心に示す　Cro と cI ではヘリックス 2 と 3，CRP ではヘリックス E と F が関与している。
Courtesy of T. A. Steitz and I. T. Weber.

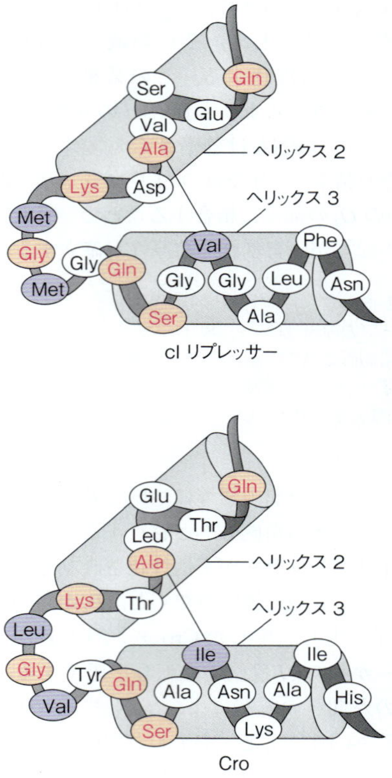

図 29.13　λcI リプレッサーと Cro の DNA 結合ヘリックス内の保存されたアミノ酸残基　同一のアミノ酸をピンクで，同種のアミノ酸を紫色で示す。両方のタンパク質においてヘリックス 2 のアラニンはヘリックス 3 のアミノ酸残基と相互作用し，2 つのヘリックスの配置を保っている。
A Genetic Switch：Gene Control and Phage λ, M. Ptashne.　© 1986 John Wiley & Sons Inc. Reproduced with permission of Blackwell Publishing Limited.

ることが確認される。

DNA-タンパク質複合体の結晶構造解析により，Cro と cI が異なった親和性で同じオペレーターに結合する理由が明らかになった。図 29.15 に示したように，両者に共通して存在するアミノ酸残基は，オペレーターすべてに共通して存在する DNA 配列に接している。例えば，グルタミン残基はオペレーターの A-T 塩基対と相互作用している。cI リプレッサーが特有のアラニン残基で O_R1 に結合し特異性を確立しているのに対し，Cro は特有のアスパラギンとリシン残基で O_R3 に特異的な 3 つの塩基対に結合しているらしい。また，この 2 つの α-3 ヘリックス間の距離は cI（3.4 nm）よりも Cro（2.9 nm）で短いので，オペレーター DNA の主溝内での α-3 ヘリックスの配位は，cI と Cro で大きく異なっている。

SOS レギュロン：共通の環境シグナルによる複数のオペロンの活性化

プロファージが切り出されて溶菌成長を開始するとき，λcI リプレッサーはどのようにして不活性化されるのだろうか？　紫外線照射，DNA 複製の抑制，DNA への化学的損傷などの DNA 損傷を引き起こす処理が，λプロファージを誘導することが知られている。沈む船から逃げるネズミのように，ウイルスは傷害された宿主細胞から離れたほうがよいことを知っているようだ。λと *lac* システムの遺伝子調節に類似性があることから，研究者たちは小さな分子（おそらくはヌクレオチド）が DNA 損傷後に蓄積し，cI に結合して不活性化するリガンドになると想定し，その分子の探索を行った。驚いたことに，λリプレッサーはまったく異なったメカニズム――タンパク質分解――で不活性化されることがわかった。このタンパク質分解反応の解析から，誤りがちな DNA 修復における 1 要素として第 26 章で解説した SOS システムによって，λリプレッサーが不活性化されていることがわかった。SOS システムでは 1 つのリプレッサー-オペレーターシステムによって遺伝子発現が調節されている。共通の機構で調節されるが連鎖していない遺伝子群は，（オペロンに対して）**レギュロン regulon** と呼ばれる。一過性の温度上昇によって活性化される熱ショック遺伝子はいずれも，1 つのレギュロンを構成している。

大腸菌の SOS レギュロンの調節因子は *lexA* と *recA* と呼ばれる遺伝子の産物である。以前の章で，遺伝子組換え時に DNA 鎖の二本鎖形成を促進するタンパク質として RecA に触れた。面白いことに，この小さなタンパク質は，遺伝子組換えを促進する役割に加えて，ある酵素活性をもっている。RecA タンパク質は 1 本鎖 DNA に結合すると，*cI*，*lexA*，*umuD* 遺伝子にコードされるタンパク質の分解を促進するのである。

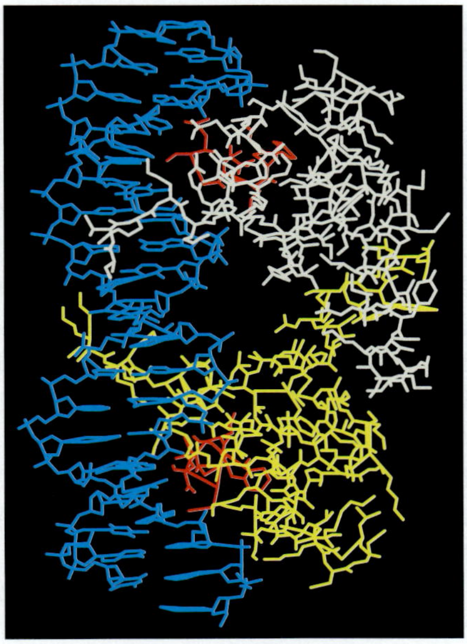

図 29.14　λcI リプレッサーと DNA 複合体の構造解析：認識ヘリックス（赤）の位置と，"アーム" が DNA ヘリックスの向こう側まで伸びていることを示す
From *Science* 242：893-907, S. R. Jordan and C. O. Pabo, Structure of the lambda complex at 2.5 Å resolution：Details of the repressor-operator interactions. © 1988. Reprinted with permission from AAAS and Carl O. Pabo.

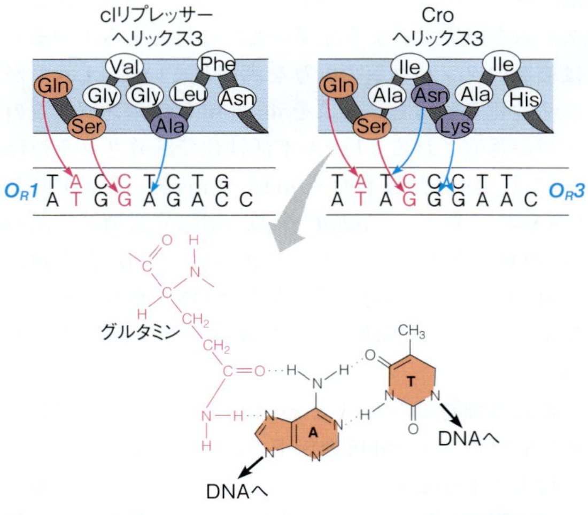

図 29.15　cI リプレッサーと Cro リプレッサーにおける配列特異的なアミノ酸-ヌクレオチドの相互作用　保存されたアミノ酸残基（オレンジ色）は，すべてのオペレーターに共通に存在するヌクレオチドに結合する。2 つのタンパク質それぞれのみに存在するアミノ酸残基（紫色）は，オペレーター内の保存されていない塩基に結合する。グルタミン残基が A-T 塩基対と相互作用する状態を示した。ここに示した 2 つのリプレッサーが，異なったオペレーターに結合することに注意が必要である。
A Genetic Switch：Gene Control and Phage λ, M. Ptashne.　© 1986 John Wiley & Sons Inc. Reproduced with permission of Blackwell Publishing Limited.

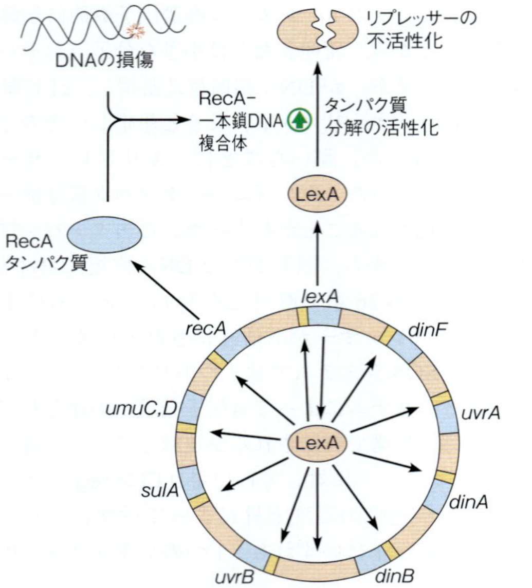

図29.16　SOSレギュロン　LexAリプレッサーによって発現が調節される大腸菌の遺伝子の染色体上での位置を示す。*dinA*はDNAポリメラーゼⅡの構造遺伝子，*dinB*はDNAポリメラーゼⅣの構造遺伝子，*dinF*はDNA損傷で誘導される機能不明の遺伝子である。*umuC*，*D*（この遺伝子の変異株が紫外線照射でDNA配列の異常をきたさないことから，この名前がつけられた）は，エラー率の高いDNAポリメラーゼⅤをコードする。LexAリプレッサー（ピンク色）はタンパク質分解によって不活性化される。RexAタンパク質（青色）と一本鎖DNA複合体が存在するとLexAのタンパク質分解が増強されるが，その詳細な機序は不明である。

LexAは，大腸菌ゲノムに散在する36箇所にものぼるオペレーターに結合するリプレッサーである（図29.16）。それぞれのオペレーターは，大腸菌遺伝子システムを障害するような環境変化に対応する1つまたは複数のタンパク質の転写を調節している。LexAが不活性化されると，およそ40種類ものタンパク質の発現が誘導される。LexA不活性化で誘導される遺伝子には，除去修復を行う*uvrA*や*uvrB*，誤りがちなDNAポリメラーゼ*umuC*や*D*，細胞分裂調節に関わる*sulA*，DNAポリメラーゼⅡの構造遺伝子*dinA*，*recA*自身，*lexA*自身，誤りがちなDNAポリメラーゼⅣをコードする*dinB*，そして機能不明の*dinF*などがある。

正常な細胞での*lexA*と*recA*遺伝子産物の発現レベルは低いが，他のSOS遺伝子の転写を完全に抑制できる程度のLexAタンパク質は発現している。LexAタンパク質は，*lexA*や*recA*遺伝子の転写を完全に抑制しているわけではない。DNA損傷後にSOSシステムを活性化する引き金となるのは，一本鎖DNAである。前述したように，紫外線照射はDNA構造にギャップを引き起こすが，他のSOSシステムを誘導する条件でもギャップが生じる。このDNAギャップに結合したRecAはLexAをタンパク質分解するが，そのメカニズムはまだ不明である。そしてLexAの細胞内濃度が減少し，*recA*の転写抑制が解除され，大量のRecAタンパク質が蓄積する。同時に，LexAタンパク質の分解によって，*lexA*によって発現が抑制されていたすべての遺伝子の転写が活性化する。同じように，λ溶原菌ではλcIリプレッサーが分解され，プロファージの切り出しと複製が活性化される。

LexAに反応するオペレーターの遺伝子配列を決定したところ，20塩基対中に7つの高度に保存された配列が存在することがわかった。しかしながら，LexA応答性の別の遺伝子では，この保存された配列と転写開始点の距離が大きく違っている。それぞれのLexAオペレーターの位置とコンセンサス配列との類似性が，遺伝子損傷後のどのタイミングでLexA応答性の遺伝子発現が生じるかを調節している。したがってSOS応答は，最初に起こるDNA損傷の性質や程度などによって調節される，時間経過が異なる一連の反応によって巧妙に調節されているらしい。

ポイント7
SOSレギュロンは，RecAを活性化し，LexAとλcIリプレッサーのタンパク質分解を引き起こすDNA損傷によって活性化される。

生合成に関わるオペロン：リガンドによって活性化されるリプレッサーと転写減衰

ラクトースオペロンは栄養物質の異化に関わっている。したがって，消費されるべき栄養物質が存在しない場合，遺伝子産物を合成する必要はない。しかしながら，例えばアミノ酸の生合成を触媒する酵素の遺伝子では状況が大きく異なる。物質の生合成にはエネルギーが必要なので，アミノ酸がすでに存在する場合にはそれを利用したほうが細胞にとってメリットが大きい。したがって，最終産物が利用できるときには，アミノ酸生合成酵素の発現をオフにすることを目的に転写調節が行われる。コリスミ酸からトリプトファンを合成する5つの反応（図21.38〈p.815〉）を制御する大腸菌*trp*オペロンの制御には，2つのシャットダウンの方法がある。(1) 小分子リガンドの結合によって（不活性化ではなく）リプレッサーが活性化され，その結果，転写を抑制する機構と，(2) 転写の早期終結機構，である。

*trp*オペロンには5つの隣接した構造遺伝子が存在するが，共通のプロモーター-オペレーター調節領域によって転写調節を受けている（図29.17）。*trp*リプレッサー（離れた場所に存在する*trpR*遺伝子によってコードされる58 kDaのタンパク質）は，低分子量リガンド（すなわちトリプトファン）と結合する。こ

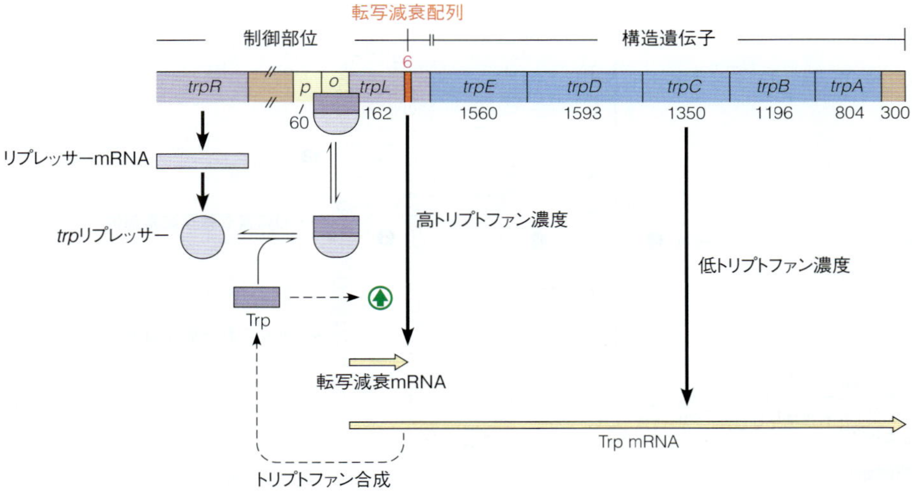

図 29.17　*trp* オペロン　*trp* リプレッサーと転写減衰による調節を示す。*trpa*（転写減衰配列部位）を赤で示す。

の場合，リガンドが結合した *trp* リプレッサーは活性型タンパク質となり，オペレーターに結合して転写を抑制する。細胞内のトリプトファン濃度が低下すると，リガンド–タンパク質複合体が解離して，遊離のタンパク質（アポリプレッサー）となりオペレーターから離れるため，転写が活性化される。異化システムでラクトースを誘導物質と呼ぶのに対して，この同化システムではトリプトファンを**コリプレッサー corepressor** と呼ぶ。

trp リプレッサー–DNA 複合体の結晶構造解析の結果，λcI，Cro や *lac* リプレッサーにみられたようなヘリックス–ターン–ヘリックス構造をとっていることがわかった。トリプトファンがこのタンパク質に結合すると，ヘリックスの位置が変化し，DNA への結合が活性化される。特筆すべきことは，このモデルにおいて認識ヘリックスのアミノ酸残基と特異的な DNA 塩基との間に，直接の相互作用がないことである。認識ヘリックスのアミノ酸残基とオペレーターのヌクレオチド間の特異的相互作用は，結合した水分子によってもたらされているのではないかと提唱されている。

ポイント 8
trp リプレッサーでは，*trp* オペレーター領域にリプレッサー–トリプトファン複合体が結合することによって，*trp* オペロンの転写が抑制され，トリプトファン合成が停止する。

trp オペロンには，現在では多くの生合成系オペロンに存在することが知られている別の制御機構が存在する。Charles Yanofsky は，トリプトファン合成系酵素群の活性が，さまざまな生理的条件下で 600 倍以上変化することを見出した。この変化はリプレッサー–オペレーター機構だけでは説明できない。解析の結果“転写減衰”と呼ばれる 2 つ目のメカニズムが明らかとなった。この“転写減衰”機構では，トリプトファンが十分に存在すると *trp* オペロンの転写が早期に終結する。162 塩基対からなる *trp* リーダー領域（*trpL*）に注目してもらいたい（図 29.17）。*a*（転写減衰領域）と呼ばれる部位は，*trpL* 配列の 5′ 末端から 133 塩基対のところにある。トリプトファン濃度が高いとき，転写は *a* で終結し，生じる転写産物の長さは 133 塩基対となり，これは *trp* mRNA の長さである 7,000 塩基対よりもはるかに短い。構造遺伝子は転写されないので，トリプトファンは生合成されない。

この転写減衰機構を理解するためには，*trp* リーダー配列内に存在し，転写産物 RNA がステム–ループ構造（図 29.18）をとるために必要な 4 つのオリゴヌクレオチド配列に注目する必要がある。最も安定した構造（図 29.19a）では，領域 1 は領域 2 と，領域 3 は領域 4 と対になった 2 つのステム–ループ構造を取る。3–4 の構造の直後には 8 つの U 配列が存在し，図 27.16（p.1018）で示した“因子に依存しない転写の終結構造”と類似した効率的な転写終結部位として機能する。

トリプトファン濃度が低いとき（図 29.19b），3–4 ステム–ループの形成は抑制され，転写減衰部位での転写終結は生じない。領域 1 にトリプトファンコドンが 2 つ存在することに注目してほしい（図 29.18）。原核生物において翻訳は転写と共役しており，mRNA の 3′ 末端で mRNA の転写が行われている間であっても，5′ 側ではリボソームがタンパク質の翻訳を開始することができる。この場合，トリプトファンを運んでいる tRNA の量は十分ではないため，リボソームは 2 つのトリプトファンコドンに達したとき立ち往生する。巨大なリボソームの存在は領域 1 と 2 の塩基対合を妨

29

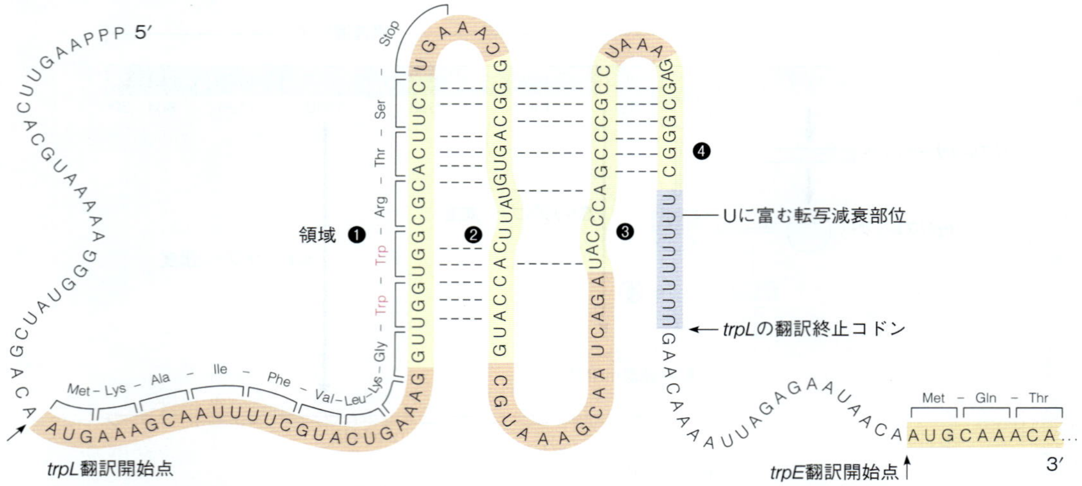

図 29.18　*trp* リーダー領域の RNA 塩基配列　転写減衰に関与する 4 つの相補配列（黄色），RNA ポリメラーゼの停止地点となる領域 1 内の 2 つの *trp* コドン（ピンク）が示されている。領域 1 直後の翻訳終止コドン（第 28 章）は，転写減衰にもかかわらず生じた少量の完全長 mRNA が不必要に翻訳されるのを防ぐと考えられている。

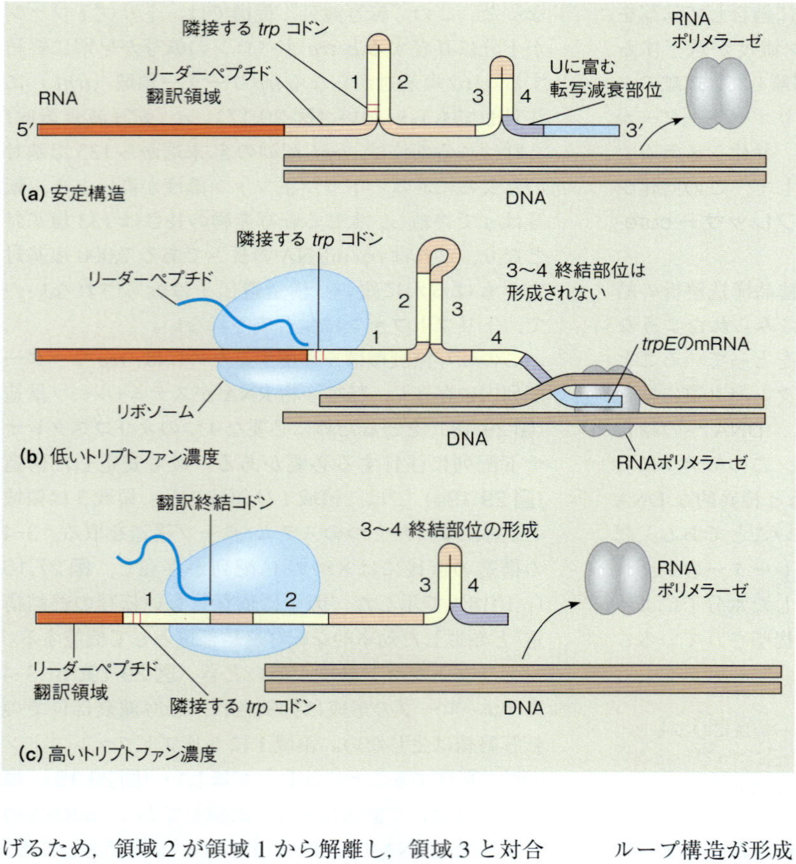

図 29.19　*trp* オペロンにおける転写減衰機構　(**a**) リーダー mRNA の最も安定した構造。(**b**) トリプトファン濃度が低いときのリーダー mRNA の構造。(**c**) トリプトファン濃度が高いときのリーダー mRNA の構造。

げるため，領域 2 が領域 1 から解離し，領域 3 と対合しようとする。領域 3 が領域 4 と対合できなくなると，3-4 ステム-ループ転写終結部位が形成されなくなり，完全な転写物が合成される。逆にトリプトファン濃度が高いとき（図 29.19c），リボソームは立ち往生することはなく領域 2 をふさぐので，領域 3-4 のステム-ループ構造が形成され，領域 3 で転写が終結する。

trpR システムも転写減衰配列も，単なる on・off のシステムではない。どちらのシステムも細胞内のさまざまなトリプトファン濃度に対応できる。2 つのシステムはトリプトファンという同一のシグナルによって調節されているが，2 つのシステムが異なっているた

め，*trp* オペロンの転写速度を広い範囲で最も効率的に調節することができる。トリプトファン濃度が低いとき，主要な調節はリプレッサー-オペレーターによって行われるが，トリプトファン濃度が中程度かそれよりも高いときには，転写減衰の効果が高く現れる。

ポイント 9
構造遺伝子の転写が始まる前に，mRNA 上のリボソームの位置によってオペロンの転写を終了させる機構が“転写減衰”である。

ここまで述べてきたモデルは *trp* リーダー配列の検討によって提案されたものであるが，現在では複数の証拠によって支持されている。オペロンの最終産物の濃度が低いとき，リボソームの動きが阻害されるような“停止配列”——すなわち転写減衰調節オペロン——が他にも存在することが知られている。例えば，ロイシン合成に関わる細菌のオペロン（リーダー配列内に 4 つのロイシンコドンが連続して存在する）や，ヒスチジン合成に関わるオペロン（リーダー配列内に 7 つのヒスチジンコドンが連続して存在する）である。

枯草菌では，リーダー領域におけるまったく異なった終結機構-抗終結機構による転写調節が知られている。アミノアシル-tRNA シンテターゼの合成は，同族 tRNA のアミノアシル化の程度によって調節されている。例えば，チロシンが枯渇した細胞におけるチロシル-tRNA シンテターゼの合成は，リーダー領域での転写集結部位を飛び越えて転写を活性化する“抗終結機構”によって活性化される。対照的に，大部分の tRNA にチロシンが結合し，チロシル-tRNA シンテターゼを合成する必要がない場合には，効率的に転写終結が生じる。これには，*tyrS*（チロシル-tRNA シンテターゼの構造遺伝子）のリーダー配列の上流に存在する二次構造が関与している。図 29.20 に示したように，チロシンが結合していない $tRNA^{Tyr}$ は，対応するコドンと mRNA との間の他に 3′ 末端と mRNA の間にも塩基対を形成することにより，リーダー配列内の抗終結構造を安定化させ“リードスルー”が生じて遺伝子が転写される。tRNA の 3′ 末端がアミノアシル化されているときには，後者の結合は邪魔される。したがって，tRNA の 3′ 末端がアミノアシル化されているときには塩基対の形成が生じないため，リーダー配列は転写終結構造をとり，遺伝子の転写が抑制される。

rRNA 合成の制御：緊縮応答

緊縮応答 stringent response と呼ばれる転写調節機構は，ここで述べる原核生物の最後の転写調節機構で，これは 40 年以上も前に報告されたが，その詳細はいまだに明らかではない。アミノ酸の枯渇によって

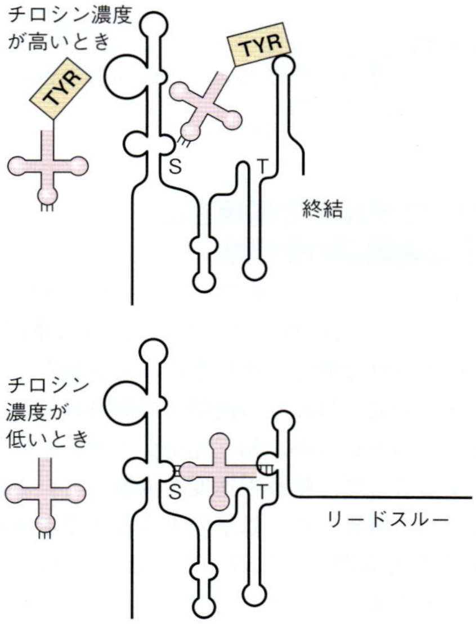

図 29.20　アミノ酸が結合していない $tRNA^{Tyr}$ による枯草菌 *tyrS* 遺伝子誘導のモデル　$tRNA^{Tyr}$ にアミノ酸が結合していない状態では，遺伝子発現につながるリードスルーが生じやすい（本文参照）。
Molecular Microbiology 13 : 381-387, T. M. Henkin, Micro review tRNA-directed transcription antitermination. © 1994 John Wiley & Sons, Inc. Reproduced with permission from John Wiley & Sons, Inc.

タンパク質合成が阻害されるとき，細菌内での rRNA と tRNA の合成が抑制される。タンパク質合成が抑制されている間，必要ではない翻訳マシナリーの産生を抑制しているわけである。アミノ酸が枯渇している間は，アミノ酸と結合していない tRNA はリボソームの A 領域に結合している。するとリボソームは，**緊縮因子 stringent factor** と呼ばれるタンパク質に結合する。緊縮因子は GTP の 3 位をリン酸化する酵素であり，pppGpp と称されるヌクレオチドを産生する。次いで，5′-三リン酸基の γ リン酸が加水分解され，**グアノシン 3′,5′-四リン酸 guanosine 3′,5′-tetraphosphate**（ppGpp）と呼ばれる調節性ヌクレオチドが生じる。ppGpp が RNA ポリメラーゼに結合すると，RNA 合成が阻害される。弛緩型と呼ばれる変異株では，こうした状況下で pppGpp や ppGpp が蓄積せず，緊縮応答を示さない。すなわちこれらの変異株では，アミノ酸枯渇が生じても rRNA と tRNA の合成は抑制されない。

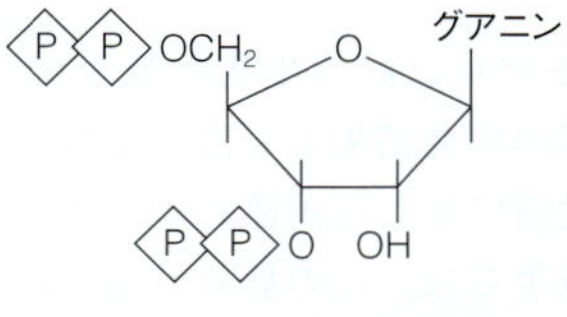

グアノシン3′,5′-四リン酸
(ppGpp)

29

ポイント10
グアノシン3′,5′-四リン酸はアミノ酸の枯渇を感知して，rRNA合成を減少させる。

オペロンモデルの守備範囲と遺伝子発現調節の多様性

ラクトースオペロン，λファージ，*trp*，SOS 調節システムの生化学的解析によって，Jacob と Monod によって提唱された概念の正しさが証明された。すなわち，遺伝子の発現は転写の段階で調節されており，特異的なタンパク質-DNA 相互作用が主として転写開始を支配することで，転写の速度を調節しているのである。こうした解析から，以下のような重要な多様性が存在することも明らかになった。転写開始の正の制御，散在するオペレーターとプロモーター，2つのタンパク質が同一の部位に結合すること，同一のリプレッサーによる複数のオペロンの制御，調節タンパク質による DNA の折り曲げ，制御機構としての転写の早期終結，などである。巻末に示した参考文献を読めば，ガラクトースオペロンやアラビノースオペロンなどのよく研究されたオペロンについても詳細を知ることができる。

オペロンという概念はしっかりと確立されているものの，DNA マイクロアレイ解析やクロマチン免疫沈降法 chromatin immunoprecipitation（ChIP）といった最新のゲノム解析技術による研究の結果，細菌の転写調節が，当初考えられていたよりもはるかに複雑であることもわかってきた。多くのオペロンは，σ因子，リプレッサー，転写活性化因子といった複数の転写因子によって調節されている。例えば，リボヌクレオチドレダクターゼサブユニットの構造遺伝子である *nrdA* や *nrdB* 遺伝子の転写は，CRP を含む少なくとも5つ以上のタンパク質によって調節されている。スーパーオキシドジスムターゼ superoxide dismutase（SOD）の構造遺伝子 *sodA* の転写は8つのタンパク質によって調節されている。さらに，本章で解説した CRP や LexA のように複数の標的遺伝子をもつ転写因子が24以上も同定されている。こうした発見によって，転写調節における階層的なネットワークの存在が示唆される。

オペロンモデルは原核生物の転写の基本ではあるが，ここ数年の研究結果からは，転写以外のレベル，特に翻訳の段階で生じる調節の重要性が注目されている。本章の後半では，この翻訳の過程について触れることにする。

真核生物における転写の調節

第27章以降の記述から，真核生物の転写とその調節機構が，細菌やウイルスよりもはるかに複雑であることがおわかりいただけたと思う。真核生物の転写調節が複雑な理由は，転写の鋳型がむき出しの DNA ではなく，クロマチンであるためである。さらに多細胞生物であり，高度の分化状態にあるため，より複雑な制御機構が必要である。真核生物の種が複雑になればなるほど制御機構も複雑になる。線虫 *C. elegans* ゲノムは，ヒト遺伝子とほぼ同じ数である20,000遺伝子からなっており，ショウジョウバエゲノムには14,000遺伝子が存在する。前に示したように，他の生物種と比較してヒトゲノム遺伝子の数には驚くほどの差はなかったが，選択的スプライシングのせいで，ヒトゲノムの情報としての複雑性は非常に大きくなっている。転写調節の複雑性もまた，ヒトの複雑さに貢献していると考えられる。虫やハエには約1,000種類の転写因子が存在すると考えられているが，ヒトゲノムには約3,000種類の転写因子がコードされている。しかしながら，転写因子による調節は組み合わせで行われるので，複雑性は3倍どころではない。多数の異なった転写因子が集まって転写開始複合体を形成するし，それぞれの転写因子が複数の遺伝子の発現調節に関わるため，転写因子複合体の種類は無限といってもいい。対照的に，細菌は6種類の RNA ポリメラーゼσサブユニットをもっているが，すべてが RNA ポリメラーゼに結合してある種のプロモーターに誘導するため，転写因子であると考えられている。しかしながら，細菌の RNA ポリメラーゼ1分子にσ因子は1つしか存在しない。したがって，細菌の遺伝子が複数の転写因子

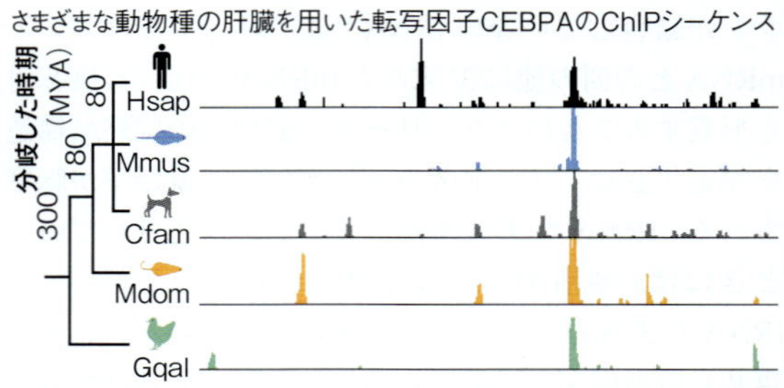

図 29.21　ChIP シーケンスによって決定された転写因子 CEBPA の *PCK1* 遺伝子領域への結合部位の違い　種を超えて高度に保存された CEBPA 結合部位が1箇所存在するが，その他の部位は動物種によって大きく異なる。左には5種の動物間の進化系統樹を示した。数字は種が分岐した時期（単位は百万年前〈MYA〉）を示す。Hsap＝ヒト，Mmus＝マウス，Cfam＝イヌ，Mdom＝フクロネズミ，Gqal＝ニワトリ。
From *Science* 328 : 1036-1040, D. Schmidt, M. D. Wilson, B. Ballester, P. C. Schwalie, G. D. Brown, A. Marshall, C. Kutter, S. Watt, C. P. Martinez-Jimenez, S. Mackay, I. Talianidis, P. Flicek, and D. T. Odom, Five-vertebrate ChIP-seq reveals the evolutionary dynamics of transcription factor binding.

によって転写調節をうけているといっても，1つの遺伝子の転写を調節する因子は真核細胞生物のほうがはるかに複雑である。

生物学的な多様性を生み出す転写因子の重要性は，生物種間における転写因子結合部位の違いが明らかになったことによって，ますます注目されるようになった。ある研究では，5つの哺乳類種を材料にChIPシーケンスを行い，*PCK1* 遺伝子（タンパク質キナーゼCの一種をコードする）のどのプロモーター部位に，転写因子であるCEBPA（CCAAT/エンハンサー結合タンパク質α）が結合するかが調べられた。図29.21に示すように，5つの生物種の間で転写因子の結合部位は大きく異なっていた。ヒト同士の間でも，転写因子の結合部位は（種をまたがる場合よりは小さいとはいえ）かなり異なっていたため，転写因子の結合部位の違いが生物種の違いや個体差を生み出していると考えられた。

最近発見されたマイクロRNAやmiRNAと呼ばれる小さな調節性RNA分子（p.1126）によっても多様性がもたらされていることがわかってきた。これから述べるように，ゲノムにコードされるマイクロRNAの数は，その生物の複雑さに深く関わっている。

ポイント11
高等真核生物のゲノムに存在する遺伝子の数は，想定されたよりも少なかったが，転写因子の多様性がその生物の複雑さを理解する助けになる。

クロマチンと転写

第24章で述べたように，クロマチンはヌクレオソームと呼ばれる単位で構成されている。各々のヌクレオソームは200塩基対を超えるDNAからなり，そのうち147塩基対のDNAが1つのヒストンコアに巻きついている。147塩基対のうち，中心部の80余の塩基対はヒストンH3とH4のヘテロ四量体に固く巻きつき，その両端の40塩基対がH2A/H2B二量体にゆるく巻きついている。ヒストンコアに結合していないスペーサーDNAは，ヒストンH1やその他のタンパク質に結合している。コアヒストン（H2A，H2B，H3，H4）は“ヒストンの折りたたみ”と呼ばれる共通したらせん状の核構造を有しており，それがフレキシブルなアミノ末端部分へとつながっている。アミノ末端部分の特定のアミノ酸は，アセチル化，（1〜3個の）メチル化，ユビキチン化，スモイル化，ADP-リボシル化，リン酸化，といった修飾を受けている。アセチル化は通常，リシンのアミノ基に生じる。アセチル化はリシンの電荷を打ち消し，ヒストンとDNAの間のイオン結合を弱めるので，一般的にはアセチル化されたヌクレオソームは転写の鋳型になりやすい。逆に脱アセチル化は転写を抑制する方向に働く。

細胞内のクロマチンは，**ヘテロクロマチン heterochromatin** と呼ばれる凝縮した状態か，**ユークロマチン euchromatin** と呼ばれる弛緩した状態で存在する。ヘテロクロマチンは転写されにくく，分化が終了した組織において転写が恒久的に凍結された遺伝子はしばしばヘテロクロマチン内に観察される。転写が抑制されるクロマチンではヒストンH3タンパク質の9番目のリシン残基（H3K9）がメチル化されている。この部位がメチル化されると，そのメチル基を目印としてHP1（ヘテロクロマチンタンパク質1）が結合する。H3K27のメチル化や，H3K119のユビキチン化などのヒストンタンパク質修飾でも，転写が抑制される。こうした修飾が，転写を抑制する構造変化の原因なのか結果なのかは明らかになっていない。対照的に，H3K4の修飾は転写を活性化するシグナルとなる。遺伝暗号と同様に，特定のクロマチン修飾が，ある一定の規則に従って特定の遺伝子発現を調節しているという考え方“ヒストンコード”は広く信じられている。しかしながら，ヒストンコードの詳細はまだ解明されておらず，最近の研究結果では，遺伝子発現に伴う特定のヒストン修飾が，その隣あるいは近傍のヒストン修飾の状態によって変化する文脈依存的であることが明らかとなっている。そのため一部の研究者は，ヒストン修飾と遺伝子発現の関係は，“コード（暗号）”ではなく，むしろ“言語”に近いのではないかと考えている。

ある遺伝子が転写されるためには，プロモーター領域周辺のヌクレオソーム構造がほどかれる必要がある。言葉を変えると，プロモーター領域はヌクレオソームフリー領域 nucleosome-free region（NFR）に存在しなければならないのである。第27章で解説したヌクレアーゼ高感受性部位［訳注：ヌクレアーゼによって切断されるゲノムの部位］がおそらくNRFに相当する。ある意味では，クロマチンリモデリング複合体（第27章，p.1115も参照）の役割の1つは，プロモーター領域のヒストンを取り除くことにある。さらに，クロマチンのリモデリングが生じてプロモーター領域に転写因子が結合すると，正当なヒストンH2とH3が取り除かれ，そのかわりに変種型のヒストンH3.3とH2A.Zが結合することが実験的に確かめられている。このヒストンタンパク質の置き換えがどのように転写活性化につながるのかは明らかではないが，状況的証拠はこの仮説を支持している。ChIPシーケンス（「生化学の道具27D」）の結果，転写開始点近傍のヌクレオソームにH2A.Zが特異的に結合していることが示されている（図29.22）。

ポイント 12
真核生物細胞においては，クロマチンリモデリングやヒストン修飾などのいくつかの因子がヌクレオソーム構造をほどいて転写開始点を露出させる。

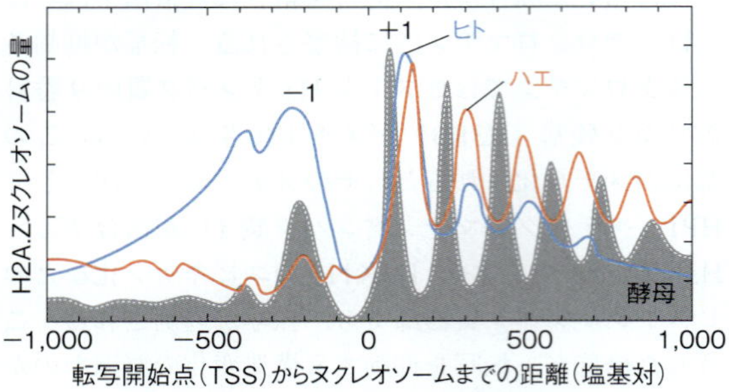

図 29.22　転写開始点（TSS）周辺の H2A.Z を含むヌクレオソームの分布　ヒト，ショウジョウバエ，酵母を用いた ChIP シーケンスの結果，変異型ヒストン H2A.Z が転写開始点周辺の＋1 と−1 に最も多く存在していることがわかる。

転写を調節する部位と遺伝子

原核生物の遺伝子発現と同様に，真核生物の転写もまた，鋳型 DNA 上のシスエレメントにトランス作用タンパク質が相互作用することで調節されている。プロモーター領域のシスエレメントには，NFR（ヌクレオソームフリー領域），TSS（転写開始点 transcription start site），Inr（イニシエーション領域 initiation region），TATA ボックス，BRE（TFⅡB 認識エレメント TFⅡB recognition element）が存在する。このリストは完全なものではなく，新たな部位が今後加わる可能性がある。これらのエレメントよりもさらに上流の領域は，後生生物［訳注：ここでは酵母よりも高等な生物全体を指す］ではエンハンサー，酵母では UAS（upstream activator sites）または URS（upstream repressor sites）と呼ばれる。第 27 章で述べたように，TATA ボックスは最も広く存在するプロモーター構成要素であるが，実は酵母遺伝子の中で TATA ボックスをもっているものはわずか 20％にすぎない。非常に多くのタンパク質が転写開始複合体に結合しているので，プロモーターやエンハンサーの配列は遺伝子間で大きく異なっている。

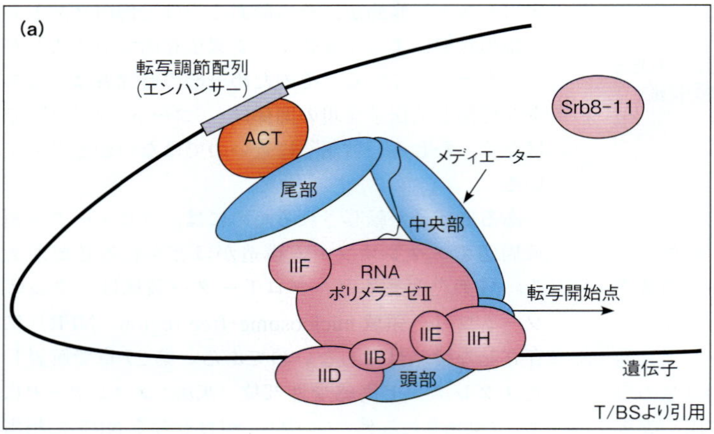

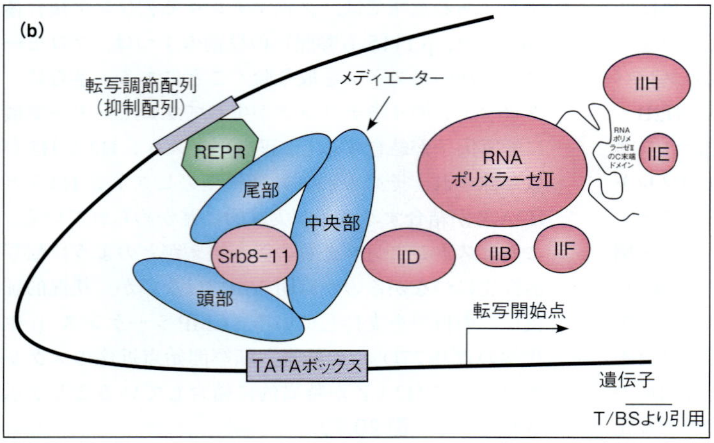

図 29.23　メディエーターは，遺伝子特異的な転写調節因子と Pol Ⅱプロモーター部位の基本転写機構を橋渡しする　（**a**）転写活性化。メディエーターには，頭部，尾部，中央部の 3 つの構造ドメインが存在する。尾部は転写活性化因子（ACT，赤色）と結合し，メディエーターを RNA ポリメラーゼと結合させる。（**b**）転写抑制。Srb8，Srb9，Srb10，Srb11 の 4 つのサブユニットからなる複合体がメディエーターと結合すると，RNA ポリメラーゼⅡと基本転写因子がメディエーターから解離する。

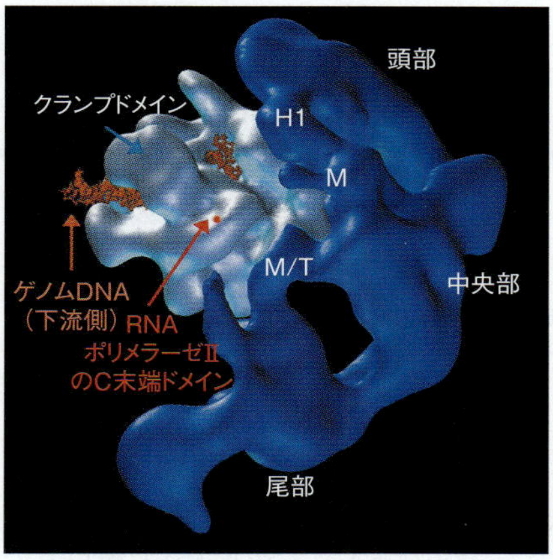

図 29.24　酵母のメディエーター-RNA ポリメラーゼⅡ複合体の構造　クライオ電子顕微鏡での観察から決定されたメディエーターの立体構造（青）と，結晶構造解析から得られた RNA ポリメラーゼⅡの立体構造（水色）を示す。赤点は RNA ポリメラーゼⅡの最大のサブユニットの C 末端（CTD，リン酸化を受ける部分）が，酵素表面に顔を出している部分を示している。

Reprinted from *Molecular Cell* 10：409-415, J. A. Davis, Y. Takagi, R. D. Kornberg, and F. J. Asturias, Structure of the yeast RNA polymerase Ⅱ holoenzyme. © 2002, with permission from Elsevier.

トランス作用因子には一般的な転写因子に加えて，クロマチンリモデリング因子やクロマチン修飾因子（ヒストンアセチルトランスフェラーゼ，脱アセチル化酵素，メチル化酵素，脱メチル化酵素など）も含まれており，このタンパク質複合体はメディエーターと呼ばれる（これについては第 27 章で簡単に触れた。）。メディエーターはすべての真核生物に存在する巨大な多量体複合体である。メディエーターはプロモーター上流の活性化（あるいは抑制）エレメント配列と RNA ポリメラーゼⅡ，具体的には最も大きなサブユニットの C 末端部分を連結し，これによって RNA ポリメラーゼⅡは活性化に必須のリン酸化を受ける。酵母のメディエーターは 21 個のサブユニットと，さらに補助的な 4 つのサブユニットからなっており，メディエーターに結合すると，図 29.23b に示したように，転写を抑制するようになる。図 29.24 に RNA ポリメラーゼⅡと複合体をなす巨大なメディエーターの電子顕微鏡のデジタルイメージを示した。

> **ポイント 13**
> メディエーターは，プロモーター上流の転写調節配列（エンハンサーなど）とプロモーター部位に存在する RNA ポリメラーゼⅡや基本転写因子をつなぐ多量体タンパク質複合体である。

ヌクレオソームリモデリング複合体

こうした複合体は ATP の加水分解で得られたエネルギーを用いてクロマチン構造を変化させ，通常は転写の活性化を引き起こす。たいていの場合，ATP 加水分解のエネルギーにより，コアヒストンの移動か置換に伴いヒストンコア粒子を DNA に沿って移動させる。クロマチンリモデリング因子は，それぞれの ATP 加水分解酵素サブユニットの構造によって 4 つに分類されている。構造や機能が解明されていない他のクロマチンリモデリング因子も存在する。図 29.25 に 4 つのクロマチンリモデリング因子ファミリーの ATP 加水分解酵素サブユニットのドメイン構造を示した。

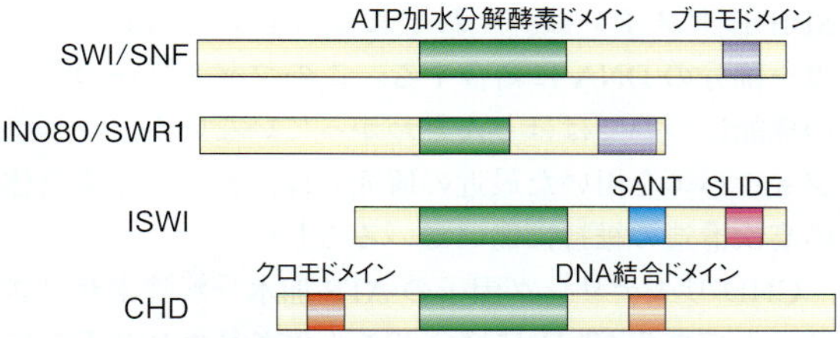

図 29.25　クロマチンリモデリング因子と ATP 加水分解酵素サブユニットの保存された構造

Reproduced from *Critical Reviews in Biochemistry and Molecular Biology* 44：117-141, B. J. Venters and B. F. Pugh, How eukaryotic genes are transcribed. © 2009 Informa Healthcare.

SWI/SNF ATP 加水分解酵素サブユニットには，アセチル化されたリシン残基と特異的に相互作用する**ブロモドメイン bromodomain** が存在する。この相互作用には，ヒストンアセチル化である程度活性化されたクロマチンに複合体を引き寄せる働きがある。クロマチンリモデリング因子 RSC はすでに述べたように（p.1029），SWI/SNF ファミリーに属している。最近の研究では，SRC は DNA-ヒストン結合を破壊し，ATP 依存性にヒストンを移動させることで，DNA からいったんヒストンを完全に取り除く。おそらく，転写が開始されて RNA ポリメラーゼが下流に移動すると，クロマチンは再構成されると考えられる。酵母においては，RSC 複合体はプロモーター部分において RNA ポリメラーゼⅠとⅢのためにも働く。

INO80 の触媒サブユニットは，ATP 加水分解ドメインが分断されているのが特徴である。この複合体は，他のリモデリング因子と比較して細胞の代謝においてより幅広い役割をもつ。INO80 活性サブユニットは，DNA 修復複合体中や複製フォークが停止し，解離する部分にも検出されるからである。最近の研究では，テロメアの調節，染色体の分離，細胞周期のチェックポイントの調節にも関わっていることが示されている。この INO80 の基本的な働きは，古典的ヒストンを変異型ヒストン（特に H2A を H2A.Z に）に置き換えることである。すでに述べたように，H2A.Z は転写開始点周辺のヌクレオソームに特に多く存在している。

これまでに述べた複合体と違って，ISWI ファミリーに属するクロマチンリモデリング因子は，転写の抑制に関わる。図 29.25 に示した SANT あるいは

29

SLIDE ドメインは，それぞれヒストンの尾部とリンカー部分の DNA に結合する。このファミリーの分子の機能についてはほとんどわかっていないが，ショウジョウバエを用いた最近の研究では，オスの X 染色体の高次構造の維持に働いているらしい。

CHD リモデリング因子の ATP 加水分解酵素サブユニットである Chd1 には，メチル化されたヒストンに特異的に結合する**クロモドメイン chromodomain** が存在する。in vitro での研究では，転写活性化を引き起こすメチル化の指標であるメチル化された H3K4 に強く結合することが示されている。CHD は転写が活性化したクロマチンと相互作用することが知られているが，その特異的な作用はいまだに明らかになっていない。しかしながら，胚性幹細胞の多分化能（いかなる細胞にも分化できる）の維持と Chd1 の関係が注目されている。したがって現時点では，CHD リモデリング因子はあらゆるクロマチンの構造を開くことで，特定の発生経路に必要などんな遺伝子の組み合わせでも発現できる能力を細胞に与えている。

ポイント 14
クロマチンリモデリング複合体は ATP の加水分解エネルギーを使って，転写開始のためにヌクレオソームを移動させるが，その他の機能ももっている。

転写の開始

先に述べたように，核内受容体の結合部位のような配列特異的な転写調節部位は，転写開始点よりもある程度上流に存在することが多く，メディエーターにはこうした上流の転写調節部位と下流のプロモーター領域をつなぐ働きがある。真核生物の遺伝子には平均して 5 つの特異的な転写調節部位が存在すると考えられている。配列特異的な転写調節タンパク質が多数存在し，これらのタンパク質が複数の遺伝子の発現調節を行う複雑さのおかげで，遺伝子の転写が偶然に生じることはほとんどない（もし 1 つや 2 つの転写調節機構しか必要でない場合は，偶然に遺伝子の転写が生じてしまう可能性がある）。

クロマチンリモデリング複合体の作用，プロモーター領域周辺のヒストン修飾，上流域への配列特異的な転写活性化因子の結合，メディエーターによるこれらの連結によって，最終的な転写複合体の形成が行われる。すなわち，RNA ポリメラーゼⅡと第 27 章で述べた基本転写因子（TATA ボックス結合タンパク質，TFⅡタンパク質 A，B，D，E，F，H）が結合して生じる転写複合体である。TFⅡH は少なくとも 2 つの酵素活性——ATP 依存性に鋳型 DNA 鎖をほどいて，転写されるべき DNA 領域をむき出しにする DNA ヘリケース活性と，最も大きな RNA ポリメラーゼⅡサブユニットの C 末端のセリン残基をリン酸化することによって転写開始複合体を転写伸張複合体へと変換するタンパク質リン酸化酵素活性——を有する。

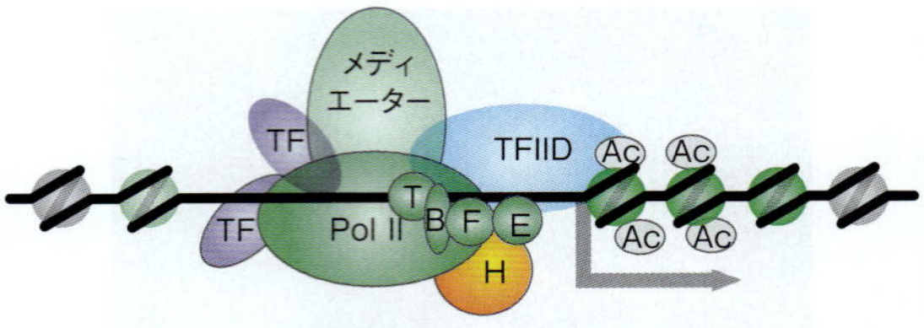

図 29.26　転写開始複合体前駆体の構造
Reproduced from *Critical Reviews in Biochemistry and Molecular Biology* 44 : 117-141, B. J. Venters and B. F. Pugh, How eukaryotic genes are transcribed. © 2009 Informa Healthcare.

ChIP テクニックを用いて行われた最近の研究でわかったことは，遺伝子発現が生じる場合も生じない場合も，ほとんどの（すべてではないが）遺伝子に RNA ポリメラーゼⅡが結合しているということである。したがって，転写開始を規定するのは RNA ポリメラーゼⅡの結合ではなく，基本転写因子の結合だということになる。一般的に，こうした基本転写因子の結合は転写される遺伝子の種類には依存しないが，ときに遺伝子特異的に観察される場合がある。例を挙げると，TFIID に直接結合する Rap1 というタンパク質がある。TFIID に Rap1 が結合すると，リボソームタンパク質の産生を行う遺伝子の転写が強く活性化される。どういった場合でも，基本転写因子が結合する順序は第 27 章（図 27.24）で述べたとおりであり，最終的な転写開始複合体の構造は図 29.26 のようになる。

原核生物の転写でも述べたように，真核生物の転写開始複合体は多くの場合，転写開始直後にいったん停止する。いくつかのタンパク質因子がこの停止時間を長くしたり，短くしたりすることが知られているので，ここには何らかの特異的な調節が働いていると思われる。P-TEFb（positive transcriptional elongation factor b）と呼ばれるタンパク質は，この段階で転写を促進する方向に働く。P-TEFb は RNA ポリメラーゼⅡの C 末端の 6 アミノ酸反復配列中の 2 番目のセリン残基をリン酸化することで，同じ反復配列中の 5 番目のセリン残基をリン酸化する TFIIH タンパク質キナーゼの活性を上昇させるらしい。

ポイント 15
基本転写因子の結合など，プロモーター領域周辺で生じるイベントの大部分は，転写される遺伝子の種類によって区別されることなく生じる。

RNA ポリメラーゼのリン酸化による転写伸長の調節

RNA ポリメラーゼがメディエーターと結合してプロモーターにリクルートされた段階では，CTD（RNA ポリメラーゼⅡの C 末端ドメイン）の 6 アミノ酸反復配列はリン酸化されていない。この反復配列のリン酸化状態は転写開始からの時間とともに変化し，“CTD リン酸化コード”ともいえる機能的な意味合いをもっている。図 29.27 に示したとおり，CTD と相互作用するタンパク質は，“コードの作者 writer（セリンリン酸化酵素）”，“コードの読者 reader（リン酸化状態に応じて特異的に結合するタンパク質）”，“コードの消しゴム eraser（セリンホスファターゼ）”に分類される。早期に CTD に結合するタンパク質の中には，7-メチルグアニル酸のキャップ構造をつくって RNA の 5′ 末端を修飾するタンパク質が含まれる。他の“CTD 読者”は，ヒストン修飾を変化させる酵素であり，転写終結が近づくにつれてリン酸化される CTD のセリン残基が 5 番目から 2 番目のセリンに移っていくにつれて，ヒストン修飾を変化させていく。転写の進行に伴うヒストン修飾と CTD 修飾の変化を図 29.28 に示した。転写の後期に生じる修飾は，転写終結に関わるタンパク質を呼び寄せる。2 番目と 5 番目の両方のセリン残基がリン酸化された CTD にはプロリンイソメラーゼである Ess1 が結合しやすく，その結果，CTD 内のプロリン残基のシス-トランス異性化を引き起こすというように，CTD そのものが転写終結に関わっていることは驚きである。

ポイント 16
RNA ポリメラーゼが 1 つの遺伝子上を移動する際に生じる CTD のリン酸化パターンの変化は，mRNA のキャッピング，ヒストン修飾，転写終結因子の集合等を引き起こす。

特異的なヒストン修飾パターンとその機能変化（特定の遺伝子の転写活性化や転写の抑制，あるいはエピジェネティクな変化）の関連として“ヒストンコード”や“言語”を解き明かそうとする研究者にとって，時間依存的な CTD のリン酸化は興味深い研究対象である。エピジェネティクスとは，“DNA 配列の変化を伴わないものの，遺伝的に引き継がれる遺伝子発現の変化”を意味する。次の項では，DNA メチル化と絡めながらエピジェネティクスについて詳しく考えてみよう。

DNA メチル化，遺伝子のサイレンシングとエピジェネティクス

真核生物における DNA メチル化

第 24 章で述べたように，原核生物の DNA メチル化はよく研究されている。メチル化の標的は常にアデニンであり，メチル化の過程は，制限/修飾や，メチル化依存性のミスマッチ修復に関わっている。真核生物におけるメチル化は，原核生物とは大きく異なっている。真核生物 DNA でメチル化される塩基はシトシンである。真核生物 DNA のミスマッチ修復にはメチル化は関わっておらず，原核生物で観測される制限/修飾の現象は，真核生物では観察されない。そのかわり，真核生物の DNA メチル化は遺伝子のサイレンシングに関わっているが，その詳細が完全に解明されているわけではない。

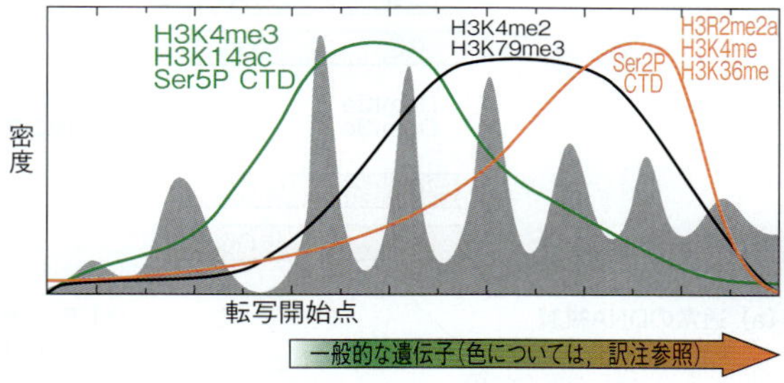

図 29.28　遺伝子上での位置と，ヒストンや RNA ポリメラーゼⅡの CTD 修飾の関係　転写開始点に対するヌクレオソームの分布を灰色で示した。ゲノム全体にわたるヒストンと CTD の修飾を緑色，黒色，赤色の線で示した［訳注：転写開始点に近い部分では緑色で示した修飾が多く，転写集束点に近い部分では赤色で示した修飾が多いことを意味する］。
Reproduced from *Critical Reviews in Biochemistry and Molecular Biology* 44：117-141, B. J. Venters and B. F. Pugh, How eukaryotic genes are transcribed. © 2009 Informa Healthcare.

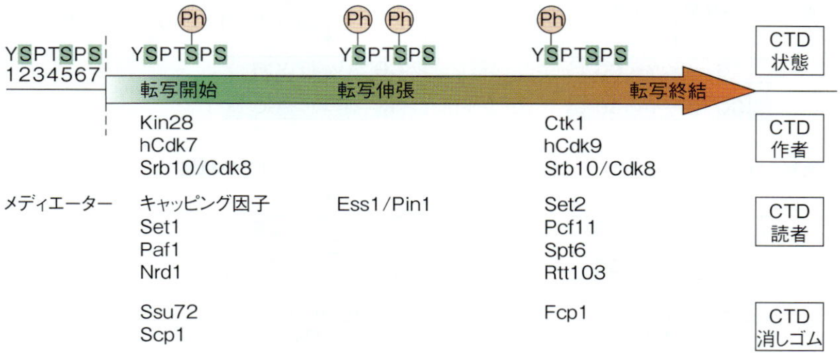

図 29.27　CTD リン酸化の“作者 writer”“読者 reader”“消しゴム eraser”　“作者（セリンリン酸化酵素）”と“消しゴム（セリンホスファターゼ）”は，それぞれが最も強力に結合する CTD のセリンリン酸化状態の下で同定された。S7，Y1，T4 も転写伸張の過程でリン酸化あるいは脱リン酸化を受けるので，実際の転写はこの図に示したパターンよりもかなり複雑である。Ph：リン酸化。
Reproduced from *Critical Reviews in Biochemistry and Molecular Biology* 44：117-141, B. J. Venters and B. F. Pugh, How eukaryotic genes are transcribed. © 2009 Informa Healthcare.

真核生物でメチル化を受けるシトシン残基は通常Gの5′側に隣接するCであり，CpGジヌクレオチド中のCと表記される。真核生物ゲノム中のCpGの割合は統計学的な期待値よりも低く，これはCがかなりの頻度でデアミネーション（脱アミノ化反応）を受けてUに変わるためである。塩基除去修復は通常UをTに置き換えるが，これはG-CのA-Tへの変異経路の一部である。5-メチル-Cが脱アミノ化反応を受けると直接Tに変換されるので，G-mCの脱アミノ化は，塩基転移型突然変異のより強い要因となる。

DNAにおけるCpGジヌクレオチドの頻度は期待値よりも低いとはいえ，真核生物のゲノム中には，統計学的に期待される頻度に近い割合でCpGジヌクレオチド配列が存在する領域がある。こうした領域は**CpGアイランド CpG island**と呼ばれる。CpGアイランドは通常500塩基対よりも長く，そこのGC含量は55%かそれ以上である。一般的にCpGアイランドのCのメチル化は少なく，一方で大部分のCpGのメチル化はCpG配列が少ないゲノム領域で生じている。理由はわかっていないが，がん細胞でのメチル化領域の分布はしばしば正常細胞の逆になっており，これががん抑制遺伝子の発現低下などのがんでの遺伝子発現パターンの変化に関わっているのかどうか興味がもたれている。

ポイント17
異常なDNAメチル化パターンはがん細胞の特徴の1つである。

DNAメチル化パターンは遺伝するので，DNAメチル化現象はエピジェネティクスの領域では最もよく解明されている。前に述べたように，エピジェネティクスとは“DNAの塩基配列の変化を伴わないものの，遺伝的に引き継がれる遺伝子発現の変化”を意味する。ある個体のゲノムにおけるメチル化パターンは，胎生期の初期に決定される。哺乳類細胞にはDnmt1，Dnmt3a，Dnmt3bの3つの異なったDNA-シトシン-メチルトランスフェラーゼが存在する。発生段階の初期に生じる先天的なメチル化はDnmt3aとDnmt3bによって生じる。これらの酵素がどのようにして特異的なメチル化パターンをつくりだすのかは明らかではない。しかしながら，一度胎生期のメチル化パターンができあがると，そのパターンは保守メチラーゼである

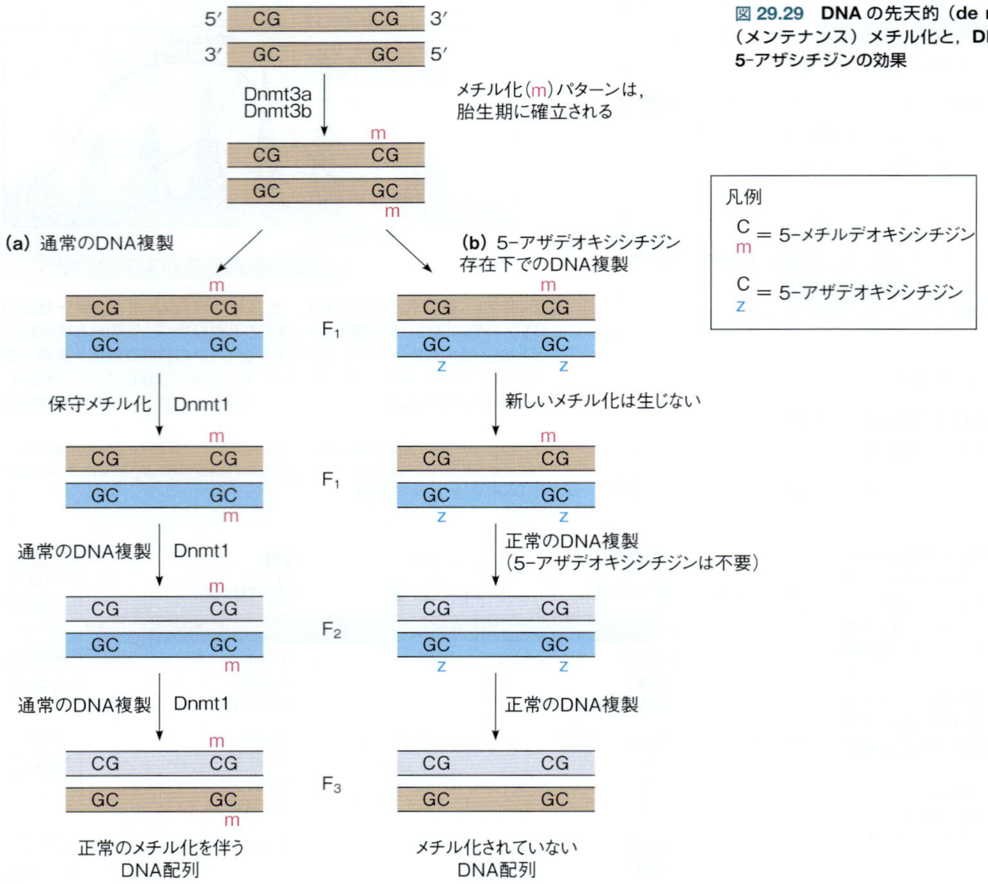

図29.29　DNAの先天的（de novo）あるいは保守（メンテナンス）メチル化と，DNAメチル化に対する5-アザシチジンの効果

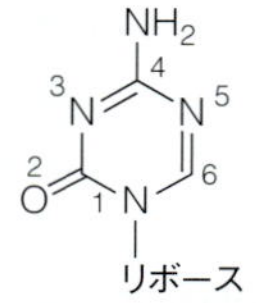

5-アザシチジン

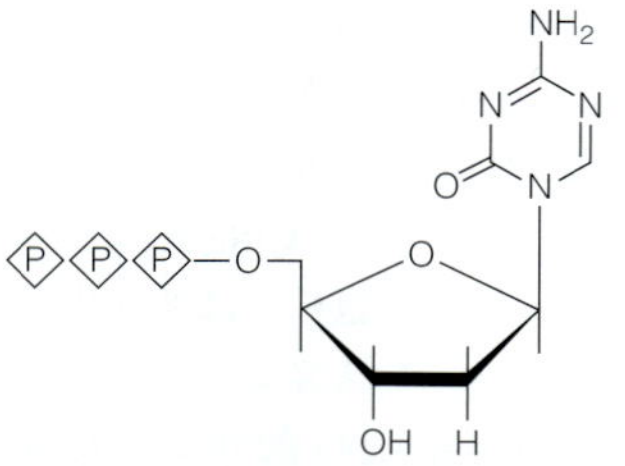

5-アザデオキシシチジン三リン酸

Dnmt1 によって忠実に複製されていく。Dnmt1 は複製装置と協調しながら，鋳型鎖でメチル化されていた娘鎖の C にメチル基を付加していく。この過程を図 29.29 に示した。この現象を理解する鍵となる発見が，**5-アザシチジン 5-azacytidine** の保守メチラーゼに対する効果である（図 29.29）。アザシチジンはシチジン類似体であり，dCTP の 5-aza 類似体（5-aza-dCTP）に変換されて，dCTP のかわりに DNA に取り込まれる。しかしながら，5-アザシチジンのピリミジン環では 5 位の C が N なので，安定的なメチル化を受けない。そのため，5-アザシチジンの存在下では，5-mCpG は 3 回の複製後に CpG になってしまう。この処置によって，処置前には発現が抑制されていた遺伝子が活性化された［訳注：転写されるようになった］ため，DNA のメチル化が遺伝子のサイレンシングに深く関わっていることがわかった。例えば，大人の骨髄細胞では，通常発現が抑制されている胎児ヘモグロビンの発現が，5-アザシチジン処理で活性化された。

近年行われた Dnmt1 の結晶構造解析によって，両側の鎖がともにメチル化されていない CpG ジヌクレオチドは Dnmt1 の活性中心から追い出されてしまうという自己阻害メカニズムの存在が明らかとなった。このようにして，一方の鎖がメチル化されている CpG ヌクレオチドだけがメチル化される分子機序がわかったことで，この酵素が保守的メチル化だけを担う理由があきらかになった。

ごく最近の研究によって，発現抑制されていた遺伝子が，DNA の脱メチル化により再活性化される例が明らかになった。2010 年の前半に，抗体の成熟に関わる DNA-シトシンデアミナーゼである AID（p.992）による DNA-メチルシトシン塩基の脱アミノ化が，体細胞の脱分化を引き起こし，多分化能を誘導する役割を有していることが，2 つの研究室から報告されたのである。この発見は，幹細胞生物学を治療目的に応用するのに重要な発見であると考えられる。

メチル化による遺伝子の不活性化を説明するメカニズムはそう単純ではなさそうである。時に転写因子の結合は，DNA のメチル化によって抑制される。また，DNA メチル化がヒストン修飾を引き起こし，結果的に転写の不活性化を促す場合もある。例えばこれまでにも述べたように，H3K4 のメチル化は活発に転写されているクロマチンで観察される。ある種の H3K4 メチルトランスフェラーゼ（これらはヒストンタンパク質のリシン残基にメチル基を付加する酵素であり，CpG をメチル化する酵素とは異なる）は CpG ジヌクレオチドの割合が高い部位に集結し，この部分のヒストンのメチル化を抑え，結果的に転写を活性化する。

DNA メチル化と遺伝子のサイレンシング

クロマチン構造の変化を引き起こすメカニズムがどのようなものであれ，DNA-シトシンメチル化が恒久的な遺伝子のサイレンシングを引き起こすことは明らかである。X 染色体不活性化と，遺伝子のインプリンティングの確立と維持の 2 つの現象に，DNA のメチル化が関わっていることが明らかになっている。哺乳類の発生過程で，メスの細胞に 2 本存在する X 染色体のうち片方は，DNA-シトシンのメチル化によって恒久的に不活性化される（X 染色体不活性化）。前述したように，この不活性化はまず先天的なメチル化で生じ，生涯にわたる保守メチル化によって維持される。この修飾の重要性は，X 染色体上で生じる遺伝子の発現レベルが，オスとメスの細胞間でほぼ等しくなることにある。大部分の哺乳類では，どちらの X 染色体が活性化されるかはランダムに決まる。遺伝子のインプリンティングもまた，発生時期に恒久的な遺伝子の不活性化が生じる点では，X 染色体不活性化と同様である。ある種の遺伝子では，父方あるいは母方由来のどちらか一方のアリールからだけ遺伝子発現が生じる。このインプリント遺伝子の発現抑制においても，DNA のメチル化が役割を果たしている。DNA メチルトランスフェラーゼ Dnmt3a の結晶構造解析によって，遺伝子インプリンティングを説明できるメカニズムが示唆された。Dnmt3a は調節タンパク質である Dnmt3L と協調して働く。この 2 つのタンパク質は Dnmt3L-Dnmt3a-Dnmt3a-Dnmt3L なる四量体として結晶化された。このタンパク質が DNA に結合したときにメチル化される 2 箇所の DNA 部位が，おおよそ DNA 二重らせん 1 回転分離れていることがわかった（図 29.30）。いくつかの母方由来のインプリント遺伝子を調べたところ，CpG ジヌクレオチドが 8 塩基から 10 塩基［訳注：DNA らせん 1 回転分に相当する］離れて存在するという共通点が見出されたため，インプリントされる遺伝子がどのようにして選択されているかがわかった。

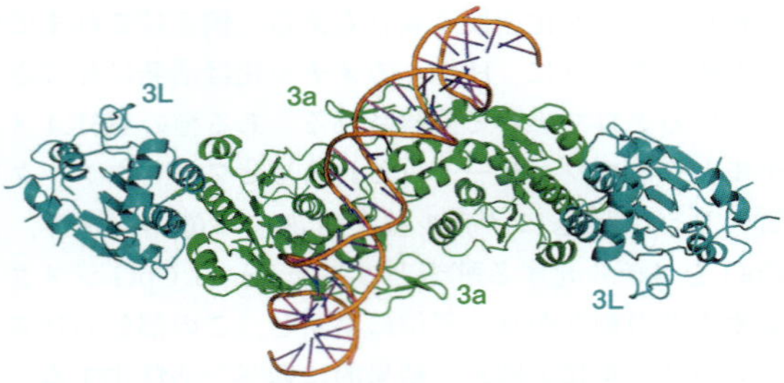

図 29.30　25 塩基対 DNA と Dnmt3a 四量体の構造　この図は Dnmt3a の活性中心を明確には示していないが，四量体中に存在する 2 つの活性中心は 10 塩基対ほど離れていると報告されている。二本鎖 DNA にこの多量体メチル化酵素を結合させせると，8〜10 塩基対離れた CpG を含む遺伝子がメチル化されることが説明できる。2 つの同一の a サブユニットを緑色で，L サブユニットを青色で示した。PDB ID：2QRV。

Reprinted from *Structure* 16：341-350, X. Cheng and R. M. Blumenthal, Mammalian DNA methyltransferases：A structural perspective. © 2008, with permission from Elsevier.

ポイント 18
DNA のメチル化が，クロマチン構造やヒストンの修飾を介して遺伝子を恒久的に不活性化することがある。

ポイント 19
DNA の CpG 配列のメチル化は，少なくとも 2 種類の遺伝子の不活性化パターン——X 染色体不活性化と遺伝子インプリンティング——を引き起こす。

Prader-Willi 症候群と呼ばれるまれな疾患では，インプリンティングに異常がある。この疾患では 15 番染色体の父方由来の領域が欠失しているか，発現されなくなっている。この領域にはインプリンティングを調節する遺伝子が存在し，通常は父方由来の遺伝子が発現し，母方由来の遺伝子の発現は抑制されている。健常者ではこの領域に存在する遺伝子が 1 コピー発現しているのに対し，この疾患の患者ではこの領域の遺伝子がまったく発現しないことになる。その結果，低身長，肥満，性的成熟の遅れが生じる。同様に，Angelman 症候群では，15 番染色体上の同じ部位で，母方由来の遺伝子発現が障害されている。

メチル化シトシンのゲノム上での分布

近年，次世代あるいは第 3 世代の DNA シーケンサーを用いることで，大量の遺伝子配列データが迅速に得られるようになり，ヒトゲノム全体を通じた 5-メチルシトシンの分布を解析する，いわば，ヒト“DNA メチローム”解析を行うことが可能になった。こうした解析では，シトシンをウラシルに脱アミノ化する試薬である亜硫酸水素ナトリウムで DNA を処理するが，メチル化されたシトシンは変化を受けない。こうした処理を行った DNA の配列をハイスループットに解析するわけである。最近行われた研究で最も興味深いのは，胚性幹細胞のメチル化シトシンの約 1/4 が，CpG 配列以外の部位に存在したことである。胚性幹細胞の分化に伴って，CpG 配列以外のメチル化は消失した。ある種の細胞株では多分化能（いかなる細胞へも分化できる）を誘導できるが，多分化能を誘導した細胞では再び非 CpG 配列での大幅なメチル化が生じていた。こうした発見は，胚性幹細胞を用いて 1 型糖尿病やパーキンソン病を治療できる可能性を示唆するものである。ところで，最近では亜硫酸水素ナトリウムを用いることなく，1 回の操作で DNA の塩基配列とシトシンのメチル化を決定できるようになった。

提唱されている他のエピジェネティック変化

5-ヒドロキシメチルシトシン

2009 年に，ある種の（大半が神経組織の）細胞の DNA が，5-メチルシトシンに加えて 5-ヒドロキシメチルシトシンをかなりの割合で含有していると報告された。第 22 章で述べたように，T4 バクテリオファージやその仲間では，シトシンのすべてが完全に 5-ヒドロキシメチルシトシンに置き換えられている(p.852)。バクテリオファージの場合，5-ヒドロキシメチル修飾はヌクレオチド合成の段階で生じる。哺乳類細胞では状況は大きく異なり，ヒドロキシメチルシトシンは 5-メチルシトシンの酸化によってつくられる。最近の研究結果から，DNA-シトシンの酸化は，サイレンシングを受けた遺伝子の再活性化につながる DNA 脱メチル化反応の過程であることが示唆された。

クロマチンのヒストン修飾

クロマチンのヒストン側鎖の修飾やノンコーディング RNA 分子など，メチル化以外のエピジェネティック変化のメカニズムも大きく注目されている。特に，ヒストンのアミノ酸残基の修飾がエピジェネティック現象であるという考え方は広く受け入れられている。ヒストン側鎖の修飾が遺伝子発現に影響を与えることは疑いがなく，ここでは DNA の塩基配列の変化は生じない。問題は，ヒストン修飾のパターンが世代を超えて細胞から細胞へと受け継がれるかどうかである。分裂後の娘染色体の両方が親染色体と同じヒストン修飾パターンをもっているという実験データがあり，ヒストン修飾がエピジェネティック現象であるという考え方を支持している。しかしながら，最新の総説でも“現時点で，細胞分裂に伴って安定して引き継がれることが示されているのは DNA のメチル化だけである”（R. Margueron and D. Reinberg［2010］*Nature Reviews Genetics* 11：285-296）と述べられている。ヒストンの目印が引き継がれることを説明できる可能性の 1 つに，細胞分裂の途中でヒストン二量体が混ざり合うことが挙げられる。例えば，新しく複製されたヌクレオソーム中の 2 つの H2A/H2B 二量体には，親由来の二量体と，新しく合成された H2A/H2B 二量体が存在するが，前者が後者に修飾パターンを教えるのかもしれない。同位元素を用いたラベリング実験では，このヒストンが混じり合うとする仮説と矛盾しない結果が得られているが，どのようにして親クロマチン中のヒストン分子が複製後のヒストンのひな形として機能するのかはまったくわかっていない。

高次の発生パターンの制御：ホメオティック遺伝子

本章では，単細胞生物，多細胞生物のいずれにおいても，生命がいかに注意深く DNA にプログラムされているかを強調して解説してきた。今では，真核生物では単にタンパク質や特殊な核酸の配列情報だけではなく，はるかに多くの情報がその DNA に蓄えられていることがわかっている。極めて多数のシグナルが遺伝子の中に隠されている。すなわち，転写産物をどのように切断してスプライシングするか，遺伝子産物がどこに行くのか，その寿命は，などがその例である。さらに，発生の段階や環境のストレスに応答して，どの遺伝子をどの細胞で転写するかを決定するのは，通常，遺伝子の周辺に存在する極めて大量の情報である。

さらに高いレベルでは，こうした多数の遺伝子の転写を協調させる遺伝的システムの存在が必要である。なぜなら，生物の発育にはプログラムされた細胞の分化，特定の組織の発達，特定の細胞死などが必要だからである。我々はゲノムにコードされた膨大な情報のうち一握りしか手に入れていないのである。この種の情報の大部分は，ショウジョウバエの発生の研究から得られたものである。昔から発生生物学者は，ショウジョウバエの幼虫が成長する際に，特定の細胞集団が**成虫盤 imaginal disk**（図 29.31）と呼ばれる円盤状の構造物を形成し，幼虫内に偏在することに気づいていた。こうした細胞集団が大人のハエのさまざまな部位（組織）を形成する。幼虫が変態を遂げるにつれ，幼虫の細胞はアポトーシスによって消失し，それぞれの成虫盤が大人のハエのさまざまな組織を形成する。

ショウジョウバエを材料に研究を行っていた遺伝学者たちは，古くから**ホメオティック変異 homeotic mutation** と呼ばれる類の変異――発生分化の全パターンを一定の方向に混乱させる遺伝子変異――に気づいていた。その 1 つであるアンテナペディア変異では，通常は触覚が生えている眼の周囲に完全な足が生えてしまう。またバイソラックスと呼ばれる別の変異では，胸節の異常な分化によって羽がもう 1 対形成されてしまう（図 29.32）。分子生物学を用いた最近の研究から，こうした発生の過程を制御するのが一連の**ホメオティック遺伝子 homeotic gene** であり，ホメオティック変異はこうした遺伝子の変異が原因であることがわかった。特筆すべきことは，ホメオティック遺伝子には約 180 塩基対からなる共通配列が反復して存在することである。現在ではホメオボックスと呼ばれているこの配列には，ホメオドメインと呼ばれる 60

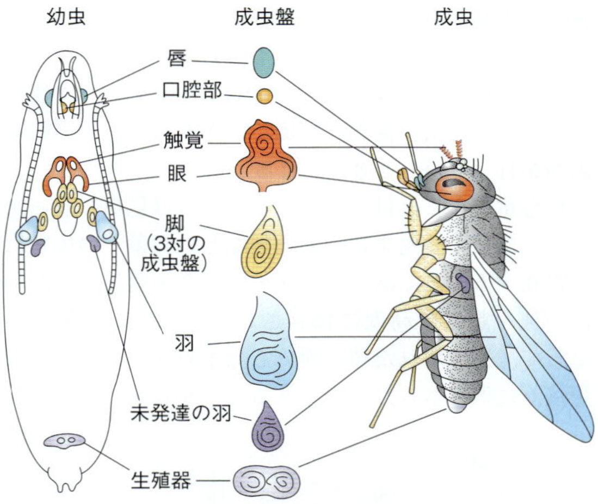

図 29.31　ショウジョウバエの発生における成虫盤　幼虫に示した成虫盤は，成虫のさまざまな部分に発達していく。
From J. W. Fristrom, R. Raikow, W. Petri, and D. Stewert (1970). In *Problems in Biology : RNA in Development*, E. W. Hanly, ed. University of Utah Press. Reprinted by permission.

図 29.32　ショウジョウバエのバイソラックス変異　上：正常のハエ。下：本来は 1 対の羽根をもつべき胸節部分に変異が生じて，2 対の羽根をもってしまった変異体。
Pascal Goetgheluck/Science Photo Library.

残基のポリペプチドがコードされている。ホメオドメインを有するタンパク質は，ヘリックス-ループ-ヘリックス構造を有する核内のDNA結合タンパク質であり，発生段階で協調して働くべきタンパク質の転写調節を行っていると考えられる。

最も重要なことは，ホメオボックスは昆虫に限ったものではなく，両生類や哺乳類などの数多くの生物にも存在することである。ホメオボックス遺伝子の配列は，種を超えて高度に保存されている。この発見によって，遠く離れた種の間でも発生のメカニズムが予想以上に保存されたものであることがわかった。

ポイント 20
発生過程を制御するホメオティック変異には，ホメオドメインをもつ特殊なタンパク質が関わっている。

翻訳の調節

すでに記したように，遺伝子の発現とその調節についてはJacobとMonodの原則を中心に考えられてきた。真核生物の複雑な遺伝子発現においてもオペロン仮説が正しいことを本章の前半部分で解説したが，同時にまた，真核生物の遺伝子発現には原核生物との間に多くの違いがあることもわかった。その違いとは，例を挙げれば，真核生物だけに存在するmRNAのスプライシング，mRNAのキャッピングと3′末端修飾，転写開始複合体中に存在する多数の転写因子，転写の鋳型となるクロマチン，クロマチンリモデリング，メディエーターの関与，RNAポリメラーゼのリン酸化による制御，マルチシストロニックmRNA［訳注：複数のタンパク質翻訳領域を有するmRNA］が（真核生物には）存在しないこと，などである。同じくらい重要なのは，翻訳のレベルで働く重要な調節過程の発見である。次世代DNAシーケンス技術（deep sequenceとも呼ばれる。「生化学の道具4B」参照）の助けを借りて現在最も活発な研究領域となっているのは，遺伝子を調節するさまざまなRNA分子種の発見である。こうしたRNAによる調節を，まずは原核生物の例から始め，真核生物へと進んでいくことにしよう。RNA干渉のような調節性RNAによる現象はmRNAの分解レベルで働くので，別項（p.1126）で取り扱う。リボスイッチ（p.1128）やRNA編集（p.1129）もまた，別個に記載することにする。

原核生物における翻訳の調節

原核生物における翻訳は，少なくとも3つのメカニズムによって調節されている。すなわち，mRNA三次元構造に基づくリボソームの結合阻害，mRNAへのタンパク質結合による翻訳の抑制，mRNAとの間で塩基対を形成する調節性RNA分子の働き，である。現在，活発な研究の最前線になっている調節性RNA分子の視点から，翻訳の新しい調節過程とメカニズムが明らかになるものと期待される。

リボソーム結合部位の閉鎖

この調節機構によって，ポリシストロン性mRNA上に存在する複数のメッセージの翻訳調節が説明できる。バクテリオファージMS2のmRNAの例を図29.33に示す。この複雑で効率のよいmRNAはファージに必須の4つのタンパク質をコードしており，そのうちの1つ［訳注：図29.33のLタンパク質］は，コートタンパク質とレプリカーゼサブユニットに重なる別の読み枠のタンパク質翻訳領域にコードされている。このmRNAがタンパク質に翻訳されるための条件を考えてみよう。新しいウイルスをつくるためには，多数のコートタンパク質とある程度の量のレプリカーゼ

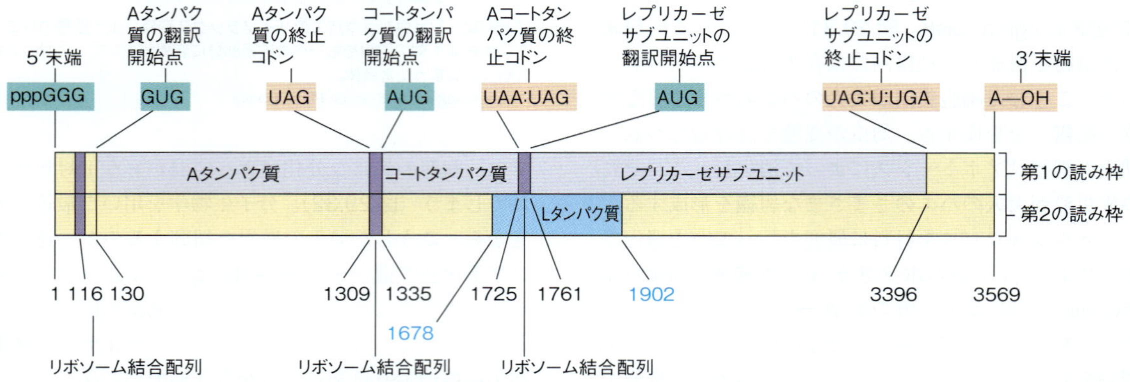

図29.33　バクテリオファージMS2のRNA　このRNA分子はウイルスに必要な4つのタンパク質のメッセージとして機能する。Aタンパク質，コートタンパク質，レプリカーゼサブユニットをコードする配列を紫色で示した。溶菌タンパク質（Lタンパク質，青色）のメッセージは，コートタンパク質とレプリカーゼのメッセージとオーバーラップしているが，異なった読み枠で翻訳される。

サブユニットが必要となる。しかし，ウイルスあたりAタンパク質（ウイルスの会合に使われる）は1分子，溶菌タンパク質（ウイルスの遊離に使われる）は少量あれば足りる。このポリシストロン性のメッセージの全領域を単純に同じ量のタンパク質へと翻訳するのは，あまりにも非効率的である。そこで，mRNAの5′末端のリボソーム結合配列（これがAタンパク質mRNAからの翻訳を開始する）は，通常，mRNA分子の三次元折りたたみ構造によってブロックされている。したがって，通常の状態でリボソームは，コートタンパク質メッセージの開始領域近くに存在する結合配列に結合し効率的に翻訳を進め，時にはレプリカーゼメッセージまで翻訳を進める。レプリカーゼは合成されるとウイルスmRNA自身の複製を触媒する。転写されつつある新しいプラス鎖は最終的な折りたたみを受けていないので，5′末端は開いており，リボソームが結合してAタンパク質の翻訳を開始することができる。これはmRNAが合成されている途中でしか生じず，言葉を変えれば，このmRNAの一生に1回だけ生じる現象だということになる。コートタンパク質のメッセージと重なり，読み枠を異にする溶菌タンパク質のメッセージは，コートタンパク質翻訳の途中で生じるフレームシフトスリップの結果，時々翻訳されるだけである。

mRNAへのタンパク質結合による翻訳の抑制

この類の制御機構のエレガントな例は，細菌のリボソームタンパク質合成に見出される。図29.34に示すとおり，大腸菌のリボソームタンパク質はポリシストロン性のメッセージにコードされている。このようなメッセージにコードされている一連のタンパク質の中には，そのメッセージの5′末端かその周辺に結合できるタンパク質が1つあり，この結合によって翻訳が阻害される。これはこのリボソームタンパク質が結合するrRNA上の配列に類似した三次元構造がmRNAに存在するために，5′末端部分への結合が生じるのだと考えられる。

図29.34と図28.18を比べると，このシステムのすばらしさが理解できる。リボソーム合成を調節するタンパク質S4，S7，S8は，リボソーム会合の初期に16SのrRNAに結合するタンパク質でもある。こうしたタンパク質はリボソーム形成の鍵となるタンパク質で，標的rRNAに対する高い親和性をもっている。もしrRNAが細胞内にふんだんに存在すると，リボソームタンパク質が必要だというシグナルとなり，“調節”タンパク質がリボソームに取り込まれ，すべてのリボソームタンパク質の合成が進行する。しかしながら，rRNAの供給が不十分な場合は，“調節”タンパク質はmRNAに結合し，現時点では不必要なリボソームタンパク質の合成を止めてしまう。言葉を変えると，こうしたタンパク質は“翻訳抑制因子”として働くと考えることもできる。こうしたリボソーム合成は，厳密なrRNA合成の調節と協調しながら働いており，栄養が不足するような状況化ではppGpp（p.1111）が蓄積してリボソームの合成が阻害される。

ポイント21
リボソームタンパク質がmRNAに結合することは，翻訳調節の1つである。

調節性RNA分子の働き

RNA分子そのものが遺伝子の調節に関わることが1980年代から知られていたが，最近になってこのメカニズムが幅広い役割をもっていることが明らかとなってきた。初期の発見はアンチセンス制御であり，Tn10トランスポゾンの酵素トランスポゼースをコードするmRNAが上流の配列と塩基対を形成し，その結果トランスポゼースmRNAの翻訳が抑制される（図29.35）。

アンチセンス制御のもう1つの例は，大腸菌外膜の

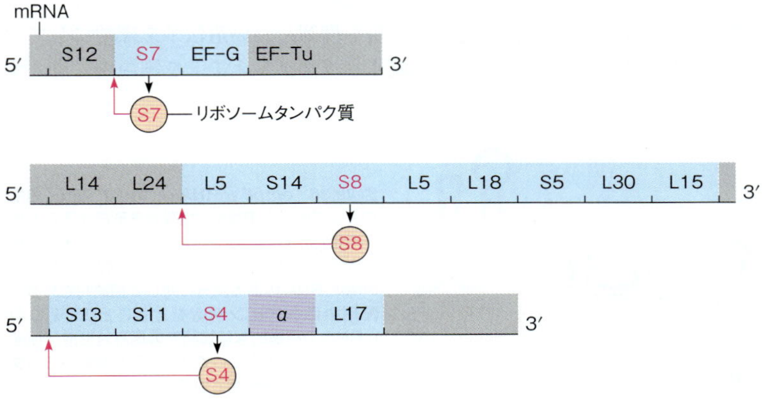

図29.34　リボソームタンパク質合成の調節　図に示すのは大腸菌のリボソームタンパク質をコードするポリシストロン性メッセージの3つの例である。これらのmRNAがEF-G，EF-Tu，RNAポリメラーゼのαサブユニット（紫色）をコードしていることに注意してほしい。それぞれのポリシストロン性メッセージの翻訳は，そのメッセージにコードされているリボソームタンパク質の1つ（赤色）によって調節される。矢印はそうしたタンパク質が結合する部位を示す。調節の対象となるのは，青で示した部分のみである。

29

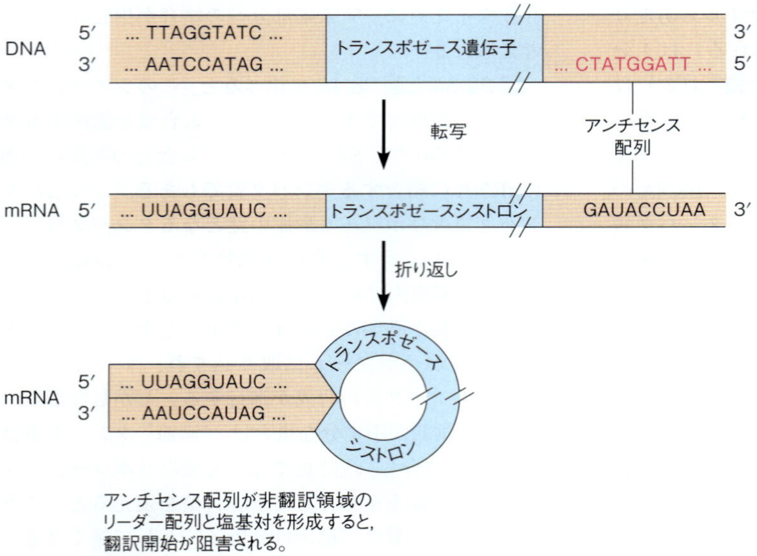

図 29.35　アンチセンス RNA による翻訳開始の阻害　トランスポゼース遺伝子の 3′ 末端にはアンチセンス配列が存在する。転写されると，このアンチセンス配列は折り返されて塩基対を形成し，翻訳開始を阻害する。

タンパク質をコードする2つの遺伝子，*ompC* と *ompF* である。これらの遺伝子は浸透圧によって制御されている。大腸菌が高浸透圧培地中で増殖する際には，OmpF タンパク質の合成をシャットダウンし，OmpC の合成を活性化するので，タンパク質の総量は一定となり，細胞内の環境は維持される。図 29.36 に *ompF* シャットオフのメカニズムを示した。高浸透圧は何かしらの機序でアンチセンス RNA（*micF* 遺伝子の産物）の合成を引き起こす。この RNA は *ompF* mRNA の 5′ 末端の配列に部分的に相補的である。そのため *micF* RNA は，*ompF* のメッセージにアニーリングして二本鎖 RNA となり，*ompF* のメッセージを不活性化する。翻訳されるときには 1 本鎖にならなければならない OmpF mRNA の翻訳開始点は，この二本鎖 RNA 内に存在するので，翻訳が阻害されるのである。cAMP 受容体タンパク質の構造遺伝子である *crp* もアンチセンス RNA によって制御を受ける遺伝子である。

さらに最近では，全ゲノム配列解析とそれに引き続く実験によって，スモール RNA（現在では sRNA と呼ばれている）による翻訳調節が，当初考えられていたよりもはるかに大きな役割をもっていることがわかった。大腸菌だけでも 80 種類あまりの sRNA が発見されている。いくつかは前述した MicF RNA のように 1 つの標的配列だけに結合するが，複数の異なった配列に結合するものもある。ここで述べたアンチセンスの例のように，配列特異的に RNA に結合するものもある。また，特異的な標的タンパク質に結合して作用するものもある。ここで述べた sRNA による制御の大部分は，翻訳開始のレベルで行われる。繰り返しになるが，こうした RNA による調節にはエネルギー的な利点がある。タンパク質のかわりに RNA で調節を行うことは，“代謝” の観点で理にかなっている。エネルギーが必要な反応である翻訳をスキップできるからである。

研究者が特定の遺伝子の発現を阻害したいときに，アンチセンス RNA をデザインし合成することで行う**遺伝子のノックダウン gene knockdown** は広く用いられている。標的遺伝子の破壊によって遺伝子ノックアウト生物を作製するよりもはるかに簡便な実験手法だからである。細胞膜の透過性を一過性に上昇させる処置を行い，発現を抑制したい遺伝子を標的にしてデザインした合成オリゴヌクレオチドを細胞内に導入す

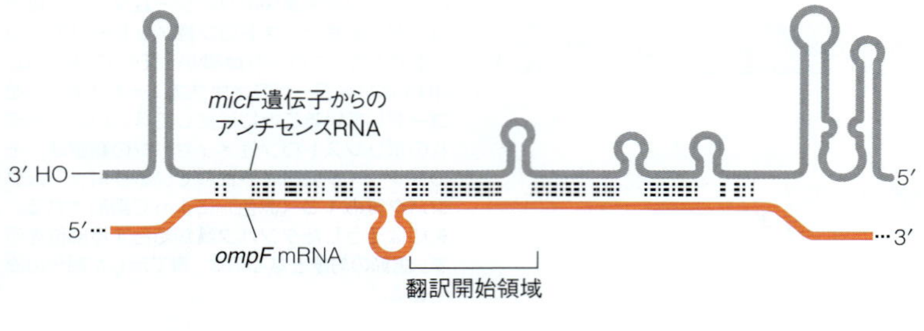

図 29.36　*ompF* mRNA は，*micF* 遺伝子由来のアンチセンス RNA と塩基対を形成することで不活性化される　浸透圧負荷は *micF* 遺伝子の転写を促進する。転写産物は，翻訳開始点を含む *ompF* RNA のある部分に対して相補的である。配列中にヘアピン構造をとることで，2 つの mRNA の相補的な領域間での塩基対形成が促進される。このようにして 2 つの転写産物からのタンパク質合成が阻害される。

る。しばしば，ノックダウン用の試薬として，RNA 分子ではなく，細胞内での酵素による分解を受けないよう修飾された RNA 類似体が用いられる。よく用いられるアンチセンス試薬はモルホリノと呼ばれ，塩基は天然 RNA と同じでありながら，リボース環のかわりにモルホリノ環を有し，“ヌクレオチド”の間が（ホスホジエステラーゼ結合ではなく）フォロジアミド結合で繋がれたオリゴマー，または重合体である（下図を参照)。

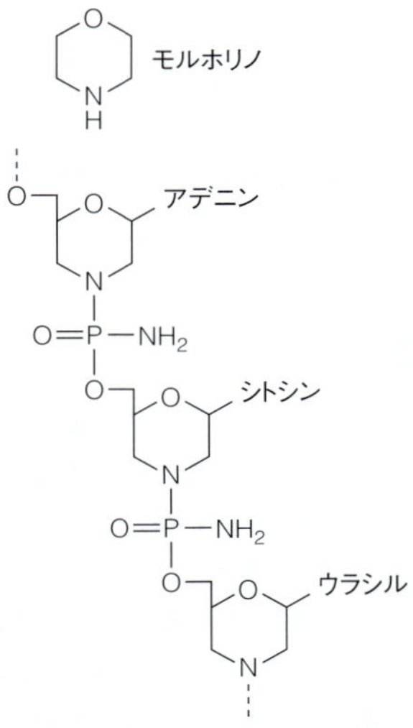

モルホリノのようなアンチセンス類似体は，例えばウイルスゲノムのように，標的遺伝子が同定された現在では，それらに結合し翻訳を抑制する治療の道具としても開発されつつある。この治療的アプローチが困難なのは，細胞膜の透過性を上昇させる試薬の開発の難しさにある。培養細胞の透過性を上昇させるのはたやすいが，生きている個体内の細胞の透過性を上昇させるのは容易ではない。

真核生物における翻訳の調節

原核生物と真核生物の翻訳の調節機構はかなり似ているが，開始因子のリン酸化（後述）によるコントロールなど，異なっているところもある。最も大きく異なっている点は，ノンコーディング RNA の役割であり，これは原核生物と真核生物とで別々に発達してきたと思われる。原核生物ではこうした RNA 分子は sRNA という名前の通り，一般的に短い。対照的に，真核生物のノンコーディング RNA 分子は，分子量が大きく，通常 200 塩基以上の長さがある。こうした RNA は一般的に“長いノンコーディング RNA”または“ncRNA”と呼ばれている。比較的よくわかっている翻訳調節の例をいくつか示した後に，この点に触れたいと思う。

真核生物の開始因子のリン酸化

真核生物のタンパク質性の翻訳因子の多くがリン酸化による制御を受けている。いくつかの例を挙げてみよう。eIF2 は G タンパク質であり，翻訳開始の最初の段階で Met-tRNA［訳注：メチオニンを運搬する tRNA］の P 部位への結合に関わっている（表 28.4)。eIF2 の α サブユニットの 51 番目のセリン残基をリン酸化するキナーゼは 4 種類知られている。eIF2 がリン酸化されると，eIF2 のグアニンヌクレオチド交換因子 guanine nucleotide exchange factor（GEF）である eIF2B との親和性が上昇し，不活性化型の eIF2B-eIF2-GDP 複合体が形成されて転写開始が抑制される。以下の 4 つのタンパク質キナーゼとは（すべてが同じように分布しているわけではない)，(1) タンパク質 2 (GCN2)：アミノ酸に結合していない tRNA によって活性化されるタンパク質キナーゼ。したがって，アミノ酸飢餓のセンサーとして機能する。(2) 二本鎖 RNA によって活性化されるタンパク質キナーゼ。したがってウイルス感染に反応する。(3) ER 内の折りたたまれていないタンパク質によって活性化される ER タンパク質キナーゼ。(4) ヘムで調節される阻害キナーゼ heme-regulated inhibitor kinase（HRI)。ヘムの量が減少すると活性化される。したがって，ヘム量が減少するとヘモグロビンの合成をシャットオフする。この機能は，脱核はしているがグロビン合成の鋳型になる mRNA をもっている網状赤血球（未成熟な赤血球）で重要な機能である。図 29.37 に示すように，ヘモグロビン合成はこの過程で調節されているため，グロビンに取り込まれるヘムが適切な量存在しない場合は，グロビンの mRNA の翻訳をシャットオフする。第 18 章で述べた mTOR による 4EBP1 のリン酸化も，この種類の調節の例にあげられる。このリン酸化が生じると 4EBP1 と eIF4E が解離し，開始因子がタンパク質合成を開始する。

他の例として，mRNA の 5′ キャップを認識し，翻訳開始 AUG コドンをみつける eIF4E があげられる。真核細胞では，1 つかそれ以上の MAP キナーゼシグナル伝達経路（第 23 章）が eIF4E をリン酸化（ヒト eIF4E の場合は 209 番目のセリン残基）すると，eIF4B が 5′ キャップを認識できなくなる。さらに，eIF4B は 4E-BP（IF4E 結合タンパク質）と呼ばれるタンパク質ファミリーによる翻訳抑制等の調節を受ける（前述)。こうしたタンパク質同士の結合はリン酸化によって調節されるが，このリン酸化状態はアミノ酸の供給，細胞のエネルギー状態，成長因子の効果な

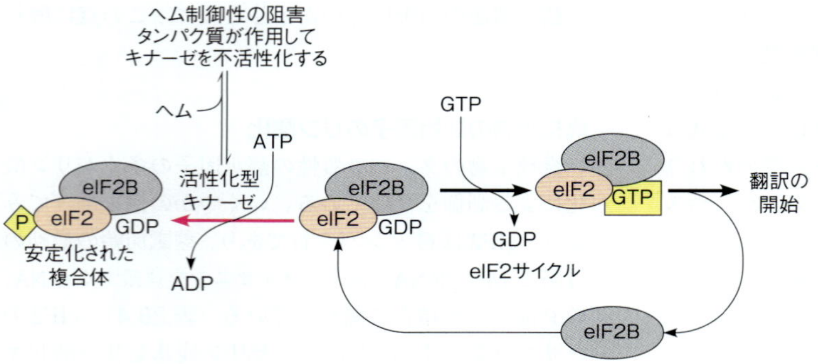

図 29.37 赤血球系の細胞におけるヘム量による翻訳の調節 ヘム濃度が低下すると，ヘム制御性のキナーゼが活性化され，eIF2 をリン酸化する（赤色の矢印）。このリン酸化は eIF2 と eIF2B の結合を安定化することで，翻訳を停止させる。ヘムの量が適切なときは，キナーゼが不活性化され，eIF2 が翻訳に利用される。

どの刺激によって影響を受ける。培養したある種の細胞株に eIF4E を過剰発現すると発がん性の形質転換が生じるし，ヒトのある種のがんではこのタンパク質の量が異常に増えている。

ポイント 22
真核生物における翻訳は，開始因子のリン酸化で調節されている。

長いノンコーディング RNA

最近まで，ヒトをはじめとした真核生物のゲノムのうち，転写されるのはごく一部にすぎないと考えられてきた。タンパク質をコードする翻訳領域は全ゲノム長の 2%以下であるというヒトゲノムプロジェクトの結果は，上の考え方と矛盾しない。しかしながら，マイクロアレイによるヒトトランスクリプトーム解析などの研究の結果，ヒトゲノムの 90%以上が転写されていると推定された。以上の結果は，哺乳類の転写産物に非常に多くの数のノンコーディング RNA 分子が含まれていることを意味する。こうした分子の一部は転写の“ノイズ”なのかもしれないが，新しく見出された転写産物の多くは，実際に機能を有している。事実，これまでに解析されたいくつかの ncRNA は，細菌の sRNA と同様にアンチセンス RNA として抑制的な役割をもっていることがわかった。しかしながら，今日までの解析の結果では，真核生物の ncRNA は転写レベルで働いているようである。タンパク質をコードする遺伝子の周辺のノンコーディング領域が転写されると，転写因子結合部位に干渉することでその遺伝子の転写を抑制する。興味深い例は，ヒトのジヒドロ葉酸レダクターゼの構造遺伝子である *DHFR* の転写である。この場合，ノンコーディング RNA は *DHFR* 遺伝子のプロモーターに結合し，結果的に転写開始複合体を破壊する。では，抑制性 ncRNA の発現はどうやってコントロールされているのだろうか？

現在までの研究では，細菌の sRNA で観察されたリボソーム結合部位の占有のような翻訳レベルでの ncRNA の作用はほとんど観察されていない。しかしながら，以降に述べる RNA 干渉という現象では，ノンコーディング RNA が mRNA の分解を制御することで翻訳調節を行っていることが明らかになった。

RNA 干渉

1990 年代の後半から，RNA を基盤にした遺伝調節と細胞防御のメカニズムに関する大きな発見が相次いだ。色素合成経路の遺伝子を導入してペチュニア（植物）の紫色を濃くしようとした実験が始まりであった。驚いたことに，遺伝子を導入された植物は紫色にならず，まだらになるか，白色の植物が生み出された。色素を合成する遺伝子の間で発現を抑制し合ったのである。当初は，反対側の DNA 鎖から RNA が転写されアンチセンス RNA となって，正常なセンス RNA と塩基対を形成し，翻訳されない二本鎖 RNA になったのではないかと考えられた。Craig Mello と Andrew Fire によるさらなる研究から異なった結論が導かれ，**RNA 干渉 RNA Interference** もしくは RNAi と呼ばれる発見につながった。RNA 干渉は 21～24 塩基程度の小さな RNA 分子が関与する 2 つの異なった過程で生じる。こうした RNA 分子は，遺伝子調節に関わる**マイクロ RNA micro RNA（miRNA）**と，細胞防御メカニズムに関わる**小さな干渉 RNA small interefering RNA（siRNA）**の 2 種類に分けられる。

マイクロ RNA

マイクロ RNA は遺伝子特異的に抑制性の制御を行う分子であり，ヒトの全遺伝子の約 3 分の 1 が miRNA による制御を受けていると推定されている。ある生物種の細胞における特異的 miRNA の数は，その生物種の進化的複雑さと関連している。最近の研究によると，ヒトでは 677 種類，マウスでは 491 種類の miRNA が同定されている。一方，ショウジョウバエには 147 種類，海綿動物ではわずかに 8 種類しか存在しない。miRNA は部分的な回文配列をもつ RNA 分子に由来

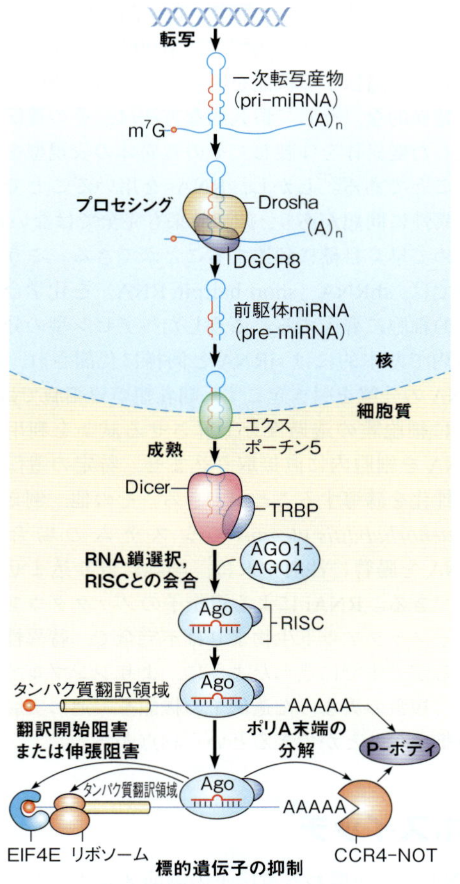

図 29.38　miRNA の産生経路　プロセシングを受ける mRNA の配列は，エキソン内でもイントロン内でもかまわない。詳細は本文を参照。
Reprinted by permission from Macmillan Publishers Ltd. *Nature Reviews Molecular Cell Biology* 11 : 252-263, M. Inui, G. Martello, and S. Piccolo, MircoRNA control of signal transduction. © 2010.

する。図 29.38 に示すように，miRNA 分子前駆体は RNA ポリメラーゼⅡによって転写され，mRNA がつくられるときと同様に 5′ キャッピングと 3′ ポリアデニル化を受けて一次転写産物（pri-miRNA）がつくられる。RNA 分子の末端同士がステム-ループヘアピン構造をとり，その周辺の相補的配列が塩基対を形成する。核内で Drosha と呼ばれる酵素複合体で切断されることでプロセシングが始まり，ステム-ループの境界部分から 22 塩基が切り出される。この段階で，短い 3′ 突出部分をもつ部分的ヘアピン構造ができ上がる。この 3′ 突出部分がエクスポーチン複合体（インポーチンの逆）によって認識され，前駆体 miRNA は細胞質へ輸送され，Dicer と呼ばれる別の複合体に結合する。Argonaute（AGO）と呼ばれる別のタンパク質と会合すると，*Dicer* は前駆体 miRNA の部分的二本鎖構造の一方を分解し，残った鎖（これが最終的な miRNA である）を Argonaute に結合させたまま，RISC（RNA-induced silencing complex）と呼ばれる別の複合体に受け渡す。RISC は miRNA を案内役として相補的な配列を有する標的 mRNA 分子の 3′ 非翻訳領域に結合する。この相補的な配列の長さは，約 7 塩基であると考えられている。標的mRNA のこの 7 塩基部分の配列が miRNA の配列と完全に相補的であった場合，mRNA は完全に分解される（図には示していない）。この分解過程は RISC の触媒作用によって生ずるため，mRNA を分解すると，RISC は他の新たな標的を探す。

miRNA と mRNA の配列が部分的にしかマッチしない場合は，複数のメカニズムによって mRNA からのタンパク質合成が減弱する。翻訳開始複合体の結合抑制，リボソームのリクルートの抑制，3′ ポリ A 末端を分解する酵素の活性化（図中の CCR4-NOT）などである。必ずしも迅速な mRNA の分解が生じるわけではないが，翻訳の効率が低下する。

最後には，抑制された mRNA は P-ボディ P-body（P はプロセシングを意味する）と呼ばれる細胞質ゾルの 1 区画に移動し，リボソームが離れることで翻訳が停止する。P-ボディはすべての mRNA 分子が分解される場所であり，RISC の有無にかかわらず，mRNA が完全に分解される。こうした過程によって，1 つの miRNA は数百にものぼる mRNA［訳注：その miRNA と相補的な配列をもった mRNA］を制御する。さらに，複数の miRNA によって制御されることもあり，この場合 1 つの mRNA の 3′ UTR に 2 つ以上の miRNA が結合し，それぞれの miRNA が標的 mRNA の翻訳をより強く抑制する。こうした過程はかなりわかってきたものの，そのそれぞれが特異的な代謝調節の点でどのような意味をもつのかはほとんどわかっていない。きわめて最近になって，細胞分裂の過程で，特定の miRNA が周期的に翻訳を活性化したり，抑制したりすることが報告された。

ポイント 23
二本鎖 RNA のプロセシングによってつくりだされるスモール RNA は，遺伝子制御（miRNA）や防御メカニズム（siRNA）として機能している。

小さな干渉 RNA

RNAi は，細胞へのウイルス感染の結果生じる防御メカニズムである。レトロウイルスに属さないウイルスが RNA ゲノムをもっている場合，感染した細胞内ではウイルスゲノムの複製中間体として完全に相補的な二本鎖 RNA（dsRNA）が合成される。dsRNA は細胞質ゾル中で Dicer によって切断され，一連の二本鎖 RNA が生じる。こうした配列が完全に相補的な約 23

塩基対の二本鎖RNAをsiRNA（small interefering RNA）と呼ぶ。このようなRNA分子はmiRNAと同じように切断され，塩基配列がウイルスRNAと完全に一致するため，ウイルスのRNA分子を標的とすることができる。このシステムは，細胞同士が小さなチャネル［訳注：細胞間に存在する小分子を通過させる小穴を意味する］を介してつながっている植物で有効なシステムとなる。RNA干渉活性は細胞から細胞へと伝達されるので，最初に数個の細胞にしかウイルス感染が起こっていなかったにもかかわらず，植物全体がウイルスに対して耐性になる。

miRNA制御についてはわかっていないことが多いが，あるmiRNAの合成が組織特異的あるいは発生のステージ特異的に生じることはわかっている。プレmiRNA分子の転写そのものはmRNAの転写と同じ制御を受けており，転写された後のmiRNA合成の各ステップは調節されているが，その詳細はほとんどわかっていない。

miRNAの機能に関しては，細胞増殖，発生の調節，アポトーシス，恒常性維持，腫瘍の発生などに関わっていることが示されている。最近，線虫のアポトーシスにおいてDicerが直接関与しているという興味深い実験結果が示された。あるカスパーゼがDicerと相互作用すると，Dicerのリボヌクレアーゼ活性がデオキシリボヌクレアーゼ活性に変化し，アポトーシスの指標となる染色体の断片化を引き起こす，というものである。また別の研究では，あるmiRNA分子ががん抑制遺伝子PTENの活性を調節していることが示された。この場合，PTENの偽遺伝子（第24章）が転写されると，PTENのmRNAをダウンレギュレーションできる（その結果，がん抑制活性が減弱する）miRNAが生じうるが，実際にはPTEN偽遺伝子由来のmRNAを抑制し，PTEN由来のmRNAの活性は保持される。PTENのmiRNAを“薄めてしまう”可能性を有するPTENの偽遺伝子の存在は，偽遺伝子と機能的遺伝子の間に相互作用が存在することを示唆するとともに，“機能をもっていない”はずの偽遺伝子が“おとり”として機能遺伝子のmRNAを保護する機能をもつことで，進化の過程で保存されてきたことを示唆している。

それゆえmiRNAを道具として用いることで，がんをはじめとした疾患を治療あるいは予防することができるのではないかと考えられるようになったのは当然のことである。この領域はまだ黎明期ではあるが，RNAiは研究室レベルでは特定の遺伝子をノックダウンする［訳注：発現を抑える］目的で広く用いられている。「生化学の道具26A」で，標的遺伝子を配列特異的に入れ替えることで，細胞や個体のレベルで遺伝子のノックアウト［訳注：特定の遺伝子だけを取り除くこと］を行う方法について学んだ。p.999でも述べたように，特定の遺伝子の機能を明らかにするための，完全な，特異的な，そして恒久的な方法は，その遺伝子を欠失した変異体を作製し，その変異体の表現型を解析することである。しかし，RNAiを用いることで（やや特異性に問題があり，抑制効果も完全ではないが），きわめて早く目標に到達することができる。こうした実験では，shRNA（short hairpin RNA）を化学合成して標的細胞に導入する。こうしたヘアピン型の分子は細胞内で基本的にはsiRNAと同様に代謝され，標的mRNAの分解を引き起こす。哺乳類培養細胞では，一過性に細胞膜の透過性を上昇させる試薬を利用してshRNAを細胞内に直接取り込ませ，特定の遺伝子の不活性化を誘導することができる。その他，例えば線虫 *Caenorhabditis elegans* のシステムの場合は，shRNAを腸管に注射すれば，細胞に取り込ませることができる。RNAiによる遺伝子のノックダウンは，遺伝子ノックアウト生物よりは不完全で，特異性もやや劣るが，すでに述べたように，よりシンプルであるため，複数の異なった遺伝子の機能を一連の実験の中で解析することができるという利点がある。

リボスイッチ

RNA分子が関わる遺伝子の調節メカニズムの発見と，前述したRNAが酵素としても機能するという発見は，RNAワールド（タンパク質が生まれる前から存在する原始的な生物圏で，現在ではタンパク質が担っている生物学的な機能が，原始的なRNA分子によって行われていたとする考え方）の存在を決定づけるものであった。比較的最近に発見された**リボスイッチ riboswitch**（ある代謝経路酵素のmRNAで，その代謝経路の最終産物の結合によって翻訳が調節されるmRNA）によって，このRNAワールドの概念がゆるぎないものとなった。こうした分子は最初に細菌で見出され，近年では植物や真菌にも存在することがわかった。

リボスイッチの5′末端近傍には，**アプタマー aptamer**と呼ばれる部分が存在する。アプタマーはオリゴヌクレオチドまたはポリヌクレオチド配列で構成される特異的な結合部位である。アプタマーという単語はもともと研究室内で用いられていた**セレックス SELEX**と呼ばれる実験テクニック（in vitroで特定の分子に結合する核酸を同定する技術であり，実験を数回繰り返すことで結合配列が増幅される実験法）で同定された配列を示す用語であった。2002年頃のリボスイッチの発見によって，極めて強い結合特性を有す

(a)

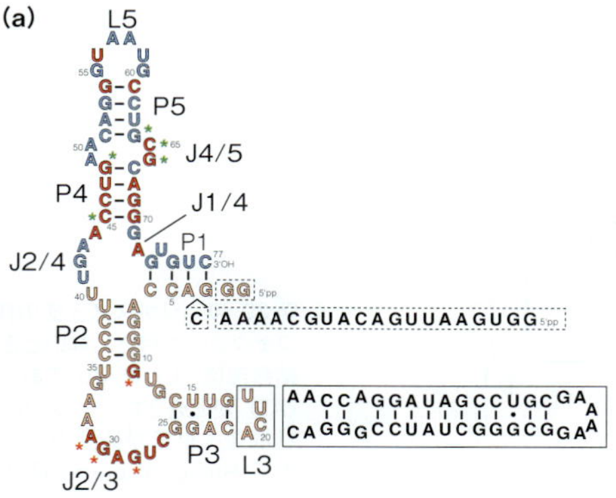

(b)

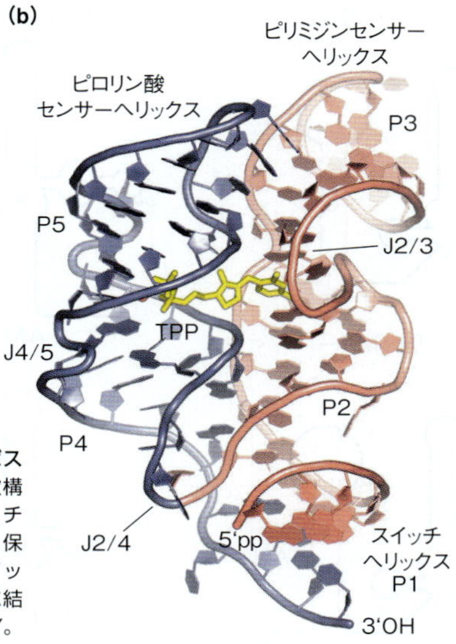

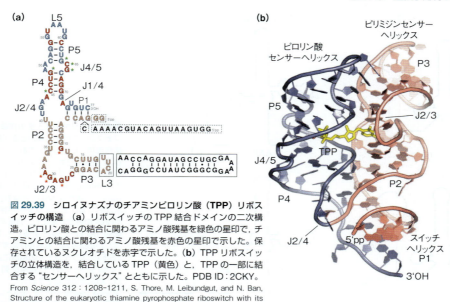

図 29.39　シロイヌナズナのチアミンピロリン酸（TPP）リボスイッチの構造　(**a**) リボスイッチの TPP 結合ドメインの二次構造。ピロリン酸との結合に関わるアミノ酸残基を緑色の星印で，チアミンとの結合に関わるアミノ酸残基を赤色の星印で示した。保存されているヌクレオチドを赤字で示した。(**b**) TPP リボスイッチの立体構造を，結合している TPP（黄色）と，TPP の一部に結合する“センサーヘリックス”とともに示した。PDB ID：2CKY。

From *Science* 312：1208-1211, S. Thore, M. Leibundgut, and N. Ban, Structure of the eukaryotic thiamine pyrophosphate riboswitch with its regulatory ligand. © 2006. Reprinted with permission from AAAS.

るアプタマーが進化の過程で生じていることがわかった。前述したように，リボスイッチ RNA の 5′ 末端付近には，その mRNA にコードされている酵素が関わる代謝経路の産物が結合する配列が存在する。多くのリボスイッチには，ヌクレオチドや補酵素（チアミンピロリン酸，フラビンアデニンジヌクレオチド，*S*-アデノシルメチオニンなど）が結合する配列がある。最初に発見されたリボスイッチには，アデノシルコボラミン（ビタミン B_{12}の補因子）の結合部位が存在した。リボスイッチの結合部位の特異性はきわめて高く，*S*-アデノシルメチオニンのリボスイッチへの結合は，類縁体である *S*-アデノシルホモシステインの少なくとも 100 倍以上であった。図 29.39 にリボスイッチのチアミンピロリン酸 thiamine pyrophosphate（TPP）結合部位の結晶構造を示した。図に示したのは TPP 合成に関わる，ある酵素をコードする mRNA の 3′ 末端部分の構造である。TPP がリボスイッチに結合すると，この mRNA はタンパク質の鋳型としては機能しなくなり，そのため TPP 合成がシャットオフされる。複雑な折りたたみパターンは標的分子を完全に覆い隠すような形で進化を遂げてきた。ここに示す複合体の解離定数は 50 nM ときわめて低い［訳注：解離定数が低いことは，結合が強いことを意味する］。リボスイッチは細胞内にごくわずかしか存在しないヌクレオチドや補酵素の生合成を調節しているので，その標的分子への結合力は強くなければならない。

ポイント 24
リボスイッチは，ある代謝経路の最終産物が特異的に結合する部位をもつmRNA分子である。その最終産物がリボスイッチに結合すると，下流の遺伝子の転写や翻訳が抑制される。

いずれの場合でも，標的分子の結合は，その標的分子をつくりだすのに必要な遺伝子の発現をシャットオフする。図 29.40 に示したように，この遺伝子のシャットオフは転写あるいは翻訳のレベルで生じる。図 29.41 に特異的な例を示した。これは，細菌のセカンドメッセンジャーであるサイクリックジ-グアノシン一リン酸 cyclic di-guanosine monophosphate（c-di-GMP）に対するリボスイッチである。このヌクレオチドは，細菌 *Clostridium difficile* の鞭毛タンパク質の合成を調節している。この図では，標的分子がリボスイッチに結合すると，どのように RNA の構造が変化して転写が抑制されるかを示している。*trp* オペロン（p.1108）の転写が転写終結部位によってストップするのと同様に，転写終結部位をつくりだすことによって 13 種類のタンパク質をコードするオペロンの転写が止まる。

RNA 編集

RNA 編集は 1986 年に最初に報告された予想外の現象である。RNA 編集では，転写された後に RNA 分子のヌクレオチド配列が変化する。トリパノソーマのミトコンドリアタンパク質の mRNA に，UMP の挿入や除去が生じることが見出された。あるケースでは，成

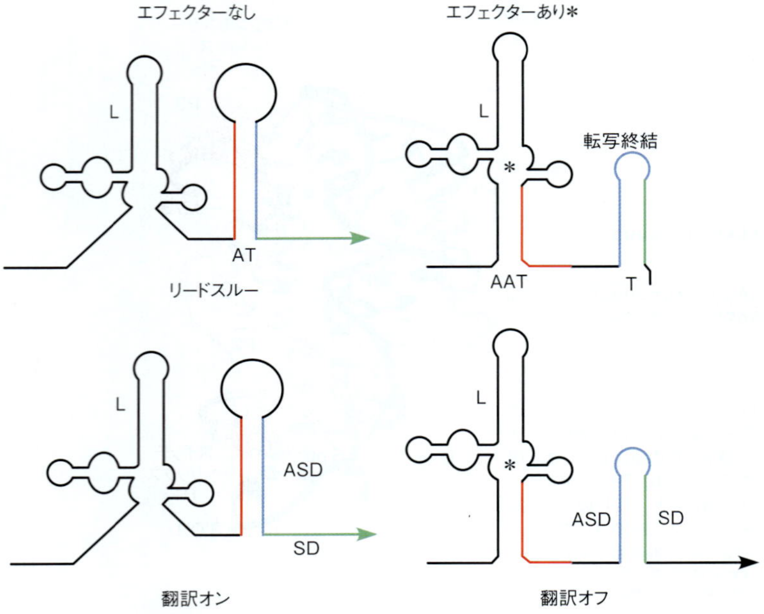

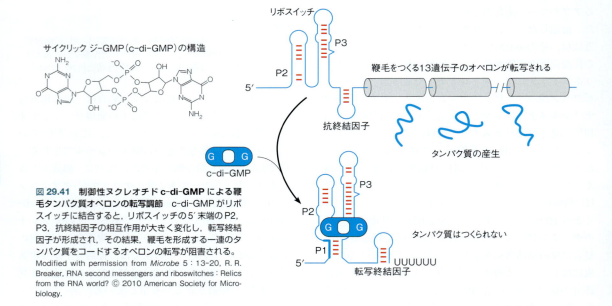

図 29.40　リボスイッチの作働メカニズム　エフェクターが存在しないとき（左上），リガンド結合部位（L）は空いており，抗転写終結因子（AT）が形成されている（図 29.19，転写減衰）。リボスイッチが翻訳のレベルで働くとき（左下），Shine-Dalgarno 配列（SD）は対合相手（anti-SD または ASD）とは対合しておらず，翻訳が生じる。エフェクターが存在するときは，mRNA の構造が変化し，抗転写終結配列が相補配列（ATT）と対合することで，終結ループ（T）が形成され，転写が終結する（右上）。また（右下），エフェクターの結合により Shine-Dalgarno 配列（SD）が相補配列（ASD）と対合し，翻訳開始を阻止する。

Genes & Development 22：3383-3390, T. M Henkin, © 2008 Cold Spring Harbor Laboratory Press. Modified by permission of Tina M. Henkin.

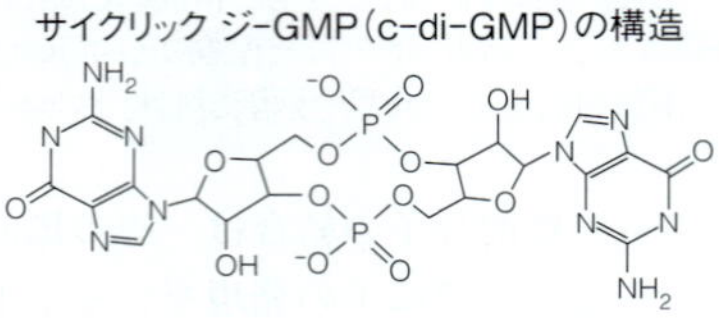

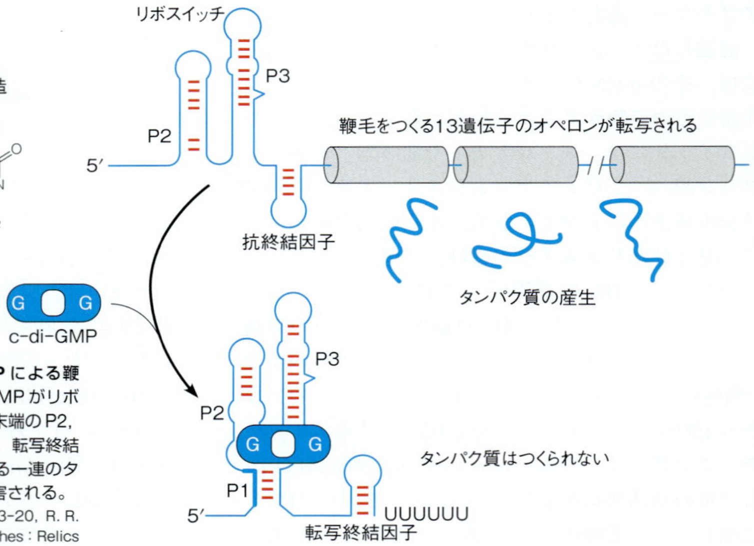

図 29.41　制御性ヌクレオチド c-di-GMP による鞭毛タンパク質オペロンの転写調節　c-di-GMP がリボスイッチに結合すると，リボスイッチの 5′ 末端の P2，P3，抗終結因子の相互作用が大きく変化し，転写終結因子が形成され，その結果，鞭毛を形成する一連のタンパク質をコードするオペロンの転写が阻害される。

Modified with permission from *Microbe* 5：13-20, R. R. Breaker, RNA second messengers and riboswitches：Relics from the RNA world? © 2010 American Society for Microbiology.

熟した mRNA のヌクレオチドの半数が，RNA 編集によって挿入された U になっていた。遺伝子メッセージの意味が大きく変わる発見である。しかしながら，これはランダムに生じるプロセスではない。RNA 編集は，編集される RNA の末端に相補的な 5′ 末端配列と，挿入される塩基配列と同一の配列を連続してもっている，ガイド RNA によって引き起こされる。挿入は 1 塩基単位で，切断，挿入，RNA 鎖の再結合が繰り返される。この一見無駄が多い現象の生物学的意義は不明である。

哺乳類細胞における RNA 編集は大きく意味合いが違っており，RNA を構成するヌクレオチドのうち，AMP と CMP の一部が酵素的に脱アミノ化を受けることで生じる。1,000 個ほどの哺乳類遺伝子が RNA 編集を受けると推定されている。関与する脱アミノ化酵素は，編集される部位と，同じ RNA 上に存在する相補的な配列（通常は下流のイントロン部分に存在する）の間で形成される二本鎖 RNA を認識する。第 17 章で述べたように，アポリポタンパク質 B の mRNA は CMP から UMP への脱アミノ化 RNA 編集を受けることで，時として終止コドンをつくりだす。このため，腸管のアポリポタンパク質Bは，RNA編集を受けない肝臓のアポリポタンパク質Bよりも短くなる（RNA編集が生じるため）。その結果，この2つの臓器でつくられるアポリポタンパク質は，特性が少し異なっている（図17.5，p.635）。

RNA-AMP脱アミノ化の興味深い例として，脳の神経伝達物質刺激で開口するイオンチャネルのmRNAがあげられる。この編集によって，グルタミンコドンがアルギニンコドンに変化し，このアミノ酸がチャネルの内腔側に存在するため，カルシウムの透過性が変化するのである。この編集が生じる理由は明らかではないが，この編集に必要な脱アミノ化酵素を欠損したマウスの解析から，RNA編集の重要性が明らかになった。この酵素を欠損したマウスはてんかん発作を繰り返し，早期に死亡したのである。このイオンチャネルの遺伝子を操作し，（グルタミンが脱アミノ化を受けなくとも）はじめからアルギニンコドンをもつマウスを作製したところ，脱アミノ化酵素を欠損していても，正常の表現型（てんかん発作を起こさない）を示した。したがって，理由は明らかではないが，この編集は必要不可欠であることがわかった。

リンパ球においてはHIVウイルスの感染を防御するためにRNA編集が生じる。リンパ球では，体細胞高頻度突然変異（p.992）を引き起す酵素であるAID（activation-induced deoxycytidine deaminase）に類似した酵素によって，CMPからUMPへの脱アミノ化が生じる。この反応の基質となるRNAはウイルスゲノムなので，脱アミノ化反応が生じればウイルスゲノムに多数の変異が入ることになり，ウイルスを殺したり，弱めたりすることができる。しかしながら，ウイルス自身もこの脱アミノ化酵素を阻害するタンパク質をゲノムとともにもちこみ，これに対抗するように進化している。

まとめ

遺伝子発現は基本的には転写の段階で調節されている。細菌では，プロモーター部分にリプレッサーや転写活性化因子（アクチベーター）が結合し，RNAポリメラーゼの結合に影響を与えることで転写調節が行われている。細菌の遺伝子の多くは，1ダースかそれ以上の数のタンパク質が，単一のマルチシストロニックmRNAから翻訳されるオペロンとして発現される。原核生物の配列特異的なタンパク質モチーフは，多くの場合ヘリックス-ターン-ヘリックスであり，認識ヘリックス内のアミノ酸が標的DNAの主溝内のヌクレオチドに接触する。ヘリックス-ターン-ヘリックスは哺乳類の遺伝子発現調節にも関わっているが，ヘリックス-ループ-ヘリックス，ロイシンジッパー，ジンクフィンガーなどのモチーフも重要である。真核生物における遺伝子調節は，転写開始のレベルでも生じるが，その調節ははるかに複雑である。50種類ものタンパク質がプロモーターや上流のエンハンサー領域に結合し，RNAポリメラーゼⅡの結合を促し，タンパク質をコードする遺伝子の転写を行う。こうしたタンパク質には，エンハンサー領域に結合する遺伝子配列特異的アクチベーター，エンハンサーと転写複合体を連結するメディエーター，RNAポリメラーゼが結合できるように転写開始点を掃除するクロマチンリモデリング複合体，転写因子などがある。RNAポリメラーゼⅡのカルボキシ末端ドメインの時間依存的なリン酸化パターンの変化は，転写イベントのタイムコースを変化させる。RNAに依存する遺伝子発現調節が近年注目されており，最も重要なものとしてRNA干渉があげられる。小さなRNAがsdRNAを経て一本鎖のmiRNAにプロセシングされて翻訳を抑制することが広く知られるようになった。他の短いRNAであるsiRNAも同様のプロセシングによってつくられるが，本来，siRNAはウイルス感染などで侵入してきたRNAを分解するために産生されているものである。リボスイッチは，生合成経路の最終代謝産物が特異的かつ強力に結合することで，その生合成経路を制御するRNAである。

文　献

第1章

Aebersold, R., and B. F. Cravatt (eds.) (2002) A TRENDS Guide to Proteomics. One member of a series of annual supplements to *Trends in Biotechnology*.

Jasry, B. R., and D. Kennedy (eds.) (2001) The human genome. *Science* 291:1148–1432. A special issue of *Science*, reporting and analyzing the near-completion of the sequence determination of human DNA.

Jasry, B. R., and L. Roberts (eds.) (2003) Building on the DNA revolution. *Science* 300:277–296. A series of articles in a special issue of *Science* commemorating the 50th anniversary of the Watson–Crick discovery.

Koshland, D. E. (2002) The seven pillars of life. *Science* 295:2215–2216. A two-page essay outlining seven distinctive attributes of living matter.

Lander, E. S. (2011) Initial impact of the sequencing of the human genome. *Nature* 470:187–197. A review of the various ways in which knowledge of the human genome impacted human biomedicine and the prospective impact of genomics upon medicine.

生化学の道具 1A

Claxton, N. S., T. J. Fellers, and M. W. Davidson (2006) Laser Scanning Confocal Microscopy. http://www.olympusfluoview.com/theory/LSCMIntro.pdf. A 37-page web archive that describes the theory and applications of this technique.

Corle, T. R., and G. S. Kino (eds.) (1998) *Confocal Scanning Optical Microscopy and Related Imaging Systems.* Academic Press, San Diego.

Egerton, R. F. (2005) *Physical principles of electron microscopy: An introduction to TEM, SEM, and AEM.* Springer, New York.

Engel, A. (1991) Biological application of scanning probe microscopy. *Annu. Rev. Biophys. & Biophys. Chem.* 20:79–108.

Herman, B., and J. J. Lemasters (eds.) (1996) *Optical Microscopy: Emerging Methods and Applications.* Academic Press, San Diego. A collection of short papers on a wide variety of new microscopic methods.

第2章

Noncovalent Interactions

Burley, S. K., and G. A. Petsko (1988) Weakly polar interactions in proteins. *Adv. Protein Chem.* 39:125–189. Contains an excellent treatment of weak interactions in general.

Creighton, T. E. (2010) *The Physical and Chemical Basis of Molecular Biology.* Helvetian Press, United Kingdom. See Chapters 2 and 3.

Eisenberg, D., and D. Crothers (1979) *Physical Chemistry with Applications to the Life Sciences.* Benjamin/Cummings, Redwood City, Calif. In addition to a thorough description of covalent bonding, Chapter 11 contains an excellent discussion of dipole moments, polarizability, and noncovalent interactions. Chapter 8 contains some useful material on electrolyte solutions, at a more advanced level than this book.

Leckband, D., and J. Israelachvili (2001) Intermolecular forces in biology. *Quart. Rev. Biophys.* 34:105–267. Extensive review of the theory for predicting forces and the practice of measuring forces in biological systems.

van Holde, K. E., W. C. Johnson, and P. S. Ho (2006) *Principles of Physical Biochemistry* (2nd ed.). Prentice Hall, Upper Saddle River, N.J. Covers most of the topics in this chapter in considerably more depth.

Water

Eigen, M., and L. DeMaeyer (1959) Hydrogen bond structure, proton hydration, and proton transfer in aqueous solutions. In: *The Structure of Electrolyte Solutions,* edited by W. J. Hamer, pp. 64–85. Wiley, New York. Although not recent, this remains an excellent, interesting review.

Hagler, A. T., and J. Moult (1978) Computer simulation of solvent structure around biological macromolecules. *Nature* 272:222.

Kamb, B. (1968) Ice polymorphism and the structure of water. In: *Structural Chemistry and Molecular Biology,* edited by A. Rich and N. Davidson, pp. 507–542. Freeman, San Francisco. A review of theories of water structure.

Moore, F. G., and G. L. Richmond (2008) Integration or segregation: How do molecules behave at oil/water interfaces? *Accts. of Chem. Res.* 41:739–748. A detailed study of interfacial regions between water and nonpolar fluids.

Tanford, C. (1980) *The Hydrophobic Effect. Formation of Micelles and Biological Membranes.* Wiley, New York. A classic study of hydrophobicity.

Ionic Equilibria

Edsall, J. T., and J. Wyman (1958) *Biophysical Chemistry,* Vol. 1. Academic Press, New York. An excellent in-depth treatment. Here you can find extensive discussions of polyprotic dissociation, isoelectric points for polyampholytes, and so forth.

Phillips, R., J. Kondev, and J. Theriot (2009) *Physical Biology of the Cell.* Garland Science, New York. Chapter 9 has a good discussion of water and electrostatics in ionic solutions.

Tossell, J. A. (2006) H_2CO_3 and its oligomers: Structures, stabilities, vibrational and NMR spectra, and acidities. *Inorganic Chemistry* 45:5061–5970. Computational analysis of stability and pK_a of “carbonic acid.”

生化学の道具 2A

Hames, B. D., and D. Rickwood, eds. (1981) *Gel Electrophoresis of Proteins.* IRL Press, Oxford, Washington, D.C.; and Rickwood, D., and B. D. Hames, eds. (1982) *Gel Electrophoresis of Nucleic Acids.* IRL Press, Oxford, Washington, D.C. These two volumes are extremely useful laboratory manuals for gel electrophoresis techniques.

Osterman, L. A. (1984) *Methods of Protein and Nucleic Acids Research,* Vol. 1, Parts 1 and 2. Springer-Verlag, New York. A comprehensive summary of electrophoresis and isoelectric focusing.

Schmitt-Kopplin, P., ed. (2008) *Capillary Electrophoresis: Methods and Protocols.* Humana Press, Totowa, N.J. An introduction to many methods of CE analysis, geared toward newcomers to the field.

van Holde, K. E., W. C. Johnson, and P. S. Ho (2006) *Principles of Physical Biochemistry* (2nd ed.). Prentice Hall, Upper Saddle River, N.J. Chapter 5 contains a more detailed discussion than given here.

第3章

This chapter has presented an abbreviated treatment of thermodynamics. For the student who wishes a more rigorous background in this field and more information about its applications to biochemistry, we recommend the following books:

Dill, K. A., and S. Bromberg (2010) *Molecular Driving Forces* (2nd ed.). Garland Science, New York. An excellent resource for those desiring a clear and comprehensive presentation of thermodynamic principles.

Eisenberg, D., and D. Crothers (1979) *Physical Chemistry with Applications to the Life Sciences.* Benjamin/Cummings, Redwood City, Calif. A very fine physical chemistry text, written by two physical biochemists. Strongly recommended, as it contains many biochemical applications of physical–chemical principles not found in most physical chemistry texts.

Klotz, I. (1986) *Introduction to Biomolecular Energetics.* Academic Press, New York. A brief introduction to thermodynamics for biochemists. Some excellent examples and explanations.

Phillips, R., J. Kondev, and J. Theriot (2009) *Physical Biology of the Cell.* Garland Science, N.Y. Chapters 5 and 6 provide greater detail on many of the topics covered here.

Tinoco, I., K. Sauer, J. C. Wang, and J. D. Puglisi (2002) *Physical Chemistry: Principles and Applications in Biological Sciences* (4th ed.). Prentice Hall, Upper Saddle River, N.J. Many explicit applications of physical chemistry to the study of biological systems, with many excellent practice problems.

van Holde, K. E., W. C. Johnson, and P. S. Ho (2006) *Principles of Physical Biochemistry* (2nd ed.). Prentice Hall, Upper Saddle River, N. J. Chapters 2–4 extend the applications of thermodynamics to biochemistry.

For a sophisticated discussion of the effect of ionic conditions on the free energy changes in phosphate ester hydrolysis, see the following article:

Alberty, R. A. (1992) Equilibrium calculations on systems of biochemical reactions at specified pH and pMg. *Biophys. Chem.* 42:117–131.

For more on the biochemical standard state and standard free energies see these sources:

Alberty, R. A. (1994) Recommendations for nomenclature and tables in biochemical thermodynamics. *Pure Appl. Chem.* 66:1641–1666.

Frey, P., and A. Arabshahi (1995) Standard free energy change for the hydrolysis of the α,β–phosphoanhydride bridge in ATP. *Biochemistry* 34:11307–11310.

Lundblad, R. L., and F. M. MacDonald (eds.) (2010) *Handbook of Biochemistry and Molecular Biology* (4th ed.). CRC Press, Boca Raton, FL.

Méndez, E. (2008) Biochemical thermodynamics under near physiological conditions. *Biochem. Mol. Biol. Educ.* 36:116–119.

第4章

General

Bates, A. D., and A. Maxwell (1993) *DNA Topology.* Oxford University Press, New York. A clear, helpful little book.

Saenger, W. (1984) *Principles of Nucleic Acid Structure.* Springer-Verlag, New York. This reference provides much greater detail concerning nucleic acid structure than is given in this book.

van Holde, K. E., W. C. Johnson, and P. S. Ho (2006) *Principles of Physical Biochemistry* (2nd ed.). Pearson/Prentice Hall, Upper Saddle River, N.J. Has much more on nucleic acid stability and structural transitions.

Historical

Avery, O. T., C. M. MacLeod, and M. McCarty (1944) Studies on the chemical transformation of pneumococcal types. *J. Exp. Med.* 79:137–158. The pioneering study that lent credence to the idea that DNA is the genetic substance.

Hershey, A. D., and M. Chase (1952) Independent function of viral protein and nucleic acid on growth of bacteriophage. *J. Gen. Physiol.* 36:39–56. The convincing evidence that DNA is the genetic material.

Judson, H. (1979) *The Eighth Day of Creation.* Simon & Schuster, New York. A detailed, fascinating account of the development of modern ideas about nucleic acids.

Manchester, K. L. (2007) Historical opinion: Erwin Chargaff and his "rules" for the base composition of DNA: Why did he fail to see the possibility of complementarity? *Trends Biochem. Science* 33:65–70. A fresh look at historical aspects of DNA structure.

Meselson, M., and F. Stahl (1958) The replication of DNA in *Escherichia coli. Proc. Natl. Acad. Sci. USA* 44:671–682. An example of a beautifully designed and executed experiment.

Sayre, A. (1978) *Rosalind Franklin and DNA.* W. W. Norton, New York. An account of the contributions of the scientist who created the best early X-ray diffraction patterns of DNA fibers.

Watson, J. D. (1968) *The Double Helix.* Atheneum, New York (trade and paperback editions); New American Library, New York (paperback). An outspoken account of the elucidation of DNA structure by one of the central characters.

Watson, J. D., and F. H. C. Crick (1953) Molecular structure of nucleic acids. A structure for deoxyribose nucleic acid. *Nature* 171:737–738. Two pages that shook the world.

Specialized Papers of Importance

Bacolla, A., and R. D. Wells (2004) Non-B DNA conformations, genomic rearrangements, and human diseases. *J. Biol. Chem.* 279:47411–47414. A minireview dealing with unconventional DNA structures.

Burge, S., G. N. Parkinson, P. Hazel, A. K. Todd, and S. Neidle (2006) Quadruplex DNA: Sequence, topology, and structure. *Nucleic Acids Research* 34:5402–5415. Chemistry and biology of this unusual DNA structure.

Castro, C. E., F. Kilchherr, D-N. Kim, E. L. Shiao, J. Wauer, P. Wortmann, M. Bathe, and H. Dietz (2011) A primer to scaffolded DNA origami. *Nature Methods* 8:221–229. A recent instruction manual for creating three-dimensional DNA assemblies.

Deweese, J. E., M. A. Osheroff, and N. Osheroff (2009) DNA topology and topoisomerases. Teaching a "knotty" subject. *Biochem. Mol. Biol. Education* 37:2–10. An exceptionally clearly written short review, with discussion of topoisomerases as drug targets.

Dietz, H., S. M. Douglas, and W. H. Shih (2009) Folding DNA into twisted and curved nanoscale shapes. *Science* 325:725–730. Careful design and annealing of synthetic oligonucleotides allows DNA to be folded into precise shapes, such as a miniature gear wheel.

Han, D., S. Pai, J. Nangreave, Z. Deng, Y. Liu, and H. Yan (2011) DNA origami with complex curvatures in three-dimensional space. *Science* 332:342–346. A recent paper describing the use of synthetic DNA to make curved three-dimensional shapes, including a flask 70 nm high.

Joyce, G. F. (2002) The antiquity of RNA-based evolution. *Nature* 418:214–221. Thoughts about a primordial RNA world.

Khuu, P., M. Sandor, J. DeYoung, and P. S. Ho (2007) Phylogenomic analysis of the emergence of GC-rich transcription elements. *Proc. Natl. Acad. Sci. USA* 104:16528–16533. Comparative DNA sequence analysis indicating that Z-DNA-forming sequences arose at specific stages in evolution.

Mardis, E. R. (2008) The impact of next-generation sequencing technology on genetics. *Trends Genet.* 24:133–141. A discussion of three new high-volume DNA sequencing technologies and some of their potential applications.

Sharma, J., R. Chhabra, A. Cheng, J. Brownell, Y. Liu, and H. Yan (2009) Control of self-assembly of DNA tubules through integration of gold nanoparticles. *Science* 323:112–116. More about the use of DNA molecules in nanotechnology.

Vologodskii, A. V., and N. R. Cozzarelli (1994) Conformational and thermodynamic properties of supercoiled DNA. *Annu. Rev. Biophys. Biomol. Struct.* 23:609–643.

Wang, L., S. Chen, T. Xu, K. Taghizadeh, J. S. Wishnok, X. Zhou, D. You, Z. Deng, and P. C. Dedon (2007) Phosphorothioation of DNA in bacteria by *dnd* genes. *Nature Chem. Biol.* 3:709–710. Surprising news about a new internucleotide link in DNA.

Wing, R. M., H. R. Drew, T. Takano, C. Brodka, S. Tanaka, K. Itakura, and R. E. Dickerson (1980) Crystal structure analysis of a complete turn of B-DNA. *Nature* 287:755–758. First crystallographic study of a

B-DNA structure.

Wong, L., and 14 coauthors (2011) DNA phosphorothioation is widespread and quantized in bacterial genomes. *Proc. Natl. Acad. Sci. USA* 108:2963–2968. Use of a mass spectrometric technique for sequence analysis of the phosphorothioate modification.

生化学の道具 4A

van Holde, K. E., W. C. Johnson, and P. S. Ho (2006) *Principles of Physical Biochemistry* (2nd ed., Chapter 6). Pearson/Prentice Hall, Upper Saddle River, N.J. A more detailed treatment of X-ray diffraction of biopolymers.

生化学の道具 4B

Ding, B., and N. C. Seaman (2006) Operation of a DNA robot arm inserted into a 2D DNA crystalline substrate. *Science* 314:1583–1585. An early application in DNA nanotechnology.

Douglas, S. M., H. Dietz, T. Liedl, B. Högberg, F. Graf, and W. M. Shih (2009) Self-assembly of DNA into nanoscale three-dimensional shapes. *Nature* 459:414–418. Both two- and three-dimensional shapes can be designed from DNA.

Drmanac, R., and 66 coauthors (2010) Human genome sequencing using unchained base reads on self-assembling DNA nanoarrays. *Science* 327:78–81. Using second- and third-generation technology, these workers sequenced three human genomes at a cost of $4400 per genome and accuracy of one error per 100 kb.

Endo, M., and H. Sugiyama (2009) Chemical approaches to DNA nanotechnology. *ChemBioChem* 10:2420–2443. A detailed and informative review.

Kunkel, T. A., J. D. Roberts, and R. A. Zakour (1989) Rapid and efficient site-specific mutagenesis without phenotypic selection. In: *Recombinant DNA Methodology*, edited by R. Wu, L. Grossman, and K. Moldave, pp. 587–601. Academic Press, San Diego, CA. Laboratory instructions for the most widely used method of site-directed mutagenesis.

Mardis, E. R. (2011) A decade's perspective on DNA sequencing technology. *Nature* 470:198–203. A recent review of the sequencing methods arising since the Sanger technique.

Mattencci, M. D., and M. H. Caruthers (1981) Synthesis of deoxyoligonucleotides on a polymer support. *J. Am. Chem. Soc.* 103:3185–3191. More detailed description of the chemistry involved.

Metzker, M. L. (2010) Sequencing technologies—the next generation. *Nature Reviews Genetics* 11:31–46. This review article discusses the principles and applications of six "second-generation" high-throughput DNA sequencing technologies.

Sambrook, P. J., and D. W. Russell (2001) *Molecular Cloning, A Laboratory Manual, Volumes 1–3*, 3rd ed. Cold Spring Harbor Laboratory, Cold Spring Harbor, N.Y. The definitive laboratory handbook of molecular biological methods.

Zheng, J., and eight coauthors (2009) From molecular to macroscopic via the rational design of a self-asssembled 3D DNA crystal. *Nature* 461:74–77. A triangular DNA structure formed from synthetic oligodeoxyribonucleotides forms large crystals, well beyond nanoscale.

第5章

General

A number of excellent books provide more detailed or supplementary information on protein structure and function. We particularly recommend the following to supplement our Chapters 5, 6, and 7.

Brändén, C., and J. Tooze (1999) *Introduction to Protein Structure* (2nd ed.). Garland, New York. Contains much information on all levels of structure. Excellent illustrations.

Creighton, T. E. (1993) *Proteins: Structure and Molecular Properties* (2nd ed.). Freeman, San Francisco. An elegant, thorough exposition of all aspects of protein chemistry. Many good references throughout the text.

Fersht, A. (1999) *Structure and Mechanism in Protein Science: A Guide to Enzyme Catalysis and Protein Folding*. Freeman, New York. An excellent and very readable introduction to the fundamental theoretical principles of protein folding and catalysis.

Kyte, J. (1995) *Structure in Protein Chemistry.* Garland, New York. An excellent treatise on protein structure.

Liljas, A., L. Liljas, J. Piskur, G. Lindblom, P. Nissen, and M. Kjeldgaard (2009) *Textbook of Structural Biology*. World Scientific Publishing, Singapore. Brief treatment on basics of protein structure; but gives a broad and reasonably detailed overview of protein structures and functions.

Petsko, G. A., and D. Ringe (2004) *Protein Structure and Function.* New Science Press, London. Concise and clearly written. Excellent illustrations complete with Protein DataBank ID codes.

Reviews and Papers on Amino Acid Properties

Greenstein, J. P., and M. Winitz (1961) *Chemistry of the Amino Acids.* Wiley, New York.

Hegstrom, R. A., and D. K. Kondepudi (1990) The handedness of the universe. *Sci. Am.* January:98–105. A clear discussion of theories of stereopreference.

Rose, G. D., A. R. Geselowitz, G. J. Lesser, R. H. Lee, and M. H. Zehfus (1985) Hydrophobicity of amino acid residues in globular proteins. *Science* 229:834–838.

Saghatelian, A., Y. Yokobayashi, K. Soltani, and M. R. Ghadiri (2001) A chiroselective peptide replicator. *Nature* 409:797–801. A paper suggesting there is a natural tendency to favor homochiral products in self-replicating processes (see also the News and views article: J. S. Siegel (2001) *Nature* 409:777–778).

Wilbur, P. J., and A. Allerhand (1977) Titration behavior and tautomeric states of individual histidine residues of myoglobin. *J. Biol. Chem.* 252:4968–4975.

Uncommon Amino Acids in Proteins

Blight, S. K., R. C. Larue, A. Mahapatra, D. G. Longstaff, E. Chang, G. Zhao, P. T. Kang, K. B. Green-Church, M. K. Chan, and J. A. Krzycki (2004) Direct charging of $tRNA_{CUA}$ with pyrrolysine *in vitro* and *in vivo*. *Nature* 431:333–335. See also the News and Views article: Schimmel, P., and K. Beebe (2004) Genetic code seizes pyrrolysine. *Nature* 431:257–258.

Diwadkar-Navsariwala, V., and A. M. Diamond (2004) The link between selenium and chemoprevention: A case for selenoproteins. *J. Nutr.* 134:2899–2902. A review of the putative anticancer effects of selenoproteins in humans.

Hatfield, D. L., and V. N. Gladyshev (2002) How selenium has altered our understanding of the genetic code *Mol. Cell. Biol.* 22:3565–3576. Describes the mechanism for insertion of selenocysteine into proteins.

Milton, R. C. deL., S. C. F. Milton, and S. B. H. Kent (1992) Total chemical synthesis of a D-enzyme: The enantiomers of HIV-1 protease show demonstration of reciprocal chiral substrate specificity. *Science* 256:1445–1448.

Pisarewicz, K., D. Mora, F. C. Pflueger, G. B. Fields, and F. Mari (2005) Polypeptide chains containing D-γ-hydroxyvaline. *J. Am. Chem. Soc.* 127:6207–6215.

Sandman, K. E., D. F. Tardiff, L. A. Neely, and C. J. Noren (2003) Revised *Escherichia coli* selenocysteine insertion requirements determined by *in vivo* screening of combinatorial libraries of SECIS variants. *Nucleic Acids Res.* 31:2234–2241. A more detailed description of the downstream gene sequence requirements for selenocysteine insertion into proteins.

Srinivasan, G., C. M. James, and J. A. Krzycki (2002) Pyrrolysine encoded by UAG in Archaea: Charging of a UAG-decoding specialized tRNA. *Science* 296:1459–1462. See also the Perspectives article: Atkins, J. F., and R. Gesteland (2002) The 22nd amino acid. *Science* 296:1409–1410.

Stadtman, T. C. (1987) Specific occurrence of selenium in enzymes and amino acid tRNAs. *FASEB J.* 1:375–379.

Stadtman, T. C. (2002) A gold mine of fascinating enzymes: Those remarkable, strictly anaerobic bacteria, *Methanococcus vannielii* and *Clostridium sticklandii*. *J. Biol. Chem.* 277:49091–49100. An historical reflection on selenium in proteins with many references.

Turanov, A. A., A. V. Lobanov, D. E. Fomenko, H. G. Morrison, M. L. Sogin, L. A. Klobutcher, D. L. Hatfiled, and V. M. Gladyshev (2009)

Genetic code supports targeted insertion of two amino acids. *Science* 323:259–261.

Wolosker, H., E. Dumin, L. Balan, and V. N. Foltyn (2008) D-Amino acids in the brain: D-Serine in neurotransmission and neurodegeneration. *FEBS J.* 275:3514–3526.

Zhang, Y., and V. N. Gladyshev (2007) High content of proteins containing 21st and 22nd amino acids, selenocysteine and pyrrolysine, in a symbiotic deltaproteobacterium of gutless worm *Olavius algarvensis*. *Nucleic Acids Res.* 35:4952–4963. See also: Atkins, J. F., and P. V. Baranov (2007) Duality in the genetic code. *Nature* 448:1004–1005.

Zinoni, F., W. Birkmann, W. Leinfelder, and A. Böck (1987) Cotranslational insertion of selenocysteine into formate dehydrogenase from *Escherichia coli* directed by a UGA codon. *Proc. Nat'l Acad. Sci. USA* 84:3156–3160.

Sequencing of Genomes

Fleischmann, R. D., et al. (1995) Whole-genome random sequencing and assembly of *Haemophilus influenzae* Rd. *Science* 269:496–512. Describes the first entire genome sequence of a free-living organism.

Lander, E. S., et al. (2001) Initial sequencing and analysis of the human genome. *Nature* 409:860–921. One of two simultaneous reports—this one from the International Human Genome Sequencing Consortium. This issue of *Nature* contains several articles of interest regarding the significance and interpretation of the results of this project.

Roberts, L. (2001) Controversial from the start. *Science* 291:1182–1188. An interesting review of some of the controversies surrounding the human genome sequencing project.

Venter, J. C., et al. (2001) The sequence of the human genome. *Science* 291:1304–1351. One of two simultaneous reports—this one from a privately held company.

URLs for access to public sequence databases, sequence alignment tools, and other protein analysis tools (e.g., mass and/or pI calculations, DNA sequence translation, etc.):

GenBank:	www.ncbi.nlm.nih.gov/Genbank/index.html
Sequences of entire genomes:	www.ncbi.nlm.nih.gov/Genomes/index.html
Sequence alignment (BLAST):	blast.ncbi.nlm.nih.gov/Blast.cgi
Several proteomics tools:	www.expasy.ch

Database Searching, Sequence Alignment, and Similarity Scoring

Altschul, S. F., W. Gish, W. Miller, E. W. Myers, and D. J. Lipman (1990) Basic local alignment search tool. *J. Mol. Biol.*, 215:403–410.

Altschul, S. F., M. S. Boguski, W. Gish, and J. C. Wooten (1994) Issues in searching molecular sequence databases. *Nature Genet.* 6:119–129.

Altschul, S. F., T. L. Madden, A. A. Schäffer, J. Zhang, Z. Zhang, W. Miller, and D. J. Lipman (1997) Gapped BLAST and PSI-BLAST: A new generation of protein database search programs. *Nucleic Acids Res.* 25: 3389–3402.

Benson, D. A., I. Karsch-Mizrachi, D. J. Lipman, J. Ostell, and E. W. Sayers (2009) GenBank. *Nucleic Acids Res.* 37:D26–D31. Every January, *Nucleic Acids Research* publishes a review of current molecular sequence databases. This article describes the sources and quality of the sequences deposited in GenBank.

Crooks, D. E., G. Hon, J. M. Chandonia, and S. E. Brenner (2004) Weblogo: A sequence logo generator. *Genome Res.* 14:1188–1190. (see: **weblogo.berkeley.edu**)

Gonnet, G. H., M. A. Cohen, and S. A. Benner (1992) Exhaustive matching of the entire protein sequence database. *Science* 256:1443–1445.

Henikoff, S., and J. G. Henikoff (1992) Amino acid substitution matrices from protein blocks. *Proc. Natl. Acad. Sci. USA* 89:10915–10919.

Sayers, E. W., et al (2009) Database resources of the National Center for Biotechnology Information. *Nucleic Acids Res.* 37:D5–D15. This article describes the various databases available at NCBI (which is the host for BLAST).

Schneider, T. D., and R. M. Stephens (1990) Sequence logos: A new way to display consensus sequences. *Nucleic Acids Res.* 18:6097–6100.

Ye, J., S. McGinnis, and T. L. Madden (2006) BLAST: Improvements for better sequence analysis. *Nucleic Acids Res.* 34:6–9.

生化学の道具 5A

Janson, J.-C., and L. Rydén (1998) *Protein Purification: Principles, High Resolution Methods and Applications* (2nd ed.). Wiley-VCH, New York.

Roe, S. (ed.) (2001) *Protein Purification Techniques: A Practical Approach* (2nd ed.). Oxford University Press, Oxford.

Rosenberg, I. M. (2005) *Protein Analysis and Purification: Benchtop Techniques* (2nd ed.). Birkhauser, Boston.

Scopes, R. K. (1994) *Protein Purification: Principles and Practice* (3rd ed.). Springer, New York.

生化学の道具 5B

Cañas, B., D. López-Ferrer, A. Ramos-Fernández, E. Camafeita, and E. Calvo (2006) Mass spectrometry technologies for proteomics. *Brief. Funct. Genom. Proteom.* 4:295–320.

Cheng, Y.-F., and N. Dovichi (1988) Subattomole amino acid analysis by capillary zone electrophoresis and laser-induced fluorescence. *Science* 242:562–564.

Edman, P., and G. Begg (1967) A protein sequenator. *Eur. J. Biochem.* 1:80–91. The first automated method.

Liu, T.-Y. (1972) Determination of tryptophan. *Methods Enzymol.* 25:44–55.

Thomas, J. J., R. Bakhtiar, and G. Suizdak (2000) Mass Spectrometry in Viral Proteomics. *Acc. Chem. Res.* 33:179–187.

Walsh, K. A., Ericsson, L. H., Parmelee, D. C., and K. Titani (1981) Advances in protein sequencing. *Annu. Rev. Biochem.* 50:261–284.

See also this Website, maintained by A. E. Ashcroft, describing mass spectrometry: www.astbury.leeds.ac.uk/facil/MStut/mstutorial.htm

生化学の道具 5C

Clark-Lewis, I., R. Aebersold, H. Ziltener, J. W. Schrader, L. E. Hood, and S. B. H. Kent (1986) Automated chemical synthesis of a protein growth factor for hemopoietic cells, interleukin-3. *Science* 231:134–139.

Dawson, P. E., T. W. Muir, I. Clark-Lewis, and S. B. H. Kent (1994) Synthesis of proteins by native chemical ligation. *Science* 266:776–779.

Flavell, R. R., and T. W. Muir (2009) Expressed protein ligation (EPL) in the study of signal transduction, ion conduction, and chromatin biology. *Accts Chem. Res.*42:107–116.

Fodor, S. P. A., Reed, J. L., Pirrung, M. C., Stryer, L., Lu, A. T., and D. Solas (1991) Light-directed spatially addressable parallel chemical synthesis. *Science* 251:767–773.

Kochendoerfer, G. G., et al. (2003) Design and chemical synthesis of a homogeneous polymer-modified erythropoiesis protein. *Science* 299:884–887.

MacBeath, G., and S. L. Schreiber (2000) Printing proteins as microarrays for high-throughput function determination. *Science* 289:1760–1763.

Merrifield, B. (1986) Solid phase synthesis. *Science* 232:341–347.

Schnolzer, M., and S. B. Kent (1992) Constructing proteins by dovetailing unprotected synthetic peptides: Backbone-engineered HIV protease. *Science* 256:221–225.

Vila-Perelló, M., and T. W. Muir (2010) Biological applications of protein splicing. *Cell* 143:191–200.

Zhu, H., M. Bilgin, R. Bangham, D. Hall, A. Casamayor, P. Bertone, N. Lan, R. Jansen, S. Bidlingmaier, T. Houfek, T. Mitchell, P. Miller, R. A. Dean, M. Gerstein, and M. Snyder (2001) Global analysis of protein activities using proteome chips. *Science* 293:2101–2105.

生化学の道具 5D

Dunn, M. J. (2000) Studying heart disease using the proteomic approach. *Drug Discov. Today* 5:76–84.

Gavin, A.-C., et al. (2001) Functional organization of the yeast proteome by systematic analysis of protein complexes. *Nature* 415:141–147.

Goh, W. W. B., Y. H. Lee, R. M. Zubaidah, J. Jin, D. Dong, Q. Lin, M. C. M. Chung, and L. Wong (2011) Network-based pipeline for analyzing MS data: An application toward liver cancer. *J. Proteome Res.* 10:2261–2272.

Graves, P. R., and T. A. Haystead (2002) Molecular biologist's guide to proteomics. *Microbiol. Mol. Biol. Rev.* 66: 39–63.

Nagaraj, S. H., R. B. Gasser, and S. Ranganathan (2006) A hitchhiker's guide to expressed sequence tag (EST) analysis. *Brief. Bioinform.* 8:6–21.

Ning, Z., H. Zhou, F. Wang, M. Abu-Farha, and D. Figeys (2011) Analytical aspects of proteomics: 2009–2010. *Anal. Chem.* 83:4407–4426.

Rain, J. C., L. Selig, H. De Reuse, V. Battaglia, C. Reverdy, S. Simon, G. Lenzen, F. Petel, J. Wojcik, V. Schachter, Y. Chemama, A. Labigne, and P. Legrain (2001) The protein-protein interaction map of *Helicobacter pylori*. *Nature* 409:211–215.

Spacil, Z., S. Elliott, L. Reeber, M. H. Gelb, C. R. Scott, and F. Turecek (2011) Comparative triplex tandem mass spectrometry assays of lysosomal enzyme activities in dried blood spots using fast liquid chromatography: Application to newborn screening of Pompe, Fabry, and Hurler diseases. *Anal. Chem.* 83:4822–4828.

Sutton, C. W., N. Rustogi, C. Gurkan, A. Scally, M. A. Loizidou, A. Hadjisavvas, and K. Kyriacou (2010) Quantitative proteomic profiling of matched normal and tumor breast tissues. *J. Proteome Res.* 9:3891–3902.

第6章

General

Brändén, C., and J. Tooze (1991) *Introduction to Protein Structure.* Garland, New York.

Creighton, T. E., ed. (1992) *Protein Folding.* Freeman, San Francisco.

Creighton, T. E. (2010) *The Biophysical Chemistry of Nucleic Acids and Proteins.* Helvetian Press, UK.

Liljas, A., L. Liljas, J. Piskur, G. Lindblom, P. Nissen, and M. Kjeldgaard (2009) *Textbook of Structural Biology*. World Scientific Publishing, Singapore.

Petsko, G. A., and D. Ringe (2004) *Protein Structure and Function.* New Science Press, London.

Shirley, B., ed. (1995) *Protein Stability and Folding.* Humana Press, Totowa, NJ.

Historical

Anfinsen, C. B. (1973) Principles that govern the folding of protein chains. *Science* 181:223–230.

Kauzmann, W. (1959) Some factors in the interpretation of protein denaturation. *Adv. Protein Chem.* 14:1–63. Discussion of the hydrophobic effect.

Pauling, L., R. B. Corey, and H. R. Branson (1951) The structure of proteins: Two hydrogen bonded helical conformations of the polypeptide chain. *Proc. Natl. Acad. Sci. USA* 37:205–211.

Ramachandran, G. N., and V. Sassiekharan (1968) Conformation of polypeptides and proteins. *Adv. Protein Chem.* 28:283–437. Introduction of Ramachandran plots.

Fibrous Proteins

Kaplan. D., W. W. Adams, B. Farmer, and C. Viney (1994) *Silk Polypeptides.* American Chemical Society Press, New York.

vanderRest, M., and P. Bruckner (1993) Collagens: Diversity at the molecular and supramolecular levels. *Curr. Opin. Struct. Biol.* 3:430–436.

Globular Proteins: Secondary and Tertiary Structure

Cooley, R. B., D. J. Arp, and P. A. Karplus (2010) Evolutionary origin of a secondary structure: π-Helices as cryptic but widespread insertional variations of α-helices that enhance protein functionality. *J. Mol. Biol.* 404:232–246.

Hollingsworth, S. A., D. S. Berkholz, and P. A. Karplus (2009) On the occurrence of linear groups in proteins. *Protein Sci.* 18:1321–1325.

Richardson, J. S. (1981) The anatomy and taxonomy of protein structure. *Adv. Protein Chem.* 34:167–339.

Databases of Domain Structure and Classification

Class Architecture Topology Homologous Superfamily (CATH): http://www.cathdb.info/

Families of Structurally Similar Proteins (FSSP): ftp://ftp.ebi.ac.uk/ pub/databases/fssp/

Structural Classification of Proteins (SCOP): http://scop.mrc-lmb.cam.ac.uk/scop/

Protein Folding and Stability

Baase, W. A., L. Liu, D. E. Tronrud, and B. W. Matthews (2010) Lessons from the lysozyme of phage T4. *Prot. Sci.* 19:631–641.

Baker, D. (2000) A surprising simplicity to protein folding. *Nature* 405:39–42.

Bartlett, A. I., and S. E. Radford (2009) An expanding arsenal of experimental methods yields an explosion of insights into protein folding mechanisms. *Nature Struct. Mol. Biol.* 16:582–588.

Brooks III, C. L., M. Gruebele, J. N. Onuchic, and P. G. Wolynes (1998) Chemical physics of protein folding. *Proc. Natl. Acad. Sci. USA* 95:11037–11038. A clear introduction of the energy landscape theory of protein folding.

De Sancho, D., U. Doshi, and V. Muñoz (2009) Protein folding rates and stability: How much is there beyond size? *J. Amer. Chem. Soc.* 131: 2074–2075.

Dill, K. A. (1990) Dominant forces in protein folding. *Biochemistry* 29:7133–7155.

Dill, K. A., and H. S. Chan (1997) From Levinthal to pathways to funnels. *Nature Struct. Biol.* 4:10–19.

Onuchic, J. N., and P. G. Wolynes (2004) Theory of protein folding. *Curr. Opin. Struct. Biol.* 14:70–75.

Plaxco, K. W., K. T. Simons, and D. Baker (1998) Contact order, transition state placement and the refolding rates of single domain proteins. *J. Mol. Biol.* 277:985–994.

Rose, G. D., P. J. Fleming, J. R. Banavar, and A. Maritan (2006) A backbone-based theory of protein folding. *Proc. Natl. Acad. Sci. USA* 103:16623–16633. A thought-provoking review of protein folding theory that also proposes that main chain interactions, rather than side chain interactions, are the dominant factors in folding.

Chaperones

Clare, D. K., P. J. Bakkes, H. van Heerikhuizen, S. M. van der Vies, and H. R. Saibil (2009) Chaperonin complex with a newly folded protein encapsulated in the folding chamber. *Nature* 457:107–110.

Hartl, F. U., and M. Hayer-Hartl (2009) Converging concepts of protein folding in vitro and in vivo. *Nature Struct. Mol. Biol.* 16:574–581. A concise review of chaperone action in cells.

Xu, Z., A. L. Horwich, and P. B. Sigler (1997) The crystal structure of the asymmetric GroEL-GroES-$(ADP)_7$ chaperonin complex. *Nature* 388:741–750.

Prediction of Protein Structure

Secondary Structure Prediction:

Chou, P. Y., and G. D. Fasman (1978) Empirical predictions of protein structure. *Annu. Rev. Biochem.* 47:251–276.

Rost, B. (2009) Prediction of protein structure in 1D- Secondary structure, membrane regions and solvent accessibility. In J. Gu and P. E. Bourne, eds., *Structural Bioinfomatics* (2nd ed.). Wiley-Blackwell, Hoboken, NJ.

Access to several secondary structure prediction programs is available from: www.expasy.ch

Tertiary Structure Prediction:

Bradley, P., K. M. S. Misura, and D. Baker (2005) Toward high-resolution de novo structure prediction for small proteins. *Science* 309:1868–1871.

Das, R., and D. Baker (2008) Macromolecular modeling with Rosetta. *Annu. Rev. Biochem.* 77:363–382.

Kaufmann, K. W., G. H. Lemmon, S. L. Deluca, J. H. Sheehan, and J. Meiler (2010) Practically useful: What the Rosetta protein modeling suite can do for you. *Biochemistry* 49:2987–2998.

Protein Dynamics

Boehr, D. D., R. Nussinov, and P. E. Wright (2009) The role of dynamic conformational ensembles in biomolecular recognition. *Nature Chem. Biol.* 5:789–796.

Gsponer J., and M. Babu (2009) The rules of disorder or why disorder rules. *Prog. Biophys. Mol. Biol.* 99:94–103. Review of intrinsically unstructured proteins.

Painter, A. J., N. Jaya, E. Basha, E. Vierling, C. V. Robinson, and J. L. P. Benesch (2008) Real-time monitoring of protein complexes reveals their quaternary organization and dynamics. *Chem. and Biol.* 15:246–253.

Russel, D., K. Lasker, J. Phillips, D. Schneidman-Duhovny, J. A. Velázquez-Muriel, and A. Sali (2009) The structural dynamics of macromolecular processes. *Curr. Op. Cell Biol.* 21:1–12.

Prions and Misfolding Disease

Chiti, F., and C. M. Dobson (2006) Protein misfolding, functional amyloid, and human disease. *Annu. Rev. Biochem.* 75:333–366.

Cohen, F. E., and J. W. Kelly (2003) Therapeutic approaches to protein-misfolding diseases. *Nature* 426:905–909.

Prusiner, S. B. (1997) Prion diseases and the BSE crisis. *Science* 278:245–251.

Silviera, J. R., et al. (2005) The most infectious prion protein particles. *Nature* 437:257–261.

Uversky, V. N., and A. L. Fink (2006) *Protein Misfolding, Aggregation and Conformational Diseases,* Part A: Protein Aggregation and Conformational Disease. Springer, New York.

Quaternary Structure

Klotz, I. M., N. R. Langerman, and D. W. Darnall (1970) Quaternary structure of proteins. *Annu. Rev. Biochem.* 39:25–62.

Matthews, B. W., and S. A. Bernhard (1973) Structure and symmetry of oligomeric enzymes. *Annu. Rev. Biophys. Bioeng.* 2:257–317.

生化学の道具 6A

Campbell, I. D., and R. A. Dwek (1984) *Biological Spectroscopy.* Benjamin/Cummings, Menlo Park, CA.

Cavalli, A., X. Salvatella, C. M. Dobson, and M. Vendruscolo (2007) Protein structure determination from NMR chemical shifts. *Proc. Natl. Acad. Sci. USA* 104:9615–9620.

Cavanagh, J., W. J. Fairbrother, A. G. Palmer, M. Rance, and N. J. Skelton (2007) *Protein NMR Spectroscopy: Principles and Practice.* Academic Press, San Diego, CA. A comprehensive and detailed treatise.

Giepmans, B. N. G., S. R. Adams, M. H. Ellisman, and R. Y. Tsien (2006) The fluorescent toolbox for assessing protein location and function. *Science* 312:217–224.

Johnson, W. C., Jr. (1990) Protein secondary structure and circular dichroism: A practical guide. *Proteins Struct. Funct. Genet.* 7:205–214.

Neuhaus, D., and M. P. Williamson (2000) *The Nuclear Overhauser Effect in Structural and Conformational Analysis.* Wiley and Sons, New York, NY.

Sapsford, K. E., L. Berti, and I. L. Medintz (2006) Materials for fluorescence resonance energy transfer analysis: Beyond traditional donor-acceptor combinations. *Angew. Chem. Int. Ed.* 45:4562–4588.

Shen, Y., et al. (2008) Consistent blind protein structure generation from NMR chemical shift data. *Proc. Natl. Acad. Sci. USA* 105:4685–4690.

Tsien, R. Y. (2009) Constructing and exploiting the fluorescent protein paintbox (Nobel Lecture). *Angew. Chem. Int. Ed.* 48:5612–5626.

Wagner, G., W. Braun, T. F. Havel, T. Schaumann, G. Nobuhiro, and K. Wüthrich (1987) Protein structures in solution by nuclear magnetic resonance and distance geometry. The polypeptide fold of the bovine pancreatic trypsin inhibitor determined using two different algorithms, DISGEO and DISMAN. *J. Mol. Biol.* 196:611–639.

生化学の道具 6B

Benesch, J. L. P., B. T. Ruotolo, D. A. Simmons, and C. V. Robinson (2007) Protein complexes in the gas phase: Technology for structural genomics and proteomics. *Chem. Rev.* 107:3544–3567.

Chait, B. T., and S. B. H. Kent (1992) Weighing naked proteins: Practical, high-accuracy mass measurement of peptides and proteins. *Science* 257: 885–1893.

Hames, B. D., and D. Rickwood, eds. (1990) *Gel Electrophoresis of Proteins,* 2nd ed. IRL Press, Oxford, Washington, D.C.

Heck, A. J. R., and R. H. H. van den Heuvel (2004) Investigation of intact protein complexes by mass spectrometry. *Mass Spectrom. Rev.* 23:368–389.

van Holde, K. E., W. C. Johnson, and P. S. Ho (2006) *Principles of Physical Biochemistry,* 2nd Ed. Prentice Hall, Upper Saddle River, NJ.

生化学の道具 6C

Cooper, A. (2010) Protein heat capacity: An anomaly that maybe never was. *J. Phys. Chem. Lett.* 1:3298–3304. A very clear discussion of heat capacity in proteins.

Creighton, T. E. (2010) *The Biophysical Chemistry of Nucleic Acids and Proteins.* Helvetian Press, UK. See Chapter 11.

Friere, E. (1995) Differential Scanning Calorimetry. In *Protein Stability and Folding* (B.A. Shirley, ed.). Humana Press, Totowa, NJ.

Ibarra-Molero, B., and J. M. Sanchez-Ruiz (2006) Differential scanning calorimetry of proteins: An overview and some recent advances. In *Advanced Techniques in Biophysics* (J. L. R. Arrondo and A. Alonso, eds). Elsevier, Amsterdam.

Pace, C. N. (1986) Determination and analysis of urea and guanidine hydrochloride denaturation curves. *Methods Enzymol.* 131:266–280.

Privalov, P. L., and A. I. Dragan (2007) Microcalorimetry of biological macromolecules. *Biophysical Chemistry* 126:16–24.

Ray S. S., R. J. Nowak, R. H. Brown, Jr., and P. T. Lansbury, Jr. (2005) Small-molecule-mediated stabilization of familial amyotrophic lateral sclerosis-linked superoxide dismutase mutants against unfolding and aggregation. *Proc. Natl. Acad. Sci. USA* 102 :3639–3644.

Sahawneh, M. A., K. C. Rickart, B. R. Roberts, V. C. Bomben, M. Basso, Y. Ye, J. Sahawneh, M. C. Franco, J. S. Beckman, and A. G. Estevez (2010) Cu, Zn-Superoxide dismutase increases toxicity of mutant and zinc-deficient superoxide dismutase by enhancing protein stability. *J. Biol. Chem.* 285:33885–33897.

Santoro, M. M., and D. W. Bolen (1988) Unfolding free energy changes determined by the linear extrapolation method. 1. Unfolding of phenylmethylsulfonyl alpha-chymotrypsin using different denaturants. *Biochemistry* 27:8063–8068.

第 7 章

General

Bunn, H. F., and B. G. Forget (1986) *Hemoglobin: Molecular, Genetic and Clinical Aspects.* WB Saunders, Philadelphia, PA.

Dickerson, R. E., and I. Geis (1983) *Hemoglobin: Structure, Function, Evolution, and Pathology.* Benjamin/Cummings, Redwood City, CA.

Ordway, G. A., and D. J. Garry (2004) Myoglobin: An essential hemoprotein in striated muscle. *J. Exp. Biol.* 207:3441–3446.

van Holde, K. E., W. C. Johnson, and P. S. Ho (2006) *Principles of Physical Biochemistry* (2nd ed.). Prentice Hall, Upper Saddle River, N.J. Chapter 15 contains a more detailed discussion of binding equilibrium than is presented here.

Allosteric Models

Ackers, G. K., and J. M. Holt (2006) Asymmetric cooperativity in a symmetric tetramer: Human hemoglobin. *J. Biol. Chem.* 281:11441–11443.

Adair, G. S. (1925) The hemoglobin system. VI: The oxygen dissociation curve of hemoglobin. *J. Biol. Chem.* 63:529–545.

Barrick, D., N. T. Ho, V. Simplaceanu, F. Dahlquist, and C. Ho (1997) A test of the role of the proximal histidines in the Perutz model for cooperativity in haemoglobin. *Nature Struct. Biol.* 4:78–83.

Eaton, W. A., E. R. Henry, J. Hofrichter, S. Bettati, C. Viappiani, and A. Mozzarelli (2007) Evolution of allosteric models for haemoglobin. *IUBMB Life* 59:586–599.

Koshland, D. E., G. Nemethy, and D. Filmer (1966) Comparison of experimental binding data and theoretical models in proteins containing subunits. *Biochemistry* 5:365–385.

Monod, J., J. Wyman, and J. P. Changeux (1965) On the nature of allosteric transitions: A plausible model. *J. Mol. Biol.* 12:88–118.

Perutz, M. F., A. J. Wilkinson, M. Paoli, and G. G. Dodson (1998) The stereochemical mechanism of cooperative effects in hemoglobin revisited. *Annu. Rev. Biophys. Biomol. Struct.* 27:1–34.

Tsai, C. J., A. del Sol, and R. Nussinov (2009) Protein allostery, signal transmission and dynamics: A classification scheme of allosteric mechanisms. *Mol. BioSyst.* 5:207–216.

Yonetani, T., and M. Laberge (2008) Protein dynamics explain the allosteric behaviors of haemoglobin. *Biochem. Biophys. Acta* 1784:1146–1158.

Mechanism of Oxygen Binding and Release, and Protein Structure and Dynamics

Birukou, I., R. L. Schweers, and J. S. Olson (2010) The distal histidine stabilizes bound O_2 and acts as a gate for ligand entry in both subunits of human HbA. *J. Biol. Chem.* 285:8840–8854.

Jensen, F. B. (2004) Red blood cell pH, the Bohr effect, and other oxygenation-linked phenomena in blood O_2 and CO_2 transport. *Acta Physiol. Scand.* 182:215–227.

Lukin, J. A., and C. Ho (2004) The structure-function relationship of hemoglobin in solution at atomic resolution. *Chem. Rev.* 104:1219–1230.

Ruscio, J. Z., D. Kumar, M. Shukla, M. G. Prisant, T. M. Murali, and A. V. Onufriev (2008) Atomic level computational identification of ligand migration pathways between solvent and binding site in myoglobin. *Proc. Natl. Acad. Sci. USA.*105:9204–9209.

Schotte, F., M. Lim, T. A. Jackson, A. V. Smirnov, J. Soman, J. S. Olson, G. N. Phillips Jr., M. Wulff, and P. A. Anfinrud (2003) Watching a protein as it functions with 150-ps time-resolved x-ray crystallography. *Science* 300:1944–1947.

Song, X. J., Y. Yuan, V. Simplaceanu, S. C. Sahu, N. T. Ho, and C. Ho (2007) A comparative NMR study of the polypeptide backbone dynamics of hemoglobin in the deoxy and carbonmonoxy forms. *Biochemistry* 46:6795–6803.

NO Dioxygenation and Other Proposed Functions of Heme Globins

Brunori, M. (2001) Nitric oxide moves myoglobin centre stage. *Trends Biochem. Sci.* 26:209–210.

Burmester, T., and T. Hankeln (2009) What is the function of neuroglobin? *J. Exptl. Biol.* 212:1423–1428.

Fago, A., A. J. Mathews, and T. Brittain (2008) A role for neuroglobin: Resetting the trigger level for apoptosis in neuronal and retinal cells. *IUBMB Life* 60:398–401.

Gardner, P. R., A. M. Gardner, W. T. Brashear, T. Suzuki, A. N. Hvitved, K. D. R. Setchell, and J. S. Olson (2006) Hemoglobins dioxygenate nitric oxide with high fidelity. *J. Inorg. Biochem.* 100:542–550.

Gardner, P. R., A. M. Gardner, L. A. Martin, and A. L. Salzman (1998) Nitric oxide dioxygenase: An enzymatic function for flavohemoglobin. *Proc. Natl. Acad. Sci. USA* 95:10378–10383.

Kim-Shapiro, D. B., A. N. Schechter, and M. T. Gladwin (2006) Unraveling the reactions of nitric oxide, nitrite, and hemoglobin in physiology and therapeutics. *Arterioscler. Thromb. Vasc. Biol.* 26:697–705.

Olson, J. S., E. W. Foley, C. Rogge, A. L. Tsai, M. P. Doyle, and D. D. Lemon (2004) NO scavenging and the hypertensive effect of hemoglobin-based blood substitutes. *Free Radical Biol. Med.* 36:685–697.

Poole, R. K., and M. N. Hughes (2000) New functions for the ancient globin family: Bacterial responses to nitric oxide and nitrosative stress. *Mol. Microbiol.* 36:775–783.

Wittenberg, J. B., and B. A. Wittenberg (2003) Myoglobin function revisited. *J. Exptl. Biol.* 206:2011–2020.

Evolution of Globin Proteins and Theories of Protein Evolution

Arnheim, N., and P. Calabrese (2009) Understanding what determines the frequency and pattern of human germline mutations. *Nature Rev. Genet.* 10:478–488.

Bloom, J. D., S. T. Labthavikul, C. R. Otey, and F. H. Arnold (2006) Protein stability promotes evolvability. *Proc. Natl. Acad. Sci. USA* 103:5869–5874.

Dean, A. M., and J. W. Thornton (2007) Mechanistic approaches to the study of evolution: The functional synthesis. *Nature Rev. Genet.* 8:675–688.

Kumar, S., and S. Subramanian (2002) Mutation rates in mammalian genomes. *Proc. Natl. Acad. Sci. USA* 99:803–808.

LeComte, J. T. J., D. A. Vuletich, and A. M. Lesk (2005) Structural divergence and distant relationships in proteins: Evolution of the globins. *Curr. Op. Struct. Biol.* 15:290–301.

Meier, S., P. R. Jensen, C. N. David, J. Chapman, T. W. Holstein, S. Grzesiek, and S. Özbek (2007) Continuous molecular evolution of protein-domain structures by single amino acid changes. *Curr. Biology* 17:173–178.

Royer Jr., W. E., H. Zhu, T. A. Gorr, J. F. Flores, and J. E. Knapp (2005) Allosteric haemoglobin assembly: Diversity and similarity. *J. Biol. Chem.* 280:27477–27480.

Tokuriki, N., and D. S. Tawfik (2009) Protein dynamism and evolvability. *Science* 324:203–207.

Vinogradov, S. N., and L. Moens (2008) Diversity of globin function: Enzymatic, transport, storage, and sensing. *J. Biol. Chem.* 283:8773–8777.

Variant Hemoglobins and Hemoglobin Pathologies

Embury, S. H. (1986) The clinical pathophysiology of sickle cell disease. *Annu. Rev. Med.* 37:361–376.

Honig, G. R., and J. G. Adams (1986) *Human Hemoglobin Genetics.* Springer-Verlag, Berlin, New York.

Ingram, V. M. (1957) Gene mutation in human haemoglobin: The chemical difference between normal and sickle cell haemoglobin. *Nature* 180:326–328.

Pauling, L., H. A. Itano, S. J. Singer, and I. C. Wells (1949) Sickle cell anemia: A molecular disease. *Science* 110:543–548.

Schechter, A. N. (2008) Hemoglobin research and the origins of molecular medicine. *Blood* 112:3927–3938.

See also the HbVar database for human hemoglobin variants and thalassemias: http://globin.bx.psu.edu/hbvar/menu.html

The Immune Response

Barouch, D. H. (2008) Challenges in the development of an HIV-1 vaccine. *Nature* 455:613–619.

Chaplin, D. D. (2010) Overview of the immune response. *J. Allergy Clin. Immunol.* 125:S3–23.

Dömer, T., and A. Radbruch (2007) Antibodies and B cell memory in viral immunity. *Immunity* 27:384–392.

Medzhitov, R., and C. A. Janeway Jr. (2002) Decoding the patterns of self and nonself by the innate immune system. *Science* 296:298–300.

Pichlmair, A., and C. Reis e Sousa (2007) Innate recognition of viruses. *Immunity* 27:370–383.

Antibody-based Therapeutics

Chan A. C., and P. J. Carter (2010) Therapeutic antibodies for autoimmunity and inflammation. *Nature Rev. Immun.* 10:301–316.

Chari, R. V. J. (2008) Targeted cancer therapy: Conferring specificity to cytotoxic drugs. *Acct. Chem. Res.* 41:98–107.

Weiner, L. M., R. Surana, and S. Wang (2010) Monoclonal antibodies: versatile platforms for cancer immunotherapy. *Nature Rev. Immun.* 10:317–327.

Wu, A. M., and P. D. Senter (2005) Arming antibodies: Prospects and challenges for immunoconjugates. *Nature Biotech.* 23:1137–1146.

生化学の道具 7A

Harlow, E., and D. Lane (1988) *Antibodies: A Laboratory Manual.* Cold Spring Harbor Laboratory, Cold Spring Harbor, New York.

Weir, D. M., ed. (1986) *Handbook of Experimental Immunology.* Oxford University Press, London, New York.

第 8 章

General

Vale, R. D. (2003) The molecular motor toolbox for intracellular transport. *Cell* 112:467–480.

Vale, R. D., and R. A. Milligan (2000) The way things move: Looking under the hood of molecular motor proteins. *Science* 288:88–95.

Van den Heuvel, M. G. L., and C. Dekker (2007) Motor proteins at work for nanotechnology. *Science* 317:333–336.

Muscle

Cooke, R. (2004) The sliding filament model: 1972–2004. *J. Gen. Physiol.* 123:643–656.

Himmel, D. M., S. Gourinath, L. Reshetnikova, Y. Shen, A. G. Szent-Györgyi, and C. Cohen (2002) Crystallographic findings on the internally uncoupled and near-rigor states of myosin: Further insights into the mechanics of the motor. *Proc. Natl. Acad. Sci. USA* 99:12645–12650.

Murakami, K., F. Yumoto, S. Ohki, T. Yasunaga, M. Tanokura, and T. Wakabayashi (2005) Structural basis for Ca^{2+}-regulated muscle relaxation at interaction sites of troponin with actin and tropomyosin. *J. Mol. Biol.* 352:178–201.

Rayment, I., and H. M. Holden (1994) The three-dimensional structure of a molecular motor. *Trends Biochem. Sci.* 19:129–134.

Stroud, R. M. (1996) Balancing ATP in the cell. *Nature Struct. Biol.* 3:567–569.

Vinogradova, M. V., D. B. Stone, G. G. Malanina, C. Karatzaferi, R. Cooke, R. A. Mendelson, and R. J. Fletterick (2005) Ca^{2+}-regulated structural changes in troponin. *Proc. Natl. Acad. Sci. USA* 102:5038–5043.

Yanagida, T., and A. Ishijima (1995) Forces and steps generated by single myosin molecules. *Biophys. J.* 68:312s–320s.

Microtubules, Dynein, and Kinesin

Carter, A. P., C. Cho, L. Jin, and R. D., Vale (2011) Crystal structure of the dynein motor domain. *Science* (doi:10.1126/science.1202393).

Carter, A. P., J. E. Garbarino, E. M. Wilson-Kubalek, W. E. Shipley, C. Cho, R. A. Milligan, R. D. Vale, and I. R. Gibbons (2008) Structure and functional role of dynein's microtubule-binding domain. *Science* 322:1691–1695.

Gennerich, A., and R. D. Vale (2009) Walking the walk: How kinesin and dynein coordinate their steps. *Curr. Op. Cell Biol.* 21:59–67.

Hirokawa, N., R. Nitta, and Y. Okada (2009) The mechanisms of kinesin motor motility: Lessons from the monomeric motor KIF1A. *Nature Rev. Molec. Cell. Biol.* 10:877–884.

Kodera, N., D. Yamamoto, R. Ishikawa, and T. Ando (2010) Video imaging of walking myosin V by high-speed atomic force microscopy. *Nature* 468:72–76. See also: http://www.s.kanazawa-u.ac.jp/phys/biophys/M5_movies.htm

Movassagh, T., K. H. Bui, H. Sakakibara, K. Oiwa, and T. Ishikawa (2010) Nucleotide-induced global conformational changes of flagellar dynein arms revealed by in situ analysis. *Nature Struct. Mol. Biol.* 17:761–767.

Nogales, E., S. C. Wolf, and K. H. Downing (1998) Structure of the $\alpha\beta$ tubulin dimer by electron crystallography. *Nature* 391:199–203.

Sablin, E. P., and R. J. Fletterick (2004) Coordination between motor domains in processive kinesins. *J. Biol. Chem.* 279:15707–15710.

Sindelar, C. V., and K. H. Downing (2010) An atomic-level mechanism for activation of the kinesin molecular motors. *Proc. Natl. Acad. Sci. USA* 107:4111–4116.

Vicente-Manzanares, M., X. Ma, R. S. Adelstein, and A. R. Horwitz (2009) Non-muscle myosin II takes centre stage in cell adhesion and migration. *Nature Rev. Mol. Cell Biol.* 10:778–790.

Walker, M. L., S. A. Burgess, J. R. Sellers, F. Wang, J. A. Hammer III, J. Trinick, and P. J. Knight (2000) Two-headed binding of a processive myosin to F-actin. *Nature* 405:804–807.

Yildiz, A., J. N. Forkey, S. A. McKinney, T. Ha, Y. E. Goldman, and P. R. Selvin (2003) Myosin V walks hand-over-hand: Single fluorophore imaging with 1.5 nm localization. *Science* 300:2061–2065.

Yildiz, A., M. Tomishige, R. D. Vale, and P. R. Selvin (2004) Kinesin walks hand-over-hand. *Science* 303:676–678.

See also the following animations created by G. Johnson:

http://www.scripps.edu/cb/milligan/research/movies/myosin_text.html
http://www.scripps.edu/cb/milligan/research/movies/kinesin_text.html
http://valelab.ucsf.edu/images/movies/mov-procmotconvkinrev5.mov

The Bacterial Motor and Chemotaxis

Berg, H. C. (2003) The rotary motor of bacterial flagella. *Ann. Rev. Biochem.* 72:19–54.

Chevance, F. F. V., and K. T. Hughes (2008) Coordinating assembly of a bacterial macromolecular machine. *Nature Rev. Microbiol.* 6:455–465.

DeRosier, D. (2006) Bacterial flagellum: Visualizing the complete machine in situ. *Current Biology* 16:R928–R930.

Erhardt, M., K. Namba, and K. T. Hughes (2010) Bacterial nanomachines: The flagellum and type III injectosome. *Cold Spring Harb. Perspect. Biol.* 2:a000299 (doi:10.1101/cshperspect.a000299).

Miller, K. R. (2004) The flagellum unspun: The collapse of "irreducible complexity" pp. 81–97 in *Debating Design: From Darwin to DNA*, eds. W. Dembski and M. Ruse, Cambridge University Press, New York.

Miller, L. D., M. H. Russell, and G. Alexandre (2009) Diversity in bacterial chemotactic responses and niche adaptation. *Adv. App. Microbiol.* 66:53–75.

Minamino, T., K. Imada, and K. Namba (2008) Molecular motors of the bacterial flagella. *Curr. Op. Struct. Biol.* 18:693–701. See also: http://www.fbs.osaka-u.ac.jp/labs/namba/npn/

Murphy, G. E., J. R. Ledbetter, and G. J. Jensen (2006) In situ structure of the complete *Treponema primitia* flagellar motor. *Nature* 442: 1062–1064.

Pallen, M. J., and N. J. Matzke (2006) From the *Origin of the Species* to the origin of bacterial flagella. *Nature Rev. Microbiol.* 4:784–790.

Rao, C. V., and G. W. Ordal (2009) The molecular basis of excitation and adaptation during chemotactic sensory transduction in bacteria. *Contrib. Microbiol.* 16:33–64.

Shimizu, T. S., Y. Tu, and H. C. Berg (2010) A modular gradient-sensing network for chemotaxis in *Escherichia coli* revealed by responses to time-varying stimuli. *Mol. Syst. Biol.* 6:382 (doi:10.1038/msb.2010.37).

Sowa, Y., and R. M. Berry (2008) Bacterial flagellar motor. *Quart. Rev. Biophys.* 41:103–132.

第 9 章

General

Binkley, R. W. (1988) *Modern Carbohydrate Chemistry*. Marcel Dekker, New York. A comprehensive survey.

Boraston, A., and B. Mulloy (2010) Structural glycobiology: Biosynthesis, recognition events, and new methods. *Curr. Opinion Struc. Biol.* 20:533–535. Introduction to a special issue of the journal concerned with current glycobiology.

Finklestein, J. (2007) Glycochemistry and glycobiology. *Nature* 446:999. Introduction to a special series of review articles on contemporary carbohydrate biochemistry.

Lindhorst, T. K. (2003) *Essentials of Carbohydrate Chemistry*, 2nd ed. Wiley-VCH, Weinheim, Germany. A valuable sourcebook for details of carbohydrate structure and chemistry.

Roseman, S. (2001) Reflections on glycobiology. *J. Biol. Chem.* 276: 41527–41542. A retrospective article by a longtime leader.

Carbohydrate Structure and Chemistry

Agard, N. J., and C. R. Bertozzi (2009) Chemical approaches to perturb, profile, and perceive glycans. *Acc. Chem. Res.* 42:788–797. Describes approaches for development of glycan microarray technology.

Barker, R., and A. S. Serianni (1986) Carbohydrates in solution: Studies with stable isotopes. *Acc. Chem. Res.* 19:307–313. A brief review of ^{13}C NMR work that establishes conformations.

Carver, J. P. (1991) Experimental structural determination of oligosaccharides. *Curr. Opin. Struct. Biol.* 1:716–720.

Laughlin, S. T., and C. R. Bertozzi (2009) Imaging the glycome. *Proc. Natl. Acad. Sci. USA* 106:12–17. Emerging technology for visualizing specific glycans in living cells.

Seeberger, P. H., and D. B. Werz (2007) Synthesis and medical applications of oligosaccharides. *Nature* 446:1046–1051. Sequence analysis and synthesis of complex carbohydrates both involve special problems.

Venkataraman, G., Z. Shriver, R. Raman, and R. Sasikekharan (1999) Sequencing complex polysaccharides. *Science* 286:537–542.

Bacterial and Plant Cell Walls

Goodwin, T. W., and E. I. Mercer (1983) *Introduction to Plant Biochemistry.* Pergamon, Oxford, UK.

Preiss, J., ed. (1988) *The Biochemistry of Plants: A Comprehensive Treatise.* Academic Press, New York.

Schockman, G. D., and J. F. Barnett (1983) Structure, function, and assembly of cell walls of Gram-positive bacteria. *Annu. Rev. Microbiol.* 37:501–527.

Glycoproteins

Freeze, H. H., and M. Aebi (2005) Altered glycan structures: The molecular basis of congenital disorders of glycosylation. *Curr. Opin. Struc. Biol.* 15:490–498.

Hart, G. W., M. P. Housley, and C. Slawson (2007) Cycling of O-linked *β-N*-acetylglucosamine on nucleoplasmic proteins. *Nature* 446: 1017–1022. Evidence for a function of reversible protein glycosylation in cell signaling.

Iozzo, R. V. (1998) Matrix proteoglycans: From molecular design to cellular function. *Ann. Rev. Biochem.* 67:609–652.

Rudd, P. M., and R. A. Dwek (1997) Glycosylation: Heterogeneity and the 3D structure of proteins. *Crit. Rev. Biochem. Mol. Biol.* 32:1–100.

van den Steen, P., P. M. Rudd, R. A. Dwek, and G. Opdenakker (1998) Concepts and principles of O-linked glycosylation. *Crit. Rev. Biochem. Mol. Biol.* 33:151–208.

Oligosaccharides and Cell Recognition

Fukuda, M., ed. (2006) *Functional Glycomics, Methods in Enzymology*, Vol. 417. Academic Press, New York. See also volumes 415 and 416, with the same editor.

Kilpatrick, D. C. (2002) Animal lectins: A historical introduction and overview. *Biochim. Biophys. Acta* 1572:187–197. Introduction to a special series of reviews on lectins in the same issue of the journal.

Labat-Robert, J., R. Timpl, and R. Ladiglas, eds. (1986) *Structural Glycoproteins in Cell–Matrix Interaction.* Karger, New York.

Taylor, M. E., and Drickamer, K. (2006) *Introduction to Glycobiology*, 2nd ed. Oxford University Press, Oxford, UK.

Varki, A. (2007) Glycan-based interactions involving vertebrate sialic-acid-recognizing proteins. *Nature* 446:1023–1029. Roles of sialic acid in cell recognition.

Glycoconjugate Synthesis

Alder, N. N., and A. E. Johnson (2004) Cotranslational membrane protein biosynthesis at the endoplasmic reticulum. *J. Biol. Chem.* 279:22787–22790.

Allan, B. B., and W. E. Balch (1999) Protein sorting by directed maturation of Golgi compartments. *Science* 285:63–66.

Gahmberg, C. G., and M. Tolvanen (1996) Why mammalian cell surface proteins are glycoproteins. *Trends Biochem. Sci.* 21:308–311. How the diversity of carbohydrate structures adapts them for use as recognition determinants on cell surfaces.

Kornfeld, S. (1992) Structure and function of the mannose 6-phosphate/insulinlike growth factor II receptors. *Annu. Rev. Biochem.* 61:307–330. A review describing the lysosomal membrane targeting system and the unexpected discovery that the receptor is identical to a cell-growth factor discovered independently.

Walsh, C. T. (1989) Enzymes in the D-alanine branch of bacterial cell wall peptidoglycan assembly. *J. Biol. Chem.* 264:2393–2396. A minireview describing mechanisms in this pathway, which is the site of action of penicillin and other antibiotics.

生化学の道具 9A

Dell, A., and H. R. Morris (2001) Glycoprotein structure determination by mass spectrometry. *Science* 291:2351–2356. A relatively recent brief review.

Jones, C. (1991) Nuclear magnetic resonance spectroscopy methods for the analysis of polysaccharides and glycoprotein carbohydrate chains. *Adv. Carbohydr. Anal.* 1:145–184. Includes a survey of useful techniques.

McCleary, B. V., and N. K. Matheson (1986) Enzymatic analysis of polysaccharide structures. *Adv. Carbohydr. Chem. Biochem.* 44:147–276.

Paulson, J. C., O. Blixt, and B. E. Collins (2006) Sweet spots in functional genomics. *Nature Chem. Biol.* 2:238–248. Recent techniques in glycobiology.

第 10 章

General

Engleman, D. M. (2005) Membranes are more mosaic than fluid. *Nature* 438:578–580. This issue of *Nature* includes several review articles on membranes.

Gennis, R. B. (1989) *Biomembranes.* Springer-Verlag, New York.

Gurr, A. I., and J. L. Harwood (1991) *Lipid Biochemistry: An Introduction*, 4th ed. Chapman & Hall, New York. A valuable source for general information concerning lipids.

Membrane Asymmetry and Structure

Daleke, D. L. (2007) Phospholipid flippases. *J. Biol. Chem.* 282:821–825.

Hartlova, A., L. Cerveny, M. Hubalek, Z. Krocova, and J. Stulik (2010) Membrane rafts: A potential gateway for bacterial entry into host cells. *Microbiol. Immunol.* 54:237–245.

Laude, A. J., and I. A. Prior (2004) Plasma membrane microdomains: Organization function and trafficking. *Molec. Membr. Biol.* 21:193–205.

Lingwood, D., and K. Simons (2010) Lipid rafts as a membrane-organizing principle. *Science* 327:46–50.

Mitra, K., I. Ubarretxena-Belandia, T. Taguchi, G. Warren, and D. M. Engelman (2004) Modulation of the bilayer thickness of exocytic pathway membranes by membrane proteins rather than cholesterol. *Proc. Natl. Acad. Sci. USA* 101:4083–4088.

Phillips, R., T. Ursell, P. Wiggins, and P. Sens (2009) Emerging roles for lipids in shaping membrane-protein function. *Nature* 459:379–385.

Singer, S. J., and G. L. Nicolson (1972) The fluid mosaic model of the structure of membranes. *Science* 175:720–731. The classic paper presenting this model.

Unwin, N., and R. Henderson (1984) The structure of proteins in biological membranes. *Sci. Am.* 250(2):78–94. Describes a pioneering structural study.

Vereb, G., J. Szöllösi, J. Matkó, P. Nagy, T. Farkas, L. Vigh, L. Mátyus, T. A. Waldmann, and S. Damjanovich (2003) Dynamic, yet structured: The cell membrane three decades after the Singer-Nicolson model. *Proc. Natl. Acad. Sci. USA* 100:8053–8058.

Voelker, D. R. (1996) Lipid assembly into cell membranes. In *Biochemistry of Lipids, Lipoproteins, and Membranes*, D. E. Vance and J. E. Vance, eds. Elsevier Science, Amsterdam.

Membrane Proteins

Booth, P. J., and P. Curnow (2009) Folding scene investigation: Membrane proteins. *Curr. Op. Struct. Biol.* 19:8–13.

Bowie, J. U. (2005) Solving the membrane protein folding problem. *Nature* 438:581–589.

Marguet, D., P.-F. Lenne, H. Rigneault, and H.-T. He (2006) Dynamics in the plasma membrane: How to combine fluidity and order. *EMBO J.* 25:3446–3457.

Müller, D. J., N. Wu, and K. Palczewski (2008) Vertebrate membrane proteins: Structure, function, and insights from biophysical approaches. *Pharm. Rev.* 60:43–78.

van Klompenburg, W., I. M. Nilsson, G. von Heijne, and B. de Kruijff

(1997) Anionic phospholipids are determinants of membrane protein topology. *EMBO J.* 16:4261–4266.

von Heijne, G. (1989) Control of topology and mode of assembly of a polytopic membrane protein by positively charged residues. *Nature* 341:456–458. A test of the "inside positive" rule.

White, S. H. (2007) Membrane protein insertion: The biology-physics nexus. *J. Gen. Physiol.* 129:363–369.

The Membrane Skeleton

Bennett, V. (1985) The membrane skeleton of human erythrocytes and its implication for more complex cells. *Annu. Rev. Biochem.* 54:273–304.

Coleman, T. R., D. J. Fishkind, M. E. Mooseker, and J. S. Morrow (1989) Functional diversity among spectrin isoforms. *Cell Motility Cytoskeleton* 12:225–247.

Liu, S.-C., and L. H. Derick (1992) Molecular anatomy of the red blood cell membrane skeleton: Structure–function relationships. *Semin. Hematol.* 29:231–243.

Translocon Structure and Function

Becker, T., S. Bhushan, A. Jarasch, J.-P. Armache, S. Funes, F. Jossinet, J. Gumbart, T. Mielke, O. Berninghausen, K. Schulten, E. Westhof, R. Gilmore, E. C. Mandon, and R. Beckmann (2009) Structure of monomeric yeast and mammalian Sec61 complexes interacting with the translating ribosome. *Science* 326:1369–1373.

Egea, P. F., and R. M. Stroud (2010) Lateral opening of a translocon upon entry of protein suggests the mechanism of insertion into membranes. *Proc. Natl. Acad. Sci. USA* 107:17182–17187.

Van den Berg, B., W. M. Clemons Jr., I. Collinson, Y. Modis, E. Hartmann, S. C. Harrison, and T. A. Rapoport (2004) X-ray structure of a protein-conducting channel. *Nature* 427:36–44.

Xie, K., and R. E. Dalby (2008) Inserting proteins into the bacterial cytoplasmic membrane using the Sec and YidC translocases. *Nature Rev. Microbiol.* 6:234–244.

Transport Across Membranes

Catterall, W. A. (2010) Ion channel voltage sensors: Structure, function and pathophysiology. *Neuron* 67:915–928.

Gouaux, E., and R. MacKinnon (2005) Principles of selective ion transport in channels and pumps. *Science* 310:1461–1465.

Jiang, Y., V. Ruta, J. Chen, A. Lee, and R. MacKinnon (2003) The principle of gating charge movement in a voltage-dependent K^+ channel. *Nature* 423:42–48.

King, L. S., D. Kozono, and P. Agre (2004) From structure to disease: The evolving tale of aquaporin biology. *Nature Rev. Mol. Cell Biol.* 5:687–698.

Lee, S.-Y., A. Lee, J. Chen, and R. MacKinnon (2005) Structure of the KvAP voltage-dependent K^+ channel and its dependence on the lipid membrane. *Proc. Natl. Acad. Sci. USA* 102:15441–15446.

Martinac, B., Y. Saimi, and C. Kung (2008) Ion channels in microbes. *Physiol. Rev.* 88:1149–1490.

Wang, W., S. S. Black, M. D. Edwards, S. Miller, E. L. Morrison, W. Bartlett, C. Dong, J. H. Naismith, and I. R. Booth (2008) The structure of an open form of an *E. coli* mechanosensitive channel at 3.45 Å resolution. *Science* 321:1179–1183.

Neural Transmission

Ben-Abu, Y., Y. Zhou, N. Zilberberg, and O. Yifrach (2009) Inverse coupling in leak and voltage-activated K^+ channel gates underlies distinct roles in electrical signaling. *Nature Struct. Mol. Biol.* 16:71–79.

Bradford, H. F. (1986) *Chemical Neurobiology*. Freeman, San Francisco.

Hille, B. (2001) *Ionic Channels of Excitable Membranes*. Sinauer Associates, Sunderland, Mass.

生化学の道具 10A

Marguet, D., P.-F. Lenne, H. Rigneault, and H.-T. He (2006) Dynamics in the plasma membrane: How to combine fluidity and order. *EMBO J.* 25:3446–3457. Review of fluorescence-based methods of measuring membrane dynamics.

Prasad, R., ed. (1996) *Manual on Membrane Lipids*. Springer-Verlag, New York. This little manual decribes techniques for a wide variety of lipid and membrane problems.

第 11 章

General

Fersht, A. (1999) *Structure and Mechanism in Protein Science*. W. H. Freeman and Co., New York. A fine treatise on almost all aspects of enzymology.

Gutfreund, H. (1995) *Kinetics for the Life Sciences*. Cambridge University Press, Cambridge, UK.

Enzyme Mechanisms and Kinetics

Benkovic, S. J., and S. Hammes-Schiffer (2003) A perspective on enzyme catalysis. *Science* 301:1196–1202.

English, B. P., W. Min, A. M. van Oijen, K. T. Lee, G. Luo, H. Sun, B. J. Cherayil, S. C. Kou, and X. S. Xie (2006) Ever-fluctuating single enzyme molecules: Michaelis-Menten equation revisited. *Nature Chem. Biol.* 2:87–94.

Garcia-Viloca, M., J. Gao, M. Karplus, and D. Truhlar (2004) How enzymes work: Analysis by modern rate theory and computer simulation. *Science* 303:186–195.

Nagel, Z. D., and J. P. Klinman (2009) A 21st century revisionist's view at a turning point in enzymology. *Nature Chem. Biol.* 8:543–550.

Schramm, V. L. (2007) Enzymatic transition state theory and transition state analogue design. *J. Biol. Chem.* 282:28297–28300.

Snider, M. G., B. S. Temple, and R. Wolfenden (2004) The path to the transition state in enzyme reactions: A survey of catalytic efficiencies. *J. Phys. Org. Chem.* 17:586–591.

Wolfenden, R., and M. Snider (2001) The depth of chemical time and the power of enzymes as catalysts. *Accts. Chem. Res.* 34:938–945.

Zalatan, J. G., and D. Herschlag (2009) The far reaches of enzymology. *Nature Chem. Biol.* 8:516–520.

Lysozyme and Serine Proteases

Bartik, K., C. Redfield, and C. M. Dobson (1994) Measurement of the individual pK_a values of acidic residues of hen and turkey lysozymes by two-dimensional ^1H NMR. *Biophys. J.* 66:1180–1184.

Carter, P., and J. A. Wells (1988) Dissecting the catalytic triad of a serine protease. *Nature* 332:564–568.

Cleland, W. W., P. A. Frey, and J. A. Gerlt (1998) The low barrier hydrogen bond in enzymatic catalysis. *J. Biol. Chem.* 273:25529–25532.

Corey, D. R., and C. S. Craik (1992) An investigation into the minimum requirements for peptide hydrolysis by mutation of the catalytic triad of trypsin. *J. Am. Chem. Soc.* 114:1784–1790.

Frey, P. A., S. A. Whitt, and J. B. Tobin (1994) A low-barrier hydrogen bond in the catalytic triad of serine proteases. *Science* 264:1927–1930.

Fuhrmann, C. N., M. D. Daugherty, and D. A. Agard (2006) Subangstrom crystallography reveals that short ionic hydrogen bonds, and not a His-Asp low-barrier hydrogen bond, stabilize the transition state in serine protease catalysis. *J. Amer. Chem. Soc.* 128:9086–9102.

Matsumura, I., and J. F. Kirsch (1996) Is aspartate 52 essential for catalysis by chicken egg white lysozyme? The role of natural substrate-assisted hydrolysis. *Biochemistry* 35:1881–1889.

Perrin, C. L. (2010) Are short low-barrier hydrogen bonds unusually strong? *Accts. Chem. Res.* 43:1550–1557.

Polgár, L. (2005) The catalytic triad of serine peptidases. *Cell. Mol. Life Sci.* 62:2161–2172.

Robertus, J. D., J. Kraut, R. A. Alden, and J. J. Birktoft (1972) Subtilisin: A stereochemical mechanism involving transition state stabilization. *Biochemistry* 11:4293–4303.

Strynadka, N. C. J., and M. N. G. James (1991) Lysozyme revisited: Crystallographic evidence for distortion of an N-acetylmuramic acid residue bound in site D. *J. Mol. Biol.* 220:401–424.

Tamada, T., T. Kinoshita, K. Kurihara, M. Adachi, T. Ohhara, K. Imai, R. Kuroki, and T. Tada (2009) Combined high-resolution neutron and X-ray analysis of inhibited elastase confirms the active-site oxyanion hole but rules against a low-barrier hydrogen bond. *J. Am. Chem. Soc.* 131:11033–11040.

Vocadlo, D. J., G. J. Davies, R. Laine, and S. G. Withers (2001) Catalysis by hen egg-white lysozyme proceeds via a covalent intermediate. *Nature* 412:835–838.

Wilmouth, R. C., K. Edman, R. Neutze, P. A. Wright, I. J. Clifton, T. R. Schneider, C. J. Schofield, and J. Hajdu (2001) X-ray snapshots of serine protease catalysis reveal a tetrahedral intermediate. *Nature Struct. Biol.* 8:689–694.

Dynamic Motions of Enzymes and Catalysis

Agarwal, P. K. (2005) Role of protein dynamics in reaction rate enhancement by enzymes. *J. Am. Chem. Soc.* 127:15248–15256.

Benkovic, S. J., G. G. Hammes, and S. Hammes-Schiffer (2008) Free-energy landscape of enzyme catalysis. *Biochemistry* 47:3317–3321.

Boehr, D. D., D. McElheny, H. J. Dyson, and P. E. Wright (2006) The dynamic energy landscape of dihydrofolate reductase catalysis. *Science* 313:1638–1641.

Eisenmesser, E. Z., O. Millet, W. Labeikovsky, D. M. Korzhnev, M. Wolf-Watz, D. A. Bosco, J. J. Skalicky, L. E. Kay, and D. Kern (2005) Intrinsic dynamics of an enzyme underlies catalysis. *Nature* 438:117–121.

Kamerlin, S. C. L., and A. Warshel (2010) At the dawn of the 21st century: Is dynamics the missing link for understanding enzyme catalysis? *Proteins* 78:1339–1375.

Roca, M., B. Messer, D. Hilvert, and A. Warshel (2008) On the relationship between folding and chemical landscapes in enzyme catalysis. *Proc. Natl. Acad. Sci. USA* 105:13877–13882.

Schwartz, S. D., and V. Schramm (2009) Enzymatic transition states and dynamic motion in barrier crossing. *Nature Chem. Biol.* 8:551–558.

Ribozymes and DNAzymes

Breaker, R. R., and G. F. Joyce (1994) A DNA enzyme that cleaves RNA. *Chem. Biol.* 1:223–229.

Chandra, M., A. Sachdeva, and S. K. Silverman (2009) DNA-catalyzed sequence-specific hydrolysis of DNA. *Nature Chem. Biol.* 5:718–720.

Cech, T. R. (1987) The chemistry of self-splicing RNA and RNA enzymes. *Science* 236:1532–1539.

Emilsson, G. M., and R. R. Breaker (2002) Deoxyribozymes: New activities and new applications. *Cell. Mol. Life Sci.* 59:596–607.

Joyce, G. F. (2002) The antiquity of RNA-based evolution. *Nature* 418:214–221.

McCorkle, G. M., and S. Altman (1987) RNA's as catalysts. *Concepts Biochem.* 64:221–226.

Sen, D., and C. R. Geyer (1998) DNA enzymes. *Curr. Op. Chem. Biol.* 2:680–687.

Strobel, S. A., and J. C. Cochrane (2007) RNA catalysis: Ribozymes, ribosomes, and riboswitches. *Curr. Op. Chem. Biol.* 11:636–643.

Willner, I., B. Shylahovsky, M. Zayats, and B. Willner (2008) DNAzymes for sensing, nanobiotechnology and logic gate applications. *Chem. Soc. Rev.* 37:1153–1165.

Wright, M. C., and G. F. Joyce (1997) Continuous in vitro evolution of catalytic function. *Science* 276:614–616.

Allosteric Regulation

Goodey, N. M., and S. J. Benkovic (2008) Allosteric regulation and catalysis emerge via a common route. *Nature Chem. Biol.* 8:474–482.

Gunasekaran, K., B. Ma, and R. Nussinov (2004) Is allostery an intrinsic property of all dynamic proteins? *Proteins: Struct. Func. Bioinform.* 57:433–443.

Lipscomb, W. N. (1994) Aspartate transcarbamylase from *Escherichia coli*: Activity and regulation. *Adv. Enzymol.* 73:67–151.

Monod, J., J.-P. Changeux, and F. Jacob (1963) Allosteric proteins and cellular control systems. *J. Mol. Biol.* 6:306–329. This paper introduced the concept of allosteric control.

Swain, J. F., and L. M. Gierasch (2006) The changing landscape of protein allostery. *Curr. Op. Struct. Biol.* 16:102–108.

Zymogen Activation

Bode, W., and R. Huber (1986) Crystal structure of pancreatic serine endopeptidases. In: *Molecular and Cellular Basis of Digestion,* edited by P. Desnuelle, H. Sjorstrom, and O. Noren, pp. 213–234. Elsevier, New York.

Neurath, H. (1986) The versatility of proteolytic enzymes. *J. Cell. Biochem.* 32:35–49.

Blood Clotting

Davie, E. W. (1986) Introduction to the blood coagulation cascade and the cloning of blood coagulation factors. *J. Protein Chem.* 5:247–253.

Doolittle, R. F. (1984) Fibrinogen and fibrin. *Annu. Rev. Biochem.* 53:195–229.

生化学の道具 11A

Cleland, W. W. (2003) The use of isotope effects to determine enzyme mechanism. *J. Biol. Chem.* 278:51975–51984.

Fersht, A. (1999) *Structure and Mechanism in Protein Science.* W. H. Freeman and Co., New York.

Himori, K. (1979) *Kinetics of Fast Enzyme Reactions.* Halstead, New York.

Johnson, K. A. (2003) Introduction to kinetic analysis of enzyme systems. In *Kinetic Analysis of Macromolecules: A Practical Approach,* K. A. Johnson (ed.). Oxford University Press, New York.

Schramm, V. L. (2005) Enzymatic transition states: Thermodynamics, dynamics and analogue design. *Arch. Biochem. Biophys.* 433:13–26.

生化学の道具 11B

Janda, K. D., L.-C. Lo, C.-H. Lo, M.-M. Sim, R. Wang, C.-H. Wong, and R. A. Lerner (1997) Chemical selection for catalysis in combinatorial antibody libraries. *Science* 275:945–948.

Jiang, L., E. A. Althoff, F. R. Clemente, L. Doyle, D. Röthlisberger, A. Zanghellini, J. L. Gallaher, J. L. Betker, F. Tanaka, C. F. Barbas III, D. Hilvert, K. Houk, B. L. Stoddard, and D. Baker (2008) De novo computational design of retro-aldol enzymes. *Science* 319:1387–1391.

Khosla, C. (1997) Harnessing the biosynthetic potential of modular polyketide synthases. *Chem. Rev.* 97:2577–2590.

Lutz, S. (2010) Reengineering enzymes. *Science* 329:285–287.

Nanda, V., and R. L. Koder (2010) Designing artificial enzymes by intuition and computation. *Nature Chem.* 2:15–24.

Olsen, O., K. K. Thomsen, J. Weber, J. Duus, I. Svendsen, C. Wegener, and D. von Wettstein (1996) Transplanting two unique β-gluconase catalytic activities into one multienzyme which forms glucose. *Nat. Biotechnol.* 14:71–76.

Röthlisberger, D., O. Kersonsky, A. M. Wollacott, L. Jiang, J. DeChancie, J. Betker, J. L. Gallaher, E. A. Althoff, A. Zanghellini, O. Dym, S. Albeck, K. N. Houk, D. S. Tawfik, and D. Baker (2008) Kemp elimination catalysts by computational enzyme design. *Nature* 453:190–195.

Siegel, J. B., A. Zanghellini, H. M. Lovick, G. Kiss, A. R. Lambert, J. L. St.Clair, J. L. Gallaher, D. Hilvert, M. H. Gelb, B. L. Stoddard, K. N. Houk, F. E. Michael, and D. Baker (2010) Computational design of an enzyme catalyst for a stereoselective bimolecular Diels–Alder reaction. *Science* 329:309–313.

Turner, N. (2009) Directed evolution drives the next generation of biocatalysts. *Nature Chem. Biol.* 8:567–573.

Walsh, C. T. (2004) Polyketide and nonribosomal peptide antibiotics: Modularity and versatility. *Science* 303:1805–1810.

第 12 章

Metabolic Design Principles

Atkinson, D. E. (1977) *Cellular Energy Metabolism and Its Regulation*. Academic Press, New York. This excellent book lays out the bioenergetic foundations of metabolic processes.

Brosnan, J. T. (2005) Metabolic design principles: Chemical and physical determinants of cell chemistry. *Adv. Enzyme Regul.* 45:27–36. This essay, based largely on concepts in Atkinson's book, discusses how the design of metabolic systems follows logically from chemical and physical constraints.

Experimental Techniques in the Study of Metabolism

Cunningham, R. E. (2010) Overview of flow cytometry and fluorescent probes for flow cytometry. *Methods Mol. Biol.* 588:319–326. The power of fluorescence-activated cell sorting.

Shulman, R. G., and D. L. Rothman (2001) ^{13}C NMR of intermediary metabolism: Implications for systemic physiology. *Annu. Rev. Physiol.* 63:15–48.

Tsien, R. Y. (2009) Constructing and exploiting the fluorescent protein paintbox (Nobel Lecture). *Angew. Chem. Int. Ed. Engl.* 48:5612–5626. This review by the 2008 Chemistry Nobel Laureate describes another powerful technique for noninvasive metabolic monitoring of individual cells.

Compartmentation and Intracellular Enzyme Organization

Dzeja, P. P., and A. Terzic (2003) Phosphotransfer networks and cellular energetics. *J. Exp. Biol.* 206:2039–2047. A contemporary account of the bioenergetic role of creatine phosphate, emphasizing the importance of compartmentation as a metabolic control phenomenon.

Goodsell, D. S. (1991) Inside a living cell. *Trends Biochem. Sci.* 16:203–206. Classic drawings of the interior of a bacterial cell, based upon physical information about the sizes, shapes, and distribution of cellular constituents.

Ovádi, J., and V. Saks (2004) On the origin of intracellular compartmentation and organized metabolic systems. *Mol. Cell. Biochem.* 256–257:5–12. A concise review of evidence for the organization of sequential metabolic pathways, including both membranous complexes and complexes involving soluble enzymes.

Enzyme Control and Metabolic Regulation

Fell, D. (1997) *Understanding the Control of Metabolism*. Portland Press Ltd., London. This book goes into depth on most of the topics of this chapter, including metabolic control analysis.

Newsholme, E. A., R. A. J. Challiss, and B. Crabtree (1984) Substrate cycles: Their role in improving sensitivity in metabolic control. *Trends Biochem. Sci.* 9:277–280. A brief but lucid discussion of substrate cycle control, with several examples.

生化学の道具 12A

Freifelder, D. (1982) *Physical Biochemistry,* 2nd ed. W. H. Freeman, San Francisco. Chapter 5 of this book presents a clear description of techniques in radioactive labeling and counting.

生化学の道具 12B

Kaddurah-Daouk, R., B. S. Kristal, and R. M. Weinshilboum, (2008) Metabolomics: A global biochemical approach to drug response and disease. *Ann. Rev. Pharmacol. Tox.* 48:653–683.

第 13 章

Intracellular Organization of Glycolytic Enzymes

Ovadi, J., and P. A. Srere (2000) Macromolecular compartmentation and channeling. *Int. Rev. Cytol.* 192:255–280. This review was written by two of the pioneers of metabolic compartmentation.

Glycolytic and Gluconeogenic Enzymes

Hanson, R. W., and L. Reshef (1997) Regulation of phosphoenolpyruvate carboxykinase (GTP) gene expression. *Annu. Rev. Biochem.* 66:581–611. A great deal is known about hormonal and dietary regulation of the synthesis of PEPCK.

Hutton, J. C., and R. M. O'Brien (2009) Glucose-6-phosphatase catalytic subunit gene family. *J. Biol. Chem.* 284:29241–29245.

Jitrapakdee, S., M. St Maurice, I. Rayment, W. W. Cleland, J. C. Wallace, and P. V. Attwood (2008) Structure, mechanism and regulation of pyruvate carboxylase. *Biochem. J.* 413:369–387.

Kim, J. W., and C. V. Dang (2005) Multifaceted roles of glycolytic enzymes. *Trends Biochem. Sci.* 30:142–150. Several glycolytic enzymes have a surprising range of functions in addition to catalytic roles in glycolysis.

Kresge, N., R. D. Simoni, and R. L. Hill (2005) Otto Fritz Meyerhof and the elucidation of the glycolytic pathway. *J. Biol. Chem.* 280:e3. This review summarizes the classic papers from Meyerhof and coworkers.

Glycogen Metabolism

Aiston, S., L. Hampson, A. M. Gomez-Foix, J. J. Guinovart, and L. Agius (2001) Hepatic glycogen synthesis is highly sensitive to phosphorylase activity: Evidence from metabolic control analysis. *J. Biol. Chem.* 276:23858–23866. This paper applies metabolic control analysis (see Chapter 12) to the complexities of controlling glycogen synthesis.

Chen, Y.-T. (2001) Glycogen storage diseases. In: *The Metabolic and Molecular Bases of Inherited Disease*, edited by C. R. Scriver, A. L. Beaudet, W. S. Sly, D. Valle, B. Childs, K. W. Kinzler, and B. Vogelstein, Vol. I, Ch. 71, pp. 1521–1551. McGraw-Hill, New York. A chapter in the four-volume treatise considered the most authoritative reference on heritable metabolic human diseases.

Greenberg, C. C., M. J. Jurczak, A. M. Danos, and M. J. Brady (2006) Glycogen branches out: New perspectives on the role of glycogen metabolism in the integration of metabolic pathways. *Am. J. Physiol. Endocrinol. Metab.* 291:E1–E8.

Holton, J. B., J. H. Walter, and L. A. Tyfield (2001) Galactosemia. In *The Metabolic and Molecular Bases of Inherited Disease*, edited by C. R. Scriver, A. L. Beaudet, W. S. Sly, D. Valle, B. Childs, K. W. Kinzler, and B. Vogelstein, Vol. I, Ch. 72, pp. 1553–1587. McGraw-Hill, New York. A comprehensive review of galactosemias and related disorders.

Johnson, L. N. (2009) The regulation of protein phosphorylation. *Biochem. Soc. Trans.* 37:627–641. This excellent review describes recent as well as historical work on protein phosphorylation, including the classical studies on glycogen phosphorylase.

Leloir, L. F. (1983) Long ago and far away. *Annu. Rev. Biochem.* 52:1–16. A personal reminiscence, describing the author's Nobel Prize–winning role in the discovery of nucleotide-linked sugars and the mechanism of glycogen synthesis.

Millward, T. A., S. Zolnierowicz, and B. A. Hemmings (1999) Regulation of protein kinase cascades by protein phosphatase 2A. *Trends Biochem. Sci.* 24:186–191. A classic minireview about the control of protein phosphorylation and dephosphorylation.

Toole, B. J., and P. T. W. Cohen (2007) The skeletal muscle-specific glycogen-targeted protein phosphatase 1 plays a major role in the regulation of glycogen metabolism by adrenaline in vivo. *Cell. Signal.* 19:1044–1055.

Regulation of Carbohydrate Metabolism

Agius, L. (2008) Glucokinase and molecular aspects of liver glycogen metabolism. *Biochem. J.* 414:1–18.

Bocarsly, M. E., E. S. Powell, N. M. Avena, and B. G. Hoebel (2010) High-fructose corn syrup causes characteristics of obesity in rats: Increased body weight, body fat and triglyceride levels. *Pharmacol. Biochem. Behav.* 97:101–106. This paper presents experimental evidence supporting the link between high-fructose corn syrup and obesity and type 2 diabetes.

Brosnan, J. T. (1999) Comments on metabolic needs for glucose and the role of gluconeogenesis. *Eur. J. Clin. Nutr.* 53 Suppl 1: S107–S111.

Ceulemans, H., and M. Bollen (2004) Functional diversity of protein phosphatase-1, a cellular economizer and reset button. *Physiol. Rev.* 84:1–39.

Kim, C., C. Y. Cheng, S. A. Saldanha, and S. S. Taylor (2007) PKA-I holoenzyme structure reveals a mechanism for cAMP-dependent activation. *Cell* 130:1032–1043. Gives the structural basis for the activation of protein kinase upon dissociation into its subunits.

Lee, Y. H., Y. Li, K. Uyeda, and C. A. Hasemann (2003) Tissue-specific structure/function differentiation of the liver isoform of 6-phosphofructo-2-kinase/fructose-2,6-bisphosphatase. *J. Biol. Chem.* 278:523–530.

El-Maghrabi, M. R., F. Noto, N. Wu, and N. Manes (2001) 6-Phosphofructo-2-kinase/fructose-2,6-bisphosphatase: Suiting structure to need, in a family of tissue-specific enzymes. *Curr. Opin. Clin. Nutr. Metab. Care* 4:411–418.

Nordlie, R. C., J. D. Foster, and A. J. Lange (1999) Regulation of glucose production by the liver. *Annu. Rev. Nutr.* 19:379–406. A comprehensive review of the role of the glucose-6-phosphatase/glucokinase substrate cycle in glucose homeostasis.

Okar, D. A., C. Wu, and A. J. Lange (2004) Regulation of the regulatory enzyme, 6-phosphofructo-2-kinase/fructose-2,6-bisphosphatase. *Adv. Enzyme Regul.* 44:123–154.

Sims, R. E., W. Mabee, J. N. Saddler, and M. Taylor (2010) An overview of second generation biofuel technologies. *Bioresour. Technol.* 101: 1570–1580. A review article that describes processes under development for converting cellulosic feedstocks to usable ethanol.

Smith, W. E., S. Langer, C. Wu, S. Baltrusch, and D. A. Okar (2007) Molecular coordination of hepatic glucose metabolism by the 6-phosphofructo-2-kinase/fructose-2,6-bisphosphatase:glucokinase complex. *Mol. Endocrinol.* 21:1478–1487.

Sprang, S. R., S. G. Withers, E. J. Goldsmith, R. J. Fletterick, and N. B. Madsen (1991) Structural basis for the activation of glycogen phosphorylase *b* by adenosine monophosphate. *Science* 254:1367–1371. One of a series of reports describing the crystal structure of glycogen phosphorylase in activated and inactivated states.

Tolonen, A. C., W. Haas, A. C. Chilaka, J. Aach, S. P. Gygi, and G. M. Church (2011) Proteome-wide systems analysis of a cellulosic biofuel-producing microbe. *Mol. Syst. Biol.* 7:461. This proteomics analysis of a cellulose fermenting bacterium reveals new engineering targets for industrial biofuels production.

Valeyev, N. V., D. G. Bates, P. Heslop-Harrison, I. Postlethwaite, and N. V. Kotov (2008) Elucidating the mechanisms of cooperative calcium-calmodulin interactions: A structural systems biology approach. *BMC Syst. Biol.* 2:48. A discussion of the structural basis for the interactions of target proteins with calmodulin.

Vander Heiden, M. G., L. C. Cantley, and C. B. Thompson (2009) Understanding the Warburg effect: The metabolic requirements of cell proliferation. *Science* 324:1029–1033. This short review describes the role of aerobic glycolysis in cancer.

Welch, E. J., B. W. Jones, and J. D. Scott (2010) Networking with AKAPs: Context-dependent regulation of anchored enzymes. *Mol. Interv.* 10:86–97. Many hormonal signals involve cAMP-dependent protein kinase A activation, and location of protein kinase within the cell helps to establish specificity of particular signaling pathways.

Zhao, S., W. Xu, W. Jiang, W. Yu, Y. Lin, T. Zhang, J. Yao, L. Zhou, Y. Zeng, H. Li, Y. Li, J. Shi, W. An, S. M. Hancock, F. He, L. Qin, J. Chin, P. Yang, X. Chen, Q. Lei, Y. Xiong, and K. L. Guan (2010) Regulation of cellular metabolism by protein lysine acetylation. *Science* 327:1000–1004. This recent work suggests yet another covalent modification (acetylation) involved in regulation of glycolysis and gluconeogenesis.

Analysis of Carbohydrate Metabolism by In Vivo NMR

Shulman, R. G., and D. L. Rothman (2001) ^{13}C NMR of intermediary metabolism: Implications for systemic physiology. *Annu. Rev. Physiol.* 63:15–48. This review summarizes how NMR studies have changed some of our concepts about energy metabolism and its regulation.

van Zijl, P. C., C. K. Jones, J. Ren, C. R. Malloy, and A. D. Sherry (2007) MRI detection of glycogen in vivo by using chemical exchange saturation transfer imaging (glycoCEST). *Proc. Natl. Acad. Sci. USA* 104:4359–4364.

Oscillations of Glycolytic Intermediates

O'Neill, J. S., and A. B. Reddy (2011) Circadian clocks in human red blood cells. *Nature* 469:498–503. NADH and ATP levels oscillate with a 24-hour rhythm.

Richard, P. (2003) The rhythm of yeast. *FEMS Microbiol. Rev.* 27:547–557. A review of the oscillatory behavior of the glycolytic pathway in yeast.

Richter, P. H., and J. Ross (1981) Concentration oscillations and efficiency: Glycolysis. *Science* 211:715–716. A theoretical discussion of the energetic advantages to a living system of the oscillations observed in levels of glycolytic intermediates.

Tu, B. P., R. E. Mohler, J. C. Liu, K. M. Dombek, E. T. Young, R. E. Synovec, and S. L. McKnight (2007) Cyclic changes in metabolic state during the life of a yeast cell. *Proc. Natl. Acad. Sci. USA* 104:16886–16891. This paper nicely illustrates the power of metabolomics.

Evolution of Carbohydrate Metabolic Pathways

Martin, W., J. Baross, D. Kelley, and M. J. Russell (2008) Hydrothermal vents and the origin of life. *Nat. Rev. Microbiol.* 6:805–814.

Pentose Phosphate Pathway and Oxidative Stress

Sies, H. (1999) Glutathione and its role in cellular functions. *Free Radic. Biol. Med.* 27:916–921. Reviews the chemistry and biochemistry of this important biological reductant.

Wamelink, M. M., E. A. Struys, and C. Jakobs (2008) The biochemistry, metabolism, and inherited defects of the pentose phosphate pathway: A review. *J. Inherit. Metab. Dis.* 31:703–717.

生化学の道具 13A

Bruckner, A., C. Polge, N. Lentze, D. Auerbach, and U. Schlattner (2009) Yeast two-hybrid, a powerful tool for systems biology. *Int. J. Mol. Sci.* 10:2763–2788. A comprehensive review of the widely used two-hybrid technique.

Scarano, S., M. Mascini, A. P. Turner, and M. Minunni (2010) Surface plasmon resonance imaging for affinity-based biosensors. *Biosens. Bioelectron.* 25:957–966.

第 14 章

Regulation of the Citric Acid Cycle

Atkinson, D. E. (1977) *Cellular Energy Metabolism and Its Regulation.* Academic Press, New York. Provocative remarks by the person who originated the concept of adenylate energy charge.

Denton, R. M., and J. G. McCormack (1990) Ca^{2+} as a second messenger within mitochondria of the heart and other tissues. *Annu. Rev. Physiol.* 52:451–466. Detailed review of the relationship between intramitochondrial calcium levels and the demand for energy generation.

Maj, M. C., J. M. Cameron, and B. H. Robinson (2006) Pyruvate dehydrogenase phosphatase deficiency: Orphan disease or an under-diagnosed condition? *Mol. Cell. Endocrinol.* 249:1–9.

Nichols, B. J., M. Rigoulet, and R. M. Denton (1994) Comparison of the effects of Ca^{2+}, adenine nucleotides and pH on the kinetic properties of mitochondrial NAD(+)-isocitrate dehydrogenase and oxoglutarate dehydrogenase from the yeast *Saccharomyces cerevisiae* and rat heart. *Biochem. J.* 303:461–465.

Ottaway, J. H., J. A. McClellan, and C. L. Saunderson (1981) Succinic thiokinase and metabolic control. *Int. J. Biochem.* 13:401–410. Discusses equilibrium considerations of ATP- vs. GTP-dependent succinyl-CoA synthetase.

Roche, T. E., and Y. Hiromasa (2007) Pyruvate dehydrogenase kinase regulatory mechanisms and inhibition in treating diabetes, heart ischemia, and cancer. *Cell. Mol. Life Sci.* 64:830–849.

Sugden, M. C., and M. J. Holness (2006) Mechanisms underlying regulation of the expression and activities of the mammalian pyruvate dehydrogenase kinases. *Arch. Physiol. Biochem.* 112:139–149. These two reviews discuss the role of phosphorylation in the regulation of the pyruvate dehydrogenase complex in mammals.

Enzymes of the Citric Acid Cycle and Related Pathways

Briere, J.-J., J. Favier, A.-P. Gimenez-Roqueplo, and P. Rustin (2006) Tricarboxylic acid cycle dysfunction as a cause of human diseases and tumor formation. *Am. J. Physiol. Cell. Physiol.* 291:C1114–C1120. Reviews the linkage between defects in citric acid cycle enzymes and human disease.

Jitrapakdee, S., St. M. Maurice, I. Rayment, W. W. Cleland, J. C. Wallace, and P. V. Attwood (2008) Structure, mechanism and regulation of pyruvate carboxylase. *Biochem. J.* 413:369–387. An excellent review on the structure and function of this multifunctional biotin-dependent enzyme.

Kaelin, W. G., Jr., and C. B. Thompson (2010) Q&A: Cancer: Clues from cell metabolism. *Nature* 465:562–564. This short article describes how mutations in metabolic enzymes, including citric acid cycle enzymes, can lead to cancer.

Kern, D., G. Kern, H. Neef, K. Tittmann, M. Killenberg-Jabs, C. Wilkner, G. Schneider, and G. Hübner (1997) How thiamine diphosphate is activated in enzymes. *Science* 275:67–70. This paper describes NMR experiments that establish how the reactive carbanion is formed in thiamine pyrophosphate–dependent reactions.

Lambeth, D. O. (2006) Reconsideration of the significance of substrate-level phosphorylation in the citric acid cycle. *Biochem. Mol. Biol. Educ.* 34:21–29. Discusses the existence and roles of ATP- and GTP-dependent succinyl-CoA synthetase isozymes in animals.

Lauble, H., M. C. Kennedy, M. H. Emptage, H. Beinert, and C. D. Stout (1996) The reaction of fluorocitrate with aconitase and the crystal structure of the enzyme-inhibitor complex. *Proc. Natl. Acad. Sci. USA* 93:13699–13703.

Mesecar, A. D., and D. E. Koshland Jr. (2000) A new model for protein stereospecificity. *Nature* 403:614–615. A concise illustration of the four-point location model to explain stereospecific binding to enzymes.

Perham, R. N. (2000) Swinging arms and swinging domains in multifunctional enzymes: Catalytic machines for multistep reactions. *Annu. Rev. Biochem.* 69:961–1004. An excellent review of multienzyme complexes, including those that use lipoic acid and biotin.

Rutter, J., D. R. Winge, and J. D. Schiffman (2010) Succinate dehydrogenase—Assembly, regulation and role in human disease. *Mitochondrion* 10:393–401. A concise review on the biochemistry and medical connections of this key respiratory enzyme.

Srere, P. A., A. D. Sherry, C. R. Malloy, and B. Sumegi (1997) Channelling in the Krebs tricarboxylic acid cycle. In *Channelling in Intermediary Metabolism*, L. Agius, and H. S. A. Sherratt, eds., Vol. IX, pp. 201–217. Portland Press Ltd., London. A general review of the concept of metabolons and channeling in metabolic pathways.

Velot, C., M. B. Mixon, M. Teige, and P. A. Srere (1997) Model of a quinary structure between Krebs TCA cycle enzymes: A model for the metabolon. *Biochemistry* 36:14271–14276. This paper describes a novel experimental approach to understanding how enzymes that catalyze sequential reactions interact with each other to facilitate catalysis of multistep pathways.

Wolodko, W. T., M. E. Fraser, M. N. James, and W. A. Bridger (1994) The crystal structure of succinyl-CoA synthetase from *Escherichia coli* at 2.5-Å resolution. *J. Biol. Chem.* 269:10883–10890. This paper describes the role of helix dipoles in stabilizing reaction intermediates.

Zhou, Z. H., D. B. McCarthy, C. M. O'Connor, L. J. Reed, and J. K. Stoops (2001) The remarkable structural and functional organization of the eukaryotic pyruvate dehydrogenase complexes. *Proc. Natl. Acad. Sci. USA* 98:14802–14807.

Experimental Background of the Citric Acid Cycle

Krebs, H. A. (1970) The history of the tricarboxylic acid cycle. *Perspect. Biol. Med.* 14:154–170. A historical account by the man responsible for most of the history.

Reed, L. J. (2001) A trail of research from lipoic acid to alpha-keto acid dehydrogenase complexes. *J. Biol. Chem.* 276:38329–38336. A historical account by the discoverer of lipoic acid and its role in pyruvate dehydrogenase.

Snell, E. E. (1993) From bacterial nutrition to enzyme structure: A personal odyssey. *Annu. Rev. Biochem.* 62:1–28. A memoir by one of the scientists most intimately involved in discoveries of vitamins and coenzymes.

Sumegi, B., A. D. Sherry, and C. R. Malloy (1990) Channeling of TCA cycle intermediates in cultured *Saccharomyces cerevisiae*. *Biochemistry* 29:9106–9110. This paper describes ^{13}C-NMR studies that revealed nonrandom labeling of the symmetrical succinate and fumarate intermediates, suggesting substrate channeling in the cycle.

The Glyoxylate Cycle

Eastmond, P. J., and I. A. Graham (2001) Re-examining the role of the glyoxylate cycle in oilseeds. *Trends Plant Sci.* 6:72–78.

第15章

Historical Background

Lehninger, A. L. (1965) *The Mitochondrion: Molecular Basis of Structure and Function.* Benjamin, New York. An account of the earlier work by one who contributed much to it.

Saier, M. H., Jr. (1997) Peter Mitchell and his chemiosmotic theories. *ASM News* 63:13–21. A short scientific biography of the biochemist who proposed the proton gradient as the driving force for ATP synthesis.

Mitochondrial Structure and Function

Kiberstis, P. A. (1999) Mitochondria make a comeback. *Science* 283:1475. An introductory essay to a special section of *Science*, with four contemporary reviews—of mitochondrial evolution, mitochondrial diseases, oxidative phosphorylation, and mitochondrial genetics.

Palmieri, F. (2004) The mitochondrial transporter family (SLC25): Physiological and pathological implications. *Pflugers Arch.* 447:689–709. A review on the carriers that transport metabolites across the inner membrane.

Scheffler, I. E. (2008) *Mitochondria.* Wiley-Liss, Hoboken, New Jersey. An up-to-date compendium of mitochondrial structure, function, genetics, and evolution.

Tzagoloff, A. (1982) *Mitochondria.* Plenum, New York. A concise, well-illustrated book-length review of mitochondrial structure and function.

Mechanisms in Electron Transport

Beinert, H., R. H. Holm, and E. Münck (1997) Iron–sulfur clusters: Nature's modular, multipurpose structures. *Science* 277:653–659. A review of the roles of these structures in oxidative enzymes and their numerous other roles.

Brandt, U. (2006) Energy converting NADH:quinone oxidoreductase (complex I). *Annu. Rev. Biochem.* 75:69–92. A review of the structure and function of complex I.

Brzezinski, P., J. Reimann, and P. Adelroth (2008) Molecular architecture of the proton diode of cytochrome *c* oxidase. *Biochem. Soc. Trans.* 36:1169–1174. A review of the structure and proton pumping mechanism of complex IV.

Crofts, A. R., J. T. Holland, D. Victoria, D. R. Kolling, S. A. Dikanov, R. Gilbreth, S. Lhee, R. Kuras, and M. G. Kuras (2008) The Q-cycle reviewed: How well does a monomeric mechanism of the bc_1 complex account for the function of a dimeric complex? *Biochim. Biophys. Acta* 1777:1001–1019.

Huang, L. S., D. Cobessi, E. Y. Tung, and E. A. Berry (2005) Binding of the respiratory chain inhibitor antimycin to the mitochondrial bc_1 complex: A new crystal structure reveals an altered intramolecular hydrogen-bonding pattern. *J. Mol. Biol.* 351:573–597. Insights into the Q cycle from the structure of complex III.

Sazanov, L. A., and P. Hinchliffe (2006) Structure of the hydrophilic domain of respiratory complex I from *Thermus thermophilus*. *Science* 311:1430–1436.

Sun, F., X. Huo, Y. Zhai, A. Wang, J. Xu, D. Su, M. Bartlam, and Z. Rao (2005) Crystal structure of mitochondrial respiratory membrane protein complex II. *Cell* 121:1043–1057.

Vonck, J., and E. Schafer (2009) Supramolecular organization of protein complexes in the mitochondrial inner membrane. *Biochim. Biophys. Acta* 1793:117–124.

Mechanisms in Oxidative Phosphorylation

Abrahams, J. P., A. G. Leslie, R. Lutter, and J. E. Walker (1994) Structure at 2.8 Å resolution of F_1 ATPase from bovine heart mitochondria. *Nature* 370:621–626. The X-ray structure that confirms essential features of the mechanism of oxidative phosphorylation.

Boyer, P. D. (1997) The ATP synthase—A splendid molecular machine. *Annu. Rev. Biochem.* 66:717–750. A mechanistic analysis of the function of F_0F_1 ATP synthase by the person who predicted the correct mechanism of ATP synthesis and did the crucial early experiments.

Campanella, M., N. Parker, C. H. Tan, A. M. Hall, and M. R. Duchen (2009) IF_1: Setting the pace of the F_1F_0-ATP synthase. *Trends Biochem. Sci.* 34:343–350. A discussion of the role of an F_1F_0-ATP synthase inhibitor protein.

Hinkle, P. C., M. A. Kumar, A. Resetar, and D. L. Harris (1991) Mechanistic stoichiometry of mitochondrial oxidative phosphorylation. *Biochemistry* 30:3576–3582. A careful conceptual and experimental analysis that questions whether P/O ratios need be integral.

Nicholls, D. G., and S. J. Ferguson, (2002) *Bioenergetics 3*, Academic Press, London, UK. An excellent source on the thermodynamics and mechanisms of chemiosmosis and redox chemistry.

Noji, H., and M. Yoshida (2001) The rotary machine in the cell, ATP synthase. *J. Biol. Chem.* 276:1665–1668. A minireview on the experimental evidence for rotation of the complex in the membrane.

Strauss, M., G. Hofhaus, R. R. Schröder, and W. Kühlbrandt (2008) Dimer ribbons of ATP synthase shape the inner mitochondrial membrane. *EMBO J.* 27:1154–1160.

Walker, J. E., and V. K. Dickson (2006) The peripheral stalk of the mitochondrial ATP synthase. *Biochim. Biophys. Acta* 1757:286–296. A review of the structure of the F_1F_0 ATP synthase.

Watt, I. N., M. G. Montgomery, M. J. Runswick, A. G. Leslie, and J. E. Walker (2010) Bioenergetic cost of making an adenosine triphosphate molecule in animal mitochondria. *Proc. Natl. Acad. Sci. USA* 107:16823–16827. The structure of the bovine mitochondrial c-ring reveals the stoichiometry of ATP synthesis in higher eukaryotes.

Weber, J., and A. E. Senior (2003) ATP synthesis driven by proton transport in F_1F_0-ATP synthase. *FEBS Lett.* 545:61–70. A review on the path of protons through the F_0 component.

Yasuda, R., H. Noji, K. Kinosita, Jr., and M. Yoshida (1998) F_1 ATPase is a highly efficient molecular motor that rotates with discrete 120° steps. *Cell* 93:1117–1124. Direct evidence for rotation from fluorescence microscopy.

Mitochondrial Genetics, Diseases, and Evolution

DiMauro, S. (2004) Mitochondrial diseases. *Biochim. Biophys. Acta* 1658: 80–88.

Embley, T. M., and W. Martin (2006) Eukaryotic evolution, changes and challenges. *Nature* 440:623–630. Reviews current thinking on the origins of mitochondria and eukaryotic cells.

Lane, N. (2005) *Power, Sex, Suicide. Mitochondria and the Meaning of Life.* Oxford University Press, Oxford. This excellent book presents the case for the centrol role played by mitochondria in the evolution of eukaryotic cells, and the consequences for human disease and aging.

Palmieri, F. (2008) Diseases caused by defects of mitochondrial carriers: A review. *Biochim. Biophys. Acta* 1777:564–578.

Oxygen Metabolism

Addabbo, F., M. Montagnani, and M. S. Goligorsky (2009) Mitochondria and reactive oxygen species. *Hypertension* 53:885–892.

Beckman, K. B., and B. N. Ames (1998) The free radical theory of aging. *Physiol. Rev.* 78:547–581. A comprehensive review from Bruce Ames, an early proponent of the idea that oxidative damage causes cancer and aging.

Dickinson, B. C., and C. J. Chang (2011) Chemistry and biology of reactive oxygen species in signaling or stress responses. *Nat. Chem. Biol.* 7:504–511.

Fridovich, I. (1995) Superoxide radical and superoxide dismutases. *Annu. Rev. Biochem.* 64:97–112. A review by the discoverer of superoxide dismutase.

Guengerich, F. P. (2008) Cytochrome P450 and chemical toxicology. *Chem. Res. Toxicol.* 21:70–83.

Hall, A., P. A. Karplus, and L. B. Poole (2009) Typical 2-Cys peroxiredoxins—structures, mechanisms and functions. *FEBS J.* 276: 2469–2477.

Murphy, M. P. (2009) How mitochondria produce reactive oxygen species. *Biochem. J.* 417:1–13.

Wallace, D. C. (2005) A mitochondrial paradigm of metabolic and degenerative diseases, aging, and cancer: A dawn for evolutionary medicine. *Annu. Rev. Genet.* 39:359–407.

Winterbourn, C. C. (2008) Reconciling the chemistry and biology of reactive oxygen species. *Nat. Chem. Biol.* 4:278–286.

第16章

General

Blankenship, R. E. (2007) *Molecular Mechanisms of Photosynthesis.* John Wiley & Sons, Ltd., Chichester. A concise, but complete, introduction to the history, chemistry, mechanisms, physiology, and evolution of photosynthetic systems.

Bowsher, C., M. W. Steer, and A. K. Tobin (2008) *Plant Biochemistry.* Garland Science, New York. An introduction to all aspects of the biochemistry of plants.

Clayton, R. K. (1980) *Photosynthesis: Physical Mechanisms and Chemical Patterns.* Cambridge University Press, Cambridge. Although somewhat superseded by more recent work, this remains an excellent summary of the more physical aspects of photosynthesis, written by one of the pioneers.

Evolution of Photosynthesis

Allen, J. F., and W. Martin (2007) Evolutionary biology: Out of thin air. *Nature* 445:610–612.

Leslie, M. (2009) On the origin of photosynthesis. *Science* 323:1286–1287.

Mulkidjanian, A. Y., E. V. Koonin, K. S. Makarova, S. L. Mekhedov, A. Sorokin, Y. I. Wolf, A. Dufresne, F. Partensky, H. Burd, D. Kaznadzey, R. Haselkorn, and M. Y. Galperin (2006) The cyanobacterial genome core and the origin of photosynthesis. *Proc. Natl. Acad. Sci. USA* 103:13126–13131. Describes a genomic analysis of cyanobacterial photosystems.

Raymond, J., O. Zhaxybayeva, J. P. Gogarten, S. Y. Gerdes, and R. E. Blankenship (2002) Whole-genome analysis of photosynthetic prokaryotes. *Science* 298:1616–1620. Provides evidence for lateral transfer of photosystem genes.

Light Reactions

Barber, J. (2008) Photosynthetic generation of oxygen. *Philos. Trans. R. Soc. Lond. B. Biol. Sci.* 363:2665–2674. A review of the structure and function of photosystem II.

Kargul, J., and J. Barber (2008) Photosynthetic acclimation: Structural reorganisation of light harvesting antenna—role of redox-dependent phosphorylation of major and minor chlorophyll a/b binding proteins. *FEBS J.* 275:1056–1068. A mini-review of state transitions in chloroplasts.

McEvoy, J. P., and G. W. Brudvig (2006) Water-splitting chemistry of photosystem II. *Chem. Rev.* 106:4455–4483. A detailed review of the chemistry and structure of the manganese cluster of the oxygen-evolving complex.

Rochaix, J.-D. (2011) Regulation of photosynthetic electron transport. *Biochim. Biophys. Acta-Bioenergetics* 1807:375–383.

Yano, J., J. Kern, Y. Pushkar, K. Sauer, P. Glatzel, U. Bergmann, J. Messinger, A. Zouni, and V. K. Yachandra (2008) High-resolution structure of the photosynthetic Mn_4Ca catalyst from X-ray spectroscopy. *Philos. Trans. R. Soc. Lond. B. Biol. Sci.* 363:1139–1147.

Structures

Amunts, A., and N. Nelson (2009) Plant photosystem I design in the light of evolution. *Structure* 17:637–650.

Cramer, W. A., H. Zhang, J. Yan, G. Kurisu, and J. L. Smith (2006) Transmembrane traffic in the cytochrome b_6f complex. *Annu. Rev. Biochem.* 75:769–790.

Deisenhofer, J., and H. Michel (2004) The photosynthetic reaction centre from the purple bacterium *Rhodopseudomonas viridis*. *Biosci. Rep.* 24:323–361. This is a republication of Deisenhofer's and Michel's 1988 Nobel Prize lecture—it describes the history, methods, struggles, and ultimate triumph of solving the X-ray structure of a membrane protein.

Guskov, A., J. Kern, A. Gabdulkhakov, M. Broser, A. Zouni, and W. Saenger (2009) Cyanobacterial photosystem II at 2.9-A resolution and the role of quinones, lipids, channels and chloride. *Nat. Struct. Mol. Biol.* 16:334–342. Describes the structure of the *Thermosynechococcus elongatus* PSII complex illustrated in Figure 16.14.

Li, L., S. Nachtergaele, A. M. Seddon, V. Tereshko, N. Ponomarenko, and R. F. Ismagilov (2008) Simple host-guest chemistry to modulate the process of concentration and crystallization of membrane proteins by detergent capture in a microfluidic device. *J. Am. Chem. Soc.* 130: 14324–14328. Describes the structure of the purple bacterial reaction center complex illustrated in Figure 16.20.

Standfuss, J., A. C. Terwisscha van Scheltinga, M. Lamborghini, and W. Kuhlbrandt (2005) Mechanisms of photoprotection and nonphotochemical quenching in pea light-harvesting complex at 2.5 A resolution. *EMBO J.* 24:919–928. The structure of LHCII (Figure 16.10).

Dark Reactions and Photorespiration

Benson, A. A. (2002) Following the path of carbon in photosynthesis: A personal story. *Photosyn. Res.* 73:29–49.

Foyer, C. H., A. J. Bloom, G. Queval, and G. Noctor (2009) Photorespiratory metabolism: Genes, mutants, energetics, and redox signaling. *Annu. Rev. Plant Biol.* 60:455–484.

Lemaire, S. D., L. Michelet, M. Zaffagnini, V. Massot, and E. Issakidis-Bourguet (2007) Thioredoxins in chloroplasts. *Curr. Genet.* 51: 343–365. A review of the role of thioredoxins in controlling the dark reactions.

Parry, M. A., A. J. Keys, P. J. Madgwick, A. E. Carmo-Silva, and P. J. Andralojc (2008) Rubisco regulation: A role for inhibitors. *J. Exp. Bot.* 59:1569–1580; A. R. Portis, Jr., C. Li, D. Wang, and M. E. Salvucci (2008) Regulation of rubisco activase and its interaction with rubisco. *J. Exp. Bot.* 59:1597–1604. Recent reviews of the regulation of rubisco.

Tabita, F. R., T. E. Hanson, S. Satagopan, B. H. Witte, and N. E. Kreel (2008) Phylogenetic and evolutionary relationships of RubisCO and the RubisCO-like proteins and the functional lessons provided by diverse molecular forms. *Philos. Trans. R. Soc. Lond. B. Biol. Sci.* 363:2629–2640.

Artificial Photosynthesis

Brimblecombe, R., D. R. Kolling, A. M. Bond, G. C. Dismukes, G. F. Swiegers, and L. Spiccia (2009) Sustained water oxidation by $[Mn_4O_4]_7^+$ core complexes inspired by oxygenic photosynthesis. *Inorg. Chem.* 48:7269–7279. Describes development of the solar cell illustrated in Figure 16.22.

Service, R. F. (2009) New trick for splitting water with sunlight. *Science* 325: 1200–1201. Discusses recent advances in artificial photosynthesis.

第 17 章

Lipid and Lipoprotein Metabolism in Animals

Brasaemle, D. L. (2007) Thematic review series: Adipocyte biology. The perilipin family of structural lipid droplet proteins: Stabilization of lipid droplets and control of lipolysis. *J. Lipid Res.* 48:2547–2559.

Chester, A., J. Scott, S. Anant, and N. Navaratnam (2000) RNA editing: Cytidine to uridine conversion in apolipoprotein B mRNA. *Biochim. Biophys. Acta* 1494:1–13.

Goldstein, J. L., and M. S. Brown (2009) The LDL receptor. *Arterioscler. Thromb. Vasc. Biol.* 29:431–438. A short account of the discovery and actions of the LDL receptor, written by its discoverers.

Havel, R. J., and J. P. Kane (2001) Introduction: Structure and metabolism of plasma lipoproteins. In *The Metabolic and Molecular Bases of Inherited Disease*, C. R. Scriver, A. L. Beaudet, W. S. Sly, D. Valle, B. Childs, K. W. Kinzler, and B. Vogelstein, eds., Vol. II, Ch. 114, pp. 2705–2716, McGraw-Hill, New York. The first in a series of 10 chapters dealing with clinical disorders of lipid and lipoprotein metabolism.

Schmid, S. L. (1997) Clathrin-coated vesicle formation and protein sorting: An integrated process. *Annu. Rev. Biochem.* 66:511–548. A review of the biochemistry of endocytosis and protein sorting.

Steinberg, D. (2009) The LDL modification hypothesis of atherogenesis: An update. *J. Lipid Res.* 50 Suppl:S376–S381. An update on the role of LDL oxidation in atherogenesis.

Zechner, R., P. C. Kienesberger, G. Haemmerle, R. Zimmermann, and A. Lass (2009) Adipose triglyceride lipase and the lipolytic catabolism of cellular fat stores. *J. Lipid Res.* 50:3–21. An excellent review on the enzymology and hormonal control of fat mobilization.

Fatty Acid Metabolism

Hiltunen, J. K., M. S. Schonauer, K. J. Autio, T. M. Mittelmeier, A. J. Kastaniotis, and C. L. Dieckmann (2009) Mitochondrial fatty acid synthesis type II: More than just fatty acids. *J. Biol. Chem.* 284: 9011–9015. A short review on the enzymes and physiological roles of mitochondrial fatty acid synthesis.

Jansen, G. A., and R. J. Wanders (2006) Alpha-oxidation. *Biochim. Biophys. Acta* 1763:1403–1412.

Kemp, S., and R. Wanders (2010) Biochemical aspects of X-linked adrenoleukodystrophy. *Brain Pathol.* 20:831–837.

Khosla, C., Y. Tang, A. Y. Chen, N. A. Schnarr, and D. E. Cane (2007) Structure and mechanism of the 6-deoxyerythronolide B synthase. *Annu. Rev. Biochem.* 76:195–221.

Kim, J. J., and K. P. Battaile (2002) Burning fat: The structural basis of fatty acid beta-oxidation. *Curr. Opin. Struct. Biol.* 12:721–728. Summarizes the different isozymes that participate in the mammalian mitochondrial pathway.

Maier, T., M. Leibundgut, and N. Ban (2008) The crystal structure of a mammalian fatty acid synthase. *Science* 321:1315–1322. Presents a model for the structure and mechanism of a type I fatty acid synthase.

McGarry, J. D., and N. F. Brown (1997) The mitochondrial carnitine palmitoyltransferase system. From concept to molecular analysis. *Eur. J. Biochem.* 244:1–14.

Prentki, M., and S. R. Madiraju (2008) Glycerolipid metabolism and signaling in health and disease. *Endocr. Rev.* 29:647–676. A detailed discussion of triacylglycerol/free fatty acid cycling and its metabolic roles.

Rector, R. S., R. M. Payne, and J. A. Ibdah (2008) Mitochondrial trifunctional protein defects: Clinical implications and therapeutic approaches. *Adv. Drug Deliv. Rev.* 60:1488–1496.

Saggerson, D. (2008) Malonyl-CoA, a key signaling molecule in mammalian cells. *Ann. Rev. Nutr.* 28:253–272. Reviews the regulation of fatty acid metabolism.

Smith, S., and S. C. Tsai (2007) The type I fatty acid and polyketide synthases: A tale of two megasynthases. *Nat. Prod. Rep.* 24: 1041–1072. A detailed discussion of the protein chemistry of the eukaryotic multifunctional proteins involved in fatty acid and polyketide synthesis.

Biochemical Insights into Obesity

Muoio, D. M., and C. B. Newgard (2006) Obesity-related derangements in metabolic regulation. *Annu. Rev. Biochem.* 75:367–401.

Savage, D. B., K. F. Petersen, and G. I. Shulman (2007) Disordered lipid metabolism and the pathogenesis of insulin resistance. *Physiol. Rev.* 87:507–520.

第18章

Hormonal Regulation of Fuel Metabolism

Cheng, Z., Y. Tseng, and M. F. White (2010) Insulin signaling meets mitochondria in metabolism. *Trends Endocrinol. Metab.* 21:589–598. This review summarizes recent studies on insulin and mitochondrial metabolism, including links to the SIRT1/PGC1α pathway.

Fernandez-Marcos, P. J., and J. Auwerx (2011) Regulation of PGC-1α, a nodal regulator of mitochondrial biogenesis. *Am. J. Clin. Nutr.* 93:884S-890S.

Saggerson, D. (2008) Malonyl-CoA, a key signaling molecule in mammalian cells. *Ann. Rev. Nutr.* 28:253–272. This article reviews the diverse range of metabolic functions for this fatty acid intermediate.

Sugden, M. C., M. G. Zariwala, and M. J. Holness (2009) PPARs and the orchestration of metabolic fuel selection. *Pharmacol. Res.* 60:141–150. This review describes recent advances in our understanding of the role of the peroxisome proliferator-activated receptors in the control of fuel selection.

Wahren, J., and K. Ekberg (2007) Splanchnic regulation of glucose production. *Annu. Rev. Nutr.* 27:329–345. This article reviews the contributions of hepatic gluconeogenesis and glycogenolysis to the supply of glucose for the peripheral organs.

Xiao, B., M. J. Sanders, E. Underwood, R. Heath, F. V. Mayer, D. Carmena, C. Jing, P. A. Walker, J. F. Eccleston, L. F. Haire, P. Saiu, S. A. Howell, R. Aasland, S. R. Martin, D. Carling, and S. J. Gamblin, (2011) Structure of mammalian AMPK and its regulation by ADP. *Nature* 472:230–233.

AMPK, mTOR, and Sirtuins

Bao, J., and M. N. Sack (2010) Protein deacetylation by sirtuins: Delineating a post-translational regulatory program responsive to nutrient and redox stressors. *Cell. Mol. Life Sci.* 67:3073–3087.

Donmez, G., and L. Guarente (2010) Aging and disease: Connections to sirtuins. *Aging Cell* 9:285–290. This article reviews the connections between calorie restriction, sirtuins, and aging in mammals.

Finkel, T., C. X. Deng, and R. Mostoslavsky (2009) Recent progress in the biology and physiology of sirtuins. *Nature* 460:587–591.

Guan, K.-L., and Y. Xiong (2011) Regulation of intermediary metabolism by protein acetylation. *Trends Biochem. Sci.* 36:108–116. This review highlights new studies into the role of reversible acetylation in the regulation of glycolysis and gluconeogenesis, citric acid cycle, glycogen metabolism, fatty acid metabolism, and the urea cycle and nitrogen metabolism.

Hallows, W. C., B. C. Smith, S. Lee, and J. M. Denu (2009) Ure(k)a! Sirtuins regulate mitochondria. *Cell* 137:404–406 and Huang, J. Y., M. D. Hirschey, T. Shimazu, L. Ho, and E. Verdin (2010) Mitochondrial sirtuins. *Biochim. Biophys. Acta* 1804:1645–1651. These two articles summarize new results on the roles of sirtuins in regulating mitochondrial processes such as the urea cycle.

Hardie, D. G., S. A. Hawley, and J. W. Scott (2006) AMP-activated protein kinase—development of the energy sensor concept. *J. Physiol.* 574:7–15.

Steinberg, G. R., and B. E. Kemp (2009) AMPK in health and disease. *Physiol. Rev.* 89:1025–1078. A comprehensive review of AMPK function.

Woods, S. C., R. J. Seeley, and D. Cota (2008) Regulation of food intake through hypothalamic signaling networks involving mTOR. *Annu. Rev. Nutr.* 28:295–311. A recent review on the control of food intake in mammals.

Yang, Q., and K. L. Guan (2007) Expanding mTOR signaling. *Cell Res.* 17:666–681. This article reviews the many facets of mTOR function in energy homeostasis.

Diabetes and Obesity

Colman, R. J., R. M. Anderson, S. C. Johnson, E. K. Kastman, K. J. Kosmatka, T. M. Beasley, D. B. Allison, C. Cruzen, H. A. Simmons, J. W. Kemnitz, and R. Weindruch (2009) Caloric restriction delays disease onset and mortality in rhesus monkeys. *Science* 325:201–204.

Erion, D. M., and G. I. Shulman (2010) Diacylglycerol-mediated insulin resistance. *Nat. Med.* 16:400–402. A short review on the role of diacylglycerol in the lipid overload hypothesis of diabetes.

Friedman, J. M. (2010) A tale of two hormones. *Nat. Med.* 16:1100–1106. A brief history of the discoveries of insulin and leptin, written by the discoverer of leptin.

Houtkooper, R. H., and J. Auwerx (2010) Obesity: New life for antidiabetic drugs. *Nature* 466:443–444. This commentary discusses a new result that changes our view of how the thiazolidinediones work in the treatment of diabetes.

Hummasti, S., and G. S. Hotamisligil (2010) Endoplasmic reticulum stress and inflammation in obesity and diabetes. *Circ. Res.* 107:579–591. A detailed review on the inflammation hypothesis of diabetes.

Savage, D. B., K. F. Petersen, and G. I. Shulman (2007) Disordered lipid metabolism and the pathogenesis of insulin resistance. *Physiol. Rev.* 87:507–520. A detailed review of the lipid overload hypothesis.

第19章

Phospholipid Metabolism

Cornell, R. B., and I. C. Northwood (2000) Regulation of CTP:phosphocholine cytidylyltransferase by amphitropism and relocalization. *Trends Biochem. Sci.* 25:441–447. Describes the activation of this rate-limiting enzyme by membrane association.

Cronan, J. E. (2003) Bacterial membrane lipids: Where do we stand? *Annu. Rev. Microbiol.* 57:203–224. Summarizes recent data on the synthesis and function of phospholipids in bacteria.

Gelb, M. H., M. K. Jain, A. M. Hanel, and O. G. Berg (1995) Interfacial enzymology of glycerolipid hydrolases: Lessons from secreted phospholipase A_2. *Annu. Rev. Biochem.* 64:654–688. Enzymes that act upon lipid substrates in membranes operate at interfaces and follow rather different kinetic expressions.

Lessig, J., and B. Fuchs (2009) Plasmalogens in biological systems: Their role in oxidative processes in biological membranes, their contribution to pathological processes and aging and plasmalogen analysis. *Curr. Med. Chem.* 16:2021–2041.

Pan, Y. H., and B. J. Bahnson (2007) Structural basis for bile salt inhibition of pancreatic phospholipase A_2. *J. Mol. Biol.* 369:439–450.

Shindou, H., and T. Shimizu (2009) Acyl-CoA:lysophospholipid acyltransferases. *J. Biol. Chem* 284:1–5. A review of the phospholipid remodeling pathway (Lands' cycle) in mammals.

Vance, D. E., and J. E. Vance (2009) Physiological consequences of disruption of mammalian phospholipid biosynthetic genes. *J. Lipid Res.* 50 Suppl.:S132–S137. This review describes what we have learned about phospholipid biosynthesis from knockout mice.

Wanders, R. J., and H. R. Waterham (2006) Biochemistry of mammalian peroxisomes revisited. *Annu. Rev. Biochem.* 75:295–332. These organelles carry out several lipid metabolic pathways, notably ether phospholipid synthesis.

Zhang, Y. M., and C. O. Rock (2008) Membrane lipid homeostasis in bacteria. *Nat. Rev. Microbiol.* 6:222–233.

Sphingolipids

Bartke, N., and Y. A. Hannun (2009) Bioactive sphingolipids: Metabolism and function. *J. Lipid Res.* 50 Suppl.:S91–S96. This minireview discusses the biosynthetic pathways and the signaling functions of sphingolipids.

Gravel, R. A., M. M. Kaback, R. L. Proia, K. Sandhoff, K. Suzuki, and K. Suzuki (2001) The G_{M2} Gangliosidoses. In *The Metabolic and Molecular Bases of Inherited Disease*, C. R. Scriver, A. L. Beaudet, W. S. Sly, D. Valle, B. Childs, K. W. Kinzler, and B. Vogelstein, eds., Vol. III, Ch. 153, pp. 3827–3876, McGraw-Hill, New York. This chapter from a four-volume series on inherited metabolic disorders covers many of the diseases illustrated in Figure 19.17.

Moser, H. W., T. Linke, A. H. Fensom, T. Levade, and K. Sandhoff (2001) Acid ceramidase deficiency: Farber lipogranulomatosis. In *The Metabolic and Molecular Bases of Inherited Disease*, C. R. Scriver, A. L. Beaudet, W. S. Sly, D. Valle, B. Childs, K. W. Kinzler, and B. Vogelstein, eds., Vol. III, Ch. 143, pp. 3573–3588, McGraw-Hill, New York. One of several chapters on lipid storage diseases in this four-volume series on inherited metabolic disorders.

Steroids and Isoprenoids

Clarke, P. R., and D. G. Hardie (1990) Regulation of HMG-CoA reductase: Identification of the site phosphorylated by the AMP-activated protein kinase in vitro and in intact rat liver. *EMBO J.* 9:2439–2446.

DeBose-Boyd, R. A. (2008) Feedback regulation of cholesterol synthesis: Sterol-accelerated ubiquitination and degradation of HMG CoA reductase. *Cell Res.* 18:609–621.

Gelb, M. H., L. Brunsveld, C. A. Hrycyna, S. Michaelis, F. Tamanoi, W. C. Van Voorhis, and H. Waldmann (2006) Therapeutic intervention based on protein prenylation and associated modifications. *Nat. Chem. Biol.* 2:518–528. A review that discusses recent developments in protein prenylation.

Ghayee, H. K., and R. J. Auchus (2007) Basic concepts and recent developments in human steroid hormone biosynthesis. *Rev. Endocr. Metab. Disord.* 8:289–300.

Goldstein, J. L., R. A. DeBose-Boyd, and M. S. Brown (2006) Protein sensors for membrane sterols. *Cell* 124:35–46. A review of the role of membrane-embedded proteins in the regulation of cholesterol biosynthesis.

Hotchkiss, A. K., C. V. Rider, C. R. Blystone, V. S. Wilson, P. C. Hartig, G. T. Ankley, P. M. Foster, C. L. Gray, and L. E. Gray (2008) Fifteen years after "Wingspread"—environmental endocrine disrupters and human and wildlife health: Where we are today and where we need to go. *Toxicol. Sci.* 105:235–259.

Miziorko, H. M. (2011) Enzymes of the mevalonate pathway of isoprenoid biosynthesis. *Arch. Biochem. Biophys.* 505:131–143.

Rone, M. B., J. Fan, and V. Papadopoulos (2009) Cholesterol transport in steroid biosynthesis: Role of protein-protein interactions and implications in disease states. *Biochim. Biophys. Acta* 1791:646–658. This review discusses the translocation of cholesterol into mitochondria for steroidogenesis.

Russell, D. W. (2009) Fifty years of advances in bile acid synthesis and metabolism. *J. Lipid Res.* 50 Suppl.:S120–S125.

Tabernero, L., D. A. Bochar, V. W. Rodwell, and C. V. Stauffacher (1999) Substrate-induced closure of the flap domain in the ternary complex structures provides insight into the mechanism of catalysis by 3-hydroxy-3-methylglutaryl-CoA reductase. *Proc. Natl. Acad. Sci. USA* 96:7167–7171. Mechanistic understanding of this important enzyme comes from crystallography.

Lipid-Soluble Vitamins

Booth, S. L. (2009) Roles for vitamin K beyond coagulation. *Annu. Rev. Nutr.* 29:89–110.

Clarke, M. W., J. R. Burnett, and K. D. Croft (2008) Vitamin E in human health and disease. *Crit. Rev. Clin. Lab. Sci.* 45:417–450. Reviews antioxidant and other properties of this vitamin.

DeLuca, H. F. (2008) Evolution of our understanding of vitamin D. *Nutr. Rev.* 66 (10 Suppl 2).:S73–S87. This minireview highlights the roles of vitamin D in skin, the immune system, and its protective role in some forms of cancer.

Fields, A. L., D. R. Soprano, and K. J. Soprano (2007) Retinoids in biological control and cancer. *J. Cell. Biochem.* 102:886–898. A review of the activities of vitamin A–related compounds in gene regulation.

von Lintig, J. (2010) Colors with functions: Elucidating the biochemical and molecular basis of carotenoid metabolism. *Annu. Rev. Nutr.* 30:35–56. This review summarizes the pathways of vitamin A synthesis from carotenoids in animals and some of the physiological functions of the vitamin.

Eicosanoids

Garavito, R. M., and A. M. Mulichak (2003) The structure of mammalian cyclooxygenases. *Annu. Rev. Biophys. Biomol. Struct.* 32:183–206. A recent review of the structure and function of the first enzymes in eicosanoid synthesis.

Shimizu, T. (2009) Lipid mediators in health and disease: Enzymes and receptors as therapeutic targets for the regulation of immunity and inflammation. *Annu. Rev. Pharmacol. Toxicol.* 49:123–150. This review covers prostaglandins, leukotrienes, platelet-activating factor, lysophosphatidic acid, sphingosine 1-phosphate, and other lipid mediators efficiently and completely.

第20章

Inorganic Nitrogen Fixation

Hakoyama, T., K. Niimi, H. Watanabe, R. Tabata, J. Matsubara, S. Sato, Y. Nakamura, S. Tabata, L. Jichun, T. Matsumoto, K. Tatsumi, M. Nomura, S. Tajima, M. Ishizaka, K. Yano, H. Imaizumi-Anraku, M. Kawaguchi, H. Kouchi, and N. Suganuma (2009) Host plant genome overcomes the lack of a bacterial gene for symbiotic nitrogen fixation. *Nature* 462:514–517. Describes the molecular basis of the symbiotic partnership between legumes and rhizobia.

Masson-Boivin, C., E. Giraud, X. Perret, and J. Batut (2009) Establishing nitrogen-fixing symbiosis with legumes: How many rhizobium recipes? *Trends Microbiol.* 17:458–466. A contemporary view of the complexities of control of symbiotic nitrogen fixation.

Schwarz, G., and R. R. Mendel (2006) Molybdenum cofactor biosynthesis and molybdenum enzymes. *Annu. Rev. Plant Biol.* 57:623–647. Reviews the structure and chemistry of nitrate reductase.

Seefeldt, L. C., B. M. Hoffman, and D. R. Dean (2009) Mechanism of Mo-dependent nitrogenase. *Annu. Rev. Biochem.* 78:701–722. Reviews all of the known molybdenum-requiring reactions, with emphasis upon structures of the proteins involved.

General Aspects of Nitrogen Metabolism

Braissant, O. (2010) Current concepts in the pathogenesis of urea cycle disorders. *Mol. Genet. Metab.* 100 Suppl 1:S3–S12.

Brusilow, S. W., and A. L. Horwich (2001) Urea cycle enzymes. In *The Metabolic and Molecular Bases of Inherited Disease*, C. R. Scriver, A. L. Beaudet, W. S. Sly, D. Valle, B. Childs, K. W. Kinzler, and B. Vogelstein, eds., Vol. II, Ch. 85, pp. 1909–1963, McGraw-Hill, New York. Genetic disorders of urea cycle enzymes are reviewed in this chapter of the definitive work on inherited metabolic disorders.

Hallows, W. C., B. C. Smith, S. Lee, and J. M. Denu (2009) Ure(k)a! Sirtuins Regulate Mitochondria. *Cell* 137:404–406. This minireview describes recent discoveries of the role of reversible acetylation of CPS I in regulation of the urea cycle.

Ninfa, A. J., and P. Jiang (2005) PII signal transduction proteins: Sensors of alpha-ketoglutarate that regulate nitrogen metabolism. *Curr. Opin. Microbiol.* 8:168–173. This short review describes the role of covalent modification in the regulation of bacterial glutamine synthetase.

Smith, T. J., and C. A. Stanley (2008) Untangling the glutamate dehydrogenase allosteric nightmare. *Trends Biochem. Sci.* 33:557–564. This minireview discusses the evolution of the regulation of glutamate dehydrogenase in animals.

Walsh, C. T. (1979) *Enzymatic Reaction Mechanisms.* Freeman, San Francisco. A classic book, particularly valuable in the context of amino acid metabolism, one-carbon metabolism, cobalamin coenzymes, and oxygenases.

Protein Turnover

Ciechanover, A. (2009) Tracing the history of the ubiquitin proteolytic system: The pioneering article. *Biochem. Biophys. Res. Commun.* 387:1–10. This reminiscence by one of the discoverers of the ubiquitin system provides an interesting account of the prevailing views on protein turnover that had hindered progress, and the breakthrough that finally led to the discovery.

Finley, D. (2009) Recognition and processing of ubiquitin-protein conjugates by the proteasome. *Annu. Rev. Biochem.* 78:477–513. This article reviews the structure of the proteasome and how substrates are recognized and degraded by this intricate molecular machine.

Schoenheimer, R., S. Ratner, and D. Rittenberg (1939) Studies in protein metabolism. VII. The metabolism of tyrosine. *J. Biol. Chem.* 127:333–344. This classic paper describes one of the earliest uses of an isotopic tracer to study metabolism in whole animals (indeed, this experiment was performed on a single rat!).

Schwartz, A. L., and A. Ciechanover (2009) Targeting proteins for destruction by the ubiquitin system: Implications for human pathobiology. *Annu. Rev. Pharmacol. Toxicol.* 49:73–96. This review discusses the role of the ubiquitin proteolytic system in human disease.

Varshavsky, A. (2008) The N-end rule at atomic resolution. *Nat. Struct. Mol. Biol.* 15:1238–1240. This short article reviews the N-end rule and summarizes recent structural information on a bacterial N-end rule recognition component.

Welchman, R. L., C. Gordon, and R. J. Mayer (2005) Ubiquitin and ubiquitin-like proteins as multifunctional signals. *Nat. Rev. Mol. Cell. Biol.* 6:599–609. This review discusses the roles of some of the other ubiquitin-like proteins, including SUMO.

Folate and B_{12} Coenzymes

Bailey, L. B., ed. (2010) *Folate in Health and Disease.* CRC Press, Taylor & Francis Group, Boca Raton, FL. A book-length review which covers the chemistry and mechanisms of action of folate coenzymes, one-carbon metabolism, and clinical aspects.

Banerjee, R., and S. W. Ragsdale (2003) The many faces of vitamin B_{12}: Catalysis by cobalamin-dependent enzymes. *Annu. Rev. Biochem.* 72:209–247. An excellent recent review of B_{12} mechanisms, focused upon the chemistry and the structures of the enzymes involved.

Blom, H. J., G. M. Shaw, M. den Heijer, and R. H. Finnell (2006) Neural tube defects and folate: Case far from closed. *Nat. Rev. Neurosci.* 7:724–731. This article reviews the epidemiology, biochemistry, and genetics of the role of folic acid in preventing neural tube defects.

Fenton, W. A., R. A. Gravel, and D. S. Rosenblatt (2001) Disorders of propionate and methylmalonate metabolism. In *The Metabolic and Molecular Bases of Inherited Disease*, C. R. Scriver, A. L. Beaudet, W. S. Sly, D. Valle, B. Childs, K. W. Kinzler, and B. Vogelstein, eds., Vol. II, Ch. 94, pp. 2165–2193, McGraw-Hill, New York. Genetic disorders of B_{12} metabolism are reviewed in this chapter of the definitive work on inherited metabolic disorders.

Gallagher, T., E. E. Snell, and M. L. Hackert (1989) Pyruvoyl-dependent histidine decarboxylase. Active site structure and mechanistic analysis. *J. Biol. Chem.* 264:12737–12743. This paper illustrates the similarity in function of the pyruvoyl and PLP cofactors.

Tibbetts, A. S., and D. R. Appling (2010) Compartmentation of mammalian folate-mediated one-carbon metabolism. *Ann. Rev. Nutr.* 30:57–81. Several of these reactions are catalyzed by multifunctional proteins or multienzyme complexes, and this has implications for optimal therapeutic use of folate antimetabolites.

第 21 章

Glutamate, Aspartate, Alanine, Glutamine, Asparagine, Proline, Serine, Glycine, Threonine

Chaves, A. L. S., and P. C. de Mello-Farias. (2006) Ethylene and fruit ripening: From illumination gas to the control of gene expression, more than a century of discoveries. *Genet. Mol. Biol.* 29:508–515. A recent review of the history, synthesis, and actions of this important plant hormone.

Li, X., F. W. Bazer, H. Gao, W. Jobgen, G. A. Johnson, P. Li, J. R. McKnight, M. C. Satterfield, T. E. Spencer, and G. Wu (2009) Amino acids and gaseous signaling. *Amino Acids* 37:65–78. This review covers the biosynthesis and function of nitric oxide, as well as hydrogen sulfide.

Myllyharju, J. (2003) Prolyl 4-hydroxylases, the key enzymes of collagen biosynthesis. *Matrix Biol.* 22:15–24. A review of the mechanism of proline hydroxylation and its role in collagen synthesis.

Ng, W. L., and B. L. Bassler (2009) Bacterial quorum-sensing network architectures. *Annu. Rev. Genet.* 43:197–222. This comprehensive review describes the discovery, chemistry, and function of this cell–cell communication process.

Sommer-Knudsen, J., A. Bacic, and A. E. Clarke (1998) Hydroxyproline-rich plant glycoproteins. *Phytochemistry* 47:483–497. Hydroxyproline was long thought to be present only in animal connective tissue proteins. This article summarizes its occurrence and roles in plant structural proteins.

Tabatabaie, L., L. W. Klomp, R. Berger, and T. J. de Koning (2010) L-Serine synthesis in the central nervous system: A review on serine deficiency disorders. *Mol. Genet. Metab.* 99:256–262.

Sulfur-Containing Amino Acids

Becerra-Solano, L. E., J. Butler, G. Castaneda-Cisneros, D. E. McCloskey, X. Wang, A. E. Pegg, C. E. Schwartz, J. Sanchez-Corona, and J. E. Garcia-Ortiz (2009) A missense mutation, p.V132G, in the X-linked spermine synthase gene (SMS) causes Snyder-Robinson syndrome. *Am. J. Med. Genet. A* 149A:328–335. This paper describes how a defect in spermine synthesis leads to a serious human disease.

Brosnan, J. T., and M. E. Brosnan (2006) The sulfur-containing amino acids: An overview. *J. Nutr.* 136:1636S–1640S. This minireview summarizes the unique chemistry and biochemistry of the sulfur amino acids.

Cohen, S. S. (1998) *Biochemistry of the Polyamines.* Oxford University Press, New York. An all-encompassing review of the metabolism and functions of polyamines, written by a long-time leader in the field.

Gadalla, M. M., and S. H. Snyder (2010) Hydrogen sulfide as a gasotransmitter. *J. Neurochem.* 113:14–26; Lefer, D. J. (2007) A new gaseous signaling molecule emerges: Cardioprotective role of hydrogen sulfide. *Proc. Natl. Acad. Sci. USA* 104:17907–17908. These two articles describe the surprising discovery and function of yet another gaseous signaling molecule.

Giordano, M., A. Norici, and R. Hell (2005) Sulfur and phytoplankton: Acquisition, metabolism and impact on the environment. *New Phytol.* 166:371–382. A minireview of the chemistry and metabolism of sulfur-containing compounds in the marine ecosystem.

Wallace, H. M., A. V. Fraser, and A. Hughes (2003) A perspective of polyamine metabolism. *Biochem. J.* 376:1–14. This article covers recent advances in our understanding of the roles of polyamines in human disease, especially cancer.

***S*-Adenosylmethionine, Methylation, and Homocysteine**

Brosnan, J. T., R. P. da Silva, and M. E. Brosnan (2011) The metabolic burden of creatine synthesis. *Amino Acids* 40:1325–1331. This review describes the quantitatively signficant demands that creatine synthesis places on methyl groups, arginine, and glycine in animals.

Clarke, S. (2003) Aging as war between chemical and biochemical processes: Protein methylation and the recognition of age-damaged proteins for repair. *Ageing Res. Rev.* 2:263–285. This article discusses spontaneous damage to proteins and the role of methylation in their repair.

da Silva, R. P., I. Nissim, M. E. Brosnan, and J. T. Brosnan (2009) Creatine synthesis: Hepatic metabolism of guanidinoacetate and creatine in the rat in vitro and in vivo. *Am. J. Physiol. Endocrinol. Metab.* 296:E256–E261. This paper presents evidence for the existence of an interorgan pathway for creatine biosynthesis in mammals.

How folate fights disease. *Nat. Struct. Biol.* 6:293–294 (1999). This editorial describes how biochemical and structural studies of a protein (methylenetetrahydrofolate reductase) lead to a better understanding of clinical results. It accompanied the research article that Figure 21.12 was taken from.

Kraus, J. P., and V. Kozich (2001) Cystathionine β-synthase and its deficiency. In *Homocysteine in Health and Disease*, R. Carmel and D. W. Jacobsen, eds., Ch. 20, pp. 223–243, Cambridge University Press, Cambridge. This review is part of a recent compendium on biochemical, genetic, and clinical aspects of homocysteine metabolism.

Roje, S., S. Y. Chan, F. Kaplan, R. K. Raymond, D. W. Horne, D. R. Appling, and A. D. Hanson (2002) Metabolic engineering in yeast demonstrates that *S*-adenosylmethionine controls flux through the methylenetetrahydrofolate reductase reaction in vivo. *J. Biol. Chem.* 277:4056–4061. A chimeric plant–yeast enzyme is constructed to study the role of AdoMet feedback regulation in vivo.

Rozen, R. (2001) Polymorphisms of folate and cobalamin metabolism. In *Homocysteine in Health and Disease*, R. Carmel and D. W. Jacobsen, eds., Ch. 22, pp. 259–269, Cambridge University Press, Cambridge. This chapter from a recent compendium on homocysteine metabolism describes biochemical and genetic aspects of methylenetetrahydrofolate reductase.

Aromatic Amino Acids

Brennan, M. M. (1998) New age paper and textiles. *Chem. Eng. News*, March 23 issue, pp. 39–47. A news-type article describing the use of biological reagents to degrade lignin and their applications in paper and textile production.

Dunn, M. F., D. Niks, H. Ngo, T. R. M. Barends, and I. Schlichting (2008) Tryptophan synthase: The workings of a channeling nanomachine. *Trends Biochem. Sci.* 33:254–264. The article reviews the structure and mechanism of one of the first enzymes for which channeling was recognized.

Fitzpatrick, P. F. (2003) Mechanism of aromatic amino acid hydroxylation. *Biochemistry* 42:14083–14091. This paper reviews the mechanism of this interesting enzyme family.

Garrod, A. E. (1909) *Inborn errors of metabolism. The Croonian lectures delivered before the Royal College of Physicians of London, in June, 1908*. Frowde, Hodder & Stoughton, London. In this classic text, Garrod develops his concept of inheritable metabolic diseases, based on his study of alkaptonuria.

Hayaishi, O. (2008) From oxygenase to sleep. *J. Biol. Chem.* 283:19165–19175. An autobiographical article by the discoverer of oxygenases and a pioneer in studies of tryptophan metabolism.

Ito, S., and K. Wakamatsu (2008) Chemistry of mixed melanogenesis—Pivotal roles of dopaquinone. *Photochem. Photobiol.* 84:582–592. This review summarizes the pathways of melanin synthesis.

Moens, A. L., and D. A. Kass (2006) Tetrahydrobiopterin and cardiovascular disease. *Arterioscler. Thromb. Vasc. Biol.* 26:2439–2444. This minireview focuses on the role of BH_4 as a cofactor for nitric oxide synthase.

Raushel, F. M., J. B. Thoden, and H. M. Holden (2003) Enzymes with molecular tunnels. *Acc. Chem. Res.* 36:539–548. This minireview discusses tryptophan synthase and other examples.

Scriver, C. R., and S. Kaufman (2001) Hyperphenylalaninemia: Phenylalanine hydroxylase deficiency. In *The Metabolic and Molecular Bases of Inherited Disease*, C. R. Scriver, A. L. Beaudet, W. S. Sly, D. Valle, B. Childs, K. W. Kinzler, and B. Vogelstein, eds., Vol. II, Ch. 77, pp. 1667–1734, McGraw-Hill, New York. This is the first of 14 chapters in this compendium that describe heritable metabolic disorders of amino acid metabolism.

Sturm, R. A. (2009) Molecular genetics of human pigmentation diversity. *Hum. Mol. Genet.* 18:R9–R17. This review summarizes new discoveries of genes involved in human melanin production.

Valine, Leucine, and Isoleucine

Chuang, D. T., and V. E. Shih (2001) Maple syrup urine disease (Branched-chain ketoaciduria). In *The Metabolic and Molecular Bases of Inherited Disease*, C. R. Scriver, A. L. Beaudet, W. S. Sly, D. Valle, B. Childs, K. W. Kinzler, and B. Vogelstein, eds., Vol. II, Ch. 87, pp. 1971–2005, McGraw-Hill, New York. This chapter describes the biochemistry and clinical consequences of deficiency of the branched-chain α-keto acid dehydrogenase.

Porphyrin Metabolism

Anderson, K. E., S. Sassa, D. F. Bishop, and R. J. Desnick (2001) Disorders of heme biosynthesis: X-linked sideroblastic anemia and the porphyrias. In The *Metabolic and Molecular Bases of Inherited Disease*, C. R. Scriver, A. L. Beaudet, W. S. Sly, D. Valle, B. Childs, K. W. Kinzler, and B. Vogelstein, eds., Vol. II, Ch. 124, pp. 2991–3062, McGraw-Hill, New York. A definitive review of the pathways and associated human disorders.

Jahn, D., E. Verkamp, and D. Söll (1992) Glutamyl-transfer RNA: A precursor of heme and chlorophyll biosynthesis. *Trends Biochem. Sci.* 17:215–218. This article discusses the unexpected role of tRNA in δ-ALA synthetase.

Schulze, J. O., W. D. Schubert, J. Moser, D. Jahn, and D. W. Heinz (2006) Evolutionary relationship between initial enzymes of tetrapyrrole biosynthesis. *J. Mol. Biol.* 358:1212–1220. This paper describes structural and mechanistic evidence for an evolutionary relationship between the two types of enzymes that produce δ-aminolevulinic acid.

Warren, M. J., J. B. Cooper, S. P. Wood, and P. M. Shoolingin-Jordan (1998) Lead poisoning, heme synthesis and 5-aminolaevulinic acid dehydratase. *Trends Biochem. Sci.* 23:217–221. The structural basis for the porphyria acquired in lead poisoning.

Warren, M. J., M. Jay, D. M. Hunt, G. H. Elder, and J. G. Rôhl (1996) The maddening business of King George III and porphyria. *Trends Biochem. Sci.* 21:229–234. A fascinating mixture of history and biochemistry, illustrated with scenes from the movie.

Neurotransmitters

Daubner, S. C., T. Le, and S. Wang (2011) Tyrosine hydroxylase and regulation of dopamine synthesis. *Arch. Biochem. Biophys.* 508:1–12.

Fernstrom, J. D., and M. H. Fernstrom (2007) Tyrosine, phenylalanine, and catecholamine synthesis and function in the brain. *J. Nutr.* 137: 1539S–1547S.

Windahl, M. S., C. R. Petersen, H. E. Christensen, and P. Harris (2008) Crystal structure of tryptophan hydroxylase with bound amino acid substrate. *Biochemistry* 47:12087–12094. This paper describes the structure of the rate-limiting enzyme in serotonin biosynthesis.

第 22 章

Enzymes of Nucleotide Metabolism

An, S., R. Kumar, E. D. Sheets, and S. J. Benkovic (2008) Reversible compartmentalization of de novo purine biosynthetic complexes in living cells. *Science* 320:103–106. This article describes the colocalization of GFP-tagged enzymes as evidence for a purinosome in mammalian cells.

An, S., M. Kyoung, J. J. Allen, K. M. Shokat, and S. J. Benkovic (2010) Dynamic regulation of a metabolic multi-enzyme complex by protein kinase CK2. *J. Biol. Chem.* 285:11093–11099. This article suggests that the purinosome is regulated by reversible phosphorylation-dephosphorylation.

Barlowe, C. K., and D. R. Appling (1990) Molecular genetic analysis of *Saccharomyces cerevisiae* C_1-tetrahydrofolate synthase mutants reveals a noncatalytic function of the ADE3 gene product and an additional folate-dependent enzyme. *Mol. Cell. Biol.* 10:5679–5687. Genetic evidence for the involvement of folate enzymes in a purinosome in yeast cells.

Blakley, R. L., and S. J. Benkovic (1984) *Folates and Pterins*, Vol. 1. Academic Press, New York. A multiauthored book containing reviews on dihydrofolate reductase, purine metabolism, and pyrimidine biosynthesis.

Elion, G. B. (1989) The purine path to chemotherapy. *Science* 244:41–47. Dr. Elion's Nobel Prize address, which described the development of allopurinol, acyclovir, 6-thioguanine, and other therapeutically valuable purine analogs.

Evans, D. R., and H. I. Guy (2004) Mammalian pyrimidine biosynthesis: Fresh insights into an ancient pathway. *J. Biol. Chem.* 279:33035–33038. A concise review on the organization and structures of the enzymes of de novo pyrimidine biosynthesis.

Hershfield, M. S., and B. S. Mitchell (2001) Immunodeficiency diseases caused by adenosine deaminase deficiency and purine nucleoside phosphorylase deficiency. In *The Metabolic and Molecular Bases of Inherited Disease*, C. R. Scriver, A. L. Beaudet, W. S. Sly, D. Valle, B. Childs, K. W. Kinzler, and B. Vogelstein, eds., Vol. II, Ch. 109, pp. 2585–2625, McGraw-Hill, New York.

Oda, M., Y. Satta, O. Takenaka, and N. Takahata (2002) Loss of urate oxidase activity in hominoids and its evolutionary implications. *Mol. Biol. Evol.* 19:640–653. Molecular genetic analysis of the urate oxidase gene during hominid evolution.

Raushel, F. M., J. B. Thoden, and H. M. Holden (1999) The amidotransferase family of enzymes: Molecular machines for the production and delivery of ammonia. *Biochemistry* 38:7891–7899. This paper reviews the chemistry and structure of this ubiquitous family of enzymes.

Smith, G. K., W. T. Mueller, G. F. Wasserman, W. D. Taylor, and S. J. Benkovic (1980) Characterization of the enzyme complex involving the folate-requiring enzymes of de novo purine biosynthesis. *Biochemistry* 19:4313–4321. This article describes the first evidence for a purinosome in mammalian cells, obtained from affinity purification and cross-linking.

Smith, P. M. C., and C. A. Atkins (2002) Purine biosynthesis. Big in cell division, even bigger in nitrogen assimilation. *Plant Physiol.* 128:793–802. This article reviews the role of the de novo purine pathway in leguminous plants.

Webster, D. R., D. M. O. Becroft, A. H. van Gennip, and A. B. P. Van Kuilenburg (2001) Hereditary orotic aciduria and other disorders of pyrimidine metabolism. In *The Metabolic and Molecular Bases of Inherited Disease*, C. R. Scriver, A. L. Beaudet, W. S. Sly, D. Valle, B. Childs, K. W. Kinzler, and B. Vogelstein, eds., Vol. II, Ch. 113, pp. 2663–2702, McGraw-Hill, New York. A thorough discussion of these rare diseases.

Yamamoto, S., K. Inoue, T. Murata, S. Kamigaso, T. Yasujima, J. Y. Maeda, Y. Yoshida, K. Y. Ohta, and H. Yuasa (2010) Identification and functional characterization of the first nucleobase transporter in mammals: Implication in the species difference in the intestinal absorption mechanism of nucleobases and their analogs between higher primates and other mammals. *J. Biol. Chem.* 285:6522–6531. For salvage pathways to occur, their substrates must get into cells. This paper describes the identification of the first mammalian nucleobase transporter.

Deoxyribonucleotide Biosynthesis

Finer-Moore, J. S., D. V. Santi, and R. M. Stroud (2003) Lessons and conclusions from dissecting the mechanism of a bisubstrate enzyme: Thymidylate synthase mutagenesis, function, and structure. *Biochemistry* 42:248–256.

Koc, A., C. K. Mathews, L. J. Wheeler, M. K. Gross, and G. F. Merrill (2006) Thioredoxin is required for deoxyribonucleotide pool maintenance during S phase. *J. Biol. Chem.* 281:15058–15063. This paper provides in vivo evidence for thioredoxin being a physiologically relevant electron donor for ribonucleotide reductase.

Logan, D. T. (2011) Closing the circle on ribonucleotide reductases. *Nat. Struct. Mol. Biol.* 18:251–253. This short commentary discusses new results on the regulation of mammalian ribonucleotide reductase.

Mathews, C. K. (1993) Enzyme organization in DNA precursor biosynthesis. *Prog. Nucleic Acid Res. Mol. Biol.* 44:167–203. This review summarizes evidence that dNTP biosynthetic enzymes are linked in multienzyme complexes, which may in turn be linked to DNA replication sites.

Mathews, C. K. (2006) DNA precursor metabolism and genomic stability. *FASEB J.* 20:1300–1314. This review describes the genetic consequences of deoxyribonucleotide pool imbalances.

Meyer, Y., B. B. Buchanan, F. Vignols, and J.-P. Reichheld (2009) Thioredoxins and glutaredoxins: Unifying elements in redox biology. *Annu. Rev. Genet.* 43:335–367.

Nordlund, P., and P. Reichard (2006) Ribonucleotide reductases. *Annu. Rev. Biochem.* 75:681–706. A comprehensive recent review, which focuses upon the structure and evolutionary significance of the existence of widely divergent classes of this important enzyme.

Nucleotide Analogs and Chemotherapy

Christopherson, R. I., S. D. Lyons, and P. K. Wilson (2002) Inhibitors of de Novo nucleotide biosynthesis as drugs. *Acc. Chem. Res.* 35:961–971.

Culver, K. W., Z. Ram, S. Wallbridge, H. Ishii, E. H. Oldfield, and R. M. Blaese (1992) In vivo gene transfer with retroviral vector—Producer cells for treatment of experimental brain tumors. *Science* 256:1550–1552. An exciting way to use herpes viral deoxypyrimidine kinase as a selective agent for tumor cell killing.

Gangjee, A., H. D. Jain, and S. Kurup (2007) Recent advances in classical and non-classical antifolates as antitumor and antiopportunistic infection agents. *Anticancer Agents Med. Chem.* 7:524–542; *Anticancer Agents Med. Chem.* 8:205–231, 2008. A recent two-part review.

Hardy, L. W., J. S. Finer-Moore, W. R. Montfort, M. O. Jones, D. V. Santi, and R. M. Stroud (1987) Atomic structure of thymidylate synthase: Target for rational drug design. *Science* 235:448–455. Describes determination of the crystal structure of this enzyme and its implications.

Krynetski, E., and W. E. Evans (2003) Drug methylation in cancer therapy: Lessons from the TPMT polymorphism. *Oncogene* 22:7403–7413. This paper discusses the important role of pharmacogenetics in optimizing chemotherapy.

Lee, H., J. Hanes, and K. A. Johnson (2003) Toxicity of nucleoside analogues used to treat AIDS and the selectivity of the mitochondrial DNA polymerase. *Biochemistry* 42:14711–14719.

Mitsuya, H. (ed.) (1997) *Anti-HIV Nucleosides: Past, Present, and Future.* R. G. Landes, Georgetown, Tex. This short book contains five articles by leading contributors to HIV-drug development.

第 23 章

General

Czech, M. P., and S. Corvera (1999) Signaling mechanisms that regulate glucose transport. *J. Biol. Chem.* 274:1865–1868. One of several JBC minireviews on the stimulation by insulin of glucose transport.

Protein Phosphorylation and Dephosphorylation

Dessauer, C. W. (2009) Adenylyl cyclase-A-kinase anchoring protein complexes: The next dimension in cAMP signaling. *Molec. Pharmacol.* 76:935–941. AKAPs and proteins that anchor adenylate cyclase.

Hafen, E. (1998) Kinases and phosphatases—A marriage is consummated. *Science* 280:1212–1213. Physical complexes between protein kinases and phosphatases facilitate the regulation of signal transduction pathways involving protein phosphorylation and dephosphorylation.

Hunter, T. (1995) Protein kinases and phosphatases: The yin and yang of protein phosphorylation and signaling. *Cell* 8D:225–238. One of nine still-timely reviews on signal transduction in this special issue.

Smith, F. D., L. K. Langenberg, and J. D. Scott (2006) The where's and when's of kinase anchoring. *Trends in Biochem. Sci.* 31:316–318. A brief historical review.

Synthesis of Peptide Hormones

Fisher, J. M., and R. H. Scheller (1988) Prohormone processing and the secretory pathway. *J. Biol. Chem.* 263:16515–16518. A review that describes how peptide hormones are formed by cleavage from high-molecular-weight precursors.

Receptors

Black, J. (1989) Drugs from emasculated hormones: The principle of syntopic antagonism. *Science* 245:486–493. Black's Nobel Prize address, which describes the development of drugs that are adrenergic receptor antagonists.

Boguth, C. A., P. Singh, C-c. Huang, and J. J. G. Tesmer (2010) Molecular basis for activation of G protein-coupled receptor kinases. *EMBO J* 29:3249–3259. Crystal structure of a G protein receptor kinase yields clues to allosteric interactions.

DiMarzo, V., and S. Petrosino (2007) Endocannabinoids and the regulation of their levels in health and disease. *Curr. Opin. Lipidol.* 18:129–140. A review of the endogenous ligand for the tetrahydrocannabinol receptors.

Lefkowitz, R. J., and S. K. Shency (2005) Transduction of receptor signals by β-arrestins. *Science* 308:512–517. A review describing the range of functions controlled by arrestins.

Mustafi, D., and K. Palczewski (2009) Topology of class A G protein-coupled receptors: Insights gained from crystal structures of rhodopsins, adrenergic, and adenosine receptors. *Molecular Pharm.* 75:1–12. A recent review of GPCR structures.

Pitcher, J. A., N. J. Freedman, and R. J. Lefkowitz (1998) G protein-coupled receptor kinases. *Annu. Rev. Biochem.* 67:653–692. A review describing this down-regulatory mechanism.

Rockman, H. A., W. J. Koch, and R. J. Lefkowitz (2002) Seven-transmembrane-spanning receptors and heart function. *Nature* 415:206–212. A comprehensive review, focusing upon receptor action in the heart.

Rosenbaum, D. M., S. G. F. Rasmussen, and B. K. Kobika (2009) The structure and function of G-protein-coupled receptors. *Nature* 459:356–363. Recent review showing remarkable structural similarity among four representatives of this receptor class.

Sprang, S. R. (2007) A receptor unlocked. *Nature* 450:355–356. Conveys the excitement emanating from the β-adrenergic receptor structure determination.

Xu, F., H. Wu, V. Katritch, G. W. Han, K. A., Jacobson, Z-G. Gao, V. Cherezov, and R. C. Stevens (2011) Structure of an agonist-bound human A_{2A} adenosine receptor. *Science* 332:322–327. One of the most recent GPCR structure determinations.

G Proteins

Huang, C-c, and J. J. G. Tesmer (2011) Recognition in the face of diversity: Interactions of heterotrimeric G proteins and G protein-coupled receptor (GPCR) kinases with activated GPCRs. *J. Biol. Chem.* 286:7715–7721. Structural evidence for common receptor binding modes for G proteins and GPCR kinases.

Scheffzek, K., M. R. Ahmadian, and A. Wittinghofer (1998) GTPase-activating proteins: Helping hands to complement an active site. *Trends Biochem. Sci.* 23:257–262. Crystal structures of several GAPs show how they interact with and activate the GTPase of Ras-related proteins.

Snyder, S. H., P. B. Sklar, and J. Pevsner (1988) Molecular mechanisms of olfaction. *J. Biol. Chem.* 263:13971–13975. This minireview describes evidence for G protein involvement in the sense of smell.

Sprang, S. R., and D. E. Coleman (1998) Invasion of the nucleotide snatchers: Structural insights into the mechanism of G protein GEFs. *Cell* 95:155–158. How proteins stimulate the GDP–GTP exchange in G protein activation.

Tesmer, J. J. G. (2010) The quest to understand heterotrimeric G protein signaling. *Nature Str. Biol.* 17:650–652. A recent short review with excellent figures.

Tesmer, J. J. G., R. K. Sunahara, A. G. Gilman, and S. R. Sprang (1997) Crystal structure of the catalytic domains of adenylyl cyclase in a complex with $G_{s\alpha}$-GTPγS. *Science* 278:1907–1916. Structural analysis of G proteins reveals the mechanism of adenylate cyclase activation.

Second-Messenger Systems

Berridge, M. (1993) Inositol trisphosphate and calcium signaling. *Nature* 361:315–325. The role of calcium as a second and/or third messenger.

Hatch, A. J., and J. D. York (2010) SnapShot: Inositol phosphates. *Cell* 143:1030–1030.e1. A one-page summary of the numerous roles of these compounds in signaling.

Hill, B. G., B. P. Dranka, S. M. Bailey, J. R. Lancaster, Jr., and V. M. Darley-Usmar (2010) What part of NO don't you understand? Some answers to the cardinal questions in nitric oxide biology. *J. Biol. Chem.* 285:19699–19704.

Hodgkin, M. N., T. R. Pettit, A. Martin, R. H. Mitchell, A. J. Pemberton, and M. J. O. Wakelam (1998) Diacylglycerols and phosphatidates: Which molecular species are intracellular messengers? *Trends Biochem. Sci.* 23:200–204. A short recent review of lipid-derived second messengers.

Hofmann, F. (2005) The biology of cyclic GMP-dependent protein kinases. *J. Biol. Chem.* 280:1–4. These enzymes are somewhat different from protein kinase A.

Hurley, J. H. (1999) Structure, mechanism, and regulation of adenylyl cyclase. *J. Biol. Chem.* 274:7599–7602. This review is particularly timely in view of recent structural insights into adenylate cyclase.

Majerus, P. W., M. V. Kisseleva, and F. A. Norris (1999) The role of phosphatases in inositol signaling reactions. *J. Biol. Chem.* 274:10669–10672. A brief review of the control of phosphoinositide synthesis and turnover.

Prentki, M., and S. R. M. Madiraju (2008) Glycerolipid signaling in health and disease. *Endocrine Reviews* 29:647–676.

Ruiz-Stewart, I., S. R. Tiyyagura, J. E. Lin, G. M. Pitari, S. Schulz, E. Martin, F. Murad, and S. A. Waldman (2004) Guanylyl cyclase is an ATP sensor coupling nitric oxide signaling to cell metabolism. *Proc. Natl. Acad. Sci. USA* 101:37–42. Evidence for a link between metabolism and a cell's energy status.

Singer, W. D., H. A. Brown, and P. C. Sternweis (1997) Regulation of eukaryotic phosphatidylinositol-specific phospholipase C and phospholipase D. *Annu. Rev. Biochem.* 66:475–509. A review of the synthesis of second messengers from phosphoinositides.

Wall, M. E., S. H. Francis, J. D. Corbin, K. Grimes, R. Richie-Jannetta, J. Kotera, B. A. Macdonald, R. R. Gibson, and J. Trewhella (2003) Mechanisms associated with cGMP binding and activation of cGMP-dependent protein kinase. *Proc. Natl. Acad. Sci. USA* 100:2380–2385. The mechanisms are not quite as well understood as the activation of protein kinase A is, but this paper describes a nice biophysical analysis.

Receptor Tyrosine Kinases

Claesson-Welsh, L. (1994) Platelet-derived growth factor receptor signals. *J. Biol. Chem.* 269:32023–32036. A discussion of all of the proteins known to interact with PDGF receptors.

Lemmon, M. A., and J. Schlessinger (2010) Cell signaling by receptor tyrosine kinases. *Cell* 141:1117–1134. A comprehensive recent review.

Schlessinger, J. (2004) Common and distinct elements in cellular signaling via EGF and FGF receptors. *Science* 306:1506–1507. A brief article showing the complete signaling systems initiated through these two receptors.

Xu, W., S. C. Harrison, and M. J. Eck (1997) Three-dimensional structure of the tyrosine kinase c-Src. *Nature* 385:595–602. Understanding the structure of this protein revealed how interaction with other proteins could activate the protein kinase activity of the Src protein.

Nuclear Receptors

Auwerx, J., and 39 coauthors (1999) A unified nomenclature system for the nuclear receptor superfamily. *Cell* 97:161–163. Forty leaders in this field propose a unifying classification scheme for this ever-growing family of receptors, with references to other review literature.

Meijsing, S. H., M. A. Pufall, A. Y. So, D. L. Bates, L. Chen, and K. Yamamoto (2009) DNA binding site sequence directs glucocorticoid receptor structure and activity. *Science* 324:407–410. Recent evidence for the extraordinary sensitivity of glucocorticoid signaling to DNA base sequence of the receptor binding site.

Tsai, M. J., and B. W. O'Malley (1994) Molecular mechanisms of action of steroid/thyroid receptor superfamily members. *Annu. Rev. Biochem.* 63:451–486. A comprehensive review of the older literature.

Oncogenes and Growth Factors

Ashall, L., and 13 coauthors (2009) Pulsatile stimulation determines timing and specificity of NF-κB-dependent transcription. *Science* 324:242–246. Unexpected complexity in this signaling system.

Birge, R. B., and H. Hanafusa (1993) Closing in on SH2 specificity. *Science* 262:1522–1524. A minireview describing how SH2 domains explain the specificity of cellular responses to growth factors.

Burley, S. K. (1994) p53: A cellular Achilles' heel revealed. *Structure* 2:789–792. A readable minireview describing the excitement created by the structural determination of the p53 DNA-binding domain.

Eilers, M., and R. N. Eisenman (2008) Myc's broad reach. *Genes & Development* 22:2755–2766. A review of an extraordinarily complex proto-oncogene.

Fox, E. J., J. J. Salk, and L. A. Loeb (2009) Cancer genome sequencing—an interim analysis. *Cancer Res.* 69:4948–4950. The complexity of cancer as revealed from DNA sequencing in individual tumors.

Green, D. R., and G. Kroemer (2009) Cytoplasmic functions of the tumour suppressor p53. *Nature* 458:1127–1130. A review of cytoplasmic functions, but also useful as a general recent review of p53.

Johnson, G. L., and Lapadet, R. (2002) Mitogen-activated protein kinase pathways mediated by ERK, JNK, and p38 protein kinases. *Science* 298:1911–1912. A brief article describing the parallels in a number of MAP kinase pathways.

Massagué, J. (1998) TGF-β signal transduction. *Annu. Rev. Biochem.* 67:753–791. A review describing the signaling pathways that involve receptor serine/threonine kinases.

Mishra, L., R. Derynck, and B. Mishra (2005) Transforming growth factor-β signaling in stem cells and cancer. *Science* 310:68–71. One of several readable articles in a special section of *Science* dealing with cell signaling.

Neurotransmission

Kandel, E., and L. Squire (2000) Neuroscience: Breaking down scientific barriers to the study of brain and mind. *Science* 290:1113–1120. Kandel's Nobel Prize lecture published alongside lectures by fellow Nobelists Arvid Carlsson and Paul Greengard.

Plant Hormones

Alonso, J. M., and A. N. Stepanova (2004) The ethylene signaling pathway. *Science* 306:1513–1515. One of several useful articles in a special section on cell signaling.

Heldt, H.-W. (1997) *Plant Biochemistry and Molecular Biology*, pp. 394–414. Oxford University Press, New York. Chapter 19 of this book contains a comprehensive treatment of plant growth hormones and their actions.

Yin, Y., D. Vafeados, Y. Tao, S. Yoshida, T. Asami, and J. Chory (2005) A new class of transcription factors mediates brassinosteroid-regulated gene expression in *Arabidopsis*. *Cell* 120:249–259. An article showing similarities of plant and animal steroid hormone signaling.

Yoo, S-H., Y. Cho, and J. Sheen (2009) Emerging connections in the ethylene signaling network. *Trends in Plant Sci.* 14:270–279. An up-to-date review of ethylene signaling.

第 24 章

Genes and Genomes

Altshuler, D., M. J. Daly, and E. S. Lander (2008) Genetic mapping in human disease. *Science* 322:881–888. A review of the methods used to map human disease-related genes.

Cooper, N. G., ed. (1994) *The Human Genome Project: Deciphering the Blueprint of Heredity.* University Science Books, Mill Valley, CA. Although this book was published several years before completion of the Human Genome Project, it describes the experimental approaches used quite clearly.

Gibson, D. G., and 23 coauthors (2010) Creation of a bacterial cell controlled by a chemically synthesized genome. *Science* 329:52–56. A big step in the creation of "synthetic life," from the J. Craig Venter Institute.

Green, R. E., and 56 coauthors (2010) A draft sequence of the Neandertal genome. *Science* 328:710–722. An article illustrating the power of PCR to amplify ancient DNAs.

Kayser, M., and P. de Kniff (2011) Improving human forensics through advances in genetics, genomics, and molecular biology. *Nature Rev. Genet.* 12:179–185. A contemporary review of the use of DNA technology in forensics.

Krimsky, S., and T. Simoncelli (2011) *Genetic Justice*. Columbia University Press, New York. A book-length treatment of DNA forensics, which offers cautions against misuses of the technology.

Lander, E. S. (2011) Initial impact of the sequencing of the human genome. *Nature* 470:187–197. A thoughtful retrospective article with 100 references.

Poliseno, L., L. Salmena, J. Zhang, B. Carver, W. J. Haveman, and P. P. Pandolfi (2010) A coding-independent function of gene and pseudogene mRNAs regulates tumor biology. *Nature* 465:1033–1040. The first evidence for function of a pseudogene.

Roache, J. C., and 14 coathors (2010) Analysis of genetic inheritance in a family quartet by whole-genome sequencing. *Science* 328:636–639. A large amount of genetic and genomic information results from comparing genome sequences from closely related individuals.

Vashlishan Murray, A. B., M. J. Carson, C. A. Morris, and J. Beckwith (2010) Illusions of scientific legitimacy: Misrepresented science in the direct-to-consumer genetic-testing marketplace. *Trends in Genetics* 26:459–461. Skepticism about the proliferation of companies offering genetic and genomic testing to the public.

Zimmer, C. (2009) On the origin of eukaryotes. *Science* 325:666–668. A readable summary of evidence for the endosymbiont hypothesis, postulating that mitochondria and chloroplasts are highly evolved prokaryotes.

Restriction and Modification

Roberts, R. J., and X. Cheng (1998) Base flipping. *Annu. Rev. Biochem.* 67:181–198. DNA restriction methylases are not the only enzymes that flip bases in DNA substrates.

Roberts, R. J., and 46 coauthors (2003) A nomenclature for restriction enzyme, DNA methyltransferases, homing endonucleases, and their genes. *Nucl. Ac. Res.* 31:1805–1812. The large numbers of enzymes in these families and their diverse sources required that leaders in the field (47 of them!) establish some order.

Chromosomes and Chromatin

Black, B. E., and D. W. Cleveland (2011) Epigenetic centromere propagation and the nature of CENP-A nucleosomes. *Cell* 144:471–479. A model that connects assembly of centromeric chromatin with control of the cell cycle.

Bloom, K., and A. Joglekar (2010) Towards building a chromosome segregation machine. *Nature* 463:446–456. Contemporary review of centromeres and kinetochores.

Furuyama, T., and S. Henikoff (2009) Centromeric nucleosomes induce positive DNA supercoils. *Cell* 138:104–113. DNA–protein interactions are quite unusual in the centromere.

Hurtley, S. M., and E. Pennisi (2007) Journey to the center of the cell. *Science* 318:1399. Introduction to a special section of *Science* on structure and dynamics of the nucleus (pp. 1400–1416).

Luger, K., A. W. Mädes, R. K. Richmond, D. F. Sargent, and T. J. Richmond (1997) Crystal structure of the nucleosome core particle at 2.8 Å resolution. *Nature* 389:251–260.

Marx, J. (2002) Chromosome end game draws a crowd. *Science* 295:2348–2351. Early excitement about telomeres and telomerase.

Richmond, T. J., and C. A. Davey (2003) The structure of DNA in the nucleosome core. *Nature* 423:145–150. Associating with histone cores affects the shape of associated DNA.

Santos, S., and A. Musacchio (2009) The life and miracles of kinetochores. *EMBO J.* 28:2511–2531. A well-illustrated contemporary review.

Segal, E., and J. Widom (2009) What controls nucleosome positions? *Trends in Genetics* 25:335–343. Understanding the positioning of histone cores along DNA chains is crucial to understanding expression of chromatin-associated genes.

Sekulic, N., E. A. Bassett, D. J. Rogers, and B. E. Black (2010) The structure of (CENP-A-H4)$_2$ reveals physical features that mark centromeres. *Nature* 467:347–352. Closing in on centromere structure.

Torras-Llort, M., O. Moreno-Moreno, and F. Azorin (2009) Focus on the centre: The role of chromatin on the regulation of centromere identity and function. *EMBO J.* 28:2337–2348. This review deals mostly with the nature of CenH3.

Trun, N. J., and J. F. Marko (1998) Architecture of a bacterial chromosome. *ASM News* 64:276–283. A brief review of the bacterial nucleoid.

The Cell Cycle

Gasser, S. M. (2002) Visualizing chromatin dynamics in interphase nuclei. *Science* 296:1412–1416. Use of fluorescence microscopy for examining chromosome dynamics.

Nasmyth, K. (2001) A prize for proliferation. *Cell* 107:689–701. An appreciation of the work of Lee Hartwell, Paul Nurse, and Tim Hunt, who shared a Nobel Prize for discovering protein phosphorylation in control of the cell cycle.

Verdaasdonk, J. S., and K. Bloom (2011) Centromeres: Unique chromatin structures that drive chromosome segregation. *Nature Rev. Mol. Cell Bio.* 12:320–331. A comprehensive and timely review.

Weis, K. (2003) Regulating access to the genome: Nucleocytoplasmic transport throughout the cell cycle. *Cell* 112:441–451. A review of the nuclear pore complex, importins, exportins, and transport of macromolecules between nucleus and cytoplasm.

生化学の道具 24A

Erlich, H. A., and N. Arnheim (1992) Genetic analysis using the polymerase chain reaction. *Annu. Rev. Genet.* 26:479–506. A review by two developers of the technique.

Green, R. E., A. W. Briggs, A. Krause, K. Prüfer, H. A. Burbano, M. Siebauer, M. Lachmann, and S. Pääbo (2009) The Neandertal genome and ancient DNA authenticity. *EMBO J.* 28:2494–2502. A description of techniques used to rule out sources of error in sequence analysis of ancient DNAs.

Mullis, K., F. Ferre, and R. Gibbs, eds. (1994) *The Polymerase Chain Reaction.* Birkhäuser, Boston. The senior author of this book-length review collection is the inventor of PCR.

Mullis, K. B. (1997). *Nobel Lectures, Chemistry, 1991–1995*, B. G. Malmström, ed., World Scientific Publishing Co., Singapore, 1997. Mullis's Nobel Prize address makes fascinating reading. Also available online at: http://nobelprize.org/nobel_prizes/chemistry/laureates/1993/mullis-lecture.html

Nowak, R. (1994) Forensic DNA goes to court with O. J. *Science* 265:1352–1354. A contemporary news article, describing the use of PCR and restriction fragment–length polymorphisms as applied specifically to the O. J. Simpson murder trial.

Sambrook, J., and Russell, D. W. (2001) In vitro amplification of DNA by the polymerase chain reaction. Chapter in *Molecular Cloning: A Laboratory Manual*, Cold Spring Harbor Press, Cold Spring Harbor, NY. Specific instructions for using PCR.

第 25 章

General

Bates, D. (2008) The bacterial replisome: Back on track? *Mol. Microbiol.* 69:1341–1348. A summary of evidence for spooling DNA through a stationary replisome.

Kornberg, A., and T. A. Baker (1992) *DNA Replication*, 2nd ed. W. H. Freeman and Co., San Francisco. Nearly two decades after its publication, still an excellent reference.

DNA Polymerases

Foti, J. J., and G. C. Walker (2010) SnapShot: DNA polymerases I prokaryotes, and SnapShot: DNA polymerases II mammals. *Cell* 141:192–193 and 370–371. Tabulated information about properties and functions of five prokaryotic and fourteen mammalian polymerases.

Johansson, E., and S. A. MacNeill (2010) The eukaryotic replicative DNA polymerases take shape. *Trends in Biochem. Sci.* 35:339–347. Current information about structures of eukaryotic polymerases.

Lee, Y-S., W. D. Kennedy, and Y. W. Yin (2009) Structural insight into processive human mitochondrial DNA synthesis and disease-related polymerase mutations. *Cell* 139:312–324. Crystal structure of human DNA polymerase γ.

Loeb, L. A., and R. J. Monnat (2008) DNA polymerases and human disease. *Nature Rev. Genetics* 9:594–603. Excellent summary of the properties, fidelities, and functions of the multiple eukaryotic DNA polymerases.

Nick McElhinny, S. A., D. A. Gordenin, C. M. Stith, P. M. J. Burgers, and T. A. Kunkel (2008) Division of labor at the eukaryotic replication fork. *Molecular Cell* 30:137–144. Incisive experimental evidence establishing functions of Pol δ and Pol ε.

Other Replication Proteins

Bloom, L. B. (2009) Loading clamps for DNA replication and repair. *DNA Repair* 8:570–578. Mechanisms of clamp loading are discussed.

Donmez, I., and S. S. Patel (2006) Mechanisms of a ring shaped helicase. *Nucl. Ac. Res.* 34:4216–4224. The T7 gp4 helicase-primase may be the most thoroughly studied helicase from the standpoint of mechanism.

Froelich-Ammon, S. J., and N. Osheroff (1995) Topoisomerase poisons: Harnessing the dark side of enzyme mechanism. *J. Biol. Chem.* 270:21429–21432. A review of topoisomerases as targets for antimicrobial and anticancer drugs.

Indiani, C., and M. O'Donnell (2006) The replication clamp-loading machine at work in the three domains of life. *Nature Rev. Mol. Cell Biol.* 7:751–761. A complete discussion of clamp-loading complexes.

Karpel, R. L. (1990) T4 bacteriophage gene 32 protein. In *The Biology of Non-Specific DNA–Protein Interactions*, A. Rezvin, ed., pp. 103–130, CRC Press, Boca Raton, Fla. A detailed review of this important protein.

Langston, L. D., C. Indiani, and M. O'Donnell, (2009) Whither the replisome. *Cell Cycle* 8:2686–2691. A concise and readable minireview.

Lohman, T. M., K. Thorn, and R. D. Vale (1998) Staying on track: Common features of DNA helicases and molecular motors. *Cell* 93:9–12. Proteins that move along DNA are being likened, mechanically, to other proteins that cause physical movement within cells.

Nash, H. A. (1998) Topological nuts and bolts. *Science* 279:1490–1491. Commentary on two articles in the same issue of *Science* that describe the crystal structure and mechanism of human topoisomerase I.

Nelson, S. W., S. K. Perumal, and S. J. Benkovic (2009) Processive and unidirectional translocation of monomeric UvsW helicase on single-stranded DNA. *Biochemistry* 48:1036–1046. This paper provides entrée to the T4 phage system, which has also taught us much about the replisome.

Pulleyblank, D. E. (1997) Of topo and Maxwell's dream. *Science* 277: 648–649. Commentary on surprising findings reported in the same issue of *Science*, that type II topoisomerases have a mysterious ability to untangle DNA molecules, rather than achieving equilibrium topoisomerase distributions.

Simonetta, K. R., and eight coauthors (2009) The mechanism of ATP-dependent primer-template recognition by a clamp loader complex. *Cell* 137:659–671.

Wang, J. C. (2009) *Untangling the double helix: DNA entanglement and the action of the DNA topoisomerases.* Cold Spr. Hbr. Press, Cold Spring Harbor, NY. Up-to-date presentation of topoisomerases and DNA tertiary structure by the discoverer of topoisomerases.

Eukaryotic DNA Replication

Burgers, P. M. J. (2009) Polymerase dynamics at the eukaryotic replication fork. *J. Biol. Chem.* 284:4041–4045. An informative JBC minireview.

Cook, P. R. (1999) The organization of replication and transcription. *Science* 284:1790–1795. An engaging argument that DNA and RNA polymerases are organized within cells into multi-protein "factories" through which DNA templates are drawn.

De Lange, T. (2010) Telomere biology and DNA repair: Enemies with benefits. *FEBS Letters* 584:3673–3674. Introduction to a special issue on telomeres and telomerases.

Gilson, E., and V. Géli (2007) How telomeres are replicated. *Nature Rev. Mol. Cell Biol.* 8:825–838. A nice review of telomerase mechanisms.

Holt, I. J. (2009) Mitochondrial DNA replication and repair: All a flap. *Trends in Biochem. Sci.* 34:358–365. A summary of evidence for and against several models for mtDNA replication.

Jasencakova, Z., A. N. D. Scharf, K. Ask, A. Corpet, A. Imhof, G. Almouzni, and A. Groth (2010) Replication stress interferes with histone recycling and predisposition marking of new histones. *Mol. Cell* 37:736–743. A treatment of histone clearance and replacement as the replisome sweeps by.

Lowden, M. R., S. Flibotte, D. G. Moerman, and S. Ahmed (2011) DNA synthesis generates terminal duplications that seal end-to-end chromosome fusions. *Science* 332:468–471. Chromosomal aberrations that occur when telomerase activity is low or nonexistent.

Reyes-Lamothe, R., D. J. Sherratt, and M. C. Leake (2010) Stoichiometry and architecture of active DNA replication machinery in *Escherichia coli*. *Science* 328:498–501. Looking at the replisome in vivo with single-molecule approaches.

Sidorova, J. M. (2008) Roles of the Werner syndrome RecQ helicase in DNA replication. *DNA Repair* 7:1776–1786. Mechanistic study of the helicase that is defective in an important human disease.

Víglasky, V., L. Bauer, and K. Tlucková (2010) Structural features of intra- and intermolecular G-quadruplexes derived from telomeric repeats. *Biochemistry* 49:2110–2120. A biophysical analysis.

Initiation and Termination

Boye, E., and B. Grallert (2009) In DNA replication, the early bird catches the worm. *Cell* 136:812–814. A commentary, but in two pages a nice summary of the complexity of eukaryotic replication initiation.

Gilbert, D. M. (2010) Evaluating genome-scale approaches to eukaryotic DNA replication. *Nature Rev. Genet.* 11:673–684. Newer approaches to analyzing replication initiation in eukaryotic cells.

Mulcair, M. D., P. M. Schaefffer, A. J. Oakley, H. F. Cross, C. Neylon, T. M. Hill, and N. E. Dixon (2006) *Cell* 125:1309–1319. A molecular mousetrap determines polarity of termination of DNA replication in *E. coli*. An explanation for the polarity of termination.

Witz, G., and A. Stasiak (2010) DNA supercoiling and its role in DNA decatenation and unknotting. *Nucl. Aci. Res.* 38:2119–2133. Topological aspects of termination.

Fidelity of Nucleic Acid Synthesis

Goodman, M. F. (1997) Hydrogen bonding revisited: Geometric selection as a principal determinant of replication fidelity. *Proc. Natl. Acad. Sci. USA* 94:10493–10495. Commentary upon the research article, in the same issue of the journal, that described DNA synthesis carried out with a non-hydrogen-bonding dNTP analog.

Joyce, C. M., and S. J. Benkovic (2004) DNA polymerase fidelity: Kinetics, structure, and checkpoints. *Biochemistry* 43:14317–14324. A review pointing out that polymerases vary considerably in their use of the several specificity determinants.

Nick McElhinny, S. A., and eight coauthors (2010) Abundant ribonucleotide incorporation into DNA by yeast replicative polymerases. *Proc. Natl. Acad. Sci. USA* 107:4949–4954, and Genome instability due to ribonucleotide incorporation into DNA. *Nature Chem. Biol.* 6:774–781. Ribonucleotide incorporation, possibly the most abundant form of DNA damage.

Tsai, Y-C., and K. A. Johnson (2006) A new paradigm for DNA polymerase specificity. *Biochemistry* 45:9675–9687. New mechanistic insights from the use of conformationally sensitive fluorophores attached to DNA polymerase.

Reverse Transcriptase

Hare, S., S. S. Gupta, E. Valkov, A. Engelman, and P. Cherepanov (2010) Retroviral intasome assembly and inhibition of DNA strand transfer. *Nature* 464:232–237. The structure of HIV integrase should aid in the search for new antiviral drugs.

Kohlstaedt, L. J., J. Wang, J. M. Friedman, P. A. Rice, and T. A. Steitz (1992) Crystal structure at 3.5 Å resolution of HIV-1 reverse transcriptase complexed with an inhibitor. *Science* 256:1783–1790. The first structural determination for a DNA polymerase other than *E. coli* polymerase I.

Peliska, J. A., and S. J. Benkovic (1992) Mechanism of DNA strand transfer reactions catalyzed by HIV-1 reverse transcriptase. *Science* 258: 1112–1118. A mechanistic analysis of this important enzyme.

Temin, H. A. (1993) Retrovirus variation and reverse transcription: Abnormal strand transfers result in retrovirus genetic variation. *Science* 259:6900–6903. One of the co-discoverers of reverse transcriptase argues that genetic variability of HIV results from more than just a lack of a proofreading exonuclease.

生化学の道具 25A

Peck, L. J., and J. C. Wang (1983) Energetics of B-to-Z transitions in DNA. *Proc. Natl. Acad. Sci. USA* 80:6206–6210.

第 26 章

DNA Repair, General

Friedberg, E. C., G. C. Walker, W. Siede, R. D. Wood, R. A. Schultz, and T. Ellenberger (2006) *DNA Repair and Mutagenesis*, 2nd ed. ASM Press, Washington, D.C. The most authoritative contemporary book-length review of the subject.

DNA Damage Response

Derheimer, F. A., and M. B. Kastan (2010) Multiple roles of ATM in monitoring and maintaining DNA integrity. *FEBS Letters* 584:3675–3681. ATM is a central player in this process.

Jackson, S. P., and J. Bartek (2009) The DNA-damage response in human biology and disease. *Nature* 461:1071–1075. Nice correlation of human disease states with defects in the DNA damage response.

Petermann, E., and T. Helleday (2010) Pathways of mammalian replication fork restart. *Nat. Rev. Mol. Cell Biol.* 11:683–687. Restart is central to several modes of DNA repair.

Direct Repair

Sancar, A. (2009) Structure and function of DNA photolyase and *in vivo* enzymology: 50th anniversary. *J. Biol. Chem.* 283:32153–32157. A comprehensive recent review.

Zhang, Y., and 7 coauthors (2011) FTIR study of light-dependent activation and DNA repair processes of (6–4) photolyase. *Biochem.* 50:3591–3598. Biophysical analysis of photoreactivation.

Excision Repair

Cleaver, J. E., E. T. Lam, and I. Revet (2009) Disorders of nucleotide excision repair: The genetic and molecular basis of heterogeneity. *Nat. Rev. Genet.* 10:756–768. Xeroderma pigmentosum is not the only disease resulting from faulty NER.

Nag, R., and M. J. Smerdon (2009) Altering the chromatin landscape for nucleotide excision repair. *Mutat. Res.* 62:13–20. Nice emphasis on chromatin as the actual repair substrate.

Qi, Y., M. C. Spong, K. Nam, A. Banerjee, S. Jiralerspong, M. Karplus, and G. L. Verdine (2009) Encounter and extrusion of an intrahelical lesion by a DNA repair enzyme. *Nature* 462:762–768. How does MutM rapidly scan thousands of guanine nucleotides in DNA, targeting the few oxidized guanines for removal?

Sancar, A. (1996) DNA excision repair. *Annu. Rev. Biochem.* 65:43–82.

This issue of *Annual Reviews* also contains articles on transcription-coupled repair, mismatch repair, and eukaryotic DNA repair.

Mismatch Repair

Jiricny, J. (1994) Colon cancer and DNA repair: Have mismatches met their match? *Trends Genet.* 10:164–168. Tremendous excitement resulted from the finding that an altered gene in some colon cancers is related to the MutS protein in *E. coli* mismatch repair.

Larrea, A. A., S. A. Lujan, and T. A. Kunkel (2010) SnapShot: DNA mismatch repair. *Cell* 141:730–730:e1. One of several capsule "microreviews" published by *Cell.*

McMurray, C. T. (2008) Hijacking of the mismatch repair system to cause CAG expansion and cell death in neurodegenerative disease. *DNA Repair* 7:1121–1134. Describes the involvement of mismatch repair systems in triplet expansion diseases.

Nick McElhinny, S. A., G. E. Kissling, and T. A. Kunkel (2010) Differential correction of lagging-strand replication errors made by DNA polymerases α and δ. *Proc. Natl. Acad. Sci. USA* 107:21070–21075. Insights into strand selection in eukaryotic mismatch repair.

Plucennik, A., L. Dzantiev, R. R. Iyer, N. Constantin, F. A. Kadyrov, and P. Modrich (2010) PCNA function in the activation and strand direction of MutLα endonuclease in mismatch repair. *Proc. Natl. Acad. Sci. USA* 107:16066-16071. Recent information about MutL function and PCNA involvement in eukaryotic mismatch repair.

Translesion Repair

Broyde, S., L. Wang, O. Rechkoblit, N. E. Geacintov, and D. J. Patel (2008) Lesion processing: High-fidelity versus lesion-bypass DNA polymerases. *Trends Biochem. Sci.* 33:209–219. Reviews the more open substrate-binding sites in Y-family polymerases.

Furukohri, A., M. F. Goodman, and H. Maki (2008) A dynamic polymerase exchange with *Escherichia coli* DNA polymerase IV replacing DNA polymerase III on the sliding clamp. *J. Biol. Chem.* 283:11260–11269. The replacement of a replicative polymerase by a translesion enzyme presents interesting kinetic and mechanistic problems.

Loeb, L. A., and R. J. Monnat (2008) DNA polymerases and human disease. *Nature Rev. Genetics* 9:594–603. This review includes information about the multiple Y-family polymerases and their functions.

Patel, M., Q. Jiang, R. Woodgate, M. M. Cox, and M. F. Goodman (2010) A new model for SOS-induced mutagenesis: How RecA protein activates DNA polymerase V. *Crit. Revs. Biochem. & Mol. Biol.* 45:171–184. RecA is shown to be an integral part of pol V.

Silverstein, T. D., R. E. Johnson, R. Jain, L. Prakash, S. Prakash, and A. K. Aggarwal (2010) Structural basis for the suppression of skin cancers by DNA polymerase η. *Nature* 465:1039–1044. Structure reveals how Pol η replicates accurately past a thymine dimer.

Daughter-Strand Gap Repair

Atkinson, J., and P. McGlynn (2009) Replication fork reversal and the maintenance of genome stability. *Nucl. Ac. Res.* 37:3475–3492. Evidence that this process contributes substrates for recombinational repair.

Petermann, E., and T. Helleday (2010) Pathways of mammalian replication factor restart. *Nature Reviews Mol. Cell Biol.* 11:683–687. Use of single-molecule techniques to distinguish among the possible pathways.

Double-Strand Break Repair

Bzymek, M., N. H. Thayer, S. D. Oh, N. Kleckner, and N. Hunter (2010) Double Holliday junctions are intermediates of DNA break repair. *Nature* 464:937–942. A study that makes extensive use of two-dimensional DNA electrophoresis.

Carreira, A., and S. Kowalczykowski (2009) BRCA2. *Cell Cycle* 8:3445–3447. Description of the role of BRCA2 in targeting Rad51 in double-strand break repair by HR.

Flynn, R. L., and L. Zou (2011) ATR: A master conductor of cellular responses to DNA replication stress. *Trends Biochem. Sci.* 36:133–140.

Hartlerode, A. J., and R. Scully (2009) Mechanisms of double-strand break repair in somatic mammalian cells. *Biochem. J.* 423:157–168. A comprehensive recent review.

Mazón, G., E. P. Mimitou, and L. S. Symington (2010) SnapShot: Homologous recombination in DNA double-strand break repair. *Cell* 142:646–646e1. A two-page "microreview" that summarizes a lot of information.

Pandita, T. J., and C. Richardson (2009) Chromatin remodeling finds its place in the DNA double-strand break response. *Nucl. Ac. Res.* 37:1363–1377. Emphasizes that chromatin is the substrate for eukaryotic DNA repair.

Recombination

Bianco, P. R., R. B. Tracy, and S. C. Kowalczykowski (1998) DNA strand exchange proteins: A biochemical and physical comparison. *Frontiers Biosci.* 3:570–603. A detailed review of homologous recombination mechanisms and the proteins involved, in *E. coli,* phage T4, and yeast.

Chen, Z., H. Yang, and N. P. Pavletich (2008) Mechanism of homologous recombination from the RecA-ssDNA/dsDNA structures. *Nature* 453:489–496. RecA structure determination.

Haber, J. E. (1999) DNA recombination: The replication connection. *Trends Biochem. Sci.* 24:271–275. A review of double-strand break repair and its relationship to DNA replication and recombination.

Khuu, P., and P. S. Ho (2009) A rare nucleotide base tautomer in the structure of an asymmetric DNA junction. *Biochemistry* 48:7824–7832. One of several papers presenting crystal structures of synthetic Holliday junctions.

van der Heijden, T., M. Modesti, S. Hage, R. Kanaar, C. Wyman, and C. Dekker (2008) Homologous recombination in real time: DNA strand exchange by RecA. *Mol. Cell* 30:530–538. An analysis of RecA-catalyzed strand exchange by single-molecule technology.

Gene Rearrangements

Canugovi, C., M. Samaranayake, and A. S. Bhagwat (2009) Transcriptional pausing and stalling causes multiple clustered mutations by human activation-induced deaminase. *FASEB J.* 23:34–44. A model to explain the clustering of mutations in somatic hypermutagenesis.

Craig, N. L. (1997) Target site selection in transposition. *Annu. Rev. Biochem.* 66:437–474. Contains references to all aspects of gene transposition.

Lewin, B. (2008) *Genes IX.* Jones & Bartlett, Boston. Chapters 21 and 22 of this contemporary molecular genetics textbook present detailed discussions of transposons, retroviruses, and other transposable elements.

McClintock, B. (1984) The significance of responses of the genome to challenge. *Science* 226:792–801. McClintock's Nobel Prize address, giving the history of the first description of mobile genetic elements.

Milstein, C. (1986) From antibody structure to immunological diversification of the immune response. *Science* 231:1261–1268. Milstein was awarded the Nobel Prize for discovering monoclonal antibodies, but in this Nobel Prize lecture he discusses the generation of antibody diversity.

Murley, L. L., and N. D. F. Grindley (1998) Architecture of the resolvase synaptosome: Oriented heterodimers identify interactions for synapsis and recombination. *Cell* 95:553–562. Resolvase mechanisms explored by crystallography and site-directed mutagenesis.

Roth, D. B., and N. L. Craig (1998) VDJ recombination: A transposase goes to work. *Cell* 94:411–414. A relatively recent minireview describing the recombinational events in maturation of antibody-forming genes.

Schlissel, M. S., D. Schulz, and C. Vetterman (2009) A histone code for regulating V(D)J recombination. *Mol. Cell* 34:639-640. A recent minireview of antibody gene rearrangements.

Retroviruses

Varmus, H. (1988) Retroviruses. *Science* 240:1427–1435. Still one of the best reviews available.

Gene Amplification

Sharma, R. C., and R. T. Schimke (1994) The propensity for gene amplification: A comparison of protocols, cell lines, and selection agents. *Mutat. Res.* 304:243–260. Practical information from the laboratory that discovered dihydrofolate reductase gene amplification.

Smith, K. A., et al. (1995) Regulation and mechanisms of gene amplification. *Phil. Trans. Royal Soc. London Series B* 347:49–56. A readable and well-referenced review.

生化学の道具 26A

Capecchi, M. R. (2007) Gene targeting, 1977–present. Nobel Prize lecture, available at http://nobelprize.org/nobel_prizes/medicine/laureates/2007/capecchi-lecture.html.

Winzeler, E. A., and 51 coauthors (1999) Functional characterization of the *S. cerevisiae* genome by gene deletion and parallel analysis. *Science* 285:901–906.

生化学の道具 26B

Chen, C., and 10 coauthors (2011) Single-molecule fluorescence measurements of ribosomal translocation dynamics. *Mol. Cell* 42:367–377. Recent application of single-molecule technology to the elongation cycle in translation.

Shimamoto, N. (1999) One-dimensional diffusion of proteins along DNA. *J. Biol. Chem.* 274:15293–15296. Experiments that substantiated sliding of DNA-binding proteins along DNA.

Svoboda K., and S. M. Block (1994) Biological application of optical forces, *Ann. Rev. Biophys. and Biomol. Str.* 23:247–285. A description of the principles behind optical tweezers.

Van der Heijden, T., M. Modesti, S. Hage, R. Kanaar, C. Wyman, and C. Dekker (2008) Homologous recombination in real time: DNA strand exchange by RecA. *Mol. Cell* 30:530–538.

Van Holde, K. E. (1999) Biochemistry at the single-molecule level: Minireview series. *J. Biol. Chem.* 274:14515. Introduction to a series of four minireviews describing different single-molecule techniques.

Zlatanova, J., and K. van Holde (2006) Single molecule biology: What is it and how does it work? *Mol. Cell*, 24:317–329. A more contemporary review.

第 27 章

RNA Polymerase Structure and Function

Bustamante, C., M. Guthold, X. Zhu, and G. Yang (1999) Facilitated target location on DNA by individual *Escherichia coli* RNA polymerase molecules observed with the scanning force microscope operating in liquid. *J. Biol. Chem.* 274:16665–16668. Direct visualization of molecules indicates how RNA polymerase moves along DNA to promoters.

Cook, D. N., D. Ma, N. G. Pon, and J. E. Hearst (1992) Dynamics of DNA supercoiling by transcription in *Escherichia coli*. *Proc. Natl. Acad. Sci. USA* 89:10603−10607. The unsettled question of whether the act of transcription per se overwinds template DNA is explored.

Cramer, P., and E. Arnold (2009) Proteins: How RNA polymerases work. *Curr. Opinion in Struc. Biol.* 19:680–682. The introduction to a special issue of this journal, which has several excellent reviews on RNA polymerase structure and mechanism.

Cramer, P., D. A. Bushnell, and R. D. Kornberg (2001) Structural basis of transcription: RNA polymerase II at 2.8 Å resolution. *Science* 292:1863–1876. This paper and a companion paper from the same laboratory described the first high-resolution structure of a multisubunit RNA polymerase.

Gelles, J., and R. Landick (1998) RNA polymerase as a molecular motor. *Cell* 93:13–16. A minireview summarizing ways to understand mechanochemical properties of RNA polymerase.

Murakami, K. S., S. Masuda, and S. A. Darst (2002) Structural basis of transcription initiation: RNA polymerase holoenzyme at 4Å resolution. *Science* 296:1280–1290. *Taq* RNA polymerase, the first eubacterial RNA polymerase structure determination.

Struhl, K. (1999) Fundamentally different logic of gene regulation in eukaryotes and prokaryotes. *Cell* 98:1–4. A concise description of the distinctions in transcription between higher and lower organisms.

Werner, F. (2007) Structure and function of archaeal RNA polymerases. *Molec. Microbiol.* 65:1395–1404. The archaeal enzymes resemble the eukaryotic polymerases more than they do the bacterial enzymes.

Promoter Recognition and Initiation

Durniak, K. J., S. Bailey, and T. A. Steitz (2008) The structure of a transcribing T7 RNA polymerase in transition from initiation to elongation. *Science* 322:553–557. The single-subunit phage T7 RNA polymerase was the first to have a high-resolution structure presented.

Huang, X., D. Wang, D. R. Weiss, D. A. Bushnell, R. D. Kornberg, and M. Levitt (2010) RNA polymerase II trigger loop residues stabilize and position the incoming nucleotide (*sic.*) triphosphate in transcription. *Proc. Natl. Acad. Sci. USA* 107:15745–15750. Recent progress in pol II structure and function.

Ishihama, A. (2010) Prokaryotic genome regulation: Multifactor promoters, multitarget regulators and hierarchic networks. *FEMS Microbiol. Revs.* 34:628–645. A systems biology approach to prokaryotic transcriptional regulation.

Ju, B-G., V. V. Lunyak, V. Perissi, I. Garcia-Bassets, D. W. Rose, C. K. Glass, and M. G. Rosenfeld (2006) A topoisomerase IIβ-mediated dsDNA break required for regulated transcription. *Science* 312:1798–1802. A topoisomerase requirement for transcription is shown to involve breaking the DNA template.

Kostrewa, D., M. E. Zeller, K-J. Armache, M. Seizl, K. Leike, M. Thomm, and P. Cramer (2009) RNA polymerase II-TFIIB structure and mechanism of transcription initiation. *Nature* 462:323–330. Structural insights into initiation.

McKenna, N. J., and B. W. O'Malley (2010) SnapShot: Nuclear receptors II. *Cell* 142:986–987. A microreview about nuclear receptors, an important family of transcription factors.

Revyakin, A., C. Liu, R. H. Ebright, and T. R. Strick (2006) Abortive initiation and productive initiation by RNA polymerase involve DNA scrunching. *Science* 314:1139–1147. Single-molecule approaches to the mechanism of abortive initiation.

Transcriptional Elongation

Buratkowski, S. (2008) Gene expression: Where to start? *Science* 322:1804–1805. A short introduction to four papers in this issue of *Science* reporting that RNA polymerase II catalyzes divergent transcription, giving normal transcripts plus short upstream antisense transcripts.

Buratkowski, S. (2009) Progression through the RNA polymerase II CTD cycle. *Mol. Cell* 36:541–546. A minireview dealing with phosphorylation of the C-terminus of pol II.

Larson, M. H., R. Landick, and S. M. Block (2011) Single-molecule studies of RNA polymerase: One singular sensation, every little step it takes. *Mol. Cell* 41:249–262. A recent review emphasizing the irregularity of many steps in transcription.

Pomerantz, R., and M. O'Donnell (2010) What happens when replication and transcription complexes collide? *Cell Cycle* 9:2537–2543. Replication and transcription apparati move in opposite directions along the same genome.

Thomsen, N. D., and J. M. Berger (2009) Running in reverse: The structural basis for translocation polarity in hexameric helicases. *Cell* 139:523–534. Structure and mechanism of *E. coli* ρ protein.

Vassylyev, D. G., M. N. Vassylyeva, A. Perederina, T. H. Tahirov, and I. Artsimovitch (2007) Structural basis for transcription elongation by bacterial RNA polymerase. *Nature* 448:157–162. A mechanistic analysis based upon a 2.5 Å structure of the *Thermus thermophilus* enzyme.

von Hippel, P. H. (1998) An integrated model of the transcription complex in elongation, termination, and editing. *Science* 281:660–665. Reviews events in transcription from a largely thermodynamic perspective.

Zenkin, N., Y. Yuzenkova, and K. Severinov (2006) Transcript-assisted transcriptional proofreading. *Science* 313:518–520. Insights into RNA polymerase fidelity mechanisms.

Pausing and Termination

Churchman, L. S., and J. S. Weissman (2011) Nascent transcript sequencing visualizes transcription at nucleotide resolution. *Nature* 469:368–375. Deep sequencing of transcript ends shows how extensive pausing is early in transcription.

Greenblatt, J., J. R. Nodwell, and S. W. Mason (1993) Transcriptional antitermination. *Nature* 364:401–406. A process discovered in phage λ, which has significance for eukaryotic and HIV gene expression.

Herbert, K. M., A. La Porta, B. J. Wong, R. A. Mooney, K. C. Neuman, R. Landick, and S. M. Block (2006) Sequence-resolved detection of pausing by single RNA polymerase molecules. *Cell* 125:1083–1094. Single-molecule approaches to understanding pausing.

Landick, R. (1999) Shifting RNA polymerase into overdrive. *Science* 284:598–599. A brief commentary, reviewing recent work on the mechanism of antitermination.

Park, J-S., and J. W. Roberts (2006) Role of DNA bubble rewinding in enzymatic transcription termination. *Proc. Natl. Acad. Sci. USA* 103:4870–4875. Evidence that rewinding the DNA helix upstream from the polymerase catalytic site contributes to termination.

Transcription, Chromatin, and the Cellular Milieu

Cook, P. R. (2010) A model for all genomes: The role of transcription factories. *J. Mol. Biol.* 395:1–10. A model of chromatin loops tethered to multipolymerase transcription factories.

Hodges, C., L. Bintu, L. Lubkowska, M. Kashlev, and C. Bustamante (2009) Nucleosomal fluctuations govern the transcription dynamics of RNA polymerase II. *Science* 325:626–628. Single-molecule studies support the concept of pol II nudging its way around the nucleosome.

Jørgensen, F. G., and M. H. Schierup (2009) Increased rate of human mutation where DNA and RNA molecules collide. *Trends Genet.* 25:523–527. One of several papers that explore the relationships between DNA and RNA polymerases acting on the same template.

Lorch, Y., B. Maier-Davis, and R. D. Kornberg (2006) Chromatin remodeling by nucleosome disassembly in vitro. *Proc. Natl. Acad. Sci. USA* 103:3090–3093. Evidence that a chromatin remodeling complex takes nucleosomes apart.

Venters, B. J., and B. F. Pugh (2009) *Crit. Rev. Biochem. Mol. Biol.* 44:117–141. How eukaryotic genes are transcribed. An excellent review, focusing upon the problem of chromatin transcription.

Post-transcriptional Processing

Altman, S., L. Kirsebom, and S. Talbot (1993) Recent studies of ribonuclease-P. *FASEB J.* 7:7–14. A discussion of one of the most interesting known ribozymes.

Chen, M., and J. L. Manley (2009) Mechanisms of alternative splicing regulation: Insights from molecular and genomics approaches. *Nature Rev. Mol. Cell Biol.* 10:741–753. A recent review of both splicing and alternative splicing.

Hoskins, A. A., and nine coauthors (2011) Ordered and dynamic assembly of single spliceosomes. *Science* 331:1289–1295. Single-molecule analysis of spliceosome assembly in living yeast cells carried out with a novel imaging technique.

Le Hir, H., A. Nott, and M. J. Moore (2003) How introns influence and enhance eukaryotic gene expression. *Trends Biochem. Sci.* 28:215–220. A summary of evidence indicating that intron processing enhances steps in gene expression.

Phizicky, E. M., and A. K. Hopper (2010) tRNA biology charges to the front. *Genes and Development* 24:1832–1860. Timely review on biochemistry and functions of tRNA post-transcriptional processing.

生化学の道具 27A

Tullius, T. D., B. A. Dombroski, M. E. A. Churchill, and L. Kam (1989) Hydroxyl radical footprinting: A high-resolution method for mapping protein–DNA contacts. In *Recombinant DNA Methodology*, R. Wu, L. Grossman, and K. Moldave, eds., pp. 721–741. Academic Press, San Diego, Calif. A description of hydroxyl radical footprinting, with references to previously described methods.

生化学の道具 27B

Sambrook, J., and D. W. Russell (2001) *Molecular Cloning: A Laboratory Manual,* Third Edition. Cold Spring Harbor Laboratory, Cold Spring Harbor, N.Y. Chapter 7 of this benchmark methods manual describes several techniques for RNA isolation and analysis.

生化学の道具 27C

Ioannidis, J. P. A., and 15 coauthors (2009) Repeatability of published microarray gene expression analyses. *Nature Genetics* 41:149–155. Analyses of data in 18 articles emphasizes the importance of adequate controls, statistical analysis, and experimental details in generating and publishing meaningful microarray data.

Mittal, V. (2001) DNA array technology. In *Molecular Cloning: A Laboratory Manual,* 3rd ed., Vol. 3, J. Sambrook and D. W. Russell, eds., pp. A.10.1–A.10.19. Cold Spring Harbor Laboratory, Cold Spring Harbor, N.Y. Straightforward description of the technology.

生化学の道具 27D

Dedon, P. C., J. A. Soults, C. D. Allis, and M. A. Gorovsky, (1991) A simplified formaldehyde fixation and immunoprecipitation technique for studying protein-DNA interactions. *Anal. Biochem.*197:83–90. Some basic principles.

Orlando, V., H. Strutt, and R. Paro, (1997) Analysis of chromatin structure by in vivo formaldehyde cross-linking. *Methods* 11:205–214. A standard protocol.

Johnson D. S., A. Mortazavi, et al. (2007) Genome-wide mapping of in vivo protein-DNA interactions. *Science* 316:1497–1502. An early application of ChIP-seq. technology

第 28 章

Of Historical Interest

Brenner, S., F. Jacob, and M. Meselson (1961) An unstable intermediate carrying information from genes to ribosomes for protein synthesis. *Nature* 190:576–581. Early evidence for the existence of mRNA.

Crick, F. H. C. (1958) On protein synthesis. *Symp. Soc. Exp. Biol.* 12:138–162. With great prescience, Crick foresees the essential nature of the translation mechanism.

Crick, F. H. C. (1966) Codon–anticodon pairing: The wobble hypothesis. *J. Mol. Biol.* 19:548–555.

Khorana, H. G. (1968) Nucleic acid synthesis in the study of the genetic code. In *Nobel Lectures, Physiology, and Medicine (1963–1970)*, pp. 341–343. American Elsevier, New York. A Nobel Prize winner's account of the deciphering of the code.

Traub, P., and M. Nomura (1968) Structure and function of *E. coli* ribosomes. V. Reconstitution of functionally active 30S ribosomal particles from RNA and proteins. *Proc. Natl. Acad. Sci. USA* 59:777–784.

The Code

Bender, A., P. Hajieva, and B. Moosmann (2008) Adaptive antioxidant methionine accumulation in respiratory chain complexes explains the use of a deviant genetic code in mitochondria. *Proc. Nat. Acad. Sci. USA* 105:16496–16501. Evidence for evolution of a different code in mitochondria.

Plotkin, J. B., and G. Kudla (2011) Synonymous but not the same: The causes and consequences of codon bias. *Nat. Rev. Genet.* 12:32–42. A recent review of codon bias.

Turanov, A. A., A. V. Lobanov, D. E. Fomenko, H. G. Morrison, M. L. Sogin, L. A. Klobutcher, D. L. Hatfield, and V. N. Gladyshev (2009) Genetic code supports targeted insertion of two amino acids by one codon. *Science* 323:259–261. Unexpected ambiguity within one gene.

Yuan, J., P. O'Donoghue, A. Ambrogelly, S. Gundllapalli, R. L. Sherrer, S. Paliora, M. Siminovic, and D. Söll (2010) Distinct genetic code expansion strategies for selenocysteine and pyrrolysine are reflected in different aminoacyl-tRNA formation systems. *FEBS Letters* 584:342–349. Coding for the 21st and 22nd amino acids.

Messenger RNA

Gesteland, R. F., R. B. Weiss, and J. F. Atkins (1992) Recoding: Reprogramming genetic decoding. *Science* 257:1640–1641. There are special signals in some mRNAs that alter code reading.

Shine, J., and L. Dalgarno (1974) The 3′-terminal sequence of *E. coli* 16S rRNA: Complementarity to nonsense triplets and ribosome binding sites. *Proc. Natl. Acad. Sci. USA* 71:1342–1346.

Transfer RNAs

Hatfield, D. L., B. J. Lee, and R. M. Pirtle (eds.) (1992) *Transfer RNA in Protein Synthesis.* CRC Press, Boca Raton, Fla. A collection of papers on diverse aspects of tRNA function.

Olejniczak, M., and O. C. Uhlenbeck (2006) tRNA residues that have coevolved with their anticodon to ensure uniform and accurate codon recognition. *Biochimie* 88:943–950. A phylogenetic analysis of tRNA base pairs that facilitate accurate codon recognition.

Söll, D., and V. RajBhandary (eds.) (1995) *tRNA: Structure, Biosynthesis, and Function.* ASM Press, Washington, D.C.

Aminoacyl-tRNA Synthetases and Aminoacyl-tRNA Coupling

Carter, C. W., Jr. (1993) Cognition, mechanism, and evolutionary relationships in aminoacyl-tRNA synthetases. *Annu. Rev. Biochem.* 62:715–748.

Curnow, A. W., K.-W. Hong, R. Yuan, S.-L. Kim, O. Martins, W. Winkler, T. M. Henkin, and D. Söll (1997) Glu-$tRNA^{Gln}$-amidotransferase: A novel heterotrimeric enzyme required for correct decoding of glutamine codons during translation. *Proc. Natl. Acad. Sci. USA* 94: 11819–11826. Charging $tRNA^{Gln}$ with Gln in an indirect way.

Giegé, R., M. Sissler, and C. Florentz (1998) Universal rules and idiosyncratic features in tRNA identity. *Nucleic Acids Res.* 26:5017–5035.

Guo, M., P. Schimmel, and X-L. Yang (2010) Functional expansion of human tRNA synthetases achieved by structural inventions. *FEBS Lett.* 584:434–442. Aminoacyl-tRNA synthetases as moonlighting proteins.

Rould, M. A., J. J. Perona, D. Söll, and T. A. Steitz (1989) Structure of *E. coli* glutaminyl-tRNA synthetase complexed with $tRNA^{Gln}$ and ATP at 2.8 Å resolution. *Science* 246:1135–1141. One of the first aminoacyl-tRNA synthetase structures.

Ribosomes

Ban, N., P. Nissen, J. Hansen, P. B. Moore, and T. A. Steitz (2000) The complete atomic structure of the large ribosomal subunit at 2.4 Å resolution. *Science* 289:905–919. The first high-resolution structure.

Kostelev, A., D. N. Ermolenko, and H. F. Noller (2008) Structural dynamics of the ribosome. *Curr. Opin. Chem. Biol.* 12:674–683. A review of movements made during ribosome function and the methods used to analyze them.

Mulder, A. M., C. Yoshioka, A. H. Beck, A. E. Bunner, R. A. Milligan, C. S. Potter, B. Carragher, and J. R. Williamson (2010) Visualizing ribosome biogenesis: Parallel assembly pathways for the 30S subunit. *Science* 330:673–677. Evidence for major distinctions between ribosome assembly pathways in vitro and in vivo.

Ramakrishnan, V. (2009) Decoding the genetic message: The 3D version. 2009 Nobel Lecture. http://nobelprize.org/nobel_prizes/chemistry/laureates/2009/ramakrishnan-lecture.html. This wide-ranging lecture includes a movie showing ribosomal movements during translation.

Ramakrishnan, V. (2011) The eukaryotic ribosome. *Science* 331:681–682. A commentary upon the first eukaryotic ribosome structure determinations.

Selmer, M., C. Dunham, F. V. Murphy IV, A. Wexelbaumer, S. Petry, A. C. Kelley, J. R. Weir, and V. Ramakrishnan (2006) Structure of the 70S ribosome complexed with mRNA and tRNA. *Science* 313:1935–1942. The title says it all.

Zimmerman, E., and A. Yonath (2009) Biological implications of the ribosome's stunning stereochemistry. *ChemBioChem* 10:63–72. A minireview coauthored by one of the 2009 Nobel laureates honored for ribosome structure determination.

The Translation Process

Gold, L., and G. Stormo (1987) Translational initiation. In Escherichia coli *and* Salmonella typhimurium: *Cellular and Molecular Biology,* Vol. 2, F. C. Neidhardt, J. L. Ingraham, B. Low, B. Magasanik, M. Schaechter, and H. E. Umbarger, eds., pp. 1302–1307. American Society for Microbiol., Washington, D.C.

Roberts, J. W. (2010) Syntheses that stay together. *Science* 328:436–437. A brief summary of two papers that described the transcription-translation coupling mechanism.

Schmeing, T. M., R. M. Voorhees, A. C. Kelley, Y-G. Gao, F. V. Murphy IV, J. R. Weir, and V. Ramakrishnan (2009). The crystal structure of the ribosome bound to EF-Tu and aminoacyl-tRNA. *Science* 326:688–694. This and a companion paper from the same laboratory present a structural analysis of events in translation.

Zaher, H. S., and R. Green (2009) Quality control by the ribosome following peptide bond formation. *Nature* 457:161–168. In addition to error correction by aminoacyl-tRNA synthetases, the ribosome has a process to minimize translational errors.

Zhong, W., J. A. Dunkle, and J. H. D. Cate (2009) Structures of the ribosome in intermediate states of ratcheting. *Science* 325:1014–1017. A structural analysis of ribosomal movements during translation.

Antibiotics

Cooperman, B. S., M. A. Buck, C. L. Fernandez, C. J. Weitzman, and B. F. D. Ghrist (1989) Antibiotic photoaffinity labeling probes of *E. coli* ribosomal structure and function. In *Photochemical Probes in Biochemistry,* P. E. Nielsen, ed., pp. 123–139. Kluwer, Dordrecht, Netherlands. A review of the use of antibiotics to probe ribosomes.

Steitz, T. A. (2009) From understanding ribosome structure and function to new antibiotics. 2009 Nobel Lecture in Chemistry. http://nobelprize.org/nobel_prizes/chemistry/laureates/2009/steitz-lecture.html. Steitz's Nobel lecture covers known antibiotic action from a structural standpoint and describes new antibiotics emerging from structural work.

Post-translational Modification

Ataide, S. F., N. Schmitz, K. Shen, A. Ke, S-o. Shan, J. A. Doudna, and N. Ban (2011) The crystal structure of the signal recognition particle in complex with its receptor. *Science* 331:881–886. Strucural insights into protein translocation.

Becker, T., and 13 coauthors (2009) Structure of monomeric yeast and mammalian Sec61 complexes interacting with the translating ribosome. *Science* 326:1369–1373. Structural analysis of the relationship between a ribosome and a protein-conducting channel.

Hunt, J. F., S. Weinkauf, L. Henry, J. J. Fak, P. McNicholas, D. B. Oliver, and J. Deisenhofer (2002) Nucleotide control of interdomain interactions in the conformational reaction cycle of SecA. *Science* 297:2018–2026. Structural analysis of energy coupling in bacterial protein secretion.

Portt, L., G. Norman, C. Clap, M. Greenwood, and M. T. Grenwood (2011) Anti-apoptosis and cell survival: A review. *Biochim. Biophys. Acta* 1813:238–259. How cells protect themselves against unprogrammed death.

Xue, M., and B. Zhang (2002) Do SNARE proteins confer specificity for vesicle fusion? *Proc. Natl. Acad. Sci. USA* 99:13359–13361. A minireview on SNARE proteins.

生化学の道具 28A

Boublik, M. (1990) Electron microscopy of ribosomes. In *Ribosomes and Protein Synthesis: A Practical Approach,* G. Spedding, ed., pp. 273–296. Oxford University Press, Oxford.

Brimacombe, R., B. Greuer, H. Gulle, M. Kasak, P. Mitchell, M. Oswald,

K. Stade, and W. Stiege (1990) New techniques for the analysis of intra-RNA and RNA-protein cross-linking data from ribosomes. In *Ribosomes and Protein Synthesis: A Practical Approach*, G. Spedding, ed., pp. 131–159. Oxford University Press, Oxford.

Cornish, P. V., D. N. Ermolenko, D. W. Staple, L. Hoang, R. Hickerson, H. F. Noller, and T. Ha (2009) Following movement of the L1 stalk between three functional states in single ribosomes. *Proc. Natl. Acad. Sci. USA.* 106:2571–2576.

Serdyuk, I. N., M. Y. Pavlov, I. N. Rublevskaya, G. Zaccai, R. Leberman, and Y. M. Ostenavitch (1990) New possibilities for neutron scattering in the study of RNA–protein interactions. In *The Ribosome*, W. Hill et al., eds., pp. 194–202. American Society for Microbiology, Washington, D.C.

Stark, H., E. V. Orlova, J. Rinke-Appel, N. Jünke, F. Mueller, M. Rodnina, W. Wintermeyer, R. Brimacombe, and M. van Heel (1997) Arrangement of tRNAs in pre- and post-translocational ribosomes, revealed by electron cryomicroscopy. *Cell* 88:19–28. An elegant use of the method to follow conformational changes.

第 29 章

Prokaryotic Transcription

Albright, R. A., and B. W. Matthews (1998) How Cro and λ-repressor distinguish between operators: The structural basis underlying a genetic switch. *Proc. Natl. Acad. Sci. USA* 95:3431–3436. Structural analysis of DNA–protein complexes containing the same operator but different repressors.

Henkin, T. (1994) tRNA-directed transcription termination. *Mol. Microbiol.* 13:381–387. A description of a novel form of transcriptional regulation.

Ishihama, A. (2010) Prokaryotic gene regulation: Multifactor promoters, multitarget regulators and hierarchic networks. *FEMS Microbiol. Rev.* 34:628–645. Complexities of prokaryotic transcription revealed by genomic analysis.

Landick, R. (1999) Shifting RNA polymerase into overdrive. *Science* 284:598–599. A brief commentary, reviewing recent work on the mechanism of antitermination.

Lewis, M., G. Chang, N. C. Horton, M. A. Kercher, H. C. Pace, M. A. Schumacher, R. G. Brennan, and P. Lu (1996) Crystal structure of the lactose operon repressor and its complexes with DNA and inducer. *Science* 271:1247–1254. A significant achievement, given the size and importance of the protein.

Ptashne, M. (2004) *A Genetic Switch, Third Edition. Phage Lambda Revisited.* Cold Spring Harbor Laboratory Press, Cold Spring Harbor, NY. A clear account of the complexities of phage λ regulation and the importance of understanding it.

Sorek, R., and P. Cossart (2010) Prokaryotic transcriptomics: A new view on regulation, physiology, and pathogenicity. *Nature Rev. Gen.* 11:9–16. Applications of next-generation DNA sequencing to bacterial transcriptional regulation.

Yaniv, M. (2011) The 50th anniversary of the publication of the operon theory in the *Journal of Molecular Biology*: Past, present, and future. *J. Mol. Biol.* 409:1–6. A retrospective on a famous 1961 paper by Jacob and Monod, which was the first detailed presentation of the operon model.

Yanofsky, C. (2003) Using studies on tryptophan to answer basic biological questions. *J. Biol. Chem.* 278:10859–10878. A brief autobiography in which the author describes the many ways that the *trp* operon has illuminated genetic regulation.

Eukaryotic Transcriptional Regulation

Cook, P. R. (2010) A model for all genomes: The role of transcription factories. *J. Mol. Biol.* 395:110. Not a study of regulation *per se*, but a source of important insights into the intracellular organization of the transcription machinery.

D'Alessio, J. A., K. J. Wright, and R. Tjian (2009) Shifting players and paradigms in cell-specific transcription. *Mol. Cell* 36:924–931. New information about transcription factors.

Kornberg, R. D. (2005) Mediator and the mechanism of transcriptional activation. *Trends in Biochem. Sci.* 30:235–239. One of several articles in a special issue devoted to Mediator.

Pomerantz, R. T., and M. O'Donnell (2010) Direct restart of a replication fork stalled by a head-on RNA polymerase. *Science* 327:590–592. A study of encounters between DNA and RNA polymerases.

Ptashne, M., and A. Gann (2002) *Genes and Signals.* Cold Spring Harbor Laboratory Press, Cold Spring Harbor, NY. A clear account of the complexities of eukaryotic transcription, with emphasis on yeast.

Schmid, D., and 12 coauthors (2010) Five-vertebrate ChIP-seq reveals the evolutionary dynamics of transcription factor binding. *Science* 328:1036–1040. Transcription factor binding shown to be a major factor in interspecies variation.

Venters, B. J., and B. F. Pugh (2009) How eukaryotic genes are transcribed. *Crit. Rev. Biochem. Mol. Biol.* 44:117–141. A comprehensive and timely review.

Weake, V. M., and J. L. Workman (2010) Inducible gene expression: Diverse regulatory mechanisms. *Nature Rev. Genet.* 11:426–437. Another comprehensive review.

Regulatory RNA Molecules

Nagano, T., and P. Fraser (2011) No-nonsense functions for long noncoding RNAs. *Cell* 145:178–181. A recent review.

Sharp, P. A. (2009) The centrality of RNA. *Cell* 136:577–580. A brief review summarizing all of the recently discovered classes of regulatory RNAs.

Waters, L. S., and G. Storz (2009) Regulatory RNAs in bacteria. *Cell* 136:615–628. Comprehensive focus on sRNAs and other prokaryotic regulatory RNAs.

Wilusz, J. E., H. Sunwoo, and D. L. Spector (2009) Long noncoding RNAs: Functional surprises from the RNA world. *Genes. Dev.* 23:1494–1504. Surprising findings, beginning with the realization that most of the eukaryotic genome is transcribed.

Translation-Level Regulation

Hernández, G., M. Altmann, and P. Lasko (2009) Origins and evolution of the mechanisms regulating translation initiation in eukaryotes. *Trends in Biochem. Sci.* 35:63–73. A timely review.

Chromatin and Gene Regulation

Clapier, C. R., and B. R. Cairns (2009) The biology of chromatin remodeling complexes. *Ann. Rev. Biochem.* 78:273–304. Contemporary discussion of the functions in which these complexes participate.

Gaspar-Maia, A., and 10 coauthors (2009) Chd1 regulates open chromatin and pluripotency of embryonic stem cells. *Nature* 460:863–870. Newly discovered relationship between a chromatin-remodeling complex and the pluripotency of embryonic stem cells.

Ho, L., and G. R. Crabtree (2010) Chromatin remodeling during development. *Nature* 463:474–484. A complete and contemporary review.

Lorch, Y., B. Maier-Davis, and R. D. Kornberg (2010) Mechanism of chromatin remodeling. *Proc. Natl. Acad. Sci. USA* 107:3458–3462. Evidence supporting a model of disruption of DNA–histone links in chromatin remodeling.

Oliver, S. S., and J. M. Denu (2011) Dynamic interplay between histone H3 modifications and protein interpreters: Emerging evidence for a "histone language." *Chem. Bio. Chem.* 12:299–307. Thoughtful discussion of the histone code.

Smith, E., and A. Shilatifard (2010) The chromatin signaling pathway: Diverse mechanisms of recruitment of histone-modifying enzymes and varied biological outcomes. *Mol. Cell* 40:689–701. Critical discussion of the concept of a histone code.

Talbert, P. B., and S. Henikoff (2010) Histone variants—ancient wrap artists of the epigenome. *Nature Rev. Mol. Cell Biol.* 11:264–275. Excellent review of histone variants.

DNA Methylation and Epigenetics

Bhutani, N., J. J. Brady, M. Damian, A. Sacco, S. Y. Corbel, and H. M. Blau (2010) Reprogramming toward pluripotency requires AID-dependent DNA demethylation. *Nature* 463:1042–1048. Recent evidence for DNA demethylation as a crucial event in gene reactivation.

Bonasio, R., S. Tu, and D. Reinberg (2010) Molecular signals of epigenetic states. *Science* 330:612–616. Critical discussion of the meaning of "epigenetics," in a special issue of *Science* devoted to epigenetics.

Iqbal, K., S-G. Jin, G. P. Peifer, and P. E. Szabo (2011) Reprogramming of the paternal genome upon fertilization involves genome-wide oxidation of 5-methylcytosine. *Proc. Natl. Acad. Sci. USA* 108:3542–3647. Title is self-explanatory.

Jia, D., R. Z. Jurkowska, X. Zhang, A. Jelsch, and X. Cheng (2007) Structure of Dnmt3a bound to Dnmt3L suggests a model for *de novo* DNA methylation. *Nature* 449:248–253. Structural insights into DNA methylation specificity.

Karberg, S. (2009) Switching on epigenetic therapy. *Cell* 139:1029–1031. One of several short reviews indicating how understanding epigenetic mechanisms might help in treating and preventing disease.

Law, J. A., and S. E. Jacobsen (2010) Establishing, maintaining and modifying DNA methylation patterns in plants and animals. *Nature Rev. Genet.* 11:204–220. A recent and comprehensive review of the functions of DNA methylation.

Lister, R., and 17 coauthors (2009) Human DNA methylomes at base resolution show widespread epigenomic differences. *Nature* 462:315–322. Methylation at the sequence level reveals important information about pluripotent stem cells.

Popp, C., and seven coauthors (2010) Genome-wide erasure of DNA methylation in mouse primordial germ cells is affected by AID deficiency. *Nature* 463:1101–1106. DNA demethylation is shown to be crucial for induction of a dedifferentiated state.

Song, J., O. Rechkoblit, T. H. Bestor, and D. J. Patel (2011) Structure of DNMT1-DNA complex reveals a role for autoinhibition in maintenance DNA methylation. *Science* 331:1036–1039. Title is self-explanatory.

Homeotic Genes and the Homeo Box

Gehring, W. J., M. Affolter, and T. Buerglin (1994) Homeodomain proteins. *Annu. Rev. Biochem.* 63:487–526. A still-timely review.

Kessel, M., and P. Gruss (1990) Murine developmental control genes. *Science* 249:373–379. Homeo boxes in mammalian development.

RNA Interference

Bonetta, L. (2009) RNA-based therapeutics: Ready for delivery? *Cell* 136:581–584. Excitement about therapeutic uses of RNAi.

Djuranovic, S., A. Nahvi, and R. Green (2011) A parsimonious model for gene regulation by miRNAs. *Science* 331:550–553. A short contemporary review.

Inui, M., G. Martello, and S. Piccolo (2010) MicroRNA control of signal transduction. *Nature Rev. Mol. Cell Biol.* 11:252–263. Specific roles for some miRNAs.

Krol, J., I. Loedige, and W. Filipowicz (2010) The widespread regulation of microRNA biogenesis, function and decay. *Nature Rev. Genet.* 11:597–610. Comprehensive recent review of RNAi.

Poliseno, L., L. Salmena, J. Zhang, B. Carver, W. J. Haveman, and P. P. Pandolfi (2010) A coding-independent function of gene and pseudogene mRNAs regulates tumour biology. *Nature* 465:1033–1040. An evolutionarily retained function for pseudogenes.

Voorhoeve, P. M. (2010) MicroRNAs: Oncogenes, tumor suppressors, or master regulators of cancer heterogeneity? *BBA Reviews of Cancer* 1805:72–86. Relationships between RNAi and cancer.

Williams, A. H., and 8 coauthors (2009) MicroRNA-206 delays ALS progression and promotes regeneration of neuromuscular synapses in mice. *Science* 326:1549–1553. Identification of a specific microRNA that regulates nervous system function.

Wum L., H. Zhou, Q. Zhang, J. Zhang, F. Ni, C. Liu, and Y. Qi (2010) DNA methylation mediated by a microRNA pathway. *Mol. Cell* 38:465–475. A specific role for miRNA in plants.

Riboswitches

Breaker, R. R. (2010) RNA second messengers and riboswitches: Relics from the RNA world? *Microbe* 5:13–20. The author argues that riboswitches constitute evidence for a primordial RNA world.

Henkin, T. M. (2008) Riboswitch RNAs: Using RNA to sense cellular metabolism. *Genes and Development* 22:3383–3390. A comprehensive review.

Roth, A., and R. R. Breaker (2009) The structural and functional diversity of metabolite-binding riboswitches. *Ann. Rev. Biochem.* 78:305-334. A recent review of riboswitches from their discoverer.

Zhang, J., M. W. Lau, and A. R. Ferré-D'Amare (2010) Ribozymes and riboswitches: Modulation of RNA functions by small molecules. *Biochemistry* 49:9123–9131. Focus on structural features of small molecule binding to RNA.

RNA Editing

Brennicke, A., A. Marchfelder, and S. Binder (1999) RNA editing. *FEMS Microbiol. Revs.* 23:297–316. An excellent review of the older literature.

Maas, S., S. Patt, M. Schrey, and A. Rich (2001) Underediting of glutamate receptor GluR-B mRNA in malignant glioma. *Proc. Natl. Acad. Sci. USA* 98:14687–14692. Severe medical consequences of defective RNA editing in humans.

Wulff, B-E., M. Sakurai, and K. Nishikura (2011) Elucidating the inosinome: Global approaches to adenosine-to-inosine signaling. *Nature Rev. Genet.* 12:81–85. Review of an important process in RNA editing.

和文索引

い

う

え

く

し

す

せ

そ

ふ

和文索引

欧文索引

数字

ギリシャ文字

A

B

C

D

E

F

G

H

I

J

欧文索引

K

L

M

N

Q

R

T

U

V

W

X

Y

Z

【監訳者】
●石浦　章一　東京大学大学院総合文化研究科広域科学専攻 教授
●板部　洋之　昭和大学薬学部生体分子薬学講座生物化学部門 教授
●髙木　正道　元新潟薬科大学 学長，新潟薬科大学名誉教授
●中谷　一泰　昭和大学名誉教授，新潟薬科大学名誉教授
●水島　　昇　東京大学大学院医学系研究科分子生物学分野 教授
●横溝　岳彦　順天堂大学大学院医学研究科生化学・細胞機能制御学 教授

カラー生化学　第4版

2015年3月10日　初版第1刷発行

著　者　Christopher K. Mathews　K. E. van Holde
　　　　Dean R. Appling　Spencer J. Anthony-Cahill
監訳者　石浦章一　板部洋之　髙木正道
　　　　中谷一泰　水島　昇　横溝岳彦
発行人　西村正徳
発行所　西村書店
　　　　東京出版編集部
　　　　〒102-0071 東京都千代田区富士見 2-4-6
　　　　Tel.03-3239-7671　Fax.03-3239-7622
　　　　www.nishimurashoten.co.jp
印　刷　三報社印刷株式会社
製　本　株式会社難波製本

ISBN978-4-89013-450-2